# Bioquímica

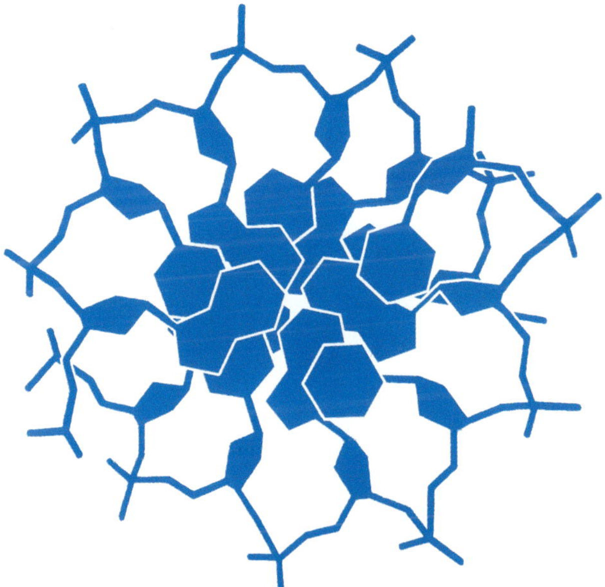

O GEN | Grupo Editorial Nacional – maior plataforma editorial brasileira no segmento científico, técnico e profissional – publica conteúdos nas áreas de ciências da saúde, exatas, humanas, jurídicas e sociais aplicadas, além de prover serviços direcionados à educação continuada e à preparação para concursos.

As editoras que integram o GEN, das mais respeitadas no mercado editorial, construíram catálogos inigualáveis, com obras decisivas para a formação acadêmica e o aperfeiçoamento de várias gerações de profissionais e estudantes, tendo se tornado sinônimo de qualidade e seriedade.

A missão do GEN e dos núcleos de conteúdo que o compõem é prover a melhor informação científica e distribuí-la de maneira flexível e conveniente, a preços justos, gerando benefícios e servindo a autores, docentes, livreiros, funcionários, colaboradores e acionistas.

Nosso comportamento ético incondicional e nossa responsabilidade social e ambiental são reforçados pela natureza educacional de nossa atividade e dão sustentabilidade ao crescimento contínuo e à rentabilidade do grupo.

# Bioquímica

Jeremy M. Berg
John L. Tymoczko
Gregory J. Gatto, Jr.
Lubert Stryer

**Revisão Técnica**

Deborah Schechtman
Professora Associada do Departamento de Bioquímica do Instituto de Química da Universidade de São Paulo

Regina Lúcia Baldini
Professora Associada do Departamento de Bioquímica do Instituto de Química da Universidade de São Paulo

**Tradução**

Patricia Lydie Voeux

Nona edição

GEN | GUANABARA KOOGAN

- Data do fechamento do livro: 25/06/2021

- **Atendimento ao cliente: (11) 5080-0751 | faleconosco@grupogen.com.br**
- Traduzido de:
  BIOCHEMISTRY, 9E
  First published in the United States by W.H. Freeman and Company

  Publicado originalmente nos Estados Unidos por W.H. Freeman and Company

  ISBN: 978-1-319-11467-1

  **EDITORA GUANABARA KOOGAN LTDA.**
  *Uma editora integrante do GEN | Grupo Editorial Nacional*
  Travessa do Ouvidor, 11–
  Rio de Janeiro – RJ – CEP 20040-040
  www.grupogen.com.br

- Adaptação da capa: Bruno Sales
- Editoração eletrônica: Anthares
- Ficha catalográfica

**CIP-BRASIL. CATALOGAÇÃO NA PUBLICAÇÃO**
**SINDICATO NACIONAL DOS EDITORES DE LIVROS, RJ**

B514
9. ed.

Bioquímica / Jeremy M. Berg ... [et al.] ; revisão técnica Deborah Schechtman, Regina Lúcia Baldini ; tradução Patricia Lydie Voeux. - 9. ed. - Rio de Janeiro : Guanabara Koogan, 2021.
: il. ; 28 cm.

Tradução de: Biochemistry
Apêndice
Inclui índice
ISBN 978-85-277-3710-4

1. Bioquímica. I. Berg, Jeremy M. II. Schechtman, Deborah. III. Baldini, Regina Lúcia. IV. Voeux, Patricia Lydie.

21-71300 CDD: 572.3
CDU: 577

Meri Gleice Rodrigues de Souza - Bibliotecária - CRB-7/6439

Aos nossos mestres e nossos alunos

# Sobre os autores

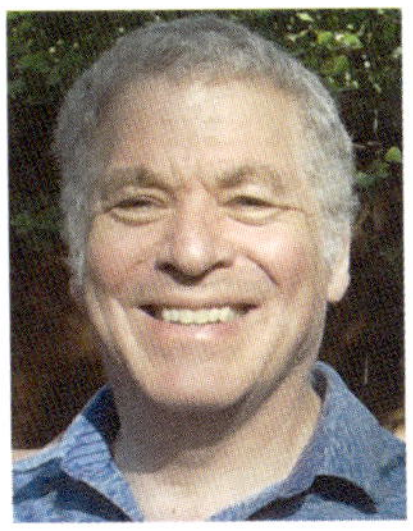

Courtesy Jeremy

**Jeremy M. Berg** recebeu seus títulos de B.S. e M.S. em química em Stanford (onde fez pesquisas com Keith Hodgson e Lubert Stryer), e seu Ph.D. em química foi obtido em Harvard com Richard Holm. Em seguida, completou seu pós-doutorado com Carl Pabo em biofísica na Johns Hopkins University School of Medicine. Foi professor assistente no Departament of Chemistry na Johns Hopkins no período de 1986 a 1990. Depois tornou-se professor e diretor do Department of Biophysics and Biophysical Chemistry da Johns Hopkins University School of Medicine, onde permaneceu até 2003. Em seguida, atuou como diretor do National Institute of General Medical Sciences no National Institutes of Health. Em 2011, mudou-se para a Universidade de Pittsburgh, como professor de Biologia Computacional e de Sistemas, presidente da Fundação Pittsburgh e diretor do Institute of Personalized Medicine. De 2011 a 2013, Foi presidente da American Society for Biochemistry and Molecular Biology. É membro da American Association for the Advancement of Science e do Institute of Medicine of the National Academy of Sciences. Recebeu o prêmio American Chemical Society Award em Química Pura (1994) e o prêmio Eli Lilly de Pesquisa Fundamental em Química Biológica (1995). Foi nomeado Maryland Outstanding Young Scientist of the Year (1995). Recebeu o prêmio Harrison Howe (1997), bem como os prêmios de serviço público da Biophysical Society, da American Society for Biochemistry and Molecular Biology, da American Chemical Society e da American Society for Cell Biology. Ele também ganhou numerosas comendas na área de ensino, inclusive a W. Barry Wood Teaching Award (escolhida por estudantes de medicina), a Graduate Student Teaching Award e a Professor's Teaching Award for the Preclinical Sciences. É coautor, com Stephen J. Lippard, do livro *Principles of Bioinorganic Chemistry*. Desde 2016, é editor-chefe da revista *Science* e de seus periódicos.

Hai Ngo

**John L. Tymoczko** é professor emérito de Biologia da Towsley no Carleton College, onde leciona desde 1976. Ministrou uma variedade de cursos, entre os quais Bioquímica, Laboratório de Bioquímica, Oncogenes e Biologia Molecular do Câncer e Bioquímica Aplicada ao Exercício Físico, e ministrou com uma equipe um curso introdutório sobre fluxo de energia nos sistemas biológicos. O professor Tymoczko recebeu seu B.A. da University of Chicago, em 1970, e seu Ph.D. em bioquímica da University of Chicago, com Shutsung Liao, no Ben May Institute for Cancer Research. Depois fez o pós-doutorado com Hewson Swift do departamento de biologia na University of Chicago. O foco de sua pesquisa é receptores de esteroides, partículas de ribonucleoproteínas e enzimas de processamento proteolítico

Joe Lin, courtesy Greg Gatto

**Gregory J. Gatto, Jr.** recebeu seu B.A. em química da Princeton University, onde trabalhou com Martin F. Semmelhack e recebeu o Everett S. Wallis Prize em química orgânica. Em 2003, recebeu seu M.D. e Ph.D. da Johns Hopkins University School of Medicine, onde estudou a biologia estrutural do reconhecimento do sinal de direcionamento para os peroxissomas com Jeremy M. Berg e recebeu a Michael A. Shanoff Young Investigator Research Award. Depois completou seu pós-doutorado em 2006 com Christopher T. Walsh na Harvard Medical School, onde estudou a biossíntese dos imunossupressores macrolídeos. Dr. Gatto é atualmente Scientific Leader e GSK Fellow na Target Incubator Discovery Performance Unit da GlaxoSmithKline. Enquanto se diverte em perder nos jogos de tabuleiro, em tentar fazer palavras cruzadas sem as completar e em assistir a jogos de beisebol quando tem oportunidade, ele valoriza a maior parte do tempo que passa ao lado de sua esposa Megan e seus filhos Timothy e Mark.

Saul Loeb/AFP/Getty Images

**Lubert Stryer** é professor emérito de Biologia Celular da Winzer na School of Medicine e professor emérito de Neurobiologia na Stanford University, onde é membro do corpo docente desde 1976. Recebeu seu M.D. da Harvard Medical School. Professor Stryer ganhou muitas comendas por sua pesquisa da ação recíproca entre luz e vida, inclusive a Eli Lilly Award of Fundamental Research in Biological Chemistry, Distinguished Inventors Award of the Intellectual Property Owners' Association. Foi eleito para a National Academy of Sciences e para a American Philosophical Society. Recebeu a National Medal of Science em 2006. A publicação de sua primeira edição de *Bioquímica*, em 1975, transformou o ensino na área.

# Prefácio

Há 45 anos, a primeira edição do *Bioquímica* chegou ao mercado e mudou para sempre a maneira como a bioquímica é ensinada. Na nona edição, permanecemos fiéis aos aspectos marcantes da visão de Lubert Stryer em nossa apresentação inovadora com relação a estrutura e função moleculares, metabolismo, regulação e técnicas de laboratório, envolvendo ativamente os alunos no processo de aprendizagem da bioquímica.

## LINHAS TEMÁTICAS

Sempre foi nosso objetivo ajudar os alunos a conectar a bioquímica com suas próprias vidas e com o mundo ao seu redor. Utilizamos uma perspectiva evolutiva para revelar os fios que ligam os organismos, as aplicações clínicas para apontar a relevância fisiológica e as aplicações biotecnológicas para mostrar como a bioquímica é utilizada para melhorar nossas vidas.

- **Perspectiva evolutiva.** O filósofo francês Pierre Teilhard de Chardin declarou: "A evolução é uma luz que ilumina todos os fatos, uma trajetória que todas as linhas de pensamento devem seguir – isso é que vem a ser evolução." Reconhecemos que a evolução molda cada via e estrutura molecular descritas nesse texto. Assim, integramos discussões relativas à evolução ao longo de toda a narrativa. Para enfatizar ainda mais a primazia da evolução no contexto das moléculas e dos processos discutidos, utilizamos uma árvore filogenética como marcador para destacar os marcos importantes na evolução da vida. (Para uma lista completa dos destaques sobre Evolução molecular, veja a página xiii.)
- **Relevância fisiológica.** As vias e os processos são apresentados em um contexto fisiológico de modo que os alunos possam ver como a bioquímica funciona no corpo quando ele se encontra em repouso e durante o exercício, na saúde e na doença, e quando submetido ao estresse. Muitos desses exemplos são destacados com o símbolo do caduceu. (Para uma lista completa das Aplicações clínicas, veja a página xiv.)
- **Novo! Aplicações industriais.** A bioquímica é uma ferramenta essencial em numerosas indústrias, como a farmacêutica, a de biotecnologia, a de energia e a da agricultura. Os exemplos de bioquímica industrial são destacados com o ícone do tubo de ensaio. (Para uma lista completa das Aplicações industriais, veja a página xvii.)

### Conceitos-chave em Bioquímica

Vários capítulos fornecem a base para a compreensão dos aspectos fundamentais da bioquímica.

- O Capítulo 7 (Hemoglobina) ilustra a estreita conexão entre função e estrutura.
- Os Capítulos 8 a 10 (Enzimas) explicam onde as enzimas exercem o seu poder catalítico, sua especificidade e seu controle para impulsionar as transformações químicas e energéticas.
- O Capítulo 15 é o primeiro momento em que os estudantes começam a aprender os conceitos básicos e os modelos das vias metabólicas antes de mergulhar nos capítulos sobre vias específicas.

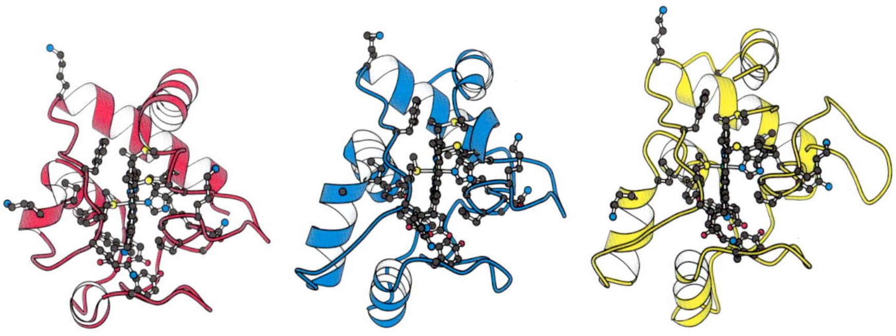

Atum | *Rhodospirillum rubrum* | *Paracoccus denitrificans*

**FIGURA 18.21 Conservação da estrutura tridimensional do citocromo *c*.** *Observe* a semelhança estrutural global das três moléculas diferentes de diferentes fontes. As cadeias laterais são mostradas para os 21 aminoácidos conservados, bem como para o heme planar de localização central. [Desenhada de 3CYT.pdb, 3C2C.pdb, e 155C.pdb.]

- O Capítulo 27 fornece uma integração do metabolismo com foco na homeostasia calórica na saúde e seus extremos disfuncionais: a obesidade e a inanição. O capítulo também apresenta a base bioquímica para os numerosos benefícios da prática regular de exercícios físicos.

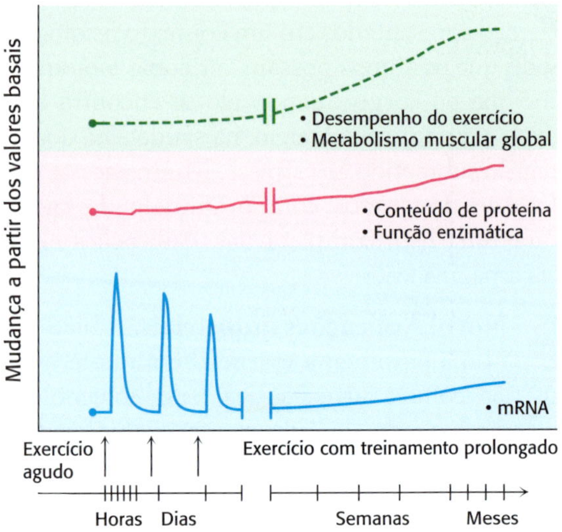


**FIGURA 27.19 A adaptação molecular ao exercício.** As mudanças em função da duração do exercício são mostradas em relação às sínteses de mRNA (parte inferior) e de proteína (parte intermediária), e em relação ao desempenho do exercício (parte superior) [Figura 1 de Egan, B., e Zierath, J. R. 2013. Exercise metabolism and the molecular regulation of skeletal muscle adaptation. *Cell Metab.* 17:162–184.]

## Projeto gráfico

- **Linguagem objetiva e ilustrações de fácil interpretação.** Tornamos a linguagem da bioquímica acessível aos estudantes que começam a aprender o assunto pela primeira vez. Apresentamos um fluxo lógico de ideias com um texto redigido de maneira clara e figuras informativas para ajudar os estudantes a entender e memorizar os conceitos e os detalhes bioquímicos.
- **Uma ideia por vez.** Cada figura ilustra um único conceito, o que ajuda os estudantes a concentrar o foco nos pontos principais sem a distração de detalhes excessivos.

## AVANÇOS RECENTES E DESCOBERTAS INCLUÍDOS NA NONA EDIÇÃO

A bioquímica é um campo de estudo estimulante e dinâmico. As duas maneiras pelas quais destacamos as recentes descobertas são:

- **Estruturas macromoleculares.** As belas ilustrações que representam estruturas e modelos estruturais foram preparadas por Jeremy Berg e Gregory Gatto com base nos mais recentes dados da cristalografia de raios X, da RM e da criomicroscopia eletrônica. Na maioria dos modelos moleculares, o **número PDB** no fim da figura proporciona ao estudante fácil acesso ao arquivo utilizado na geração da estrutura (www.pdb.org)
- **NOVO! Bioquímica em foco.** Trinta e três apêndices revelam descobertas fascinantes, métodos atuais de pesquisa e fenômenos curiosos revelados pela bioquímica. (Para conhecer a lista completa das seções de Bioquímica em foco, consulte a página xviii.)

Nesta edição de *Bioquímica*, atualizamos exemplos e explicações para fornecer as últimas e mais interessantes descobertas em bioquímica, juntamente com um material essencial para a compreensão dos conceitos bioquímicos. Alguns desses novos tópicos são:

Revisão dos grupos funcionais que desempenham importantes papéis nas reações bioquímicas (Capítulo 1)

Explicação da coimunoprecipitação para o isolamento de uma proteína e seus parceiros de ligação (Capítulo 3)

Explicação da criomicroscopia eletrônica para a determinação de estruturas macromoleculares (Capítulo 3)

Descoberta de moléculas de DNA circular extracromossômico nos núcleos de células eucarióticas (Capítulo 4)

Discussão ampliada do método de sequenciamento do genoma, o pirossequenciamento (Capítulo 5)

O método CRISPR-Cas9 e outros métodos de edição de genoma de ocorrência natural (Capítulo 5)

Discussão atualizada sobre a SCID que inclui o uso da terapia gênica Strimvelis (Capítulo 5)

Aplicação industrial: enzimas hidrolíticas são utilizadas para reduzir os resíduos não triados e produzir metano para gerar eletricidade (Capítulo 8)

Aplicação clínica: mutações na proteína quinase A podem causar a síndrome de Cushing (Capítulo 10)

Aplicação clínica: o exercício modifica o estado fosforilado de muitas proteínas (Capítulo 10)

As serpinas podem ser degradadas por uma isozima da tripsina (Capítulo 10)

Aplicação clínica: os oligossacarídios no leite protegem recém-nascidos contra a infecção (Capítulo 11)

Aplicação industrial: a quitina e a quitosana possuem 1.001 utilidades (Capítulo 11)

Aplicação clínica: mielinização dos neurônios na saúde e na doença (Capítulo 12)

Atualizações sobre como o receptor de acetilcolina se abre e se fecha com base em dados da criomicroscopia eletrônica (Capítulo 13)

O ATP desempenha um papel como agente hidrotópico para impedir a agregação das proteínas intracelulares (Capítulo 15)

Dados estruturais e bioquímicos revelam novos exemplos de complexos maciços de enzimas em vias metabólicas (Capítulos 15 a 18)

Aplicação clínica: células cancerosas sequestram a acetil-CoA acetiltransferase e inibem a piruvato desidrogenase (Capítulo 17)

Aplicação industrial: a engenharia genética está sendo utilizada para introduzir a proteína desacopladora 1 em embriões de porcos (Capítulo 18)

Aplicação industrial: sistemas de fotossíntese artificial podem fornecer energia limpa e renovável (Capítulo 19)

Discussão atualizada sobre a evolução e a enzimologia das plantas $C_4$ (Capítulo 20)

Existe uma isoenzima da glicogênio fosforilase no encéfalo (Capítulo 21)

Aplicação clínica: o papel do fígado no metabolismo dos lipídios é prontamente afetado pelo etanol (Capítulo 22)

As dietas cetogênicas reduzem as crises convulsivas ao alterar o microbioma intestinal (Capítulo 22)

Informação estrutural atualizada sobre a ácido graxo sintase de mamíferos (Capítulo 22)

Aplicação industrial: obtenção de micróbios para a geração de triacilgliceróis utilizados na produção de biodiesel (Capítulo 22)

A proteína quinase ativada por AMP é um regulador fundamental do metabolismo (Capítulo 22)

O metabolismo das proteínas ajuda a energizar o voo das aves migratórias (Capítulo 23)

Os aminoácidos são precursores de vários neurotransmissores (Capítulo 24)

Aplicação clínica: a doença de Niemann-Pick é causada por uma incapacidade de transportar o colesterol do lisossomo (Capítulo 26)

Unidades de cinco carbonos são ligadas para formar uma grande variedade de biomoléculas (Capítulo 26)

Aplicação industrial: o farneseno obtido por engenharia genética melhora a rentabilidade de seus usos industriais (Capítulo 26)

Modelo atualizado do spliceossomo com base na criomicroscopia eletrônica (Capítulo 30)

A criomicroscopia eletrônica revela a existência de um expressoma bacteriano (Capítulo 31)

Discussão ampliada sobre as toxinas que bloqueiam a síntese de proteínas (Capítulo 31)

Aplicação clínica: os problemas com os biofilmes (Capítulo 32)

O controle pós-traducional da produção de ATP sintase assegura uma estequiometria correta (Capítulo 32)

A criomicroscopia eletrônica está revelando os detalhes moleculares das interações do mediador com o complexo de transcrição (Capítulo 33)

Atualizações do controle da repressão transcricional pelo código de histona (Capítulo 33)

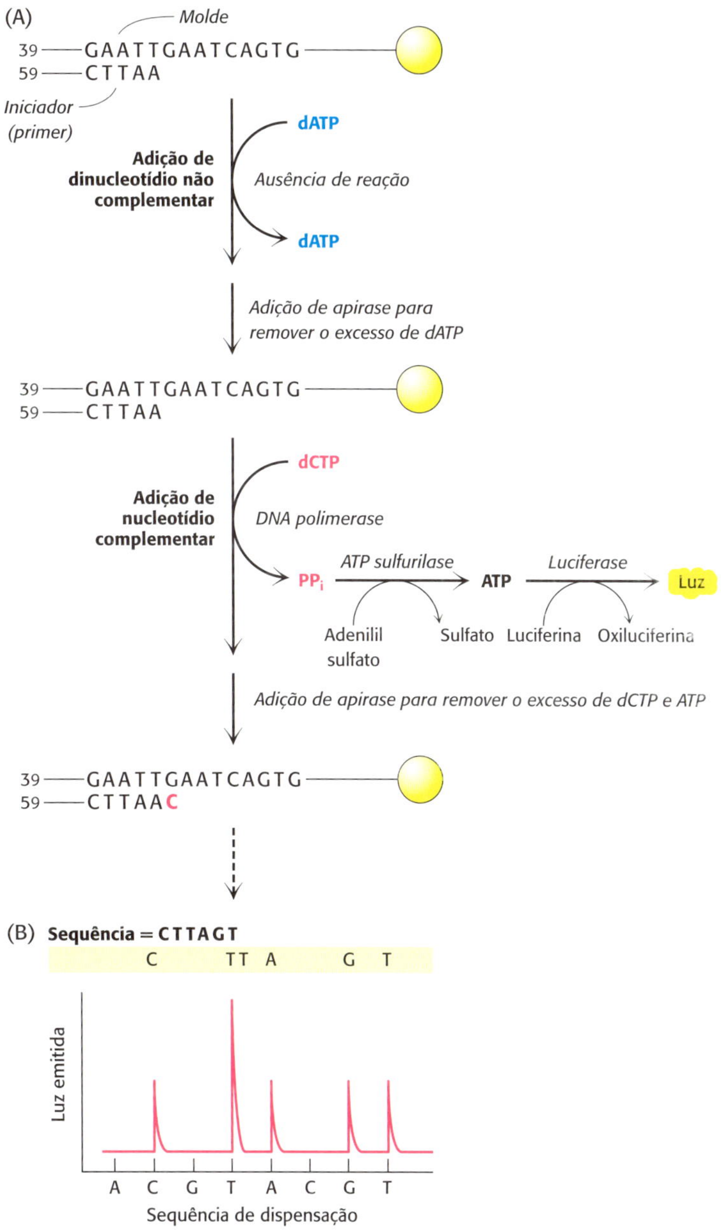


**FIGURA 5.28 Pirossenquenciamento. A.** A fita molde é fixada a um suporte sólido, e adiciona-se um iniciador (*primer*) apropriado. Acrescenta-se também um único desoxinucleotídio; se essa base não for complementar com a base seguinte na fita molde, não ocorrerá nenhuma reação. Entretanto, se o desoxinucleotídio adicionado for complementar, o pirofosfato ($PP_i$) é liberado e acoplado à produção de luz pelas enzimas ATP sulfurilase e luciferase. No final de cada etapa, adiciona-se apirase para remover o nucleotídio remanescente e o ATP (quando presente), e essas etapas são então repetidas com o próximo nucleotídio. **B.** A luz é medida a cada adição de desoxinucleotídio. A ocorrência de um pico indica a próxima base na sequência, e a sua altura indica a quantidade do mesmo desoxinucleotídio incorporado em uma coluna.

# Evolução molecular

Este ícone sinaliza o início de muitas discussões que ressaltam as semelhanças entre proteínas ou outras características sobre a evolução molecular.

# Aplicações clínicas

Este ícone sinaliza o início de uma aplicação clínica no texto. Quando apropriado, outras correlações clínicas mais tênues também aparecem no texto.

# Aplicações industriais

Este ícone sinaliza o início de uma discussão que destaca um exemplo de uma indústria, como a farmacêutica, a de biotecnologia e a de energia.

# Bioquímica em foco

Muitos dos recursos de Bioquímica em foco fornecem uma oportunidade aos estudantes para examinar dados e detalhes experimentais de pesquisas clássicas e atuais em bioquímica. Isso fornece uma oportunidade adicional aos estudantes para praticar a análise de dados e refletir sobre as conexões entre os métodos experimentais e os dados resultantes. Os recursos de Bioquímica em foco também expõem os alunos a aspectos fascinantes e divertidos da bioquímica em suas vidas diárias.

# Agradecimentos

Escrever um livro popular é ao mesmo tempo um desafio e uma honra. Nosso objetivo é transmitir aos estudantes nosso entusiasmo e nossa compreensão de uma disciplina à qual somos dedicados. Nossos estudantes são nossa inspiração. Em consequência, nenhuma palavra foi escrita nem ilustração construída sem o conhecimento de que estudantes brilhantes e dedicados iriam detectar qualquer imprecisão e ambiguidade. Agradecemos também aos nossos colegas que nos apoiaram, aconselharam, instruíram e simplesmente nos suportaram durante essa árdua tarefa. Somos gratos aos nossos colegas em todo o mundo que tiveram a paciência para responder às nossas questões e que compartilharam suas opiniões sobre os recentes avanços.

Tivemos o privilégio e o prazer de trabalhar com a equipe editorial da W. H Freeman/Macmillan Learning durante muitos anos, e nossa experiência sempre foi agradável e gratificante. Isso se manteve verdadeiro mais uma vez com o nosso trabalho na nona edição de *Bioquímica*. Nossos colegas da Macmillan têm o dom de persuadir sem aborrecer, de criticar e ao mesmo tempo encorajar, de tornar nosso estressante e exigente empreendimento uma tarefa estimulante e gratificante. Temos muitas pessoas para agradecer por essa experiência, algumas das quais são novatas no projeto de *Bioquímica*. Estamos muito satisfeitos em trabalhar pela segunda vez com Lauren Schultz, da Editora Executiva. Ela foi inabalável em seu entusiasmo e generosa no seu apoio. Nossos dois novos editores de desenvolvimento, Lisa Bess Kramer e Michael Zierler, juntaram-se às fileiras de editores de desenvolvimento de destaque com que trabalhamos ao longo dos anos. Lisa e Michael foram atenciosos, perspicazes e muito eficientes na identificação de aspectos do nosso texto e figuras que estavam menos do que claros. Lisa Samols, uma antiga editora de desenvolvimento, agora diretora de desenvolvimento, STEM, serviu como nossa guia. Com seu extenso conhecimento de publicação e senso de diplomacia, Lisa forneceu apoio consistente e incentivo durante todo o projeto, do início ao fim. É quase impossível expressar em palavras toda a coordenação e os esforços necessários para conduzir o projeto de um livro do primeiro rascunho dos autores até a sua publicação. Temos muito que agradecer por nos orientar por esse complexo processo. Debbie Hardin, editora sênior de desenvolvimento, STEM, juntamente com os gerentes de projeto Karen Misler e Valerie Brandenberg, na Lumina Datamatics, e Peter Jacoby administraram o fluxo de todo o projeto, desde a edição até o livro encadernado, com incrível eficiência. Irene Vartanoff, nossa editora do manuscrito, melhorou a consistência literária e a clareza do texto. Diana Blume, diretora de *design*, gerenciamento de conteúdo, e Natasha Wolfe, gerente de serviços de design, produziram um *design* e um *layout* que tornam o livro excepcionalmente atrativo, ao mesmo tempo que destaca seus laços com as edições anteriores. Christine Buese, editora de fotografia, e Jennifer Atkins, pesquisadora de fotografia, encontraram as imagens que esperamos que tornem o texto não apenas convidativo, mas também agradável visualmente. Janice Donnola, Coordenadora de Ilustração, dirigiu com habilidade a versão das novas ilustrações. Paul Rohloff, gerente sênior do projeto de fluxo de trabalho, conseguiu superar sem problemas as significativas dificuldades de programação, composição e produção. A Lumina Datamatics Inc. forneceu a composição. Jennifer Driscoll Hollis, Amber Jonker, Angela Piotrowski, Cassandra Korsvik, Jennifer Compton e Daniel Comstock fizeram um maravilhoso trabalho em sua gestão do programa de mídia. Nossos agradecimentos especiais também ao assistente editorial Justin Jones, que incansavelmente fez malabarismos com as inúmeras tarefas em apoio à nossa equipe. Maureen Rachford, gerente de marketing de ciências físicas, apresentou com muito entusiasmo essa nova edição do *Bioquímica* ao mundo acadêmico. Somos profundamente gratos a Craig Bleyer e sua equipe de venda pelo seu apoio. Sem sua apresentação talentosa e entusiástica do nosso texto à comunidade acadêmica, todos os nossos esforços seriam em vão.

Agradecemos também aos muitos colegas de nossas próprias instituições, bem como de todo o país, que tiveram a paciência de responder às nossas questões e de nos incentivar em nossa pesquisa. Por fim, temos muita gratidão às nossas famílias — nossas esposas, Wendie Berg, Alison Unger e Megan Williams, e nossos filhos, em particular Timothy e Mark Gatto. Sem o apoio, conforto e compreensão de vocês, esse esforço nunca poderia ter sido empreendido, quanto mais concluído com sucesso.

Somos também especialmente gratos aos que atuaram como revisores dessa nona edição, bem como aos que revisaram a edição anterior. Seus comentários atenciosos, sugestões e encorajamento foram de imensa ajuda para que pudéssemos manter a excelência das edições anteriores. Esses revisores estão listados a seguir.

## Nona edição (livro)

Gerald Audette
*York University*

Donald Beitz
*Iowa State University*

Matthew Berezuk
*Azusa Pacific University*

Steven Berry
*University of Minnesota Duluth*

James Bouyer
*Florida A&M University*

David Brown
*Florida Gulf Coast University*

W. Malcolm Byrnes
*Howard University*

Chris Calderone
*Carleton College*

Naomi Campbell
*Jackson State University*

Weiguo Cao
*Clemson University*

Heather Coan
*Western Carolina University*

Kenyon Daniel
*University of South Florida*

Margaret Daugherty
*Colorado College*

Tomas T. Ding
*North Carolina Central University*

Nuran Ercal
*Missouri University Science and Technology*

Kirsten Fertuck
*Northeastern University*

Kathleen Foley Geiger
*Michigan State University*

Ronald Gary
*University of Nevada, Las Vegas*

Martina Gaspari
*Dixie State University*

Christina Goode
*Western University of Health Sciences*

Neena Grover
*Colorado College*

Donovan Haines
*Sam Houston State University*

Bonnie Hall
*Grand View University*

Robert Harris
*Kansas University Medical Center*

M. Nidanie Henderson-Stull
*Augsburg College*

Kirstin Hendrickson
*Arizona State University*

Newton Hilliard
*Arkansas Tech University*

Pat Huey
*Georgia Gwinnett College*

Jeba Inbarasu
*Metropolitan Community College, South Omaha Campus*

Lori Isom
*University of Central Arkansas*

Gerwald Jogl
*Brown University*

Jerry Johnson
*University of Houston-Downtown*

Anna Kashina
*University of Pennsylvania*

Bhuvana Katkere
*Penn State University*

Dmitry Kolpashchikov
*University of Central Florida*

Mark Larson
*Augustana University*

Sarah Lee
*Abilene Christian University*

Pan Li
*University at Albany, State University of New York*

Michael Lieberman
*University of Cincinnati College of Medicine*

Timothy Logan
*Florida State University*

Thomas Marsh
*University of St. Thomas*

Glover Martin
*University of Massachusetts-Boston*

Michael Massiah
*George Washington University*

Douglas McAbee
*California State University, Long Beach*

Karen McPherson
*Delaware Valley University*

John Means
*University of Rio Grande*

Nick Menhart
*Illinois Institute of Technology*

David Mitchell
*College of St. Benedict and St. John's University*

Fares Najar
*University of Oklahoma*

Li Niu
*University at Albany, State University of New York*

James Nolan
*Georgia Gwinnett College*

Suzanne O'Handley
*Rochester Institute of Technology*

Margaret Olney
*Saint Martin's University*

Pamela Osenkowski
*Loyola University Chicago*

Wendy Pogozelski
*State University of New York at Geneseo*

Tamiko Porter
*Indiana University, Purdue University Indianapolis (IUPUI)*

Ramin Radfar
*Wofford College*

Reza Razeghifard
*Nova Southeastern University*

Kevin Redding
*Arizona State University*

Tanea Reed
*Eastern Kentucky University*

Gillian Rudd
*Georgia Gwinnett College*

Matthew Saderholm
*Berea College*

Kavita Shah
*Purdue University*

Lisa Shamansky
*California State University, San Bernardino*

Rajnish Singh
*Kennesaw State University*

Jennifer Sniegowski
*Arizona State University Downtown Phoenix Campus*

Kathryn Tifft
*Johns Hopkins University*

Candace Timpte
*Georgia Gwinnett College*

Marc Tischler
*University of Arizona*

Marianna Torok
*University of Massachusetts-Boston*

Brian Trewyn
*Colorado School of Mines*

Vishwa Trivedi
*Bethune Cookman University*

Manuel Varela
*Eastern New Mexico University*

Grover Waldrop
*Louisiana State University*

Yuqi Wang
*Saint Louis University*

Kevin Williams
*Western Kentucky University*

Kevin Wilson
*Oklahoma State University*

Michael Wolyniak
*Hampden-Sydney College*

Chung Wong
*University of Missouri-Saint Louis*

Wu Xu
*University of Louisiana at Lafayette*

Brent Znosko
*Saint Louis University*

## Nona edição (digital)

Heather Coan
*Western Carolina University*

Patricia Ellison
*University of Nevada*

Kirsten Fertuck
*Northeastern University*

Kathleen Foley Geiger
*Michigan State University*

Newton Hilliard
*Arkansas Tech University*

Mian Jiang
*University of Houston*

Michael Keck
*Keuka College*

Michael Massiah
*George Washington University*

Michael Mendenhall
*University of Kentucky*

Fares Najar
*University of Oklahoma*

Scott Napper
*University of Saskatchewan*

Margaret Olney
*Saint Martin's University*

Abdel Omri
*Laurentian University*

Sarah Robinson
*University of Georgia*

Gillian Rudd
*Georgia Gwinnett College*

Mark Saper
*University of Michigan Medical School*

Jennifer Sniegowski
*Arizona State University Downtown Phoenix Campus*

Candace Timpte
*Georgia Gwinnett College*

Xuemin Wang
*University of Missouri*

Yuqi Wang
*Saint Louis University*

Kevin Williams
*Western Kentucky University*

Chung Wong
*University of Missouri-Saint Louis*

Wu Xu
*University of Louisiana at Lafayette*

## Revisores da oitava edição

Paul Adams
*University of Arkansas, Fayetteville*

Kevin Ahern
*Oregon State University*

Zulfiqar Ahmad
*A.T. Still University of Health Sciences*

Richard Amasino
*University of Wisconsin*

Young-Hoon An
*Wayne State University*

Kenneth Balazovich
*University of Michigan*

Donald Beitz
*Iowa State University*

Matthew Berezuk
*Azusa Pacific University*

Melanie Berkmen
*Suffolk University*

Steven Berry
*University of Minnesota, Duluth*

Loren Bertocci
*Marian University*

Mrinal Bhattacharjee
*Long Island University*

Elizabeth Blinstrup-Good
*University of Illinois*

Brian Bothner
*Montana State University*

Mark Braiman
*Syracuse University*

David Brown
*Florida Gulf Coast University*

Donald Burden
*Middle Tennessee State University*

Nicholas Burgis
*Eastern Washington University*

W. Malcolm Byrnes
*Howard University*

Graham Carpenter
*Vanderbilt University School of Medicine*

John Cogan
*Ohio State University*

Jeffrey Cohlberg
*California State University, Long Beach*

David Daleke
*Indiana University*

John DeBanzie
*Northeastern State University*

Cassidy Dobson
*St. Cloud State University*

Donald Doyle
*Georgia Institute of Technology*

Ludeman Eng
*Virginia Tech*

Caryn Evilia
*Idaho State University*

Kirsten Fertuck
*Northeastern University*

Brent Feske
*Armstrong Atlantic University*

Patricia Flatt
*Western Oregon University*

Wilson Francisco
*Arizona State University*

Gerald Frenkel
*Rutgers University*

Ronald Gary
*University of Nevada, Las Vegas*

Eric R. Gauthier
*Laurentian University*

Glenda Gillaspy
*Virginia Tech*

James Gober
*UCLA*

Christina Goode
*California State University, Fullerton*

Nina Goodey
*Montclair State University*

Eugene Gregory
*Virginia Tech*

Robert Grier
*Atlanta Metropolitan State College*

Neena Grover
*Colorado College*

Paul Hager
*East Carolina University*

Ann Hagerman
*Miami University*

Mary Hatcher-Skeers
*Scripps College*

Diane Hawley
*University of Oregon*

Blake Hill
*Medical College of Wisconsin*

Pui Ho
*Colorado State University*

Charles Hoogstraten
*Michigan State University*

Frans Huijing
*University of Miami*

Kathryn Huisinga
*Malone University*

Cristi Junnes
*Rocky Mountain College*

Lori Isom
*University of Central Arkansas*

Nitin Jain
*University of Tennessee*

Blythe Janowiak
*Saint Louis University*

Gerwald Jogl
*Brown University*

Kelly Johanson
*Xavier University of Louisiana*

Jerry Johnson
*University of Houston-Downtown*

Todd Johnson
*Weber State University*

David Josephy
*University of Guelph*

Michael Kalafatis
*Cleveland State University*

Marina Kazakevich
*University of Massachusetts-Dartmouth*

Jong Kim
*Alabama A&M University*

Sung-Kun Kim
*Baylor University*

Roger Koeppe
*University of Arkansas, Fayetteville*

Dmitry Kolpashchikov
*University of Central Florida*

Min-Hao Kuo
*Michigan State University*

Isabel Larraza
*North Park University*

Mark Larson
*Augustana College*

Charles Lawrence
*Montana State University*

Pan Li
*University at Albany, State University of New York*

Darlene Loprete
*Rhodes College*

Greg Marks
*Carroll University*

Michael Massiah
*George Washington University*

Keri McFarlane
*Northern Kentucky University*

Michael Mendenhall
*University of Kentucky*

Stephen Mills
*University of San Diego*

Smita Mohanty
*Auburn University*

Debra Moriarity
*University of Alabama, Huntsville*

Stephen Munroe
*Marquette University*

Jeffrey Newman
*Lycoming College*

William Newton
*Virginia Tech*

Alfred Nichols
*Jacksonville State University*

Brian Nichols
*University of Illinois, Chicago*

Allen Nicholson
*Temple University*

Brad Nolen
*University of Oregon*

Pamela Osenkowski
*Loyola University Chicago*

Xiaping Pan
*East Carolina University*

Stefan Paula
*Northern Kentucky University*

David Pendergrass
*University of Kansas-Edwards*

Wendy Pogozelski
*State University of New York at Geneseo*

Gary Powell
*Clemson University*

Geraldine Prody
*Western Washington University*

Joseph Provost
*University of San Diego*

Greg Raner
*University of North Carolina, Greensboro*

Tanea Reed
*Eastern Kentucky University*

Christopher Reid
*Bryant University*

Denis Revie
*California Lutheran University*

Douglas Root
*University of North Texas*

Johannes Rudolph
*University of Colorado*

Brian Sato
*University of California, Irvine*

Glen Sauer
*Fairfield University*

Joel Schildbach
*Johns Hopkins University*

Stylianos Scordilis
*Smith College*

Ashikh Seethy
*Maulana Azad Medical College, New Delhi*

Lisa Shamansky
*California State University, San Bernardino*

Bethel Sharma
*Sewanee: University of the South*

Nicholas Silvaggi
*University of Wisconsin-Milwaukee*

Kerry Smith
*Clemson University*

Narashima Sreerama
*Colorado State University*

Wesley Stites
*University of Arkansas*

Jon Stoltzfus
*Michigan State University*

Gerald Stubbs
*Vanderbilt University*

Takita Sumter
*Winthrop University*

Anna Tan-Wilson
*State University of New York, Binghamton*

Steven Theg
*University of California, Davis*

Marc Tischler
*University of Arizona*

Ken Traxler
*Bemidji State University*

Brian Trewyn
*Colorado School of Mines*

Vishwa Trivedi
*Bethune Cookman University*

Panayiotis Vacratsis
*University of Windsor*

Peter van der Geer
*San Diego State University*

Jeffrey Voigt
*Albany College of Pharmacy and Health Sciences*

Grover Waldrop
*Louisiana State University*

Xuemin Wang
*University of Missouri*

Yuqi Wang
*Saint Louis University*

Rodney Weilbaecher
*Southern Illinois University*

Kevin Williams
*Western Kentucky University*

Laura Zapanta
*University of Pittsburgh*

Brent Znosko
*Saint Louis University*

# Material suplementar

Este livro conta com o seguinte material suplementar:

- Banco de questões
- Capítulos 34, 35 e 36
- Respostas das questões dos Capítulos 34, 35 e 36.

O acesso ao material suplementar é gratuito. Basta que o leitor se cadastre e faça seu *login* em nosso *site* (www.grupogen.com.br), clique no menu superior do lado direito e, após, em GEN-IO. Em seguida, clique no menu retrátil ( ) e insira o código (PIN) de acesso localizado na parte interna da capa deste livro.

*O acesso ao material suplementar on-line fica disponível até seis meses após a edição do livro ser retirada do mercado.*

Caso haja alguma mudança no sistema ou dificuldade de acesso, entre em contato conosco (gendigital@grupogen.com.br).

# Constantes de acidez

Valores de p$K_a$ de alguns ácidos

| Ácido | p$K'$ (a 25°C) |
|---|---|
| Ácido acético | 4,76 |
| Ácido acetoacético | 3,58 |
| Íon amônio | 9,25 |
| Ácido ascórbico, p$K_1$ | 4,10 |
| p$K_2$ | 11,79 |
| Ácido benzoico | 4,20 |
| Ácido *n*-butírico | 4,81 |
| Ácido cacodílico | 6,19 |
| Ácido cítrico, p$K_1$ | 3,14 |
| p$K_2$ | 4,77 |
| p$K_3$ | 6,39 |
| Íon etilamônio | 10,81 |
| Ácido fórmico | 3,75 |
| Glicina, p$K_1$ | 2,35 |
| p$K_2$ | 9,78 |
| Íon imidazólio | 6,95 |
| Ácido láctico | 3,86 |
| Ácido fumárico, p$K_1$ | 3,03 |
| p$K_2$ | 4,44 |

| Ácido | p$K'$ (a 25°C) |
|---|---|
| Ácido málico, p$K_1$ | 3,40 |
| p$K_2$ | 5,11 |
| Fenol | 9,89 |
| Ácido fosfórico, p$K_1$ | 2,12 |
| p$K_2$ | 7,21 |
| p$K_3$ | 12,67 |
| Íon piridínio | 5,25 |
| Ácido pirofosfórico, p$K_1$ | 0,85 |
| p$K_2$ | 1,49 |
| p$K_3$ | 5,77 |
| p$K_4$ | 8,22 |
| Ácido succínico, p$K_1$ | 4,21 |
| p$K_2$ | 5,64 |
| Íon trimetilamônio | 9,79 |
| Tris(hidroximetil)aminometano | 8,08 |
| Água* | 15,74 |

*$[H^+]\ [OH^-] = 10^{-14}$; $[H_2O] = 55,5$ M.

Valores típicos de p$K_a$ de grupamentos ionizáveis nas proteínas

| Grupamento | Ácido | ⇌ | Base | p$K_a$ típico |
|---|---|---|---|---|
| α-carboxil terminal | 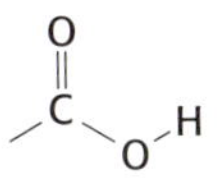 | ⇌ | 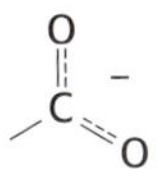 | 3,1 |
| Ácido aspártico Ácido glutâmico | 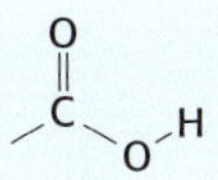 | ⇌ | 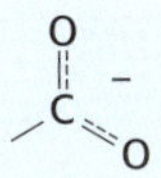 | 4,1 |
| Histidina | 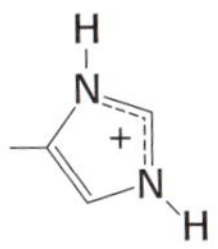 | ⇌ | 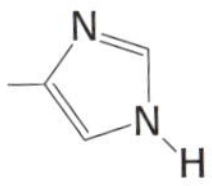 | 6,0 |
| α-amino terminal | 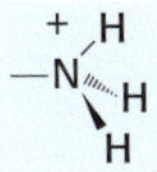 | ⇌ | 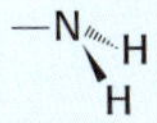 | 8,0 |
| Cisteína | 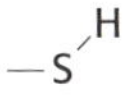 | ⇌ |  | 8,3 |
| Tirosina | 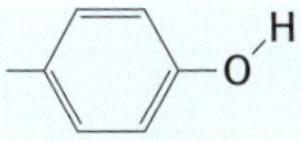 | ⇌ | 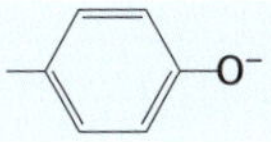 | 10,0 |
| Lisina | 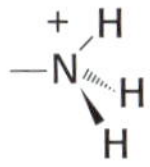 | ⇌ | 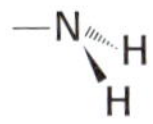 | 10,4 |
| Arginina | 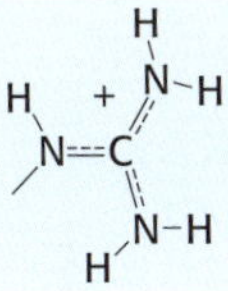 | ⇌ | 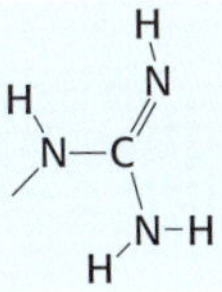 | 12,5 |

Nota: os valores de p$K_a$ dependem da temperatura, da força iônica e do microambiente do grupamento ionizável.

# Comprimento padrão de ligações

| Ligação | Estrutura | Comprimento (Å) |
|---|---|---|
| C—H | $R_2CH_2$ | 1,07 |
| | Aromática | 1,08 |
| | $RCH_3$ | 1,10 |
| C—C | Hidrocarboneto | 1,54 |
| | Aromática | 1,40 |
| C=C | Etileno | 1,33 |
| C≡C | Acetileno | 1,20 |
| C—N | $RNH_2$ | 1,47 |
| | O=C—N | 1,34 |
| C—O | Álcool | 1,43 |
| | Éster | 1,36 |

| Ligação | Estrutura | Comprimento (Å) |
|---|---|---|
| C=O | Aldeído | 1,22 |
| | Amida | 1,24 |
| C—S | $R_2S$ | 1,82 |
| N—H | Amida | 0,99 |
| O—H | Álcool | 0,97 |
| O—O | $O_2$ | 1,21 |
| P—O | Éster | 1,56 |
| S—H | Tiol | 1,33 |
| S—S | Dissulfeto | 2,05 |

# Sumário

# Bioquímica

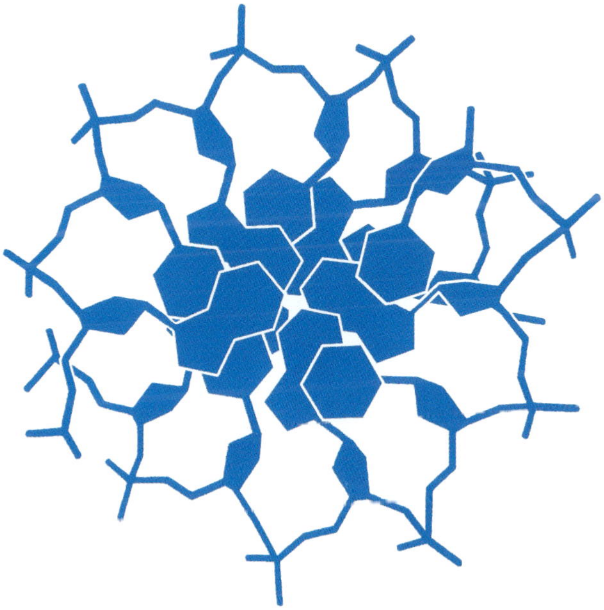

# Bioquímica: Uma Ciência em Evolução

CAPÍTULO 1

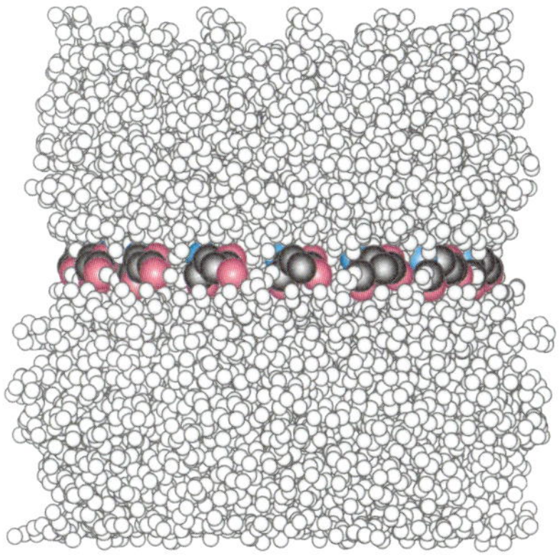

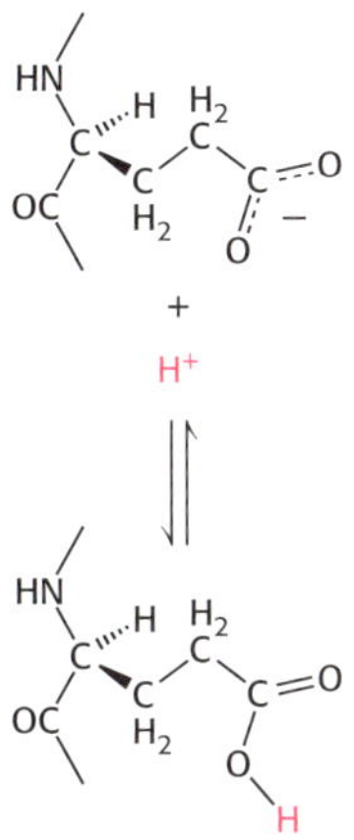

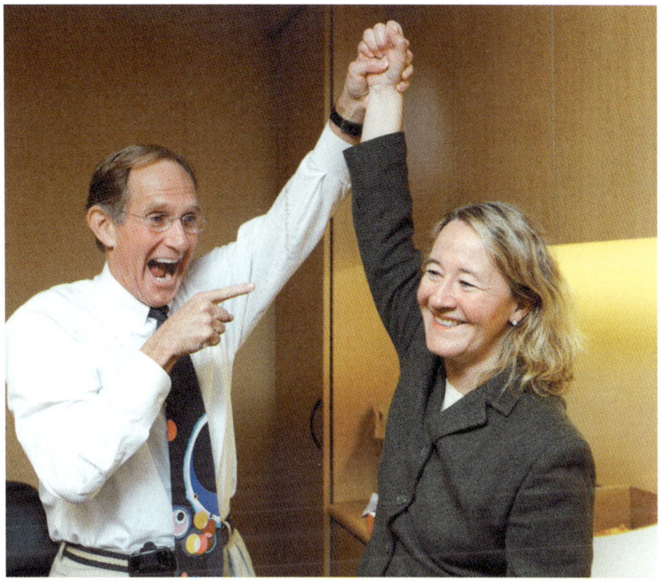

A química em *ação*. As atividades exercidas pelos seres humanos requerem energia. A interconversão das diferentes formas de energia necessita de grandes máquinas bioquímicas, constituídas por muitos milhares de átomos, como o complexo mostrado acima. Contudo, as funções dessas montagens sofisticadas dependem de processos químicos simples, como a protonação e a desprotonação de grupos em ácidos carboxílicos (*mostrados à direita*). A fotografia mostra os vencedores do Prêmio Nobel Peter Agre, M.D. e Carol Greider, Ph.D., que utilizaram, respectivamente, técnicas bioquímicas para revelar os mecanismos fundamentais pelos quais a água é transportada para dentro e para fora das células e como os cromossomos são fielmente replicados. [Keith Weller for Johns Hopkins Medicine.]

## OBJETIVOS DE APRENDIZAGEM

*Ao término do capítulo, o leitor deverá ser capaz de:*

1. Comparar e distinguir a uniformidade da biologia nos níveis de organismos e da bioquímica.
2. Descrever a estrutura em dupla hélice do DNA, incluindo a sua formação a partir de duas fitas componentes.
3. Discutir as interações importantes entre átomos, incluindo ligações covalentes, interações iônicas, ligações de hidrogênio e interações de van der Waals.
4. Descrever a estrutura da água e a sua contribuição para as interações entre moléculas por meio do efeito hidrofóbico.
5. Discutir a conservação da energia e a primeira lei da termodinâmica.
6. Discutir os conceitos de entropia e entalpia e a segunda lei da termodinâmica.
7. Discutir as reações acidobásicas e efetuar cálculos utilizando as definições de pH e p$K_a$, bem como a equação de Henderson-Hasselbalch.
8. Explicar as funções dos tampões na estabilização do pH das soluções.
9. Descrever de maneira sucinta o papel das sequências gênicas em bioquímica e o progresso possibilitado pelos avanços das tecnologias de sequenciamento do genoma.

## SUMÁRIO

A bioquímica é o estudo da química dos processos da vida. Os cientistas têm investigado intensamente a química da vida desde 1828, quando foi descoberto que moléculas biológicas, como a ureia, podem ser sintetizadas a partir de componentes não vivos. Apoiando-se nessas pesquisas, muitos dos mistérios mais fundamentais sobre como os seres vivos funcionam em nível bioquímico já foram desvendados. Entretanto, há muito ainda a ser pesquisado. Como ocorre com frequência, cada descoberta leva a tantas ou mais questões do que respostas. Além disso, estamos agora em uma era de oportunidades sem precedentes para a aplicação do nosso vasto conhecimento de bioquímica às questões de medicina, odontologia, agricultura, medicina legal, antropologia, ciências ambientais, energia e muitos outros campos de conhecimento. Iniciamos a nossa jornada em bioquímica com uma das descobertas mais surpreendentes do século passado: a unidade fundamental de todos os seres vivos em nível bioquímico.

## 1.1 A uniformidade bioquímica encontra-se na base da diversidade biológica

O mundo biológico é magnificamente diverso. O reino animal é rico, com espécies que variam desde insetos quase microscópicos até elefantes e baleias. O reino vegetal inclui espécies tão pequenas e relativamente simples, como as algas, e espécies grandes e complexas, como as sequoias gigantes. Essa diversidade estende-se ainda mais quando adentramos no mundo microscópico. Organismos como os protozoários, as leveduras e as bactérias são encontrados com grande diversidade na água, no solo e no exterior ou no interior de organismos maiores. Alguns organismos são capazes de sobreviver e até mesmo de prosperar em ambientes aparentemente hostis, como fontes termais e geleiras.

O desenvolvimento do microscópio revelou uma característica unificadora essencial, subjacente a essa diversidade. Os grandes organismos são constituídos de *células,* que se assemelham, em certo grau, aos organismos unicelulares microscópicos. A construção de animais, plantas e microrganismos a partir de células sugere que esses diversos organismos podem ter mais em comum do que se depreende pela sua aparência externa. Com o desenvolvimento da bioquímica, essa sugestão foi enormemente sustentada e expandida. No nível bioquímico, todos os organismos possuem muitas características em comum (Figura 1.1).

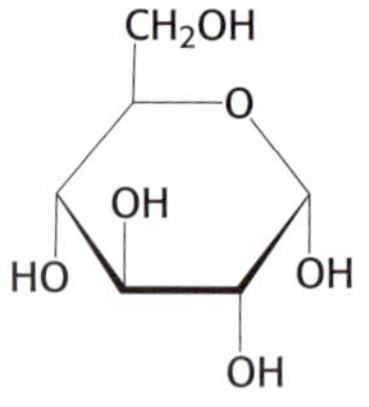

**Glicose**

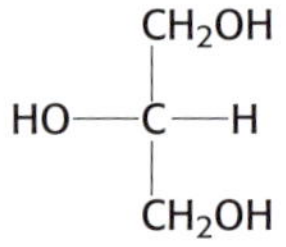

**Glicerol**

Conforme mencionado anteriormente, a bioquímica é o estudo da química dos processos que ocorrem nos seres vivos. Esses processos envolvem a interação de duas classes diferentes de moléculas: moléculas grandes, como as proteínas e os ácidos nucleicos, designadas como *macromoléculas biológicas;* e moléculas de baixa massa, como a glicose e o glicerol, designadas como *metabólitos,* que são transformados quimicamente nos processos biológicos.

Os membros de ambas as classes de moléculas são comuns, com variações mínimas, a todos os seres vivos. Por exemplo, o *ácido desoxirribonucleico* (DNA) armazena a informação genética em todos os organismos celulares. As *proteínas,* as macromoléculas que são os componentes-chave que participam na maioria dos processos biológicos, são produzidas pelo mesmo conjunto de 20 blocos de construção em todos os organismos. Além disso, as proteínas que desempenham funções semelhantes em diferentes organismos frequentemente apresentam estruturas tridimensionais muito semelhantes (Figura 1.1).

Muitos organismos também têm em comum processos metabólicos fundamentais. Por exemplo, o conjunto de transformações químicas que converte glicose e oxigênio em dióxido de carbono e água é essencialmente idêntico em bactérias simples, como a *Escherichia coli* (*E. coli*), e nos seres humanos.

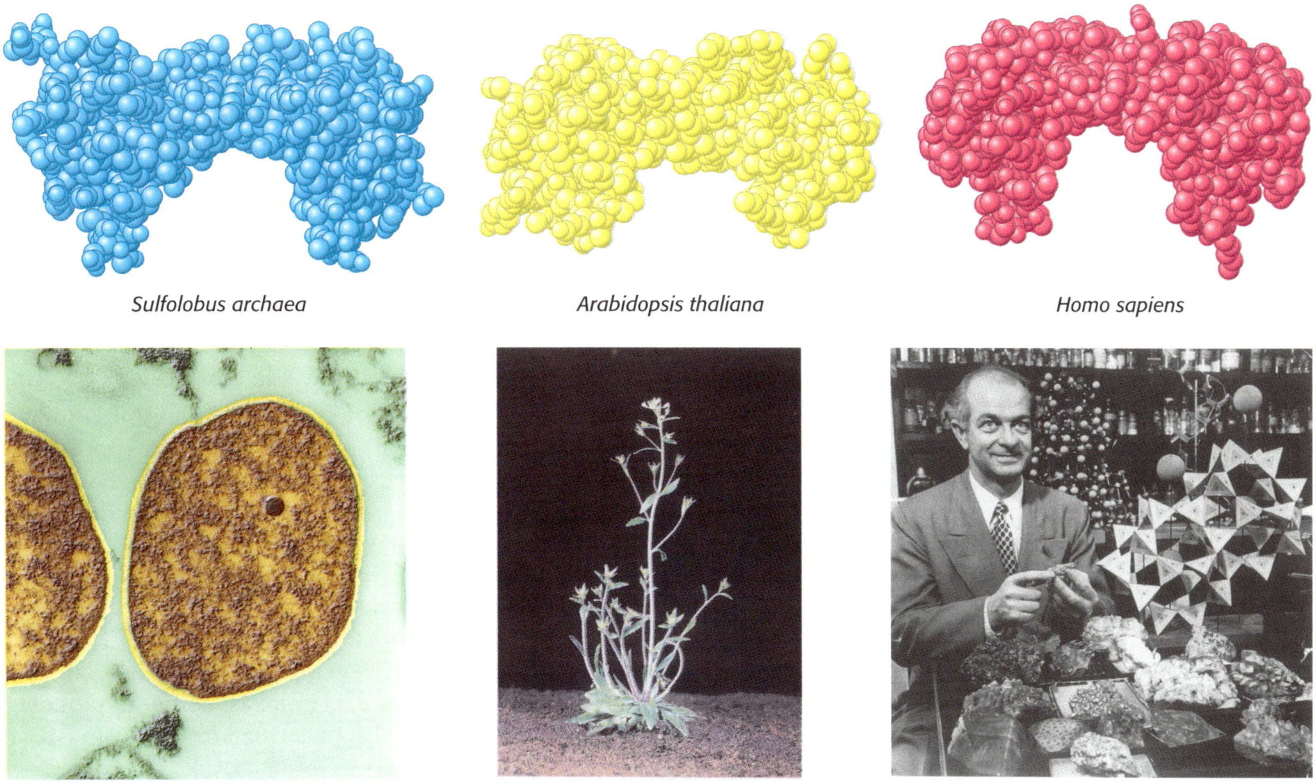


**FIGURA 1.1 Diversidade e semelhança biológicas.** O formato de uma molécula-chave na regulação gênica (a proteína de ligação ao TATA-box) é semelhante em três organismos extremamente diferentes e que estão separados uns dos outros por bilhões de anos de evolução. [(*À esquerda*) Eye of Science/Science Source; (*no meio*) Nigel Cattlin/Science Source; (*à direita*) Fotografia de J. R. Eyerman/The LIFE Picture Collection/Getty Images.]

Até processos que parecem ser muito distintos frequentemente compartilham características comuns no nível bioquímico. De maneira notável, os processos bioquímicos pelos quais as plantas capturam a energia luminosa e a convertem em formas mais utilizáveis são surpreendentemente semelhantes às etapas utilizadas em animais para capturar a energia liberada da degradação da glicose.

Essas observações sugerem, de maneira irrefutável, que todos os seres vivos na Terra possuem um ancestral comum, e que os organismos modernos evoluíram a partir desse ancestral até adquirir suas formas atuais. Evidências geológicas e bioquímicas sustentam a existência de uma linha do tempo para esse percurso evolutivo (Figura 1.2). Com base em suas características bioquímicas, os diversos organismos do mundo moderno podem ser divididos em três grupos fundamentais, denominados *domínios: Eukarya* (eucariotos), *Bacteria* e *Archaea*. O domínio *Eukarya* compreende todos os organismos multicelulares, incluindo os seres humanos, bem como inúmeros organismos unicelulares microscópicos, como as leveduras. A característica que define os eucariotos é a presença de um núcleo bem definido dentro de cada célula. Os organismos unicelulares, como as bactérias, que são desprovidos de núcleo, são denominados *procariotos*. Os procariotos foram reclassificados como dois domínios distintos em resposta à descoberta de Carl Woese, em 1977, de que determinados organismos semelhantes às bactérias são, do ponto de vista

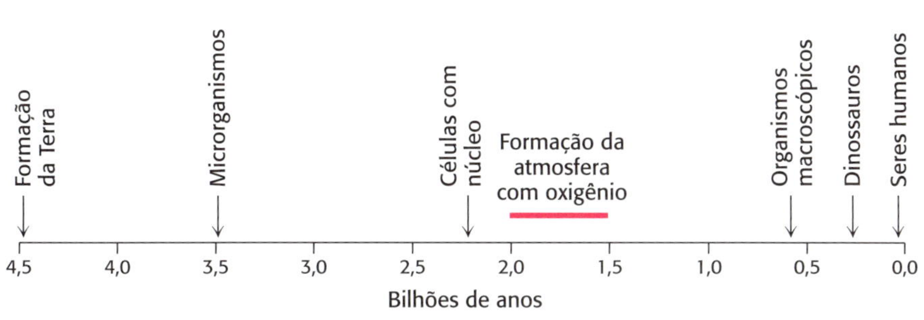


**FIGURA 1.2 Uma possível linha do tempo para a evolução bioquímica.** Estão indicados alguns eventos fundamentais. Observe que a vida na Terra começou há aproximadamente 3,5 bilhões de anos, enquanto os seres humanos só apareceram muito recentemente.

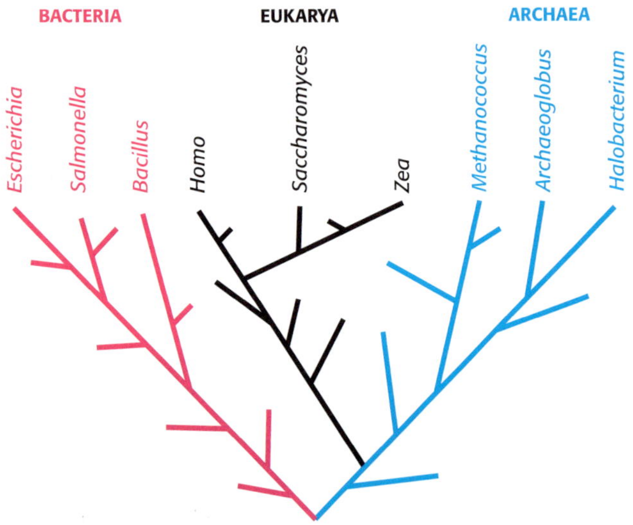


**FIGURA 1.3 A árvore da vida.** Uma possível via evolutiva a partir de um ancestral comum há aproximadamente 3,5 bilhões de anos, na base da árvore, até os organismos encontrados no mundo moderno, no topo.

bioquímico, muito distintos de outras espécies de bactérias anteriormente caracterizadas. Esses organismos, que agora sabemos que divergiram das bactérias no início da evolução, são conhecidos como *arqueia*. As vias evolutivas a partir de um ancestral comum até os organismos modernos podem ser deduzidas com base na informação bioquímica. Uma dessas vias possíveis é mostrada na Figura 1.3.

Grande parte deste livro explora as reações químicas e as macromoléculas biológicas e metabólitos associados que são encontrados em processos biológicos comuns a todos os organismos. Essa abordagem é possível com base na uniformidade da vida no nível bioquímico. Ao mesmo tempo, organismos diferentes possuem necessidades específicas dependendo do nicho biológico particular no qual evoluíram e vivem. Por meio de comparação e avaliação dos detalhes de vias bioquímicas particulares em organismos diferentes, podemos aprender como os desafios biológicos são solucionados em nível bioquímico. Na maioria dos casos, esses desafios são superados pela adaptação das macromoléculas já existentes às novas funções, em vez de solucioná-los pela evolução de macromoléculas totalmente novas.

A bioquímica foi sumamente enriquecida pela nossa capacidade de examinar as estruturas tridimensionais de macromoléculas biológicas com extraordinário detalhamento. Algumas dessas estruturas são simples e elegantes, enquanto outras são incrivelmente complicadas. De qualquer modo, essas estruturas fornecem um esqueleto essencial para a compreensão das funções. Iniciaremos nossa investigação pela inter-relação entre estrutura e função com o material genético, o DNA.

## 1.2 O DNA ilustra a inter-relação entre forma e função

Uma característica bioquímica fundamental comum a todos os organismos celulares consiste na utilização do DNA para armazenar a informação genética. A descoberta de que o DNA desempenha esse papel central foi feita em estudos com bactérias na década de 1940. Essa descoberta foi seguida de uma apresentação convincente da estrutura tridimensional do DNA em 1953, um evento que preparou o terreno para muitos dos avanços realizados em bioquímica e em muitos outros campos até os dias de hoje.

A estrutura do DNA ilustra fortemente um princípio básico e comum a todas as macromoléculas biológicas: a íntima relação existente entre estrutura e função. Devido às notáveis propriedades dessa substância química, ela pode funcionar como veículo muito eficiente e robusto para o armazenamento de informações. Podemos começar com o exame da estrutura covalente do DNA e sua expansão em três dimensões.

### O DNA é construído a partir de quatro blocos de edificação

O DNA é um *polímero linear* constituído por quatro tipos diferentes de monômeros. Ele apresenta um esqueleto fixo, a partir do qual se projetam substituintes variáveis, designados como bases (Figura 1.4). O esqueleto é constituído por unidades repetidas de açúcar-fosfato. Os açúcares são moléculas de *desoxirribose*, a partir da qual o DNA recebeu o seu nome. Cada açúcar está conectado a dois grupos fosfato por ligações diferentes. Além disso, cada açúcar é orientado da mesma maneira, de modo que cada

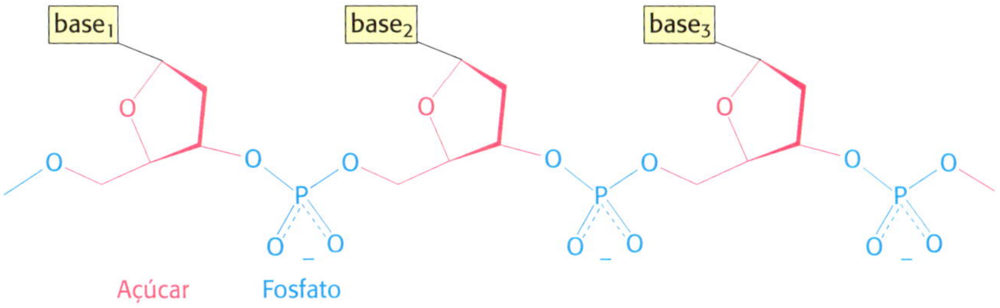


**FIGURA 1.4 Estrutura covalente do DNA.** Cada unidade da estrutura polimérica é composta por um açúcar (desoxirribose), um fosfato e uma base variável que se projeta a partir do esqueleto de açúcar-fosfato.

fita de DNA possui direcionalidade, com uma das extremidades distinguível da outra. Cada desoxirribose está unida a uma de quatro bases possíveis: adenina (A), citosina (C), guanina (G) e timina (T).

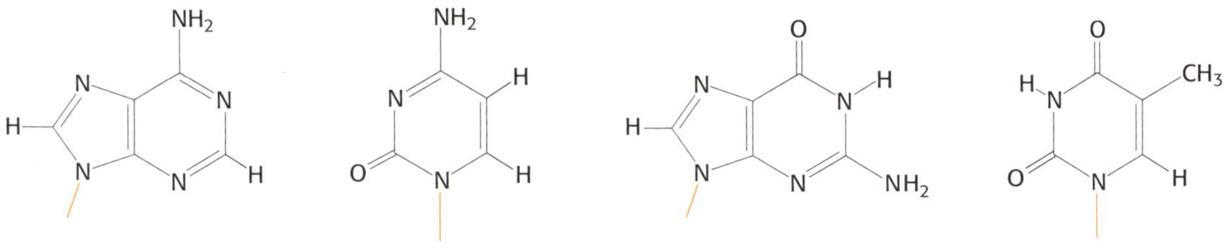

**Adenina (A)** **Citosina (C)** **Guanina (G)** **Timina (T)**

Essas bases estão conectadas aos componentes do açúcar no esqueleto do DNA por meio das ligações mostradas em preto na Figura 1.4. Todas as quatro bases são planares, porém diferem significativamente em outros aspectos. Por conseguinte, cada monômero de DNA consiste em uma unidade de açúcar-fosfato e uma de quatro bases ligada ao açúcar. Essas bases podem se organizar em qualquer ordem ao longo da fita de DNA.

## Duas fitas simples de DNA se combinam para formar uma dupla hélice

A maioria das moléculas de DNA é constituída por duas fitas, e não por uma única fita (Figura 1.5). Em 1953, James Watson e Francis Crick deduziram a organização dessas fitas e propuseram uma estrutura tridimensional para as moléculas de DNA baseados, em parte, em dados experimentais de Rosalind Franklin. Essa estrutura é uma *dupla hélice* composta por duas fitas entrelaçadas dispostas de tal modo que o esqueleto de açúcar-fosfato está situado externamente, enquanto as bases encontram-se na parte interna. A chave para essa estrutura reside no fato de que as bases formam *pares de bases específicos* (bp), unidos por *ligações de hidrogênio* (ver seção 1.3 adiante): a adenina emparelha-se com a timina (A-T), e a guanina, com a citosina (G-C), como mostra a Figura 1.6. As ligações de hidrogênio são muito mais fracas do que as *ligações covalentes*, como as ligações de carbono-carbono ou carbono-nitrogênio, que

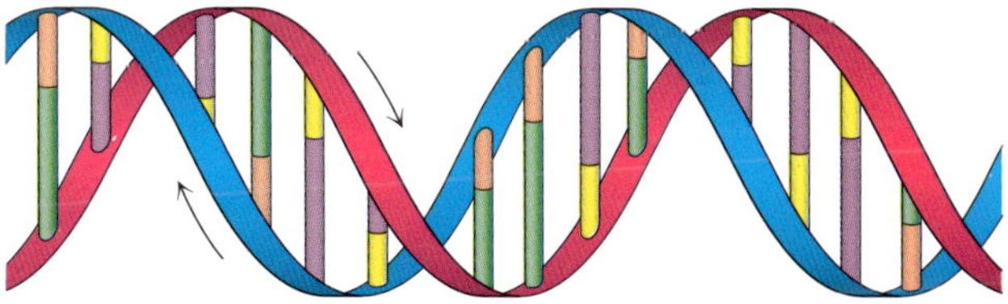

**FIGURA 1.5 A dupla hélice.** A estrutura do DNA em dupla hélice, proposta por Watson e Crick. O esqueleto de açúcar-fosfato das duas cadeias é mostrado em vermelho e azul, enquanto as bases são mostradas em verde, violeta, laranja e amarelo. As duas fitas são antiparalelas, seguindo em direções opostas em relação ao eixo da dupla hélice, conforme indicado pelas setas.

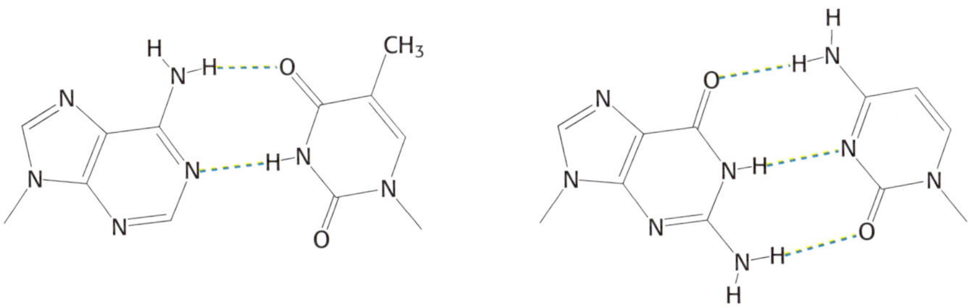

**Adenina (A)** **Timina (T)** **Guanina (G)** **Citosina (C)**

**FIGURA 1.6 Pares de bases de Watson-Crick.** A adenina pareia com a timina (A-T) e a guanina com a citosina (G-C). As linhas verdes tracejadas representam as ligações de hidrogênio.

definem as estruturas das próprias bases. Essas ligações fracas são cruciais para os sistemas bioquímicos; são fracas o suficiente para serem reversivelmente clivadas em processos bioquímicos. Todavia, quando muitas se formam simultaneamente, são fortes o suficiente para auxiliar na estabilização de estruturas específicas, como a dupla hélice.

### A estrutura do DNA explica a hereditariedade e o armazenamento da informação

A estrutura proposta por Watson e Crick tem duas propriedades de importância central para o papel do DNA como material da hereditariedade. Em primeiro lugar, a estrutura é compatível com qualquer sequência de bases. Enquanto as bases são distintas na sua estrutura, os pares de bases possuem essencialmente o mesmo formato (Figura 1.6) e, assim, encaixam-se igualmente bem no centro da estrutura em dupla hélice de qualquer sequência. Sem quaisquer restrições, a sequência de bases ao longo de uma fita de DNA pode atuar como um meio eficiente para o armazenamento de informação. Com efeito, a sequência de bases ao longo das fitas de DNA representa o modo pelo qual a informação genética é armazenada. A sequência do DNA determina as sequências das moléculas de ácido ribonucleico (RNA) e das proteínas que executam a maioria das atividades dentro das células.

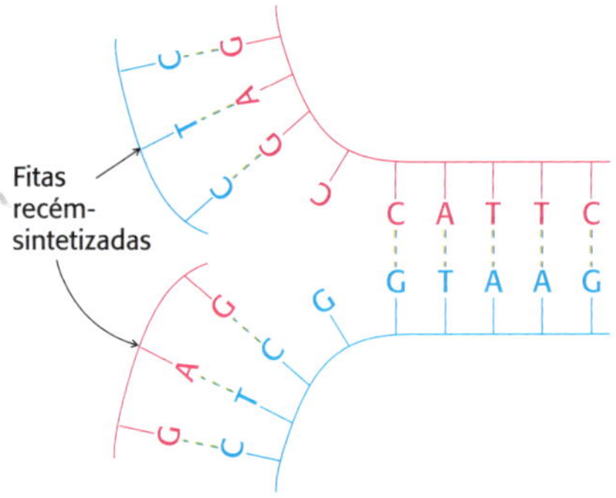


**FIGURA 1.7 Replicação do DNA.** Se uma molécula de DNA for separada em duas fitas, cada fita poderá atuar como molde para a produção de sua fita complementar.

Em segundo lugar, devido ao pareamento de bases, a sequência de bases ao longo de uma fita determina totalmente a sequência ao longo da outra fita. Como Watson e Crick expressaram de modo tão particular: "Não podia escapar à nossa atenção que o pareamento específico que postulamos sugere de imediato um possível mecanismo de cópia para o material genético." Assim, se a dupla hélice de DNA for separada em duas fitas simples, cada fita pode atuar como molde para a geração de sua fita complementar por meio da formação de pares de bases específicos (Figura 1.7). A estrutura tridimensional do DNA ilustra perfeitamente a estreita conexão existente entre a forma molecular e a função.

## 1.3 Os conceitos da química explicam as propriedades das moléculas biológicas

Já constatamos como um conhecimento de química referente à capacidade das bases do DNA de formar ligações de hidrogênio levou a uma profunda compreensão de um processo biológico fundamental. Para estabelecer as bases para o restante do livro, vamos começar o estudo da bioquímica examinando conceitos selecionados de química e mostrando como esses conceitos se aplicam aos sistemas biológicos. Os conceitos incluem os tipos de ligações químicas; a estrutura da água, o solvente no qual a maioria dos processos biológicos acontece; a Primeira e a Segunda Leis da Termodinâmica, e os princípios da química de ácidos e bases.

### A formação da dupla hélice do DNA como exemplo-chave

Iremos utilizar esses conceitos para examinar um processo bioquímico arquetípico – a formação de uma dupla hélice de DNA a partir de suas fitas componentes. Esse processo é apenas um dos numerosos exemplos que poderiam ter sido escolhidos para ilustrar esses tópicos. É importante ter em mente que, embora a discussão específica seja sobre o DNA e a formação de uma dupla hélice, os conceitos apresentados são bastante gerais e serão aplicados a muitas outras classes de moléculas e processos que serão discutidos no restante do livro. Ao longo dessas discussões, vamos mencionar as propriedades da água e os conceitos de p$K_a$ e dos tampões, que são de grande importância para muitos aspectos da bioquímica.

## A dupla hélice pode ser formada a partir de suas fitas componentes

A descoberta de que o DNA proveniente de fontes naturais existe em uma forma de dupla hélice com pares de bases de Watson-Crick sugeriu, mas não provou, que essas duplas hélices podem se formar espontaneamente fora dos sistemas biológicos. Suponha que duas fitas curtas de DNA tenham sido quimicamente sintetizadas para terem sequências complementares, de modo que, a princípio, pudessem formar uma dupla hélice com pares de bases de Watson-Crick. Duas dessas sequências são CGATTAAT e ATTAATCG. As estruturas dessas moléculas em solução podem ser examinadas por uma variedade de técnicas. Isoladamente, cada sequência existe quase exclusivamente como uma molécula de fita simples. Entretanto, quando as duas sequências são misturadas, forma-se uma dupla hélice com pares de bases de Watson-Crick (Figura 1.8). Essa reação prossegue quase completamente.

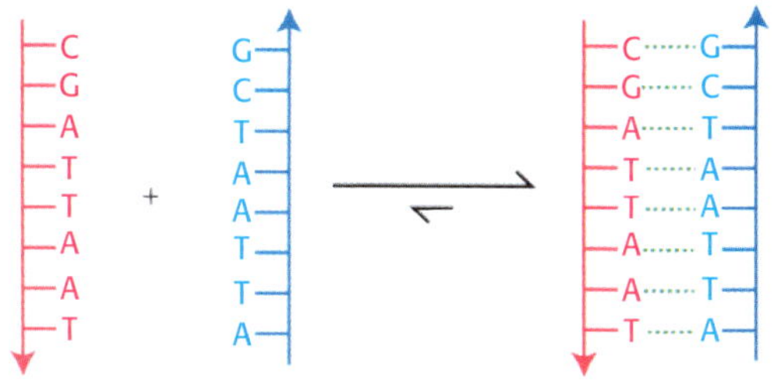


**FIGURA 1.8 Formação de uma dupla hélice.** Quando duas fitas de DNA com sequências complementares apropriadas são misturadas, elas se unem espontaneamente para formar uma dupla hélice.

Que forças atuam para induzir as duas fitas de DNA a se ligar uma à outra? Para analisar essa reação de ligação, precisamos considerar vários fatores: os tipos de interações e de ligações nos sistemas bioquímicos e o favorecimento energético da reação. Precisamos também considerar a influência das condições da solução – em particular, as consequências das reações acidobásicas.

## As ligações covalentes e não covalentes são importantes para a estrutura e a estabilidade das moléculas biológicas

Os átomos interagem uns com os outros por meio de ligações químicas. Essas ligações incluem as ligações covalentes, que definem a estrutura das moléculas, bem como uma variedade de interações não covalentes, que possuem grande importância para a bioquímica.

**Ligações covalentes.** As ligações mais fortes são as ligações covalentes, como as que mantêm os átomos juntos dentro das bases individuais do DNA mostradas anteriormente (ver p. 4). Uma ligação covalente é formada pelo compartilhamento de um par de elétrons entre átomos adjacentes. Uma ligação covalente típica de carbono-carbono (C–C) apresenta um comprimento de 1,54 Å e uma energia de ligação de 355 kJ $mol^{-1}$ (85 kcal $mol^{-1}$). Como as ligações covalentes são extremamente fortes, é necessário despender uma energia considerável para quebrá-las. Mais de um par de elétrons pode ser compartilhado entre dois átomos para formar uma ligação covalente múltipla. Por exemplo, três das bases na Figura 1.6 incluem as ligações duplas de carbono–oxigênio (C O). Essas ligações são ainda mais fortes do que as ligações simples C–C, com energias próximas de 730 kJ $mol^{-1}$ (175 kcal $mol^{-1}$) e são um tanto mais curtas.

No caso de algumas moléculas, mais de um padrão de ligação covalente pode ser representado. Por exemplo, a adenina pode ser representada de duas maneiras quase equivalentes, denominadas *estruturas de ressonância*.

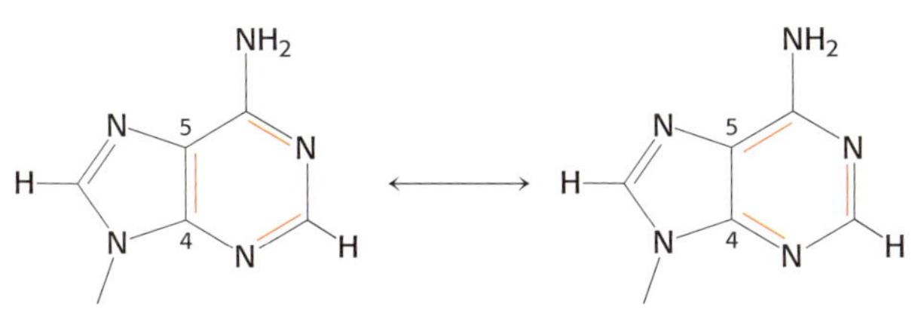


Essas estruturas de adenina ilustram disposições alternativas das ligações simples e duplas que são possíveis dentro do mesmo esqueleto

### Unidades de distância e de energia

As distâncias interatômicas e os comprimentos das ligações são habitualmente medidos em unidades de Angstrom (Å):

$$1 \text{ Å} = 10^{-10} \text{ m} = 10^{-8} \text{ cm} = 0{,}1 \text{ nm}$$

Diversas unidades de energia são comumente utilizadas.

Um joule (J) é a quantidade de energia necessária para mover 1 metro contra uma força de 1 newton. Um quilojoule (kJ) é igual a 1.000 J. Uma caloria é a quantidade de energia necessária para elevar a temperatura de 1 g de água em 1 grau Celsius. Uma quilocaloria (kcal) é igual a 1.000 calorias. Um joule é igual a 0,239 caloria.

estrutural. As estruturas de ressonância são mostradas conectadas por uma seta de duas pontas. A estrutura verdadeira da adenina é composta de suas duas estruturas de ressonância. A estrutura composta manifesta-se no comprimento das ligações, como a ligação que une os átomos de carbono C-4 e C-5. O comprimento observado de ligação de 1,4 Å situa-se entre o esperado para uma ligação simples C–C (1,54 Å) e uma ligação dupla C C (1,34 Å). Uma molécula que pode ser representada na forma de várias estruturas de ressonância de energias aproximadamente iguais possui maior estabilidade do que uma molécula sem múltiplas estruturas de ressonância.

**Ligações não covalentes.** As ligações não covalentes são mais fracas do que as ligações covalentes, mas são cruciais para os processos bioquímicos, como a formação de uma dupla hélice. Os quatro tipos fundamentais de ligações não covalentes são as *interações iônicas,* as *ligações de hidrogênio*, as *interações de van der Waals* e as *interações hidrofóbicas.* Elas diferem quanto a geometria, força e especificidade. Além disso, essas ligações são afetadas de maneiras extremamente diferentes pela presença de água. Vamos considerar as características de cada tipo:

**1.** *Interações iônicas.* Um grupo com carga elétrica pode atrair um grupo de carga oposta presente na mesma molécula ou em outra molécula. A energia de uma interação iônica (algumas vezes denominada interação eletrostática) é fornecida pela *lei de Coulomb:*

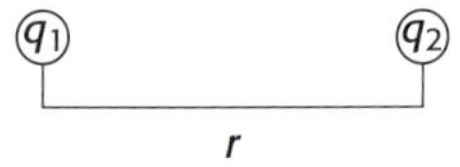


$$E = kq_1q_2/Dr$$

em que $E$ é a energia, $q_1$ e $q_2$ são as cargas nos dois átomos (em unidades de carga eletrônica), $r$ é a distância entre os dois átomos (em angstroms), $D$ é a constante dielétrica (que diminui a força do Coulomb, dependendo do solvente ou meio interveniente) e $k$ é uma constante de proporcionalidade ($k = 1.389$, para unidades de energia em quilojoules por mol; ou 332, para energias em quilocalorias por mol).

Por convenção, uma interação de atração possui energia negativa. A interação iônica entre dois íons com cargas unitárias opostas e separados por 3 Å em água (que tem uma constante dielétrica de 80) apresenta uma energia de –5,8 kJ $mol^{-1}$ (–1,4 kcal $mol^{-1}$). Observe a importância da constante dielétrica do meio. Para os mesmos íons separados por 3 Å em um solvente apolar como o hexano (que possui uma constante dielétrica de 2), a energia dessa interação é de –232 kJ $mol^{-1}$ (–55 kcal $mol^{-1}$).

**2.** *Ligações de hidrogênio.* Essas interações são primariamente interações iônicas em que cargas parciais em átomos adjacentes se atraem. As ligações de hidrogênio são responsáveis pela formação de pares de bases específicos na dupla hélice do DNA. O átomo de hidrogênio em uma ligação de hidrogênio é parcialmente compartilhado por dois átomos eletronegativos, como o nitrogênio ou o oxigênio. O *doador de ligação de hidrogênio* é o grupo que inclui tanto o átomo ao qual o átomo de hidrogênio se liga mais fortemente quanto o próprio átomo de hidrogênio, enquanto o *aceptor de ligação de hidrogênio* é o átomo ligado menos fortemente ao átomo de hidrogênio (Figura 1.9). O átomo eletronegativo ao qual o átomo de hidrogênio está ligado de modo covalente afasta a densidade de elétrons do átomo de hidrogênio, que, assim, desenvolve uma carga positiva parcial ($\delta^+$). Por conseguinte, o átomo de hidrogênio com uma carga positiva parcial pode interagir com um átomo que tenha uma carga negativa parcial ($\delta^-$) por meio de uma interação iônica.

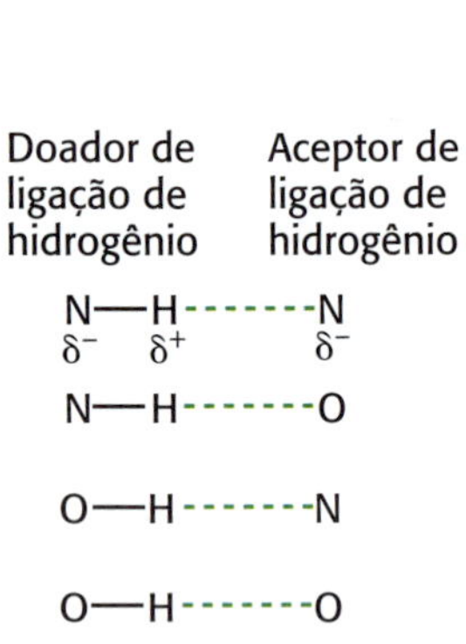


**FIGURA 1.9 Ligações de hidrogênio.** As ligações de hidrogênio são representadas por linhas verdes tracejadas. As posições das cargas parciais ($\delta^+$ e $\delta^-$) também são mostradas.

As ligações de hidrogênio são muito mais fracas do que as ligações covalentes. Elas possuem uma energia que varia de 4 a 20 kJ $mol^{-1}$ (de 1 a 5 kcal $mol^{-1}$). As ligações de hidrogênio também são um pouco mais longas do que as ligações covalentes; a distância de suas ligações (medida a partir do átomo de hidrogênio) varia de 1,5 Å a 2,6 Å; por conseguinte, uma distância que varia de 2,4 Å a 3,5 Å separa os dois átomos eletronegativos em uma ligação de hidrogênio.

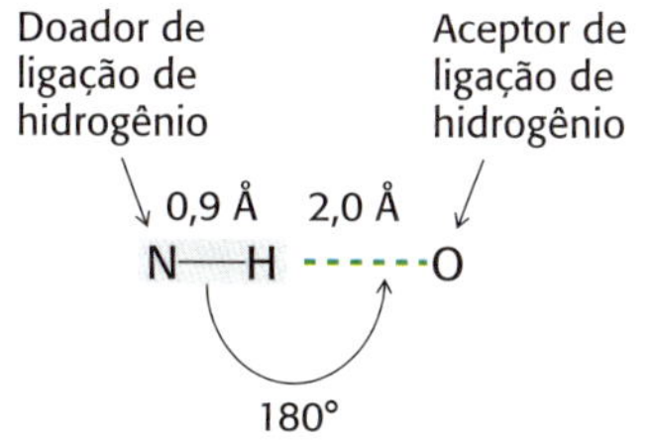


As ligações de hidrogênio mais fortes apresentam uma tendência a ser retas, de modo que o doador de ligação de hidrogênio, o átomo de hidrogênio e o aceptor de ligação de hidrogênio estão situados ao longo de uma linha reta. Essa tendência à linearidade pode ser importante para que as moléculas que interagem se orientem uma em relação à outra. As interações da ligação de hidrogênio são responsáveis por muitas das propriedades que fazem da água um solvente tão especial, como vamos descrever adiante.

**3.** *Interações de van der Waals.* O fundamento para uma interação de van der Waals reside no fato de que a distribuição da carga eletrônica em torno de um átomo flutua com o tempo. Em qualquer instante, a distribuição da carga não é perfeitamente simétrica. Essa assimetria transitória na carga elétrica em torno de um atomo atua por meio de interações iônicas para induzir uma assimetria complementar na distribuição dos elétrons em seus átomos vizinhos. O átomo e seus vizinhos então se atraem uns aos outros. Essa atração aumenta à medida que dois átomos se aproximam um do outro até que sejam separados pela *distância de contato* de van der Waals (Figura 1.10). Com distâncias mais curtas que a distância de contato de van der Waals, forças de repulsão muito fortes tornam-se dominantes devido à sobreposição das nuvens de elétrons externas dos dois átomos.

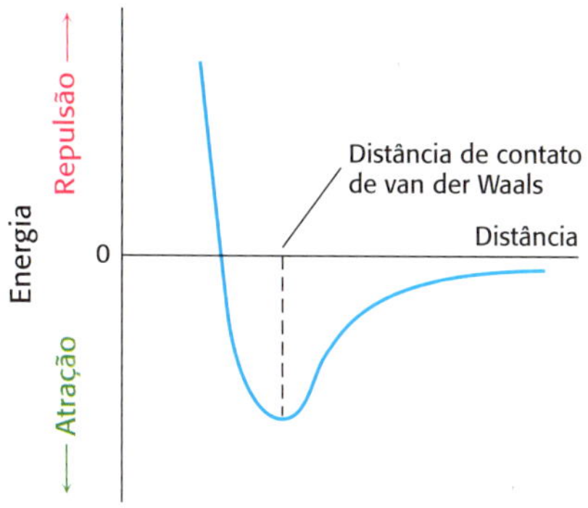


**FIGURA 1.10 Energia de uma interação de van der Waals quando dois átomos se aproximam.** A energia é mais favorável na distância de contato de van der Waals. Devido à repulsão elétron-elétron, a energia aumenta rapidamente à medida que a distância entre os átomos torna-se menor do que a distância de contato.

As energias associadas às interações de van der Waals são bem pequenas; as interações típicas contribuem com 2 a 4 kJ $mol^{-1}$ (0,5 a 1 kcal $mol^{-1}$) por par de átomos. Entretanto, quando as superfícies de duas moléculas grandes entram em contato, um grande número de átomos estabelece um contato de van der Waals, e o efeito líquido, somado por muitos pares de átomos, pode ser substancial.

A quarta interação não covalente, a interação hidrofóbica, será descrita após examinarmos as características da água. Com efeito, essas características são fundamentais para compreender a interação hidrofóbica.

**Propriedades da água.** A água é o solvente no qual ocorre a maioria das reações bioquímicas, e suas propriedades são essenciais para a formação das estruturas macromoleculares e o progresso das reações químicas. A água tem duas propriedades particularmente relevantes:

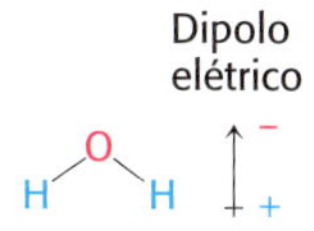


**1.** *A água é uma molécula polar.* A molécula de água é curva e não linear, de modo que a distribuição das cargas é assimétrica. O núcleo do oxigênio atrai elétrons dos dois núcleos de hidrogênio, deixando a região em torno de cada átomo de hidrogênio com uma carga líquida positiva. Dessa maneira, a molécula de água é uma estrutura eletricamente polar.

**2.** *A água é altamente coesiva.* As moléculas de água interagem fortemente umas com as outras por meio de ligações de hidrogênio. Essas interações são aparentes na estrutura do gelo (Figura 1.11). A estrutura é mantida unida por redes de ligações de hidrogênio; interações semelhantes ligam as moléculas de água no estado líquido e são responsáveis por muitas das propriedades da água. No estado líquido, aproximadamente uma em quatro das ligações de hidrogênio presentes no gelo é rompida. A natureza polar da água é responsável pela sua alta constante dielétrica de 80. As moléculas em solução aquosa interagem com as moléculas de água por meio da formação de ligações de hidrogênio e

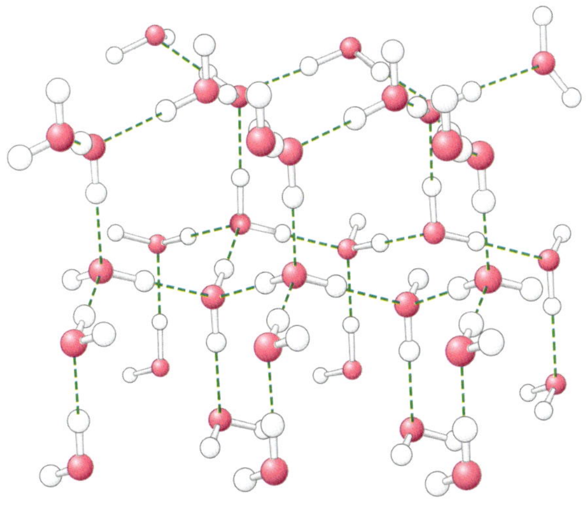

**FIGURA 1.11 Estrutura do gelo.** Ligações de hidrogênio (mostradas pelas linhas tracejadas verdes) são formadas entre as moléculas de água para produzir uma estrutura altamente ordenada e aberta.

por meio de interações iônicas. Essas interações fazem com que a água seja um solvente versátil, capaz de dissolver rapidamente muitos compostos, particularmente aqueles polares e com carga elétrica que podem participar dessas interações.

**Efeito hidrofóbico.** A última interação fundamental, denominada *efeito hidrofóbico,* é uma manifestação das propriedades da água. Algumas moléculas (denominadas *moléculas apolares*) são incapazes de participar na formação de ligações de hidrogênio ou interações iônicas. As interações de moléculas apolares com moléculas de água não são tão favoráveis quanto as interações entre as moléculas de água entre si. As moléculas de água em contato com essas moléculas apolares formam "gaiolas" em torno delas, tornando-se mais organizadas do que as moléculas de água livres em solução. Entretanto, quando duas dessas moléculas apolares se unem, algumas moléculas de água são liberadas, permitindo a sua interação livremente com o restante da água (Figura 1.12). A liberação da água dessas "gaiolas" é favorável por motivos que serão considerados mais adiante. O resultado é que as moléculas apolares exibem maior tendência a se associar umas com as outras na água em comparação com outros solventes menos polares e menos autoassociáveis. Essa tendência é conhecida como efeito hidrofóbico, e as interações associadas são denominadas *interações hidrofóbicas*.

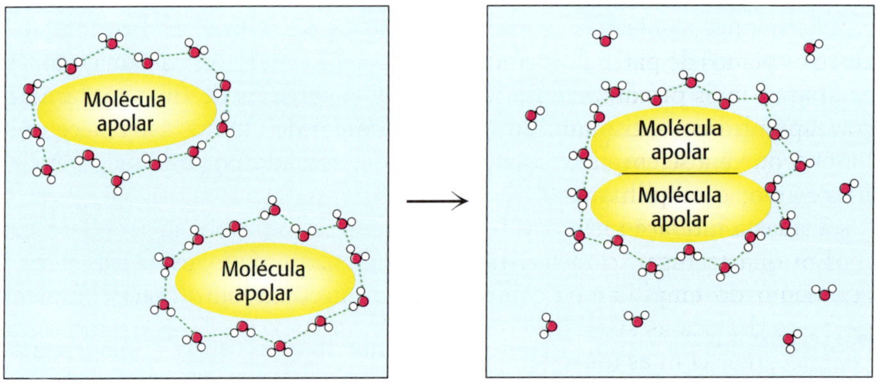


**FIGURA 1.12 Efeito hidrofóbico.** A agregação de grupos apolares na água leva à liberação das moléculas de água que estavam interagindo com a superfície apolar ao restante da água. A liberação de moléculas de água na solução torna favorável a agregação de grupos apolares.

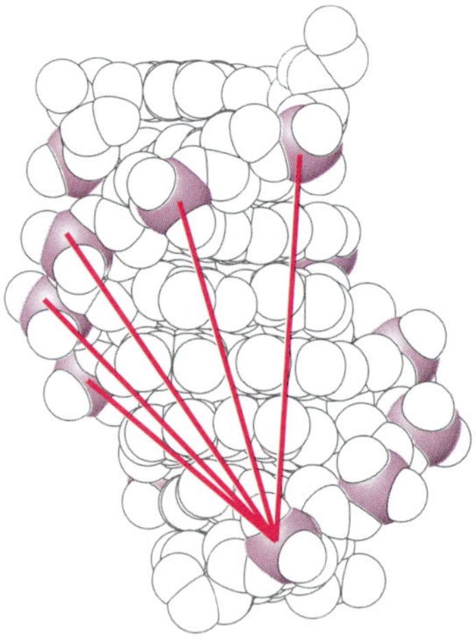

**FIGURA 1.13 Interações iônicas no DNA.** Cada unidade dentro da dupla hélice inclui um grupo fosfato (o átomo de fósforo é mostrado em violeta) que possui uma carga negativa. As interações desfavoráveis de um fosfato com vários outros são mostradas pelas linhas vermelhas. Essas interações repulsivas opõem-se à formação de uma dupla hélice.

## A dupla hélice é uma expressão das regras de química

Vamos analisar agora como essas quatro interações não covalentes atuam em conjunto para impulsionar a associação de duas fitas de DNA para formar uma dupla hélice. Em primeiro lugar, cada grupo fosfato em uma fita de DNA possui uma carga negativa. Esses grupos de carga negativa interagem de modo desfavorável uns com os outros à distância. Assim, ocorrem interações iônicas desfavoráveis quando duas fitas de DNA se aproximam. Esses grupos fosfato estão bem separados uns dos outros na dupla hélice, com distâncias superiores a 10 Å; entretanto, muitas dessas interações ocorrem (Figura 1.13). Assim, as interações iônicas opõem-se à formação da dupla hélice. A força dessas interações iônicas repulsivas é reduzida pela alta constante dielétrica da água e pela presença de espécies iônicas em solução, como íons $Na^+$ e $Mg^{2+}$. Essas espécies de carga positiva interagem com os grupos fosfato e neutralizam parcialmente as suas cargas negativas.

Em segundo lugar, conforme assinalado anteriormente, as ligações de hidrogênio são importantes para determinar a formação de pares de bases específicos na dupla hélice. Todavia, no DNA de fita simples, os doadores e os aceptores de ligações de hidrogênio são expostos à solução e podem formar ligações de hidrogênio com moléculas de água.

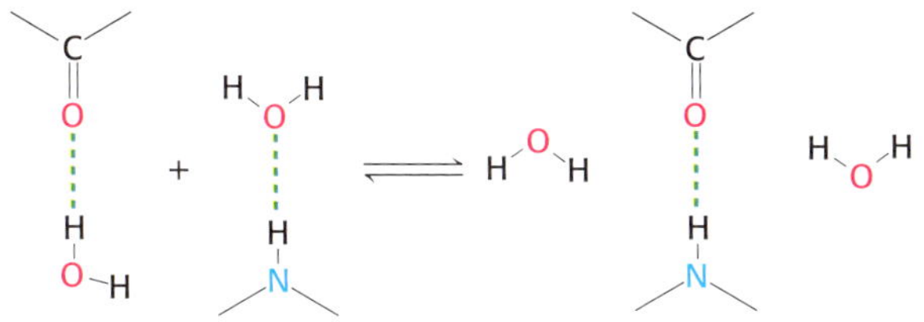

Quando duas fitas simples se encontram, as ligações de hidrogênio com a água são rompidas, e formam-se novas ligações de hidrogênio entre as bases. Como o número de ligações de hidrogênio quebradas é igual ao número formado, essas ligações de hidrogênio não contribuem de modo substancial para impulsionar o processo global de formação da dupla hélice. Entretanto, elas contribuem acentuadamente para a especificidade da ligação. Suponha que duas bases que não podem formar pares de bases de Watson-Crick se aproximem uma da outra. As ligações de hidrogênio com a água precisam ser rompidas para que as bases entrem em contato. Como as bases não são estruturalmente complementares, nem todas essas ligações podem ser simultaneamente substituídas por ligações de hidrogênio entre as bases. Assim, a formação de uma dupla hélice entre sequências não complementares é desfavorecida.

Em terceiro lugar, dentro de uma dupla hélice, os pares de bases são paralelos e praticamente empilhados um sobre o outro. A separação típica entre os planos de pares de bases adjacentes é de 3,4 Å, e as distâncias entre os átomos mais próximos é de cerca de 3,6 Å. Essa distância de separação corresponde bem à distância de contato de van der Waals (Figura 1.14). As bases tendem a se empilhar mesmo em moléculas de DNA de fita simples. Entretanto, o empilhamento de bases e as interações de van der Waals associadas são quase ideais em uma estrutura de dupla hélice.

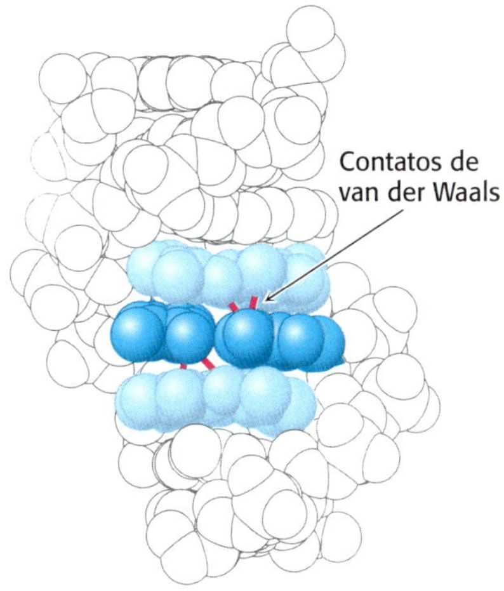


**FIGURA 1.14 Empilhamento de bases.** Na dupla hélice do DNA, os pares de bases adjacentes ficam praticamente empilhados um em cima do outro de modo que muitos átomos em cada par de bases são separados pela sua distância de contato de van der Waals. O par de bases central é mostrado em azul-escuro, e os dois pares de bases adjacentes, em azul-claro. Vários contatos de van der Waals são mostrados em vermelho.

Em quarto lugar, o efeito hidrofóbico também contribui para o favorecimento do empilhamento de bases. O empilhamento mais completo de bases desloca as superfícies apolares das bases para fora da água e em contato umas com as outras.

Os princípios de formação de uma dupla hélice entre duas fitas de DNA aplicam-se a muitos outros processos bioquímicos. Muitas interações fracas contribuem para o balanço energético global do processo, algumas de modo favorável e outras de modo desfavorável. Além disso, a complementaridade de superfície constitui uma característica fundamental: quando superfícies complementares entram em contato uma com a outra, os doadores de ligações de hidrogênio alinham-se com os aceptores de ligações de hidrogênio, e as superfícies apolares se unem para maximizar as interações de van der Waals e minimizar a área de superfície apolar exposta ao ambiente aquoso. As propriedades da água desempenham um importante papel na determinação da importância dessas interações.

## As leis da termodinâmica regem o comportamento dos sistemas bioquímicos

Podemos observar a formação da dupla hélice sob uma diferente perspectiva examinando as leis da termodinâmica. Essas leis são princípios gerais que se aplicam a todos os processos físicos (e biológicos). São de grande importância, uma vez que elas determinam as condições nas quais processos específicos podem ou não ocorrer. Em primeiro lugar, vamos considerar essas leis sob uma perspectiva geral e, em seguida, aplicaremos os princípios que desenvolvemos na formação da dupla hélice.

As leis da termodinâmica distinguem um sistema e seu ambiente. Um *sistema* refere-se à matéria dentro de uma região definida do espaço. A matéria no resto do universo é denominada *vizinhança*. A *Primeira Lei da Termodinâmica estabelece que a energia total de um sistema e de sua vizinhança é constante*. Em outras palavras, a quantidade de energia do universo é constante; a energia não pode ser criada nem destruída. Entretanto, a energia pode assumir diferentes formas. Por exemplo, o calor é uma forma de energia. O calor é uma manifestação da *energia cinética* associada ao movimento aleatório das moléculas. Alternativamente, a energia pode estar presente como *energia potencial* – a energia que será liberada na ocorrência de algum processo. Considere, por exemplo, uma bola que esteja no topo de uma torre. A bola possui uma considerável energia potencial, visto que, quando for liberada, ela irá desenvolver energia cinética associada a seu movimento durante a queda. Nos sistemas químicos, a energia potencial está relacionada com a probabilidade de que os átomos possam reagir entre si. Por exemplo, uma mistura de gasolina e oxigênio apresenta grande energia potencial, visto que essas moléculas podem reagir para formar dióxido de carbono e água, liberando energia na forma de calor. A Primeira Lei exige que qualquer energia liberada na forma de ligações químicas seja utilizada para quebrar outras ligações, liberada como calor ou luz, ou armazenada de alguma outra forma.

Outro conceito termodinâmico importante é o da *entropia*, uma medida do grau de aleatoriedade ou desordem de um sistema. *A Segunda Lei da Termodinâmica estabelece que a entropia total de um sistema, somada àquela de sua vizinhança, aumenta sempre*. Por exemplo, a liberação da água das superfícies apolares responsáveis pelo efeito hidrofóbico é favorável, visto que as moléculas de água livres em solução são mais desordenadas do que quando estão associadas a superfícies apolares. À primeira vista, a Segunda Lei parece contradizer muito o senso comum, particularmente no que se refere aos sistemas biológicos. Muitos processos biológicos, como a geração de uma folha a partir de dióxido de carbono e outros nutrientes, aumentam claramente o nível de ordem e, portanto, diminuem a entropia. A entropia pode ser diminuída localmente na formação dessas estruturas ordenadas apenas se a entropia de outras partes do universo aumentar em uma quantidade igual ou maior. A diminuição local de entropia frequentemente ocorre pela liberação de calor, o que aumenta a entropia da vizinhança.

Nós podemos analisar esse processo em termos quantitativos. Em primeiro lugar, consideremos o sistema. A entropia ($S$) do sistema pode mudar durante uma reação química em uma quantidade $\Delta S_{\text{sistema}}$. Se o calor fluir do sistema para a sua vizinhança, então a quantidade de calor, frequentemente designada como *entalpia* ($H$) do sistema, será reduzida por uma quantidade de $\Delta H_{\text{sistema}}$. Para aplicar a Segunda Lei, precisamos determinar a mudança de entropia da vizinhança. Se o calor fluir do sistema para a vizinhança, a entropia da vizinhança irá aumentar. A mudança precisa na entropia da vizinhança depende da temperatura; a mudança na entropia é maior quando se adiciona calor a vizinhanças relativamente frias do que quando se adiciona calor a vizinhanças com altas temperaturas, que já exibem alto grau de desordem. Para ser ainda mais específico, a mudança de entropia da vizinhança será proporcional à quantidade de calor transferida do sistema e inversamente proporcional à temperatura ($T$) da vizinhança. Em sistemas biológicos, $T$ [em kelvins (K), temperatura absoluta] é habitualmente considerada constante. Por conseguinte, a mudança na entropia da vizinhança é fornecida por

$$\Delta S_{\text{vizinhança}} = -\Delta H_{\text{sistema}}/T \quad (1)$$

A mudança total de entropia é fornecida pela seguinte expressão:

$$\Delta S_{\text{total}} = \Delta S_{\text{sistema}} + \Delta S_{\text{vizinhança}} \qquad (2)$$

Substituindo a equação 1 na equação 2, teremos:

$$\Delta S_{\text{total}} = \Delta S_{\text{sistema}} - \Delta H_{\text{sistema}}/T \qquad (3)$$

Multiplicando por $-T$, temos:

$$-T\Delta S_{\text{total}} = \Delta H_{\text{sistema}} - T\Delta S_{\text{sistema}} \qquad (4)$$

A função $-T\Delta S$ possui unidades de energia e é designada como *energia livre* ou *energia livre de Gibbs* em homenagem a Josiah Willard Gibbs, que desenvolveu essa função em 1878:

$$\Delta G = \Delta H_{\text{sistema}} - T\Delta S_{\text{sistema}} \qquad (5)$$

A mudança de energia livre, $\Delta G$, será utilizada em todo este livro para descrever a energética das reações bioquímicas. A energia livre de Gibbs é essencialmente uma medida que acompanha tanto a entropia do sistema (diretamente) quanto a entropia da vizinhança (na forma de calor liberado pelo sistema).

Lembre-se de que a Segunda Lei da Termodinâmica estabelece que, para que um processo ocorra, a entropia do universo precisa aumentar. A análise da equação 3 mostra que a entropia total irá aumentar se e apenas se:

$$\Delta S_{\text{sistema}} > \Delta H_{\text{sistema}}/T \qquad (6)$$

Reorganizando os elementos, teremos $T\Delta S_{\text{sistema}} > \Delta H_{\text{sistema}}$ ou, em outras palavras, a entropia irá aumentar se e apenas se:

$$\Delta G = \Delta H_{\text{sistema}} - T\Delta S_{\text{sistema}} < 0 \qquad (7)$$

Por conseguinte, a mudança de energia livre precisa ser negativa para que um processo ocorra de modo espontâneo. *Há uma mudança de energia livre negativa quando e apenas quando a entropia total do universo aumenta.* Mais uma vez, a energia livre representa um termo simples que leva em consideração tanto a entropia do sistema quanto a entropia da vizinhança.

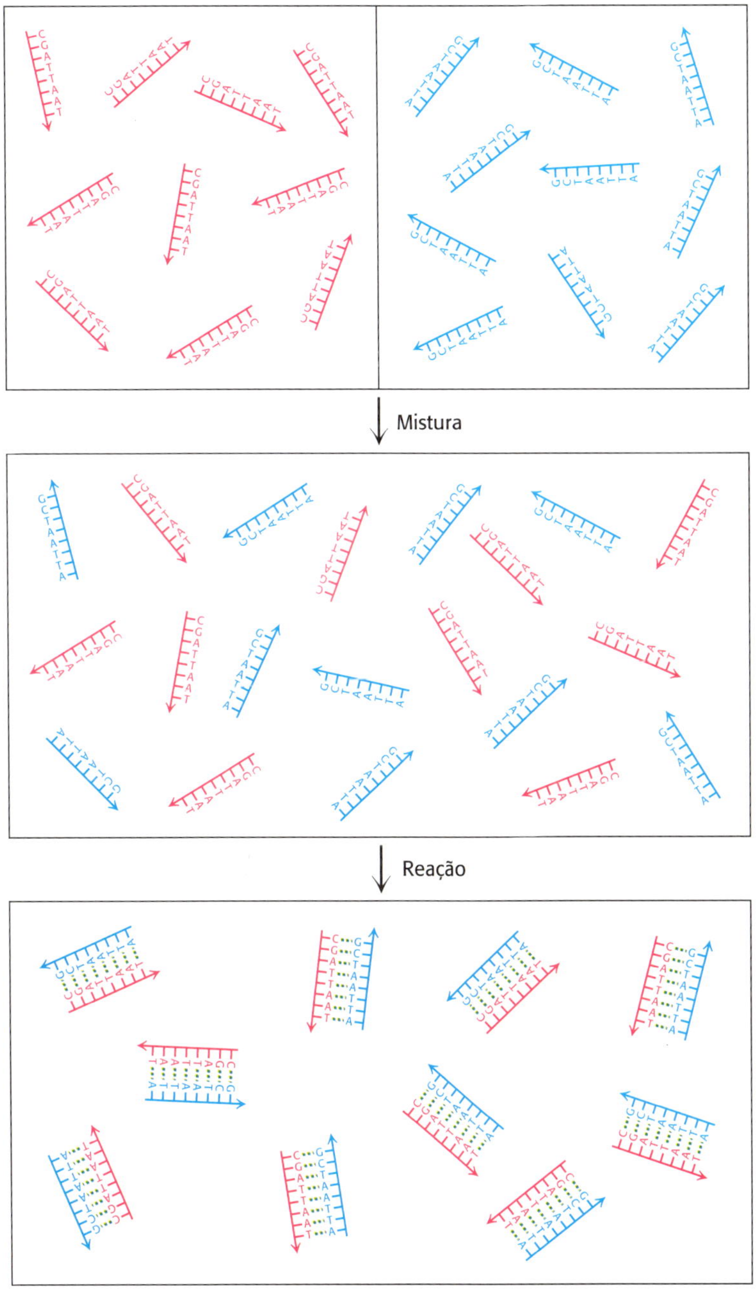


**FIGURA 1.15 Formação da dupla hélice e entropia.** Quando soluções contendo fitas de DNA com sequências complementares são misturadas, as fitas reagem para formar duplas hélices. O processo resulta na perda de entropia do sistema, indicando que calor deve ser liberado para a vizinhança de modo a evitar a violação da Segunda Lei da Termodinâmica.

## Ocorre liberação de calor na formação da dupla hélice

Vejamos agora como os princípios da termodinâmica aplicam-se à formação da dupla hélice (Figura 1.15). Suponhamos que soluções contendo cada uma das duas fitas sejam misturadas. Antes que haja formação da dupla hélice, cada uma das fitas simples encontra-se livre na solução para tombar e girar, enquanto cada par de fitas unidas na dupla hélice deve se mover em conjunto. Além disso, as fitas simples livres existem em maior número de conformações do que o número possível quando estão unidas entre si em uma dupla hélice. Por conseguinte, a formação de uma dupla hélice a partir de duas fitas simples parece resultar em um aumento na ordem do sistema, ou seja, em uma redução na entropia do sistema.

Com base nessa análise, esperamos que a dupla hélice não possa ser formada sem a violação da Segunda Lei da Termodinâmica, a não ser que seja liberado calor para aumentar a entropia da vizinhança. Experimentalmente, podemos medir o calor liberado, permitindo que as soluções que contêm as duas fitas simples se unam dentro de um banho-maria, que aqui corresponde à vizinhança. Podemos determinar então a quantidade de calor que precisa ser absorvida pelo banho-maria ou liberada dele de modo a mantê-lo em uma temperatura constante. Esse experimento estabelece que uma quantidade substancial de calor é liberada – ou seja, aproximadamente 250 kJ $mol^{-1}$ (60 kcal $mol^{-1}$). Esse resultado experimental revela que a mudança na entalpia do processo é muito grande, de –250 kJ $mol^{-1}$, ou seja, condizente com a nossa expectativa sobre a necessidade de liberação de uma quantidade significativa de calor para a vizinhança para que o processo não viole a Segunda Lei. Constatamos, em termos quantitativos, como a ordem dentro de um sistema pode ser aumentada pela liberação de calor à vizinhança suficiente para assegurar um aumento da entropia do universo. Encontraremos esse tema geral ao longo de todo o livro.

## As reações acidobásicas são de importância central em muitos processos bioquímicos

Em toda a nossa análise sobre a formação da dupla hélice, lidamos apenas com as ligações não covalentes que são formadas ou quebradas nesse processo. Muitos processos bioquímicos envolvem a formação e a clivagem de ligações covalentes. As *reações acidobásicas* constituem uma classe de reações particularmente importante em bioquímica.

Nas reações de ácidos e bases, íons hidrogênio são adicionados ou removidos das moléculas. Ao longo deste livro, vamos encontrar muitos processos nos quais a adição ou a remoção de átomos de hidrogênio é crucial, como os processos metabólicos pelos quais os carboidratos são degradados para liberar energia para outros fins. Por conseguinte, é essencial ter uma compreensão completa dos princípios básicos dessas reações.

Um íon hidrogênio, frequentemente representado como $H^+$, corresponde a um próton. De fato, os íons hidrogênio estão presentes em solução ligados a moléculas de água, formando, assim, os denominados *íons hidrônio*, $H_3O^+$. Para simplificar, continuaremos a representá-los como $H^+$; entretanto, é preciso ter em mente que o $H^+$ é uma simplificação para se referir à verdadeira espécie presente.

A concentração de íons hidrogênio em solução é expressa como pH. Especificamente, o pH de uma solução é definido como:

$$pH = -\log[H^+]$$

em que $[H^+]$ é expresso em unidades de molaridade. Assim, um pH de 7,0 refere-se a uma solução para a qual $-\log[H^+] = 7{,}0$, de modo que $\log[H^+] = -7{,}0$ e $[H^+] = 10^{\log[H+]} = 10^{-7{,}0} = 1{,}0 \times 10^{-7}$ M.

O pH também expressa indiretamente a concentração de íons hidróxido $[OH^-]$ em solução. Para entender isso, precisamos saber que as moléculas de água podem se dissociar para formar íons $H^+$ e $OH^-$ em um processo de equilíbrio.

$$H_2O \rightleftharpoons H^+ + OH^-$$

A constante de equilíbrio ($K$) para a dissociação da água é definida como

$$K = [H^+][OH^-]/[H_2O]$$

e apresenta um valor de $K = 1{,}8 \times 10^{-16}$. Observe que uma constante de equilíbrio formalmente não tem unidades. Entretanto, o valor dado à constante de equilíbrio pressupõe que sejam utilizadas unidades específicas para a concentração (algumas vezes designadas como estados-padrão); nesse caso e em muitos outros, são consideradas as unidades de molaridade (M).

A concentração de água, $[H_2O]$, na água pura é de 55,5 M, e essa concentração é constante na maioria das condições. Assim, podemos definir uma nova constante, $K_w$:

$$K_w = K[H_2O] = [H^+][OH^-]$$
$$K[H_2O] = 1{,}8 \times 10^{-16} \times 55{,}5$$
$$= 1{,}0 \times 10^{-14}$$

Como $K_w$, $= [H^+][OH^-] = 1{,}0 \times 10^{-14}$, podemos calcular

$$[OH^-] = 10^{-14}/[H^+] \text{ e } [H^+] = 10^{-14}/[OH^+]$$

Tendo essas relações em mente e dado o pH, podemos facilmente calcular a concentração de íons hidróxido em uma solução aquosa. Por exemplo, em pH = 7,0, sabemos que $[H^+] = 10^{-7}$ M e, portanto, $[OH^-] = 10^{-14}/10^{-7} = 10^{-7}$ M. Em soluções ácidas, a concentração de íons hidrogênio é maior que $10^{-7}$ e, portanto, o pH é inferior a 7. Por exemplo, em 0,1 M HCl, $[H^+] = 10^{-1}$ M e, portanto, o pH =1,0 e $[OH^-] = 10^{-14}/10^{-1} = 10^{-13}$ M.

## As reações acidobásicas podem causar ruptura da dupla hélice

A reação que consideramos entre duas fitas de DNA para formar uma dupla hélice ocorre prontamente em pH 7,0. Suponhamos que a solução contendo a dupla hélice de DNA seja tratada com uma solução concentrada de base (ou seja, com alta concentração de $OH^-$). À medida que se adiciona a base, monitoramos o pH e a fração do DNA na forma de dupla hélice (Figura 1.16). Quando são efetuadas as primeiras adições de base, o pH aumenta, porém a concentração de DNA de dupla hélice não se modifica de modo significativo. Entretanto, à medida que o pH se aproxima de 9, a dupla hélice de DNA começa a se dissociar em suas fitas simples componentes. À medida que o pH continua aumentando de 9 para 10, essa dissociação torna-se praticamente completa. Por que as duas fitas se dissociam? Os íons hidróxido podem reagir com bases nos pares de bases do DNA de modo a remover certos prótons. O próton mais suscetível é aquele ligado ao átomo de nitrogênio N-1 em uma base de guanina.

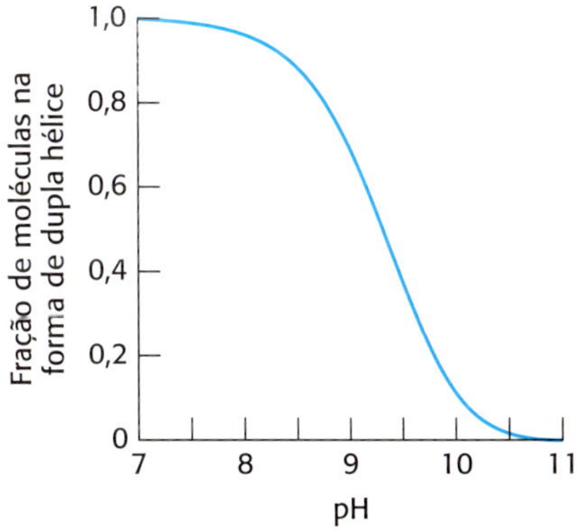


**FIGURA 1.16 Desnaturação do DNA pela adição de uma base.** A adição de uma base a uma solução de DNA em dupla hélice inicialmente em pH 7 faz com que a dupla hélice se separe em suas fitas simples. O processo encontra-se na metade em um pH ligeiramente acima de 9.

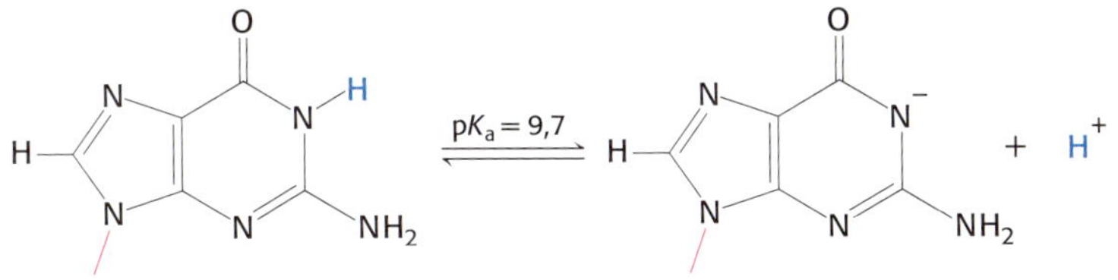


**Guanina (G)**

A dissociação do próton para uma substância HA (como aquele ligado ao N-1 da guanina) tem uma constante de equilíbrio definida pela expressão

$$K_a = [H^+][A^-]/[HA]$$

A suscetibilidade de um próton a ser removido pela reação com uma base é frequentemente descrita como seu *valor de* $pK_a$:

$$pK_a = -\log(K_a)$$

Quando o pH é igual ao valor de p$K_a$, temos pH = p$K_a$

$$pH = pK_a$$

e, portanto:

$$-\log[H^+] = -\log([H^+][A^-]/[HA])$$

e

$$[H^+] = [H^+][A^-]/[HA]$$

Dividindo por $[H^+]$, verificamos que

$$1 = [A^-]/[HA]$$

e, portanto:

$$[A^-] = [HA]$$

Por conseguinte, quando o pH é igual ao p$K_a$, a concentração da forma desprotonada do grupo ou da molécula é igual à concentração da forma protonada; o processo de desprotonação está a meio caminho de sua finalização.

O p$K_a$ para o próton no N-1 da guanina é normalmente 9,7. Quando o pH se aproxima desse valor, ocorre perda do próton em N-1 (Figura 1.16). Como esse próton participa em uma importante ligação de hidrogênio, a sua perda desestabiliza substancialmente a dupla hélice do DNA. A dupla hélice de DNA também é desestabilizada por um pH *baixo*. Abaixo de pH 5, alguns dos *aceptores* de ligações de hidrogênio que participam no pareamento de bases tornam-se protonados. Em suas formas protonadas, essas bases não podem mais formar ligações de hidrogênio, e ocorre separação da dupla hélice. Portanto, as reações acidobásicas que removem ou que doam prótons em posições específicas das bases do DNA podem romper a dupla hélice.

## Tampões que regulam o pH nos organismos e no laboratório

Essas observações sobre o DNA revelam que a ocorrência de uma mudança significativa do pH pode romper a estrutura molecular. O mesmo é válido para muitas outras macromoléculas biológicas; a ocorrência de mudanças no pH pode protonar ou desprotonar grupos-chave, potencialmente rompendo estruturas e dando início a reações deletérias. Em consequência, os sistemas biológicos evoluíram de modo a reduzir as mudanças do pH. As soluções que resistem a essas mudanças são denominadas *tampões*. Especificamente, quando se adiciona ácido a uma solução aquosa não tamponada, o pH cai proporcionalmente à quantidade adicionada de ácido. Em contraste, quando se adiciona ácido a uma solução tamponada, o pH cai de modo mais gradual. Os tampões também atenuam a elevação do pH causada pela adição de ácido e as mudanças de pH produzidas pela diluição.

Compare o resultado da adição de uma solução 1 M do ácido forte HCl, gota a gota, à água pura com a sua adição a uma solução contendo 100 mM do tampão acetato de sódio ($Na^+$ $CH_3COO^-$; Figura 1.17). O processo de adição gradual de quantidades conhecidas de um reagente a uma solução com a qual ele reage enquanto s resultados são monitorados é denominado *titulação*. Para a água pura, o pH cai de 7 para quase 2 com a adição das primeiras gotas de ácido. Entretanto, para a solução de acetato de sódio, o pH começa a cair rapidamente a partir de seu valor inicial de quase 10; em seguida, muda mais gradualmente até que seja alcançado um pH de 3,5 e, por fim, volta a cair mais rapidamente. Por que o pH diminui tão gradualmente no meio do processo de titulação? A resposta é que, quando são acrescentados íons hidrogênio a essa solução, eles reagem com os íons acetato formando ácido acético. Essa reação consome alguns

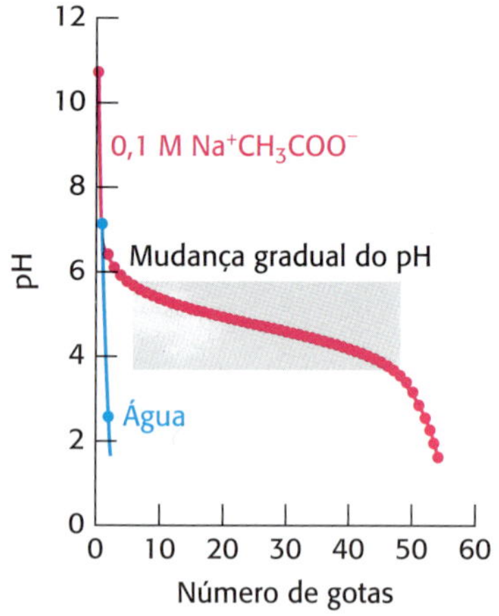


**FIGURA 1.17 Ação dos tampões.** A adição de um ácido forte, 1 M de HCl, à água pura resulta em queda imediata do pH para quase 2. Por outro lado, a adição de um ácido a uma solução de 0,1 M de acetato de sódio ($Na^+$ $CH_3COO^-$) resulta em uma mudança mais gradual do pH até que o pH caia para menos de 3,5.

dos íons hidrogênio adicionados de modo que não ocorre queda do pH. Os íons hidrogênio continuam reagindo com íons acetato até que praticamente todos os íons acetato sejam convertidos em ácido acético. Depois desse ponto, os prótons adicionados permanecem livres em solução, e o pH começa novamente a cair de modo acentuado.

Podemos analisar o efeito do tampão em termos quantitativos. A constante de equilíbrio para a desprotonação de um ácido é:

$$K_a = [H^+][A^-]/[HA]$$

Aplicando logaritmos em ambos os lados, teremos:

$$\log(K_a) = \log([H^+]) + \log([A^-]/[HA])$$

Lembrando as definições de p$K_a$ e reorganizando, obtemos:

$$pH = pK_a + \log([A^-]/[HA])$$

Essa expressão é conhecida como *equação de Henderson-Hasselbalch*.

Podemos aplicar a equação à nossa titulação do acetato de sódio. O p$K_a$ do ácido acético é de 4,75. Podemos calcular a razão da concentração de íon acetato e concentração de ácido acético como função do pH utilizando a equação de Henderson-Hasselbalch ligeiramente reordenada.

$$[\text{Íon acetato}]/[\text{Ácido acético}] = [A^-]/[HA] = 10^{pH - pK_a}$$

Em pH 9, essa razão é de $10^{9-4,75} = 10^{4,25} = 17.800$; uma quantidade muito pequena de ácido acético foi formada. Em pH 4,75 (quando o pH é igual ao p$K_a$), a razão é de $10^{4,75-4,75} = 10^0 = 1$. Em pH 3, a razão é de $10^{3-4,75} = 10^{-1,25} = 0,02$; quase todo o íon acetato foi convertido em ácido acético. Podemos acompanhar a conversão do íon acetato em ácido acético ao longo de toda a titulação (Figura 1.18). O gráfico mostra que a região de pH relativamente constante corresponde precisamente à região em que o íon acetato está sendo protonado para formar ácido acético.

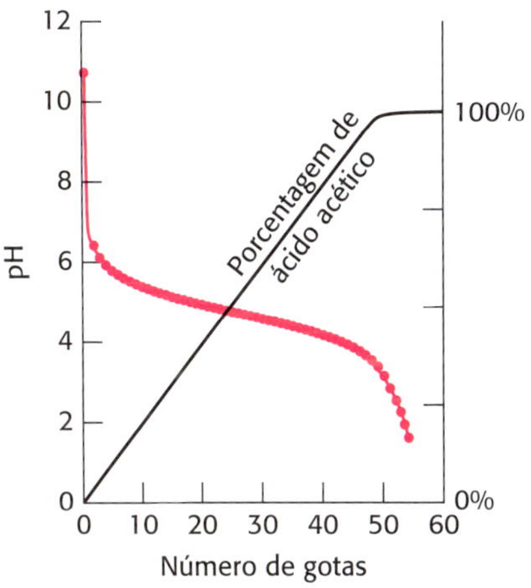


**FIGURA 1.18 Protonação do tampão.** Quando se adiciona ácido ao acetato de sódio, os íons hidrogênio adicionados são utilizados para converter o íon acetato em ácido acético. Como a concentração de prótons não aumenta de modo significativo, o pH permanece relativamente constante até que todo o acetato tenha sido convertido em ácido acético.

A partir dessa discussão, podemos constatar que um tampão atua melhor próximo do valor de p$K_a$ de seu componente ácido. O pH fisiológico é normalmente cerca de 7,4. Um tampão importante para os sistemas biológicos baseia-se no ácido fosfórico ($H_3PO_4$). Esse ácido pode ser desprotonado em três passos para formar um íon fosfato.

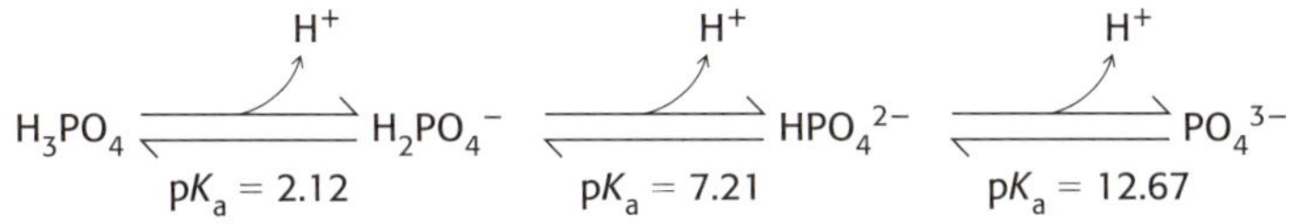


Em um pH ao redor de 7,4, o fosfato inorgânico existe primariamente como uma mistura quase igual de $H_2PO_4^-$ e $HPO_4^{2-}$. Por conseguinte, as soluções de fosfato atuam como tampões efetivos em pH próximo de 7,4. A concentração típica de fosfato inorgânico no sangue é normalmente de cerca de 1 mM, proporcionando um tampão útil contra os processos que produzem tanto ácidos como bases. Podemos examinar essa utilidade em termos quantitativos com o uso da equação de Henserson-Hasselbalch. Qual é a concentração de ácido que precisa ser adicionada para modificar o pH de 7,4 para 7,3 de tampão de fosfato de 1 mM? Sem tampão, essa mudança de $[H^+]$ corresponde a uma mudança de $10^{-7,3} - 10^{-7,4}$ M = $(5,0 \times 10^{-8} - 4,0 \times 10^{-8})$ M = $1,0 \times 10^{-8}$ M. Vamos considerar agora o que ocorre com os componentes do tampão. Em pH de 7,4,

$$[HPO_4^{2-}]/[H_2PO_4^-] = 10^{-7,4-7,21} = 10^{0,19} = 1,55$$

A concentração total de fosfato, $[HPO_4^{2-}] + [H_2PO_4^-]$, é de 1 mM. Portanto,

$$[HPO_4^{2-}] = (1{,}55/2{,}55) \times 1 \text{ mM} = 0{,}608 \text{ mM}$$

e

$$[H_2PO_4^-] = (1/2{,}55) \times 1 \text{ mM} = 0{,}392 \text{ mM}$$

Em pH 7,3,

$$[HPO_4^{2-}]/[H_2PO_4^-] = 10^{7,3-7,21} = 10^{0,09} = 1{,}23$$

e, por conseguinte,

$$[HPO_4^{2-}] = (1{,}23/2{,}23) = 0{,}552 \text{ mM}$$

e

$$[H_2PO_4^-] = (1/2{,}23) = 0{,}448 \text{ mM}$$

Dessa forma, (0,608 – 0,552) = 0,056 mM de $HPO_4^{2-}$ é convertido em $H_2PO_4^-$, consumindo 0,056 mM = $5{,}6 \times 10^{-5}$ M [$H^+$]. Assim, o tampão aumenta a quantidade de ácido necessária para produzir uma queda do pH de 7,4 para 7,3 por um fator de $5{,}6 \times 10^{-5}/1{,}0 \times 10^{-8} = 5.600$ em comparação com a água pura.

## 1.4 A revolução da genômica está transformando a bioquímica, a medicina e outros campos

A descoberta da estrutura do DNA por Watson e Crick levou à hipótese de que a informação hereditária está armazenada na forma de uma sequência de bases ao longo das extensas fitas de DNA. Essa notável ideia ocasionou uma forma totalmente nova de pensar a biologia. Entretanto, na época em que ocorreu, a descoberta de Watson e Crick, apesar de todo o seu potencial, não pôde ser confirmada e muitos aspectos ainda precisavam ser elucidados. Como a informação nessas sequências pode ser lida e traduzida em ação? Quais são as sequências nas moléculas de DNA de ocorrência natural e como essas sequências podem ser determinadas experimentalmente? A partir dos avanços realizados na bioquímica e em campos relacionados da ciência, dispomos agora de respostas essencialmente completas para essas questões. Com efeito, aproximadamente na década passada, os cientistas determinaram as sequências genômicas completas de milhares de diferentes organismos, incluindo microrganismos simples, plantas, animais de graus variáveis de complexidade e seres humanos. As comparações dessas sequências genômicas com o uso dos métodos apresentados no Capítulo 6 têm constituído uma fonte de muitas ideias que transformaram a bioquímica. Além de seus aspectos experimentais e clínicos, a bioquímica agora se tornou uma *ciência da informação.*

### O sequenciamento do genoma transformou a bioquímica e outros campos da ciência

O sequenciamento do genoma humano foi uma tarefa hercúlea, visto que ele contém aproximadamente 3 bilhões ($3 \times 10^9$) de pares de bases. Por exemplo, a sequência

ACATTTGCTTCTGACACAACTGTGTTCACTAGCAACCTC
AAACAGACACCATGGTGCATCTGACTCCTG**A**GGAGAAGT
CTGCCGTTACTGCCCTGTGGGGCAAGGTGAACGTGGA...

representa uma parte de um dos genes que codificam a hemoglobina, o transportador de oxigênio em nosso sangue. Esse gene é encontrado na extremidade do cromossomo 9 dos nossos 24 cromossomos. Se fôssemos incluir a sequência completa de todo o nosso genoma, este capítulo teria mais de 500 mil páginas. O sequenciamento do nosso genoma representa verdadeiramente um marco na história humana. Essa sequência contém uma vasta quantidade de informações, algumas das quais já podemos extrair e interpretar; entretanto, muitas delas estão apenas começando a ser entendidas. Por exemplo, algumas doenças humanas têm sido ligadas a determinadas variações na sequência genômica. A anemia falciforme, discutida de modo detalhado no Capítulo 7, é causada pela mudança de uma única base de A (destacado em negrito na sequência anterior) por um T. Encontraremos muitos outros exemplos de doenças que têm sido associadas a alterações específicas na sequência do DNA.

A determinação das primeiras sequências do genoma humano representou um grande desafio. Exigiu os esforços de grandes equipes de geneticistas, biologistas moleculares, bioquímicos e cientistas da computação, bem como bilhões de dólares, visto que não existia nenhum esqueleto prévio para alinhar as sequências de vários fragmentos de DNA. Uma sequência do genoma humano pode servir como referência para outras sequências. A disponibilidade dessas sequências de referência possibilita uma caracterização muito mais rápida de genomas parciais ou completos de outros indivíduos. Conforme discutiremos no Capítulo 5, arranjos de milhões de moléculas de DNA de fita simples com sequências do genoma de referência e variantes conhecidas ou potenciais representam poderosas ferramentas. Esses arranjos podem ser expostos a misturas de fragmentos de DNA de determinado indivíduo, e podem determinar os alvos de fita simples que se ligam às suas fitas complementares. Isso permite que muitas posições dentro do genoma do indivíduo sejam simultaneamente analisadas.

Os métodos para sequenciar o DNA também foram rapidamente aprimorados, impelidos por um profundo conhecimento da bioquímica da replicação do DNA e de outros processos. Isso levou a notáveis aumentos na taxa de sequenciamento do DNA e também a uma redução dos custos (Figura 1.19). A disponibilidade dessa poderosa tecnologia de sequenciamento está transformando muitos campos, incluindo a medicina, a odontologia, a microbiologia, a farmacologia e a ecologia, embora ainda exista muito trabalho a ser realizado para melhorar a acurácia e a precisão da interpretação desses grandes conjuntos de dados genômicos e dados relacionados.

Cada pessoa possui uma sequência única de pares de bases do DNA. Quão diferentes somos uns dos outros no nível genômico? Uma análise da variação genômica revela que, em média, cada par de indivíduos possui uma base diferente em uma posição para cada 200 bases, ou seja, a diferença é de aproximadamente 0,5%. Essa variação entre os indivíduos que não estão estreitamente relacionados é muito substancial quando comparada com as diferenças entre populações. A diferença média entre duas pessoas pertencentes a um mesmo grupo étnico é maior do que a diferença entre as médias de dois grupos étnicos diferentes.

O significado de grande parte dessa variação genética não está compreendido. Conforme assinalado anteriormente, a variação

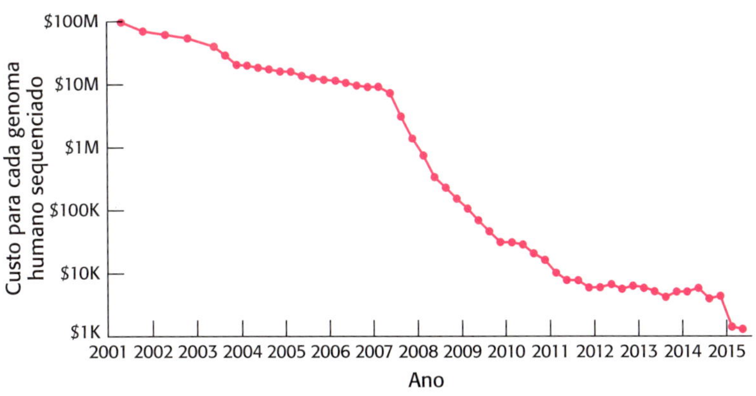


**FIGURA 1.19** **Redução dos custos envolvidos no sequenciamento do DNA.** Com o Projeto Genoma Humano, os custos relacionados ao sequenciamento do DNA vêm caindo de maneira constante em virtude da disponibilidade de novos métodos e, agora, estão se aproximando de 1.000 dólares para uma sequência completa do genoma humano. [National Human Genome Research Institute. www.genome.gov/sequencingcosts.]

em uma única base dentro do genoma pode levar a uma doença como a anemia falciforme. Os cientistas agora identificaram as variações genéticas associadas a centenas de doenças cuja causa pode ser atribuída a um único gene. Em relação a outras doenças e características, sabemos que a variação em muitos genes diferentes contribui de maneira significativa e frequentemente complexa. Muitas das enfermidades humanas mais prevalentes, como a doença cardíaca, estão associadas a variações em muitos genes. Além disso, na maioria dos casos, a presença de determinada variação ou de um conjunto de variações não leva inevitavelmente ao início de uma doença; em vez disso, leva a uma *predisposição* ao desenvolvimento da doença.

Nossos próprios genes não são os únicos que podem contribuir para a saúde e para a doença. Nossos corpos, incluindo a pele, a boca, o sistema digestório, o sistema geniturinário, o sistema respiratório e outras áreas, contêm um grande número de microrganismos. Essas comunidades complexas foram caracterizadas por meio de poderosos métodos que permitem que o DNA isolado dessas amostras biológicas possa ser sequenciado sem qualquer conhecimento prévio dos organismos presentes. Muitos desses organismos não eram previamente conhecidos, visto que eles só podem se desenvolver como parte de comunidades complexas e, portanto, não podem ser isolados por meio de técnicas microbiológicas padrão. De maneira surpreendente, parece que estamos em menor número em nossos próprios corpos! Cada um de nós contém aproximadamente 10 vezes mais células microbianas do que células humanas, e essas células microbianas incluem muito mais genes do que nossos próprios genomas. Esses *microbiomas* diferem de um local para outro, de uma pessoa para outra e no mesmo indivíduo com o passar do tempo. Eles parecem desempenhar um papel na saúde e em certas doenças, como a obesidade e as cáries dentárias (Figura 1.20).

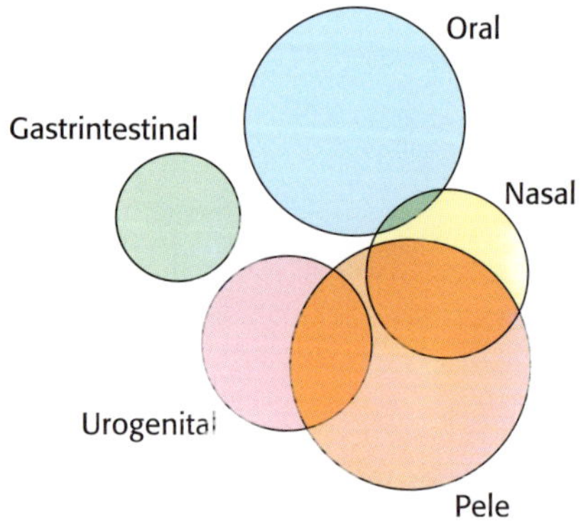


**FIGURA 1.20 O microbioma humano.** O corpo humano é coberto por microrganismos. O exame das comunidades microbianas utilizando métodos de sequenciamento do DNA revelou muitas espécies anteriormente não caracterizadas. Os diagramas de Venn representam populações de espécies relacionadas conforme determinado por comparações da sequência do DNA. As populações presentes em diferentes superfícies do corpo são, em grande parte, distintas. [Adaptada de www.nature.com/nature/journal/v486/n7402/fig_tab/nature11234_F1.html.]

Além das implicações na compreensão da saúde e da doença nos seres humanos, a sequência genômica constitui uma fonte de grandes descobertas sobre outros aspectos da biologia e cultura humanas. Por exemplo, por meio da comparação das sequências de diferentes indivíduos e populações, podemos aprender muito sobre a história humana. Com base nessa análise, uma hipótese convincente pode ser a de que a espécie humana tenha se originado na África, e pode-se também demonstrar a ocorrência e até mesmo a época de importantes migrações de grupos de seres humanos (Figura 1.21). Por fim, as comparações do genoma humano com os genomas de outros organismos estão confirmando a enorme unidade que existe no nível bioquímico e estão revelando etapas fundamentais no curso da evolução de organismos unicelulares relativamente simples para organismos multicelulares complexos, como os seres humanos. Por exemplo, muitos genes que são fundamentais para o funcionamento do cérebro e do sistema nervoso humanos possuem correspondentes evolutivos e funcionais nos genomas de bactérias. Como a realização de muitos estudos possíveis em organismos modelos é difícil ou antiética para ser conduzida em seres humanos, essas descobertas possuem muitas implicações práticas. A *genômica comparativa* tornou-se uma ciência poderosa ligando a evolução e a bioquímica.

## Os fatores ambientais influenciam a bioquímica humana

Embora a nossa constituição genética (e a de nossos microbiomas) seja um importante fator que contribui para a suscetibilidade a doenças e outras características, os fatores no ambiente de um indivíduo também são importantes. Quais são esses fatores ambientais? Talvez os mais óbvios sejam as substâncias químicas que ingerimos ou às quais somos expostos de alguma maneira. O adágio "você é o que você come" tem uma considerável validade; ele se aplica tanto às substâncias que ingerimos em quantidades

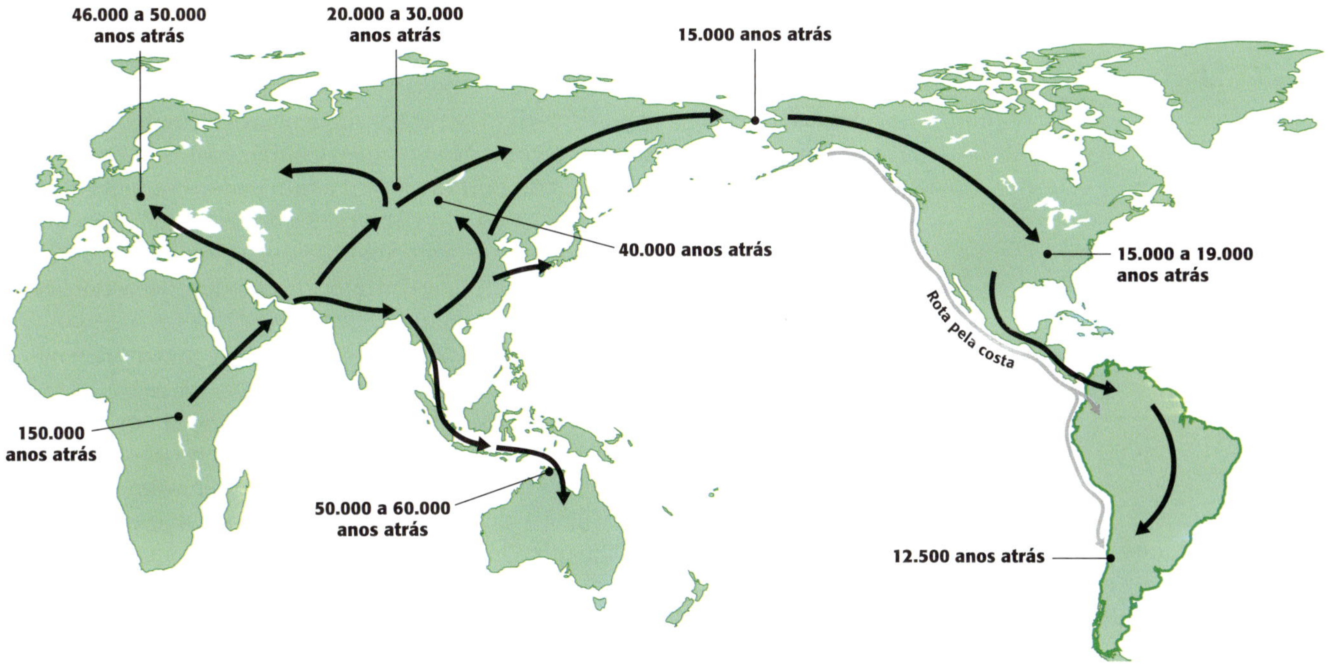


**FIGURA 1.21 Migrações humanas confirmadas por comparações de sequências do DNA.** Os seres humanos modernos originaram-se na África, migraram primeiro para a Ásia e, em seguida, para a Europa, a Austrália e a América do Norte e América do Sul. [Adaptada de S. Oppenheimer, 2012 Out-of-Africa, the peopling of continents and islands: Tracing uniparental gene trees across the map. *Philos. Trans. R. Soc. Lond. B. Biol. Sci*. 367:770–784.]

significativas quanto àquelas que ingerimos apenas em quantidades muito pequenas. Em todo o nosso estudo da bioquímica, vamos encontrar as *vitaminas*, os *oligoelementos* e seus derivados, que desempenham funções cruciais em alguns processos. Em muitos casos, as funções dessas substâncias químicas foram inicialmente elucidadas a partir da pesquisa das *doenças por deficiência* observadas em indivíduos que não ingeriam uma quantidade suficiente de determinada vitamina ou oligoelemento. Embora os fatores dietéticos essenciais mais importantes sejam conhecidos há algum tempo, novas funções atribuídas a eles continuam sendo descobertas.

Uma dieta saudável exige equilíbrio entre os principais grupos de alimentos. Além de fornecer vitaminas e oligoelementos, os alimentos fornecem calorias na forma de substâncias que podem ser degradadas para liberar a energia que impulsiona outros processos bioquímicos. As proteínas, os lipídios e os carboidratos fornecem os blocos de construção utilizados na formação das moléculas da vida (Figura 1.22). Por fim, é possível obter bastantes coisas boas. Os seres humanos evoluíram em circunstâncias nas quais o alimento, particularmente os alimentos ricos, como a carne, era escasso. Com o desenvolvimento da agricultura e das economias modernas, os alimentos ricos tornaram-se hoje abundantes em muitas partes do mundo. Algumas das doenças mais prevalentes nos denominados países desenvolvidos, como a doença cardíaca e o diabetes, podem ser atribuídas às grandes quantidades de gorduras e de carboidratos presentes nas dietas modernas. Estamos agora adquirindo uma compreensão mais profunda das consequências bioquímicas dessas dietas e da inter-relação entre a dieta e os fatores genéticos.

As substâncias químicas constituem apenas uma classe importante de fatores ambientais. Nosso comportamento também tem consequências bioquímicas. Por meio da atividade física, consumimos as calorias que ingerimos, assegurando um equilíbrio apropriado entre a ingestão

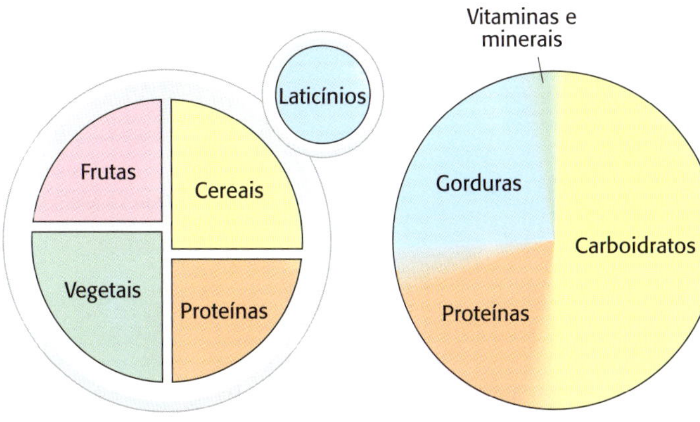


**FIGURA 1.22 Nutrição.** Uma boa saúde depende de uma combinação apropriada de grupos de alimentos (frutas, vegetais, proteínas, cereais, laticínios) (*à esquerda*) para fornecer uma mistura ideal de compostos bioquímicos (carboidratos, proteínas, gorduras, vitaminas e minerais) (*à direita*). [Adaptada de www.choosemyplate.gov.]

de alimentos e o gasto energético. As atividades que variam desde o exercício físico até respostas emocionais, como o medo e o amor, podem ativar vias bioquímicas específicas, levando a mudanças nos níveis da expressão gênica, liberação de hormônios e outras consequências. Além disso, a inter-relação entre bioquímica e comportamento é bidirecional. Nossa bioquímica é afetada pelo nosso comportamento, e assim nosso comportamento também é afetado, ainda que não completamente determinado, pela nossa constituição genética e por outros aspectos da nossa bioquímica. Fatores genéticos associados a uma gama de características comportamentais vêm sendo pelo menos tentativamente identificados.

Assim como as deficiências vitamínicas e as doenças genéticas revelaram princípios fundamentais de bioquímica e biologia, as pesquisas das variações no comportamento e a sua relação com fatores genéticos e bioquímicos constituem fontes potenciais de grandes descobertas sobre os mecanismos que ocorrem no cérebro. Por exemplo, pesquisas sobre vício em drogas revelaram a existência de circuitos neurais e vias bioquímicas que influenciam acentuadamente determinados aspectos do comportamento. Desvendar a interação entre biologia e comportamento representa um dos grandes desafios da ciência moderna, e a bioquímica está fornecendo alguns dos conceitos e ferramentas mais importantes para essa empreitada.

## Sequências do genoma codificam proteínas e padrões de expressão

A estrutura do DNA revelou como a informação é armazenada na sequência de bases ao longo da fita de DNA. Mas qual é a informação armazenada e como ela é expressa? O papel mais fundamental do DNA consiste em codificar as sequências de proteínas. À semelhança do DNA, as proteínas são polímeros lineares. Entretanto, as proteínas diferem do DNA em dois aspectos importantes. Em primeiro lugar, as proteínas são constituídas por 20 blocos de construção, denominados *aminoácidos*, em vez de apenas quatro, como no DNA. A complexidade química proporcionada por essa variedade de blocos de construção permite que as proteínas desempenhem uma ampla variedade de funções. Em segundo lugar, as proteínas enovelam-se espontaneamente em estruturas tridimensionais elaboradas, que são determinadas exclusivamente pelas suas sequências de aminoácidos (Figura 1.23). Estudamos detalhadamente como duas soluções que contêm duas fitas simples de DNA unem-se para formar uma solução com moléculas em dupla hélice. Ocorre um processo semelhante e espontâneo de enovelamento das proteínas, que lhes confere a sua estrutura tridimensional. Um equilíbrio entre as ligações de hidrogênio, as interações de

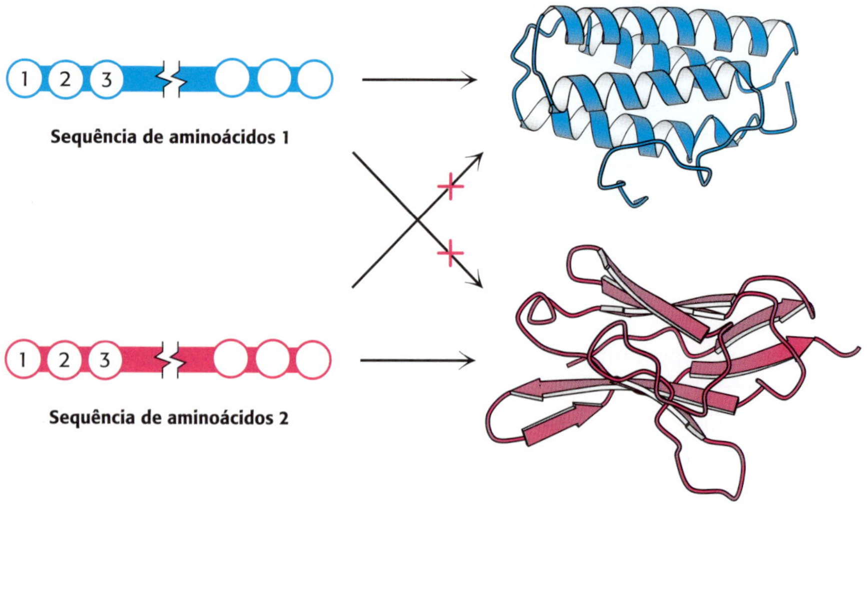


**FIGURA 1.23 Enovelamento de proteínas.** As proteínas são polímeros lineares de aminoácidos que se enovelam em estruturas elaboradas. A sequência de aminoácidos determina a estrutura tridimensional. Assim, a sequência de aminoácidos 1 dá origem apenas a uma proteína com formato representado em azul, e *não* ao formato representado em vermelho.

van der Waals e as interações hidrofóbicas supera a entropia perdida na transformação de um conjunto de proteínas não enoveladas e um conjunto homogêneo de moléculas bem enoveladas. As proteínas e o seu enovelamento serão discutidos de modo detalhado no Capítulo 2.

A unidade fundamental da informação hereditária, o *gene*, está ficando cada vez mais difícil de definir com precisão à medida que aumenta o nosso conhecimento acerca das complexidades da genética e da genômica. Os genes cuja definição é mais simples codificam as sequências de proteínas. Para esses genes codificadores de proteínas, um bloco de bases de DNA codifica a sequência dos aminoácidos de uma molécula de proteína específica. Um conjunto de três bases ao longo da fita do DNA, denominado *códon*, determina a identidade de um aminoácido dentro da sequência da proteína. O conjunto de regras que estabelecem a relação da sequência do DNA com a sequência da proteína codificada é denominado *código genético*. Uma das maiores surpresas proporcionadas pelo sequenciamento do genoma humano é o pequeno número de genes codificadores de proteínas. Antes do início do projeto de sequenciamento do genoma, o ponto de vista consensual era de que o genoma humano deveria incluir aproximadamente 100 mil genes codificadores de proteínas. A análise atual sugere que o número real situa-se entre 19 mil e 23 mil. Utilizaremos uma estimativa de 20 mil ao longo deste livro. Entretanto, mecanismos adicionais permitem que muitos genes sejam capazes de codificar mais de uma proteína. Por exemplo, a informação genética em alguns genes pode ser traduzida de mais de uma maneira, produzindo um conjunto de proteínas que diferem umas das outras em partes de suas sequências de aminoácidos. Em outros casos, as proteínas são modificadas após a sua síntese por meio da adição de grupos químicos acessórios. Por meio desses mecanismos indiretos, nossos genomas codificam uma complexidade muito maior do que a que seria esperada exclusivamente a partir do número de genes codificadores de proteínas.

Com base em nosso conhecimento atual, as regiões codificadoras de proteínas representam apenas cerca de 3% do genoma humano. Qual é a função desempenhada pelo resto do DNA? Parte dele contém a informação que regula a expressão de genes específicos (*i. e.*, a produção de proteínas específicas) em tipos celulares e condições fisiológicas particulares. Essencialmente, todas as células dos seres humanos contêm o mesmo genoma de DNA; contudo, os tipos de células diferem consideravelmente nas proteínas que produzem. Por exemplo, a hemoglobina só é expressa nos precursores dos eritrócitos, embora os genes da hemoglobina estejam presentes em essencialmente todas as células. Conjuntos específicos de genes são expressos em resposta a hormônios, embora esses genes não sejam expressos na mesma célula na ausência dos hormônios. As regiões de controle que regulam essas diferenças respondem por apenas uma pequena quantidade do restante do nosso genoma. A verdade é que ainda não entendemos todas as funções de grande parte do restante do DNA. Parte desse restante é algumas vezes designada como "lixo" – trechos de DNA que foram inseridos em algum estágio da evolução e que ali permaneceram. Em alguns casos, esse DNA pode, de fato, desempenhar funções importantes. Em outros casos, pode não ter nenhuma função; entretanto, como não causa nenhum prejuízo significativo, ele permaneceu.

APÊNDICE

# Visualização das estruturas moleculares: pequenas moléculas

Os autores de um livro de bioquímica devem enfrentar o problema de tentar representar moléculas tridimensionais na forma bidimensional disponível na página impressa. A relação entre as estruturas tridimensionais das biomoléculas e suas funções biológicas será extensamente discutida ao longo deste livro. Para esse fim, utilizaremos com frequência representações que, embora apresentadas em duas dimensões por questão de necessidade, enfatizam as estruturas tridimensionais das moléculas.

## Representações estereoquímicas

As fórmulas químicas apresentadas neste livro são, em sua maioria, desenhadas para representar, da maneira mais acurada possível, a organização geométrica dos átomos, que é crucial para as ligações e a reatividade químicas. Por exemplo, o átomo de carbono no metano é tetraédrico, com ângulos do H-C-H de 109,5°, enquanto o átomo de carbono no formaldeído apresenta ângulos de ligação de 120°.

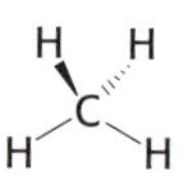


**Metano**

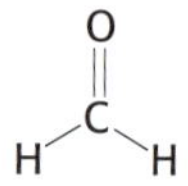


**Formaldeído**

Para ilustrar a estereoquímica correta dos átomos de carbono tetraédricos, serão utilizadas cunhas para representar a direção de uma ligação para dentro ou para fora do plano da página. Uma cunha sólida com a extremidade larga afastada do átomo de carbono denota uma ligação que está em direção ao leitor, fora do plano. Uma cunha tracejada, com a sua extremidade larga no átomo do carbono, representa uma ligação que se afasta do leitor, situada atrás do plano da página. As duas ligações restantes são representadas por linhas retas.

## Projeções de Fischer

Embora representem a estrutura verdadeira de um composto, as estruturas estereoquímicas são frequentemente difíceis de desenhar com rapidez. Um método alternativo, porém menos representativo, de caracterizar as estruturas com um centro de carbono tetraédrico baseia-se no uso das *projeções de Fischer*.

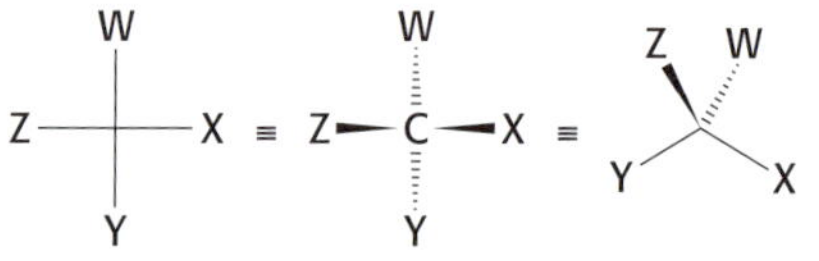


**Projeção de Fischer** **Representação estereoquímica**

Na projeção de Fischer, as ligações ao carbono central são representadas por linhas horizontais e verticais para os átomos substituintes do átomo de carbono, que se supõe que esteja no centro da cruz. Por convenção, as ligações horizontais projetam-se para fora da página, em direção ao leitor, enquanto as ligações verticais afastam-se do leitor e ficam situadas atrás da página.

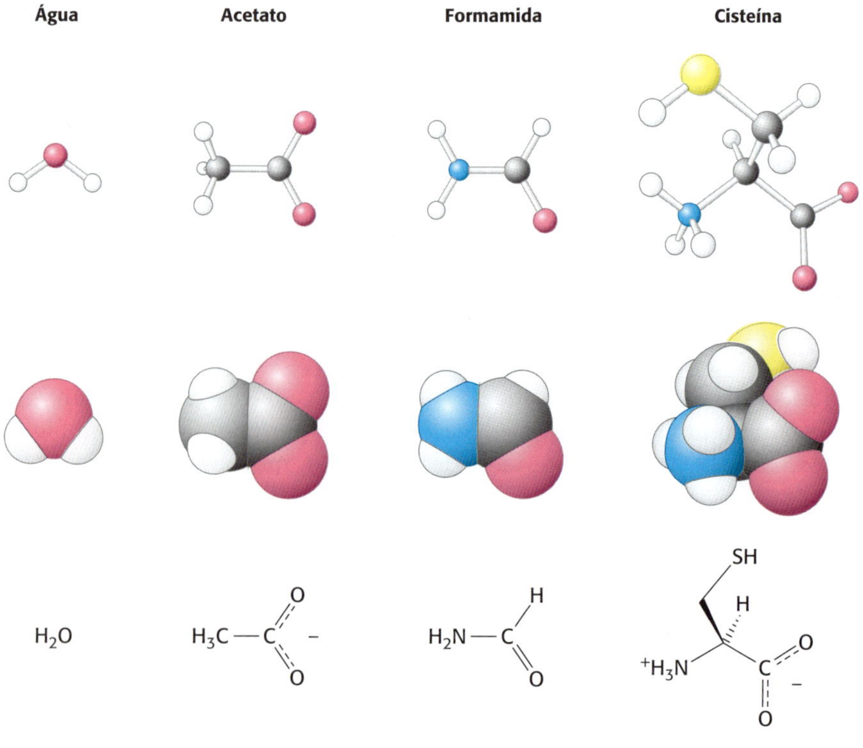


**FIGURA 1.24 Representações moleculares.** São mostradas as fórmulas estruturais (embaixo), os modelos de bola e bastão (parte superior) e as representações com preenchimento espacial (no meio) de moléculas selecionadas. Preto = carbono, vermelho = oxigênio, branco = hidrogênio, amarelo = enxofre, azul = nitrogênio.

### Modelos moleculares para pequenas moléculas

Para representar a arquitetura molecular das pequenas moléculas com mais detalhes, serão frequentemente utilizados dois tipos de modelos: o modelo de preenchimento espacial e o modelo de bola e bastão. Esses modelos revelam as estruturas no nível atômico.

**1.** *Modelos de preenchimento espacial.* Os modelos de preenchimento espacial são os mais realistas. O tamanho e a posição de um átomo nesse tipo de modelo são determinados pelas suas propriedades de ligação e pelo raio de van der Waals ou distância de contato. O raio de van der Waals descreve o quanto dois átomos podem se aproximar um do outro quando não estão ligados de modo covalente. As cores do modelo são estabelecidas por convenção.

| | | |
|---|---|---|
| Carbono, preto | Hidrogênio, branco | Nitrogênio, azul |
| Oxigênio, vermelho | Enxofre, amarelo | Fósforo, violeta |

A Figura 1.24 mostra modelos de preenchimento espacial de várias moléculas simples.

**2.** *Modelos de bola e bastão.* Os modelos de bola e bastão não são tão realistas quanto os modelos de preenchimento espacial, visto que os átomos são representados por esferas de raios menores do que seus raios de van der Waals. Entretanto, é mais fácil visualizar o arranjo das ligações, visto que elas são explicitamente representadas como bastões. Em uma ilustração, a parte afunilada de um bastão, representando a paralaxe, indica qual par de átomos ligados está mais próximo do leitor. Um modelo de bola e bastão mostra uma estrutura complexa mais claramente do que o modelo de preenchimento espacial. A Figura 1.24 apresenta modelos em bola e bastão de várias moléculas simples.

Os modelos moleculares para a representação de grandes moléculas serão discutidos no apêndice do Capítulo 2.

APÊNDICE

## Grupos funcionais

A bioquímica depende de muitos conceitos e princípios da química orgânica. As propriedades dos átomos individuais são substancialmente afetadas pelos outros átomos aos quais o átomo individual está ligado. As combinações específicas de um pequeno número de átomos – que frequentemente possuem propriedades que são relativamente independentes de outros aspectos das moléculas nas quais se encontram – são denominadas *grupos funcionais*. Existem muitos grupos funcionais na química orgânica, porém apenas um número relativamente pequeno desses grupos é fundamental para a bioquímica.

O primeiro grupo funcional que vamos discutir é o grupo hidroxila: OH. Esse grupo funcional é constituído por um átomo de oxigênio ligado a um átomo de hidrogênio. O átomo de oxigênio tem a capacidade de se ligar a um átomo adicional. O grupo hidroxila pode doar e aceitar ligações de hidrogênio. O grupo hidroxila é tanto um ácido muito fraco quanto uma base muito fraca.

Os outros grupos funcionais que são importantes para a bioquímica estão resumidos abaixo:

- $-NH_2$ Trata-se de um grupo amino, constituído por um átomo de nitrogênio ligado a dois átomos de hidrogênio. O grupo amino pode doar e aceitar ligações de hidrogênio. O grupo amino é uma base relativamente forte que aceita um íon hidrogênio para formar um grupo amônio: $NH_3^+$.
- $>C{=}O$. Trata-se de um grupo carbonila, constituído por um átomo de carbono ligado a um átomo de oxigênio por uma dupla ligação. O grupo carbonila pode atuar como aceptor de ligação de hidrogênio, mas não como doador. Esse grupo é encontrado em muitas classes diferentes de compostos, dependendo dos outros grupos que estão ligados ao átomo de carbono. O grupo funcional mais importante que contém carbonila em bioquímica é a amida, na qual o carbono da carbonila está ligado a um átomo de carbono e a um átomo de nitrogênio.

### Mecanismos de reação e "seta curva"

Muitos aspectos da bioquímica dependem de reações químicas nas quais ocorrem clivagem e formação de ligações covalentes. Essas reações envolvem o fluxo de elétrons para fora das ligações e para dentro dos espaços existentes entre os átomos entre os quais são formadas novas ligações. Com frequência, é útil representar essas reações com setas que mostram esse fluxo de elétrons. O processo de analisar reações dessa maneira é algumas vezes designado informalmente como "seta curva" ou "fluxo de elétrons".

Considere, por exemplo, a reação entre amônia, $NH_3$, e iodeto de metila, $H_3C — I$. A $NH_3$ possui um par solitário de elétrons no átomo de nitrogênio, que pode participar na formação da ligação. O átomo de iodo no $H_3C — I$ pode aceitar elétrons para formar o íon iodeto, $I^-$, que é relativamente estável. A reação e o seu mecanismo são mostrados a seguir:

$$H_3N\!: + H_3C — I \longrightarrow H_3N^+ — CH_3 + I^-$$

A primeira seta mostra o fluxo do par de elétrons do nitrogênio para o espaço situado entre o nitrogênio e o carbono para formar nova ligação nitrogênio-carbono. A segunda seta mostra o fluxo de elétrons da ligação carbono-iodo ao iodo para formar o íon iodeto. O produto inicial dessa reação é o íon metilamônio, a metilamina em sua forma protonada. Outro termo importante é *nucleófilo,* que se refere à molécula ou grupo que doa um par de elétrons durante esse tipo de reação. Na presente reação, a amônia é o nucleófilo.

Encontraremos muitos exemplos de mecanismos de reação, particularmente quando discutirmos as ações das enzimas – os catalisadores essenciais que facilitam enormemente a bioquímica.

# PALAVRAS-CHAVE

macromolécula biológica
metabólito
ácido desoxirribonucleico (DNA)
proteína
*Eukarya*
*Bacteria*
*Archaea*
eucarioto
procarioto
dupla hélice

ligação covalente
estrutura de ressonância
interação iônica
ligação de hidrogênio
interação de van der Waals
efeito hidrofóbico
interação hidrofóbica
entropia
entalpia

energia livre (energia livre de
  Gibbs)
pH
valor de p$K_a$
tampão
predisposição
microbioma
aminoácido
código genético

# QUESTÕES

**1.** *Doadores e aceptores.* Identifique os doadores e os aceptores das ligações de hidrogênio em cada uma das quatro bases da página 5. ✓❸

**2.** *Estruturas de ressonância.* A estrutura de um aminoácido, a tirosina, é mostrada a seguir. Desenhe uma estrutura de ressonância alternativa.

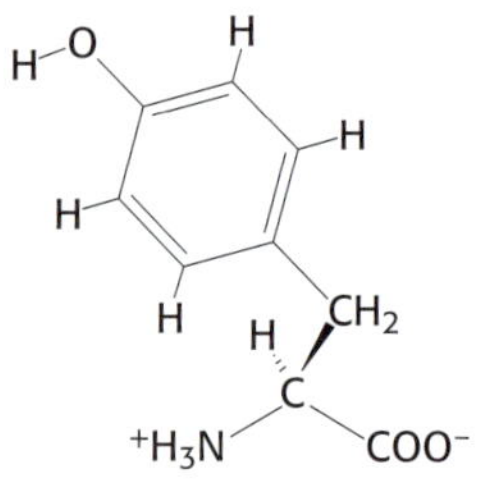

**3.** *Todos os tipos.* Que tipos de ligações não covalentes mantêm os seguintes compostos sólidos unidos? ✓❸

**(a)** Sal de cozinha (NaCl), que contém íons Na$^+$ e Cl$^-$.

**(b)** Grafite (C), que consiste em camadas de átomos de carbono com ligações covalentes.

**4.** *Não infrinja a lei.* Considerando os seguintes valores para as mudanças de entalpia ($\Delta H$) e entropia ($\Delta S$), quais dos seguintes processos podem ocorrer a 298 K sem violar a Segunda Lei da Termodinâmica? ✓❻

**(a)** $\Delta H = -84$ kJ mol$^{-1}$ (-20 kcal mol$^{-1}$),
  $\Delta S = +125$ J mol$^{-1}$ K$^{-1}$ (+30 cal mol$^{-1}$ K$^{-1}$)

**(b)** $\Delta H = -84$ kJ mol$^{-1}$ (-20 kcal mol$^{-1}$),
  $\Delta S = -125$ J mol$^{-1}$ K$^{-1}$ (-30 cal mol$^{-1}$ K$^{-1}$)

**(c)** $\Delta H = +84$ kJ mol$^{-1}$ (+20 kcal mol$^{-1}$),
  $\Delta S = +125$ J mol$^{-1}$ K$^{-1}$ (+30 cal mol$^{-1}$ K$^{-1}$)

**(d)** $\Delta H = +84$ kJ mol$^{-1}$ (+20 kcal mol$^{-1}$),
  $\Delta S = -125$ J mol$^{-1}$ K$^{-1}$ (-30 cal mol$^{-1}$ K$^{-1}$)

**5.** *Entropia de formação da dupla ligação.* Para a formação da dupla hélice, pode-se medir $\Delta G$ em $-54$ kJ mol$^{-1}$ (-13 kcal mol$^{-1}$) a pH 7,0 em 1 M de NaCl a 25 °C (298 K). O calor liberado indica uma mudança de entalpia de $-251$ kJ

mol$^{-1}$ (-60 kcal mol$^{-1}$). Para esse processo, calcule a mudança de entropia para o sistema e a mudança de entropia para a vizinhança. ✓❻

**6.** *Encontre o pH.* Quais são os valores de pH das seguintes soluções? ✓❼

**(a)** 0,1 M HCl

**(b)** 0,1 M NaOH

**(c)** 0,05 M HCl

**(d)** 0,05 M NaOH

**7.** *Um ácido fraco.* Qual é o pH de uma solução 0,1 M de ácido acético (p$K_a$ = 4,75)? ✓❼

(Dica: Considere $x$ como a concentração de íons H$^+$ liberados do ácido acético quando ele se dissocia. As soluções para uma equação quadrática da forma $ax^2 + bx + c = 0$ são $x = (-b \pm \sqrt{b^2 - 4\,ac}/2a.)$

**8.** *Efeitos substitutivos.* Qual é o pH de solução 0,1 M de ácido cloroacético (ClCH$_2$COOH, p$K_a$ = 2,86)? ✓❼

**9.** *Água na água.* Considerando densidade de 1 g/m$\ell$ e massa molecular de 18 g/mol, calcule a concentração da água na água.

**10.** *Fato básico.* Qual é o pH de uma solução 0,1 M de etilamina tendo em vista que o valor p$K_a$ do íon etilamônio (CH$_3$CH$_2$NH$_3^+$) é 10,70? ✓❼

**11.** *Comparação.* Uma solução é preparada pela adição de 0,01 M de ácido acético e 0,01 M de etilamina à água e ajustando-se o pH para 7,4. Qual é a razão entre acetato e ácido acético? Qual é a razão entre etilamina e íon etilamônio? ✓❼

**12.** *Concentrado.* Adiciona-se ácido acético à água até que o pH alcance 4,0. Qual é a concentração total do ácido acético adicionado? ✓❼

**13.** *Diluição.* São diluídos 100 m$\ell$ de uma solução de ácido clorídrico com pH 5,0 para 1 $\ell$. Qual é o pH da solução diluída? ✓❼

**14.** *Diluição de tampão.* 100 mℓ de uma solução tampão 0,1 mM feita a partir de ácido acético e acetato de sódio com pH 5,0 são diluídos para 1 ℓ. Qual é o pH da solução diluída? ✓⑧

**15.** *Encontre o* $pK_a$. Para um ácido HA, as concentrações de HA e A⁻ são de 0,075 e 0,025, respectivamente, em pH 6,0. Qual é o valor do $pK_a$ para o HA? ✓⑦

**16.** *Indicador de pH.* Um corante que é um ácido e que aparece em diferentes cores em suas formas protonada e desprotonada pode ser utilizado como indicador de pH. Suponha que você tenha uma solução 0,001 M de um corante com $pK_a$ 7,2. Com base na cor, a concentração da forma protonada é de 0,0002 M. Suponha que o restante do corante esteja em sua forma desprotonada. Qual é o pH da solução? ✓⑦

**17.** *Qual é a razão?* Um ácido de $pK_a$ 8,0 está presente em uma solução com pH 6,0. Qual é a razão entre as formas protonada e desprotonada do ácido? ✓⑦

**18.** *Mais razões.* Com o uso da espectroscopia por ressonância magnética nuclear, é possível determinar a razão entre as formas protonadas e desprotonadas dos tampões. (a) Suponha que a razão entre [A⁻] e [HA] seja determinada em 0,1 para um tampão com $pK_a = 6,0$. Qual é o pH? (b) Para um tampão diferente, suponha uma razão entre [A⁻] e [HA] de 0,1 com pH 7,0. Neste caso, qual é o valor do $pK_a$ do tampão? (c) Para outro tampão com $pK_a = 7,5$ em pH 8,0, qual é a razão esperada entre [A⁻] e [HA]? ✓⑦

**19.** *Tampão fosfato.* Qual é a razão das concentrações de $H_2PO_4^{2-}$ e $HPO_4^{2-}$ em (a) pH 7,0; (b) pH 7,5; (c) pH 8,0? ✓⑧

**20.** *Neutralização do fosfato.* Dado que o ácido fosfórico $(H_3PO_4)$ pode liberar três prótons com diferentes valores de $pK_a$, faça um gráfico de pH em função das gotas adicionadas de solução de hidróxido de sódio começando com uma solução de ácido fosfórico em pH 1,0. ✓⑧

**21.** *Tampão de sulfato?* Seu laboratório está sem materiais para preparar um tampão de fosfato, e você está pensando em utilizar, em seu lugar, sulfato para fazer um tampão. Os valores de $pK_a$ para os dois átomos de hidrogênio no $H_2SO_4$ são de –10 e 2. (a) Essa abordagem irá funcionar para obter um tampão efetivo próximo do pH 7? (b) Em que valor de pH, aproximadamente, um tampão à base de sulfato poderia ser útil? ✓⑧

**22.** *Capacidade de tamponamento.* Duas soluções de acetato de sódio são preparadas, uma com uma concentração de 0,1 M e a outra com uma concentração de 0,01 M. Calcule os valores de pH quando as seguintes concentrações de HCl foram adicionadas a cada uma dessas soluções: 0,0025 M, 0,005 M, 0,01 M e 0,05 M. ✓⑧

**23.** *Preparação de tampão.* Você deseja preparar um tampão que consiste em ácido acético e acetato de sódio com uma concentração total de ácido acético mais acetato de 250 mM e pH 5,0. Quais são as concentrações de ácido acético e de acetato de sódio que você deve utilizar? Pressupondo que você queira preparar 2 ℓ desse tampão, quantos mols de

ácido acético e de acetato de sódio serão necessários? Quantos gramas de cada um você precisará (massas moleculares: ácido acético, 60,05 g mol⁻¹; acetato de sódio, 82,03 g mol¹⁻)? ✓⑧

**24.** *Abordagem alternativa.* Quando você vai preparar o tampão descrito na questão 23, descobre que o seu laboratório não dispõe de acetato de sódio, porém tem hidróxido de sódio. Quanto (em mols e gramas) de ácido acético e hidróxido de sódio é necessário para preparar o tampão? ✓⑧

**25.** *Outra alternativa.* Seu amigo de outro laboratório, que estava sem ácido acético, tenta preparar o tampão da questão 23 dissolvendo 41,02 g de acetato de sódio em água, adicionando cuidadosamente 180,0 mℓ de HCl a 1 M e adicionando mais água até alcançar um volume total de 2 ℓ. Qual é a concentração total de acetato mais ácido acético na solução? Essa solução terá um pH 5,0? Ela será idêntica ao tampão desejado? Caso não seja, qual será a diferença? ✓⑧

**26.** *Substituto do sangue.* Conforme assinalado neste capítulo, o sangue contém uma concentração total de fosfato de aproximadamente 1 mM e normalmente apresenta um pH 7,4. Você pretende preparar 100 ℓ de tampão fosfato com pH 7,4 a partir de $NaH_2PO_4$ (massa molecular de 119,98 g mol⁻¹) e $Na_2HPO_4$ (massa molecular de 141,96 g mol⁻¹). Quanto de cada (em gramas) você irá precisar? ✓⑧

**27.** *Um problema potencial.* Você pretende preparar um tampão com pH 7,0. Você combina 0,060 g de ácido acético e 14,59 g de acetato de sódio, e adiciona água até alcançar um volume total de 1 ℓ. Qual é o pH? Este será o tampão de pH 7,0 adequado que você procura? ✓⑧

**28.** *Bons tampões.* Norman Good e seus colegas desenvolveram um arranjo de compostos que são tampões úteis próximo ao pH neutro. Três desses tampões são abreviados como MES ($pK_a = 6,15$), MOPS ($pK_a = 7,15$) e HEPPS (8,00). (a) Qual desses tampões deverá ser mais efetivo próximo ao pH 7,0? (b) Próximo a 6,0? ✓⑧

**29.** *Mais tampões úteis.* É preparado 1 ℓ de tampão contendo 100 mM de HEPPS em pH 8.0. Qual é a concentração da forma protonada de HEPPS nessa solução? ✓⑧

**30.** *DNA em água.* Você esperaria que a dupla hélice em um segmento curto de DNA seja mais estável em tampão de fosfato de sódio 100 em pH 7,0 ou em água pura? Por quê? ✓②

**31.** *Carga!* Suponha que dois grupos fosfato no DNA (cada um deles com uma carga elétrica de –1) estejam separados por 12 Å. Qual é a energia da interação iônica entre esses dois fosfatos pressupondo uma constante dielétrica de 80? Repita o cálculo com uma constante dielétrica de 2. ✓②

**32.** *Óleo e água?* Qual é a principal força responsável pelo fato de o óleo e a água não se misturarem facilmente? ✓④

**33.** *Viva a diferença.* Em média, faça uma estimativa de quantas diferenças de bases existem entre dois seres humanos. ✓⑨

**34.** *Epigenômica.* O corpo humano contém muitos tipos distintos de células; entretanto, quase todas as células humanas contêm o mesmo genoma com 21 mil genes. Os diferentes tipos celulares devem-se principalmente a diferenças na expressão dos genes. Suponha que um conjunto de 1.000 genes seja expresso em todos os tipos de células, e que os 20 mil genes remanescentes possam ser divididos em conjuntos de 1.000 genes, que são todos expressos ou não expressos em determinado tipo celular. Quantos tipos de células diferentes são possíveis se cada tipo celular expressar 10 conjuntos desses genes? Observe que o número de combinações de n objetos em m conjuntos é fornecido pela fórmula $n!/(m!(n - m)!)$, em que $n! = 1 \times 2 \times \cdots \times (n - 1) \times n$. ✓9

**35.** *Predisposições em populações.* Suponha que 10% dos membros de uma população vão desenvolver uma doença específica no decorrer da vida. Os estudos genômicos revelam que 5% da população apresenta sequências em seus genomas de tal modo que a sua probabilidade de apresentar a doença ao longo da vida é de 50%. Qual é o risco cumulativo médio dessa doença ao longo da vida para os 95% restantes da população sem essas sequências? ✓9

## Questões para discussão

**36.** Muitos estudos que revelaram a existência de importantes processos bioquímicos nos seres humanos, incluindo os que sustentam o desenvolvimento de novos fármacos, foram conduzidos em outros organismos. Esses organismos incluem não apenas mamíferos, como camundongos e ratos, mas também organismos unicelulares, como as leveduras. Por que essa abordagem é frequentemente produtiva?

# Composição e Estrutura das Proteínas

CAPÍTULO 2

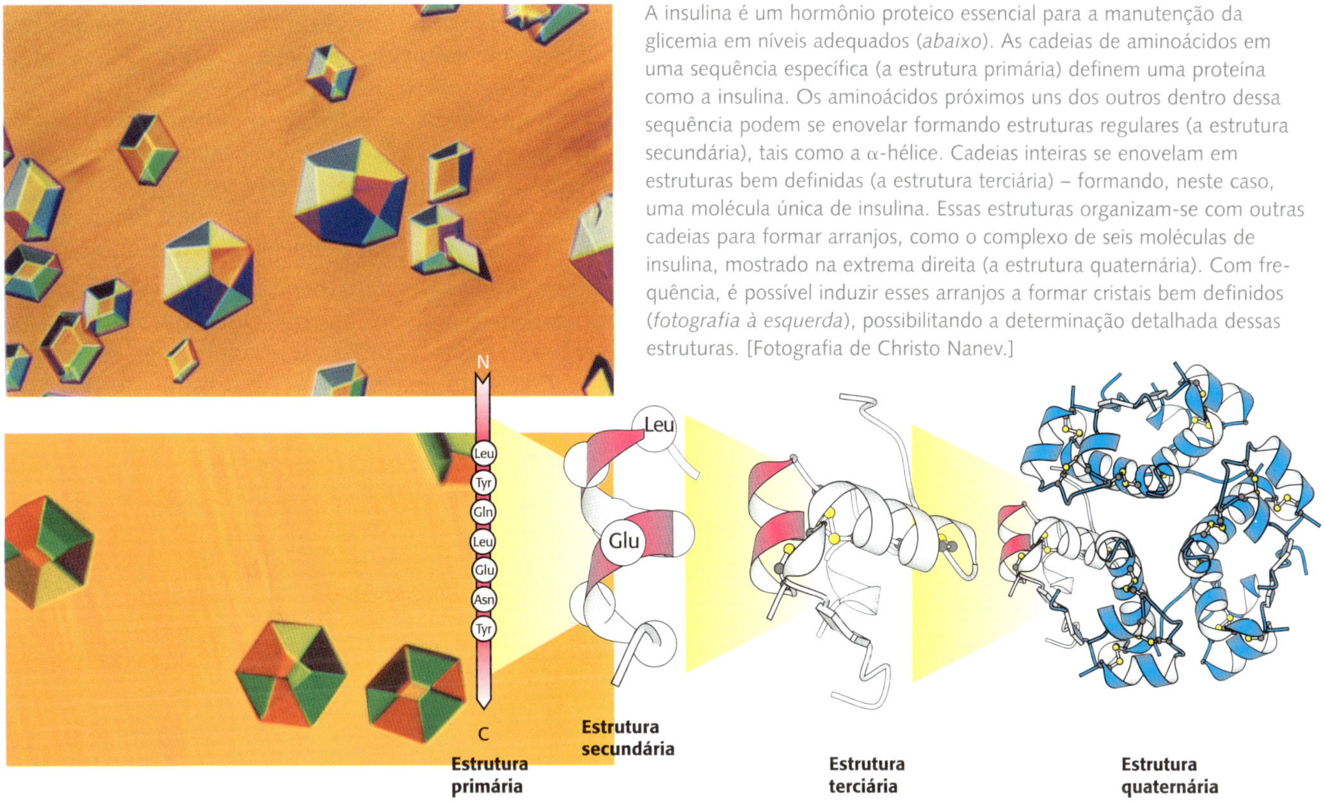


A insulina é um hormônio proteico essencial para a manutenção da glicemia em níveis adequados (*abaixo*). As cadeias de aminoácidos em uma sequência específica (a estrutura primária) definem uma proteína como a insulina. Os aminoácidos próximos uns dos outros dentro dessa sequência podem se enovelar formando estruturas regulares (a estrutura secundária), tais como a α-hélice. Cadeias inteiras se enovelam em estruturas bem definidas (a estrutura terciária) – formando, neste caso, uma molécula única de insulina. Essas estruturas organizam-se com outras cadeias para formar arranjos, como o complexo de seis moléculas de insulina, mostrado na extrema direita (a estrutura quaternária). Com frequência, é possível induzir esses arranjos a formar cristais bem definidos (*fotografia à esquerda*), possibilitando a determinação detalhada dessas estruturas. [Fotografia de Christo Nanev.]

## OBJETIVOS DE APRENDIZAGEM

*Ao término do capítulo, o leitor deverá ser capaz de:*

1. Identificar os 20 aminoácidos e suas abreviaturas correspondentes de três letras e de uma letra.
2. Distinguir as estruturas primária, secundária, terciária e quaternária.
3. Descrever as propriedades dos principais tipos de estrutura secundária, incluindo a α-hélice, a folha β e a volta reversa.
4. Explicar como o efeito hidrofóbico atua como a principal força motriz para o enovelamento das cadeias polipeptídicas em proteínas globulares.

## SUMÁRIO



As proteínas são **as** macromoléculas mais versáteis dos sistemas vivos e desempenham funções essenciais em praticamente todos os processos biológicos. As proteínas funcionam como catalisadores, transportam e armazenam outras moléculas, como o oxigênio, proporcionam suporte mecânico e proteção imune, geram movimento, transmitem impulsos nervosos e controlam o crescimento e a diferenciação. De fato, grande parte deste livro irá se concentrar no que as proteínas fazem e como elas executam essas funções.

Diversas propriedades fundamentais possibilitam a atuação das proteínas em uma ampla gama de funções.

**1.** *As proteínas são polímeros lineares formados por unidades monoméricas, denominadas aminoácidos*, que estão ligados uns aos outros pelas suas extremidades. A sequência de aminoácidos ligados uns aos outros é denominada estrutura primária. De maneira notável, as proteínas sofrem um

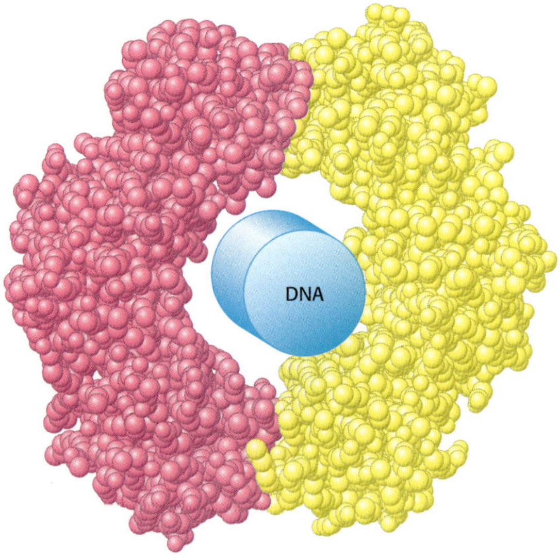


**FIGURA 2.1 A estrutura determina a função.** Um componente proteico da máquina de replicação do DNA circunda uma parte da dupla hélice do DNA representada na forma de cilindro. A proteína, que consiste em duas subunidades idênticas (mostradas em vermelho e amarelo), atua como uma abraçadeira, possibilitando a cópia de grandes segmentos de DNA sem que a máquina de replicação se dissocie do DNA. [Desenhada de 2POL.pdb.]

enovelamento espontâneo, formando estruturas tridimensionais, que são determinadas pela sequência de aminoácidos no polímero proteico. A estrutura tridimensional formada pelas ligações de hidrogênio entre os aminoácidos próximos uns dos outros é denominada estrutura secundária, enquanto a estrutura terciária é formada por interações de longa distância entre aminoácidos. A função das proteínas depende diretamente dessa estrutura tridimensional (Figura 2.1). Por conseguinte, *as proteínas constituem a representação da transição de um mundo unidimensional de sequências para o mundo tridimensional de moléculas capazes de executar atividades diversas.* Muitas proteínas também exibem uma estrutura quaternária, em que a proteína funcional é composta por várias cadeias polipeptídicas distintas.

**2.** *As proteínas contêm uma ampla variedade de grupos funcionais.* Esses grupos funcionais incluem álcoois, tióis, tioéteres, ácidos carboxílicos, carboxamidas e uma variedade de grupos básicos. Esses grupos são, em sua maioria, quimicamente reativos. Quando combinado em várias sequências, esse conjunto de grupos funcionais responde pelo amplo espectro de funções das proteínas. Por exemplo, suas propriedades reativas são essenciais para as funções das *enzimas* – as proteínas que catalisam reações químicas específicas nos sistemas biológicos (ver Capítulos 8 a 10).

**3.** *As proteínas podem interagir umas com as outras e com outras macromoléculas biológicas para formar montagens complexas.* Nessas montagens, as proteínas podem atuar de modo sinérgico, adquirindo capacidades que as proteínas individuais podem não apresentar. Exemplos dessas montagens são as máquinas macromoleculares que replicam o DNA, transmitem sinais no interior das células e possibilitam a contração das células musculares (Figura 2.2).

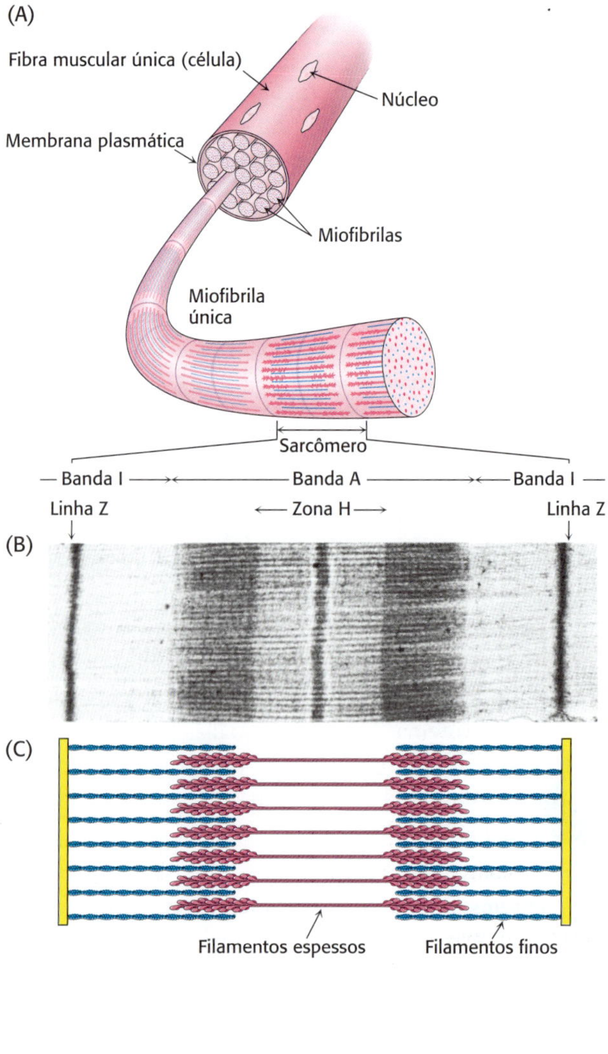


**FIGURA 2.2 Montagem complexa de uma proteína.** **A.** Uma única célula muscular apresenta múltiplas miofibrilas, cada uma das quais é composta de numerosas repetições de uma montagem proteica complexa conhecida como sarcômero. **B.** O padrão em bandas de um sarcômero, que é evidente na microscopia eletrônica, é produzido pela interdigitação dos filamentos formados por muitas proteínas individuais (**C**). [(**B**) Cortesia do Dr. Hugh Huxley.]

**4.** *Algumas proteínas são bastante rígidas, enquanto outras exibem considerável flexibilidade.* As unidades rígidas podem funcionar como elementos estruturais no citoesqueleto (o esqueleto interno existente dentro das células) ou no tecido conjuntivo. As proteínas com alguma flexibilidade podem atuar como dobradiças, como molas ou, ainda, como alavancas. Além disso, as mudanças conformacionais das proteínas possibilitam a montagem regulada de complexos proteicos maiores, bem como a transmissão da informação no interior das células e entre elas (Figura 2.3).

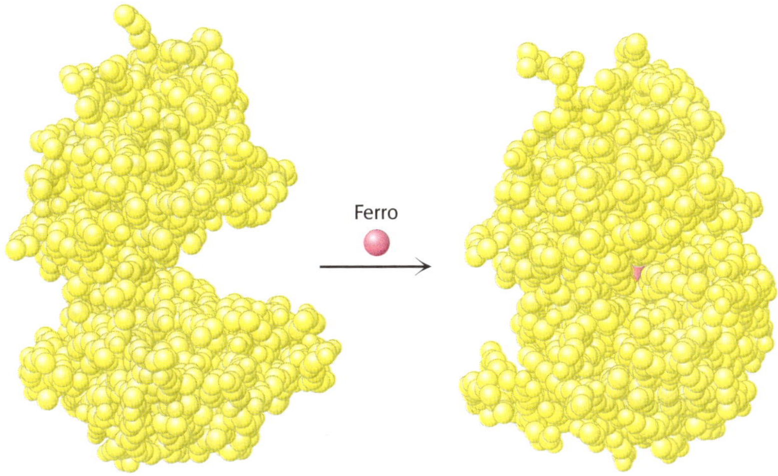


**FIGURA 2.3 Flexibilidade e função.** Por meio de sua ligação ao ferro, a proteína lactoferrina sofre uma mudança substancial na sua conformação, permitindo que outras moléculas possam distinguir entre as formas ligada e não ligada ao ferro. [Desenhada de 1LFH.pdb e 1LFG.pdb.]

## 2.1 As proteínas são formadas a partir de um repertório de 20 aminoácidos

Os aminoácidos constituem os blocos de construção das proteínas. Um α-*aminoácido* consiste em um átomo de carbono central, denominado *carbono* α, ligado a um grupo amino, um grupo ácido carboxílico, um átomo de hidrogênio e um grupo R distinto. Com frequência, o grupo R é designado como *cadeia lateral*. Com quatro grupos diferentes ligados ao átomo de carbono α tetraédrico, os α-aminoácidos são *quirais*: podem existir em uma de duas formas de imagem especular, denominadas isômero L e isômero D (Figura 2.4).

**Nota para distinguir os estereoisômeros**
Atribui-se uma prioridade aos quatro substituintes diferentes de um átomo de carbono assimétrico de acordo com o número atômico. O substituinte de menor prioridade, frequentemente o hidrogênio, aponta para longe do leitor. A configuração para o átomo de carbono é designada como *S* (do latim *sinister*, que significa "esquerda") se a progressão da maior para a menor prioridade for no sentido anti-horário. A configuração é denominada *R* (do latim *rectus*, que significa "direita") se a progressão for no sentido horário.

*Apenas os L aminoácidos são constituintes das proteínas.* Para quase todos os aminoácidos, o isômero L apresenta uma configuração absoluta *S* (em vez de *R*) (Figura 2.5). Qual é a base para a preferência pelos L aminoácidos? A resposta está perdida na história da evolução. É possível que a preferência pelos L aminoácidos em relação aos D aminoácidos tenha sido consequência de uma seleção aleatória. Entretanto, há evidências de que os L aminoácidos são ligeiramente mais solúveis do que uma mistura racêmica de D e L aminoácidos, que tende a formar cristais. Essa pequena diferença de solubilidade pode ter sido amplificada ao longo do tempo, de modo que o isômero L tornou-se dominante em solução.

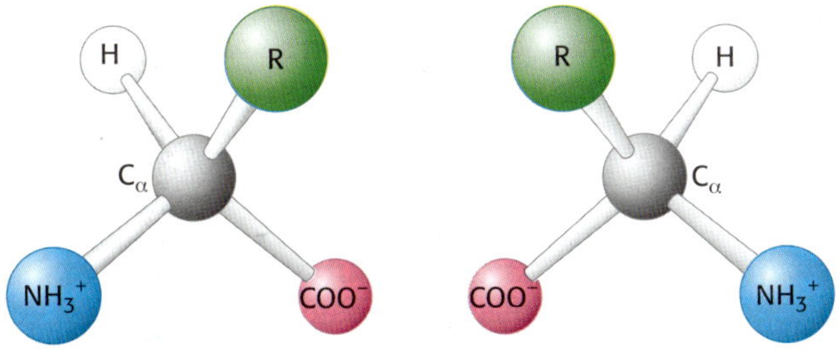


**FIGURA 2.4 Os isômeros L e D dos aminoácidos.** A letra R refere-se à cadeia lateral. Os isômeros L e D são imagens especulares um do outro.

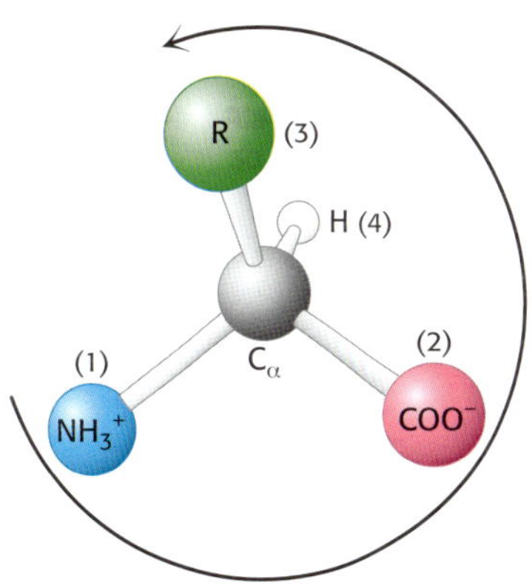


**FIGURA 2.5 Apenas os L aminoácidos são encontrados nas proteínas.** Quase todos os L aminoácidos possuem uma configuração absoluta *S*. O sentido anti-horário da seta, dos substituintes de maior para menor prioridade, indica que o centro quiral possui a configuração *S*.

Os aminoácidos, em solução de pH neutro, existem predominantemente como *íons dipolares* (também denominados *zwitterions*). Na forma dipolar, o grupo amino está protonado ($–NH_3^+$), enquanto o grupo carboxila está desprotonado ($–COO^-$). O estado de ionização de um aminoácido varia de acordo com o pH (Figura 2.6). Em solução ácida (p. ex., pH 1), o grupo amino está protonado ($–NH_3^+$) e o grupo carboxila não está dissociado (–COOH). À medida que aumenta o pH, o ácido carboxílico é o primeiro grupo a perder um próton na medida em que o seu $pK_a$ está próximo de 2. A forma dipolar persiste até que o pH se aproxime de 9,5, quando o grupo amino protonado perde um próton.

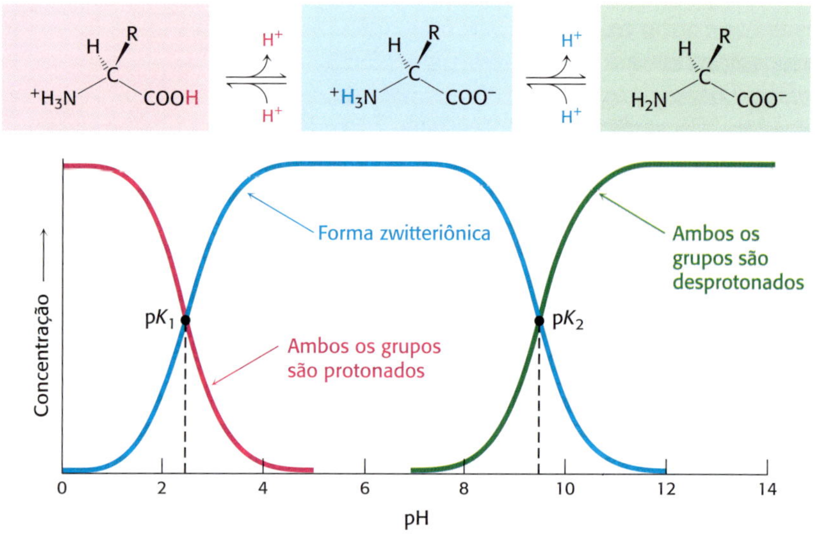


**FIGURA 2.6 Estado de ionização como função do pH.** O estado de ionização dos aminoácidos é alterado por uma mudança do pH. Em pH baixo, próximo do valor de $pK_a$ para o ácido carboxílico, $pK_1$, o próton de –COOH é perdido da forma totalmente protonada. À medida que o pH alcança níveis fisiológicos, predomina a forma zwitteriônica. Com valores de pH elevados, próximo do $pK_a$ para o grupo amino, $pK_2$, um dos prótons de $–NH_3^+$ é perdido para formar a espécie totalmente desprotonada.

Nas proteínas, são comumente encontrados 20 tipos de cadeias laterais, que variam quanto a *tamanho, forma, carga, capacidade de ligação do hidrogênio, caráter hidrofóbico* e *reatividade química*. Com efeito, todas as proteínas em todas as espécies – bactérias, arqueias e eucariotos – são formadas a partir do mesmo conjunto de 20 aminoácidos, com apenas algumas exceções. Esse alfabeto fundamental para a construção das proteínas tem vários bilhões de anos de idade. A notável gama de funções mediadas pelas proteínas resulta da diversidade e da versatilidade desses 20 blocos de construção. A compreensão de como esse alfabeto é utilizado para criar as complexas estruturas tridimensionais que permitem que as proteínas executem um número tão grande de processos biológicos constitui uma área fascinante da bioquímica, à qual retornaremos na seção 2.6.

Embora existam muitas maneiras de classificar os aminoácidos, iremos organizar essas moléculas em quatro grupos com base nas características químicas gerais de seus grupos R:

1. Aminoácidos hidrofóbicos com grupos R apolares.
2. Aminoácidos polares com grupos R neutros e com a carga não uniformemente distribuída.
3. Aminoácidos de carga positiva com grupos R que apresentam uma carga positiva em pH fisiológico.
4. Aminoácidos carregados negativamente com grupos R que apresentam uma carga negativa em pH fisiológico.

**Aminoácidos hidrofóbicos.** O aminoácido mais simples é a *glicina*, cuja cadeia lateral é constituída por um único átomo de hidrogênio. Com dois átomos de hidrogênio ligados ao átomo do carbono α, a glicina é única por ser *aquiral*. A *alanina*, o segundo aminoácido mais simples, possui um grupo metila ($–CH_3$) como cadeia lateral (Figura 2.7).

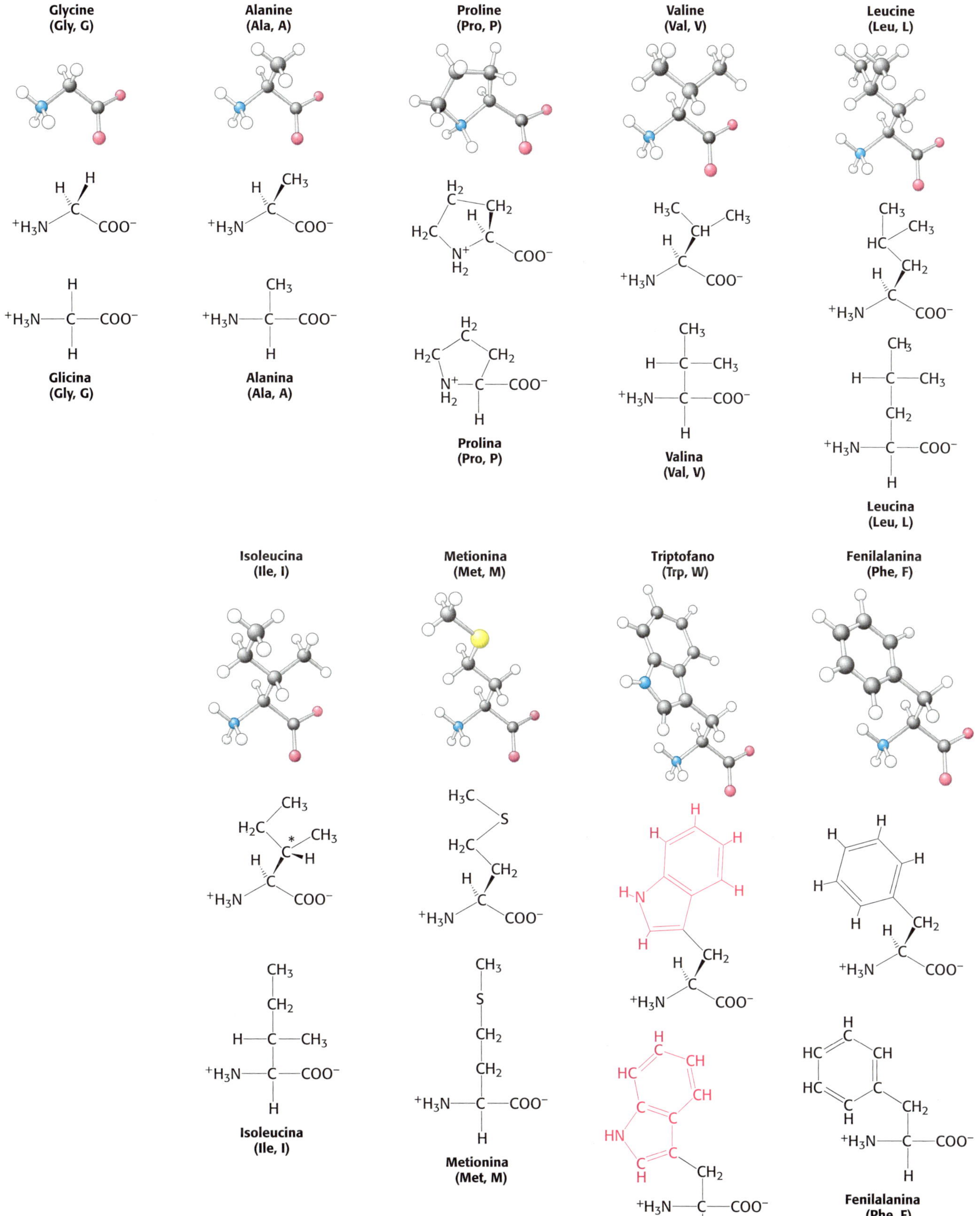


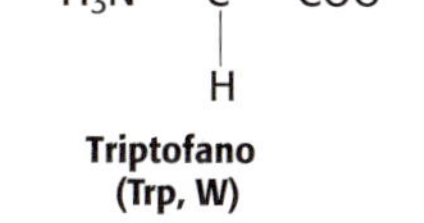


**FIGURA 2.7 Estruturas dos aminoácidos hidrofóbicos.** Para cada aminoácido, um modelo em esfera e bastão (parte superior) mostra a disposição dos átomos e das ligações no espaço. A fórmula estereoquímica real (parte do meio) mostra a organização geométrica das ligações em torno dos átomos, enquanto a projeção de Fischer (parte inferior) mostra todas as ligações como perpendiculares para uma representação simplificada (ver Apêndice do Capítulo 1). O centro quiral adicional na isoleucina está indicado por um asterisco. O grupo indol na cadeia lateral do triptofano é mostrado em vermelho.

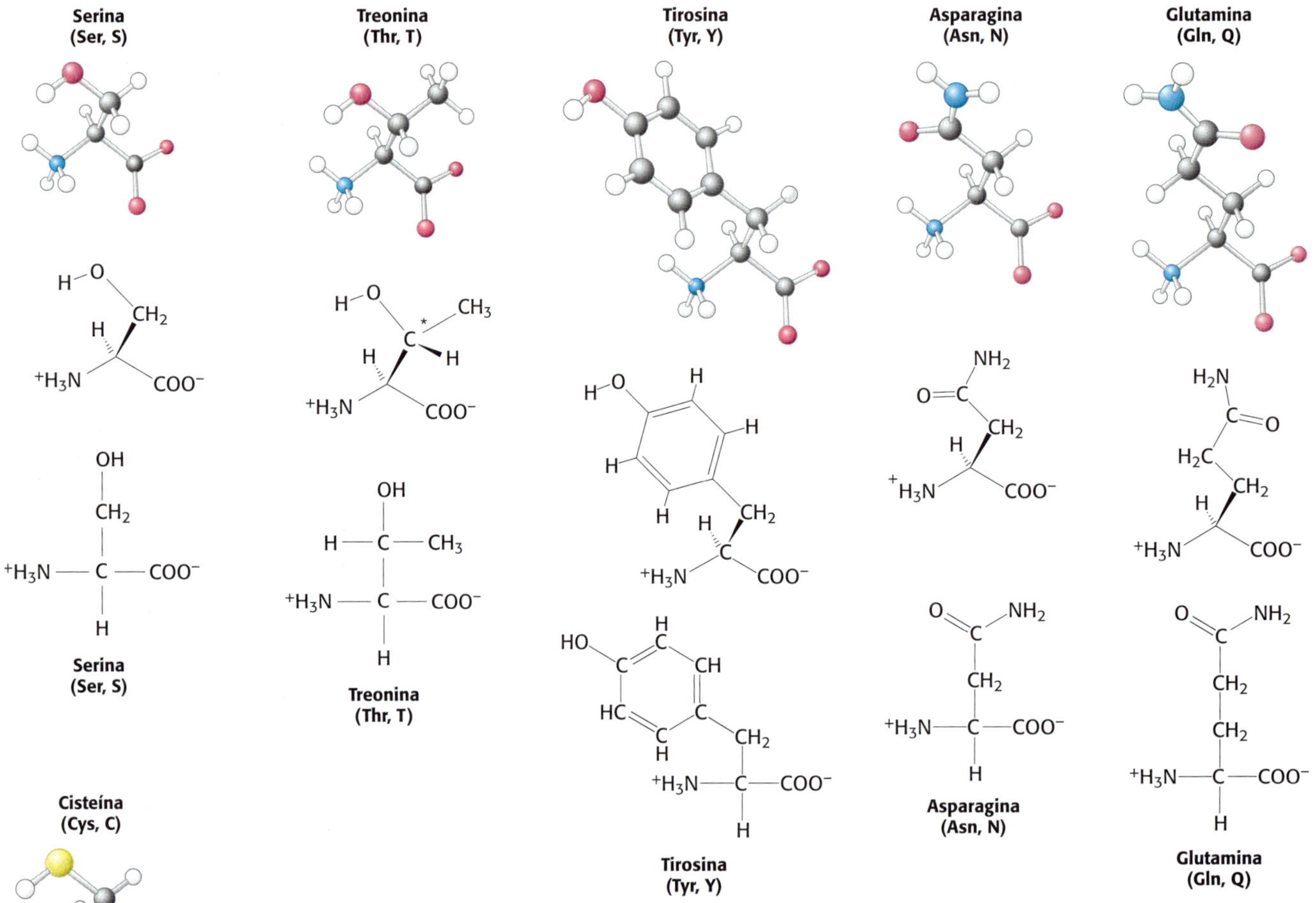


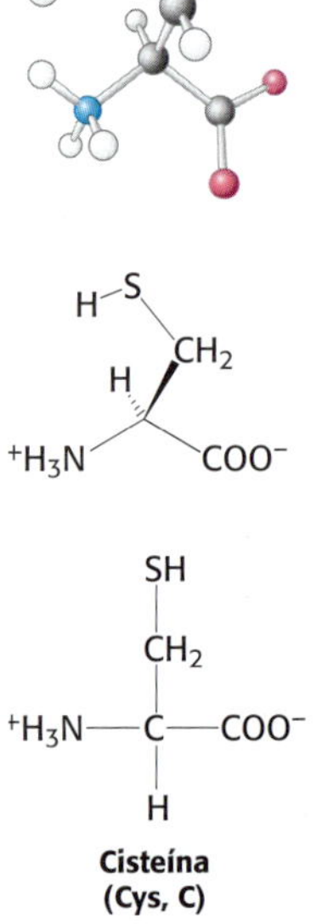

**FIGURA 2.8 Estruturas dos aminoácidos polares.** O centro quiral adicional na treonina está indicado por um asterisco.

Cadeias laterais maiores de hidrocarbonetos são encontradas na *valina*, *leucina* e *isoleucina*. A *metionina* possui uma cadeia lateral altamente alifática, que inclui um grupo *tioéter* (–S–). A cadeia lateral da isoleucina inclui um centro quiral adicional; apenas o isômero mostrado na Figura 2.7 é encontrado nas proteínas. Essas cadeias laterais alifáticas são particularmente hidrofóbicas, isto é, tendem a se agrupar entre si, em vez de entrar em contato com a água. As estruturas tridimensionais das proteínas hidrossolúveis são estabilizadas por essa tendência dos grupos hidrofóbicos a se agrupar, que é conhecida como *efeito hidrofóbico* (ver Capítulo 1). Os diferentes tamanhos e formas dessas cadeias laterais de hidrocarboneto possibilitam o seu agrupamento para formar estruturas compactas, com pouco espaço vazio. A *prolina* também possui uma cadeia lateral alifática, porém difere dos outros membros do conjunto de 20 aminoácidos, visto que a sua cadeia lateral está ligada tanto ao átomo de nitrogênio quanto ao carbono α, produzindo um anel *pirrolidina*. A prolina influencia acentuadamente a arquitetura das proteínas, visto que a sua estrutura cíclica faz com que seja conformacionalmente mais restrita do que os outros aminoácidos.

Dois aminoácidos com *cadeias laterais aromáticas* relativamente simples fazem parte do repertório fundamental. A *fenilalanina*, como o próprio nome indica, contém um anel fenil ligado no lugar de um dos átomos de hidrogênio da alanina. O *triptofano* apresenta um grupo *indol* ligado a um grupo metileno (–$CH_2$–); o grupo indol é constituído pela fusão de dois anéis contendo um grupo NH (Figura 2.7, mostrado em vermelho). A fenilalanina é puramente hidrofóbica, enquanto o triptofano é menos em virtude de seu grupo NH na cadeia lateral.

**Aminoácidos polares.** Seis aminoácidos são polares, porém sem carga. Três aminoácidos, a *serina*, a *treonina* e a *tirosina*, apresentam *grupos hidroxila* (–OH) ligados a uma cadeia lateral hidrofóbica (Figura 2.8).

A serina pode ser considerada uma versão da alanina com um grupo hidroxila ligado. A treonina assemelha-se à valina, com um grupo hidroxila no lugar de um dos grupos metila da valina. A tirosina é uma versão da fenilalanina, com o grupo hidroxila substituindo um átomo de hidrogênio no anel aromático. O grupo hidroxila faz com que esses aminoácidos sejam muito mais *hidrofílicos* (amantes da água) e *reativos* do que seus análogos hidrofóbicos. A treonina, à semelhança da isoleucina, contém um centro assimétrico adicional; mais uma vez, apenas um isômero é encontrado nas proteínas.

Além disso, esse conjunto inclui a *asparagina* e a *glutamina*, dois aminoácidos que contêm um grupo *carboxamida* terminal. A cadeia lateral da glutamina é mais comprida que a da asparagina por um grupo metileno.

A *cisteína* assemelha-se estruturalmente à serina, porém contém um grupo *sulfidrila* ou *tiol* (–SH) em lugar do grupo hidroxila (–OH). O grupo sulfidrila é muito mais reativo. Pares de grupos sulfidrila podem se unir para formar pontes dissulfeto, que são particularmente importantes na estabilização de algumas proteínas, conforme iremos discutir de maneira sucinta.

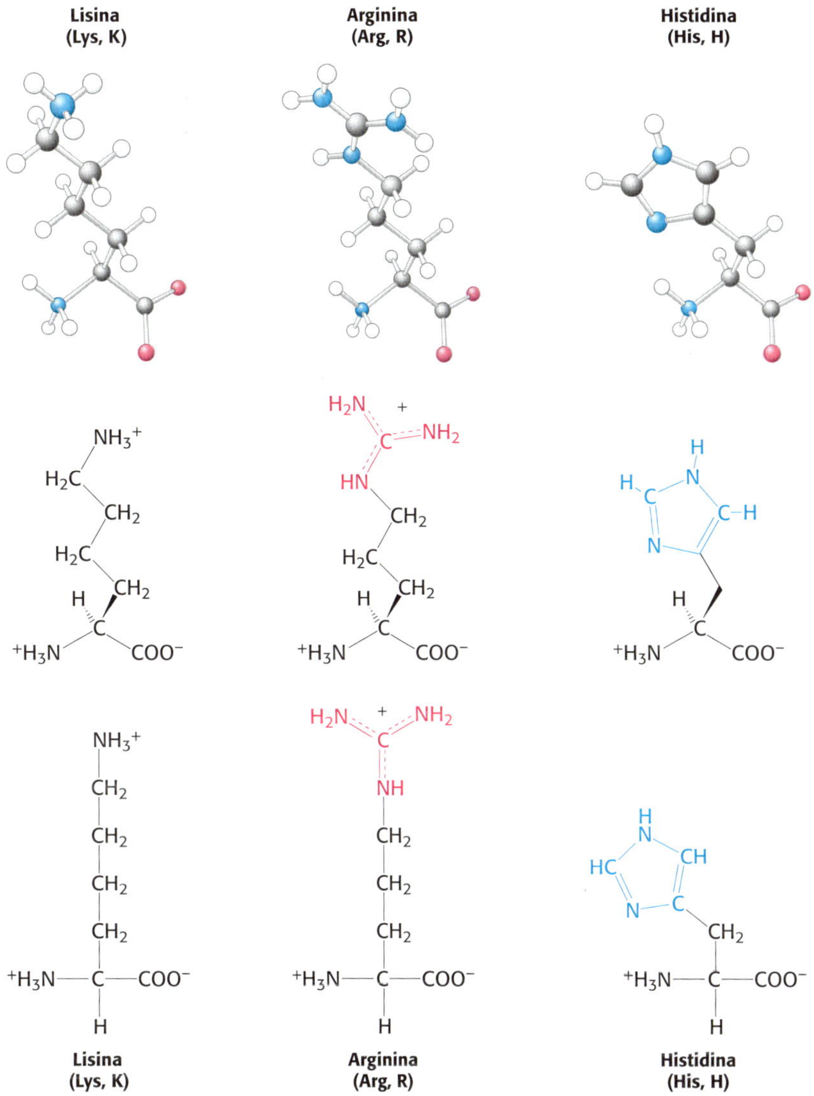


**FIGURA 2.9 Aminoácidos de carga positiva: lisina, arginina e histidina.** O grupo guanidínio na cadeia lateral da arginina é mostrado em vermelho, enquanto o grupo imidazol da histidina é mostrado em azul.

**Aminoácidos de carga positiva.** Iremos considerar agora os aminoácidos com cargas positivas completas, o que os torna altamente hidrofílicos (Figura 2.9). A *lisina* e a *arginina* possuem cadeias laterais longas que terminam com grupos que têm *cargas positivas* em pH neutro. A lisina possui um grupo amino primário em uma extremidade, e a arginina um grupo guanidínio (Figura 2.9, mostrado em vermelho). A *histidina* contém um grupo imidazol, um anel aromático que também pode apresentar carga positiva (Figura 2.9, mostrado em azul).

Com um valor de p$K_a$ próximo de 6, o grupo imidazol pode estar sem carga ou com carga positiva próximo ao pH neutro, dependendo de seu ambiente local (Figura 2.10). A histidina é frequentemente encontrada nos sítios ativos das enzimas, onde o anel imidazol pode ligar-se a prótons e liberá-los durante as reações enzimáticas.

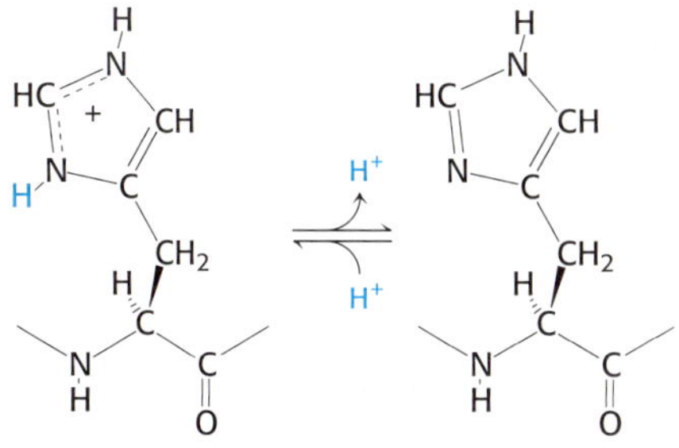

**FIGURA 2.10 Ionização da histidina.** A histidina pode ligar-se a prótons ou liberá-los próximo ao pH fisiológico.

**Aminoácidos de carga negativa.** Esse conjunto de aminoácidos inclui dois aminoácidos com *cadeias laterais ácidas*: o *ácido aspártico* e o *ácido glutâmico* (Figura 2.11). Esses aminoácidos são derivados da asparagina e da glutamina, e apresentam cargas elétricas (Figura 2.8) com um ácido carboxílico em lugar de uma carboxamida. O ácido aspártico e o ácido glutâmico são frequentemente denominados *aspartato* e *glutamato* para ressaltar o fato de que, em pH fisiológico, suas cadeias laterais habitualmente carecem de um próton que está presente na forma ácida e apresentam, portanto, carga negativa. Todavia, essas cadeias laterais podem aceitar prótons em algumas

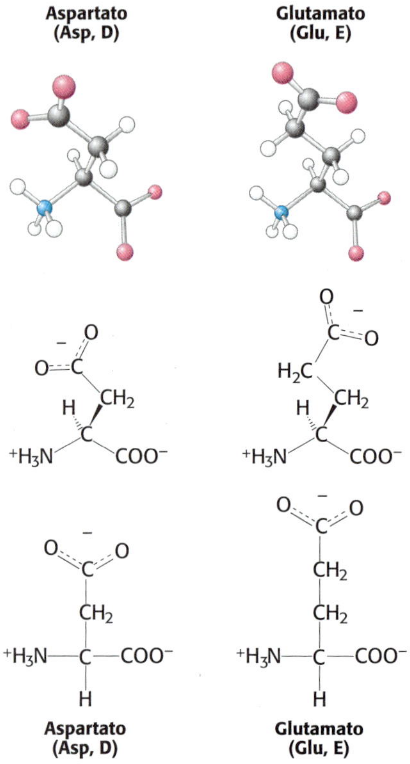


**FIGURA 2.11 Aminoácidos carregados negativamente.**

proteínas, frequentemente com consequências importantes do ponto de vista funcional.

Sete dos 20 aminoácidos possuem cadeias laterais prontamente ionizáveis. Esses sete aminoácidos são capazes de doar ou de aceitar prótons tanto para facilitar as reações quanto para formar ligações iônicas. A Tabela 2.1 fornece o equilíbrio e os valores típicos de p$K_a$ para a ionização das cadeias laterais de tiosina, cisteína, arginina, lisina, histidina, e ácidos aspártico e glutâmico nas proteínas. Dois outros grupos nas proteínas – o grupo α-aminoterminal e o grupo α-carboxila terminal – podem ser ionizados, e os valores típicos de p$K_a$ para esses grupos também estão incluídos na Tabela 2.1.

Os aminoácidos são frequentemente designados por uma abreviatura de três letras ou por um símbolo de uma letra (Tabela 2.2). As abreviaturas para os aminoácidos consistem nas primeiras três letras de seus nomes (em inglês), com exceção da asparagina (Asn), da glutamina (Gln), da isoleucina (Ile) e do triptofano (Trp). Os símbolos de muitos aminoácidos consistem na primeira de letra de seus nomes (p. ex., G para a glicina e L para a leucina); os outros símbolos foram estabelecidos por convenção. Essas abreviaturas e símbolos constituem uma parte integrante do vocabulário dos bioquímicos.

Como esse conjunto particular de aminoácidos tornou-se o bloco de construção das proteínas? Em primeiro lugar, como conjunto, os aminoácidos são diversificados: as suas propriedades estruturais e químicas estendem-se por um amplo espectro, fornecendo às proteínas a versatilidade

**TABELA 2.1** Valores típicos de p$K_a$ de grupos ionizáveis nas proteínas.

| Grupo | Ácido | ⇌ | Base | p$K_a$ Típico* |
|---|---|---|---|---|
| Grupo α-carboxila terminal | 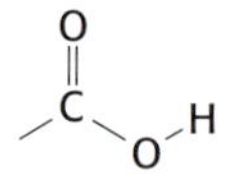 | ⇌ | 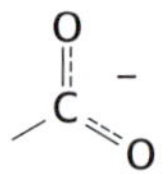 | 3,1 |
| Ácido aspártico<br>Ácido glutâmico | 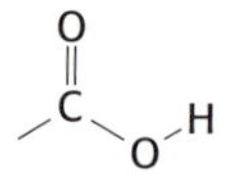 | ⇌ | 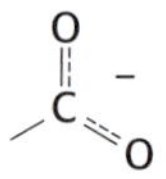 | 4,1 |
| Histidina | 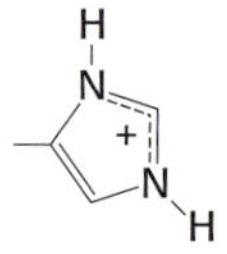 | ⇌ | 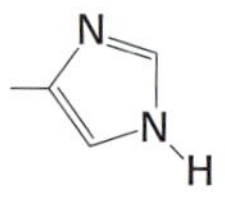 | 6,0 |
| Grupo α-aminoterminal | 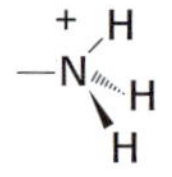 | ⇌ | 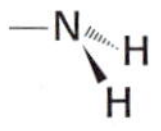 | 8,0 |
| Cisteína | 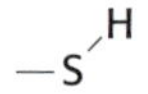 | ⇌ | 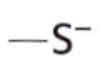 | 8,3 |
| Tirosina | 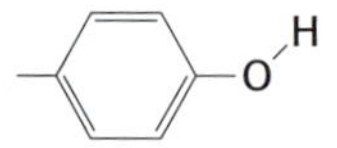 | ⇌ | 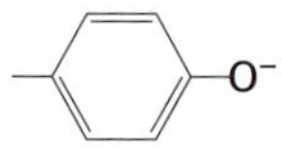 | 10,0 |
| Lisina | 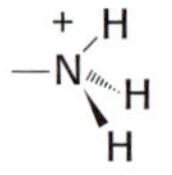 | ⇌ | 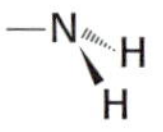 | 10,4 |
| Arginina | 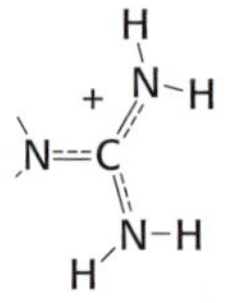 | ⇌ | 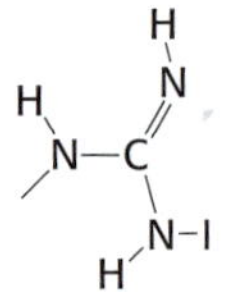 | 12,5 |

*Os valores de p$K_a$ dependem da temperatura, da força iônica e do microambiente do grupo ionizável.

**TABELA 2.2** Abreviaturas dos aminoácidos.

| Aminoácido | Abreviatura com Três Letras | Abreviatura com Uma Letra | Aminoácido | Abreviatura com Três Letras | Abreviatura com Uma Letra |
|---|---|---|---|---|---|
| Alanina | Ala | A | Metionina | Met | M |
| Arginina | Arg | R | Fenilalanina | Phe | F |
| Asparagina | Asn | N | Prolina | Pro | P |
| Ácido aspártico | Asp | D | Serina | Ser | S |
| Cisteína | Cys | C | Treonina | Thr | T |
| Glutamina | Gln | Q | Triptofano | Trp | W |
| Ácido glutâmico | Glu | E | Tirosina | Tyr | Y |
| Glicina | Gly | G | Valina | Val | V |
| Histidina | His | H | Asparagina ou ácido aspártico | Asx | B |
| Isoleucina | Ile | I | | | |
| Leucina | Leu | L | Glutamina ou ácido glutâmico | Glx | Z |
| Lisina | Lys | K | | | |

para desempenhar muitas funções. Em segundo lugar, muitos desses aminoácidos provavelmente estavam disponíveis em reações prebióticas, isto é, reações que ocorreram antes da origem da vida. Por fim, outros aminoácidos possíveis podem simplesmente ter sido demasiadamente reativos. Por exemplo, aminoácidos como a homosserina e a homocisteína tendem a assumir formas cíclicas de cinco membros, limitando o seu uso em proteínas; os aminoácidos alternativos que são encontrados nas proteínas – a serina e a cisteína – não ciclizam com facilidade, visto que os anéis em suas formas cíclicas são muito pequenos (Figura 2.12).

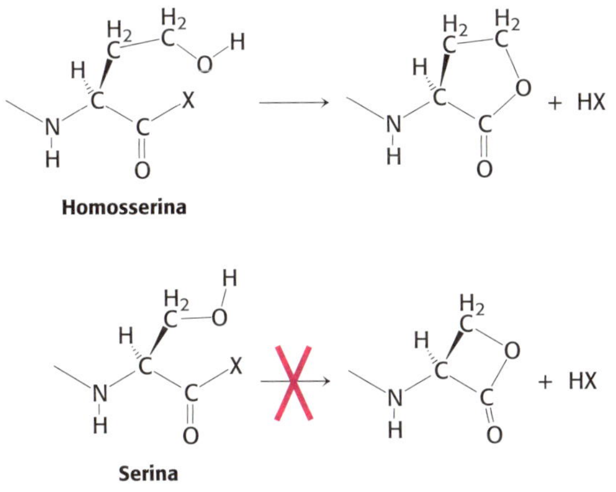


**FIGURA 2.12 Reatividade indesejável nos aminoácidos.** Alguns aminoácidos não são apropriados para as proteínas devido à ciclização indesejável. A homosserina pode ciclizar e forma um anel estável de cinco membros, resultando potencialmente em clivagem da ligação peptídica. A ciclização da serina formaria um anel tenso de quatro membros, sendo, portanto, desfavorecida. O X pode ser um grupo amino de um aminoácido adjacente ou outro grupo de saída.

## 2.2 Estrutura primária: os aminoácidos são unidos por ligações peptídicas para formar cadeias polipeptídicas

As proteínas são *polímeros lineares* formados pela ligação do grupo α-carboxila de um aminoácido ao grupo α-amino de outro aminoácido. Esse tipo de ligação é denominado *ligação peptídica* ou *ligação amídica*. A formação de um dipeptídio a partir de dois aminoácidos é acompanhada da perda de uma molécula de água (Figura 2.13). Na maioria das condições, o equilíbrio dessa reação situa-se no lado da hidrólise, e não da síntese. Por conseguinte, a biossíntese de ligações peptídicas necessita de um suprimento de energia livre. Todavia, as ligações peptídicas são *cineticamente muito estáveis,* visto que a velocidade da hidrólise é extremamente lenta; o tempo de existência de uma ligação peptídica em solução aquosa, na ausência de um catalisador, aproxima-se de 1.000 anos.

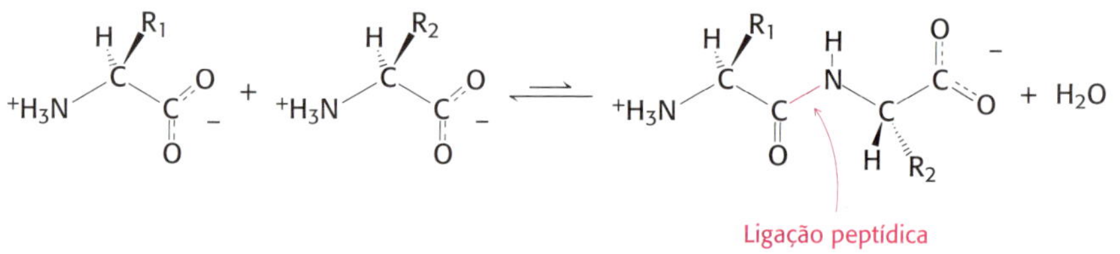


**FIGURA 2.13 Formação de uma ligação peptídica.** A ligação de dois aminoácidos é acompanhada da perda de uma molécula de água.

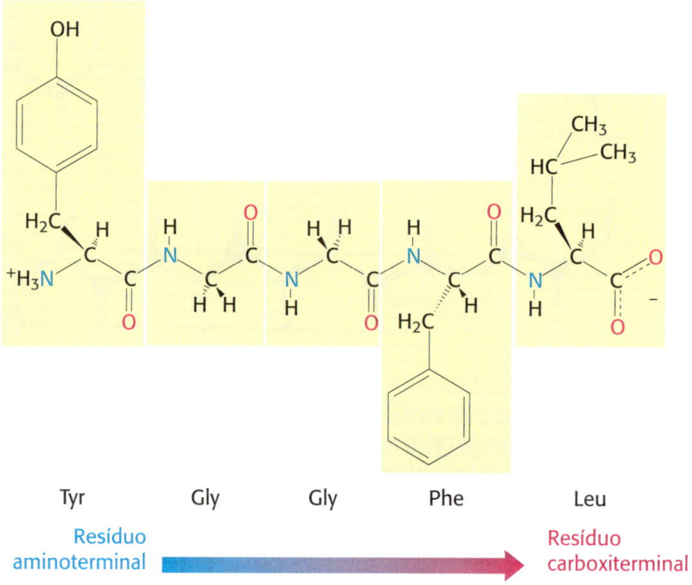


**FIGURA 2.14 As sequências de aminoácidos têm uma direção.** Essa ilustração do pentapeptídio Tyr-Gly-Gly-Phe-Leu (YGGFL) mostra a sequência dos aminoácidos da extremidade aminoterminal até a extremidade carboxiterminal. Esse pentapeptídio, a Leu-encefalina, é um peptídio opioide que modula a percepção da dor. O pentapeptídio reverso, Leu-Phe-Gly-Gly-Tyr (LFGGY), é uma molécula diferente que não apresenta esses efeitos.

Uma sucessão de aminoácidos unidos por ligações peptídicas forma uma *cadeia polipeptídica,* e cada unidade de aminoácido em um polipeptídio é denominado *resíduo. Uma cadeia polipeptídica possui direcionalidade, visto que as suas extremidades são diferentes:* há um grupo α-amino em uma das extremidades, e um grupo α-carboxila na outra. *A extremidade amino é considerada como o início da cadeia polipeptídica;* por convenção, a sequência de aminoácidos em uma cadeia polipeptídica é representada começando a partir do resíduo aminoterminal. Assim, no polipeptídio Tyr-Gly-Gly-Phe-Leu (YGGFL), a tirosina é o resíduo aminoterminal (N-terminal), enquanto a leucina é o resíduo carboxiterminal (C-terminal) (Figura 2.14). O Leu-Phe-Gly-Gly-Tyr (LFGGY) é um polipeptídio diferente, com propriedades químicas diferentes.

Uma cadeia polipeptídica é constituída por uma parte regularmente repetitiva, denominada *cadeia principal* ou *esqueleto,* e por uma parte variável, que compreende as *cadeias laterais* distintas (Figura 2.15). O esqueleto polipeptídico é rico em potencial de formação de ligações de hidrogênio. Cada resíduo contém um grupo carbonila (C O), que é um bom aceptor de ligações de hidrogênio e, com exceção da prolina, um grupo NH, que é um bom doador de ligação de hidrogênio. Esses grupos interagem entre si e com grupos funcionais de cadeias laterais de modo a estabilizar estruturas particulares (ver seção 2.3 adiante).

As cadeias polipeptídicas naturais contêm, em sua maioria, entre 50 e 2 mil resíduos de aminoácidos e são comumente denominadas *proteínas.* O maior polipeptídio conhecido é a proteína muscular denominada *titina,* que consiste em mais de 27 mil aminoácidos. As cadeias polipeptídicas constituídas por um pequeno número de aminoácidos são denominadas *oligopeptídios* ou, simplesmente, *peptídios.* A massa molecular média de um resíduo de aminoácido é de cerca de 110 g $mol^{-1}$, de modo que a massa molecular

**Dálton**
Uma unidade de massa praticamente igual à de um átomo de hidrogênio. Recebeu esse nome em homenagem a John Dalton (1766-1844), que desenvolveu a teoria atômica da matéria.

**Quilodálton (kDa)**
Uma unidade de massa igual a 1.000 dáltons.

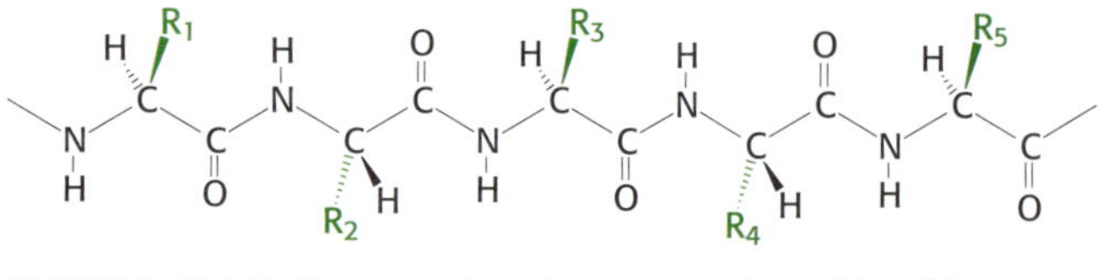

**FIGURA 2.15 Componentes de uma cadeia polipeptídica.** Uma cadeia polipeptídica consiste em um esqueleto constante (mostrado em preto) e em cadeias laterais variáveis (mostradas em verde).

da maioria das proteínas situa-se entre 5.500 e 220.000 g $mol^{-1}$. Podemos também nos referir à massa de uma proteína, que é expressa em unidades de dáltons; 1 *dálton* é igual a uma unidade de massa atômica. Uma proteína com massa molecular de 50.000 g $mol^{-1}$ apresenta massa de 50.000 dáltons ou 50 kDa (quilodáltons).

Em algumas proteínas, a cadeia polipeptídica linear é interligada. A interligação mais comum é a *ponte dissulfeto*, formada pela oxidação de um par de resíduos de cisteína (Figura 2.16). A unidade resultante de duas cisteínas ligadas é denominada *cistina*. As proteínas extracelulares apresentam, com frequência, várias pontes dissulfeto, enquanto as proteínas intracelulares habitualmente são desprovidas delas. Raramente, as proteínas apresentam outras interligações derivadas de cadeias laterais diferentes da ponte dissulfeto. Por exemplo, as fibras colágenas no tecido conjuntivo são reforçadas dessa maneira, assim como os coágulos sanguíneos de fibrina (ver Capítulo 10, seção 10.4).

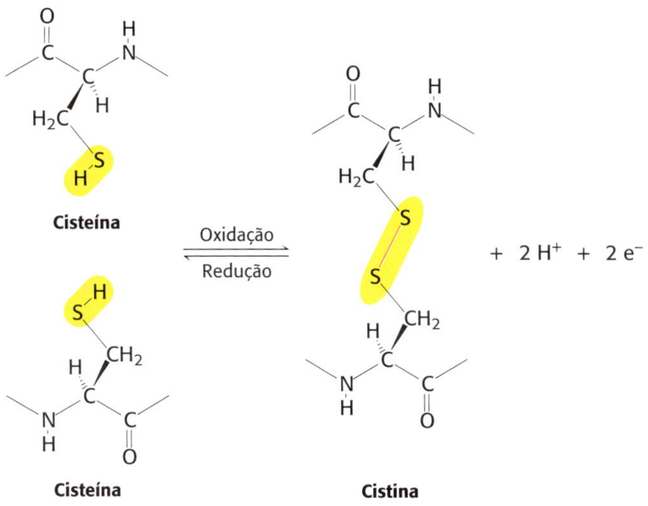


**FIGURA 2.16** Interligações. A formação de uma ponte dissulfeto entre dois resíduos de cisteína é uma reação de oxidação.

## As proteínas possuem sequências particulares de aminoácidos especificadas por genes

Em 1953, Frederick Sanger determinou a sequência de aminoácidos da insulina, um hormônio proteico (Figura 2.17). *Esse trabalho representa um marco histórico na bioquímica, visto que mostrou pela primeira vez que uma proteína possui uma sequência de aminoácidos precisamente definida* que consiste apenas em L-aminoácidos unidos por ligações peptídicas. Esse notável feito estimulou outros cientistas a conduzir estudos para a determinação da sequência de uma variedade de proteínas. Atualmente, são conhecidas as sequências completas de aminoácidos de milhões de proteínas. *O fato marcante é que cada proteína apresenta uma sequência de aminoácidos exclusiva, que é precisamente definida.* A sequência de aminoácidos de uma proteína é denominada *estrutura primária.*

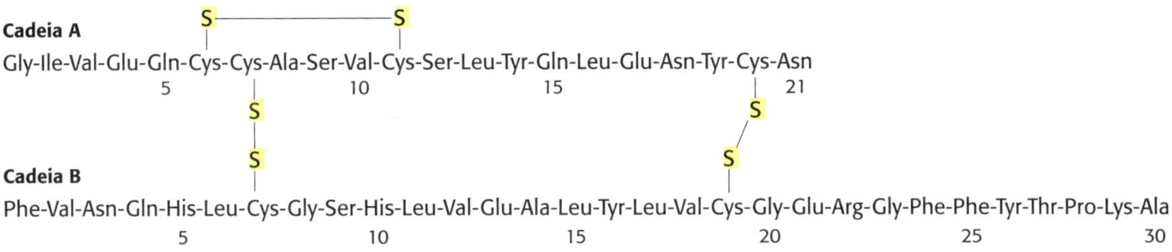


**FIGURA 2.17** Sequência de aminoácidos da insulina bovina.

Uma série de pesquisas relevantes no final da década de 1950 e início da década de 1960 revelou que as sequências de aminoácidos das proteínas são determinadas pela sequência de nucleotídios dos genes. A sequência de nucleotídios no DNA especifica uma sequência complementar de nucleotídios no RNA, que, por sua vez, especifica a sequência de aminoácidos de uma proteína. Em particular, cada um dos 20 aminoácidos do repertório é codificado por uma ou mais sequências específicas de três nucleotídios (ver Capítulo 4, seção 4.6).

É importante conhecer as sequências de aminoácidos por diversas razões:

**1.** *O conhecimento da sequência de uma proteína é habitualmente essencial para elucidar a sua função (p. ex., o mecanismo catalítico de uma enzima).* De fato, proteínas com novas propriedades podem ser geradas por meio da variação da sequência de proteínas conhecidas.

**2.** *As sequências de aminoácidos determinam as estruturas tridimensionais das proteínas.* A sequência de aminoácidos representa a conexão entre a mensagem genética no DNA e a estrutura tridimensional que desempenha a função biológica de uma proteína. As análises das relações entre as sequências de aminoácidos e as estruturas tridimensionais das proteínas estão revelando as regras que governam o enovelamento das cadeias polipeptídicas.

**3.** *Alterações na sequência de aminoácidos podem levar a anormalidades na função da proteína e ao desenvolvimento de doenças.* Doenças graves e, por vezes, fatais, como a anemia falciforme (ver Capítulo 7) e a fibrose cística, podem resultar de uma mudança em um único aminoácido dentro de determinada proteína.

**4.** *A sequência de uma proteína revela muitos aspectos sobre a sua história evolutiva* (ver Capítulo 6). As proteínas assemelham-se umas às outras na sua sequência de aminoácidos apenas quando possuem um ancestral comum. Em consequência, é possível rastrear eventos moleculares na evolução a partir das sequências de aminoácidos; a paleontologia molecular é uma área de pesquisa em desenvolvimento.

O conhecimento da sequência de uma proteína é de importância fundamental para compreender a sua função, a sua estrutura e a sua história evolutiva. Como iremos discutir no Capítulo 3, existem diversas técnicas para determinar essa sequência.

## As cadeias polipeptídicas são flexíveis, porém são conformacionalmente restritas

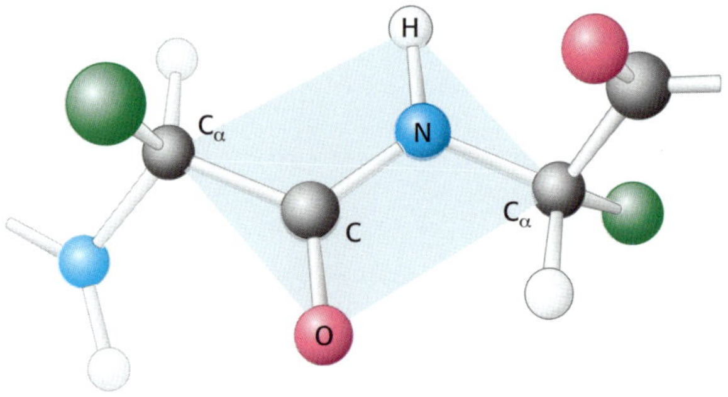


**FIGURA 2.18 As ligações peptídicas são planares.** Em um par de aminoácidos ligados entre si, seis átomos ($C_\alpha$, C, O, N, H e $C_\alpha$) estão situados em um plano. As cadeias laterais são mostradas na forma de esferas verdes.

A análise da geometria do esqueleto das proteínas revela diversas características importantes. Em primeiro lugar, *a ligação peptídica é essencialmente planar* (Figura 2.18). Por conseguinte, para um par de aminoácidos unidos por uma ligação peptídica, seis átomos encontram-se situados no mesmo plano: o átomo do carbono α e o grupo CO do primeiro aminoácido e o grupo NH e o átomo do carbono α do segundo aminoácido. A natureza da ligação química dentro de um peptídio é responsável pela estrutura planar da ligação. A ligação alterna entre uma ligação simples e uma ligação dupla. Devido a esse *caráter parcial de dupla ligação,* a rotação em torno dessa ligação é evitada, e, desse modo, a conformação do esqueleto peptídico é restrita.

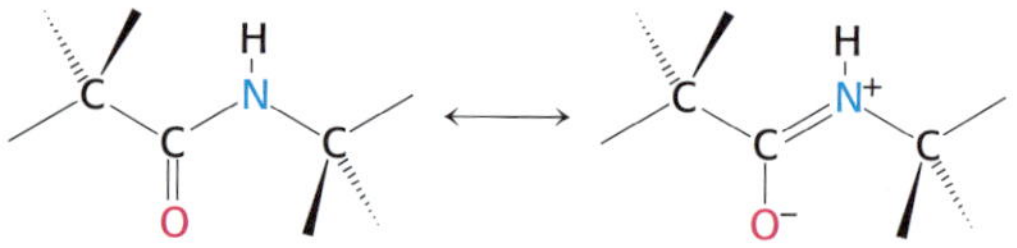


**Estruturas de ressonância da ligação peptídica**

O caráter parcial de dupla ligação também é expresso no comprimento da ligação entre os grupos CO e NH. Como mostra a Figura 2.19, a distância C–N em uma ligação peptídica é normalmente de 1,32 Å, ou seja, um valor intermediário entre os valores esperados para uma ligação simples C–N (1,49 Å) e uma ligação dupla C–N (1,27 Å). Por fim, a ligação peptídica não tem carga, o que permite que polímeros de aminoácidos unidos por ligações peptídicas formem estruturas globulares densamente empacotadas.

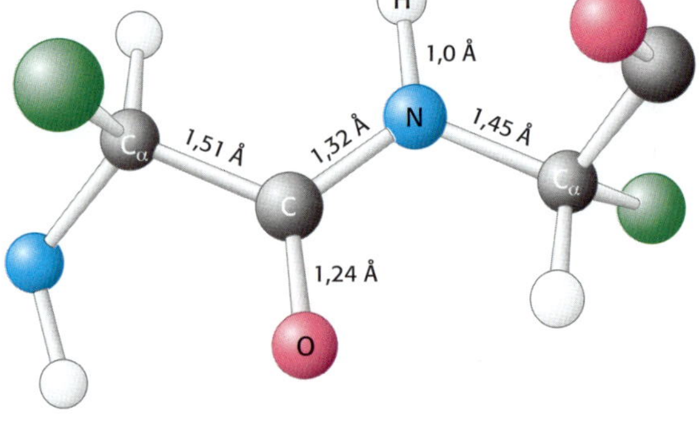


**FIGURA 2.19 Comprimentos típicos das ligações dentro de uma unidade peptídica.** A unidade peptídica é mostrada na configuração trans.

Duas configurações são possíveis para uma ligação peptídica planar. Na configuração *trans,* os dois átomos de carbonos α estão em lados opostos da ligação peptídica. Na configuração *cis,* esses grupos encontram-se no mesmo lado da ligação peptídica. *Praticamente todas as ligações peptídicas nas proteínas são trans.* Essa preferência pela configuração trans, em vez de cis, pode ser explicada pelo fato de que as colisões estéricas entre grupos ligados aos átomos de carbono α impedem a formação da configuração cis, porém não ocorrem na configuração trans (Figura 2.20). Sem dúvida, as ligações peptídicas cis mais comuns são as ligações X–Pro. Essas ligações demonstram menos preferência pela configuração trans, visto que o nitrogênio da prolina está ligado a dois átomos do carbono tetraédrico, limitando as diferenças estéricas entre as formas trans e cis (Figura 2.21).

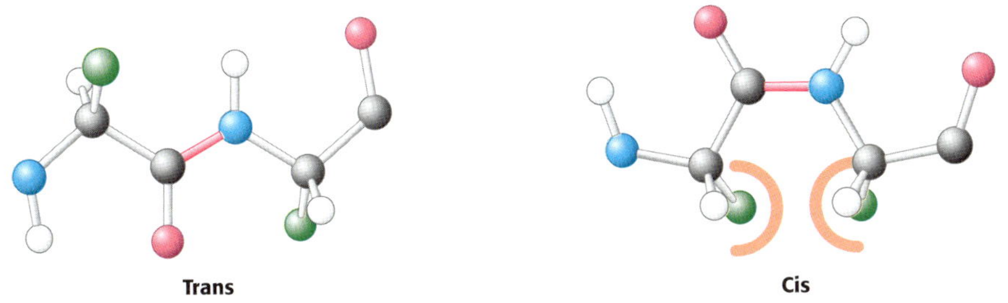


**FIGURA 2.20 Ligações peptídicas trans e cis.** A forma trans é fortemente favorecida devido às colisões estéricas, indicadas pelos semicírculos em laranja, que ocorrem na forma cis.

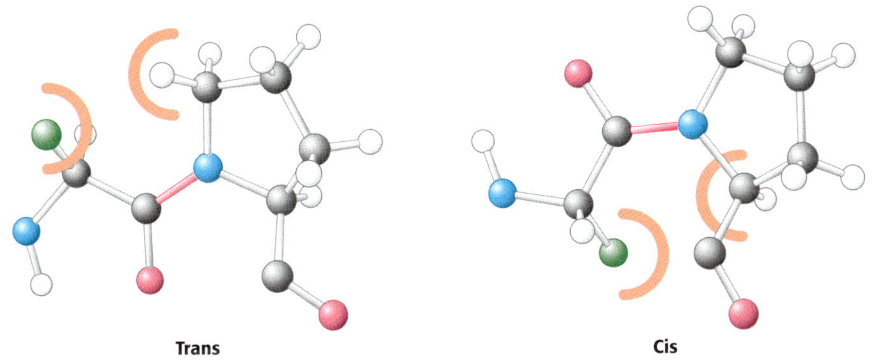


**FIGURA 2.21 Ligações trans e cis X-Pro.** As energias dessas formas são semelhantes uma à outra, visto que ocorrem colisões estéricas em ambas as formas, indicadas pelos semicírculos em laranja.

Diferentemente da ligação peptídica, as ligações entre o grupo amino e o átomo do carbono α e entre o átomo do carbono α e o grupo carbonila consistem em ligações simples puras. As duas unidades peptídicas rígidas adjacentes podem sofrer rotação em torno dessas ligações, assumindo várias orientações. *Essa liberdade de rotação entre duas ligações de cada aminoácido possibilita o enovelamento das proteínas de muitas maneiras diferentes.* As rotações sobre essas ligações podem ser especificadas por *ângulos de torção* (Figura 2.22). O ângulo de rotação em torno da ligação entre os átomos de nitrogênio e do carbono α é denominado phi (ϕ). O ângulo de rotação em torno da ligação entre os átomos de carbono α e do carbono do grupo carbonila é denominado psi (ψ). Uma rotação no sentido horário em torno de qualquer uma das ligações, conforme visualizada do átomo de nitrogênio em direção ao átomo do carbono α ou do átomo do carbono α em direção ao grupo carbonila, corresponde a um valor positivo. Os ângulos ϕ e ψ determinam o trajeto da cadeia polipetídica.

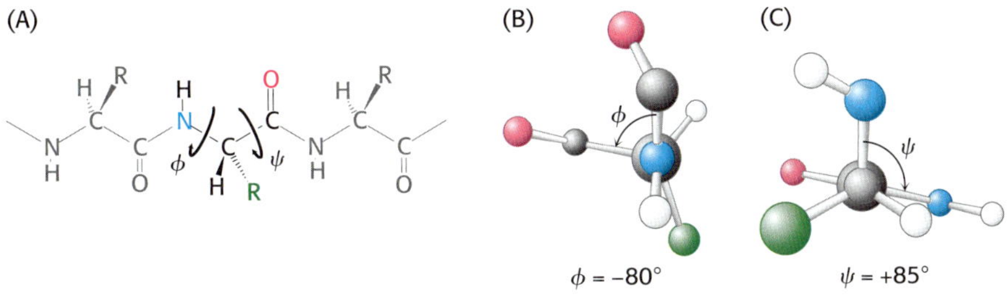


**FIGURA 2.22 Rotação em torno das ligações em um polipeptídio.** A estrutura de cada aminoácido em um polipeptídio pode ser ajustada por rotação em torno de duas ligações simples. **A.** Phi (ϕ) é o ângulo de rotação em torno da ligação entre os átomos do nitrogênio e do carbono α, enquanto psi (ψ) é o ângulo de rotação em torno da ligação entre os átomos do carbono α e do carbono do grupo carbonila. **B.** Vista da ligação entre os átomos de nitrogênio e do carbono α mostrando como ϕ é medido. **C.** Vista da ligação entre os átomos de carbono α e carbono do grupo carbonila mostrando como ψ é medido.

**Ângulo de torção**
Medida da rotação em torno de uma ligação, habitualmente entre −180 e +180°. Algumas vezes, os ângulos de torção são denominados ângulos diedros.

Todas as combinações de ϕ e de ψ são possíveis? Gopalasamudram Ramachandran reconheceu que muitas combinações são impossíveis devido às colisões estéricas entre os átomos. Os valores permitidos podem ser visualizados em um gráfico bidimensional, denominado *diagrama de Ramachandran* (Figura 2.23). Três quartos das combinações possíveis (ϕ, ψ) são excluídos simplesmente pelas colisões estéricas locais. *A exclusão estérica, o fato de que dois átomos não podem estar no mesmo lugar ao mesmo tempo, pode constituir um poderoso princípio de organização.*

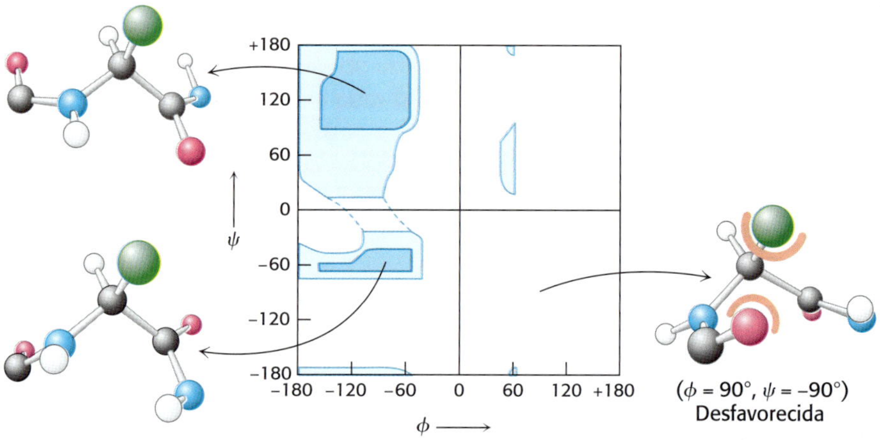


**FIGURA 2.23 Diagrama de Ramachandran mostrando os valores de ϕ e ψ.** Nem todos os valores de ϕ e ψ são possíveis sem colisões entre os átomos. As regiões mais favoráveis são mostradas em azul-escuro; as regiões limítrofes estão em azul-claro. A estrutura à direita é desfavorecida devido às colisões estéricas.

A capacidade dos polímeros biológicos, como as proteínas, de se enovelar em estruturas bem definidas, é termodinamicamente notável. Um polímero desenovelado existe como estrutura aleatória (*random coil*): cada cópia de um polímero desenovelado irá apresentar uma conformação diferente, resultando em uma mistura de muitas conformações possíveis. A entropia favorável associada a uma mistura de muitas conformações opõe-se ao enovelamento e precisa ser superada por interações que favoreçam a forma enovelada. Por conseguinte, polímeros altamente flexíveis com grande número de conformações possíveis não se enovelam em estruturas únicas. *A rigidez da unidade peptídica e o conjunto restrito de ângulos ϕ e ψ permitidos limitam o número de estruturas acessíveis à forma desenovelada o suficiente para possibilitar a ocorrência de enovelamento da proteína.*

## 2.3 Estrutura secundária: as cadeias polipeptídicas podem se enovelar em estruturas regulares, como a alfa-hélice, a folha beta, voltas e alças

Ramachandran demonstrou que muitas conformações de um esqueleto polipeptídico não são permitidas por causa da exclusão estérica. As conformações permitidas concedem o enovelamento de uma cadeia peptídica em uma estrutura com repetições regulares? Em 1951, Linus Pauling e Robert Corey propuseram duas estruturas periódicas, denominadas *α-hélice* (alfa-hélice) e *folha β pregueada* (folha beta pregueada). Subsequentemente, foram identificadas outras estruturas, como a *volta β* e a *alça ômega* (Ω). Embora não sejam periódicas, essas estruturas comuns em voltas e em alças são bem definidas e contribuem com as α-hélices e as folhas β na formação da estrutura final da proteína. As α-hélices, as fitas β e as voltas são formadas por um padrão regular de ligações de hidrogênio entre os grupos N–H e C=O dos aminoácidos que estão *próximos uns dos outros na sequência linear do peptídio.* Esses segmentos enovelados são denominados *estrutura secundária.*

## A alfa-hélice é uma estrutura espiralada estabilizada por ligações de hidrogênio intracadeia

Na avaliação das estruturas potenciais, Pauling e Corey consideraram que conformações de peptídios eram estericamente permitidas e quais exploravam de maneira mais completa a capacidade de formação de ligações de hidrogênio dos grupos NH e CO do esqueleto. A primeira de suas estruturas propostas, a *α-hélice,* é uma estrutura em forma de bastonete (Figura 2.24). Um esqueleto densamente espiralado forma a parte interna do bastonete, enquanto as cadeias laterais estendem-se para fora em arranjo helicoidal. A α-hélice é estabilizada pelas ligações de hidrogênio entre os grupos NH e CO da cadeia principal. Em particular, o grupo CO de cada aminoácido forma uma ligação de hidrogênio com o grupo NH do aminoácido situado quatro resíduos à frente na sequência (Figura 2.25). Por conseguinte, exceto os aminoácidos que estão próximos às extremidades de uma α-hélice, *todos os grupos CO e NH da cadeia principal estão unidos por ligações de hidrogênio.* Cada resíduo está relacionado com o próximo por uma *elevação,* também denominada *translação,* de 1,5 Å ao longo do eixo da hélice, e por uma rotação de 100°; isso fornece 3,6 resíduos de aminoácidos por volta da hélice. Dessa maneira, os aminoácidos distantes de três a quatro resíduos na sequência estão espacialmente bem próximos uns dos outros em uma α-hélice. Por outro lado, os aminoácidos com distância de dois resíduos um do outro na sequência estão situados em lados opostos da hélice e, portanto, têm pouca probabilidade de estabelecer contato. O *passo* da α-hélice é o comprimento de uma volta completa ao longo do eixo da hélice e é igual ao produto da elevação (1,5 Å) pelo número de resíduos por volta (3,6) ou 5,4 Å. O *sentido da volta* de uma α-hélice pode ser para a direita (sentido horário) ou para a esquerda (sentido anti-horário). O diagrama de Ramachandran revela que ambos os sentidos das hélices para a direita e para a esquerda estão entre as conformações permitidas (Figura 2.26). Entretanto, as hélices para a direita são energicamente mais favoráveis, visto que há menos colisão estérica entre as cadeias laterais e o esqueleto. *Praticamente todas as α-hélices encontradas nas proteínas têm sentido para a direita.* Nas representações esquemáticas das proteínas, as α-hélices são representadas como fitas ou bastonetes torcidos (Figura 2.27).

**Sentido da volta**
Descreve a direção de rotação de uma estrutura helicoidal em relação a seu eixo. Quando vista ao longo do eixo de uma hélice, se a cadeia gira em sentido horário, ela tem um sentido da volta para a direita. Se a volta for em sentido anti-horário, o sentido da volta é para a esquerda.

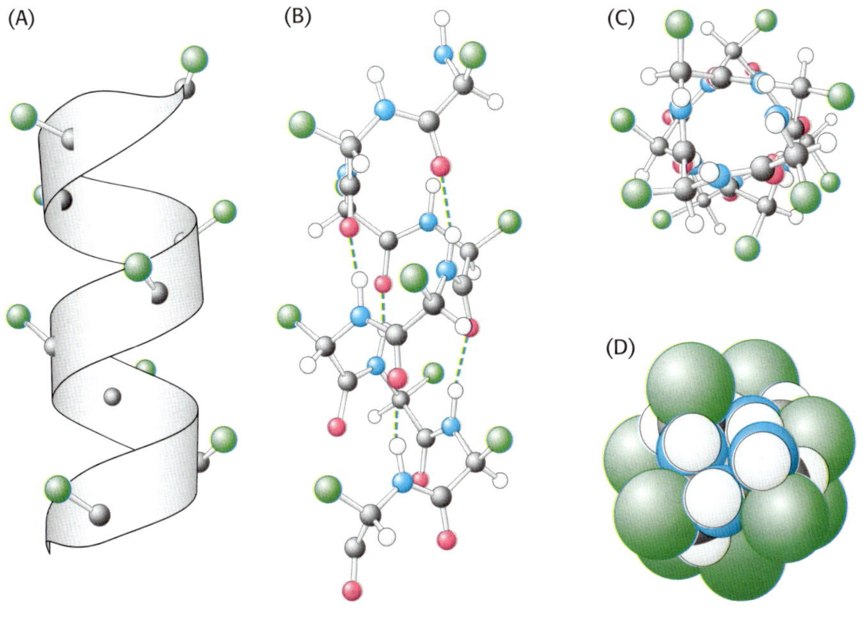


**FIGURA 2.24 Estrutura da α-hélice.** **A.** Uma representação em fita mostra os átomos de carbono α e as cadeias laterais (verde). **B.** Vista lateral de uma versão em esfera e bastão mostrando as ligações de hidrogênio (linhas tracejadas) entre os grupos NH e CO. **C.** Vista do topo mostrando o esqueleto espiralado como o interior da hélice e as cadeias laterais (verde) projetando-se para fora. **D.** Modelo de preenchimento espacial da parte C mostrando o cerne interno densamente empacotado da hélice.

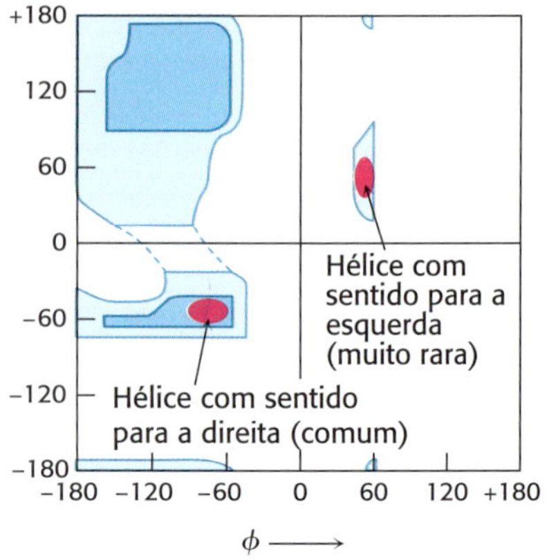


**FIGURA 2.26 Diagrama de Ramachandran para as hélices.** As hélices com sentido tanto para a direita quanto para a esquerda encontram-se em regiões de conformações permitidas no diagrama de Ramachandran. Entretanto, praticamente todas as α-hélices nas proteínas apresentam sentido para a direita.

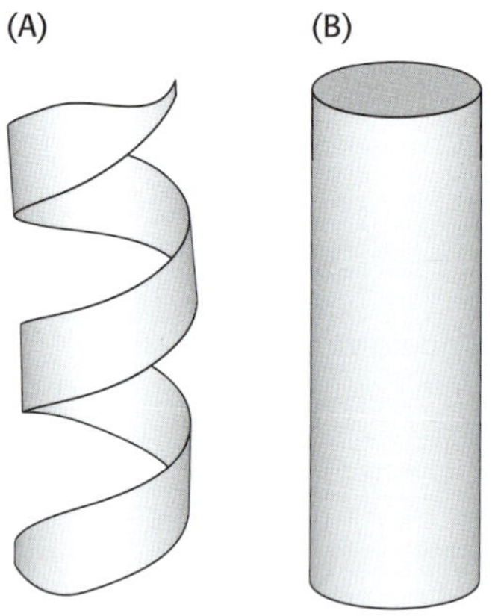


**FIGURA 2.27 Vistas esquemáticas de α-hélices. A.** Representação em fita. **B.** Representação cilíndrica.

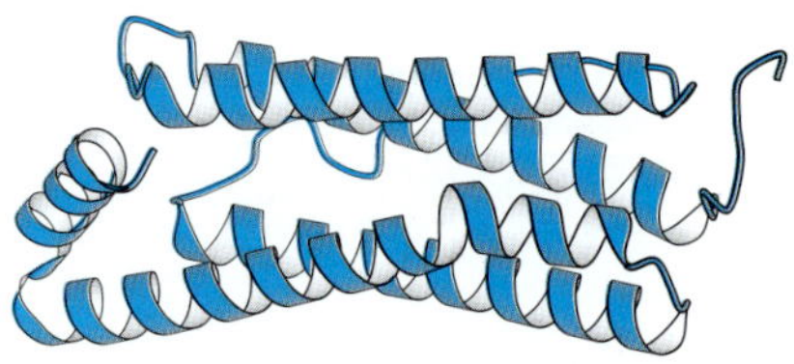

**FIGURA 2.28 Proteína com predomínio de α-hélices.** A ferritina, uma proteína de armazenamento do ferro, é constituída por um feixe de α-hélices. [Desenhada de 1AEW.pdb.]

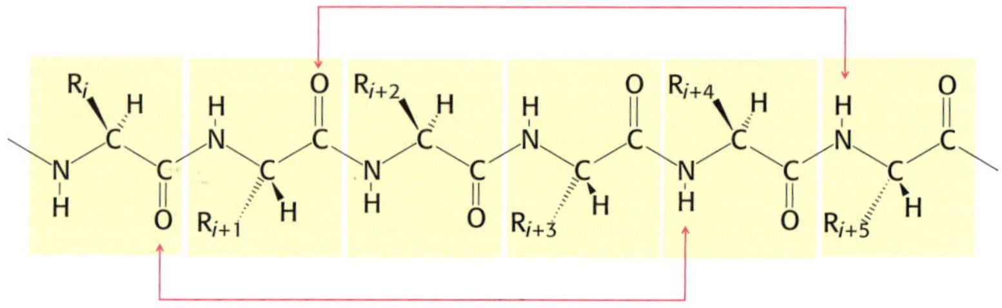

**FIGURA 2.25 Esquema de ligações de hidrogênio para uma α-hélice.** Na α-hélice, o grupo CO do resíduo *i* forma uma ligação de hidrogênio com o grupo NH do resíduo *i* + 4.

Nem todos os aminoácidos podem ser facilmente acomodados em uma α-hélice. A ramificação no átomo do carbono β, como na valina, treonina e isoleucina, tende a desestabilizar as α-hélices devido às colisões estéricas. A serina, o aspartato e a asparagina também tendem a romper as α-hélices, visto que suas cadeias laterais contêm doadores ou aceptores de ligações de hidrogênio em estreita proximidade com a cadeia principal, onde competem pelos grupos NH e CO da cadeia principal. A prolina também causa ruptura em uma hélice, visto que ela carece de um grupo NH e a estrutura em anel a impede de assumir o valor ϕ necessário pra se encaixar dentro de uma α-hélice.

O conteúdo de α-hélices nas proteínas varia amplamente, desde a sua ausência até quase 100%. Por exemplo, cerca de 75% dos resíduos na ferritina, uma proteína que auxilia no armazenamento do ferro, estão em α-hélices (Figura 2.28). Com efeito, cerca de 25% de todas as proteínas solúveis são compostas de α-hélices conectadas por alças e por voltas da cadeia polipeptídica. As α-hélices isoladas habitualmente têm menos de 45 Å de comprimento. Muitas proteínas que atravessam as membranas biológicas também contêm α-hélices.

## As folhas beta são estabilizadas por ligações de hidrogênio entre fitas polipeptídicas

Pauling e Corey propuseram outro modelo estrutural periódico, ao qual deram o nome de *folha β pregueada* (β pelo fato de ter sido a segunda estrutura que elucidaram; a α-hélice foi a primeira). A folha β pregueada (ou, mais simplesmente, folha β) difere acentuadamente da α-hélice em forma de bastonete. É composta de duas ou mais cadeias polipeptídicas, denominadas *fitas* β. Uma fita β está praticamente toda estendida, em vez de estar densamente espiralada, como no caso da α-hélice. Uma variedade de estruturas estendidas é estericamente possível (Figura 2.29).

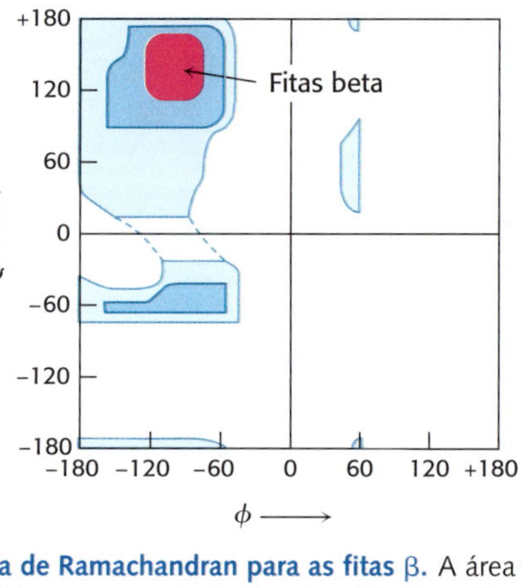


**FIGURA 2.29 Diagrama de Ramachandran para as fitas β.** A área vermelha mostra as conformações estéricas permitidas para as estruturas estendidas semelhantes a fitas β.

A distância entre aminoácidos adjacentes ao longo de uma fita β é de aproximadamente 3,5 Å, em comparação com uma distância de 1,5 Å ao longo da α-hélice. As cadeias laterais de aminoácidos adjacentes apontam em direções opostas (Figura 2.30).

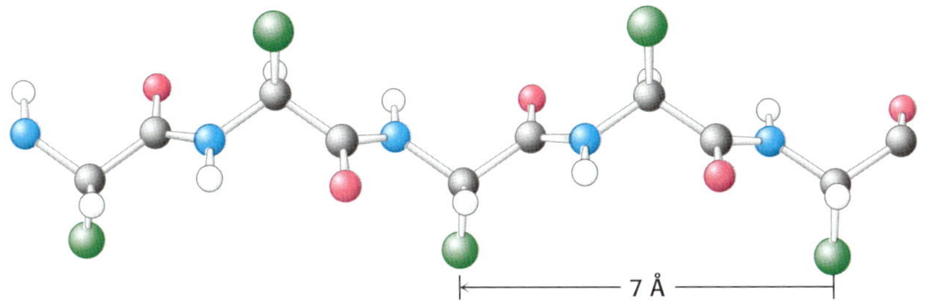


**FIGURA 2.30 Estrutura de uma fita β.** As cadeias laterais (verdes) estão alternadamente acima e abaixo do plano da fita.

Uma folha β é formada pela ligação de duas ou mais fitas β dispostas uma ao lado da outra por meio de ligações de hidrogênio. As fitas adjacentes em uma folha β podem seguir em direções opostas (folha β antiparalela) ou na mesma direção (folha β paralela). Na disposição antiparalela, os grupos NH e CO de cada aminoácido estão respectivamente unidos por ligações de hidrogênio aos grupos CO e NH de um grupo complementar na cadeia adjacente (Figura 2.31). Na disposição paralela, o esquema de formação de ligações de hidrogênio é ligeiramente mais complicado. Para cada aminoácido, o grupo NH forma ligações de hidrogênio com o grupo CO de um aminoácido da fita adjacente, enquanto o grupo CO estabelece ligações de hidrogênio com o grupo NH do aminoácido situado dois resíduos mais distante ao longo da cadeia (Figura 2.32). Muitas fitas, normalmente quatro ou cinco, porém até mesmo 10 ou mais, podem se unir em folhas β. Essas folhas β podem ser exclusivamente antiparalelas, exclusivamente paralelas ou mistas (Figura 2.33).

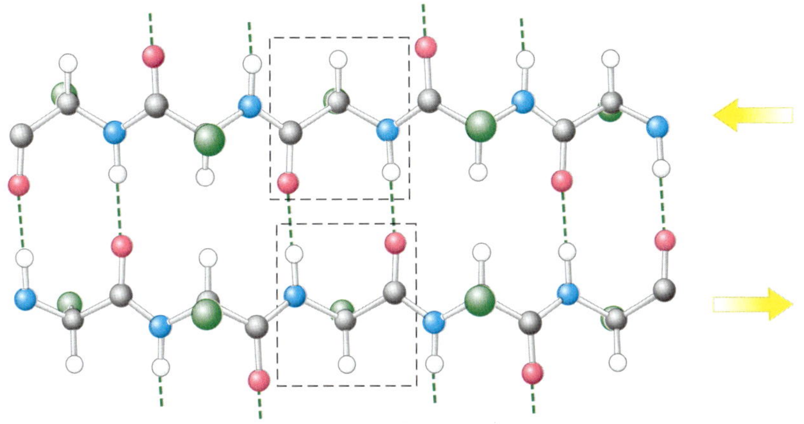

**FIGURA 2.31 Folha β antiparalela.** As fitas β adjacentes seguem em direções opostas, conforme indicado pelas setas. As ligações de hidrogênio entre os grupos NH e CO conectam cada aminoácido a um único aminoácido da fita adjacente, estabilizando a estrutura.

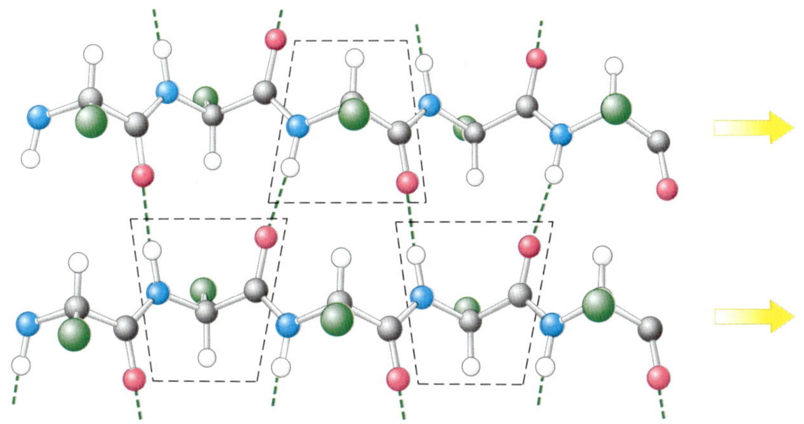

**FIGURA 2.32 Folha β paralela.** As fitas β adjacentes seguem na mesma direção, conforme indicado pelas setas. As ligações de hidrogênio conectam cada aminoácido de uma fita a dois aminoácidos diferentes da fita adjacente.

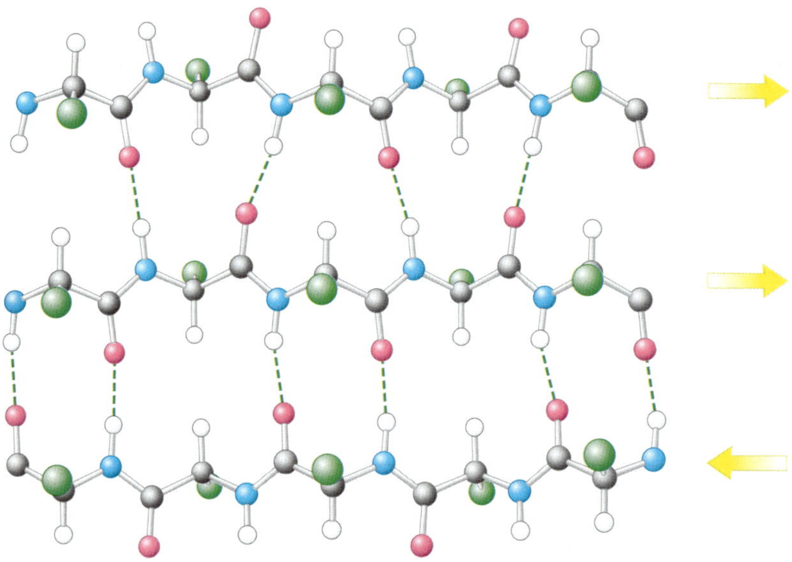

**FIGURA 2.33 Estrutura de uma folha β mista.** As setas indicam a direção de cada fita.

Nas representações esquemáticas, as fitas β são habitualmente representadas por setas largas que apontam na direção da extremidade carboxiterminal, indicando o tipo de folha β formada – paralela ou antiparalela. As folhas β, que são estruturalmente mais diversas do que as α-hélices, podem ser praticamente planas, porém a maioria adota uma forma ligeiramente torcida (Figura 2.34). A folha β é um importante elemento estrutural em muitas proteínas. Por exemplo, as proteínas de ligação de ácidos graxos, que são importantes no metabolismo dos lipídios, são quase inteiramente construídas a partir de folhas β (Figura 2.35).

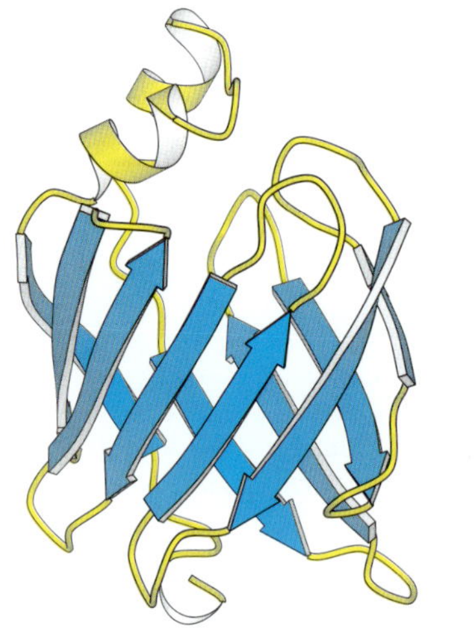

**FIGURA 2.35 Proteína rica em folhas β.** A estrutura de uma proteína de ligação de ácidos graxos. [Desenhada de 1FTP.pdb.]

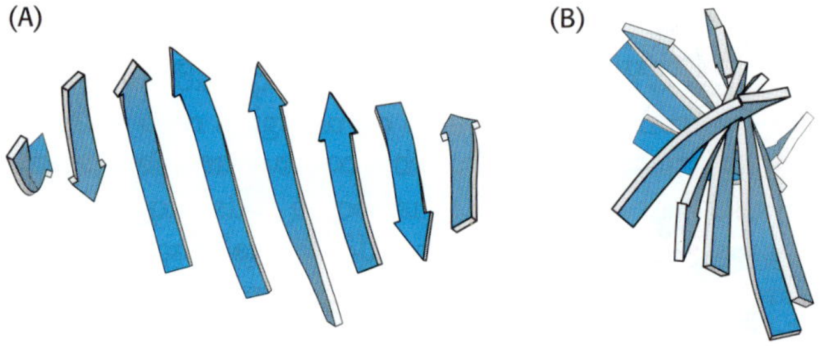


**FIGURA 2.34 Modelo esquemático de uma folha β torcida. A.** Modelo esquemático. **B.** Vista esquemática com rotação de 90° para ilustrar mais claramente a torção.

## As cadeias polipeptídicas podem mudar de direção fazendo voltas reversas e alças

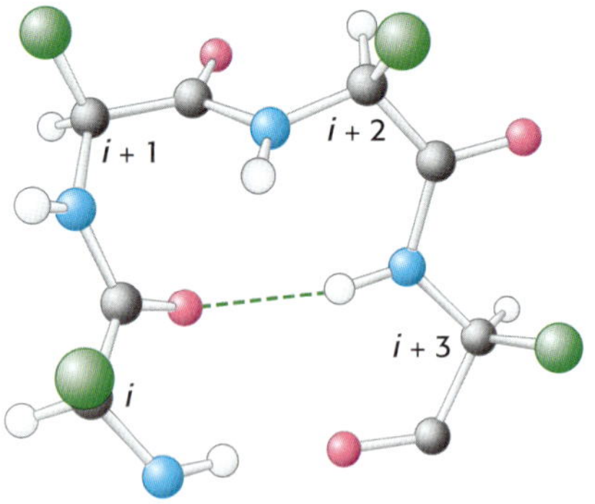


**FIGURA 2.36 Estrutura de uma volta reversa.** O grupo CO do resíduo *i* da cadeia polipeptídica forma uma ligação de hidrogênio com o grupo NH do resíduo *i* + 3 para estabilizar a volta.

Conforme iremos discutir na seção 2.4, a maioria das proteínas possui formas globulares compactas devido às reversões na direção de suas cadeias polipeptídicas. Muitas dessas reversões são efetuadas por um elemento estrutural comum, denominado *volta reversa* (também conhecida como *volta* β ou *volta em forma de grampo*), ilustrada na Figura 2.36. Em muitas voltas reversas, o grupo CO do resíduo *i* de um polipeptídio forma uma ligação de hidrogênio com o grupo NH do resíduo *i* + 3. Essa interação estabiliza mudanças abruptas na direção da cadeia polipeptídica. Em outros casos, estruturas mais elaboradas são responsáveis por reversões da cadeia. Essas estruturas são denominadas *alças* ou, algumas vezes, *alças* Ω (alças ômega), sugerindo o seu formato global. Diferentemente das α-hélices e das fitas β, as alças não exibem estruturas periódicas regulares. Entretanto, as estruturas em alça são frequentemente rígidas e bem definidas (Figura 2.37). As voltas e as alças situam-se sempre na superfície das proteínas e, com frequência, participam nas interações entre proteínas e outras moléculas.

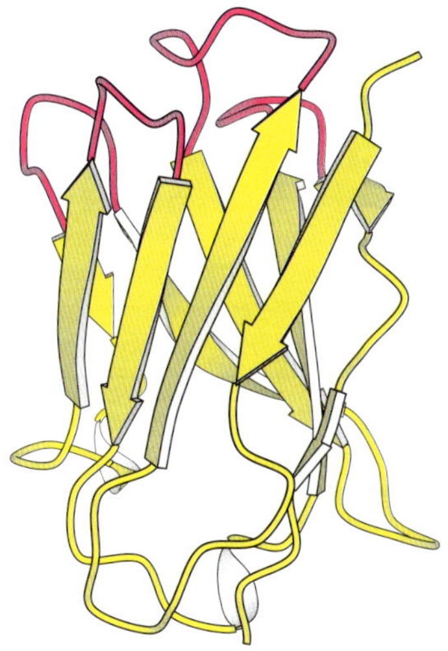

**FIGURA 2.37 Alças na superfície de uma proteína.** Uma parte de uma molécula de anticorpo possui alças de superfície (mostradas em vermelho), que medeiam as interações com outras moléculas. [Desenhada de 7FAB.pdb.]

## 2.4 Estrutura terciária: as proteínas podem se enovelar em estruturas globulares ou fibrosas

Iremos examinar agora como os aminoácidos são agrupados em uma proteína completa. Os estudos com cristalografia de raios X, ressonância magnética nuclear (RMN) e criomicroscopia eletrônica (crio-ME) (ver Capítulo 3, seção 3.5) revelaram as estruturas tridimensionais detalhadas de milhares de proteínas. Começaremos aqui com o exame da *mioglobina*, a primeira proteína observada com detalhes em nível atômico.

A mioglobina, a proteína de armazenamento de oxigênio no músculo, é uma cadeia polipeptídica simples de 153 aminoácidos (ver Capítulo 7). A capacidade da mioglobina de ligar-se ao oxigênio depende da presença do *heme*, um *grupo prostético* (*auxiliar*) não polipeptídico constituído por protoporfirina IX e um átomo central de ferro. *A mioglobina é uma molécula extremamente compacta*. Suas dimensões globais são de 45 × 35 × 25 Å, uma ordem de magnitude menor do que se estivesse totalmente distendida (Figura 2.38). Cerca de 70% da cadeia principal está enovelada em oito α-hélices, e grande parte do restante da cadeia forma voltas e alças entre as hélices.

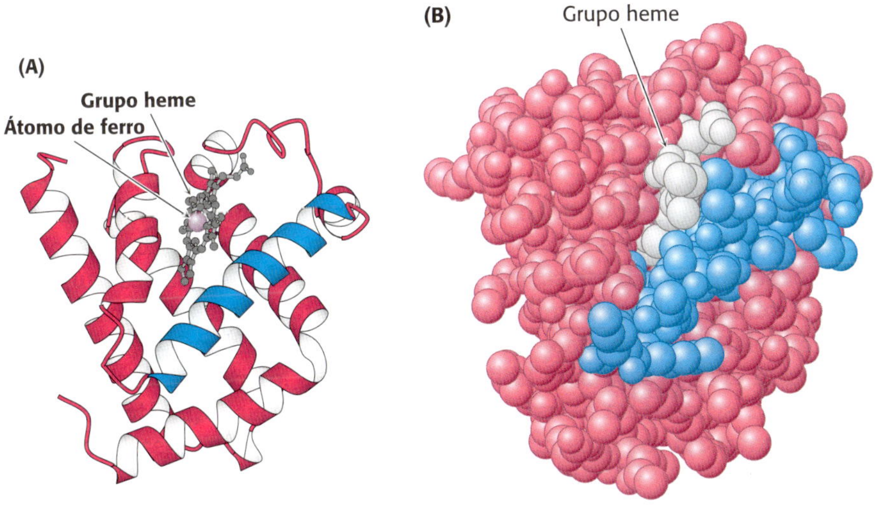


**FIGURA 2.38 Estrutura tridimensional da mioglobina.** **A.** Diagrama em fita mostrando que a proteína é constituída, em grande parte, por α-hélices. **B.** Um modelo de preenchimento espacial na mesma orientação mostra como a proteína enovelada é densamente empacotada. *Observe* que o grupo heme está alojado em uma fenda na proteína compacta, com apenas uma borda exposta. Uma hélice está em azul para permitir a comparação das duas representações estruturais. [Desenhada de 1A6N.pdb.]

O enovelamento da cadeia principal da mioglobina, à semelhança da maioria das outras proteínas, é complexo e desprovido de simetria. O percurso global da cadeia polipeptídica de uma proteína é designado como sua *estrutura terciária*. Um princípio unificador emerge da distribuição das cadeias laterais. De maneira notável, *o interior consiste quase exclusivamente em resíduos apolares*, como leucina, valina, metionina e fenilalanina (Figura 2.39). Os resíduos carregados, como o aspartato, o glutamato, a lisina e a arginina, estão ausentes do interior da mioglobina. Os únicos resíduos polares internos são dois resíduos de histidina, que desempenham uma função fundamental na ligação do ferro e do oxigênio. Por outro lado, o exterior da mioglobina é constituído por resíduos tanto polares quanto apolares. O modelo de preenchimento espacial mostra que existe muito pouco espaço vazio no interior. O empacotamento denso da mioglobina em uma estrutura altamente compacta, a sua falta de simetria e a sua solubilidade em água constituem características das *proteínas globulares*, que

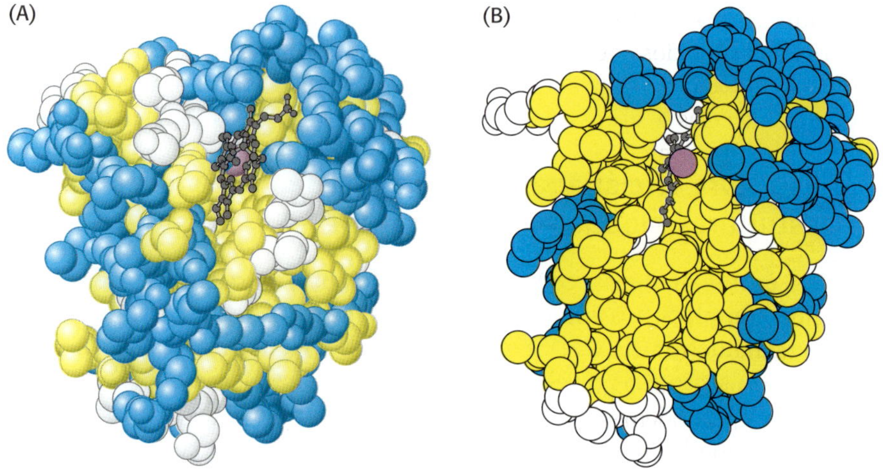


**FIGURA 2.39 Distribuição dos aminoácidos na mioglobina. A.** Um modelo de preenchimento espacial da mioglobina, com os aminoácidos hidrofóbicos mostrados em amarelo, os aminoácidos com carga elétrica mostrados em azul, e os demais em branco. *Observe* que a superfície da molécula apresenta muitos aminoácidos carregados, bem como alguns aminoácidos hidrofóbicos. **B.** Nesta vista em corte transversal, *observe* que a maioria dos aminoácidos hidrofóbicos encontra-se no interior da estrutura, enquanto os aminoácidos com carga estão situados na superfície da proteína. [Desenhada de 1MBD.pdb.]

desempenham ampla gama de funções importantes, incluindo atividades reguladoras, de sinalização e enzimáticas.

Essa distribuição contrastante dos resíduos polares e apolares revela uma faceta característica na arquitetura das proteínas. Em ambiente aquoso, o enovelamento das proteínas é acionado pela forte tendência dos resíduos hidrofóbicos a serem excluídos da água. Lembre-se de que um sistema é mais termodinamicamente estável quando os grupos hidrofóbicos estão agrupados, em vez de distribuídos, no meio aquoso, um fenômeno conhecido como *efeito hidrofóbico* (ver Capítulo 1). *Por conseguinte, a cadeia peptídica se enovela de modo que as cadeias laterais hidrofóbicas fiquem internalizadas, enquanto as cadeias polares carregadas se dispõem na superfície.* Muitas α-hélices e fitas β são anfipáticas, isto é, a α-hélice e a fita β possuem uma face hidrofóbica, que aponta para o interior da proteína, e uma face mais polar, que aponta para a solução. O destino da cadeia principal que acompanha as cadeias laterais hidrofóbicas também é importante. Um grupo NH ou CO não pareado de um peptídio acentuadamente prefere a água em vez de um meio apolar. O segredo da internalização de um segmento da cadeia principal em um ambiente hidrofóbico consiste em parear todos os grupos NH e CO por meio de ligações de hidrogênio. Esse pareamento é ordenadamente obtido em uma α-hélice ou folha β. As interações de van der Waals entre as cadeias laterais de hidrocarboneto densamente empacotadas também contribuem para a estabilidade das proteínas. Podemos agora compreender por que o conjunto de 20 aminoácidos contém vários aminoácidos que diferem sutilmente no tamanho e na forma. Eles fornecem uma paleta de escolhas para preencher ordenadamente o interior de uma proteína, maximizando, assim, as interações de van der Waals, que exigem contato íntimo.

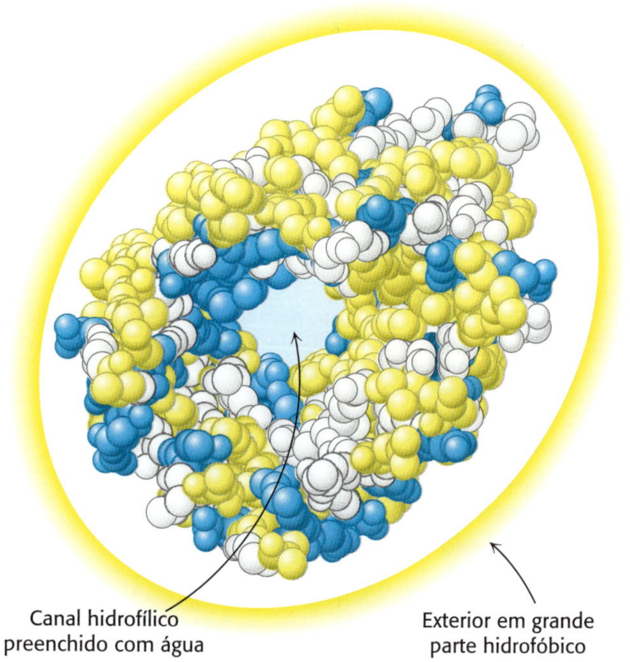


**FIGURA 2.40 Distribuição dos aminoácidos "de dentro para fora" na porina.** A parte externa da porina (que entra em contato com grupos hidrofóbicos nas membranas) é coberta, em grande parte, por resíduos hidrofóbicos, enquanto o centro inclui um canal preenchido com água e revestido por aminoácidos polares e carregados. [Desenhada de 1PRN.pdb.]

Algumas proteínas que atravessam as membranas biológicas constituem "as exceções que confirmam a regra", visto que elas exibem a distribuição reversa dos aminoácidos hidrofóbicos e hidrofílicos. Por exemplo, considere as porinas – proteínas encontradas nas membranas externas de muitas bactérias (Figura 2.40). As membranas são formadas em grande parte por cadeias de alcano hidrofóbicas (ver Capítulo 12, seção 12.2). Por conseguinte, as porinas estão cobertas no exterior principalmente por resíduos hidrofóbicos que interagem com as cadeias de alcano adjacentes.

Por outro lado, o centro da proteína contém numerosos aminoácidos polares e carregados, que circundam um canal preenchido com água que atravessa o centro da proteína. Como as porinas atuam em ambientes hidrofóbicos, elas se apresentam "de dentro para fora" em relação às proteínas que funcionam em solução aquosa.

Em muitas proteínas, são encontradas determinadas combinações de estrutura secundária que frequentemente exibem funções semelhantes. Essas combinações são denominadas *motivos* ou *estruturas supersecundárias*. Por exemplo, uma α-hélice separada de outra α-hélice por uma volta, denominada unidade *hélice-volta-hélice*, é encontrada em muitas proteínas que se ligam ao DNA (Figura 2.41).

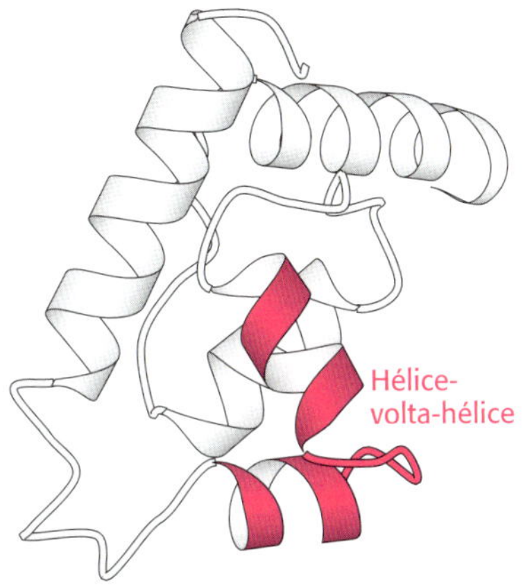


**FIGURA 2.41 O motivo hélice-volta-hélice, um elemento estrutural supersecundário.** Os motivos hélice-volta-hélice são encontrados em muitas proteínas que se ligam ao DNA. [Desenhada de 1LMB.pdb.]

Algumas cadeias polipeptídicas enovelam-se em duas ou mais regiões compactas, que podem ser conectadas por um segmento flexível de cadeia polipeptídica de modo semelhante a pérolas em um cordão. Essas unidades globulares compactas, denominadas *domínios*, variam de tamanho, de cerca de 30 a 400 resíduos de aminoácidos. Por exemplo, a parte extracelular da CD4, uma proteína na superfície de determinadas células do sistema imune (ver Capítulo 35, seção 35.4, disponível no material complementar *online*), contém quatro domínios semelhantes, constituídos, cada um deles, por aproximadamente 100 aminoácidos (Figura 2.42). As proteínas podem ter domínios em comum, mesmo quando as suas estruturas terciárias globais são diferentes.

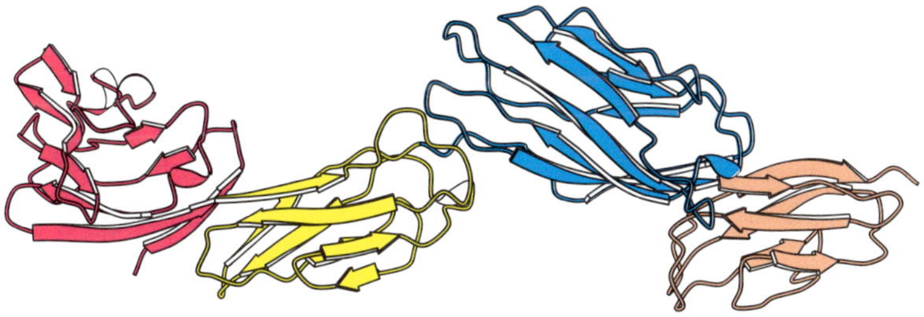

**FIGURA 2.42 Domínios de proteínas.** A proteína de superfície celular CD4 consiste em quatro domínios semelhantes. [Desenhada de 1WIO.pdb.]

## O suporte estrutural para células e tecidos é fornecido pelas proteínas fibrosas

Diferentemente das proteínas globulares, as *proteínas fibrosas* formam estruturas longas e estendidas que apresentam sequências repetidas. Essas proteínas, como a α-queratina e o colágeno, utilizam tipos especiais de hélices que facilitam a formação de longas fibras que desempenham papel estrutural.

A α-queratina, que é um componente essencial da lã, dos cabelos e da pele, consiste em duas α-hélices para a direita e entrelaçadas formando um tipo de super-hélice para a esquerda, denominada *super-hélice de α-hélices* (em inglês, *α-helical coiled-coil*). A α-queratina é um membro de uma superfamília de proteínas designadas como *proteínas com super-hélices* (Figura 2.43). Nessas proteínas, duas ou mais α-hélices podem se

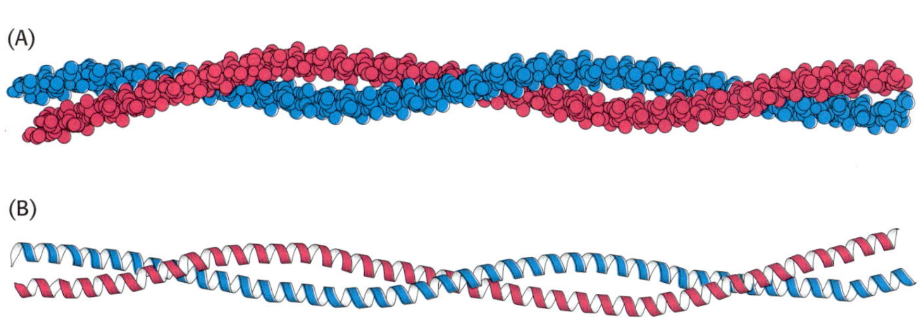


**FIGURA 2.43 Super-hélice de α-hélices.** **A.** Modelo de preenchimento espacial. **B.** Diagrama em fita. As duas hélices enrolam-se uma em torno da outra para formar uma super-hélice. Essas estruturas são encontradas em muitas proteínas, incluindo a queratina dos cabelos, das penas das aves, das garras e dos chifres. [Desenhada de 1C1G.pdb.]

entrelaçar para formar uma estrutura muito estável, cujo comprimento pode alcançar 1.000 Å. (100 nm ou 0,1 mm) ou mais. Existem aproximadamente 60 membros dessa família nos seres humanos, incluindo os filamentos intermediários, que consistem em proteínas que contribuem para o citoesqueleto da célula (esqueleto interno de uma célula), e as proteínas musculares miosina e tropomiosina (ver Capítulo 35, seção 35.2, disponível no material complementar *online*). Os membros dessa família caracterizam-se por uma região central de 300 aminoácidos, que contém repetições imperfeitas de uma sequência de sete aminoácidos denominada *repetição em héptade*.

As duas hélices na α-queratina associam-se entre si por interações fracas, como as forças de van der Waals e as interações iônicas. A super-hélice para a esquerda altera as duas α-hélices para a direita, de modo que existem 3,5 resíduos por volta, em vez de 3,6. Em consequência, o padrão de interações das cadeias laterais pode ser repetido a cada sete resíduos, formando as repetições em héptade. Duas hélices com essas repetições são capazes de interagir uma com a outra se as repetições forem complementares (Figura 2.44). Por exemplo, os resíduos repetitivos podem ser hidrofóbicos, possibilitando interações de van der Waals, ou podem ter cargas opostas, possibilitando a ocorrência de interações iônicas. Além disso, as duas hélices podem ser ligadas por pontes dissulfeto formadas por resíduos adjacentes de cisteína. A ligação das hélices é responsável pelas propriedades físicas da lã, um exemplo de α-queratina. A lã é extensível e pode ser esticada até quase o dobro de seu comprimento devido ao estiramento das α-hélices, quebrando as interações fracas entre hélices adjacentes. Entretanto, as pontes dissulfeto covalentes resistem à quebra e são responsáveis pelo retorno da fibra a seu estado original uma vez retirada a força de estiramento. O número de interligações formadas pelas pontes dissulfeto define ainda mais as propriedades da fibra. O cabelo e a lã, por terem menos ligações cruzadas, são flexíveis. Os chifres, as garras e os cascos, que possuem maior número de ligações cruzadas, são mais duros.

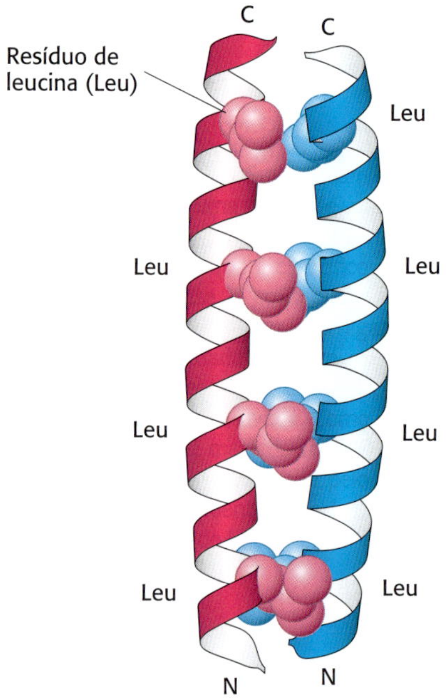


**FIGURA 2.44 Repetições em héptade em uma proteína com super-hélice.** Cada sétimo resíduo em cada hélice é uma leucina. As duas hélices são mantidas unidas por interações de van der Waals, principalmente entre os resíduos de leucina. [Desenhada de 2ZTA.pdb.]

Existe um tipo diferente de hélice no colágeno, a proteína mais abundante dos mamíferos. O colágeno é o principal componente fibroso da pele, dos ossos, dos tendões, da cartilagem e dos dentes. Essa proteína extracelular é uma molécula em forma de bastão com cerca de 3.000 Å de comprimento e apenas 15 Å de diâmetro. O colágeno contém três cadeias polipeptídicas helicoidais, cada uma com quase 1.000 resíduos de comprimento. A glicina está presente a cada terceiro resíduo na sequência de aminoácidos, e a sequência glicina-prolina-hidroxiprolina é frequentemente recorrente (Figura 2.45). A hidroxiprolina é um derivado da prolina que apresenta um grupo hidroxila no lugar de um dos átomos de hidrogênio no anel de pirrolidina.

A hélice do colágeno possui propriedades diferentes daquelas da α-hélice. Não há ligações de hidrogênio dentro de uma fita. Em vez disso, *a hélice é estabilizada por repulsão estérica dos anéis de pirrolidina dos resíduos de prolina e de hidroxiprolina* (Figura 2.46). Os anéis de pirrolidina mantêm-se fora do caminho um do outro quando a cadeia polipeptídica assume a sua forma

13
-Gly-Pro-Met-Gly-Pro-Ser-Gly-Pro-Arg-
22
-Gly-Leu-Hyp-Gly-Pro-Hyp-Gly-Ala-Hyp-
31
-Gly-Pro-Gln-Gly-Phe-Gln-Gly-Pro-Hyp-
40
-Gly-Glu-Hyp-Gly-Glu-Hyp-Gly-Ala-Ser-
49
-Gly-Pro-Met-Gly-Pro-Arg-Gly-Pro-Hyp-
58
-Gly-Pro-Hyp-Gly-Lys-Asn-Gly-Asp-Asp-

**FIGURA 2.45 Sequência de aminoácidos de uma parte da cadeia do colágeno.** Cada terceiro resíduo é uma glicina. A prolina e a hidroxiprolina (Hyp) também estão presentes em quantidade abundante.

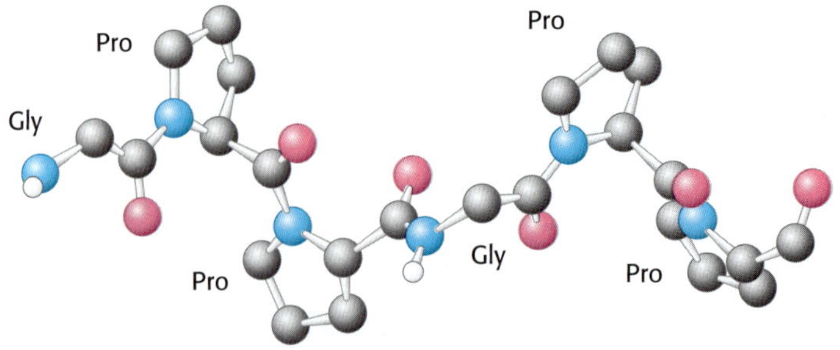


**FIGURA 2.46 Conformação de uma única fita de uma tripla hélice de colágeno.**

helicoidal, que possui cerca de três resíduos por volta. Três fitas enrolam-se uma em torno da outra para formar um *cabo super-helicoidal*, que é estabilizado por ligações de hidrogênio entre as fitas. As ligações de hidrogênio formam-se entre os grupos NH dos resíduos de glicina e os grupos CO dos resíduos das outras cadeias. Os grupos hidroxila dos resíduos de hidroxiprolina também participam na formação das ligações de hidrogênio.

O interior do cabo helicoidal de três fitas é muito denso e responde pela exigência da presença de glicina a cada terceira posição em cada fita (Figura 2.47A). *O único resíduo que pode se encaixar em uma posição interior é a glicina.* O resíduo de aminoácido em cada lado da glicina está localizado fora do cabo, onde há espaço suficiente para os anéis volumosos dos resíduos de prolina e de hidroxiprolina (Figura 2.47B).

(A)

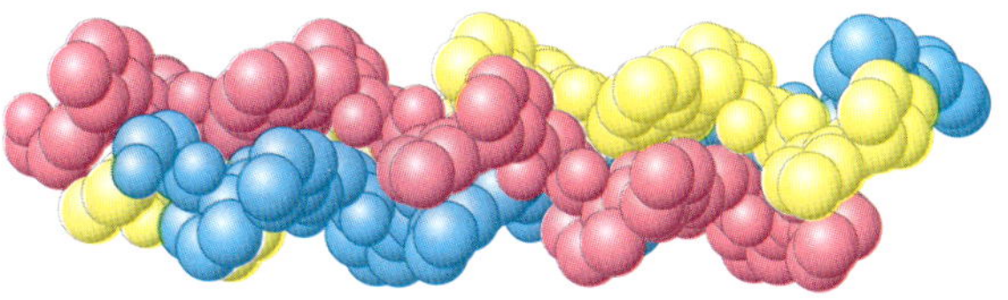

(B)

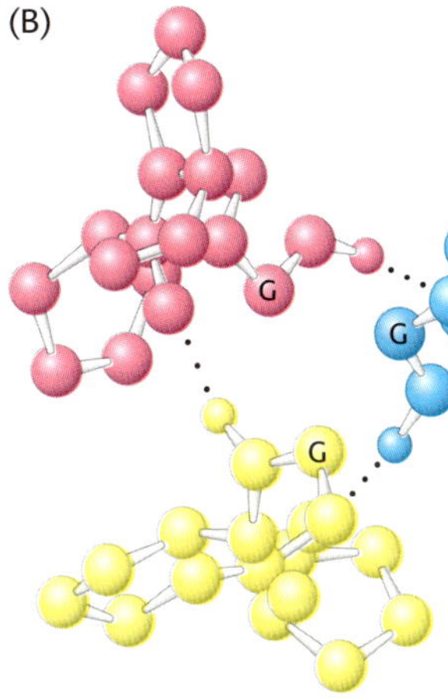

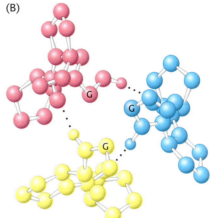


**FIGURA 2.47 Estrutura da proteína colágeno. A.** Modelo de preenchimento espacial do colágeno. Cada fita é mostrada em uma cor diferente. **B.** Corte transversal de um modelo de colágeno. Cada fita liga-se às outras duas fitas por ligações de hidrogênio. O átomo do carbono α de um resíduo de glicina é identificado pela letra G. Cada terceiro resíduo deve ser uma glicina, visto que não há espaço no centro da hélice. *Observe* que os anéis de pirrolidina dos resíduos de prolina estão na parte externa.

A importância do posicionamento da glicina no interior da tripla hélice é ilustrada na doença denominada osteogênese imperfeita, também conhecida como doença dos ossos de vidro. Nessa doença, que pode variar de leve a muito grave, o resíduo de glicina interno é substituído por outros aminoácidos. Essa substituição leva a um enovelamento tardio e inadequado do colágeno. O sintoma mais grave consiste em acentuada fragilidade óssea. O colágeno defeituoso nos olhos faz com que a esclera tenha uma coloração azulada (esclera azul).

## 2.5 Estrutura quaternária: as cadeias polipeptídicas podem se unir formando estruturas com múltiplas subunidades

Com frequência, são citados quatro níveis de estrutura na arquitetura das proteínas. Até agora, foram considerados três desses níveis. A *estrutura primária* refere-se à sequência de aminoácidos. A *estrutura secundária* descreve a organização espacial dos resíduos de aminoácidos adjacentes na sequência. Alguns desses arranjos dão origem a estruturas periódicas. A α-hélice e a fita β constituem elementos da estrutura secundária. A *estrutura terciária* refere-se à organização espacial dos resíduos de aminoácidos que estão distantes uns dos outros na sequência e ao padrão das pontes dissulfeto. Iremos considerar agora as proteínas que possuem mais de uma cadeia polipeptídica. Essas proteínas exibem um quarto nível de organização estrutural. Cada cadeia polipeptídica nesse tipo de proteína é denominada *subunidade*. A *estrutura quaternária* refere-se à organização espacial das subunidades e à natureza de suas interações. O tipo mais simples de estrutura quaternária é o *dímero*, que consiste em duas subunidades idênticas. Por exemplo, essa organização está presente na proteína que se liga ao DNA, Cro, encontrada em um bacteriófago

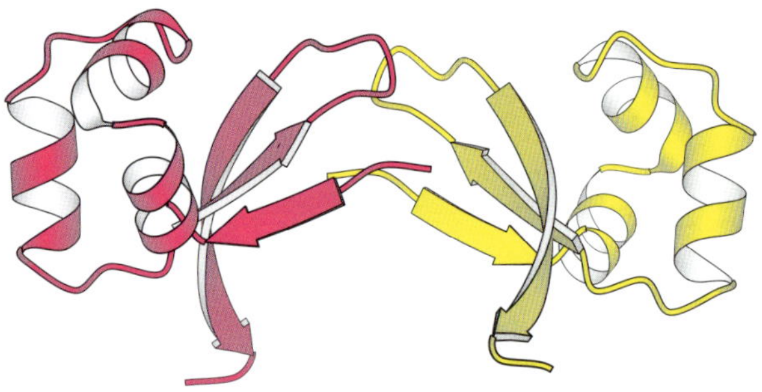

**FIGURA 2.48 Estrutura quaternária.** A proteína Cro do bacteriófago λ é um dímero de subunidades idênticas. [Desenhada de 5CRO.pdb.]

denominado λ (Figura 2.48). Estruturas quaternárias mais complexas também são comuns. Pode haver mais de um tipo de subunidade, frequentemente em números variáveis. Por exemplo, a hemoglobina humana, a proteína de transporte do oxigênio no sangue, é constituída por duas subunidades de um tipo (denominado α) e por duas subunidades de outro tipo (denominado β), conforme ilustrado na Figura 2.49. A molécula de hemoglobina existe, portanto, como um tetrâmetro $\alpha_2\beta_2$. A ocorrência de mudanças sutis na disposição das subunidades dentro da molécula de hemoglobina possibilita o transporte de oxigênio dos pulmões para os tecidos com grande eficiência (ver Capítulo 7).

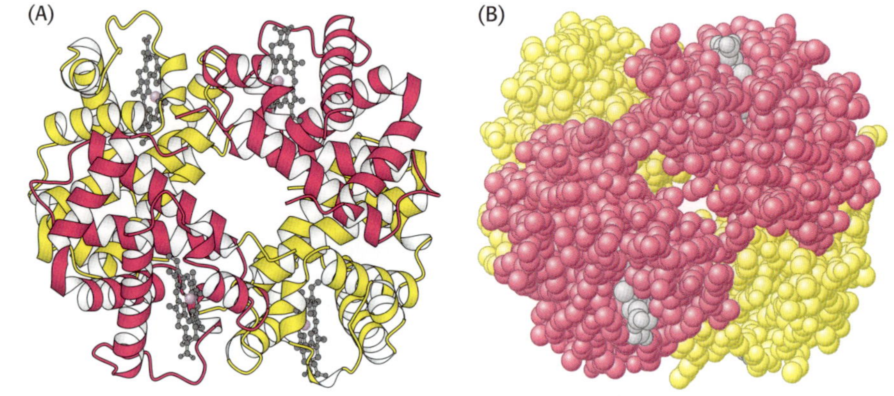


**FIGURA 2.49 O tetrâmero $\alpha_2\beta_2$ da imunoglobulina humana.** A estrutura das duas subunidades α (em vermelho) é semelhante, porém não idêntica à estrutura das duas subunidades β (em amarelo). A molécula contém quatro grupos heme (em cinza, com o átomo de ferro mostrado em violeta). **A.** O diagrama em fitas destaca a semelhança das subunidades e mostra que elas são compostas principalmente de α-hélices. **B.** O modelo de preenchimento espacial ilustra como os grupos heme ocupam fendas na proteína. [Desenhada de 1A3N.pdb.]

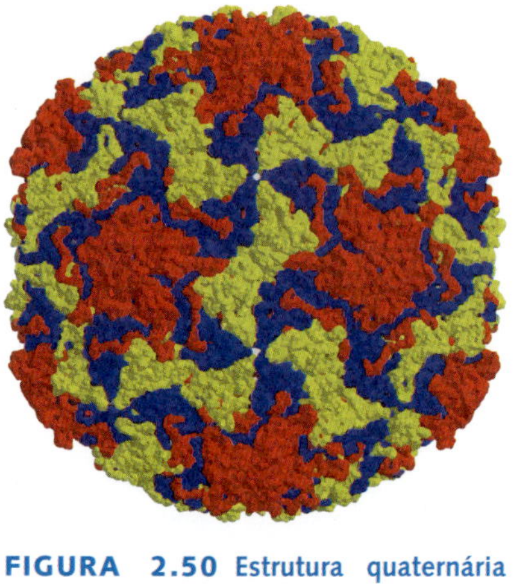

**FIGURA 2.50 Estrutura quaternária complexa.** O revestimento do rinovírus humano, que causa o resfriado comum, é constituído por 60 cópias de cada uma de quatro subunidades. As três subunidades mais proeminentes são mostradas em cores diferentes.

Os vírus utilizam a maior parte de uma quantidade limitada de informações genéticas para a formação de revestimentos que utilizam o mesmo tipo de subunidade repetitiva em um arranjo simétrico. O revestimento do rinovírus, o vírus que causa o resfriado comum, inclui 60 cópias de cada uma de quatro subunidades (Figura 2.50). As subunidades unem-se para formar uma cápsula quase esférica que envolve o genoma viral.

## 2.6 A Sequência de aminoácidos de uma proteína determina a sua estrutura tridimensional

Como a elaborada estrutura tridimensional das proteínas é alcançada? O trabalho clássico de Christian Anfinsen, na década de 1950, sobre a enzima ribonuclease revelou a relação existente entre a sequência de aminoácidos de uma proteína e a sua conformação. A ribonuclease é uma cadeia polipeptídica simples constituída por 124 resíduos de aminoácidos interligados por quatro pontes dissulfeto (Figura 2.51). O plano de Anfinsen era destruir a estrutura tridimensional da enzima e, em seguida, determinar as condições necessárias para restaurá-la.

As ligações não covalentes de uma proteína são efetivamente rompidas por determinados agentes, como a *ureia* ou o *cloreto de guanidínio*. Embora o mecanismo de ação desses agentes não esteja totalmente elucidado, as simulações computacionais sugerem que eles substituem a água como a molécula de solvatação da proteína e, em seguida, são capazes de romper as interações de van der Waals que estabilizam a estrutura da proteína. As pontes dissulfeto em uma proteína podem ser clivadas de modo reversível por meio de sua redução com um reagente, como o *β-mercaptoetanol* (Figura 2.52). Na presença de grandes quantidades de β-mercaptoetanol, os dissulfetos (cistinas) são totalmente convertidos em sulfidrilas (cisteínas).

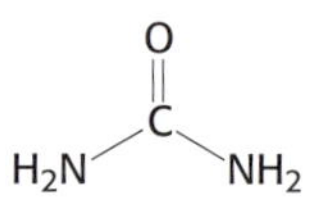


**Ureia**

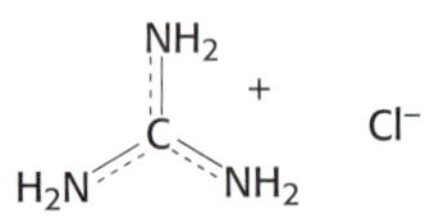


**Cloreto de guanidínio**

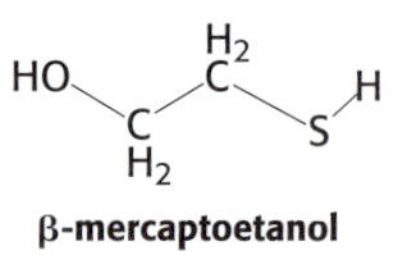


**β-mercaptoetanol**

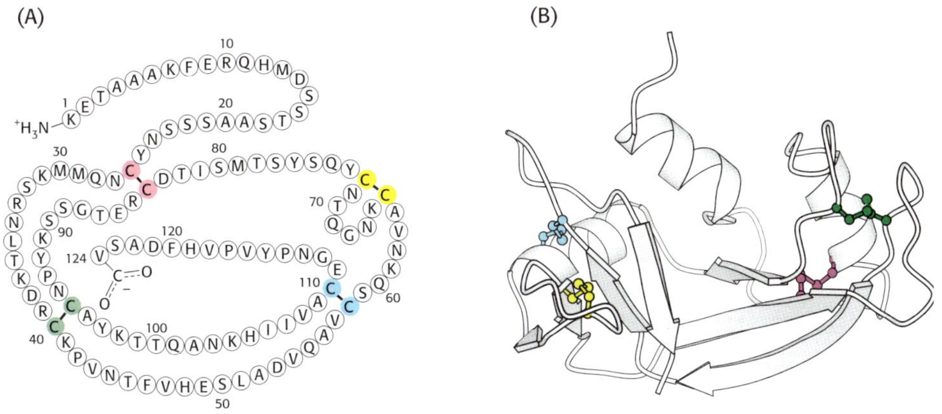


**FIGURA 2.51 Sequência de aminoácidos da ribonuclease bovina.** **A.** As quatro pontes dissulfeto são mostradas em cores. **B.** Estrutura tridimensional da ribonuclease com as mesmas quatro pontes dissulfeto destacadas. [(**A**) De C. H. W. Hirs, S. Moore, and W. H. Stein, *J. Biol. Chem*. 235:633–647, 1960; (**B**) Desenhada de 1RBX.pdb.]

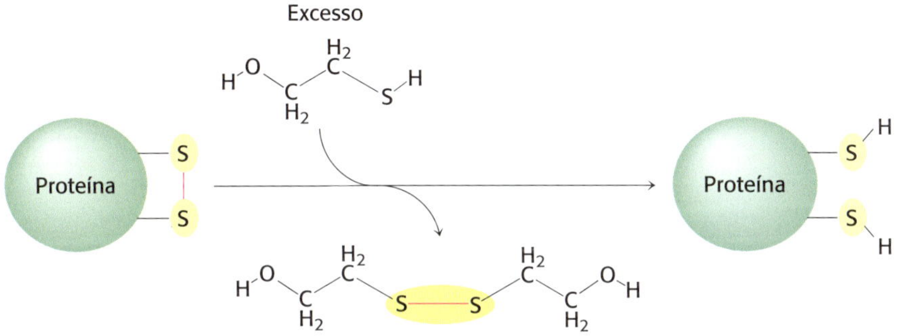


**FIGURA 2.52 Papel do β-mercaptoetanol na redução das pontes dissulfeto.** *Observe* que, conforme ocorre redução dos dissulfetos, o β-mercaptoetanol é oxidado e forma dímeros.

A maioria das cadeias polipeptídicas desprovidas de interligações (ligações cruzadas) assume uma *conformação* aleatória (*random-coil*) em ureia 8 M ou cloreto de guanidínio 6 M. Quando a ribonuclease foi tratada com β-mercaptoetanol em ureia 8 M, o produto foi uma cadeia polipeptídica totalmente reduzida com conformação aleatória e *desprovida de atividade enzimática*. Quando uma proteína é convertida em um peptídio de conformação aleatória sem a sua atividade normal, é dita *desnaturada* (Figura 2.53).

Em seguida, Anfinsen fez a observação fundamental de que a ribonuclease desnaturada, livre da ureia e do β-mercaptoetanol por diálise (ver Capítulo 3, seção 3.1), readquiria lentamente a sua atividade enzimática. Ele percebeu a importância dessa descoberta casual: os grupos sulfidrila da enzima desnaturada tornaram-se oxidados pelo ar, e a enzima espontaneamente voltou a se enovelar em uma forma cataliticamente ativa. Estudos detalhados mostraram então que quase toda a atividade enzimática original era recuperada se os grupos sulfidrila fossem oxidados em condições adequadas. Todas as propriedades físico-químicas medidas da enzima reestruturada eram praticamente idênticas às da enzima nativa.

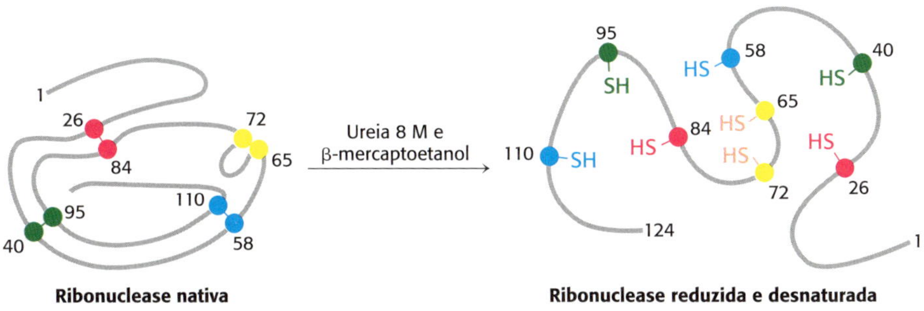


**FIGURA 2.53 Redução e desnaturação da ribonuclease.**

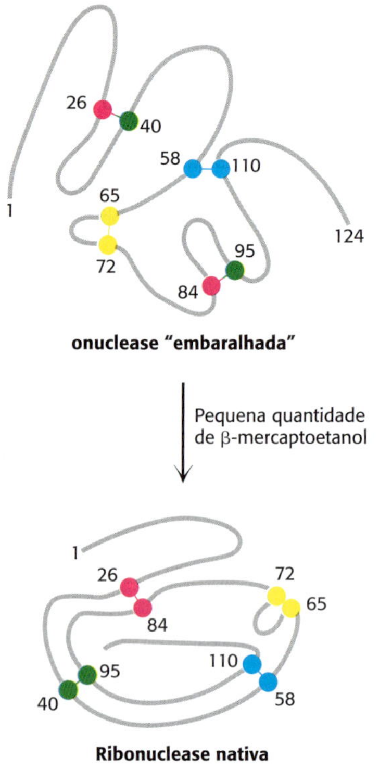


**FIGURA 2.54 Restabelecimento do pareamento dissulfeto correto.** É possível formar novamente a ribonuclease nativa a partir da ribonuclease "embaralhada" na presença de uma pequena quantidade de β-mercaptoetanol.

Esses experimentos mostraram que *a informação necessária para especificar a estrutura cataliticamente ativa da ribonuclease está contida em sua sequência de aminoácidos*. Estudos subsequentes estabeleceram a generalização desse princípio central da bioquímica: *a sequência especifica a conformação*. A dependência da conformação em relação à sequência é particularmente significativa devido à íntima conexão entre conformação e função.

Foi obtido um resultado bastante diferente quando a ribonuclease reduzida foi reoxidada enquanto ainda se encontrava em ureia 8 M e a preparação foi então dialisada para remover a ureia. A ribonuclease reoxidada dessa maneira apresentou apenas 1% da atividade enzimática da proteína nativa. Por que os resultados eram tão diferentes quando a ribonuclease reduzida era reoxidada na presença e na ausência de ureia? A razão disso é que os dissulfetos incorretos formavam pares na presença de ureia. Existem 105 maneiras diferentes de parear oito moléculas de cisteína para formar quatro dissulfetos. Apenas uma dessas combinações é enzimaticamente ativa. Os 104 pareamentos incorretos foram pitorescamente designados como ribonuclease "embaralhada". Anfinsen descobriu que a ribonuclease "embaralhada" era convertida de modo espontâneo em ribonuclease nativa totalmente ativa quando eram adicionadas pequenas quantidades de β-mercaptoetanol a uma solução aquosa da proteína (Figura 2.54). O β-mercaptoetanol adicionado catalisou a reorganização dos pareamentos de dissulfeto até a recuperação da estrutura nativa em cerca de 10 horas. *Esse processo era desencadeado pela redução da energia livre à medida que as conformações "embaralhadas" eram convertidas na conformação nativa e estável da enzima.* Por conseguinte, os pareamentos de dissulfeto nativos da ribonuclease contribuem para a estabilização da estrutura termodinamicamente preferida.

Foram realizados experimentos semelhantes de renaturação com muitas outras proteínas. Em muitos casos, é possível gerar a estrutura nativa em condições apropriadas. Entretanto, em outras proteínas, a renaturação não ocorre de modo eficiente. Nesses casos, as moléculas de proteína desenoveladas tornam-se habitualmente emaranhadas umas com as outras, formando agregados. No interior das células, existem proteínas denominadas *chaperonas*, que bloqueiam essas interações indesejáveis. Além disso, é agora evidente que algumas proteínas não assumem uma estrutura definida até que interajam com parceiros moleculares, como veremos adiante.

## Os aminoácidos possuem diferentes tendências a formar α-hélices, folhas β e voltas

Como a sequência de aminoácidos de uma proteína tem a capacidade de especificar a sua estrutura tridimensional? Como uma cadeia polipeptídica desenovelada adquire a forma da proteína nativa? Essas questões fundamentais de bioquímica podem ser abordadas fazendo antes uma pergunta mais simples: o que determina o fato de uma sequência, em particular em uma proteína, formar uma α-hélice, uma fita β ou uma volta? Uma fonte de esclarecimento consiste em examinar a frequência da ocorrência de determinados resíduos de aminoácidos nessas estruturas secundárias (Tabela 2.3). Determinados resíduos, como a alanina, o glutamato e a leucina, tendem a estar presentes em α-hélices, enquanto a valina e a isoleucina tendem a ocorrer em fitas β. A glicina, a asparagina e a prolina são mais comumente observadas em voltas.

Os estudos das proteínas e peptídios sintéticos revelaram algumas razões para essas preferências. A ramificação no átomo do carbono β, como na valina, na treonina e na isoleucina, tende a desestabilizar as α-hélices devido às colisões estéricas. Esses resíduos são prontamente acomodados

**TABELA 2.3** Frequências relativas dos resíduos de aminoácidos nas estruturas secundárias.

| Aminoácido | α-Hélice | Folha β | Volta Reversa |
|---|---|---|---|
| Glu | 1,59 | 0,52 | 1,01 |
| Ala | 1,41 | 0,72 | 0,82 |
| Leu | 1,34 | 1,22 | 0,57 |
| Met | 1,30 | 1,14 | 0,52 |
| Gln | 1,27 | 0,98 | 0,84 |
| Lys | 1,23 | 0,69 | 1,07 |
| Arg | 1,21 | 0,84 | 0,90 |
| His | 1,05 | 0,80 | 0,81 |
| Val | 0,90 | 1,87 | 0,41 |
| Ile | 1,09 | 1,67 | 0,47 |
| Tyr | 0,74 | 1,45 | 0,76 |
| Cys | 0,66 | 1,40 | 0,54 |
| Trp | 1,02 | 1,35 | 0,65 |
| Phe | 1,16 | 1,33 | 0,59 |
| Thr | 0,76 | 1,17 | 0,96 |
| Gly | 0,43 | 0,58 | 1,77 |
| Asn | 0,76 | 0,48 | 1,34 |
| Pro | 0,34 | 0,31 | 1,32 |
| Ser | 0,57 | 0,96 | 1,22 |
| Asp | 0,99 | 0,39 | 1,24 |

Nota: os aminoácidos estão agrupados de acordo com a sua preferência por α-hélices (grupo da parte superior), folhas β (grupo do meio) ou voltas (grupo da parte inferior).
Fonte: T. E. Creighton, *Proteins: Structures and Molecular Properties*, 2nd ed. (W. H. Freeman and Company, 1992), p. 256.

em fitas β, nas quais as suas cadeias laterais projetam-se para fora do plano que contém a cadeia principal. A serina e a asparagina tendem a romper as α-hélices, visto que suas cadeias laterais contêm doadores ou aceptores de ligações de hidrogênio em estreita proximidade com a cadeia principal, onde competem pelos grupos NH e CO da cadeia principal. A prolina tende a desorganizar tanto as α-hélices quanto as fitas β, visto que carece de um grupo NH e a estrutura de seu anel restringe o seu valor ϕ a quase 60°. A glicina se encaixa facilmente em todas as estruturas, porém a sua flexibilidade de conformação a torna bem apropriada para reverter as voltas.

Como podemos deduzir a estrutura secundária de uma proteína utilizando esse conhecimento sobre as preferências conformacionais dos resíduos de aminoácidos? As deduções acuradas sobre a estrutura secundária adotada até mesmo por um curto segmento de resíduos demonstraram ser difíceis. O que dificulta uma dedução mais acurada? Observe que as preferências conformacionais dos resíduos de aminoácidos não se limitam por completo a uma estrutura (Tabela 2.3). Por exemplo, o glutamato, um dos aminoácidos mais importantes na formação de hélices, prefere a α-hélice à fita β por um fator de apenas três. As razões de preferência entre a maioria dos outros resíduos é ainda menor. De fato, foi constatado que algumas sequências de penta e hexapeptídios adotam determinada estrutura em uma proteína e uma estrutura totalmente diferente em outra proteína (Figura 2.55). Por conseguinte, algumas sequências de aminoácidos não determinam exclusivamente a estrutura secundária. As interações terciárias – interações de resíduos que estão distantes uns dos outros na sequência – podem ser decisivas na especificação da estrutura secundária de alguns segmentos.

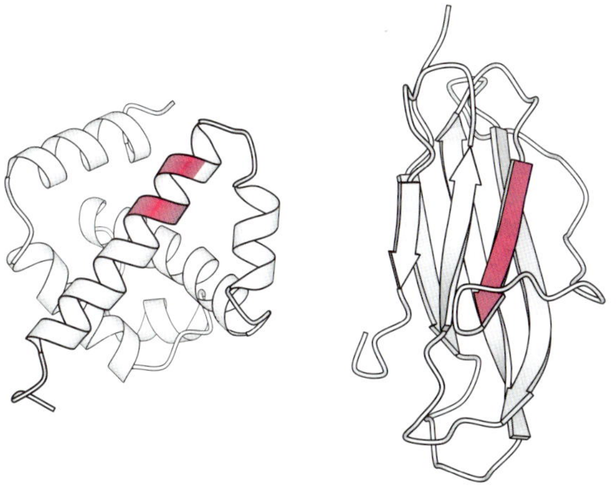

**FIGURA 2.55 Conformações alternativas de uma sequência peptídica.** Muitas sequências podem adotar conformações alternativas em diferentes proteínas. Aqui, a sequência VDLLKN, mostrada em vermelho, assume a conformação de uma α-hélice em uma proteína (*à esquerda*) e de uma fita β em outra (*à direita*). [Desenhada (*à esquerda*) de 3WRP.pdb e (*à direita*) de 2HLA.pdb.]

O contexto é, com frequência, crucial: a conformação de uma proteína evoluiu para atuar em determinado ambiente. Entretanto, é possível realizar progressos substanciais na dedução das estruturas secundárias utilizando famílias de sequências relacionadas, em que cada uma adota a mesma estrutura.

## O enovelamento das proteínas é um processo altamente cooperativo

As proteínas podem ser desnaturadas por qualquer tratamento capaz de romper as ligações fracas que estabilizam a estrutura terciária, como o aquecimento, ou por meio de desnaturantes químicos, como a ureia ou o cloreto de guanidínio. Para muitas proteínas, a comparação do grau de desenovelamento à medida que aumenta a concentração do agente desnaturante revela uma nítida transição da forma enovelada ou nativa para a forma desenovelada ou desnaturada, sugerindo que apenas esses dois estados de conformação estão presentes em qualquer grau significativo (Figura 2.56). Observa-se uma transição nítida semelhante quando os agentes desnaturantes são removidos das proteínas desenoveladas, possibilitando o seu enovelamento.

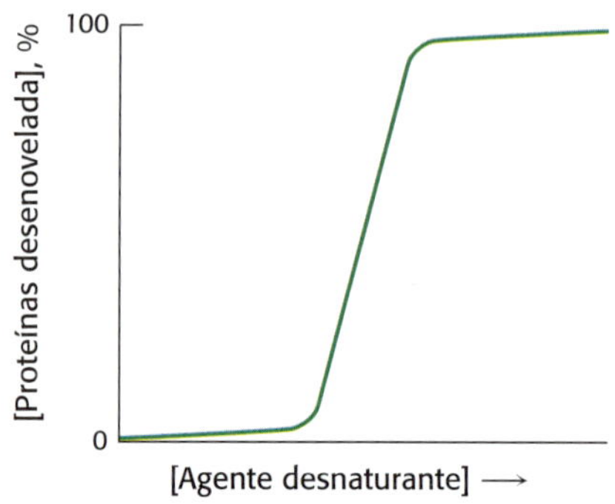


**FIGURA 2.56 Transição do estado enovelado para o estado desenovelado.** A maioria das proteínas exibe uma nítida transição da forma enovelada para a desenovelada por meio de tratamento com concentrações crescentes de agentes desnaturantes.

A transição abrupta observada na Figura 2.56 sugere que o enovelamento e o desenovelamento das proteínas é um *processo "tudo ou nada"* que resulta de uma *transição cooperativa*. Por exemplo, suponha que uma proteína seja colocada em condições nas quais alguma parte de sua estrutura esteja termodinamicamente instável. À medida que essa parte da estrutura enovelada é desorganizada, as interações entre ela e o restante da proteína serão perdidas. Por sua vez, a perda dessas interações irá desestabilizar o restante da estrutura. Por conseguinte, as condições que levam à desorganização de qualquer parte de uma estrutura proteica têm tendência a desenovelar a proteína por completo. As propriedades estruturais das proteínas fornecem um fundamento lógico evidente para a transição cooperativa.

As consequências do enovelamento cooperativo podem ser ilustradas se considerarmos o conteúdo de uma solução de proteína em condições que correspondam ao meio do processo de transição entre as formas enovelada e desenovelada. Nessas condições, a proteína está "semienovelada". Contudo, a solução aparentará não ter moléculas parcialmente enoveladas, mas sim uma mistura 50/50 de moléculas totalmente enoveladas e totalmente desenoveladas (Figura 2.57). Embora a proteína possa aparentemente se comportar como se ela existisse apenas em dois estados, essa existência simples em dois estados é uma impossibilidade no nível molecular. Até mesmo as reações simples passam por uma fase de intermediários da reação, de modo que uma molécula complexa, como uma proteína, não pode simplesmente passar de um estado completamente desenovelado para o estado nativo em uma única etapa. Estruturas intermediárias, transitórias e instáveis devem existir entre o estado nativo e o estado desnaturado. A determinação da natureza dessas estruturas intermediárias representa uma área de intensa pesquisa em bioquímica.

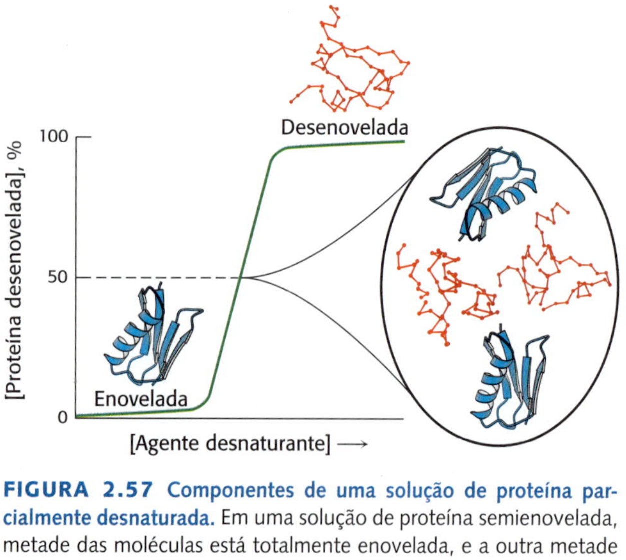


**FIGURA 2.57 Componentes de uma solução de proteína parcialmente desnaturada.** Em uma solução de proteína semienovelada, metade das moléculas está totalmente enovelada, e a outra metade totalmente desenovelada.

## O enovelamento das proteínas ocorre por meio de estabilização progressiva de intermediários, e não de modo aleatório

Como uma proteína realiza a transição de uma estrutura desenovelada para uma configuração singular em sua forma nativa? Uma possibilidade *a priori* seria que todas as configurações possíveis fossem testadas para encontrar a mais favorável energeticamente. Quanto tempo levaria essa busca aleatória? Considere uma pequena proteína constituída por 100 resíduos. Cyrus Levinthal calculou que, se cada resíduo pudesse assumir três conformações diferentes, o número total de estruturas seria $3^{100}$, que é igual a $5 \times 10^{47}$. Se levasse $10^{-13}$ s para converter uma estrutura em outra, o tempo total de busca seria de $5 \times 10^{47} \times 10^{-13}$ s, o que é igual a $5 \times 10^{34}$ s ou $1{,}6 \times 10^{27}$ anos. Na realidade, as pequenas proteínas podem se enovelar em menos de 1 segundo. Evidentemente, isso levaria muito tempo para que até mesmo uma pequena proteína pudesse se enovelar de modo apropriado por meio de tentativa aleatória de todas as possíveis conformações. A enorme diferença entre o tempo de enovelamento calculado e o seu tempo real é denominada *paradoxo de Levinthal*. Esse paradoxo revela claramente que as proteínas não se enovelam tentando todas as conformações possíveis; na verdade, elas precisam seguir pelo menos uma via de enovelamento parcialmente definida, constituída por intermediários entre a proteína totalmente desnaturada e a sua estrutura nativa.

O caminho para sair desse paradoxo é reconhecer o poder da *seleção cumulativa*. Richard Dawkins, em *O Relojoeiro Cego*, perguntou quanto tempo levaria para que um macaco, digitando de modo aleatório em uma máquina de escrever, reproduzisse o comentário de Hamlet a Polônio: "Methinks it is like a weasel" (Figura 2.58). Seria necessário um número astronomicamente grande de toques, da ordem de $10^{40}$. Entretanto, suponha que preservássemos cada letra correta, deixando o macaco digitar novamente apenas as letras incorretas. Neste caso, seriam necessários apenas alguns milhares de toques em média. A diferença crucial entre esses casos é que o primeiro utiliza uma busca totalmente aleatória, ao passo que no segundo os *intermediários parcialmente corretos são retidos.*

```
200  ?T(\G{+s x[A.N5~,#ATxSGpn`e□@
400  oDr'Jh7s DFR:W4l'u+^v6zpJseOi
600  e2ih'8zs n527x8l8d_ih=H1dseb.
800  S#dh>}/s ]tZqC%lP%DK<|!^aseZ.
1000 V0th>nLs ut/is]l_kwojjwMasef.
1200 juth+nvs it is[lukh?SCw=ase5.
1400 Iithdn4s it is0l/ks/IxwLase~.
1600 M?thinrs it is lXk?T"_woasel.
1800 MSthinWs it is lwkN7□Kw(asel.
2000 Mhthin`s it is likv,aww_asel.
2200 MMthinns it is lik+5avw1asel.
2400 MethinXs it is likydaqw)asel.
2600 Methin4s it is lik2dasweasel.
2800 MethinHs it is like□aTweasel.
2883 Methinks it is like a weasel.
```

```
200  )z~hg)W4{{cu!kO{d6jS!N1EyUx}p
400  "W hi\kR.<&CfA%4-Y1G!iT$6({|6
600  .L=hinkm4(uMGP^lAWoE6k1wW=yiS
800   AthinkaPa_vYH liR\Hb,Uo4\-"(
1000 OFthinksP)@fZO li8v] /+Eln26B
1200 6ithinksMVt -V likm+gl#K~)BFk
1400 vxthinksaEt □w like.S1Geutks.
1600 :Othinks<it MC likesN2[eaVe4.
1800 uxthinksqit 0r likeQh)weaoeW.
2000 Y/thinks it id like7a1wea)e&.
2200 Methinks it iW like a[weaWel.
2400 Methinks it is like a:weasel.
2431 Methinks it is like a weasel.
```

**FIGURA 2.58 Analogia do macaco digitador.** Um macaco, digitando aleatoriamente em uma máquina de escrever, poderia escrever uma linha de *Hamlet*, de Shakespeare, contanto que cada tecla correta fosse mantida. Nas duas simulações computadorizadas mostradas, o número cumulativo de toques é fornecido à esquerda de cada linha.

*A essência no processo de enovelamento das proteínas é a tendência a reter intermediários parcialmente corretos.* Entretanto, a questão do enovelamento das proteínas é muito mais difícil do que aquele apresentado pelo nosso macaco shakespeariano. Em primeiro lugar, o critério de correção não consiste em um exame minucioso da conformação resíduo por resíduo por um observador onisciente, mas da energia livre total das espécies transitórias. Em segundo lugar, as proteínas são apenas marginalmente estáveis. A diferença de energia livre entre os estados enovelado e desenovelado de uma proteína típica de 100 resíduos é de 42 kJ $mol^{-1}$ (10 kcal $mol^{-1}$), e, portanto, cada resíduo contribui, em média, com apenas 0,42 kJ $mol^{-1}$ (0,1 kcal $mol^{-1}$) de energia para manter o estado enovelado. Essa quantidade é menor do que a quantidade de energia térmica, que é de 2,5 kJ $mol^{-1}$ (0,6 kcal $mol^{-1}$) em temperatura ambiente. Essa escassa energia de estabilização significa que pode haver perda de intermediários corretos, particularmente aqueles formados no início do processo de enovelamento. A analogia é a de que o macaco estaria de algum modo livre para desfazer suas digitações corretas. Entretanto, as interações que levam ao enovelamento cooperativo podem estabilizar os intermediários à medida que ocorre a formação da estrutura. Dessa maneira, as regiões locais que têm preferência estrutural significativa, embora não estejam necessariamente estáveis por si sós, tenderão a adotar as suas estruturas favorecidas e, à medida que elas se formam, podem interagir uma com a outra, levando a uma estabilização crescente. Essa estrutura conceitual é frequentemente designada como *modelo de nucleação*.

Uma simulação do enovelamento de uma proteína com base no modelo de nucleação é mostrada na Figura 2.59. Esse modelo sugere que determinadas vias podem ser preferidas. Apesar de a Figura 2.59 sugerir uma via distinta, cada um dos intermediários mostrados representa um conjunto de estruturas semelhantes, e, portanto, uma proteína segue uma via geral,

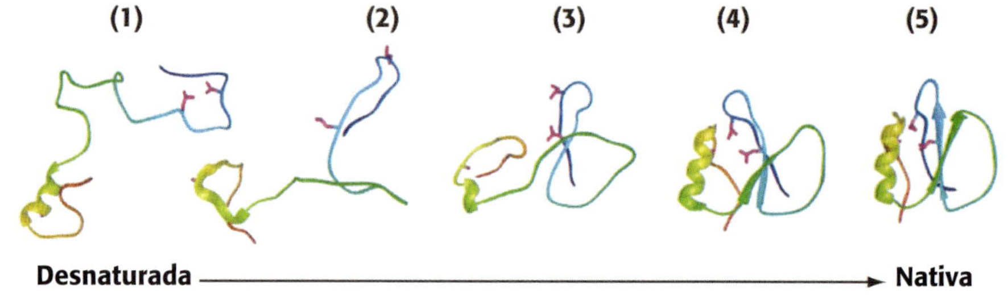


**FIGURA 2.59 Via de enovelamento proposta para o inibidor da quimiotripsina.** As regiões locais com preferência estrutural suficiente tendem a adotar inicialmente as suas estruturas preferidas (1). Essas estruturas unem-se para formar um núcleo com uma estrutura semelhante à nativa, porém ainda móvel (4). Em seguida, essa estrutura condensa-se por completo para formar a estrutura nativa mais rígida (5). [De A. R. Fersht and V. Daggett. *Cell* 108:573-582, 2002; com autorização da Elsevier.]

mais do que uma via precisa, em sua transição do estado desenovelado para o estado nativo. A energia de superfície para o processo geral de enovelamento da proteína pode ser visualizada como um funil (Figura 2.60). A borda larga do funil representa a ampla variedade de estruturas acessíveis ao conjunto de moléculas de proteína desnaturada. À medida que a energia livre da população de moléculas de proteína diminui, as proteínas movem-se para as partes mais estreitas do funil, e um menor número de conformações é acessível. No fundo do funil, encontra-se o estado enovelado com a sua conformação bem definida. Muitas vias podem levar a essa mesma energia mínima.

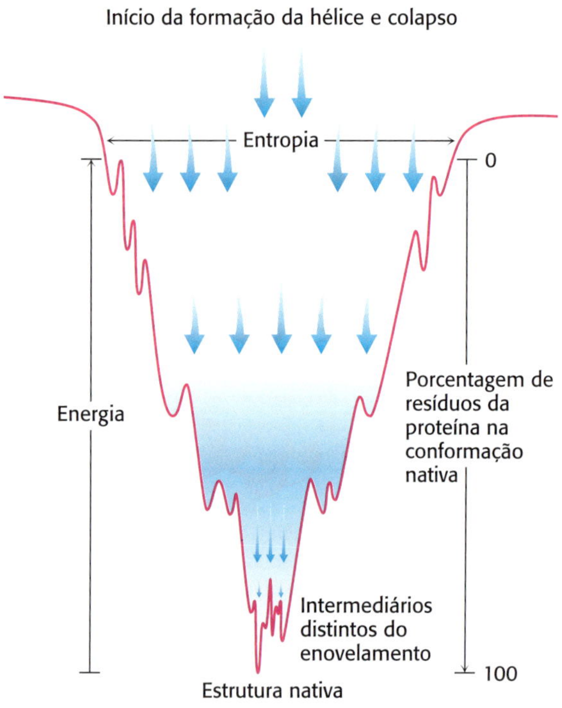


**FIGURA 2.60 Funil de enovelamento.** O funil de enovelamento ilustra a termodinâmica do enovelamento das proteínas. O topo do funil representa todas as conformações desnaturadas possíveis – ou seja, a entropia máxima da conformação. As depressões nas laterais do funil representam intermediários semiestáveis, que podem facilitar ou dificultar a formação da estrutura nativa, dependendo de sua profundidade. As estruturas secundárias, como as hélices, formam-se e colapsam entre si para iniciar o enovelamento. [De D. L. Nelson e M. M. Cox, *Lehninger Principles of Biochemistry*, 5th ed. (W. H. Freeman and Company, 2008), p. 143.]

## A dedução da estrutura tridimensional a partir da sequência de aminoácidos continua sendo um grande desafio

A dedução da estrutura tridimensional a partir da sequência de aminoácidos demonstrou ser extremamente difícil. A sequência local parece determinar apenas 60% a 70% da estrutura secundária; são necessárias interações de longa distância para estabilizar a estrutura secundária completa e a estrutura terciária.

Os pesquisadores estão investigando duas abordagens fundamentalmente diferentes para prever a estrutura tridimensional a partir da sequência de aminoácidos. A primeira delas é a *predição ab initio* (do latim, "a partir do início"), que procura deduzir o enovelamento de uma sequência de aminoácidos sem conhecimento prévio de sequências semelhantes em estruturas de proteínas conhecidas. São utilizados cálculos computadorizados que tentam minimizar a energia livre de uma estrutura com determinada sequência de aminoácidos ou para simular o processo de enovelamento. A utilidade desses métodos é limitada pelo vasto número de conformações possíveis, pela estabilidade marginal das proteínas e pela energética tênue das interações fracas em solução aquosa. A segunda abordagem aproveita nosso conhecimento crescente das estruturas tridimensionais de muitas proteínas. Nesses *métodos baseados no conhecimento*, uma sequência de aminoácidos de uma estrutura desconhecida é examinada quanto à sua compatibilidade com estruturas conhecidas de proteínas inteiras ou com fragmentos delas. Se for detectada uma correspondência significativa, a estrutura conhecida pode ser utilizada como modelo inicial. Os métodos baseados no conhecimento têm constituído uma fonte de muitos esclarecimentos sobre a conformação tridimensional de proteínas de sequência conhecida, porém de estrutura desconhecida.

## Algumas proteínas são inerentemente desestruturadas e podem existir em múltiplas conformações

A discussão sobre o enovelamento das proteínas até o momento baseia-se no paradigma de que determinada sequência de aminoácidos da proteína irá se enovelar em uma estrutura tridimensional particular. Esse paradigma aplica-se bem a muitas proteínas. Entretanto, sabe-se, há algum tempo, que algumas proteínas podem adotar duas estruturas diferentes, uma das quais, apenas, irá resultar em agregação proteica e condições patológicas. Acreditava-se que essas estruturas alternativas que se originam de uma sequência de aminoácidos específica fossem raras – a exceção ao paradigma. Pesquisas recentes questionaram a universalidade da ideia de que cada sequência de aminoácidos dá origem a uma estrutura para determinadas proteínas, até mesmo em condições celulares normais.

Nosso primeiro exemplo é uma classe de proteínas designadas como *proteínas intrinsecamente desestruturadas* [(PIDs), em inglês *intrinsically unstructured proteins* (IUPs)]. Como o próprio nome sugere, essas proteínas, em sua totalidade ou em parte, não possuem uma estrutura tridimensional distinta em condições fisiológicas. De fato, estima-se que 50% das proteínas eucarióticas tenham pelo menos uma região desestruturada com mais de 30 aminoácidos de comprimento. As regiões desestruturadas são ricas em aminoácidos polares e com carga, e elas têm poucos resíduos hidrofóbicos. Essas proteínas assumem uma estrutura definida por meio de interação com outras proteínas. Essa versatilidade molecular significa que uma proteína pode assumir diferentes estruturas e interagir com diferentes parceiros, resultando em diferentes funções bioquímicas. As PIDs parecem ser particularmente importantes nas vias de sinalização e regulação.

Outra classe de proteínas que não obedecem ao paradigma é constituída pelas *proteínas metamórficas*. Essas proteínas parecem existir em um conjunto de estruturas de energia aproximadamente igual que estão em equilíbrio. Pequenas moléculas ou outras proteínas podem ligar-se a diferentes membros do conjunto, resultando em vários complexos, tendo, cada um deles, uma função bioquímica diferente. Um exemplo particularmente claro de proteína metamórfica é a quimiocina linfotactina. As quimiocinas são pequenas moléculas de sinalização no sistema imune que se ligam a proteínas receptoras na superfície das células do sistema imune induzindo uma resposta imunológica. A linfotactina existe em duas estruturas muito diferentes, que estão em equilíbrio (Figura 2.61). Uma dessas estruturas é característica das quimiocinas e consiste em uma folha β de três fitas e uma hélice carboxiterminal. Essa estrutura liga-se ao seu receptor e o ativa. A estrutura alternativa é um dímero idêntico de todas as folhas β. Quando se encontra nessa estrutura, a linfotactina liga-se ao glicosaminoglicano, um carboidrato complexo (ver Capítulo 11). As atividades bioquímicas de cada estrutura são mutuamente exclusivas: a estrutura da quimiocina não pode se ligar ao glicosaminoglicano, e a estrutura em folha β não pode ativar o receptor. Contudo, de maneira notável, ambas as atividades são necessárias para a atividade bioquímica completa da quimiocina.

Observe que as PIDs e as proteínas metamórficas expandem efetivamente a capacidade do genoma de codificação de proteínas. Em alguns

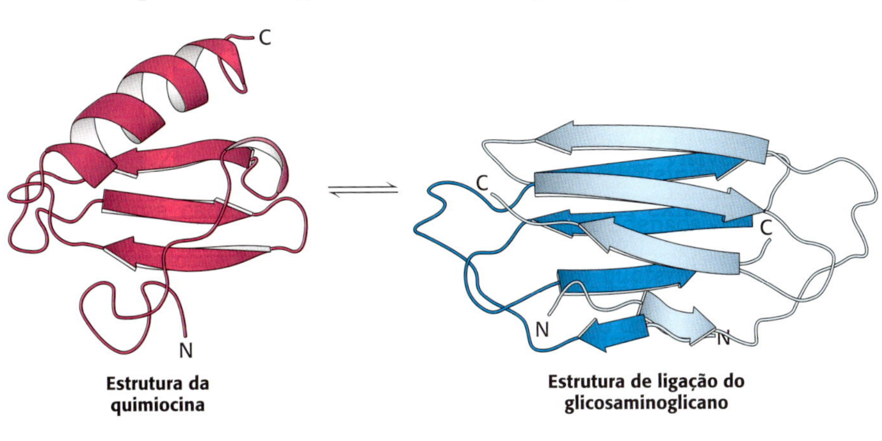


**FIGURA 2.61 A linfotactina existe em duas conformações, que estão em equilíbrio.** [R. L. Tuinstra, F. C. Peterson, S. Kutlesa, E. S. Elgin, M. A. Kron, and B. F. Volkman. *Proc. Natl. Acad. Sci. U.S.A.* 105:5057-5062, 2008, Fig. 2A.]

casos, um gene pode codificar uma única proteína que tenha mais de uma estrutura e função. Esses exemplos também ilustram a natureza dinâmica do estudo da bioquímica e seu fascínio inerente: até mesmo ideias bem estabelecidas frequentemente estão sujeitas a modificações.

### O enovelamento incorreto e a agregação de proteínas estão associados a algumas doenças neurológicas

A compreensão dos processos de enovelamento correto e de enovelamento incorreto das proteínas possui mais do que interesse acadêmico. Numerosas doenças, incluindo doença de Alzheimer, mal de Parkinson, doenças de Huntington e encefalopatias espongiformes transmissíveis (doenças priônicas), estão associadas a proteínas inadequadamente enoveladas. Todas essas doenças resultam na deposição de agregados proteicos, denominados *fibrilas* ou *placas amiloides*. Em consequência, essas doenças são denominadas *amiloidoses*. Uma característica em comum das amiloidoses é o fato de que as proteínas normalmente solúveis são convertidas em fibrilas insolúveis ricas em folhas β. A proteína corretamente enovelada é apenas marginalmente mais estável do que a forma incorreta. Entretanto, a forma incorreta produz agregados, atraindo formas mais corretas para a forma incorreta. Iremos concentrar nas encefalopatias espongiformes transmissíveis.

Uma das grandes surpresas na medicina moderna foi a descoberta de que certas doenças neurológicas infecciosas eram transmitidas por agentes que se assemelhavam a vírus no seu tamanho, mas que consistiam apenas em proteína. Essas doenças incluem a *encefalopatia espongiforme bovina* (comumente designada como *doença da vaca louca*) e as doenças análogas em outros organismos, tais como a *doença de Creutzfeld-Jakob* (DCJ) em seres humanos, o *scrapie* em ovinos e a doença consumptiva crônica em cervos e alces. Os agentes etiológicos dessas doenças são denominados *príons*. Os príons são compostos em grande parte, senão exclusivamente, por uma proteína celular denominada PrP, que está normalmente presente no cérebro; a sua função continua sendo alvo de intensa pesquisa. Os príons infecciosos são formas agregadas da proteína PrP, denominadas $PrP^{SC}$.

Como a estrutura da proteína na forma agregada difere daquela da proteína em seu estado normal no cérebro? A proteína celular normal PrP contém regiões extensas de α-hélice e relativamente poucas fitas β. A estrutura da forma PrP presente em cérebros infectados, denominada $PrP^{SC}$, ainda não foi determinada devido aos desafios representados pela sua natureza insolúvel e heterogênea. Entretanto, diversas evidências indicam que algumas partes da proteína que tinham conformações em α-hélice ou em voltas foram convertidas em conformações de fitas β (Figura 2.62). As fitas β de monômeros em grande parte planares empilham-se umas sobre as outras com suas cadeias laterais densamente entrelaçadas. Uma visão lateral mostra a extensa rede de ligações de hidrogênio existentes entre os monômeros. Esses agregados fibrosos de proteína são frequentemente designados como formas *amiloides*.

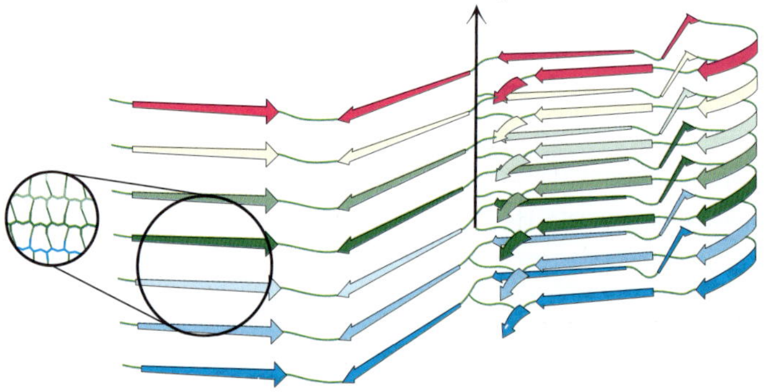

**FIGURA 2.62 Modelo da proteína amiloide de príon humana.** Um modelo detalhado da fibrila amiloide de príon humano, deduzido a partir de estudos de espectroscopia por ressonância paramagnética eletrônica (RPE) e marcação de *spin*, mostra que a agregação proteica é devida à formação de grandes folhas β paralelas. A seta preta indica o eixo longitudinal da fibrila. [N. J. Cobb, F. D. Sönnichsen, H. Mchaourab, e W. K. Surewicz. *Proc. Natl. Acad. Sci. U.S.A.* 104:18946–18951, 2007, Fig. 4E.]

Com o reconhecimento de que o agente infeccioso nas doenças priônicas consiste em uma forma agregada de uma proteína que já está presente no cérebro, surge então um modelo de transmissão da doença (Figura 2.63). Os agregados de proteínas constituídos por formas anormais de $PrP^{SC}$ atuam como sítios de nucleação aos quais se fixam outras moléculas de PrP. Por conseguinte, as doenças priônicas podem ser transferidas de um organismo para outro por meio da transferência de um núcleo agregado, como provavelmente ocorreu no surto da doença da vaca louca no Reino Unido

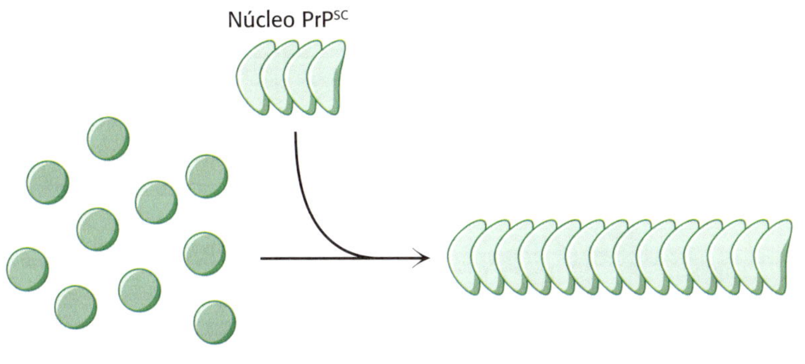


**FIGURA 2.63 Modelo de transmissão de doença priônica unicamente por proteína.** Um núcleo constituído por proteínas em uma conformação anormal cresce pela adição de proteínas do conjunto normal.

no final da década de 1980. O gado alimentado com ração animal contendo material proveniente de vacas doentes desenvolveu, por sua vez, a doença.

As fibras amiloides também são observadas nos cérebros de pacientes com determinados distúrbios neurodegenerativos não infecciosos, como a doença de Alzheimer e o mal de Parkinson. Por exemplo, o cérebro de pacientes com doença de Alzheimer contém agregados proteicos, chamados de *placas amiloides*, que são constituídos basicamente de um único polipeptídio, denominado Aβ. Esse polipeptídio origina-se de uma proteína celular denominada *proteína precursora de amiloide* [(APP), do inglês *amyloid precursor protein*] por meio da ação de proteases específicas. O polipeptídio Aβ tem tendência a formar agregados insolúveis. Apesar das dificuldades criadas pela insolubilidade da proteína, foi elaborado um modelo estrutural detalhado do Aβ por meio do uso de técnicas de RMN, que podem ser aplicadas a sólidos em vez de materiais em solução. Conforme esperado, a estrutura é rica em fitas β, as quais se unem para formar estruturas extensas de folhas β paralelas (Figura 2.62).

Como esses agregados levam à morte das células que os abrigam? A resposta ainda é controversa. Uma hipótese aventada é a de que os grandes agregados não são intrinsecamente tóxicos; entretanto, os agregados menores das mesmas proteínas podem ser os culpados, talvez causando dano às membranas celulares.

## As modificações pós-tradução conferem novas propriedades às proteínas

As proteínas são capazes de desempenhar numerosas funções, que se baseiam exclusivamente na versatilidade de seus 20 aminoácidos. Esse conjunto de funções pode ser ainda mais expandido pela incorporação de *modificações pós-tradução*, que consistem em alterações na estrutura de uma proteína após a sua síntese na célula. Essas modificações podem incluir a ligação covalente de grupos a cadeias laterais de aminoácidos (Figura 2.64), ou a clivagem ou modificação do esqueleto polipeptídico. Por exemplo,

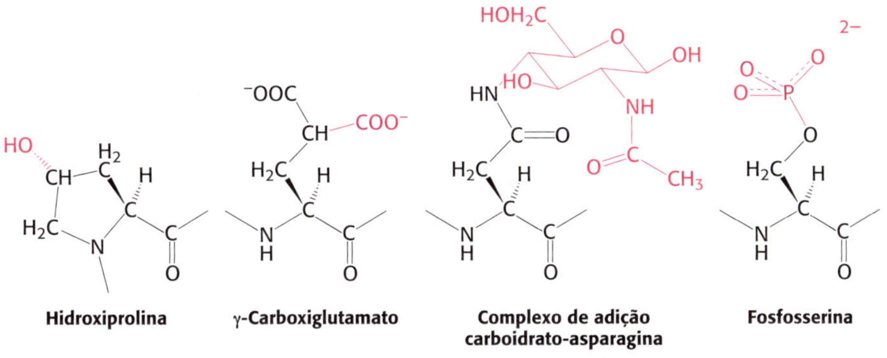


**FIGURA 2.64 Toques finais.** São mostradas algumas modificações covalentes comuns e importantes das cadeias laterais de aminoácidos.

*grupos acetil* são ligados à extremidade aminoterminal de muitas proteínas, uma modificação que torna essas proteínas mais resistentes à degradação. Conforme assinalado anteriormente (ver p. 50), a adição de *grupos hidroxila* a muitos resíduos de prolina estabiliza as fibras do colágeno recém-sintetizado. A importância biológica dessa modificação é evidente no escorbuto: uma deficiência de vitamina C resulta em uma hidroxilação insuficiente do colágeno, e as fibras de colágeno anormais assim produzidas são incapazes de manter a força normal dos tecidos (ver Capítulo 27, seção 27.6). Outro aminoácido especializado é o *γ-carboxiglutamato*. Na deficiência de vitamina K, a carboxilação insuficiente do glutamato na protrombina, uma proteína da coagulação, pode levar à hemorragia (ver Capítulo 10, seção 10.4). Muitas proteínas, particularmente as que estão presentes na superfície das células ou que são secretadas, adquirem *unidades de carboidratos* em resíduos específicos de asparagina, serina ou treonina (ver Capítulo 11). A adição de açúcares torna as proteínas mais hidrofílicas e capazes de participar em interações com outras proteínas. Por outro lado, a adição de um *ácido graxo* a um grupo α-amino ou a um grupo sulfidrila da cisteína produz uma proteína mais hidrofóbica.

Muitos hormônios, como a epinefrina (adrenalina), alteram a atividade das enzimas, estimulando a fosforilação dos aminoácidos hidroxilados serina e treonina; a *fosfosserina* e a *fosfotreonina* são os aminoácidos modificados mais onipresentes nas proteínas. Os fatores de crescimento, como a insulina, atuam desencadeando a fosforilação do grupo hidroxila dos resíduos de tirosina para formar *fosfotirosina*. Os grupos fosforila desses três aminoácidos modificados são prontamente removidos; por conseguinte, os aminoácidos modificados são capazes de atuar como comutadores reversíveis na regulação dos processos celulares. Os papéis da fosforilação na transdução de sinais serão discutidos de modo extensivo no Capítulo 14.

As modificações precedentes consistem na adição de grupos especiais aos aminoácidos. Outros grupos especiais são produzidos por meio de rearranjos químicos das cadeias laterais e, algumas vezes, do esqueleto peptídico. Por exemplo, a água-viva *Aequorea victoria* produz a proteína fluorescente verde [(GFP), do inglês *green fluorescent protein*], que emite uma luz verde quando estimulada com luz azul. A fonte da fluorescência é um grupo formado pelo rearranjo espontâneo e oxidação da sequência Ser-Tyr-Gly no centro da proteína (Figura 2.65A). Desde a descoberta da GFP, vários mutantes foram obtidos por engenharia genética, e esses mutantes absorvem e emitem luz ao longo de todo o espectro visível (Figura 2.65B). Essas proteínas são de grande utilidade para os pesquisadores, que as utilizam como marcadores dentro das células (Figura 2.65C).

Por fim, muitas proteínas são clivadas e aparadas após a sua síntese. Por exemplo, as enzimas digestivas são sintetizadas como precursores inativos, que podem ser armazenados com segurança no pâncreas. Após a sua liberação no intestino, esses precursores tornam-se ativados por meio de clivagem das ligações peptídicas (ver Capítulo 10, seção 10.4). Na coagulação sanguínea, a clivagem das ligações peptídicas converte o fibrinogênio solúvel em fibrina insolúvel. Vários hormônios polipeptídicos, como o hormônio adrenocorticotrófico, originam-se da quebra de uma grande proteína precursora única. De modo semelhante, muitas proteínas virais são produzidas pela clivagem de grandes precursores proteicos. Encontraremos muito mais exemplos de modificação e clivagem como características essenciais da formação e da função das proteínas. Com efeito, esses toques finais são responsáveis por grande parte da versatilidade, precisão e elegância da ação e da regulação das proteínas.

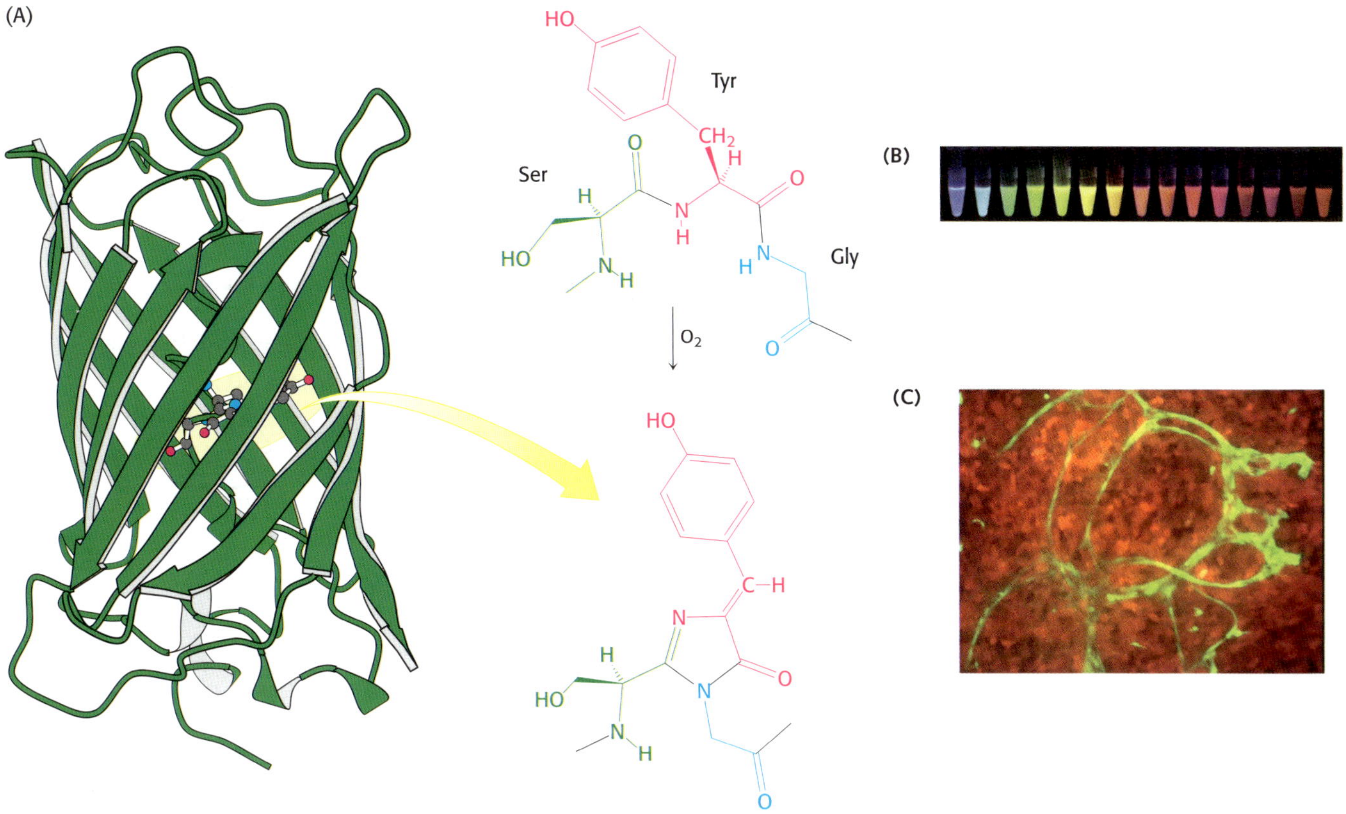


**FIGURA 2.65** Rearranjo químico na GFP. **A.** Estrutura da proteína fluorescente verde (GFP). O rearranjo e a oxidação da sequência Ser-Tyr-Gly constituem a fonte da fluorescência. **B.** Os mutantes da GFP emitem luz ao longo do espectro visível. **C.** Uma linhagem celular de melanoma submetida a engenharia genética para expressar um desses mutantes de GFP, a proteína fluorescente vermelha [(RFP) do inglês *red fluorescent protein*], foi então injetada em um camundongo cujos vasos sanguíneos expressam a GFP. Nessa micrografia de fluorescência, a formação de novos vasos sanguíneos (verde) no tumor (vermelho) é prontamente aparente [(**A**) Desenhada de 1 GFL.pdb; (**B**) Roger Y. Tsien, Review: Nobel Lecture: constructing and exploiting the fluorescent protein paintbox. *Integrative Biology*, 22 fev. 2010. © The Nobel Foundation 2008. (**C**) Yang, M. *et al*. Dual-color fluorescence imaging distinguishes tumor cells from induced host angiogenic vessels and stromal cells. *Proc. Natl. Acad. Sci. U.S.A.* 100, 14259-14262 (2003). Copyright 2003 National Academy of Sciences, U.S.A.]

# RESUMO

A estrutura das proteínas pode ser descrita em quatro níveis. A estrutura primária refere-se à sequência de aminoácidos. A estrutura secundária refere-se à conformação adotada por regiões locais da cadeia polipeptídica. A estrutura terciária descreve o enovelamento global da cadeia polipeptídica. Por fim, a estrutura quaternária refere-se à associação específica de múltiplas cadeias polipeptídicas para formar complexos de múltiplas subunidades.

## 2.1 As proteínas são formadas a partir de um repertório de 20 aminoácidos

As proteínas são polímeros lineares de aminoácidos. Cada aminoácido consiste em um átomo de carbono central tetraédrico ligado a um grupo amino, a um grupo de ácido carboxílico, a uma cadeia lateral distinta e a um átomo de hidrogênio. Esses centros tetraédricos, com exceção da glicina, são quirais; apenas o isômero L existe nas proteínas naturais. Quase todas as proteínas naturais são construídas a partir do mesmo conjunto de 20 aminoácidos. As cadeias laterais desses 20 blocos de construção variam enormemente quanto a tamanho, forma e presença de grupos funcionais.

Podem ser agrupadas da seguinte maneira: (1) cadeias laterais hidrofóbicas, incluindo os aminoácidos alifáticos – glicina, alanina, valina, leucina, isoleucina, metionina e prolina –, e cadeias laterais aromáticas – fenilalanina e triptofano; (2) cadeias laterais polares, incluindo as cadeias laterais contendo hidroxila – serina, treonina e tirosina; cisteína contendo sulfidrila; e cadeias laterais contendo carboxamida – asparagina e glutamina; (3) cadeias laterais básicas – lisina, arginina e histidina; e (4) cadeias laterais ácidas – ácido aspártico e ácido glutâmico. Essa classificação é um tanto arbitrária, e muitos outros agrupamentos criteriosos são possíveis.

### 2.2 Estrutura primária: os aminoácidos são unidos por ligações peptídicas para formar cadeias polipeptídicas

Os aminoácidos em um polipeptídio são unidos entre si por ligações amida formadas entre o grupo carboxila de um aminoácido e o grupo amino do próximo aminoácido. Essa ligação, denominada ligação peptídica, possui várias propriedades importantes. Em primeiro lugar, é resistente à hidrólise, de modo que as proteínas são, do ponto de vista cinético, notavelmente estáveis. Em segundo lugar, o grupo peptídico é planar, visto que a ligação C–N exibe considerável característica de uma dupla ligação. Em terceiro lugar, cada ligação peptídica apresenta tanto um doador (grupo NH) quanto um aceptor (grupo CO) de ligações de hidrogênio. As ligações de hidrogênio entre esses grupos da cadeia principal constituem uma característica marcante da estrutura das proteínas. Por fim, a ligação peptídica é desprovida de carga elétrica, de modo que as proteínas são, portanto, capazes de formar estruturas globulares densamente empacotadas, com grande parte de seu esqueleto alojada no interior da proteína. Por serem polímeros lineares, as proteínas podem ser descritas como sequências de aminoácidos. Essas sequências são representadas no sentido da extremidade aminoterminal para a extremidade carboxiterminal.

### 2.3 Estrutura secundária: as cadeias polipeptídicas podem se enovelar em estruturas regulares, como a alfa-hélice, a folha beta, voltas e alças

Os dois principais elementos da estrutura secundária são a $\alpha$-hélice e a fita $\beta$. Na $\alpha$-hélice, a cadeia polipeptídica se enrola em um bastão firmemente empacotado. No interior da hélice, o grupo CO de cada aminoácido forma uma ligação de hidrogênio com o grupo NH do aminoácido distante quatro resíduos ao longo da cadeia polipeptídica. Na fita $\beta$, a cadeia polipeptídica está quase totalmente estendida. Duas ou mais fitas $\beta$ conectadas por ligações de hidrogênio entre NH e CO unem-se para formar folhas $\beta$. As fitas nas folhas $\beta$ podem ser antiparalelas, paralelas ou mistas.

### 2.4 Estrutura terciária: as proteínas podem se enovelar em estruturas globulares ou fibrosas

A estrutura compacta e assimétrica alcançada por polipeptídios individuais é denominada estrutura terciária. As estruturas terciárias das proteínas globulares hidrossolúveis possuem características comuns: (1) um interior formado por aminoácidos com cadeias laterais hidrofóbicas; e (2) uma superfície formada, em grande parte, por aminoácidos hidrofílicos que interagem com o meio aquoso. As interações hidrofóbicas entre os resíduos do interior constituem a força motriz para a formação da estrutura terciária das proteínas hidrossolúveis. Algumas proteínas que ocorrem em ambientes hidrofóbicos, como nas membranas, exibem uma distribuição inversa dos aminoácidos hidrofóbicos e hidrofílicos. Nessas proteínas, os aminoácidos hidrofóbicos encontram-se na superfície para interagir com o ambiente, enquanto os grupos hidrofílicos estão protegidos do ambiente no interior da proteína. As proteínas fibrosas possuem estruturas repetitivas estendidas que proporcionam resistência e suporte a tecidos como cabelos, garras e ossos.

## 2.5 Estrutura quaternária: as cadeias polipeptídicas podem se unir formando estruturas com múltiplas subunidades

As proteínas que consistem em mais de uma cadeia polipeptídica exibem estrutura quaternária; cada cadeia polipeptídica é denominada subunidade. A estrutura quaternária pode ser tão simples como duas subunidades idênticas, ou tão complexa como dúzias de subunidades diferentes. Na maioria dos casos, as subunidades são mantidas unidas por ligações não covalentes.

## 2.6 A sequência de aminoácidos de uma proteína determina a sua estrutura tridimensional

A sequência de aminoácidos determina a estrutura tridimensional e, consequentemente, todas as outras propriedades de uma proteína. Algumas proteínas podem estar totalmente desenoveladas e, apesar disso, são capazes de voltar a se enovelar eficientemente quando colocadas em condições nas quais a forma enovelada da proteína é estável. A sequência de aminoácidos de uma proteína é determinada pelas sequências de bases na molécula de DNA. Essa informação unidimensional da sequência é expandida ao mundo tridimensional pela capacidade das proteínas de se enovelarem espontaneamente. O enovelamento das proteínas é um processo altamente cooperativo; não há acúmulo dos intermediários estruturais entre as formas desenovelada e enovelada.

Algumas proteínas, como as proteínas intrinsecamente desestruturadas e as proteínas metamórficas, não obedecem estritamente ao paradigma de uma sequência – uma estrutura. Devido a essa versatilidade, tais proteínas expandem a capacidade codificadora de proteínas do genoma.

A versatilidade das proteínas é ainda mais ampliada por meio de modificações pós-tradução. Essas modificações podem incorporar grupos funcionais que não estão presentes nos 20 aminoácidos. Outras modificações são importantes para a regulação da atividade das proteínas. Por meio de sua estabilidade estrutural, diversidade e reatividade química, as proteínas possibilitam a realização da maioria dos processos fundamentais associados à vida.

APÊNDICE

# Visualização das estruturas moleculares: proteínas

Os cientistas desenvolveram técnicas eficazes para a determinação das estruturas das proteínas, como iremos discutir no Capítulo 3. Na maioria dos casos, essas técnicas possibilitam a determinação das posições dos milhares de átomos existentes na estrutura de uma proteína. Os resultados finais desses experimentos incluem as coordenadas *x*, *y* e *z* para cada átomo na estrutura. Essas coordenadas estão compiladas no banco de dados de proteínas (*Protein Data Bank*) (http://www.pdb.org), cujo arquivo pode ser facilmente baixado. Essas estruturas compreendem milhares ou até mesmo dezenas de milhares de átomos. A complexidade das proteínas com milhares de átomos representa um desafio para a representação de sua estrutura. São utilizados vários tipos diferentes de representações para retratar as proteínas, e cada uma dessas representações tem seus pontos fortes e pontos fracos. Os tipos que você verá com mais frequência neste livro são os modelos de preenchimento espacial, os modelos em esfera e bastão, os modelos de cadeia principal e os diagramas em fita. Quando apropriado, as características estruturais de importância ou relevância particular são assinaladas na legenda da ilustração.

### Modelos de preenchimento espacial

Os modelos de preenchimento espacial constituem o tipo de representação mais realista. Cada átomo é mostrado como uma esfera cujo tamanho corresponde ao raio de van der Waals (ver Capítulo 1, seção 1.3). As ligações não são mostradas de modo explícito, porém são representadas pela intersecção das esferas mostradas quando seus átomos estão mais próximos uns dos outros do que a soma de seus raios de van der Waals. Todos os átomos são representados, incluindo aqueles que constituem o esqueleto e aqueles das cadeias laterais. A Figura 2.66 mostra um modelo de preenchimento espacial para a lisozima.

Os modelos de preenchimento espacial fornecem a percepção do pouco espaço vazio existente na estrutura de uma proteína, que sempre possui muitos átomos em contato de van der Waals uns com os outros. Esses modelos são particularmente úteis para mostrar as mudanças conformacionais que ocorrem de acordo com as circunstâncias. Uma desvantagem desse tipo de modelo é a dificuldade em visualizar as estruturas secundária e terciária da proteína. Por conseguinte, esses modelos não são muito efetivos para diferenciar uma proteína da outra – muitos modelos de preenchimento espacial de proteínas são bastante semelhantes entre si.

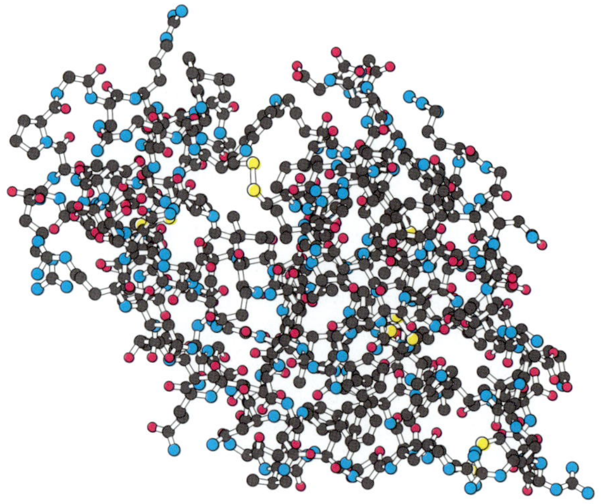

**FIGURA 2.67 Modelo em esfera e bastão da lisozima.** Mais uma vez, os átomos de hidrogênio são omitidos.

## Modelos em esfera e bastão

Os modelos em esfera e bastão não são tão realistas quanto os modelos de preenchimento espacial. Os átomos representados de maneira realista ocupam mais espaço, que é determinado pelos seus raios de van der Waals, do que os átomos representados nos modelos em esfera e bastão. Todavia, a disposição das ligações é mais facilmente visualizada, visto que as ligações são explicitamente representadas como bastões (Figura 2.67). O modelo em esfera e bastão revela mais claramente uma estrutura complexa do que o modelo de preenchimento espacial. Contudo, a representação é tão complicada que é difícil discernir as características estruturais, como as α-hélices ou potenciais sítios de ligação.

Como os modelos de preenchimento espacial e em esfera e bastão representam as estruturas das proteínas no nível atômico, o grande número de átomos em uma estrutura complexa torna difícil distinguir as características estruturais relevantes. Em consequência, foram desenvolvidas representações que são mais esquemáticas – como os modelos de cadeia principal e os diagramas em fita – para mostrar as estruturas macromoleculares. Nessas representações, a maioria dos átomos ou todos eles não são mostrados de modo explícito.

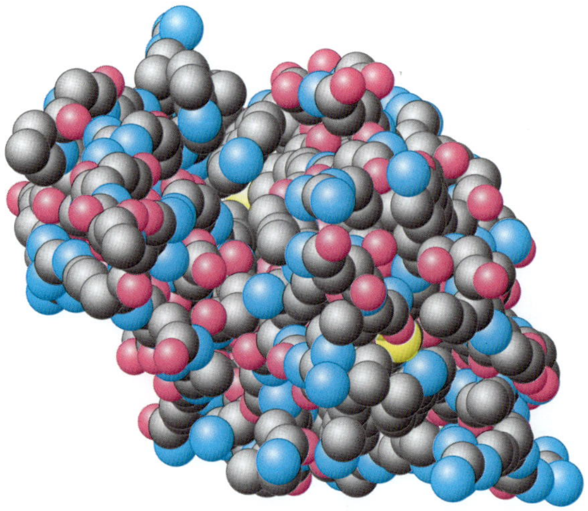

**FIGURA 2.66 Modelo de preenchimento espacial da lisozima.** *Observe* como os átomos estão densamente compactados, havendo pouco espaço vazio. Todos os átomos são mostrados, com exceção dos átomos de hidrogênio. Com frequência, os átomos de hidrogênio são omitidos, visto que suas posições não são facilmente determinadas por métodos de cristalografia de raios X e porque a sua omissão melhora, de certo modo, a clareza da representação da estrutura.

## Modelos de cadeia principal

Os modelos de cadeia principal mostram apenas os átomos do esqueleto de uma cadeia polipeptídica ou até mesmo apenas o átomo do carbono α de cada aminoácido. Os átomos são unidos por linhas que representam as ligações; quando são mostrados apenas os átomos do carbono α, as linhas conectam os átomos do carbono α dos aminoácidos adjacentes na sequência de aminoácidos (Figura 2.68). Neste livro, os modelos de cadeia principal mostram apenas as linhas que conectam os átomos do carbono α, e os outros átomos de carbono não são representados.

O modelo de cadeia principal mostra o curso global da cadeia polipeptídica muito melhor do que o modelo de preenchimento espacial ou o modelo em esfera e bastão. Entretanto, é ainda difícil visualizar os elementos da estrutura secundária.

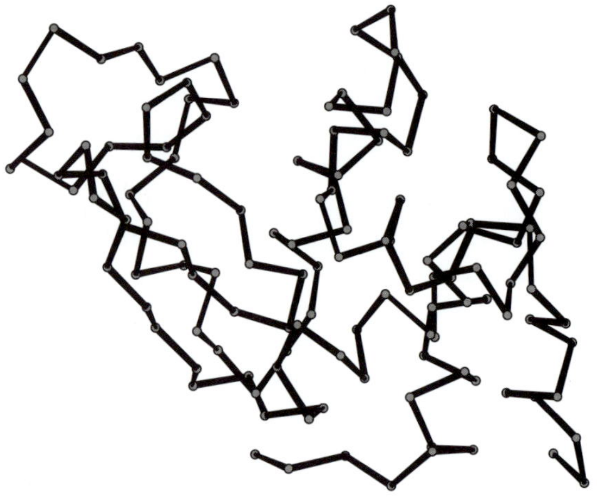

**FIGURA 2.68 Modelo de cadeia principal da lisozima.**

## Diagramas em fita

Os diagramas em fita são extremamente esquemáticos e, com mais frequência, são utilizados para destacar alguns aspectos notáveis da estrutura das proteínas, como a α-hélice (representada como uma fita enrolada ou um cilindro), a fita β (representada como uma seta larga) e alças (representadas como tubos finos), de modo a fornecer uma imagem clara dos padrões de enovelamento das proteínas (Figura 2.69). O diagrama em fita permite acompanhar o curso de uma cadeia polipeptídica e mostra facilmente os elementos da estrutura secundária. Por conseguinte, os diagramas em fita de proteínas que estão relacionadas umas com as outras por divergência evolutiva aparecem semelhantes (Figura 6.15), enquanto as proteínas não relacionadas são claramente distintas.

Neste livro, as fitas espiraladas serão geralmente utilizadas para representar as α-hélices. Entretanto, para as proteínas de membrana, que frequentemente são muito complexas, serão utilizados cilindros em vez de fitas espiraladas. Essa convenção também irá facilitar o reconhecimento das proteínas de membrana com suas α-hélices que atravessam as membranas (Figura 12.18).

É importante ter em mente que a aparência aberta dos diagramas em fita é enganosa. Conforme assinalado anteriormente, as estruturas das proteínas são densamente empacotadas e possuem pouco espaço aberto. A abertura dos diagramas em fita os torna particularmente úteis como estruturas para destacar aspectos adicionais da estrutura da proteína. Em um diagrama em fita, podem-se incluir sítios ativos, substratos, ligações e outros fragmentos estruturais na forma dos modelos em esfera e bastão ou de preenchimento espacial (Figura 2.70).

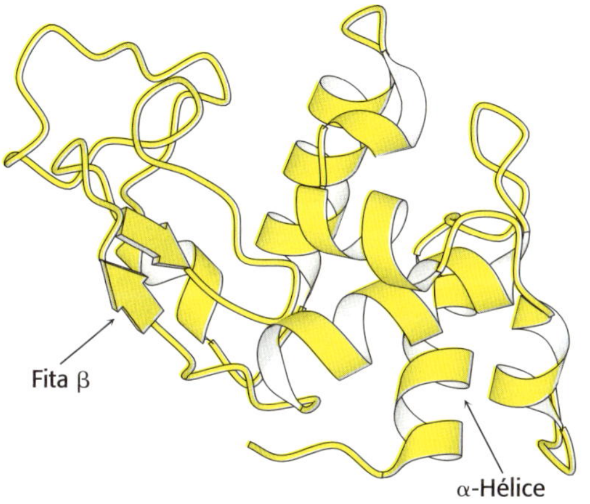


**FIGURA 2.69 Diagrama em fita da lisozima.** As α-hélices são mostradas como fitas espiraladas; as fitas β são mostradas como setas. As estruturas mais irregulares são representadas por tubos finos.

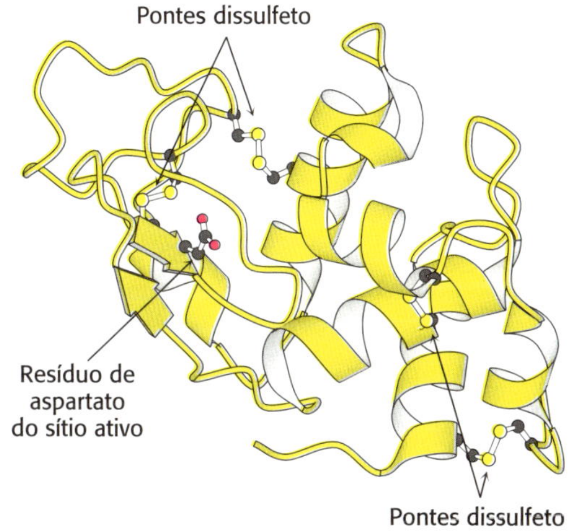


**FIGURA 2.70 Diagrama em fita da lisozima com destaques.** Quatro pontes dissulfeto e um resíduo de aspartato funcionalmente importante são mostrados na forma do modelo em esfera e bastão.

## PALAVRAS-CHAVE

enzimas
cadeia lateral (grupo R)
L aminoácido
íon dipolar (*zwitterion*)
ligação peptídica (ligação amida)
ponte dissulfeto
estrutura primária
ângulo de torção
ângulo phi (ϕ)
ângulo psi (ψ)
diagrama de Ramachandran
estrutura secundária
α-hélice
elevação (translação)
folha β pregueada
fita β
volta reversa (volta β; volta em grampo)
estrutura terciária
proteína globular
motivo (estrutura supersecundária)
domínio
proteína fibrosa
super-hélice
repetição em héptade
subunidade
estrutura quaternária
transição cooperativa
proteína intrinsecamente desestruturada (PID)
proteína metamórfica
príon
modificação pós-tradução

# QUESTÕES

**1.** *Identifique.* Examine os quatro aminoácidos seguintes (A–D):

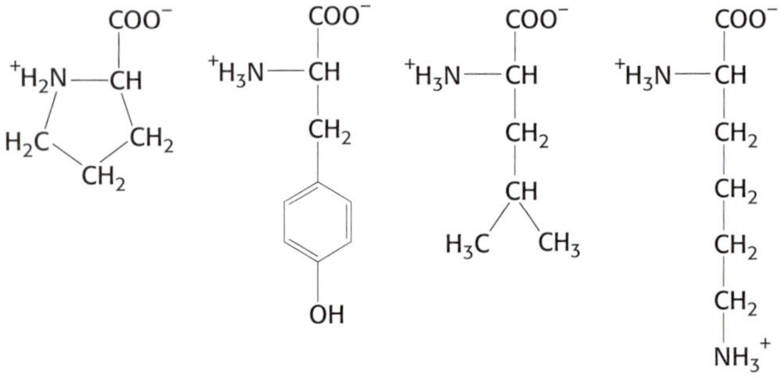

A          B          C          D

Quais são os seus nomes, abreviaturas de três letras e símbolos de cada letra? ✓❶

**2.** *Propriedades.* Considerando os aminoácidos mostrados na questão 1, quais deles estão associados às seguintes características: ✓❶

**(a)** Cadeia lateral hidrofóbica _____

**(b)** Cadeia lateral básica _____

**(c)** Três grupos ionizáveis _____

**(d)** $pK_a$ de aproximadamente 10 em proteínas _____

**(e)** Forma modificada da fenilalanina _____

**3.** *Estabeleça a correspondência.* Associe cada aminoácido da coluna da esquerda com o tipo de cadeia lateral apropriado na coluna da direita. ✓❶

**(a)** Leu (1)          contém hidroxila

**(b)** Glu (2)          ácido

**(c)** Lys (3)          básico

**(d)** Ser (4)          contém enxofre

**(e)** Cys (5)          aromático apolar

**(f)** Trp (6)          alifático apolar

**4.** *Solubilidade.* Em cada um dos seguintes pares de aminoácidos, identifique qual aminoácido seria mais solúvel em água:

(a) Ala, Leu; (b) Tyr, Phe; (c) Ser, Ala; (d) Trp, His.

**5.** *A formação de ligações é boa.* Qual dos seguintes aminoácidos apresenta grupos R com potencial de formação de ligações de hidrogênio? Ala, Gly, Ser, Phe, Glu, Tyr, Ile e Thr.

**6.** *Cite esses componentes.* Examine o segmento de uma proteína mostrado abaixo.

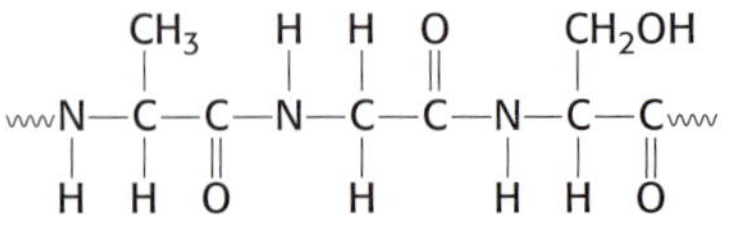

**(a)** Quais são os três aminoácidos presentes?

**(b)** Desses três aminoácidos, qual é o aminoácido N-terminal?

**(c)** Identifique as ligações peptídicas.

**(d)** Identifique os átomos do carbono α.

**7.** *Quem apresenta carga?* Desenhe a estrutura do dipeptídio Gly-His. Qual é a carga do dipeptídio em pH 5,5? E em pH 7,5?

**8.** *Sopa de letrinhas.* Quantos polipeptídios diferentes com 50 aminoácidos de comprimento podem ser produzidos a partir dos 20 aminoácidos comuns?

**9.** *Paixão por doces, porém com consciência das calorias.* O aspartame é um adoçante artificial, um dipeptídio composto de Asp-Phe em que a extremidade carboxiterminal foi modificada pela ligação de um grupo metila. Desenhe a estrutura do aspartame em pH 7,0.

**10.** *Isoeletricidade.* Na Figura 2.6, indique o valor de pH em que uma solução desse aminoácido não teria nenhuma carga efetiva.

**11.** *Uma etapa adicional.* A Figura 2.6 mostra o perfil característico de um aminoácido que apresenta uma cadeia lateral neutra (p. ex., alanina ou glicina). Qual seria o aspecto desse gráfico para a histidina, pressupondo que o valor de $pK_a$ de seu ácido carboxílico seja 1,8, o $pK_a$ de seu grupo amino, 9,3 e o $pK_a$ de sua cadeia lateral, 6,0? Desenhe as estruturas de cada uma das espécies individuais.

**12.** *Proteínas vertebradas?* O que significa o termo *esqueleto polipeptídico*?

**13.** *Não é um caminho lateral.* Defina o termo *cadeia lateral* no contexto dos aminoácidos ou da estrutura das proteínas.

**14.** *Um entre muitos.* Diferencie: *composição de aminoácidos* de *sequência de aminoácidos.* ✓❷

**15.** *Forma e dimensão.* (a) A tropomiosina, uma proteína muscular de 70 kDa, é uma super-hélice α-helicoidal de duas fitas. Calcule o comprimento da molécula. (b) Suponha que um segmento de 40 resíduos de uma proteína se enovele em uma estrutura de duas fitas β antiparalelas com uma volta em forma de grampo com quatro resíduos. Qual é a maior dimensão desse motivo? ✓❸

**16.** *Isômeros contrastantes.* A poli-L-leucina em um solvente orgânico, como o dioxano, é α-helicoidal, enquanto a poli-L-isoleucina não é. Por que esses aminoácidos com o mesmo número e tipos de átomos exibem diferentes tendências de formação de hélices? ✓❸

**17.** *Exceções à regra.* Os diagramas de Ramachandran para dois aminoácidos diferem significativamente daquele mostrado na Figura 2.23. Quais são esses dois aminoácidos e por quê?

**18.** *Novamente ativo.* Foi constatado que uma mutação que substitui um resíduo de alanina por valina no interior de uma proteína leva à perda de atividade. Entretanto, a atividade é recuperada quando uma segunda mutação, em uma posição diferente, substitui um resíduo de isoleucina por glicina. Como essa segunda mutação pode levar à restauração da atividade?

**19.** *Questões de exposição.* Muitas das alças em proteínas são compostas de aminoácidos hidrofílicos. Por que isso acontece?

**20.** *Teste de rearranjo.* Foi isolada uma enzima que catalisa reações de troca entre dissulfeto e sulfidrila, denominada proteína dissulfeto isomerase (PDI). Essa enzima converte rapidamente a ribonuclease "embaralhada" inativa em ribonuclease enzimaticamente ativa. Por outro lado, a insulina é rapidamente inativada pela PDI. O que essa observação importante indica sobre a relação entre a sequência de aminoácidos da insulina e a sua estrutura tridimensional?

**21.** *Estirando um alvo.* Uma protease é uma enzima que catalisa a hidrólise de ligações peptídicas de proteínas-alvo. Como uma protease poderia se ligar a uma proteína-alvo de modo que a sua cadeia principal ficasse totalmente estendida na vizinhança da ligação peptídica vulnerável?

**22.** *Frequentemente insubstituível.* A glicina é um resíduo de aminoácido altamente conservado na evolução das proteínas. Por quê?

**23.** *Parceiros potenciais.* Identifique os grupos em uma proteína que podem formar ligações de hidrogênio ou ligações eletrostáticas com uma cadeia lateral de arginina em pH 7,0.

**24.** *Ondas permanentes.* A forma do cabelo é determinada, em parte, pelo padrão das pontes dissulfeto na queratina, a sua principal proteína. Como os cachos podem ser induzidos?

**25.** *A localização é tudo – 1.* As proteínas apresentam, em sua maioria, exteriores hidrofílicos e interiores hidrofóbicos. Você esperaria que essa estrutura se aplicasse às proteínas inseridas no interior hidrofóbico de uma membrana? Explique. 4

**26.** *A localização é tudo – 2.* As proteínas que atravessam as membranas biológicas frequentemente contêm α-hélices. Tendo em vista que a parte interna das membranas é altamente hidrofóbica (ver Capítulo 12, seção 12.2), deduza que tipo de aminoácidos estaria presente nessa α-hélice. Por que uma α-hélice é particularmente apropriada no ambiente hidrofóbico do interior de uma membrana? 4

**27.** *Pressão da vizinhança?* A Tabela 2.1 mostra os valores típicos de $pK_a$ para grupos ionizáveis nas proteínas. Entretanto, foram determinados mais de 500 valores de $pK_a$ para grupos individuais em proteínas enoveladas. Explique essa discrepância.

**28.** *Situação inusitada.* As subunidades α e β da hemoglobina exibem uma notável semelhança estrutural com a mioglobina. Entretanto, nas subunidades da hemoglobina, determinados resíduos, que são hidrofílicos na mioglobina, são hidrofóbicos. Por que isso acontece?

**29.** *Talvez o tamanho seja importante.* A osteogênese imperfeita apresenta uma ampla variedade de sintomas, desde leves a graves. Com base no seu conhecimento da estrutura dos aminoácidos e do colágeno, elabore uma base bioquímica para essa variedade de sintomas observados.

**30.** *Questões de estabilidade.* As proteínas são muito estáveis. O tempo de vida de uma ligação peptídica em solução aquosa é praticamente de 1.000 anos. Entretanto, a energia livre da hidrólise das proteínas é negativa e muito grande. Como você pode explicar a estabilidade da ligação peptídica tendo em vista o fato de que a hidrólise libera muita energia?

**31.** *Espécies minoritárias.* Para um aminoácido como a alanina, a principal espécie em solução com pH 7,0 é a forma zwitteriônica. Pressuponha um valor de $pK_a$ de 8 para o grupo amino e um valor de $pK_a$ de 3 para o ácido carboxílico. Calcule então a razão entre a concentração do aminoácido neutro (com o ácido carboxílico protonado e o grupo amino neutro) e a forma zwitteriônica em pH 7,0 (ver Capítulo 1, seção 1.3).

**32.** *Uma questão de convenção.* Todos os L aminoácidos apresentam uma configuração absoluta *S*, com exceção da L-cisteína, que possui uma configuração *R*. Explique por que a L-cisteína é considerada como tendo a configuração *R* absoluta.

**33.** *Mensagem oculta.* Traduza a seguinte sequência de aminoácidos utilizando o código de uma letra: Glu-Leu-Val-Ile-Ser-Ile-Ser-Leu-Ile-Val-Ile-Asn-Gly-Ile-Asn-Leu-Ala-Ser-Val-Glu-Gly-Ala-Ser. 1

**34.** *Quem vem primeiro?* Você espera que as ligações peptídicas Pro-X tenham tendência a apresentar conformações cis como as das ligações X-Pro? Por que ou por que não?

**35.** *Correspondência.* Para cada um dos derivados de aminoácidos mostrados a seguir (A-E), encontre o conjunto correspondente de valores φ e ψ (a-e).

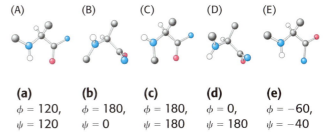

(A) (B) (C) (D) (E)

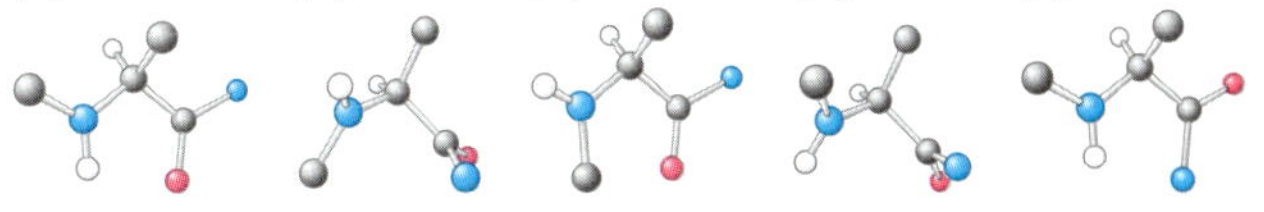

| (a) | (b) | (c) | (d) | (e) |
|---|---|---|---|---|
| $\phi = 120$, | $\phi = 180$, | $\phi = 180$, | $\phi = 0$, | $\phi = -60$, |
| $\psi = 120$ | $\psi = 0$ | $\psi = 180$ | $\psi = 180$ | $\psi = -40$ |

**36.** *Ribonuclease "embaralhada".* Quando realizou seus experimentos sobre o enovelamento das proteínas, Christian Anfinsen obteve um resultado bem diferente quando a ribonuclease reduzida foi reoxidada enquanto ainda se encontrava em ureia 8 M, e a preparação foi então dialisada para remover a ureia. A ribonuclease reoxidada dessa maneira apresentou apenas 1% da atividade enzimática da proteína nativa. Por que os resultados foram tão diferentes quando a ribonuclease reduzida foi reoxidada na presença e na ausência de ureia?

## Questão para discussão

**37.** Um artigo de revisão de 2012 referiu-se às modificações pós-tradução como "a fuga da Natureza do aprisionamento genético". Você poderia explicar essa declaração bastante soberba?

CAPÍTULO 3

# Estudo das Proteínas e dos Proteomas

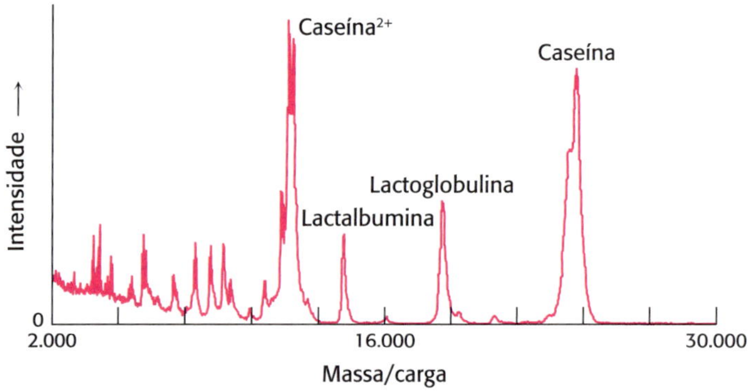


O leite, que constitui uma fonte nutricional para todos os mamíferos, é composto, em parte, de uma variedade de proteínas. Os componentes proteicos do leite são identificados pela técnica de espectrometria de massa MALDI–TOF, que separa as moléculas com base na sua razão massa/carga. [Fonte: iStock ©Narong Khueankaew.]

## SUMÁRIO



## OBJETIVOS DE APRENDIZAGEM

*Ao término do capítulo, o leitor deverá ser capaz de:*

1. Explicar a importância da purificação das proteínas e como elas podem ser quantificadas.
2. Descrever os diferentes tipos de cromatografia utilizados na purificação das proteínas.
3. Descrever os diferentes métodos disponíveis para determinar a massa de uma proteína.
4. Explicar como os anticorpos podem ser utilizados como ferramentas na identificação, purificação e quantificação das proteínas.
5. Descrever como se realiza o sequenciamento das proteínas e explicar a importância da determinação da sequência.
6. Distinguir entre os métodos comumente utilizados para a determinação da estrutura das proteínas, e descrever as vantagens e desvantagens de cada um deles.

As proteínas desempenham funções cruciais em quase todos os processos biológicos – na catálise, na transmissão de sinais e no suporte estrutural. Essa notável gama de funções se deve à existência de milhares de proteínas, cada uma delas enovelada em uma estrutura tridimensional característica que lhe permite interagir com uma ou mais de uma quantidade altamente diversa de moléculas. Uma das principais metas da bioquímica é determinar como as sequências de aminoácidos especificam a conformação e, consequentemente, as funções das proteínas. Outras metas consistem em aprender como as proteínas individuais ligam-se a substratos específicos e a outras moléculas, como medeiam a catálise e atuam na transdução de energia e informação.

Com frequência, é preferível estudar uma proteína de interesse após a sua separação dos demais componentes existentes no interior da célula, de modo que a sua estrutura e função possam ser avaliadas sem quaisquer efeitos de contaminantes passíveis de gerar confusão. Por conseguinte, o primeiro passo nesses estudos é a purificação da proteína de interesse. As proteínas podem ser separadas umas das outras com base na solubilidade, no tamanho, na carga e nas propriedades de ligação. Uma vez purificada, é possível determinar a sequência de aminoácidos da proteína. Muitas sequências de proteínas, frequentemente deduzidas a partir de sequências de genomas, estão disponíveis em vastos bancos de dados de sequências. Se a sequência de uma proteína purificada foi arquivada em um banco de dados de busca pública, o trabalho do pesquisador torna-se muito mais fácil. O pesquisador precisa apenas determinar um pequeno segmento da sequência de aminoácidos da proteína para encontrar o seu correspondente no banco de dados. Como alternativa, essa proteína pode ser identificada por meio de comparação de sua massa com aquelas deduzidas das proteínas no banco de dados. A espectrometria de massa fornece um poderoso método para a determinação da massa e da sequência de uma proteína.

Uma vez purificada a proteína, e a sua identidade confirmada, o desafio é estabelecer a sua função dentro de um contexto fisiológico relevante. Os anticorpos constituem as sondas de escolha para localizar as proteínas *in vivo* e medir suas quantidades. Anticorpos monoclonais, capazes de reconhecer proteínas específicas, podem ser obtidos em grandes quantidades e utilizados para detectar e quantificar a proteína tanto isoladamente quanto nas células. Os peptídios e as proteínas podem ser quimicamente sintetizados, fornecendo uma ferramenta para pesquisa e, em alguns casos, um material altamente purificado para uso como fármacos. Por fim, a cristalografia de raios X, a espectroscopia de ressonância magnética nuclear (RMN) e a criomicroscopia eletrônica (crio-ME) constituem as principais técnicas para elucidar a estrutura tridimensional, o determinante essencial da função.

A pesquisa de proteínas por esse conjunto de técnicas físico-químicas enriqueceu acentuadamente a nossa compreensão da base molecular da vida. Com o uso dessas técnicas, é possível desvendar algumas das questões mais desafiadoras da biologia em termos moleculares.

## O proteoma é a representação funcional do genoma

Como iremos discutir no Capítulo 5, dispõe-se agora das sequências completas de bases do DNA ou *genomas* de muitos organismos. Por exemplo, o nematódeo *Caenorhabditis elegans* possui um genoma de 97 milhões de bases e cerca de 19 mil genes codificadores de proteínas, enquanto o da mosca-das-frutas *Drosophila melanogaster* contém 180 milhões de bases e cerca de 14 mil genes. O genoma humano completamente sequenciado contém 3 bilhões de bases e cerca de 23 mil genes. Entretanto, esses genomas representam simples inventários de genes que *podem* ser expressos dentro de uma célula em condições específicas. Apenas um subconjunto das proteínas codificadas por esses genes estará efetivamente presente em determinado contexto biológico. O *proteoma* – termo derivado das *proteínas* expressas pelo genoma – de um organismo significa um nível mais complexo de conteúdo de informação, abrangendo os tipos, as funções e as interações das proteínas em seu ambiente biológico.

O proteoma não é uma característica fixa da célula. Como ele representa a expressão funcional da informação, ele varia de acordo com o tipo celular, o estágio de desenvolvimento e as condições ambientais. O proteoma é muito maior do que o genoma, visto que quase todos os produtos gênicos são proteínas que podem ser quimicamente modificadas de várias maneiras diferentes. Além disso, essas proteínas não existem isoladamente; com frequência, elas interagem umas com as outras para formar complexos com propriedades funcionais específicas. Enquanto o genoma é "fixo", o proteoma é altamente dinâmico. Pode-se adquirir uma compreensão do proteoma por meio de investigação, caracterização e classificação das proteínas. Em alguns casos, esse processo começa com a separação de determinada proteína de todas as outras biomoléculas na célula.

## 3.1 A purificação das proteínas representa um primeiro passo fundamental para a compreensão de suas funções

Há um ditado da bioquímica que diz: "Nunca desperdice pensamentos puros para uma proteína impura". Começando com proteínas purificadas, podemos determinar as sequências de aminoácidos e investigar as funções bioquímicas. A partir das sequências de aminoácidos, é possível mapear as relações evolutivas entre as proteínas em diversos organismos (ver Capítulo 6). Utilizando cristais formados a partir de proteína pura, podemos obter dados de raios X que irão fornecer uma imagem da estrutura terciária da proteína – a forma que determina a sua função.

### Ensaio: como reconhecemos a proteína que estamos procurando?

A purificação deve produzir uma amostra contendo apenas um tipo de molécula – a proteína de interesse do bioquímico. Essa amostra de proteína pode representar apenas uma fração de 1% do material inicial, dependendo desse material inicial consistir em um tipo de célula em cultura ou um órgão particular de uma planta ou de um animal. Como o bioquímico é capaz de isolar uma proteína específica de uma mistura complexa de proteínas?

Uma proteína pode ser purificada submetendo a mistura impura do material inicial a uma série de separações com base em propriedades físicas, tais como tamanho e carga. Para monitorar o sucesso dessa purificação, o bioquímico precisa dispor de um teste, denominado *ensaio,* para alguma propriedade exclusiva que possa identificar a proteína. A obtenção de um resultado positivo no ensaio indica a presença da proteína em questão. Embora o desenvolvimento de ensaios possa ser uma tarefa desafiadora, quanto mais específico for o ensaio, mais efetiva a purificação. Para as enzimas, que são catalisadores de proteínas (ver Capítulo 8), o ensaio mede habitualmente a *atividade enzimática* – ou seja, a capacidade da enzima de promover uma reação química particular. Com frequência, essa atividade é medida indiretamente. Considere a enzima lactato desidrogenase, que catalisa a seguinte reação na síntese da glicose:

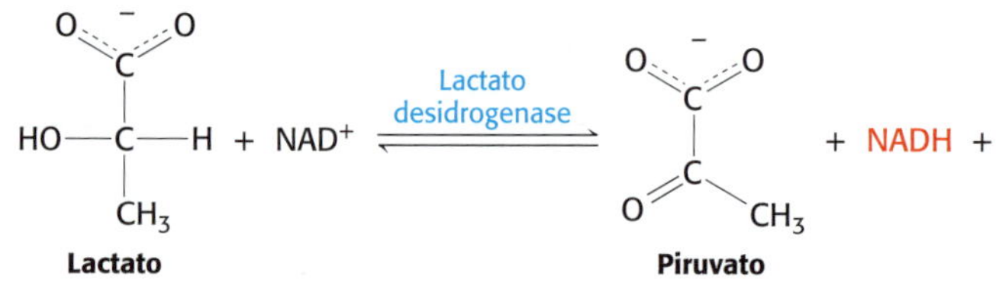


A nicotinamida adenina dinucleotídio reduzida (NADH, Figura 15.13) absorve luz a 340 nm, enquanto a nicotinamida adenina dinucleotídio oxidada ($NAD^+$) não o faz. Em consequência, podemos acompanhar o progresso da reação examinando a capacidade de absorção de luz por uma amostra em determinado período de tempo – por exemplo, 1 minuto após a adição da enzima. Nosso ensaio de atividade enzimática durante a purificação da lactato desidrogenase consiste, portanto, no aumento da absorbância da luz a 340 nm observada em 1 minuto.

Para analisar como o nosso esquema de purificação está funcionando, precisamos de uma informação adicional – a quantidade de proteína presente na mistura do ensaio. Existem várias maneiras rápidas e razoavelmente acuradas para determinar a concentração de proteínas. Com esses dois dados experimentais obtidos – a atividade enzimática e a concentração de proteína –, podemos então calcular a *atividade específica*, ou seja, a razão entre a atividade enzimática e a quantidade de proteínas na mistura. Em condições ideais, a atividade específica irá aumentar à medida que a purificação prossegue e a mistura de proteínas irá conter a proteína em questão em maior concentração. Em suma, o objetivo geral da purificação consiste em maximizar a atividade específica. Para uma enzima pura, a atividade específica terá valor constante.

## As proteínas precisam ser liberadas da célula para serem purificadas

Uma vez encontrado um ensaio e escolhida uma fonte de proteína, podemos agora fracionar a célula em componentes e determinar qual deles apresenta uma quantidade abundante da proteína de interesse. No primeiro passo, obtém-se um *homogenato* por meio de ruptura da membrana celular, e a mistura é fracionada por centrifugação, produzindo um precipitado denso de material pesado no fundo do tubo da centrífuga e um sobrenadante mais leve (Figura 3.1). O sobrenadante é mais uma vez centrifugado com maior força para produzir outro precipitado e sobrenadante. Esse procedimento, denominado *centrifugação diferencial,* produz diversas frações com densidades decrescentes, e cada uma delas ainda contém centenas de proteínas diferentes. As frações são, cada uma delas, analisadas separadamente à procura da atividade desejada. Em geral, uma fração estará enriquecida para a atividade desejada e, então, servirá como fonte de material para a aplicação de técnicas de purificação mais discriminativas.

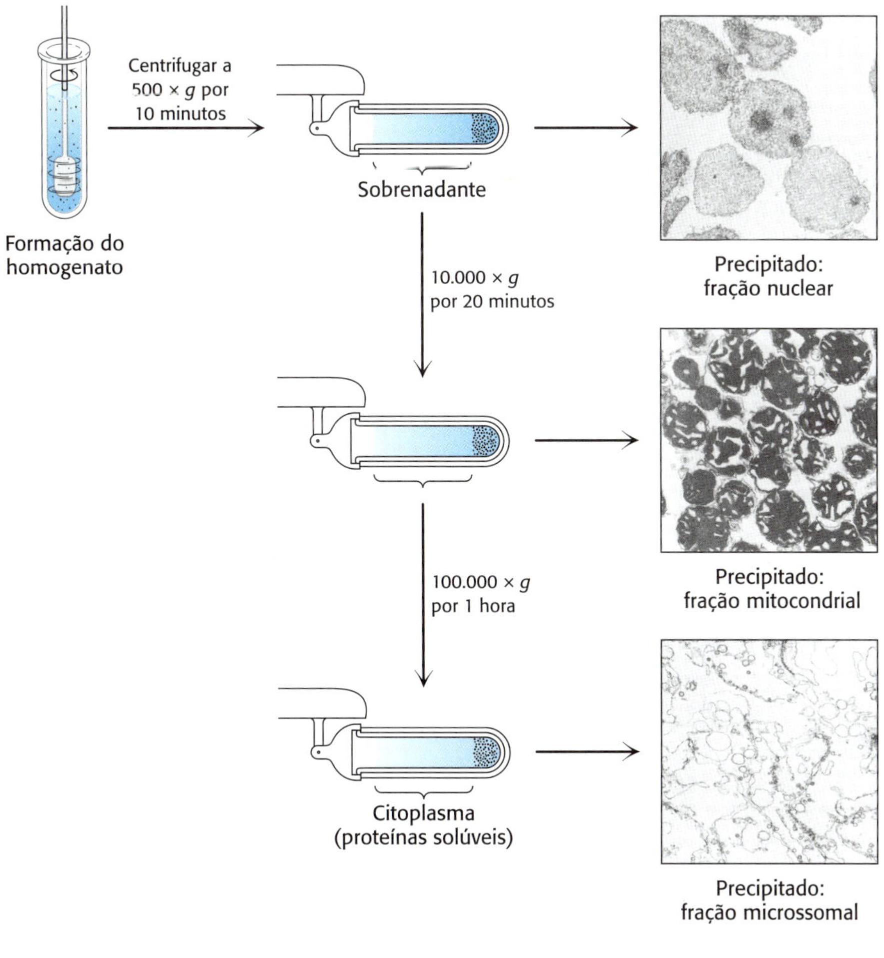


**FIGURA 3.1 Centrifugação diferencial.** As células são rompidas em um homogeneizador, e a mistura assim obtida, denominada homogenato, é centrifugada em um procedimento passo a passo com força centrífuga crescente. O material mais denso irá formar um precipitado com forças centrífugas menores do que os materiais menos densos. As frações isoladas podem ser utilizadas para purificações subsequentes. [Cortesia de S. Fleischer e B. Fleischer.]

### As proteínas podem ser purificadas de acordo com a solubilidade, o tamanho, a carga e a afinidade de ligação

Milhares de proteínas foram purificadas na forma ativa com base em determinadas características, tais como *solubilidade, tamanho, carga* e *afinidade de ligação.* Em geral, as misturas de proteínas são submetidas a uma série de separações, cada uma delas baseada em uma propriedade diferente. Em cada passo do processo de purificação, a preparação é analisada, e a sua atividade específica, determinada. Dispõe-se de uma variedade de técnicas de purificação.

*Salting out.* As proteínas são, em sua maioria, menos solúveis em altas concentrações de sal, um efeito denominado *salting out.* A concentração de sal na qual uma proteína precipita difere de uma proteína para outra. Por conseguinte, o *salting out* pode ser utilizado para fracionar as proteínas. Por exemplo, o sulfato de amônio 0,8 M precipita o fibrinogênio, uma proteína da coagulação sanguínea, enquanto uma concentração de 2,4 M é necessária para precipitar a albumina sérica. O *salting out* também é útil para concentrar soluções diluídas de proteínas, incluindo frações ativas obtidas de outras etapas da purificação. Pode-se utilizar a diálise para remover o sal, se necessário.

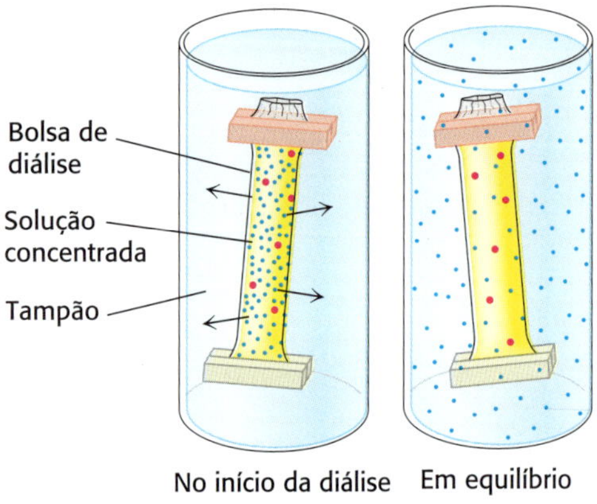


**FIGURA 3.2 Diálise.** As moléculas de proteína (vermelho) são retidas dentro da bolsa de diálise, enquanto as pequenas moléculas (azul) difundem-se ao longo de seu gradiente de concentração para dentro do meio circundante.

**Diálise.** As proteínas podem ser separadas de pequenas moléculas, como o sal, por meio de *diálise* através de uma membrana semipermeável, como uma membrana de celulose com poros (Figura 3.2). A mistura de proteínas é colocada dentro de uma bolsa de diálise, que é então submersa em uma solução tampão desprovida das pequenas moléculas a serem separadas. As moléculas com dimensões significativamente maiores do que o diâmetro dos poros são retidas dentro da bolsa de diálise. As moléculas menores e os íons capazes de atravessar os poros da membrana se difundem ao longo do seu gradiente de concentração e aparecem na solução fora da bolsa. Essa técnica é útil para a remoção de um sal ou de outra pequena molécula de um fracionado celular, porém não estabelece uma separação efetiva entre as proteínas.

**Cromatografia de filtração em gel.** Podem-se obter separações com maior discriminação baseando-se no tamanho por meio da técnica *cromatografia de filtração em gel,* também conhecida como cromatografia de exclusão molecular (Figura 3.3). A amostra é aplicada no topo de uma coluna constituída de

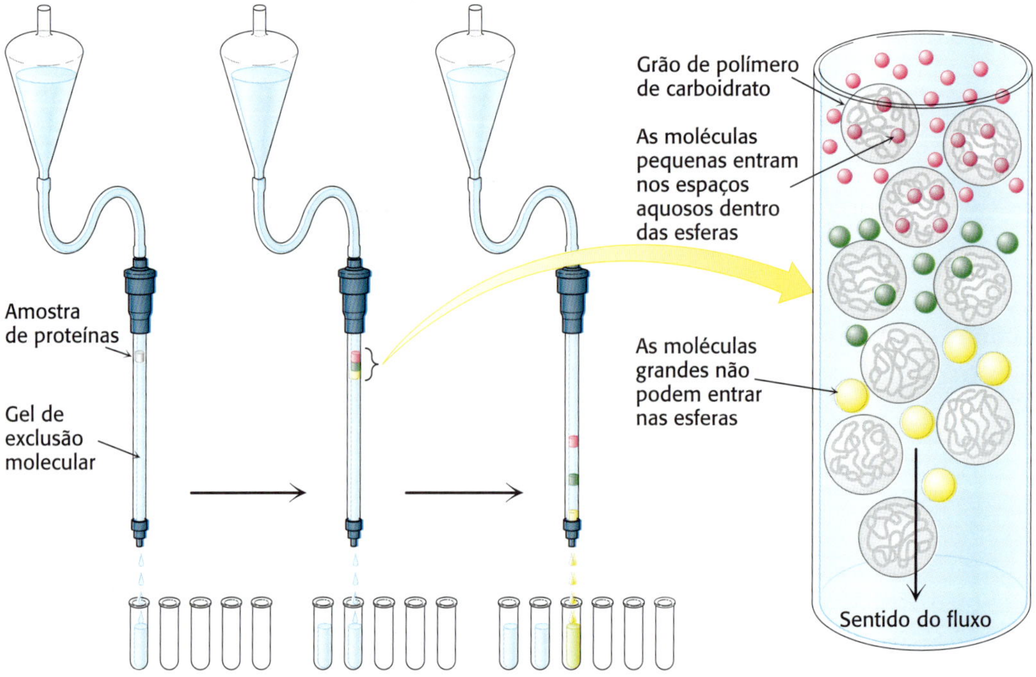


**FIGURA 3.3 Cromatografia de filtração em gel.** Uma mistura de proteínas em um pequeno volume é aplicada a uma coluna preenchida com esferas porosas. Como as proteínas grandes não podem entrar no volume interno das esferas, elas emergem antes das moléculas pequenas.

esferas porosas formadas por um polímero insolúvel, porém altamente hidratado, como dextrana ou agarose (carboidratos) ou poliacrilamida. Sephadex, Sepharose e Biogel são resinas comerciais cujo diâmetro das esferas é normalmente de 100 μm (0,1 mm). As moléculas pequenas podem entrar nessas esferas, mas não as maiores. O resultado é que as moléculas pequenas ficam distribuídas na solução aquosa tanto no interior das esferas quanto entre elas, enquanto as moléculas maiores ficam localizadas apenas na solução. *As moléculas grandes fluem mais rapidamente através dessa coluna e são as primeiras a emergir, visto que um menor volume é acessível a elas.* As moléculas de tamanho médio entram ocasionalmente nos grãos e irão fluir pela coluna em uma posição intermediária, enquanto as moléculas pequenas, que seguem um caminho mais longo e tortuoso, são as últimas a sair.

**Cromatografia de troca iônica.** Para obter uma proteína de alta pureza, uma etapa de cromatografia habitualmente não é suficiente, visto que outras proteínas na mistura bruta provavelmente irão coeluir com o material desejado. Pode-se alcançar maior nível de pureza com a realização de separações sequenciais baseadas em propriedades moleculares distintas. Por exemplo, além do tamanho, as proteínas podem ser separadas com base na sua carga efetiva por *cromatografia de troca iônica*. Se uma proteína tiver uma carga total positiva em pH 7, ela habitualmente irá se ligar a uma resina contendo grupos carboxilato, enquanto uma proteína carregada negativamente não o fará (Figura 3.4). Em seguida, a proteína ligada pode ser eluída (liberada) aumentando-se a concentração de cloreto de sódio ou de outro sal no tampão de eluição; os íons sódio competem com os grupos carregados positivamente na proteína pela ligação à resina. As proteínas que apresentam baixa densidade de carga positiva efetiva tendem a emergir em primeiro lugar, seguidas daquelas cuja densidade de carga é maior. Esse procedimento é também designado como *troca de cátions* para indicar a ligação de grupos carregados positivamente à resina aniônica. As proteínas carregadas positivamente (proteínas catiônicas) podem ser separadas por cromatografia em colunas de carboximetilcelulose (CM-celulose) de carga negativa. Por outro lado, as proteínas carregadas negativamente (proteínas aniônicas) podem ser separadas por *troca de ânions* em colunas de dietilaminoetilcelulose (DEAE-celulose) de carga positiva.

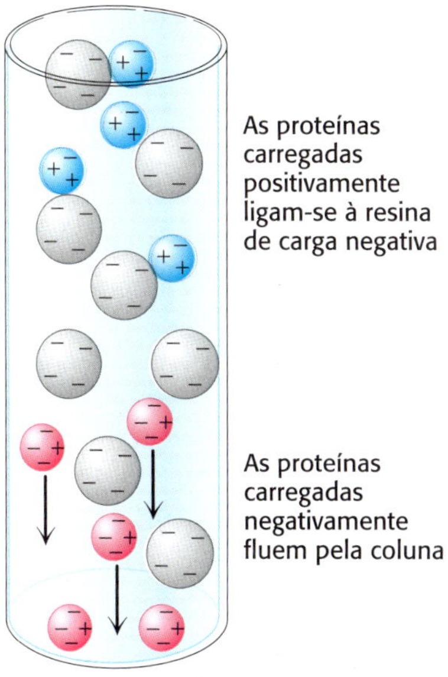


**FIGURA 3.4 Cromatografia de troca aniônica.** Essa técnica separa as proteínas principalmente de acordo com a sua carga efetiva.

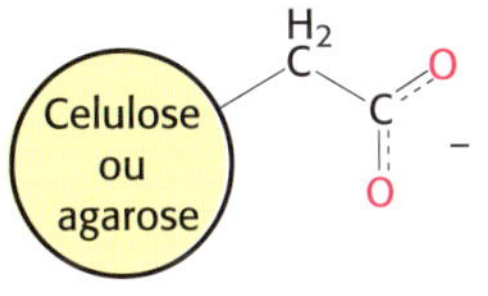


**Grupo carboximetil (CM)**
(forma ionizada)

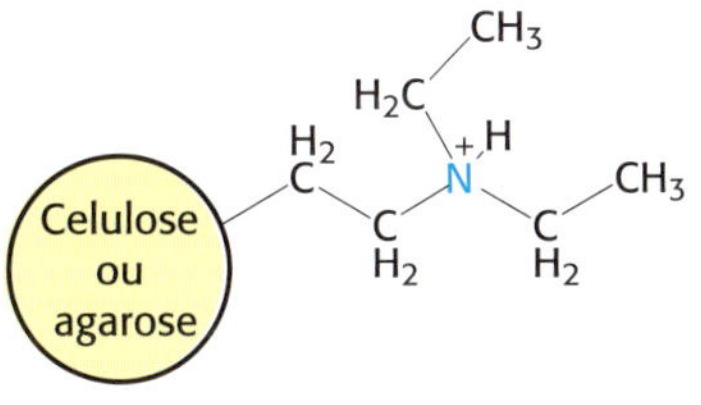


**Grupo dietilaminoetil (DEAE)**
(forma protonada)

**Cromatografia de afinidade.** A *cromatografia de afinidade* é outra técnica poderosa de purificação de proteínas que é altamente seletiva para a proteína de interesse. Essa técnica utiliza a alta afinidade que muitas proteínas apresentam por grupos químicos específicos. Por exemplo, a proteína vegetal concanavalina A é uma proteína que liga carboidratos, ou lectina (ver Capítulo 11, seção 11.4), que possui afinidade pela glicose. Quando um extrato bruto passa por uma coluna com esferas covalentemente ligadas a resíduos de glicose, a concanavalina A liga-se à resina, o que não ocorre com a maioria das outras proteínas (Figura 3.5). A concanavalina A ligada pode ser então liberada da coluna pela adição de uma solução concentrada de glicose. A glicose em solução desloca os resíduos de glicose aderidos à coluna dos sítios de ligação na concanavalina A. A cromatografia de afinidade é um

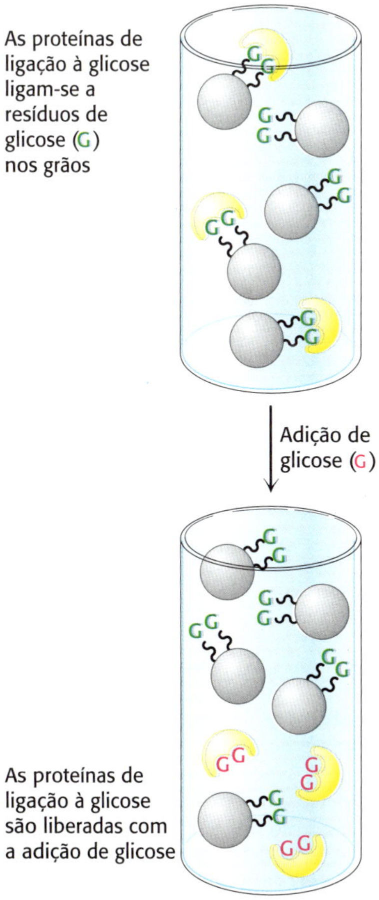


**FIGURA 3.5 Cromatografia de afinidade.** Cromatografia de afinidade da concanavalina A (mostrada em amarelo), utilizando um suporte sólido contendo resíduos de glicose (G) covalentemente ligados.

método poderoso para o isolamento de fatores de transcrição – proteínas que regulam a expressão gênica por meio de sua ligação a sequências específicas do DNA. Uma mistura de proteínas passa por uma coluna contendo sequências específicas de DNA ligadas a uma matriz; as proteínas com alta afinidade pela sequência irão se ligar e, portanto, serão retidas. Neste caso, o fator de transcrição é liberado por meio de lavagem da coluna com uma solução contendo alta concentração de sal.

Em geral, a cromatografia de afinidade pode ser efetivamente utilizada para isolar uma proteína que reconhece um grupo X pelas seguintes maneiras: (1) ligação covalente de X ou de um de seus derivados a uma coluna; (2) adição de uma mistura de proteínas a essa coluna, que em seguida é lavada com tampão para remover as proteínas não ligadas; e (3) eluição da proteína desejada pela adição de alta concentração de uma forma solúvel de X ou alteração das condições de modo a diminuir a afinidade de ligação. A cromatografia de afinidade é mais efetiva quando a interação entre a proteína e a molécula utilizada como "isca" é altamente específica.

A cromatografia de afinidade pode ser utilizada para isolar proteínas expressas a partir de genes clonados (ver Capítulo 5, seção 5.2). Aminoácidos extras são codificados no gene clonado e, uma vez expressos, servem como um marcador de afinidade que pode ser facilmente isolado. Por exemplo, repetições do códon para a histidina podem ser adicionadas de modo que a proteína expressa tenha uma sequência de resíduos de histidina (denominada *marcador His*) em uma extremidade. Em seguida, as proteínas marcadas passam por uma coluna de grãos contendo níquel (II) ou outros íons metálicos imobilizados e ligados covalentemente. Os marcadores His ligam-se firmemente aos íons metálicos imobilizados, ligando a proteína desejada enquanto outras proteínas fluem pela coluna. Em seguida, a proteína pode ser eluída da coluna pela adição de imidazol ou de algum outro composto químico capaz de se ligar aos íons metálicos, deslocando a proteína.

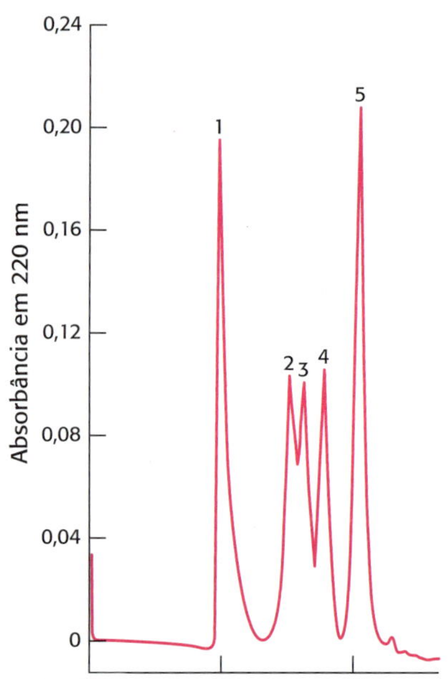


**FIGURA 3.6 Cromatografia líquida de alto desempenho (HPLC).** A filtração em gel pela HPLC define claramente as proteínas individuais em virtude de seu maior poder de resolução: (1) tireoglobulina (669 kDa), (2) catalase (232 kDa), (3) albumina sérica bovina (67 kDa), (4) ovoalbumina (43 kDa), e (5) ribonuclease (13,4 kDa). [Dados de K. J. Wilson e T. D. Schlabach. In *Current Protocols in Molecular Biology*, vol. 2, suppl. 41, F. M. Ausubel, R. Brent, R. E. Kingston, D. D. Moore, J. G. Seidman, J. A. Smith, e K. Struhl, Eds. (Wiley, 1998), p. 10.14.1.]

**Cromatografia líquida de alto desempenho.** Uma técnica denominada *cromatografia líquida de alto desempenho* (HPLC, em inglês *high-performance liquid chromatography*) é uma versão aprimorada das técnicas de colunas anteriormente descritas. Os materiais da coluna são muito mais finamente divididos e, em consequência, apresentam mais sítios de interação e, portanto, maior poder de resolução. Como a coluna é feita de material mais fino, é preciso aplicar uma pressão à coluna para obter taxas de fluxo adequadas. O resultado final consiste em alta resolução e rápida separação. Em uma configuração típica de HPLC, um detector que monitora a absorbância do material eluído em determinado comprimento de onda é colocado imediatamente após a coluna. No perfil de eluição da amostra de HPLC mostrada na Figura 3.6, as proteínas são detectadas ajustando o detector a 220 nm (o comprimento de onda de absorbância característico da ligação peptídica). Em um curto intervalo de 10 minutos, é possível identificar prontamente certo número de picos agudos, que representam proteínas individuais.

## As proteínas podem ser separadas por eletroforese em gel e reveladas

Como podemos afirmar se um esquema de purificação é efetivo? Uma forma é assegurar que a atividade específica aumente a cada etapa da purificação. Outra é determinar que o número de proteínas diferentes em cada amostra declina a cada passo do processo de purificação. Este último método é possível com a técnica de eletroforese.

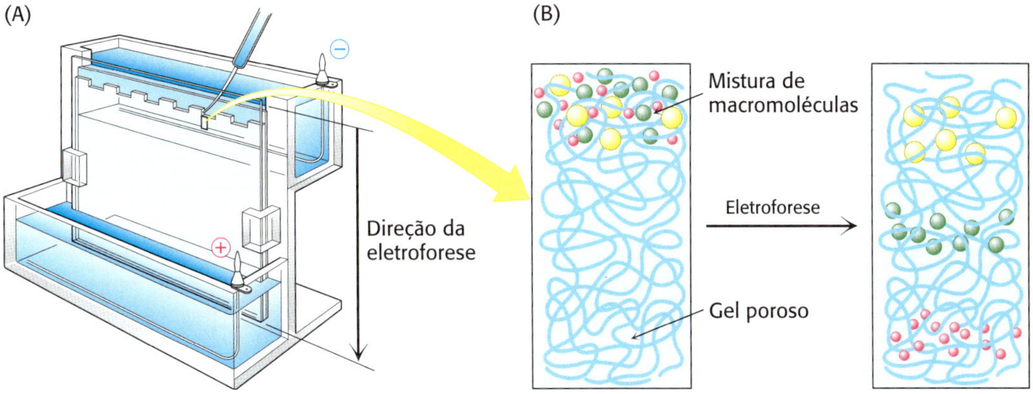


**FIGURA 3.7 Eletroforese em gel de poliacrilamida.** **A.** Aparelho de eletroforese em gel. Tipicamente, diversas amostras são submetidas à eletroforese em um gel de poliacrilamida. Utiliza-se uma micropipeta para colocar as soluções de proteínas nos poços da lâmina. Em seguida, coloca-se uma tampa sobre a câmara do gel e aplica-se a voltagem. Os complexos SDS (dodecil sulfato de sódio)-proteína, carregados negativamente, migram na direção do anodo, na base do gel. **B.** A ação de peneira do gel de poliacrilamida poroso separa as proteínas de acordo com o seu tamanho, com as menores movendo-se mais rapidamente.

**Eletroforese em gel.** Uma molécula com carga efetiva tem a capacidade de se mover em um campo elétrico. Esse fenômeno, denominado *eletroforese*, oferece um poderoso meio de separar proteínas e outras macromoléculas, como o DNA e o RNA. A velocidade de migração ($v$) de uma proteína (ou de qualquer molécula) em um campo elétrico depende da força do campo ($E$), da carga efetiva da proteína ($z$) e do coeficiente friccional ($f$).

$$v = Ez/f \tag{1}$$

A força elétrica $Ez$ que transporta a molécula com carga em direção ao eletrodo de carga oposta sofre oposição pelo arrasto viscoso, $fv$, que surge do atrito entre a molécula em movimento e o meio. O coeficiente friccional $f$ depende tanto da massa quanto da forma da molécula em migração, como também da viscosidade ($\eta$) do meio. Para uma esfera de raio $r$,

$$f = 6\pi\eta r \tag{2}$$

As separações eletroforéticas são quase sempre realizadas em géis porosos (ou em suportes sólidos, como o papel), visto que o gel funciona como uma peneira molecular que aumenta a separação (Figura 3.7). As moléculas que são pequenas em comparação com os poros no gel movem-se facilmente através do gel, enquanto as moléculas muito maiores do que os poros ficam quase imóveis. As moléculas de tamanho intermediário movem-se pelo gel com graus variáveis de facilidade. O campo elétrico é aplicado de modo que as proteínas migrem do eletrodo negativo para o positivo, normalmente do topo para a base. A *eletroforese em gel* é realizada em uma lâmina vertical fina de gel de poliacrilamida. Os géis de poliacrilamida constituem os meios de suporte de escolha para a eletroforese, visto que são quimicamente inertes e rapidamente formados pela polimerização da acrilamida com uma pequena quantidade do agente de ligação cruzada, a metileno-bis-acrilamida, para a obtenção de uma rede tridimensional (Figura 3.8). A eletroforese é distinta da filtração em gel, visto que, devido ao campo elétrico, todas as moléculas, independentemente de seu tamanho, são forçadas a se movimentar através da mesma matriz.

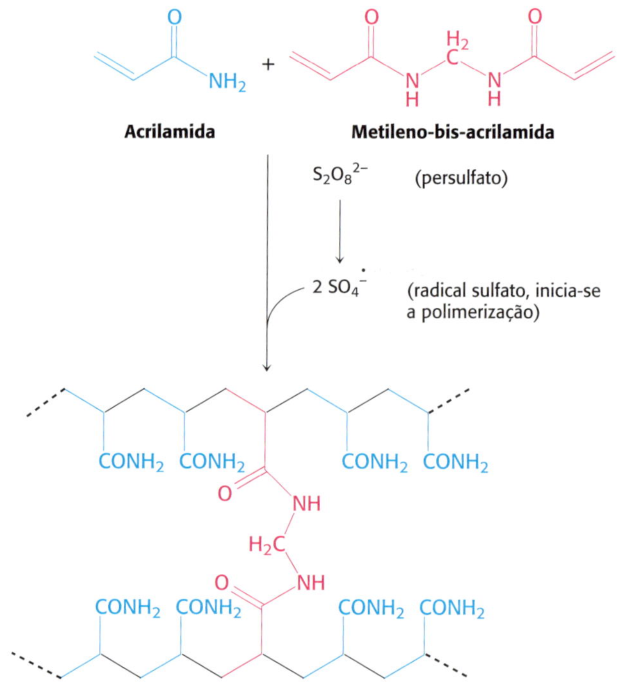


**FIGURA 3.8 Formação de um gel de poliacrilamida.** Uma rede tridimensional é formada pela copolimerização do monômero ativado (azul) e pelo agente de ligação cruzada (vermelho).

As proteínas podem ser separadas, em grande parte, com base na sua massa por eletroforese em gel de poliacrilamida em condições de desnaturação. A mistura de proteínas é inicialmente dissolvida em uma solução de dodecil sulfato de sódio (SDS), um detergente aniônico que rompe quase todas as interações não covalentes das proteínas nativas. Adiciona-se β-mercaptoetanol (2-tioetanol) ou ditiotreitol para reduzir as pontes dissulfeto. Os ânions do SDS ligam-se às cadeias principais em uma razão de cerca de um ânion de SDS para cada dois resíduos de aminoácidos. A carga negativa adquirida com a ligação do SDS é habitualmente muito maior do que a carga na proteína nativa; a contribuição da proteína para a carga total do complexo SDS-proteína é, portanto, considerada insignificante. Em consequência, esse complexo de SDS com uma proteína desnaturada apresenta grande carga negativa efetiva que é aproximadamente proporcional à massa da proteína. Em seguida, os complexos SDS-proteína são submetidos à eletroforese. Quando a eletroforese for concluída, as proteínas no gel podem ser visualizadas por meio de coloração com nitrato de prata ou com um corante, como o azul de Coomassie, que revela uma série de bandas (Figura 3.9). Marcadores radioativos, quando incorporados às proteínas, podem ser detectados colocando-se uma película de raios X sobre o gel, um procedimento denominado autorradiografia.

*As proteínas pequenas movem-se rapidamente pelo gel, enquanto as maiores permanecem no topo, próximo ao ponto de aplicação da mistura.* A mobilidade da maioria das cadeias polipeptídicas nessas condições é linearmente proporcional ao logaritmo de sua massa (Figura 3.10). Entretanto, algumas proteínas ricas em carboidratos e as proteínas de membrana não obedecem a essa relação empírica. A eletroforese em gel de SDS-poliacrilamida (frequentemente designada como SDS-PAGE, do inglês *SDS-poliacrilamide gel electrophoresis*) é rápida, sensível e capaz de proporcionar um alto grau de resolução. Até mesmo uma pequena quantidade de uma proteína, tal como 0,1 μg (cerca de 2 pmol), resulta em uma banda distinta quando corada com azul de Coomassie, e até quantidades ainda menores (cerca de 0,02 μg) podem ser detectadas pela coloração com prata. As proteínas que diferem na sua massa em aproximadamente 2% (p. ex., 50 e 51 kDa,

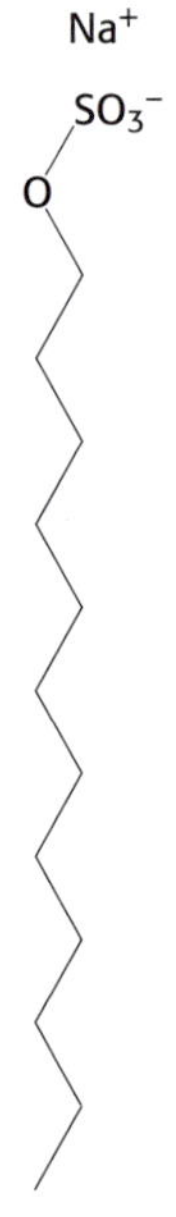


**Dodecil sulfato de sódio (SDS)**

em consequência de uma diferença de cerca de 10 aminoácidos) podem ser habitualmente distinguidas por SDS-PAGE.

Podemos examinar a eficácia de nosso esquema de purificação analisando parte de cada fração por SDS-PAGE. As frações iniciais irão mostrar dúzias a centenas de proteínas. À medida que a purificação progride, o número de bandas diminui, e a proeminência de cada uma das bandas deve aumentar. Essa banda deve corresponder à proteína de interesse.

**Focalização isoelétrica.** As proteínas também podem ser separadas por eletroforese com base no seu conteúdo relativo de resíduos ácidos e básicos. O *ponto isoelétrico* (pI) de uma proteína é o pH em que sua carga efetiva é igual a zero. Neste pH, a sua mobilidade eletroforética é zero, visto que $z$ na equação 1 é igual a zero. Por exemplo, o pI do citocromo *c*, uma proteína de transporte de elétrons altamente básica, é de 10,6, enquanto o da albumina sérica, uma proteína ácida do sangue, é de 4,8. Suponha que uma mistura de proteínas seja submetida à eletroforese em um gradiente de pH em gel na ausência de SDS. Cada proteína irá se mover até alcançar uma posição no gel em que o pH é igual ao pI da proteína. Esse método de separação de proteínas de acordo com seus pontos isoelétricos é denominado *focalização isoelétrica.* O gradiente de pH no gel é formado inicialmente pela eletroforese de uma mistura de *polianfólitos* (pequenos polímeros com múltiplas cargas) que possuem diferentes valores de pI. A focalização isoelétrica pode separar rapidamente as proteínas que diferem no seu pI em apenas 0,01, o que significa uma possível separação das proteínas que diferem apenas em uma carga efetiva (Figura 3.11).

**Eletroforese bidimensional.** A focalização isoelétrica pode ser combinada com SDS-PAGE de modo a obter separações com resolução muito alta por meio da *eletroforese bidimensional.* Uma única amostra é inicialmente submetida à focalização isoelétrica. Esse gel com uma raia única é então colocado horizontalmente no topo de uma coluna com lâmina de SDS-poliacrilamida. As proteínas são então aplicadas no topo do gel de poliacrilamida de acordo com a distância de sua migração durante a focalização isoelétrica. A seguir, são submetidas de novo à eletroforese em direção perpendicular (verticalmente) para produzir um padrão bidimensional de pontos. Nesse tipo de gel, as proteínas foram separadas no sentido horizontal com base no seu ponto isoelétrico, e no sentido vertical com base em sua massa. De maneira notável, mais de mil proteínas diferentes na bactéria *Escherichia coli* podem ser separadas em um único experimento por eletroforese bidimensional (Figura 3.12).

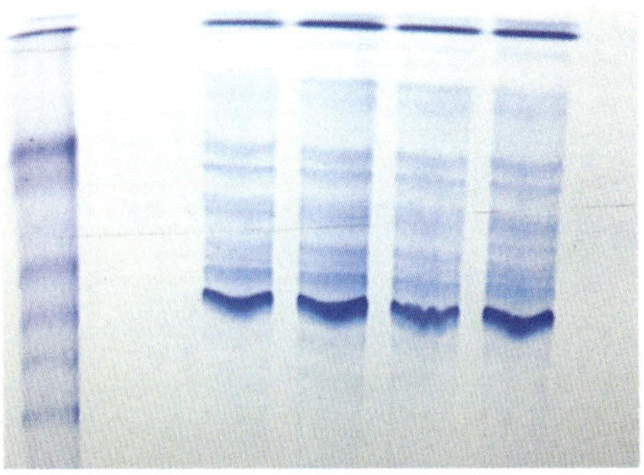

**FIGURA 3.9 Coloração das proteínas após a eletroforese.** As misturas de proteínas de extratos celulares submetidas à eletroforese em gel de SDS-poliacrilamida podem ser visualizadas por meio de coloração com azul de Coomassie. A primeira raia contém uma mistura de proteínas de massas moleculares conhecidas, que podem ser utilizadas para estimar os tamanhos das bandas nas amostras. [© Dr. Robert Farrell.]

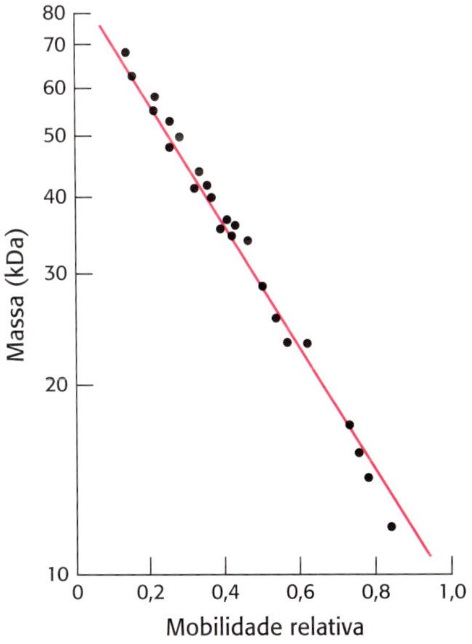


**FIGURA 3.10 A eletroforese pode determinar a massa.** A mobilidade eletroforética de muitas proteínas em gel de SDS-poliacrilamida (SDS-PAGE) é inversamente proporcional ao logaritmo de sua massa. [Dados de K. Weber e M. Osborn, *The Proteins*, vol. 1, 3rd ed. (Academic Press, 1975), p. 179.]

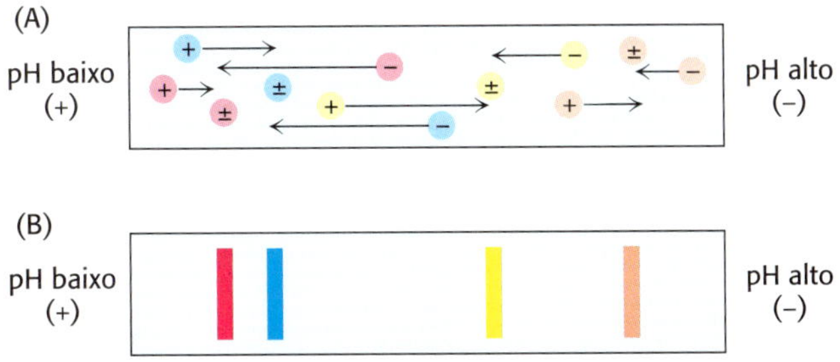


**FIGURA 3.11 Princípio da focalização isoelétrica.** Um gradiente de pH é estabelecido em um gel antes da aplicação da amostra. **A.** Cada proteína, representada por círculos coloridos diferentes, possui uma carga positiva efetiva nas regiões do gel onde o pH é mais baixo do que o seu respectivo valor de pI e uma carga negativa efetiva onde o pH é maior do que seu pI. Quando se aplica a voltagem ao gel, cada proteína migra para o seu pI, o local onde elas não apresentam nenhuma carga efetiva. **B.** As proteínas formam bandas, que podem ser retiradas e utilizadas para experimentos posteriores.

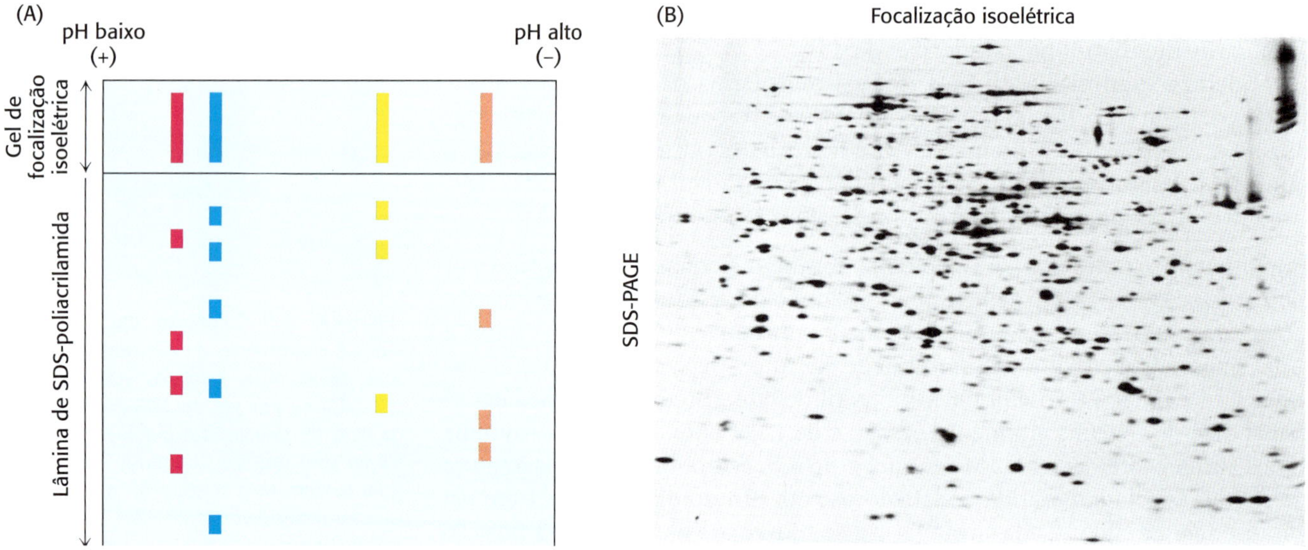


**FIGURA 3.12 Eletroforese em gel bidimensional. A.** Uma amostra de proteínas é inicialmente fracionada em uma dimensão por focalização isoelétrica, conforme descrito na Figura 3.11. Em seguida, o gel da focalização isoelétrica é fixado a um gel de SDS-poliacrilamida, e a eletroforese é realizada na segunda dimensão, perpendicular à separação original. As proteínas com o mesmo pI são agora separadas com base na sua massa. **B.** As proteínas de *E. coli* foram separadas por eletroforese em gel bidimensional, com resolução de mais de mil proteínas diferentes. [(**B**) Cortesia do Dr. Patrick H. O'Farrell.]

As proteínas isoladas a partir de células em diferentes condições fisiológicas podem ser submetidas à eletroforese bidimensional. Em seguida, as intensidades dos pontos individuais dos géis podem ser comparadas, o que indica que as concentrações de proteínas específicas mudaram em resposta ao estado fisiológico (Figura 3.13). Como podemos descobrir a identidade de uma proteína que está apresentando tais respostas? Embora muitas proteínas sejam exibidas em um gel bidimensional, elas não são identificadas. Agora é possível identificar as proteínas acoplando a eletroforese em gel bidimensional com técnicas de espectrometria de massa. Iremos examinar adiante essas poderosas técnicas (ver seção 3.3 adiante).

## Pode-se avaliar quantitativamente um esquema de purificação de proteínas

Para determinar o sucesso de um esquema de purificação de proteínas, é necessário monitorar cada passo do procedimento determinando a atividade específica da mistura de proteínas e submetendo-a à análise por SDS-PAGE. Considere os resultados da purificação de uma enzima fictícia, resumidos na Tabela 3.1 e na Figura 3.14. Em cada etapa, são medidos os seguintes parâmetros:

*Proteína total.* A quantidade de proteínas presente em uma fração é obtida por meio da determinação da concentração de uma parte de cada fração e multiplicando pelo volume total da fração.

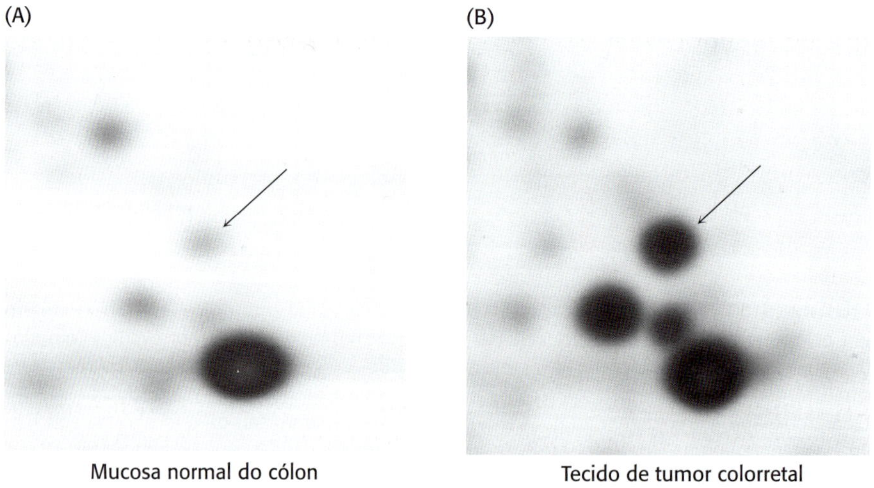

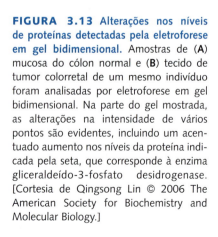

**FIGURA 3.13 Alterações nos níveis de proteínas detectadas pela eletroforese em gel bidimensional.** Amostras de (**A**) mucosa do cólon normal e (**B**) tecido de tumor colorretal de um mesmo indivíduo foram analisadas por eletroforese em gel bidimensional. Na parte do gel mostrada, as alterações na intensidade de vários pontos são evidentes, incluindo um acentuado aumento nos níveis da proteína indicada pela seta, que corresponde à enzima gliceraldeído-3-fosfato desidrogenase. [Cortesia de Qingsong Lin © 2006 The American Society for Biochemistry and Molecular Biology.]

**TABELA 3.1** Quantificação de um protocolo de purificação de uma enzima fictícia.

| Etapa | Proteína total (mg) | Atividade total (unidades) | Atividade específica (unidades $mg^{-1}$) | Rendimento (%) | Nível de purificação |
|---|---|---|---|---|---|
| Homogeneização | 15.000 | 150.000 | 10 | 100 | 1 |
| Fracionamento com o uso de sal | 4.600 | 138.000 | 30 | 92 | 3 |
| Cromatografia de troca iônica | 1.278 | 115.500 | 90 | 77 | 9 |
| Cromatografia de filtração em gel | 68,8 | 75.000 | 1.100 | 50 | 110 |
| Cromatografia de afinidade | 1,75 | 52.500 | 30.000 | 35 | 3.000 |

*Atividade total.* A atividade total para a fração é obtida pela medição da atividade enzimática no volume da fração utilizada no ensaio e multiplicando pelo volume total da fração.

*Atividade específica.* Esse parâmetro é obtido dividindo a atividade total pela proteína total.

*Rendimento.* Esse parâmetro é uma medição da atividade retida depois de cada etapa de purificação como uma porcentagem da atividade do extrato bruto. A quantidade de atividade no extrato inicial é considerada 100%.

*Nível de purificação.* Esse parâmetro é uma medição do aumento de pureza e é obtido pela divisão da atividade específica, calculada depois de cada etapa de purificação, pela atividade específica do extrato inicial.

Como podemos observar na Tabela 3.1, a primeira etapa de purificação, o fracionamento com o uso de sal, leva a um aumento de apenas três vezes na pureza; entretanto, recuperamos praticamente toda a proteína-alvo do extrato original, visto que o rendimento é de 92%. Após a realização de diálise para diminuir a alta concentração de sal remanescente do fracionamento com o uso de sal, a fração passa por uma coluna de troca iônica. A purificação agora aumenta em nove vezes, em comparação com o extrato original, enquanto o rendimento cai para 77%. A cromatografia de filtração em gel eleva o nível de purificação para 110 vezes, porém o rendimento é agora de 50%. A etapa final é a cromatografia de afinidade, que utiliza um ligante específico para a enzima-alvo. Essa etapa, que é a mais poderosa desses procedimentos de purificação, resulta em um nível de purificação de 3 mil vezes, porém reduz o rendimento para 35%. A análise por SDS-PAGE na Figura 3.14 mostra que, se aplicarmos uma quantidade constante de proteínas em cada raia depois de cada etapa, o número de bandas diminui proporcionalmente ao nível de purificação, e a quantidade da proteína de interesse aumenta de modo proporcional às proteínas totais presentes.

Um bom esquema de purificação deve levar em consideração tanto os níveis de purificação quanto o rendimento. Um alto nível de purificação com baixo rendimento deixa poucas proteínas para a realização de experimentos. Um alto rendimento com baixa purificação deixa muitos contaminantes (outras proteínas diferentes daquela de interesse) na fração e complica a interpretação dos experimentos subsequentes.

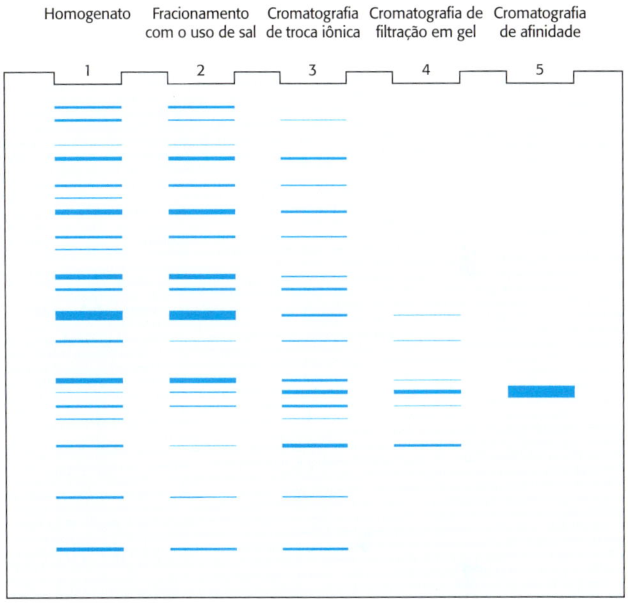


**FIGURA 3.14 Análise eletroforética da purificação de uma proteína.** O esquema de purificação na Tabela 3.1 foi analisado por SDS-PAGE. Cada raia continha 50 μg da amostra. A efetividade da purificação pode ser observada à medida que a banda para a proteína de interesse torna-se mais proeminente em relação às outras.

### A ultracentrifugação é valiosa para a separação das biomoléculas e a determinação de suas massas

Já vimos que a centrifugação é um método poderoso e geralmente utilizado para a separação de uma mistura bruta de componentes celulares. Essa técnica também é valiosa para a análise das propriedades físicas das biomoléculas. Com o uso da centrifugação, podemos determinar parâmetros como a massa e a densidade, aprender sobre a forma de uma molécula e investigar as interações entre moléculas. Para deduzir essas propriedades a partir dos dados de centrifugação, precisamos de uma descrição matemática sobre como uma partícula se comporta quando se aplica uma força centrífuga.

Quando submetida a uma força centrífuga, uma partícula se moverá por um meio líquido. Uma maneira conveniente de quantificar a velocidade de movimento é calcular o coeficiente de sedimentação, *s*, de uma partícula utilizando a seguinte equação:

$$s = \mathrm{m}(1 - \bar{\nu}\rho)/f$$

em que *m* é a massa da partícula, $\bar{\nu}$ é o volume específico parcial (a recíproca da densidade da partícula), $\rho$ é a densidade do meio e *f* é o coeficiente friccional (uma medida da forma da partícula). A expressão $(1 - \bar{\nu}\rho)$ é a força de flutuação exercida pelo meio líquido.

Os *coeficientes de sedimentação* são habitualmente expressos em *unidades Svedberg* (S), igual a $10^{-13}$ s. Quanto menor for o valor de S, mais lentamente uma molécula irá se mover em um campo centrífugo. A Tabela 3.2 e a Figura 3.15 fornecem uma lista dos valores de S para algumas biomoléculas e componentes celulares.

Várias conclusões importantes podem ser extraídas da equação anterior:

**1.** A velocidade de sedimentação de uma partícula depende, em parte, de sua massa. Uma partícula com maior massa sedimenta mais rapidamente do que uma partícula com menor massa, porém da mesma forma e densidade.

**2.** A forma também influencia a velocidade de sedimentação, visto que ela afeta o arrasto viscoso. O coeficiente friccional *f* de uma partícula compacta é menor do que aquele de uma partícula estendida de mesma massa. Por conseguinte, as partículas elongadas sedimentam mais lentamente do que as esféricas de mesma massa.

**3.** Uma partícula densa move-se mais rapidamente do que uma menos densa, visto que a força de flutuação oposta $(1 - \bar{\nu}\rho)$ é menor para a partícula mais densa.

**4.** A velocidade de sedimentação também depende da densidade da solução (*p*). As partículas afundam quando $\bar{\nu}\rho < 1$, flutuam quando $\bar{\nu}\rho > 1$ e não se movem quando $\bar{\nu}\rho = 1$.

**TABELA 3.2** Valores de S e massas moleculares de algumas proteínas.

| Proteína | Valor de S (unidades Svedberg) | Massa molecular |
|---|---|---|
| Inibidor pancreático da tripsina | 1 | 6.520 |
| Citocromo *c* | 1,83 | 12.310 |
| Ribonuclease A | 1,78 | 13.690 |
| Mioglobina | 1,97 | 17.800 |
| Tripsina | 2,5 | 23.200 |
| Anidrase carbônica | 3,23 | 28.800 |
| Concanavalina A | 3,8 | 51.260 |
| Malato desidrogenase | 5,76 | 74.900 |
| Lactato desidrogenase | 7,54 | 146.200 |

Fonte: T. Creighton, *Proteins*, 2nd ed. (W. H. Freeman and Company, 1993), Table 7.1.

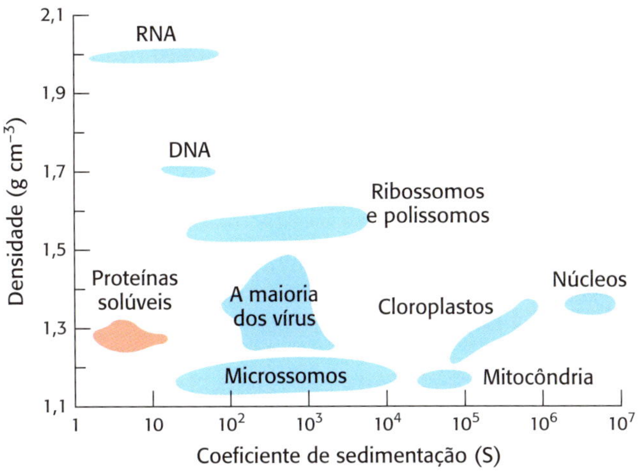


**FIGURA 3.15 Densidade e coeficientes de sedimentação de componentes celulares.** [Dados de L. J. Kleinsmith e V. M. Kish, *Principles of Cell and Molecular Biology*, 2nd ed. (HarperCollins, 1995), p. 138.]

Uma técnica denominada *centrifugação zonal*, centrifugação em *banda* ou, mais comumente, centrifugação em *gradiente* pode ser utilizada para separar proteínas com diferentes coeficientes de sedimentação. A primeira etapa consiste em formar um gradiente de densidade em um tubo de centrifugação. Diferentes proporções de uma solução de baixa densidade (como sacarose a 5%) e uma solução de alta densidade (como sacarose a 20%) são misturadas para criar um gradiente linear de concentração de sacarose, que varia de 20% no fundo do tubo a 5% no topo (Figura 3.16). O papel do gradiente é evitar o fluxo por convecção. Um pequeno volume de uma solução contendo a mistura de proteínas a serem separadas é aplicado no topo do gradiente de densidade. Quando o rotor gira, as proteínas movem-se pelo gradiente e se separam de acordo com seus coeficientes de sedimentação. O tempo e a velocidade de centrifugação são determinados de modo empírico. As bandas ou zonas de proteínas separadas podem ser coletadas fazendo-se um furo na base do tubo e coletando as gotas. As gotas podem ser analisadas quanto ao conteúdo de proteínas e atividade catalítica ou outra propriedade funcional. Essa técnica de velocidade de sedimentação separa rapidamente as proteínas que diferem no seu coeficiente de sedimentação por um fator de dois ou mais.

A massa de uma proteína pode ser determinada diretamente pelo *equilíbrio de sedimentação*, em que uma amostra é centrifugada em baixa velocidade de modo que seja formado um gradiente de concentração da amostra. Entretanto, essa sedimentação é contrabalançada pela difusão da amostra das regiões de altas concentrações para as de baixas concentrações. Uma vez alcançado o equilíbrio, a forma do gradiente final depende apenas da massa da

**FIGURA 3.16 Centrifugação zonal.** As etapas são as seguintes: (**A**) formação de um gradiente de densidade, (**B**) aplicação da amostra no topo do gradiente, (**C**) colocação do tubo em um rotor de balde oscilante e sua centrifugação, e (**D**) coleta das amostras. [Informação de D. Freifelder, *Physical Biochemistry*, 2nd ed. (W. H. Freeman and Company, 1982), p. 397.]

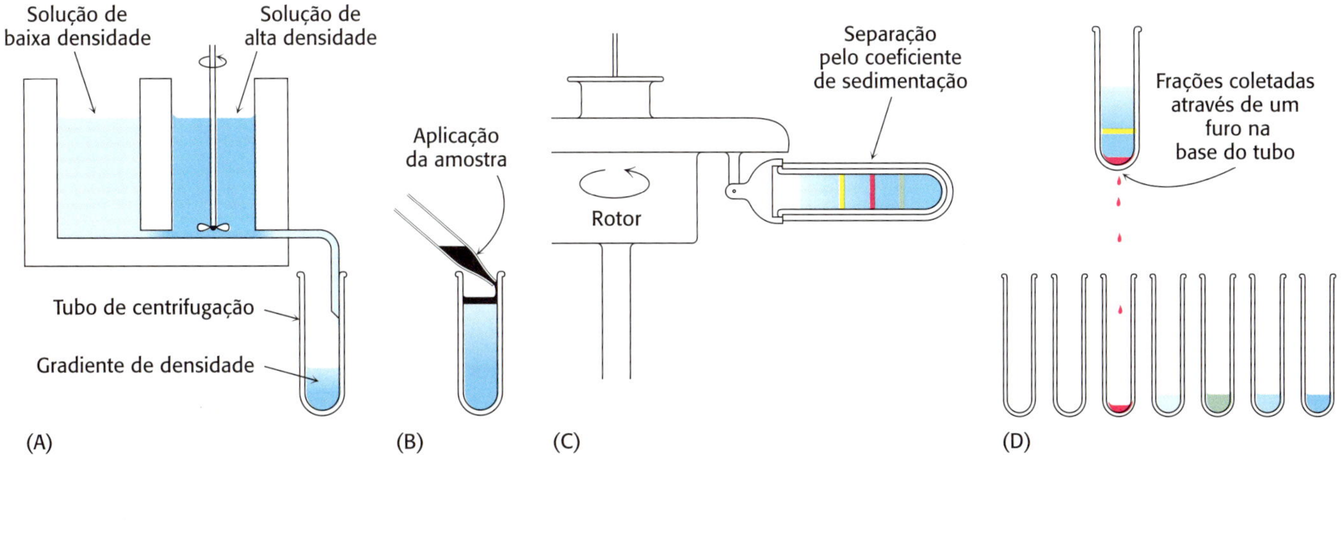

amostra. *A técnica de equilíbrio de sedimentação para a determinação da massa é muito acurada e pode ser aplicada sem a desnaturação da proteína. Por conseguinte, a estrutura quaternária nativa das proteínas multiméricas é preservada.* Por outro lado, a eletroforese em gel de SDS-poliacrilamida fornece uma *estimativa* da massa das cadeias polipeptídicas dissociadas em condições de *desnaturação*. Observe que, se conhecermos a massa dos componentes dissociados de uma proteína multimérica, conforme determinado pela análise em SDS-poliacrilamida, e a massa do multímero intacto, conforme determinado por análise do equilíbrio de sedimentação, podemos determinar o número de cópias de cada cadeia polipeptídica presentes no complexo proteico.

### A purificação das proteínas pode ser facilitada com o uso da tecnologia do DNA recombinante

No Capítulo 5, consideraremos o amplo efeito da tecnologia do DNA recombinante em todas as áreas da bioquímica e da biologia molecular. A aplicação dos métodos recombinantes para a produção de proteínas em larga escala possibilitou grandes avanços na nossa compreensão de suas estruturas e funções. Antes do advento dessa tecnologia, as proteínas eram isoladas apenas a partir de suas fontes nativas, o que exigia com frequência uma grande quantidade de tecido para obter uma quantidade suficiente de proteínas para estudos analíticos. Por exemplo, a purificação da desoxirribonuclease bovina, em 1946, exigiu aproximadamente 4,5 kg de pâncreas bovino para obter um grama de proteína. Em consequência, os estudos bioquímicos de material purificado eram frequentemente limitados às proteínas existentes em quantidades abundantes.

Munido das ferramentas da tecnologia recombinante, o bioquímico agora é capaz de aproveitar diversas vantagens significativas.

**1.** *As proteínas podem ser expressas em grandes quantidades.* O homogenato serve como ponto de partida em um esquema de purificação de proteínas. Para sistemas recombinantes, utiliza-se um organismo hospedeiro passível de manipulação genética, como a bactéria *Escherichia coli* ou a levedura *Pichia pastoris,* para se expressar uma proteína de interesse. O bioquímico pode explorar os tempos de duplicação curtos e a facilidade da manipulação genética desses organismos para produzir grandes quantidades de proteínas a partir de quantidades razoáveis de cultura. Em consequência, a purificação pode começar com um homogenato que, com frequência, é altamente enriquecido com a molécula desejada. Além disso, pode-se obter facilmente uma proteína, independentemente de sua abundância natural ou da espécie de origem.

**2.** *Marcadores de afinidade podem ser ligados a proteínas.* Conforme descrito anteriormente, a cromatografia de afinidade pode ser uma etapa altamente seletiva em um esquema de purificação de proteínas. A tecnologia do DNA recombinante permite a fixação de qualquer um de vários marcadores possíveis de afinidade a uma proteína (como o "marcador His", mencionado anteriormente). Assim, os benefícios da cromatografia de afinidade podem ser aproveitados até mesmo para proteínas cujo ligante não é conhecido ou não é determinado com facilidade.

**3.** *É possível obter com facilidade proteínas com estruturas primárias modificadas.* Um poderoso aspecto da tecnologia do DNA recombinante aplicada à purificação de proteínas consiste na capacidade de manipular genes para gerar variantes de uma sequência de proteína nativa (ver Capítulo 5, seção 5.2). No Capítulo 2, seção 2.4, aprendemos que muitas proteínas consistem em domínios compactos conectados por alças flexíveis. Com o uso de estratégias de manipulação genética, podem ser gerados fragmentos de uma proteína que incluam domínios únicos, uma abordagem vantajosa quando a expressão de toda a proteína é limitada pelo seu tamanho ou pela sua solubilidade. Além disso, como veremos no Capítulo 9, seção 9.1, é possível introduzir substitutos de aminoácidos no sítio ativo de uma enzima para investigar precisamente os papéis de resíduos específicos dentro de seu ciclo catalítico.

## 3.2 A imunologia fornece importantes técnicas para a investigação das proteínas

A purificação de uma proteína permite ao bioquímico explorar a sua função e estrutura dentro de um ambiente precisamente controlado. Entretanto, o isolamento de uma proteína a remove de seu contexto nativo dentro da célula, onde a sua atividade é fisiologicamente mais relevante. Os avanços no campo da imunologia (ver Capítulo 35, disponível no material complementar *online*) permitiram o uso de anticorpos como reagentes fundamentais para explorar as funções das proteínas no interior da célula. A notável especificidade dos anticorpos para suas proteínas-alvo fornece um meio de marcar uma proteína específica de modo que ela possa ser isolada, quantificada ou visualizada.

### Anticorpos dirigidos contra proteínas específicas podem ser produzidos

As técnicas imunológicas começam com a geração de anticorpos dirigidos contra uma proteína particular. Um *anticorpo* (também denominado *imunoglobulina*, Ig) é, ele próprio, uma proteína (Figura 3.17); é sintetizado por vertebrados em resposta à presença de uma substância estranha, denominada *antígeno*. Os anticorpos possuem afinidade alta e específica pelos antígenos que induziram a sua síntese. A ligação do anticorpo ao antígeno constitui uma etapa da resposta imune que protege o animal de uma infecção (ver Capítulo 35, disponível no material complementar *online*). As proteínas, os polissacarídios e os ácidos nucleicos estranhos podem ser antígenos. Pequenas moléculas estranhas, como peptídios sintéticos, também podem induzir a produção de anticorpos, contanto que a pequena molécula esteja ligada a um carreador macromolecular. Um anticorpo reconhece um grupo específico de aminoácidos na molécula-alvo, denominado *determinante antigênico* ou *epítopo*. A especificidade da interação antígeno-anticorpo é uma consequência da complementaridade de forma entre as duas superfícies (Figura 3.18). Os animais possuem um repertório muito grande de células produtoras de anticorpos, produzindo, cada uma delas, um anticorpo que contém uma superfície única para o reconhecimento do antígeno. Quando um antígeno é

**FIGURA 3.17 Estrutura do anticorpo. A.** A imunoglobulina G (IgG) consiste em quatro cadeias – duas cadeias pesadas (azul) e duas cadeias leves (vermelho) – ligadas por pontes dissulfeto. As cadeias pesadas e leves unem-se para formar domínios $F_{ab}$, que contêm os sítios de ligação ao antígeno nas extremidades. As duas cadeias pesadas formam o domínio $F_c$. *Observe* que os domínios $F_{ab}$ estão ligados ao domínio $F_c$ por ligações flexíveis. **B.** Representação mais esquemática de uma molécula de IgG. [Desenhada de 1IGT.pdb.]

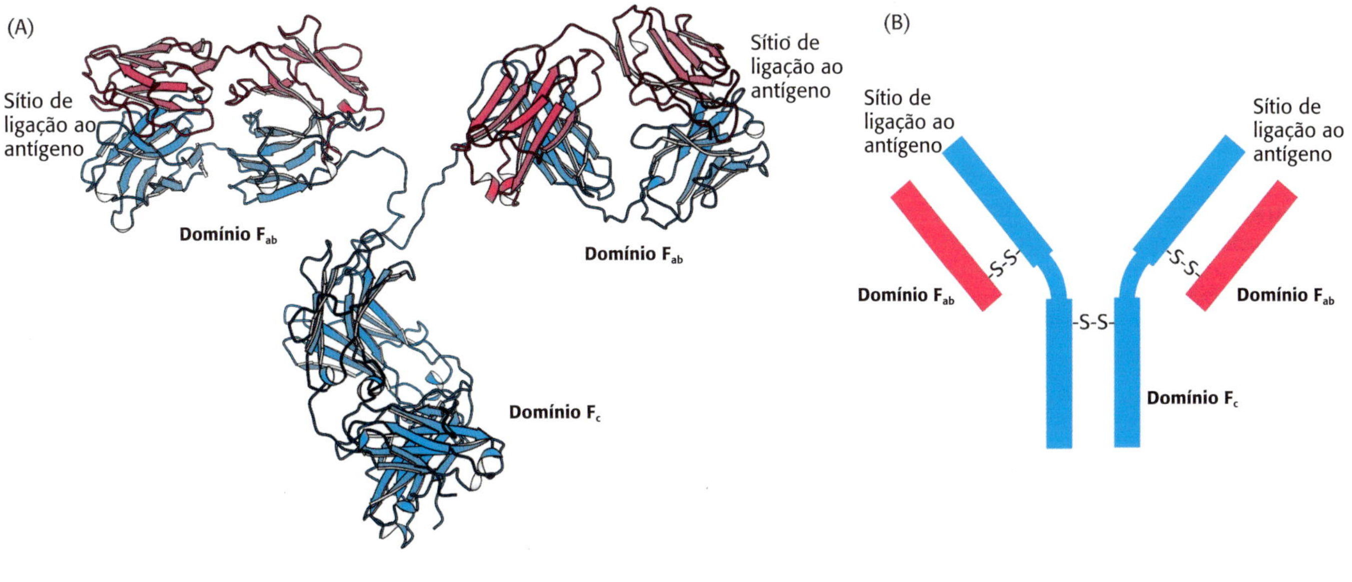

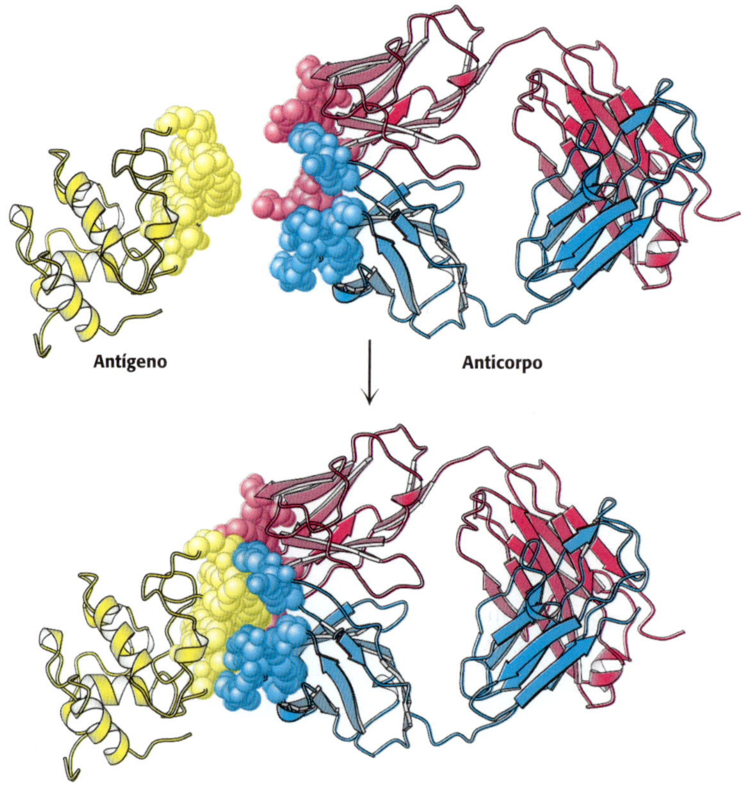


**FIGURA 3.18 Interações antígeno-anticorpo.** Um antígeno proteico, neste caso a lisozima, liga-se à extremidade de um domínio $F_{ab}$ de um anticorpo. *Observe* que a extremidade do anticorpo e a do antígeno possuem formas complementares, permitindo que uma maior superfície seja envolvida na ligação. [Desenhada de 1YQV.pdb.]

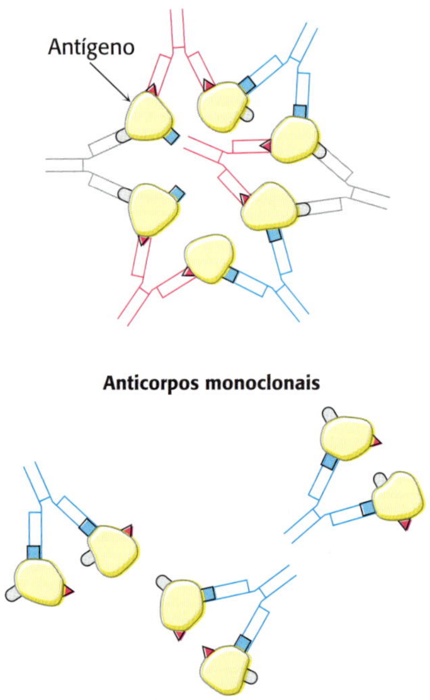


**FIGURA 3.19 Anticorpos policlonais e monoclonais.** A maioria dos antígenos apresenta vários epítopos. Os anticorpos policlonais são misturas heterogêneas de anticorpos, cada um deles específico para um dos vários epítopos em um antígeno. Todos os anticorpos monoclonais são idênticos, produzidos por clones de uma única célula produtora de anticorpos. Eles reconhecem um epítopo específico. [Informação de R. A. Goldsby, T. J. Kindt e B. A. Osborne, *Kuby Immunology*, 4th ed. (W. H. Freeman and Company, 2000), p. 154.]

introduzido em um animal, ele é reconhecido por algumas células selecionadas dessa população, estimulando a sua proliferação. Esse processo assegura a produção de mais anticorpos de especificidade apropriada.

As técnicas imunológicas dependem da capacidade de gerar anticorpos contra um antígeno específico. Para obter anticorpos que reconheçam determinada proteína, o bioquímico injeta a proteína em um coelho duas vezes com intervalo de 3 semanas. A proteína injetada atua como antígeno, estimulando a reprodução das células produtoras de anticorpos que a reconhecem. O sangue é retirado do coelho imunizado várias semanas depois e centrifugado para separar as células sanguíneas do sobrenadante ou soro. O soro, denominado *antissoro,* contém anticorpos contra todos os antígenos aos quais o coelho foi exposto. Apenas alguns deles serão anticorpos contra a proteína injetada. Além disso, os anticorpos que reconhecem determinado antígeno não são espécies moleculares únicas. Por exemplo, quando o 2,4-dinitrofenol (DNP) foi utilizado como antígeno para gerar anticorpos, as constantes de dissociação de anticorpos anti-DNP individuais variaram de 0,1 nM a 1 μM. Correspondentemente, um grande número de bandas ficou evidente quando a mistura de anticorpos anti-DNAP foi submetida à focalização isoelétrica. Esses resultados indicam que as células estão produzindo muitos anticorpos diferentes, cada um deles reconhecendo um elemento diferente da superfície do mesmo antígeno. Esses anticorpos são denominados *policlonais,* referindo-se ao fato de que eles provêm de múltiplas populações de células produtoras de anticorpos (Figura 3.19). A heterogeneidade dos anticorpos policlonais pode ser vantajosa para determinadas aplicações, como a detecção de uma proteína em baixa quantidade, visto que cada molécula de proteína pode ligar-se a mais do que um anticorpo em vários sítios antigênicos distintos.

## Anticorpos monoclonais com praticamente qualquer especificidade desejada podem ser rapidamente preparados

A descoberta de um meio de produzir *anticorpos monoclonais* com praticamente qualquer especificidade desejada representou um grande avanço, que intensificou o poder das abordagens imunológicas. À semelhança das proteínas impuras, trabalhar com uma mistura impura de anticorpos dificulta a interpretação dos dados. O procedimento ideal seria isolar um clone de células capazes de produzir um único anticorpo idêntico. O problema é que as células produtoras de anticorpos que são isoladas de um organismo têm uma duração de vida curta.

Existem linhagens de células imortais que produzem anticorpos monoclonais. Essas linhagens celulares provêm de um tipo de câncer, o *mieloma múltiplo,* que é uma doença maligna das células produtoras de anticorpos. Nesse câncer, um único plasmócito transformado divide-se de maneira incontrolável, gerando um número muito grande de *células de um único tipo.* Esse grupo de células forma um *clone,* visto que essas células são descendentes de uma única célula e possuem propriedades idênticas. As células idênticas do mieloma secretam grandes quantidades de *uma imunoglobulina* de um único tipo geração após geração. Esses anticorpos demonstraram ser úteis para elucidar a estrutura dos anticorpos, porém nada se sabe sobre a sua especificidade. Por conseguinte, eles têm pouca utilidade para os métodos imunológicos descritos nas próximas páginas.

César Milstein e Georges Köhler descobriram que grandes quantidades de anticorpos com praticamente qualquer especificidade desejada podem ser obtidas por meio de fusão de uma célula produtora de anticorpos de vida curta com uma célula de mieloma imortal. Um antígeno é injetado em um camundongo, e o seu baço é retirado várias semanas depois (Figura 3.20). Uma mistura de plasmócitos desse baço é fundida *in vitro* com as células de mieloma. Cada uma das células híbridas resultantes,

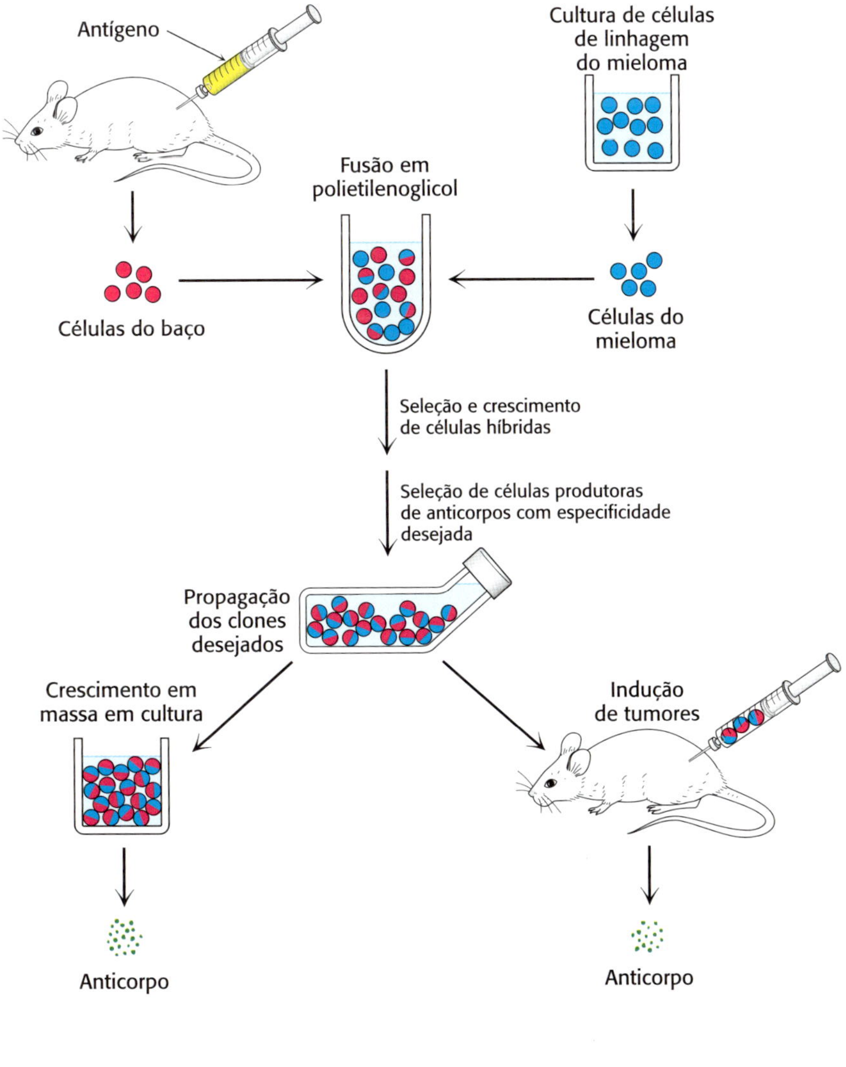


**FIGURA 3.20 Preparação de anticorpos monoclonais.** As células de hibridoma são formadas por meio de fusão de células produtoras e anticorpos com células do mieloma. As células híbridas proliferam em um meio de cultura seletivo. Em seguida, são selecionadas para determinar quais produzem o anticorpo com especificidade desejada. [Informação de C. Milstein. Monoclonal antibodies. Copyright © 1980 by Scientific American, Inc. Todos os direitos reservados.]

**FIGURA 3.21 Micrografia de fluorescência de um embrião de *Drosophila* em desenvolvimento.** O embrião foi corado com um anticorpo monoclonal marcado com fluorescência para a proteína que se liga ao DNA codificada pelo *engrailed*, um gene essencial para especificar o plano corporal. [Cortesia do Dr. Nipam Patel e do Dr. Corey Goodman.]

denominadas células de *hibridoma*, produz indefinidamente o anticorpo idêntico especificado pela célula parental do baço. Em seguida, as células do hibridoma podem ser selecionadas por um ensaio específico para a interação antígeno-anticorpo de modo a determinar quais delas produzem os anticorpos com a especificidade preferida. As células que demonstram produzir o anticorpo desejado são subdivididas e novamente submetidas ao ensaio. Esse processo é repetido até que seja isolada uma linhagem pura de células, um clone produzindo um único anticorpo. Essas células positivas podem ser cultivadas em meio de cultura ou injetadas em camundongos para induzir a formação de mielomas. Como alternativa, as células podem ser congeladas e armazenadas por longos períodos.

O método do hibridoma para a produção de anticorpos monoclonais teve um enorme impacto tanto na biologia quanto na medicina. É possível preparar rapidamente grandes quantidades de anticorpos idênticos com especificidades determinadas. Eles constituem fontes de esclarecimento sobre as relações entre a estrutura dos anticorpos e a sua especificidade. Além disso, os anticorpos monoclonais podem servir como reagentes analíticos e preparativos precisos. As proteínas que guiam o desenvolvimento foram identificadas com o uso de anticorpos monoclonais como marcadores (Figura 3.21). Podem-se utilizar anticorpos monoclonais fixados a suportes sólidos como colunas de afinidade para a purificação de proteínas escassas. Esse método foi utilizado para purificar 5 mil vezes a interferona (uma proteína antiviral) a partir de uma mistura bruta. Os laboratórios clínicos utilizam anticorpos monoclonais em numerosos ensaios. Por exemplo, a detecção de isozimas no sangue, que normalmente estão localizadas no coração, indica infarto do miocárdio. As transfusões de sangue tornaram-se mais seguras por meio de rastreamento com o uso de anticorpos do sangue dos doadores para vírus que causam AIDS (síndrome da imunodeficiência adquirida), hepatite e outras doenças infecciosas. Os anticorpos monoclonais podem ser utilizados como agentes terapêuticos (ver Capítulo 28). Por exemplo, o trastuzumabe (Herceptin) é um anticorpo monoclonal útil no tratamento de alguns tipos de câncer de mama.

## As proteínas podem ser detectadas e quantificadas com o uso de um ensaio enzimático imunoabsorvente

Os anticorpos podem ser utilizados como reagentes analíticos notavelmente específicos para a quantificação de determinada proteína ou outro antígeno presente em uma amostra biológica. O *ensaio enzimático imunoabsorvente* (ELISA, *enzyme-linked immunoabsorbent assay*) utiliza uma enzima, como a peroxidase do rábano silvestre ou a fosfatase alcalina, que reage com um substrato incolor para formar um produto colorido. A enzima é ligada de modo covalente a um antígeno específico, que reconhece o antígeno-alvo. Se o antígeno estiver presente, o complexo anticorpo-enzima irá se ligar a ele e, com a adição do substrato, a enzima catalisará a reação, gerando o produto colorido. Por conseguinte, a presença do produto colorido indica a presença do antígeno. O ELISA, que é rápido e conveniente, é capaz de detectar uma quantidade de menos de um nanograma ($10^{-9}$ g) de uma proteína específica. O ELISA pode ser realizado com anticorpos policlonais ou monoclonais, porém o uso destes últimos fornece resultados mais confiáveis.

Consideraremos dois entre os vários tipos disponíveis de ELISA. *O ELISA indireto é utilizado para detectar a presença de anticorpos* e constitui a base do teste para a infecção pelo HIV. O teste do HIV detecta a presença de anticorpos que reconhecem antígenos proteicos do cerne do vírus. As proteínas do cerne do vírus são adsorvidas na base de um poço. Em seguida, anticorpos do indivíduo que está sendo testado são adicionados ao poço revestido com as proteínas. Somente pessoas infectadas pelo HIV terão anticorpos que se ligam ao antígeno. Por fim, anticorpos ligados a enzima dirigidos contra anticorpos humanos (p. ex., anticorpos caprinos ligados a enzima que reconhecem anticorpos humanos) são colocados nos poços para reagirem, e os anticorpos não ligados são removidos por meio de lavagem. Aplica-se em seguida o substrato. A observação de uma reação enzimática que forma um produto colorido sugere a ligação dos anticorpos ligados a enzima aos anticorpos humanos, o que, por sua vez, indica que o paciente apresenta anticorpos contra o antígeno viral (Figura 3.22A). Esse ensaio é quantitativo: a velocidade da reação colorimétrica é proporcional à quantidade de anticorpos originalmente presente.

*O ELISA em sanduíche é utilizado para a detecção de antígeno, em vez de anticorpo.* Um anticorpo dirigido contra determinado antígeno é inicialmente adsorvido na base de um poço. Em seguida, uma solução contendo o antígeno (como sangue ou urina, em testes diagnósticos) é adicionada ao poço e se liga ao anticorpo. Por fim, adiciona-se um segundo anticorpo que também reconheça o antígeno. É importante assinalar que esse anticorpo liga-se ao antígeno em uma região distinta do primeiro anticorpo, de modo que ele não o desloca. Esse anticorpo é ligado a uma enzima e processado conforme descrito para o ELISA indireto. Nesse caso, a velocidade de formação de cor é diretamente proporcional à quantidade de antígeno presente. Consequentemente, permite medir pequenas quantidades de antígeno (Figura 3.22B).

## O *Western blotting* possibilita a detecção de proteínas separadas por eletroforese em gel

Podem-se detectar quantidades muito pequenas de uma proteína de interesse em uma célula ou líquido corporal por uma técnica de imunoensaio denominada *Western blotting* (Figura 3.23). Uma amostra é submetida à eletroforese em um gel de SDS-poliacrilamida (SDS-PAGE). Uma folha de polímero é pressionada contra o gel, transferindo as proteínas separadas no gel para a folha e tornando-as mais acessíveis para reação. Um anticorpo específico contra a proteína de interesse, denominado *anticorpo primário*, é adicionado à

**FIGURA 3.22 ELISA indireto e ELISA em sanduíche. A.** No ELISA indireto, a produção de cor indica a quantidade de um anticorpo presente contra um antígeno específico. **B.** No ELISA em sanduíche, a produção de cor indica a quantidade de antígeno. [Informação de R. A. Goldsby, T. J. Kindt, e B. A. Osborne, *Kuby Immunology*, thed. (W. H. Freeman and Company, 2000), p. 162.]

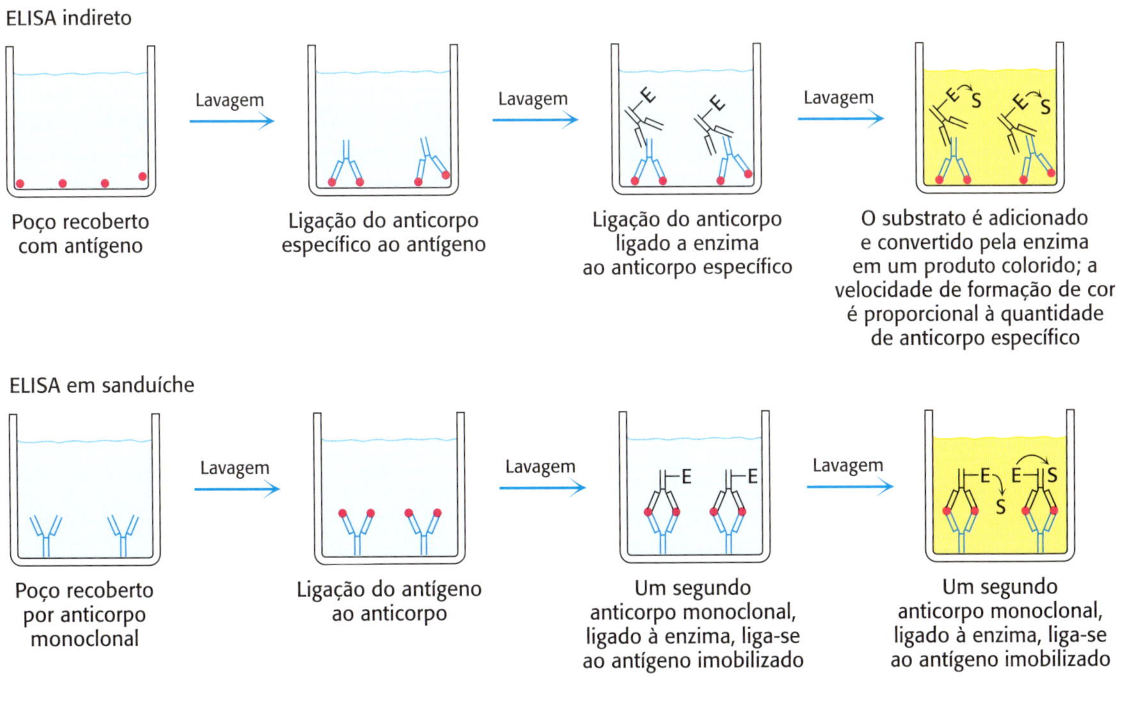

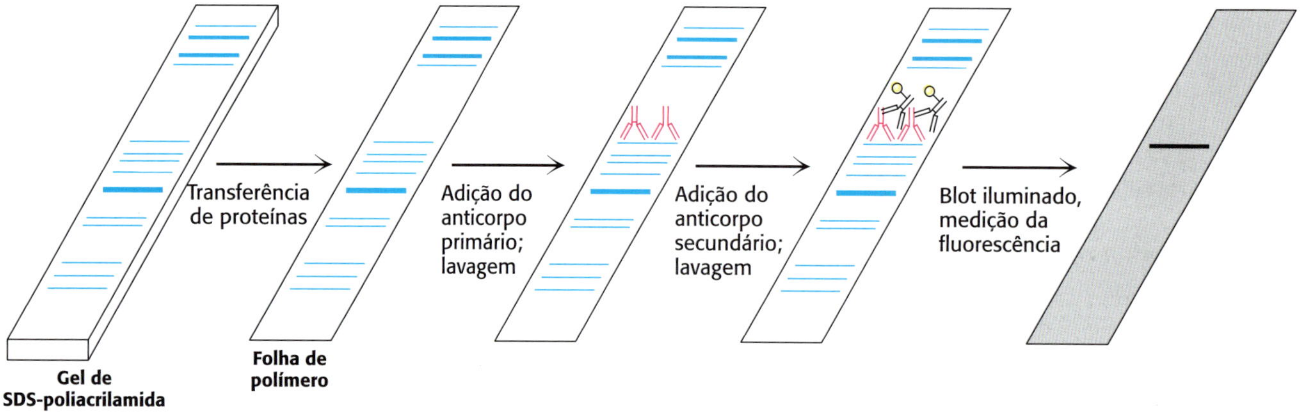


**FIGURA 3.23** *Western blotting.* As proteínas em um gel de SDS-poliacrilamida são transferidas para uma folha de polímero. A folha é inicialmente tratada com um anticorpo primário, que é específico para a proteína de interesse, e, em seguida, lavada para remover o anticorpo não ligado. A folha é, então, tratada com um anticorpo secundário, que reconhece o anticorpo primário, e mais uma vez lavada. Como o anticorpo secundário é marcado (aqui com um marcador fluorescente indicado pelo círculo amarelo), pode-se identificar a banda que contém a proteína de interesse.

folha e reage com o antígeno. Em seguida, o complexo anticorpo-antígeno na folha pode ser detectado por meio de lavagem da folha com um segundo anticorpo, denominado *anticorpo secundário*, que é específico contra o anticorpo primário (p. ex., um anticorpo caprino que reconhece anticorpos murinos). Normalmente, o anticorpo secundário é fundido com uma enzima que forma um produto quimioluminescente ou colorido, ou que contém um marcador fluorescente, possibilitando a identificação e a quantificação da proteína de interesse. O *Western blotting* permite encontrar uma proteína em uma mistura complexa, à semelhança do provérbio da "agulha no palheiro". Trata-se da base para o teste usado para a hepatite C, que detecta uma proteína do cerne do vírus. Essa técnica também tem grande utilidade no monitoramento da purificação de proteínas e na clonagem de genes.

## A coimunoprecipitação possibilita a identificação de parceiros de ligação de uma proteína

Com a disponibilidade de um anticorpo monoclonal contra uma proteína específica, é também possível determinar os parceiros de ligação dessa proteína em um conjunto específico de condições. Nessa técnica, conhecida como *coimunoprecipitação*, a amostra de interesse – um extrato preparado a partir de células cultivadas ou tecido isolado, por exemplo – é incubada com o anticorpo específico. Em seguida, esferas de agarose recobertas com uma proteína que se liga ao anticorpo (como a proteína A da bactéria *Staphylococcus aureus*) são adicionadas à mistura. A proteína A reconhece parte do anticorpo, que é diferente da região de ligação do antígeno (o domínio Fc, Figura 3.17) e, portanto, não rompe o complexo proteína-anticorpo. Após centrifugação em baixa velocidade, o anticorpo, agora ligado à resina, agrega-se no fundo do tubo. Em condições ideais de tamponamento, o complexo anticorpo-proteína também irá precipitar quaisquer proteínas adicionais que estejam ligadas à proteína original (Figura 3.24). A análise

**FIGURA 3.24** **Coimunoprecipitação.** Um anticorpo específico contra determinada proteína (aqui representada pelo oval vermelho) é adicionado a um extrato isolado a partir de células ou de tecido. Depois de um período de incubação, são adicionadas esferas de agarose recobertas com a proteína A, e a mistura é então submetida a centrifugação em baixa velocidade. Os grãos ligam-se ao complexo anticorpo-proteína e precipitam. Quaisquer proteínas adicionais que interagem com a proteína-alvo (representada aqui pelo retângulo amarelo) também irão precipitar e podem ser identificadas por SDS-PAGE seguida de *Western blotting* ou espectrometria de massa.

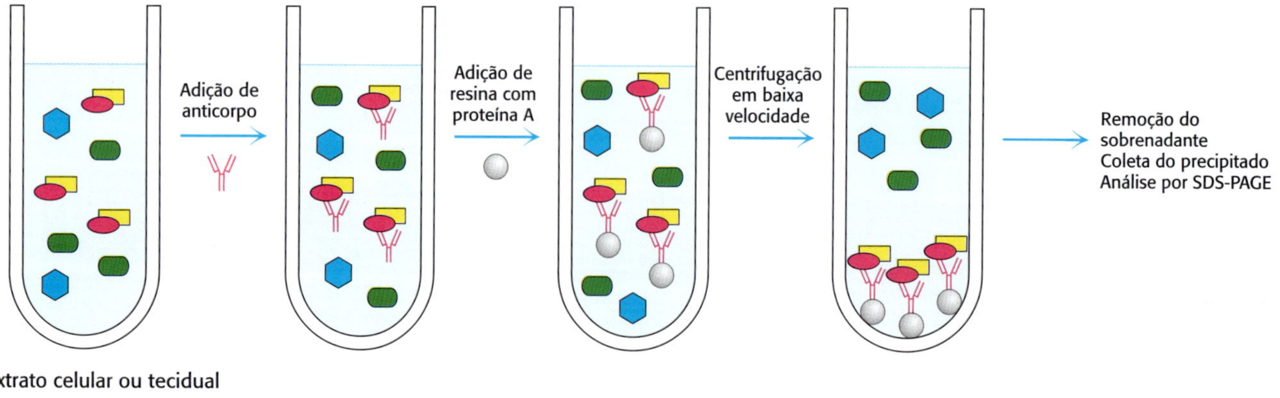

subsequente do precipitado por SDS-PAGE, seguida de *Western blot* ou *fingerprinting* por espectrometria de massa (ver seção 3.3 adiante), permite a identificação dos parceiros de ligação.

## Marcadores fluorescentes possibilitam a visualização de proteínas nas células

A bioquímica é frequentemente realizada em tubos de ensaio ou géis de poliacrilamida. Entretanto, as proteínas funcionam em um ambiente fisiológico, como no interior do citoplasma de uma célula. Os marcadores fluorescentes proporcionam um poderoso meio para examinar as proteínas em seu contexto biológico. As células podem ser coradas com anticorpos marcados com fluorescência e examinadas por *microscopia de fluorescência* para revelar a localização de uma proteína de interesse. Por exemplo, conjuntos de feixes paralelos são evidentes em células coradas com anticorpos específicos contra a actina, uma proteína que se polimeriza em filamentos (Figura 3.25). Os filamentos de actina são constituintes do citoesqueleto, o esqueleto interno das células, que controla a sua forma e movimento. Ao identificar a localização das proteínas, os marcadores fluorescentes também fornecem pistas sobre a função das proteínas. Por exemplo, a proteína receptora de mineralocorticoides liga-se aos hormônios esteroides, incluindo o cortisol. O receptor foi ligado a uma variante amarela da *proteína fluorescente verde* (GFP, *green fluorescent protein*), uma proteína fluorescente natural que é isolada da água viva *Aequorea victoria* (ver Capítulo 2, seção 2.6). A microscopia de fluorescência revelou que, na ausência do hormônio, o receptor se localiza no citoplasma (Figura 3.26A). Com a adição do esteroide, o receptor é translocado para o núcleo, onde se liga ao DNA (Figura 3.26B). Esses resultados indicam que a proteína receptora de mineralocorticoides é um fator de transcrição que controla a expressão gênica.

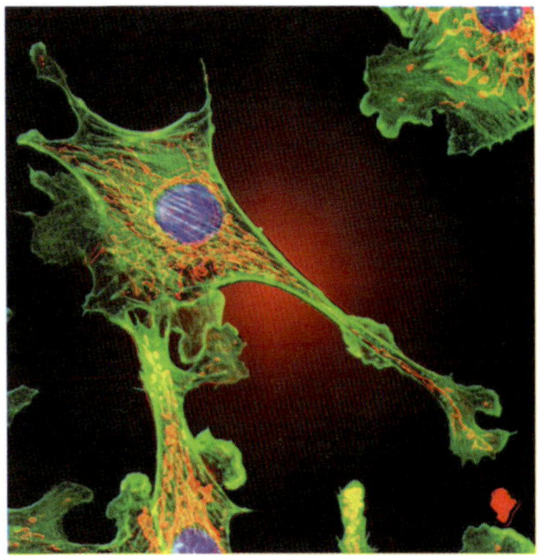

**FIGURA 3.25 Filamentos de actina.** A micrografia de fluorescência de uma célula mostra os filamentos de actina corados de verde com o uso de um anticorpo específico contra a actina. [David Becker/Science Source.]

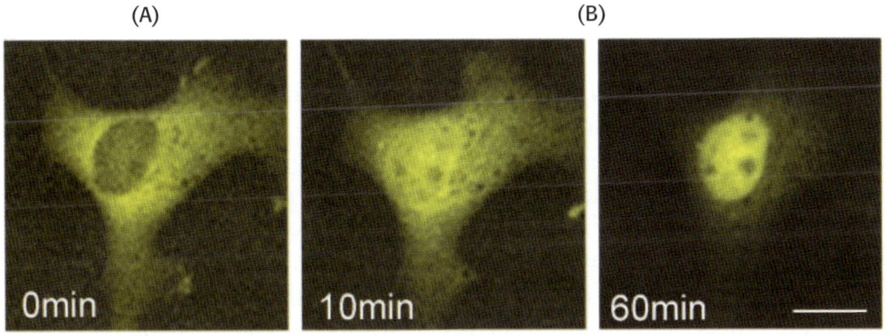


**FIGURA 3.26 Localização nuclear de um receptor de esteroides. A.** O receptor de mineralocorticoides, visível devido à ligação a uma variante amarela da GFP, está localizado predominantemente no citoplasma da célula cultivada. **B.** Após a adição de corticosterona (um glicocorticoide que também se liga ao receptor de mineralocorticoides), o receptor migra para o núcleo. [Republicada com a autorização da Society for Neuroscience, de *The Journal of Neuroscience*, Nishi, M. *et al.*, 24, 21, 2004, permissão transmitida por Copyright Clearance Center, Inc.]

A maior resolução da microscopia de fluorescência é de cerca de 0,2 μm (200 nm ou 2.000 Å), o comprimento de onda da luz visível. É possível obter uma resolução espacial mais precisa por microscopia eletrônica se os anticorpos forem marcados com marcadores eletrodensos. Por exemplo, os anticorpos conjugados com ouro ou ferritina (que apresenta um cerne eletrodenso rico em ferro) são altamente visíveis ao microscópio eletrônico. *A imunomicroscopia eletrônica* pode definir a posição dos antígenos até uma resolução de 10 nm (100 Å) ou mais precisa (Figura 3.27).

**FIGURA 3.27 Imunomicroscopia eletrônica.** As partículas opacas (com diâmetro de 150 Å ou 15 nm) nessa micrografia eletrônica consistem em grupos de átomos de ouro ligados a moléculas de anticorpos. Um anticorpo ligado com ouro dirigido contra uma proteína de um canal (ver Capítulo 13, seção 13.4) identifica vesículas de membrana nas terminações de neurônios que contêm essa proteína. [Cortesia do Dr. Peter Sargent.]

## 3.3 A espectrometria de massa é uma técnica poderosa para a identificação de peptídios e proteínas

Em muitos casos, o estudo de determinado processo biológico em seu contexto natural é vantajoso. Por exemplo, se estamos interessados em uma via que está localizada no núcleo de uma célula, podemos conduzir estudos em um extrato nuclear isolado. Nesses experimentos, a identificação das proteínas presentes na amostra é, com frequência, de grande importância. As técnicas baseadas em anticorpos, como o método ELISA, descrito na seção anterior, podem ser muito úteis para esse propósito. Entretanto, essas técnicas limitam-se à detecção de proteínas para as quais já se dispõe de um anticorpo. A espectrometria de massa permite uma medição altamente precisa e sensível da composição atômica de determinada molécula ou *analito* sem conhecimento prévio de sua identidade. Originalmente, esse método estava relegado ao estudo da composição química e da massa molecular de gases e líquidos voláteis. Entretanto, os avanços tecnológicos realizados nas últimas duas décadas expandiram enormemente a utilidade da espectrometria de massa ao estudo das proteínas, mesmo daquelas encontradas em concentrações muito baixas dentro de misturas altamente complexas, como o conteúdo de um tipo específico de célula.

A espectrometria de massa possibilita a detecção altamente acurada e sensível da massa de um analito. Essa informação pode ser utilizada para determinar a identidade e o estado químico da molécula de interesse. Os espectrômetros de massa operam por meio da conversão das moléculas do analito para formas gasosas e com cargas (*íons em fase gasosa*). Por meio da aplicação de potenciais eletrostáticos, é possível medir a razão entre a massa de cada íon e a sua carga (a *razão massa/carga* ou $m/z$). Embora na prática atual se utilize uma grande variedade de técnicas empregadas por espectrômetros de massa, cada uma delas compreende três componentes essenciais: a fonte iônica, o analisador de massa e o detector. Consideremos os dois primeiros de modo mais detalhado, visto que os avanços que tiveram contribuíram de modo mais significativo para a análise de amostras biológicas.

A *fonte iônica* alcança a primeira etapa fundamental na análise por espectrometria de massa: a conversão do analito em íons em fase gasosa (*ionização*). Até recentemente, não era possível ionizar as proteínas de modo eficiente em virtude de suas altas massas moleculares e baixa volatilidade. Entretanto, o desenvolvimento de técnicas como a *ionização por dessorção a laser assistida por matriz* (MALDI, *matrix-assisted laser desorption/ionization*) e a *ionização por electrospray* (ESI, *electrospray ionization*) permitiu vencer esse obstáculo significativo. Na MALDI, o analito é evaporado até desidratação na presença de um composto aromático e volátil (a *matriz*) capaz de absorver luz em comprimentos de onda específicos. Um pulso de *laser* ajustado para um desses comprimentos de onda excita e vaporiza a matriz, convertendo parte do analito na fase gasosa. Colisões gasosas subsequentes permitem a transferência intermolecular de carga, ionizando o analito. Na ESI, uma solução do analito é passada através de um bocal eletricamente carregado. Gotículas do analito, agora com carga, emergem do bocal para dentro de uma câmara de pressão muito baixa, evaporando o solvente e, por fim, fornecendo o analito ionizado.

Em seguida, os íons do analito recém-formados entram no *analisador de massa*, onde são distinguidos com base em suas razões massa-carga. Existem vários tipos diferentes de analisadores de massa. Para essa discussão, consideraremos um dos mais simples, o *analisador de massa por tempo de voo* (TOF, *time-of-flight*), em que os íons são acelerados através de uma câmara elongada sob um potencial eletrostático fixo. Considerando dois íons de carga elétrica efetiva idêntica, o íon menor irá necessitar de menos tempo para atravessar a câmara do que o íon maior. A massa de cada íon pode ser determinada pela medição do tempo necessário para que cada íon atravesse a câmara.

A ação sequencial da fonte iônica e do analisador de massa permite uma medição altamente sensível da massa de íons potencialmente maciços, como os das proteínas. Considere o exemplo de uma fonte de íons MALDI acoplada a um analisador de massa TOF: o espectrômetro de massa MALDI-TOF (Figura 3.28). Os íons em fase gasosa gerados pela fonte de íons MALDI passam diretamente para o analisador TOF, onde suas razões massa-carga são registradas. A Figura 3.29 mostra o espectro de massa MALDI-TOF de uma mistura de 5 pmol de insulina e 5 pmol de lactoglobulina. As massas determinadas por MALDI-TOF são de 5.733,9 e 18.364, respectivamente. A comparação com os valores calculados de 5.733,5 e 18.388 revela claramente que a MALDI-TOF constitui um meio acurado de determinar a massa das proteínas.

No processo de ionização, uma família de íons, cada um com a mesma massa, porém com cargas totais efetivas diferentes, é formada a partir de um único analito. Como o espectrômetro de massa detecta íons com base na sua razão massa/carga, esses íons irão aparecer como picos separados no

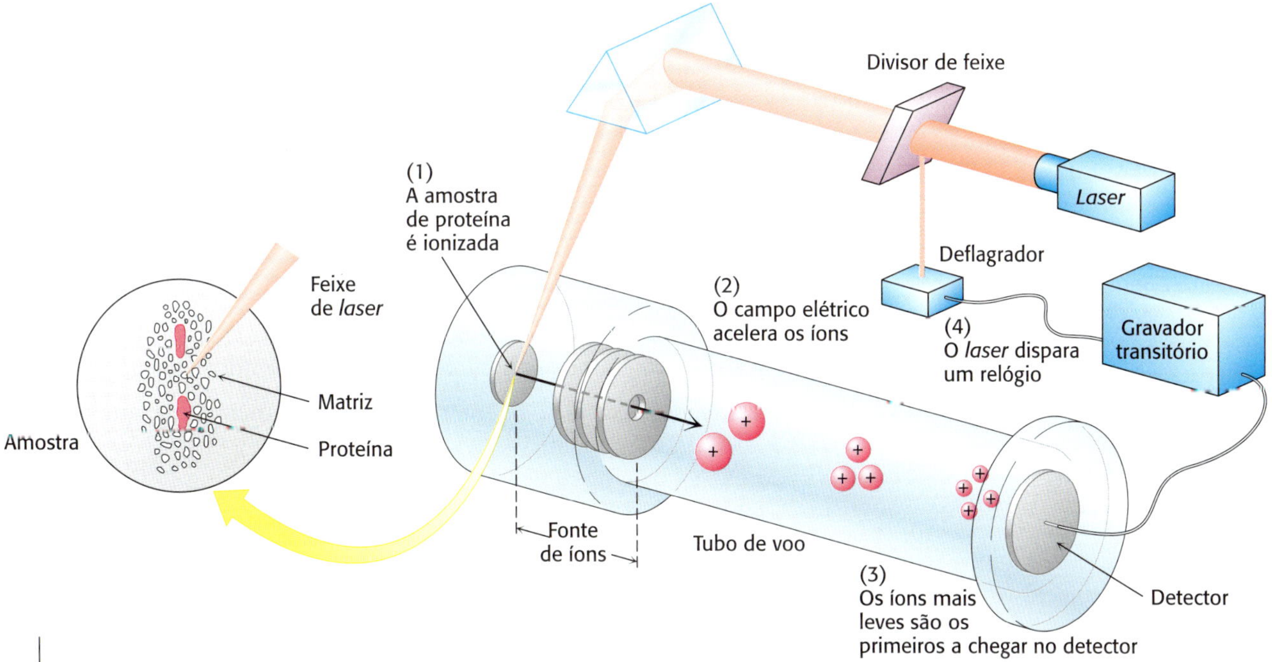


**FIGURA 3.28 Espectrometria de massa MALDI-TOF.** (1) A amostra de proteína, inserida em uma matriz apropriada, é ionizada pela aplicação de um feixe de *laser*. (2) Um campo elétrico acelera os íons através do tubo de voo em direção ao detector. (3) Os íons mais leves são os primeiros a chegar. (4) O pulso de *laser* ionizante também desencadeia um relógio que mede o tempo de voo (TOF) dos íons. [Informação de J. T. Watson, *Introduction to Mass Spectrometry*, 3rd ed. (Lippincott-Raven, 1997), p. 279.]

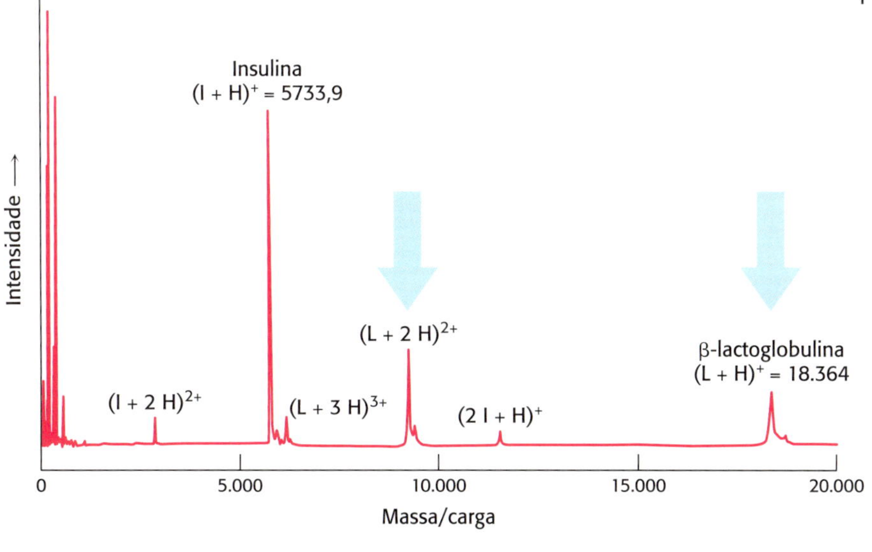

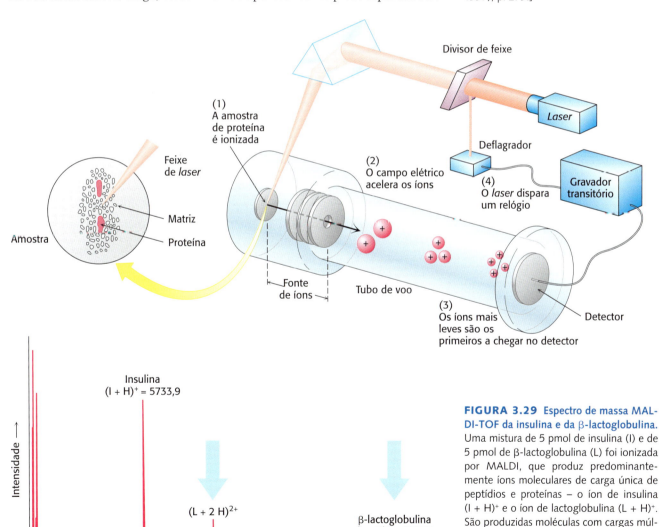

**FIGURA 3.29 Espectro de massa MALDI-TOF da insulina e da β-lactoglobulina.** Uma mistura de 5 pmol de insulina (I) e de 5 pmol de β-lactoglobulina (L) foi ionizada por MALDI, que produz predominantemente íons moleculares de carga única de peptídios e proteínas – o íon de insulina $(I + H)^+$ e o íon de lactoglobulina $(L + H)^+$. São produzidas moléculas com cargas múltiplas, como as da β-lactoglobulina, indicadas pelas setas azuis, bem como pequenas quantidades de um dímero de insulina de carga única $(2\,I + H)^+$. [Dados de J. T. Watson, *Introduction to Mass Spectrometry*, 3rd ed. (Lippincott-Raven, 1997), p. 282.]

espectro de massa. Por exemplo, no espectro de massa da β-lactoglobulina mostrado na Figura 3.29, os picos próximos de $m/z$ = 18.364 (correspondendo ao íon de carga +1) e $m/z$ = 9.183 (correspondendo ao íon de carga +2) são visíveis (indicados pelas setas azuis). Embora múltiplos picos para o mesmo íon possam parecer uma inconveniência, eles permitem ao espectrometrista medir a massa de um íon analito mais de uma vez em um único experimento, melhorando a precisão global do resultado calculado.

## Peptídios podem ser sequenciados por espectrometria de massa

A espectrometria de massa é uma de várias técnicas usadas para determinar a sequência de aminoácidos de uma proteína. Como explicaremos de maneira sucinta, os dados dessa sequência podem constituir uma valiosa fonte de informações. Durante muitos anos, os métodos químicos constituíram a principal maneira de determinar o sequenciamento dos peptídios. No mais comum desses métodos, *a degradação de Edman,* o aminoácido N-terminal de um polipeptídio é marcado com *fenil isotiocianato.* A clivagem subsequente produz o derivado de fenil tio-hidantoína (PTH)-aminoácido, que pode ser identificado por métodos espectroscópico, e a cadeia polipeptídica, agora com menos um resíduo (Figura 3.30). Esse procedimento pode ser então repetido com o peptídio encurtado, produzindo outro PTH-aminoácido, que pode ser novamente identificado por cromatografia.

Enquanto os avanços tecnológicos melhoraram a velocidade e a sensibilidade da degradação de Edman, esses parâmetros foram, em grande parte, ultrapassados pela aplicação de métodos de espectrometria de massa. O uso da espectrometria de massa para o sequenciamento de proteínas aproveita o fato de que os íons de proteínas que foram analisados por um espectrômetro de massa, os *íons precursores,* podem ser quebrados em cadeias peptídicas menores por meio de bombardeio com átomos de um gás inerte, como o hélio ou o argônio. Esses novos fragmentos, ou *íons produtos,* podem passar por um segundo analisador de massa para uma caracterização posterior. A utilização de dois analisadores de massa organizados dessa maneira é

**FIGURA 3.30 Degradação de Edman.** O resíduo aminoterminal marcado (PTH-alanina no primeiro ciclo) pode ser liberado sem hidrólise do resto do peptídio. Assim, o resíduo aminoterminal do peptídio encurtado (Gly-Asp-Phe-Arg-Gly) pode ser determinado no segundo ciclo. Mais três ciclos da degradação de Edman revelam a sequência completa do peptídio original.

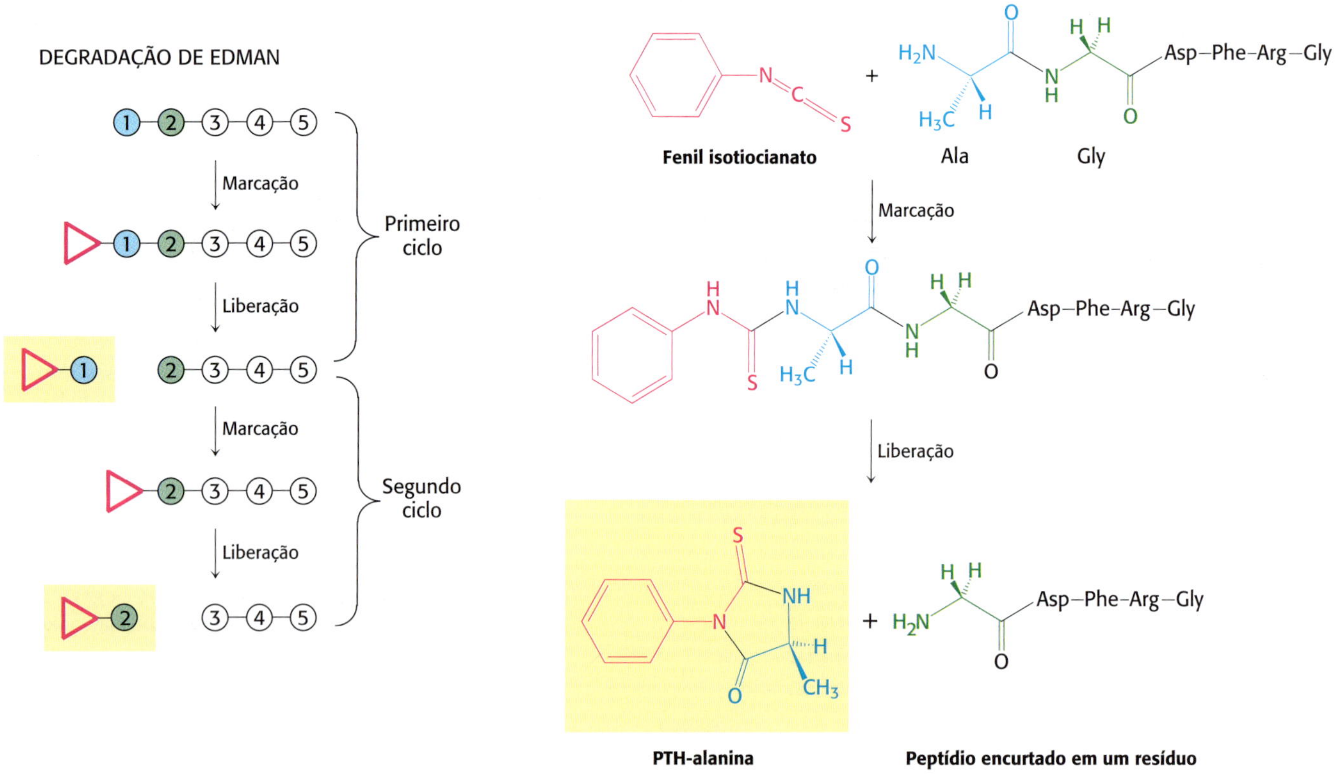

designada como *espectrometria de massa em tandem*. É importante assinalar que os fragmentos de íons produtos são formados de maneira quimicamente previsível, podendo fornecer pistas sobre a sequência de aminoácidos do íon precursor. Para analitos polipeptídicos, a ruptura de ligações peptídicas individuais resultará em dois íons peptídicos menores contendo as sequências antes e depois do sítio de clivagem. Por conseguinte, é possível detectar uma família de íons; cada íon representa um fragmento do peptídio original com um ou mais aminoácidos removidos de uma extremidade (Figura 3.31A). Para simplificar, apenas os fragmentos peptídicos carboxiterminais são mostrados na Figura 3.31A. A Figura 3.31B mostra um espectro de massa representativo de um peptídio fragmentado. As diferenças de massa entre os picos nesse experimento de fragmentação indicam a sequência de aminoácidos do peptídio precursor ionizado.

## As proteínas podem ser clivadas especificamente em pequenos peptídios para facilitar sua análise

Em princípio, deveria ser possível estabelecer a sequência de uma proteína inteira utilizando a degradação de Edman ou os métodos de espectrometria de massa. Na prática, a degradação de Edman limita-se a peptídios de 50 resíduos, visto que nem todos os peptídios na mistura da reação liberam o derivado de aminoácido em cada etapa. Por exemplo, se a eficiência de liberação em cada ciclo fosse de 98%, a proporção de aminoácidos "corretos" liberados depois de 60 ciclos seria de $(0{,}98^{60})$ ou 0,3 – uma mistura irremediavelmente impura. De modo semelhante, o sequenciamento de peptídios longos por espectrometria de massa produz um espectro de massa cuja interpretação pode ser complexa e difícil. É possível superar

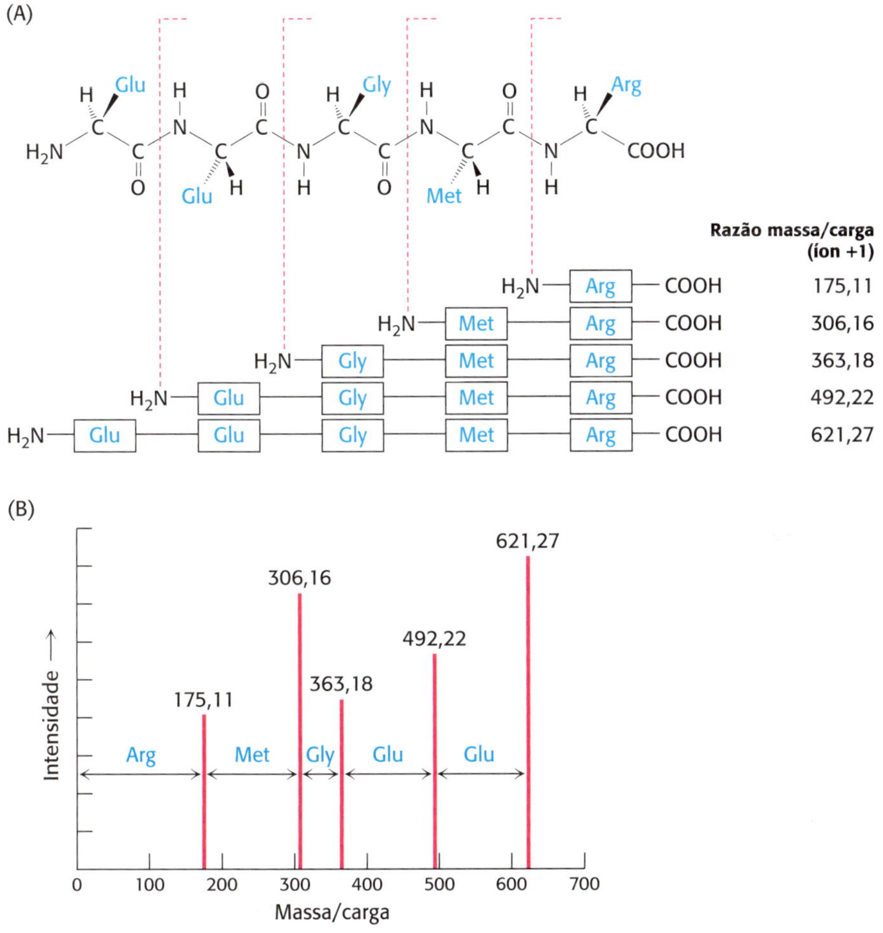


**FIGURA 3.31 Sequenciamento de peptídios por espectrometria de massa em tandem. A.** No espectrômetro de massa, os peptídios podem ser fragmentados por meio de bombardeio com íons de gases inertes, gerando uma família de íons produtos, nos quais os aminoácidos individuais foram removidos de uma extremidade. Neste exemplo, o fragmento carboxila da ligação peptídica clivada é ionizado. **B.** Os íons produtos são detectados no segundo analisador de massa. As diferenças de massa entre os picos indicam a sequência de aminoácidos do íon precursor. [Dados de H. Steen e M. Mann, *Nat. Rev. Mol. Cell Biol.* 5:699–711, 2004.]

**TABELA 3.3** Clivagem específica de polipeptídios.

| Reagente | Sítio de clivagem |
|---|---|
| **Clivagem química** | |
| Brometo de cianogênio | Lado carboxila dos resíduos de metionina |
| O-Iodosobenzoato | Lado carboxila dos resíduos de metionina |
| Hidroxilamina | Ligações asparagina-glicina |
| 2-nitro-5-tiocianobenzoato | Lado amino dos resíduos de cisteína |
| **Clivagem enzimática** | |
| Tripsina | Lado carboxila dos resíduos de lisina e de arginina |
| Clostripaína | Lado carboxila dos resíduos de arginina |
| Protease estafilocócica | Lado carboxila dos resíduos de aspartato e de glutamato (do glutamato apenas em certas condições) |
| Trombina | Lado carboxila da arginina |
| Quimiotripsina | Lado carboxila da tirosina, do triptofano, da fenilalanina, da leucina e da metionina |
| Carboxipeptidase A | Lado amino do aminoácido C-terminal (mas não da arginina, lisina ou prolina) |

esse obstáculo pela clivagem de uma proteína em peptídios menores, que podem ser então sequenciados. A clivagem de proteínas pode ser efetuada por reagentes químicos, como o brometo de cianogênio, ou por enzimas proteolíticas, como a tripsina. A Tabela 3.3 fornece várias outras maneiras de obter a clivagem específica de cadeias polipeptídicas. Observe que esses métodos são específicos para a sequência: eles rompem o esqueleto da proteína em determinados resíduos de aminoácidos de maneira previsível.

Os peptídios obtidos por clivagem química ou enzimática específica são separados por algum tipo de cromatografia. Em seguida, a sequência de cada peptídio purificado é determinada pelos métodos anteriormente descritos. Nessa etapa, as sequências de aminoácidos dos segmentos da proteína são conhecidas, porém a ordem desses segmentos ainda não está definida. Como podemos ordenar os peptídios de modo a obter a estrutura primária da proteína original? A informação adicional necessária é obtida a partir de *peptídios sobrepostos* (Figura 3.32). Utiliza-se uma segunda enzima para dividir a cadeia polipeptídica em diferentes ligações. Por exemplo, a quimiotripsina cliva preferencialmente o lado carboxila dos resíduos aromáticos e alguns outros resíduos apolares volumosos (ver Capítulo 9). Como esses peptídios quimiotrípticos superpõem dois ou mais peptídios trípticos, eles podem ser utilizados para estabelecer a ordem dos peptídios. A sequência completa de aminoácidos da cadeia polipeptídica é então identificada.

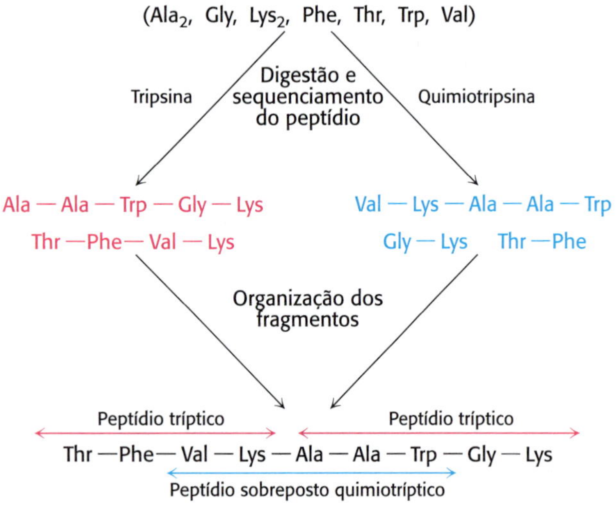


**FIGURA 3.32 Peptídios sobrepostos.** O peptídio obtido por digestão quimiotríptica sobrepõe-se a dois peptídios trípticos, estabelecendo a sua ordem.

São necessárias etapas adicionais se a amostra inicial de proteína consistir, de fato, em várias cadeias polipeptídicas. A SDS-PAGE, em condições redutoras, deve revelar o número de cadeias. Como alternativa, pode-se determinar o número de aminoácidos N-terminais distintos. Após a identificação de uma proteína como sendo formada por duas ou mais cadeias polipeptídicas, são utilizados agentes desnaturantes, como a ureia ou o cloridrato de guanidina, para dissociar as cadeias unidas por ligações não covalentes. As cadeias dissociadas precisam ser separadas umas das outras antes que se possa iniciar a determinação da sequência. As cadeias polipeptídicas ligadas por pontes dissulfeto são separadas por redução com tióis como o β-mercaptoetanol ou o ditiotreitol. Para evitar a recombinação dos resíduos de cisteína, eles são alquilados com iodo acetato para formar derivados S-carboximetila estáveis (Figura 3.33). Em seguida, pode-se efetuar o sequenciamento, conforme já descrito.

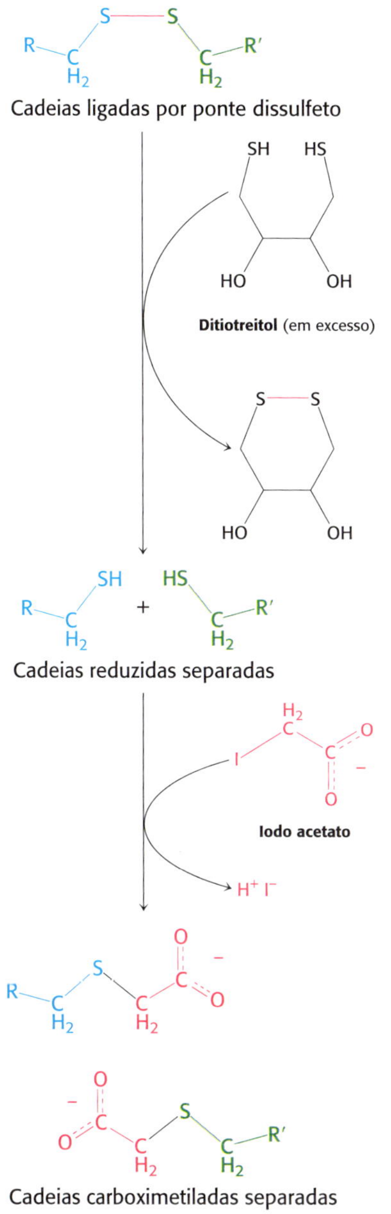


**FIGURA 3.33 Redução de pontes dissulfeto.** Os polipeptídios ligados por pontes dissulfeto podem ser separados por meio de redução com ditiotreitol seguida de alquilação para evitar a sua recombinação.

## Os métodos genômico e proteômico são complementares

Apesar dos avanços tecnológicos nos métodos tanto químicos quanto de espectrometria de massa para o sequenciamento de peptídios, são necessários esforços enormes para elucidar a sequência de proteínas grandes, ou seja, aquelas que possuem mais de 1.000 resíduos. Para o sequenciamento dessas proteínas, uma abordagem experimental complementar baseada na tecnologia do DNA recombinante é, com frequência, mais eficiente. Como será discutido no Capítulo 5, é possível efetuar a clonagem e o sequenciamento de longos segmentos de DNA, e a sequência de nucleotídios pode ser traduzida de modo a revelar a sequência de aminoácidos da proteína codificada pelo gene (Figura 3.34). A tecnologia do DNA recombinante proporcionou uma enorme quantidade de sequências de aminoácidos em uma notável velocidade.

Entretanto, mesmo com o uso do sequenciamento de bases do DNA para determinar a estrutura primária, ainda é necessário trabalhar com proteínas isoladas. A sequência de aminoácidos deduzida a partir da leitura da sequência de DNA é a da proteína nascente, o produto direto do processo de tradução. Todavia, muitas proteínas sofrem *modificações pós-traducionais* após a sua síntese. Algumas têm as suas extremidades aparadas, enquanto outras surgem pela clivagem de uma cadeia polipeptídica inicial maior. Em algumas proteínas, os resíduos de cisteína são oxidados para formar ligações dissulfeto conectando partes dentro de uma cadeia ou cadeias polipeptídicas separadas. Ocorre alteração de cadeias laterais específicas de algumas proteínas. As sequências de aminoácidos derivadas de sequências de DNA são ricas em informação, porém elas não revelam essas modificações. São necessárias análises químicas das proteínas em sua forma madura para delinear a natureza dessas mudanças, que são de grande importância para as atividades biológicas da maioria das proteínas. *Por conseguinte, as análises genômicas e proteômicas constituem abordagens complementares para elucidar a base estrutural da função das proteínas.*

## A sequência de aminoácidos de uma proteína fornece informações valiosas

Independentemente do método utilizado para sua determinação, a sequência de aminoácidos de uma proteína pode fornecer ao bioquímico uma riqueza de informações sobre a estrutura, a função e a história das proteínas.

**1.** *A sequência de uma proteína de interesse pode ser comparada com todas as sequências conhecidas de modo a verificar se existem similaridades significativas.* A busca de parentesco entre uma proteína recém-sequenciada e os milhões de proteínas com sequência já determinada leva apenas alguns segundos em um computador pessoal (ver Capítulo 6). Se a proteína recém-isolada for um membro de uma classe estabelecida de proteínas,

| | | | | | | | | | | | | |
|---|---|---|---|---|---|---|---|---|---|---|---|---|
| **Sequência de DNA** | GGG | TTC | TTG | GGA | GCA | GCA | GGA | AGC | ACT | ATG | GGC | GCA |
| **Sequência de aminoácidos** | Gly | Phe | Leu | Gly | Ala | Ala | Gly | Ser | Thr | Met | Gly | Ala |

**FIGURA 3.34 A sequência de DNA fornece a sequência de aminoácidos.** A sequência completa de nucleotídios do HIV-1 (vírus da imunodeficiência humana, *human immunodeficiency virus*), a causa da AIDS (síndrome da imunodeficiência adquirida, *acquired immune deficiency sindrome*), foi determinada 1 ano após o isolamento do vírus. Parte da sequência de DNA especificada pelo genoma de RNA do vírus é mostrada aqui com a sequência correspondente de aminoácidos (deduzida a partir do conhecimento do código genético).

podemos começar a inferir informações sobre a estrutura e a função dessa proteína. Por exemplo, a quimiotripsina e a tripsina são membros da família das serina proteases, um clã de enzimas proteolíticas que possuem um mecanismo catalítico comum baseado em um resíduo de serina reativa (ver Capítulo 9). Se a sequência da proteína recém-isolada demonstra uma similaridade com a da tripsina ou com a da quimiotripsina, o resultado sugere que ela pode ser uma serina protease.

**2.** *A comparação de sequências da mesma proteína em diferentes espécies fornece informações sobre as vias evolutivas.* Relações genealógicas entre espécies podem ser deduzidas a partir de diferenças nas sequências de suas proteínas. Se assumirmos que a taxa de mutações aleatórias das proteínas ao longo do tempo é constante, então uma comparação cuidadosa da sequência de proteínas relacionadas entre dois organismos pode fornecer uma estimativa do momento em que essas duas linhas evolutivas divergiram. Por exemplo, uma comparação das albuminas séricas encontradas em primatas indica que os seres humanos e os macacos africanos divergiram há 5 milhões de anos, e não há 30 milhões de anos, como se acreditava. As análises de sequência abriram uma nova perspectiva sobre o registro de fósseis e o caminho da evolução da espécie humana.

**3.** *As sequências de aminoácidos podem ser investigadas quanto à presença de repetições internas.* Essas repetições internas podem revelar a história de uma proteína individual. Muitas proteínas aparentemente se originam por meio de duplicação de genes primordiais seguida de sua diversificação. Por exemplo, a calmodulina, um sensor onipresente do cálcio nos eucariotos, contém quatro módulos semelhantes de ligação do cálcio que surgem por duplicação gênica (Figura 3.35).

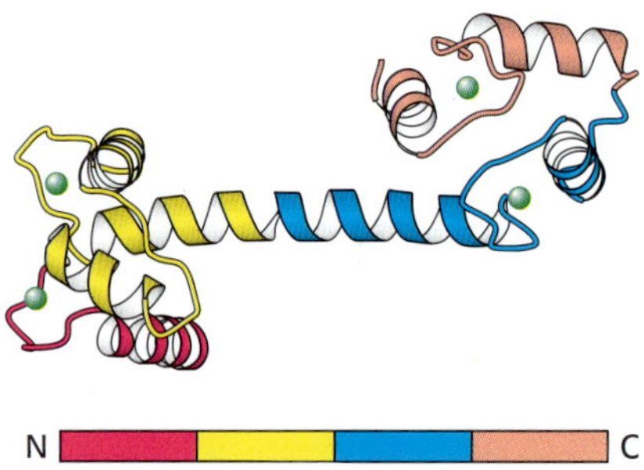


**FIGURA 3.35 Motivos repetitivos em uma cadeia proteica.** A calmodulina, um sensor do cálcio, contém quatro unidades semelhantes (mostradas em vermelho, amarelo, azul e laranja) em uma única cadeia polipeptídica. *Observe* que cada unidade liga-se a um íon cálcio (mostrado em verde). [Desenhada de 1CLL.pdb.]

**4.** *Muitas proteínas contêm sequências de aminoácidos que servem como sinais para designar seus destinos ou para controlar o seu processamento.* Por exemplo, uma proteína destinada à exportação de uma célula ou para localização em uma membrana contém uma *sequência sinalizadora* – um fragmento de cerca de 20 resíduos hidrofóbicos próximo à extremidade aminoterminal que direciona a proteína para a membrana apropriada. Outra proteína pode conter um segmento de aminoácidos que atua como *sinal de localização nuclear* que direciona a proteína para o núcleo.

**5.** *Os dados de sequenciamento proporcionam uma base para a preparação de anticorpos específicos contra uma proteína de interesse.* Uma ou mais partes da sequência de aminoácidos de uma proteína induzem a produção de anticorpos quando injetadas em um camundongo ou coelho. Esses anticorpos específicos podem ser muito úteis para determinar a quantidade de uma proteína presente em solução ou no sangue, no estabelecimento de sua distribuição dentro de uma célula ou na clonagem de seu gene (ver seção 3.2 posterior).

**6.** *As sequências de aminoácidos são valiosas para produzir sondas de DNA, que são específicas para os genes que codificam as proteínas correspondentes.* O conhecimento da estrutura primária de uma proteína possibilita o uso da genética reversa. Sequências de DNA que correspondem a uma parte da sequência de aminoácidos podem ser construídas com base no código genético. Essas sequências de DNA podem ser utilizadas como sondas para isolar o gene que codifica a proteína de modo que a sequência completa da proteína possa ser determinada. Por sua vez, o gene pode fornecer informações valiosas sobre a regulação fisiológica da proteína. O sequenciamento de proteínas constitui uma parte essencial da genética molecular, da mesma forma que a clonagem do DNA é fundamental para a análise da estrutura e da função das proteínas. Revisitaremos alguns desses tópicos de modo mais detalhado no Capítulo 5.

## Proteínas individuais podem ser identificadas por espectrometria de massa

A combinação da espectrometria de massa com técnicas de cromatografia e de clivagem de peptídios possibilita uma identificação altamente sensível de proteínas em misturas biológicas complexas. Quando determinada proteína é clivada por métodos químicos ou enzimáticos (Tabela 3.3), forma-se uma família específica e previsível de fragmentos peptídicos. No Capítulo 2, aprendemos que cada proteína possui uma sequência única e precisamente definida de aminoácidos. Assim, a identidade dos peptídios individuais formados a partir dessa reação de clivagem – e, de maneira importante, suas massas correspondentes – constitui uma assinatura distinta para essa proteína em particular. A clivagem de proteínas, seguida de separação cromatográfica e espectrometria de massa, possibilita a rápida identificação e quantificação dessas assinaturas, mesmo se estiverem presentes em concentrações muito baixas. Essa técnica de identificação de proteínas é designada como *impressão digital da massa de peptídios* (*peptide mass fingerprinting*).

A velocidade e a sensibilidade da espectrometria de massa tornaram essa tecnologia de importância fundamental no estudo da proteômica. Consideremos a análise do complexo do poro nuclear da levedura, que facilita o transporte de grandes moléculas para dentro e para fora do núcleo. Esse enorme complexo macromolecular foi purificado a partir de células de levedura e, em seguida, fracionado por HPLC, seguido de eletroforese em gel. As bandas individuais do gel foram isoladas, clivadas com tripsina e analisadas por espectrometria de massa MALDI-TOF. Os fragmentos produzidos foram comparados com as sequências de aminoácidos deduzidas da sequência de DNA do genoma da levedura, como mostra a Figura 3.36. Foram identificadas no total 174 proteínas do poro nuclear dessa maneira. Muitas dessas proteínas não tinham sido anteriormente identificadas como proteínas associadas ao poro nuclear, apesar de anos de estudo. Além disso, os métodos de espectrometria de massa são sensíveis o suficiente para detectar praticamente todos os componentes do poro se estiverem presentes nas amostras utilizadas. Por conseguinte, é possível obter diretamente uma lista completa dos componentes que constituem esse complexo macromolecular. Esse tipo de análise proteômica está adquirindo maior importância à medida que os métodos de espectrometria de massa e de fracionamento bioquímico são refinados.

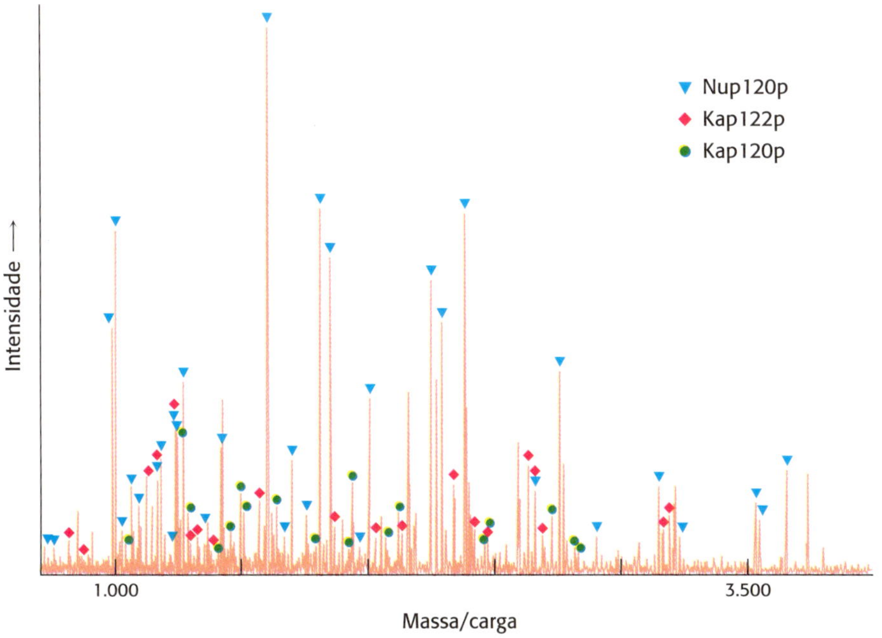


**FIGURA 3.36 Análise proteômica por espectrometria de massa.** Esse espectro de massa foi obtido pela análise de uma banda de gel tratada com tripsina proveniente de uma amostra do poro nuclear de levedura. Foi constatado que muitos dos picos correspondem às massas previstas para fragmentos peptídicos dessas proteínas (Nup120p, Kap122p e Kap120p) dentro do genoma da levedura. A banda correspondeu a uma massa molecular aparente de 100 kDa. [Dados de M. P. Rout, J. D. Aitchison, A. Suprapto, K. Hjertaas, Y. Zhao, e B. T. Chait, *J. Cell Biol.* 148:635–651, 2000.]

## 3.4 Os peptídios podem ser sintetizados por métodos automatizados em fase sólida

Peptídios de sequência definida podem ser sintetizados para auxiliar a análise bioquímica. Esses peptídios representam ferramentas valiosas para vários propósitos.

**1.** *Os peptídios sintéticos podem servir como antígenos para estimular a formação de anticorpos específicos.* Suponha que queiramos isolar a proteína expressa por um gene específico. Podem ser sintetizados peptídios que correspondem à tradução de parte da sequência de ácido nucleico do gene, e podem ser produzidos anticorpos dirigidos contra esses peptídios. Em seguida, esses anticorpos podem ser utilizados para isolar a proteína intacta ou para localizá-la dentro da célula.

**2.** *Peptídios sintéticos podem ser utilizados para isolar receptores de muitos hormônios e outras moléculas de sinalização.* Por exemplo, os leucócitos são atraídos pelas bactérias por meio de peptídios de formilmetionil (fMet) liberados durante a degradação de proteínas bacterianas. Peptídios de formilmetionil sintéticos têm sido úteis na identificação do receptor de superfície celular dessa classe de peptídios. Além disso, os peptídios sintéticos podem ser ligados a resinas de agarose para preparar colunas de cromatografia de afinidade para a purificação de proteínas receptoras capazes de reconhecer especificamente os peptídios.

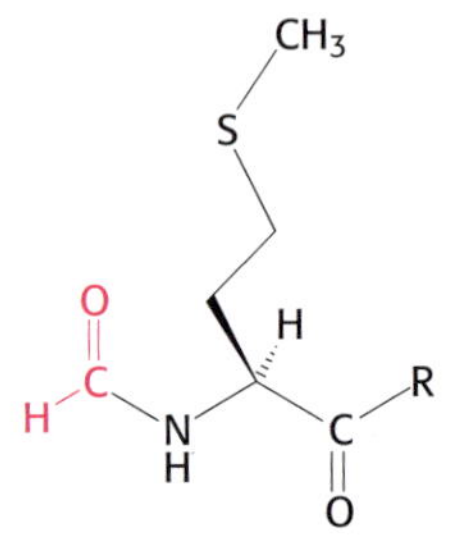

**Peptídio fMet**

**3.** *Os peptídios sintéticos podem servir como fármacos.* A vasopressina é um hormônio peptídico que estimula a reabsorção de água nos túbulos distais dos rins, levando à formação de uma urina mais concentrada. Os pacientes com diabetes insípido apresentam deficiência de vasopressina (também denominada *hormônio antidiurético*), de modo que eles excretam grandes volumes de urina diluída (mais de 5 ℓ por dia) e estão continuamente com sede. Esse defeito pode ser tratado pela administração de 1-desamino-8-D-arginina vasopressina, um análogo do hormônio deficiente (Figura 3.37). Esse peptídio sintético é degradado *in vivo* muito mais lentamente do que a vasopressina e não aumenta a pressão arterial.

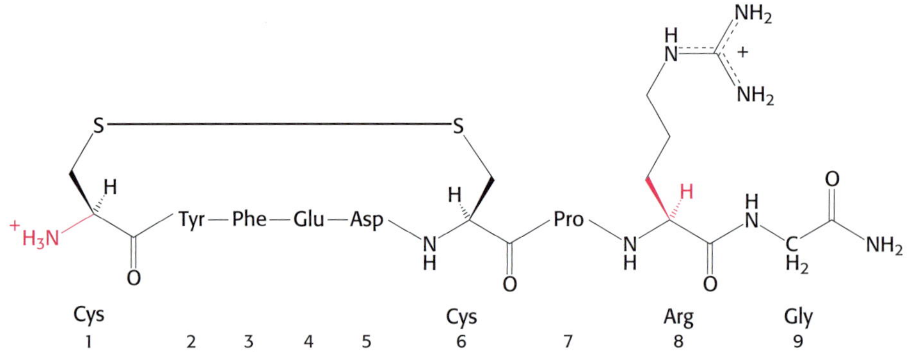


(A) **8-arginina vasopressina** (hormônio antidiurético, ADH)

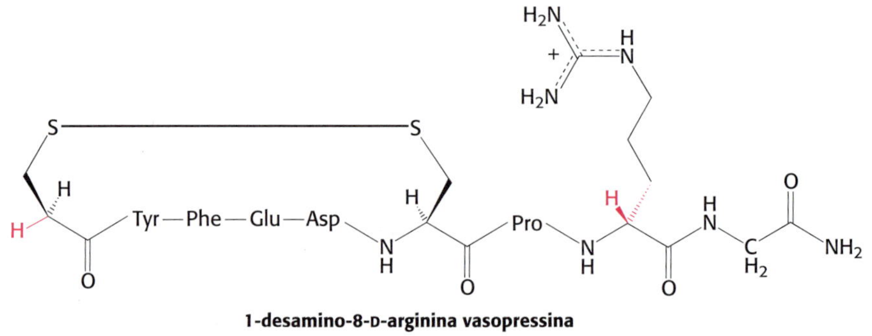

(B) **1-desamino-8-D-arginina vasopressina**

**FIGURA 3.37 Vasopressina e um análogo sintético da vasopressina.** Fórmulas estruturais da (**A**) vasopressina, um hormônio peptídico que estimula a reabsorção de água, e da (**B**) 1-desamino-8-D-arginina vasopressina, um análogo sintético mais estável desse hormônio antidiurético.

**4.** Por fim, *o estudo dos peptídios sintéticos pode ajudar a definir as regras que governam a estrutura tridimensional das proteínas.* Podemos perguntar se determinada sequência por si só tende a se enovelar em uma α-hélice, fita β ou volta em forma de grampo, ou comporta-se como uma hélice aleatória. Os peptídios criados para esses estudos podem incorporar aminoácidos que normalmente não são encontrados nas proteínas, permitindo maior variação na estrutura química do que aquela possível com o uso de apenas 20 aminoácidos.

Como esses peptídios são construídos? O grupo amino de um aminoácido liga-se ao grupo carboxila do outro. Entretanto, forma-se um produto único apenas se houver disponibilidade de um único grupo amino ou de um único grupo carboxila para a reação. Por conseguinte, é necessário bloquear alguns grupos e ativar outros, de modo a impedir a ocorrência de reações indesejáveis. Em primeiro lugar, o aminoácido carboxiterminal é ligado a uma resina insolúvel pelo seu grupo carboxila, protegendo-o de reações adicionais formadoras de ligações peptídicas (Figura 3.38).

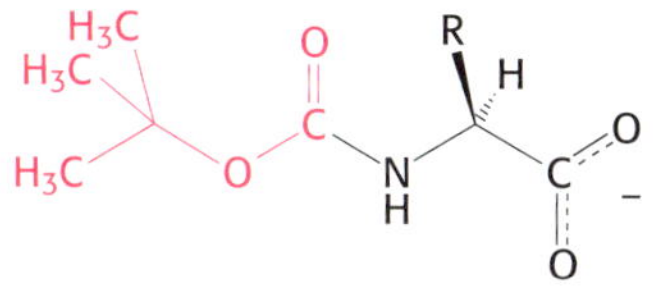

**Aminoácido *t*-butiloxicarbonil (aminoácido *t*-Boc)**

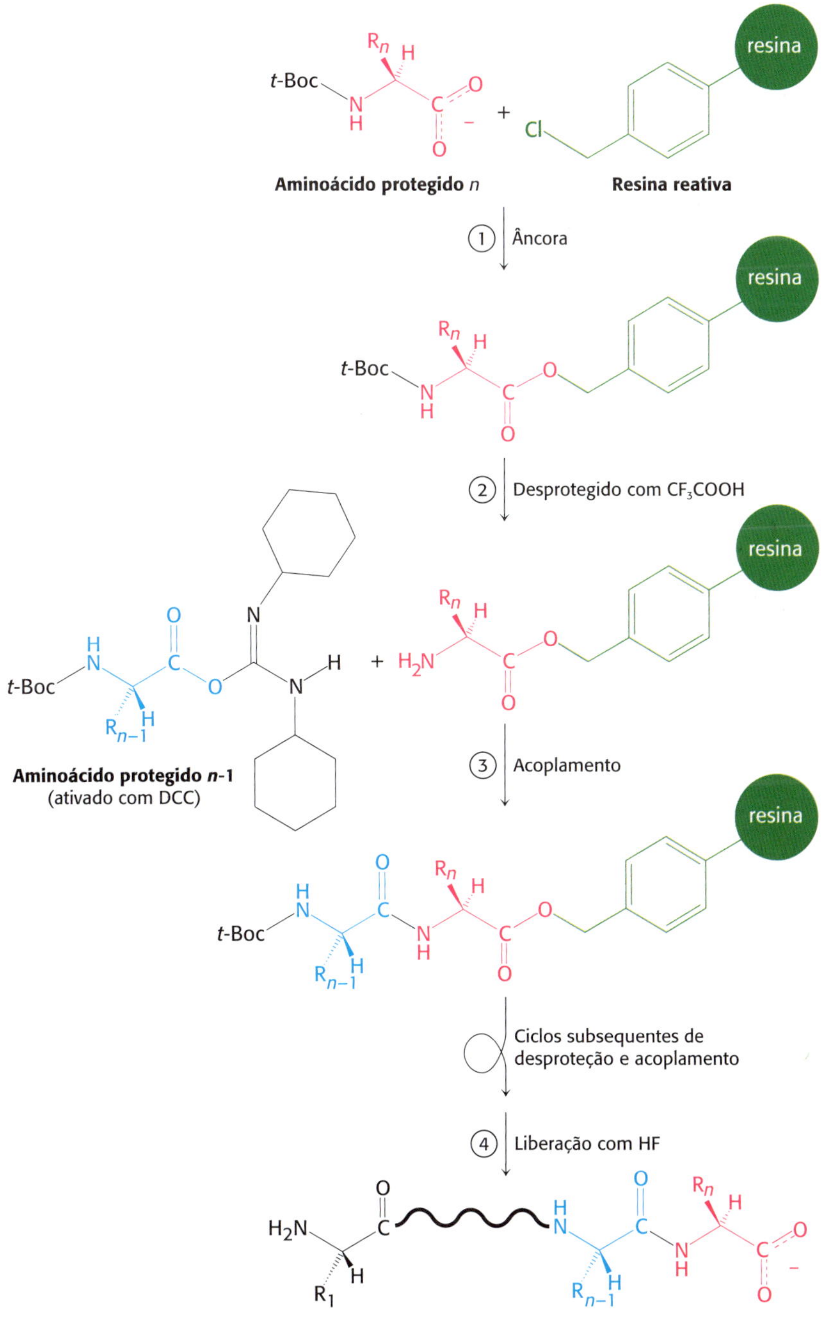


**FIGURA 3.38 Síntese de peptídios em fase sólida.** A sequência de etapas na síntese em fase sólida é a seguinte: (1) ancoragem do aminoácido C-terminal a uma resina sólida, (2) desproteção do aminoterminal, e (3) acoplamento do aminoterminal livre com o grupo carboxila ativado por DCC do aminoácido seguinte. As etapas 2 e 3 são repetidas para cada aminoácido adicionado. Por fim, na etapa 4, o peptídio completado é liberado da resina.

O grupo α-amino desse aminoácido é bloqueado com um grupo protetor, como o grupo *tert*-butiloxicarbonil (*t*-Boc). O grupo protetor *t*-Boc desse aminoácido é então removido com ácido trifluoroacético.

O próximo aminoácido (na forma *t*-Boc protegida) e a *diciclo-hexilcarbodiimida* (DCC) são adicionados juntos. Nessa etapa, apenas o grupo carboxila do aminoácido adicionado e o grupo amino do aminoácido ligado à resina estão livres para formar uma ligação peptídica. A DCC reage com o grupo carboxila do aminoácido adicionado ativando-o para a reação da formação de ligação peptídica. Uma vez formada a ligação peptídica, os reagentes em excesso são lavados e removidos, deixando o produto dipeptídico desejado ligado à resina. Aminoácidos adicionais são ligados por meio da mesma sequência de reações. No final da síntese, o peptídio é liberado da resina pela adição de ácido fluorídrico (HF), que cliva a âncora de éster carboxílico sem romper as ligações peptídicas. Os grupos protetores nas cadeias laterais potencialmente reativas, como os da lisina, também são removidos nessa fase.

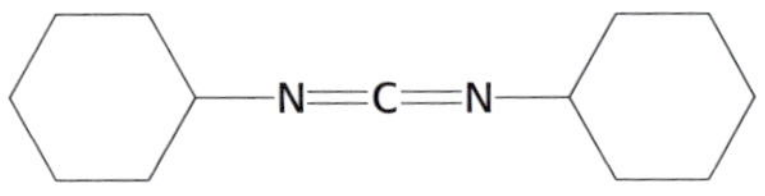


**Diciclo-hexilcarbodiimida (DCC)**

Uma importante vantagem desse *método em fase sólida*, desenvolvido pela primeira vez por R. Bruce Merrifield, é que o produto desejado em cada etapa está ligado a uma resina que pode ser rapidamente filtrada e lavada. Por conseguinte, não há necessidade de purificação de intermediários. Todas as reações são realizadas em um único recipiente, eliminando as perdas causadas pela transferência repetida de produtos. Esse ciclo de reações pode ser facilmente automatizado, viabilizando a síntese rotineira de peptídios contendo cerca de 50 resíduos com bom rendimento e pureza. De fato, o método em fase sólida tem sido utilizado para sintetizar interferonas (155 resíduos), que possuem atividade antiviral, e a ribonuclease (124 resíduos), que é cataliticamente ativa. Os grupos protetores e os agentes de clivagem podem ser variados para aumentar a flexibilidade ou a conveniência.

Os peptídios sintéticos podem ser ligados para criar moléculas ainda mais compridas. Com o uso de métodos de *ligação de peptídios* especialmente desenvolvidos, podem ser sintetizadas proteínas de 100 aminoácidos ou mais de forma muito pura. Esses métodos possibilitam a construção de instrumentos ainda mais precisos para examinar a estrutura e a função das proteínas.

## 3.5 A estrutura tridimensional das proteínas pode ser determinada por cristalografia de raios X, espectroscopia por ressonância magnética nuclear e criomicroscopia eletrônica

A elucidação da estrutura tridimensional de uma proteína constitui frequentemente a fonte de muitas descobertas sobre a sua função correspondente, visto que a especificidade dos sítios ativos e dos sítios de ligação é definida pelo arranjo preciso dos átomos no interior dessas regiões. Por exemplo, o conhecimento da estrutura de uma proteína permite ao bioquímico deduzir o seu mecanismo de ação, os efeitos de mutações sobre a sua função e as características desejáveis de fármacos que possam inibir ou aumentar a sua atividade. A cristalografia de raios X, a espectroscopia por ressonância magnética nuclear e a criomicroscopia eletrônica constituem as técnicas mais importantes para elucidar a conformação das proteínas.

### A cristalografia de raios X revela a estrutura tridimensional com detalhes atômicos

A *cristalografia de raios X* foi o primeiro método desenvolvido para determinar a estrutura proteica com detalhe atômico. Essa técnica fornece uma visualização mais clara das posições tridimensionais precisas da maioria dos átomos dentro de uma proteína. De todas as formas de radiação, os raios X são os que fornecem a melhor resolução para a determinação das estruturas moleculares, visto que o seu comprimento de onda corresponde, aproximadamente, ao comprimento de uma ligação covalente. Os três componentes em uma análise de cristalografia de raios X são um *cristal de proteína, uma fonte de raios X e um detector* (Figura 3.39).

A cristalografia de raios X exige inicialmente a preparação de uma proteína ou complexo proteico em forma de cristal no qual todas as moléculas de proteína estejam orientadas em um arranjo fixo e repetido entre si. A adição lenta de sulfato de amônio ou de outro sal a uma solução concentrada de proteína para reduzir a sua solubilidade favorece a formação de cristais altamente ordenados – o processo de *salting out* discutido na página 74. Por exemplo, a mioglobina cristaliza em 3 M de sulfato de amônio. A cristalização das proteínas pode representar um desafio: é necessária uma solução concentrada de material de alta pureza, e, com frequência, é difícil prever quais as condições experimentais que produzirão os cristais mais efetivos. Foram desenvolvidos métodos para o rastreamento de muitas condições diferentes de cristalização utilizando-se uma pequena quantidade de amostra de proteína. Normalmente, centenas de condições precisam ser testadas para obter cristais totalmente adequados para os estudos de cristalografia. Entretanto, foram cristalizadas proteínas cada vez maiores e complexas. Por exemplo, o poliovírus, uma montagem de 8.500 kDa de 240 subunidades de proteínas que circundam um cerne de RNA, foi cristalizado, e a sua estrutura foi definida por métodos com raios X. Fundamentalmente, as proteínas com frequência cristalizam em sua configuração biologicamente ativa. Os cristais de enzimas podem exibir atividade catalítica se os cristais forem cobertos com substrato.

Uma vez obtido um cristal de proteína adequadamente puro, é necessária uma fonte de raios X. Um feixe de raios X de comprimento de onda de 1,54 Å é produzido pela aceleração de elétrons contra um alvo de cobre. Dessa maneira, o equipamento apropriado para a geração de raios X está frequentemente disponível nos laboratórios. Como alternativa, os raios X podem ser produzidos por *radiação sincrotron,* a aceleração de elétrons em órbitas circulares em velocidades próximas à da luz. Os feixes de raios X gerados por radiação sincrotron são mais intensos do que aqueles gerados por elétrons atingindo o cobre. A maior intensidade permite a aquisição de dados de alta qualidade a partir de cristais menores com menor tempo de exposição. Várias instalações pelo mundo geram radiação sincrotron, como no Advanced Light Source at Argonne National Laboratory, em Chicago, e na Photon Factory, na cidade de Tsukuba, no Japão.

Quando um feixe estreito de raios X é dirigido para o cristal de proteína, a maior parte do feixe passa diretamente através do cristal, enquanto uma pequena parte é dispersa em várias direções. Esses raios X dispersos ou *difratados* podem ser detectados por filmes de raios X ou por um detector eletrônico de estado sólido. O padrão de dispersão fornece muitas informações sobre a estrutura da proteína. Os princípios físicos básicos subjacentes a essa técnica são os seguintes:

**1.** *Os elétrons dispersam os raios X.* A amplitude da onda dispersa por um átomo é proporcional a seu número de elétrons. Assim, um átomo de carbono dispersa seis vezes mais fortemente do que um átomo de hidrogênio.

**2.** *As ondas dispersas se recombinam.* Cada feixe difratado consiste em ondas dispersas por cada átomo no cristal. As ondas dispersas reforçam uma à outra no filme ou no detector se estiverem em fase (na etapa) e anulam-se uma à outra se estiverem fora de fase.

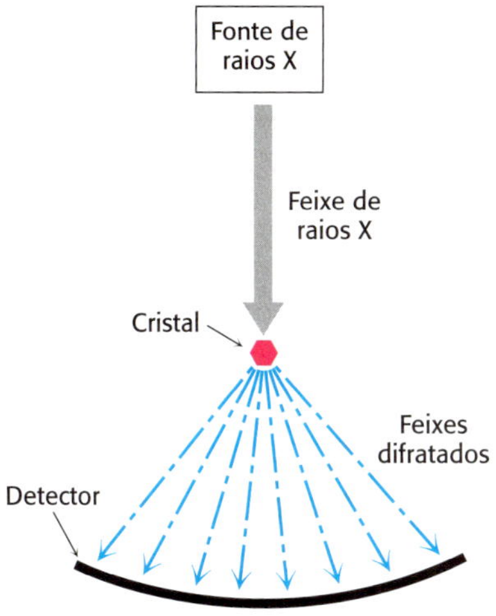


**FIGURA 3.39 Um experimento de cristalografia de raios X.** Uma fonte de raios X gera um feixe, que é difratado por um cristal. O padrão de difração resultante é coletado por um detector.

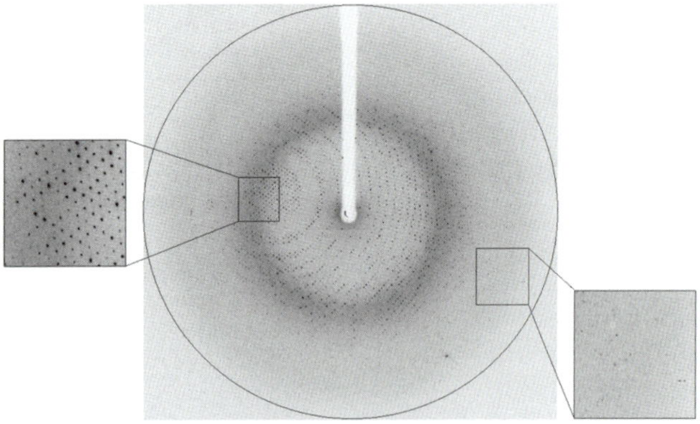

**FIGURA 3.40 Padrão de difração de raios X.** Um cristal de proteína difrata raios X para produzir um padrão de pontos ou reflexos na superfície do detector. A silhueta branca no centro da imagem é de um interruptor de feixe, que protege o detector dos intensos raios X não difratados. [S. Lansky *et al.*, *Acta Cryst.* F69:430–434, 2013, Fig. 2. © 2013 IUCr.]

**3.** *A forma de recombinação das ondas dispersas depende apenas do arranjo atômico.* O cristal de proteína é montado e posicionado em uma orientação precisa em relação ao feixe de raios X e ao filme. O cristal é rodado de modo que o feixe possa atingi-lo de muitas direções. Esse movimento rotacional resulta em uma fotografia de raios X que consiste em uma série regular de pontos, denominados *reflexos.* A fotografia de raios X mostrada na Figura 3.40 é um corte bidimensional através de um arranjo tridimensional de 72 mil reflexos. As intensidades e as posições desses reflexos constituem os dados experimentais básicos de uma análise por cristalografia de raios X. Cada reflexo é formado por uma onda com amplitude proporcional à raiz quadrada da intensidade observada do ponto. Cada onda também apresenta uma *fase* – ou seja, o momento de ocorrência dos picos e vales em relação aos de outras ondas. Experimentos ou cálculos adicionais precisam ser realizados para determinar as fases que correspondem a cada reflexo.

A próxima etapa consiste em reconstruir uma imagem da proteína a partir dos reflexos observados. Na microscopia óptica ou na microscopia eletrônica, os feixes difratados são focados por lentes para formar diretamente uma imagem. Entretanto, não existem lentes apropriadas para o foco dos raios X. Em vez disso, a imagem é formada pela aplicação de uma relação matemática, denominada *transformada de Fourier*, para as amplitudes medidas e fases calculadas de cada reflexo observado. A imagem obtida é designada como *mapa de densidade eletrônica.* Esse mapa é uma representação gráfica tridimensional de onde os elétrons estão mais densamente localizados e é utilizado para determinar as posições dos átomos na molécula cristalizada (Figura 3.41). Para a interpretação do mapa, é de suma importância a sua *resolução,* que é determinada pelo número de intensidades dispersas utilizadas na transformada de Fourier. A fidelidade da imagem depende dessa resolução. Uma resolução de 6 Å revela o curso da cadeia polipeptídica, porém fornece poucos outros detalhes estruturais. O motivo é que as cadeias polipeptídicas unem-se entre si de modo que seus centros estejam a uma distância de 5 a 10 Å. São necessários mapas de maior resolução para delinear grupos de átomos que estão a uma distância de 2,8 a 4 Å, bem como átomos individuais que estão distantes de 1 a 1,5 Å (Figura 3.42). A resolução final de uma análise de raios X é determinada pelo grau de perfeição do cristal. Para as proteínas, esse limite de resolução é, com frequência, de cerca de 2 Å; todavia, em casos excepcionais, foram obtidas resoluções de 1 Å.

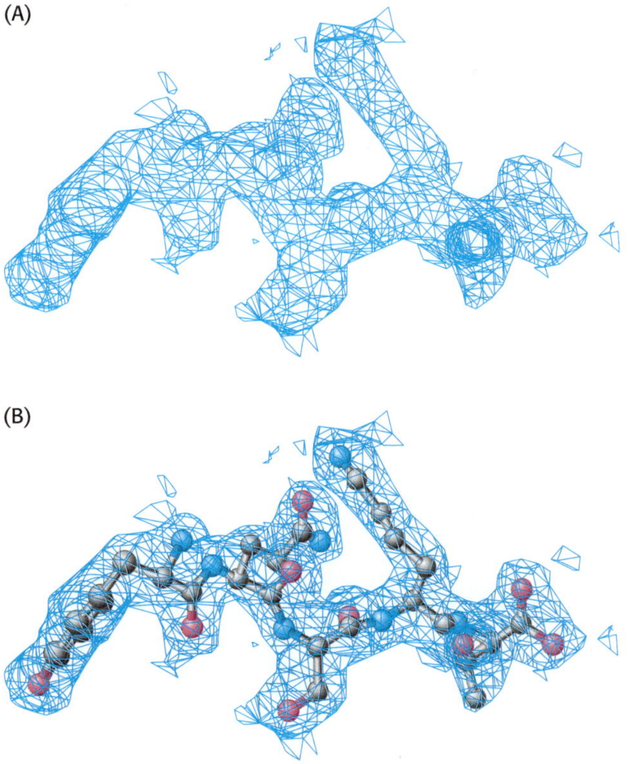


**FIGURA 3.41 Interpretação de um mapa de densidade eletrônica.** **A.** Um segmento de um mapa de densidade eletrônica é traçado como um diagrama de contorno tridimensional em que as regiões dentro da "gaiola" representam as regiões de maior densidade eletrônica. **B.** Um modelo da proteína é construído nesse mapa de modo a maximizar a localização dos átomos dentro dessa densidade. [Desenhada de 1FCH.pdb.]

## A espectroscopia por ressonância magnética nuclear pode revelar as estruturas de proteínas em solução

A cristalografia de raios X constitui o método mais poderoso para a determinação das estruturas das proteínas. Entretanto, algumas proteínas não cristalizam com facilidade. Além disso, são frequentemente necessárias condições não fisiológicas (como pH e adição de sais) para uma cristalização bem-sucedida. Além disso, as proteínas cristalizadas adotam conformações que podem ser influenciadas por restrições impostas

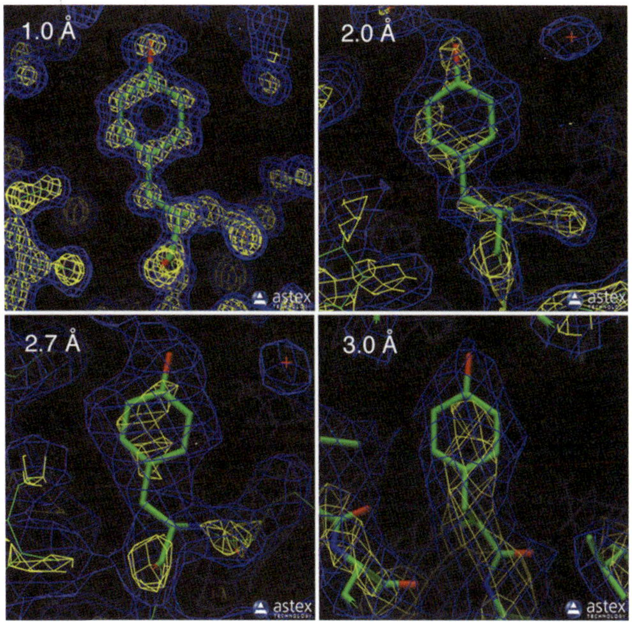


**FIGURA 3.42 A resolução afeta a qualidade do mapa de densidade eletrônica.** São mostrados os mapas de densidade eletrônica de um resíduo de tirosina em quatro níveis diferentes de resolução (1 Å, 2 Å, 2,7 Å e 3 Å). Nos níveis de menor resolução (2,7 Å e 3 Å), apenas um grupo de átomos que corresponde à cadeia lateral é visível, ao passo que, na resolução máxima (1 Å), é possível distinguir átomos individuais na cadeia lateral. [Dados de www.rcsb.org/pdb/101/static101.do?p=education_discussion/Looking-at-Structures/resolution.html.]

pelo ambiente cristalino. Entretanto, como a maioria das proteínas atua em solução em condições fisiológicas, podem-se adquirir maiores conhecimentos sobre a função das proteínas por meio da determinação estrutural sem as restrições da cristalização. A *espectroscopia por ressonância magnética nuclear* (RMN) é exclusiva na sua capacidade de revelar a estrutura atômica de macromoléculas *em solução,* contanto que possam ser obtidas soluções altamente concentradas (cerca de 1 mM ou 15 mg m$\ell^{-1}$ para uma proteína de 15 kDa). Essa técnica baseia-se no fato de que certos núcleos atômicos são intrinsecamente magnéticos. Apenas um número limitado de isótopos apresenta essa propriedade, denominada *spin,* e aqueles mais importantes para a bioquímica estão listados na Tabela 3.4. O exemplo mais simples é o núcleo do hidrogênio ($^1$H), que é um próton. A rotação de um próton gera um momento magnético. Esse momento pode assumir uma de duas orientações ou estados de *spin* (rotação) (denominados α e β) quando se aplica um campo magnético externo (Figura 3.43). A diferença de energia entre esses estados é proporcional à força imposta do campo magnético. O estado α apresenta uma energia ligeiramente menor, visto que está alinhado com esse campo aplicado. Por conseguinte, em determinada população de núcleos, uma quantidade ligeiramente maior ocupará o estado α (por um fator da ordem de 1.00001 em um experimento típico). Um próton em rotação em um estado α pode ser elevado a um estado excitado (estado β) pela aplicação de um pulso de radiação eletromagnética (um pulso de radiofrequência ou RF), contanto que a frequência corresponda à diferença de energia entre os estados α e β. Nessas circunstâncias, a rotação mudará de α para β; em outras palavras, a *ressonância* será obtida.

Essas propriedades podem ser utilizadas para examinar o ambiente químico do núcleo de hidrogênio. O fluxo de elétrons ao redor de um núcleo magnético gera um pequeno campo magnético local, que se opõe ao campo aplicado. O grau dessa proteção depende da densidade eletrônica circundante. Em consequência, os núcleos em diferentes ambientes mudarão seus estados ou irão ressoar em forças de campo ou frequências de radiação ligeiramente diferentes. Obtém-se um espectro de ressonância para uma molécula pela manutenção do campo magnético constante e pela variação da frequência da radiação eletromagnética. Os núcleos da amostra perturbada absorvem a radiação eletromagnética em uma frequência que pode ser medida. As diferentes

**TABELA 3.4** Núcleos biologicamente importantes que fornecem sinais na RMN.

| Núcleo | Abundância natural (% por peso do elemento) |
|---|---|
| $^1$H | 99,984 |
| $^2$H | 0,016 |
| $^{13}$C | 1,108 |
| $^{14}$N | 99,635 |
| $^{15}$N | 0,365 |
| $^{17}$O | 0,037 |
| $^{23}$Na | 100,0 |
| $^{25}$Mg | 10,05 |
| $^{31}$P | 100,0 |
| $^{35}$Cl | 75,4 |
| $^{39}$K | 93,1 |

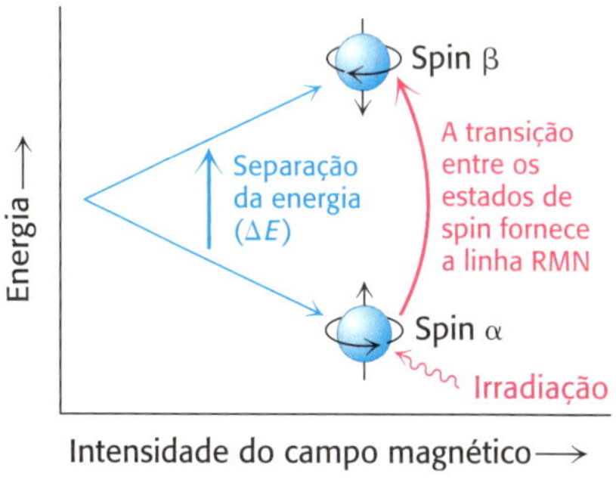


**FIGURA 3.43 Base da espectroscopia por RMN.** As energias das duas orientações de um núcleo de spin ½ (como $^{31}$P e $^1$H) dependem da força do campo magnético aplicado. A absorção da radiação eletromagnética de frequência apropriada induz uma transição do nível menor para o maior.

frequências, denominadas *deslocamentos químicos,* são expressas em unidades fracionárias δ (partes por milhão ou ppm) relativas aos deslocamentos de um composto padrão, como um derivado hidrossolúvel do tetrametilsilano, que é adicionado à amostra. Por exemplo, um próton $-CH_3$ normalmente exibe um deslocamento químico (δ) de 1 ppm, em comparação com um deslocamento químico de 7 ppm de um próton aromático. Os deslocamentos químicos da maioria dos prótons nas moléculas de proteína situam-se entre 0 e 9 ppm (Figura 3.44). Os prótons em muitas proteínas podem ser, em sua maioria, identificados utilizando-se essa técnica de *RMN unidimensional.* Com essa informação, podemos então deduzir as mudanças de determinado grupo químico em diferentes condições, como a mudança de conformação de uma proteína de uma estrutura desordenada para uma α-hélice em resposta a uma mudança de pH.

Podemos reunir ainda mais informação examinando como os spins de diferentes prótons afetam seus vizinhos. Com a indução de uma magnetização transitória em uma amostra pela aplicação de um pulso de radiofrequência, podemos alterar o spin de um núcleo e examinar o efeito sobre o spin de núcleo vizinho. Particularmente revelador é o *espectro bidimensional obtido pela espectroscopia com intensificação nuclear Overhauser* (NOESY, *nuclear Overhauser enhancement spectroscopy*), *que exibe graficamente pares de prótons que estão em estreita proximidade,* mesmo se eles não estiverem juntos na estrutura primária. A base dessa técnica é o *efeito nuclear Overhauser* (NOE, *nuclear Overhauser effect*), uma interação entre núcleos que é proporcional ao inverso da sexta potência da distância entre eles. A magnetização é transferida de um núcleo excitado para um núcleo não excitado se os dois núcleos estiverem a uma distância de menos de cerca de 5 Å um do outro (Figura 3.45A). Em outras palavras, o efeito proporciona um meio de

**FIGURA 3.44 Espectros de RMN unidimensionais. A.** Espectro $^1$H-RMN do etanol ($CH_3CH_2OH$) mostrando que os deslocamentos químicos para o hidrogênio são claramente resolvidos. **B.** Espectro $^1$H-RMN de um fragmento de 55 aminoácidos de uma proteína que desempenha um papel no *splicing* do RNA mostrando maior grau de complexidade. Observa-se a presença de um grande número de picos e muitas sobreposições. [(**A**) Dados de C. Branden e J. Tooze, *Introduction to Protein Structure* (Garland, 1991), p. 280; (**B**) cortesia da Dra. Barbara Amann e do Dr. Wesley McDermott.]

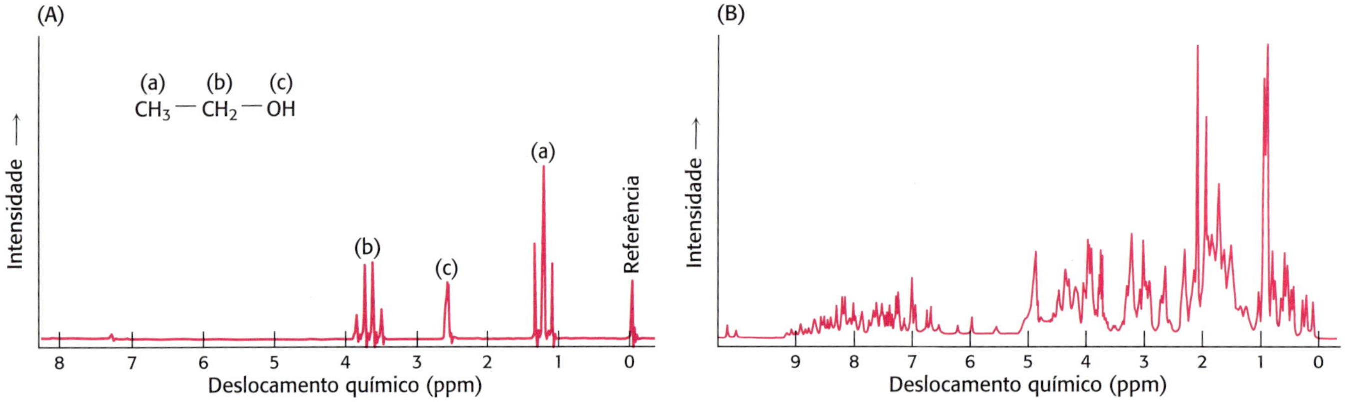


**FIGURA 3.45 Efeito nuclear Overhauser.** O efeito nuclear Overhauser (NOE) identifica pares de prótons que estão em estreita proximidade. **A.** Representação esquemática de uma cadeia polipeptídica destacando cinco prótons em particular. Os prótons 2 e 5 estão em estreita proximidade (distância de cerca de 4 Å), enquanto outros pares estão mais distantes. **B.** Espectro NOESY altamente simplificado. A diagonal mostra cinco picos que correspondem aos cinco prótons na parte A. O pico acima da diagonal e o pico simetricamente relacionado abaixo revelam que o próton 2 está próximo do próton 5.

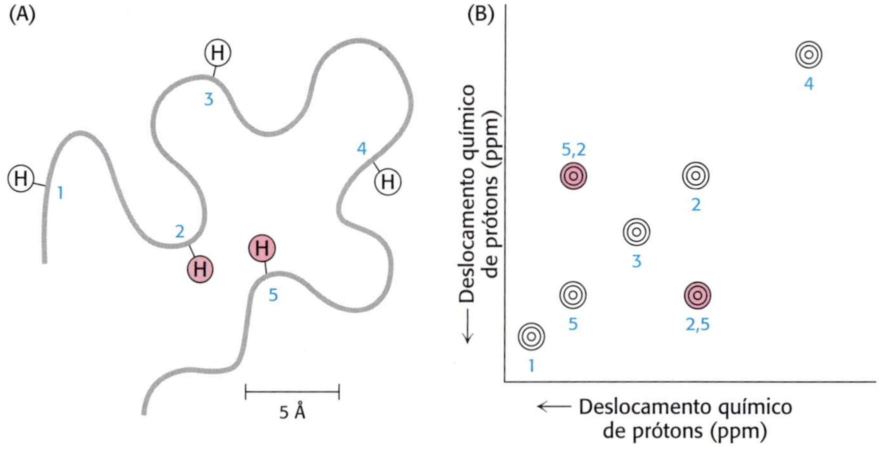

detectar a localização dos átomos em relação uns aos outros na estrutura tridimensional da proteína. Os picos que se localizam ao longo da diagonal de um espectro NOESY (mostrado em branco na Figura 3.45B) correspondem àqueles presentes em um experimento de RMN unidimensional. Os picos distantes da diagonal (mostrados em vermelho na Figura 3.45B), designados como *picos fora da diagonal* ou *picos cruzados,* fornecem novas informações cruciais: *eles identificam pares de prótons que estejam a uma distância de menos de 5 Å um do outro.* Um espectro NOESY bidimensional para uma proteína constituída por 55 aminoácidos é mostrado na Figura 3.46. O grande número de picos fora da diagonal revela distâncias curtas de próton-próton. A estrutura tridimensional de uma proteína pode ser reconstruída com o uso dessas relações de proximidade. As estruturas são calculadas de modo que os pares de prótons identificados por picos cruzados NOESY estejam separados por menos de 5 Å na estrutura tridimensional (Figura 3.47). Se for aplicado um número suficiente de restrições de distância, a estrutura tridimensional pode praticamente ser determinada.

Na prática, uma família de estruturas relacionadas é gerada pela espectroscopia RMN por três razões (Figura 3.48). Em primeiro lugar, um número suficiente de restrições pode não ser experimentalmente acessível para especificar por completo a estrutura. Em segundo lugar, as distâncias obtidas a partir da análise do espectro NOESY são apenas aproximadas.

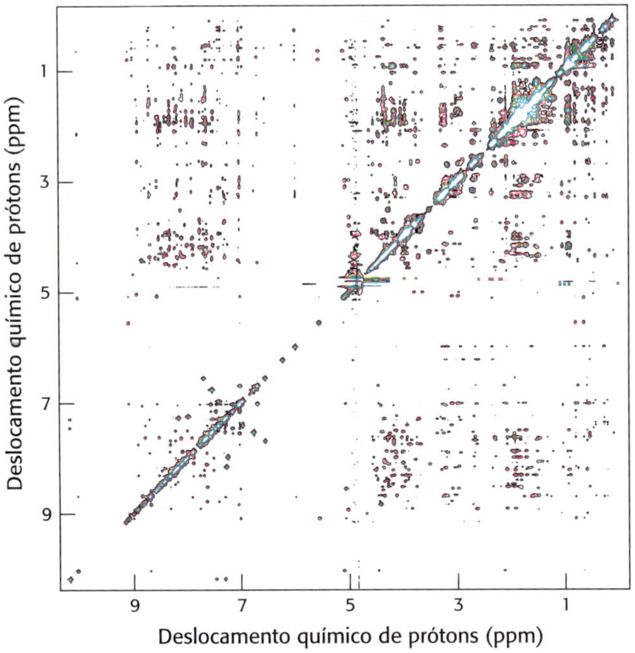


**FIGURA 3.46 Detecção de distâncias curtas próton-próton.** Um espectro NOESY para um domínio de 55 aminoácidos de uma proteína que desempenha um papel no *splicing* do RNA. Cada pico fora da diagonal corresponde a uma curta separação próton-próton. Esse espectro revela centenas dessas distâncias curtas próton-próton, que podem ser utilizadas para determinar a estrutura tridimensional desse domínio. [Cortesia da Dra. Barbara Amann e do Dr. Wesley McDermott.]

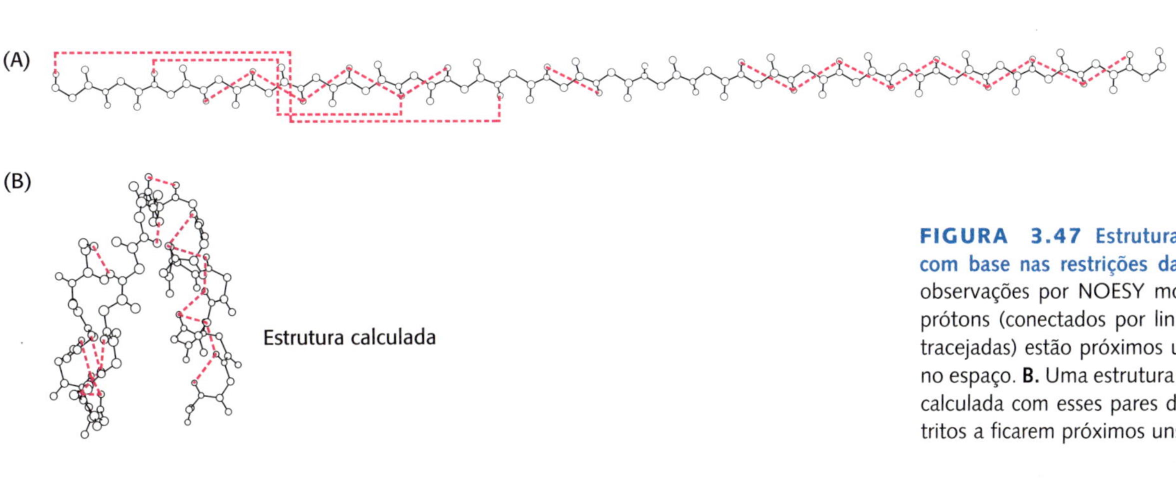


**FIGURA 3.47 Estruturas calculadas com base nas restrições da RMN. A.** As observações por NOESY mostram que os prótons (conectados por linhas vermelhas tracejadas) estão próximos uns dos outros no espaço. **B.** Uma estrutura tridimensional calculada com esses pares de prótons restritos a ficarem próximos uns dos outros.

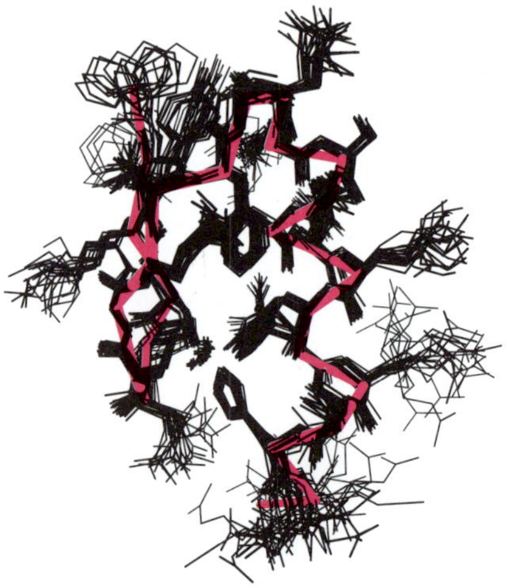

**FIGURA 3.48 Uma família de estruturas.** Conjunto de 25 estruturas para um domínio de 28 aminoácidos de uma proteína de ligação ao DNA em "dedo de zinco". A linha vermelha traça o trajeto médio do esqueleto da proteína. Cada uma dessas estruturas é compatível com centenas de restrições derivadas de experimentos com RMN. As diferenças entre as estruturas individuais são devidas a uma combinação de imperfeições dos dados experimentais e da natureza dinâmica das proteínas em solução. [Cortesia da Dra. Barbara Amann.]

Por fim, as observações experimentais não são feitas em uma única molécula, porém em um grande número de moléculas em solução, que podem apresentar estruturas ligeiramente diferentes a qualquer momento. Por conseguinte, a família de estruturas geradas a partir da análise por RMN mostra a gama de conformações para a proteína em solução. Atualmente, a determinação estrutural por meio de espectroscopia por RMN limita-se, em geral, a proteínas com menos de 50 kDa, porém o seu poder de resolução certamente aumentará. O poder da RMN aumentou acentuadamente a capacidade da tecnologia do DNA recombinante de produzir proteínas marcadas uniformemente ou em sítios específicos com $^{13}C$, $^{15}N$ e $^{2}H$.

## A criomicroscopia eletrônica é um método emergente para a determinação da estrutura das proteínas

Como veremos ao longo de todo este livro, as estruturas determinadas por cristalografia de raios X e espectroscopia por RMN iluminaram grande parte de nossa compreensão sobre a função das proteínas. Entretanto, algumas proteínas, particularmente as que formam grandes complexos macromoleculares ou as que estão inseridas no interior da membrana lipídica, representam um desafio único. Enquanto os métodos de cristalografia foram desenvolvidos para possibilitar a determinação da estrutura dessas proteínas, essas técnicas podem ser muito complexas e nem sempre são confiáveis. Um método adicional para a determinação da estrutura das proteínas surgiu como alternativa viável: a *criomicroscopia eletrônica* (crio-ME).

Para a realização da crio-ME, uma camada fina da solução de proteína é preparada em uma rede e, em seguida, congelada muito rapidamente, retendo as moléculas em um conjunto de orientações. A amostra é colocada em seguida em microscópio eletrônico de transmissão em condições a vácuo e exposta a um feixe de elétrons incidente. Cada proteína interage com o feixe, produzindo uma projeção bidimensional no dispositivo de captura de imagem ou detector. São detectadas muitas projeções, cada uma delas capturando uma molécula em uma orientação diferente (Figura 3.49A). Com o uso de um processo denominado análise de partícula única, o computador utiliza essas projeções para construir uma representação tridimensional da proteína (Figura 3.49B).

Com os progressos na qualidade da imagem e na preparação das amostras, a crio-ME está produzindo estruturas com resoluções que se aproximam de 3 Å ou melhor. Nesse nível, são obtidos detalhes de grupos atômicos. Por exemplo, a crio-ME foi utilizada para determinar a estrutura da TRPV1, a

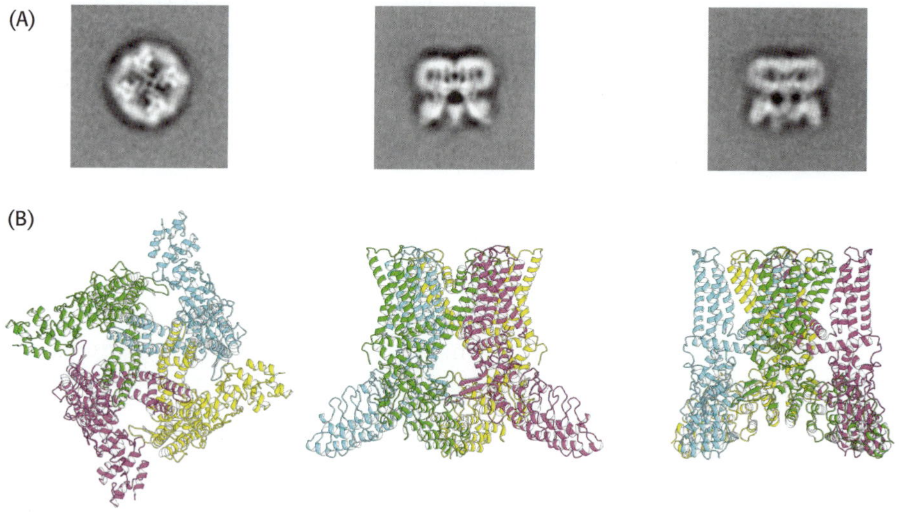

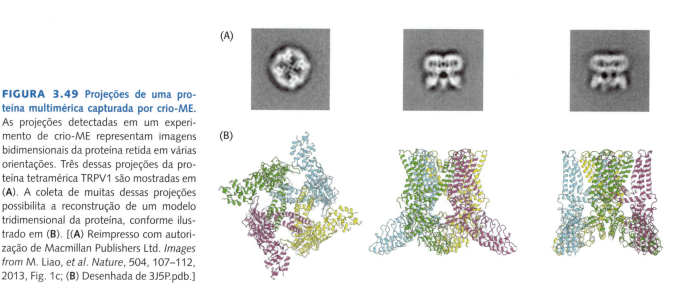

**FIGURA 3.49 Projeções de uma proteína multimérica capturada por crio-ME.** As projeções detectadas em um experimento de crio-ME representam imagens bidimensionais da proteína retida em várias orientações. Três dessas projeções da proteína tetramérica TRPV1 são mostradas em (**A**). A coleta de muitas dessas projeções possibilita a reconstrução de um modelo tridimensional da proteína, conforme ilustrado em (**B**). [(**A**) Reimpresso com autorização de Macmillan Publishers Ltd. *Images from* M. Liao, *et al*. *Nature*, 504, 107–112, 2013, Fig. 1c; (**B**) Desenhada de 3J5P.pdb.]

proteína transmembrana tetramérica mostrada na Figura 3.49, na presença de pequenas moléculas que atuam para ativar a proteína. A resolução dessa estrutura foi suficiente para possibilitar a identificação dos sítios de ligação para esses compostos. Além disso, a crio-ME permite a visualização de complexos moleculares muito grandes. Considere o spliceossomo, um complexo de quatro cadeias de oligonucleotídios e mais de 30 subunidades proteicas, que desempenha importante papel no processamento do RNA mensageiro dos eucariotos (ver Capítulo 30). Embora os métodos de cristalografia de raios X não tenham possibilitado, a determinação estrutural desse complexo maciço foi obtida com resolução de quase 3,5 Å por meio de crio-ME.

As estruturas de mais de 135 mil proteínas foram elucidadas pela cristalografia de raios X, espectroscopia por RMN e crio-ME no fim de 2017. Várias novas estruturas agora são determinadas diariamente. As coordenadas são coletadas no Banco de Dados de Proteínas (*Protein Data Bank*,www.pdb.org), e as estruturas podem ser acessadas para visualização e análise. O conhecimento da arquitetura molecular detalhada das proteínas tem sido uma fonte de esclarecimentos sobre como as proteínas reconhecem e ligam-se a outras moléculas, como funcionam como enzimas, como se enovelam e como evoluíram. Esses resultados extraordinariamente ricos estão continuando a passos largos e estão influenciando acentuadamente todo o campo da bioquímica, bem como outras ciências biológicas e físicas.

## RESUMO

O rápido progresso no sequenciamento dos genes promoveu outra meta da bioquímica – a elucidação do proteoma. O proteoma refere-se ao conjunto de proteínas expressas e inclui informações sobre como elas são modificadas, como funcionam e como interagem com outras moléculas.

### 3.1 A Purificação das Proteínas Representa Um Primeiro Passo Fundamental para a Compreensão de Suas Funções

As proteínas podem ser separadas umas das outras e de outras moléculas com base em determinadas características, como solubilidade, tamanho, carga e afinidade de ligação. A eletroforese em gel de SDS-poliacrilamida separa as cadeias polipeptídicas das proteínas em condições desnaturantes, principalmente de acordo com a sua massa. As proteínas também podem ser separadas por eletroforese com base na sua carga efetiva por focalização isoelétrica em um gradiente de pH. A ultracentrifugação e a cromatografia de filtração em gel identificam as proteínas de acordo com o seu tamanho, enquanto a cromatografia de troca iônica as separa principalmente com base na sua carga efetiva. A alta afinidade de muitas proteínas por grupos químicos específicos é explorada na cromatografia por afinidade, em que as proteínas ligam-se a colunas contendo resinas ligadas de modo covalente a substratos, inibidores ou outros grupos especificamente reconhecidos. A massa de uma proteína pode ser determinada por medições de sedimentação e equilíbrio.

### 3.2 A Imunologia Fornece Importantes Técnicas para a Investigação das Proteínas

As proteínas podem ser detectadas e quantificadas por anticorpos altamente específicos; os anticorpos monoclonais são particularmente úteis, visto que são homogêneos. Os ensaios enzimáticos imunoabsorventes e os *Western blots* de gel de SDS-poliacrilamida são extensamente utilizados. As proteínas também podem ser localizadas no interior das células por microscopia de imunofluorescência e imunomicroscopia eletrônica.

## 3.3 A Espectrometria de Massa é Uma Técnica Poderosa para a Identificação de Peptídios e Proteínas

Técnicas como a ionização por dessorção a *laser* assistida por matriz (MALDI) e ionização por *electrospray* (ESI) permitem a geração de íons de proteínas e peptídios em fase gasosa. Pode-se determinar a massa desses íons de proteínas com grande acurácia e precisão. As massas determinadas por essas técnicas atuam como marcadores de identificação das proteínas, visto que a massa de uma proteína ou de um peptídio é precisamente determinada pela sua composição de aminoácidos e, portanto, pela sua sequência. Além dos métodos químicos, como a degradação de Edman, a espectrometria de massa em *tandem* possibilita o sequenciamento rápido e altamente acurado de peptídios. Essas sequências são ricas em informações sobre o parentesco das proteínas, suas relações evolutivas e as doenças produzidas por mutações. O conhecimento de uma sequência fornece indícios valiosos sobre conformação e função. As técnicas de espectrometria de massa são fundamentais para a proteômica, visto que elas permitem analisar os constituintes de grandes conjuntos macromoleculares ou outras coleções de proteínas.

## 3.4 Os Peptídios Podem Ser Sintetizados por Métodos Automatizados em Fase Sólida

Cadeias polipeptídicas podem ser sintetizadas por métodos automatizados em fase sólida, em que a extremidade carboxílica da cadeia em crescimento é ligada a um suporte insolúvel. O grupo carboxila do próximo aminoácido é ativado pela diciclo-hexilcarbodiimida e unido ao grupo amino da cadeia em crescimento. Os peptídios sintéticos podem servir como fármacos e como antígenos para estimular a formação de anticorpos específicos. Eles também podem constituir uma fonte de esclarecimento sobre a relação entre a sequência de aminoácidos e a conformação.

## 3.5 A estrutura tridimensional das proteínas pode ser determinada por cristalografia de raios X, espectroscopia por ressonância magnética nuclear e criomicroscopia eletrônica

A cristalografia de raios X e a espectroscopia por ressonância magnética enriqueceram amplamente a nossa compreensão sobre como as proteínas se enovelam, reconhecem outras moléculas e catalisam reações químicas. A cristalografia de raios X é possível devido à capacidade dos elétrons de dispersar os raios X. O padrão de difração produzido pode ser analisado para revelar a organização dos átomos em uma proteína. As estruturas tridimensionais de dezenas de milhares de proteínas são agora conhecidas em detalhe atômico. A espectroscopia por ressonância magnética nuclear revela a estrutura e a dinâmica das proteínas em solução. O deslocamento químico dos núcleos depende de seu ambiente local. Além disso, os spins dos núcleos vizinhos interagem uns com os outros de modo a fornecer uma informação estrutural definitiva. Essa informação pode ser utilizada para determinar as estruturas tridimensionais completas das proteínas. A criomicroscopia eletrônica surgiu como um terceiro método de determinação estrutural, particularmente para complexos proteicos muito grandes.

# APÊNDICE

A reflexão crítica e a resolução de problemas constituem processos essenciais no desenvolvimento de uma compreensão completa e tangível da bioquímica. Nos apêndices de estratégias para resolução da questão, apresentamos diferentes maneiras de refletir sobre as questões e obter soluções. Assim como os conceitos em bioquímica necessitam de diferentes abordagens para a sua compreensão, diferentes tipos de questões exigem diferentes estratégias.

## Estratégias para resolução da questão

**QUESTÃO:** *Estimativa do tamanho.* As mobilidades eletroforéticas relativas de uma proteína de 30 kDa e de outra proteína de 92 kDa utilizadas como padrões em um gel de SDS-poliacrilamida são, respectivamente, de 0,80 e 0,41. Qual é a massa aparente de uma proteína cuja mobilidade é de 0,62 nesse gel?

**SOLUÇÃO:** Na página 79 e na Figura 3.10, vimos que a mobilidade eletroforética relativa das proteínas é proporcional ao *logaritmo* de suas massas individuais.

Para a proteína A (a proteína menor): log(Massa) = log (30 kDa) = 1,48, e mobilidade = 0.80
Para a proteína B (a proteína maior): log(Massa) = log(92 kDa) = 1,96, e mobilidade = 0,41

Com esses dois pontos definidos, podemos determinar agora a equação da linha que une esses dois pontos. A inclinação da linha gerada a partir desses dados deve ser de:

$$m = \frac{y_1 - y_2}{x_1 - x_2} = \frac{1{,}48 - 1{,}96}{0{,}80 - 0{,}41} = -1{,}23$$

Para determinar a equação completa, só precisamos completar a equação com essa inclinação e um dos pontos.

$$m = \frac{y - y_1}{x - x_1}$$

$$-1{,}23 = \frac{y - 1{,}48}{x - 0{,}80}$$

$$y = -1{,}23x + 2{,}46$$

Com a equação de nossa linha, podemos agora inserir a mobilidade eletroforética de nossa proteína conhecida, 0,62:

$$y = -1{,}23(0{,}62) + 2{,}46$$

$$y = 1{,}70$$

Lembre-se de que isso representa o log(Massa) de nossa proteína! Precisamos apenas calcular o logaritmo inverso de 1,70–*i. e.*, $10^{(1{,}70)}$ – para determinar a massa de nossa proteína: 50 kDa.

# PALAVRAS-CHAVE

proteoma
ensaio
atividade específica
homogenato
*salting out*
diálise
cromatografia de filtração em gel
cromatografia de troca iônica
troca de cátions
troca de ânions
cromatografia de afinidade
cromatografia líquida de alto desempenho (HPLC)
eletroforese em gel
ponto isoelétrico
focalização isoelétrica
eletroforese bidimensional
coeficiente de sedimentação (unidade Svedberg, S)
anticorpo
antígeno
determinante antigênico (epítopo)
anticorpo policlonal
anticorpo monoclonal
hibridoma
ensaio enzimático imunoabsorvente (ELISA)
*Western blotting*
coimunoprecipitação
microscopia de fluorescência
proteína fluorescente verde
ionização por dessorção a *laser* assistida por matriz (MALDI)
ionização por *electrospray* (ESI)
analisador de massa por tempo de voo (TOF)
degradação de Edman
fenilisotiocianato
espectrometria de massa em *tandem*
peptídio sobreposto
impressão digital da massa de peptídio
método em fase sólida
cristalografia de raios X
transformada de Fourier
mapa de densidade eletrônica
espectroscopia por ressonância magnética nuclear (RMN)
deslocamento químico
criomicroscopia eletrônica

## QUESTÕES

1. *Reagentes valiosos*: os seguintes reagentes são frequentemente utilizados na química das proteínas:

| | |
|---|---|
| CNBr | Tripsina |
| Ureia | Ácido perfórmico |
| Mercaptoetanol | 6 N HCl |
| Quimiotripsina | Fenilisotiocianato |

**Qual desses reagentes é o mais adequado para executar cada uma das seguintes tarefas?**

(a) Determinação da sequência de aminoácidos de um pequeno peptídio.

(b) Desnaturação reversível de uma proteína desprovida de pontes dissulfeto. Qual reagente adicional você precisaria na presença de pontes dissulfeto?

(c) Hidrólise de ligações peptídicas no lado carboxila de resíduos aromáticos.

(d) Clivagem de ligações peptídicas no lado carboxila de metioninas.

(e) Hidrólise de ligações peptídicas no lado carboxila de resíduos de lisina e de arginina.

2. *A única constante é a mudança.* Explique como dois tipos diferentes de células do mesmo organismo apresentam genomas idênticos, mas podem ter proteomas amplamente divergentes.

3. *Criando um novo ponto de quebra.* A etilenoimina reage com as cadeias laterais da cisteína nas proteínas para formar derivados *S*-aminoetila. As ligações peptídicas no lado carboxila desses resíduos modificados de cisteína são suscetíveis à hidrólise pela tripsina. Por quê?

4. *Espectrometria.* A absorbância A de uma solução é definida por:

$$A = \log_{10}(I_0/I)$$

Em que $I_0$ é a intensidade da luz incidente e $I$ é a intensidade da luz transmitida. A absorbância está relacionada com o coeficiente de absorção molar (coeficiente de extinção) ε (em $M^{-1}\ cm^{-1}$), com a concentração *c* (em M) e com o comprimento de trajetória *l* (em cm) por:

$$A = \varepsilon l c$$

O coeficiente de absorção da mioglobina a 580 nm é de 15.000 $M^{-1}\ cm^{1}$. Qual é a absorbância de uma solução de 1 mg $m\ell^{-1}$ em uma trajetória de 1 cm? Que porcentagem da luz incidente é transmitida por essa solução?

5. *Resultado garantido.* Suponha que você precipite uma proteína com 1 M $(NH_4)_2SO_4$ e que queira reduzir a concentração de $(NH_4)_2SO_4$. Você obtém 1 mℓ de sua amostra e a dialisa em 1.000 mℓ de tampão. No final da diálise, qual é a concentração de $(NH_4)_2SO_4$ em sua amostra? Como você poderia reduzir ainda mais a concentração de $(NH_4)_2SO_4$?

6. *Demais ou insuficiente.* Por que as proteínas precipitam na presença de altas concentrações de sal? Embora muitas proteínas precipitem em altas concentrações de sal, algumas exigem sais para dissolver em água. Explique a razão pela qual algumas proteínas necessitam de sal para dissolver.

7. *Movimento lento.* A tropomiosina, uma proteína muscular de 70 kDa, sedimenta mais lentamente do que a hemoglobina (65 kDa). Seus coeficientes de sedimentação são de 2,6S e 4,31S, respectivamente. Que característica estrutural da tropomiosina é responsável pela sua lenta sedimentação?

8. *Sedimentando esferas.* Qual é a dependência do coeficiente de sedimentação *s* de uma proteína esférica em relação à sua massa? Quão mais rapidamente uma proteína de 80 kDa sedimenta em comparação com uma proteína de 40 kDa? 3

9. *Frequentemente utilizado em xampus.* O detergente dodecil sulfato de sódio (SDS) desnatura as proteínas. Sugira como o SDS destrói a estrutura proteica.

10. *Migração inesperada.* Algumas proteínas migram de maneira anômala em gel de SDS-PAGE. Por exemplo, a massa molecular determinada a partir de um gel de SDS-PAGE é, algumas vezes, muito diferente da massa molecular determinada a partir da sequência de aminoácidos. Sugira uma explicação para essa discrepância. 3

11. *Separando as células.* A separação de células ativada por fluorescência (FACS, *fluorescence-activated cell sorting*) é uma técnica poderosa para separar as células de acordo com o seu conteúdo de moléculas particulares. Por exemplo, o anticorpo marcado com fluorescência específico contra uma proteína de superfície celular pode ser utilizado para a detecção de células contendo essa molécula particular. Suponha que você queira isolar células que possuam um receptor que permite que elas detectem produtos de degradação bacteriana. Entretanto, você ainda não dispõe de um anticorpo dirigido contra esse receptor. Que molécula marcada com fluorescência você prepararia para identificar essas células?

12. *Escolha de colunas.* (a) O octapeptídio AVGWRVKS foi digerido com a enzima tripsina. Qual o método seria mais apropriado para a separação dos produtos: a cromatografia de troca iônica ou a cromatografia por filtração em gel? Explique. (b) Suponha que o peptídio tenha sido digerido com quimiotripsina. Qual seria a técnica ideal de separação? Explique. 2

13. *Ferramentas poderosas.* Os anticorpos monoclonais podem ser conjugados a um suporte insolúvel por métodos químicos. Explique como essas resinas ligadas a anticorpos podem ser exploradas para a purificação de proteínas. 4

14. *Desenvolvimento de ensaio.* Você deseja isolar uma enzima a partir de sua fonte natural e necessita de um método para medir a sua atividade durante o processo de purificação. Entretanto, nem o substrato nem o produto da reação catalisada por enzima podem ser detectados por espectroscopia. Você descobre que o produto da reação é altamente

antigênico quando injetado em camundongos. Proponha uma estratégia para desenvolver um ensaio apropriado para essa enzima. ✓1

15. *Produzindo mais enzima?* Durante o processo de purificação de uma enzima, um pesquisador realiza uma etapa de purificação que resulta em *aumento* da atividade total para um valor maior do que aquele presente no extrato bruto original. Explique como a quantidade de atividade total pode aumentar. ✓1

16. *Dividir e conquistar.* A determinação da massa de uma proteína por espectrometria de massa frequentemente não permite a sua identificação entre possíveis proteínas dentro de um proteoma completo, porém a determinação das massas de todos os fragmentos produzidos pela digestão com tripsina quase sempre possibilita uma identificação específica. Explique. ✓3

17. *Conheça seus limites.* Quais são os dois aminoácidos indistinguíveis em um sequenciamento de peptídio pelo método de espectrometria de massa em *tandem* descrito neste capítulo e por quê? ✓5

18. *Questão de purificação de proteínas.* Complete a seguinte tabela: ✓1

| Procedimento de purificação | Proteína total (mg) | Atividade total (unidades) | Atividade específica (unidades $mg^{-1}$) | Nível de purificação | Rendimento (%) |
|---|---|---|---|---|---|
| Extrato bruto | 20.000 | 4.000.000 | | 1 | 100 |
| Precipitação com $(NH_4)_2SO_4$ | 5.000 | 3.000.000 | | | |
| Cromatografia com DEAE-celulose | 1.500 | 1.000.000 | | | |
| Cromatografia de filtração em gel | 500 | 750.000 | | | |
| Cromatografia de afinidade | 45 | 675.000 | | | |

19. *Parte da mistura.* Seu colega frustrado lhe entrega uma mistura de quatro proteínas com as seguintes propriedades:

| | Ponto isoelétrico (p*I*) | Massa molecular (em kDa) |
|---|---|---|
| Proteína A | 4,1 | 80 |
| Proteína B | 9,0 | 81 |
| Proteína C | 8,8 | 37 |
| Proteína D | 3,9 | 172 |

(a) Proponha um método para isolar a Proteína B das outras proteínas. (b) Se a Proteína B também possuir um marcador His em sua extremidade N-terminal, como você poderia rever o seu método? ✓2

20. *O desafio da flexibilidade.* Pode ser bastante difícil estabelecer por métodos de cristalografia de raios X as estruturas de proteínas que possuem domínios separados por regiões de ligação flexíveis. Por que isso ocorre? Quais são as possíveis abordagens experimentais para superar essa barreira? ✓6

## Questões | Integração de capítulos

21. *Estrutura quaternária.* Uma proteína foi purificada até a homogeneidade. A determinação da massa por cromatografia por filtração em gel produziu 60 kDa. A cromatografia na presença de 6 M de ureia fornece uma espécie de 30 kDa. Quando a cromatografia é repetida na presença de 6 M de ureia e 10 mM de β-mercaptoetanol, obtém-se uma única espécie molecular de 15 kDa. Descreva a estrutura da molécula.

22. *Transições hélice-espiral.* (a) Medições de RMN mostraram que a poli-L-lisina é uma espiral aleatória em pH 7, porém transforma-se em uma hélice à medida que o pH aumenta acima de 10. Explique essa transição de conformação dependente do pH. (b) Deduza a dependência pelo pH da transição hélice-espiral do poli-L-glutamato.

23. *Determinação da massa de peptídios.* Você isolou uma proteína da bactéria *E. coli* e procura confirmar a sua identidade por meio de digestão com tripsina e espectrometria de massa. A determinação das massas de vários fragmentos peptídicos permitiu deduzir a identidade da proteína. Entretanto, há uma discrepância com um dos fragmentos peptídicos, que você acredita tenha a sequência MLNSFK e um valor $(M + H)^+$ de 739,38. Em seus experimentos, você obtém repetidamente um valor $(M + H)^+$ de 767,38. Qual é a causa dessa discrepância e o que isso revela sobre a região da proteína a partir da qual provém esse peptídio?

24. *Peptídios em um chip.* É possível sintetizar um grande número de diferentes peptídios em uma pequena área de um suporte sólido. Esse conjunto de alta densidade pode ser então testado com uma proteína marcada com fluorescência para descobrir quais são os peptídios reconhecidos. A ligação de um anticorpo a um conjunto de 1.024 peptídios diferentes ocupando uma área total do tamanho da unha de um polegar é mostrada na ilustração anexa. Como você sintetizaria esse conjunto de peptídios? (Dica: Utilize a luz em vez de ácido para desproteger o grupo aminoterminal em cada ciclo de síntese.)

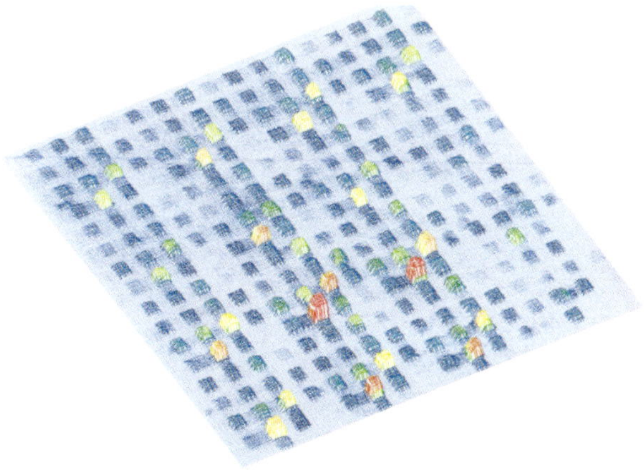

**Rastreamento de um conjunto de 1.024 peptídios por fluorescência em uma área de 1,6 $cm^2$.** Cada local de síntese é um quadrado de 400 μm. Um anticorpo monoclonal marcado com fluorescência foi adicionado ao conjunto para identificar os peptídios que são reconhecidos. A altura e a cor de cada quadrado denotam a intensidade da fluorescência. [Informação de S. P. A. Fodor *et al.*, *Science* 251(1991): 767.]

**25.** *Velocidade de troca.* Os átomos de hidrogênio da amida nas ligações peptídicas das proteínas podem ser trocados por prótons no solvente. Em geral, os átomos de hidrogênio da amida em regiões internas das proteínas e complexos proteicos são trocados mais lentamente do que aqueles na superfície acessível ao solvente. A determinação dessas velocidades pode ser utilizada para explorar a reação de enovelamento das proteínas, investigar a estrutura terciária das proteínas e identificar as regiões de interface proteína-proteína. Essas reações de troca podem ser acompanhadas estudando o comportamento da proteína em um solvente que foi marcado com deutério ($^2H$), um isótopo estável do hidrogênio. Quais são os dois métodos descritos neste capítulo que poderiam ser facilmente aplicados ao estudo das velocidades de troca hidrogênio-deutério nas proteínas?

## Questões | Interpretação de dados

**26.** *Sequenciamento de proteínas. 1.* Determine a sequência do hexapeptídio com base nos seguintes dados. Nota: Quando a sequência não é conhecida, uma vírgula separa os aminoácidos (Tabela 3.3).

Composição dos aminoácidos: (2R, A, S, V, Y)

Análise do N-terminal do hexapeptídio: A

Digestão pela tripsina: (R, A, V) e (R, S, Y)

Digestão pela carboxipeptidase: não há digestão.

Digestão pela quimiotripsina: (A, R, V, Y) e (R, S)

**27.** *Sequenciamento de proteínas 2.* Determine a sequência de um peptídio constituído de 14 aminoácidos com base nos seguintes dados:

Composição dos aminoácidos: (4S, 2L, F, G, I, K, M, T, W, Y)

Análise do N-terminal: S

Digestão pela carboxipeptidase: L

Digestão pela tripsina: (3S, 2L, F, I, M, T, W) (G, K, S, Y)

Digestão pela quimiotripsina: (F, I, S) (G, K, L) (L, S) (M, T) (S, W) (S, Y)

Análise do N-terminal (F, I, S): peptídio S

Tratamento com brometo de cianogênio: (2S, F, G, I, K, L, M*, T, Y) (2S, L, W)

M*, metionina detectada como homosserina.

**28.** *Aplicações da eletroforese bidimensional.* O ácido perfórmico cliva a ponte dissulfeto da cistina e converte os grupos sulfidrila em resíduos de ácido cisteico, que então não são mais capazes de formar pontes dissulfeto.

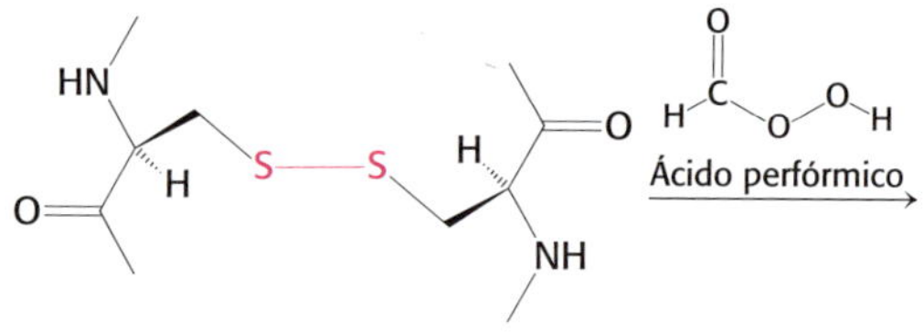


**Cistina**

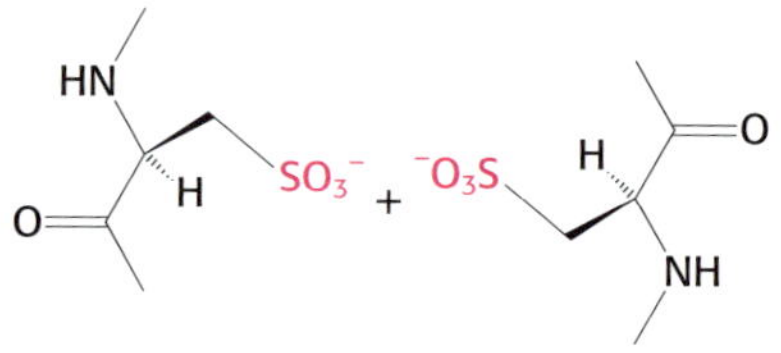


**Ácido cisteico**

Considere o seguinte experimento: você suspeita que uma proteína contendo três resíduos de cisteína tenha uma única ponte dissulfeto. Você digere a proteína com tripsina e submete a mistura à eletroforese em uma extremidade de uma folha de papel. Após tratar o papel com ácido perfórmico, você submete a folha à eletroforese na direção perpendicular e a cora com um reagente que detecta proteínas. Como deve aparecer o papel se a proteína não contém nenhuma ponte dissulfeto? E se a proteína tivesse uma única ponte dissulfeto? Proponha um experimento para identificar quais resíduos de cisteína formam a ponte dissulfeto.

## Questões para discussão

**29.** É possível preparar géis de poliacrilamida na presença de porcentagens variáveis de acrilamida, resultando em diferentes tamanhos de poros. Por que essa variabilidade pode ser útil?

**30.** Proponha várias estratégias para a purificação de um anticorpo a partir de antissoro obtido após inoculação de antígeno.

**31.** Explique por que é difícil extrair conclusões sobre as mudanças de conformação de uma proteína com base em uma estrutura cristalina única.

# DNA, RNA e Fluxo da Informação Genética

CAPÍTULO 4

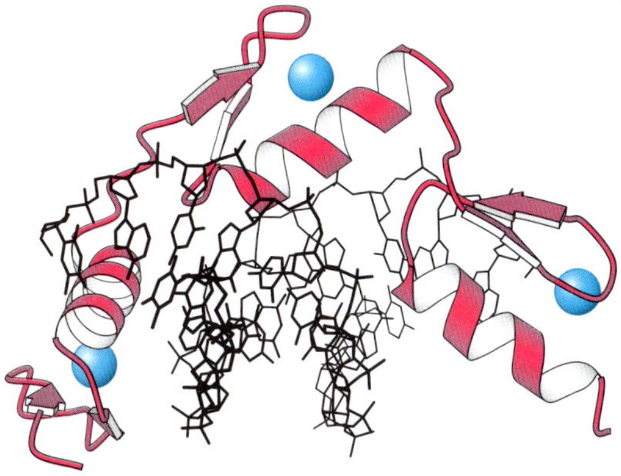

A semelhança observada *em famílias*, que está muito evidente nesta fotografia de duas irmãs, resulta da presença de genes em comum. Os genes devem ser expressos para exercer um efeito, e essa expressão é regulada por proteínas. Uma dessas proteínas regulatórias, a proteína em "dedo de zinco" (íons zinco em azul, e a proteína em vermelho), é mostrada aqui ligada a uma região de controle do DNA (preto). [Fonte: iStock ©AntonioGuillem.]

## OBJETIVOS DE APRENDIZAGEM

*Ao término do capítulo, o leitor deverá ser capaz de:*

1. Distinguir entre nucleosídios e nucleotídios.
2. Identificar as bases do DNA e do RNA.
3. Distinguir entre DNA e RNA.
4. Explicar como o DNA é replicado.
5. Explicar como a informação flui do DNA para as proteínas.
6. Identificar algumas diferenças fundamentais entre genes de bactérias e de eucariotos.

## SUMÁRIO



O DNA e o RNA são polímeros lineares longos, denominados ácidos nucleicos, que carregam a informação de modo passível de ser transmitida de uma geração para a próxima. Essas macromoléculas consistem em um grande número de nucleotídios ligados, cada um composto de um açúcar, um fosfato e uma base. Os açúcares ligados pelos fosfatos formam um esqueleto comum, que desempenha uma função estrutural, enquanto a sequência de bases ao longo de uma fita de ácido nucleico carrega a informação genética. A molécula de DNA apresenta a forma de uma *dupla hélice,* uma estrutura helicoidal que consiste em duas fitas complementares de ácido nucleico. Cada fita serve como molde para a outra na replicação do DNA. Os genes de todas as células e de muitos vírus são constituídos de DNA.

Determinados genes especificam os tipos de proteínas que são sintetizadas pelas células; entretanto, o DNA não constitui um molde direto para a síntese de proteínas. Em vez disso, a fita de DNA é copiada em uma classe de moléculas de RNA denominadas RNA mensageiro (mRNA), que são intermediários carreadores de informação na síntese de proteínas. Esse processo de transcrição é seguido de tradução, isto é, da síntese de proteínas de acordo com as instruções fornecidas pelos moldes de mRNA. O processamento da informação em todas as células é extremamente complexo. O esquema fundamental do processamento da informação em nível da expressão gênica foi proposto pela primeira vez por Francis Crick em 1958.

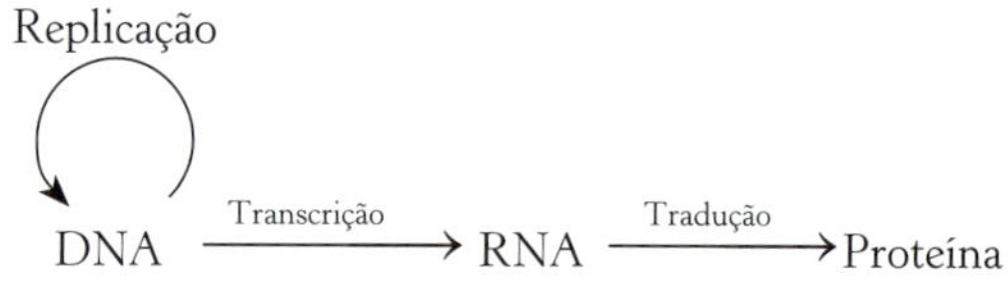


Crick deu a esse esquema o nome de *dogma central*. Os princípios básicos desse dogma são verdadeiros; entretanto, como veremos adiante, esse esquema não é tão simples como representado.

Esse fluxo de informação depende do código genético, que define a relação entre a sequência de bases no DNA (ou no seu transcrito de mRNA) e a sequência de aminoácidos na proteína. O código é aproximadamente o mesmo em todos os organismos: uma sequência de três bases, denominada códon, especifica um aminoácido. Existe outra etapa na expressão da maioria dos genes eucarióticos, que são mosaicos de sequências de ácidos nucleicos denominadas íntrons e éxons. Ambos são transcritos; mas, antes da tradução, os íntrons são excluídos das moléculas de RNA recém-sintetizadas, resultando em moléculas maduras de RNA com éxons contínuos. A existência de íntrons e de éxons gera implicações cruciais na evolução das proteínas.

## 4.1 Um ácido nucleico consiste em quatro tipos de bases ligadas a um esqueleto de açúcar-fosfato

Os ácidos nucleicos DNA e RNA são bem apropriados para atuar como carreadores da informação genética devido às suas estruturas covalentes. Essas macromoléculas são *polímeros lineares* constituídos por unidades similares conectadas umas às outras pelas suas extremidades (Figura 4.1). Cada unidade monomérica dentro do polímero é um *nucleotídio*. Uma unidade individual de nucleotídio consiste em três componentes: um açúcar, um fosfato e uma de quatro bases. *A sequência de bases no polímero caracteriza exclusivamente um ácido nucleico e constitui uma forma de informação linear* – uma informação análoga às letras que soletram o nome de uma pessoa.

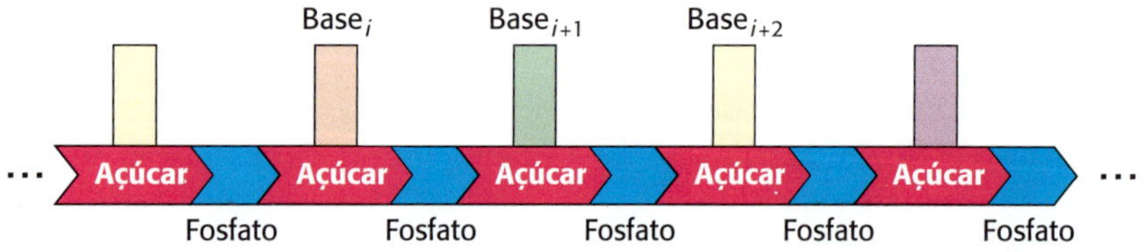


**FIGURA 4.1** Estrutura polimérica dos ácidos nucleicos.

### O RNA e o DNA diferem no seu componente de açúcar e em uma das bases

O açúcar no *ácido desoxirribonucleico* (DNA) é a *desoxirribose*. O prefixo *desoxi-* indica que o átomo de carbono 2′ do açúcar carece do átomo de hidrogênio que está ligado ao átomo de carbono 2′ da *ribose*, como mostra a Figura 4.2. Observe que os carbonos dos açúcares são numerados com "linhas" para diferenciá-los dos átomos das bases. Em ambos os ácidos nucleicos, os açúcares estão ligados uns aos outros por ligações fosfodiéster. Especificamente, o grupo 3′-hidroxila (3′-OH) do açúcar de um nucleotídio é esterificado a um grupo fosfato, que, por sua vez, está ligado ao grupo 5′-hidroxila do açúcar adjacente. A cadeia de açúcares ligados por ligações fosfodiéster é designada como *esqueleto* do ácido nucleico (Figura 4.3). Enquanto o esqueleto é constante em um ácido nucleico, as bases variam de um monômero para outro. Duas das bases do DNA derivam da *purina* – a adenina (A) e a guanina (G) –, enquanto as outras duas provêm da *pirimidina* – a citosina (C) e a timina (T), como mostra a Figura 4.4.

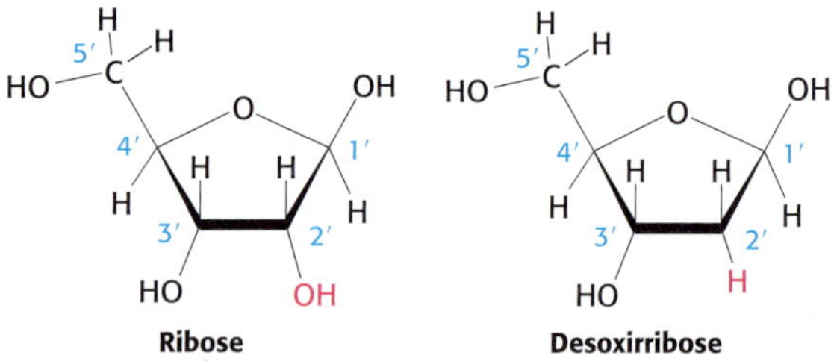


**FIGURA 4.2** Ribose e desoxirribose. Os átomos nas unidades de açúcar são numerados com "linhas" para distingui-los dos átomos nas bases (ver Figura 4.4).

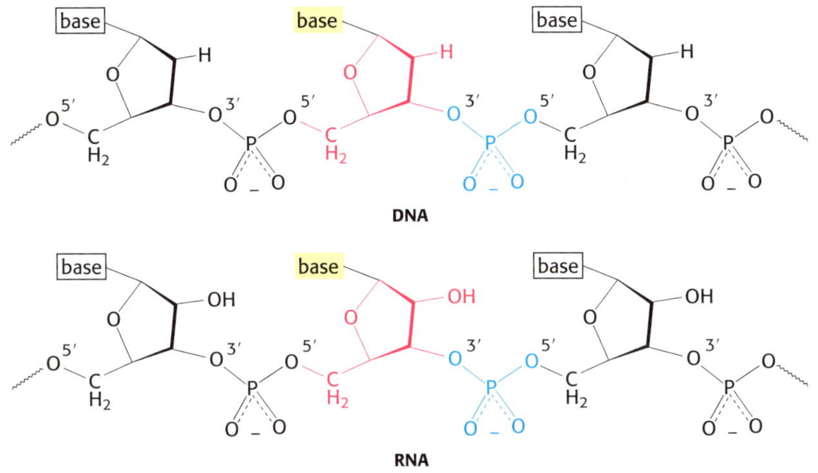


**FIGURA 4.3 Esqueletos de DNA e de RNA.** Os esqueletos de açúcar-fosfato desses ácidos nucleicos são formados por ligações 3′- 5′ fosfodiéster. Uma unidade de açúcar está destacada em vermelho, e um grupo fosfato, em azul.

À semelhança do DNA, o *ácido ribonucleico* (RNA) é um polímero longo não ramificado constituído por nucleotídios unidos por ligações 3′-5′ fosfodiéster (Figura 4.3). A estrutura covalente do RNA difere daquela do DNA em dois aspectos. Em primeiro lugar, as unidades de açúcar no RNA são riboses, e não desoxirriboses. A ribose contém um grupo 2′-hidroxila, que não está presente na desoxirribose (Figura 4.2). Em segundo lugar, uma das quatro principais bases do RNA consiste em uracila (U), em vez de timina (T) (Figura 4.4).

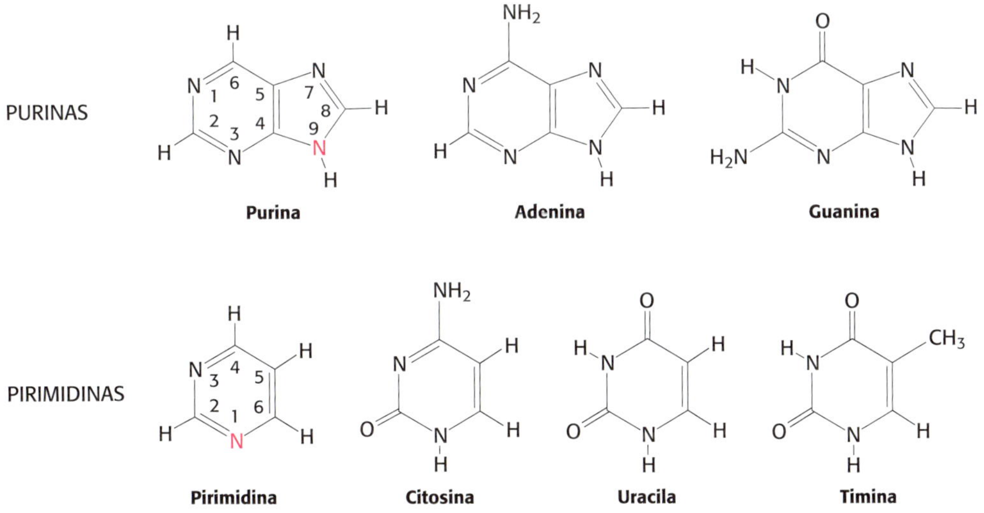


**FIGURA 4.4 Purinas e pirimidinas.** Os átomos dentro das bases são numerados sem "linhas". A uracila está presente no RNA, em vez da timina. O N-9 nas purinas e o N-1 nas pirimidinas formam uma ligação com o açúcar (ver Figura 4.5).

Observe que cada ligação fosfodiéster possui uma carga negativa (Figura 4.3). Essa carga negativa repele as espécies nucleofílicas, como os íons hidróxido, que são capazes de ataque hidrolítico ao esqueleto de fosfato. Essa resistência é crucial para manter a integridade da informação armazenada nos ácidos nucleicos. A ausência do grupo 2′-hidroxila no DNA aumenta ainda mais a sua resistência à hidrólise. A maior estabilidade do DNA provavelmente responde pelo seu uso, em vez do RNA, como material hereditário em todas as células modernas e em muitos vírus.

## Os nucleotídios são as unidades monoméricas dos ácidos nucleicos

Os blocos de construção dos ácidos nucleicos e os precursores desses blocos desempenham muitas outras funções em toda a célula – por exemplo, como moeda energética e como sinais moleculares. Em consequência, é importante estar familiarizado com a nomenclatura dos nucleotídios e seus precursores. Uma unidade constituída por uma base ligada a um açúcar

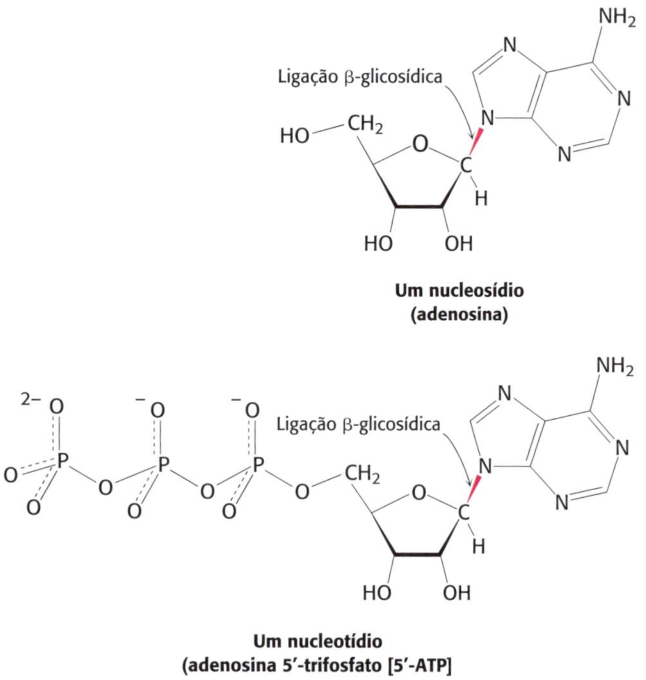


**FIGURA 4.5** Um nucleosídio e um nucleotídio.

é denominada *nucleosídio*. As quatro unidades de nucleosídios no RNA são denominadas *adenosina, guanosina, citidina* e *uridina*, enquanto as do DNA são denominadas *desoxiadenosina, desoxiguanosina, desoxicitidina* e *timidina*. (A timidina contém desoxirribose e, por convenção, o prefixo *desoxi-* não é acrescentado, visto que os nucleosídios contendo timina são apenas raramente encontrados no RNA.) Em cada caso, o N-9 de uma purina ou o N-1 de uma pirimidina estão ligados ao C-1′ do açúcar por uma ligação *N*-β-glicosídica (Figura 4.5). A base situa-se acima do plano do açúcar quando a estrutura é representada na orientação padrão, isto é, a configuração da ligação *N*-glicosídica é β (ver Capítulo 1, seção 1.1).

Um nucleotídio é um nucleosídio unido a um ou mais grupos fosforila por uma ligação éster (Figura 4.5). *Os nucleosídios trifosfatos, os nucleosídios ligados a três grupos fosforila, são os precursores que formam o RNA e o DNA*. As quatro unidades de nucleotídios que formam o DNA são os nucleosídios monofosfatos, denominados *desoxiadenilato, desoxiguanilato, desoxicitidilato* e *timidilato*. Observe que ocorre liberação de pirofosfato quando os nucleotídios são ligados (p. 125). De modo similar, os nucleotídios mais comuns que se ligam para formar o RNA são os nucleosídios monofosfatos: *adenilato, guanilato, citidilato* e *urodilato*.

Essa nomenclatura não descreve o número de grupos fosforila nem o sítio de ligação ao carbono da ribose. Uma nomenclatura mais precisa também é comumente utilizada. Veja, por exemplo, o ATP (Figura 4.5). Esse composto é formado pela ligação de um grupo fosforila ao C-5′ de um açúcar de um nucleosídio (o sítio mais comum de esterificação do fosfato). Nessa nomenclatura para nucleotídios, o número de grupos fosforila e o sítio de ligação são indicados. Assim, o ATP é a abreviatura para *adenosina 5′-trifosfato*. O ATP é extremamente importante, visto que, além de ser um bloco de construção para o RNA, ele constitui a moeda energética mais comumente utilizada. A energia liberada da clivagem do grupo trifosfato é utilizada para energizar muitos processos celulares (ver Capítulo 15).

## As moléculas de DNA são muito longas e têm direcionalidade

Uma notável característica das moléculas de DNA de ocorrência natural é o seu comprimento. Uma molécula de DNA precisa conter muitos nucleotídios para carregar a informação genética necessária até mesmo nos organismos mais simples. Por exemplo, o DNA de um vírus como o polioma, que provoca câncer em certos organismos, consiste em duas fitas pareadas de DNA, cada uma com 5.100 nucleotídios de comprimento. O genoma de *E. coli* é uma única molécula de DNA constituída por duas fitas, tendo, cada uma delas, 4,6 milhões de nucleotídios (Figura 4.6).

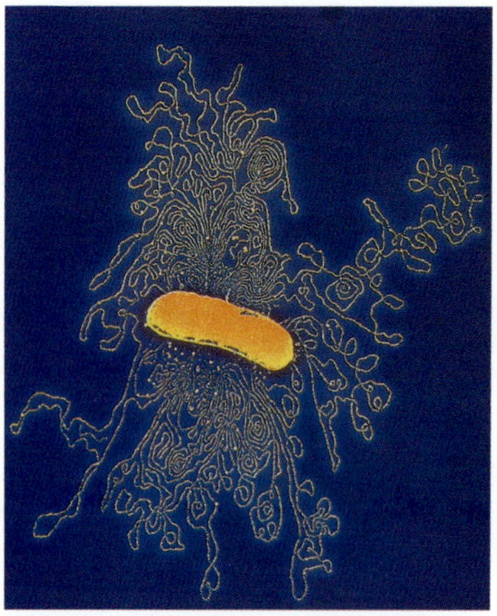

**FIGURA 4.6** Micrografia eletrônica de parte do genoma de *E. coli*. [Dr. Gopal Murti/Science Source.]

As moléculas de DNA dos organismos superiores podem ser muito maiores. O genoma humano é constituído por aproximadamente 3 bilhões de nucleotídios em cada fita de DNA, divididos entre 24 moléculas distintas de DNA denominadas cromossomos (22 cromossomos autossômicos mais os cromossomos sexuais X e Y) de diferentes tamanhos. Uma das maiores moléculas conhecidas de DNA é encontrada no muntjac indiano, um cervo asiático; seu genoma é aproximadamente tão grande quanto o genoma humano, porém está distribuído em apenas três cromossomos (Figura 4.7). O maior desses cromossomos apresenta duas fitas de mais de

**FIGURA 4.7 O muntjac indiano e seus cromossomos.** As células de uma fêmea do muntjac indiano (*à esquerda*) contêm três pares de cromossomos muito grandes (*à direita, corados de laranja*). A imagem também mostra um par de cromossomos humanos (corados de verde) para comparação. [(*À esquerda*) de iStock ©PrinPrince; (*à direita*) reimpressa com autorização de Macmillan Publishers Ltd: Nature Genetics, J-Y Lee, M. Koi, E. J. Stanbridge, M. Oshimura, A. T. Kumamoto, & A. P. Feinberg, Simple purification of human chromosomes to homogeneity using muntjac hybrid cells, vol. 7, p. 30, ©1994.]

1 bilhão de nucleotídios cada uma. Se essa molécula de DNA pudesse ser totalmente estendida, ela teria mais de 30 centímetros de comprimento. Algumas plantas contêm moléculas de DNA ainda maiores.

Apesar do comprimento das moléculas de DNA, as sequências do DNA precisam ser examinadas à procura de similaridades nos genes ou para revelar a ocorrência de mutações em determinado gene (ver Capítulo 6). Seria impraticável escrever as complicadas estruturas químicas, de modo que os cientistas adotaram o uso de abreviaturas. As notações abreviadas pApCpG denotam um trinucleotídio de DNA, constituído pelos blocos de construção de desoxiadenilato monofosfato, desoxicitidilato monofosfato e desoxiguanilato monofosfato ligados por duas ligações fosfodiéster, em que o "p" indica um grupo fosforila (Figura 4.8). Observe que, à semelhança de um polipeptídio (ver Capítulo 2, seção 2.2), *uma cadeia de DNA possui direcionalidade,* comumente denominada polaridade. Uma extremidade da cadeia apresenta um grupo 5′-OH livre ou um grupo 5′-OH ligado a um grupo fosforila, enquanto a outra extremidade possui um grupo 3′-OH livre, nenhum dos quais ligado a outro nucleotídio. Entretanto, a apresentação de sequências muito longas de nucleotídios, incluindo os fosfatos, não tem nenhum valor, visto que é a sequência de bases que representa a informação genética. É importante lembrar que, até mesmo se forem apresentadas apenas as bases, a *sequência de base deve ser escrita na direção de 5′ para 3′*. Por conseguinte, ACG indica que o grupo 5′-OH não ligado está no desoxiadenilato, enquanto o grupo 3′-OH não ligado está no desoxiguanilato. Devido a essa polaridade, ACG e GCA correspondem a compostos diferentes.

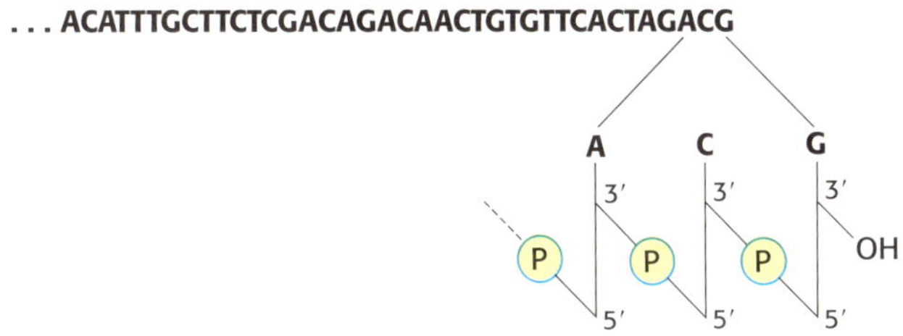


**FIGURA 4.8 Estrutura de uma fita de ácido nucleico.** Representação simplificada de um ácido nucleico (comparar com a Figura 4.3). A fita possui uma extremidade 5′, que geralmente está ligada a um grupo fosforila, e uma extremidade 3′, que geralmente é um grupo hidroxila livre.

## 4.2 Um par de fitas de ácido nucleico com sequências complementares pode formar uma estrutura em dupla hélice

Conforme discutido no Capítulo 1, a estrutura covalente dos ácidos nucleicos é responsável pela sua capacidade de carregar a informação na forma de sequência de bases ao longo de uma fita de ácido nucleico. As bases nas duas fitas separadas de ácidos nucleicos formam *pares de bases específicos,* de tal modo que há formação de uma estrutura helicoidal. A estrutura em dupla hélice do DNA facilita a *replicação* do material genético – isto é, a geração de duas cópias de um ácido nucleico a partir de uma.

### A dupla hélice é estabilizada por ligações de hidrogênio e por interações de van der Waals

A capacidade dos ácidos nucleicos de formar pares de bases específicos foi descoberta durante pesquisas cujo objetivo era determinar a estrutura tridimensional do DNA. Maurice Wilkins e Rosalind Franklin obtiveram fotografias de difração de raios X de fibras de DNA (Figura 4.9).

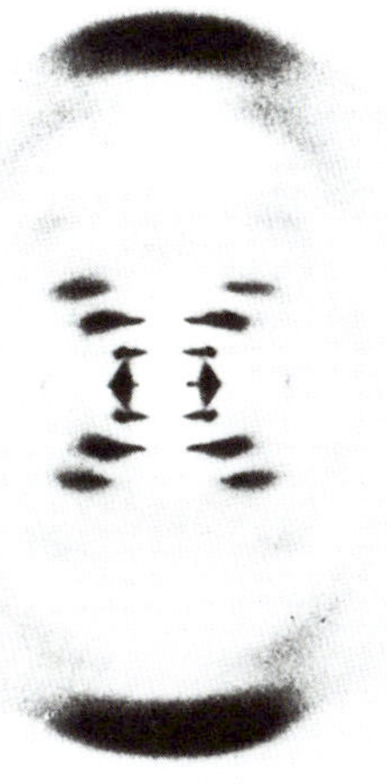

**FIGURA 4.9 Fotografia da difração de raios X de uma fibra de DNA hidratada.** Quando cristais de uma biomolécula são irradiados com raios X, esses raios são difratados e vistos como uma série de pontos, denominados refrações, em uma tela atrás do cristal. A estrutura da molécula pode ser determinada pelo padrão das refrações (ver Capítulo 3, seção 3.5). No que concerne aos cristais de DNA, a cruz central é diagnóstica de estrutura helicoidal. Os arcos nítidos no meridiano originam-se do empilhamento das bases dos nucleotídios, que estão a uma distância de 3,4 Å. [Omikron/Science Source.]

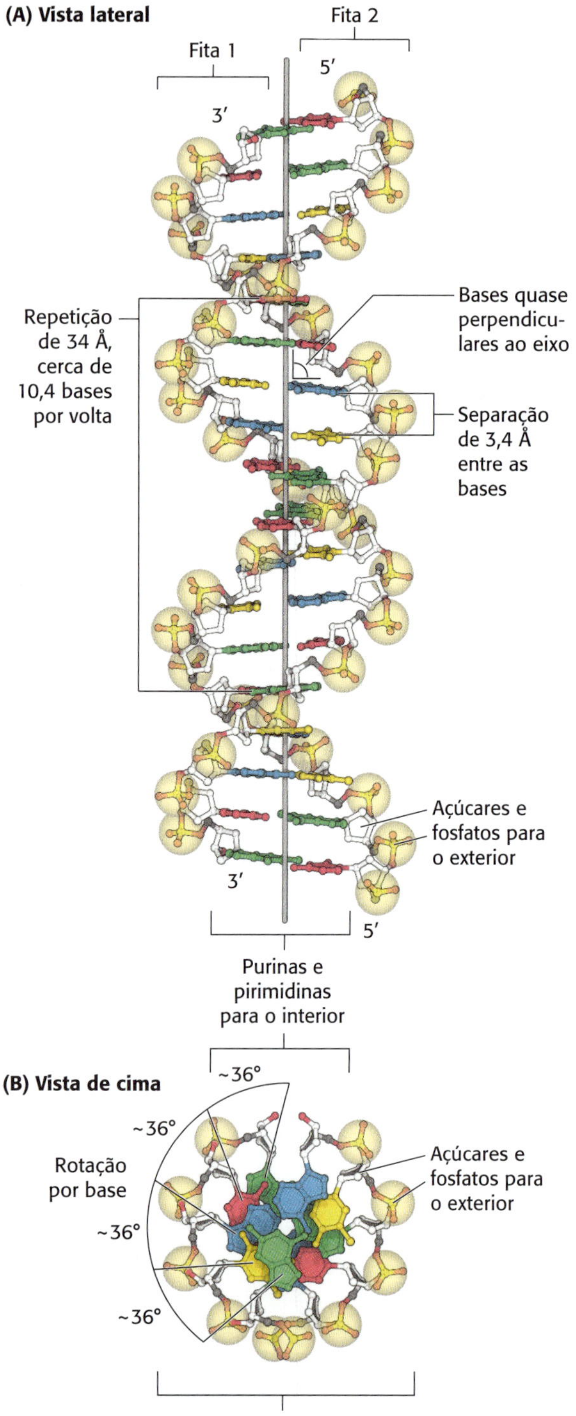


**FIGURA 4.10 Modelo de Watson-Crick do DNA em dupla hélice.** **A.** Vista lateral. As bases adjacentes são separadas por 3,4 Å. A estrutura repete-se ao longo do eixo helicoidal (vertical) a intervalos de 3,4 Å, que corresponde a aproximadamente 10 nucleotídios em cada cadeia. **B.** Vista de cima. Ao se olhar para baixo no eixo da hélice, percebe-se uma rotação de 36° por base e que as bases estão empilhadas umas sobre as outras. [Fonte: J. L. Tymoczko, J. Berg, e L. Stryer, *Biochemistry: A Short Course*, 2nd ed. (W. H. Freeman and Company, 2013), Fig. 33.11.]

As características desses padrões de difração indicaram que o DNA é formado por duas fitas que se enrolam em uma estrutura helicoidal regular. A partir desses dados e de outros, James Watson e Francis Crick deduziram um modelo estrutural para o DNA que explicava o padrão de difração e constituiu a fonte de algumas descobertas notáveis sobre as propriedades funcionais dos ácidos nucleicos (Figura 4.10).

As características do modelo de Watson-Crick do DNA, deduzidas dos padrões de difração, são as seguintes:

**1.** Duas fitas de polinucleotídios helicoidais são enroladas em torno de um eixo comum com sentido de giro para a direita (ver Capítulo 2). As fitas são antiparalelas, o que significa que elas apresentam polaridade oposta.

**2.** Os esqueletos de açúcar-fosfato estão no exterior, enquanto as bases purínicas e pirimidínicas situam-se no interior da hélice.

**3.** As bases são quase perpendiculares ao eixo da hélice, e as bases adjacentes são separadas por uma distância de cerca de 3,4 Å. A estrutura helicoidal repete-se a cada 34 Å, com cerca de 10,4 bases por volta da hélice. Há uma rotação de quase 36° por base (360° por volta completa/10,4 bases por volta).

**4.** O diâmetro da hélice é de cerca de 20 Å.

Como uma estrutura regular desse tipo é capaz de acomodar uma sequência arbitrária de bases, tendo em vista os diferentes tamanhos e formas das purinas e das pirimidinas? Procurando uma resposta para essa questão, Watson e Crick descobriram que a guanina pode se parear com a citosina, e a adenina com a timina, formando pares de bases que possuem essencialmente a mesma forma (Figura 4.11). Esses pares de bases são mantidos unidos por ligações de hidrogênio específicas que, embora fracas (4 a 21 kJ $mol^{-1}$ ou 1 a 5 kcal $mol^{-1}$), estabilizam a hélice em virtude de seu grande número em uma molécula de DNA. Essas *regras de pareamento de bases* explicam a observação de que as razões entre adenina e timina e entre guanina e citosina são aproximadamente as mesmas em todas as espécies estudadas, enquanto a razão entre a adenina e a guanina varia de modo considerável (Tabela 4.1).

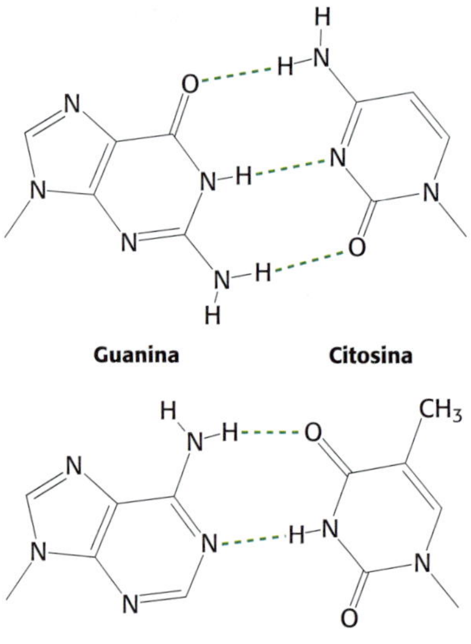


**FIGURA 4.11 Estruturas dos pares de bases propostas por Watson e Crick.**

**TABELA 4.1** Composições de bases determinadas experimentalmente para uma variedade de organismos.

| Organismo | A: T | G: C | A: G |
|---|---|---|---|
| Seres humanos | 1,00 | 1,00 | 1,56 |
| Salmão | 1,02 | 1,02 | 1,43 |
| Trigo | 1,00 | 0,97 | 1,22 |
| Levedura | 1,03 | 1,02 | 1,67 |
| *Escherichia coli* | 1,09 | 0,99 | 1,05 |
| *Serratia marcescens* | 0,95 | 0,86 | 0,70 |

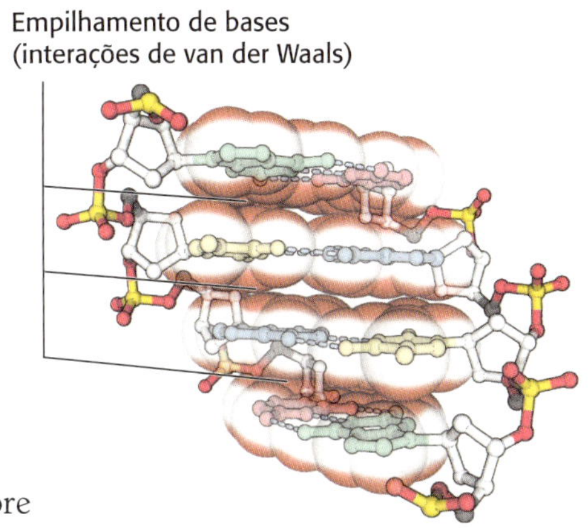


**FIGURA 4.12 Vista lateral do DNA.** Os pares de bases estão empilhados uns sobre os outros na dupla hélice. As bases empilhadas interagem por meio das forças de van der Waals. Essas forças de empilhamento ajudam a estabilizar a dupla hélice. [Fonte: J. L. Tymoczko, J. Berg e L. Stryer, *Biochemistry: A Short Course*, 2nd ed. (W. H. Freeman and Company, 2013), Fig. 33.13.].

Dentro da hélice, as bases estão essencialmente empilhadas umas sobre as outras (Figura 4.10B). O empilhamento de pares de bases contribui para a estabilidade da dupla hélice de duas maneiras. Em primeiro lugar, a formação da dupla hélice é facilitada pelo efeito hidrofóbico (ver Capítulo 1). As bases hidrofóbicas agrupam-se no interior da hélice distantes da água circundante, enquanto as superfícies mais polares ficam expostas à água. Essa organização é reminiscente do enovelamento das proteínas, em que os aminoácidos hidrofóbicos estão no interior da proteína e os aminoácidos hidrofílicos no exterior (ver Capítulo 2, seção 2.4). Em segundo lugar, os pares de bases empilhados atraem-se uns aos outros por meio das forças de van der Waals (ver Capítulo 8), apropriadamente designadas como *forças de empilhamento,* contribuindo ainda mais para a estabilização da hélice (Figura 4.12). A energia associada a uma única interação de van der Waals é bastante pequena, normalmente de 2 a 4 kJ $mol^{-1}$ (0,5 a 1,0 kcal $mol^{-1}$). Entretanto, na dupla hélice, um grande número de átomos está em contato de van der Waals, e o efeito final, somado por esses pares de átomos, é substancial. Além disso, o empilhamento de bases no DNA é favorecido pelas conformações relativamente rígidas dos anéis de cinco membros dos açúcares do esqueleto.

## O DNA pode assumir uma variedade de formas estruturais

Watson e Crick basearam o seu modelo (conhecido como *hélice B-DNA*) nos padrões de difração de raios X de fibras de DNA altamente hidratadas, que forneceram informações sobre as propriedades da dupla hélice que representam médias a partir de seus resíduos constituintes. Em condições fisiológicas, a maior parte do DNA encontra-se na forma B. Estudos de difração de raios X de fibras de DNA menos hidratadas revelaram uma forma diferente, denominada *A-DNA*. À semelhança do B-DNA, o A-DNA é uma dupla hélice com rotação em sentido horário constituída por fitas antiparalelas mantidas unidas pelo pareamento de bases de Watson-Crick. A hélice da forma A é mais larga e mais curta do que a hélice da forma B, e seus pares de bases estão inclinados, em vez de perpendiculares ao eixo da hélice (Figura 4.13).

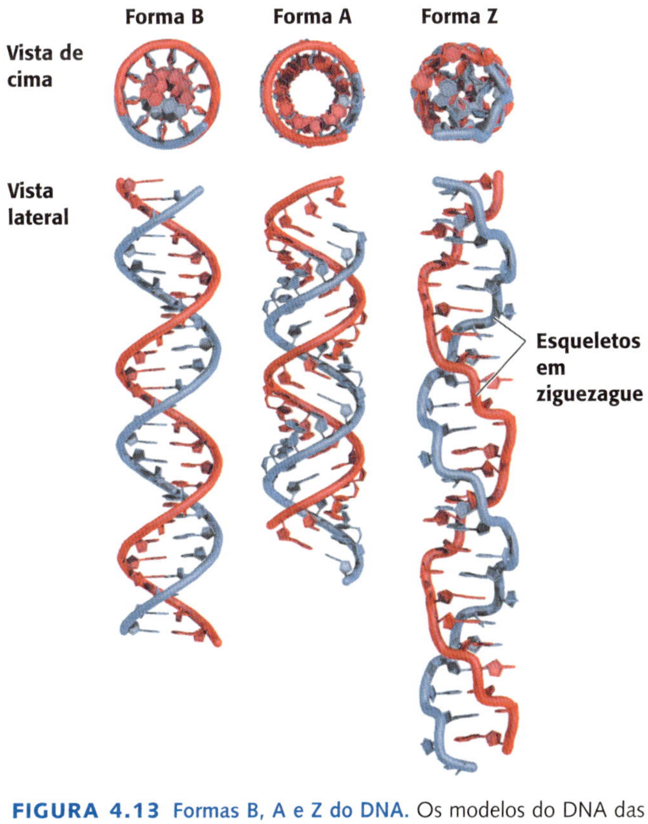


**FIGURA 4.13 Formas B, A e Z do DNA.** Os modelos do DNA das formas B e A mostram suas estruturas helicoidais em sentido horário. A hélice na forma B é mais longa e mais estreita que a da forma A. O Z-DNA é uma hélice com rotação à esquerda em que os grupos fosforila fazem um ziguezague ao longo do esqueleto [Desenhada de 1BNA.pdb, 1DNZ.pdb e 131D.pdb.]

Se a hélice da forma A fosse simplesmente uma propriedade do DNA desidratado, teria pouco significado. Entretanto, regiões de fita dupla do RNA e pelo menos alguns híbridos de RNA-DNA adotam uma forma em dupla hélice que é muito similar à do A-DNA.

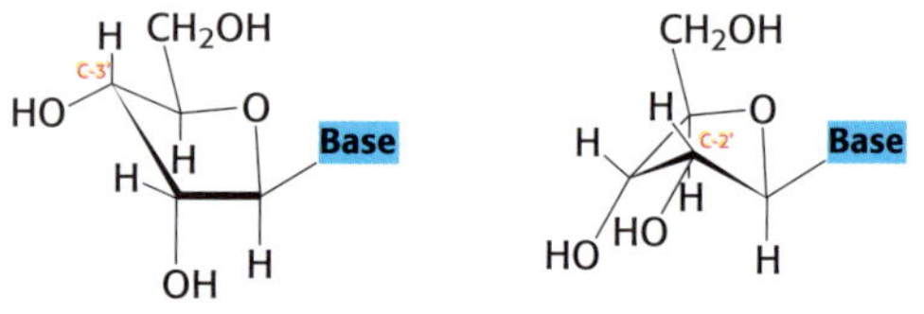


**C-3'-endo (forma A)** **C-3'-endo (forma B)**

**FIGURA 4.14 Conformações do açúcar.** No DNA da forma A, o átomo de carbono C-3' situa-se acima do plano aproximado definido pelos outros quatro átomos que não hidrogênio do açúcar (denominado C-3' endo). No DNA da forma B, cada desoxirribose está em uma conformação C-2'-endo, em que C-2' situa-se fora do plano.

Qual é a base bioquímica para as diferenças observadas entre as duas formas de DNA? Muitas das diferenças estruturais entre o B-DNA e o A-DNA originam-se de conformações diferentes de suas unidades de ribose (Figura 4.14). No A-DNA, o C-3'situa-se fora do plano formado pelos outros quatro átomos do anel (uma conformação designada como C-3' endo); no B-DNA, o C-2' situa-se fora do plano (uma conformação denominada C-2' endo). A conformação C-3'-endo no A-DNA leva a uma inclinação de 11° dos pares de bases em relação ao eixo perpendicular da hélice. As hélices de RNA também são induzidas a assumir a forma de A-DNA devido ao impedimento estérico do grupo 2'-hidroxila: o átomo de oxigênio 2' estaria demasiado próximo dos três átomos do grupo fosforila adjacente e de um átomo da próxima base. Em uma hélice na forma A, por outro lado, o átomo de oxigênio 2' projeta-se para fora, afastando-se dos outros átomos. O grupo fosforila e outros grupos na hélice de forma A ligam-se a um menor número de moléculas de $H_2O$ do que aqueles no B-DNA. Por conseguinte, a desidratação favorece a forma A.

Um terceiro tipo de dupla hélice apresenta volta *para a esquerda,* ao contrário do sentido de volta *para a direita* das hélices A e B. Além disso, os grupos fosforila no esqueleto estão em *ziguezague*; portanto, essa forma de DNA foi denominada *Z-DNA* (Figura 4.13).

Embora a função biológica do Z-DNA ainda esteja sendo investigada, foram isoladas proteínas que se ligam ao Z-DNA, uma das quais é necessária para a patogênese viral dos poxvírus, incluindo o agente da varíola. A existência do Z-DNA mostra que o DNA é uma molécula dinâmica e flexível, cujos parâmetros não são tão fixos quanto as representações sugerem. As propriedades do A-DNA, B-DNA e Z-DNA são comparadas na Tabela 4.2.

**TABELA 4.2** Comparação entre A-DNA, B-DNA e Z-DNA.

| | A | B | Z |
|---|---|---|---|
| Forma | Mais larga | Intermediária | Mais estreita |
| Altura por par de base | 2,3 Å | 3,4 Å | 3,8 Å |
| Diâmetro da hélice | cerca de 26 Å | cerca de 20 Å | cerca de 18 Å |
| Sentido do giro | Para a direita | Para a direita | Para a esquerda |
| Ligação glicosídica* | *anti* | *anti* | Alternando entre *anti* e *sin* |
| Pares de bases por volta da hélice | 11 | 10,4 | 12 |
| Distância por volta da hélice | 25,3 Å | 35,4 Å | 45,6 Å |
| Inclinação dos pares de bases em relação ao eixo perpendicular da hélice | 19° | 1 grau | 9° |

**Sin* e *anti* referem-se à orientação da ligação *N*-glicosídica entre a base e a desoxirribose. Na orientação *anti*, a base estende-se para longe da desoxirribose. Na orientação *sin*, a base situa-se acima da desoxirribose. As pirimidinas podem assumir apenas orientações *anti*, enquanto as purinas podem ser *anti* ou *sin*.

## Algumas moléculas de DNA são circulares e superenoveladas

As moléculas de DNA nos cromossomos humanos são lineares. Entretanto, a microscopia eletrônica e outros estudos mostraram que as moléculas intactas de DNA de bactérias e arqueias são *circulares* (Figura 4.15A). As moléculas de DNA no interior das células necessariamente apresentam uma forma muito compacta. Observe que o cromossomo de *E. coli*, quando estendido por completo, teria um comprimento cerca de 1.000 vezes o diâmetro maior da bactéria.

Uma molécula de DNA fechada possui uma propriedade exclusiva de DNA circular. O eixo da dupla hélice pode ser torcido ou superenovelado

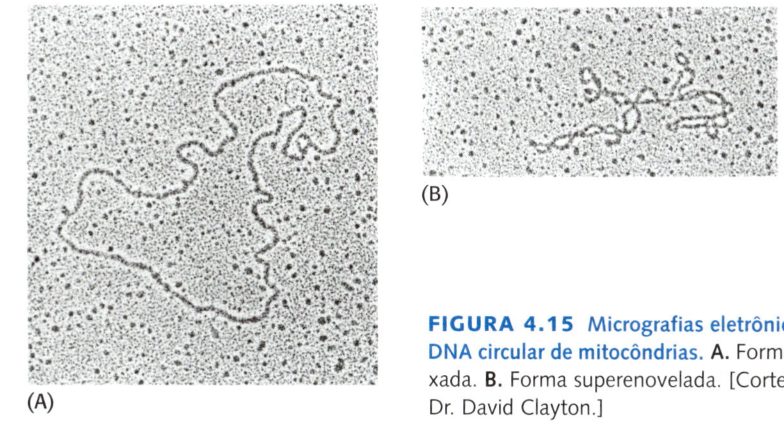


**FIGURA 4.15 Micrografias eletrônicas do DNA circular de mitocôndrias.** **A.** Forma relaxada. **B.** Forma superenovelada. [Cortesia do Dr. David Clayton.]

em uma *super-hélice* (Figura 4.15B). Uma molécula circular de DNA sem nenhuma volta super-helicoidal é conhecida como *molécula relaxada*. O superenovelamento é biologicamente importante por duas razões. Em primeiro lugar, *uma molécula de DNA superenovelada é mais compacta do que a sua forma relaxada*. Em segundo lugar, *o superenovelamento pode dificultar ou favorecer a capacidade da dupla hélice de se desenrolar e, portanto, afetar a interação entre o DNA e outras moléculas*. Essas características topológicas do DNA serão abordadas mais adiante, no Capítulo 29.

## Os ácidos nucleicos de fita simples podem adotar estruturas complexas

Os ácidos nucleicos de fita simples frequentemente se dobram sobre eles próprios, formando estruturas bem definidas. Essas estruturas são particularmente proeminentes no RNA e em complexos que contêm RNA, como o ribossomo – um grande complexo de RNAs e proteínas no qual tais proteínas são sintetizadas.

O motivo estrutural mais simples e mais comum formado é uma estrutura em *haste-alça*, criada quando duas sequências complementares em uma fita simples unem-se para formar estruturas em dupla hélice (Figura 4.16). Em muitos casos, essas duplas hélices são constituídas totalmente por pares de bases de Watson-Crick. Em outros casos, entretanto, as estruturas incluem pares de bases mal pareadas ou bases não pareadas que se projetam para fora da hélice. Esses maus pareamentos desestabilizam a estrutura local, além de introduzirem desvios da estrutura padrão de dupla hélice que podem ser importantes para o enovelamento de ordem mais alta e para o desempenho da função (Figura 4.17).

Os ácidos nucleicos de fita simples podem adotar estruturas complexas por meio da interação de bases mais amplamente distantes. Com frequência, três ou mais bases interagem para estabilizar essas estruturas. Nesses casos, doadores e aceptores de ligações de hidrogênio que não participam dos pares de bases de Watson-Crick participam das ligações

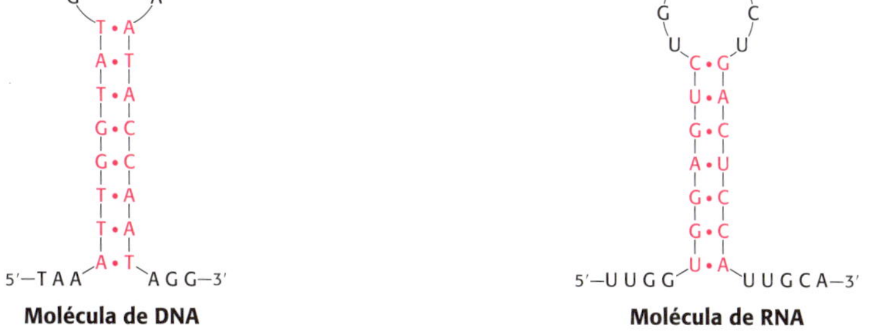


**FIGURA 4.16 Estruturas em haste-alça.** As estruturas em haste-alça podem ser formadas a partir de moléculas de DNA ou de RNA de fita simples.

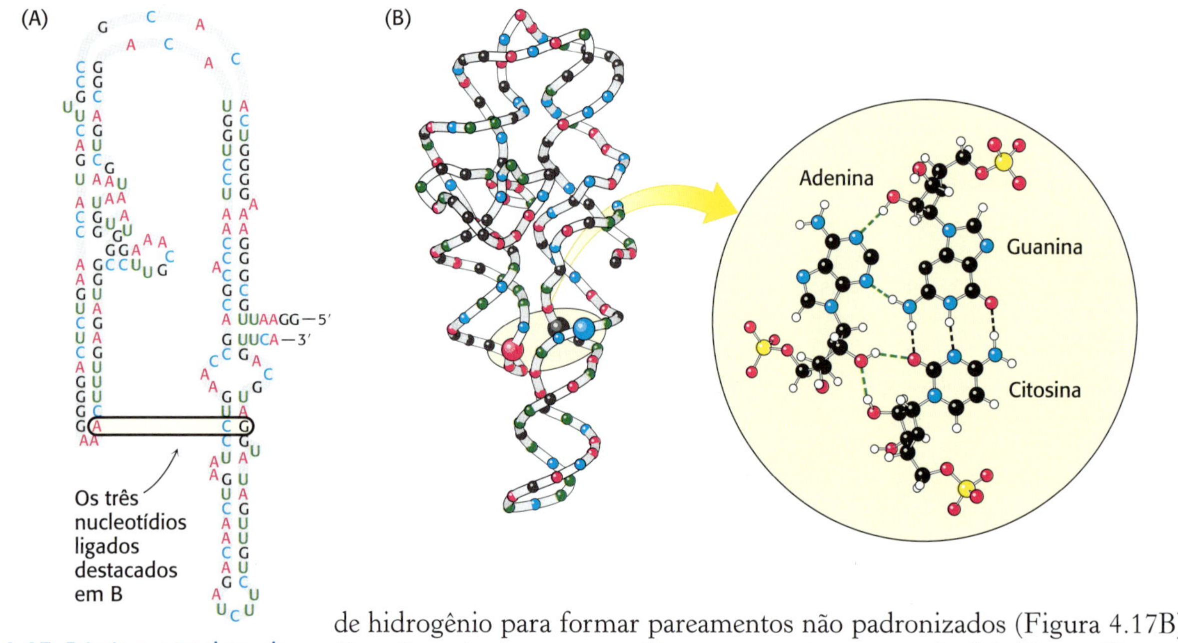


**FIGURA 4.17 Estrutura complexa de uma molécula de RNA.** Uma molécula de RNA de fita simples pode se dobrar sobre si mesma para formar uma estrutura complexa. **A.** Sequência de nucleotídios mostrando pares de bases de Watson–Crick e outros pareamentos de bases não usuais em estruturas em haste-alça. **B.** A estrutura tridimensional e uma importante interação de longa amplitude entre três bases. Na estrutura tridimensional à esquerda, os nucleotídios de citidina são mostrados em azul, a adenosina em vermelho, a guanosina em preto e a uridina em verde. Na projeção detalhada, as ligações de hidrogênio nos pares de bases de Watson–Crick são mostradas como linhas pretas tracejadas; ligações de hidrogênio adicionais são mostradas como linhas verdes tracejadas.

de hidrogênio para formar pareamentos não padronizados (Figura 4.17B). Com frequência, íons metálicos, como o íon magnésio ($Mg^{2+}$), auxiliam na estabilização dessas estruturas mais elaboradas. Tais estruturas complexas permitem ao RNA desempenhar um conjunto de funções que não podem ser realizadas pela molécula de DNA de fita dupla. Com efeito, a complexidade de algumas moléculas de RNA rivaliza com a das proteínas, e essas moléculas de RNA exercem diversas funções que antigamente se acreditava fossem exclusivas das proteínas.

## 4.3 A dupla hélice facilita a transmissão acurada da informação hereditária

O modelo de dupla hélice do DNA proposto por Watson e Crick e, em particular, os pareamentos específicos de bases de adenina com timina e de guanina com citosina imediatamente sugeriram como o material genético poderia se replicar. *A sequência de bases de uma fita da dupla hélice determina precisamente a sequência da outra fita.* Uma guanina em uma fita é sempre pareada com uma citosina na outra fita, e assim sucessivamente. Por conseguinte, a separação de uma dupla hélice em suas duas fitas componentes produziria dois moldes de fita simples a partir dos quais novas duplas hélices poderiam ser construídas, tendo, cada uma delas, a mesma sequência de bases que a dupla hélice original. A hipótese formulada foi a de que, à medida que o DNA é replicado, uma das fitas de cada molécula de DNA-filha é recém-sintetizada, enquanto a outra é transmitida de modo inalterado da molécula de DNA parental. Essa distribuição de átomos parentais é denominada *replicação semiconservativa.*

### Diferenças na densidade do DNA estabeleceram a validade da hipótese da replicação semiconservativa

Matthew Meselson e Franklin Stahl realizaram um experimento fundamental para testar essa hipótese em 1958. Marcaram o DNA parental com $^{15}N$, um isótopo pesado do nitrogênio, de modo a torná-lo mais denso do que o DNA comum. O DNA marcado foi gerado por meio de cultura de *E. coli* por muitas gerações em um meio contendo $^{15}NH_4Cl$ como única fonte de nitrogênio. Após a incorporação completa do nitrogênio pesado, as bactérias foram imediatamente transferidas para um meio que só continha $^{14}N$, o isótopo usual do nitrogênio. A pergunta formulada era: Qual a distribuição do $^{14}N$ e do $^{15}N$ nas moléculas de DNA após sucessivos ciclos de replicação?

A distribuição do $^{14}N$ e do $^{15}N$ foi revelada pela técnica de *equilíbrio de sedimentação em gradiente de densidade.* Uma pequena quantidade do DNA de *E. coli* foi dissolvida em uma solução concentrada de cloreto de césio. Essa solução foi centrifugada até estar quase em equilíbrio. Neste ponto, os processos opostos de sedimentação e de difusão criaram um gradiente de densidade estável na concentração de cloreto de césio ao longo do tubo de centrifugação. As moléculas de DNA nesse gradiente de densidade foram direcionadas pela força centrífuga para a região onde a densidade da solução era igual à sua própria densidade. O DNA produziu uma ou mais bandas estreitas, que foram detectadas pela absorção da luz ultravioleta pelo DNA. Uma mistura de moléculas de $^{14}N$ DNA e $^{15}N$ DNA produziu bandas claramente separadas, visto que elas diferem na sua densidade em cerca de 1% (Figura 4.18).

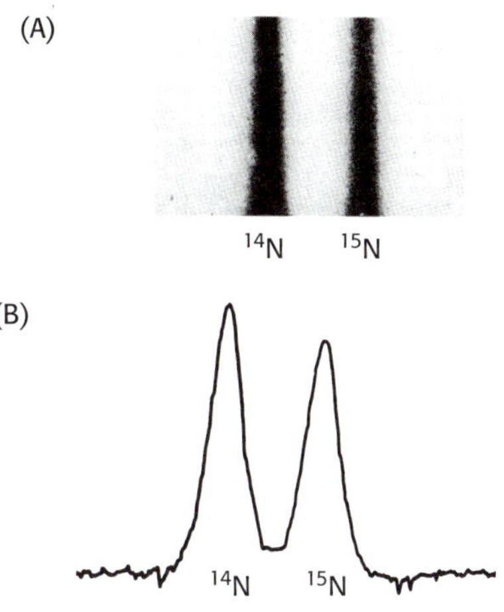


**FIGURA 4.18 Separação do $^{14}N$ DNA e do $^{15}N$ DNA por centrifugação em gradiente de densidade. A.** Fotografia de absorção da luz ultravioleta de um tubo especial centrifugado mostrando as duas bandas distintas de DNA. **B.** Traçado densitométrico da fotografia de absorção. [(A) M. Meselson e F. W. Stahl. *Proc. Natl. Acad. Sci. U.S.A.* 44(1958):671.]

Em seu experimento, Meselson e Stahl extraíram DNA das bactérias em vários momentos após a transferência das bactérias do meio contendo $^{15}N$ para o meio contendo $^{14}N$ e submeteram as amostras ao equilíbrio de sedimentação em gradiente de densidade. Na Figura 4.19, todo o DNA está marcado com $^{15}N$ no início do experimento (geração 0). Depois de uma geração, todo o DNA ainda está em uma única banda, porém a banda foi deslocada. A densidade dessa banda (denominada DNA híbrido) está precisamente a meio caminho entre as densidades das bandas do $^{14}N$ DNA e do $^{15}N$ DNA. Depois de duas gerações, são observadas quantidades iguais das duas bandas de DNA. Uma delas consiste em DNA híbrido e a outra em $^{14}N$ DNA. Depois de três ciclos de replicação, as posições das duas bandas permanecem inalteradas, porém há três vezes mais quantidade de $^{14}N$ DNA do que DNA híbrido.

*A ausência de $^{15}N$ DNA indicou que o DNA parental não fica preservado como uma unidade intacta após a replicação.* A ausência do $^{14}N$ DNA na geração 1 indicou que alguns dos átomos de todo o DNA-filho derivavam do DNA parental. Essa proporção tinha de ser a metade, visto que a densidade da banda do DNA híbrido estava a meio caminho entre as densidades das bandas do $^{14}N$ DNA e do $^{15}N$ DNA.

A partir desses experimentos incisivos, Meselson e Stahl concluíram que a replicação era semiconservativa, o que significa que cada nova dupla hélice contém uma fita parental e uma fita recém-sintetizada. Esses resultados concordavam perfeitamente com o modelo da replicação do DNA de Watson-Crick (Figura 4.20).

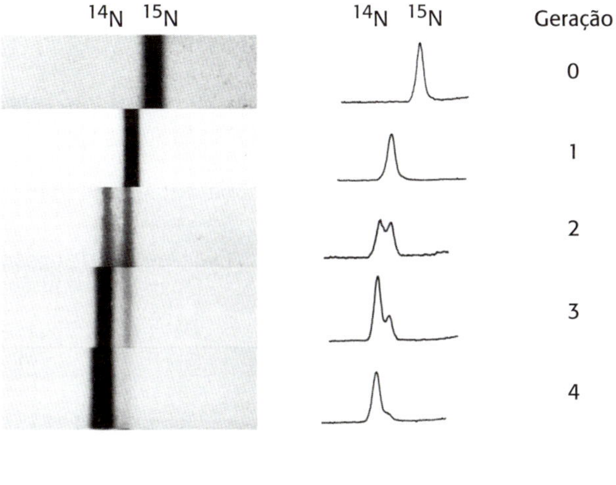


**FIGURA 4.19 Detecção da replicação semiconservativa do DNA de *E. coli* por meio de centrifugação em gradiente de densidade.** A posição de uma banda de DNA depende de seu conteúdo de $^{14}N$ e $^{15}N$. [De M. Meselson e F. W. Stahl. *Proc. Natl. Acad. Sci. U.S.A.* 44(1958):671.]

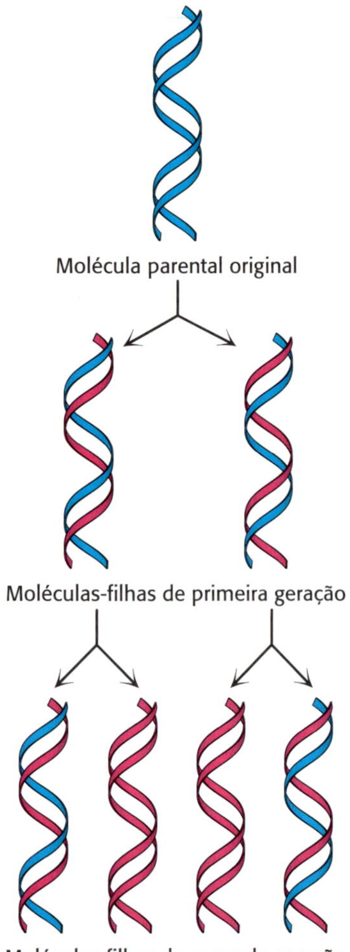


**FIGURA 4.20 Diagrama da replicação semiconservativa.** O DNA parental original é mostrado em azul e o DNA recém-sintetizado, em vermelho. [Informação de M. Meselson e F. W. Stahl, *Proc. Natl. Acad. Sci. U.S.A.* 44: 671–682, 1958.]

## A dupla hélice pode ser reversivelmente dissociada

Durante a replicação e a transcrição do DNA, as duas fitas da dupla hélice precisam ser separadas uma da outra, pelo menos em determinada região. As duas fitas da hélice de DNA separam-se prontamente quando as ligações de hidrogênio entre os pares de bases são rompidas. No laboratório, a dupla hélice pode ser desnaturada pelo aquecimento de uma solução de DNA ou pela adição de ácido ou de álcali para ionizar as bases. A dissociação da dupla hélice é denominada *"fusão"*, visto que ela ocorre abruptamente em determinada temperatura. A *temperatura de fusão* ($T_m$) do DNA é definida como a temperatura na qual metade da estrutura helicoidal é perdida. Entretanto, no interior das células, a dupla hélice não é dissociada pela aplicação de calor. Em vez disso, proteínas denominadas *helicases* utilizam a energia química (proveniente do ATP) para romper a hélice (ver Capítulo 29).

As bases empilhadas nos ácidos nucleicos absorvem menos luz ultravioleta em um comprimento de onda de 260 nm do que as bases não empilhadas, um efeito denominado *hipocromismo* (Figura 4.21A). Assim, conforme uma amostra de DNA é aquecida, as fitas se separam, aumentando a proporção de DNA de fita simples, o que é monitorado pela medição do aumento na absorção da luz no comprimento de onda de 260 nm (Figura 4.21B).

As fitas complementares separadas de ácidos nucleicos se reassociam espontaneamente, formando uma dupla hélice quando a temperatura é diminuída abaixo da $T_m$. Esse processo de renaturação é algumas vezes denominado *anelamento*. A facilidade com a qual as duplas hélices podem ser dissociadas e, em seguida, reassociadas é fundamental para as funções biológicas dos ácidos nucleicos. A capacidade de desnaturar e de reanelar o DNA de modo reversível no laboratório fornece um poderoso instrumento para investigar a similaridade de sequência. Voltaremos a essa técnica importante no Capítulo 5.

## O DNA circular incomum existe no núcleo eucariótico

A disciplina da bioquímica fez enormes progressos no século passado explicando a base química dos sistemas vivos. Entretanto, um dos aspectos mais interessantes da bioquímica é que ainda existem muitas descobertas a fazer. Por exemplo, recentemente o DNA circular extracromossômico (eccDNA) foi descoberto nos núcleos de células eucarióticas. Conforme discutido (ver p. 120), o DNA circular já é conhecido há muito tempo como componente das células bacterianas, porém até recentemente a presença desse tipo de DNA era desconhecida nos núcleos. Qual é o papel

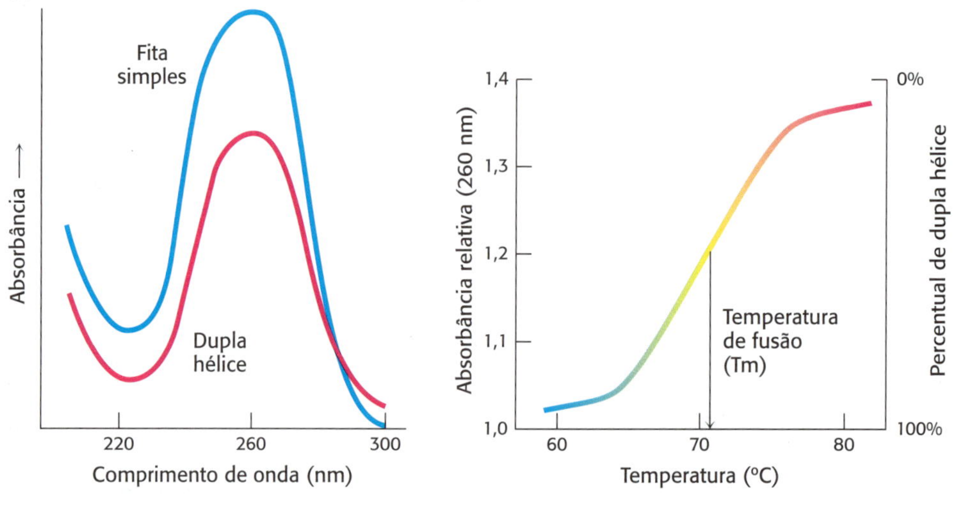


**FIGURA 4.21 Hipocromismo. A.** O DNA de fita simples absorve luz com mais eficiência do que o DNA de dupla hélice. **B.** A absorbância de uma solução de DNA em um comprimento de onda de 260 nm aumenta quando a dupla hélice é dissociada em fitas simples.

desempenhado pelo eccDNA? Naturalmente, essa questão está sendo intensamente pesquisada, porém o DNA circular pode ajudar as células a se especializarem, seja para melhor, seja para pior. Por exemplo, mais da metade das células cancerígenas humanas contêm eccDNA, e os círculos carregam os genes necessários para o crescimento do tumor. As células cardíacas normais possuem eccDNA com genes para a proteína muscular titina, que é responsável pela plasticidade muscular. A descoberta do eccDNA abre uma nova área de pesquisa e uma nova maneira de olhar para o DNA eucariótico e a flexibilidade do genoma eucariótico.

## 4.4 O DNA é replicado por polimerases que recebem instruções a partir de moldes

Examinemos agora o mecanismo molecular da replicação do DNA. A maquinaria completa de replicação em uma célula compreende mais de 20 proteínas envolvidas em uma interação complexa e coordenada. Os componentes catalíticos básicos da maquinaria de replicação são as enzimas denominadas *DNA polimerases,* que promovem a formação das ligações que unem as unidades do esqueleto de DNA. *E. coli* possui várias DNA polimerases que participam da replicação e do reparo do DNA (ver Capítulo 29).

### A DNA polimerase catalisa a formação de ligações fosfodiéster

*As DNA polimerases catalisam a adição, passo a passo, das unidades de desoxirribonucleotídios a uma fita de DNA* (Figura 4.22). A reação catalisada, em sua forma mais simples, é a seguinte:

$$(DNA)_n + dNTP \rightleftharpoons (DNA)_{n+1} + PP_i$$

em que dNTP representa qualquer desoxirribonucleotídio, enquanto $PP_i$ é um íon pirofosfato.

A síntese do DNA apresenta as seguintes características:

**1.** *A reação exige a presença de todos os quatro precursores ativados* – isto é, os desoxinucleosídios 5′-trifosfatos dATP, dGTP, dCTP e TTP –, bem como do íon $Mg^{2+}$.

**2.** *A nova fita de DNA é montada diretamente a partir de um molde de DNA preexistente.* As DNA polimerases só catalisam com eficiência a formação de uma ligação fosfodiéster se a base do nucleosídio trifosfato que chega for complementar à base existente na fita do *molde.* Por conseguinte, a DNA polimerase é uma *enzima dirigida por molde* que sintetiza um produto com uma sequência de bases complementar à do molde.

**3.** *As DNA polimerases necessitam de um iniciador para começar a síntese.* É necessário que uma fita *iniciadora* com um grupo 3′-OH livre já esteja ligada à fita molde. A reação de elongação da cadeia catalisada por DNA polimerases é um ataque nucleofílico do terminal 3′-OH da fita em crescimento ao átomo de fósforo mais interno do desoxinucleosídio trifosfato (Figura 4.23). Forma-se uma ligação fosfodiéster, e ocorre liberação de pirofosfato.

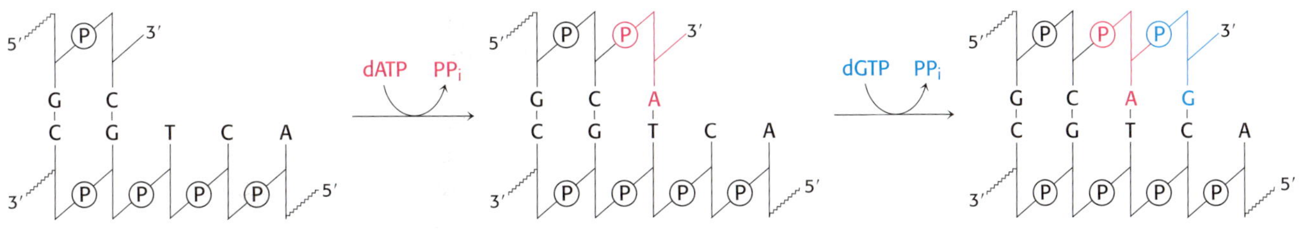


**FIGURA 4.22** Reação de polimerização catalisada pelas DNA polimerases.

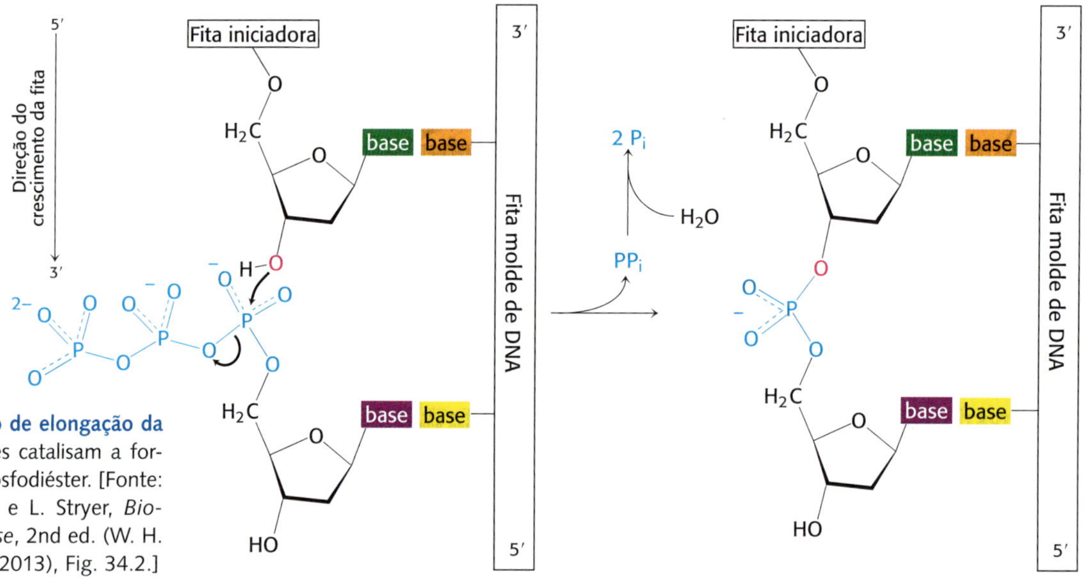


**FIGURA 4.23 Reação de elongação da fita.** As DNA polimerases catalisam a formação de uma ligação fosfodiéster. [Fonte: J. L. Tymoczko, J. Berg e L. Stryer, *Biochemistry: A Short Course*, 2nd ed. (W. H. Freeman and Company, 2013), Fig. 34.2.]

Nessa etapa, a reação é prontamente reversível. A hidrólise subsequente do pirofosfato para produzir dois íons de ortofosfato ($P_i$) pela *pirofosfatase* é uma reação irreversível em condições celulares que ajuda na progressão da polimerização. Este é um exemplo de reações acopladas, em que uma segunda reação fornece a energia necessária para ativar a primeira reação, um evento comum nas vias bioquímicas (ver Capítulo 15, seção 15.1).

**4.** *A elongação da cadeia de DNA prossegue na direção 5′ para 3′.*

**5.** *Muitas DNA polimerases são capazes de corrigir erros no DNA por meio da remoção de nucleotídios incorretamente pareados.* Essas polimerases possuem uma atividade de nuclease específica, que permite que elas retirem bases incorretas por meio de uma reação separada. Essa atividade de nuclease contribui para uma fidelidade notavelmente alta da replicação do DNA, cuja taxa de erro é de menos de $10^{-8}$ por par de bases.

## Os genes de alguns vírus são constituídos de RNA

Os genes em todos os organismos celulares são constituídos de DNA. O mesmo é válido para alguns vírus; entretanto, para outros, o material genético consiste em RNA. Os vírus são elementos genéticos envolvidos por capas proteicas que podem passar de uma célula para outra, mas que não são capazes de crescimento independente. Um exemplo bem estudado de um vírus de RNA é o vírus do mosaico do tabaco, que infecta as folhas das plantas de tabaco. Esse vírus consiste em uma única fita de RNA (6.390 nucleotídios) circundada por uma capa de proteína de 2.130 subunidades idênticas. O RNA viral é copiado por uma RNA polimerase que se orienta a partir de um molde de RNA e é denominada *RNA polimerase dirigida por RNA*. As células infectadas morrem devido à morte celular programada induzida pelo vírus; em essência, o vírus instrui a célula a cometer suicídio. A morte celular resulta em coloração das folhas de tabaco de acordo com um padrão variegado, o que explica a designação de vírus do mosaico.

Outra classe importante de vírus de RNA inclui os *retrovírus*, assim denominados porque a informação genética flui do RNA para o DNA, em vez do DNA para o RNA. Essa classe inclui o vírus da imunodeficiência humana 1 (HIV-1), que é a causa da síndrome da imunodeficiência adquirida (AIDS), bem como diversos vírus de RNA que produzem tumores em animais suscetíveis. As partículas de retrovírus contêm duas cópias de uma molécula de RNA de fita simples. Após a sua entrada na célula, o RNA

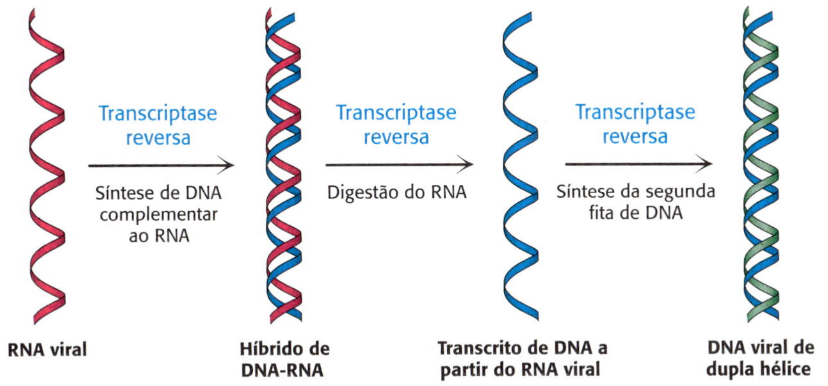


**FIGURA 4.24 Fluxo de informação do RNA para o DNA nos retrovírus.** O genoma de RNA de um retrovírus é convertido em DNA pela transcriptase reversa, uma enzima que entra na célula por meio das partículas infectantes do vírus. A transcriptase reversa possui várias atividades e catalisa a síntese de uma fita complementar de DNA, a digestão do RNA e a síntese subsequente da fita de DNA.

é copiado em DNA por meio da ação de uma enzima viral denominada *transcriptase reversa*, que atua tanto como polimerase quanto como RNase (Figura 4.24). A versão resultante de DNA de dupla hélice do genoma viral pode ser incorporada ao DNA cromossômico do hospedeiro e é então replicada juntamente com o DNA celular normal. Posteriormente, o genoma viral integrado é expresso para formar RNA e proteínas virais, que são montados em novas partículas virais.

## 4.5 A expressão gênica é a transformação da informação do DNA em moléculas funcionais

A informação armazenada como DNA torna-se útil quando é expressa na produção de RNA e de proteínas. Esse tópico rico e complexo é objeto de vários capítulos mais adiante neste livro, porém aqui introduzimos os conceitos básicos da expressão gênica. O DNA pode ser considerado como um arquivo de informações, que são armazenadas e manipuladas de modo criterioso para minimizar os danos (mutações). Ele é expresso em duas etapas. Na primeira, é feita uma cópia de RNA, que codifica as instruções para a síntese de proteínas. Esse RNA mensageiro pode ser considerado como uma fotocópia da informação original: ele pode ser feito em múltiplas cópias, que são utilizadas e, em seguida, descartadas. Na segunda etapa, a informação no RNA mensageiro é traduzida em síntese de proteínas funcionais. Existem outros tipos de moléculas de RNA para facilitar essa tradução.

### Vários tipos de RNA desempenham papéis-chave na expressão gênica

Os cientistas acreditavam que o RNA tinha um papel passivo na expressão gênica, representando um mero transportador de informações. Entretanto, pesquisas recentes revelaram que o RNA desempenha uma variedade de papéis, desde catálise até regulação. As células contêm vários tipos de RNA que estão envolvidos na expressão gênica (Tabela 4.3):

**TABELA 4.3** Moléculas de RNA em *E. coli*.

| Tipo | Quantidade relativa (%) | Coeficiente de sedimentação (*S*) | Massa (kDa) | Número de nucleotídios |
|---|---|---|---|---|
| RNA ribossômico (rRNA) | 80 | 23 | $1{,}2 \times 10^3$ | 3.700 |
| | | 16 | $0{,}55 \times 10^3$ | 1.700 |
| | | 5 | $3{,}6 \times 10^1$ | 120 |
| RNA transportador (tRNA) | 15 | 4 | $2{,}5 \times 10^1$ | 75 |
| RNA mensageiro (mRNA) | 5 | | Heterogênea | |

**Quilobase (kb)**
Uma unidade de comprimento igual a 1.000 pares de bases de uma molécula de ácido nucleico de fita dupla (ou 1.000 bases de uma molécula de fita simples).

Uma quilobase de DNA de fita dupla possui um comprimento de 0,34 μm em sua extensão máxima (denominada comprimento de contorno) e massa de cerca de 660 kDa.

**1.** *O RNA mensageiro* (mRNA) é o molde utilizado para a síntese de proteínas ou *tradução*. Uma molécula de mRNA pode ser produzida para cada gene ou grupo de genes a ser expresso nas bactérias, enquanto um mRNA distinto é produzido para cada gene nos eucariotos. Em consequência, o mRNA constitui uma classe heterogênea de moléculas. Nas bactérias, o comprimento médio de uma molécula de mRNA é de cerca de 1,2 quilobase (kb). O mRNA de todos os organismos apresenta características estruturais, como estruturas em haste-alça, que regulam a eficiência da tradução e o tempo de vida do mRNA. Essas características estruturais são mais proeminentes no mRNA eucariótico (ver Capítulos 30, 32 e 33).

**2.** *O RNA transportador* (tRNA) carrega os aminoácidos em uma forma ativada até o ribossomo para a formação da ligação peptídica, em uma sequência determinada pelo molde de mRNA. Existe pelo menos um tipo de tRNA para cada um dos 20 aminoácidos. O RNA transportador é constituído de aproximadamente 75 nucleotídios (com uma massa de cerca de 25 kDa).

**3.** *O RNA ribossômico* (rRNA) é o principal componente dos ribossomos (ver Capítulo 31). Nas bactérias, existem três tipos de rRNA, denominados RNA 23S, 16S e 5S, devido a seu comportamento de sedimentação (ver Capítulo 3). Uma molécula de cada uma dessas espécies de rRNA está presente em cada ribossomo. Anteriormente, acreditava-se que o rRNA desempenhava apenas um papel estrutural nos ribossomos. Sabemos agora que o rRNA é o verdadeiro catalisador da síntese de proteínas.

O RNA ribossômico é o mais abundante dos três tipos de RNA. O RNA transportador vem em segundo lugar, seguido do RNA mensageiro, que constitui apenas 5% do RNA total. As células eucarióticas contêm pequenas moléculas de RNA adicionais, que desempenham uma variedade de funções, incluindo a regulação da expressão gênica, o processamento do RNA e a síntese de proteínas. Examinaremos esses pequenos RNA em capítulos subsequentes. Neste capítulo, consideraremos o rRNA, o mRNA e o tRNA.

## Todo o RNA celular é sintetizado por RNA polimerases

A síntese do RNA a partir de um molde de DNA é denominada *transcrição* e é catalisada pela enzima *RNA polimerase* (Figura 4.25). A RNA polimerase catalisa a iniciação e a elongação das cadeias de RNA. A reação catalisada por essa enzima é:

$$(\text{RNA})_{n\ \text{resíduos}} + \text{ribonucleosídio trifosfato} \rightleftharpoons (\text{RNA})_{n+1\ \text{resíduos}} + \text{PP}_i$$

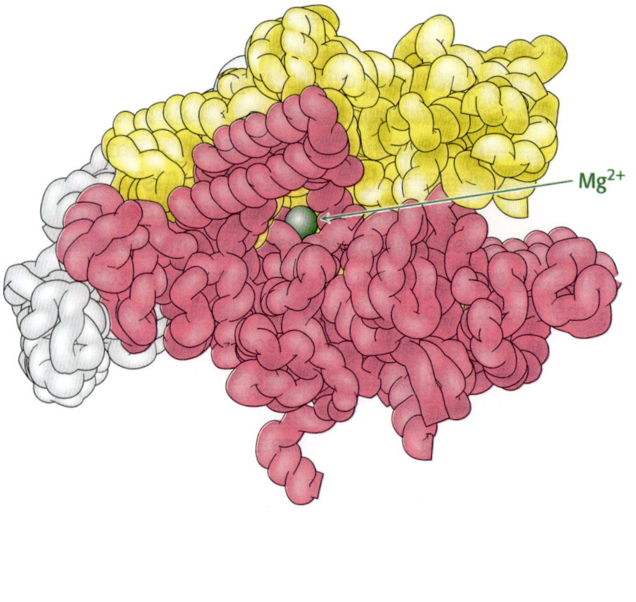


**FIGURA 4.25 RNA polimerase.** Essa grande enzima é constituída de muitas subunidades, incluindo β (em vermelho) e β′ (em amarelo), que formam uma "garra" que segura o DNA a ser transcrito. *Observe* que o sítio ativo inclui um íon $Mg^{2+}$ (em verde) no centro da estrutura. Os tubos curvos que compõem a proteína na figura representam o esqueleto da cadeia polipeptídica. [Desenhada de 1L9Z.pdb.]

A RNA polimerase necessita dos seguintes componentes:

**1.** *Um molde.* O molde preferido é o *DNA de fita dupla.* O DNA de fita simples também pode servir como molde. O RNA, seja ele de fita simples ou de fita dupla, não constitui um molde efetivo, nem os híbridos de RNA-DNA.

**2.** *Precursores ativados.* São necessários todos os quatro *ribonucleosídios trifosfatos* – ATP, GTP, UTP e CTP.

**3.** *Um íon metálico divalente.* Tanto o $Mg^{2+}$ quanto o $Mn^{2+}$ são efetivos.

A síntese de RNA assemelha-se à do DNA em vários aspectos (Figura 4.26). Em primeiro lugar, o sentido da síntese é 5′ ⟶ 3′. Em segundo lugar, o mecanismo de elongação é similar: o grupo 3′-OH na extremidade da cadeia em crescimento realiza um ataque nucleofílico ao grupo fosforila mais interno do nucleosídio trifosfato que chega. Em terceiro lugar, a síntese é favorecida pela hidrólise do pirofosfato. Entretanto, diferentemente da DNA polimerase, a RNA polimerase não necessita de um iniciador. Além disso, a capacidade da RNA polimerase de corrigir erros não é tão extensa quanto a da DNA polimerase.

**FIGURA 4.26 Mecanismo de transcrição da reação de elongação da cadeia catalisada pela RNA polimerase.** [Fonte: J. L. Tymoczko, J. Berg e L. Stryer, *Biochemistry: A Short Course*, 2nd ed. (W. H. Freeman and Company, 2013), Fig. 36.3.]

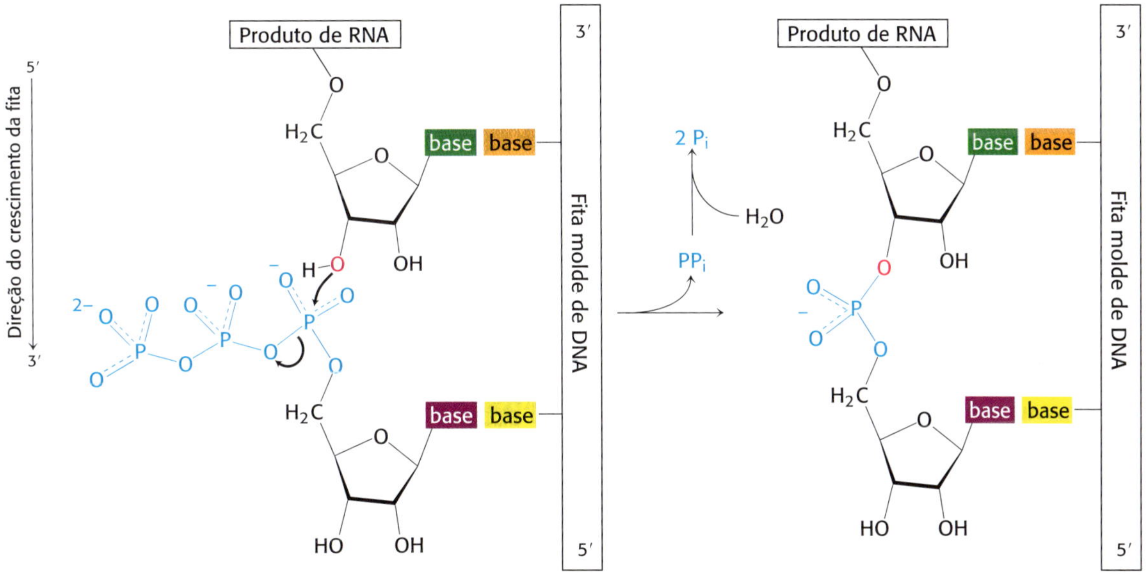


Todos os três tipos de RNA celular – mRNA, tRNA e rRNA – são sintetizados na *E. coli* pela mesma RNA polimerase de acordo com as instruções fornecidas por um molde de DNA. Nas células de mamíferos, existe uma divisão de trabalho entre vários tipos diferentes de RNA polimerases. Retornaremos a essas RNA polimerases no Capítulo 30.

## As RNA polimerases recebem instruções dos moldes de DNA

À semelhança das DNA polimerases descritas anteriormente, a RNA polimerase recebe instruções a partir de um molde de DNA. As primeiras evidências consistiram na descoberta de que a *composição de bases* do RNA recém-sintetizado é o complemento daquela da fita do molde de DNA (fita mais ou não codificadora), conforme exemplificado pelo RNA sintetizado a partir de um molde de DNA de fita simples do vírus ϕX174 (Tabela 4.4). A evidência mais forte quanto à fidelidade da transcrição provém de pesquisas de sequência de bases. Por exemplo, a sequência de nucleotídios de um segmento do gene que codifica as enzimas necessárias para a síntese do triptofano foi determinada com o uso de técnicas de sequenciamento de DNA (ver Capítulo 5, seção 5.1). De modo semelhante, foi determinada

**TABELA 4.4** Composição de bases (porcentagem) de RNA sintetizado a partir de um molde de DNA viral.

| Molde de DNA (fita mais ou não codificadora de ϕX174) | | Produto de RNA | |
|---|---|---|---|
| A | 25 | U | 25 |
| T | 33 | A | 32 |
| G | 24 | C | 23 |
| C | 18 | G | 20 |

5′—GCGGCGACGCGCAGUUAAUCCCACAGCCGCCAGUUCCGCUGGCGGCAU—3′ **mRNA**
3′—CGCCGCTGCGCGTCAATTAGGGTGTCGGCGGTCAAGGCGACCGCCGTA—5′ **Fita molde de DNA**
5′—GCGGCGACGCGCAGTTAATCCCACAGCCGCCAGTTCCGCTGGCGGCAT—3′ **Fita codificadora de DNA**

**FIGURA 4.27 Complementaridade entre o mRNA e o DNA.** A sequência de bases do mRNA (em vermelho) é o complemento daquela da fita do molde de DNA (em azul). A sequência mostrada aqui é do operon do triptofano, um segmento do DNA que contém os genes para cinco enzimas que catalisam a síntese do triptofano. A outra fita do DNA (em preto) é denominada fita codificadora, visto que possui a mesma sequência do RNA transcrito, exceto pela timina (T) no lugar da uracila (U).

a sequência do mRNA para o gene correspondente. Os resultados obtidos mostraram que a sequência de RNA é o complemento preciso da sequência do molde de DNA (Figura 4.27).

## A transcrição começa próximo a sítios promotores e acaba em sítios de terminação

A RNA polimerase precisa detectar e transcrever determinados genes a partir de grandes segmentos de DNA. O que marca o início da unidade a ser transcrita? Os moldes de DNA contêm regiões denominadas *sítios promotores,* que se ligam especificamente à RNA polimerase e determinam o sítio de início da transcrição. Nas bactérias, duas sequências no lado 5′ (a montante) do primeiro nucleotídio a ser transcrito funcionam como sítios promotores (Figura 4.28A). Uma delas, denominada *caixa de Pribnow,* apresenta a sequência consenso TATAAT e é centralizada em –10 (10 nucleotídios no lado 5′ do primeiro nucleotídio transcrito, que é indicado por +1). A outra sequência, denominada *região –35,* tem a sequência consenso TTGACA. O primeiro nucleotídio transcrito é geralmente uma purina.

### Sequência consenso

Nem todas as sequências de bases dos sítios promotores são idênticas. Entretanto, elas possuem características em comum, que podem ser representadas por uma sequência consenso idealizada. Cada base na sequência consenso TATAAT é encontrada na maioria dos promotores bacterianos. Quase todas as sequências promotoras diferem dessa sequência consenso em apenas uma ou duas bases.

Os genes eucarióticos que codificam proteínas apresentam sítios promotores com uma sequência consenso TATAAA, denominada *caixa TATA* ou *caixa de Hogness,* centralizada em aproximadamente –25 (Figura 4.28B). Muitos promotores eucarióticos também apresentam uma *caixa CAAT* com uma sequência consenso GGNCAATCT centralizada em aproximadamente –75. A transcrição dos genes eucarióticos é ainda mais estimulada por *sequências amplificadoras ou enhancers,* que podem estar muito distantes (até várias quilobases) do sítio de início, tanto no lado 5′ quanto no 3′.

Em *E. coli,* a RNA polimerase prossegue ao longo do molde de DNA, transcrevendo uma de suas fitas até sintetizar uma sequência de terminação. Essa sequência codifica um sinal de terminação, que consiste em um *grampo de bases pareadas* na molécula de RNA recém-sintetizado (Figura 4.29). Esse grampo é formado pelo pareamento de bases de sequências complementares que são ricas em G e C. O RNA nascente dissocia-se espontaneamente da RNA polimerase quando esse grampo é

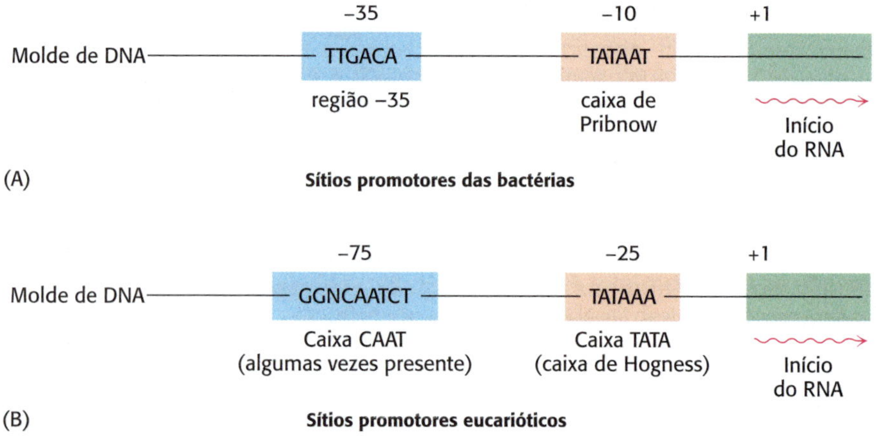


**FIGURA 4.28 Sítios promotores para a transcrição em (A) bactérias e (B) eucariotos.** São mostradas as sequências consenso. O primeiro nucleotídio a ser transcrito é numerado +1. O nucleotídio adjacente no lado 5′ é numerado –1. As sequências mostradas são as da fita codificadora de DNA.

seguido de um conjunto de resíduos de U. Como alternativa, a síntese de RNA pode ser terminada pela ação da *rho,* uma proteína. Sabe-se menos sobre o término da transcrição nos eucariotos. O Capítulo 30 fornece uma discussão mais detalhada sobre o início e o término da transcrição. O aspecto importante agora é saber que os *sinais específicos de início e término da transcrição são codificados no molde de DNA.*

Nos eucariotos, o RNA mensageiro é modificado após a transcrição (Figura 4.30). Uma estrutura em quepe (*cap*), um nucleotídio de guanosina ligado ao mRNA por uma ligação 5′-5′-trifosfato incomum, é fixada à extremidade 5′, e uma sequência de adenilatos, a cauda poli-A, é adicionada à extremidade 3′. Essas modificações serão apresentadas de modo detalhado no Capítulo 30.

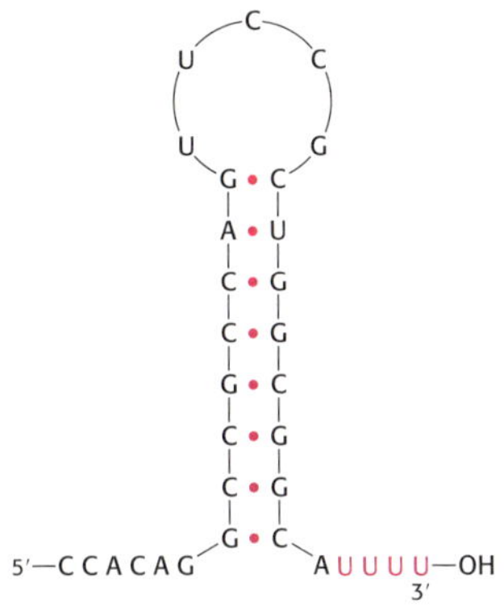


**FIGURA 4.29 Sequência de bases da extremidade 3′ de um transcrito de mRNA em *E. coli*.** Uma estrutura em grampo estável é seguida de uma sequência de resíduos de uridina (U).

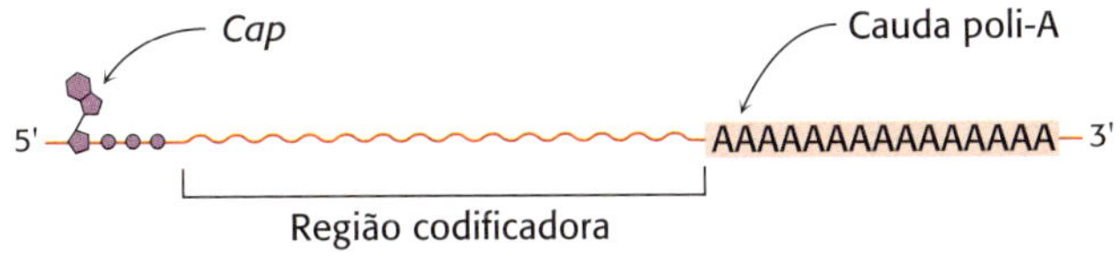


**FIGURA 4.30 Modificação do mRNA.** O RNA mensageiro nos eucariotos é modificado após a transcrição. Uma estrutura nucleotídica em "quepe" é adicionada à extremidade 5′, e uma cauda poli-A é adicionada à extremidade 3′.

## Os RNA transportadores são as moléculas adaptadoras na síntese de proteínas

Vimos que o mRNA atua como molde para a síntese de proteínas. Como, então, ele direciona os aminoácidos para que estes sejam unidos na sequência correta de modo a formar uma proteína? Moléculas de RNA adaptadoras específicas, denominadas RNA transportadores, transportam os aminoácidos até o mRNA. A estrutura e as reações dessas moléculas notáveis são abordadas de modo detalhado no Capítulo 31. Por enquanto, é suficiente observar que os tRNA contêm um *sítio de ligação de aminoácidos* e um *sítio de reconhecimento do molde.* Uma molécula de tRNA transporta um aminoácido específico em sua forma ativada até o ribossomo. O grupo carboxila desse aminoácido é esterificado no grupo hidroxila 3′ ou 2′ da unidade de ribose de um adenilato na extremidade 3′ da molécula de tRNA. O adenilato é sempre precedido de dois citidilatos para formar o braço CCA do tRNA (Figura 4.31). A junção de um aminoácido a uma molécula de tRNA para formar um *aminoacil-tRNA* é catalisada por uma enzima específica, denominada *aminoacil-tRNA sintetase.* Essa reação de esterificação é desencadeada pela clivagem do ATP. Existe pelo menos uma sintetase específica para cada um dos 20 aminoácidos. O sítio de reconhecimento do molde no tRNA é uma sequência de três bases denominada *anticódon* (Figura 4.32). O anticódon no tRNA reconhece uma sequência complementar de três bases, denominada *códon,* no mRNA.

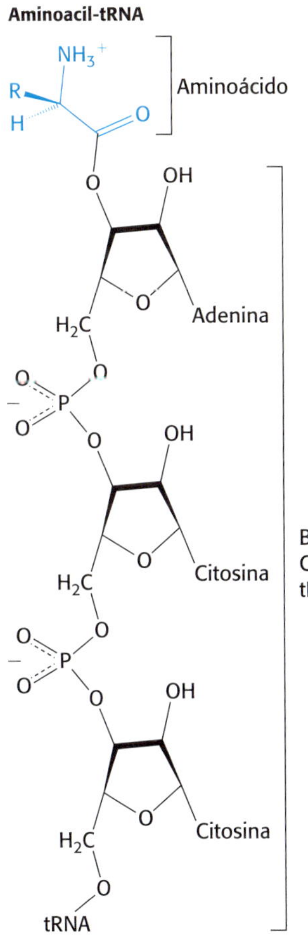


**FIGURA 4.31 Ligação de um aminoácido a uma molécula de tRNA.** O aminoácido (mostrado em azul) é esterificado ao grupo 3′-hidroxila do adenilato terminal do tRNA. [Fonte: J. L. Tymoczko, J. Berg e L. Stryer, *Biochemistry: A Short Course*, 2nd ed. (W. H. Freeman and Company, 2013), Fig. 39.3.]

## 4.6 Os aminoácidos são codificados por grupos de três bases a partir de um ponto fixo inicial

O *código genético* é a relação entre a sequência de bases no DNA (ou seus transcritos de RNA) e a sequência de aminoácidos nas proteínas. Numerosos experimentos estabeleceram as seguintes características do código genético em 1961:

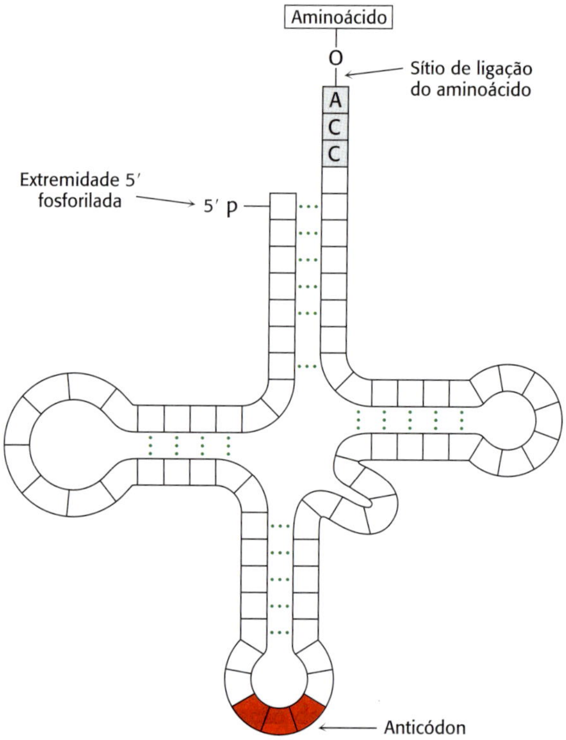


**FIGURA 4.32 Estrutura geral de um aminoacil-tRNA.** O aminoácido é ligado à extremidade 3′ do RNA. O anticódon é o sítio de reconhecimento do molde. *Observe* que o tRNA possui uma estrutura em folha de trevo com muitas ligações de hidrogênio (pontos verdes) entre as bases.

**1.** *Três nucleotídios codificam um aminoácido.* As proteínas são construídas a partir de um conjunto básico de 20 aminoácidos, porém existem apenas quatro bases. Cálculos simples mostram que é necessário um mínimo de três bases para codificar pelo menos 20 aminoácidos. Experimentos genéticos mostraram que *um aminoácido é, de fato, codificado por um grupo de três bases ou códon.*

**2.** *O código não se sobrepõe.* Considere uma sequência de bases ABCDEF. Em um código com sobreposição, ABC especifica o primeiro aminoácido, BCD o segundo, CDE o seguinte, e assim por diante. Em um código sem sobreposição, ABC designa o primeiro aminoácido, DEF o segundo, e assim por diante. Os experimentos genéticos mais uma vez estabeleceram que o código não é sobreposto.

**3.** *O código não tem nenhuma pontuação.* Em princípio, uma base (designada como Q) poderia servir como uma "vírgula" entre grupos de três bases.

... QABCQDEFQGHIQJKLQ ...

Entretanto, isso não ocorre. Com efeito, *a sequência de bases é lida sequencialmente a partir de um ponto fixo inicial,* sem nenhuma pontuação.

**4.** *O código possui direcionalidade.* O código é lido da extremidade 5′ do RNA mensageiro para sua extremidade 3′.

**5.** *O código genético é degenerado.* Os aminoácidos são codificados, em sua maioria, por mais de um códon. Existem 64 tripletes de bases possíveis e apenas 20 aminoácidos e, de fato, 61 dos 64 tripletes possíveis especificam aminoácidos particulares. Três tripletes (denominados *códons de terminação*) designam o término da tradução. Por conseguinte, *para a maioria dos aminoácidos, há mais de um códon.*

## Principais características do código genético

Todos os 64 códons foram decifrados (Tabela 4.5). Como o código é altamente degenerado, somente o triptofano e a metionina são codificados por apenas um triplete cada. Cada um dos outros 18 aminoácidos é codificado por dois ou mais. Com efeito, a leucina, a arginina e a serina são especificadas, cada uma, por seis códons.

Os códons que especificam o mesmo aminoácido são denominados *sinônimos*. Por exemplo, CAU e CAC são sinônimos para a histidina. Observe que os sinônimos não são distribuídos de modo aleatório pelo código genético. Na Tabela 4.5, um aminoácido especificado por dois ou mais sinônimos ocupa uma única caixa (a não ser que seja especificado por mais de quatro sinônimos). Os aminoácidos em uma caixa são especificados por códons que apresentam as mesmas primeiras duas bases, mas que diferem na terceira, conforme exemplificado por GUU, GUC, GUA e GUG. Assim, *a maioria dos sinônimos difere apenas na última base do triplete*. O exame do código genético mostra que XYC e XYU sempre codificam o mesmo aminoácido, enquanto XYG e XYA geralmente codificam também o mesmo aminoácido. A base estrutural para essas equivalências de códons torna-se evidente quando consideramos a natureza dos anticódons das moléculas de tRNA (ver Capítulo 31, seção 31.2).

Qual é o significado biológico da extensa degeneração do código genético? Se o código não fosse degenerado, 20 códons designariam os aminoácidos, e 44 levariam ao término da cadeia. A probabilidade de uma mutação para o término da cadeia seria, portanto, muito maior com um código não degenerado. As mutações de término das cadeias resultam em geral em proteínas inativas, enquanto substituições de um aminoácido por outro são, em geral, relativamente inócuas. Além disso, o código é construído de tal modo que a ocorrência de uma mudança em qualquer base nucleotídica de um códon resulta em um sinônimo ou em um aminoácido com

**TABELA 4.5** O código genético.

| Primeira posição | Segunda posição | | | | Terceira posição |
|---|---|---|---|---|---|
| (extremidade 5′) | U | C | A | G | (extremidade 3′) |
| U | Phe | Ser | Tyr | Cys | U |
| | Phe | Ser | Tyr | Cys | C |
| | Leu | Ser | Stop | Stop | A |
| | Leu | Ser | Stop | Trp | G |
| C | Leu | Pro | His | Arg | U |
| | Leu | Pro | His | Arg | C |
| | Leu | Pro | Gln | Arg | A |
| | Leu | Pro | Gln | Arg | G |
| A | Ile | Thr | Asn | Ser | U |
| | Ile | Thr | Asn | Ser | C |
| | Ile | Thr | Lys | Arg | A |
| | Met | Thr | Lys | Arg | G |
| G | Val | Ala | Asp | Gly | U |
| | Val | Ala | Asp | Gly | C |
| | Val | Ala | Glu | Gly | A |
| | Val | Ala | Glu | Gly | G |

Nota: Essa tabela identifica o aminoácido codificado por cada triplete. Por exemplo, o códon 5′-AUG-3′ no mRNA especifica a metionina, enquanto CAU especifica a histidina. UAA, UAG e UGA são sinais de terminação. AUG faz parte do sinal de início, além de codificar resíduos internos de metionina.

propriedades químicas similares. Por conseguinte, *a degeneração minimiza os efeitos deletérios das mutações.*

Como veremos muitas vezes em nosso estudo de bioquímica, as coisas frequentemente não são tão simples quanto aparentam ser. Pesquisas recentes revelaram o uso não aleatório de códons sinônimos em genes de diferentes organismos, um fenômeno denominado *viés de códon (codon bias)*. Em outras palavras, diferentes organismos preferem conjuntos diferentes de códons sinônimos. O benefício bioquímico do viés de códon ainda não está claramente estabelecido, porém esse fenômeno pode ajudar a regular a tradução.

## O RNA mensageiro contém sinais de início e terminação da síntese de proteínas

O RNA mensageiro é traduzido em proteínas nos *ribossomos* – grandes complexos moleculares montados a partir de proteínas e RNA ribossômico. Como o mRNA é interpretado pelo aparato de tradução? O sinal de início da síntese de proteínas é complexo nas bactérias. As cadeias polipeptídicas nas bactérias começam com um aminoácido modificado – a formilmetionina (fMet). A fMet é transportada por um tRNA específico, o tRNA iniciador. Esse fMet-tRNA reconhece o códon AUG. Entretanto, AUG também é o códon para um resíduo interno de metionina. Por conseguinte, o sinal para o primeiro aminoácido em uma cadeia polipeptídica nas bactérias precisa ser mais complexo do que todos os aminoácidos subsequentes. *AUG constitui apenas parte do sinal de início* (Figura 4.33). Nas bactérias, o códon AUG iniciador é precedido por uma sequência rica em purinas, denominada *sequência de Shine-Dalgarno* (em homenagem a John Shine e Lynn Dalgarno, que foram os primeiros a descrever a sequência), que se localiza a vários nucleotídios de distância e pareia com as bases de uma sequência complementar em uma molécula de RNA ribossômico (ver Capítulo 31, seção 31.3). Nos eucariotos, o AUG mais próximo da extremidade 5′ de uma molécula de mRNA constitui geralmente o sinal de início para a síntese de proteínas. Esse AUG particular é lido por um tRNA iniciador conjugado a uma metionina. Após a localização do AUG iniciador, *o quadro de leitura* é estabelecido – grupos de três nucleotídios não sobrepostos são definidos, começando com o códon AUG iniciador.

Conforme já mencionado, *UAA, UAG e UGA designam a terminação da cadeia.* Esses códons não são lidos por moléculas de tRNA, mas por proteínas específicas denominadas *fatores de liberação* (ver Capítulo 31, seção 31.3). A ligação de um fator de liberação ao ribossomo libera a proteína recém-sintetizada.

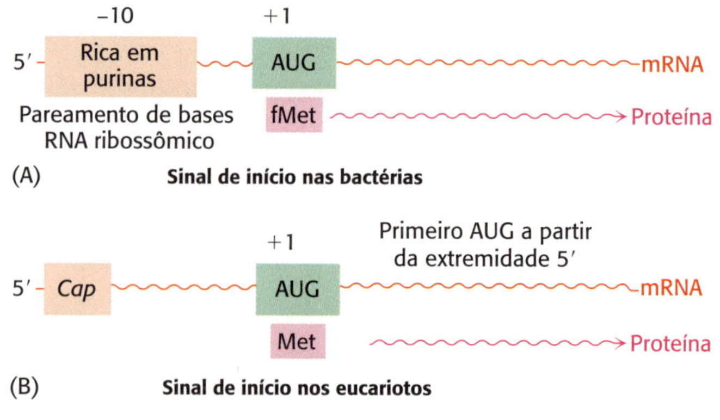


**FIGURA 4.33 Início da síntese de proteínas.** São necessários sinais de início para começar a síntese de proteínas (**A**) nas bactérias e (**B**) nos eucariotos.

## O código genético é quase universal

A maioria dos organismos utiliza o mesmo código genético. Essa universalidade responde pelo fato de que proteínas humanas, como a insulina, podem ser sintetizadas pela bactéria *E. coli* e purificadas para uso no tratamento do diabetes melito. Entretanto, estudos de sequenciamento do genoma mostraram que nem todos os genomas são traduzidos pelo mesmo código. Por exemplo, os protozoários ciliados diferem da maioria dos organismos na leitura de UAA e UAG como códons para aminoácidos, em vez de sinais de terminação; o UGA é o seu único sinal de terminação. As primeiras variações no código genético foram encontradas nas mitocôndrias de diversas espécies, incluindo os seres humanos (Tabela 4.6). O código genético das mitocôndrias pode diferir daquele do restante da célula, visto que o DNA mitocondrial codifica um conjunto distinto de RNAs transportadores, moléculas adaptadoras que reconhecem os códons alternativos. Por conseguinte, o código genético é praticamente, mas não absolutamente, universal.

Por que o código permaneceu quase invariável ao longo de bilhões de anos de evolução, desde as bactérias até os seres humanos? Uma mutação que alterasse a leitura do mRNA mudaria a sequência de aminoácidos da maioria das proteínas – se não de todas – sintetizadas por determinado organismo. Muitas dessas mudanças seriam, sem dúvida alguma, deletérias, de modo que haveria uma forte seleção contra uma mutação com essas consequências abrangentes.

**TABELA 4.6** Códons distintos das mitocôndrias humanas.

| Códon | Código padrão | Código mitocondrial |
|---|---|---|
| UGA | Stop | Trp |
| UGG | Trp | Trp |
| AUA | Ile | Met |
| AUG | Met | Met |
| AGA | Arg | Stop |
| AGG | Arg | Stop |

## 4.7 A maioria dos genes eucarióticos consiste em um mosaico de íntrons e de éxons

Nas bactérias, as cadeias polipeptídicas são codificadas por uma sequência contínua de tripletes de códons no DNA. Durante muitos anos, acreditou-se que os genes nos organismos superiores eram organizados da mesma maneira. Essa noção foi inesperadamente abalada em 1977, quando os pesquisadores descobriram que os genes eucarióticos são, em sua maioria, *descontínuos*. A natureza em mosaico dos genes eucarióticos foi revelada por estudos de microscopia eletrônica de híbridos formados entre o mRNA e um segmento de DNA contendo o gene correspondente (Figura 4.34). Por exemplo, o gene da cadeia β da hemoglobina é interrompido dentro de sua sequência codificadora de aminoácidos por um longo segmento de 550 pares de bases não codificadoras e por um segmento curto de 120 pares de bases. Assim, o *gene para a β-globina é dividido em três sequências codificadoras* (Figura 4.35). As regiões não codificadoras são denominadas *íntrons* (para sequências *in*tervenientes), enquanto as regiões codificadoras

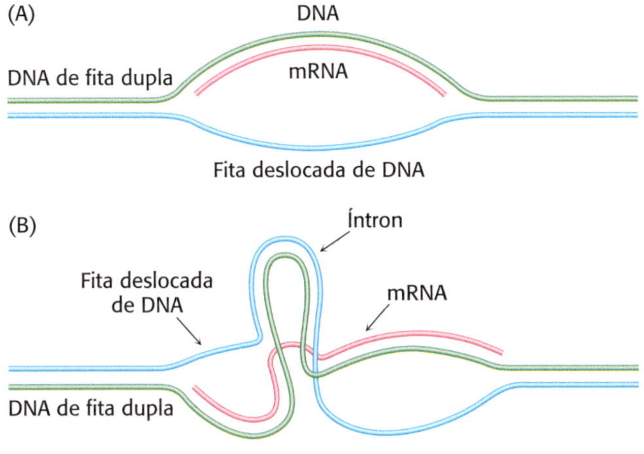


**FIGURA 4.34 Detecção de íntrons por microscopia eletrônica.** Uma molécula de mRNA (mostrada em vermelho) é hibridizada com o DNA genômico contendo o gene correspondente. **A.** Uma única alça de DNA de fita simples (mostrada em azul) é vista quando o gene é contínuo. **B.** Duas alças de DNA de fita simples (em azul) e uma alça de DNA de fita dupla (em azul e verde) são vistas quando o gene contém um íntron. Alças adicionais são evidentes na presença de mais de um íntron.

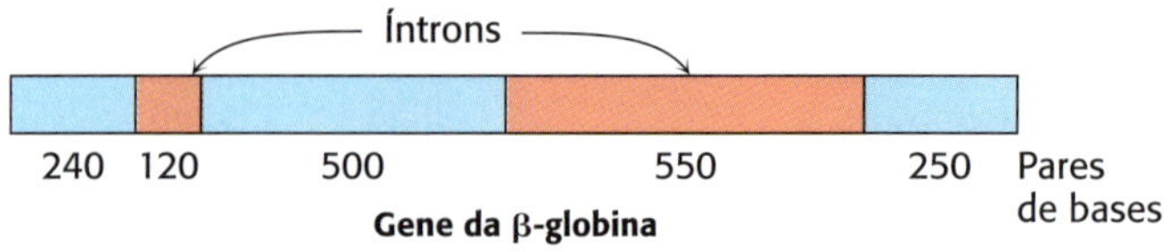


**FIGURA 4.35 Estrutura do gene da β-globina.** A figura mostra apenas os éxons e os íntrons, e não inclui regiões reguladoras ou regiões transcritas, mas não traduzidas, do gene.

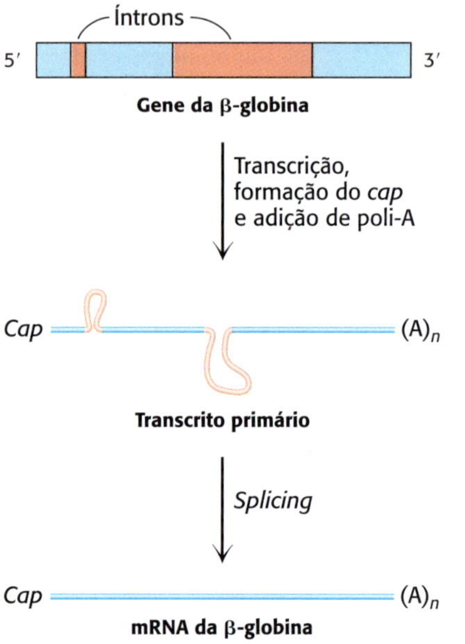


**FIGURA 4.36 Transcrição e processamento do gene da β-globina.** O gene é transcrito para produzir o transcrito primário, que é modificado pela adição de *cap* e poli-A. Os íntrons no transcrito primário de RNA são removidos para formar o mRNA.

são denominadas *éxons* (para sequências *ex*pressas). O gene humano médio possui oito íntrons, e alguns apresentam mais de 100. O tamanho dos íntrons varia de 50 a 10.000 nucleotídios.

## O processamento do RNA gera RNA maduro

Em qual estágio da expressão gênica os íntrons são removidos? As moléculas de RNA recém-sintetizadas (pré-mRNA ou transcrito primário) isoladas de núcleos são muito maiores do que as moléculas de mRNA derivadas delas; no que concerne ao RNA da β-globina, o primeiro é constituído de aproximadamente 1.600 nucleotídios, enquanto o segundo tem aproximadamente 900 nucleotídios, incluindo regiões não traduzidas do mRNA. De fato, o transcrito primário do gene da β-globina contém duas regiões que não estão presentes no mRNA. *Essas regiões no transcrito primário são excisadas, e as sequências codificadoras são simultaneamente ligadas por um preciso complexo de splicing para formar o mRNA maduro* (Figura 4.36). Uma característica comum na expressão dos genes descontínuos ou divididos é o fato de que seus éxons são ordenados na mesma sequência no mRNA e no DNA. Assim, os códons nos genes divididos, à semelhança dos genes contínuos, estão na mesma ordem linear que os aminoácidos nos produtos polipeptídicos.

O *splicing* é uma operação complexa, que é realizada por *spliceossomos,* que consistem em associações de proteínas e moléculas de RNA nuclear pequeno (snRNA). O RNA desempenha a função catalítica (ver Capítulo 30, seção 30.3). Os spliceossomos reconhecem sinais no RNA nascente, que especificam os sítios de *splicing. Os íntrons quase sempre começam com GU e terminam com AG, que é precedido por um trato rico em pirimidinas* (Figura 4.37). *Essa sequência consenso constitui parte do sinal para o splicing.*

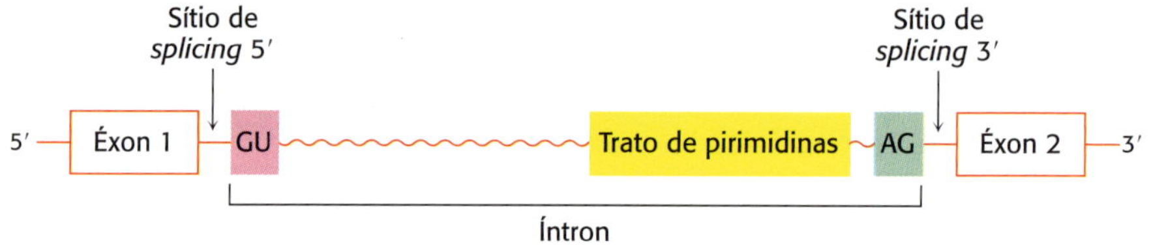


**FIGURA 4.37 Sequência consenso para o *splicing* de precursores do mRNA.**

## Muitos éxons codificam domínios de proteínas

Os genes dos eucariotos superiores, como as aves e os mamíferos, são, em sua maioria, divididos. Os eucariotos inferiores, como as leveduras, apresentam uma proporção muito maior de genes contínuos. Nas bactérias, os genes divididos são extremamente raros. Os íntrons teriam sido inseridos nos genes ao longo da evolução dos organismos superiores? Ou os íntrons foram removidos de genes para formar os genomas simplificados das bactérias e dos eucariotos mais simples? As comparações das sequências de genes do DNA que codificam proteínas evolutivamente conservadas sugerem que *os íntrons estavam presentes nos genes ancestrais e foram perdidos ao longo da evolução dos organismos que se aperfeiçoaram para um crescimento muito rápido, como as bactérias.* As posições dos íntrons em alguns genes têm pelo menos 1 bilhão de anos. Além disso, houve o desenvolvimento de um mecanismo comum de *splicing* antes da divergência dos fungos, das plantas e dos vertebrados, conforme demonstrado pelas evidências de que extratos de células de mamíferos podem realizar *splicing* no RNA de leveduras.

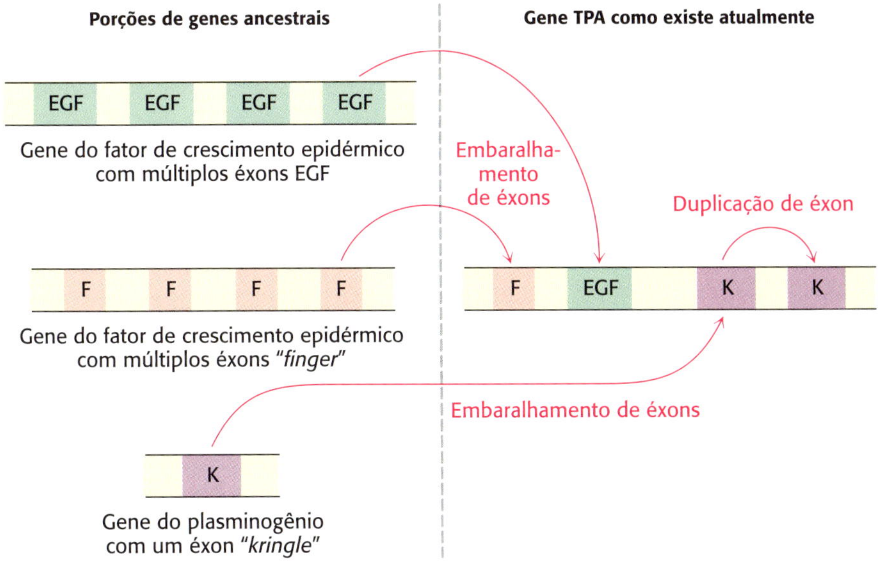


**FIGURA 4.38 O gene do ativador do plasminogênio tecidual (TPA, do inglês *tissue plasminogen activator*) foi gerado por embaralhamento de éxons.** O gene para TPA codifica uma enzima que atua na hemostasia (ver Capítulo 10, seção 10.4). Esse gene consiste em quatro éxons, um deles (F) derivado do gene da fibronectina, que codifica uma proteína da matriz extracelular, um do gene do fator de crescimento epidérmico (EGF), e dois do gene do plasminogênio (K; ver Capítulo 10, seção 10.4), o substrato da proteína TPA. O domínio K parece ter chegado por embaralhamento de éxons e, em seguida, duplicado para gerar o gene TPA que existe atualmente. [Informação de: www.ehu.es/ehusfera/genetica/2012/10/02/demostracion-molecular-de-microevolucion/.]

Que vantagens podem oferecer os genes divididos? *Muitos éxons codificam domínios estruturais e funcionais distintos das proteínas.* Uma hipótese interessante sustenta que novas proteínas *surgiram ao longo da evolução por meio do rearranjo de éxons que codificavam elementos estruturais particulares, sítios de ligação e sítios catalíticos,* um processo denominado *embaralhamento de éxons*. Como esse processo preserva as unidades funcionais, porém possibilita a sua interação de novas maneiras, o embaralhamento de éxons é uma maneira rápida e eficiente de gerar novos genes. A Figura 4.38 mostra a composição de um gene que foi formado, em parte, por embaralhamento de éxons. O DNA pode se romper e se recombinar em íntrons sem qualquer efeito deletério sobre as proteínas codificadas. Por outro lado, a troca de sequências dentro de éxons diferentes leva habitualmente à perda de função da proteína.

Outra vantagem dos genes divididos é o potencial de geração de uma série de proteínas relacionadas por *splicing alternativo* do transcrito primário. Por exemplo, um precursor de uma célula produtora de anticorpos forma um anticorpo, que é ancorado à membrana plasmática da célula (Figura 4.39). O anticorpo fixado reconhece um antígeno estranho específico, um evento que leva à diferenciação e à proliferação celulares. Em seguida, as células produtoras de anticorpos ativadas realizam o *splicing* do transcrito primário de maneira alternativa, de modo a formar moléculas de anticorpos solúveis que são secretadas, em vez de ficarem retidas na superfície celular. *O splicing alternativo representa um meio fácil de formar um conjunto de proteínas que são variações de um motivo básico sem a necessidade de um gene para cada proteína.* Devido ao *splicing* alternativo, o proteoma é mais diverso do que o genoma nos eucariotos.

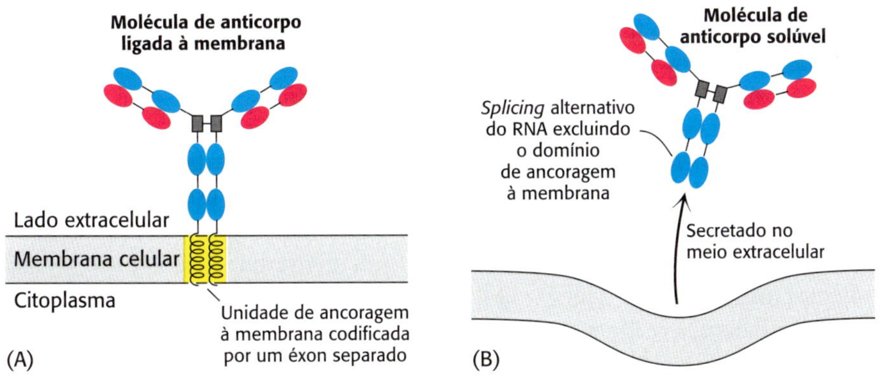


**FIGURA 4.39 *Splicing* alternativo.** O *splicing* alternativo gera mRNAs que servem de moldes para diferentes formas de uma proteína: **A.** Um anticorpo ligado à membrana na superfície de um linfócito e **B.** Sua forma solúvel exportada da célula. O anticorpo ligado à membrana é ancorado à membrana plasmática por um segmento helicoidal (destacado em amarelo), que é codificado pelo seu próprio éxon.

## RESUMO

### 4.1 Um ácido nucleico consiste em quatro tipos de bases ligadas a um esqueleto de açúcar-fosfato

O DNA e o RNA são polímeros lineares de um número limitado de monômeros. No DNA, as unidades repetitivas consistem em nucleotídios, sendo o açúcar uma desoxirribose, enquanto as bases são adenina (A), timina (T), guanina (G) e citosina (C). No RNA, o açúcar é uma ribose, e a base uracila (U) é utilizada em lugar da timina. O DNA é a molécula da hereditariedade em todos os organismos celulares. Nos vírus, o material genético consiste em DNA ou RNA.

### 4.2 Um par de fitas de ácido nucleico com sequências complementares pode formar uma estrutura em dupla hélice

Todo o DNA celular consiste em duas fitas de polinucleotídios em hélice muito longas e enroladas em torno de um eixo comum. O esqueleto de açúcar-fosfato de cada fita encontra-se no exterior da dupla hélice, enquanto as bases purínicas e pirimidínicas estão no interior, estabilizadas por forças de empilhamento. As duas fitas são mantidas unidas por ligações de hidrogênio entre os pares de bases: a adenina é sempre pareada com a timina, e a guanina é sempre pareada com a citosina. Por conseguinte, uma fita de uma dupla hélice é o complemento da outra. As duas fitas da dupla hélice seguem em direções opostas. A informação genética é codificada na sequência precisa de bases ao longo de uma fita.

O DNA é uma molécula estruturalmente dinâmica que pode existir em uma variedade de formas helicoidais: A-DNA, B-DNA (a dupla hélice clássica de Watson-Crick) e Z-DNA. No A-DNA, B-DNA e Z-DNA, duas cadeias antiparalelas são mantidas unidas por pares de bases de Watson-Crick e por interações de empilhamento entre as bases da mesma fita. O A-DNA e o B-DNA são hélices com sentido para a direita. No B-DNA, os pares de bases são aproximadamente perpendiculares ao eixo da hélice. O Z-DNA é uma hélice com sentido à esquerda. A maior parte do DNA em uma célula encontra-se na forma B.

O DNA de fita dupla também pode se enrolar em torno dele próprio para formar uma estrutura superenoveldada. O superenovelamento do DNA tem duas consequências importantes. O superenovelamento compacta o DNA e, como o DNA superenovelado é parcialmente desnaturado, ele é mais acessível a interações com outras biomoléculas.

Os ácidos nucleicos de fita simples, mais notavelmente o RNA, podem formar estruturas tridimensionais complicadas que podem conter regiões extensas em dupla hélice surgindo do dobramento da cadeia em grampos.

### 4.3 A dupla hélice facilita a transmissão acurada da informação hereditária

A natureza estrutural da dupla hélice explica facilmente a replicação acurada do material genético, visto que a sequência de bases em uma fita determina a sequência de bases na outra fita. Na replicação, as fitas da hélice se separam, e ocorre síntese de uma nova fita complementar a cada uma das fitas originais. Por conseguinte, são produzidas duas duplas hélices novas, cada uma composta de uma fita da molécula original e da fita recém-sintetizada. Essa forma de replicação é denominada replicação semiconservativa, visto que cada nova hélice retém uma das fitas originais.

Para que ocorra replicação, as fitas da dupla hélice precisam ser separadas. O aquecimento de uma solução de DNA de dupla hélice *in vitro* separa as fitas, um processo denominado desnaturação. Com o resfriamento, as fitas se anelam e voltam a formar a dupla hélice. Na célula, as fitas são separadas temporariamente por proteínas especiais durante a replicação.

## 4.4 O DNA é replicado por polimerases que recebem instruções a partir de moldes

Na replicação do DNA, as duas fitas de uma dupla hélice se desenrolam e se separam à medida que novas fitas são sintetizadas. Cada fita parental, com o auxílio de um iniciador, atua como molde para a formação de uma nova fita complementar. A replicação do DNA é um processo complexo realizado por muitas proteínas, incluindo várias DNA polimerases. Os precursores ativados na síntese de DNA são os quatro desoxirribonucleosídios 5′-trifosfatos. A nova fita é sintetizada na direção 5′ → 3′ por meio de um ataque nucleofílico da 3′-hidroxila terminal da fita iniciadora ao átomo de fósforo mais interno do desoxirribonucleosídio trifosfato que chega. De suma importância, as DNA polimerases catalisam a formação de uma ligação fosfodiéster apenas se a base no nucleotídio que chega for complementar com a base na fita molde. Em outras palavras, as DNA polimerases são enzimas dirigidas por moldes. Os genes de alguns vírus, como o vírus mosaico do tabaco, são constituídos de RNA de fita simples. Uma RNA polimerase dirigida por RNA medeia a replicação desse RNA viral. Os retrovírus, tais como o HIV-1, possuem um genoma de RNA de fita simples que sofre transcrição reversa em DNA de fita dupla por meio da transcriptase reversa, uma DNA polimerase dirigida pelo RNA.

## 4.5 A expressão gênica é a transformação da informação do DNA em moléculas funcionais

O fluxo da informação genética nas células normais ocorre do DNA para o RNA e deste para a proteína. A síntese de RNA a partir de um molde de DNA é denominada transcrição, enquanto a síntese de uma proteína a partir de um molde de RNA é denominada tradução. As células contêm vários tipos de RNA, entre os quais estão o RNA mensageiro (mRNA), o RNA transportador (tRNA) e o RNA ribossômico (rRNA), que variam em tamanho de 75 a mais de 5.000 nucleotídios. Todo o RNA celular é sintetizado por RNA polimerases de acordo com instruções fornecidas pelos moldes de DNA. Os intermediários ativados são ribonucleosídios trifosfatos, e a direção da síntese, como a do DNA, é de 5′ → 3′. A RNA polimerase difere da DNA polimerase por não necessitar de um iniciador.

## 4.6 Os aminoácidos são codificados por grupos de três bases a partir de um ponto fixo inicial

O código genético é a relação entre a sequência de bases no DNA (ou no seu transcrito de RNA) e a sequência de aminoácidos nas proteínas. Os aminoácidos são codificados por grupos de três bases (denominados códons), que começam a partir de um ponto fixo. Sessenta e um dos 64 códons especificam determinados aminoácidos, enquanto os outros três códons (UAA, UAG e UGA) são sinais para o término da cadeia. Assim, para a maioria dos aminoácidos, há mais de um códon que o codifica. Em outras palavras, o código é degenerado. O código genético é praticamente o mesmo em todos os organismos. Os mRNAs naturais contêm sinais de início e de terminação para a tradução, assim como os genes o fazem para determinar onde a transcrição inicia e termina.

## 4.7 A maioria dos genes eucarióticos consiste em um mosaico de íntrons e de éxons

A maioria dos genes dos eucariotos superiores é descontínua. As sequências codificadoras, denominadas éxons, nesses genes divididos são separadas por sequências não codificadoras, denominadas íntrons, as quais são removidas na conversão do transcrito primário em mRNA e outras moléculas funcionais maduras de RNA. Os genes divididos, assim como os genes contínuos, são colineares com seus produtos polipeptídicos. Uma notável característica de muitos éxons é o fato de que eles codificam domínios funcionais nas proteínas. Novas proteínas provavelmente surgiram ao longo da evolução por meio do embaralhamento dos éxons. Os íntrons podem ter estado presentes em genes primordiais, porém foram perdidos ao longo da evolução dos organismos de crescimento rápido, como as bactérias e as leveduras.

## APÊNDICE

# Estratégias para resolução da questão

**QUESTÃO:** O gráfico abaixo mostra o efeito da concentração de sal sobre a temperatura de desnaturação do DNA bacteriano. Como a concentração de sal afeta a temperatura de dissociação do DNA? Explique esse efeito.

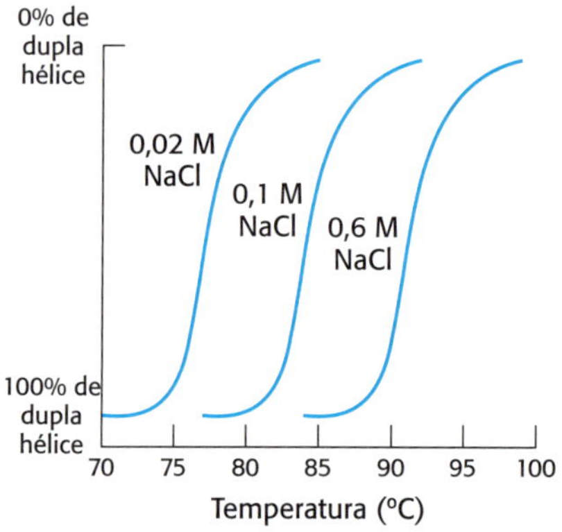


**SOLUÇÃO:** A análise dos dados é fundamental para compreender os resultados da pesquisa científica, seja uma pesquisa publicada em revistas científicas, seja em jornais. Um meio comum de mostrar resultados científicos é utilizar um gráfico com um sistema de coordenadas cartesianas, como nesta questão.

O primeiro passo para entender o gráfico é determinar o que representam as coordenadas, o eixo x e o eixo y. Com base em cursos anteriores, lembre-se de que o eixo y (ordenada) exibe a variável dependente ou os *resultados de um experimento,* enquanto o eixo x (abscissa) mostra a *variável independente* ou o parâmetro experimental que está sendo manipulado.

- **Quais são as variáveis dependente e independente no gráfico?**

O eixo x mostra o aumento de temperatura (°C), enquanto o eixo y mostra a dissociação do DNA como redução na porcentagem de DNA de dupla hélice. São mostradas três curvas de dissociação do DNA.

Para interpretar qualquer dado, é fundamental estar familiarizado com o protocolo experimental.

- **Como o grau de desnaturação do DNA é determinado?**

Examine a Figura 4.21. O DNA de fita simples absorve mais luz a 260 nm do que o DNA de fita dupla. Por conseguinte, à medida que a temperatura aumenta, a dissociação do DNA de fita dupla é determinada por um aumento na absorbância a 260 nm.

Observe mais uma vez que existem três curvas de desnaturação.

- **Além da temperatura, que outro parâmetro experimental apresenta variação?**

A concentração de sal ou a força iônica da solução de DNA.

- **Qual é o efeito de um aumento na concentração de sal sobre a temperatura de desnaturação do DNA?**

À medida que aumenta a concentração de sal, a temperatura de desnaturação do DNA também aumenta.
Surge agora a questão-chave:

- **Por que o aumento na concentração de sal aumenta a temperatura de desnaturação do DNA?**

Algumas vezes, formular uma pergunta de maneira diferente pode ajudar a revelar mais facilmente a resposta.

- **Por que concentrações mais altas de sal estabilizam a dupla hélice de DNA?**

Ou

- **Que aspecto da estrutura do DNA de fita dupla desestabiliza a hélice na ausência de sal?**

Examine as estruturas do DNA mostradas na Figura 4.10 e observe a localização dos componentes de fosfato do esqueleto. Observe também a metade direita da Figura 4.23. Note que o fosfato possui uma carga negativa. Isto é, o esqueleto das fitas de DNA consiste em cordões de cargas negativas em estreita proximidade.

- **Qual o resultado de cargas semelhantes – sejam elas fosfatos, sejam magnetos – estarem em estreita proximidade?**

As cargas iguais se repelem (você já sabe disso desde a época em que começou a brincar com ímãs de geladeira quando criança). No caso do DNA, a repulsão dos fosfatos pelas cargas torna a dupla hélice instável.

▶ **O que ocorreria com as cargas negativas no esqueleto de DNA na presença da carga positiva de um íon sódio ($Na^+$)?**

As cargas negativas nos fosfatos seriam neutralizadas.

▶ **Explique o resultado do experimento mostrado na figura.**

Dentro dos parâmetros do experimento, o aumento na concentração de cloreto de sódio leva a uma dupla hélice mais estável, conforme medido pelo aumento da temperatura de dissociação. A explicação mais simples é a de que o sódio diminui a repulsão das cargas de maneira dependente da concentração.

## PALAVRAS-CHAVE

dupla hélice
nucleotídio
ácido desoxirribonucleico (DNA)
desoxirribose
ribose
purina
pirimidina
ácido ribonucleico (RNA)
nucleosídio
B-DNA
A-DNA
Z-DNA
replicação semiconservativa
DNA polimerase
molde
iniciador
transcriptase reversa
RNA mensageiro (mRNA)
tradução
RNA transportador (tRNA)
RNA ribossômico (rRNA)
transcrição
RNA polimerase
sítio promotor
anticódon
códon
código genético
viés de códon(*codon bias*)
ribossomo
sequência de Shine-Dalgarno
íntron
éxon
*splicing*
spliceossomo
embaralhamento de éxons
*splicing* alternativo

## QUESTÕES

1. *Um t em lugar de um s?* Diferencie um nucleosídio de um nucleotídio. ✓1

2. *Um par encantador.* O que é um par de bases de Watson-Crick?

3. *Chargaff estabelece a regra!* O bioquímico Erwin Chargaff foi o primeiro a observar que, no DNA, [A] = [T] e [G] = [C], igualdade hoje conhecida como regra de Chargaff. Utilizando essa regra, determine as porcentagens de todas as bases em um DNA que apresenta 20% de timina. ✓2 ✓3

4. *Mas nem sempre.* Uma fita simples de RNA apresenta 20% de U. O que você pode prever sobre as porcentagens das bases restantes? ✓2 ✓3

5. *Complementos.* Escreva a sequência complementar (na notação padrão de 5′ ⟶ 3′) para (a) GATCAA, (b) TCGAAC, (c) ACGCGT e (d) TACCAT.

6. *Restrição de composição.* A composição (em unidades de fração-mol) de uma das fitas de uma molécula de DNA de dupla hélice é [A] = 0,30 e [G] = 0,24. (a) O que você pode dizer sobre [T] e [C] para a mesma fita? (b) O que você pode dizer sobre [A], [G], [T] e [C] da fita complementar?

7. *O tamanho importa.* Por que GC e AT são os únicos pares de bases permissíveis na dupla hélice?

8. *Forte, porém não o suficiente.* Por que o calor desnatura ou dissocia o DNA em solução?

9. *Único.* O genoma humano contém 3 bilhões de nucleotídios dispostos em um vasto conjunto de sequências. Qual é o comprimento mínimo de uma sequência de DNA que, com toda probabilidade, aparecerá apenas uma vez no genoma humano? Você deve considerar apenas uma fita e pode assumir que todos os quatro nucleotídios têm a mesma probabilidade de ocorrência.

10. *Indo e vindo.* O que significa dizer que as fitas de DNA em uma dupla hélice têm direcionalidade ou polaridade oposta?

11. *Todos por um.* Se as forças – ligações de hidrogênio e forças de empilhamento – que mantêm uma hélice junta são fracas, por que é difícil romper uma dupla hélice?

12. *Sobrecarregado.* O DNA na forma de dupla hélice precisa estar associado a cátions, habitualmente $Mg^{2+}$. Por que existe essa exigência?

13. *Não necessariamente de A a Z.* Identifique as três formas que uma dupla hélice pode assumir e descreva as principais diferenças.

14. *DNA perdido.* O DNA de um mutante por deleção de um bacteriófago λ possui um comprimento de 15 μm, em vez de 17 μm encontrado no fago de tipo selvagem. Quantos pares de bases estão faltando nesse mutante?

15. *Razão axial.* Qual é a razão axial (comprimento: diâmetro) de uma molécula de DNA de 20 μm de comprimento?

**16.** *Guia e ponto de início.* Defina molde e iniciador quando relacionados com a síntese de DNA. ✓4

**17.** *Padrão não visto.* Que resultado Meselson e Stahl deveriam ter obtido se a replicação do DNA fosse conservativa (*i. e.*, se a dupla hélice parental se mantivesse unida)? Forneça a distribuição esperada de moléculas de DNA após uma e duas gerações para a replicação conservativa. ✓4

**18.** *Qual a direção?* Com base na estrutura dos nucleotídios, explique por que a síntese de DNA prossegue na direção 5′ para 3′. ✓4

**19.** *Marcando o DNA.*

**(a)** Suponha que queira marcar radioativamente o DNA, mas não o RNA, em bactérias em divisão e crescimento. Que molécula radioativa você adicionaria ao meio de cultura? ✓4

**(b)** Suponha que queira preparar DNA no qual os átomos de fósforo do esqueleto estejam uniformemente marcados com $^{32}$P. Que precursores você deve adicionar a uma solução contendo DNA polimerase e um molde de DNA com iniciador? Especifique a posição dos átomos radioativos nesses precursores.

**20.** *Encontrando um molde.* Uma solução contém DNA polimerase e sais de $Mg^{2+}$ de dATP, dGTP, dCTP e TTP. As seguintes moléculas de DNA são adicionadas a alíquotas dessa solução. Qual delas deve levar à síntese de DNA? Explique a sua resposta. ✓4

**(a)** Um círculo fechado de fita simples contendo 1.000 unidades de nucleotídios.

**(b)** Um círculo fechado de fita dupla contendo 1.000 pares de nucleotídios.

**(c)** Um círculo fechado de fita simples de 1.000 nucleotídios pareados com uma fita linear de 500 nucleotídios com uma extremidade 3′-OH livre.

**(d)** Uma molécula linear de fita dupla de 1.000 pares de nucleotídios com um grupo 3′-OH livre em cada extremidade.

**21.** *Retrógrado.* O que é um retrovírus e como o fluxo de informação em um retrovírus difere daquele da célula infectada?

**22.** *O início correto.* Suponha que queira realizar um ensaio para atividade da transcriptase reversa. Se o polirriboadenilato for o molde no ensaio, o que deve utilizar como iniciador? Que nucleotídio radioativo você deveria utilizar para acompanhar a elongação da cadeia?

**23.** *Degradação essencial.* A transcriptase reversa possui atividade de ribonuclease, bem como atividade de polimerase. Qual é a função de sua atividade de ribonuclease?

**24.** *Caçada aos vírus.* Você purificou um vírus que infecta folhas de nabo. O tratamento de uma amostra com fenol remove as proteínas virais. A aplicação do material residual a folhas raspadas resulta na formação de uma progênie de partículas virais. Você deduz que a substância infecciosa é um ácido nucleico. Proponha uma maneira simples e altamente sensível para determinar se o ácido nucleico infeccioso é um DNA ou RNA. ✓3

**25.** *Consequências mutagênicas.* A desaminação espontânea das bases de citosina no DNA ocorre em uma frequência baixa, porém mensurável. A citosina é convertida em uracila pela perda de seu grupo amino. Depois dessa conversão, que par de bases ocupa essa posição em cada uma das fitas-filhas resultantes de um ciclo de replicação? E de dois ciclos de replicação?

**26.** *Conteúdo da informação*

**(a)** Quantas sequências diferentes de 8 mer de DNA existem? (Dica: Existem 16 dinucleotídios e 64 trinucleotídios possíveis.) Podemos quantificar a capacidade de transporte da informação dos ácidos nucleicos da seguinte maneira: cada posição pode ser uma de quatro bases, correspondendo a dois bits de informação ($2^2 = 4$). Assim, uma cadeia de 5.100 nucleotídios corresponde a 2 × 5.100 = 10.200 bits ou 1.275 bytes (1 byte = 8 bits).

**(b)** Quantos bits de informação são armazenados em uma sequência de DNA de 8 mer? E no genoma de *E. coli*? E no genoma humano?

**(c)** Compare cada um desses valores com a quantidade de informação que pode ser armazenada em um *pen drive* de 2 gigabytes.

**27.** *Polimerases-chave.* Compare a DNA polimerase e a RNA polimerase de *E. coli* em relação às seguintes características: (a) precursores ativados, (b) direção da elongação da cadeia, (c) conservação do molde e (d) necessidade de um iniciador. ✓5

**28.** *Fitas diferentes.* Explique a diferença entre a fita codificadora e a fita molde no DNA. ✓4

**29.** *Semelhança familiar.* Diferencie entre mRNA, rRNA e tRNA. ✓5

**30.** *Um código com o qual se pode viver.* Quais são as características fundamentais do código genético? ✓5

**31.** *Sequências codificadas.*

**(a)** Escreva a sequência da molécula de mRNA sintetizada a partir de uma fita molde de DNA com a seguinte sequência: ✓5

5′-ATCGTACCGTTA-3′

**(b)** Qual é a sequência de aminoácidos codificada pela seguinte sequência de bases em uma molécula de mRNA? Suponha que a leitura inicie na extremidade 5′.

5′-UUGCCUAGUGAUUGGAUG-3′

**(c)** Qual é a sequência do polipeptídio formado pela adição de poli-UUAC a um sistema de síntese de proteína *in vitro*?

**32.** *Uma cadeia mais resistente.* O RNA é facilmente hidrolisado por álcali, o que não ocorre com o DNA. Por quê? ✓3

**33.** *Uma imagem que vale mil palavras.* Escreva uma sequência de reação mostrando por que o RNA é mais suscetível ao ataque nucleofílico do que o DNA. ✓3

**34.** *Fluxo de informação.* O que significa expressão gênica?

**35.** *Podemos todos concordar.* O que é uma sequência consenso?

**36.** *Um potente bloqueador.* A cordicepina (3′-desoxiadenosina) é um análogo da adenosina. Quando convertida em cordicepina 5′-trifosfato, ela inibe a síntese de RNA. Como a cordicepina 5′-trifosfato bloqueia a síntese de RNA? ✓5

**37.** *Algumas vezes não é tão ruim.* O que quer dizer degeneração do código genético? ✓5

**38.** *Na verdade, pode ser bom.* Qual é o benefício biológico de um código genético degenerado? ✓5

**39.** *Unidos como sócios.* Associe os componentes da coluna da direita com o processo apropriado na coluna da esquerda. Os termos na coluna da esquerda podem ser utilizados mais de uma vez. ✓5

| | |
|---|---|
| (a) Replicação ______ | 1. RNA polimerase |
| (b) Transcrição ______ | 2. DNA polimerase |
| (c) Tradução ______ | 3. Ribossomo |
| | 4. dNTP |
| | 5. tRNA |
| | 6. NTP |
| | 7. mRNA |
| | 8. Iniciador |
| | 9. rRNA |
| | 10. promotor |

**40.** *Uma competição animada.* Associe os componentes da coluna da direita com o processo apropriado na coluna da esquerda. ✓6

| | |
|---|---|
| (a) fMet ______ | 1. mensagem contínua |
| (b) Shine-Dalgarno ______ | 2. removido durante o processamento |
| (c) íntrons ______ | 3. o primeiro de muitos aminoácidos |
| (d) éxons | 4. une éxons |
| (e) pré-mRNA ______ | 5. unidos para fazer a mensagem final |
| (f) mRNA ______ | 6. Localiza o sítio de início |
| (g) spliceossomo ______ | 7. mensagem descontínua |

**41.** *Dois a partir de um.* As moléculas sintéticas de RNA de sequência definida foram decisivas para decifrar o código genético. Sua síntese exigiu inicialmente a síntese de moléculas de DNA para servir como moldes. HarGobind Khorana sintetizou, por métodos de química orgânica, dois oligômeros de desoxirribonucleotídios complementares, cada um com nove resíduos: $d(TAC)_3$ e $d(GTA)_3$. Fitas duplas parcialmente sobrepostas, formadas na mistura desses oligonucleotídios, serviram então como moldes para a síntese de longas fitas repetitivas de DNA de dupla hélice pela DNA polimerase. O passo seguinte foi obter longas cadeias de polirribonucleotídios com uma sequência complementar a apenas uma das duas fitas de DNA. Como Khorana obteve apenas poli-UAC? E apenas poli-GUA?

**42.** *Triplo sentido.* A porção terminal de um transcrito de RNA de uma região do DNA do fago T4 contém a sequência 5′-AAAUGAGGA-3′. A sequência inteira codifica três polipeptídios diferentes. Qual ou quais aminoácidos irão terminar os três polipeptídios diferentes? ✓5

**43.** *Nova tradução.* Um RNA transportador com um anticódon UGU é enzimaticamente conjugado a uma cisteína marcada com $^{14}C$. Em seguida, a unidade de cisteína é quimicamente modificada a alanina (com o uso de níquel de Raney, que remove o átomo de enxofre da cisteína). O aminoacil-tRNA alterado é adicionado a um sistema de síntese de proteína que contém componentes normais, com exceção desse tRNA. O mRNA adicionado a essa mistura contém a seguinte sequência:

5′–UUUUGCCAUGUUUGUGCU–3′

Qual é a sequência do peptídio correspondente marcado radioativamente? ✓5

**44.** *Uma troca complicada.* Defina embaralhamento de éxons e explique por que a sua ocorrência pode ter uma vantagem evolutiva.

**45.** *Muitos a partir de um.* Explique por que o *splicing* alternativo aumenta a capacidade de codificação do genoma.

**46.** *A unidade da vida.* Qual é o significado do fato de que o mRNA humano pode ser traduzido acuradamente em *E. coli*? ✓6

## Questões | Integração de capítulos

**47.** *De volta à bancada.* Um químico de proteínas disse a um geneticista molecular que tinha encontrado uma nova hemoglobina mutante na qual a lisina foi substituída pelo aspartato. O geneticista molecular demonstrou surpresa e mandou o seu amigo apressadamente de volta ao laboratório. (a) Por que o geneticista molecular duvidou da substituição de aminoácido relatada? (b) Que substituições de aminoácidos teriam sido mais aceitáveis para o geneticista?

**48.** *Éxons à parte.* As sequências de aminoácidos de uma proteína de levedura e de uma proteína humana com a mesma função são 60% idênticas. Entretanto, as sequências de DNA correspondentes são apenas 45% idênticas. Explique essa diferença no grau de identidade.

## Questões | Interpretação de dados

**49.** *3 é maior do que 2.* A ilustração abaixo é um gráfico da relação entre a porcentagem de pares de bases GC no DNA e a temperatura de desnaturação. Forneça uma possível explicação para esses resultados.

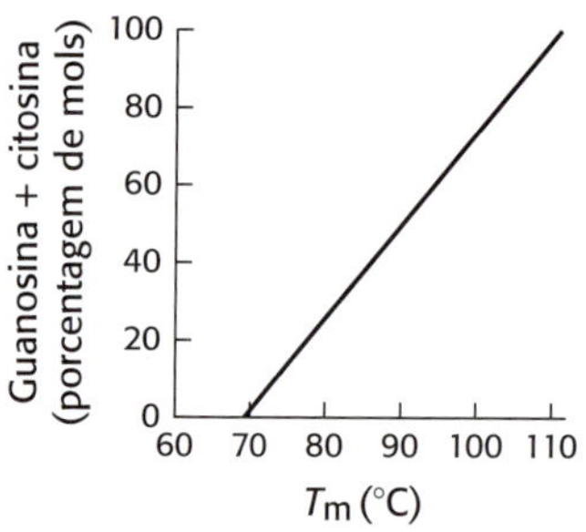


[Dados de R. J. Britten e D. E. Kohne, *Science* 161:529–540, 1968.]

50. *Explosão do passado.* A ilustração abaixo é um gráfico denominado curva $C_0t$ (pronuncia-se "cot"). O eixo *y* mostra a porcentagem de DNA de fita dupla. O eixo x é o produto da concentração de DNA e o tempo necessário para a formação das moléculas de fita dupla. Explique por que a mistura de poli-A e poli-U e os três DNAs mostrados variam quanto ao valor de $C_0t$ necessário para a reassociação completa. MS2 e T4 são vírus bacterianos (bacteriófagos) com genomas cujo tamanho é de 3.569 e 168.903 bp, respectivamente. O genoma de *E. coli* tem 4,6 x $10^6$ bp.

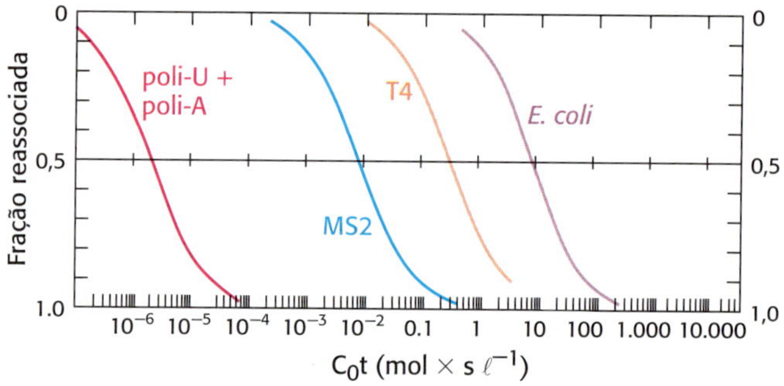


[Dados de J. Marmur e P. Doty, *J. Mol. Biol.* 5:120, 1962.]

## Questões para discussão

51. Que propriedades do DNA o tornam particularmente apropriado para servir como material genético?

52. No que concerne ao exemplo do apêndice "Estratégias para resolução da questão", que outros experimentos você poderia planejar para determinar que fatores são capazes de afetar a estabilidade da dupla hélice do DNA?

# Estudo dos Genes e dos Genomas

CAPÍTULO 5

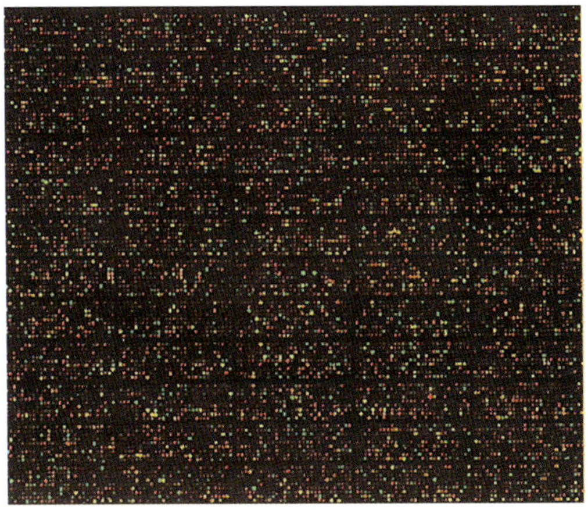

Processos como a transformação de uma lagarta em borboleta exigem notáveis mudanças nos padrões de expressão gênica. Os níveis de expressão de milhares de genes podem ser monitorados por meio do uso de arranjos (*arrays*) de DNA. À direita, um microarranjo (*microarray*) de DNA revela os níveis de expressão em mais de 12 mil genes humanos; o brilho e a cor de cada ponto indicam uma mudança no nível de expressão do gene correspondente. [(*À esquerda*) Cathy Keifer/istockphoto.com. (*À direita*) © Agilent Technologies, Inc. 2013. Reproduzida com autorização. Cortesia de Agilent Technologies, Inc.]

## OBJETIVOS DE APRENDIZAGEM

*Ao término do capítulo, o leitor deverá ser capaz de:*

1. Explicar como as enzimas de restrição atuam e por que elas são tão importantes na tecnologia do DNA recombinante.
2. Descrever os vários métodos comumente utilizados para o sequenciamento do DNA.
3. Listar as etapas fundamentais da reação em cadeia da polimerase.
4. Descrever os vários tipos de vetores utilizados na clonagem do DNA. Explicar a diferença entre um vetor de clonagem e um vetor de expressão.
5. Descrever alguns dos métodos mais comumente utilizados para introduzir mutações no DNA.
6. Explicar como os genes podem ser alterados nos organismos vivos e descrever algumas das aplicações dessas técnicas.

## SUMÁRIO



Desde o seu surgimento, na década de 1970, a tecnologia do DNA recombinante revolucionou a bioquímica. A dotação genética dos organismos pode ser agora modificada precisamente de maneira planejada. A tecnologia do DNA recombinante é fruto de várias décadas de pesquisa básica sobre o DNA, o RNA e os vírus. Ela depende, em primeiro lugar, da existência de enzimas capazes de cortar, de unir e de replicar o DNA, e das que possam proceder à transcrição reversa do RNA. As enzimas de restrição cortam moléculas muito longas de DNA em fragmentos específicos, que podem ser então manipulados; as DNA ligases unem esses fragmentos. Dispõe-se de muitos tipos de enzimas de restrição. Por meio da aplicação habilidosa dessa ampla gama de enzimas, os pesquisadores são capazes de tratar sequências de DNA como módulos que podem ser movidos à vontade de uma molécula de DNA para outra. Assim, a tecnologia do DNA recombinante baseia-se no uso das enzimas que podem atuar sobre os ácidos nucleicos como substratos.

Um segundo fundamento é a linguagem de pareamento de bases, que possibilita que sequências complementares se reconheçam e se liguem umas às outras. A hibridização com sondas de DNA complementar (cDNA) ou RNA constitui um método sensível para a detecção de sequências específicas de nucleotídios. Na tecnologia do DNA recombinante, o pareamento de bases é utilizado para construir novas combinações de DNA, bem como para detectar e amplificar sequências específicas.

Em terceiro lugar, foram desenvolvidos métodos poderosos para determinar a sequência de nucleotídios no DNA. Esses métodos foram aproveitados para o sequenciamento de genomas completos: inicialmente, pequenos genomas de vírus; em seguida, genomas maiores de bactérias; e, por fim, genomas eucarióticos, incluindo o genoma humano, constituído de 3 bilhões de pares de bases.

Os cientistas podem agora investigar o enorme conteúdo de informação existente nessas sequências de genomas para responder a uma infinidade de questões biológicas.

Por fim, a tecnologia do DNA recombinante depende, fundamentalmente, de nossa capacidade de introduzir um DNA estranho em organismos hospedeiros. Por exemplo, fragmentos de DNA podem ser inseridos em plasmídios, nos quais podem ser replicados após um curto período de tempo em suas bactérias hospedeiras. Além disso, os vírus introduzem eficientemente seus próprios DNAs (ou RNAs) nos hospedeiros, subvertendo-os para replicar o genoma viral e produzir proteínas virais ou para incorporar o DNA viral ao genoma do hospedeiro.

Esses novos métodos oferecem amplos benefícios quando aplicados a uma grande variedade de disciplinas, tais como biotecnologia, agricultura e medicina. Entre esses benefícios, destaca-se o notável aumento de nossa compreensão sobre as doenças humanas. Ao longo deste capítulo, uma doença específica, a esclerose lateral amiotrófica (ELA), será utilizada para ilustrar o efeito que a tecnologia do DNA recombinante teve em nosso conhecimento dos mecanismos patológicos. A ELA foi descrita clinicamente pela primeira vez em 1869 pelo neurologista francês Jean-Martin Charcot como uma doença neurodegenerativa fatal caracterizada por enfraquecimento progressivo e atrofia dos músculos voluntários. A ELA é comumente designada como doença de Lou Gehrig em homenagem ao lendário jogador de beisebol cuja carreira e vida foram prematuramente encurtadas em consequência dessa doença devastadora. Durante muitos anos, houve pouco progresso no estudo dos mecanismos subjacentes à ELA. Como veremos posteriormente, foram realizados avanços significativos com o uso de instrumentos de pesquisa facilitados pela tecnologia do DNA recombinante.

## 5.1 A exploração dos genes depende de ferramentas específicas

O rápido progresso na biotecnologia – na verdade, a sua própria existência – é o resultado de algumas técnicas essenciais.

**1.** *Análise por enzimas de restrição.* As enzimas de restrição atuam como bisturis moleculares precisos que permitem ao pesquisador manipular segmentos de DNA.

**2.** *Técnicas de blotting.* Os *Southern* e *Northern blots* são utilizados para separar e identificar sequências de DNA e de RNA, respectivamente. O

*Western blot*, que utiliza anticorpos para caracterizar proteínas, foi descrito no Capítulo 3.

**3.** *Sequenciamento do DNA*. É possível determinar a sequência precisa de nucleotídios de uma molécula de DNA. O sequenciamento forneceu inúmeras informações acerca da arquitetura dos genes, do controle da expressão gênica e da estrutura das proteínas.

**4.** *Síntese de ácidos nucleicos em fase sólida*. Sequências precisas de ácidos nucleicos podem ser sintetizadas *de novo* e utilizadas para identificar ou para amplificar outros ácidos nucleicos.

**5.** *Reação em cadeia da polimerase* (PCR). A reação em cadeia da polimerase leva a uma amplificação de 1 bilhão de vezes de um segmento de DNA. Uma molécula de DNA pode ser amplificada até obter quantidades que permitam a sua caracterização e manipulação. Essa técnica poderosa pode ser utilizada para detectar patógenos e doenças genéticas, para determinar a origem de um fio de cabelo deixado na cena de um crime e para ressuscitar genes de fósseis de organismos extintos.

Por fim, um conjunto de técnicas depende da informática, sem a qual seria impossível catalogar, acessar e caracterizar as informações abundantes geradas pelos métodos anteriormente delineados. O uso da informática será apresentado no Capítulo 6.

**Palíndromo**

Palavra, frase ou verso cuja leitura é a mesma da direita para a esquerda e da esquerda para a direita.

Radar

Ame o poema

Roma tibi súbito motibus ibit amor

Socorram-me subi no ônibus em Marrocos

Derivado do grego *pallindromos*, "que corre em sentido inverso".

## As enzimas de restrição cortam o DNA em fragmentos específicos

As *enzimas de restrição*, também denominadas *endonucleases de restrição*, reconhecem sequências de bases específicas na dupla hélice de DNA e clivam ambas as fitas desse duplex em pontos específicos. Para os bioquímicos, esses bisturis admiravelmente precisos constituem presentes maravilhosos da natureza. São indispensáveis para a análise da estrutura dos cromossomos, para o sequenciamento de moléculas muito extensas de DNA, para o isolamento de genes e para a criação de novas moléculas de DNA passíveis de clonagem.

As enzimas de restrição são encontradas em uma ampla variedade de procariotos. Sua função biológica consiste em clivar moléculas estranhas de DNA, proporcionando ao organismo hospedeiro um sistema imune primitivo. Muitas enzimas de restrição reconhecem sequências específicas de quatro a oito pares de bases e hidrolisam uma ligação fosfodiéster em cada fita nessa região. Uma característica notável desses sítios de clivagem é que eles quase sempre possuem uma *simetria rotacional bilateral*. Em outras palavras, a sequência reconhecida é *palindrômica*, ou uma repetição invertida, e os pontos de clivagem estão simetricamente posicionados. Por exemplo, a sequência reconhecida por uma enzima de restrição do *Streptomyces achromogenes* é a seguinte:

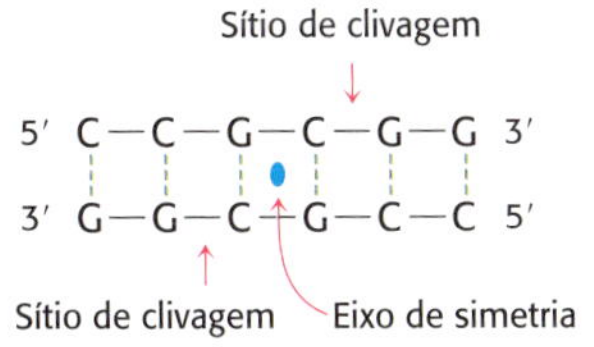


Em cada fita, a enzima cliva a ligação fosfodiéster C–G no lado 3' do eixo de simetria. Como veremos no Capítulo 9, essa simetria corresponde àquela das estruturas das próprias enzimas de restrição.

Vários milhares de enzimas de restrição foram purificados e caracterizados. Seus nomes consistem em uma abreviatura de três letras para o organismo hospedeiro (p. ex., Eco para *Escherichia coli*, Hin para *Haemophilus influenzae*, Hae para *Haemophilus aegyptius*) seguida por uma designação da cepa (se necessário) e de um algarismo romano (para distinguir múltiplas enzimas da mesma cepa). As especificidades de várias dessas enzimas são mostradas na Figura 5.1.

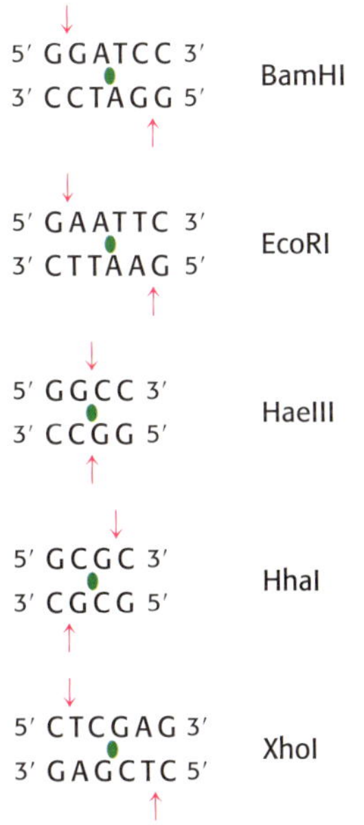


**FIGURA 5.1 Especificidades de algumas endonucleases de restrição.** As sequências que são reconhecidas por essas enzimas contêm um eixo de simetria bilateral. Nessas regiões, as duas fitas estão relacionadas por uma rotação de 180° em torno do eixo marcado pelo símbolo verde. Os sítios de clivagem são denotados por setas vermelhas. O nome abreviado de cada enzima de restrição é fornecido à direita da sequência que ela reconhece. Observe que os cortes podem ser desalinhados (mas ainda simétricos) ou no mesmo ponto para as duas fitas.

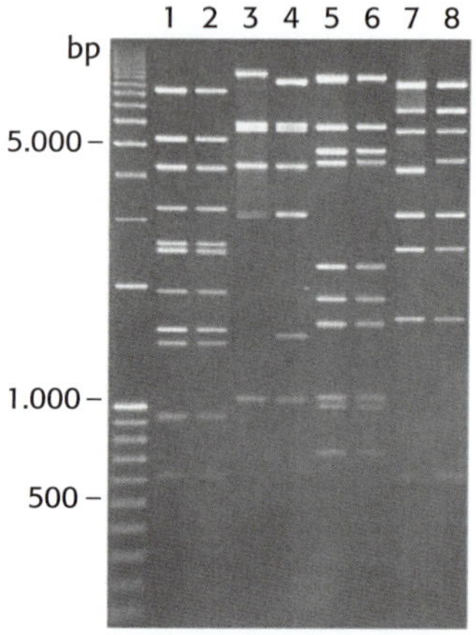


**FIGURA 5.2 Padrão de eletroforese em gel de fragmentos obtidos por restrição.** Esse gel mostra os fragmentos produzidos pela clivagem do DNA de duas cepas virais (canaletas com números ímpares *versus* pares) com cada uma de quatro enzimas de restrição. Esses fragmentos tornaram-se fluorescentes por meio de coloração do gel com brometo de etídeo. [Carr *et al.*, Emerging Infectious Diseases, www.cdc.gov/eid, Vol. 17, N° 8, Agosto 2011.]

As enzimas de restrição são utilizadas para clivar moléculas de DNA em fragmentos específicos, que são analisados e manipulados com mais facilidade do que toda a molécula original. Por exemplo, o DNA circular de fita dupla de 5,1 kb do vírus produtor de tumor SV40 é clivado em um sítio por EcoRI, em quatro sítios por HpaI e em 11 sítios por HindIII. Um pedaço do DNA, denominado fragmento de restrição, e que é produzido pela ação de uma enzima de restrição, pode ser clivado especificamente em fragmentos menores por outra enzima de restrição. O padrão desses fragmentos pode servir como a *impressão digital* de uma molécula de DNA, conforme iremos discutir adiante. De fato, cromossomos complexos contendo centenas de milhões de pares de bases podem ser mapeados com o uso de uma série de enzimas de restrição.

## Os fragmentos de restrição podem ser separados por eletroforese em gel e visualizados

No Capítulo 3, abordamos o uso da eletroforese em gel para separar moléculas de proteínas (ver Capítulo 3, seção 3.1). Como o esqueleto fosfodiéster do DNA apresenta carga altamente negativa, essa técnica também é apropriada para a separação de fragmentos de ácidos nucleicos. Entre as numerosas aplicações da eletroforese do DNA, destaca-se a detecção de mutações que afetam o tamanho do fragmento de restrição (como inserções e deleções) e o isolamento, a purificação e a quantidade de um fragmento de DNA específico.

Para a maioria dos géis, quanto mais curto o fragmento de DNA, mais distante a migração. São utilizados géis de poliacrilamida para separar pelo seu tamanho fragmentos que contêm até mil pares de bases, enquanto os géis de agarose, que são mais porosos, são utilizados para misturas de fragmentos maiores (de até 20 quilobases, kb). Uma importante característica desses géis é o seu alto poder de resolução. Em determinados tipos de géis, é possível distinguir fragmentos cujo comprimento difere apenas em um nucleotídio de fragmentos com várias centenas de nucleotídios. Bandas ou pontos de DNA radioativo em géis podem ser visualizados por meio de autorradiografia. Como alternativa, pode-se corar um gel com um corante, como o brometo de etídio, que apresenta fluorescência laranja intensa sob irradiação com luz ultravioleta quando ligado a uma molécula de DNA de dupla hélice (Figura 5.2). Pode-se visualizar prontamente uma banda contendo apenas 10 ng de DNA.

Com frequência, é necessário determinar se uma sequência de bases particular é representada em determinada amostra de DNA. Por exemplo, pode-se desejar confirmar a presença de uma mutação específica no DNA genômico isolado de pacientes que correm risco conhecido de determinada doença. Essa sequência específica pode ser identificada por meio de sua hibridização com uma fita de DNA complementar marcada (Figura 5.3). Uma mistura de fragmentos de restrição é separada por eletroforese usando-se um gel de agarose, desnaturada para obter DNA de fita simples e transferida para uma membrana composta de nitrocelulose ou náilon. As posições dos fragmentos de DNA no gel são preservadas durante a transferência. Em seguida, a membrana é exposta a uma *sonda de DNA* – um curto fragmento de DNA de fita simples que contém uma sequência de bases conhecida – marcada com $^{32}P$ ou com fluorescência. A sonda hibridiza com um fragmento de restrição que possui sequência complementar e então a autorradiografia ou a imagem de fluorescência revela a posição do duplex entre fragmento de restrição e sonda. Dessa maneira, é possível identificar facilmente um fragmento específico entre milhões de outros. Essa técnica poderosa é conhecida como *Southern blotting*, em homenagem a seu inventor, Edwin Southern.

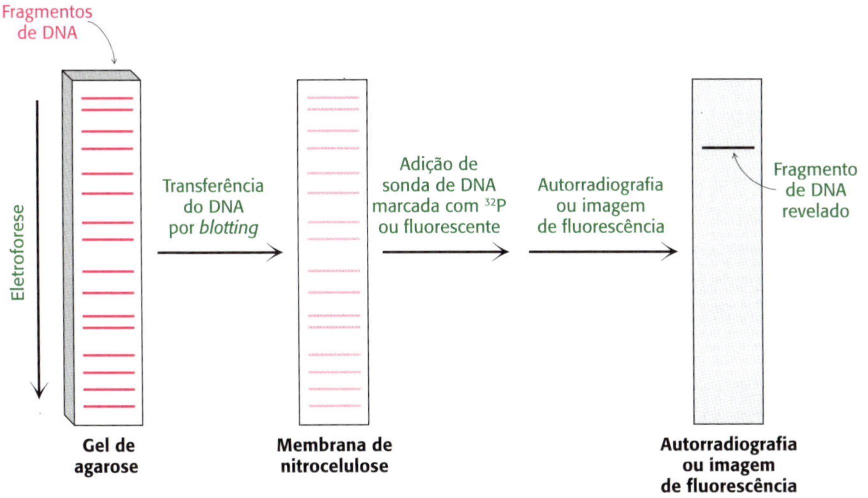


**FIGURA 5.3** ***Southern blotting*.** Um fragmento de DNA contendo uma sequência específica pode ser identificado separando-o de uma mistura de fragmentos por eletroforese, transferindo-o para a nitrocelulose e hibridizando-o com uma sonda marcada complementar à sequência. O fragmento que contém a sequência é então visualizado por autorradiografia ou imagem de fluorescência.

De maneira semelhante, é também possível identificar prontamente moléculas de RNA de uma sequência específica. Após separação por eletroforese em gel e transferência para nitrocelulose, podem-se detectar sequências específicas usando-se sondas de DNA. Essa técnica análoga para a análise do RNA foi excentricamente denominada *Northern blotting*. Outro jogo de palavras é responsável pela expressão *Western blotting*, que se refere a uma técnica para a detecção de determinada proteína por meio de revelação com um anticorpo específico (ver Capítulo 3, seção 3.2).

## O DNA pode ser sequenciado pela terminação controlada da replicação

A análise da estrutura do DNA e de seu papel na expressão gênica foi acentuadamente facilitada pelo desenvolvimento de técnicas poderosas para o *sequenciamento* de moléculas de DNA. Uma das primeiras técnicas para o sequenciamento do DNA – e a mais amplamente utilizada – é a *terminação controlada da replicação*, também designada como método didesoxi de Sanger em homenagem a seu pioneiro, Frederick Sanger. A base dessa abordagem consiste na geração de fragmentos de DNA cujo comprimento é determinado pela última base na sequência (Figura 5.4). Na aplicação atual desse método, uma DNA polimerase é utilizada para produzir o complemento de determinada sequência dentro de uma molécula de DNA de fita simples. A síntese é iniciada por um fragmento quimicamente sintetizado (*primer*) que seja complementar a uma parte da sequência conhecida por outros estudos. Além dos quatro desoxirribonucleosídios trifosfato, a mistura da reação contém pequena quantidade do *análogo 2',3'-didesoxi* de cada nucleotídio, tendo, cada um, um diferente marcador fluorescente ligado à base (p. ex., um emissor verde para a terminação em A e um emissor vermelho para a terminação em T).

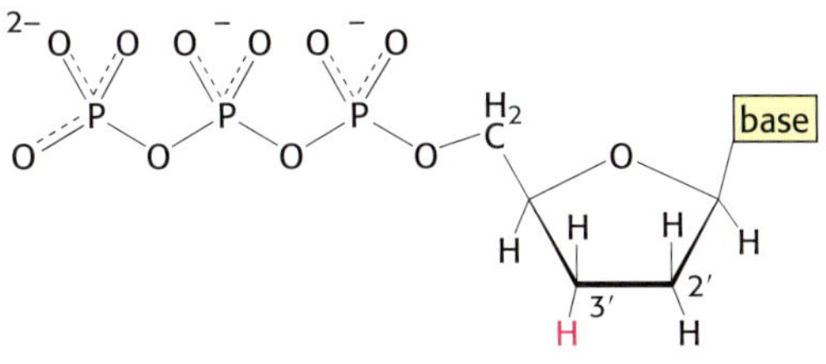

**Análogo 2',3'-didesoxi**

A incorporação desse análogo bloqueia o crescimento adicional da nova cadeia porque não possui a 3'-hidroxila terminal necessária para formar a próxima ligação fosfodiéster. A concentração do análogo didesoxi é baixa o suficiente para que a terminação da cadeia só ocorra ocasionalmente.

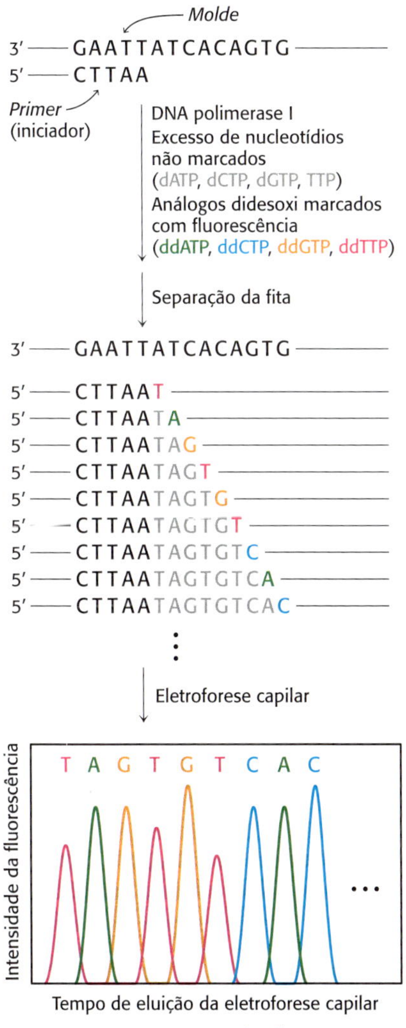


**FIGURA 5.4 Detecção da fluorescência de fragmentos de oligonucleotídios produzidos pelo método didesoxi.** Uma reação de sequenciamento é realizada com quatro didesoxinucleotídios de terminação da cadeia, cada um deles ligado a um marcador que fluoresce em um comprimento de onda diferente. A cor de cada fragmento indica a identidade da última base na cadeia. Os fragmentos são separados pelo seu tamanho, utilizando-se eletroforese capilar, e a fluorescência em cada um dos quatro comprimentos de ondas indica a sequência do complemento do molde de DNA original.

A polimerase insere o nucleotídio correto algumas vezes, e o análogo didesoxi outras vezes, interrompendo a reação. Por exemplo, se o análogo didesoxi do dATP estiver presente, são produzidos fragmentos de vários comprimentos, porém nem todos serão terminados pelo análogo didesoxi. É importante ressaltar que esse análogo didesoxi do dATP só será inserido onde um T estiver localizado no DNA que está sendo sequenciado. Por conseguinte, os fragmentos de diferentes comprimentos corresponderão às posições de T.

Os fragmentos resultantes são separados por uma técnica conhecida como *eletroforese capilar,* na qual uma mistura é passada por um tubo muito estreito contendo uma matriz de gel sob alta voltagem, de modo a obter uma separação eficiente dentro de curto período de tempo. À medida que os fragmentos de DNA vão emergindo do capilar, são detectados pela sua fluorescência; a sequência de suas cores fornece diretamente a sequência de bases. Dessa maneira, podem ser determinadas sequências de até mil bases. Com efeito, os instrumentos de sequenciamento automatizados de Sanger são capazes de ler mais de 1 milhão de bases por dia.

## Sondas de DNA e genes podem ser sintetizados por métodos automatizados em fase sólida

À semelhança dos polipeptídios (ver Capítulo 3, seção 3.4), as fitas de DNA podem ser sintetizadas por meio da adição sequencial de monômeros ativados a uma cadeia em crescimento que está ligada a um suporte sólido. Os monômeros ativados consistem em *desoxirribonucleosídios 3'-fosforamiditas.* Na etapa 1, o átomo de fósforo 3' dessa unidade que está sendo acrescentada une-se ao átomo de oxigênio 5' da cadeia em crescimento para formar um *fosfito triéster* (Figura 5.5). O grupo 5'-OH do monômero ativado não é reativo, visto que é bloqueado por um grupo protetor dimetoxitritila (DMT), e o átomo de oxigênio 3'-fosforila torna-se não reativo pela ligação do grupo β-cianoetila (βCE). De modo semelhante, os grupos amino nas bases purínicas e pimidínicas são bloqueados.

O acoplamento é realizado em condições anidras, visto que a água reage com as fosforamiditas. Na etapa 2, o fosfito triéster (em que o P é trivalente) é oxidado por iodo, formando um *fosfotriéster* (em que o P é pentavalente). Na etapa 3, o grupo DMT protetor no grupo 5'-OH da cadeia em crescimento é

**FIGURA 5.5 Síntese de uma cadeia de DNA em fase sólida pelo método do fosfito triéster.** O monômero ativado acionado à cadeia em crescimento é um desoxirribonucleotídio 3'-fosforamidita, que contém um grupo protetor dimetoxitritila (DMT) em seu átomo de oxigênio 5', um grupo protetor β-cianoetila (βCE) em seu átomo de oxigênio 3'-fosforila e um grupo protetor na base.

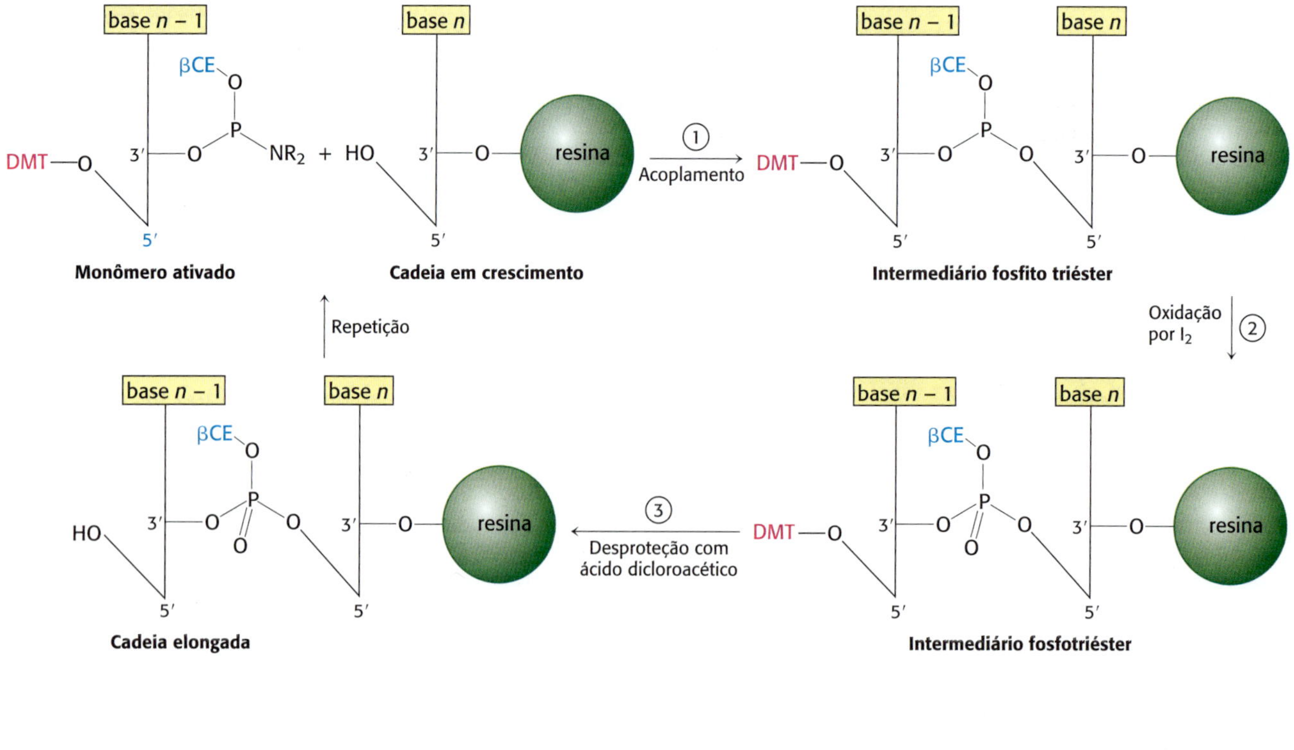

removido pela adição de ácido dicloroacético, que deixa os outros grupos protetores intactos. Nesta etapa, a cadeia de DNA é elongada em uma unidade e está pronta para outro ciclo de adição. Cada ciclo leva apenas cerca de 10 min e elonga geralmente mais de 99% das cadeias.

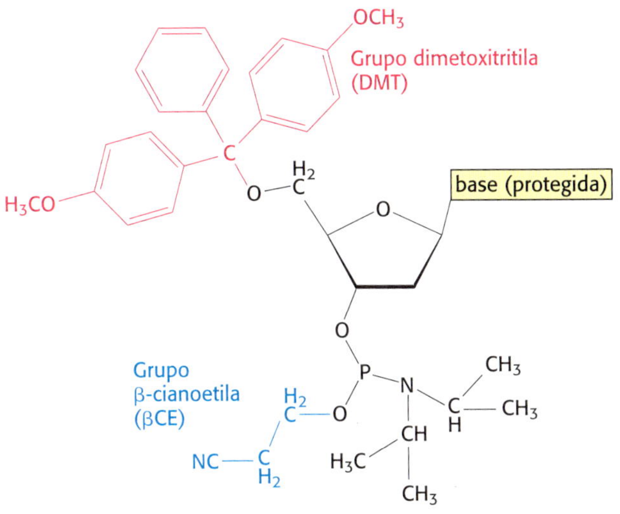


**Desoxirribonucleotídio 3′-fosforamidita com DMT e βCE ligados**

Essa abordagem em fase sólida é ideal para a síntese de DNA, assim como para polipeptídios, visto que o produto desejado permanece no suporte insolúvel até a etapa final de liberação. Todas as reações ocorrem em um único recipiente, e um excesso de reagentes solúveis pode ser adicionado para conduzir as reações até o seu término. No final de cada etapa, os reagentes solúveis e os subprodutos são retirados da resina que sustenta as cadeias em crescimento. No final da síntese, acrescenta-se $NH_3$ para remover todos os grupos protetores e para liberar o oligonucleotídio do suporte sólido. Como a elongação nunca é 100% completa, as novas cadeias de DNA possuem diversos comprimentos – a cadeia desejada é a mais longa de todas. A amostra pode ser purificada por cromatografia líquida de alta eficiência ou por eletroforese em gel de poliacrilamida. Esse método automatizado possibilita a rápida síntese de cadeias de DNA com até 100 nucleotídios.

A capacidade de sintetizar rapidamente cadeias de DNA de qualquer sequência selecionada abre muitas possibilidades experimentais. Por exemplo, um oligonucleotídio sintetizado marcado em uma extremidade com $^{32}P$ ou com marcador fluorescente pode ser utilizado na investigação de uma sequência complementar em uma molécula de DNA muito extensa ou até mesmo em um genoma constituído de muitos cromossomos. O uso de oligonucleotídios marcados como sondas de DNA é uma técnica poderosa e geral. Por exemplo, uma sonda de DNA com capacidade de pareamento de bases com uma sequência complementar conhecida em um cromossomo pode servir como ponto de partida para a análise do DNA adjacente não mapeado. Essa sonda pode ser utilizada como *iniciador* (*primer*) para deflagrar a replicação do DNA vizinho pela DNA polimerase. Uma aplicação interessante da abordagem em fase sólida consiste na síntese de novos genes produzidos sob medida. Novas proteínas com novas propriedades podem ser agora produzidas em abundância pela expressão de genes sintéticos. Por fim, o esquema de síntese descrito até agora pode ser ligeiramente modificado para a síntese em fase sólida de oligonucleotídios de RNA, que podem ser reagentes muito poderosos para a degradação de moléculas de mRNA específicas em células vivas por meio de uma técnica conhecida como interferência do RNA (ver seção 5.4 adiante).

## Sequências de DNA selecionadas podem ser acentuadamente amplificadas pela reação em cadeia da polimerase

Em 1984, Kary Mullis planejou um método engenhoso, denominado *reação em cadeia da polimerase* (PCR, do inglês *polymerase chain reaction*), para amplificar sequências de DNA específicas. Considere um DNA de fita dupla, que consiste em uma sequência-alvo circundada por DNA não alvo. Milhões de cópias das sequências-alvo podem ser prontamente obtidas pela PCR se as sequências flanqueadoras do alvo forem conhecidas. A PCR é realizada pela adição dos seguintes componentes a uma solução contendo a sequência-alvo: (1) um par de iniciadores (*primers*), que hibridizam com as sequências flanqueadoras do alvo, (2) todos os quatro desoxirribonucleosídios trifosfato (dNTPs), e (3) uma DNA polimerase termoestável. Um ciclo de PCR consiste em três etapas (Figura 5.6):

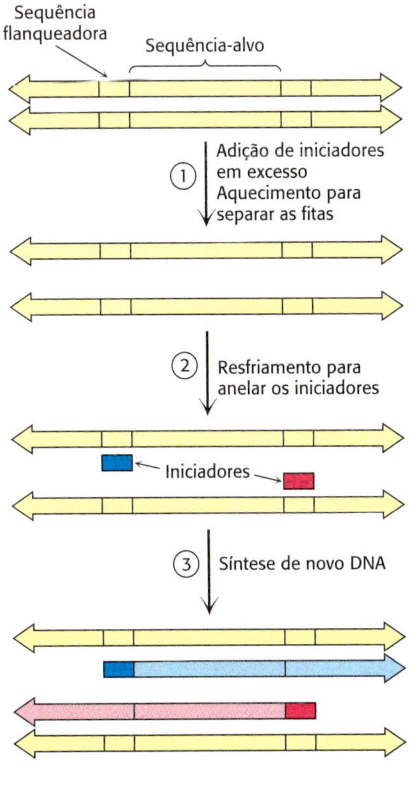


**FIGURA 5.6 O primeiro ciclo na reação em cadeia da polimerase (PCR).** Um ciclo consiste em três etapas: separação das fitas duplas do DNA, hibridização dos iniciadores (*primers*) e extensão dos iniciadores pela síntese de DNA.

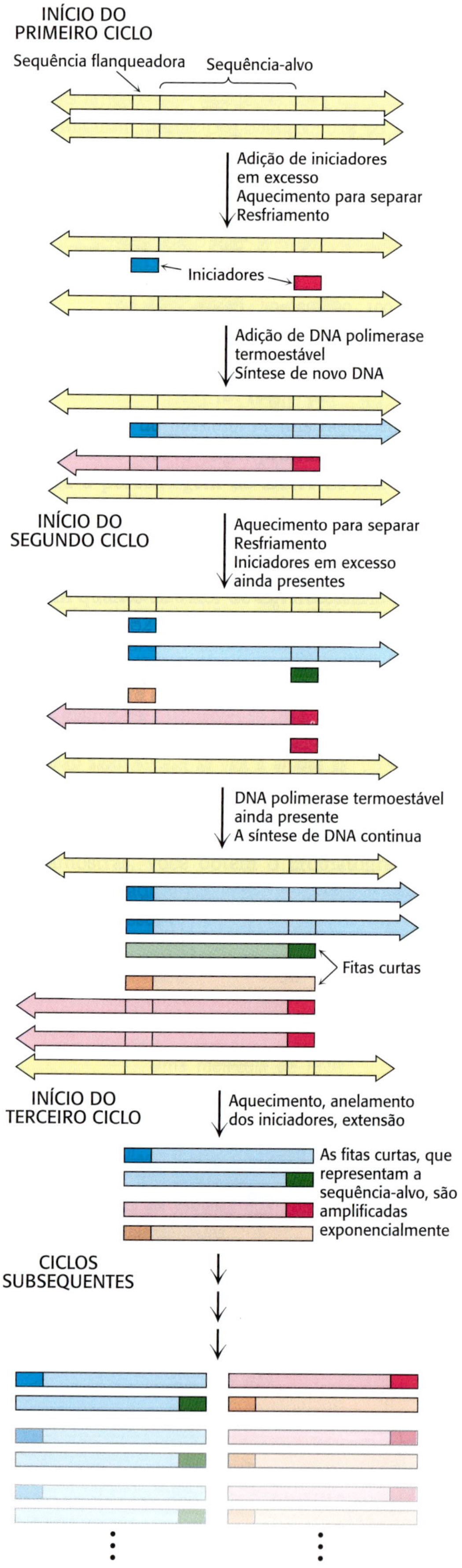


**FIGURA 5.7 Múltiplos ciclos da reação em cadeia da polimerase.** Os dois fragmentos curtos de fita dupla produzidos no final do terceiro ciclo representam a sequência-alvo. Ciclos subsequentes irão amplificar a sequência-alvo de modo exponencial, e a sequência original (em amarelo) de modo aritmético.

**1.** *Separação das fitas.* As duas fitas da molécula de DNA parental são separadas por meio de aquecimento da solução a 95°C, durante 15 s.

**2.** *Hibridização dos iniciadores (primers).* Em seguida, a solução é abruptamente resfriada para 54°C de modo a possibilitar a hibridização de cada iniciador com uma fita de DNA. Um iniciador hibridiza com a extremidade 3' do alvo em uma fita, enquanto o outro iniciador hibridiza com a extremidade 3' da fita-alvo complementar. Não há formação de DNA de fita dupla parental, visto que os iniciadores estão presentes em grande excesso. Normalmente, os iniciadores têm 20 a 30 nucleotídios de comprimento.

**3.** *Síntese de DNA.* Em seguida, a solução é aquecida a 72°C, a temperatura ideal para as polimerases termoestáveis. Uma dessas enzimas é a *Taq* DNA polimerase, que provém da *Thermus aquatics,* uma bactéria termofílica que vive em fontes térmicas. A polimerase elonga ambos os iniciadores no sentido da sequência-alvo, visto que a síntese de DNA ocorre na direção 5' para 3'. A síntese de DNA ocorre em ambas as fitas, porém prossegue além da sequência-alvo nesse ciclo inicial.

Essas três etapas – separação das fitas, hibridização dos iniciadores e síntese de DNA – constituem um ciclo de amplificação da PCR e podem ser realizadas repetidamente mudando apenas a temperatura da mistura da reação. Devido à termoestabilidade da polimerase, é possível realizar a PCR em um tubo fechado; não se adiciona nenhum reagente depois do primeiro ciclo. No término do segundo ciclo, são gerados quatro duplex contendo a sequência-alvo (Figura 5.7). Das oito fitas de DNA que constituem esses duplex, duas fitas curtas contêm apenas a sequência-alvo – a sequência que inclui e que está delimitada pelos iniciadores. Os ciclos subsequentes amplificam a sequência-alvo de modo exponencial. De maneira ideal, depois de *n* ciclos, a sequência desejada é amplificada $2^n$ vezes. A amplificação é de 1 milhão de vezes depois de 20 ciclos e de 1 bilhão de vezes depois de 30 ciclos, os quais podem ser realizados em menos de 1 hora.

Várias características desse notável método para amplificação de DNA são marcantes. Em primeiro lugar, a sequência do alvo não precisa ser conhecida. Tudo que é exigido é o conhecimento das sequências flanqueadoras, de modo que os iniciadores complementares possam ser sintetizados. Em segundo lugar, o alvo pode ser muito maior do que os iniciadores. Alvos com mais de 10 kb foram amplificados por meio da PCR. Em terceiro lugar, os iniciadores não precisam ser perfeitamente combinados com as sequências flanqueadoras para amplificar os alvos. Com o uso de iniciadores derivados de um gene de sequência conhecida, é possível pesquisar variações do tema. Dessa maneira, famílias de genes estão sendo descobertas por meio da PCR. Em quarto lugar, a PCR é altamente específica em virtude do rigor da hibridização em temperatura relativamente alta. A estringência é a correspondência necessária entre o iniciador e o alvo, o que pode ser controlado pela temperatura e pelo sal. Em altas temperaturas, apenas o DNA entre os iniciadores hibridizados é amplificado. Um gene que constitui menos de um milionésimo de um DNA total de um organismo superior é acessível à PCR. Por fim, a PCR é extremamente sensível. É possível amplificar e detectar uma única molécula de DNA.

### A PCR é uma poderosa técnica para o diagnóstico médico, a medicina forense e os estudos da evolução molecular

A PCR pode fornecer informações diagnósticas valiosas em medicina. Bactérias e vírus podem ser prontamente detectados com o uso de iniciadores específicos. Por exemplo, a PCR pode revelar a presença de pequenas quantidades de DNA do vírus da imunodeficiência humana (HIV) em indivíduos que ainda não desenvolveram uma resposta imune a esse patógeno. Nesses pacientes, o uso de ensaios para a detecção de anticorpos contra o vírus produziria resultados falso-negativos. A identificação do bacilo *Mycobacterium tuberculosis* em amostras de tecido é lenta e trabalhosa. Com a PCR, é possível detectar prontamente um número pequeno de apenas 10 bacilos da tuberculose por milhão de células humanas. A PCR representa um método promissor para a detecção inicial de determinados tipos de câncer. Essa técnica pode identificar mutações de certos genes que controlam o crescimento, como os genes *ras* (ver Capítulo 14). A capacidade de grande amplificação de regiões selecionadas do DNA também pode ser altamente informativa no monitoramento da quimioterapia contra o câncer. Os testes que utilizam a PCR podem detectar quando as células cancerosas são eliminadas e quando o tratamento pode ser então interrompido; a PCR também pode detectar a ocorrência de recidiva e a necessidade de reiniciar imediatamente o tratamento. A PCR é ideal para detectar as leucemias causadas por rearranjos cromossômicos.

Além disso, a PCR teve impacto nas medicinas forense e legal. Um perfil de DNA individual é altamente distintivo, visto que muitos *loci* genéticos são altamente variáveis dentro de uma população. Por exemplo, variações em uma localização específica determinam o tipo de HLA (tipo de antígeno leucocitário humano; ver Capítulo 35, seção 35.4, disponível no material complementar *online*) de um indivíduo; os transplantes de órgãos são rejeitados quando os tipos de HLA do doador e do receptor não são semelhantes o suficiente. A amplificação de múltiplos genes por meio da PCR está sendo utilizada para estabelecer o parentesco biológico em casos de paternidade questionada ou imigrações. Análises de manchas de sangue e amostras de sêmen por meio da PCR têm resultado em culpa ou inocência em numerosos casos de agressão e estupro (Figura 5.8). A raiz de um único fio de cabelo encontrado na cena de um crime contém DNA suficiente para uma tipagem pela PCR.

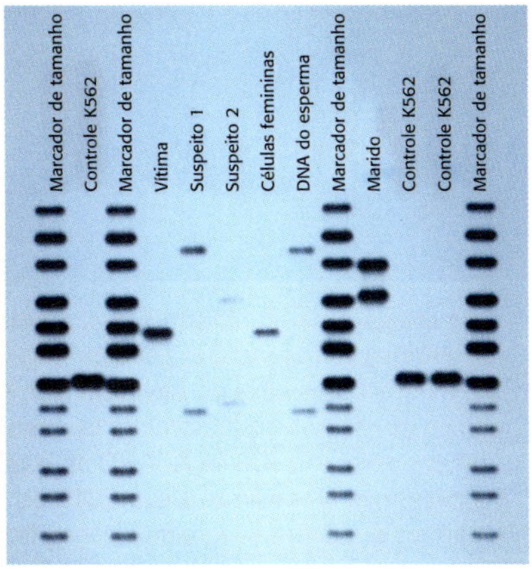


**FIGURA 5.8 DNA e medicina forense.** O DNA isolado do sêmen obtido durante o exame da vítima de estupro foi amplificado por meio da PCR e, em seguida, comparado com o DNA da vítima e de três suspeitos potenciais – o marido da vítima e dois outros indivíduos – utilizando-se eletroforese em gel e autorradiografia. O DNA do sêmen correspondeu ao padrão do suspeito 1, mas não ao do suspeito 2 ou do marido da vítima. As colunas de marcador de tamanho e K562 referem-se a amostras-controle de DNA. [Martin Shields/Science Source.]

O DNA é uma molécula notavelmente estável, em particular quando protegida do ar, da luz e da água. Nessas circunstâncias, grandes fragmentos de DNA podem permanecer intactos por milhares de anos ou mais. A PCR fornece um método ideal para amplificar essas antigas moléculas de DNA de modo que possam ser detectadas e caracterizadas (ver Capítulo 6, seção 6.5). A PCR também pode ser utilizada para amplificar o DNA de microrganismos que ainda não foram isolados e cultivados. Conforme discutido no Capítulo 6, as sequências desses produtos de PCR podem constituir uma fonte de consideráveis esclarecimentos sobre as relações evolutivas entre os organismos.

### As ferramentas da tecnologia do DNA recombinante foram utilizadas para a identificação de mutações causadoras de doença

Consideremos agora como as técnicas anteriormente descritas foram utilizadas em conjunto para estudar a ELA, apresentada no início do capítulo. Cinco por cento de todos os pacientes acometidos de ELA possuem familiares que também foram diagnosticados com a doença. Um padrão hereditário de doença constitui uma indicação de forte componente genético na etiologia da doença. Para identificar essas alterações genéticas causadoras da doença, os pesquisadores detectaram *polimorfismos* (padrões de variação genética) dentro de uma família afetada que se correlacionavam com o aparecimento da doença. Esses polimorfismos podem eles próprios causar a doença, ou podem estar geneticamente ligados, isto é, em região próxima à alteração genética responsável. *Os polimorfismos de comprimento de fragmentos de restrição* (RFLPs, do inglês *restriction-fragment-length polymorphisms*) são polimorfismos dentro de sítios de restrição que alteram os tamanhos dos fragmentos de DNA produzidos pela enzima de restrição apropriada. Utilizando enzimas de restrição e *Southern blots* do DNA de membros de famílias afetadas pela ELA, os pesquisadores identificaram RFLPs que são encontrados preferencialmente em membros de famílias com diagnóstico da doença. Em algumas dessas famílias, foram obtidas fortes evidências da mutação causadora da doença dentro de uma região específica do cromossomo 21.

Após a identificação da provável localização de um gene causador da doença, esse mesmo grupo de pesquisa comparou os locais de RFLP associados à ELA com a sequência conhecida do cromossomo 21. Constatou-se que esse *locus* cromossômico contém o gene *SOD1,* que codifica a proteína Cu/Zn superóxido dismutase SOD1, uma importante enzima para a proteção das células contra o dano oxidativo (ver Capítulo 18, seção 18.3). A amplificação por meio da PCR de regiões do gene *SOD1* do DNA de membros da família afetados, seguida do método de Sanger para o sequenciamento do fragmento-alvo, possibilitou a identificação de 11 mutações causadoras da doença em 13 famílias diferentes. Esse trabalho foi fundamental para o direcionamento de pesquisas adicionais sobre os papéis da superóxido dismutase e suas formas mutantes correspondentes na patologia de alguns tipos de ELA.

## 5.2 A tecnologia do DNA recombinante revolucionou todos os aspectos da biologia

O desenvolvimento da tecnologia do DNA recombinante transformou a biologia de uma ciência exclusivamente analítica em uma ciência sintética. Novas combinações de genes não relacionados podem ser construídas em laboratório pela aplicação das técnicas de DNA recombinante. Essas novas combinações podem ser clonadas – amplificadas muitas vezes – por meio de sua introdução em células adequadas, onde são replicadas pela maquinaria de síntese de DNA do hospedeiro. Os genes inseridos são frequentemente transcritos e traduzidos em seu novo ambiente. O aspecto mais notável é o fato de que a constituição genética do hospedeiro pode ser permanentemente alterada de maneira planejada.

### As enzimas de restrição e a DNA ligase são ferramentas-chave na formação de moléculas de DNA recombinante

Comecemos a analisar como novas moléculas de DNA podem ser construídas em laboratório. Uma ferramenta essencial para a manipulação do DNA recombinante é um *vetor,* uma molécula de DNA capaz de replicação autônoma em um organismo hospedeiro apropriado. Os vetores são projetados para possibilitar rápida inserção covalente de fragmentos de DNA de interesse. Os *plasmídios* (círculos de DNA de ocorrência natural que atuam como cromossomos acessórios em bactérias) e o *bacteriófago lambda (fago λ),* um vírus, constituem os vetores de escolha para clonagem em *E. coli.*

O vetor pode ser preparado para aceitar um novo fragmento de DNA por meio de sua clivagem em um sítio específico com uma enzima de restrição. Por exemplo, o plasmídio pSC101, uma molécula de DNA circular de dupla hélice de 9,9 kb, é clivado em um único sítio pela enzima de restrição EcoRI. Os cortes desalinhados realizados por essa enzima produzem *extremidades complementares de fita simples,* que possuem afinidade específica uma pela outra e, portanto, são conhecidas como *extremidades coesivas* ou *adesivas*. Qualquer fragmento de DNA pode ser inserido nesse plasmídio se tiver as mesmas extremidades coesivas. Esse fragmento pode ser extraído a partir de um segmento maior de DNA, utilizando-se a mesma enzima de restrição empregada para abrir o DNA do plasmídio (Figura 5.9).

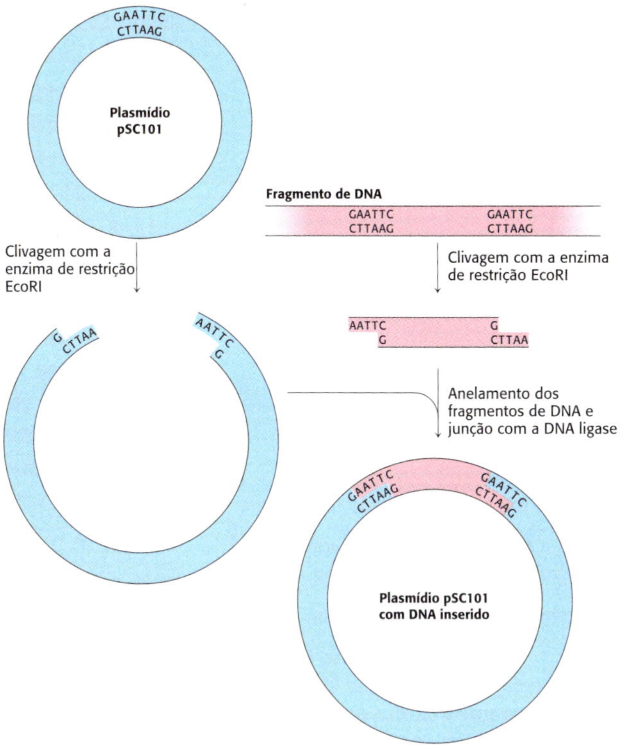


**FIGURA 5.9 Junção de moléculas de DNA pelo método das extremidades coesivas.** O plasmídio pSC101 (em azul) é clivado em um sítio pela enzima EcoRI para produzir um par de extremidades coesivas. Um fragmento de DNA (em vermelho), também clivado pela EcoRI, pode ser ligado ao plasmídio cortado para formar um novo plasmídio com o fragmento de DNA inserido.

As extremidades de fita simples do fragmento são então complementares àquelas do plasmídio cortado. O fragmento de DNA e o plasmídio cortado podem ser anelados e, em seguida, unidos pela *DNA ligase*, que catalisa a formação de uma ligação fosfodiéster em uma quebra na cadeia de DNA. A DNA ligase necessita de um grupo 3'-hidroxila livre e de um grupo 5'-fosforila. Além disso, as cadeias unidas pela ligase precisam estar em uma dupla hélice. Uma fonte de energia, como o ATP ou o $NAD^+$, é necessária para a reação de junção, conforme discutido no Capítulo 29.

E se o DNA-alvo não for naturalmente flanqueado pelos sítios de restrição apropriados? Como o fragmento é cortado e anelado com o vetor? O método das extremidades coesivas para junção de moléculas de DNA ainda pode ser utilizado nesses casos pela adição de um *curto adaptador de DNA quimicamente sintetizado,* que pode ser clivado por enzimas e restrição. Em primeiro lugar, o *adaptador* é covalentemente unido às extremidades de um fragmento de DNA. Por exemplo, as extremidades 5' de um ligante decamérico e uma molécula de DNA são fosforiladas por uma polinucleotídio quinase e, em seguida, unidas pela ligase do fago T4 (Figura 5.10). Essa ligase pode formar uma ligação covalente entre moléculas de DNA de dupla hélice de extremidades abruptas. As extremidades coesivas são produzidas quando essas extensões terminais são cortadas por uma enzima de restrição apropriada. Assim, *as extremidades coesivas correspondentes a uma enzima de restrição específica* podem ser adicionadas a praticamente qualquer molécula de DNA. Vemos aqui os frutos das abordagens de combinação enzimática e química sintética na criação de novas moléculas de DNA.

## Os plasmídios e o fago λ constituem os vetores de escolha para a clonagem de DNA em bactérias

Muitos plasmídios e bacteriófagos foram engenhosamente modificados por pesquisadores com o objetivo de aumentar a introdução de moléculas de DNA recombinante em bactérias e facilitar a seleção genética das bactérias que abrigam esses vetores. Como mencionado, os plasmídios são moléculas circulares de DNA de fita dupla que ocorrem naturalmente em algumas bactérias. Esses plasmídios variam quanto a seu tamanho de duas a várias centenas de quilobases. Os plasmídios apresentam genes para a inativação de antibióticos, a produção

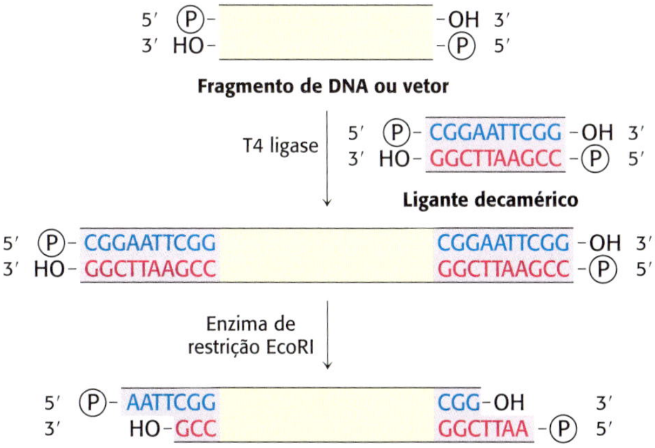


**FIGURA 5.10 Formação de extremidades coesivas.** As extremidades coesivas podem ser formadas pela adição e clivagem de um adaptador quimicamente sintetizado.

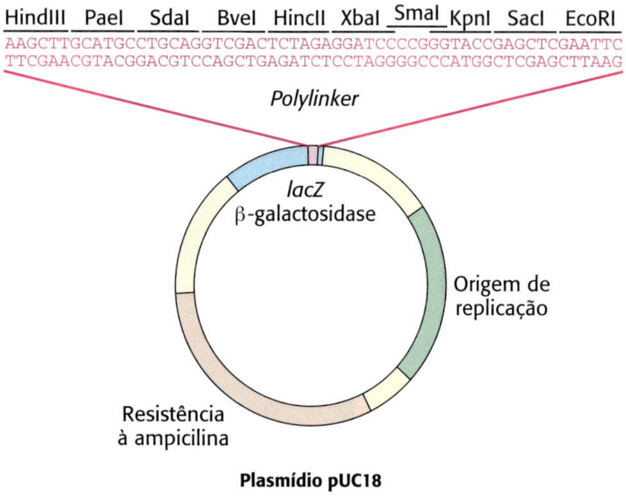


**FIGURA 5.11** *Polylinker* **do plasmídio pUC18.** Além de uma origem de replicação e de um gene que codifica a resistência à ampicilina, o plasmídio pUC18 inclui um *polylinker* dentro de um fragmento essencial do gene da β-galactosidase (frequentemente denominado gene *lacZ*). A inserção de um fragmento de DNA em um dos muitos sítios de restrição nesse *polylinker* pode ser detectada pela ausência de atividade da β-galactosidase.

de toxinas e a degradação de produtos naturais. Esses cromossomos acessórios podem se replicar independentemente do cromossomo do hospedeiro. Diferentemente do genoma do hospedeiro, são dispensáveis em determinadas condições. Uma célula bacteriana pode não ter nenhum plasmídio, ou pode abrigar até 20 cópias de plasmídios de ocorrência natural.

Muitos plasmídios foram otimizados para uma tarefa experimental específica. Por exemplo, alguns plasmídios modificados podem alcançar quase mil cópias por célula bacteriana. Uma classe de plasmídios, conhecidos como *vetores de clonagem,* é particularmente apropriada para a inserção e replicação facilitadas de uma coleção de fragmentos de DNA. Com frequência, esses vetores apresentam uma região de clonagem múltipla, ou *polylinker,* que inclui muitos sítios de restrição diferentes dentro de sua sequência. Esse *polylinker* pode ser clivado por uma variedade de enzimas de restrição ou combinações de enzimas, proporcionando uma grande versatilidade aos fragmentos de DNA que podem ser inseridos. Além disso, esses plasmídios contêm *genes repórteres,* que codificam marcadores facilmente detectáveis, como enzimas de resistência a antibióticos ou proteínas fluorescentes. A introdução criativa desses genes repórteres dentro desses plasmídios possibilita a rápida identificação dos vetores que abrigam a inserção de DNA desejada.

Por exemplo, consideremos o vetor de clonagem pUC18 (Figura 5.11). Esse plasmídio contém três componentes essenciais: uma origem de replicação, de modo que o plasmídio possa se replicar quando a bactéria hospedeira se dividir; um gene que codifica a resistência à ampicilina, que possibilita a seleção das bactérias que abrigam o plasmídio; e um gene *lacZα*, que codifica um fragmento essencial da *β-galactosidase*, uma enzima que cliva naturalmente a lactose, o açúcar do leite (ver Capítulo 11, seção 11.2). A inserção de um fragmento de DNA na região do *polylinker* inativa o gene *lacZα*, um efeito denominado *inativação por inserção.* A β-galactosidase também cliva o substrato sintético X-gal, liberando um corante azul. As células bacterianas que contêm uma inserção de DNA no *polylinker* não produzem mais o corante na presença de X-gal e são facilmente identificadas pela sua cor branca (Figura 5.12).

Outra classe de plasmídios foi otimizada para uso como *vetores de expressão* para a produção de grandes quantidades de proteínas. Muitos vetores de expressão diferentes estão sendo atualmente utilizados. A Figura 5.13 mostra os elementos típicos de um vetor desenvolvido para expressar uma proteína em procariotos. Além de um gene de resistência a antibióticos e uma origem de replicação, o vetor contém sequências promotoras e de terminação desenvolvidas para dirigir a transcrição de uma sequência de DNA codificadora de proteína em grandes quantidades. À semelhança dos vetores de clonagem, esses plasmídios também contêm uma região *polylinker*, que frequentemente contém sequências que flanqueiam o sítio de clonagem que simplificam a adição de etiquetas de fusão à proteína de interesse (ver Capítulo 3, seção 3.1), facilitando acentuadamente a purificação da proteína superexpressa. Muitos vetores de expressão também possuem sequências de repressores de transcrição e operadores (ver Capítulo 31, seção 31.2), que possibilitam o controle preciso de quando a produção da proteína será ativada.

Outro vetor amplamente utilizado, o *fago λ*, aproveita uma escolha de estilos de vida: esse bacteriófago pode destruir o seu hospedeiro ou pode se tornar parte dele (Figura 5.14). Na *via lítica,* as funções virais são totalmente

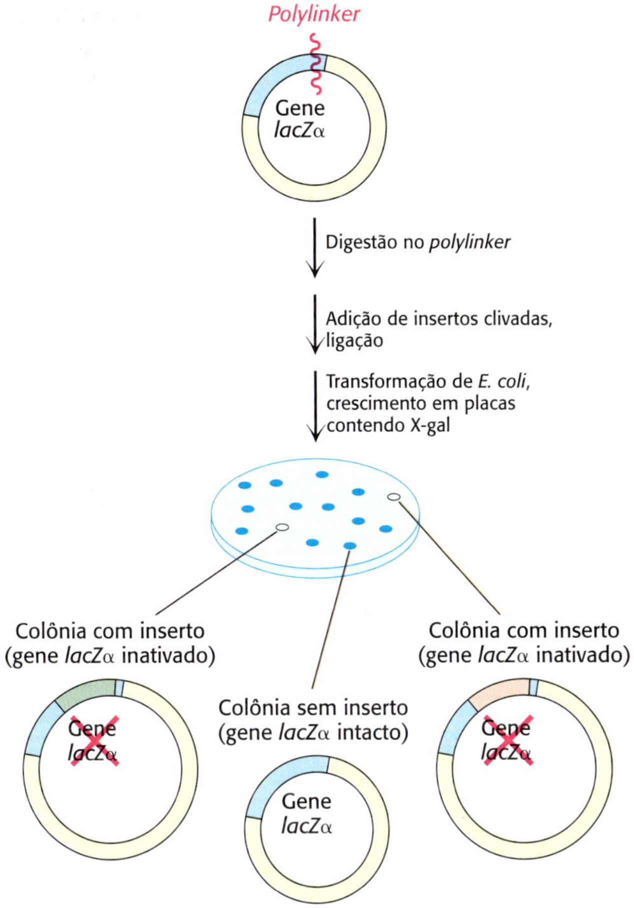


**FIGURA 5.12 Inativação por inserção.** Uma inserção bem-sucedida de fragmentos de DNA na região *polylinker* do pUC18 resulta em inativação do gene da β-galactosidase. As colônias de bactérias que abrigam esses plasmídios não irão converter mais X-gal em um produto colorido e aparecerão na cor branca na placa.

expressas: o DNA e as proteínas virais são rapidamente produzidos e montados em partículas virais, levando à lise (destruição) da célula hospedeira e ao súbito aparecimento de cerca de 100 partículas virais descendentes ou *vírions*. Na *via lisogênica*, o DNA do fago insere-se ao genoma da célula hospedeira e pode ser replicado juntamente com o DNA hospedeiro por muitas gerações, permanecendo inativo. Certas mudanças ambientais podem desencadear a expressão desse DNA viral dormente, levando à formação de uma progênie de vírus e à lise do hospedeiro. Segmentos grandes de DNA de 48 kb do fago λ não são essenciais para a produção de infecção e podem ser substituídos por DNA exógeno, tornando o fago λ um vetor ideal.

Foram produzidos fagos λ mutantes para clonagem. Um fago particularmente útil, denominado λgt-λβ, contém apenas dois sítios de clivagem de EcoRI, em vez dos cinco normalmente presentes (Figura 5.15). Após a clivagem, o segmento intermediário dessa molécula de DNA do λ pode ser removido. Os dois fragmentos de DNA remanescentes (denominados braços) apresentam um comprimento combinado que corresponde a 72% do tamanho normal do genoma. Essa quantidade de DNA é demasiado pequena para ser empacotada em uma partícula de λ, que pode armazenar apenas DNA medindo 78% a 105% de um genoma normal. Entretanto, um inserto de DNA adequadamente longo (como 10 kb) entre as duas extremidades do DNA do λ possibilita o empacotamento dessa molécula de DNA recombinante (93% do tamanho normal). Quase todas as partículas do λ infecciosas formadas dessa maneira irão conter um fragmento inserido de DNA exógeno. Outra vantagem na utilização desses vírus modificados como vetores é que eles entram nas bactérias com muito mais facilidade do que os plasmídios. Entre a variedade de mutantes do λ que foram desenvolvidos para uso como vetores

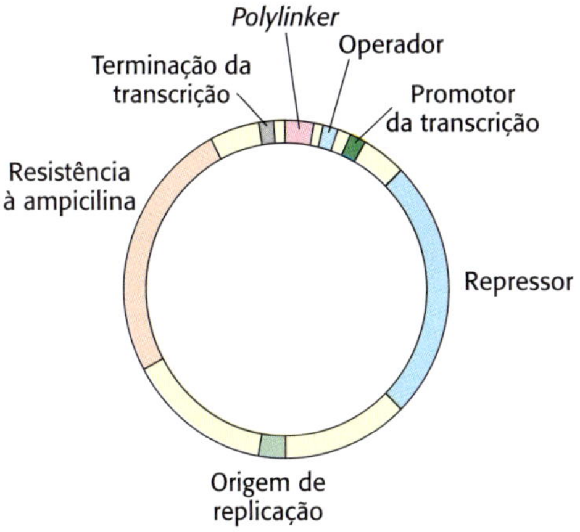


**FIGURA 5.13 Um vetor de expressão procariótico.** À semelhança do vetor de clonagem (Figura 5.11), os vetores de expressão contêm uma origem de replicação e um gene de resistência a antibióticos. Além disso, esses plasmídios incluem sequências de iniciação (promotor) e terminação da transcrição, que são necessárias para a expressão de um gene codificador de proteína inserido no *polylinker*. Muitos plasmídios de expressão também contêm sequências de repressor e operador, que possibilitam o controle do momento da produção da proteína.

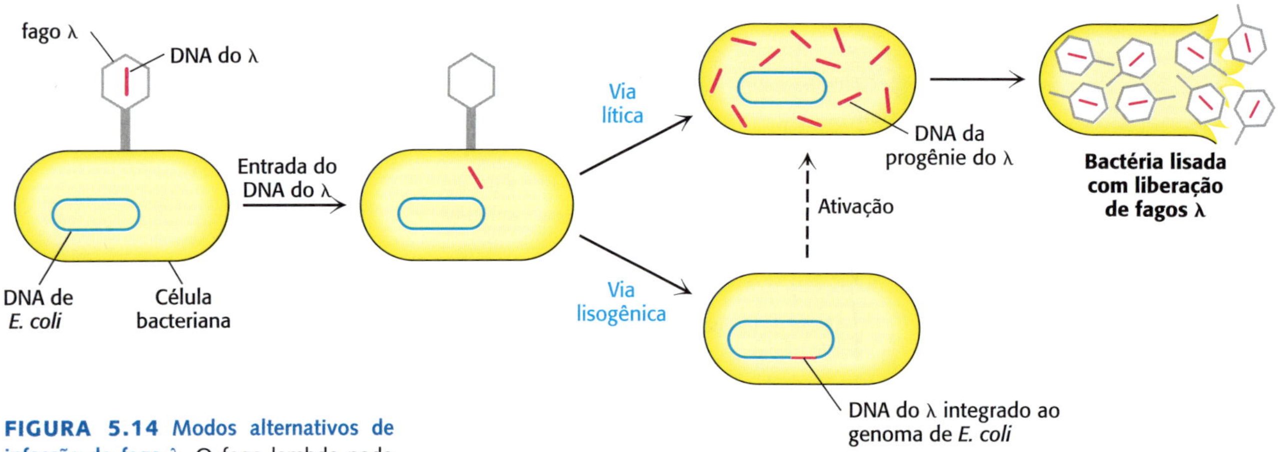


**FIGURA 5.14 Modos alternativos de infecção do fago λ.** O fago lambda pode se multiplicar dentro de um hospedeiro e causar a sua lise (via lítica), ou o seu DNA pode se integrar ao genoma do hospedeiro (via lisogênica), onde se torna dormente até ser ativado.

de clonagem, um deles, denominado *cosmídeo,* é essencialmente um híbrido de um fago λ e um plasmídio, que pode servir como vetor para grandes insertos de DNA (de até 45 kb).

## Cromossomos artificiais de bactérias e leveduras

Fragmentos muito maiores de DNA podem ser propagados em *cromossomos artificiais bacterianos* (BACs, do inglês *bacterial artificial chromosomes*) ou em *cromossomos artificiais de leveduras* (YACs, do inglês *yeast artificial chromosomes*). Os BACs são versões altamente modificadas do fator de fertilidade (F) de *E. coli,* que podem incluir insertos grandes de até 300 kb. Os YACs contêm um centrômero, uma *sequência de replicação autônoma* (ARS, do inglês *autonomously replicating sequence*, onde começa a replicação), um par de telômeros (extremidades normais dos cromossomos eucarióticos), genes marcadores para seleção e um sítio de clonagem (Figura 5.16). É possível clonar grandes insertos de até 1.000 kb em vetores de YAC.

## É possível clonar genes específicos a partir da digestão do DNA genômico

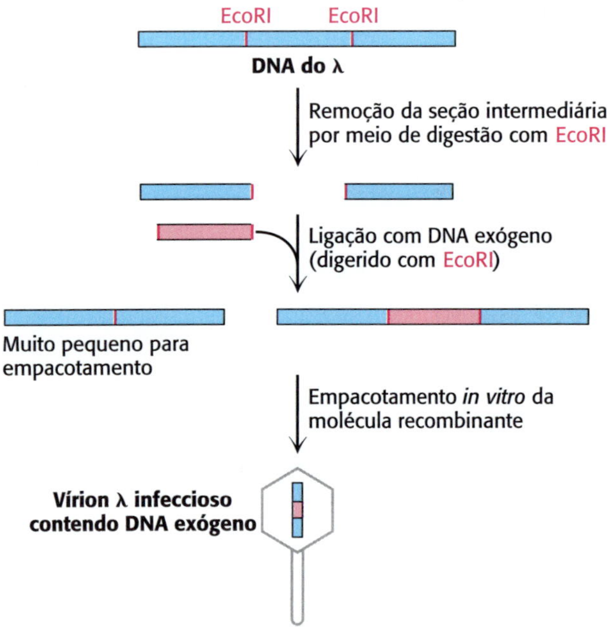


**FIGURA 5.15 Fago λ mutante como vetor de clonagem.** O processo de empacotamento seleciona moléculas de DNA que contêm um inserto (em vermelho). As moléculas de DNA que são ligadas sem um inserto são demasiado pequenas para o seu empacotamento eficiente.

O desenvolvimento de métodos engenhosos de clonagem e de seleção tornou possível o isolamento de pequenos fragmentos de DNA em um genoma contendo mais de $3 \times 10^6$ kb (*i. e.*, $3 \times 10^9$ bases). A abordagem consiste em preparar uma grande coleção (*biblioteca*) de fragmentos de DNA e, em seguida, identificar os membros da coleção que possuem o gene de interesse. Assim, para clonar um gene que esteja presente apenas uma única vez em todo o genoma, dois componentes críticos precisam estar disponíveis: uma sonda de oligonucleotídios específica para o gene de interesse e uma biblioteca de DNA que possa ser rastreada rapidamente.

Como se obtém uma sonda específica? Em uma abordagem, pode-se preparar uma sonda para um gene se uma parte da sequência de aminoácidos da proteína codificada pelo gene for conhecida. O sequenciamento de peptídios de uma proteína purificada (ver Capítulo 3) ou o conhecimento da sequência de uma proteína homóloga de uma espécie relacionada (ver Capítulo 6) constituem duas fontes potenciais desse tipo de informação. Entretanto, surge um problema, visto que uma única sequência de peptídios pode ser codificada por certo número de oligonucleotídios diferentes (Figura 5.17). Assim, para esse propósito, são preferidas sequências de peptídios contendo triptofano e metionina,

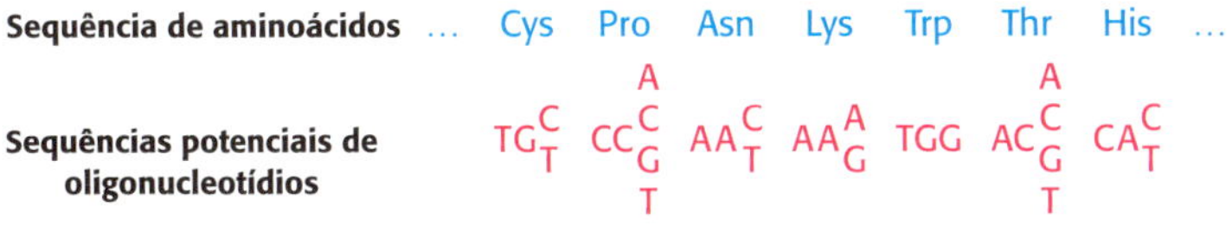


**FIGURA 5.17 Sondas geradas a partir de uma sequência de proteína.** Pode-se gerar uma sonda por meio da síntese de todos os oligonucleotídios possíveis que codificam uma sequência específica de aminoácidos. Em virtude da degeneração do código genético, é preciso sintetizar 256 oligonucleotídios distintos para assegurar a presença da sonda que corresponda à sequência de sete aminoácidos nesse exemplo.

visto que esses aminoácidos são especificados por um único códon, enquanto outros resíduos de aminoácidos possuem entre dois e seis códons (Tabela 4.5). Todas as sequências possíveis de DNA (ou seus complementos) que codificam a sequência peptídica-alvo são sintetizadas pelo método em fase sólida e marcadas radioativamente pela fosforilação de suas extremidades 5' com $^{32}P$.

Para preparar a biblioteca de DNA, uma amostra contendo muitas cópias de DNA genômico total é, em primeiro lugar, mecanicamente clivada ou parcialmente digerida por enzimas de restrição em grandes fragmentos (Figura 5.18). Esse processo produz uma população praticamente aleatória de fragmentos de DNA sobrepostos. Em seguida, esses fragmentos são separados por eletroforese em gel, de modo a isolar o conjunto de todos os fragmentos com cerca de 15 kb de comprimento. *Linkers* sintéticos são ligados às extremidades desses fragmentos, são formadas extremidades coesivas e, em seguida, os fragmentos são inseridos em um vetor, como o DNA do fago λ, preparado com as mesmas extremidades coesivas. Em seguida, bactérias *E. coli* são infectadas por esses fagos recombinantes. Esses fagos se replicam e, em seguida, provocam lise das bactérias hospedeiras. O lisado resultante contém fragmentos de DNA humano alojados em um número de partículas virais grande o suficiente para assegurar que praticamente todo o genoma esteja representado. Esses fagos constituem uma *biblioteca genômica*. Os fagos podem ser propagados indefinidamente de modo que a biblioteca possa ser utilizada repetidamente por longos períodos de tempo.

Em seguida, procede-se à varredura dessa biblioteca genômica para encontrar o número muito pequeno de fagos que abrigam o gene de interesse. No caso do genoma humano, um cálculo mostra que uma probabilidade de sucesso de 99% exige cerca de 500 mil clones; por conseguinte, é essencial que se disponha de um processo de varredura muito rápido e eficiente. Essa varredura rápida pode ser obtida por hibridização do DNA.

Uma suspensão diluída dos fagos recombinantes é inicialmente plaqueada em uma camada de bactérias (Figura 5.19). No local onde cada partícula de fago pousou e infectou uma bactéria, uma *placa* contendo fagos idênticos desenvolve-se na placa de Petri. Uma réplica dessa placa mestre é então preparada pela aplicação de uma folha de nitrocelulose. As bactérias infectadas e o DNA dos fagos liberado das células lisadas aderem à nitrocelulose em um padrão de pontos que correspondem às placas. As bactérias intactas nessa folha de nitrocelulose são lisadas com hidróxido de sódio, que também serve para desnaturar o DNA de modo que ele se torne acessível para hibridização com uma sonda marcada com $^{32}P$. A presença de uma sequência de DNA específica em um único ponto na réplica pode ser detectada pelo uso de uma molécula de DNA ou RNA complementar radioativa como sonda. A autorradiografia revela então a posição dos pontos que abrigam o DNA recombinante. As placas correspondentes são selecionadas da placa de Petri intacta e cultivadas. Um único pesquisador pode efetuar rapidamente o rastreamento de 1 milhão de clones em um dia. Esse método possibilita o isolamento de praticamente qualquer gene, contanto que se disponha de uma sonda.

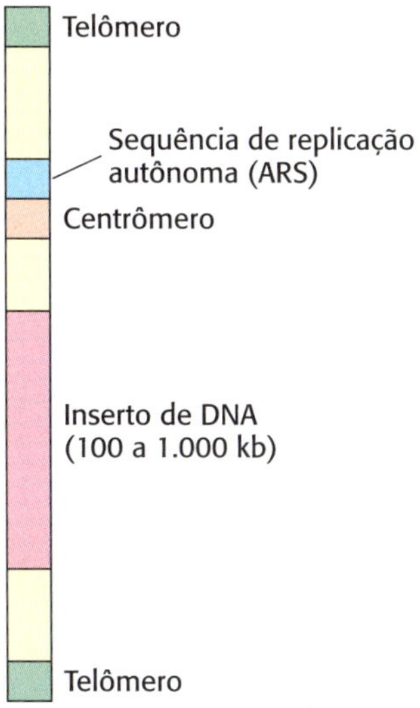


**FIGURA 5.16 Diagrama de um cromossomo artificial de levedura (YAC).** Esses vetores apresentam as características necessárias para a replicação e a estabilidade em células de levedura.

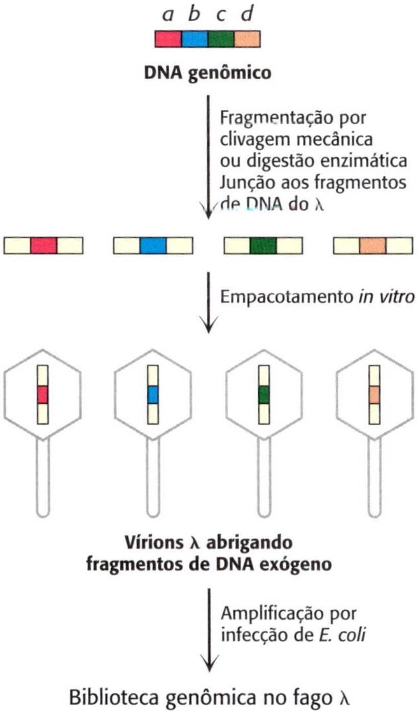


**FIGURA 5.18 Criação de uma biblioteca genômica.** É possível criar uma biblioteca genômica a partir da digestão de um genoma complexo. Após a fragmentação do DNA genômico em segmentos sobrepostos, o DNA é inserido no vetor do fago λ (mostrado em amarelo). O empacotamento em vírions e a amplificação por infecção em *E. coli* resultam em uma biblioteca genômica.

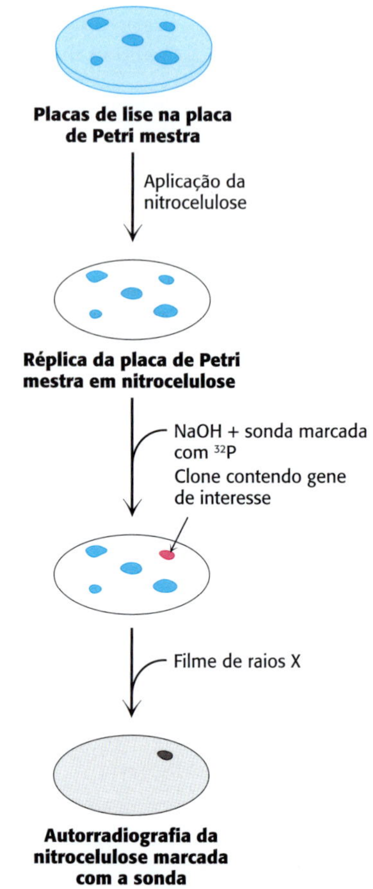


**FIGURA 5.19 Varredura de uma biblioteca genômica para um gene específico.** Aqui, uma placa de Petri é testada para a presença de placas contendo o gene *a* da Figura 5.18.

## O DNA complementar preparado a partir do mRNA pode ser expresso em células hospedeiras

A preparação de bibliotecas de DNA eucariótico representa um desafio único, particularmente se o pesquisador estiver interessado principalmente na região codificadora de proteína de determinado gene. Lembre-se de que os genes dos mamíferos são, em sua maioria, mosaicos de íntrons e de éxons. Esses genes interrompidos não podem ser expressos por bactérias, que carecem da maquinaria para o *splicing* dos íntrons do transcrito primário. Entretanto, tal dificuldade pode ser superada fazendo com que as bactérias captem DNA recombinante que seja complementar ao mRNA, do qual as sequências intrônicas foram removidas.

O elemento-chave para a obtenção de *DNA complementar* é a enzima *transcriptase reversa*. Conforme discutido no Capítulo 4, seção 4.4, os retrovírus utilizam essa enzima para formar um híbrido de DNA-RNA na replicação de seu RNA genômico. A transcriptase reversa sintetiza uma fita de DNA complementar a um molde de RNA na presença de um iniciador (*primer*) de DNA que pareie com o RNA e que contenha um grupo 3'-OH livre. Podemos utilizar uma sequência simples de resíduos de timidina ligados [oligo(T)] como iniciador. Esse oligo(T) pareia com a sequência poli-A na extremidade 3' da maioria das moléculas de mRNA eucarióticas (ver Capítulo 4, seção 4.5), conforme ilustrado na Figura 5.20. Em seguida, a transcriptase reversa sintetiza o resto da fita de cDNA na presença dos quatro desoxirribonucleosídios trifosfato (etapa 1). A fita de RNA molde desse híbrido de RNA-DNA é subsequentemente hidrolisada por meio da elevação do pH (etapa 2). Diferentemente do RNA, o DNA é resistente à hidrólise alcalina. O DNA de fita simples é convertido em DNA de fita dupla pela criação de outro sítio iniciador. A enzima *terminal transferase* adiciona nucleotídios – por exemplo, vários resíduos de dG – à extremidade 3' do DNA (etapa 3). O oligo(dC) pode ligar-se a resíduos de dG e iniciar a síntese da segunda fita de DNA (etapa 4). Podem ser adicionados adaptadores (*linkers*) sintéticos a esse DNA de dupla hélice para a ligação a um vetor apropriado. Pode-se obter o DNA complementar para todos os mRNAs contidos em uma célula, que são então inseridos em vetores e introduzidos, em seguida, em bactérias. Essa coleção é denominada *biblioteca de cDNA*.

Moléculas complementares de DNA podem ser inseridas em vetores de expressão para possibilitar a produção da proteína de interesse correspondente. Clones de cDNA podem ser isolados com base na sua capacidade de conduzir a síntese de uma proteína exógena em bactérias, uma técnica designada como *clonagem de expressão*. Pode-se utilizar um anticorpo marcado específico para a proteína de interesse com o objetivo de identificar as colônias de bactérias que expressam o produto proteico correspondente (Figura 5.21). Conforme descrito anteriormente, as colônias de bactérias

**FIGURA 5.20 Formação de fita dupla de cDNA.** Um DNA complementar (cDNA) de fita dupla é criado a partir do mRNA (1) pelo uso da transcriptase reversa para sintetizar uma fita de cDNA, (2) digestão da fita original de RNA, (3) adição de várias bases G ao DNA pela terminal transferase, e (4) síntese de uma fita de DNA complementar utilizando a fita de cDNA recém-sintetizada como molde.

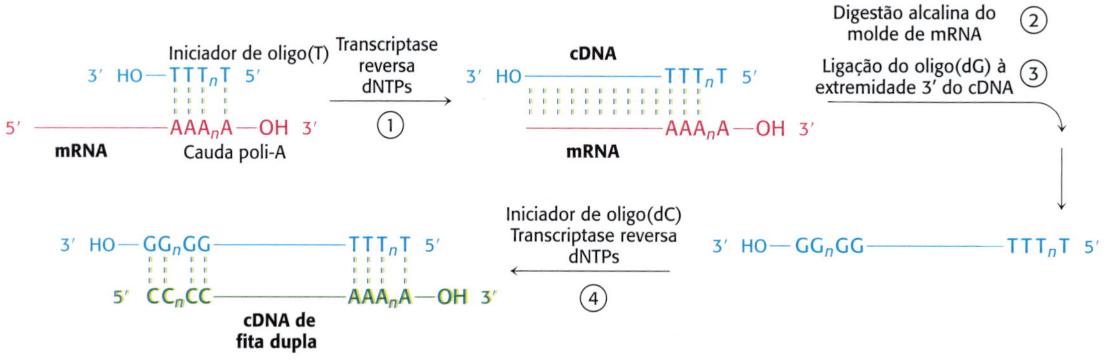

na réplica da placa de Petri são lisadas, liberando proteínas que se ligam a um filtro de nitrocelulose aplicado. Com a adição do anticorpo marcado específico para a proteína de interesse, pode-se identificar prontamente a localização das colônias desejadas na placa de Petri mestre. Essa varredura imunoquímica pode ser utilizada sempre que uma proteína for expressa e houver um anticorpo correspondente disponível.

O DNA complementar tem muitas aplicações, além da geração de bibliotecas genéticas. A superprodução e a purificação da maioria das proteínas eucarióticas em células procarióticas exigem o inserto de cDNA em vetores plasmidiais. Por exemplo, a proinsulina, um precursor da insulina, é sintetizada por bactérias que hospedam plasmídios que contêm DNA complementar ao mRNA da proinsulina (Figura 5.22). De fato, as bactérias produzem grande parte da insulina utilizada atualmente por milhões de diabéticos.

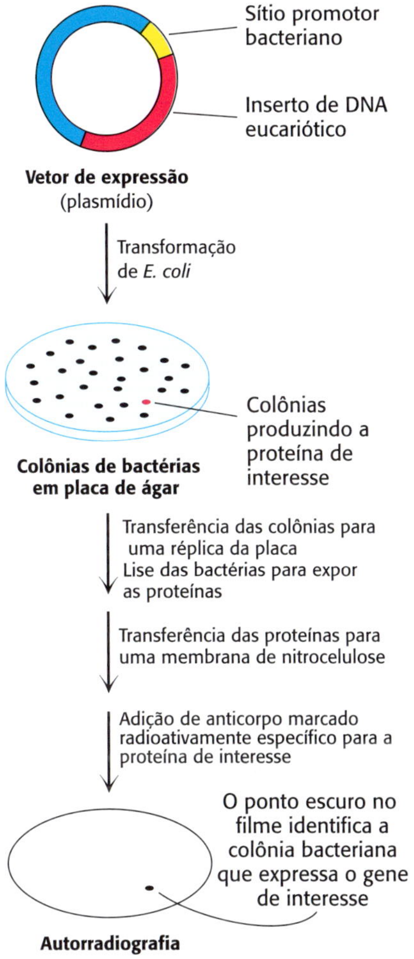


**FIGURA 5.21 Varredura de clones de cDNA.** Um método de varredura para clones de cDNA consiste na identificação dos produtos expressos por meio de revelação com um anticorpo específico.

## Proteínas com novas funções podem ser criadas por meio de mudanças específicas no DNA

Aprendemos muito sobre os genes e as proteínas ao analisar os efeitos que as mutações exercem em sua estrutura e função. Na abordagem genética clássica, as mutações são geradas de modo aleatório em todo o genoma de um organismo hospedeiro, e os indivíduos que exibem um fenótipo de interesse são selecionados. A análise desses mutantes revela, então, quais genes estão alterados, e o sequenciamento do DNA identifica a natureza precisa dessas mudanças. *A tecnologia do DNA recombinante tornou possível a criação de mutações específicas in vitro.* Podemos construir novos genes com propriedades estabelecidas por meio da realização de três tipos de mudanças dirigidas: *deleções, inserções* e *substituições.* Podem-se utilizar diversos métodos para introduzir essas mutações, incluindo os seguintes exemplos.

**Mutagênese sítio-dirigida.** É possível produzir rapidamente proteínas mutantes com substituições de um único aminoácido por meio de *mutagênese sítio-dirigida* (Figura 5.23). Suponha que desejamos substituir um determinado resíduo de serina por cisteína. Essa mutação pode ser realizada (1) se tivermos um plasmídio contendo o gene ou o cDNA para a proteína e (2) se soubermos a sequência de bases ao redor do sítio a ser alterado. Se a serina de interesse for codificada por TCT, a mutação da base central de C para G produzirá o códon TGT, que codifica a cisteína. Esse tipo de mutação é denominado *mutação de ponto,* visto que apenas uma base é alterada. Para introduzir essa mutação em nosso plasmídio, preparamos um iniciador de oligonucleotídio que seja complementar a essa região do gene, exceto que ele contém TGT, em vez de TCT. As duas fitas do plasmídio são separadas, e o iniciador é então anelado com a fita complementar. Um pareamento incorreto de um dos 15 pares de bases é tolerável se o

**FIGURA 5.22 Síntese da proinsulina por bactérias.** A proinsulina, um precursor da insulina, pode ser sintetizada por clones transformados (geneticamente modificados) de *E. coli.* Os clones contêm o gene da proinsulina de mamíferos.

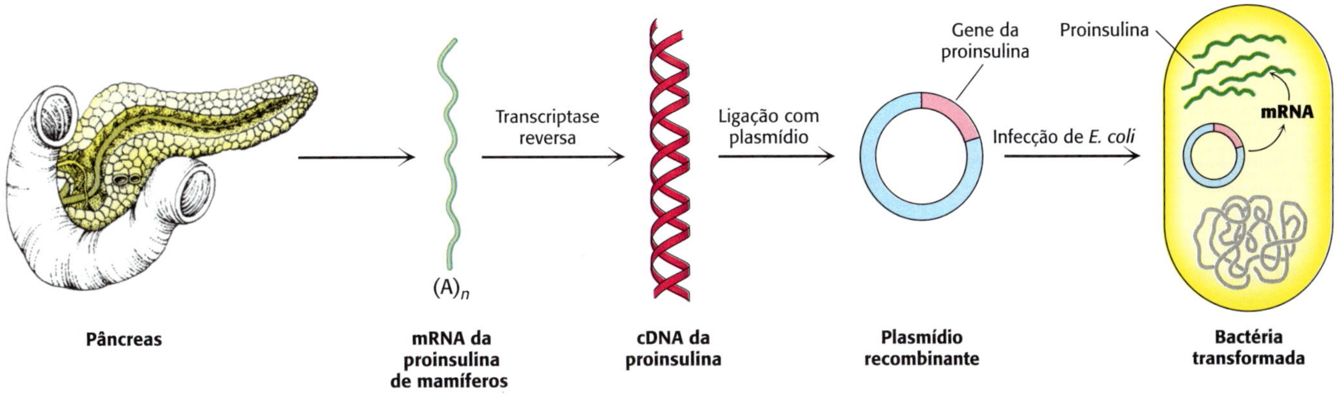

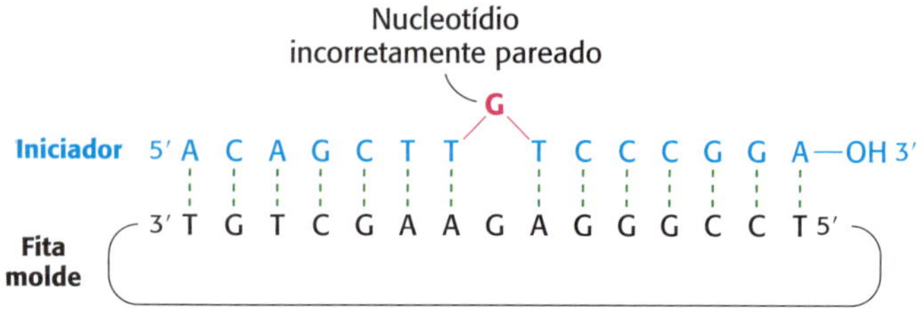


**FIGURA 5.23 Mutagênese dirigida por oligonucleotídio.** Um iniciador (*primer*) contendo um nucleotídio de pareamento incorreto é utilizado para produzir uma mudança desejada na sequência do DNA.

anelamento for realizado em temperatura apropriada. Após o anelamento com a fita complementar, o iniciador é elongado pela DNA polimerase, e o círculo de fita dupla é fechado pela adição de DNA ligase. A replicação subsequente desse duplex produz dois tipos de plasmídios descendentes, metade com a sequência TCT original e metade com a sequência TGT mutante. A expressão do plasmídio contendo a nova sequência TGT produzirá uma proteína com a substituição desejada da serina por cisteína em um sítio específico. Encontraremos muitos exemplos do uso da mutagênese sítio-dirigida para alterar com precisão regiões regulatórias de genes e para produzir proteínas com características específicas.

**Mutagênese por cassete.** Na *mutagênese por cassete,* é possível introduzir uma variedade de mutações, incluindo inserções, deleções e múltiplas mutações pontuais, no gene de interesse. Um plasmídio que contém o gene original é cortado com um par de enzimas de restrição para remover um fragmento curto (Figura 5.24). Prepara-se um oligonucleotídio de fita dupla sintético – o *cassete* – que transporta as alterações genéticas de interesse com extremidades coesivas que são complementares às extremidades do plasmídio cortado. A ligação do cassete ao plasmídio fornece o produto gênico mutado desejado.

**Mutagênese por PCR.** Na seção 5.1 posterior, aprendemos como a PCR pode ser utilizada para amplificar uma região específica do DNA utilizando iniciadores (*primers*) que flanqueiam a região de interesse. Com efeito, o desenvolvimento criativo de iniciadores por meio da PCR possibilita a introdução de inserções, deleções e substituições específicas na sequência amplificada. Para esse propósito, foram desenvolvidos diversos métodos. Aqui, consideraremos apenas um deles: a *PCR inversa* para introduzir deleções no DNA plasmidial (Figura 5.25). Nessa abordagem, são desenhados iniciadores para flanquear a sequência a ser deletada. Entretanto, esses iniciadores são orientados na direção oposta, de modo que eles conduzam a amplificação de todo o plasmídio, menos a região a ser deletada. Se cada um dos iniciadores contiver um grupo 5'-fosfato, o produto amplificado pode ser recircularizado com a DNA ligase, produzindo a desejada mutação por deleção.

**Genes projetados.** Novas proteínas também podem ser criadas reunindo-se segmentos gênicos que codificam domínios que não estão associados na natureza. Por exemplo, um gene para um anticorpo pode ser ligado a um gene que codifica uma proteína tóxica, produzindo então uma proteína quimérica que mata as células reconhecidas pelo anticorpo. Essas *imunotoxinas* estão sendo avaliadas como agentes antineoplásicos. Além disso, proteínas de revestimento de vírus não infecciosas podem ser produzidas em grandes quantidades pelos métodos de DNA recombinante. Elas podem servir como *vacinas sintéticas,* que são mais seguras do que as vacinas convencionais preparadas por inativação de vírus patogênicos. Uma subunidade do vírus da hepatite B produzida em levedura está demonstrando ser uma vacina efetiva contra essa doença viral debilitante. Por fim, genes totalmente novos podem ser sintetizados *de novo* pelo método em fase sólida já descrito. Esses genes podem codificar proteínas que não têm nenhum equivalente na natureza.

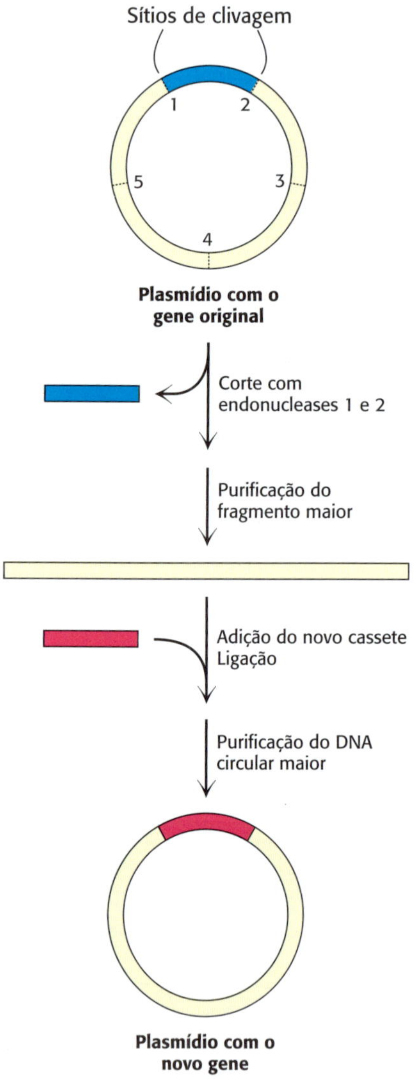


**FIGURA 5.24 Mutagênese por cassete.** O DNA é clivado em um par de sítios de restrição específicos por duas endonucleases de restrição diferentes. Em seguida, um oligonucleotídio sintético com extremidades complementares a esses sítios (o cassete) é ligado ao DNA clivado. Esse método é altamente versátil, visto que o DNA inserido pode apresentar qualquer sequência desejada.

## Os métodos recombinantes possibilitam a investigação dos efeitos funcionais das mutações causadoras de doenças

A aplicação da tecnologia do DNA recombinante à produção de proteínas mutadas teve efeito significativo no estudo da ELA. Lembre-se de que os estudos genéticos identificaram várias mutações indutoras de ELA no gene que codifica a Cu/Zn superóxido dismutase. Como iremos aprender no Capítulo 18, seção 18.3, a SOD1 catalisa a conversão do ânion radical superóxido em peróxido de hidrogênio, o qual, por sua vez, é convertido em oxigênio molecular e água pela catalase. Para estudar o efeito potencial das mutações causadoras de ELA sobre a estrutura e a função da SOD1, o gene *SOD1* foi isolado de uma biblioteca de cDNA humano por meio de amplificação por PCR. Em seguida, os fragmentos amplificados contendo o gene foram digeridos por uma enzima de restrição apropriada e inseridos em um vetor plasmidial digerido de maneira semelhante. Nesses plasmídios, foram introduzidas, por meio da mutagênese sítio-dirigida, mutações correspondentes àquelas observadas em pacientes com ELA, e os produtos proteicos foram expressos e suas atividades catalíticas foram determinadas. De maneira surpreendente, essas mutações não alteraram significativamente a atividade enzimática das proteínas recombinantes correspondentes. Tais observações levaram à noção prevalecente de que essas mutações conferem propriedades tóxicas à SOD1. Embora a natureza dessa toxicidade não esteja elucidada por completo, uma hipótese aventada é a de que a SOD1 mutante tem propensão a formar agregados tóxicos no citoplasma das células neuronais.

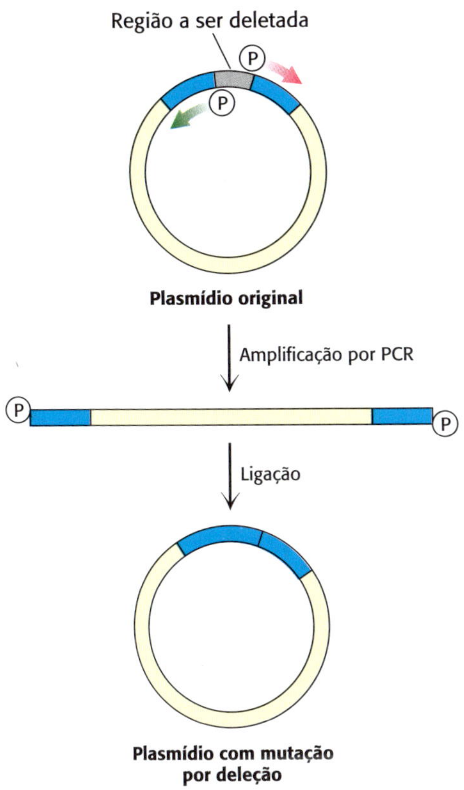


**FIGURA 5.25 Mutagênese de deleção por PCR inversa.** Pode-se introduzir uma deleção em um plasmídio com iniciadores (*primers*) que flanqueiem essa região, mas que estão orientados em direção oposta ao segmento a ser removido. A amplificação por meio da PCR fornece um produto linear que contém todo o plasmídio, menos a sequência não desejada. Se os iniciadores contiverem um grupo 5'-fosfato, esse produto poderá ser recircularizado utilizando-se a DNA ligase, com produção de um plasmídio que apresenta a mutação desejada.

## 5.3 Genomas completos foram sequenciados e analisados

Os métodos que acabamos de descrever são extremamente efetivos para o isolamento e a caracterização de fragmentos de DNA. Entretanto, os genomas de organismos, que incluem desde vírus até seres humanos, contêm sequências consideravelmente maiores, organizadas de maneiras muito específicas, cruciais para suas funções integradas. É possível efetuar o sequenciamento de genomas completos e analisá-los? No caso de genomas pequenos, esse sequenciamento foi realizado logo após o desenvolvimento dos métodos de sequenciamento do DNA. Sanger e colaboradores determinaram a sequência completa das 5.386 bases no genoma do vírus de DNA $\phi$X174 em 1977, apenas um quarto de século após a elucidação da sequência de aminoácidos de uma proteína realizada pela primeira vez pelo próprio Sanger. Essa proeza foi seguida, vários anos depois, pela determinação da sequência do DNA mitocondrial humano, uma molécula de DNA circular de fita dupla contendo 16.569 pares de base. Ela codifica dois RNAs ribossômicos, 22 RNAs transportadores e 13 proteínas. Muitos outros genomas virais foram sequenciados nos anos subsequentes. Entretanto, os genomas dos organismos de vida livre representaram um grande desafio, visto que até mesmo o mais simples é constituído por mais de 1 milhão de pares de bases. Por conseguinte, os projetos de sequenciamento exigem tanto técnicas de sequenciamento rápido quanto métodos eficientes para a montagem de muitos fragmentos curtos de 300 a 500 pares de bases em uma sequência completa.

### Os genomas de diversos organismos, desde bactérias até eucariotos multicelulares, foram sequenciados

Com o desenvolvimento dos sequenciadores automáticos de DNA baseados em terminadores de cadeia de didesoxinucleotídios fluorescentes, o sequenciamento rápido e de grandes quantidades de DNA tornou-se uma realidade. A sequência do genoma da bactéria *Haemophilus influenzae* foi determinada em 1995, utilizando-se uma abordagem "*shotgun*". O DNA genômico foi cortado de modo aleatório em fragmentos, que em seguida foram sequenciados. Programas de computador montaram a sequência completa por meio da correspondência das regiões de sobreposição entre fragmentos. O genoma da *H. influenzae* é constituído por 1.830.137 pares de bases e codifica aproximadamente 1.740 proteínas (Figura 5.26).

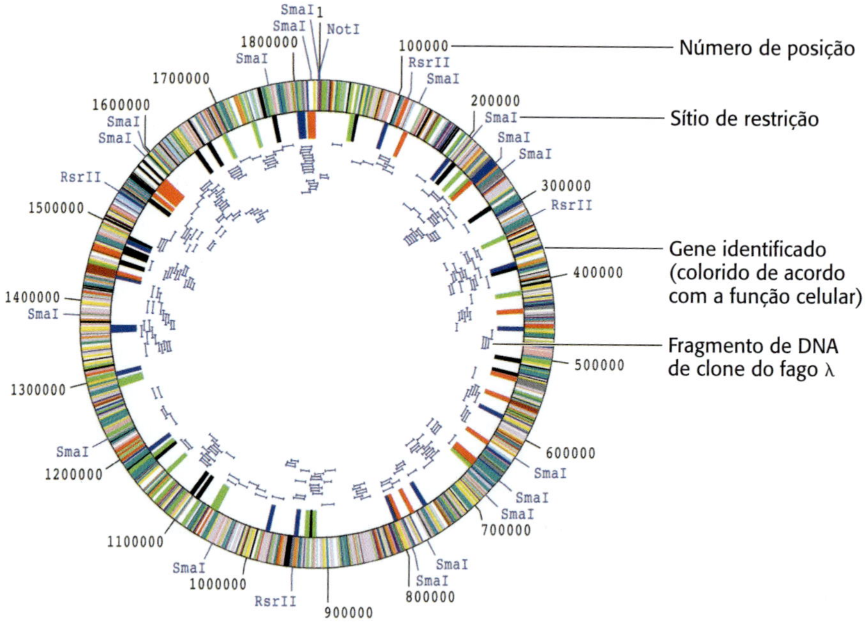


**FIGURA 5.26 Um genoma completo.** O diagrama mostra o genoma da *Haemophilus influenzae*, o primeiro genoma completo de um organismo de vida livre a ser sequenciado. Este genoma codifica mais de 1.700 proteínas (indicadas pelas barras coloridas no círculo externo) e 70 moléculas de RNA. A função provável de aproximadamente metade das proteínas foi determinada por comparações com sequências de proteínas já caracterizadas em outras espécies. Os espaços na sequência final foram preenchidos pelo sequenciamento de insertos de DNA genômico de 300 clones do fago λ (indicados pelas barras azuis no círculo interno), muitos dos quais se sobrepõem uns aos outros. [Dados de R. D. Fleischmann *et al.*, *Science* 269:496–512, 1995; escaneamento cortesia do The Institute for Genomic Research.]

Utilizando abordagens semelhantes, bem como os métodos mais avançados descritos adiante, os pesquisadores determinaram as sequências de mais de 10 mil espécies de bactérias e arqueias, incluindo organismos-modelo importantes, como *E. coli*, *Salmonella typhimurium* e *Archaeoglobus fulgidus,* bem como organismos patogênicos, como *Yersinia pestis* (peste bubônica) e *Bacillus anthracis* (antraz).

O primeiro genoma eucariótico a ser completamente sequenciado foi o da levedura do pão, *Saccharomyces cerevisiae,* em 1996. O genoma dessa levedura tem aproximadamente 12 milhões de pares de bases, que estão distribuídos em 16 cromossomos e que codificam mais de 6 mil proteínas. Esse sucesso foi seguido, em 1998, pelo primeiro sequenciamento completo do genoma de um organismo multicelular, o nematódeo *Caenorhabditis elegans,* que contém 97 milhões de pares de bases. Esse genoma inclui mais de 19 mil genes. Os genomas de muitos outros organismos amplamente utilizados em pesquisas biológica e biomédica já foram sequenciados, incluindo os da mosca-das-frutas, *Drosophila melanogaster,* da planta modelo *Arabidopsis thaliana,* do camundongo, do rato e do cão. Observe que, até mesmo após a sequência de um genoma ter sido considerada completa, algumas seções, como as sequências repetitivas que constituem a heterocromatina, podem estar ausentes, visto que é muito difícil manipular essas sequências de DNA com o uso de técnicas-padrão.

## O sequenciamento do genoma humano foi realizado por completo

O objetivo final de grande parte das pesquisas em genômica tem sido o sequenciamento e a análise do genoma humano. Tendo em vista que o genoma humano possui aproximadamente 3 bilhões de pares de bases de DNA distribuídos entre 24 cromossomos (Figura 5.27), o desafio de obter uma sequência completa era enorme. Entretanto, por meio de um esforço internacional organizado entre laboratórios acadêmicos e empresas privadas, o genoma humano progrediu de um esboço de sequência, divulgado pela primeira vez em 2001, até uma sequência finalizada, apresentada no final de 2004.

O genoma humano constitui uma fonte rica de informações sobre muitos aspectos da humanidade, incluindo bioquímica e evolução. A análise do genoma continuará por muitos anos. O desenvolvimento de um inventário de genes codificadores de proteínas constitui uma das primeiras tarefas.

No início do projeto de sequenciamento do genoma, o número desses genes era estimado em aproximadamente 100 mil. Com a disponibilidade do genoma completo (mas não finalizado), essa estimativa foi reduzida para 30 mil a 35 mil. Com a sequência finalizada, a estimativa caiu para 20 mil a 25 mil. Ao longo deste livro, utilizaremos a estimativa de 23 mil. A redução dessa estimativa deve-se, em parte, ao reconhecimento da existência de um grande número de *pseudogenes,* anteriormente genes funcionais que acumularam mutações de modo que eles não produzem mais proteínas. Por exemplo, mais da metade das regiões genômicas que correspondem aos receptores olfatórios – moléculas-chave responsáveis pelo sentido do olfato – consiste em pseudogenes (ver Capítulo 34, seção 34.1, disponível no material complementar *online*). As regiões correspondentes nos genomas de outros primatas e roedores codificam receptores olfatórios funcionais. Entretanto, o número surpreendentemente pequeno de genes contradiz a complexidade do proteoma humano. *Muitos genes codificam mais de uma proteína por meio de mecanismos como o* splicing *alternativo do mRNA e modificações pós-tradução de proteínas.* As diferentes proteínas codificadas por um único gene frequentemente exibem variações importantes nas suas propriedades funcionais.

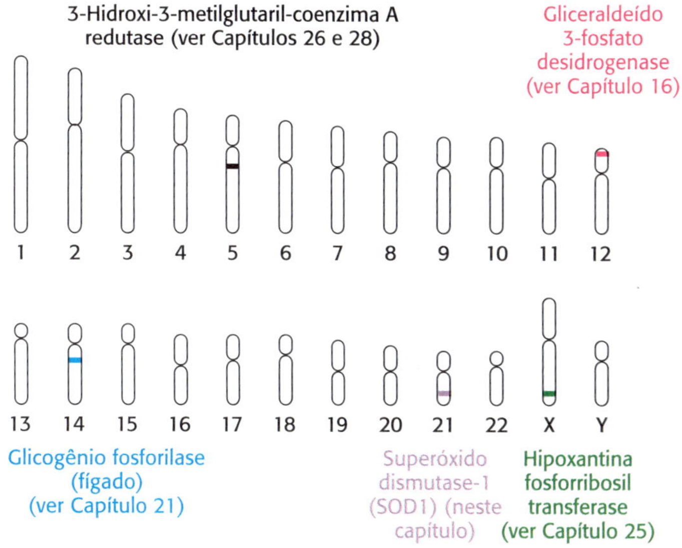


**FIGURA 5.27 O genoma humano.** O genoma humano é organizado em 46 cromossomos – 22 pares de autossomos e os cromossomos sexuais X e Y. As localizações dos vários genes associados a vias importantes em bioquímica estão destacadas.

O genoma humano contém grande quantidade de DNA que não codifica proteínas. Um amplo desafio para a bioquímica moderna e a genética é elucidar as funções desse DNA não codificador. Muitos desse DNA estão presentes devido à existência de *elementos genéticos móveis.* Esses elementos, relacionados com os retrovírus (ver Capítulo 4, seção 4.4), foram sendo inseridos em todo o genoma com o passar do tempo. A maioria desses elementos acumulou mutações e deixou de ser funcional. Por exemplo, mais de 1 milhão de *sequências Alu*, cada uma delas com aproximadamente 300 bases de comprimento, são encontradas no genoma humano. As sequências *Alu* são exemplos de *SINES,* ou seja, *elementos intercalados curtos* (*short interspersed elements*). O genoma humano também inclui praticamente um milhão de *LINES,* ou seja, elementos intercalados longos (*long interspersed elements*), que consistem em sequências de DNA cujo comprimento pode alcançar até 10 quilobases (kb). As funções desses elementos como parasitas genéticos neutros ou instrumentos de evolução do genoma estão sendo atualmente pesquisadas.

## Os métodos de sequenciamento de nova geração possibilitam a rápida determinação da sequência completa de um genoma

Desde a introdução do método didesoxi de Sanger em meados da década de 1970, foram realizados avanços significativos nas tecnologias de sequenciamento do DNA, permitindo a leitura de sequências progressivamente maiores com maior fidelidade e em menor tempo. O desenvolvimento de plataformas de *sequenciamento de nova geração* (NGS, do inglês *next-generation sequencing*) ampliou essa capacidade para níveis anteriormente não imaginados. Combinando avanços tecnológicos na manipulação de quantidades muito pequenas de líquido, óptica de alta resolução e poder da informática, esses métodos já tiveram um impacto significativo na capacidade de obter rapidamente e a um baixo custo sequências de genomas completos (ver Capítulo 1).

O sequenciamento de nova geração refere-se a uma família de tecnologias em que cada uma delas utiliza uma abordagem única para a determinação de uma sequência de DNA. Todos esses métodos são *altamente paralelos:* são adquiridos de 1 milhão a 1 bilhão de sequências de fragmentos de DNA em um único experimento. Como os métodos de NGS são capazes de alcançar esse número tão grande de séries paralelas? Fragmentos individuais de DNA são amplificados por meio da PCR em um suporte sólido – uma única esfera ou uma pequena região de uma lâmina de vidro– de modo que grupos de fragmentos de DNA idênticos sejam distinguíveis em imagens de alta resolução. Em seguida, esses fragmentos servem como moldes para a DNA polimerase, em que a adição de nucleotídios trifosfato é convertida em um sinal que pode ser detectado de maneira altamente sensível.

A técnica utilizada para detectar a incorporação de bases individuais varia entre a variedade de métodos de NGS disponíveis. Consideremos um desses métodos com mais detalhes. No *pirossequenciamento,* um fragmento de DNA de fita simples fixado a um suporte sólido serve como molde de sequenciamento. Adiciona-se então à reação uma solução contendo um dos quatro desoxirribonucleosídios trifosfato. Se a base nucleotídica não for complementar com a base disponível na fita molde, não ocorrerá nenhuma reação. Entretanto, se o nucleotídio for incorporado, o pirofosfato liberado é acoplado à produção de luz pela ação sequencial das enzimas *ATP sulfurilase* e *luciferase:*

$$\mathrm{PP_i} + \text{adenililsulfato} \xrightleftharpoons{\text{ATP sulfurilase}} \text{ATP} + \text{sulfato}$$

$$\text{ATP} + \text{luciferina} \xrightleftharpoons{\text{luciferase}} \text{oxiluciferina} + \textbf{luz}$$

A luz emitida é medida, indicando que ocorreu uma reação e revelando, assim, a identidade da base naquela posição (Figura 5.28A). Se o molde contém uma série de determinada base, ocorrerão múltiplas adições consecutivas em uma única reação; a duração dessa série pode ser determinada pela intensidade da luz emitida (Figura 5.28B). No final da reação, o desoxinucleotídio e o ATP remanescentes são removidos pela enzima *apirase.*

$$\text{dNTP} \xrightleftharpoons{\text{apirase}} \text{dNMP} + 2\ \mathrm{P_i}$$

$$\text{ATP} \xrightleftharpoons{\text{apirase}} \text{AMP} + 2\ \mathrm{P_i}$$

Em seguida, adiciona-se o próximo nucleotídio, e as etapas são repetidas. Os nucleotídios são adicionados em uma ordem definida, designada como *sequência de dispensação,* e o padrão de picos que emerge revela a sequência da fita molde (Figura 5.28B).

Outros métodos de sequenciamento também são comumente utilizados. A maioria pode ser compreendida simplesmente se for considerada a reação global de elongação da cadeia catalisada pela DNA polimerase (Figura 5.29). *No método do terminador reversível,* os quatro nucleotídios são adicionados ao DNA molde, e cada base é marcada com um marcador fluorescente específico e uma extremidade 3' reversivelmente bloqueada. A extremidade bloqueada assegura que apenas uma ligação fosfodiéster será formada. Uma vez incorporado o nucleotídio à fita em crescimento, ele é identificado pelo seu marcador fluorescente, o agente bloqueador é removido, e o processo é repetido. O protocolo para o *sequenciamento por semicondutores de íons* assemelha-se ao pirossequenciamento, exceto que a incorporação de nucleotídios é detectada pela determinação sensível das mudanças muito pequenas de pH da mistura da reação devido à liberação de um próton com a incorporação de um nucleotídio.

Independentemente do método de sequenciamento utilizado, dispõe-se da tecnologia para quantificar o sinal produzido simultaneamente por milhões de moldes de fragmentos de DNA. Entretanto, no caso de muitas

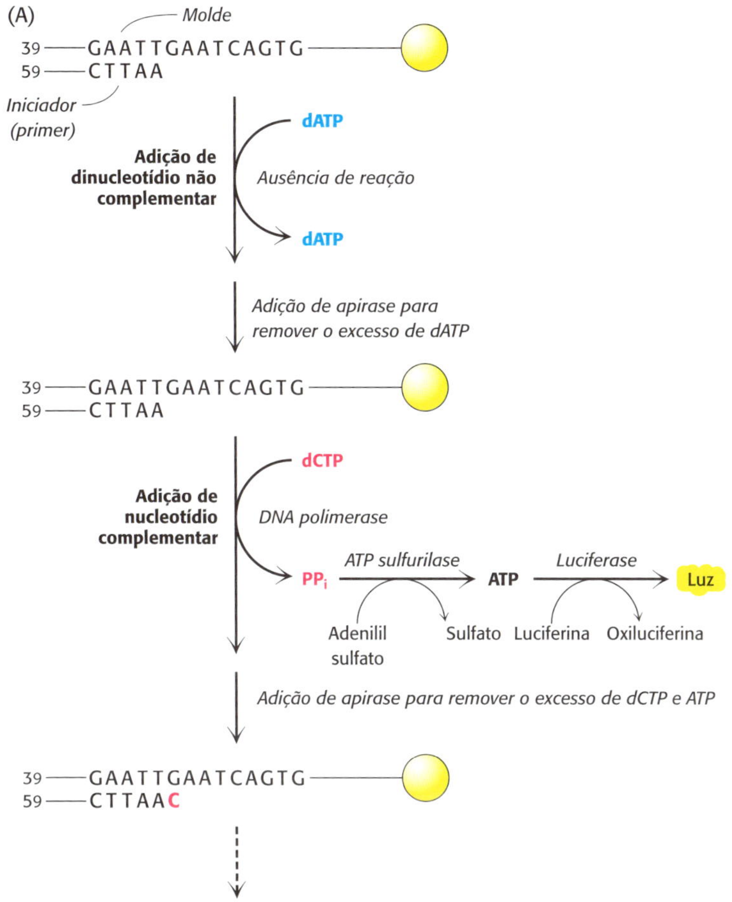


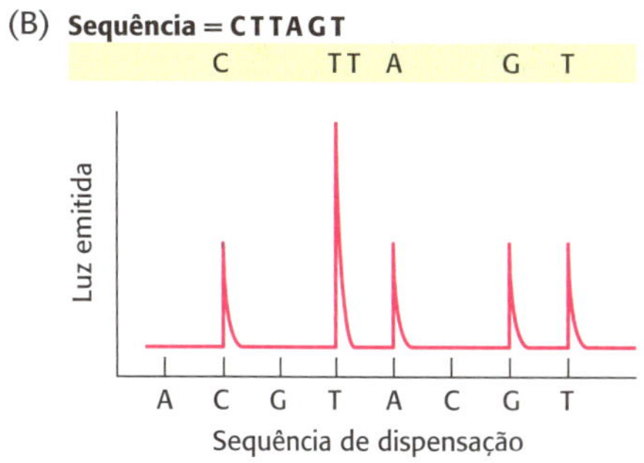


**FIGURA 5.28 Pirossenquenciamento. A.** A fita molde é fixada a um suporte sólido, e adiciona-se um iniciador (*primer*) apropriado. Acrescenta-se também um único desoxinucleotídio; se essa base não for complementar com a base seguinte na fita molde, não ocorrerá nenhuma reação. Entretanto, se o desoxinucleotídio adicionado for complementar, o pirofosfato ($PP_i$) é liberado e acoplado à produção de luz pelas enzimas ATP sulfurilase e luciferase. No final de cada etapa, adiciona-se apirase para remover o nucleotídio remanescente e o ATP (quando presente), e essas etapas são então repetidas com o próximo nucleotídio. **B.** A luz é medida a cada adição de desoxinucleotídio. A ocorrência de um pico indica a próxima base na sequência, e a sua altura indica a quantidade do mesmo desoxinucleotídio incorporado em uma coluna.

abordagens, a leitura é de apenas 50 bases por fragmento. Por esse motivo, é necessário um poder computacional significativo para armazenar a quantidade maciça de dados sobre sequências e realizar os alinhamentos necessários para a montagem de uma sequência completa. Os métodos de NGS estão sendo utilizados para responder a um número cada vez maior de questões em muitas áreas, incluindo a genômica, a regulação da expressão gênica e a biologia evolutiva. Além disso, sequências de genomas individuais fornecerão informações sobre a variação genética dentro de populações e poderão abrir caminho para uma área de medicina personalizada, em que esses dados podem ser utilizados para orientar decisões quanto ao tratamento.

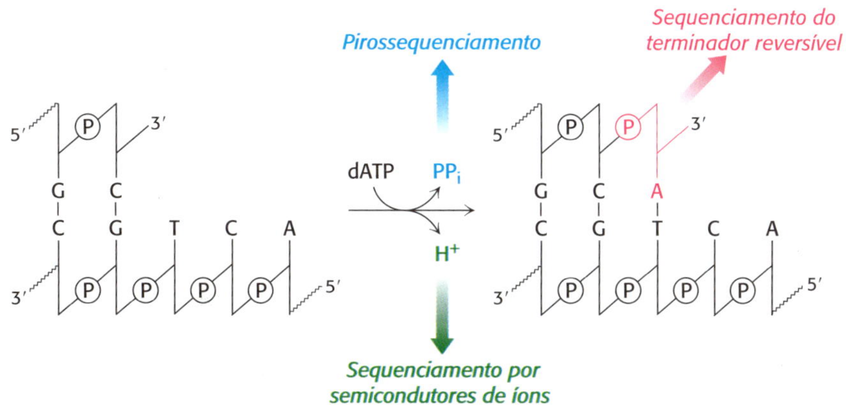


**FIGURA 5.29 Métodos de detecção no sequenciamento de nova geração.** A medição da incorporação de bases nos métodos de sequenciamento de nova geração baseia-se na detecção dos vários produtos da reação da DNA polimerase. O sequenciamento do terminador reversível mede a incorporação de nucleotídios de modo semelhante ao sequenciamento de Sanger, enquanto o pirossequenciamento e o sequenciamento por semicondutores de íons detectam a liberação de pirofosfato e de prótons, respectivamente.

Baiacu. [Fonte: iStock ©FtLaudGirl.]

### A genômica comparativa tornou-se uma poderosa ferramenta de pesquisa

As comparações com genomas de outros organismos constituem uma fonte de esclarecimento sobre o genoma humano. O sequenciamento do genoma do chimpanzé, nosso parente mais próximo, bem como o de outros mamíferos amplamente utilizados em pesquisa biológica, como o camundongo e o rato, foi concluído. As comparações revelam de modo assombroso que 99% dos genes humanos têm correspondentes nos genomas desses roedores. Entretanto, esses genes foram substancialmente reorganizados entre os cromossomos no decorrer dos 75 milhões de anos estimados de evolução desde que os seres humanos e os roedores tiveram um ancestral comum (Figura 5.30).

Os genomas de outros organismos também foram determinados especificamente para uso na genômica comparativa. Por exemplo, os genomas de duas espécies de baiacu, *Takifuguru bripes* e *Tetraodon nigroviridis*, foram determinados. Esses genomas foram selecionados pelo fato de serem muito pequenos e não apresentarem grande parte do DNA intergênico presente em abundância no genoma humano. Os genomas dos baiacus incluem menos de 400 pares de megabases (Mbp), ou seja, um oitavo do número do genoma humano; entretanto, os genomas do baiacu e do ser humano contêm essencialmente o mesmo número de genes. A comparação dos genomas dessas espécies com o genoma humano revelou mais de mil genes humanos anteriormente não identificados. Além disso, a comparação das duas espécies de baiacus, que tiveram um ancestral comum há aproximadamente 25 milhões de anos, constitui uma fonte de esclarecimento sobre os eventos mais recentes na evolução. A genômica comparativa é uma poderosa ferramenta tanto para a interpretação do genoma humano quanto para a compreensão dos principais eventos na origem dos gêneros e das espécies (ver Capítulo 6).

## 5.4 Os genes eucarióticos podem ser quantificados e manipulados com considerável precisão

Após identificação, clonagem e sequenciamento de um gene de interesse, é frequentemente desejável entender como esse gene e seu produto proteico correspondente funcionam no contexto global de uma célula ou de um

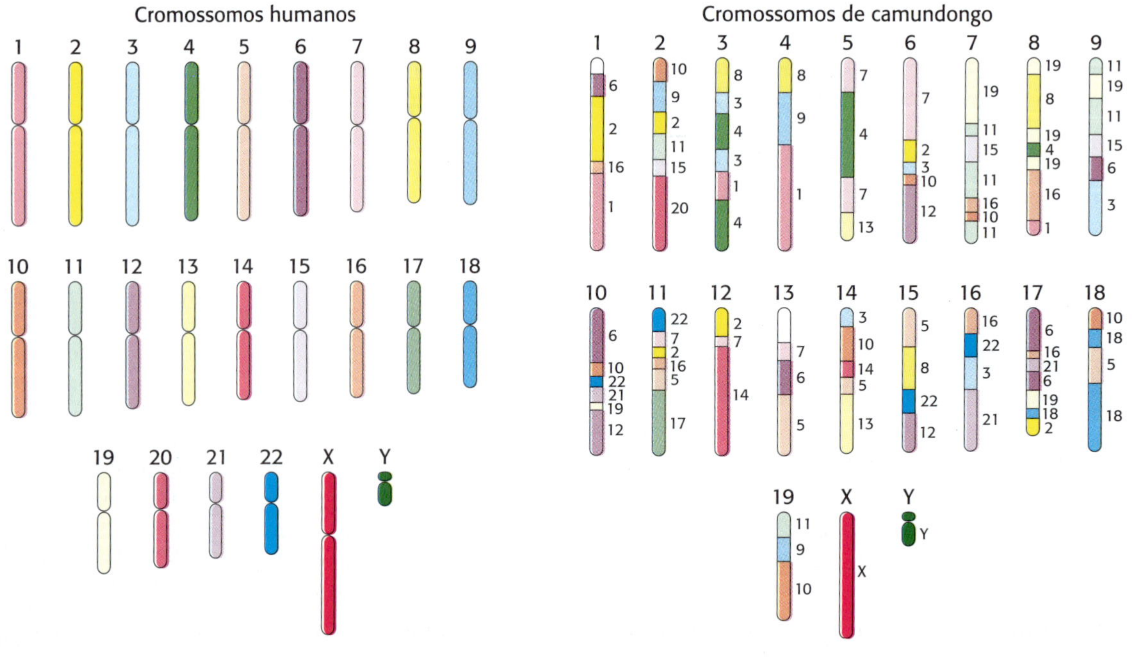


**FIGURA 5.30 Comparação entre genomas.** Uma comparação esquemática entre o genoma humano e o genoma do camundongo mostra a reorganização de grandes fragmentos de cromossomos. Os pequenos números à direita dos cromossomos do camundongo indicam o cromossomo humano com o qual cada região está mais estreitamente relacionada.

organismo. Agora, é possível determinar como a expressão de um gene particular é regulada, como as mutações no gene afetam a função do produto proteico correspondente e como o comportamento de uma célula como um todo ou de um organismo modelo é alterado pela introdução de mutações em genes específicos. Os níveis de transcrição de grandes famílias de genes dentro de células e tecidos podem ser prontamente quantificados e comparados em uma variedade de condições ambientais. Genes eucarióticos podem ser introduzidos em bactérias, e estas podem ser utilizadas como fábricas para produzir um produto proteico desejado. O DNA também pode ser introduzido em células de organismos superiores. Genes introduzidos em animais constituem ferramentas valiosas para examinar a ação gênica e eles constituem a base da terapia gênica. Genes introduzidos em plantas podem torná-las resistentes a pragas, adaptadas a condições adversas ou capazes de sintetizar maiores quantidades de nutrientes essenciais. A manipulação de genes eucarióticos é muito promissora como fonte de benefícios na medicina e na agricultura.

## Os níveis de expressão gênica podem ser examinados de maneira abrangente

A maioria dos genes está presente na mesma quantidade em todas as células – isto é, uma cópia por célula haploide ou duas cópias por célula diploide. Entretanto, o nível de expressão de um gene, conforme indicado pela quantidade de mRNA, pode variar amplamente, desde a ausência de expressão até centenas de cópias de mRNA por célula. Os padrões de expressão gênica variam de um tipo de célula para outro, distinguindo, por exemplo, uma célula muscular de um neurônio. Mesmo dentro da mesma célula, os níveis de expressão gênica podem variar à medida que a célula vai respondendo a mudanças nas condições fisiológicas. Observe que os níveis de mRNA algumas vezes se correlacionam com os níveis de proteínas expressas, porém essa correlação nem sempre ocorre. Assim, é preciso ter cuidado quando se interpretam os resultados dos níveis de mRNA isoladamente.

A quantidade de transcritos individuais de mRNA pode ser determinada por meio da *PCR quantitativa* (qPCR) ou PCR em tempo real. Inicialmente, o RNA é isolado da célula ou do tecido de interesse. Com o uso da transcriptase reversa, o cDNA é preparado a partir dessa amostra de RNA. Em uma abordagem com qPCR, o transcrito de interesse é amplificado por meio da PCR com os iniciadores (*primers*) apropriados na presença do corante SYBR Green I, que fluoresce intensamente quando ligado ao DNA de fita dupla. Nos ciclos iniciais de PCR, não há fitas duplas o suficiente para possibilitar um sinal de fluorescência detectável. Entretanto, depois de ciclos repetidos de PCR, a intensidade de fluorescência excede o limiar de detecção e continua aumentando à medida que vai aumentando o número de fitas duplas correspondentes ao transcrito de interesse (Figura 5.31). É importante assinalar que o número de ciclos em que a fluorescência se torna detectável acima de um limiar definido (ou $C_T$) é inversamente proporcional ao número de cópias do molde original. Uma vez estabelecida a relação entre o número de cópias originais e o $C_T$ com o uso de um padrão conhecido, podem ser realizados experimentos subsequentes por meio da qPCR para determinar o número de cópias de qualquer transcrito de interesse na amostra original, contanto que se disponha dos iniciadores (*primers*) apropriados.

Embora a qPCR seja uma poderosa técnica para a quantificação de um pequeno número de transcritos específicos em determinado experimento, podemos agora utilizar nosso conhecimento sobre as sequências completas de genoma para investigar um *transcritoma* completo, o padrão e o nível de

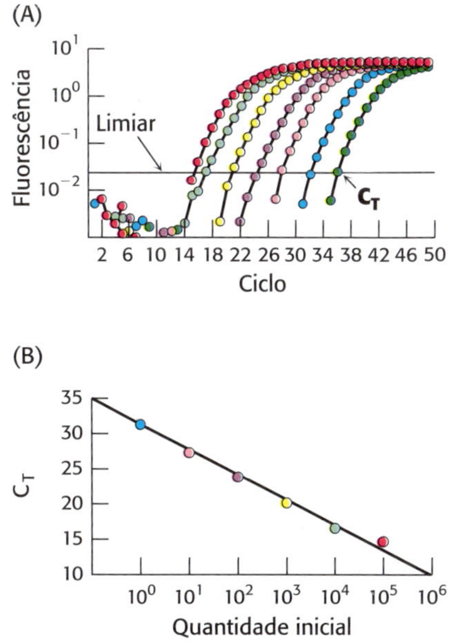


**FIGURA 5.31 PCR quantitativa.** **A.** Na qPCR, a fluorescência é monitorada durante a amplificação por meio da PCR para determinar o $C_T$, o ciclo em que esse sinal ultrapassa um limiar definido. Cada cor representa uma quantidade inicial diferente de DNA. **B.** Os valores de $C_T$ são inversamente proporcionais ao número de cópias do molde original de cDNA. [Dados de N. J. Walker, *Science* 296: 557–559, 2002.]

expressão de todos os genes de determinada célula ou tecido. Um dos métodos mais poderosos disponíveis para esse propósito baseia-se na hibridização. Oligonucleotídios de fita simples cujas sequências correspondem a regiões codificadoras do genoma são fixados a um suporte sólido, como uma lâmina de microscópio, criando um *microarranjo de DNA*. É importante notar que a posição de cada sequência dentro do arranjo é conhecida. O mRNA é isolado a partir das células de interesse (p. ex., de um tumor), bem como de uma amostra de controle (Figura 5.32). A partir desse mRNA, prepara-se o cDNA (ver seção 5.2 posterior) na presença de nucleotídios fluorescentes, utilizando-se diferentes marcadores, habitualmente verdes e vermelhos, para as duas amostras. As amostras são combinadas, separadas em fitas simples e hibridizadas à lâmina. Os níveis relativos de fluorescências verde e vermelha em cada ponto indicam as diferenças na expressão de cada gene. *Chips* de DNA foram preparados de modo que milhares de transcritos possam ter seus níveis avaliados em um único experimento. Assim, com vários arranjos, é possível medir as diferenças na expressão de muitos genes através de um número de diferentes tipos de células ou condições (Figura 5.33).

As análises de microarranjos podem ser bastante informativas no estudo das mudanças de expressão gênica em organismos enfermos em comparação com seus correlatos saudáveis. Conforme mencionado anteriormente, embora as mutações causadoras de ELA no gene *SOD1* tenham sido identificadas, o mecanismo pelo qual a proteína SOD1 mutante leva por fim à perda de neurônios motores permanece um mistério. Muitos grupos de pesquisa têm utilizado a análise de microarranjos obtidos de neurônios isolados de seres humanos e de camundongos com mutações do gene *SOD1* para buscar indícios nas vias de progressão da doença e para sugerir formas potenciais de tratamento. Essas pesquisas implicaram uma variedade de vias bioquímicas, incluindo ativação imunológica, manipulação do

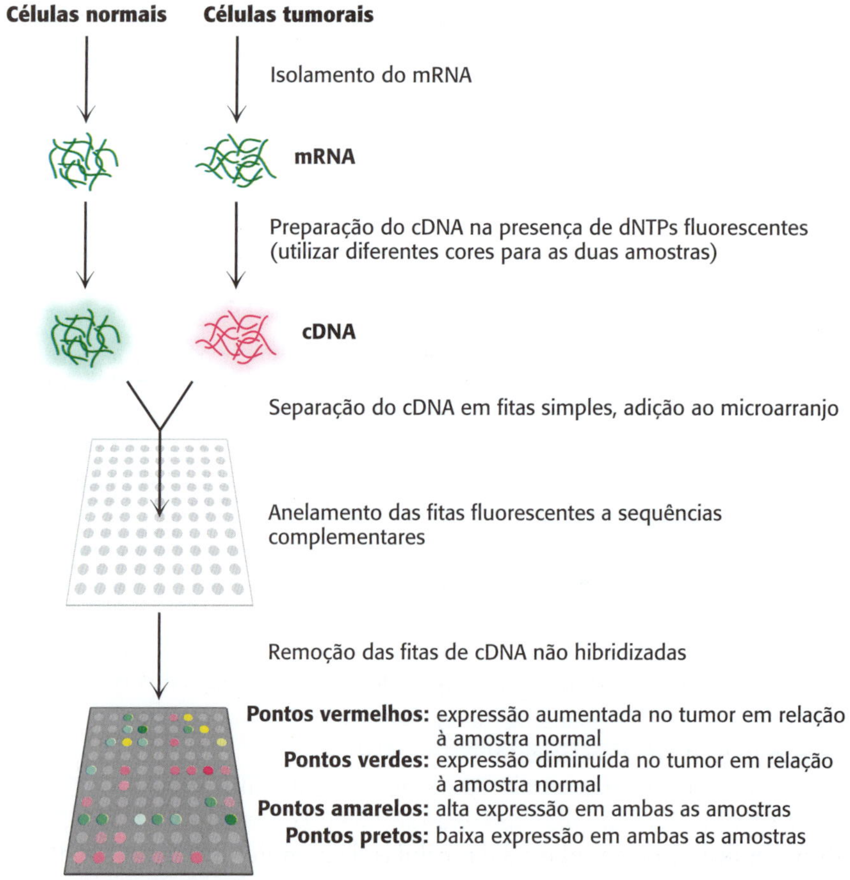


**FIGURA 5.32 Uso de microarranjos de DNA para medir mudanças da expressão gênica em um tumor.** O mRNA é isolado de duas amostras: uma amostra de células tumorais e uma amostra controle. A partir desses transcritos, o cDNA é preparado na presença de um nucleotídio fluorescente com um marcador vermelho para a amostra de células tumorais e um marcador verde para a amostra controle. As fitas de cDNA são separadas, hibridizadas ao microarranjo, e o DNA não ligado é removido. Os pontos vermelhos indicam os genes que são expressos mais intensamente no tumor, enquanto os pontos verdes indicam uma expressão reduzida em relação à amostra controle. Os pontos pretos ou amarelos indicam uma expressão comparável em níveis baixos ou altos, respectivamente. [Informação de D. L. Nelson e M. M. Cox, *Lehninger Principles of Biochemistry*, 6th ed. (W. H. Freeman and Company, 2013).]

estresse oxidativo e degradação de proteínas, na resposta celular às formas mutantes tóxicas de SOD1.

## Novos genes inseridos em células eucarióticas podem ser eficientemente expressos

As bactérias constituem hospedeiros ideais para a amplificação de moléculas de DNA. Elas também podem servir como fábricas para a produção de uma ampla variedade de proteínas procarióticas e eucarióticas. Entretanto, as bactérias não possuem as enzimas necessárias para realizar modificações pós-traducionais, como a clivagem específica de polipeptídios e a ligação de unidades de carboidratos. Assim, muitos genes eucarióticos só podem ser expressos corretamente em células hospedeiras eucarióticas. A introdução de moléculas de DNA recombinante em células de organismos superiores também pode constituir uma fonte de esclarecimento sobre como seus genes são organizados e expressos. Como os genes são ativados e desativados durante o desenvolvimento embriológico? Como um óvulo fertilizado dá origem a um organismo com células altamente diferenciadas que são organizadas no tempo e no espaço? Essas questões centrais da biologia podem ser agora abordadas de maneira profícua por meio da expressão de genes exógenos em células de mamíferos.

Moléculas de DNA recombinante podem ser introduzidas em células animais de várias maneiras. Em um dos métodos, moléculas de DNA exógenas precipitadas por fosfato de cálcio são absorvidas por células animais. Uma pequena fração do DNA importado integra-se de modo estável ao DNA cromossômico. A eficiência da incorporação é baixa, porém o método é útil devido à sua facilidade de aplicação. Em outro esquema, o DNA é *microinjetado* nas células. Uma micropipeta de vidro de ponta fina contendo uma solução de DNA exógeno é inserida em um núcleo (Figura 5.34). Um pesquisador habilidoso pode injetar centenas de células por hora. Cerca de 2% das células de camundongo injetadas são viáveis e contêm o novo gene. Em um terceiro método, são utilizados *vírus* para a introdução de novos genes em células animais. Os vetores mais efetivos são os *retrovírus,* cujos genomas são codificados por RNA e se replicam por meio de intermediários de DNA. Uma característica notável do ciclo de vida de um retrovírus é que a forma dupla hélice do DNA de seu genoma, produzida pela ação da transcriptase reversa, incorpora-se de modo aleatório ao DNA cromossômico do hospedeiro. Essa versão de DNA do genoma viral, denominada *DNA pró-viral,* pode ser expressa eficientemente pela célula hospedeira e replicada juntamente com o DNA normal da célula. Em geral, os retrovírus não matam seus hospedeiros. Genes exógenos têm sido introduzidos eficientemente em células de mamíferos por meio da injeção com vetores derivados do *vírus da leucemia murina de Moloney,* um retrovírus que pode aceitar insertos de até 6 kb. Alguns genes introduzidos por esse vetor no genoma de uma célula hospedeira transformada são expressos de modo eficiente.

Outros dois vetores virais são extensamente utilizados. O *vírus da vaccinia,* um grande vírus contendo DNA, replica-se no citoplasma das células de mamíferos,

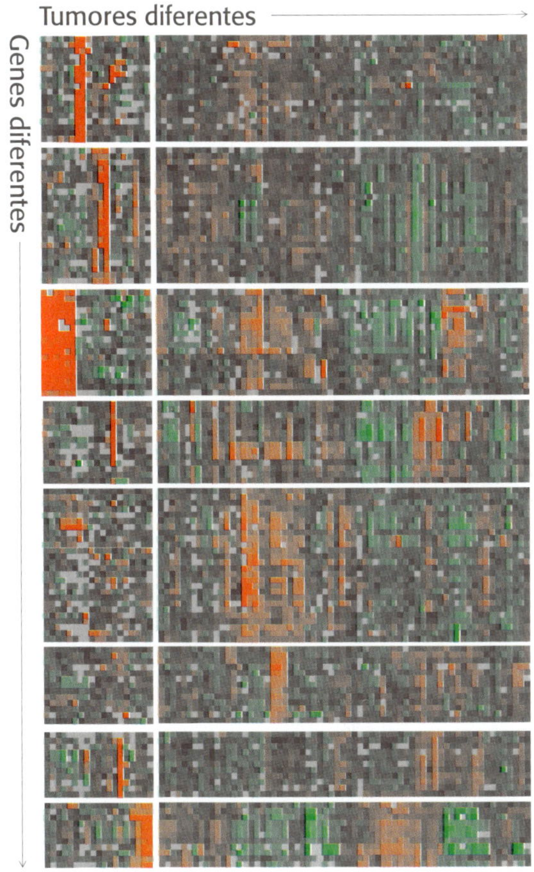


**FIGURA 5.33 Análise da expressão gênica com o uso de microarranjos.** Os níveis de expressão de milhares de genes podem ser simultaneamente analisados por meio de microarranjos de DNA. Aqui, uma análise de 1.733 genes em 84 amostras de câncer de mama revela que os tumores podem ser divididos em classes distintas com base em seus padrões de expressão gênica. Nessa representação de "mapa de calor", cada linha representa um gene diferente, e cada coluna representa uma amostra de tumor de mama diferente (*i. e.*, um experimento de microarranjo separado). O vermelho corresponde à indução gênica, e o verde à repressão gênica. [Reimpresso com autorização de Macmillan Publishers Ltd: *Nature*, 406: 747. C. M. Perou *et al.*, Molecular portraits of human breast tumours. ©2000.]

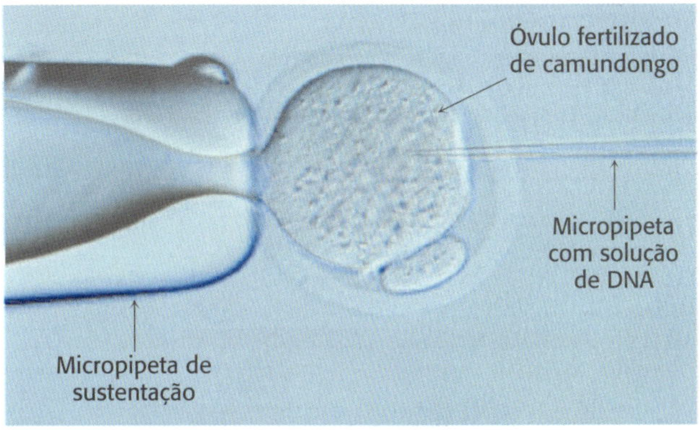


**FIGURA 5.34 Microinjeção de DNA.** Um plasmídio com DNA clonado está sendo microinjetado no pró-núcleo masculino de um óvulo fertilizado de camundongo. [Marh *et al.*, Hyperactive self-inactivating piggyBac for transposase-enhanced pronuclear microinjection transgenesis, *Proc. Natl. Acad. Sci. U.S.A.*, vol. 109, nº 47, pp. 19184–19189. Copyright 2012 National Academy of Sciences.]

onde inativa a síntese de proteínas da célula hospedeira. O *baculovírus* infecta células de insetos, que podem ser convenientemente cultivadas. As larvas de inseto infectadas por esse vírus podem servir como eficientes fábricas de proteínas. Os vetores baseados nesses vírus de genomas grandes têm sido manipulados para expressar insertos de DNA de maneira eficiente.

## Animais transgênicos abrigam e expressam genes introduzidos em suas linhagens germinativas

Conforme mostrado na Figura 5.34, os plasmídios portadores de genes exógenos podem ser microinjetados no pró-núcleo masculino de óvulos fertilizados de camundongo, que são então inseridos no útero de uma fêmea de camundongo como mãe adotiva. Um subgrupo dos embriões resultantes nesse hospedeiro irá abrigar o gene exógeno; esses embriões podem se desenvolver em animais maduros. Podem ser utilizados *Sourthern blotting* ou análise por meio da PCR do DNA isolado da prole para determinar quais os descendentes que apresentam o gene introduzido. Esses *camundongos transgênicos* constituem um poderoso meio de explorar o papel de um gene específico no desenvolvimento, crescimento e comportamento de um organismo inteiro. Com frequência, os animais transgênicos servem como modelos úteis para o processo pelo qual determinada doença se desenvolve, permitindo que os pesquisadores possam testar a eficácia e a segurança de uma terapia recém-desenvolvida.

Voltemos ao nosso exemplo da ELA. Grupos de pesquisa produziram linhagens de camundongos transgênicos que expressam formas da superóxido dismutase que abrigam mutações que correspondem àquelas identificadas em análises genéticas anteriores. Muitas dessas linhagens exibem um quadro clínico semelhante àquele observado em pacientes com ELA: fraqueza progressiva dos músculos voluntários e paralisia eventual, perda de neurônios motores e rápida progressão para a morte. Desde a sua primeira caracterização em 1994, essas linhagens continuam sendo valiosas fontes de informação para a investigação do mecanismo e do tratamento potencial da ELA.

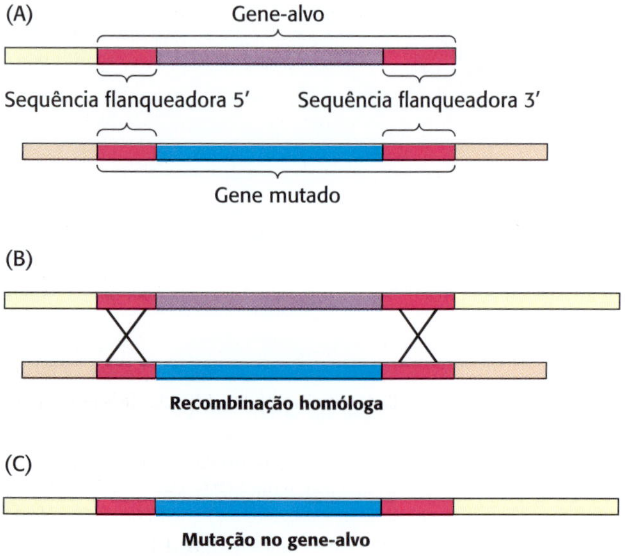


**FIGURA 5.35 Inativação gênica por recombinação homóloga.** **A.** Uma versão mutada do gene a ser inativado é construída mantendo algumas regiões de homologia com o gene normal (vermelho). Quando o gene mutado exógeno é introduzido em uma célula-tronco embrionária, (**B**) ocorre uma recombinação nas regiões de homologia, e (**C**) o gene normal (alvo) é substituído pelo gene exógeno, ou nocauteado. A célula é então inserida em embriões, e são produzidos camundongos sem o gene (camundongos nocautes).

## A inativação gênica e a edição de genoma fornecem pistas sobre a função dos genes e oportunidades para novas terapias

A função de um gene também pode ser investigada por meio de sua inativação e observação das anormalidades resultantes. Foram desenvolvidos poderosos métodos para efetuar a *inativação gênica* (também denominada *nocaute gênico*) em organismos como leveduras e camundongos. Esses métodos baseiam-se no processo da *recombinação homóloga* (ver Capítulo 29, seção 29.5), na qual duas moléculas de DNA com alta similaridade de sequência trocam segmentos. Se uma região do DNA exógeno for flanqueada por sequências que possuem alta homologia com determinada região do DNA genômico, dois eventos de recombinação produzirão a transferência do DNA exógeno para o genoma (Figura 5.35). Dessa maneira, genes específicos podem ser utilizados como alvos se as suas sequências de nucleotídios flanqueadoras forem conhecidas.

Por exemplo, a abordagem de nocaute gênico tem sido aplicada aos genes codificadores de proteínas regulatórias de genes (também denominadas *fatores de transcrição*), que controlam a diferenciação das células musculares. Quando ambas as cópias do gene da proteína regulatória *miogenina* são inativadas, o animal morre ao nascimento, visto que não possui musculatura esquelética funcional. O exame microscópico revela que os tecidos a partir dos quais o músculo se forma normalmente contêm células precursoras que não se diferenciaram por completo (Figura 36A e B). Os camundongos heterozigotos que contêm um gene normal da miogenina e um gene inativado possuem aparência normal, o que sugere que um nível reduzido de expressão do gene da miogenina ainda é suficiente para um desenvolvimento muscular normal. A geração e a caracterização dessa linhagem nocaute forneceram fortes evidências de que a miogenina funcional é fundamental para o desenvolvimento adequado do tecido muscular esquelético (Figura 6.36C). Estudos análogos pesquisaram a função de muitos outros genes no contexto de organismos vivos. Além disso, os camundongos que apresentam nocautes gênicos podem ser utilizados como modelos animais de doenças genéticas humanas conhecidas, possibilitando a avaliação de novas terapias potenciais como tratamento.

A manipulação do DNA genômico com o uso da recombinação homóloga, apesar de ser uma poderosa ferramenta, possui limitações. A recombinação no sítio desejado pode ser ineficiente e consumir muito tempo. Além disso, geralmente esse modelo limita-se a organismos específicos que servem como modelos, como levedura, camundongos e moscas-das-frutas. Nestes últimos 10 anos, foram desenvolvidos novos métodos para uma altamente específica modificação do DNA genômico, ou *edição de genoma*. Essas abordagens baseiam-se na introdução de quebras de fitas duplas em sequências precisamente determinadas dentro do DNA genômico. O sítio de clivagem resultante é reparado pelo maquinário de reparo de DNA da célula hospedeira de duas maneiras (ver Capítulo 29, seção 29.5). Se não for fornecido nenhum molde, a célula procede ao reparo da quebra utilizando um processo conhecido como *união de extremidades não homólogas* (NHEJ, do inglês *non-homologous end joining*). Entretanto, esse processo é sujeito a erros, e diversas inserções ou deleções serão introduzidas no sítio de reparo. É possível que um subgrupo dessas modificações introduza um códon de terminação prematuro no gene-alvo, resultando em nocaute gênico. Como alternativa, se um fragmento de DNA contendo a mudança de sequência desejada for simultaneamente introduzido com as nucleases, o maquinário de reparo utilizará esse molde doador para introduzir diretamente essas mudanças na sequência genômica em um processo conhecido como *reparo dirigido por homologia* (HDR, do inglês *homology directed repair*) (Figura 5.37).

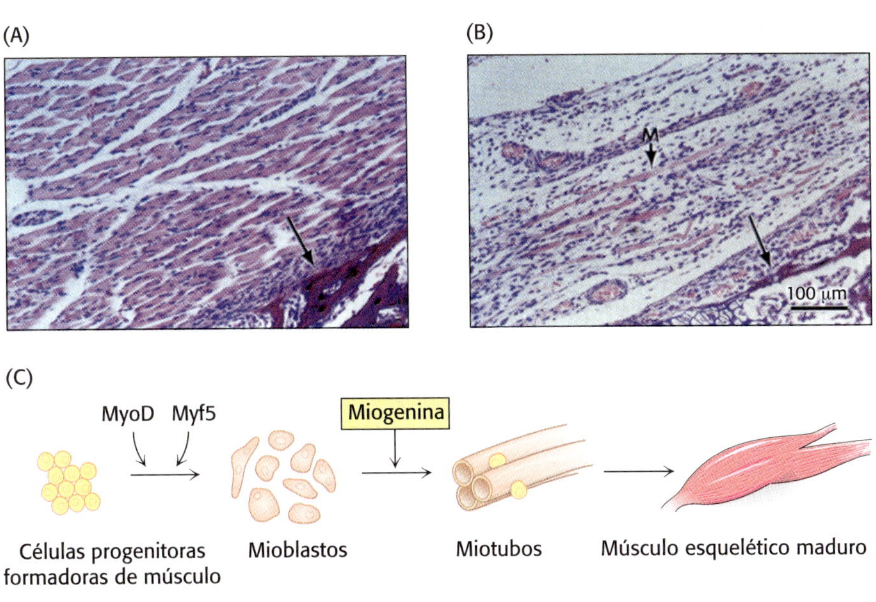


**FIGURA 5.36 Consequências da inativação gênica.** Cortes de músculo de camundongos (**A**) normais e (**B**) com nocaute da miogenina observados ao microscópio óptico. As setas não marcadas em ambas as fotos identificam cortes comparáveis do osso pélvico, indicando regiões anatômicas similares. Os músculos não se desenvolvem adequadamente nos camundongos em que ambos os genes da miogenina são inativados. Uma fibra muscular pouco desenvolvida na linhagem nocaute está indicada pela seta M. **C.** O desenvolvimento do músculo esquelético maduro a partir de células progenitoras é um processo altamente regulado e que envolve vários tipos celulares intermediários e múltiplos fatores de transcrição. Por meio de estudos de inativação gênica em (**A**) e (**B**), a miogenina foi identificada como um componente essencial dessa via. [(**A**) e (**B**) Reimpressos com autorização de Macmillan Publishers Ltd: *Nature*, v. 364, Hasty, P., Bradley, A., Morris, J. H., Edmondson, D. G., Venuti, J. M., Olson, E. N., Klein, W. H., Muscle deficiency and neonatal death in mice with a targeted mutation in the myogenin gene, pp. 501-506, copyright 1993. (**C**) Informação de S. Hettmer e A. J. Wagers, *Nat. Med.* 16:171–173, 2010, Fig. 1.]

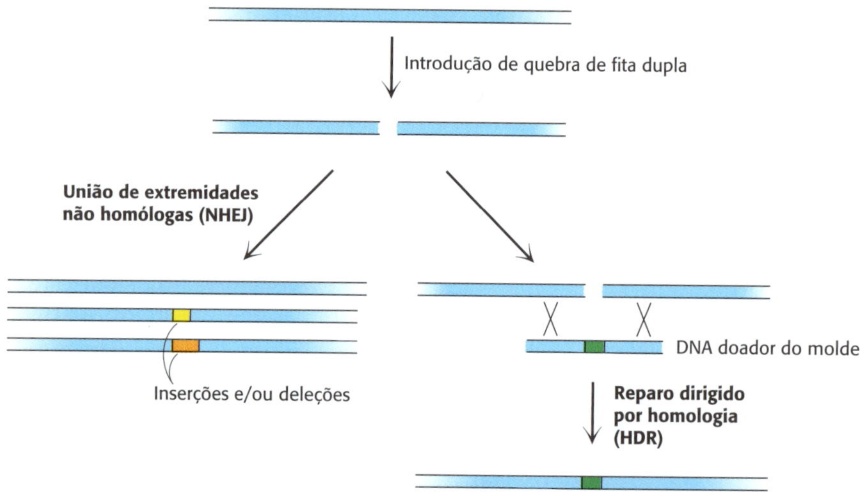


**FIGURA 5.37 Edição de genoma.** Dois mecanismos possíveis na célula procedem ao reparo de quebras de fita dupla do DNA precisamente geradas. Um desses mecanismos é a união de extremidades não homólogas (NHEJ), um processo sujeito a erros e que pode levar à introdução de inserções e deleções. Esses erros podem introduzir mutações de *frameshift* (mudanças de quadros de leitura) que, em última análise, resultam em nocaute de todo o gene. Como alternativa, se um fragmento de molde de DNA doador for também fornecido, pode ocorrer reparo da quebra por meio do reparo dirigido por homologia (HDR), resultando na incorporação da modificação desejada (verde) ao gene-alvo.

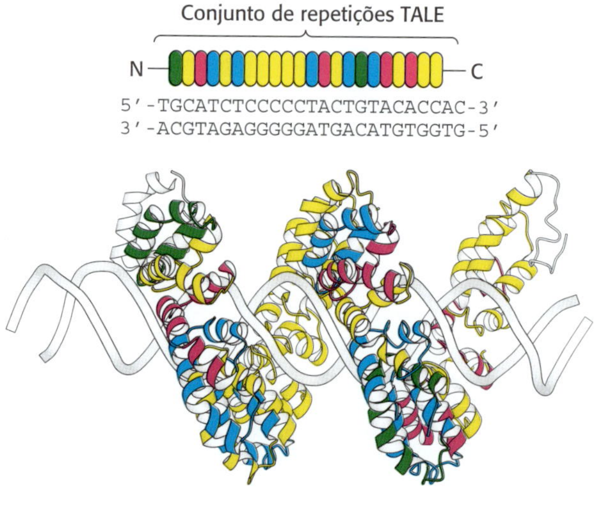


**FIGURA 5.38 As repetições TALE reconhecem bases individuais no DNA.** Cada repetição TALE contém 34 aminoácidos, dos quais dois especificam seu nucleotídio parceiro de ligação. Nesta figura, a identidade desses resíduos está indicada pela cor da repetição. As proteínas TALE podem ser projetadas para reconhecer exclusivamente sequências extensas de oligonucleotídios. Neste exemplo, uma sequência de 22 pares de bases está ligada a uma única proteína TALE, o efetor bacteriano PthXo1. [Desenhada de 3UGM.pdb.]

Como quebras de fita dupla são introduzidas especificamente no gene de interesse? Em uma das abordagens, uma nuclease específica de sequência é produzida por meio da fusão do domínio de nuclease inespecífico da enzima de restrição FokI a um domínio de ligação do DNA destinado a se ligar a determinada sequência de DNA. Dois exemplos dessa estratégia são comumente utilizados. *Nucleases dedo de zinco* (ZFNs, do inglês *zinc-finger nucleases*) são formadas pela combinação do domínio de nuclease FokI com o domínio de ligação do DNA que contém uma série de domínios de dedo de zinco (ver Capítulo 33, seção 33.2), consistindo estes em pequenos motivos de ligação ao zinco que reconhecem uma sequência de três pares de bases. A sequência de ligação ao DNA preferida pode ser alterada modificando-se a identidade de apenas quatro resíduos de contato dentro de cada dedo. No caso das *nucleases com efetores do tipo ativador transcricional* (TALENs, do inglês *transcription activator-like effector nucleases*), o domínio de ligação do DNA é constituído por uma série de repetições TALE. Cada repetição contém 34 aminoácidos e duas α-hélices, porém apenas dois desses resíduos (nas posições 12 e 13) são responsáveis pelo reconhecimento específico de um único nucleotídio dentro da dupla hélice (Figura 5.38). A mutação desses resíduos dentro de um conjunto de repetições possibilita o reconhecimento de um enorme número de possíveis sequências-alvo de DNA com elevado grau de especificidade. Como a FokI funciona como um dímero, são necessários dois construtos de ZFN/TALEN para gerar uma quebra de fita dupla, um para cada fita de DNA (Figura 5.39).

Uma diversidade e uma potencialidade de customização ainda maiores foram obtidas com a descoberta e a aplicação do *sistema CRISPR-Cas*. O sistema CRISPR (*clustered regularly interspaced palindromic repeats*) foi descoberto no final da década de 1980 no genoma da bactéria *E. coli*; subsequentemente, foi identificada em numerosas espécies de bactérias e arqueias. Próximos a essas repetições, encontram-se grupos de genes que codificam proteínas associadas a CRISPR ou *Cas*, que previsivelmente funcionam como enzimas que se ligam ao DNA e o clivam. Vinte anos depois, foi confirmado que esse *loci* constituem um sistema imune procariótico que possibilita a clivagem de sequências de DNA exógeno. Desde essa descoberta, os sistemas CRISPR-Cas foram engenhosamente

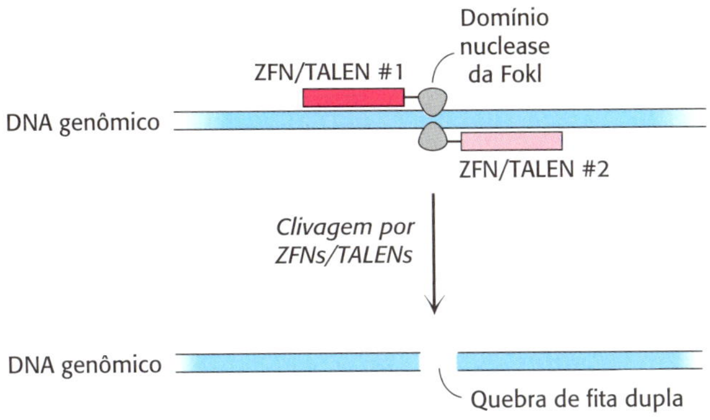


**FIGURA 5.39 Introdução de quebras de fita dupla por ZFNs e TALENs.** O domínio nuclease da FokI funciona como um dímero. Por conseguinte, para obter uma quebra de fita dupla de sequência específica, são necessárias duas ZFNs ou TALENs, uma para cada fita de DNA.

adaptados de modo a possibilitar a clivagem customizada de DNA de sequências específicas.

Como os sistemas CRISPR-Cas realizam quebras de fita dupla de sequências específicas no DNA? A clivagem do DNA-alvo pelo sistema CRISPR-Cas da bactéria *Streptococcus pyogenes* exige apenas uma única proteína, a nuclease Cas9, e um RNA guia sintético, o *single guide RNA*, ou *sgRNA*, de fita simples. Em sua extremidade 5′, o sgRNA contém aproximadamente 20 nucleotídios, que podem ser customizados para complementar o sítio-alvo desejado, seguido de múltiplas estruturas em haste-alça em sua extremidade 3′, que são necessárias para a ligação à nuclease (Figura 5.40). A Cas9 é uma proteína grande de 158 kDa que contém dois lobos: um lobo REC, que se liga à fita dupla formada entre o sgRNA e a fita-alvo de DNA; e um lobo NUC, que contém os dois domínios de nuclease que são responsáveis pela clivagem das duas fitas do DNA-alvo (Figura 5.41A). A Cas9 também contém uma região que reconhece uma pequena sequência de DNA (geralmente de três ou quatro nucleotídios), conhecida como *motivo adjacente ao protoespaçador* (PAM, do inglês *protospacer-adjacent motif*). Se a sequência do DNA-alvo complementar ao sgRNA estiver adjacente a um PAM, o complexo da Cas9 cliva ambas as fitas-alvo utilizando os dois domínios de nuclease do lobo NUC (Figura 5.41B). Como a especificidade dessa nuclease é determinada por uma sequência complementar de RNA, o sistema CRISPR-Cas pode ser adaptado para clivar praticamente qualquer sequência de DNA, contanto que esteja adjacente a um PAM, sem a necessidade de projetar novos domínios de reconhecimento de proteínas, como aqueles necessários para as ZFNs ou as TALENs.

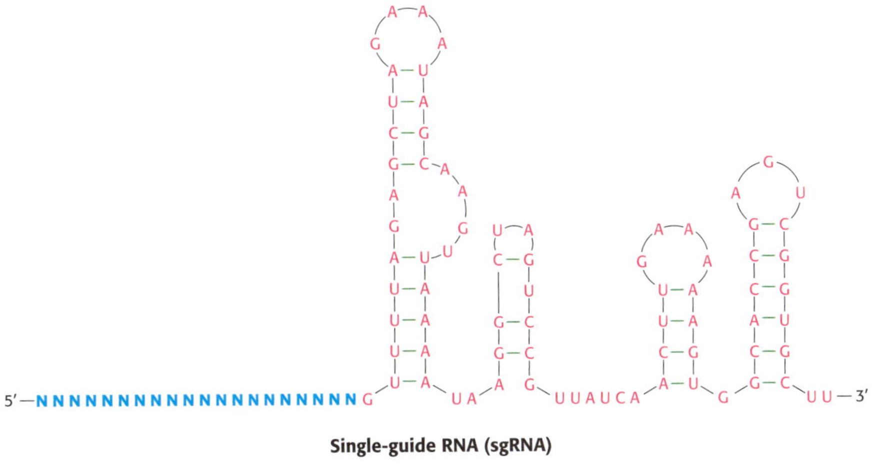


**FIGURA 5.40 Estrutura do RNA guia do sistema CRISPR.** Um *single guide RNA* (sgRNA) contém 20 nucleotídios em sua extremidade 5′ (azul) que especificam a sequência-alvo seguido de múltiplas estruturas em haste-alça (vermelho) que medeiam a interação com a Cas9.

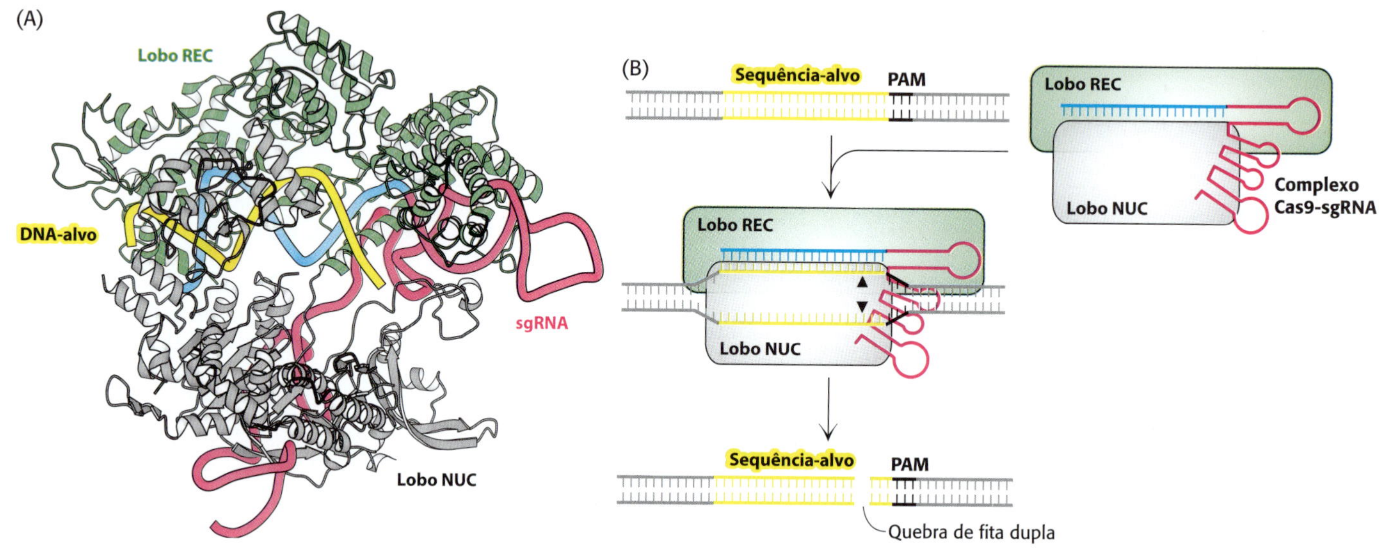


**FIGURA 5.41 Clivagem do DNA pelo sistema CRISPR-Cas.** **A.** A estrutura de um complexo Cas9-sgRNA revela os dois lobos da Cas9: o REC (verde) e o NUC (cinza). O lobo REC medeia a interação com o sgRNA, mostrado em azul e vermelho em (A) O lobo NUC contém o domínio de nuclease que irá clivar o DNA-alvo (amarelo) [Desenhada de 4OO8.pdb]. **B.** Se a sequência do DNA-alvo contém uma sequência PAM adjacente, o complexo sgRNA-Cas9 se liga a ambas as fitas do alvo e as cliva nos sítios indicados pelos triângulos pretos, produzindo uma quebra de fita dupla.

Métodos de edição de genoma baseados em nucleases sítio-específicas foram agora aplicados a uma variedade de espécies, incluindo os organismos usados como modelo em laboratório (rato, peixe-zebra e mosca-das-frutas), várias formas de animais de criação (suínos, vaca) e várias plantas. Além disso, seu uso como ferramenta terapêutica em seres humanos está sendo atualmente investigado. Por exemplo, uma ZFN que inativa o gene CCR5 humano, um correceptor para a invasão celular do vírus da imunodeficiência humana (HIV), está sendo atualmente objeto de ensaios clínicos para o tratamento de pacientes infectados pelo HIV.

## A interferência por RNA fornece uma ferramenta adicional para a interrupção da expressão gênica

Uma ferramenta extremamente poderosa para interromper a expressão gênica foi descoberta casualmente no decorrer das pesquisas que exigiam a introdução de RNA em uma célula. Foi constatado que a introdução de uma molécula específica de RNA de fita dupla causava uma diminuição da transcrição de genes que continham sequências presentes na molécula de RNA de fita dupla. Assim, a introdução de uma molécula específica de RNA pode interferir na expressão de um gene específico.

O mecanismo de *interferência por RNA* foi extensamente estabelecido (Figura 5.42). Quando uma molécula de RNA de fita dupla é introduzida em uma célula apropriada, o RNA é clivado pela enzima Dicer em fragmentos de aproximadamente 21 nucleotídios. Cada fragmento, denominado RNA interferente pequeno (siRNA, do inglês *small interfering RNA*), consiste em 19 bp de RNA de fita dupla e duas bases de RNA não

**FIGURA 5.42 Mecanismo de interferência por RNA.** Uma molécula de RNA de fita dupla é clivada em fragmentos de 21bp pela enzima Dicer para produzir siRNA. Esses siRNA são incorporados ao complexo de silenciamento induzido por RNA (RISC), no qual o RNA de fita simples guia a clivagem de mRNAs que contêm sequências complementares.

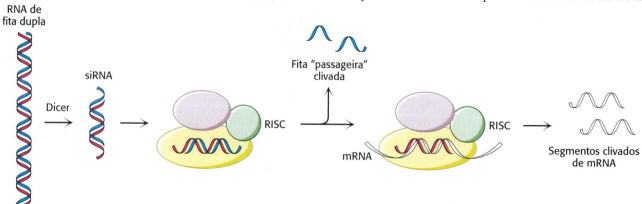

pareadas em cada extremidade 5'. O siRNA é incorporado a um complexo de várias proteínas, designado como *complexo de silenciamento induzido por RNA* (RISC, do inglês *RNA-induced silencing complex*), que desenrola o RNA de fita dupla e cliva uma das fitas, a denominada *fita passageira*. O segmento de RNA de fita simples não clivado, denominado *fita guia*, permanece incorporado à enzima. O complexo RISC totalmente montado cliva moléculas de mRNA que contêm complementos exatos da sequência da fita guia. Em consequência, os níveis dessas moléculas de mRNA são drasticamente reduzidos. A técnica de interferência por RNA é denominada *knockdown gênico*, visto que a expressão do gene é reduzida, porém não eliminada, como ocorre no nocaute gênico.

A maquinaria necessária para a interferência por RNA é encontrada em muitas células. Em alguns organismos, como *C. elegans*, a interferência por RNA é bastante eficiente. Com efeito, a interferência por RNA pode ser induzida simplesmente alimentando *C. elegans* com cepas de *E. coli* construídas para produzir moléculas de RNA de fita dupla apropriadas. Embora não seja tão eficiente nas células de mamíferos, a interferência por RNA surgiu como poderosa ferramenta de pesquisa para reduzir a expressão de genes específicos. Além disso, em 2017, um siRNA direcionado para a proteína transtiretina produziu resultados positivos em um ensaio clínico de Fase III para o tratamento da polineuropatia amiloide familiar, também denominada amiloidose ATTR hereditária.

**FIGURA 5.43 Tumores em plantas.** A galha-da-coroa, um tumor vegetal, é causada por uma bactéria (*Agrobacterium tumefaciens*), que carrega um plasmídio indutor de tumor (plasmídio Ti). [Matthew A. Escobar, Edwin L. Civerolo, Kristin R. Summerfelt e Abhaya M. Dandekar. RNAi-mediated oncogene silencing confers resistance to crown gall tumorigenesis. *Proc. Natl. Acad. Sci. U.S.A.* 2001 98 (23) 13437–13442. Copyright 2001 National Academy of Sciences, U.S.A.]

## Plasmídios indutores de tumores podem ser utilizados para introduzir novos genes em células vegetais

Uma bactéria comum do solo, *Agrobacterium tumefaciens*, infecta plantas e introduz genes exógenos nas células vegetais (Figura 5.43). Uma massa de tecido tumoral, denominada *galha-da-coroa*, cresce no local da infecção. As galhas-da-coroa sintetizam opinas, um grupo de derivados de aminoácidos que são metabolizados pelas bactérias infectantes. Em essência, o metabolismo da célula vegetal é desviado para satisfazer o apetite altamente peculiar do invasor. Os *plasmídios indutores de tumores* (plasmídios Ti), que são transportados pela bactéria *A. tumefaciens*, carregam instruções para a mudança a um estado tumoral e a síntese de opinas. Uma pequena parte do plasmídio Ti integra-se ao genoma das células vegetais infectadas; esse segmento de 20 kb é denominado *T-DNA* (DNA transferido; Figura 5.44).

Os derivados de plasmídios Ti podem ser utilizados como vetores para induzir genes exógenos em células vegetais. Em primeiro lugar, um segmento de DNA exógeno é inserido na região do T-DNA de um pequeno plasmídio por meio do uso de enzimas de restrição e ligases. Esse plasmídio sintético é adicionado a colônias de *A. tumefaciens*, que abrigam plasmídios Ti de ocorrência natural. Por meio de recombinação, são formados plasmídios Ti que contêm o gene exógeno. Esses vetores Ti constituem valiosas ferramentas para a exploração dos genomas de células vegetais e para a modificação de plantas de modo a melhorar o seu valor agrícola e o rendimento da colheita.

O DNA exógeno também pode ser introduzido em plantas pela aplicação de campos elétricos intensos, uma técnica denominada *eletroporação* (Figura 5.45). Inicialmente, a parede de celulose que circunda as células vegetais é removida pela adição de celulase; esse tratamento produz *protoplastos*, que são células vegetais com membranas plasmáticas expostas. Em seguida, são aplicados pulsos elétricos a uma suspensão de protoplastos e DNA plasmidial. Como os campos elétricos elevados tornam as membranas temporariamente permeáveis a grandes moléculas, as moléculas de

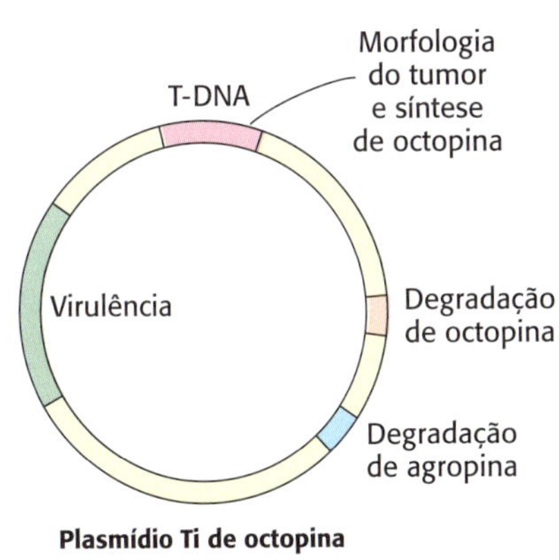


**FIGURA 5.44 Plasmídios Ti.** As agrobactérias que contêm plasmídios Ti podem introduzir genes exógenos em algumas células vegetais. [Informação de M. Chilton. A vector for introducing new genes into plants. Copyright © 1983 de Scientific American, Inc. Todos os direitos reservados.]

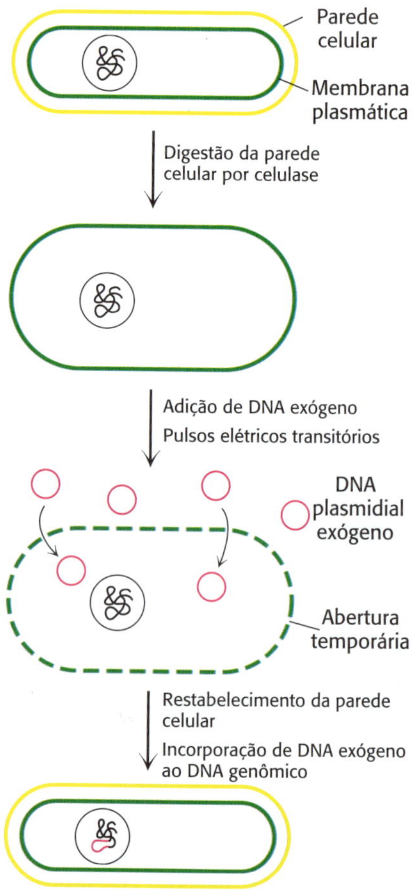


**FIGURA 5.45 Eletroporação.** O DNA exógeno pode ser introduzido em células vegetais por eletroporação, a aplicação de campos elétricos intensos que tornam as suas membranas plasmáticas temporariamente permeáveis.

DNA plasmidial entram nessas células. Posteriormente, permite-se que a parede celular seja reconstituída, tornando as células vegetais novamente viáveis. Células de milho e células de cenoura foram assim transformadas de maneira estável com o uso de DNA plasmidial, que inclui genes para a resistência a herbicidas. Além disso, as células transformadas expressam eficientemente o DNA plasmidial. A eletroporação também é um meio efetivo de introduzir DNA em células animais e bacterianas.

A maneira mais efetiva de transformar células vegetais consiste no uso da *biobalística* ou *transformação mediada por bombardeamento*. O DNA é aplicado sobre micropartículas de tungstênio de 1 μm de diâmetro, e esses microprojéteis são atirados contra as células-alvo a uma velocidade de mais de 400 m $s^{-1}$. Apesar de sua aparência rústica, essa técnica constitui uma maneira efetiva de transformar plantas, particularmente espécies importantes para cultivo, como soja, milho, trigo e arroz. A técnica de biobalística fornece uma oportunidade para o desenvolvimento de organismos geneticamente modificados (OGM) com características benéficas, como a capacidade de crescer em solos pobres, resistência à variação climática natural, resistência a pragas e a habilidade de enriquecer o conteúdo nutricional. Essas colheitas poderiam ser de grande utilidade nos países em desenvolvimento. Entretanto, o uso de OGM é altamente controverso, visto que o temor quanto ao risco de segurança ainda não foi adequadamente estimado.

O primeiro OGM a chegar ao mercado foi um tomate de amadurecimento tardio, o que o tornava ideal para o transporte. A pectina é um polissacarídio que confere ao tomate a sua firmeza e que é naturalmente destruída pela enzima *poligalacturonase*. À medida que a pectina vai sendo destruída, o tomate torna-se macio, dificultando o seu transporte. Foi introduzido um DNA para inativar o gene da poligalacturonase. Menor quantidade desta enzima foi produzida, e os tomates permaneceram frescos por mais tempo. Entretanto, o sabor precário desse tomate prejudicou o seu sucesso comercial. Um resultado particularmente bem-sucedido do uso de plasmídio Ti para a modificação de colheitas é o do arroz dourado. O arroz dourado é uma variedade de arroz geneticamente modificado que contém os genes para a síntese de betacaroteno, um precursor necessário para a síntese de vitamina A nos seres humanos. O consumo desse arroz deverá beneficiar crianças e mulheres grávidas em partes do mundo onde o arroz constitui um alimento básico e a deficiência de vitamina A é comum.

## A terapia gênica humana é uma grande promessa para a medicina

O campo da *terapia gênica* procura expressar genes específicos no corpo humano de modo a obter resultados benéficos. O gene-alvo para expressão já pode estar presente ou pode ser especialmente introduzido. Como alternativa, a terapia gênica pode tentar modificar genes que contêm variantes de sequências que trazem consequências prejudiciais. Ainda é necessário realizar extensas pesquisas para que a terapia gênica se torne prática. Não obstante, já foram realizados consideráveis progressos. Por exemplo, alguns indivíduos não apresentam genes funcionais para a *adenosina desaminase* e sucumbem a infecções quando expostos a um ambiente normal, uma condição denominada *imunodeficiência combinada grave* (SCID, do inglês *severe combined immunodeficiency*). Foram introduzidos genes funcionais para essa enzima por meio do uso de vetores de terapia gênica baseados em retrovírus. Em 2016, a European Medicines Agency aprovou a primeira aplicação clínica da terapia gênica para o tratamento de pacientes com SCID que não tinham um doador de medula óssea compatível. Essa terapia, licenciada sob o nome de Strimvelis, envolve a coleta de células da medula óssea do paciente, o isolamento da população celular apropriada e a transdução dessas células com um vetor retroviral que codifica o gene da adenosina desaminase selvagem. Em seguida, as células tratadas são devolvidas à medula óssea do paciente. Um grande obstáculo à aprovação dessa terapia foi assegurar a longevidade dos efeitos clínicos e a eliminação de efeitos colaterais indesejáveis. Pesquisas futuras prometem transformar a terapia gênica em uma importante ferramenta para a medicina clínica.

## RESUMO

### 5.1 A Exploração dos Genes Depende de Ferramentas Específicas

A revolução do DNA recombinante na biologia fundamenta-se no repertório de enzimas que atuam sobre os ácidos nucleicos. As enzimas de restrição constituem um grupo essencial entre elas. Essas endonucleases reconhecem sequências de bases específicas do DNA de dupla hélice e clivam ambas as fitas da molécula, formando fragmentos específicos de DNA. Esses fragmentos de restrição podem ser separados e visualizados por eletroforese em gel. O padrão desses fragmentos no gel consiste em uma impressão digital de uma molécula de DNA. Um fragmento de DNA contendo determinada sequência pode ser identificado pela sua hibridização com uma sonda de DNA de fita simples marcada (*Southern blotting*).

Foram desenvolvidas técnicas de sequenciamento rápido para a análise adicional de moléculas de DNA. O DNA pode ser sequenciado pela interrupção controlada da replicação. Os fragmentos produzidos são separados por eletroforese capilar e visualizados por marcadores fluorescentes em suas extremidades 5'.

Sondas de DNA para reações de hibridização, bem como novos genes, podem ser sintetizadas por métodos automatizados em fase sólida. Cadeias de DNA de até 100 nucleotídios podem ser prontamente sintetizadas. A reação em cadeia da polimerase possibilita uma grande amplificação de fragmentos específicos de DNA *in vitro*. A região amplificada é determinada pela colocação de um par de iniciadores (*primers*), que são adicionados ao DNA-alvo juntamente com uma DNA polimerase termoestável e desoxirribonucleosídios trifosfato. Em virtude de sua sensibilidade singular, a PCR constitui a técnica de escolha para a detecção de patógenos e marcadores de câncer, na genotipagem e na amplificação do DNA de fósseis de muitos milhares de anos.

### 5.2 A Tecnologia do DNA Recombinante Revolucionou Todos os Aspectos da Biologia

Novos genes podem ser construídos no laboratório, introduzidos em células hospedeiras e expressos. Novas moléculas de DNA são produzidas por meio da ligação de fragmentos que apresentam extremidades coesivas complementares, obtidas pela ação de uma enzima de restrição. A DNA ligase sela quebras existentes nas cadeias de DNA. Os vetores para a propagação do DNA incluem plasmídios, fagos $\lambda$, e cromossomos artificiais de bactérias e leveduras. Genes específicos podem ser clonados a partir de uma biblioteca genômica com o uso de uma sonda de DNA ou de RNA. O DNA exógeno pode ser expresso após a sua inserção em células procarióticas e eucarióticas pelo vetor apropriado. Mutações específicas podem ser geradas *in vitro* para a obtenção de novas proteínas. É possível produzir uma proteína mutante com a substituição de um único aminoácido por meio de indução da replicação do DNA com um oligonucleotídio que codifica o novo aminoácido. Os plasmídios podem ser construídos para possibilitar a fácil inserção de um cassete de DNA contendo qualquer mutação desejada. As técnicas de química das proteínas e dos ácidos nucleicos são altamente sinérgicas. Os pesquisadores agora são capazes de alternar entre estudos de genes e de proteínas com muita facilidade.

### 5.3 Genomas Completos Foram Sequenciados e Analisados

As sequências de muitos genomas importantes são totalmente conhecidas. Foi realizado o sequenciamento de mais de 10 mil genomas de bactérias e arqueias, incluindo os de organismos que servem de modelos-chave e os de patógenos importantes. A sequência do genoma humano está agora concluída com uma cobertura praticamente completa e em alta precisão. Apenas 20 mil a 25 mil genes codificadores de proteínas parecem estar presentes no genoma humano, um número substancialmente menor do que as estimativas iniciais. Métodos de sequenciamento de nova geração aceleram acentuadamente o ritmo de sequenciamento e a análise de grandes genomas. A genômica comparativa tornou-se uma poderosa ferramenta para a análise de genomas individuais e para a investigação da sua evolução. Padrões de expressão ao longo de todo o genoma podem ser examinados com o uso de microarranjos de DNA.

### 5.4 Os Genes Eucarióticos Podem Ser Quantificados e Manipulados com Considerável Precisão

Mudanças na expressão gênica podem ser prontamente determinadas por técnicas como PCR quantitativa e hibridização em microarranjos. A produção de camundongos transgênicos, como os que carregam mutações que causam ELA em seres humanos, constitui uma fonte de considerável esclarecimento sobre os mecanismos da doença e as possíveis terapias. Técnicas de edição de genoma, como as que se tornaram possíveis pelo sistema CRISPR/Cas e ZFNs/TALENs, expandiram enormemente a nossa capacidade de modificar especificamente genomas em uma ampla variedade de organismos. As funções de determinados genes podem ser investigadas por meio de inativação. Um método de inativar a expressão de um gene específico é por meio de interferência por RNA, que depende da introdução de moléculas específicas de RNA de fita dupla em células eucarióticas. Novos DNAs podem ser introduzidos em células vegetais pela bactéria do solo *Agrobacterium tumefaciens,* que abriga plasmídios Ti. O DNA também pode ser introduzido em células vegetais pela aplicação de campos elétricos intensos, que as tornam temporariamente permeáveis a moléculas muito grandes, ou por bombardeamento com micropartículas recobertas de DNA. A terapia gênica é muito promissora para a medicina clínica, porém ainda existem muitos desafios.

APÊNDICE

## Bioquímica em foco

### Melhora da produção de biocombustível a partir de algas obtidas por engenharia genética

Consideráveis esforços têm sido investidos na pesquisa de fontes de energia alternativas aos combustíveis fósseis. Uma dessas alternativas são os biocombustíveis, uma fonte de energia gerada por processos biológicos modernos. Foram propostos vários biocombustíveis, incluindo cultivo de alimentos e a biomassa agrícola. Mais recentemente, várias espécies de algas que produzem grandes quantidades de lipídios foram sugeridas como base para a geração de biocombustível. Quando submetidas à privação de nitrogênio, essas espécies podem produzir alto rendimento de um derivado de ácidos graxos (ver Capítulo 12) conhecido como ésteres metílicos de ácidos graxos (FAME, do inglês *fatty acid methyl esters*), um componente primário do biocombustível. Uma linhagem de alga, *Nannochloropsis gaditana,* é uma produtora particularmente eficiente de

FAME. Seu genoma de 29 Mbp foi sequenciado em 2012, e foram identificados os genes metabólicos que possibilitam a produção de lipídios. Com o uso dessa informação sobre sequência, os pesquisadores procuraram modificar essa espécie para obter uma linhagem mais eficiente de algas produtoras de FAME. Os avanços recentes no sequenciamento e na edição de genoma de nova geração, descritos neste capítulo, abriram portas para novas possibilidades na produção dessas linhagens por engenharia genética.

Um obstáculo potencial ao uso de algas para a produção em massa de biocombustível é o fato de que a depleção de nitrogênio, embora seja necessária para o aumento da produção de lipídios, restringe o crescimento das células. Em um esforço para superar esse obstáculo, um grupo de pesquisadores utilizou *RNASeq* – um método de sequenciamento de nova geração que possibilita a rápida identificação de alto rendimento de todo o transcritoma de uma célula – para comparar os mRNAs expressos em *N. gaditana* antes e depois da privação de nitrogênio. Comparando os transcritos identificados com os bancos de dados de sequências, esses pesquisadores foram capazes de identificar 20 fatores de transcrição (ver Capítulo 33, seção 33.2), reguladores mestres da expressão gênica, cuja expressão é reduzida em condições de privação de nitrogênio. Os pesquisadores raciocinaram que, se a expressão desses fatores de transcrição é reprimida durante a produção de lipídios estimulada pela privação de nitrogênio, o nocaute desses genes poderia melhorar a produção de lipídios sem a necessidade de alterar o conteúdo de nitrogênio de seus meios de crescimento.

Para testar sua hipótese, utilizaram a tecnologia CRISPR-Cas9 para gerar 18 linhagens individuais, nas quais cada fator de transcrição foi inativado (não foi possível efetuar o nocaute eficiente de dois dos genes utilizando esse método). Entre essas linhagens, apenas uma exibiu aumento na produção de FAME em condições ricas em nutrientes (Figura 5.46). Observe que o COT refere-se ao conteúdo de carbono orgânico total e serve como medida do crescimento celular global. O gene inativado nessa linhagem codifica um fator de transcrição denominado ZnCys. Entretanto, surgiu um novo problema nesse experimento: os pesquisadores constataram que, enquanto a produção de FAME ficava aumentada na linhagem com nocaute de *ZnCys* ("*ZnCys*-KO"), o COT se reduzia, indicando que o crescimento e a viabilidade dessa linhagem nocaute ficavam comprometidos.

Para resolver a questão do crescimento celular, esses pesquisadores geraram três linhagens adicionais: duas linhagens modificadas por CRISPR-Cas9, em que o gene *ZnCys* foi inativado em suas sequências regulatórias, em oposição à própria região codificadora da proteína ("*ZnCys*-BASH-3" e "*ZnCys*-BASH-12"); e uma linhagem na qual utilizaram a interferência por RNA para reduzir a expressão de *ZnCys* ("*ZnCys*-RNAi-7"). Essas linhagens, todas elas caracterizadas por uma expressão atenuada, porém não abolida, de *ZnCys*, exibiram níveis elevados de FAME de meio contendo nitrogênio com níveis de COT apenas minimamente afetados (Figura 5.47).

Esse trabalho representa um grande passo para compreender como a produção de lipídios em linhagens de algas produtoras de biocombustível é regulada. Além disso, esses estudos sugerem novas oportunidades para a geração de linhagens de algas geneticamente modificadas para uma produção ótima de biocombustível.

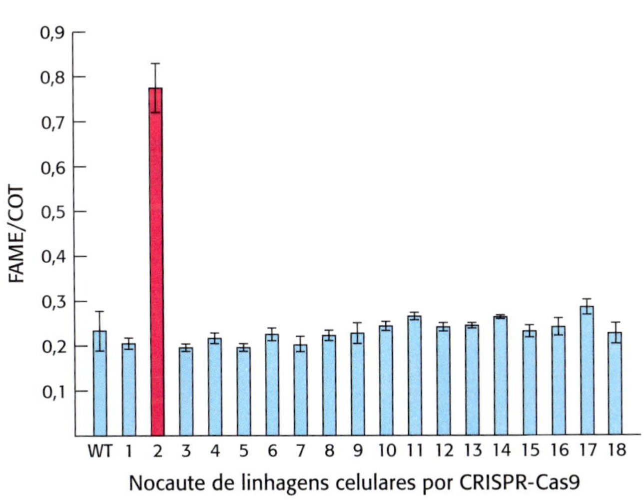


**FIGURA 5.46 Nocautes de linhagens celulares de *N. chloropsis* gerados por CRISPR-Cas9.** Dezoito genes de fatores de transcrição foram individualmente inativados em linhagens da alga *N. chloropsis* com o uso do sistema CRISPR-Cas9. Apenas uma linhagem ("2") demonstrou aumento significativo na produção de FAME *versus* a linhagem selvagem ("WT"). [Informação de I. Ajjawi *et al.*, *Nat. Biotech.* 35:647–652, 2017, Fig. S1a.]

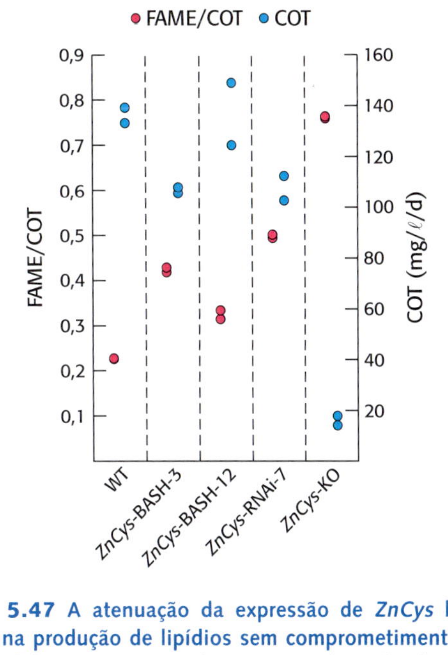


**FIGURA 5.47 A atenuação da expressão de *ZnCys* leva a um aumento na produção de lipídios sem comprometimento do crescimento celular.** A atenuação da expressão de *ZnCys* foi obtida por inativação mediada por CRISPR-Cas9 dos elementos regulatórios de *ZnCys* ("*ZnCys*-BASH-3" e "*ZnCys*-BASH-12") ou por meio de interferência por RNA ("*ZnCys*-RNAi-7"). A redução da expressão de *ZnCys* melhorou a produção de FAME, porém não exibiu o comprometimento do crescimento celular (quando medido por COT) apresentado pela linhagem com nocaute completo ("*ZnCys*-KO"). [Informação de I. Ajjawi *et al.*, *Nat. Biotech.* 35:647–652, 2017, Fig. 2c.]

## PALAVRAS-CHAVE

enzima de restrição
palíndromo
sonda de DNA
*Southern blotting*
*Northern blotting*
terminação controlada da replicação (método didesoxi de Sanger)
reação em cadeia da polimerase (PCR)
polimorfismo
vetor
plasmídio
bacteriófago lambda (fago λ)
extremidades coesivas
DNA ligase
vetor de clonagem
gene repórter
vetor de expressão
cromossomo artificial bacteriano (BAC)
cromossomo artificial de levedura (YAC)
biblioteca genômica
DNA complementar (cDNA)
transcriptase reversa
biblioteca de cDNA
mutagênese sítio-dirigida
mutagênese por cassete
pseudogene
elemento genético móvel
elementos intercalados curtos (SINES)
elementos intercalados longos (LINES)
sequenciamento de nova geração
pirossequenciamento
sequência de dispensação
PCR quantitativa (qPCR)
transcritoma
microarranjo de DNA (*gene chip*)
camundongo transgênico
inativação gênica (nocaute gênico)
edição de genoma
nuclease dedo de zinco (ZFN)
nuclease com efetores do tipo ativador transcricional (TALEN)
sistema CRISPR-Cas9
RNA guia único (sgRNA)
motivo adjacente ao protoespaçador (PAM)
interferência por RNA
complexo de silenciamento induzido por RNA (RISC)
plasmídio indutor de tumor (plasmídio Ti)
biobalística (transformação mediada por bombardeamento)

## QUESTÕES

**1.** *Não é o calor.* Por que a *Taq* polimerase é particularmente útil para a PCR?

**2.** *O molde correto.* A ovoalbumina é a principal proteína da clara do ovo. O gene da ovoalbumina de galinha contém oito éxons separados por sete íntrons. O cDNA da ovoalbumina ou o DNA genômico da ovoalbumina deveriam ser utilizados para formar a proteína em *E. coli*? Por quê?

**3.** *Frequência de clivagem.* A enzima de restrição AluI cliva na sequência 5′-AGCT-3′, enquanto a NotI cliva na sequência 5′-c-3′. Qual seria a distância média entre os sítios de clivagem de cada enzima na digestão do DNA de fita dupla? Suponha que o DNA contenha proporções iguais de A, G, C e T.

**4.** *Rico ou pobre?* Sequências de DNA que são altamente enriquecidas com pares de bases G-C normalmente apresentam altas temperaturas de fusão. Além disso, uma vez separadas, as fitas simples contendo essas regiões podem formar estruturas secundárias rígidas. Como a presença de regiões ricas em G-C em um molde de DNA pode afetar a amplificação por meio da PCR?

**5.** *Os cortes corretos.* Suponha que uma biblioteca genômica humana seja preparada por meio de uma digestão exaustiva do DNA humano com a enzima de restrição EcoRI. Seriam gerados fragmentos com cerca de 4 kb de comprimento em média. Esse procedimento é adequado para a clonagem de genes grandes? Por que sim ou por que não?

**6.** *Uma clivagem reveladora.* A anemia falciforme surge em consequência de uma mutação no gene da cadeia β da hemoglobina humana. A substituição de GAG por GTG no mutante elimina um sítio de clivagem para a enzima de restrição MstII, que reconhece a sequência-alvo CCTGAGG. Esses achados formam a base de um exame complementar do gene da anemia falciforme. Proponha um procedimento rápido para diferenciar o gene normal do gene mutante. A obtenção de um resultado positivo provaria que o mutante contém GTG em vez de GAG?

**7.** *Extremidades coesivas?* As enzimas de restrição KpnI e Acc65I reconhecem e clivam a mesma sequência de 6 bp. Entretanto, a extremidade coesiva formada a partir da clivagem de KpnI não pode ser ligada diretamente à extremidade coesiva formada pela clivagem de Acc65I. Explique a razão.

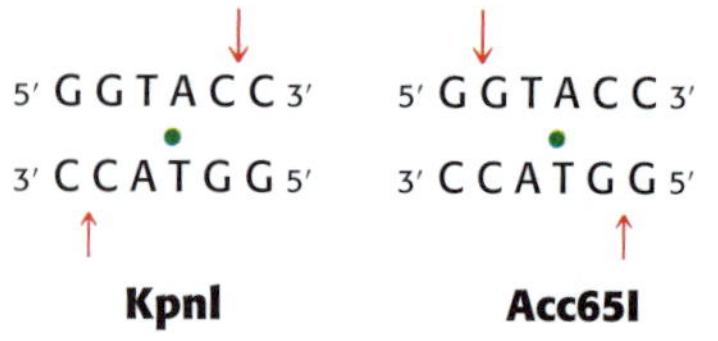


**8.** *Muitas melodias de um cassete.* Suponha que você isolou uma enzima que digere a polpa do papel e obteve o seu cDNA. O objetivo é produzir um mutante que seja efetivo em alta temperatura. Você produziu um par de sítios de restrição únicos no cDNA que flanqueiam uma região codificadora de 30 bp. Proponha uma técnica rápida para a geração de muitas mutações diferentes nessa região.

**9.** *Uma bênção e uma maldição.* O poder da PCR também pode criar problemas. Suponha que alguém declare que isolou o DNA de um dinossauro com o uso da PCR. Que questões você deveria perguntar para determinar se o DNA é, de fato, de um dinossauro?

**10.** *Limitado pelo PAM?* O uso de uma sequência-alvo de DNA para edição pelo sistema CRISPR-Cas9 exige a presença de uma sequência de PAM imediatamente a jusante da sequência-alvo. No caso da Cas9 de *S. pyogenes*, esse PAM é 5′-NGG-3′, em que N representa qualquer nucleotídio. Assumindo que um fragmento de DNA inclua quantidades iguais de bases A, C, G e T, a que distância você deve esperar encontrar esses PAMs? 6

**11.** *Construa um PAM melhor.* Foram desenvolvidos mutantes de Cas 9 de *S. pyogenes* que reconhecem diferentes sequências de PAM, como 5′-NGAN-3′. Por que esses mutantes poderiam ser úteis para os estudos de edição de genoma? 6

**12.** *Questões de acurácia.* A estringência da amplificação por meio da PCR pode ser controlada alterando-se a temperatura em que os iniciadores (*primers*) e o DNA-alvo hibridizam. Como a alteração da temperatura de hibridização afetaria a amplificação? Suponha que você tenha determinado gene *A* de levedura e que você queira verificar se ele tem um correspondente nos seres humanos. Como o controle da estringência da hibridização poderia ajudá-lo? 3

**13.** *Terra incógnita.* Normalmente, a PCR é utilizada para amplificar o DNA situado entre duas sequências conhecidas. Suponha que você queira explorar o DNA em ambos os lados de uma única sequência conhecida. Desenvolva uma variação do protocolo habitual da PCR que permita a amplificação de uma área genômica totalmente nova.

**14.** *Uma escada enigmática.* Um padrão em gel exibindo produtos de PCR mostra quatro bandas fortes. Os quatro segmentos de DNA têm comprimentos que apresentam aproximadamente a seguinte proporção: 1: 2: 3: 4. A banda maior é cortada do gel, e a PCR é repetida com os mesmos iniciadores (*primers*). Mais uma vez, uma escada de quatro bandas torna-se evidente no gel. O que esse resultado revela acerca da estrutura da proteína codificada?

**15.** *Caminhada no cromossomo.* Proponha um método para isolar um fragmento de DNA adjacente no genoma a um fragmento de DNA previamente isolado. Pressuponha que você tenha acesso a uma biblioteca completa de fragmentos de DNA em um vetor BAC, mas que a sequência do genoma investigada ainda não foi determinada.

**16.** *Desenvolvimento de sondas.* Qual das seguintes sequências de aminoácidos produziria a melhor sonda de oligonucleotídios?

```
Ala-Met-Ser-Leu-Pro-Trp
Gly-Trp-Asp-Met-His-Lys
Cys-Val-Trp-Asn-Lys-Ile
Arg-Ser-Met-Leu-Gln-Asn
```

**17.** *O melhor amigo do homem.* Por que a análise genômica de cães pode ser particularmente útil para investigar os genes responsáveis pelo tamanho do corpo e por outras características físicas?

**18.** *Sobre camundongos e homens.* Você identificou um gene que está localizado no cromossomo 20 humano e deseja identificar a sua localização no genoma do camundongo. Em qual cromossomo você teria mais probabilidade de encontrar o correspondente deste gene no camundongo?

## Questões | Integração de capítulos

**19.** *Desenvolvimento de iniciadores* (primers) *I.* Com frequência, um experimento de PCR bem-sucedido depende do desenvolvimento de iniciadores corretos. Em particular, a $T_m$ para cada iniciador deveria ser aproximadamente a mesma. Qual é a base dessa exigência? 3

**20.** *Desenvolvimento de iniciadores* (primers) *II.* Você deseja amplificar um segmento de DNA de um plasmídio molde por meio da PCR com o uso dos seguintes iniciadores: 5′-GGATCGATGCTCGCGA-3′ e 5′-AGGATCGGGTCGCGAG-3′. Apesar de tentativas repetidas, você não consegue observar um produto de PCR com o tamanho esperado após eletroforese em gel de agarose. Na verdade, você observa uma mancha brilhante no gel com um tamanho aproximado de 25 a 30 pares de bases. Explique esses resultados. 3

## Questão | Integração de capítulos e interpretação de dados

**21.** *Qualquer direção, menos o leste.* Foi constatado que uma série de pessoas tem dificuldade em eliminar determinados tipos de substâncias da corrente sanguínea. O problema foi associado ao gene *X*, que codifica uma enzima *Y*. Seis pessoas foram testadas com o uso de várias técnicas de biologia

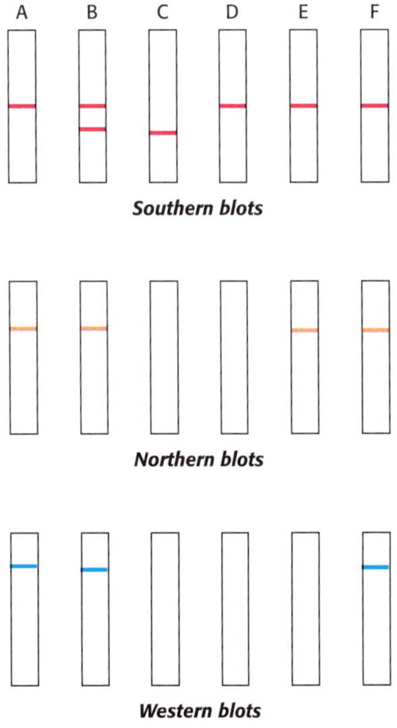

molecular. O indivíduo A é o controle normal; o indivíduo B é assintomático, porém alguns de seus filhos apresentam o problema metabólico; e os indivíduos C a F exibem o traço. Foram obtidas amostras de tecido de cada um desses indivíduos. Foi efetuada uma análise por *Southern blot* no DNA após digestão com a enzima de restrição HindIII. Também foi realizada uma análise por *Northern blot* do mRNA. Em ambos os tipos de análise, a sonda utilizada nos géis foi cDNA de *X* marcado. Por fim, foi utilizado um *Western blot* com anticorpo monoclonal ligado a enzima para pesquisar a presença da proteína *Y*. Os resultados são mostrados aqui. Por que o indivíduo B é assintomático? Sugira os possíveis defeitos nos outros indivíduos.

## Questões | Interpretação de dados

**22.** *Diagnóstico por DNA.* São mostradas aqui as representações de cromatogramas de sequenciamento para variantes da cadeia α da hemoglobina humana. Qual é a natureza da mudança de aminoácidos em cada uma das variantes? O primeiro triplete codifica a valina.

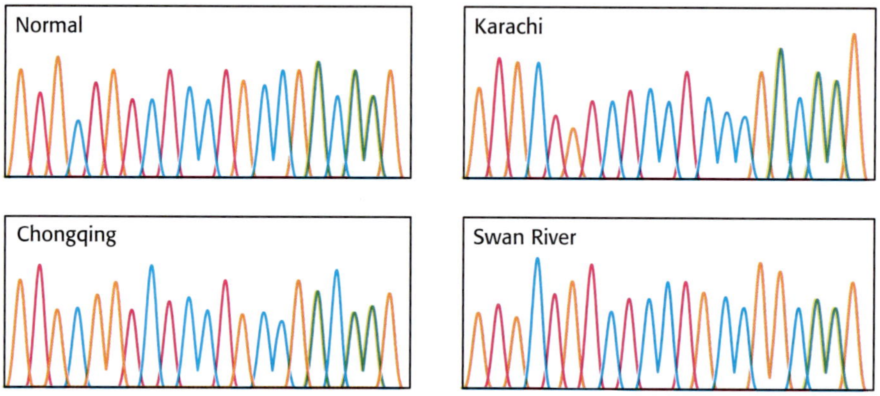


Cores: ddATP, ddCTP, ddGTP, ddTTP

**23** *Dois picos.* Durante o estudo de um gene e sua possível mutação nos seres humanos, você obtém amostras de DNA genômico de um grupo de indivíduos e amplifica por meio da PCR uma região de interesse dentro desse gene. Para uma das amostras, você obtém o cromatograma de sequenciamento mostrado aqui. Forneça uma explicação para o aparecimento desses dados na posição 49 (indicada pela seta):

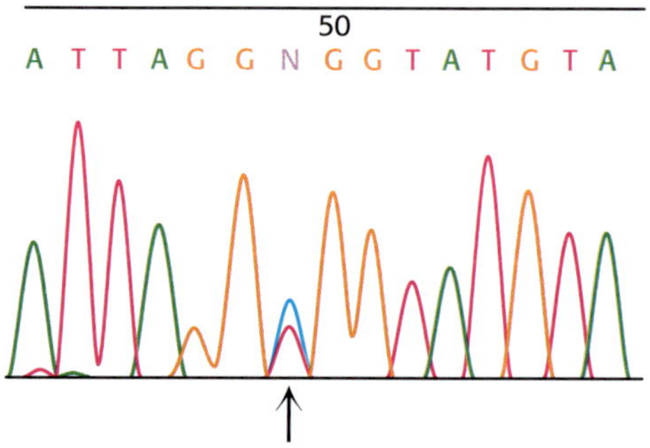


## Questões para discussão

**24.** Após efetuar o sequenciamento do DNA de várias famílias afetadas, você descobriu um novo gene, *BTGS1*, e suspeita de que ele possa desempenhar um papel em uma rara variante de narcolepsia, que é desencadeada pela abertura de um livro de bioquímica. A partir de sua sequência, você suspeita que a proteína BTGS1 atua como um fator de transcrição, ou seja, uma proteína que regula a expressão de outros genes. Para investigar mais detalhadamente esse possível mecanismo, você gostaria de reduzir a expressão gênica – e, portanto, diminuir a quantidade de proteínas BTGS1 – em células cultivadas.

Que técnicas você poderia utilizar para gerar essa linhagem celular?

Uma vez realizadas com sucesso, quais são algumas técnicas que você poderia utilizar para determinar se a expressão de outros genes é afetada nessa linhagem celular?

Proponha métodos para gerar uma linhagem de camundongos com nocaute de *BTGS1*.

# Estudo da Evolução e da Bioinformática

CAPÍTULO 6

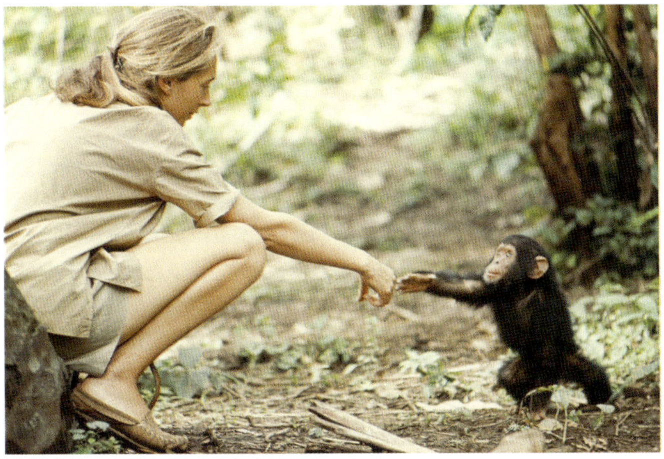

As relações evolutivas são manifestas nas sequências de proteínas. O estreito parentesco entre os seres humanos e os chimpanzés, sugerido pelo mútuo interesse demonstrado por Jane Goodall e um chimpanzé na fotografia, é revelado nas sequências de aminoácidos da mioglobina. A sequência humana (*em vermelho*) difere da sequência do chimpanzé (*em azul*) em apenas um aminoácido em uma cadeia proteica de 153 resíduos. [(*À esquerda*) Hugo Van Lawick/National Geographic Creative.]

```
GLSDGEWQLVLNVWGKVEADIPGHGQEVLIRLFKGHPETLEKFDKFKHLKSEDEMKASEDLKKHGATVLTALGGIL-
GLSDGEWQLVLNVWGKVEADIPGHGQEVLIRLFKGHPETLEKFDKFKHLKSEDEMKASEDLKKHGATVLTALGGIL-

KKKGHHEAEIKPLAQSHATKHKIPVKYLEFISECIIQVLHSKHPGDFGADAQGAMNKALELFRKDMASNYKELGFQG
KKKGHHEAEIKPLAQSHATKHKIPVKYLEFISECIIQVLQSKHPGDFGADAQGAMNKALELFRKDMASNYKELGFQG
```

## OBJETIVOS DE APRENDIZAGEM

*Ao término do capítulo, o leitor deverá ser capaz de:*

1. Distinguir entre homólogos, parálogos e ortólogos.
2. Descrever como duas sequências de proteínas são alinhadas e como é possível determinar se esse alinhamento é significativo.
3. Explicar como matrizes de substituição podem ser utilizadas para aumentar a possibilidade de identificar sequências de proteínas relacionadas.
4. Distinguir entre evolução divergente e convergente.
5. Fornecer um exemplo de como é possível demonstrar a evolução das biomoléculas no laboratório.

## SUMÁRIO



À semelhança dos membros de uma família humana, os membros de famílias moleculares frequentemente apresentam características em comum. Essa semelhança familiar é mais facilmente detectada se compararmos a estrutura tridimensional, isto é, o aspecto de uma molécula mais estreitamente ligado à sua função. Considere como exemplo a ribonuclease de vacas, que foi introduzida em nossa discussão do enovelamento das proteínas (ver Capítulo 2, seção 2.6). A comparação das estruturas revela que a estrutura tridimensional dessa proteína e a de uma ribonuclease humana são muito similares (Figura 6.1). Embora o grau de superposição entre essas duas estruturas não seja inesperado, tendo em vista as suas funções biológicas quase idênticas, as similaridades reveladas por outras comparações desse tipo são, algumas vezes, surpreendentes. Por exemplo, a angiogenina, uma proteína que estimula o crescimento de novos vasos sanguíneos, também exibe uma similaridade estrutural com a ribonuclease – tão similar que tanto a angiogenina quanto a ribonuclease são claramente membros da mesma

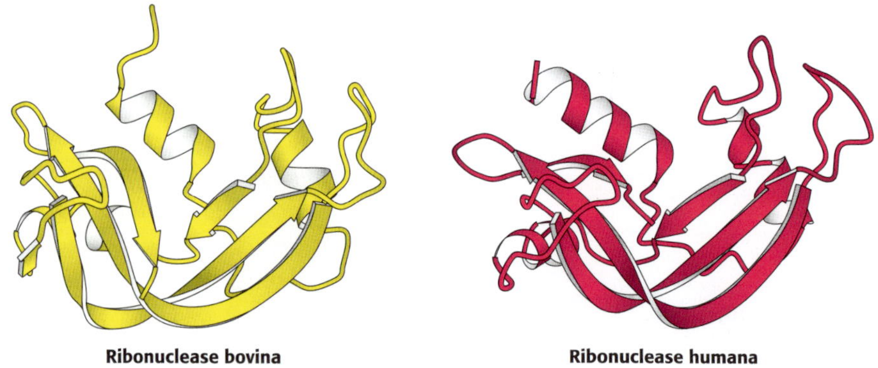


**FIGURA 6.1 Estruturas das ribonucleases de vacas e de seres humanos.** A similaridade funcional é uma decorrência da similaridade estrutural. [Desenhada de 8RAT.pdb. e 2RNF.pdb.]

família de proteínas (Figura 6.2). A angiogenina e a ribonuclease devem ter tido um ancestral comum em algum estágio inicial da evolução.

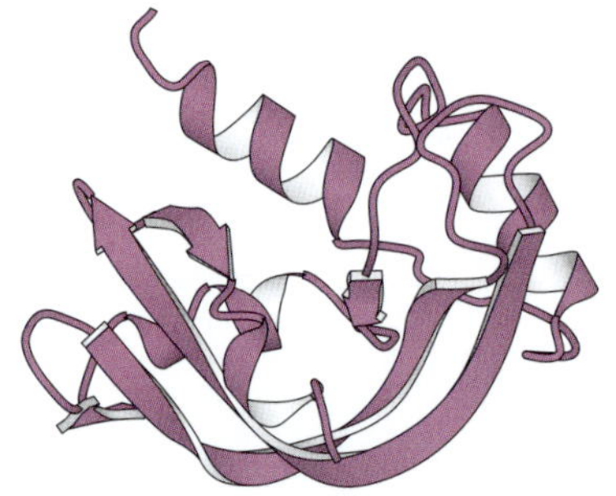


**FIGURA 6.2 Estrutura da angiogenina.** A proteína angiogenina, identificada com base na sua capacidade de estimular o crescimento dos vasos sanguíneos, exibe uma estrutura tridimensional altamente similar à da ribonuclease. [Desenhada de 2ANG.pdb.]

As estruturas tridimensionais só foram determinadas para uma pequena proporção do número total de proteínas. Em contrapartida, as sequências gênicas e as sequências dos aminoácidos correspondentes estão disponíveis para um grande número de proteínas, em grande parte devido ao enorme poder das técnicas de clonagem e de sequenciamento do DNA, incluindo o sequenciamento completo do genoma (ver Capítulo 5). As relações evolutivas também se manifestam nas sequências de aminoácidos. Por exemplo, 35% dos aminoácidos em posições correspondentes são idênticos nas sequências da ribonuclease bovina e da angiogenina. Esse nível é alto o suficiente para garantir uma relação evolutiva? Caso não seja, qual é o nível necessário? Neste capítulo, examinaremos os métodos que são empregados para comparar as sequências de aminoácidos e deduzir essas relações evolutivas.

*Os métodos de comparação de sequências tornaram-se poderosas ferramentas na bioquímica moderna.* Os bancos de dados de sequências podem ser acessados à procura de correspondências com uma sequência recém-elucidada para identificar moléculas correlatas. Essa informação frequentemente pode constituir uma fonte de esclarecimentos consideráveis sobre a função e o mecanismo da molécula recém-sequenciada. Quando as estruturas tridimensionais estão disponíveis, elas podem ser comparadas para confirmar as relações sugeridas pela comparação de sequências e para revelar outras que não são prontamente detectadas apenas em nível de sequência.

Ao examinar as pistas presentes nas sequências das proteínas modernas, o bioquímico pode aprender sobre eventos ocorridos no passado evolutivo. As comparações de sequências frequentemente podem revelar vias de descendência evolutiva e datas estimadas de marcos evolutivos específicos. Essa informação pode ser utilizada para construir árvores evolutivas que seguem a evolução de determinada proteína ou ácido nucleico, em muitos casos desde arqueias e bactérias até eucariotos, incluindo os seres humanos. A evolução molecular também pode ser estudada de modo experimental. Em alguns casos, o DNA de fósseis pode ser amplificado por métodos de PCR e sequenciado, proporcionando uma visão direta do passado. Além disso, os pesquisadores podem observar a evolução molecular ocorrendo no laboratório por meio de experimentos baseados na replicação de ácidos nucleicos. Os resultados desses estudos estão revelando mais detalhes sobre como ocorre a evolução.

## 6.1 Os homólogos são descendentes de um ancestral comum

A exploração da evolução bioquímica consiste, em grande parte, na tentativa de determinar como as proteínas, outras moléculas e vias bioquímicas foram transformadas com o passar do tempo. A relação mais fundamental entre duas entidades é a *homologia*. Duas moléculas são consideradas

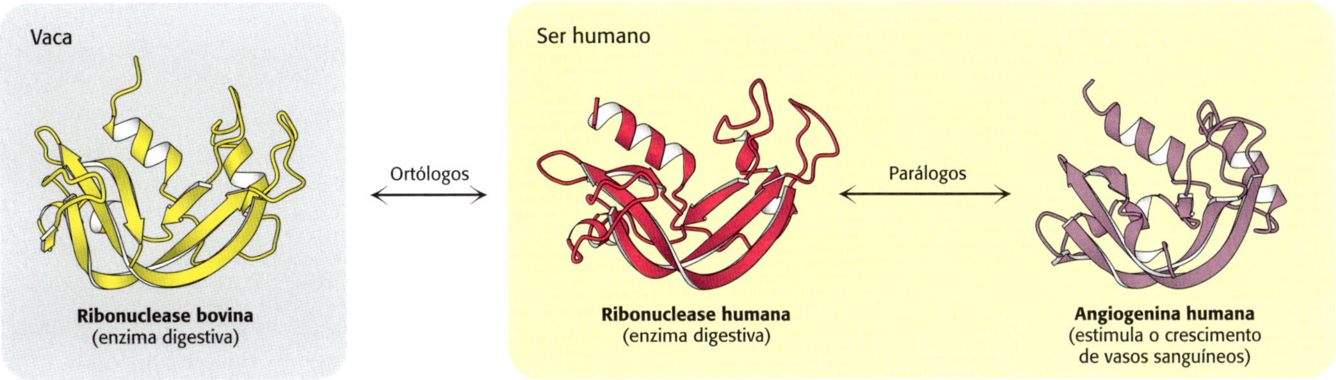


**FIGURA 6.3 Duas classes de homólogos.** Os homólogos que desempenham funções idênticas ou muito similares em diferentes espécies são denominados ortólogos, enquanto os homólogos que desempenham funções diferentes dentro de uma mesma espécie são denominados parálogos.

*homólogas* se elas se originam de um ancestral comum. As moléculas homólogas, ou *homólogos,* podem ser divididas em duas classes (Figura 6.3). Os *parálogos* são homólogos que estão presentes dentro de uma espécie. Frequentemente diferem nas suas funções bioquímicas. Os *ortólogos* são homólogos que estão presentes em diferentes espécies e que apresentam funções muito similares ou idênticas. A compreensão da homologia entre as moléculas pode revelar a história evolutiva das moléculas, bem como informações acerca de suas funções. Se uma proteína recém-sequenciada for homóloga a uma proteína já caracterizada, temos uma forte indicação da função bioquímica da nova proteína.

Como podemos saber se duas proteínas humanas são parálogas ou se uma proteína de levedura é o ortólogo de uma proteína humana? Conforme discutido no Capítulo 6, seção 6.2, *a homologia é frequentemente detectável por uma similaridade significativa na sequência de nucleotídios ou de aminoácidos e quase sempre revelada na estrutura tridimensional.*

## 6.2 A análise estatística do alinhamento de sequências pode detectar a homologia

Uma semelhança de sequências significativa entre duas moléculas indica que elas provavelmente possuem a mesma origem evolutiva e, portanto, estruturas tridimensionais, funções e mecanismos similares. As sequências tanto de ácidos nucleicos quanto de proteínas podem ser comparadas para a detecção de homologia. Entretanto, existe a possibilidade de que o ponto de concordância observado entre duas sequências determinadas seja apenas produto do acaso. Como os ácidos nucleicos são compostos de menos blocos de construção do que as proteínas (4 bases *versus* 20 aminoácidos), a probabilidade de uma concordância aleatória entre duas sequências de DNA e de RNA é significativamente maior do que para sequências de proteínas. Por esse motivo, a detecção de homologia entre sequências de proteínas é normalmente muito mais efetiva.

Para ilustrar os métodos de comparação de sequências, consideraremos uma classe de proteínas denominadas *globinas.* A mioglobina é uma proteína que se liga ao oxigênio no músculo, enquanto a hemoglobina é a proteína transportadora de oxigênio no sangue (ver Capítulo 7). Ambas as proteínas abrigam um grupo heme, uma molécula orgânica contendo ferro que se liga ao oxigênio. A mioglobina é um monômero, enquanto cada molécula de hemoglobina humana é composta de quatro cadeias polipeptídicas contendo heme: duas cadeias $\alpha$ idênticas e duas cadeias $\beta$ idênticas. Aqui, consideraremos apenas a cadeia $\alpha$. Para examinar a similaridade entre as sequências de aminoácidos da cadeia $\alpha$ humana e da mioglobina humana (Figura 6.4), aplicaremos um método designado como *alinhamento*

**FIGURA 6.4 Sequências de aminoácidos da hemoglobina humana (cadeia α) e da mioglobina humana.** A hemoglobina α é composta de 141 aminoácidos, enquanto a mioglobina contém 153 aminoácidos. (São utilizadas abreviaturas de uma letra para designar os aminoácidos; ver Tabela 2.2).

**Hemoglobina humana (cadeia α)**

VLSPADKTNVKAAWGKVGAHAGEYGAEALERMFLSFPTTKTYFPHFDLSHG
SAQVKGHGKKVADALTNAVAHVDDMPNALSALSDLHAHKLRVDPVNFKLLS
HCLLVTLAAHLPAEFTPAVHASLDKFLASVSTVLTSKYR

**Mioglobina humana**

GLSDGEWQLVLNVWGKVEADIPGHGQEVLIRLFKGHPETLEKFDKFKHLKS
EDEMKASEDLKKHGATVLTALGGILKKKGHHEAEIKPLAQSHATKHKIPVK
YLEFISECIIQVLQSKHPGDFGADAQGAMNKALELFRKDMASNYKELGFQG

*de sequência*, em que duas sequências são sistematicamente alinhadas uma em relação à outra para identificar regiões de superposição significativa.

Como podemos saber onde alinhar as duas sequências? Durante o processo de evolução, as sequências de duas proteínas que têm um ancestral em comum terão divergido de diversas maneiras. Podem ter ocorrido inserções ou deleções nas extremidades das proteínas ou dentro dos próprios domínios funcionais. Aminoácidos individuais podem ter mutado para outros resíduos com grau variável de similaridade. Para entender como os métodos de alinhamento de sequência levam em consideração essas variações potenciais de sequência, consideraremos inicialmente a abordagem mais simples, em que deslizamos uma sequência sobre a outra, com um aminoácido de cada vez, e contamos o número de resíduos correspondentes, ou *identidade de sequência* (Figura 6.5). Para a hemoglobina α e a mioglobina, o melhor alinhamento revela 23 identidades de sequência distribuídas pelas partes centrais das sequências.

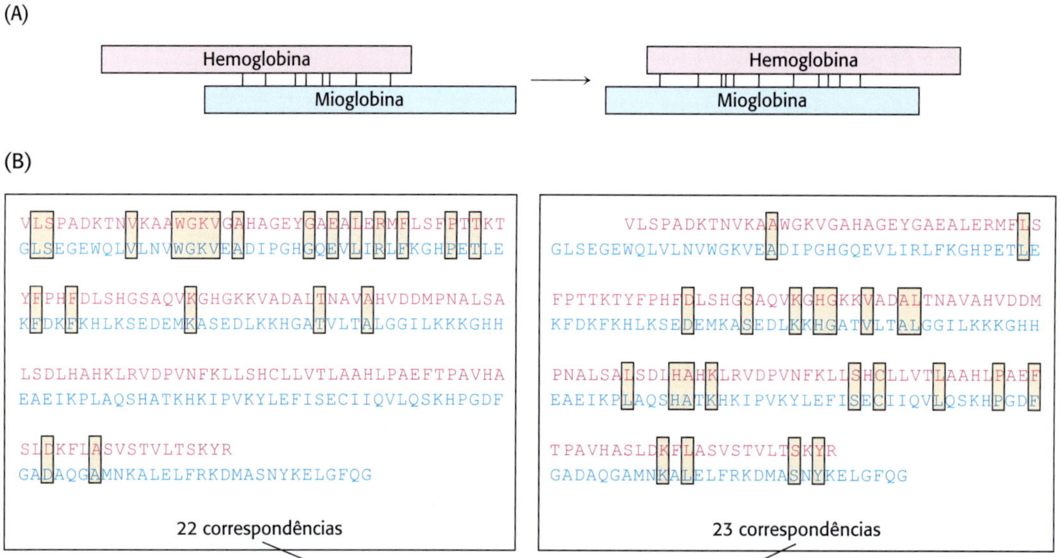


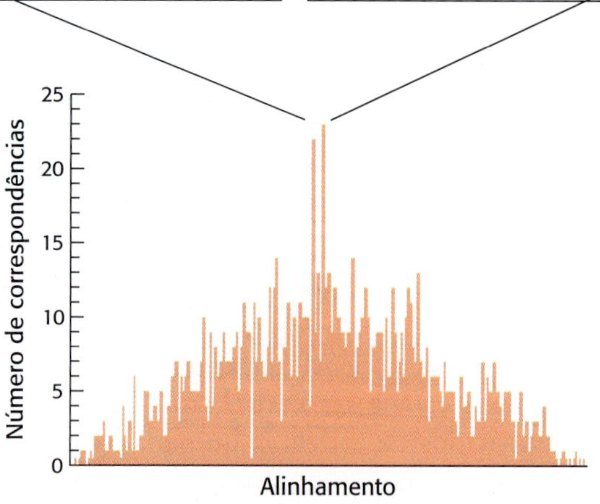


**FIGURA 6.5 Comparação das sequências de aminoácidos da hemoglobina α e da mioglobina.** (A) A comparação é feita deslizando as sequências das duas proteínas uma sobre a outra, um aminoácido de cada vez, contando o número de identidades de aminoácidos entre as proteínas. São mostradas representações de apenas dois dos > 100 alinhamentos possíveis. (B) Os dois alinhamentos com o maior número de correspondências são mostrados acima do gráfico, que apresenta as correspondências em função do alinhamento.

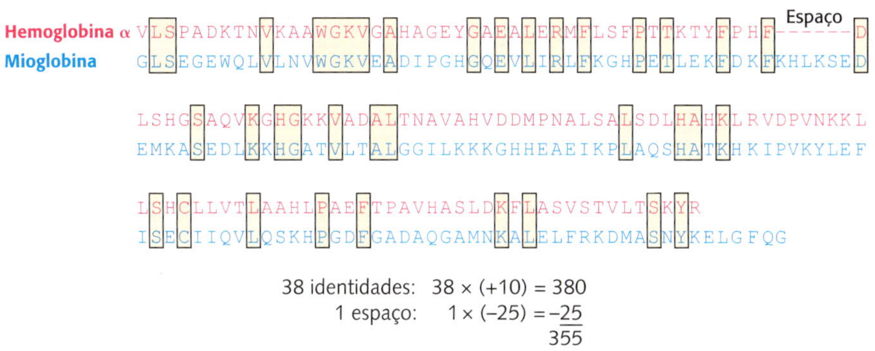


**FIGURA 6.6 Alinhamento com inserção de espaços.** O alinhamento da hemoglobina α e da mioglobina após a inserção de um espaço na sequência da hemoglobina α.

Entretanto, um exame cuidadoso de todos os alinhamentos possíveis e sua pontuação sugere que, com esse método, houve perda de informações importantes sobre a relação entre a mioglobina e a hemoglobina α. Em particular, constatamos que outro alinhamento, exibindo 22 identidades, é quase tão satisfatório (Figura 6.5). Esse alinhamento tem um deslocamento de seis resíduos em relação ao alinhamento precedente e fornece identidades que estão concentradas na extremidade aminoterminal das sequências. Ao introduzir um espaço em uma das sequências, as identidades encontradas em *ambos* os alinhamentos estarão representadas (Figura 6.6). A inserção de espaços permite que o método de alinhamento compense as inserções ou deleções de nucleotídios que possam ter ocorrido no gene de uma molécula, mas não na outra, durante o processo de evolução.

O uso de espaços aumenta substancialmente a complexidade do alinhamento de sequências, visto que, em cada sequência, é preciso considerar um vasto número de espaços possíveis, que variam tanto na sua posição quanto no seu comprimento. Além disso, a introdução de um número excessivo de espaços pode produzir um número artificialmente elevado de identidades. Entretanto, foram desenvolvidos métodos para a inserção de espaços no alinhamento automático de sequências. Esses métodos utilizam sistemas de pontuação para comparar diferentes alinhamentos, incluindo penalidades para a inserção de espaços, de modo a evitar um número excessivo deles. Por exemplo, em um sistema de pontuação, cada identidade entre sequências alinhadas é contada como +10 pontos, enquanto cada espaço introduzido, independentemente de seu tamanho, tem –25 pontos. Para o alinhamento mostrado na Figura 6.6, existem 38 identidades (38 × 10 = 380) e 1 espaço (1 × –25 = –25), produzindo uma pontuação de (380 + –25 = 355). No total, existem 38 aminoácidos correspondentes em um comprimento médio de 147 resíduos; por conseguinte, as sequências são 25,9% idênticas.

Alinhamentos como aquele anteriormente descrito fornecem informações sobre a porcentagem de identidade entre duas sequências. Entretanto, resta a seguinte pergunta: como devemos interpretar esse valor? Por exemplo, determinamos que a hemoglobina α e a mioglobina, quando há inserção de espaços, são 25,9% idênticas. Esse valor é alto o suficiente para sugerir a existência de alguma relação entre essas duas proteínas? Para responder a essas questões, precisamos definir os significados da pontuação dos alinhamentos e da porcentagem de identidade.

## O significado estatístico dos alinhamentos pode ser estimado por embaralhamento

As similaridades de sequência na Figura 6.6 parecem notáveis; contudo, ainda existe a possibilidade de que um grupo de identidades de sequência tenha ocorrido apenas por acaso. Como as proteínas são compostas pelo mesmo conjunto de 20 monômeros de aminoácidos, o alinhamento de duas proteínas quaisquer não relacionadas produzirá algumas identidades,

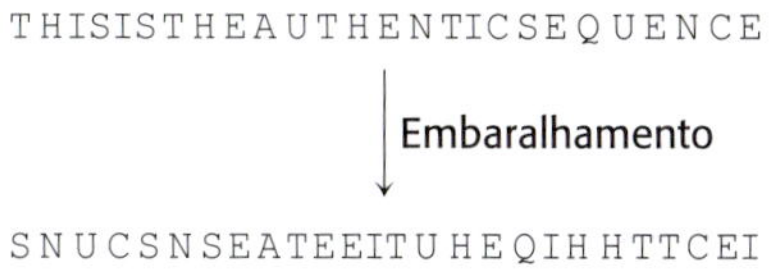


**FIGURA 6.7 Geração de uma sequência embaralhada.**

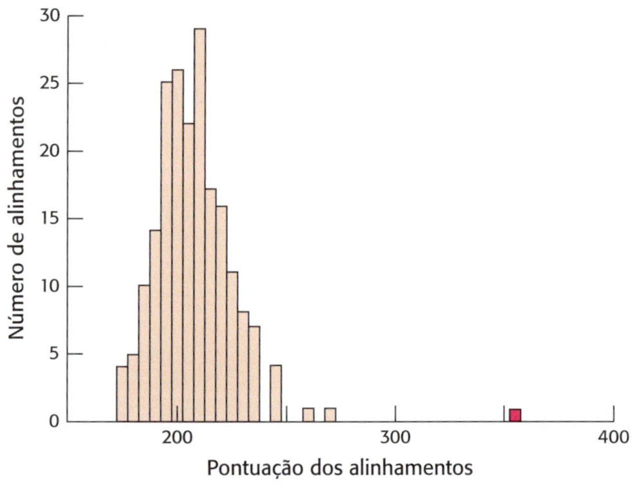


**FIGURA 6.8 Comparação estatística das pontuações de alinhamento.** Os valores de alinhamento são calculados para muitas sequências embaralhadas, e o número de sequências que geram determinada pontuação é representado graficamente em relação à pontuação. O gráfico resultante é uma distribuição das pontuações de alinhamento ocorrendo ao acaso. A pontuação de alinhamento para a hemoglobina α e a mioglobina (mostrada em vermelho) não embaralhadas é substancialmente maior do que qualquer uma dessas pontuações, sugerindo fortemente que a semelhança de sequências é significativa.

particularmente se for feita a introdução de espaços. Mesmo se duas proteínas tiverem uma composição idêntica de aminoácidos, elas podem não estar ligadas evolutivamente. É a ordem dos resíduos dentro de suas sequências que determina a existência de uma relação entre elas. Por conseguinte, podemos avaliar o significado de nosso alinhamento ao "embaralhar" ou efetuar um rearranjo aleatório de uma das sequências (Figura 6.7), realizar o alinhamento da sequência e determinar uma nova pontuação para o alinhamento. Esse processo é repetido muitas vezes para fornecer um histograma mostrando, para cada pontuação possível, o número de sequências embaralhadas que receberam essa pontuação (Figura 6.8). Se a pontuação original não for apreciavelmente diferente das pontuações dos alinhamentos embaralhados, então não podemos excluir a possibilidade de que o alinhamento original seja meramente uma consequência do acaso.

Quando esse procedimento é aplicado às sequências da mioglobina e da hemoglobina α, o alinhamento autêntico (indicado pela barra vermelha na Figura 6.8) destaca-se claramente. Sua pontuação está muito acima da média para as pontuações de alinhamento baseadas em sequências embaralhadas. A probabilidade de ocorrência desse desvio apenas ao acaso é de aproximadamente 1 em $10^{20}$. Por conseguinte, podemos confortavelmente concluir que as duas sequências são genuinamente similares, e a explicação mais simples para essa similaridade é que tais sequências são homólogas – isto é, as duas moléculas descenderam de um ancestral comum.

## Relações evolutivas distantes podem ser detectadas pelo uso de matrizes de substituição

O esquema de pontuação descrito até agora atribui pontos apenas para as posições ocupadas por aminoácidos idênticos em duas sequências comparadas. Nenhum crédito é conferido a qualquer pareamento que não tenha uma identidade. Entretanto, conforme já discutido, duas proteínas relacionadas pela evolução sofrem substituições de aminoácidos à medida que divergem. Um sistema de pontuação baseado exclusivamente na identidade dos aminoácidos não pode considerar essas alterações. Para obter maior sensibilidade na detecção de relações evolutivas, foram desenvolvidos métodos para comparar dois aminoácidos e avaliar o seu grau de *similaridade*.

Nem todas as substituições são equivalentes. Por exemplo, as mudanças de aminoácidos podem ser classificadas em estruturalmente conservadoras e não conservadoras. Uma *substituição conservadora* troca um aminoácido por outro similar no tamanho e nas propriedades químicas. As substituições conservadoras podem ter apenas efeitos mínimos sobre a estrutura da proteína e, com frequência, podem ser toleradas sem comprometer a função da proteína. Em contrapartida, em uma *substituição não conservadora*, um aminoácido é substituído por outro estruturalmente diferente. As mudanças de aminoácidos também podem ser classificadas pelo menor número de mudanças de nucleotídios necessário para obter a mudança correspondente de aminoácidos. Algumas substituições surgem da substituição de apenas um único nucleotídio na sequência gênica, enquanto outras necessitam de duas ou três substituições. As substituições conservadoras e de um único nucleotídio tendem a ser mais comuns do que as substituições com efeitos mais radicais.

Como podemos explicar o tipo de substituição quando comparamos as sequências? Podemos abordar esta questão ao examinar em primeiro lugar as substituições que ocorreram em proteínas evolutivamente relacionadas.

A partir de um exame de sequências apropriadamente alinhadas, foram deduzidas matrizes de substituição. Uma *matriz de substituição* descreve um sistema de pontuação para a substituição de qualquer aminoácido por cada um dos outros 19 aminoácidos. Nessas matrizes, uma grande pontuação positiva corresponde a uma substituição que ocorre com relativa frequência, enquanto uma grande pontuação negativa corresponde a uma substituição que só ocorre raramente. Uma matriz de substituição comumente usada, a Blosum-62 (de *Blo*cos de *m*atriz de *su*bstituição de aminoácidos, do inglês *Blo*cks of amino acid *su*bstitution *m*atrix), é ilustrada na Figura 6.9. Nesta figura, cada coluna na matriz representa 1 dos 20 aminoácidos, enquanto a posição dos códigos de uma letra dentro de cada coluna especifica a pontuação para a substituição correspondente. Observe que as pontuações que correspondem à identidade (os códigos dentro de caixas na parte superior de cada coluna) não são as mesmas para cada resíduo devido ao fato de que os aminoácidos de ocorrência menos frequente, como a cisteína (C) e o triptofano (W), irão se alinhar aleatoriamente com menos frequência do que o alinhamento dos resíduos mais comuns. Além disso, as substituições estruturalmente conservadoras, como a lisina (K) pela arginina (R) e a isoleucina (I) pela valina (V), apresentam pontos relativamente altos, enquanto as substituições não conservadoras, como a lisina pelo triptofano, resultam em pontos negativos (Figura 6.10). Quando duas sequências são comparadas, cada par de resíduos alinhados recebe uma

**FIGURA 6.9 Visão gráfica da matriz de substituição Blosum-62.** Esta matriz de substituição foi deduzida pelo exame de substituições dentro de blocos de sequências alinhadas em proteínas relacionadas. Os aminoácidos são classificados em quatro grupos (carregados, em vermelho; polares, em verde; grandes e hidrofóbicos, em azul; outros, em preto). As substituições que exigem a mudança de apenas um único nucleotídio estão sombreadas. As identidades estão dentro de caixas. Para encontrar a pontuação de uma substituição de Y por H, por exemplo, procura-se o Y na coluna que tem o H na parte superior, e verifica-se o número à esquerda. Neste caso, o ponto resultante é 2.

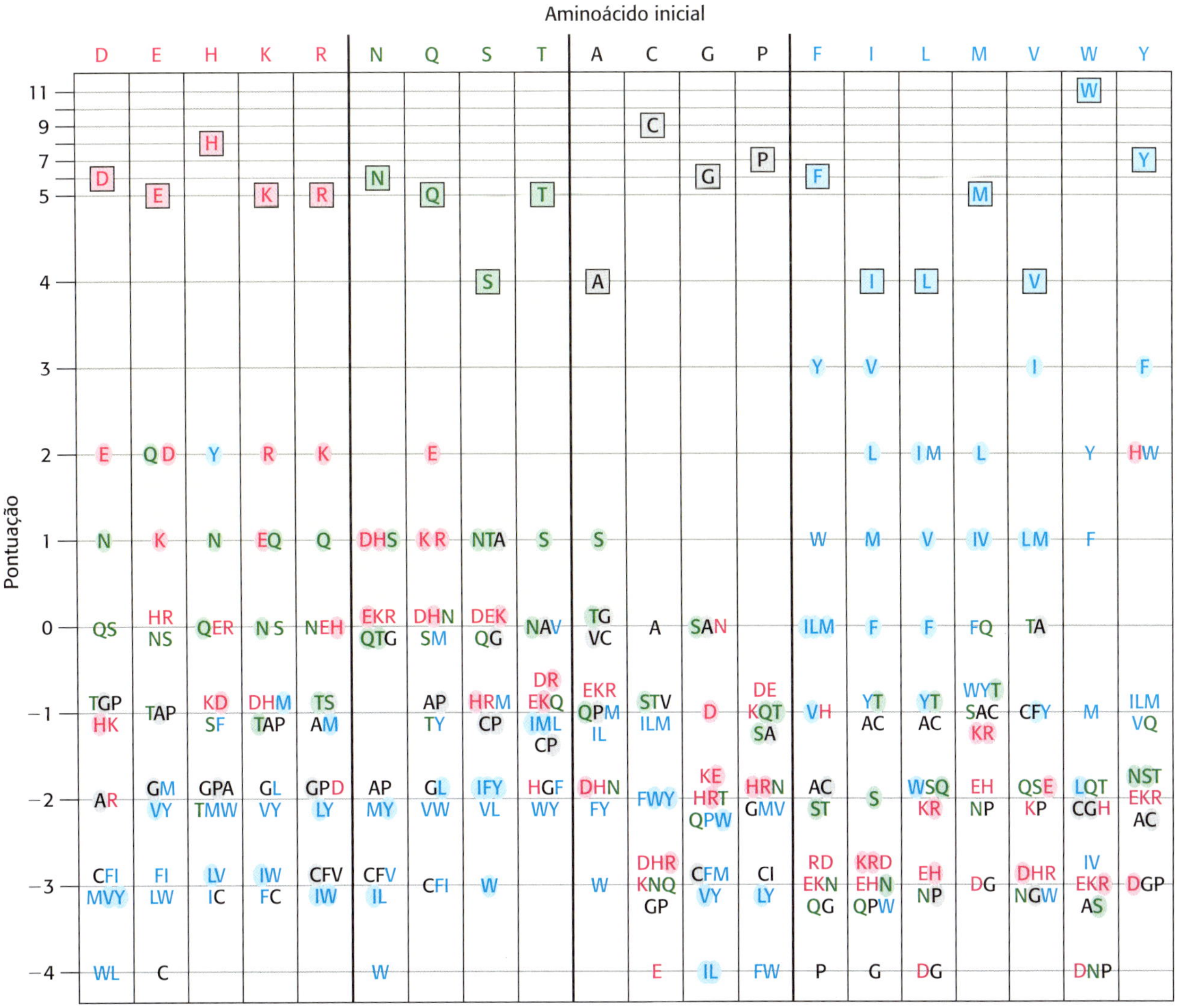

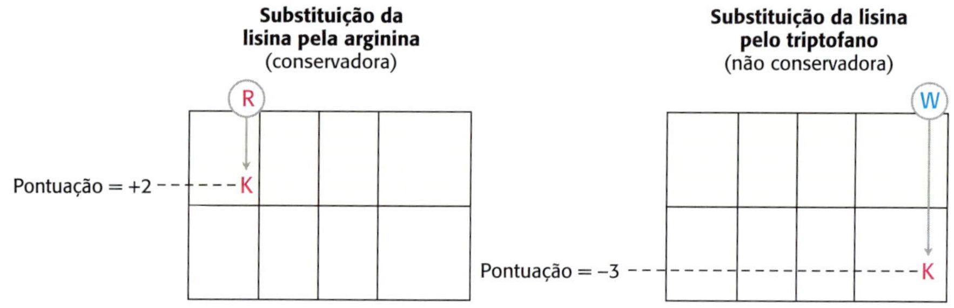


**FIGURA 6.10 Pontuação de substituições conservadoras e não conservadoras.** A matriz de substituição Blosum-62 indica que a substituição conservadora (lisina pela arginina) recebe uma pontuação positiva, enquanto uma substituição não conservadora (lisina pelo triptofano) tem uma pontuação negativa. A matriz está representada como uma forma abreviada da Figura 6.9.

pontuação com base na matriz. Além disso, as penalidades para os espaços são frequentemente avaliadas. Por exemplo, a introdução de um espaço de um único resíduo diminui a pontuação do alinhamento em 12 pontos, e a extensão de um espaço existente custa 2 pontos por resíduo. Com o uso do sistema de pontuação Blosum-62, o alinhamento entre a hemoglobina α humana e a mioglobina humana, mostrado na Figura 6.6, recebe uma pontuação de 115. Em muitas regiões, as substituições são, em sua maioria, conservadoras (definidas como substituições com valores acima de 0) e relativamente poucas são fortemente desfavorecidas (Figura 6.11).

### Sistemas de pontuação

Os sistemas de pontuação, como o sistema baseado na identidade e a matriz de substituição Blosum-62, utilizam, cada um deles, uma escala de pontuação diferente. Assim, as pontuações com números brutos de dois sistemas diferentes não devem ser comparadas entre si.

Esse sistema de pontuação detecta uma homologia entre sequências menos obviamente relacionadas com maior sensibilidade do que apenas uma comparação de identidades. Considere, por exemplo, a proteína leg-hemoglobina, uma proteína de ligação ao oxigênio encontrada nas raízes de algumas plantas. A sequência de aminoácidos da leg-hemoglobina do tremoço pode ser alinhada com a da hemoglobina humana e pontuada utilizando o esquema simples de pontuação baseado apenas nas identidades ou na matriz Blosum-62 (Figura 6.9). O embaralhamento repetido e a pontuação fornecem uma distribuição dos valores de alinhamento (Figura 6.12). A pontuação baseada exclusivamente nas identidades indica que a probabilidade de alinhamento entre a mioglobina e a leg-hemoglobina ocorrendo de modo aleatório é de 1 em 20. Por conseguinte, embora o nível de similaridade sugira uma relação, existe uma probabilidade de 5% de que a similaridade seja acidental com base nessa análise. Em contrapartida, os usuários da matriz de substituição são capazes de incorporar

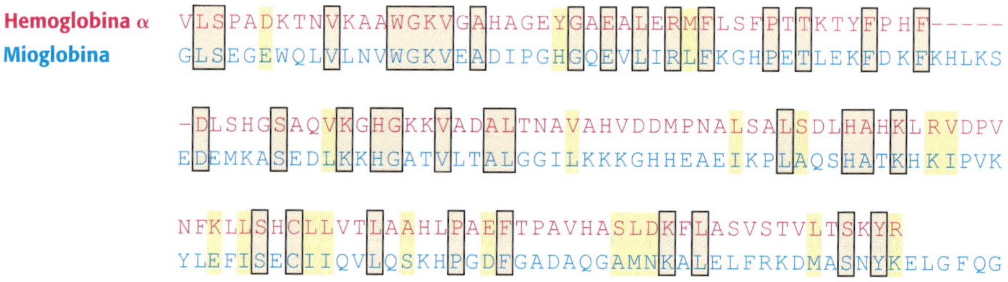


**FIGURA 6.11 Alinhamento com substituições conservadoras assinaladas.** Os alinhamentos da hemoglobina α e da mioglobina com substituições conservadoras indicadas por sombreamento em amarelo e identidades em laranja.

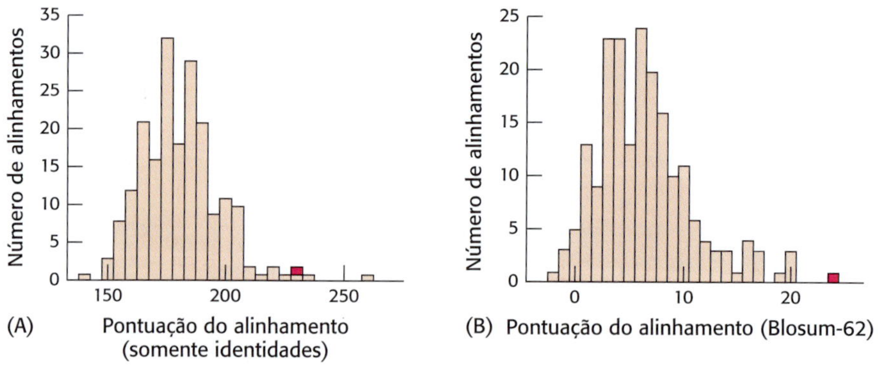


**FIGURA 6.12 Alinhamento de identidades apenas *versus* Blosum-62.** O embaralhamento repetido e a pontuação revelam o significado do alinhamento de sequências para a mioglobina humana *versus* a leg-hemoglobina do tremoço com o uso de (**A**) o sistema de pontuação simples baseado em identidades ou (**B**) a matriz de substituição Blosum-62. As pontuações para o alinhamento das sequências autênticas são apresentadas em vermelho. A inclusão da similaridade de aminoácidos além da identidade revela maior separação entre o alinhamento autêntico e a população de alinhamentos embaralhados.

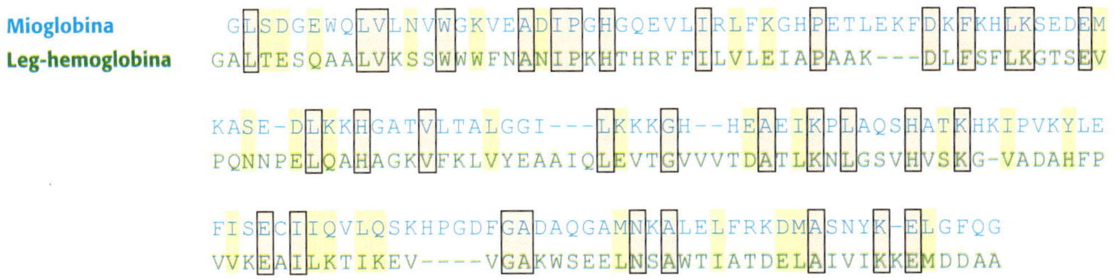


**FIGURA 6.13 Alinhamento da mioglobina humana e da leg-hemoglobina do tremoço.** O uso da matriz de substituição Blosum-62 produz o alinhamento mostrado entre a mioglobina humana e a leg-hemoglobina do tremoço, ilustrando as identidades (caixas em laranja) e as substituições conservadoras (em amarelo). Essas sequências são 23% idênticas.

os efeitos das substituições conservadoras. A partir desse tipo de análise, as chances de o alinhamento ocorrer de modo aleatório são calculadas em aproximadamente 1 em 300. Por conseguinte, uma análise realizada com o uso da matriz de substituição chega a uma conclusão mais firme acerca da relação evolutiva entre essas proteínas (Figura 6.13).

A experiência com a análise de sequências levou ao desenvolvimento de regras gerais mais simples. Para sequências com mais de 100 aminoácidos, as identidades de sequências acima de 25% quase certamente não são o resultado apenas do acaso; essas sequências são provavelmente homólogas. Em contrapartida, se duas sequências tiverem menos de 15% de identidade, é pouco provável que seu alinhamento apenas indique uma semelhança estatisticamente significativa. Para sequências com identidades entre 15% e 25%, é necessário maior análise para determinar o significado estatístico do alinhamento. É preciso ressaltar que a *ausência de um grau estatisticamente significativo de similaridade de sequência não exclui a homologia.* As sequências de muitas proteínas que descendem de ancestrais comuns divergiram a tal ponto que a relação entre as proteínas não pode ser mais detectada com base apenas nas suas sequências. Como veremos adiante, essas proteínas homólogas frequentemente podem ser identificadas pelo exame de suas estruturas tridimensionais.

## Pesquisas em bancos de dados podem ser realizadas para identificar sequências homólogas

Quando a sequência de uma proteína é determinada pela primeira vez, a sua comparação com todas as sequências previamente caracterizadas pode constituir uma fonte de grande esclarecimento acerca de suas relações evolutivas e, portanto, de sua estrutura e função. Com efeito, uma extensa comparação das sequências quase sempre constitui a primeira análise realizada em uma sequência recém-elucidada. Os métodos de alinhamento de sequência descritos anteriormente são utilizados para comparar uma sequência individual com todos os membros de sequências conhecidas de um banco de dados.

As consultas em bancos de dados para sequências homólogas são realizadas mais frequentemente usando os recursos disponibilizados na internet pelo National Center for Biotechnology Information (www.ncbi.nlm.nih.gov). O procedimento usado é designado como *BLAST* (*Basic Local Alignment Search Tool*). Uma sequência de aminoácidos é digitada ou copiada para um provedor, (blast.ncbi.nlm.nih.gov), e efetua-se uma busca, mais frequentemente em um banco de dados não redundante de todas as sequências conhecidas. No final de 2017, esse banco de dados incluía mais de 100 milhões de sequências. Uma pesquisa BLAST produz uma lista de alinhamentos de sequências, cada um acompanhado de uma estimativa da probabilidade de que o alinhamento tenha ocorrido por acaso (Figura 6.14).

Em 1995, pesquisadores divulgaram a primeira sequência completa do genoma de um organismo de vida livre, a bactéria *Haemophilus influenzae* (Figura 5.26). Com as sequências disponíveis, realizaram uma busca BLAST com cada sequência de proteína deduzida. Das 1.743 regiões codificantes de proteínas identificadas, também denominadas *fases de*

Nome da proteína homóloga

mRNA CDS (sequência codificante, *coding sequence*) completo da ribose 5-fosfato isomerase de *Homo sapiens*
**Sequência ID:** AY050633.1 **Comprimento:** 1818 **Número de correspondências:** 1

**Faixa 1:** 252 a 920 — Número de sequências com essa similaridade esperada por acaso

| Pontuação | Expectativa | Método | Identidades | Positivos | Espaços | Quadro |
|---|---|---|---|---|---|---|
| 113 bits (283) | 2e-25 | Ajuste da matriz composicional | 82/224(37%) | 118/224(52%) | 15/224(6%) | +3 |

Sequência da proteína em consulta

Sequência da proteína homóloga

```
Query  4    DELKKAVGWAALQ-YVQPGTIVGVGTGSTAAHFIDALGTMKGQIE---GAVSSSDASTEK  59
            +E KK  G AA++ +V+   ++G+G+GST  H +  +     Q       + +S  + +
Sbjct  252  EEAKKLAGRAAVENHVRNNQVLGIGSGSTIVHAVQRIAERVKQENLNLVCIPTSFQARQL  431

Query  60   LKSLGIHVFDLNEVDSLGIYVDGADEINGHMQMIKGGGAALTREKIIASVAEKFICIADA  119
            +   G+ + DL+    + + +DGADE++  + +IKGGG  LT+EKI+A  A +FI IAD
Sbjct  432  ILQYGLYLSDLDRHPEIDLAIDGADEVDADLNLIKGGGGCLTQEKIVAGYASRFIVIADF  611

Query  120  SKQVDILG---KFPLPVEVIPMARSAVARQLV-KLGGRPEYRQG------VVTDNGNVIL  169
             K    LG      +P+EVIPMA   V+R +  K GG  E R        VVTDNGN IL
Sbjct  612  RKDSKNLGDQWHKGIPIEVIPMAYVPVSRAVSQKFGGVVELRMAVNKAGPVVTDNGNFIL  791

Query  170  DVHGMEILDPIAMENAINAIPGVVTVGLFANRGADVALIGTPDG  213
            D     +     + AI  IPGVV   GLF N  A+    G  DG
Sbjct  792  DWKFDRVHKWSEVNTAIKMIPGVVDTGLFINM-AERVYFGMQDG  920
```

Sinal positivo = substituição conservadora    Letra = identidade

**FIGURA 6.14 Resultados de busca com BLAST.** Parte dos resultados de uma busca BLAST em banco de dados não redundante (NR) de sequências de proteínas utilizando a sequência da ribose 5-fosfato isomerase (também denominada fosfopentose isomerase; ver Capítulo 20) de *E. coli* como consulta. Entre as milhares de sequências encontradas, está a sequência ortóloga de seres humanos, e mostra-se o alinhamento entre essas sequências. O número de sequências com esse nível de similaridade que se espera estar no banco de dados pelo acaso é de $2 \times 10^{-25}$, conforme mostrado pelo valor E (destacado em vermelho). Como esse valor é muito menor do que 1, o alinhamento da sequência observado é altamente significativo.

*leitura aberta* (ORFs, *open reading frames*), 1.007 (58%) puderam ser ligadas a alguma proteína de função conhecida que tinha sido prontamente caracterizada em outro organismo. Mais 347 ORFs puderam ser ligadas às sequências nos bancos de dados às quais não tinha sido ainda atribuída nenhuma função ("proteínas hipotéticas"). As 389 sequências remanescentes não corresponderam a nenhuma das sequências presentes nos bancos de dados daquela época. Por conseguinte, os pesquisadores foram capazes de identificar funções prováveis para mais da metade das proteínas desse organismo apenas pela comparação das sequências.

## 6.3 A análise da estrutura tridimensional amplia nossa compreensão das relações evolutivas

A comparação de sequências é uma ferramenta poderosa para ampliar nossos conhecimentos sobre a função e o parentesco das proteínas. Entretanto, as biomoléculas geralmente funcionam como complexas estruturas tridimensionais, e não como polímeros lineares. Ocorrem mutações no nível da sequência, porém os efeitos dessas mutações são observados na função, e esta última está diretamente relacionada com a estrutura terciária. Consequentemente, para se obter uma compreensão mais profunda das relações evolutivas entre as proteínas, precisamos examinar as estruturas tridimensionais, particularmente em associação com as informações da sequência. As técnicas de determinação das estruturas são apresentadas no Capítulo 3, seção 3.5.

### A estrutura terciária é mais conservada do que a primária

Como a estrutura tridimensional está muito mais estreitamente associada à função do que a sequência, a estrutura terciária é mais conservada evolutivamente do que a estrutura primária. Essa conservação é aparente nas estruturas terciárias das globinas (Figura 6.15), que são extremamente similares, embora a similaridade entre a mioglobina humana e a leg-hemoglobina do tremoço seja pouco detectável no nível da sequência (Figura 6.12), e aquela entre a hemoglobina α humana e a leg-hemoglobina do tremoço não seja estatisticamente significativa (15% de identidade). Essa similaridade estrutural estabelece firmemente que o esqueleto que liga o grupo heme e facilita a ligação reversível de oxigênio foi conservado por um longo período evolutivo.

Qualquer pessoa que conheça as funções bioquímicas similares da hemoglobina, da mioglobina e da leg-hemoglobina pode esperar similaridades estruturais. Todavia, em um número crescente de outros casos, a comparação das

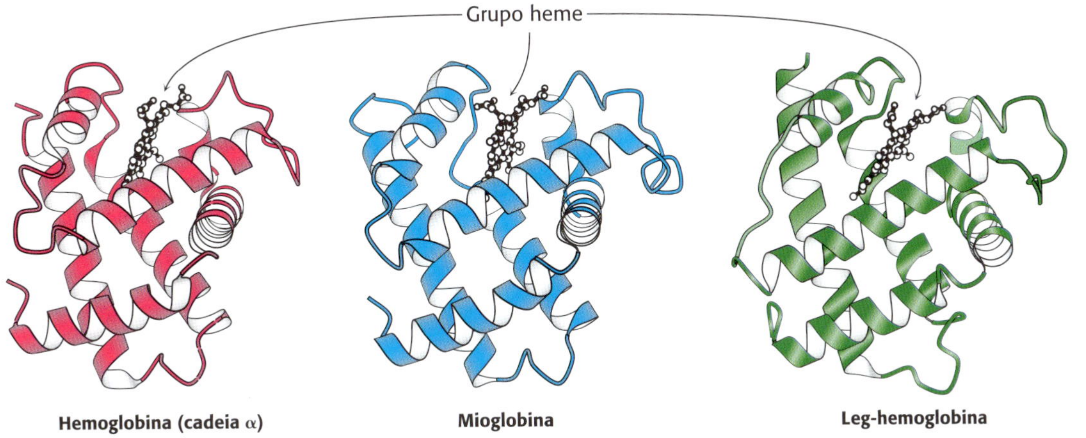


**FIGURA 6.15 Conservação da estrutura tridimensional.** As estruturas terciárias da hemoglobina humana (cadeia α), da mioglobina humana e da leg-hemoglobina do tremoço são conservadas. Cada grupo heme contém um átomo de ferro ao qual se liga o oxigênio. [Desenhada de 1HBB.pdb, 1MBD.pdb e 1GDJ.pdb.]

estruturas tridimensionais tem revelado notáveis similaridades entre proteínas das quais *não* se esperava nenhuma relação com base nas suas funções diversas. Este é o caso da proteína actina, um importante componente do citoesqueleto (ver Capítulo 36, seção 36.2, disponível no material complementar *online*) e da proteína do choque térmico 70 (Hsp-70), que ajuda no enovelamento de proteínas dentro das células. Foi constatado que essas duas proteínas são notavelmente similares na sua estrutura, apesar de uma identidade de sequência de apenas 16% (Figura 6.16). Com base em suas estruturas tridimensionais, a actina e a Hsp-70 são parálogas. O nível de similaridade estrutural sugere fortemente que, apesar de seus papéis biológicos diferentes nos organismos presentes hoje, essas proteínas descendem de um ancestral comum. À medida que são determinadas as estruturas tridimensionais de mais proteínas, esses parentescos inesperados estão sendo descobertos com frequência crescente. A pesquisa desses parentescos depende mais frequentemente de buscas por meio de programas computacionais que sejam capazes de comparar a estrutura tridimensional de qualquer proteína com todas as outras estruturas conhecidas.

## O conhecimento das estruturas tridimensionais pode ajudar na avaliação dos alinhamentos de sequências

Os métodos de comparação de sequências descritos até agora tratam igualmente todas as posições dentro de uma sequência. Entretanto, com base no exame de famílias de proteínas homólogas para as quais pelo menos uma estrutura tridimensional é conhecida, sabemos que regiões e resíduos fundamentais para a função da proteína são mais fortemente conservados do que outros resíduos. Por exemplo, cada tipo de globina contém um grupo heme ligado com um átomo de ferro em seu centro. Um resíduo de histidina que interage diretamente com esse átomo de ferro (ver Capítulo 7. seção 7.1)

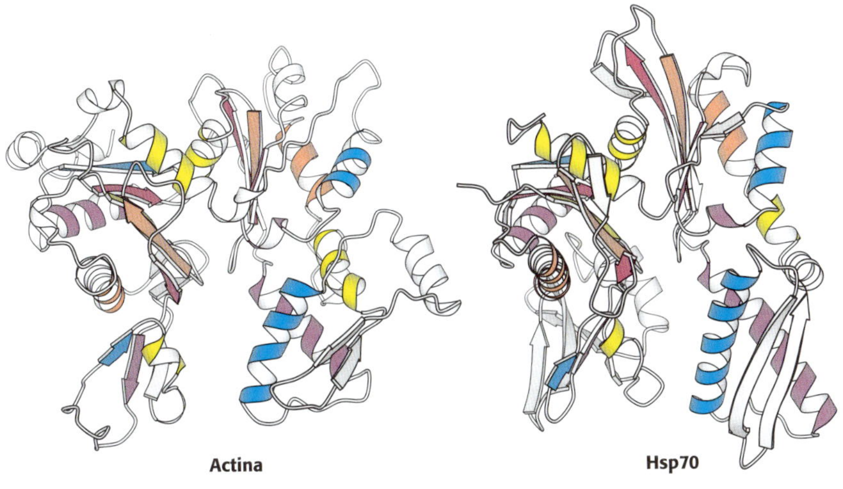


**FIGURA 6.16 Estruturas da actina e de um grande fragmento da proteína do choque térmico 70 (Hsp-70).** Uma comparação dos elementos coloridos de modo idêntico da estrutura secundária revela a similaridade global de estrutura, apesar da diferença nas atividades bioquímicas. [Desenhada de 1ATN.pdb e 1ART.pdb.]

é conservado em todas as globinas. Após termos identificado os resíduos essenciais ou as sequências altamente conservadas dentro de uma família de proteínas, podemos algumas vezes identificar outros membros da família, mesmo quando o nível global de similaridade das sequências está abaixo da significância estatística. Por conseguinte, pode ser útil gerar um *molde de sequência* – um mapa de resíduos conservados que são estrutural e funcionalmente importantes e que são característicos de determinadas famílias de proteínas –, tornando possível reconhecer novos membros da família que poderiam ser indetectáveis por outros métodos. Estão sendo também desenvolvidos vários outros métodos para a classificação de sequência que recorrem às estruturas tridimensionais conhecidas. Outros métodos ainda são capazes de identificar resíduos conservados dentro de uma família de proteínas homólogas, mesmo sem uma estrutura tridimensional conhecida. Com frequência, esses métodos utilizam matrizes de substituição que diferem em cada posição dentro de uma família de sequências alinhadas. Esses esquemas frequentemente podem detectar relações evolutivas muito distantes.

## Podem ser detectados motivos repetidos pelo alinhamento das sequências com elas mesmas

Conforme discutido no Capítulo 2, seção 2.4, os domínios consistem em regiões compactas de estrutura proteica que podem ser encontrados em uma variedade de sequências de proteínas. Mais de 10% de todas as proteínas contêm conjuntos de dois ou mais domínios que se assemelham entre si. Os métodos de busca de sequências frequentemente podem detectar sequências repetidas internamente que foram caracterizadas em outras proteínas. Todavia, com frequência, as unidades repetidas internamente não correspondem aos domínios previamente identificados. Nesses casos, a sua presença pode ser detectada tentando-se alinhar determinada sequência com ela mesma. A significância estatística dessas repetições pode ser testada alinhando as regiões em questão, como se essas regiões fossem sequências de proteínas separadas. Para a proteína de ligação à caixa TATA (Figura 6.17A), uma proteína essencial no controle da transcrição gênica de eucariotos (ver Capítulo 4, seção 4.5),

(A) **Estrutura primária da proteína de ligação à caixa TATA:**

```
  1  MTDQGLEGSN PVDLSKHPSG IVPTLQNIVS TVNLDCKLDL KAIALQARNA
 51  EYNPKRFAAV IMRIREPKTT ALIFASGKMV CTGAKSEDFS KMAARKYARI
101  VQKLGFPAKF KDFKIQNIVG SCDVKFPIRL EGLAYSHAAF SSYEPELFPG
151  LIYRMKVPKI VLLIFVSGKI VITGAKMRDE TYKAFENIYP VLSEFRKIQQ
```

(B) **Autoalinhamento:**

```
  1  MTDQGLEGSNPVDLSKHPS

 20  GIVPTLQNIVSTVNLDCKLDLKAIALQ-ARNAEYNPKRFAAVIMRIR
110  FKDFKIQNIVGSCDVKFPIRLEGLAYSHAAFSSYEPELFPGLIYRMK

 66  EPKTTALIFASGKMVCTGAKSEDFSKMAARKYARIVQKLGFPAK
157  VPKIVLLIFVSGKIVITGAKMRDETYKAFENIYPVLSEFRKIQQ
```

(C) **Repetição N-terminal**

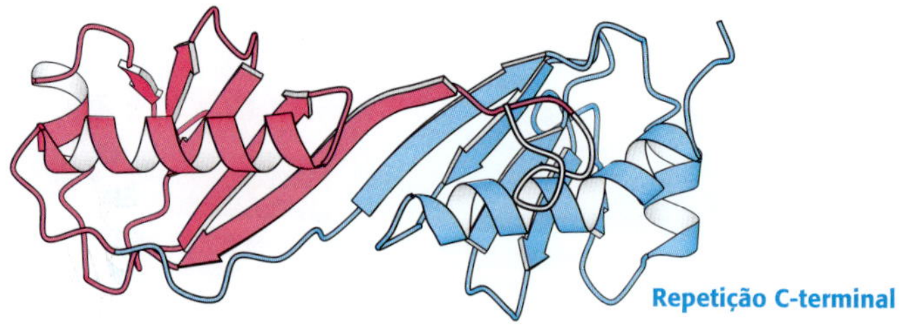


**Proteína de ligação à caixa TATA**

**FIGURA 6.17 Alinhamento de sequências de repetições internas. A.** Estrutura primária da proteína de ligação à caixa TATA. **B.** Um alinhamento das sequências das duas repetições da proteína de ligação à caixa TATA. A repetição aminoterminal é mostrada em vermelho, e a repetição carboxiterminal, em azul. **C.** Estrutura da proteína de ligação à caixa TATA. O domínio aminoterminal é mostrado em vermelho, e o domínio carboxiterminal, em azul. Para uma visão diferente dessa proteína, ver Figura 30.26 [Desenhada de 1VOK.pdb.]

esse alinhamento é altamente significativo: a comparação de duas regiões de 90 resíduos da proteína revela que 30% dos aminoácidos são idênticos (Figura 6.17B). A probabilidade estimada de ocorrência de alinhamento desse tipo por acaso é de 1 em $10^{13}$. A determinação da estrutura tridimensional da proteína de ligação à caixa TATA confirmou a presença de estruturas repetidas; a proteína é formada por dois domínios quase idênticos (Figura 6.17C). Há evidências convincentes de que o gene que codifica essa proteína evoluiu por duplicação de um gene que codifica um único domínio.

## A evolução convergente ilustra soluções comuns para desafios bioquímicos

Até agora, investigamos proteínas derivadas de ancestrais comuns – isto é, por *evolução divergente*. Foram encontrados outros casos de proteínas que são estruturalmente similares em outros aspectos importantes, mas que não descendem de um ancestral comum. Como duas proteínas não relacionadas poderiam se tornar estruturalmente similares? Duas proteínas evoluindo independentemente podem ter convergido para aspectos estruturais similares a fim de desempenhar uma mesma atividade bioquímica semelhante. Talvez essa estrutura tenha sido uma solução particularmente efetiva para um problema bioquímico. O processo pelo qual vias evolutivas muito diferentes levam à mesma solução é denominado *evolução convergente*.

Um exemplo de evolução convergente é encontrado entre as serina proteases. Essas enzimas, que são apresentadas com mais detalhes no Capítulo 9, clivam ligações peptídicas por hidrólise. A Figura 6.18 mostra as estruturas dos sítios ativos – isto é, os sítios nas proteínas onde ocorre a reação de hidrólise – para duas dessas enzimas, a quimiotripsina e a subtilisina. Essas estruturas dos sítios ativos são notavelmente similares. Em cada caso, um resíduo de serina, um resíduo de histidina e um resíduo de ácido aspártico estão posicionados no espaço em arranjos quase idênticos. Como veremos, esse arranjo espacial conservado é fundamental para a atividade dessas enzimas e proporciona a mesma solução mecanicista para o problema da hidrólise de ligações peptídicas. À primeira vista, essa similaridade pode sugerir que tais proteínas sejam homólogas. Entretanto, as notáveis diferenças observadas nas estruturas globais dessas proteínas tornam uma relação evolutiva extremamente improvável (Figura 6.19). Enquanto a quimiotripsina é constituída quase totalmente de folhas β, a subtilisina contém uma extensa estrutura em α-hélices. Além disso, os resíduos essenciais de serina, histidina e ácido aspártico nem mesmo aparecem na mesma ordem dentro das duas sequências. É extremamente improvável que duas proteínas que evoluíram de um ancestral comum possam ter retido estruturas similares dos sítios ativos, enquanto outros aspectos da estrutura mudaram de modo tão radical.

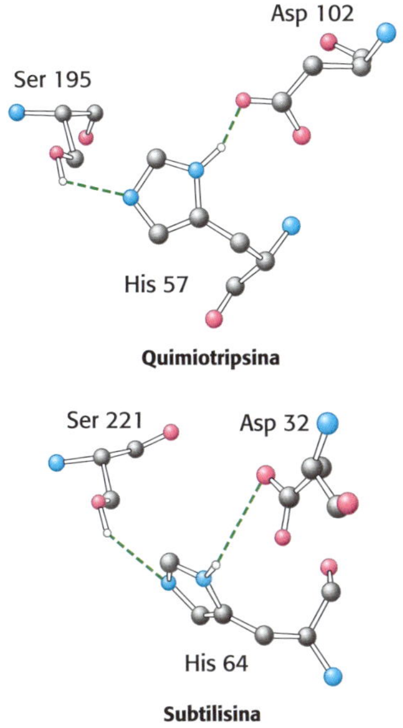


**FIGURA 6.18 Evolução convergente dos sítios ativos de proteases.** As posições relativas dos três resíduos essenciais mostrados são quase idênticas nos sítios ativos das serina proteases, quimiotripsina e subtilisina.

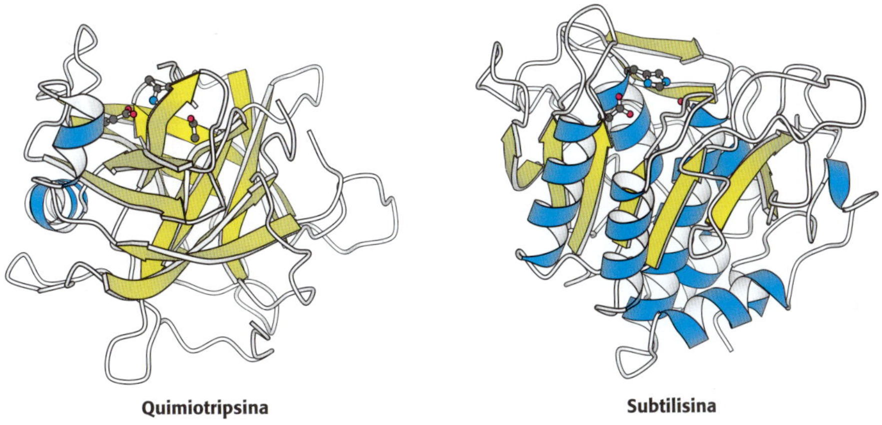


**FIGURA 6.19 Estruturas da quimiotripsina de mamíferos e da subtilisina bacteriana.** As estruturas globais são muito diferentes, em acentuado contraste com os sítios ativos mostrados na parte superior de cada estrutura. As fitas β são mostradas em amarelo, e as α-hélices, em azul. [Desenhada de 1GCT.pdb. e 1SUP.pdb.]

### A comparação das sequências de RNA pode constituir uma fonte de esclarecimento sobre as estruturas secundárias do RNA

As sequências homólogas de RNA podem ser comparadas de modo similar ao já descrito para as sequências de proteínas. Essas comparações podem constituir uma importante fonte de esclarecimento sobre as relações evolutivas; além disso, fornecem indícios sobre a estrutura tridimensional do próprio RNA. Conforme assinalado no Capítulo 4, as moléculas de ácido nucleico de fita simples dobram-se sobre si mesmas, formando estruturas elaboradas que são mantidas unidas por pareamento de bases de Watson-Crick e outras interações não covalentes. Em uma família de sequências que formam estruturas semelhantes de pareamento de bases, as sequências de bases podem variar, porém a capacidade de pareamento de bases é conservada. Considere, por exemplo, uma região de uma grande molécula de RNA presente nos ribossomos de todos os organismos (Figura 6.20). Na região mostrada, a sequência de *E. coli* tem um resíduo de guanina (G) na posição 9 e um resíduo de citosina (C) na posição 22, enquanto a sequência humana tem uracila (U) na posição 9 e adenina (A) na posição 22. O exame das seis sequências mostradas na Figura 6.20 revela que as bases nas posições 9 e 22, bem como várias das posições adjacentes, conservam a capacidade de formar pares de bases de Watson-Crick, muito embora as identidades das bases nessas posições variem. Podemos deduzir que dois segmentos com mutações pareadas que mantêm a capacidade de pareamento de bases tendem a formar uma dupla hélice. Para várias moléculas homólogas de RNA cujas sequências são conhecidas, esse tipo de análise de sequência frequentemente pode sugerir estruturas secundárias completas, bem como algumas interações, que não obedecem às regras padrões de pareamento de bases de Watson-Crick (ver Capítulo 4, seção 4.2). Para esse RNA ribossômico específico, a determinação subsequente de sua estrutura tridimensional (ver Capítulo 31, seção 31.3) confirmou a estrutura secundária prevista.

## 6.4 As árvores evolutivas podem ser construídas com base nas informações das sequências

A observação de que a homologia se manifesta frequentemente como uma similaridade de sequências sugere que a via evolutiva que relaciona os membros de uma família de proteínas pode ser deduzida pelo exame da similaridade de sequências. Essa abordagem baseia-se na noção de que as sequências que são mais similares entre si tiveram menos tempo evolutivo

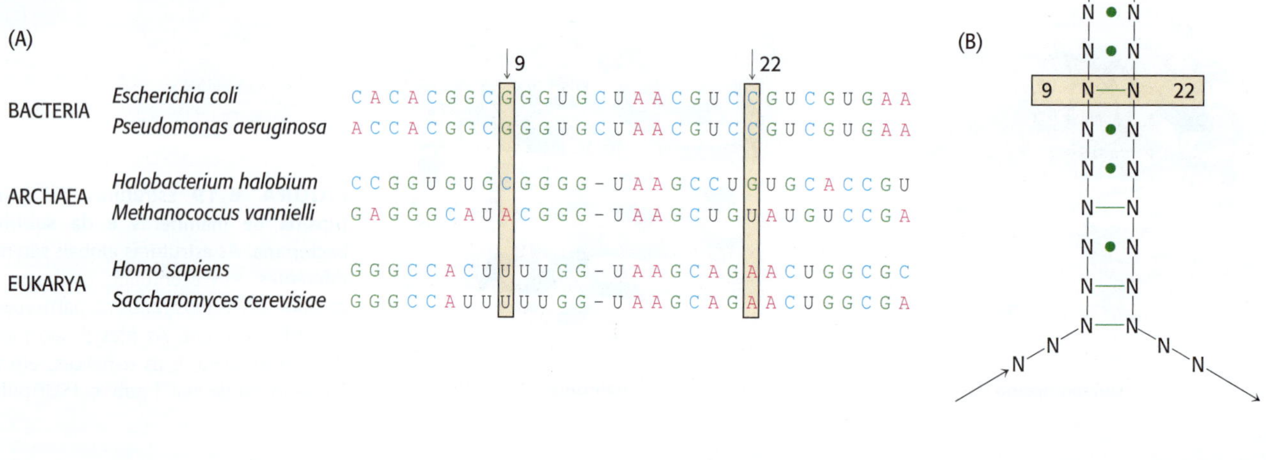


**FIGURA 6.20 Comparação de sequências de RNA.** **A.** Comparação das sequências em uma parte do RNA ribossômico obtido de uma variedade de espécies. **B.** A estrutura secundária deduzida. As linhas verdes indicam as posições nas quais o pareamento de bases de Watson-Crick é totalmente conservado nas sequências mostradas, enquanto os pontos indicam as posições nas quais o pareamento de bases de Watson-Crick é conservado na maioria dos casos.

para divergir do que as sequências que são menos similares. Esse método pode ser ilustrado utilizando-se as três sequências de globina nas Figuras 6.11 e 6.13, bem como a sequência da cadeia β da hemoglobina humana. Essas sequências podem ser alinhadas com a restrição adicional de que os espaços, quando presentes, devem estar nas mesmas posições em todas as proteínas. Essas sequências alinhadas podem ser utilizadas para construir uma *árvore evolutiva*, cujo comprimento do ramo que conecta cada par de proteínas é proporcional ao número das diferenças de aminoácidos entre as sequências (Figura 6.21).

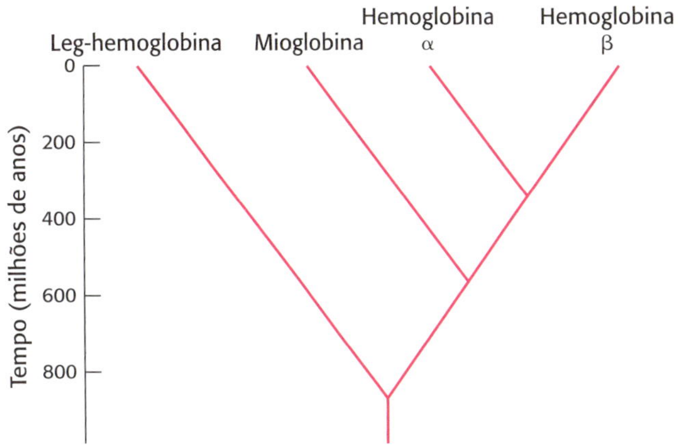


**FIGURA 6.21 Árvore evolutiva para as globinas.** A estrutura ramificada foi deduzida por comparações de sequências, enquanto os resultados dos estudos de fósseis forneceram a escala de tempo global mostrando o momento em que ocorreu a divergência.

Essas comparações revelam apenas os tempos relativos de divergência – por exemplo, a mioglobina divergiu da hemoglobina há um tempo duas vezes maior do que a cadeia α divergiu da cadeia β. Como podemos estimar as datas aproximadas das duplicações gênicas e de outros eventos evolutivos? As árvores evolutivas podem ser calibradas pela comparação dos pontos de ramificação deduzidos com os tempos de divergência determinados pelos registros fósseis. Por exemplo, a duplicação que levou às duas cadeias de hemoglobina parece ter ocorrido há 350 milhões de anos. Essa estimativa é apoiada pela observação de que peixes sem mandíbula, como a lampreia, que divergiu dos peixes ósseos há aproximadamente 400 milhões de anos, contêm hemoglobina constituída de um único tipo de subunidade (Figura 6.22). Esses métodos podem ser aplicados tanto a moléculas relativamente atuais quanto a moléculas muito antigas, como os RNAs ribossômicos que são encontrados em todos os organismos. Com efeito, essa análise de sequência de RNA levou ao reconhecimento de que as arqueias constituem um grupo distinto de organismos que divergiram das bactérias bem no início da história evolutiva (Figura 1.3).

**FIGURA 6.22 Lampreia.** A lampreia, um peixe sem mandíbula cujos ancestrais divergiram dos peixes ósseos há aproximadamente 400 milhões de anos, contém moléculas de hemoglobina constituídas de apenas um tipo de cadeia polipeptídica. [Breck P. Kent.]

## Eventos de transferência horizontal de genes podem explicar ramos inesperados na árvore evolutiva

A árvores evolutivas que abrangem ortólogos de determinada proteína em uma variedade de espécies podem levar a descobertas inesperadas. Considere a alga vermelha unicelular *Galdieria sulphuraria*, um eucarioto notável que pode se desenvolver em ambientes extremos, incluindo temperaturas de até 56°C, em valores de pH situados entre 0 e 4 e na presença de altas concentrações de metais tóxicos. A *G. sulphuraria* pertence à ordem Cyanidiales, que claramente está localizada no ramo eucariótico da árvore evolutiva (Figura 6.23A). Entretanto, a sequência do genoma completo desse organismo revelou que quase 5% das ORFs de *G. sulphuraria* codificam proteínas que estão mais estreitamente relacionadas com ortólogos bacterianos ou de arqueias e não eucarióticos. Além disso, as proteínas que exibem essas relações evolutivas inesperadas desempenham funções que têm probabilidade de conferir uma vantagem de sobrevida em ambientes extremos, como a remoção de íons metálicos do interior da célula (Figura 6.23B). Uma provável explicação para essas observações é a *transferência horizontal de genes* ou *troca de DNA entre espécies*, que proporciona uma vantagem seletiva ao receptor. Entre os procariotos, a transferência horizontal de genes constitui um mecanismo evolutivo bem caracterizado e importante. Por exemplo, como iremos discutir no Capítulo 9, a troca de DNA de plasmídio entre espécies bacterianas provavelmente facilitou a aquisição de atividades de endonucleases de restrição. Entretanto, estudos recentes como os da *G. sulphuraria*, que se tornaram possíveis como resultado do crescimento expansivo das informações sobre a sequência de

A alga vermelha unicelular *Galdieria sulphuraria* [Dr. Gerald Schönknecht.]

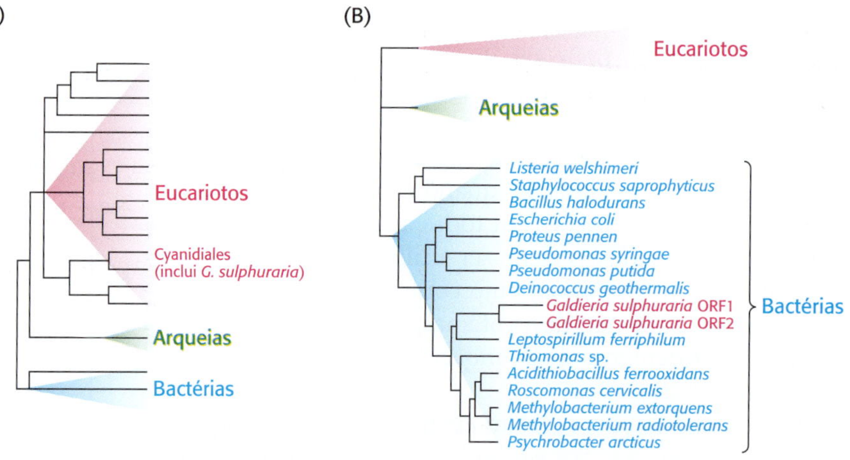


**FIGURA 6.23 Evidências de transferência horizontal de genes. A.** A alga vermelha unicelular *Galdieria sulphuraria* pertence à ordem Cyanidiales, que está localizada claramente dentro do ramo eucariótico da árvore evolutiva. **B.** No genoma totalmente sequenciado de *G. sulphuraria*, duas ORFs codificam proteínas envolvidas no transporte de íons arseniato através das membranas. O alinhamento dessas ORFs contra ortólogos de uma variedade de espécies revela que essas bombas estão mais estreitamente relacionadas com seus correspondentes nas bactérias, sugerindo a ocorrência de um evento de transferência horizontal de genes durante a evolução dessa espécie. [(**A**) Informação do Dr. Gerald Schönknecht; (**B**) informação de G. Schönknecht *et al.*, *Science* 339:1207–1210, 2013, Fig. 3.]

genomas completos, sugerem que a transferência horizontal de genes de procariotos para eucariotos, entre diferentes domínios de vida, também pode representar eventos evolutivamente significativos.

## 6.5 As técnicas modernas disponíveis possibilitam a exploração experimental da evolução

Duas técnicas de bioquímica possibilitaram examinar o curso da evolução mais diretamente, e não por simples inferência. A reação em cadeia da polimerase (ver Capítulo 5, seção 5.1) possibilita o exame direto de sequências antigas de DNA, livrando-nos, pelo menos em alguns casos, das restrições de examinar os genomas existentes apenas dos organismos vivos. A evolução molecular pode ser investigada pelo uso da *química combinatória*, o processo de produzir grandes populações de moléculas em massa e de selecionar uma propriedade bioquímica. Esse notável processo fornece uma ideia dos tipos de moléculas que podem ter existido bem no início da evolução.

### O DNA antigo algumas vezes pode ser amplificado e sequenciado

A enorme estabilidade química do DNA faz com que essa molécula esteja bem adaptada ao seu papel como local de armazenamento da informação genética. Esta molécula é tão estável que amostras de DNA têm sobrevivido por muitos milhares de anos em condições apropriadas. Com o desenvolvimento dos métodos de PCR e dos métodos avançados de sequenciamento de DNA, esse DNA antigo pode ser amplificado e sequenciado. Tal abordagem foi inicialmente aplicada ao DNA mitocondrial de um fóssil de Neandertal, cuja idade foi estimada em 38.000 anos. A comparação da sequência mitocondrial completa do homem de Neandertal com as do *Homo sapiens* revelou entre 201 e 234 substituições, ou seja, consideravelmente menos do que as cerca de 1.500 diferenças entre os seres humanos e os chimpanzés na mesma região do DNA mitocondrial.

De maneira notável, as sequências dos genomas completos de um Neandertal e de um hominídeo estreitamente relacionado conhecido como Denisovano foram obtidas com o uso de DNA isolado de fósseis que datam de quase 50.000 anos. A comparação dessas sequências sugere que o ancestral comum do ser humano moderno e do Neandertal viveu há aproximadamente 570.000 anos, enquanto o ancestral comum entre neandertais e denisovanos viveu há quase 380.000 anos. Uma árvore evolutiva construída a partir desses dados revelou que o Neandertal não era um intermediário entre os chimpanzés e os seres humanos, mas sim um "fim de linha" evolutivo que se tornou extinto (Figura 6.24). Uma análise

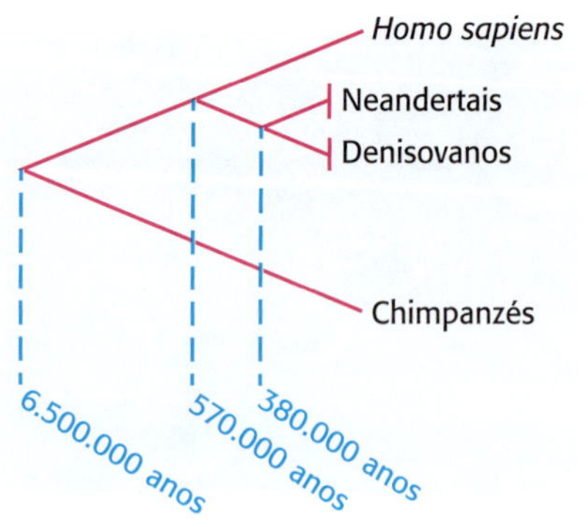


**FIGURA 6.24 Localização dos neandertais e dos denisovanos em uma árvore evolutiva.** A comparação das sequências de DNA revelou que nem o Neandertal nem o Denisovano encontram-se na linha de descendência direta que leva ao *Homo sapiens*, porém divergiram mais cedo e, em seguida, tornaram-se extintos.

posterior dessas sequências permitiu aos pesquisadores determinar a extensão da reprodução cruzada entre esses grupos, elucidar a história geográfica dessas populações e fazer inferências sobre outros ancestrais cujo DNA ainda não foi sequenciado.

Alguns estudos iniciais alegam ter determinado as sequências de um DNA muito mais antigo, como aquele encontrado em insetos presos em âmbar; entretanto, tais estudos parecem ter falhas. Foi constatado que a fonte dessas sequências estava contaminada com DNA moderno. Um sequenciamento bem-sucedido do DNA antigo requer uma quantidade de DNA suficiente para uma identificação confiável e uma rigorosa exclusão de todas as fontes de contaminação.

## A evolução molecular pode ser examinada experimentalmente

A evolução requer três processos: (1) a geração de uma população diversa, (2) a seleção de membros com base em algum critério de aptidão, e (3) a reprodução para enriquecer a população com esses membros mais adaptados. As moléculas de ácido nucleico são capazes de passar por todos os três processos *in vitro* em condições apropriadas. Os resultados desses estudos nos fornecem uma ideia de como os processos evolutivos podem ter gerado atividades catalíticas e capacidades específicas de ligação – funções bioquímicas importantes em todos os sistemas vivos.

Uma população diversificada de moléculas de ácido nucleico pode ser sintetizada no laboratório por um processo de química combinatória, que produz rapidamente grandes populações de determinado tipo de molécula, como um ácido nucleico. Uma população de moléculas de determinado tamanho pode ser gerada aleatoriamente, de modo que muitas ou todas as sequências possíveis estejam presentes na mistura. Uma vez gerada uma população inicial, ela fica sujeita a um processo de seleção que isola moléculas específicas com propriedades desejadas de ligação ou de reatividade. Por fim, as moléculas que sobrevivem ao processo de seleção são replicadas com o uso de PCR; os iniciadores (*primers*) são dirigidos para sequências específicas incluídas nas extremidades de cada membro da população. Os erros que ocorrem naturalmente no processo de replicação introduzem uma variação adicional na população em cada "geração".

Consideremos uma aplicação dessa abordagem. No início da evolução, antes do surgimento das proteínas, as moléculas de RNA podem ter desempenhado todos os principais papéis na catálise biológica. A fim de entender as propriedades do RNA potencial catalisador, os pesquisadores utilizaram os métodos já descritos para criar uma molécula de RNA capaz de se ligar à adenosina trifosfato e aos nucleotídios relacionados. Foi criada uma população inicial de moléculas de RNA com 169 nucleotídios de comprimento; 120 das posições diferiam aleatoriamente, com misturas equimolares de adenina, citosina, guanina e uracila. O conjunto sintético inicial que foi utilizado continha aproximadamente $10^{14}$ moléculas de RNA. Observe que esse número é uma fração muito pequena do conjunto total possível de sequências de 120 bases aleatórias. A partir desse conjunto, foram selecionadas as moléculas que se ligavam à ATP, que tinha sido imobilizada em uma coluna (Figura 6.25).

A coleção de moléculas que se ligaram bem à coluna de afinidade de ATP foi replicada por meio de transcrição reversa em DNA, amplificada por PCR e transcrita de volta em RNA. Uma diversidade adicional no conjunto de RNA é introduzida devido ao fato de a transcriptase reversa ser sujeita a erros, introduzindo mutações adicionais na população durante cada ciclo. A nova população foi submetida a ciclos adicionais de seleção para a atividade de ligação à ATP. Depois de oito gerações, os membros da

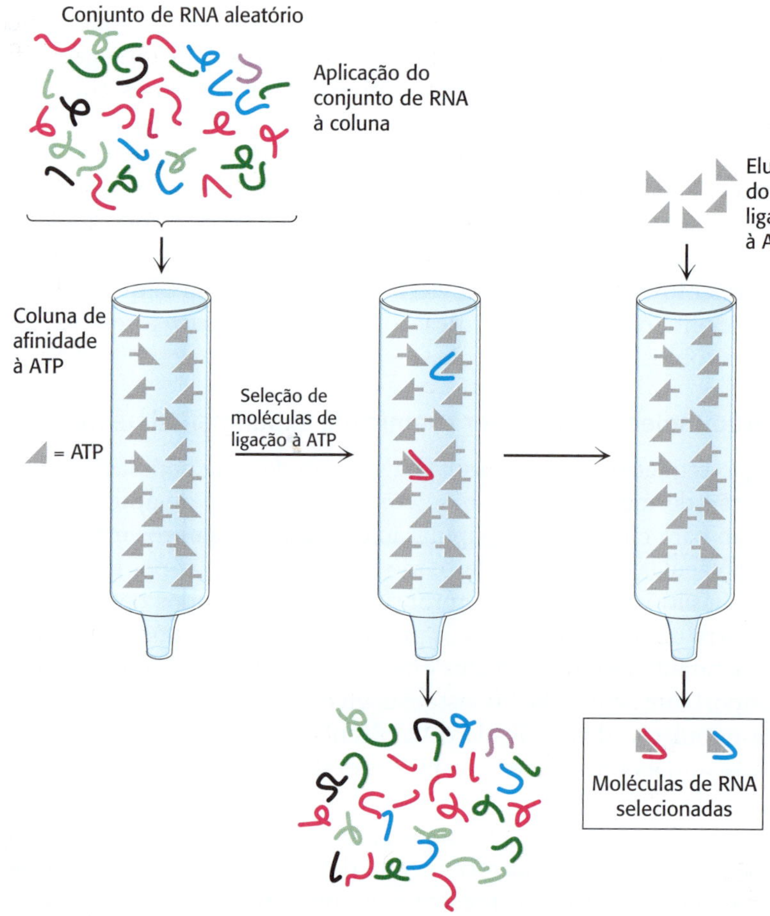


**FIGURA 6.25 Evolução no laboratório.** Uma coleção de moléculas de RNA de sequências aleatórias é sintetizada por química combinatória. Essa coleção é selecionada pela capacidade de ligação à ATP passando-se o RNA por uma coluna de afinidade pela ATP (ver Capítulo 3, seção 3.1). As moléculas de RNA que se ligam à ATP são liberadas da coluna por lavagem com excesso de ATP e, em seguida, replicadas. Os processos de seleção e de replicação são então repetidos várias vezes. Os produtos finais de RNA com capacidade significativa de ligação à ATP são isolados e caracterizados.

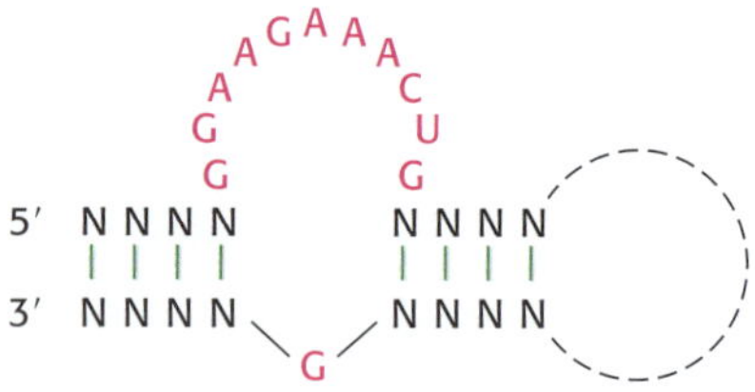


**FIGURA 6.26 Uma estrutura secundária conservada.** A estrutura secundária mostrada é comum às moléculas de RNA selecionadas para ligação à ATP. As bases importantes para o reconhecimento da ATP são mostradas em vermelho. A linha tracejada indica uma região cujo comprimento variou entre os diversos produtos de RNA.

população selecionada foram caracterizados por sequenciamento. Foram obtidas 17 sequências diferentes, das quais 16 foram capazes de formar a estrutura ilustrada na Figura 6.26. Cada uma dessas moléculas ligou-se à ATP com constantes de dissociação menores que 50 μM.

A estrutura dobrada da região de ligação à ATP de um desses RNAs foi determinada por métodos de ressonância magnética nuclear (RMN) (ver Capítulo 3, seção 3.5). Conforme esperado, essa molécula de 40 nucleotídios é composta de duas regiões helicoidais de pares de bases de Watson-Crick separadas por uma alça de 11 nucleotídios (Figura 6.27A). Essa alça dobra-se sobre si mesma de modo complexo (Figura 6.27B), formando um bolsão profundo na qual o anel de adenina pode se encaixar (Figura 6.27C). Assim, a uma estrutura com capacidade de interação específica evoluiu *in vitro*.

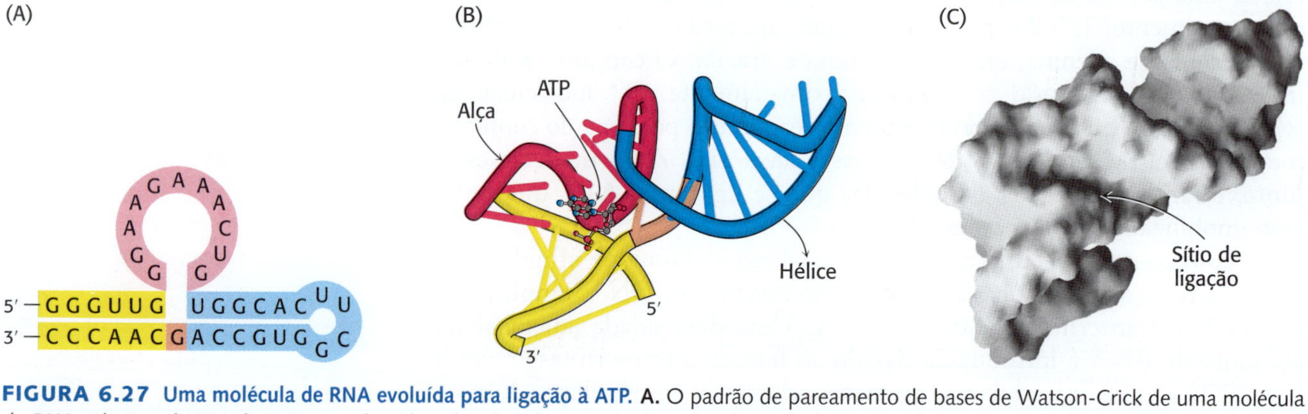


**FIGURA 6.27 Uma molécula de RNA evoluída para ligação à ATP. A.** O padrão de pareamento de bases de Watson-Crick de uma molécula de RNA selecionada para ligação a nucleotídios de adenosina. **B.** A estrutura dessa molécula de RNA por RMN revela o bolsão profundo no qual a molécula de ATP está ligada. **C.** Nessa representação da superfície, a molécula de ATP foi removida para possibilitar a visualização do bolsão. [Desenhada de 1RAW.pbb.]

Os oligonucleotídios sintéticos capazes de se ligar especificamente a moléculas, como as de RNA que se ligam à ATP descritas anteriormente, são designados como *aptâmeros*. Além de seu papel na compreensão da evolução molecular, os aptâmeros mostraram-se promissores como ferramentas versáteis para a biotecnologia e a medicina. Eles foram desenvolvidos para aplicações diagnósticas, atuando como sensores de ligantes que variam desde pequenas moléculas orgânicas, como a cocaína, até proteínas maiores, como a trombina. Vários aptâmeros também estão em fase de ensaio clínico como terapias para doenças que incluem desde leucemia até diabetes melito. O pegaptanibe sódico (Macugen), um aptâmero que se liga ao fator de crescimento do endotélio vascular e que o inibe, foi aprovado para o tratamento da degeneração macular relacionada com a idade.

## RESUMO

### 6.1 Os homólogos são descendentes de um ancestral comum

Explorar bioquimicamente a evolução significa, com frequência, investigar a existência de homologia entre as moléculas, visto que as moléculas homólogas, ou homólogos, evoluíram a partir de um ancestral comum. Os parálogos são moléculas homólogas encontradas em uma espécie e que adquiriram funções diferentes ao longo do curso da evolução. Os ortólogos são moléculas homólogas que são encontradas em espécies diferentes e que desempenham funções similares ou idênticas.

### 6.2 A análise estatística do alinhamento de sequências pode detectar a homologia

As sequências de proteínas e de ácidos nucleicos são duas das principais linguagens da bioquímica. Os métodos de alinhamento de sequências são os mais poderosos instrumentos para o investigador da evolução. As sequências podem ser alinhadas de forma a maximizar a sua similaridade, e o significado desses alinhamentos pode ser julgado por testes estatísticos. A detecção de um alinhamento estatisticamente significativo entre duas sequências sugere fortemente que elas estão relacionadas por evolução divergente a partir de um ancestral comum. O uso de matrizes de substituição possibilita a detecção de relações evolutivas mais distantes. Qualquer sequência pode ser utilizada para sondar bancos de dados de sequências a fim de identificar sequências relacionadas presentes no mesmo organismo ou em outros organismos.

### 6.3 A análise da estrutura tridimensional amplia nossa compreensão das relações evolutivas

O parentesco evolutivo entre proteínas pode ser ainda mais notavelmente evidente nas estruturas tridimensionais conservadas. A análise da estrutura tridimensional, em combinação com a análise das sequências especialmente conservadas, possibilitou determinar relações evolutivas que não podem ser detectadas por outros meios. Os métodos de comparação de sequências também podem ser utilizados para detectar sequências imperfeitamente repetidas dentro de uma proteína, indicando domínios que podem ter sido duplicados e ligados entre si ao longo da evolução.

### 6.4 As árvores evolutivas podem ser construídas com base nas informações das sequências

Árvores evolutivas podem ser construídas com a suposição de que o número de diferenças de sequência corresponde ao tempo em que as duas sequências divergiram. A construção de uma árvore evolutiva baseada nas comparações de sequências revelou as épocas aproximadas dos eventos de duplicação gênica que separaram a mioglobina e a hemoglobina, bem como as subunidades α e β da hemoglobina. As árvores evolutivas baseadas em sequências podem ser comparadas com aquelas baseadas em registros fósseis, de modo a proporcionar uma compreensão mais clara da cronologia das divergências. Eventos de transferência horizontal de genes podem aparecer como ramos inesperados na árvore evolutiva.

### 6.5 As técnicas modernas disponíveis possibilitam a exploração experimental da evolução

A exploração da evolução também pode ser uma ciência de laboratório. Nos casos favoráveis, a amplificação por PCR de amostras bem preservadas possibilita a determinação das sequências de nucleotídios de organismos extintos. As sequências assim determinadas podem ajudar a autenticar partes de uma árvore evolutiva construída por outros meios. Experimentos de evolução molecular realizados em tubo de ensaio podem examinar como moléculas, como as do RNA ligante, podem ter evoluído com o passar do tempo.

## APÊNDICE

## Bioquímica em foco

### Utilização de alinhamentos de sequências para a identificação de resíduos funcionalmente importantes

Neste capítulo, aprendemos como alinhamentos de sequências podem ser utilizados para determinar se duas proteínas estão relacionadas entre si por um ancestral comum. Na prática, os métodos de alinhamento, associados ao enorme banco de dados de sequências de proteínas conhecidas, podem constituir ferramentas versáteis e poderosas para ajudar a esclarecer a estrutura e a função das proteínas. Por exemplo, alinhamentos de sequências podem ser utilizados para a identificação de resíduos de importância fundamental para a função de determinada proteína, cuja estrutura ainda não foi resolvida.

Consideremos o exemplo dos receptores de odorantes (ORs); (ver Capítulo 34, seção 34.1, disponível no material complementar *online*). Os genes OR (do inglês *odorant receptor)* compreendem uma das maiores superfamílias de genes dos mamíferos. Cada gene OR codifica um receptor transmembranar de sete hélices (7TM), que pertence a uma grande família de proteínas que atravessam a membrana por meio de sete α-hélices (ver Capítulo 14, seção 14.1). Cada OR é ativado pelo seu próprio padrão único de ligantes, que, neste caso, são substâncias odoríferas. Embora as estruturas de vários receptores 7TM tenham sido resolvidas, nenhuma estrutura foi determinada. Por conseguinte, os detalhes atômicos de como as substâncias odoríferas, um conjunto altamente diverso de compostos, são reconhecidas pelos seus receptores continuam sendo objeto de grande interesse.

Em uma abordagem para identificar resíduos importantes para a ligação de odoríferos, um grupo de pesquisa utilizou engenhosamente sequências de OR disponíveis obtidas dos genomas totalmente sequenciados de humano e de camundongo. Basearam-se no pressuposto de que os resíduos importantes para a ligação do odorífero deveriam ser altamente conservados entre ortólogos pareados das duas espécies. A análise de 218 pares de ortólogos identificou 146 posições dentro das sequências de OR que eram significativamente conservadas. Entretanto, raciocinaram que essas posições conservadas deveriam não apenas conter resíduos que se ligam a substâncias odoríferas, mas também incluir aminoácidos importantes para a preservação da estrutura do OR, bem como para a ligação a outras proteínas. Para selecionar esses resíduos, os pesquisadores alinharam sequências de OR de parálogos estreitamente relacionados. Lembre-se de que os parálogos são homólogos da mesma espécie que desempenham diferentes funções (aqui, o reconhecimento de diferentes substâncias odoríferas). Neste caso, os resíduos envolvidos no enovelamento da proteína ou em interações proteína-proteína conservadas estariam conservados entre parálogos, mas não os resíduos envolvidos na ligação de substâncias odoríferas. Essa abordagem permitiu que a lista original de 146 resíduos fosse reduzida a 22.

Quando mapeados na estrutura 7TM conhecida da rodopsina (ver Figura 14.5A), todos os resíduos foram mapeados para um único agrupamento dentro de três das hélices e corresponderam estreitamente à localização do sítio ligante de retinal na estrutura da rodopsina (Figura 6.28). Essa previsão do sítio de ligação a substâncias odoríferas foi possível devido à obtenção dos genomas completos do ser humano e do camundongo e à aplicação engenhosa de alinhamentos de sequências ortólogas e parálogas. Estudos subsequentes, incluindo mutagênese sítio-dirigida e modelamento molecular, corroboraram e refinaram essas previsões.

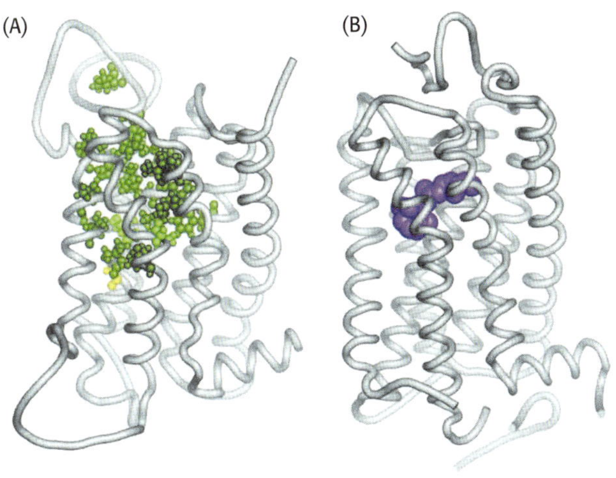


**FIGURA 6.28 Modelagem do bolsão de ligação do receptor de odorante. A.** Os 22 resíduos que demonstraram ser altamente conservados entre pares de receptores de odorantes ortólogos, porém não conservados entre pares parálogos, foram mapeados na estrutura conhecida da rodopsina bovina GPCR. *Observe* que esses resíduos (na cor verde-clara) agrupam-se em uma região específica do receptor que está estreitamente alinhada com (**B**) a parte ligante de retinal (na cor púrpura) da rodopsina. [Republicada com autorização de John Wiley & Sons, de O. Man, Y. Gilad, e D. Lancet, Protein Sci. 13:240–254, 2004; autorização transmitida pelo Copyright Clearance Center, Inc. Imagem cortesia de Doron Lancet.]

# APÊNDICE

## Estratégias para resolução da questão

**QUESTÃO:** *Alinhamento do RNA.* Sequências de um fragmento de RNA de cinco espécies foram determinadas e alinhadas. Proponha uma provável estrutura secundária para esses fragmentos.

(1) UUGGAGAUUCGGUAGAAUCUCCC
(2) GCCGGGAAUCGACAGAUUCCCCG
(3) CCCAAGUCCCGGCAGGGACUUAC
(4) CUCACCUGCCGAUAGGCAGGUCA
(5) AAUACCACCCGGUAGGGUGGUUC

**SOLUÇÃO:** Para um alinhamento simples ao longo de um pequeno fragmento de RNA, como aquele apresentado nesta questão, a estratégia é procurar duas posições que poderiam formar um par de bases em cada uma das sequências alinhadas. Neste alinhamento, a base destacada em vermelho é a de interesse particular:

(1) UUGGAGAUU**C**GGUA**G**AAUCUCCC
(2) GCCGGGAAU**C**GACA**G**AUUCCCCG
(3) CCCAAGUCC**C**GGCA**G**GGACUUAC
(4) CUCACCUGC**C**GAUA**G**GCAGGUCA
(5) AAUACCACC**C**GGUA**G**GGUGGUUC

Em todas as cinco sequências, trata-se de uma citosina absolutamente conservada. Nesse alinhamento, há apenas duas bases de guanina absolutamente conservadas. Uma encontra-se imediatamente 3′ a essa citosina, e sabemos, a partir da estrutura dos oligonucleotídios, que é altamente improvável haver um par de bases entre posições adjacentes. A outra é a guanina destacada em azul, que é separada da citosina por quatro nucleotídios. Uma possibilidade intrigante!

Agora, dispomos de uma "âncora" a partir da qual podemos continuar a procura de pareamentos adicionais. Para que haja formação desse pareamento vermelho-azul, o fragmento de RNA deveria se dobrar sobre si mesmo. Por conseguinte, devemos procurar para fora desse par para identificar pareamentos adicionais.

(1) UUGGAGAU**UC**GGUA**GA**AUCUCCC
(2) GCCGGGAA**UC**GACA**GA**UUCCCCG
(3) CCCAAGUC**CC**GGCA**GG**GACUUAC
(4) CUCACCUG**CC**GAUA**GG**CAGGUCA
(5) AAUACCAC**CC**GGUA**GG**GUGGUUC

Mais uma vez, temos um pareamento conservado. Nas sequências (1) e (2), as posições vermelha e azul caracterizam um par U–A; ao passo que, nas sequências (3), (4) e (5), essas posições formam um par C–G. Se continuarmos "caminhando" ao longo da sequência dessa maneira, surgirá um segmento evidente de pareamento de bases. Além disso, como várias dessas posições são absolutamente conservadas, podemos incluí-las em nossa estrutura proposta (mostrada aqui como o par de bases C–G original em vermelho/azul):

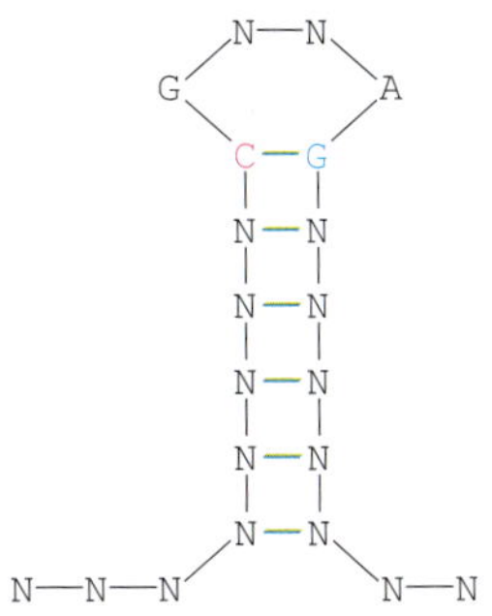

## PALAVRAS-CHAVE

homólogo
parálogo
ortólogo
alinhamento de sequência
substituição conservadora

substituição não conservadora
matriz de substituição
busca BLAST
molde de sequência
evolução divergente

evolução convergente
árvore evolutiva
transferência horizontal de genes
química combinatória
aptâmeros

## QUESTÕES

**1.** *Qual é a pontuação?* Utilizando o sistema de pontuação baseado na identidade (ver Capítulo 6, seção 6.2), calcule o valor para o seguinte alinhamento. Você acredita que essas duas proteínas estejam relacionadas? ✓❷

(1) WYLGKITRMDAEVLLKKPTVRDGHFLVTQCESSPGEF
(2) WYFGKITRRESERLLLNPENPRGTFLVRESETTKGAY

    SISVRFGDSVQ-----HFKVLRDQNGKYYLWAVK-FN
    CLSVSDFDNAKGLNVKHYKIRKLDSGGFYITSRTQFS

    SLNELVAYHRTASVSRTHTILLSDMNV
    SSLQQLVAYYSKHADGLCHRLTNV

**2.** *Sequência e estrutura.* Uma comparação das sequências alinhadas de aminoácidos de duas proteínas, cada uma constituída de 150 aminoácidos, revela que elas são apenas 8% idênticas. Entretanto, suas estruturas tridimensionais são muito similares. Essas duas proteínas estão evolutivamente relacionadas? Explique. ✓❹

**3.** *Depende de como você conta.* Considere os seguintes dois alinhamentos de sequências:

(1) A-SNLFDIRLIG          (2) ASNLFDIRLI-G
    GSNDFYEVKIMD              GSNDFYEVKIMD

Qual desses alinhamentos tem maior pontuação se for utilizado o sistema de pontuação baseado na identidade (ver Capítulo 6, seção 6.2)? Qual desses dois alinhamentos tem maior pontuação se for utilizada a matriz de substituição Blosum-62 (Figura 6.9)? Para a pontuação Blosum, você não precisa aplicar uma penalidade para espaços (*gap penalty*).

**4.** *Descobrindo um novo par de bases.* Examine as sequências do RNA ribossômico na Figura 6.20. Nas sequências que não contêm pares de bases de Watson-Crick, qual a base que tende a ser pareada com G? Proponha uma estrutura para o seu novo par de bases.

**5.** *Sobrepujado por números.* Suponha que você queira sintetizar um conjunto de moléculas de RNA contendo todas as quatro bases a cada uma de 40 posições. Qual a quantidade de RNA que você necessita ter em gramas se o conjunto precisar de pelo menos uma única molécula de cada sequência? A massa molecular média de um nucleotídio é de 330 g mol$^{-1}$.

**6.** *A forma segue a função.* A estrutura tridimensional das biomoléculas é mais conservada evolutivamente do que a sequência. Por quê? ✓❶

**7.** *Embaralhamento.* Utilizando o sistema de pontuação baseado na identidade (ver Capítulo 6, seção 6.2), calcule o valor do alinhamento para as seguintes duas sequências curtas: ✓❷

(1) ASNFLDKAGK
(2) ATDYLEKAGK

Crie uma versão embaralhada da sequência 2 reordenando aleatoriamente esses 10 aminoácidos. Alinhe a sua sequência embaralhada com a sequência 1 sem permitir espaços e calcule o valor do alinhamento entre a sequência 1 e a sua sequência embaralhada.

**8.** *Interpretando a pontuação.* Suponha que as sequências de duas proteínas, cada uma constituída de 200 aminoácidos, estejam alinhadas, e que a porcentagem de resíduos idênticos tenha sido calculada. Como você interpreta cada um dos seguintes resultados em relação à possível divergência das duas proteínas de um ancestral comum? ✓❹

**(a)** 80%

**(b)** 50%

**(c)** 20%

**(d)** 10%

**9.** *Particularmente singular.* Considere a matriz de substituição Blosum-62 na Figura 6.9. A substituição de qual dos três aminoácidos nunca produz uma pontuação positiva? Que características desses resíduos poderiam contribuir para essa observação?

**10.** *Um conjunto de três.* As sequências de três proteínas (A, B e C) são comparadas entre si, produzindo os seguintes níveis de identidade:

|   | A | B | C |
|---|---|---|---|
| A | 100% | 65% | 15% |
| B | 65% | 100% | 55% |
| C | 15% | 55% | 100% |

Suponha que as correspondências das sequências sejam distribuídas uniformemente ao longo de cada par de sequência alinhada. Você esperaria que a proteína A e a proteína C tivessem estruturas tridimensionais semelhantes? Explique.

**11.** *Quanto mais, melhor.* Quando são utilizados alinhamentos de RNA para determinar a estrutura secundária, é vantajoso ter muitas sequências representando uma ampla variedade de espécies. Por quê?

**12.** *Errar é humano.* Você descobriu uma forma mutante de uma DNA polimerase termoestável com fidelidade significativamente reduzida com a adição do nucleotídio adequado à fita de DNA em crescimento em comparação com a DNA polimerase do tipo selvagem. Como esse mutante poderia ser útil nos experimentos de evolução molecular descritos no Capítulo 6, seção 6.5? ✓5

**13.** *Geração após geração.* Quando se realiza um experimento de evolução molecular, como aquele descrito no Capítulo 6, seção 6.5, por que é importante repetir as etapas de seleção e replicação por várias gerações? ✓5

**14.** *BLAST.* Acessando o *site* do National Center for Biotechnology Information (www.ncbi.nlm.nih.gov), encontre as sequências da enzima triose fosfato isomerase da cepa K-12 de *E. coli* e do *Homo sapiens* (utilize a isoforma #1). Empregue a ferramenta *Global Align* (alinhamento global) no *site* NCBI BLAST para alinhar essas duas sequências. Qual é a porcentagem de identidade entre essas duas proteínas?

## Questões para discussão

**15.** Nos exemplos de pontuação de alinhamento de sequências fornecidos neste capítulo, as penalidades impostas pelos espaços podem parecer arbitrárias. Entretanto, esses valores são importantes: se a penalidade para espaços (*gap penalty*) for excessivamente alta, uma possível relação evolutiva entre duas sequências pode passar despercebida; se a penalidade para espaços for muito baixa, relações artificiais podem ser inferidas devido à introdução de um número excessivo de espaços. Você poderia sugerir um método para determinar a penalidade para espaços mais apropriada? Que informações adicionais você precisaria ter?

CAPÍTULO 7

# Hemoglobina: Retrato de uma Proteína em Ação

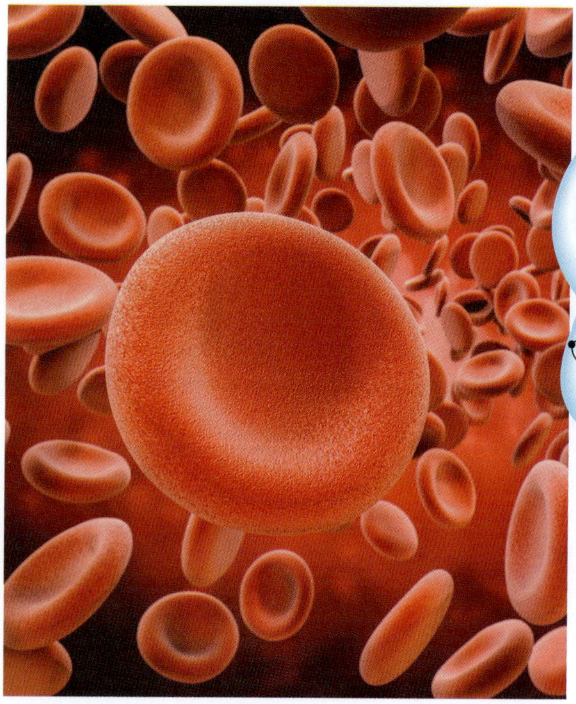

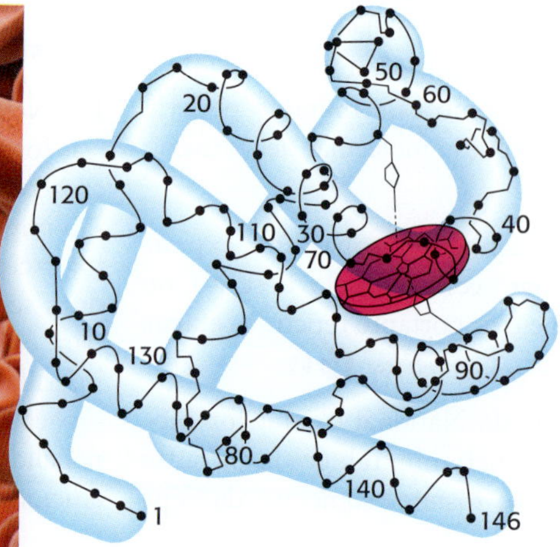


Na corrente sanguínea, os eritrócitos transportam o oxigênio dos pulmões até os tecidos, onde a demanda de oxigênio é alta. A hemoglobina, a proteína que confere ao sangue a sua cor vermelha, é responsável pelo transporte de oxigênio por meio de suas quatro subunidades ligadas ao heme. A hemoglobina foi uma das primeiras proteínas a ter a sua estrutura determinada. O enovelamento de uma única subunidade é mostrado neste desenho à mão. [*À esquerda*, de iStock ©PhonlamaiPhoto.]

## SUMÁRIO



## OBJETIVOS DE APRENDIZAGEM

*Ao término do capítulo, o leitor deverá ser capaz de:*

1. Explicar como a estrutura da mioglobina se modifica com a ligação ao oxigênio.
2. Descrever as diferenças nas propriedades de ligação da hemoglobina e da mioglobina ao oxigênio.
3. Descrever como a ligação cooperativa da hemoglobina possibilita um transporte eficaz de oxigênio.
4. Explicar as diferenças entre os dois modelos de cooperatividade da hemoglobina.
5. Identificar os reguladores-chave da função da hemoglobina.
6. Definir o efeito Bohr e descrever como ele explica a liberação máxima de oxigênio nos tecidos de maior necessidade.
7. Fornecer vários exemplos de mutações da hemoglobina que resultam em doença.

---

A transição da vida anaeróbica para a aeróbica foi um grande passo na evolução, visto que revelou a existência de um rico reservatório de energia. Uma quantidade 15 vezes maior de energia é extraída da glicose na presença de oxigênio do que na sua ausência. No caso dos organismos unicelulares e outros organismos pequenos, o oxigênio pode ser absorvido diretamente do ar ou da água circundante pelas células metabolicamente ativas. Os vertebrados desenvolveram dois mecanismos principais para fornecer às suas células um suprimento adequado de oxigênio. O primeiro desses mecanismos é um sistema circulatório que transporta ativamente o oxigênio para as células de todo o corpo. O segundo é o uso de proteínas de transporte e de armazenamento de oxigênio: a hemoglobina e a mioglobina. A hemoglobina, que é contida nos eritrócitos, é uma proteína fascinante que transporta eficientemente o oxigênio dos pulmões para os tecidos e que também contribui para o transporte de dióxido de carbono e de íons hidrogênio de volta para os pulmões. A mioglobina, que se localiza nos músculos, facilita a difusão de oxigênio através da célula para a geração de energia celular e fornece uma reserva de oxigênio disponível conforme a necessidade.

A comparação entre a mioglobina e a hemoglobina ilumina alguns aspectos fundamentais da estrutura e da função das proteínas. Essas duas proteínas relacionadas evolutivamente empregam estruturas quase idênticas para a ligação ao oxigênio (ver Capítulo 6). Entretanto, a hemoglobina é um carreador de oxigênio notavelmente eficiente, capaz de utilizar efetivamente até 90% de sua capacidade potencial de transporte de oxigênio. Em condições semelhantes, a mioglobina seria capaz de utilizar apenas 7% de sua capacidade potencial. O que explica essa enorme diferença? A mioglobina existe na forma de um polipeptídio único, enquanto a hemoglobina é constituída de quatro cadeias polipeptídicas. As quatro cadeias da hemoglobina ligam o oxigênio *cooperativamente*, o que significa que a ligação do oxigênio a um sítio em uma das cadeias aumenta a probabilidade de ligação das cadeias remanescentes ao oxigênio. Além disso, as propriedades de ligação da hemoglobina ao oxigênio são moduladas pela ligação de íons hidrogênio e de dióxido de carbono de um modo que aumenta a capacidade de transporte de oxigênio. Tanto a cooperatividade quanto a resposta aos moduladores são possíveis em virtude de variações na estrutura quaternária da hemoglobina quando ligada a diferentes combinações de moléculas.

A hemoglobina e a mioglobina desempenharam importantes papéis na história da bioquímica. Foram as primeiras proteínas cujas estruturas tridimensionais determinaram-se por cristalografia de raios X. Além disso, a possibilidade de que variações na sequência de proteínas possam levar ao desenvolvimento de doença foi proposta e demonstrada pela primeira vez para a anemia falciforme, uma doença do sangue causada pela mutação de um único aminoácido em uma cadeia da hemoglobina. A hemoglobina foi e continua sendo uma valiosa fonte de conhecimentos e esclarecimentos, tanto por ela própria quanto como protótipo para muitas outras proteínas que iremos encontrar em nosso estudo de bioquímica.

## 7.1 Ligação do oxigênio pelo ferro do heme

A mioglobina do cachalote foi a primeira proteína cuja estrutura tridimensional foi determinada. Os estudos pioneiros de cristalografia de raios X realizados por John Kendrew revelaram a estrutura dessa proteína na década de 1950 (Figura 7.1). A mioglobina é constituída, em grande parte, de α-hélices que estão ligadas umas às outras por voltas, formando uma estrutura globular.

A mioglobina pode existir em uma forma livre de oxigênio, denominada *desoximioglobina*, ou em uma forma ligada a uma molécula de oxigênio, denominada *oximioglobina*. A capacidade de ligação ao oxigênio da mioglobina e da hemoglobina depende da presença de uma molécula de *heme*. Como iremos discutir no Capítulo 9, o heme fornece um exemplo de grupo prostético – uma molécula que se liga firmemente a uma proteína e que é essencial para o desempenho de sua função.

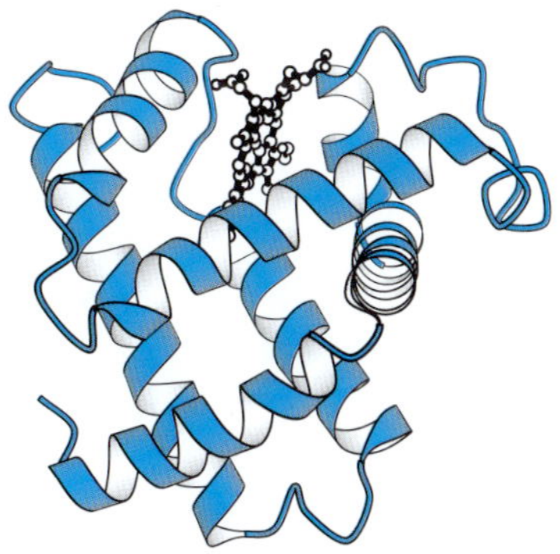

**Mioglobina**

**FIGURA 7.1 Estrutura da mioglobina.** *Observe* que a mioglobina é constituída de uma única cadeia polipeptídica, formada por α-hélices conectadas por voltas, com um sítio de ligação ao oxigênio. [Desenhada de 1MBD.pdb.]

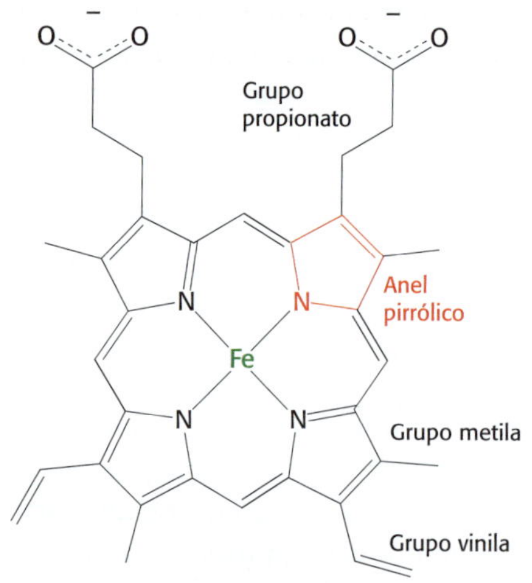


**Heme**
**(Fe-protoporfirina IX)**

O grupo heme confere ao músculo e ao sangue a sua cor vermelha distinta. É constituído de um componente orgânico e de um átomo de ferro central. O componente orgânico, denominado *protoporfirina,* consiste em quatro anéis pirrólicos ligados por pontes de metano, formando um anel tetrapirrólico. Quatro grupos metila, dois grupos vinila e duas cadeias laterais de propionato estão ligados ao tetrapirrol central.

O átomo de ferro situa-se no centro da protoporfirina, ligado aos quatro átomos de nitrogênio pirrólicos. Embora o ferro ligado ao heme possa estar no estado de oxidação ferroso ($Fe^{2+}$) ou férrico ($Fe^{3+}$), apenas o estado $Fe^{2+}$ é capaz de se ligar ao oxigênio. O íon ferro pode formar duas ligações adicionais, uma em cada lado do plano do heme. Esses sítios de ligação são denominados quinto e sexto sítios de coordenação. Na mioglobina,o quinto sítio de coordenação é ocupado pelo anel imidazol de um resíduo de histidina da proteína. Essa histidina é designada como *histidina proximal.*

A ligação do oxigênio ocorre no sexto sítio de coordenação. Na desoxi-hemoglobina, esse sítio permanece desocupado. O íon ferro é muito volumoso para se encaixar no orifício bem definido dentro do anel de porfirina; ele se localiza aproximadamente 0,4 Å fora do plano da porfirina (Figura 7.2, à esquerda). A ligação da molécula de oxigênio ao sexto sítio de coordenação induz um rearranjo substancial dos elétrons dentro do ferro, de modo que o íon torna-se efetivamente menor, possibilitando o seu movimento dentro do plano da porfirina (Figura 7.2, à direita). De maneira notável, as mudanças estruturais que ocorrem com a ligação do oxigênio foram previstas por Linus Pauling, com base em medições magnéticas realizadas em 1936, quase 25 anos antes da elucidação das estruturas tridimensionais da mioglobina e da hemoglobina.

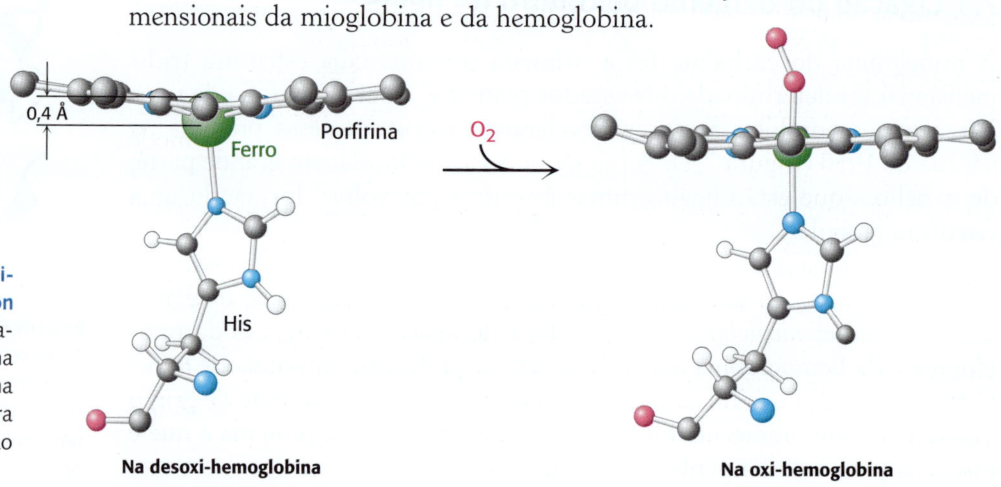


**FIGURA 7.2 A ligação do oxigênio modifica a posição do íon ferro.** O íon ferro situa-se ligeiramente fora do plano da porfirina no heme da desoxi-hemoglobina (à esquerda), porém move-se para o plano do heme ao se ligar ao oxigênio (à direita).

## As mudanças que ocorrem na estrutura eletrônica do heme com a ligação do oxigênio constituem a base dos exames de imagens funcionais

A mudança na estrutura eletrônica que ocorre quando o íon ferro move-se para o plano da porfirina é acompanhada de alterações nas propriedades magnéticas da hemoglobina; essas mudanças constituem a base da *ressonância magnética funcional (fMRI*, do inglês *functional magnetic ressonance imaging*), um dos métodos mais poderosos para examinar a função cerebral. As técnicas de ressonância magnética nuclear detectam sinais que se originam principalmente dos prótons nas moléculas de água e que são alterados pelas propriedades magnéticas da hemoglobina. Com o uso de técnicas apropriadas, podem ser geradas imagens para revelar diferenças nas quantidades relativas de desoxi e oxi-hemoglobina e, portanto, na atividade relativa de várias partes do cérebro. Quando uma parte específica do cérebro está ativa, os vasos sanguíneos relaxam para possibilitar maior fluxo de sangue para essa região. Por conseguinte, uma região mais ativa do cérebro será mais rica em oxi-hemoglobina.

Esses métodos não invasivos identificam áreas do cérebro que processam informações sensoriais. Por exemplo, indivíduos foram submetidos a exames de imagem enquanto estavam respirando ar contendo ou não substâncias odoríferas. Na presença de substâncias odoríferas, a fMRI detecta um aumento no nível de hemoglobina oxigenada (e, portanto, de atividade) em várias regiões do cérebro. Essas regiões estão no córtex olfatório primário, bem como em áreas onde ocorre presumivelmente o processamento secundário de sinais olfatórios. Uma análise mais detalhada revela a cinética de ativação de determinadas regiões. A ressonância magnética funcional tem enorme potencial para o mapeamento de regiões e vias envolvidas no processamento das informações sensoriais obtidas de todo o sistema sensorial. Assim, um aspecto aparentemente incidental da bioquímica da hemoglobina possibilitou a observação do cérebro em ação.

## A estrutura da mioglobina impede a liberação de espécies reativas de oxigênio

A ligação do oxigênio ao ferro no heme é acompanhada da transferência parcial de um elétron do íon ferroso para o oxigênio. De muitas maneiras, a estrutura é mais bem descrita como um complexo entre o íon férrico ($Fe^{3+}$) e o *ânion superóxido* ($O_2$), conforme ilustrado na Figura 7.3. É crucial que o oxigênio, quando liberado, esteja na forma de dioxigênio, e não de superóxido, por duas razões importantes. Em primeiro lugar, o superóxido, e outras formas geradas a partir dele, são *espécies reativas de oxigênio*, que podem ser danosos a muitos materiais biológicos. Em segundo lugar, a liberação de superóxido deixaria o íon ferro no estado férrico. Essa espécie, denominada *metamioglobina*, não se liga ao oxigênio. Por conseguinte, há perda da capacidade potencial de armazenamento de oxigênio. As características da mioglobina estabilizam o complexo de oxigênio de tal modo que o superóxido tem menos probabilidade de ser liberado. Em particular, o bolsão de ligação da mioglobina inclui um resíduo de histidina adicional (denominado *histidina distal*), que doa uma ligação de hidrogênio à molécula de oxigênio ligada (Figura 7.4). O caráter de superóxido do oxigênio ligado fortalece essa interação. Por conseguinte, o *componente proteico da mioglobina controla a reatividade intrínseca do heme*, tornando-o mais apropriado para uma ligação reversível ao oxigênio. A histidina distal também pode comprometer o acesso do monóxido de carbono ao heme, que se liga firmemente ao ferro do heme e gera consequências graves (p. 217).

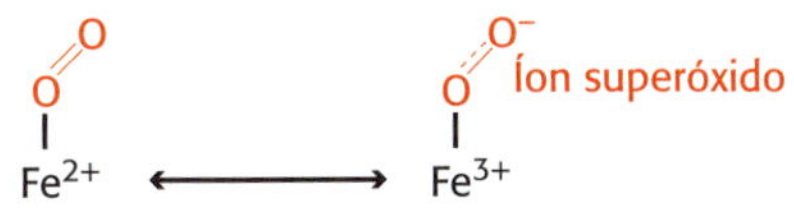


**FIGURA 7.3 Ligação ferro-oxigênio.** A interação entre o ferro e o oxigênio na mioglobina pode ser descrita como uma combinação de estruturas de ressonância, uma com $Fe^{2+}$ e dioxigênio e a outra com $Fe^{3+}$ e íon superóxido.

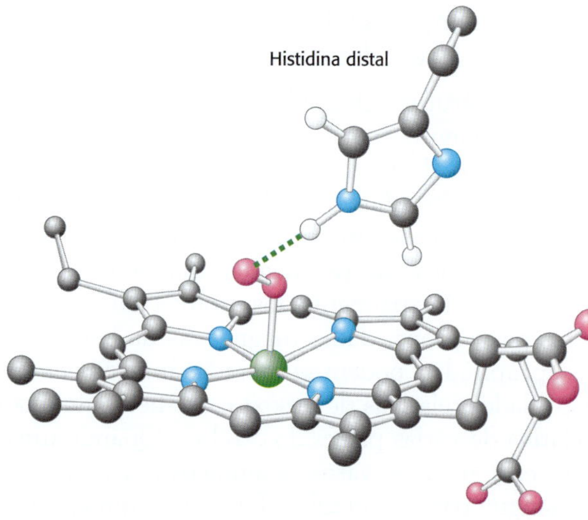


**FIGURA 7.4 Estabilizando o oxigênio ligado.** Uma ligação de hidrogênio (linha verde tracejada) doada pelo resíduo de histidina distal à molécula do oxigênio ligada ajuda a estabilizar a oxi-hemoglobina.

## A hemoglobina humana é uma montagem de quatro subunidades semelhantes à mioglobina

A estrutura tridimensional da hemoglobina do coração de cavalo foi elucidada por Max Perutz pouco depois da determinação da estrutura da mioglobina. Desde então, as estruturas das hemoglobinas de outras espécies, incluindo os seres humanos, foram determinadas. A hemoglobina é constituída de quatro cadeias polipeptídicas: duas *cadeias* $\alpha$ idênticas e duas *cadeias* $\beta$ idênticas (Figura 7.5). Cada uma das subunidades compreende um conjunto de $\alpha$-hélices no mesmo arranjo que as $\alpha$-hélices da mioglobina (ver Figura 6.15 para uma comparação das estruturas). A estrutura recorrente é denominada *enovelamento de globina*. De acordo com essa similaridade estrutural, o alinhamento das sequências de aminoácidos das cadeias $\alpha$ e $\beta$ da hemoglobina humana com as da mioglobina do cachalote proporciona uma identidade de 25% e 24%, respectivamente, com uma boa conservação de resíduos essenciais, como as histidinas proximal e distal. Por conseguinte, as cadeias $\alpha$ e $\beta$ estão relacionadas entre si e com a mioglobina por evolução divergente (ver Capítulo 6, seção 6.2).

O tetrâmero de hemoglobina, denominado *hemoglobina A* (HbA), é mais bem descrito como um par de *dímeros* $\alpha\beta$ idênticos ($\alpha_1\beta_1$ e $\alpha_2\beta_2$) que se associam para formar o tetrâmero. Na desoxi-hemoglobina, esses dímeros $\alpha\beta$ estão ligados por uma extensa interface, que inclui a extremidade carboxiterminal de cada cadeia. Os grupos heme estão bem separados no tetrâmero por distâncias de ferro a ferro que variam de 24 a 40 Å.

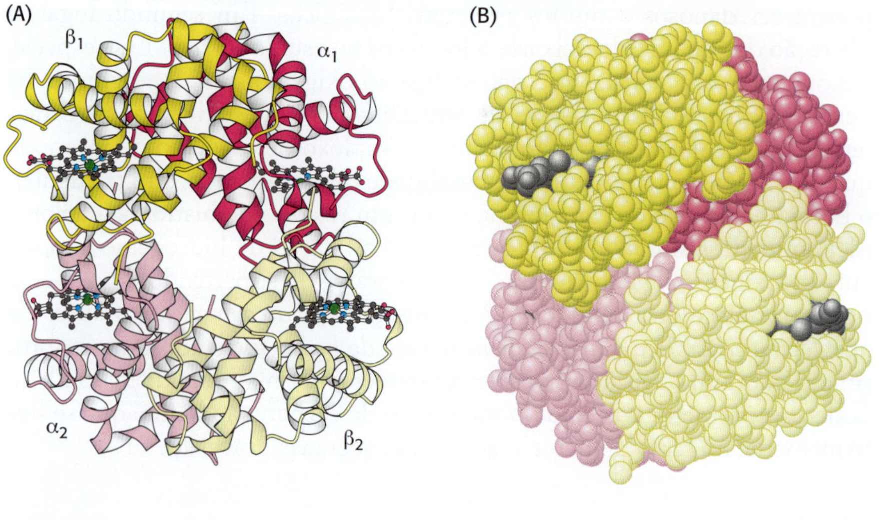


**FIGURA 7.5 Estrutura quaternária da desoxi-hemoglobina.** A hemoglobina, que é composta de duas cadeias $\alpha$ e duas cadeias $\beta$, funciona como um par de dímeros $\alpha\beta$. **A.** Diagrama em fita. **B.** Modelo de preenchimento espacial. [Desenhada de 1A3N.pdb.]

## 7.2 A hemoglobina liga-se ao oxigênio de modo cooperativo

Podemos determinar as propriedades de ligação ao oxigênio de cada uma dessas proteínas ao observar a sua *curva de ligação ao oxigênio,* um traçado da *fração de saturação versus* a concentração de oxigênio. A fração de saturação, *Y*, é definida como a fração de possíveis sítios de ligação que contêm oxigênio ligado. O valor de *Y* pode variar de 0 (todos os sítios vazios) a 1 (todos os sítios ocupados). A concentração de oxigênio é mais convenientemente medida pela sua *pressão parcial,* $pO_2$. Na mioglobina, pode ser observada uma curva de ligação indicando um equilíbrio químico simples (Figura 7.6). Note que a curva se eleva acentuadamente à medida que aumenta a $pO_2$ e, em seguida, se nivela. A meia saturação dos sítios de ligação, designada como $P_{50}$ (saturação de 50%), situa-se no valor relativamente baixo de 2 torr (mmHg), indicando que o oxigênio se liga à mioglobina com alta afinidade.

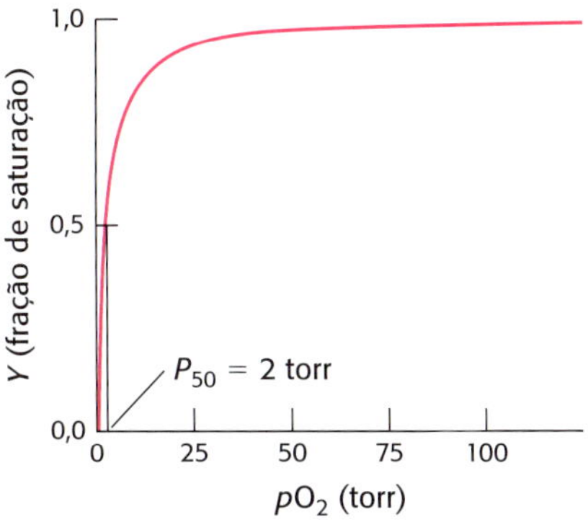


**FIGURA 7.6 Ligação do oxigênio à mioglobina.** Metade das moléculas de mioglobina contém oxigênio ligado quando a pressão parcial de oxigênio é de 2 torr.

**Torr**
Unidade de pressão igual àquela exercida por uma coluna de mercúrio de 1 mm de altura a 0°C e gravidade padrão (1 mmHg). Assim designada em homenagem a Evangelista Torricelli (1608-1647), o inventor do barômetro de mercúrio.

Em contrapartida, a curva de ligação ao oxigênio na hemoglobina nos eritrócitos exibe algumas características notáveis (Figura 7.7). Ela não parece uma curva de ligação simples, como a da mioglobina; em vez disso, assemelha-se a um "S". Essas curvas são denominadas *sigmoides* em virtude de sua forma semelhante a um S. Além disso, a ligação do oxigênio à hemoglobina ($P_{50}$ = 26 torr) é significativamente mais fraca que a da mioglobina. Observe que essa curva de ligação é obtida da hemoglobina nos eritrócitos.

Uma curva de ligação sigmoide indica que a proteína exibe um comportamento de ligação especial. No caso da hemoglobina, essa forma sugere que a ligação do oxigênio a um sítio dentro do tetrâmero de hemoglobina aumenta a probabilidade de ligação de oxigênio aos sítios desocupados remanescentes. Por outro lado, a liberação de oxigênio de um heme facilita a saída de oxigênio dos outros. Esse tipo de comportamento de ligação é designado como *cooperativo,* visto que as reações de ligação nos sítios individuais de cada molécula de hemoglobina não são independentes umas das outras. Retornaremos ao mecanismo dessa cooperatividade mais adiante.

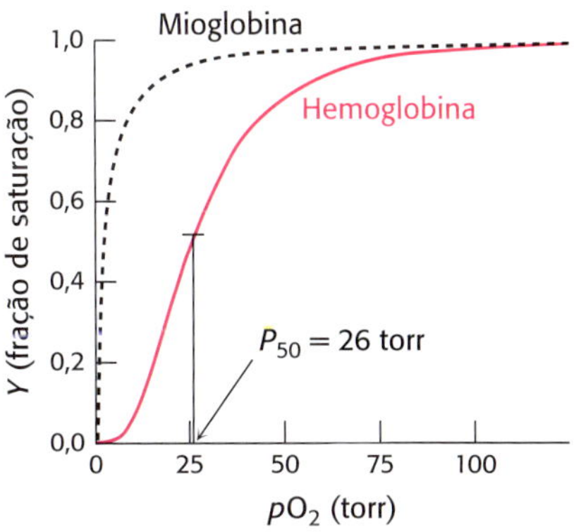


**FIGURA 7.7 Ligação do oxigênio à hemoglobina.** Esta curva, obtida na hemoglobina nos eritrócitos, tem uma forma ligeiramente semelhante a um "S", indicando a presença de sítios de ligação de oxigênio distintos, mas que interagem, em cada molécula de hemoglobina. A meia saturação na hemoglobina é de 26 torr. Para comparação, a curva de ligação da mioglobina é mostrada como uma curva tracejada em preto.

Qual é o significado fisiológico da ligação cooperativa do oxigênio pela hemoglobina? O oxigênio precisa ser transportado no sangue dos pulmões, onde a pressão parcial de oxigênio é relativamente alta (aproximadamente 100 torr), para os tecidos com metabolismo ativo, onde a pressão parcial de oxigênio é muito mais baixa (normalmente de 20 torr). Consideremos agora como o comportamento cooperativo indicado pela curva sigmoide leva ao transporte eficiente de oxigênio (Figura 7.8). Nos pulmões, a hemoglobina torna-se quase saturada de oxigênio, com ocupação de 98% dos sítios de ligação de oxigênio. Quando a hemoglobina se move para os tecidos e libera $O_2$, o nível de saturação cai para 32%. Por conseguinte, 98% – 32% = 66% dos sítios potenciais de ligação de oxigênio contribuem para o transporte de oxigênio.

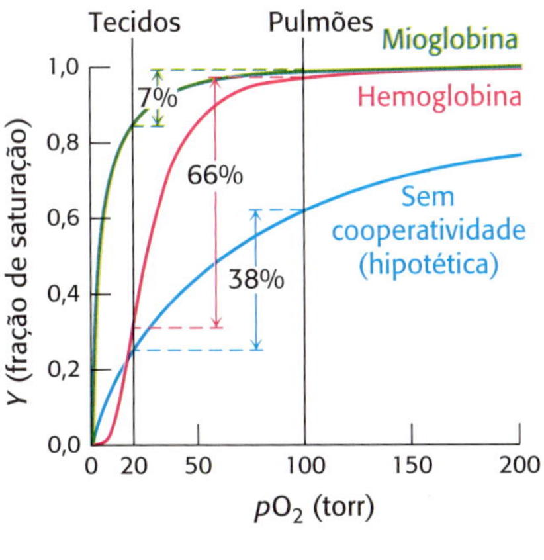


**FIGURA 7.8 A cooperatividade aumenta a distribuição de oxigênio pela hemoglobina.** Devido à cooperatividade entre os sítios de ligação de $O_2$, a hemoglobina distribui mais $O_2$ aos tecidos metabolicamente ativos do que faria a mioglobina ou qualquer proteína não cooperativa, mesmo uma proteína com afinidade ótima pelo $O_2$.

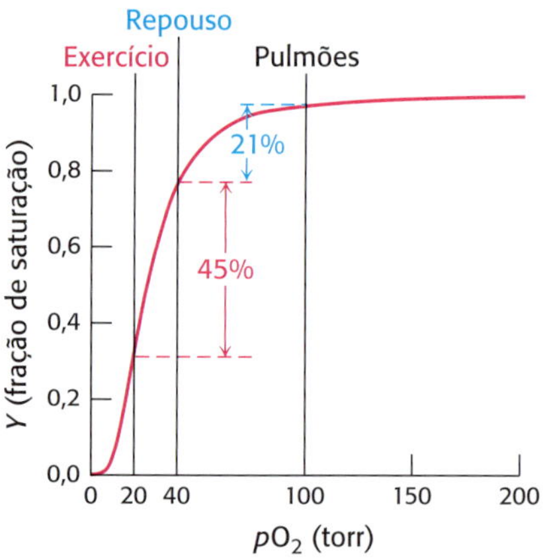


**FIGURA 7.9 Resposta ao exercício.** A queda na concentração de oxigênio de 40 torr nos tecidos em repouso para 20 torr nos tecidos em exercício ativo corresponde à parte mais inclinada da curva de ligação de oxigênio. Conforme mostrado aqui, a hemoglobina é muito efetiva no suprimento de oxigênio aos tecidos ativos.

A liberação cooperativa do oxigênio favorece uma descarga mais completa de oxigênio nos tecidos. Se a mioglobina fosse empregada para o transporte de oxigênio, ela estaria 98% saturada nos pulmões, porém permaneceria 91% saturada nos tecidos, de modo que apenas 98% – 91% = 7% dos sítios iriam contribuir para o transporte de oxigênio; a mioglobina liga-se de modo excessivamente firme ao oxigênio para ser útil no seu transporte. A Natureza poderia ter solucionado esse problema enfraquecendo a afinidade da mioglobina pelo oxigênio de modo a maximizar a diferença na saturação entre 20 e 100 torr. Entretanto, nesse tipo de proteína, a quantidade máxima de oxigênio que poderia ser transportada de uma região em que a $pO_2$ é de 100 torr para outra região em que a $pO_2$ é de 20 torr é de 63% – 25% = 38%, conforme indicado pela curva azul na Figura 7.8. Por conseguinte, a ligação cooperativa e a liberação de oxigênio pela hemoglobina possibilitam que ela libere quase 10 vezes mais oxigênio do que a mioglobina e mais de 1,7 vez o que poderia ser liberado por qualquer proteína não cooperativa.

Um exame mais atento das concentrações de oxigênio nos tecidos em repouso e durante o exercício ressalta a eficiência da hemoglobina como carreadora de oxigênio (Figura 7.9). Em condições de repouso, a concentração de oxigênio no músculo é de aproximadamente 40 torr; entretanto, durante o exercício, a concentração é reduzida para 20 torr. Na diminuição de 100 torr nos pulmões para 40 torr no músculo em repouso, a saturação de oxigênio da hemoglobina é reduzida de 98% para 77%, de modo que 98% – 77% = 21% do oxigênio é liberado com um declínio de 60 torr. Com uma redução de 40 torr para 20 torr, a saturação de oxigênio é reduzida de 77% para 32%, o que corresponde a uma liberação de oxigênio de 45% com uma queda de 20 torr. Assim, como a mudança na concentração de oxigênio do estado de repouso para o exercício corresponde à parte mais inclinada da curva de ligação de oxigênio, o oxigênio é liberado efetivamente para os tecidos onde ele é mais necessário. Na seção 7.3 adiante, iremos examinar outras propriedades da hemoglobina que aumentam a sua responsividade fisiológica.

## A ligação do oxigênio modifica acentuadamente a estrutura quaternária da hemoglobina

A ligação cooperativa do oxigênio pela hemoglobina requer que a ligação do oxigênio em um sítio no tetrâmero de hemoglobina influencie as propriedades de ligação de oxigênio nos outros sítios. Tendo em vista a grande separação existente entre os sítios de ferro, não é possível haver interações diretas. Por conseguinte, são necessários mecanismos indiretos para o acoplamento dos sítios. Esses mecanismos estão intimamente relacionados com a estrutura quaternária da hemoglobina.

A hemoglobina passa por mudanças substanciais na sua estrutura quaternária com a ligação do oxigênio: os dímeros $\alpha_1\beta_1$ e $\alpha_2\beta_2$ realizam uma rotação de aproximadamente 15° um em relação ao outro (Figura 7.10). Os próprios dímeros permanecem relativamente inalterados, embora ocorram deslocamentos localizados na conformação. Assim, a interface entre os dímeros $\alpha_1\beta_1$ e $\alpha_2\beta_2$ é mais afetada por essa transição estrutural. Em particular, os dímeros $\alpha_1\beta_1$ e $\alpha_2\beta_2$ ficam mais livres para se mover um em relação ao outro no estado oxigenado do que no estado desoxigenado.

A estrutura quaternária observada na forma desoxi da hemoglobina, a *desoxi-hemoglobina*, é frequentemente designada como *estado T* (de tenso), visto que está muito restringida pelas interações entre as subunidades. A estrutura quaternária da forma totalmente oxigenada, a *oxi-hemoglobina*, é designada como *estado R* (de relaxado). À luz da observação de que a forma R da hemoglobina é menos restrita, os termos "tenso" e "relaxado" parecem ser particularmente apropriados. É importante ressaltar que, no

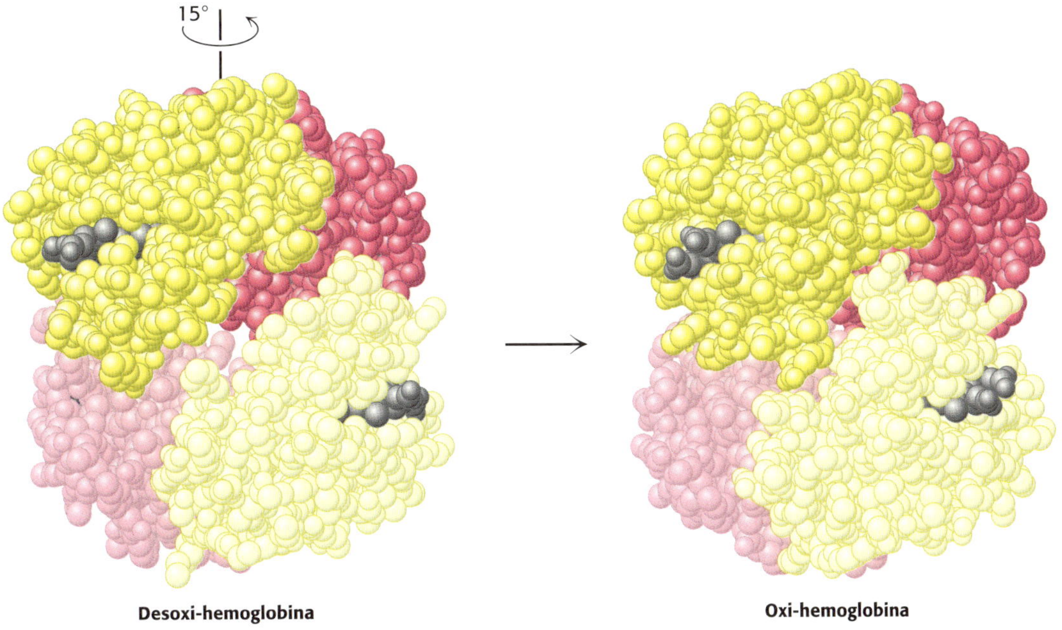


**FIGURA 7.10 Mudanças da estrutura quaternária com a ligação do oxigênio à hemoglobina.** *Observe* que, com a oxigenação, um dímero αβ desloca-se em relação ao outro por uma rotação de 15°. [Desenhada de 1A3N.pdb e 1LFQ.pdb.]

estado R, os sítios de ligação do oxigênio não apresentam restrição e são capazes de ligar-se ao oxigênio com maior afinidade do que os sítios no estado T. *Ao desencadear a mudança do tetrâmero de hemoglobina do estado T para o estado R, a ligação do oxigênio a um sítio aumenta a afinidade de ligação dos outros sítios.*

## A cooperatividade da hemoglobina pode ser potencialmente explicada por vários modelos

Foram desenvolvidos dois modelos limitantes para explicar a ligação cooperativa de ligantes a uma montagem de múltiplas subunidades como a hemoglobina. No *modelo concertado,* também conhecido como *modelo MWC* em homenagem a Jacques Monod, Jeffries Wyman e Jean-Pierre Changeux, que foram os primeiros a propô-lo, a montagem global só pode existir em duas formas: no estado T e no estado R. A ligação de ligantes simplesmente desloca o equilíbrio entre esses dois estados (Figura 7.11). Por conseguinte, à medida que o tetrâmero de hemoglobina liga-se a cada molécula de oxigênio, aumenta a probabilidade de que o tetrâmero esteja no estado R. Os tetrâmeros de desoxi-hemoglobina estão quase exclusivamente no estado T. Entretanto, a ligação de oxigênio a um sítio na molécula desloca o equilíbrio para o estado R. Se uma molécula adotar a estrutura quaternária R, a afinidade de seus sítios pelo oxigênio irá aumentar.

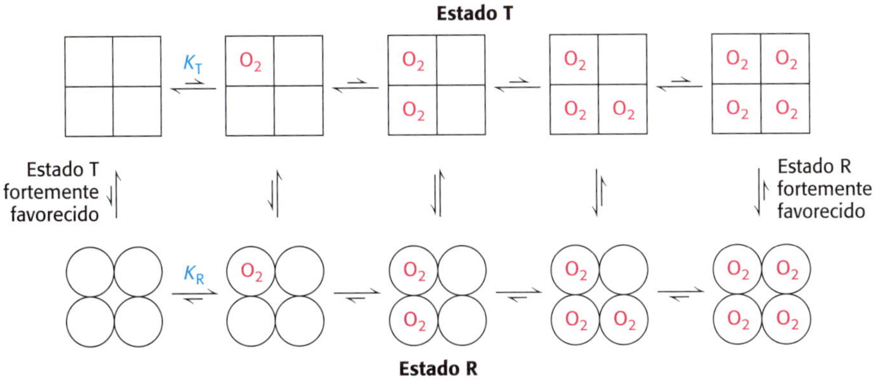


**FIGURA 7.11 Modelo concertado.** Todas as moléculas existem no estado T ou no estado R. Em cada nível de carregamento de oxigênio, existe um equilíbrio entre os estados T e R. O equilíbrio desloca-se do estado T fortemente favorecido sem oxigênio ligado para o estado R fortemente favorecido quando a molécula está totalmente carregada de oxigênio. O estado R tem maior afinidade pelo oxigênio do que o estado T.

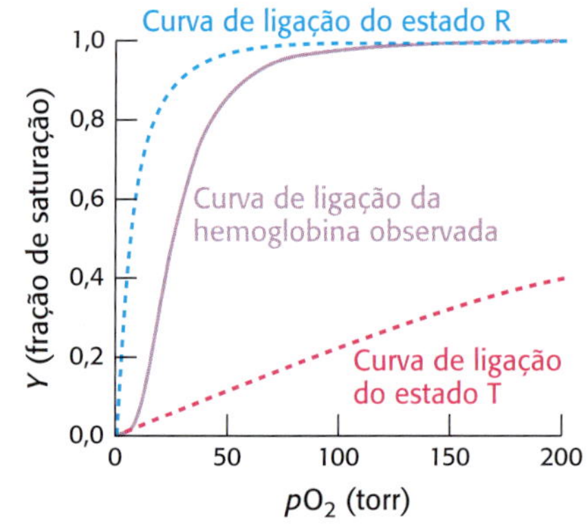


**FIGURA 7.12 Transição de T para R.** A curva de ligação observada na hemoglobina pode ser vista como uma combinação das curvas de ligação que seriam observadas se todas as moléculas permanecessem no estado T ou se todas estivessem no estado R. A curva sigmoide é observada porque as moléculas passam do estado T para o estado R à medida que as moléculas de oxigênio se ligam.

Moléculas adicionais de oxigênio têm agora mais probabilidade de se ligarem aos três sítios desocupados. Por conseguinte, a curva de ligação na hemoglobina pode ser vista como uma combinação de curvas de ligação que seriam observadas se todas as moléculas permanecessem no estado T ou se todas elas estivessem no estado R. À medida que as moléculas de oxigênio se ligam, os tetrâmeros de hemoglobina se convertem do estado T para o estado R, produzindo a curva de ligação sigmoide que é tão importante para o transporte eficiente do oxigênio (Figura 7.12).

No modelo concertado, cada tetrâmero pode existir em apenas dois estados – o estado T e o estado R. Em um modelo alternativo, o *modelo sequencial*, a ligação de um ligante a um sítio em montagem aumenta a afinidade de ligação dos sítios vizinhos sem induzir uma conversão total do estado T no estado R (Figura 7.13).

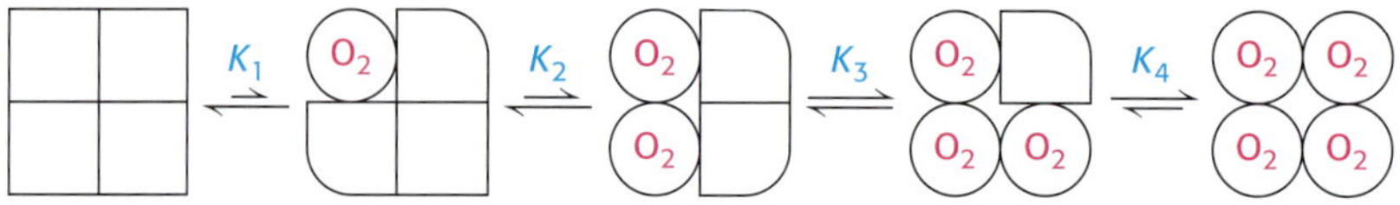


**FIGURA 7.13 Modelo sequencial.** A ligação de um ligante modifica a conformação da subunidade à qual se liga. Essa mudança conformacional induz alterações nas subunidades vizinhas, aumentando a sua afinidade pelo ligante.

A ligação cooperativa de oxigênio pela hemoglobina é mais bem descrita pelo modelo concertado ou pelo modelo sequencial? Nenhum dos modelos em sua forma pura explica por completo o comportamento da hemoglobina. Na verdade, é necessário um modelo combinado. O comportamento da hemoglobina é concertado pelo fato de que o tetrâmero com três sítios ocupados pelo oxigênio está quase sempre na estrutura quaternária associada ao estado R. O sítio de ligação remanescente aberto tem uma afinidade pelo oxigênio mais de 20 vezes maior do que a hemoglobina totalmente desoxigenada tem pela ligação ao seu primeiro oxigênio. Entretanto, o comportamento não é totalmente concertado, visto que a hemoglobina com oxigênio ligado a apenas um dos quatro sítios permanece basicamente na estrutura quaternária associada ao estado T. Entretanto, essa molécula liga-se ao oxigênio três vezes mais fortemente do que a hemoglobina totalmente desoxigenada, uma observação compatível apenas com um modelo sequencial. Esses resultados destacam o fato de que os modelos concertado e sequencial representam casos limitantes idealizados, dos quais os sistemas reais podem se aproximar, mas raramente alcançá-los.

## As mudanças estruturais nos grupos heme são transmitidas à interface $\alpha_1\beta_1$–$\alpha_2\beta_2$

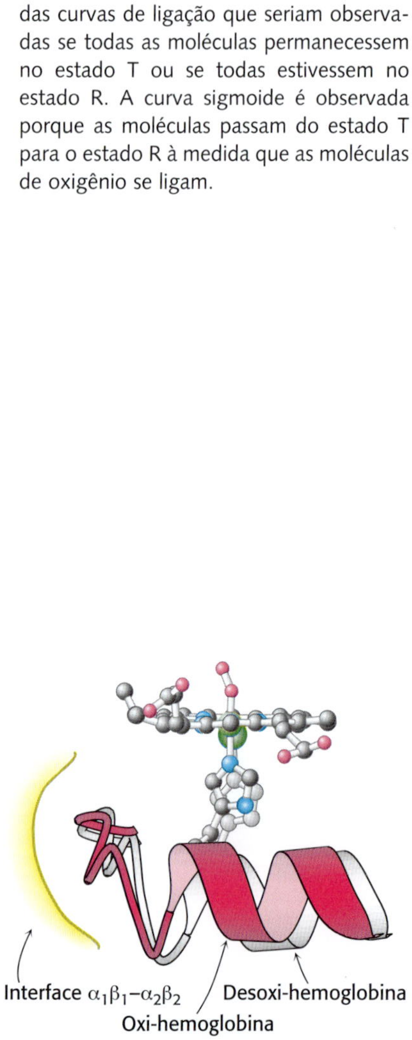


**FIGURA 7.14 Mudanças conformacionais na hemoglobina.** O movimento do íon ferro com a oxigenação leva o resíduo de histidina associada ao ferro para o anel de porfirina. O movimento associado da α-hélice contendo histidina altera a interface entre os dímeros αβ, induzindo outras mudanças estruturais. Para comparação, a estrutura da desoxi-hemoglobina é mostrada em cinza atrás da estrutura da oxi-hemoglobina, em vermelho.

Examinaremos agora como a ligação do oxigênio a um sítio é capaz de deslocar o equilíbrio entre os estados T e R de todo o tetrâmero de hemoglobina. À semelhança da mioglobina, a ligação do oxigênio faz com que cada átomo de ferro na hemoglobina se mova de fora do plano da porfirina para dentro dele. Quando o átomo de ferro se move, o resíduo de histidina proximal o acompanha. Esse resíduo de histidina faz parte de uma α-hélice, que também se move (Figura 7.14). A extremidade carboxiterminal dessa α-hélice situa-se na interface entre os dois dímeros αβ. A mudança na posição da extremidade carboxiterminal da hélice favorece a transição do estado T para R. Em consequência, *a transição estrutural do íon ferro em uma subunidade é diretamente transmitida para as outras subunidades.* O rearranjo da interface do dímero fornece uma via para a comunicação entre as subunidades, possibilitando a ligação cooperativa do oxigênio.

## O 2,3-bisfosfoglicerato nos eritrócitos é crucial na determinação da afinidade da hemoglobina pelo oxigênio

Para que a hemoglobina possa funcionar de modo eficiente, o estado T precisa permanecer estável até que a ligação de oxigênio suficiente o tenha convertido no estado R. Todavia, o estado T da hemoglobina é, de fato, altamente instável, deslocando tanto o equilíbrio para o estado R que pouco oxigênio seria liberado em condições fisiológicas. Por conseguinte, é necessário um mecanismo adicional para estabilizar adequadamente o estado T. Esse mecanismo foi descoberto ao se comparar as propriedades de ligação de oxigênio da hemoglobina nos eritrócitos com a hemoglobina totalmente purificada (Figura 7.15). A hemoglobina pura liga-se ao oxigênio muito mais firmemente do que a hemoglobina nos eritrócitos. Essa diferença acentuada deve-se à presença dentro dessas células do *2,3-bisfosfoglicerato* (2,3-BPG; também conhecido como 2,3-difosfoglicerato ou 2,3-DPG).

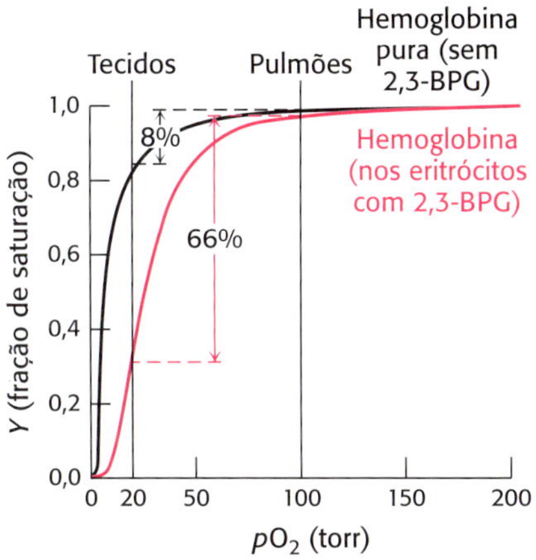


**FIGURA 7.15 Ligação do oxigênio à hemoglobina pura em comparação com a hemoglobina dos eritrócitos.** A hemoglobina pura liga-se ao oxigênio mais firmemente do que a hemoglobina dos eritrócitos. Essa diferença deve-se à presença de 2,3-bisfosfoglicerato (2,3-BPG) nos eritrócitos.

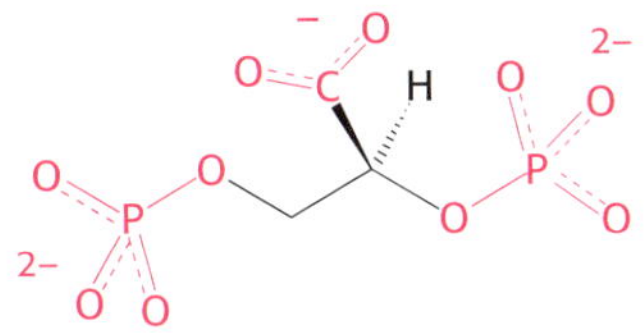

**2,3-bisfosfoglicerato (2,3-BPG)**

Esse composto altamente aniônico está presente nos eritrócitos aproximadamente na mesma concentração que na hemoglobina (cerca de 2 mM). Na ausência de 2,3-BPG, a hemoglobina seria um transportador de oxigênio extremamente ineficiente, liberando apenas 8% de sua carga nos tecidos.

Como o 2,3-BPG diminui a afinidade da hemoglobina pelo oxigênio de modo tão significativo? O exame da estrutura cristalográfica da desoxi-hemoglobina na presença de 2,3-BPG revela que uma única molécula 2,3-BPG liga-se ao centro do tetrâmero em um bolsão presente apenas na forma T (Figura 7.16). Durante a transição do estado T para R, esse bolsão colapsa, e o 2,3-BPG é liberado. Por conseguinte, para que ocorra uma transição estrutural do estado T para R, as ligações entre a hemoglobina e o 2,3-BPG precisam ser rompidas. Na presença de 2,3-BPG, mais sítios de ligação ao oxigênio dentro do tetrâmero de hemoglobina precisam ser ocupados para induzir a transição de T para R, de modo que a hemoglobina permanece no estado T de menor afinidade até que sejam alcançadas concentrações mais altas de oxigênio. Esse mecanismo de regulação é notável, visto que o

**FIGURA 7.16 Modo de ligação do 2,3-BPG à desoxi-hemoglobina humana.** O 2,3-bisfosfoglicerato liga-se à cavidade central da desoxi-hemoglobina (à esquerda). Nesse local, interage com três grupos de carga positiva em cada cadeia β (à direita). [Desenhada de 1B86.pdb.]

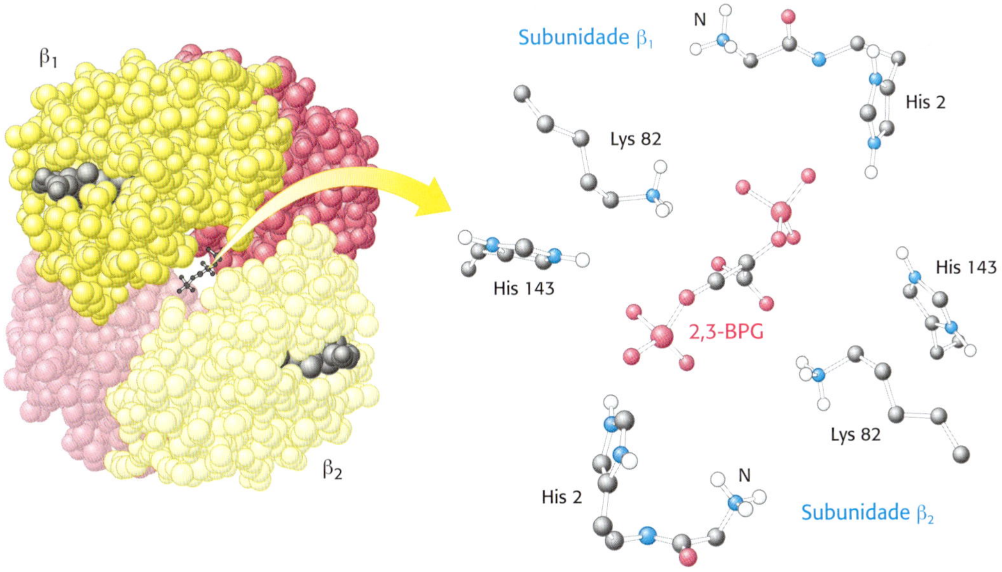

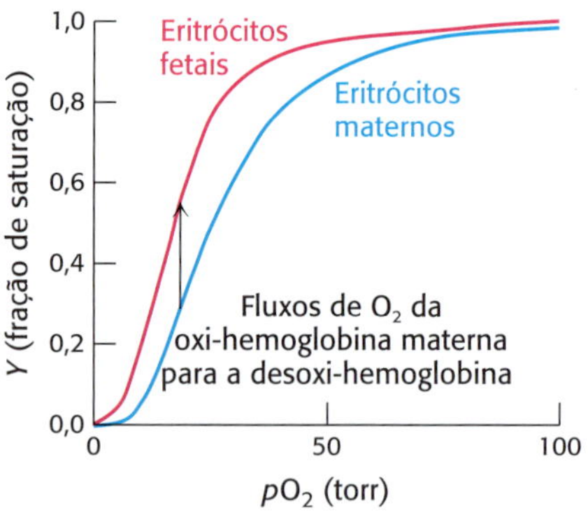


**FIGURA 7.17 Afinidade dos eritrócitos fetais pelo oxigênio.** Os eritrócitos fetais exibem maior afinidade pelo oxigênio do que os eritrócitos maternos, visto que a hemoglobina fetal não se liga tão bem ao 2,3-BPG quanto a hemoglobina materna.

2,3-BPG não se assemelha de modo algum ao oxigênio, a molécula por meio da qual a hemoglobina desempenha a sua principal função. O 2,3-BPG é designado como *efetor alostérico* (do grego *allos*, "outra", e *stereos*, "estrutura"). A regulação por uma molécula estruturalmente não relacionada ao oxigênio é possível, uma vez que o efetor alostérico liga-se a um sítio totalmente distinto daquele do oxigênio. Iremos encontrar novamente os efeitos alostéricos quando considerarmos a regulação enzimática no Capítulo 10.

A ligação do 2,3-BPG à hemoglobina tem outras consequências fisiológicas cruciais. O gene da globina expresso pelos fetos humanos difere daquele expresso pelos adultos; os tetrâmeros de *hemoglobina fetal* incluem duas cadeias α e duas cadeias γ. A cadeia γ, um resultado de uma duplicação gênica, é 72% idêntica à cadeia β na sua sequência de aminoácidos. Uma mudança notável é a substituição de um resíduo de serina por His 143 na cadeia β, parte do sítio de ligação do 2,3-BPG. Essa mudança remove duas cargas positivas do sítio de ligação do 2,3-BPG (um de cada cadeia) e diminui a afinidade do 2,3-BPG pela hemoglobina fetal. Em consequência, a afinidade da hemoglobina fetal pelo oxigênio é maior que a da hemoglobina materna (adulta) (Figura 7.17). Essa diferença de afinidade pelo oxigênio possibilita a transferência efetiva de oxigênio dos eritrócitos maternos para os fetais. Temos aqui um exemplo em que a duplicação gênica e a especialização produziram rápida solução a um desafio biológico – neste caso, o transporte de oxigênio da mãe para o feto.

### O monóxido de carbono pode interromper o transporte de oxigênio pela hemoglobina

O *monóxido de carbono* (CO) é um gás incolor e inodoro que se liga à hemoglobina no mesmo sítio que o oxigênio, formando um complexo denominado *carboxi-hemoglobina*. A formação de carboxi-hemoglobina exerce efeitos devastadores sobre o transporte normal de oxigênio de duas maneiras. Em primeiro lugar, o monóxido de carbono liga-se à hemoglobina cerca de 200 vezes mais fortemente do que o oxigênio. Mesmo na presença de baixas pressões parciais no sangue, o monóxido de carbono irá deslocar o oxigênio da hemoglobina, impedindo a sua liberação. Em segundo lugar, o monóxido de carbono ligado a um sítio na hemoglobina deslocará a curva de saturação de oxigênio dos sítios remanescentes para a esquerda, forçando o tetrâmero a assumir o estado R. Isso resulta em aumento da afinidade pelo oxigênio, impedindo a sua dissociação nos tecidos.

A exposição ao monóxido de carbono – de aparelhos a gás e de automóveis, por exemplo – pode causar envenenamento por monóxido de carbono; nessa situação, o paciente apresenta náuseas, vômitos, letargia, fraqueza e desorientação. Um tratamento para o envenenamento por monóxido de carbono consiste na administração de oxigênio a 100%, frequentemente em pressões maiores que a pressão atmosférica (esse tratamento é conhecido como *oxigenoterapia hiperbárica*). Com esse tratamento, a pressão parcial de oxigênio no sangue torna-se alta o suficiente para aumentar substancialmente o deslocamento de monóxido de carbono da hemoglobina. Entretanto, a exposição a altas concentrações de monóxido de carbono pode ser rapidamente fatal: nos EUA, cerca de 2.500 pessoas morrem a cada ano de envenenamento por monóxido de carbono, das quais cerca de 500 por exposições acidentais e quase 2.000 por suicídio.

## 7.3 Os íons hidrogênio e o dióxido de carbono promovem a liberação de oxigênio: o efeito Bohr

Vimos como a liberação cooperativa de oxigênio da hemoglobina ajuda a liberar o oxigênio onde ele é mais necessário: nos tecidos que apresentam baixas pressões parciais de oxigênio. Essa capacidade é acentuada pela facilidade da hemoglobina de responder a outros sinais existentes no seu ambiente fisiológico que indicam a necessidade de oxigênio. Os tecidos com metabolismo rápido, como os músculos em contração, geram grandes quantidades de íons hidrogênio e dióxido de carbono (ver Capítulo 16). Para liberar oxigênio onde a sua necessidade é maior, a hemoglobina evoluiu para responder a níveis mais altos dessas substâncias. À semelhança do 2,3-BPG, os íons hidrogênio e o dióxido de carbono são efetores alostéricos da hemoglobina que se ligam a sítios da molécula distintos dos sítios de ligação ao oxigênio. A regulação da ligação de oxigênio pelos íons hidrogênio e pelo dióxido de carbono é denominada *efeito Bohr* em homenagem a Christian Bohr, que descreveu esse fenômeno em 1904.

A afinidade da hemoglobina pelo oxigênio diminui à medida que o pH diminui a partir de um valor de 7,4 (Figura 7.18). Em consequência, à medida que a hemoglobina se move para uma região de pH menor, a sua tendência a liberar oxigênio aumenta. Por exemplo, o transporte a partir dos pulmões, com pH 7,4 e pressão parcial de oxigênio de 100 torr, para o músculo ativo, com pH 7,2 e pressão parcial de oxigênio de 20 torr, resulta em uma liberação de oxigênio que alcança 77% da capacidade total de transporte. Apenas 66% do oxigênio seriam liberados na ausência de qualquer mudança de pH. Estudos estruturais e químicos revelaram muitos aspectos acerca da base química do efeito Bohr. Vários grupos químicos no tetrâmero de hemoglobina são importantes no reconhecimento de mudanças de pH; todos apresentam valores de p$K_a$ que se aproximam de pH 7. Considere a histidina β146 o resíduo na extremidade C-terminal da cadeia β. Na desoxi-hemoglobina, o grupo carboxilato terminal de β146 forma uma ligação iônica, também denominada ponte salina, com um resíduo de lisina na subunidade α do outro dímero αβ. Essa interação prende a cadeia lateral da histidina β146 em uma posição na qual pode participar de uma ponte salina com o aspartato β94 de carga negativa na mesma cadeia, contanto que o grupo imidazol do resíduo de histidina esteja protonado (Figura 7.19).

Além da His β146, os grupos α-amino na extremidade aminoterminal da cadeia α e a cadeia lateral da histidina α122 também participam das pontes salinas no estado T. *A formação dessas pontes salinas estabiliza o estado T, resultando em maior tendência à liberação de oxigênio.* Por exemplo, na presença de um pH alto, a cadeia lateral da histidina β146 não é protonada, e não há formação da ponte salina. À medida que o pH cai, entretanto, a cadeia lateral da histidina β146 torna-se protonada, forma-se a ponte salina com o aspartato β94, e o estado T é estabilizado.

O dióxido de carbono, uma espécie neutra, atravessa a membrana eritrocitária e penetra na célula. Esse transporte também é facilitado por transportadores de membrana, incluindo proteínas associadas aos tipos sanguíneos Rh. O dióxido de carbono estimula a liberação de oxigênio por dois mecanismos. Em primeiro lugar, a presença de altas concentrações de dióxido de carbono leva a uma queda do pH dentro do eritrócito (Figura 7.20).

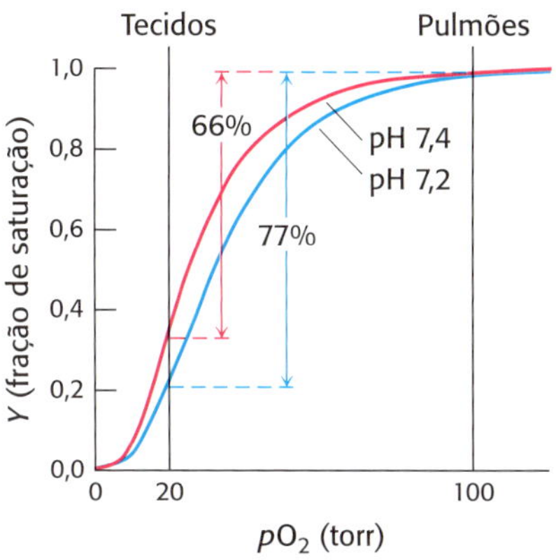


**FIGURA 7.18 Efeito do pH sobre a afinidade da hemoglobina pelo oxigênio.** A redução do pH de 7,4 (curva vermelha) para 7,2 (curva azul) resulta em liberação de $O_2$ pela oxi-hemoglobina.

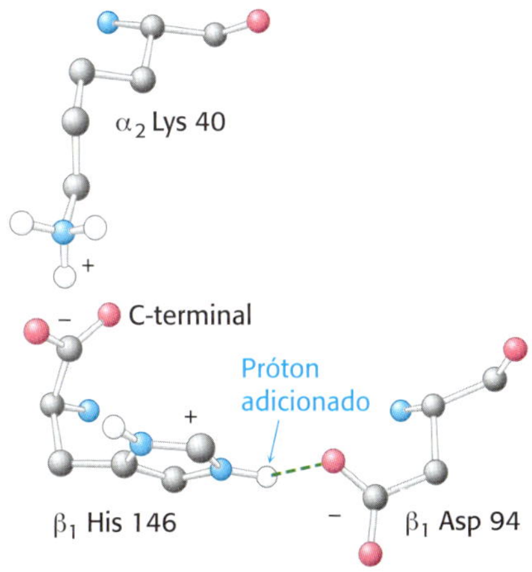


**FIGURA 7.19 Base química do efeito Bohr.** Na desoxi-hemoglobina, três resíduos de aminoácidos formam duas pontes salinas que estabilizam a estrutura quaternária T. A formação de uma das pontes salinas depende da presença de um próton adicionado à histidina β146. A proximidade da carga negativa no aspartato β94 da desoxi-hemoglobina favorece a protonação dessa histidina. *Observe* que a ponte salina entre a histidina β146 e o aspartato β94 é estabilizada por uma ligação de hidrogênio (linha verde tracejada).

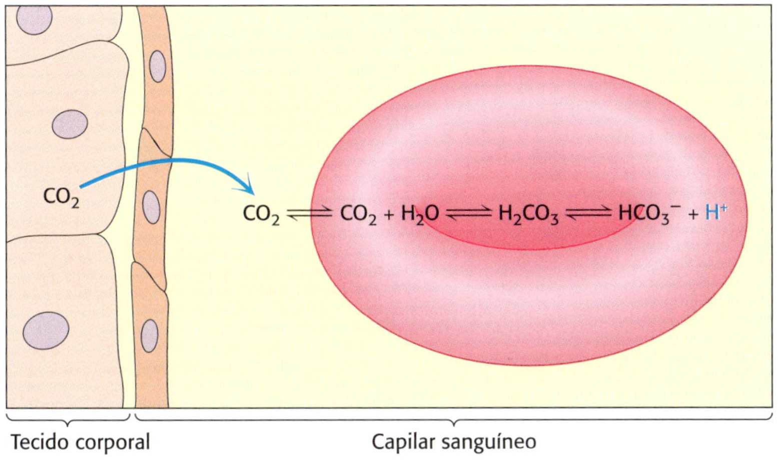


**FIGURA 7.20 Dióxido de carbono e pH.** O dióxido de carbono nos tecidos difunde-se para dentro dos eritrócitos. No interior do eritrócito, o dióxido de carbono reage com água, formando ácido carbônico em uma reação catalisada pela enzima anidrase carbônica. O ácido carbônico dissocia-se para formar $HCO_3^-$ e $H^+$, resultando em uma queda de pH dentro do eritrócito.

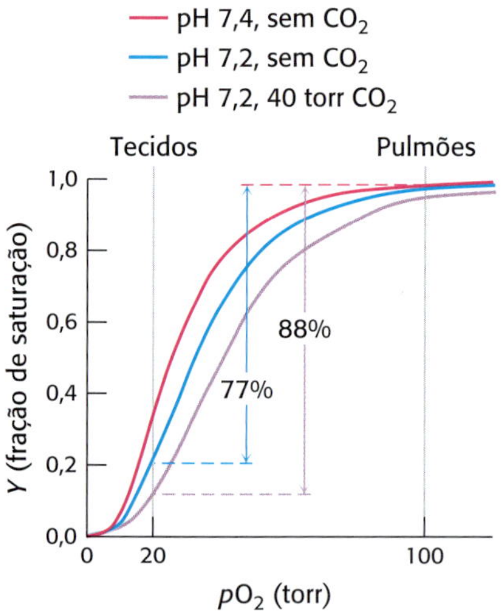


**FIGURA 7.21 Efeitos do dióxido de carbono.** A presença de dióxido de carbono diminui a afinidade da hemoglobina pelo oxigênio mesmo além do efeito devido a uma diminuição do pH, resultando em um transporte de oxigênio ainda mais eficiente dos tecidos para os pulmões.

O dióxido de carbono reage com água, formando ácido carbônico, $H_2CO_3$. Essa reação é acelerada pela *anidrase carbônica*, uma enzima presente em quantidades abundantes nos eritrócitos que será abordada detalhadamente no Capítulo 9. O $H_2CO_3$ é um ácido moderadamente forte, com p$K_a$ de 3,5. Por conseguinte, uma vez formado, o ácido carbônico dissocia-se formando o íon bicarbonato, $HCO_3^-$ e $H^+$, resultando em uma queda do pH que estabiliza o estado T pelo mecanismo anteriormente discutido.

No segundo mecanismo, uma interação química direta entre o dióxido de carbono e a hemoglobina estimula a liberação de oxigênio. O efeito do dióxido de carbono sobre a afinidade pelo oxigênio pode ser constatado ao se comparar as curvas de ligação ao oxigênio na ausência e na presença de dióxido de carbono *em um pH constante* (Figura 7.21). Na presença de dióxido de carbono em uma pressão parcial de 40 torr com pH 7,2, a quantidade de oxigênio liberada aproxima-se de 90% da capacidade máxima de transporte. O dióxido de carbono estabiliza a desoxi-hemoglobina ao reagir com os grupos aminoterminais para formar grupos *carbamato* carregados negativamente, diferentemente das cargas neutras ou positivas nos grupos amino livres.

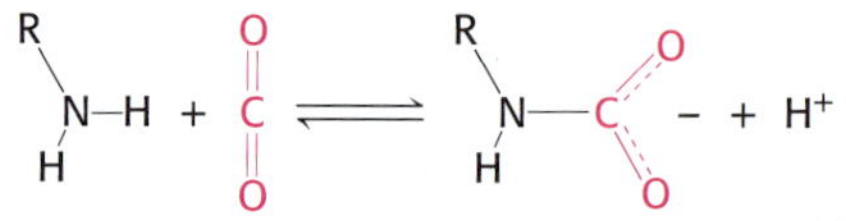

**Carbamato**

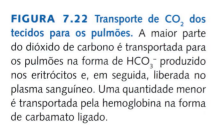

As extremidades aminoterminais situam-se na interface entre os dímeros αβ, e esses grupos carbamato de carga negativa participam em interações com pontes salinas que estabilizam o estado T, favorecendo a liberação de oxigênio.

A formação de carbamato também proporciona um mecanismo para o transporte de dióxido de carbono dos tecidos para os pulmões, porém responde por apenas cerca de 14% do transporte total de dióxido de carbono. A maior parte do dióxido de carbono liberado dos eritrócitos é transportada até os pulmões sob a forma de $HCO_3^-$ produzido a partir da hidratação do dióxido de carbono dentro da célula (Figura 7.22). Grande parte do $HCO_3^-$ que é formado deixa a célula por meio de uma proteína de transporte de membrana específica que troca o $HCO_3^-$ de um lado da membrana pelo $Cl^-$ do outro lado. Em consequência, a concentração sérica de $HCO_3^-$ aumenta. Por meio desse mecanismo, uma grande concentração de dióxido de carbono é transportada dos tecidos até os pulmões na forma de $HCO_3^-$. Nos pulmões, esse processo é revertido: o $HCO_3^-$ é convertido de volta em dióxido de carbono e exalado. Assim, o dióxido de carbono gerado pelos tecidos ativos contribui para uma diminuição do pH eritrocitário e, portanto, para a liberação de oxigênio, e é convertido em uma forma passível de ser transportada no soro e liberada nos pulmões.

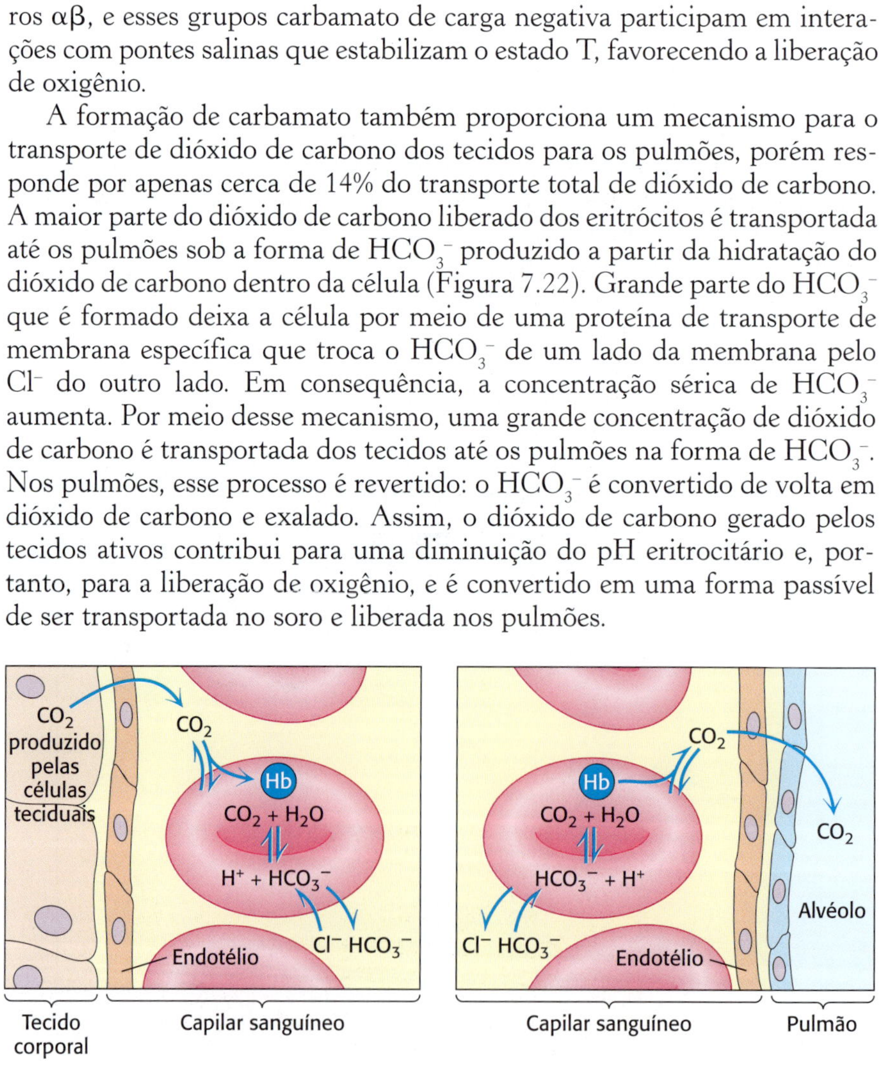


**FIGURA 7.22 Transporte de $CO_2$ dos tecidos para os pulmões.** A maior parte do dióxido de carbono é transportada para os pulmões na forma de $HCO_3^-$ produzido nos eritrócitos e, em seguida, liberada no plasma sanguíneo. Uma quantidade menor é transportada pela hemoglobina na forma de carbamato ligado.

## 7.4 A ocorrência de mutações nos genes que codificam as subunidades da hemoglobina pode resultar em doença

Na época atual, particularmente após o sequenciamento do genoma humano, tornou-se rotina pensar em variações geneticamente codificadas na sequência de proteínas como um fator envolvido em doenças específicas. A noção de que as doenças poderiam ser causadas por defeitos moleculares foi proposta por Linus Pauling em 1949 (4 anos antes da proposta da dupla hélice de DNA por Watson e Crick) para explicar a doença sanguínea conhecida como *anemia falciforme*. O nome desse distúrbio provém da forma anormal em foice dos eritrócitos privados de oxigênio que são observados em indivíduos que sofrem dessa doença (Figura 7.23). Pauling propôs que a anemia falciforme poderia ser causada por uma variação específica na sequência de aminoácidos de uma cadeia da hemoglobina. Hoje em dia, sabemos que essa hipótese audaciosa é correta. De fato, cerca de 7% da população mundial é portadora de algum distúrbio da hemoglobina causado por uma variação na sua sequência de aminoácidos. Para concluir este capítulo, iremos nos concentrar em dois dos mais importantes desses distúrbios: a anemia falciforme e a talassemia.

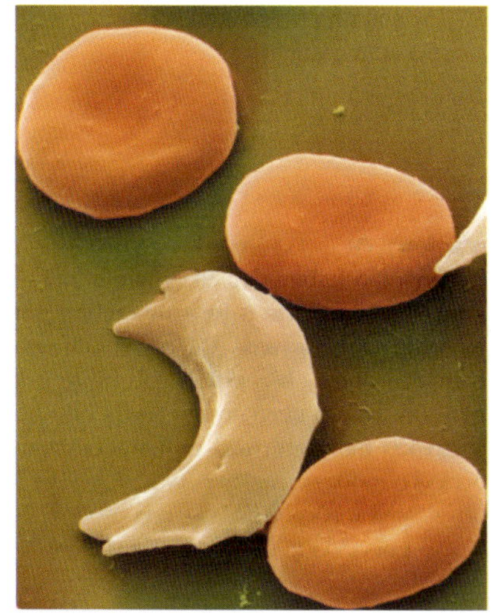

**FIGURA 7.23 Eritrócitos falciformes.** Micrografia mostrando um eritrócito afoiçado adjacente a eritrócitos com formas normais. [Eye of Science/Science Source.]

### A anemia falciforme resulta da agregação de moléculas mutantes de desoxi-hemoglobina

Os indivíduos com eritrócitos afoiçados apresentam vários sintomas perigosos. O exame do conteúdo desses eritrócitos revela que as moléculas de hemoglobina formam grandes agregados fibrosos (Figura 7.24). Essas fibras estendem-se através dos eritrócitos e os distorcem de modo que ocluem pequenos capilares, comprometendo o fluxo sanguíneo. Além disso, os eritrócitos de pacientes com anemia falciforme são mais aderentes às paredes dos vasos sanguíneos do que os de indivíduos normais, prolongando a oportunidade de oclusão capilar. Os resultados podem incluir tumefação dolorosa dos membros e maior risco de acidente vascular encefálico ou de infecção bacteriana (devido à circulação deficiente). Os eritrócitos afoiçados também não permanecem na circulação pelo mesmo tempo que as células normais, levando ao desenvolvimento de anemia.

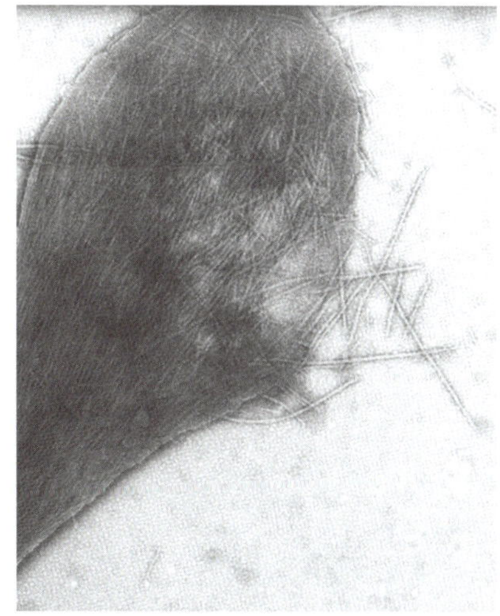

**FIGURA 7.24 Fibras de hemoglobina falciforme.** Micrografia eletrônica mostrando um eritrócito afoiçado rompido com fibras de hemoglobina falciforme emergindo. [Cortesia de Robert Josephs e Thomas E. Wellems, University of Chicago.]

Qual é o defeito molecular associado à anemia falciforme? Vernon Ingram demonstrou em 1956 que uma única substituição de aminoácido na cadeia β da hemoglobina é o fator responsável – isto é, a substituição de um resíduo de glutamato por um resíduo de valina na posição 6. A forma mutante é designada como *hemoglobina S* (HbS). Em indivíduos com anemia falciforme, ambos os alelos do gene da cadeia β da hemoglobina (HbB) apresentam mutação. A substituição na HbS diminui substancialmente a solubilidade da desoxi-hemoglobina, embora não altere de modo acentuado as propriedades da oxi-hemoglobina.

O exame da estrutura da hemoglobina S revela que o novo resíduo de valina situa-se na superfície da molécula no estado T (Figura 7.25). Esse

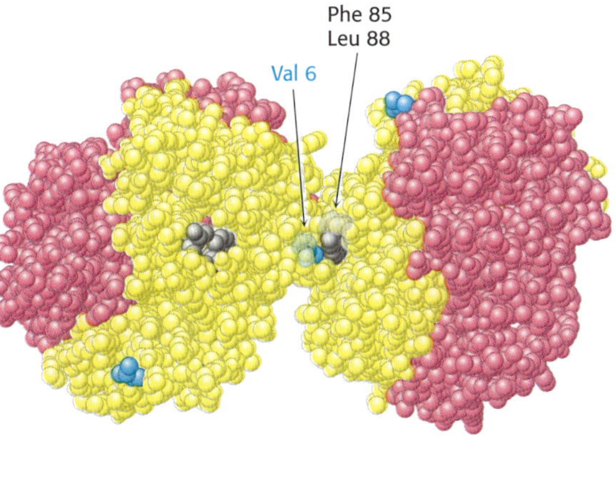


**FIGURA 7.25 Hemoglobina S desoxigenada.** A interação entre Val 6 (azul) em uma cadeia β de uma molécula de hemoglobina com um segmento hidrofóbico formado por Phe 85 e Leu 88 (cinza) em uma cadeia β de outra molécula de hemoglobina desoxigenada leva à agregação da hemoglobina. Os resíduos Val 6 expostos de outras cadeias β participam de outras interações desse tipo nas fibras de hemoglobina S. [Desenhada de 2HBS.pdb.]

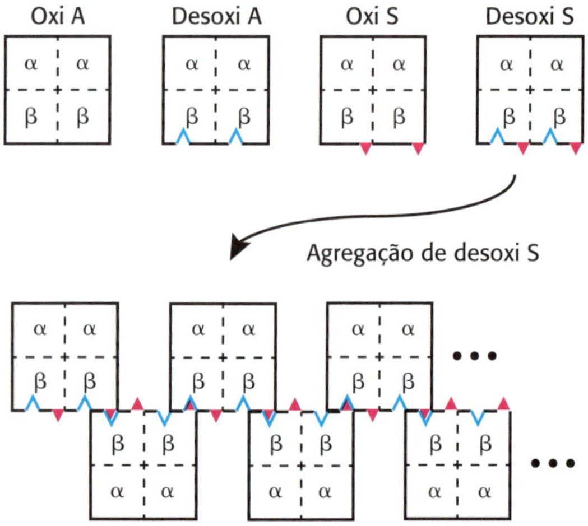


**FIGURA 7.26 Formação de agregados de HbS.** A mutação para Val 6 na hemoglobina S é representada pelos triângulos vermelhos, enquanto o segmento hidrofóbico formado por Phe 85 e Leu 88 na desoxi-hemoglobina é representado pelos entalhes azuis. Quando a HbS está em sua forma desoxi, ela exibe as características complementares necessárias para a agregação.

novo segmento hidrofóbico interage com outro segmento hidrofóbico formado por Phe 85 e Leu 88 na cadeia β de uma molécula vizinha, iniciando o processo de agregação. Uma análise mais detalhada revela que uma única fibra de hemoglobina S é constituída de 14 cadeias de moléculas de hemoglobina com múltiplas interligações. Por que esses agregados não se formam quando a hemoglobina S está oxigenada? Quando a oxi-hemoglobina S está no estado R, os resíduos Phe 85 e Leu 88 na cadeia β estão, em grande parte, alojados dentro da montagem da hemoglobina. Sem um parceiro com o qual interagir, o resíduo Val na superfície na posição 6 é benigno (Figura 7.26).

Cerca de 1 em 100 africanos do oeste sofre de anemia falciforme. Tendo em vista as consequências frequentemente devastadoras da doença, por que a mutação para a HbS é tão prevalente na África e em algumas outras regiões? Convém lembrar que ambas as cópias do gene HbB apresentam mutação nos indivíduos com anemia falciforme. Os indivíduos com uma cópia do gene HbB e uma cópia do gene HbS apresentam o *traço falciforme,* visto que podem transmitir o gene HbS para os seus descendentes. Embora o traço falciforme seja considerado uma condição benigna, foram identificadas raras complicações, incluindo risco aumentado de morte relacionada com a prática de exercícios em atletas de alto desempenho. Entretanto, os indivíduos com traço falciforme exibem maior resistência à *malária,* uma doença transmitida por um parasita, o *Plasmodium falciparum,* que vive dentro dos eritrócitos em um estágio de seu ciclo de vida. O efeito calamitoso da malária sobre a saúde e a probabilidade de reprodução em regiões onde a malária tem sido historicamente endêmica favoreceram os indivíduos portadores do traço falciforme, aumentando a prevalência do alelo HbS (Figura 7.27).

## A talassemia é causada por um desequilíbrio na produção das cadeias de hemoglobina

A anemia falciforme é causada pela substituição de um único aminoácido específico em uma cadeia de hemoglobina. A *talassemia,* o outro distúrbio hereditário prevalente da hemoglobina, é causada pela perda ou por uma redução substancial de uma única *cadeia* de hemoglobina. Isso resulta em baixos níveis de hemoglobina funcional e na produção diminuída de eritrócitos, podendo levar ao desenvolvimento de anemia, fadiga, palidez da pele e disfunções hepática e esplênica. A talassemia consiste em um conjunto de doenças relacionadas. Na talassemia α, a cadeia α da hemoglobina não é produzida em quantidade suficiente. Em consequência, formam-se tetrâmeros de hemoglobina que só contêm a cadeia β.

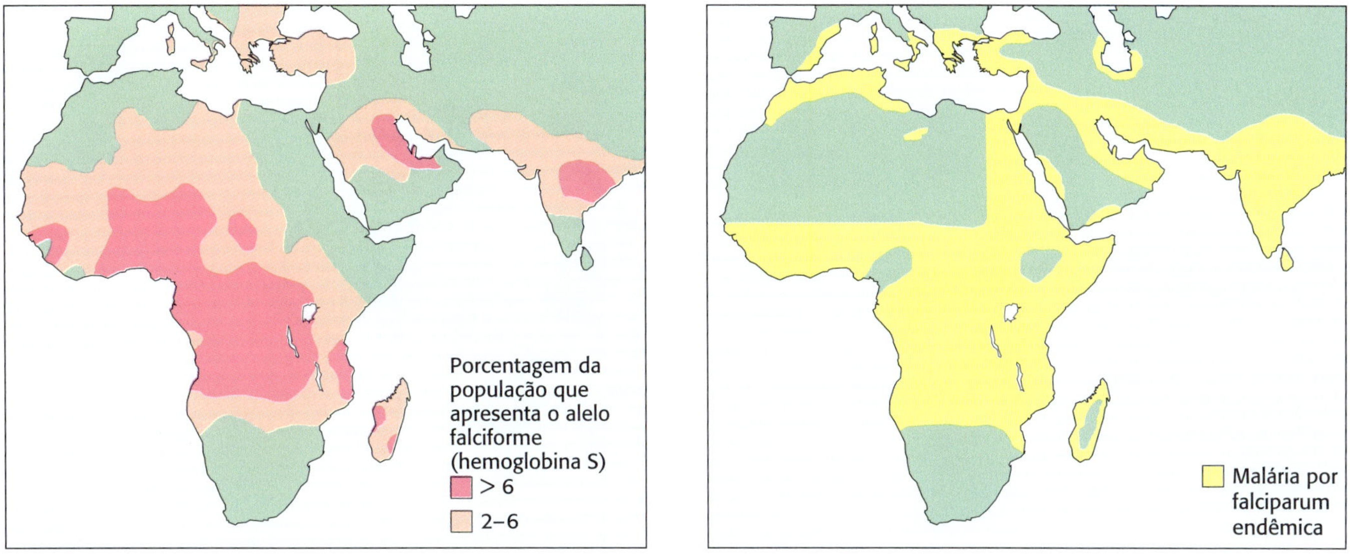


**FIGURA 7.27 Traço falciforme e malária.** Observa-se a existência de uma correlação significativa entre as regiões com alta frequência do alelo HbS e as regiões com alta prevalência de malária.

Esses tetrâmeros, denominados *hemoglobina H* (HbH), ligam-se ao oxigênio com alta afinidade e de modo não cooperativo. Em consequência, a liberação de oxigênio nos tecidos é precária. Na talassemia β, a cadeia β da hemoglobina não é produzida em quantidade suficiente. Na ausência de cadeias β, as cadeias α formam agregados insolúveis que precipitam dentro dos eritrócitos imaturos. A perda dos eritrócitos resulta em anemia. A forma mais grave da talassemia β é denominada *talassemia major* ou *anemia de Cooley*.

Tanto a talassemia α quanto a talassemia β estão associadas a muitas variações genéticas diferentes e exibem uma ampla gama de gravidade clínica. As formas mais graves de talassemia α são habitualmente fatais pouco antes ou logo depois do nascimento. Entretanto, essas formas são relativamente raras. Um exame do repertório de genes da hemoglobina no genoma humano fornece uma explicação. Normalmente, os seres humanos não apresentam dois, mas quatro alelos para a cadeia α, dispostos de tal modo que os dois genes estão localizados adjacentes um ao outro em uma extremidade de cada cromossomo 16. Assim, a perda completa de expressão da cadeia α requer a ruptura de quatro alelos. A talassemia β é mais comum, visto que os seres humanos normalmente apresentam apenas dois alelos para a cadeia β, um em cada cópia do cromossomo 11.

## O acúmulo de cadeias α de hemoglobina livres é evitado

A presença de quatro genes para expressar a cadeia α, em comparação com dois para a cadeia β, sugere que a cadeia α seria produzida em excesso (tendo em vista a suposição evidentemente simples de que a expressão de proteína de cada gene seja comparável). Se isso é correto, por que o excesso de cadeias α não precipita? Um mecanismo para manter as cadeias α em solução foi revelado pela descoberta de uma proteína de 11 kDa nos eritrócitos denominada *proteína estabilizadora da cadeia α da hemoglobina* (AHSP, do inglês *α-hemoglobin stabilizing protein*). Essa proteína forma um complexo solúvel especificamente com os monômeros de cadeia α recém-sintetizados. A estrutura cristalográfica de um complexo entre a AHSP e a cadeia α da hemoglobina revela que a AHSP se liga à mesma face da cadeia α que a cadeia β se liga (Figura 7.28). A AHSP liga-se à cadeia α nas formas tanto desoxigenada quanto oxigenada. No complexo com oxigênio ligado, a histidina distal, e não a proximal, liga-se ao átomo de ferro.

A AHSP serve para ligar-se à cadeia α da hemoglobina à medida que esta é produzida, assegurando o seu enovelamento correto. À media que a

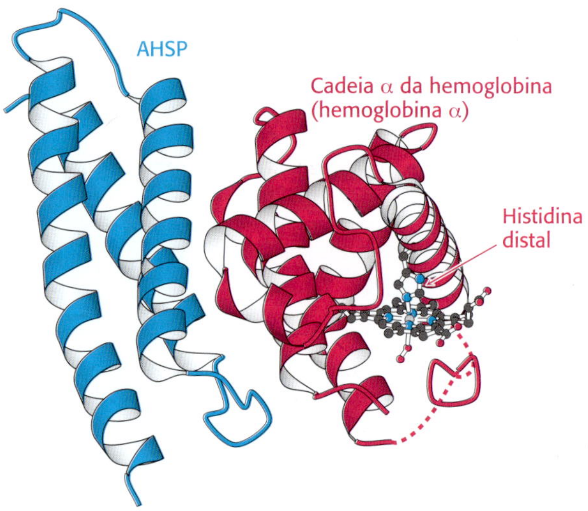


**FIGURA 7.28 Estabilização da cadeia α de hemoglobina livre.** A figura mostra a estrutura de um complexo entre a AHSP e a cadeia α da hemoglobina. Neste complexo, o átomo de ferro está ligado ao oxigênio e à histidina distal. *Observe* que a AHSP se liga à mesma superfície da cadeia α à qual se liga a cadeia β da hemoglobina. [Desenhada de 1YO1.pdb.]

hemoglobina β é expressa, ela desloca a AHSP, visto que o dímero hemoglobina α-hemoglobina β é mais estável do que o complexo hemoglobina α-ASHP. Assim, a AHSP impede o enovelamento incorreto, o acúmulo e a precipitação de cadeia α livre da hemoglobina. Foi originalmente postulado que a variação de sequência no gene que codifica a AHSP pode modular a gravidade da talassemia β, tendo em vista o seu importante papel na prevenção de um desequilíbrio das subunidades de hemoglobina. Entretanto, a demonstração desses efeitos representa um desafio. Apesar disso, foram propostas várias mutações na cadeia α da hemoglobina que parecem romper a ligação à ASHP.

### Globinas adicionais são codificadas no genoma humano

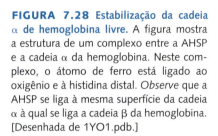

Além do gene para a mioglobina, dos dois genes para a hemoglobina α e de um para a β, o genoma haploide humano contém outros genes de globina. Já vimos a hemoglobina fetal, que contém a cadeia γ no lugar da cadeia β. Vários outros genes codificam outras subunidades de hemoglobina que são expressas durante o desenvolvimento, incluindo as cadeias δ, ε e ζ.

O exame da sequência do genoma humano revelou duas globinas adicionais. Ambas essas proteínas são monômeros que se assemelham mais à mioglobina do que à hemoglobina. A primeira, a *neuroglobina,* é expressa principalmente no cérebro e, em níveis particularmente altos, na retina. A neuroglobina pode desempenhar um papel na proteção dos tecidos neurais contra a hipoxia (insuficiência de oxigênio). A segunda, a *citoglobina,* é expressa mais amplamente por todo o corpo. Os estudos estruturais e espectroscópicos realizados revelaram que, tanto na neuroglobina quanto na citoglobina, as histidinas proximal e distal estão coordenadas ao átomo de ferro na forma desoxi. A ligação do oxigênio desloca a histidina distal. As funções desses membros singulares da família de globinas continuam sendo uma área ativa de pesquisa.

## RESUMO

### 7.1 Ligação do oxigênio pelo ferro do heme

A mioglobina é, em grande parte, uma proteína com α-hélices que se liga ao grupo prostético heme. O heme é constituído de protoporfirina, um componente orgânico com quatro anéis pirrólicos ligados e um íon ferro central no estado $Fe^{2+}$. O íon ferro é coordenado à cadeia lateral de um resíduo de histidina na mioglobina, denominado histidina proximal. Um dos átomos de oxigênio no $O_2$ liga-se a um sítio de coordenação aberto no ferro.

Devido à transferência parcial de elétrons do ferro para o oxigênio, o íon ferro move-se para dentro do plano da porfirina ao ligar-se ao oxigênio. A hemoglobina é constituída de quatro cadeias polipeptídicas, duas cadeias $\alpha$ e duas cadeias $\beta$. Cada uma dessas cadeias assemelha-se na sequência de aminoácidos à mioglobina e enovela-se em uma estrutura tridimensional muito similar. O tetrâmero de hemoglobina é mais bem descrito como um par de dímeros $\alpha\beta$.

## 7.2 A hemoglobina liga-se ao oxigênio de modo cooperativo

A curva de ligação da mioglobina ao oxigênio revela um processo de ligação de equilíbrio simples. A mioglobina é semissaturada de oxigênio em uma concentração de oxigênio de aproximadamente 2 torr. A curva de ligação de oxigênio na hemoglobina tem uma forma semelhante a um "S" (sigmoide), indicando que a ligação ao oxigênio é cooperativa. A ligação do oxigênio a um sítio dentro do tetrâmero de hemoglobina afeta as afinidades dos outros sítios pelo oxigênio. A ligação e a liberação cooperativa de oxigênio aumentam significativamente a eficiência do transporte do oxigênio. A magnitude da capacidade potencial de transporte utilizada no transporte de oxigênio dos pulmões (com uma pressão parcial de oxigênio de 100 torr) para os tecidos (com uma pressão parcial de oxigênio de 20 torr) é de 66% em comparação com 7% se a mioglobina fosse usada como carreador de oxigênio.

A estrutura quaternária da hemoglobina modifica-se com a ligação ao oxigênio. A estrutura da desoxi-hemoglobina é denominada estado T. A estrutura da oxi-hemoglobina é designada como estado R. Os dois dímeros $\alpha\beta$ rotam aproximadamente 15° um em relação ao outro na transição do estado T para o estado R. A ligação cooperativa pode ser potencialmente explicada pelos modelos concertado e sequencial. No modelo concertado, cada molécula de hemoglobina adota o estado T ou o estado R; o equilíbrio entre esses dois estados é determinado pelo número de sítios de ligação de oxigênio ocupados. Os modelos sequenciais possibilitam estruturas intermediárias. As mudanças estruturais nos sítios de ferro em resposta à ligação de oxigênio são transmitidas para a interface entre os dímeros $\alpha\beta$, influenciando o equilíbrio T para R.

Os eritrócitos contêm 2,3-bisfosfoglicerato em concentrações aproximadamente iguais às da hemoglobina. O 2,3-BPG liga-se firmemente ao estado T, mas não ao estado R, estabilizando o estado T e diminuindo a afinidade da hemoglobina pelo oxigênio. A hemoglobina fetal liga-se ao oxigênio mais firmemente do que a hemoglobina do adulto devido a uma ligação mais fraca ao 2,3-BPG. Essa diferença possibilita a transferência de oxigênio do sangue materno para o fetal.

## 7.3 Os íons hidrogênio e o dióxido de carbono promovem a liberação de oxigênio: o efeito Bohr

As propriedades de ligação da hemoglobina ao oxigênio são acentuadamente afetadas pelo pH e pela presença de dióxido de carbono, um fenômeno conhecido como efeito Bohr. O aumento da concentração de íons hidrogênio – isto é, reduzindo o pH – diminui a afinidade da hemoglobina pelo oxigênio devido à protonação das extremidades aminoterminais e de certos resíduos de histidina. Os resíduos protonados ajudam a estabilizar o estado T. O aumento das concentrações de dióxido de carbono diminui a afinidade da hemoglobina pelo oxigênio por dois mecanismos. No primeiro, o dióxido de carbono é convertido em ácido carbônico, que diminui a afinidade da hemoglobina pelo oxigênio ao reduzir o pH dentro dos eritrócitos. No segundo mecanismo, o dióxido de carbono é adicionado às extremidades aminoterminais da hemoglobina, formando carbamatos.

Esses grupos de carga negativa estabilizam a desoxi-hemoglobina por meio de interações iônicas. Como os íons hidrogênio e o dióxido de carbono são produzidos nos tecidos com metabolismo rápido, o efeito Bohr ajuda a liberar o oxigênio nos locais onde ele é mais necessário.

### 7.4 A ocorrência de mutações nos genes que codificam as subunidades da hemoglobina pode resultar em doença

A doença falciforme é causada por uma mutação na cadeia β da hemoglobina que substitui um resíduo de glutamato por um resíduo de valina. Em consequência, forma-se um segmento hidrofóbico na superfície da desoxi-hemoglobina (estado T) que leva à formação de polímeros fibrosos. Essas fibras distorcem os eritrócitos, que adquirem uma forma de foice. A doença falciforme foi a primeira doença a ser associada a uma mudança na sequência de aminoácidos de uma proteína. As talassemias são doenças causadas pela produção reduzida de cadeias α ou β, produzindo tetrâmeros de hemoglobina que contêm apenas um tipo de cadeia de hemoglobina. Essas moléculas de hemoglobina caracterizam-se pela liberação precária de oxigênio e por baixa solubilidade, levando à destruição dos eritrócitos durante o seu desenvolvimento. Os precursores dos eritrócitos normalmente produzem um ligeiro excesso de cadeias α da hemoglobina em comparação com as cadeias β. Para evitar a agregação do excesso de cadeias α, eles produzem uma proteína estabilizadora de cadeia α da hemoglobina, que se liga especificamente a monômeros de cadeia α recém-sintetizados, formando um complexo solúvel.

APÊNDICE

# Modelos de ligação podem ser formulados em termos quantitativos: o traçado de Hill e o modelo concertado

## O traçado de Hill

Um método útil de descrever quantitativamente os processos de ligação cooperativa, como o da hemoglobina, foi desenvolvido por Archibald Hill em 1913. Considere o equilíbrio *hipotético* em uma proteína X ligando-se a um ligante S:

$$X + nS \rightleftharpoons X(S)n \quad (1)$$

em que $n$ é uma variável que pode ter valores tanto inteiros quanto fracionários. O parâmetro $n$ é a medida do grau de cooperatividade na ligação do ligante. Para X = hemoglobina e S = $O_2$, o valor máximo de $n$ é 4. O valor de $n = 4$ seria aplicável se a ligação do oxigênio à hemoglobina fosse totalmente cooperativa. Se a ligação do oxigênio fosse totalmente não cooperativa, $n$ seria então igual a 1.

A análise do equilíbrio na equação 1 produz a seguinte equação para a fração de saturação, $Y$:

$$Y = \frac{[S]^n}{[S]^n + [S_{50}]^n}$$

em que $[S_{50}]$ é a concentração em que X está semissaturado. Na hemoglobina, essa expressão torna-se

$$Y = \frac{pO_2{}^n}{pO_2{}^n + P_{50}{}^n}$$

em que $P_{50}$ é a pressão parcial de oxigênio na qual a hemoglobina está semissaturada. Essa expressão pode ser reorganizada em:

$$\frac{Y}{1 - Y} = \frac{pO_2{}^n}{P_{50}{}^n}$$

e, assim,

$$\log\left(\frac{Y}{1 - Y}\right) = \log\left(\frac{pO_2{}^n}{P_{50}{}^n}\right) = n\log(pO_2) - n\log(P_{50})$$

Essa equação prevê que o gráfico de log $(Y/1 - Y)$ *versus* log $(P_{50})$, denominado *traçado de Hill*, deve ser linear com uma inclinação de $n$.

Os traçados de Hill para a mioglobina e para a hemoglobina são mostrados na Figura 7.29. Para a mioglobina, o traçado de Hill é linear, com uma inclinação de 1. Para a hemoglobina, o traçado de Hill não é totalmente linear, visto que o equilíbrio no qual se baseia o traçado de Hill não está totalmente correto. Entretanto, o traçado é aproximadamente linear no centro, com uma inclinação de 2,8. A inclinação, frequentemente denominada *coeficiente de Hill*, é uma medida da cooperatividade da ligação ao oxigênio. A utilidade do traçado de Hill é que ele fornece uma avaliação quantitativa simples do grau de cooperatividade na ligação.

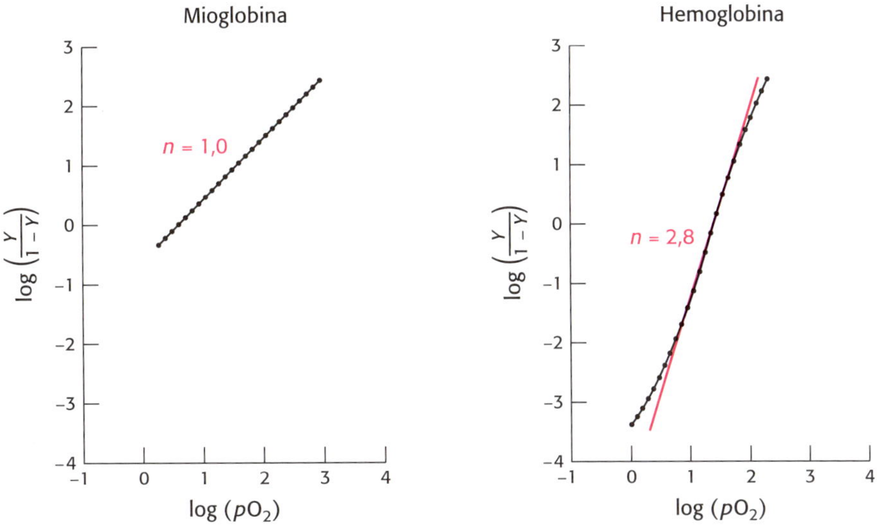


**FIGURA 7.29 Traçados de Hill para a mioglobina e a hemoglobina.**

Com o uso da equação de Hill e do coeficiente de Hill derivado, obtém-se uma curva de ligação que se assemelha estreitamente à da hemoglobina (Figura 7.30).

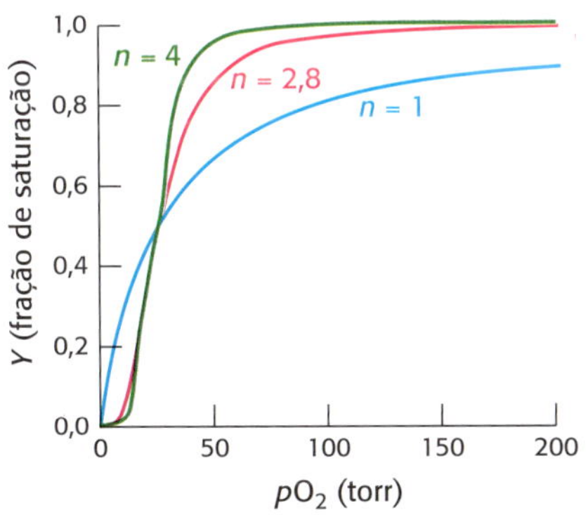


**FIGURA 7.30 Curvas de ligação ao oxigênio para vários coeficientes de Hill.** A curva indicada com $n$ = 2,8 assemelha-se estreitamente à curva da hemoglobina.

## O modelo concertado

O modelo concertado pode ser formulado em termos quantitativos. São necessários apenas quatro parâmetros: (1) o número de sítios de ligação (supostamente equivalentes) na proteína, (2) a razão das concentrações entre os estados T e R na ausência de ligantes, (3) a afinidade de sítios nas proteínas no estado R para a ligação de ligantes, e (4) uma medição do quanto as subunidades nas proteínas no estado R ligam-se mais firmemente a ligantes em comparação com as subunidades no estado T. O número de sítios de ligação, $n$, é habitualmente conhecido a partir de outras informações. No caso da hemoglobina, $n$ = 4. A razão das concentrações entre os estados T e R sem ligantes ligados é uma constante alostérica:

$$L = [T_0]/[R_0]$$

em que o subscrito refere-se ao número de ligantes ligados (neste caso, zero). A afinidade das subunidades no estado R é definida pela constante de dissociação para a ligação de um ligante a um único sítio no estado R, $K_R$. De modo semelhante, a constante de dissociação para a ligação de um ligante a um único sítio no estado T é $K_T$. Podemos definir a razão entre essas duas constantes de dissociação como:

$$c = K_R/K_T$$

Esta é a medida de quanto mais firmemente uma subunidade de uma proteína no estado R liga-se a um ligante em comparação com uma subunidade de uma proteína no estado T. Observe que $c < 1$, visto que $K_R$ e $K_T$ são constantes de dissociação, e a ligação firme corresponde a uma constante de dissociação pequena.

Qual é a razão entre a concentração de proteínas no estado T com um ligante ligado e a concentração de proteínas no estado R com um ligante ligado? A constante de dissociação para um único sítio no estado R é $K_R$. No caso de uma proteína com $n$ sítios, existem $n$ sítios possíveis para a ligação do primeiro ligante. Esse fator estatístico favorece a ligação do ligante em comparação com uma proteína de sítio único. Por conseguinte, $[R_1] = n[R_0][S]/K_R$. De modo semelhante, $[T_1] = n[T_0][S]/K_T$. Assim,

$$[T_1]/[R_1] = \frac{n[T_0][S]/K_T}{n[R_0][S]/K_R} = \frac{[T_0]}{[R_0](K_R/K_T)} = cL$$

Uma análise similar revela que, para estados com ligantes ligados $i$, $[T_i]/[R_i] = c^iL$. Em outras palavras, a razão entre as concentrações do estado T e do estado R é reduzida por um fator de $c$ para cada ligante que se liga.

Iremos definir uma escala conveniente para a concentração de S:

$$\alpha = [S]/K_R$$

Essa definição é útil, visto que é a razão da concentração de S para a constante de dissociação que determina o grau de ligação. Utilizando essa definição, vemos que:

$$[R_1] = \frac{n[R_0][S]}{K_R} = n[R_0]\alpha$$

De modo semelhante,

$$[T_1] = \frac{n[T_0][S]}{K_T} = ncL[R_0]\alpha$$

Qual é a concentração de moléculas no estado R com dois ligantes ligados? Mais uma vez, precisamos considerar o fator estatístico – isto é, o número de modos pelos quais um segundo ligante pode ligar-se a uma molécula com um sítio ocupado. O número de modos é $n - 1$. Entretanto, como não importa qual ligante será o "primeiro" e qual será o "segundo", precisamos dividir por um fator de 2. Assim,

$$[R_2] = \frac{\left(\frac{n-1}{2}\right)[R_1][S]}{K_R} = \left(\frac{n-1}{2}\right)[R_1]\alpha = \left(\frac{n-1}{2}\right)(n[R_0]\alpha)\alpha = n\left(\frac{n-1}{2}\right)[K_0]\alpha^2$$

Podemos deduzir equações similares para o caso com $i$ ligantes ligados e para os estados T.

Podemos agora calcular a fração de saturação, $Y$. Trata-se da concentração total de sítios com ligantes ligados dividida pela concentração total de potenciais sítios de ligação. Assim,

$$Y = \frac{([R_1] + [T_1] + 2([R_2]) + [T_2]) + \cdots + n([R_n] + [T_n])}{n([R_0] + [T_0] + [R_1] + [T_1] + \cdots + [R_n] + [T_n])}$$

Fazendo substituições nessa equação, encontramos

$$Y = \frac{n[R_0]\alpha + nc[T_0]\alpha + 2(n(n-1)/2)[R_0]\alpha^2 + 2(n(n-1)/2)c^2[T_0]\alpha^2 + \cdots + n[R_0]\alpha^n + nc^n[T^0])\alpha^n}{n([R_0] + [T_0] + n[R_0]\alpha + nc[T_0]\alpha + \cdots + [R_0]\alpha^n + c^n[T_0]\alpha^n)}$$

Fazendo a substituição $[T_0] = L[R_0]$ e somando essas séries, obtemos:

$$Y = \frac{\alpha(1+\alpha)^{n-1} + Lc\alpha(1+c\alpha)^{n-1}}{(1+\alpha)^n + L(1+c\alpha)^n}$$

Podemos agora utilizar essa equação para ajustar os dados observados para a hemoglobina variando os parâmetros $L$, $c$ e $K_R$ (com $n = 4$). Obtém-se um excelente ajuste com $L = 9.000$, $c = 0{,}014$ e $K_R = 2{,}5$ torr (Figura 7.31).

Além da fração de saturação, são mostradas as concentrações das espécies $T_0$, $T_1$, $T_2$, $R_2$, $R_3$ e $R_4$. As concentrações de todas as outras formas são muito baixas. A adição das concentrações faz uma grande diferença entre a análise que utiliza a equação de Hill e essa análise do modelo concertado. A equação de Hill só fornece a fração de saturação, enquanto a análise do modelo concertado produz concentrações para todas as espécies. No caso presente, essa análise fornece a razão esperada entre proteínas no estado T e proteínas no estado R em cada estágio de ligação. Essa razão muda de 9.000 para 126, para 1,76, para 0,025 e para 0,00035 com zero, uma, duas, três e quatro moléculas de oxigênio ligadas. Essa razão fornece uma medida quantitativa do deslocamento da população de moléculas de hemoglobina do estado T para o estado R.

O modelo sequencial também pode ser formulado em termos quantitativos. Entretanto, a formulação envolve muito mais parâmetros, e muitos conjuntos diferentes de parâmetros frequentemente produzem ajustes semelhantes aos dados experimentais.

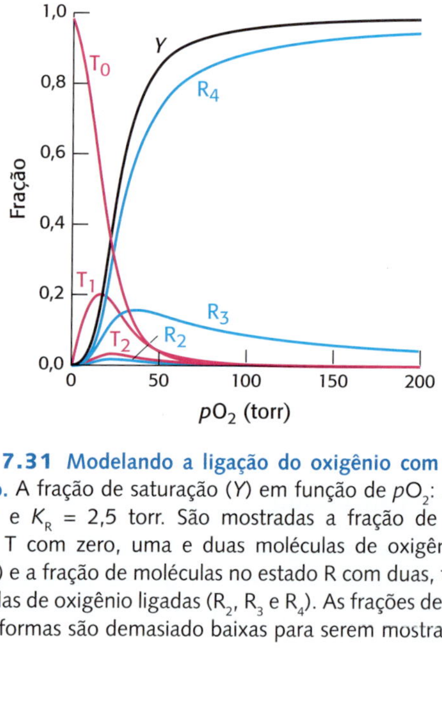


**FIGURA 7.31 Modelando a ligação do oxigênio com o modelo concertado.** A fração de saturação ($Y$) em função de $pO_2$: $L = 9.000$, $c = 0{,}014$ e $K_R = 2{,}5$ torr. São mostradas a fração de moléculas no estado T com zero, uma e duas moléculas de oxigênio ligadas ($T_0$, $T_1$ e $T_2$) e a fração de moléculas no estado R com duas, três e quatro moléculas de oxigênio ligadas ($R_2$, $R_3$ e $R_4$). As frações de moléculas em outras formas são demasiado baixas para serem mostradas.

# APÊNDICE

## Bioquímica em foco

### Um potencial antídoto para o envenenamento por monóxido de carbono?

A neuroglobina tem sido objeto de intensa pesquisa, visto que ela é dotada de várias qualidades singulares. A neuroglobina desempenha uma função protetora quando o fluxo de sangue para o cérebro está reduzido – uma situação clínica conhecida como *isquemia*. Além disso, a sua estrutura é peculiar, visto que a histidina distal (His 64) liga-se diretamente ao íon heme e é deslocada quando ocorre a ligação de oxigênio (Figura 7.32). Essas globinas são frequentemente designadas como *globinas hexacoordenadas*. Além disso, a neuroglobina liga-se muito firmemente a ligantes como o oxigênio e o monóxido de carbono: por

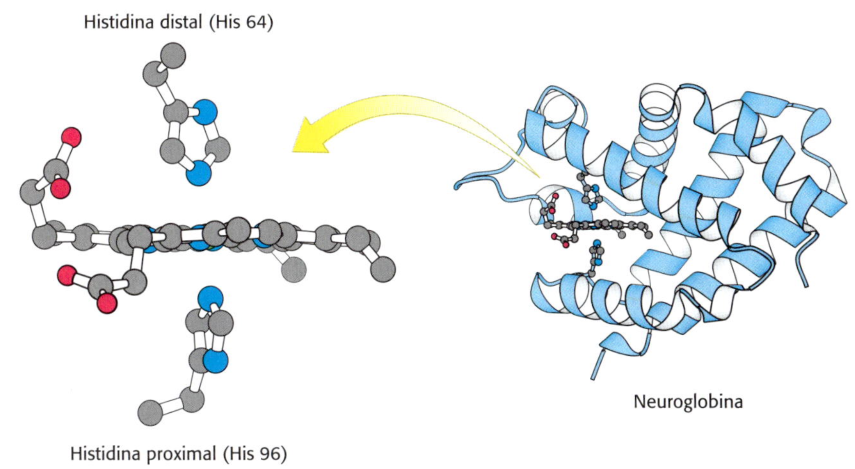


**FIGURA 7.32 Estrutura da neuroglobina.** A neuroglobina é uma globina hexacoordenada. Na ausência de gases como ligantes, seu átomo de ferro é coordenado pelos resíduos de histidinas proximal e distal. [Desenhada de 1OJ6.pdb.]

exemplo, a neuroglobina humana liga-se ao $O_2$ com um valor de $P_{50}$ de 1 torr.

A fim de investigar as propriedades de coordenação do grupo heme da neuroglobina, os pesquisadores utilizaram a mutagênese sítio-dirigida (ver Capítulo 5, seção 5.2) para substituir a cadeia lateral de histidina distal por outros resíduos. No decorrer desses estudos, um grupo desses pesquisadores fez uma notável descoberta: quando mutaram a His 64 da neuroglobina humana para a glutamina e também mutaram três cisteínas de superfície para melhorar a solubilidade, o mutante resultante – "Ngb-H64Q" – exibiu uma afinidade notavelmente alta pelo $O_2$, com $P_{50}$ de 0,015 torr! Mais incrível ainda foi a constatação de que o mutante Ngb-H64Q ligou o monóxido de carbono 500 vezes mais firmemente do que a hemoglobina.

Esses dados sugeriram que a Ngb-H64Q poderia atuar potencialmente como antídoto para o envenenamento por monóxido de carbono, removendo o CO da carboxi-hemoglobina. Um sequestrador desse tipo deve apresentar três propriedades essenciais: (1) deve ser capaz de se ligar ao CO mais firmemente do que a hemoglobina, (2) deve ligar-se mais firmemente ao CO do que ao $O_2$ (de modo que o oxigênio presente no sangue não seja capaz de competir com o CO) e (3) sua velocidade de oxidação ao estado férrico deve ser lenta (de modo que ele permaneça em sua forma ativa). Essas propriedades foram confirmadas para a Ngb-H64Q. Quando a carboxi-hemoglobina foi misturada com Ngb-H64Q livre, a transferência de CO foi muito rápida, com conversão quase completa em menos de 1 minuto (Figura 7.33)!

Em seguida, os pesquisadores testaram o seu novo agente sequestrador em um modelo animal. Camundongos receberam uma dose letal de CO a 3% durante 4,5 minutos e, em seguida, foram colocados em ar ambiente. No momento em que o CO foi removido, esses animais receberam uma dose de Ngb-H64Q, de albumina (uma proteína de controle) ou solução salina. Enquanto os grupos controle apresentaram uma sobrevida de 10% ou menos depois de 40 minutos nesse estudo, a Ngb-H64Q resultou em uma taxa de sobrevida de 90% (Figura 7.34). A descoberta dessa neuroglobina mutante representa uma opção terapêutica potencial e fascinante para o tratamento do envenenamento por monóxido de carbono que possa ser rapidamente administrado por socorristas.

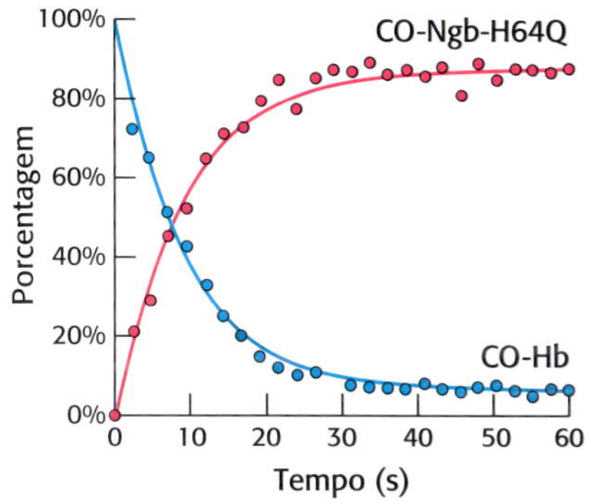


**FIGURA 7.33 A Ngb-H64Q remove rapidamente o CO da carboxi-hemoglobina.** Nesse experimento, a carboxi-hemoglobina (CO-Hb) foi misturada com Ngb-H64Q sem ligantes. A espécie CO-Hb (mostrada em azul) diminui rapidamente, enquanto ocorre acúmulo de CO-Ngb-H64Q. A troca é quase completa em menos de 1 minuto. [Informação de I. Azarov *et al.*, 2016, *Sci. Transl. Med* 8:368ra173, Fig. 2c.]

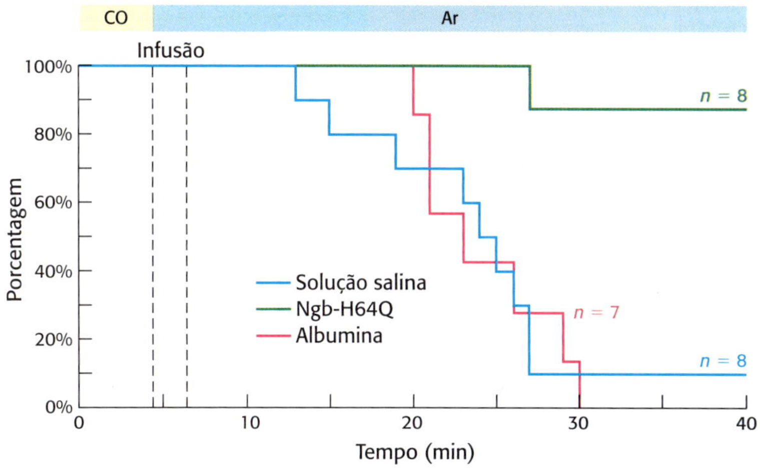


**FIGURA 7.34 A Ngb-H64Q salva camundongos de um envenenamento fatal por monóxido de carbono.** Esse gráfico representa uma curva de sobrevida (frequentemente designada como curva de Kaplan-Meier) e indica a porcentagem de animais que ainda sobrevivem ao longo de determinado período de tempo. Aqui, o gráfico revela que, nos grupos controle (solução salina em azul, albumina em vermelho), 10% ou menos dos animais sobreviveram durante 40 minutos após a inalação de CO a 3%. Em contrapartida, 90% dos animais no grupo tratado com Ngb-H64Q sobreviveram o tempo de duração do estudo. [Informação de I. Azarov *et al.*, 2016, *Sci. Transl. Med* 8:368ra173, Fig. 5d.]

## PALAVRAS-CHAVE

heme
protoporfirina
histidina proximal
ressonância magnética funcional (*fMRI*, do inglês *functional magnetic ressonance imaging*)
ânion superóxido
metamioglobina
histidina distal
cadeia α
cadeia β
enovelamento de globina
dímero αβ
curva de ligação do oxigênio
fração de saturação
pressão parcial
sigmoide
ligação cooperativa
estado T
estado R
modelo concertado (modelo MWC)
modelo sequencial
2,3-bisfosfoglicerato
hemoglobina fetal
monóxido de carbono
carboxi-hemoglobina
efeito Bohr
anidrase carbônica
carbamato
anemia falciforme
hemoglobina S
traço falciforme
malária
talassemia
hemoglobina H
talassemia *major* (anemia de Cooley)
proteína estabilizadora da cadeia α de hemoglobina (AHSP)
neuroglobina
citoglobina
traçado de Hill
coeficiente de Hill

## QUESTÕES

1. *Triagem da biosfera.* A primeira proteína a ter a sua estrutura determinada foi a mioglobina do cachalote. Proponha uma explicação para a observação de que o músculo de cachalote constitui uma fonte rica dessa proteína.

2. *Conteúdo de hemoglobina.* O volume médio de um eritrócito é de 87 μm³. A concentração média de hemoglobina nos eritrócitos é de 0,34 g $m\ell^{-1}$.

**(a)** Qual é o peso da hemoglobina contida em um eritrócito médio?

**(b)** Quantas moléculas de hemoglobina existem em um eritrócito médio? Suponha que a massa molecular do tetrâmero de hemoglobina humana seja de 65 kDa.

**(c)** A concentração de hemoglobina nos eritrócitos poderia ser muito maior do que o valor observado? (Dica: Suponha que um eritrócito contenha uma série cristalina de moléculas de hemoglobina em uma rede cúbica com lados de 65 Å.)

3. *Conteúdo de ferro.* Qual a quantidade de ferro presente na hemoglobina de um adulto de 70 kg? Suponha que o volume sanguíneo seja de 70 $m\ell$ $kg^{-1}$ de peso corporal e que o conteúdo de hemoglobina do sangue seja de 0,16 g $m\ell^{-1}$.

4. *Oxigenando a mioglobina.* O conteúdo de mioglobina de alguns músculos no ser humano é de cerca de 8 g $kg^{-1}$. No cachalote, o conteúdo de mioglobina do músculo é de cerca de 80 g $kg^{-1}$.

**(a)** Qual a quantidade de $O_2$ ligada à mioglobina no músculo humano e no músculo de cachalote? Suponha que a mioglobina esteja saturada com $O_2$, e que as massas moleculares da mioglobina humana e da mioglobina do cachalote sejam as mesmas.

**(b)** A quantidade de oxigênio dissolvido na água tecidual (em equilíbrio com o sangue venoso) a 37°C é de cerca de $3{,}5 \times 10^{-5}$ M. Qual é a razão entre oxigênio ligado à mioglobina e o oxigênio diretamente dissolvido na água do músculo de cachalote?

5. *Sintonizando a afinidade pelos prótons.* O $pK_a$ de um ácido depende, em parte, de seu ambiente. Faça uma previsão do efeito de cada uma das seguintes mudanças ambientais sobre o $pK_a$ de uma cadeia lateral de ácido glutâmico.

**(a)** Uma cadeia lateral de lisina é trazida em proximidade.

**(b)** O grupo carboxila terminal da proteína é trazido em proximidade.

**(c)** A cadeia lateral de ácido glutâmico é deslocada de fora da proteína para um sítio apolar interno.

6. *Graça salvadora.* A hemoglobina A inibe a formação das fibras longas de hemoglobina S e o afoiçamento subsequente dos eritrócitos com a desoxigenação. Por que a hemoglobina A tem esse efeito?

7. *Levando uma carga.* Suponha que você esteja subindo uma montanha alta e que a pressão parcial de oxigênio no ar seja reduzida para 75 torr. Calcule a porcentagem da capacidade de transporte de oxigênio que será utilizada, supondo que o pH dos tecidos e dos pulmões seja 7,4 e que a concentração de oxigênio nos tecidos seja de 20 torr.

8. *Bohr para mim, não para ti.* A mioglobina exibe um efeito Bohr? Por que ou por que não?

9. *Adaptação a grandes altitudes.* Após passar 1 dia ou mais em grandes altitudes (com uma pressão parcial de oxigênio de 75 torr), a concentração de 2,3-bisfosfoglicerato (2,3-BPG)

nos eritrócitos aumenta. Que efeito teria um aumento da concentração de 2,3-BPG sobre a curva de ligação do oxigênio à hemoglobina? Por que essa adaptação seria benéfica para o bom funcionamento em grandes altitudes? ✓❸

**10.** *Doping sanguíneo.* Os atletas de *endurance* algumas vezes tentam recorrer a um método ilegal de *doping* sanguíneo denominado transfusão autóloga. Certa quantidade de sangue do atleta é removida bem antes da competição e, em seguida, transfundido de volta no atleta imediatamente antes de sua competição.

**(a)** Por que a transfusão de sangue deve beneficiar o atleta?

**(b)** Com o passar do tempo, ocorre depleção do 2,3-BPG dos eritrócitos armazenados. Quais poderiam ser as consequências do uso desse sangue para transfusão?

**11.** *Ficarei com a lagosta.* Os artrópodes, como as lagostas, apresentam carreadores de oxigênio muito diferentes da hemoglobina. Os sítios de ligação ao oxigênio não contêm heme, mas baseiam-se em dois íons cobre(I). As mudanças estruturais que acompanham a ligação ao oxigênio são mostradas abaixo. Como essas mudanças poderiam ser utilizadas para facilitar a ligação cooperativa de oxigênio?

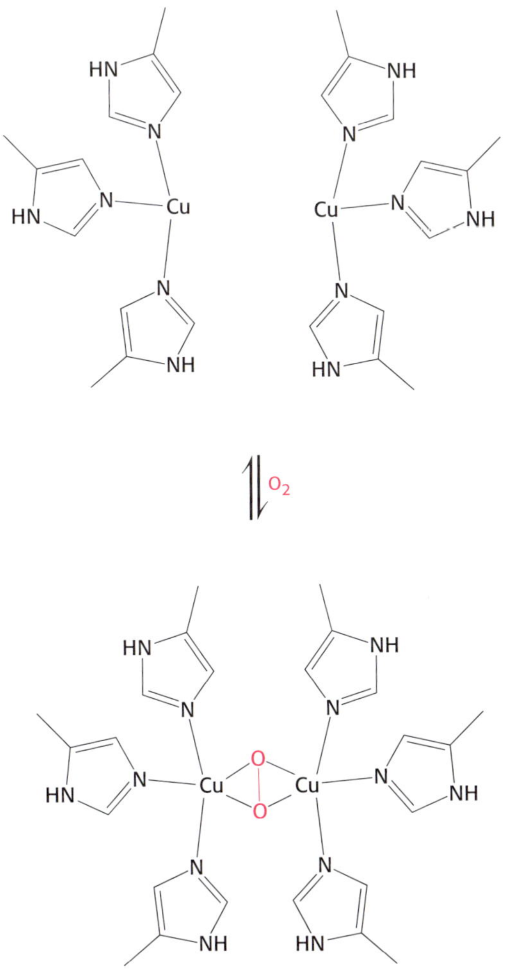

**12.** *Desligamento.* Com o uso da mutagênese sítio-dirigida, foi preparada uma hemoglobina em que os resíduos proximais de histidina em ambas as subunidades α e β foram

substituídos por glicina. O anel imidazólico do resíduo de histidina pode ser substituído pela adição de imidazol livre em solução. Você espera que essa hemoglobina modificada possa apresentar cooperatividade na ligação do oxigênio? Por que sim ou por que não? ✓❶

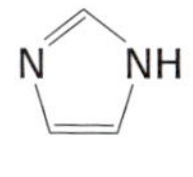

**Imidazol**

**13.** *Substituição bem-sucedida.* Os eritrócitos de algumas aves não contêm 2,3-bisfosfoglicerato, mas apresentam um dos compostos nas partes *a* a *d* que desempenham um papel funcional análogo. Que composto você acredita seja o mais provável para desempenhar essa função? Explique de modo sucinto. ✓❺

**(a)** Colina

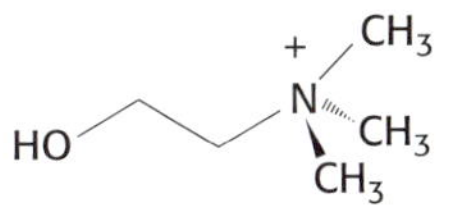

**(b)** Espermina

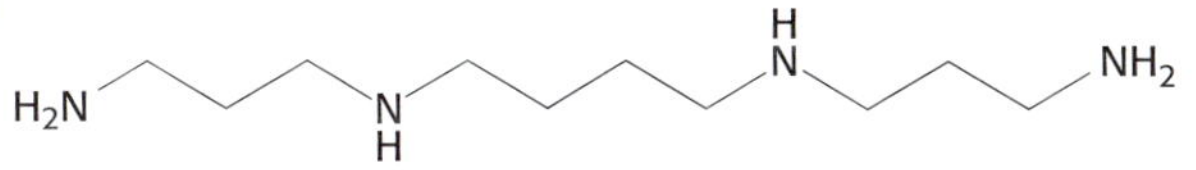

**(c)** Inositol pentafosfato

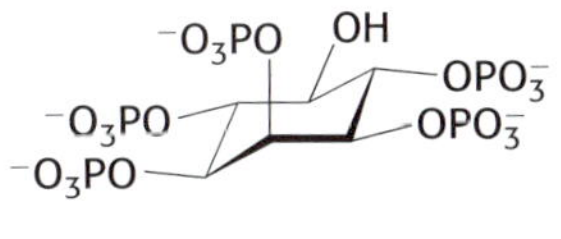

**(d)** Indol

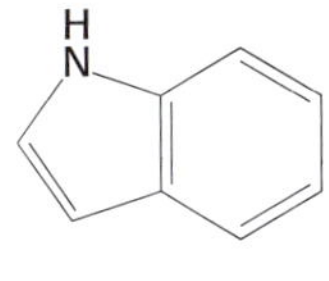

**14.** *Curvas teóricas.* (a) Utilizando a equação de Hill, trace uma curva de ligação de oxigênio para uma hemoglobina hipotética de duas subunidades com $n = 1,8$ e $P_{50} = 10$ torr. (b) Repita utilizando o modelo concertado com $n = 2$, $L = 1.000$, $c = 0,01$ e $K_R = 1$ torr.

**15.** *Efeito parasitário.* Quando o *P. falciparum* reside dentro dos eritrócitos, o metabolismo do parasita tende a liberar ácido. Qual o provável efeito da presença de ácido sobre a capacidade de transporte de oxigênio pelos eritrócitos? Qual a probabilidade de esses eritrócitos sofrerem afoiçamento? ✓❼

## Questões | Interpretação de dados

**16.** *Ligação primitiva de oxigênio.* As lampreias são organismos primitivos cujos ancestrais divergiram dos ancestrais dos peixes e dos mamíferos há aproximadamente 400 milhões de anos. O sangue da lampreia contém uma hemoglobina relacionada com a dos mamíferos. Entretanto, a hemoglobina da lampreia é um monômero no estado oxigenado. Os dados de ligação da hemoglobina da lampreia ao oxigênio são os seguintes:

| $PO_2$ | Y | $PO_2$ | Y | $PO_2$ | Y |
|---|---|---|---|---|---|
| 0,1 | 0,0060 | 2,0 | 0,112 | 50,0 | 0,889 |
| 0,2 | 0,0124 | 3,0 | 0,170 | 60,0 | 0,905 |
| 0,3 | 0,0190 | 4,0 | 0,227 | 70,0 | 0,917 |
| 0,4 | 0,0245 | 5,0 | 0,283 | 80,0 | 0,927 |
| 0,5 | 0,0307 | 7,5 | 0,420 | 90,0 | 0,935 |
| 0,6 | 0,0380 | 10,0 | 0,500 | 100 | 0,941 |
| 0,7 | 0,0430 | 15,0 | 0,640 | 150 | 0,960 |
| 0,8 | 0,0481 | 20,0 | 0,721 | 200 | 0,970 |
| 0,9 | 0,0530 | 30,0 | 0,812 | | |
| 1,0 | 0,0591 | 40,0 | 0,865 | | |

**(a)** Represente esses dados graficamente para produzir uma curva de ligação de oxigênio. Em que pressão parcial de oxigênio essa hemoglobina é semissaturada? Com base no aspecto dessa curva, a ligação ao oxigênio parece ser cooperativa?

**(b)** Construa um traçado de Hill utilizando esses dados. O traçado de Hill mostra alguma evidência de cooperatividade? Qual o coeficiente de Hill?

**(c)** Estudos posteriores revelaram que a hemoglobina da lampreia forma oligômeros, principalmente dímeros, no estado desoxigenado. Proponha um modelo para explicar qualquer cooperatividade observada na ligação da hemoglobina da lampreia ao oxigênio.

**17.** *Inclinando-se para a esquerda ou para a direita.* A ilustração abaixo mostra várias curvas de dissociação do oxigênio. Suponha que a curva 3 corresponda à hemoglobina com concentrações fisiológicas de $CO_2$ e 2,3-BPG em pH 7. Que curvas representam cada uma das seguintes perturbações?

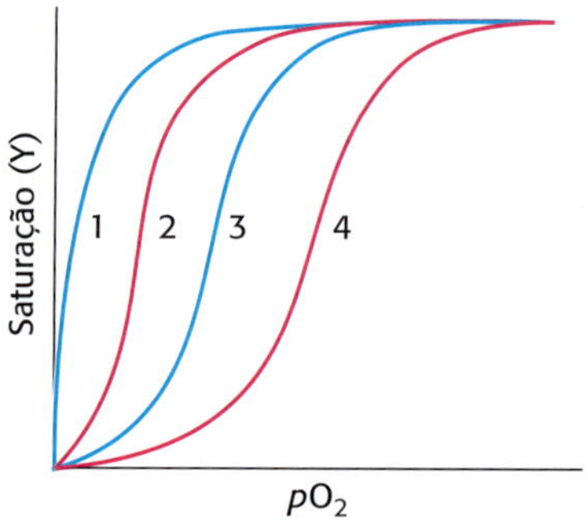


**(a)** Diminuição de $CO_2$

**(b)** Aumento de 2,3-BPG

**(c)** Aumento do pH

**(d)** Perda da estrutura quaternária

## Questões | Integração de capítulos

**18.** *A localização é tudo.* O 2,3-bisfosfoglicerato localiza-se em uma cavidade central dentro do tetrâmero de hemoglobina, estabilizando o estado T. Qual seria o efeito de mutações que deslocassem o sítio de ligação do BPG para a superfície da hemoglobina?

**19.** *Opção terapêutica.* Foi constatado que a hidroxiureia aumenta a expressão da hemoglobina fetal nos eritrócitos do adulto por meio de um mecanismo que ainda não foi esclarecido. Explique por que a hidroxiureia pode constituir uma terapia útil para pacientes com anemia falciforme.

## Questão para discussão

**20.** Liste todos os moduladores da ligação de oxigênio à hemoglobina que foram discutidos neste capítulo.

Como esses moduladores conseguem melhorar a função da hemoglobina em condições fisiológicas?

Você espera que qualquer um desses moduladores também possa funcionar de modo similar na mioglobina? Por que ou por que não?

# Enzimas: Conceitos Básicos e Cinética

CAPÍTULO 8

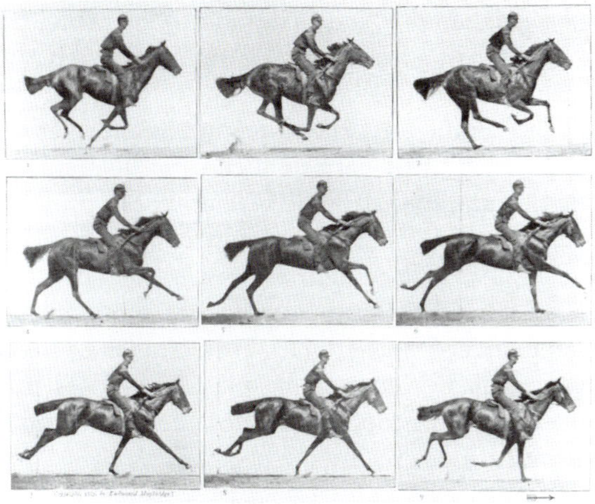
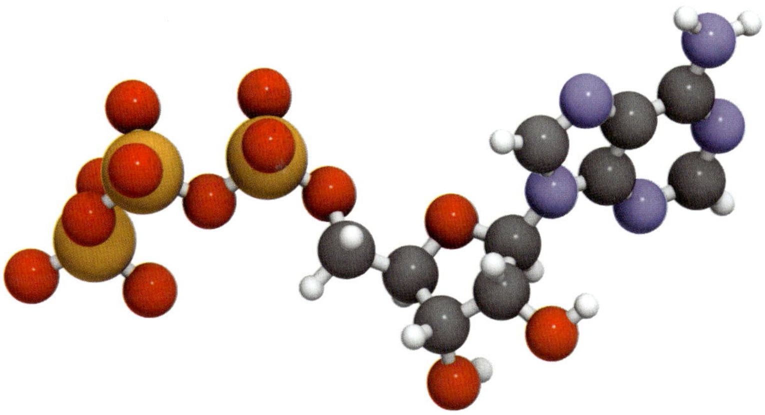

Grande parte da vida é movimento, desde o nível macroscópico observado na nossa vida diária até o nível molecular da célula. O estudo do movimento foi o que motivou Eadweard James Muybridge em 1878 a utilizar a fotografia de *stop-motion* (quadro a quadro) para analisar o galope de um cavalo. Em bioquímica, a cinética (do grego *kinesis*, que significa "movimento") é utilizada para capturar a dinâmica da atividade enzimática. O ATP (*à direita*), uma molécula rica em energia, participa frequentemente na atividade enzimática. [(*À esquerda*) Imagem Select/Art Resource, NY: (*à direita*) molekuul.be/Alamy.]

## OBJETIVOS DE APRENDIZAGEM

*Ao término do capítulo, o leitor deverá ser capaz de:*

1. Descrever as relações entre a catálise enzimática de uma reação, a termodinâmica da reação e a formação do estado de transição.
2. Explicar a relação entre o estado de transição e o sítio ativo de uma enzima e citar as características dos sítios ativos.
3. Explicar o que é velocidade de reação.
4. Explicar como a velocidade de reação é determinada e como ela é utilizada para caracterizar a atividade das enzimas.
5. Distinguir entre inibidores reversíveis e irreversíveis.
6. Explicar como podem ser identificados diferentes tipos de inibidores reversíveis.
7. Descrever a vantagem de estudar as enzimas focalizando uma molécula de cada vez.

## SUMÁRIO



As enzimas, os catalisadores dos sistemas biológicos, atuam como notáveis instrumentos moleculares que determinam os padrões das transformações químicas e também medeiam a transformação de uma forma de energia em outra. As enzimas também constituem o alvo de muitos fármacos. Por exemplo, o omeprazol é utilizado para inibir a $K^+$/$H^+$ ATPase, a enzima que acidifica o estômago. Em alguns indivíduos, essa enzima pode estar excessivamente ativa, resultando na doença do refluxo gastresofágico (DRGE) ou em azia, uma condição em que ocorre refluxo de ácido do estômago para o esôfago. Além de ser dolorosa, a DRGE pode finalmente levar ao desenvolvimento de câncer de esôfago se não for tratada. O omeprazol e os compostos de ação semelhante estão entre os fármacos mais comumente prescritos. Cerca de 25% dos genes no genoma humano codificam as enzimas, o que testemunha a sua importância para a vida. As características mais notáveis das enzimas consistem em seu *poder catalítico* e na sua *especificidade*. A catálise ocorre em determinado local da enzima, que é denominado *sítio ativo*.

*Quase todas as enzimas conhecidas são proteínas.* Entretanto, as proteínas não têm o monopólio absoluto da catálise; a descoberta de moléculas de RNA cataliticamente ativas fornece evidências convincentes de que o RNA era um biocatalisador no início da evolução. Como uma classe de macromoléculas, as proteínas são catalisadores altamente efetivos para uma enorme diversidade de reações químicas em virtude de sua capacidade de *se ligar especificamente a uma variedade muito ampla de moléculas*. Ao utilizar o repertório completo de forças intermoleculares, as enzimas aproximam os substratos em uma orientação ótima, que constitui o prelúdio para a formação e a quebra de ligações químicas. Elas catalisam as reações *ao estabilizar os estados de transição*, as formas químicas de maior nível de energia nas vias das reações. Ao estabilizar seletivamente um estado de transição, uma enzima determina qual das várias potenciais reações químicas deve realmente ocorrer.

## 8.1 As enzimas são catalisadores poderosos e altamente específicos

As *enzimas* aceleram as reações por fatores de até 1 milhão de vezes ou mais (Tabela 8.1). Com efeito, a maioria das reações nos sistemas biológicos não ocorre em velocidades perceptíveis na ausência de enzimas. Mesmo uma reação tão simples quanto a hidratação do dióxido de carbono é catalisada por uma enzima – ou seja, a anidrase carbônica. A transferência de $CO_2$ dos tecidos para o sangue e, em seguida, para o ar nos alvéolos dos pulmões seria menos completa na ausência dessa enzima (ver Capítulo 7). De fato, a anidrase carbônica é uma das enzimas mais rápidas conhecidas. Cada molécula desta enzima pode hidratar $10^6$ moléculas de $CO_2$ *por segundo*. Essa reação catalisada é $10^7$ vezes mais rápida do que qualquer uma não catalisada. O mecanismo de catálise da anidrase carbônica será abordado no Capítulo 9.

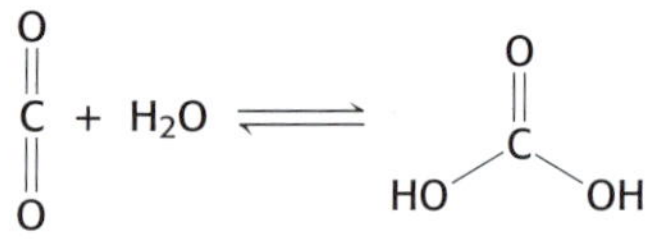


As enzimas são altamente específicas tanto nas reações que catalisam quanto na sua escolha dos reagentes, que são denominados *substratos*. Uma enzima catalisa habitualmente uma única reação química ou um conjunto de reações estreitamente relacionadas. Consideraremos as *enzimas proteolíticas* como exemplo. A função bioquímica dessas enzimas consiste em catalisar a *proteólise*, isto é, a hidrólise de uma ligação peptídica.

**TABELA 8.1** Aumento da velocidade por enzimas selecionadas.

| Enzima | Meia-vida não enzimática | Velocidade não catalisada ($k_{un}$ $s^{-1}$) | Velocidade catalisada ($k_{cat}$ $s^{-1}$) | Aumento da velocidade ($k_{cat}$ $s^{-1}$/$k_{un}$ $s^{-1}$) |
|---|---|---|---|---|
| OMP descarboxilase | 78.000.000 anos | $2,8 \times 10^{-16}$ | 39 | $1,4 \times 10^{17}$ |
| Nuclease estafilocócica | 130.000 anos | $1,7 \times 10^{-13}$ | 95 | $5,6 \times 10^{14}$ |
| AMP nucleosidase | 69.000 anos | $1,0 \times 10^{-11}$ | 60 | $6,0 \times 10^{12}$ |
| Carboxipeptidase A | 7,3 anos | $3,0 \times 10^{-9}$ | 578 | $1,9 \times 10^{11}$ |
| Cetosteroide isomerase | 7 semanas | $1,7 \times 10^{7}$ | 66.000 | $3,9 \times 10^{11}$ |
| Triose fosfato isomerase | 1,9 dia | $4,3 \times 10^{-6}$ | 4.300 | $1,0 \times 10^{9}$ |
| Corismato mutase | 7,4 h | $2,6 \times 10^{-5}$ | 50 | $1,9 \times 10^{6}$ |
| Anidrase carbônica | 5 s | $1,3 \times 10^{-1}$ | $1 \times 10^{6}$ | $7,7 \times 10^{6}$ |

OMP, orotidina monofosfato; AMP, adenosina monofosfato.
Fonte: De A. Radzicka e R. Wolfenden. *Science* 267:90-93, 1995.

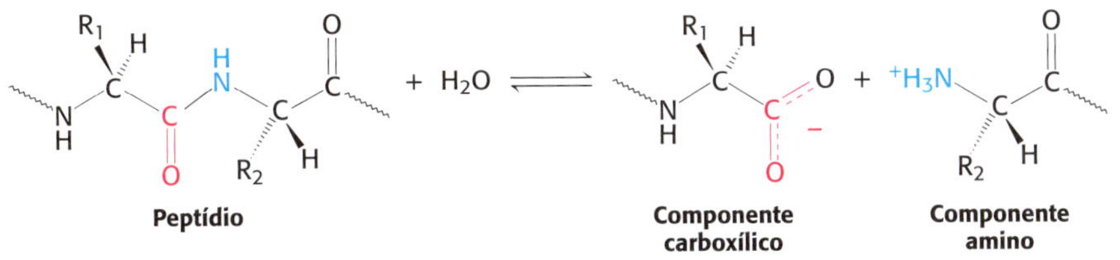


A maioria das enzimas proteolíticas também catalisa uma reação diferente, porém relacionada, *in vitro* – nomeadamente, a hidrólise de uma ligação éster. Essas reações são mais facilmente monitoradas do que a proteólise e são úteis para a investigação experimental dessas enzimas.

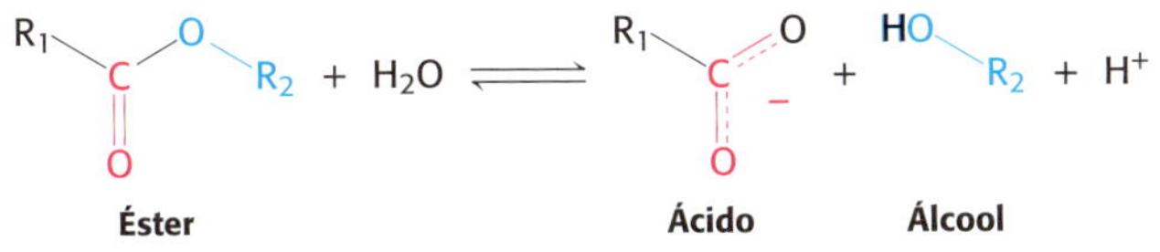


As enzimas proteolíticas diferem acentuadamente no seu grau de especificidade de substrato. A papaína, que é encontrada no mamão, é pouco discriminativa: ela cliva qualquer ligação peptídica sem considerar praticamente a identidade das cadeias laterais adjacentes. Essa falta de especificidade responde pelo seu uso em molhos para amaciar a carne. Por outro lado, a tripsina, uma enzima digestiva, é muito específica e catalisa a clivagem de ligações peptídicas apenas no lado carboxílico dos resíduos de lisina e arginina (Figura 8.1A). A trombina, uma enzima que participa na coagulação do sangue (ver Capítulo 10, seção 10.4), é ainda mais específica do que a tripsina. Ela catalisa apenas a hidrólise das ligações Arg–Gly em determinadas sequências peptídicas (Figura 8.1B).

A DNA polimerase I, uma enzima dirigida por molde (ver Capítulo 29, seção 29.3), é outro catalisador altamente específico. Na fita de DNA em processo de síntese, a DNA polimerase adiciona nucleotídios em uma sequência determinada pela sequência dos nucleotídios em outra fita de DNA, que serve como molde. A DNA polimerase I é notavelmente precisa na execução das instruções fornecidas pelo molde. Ela insere um nucleotídio errado em uma nova fita de DNA em uma frequência de menos de uma em mil vezes. *A especificidade de uma enzima deve-se à interação precisa do substrato com a enzima. Essa precisão é o resultado da complexa estrutura tridimensional da proteína enzimática.*

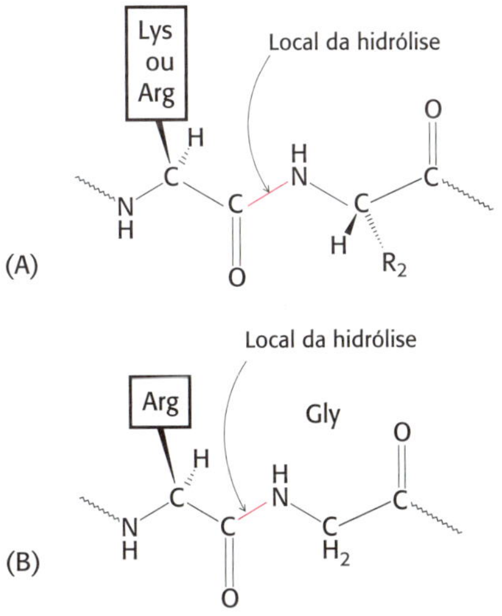


**FIGURA 8.1 Especificidade enzimática.** **A.** A tripsina efetua a clivagem no lado carboxílico dos resíduos de arginina e lisina, enquanto **B.** a trombina cliva as ligações Arg–Gly somente em determinadas sequências.

## Muitas enzimas necessitam de cofatores para a sua atividade

A atividade catalítica de muitas enzimas depende da presença de pequenas moléculas denominadas *cofatores,* embora o seu papel exato varie de acordo com o cofator e a enzima. Em geral, esses cofatores são capazes de executar reações químicas que não podem ocorrer pelo conjunto padrão de 20 aminoácidos. Uma enzima sem o seu cofator é designada como *apoenzima;* a enzima completa e cataliticamente ativa é denominada *holoenzima.*

$$\text{Apoenzima} + \text{cofator} = \text{holoenzima}$$

Os cofatores podem ser subdivididos em dois grupos: (1) metais e (2) pequenas moléculas orgânicas denominadas *coenzimas* (Tabela 8.2). As coenzimas, que frequentemente são derivadas de vitaminas, podem ligar-se à enzima firmemente ou frouxamente. As coenzimas ligadas firmemente são denominadas *grupos prostéticos.* As coenzimas associadas frouxamente assemelham-se mais a cossubstratos, visto que, do mesmo modo que os substratos e produtos, elas se ligam à enzima e são liberadas dela. Entretanto, o uso da mesma coenzima por uma variedade de enzimas as diferencia dos substratos normais, assim como a sua origem a partir das vitaminas

**TABELA 8.2** Cofatores de enzimas.

| Cofator | Enzima |
|---|---|
| **Coenzima** | |
| Tiamina pirofosfato | Piruvato desidrogenase |
| Flavina adenina nucleotídio | Monoamina oxidase |
| Nicotinamida adenina dinucleotídio | Lactato desidrogenase |
| Piridoxal fosfato | Glicogênio fosforilase |
| Coenzima A (CoA) | Acetil-CoA carboxilase |
| Biotina | Piruvato carboxilase |
| 5′-desoxiadenosil cobalamina | Metilmalonil mutase |
| Tetra-hidrofolato | Timidilato sintase |
| **Metal** | |
| $Zn^{2+}$ | Anidrase carbônica |
| $Zn^{2+}$ | Carboxipeptidase |
| $Mg^{2+}$ | *Eco*RV |
| $Mg^{2+}$ | Hexoquinase |
| $Ni^{2+}$ | Urease |
| Mo | Nitrogenase |
| Se | Glutationa peroxidase |
| Mn | Superóxido dismutase |
| $K^+$ | Acetil-CoA tiolase |

(ver Capítulo 15, seção 15.4). As enzimas que utilizam a mesma coenzima efetuam habitualmente a catálise por mecanismos semelhantes. No Capítulo 9, examinaremos a importância dos metais para a atividade enzimática e, em todo o livro, veremos como as coenzimas e suas parceiras, as enzimas, operam em seu contexto bioquímico.

### As enzimas podem transformar a energia de uma forma para outra

Uma atividade-chave observada em todos os sistemas vivos consiste na conversão de uma forma de energia em outra. Por exemplo, na fotossíntese, a energia luminosa é convertida em energia de ligação química. Na respiração celular, que ocorre nas mitocôndrias, a energia livre contida em pequenas moléculas provenientes do alimento é transformada inicialmente na energia livre de um gradiente iônico e, a seguir, em uma moeda energética diferente – a energia livre da adenosina trifosfato. Em virtude de seu papel central na vida, não é surpreendente que as enzimas desempenhem funções vitais na transformação da energia. Como veremos adiante, as enzimas têm papel fundamental no processo de fotossíntese e na respiração celular. Outras enzimas podem então utilizar a energia das ligações químicas do ATP de diversas maneiras. Por exemplo, a enzima miosina converte a energia do ATP na energia mecânica da contração muscular (ver Capítulo 9, seção 9.4, e Capítulo 36, disponível no material suplementar *online*). As bombas nas membranas das células e das organelas, que podem ser consideradas como enzimas que movem substratos em vez de alterá-los quimicamente, utilizam a energia do ATP para transportar moléculas e íons através da membrana (ver Capítulo 13). Os gradientes químicos e elétricos que resultam da distribuição desigual dessas moléculas e íons constituem, eles próprios, formas de energia que podem ser utilizadas para uma variedade de propósitos, como a transmissão de impulsos nervosos.

Os mecanismos moleculares dessas enzimas de transdução de energia estão sendo elucidados. Em capítulos posteriores, veremos como ciclos unidirecionais de etapas individuais – ligação, transformação química e liberação – levam à conversão de um tipo de energia em outro.

## 8.2 A energia livre de Gibbs é uma função termodinâmica útil para compreender as enzimas

As enzimas aceleram a velocidade das reações químicas, porém as propriedades da reação – se ela pode ou não ocorrer e o grau com que a enzima acelera a reação – dependem das diferenças de energia entre os reagentes e os produtos. A *energia livre de Gibbs* ($G$), que foi apresentada no Capítulo 1, é uma propriedade termodinâmica que mede a energia útil ou a energia capaz de realizar um trabalho. Para compreender como as enzimas operam, precisamos considerar apenas duas propriedades termodinâmicas da reação: (1) a variação de energia livre ($\Delta G$) entre os produtos e os reagentes, e (2) a energia necessária para iniciar a conversão dos reagentes em produtos. A primeira determina se a reação irá ocorrer de modo espontâneo, enquanto a segunda determina a velocidade da reação. As enzimas afetam apenas esta última propriedade. Iremos rever alguns dos princípios de termodinâmica na medida em que eles se aplicam às enzimas.

### A variação de energia livre fornece informações acerca da espontaneidade de uma reação, mas não de sua velocidade

Conforme discutido no Capítulo 1, a variação de energia livre de uma reação ($\Delta G$) nos diz se ela pode ocorrer espontaneamente:

**1.** *Uma reação só pode ocorrer espontaneamente se a $\Delta G$ for negativa.* Essas reações são denominadas *exergônicas.*

**2.** *Um sistema está em equilíbrio e não pode ocorrer nenhuma mudança efetiva se a $\Delta G$ for igual a zero.*

**3.** *Uma reação não pode ocorrer espontaneamente se a $\Delta G$ for positiva.* É necessária uma entrada de energia livre para acionar esse tipo de reação. Essas reações são denominadas *endergônicas*.

**4.** *A $\Delta G$ de uma reação depende apenas da energia livre dos produtos (o estado final) menos a energia livre dos reagentes (o estado inicial).* A $\Delta G$ de uma reação é independente do mecanismo molecular da transformação. Por exemplo, a $\Delta G$ da oxidação da glicose a $CO_2$ e $H_2O$ é a mesma, independentemente da ocorrência por combustão ou por uma série de etapas catalisadas por enzimas em uma célula.

**5.** *A $\Delta G$ não fornece nenhuma informação sobre a velocidade de uma reação.* Uma $\Delta G$ negativa indica que a reação *pode* ocorrer de modo espontâneo, mas não significa que irá ocorrer em uma velocidade perceptível. Conforme discutido adiante (ver seção 8.3 deste capítulo), a velocidade de uma reação depende da *energia livre de ativação* ($\Delta G^{\ddagger}$), que, em grande parte, não está relacionada com a $\Delta G$ da reação.

### A variação-padrão de energia livre de uma reação está relacionada com a constante de equilíbrio

Como em qualquer reação, precisamos ser capazes de determinar a $\Delta G$ de uma reação catalisada enzimaticamente para saber se a reação é espontânea ou se necessita de uma entrada de energia. Para determinar esse importante parâmetro termodinâmico, precisamos levar em consideração a natureza dos reagentes e dos produtos, bem como as suas concentrações.

Consideremos a seguinte reação

$$A + B \rightleftharpoons C + D$$

A $\Delta G$ desta reação é dada por

$$\Delta G = \Delta G^{\circ} + RT\ln\frac{[C][D]}{[A][B]} \qquad (1)$$

em que $\Delta G^{\circ}$ é a *variação de energia livre-padrão,* $R$ é a constante dos gases, $T$ é a temperatura absoluta, e [A], [B], [C] e [D] são as concentrações molares (mais precisamente, as atividades) dos reagentes. A $\Delta G^{\circ}$ é a variação de energia livre desta reação em condições-padrão – isto é, quando cada um dos reagentes A, B, C e D está presente em uma concentração de 1,0 M (para um gás, o estado-padrão é habitualmente escolhido como 1 atmosfera). Por conseguinte, a $\Delta G$ de uma reação depende da *natureza* dos reagentes (expressa no termo $\Delta G^{\circ}$ da equação 1) e de suas *concentrações* (expressas pelo termo logarítmico da equação 1).

Foi adotada uma convenção para simplificar os cálculos de energia livre para as reações bioquímicas. O estado-padrão é definido por ter um pH 7. Consequentemente, quando o $H^+$ é um reagente, a sua atividade tem o valor 1 (correspondendo a um pH 7) nas equações 1 e 3 (adiante). A atividade da água também é considerada como 1 nessas equações. A *variação de energia livre-padrão em pH 7*, designada pelo símbolo $\Delta G^{\circ\prime}$, será utilizada em todo

### Unidades de energia

Um *quilojoule* (kJ) é igual a 1.000 J.

Um *joule* (J) é a quantidade de energia necessária para aplicar uma força de 1 newton por uma distância de 1 metro.

Uma *quilocaloria* (kcal) é igual a 1.000 cal.

Uma *caloria* (cal) é equivalente à quantidade de calor necessária para elevar a temperatura de 1 grama de água de 14,5°C para 15,5°C.

1 kJ = 0,239 kcal.

o livro. O *quilojoule* (abreviado kJ) e a *quilocaloria* (kcal) serão usados como as unidades de energia. Um quilojoule equivale 0,239 quilocaloria.

Uma maneira simples de determinar a $\Delta G°'$ consiste em medir as concentrações dos reagentes e dos produtos quando a reação alcança o equilíbrio. No equilíbrio, não existe nenhuma variação efetiva nos reagentes e produtos; em essência, a reação está interrompida, e $\Delta G = 0$. Em equilíbrio, a equação 1 torna-se então

$$0 = \Delta G°' + RT\ln\frac{[C][D]}{[A][B]} \quad (2)$$

e, portanto,

$$\Delta G°' = -RT\ln\frac{[C][D]}{[A][B]} \quad (3)$$

A constante de equilíbrio em condições-padrão, $K'_{eq}$, é definida como

$$K'_{eq} = \frac{[C][D]}{[A][B]} \quad (4)$$

Aplicando a equação 4 na equação 3, temos

$$\Delta G°' = -RT\ln K'_{eq} \quad (5)$$

que pode ser reorganizada para dar

$$K'_{eq} = e^{-\Delta G°'/RT} \quad (6)$$

Substituindo $R = 8{,}315 \times 10^{-3}$ kJ mol$^{-1}$ deg$^{-1}$ e $T = 298$ K (que corresponde a 25°C), temos

$$K'_{eq} = e^{-\Delta G°'/2{,}47} \quad (7)$$

em que $\Delta G°'$ é aqui expressa em quilojoules por mol devido à escolha das unidades para $R$ na equação 7. Por conseguinte, a energia livre-padrão e a constante de equilíbrio de uma reação estão relacionadas por uma expressão simples. Por exemplo, uma constante de equilíbrio de 10 fornece uma variação de energia livre-padrão de –5,69 kJ mol$^{-1}$ (–1,36 kcal mol$^{-1}$) a 25°C (Tabela 8.3). Observe que, para cada variação de 10 vezes na constante de equilíbrio, a $\Delta G°'$ varia em 5,69 kJ mol$^{-1}$ (1,36 kcal mol$^{-1}$).

Como exemplo, vamos calcular a $\Delta G°'$ e a $\Delta G$ da isomerização de di-hidroxiacetona fosfato (DHAP) em gliceraldeído 3-fosfato (GAP). Essa reação ocorre na glicólise (ver Capítulo 16). No equilíbrio, a razão entre GAP e DHAP é de 0,0475 a 25°C (298 K) e pH 7. Por conseguinte, $K'_{eq} = 0{,}0475$. A variação de energia livre-padrão dessa reação é então calculada pela equação 5:

$$\begin{aligned}\Delta G°' &= -RT\ln K'_{eq} \\ &= -8{,}315 \times 10^{-3} \times 298 \times \ln(0{,}0475) \\ &= +7{,}53 \text{ kJ mol}^{-1} (+1{,}80 \text{ kcal mol}^{-1})\end{aligned}$$

Nessas condições, a reação é endergônica. A DHAP não é convertida espontaneamente em GAP.

Calculemos agora a $\Delta G$ dessa reação quando a concentração inicial de DHAP é de $2 \times 10^{-4}$ M, e a concentração inicial de GAP é de $3 \times 10^{-6}$ M. Substituindo esses valores na equação 1, temos

$$\begin{aligned}\Delta G &= 7{,}53 \text{ kJ mol}^{-1} - RT\ln\frac{3 \times 10^{-6}\text{M}}{2 \times 10^{-4}\text{M}} \\ &= 7{,}53 \text{ kJ mol}^{-1} - (10{,}42 \text{ kJ mol}^{-1}) \\ &= -2{,}89 \text{ kJ mol}^{-1}(-0{,}69 \text{ kcal mol}^{-1})\end{aligned}$$

**TABELA 8.3** Relação entre a $\Delta G°'$ e a $K'_{eq}$ (a 25°C).

| | $\Delta G°'$ | |
|---|---|---|
| $K'_{eq}$ | kJ mol$^{-1}$ | kcal mol$^{-1}$ |
| $10^{-5}$ | 28,53 | 6,82 |
| $10^{-4}$ | 22,84 | 5,46 |
| $10^{-3}$ | 17,11 | 4,09 |
| $10^{-2}$ | 11,42 | 2,73 |
| $10^{-1}$ | 5,69 | 1,36 |
| 1 | 0,00 | 0,00 |
| 10 | –5,69 | –1,36 |
| $10^{2}$ | –11,42 | –2,73 |
| $10^{3}$ | –17,11 | –4,09 |
| $10^{4}$ | –22,84 | –5,46 |
| $10^{5}$ | –28,53 | –6,82 |

Esse valor negativo da $\Delta G$ indica que a isomerização de DHAP a GAP é exergônica e pode ocorrer espontaneamente quando essas espécies estiverem presentes nas concentrações precedentes. Observe que a $\Delta G$ dessa reação é negativa, embora $\Delta G°'$ seja positiva. *É importante ressaltar que o fato de $\Delta G$ para uma reação ser maior, menor ou igual à $\Delta G°'$ depende das concentrações dos reagentes e dos produtos.* O critério de espontaneidade de uma reação é $\Delta G$, e não $\Delta G°'$. Esse aspecto é importante, visto que as reações que não são espontâneas com base em $\Delta G°'$ podem tornar-se espontâneas pelo ajuste das concentrações dos reagentes e produtos. Esse princípio constitui a base do acoplamento das reações na formação das vias metabólicas (ver Capítulo 15).

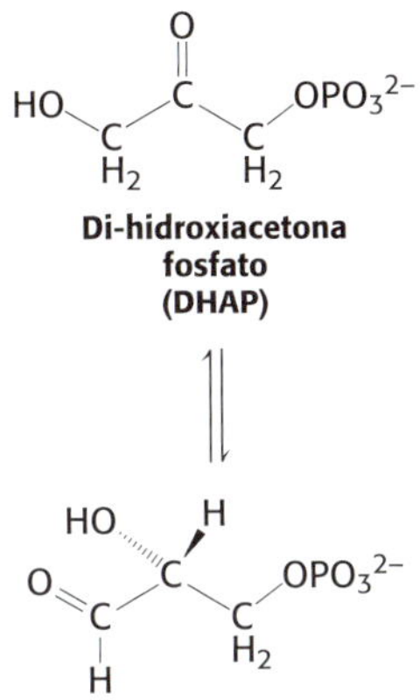


## As enzimas só alteram a velocidade da reação, e não o seu equilíbrio

Como as enzimas são catalisadores extraordinários, é tentador atribuir-lhes poderes que elas não têm. Uma enzima não pode alterar as leis da termodinâmica e, *consequentemente, não pode alterar o equilíbrio de uma reação química.* Consideremos uma reação catalisada enzimaticamente: a conversão do substrato S no produto P. A Figura 8.2 mostra a velocidade de formação do produto no tempo, na presença e na ausência de enzima. Observe que a quantidade de produto formado é a mesma, independentemente da presença ou ausência da enzima; todavia, neste exemplo, a quantidade de produto formado em segundos na presença da enzima poderia levar horas (ou séculos, veja Tabela 8.1) para se formar se a enzima estivesse ausente.

Por que a velocidade da formação de produto se estabiliza com o passar do tempo? A reação alcançou o equilíbrio. O substrato S ainda está sendo convertido no produto P, porém P está sendo convertido em S em uma velocidade que faz com que a quantidade de P presente permaneça a mesma.

Examinemos o equilíbrio de uma maneira mais quantitativa. Suponhamos que, na ausência de enzima, a constante de velocidade da reação direta ($k_F$), na conversão de S em P, seja de $10^{-4}\ s^{-1}$, e a constante de velocidade reversa ($k_R$), na conversão de P em S, seja de $10^{-6}\ s^{-1}$. A constante de equilíbrio $K$ é dada pela razão entre essas constantes de velocidade:

$$S \underset{10^{-6}\,s^{-1}}{\overset{10^{-4}\,s^{-1}}{\rightleftharpoons}} P$$

$$K = \frac{[P]}{[S]} = \frac{k_F}{k_R} = \frac{10^{-4}}{10^{-6}} = 100$$

A concentração de P no equilíbrio é 100 vezes a de S na presença ou não de uma enzima. Todavia, poderia ser necessário um tempo muito longo para alcançar esse equilíbrio na ausência de enzima, ao passo que o equilíbrio seria alcançado rapidamente na presença de uma enzima apropriada (Tabela 8.1). *As enzimas aceleram a obtenção do equilíbrio, mas não deslocam a sua posição. A posição de equilíbrio é uma função apenas da diferença de energia livre entre reagentes e produtos.*

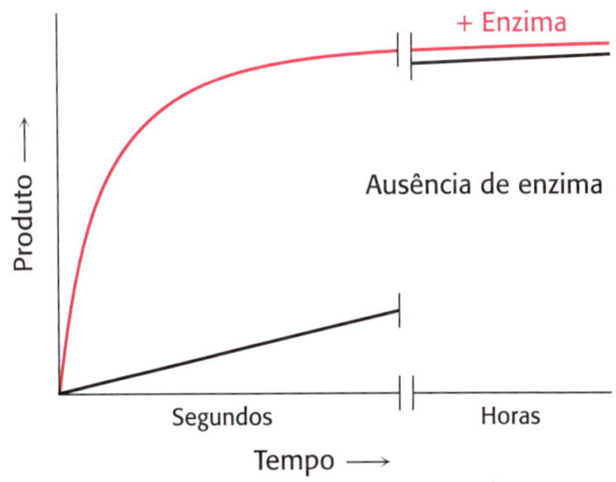


**FIGURA 8.2 As enzimas aceleram a velocidade da reação.** O mesmo ponto de equilíbrio é alcançado, porém muito mais rapidamente na presença de uma enzima.

## 8.3 As enzimas aceleram as reações facilitando a formação do estado de transição

A diferença de energia livre entre reagentes e produtos explica o equilíbrio da reação, porém as enzimas aceleram a velocidade com que esse equilíbrio é alcançado. Como podemos explicar o aumento de velocidade em termos de termodinâmica? Para fazê-lo, precisamos considerar não os pontos finais da reação, mas a via química entre os pontos finais.

Uma reação química do substrato S para formar o produto P passa por um *estado de transição* $X^{‡}$, que apresenta uma energia livre mais alta do que S ou P.

$$S \longrightarrow X^{‡} \longrightarrow P$$

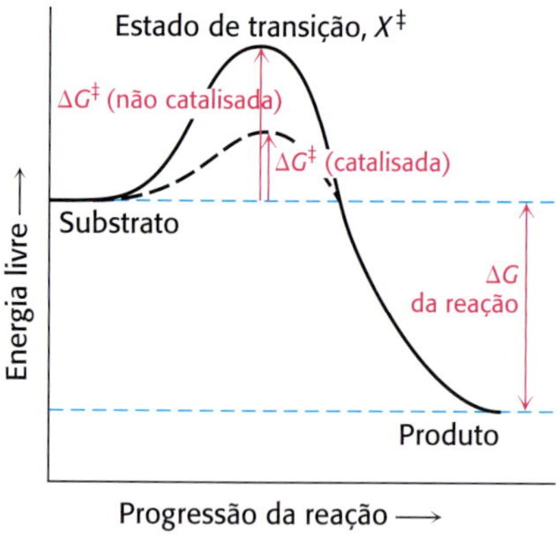


**FIGURA 8.3 As enzimas diminuem a energia de ativação.** As enzimas aceleram as reações ao diminuir a $\Delta G^{‡}$, a energia livre de ativação.

A dupla cruz denota o estado de transição. Esse estado é uma estrutura molecular transitória que não é mais o substrato, mas que ainda não é o produto. O estado de transição é a forma menos estável e mais raramente ocupada ao longo da via da reação, visto que é o que apresenta a energia livre mais alta. A diferença de energia livre entre o estado de transição e o substrato é denominada *energia livre de ativação de Gibbs* ou, simplesmente, *energia de ativação*, simbolizada por $\Delta G^{‡}$ (Figura 8.3).

$$\Delta G^{‡} = G_{X}{}^{‡} - G_{S}$$

Observe que a energia de ativação, ou $\Delta G^{‡}$, não entra no cálculo final de $\Delta G$ da reação, visto que a energia necessária para gerar o estado de transição é liberada quando o estado de transição forma o produto. A barreira de energia de ativação sugere imediatamente como uma enzima aumenta a velocidade da reação sem alterar a $\Delta G$ da reação: as enzimas atuam para diminuir a energia de ativação ou, em outras palavras, *as enzimas facilitam a formação do estado de transição.*

Uma abordagem para compreender o aumento da velocidade de reação obtido pelas enzimas consiste em supor que o estado de transição ($X^{‡}$) e o substrato (S) estejam em equilíbrio.

$$S \rightleftharpoons X^{‡} \longrightarrow P$$

A constante de equilíbrio para a formação de $X^{‡}$ a partir de S é $K^{‡}$ ou $[X^{‡}]/[S]$. Utilizando a equação 6 (ver p. 240) e solucionando $[X^{‡}]$

$$[X^{‡}] = [S]e^{-\Delta G‡/RT}$$

A velocidade de reação $V$ é igual à velocidade de formação de $X^{‡}$ ou $v$ multiplicada por $[X^{‡}]$, ou

$$V = v[X^{‡}] = v[S]e^{-\Delta G‡/RT}$$

Por conseguinte, a velocidade global da reação depende da $\Delta G^{‡}$. Para ser mais preciso, a teoria do estado de transição equaciona $v$ com $kT/h$.

$$V = v[X^{‡}] = \frac{kT}{h}[S]e^{-\Delta G^{‡}/RT}$$

Nesta equação, $k$ é a constante de Boltzmann, e $h$ é a constante de Planck. O valor de $kT/h$ a 25°C é de $6{,}6 \times 10^{12}$ $s^{-1}$. Suponhamos que a energia livre de ativação seja de 28,53 kJ $mol^{-1}$ (6,82 kcal $mol^{-1}$). Se formos aplicar esse valor de $\Delta G$ na equação 7 (como mostra a Tabela 8.3), essa diferença de energia livre irá ocorrer quando a razão $[X^{‡}]/[S]$ for $10^{-5}$. Para maior simplicidade, suponhamos que $[S] = 1$ M, então a velocidade da reação $V$ será de $6{,}2 \times 10^{7}$ $s^{-1}$. Se $\Delta G^{‡}$ fosse reduzida em 5,69 kJ $mol^{-1}$ (1,36 kcal $mol^{-1}$), a razão $[X^{‡}]/[S]$ seria então de $10^{-4}$, e a velocidade da reação seria de $6{,}2 \times 10^{8}$ $s^{-1}$. Uma diminuição de 5,69 kJ $mol^{-1}$ em $\Delta G^{‡}$ resulta em uma $V$ 10 vezes maior. Uma diminuição relativamente pequena da $\Delta G^{‡}$ (20% nesta reação em particular) resulta em um aumento muito maior de $V$.

Por conseguinte, vemos a chave do mecanismo pelo qual as enzimas operam: *as enzimas aceleram as reações ao diminuir a $\Delta G^{‡}$, a energia de ativação.* A combinação do substrato com a enzima cria uma via de reação em que a energia do estado de transição é mais baixa que a da reação na ausência da enzima (Figura 8.3). Como a energia de ativação é menor, um número maior de moléculas apresenta a energia necessária para alcançar o estado de transição. A diminuição da barreira de ativação é análoga a abaixar uma barra de salto em altura: mais atletas serão capazes de passar por cima dela. *A essência da catálise é facilitar a formação do estado de transição.*

"Penso que as enzimas são moléculas cuja estrutura é complementar aos complexos ativados das reações que elas catalisam, isto é, à configuração molecular intermediária entre as substâncias reagentes e os produtos da reação para esses processos catalisados. A atração da molécula de enzima pelo complexo ativado levaria, assim, a uma redução de sua energia e, portanto, a uma diminuição da energia de ativação da reação e a um aumento de sua velocidade."

–Linus Pauling, *Nature* 161:707, 1948

## A formação de um complexo enzima-substrato constitui a primeira etapa da catálise enzimática

Grande parte do poder catalítico das enzimas provém de sua ligação e, em seguida, da alteração da estrutura do substrato, de modo a promover a formação do estado de transição. Por conseguinte, a primeira etapa na catálise consiste na formação de um complexo *enzima-substrato* (ES). Os substratos ligam-se a uma região específica da enzima, denominada *sítio ativo*. Em sua maioria, as enzimas são altamente seletivas na sua ligação aos substratos. Com efeito, a especificidade catalítica das enzimas depende, em parte, da especificidade de ligação.

Quais são as evidências da existência de um complexo enzima-substrato?

**1.** A primeira pista foi a observação de que, em uma concentração constante de enzima, a velocidade da reação aumenta com a concentração crescente de substrato até alcançar uma velocidade máxima (Figura 8.4). Em contrapartida, as reações não catalisadas não exibem esse efeito de saturação. *O fato de que uma reação catalisada por enzima tenha uma velocidade máxima sugere a formação de um distinto complexo ES.* Em uma concentração de substrato suficientemente alta, todos os sítios catalíticos são ocupados, ou saturados, de modo que a velocidade da reação não pode aumentar. Apesar de indireta, a capacidade de saturar uma enzima com substrato constitui a evidência mais geral da existência de complexos ES.

**2.** As *características espectroscópicas* de muitas enzimas e substratos mudam com a formação de um complexo ES. Essas mudanças são particularmente notáveis quando a enzima contém um grupo prostético colorido (questão 45).

**3.** *A cristalografia de raios X* tem fornecido imagens de alta resolução de substratos e análogos de substratos ligados aos sítios ativos de muitas enzimas (Figura 8.5). No Capítulo 9, analisaremos mais detalhadamente vários desses complexos.

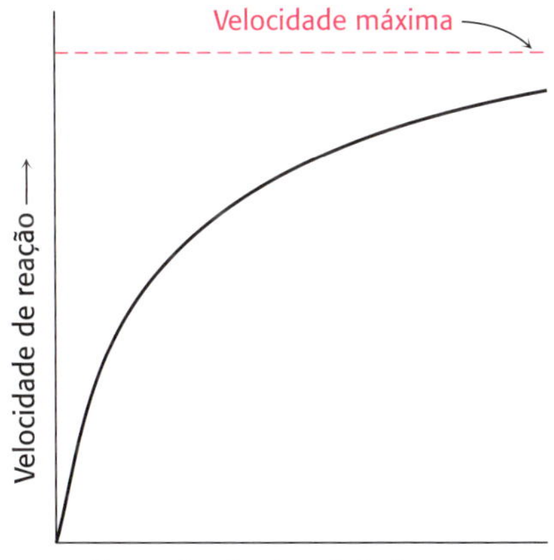


**FIGURA 8.4 Velocidade de reação *versus* concentração de substrato em uma reação catalisada por enzima.** Uma reação catalisada por enzima aproxima-se de uma velocidade máxima.

## Os sítios ativos das enzimas apresentam algumas características em comum

O *sítio ativo* de uma enzima é a região que se liga aos substratos (e ao cofator, se houver algum). Além disso, ele contém os resíduos de aminoácidos

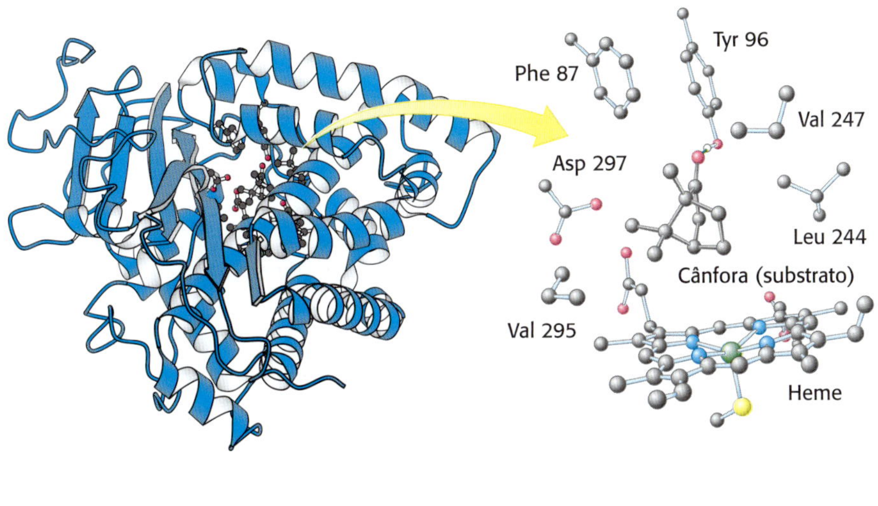


**FIGURA 8.5 Estrutura de um complexo enzima-substrato.** (À esquerda) A enzima citocromo P450 está ilustrada ligada a seu substrato, a cânfora. (À direita) *Observe* que, no sítio ativo, o substrato é circundado por resíduos da enzima. Observe também a presença de um cofator heme. [Desenhada de 2CPP.pdb.]

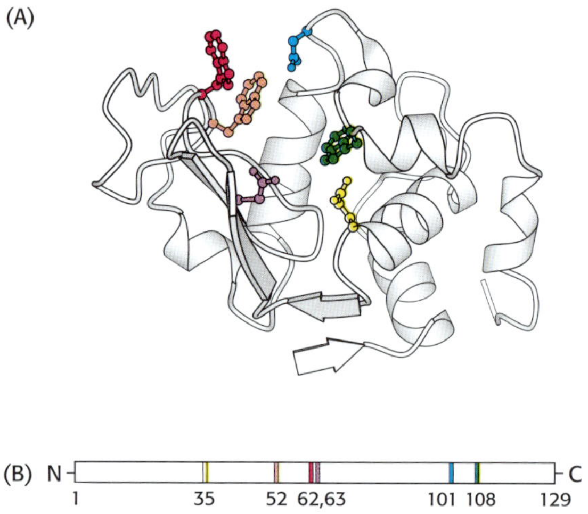


**FIGURA 8.6 Os sítios ativos podem incluir resíduos distantes. A.** Diagrama em fita da enzima lisozima, com vários componentes do sítio ativo mostrados em cores. **B.** Representação esquemática da estrutura primária da lisozima mostrando que o sítio ativo é composto de resíduos que provêm de diferentes partes da cadeia polipeptídica. [Desenhada de 6LYZ.pdb.]

que participam diretamente na produção e na quebra de ligações. Esses resíduos são denominados *grupos catalíticos.* Em essência, *a interação da enzima com o substrato no sítio ativo promove a formação do estado de transição.* O sítio ativo é a região da enzima que diminui mais diretamente a $\Delta G^{\ddagger}$ da reação, proporcionando, assim, o aumento de velocidade característico da ação da enzima. No Capítulo 2, vimos que as proteínas não são estruturas rígidas, porém são flexíveis e são encontradas em uma variedade de conformações. Assim, a interação da enzima com o substrato no sítio ativo e a formação do estado de transição constituem um processo dinâmico. Apesar de as enzimas diferirem amplamente na sua estrutura, especificidade e modo de catálise, podem ser feitas várias generalizações no que concerne aos seus sítios ativos:

**1.** *O sítio ativo é uma fenda tridimensional* formada por grupos que provêm de diferentes partes da sequência de aminoácidos: na verdade, os resíduos mais distantes na sequência de aminoácidos podem interagir mais fortemente do que os resíduos adjacentes na sequência, que podem ser estericamente impedidos de interagir uns com os outros. Na lisozima, os grupos importantes no sítio ativo são proporcionados pelos resíduos 35, 52, 62, 63, 101 e 108 da sequência de 129 aminoácidos (Figura 8.6). A lisozima, que é encontrada em uma variedade de organismos e tecidos, incluindo as lágrimas humanas, degrada as paredes celulares de algumas bactérias.

**2.** *O sítio ativo ocupa uma pequena parte do volume total de uma enzima.* Embora a maioria dos resíduos de aminoácidos de uma enzima não esteja em contato com o substrato, os movimentos cooperativos de toda a enzima ajudam a posicionar corretamente os resíduos catalíticos no sítio ativo. Experimentos realizados para reduzir o tamanho de uma enzima cataliticamente ativa mostraram que o tamanho mínimo exige cerca de 100 resíduos de aminoácidos. De fato, quase todas as enzimas são constituídas de mais de 100 resíduos de aminoácidos, o que lhes confere uma massa acima de 10 kDa e um diâmetro de mais de 25 Å, sugerindo que todos os aminoácidos na proteína, e não apenas aqueles no sítio ativo, são, em última análise, necessários para formar uma enzima funcional.

**3.** *Os sítios ativos são microambientes singulares.* Em todas as enzimas de estrutura conhecida, os sítios ativos têm uma forma semelhante a uma fenda, à qual os substratos se ligam. A água é habitualmente excluída, a não ser que ela seja um reagente. O microambiente apolar da fenda aumenta a ligação dos substratos, bem como a catálise. Todavia, a fenda também pode conter resíduos polares, alguns dos quais podem adquirir propriedades especiais essenciais para a ligação do substrato ou a catálise. As posições internas desses resíduos polares constituem exceções biologicamente cruciais à regra geral de que os resíduos polares estão localizados na superfície das proteínas, expostos à água.

**4.** *Os substratos estão ligados às enzimas por múltiplas atrações fracas.* As interações não covalentes nos complexos ES são muito mais fracas do que as ligações covalentes, que apresentam energias entre –210 e –460 kJ $mol^{-1}$ (entre –50 e –110 kcal $mol^{-1}$). Em contrapartida, os complexos ES habitualmente apresentam constantes de equilíbrio que variam de $10^{-2}$ a $10^{-8}$ M, correspondendo a energias livres de interação que variam de cerca de –13 a –50 kJ $mol^{-1}$ (de –3 a –12 kcal $mol^{-1}$). Conforme discutido no Capítulo 1, seção 1.3, essas interações reversíveis fracas são mediadas por interações eletrostáticas, ligações de hidrogênio e forças de van der Waals. As forças de van der Waals só se tornam significativas na ligação quando numerosos átomos do substrato aproximam-se simultaneamente de muitos átomos da enzima por meio do efeito hidrofóbico. Por conseguinte, a enzima e o substrato devem ter formas complementares. O caráter direcional das ligações de hidrogênio entre a enzima e o substrato frequentemente reforça um alto grau de especificidade, conforme observado na ribonuclease, a enzima que degrada o RNA (Figura 8.7).

**5.** *A especificidade de ligação depende de um arranjo precisamente definido de átomos no sítio ativo.* Como a enzima e o substrato interagem por meio de forças de curta amplitude, que exigem contato estreito, é necessário que o substrato tenha um formato correspondente para se adaptar ao sítio. Emil Fischer propôs a analogia da chave e fechadura em 1890 (Figura 8.8), que constituiu o modelo para a interação enzima-substrato durante várias décadas. Todavia, sabemos agora que as enzimas são flexíveis e que as formas dos sítios ativos podem ser acentuadamente modificadas pela ligação do substrato, um processo de reconhecimento dinâmico denominado *encaixe induzido* (Figura 8.9). Além disso, o substrato pode ligar-se apenas a determinadas conformações da enzima, um processo denominado *seleção de conformação*. Por conseguinte, o mecanismo de catálise é dinâmico, envolvendo mudanças estruturais com múltiplos intermediários tanto dos reagentes quanto da enzima.

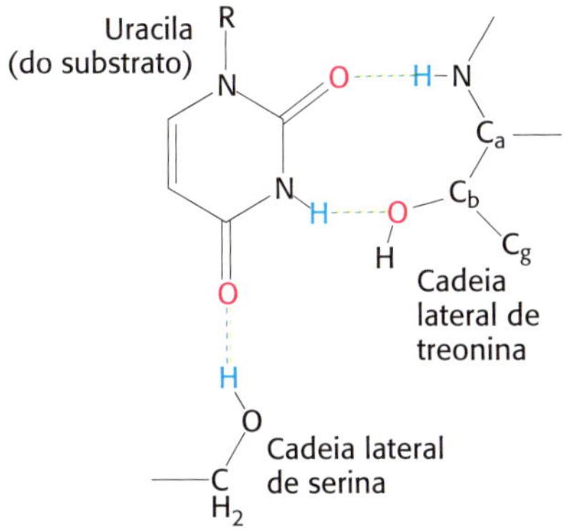


**FIGURA 8.7 Ligações de hidrogênio entre uma enzima e o seu substrato.** A enzima ribonuclease forma ligações de hidrogênio com o componente uridina do substrato. [Informação de F. M. Richards, H. W. Wyckoff e N. Allewell, em *The Neurosciences: Second Study Program,* F. O. Schmidt, Ed. (Rockefeller University Press, 1970), p. 970.]

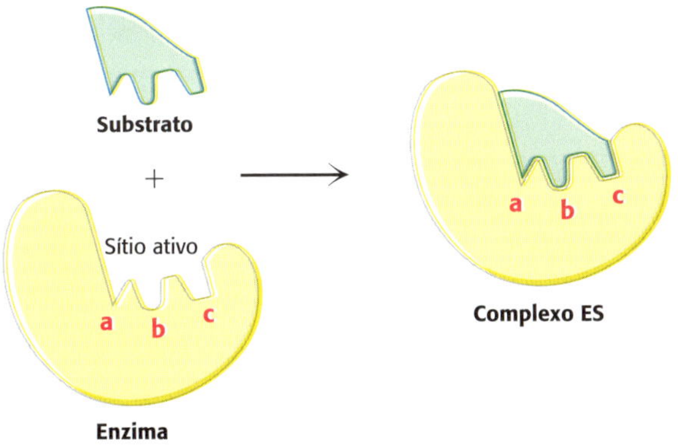


**FIGURA 8.8 Modelo de chave e fechadura da ligação enzima-substrato.** Neste modelo, o sítio ativo da enzima não ligada tem formato complementar ao do substrato.

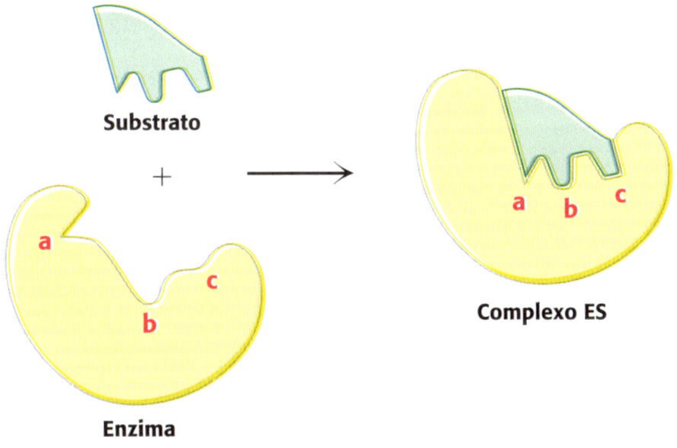


**FIGURA 8.9 Modelo de encaixe induzido da ligação enzima-substrato.** Neste modelo, a enzima muda de formato com a ligação do substrato. O sítio ativo apresenta um formato complementar ao do substrato somente após a ligação do substrato.

## A energia de ligação entre a enzima e o substrato é importante para a catálise

As enzimas reduzem a energia de ativação; no entanto, de onde provém a energia para reduzir a energia de ativação? A energia livre é liberada pela formação de um grande número de interações fracas entre uma enzima complementar e seu substrato. A energia livre liberada na ligação é denominada *energia de ligação*. Somente o substrato correto pode participar na maioria das interações com a enzima ou em todas elas e, assim, tornar a energia de ligação máxima, explicando a notável especificidade de substrato exibida por muitas enzimas. Além disso, *o complemento total dessas interações é formado somente quando o substrato é convertido ao estado de transição*. Por conseguinte, a energia de ligação máxima é liberada quando a enzima facilita a formação do estado de transição. A energia liberada pela interação entre a enzima e o substrato pode ser considerada como uma redução da energia de ativação. A interação da enzima com o substrato e intermediários da reação é efêmera, e os movimentos moleculares resultam em um alinhamento ideal dos grupos funcionais no sítio ativo, de modo que a energia de ligação máxima só ocorre entre a enzima e o estado de transição, o intermediário menos estável da reação. Todavia, o estado de transição é demasiado instável para existir por muito tempo. Ele colapsa para o substrato ou para o produto; porém, qual dos dois irá se acumular é determinado apenas pela diferença de energia entre o substrato e o produto – isto é, pela $\Delta G$ da reação.

## 8.4 O modelo de Michaelis-Menten descreve as propriedades cinéticas de muitas enzimas

O estudo das velocidades das reações químicas é denominado *cinética,* enquanto o estudo das velocidades das reações catalisadas por enzimas é denominado *cinética enzimática.* Uma descrição cinética da atividade enzimática irá nos ajudar a entender como as enzimas funcionam. Começaremos com um breve exame de alguns dos princípios básicos da cinética das reações.

### A cinética é o estudo das velocidades das reações

O que queremos dizer quando falamos da "velocidade" de uma reação química? Consideremos uma reação simples:

$$A \longrightarrow P$$

A velocidade $V$ é a quantidade de A que desaparece em uma unidade específica de tempo. É igual à velocidade de aparecimento de P ou à quantidade de P que aparece em uma unidade específica de tempo.

$$V = -d[A]/dt = d[P]/dt \qquad (8)$$

Se A for amarelo e P incolor, podemos acompanhar a diminuição da concentração de A medindo a diminuição da intensidade da cor amarela ao longo do tempo. Consideremos por enquanto apenas a mudança na concentração de A. A velocidade da reação está diretamente relacionada com a concentração de A por uma constante de proporcionalidade, $k$, denominada *constante de velocidade.*

$$V = k[A] \qquad (9)$$

As reações que são diretamente proporcionais à concentração dos reagentes são denominadas *reações de primeira ordem.* As constantes de velocidade de primeira ordem apresentam as unidades em $s^{-1}$.

Muitas reações bioquímicas importantes incluem dois reagentes. Por exemplo,

$$2A \longrightarrow P$$

ou

$$A + B \longrightarrow P$$

Elas são denominadas *reações bimoleculares,* e as equações correspondentes de velocidade frequentemente assumem a forma

$$V = k[A]^2 \qquad (10)$$

e

$$V = k[A][B] \qquad (11)$$

As constantes de velocidade, denominadas constantes de velocidade de segunda ordem, apresentam as unidades em $M^{-1}\,s^{-1}$.

Algumas vezes, reações de segunda ordem podem aparecer como reações de primeira ordem. Por exemplo, na reação 11, se B estiver presente em excesso e A estiver em baixa concentração, a velocidade da reação será de primeira ordem em relação a A, e não parecerá depender da concentração de B. Essas reações são denominadas *reações de pseudoprimeira ordem*, e as veremos diversas vezes em nosso estudo da bioquímica.

É interessante assinalar que, em algumas condições, uma reação pode ser de ordem zero. Nesses casos, a velocidade não depende das concentrações dos reagentes. Em determinadas circunstâncias, as reações catalisadas por enzimas podem aproximar-se de reações de ordem zero.

## A suposição de um estado de equilíbrio dinâmico facilita a descrição da cinética enzimática

A maneira mais simples de investigar a velocidade de reação consiste em acompanhar o aumento do produto da reação em função do tempo. Em primeiro lugar, o grau de formação do produto é determinado em função do tempo para uma série de concentrações do substrato (Figura 8.10A). Conforme esperado, em cada caso a quantidade de produto formado aumenta com o passar do tempo, embora finalmente seja alcançado um momento em que não ocorre *nenhuma mudança efetiva* na concentração de S ou P. A enzima ainda estará convertendo ativamente o substrato em produto e vice-versa, porém o equilíbrio da reação terá sido alcançado. Entretanto, a cinética enzimática é mais facilmente compreendida se considerarmos apenas a reação direta. Podemos definir a velocidade de catálise $V_0$ ou a velocidade inicial de catálise como o número de mols de produto formado por segundo quando a reação está apenas começando – isto é, quando $t \approx 0$ (Figura 8.10A). Esses experimentos são repetidos três a cinco vezes com cada concentração de substrato de modo a garantir a acurácia e avaliar a variabilidade dos valores obtidos. Em seguida, representamos graficamente $V_0$ *versus* a concentração de substrato [S] pressupondo uma quantidade constante de enzima e mostrando os pontos dos dados com barras de erros (Figura 8.10B). Por fim, os pontos dos dados são unidos, produzindo os resultados mostrados na Figura 8.10C. A velocidade de catálise aumenta de modo linear à medida que aumenta a concentração de substrato e, em seguida, começa a se estabilizar e a se aproximar de um máximo em concentrações mais altas de substrato. Para maior conveniência, mostraremos dados idealizados sem barras de erro em todo o texto, porém é importante ter em mente que, na realidade, todos os experimentos são repetidos diversas vezes.

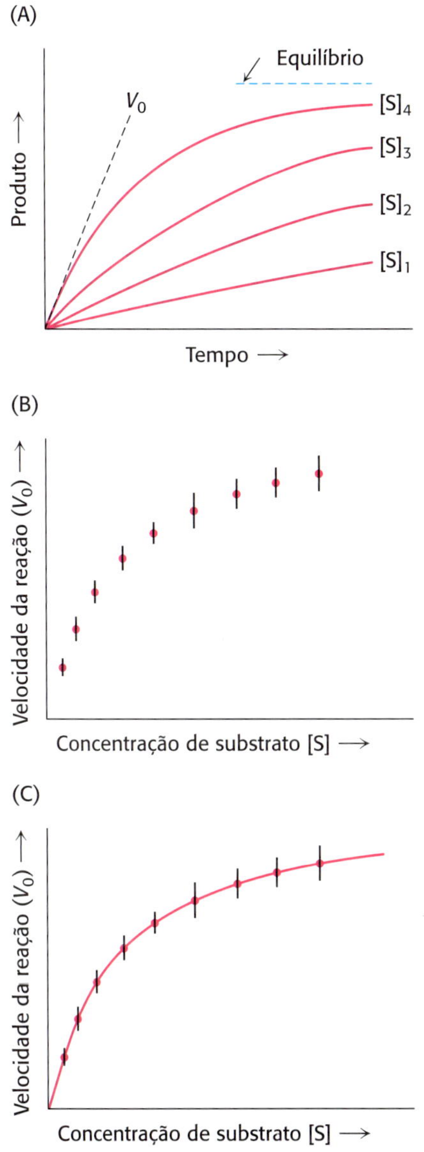


**FIGURA 8.10 Determinação da relação entre a velocidade inicial e a concentração de substrato.** **A.** A quantidade de produto formado em diferentes concentrações de substrato é representada graficamente em função do tempo. A velocidade inicial ($V_0$) de cada concentração de substrato é determinada pela inclinação da curva no início da reação, quando a reação reversa é insignificante. **B.** Os valores da velocidade inicial determinada na parte A são então representados graficamente com barras de erro contra a concentração de substrato. **C.** Os pontos dos dados são unidos para revelar claramente a relação da velocidade inicial com a concentração de substrato.

Em 1913, Leonor Michaelis e Maud Menten propuseram um modelo simples para explicar essas características cinéticas. A característica fundamental de seu tratamento é a que um complexo ES específico é um intermediário necessário na catálise. O modelo proposto é

$$E + S \underset{k_{-1}}{\overset{k_1}{\rightleftharpoons}} ES \underset{k_{-2}}{\overset{k_2}{\rightleftharpoons}} E + P$$

Uma enzima E combina-se com o substrato S para formar um complexo ES com uma constante de velocidade $k_1$. O complexo ES tem dois destinos possíveis. Ele pode se dissociar em E e S, com uma constante de velocidade $k_{-1}$, ou pode prosseguir para formar o produto P, com uma constante de velocidade $k_2$. O complexo ES também pode ser reconstituído a partir de E e P pela reação reversa com uma constante de velocidade $k_{-2}$. Todavia, como antes, podemos simplificar essas reações ao considerar a velocidade da reação em um tempo próximo de zero (daí, $V_0$), quando a formação do produto é desprezível e, portanto, não há reação reversa ($k_{-2}$ [E][P] $\approx 0$).

$$E + S \underset{k_{-1}}{\overset{k_1}{\rightleftharpoons}} ES \xrightarrow{k_2} E + P \qquad (12)$$

Em um sistema no estado de equilíbrio dinâmico, as concentrações dos intermediários permanecem as mesmas, embora ocorra mudança nas concentrações de substrato e produtos. Uma pia cheia de água, cuja torneira está aberta apenas o suficiente para compensar a perda de água pelo ralo, encontra-se em um estado de equilíbrio dinâmico. O nível da água na pia nunca muda, embora a água esteja constantemente fluindo da torneira para a pia e pelo ralo para o dreno.

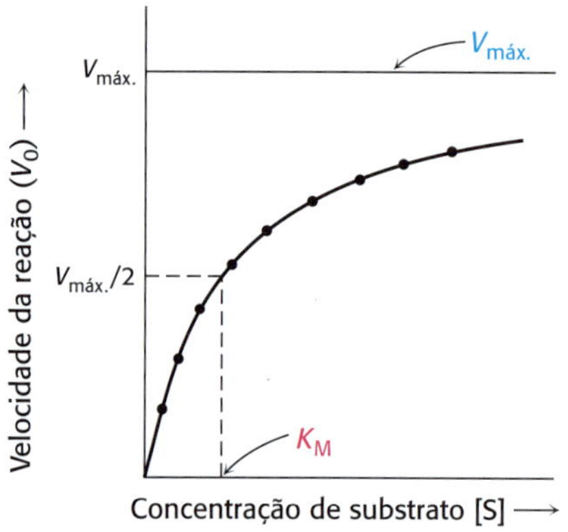


**FIGURA 8.11 Cinética de Michaelis-Menten.** Um gráfico da velocidade da reação ($V_0$) em função da concentração do substrato [S] para uma enzima que obedece à cinética de Michaelis-Menten mostra que a velocidade máxima ($V_{máx.}$) é aproximada de modo assintótico, o que significa que a $V_{máx.}$ só será alcançada em uma concentração infinita de substrato. A constante de Michaelis ($K_M$) é a concentração de substrato que produz uma velocidade $V_{máx.}/2$.

Assim, para o gráfico da Figura 8.11, $V_0$ foi determinada para cada concentração de substrato pela medição da velocidade de formação do produto em momentos anteriores ao acúmulo do P (Figura 8.10A).

Queremos uma expressão que relacione a velocidade de catálise com as concentrações de substrato e de enzima e com as velocidades das etapas individuais. Nosso ponto de partida é que a velocidade de catálise é igual ao produto da concentração do complexo ES por $k_2$.

$$V_0 = k_2[\mathrm{ES}] \tag{13}$$

Precisamos agora expressar [ES] em termos de quantidades conhecidas. As velocidades de formação e de degradação do ES são dadas por

$$\text{Velocidade de formação do ES} = k_1\,[\mathrm{E}][\mathrm{S}] \tag{14}$$

$$\text{Velocidade de degradação do ES} = (k_{-1} + k_2)[\mathrm{ES}] \tag{15}$$

Para simplificar o problema, utilizaremos a *suposição de estado de equilíbrio dinâmico*. Em um estado de equilíbrio dinâmico, as concentrações dos intermediários – neste caso, [ES] – permanecem as mesmas, mesmo se houver mudança nas concentrações dos materiais iniciais e dos produtos. Esse estado de equilíbrio dinâmico é alcançado quando as velocidades de formação e de degradação do complexo ES tornam-se iguais. Estabelecendo a igualdade dos lados direitos das equações 14 e 15, temos

$$k_1[\mathrm{E}][\mathrm{S}] = (k_{-1} + k_2)[\mathrm{ES}] \tag{16}$$

Com o rearranjo da equação 16, obtemos

$$[\mathrm{E}][\mathrm{S}]/[\mathrm{ES}] = (k_{-1} + k_2)/k_1 \tag{17}$$

A equação 17 pode ser simplificada pela definição de uma nova constante, $K_M$, denominada constante de Michaelis:

$$K_M = \frac{k_{-1} + k_2}{k_1} \tag{18}$$

Observe que a $K_M$ tem as unidades de concentração e é independente das concentrações da enzima e do substrato. Como explicaremos adiante, a $K_M$ constitui uma importante característica das interações enzima-substrato.

A inserção da equação 18 na equação 17 e a resolução para [ES] fornecem

$$[\mathrm{ES}] = \frac{[\mathrm{E}][\mathrm{S}]}{K_M} \tag{19}$$

Examinemos agora o numerador da equação 19. Como o substrato está habitualmente presente em uma concentração muito mais alta que a da enzima, a concentração do substrato não combinado [S] é quase igual à do substrato total. A concentração da enzima não combinada [E] é igual à concentração de enzima total $[\mathrm{E}]_T$ menos a concentração do complexo ES:

$$[\mathrm{E}] = [\mathrm{E}]_T - [\mathrm{ES}] \tag{20}$$

Substituindo [E] na equação 19 por essa expressão, obtemos

$$[\mathrm{ES}] = \frac{([\mathrm{E}]_T - [\mathrm{ES}])[\mathrm{S}]}{K_M} \tag{21}$$

A resolução da equação 21 para [ES] fornece

$$[\mathrm{ES}] = \frac{[\mathrm{E}]_T[\mathrm{S}]/K_M}{1 + [\mathrm{S}]/K_M} \tag{22}$$

ou

$$[\mathrm{ES}] = [\mathrm{E}]_\mathrm{T}\frac{[\mathrm{S}]}{[\mathrm{S}]+K_\mathrm{M}} \tag{23}$$

Substituindo [ES] na equação 13 por essa expressão, obtemos

$$V_0 = k_2[\mathrm{E}]_\mathrm{T}\frac{[\mathrm{S}]}{[\mathrm{S}] + K_\mathrm{M}} \tag{24}$$

A *velocidade máxima*, $V_{\text{máx.}}$, é alcançada quando os sítios catalíticos na enzima estão saturados com substrato – isto é, quando $[\mathrm{ES}] = [\mathrm{E}]_\mathrm{T}$. Assim,

$$V_{\text{máx.}} = k_2[\mathrm{E}]_\mathrm{T} \tag{25}$$

A substituição da equação 24 pela equação 25 fornece a *equação de Michaelis-Menten*:

$$V_0 = V_{\text{máx.}}\frac{[\mathrm{S}]}{[\mathrm{S}]+K_\mathrm{M}} \tag{26}$$

Essa equação explica os dados cinéticos apresentados na Figura 8.11. Em uma concentração muito baixa de substrato, quando [S] é muito menor do que $K_\mathrm{M}$, $V_0 = (V_{\text{máx.}}/K_\mathrm{M})[\mathrm{S}]$; isto é, a reação é de primeira ordem e com uma velocidade diretamente proporcional à concentração do substrato. Na presença de uma alta concentração de substrato, quando [S] é muito maior do que $K_\mathrm{M}$, $V_0 = V_{\text{máx.}}$; isto é, a velocidade é máxima. A reação é de ordem zero, independentemente da concentração de substrato.

O significado de $K_\mathrm{M}$ é evidente quando estabelecemos $[\mathrm{S}] = K_\mathrm{M}$ na equação 26. Quando $[\mathrm{S}] = K_\mathrm{M}$, então $V_0 = V_{\text{máx.}}/2$. Por conseguinte, *$K_\mathrm{M}$ é igual à concentração de substrato em que a velocidade da reação é metade de seu valor máximo*. Como veremos, $K_\mathrm{M}$ constitui uma característica importante de uma reação catalisada por enzima e é significativa pela sua função biológica.

## Variações de $K_\mathrm{M}$ podem ter consequências fisiológicas

A consequência fisiológica da $K_\mathrm{M}$ é ilustrada pela sensibilidade de alguns indivíduos ao etanol. Essas pessoas exibem rubor facial e frequência cardíaca acelerada (taquicardia) após a ingestão até mesmo de pequenas quantidades de álcool. No fígado, a álcool desidrogenase converte o etanol em acetaldeído.

$$\underset{\text{Etanol}}{\mathrm{CH_3CH_2OH + NAD^+}} \xrightleftharpoons[]{\text{Álcool desidrogenase}} \underset{\text{Acetaldeído}}{\mathrm{CH_3CHO + NADH + H^+}}$$

Normalmente, o acetaldeído, que constitui a causa dos sintomas quando presente em altas concentrações, é processado a acetato pela aldeído desidrogenase.

$$\mathrm{CH_3CHO + NAD^+ + H_2O} \xrightleftharpoons[]{\text{Aldeído desidrogenase}} \mathrm{CH_3COO^- + NADH + 2H^+}$$

A maioria das pessoas tem duas formas da aldeído desidrogenase: uma forma mitocondrial com $K_\mathrm{M}$ baixa e uma forma citoplasmática com $K_\mathrm{M}$ alta. Nos indivíduos suscetíveis, a enzima mitocondrial é menos ativa devido à substituição de um único aminoácido, e o acetaldeído só é processado pela enzima citoplasmática. Como essa enzima tem $K_\mathrm{M}$ elevada, ela só alcança uma alta velocidade de catálise na presença de concentrações muito altas de acetaldeído. Consequentemente, uma menor quantidade de acetaldeído é convertida em acetato; o excesso de acetaldeído escapa para o sangue e responde pelos efeitos fisiológicos observados.

## Os valores de $K_M$ e $V_{máx.}$ podem ser determinados de diversas maneiras

A $K_M$ é igual à concentração de substrato que produz $V_{máx.}/2$; entretanto, a $V_{máx.}$, assim como a perfeição, só é aproximada, mas nunca alcançada. Como, então, podemos determinar experimentalmente $K_M$ e $V_{máx.}$, e como esses parâmetros ampliam nossa compreensão das reações catalisadas por enzimas? A constante de Michaelis, $K_M$, e a velocidade máxima, $V_{máx.}$, podem ser prontamente deduzidas das velocidades de catálise medidas em uma variedade de concentrações de substrato se uma enzima operar de acordo com o esquema simples apresentado na equação 26. A determinação da $K_M$ e da $V_{máx.}$ é mais comumente obtida com o uso de programas de informática para ajuste de curvas. Todavia, um método mais antigo, embora raramente utilizado, visto que os pontos dos dados em concentrações altas e baixas têm pesos diferentes e, portanto, são propensos a erros, constitui uma fonte de maior esclarecimento sobre o significado de $K_M$ e $V_{máx.}$.

Antes da disponibilidade de computadores, a determinação dos valores de $K_M$ e $V_{máx.}$ exigia a manipulação algébrica da equação de Michaelis-Menten. A equação de Michaelis-Menten é transformada em uma equação que fornece um gráfico em linha reta que mostra os valores de $V_{máx.}$ e $K_M$. Tomando-se a recíproca de ambos os lados da equação 26, temos

$$\frac{1}{V_0} = \frac{K_M}{V_{máx.}} \times \frac{1}{S} + \frac{1}{V_{máx.}} \tag{27}$$

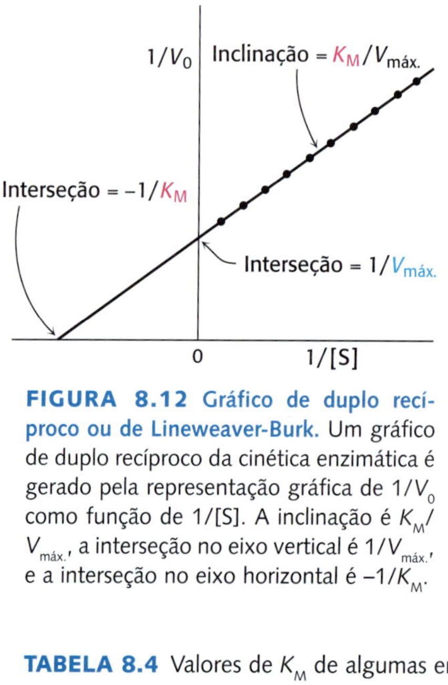


**FIGURA 8.12 Gráfico de duplo recíproco ou de Lineweaver-Burk.** Um gráfico de duplo recíproco da cinética enzimática é gerado pela representação gráfica de $1/V_0$ como função de 1/[S]. A inclinação é $K_M/V_{máx.}$, a interseção no eixo vertical é $1/V_{máx.}$, e a interseção no eixo horizontal é $-1/K_M$.

Um gráfico de $1/V_0$ *versus* 1/[S], denominado *gráfico de Lineweaver-Burk* ou de *duplo recíproco,* fornece uma linha reta com uma interseção no eixo *y* de $1/V_{máx.}$ e uma inclinação de $K_M/V_{máx.}$ (Figura 8.12). A interseção no eixo *x* é $-1/K_M$.

## Os valores de $K_M$ e $V_{máx.}$ constituem características importantes das enzimas

Os valores de $K_M$ das enzimas variam amplamente (Tabela 8.4). Na maioria das enzimas, $K_M$ situa-se entre $10^{-1}$ e $10^{-7}$ M. O valor de $K_M$ de determinada enzima depende do substrato particular, bem como das condições ambientais, como pH, temperatura e força iônica. A constante de Michaelis, $K_M$, conforme já assinalado, é igual à concentração de substrato em que metade dos sítios ativos está ocupada. Por conseguinte, $K_M$ fornece uma medida da concentração de substrato necessária para que ocorra catálise significativa. No caso de muitas enzimas, as evidências experimentais sugerem que o valor de $K_M$ fornece uma aproximação da concentração de substrato *in vivo*, o que, por sua vez, sugere que a maioria das enzimas evoluiu para ter um valor de $K_M$ aproximadamente igual à concentração de substrato comumente disponível. Por que poderia ser benéfico ter um valor de $K_M$ aproximadamente igual à concentração comumente disponível de substrato? Se a concentração normal de substrato estiver próximo de $K_M$, a enzima irá apresentar uma significativa atividade e, assim mesmo, a atividade será sensível a mudanças nas condições ambientais – isto é, a mudanças na concentração de substrato. Na presença de baixos valores de $K_M$, as enzimas são muito sensíveis a mudanças na concentração de substrato, porém exibem pouca atividade. Na presença de valores bem acima da $K_M$, as enzimas apresentam grande atividade catalítica, porém são insensíveis a mudanças na concentração de substrato. Assim, sendo a concentração normal de substrato aproximadamente igual à $K_M$, as enzimas

**TABELA 8.4** Valores de $K_M$ de algumas enzimas.

| Enzima | Substrato | $K_M$ (μM) |
|---|---|---|
| Quimiotripsina | Acetil-L-triptofanamida | 5.000 |
| Lisozima | Hexa-*N*-acetilglicosamina | 6 |
| β-Galactosidase | Lactose | 4.000 |
| Treonina desaminase | Treonina | 5.000 |
| Anidrase carbônica | $CO_2$ | 8.000 |
| Penicilinase | Benzilpenicilina | 50 |
| Piruvato carboxilase | Piruvato | 400 |
| | $HCO_3^-$ | 1.000 |
| | ATP | 60 |
| Arginina-tRNA sintetase | Arginina | 3 |
| | tRNA | 0,4 |
| | ATP | 300 |

apresentam atividade significativa (1/2 $V_{máx.}$), porém ainda são sensíveis a mudanças na concentração de substrato.

Em certas circunstâncias, a $K_M$ reflete a força da interação enzima-substrato. Na equação 18, $K_M$ é definida como $(k_{-1} + k_2)/k_1$. Considere um caso em que $k_{-1}$ seja muito maior do que $k_2$. Nessas circunstâncias, o complexo ES dissocia-se em E e S muito mais rapidamente do que a formação do produto. Nessas condições ($k_{-1} >> k_2$),

$$K_M \approx \frac{k_{-1}}{k_1} \quad (28)$$

A equação 28 descreve a *constante de dissociação* do complexo ES.

$$K_{ES} = \frac{[E][S]}{[ES]} = \frac{k_{-1}}{k_1} \quad (29)$$

Em outras palavras, $K_M$ é igual à constante de dissociação do complexo ES se $k_2$ for muito menor do que $k_{-1}$. Quando essa condição é satisfeita, $K_M$ é uma medida da força do complexo ES: um valor de $K_M$ elevado indica uma ligação fraca, enquanto um valor baixo indica uma ligação forte. É preciso ressaltar que $K_M$ indica a afinidade do complexo ES somente quando $k_{-1}$ for muito maior do que $k_2$.

A velocidade máxima, $V_{máx.}$, revela *o número de renovação* de uma enzima, que é o número de moléculas de substrato convertidas em produto por uma molécula de enzima em uma unidade de tempo quando a enzima está totalmente saturada com o substrato. É igual à constante de velocidade $k_2$, que também é denominada $k_{cat}$. A velocidade máxima, $V_{máx.}$, revela o número de renovação de uma enzima se a concentração dos sítios ativos $[E]_T$ for conhecida, visto que

$$V_{máx.} = k_{cat}[E]_T \quad (30)$$

e, portanto,

$$k_{cat} = V_{máx.}/[E]_T \quad (31)$$

Por exemplo, uma solução $10^{-6}$ M de anidrase carbônica catalisa a formação de 0,6 M $H_2CO_3$ por segundo quando a enzima está totalmente saturada com substrato. Por conseguinte, $k_{cat}$ é $6 \times 10^5\ s^{-1}$. Esse número de renovação é um dos maiores conhecidos. Cada reação catalisada ocorre em um tempo igual, em média, a $1/k_2$, que é de 1,7 μs para a anidrase carbônica. Os números de renovação da maioria das enzimas com seus substratos fisiológicos variam de 1 a $10^4$ por segundo (Tabela 8.5).

$K_M$ e $V_{máx.}$ também possibilitam a determinação da $f_{ES}$, a fração de sítios ativos preenchidos. Essa relação entre $f_{ES}$, $K_M$ e $V_{máx.}$ é fornecida pela seguinte equação:

$$f_{ES} = \frac{V}{V_{máx.}} = \frac{[S]}{[S]+K_M} \quad (32)$$

**TABELA 8.5** Números de renovação de algumas enzimas.

| Enzima | Número de renovação (por segundo) |
|---|---|
| Anidrase carbônica | 600.000 |
| 3-Cetosteroide isomerase | 280.000 |
| Acetilcolinesterase | 25.000 |
| Penicilinase | 2.000 |
| Lactato desidrogenase | 1.000 |
| Quimiotripsina | 100 |
| DNA polimerase I | 15 |
| Triptofano sintetase | 2 |
| Lisozima | 0,5 |

### $k_{cat}/k_M$ é uma medida da eficiência catalítica

Quando a concentração de substrato é muito maior do que $K_M$, a velocidade de catálise é igual a $V_{máx.}$, que é uma função de $k_{cat}$, o número de renovação, conforme já descrito. Todavia, a maioria das enzimas normalmente não está saturada com substrato. Em condições fisiológicas, a razão $[S]/K_M$ está normalmente situada entre 0,01 e 1,0. Quando $[S] = K_M$, a velocidade enzimática é muito menor do que $k_{cat}$, visto que a maioria dos sítios ativos não está ocupada. Existe algum número que caracterize a cinética de uma enzima nessas condições celulares mais típicas? Na realidade, esse número existe, como mostra a combinação das equações 13 e 19, dando

$$V_0 = \frac{k_{cat}}{K_M}[E][S] \quad (33)$$

Quando [S] << $K_M$, a concentração de enzima livre [E] é quase igual à concentração total de enzima $[E]_T$; portanto,

$$V_0 = \frac{k_{cat}}{K_M}[S][E]_T \quad (34)$$

Assim, quando [S] << $K_M$, a velocidade enzimática depende dos valores de $k_{cat}/K_M$, [S] e $[E]_T$. Nessas condições, $k_{cat}/K_M$ é a constante de velocidade para a interação entre S e E. A constante de velocidade $k_{cat}/K_M$, denominada *constante de especificidade*, é uma medida da eficiência catalítica, visto que leva em consideração tanto a velocidade de catálise com determinado substrato ($k_{cat}$) quanto a natureza da interação entre enzima e substrato ($K_M$). Por exemplo, usando os valores de $k_{cat}/K_M$, podemos comparar a preferência de uma enzima por diferentes substratos. A Tabela 8.6 mostra os valores de $k_{cat}/K_M$ de vários substratos diferentes da quimiotripsina. A quimiotripsina demonstra claramente ter uma preferência para efetuar uma clivagem perto de cadeias laterais hidrofóbicas volumosas.

**TABELA 8.6** Preferências da quimiotripsina por substratos.

| Aminoácido em éster | Cadeia lateral de aminoácidos | $k_{cat}/K_M$ ($s^{-1}$ $M^{-1}$) |
|---|---|---|
| Glicina | —H | $1,3 \times 10^{-1}$ |
| Valina | 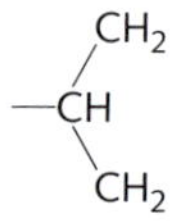 | 2,0 |
| Norvalina | $—CH_2CH_2CH_3$ | $3,6 \times 10^{2}$ |
| Norleucina | $—CH_2CH_2CH_2CH_3$ | $3,0 \times 10^{3}$ |
| Fenilalanina | 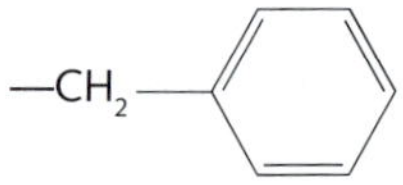 | $1,0 \times 10^{5}$ |

Fonte: Informação de A. Fersht, *Structure and Mechanism in Protein Science: A Guide to Enzyme Catalysis and Protein Folding* (W. H. Freeman and Company, 1999), Tabela 7.3.

O quão eficiente pode ser uma enzima? Podemos abordar essa questão ao determinar se existe algum limite físico para o valor de $k_{cat}/K_M$. Observe que *a razão* $k_{cat}/K_M$ *depende de* $k_1$, $k_{-1}$ e $k_{cat}$, como podemos mostrar pela substituição de $K_M$.

$$k_{cat}/K_M = \frac{k_{cat}k_1}{k_{-1}+k_{cat}} = \left(\frac{k_{cat}}{k_{-1}+k_{cat}}\right)k_1 < k_1 \quad (35)$$

Observe que o valor de $k_{cat}/K_M$ é sempre menor do que $k_1$. Suponhamos que a velocidade de formação do produto ($k_{cat}$) seja muito mais rápida que a velocidade de dissociação do complexo ES ($k_{-1}$). O valor de $k_{cat}/K_M$ aproxima-se então de $k_1$. Por conseguinte, o limite final para o valor de $k_{cat}/K_M$ é estabelecido por $k_1$, a velocidade de formação do complexo ES. *Essa velocidade não pode ser maior que o encontro controlado pela difusão de uma enzima com o seu substrato.* A difusão limita o valor de $k_1$ e, portanto, não pode ser maior do que entre $10^8$ e $10^9$ $s^{-1}$ $M^{-1}$. Por conseguinte, o limite superior para $k_{cat}/K_M$ situa-se entre $10^8$ e $10^9$ $s^{-1}$ $M^{-1}$.

As razões $k_{cat}/K_M$ das enzimas superóxido dismutase, acetilcolina esterase e triose fosfato isomerase situam-se entre $10^8$ e $10^9$ $s^{-1}$ $M^{-1}$. Enzimas que apresentam razões $k_{cat}/K_M$ nos limites superiores alcançaram a *perfeição cinética. A sua velocidade de catálise só é restrita pela velocidade com a qual elas encontram o substrato na solução* (Tabela 8.7). Qualquer ganho adicional na velocidade de catálise só pode vir pela redução do tempo de difusão do substrato para o ambiente imediato da enzima. Convém lembrar que o sítio ativo constitui apenas uma pequena parte da estrutura total da enzima. Contudo, nas enzimas com perfeição catalítica, cada encontro entre enzima e substrato é produtivo. Nesses casos, pode haver forças eletrostáticas de atração na enzima que atraem o substrato para o sítio ativo. Essas forças são algumas vezes designadas poeticamente como *efeitos Circe.*

A difusão de um substrato por uma solução também pode ser parcialmente superada pelo confinamento de substratos e produtos no volume limitado de um complexo multienzimático. Na verdade, algumas séries de enzimas estão organizadas em complexos de tal modo que o produto de uma enzima é rapidamente encontrado pela enzima seguinte. Com efeito, os produtos são canalizados de uma enzima para a próxima de modo semelhante a uma linha de montagem.

**Efeito Circe**

Refere-se à utilização de forças para atrair um substrato até um local onde sofra uma transformação de estrutura, conforme definido por William P. Jencks, um enzimologista, que criou o termo.

Uma deusa da mitologia grega, Circe, atraiu os homens de Ulisses para a sua casa e, então, os transformou em porcos.

**TABELA 8.7** Enzimas nas quais $k_{cat}/K_M$ está próximo da taxa de encontro controlada pela difusão.

| Enzima | $k_{cat}/K_M$ ($s^{-1}$ $M^{-1}$) |
|---|---|
| Acetilcolinesterase | $1{,}6 \times 10^8$ |
| Anidrase carbônica | $8{,}3 \times 10^7$ |
| Catalase | $4 \times 10^7$ |
| Crotonase | $2{,}8 \times 10^8$ |
| Fumarase | $1{,}6 \times 10^8$ |
| Triose fosfato isomerase | $2{,}4 \times 10^8$ |
| betalactamase | $1 \times 10^8$ |
| Superóxido dismutase | $7 \times 10^9$ |

Fonte: Informação de A. Fersht, *Structure and Mechanism in Protein Science: A Guide to Enzyme Catalysis and Protein Folding* (W. H. Freeman and Company, 1999), Tabela 4.5.

## A maioria das reações bioquímicas inclui múltiplos substratos

A maioria das reações nos sistemas biológicos começa com dois substratos e resulta em dois produtos. Elas podem ser representadas pela reação com dois substratos:

$$A + B \rightleftharpoons P + Q$$

Muitas dessas reações transferem um grupo funcional, como o grupo fosforila ou o grupo amônio, de um substrato para outro. As reações de oxidorredução transferem elétrons entre substratos. As reações com múltiplos substratos podem ser divididas em duas classes: reações *sequenciais* e reações de *duplo deslocamento.*

**Reações sequenciais.** Nas *reações sequenciais,* todos os substratos precisam se ligar à enzima antes que ocorra liberação de qualquer produto. Consequentemente, em uma reação com dois substratos, forma-se um *complexo ternário* da enzima com ambos os substratos. Os mecanismos sequenciais são de dois tipos: ordenados, em que os substratos ligam-se à enzima em uma sequência definida, e aleatórios.

Muitas enzimas que têm $NAD^+$ ou NADH como substrato exibem o mecanismo sequencial ordenado. Consideremos a lactato desidrogenase, uma enzima importante no metabolismo da glicose (ver Capítulo 16, seção 16.1). Essa enzima reduz o piruvato a lactato, enquanto oxida NADH a $NAD^+$.

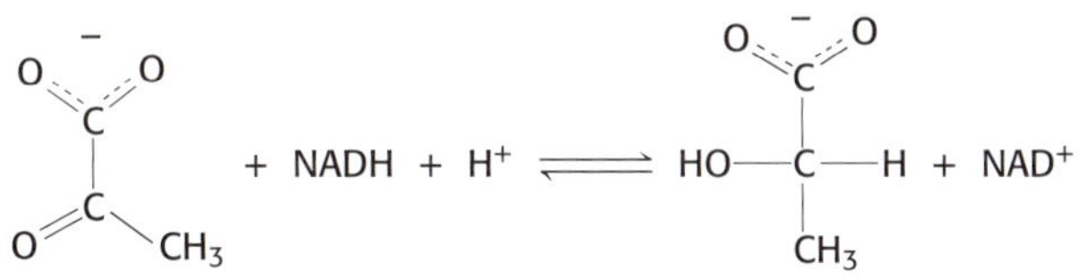


**Piruvato** **Lactato**

No mecanismo sequencial ordenado, a coenzima sempre se liga em primeiro lugar, enquanto o lactato é sempre o primeiro a ser liberado. Essa sequência pode ser representada pelo uso de uma notação desenvolvida por W. Wallace Cleland:

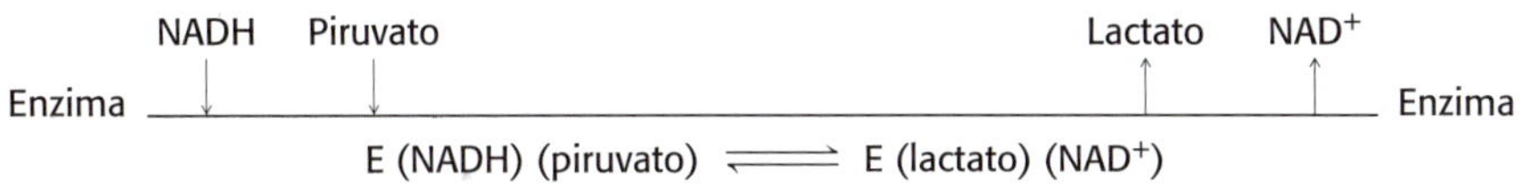


A enzima existe na forma de um complexo ternário constituído, inicialmente, pela enzima e pelos substratos e, depois da catálise, pela enzima e os produtos.

No mecanismo sequencial aleatório, a ordem de adição dos substratos e a liberação dos produtos são aleatórias. Um exemplo de reação sequencial aleatória é a formação de fosfocreatina e ADP a partir da creatina e do ATP em uma reação catalisada pela creatinoquinase (ver Capítulo 15, seção 15.2).

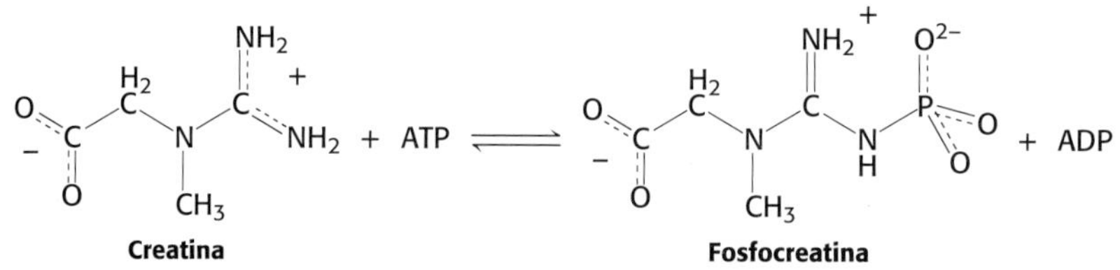


Tanto a creatina quanto o ATP podem ligar-se primeiro, e tanto a fosfocreatina quanto o ADP podem ser liberados primeiro. A fosfocreatina representa uma fonte importante de energia no músculo. As reações sequenciais aleatórias também podem ser representadas de acordo com a notação de Cleland.

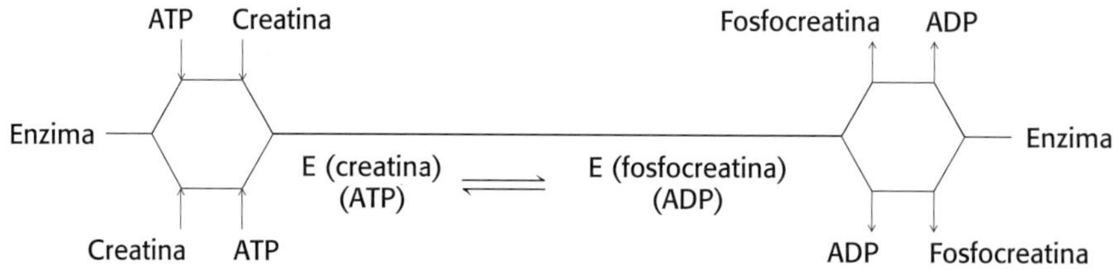


Embora a ordem de certos eventos seja aleatória, a reação ainda passa pelos complexos ternários, incluindo inicialmente os substratos e, em seguida, os produtos.

**Reações de duplo deslocamento (em pingue-pongue).** *Nas reações de duplo deslocamento* ou *em pingue-pongue,* um ou mais produtos são liberados antes da ligação de todos os substratos à enzima. A característica que define as reações de duplo deslocamento é a existência de um *intermediário enzimático substituído,* no qual a enzima está temporariamente modificada. As reações que transportam grupos amino entre aminoácidos e α-cetoácidos são exemplos clássicos de mecanismos de duplo deslocamento. A enzima aspartato aminotransferase catalisa a transferência de um grupo amino do aspartato para o α-cetoglutarato.

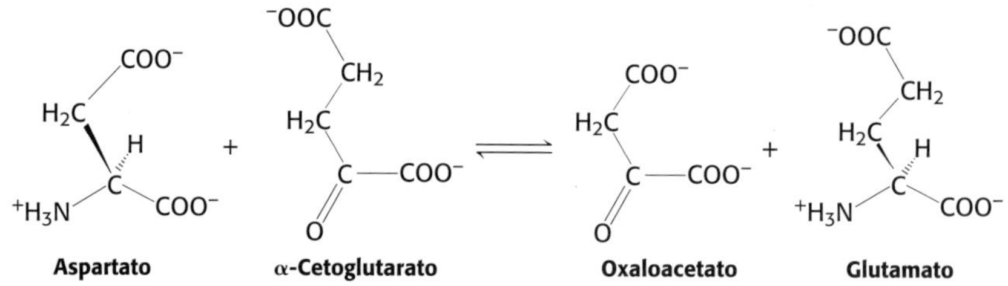


A sequência de eventos pode ser representada de acordo com a seguinte notação de Cleland:

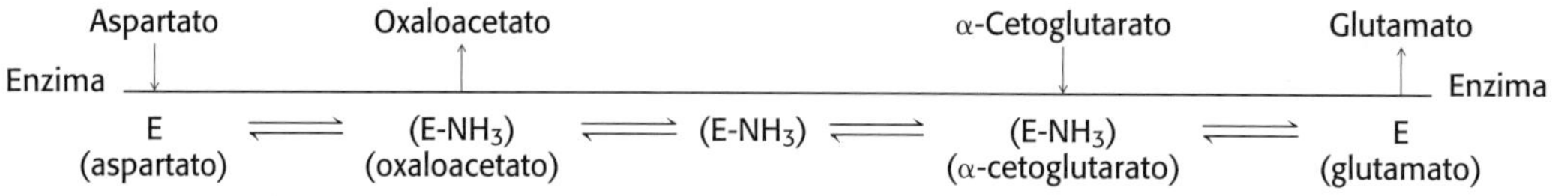


Após a sua ligação ao aspartato, a enzima aceita o grupo amino do aspartato para formar o intermediário enzimático substituído. O primeiro produto, o oxaloacetato, é liberado em seguida. O segundo substrato, o α-cetoglutarato, liga-se à enzima, aceita o grupo amino da enzima modificada e, em seguida, é liberado como produto final, o glutamato. Na notação de

Cleland, os substratos parecem saltar para dentro e para fora da enzima de modo semelhante a uma bola de pingue-pongue em uma mesa.

### As enzimas alostéricas não obedecem à cinética de Michaelis-Menten

O modelo de Michaelis-Menten ajudou enormemente o desenvolvimento da enzimologia. Suas virtudes consistem em sua simplicidade e ampla aplicabilidade. Entretanto, esse modelo não pode explicar as propriedades cinéticas de muitas enzimas. Um grupo importante de enzimas que não obedece à cinética de Michaelis-Menten é constituído pelas *enzimas alostéricas*. Essas enzimas são formadas de múltiplas subunidades e múltiplos sítios ativos.

Com frequência, as enzimas alostéricas exibem gráficos sigmoides da velocidade de reação $V_0$ *versus* a concentração de substrato [S] (Figura 8.13), em vez dos gráficos hiperbólicos previstos pela equação de Michaelis-Menten (Figura 8.11). Nas enzimas alostéricas, a ligação do substrato a um sítio ativo pode alterar as propriedades de outros sítios ativos na mesma molécula de enzima. Um possível resultado dessa interação entre subunidades é que a ligação do substrato torna-se *cooperativa, isto é*, a ligação do substrato a um sítio ativo facilita a ligação de substrato aos outros sítios ativos. Essa cooperatividade resulta em um gráfico sigmoide de $V_0$ *versus* [S]. Além disso, a atividade de uma enzima alostérica pode ser alterada por moléculas reguladoras que se ligam de modo reversível a sítios específicos diferentes dos sítios catalíticos. Por conseguinte, as propriedades catalíticas das enzimas alostéricas podem ser ajustadas para atender às necessidades imediatas de uma célula. Por esse motivo, as enzimas alostéricas constituem reguladores essenciais das vias metabólicas (ver Capítulo 10). Lembre-se de que já encontramos uma proteína alostérica, a hemoglobina, no Capítulo 7.

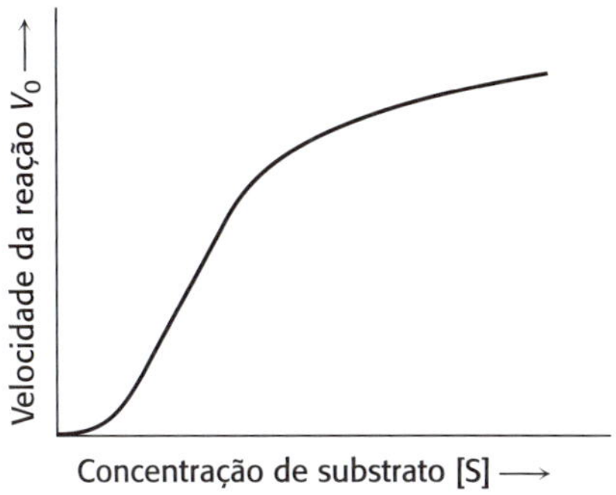


**FIGURA 8.13 Cinética de uma enzima alostérica.** As enzimas alostéricas exibem uma dependência sigmoide da velocidade da reação em relação à concentração de substrato.

## 8.5 As enzimas podem ser inibidas por moléculas específicas

A atividade de muitas enzimas pode ser inibida pela ligação de pequenas moléculas e íons específicos. Esse modo de inibir a atividade enzimática serve como um importante mecanismo de controle nos sistemas biológicos, que é exemplificado pela regulação das enzimas alostéricas. Além disso, muitos fármacos e agentes tóxicos atuam ao inibir as enzimas (ver Capítulo 28). Esse tipo de inibição enzimática habitualmente não resulta de forças evolutivas, como no caso das enzimas alostéricas, porém deve-se ao desenvolvimento de inibidores por pesquisadores ou à simples descoberta casual de moléculas inibidoras. O estudo da inibição pode constituir uma fonte de esclarecimento em relação ao mecanismo de ação enzimática: com frequência, inibidores específicos podem ser utilizados para identificar resíduos fundamentais para a catálise. Os análogos de estado de transição são inibidores particularmente potentes.

A inibição das enzimas pode ser irreversível ou reversível. Um *inibidor irreversível* dissocia-se muito lentamente de sua enzima-alvo, visto que está ligado firmemente à enzima, seja de modo covalente, seja de modo não covalente. Alguns inibidores irreversíveis são fármacos importantes. A penicilina atua ao modificar de modo covalente a enzima transpeptidase, impedindo, assim, a síntese das paredes celulares bacterianas e consequentemente matando as bactérias (ver p. 258). O ácido acetilsalicílico atua ao modificar covalentemente a enzima ciclo-oxigenase, reduzindo a síntese de moléculas de sinalização na inflamação.

Diferentemente da inibição irreversível, *a inibição reversível* caracteriza-se por uma rápida dissociação do complexo enzima-inibidor. No tipo de inibição reversível denominado *inibição competitiva*, a enzima pode ligar-se

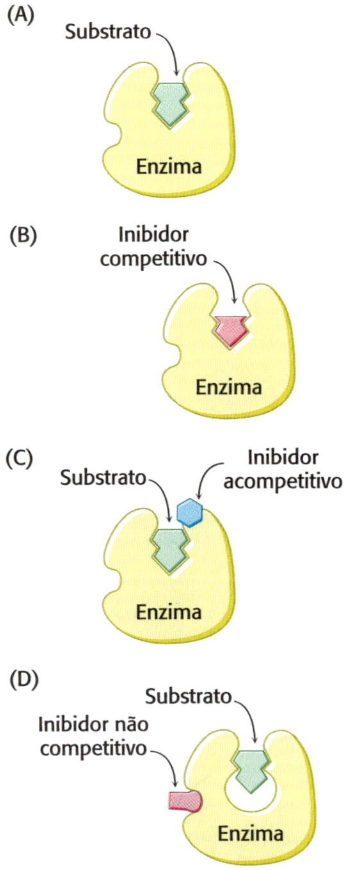


**FIGURA 8.14 Distinção entre inibidores reversíveis. A.** Complexo enzima-substrato; **B.** um inibidor competitivo liga-se ao sítio ativo e, assim, impede a ligação do substrato; **C.** um inibidor acompetitivo liga-se apenas ao complexo enzima-substrato; **D.** um inibidor não competitivo não impede a ligação do substrato.

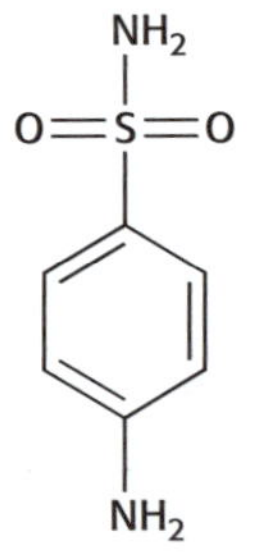


**Sulfanilamida**

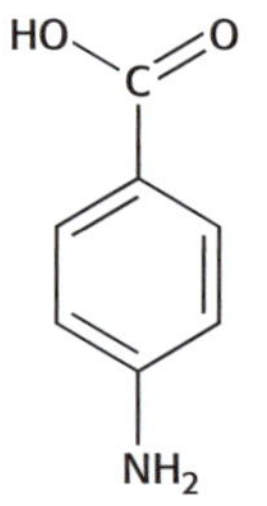


**PABA**

ao substrato (formando um complexo ES) ou ao inibidor (EI), mas não a ambos (ESI, complexo enzima-substrato-inibidor). Com frequência, o inibidor competitivo assemelha-se ao substrato e liga-se ao sítio ativo da enzima (Figura 8.14). Por conseguinte, o substrato é impedido de se ligar ao mesmo sítio ativo. *O inibidor competitivo diminui a velocidade de catálise ao reduzir a proporção de moléculas de enzima ligadas a um substrato.* Em qualquer concentração determinada de inibidor, a inibição competitiva pode ser aliviada pelo aumento da concentração do substrato. Nessas condições, o substrato compete com sucesso com o inibidor pelo sítio ativo. Alguns inibidores competitivos são fármacos úteis. Um dos primeiros exemplos foi o uso da sulfanilamida como antibiótico. A sulfanilamida é um exemplo de sulfa, um antibiótico que contém enxofre. Estruturalmente, a sulfanilamida assemelha-se ao ácido *p*-aminobenzoico (PABA), um metabólito necessário para a síntese da coenzima ácido fólico pelas bactérias. A sulfanilamida liga-se à enzima que normalmente metaboliza o PABA e o inibe de modo competitivo, impedindo a síntese de ácido fólico. Os seres humanos, diferentemente das bactérias, absorvem o ácido fólico a partir da dieta e, portanto, não são afetados pelas sulfas.

A *inibição acompetitiva* é essencialmente uma inibição dependente do substrato, visto que o inibidor só se liga ao complexo enzima-substrato. O sítio de ligação ao inibidor acompetitivo só é criado pela interação da enzima com o substrato (Figura 8.14C). A inibição acompetitiva não pode ser superada pela adição de mais substrato.

Na *inibição não competitiva,* o inibidor e o substrato podem ligar-se simultaneamente a uma molécula de enzima em sítios distintos de ligação (Figura 8.14D). Diferentemente da inibição acompetitiva, um inibidor não competitivo pode ligar-se à enzima livre ou ao complexo enzima-substrato. Um inibidor não competitivo atua diminuindo a concentração de enzima funcional, em vez de reduzir a proporção de moléculas de enzima que estão ligadas ao substrato. O efeito final consiste em uma diminuição do número de renovação. A inibição não competitiva, à semelhança da inibição acompetitiva, não pode ser superada pelo aumento da concentração de substrato. Um padrão mais complexo, denominado *inibição mista,* é produzido quando um único inibidor dificulta a ligação do substrato e também diminui o número de renovação da enzima.

## Os diferentes tipos de inibidores reversíveis são cineticamente distinguíveis

Como podemos determinar se um inibidor reversível atua por inibição competitiva, acompetitiva ou não competitiva? Consideraremos apenas as enzimas que exibem a cinética de Michaelis-Menten. As medições das velocidades de catálise em diferentes concentrações de substrato e inibidor servem para distinguir os três tipos de inibição. Na *inibição competitiva,* o inibidor compete com o substrato pelo sítio ativo. A constante de dissociação do inibidor é dada por

$$K_i = [E][I]/[EI]$$

Quanto menor o valor de $K_i$, mais potente é a inibição. A característica fundamental da inibição competitiva é que ela pode ser superada por uma concentração suficientemente alta de substrato (Figura 8.15). O efeito de um inibidor competitivo consiste em aumentar o valor aparente de $K_M$, o que significa a necessidade de mais substrato para obter a mesma velocidade de reação. Esse novo valor aparente de $K_M$, denominado $K_M^{ap}$, é numericamente igual a

$$K_M^{ap} = K_M(1 + [I]/K_i)$$

em que [I] é a concentração do inibidor, e $K_i$ é a constante de dissociação do complexo enzima-inibidor. Na presença de um inibidor competitivo, uma enzima terá a mesma $V_{máx.}$ que na sua ausência. Com uma concentração alta o suficientemente, praticamente todos os sítios ativos estão ocupados pelo substrato, e a enzima está totalmente operante.

Os inibidores competitivos são comumente utilizados como fármacos. Medicamentos como o ibuprofeno são inibidores competitivos de enzimas que participam nas vias de sinalização da resposta inflamatória. As estatinas são fármacos que reduzem os níveis elevados de colesterol ao inibir competitivamente uma enzima essencial na biossíntese do colesterol (ver Capítulo 26, seção 26.3).

Na *inibição acompetitiva,* o inibidor liga-se apenas ao complexo ES. Esse complexo enzima-substrato-inibidor, ESI, não prossegue para formar qualquer produto. Como algum complexo ESI improdutivo estará sempre presente, a $V_{máx.}$ será menor na presença do inibidor do que na sua ausência (Figura 8.16). O inibidor acompetitivo diminui o valor aparente de $K_M$, visto que ele se liga ao ES para formar ESI, causando depleção de ES. Para manter o equilíbrio entre E e ES, uma maior quantidade de S liga-se à E, aumentando o valor aparente de $k_1$ e, portanto, reduzindo o valor aparente de $K_M$ (ver equação 18). Por conseguinte, é necessária uma menor concentração de S para formar metade da concentração máxima de ES. O herbicida glifosato, também conhecido como Roundup, é um inibidor acompetitivo de uma enzima na via de biossíntese dos aminoácidos aromáticos.

Na *inibição não competitiva* (Figura 8.17), o substrato pode ligar-se à enzima ou ao complexo enzima-inibidor. Todavia, o complexo enzima-substrato-inibidor *não* prossegue para formar qualquer produto. Na inibição não competitiva pura, $K_i$ da ligação do inibidor à E é a mesma que da ligação ao complexo ES. O valor aparente de $V_{máx.}$ é diminuído para um novo valor denominado $V^{ap}_{máx.}$, enquanto o valor de $K_M$ permanece inalterado. A velocidade máxima na presença de um inibidor não competitivo puro, $V^{ap}_{máx.}$, é dada por

$$V^{ap}_{máx.} = \frac{V_{máx.}}{1+[I]/K_i} \quad (36)$$

Por que o valor de $V_{máx.}$ diminui, enquanto $K_M$ permanece inalterada? Em essência, o inibidor simplesmente diminui a concentração de enzima funcional. A solução resultante comporta-se como uma solução mais diluída da enzima. *A inibição não competitiva não pode ser superada pelo aumento da concentração de substrato.* A doxiciclina, que é um antibiótico, atua em baixas concentrações como inibidor não competitivo de uma enzima proteolítica (colagenase). A doxiciclina é utilizada no tratamento da doença periodontal. Alguns dos efeitos tóxicos do envenenamento pelo chumbo podem ser devidos à capacidade do chumbo de atuar como inibidor não competitivo de diversas enzimas. O chumbo reage com grupos sulfidrila importantes dessas enzimas.

Os gráficos de duplo recíproco são particularmente úteis para distinguir os inibidores competitivos, acompetitivos e não competitivos. Na inibição competitiva, a interseção no eixo *y* do gráfico de $1/V_0$ *versus* 1/[S] é a mesma na presença e na ausência de inibidor, embora ocorra aumento da inclinação (Figura 8.18). A interseção não se modifica, visto que um inibidor competitivo não altera a $V_{máx.}$. O aumento na inclinação do gráfico $1/V_0$ *versus* 1/[S] indica a força de ligação de um inibidor competitivo. Na presença de um inibidor competitivo, a equação 27 é substituída por

$$\frac{1}{V_0} = \frac{1}{V_{máx.}} + \frac{K_M}{V_{máx.}}\left(1 + \frac{[I]}{K_i}\right)\left(\frac{1}{[S]}\right) \quad (37)$$

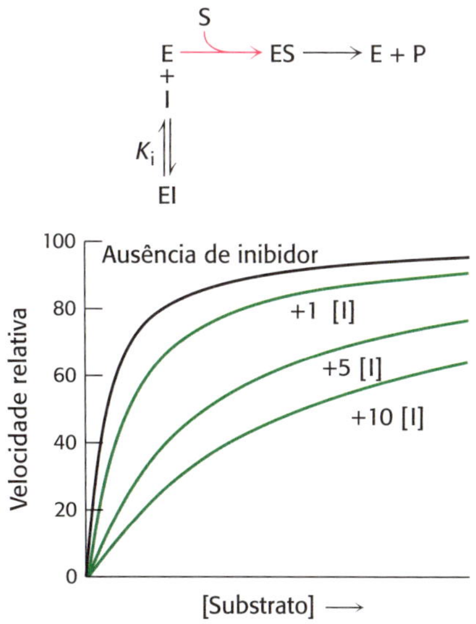


**FIGURA 8.15 Cinética de um inibidor competitivo.** À medida que a concentração de um inibidor competitivo vai aumentando, são necessárias concentrações mais altas de substrato para alcançar determinada velocidade de reação. A via da reação sugere como concentrações suficientemente altas de substrato podem aliviar por completo a inibição competitiva.

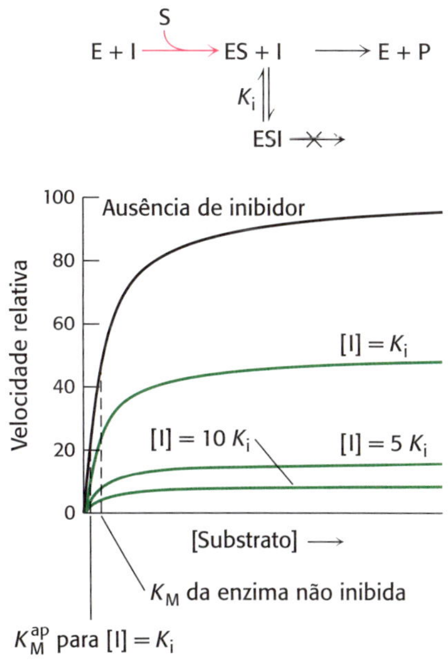


**FIGURA 8.16 Cinética de um inibidor acompetitivo.** A via da reação mostra que o inibidor liga-se apenas ao complexo enzima-substrato. Em consequência, a $V_{máx.}$ não pode ser alcançada, mesmo com concentrações altas do substrato. O valor aparente de $K_M$ é reduzido, tornando-se menor à medida que mais inibidor vai sendo adicionado.

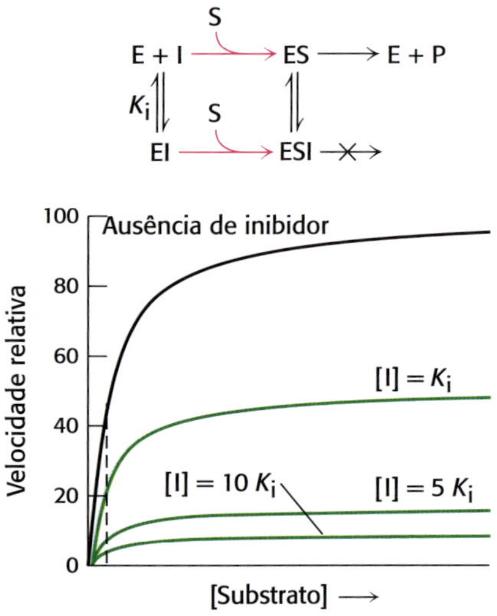


**FIGURA 8.17 Cinética de um inibidor não competitivo.** A via da reação mostra que o inibidor liga-se tanto à enzima livre quanto ao complexo enzima-substrato. Em consequência, como no caso da inibição acompetitiva, a $V_{máx.}$ não pode ser alcançada. Na inibição não competitiva pura, a $K_M$ permanece inalterada, de modo que a velocidade da reação aumenta mais lentamente em baixas concentrações de substrato do que no caso da inibição acompetitiva.

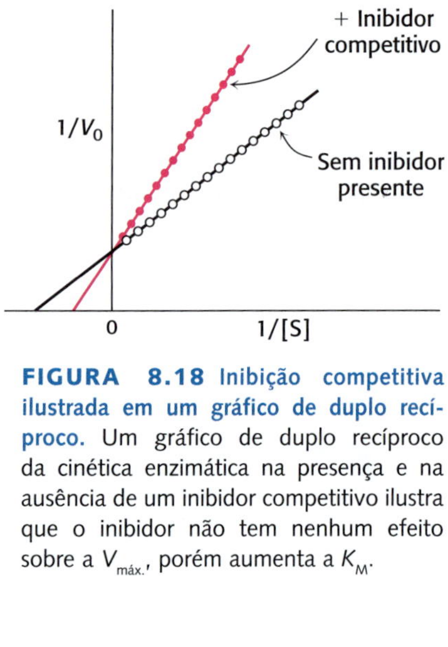


**FIGURA 8.18 Inibição competitiva ilustrada em um gráfico de duplo recíproco.** Um gráfico de duplo recíproco da cinética enzimática na presença e na ausência de um inibidor competitivo ilustra que o inibidor não tem nenhum efeito sobre a $V_{máx.}$, porém aumenta a $K_M$.

Em outras palavras, a inclinação do gráfico é aumentada pelo fator $(1 + [I]/K_i)$ na presença de um inibidor competitivo. Consideremos uma enzima com $K_M$ de $10^{-4}$ M. Na ausência de inibidor, quando $V_0 = V_{máx.}/2$ quando $[S] = 10^{-4}$ M. Na presença de um inibidor competitivo $2 \times 10^{-3}$ M que se liga à enzima com uma $K_i$ de $10^{-3}$ M, a $K_M$ aparente ($K_M^{ap}$) será igual a $K_M$ $(1 + [I]/K_i)$ ou $3 \times 10^{-4}$ M. A substituição desses valores na equação 37 dá $V_0 = V_{máx.}/4$, quando $[S] = 10^{-4}$ M. A presença do inibidor competitivo reduz, portanto, a velocidade da reação à metade nessa concentração de substrato.

Na inibição acompetitiva (Figura 8.19), o inibidor só se combina com o complexo enzima-substrato. A equação que descreve o gráfico de duplo recíproco de um inibidor acompetitivo é

$$\frac{1}{V_0} = \frac{K_M}{V_{máx.}}\frac{1}{[S]} + \frac{1}{V_{máx.}}\left(1 + \frac{[I]}{K_i}\right) \tag{38}$$

A inclinação da linha, $K_M/V_{máx.}$, é a mesma que a da enzima não inibida, porém a interseção no eixo *y* será aumentada de $1 + [I]/K_i$. Consequentemente, as linhas nos gráficos de duplo recíproco serão paralelas.

Na inibição não competitiva pura (Figura 8.20), o inibidor pode combinar-se com a enzima ou com o complexo enzima-substrato com a mesma constante de dissociação. O valor de $V_{máx.}$ é diminuído para o novo valor de $V_{máx.}^{ap}$, e, portanto, a interseção no eixo vertical está aumentada (equação 36). A nova inclinação, que é igual a $K_M/V_{máx.}^{ap}$, é maior pelo mesmo fator. Diferentemente de $V_{máx.}$, a $K_M$ não é afetada pela inibição não competitiva pura.

## Inibidores irreversíveis podem ser utilizados para mapear o sítio ativo

No Capítulo 9, examinaremos os detalhes químicos relativos ao funcionamento das enzimas. O primeiro passo na elucidação do mecanismo químico de uma enzima é determinar que grupos funcionais são necessários para a atividade enzimática. Como podemos estabelecer quais são esses grupos funcionais? A cristalografia de raios X da enzima ligada a seu substrato ou ao análogo do substrato fornece uma abordagem. Os inibidores irreversíveis que se ligam de modo covalente à enzima fornecem um meio alternativo e frequentemente complementar: os inibidores modificam os grupos funcionais, que podem ser então identificados. Os inibidores irreversíveis podem ser divididos em três categorias: reagentes específicos de grupos, análogos de substratos reativos (também denominados marcadores de afinidade) e inibidores suicidas.

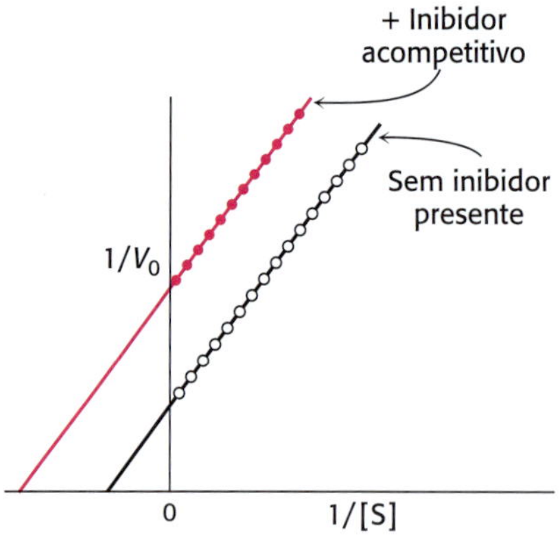


**FIGURA 8.19 Inibição acompetitiva ilustrada por um gráfico de duplo recíproco.** Um inibidor acompetitivo não afeta a inclinação do gráfico de duplo recíproco. A $V_{máx.}$ e a $K_M$ são reduzidas em quantidades equivalentes.

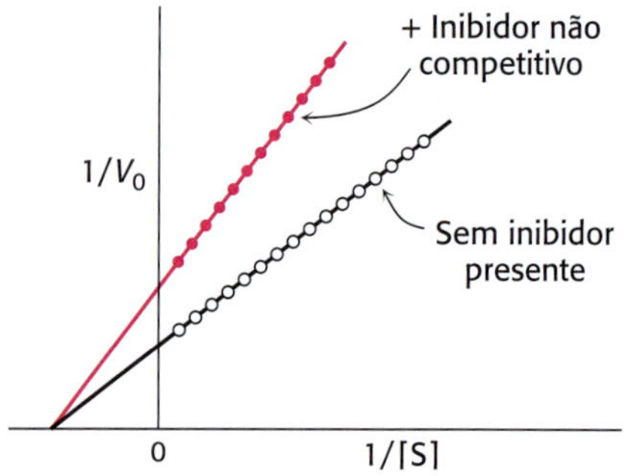


**FIGURA 8.20 Inibição não competitiva ilustrada por um gráfico de duplo recíproco.** Um gráfico de duplo recíproco da cinética enzimática na presença e na ausência de um inibidor não competitivo mostra que a $K_M$ não é alterada, enquanto a $V_{máx.}$ diminui.

Os *reagentes específicos de grupos* reagem com cadeias laterais específicas de aminoácidos. Um exemplo de um reagente específico de grupo é o di-isopropil-fosfofluoridato (DIPF). O DIPF modifica apenas um dos 28 resíduos de serina na quimiotripsina, uma enzima proteolítica, e, mesmo assim, inibe a enzima, demonstrando que esse resíduo de serina é particularmente reativo. Como veremos no Capítulo 9, esse resíduo de serina está, na verdade, localizado no sítio ativo. O DIPF também revelou um resíduo de serina reativo na acetilcolinesterase, uma enzima importante na transmissão de impulsos nervosos (Figura 8.21). Por conseguinte, o DIPF e compostos semelhantes que se ligam à acetilcolinesterase e a inativam são gases neurotóxicos poderosos. A maioria dos reagentes específicos de grupos não exibe a notável especificidade demonstrada pelo DIPF. Consequentemente, são necessários meios mais específicos para modificar o sítio ativo.

Os *marcadores de afinidade* ou *análogos de substratos reativos* são moléculas estruturalmente semelhantes ao substrato da enzima que se ligam covalentemente a resíduos do sítio ativo. Por conseguinte, são mais específicos para o sítio ativo da enzima do que os reagentes específicos de grupos. A tosil-L-fenilalanina clorometilcetona (TPCK) é um análogo de substrato da quimiotripsina (Figura 8.22). A TPCK liga-se ao sítio ativo e, em seguida,

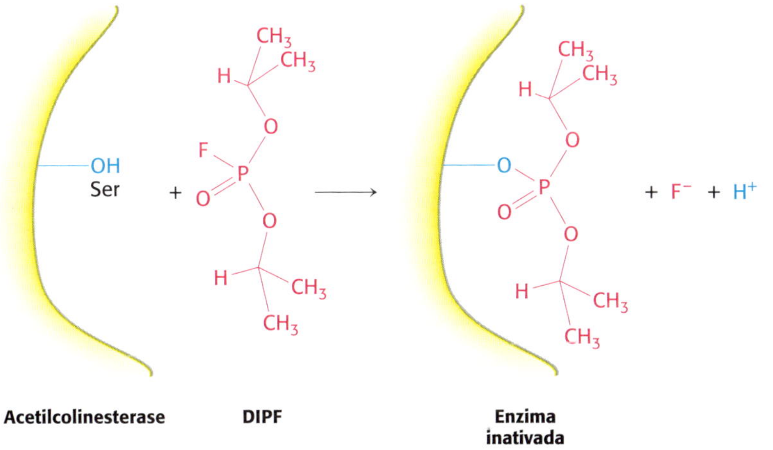


**FIGURA 8.21 Inibição da enzima pelo di-isopropilfosfofluoridato (DIPF), um reagente específico de grupo.** O DIPF pode inibir uma enzima ao modificar covalentemente um resíduo de serina crucial.

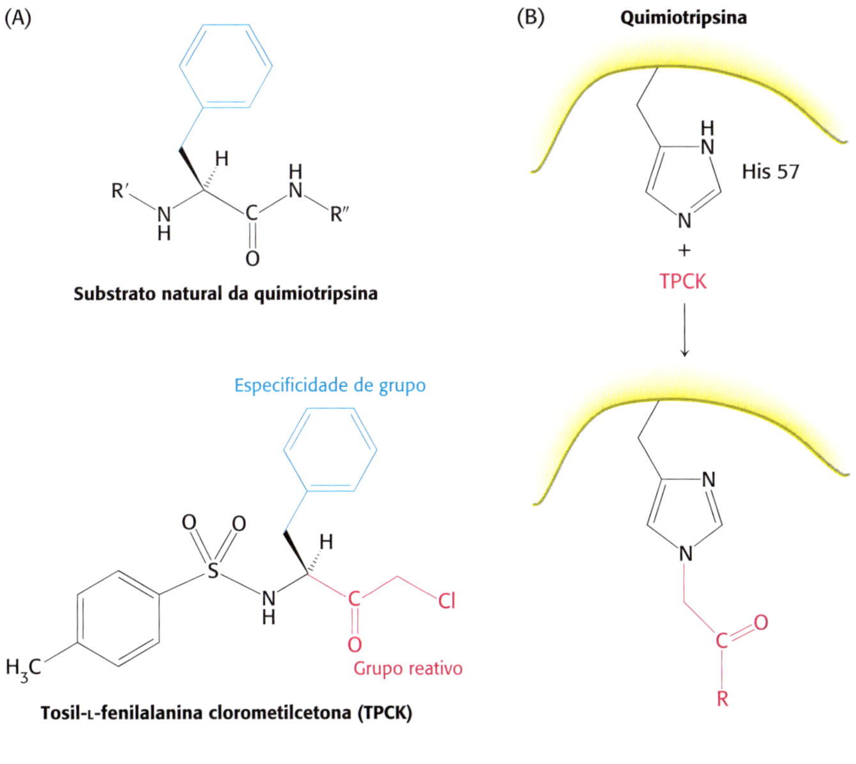


**FIGURA 8.22 Marcação de afinidade.** **A.** A tosil-L-fenilalanina clorometilcetona (TPCK) é um análogo reativo do substrato normal da enzima quimiotripsina. **B.** A TPCK liga-se ao sítio ativo da quimiotripsina e modifica um resíduo de histidina essencial.

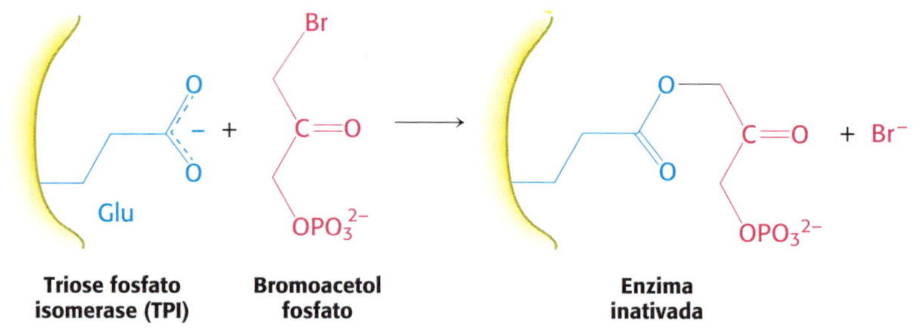


**FIGURA 8.23 Bromoacetol fosfato, um marcador de afinidade para a triose fosfato isomerase (TPI).** O bromoacetol fosfato, um análogo da di-hidroxiacetona fosfato, liga-se ao sítio ativo da enzima e modifica covalentemente um resíduo de ácido glutâmico necessário para a atividade enzimática.

reage de modo irreversível com um resíduo de histidina nesse sítio, inibindo a enzima. O composto 3-bromoacetol fosfato é um marcador de afinidade para a enzima triose fosfato isomerase (TPI). Ele imita o substrato normal, a di-hidroxiacetona fosfato, ligando-se ao sítio ativo; em seguida, modifica de modo covalente a enzima, que é irreversivelmente inibida (Figura 8.23).

Os *inibidores suicidas* ou *inibidores baseados no mecanismo* são substratos modificados que fornecem o meio mais específico de modificar o sítio ativo de uma enzima. O inibidor liga-se à enzima como substrato e é inicialmente processado pelo mecanismo catalítico normal. Em seguida, o mecanismo de catálise gera um intermediário quimicamente reativo que inativa a enzima por meio de modificação covalente. A participação da enzima na sua própria inibição irreversível sugere fortemente que o grupo modificado covalentemente na enzima é de importância vital para a catálise. Um exemplo é a *N,N*-dimetilpropargilamina, um inibidor da enzima monoamina oxidase (MAO). Um grupo prostético flavina da monoamina oxidase oxida a *N,N*-dimetilpropargilamina, que, por sua vez, inativa a enzima por meio de sua ligação ao N-5 do grupo prostético flavina (Figura 8.24). A monoamina oxidase desamina neurotransmissores, como a dopamina e a serotonina, reduzindo seus níveis no cérebro. A doença de Parkinson está associada a baixos níveis de dopamina, enquanto a depressão está associada a baixos níveis de serotonina. A *N,N*-dimetilpropargilamina e a

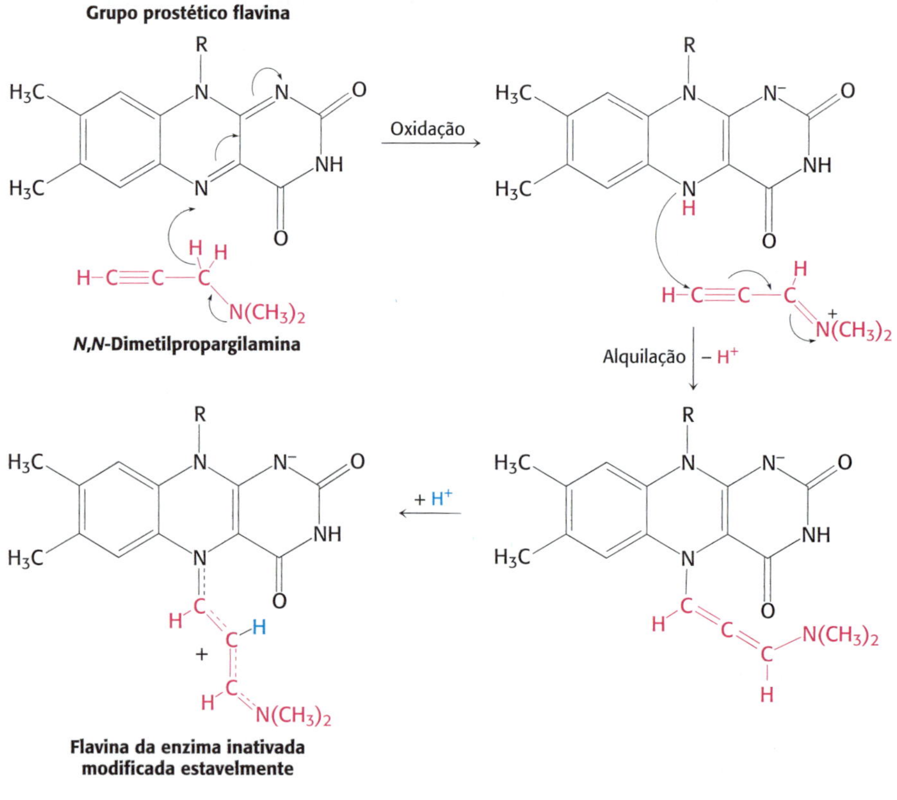


**FIGURA 8.24 Inibição baseada no mecanismo (suicida).** A monoamina oxidase, uma enzima importante na síntese de neurotransmissores, necessita do cofator FAD (flavina adenina dinucleotídio). A *N,N*-dimetilpropargilamina inibe a monoamina oxidase ao modificar covalentemente o grupo prostético flavina somente após a oxidação do inibidor. O aduto flavina N-5 é estabilizado pela adição de um próton. R representa o restante do grupo prostético flavina.

L-deprenila, outro inibidor suicida da monoamina oxidase, são utilizadas no tratamento da doença de Parkinson e da depressão.

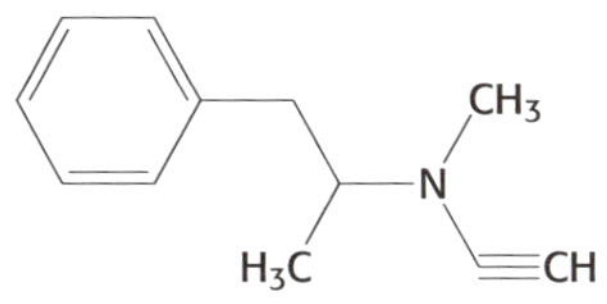

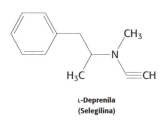

**L-Deprenila (Selegilina)**

## A penicilina inativa irreversivelmente uma enzima essencial na síntese da parede celular bacteriana

A penicilina, o primeiro antibiótico descoberto, nos fornece outro exemplo de um inibidor suicida clinicamente útil. A penicilina é constituída de um anel de tiazolidina fundido a um anel betalactâmico, ao qual está ligado um grupo R variável por uma ligação peptídica (Figura 8.25A). Na benzilpenicilina, por exemplo, R é um grupo benzila (Figura 8.25B). Essa estrutura pode sofrer uma variedade de rearranjos, e, em particular, o anel betalactâmico é muito lábil. Na realidade, essa instabilidade está estreitamente associada à ação antibiótica da penicilina, como ficará evidente adiante.

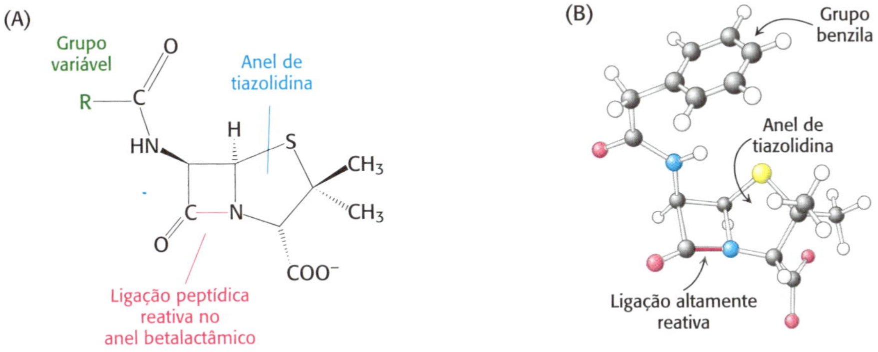


**FIGURA 8.25 O sítio reativo da penicilina é a ligação peptídica de seu anel betalactâmico.** **A.** Fórmula estrutural da penicilina. **B.** Representação da benzilpenicilina.

Como a penicilina inibe o crescimento bacteriano? Consideremos o *Staphylococcus aureus* a causa mais comum de infecções estafilocócicas. A penicilina atua ao interferir na síntese da parede celular do *S. aureus*. A parede celular do *S. aureus* é constituída de uma macromolécula denominada *peptidoglicano* (Figura 8.26), que consiste em cadeias polissacarídicas lineares interligadas por peptídios pequenos (pentaglicinas e tetrapeptídios). A enorme molécula de peptidoglicano confere apoio mecânico e impede as bactérias de explodir em resposta à sua elevada pressão osmótica interna. A *glicopeptídio transpeptidase* catalisa a formação das ligações cruzadas responsáveis pela estabilidade do peptidoglicano (Figura 8.27). A parede celular bacteriana é singular pelo seu conteúdo de D aminoácidos, que formam ligações cruzadas por um mecanismo diferente daquele usado para a síntese de proteínas.

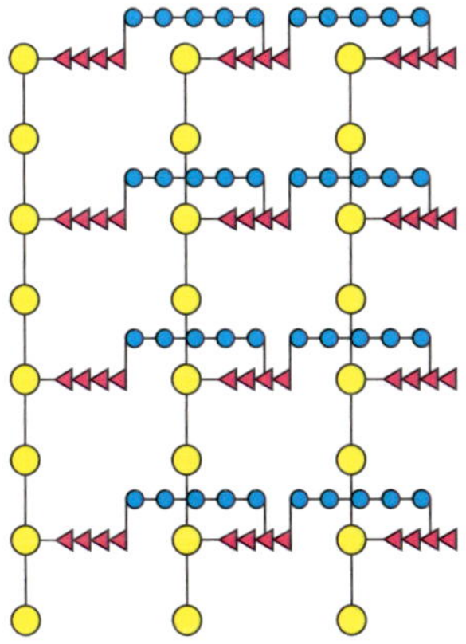

**FIGURA 8.26 Representação esquemática do peptidoglicano no *Staphylococcus aureus*.** Os açúcares são mostrados em amarelo, os tetrapeptídios, em vermelho, e as ligações de pentagicina, em azul. A parede celular é uma única macromolécula enorme em formato de bolsa devido à sua extensa ligação cruzada.

A penicilina inibe a transpeptidase com atividade de ligação cruzada pelo estratagema do cavalo de Troia. A transpeptidase normalmente forma um *intermediário acila* com o penúltimo resíduo de D-alanina do peptídio D-Ala-D-Ala (Figura 8.28). Em seguida, esse intermediário covalente de acil-enzima reage com o grupo amino da glicina terminal em outro

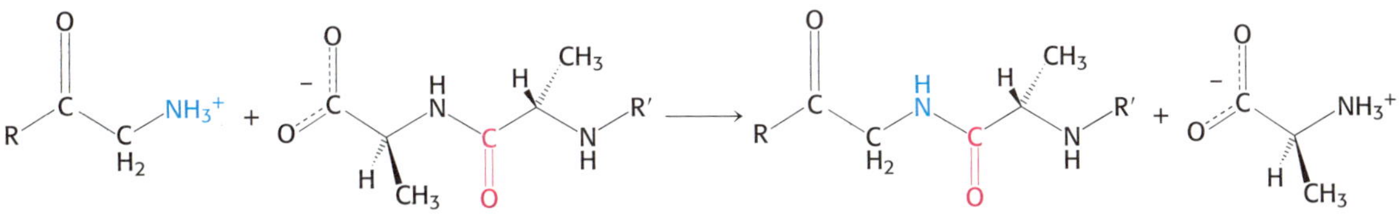


**Resíduo de glicina terminal da ligação de pentaglicina** | **Unidade D-Ala-D-Ala terminal** | **Ligação cruzada Gly-D-Ala** | **D-Ala**

**FIGURA 8.27 Formação de ligações cruzadas no peptidoglicano de *S. aureus*.** O grupo aminoterminal da ligação de pentaglicina na parede celular ataca a ligação peptídica entre dois resíduos de D-alanina, formando uma ligação cruzada.

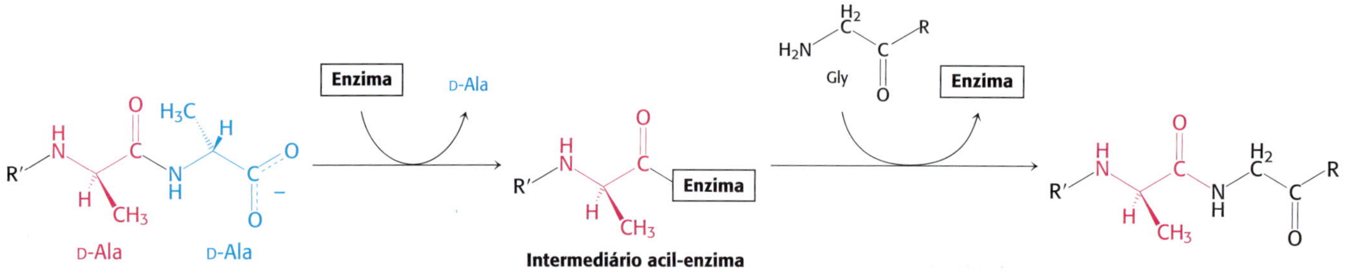


**FIGURA 8.28 Reação de transpeptidação.** Forma-se um intermediário acil-enzima na reação de transpeptidação que leva à formação de ligação cruzada.

peptídio, formando a ligação cruzada. A penicilina é bem recebida no sítio ativo da transpeptidase, visto que ela simula a fração D-Ala-D-Ala do substrato normal (Figura 8.29). A penicilina ligada forma então uma ligação covalente com um resíduo de serina no sítio ativo da enzima. *Essa penicilil-enzima não reage mais. Por conseguinte, a transpeptidase é inibida irreversivelmente, e não pode ocorrer síntese da parede celular.*

Por que a penicilina é um inibidor tão efetivo da transpeptidase? O anel betalactâmico de quatro membros altamente tenso da penicilina a torna particularmente reativa. Ao se ligar à transpeptidase, o resíduo de serina no sítio ativo ataca o átomo de carbono carbonílico do anel lactâmico, formando o derivado penicilil-serina (Figura 8.30). Como a peptidase participa de sua própria inativação, a penicilina atua como inibidor suicida.

## Os análogos do estado de transição são potentes inibidores de enzimas

Consideremos agora os compostos que fornecem uma visão mais íntima do próprio processo catalítico. Em 1948, Linus Pauling propôs que compostos que se assemelham ao estado de transição de uma reação catalisada deveriam ser inibidores muito efetivos de enzimas. Esses miméticos são denominados *análogos do estado de transição.* A inibição da prolina racemase é um exemplo instrutivo. A racemização da prolina ocorre por meio de um estado de transição em que o átomo de carbono $\alpha$ tetraédrico tornou-se trigonal (Figura 8.31). Na forma trigonal, todas as três ligações estão no

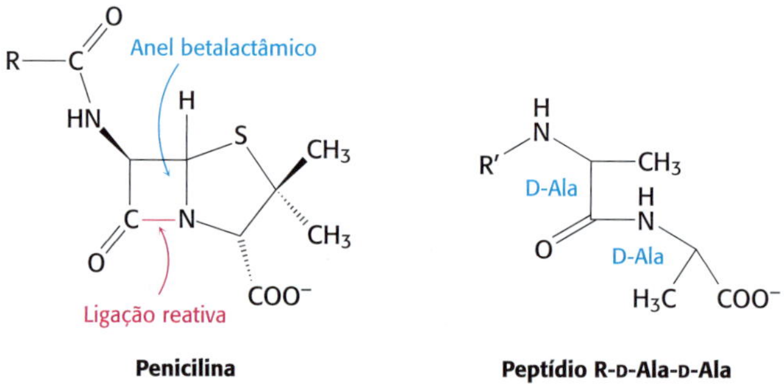


**FIGURA 8.29 Conformações da penicilina e de um substrato normal.** A conformação da penicilina na vizinhança de sua ligação peptídica reativa **A.** assemelha-se à conformação postulada do estado de transição de R-D-Ala-D-Ala **B.** na reação de transpeptidação. [Informação de B. Lee. *J. Mol. Biol.* 61:463-469, 1971.]

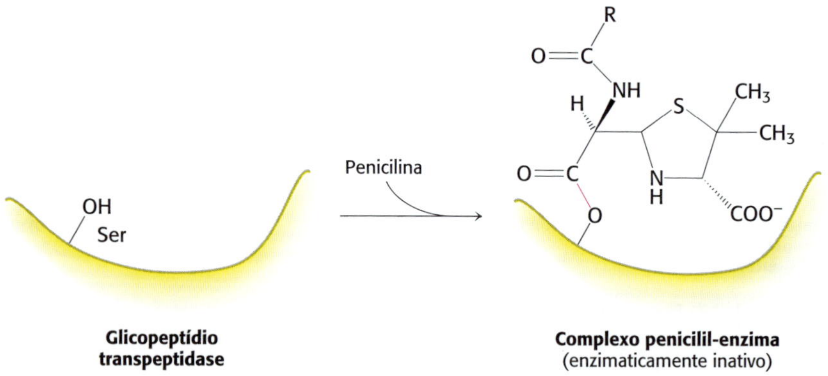


**FIGURA 8.30 Formação de um complexo penicilil-enzima.** A penicilina reage de modo irreversível com a transpeptidase para inativar a enzima.

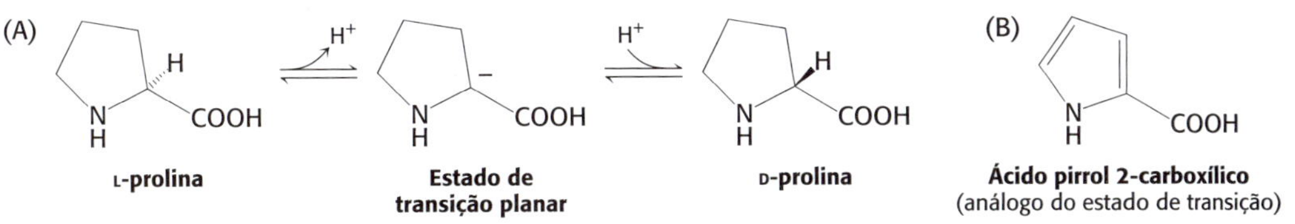


**FIGURA 8.31 Inibição por análogos do estado de transição. A.** A isomerização da L-prolina em D-prolina pela prolina racemase ocorre por meio de um estado de transição planar em que o átomo de carbono α é trigonal, em vez de tetraédrico. **B.** O ácido pirrol 2-carboxílico, um análogo do estado de transição em virtude de sua geometria trigonal, é um potente inibidor da prolina racemase.

mesmo plano; o $C_\alpha$ também apresenta uma carga negativa efetiva. Esse carbânion simétrico pode ser novamente protonado em um lado, produzindo o isômero L, ou do outro lado, formando o isômero D. Esse quadro é sustentado pelo achado de que o inibidor pirrol 2-carboxilato liga-se à racemase 160 vezes mais fortemente do que a prolina. *O átomo de carbono α desse inibidor, à semelhança daquele do estado de transição, é trigonal.* Seria de esperar que um análogo que também apresentasse uma carga negativa em $C_\alpha$ se ligasse ainda mais firmemente. Em geral, inibidores altamente potentes e específicos de enzimas podem ser produzidos pela síntese de compostos que se assemelham mais estreitamente ao estado de transição do que ao próprio substrato. O poder inibitório dos análogos do estado de transição ressalta a essência da catálise: *a ligação seletiva do estado de transição.*

### As enzimas causam impacto fora do laboratório ou da clínica

Conforme discutido anteriormente e como veremos reiteradamente em nosso estudo de bioquímica, as enzimas desempenham funções proeminentes no metabolismo da energia celular. Entretanto, avanços recentes mostram que o poder das enzimas pode ser aproveitado para gerar energia para comunidades inteiras, bem como para reduzir os aterros sanitários.

Os resíduos não triados – incluindo papel, alimento, roupas e diversos outros materiais – são tratados com um coquetel de enzimas que degradam grande parte dos resíduos. O tratamento com um conjunto de enzimas de degradação de carboidratos, lipídios e proteínas transforma grande parte dos resíduos em um biolíquido de açúcares e outras biomoléculas. O biolíquido é utilizado para promover o desenvolvimento de bactérias produtoras de metano. O metano é coletado e queimado para gerar eletricidade. Qualquer resíduo não degradado pelo coquetel enzimático é reciclado ou incinerado para produzir eletricidade. Costumamos pensar que as pesquisas em bioquímica promovem avanços no laboratório e na clínica. Como esse exemplo mostra, o poder da bioquímica também pode ser utilizado para atacar outros problemas da sociedade, como a geração de energia limpa.

## 8.6 As enzimas podem ser estudadas uma molécula de cada vez

A maioria dos experimentos que são realizados para determinar uma característica enzimática necessita de uma preparação enzimática em uma solução tamponada. Até mesmo alguns microlitros dessa solução contêm milhões de moléculas de enzimas. Muito do que aprendemos sobre as enzimas até o momento veio desses experimentos, denominados *estudos de conjuntos.* Uma suposição básica desses estudos é que todas as moléculas de enzimas são as mesmas ou são muito semelhantes. Quando determinamos uma propriedade enzimática como valor de $K_M$, em estudos de conjunto, este valor é necessariamente um valor médio para todas as moléculas de enzimas presentes. Entretanto, conforme discutido no Capítulo 2, sabemos agora que a heterogeneidade molecular, isto é, a capacidade de uma molécula de assumir, com o passar do tempo, várias estruturas distintas que diferem ligeiramente na sua estabilidade, é uma propriedade inerente de todas as grandes biomoléculas. Como podemos afirmar se essa heterogeneidade molecular afeta a atividade enzimática?

Como exemplo, consideremos uma situação hipotética. Um marciano visita a Terra para aprender sobre a educação superior. A espaçonave paira acima de uma universidade, e nosso marciano registra meticulosamente como a população de estudantes se movimenta no *campus*. Muita informação pode ser reunida a partir desses estudos: onde os estudantes tendem a estar em determinados momentos de determinados dias, que prédios são usados, quando e por quantos. Agora, suponhamos que nosso visitante tenha desenvolvido uma câmera de grande aumento capaz de acompanhar um estudante durante todo o dia. Esses dados irão fornecer uma perspectiva muito diferente da vida universitária: o que esse estudante come? Com quem fala? Quanto tempo dedica ao estudo? Esse novo método *in singulo,* que examina um indivíduo de cada vez, fornece numerosas informações novas, mas também ilustra uma armadilha potencial ao estudar indivíduos, sejam eles estudantes ou enzimas: como podemos ter certeza de que o estudante ou a molécula é um representante, e não um elemento isolado? Esse perigo pode ser superado ao estudar um número suficiente de indivíduos para satisfazer a análise estatística quanto à sua validade.

Deixemos o nosso marciano com suas observações, e consideremos uma situação mais bioquímica. A Figura 8.32A mostra uma enzima que exibe heterogeneidade molecular, com três formas ativas que catalisam a mesma reação, porém em velocidades diferentes. Essas formas apresentam estabilidades ligeiramente diferentes, porém ruído térmico suficiente para interconverter as formas. Cada forma está presente como fração da população enzimática total, conforme indicado. Se fizéssemos um experimento para determinar a atividade enzimática em condições específicas com o uso de métodos de conjunto, iríamos obter um único valor, que representaria a média do conjunto heterogêneo (Figura 8.32B). Entretanto, se realizássemos um número suficiente de experimentos com uma única molécula, descobriríamos que a enzima tem três formas moleculares diferentes e com atividades muito distintas (Figura 8.32C). Além disso, essas diferentes formas mais provavelmente iriam corresponder a diferenças bioquímicas importantes.

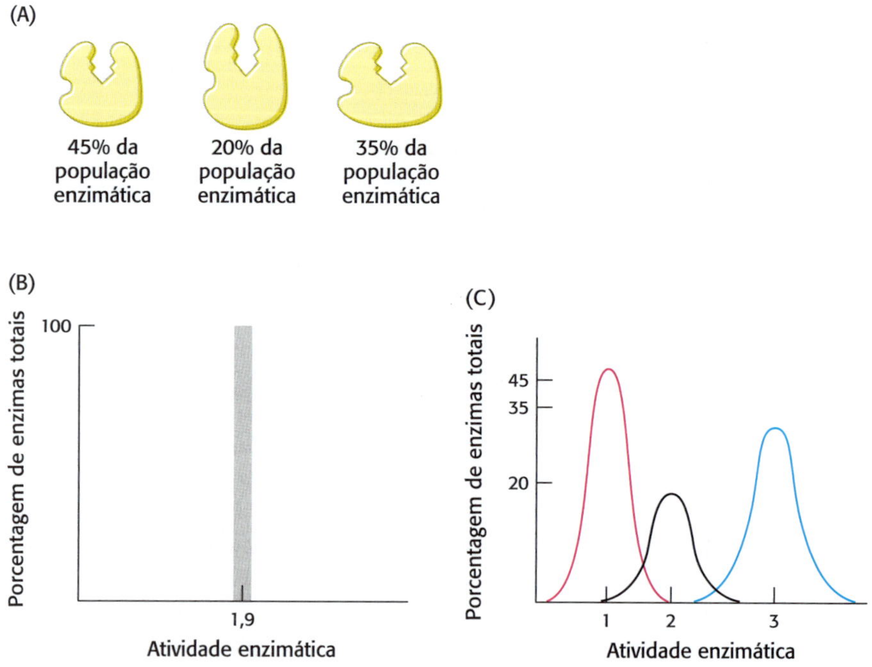


**FIGURA 8.32 Os estudos de moléculas únicas podem revelar a heterogeneidade molecular.** **A.** Biomoléculas complexas, como as enzimas, exibem heterogeneidade molecular. **B.** Quando se avalia a propriedade de uma enzima utilizando métodos de conjunto, o resultado é um valor médio de todas as enzimas presentes. **C.** Os estudos de enzimas únicas revelam a sua heterogeneidade molecular, com diferentes propriedades apresentadas pelas várias formas.

O desenvolvimento de técnicas poderosas – como a técnica de *patch-clamp*, a fluorescência de moléculas únicas e pinças ópticas – permitiu aos bioquímicos pesquisar as atuações de moléculas individuais. Examinaremos os estudos de moléculas únicas de canais de membrana com o uso da técnica de *patch-clamp* (ver Capítulo 13, seção 13.4), os complexos de síntese de ATP com o uso de fluorescência de moléculas únicas (ver Capítulo 18, seção 18.4) e os motores moleculares com o uso de uma armadilha óptica (ver Capítulo 36. seção 36.2, disponível no material suplementar *online*). Somos capazes agora de observar eventos em nível molecular que revelam estruturas raras ou transitórias e eventos passageiros em uma sequência de reação, bem como medir as forças mecânicas que afetam uma enzima ou que são geradas por ela. Os estudos de moléculas únicas abrem uma nova visão sobre a função das enzimas, em particular, e sobre todas as grandes biomoléculas, em geral.

## RESUMO

### 8.1 As enzimas são catalisadores poderosos e altamente específicos

Os catalisadores nos sistemas biológicos são, em sua maioria, enzimas, e quase todas as enzimas são proteínas. As enzimas são altamente específicas e apresentam grande poder de catálise. Podem aumentar a velocidade das reações por um fator de $10^6$ ou mais. Muitas enzimas necessitam de cofatores para a sua atividade. Esses cofatores podem ser íons metálicos ou pequenas moléculas orgânicas derivadas de vitaminas, denominadas coenzimas.

### 8.2 A energia livre de Gibbs é uma função termodinâmica útil para compreender as enzimas

A energia livre ($G$) constitui a função termodinâmica mais valiosa para entender a energética da catálise. Uma reação pode ocorrer espontaneamente apenas se a variação na energia livre ($\Delta G$) for negativa. A variação de energia livre de uma reação que ocorre quando os reagentes e os produtos estão em atividade unitária é denominada variação-padrão de energia livre ($\Delta G°$). Em bioquímica, utiliza-se habitualmente a $\Delta G°'$, a variação-padrão de energia livre em pH 7. As enzimas não alteram os equilíbrios das reações; na verdade, elas aumentam a velocidade com que o equilíbrio é alcançado.

### 8.3 As enzimas aceleram as reações facilitando a formação do estado de transição

As enzimas servem como catalisadores ao diminuir a energia livre de ativação das reações químicas. As enzimas aceleram as reações fornecendo uma via de reação em que o estado de transição (a forma química de maior energia) apresenta uma energia livre mais baixa e, portanto, é formado mais rapidamente do que na reação não catalisada.

O primeiro passo na catálise consiste na formação de um complexo enzima-substrato. Os substratos ligam-se às enzimas em fendas de sítios ativos, a partir das quais a água é, em grande parte, excluída quando o substrato é ligado. A especificidade das interações enzima-substrato decorre principalmente de contatos reversíveis fracos mediados por interações eletrostáticas, ligações de hidrogênio e forças de van der Walls, bem como do formato do sítio ativo, que rejeita as moléculas que não apresentam um formato suficientemente complementar. As enzimas facilitam a formação do estado de transição por um processo dinâmico em que o substrato liga-se a conformações específicas da enzima e que ocorre acompanhado de mudanças conformacionais nos sítios ativos que resultam em catálise.

## 8.4 O modelo de Michaelis-Menten descreve as propriedades cinéticas de muitas enzimas

As propriedades cinéticas de muitas enzimas são descritas pelo modelo de Michaelis-Menten. Neste modelo, uma enzima (E) combina-se com um substrato (S), formando um complexo enzima-substrato (ES) que pode prosseguir para formar um produto (P) ou se dissociar em E e S.

$$E + S \underset{k_{-1}}{\overset{k_1}{\rightleftharpoons}} ES \xrightarrow{k_2} E + P$$

A velocidade de formação do produto $V_0$ é dada pela equação de Michaelis-Menten:

$$V_0 = V_{\text{máx.}} \frac{[S]}{[S] + K_M}$$

em que $V_{\text{máx.}}$ é a velocidade da reação quando a enzima está totalmente saturada com substrato, e $K_M$ é a constante de Michaelis, ou seja, a concentração de substrato em que a velocidade da reação é metade da velocidade máxima. A velocidade máxima, $V_{\text{máx.}}$, é igual ao produto de $k_2$ ou $k_{cat}$ pela concentração total da enzima. A constante de cinética $k_{cat}$, denominada número de renovação, é o número de moléculas de substrato convertidas em produto por unidade de tempo em um único sítio catalítico quando a enzima está totalmente saturada com substrato. Na maioria das enzimas, o número de renovação situa-se entre 1 e $10^4$ por segundo. A razão $k_{cat}/K_M$ fornece uma medida da eficiência e da especificidade das enzimas.

As enzimas alostéricas constituem uma importante classe de enzimas cuja atividade catalítica pode ser regulada. Essas enzimas, que não adotam a cinética de Michaelis-Menten, apresentam múltiplos sítios ativos. Esses sítios ativos exibem cooperatividade, conforme evidenciado por uma dependência sigmoide da velocidade da reação na concentração de substrato.

## 8.5 As enzimas podem ser inibidas por moléculas específicas

Pequenas moléculas ou íons específicos podem inibir até mesmo enzimas não alostéricas. Na inibição irreversível, o inibidor está ligado de modo covalente à enzima, ou está ligado tão firmemente que a sua dissociação da enzima é muito lenta. Os inibidores covalentes fornecem um meio de mapear o sítio ativo da enzima. Em contrapartida, a inibição reversível caracteriza-se por uma interação mais rápida e menos estável entre enzima e inibidor. Um inibidor competitivo impede a ligação do substrato ao sítio ativo. Ele reduz a velocidade da reação diminuindo a proporção de moléculas de enzima que estão ligadas ao substrato. A inibição competitiva pode ser superada pelo aumento da concentração de substrato. Na inibição acompetitiva, o inibidor só se combina com o complexo enzima-substrato. Na inibição não competitiva, o inibidor diminui o número de renovação. A inibição acompetitiva e a inibição não competitiva não podem ser superadas pelo aumento da concentração de substrato.

A essência da catálise consiste na estabilização seletiva do estado de transição. Assim, uma enzima liga-se ao estado de transição mais firmemente do que ao substrato. Os análogos do estado de transição são compostos estáveis que simulam as principais características dessa forma química de maior energia. Trata-se de inibidores potentes e específicos de enzimas.

## 8.6 As enzimas podem ser estudadas uma molécula de cada vez

Hoje em dia, muitas enzimas estão sendo estudadas *in singulo,* em nível de uma única molécula. Esses estudos são importantes, visto que fornecem informações de difícil obtenção nos estudos de populações de moléculas. Os métodos de molécula isolada revelam uma distribuição das características da enzima, mais do que um valor médio, como é obtido com o uso dos métodos de conjunto.

APÊNDICE

# As enzimas são classificadas com base nos tipos de reações que catalisam

Muitas enzimas têm nomes comuns que fornecem pouca informação sobre as reações que elas catalisam. Por exemplo, uma enzima proteolítica secretada pelo pâncreas é denominada tripsina. Em sua maioria, as outras enzimas são denominadas com fundamento nos seus substratos e nas reações que elas catalisam, com a adição do sufixo "ase". Assim, uma peptídio hidrolase é uma enzima que hidrolisa ligações peptídicas, enquanto a ATP sintase é uma enzima que sintetiza ATP.

Para proporcionar alguma coerência na classificação das enzimas, a International Union of Biochemistry estabeleceu, em 1964, uma Comissão de Enzimas para desenvolver uma nomenclatura para as enzimas. As reações foram divididas em seis grupos principais, numerados de 1 a 6 (Tabela 8.8). Esses grupos foram subdivididos e posteriormente mais subdivididos de modo que uma sequência de quatro números precedida pelas letras *EC*, de Enzyme Commission, pudesse identificar com precisão todas as enzimas.

Consideremos como exemplo a nucleosídio monofosfato (NMP, do inglês *nucleoside monophosphate*) quinase, uma enzima que examinaremos detalhadamente no Capítulo 9, seção 9.4. Ela catalisa a seguinte reação:

$$\text{ATP} + \text{NMP} \rightleftharpoons \text{ADP} + \text{NDP}$$

A NMP quinase transfere um grupo fosforila do ATP para o NMP, formando um nucleosídio difosfato (NDP) e ADP. Consequentemente, trata-se de uma transferase ou membro do grupo 2. Muitos grupos, além do grupo fosforila, como açúcares e unidades de um carbono, podem ser transferidos. As transferases que deslocam um grupo fosforila são designadas como 2.7. Vários grupos funcionais podem aceitar o grupo fosforila. Se o aceptor for um fosfato, a transferase é designada como 2.7.4. O último número designa o aceptor de modo mais preciso. Quanto à NMP quinase, o aceptor é um nucleosídio monofosfato, e a designação da enzima é EC 2.7.4.4. Embora os nomes comuns sejam usados rotineiramente, o número de classificação é utilizado quando a identidade precisa da enzima não é clara baseando-se apenas no nome comum.

**TABELA 8.8** As seis classes principais de enzimas.

| Classe | Tipo de reação | Exemplo | Capítulo |
|---|---|---|---|
| 1. Oxidorredutases | Oxidorredução | Lactato desidrogenase | 16 |
| 2. Transferases | Transferência de grupos | Nucleosídio monofosfato quinase (NMP quinase) | 9 |
| 3. Hidrolases | Reações de hidrólise (transferência de grupos funcionais para a água) | Quimiotripsina | 9 |
| 4. Liases | Adição ou remoção de grupos para formar duplas ligações | Fumarase | 17 |
| 5. Isomerases | Isomerização (transferência intramolecular de grupos) | Triose fosfato isomerase | 16 |
| 6. Ligases | Ligação de dois substratos à custa da hidrólise de ATP | Aminoacil-tRNA sintetase | 31 |

APÊNDICE

# Bioquímica em foco

## O efeito da temperatura sobre as reações catalisadas por enzimas e a coloração do pelo dos gatos siameses

À medida que a temperatura vai aumentando, a velocidade da maioria das reações, incluindo aquelas catalisadas por enzimas, também vai aumentando. Na maioria das enzimas, existe uma temperatura a partir da qual o aumento da atividade catalítica cessa, e observa-se uma perda acentuada de atividade.

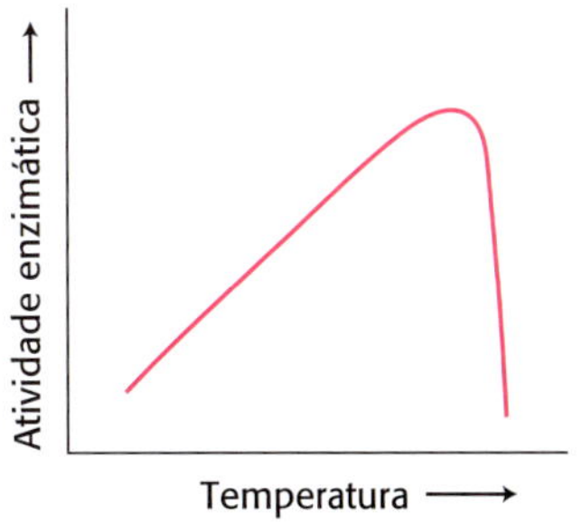


Qual é a base dessa perda de atividade? No Capítulo 2, vimos que as proteínas possuem uma estrutura tridimensional complexa que é mantida unida por ligações fracas. Quando ocorre elevação da temperatura além de determinado ponto, as ligações que mantêm a estrutura tridimensional não são fortes o suficiente para suportar a agitação térmica da cadeia polipeptídica, de modo que a proteína perde a estrutura necessária para sua atividade. Diz-se que a proteína está *desnaturada* (ver Capítulo 2).

Em organismos como os nossos, seres humanos, que mantêm uma temperatura corporal constante (endotérmicos), o efeito da temperatura externa sobre a atividade enzimática é minimizado. Entretanto, em organismos que incorporam a temperatura da vizinhança (ectotérmicos), a temperatura constitui um importante regulador da atividade bioquímica e, na verdade, da atividade biológica. Por exemplo, os lagartos são mais ativos em temperaturas mais quentes e relativamente inativos em temperaturas mais frias – uma manifestação comportamental da atividade bioquímica. Embora os endotérmicos não sejam tão sensíveis quanto os ectotérmicos à temperatura ambiente, pequenas alterações na temperatura dos tecidos são algumas vezes importantes. Por exemplo, quando os atletas "se aquecem", eles estão aumentando a temperatura de seus músculos por meio de esforço físico. Esse aumento de temperatura facilita a bioquímica que irá potencializar o exercício.

Isso nos leva à coloração do pelo dos gatos siameses. É interessante observar que a coloração do pelo dos gatos siameses pode ser explicada por variações na sensibilidade das enzimas devido à temperatura. A coloração deve-se à presença do pigmento melanina, o mesmo pigmento responsável pela cor da pele dos seres humanos. Os primeiros passos na síntese da melanina são catalisados pela enzima tirosinase.

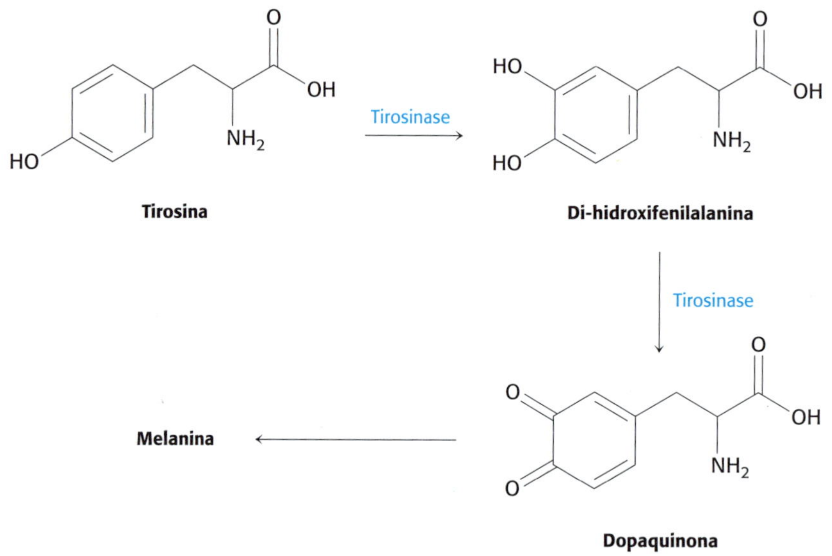


Nos seres humanos, uma deficiência na atividade da tirosinase leva ao albinismo. Os gatos siameses frequentemente nascem com um pelo com pouca coloração; algumas vezes é até mesmo branco. À medida que vão crescendo, suas extremidades – pontas das orelhas, nariz, patas e extremidade da cauda – vão desenvolvendo pigmentação. Em muitos casos, o corpo inteiro torna-se mais escuro. Isso sugere que a atividade da tirosinase está ausente por ocasião do nascimento, porém em seguida retorna. Uma dica sobre a natureza do defeito na enzima provém da observação de que a pigmentação surge inicialmente nas extremidades, isto é, as partes mais frias do corpo. As análises revelaram que ocorreu uma mutação na tirosinase do gato siamês que resulta em perda da atividade acima de 37 a 39°C. Em temperaturas mais baixas – nas extremidades –, há um retorno da atividade. Os gatos adultos apresentam temperatura corporal ligeiramente mais baixa que a dos recém-nascidos, possibilitando, assim, a formação de pigmento nos animais adultos.

## APÊNDICE

# Estratégias para resolução da questão

**QUESTÃO 1:** A velocidade de uma enzima é de 80% da $V_{\text{máx.}}$. Nessa condição, qual é a razão entre [S] e $K_M$?

**SOLUÇÃO:** Quando uma questão inclui os termos $V_{\text{máx.}}$, [S] e $K_M$, uma boa aposta é a de que a solução envolve a equação de Michaelis-Menten.

- **Transcreva a equação de Michaelis-Menten.**

$$V_0 = V_{\text{máx.}}\frac{[S]}{[S] + K_M}$$

Na questão, $V_0$ = 80% da $V_{\text{máx.}}$. Este é o único valor que é fornecido, de modo que devemos ser capazes de solucionar a questão com esse valor e a equação. Em primeiro lugar, para conveniência, convertamos 80% em 0,8.

- **Qual é o próximo passo?**

Substitua $V_0$ por 0,8 $V_{\text{máx.}}$ na equação.

$$0{,}8V_{\text{máx.}} = V_{\text{máx.}}\frac{[S]}{[S] + K_M}$$

▸ **Voltando à álgebra, qual seria o próximo passo?**

Dividindo ambos os lados da equação pela $V_{máx.}$, obtemos:

$$0{,}8 = \frac{[S]}{[S] + K_M}$$

▸ **E agora?**

Simplificando a equação, chegamos a uma razão de $[S]/K_M$.

$$0{,}8\,[S] + 0{,}8K_M = [S]$$
$$0{,}8K_M = [S] - 0{,}8\,[S]$$
$$0{,}8K_M = 0{,}2\,[S]$$
$$4 = \frac{[S]}{K_M}$$

Assim, quando [S] for quatro vezes maior do que $K_M$, $V_0 = 0{,}8\ V_{máx.} = 80\%$ da $V_{máx.}$.

Você pode confirmar esse resultado por meio da equação de Michaelis-Menten utilizando $[S] = 4\ K_M$ e fazendo o cálculo de $V_0$ como fração de $V_{máx.}$.

**QUESTÃO 2:** O gráfico mostra o efeito de duas concentrações diferentes de uma molécula X sobre uma enzima. Como a molécula está afetando a atividade enzimática?

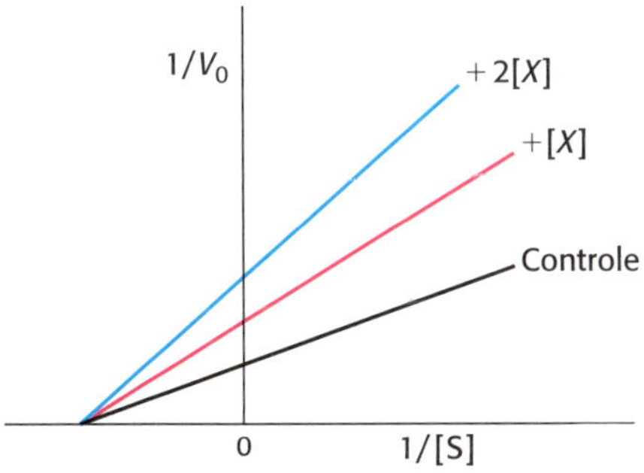


**SOLUÇÃO:** Como todos os problemas de interpretação de dados, o primeiro passo é certificar-se de que sabemos realmente o que estamos procurando. A questão trata da atividade enzimática, de modo que isso nos fornece alguma orientação para uma interpretação inicial.

▸ **Quais são os eixos do gráfico?**

O eixo x mostra 1/[S], enquanto o eixo y fornece 1/*V*. Observe que se trata de dois valores recíprocos.

▸ **Que representação gráfica mostra a cinética enzimática com valores de duplo recíproco?**

Um gráfico de Lineweaver-Burk ou de duplo recíproco.

▸ **Qual é o valor apresentado no ponto em que o gráfico cruza o eixo y? E o eixo x?**

O eixo y mostra $1/V_{máx.}$, enquanto o eixo x mostra $-1/K_M$. Com essa informação, podemos agora determinar como X afeta a enzima.

▸ **Que valores de cinética são alterados na presença de X tendo em mente que esses valores são apresentados como valores recíprocos?**

Como todas as linhas convergem para o eixo x, $K_M$ não é alterada na presença de X. Entretanto, $1/V_{máx.}$ aumenta com quantidades crescentes de X.

▸ **Se $1/V_{máx.}$ aumenta na presença de X, como $V_{máx.}$ se modifica?**

$V_{máx.}$ deve diminuir.

▸ **Resuma os efeitos de X sobre a atividade da enzima. O que você pode concluir sobre a natureza do efeito de X sobre a atividade enzimática?**

$K_M$ não sofre alteração, porém ocorre redução de $V_{máx.}$. A molécula X precisa ser algum tipo de inibidor da enzima. Em particular, os inibidores acompetitivos reduzem a $V_{máx.}$ sem alterar $K_M$.

## PALAVRAS-CHAVE

enzima
substrato
cofator
apoenzima
holoenzima
coenzima
grupo prostético
energia livre
estado de transição
energia livre de ativação
sítio ativo
encaixe induzido
$K_M$ (constante de Michaelis)
$V_{máx.}$ (velocidade máxima)
equação de Michaelis-Menten
equação de Lineweaver-Burk (gráfico de duplo recíproco)
número de renovação
razão $k_{cat}/K_M$ (constante de especificidade)
reação sequencial
reação de duplo deslocamento (em pingue-pongue)
enzima alostérica
inibição competitiva
inibição acompetitiva
inibição não competitiva
reagente específico de grupo
marcador de afinidade (análogo de substrato reativo)
inibição baseada no mecanismo (suicida)
análogo do estado de transição

# QUESTÕES

**1.** *Raisons d'être.* Quais são as duas propriedades das enzimas que as tornam catalisadores particularmente úteis?

**2.** *Parceiros.* De que uma apoenzima necessita para se tornar uma holoenzima?

**3.** *Diferentes parceiros.* Quais são os dois tipos principais de cofatores?

**4.** *Diariamente.* Por que as vitaminas são necessárias para ter uma boa saúde?

**5.** *Propriedades compartilhadas.* Quais são as características gerais dos sítios ativos enzimáticos?

**6.** *Uma função de estado.* Qual é o mecanismo fundamental utilizado pelas enzimas para aumentar a velocidade das reações químicas?

**7.** *Recantos e fendas.* Qual é a base estrutural para a especificidade das enzimas?

**8.** *Feitos um para o outro.* Associe o termo com a descrição correta.

| | |
|---|---|
| **(a)** Enzima ________ | 1. O intermediário menos estável da reação |
| **(b)** Substrato ________ | 2. Sítio na enzima onde ocorre catálise |
| **(c)** Cofator ________ | 3. Enzima menos o seu cofator |
| **(d)** Apoenzima________ | 4. Catalisador proteico |
| **(e)** Holoenzima ________ | 5. Função de $K'_{eq}$ |
| **(f)** Coenzimas ________ | 6. Mudança na estrutura da enzima |
| **(g)** $\Delta G°'$________ | 7. Reagente em uma reação catalisada por enzima |
| **(h)** Estado de transição __ | 8. Coenzima ou metal |
| **(i)** Sítio ativo ________ | 9. Enzima mais cofator |
| **(j)** Encaixe induzido ____ | 10. Pequenos cofatores orgânicos derivados de vitaminas |

**9.** *Dê com uma mão e tome com a outra.* Por que a energia de ativação de uma reação não aparece na $\Delta G$ final da reação?

**10.** *Progredindo.* As ilustrações abaixo mostram as curvas de progresso de duas reações diferentes. Indique a energia de ativação, bem como a $\Delta G$ de cada reação. Qual é a reação endergônica? E a reação exergônica?

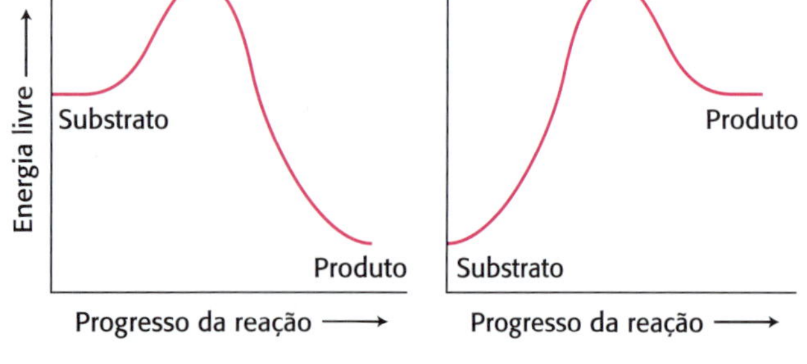


**11.** *Quanto mais as coisas mudam, mais elas permanecem as mesmas.* Suponha que, na ausência de enzima, a constante de velocidade direta ($k_F$) para a conversão de S em P seja $10^{-4}$ $s^{-1}$, e a constante de velocidade reversa ($k_R$) para a conversão de P em S seja $10^{-6}$ $s^{-1}$.

$$S \underset{10^{-6}\,s^{-1}}{\overset{10^{-4}\,s^{-1}}{\rightleftharpoons}} P$$

**(a)** Qual é o equilíbrio para a reação? Qual é a $\Delta G°'$?

**(b)** Suponha que uma enzima aumente a velocidade da reação em 100 vezes. Quais são as constantes de velocidade da reação catalisada por enzima? Qual é a constante de equilíbrio? A $\Delta G°'$?

**12.** *Escalando a montanha.* As proteínas são termodinamicamente instáveis. A $\Delta G$ da hidrólise de proteínas é muito negativa; todavia, as proteínas podem ser muito estáveis. Explique esse aparente paradoxo. O que ele revela acerca da síntese das proteínas?

**13.** *Proteção.* Sugira por que a enzima lisozima, que degrada as paredes celulares de algumas bactérias, está presente nas lágrimas.

**14.** *Atração mútua.* O que significa a expressão *energia de ligação*?

**15.** *Ligação catalítica.* Qual é o papel da energia de ligação na catálise enzimática?

**16.** *Marasmo.* Qual seria o resultado de uma enzima com maior energia de ligação para o substrato do que para o estado de transição?

**17.** *Questão de estabilidade.* Os análogos do estado de transição, que podem ser utilizados como inibidores enzimáticos e para gerar anticorpos catalíticos, são frequentemente difíceis de sintetizar. Sugira uma razão para isso.

**18.** *Associação.* Associe os valores $K'_{eq}$ com os valores corretos de $\Delta G°'$.

| $K'_{eq}$ | $\Delta G°'$ (kJ $mol^{-1}$) |
|---|---|
| **(a)** 1 | 28,53 |
| **(b)** $10^{-5}$ | –11,42 |
| **(c)** $10^{4}$ | 5,69 |
| **(d)** $10^{2}$ | 0 |
| **(e)** $10^{-1}$ | –22,84 |

**19.** *Energia livre!* Suponhamos que você tenha uma solução de glicose 6-fosfato 0,1 M. A essa solução, você adiciona a enzima fosfoglicomutase, que catalisa a seguinte reação:

$$\text{Glicose 6-fosfato} \xrightleftharpoons{\text{Fosfoglicomutase}} \text{glicose 1-fosfato}$$

A $\Delta G°'$ da reação é de +7,5 kJ $mol^{-1}$ (+1,8 kcal $mol^{-1}$).

**(a)** A reação ocorre como ela está escrita? Se a resposta for sim, quais são as concentrações finais de glicose 6-fosfato e glicose 1-fosfato?

**(b)** Em que condições celulares você poderia produzir glicose 1-fosfato em alta velocidade?

**20.** *Energia livre também!* Considere a seguinte reação:

$$\text{Glicose 6-fosfato} \xrightleftharpoons{\text{Fosfoglicomutase}} \text{glicose 1-fosfato}$$

Após misturar reagente e produto e deixar alcançar o equilíbrio a 25 °C, foi medida a concentração de cada composto:

$$[\text{Glicose 1-fosfato}]_{eq} = 0{,}01\ \text{M}$$
$$[\text{Glicose 6-fosfato}]_{eq} = 0{,}19\ \text{M}$$

Calcule $K_{eq}$ e $\Delta G°'$.

**21.** *Mantendo-se ocupado.* Muitas enzimas isoladas, quando incubadas a 37 °C, serão desnaturadas. Entretanto, se essas enzimas forem incubadas a 37 °C na presença de substrato, elas se tornam cataliticamente ativas. Explique esse paradoxo aparente.

**22.** *Ativa, mas também responsiva.* Qual é a vantagem bioquímica de ter uma $K_M$ aproximadamente igual à concentração de substrato normalmente disponível para uma enzima?

**23.** *Afinidade ou não afinidade? Eis a questão.* A afinidade entre uma proteína e uma molécula que se liga à proteína é frequentemente expressa em termos de uma constante de dissociação, $K_d$.

$$\text{Proteína + pequena molécula = Complexo proteína – pequena molécula}$$

$$K_d = \frac{[\text{proteína}]\,[\text{pequena molécula}]}{[\text{complexo proteína – pequena molécula}]}$$

A $K_M$ mede a afinidade do complexo enzimático? Em que circunstâncias $K_M$ poderia ser aproximadamente igual à $K_d$?

**24.** *Eles combinam como espaguete e almôndegas.* Associe o termo com as sua descrição correta.

| | |
|---|---|
| **(a)** Enzima ____________ | 1. Concentração de substrato que produz 1/2 $V_{máx.}$ |
| **(b)** Cinética ____________ | 2. $k_2$ ou $k_{cat}$ |
| **(c)** Equação de Michaelis-Menten ____ | 3. Responde a sinais ambientais |
| **(d)** Constante de Michaelis ($K_M$)______ | 4. Estudo das velocidades das reações |
| **(e)** Equação de Lineweaver-Burk ____ | 5. Descreve a cinética de reações simples de um substrato |
| **(f)** Número de renovação ___________ | 6. Formação de um complexo ternário |
| **(g)** $k_{cat}/K_M$ ____________ | 7. Catalisador de proteína |
| **(h)** Reação sequencial ____ | 8. Gráfico de duplo recíproco |
| **(i)** Reação de duplo deslocamento (em pingue-pongue) _________ | 9. Medida da eficiência enzimática |
| **(j)** Enzima alostérica ____ | 10. Inclui um intermediário enzimático substituído |

**25.** *Como pão e manteiga.* Associe o termo com a descrição ou o composto.

| | |
|---|---|
| **(a)** Inibição competitiva________ | 1. O inibidor e o substrato podem se ligar simultaneamente |
| **(b)** Inibição acompetitiva________ | 2. A $V_{máx.}$ permanece a mesma, porém ocorre aumento de $K_M^{ap}$ |
| **(c)** Inibição não competitiva________ | 3. Sulfanilamida |
| | 4. Liga-se apenas ao complexo enzima-substrato |
| | 5. Reduz $V_{máx.}$ e $K_M^{ap}$ |
| | 6. Roundup |
| | 7. $K_M$ permanece inalterada, porém $V_{máx.}$ é menor |
| | 8. Doxiciclina |
| | 9. O inibidor liga-se ao sítio ativo |

**26.** *Bioquímicos furiosos.* Muitos bioquímicos "enlouquecem" – e de modo justificável – quando se deparam com um gráfico de Michaelis-Menten como este mostrado a seguir. Para descobrir o motivo, determine a $V_0$ como fração de $V_{máx.}$ quando a concentração de substrato é igual a 10 $K_M$ e a 20 $K_M$. Por favor, controle sua indignação.

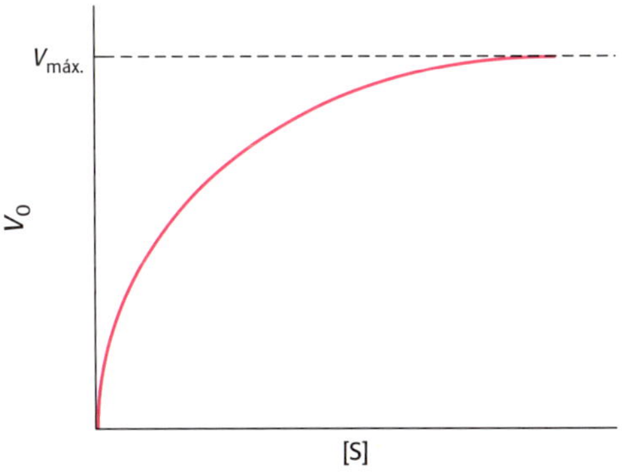


**27.** *Força motriz hidrolítica.* A hidrólise de pirofosfato a ortofosfato é importante para impulsionar as reações diretas de biossíntese, como a síntese de DNA. Essa reação hidrolítica é catalisada na *E. coli* por uma pirofosfatase que tem uma massa de 120 kDa e é constituída de seis subunidades idênticas. Nessa enzima, uma unidade de atividade é definida como a quantidade de enzima que hidrolisa 10 µmol de pirofosfato em 15 minutos a 37°C em condições padronizadas de ensaio. A enzima purificada tem a $V_{máx.}$ de 2.800 unidades por miligrama de enzima.

**(a)** Quantos mols de substrato são hidrolisados por segundo por miligrama de enzima quando a concentração de substrato é muito maior do que a $K_M$?

**(b)** Quantos mols de sítios ativos existem em 1 mg de enzima? Suponha que cada subunidade tenha um sítio ativo.

**(c)** Qual é o número de renovação da enzima? Compare este valor com outros mencionados neste capítulo.

**28.** *Destruindo o cavalo de Troia.* A penicilina é hidrolisada e, assim, inativada pela penicilinase (também conhecida como betalactamase), uma enzima presente em algumas bactérias resistentes à penicilina. A massa dessa enzima no *Staphylococcus aureus* é de 29,6 kDa. A quantidade de penicilina hidrolisada em 1 minuto em 10 m$\ell$ de uma solução contendo $10^{-9}$ g de penicilinase purificada foi medida em função da concentração de penicilina. Suponha que a concentração de penicilina não varie de modo apreciável durante o ensaio. ✔️**5**

| [Penicilina] μM | Quantidade hidrolisada (nmol) |
|---|---|
| 1 | 0,11 |
| 3 | 0,25 |
| 5 | 0,34 |
| 10 | 0,45 |
| 30 | 0,58 |
| 50 | 0,61 |

**(a)** Represente graficamente $V_0$ *versus* [S] e $1/V_0$ *versus* $1/$[S] para esses dados. A penicilinase parece obedecer à cinética de Michaelis-Menten? Se for o caso, qual é o valor de $K_M$?

**(b)** Qual é o valor de $V_{máx.}$?

**(c)** Qual é o número de renovação da penicilinase nessas condições experimentais? Suponha a existência de um sítio ativo por molécula de enzima.

**29.** *Contraponto.* A penicilinase (betalactamase) hidrolisa a penicilina. Compare a penicilinase com a glicopeptídio transpeptidase. ✔️**5**, ✔️**6**

**30.** *Um modo diferente.* A cinética de uma enzima é medida em função da concentração de substrato na presença e na ausência de 100 μM de inibidor. ✔️**5**, ✔️**6**

**(a)** Quais são os valores de $V_{máx.}$ e de $K_M$ na presença desse inibidor?

**(b)** Que tipo de inibição é essa?

**(c)** Qual é a constante de dissociação desse inibidor?

| [S] (μM) | Velocidade (μmol minuto⁻¹) | |
|---|---|---|
| | Ausência de inibidor | Presença de inibidor |
| 3 | 10,4 | 2,1 |
| 5 | 14,5 | 2,9 |
| 10 | 22,5 | 4,5 |
| 30 | 33,8 | 6,8 |
| 90 | 40,5 | 8,1 |

**(d)** Se [S] = 30 μM, que fração das moléculas da enzima apresenta um substrato ligado na presença e na ausência de 100 μM do inibidor?

**31.** *Inibição esclarecedora.* Quais são os quatro tipos essenciais de inibidores irreversíveis que podem ser utilizados para estudar a função das enzimas? ✔️**5**

**32.** *Uma nova visão.* O gráfico de $1/V_0$ *versus* $1/$[S] é algumas vezes denominado gráfico de Lineweaver-Burk. Outra maneira de expressar os dados cinéticos consiste em representar graficamente $V_0$ *versus* $V_0/$[S], que é conhecida como gráfico de Eadie-Hofstee. ✔️**6**

**(a)** Rearranje a equação de Michaelis-Menten para obter $V_0$ em função de $V_0/$[S].

**(b)** Qual é o significado da inclinação, da interseção $y$ e da interseção $x$ em um gráfico de $V_0$ *versus* $V_0/$[S]?

**(c)** Faça um esboço do gráfico de $V_0$ *versus* $V_0/$[S] na ausência de um inibidor, na presença de um inibidor competitivo e na presença de um inibidor não competitivo.

**33.** *Definindo atributos.* Qual a característica que define uma enzima que catalisa uma reação sequencial? E uma reação de duplo deslocamento?

**34.** *Substratos competidores.* Suponha que dois substratos, A e B, competem por uma enzima. Deduza uma expressão que relacione a razão entre as velocidades de utilização de A e B, $V_A/V_B$, com as concentrações desses substratos e seus valores de $k_{cat}$ e $K_M$. (Dica: Expresse $V_A$ em função de $k_{cat}/K_M$ para o substrato A, e faça o mesmo para $V_B$.) A especificidade é determinada apenas pela $K_M$?

**35.** *Um mutante tenaz.* Suponha que uma enzima mutante se ligue a um substrato 100 vezes mais firmemente do que a enzima nativa. Qual é o efeito dessa mutação sobre a velocidade de catálise se a ligação do estado de transição não for afetada? ✔️**2**

**36.** *Mais Michaelis-Menten.* Em uma enzima que obedece à cinética simples de Michaelis-Menten, qual é o valor de $V_{máx.}$ se $V_0$ for igual a 1 μmol minuto⁻¹ a 10 $K_M$? ✔️**4**

**37.** *Paralisia controlada.* A succinilcolina é um relaxante muscular de ação rápida e de curta duração, utilizado quando se introduz um tubo na traqueia de um paciente, ou quando se usa um broncoscópio para examinar a traqueia e os brônquios à procura de sinais de câncer. Dentro de poucos segundos após a administração de succinilcolina, o paciente sofre paralisia muscular e é colocado em um respirador enquanto o exame está sendo realizado. A succinilcolina é um inibidor competitivo da acetilcolinesterase, uma enzima do sistema nervoso, e essa inibição provoca paralisia. Entretanto, a succinilcolina é hidrolisada pela colinesterase sérica, que apresenta uma especificidade de substrato mais ampla do que a enzima do sistema nervoso. A paralisia dura até que a succinilcolina seja hidrolisada pela colinesterase sérica, habitualmente em vários minutos.

**(a)** Como medida de segurança, a colinesterase sérica é determinada antes da realização do exame. Explique por que essa medição é uma boa ideia.

**(b)** O que poderia acontecer ao paciente se a atividade da colinesterase sérica fosse apenas de 10 unidades de atividade por litro em lugar da atividade normal de cerca de 80 unidades?

**(c)** Alguns pacientes apresentam uma forma mutante da colinesterase sérica que exibe uma $K_M$ de 10 mM em lugar do valor normal de 1,4 mM. Qual será o efeito dessa mutação sobre o paciente?

## Questões | Interpretação de dados

**38.** *Uma atração natural, porém mais complicada.* Você isolou duas versões da mesma enzima: uma silvestre e uma mutante que difere do tipo selvagem por um único aminoácido. Trabalhando com cuidado, porém rapidamente, você estabelece então as seguintes características cinéticas das enzimas.

| | Velocidade máxima | $K_M$ |
|---|---|---|
| Selvagem | 100 μmol/min | 10 mM |
| Mutante | 1 μmol/min | 0,1 mM |

**(a)** Com base na suposição de que a reação ocorre em duas etapas em que $k_{-1}$ é muito maior do que $k_2$, qual das enzimas apresenta maior afinidade pelo substrato?

**(b)** Qual é a velocidade inicial da reação catalisada pela enzima selvagem quando a concentração de substrato é de 10 mM?

**(c)** Qual das enzimas altera o equilíbrio mais na direção do produto?

**39.** *A $K_M$ faz a diferença.* O aminoácido asparagina é necessário para a proliferação das células cancerosas. Algumas vezes, a enzima asparaginase é usada como quimioterapia para o tratamento dos pacientes. A asparaginase hidrolisa a asparagina a aspartato e amônia. A ilustração abaixo mostra as curvas de Michaelis-Menten de duas asparaginases de diferentes fontes, bem como a concentração de asparagina no ambiente (indicada pela seta). Qual das enzimas seria um melhor agente quimioterápico?

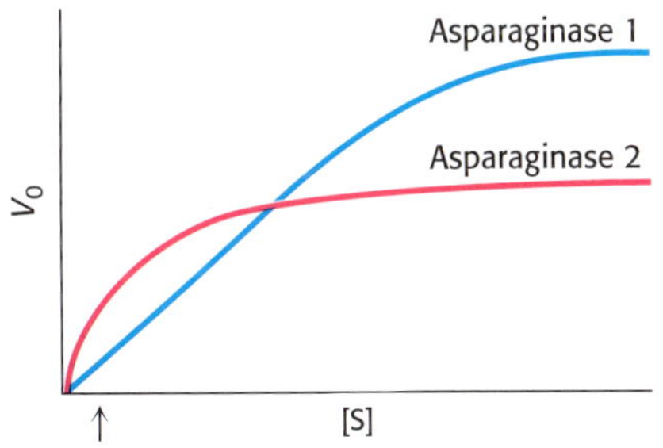


**40.** *Especificidade enzimática.* A catálise da clivagem das ligações peptídicas em peptídios pequenos por uma enzima proteolítica é descrita na seguinte tabela:

| Substrato | $K_M$ (mM) | $k_{cat}$ ($s^{-1}$) |
|---|---|---|
| EMTA↓G | 4,0 | 24 |
| EMTA↓A | 1,5 | 30 |
| EMTA↓F | 0,5 | 18 |

A seta indica a ligação peptídica clivada em cada caso.

**(a)** Se uma mistura desses peptídios fosse exposta à enzima com a concentração de cada peptídio sendo a mesma, qual deles seria digerido mais rapidamente? E mais lentamente? Explique de modo sucinto o seu raciocínio, se houve algum.

**(b)** O experimento é repetido com outro peptídio com os seguintes resultados

| | | |
|---|---|---|
| EMTI↓F | 9 | 18 |

Fundamentando-se nesses dados, sugira as características da sequência de aminoácidos que determinam a especificidade da enzima.

**41.** *Variando a enzima.* Para uma reação catalisada por enzima com um substrato, foram determinados os gráficos de duplo recíproco para três concentrações diferentes da enzima. Qual das três famílias de curvas apresentadas a seguir você esperaria obter? Explique.

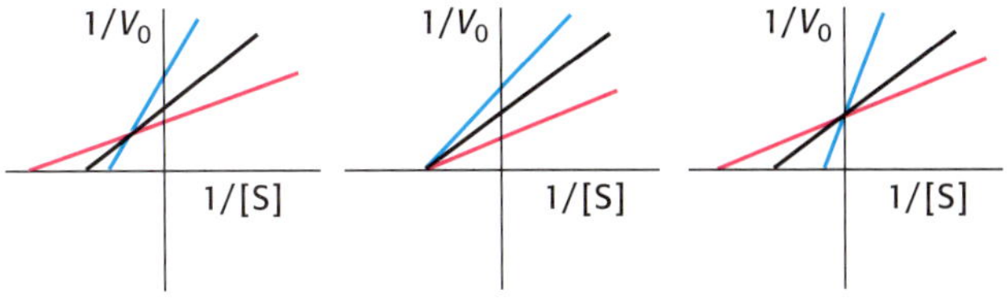


**42.** *Experimento mental.* Represente mentalmente a curva velocidade *versus* concentração de substrato de uma enzima de Michaelis-Menten típica. Agora imagine que as condições experimentais sejam alteradas conforme descrito abaixo. Para cada uma das condições descritas, complete a tabela indicando precisamente (quando possível) o efeito da enzima de Michaelis-Menten imaginada sobre $V_{máx.}$ e $K_M$.

| Condição experimental | $V_{máx.}$ | $K_M$ |
|---|---|---|
| a. Uma quantidade duas vezes maior de enzima é utilizada. | | |
| b. Metade da quantidade da enzima é utilizada. | | |
| c. Um inibidor competitivo está presente. | | |
| d. Um inibidor acompetitivo está presente. | | |
| e. Um inibidor não competitivo puro está presente. | | |

**43.** *Bom demais.* Na ausência de inibidor, uma enzima simples de tipo Michaelis-Menten apresentou o seguinte comportamento cinético.

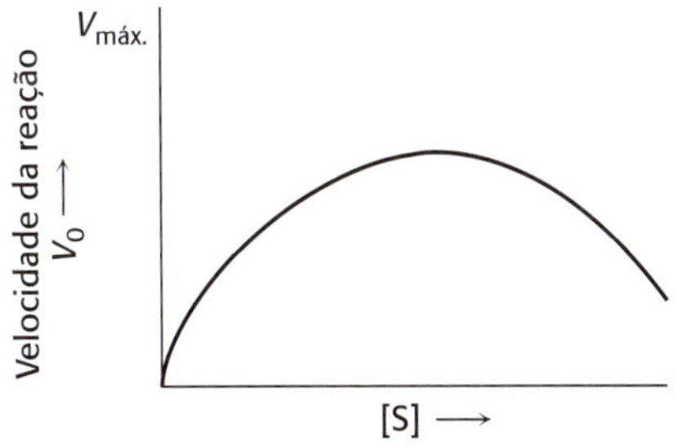


**(a)** Trace um gráfico de duplo recíproco que corresponda à curva velocidade *versus* substrato.

**(b)** Sugira uma explicação plausível para esses resultados cinéticos.

**44.** *Etapa limitadora de velocidade.* Na conversão de A em D na via bioquímica apresentada a seguir, as enzimas $E_A$, $E_B$ e $E_C$ têm os valores de $K_M$ indicados abaixo de cada enzima. Se todos os substratos e produtos estiverem presentes em uma concentração de $10^{-4}$ M e as enzimas tiverem aproximadamente a mesma $V_{máx.}$, qual etapa será limitante da velocidade e por quê? ✓3

$$A \underset{E_A}{\rightleftharpoons} B \underset{E_B}{\rightleftharpoons} C \underset{E_C}{\rightleftharpoons} D$$

$$K_M = 10^{-2}M \quad 10^{-4}M \quad 10^{-4}M$$

**45.** *Luminosidade colorida.* A *triptofano* sintetase, uma enzima bacteriana que contém um grupo prostético piridoxal fosfato (PLP), catalisa a síntese de L-triptofano a partir da L-serina e de um derivado indólico. A adição de L-serina à enzima produz um acentuado aumento na fluorescência do grupo PLP, como mostra o gráfico anexo. A adição subsequente de indol, o segundo substrato, diminui essa fluorescência para um nível ainda menor do que aquele produzido pela enzima isoladamente. Como essas mudanças de fluorescência sustentam o conceito de que a enzima interage diretamente com seus substratos? ✓2

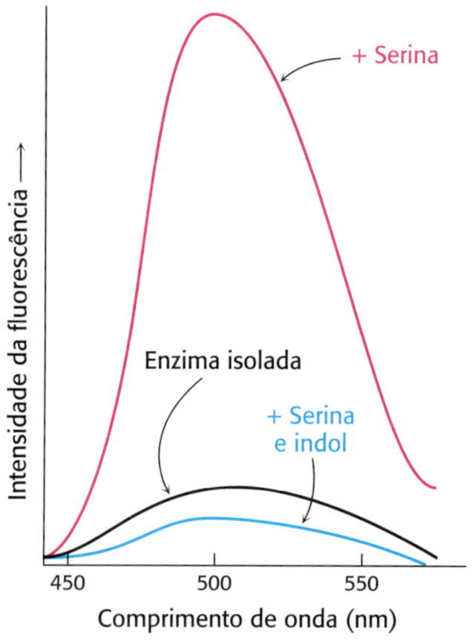


## Questões | Integração de capítulos

**46.** *Experimento de titulação.* Foi examinado o efeito do pH sobre a atividade de uma enzima. Em seu sítio ativo, a enzima apresenta um grupo ionizável que precisa estar com carga negativa para a ligação do substrato e a ocorrência de catálise. O grupo ionizável tem um $pK_a$ de 6,0. O substrato tem carga positiva em toda a faixa de pH do experimento.

$$E^- + S^+ \rightleftharpoons E^-S^+ \longrightarrow E^- + P^+$$

$$+$$

$$H^+$$

$$\upharpoonleft\downharpoonright$$

$$EH$$

**(a)** Trace a curva $V_0$ *versus* pH quando a concentração de substrato é muito maior do que a $K_M$ da enzima.

**(b)** Trace a curva $V_0$ *versus* pH quando a concentração de substrato é muito menor que a $K_M$ da enzima.

**(c)** Em que pH a velocidade será igual à metade da velocidade máxima passível de ser alcançada nessas condições?

**47.** *Uma questão de estabilidade.* O piridoxal fosfato (PLP) é uma coenzima para a enzima ornitina aminotransferase. A enzima foi purificada a partir de células cultivadas em meios com deficiência de PLP, bem como a partir de células cultivadas em meios contendo piridoxal fosfato. A estabilidade das duas preparações diferentes da enzima foi então medida incubando-se a enzima a 37°C por períodos de tempo diferentes e, em seguida, determinando-se a quantidade de atividade enzimática remanescente. Foram obtidos os seguintes resultados:

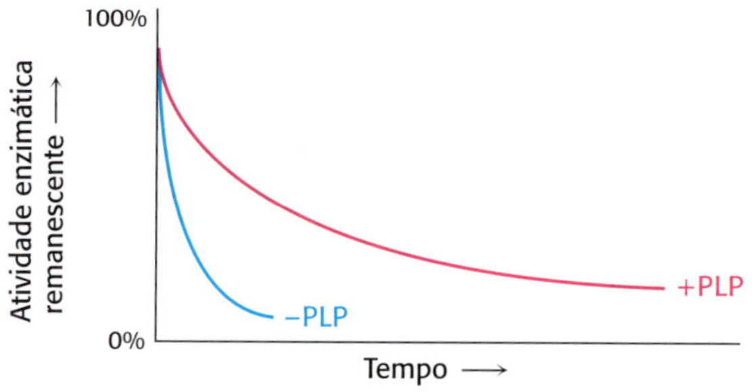


**(a)** Por que a quantidade de enzima ativa diminui com o tempo de incubação?

**(b)** Por que a quantidade de enzima das células com deficiência de PLP declina mais rapidamente?

**48.** *Não apenas para enzimas.* A cinética é útil para estudar todos os tipos de reações, e não apenas aquelas catalisadas por enzimas. Nos Capítulos 4 e 5, aprendemos que as fitas do DNA podem ser reversivelmente desnaturadas. Quando o DNA de dupla fita dissociado passa pelo processo de renaturação, este processo pode ser descrito como consistindo em duas etapas: uma reação de segunda ordem lenta, seguida de uma reação de primeira ordem rápida. Explique o que ocorre em cada etapa.

## Questões para discussão

**49.** Apenas alguns resíduos de aminoácidos são de fato envolvidos na catálise das enzimas; contudo, as enzimas são constituídas de pelo menos 100 aminoácidos e, com frequência, de muito mais. Sugira algumas funções para os aminoácidos não catalíticos.

# Estratégias de Catálise

CAPÍTULO 9

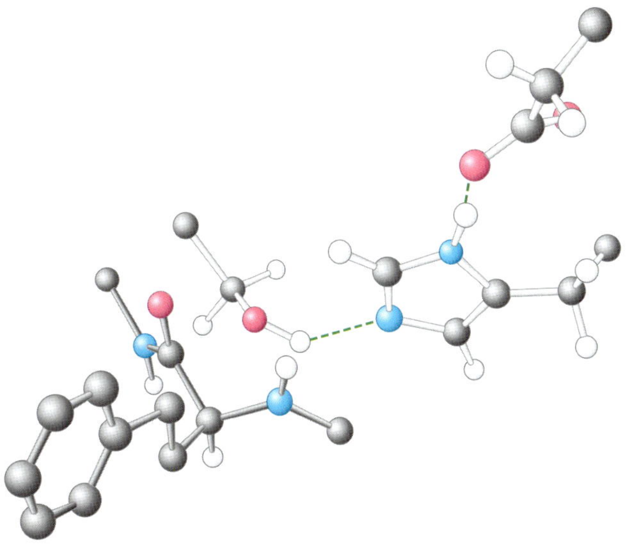

O xadrez e as enzimas têm em comum o uso da estratégia, que é conscientemente planejada no jogo de xadrez enquanto foi selecionada pela evolução para a ação das enzimas. Os três resíduos de aminoácidos à direita, denotados pelas ligações brancas, constituem uma tríade catalítica encontrada no sítio ativo de uma classe de enzimas que clivam ligações peptídicas. O substrato, representado pela molécula com ligações em preto, foi irremediavelmente capturado, como o rei na fotografia de um jogo de xadrez à esquerda, e inevitavelmente será clivado. [Fonte: iStock ©yokaew.]

## OBJETIVOS DE APRENDIZAGEM

*Ao término do capítulo, o leitor deverá ser capaz de:*

1. Discutir as quatro estratégias gerais utilizadas pelas enzimas para acelerar determinada reação.
2. Fornecer exemplos de características químicas específicas de sítios ativos das enzimas que facilitam o aumento da velocidade de reações específicas.
3. Fornecer um exemplo de quando uma alta aceleração da velocidade absoluta é fisiologicamente importante e como uma enzima consegue efetuar essa aceleração.
4. Compreender quando uma alta especificidade é importante para uma enzima e como ela é alcançada.
5. Descrever um exemplo de quando são utilizadas grandes mudanças conformacionais, que ocorrem durante um ciclo de reação enzimática, para conduzir outros processos.
6. Discutir algumas das abordagens experimentais que são utilizadas para elucidar os mecanismos das enzimas.

## SUMÁRIO



Quais são as fontes do poder catalítico e da especificidade das enzimas? Este capítulo apresenta as estratégias de catálise utilizadas por quatro classes de enzimas: as serina proteases, as anidrases carbônicas, as endonucleases de restrição e as miosinas. Cada classe catalisa reações que necessitam da adição de água a um substrato. Os mecanismos dessas enzimas foram revelados pelo uso de sondas experimentais precisas, incluindo as técnicas de determinação da estrutura das proteínas (ver Capítulo 3) e a mutagênese sítio-dirigida (ver Capítulo 5). Os mecanismos ilustram muitos princípios importantes da catálise. Veremos como essas enzimas facilitam a formação do estado de transição por meio do uso da energia de ligação e do encaixe induzido, bem como de diversos tipos de estratégias específicas de catálise.

Cada uma das quatro classes de enzimas apresentadas neste capítulo ilustra o uso dessas estratégias para a solução de problemas diferentes. Para as serina proteases, exemplificadas pela quimiotripsina, o desafio é promover uma reação que seja quase incomensuravelmente lenta em pH neutro na ausência de um catalisador. Para as anidrases carbônicas, o desafio é alcançar uma velocidade de reação absoluta alta e apropriada para a integração com outros processos fisiológicos rápidos. No caso das endonucleases de restrição, como a *Eco*RV, o desafio consiste em alcançar um alto grau de especificidade. Por fim, para as miosinas, o desafio é utilizar a energia livre associada à hidrólise da adenosina trifosfato (ATP) para conduzir outros processos. Cada um dos exemplos selecionados é um membro de uma grande classe de proteínas. Para cada uma dessas classes, a comparação entre os membros da classe revela como os sítios ativos das enzimas evoluíram e foram aprimorados. Por conseguinte, as comparações estruturais e dos mecanismos da ação enzimática constituem fontes de discernimento da história evolutiva das enzimas. Além disso, nosso conhecimento das estratégias catalíticas tem sido utilizado para desenvolver aplicações práticas, incluindo fármacos potentes e inibidores enzimáticos específicos. Por fim, embora neste capítulo não consideremos explicitamente as moléculas de RNA catalíticas, os princípios também se aplicam a tais catalisadores.

## Alguns princípios básicos de catálise são utilizados por muitas enzimas

No Capítulo 8, vimos que a catálise enzimática começa com a ligação ao substrato. A *energia de ligação* é a energia livre liberada durante a formação de um grande número de interações fracas da enzima com o substrato. O uso dessa energia de ligação constitui a primeira estratégia comum empregada pelas enzimas. Podemos imaginar que essa energia de ligação atua com dois propósitos: ela estabelece a especificidade do substrato e aumenta a eficiência catalítica. Com frequência, apenas o substrato correto pode participar na maioria ou em todas as interações com a enzima e, portanto, maximizar a energia de ligação, respondendo pela notável especificidade para substratos exibida por muitas enzimas. Além disso, o conjunto total dessas interações só é formado quando a combinação da enzima com o substrato estiver no estado de transição. Por conseguinte, as interações da enzima com o substrato estabilizam o estado de transição, diminuindo, assim, a energia livre de ativação. A energia de ligação também pode promover alterações estruturais tanto na enzima quanto no substrato, facilitando a catálise, um processo denominado *encaixe induzido*.

Além da primeira estratégia envolvendo a energia de ligação, as enzimas utilizam comumente uma ou mais de quatro estratégias adicionais para catalisar reações específicas:

**1.** *Catálise covalente*. Na catálise covalente, o sítio ativo contém um grupo reativo, habitualmente um poderoso nucleófilo, que temporariamente se liga de modo covalente a uma parte do substrato durante o processo de catálise. A quimiotripsina, que é uma enzima proteolítica, fornece um excelente exemplo dessa estratégia (ver seção 9.1 posterior).

**2.** *Catálise acidobásica geral*. Na catálise acidobásica geral, uma molécula diferente da água desempenha o papel de doador ou aceptor de prótons. A quimiotripsina utiliza um resíduo de histidina como catalisador de base para aumentar o poder nucleofílico da serina (ver seção 9.1), enquanto um resíduo de histidina na anidrase carbônica facilita a remoção de um íon hidrogênio de uma molécula de água ligada ao zinco, produzindo um íon hidróxido (ver seção 9.2). No caso das miosinas, um grupo fosfato do substrato ATP atua como base para promover a sua própria hidrólise (ver seção 9.4).

**3.** *Catálise por aproximação.* Muitas reações incluem dois substratos distintos, incluindo todas as quatro classes de hidrolases detalhadamente abordadas neste capítulo. Nesses casos, a velocidade da reação pode ser consideravelmente aumentada pela ligação conjunta dos dois substratos a uma única superfície de ligação em uma enzima. Por exemplo, a anidrase carbônica liga-se ao dióxido de carbono e à água em sítios adjacentes para facilitar a sua reação (ver seção 9.2).

**4.** *Catálise por íons metálicos.* Os íons metálicos atuam cataliticamente de diversas maneiras. Por exemplo, um íon metálico pode facilitar a formação de nucleófilos, como o íon hidróxido por coordenação direta. Um íon zinco (II) serve para esse propósito na catálise pela anidrase carbônica (ver seção 9.2). De modo alternativo, um íon metálico pode atuar como eletrófilo, estabilizando uma carga negativa em um intermediário da reação. Um íon magnésio (II) desempenha esse papel na *Eco*RV (ver seção 9.3). Por fim, um íon metálico pode atuar como uma ligação entre a enzima e o substrato, aumentando a energia de ligação e mantendo o substrato em uma conformação apropriada para a catálise. Essa estratégia é utilizada pelas miosinas (ver seção 9.4) e, na verdade, por quase todas as enzimas que utilizam o ATP como substrato.

## 9.1 As proteases facilitam uma reação fundamentalmente difícil

A hidrólise das ligações peptídicas constitui importante processo nos sistemas vivos (ver Capítulo 23). As proteínas que já desempenharam a sua função precisam ser degradadas, de modo que seus aminoácidos constituintes possam ser reciclados para a síntese de novas proteínas. As proteínas provenientes da dieta e ingeridas precisam ser decompostas em pequenos peptídios e aminoácidos para a sua absorção intestinal. Além disso, conforme descrito de modo pormenorizado no Capítulo 10, as reações proteolíticas são importantes na regulação da atividade de certas enzimas e outras proteínas.

As proteases clivam proteínas por uma reação de hidrólise – a adição de uma molécula de água a uma ligação peptídica:

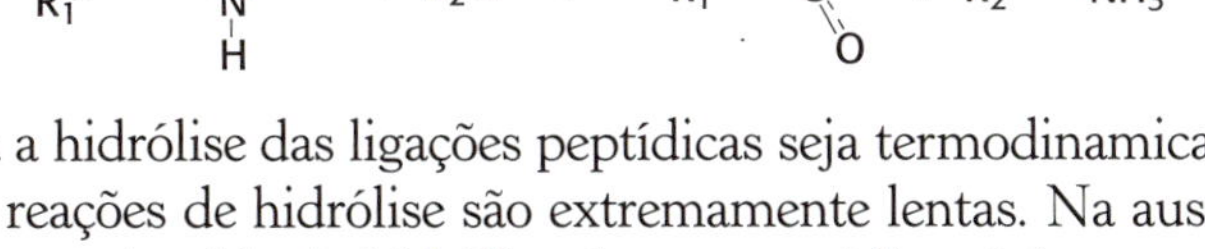


Embora a hidrólise das ligações peptídicas seja termodinamicamente favorável, essas reações de hidrólise são extremamente lentas. Na ausência de um catalisador, a meia-vida da hidrólise de um peptídico típico em pH neutro é estimada entre 10 e 1.000 anos. Contudo, em alguns processos bioquímicos as ligações peptídicas precisam ser hidrolisadas dentro de milissegundos.

A natureza química das ligações peptídicas é responsável pela sua estabilidade cinética. Especificamente, a estrutura de ressonância que responde pela forma plana de uma ligação peptídica (ver Capítulo 2, seção 2.2) também torna essas ligações resistentes à hidrólise. Essa estrutura de ressonância confere à ligação peptídica a sua característica parcial de dupla ligação:

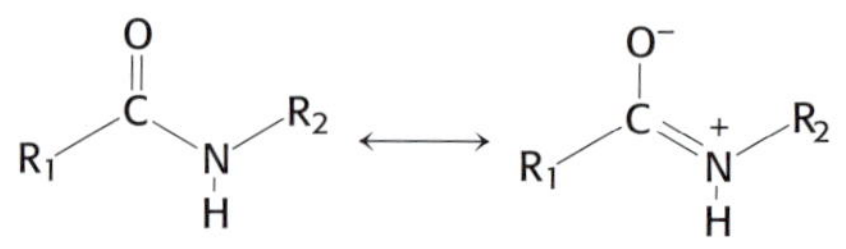


A ligação carbono-nitrogênio é fortalecida pela sua característica de dupla ligação. O aspecto mais importante é o fato de que o átomo de carbono carbonílico é menos eletrofílico e menos suscetível ao ataque nucleofílico do que os átomos de carbono carbonílicos em compostos mais reativos, como os ésteres de carboxilato. Consequentemente, para promover a clivagem de uma ligação peptídica, uma enzima precisa facilitar o ataque nucleofílico a um grupo carbonila normalmente não reativo.

## A quimiotripsina possui um resíduo de serina altamente reativo

Várias enzimas proteolíticas participam na degradação das proteínas no sistema digestório de mamíferos e de outros organismos. Uma dessas enzimas, a quimiotripsina, seletivamente cliva ligações peptídicas no lado carboxiterminal dos aminoácidos grandes hidrofóbicos, tais como o triptofano, a tirosina, a fenilalanina e a metionina (Figura 9.1). A quimiotripsina fornece um bom exemplo do uso da *catálise covalente*. A enzima emprega um poderoso nucleófilo para atacar o átomo de carbono carbonílico não reativo do substrato. Esse nucleófilo é ligado brevemente de modo covalente ao substrato durante a catálise.

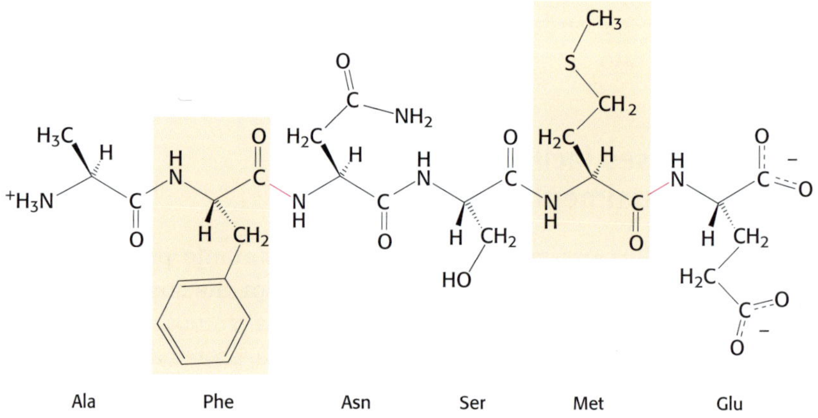


**FIGURA 9.1 Especificidade da quimiotripsina.** A quimiotripsina cliva proteínas no lado carboxílico de aminoácidos aromáticos ou hidrofóbicos grandes (em laranja). As ligações clivadas pela quimiotripsina estão indicadas em vermelho.

Qual é o nucleófilo empregado pela quimiotripsina para atacar o átomo de carbono carbonílico do substrato? Um indício é fornecido pelo fato de que a quimiotripsina contém um resíduo de serina extraordinariamente reativo. As moléculas de quimiotripsina tratadas com organofluorofosfatos, como o di-isopropilfosfofluoridato (DIPF), perdem toda a atividade de modo irreversível (Figura 9.2). Apenas um único resíduo, a serina 195, foi

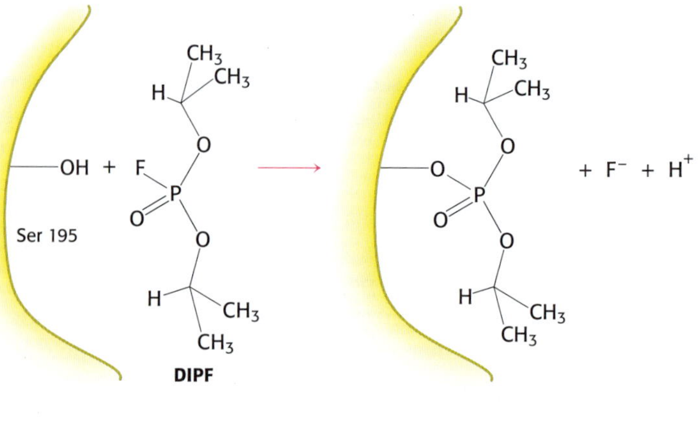


**FIGURA 9.2 Um resíduo de serina inusitadamente reativo na quimiotripsina.** A quimiotripsina é inativada mediante o tratamento com di-isopropilfosfofluoridato (DIPF), que reage apenas com a serina 195 entre os 28 resíduos possíveis de serina.

modificado. Essa *reação de modificação química* sugeriu que tal resíduo de serina inusitadamente reativo desempenha um papel central no mecanismo catalítico da quimiotripsina.

## A ação da quimiotripsina ocorre em duas etapas unidas por um intermediário ligado covalentemente

Um estudo da cinética da quimiotripsina forneceu uma segunda pista para o mecanismo de catálise. A cinética de uma enzima é, frequentemente, monitorada com facilidade ao se deixar a enzima atuar sobre um análogo do substrato que forma um produto colorido. No caso da quimiotripsina, esse *substrato cromogênico* é o éster de *N*-acetil-L-fenilalanina-*p*-nitrofenil. Esse substrato é antes um éster, e não uma amida; entretanto, muitas proteases também hidrolisam ésteres. Um dos produtos formados pela clivagem desse substrato pela quimiotripsina é o *p*-nitrofenolato, que apresenta uma cor amarela (Figura 9.3). A medição da absorbância da luz revelou a quantidade de *p*-nitrofenolato produzida.

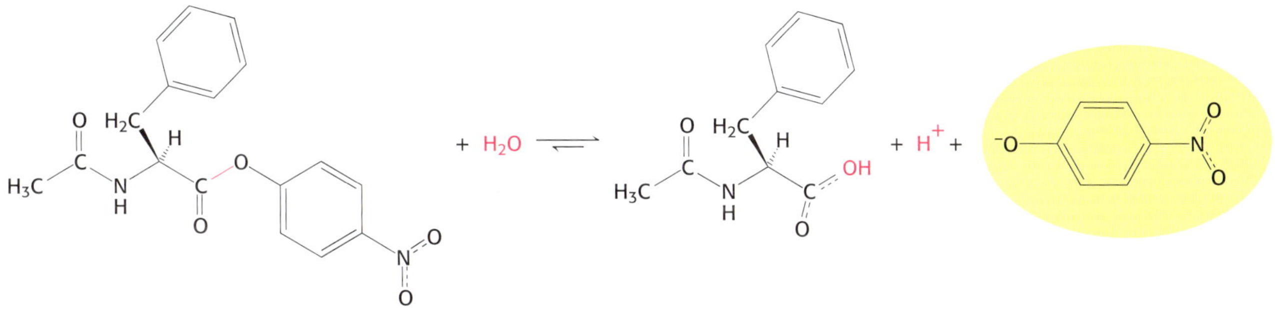

**Éster de *N*-acetil-L-fenilalanina-*p*-nitrofenil**

***p*-Nitrofenolato**

**FIGURA 9.3 Substrato cromogênico.** O éster de *N*-acetil-L-fenilalanina-*p*-nitrofenil gera um produto amarelo, o *p*-nitrofenolato, ao ser clivado pela quimiotripsina. O *p*-nitrofenolato é formado por desprotonação do *p*-nitrofenol em pH 7.

Em condições de equilíbrio dinâmico, a clivagem desse substrato obedece à cinética de Michaelis-Menten, com um valor de $K_M$ de 20 μM e $k_{cat}$ de 77 $s^{-1}$. A fase inicial da reação foi examinada pelo uso do método de fluxo interrompido, que possibilita a mistura da enzima com o substrato e o monitoramento dos resultados dentro de um milissegundo. Esse método revelou um surto inicial rápido do produto colorido, seguido de sua formação mais lenta à medida que a reação ia alcançando o estado de equilíbrio dinâmico (Figura 9.4). Esses resultados sugerem que a hidrólise ocorre em duas fases. No primeiro ciclo de reação, que se dá imediatamente após a mistura, apenas a primeira fase deve ocorrer antes da liberação do produto colorido. Nos ciclos subsequentes de reação, ambas as fases devem ocorrer. Observe que o surto é detectado porque a primeira fase é substancialmente mais rápida do que a segunda para esse substrato.

**FIGURA 9.4 Cinética da catálise pela quimiotripsina.** Duas fases são evidentes na clivagem do éster de *N*-acetil-L-fenilalanina-*p*-nitrofenil pela quimiotripsina: uma fase de surto rápido (antes do estado de equilíbrio dinâmico) e uma fase de estado de equilíbrio dinâmico.

As duas fases são explicadas pela formação de um intermediário enzima-substrato ligado covalentemente (Figura 9.5). Em primeiro lugar, o grupo acila do substrato liga-se de modo covalente à enzima, enquanto o *p*-nitrofenolato (ou uma amina, se o substrato for uma amida em vez de um éster) é liberado. O complexo enzima-grupo acila é denominado

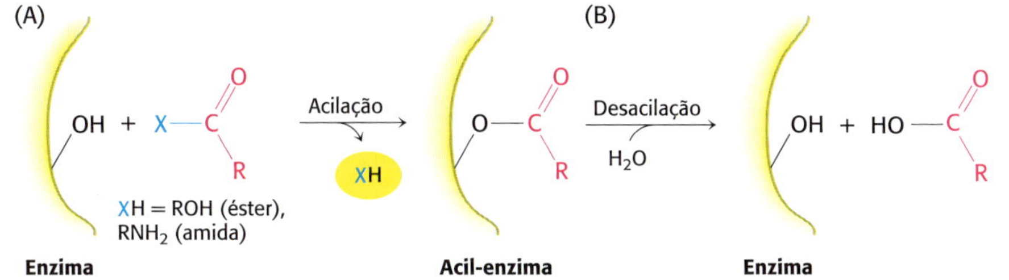


**FIGURA 9.5 Catálise covalente.** A hidrólise pela quimiotripsina ocorre em duas fases: **(A)** acilação, formando o intermediário acil-enzima, seguida de **(B)** desacilação, para regenerar a enzima livre.

*intermediário acil-enzima*. Em segundo lugar, o intermediário acil-enzima é hidrolisado, liberando o componente ácido carboxílico do substrato e regenerando a enzima livre. Por conseguinte, uma molécula de *p*-nitrofenolato é produzida rapidamente a partir de cada molécula de enzima à medida que o intermediário acil-enzima vai sendo formado. Todavia, é necessário mais tempo para que a enzima seja "reiniciada" pela hidrólise do intermediário acil-enzima, e ambas as fases são necessárias para a renovação da enzima.

### A serina faz parte de uma tríade catalítica que também inclui a histidina e o aspartato

A estrutura tridimensional da quimiotripsina revelou que essa enzima é aproximadamente esférica e é constituída de três cadeias polipeptídicas ligadas por ligações de dissulfeto. É sintetizada na forma de um único polipeptídio, denominado *quimiotripsinogênio*, que é ativado pela clivagem proteolítica do polipeptídio, produzindo então três cadeias (ver Capítulo 10, seção 10.4). O sítio ativo da quimiotripsina, marcado pela serina 195, situa-se em uma fenda na superfície da enzima (Figura 9.6). A estrutura do sítio ativo explicou a reatividade especial da serina 195 (Figura 9.7). A cadeia lateral da serina 195 é ligada por ligações de hidrogênio ao anel imidazólico da histidina 57. O grupo – NH desse anel imidazólico é, por sua vez, ligado ao grupo carboxilato do aspartato 102 por ligações de hidrogênio. Essa constelação de resíduos é designada como *tríade catalítica*. Como esse arranjo de resíduos resulta na alta reatividade da serina 195? O resíduo de histidina serve para posicionar a cadeia lateral da serina e para polarizar o seu grupo hidroxila, de modo que fique estabilizado para a desprotonação. Na presença do substrato, o resíduo de histidina aceita o próton do grupo hidroxila da serina 195. Ao fazê-lo, a histidina atua como catalisador básico geral. A retirada do próton do grupo hidroxila gera um íon alcóxido, que é um nucleófilo muito mais poderoso do que um álcool. O resíduo de aspartato ajuda a orientar o resíduo de histidina e a torná-lo melhor aceptor de prótons por meio de ligações de hidrogênio e efeitos eletrostáticos.

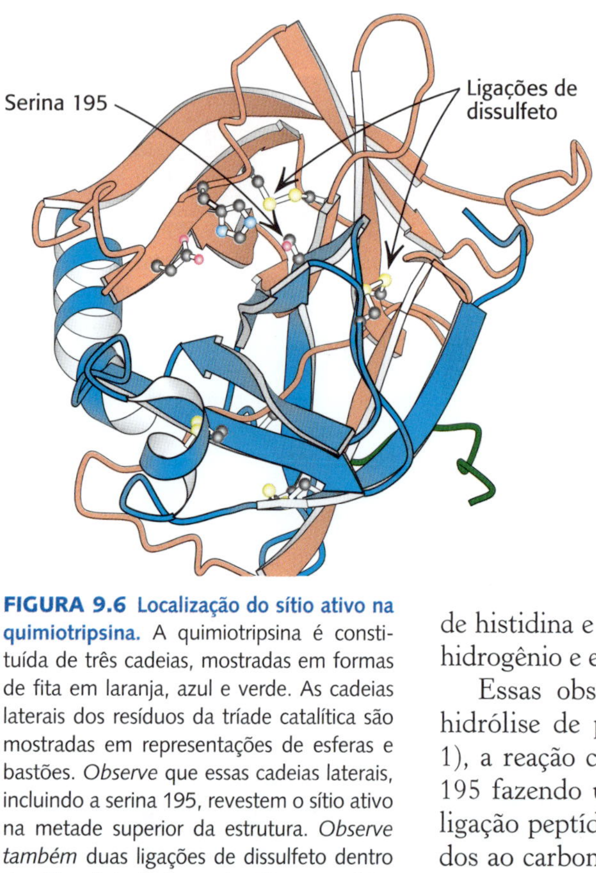


**FIGURA 9.6 Localização do sítio ativo na quimiotripsina.** A quimiotripsina é constituída de três cadeias, mostradas em formas de fita em laranja, azul e verde. As cadeias laterais dos resíduos da tríade catalítica são mostradas em representações de esferas e bastões. *Observe* que essas cadeias laterais, incluindo a serina 195, revestem o sítio ativo na metade superior da estrutura. *Observe também* duas ligações de dissulfeto dentro das fitas (intrafita) e entre fitas em várias localizações por toda a molécula. [Desenhada de 1GCT.pdb.]

Essas observações sugerem a existência de um mecanismo para a hidrólise de peptídios (Figura 9.8). Após a ligação ao substrato (etapa 1), a reação começa com o átomo de oxigênio da cadeia lateral da serina 195 fazendo um ataque nucleofílico ao átomo de carbono carbonílico da ligação peptídica-alvo (etapa 2). Nessa etapa, existem quatro átomos ligados ao carbono carbonílico dispostos em tetraedro, em vez de três átomos em arranjo planar. Esse *intermediário tetraédrico* inerentemente instável apresenta uma carga negativa formal no átomo de oxigênio derivado do grupo carbonila. Essa carga é estabilizada por interações com grupos NH

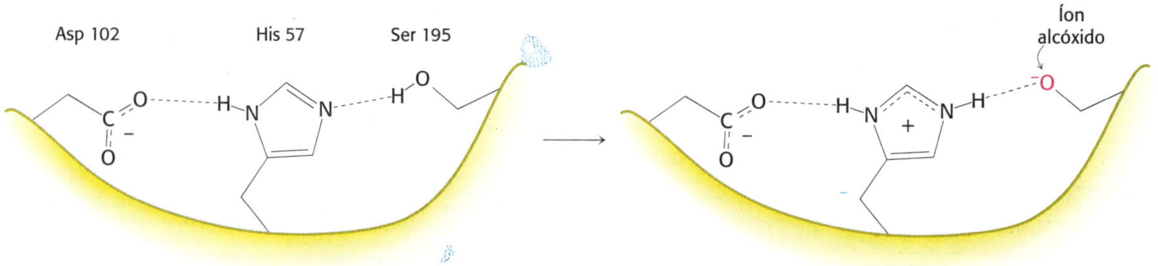


**FIGURA 9.7 A tríade catalítica.** A tríade catalítica, mostrada à esquerda, converte a serina 195 em um poderoso nucleófilo, conforme ilustrado à direita.

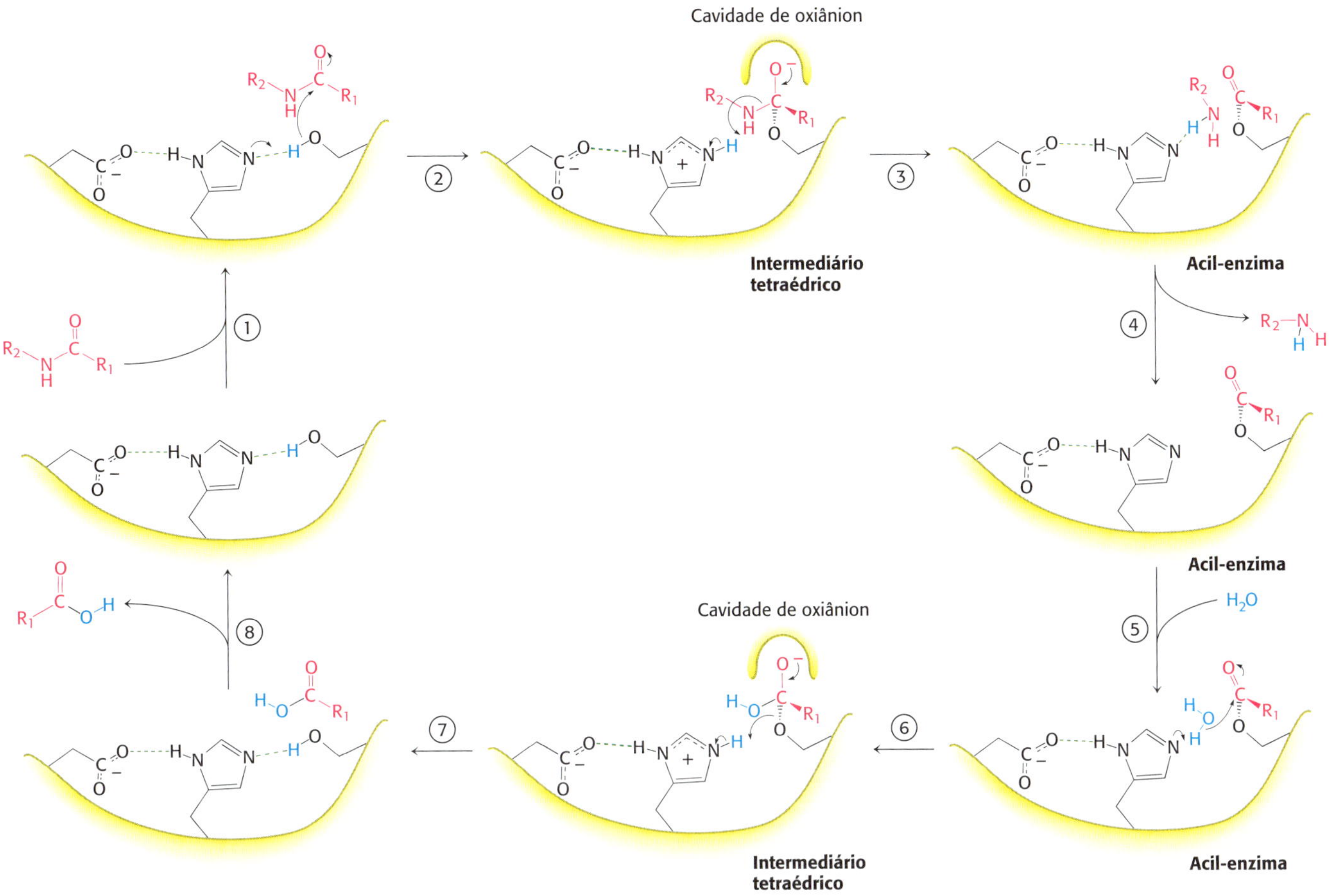


**FIGURA 9.8 Hidrólise de peptídios pela quimiotripsina.** O mecanismo de hidrólise de peptídios ilustra os princípios da catálise covalente e da catálise acidobásica. A reação ocorre em oito etapas: (1) ligação do substrato, (2) ataque nucleofílico da serina ao grupo carbonila do peptídio, (3) colapso do intermediário tetraédrico, (4) liberação do componente amina, (5) ligação da água, (6) ataque nucleofílico da água ao intermediário acil-enzima, (7) colapso do intermediário tetraédrico e (8) liberação do componente ácido carboxílico. As linhas verdes tracejadas representam ligações de hidrogênio.

da proteína em um sítio denominado *cavidade de oxiânion* (Figura 9.9). Essas interações também ajudam a estabilizar o estado de transição que precede a formação do intermediário tetraédrico. Esse intermediário tetraédrico colapsa, produzindo o complexo acil-enzima (etapa 3). Essa etapa é facilitada pela transferência do próton, mantido pelo resíduo de histidina de carga positiva, para o grupo amino formado pela clivagem da ligação peptídica. O componente amina está agora livre para sair da enzima (etapa 4), completando o primeiro estágio da reação de hidrólise – a acilação da enzima. Esses intermediários de acil-enzima foram observados utilizando-se a cristalografia de raios X por meio de sua retenção com o ajuste de condições tais como natureza do substrato, pH ou temperatura.

O estágio seguinte – a desacilação – começa quando uma molécula de água assume o lugar ocupado anteriormente pelo componente amina do substrato (etapa 5). O grupo éster da acil-enzima é então hidrolisado por um processo que repete essencialmente as etapas 2 a 4. A histidina 57, que atua nesse estágio como catalisador ácido geral, retira um próton da molécula de água. O íon $OH^-$ resultante ataca o átomo de carbono carbonílico do grupo acila, formando um intermediário tetraédrico (etapa 6). Essa estrutura se decompõe, formando, como produto, o ácido carboxílico (etapa 7). Por fim, a liberação do ácido carboxílico (etapa 8) deixa a enzima pronta para outro ciclo de catálise.

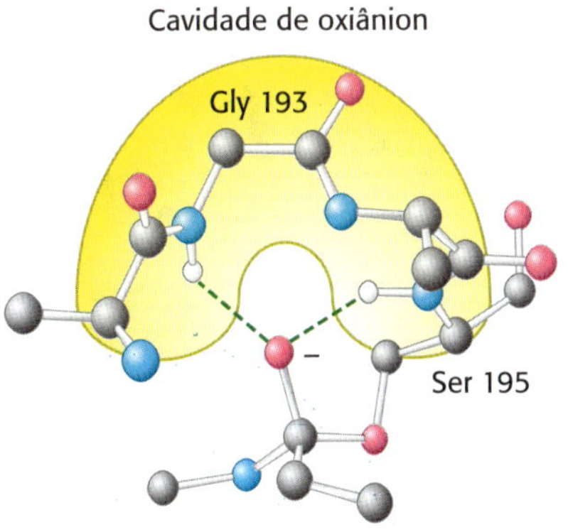


**FIGURA 9.9 Cavidade de oxiânion.** A estrutura estabiliza o intermediário tetraédrico da reação da quimiotripsina. *Observe* que as ligações de hidrogênio (mostradas em verde) ligam grupos NH peptídicos com o átomo de oxigênio de carga negativa do intermediário.

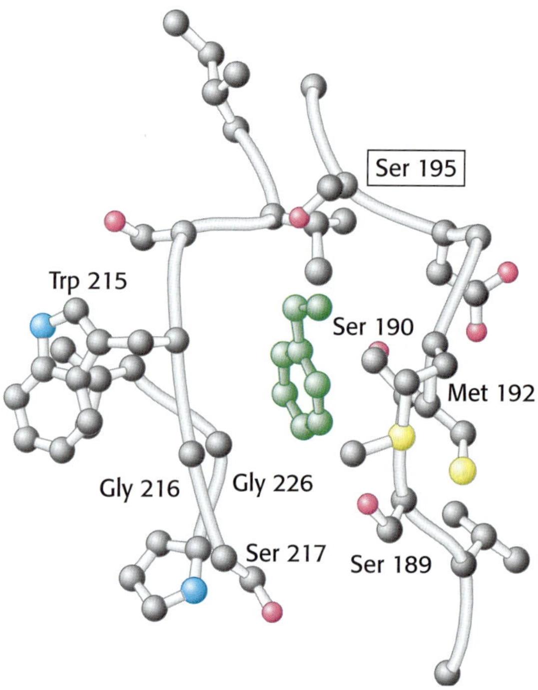


**FIGURA 9.10 Bolsão de especificidade da quimiotripsina.** *Observe* que esse bolsão é revestido por resíduos hidrofóbicos e é profundo, favorecendo a ligação de resíduos com cadeias laterais longas e hidrofóbicas, como a fenilalanina (mostrada em verde). O resíduo de serina do sítio ativo (serina 195) está posicionado para clivar o esqueleto peptídico entre o resíduo ligado no bolsão e o próximo resíduo na sequência. Os aminoácidos-chave que constituem o sítio de ligação estão identificados.

Esse mecanismo responde por todas as características da ação da quimiotripsina, exceto a preferência observada pela clivagem das ligações peptídicas imediatamente após resíduos com grandes cadeias laterais hidrofóbicas. O exame da estrutura tridimensional da quimiotripsina com análogos de substrato e inibidores enzimáticos revelou a presença de um bolsão hidrofóbico profundo, denominado bolsão $S_1$, no qual podem se encaixar as cadeias laterais longas sem carga de resíduos como a fenilalanina e o triptofano. *A ligação de uma cadeia lateral apropriada nesse bolsão posiciona a ligação peptídica adjacente no sítio ativo para clivagem* (Figura 9.10). A especificidade da quimiotripsina depende quase totalmente do aminoácido que está diretamente no lado aminoterminal da ligação peptídica a ser clivada. Outras proteases exibem padrões mais complexos de especificidade. Essas enzimas apresentam bolsões adicionais em sua superfície para o reconhecimento de outros resíduos no substrato. Os resíduos no lado aminoterminal da ligação passível de cisão (a ligação a ser clivada) são denominados $P_1$, $P_2$, $P_3$, e assim por diante a partir da ligação passível de cisão (Figura 9.11). De modo semelhante, os resíduos no lado carboxílico da ligação passível de cisão são denominados $P_1'$, $P_2'$, $P_3'$, e assim por diante. Os sítios correspondentes na enzima são designados como $S_1$, $S_2$ ou $S_1'$, $S_2'$, e assim por diante.

## São encontradas tríades catalíticas em outras enzimas hidrolíticas

Subsequentemente, foram identificadas muitas outras proteínas que clivam peptídios que contêm tríades catalíticas semelhantes àquelas descobertas na quimiotripsina. Algumas, como a tripsina e a elastase, são homólogas óbvias da quimiotripsina. As sequências dessas proteínas têm

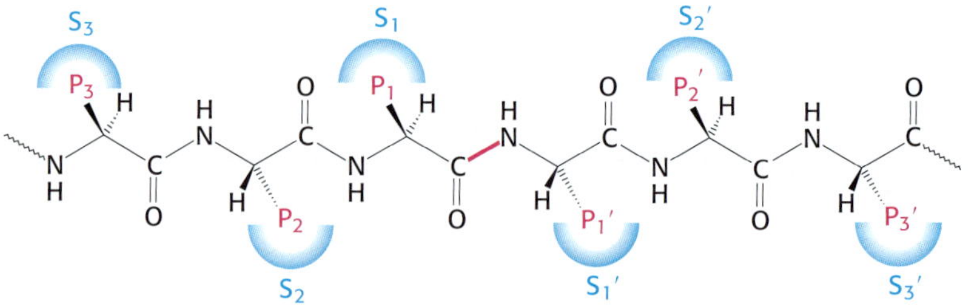


**FIGURA 9.11 Nomenclatura de especificidade das interações protease-substrato.** Os sítios potenciais de interação do substrato com a enzima são designados como P (mostrados em vermelho), enquanto os sítios de ligação correspondentes na enzima são designados S. A ligação passível de cisão (também mostrada em vermelho) é o ponto de referência.

aproximadamente 40% de identidade com a da quimiotripsina, e suas estruturas globais são muito semelhantes (Figura 9.12). Essas proteínas operam por meio de mecanismos idênticos aos da quimiotripsina. Entretanto, as três enzimas diferem acentuadamente na sua especificidade de substrato. A quimiotripsina cliva a ligação peptídica depois de resíduos com uma cadeia lateral aromática ou apolar longa. A tripsina cliva a ligação peptídica após resíduos com longas cadeias laterais de carga positiva – isto é, arginina e lisina. A elastase cliva a ligação peptídica após aminoácidos com pequenas cadeias laterais – como a alanina e a serina. A comparação dos bolsões $S_1$ dessas enzimas revela que *essas especificidades diferentes são devidas a pequenas diferenças estruturais*. Na tripsina, existe um resíduo de aspartato (Asp 189) na base do bolsão $S_1$, em vez de um resíduo de serina na quimiotripsina. O resíduo de aspartato atrai e estabiliza um resíduo de arginina ou lisina de carga positiva no substrato. Na elastase, dois resíduos na parte superior do bolsão da quimiotripsina e da tripsina são substituídos por resíduos muito mais volumosos de valina (Val 190 e Val 216). Esses resíduos obliteram a abertura do bolsão de modo que possam entrar apenas pequenas cadeias laterais (Figura 9.13).

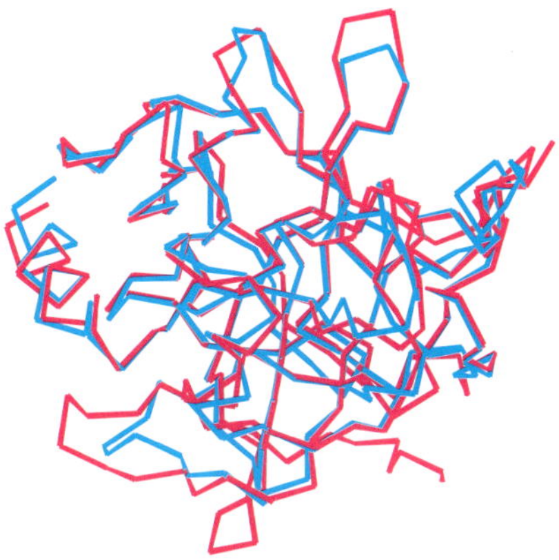

**FIGURA 9.12 Semelhança estrutural da tripsina com a quimiotripsina.** A figura mostra uma superposição da estrutura da quimiotripsina (em vermelho) com a da tripsina (em azul). *Observe* o alto grau de semelhança. São mostradas apenas as posições dos átomos de carbono α. O desvio médio de posição entre átomos de carbono α correspondentes é muito pequeno, de apenas 1,7 Å. [Desenhada de 5PTP.pdb e 1GCT.pdb.]

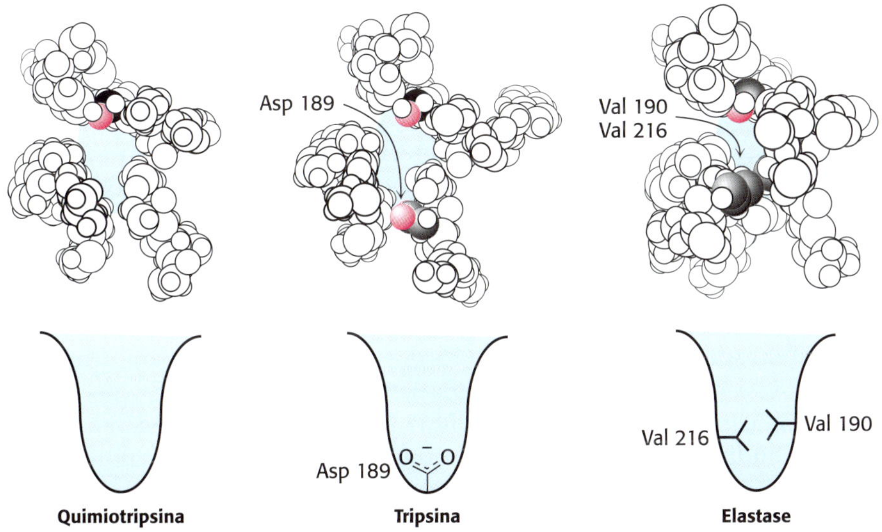


**FIGURA 9.13 Os bolsões $S_1$ da quimiotripsina, da tripsina e da elastase.** Certos resíduos desempenham papéis-chave na determinação da especificidade dessas enzimas. As cadeias laterais desses resíduos, bem como as dos resíduos de serina do sítio ativo, são mostradas em cores.

Outros membros da família da quimiotripsina incluem uma coleção de proteínas que atuam na coagulação do sangue, discutida no Capítulo 10, bem como o antígeno prostático específico (PSA), uma proteína que serve de marcador tumoral. Além disso, uma ampla variedade de proteases encontradas em bactérias, vírus e plantas também pertence a esse clã.

Foram encontradas outras enzimas que não são homólogas da quimiotripsina, mas que contêm sítios ativos muito semelhantes. Conforme assinalado no Capítulo 6, a presença de sítios ativos muito semelhantes nessas diferentes famílias de proteínas representa uma consequência da evolução convergente. A subtilisina, uma protease encontrada em bactérias como *Bacillus amyloliquefaciens*, fornece exemplo particularmente bem caracterizado. O sítio ativo dessa enzima inclui tanto a tríade catalítica quanto a cavidade de oxiânion. Entretanto, um dos grupos NH que formam a cavidade de oxiânion provém da cadeia lateral de um resíduo de asparagina, e não do esqueleto peptídico (Figura 9.14). A subtilisina é o membro fundador de outra grande família de proteases, que inclui representantes de arqueias, bactérias e eucariotos.

Por fim, foram descobertas outras proteases que contêm um resíduo de serina ou de treonina no sítio ativo que é ativado não por um par de

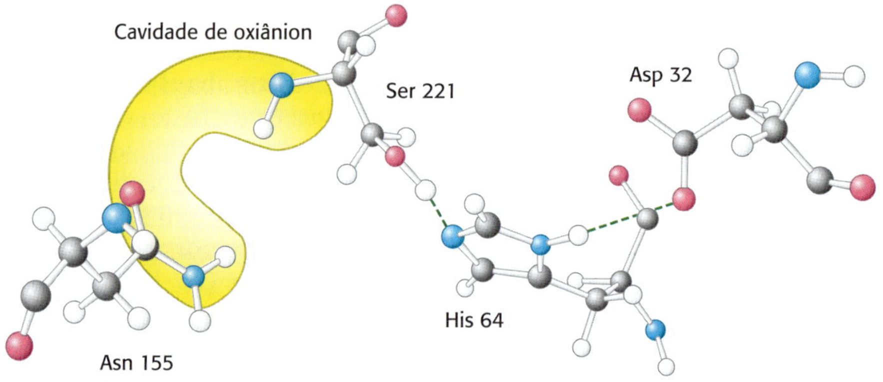


**FIGURA 9.14 A tríade catalítica e a cavidade de oxiânion da subtilisina.** *Observe* os dois grupos NH da enzima (tanto no esqueleto quanto na cadeia lateral da Asn 155) localizados na cavidade de oxiânion. Os grupos NH estabilizam uma carga negativa que se desenvolve na ligação peptídica atacada pela serina 221 nucleofílica da tríade catalítica.

histidina-aspartato, mas por um grupo amino primário da cadeia lateral da lisina ou pelo grupo amino N-terminal da cadeia polipeptídica.

Por conseguinte, a tríade catalítica nas proteases surgiu pelo menos três vezes durante a evolução. Podemos concluir que essa estratégia catalítica deve ser uma abordagem particularmente efetiva para a hidrólise de peptídios e ligações relacionadas.

## A tríade catalítica foi dissecada por mutagênese sítio-dirigida

Como podemos testar a validade do mecanismo proposto para a tríade catalítica? Uma maneira de testar a contribuição dos resíduos individuais de aminoácido para o poder de catálise de uma protease consiste em utilizar a mutagênese sítio-dirigida (ver Capítulo 5, seção 5.2). A subtilisina foi extensamente estudada por esse método. Cada um dos resíduos dentro da tríade catalítica, que consiste em ácido aspártico 32, histidina 64 e serina 221, foi individualmente convertido em alanina, e foi examinada a capacidade de cada enzima mutante de clivar um substrato modelo (Figura 9.15).

Conforme esperado, a conversão da serina 221 do sítio ativo em alanina reduziu drasticamente o poder catalítico; o valor de $k_{cat}$ caiu para menos de *um milionésimo* de seu valor na enzima selvagem. O valor de $K_M$ permaneceu essencialmente inalterado; seu aumento, que não ultrapassou um fator de dois, indicou que o substrato continuava se ligando normalmente. A mutação da histidina 64 para a alanina reduziu o poder catalítico em um grau semelhante. A conversão do aspartato 32 em alanina reduziu menos o poder de catálise, embora o valor de $k_{cat}$ também tenha caído para menos de 0,005% de seu valor na enzima selvagem. A conversão simultânea de todos os três resíduos em alanina não foi mais deletéria do que a conversão da serina ou histidina apenas. Essas observações sustentam a noção de que a tríade catalítica e, em particular, o par serina-histidina atuam em

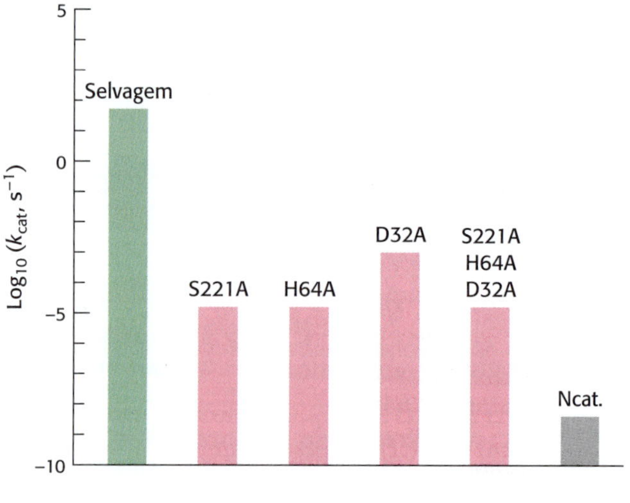


**FIGURA 9.15 Mutagênese sítio-dirigida da subtilisina.** Os resíduos da tríade catalítica foram mutados para a alanina, e foi determinada a atividade da enzima mutada. As mutações em qualquer componente da tríade catalítica provocam uma perda drástica da atividade enzimática. Observe que essa atividade é apresentada em uma escala logarítmica. As mutações são identificadas da seguinte forma: a primeira letra é a abreviatura do aminoácido que está sendo alterado; o número identifica a posição do resíduo na estrutura primária; e a segunda letra é a abreviatura do aminoácido que substitui o original. Ncat. refere-se à velocidade estimada da reação não catalisada.

conjunto para produzir um nucleófilo com poder suficiente para atacar o átomo de carbono carbonílico de uma ligação peptídica. Apesar da redução de seu poder catalítico, as enzimas mutadas ainda hidrolisam peptídios 1.000 vezes mais rapidamente do que um tampão em pH 8,6.

A mutagênese sítio-dirigida também forneceu um meio de investigar a importância da cavidade de oxiânion para a catálise. A mutação da asparagina 155 em glicina eliminou o grupo NH da cadeia lateral da cavidade de oxiânion da subtilisina. A eliminação do grupo NH reduziu o valor de $k_{cat}$ para 0,2% do seu valor na enzima selvagem, porém aumentou o valor de $K_M$ por apenas um fator de dois. Essas observações demonstram que o grupo NH do resíduo de asparagina desempenha um papel significativo na estabilização do intermediário tetraédrico e do estado de transição que leva a ele.

## As cisteína, aspartil e metaloproteases constituem outras classes importantes de enzimas de clivagem de peptídios

Nem todas as proteases utilizam estratégias baseadas em resíduos de serina ativados. Foram descobertas classes de proteínas que empregam três abordagens alternativas para a hidrólise de ligações peptídicas (Figura 9.16). Essas classes são: (1) as cisteína proteases, (2) as aspartil proteases e (3) as metaloproteases. Em cada caso, a estratégia consiste em produzir um nucleófilo que ataca o grupo carbonila do peptídio (Figura 9.17).

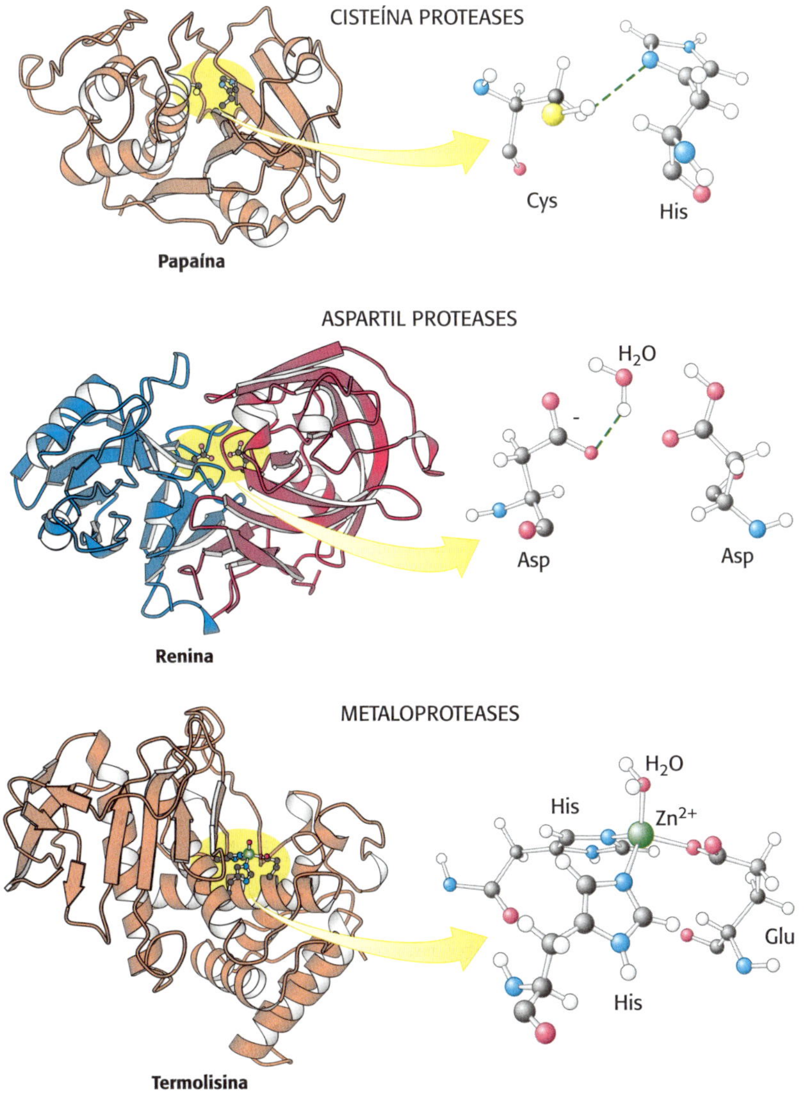


**FIGURA 9.16 Três classes de proteases e seus sítios ativos.** Esses exemplos de uma cisteína protease, uma aspartil protease e uma metaloprotease utilizam, respectivamente, um resíduo de cisteína ativado pela histidina, uma molécula de água ativada pelo aspartato e uma molécula de água ativada por metal como nucleófilo. As duas metades da renina estão em azul e vermelho para ressaltar a simetria bilateral aproximada das aspartil proteases. *Observe* como esses sítios ativos são diferentes, apesar da semelhança das reações que catalisam. [Desenhada de 1PPN.pdb.; 1HRN. pdb; 1LND.pdb.]

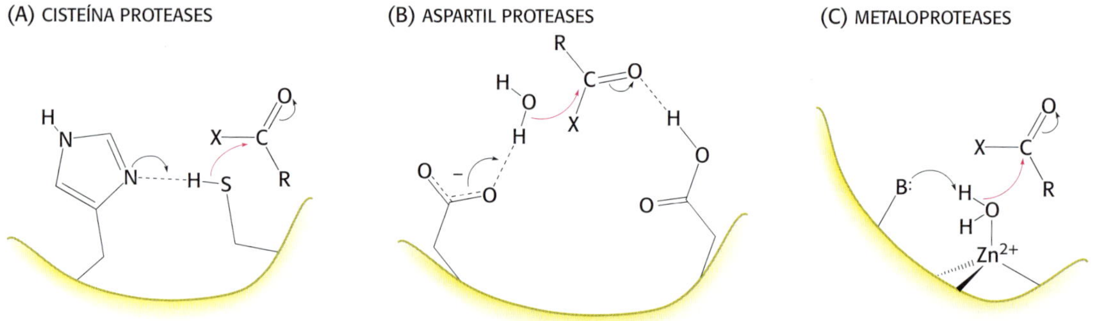


**FIGURA 9.17 Estratégias de ativação das três classes de proteases.** O grupo carbonila do peptídio é atacado por (**A**) uma cisteína ativada por histidina nas cisteína proteases, (**B**) uma molécula de água ativada por aspartato nas aspartil proteases, e (**C**) uma molécula de água ativada por metal nas metaloproteases. Nas metaloproteases, a letra B representa uma base (frequentemente glutamato) que ajuda a desprotonar a água ligada ao metal.

A estratégia utilizada pelas *cisteína proteases* é muito semelhante àquela empregada pela família da quimiotripsina. Nessas enzimas, um resíduo de cisteína, ativado por um resíduo de histidina, desempenha o papel de nucleófilo que ataca a ligação peptídica (Figura 9.17) de modo muito análogo ao do resíduo de serina nas serina proteases. Como o átomo de enxofre na cisteína é inerentemente um melhor nucleófilo do que o átomo de oxigênio na serina, as cisteína proteases parecem necessitar apenas desse resíduo de histidina além da cisteína, e não da tríade catalítica completa. Um exemplo bem estudado dessas proteínas é a papaína, uma enzima purificada do mamão papaia. Foram descobertas proteases de mamíferos homólogas à papaína, mais notavelmente as catepsinas, que são proteínas que desempenham um papel no sistema imune e em outros sistemas. O sítio ativo baseado na cisteína surgiu independentemente pelo menos duas vezes durante a evolução; as caspases, isto é, enzimas que desempenham importante papel na apoptose (uma via de morte celular geneticamente programada), apresentam sítios ativos semelhantes ao da papaína, porém suas estruturas globais não são aparentadas.

A segunda classe compreende as *aspartil proteases*. A característica fundamental dos sítios ativos consiste em um par de resíduos de ácido aspártico, que atuam em conjunto, possibilitando o ataque à ligação peptídica por uma molécula de água. Um dos resíduos de ácido aspártico (em sua forma desprotonada) ativa a molécula de água do ataque posicionando-a para a desprotonação. O outro resíduo de ácido aspártico (em sua forma protonada) polariza o grupo carbonila do peptídio, de modo que fique mais suscetível ao ataque (Figura 9.17). Os membros dessa classe incluem a renina, uma enzima envolvida na regulação da pressão arterial, e a enzima digestiva pepsina. Essas proteínas apresentam uma simetria bilateral aproximada. Um cenário provável é que duas cópias de um gene para a enzima ancestral se fundiram, produzindo um único gene que codificou uma enzima de cadeia simples. Cada cópia do gene teria contribuído com um resíduo de aspartato para o sítio ativo. As cadeias individuais estão agora unidas para formar uma única cadeia na maioria das aspartil proteases, enquanto as proteases encontradas no vírus da imunodeficiência humana (HIV) e em outros retrovírus são constituídas por dímeros de cadeias idênticas (Figura 9.18). Essa observação é compatível com a ideia de que as aspartil proteases maiores podem ter evoluído por meio de fusão de subunidades separadas.

As *metaloproteases* constituem a última classe importante de enzimas que clivam peptídios. O sítio ativo de tais proteínas contém um íon

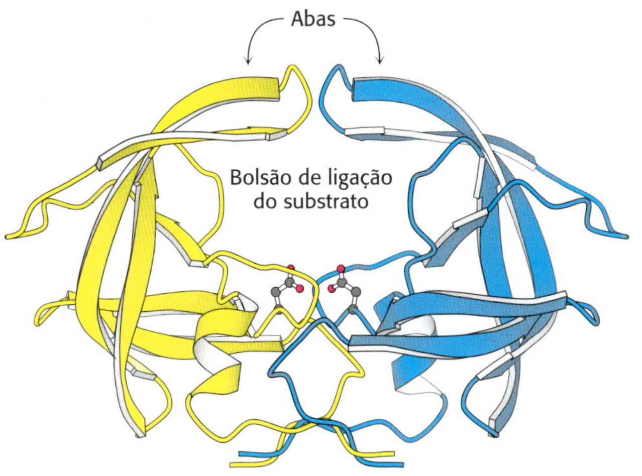


**FIGURA 9.18 Protease do HIV, uma aspartil protease dimérica.** A protease é um dímero de subunidades idênticas, mostradas em azul e amarelo, cada uma constituída de 99 aminoácidos. *Observe* a posição dos resíduos de ácido aspártico do sítio ativo, um de cada cadeia, que são mostrados como estruturas em esferas e bastões. As abas fecham-se sobre o bolsão de ligação do substrato após a ligação do mesmo. [Desenhada de 3PHV.pdb.]

metálico ligado, quase sempre zinco, que ativa uma molécula de água para atuar como nucleófilo, de modo a atacar o grupo carbonila do peptídio. A enzima bacteriana termolisina e a enzima digestiva carboxipeptidase A são exemplos clássicos das proteases dependentes de zinco. A termolisina, mas não a carboxipeptidase A, é um membro de uma grande família diversificada de proteases homólogas dependentes de zinco que inclui as metaloproteases da matriz, enzimas que catalisam as reações no remodelamento e na degradação dos tecidos.

Em cada uma dessas três classes de enzimas, o sítio ativo apresenta características que atuam para (1) ativar uma molécula de água ou outro nucleófilo, (2) polarizar o grupo carbonila do peptídio e (3) estabilizar um intermediário tetraédrico (Figura 9.17).

## Os inibidores das proteases são fármacos importantes

Devido às funções biológicas fundamentais das proteases, essas enzimas constituem importantes alvos de fármacos. Por exemplo, o captopril, um *inibidor de protease* utilizado para regular a pressão arterial, constitui um dos numerosos inibidores da enzima conversora de angiotensina (ECA), uma metaloprotease. O indinavir (Crixivan), o retrovir e vários outros compostos utilizados no tratamento da AIDS são inibidores da protease do HIV (Figura 9.18), que é uma aspartil protease. A protease do HIV cliva proteínas virais de múltiplos domínios, convertendo-as em suas formas ativas; o bloqueio desse processo impede por completo a infecciosidade do vírus. Os inibidores da protease do HIV, em associação com os inibidores de outras enzimas essenciais do HIV, reduziram drasticamente a taxa de mortalidade da AIDS, supondo que o custo do tratamento possa ser coberto (ver Figura 28.21). Em muitos casos, esses fármacos converteram a sentença de morte da AIDS em uma doença crônica passível de tratamento.

O indinavir assemelha-se ao substrato peptídico da protease do HIV. Esse fármaco é construído em torno de um álcool que imita o intermediário tetraédrico; outros grupos estão presentes para ligar-se aos sítios de reconhecimento $S_2$, $S_1$, $S_1'$ e $S_2'$ da enzima (Figura 9.19). Os estudos de cristalografia de raios X revelaram que, no sítio ativo, o indinavir adota uma conformação que se aproxima da simetria bilateral da enzima (Figura 9.20). O sítio ativo da protease do HIV é coberto por duas abas flexíveis que se dobram na parte superior do inibidor ligado. O grupo OH do álcool central interage com os dois resíduos de aspartato do sítio ativo. Além disso, dois grupos carbonila do inibidor estão ligados a uma molécula de água (não mostrada na Figura 9.20) por ligações de hidrogênio; a água, por sua vez, forma ligações de hidrogênio com um grupo NH peptídico em cada

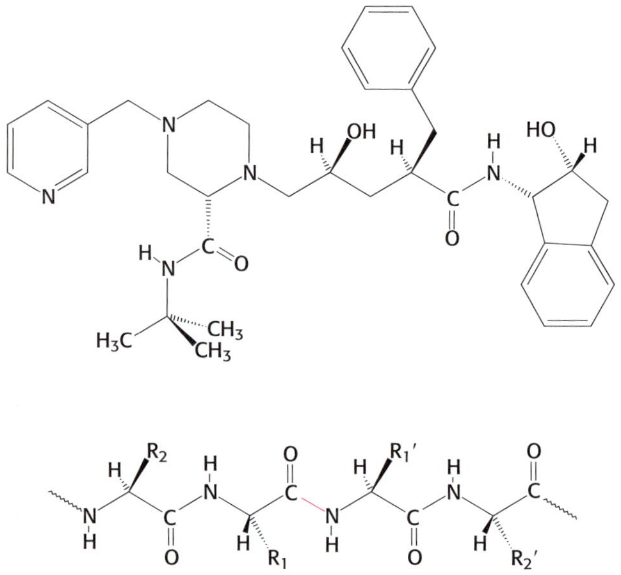


**FIGURA 9.19 Indinavir, um inibidor da protease do HIV.** A figura mostra a estrutura do indinavir (Crixivan) em comparação com a de um substrato peptídico da protease do HIV. A ligação passível de cisão no substrato está destacada em vermelho.

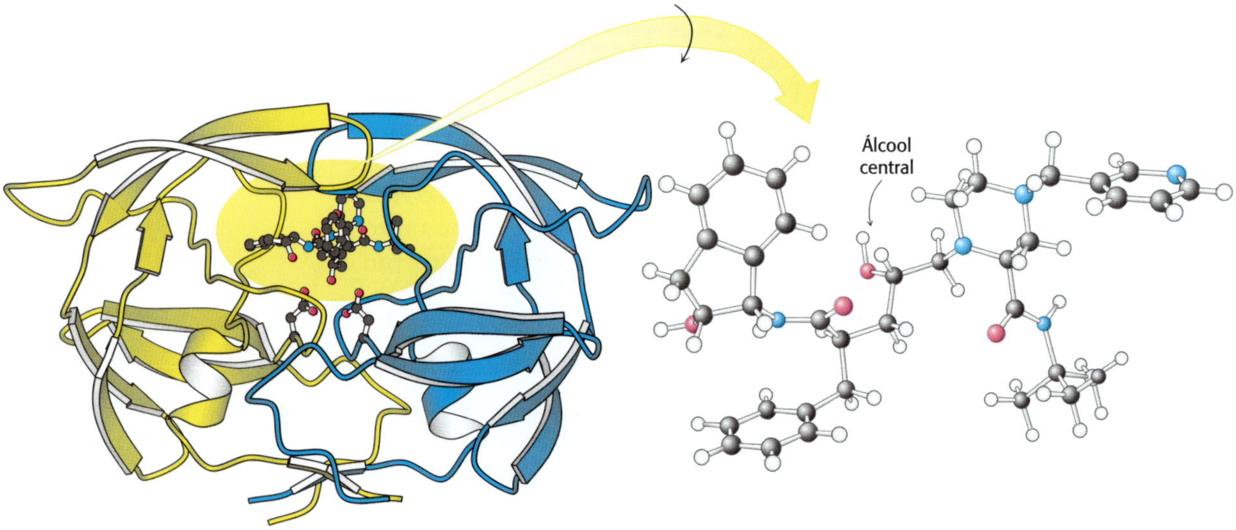


**FIGURA 9.20 Complexo protease do HIV-indinavir.** (À esquerda) A protease do HIV é mostrada com o inibidor indinavir ligado ao sítio ativo. *Observe* a simetria bilateral da estrutura da enzima. (À direita) A rotação do fármaco revela a sua conformação simétrica aproximadamente bilateral. [Desenhada de 1HSH.pdb.]

uma das abas. Essa interação do inibidor com a água e com a enzima não é possível nas aspartil proteases celulares, como a renina. Por conseguinte, a interação pode contribuir para a especificidade do indinavir para a protease do HIV. A fim de evitar a ocorrência de efeitos colaterais, os inibidores de protease usados como fármacos precisam ser específicos para determinada enzima sem inibir outras proteínas do corpo.

## 9.2 As anidrases carbônicas aceleram uma reação rápida

O dióxido de carbono é um importante produto final do metabolismo aeróbico. Nos mamíferos, esse dióxido de carbono é liberado no sangue e transportado até os pulmões para ser eliminado na expiração. Nos eritrócitos, o dióxido de carbono reage com a água (ver Capítulo 7, seção 7.3). O produto dessa reação é um ácido moderadamente forte, o ácido carbônico (p$K_a$ = 3,5), que é convertido em íon bicarbonato ($HCO_3^-$) com a perda de um próton.

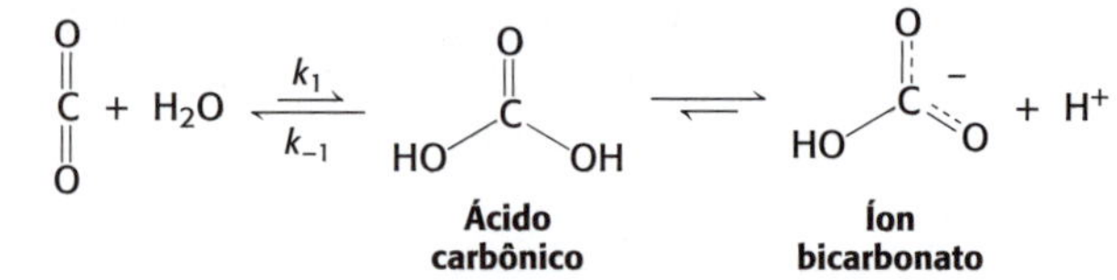

Mesmo na ausência de um catalisador, essa reação de hidratação ocorre em uma velocidade moderadamente rápida. A 37°C e perto do pH neutro, a constante de velocidade de segunda ordem $k_1$ é de 0,0027 $M^{-1}$ $s^{-1}$. Esse valor corresponde a uma constante de velocidade efetiva de primeira ordem de 0,15 $s^{-1}$ na água ($[H_2O]$ = 55,5 M). A reação inversa, isto é, a desidratação do $HCO_3^-$, é ainda mais rápida, com constante de velocidade $k_{-1}$ = 50 $s^{-1}$. Essas constantes de velocidade correspondem a uma constante de equilíbrio de $K_1$ = 5,4 × $10^{-5}$ e a uma razão entre $[CO_2]$ e $[H_2CO_3]$ de 340:1 em equilíbrio.

A hidratação do dióxido de carbono e a desidratação do $HCO_3^-$ são frequentemente acopladas a processos rápidos, particularmente processos de transporte. Assim, quase todos os organismos contêm enzimas, denominadas *anidrases carbônicas*, que aumentam a velocidade da reação além da velocidade espontânea já razoável. Por exemplo, as anidrases carbônicas desidratam o $HCO_3^-$ no sangue, formando $CO_2$ para ser exalado durante a passagem do sangue pelos pulmões. Em contrapartida, convertem o $CO_2$ em $HCO_3^-$ para produzir o humor aquoso nos olhos e em outras secreções. Além disso, tanto o $CO_2$ quanto o $HCO_3^-$ são substratos e produtos para uma variedade de enzimas, e a interconversão rápida dessas espécies pode ser necessária para assegurar níveis apropriados de substrato. Foram encontradas mutações em algumas anidrases carbônicas associadas à osteopetrose (formação excessiva de ossos densos acompanhada de anemia) e à deficiência intelectual.

As anidrases carbônicas aceleram acentuadamente a hidratação do $CO_2$. As enzimas mais ativas hidratam o $CO_2$ em velocidades tão altas quanto $k_{cat}$ = $10^6$ $s^{-1}$, ou um milhão de vezes por segundo por molécula de enzima. Processos físicos fundamentais como a difusão e a transferência de prótons normalmente limitam a velocidade de hidratação, de modo que as enzimas empregam estratégias especiais para alcançar essas velocidades prodigiosas.

## A anidrase carbônica contém um íon zinco ligado que é essencial para a atividade catalítica

Menos de 10 anos após a descoberta da anidrase carbônica em 1932, foi constatado que essa enzima continha um íon zinco ligado. Além disso, o íon zinco parecia ser necessário para a atividade catalítica. Essa descoberta, que foi notável na época, fez da anidrase carbônica a primeira enzima conhecida contendo zinco. Na atualidade, são conhecidas centenas de enzimas que contêm zinco. De fato, mais de um terço de todas as enzimas contêm íons metálicos ligados ou necessitam da adição desses íons para a sua atividade. Os íons metálicos têm várias propriedades que aumentam a reatividade química: suas cargas positivas; sua capacidade de formar ligações fortes, porém cineticamente lábeis; e, em alguns casos, a sua capacidade de permanecer estáveis em mais de um estado de oxidação. A reatividade química dos íons metálicos explica por que as estratégias catalíticas que empregam íons metálicos foram adotadas durante toda a evolução.

Os estudos de cristalografia de raios X forneceram informações mais detalhadas e diretas sobre o local do zinco na anidrase carbônica. Os seres humanos têm, pelo menos, sete anidrases carbônicas, cada uma delas com o seu próprio gene. Todas são claramente homólogas, conforme demonstrado pela identidade substancial de sequência. A anidrase carbônica II, uma importante proteína encontrada nos eritrócitos, tem sido a mais extensamente estudada (Figura 9.21). Trata-se também de uma das anidrases carbônicas mais ativas.

O zinco é encontrado apenas no estado +2 em sistemas biológicos. Um átomo de zinco está essencialmente sempre ligado a quatro ou mais ligantes; na anidrase carbônica, três sítios de coordenação são ocupados pelos

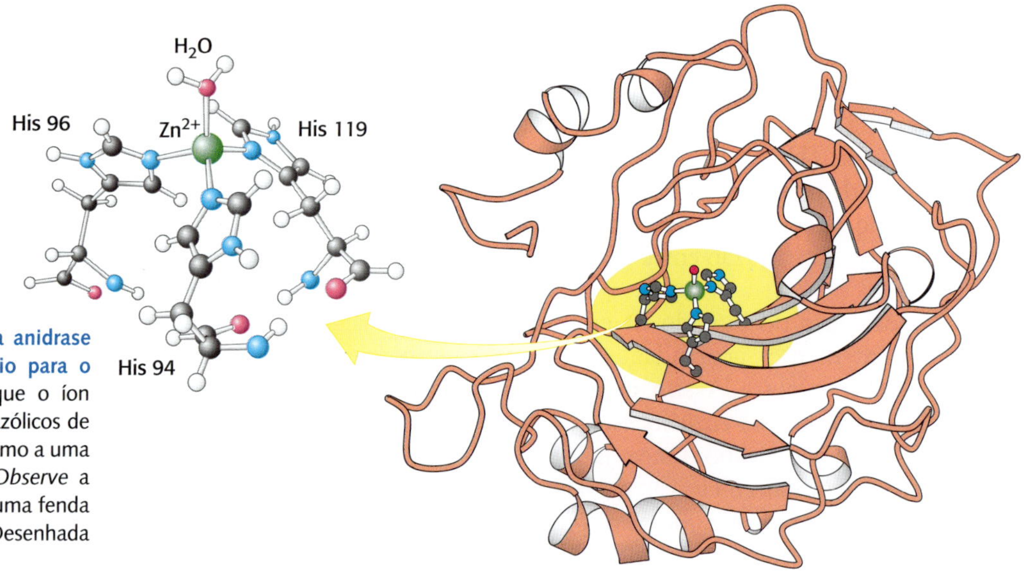


**FIGURA 9.21 A estrutura da anidrase carbônica II humana e seu sítio para o zinco.** (À esquerda) *Observe* que o íon zinco está ligado aos anéis imidazólicos de três resíduos de histidina, bem como a uma molécula de água. (À direita) *Observe* a localização do sítio de zinco em uma fenda próxima ao centro da enzima. [Desenhada de 1CA2.pdb.]

anéis imidazólicos de três resíduos de histidina, e um sítio de coordenação adicional é ocupado por uma molécula de água (ou por um íon hidróxido, dependendo do pH). Como as moléculas que ocupam os sítios de coordenação são neutras, a carga global na unidade Zn(His)$_3$ continua sendo +2.

## A catálise acarreta a ativação de uma molécula de água pelo zinco

Como esse complexo de zinco facilita a hidratação do dióxido de carbono? Uma pista importante provém do perfil de pH da hidratação do dióxido de carbono catalisada enzimaticamente (Figura 9.22).

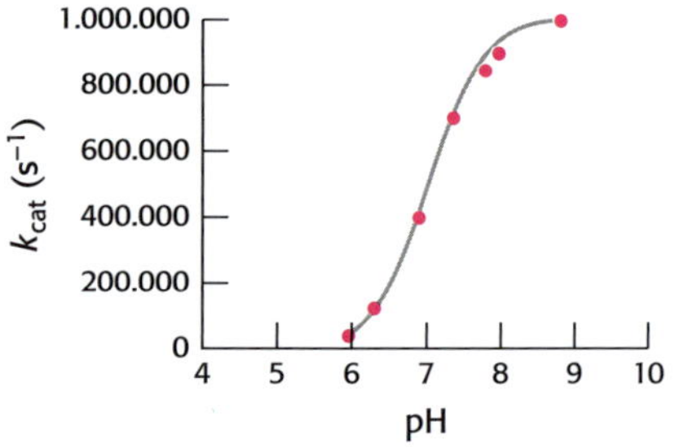


**FIGURA 9.22 Efeito do pH sobre a atividade da anidrase carbônica.** Mudanças do pH alteram a velocidade de hidratação do dióxido de carbono catalisada pela anidrase carbônica II. A enzima tem uma atividade máxima em pH alto.

Em pH 8, a reação ocorre próximo à sua velocidade máxima. À medida que o pH vai diminuindo, a velocidade da reação cai. O ponto médio dessa transição situa-se próximo do pH 7, sugerindo que um grupo que perde um próton em pH 7 (p$K_a$ = 7) desempenha um papel importante na atividade da anidrase carbônica. Além disso, a curva sugere que a forma desprotonada (pH alto) desse grupo participa mais efetivamente na catálise. Embora alguns aminoácidos, notavelmente a histidina, tenham valores de p$K_a$ próximos a 7, *diversas evidências mostram que o grupo responsável por essa transição não é um aminoácido, mas a molécula de água ligada ao zinco.*

A ligação de uma molécula de água ao centro do zinco de carga positiva reduz o p$K_a$ da molécula de água de 15,7 para 7 (Figura 9.23). Com a redução do valor de p$K_a$, a molécula de água pode perder um próton em pH neutro com mais facilidade, gerando uma concentração substancial de íon hidróxido (ligado ao átomo de zinco). Um íon hidróxido (OH$^-$) ligado ao zinco atua como um poderoso nucleófilo, capaz de atacar o dióxido de carbono muito mais prontamente do que a água. Adjacente ao sítio do zinco, a anidrase carbônica também apresenta uma placa hidrofóbica que atua como sítio de ligação para o dióxido de carbono (Figura 9.24). Com base nessas observações, pode-se aventar um mecanismo simples para a hidratação do dióxido de carbono (Figura 9.25):

**1.** O íon zinco facilita a liberação de um próton de uma molécula de água, gerando um íon hidróxido.

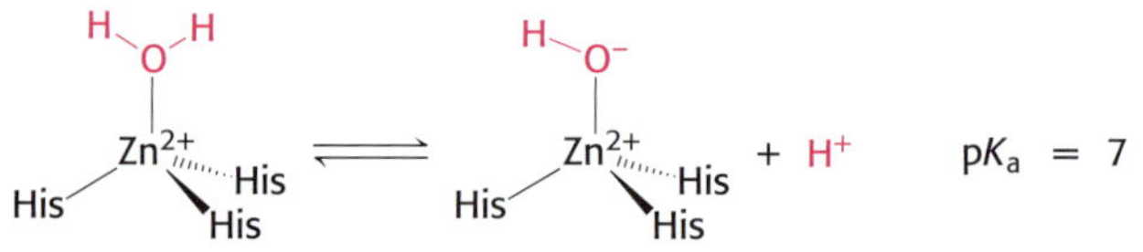


**FIGURA 9.23 O p$K_a$ da água ligada ao zinco.** A ligação ao zinco reduz o valor de p$K_a$ da água de 15,7 para 7.

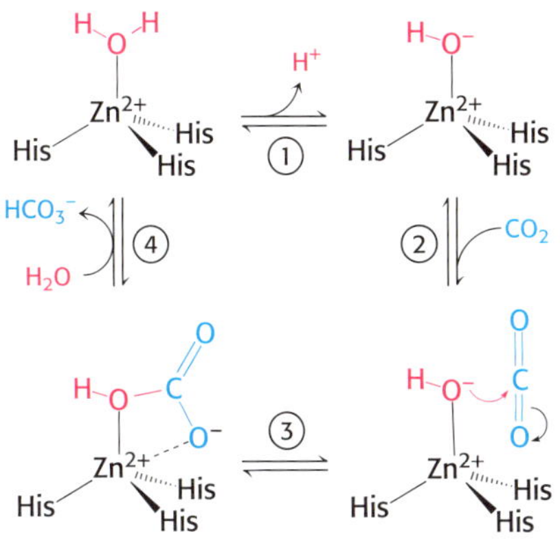


**FIGURA 9.25 Mecanismo da anidrase carbônica.** O mecanismo do hidróxido ligado ao zinco para a hidratação do dióxido de carbono revela um aspecto da catálise de íons metálicos. A reação ocorre em quatro etapas: (1) desprotonação da água, (2) ligação do dióxido de carbono, (3) ataque nucleofílico ao dióxido de carbono pelo hidróxido, e (4) deslocamento do íon bicarbonato pela água.

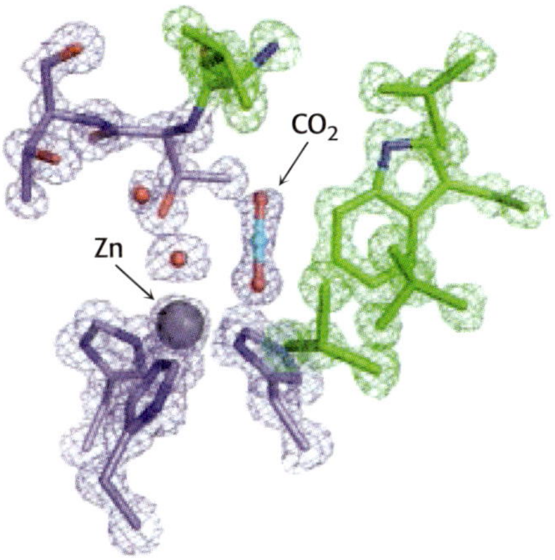


**FIGURA 9.24 Sítio de ligação do dióxido de carbono.** Cristais de anidrase carbônica foram expostos ao gás dióxido de carbono em alta pressão e baixa temperatura, e foram coletados os dados de difração dos raios X. A densidade eletrônica do dióxido de carbono, claramente visível em local adjacente ao zinco e à sua água ligada, revela o sítio de ligação do dióxido de carbono. Os aminoácidos hidrofóbicos estão indicados pela cor verde, enquanto aqueles na cor magenta são hidrofílicos. [Informação de J. F. Domsic *et al.*, *J. Biol. Chem.* 283:30766–30771, 2008.]

**2.** O substrato dióxido de carbono liga-se ao sítio ativo da enzima e é posicionado para reagir com o íon hidróxido.

**3.** O íon hidróxido ataca o dióxido de carbono, convertendo-o em íon bicarbonato, $HCO_3^-$.

**4.** O sítio catalítico é regenerado com a liberação de $HCO_3^-$ e a ligação de outra molécula de água.

Por conseguinte, a ligação de uma molécula de água ao íon zinco favorece a formação do estado de transição ao facilitar a liberação de próton e ao posicionar a molécula de água em estreita proximidade com o outro reagente.

Os estudos de *um sistema de um análogo sintético como modelo* fornecem evidências para a plausibilidade desse mecanismo. Um ligante sintético simples liga-se ao zinco por intermédio de quatro átomos de nitrogênio (em comparação com três átomos de nitrogênio da histidina na enzima), como mostra a Figura 9.26. Uma molécula de água permanece ligada ao íon zinco no complexo. As medições diretas revelam que essa molécula de água apresenta um valor de p$K_a$ de 8,7, não tão baixo quanto o valor da molécula de água na anidrase carbônica, porém substancialmente mais baixo que o valor da água livre. Em pH 9,2, esse complexo acelera a hidratação do dióxido carbono em mais de 100 vezes. Embora a sua velocidade de catálise seja muito menos eficiente que a da catálise pela anidrase carbônica, o sistema modelo sugere fortemente a probabilidade de o mecanismo do hidróxido ligado ao zinco estar correto. As anidrases carbônicas evoluíram para utilizar a reatividade intrínseca de um íon hidróxido ligado ao zinco como um potente catalisador.

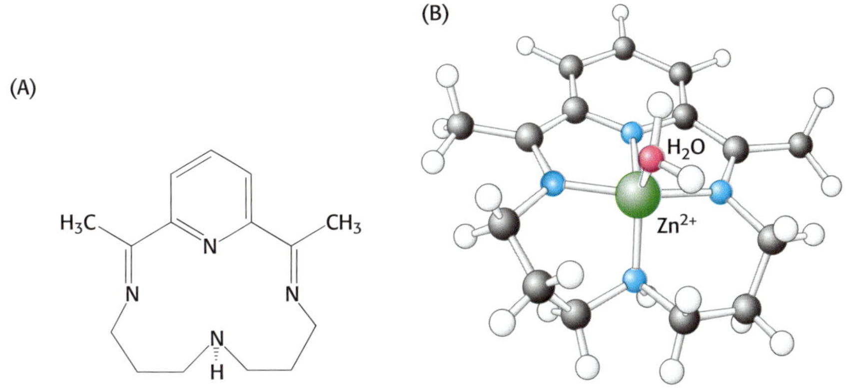


**FIGURA 9.26 Um sistema de um análogo sintético como modelo para a anidrase carbônica.** **A.** Um composto orgânico capaz de se ligar ao zinco foi sintetizado como modelo para a anidrase carbônica. O complexo de zinco com esse ligante acelera a hidratação do dióxido de carbono em mais de 100 vezes em condições apropriadas. **B.** Estrutura do suposto complexo ativo mostrando o zinco ligado ao ligante e a uma molécula de água.

## Uma lançadeira de prótons facilita a rápida regeneração da forma ativa da enzima

Conforme assinalado anteriormente, algumas anidrases carbônicas podem hidratar o dióxido de carbono em velocidades de até um milhão de vezes por segundo ($10^6$ $s^{-1}$). A magnitude dessa velocidade pode ser compreendida a partir das seguintes observações. Na primeira etapa de uma reação de hidratação do dióxido de carbono, a molécula de água ligada ao zinco precisa perder um próton para regenerar a forma ativa da enzima (Figura 9.27). A velocidade da reação reversa, isto é, a protonação do íon hidróxido ligado ao zinco, é limitada pela taxa de difusão de prótons. Os prótons difundem muito rápido, com constantes de velocidade de segunda ordem próximos de $10^{11}$ $M^{-1}$ $s^{-1}$. Por conseguinte, a constante de velocidade reversa $k^{-1}$ precisa ser inferior a $10^{11}$ $M^{-1}$ $s^{-1}$. Como a constante de equilíbrio $K$ é igual a $k_1/k_{-1}$, a constante de velocidade da reação direta é fornecida por $k_1 = K \times k^{-1}$. Assim, se $k^{-1} \leq 10^{11}$ $M^{-1}$ $s^{-1}$ e $K = 10^{-7}$ M (visto que p$K_a$ = 7), então $k_1$ precisa ser inferior ou igual a $10^4$ $s^{-1}$. Em outras palavras, a taxa de difusão de prótons limita a taxa de sua liberação para menos de $10^4$ $s^{-1}$ para um grupo com p$K_a$ = 7. Entretanto, se o dióxido de carbono for hidratado a uma velocidade de $10^6$ $s^{-1}$, então cada etapa no mecanismo (Figura 9.25) precisa ocorrer pelo menos nessa velocidade. Como esse aparente paradoxo é resolvido?

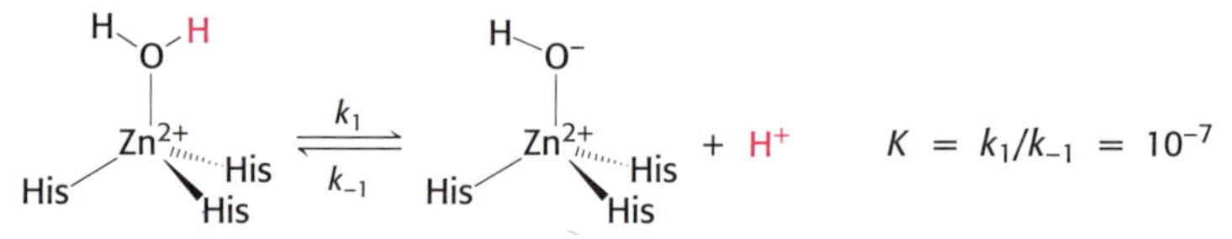


**FIGURA 9.27 Cinética da desprotonação da água.** As cinéticas da desprotonação e protonação da molécula de água ligada ao zinco na anidrase carbônica.

A resposta ficou clara com o reconhecimento de que *as maiores velocidades de hidratação de dióxido de carbono necessitam da presença de um tampão, o que sugere que os componentes do tampão participam na reação.* O tampão pode ligar-se a prótons ou pode liberá-los. A vantagem é que, enquanto as concentrações de prótons e de íons hidróxido estão limitadas a $10^{-7}$ M em pH neutro, a concentração de componentes do tampão pode ser muito mais alta, da ordem de vários milimols. Se o componente $BH^+$ do tampão tiver um valor de p$K_a$ de 7 (equivalente ao da molécula de água ligada ao zinco), a constante de equilíbrio da reação na Figura 9.28 será 1. A taxa de retirada de prótons é dada por $k_1' \times [B]$. As constantes de velocidade de segunda ordem $k_1'$e $k_{-1}'$ serão limitadas pela difusão do tampão a valores abaixo de aproximadamente $10^9$ $M^{-1}$ $s^{-1}$. Por conseguinte, concentrações de tampão acima de [B] = $10^{-3}$ M (ou 1 mM) podem ser altas o suficiente para sustentar uma velocidade de hidratação do dióxido de carbono de $10^6$ $M^{-1}$ $s^{-1}$, visto que $k_1' \cdot \times [B] = (10^9\ M^{-1} s^{-1}) \times (10^{-3}\ M) = 10^6\ s^{-1}$. A predição de que a velocidade aumenta com concentrações crescentes de tampão foi confirmada experimentalmente (Figura 9.29).

Os componentes moleculares de muitos tampões são demasiado grandes para alcançar o sítio ativo da anidrase carbônica. A anidrase carbônica II desenvolveu uma *lançadeira de prótons* para possibilitar a participação de componentes do tampão na reação a partir da solução. O principal componente dessa lançadeira é a histidina 64. Esse resíduo transfere prótons da molécula de água ligada ao zinco para a superfície da proteína e, em seguida, para o tampão (Figura 9.30). Dessa maneira, a função catalítica

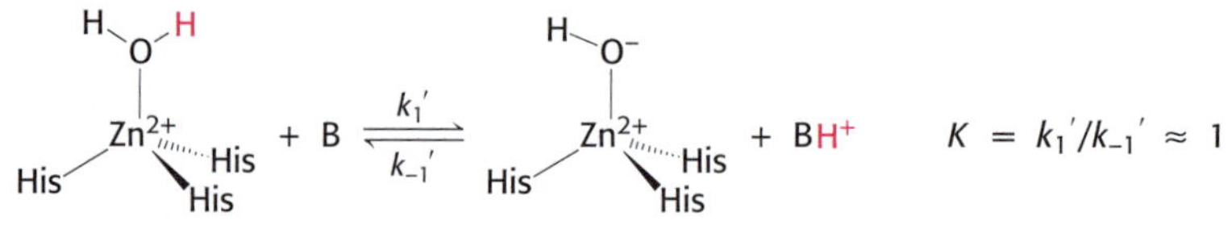


**FIGURA 9.28 Efeito do tampão na desprotonação.** A desprotonação da molécula de água ligada ao zinco na anidrase carbônica é auxiliada pelo componente B do tampão.

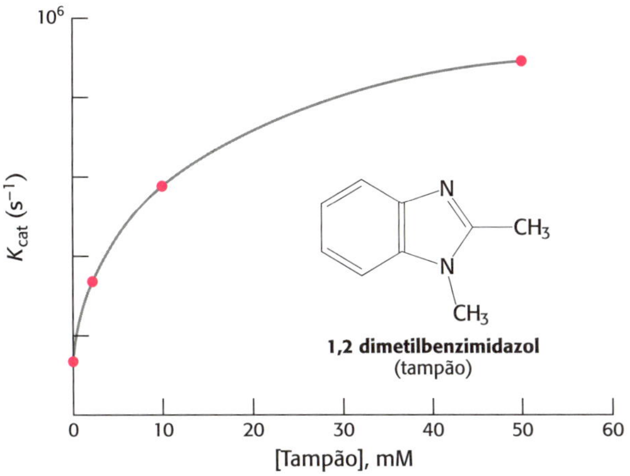


**FIGURA 9.29 O efeito da concentração de tampão sobre a velocidade de hidratação do dióxido de carbono.** A velocidade de hidratação do dióxido de carbono aumenta com a concentração do tampão 1,2-dimetilbenzimidazol. O tampão faz com que a enzima alcance a sua alta velocidade de catálise.

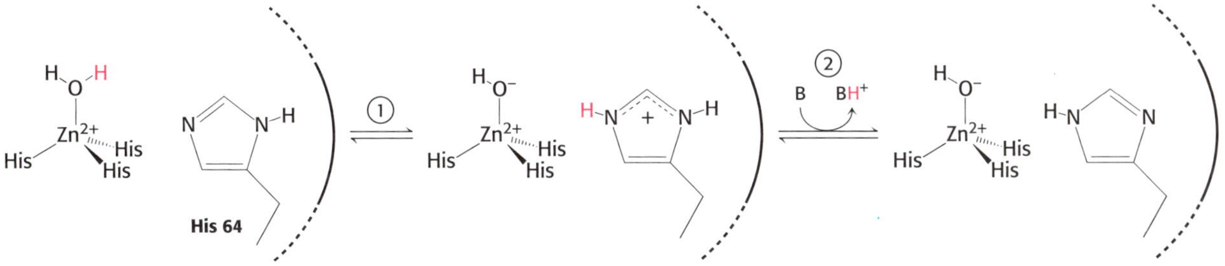


**FIGURA 9.30 Lançadeira de prótons da histidina.** (1) A histidina 64 retira um próton da molécula de água ligada ao zinco, gerando um íon hidróxido nucleofílico e uma histidina protonada. (2) O tampão (B) remove um próton da histidina, regenerando a forma desprotonada.

foi intensificada pela evolução de um sistema de controle de transferência de prótons a partir do sítio ativo e para ele. Como os prótons participam de muitas reações bioquímicas, a manipulação do conjunto de prótons dentro dos sítios ativos é crucial para a função de muitas enzimas e explica a proeminência da catálise acidobásica.

## 9.3 As enzimas de restrição catalisam reações de clivagem do DNA altamente específicas

Consideraremos a seguir uma reação de hidrólise que resulta em clivagem do DNA. As bactérias e as arqueias desenvolveram mecanismos para se proteger das infecções virais. Muitos vírus injetam seus genomas de DNA dentro de células; uma vez no seu interior, o DNA viral assume a maquinaria da célula para acionar a produção de proteínas virais e, por fim, da progênie de vírus. Com frequência, uma infecção viral resulta na morte da célula hospedeira. Uma importante estratégia protetora para o hospedeiro consiste em utilizar *endonucleases de restrição* (enzimas de restrição) para degradar o DNA viral quando este é introduzido em uma célula. Essas enzimas reconhecem sequências particulares de bases, denominadas *sequências de reconhecimento* ou *sítios de reconhecimento*, em seu DNA-alvo e clivam esse DNA em posições definidas. Já consideramos a utilidade dessas enzimas importantes na dissecção de genes e genomas (ver Capítulo 5, seção 5.1). A classe mais bem estudada de enzimas de restrição compreende as enzimas de restrição tipo II, que clivam o DNA *dentro* de suas sequências de reconhecimento. Outros tipos de enzimas de restrição clivam o DNA em posições ligeiramente distantes de seus sítios de reconhecimento.

As endonucleases de restrição devem exibir uma enorme especificidade em dois níveis. No primeiro, não devem degradar o DNA do hospedeiro que contém as sequências de reconhecimento. No segundo, precisam clivar apenas as moléculas de DNA que contenham sítios de reconhecimento (daqui para a frente, designadas como *DNA cognato*), sem, contudo, clivar as moléculas de DNA que carecem desses sítios. Como essas enzimas conseguem degradar o DNA viral e, ao mesmo tempo, preservar o seu próprio DNA? Na *E. coli*, a endonuclease de restrição *Eco*RV cliva moléculas de DNA virais de dupla fita que contêm a sequência `5'-GATATC-3'`, porém deixa intacto o DNA do hospedeiro contendo centenas dessas sequências. No fim desta seção, retornaremos à estratégia pela qual as células hospedeiras protegem o seu próprio DNA.

As enzimas de restrição devem clivar o DNA apenas nos sítios de reconhecimento sem clivar outros locais. Suponhamos que uma sequência de reconhecimento tenha seis pares de base de reconhecimento. Como existem $4^6$ ou 4.096 sequências com seis pares de bases, a concentração de sítios que não devem ser clivados será aproximadamente 4 mil vezes maior do que a concentração de sítios que devem ser clivados. Por conseguinte, para não danificar o DNA da célula hospedeira, as enzimas de restrição precisam clivar moléculas do DNA cognato com eficiência muito maior que 4 mil vezes a eficiência de clivagem de sítios inespecíficos. Voltaremos ao mecanismo empregado para alcançar a alta especificidade necessária após considerarmos a química do processo de clivagem.

## A clivagem ocorre por deslocamento em linha do oxigênio 3′ do fósforo pela água ativada por magnésio

Uma endonuclease de restrição catalisa a hidrólise do esqueleto fosfodiéster do DNA. Especificamente, a ligação entre o átomo de oxigênio 3′ e o átomo de fósforo é rompida. Os produtos dessa reação consistem em fitas de DNA com um grupo hidroxila 3′ livre e um grupo fosforila 5′ no sítio de clivagem (Figura 9.31). Essa reação ocorre por ataque nucleofílico ao átomo de fósforo. Consideraremos dois mecanismos alternativos, sugeridos por analogia com as proteases. A endonuclease de restrição pode clivar o DNA pelo mecanismo 1 por meio de um intermediário covalente empregando um potente nucleófilo (Nu), ou pelo mecanismo 2 por meio de hidrólise direta:

Mecanismo 1 (intermediário covalente)

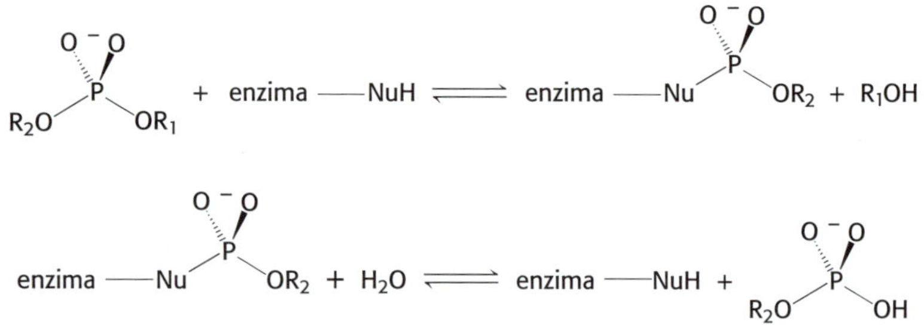


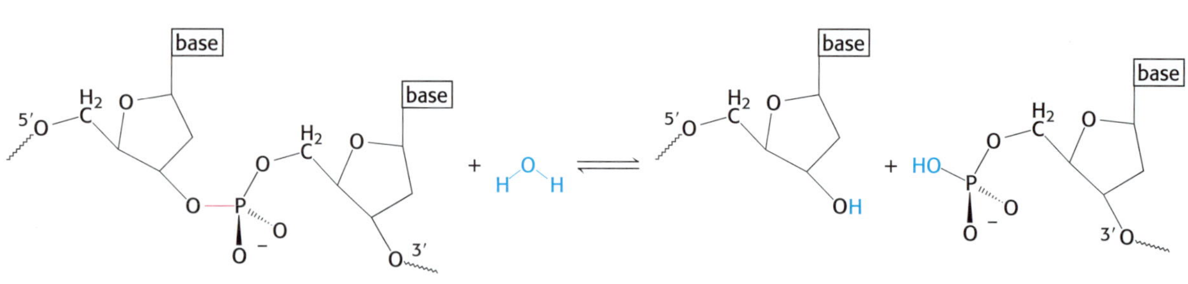


**FIGURA 9.31 Hidrólise de uma ligação fosfodiéster.** Todas as enzimas de restrição catalisam a hidrólise de ligações fosfodiéster do DNA, deixando um grupo fosforila ligado à extremidade 5′. A ligação que é clivada é mostrada em vermelho.

Mecanismo 2 (hidrólise direta)

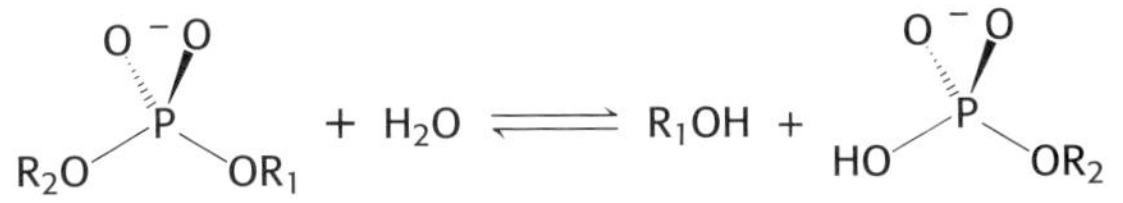

Cada mecanismo postula um nucleófilo diferente para atacar o átomo de fósforo. Em qualquer um dos casos, cada reação ocorre por *deslocamento em linha*:

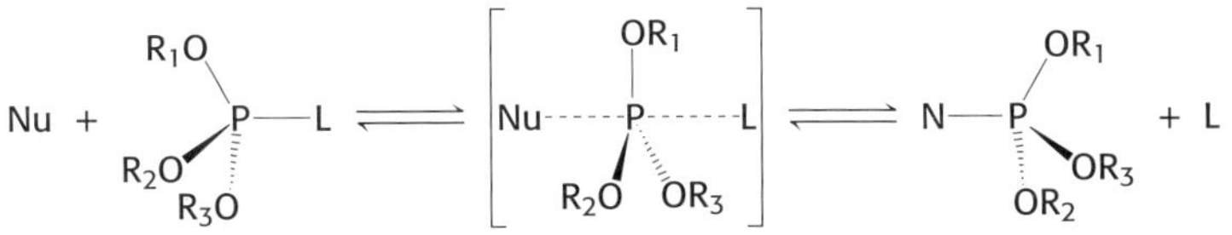

O nucleófilo que chega ataca o átomo de fósforo, e forma-se um estado de transição pentacoordenado. Essa espécie possui uma geometria bipiramidal trigonal centrada no átomo de fósforo, com o nucleófilo que chega em um ápice das duas pirâmides, e o grupo deslocado (o grupo que sai, L do inglês *leaving*) no outro ápice. Observe que o deslocamento inverte a conformação estereoquímica no átomo de fósforo tetraédrico de maneira análoga à interconversão das configurações R e S em torno de um centro tetraédrico de carbono (ver Capítulo 2, seção 2.1).

Os dois mecanismos diferem no número de vezes em que ocorre o deslocamento durante a reação. No primeiro tipo de mecanismo, um nucleófilo na enzima (análogo à serina 195 da quimiotripsina) ataca o grupo fosfato, formando um intermediário covalente. Em uma segunda etapa, esse intermediário é hidrolisado, levando à formação dos produtos finais. Nesse caso, ocorrem duas reações de deslocamento no átomo de fósforo. Consequentemente, a configuração estereoquímica no átomo de fósforo deve ser invertida e, em seguida, mais uma vez invertida, e a configuração global é *conservada*. No segundo tipo de mecanismo, análogo àquele utilizado pela aspartil protease e pelas metaloproteases, uma molécula de água ativada ataca diretamente o átomo de fósforo. Nesse mecanismo, ocorre uma única reação de deslocamento no átomo de fósforo. Por conseguinte, a configuração estereoquímica no átomo de fósforo é *invertida* após a clivagem. Para determinar qual o mecanismo correto, examinaremos a estereoquímica no átomo de fósforo após a clivagem.

Uma dificuldade é o fato de que a estereoquímica não é facilmente observada, visto que dois dos grupos ligados ao átomo de fósforo são átomos de oxigênio simples, idênticos um ao outro. Essa dificuldade pode ser contornada pela substituição de um átomo de oxigênio por enxofre (produzindo uma espécie denominada fosforotioato). Consideremos a endonuclease *Eco*RV. Essa enzima cliva a ligação fosfodiéster entre T e A no centro da sequência de reconhecimento `5'-GATATC-3'`. A primeira etapa consiste na síntese de um substrato apropriado para a *Eco*RV contendo fosforotioatos nos sítios de clivagem (Figura 9.32). Em seguida, a reação é efetuada em água que foi acentuadamente enriquecida em $^{18}O$ para possibilitar a marcação do átomo de oxigênio que chega. A localização do $^{18}O$ em relação ao átomo de enxofre indica se a reação ocorre com inversão ou retenção da estereoquímica. *Esse experimento revelou que a configuração estereoquímica no átomo de fósforo foi invertida apenas uma vez com a clivagem.* Esse resultado é compatível com um ataque direto ao átomo de fósforo pela água e exclui a formação de qualquer intermediário de ligação covalente (Figura 9.33).

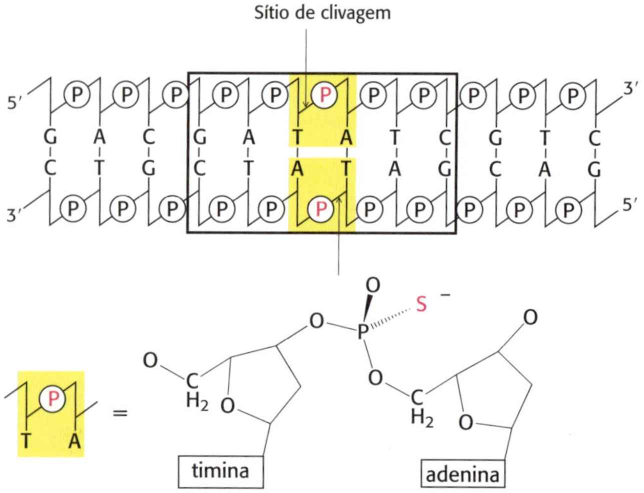


**FIGURA 9.32 Marcação com fosforotioatos.** Os grupos fosforotioatos, em que um dos átomos de oxigênio sem ligação é substituído por um átomo de enxofre, podem ser utilizados para marcar sítios específicos no esqueleto do DNA a fim de determinar o curso estereoquímico global de uma reação de deslocamento. Aqui, um fosforotioato é colocado em sítios que podem ser clivados pela endonuclease *Eco*RV.

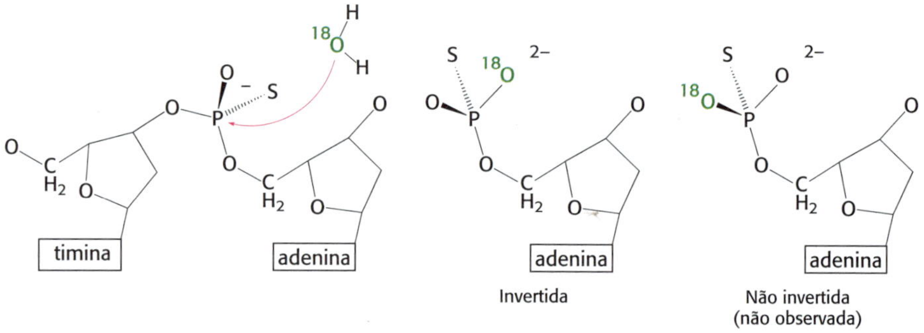


**FIGURA 9.33 Estereoquímica do DNA clivado.** A clivagem do DNA pela endonuclease *Eco*RV resulta em uma inversão global da configuração estereoquímica no átomo de fósforo, conforme indicado pela estereoquímica do átomo de fósforo ligado a um átomo de oxigênio da ligação, um $^{16}O$, um $^{18}O$ e um átomo de enxofre. São mostrados dois possíveis produtos, dos quais apenas um é observado, indicando o ataque direto da água ao átomo de fósforo.

## As enzimas de restrição necessitam de magnésio para a atividade catalítica

Muitas enzimas que atuam em substratos contendo fosfato necessitam de $Mg^{2+}$ ou de algum outro cátion divalente semelhante para a sua atividade. Um ou mais cátions $Mg^{2+}$ (ou cátions semelhantes) são essenciais para a função das endonucleases de restrição. Quais são as funções desses íons metálicos?

A visualização direta do complexo entre a endonuclease *Eco*RV e as moléculas do DNA cognato na presença de $Mg^{2+}$ por cristalização não tem sido possível, visto que a enzima cliva o substrato nessas circunstâncias. Entretanto, os complexos com íons metálicos podem ser visualizados por meio de diversas abordagens. Em uma delas, são preparados cristais de endonuclease *Eco*RV ligados a oligonucleotídios que contêm a sequência de reconhecimento da enzima. Esses cristais crescem na ausência de magnésio para impedir a clivagem; após a sua preparação, os cristais são embebidos em soluções contendo o metal. Como alternativa, foram desenvolvidos cristais com o uso de uma forma mutada da enzima que é menos ativa. Por fim, o $Mg^{2+}$ pode ser substituído por íons metálicos, como o $Ca^{2+}$, que se ligam, mas que não resultam em muita atividade catalítica. Em todos os casos, não ocorre nenhuma clivagem, de modo que as localizações dos sítios de ligação a íons metálicos podem ser prontamente determinadas.

Foi constatada a presença de até três íons metálicos por sítio ativo. Um sítio de ligação de íons é ocupado em praticamente todas as estruturas. Esse íon metálico é coordenado à proteína, por meio de dois resíduos de aspartato, e a um dos átomos de oxigênio do grupo fosfato próximo ao sítio de clivagem. Esse íon metálico liga-se à molécula de água que ataca o átomo de fósforo, ajudando o seu posicionamento e a sua ativação de modo semelhante ao íon $Zn^{2+}$ da anidrase carbônica (Figura 9.34).

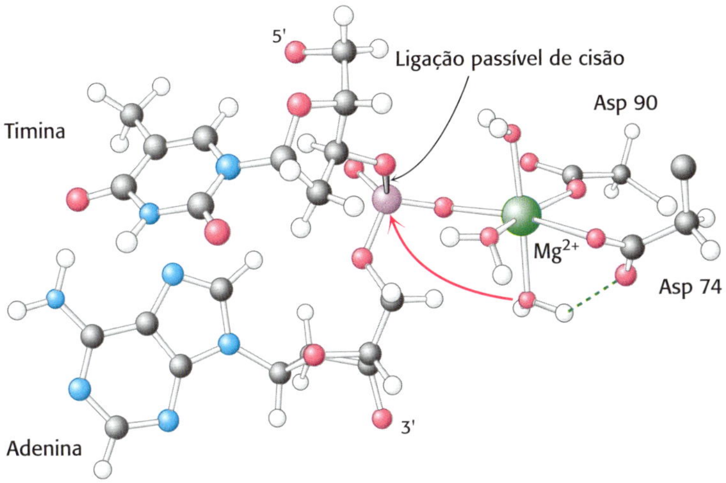


**FIGURA 9.34 Um sítio de ligação do íon magnésio na endonuclease *Eco*RV.** O íon magnésio ajuda a ativar uma molécula de água e a posiciona de modo que possa atacar o átomo de fósforo.

## O aparelho catalítico completo só é montado dentro de complexos de moléculas do DNA cognato, o que assegura especificidade

Podemos agora retomar a questão da especificidade, a característica que define as enzimas de restrição. Na maioria das endonucleases de restrição, as sequências de reconhecimento consistem em *repetições invertidas*. Esse arranjo confere à estrutura tridimensional do sítio de reconhecimento uma *simetria rotacional bilateral* (Figura 9.35).

As enzimas de restrição exibem uma simetria correspondente: trata-se de dímeros cujas duas subunidades estão relacionadas por uma simetria rotacional bilateral. A correspondência de simetria da sequência de reconhecimento e da enzima facilita o reconhecimento do DNA cognato pela enzima. Essa semelhança de estrutura foi confirmada pela determinação da estrutura do complexo entre a endonuclease *Eco*RV e fragmentos de DNA contendo a sua sequência de reconhecimento (Figura 9.36). A enzima envolve o DNA em um abraço apertado.

A afinidade de ligação de uma enzima pelos substratos frequentemente determina sua especificidade. Entretanto, de modo surpreendente, os estudos de ligação realizados na ausência de magnésio demonstraram que a endonuclease *Eco*RV liga-se a todas as sequências, tanto cognatas quanto não cognatas, com afinidade aproximadamente igual. Por que, então, a enzima só cliva sequências cognatas? A resposta é encontrada em um conjunto singular de interações observadas da enzima com a sequência do DNA cognato.

Dentro da sequência `5'-GATATC-3'`, as bases G e A na extremidade 5′ de cada fita e seus pares de Watson-Crick entram em contato direto

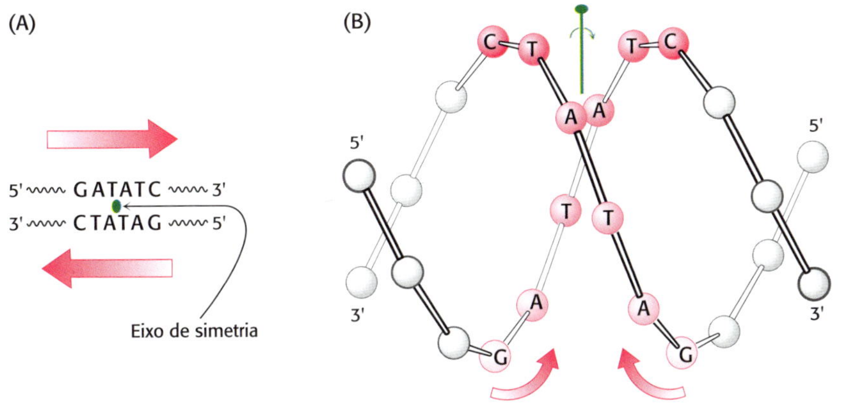


**FIGURA 9.35 Estrutura do sítio de reconhecimento da endonuclease *Eco*RV. A.** A sequência do sítio de reconhecimento, que é simétrica em torno do eixo de rotação representado em verde. **B.** A repetição invertida dentro da sequência de reconhecimento da *Eco*RV (e da maioria das outras endonucleases de restrição) confere ao sítio do DNA uma simetria rotacional bilateral.

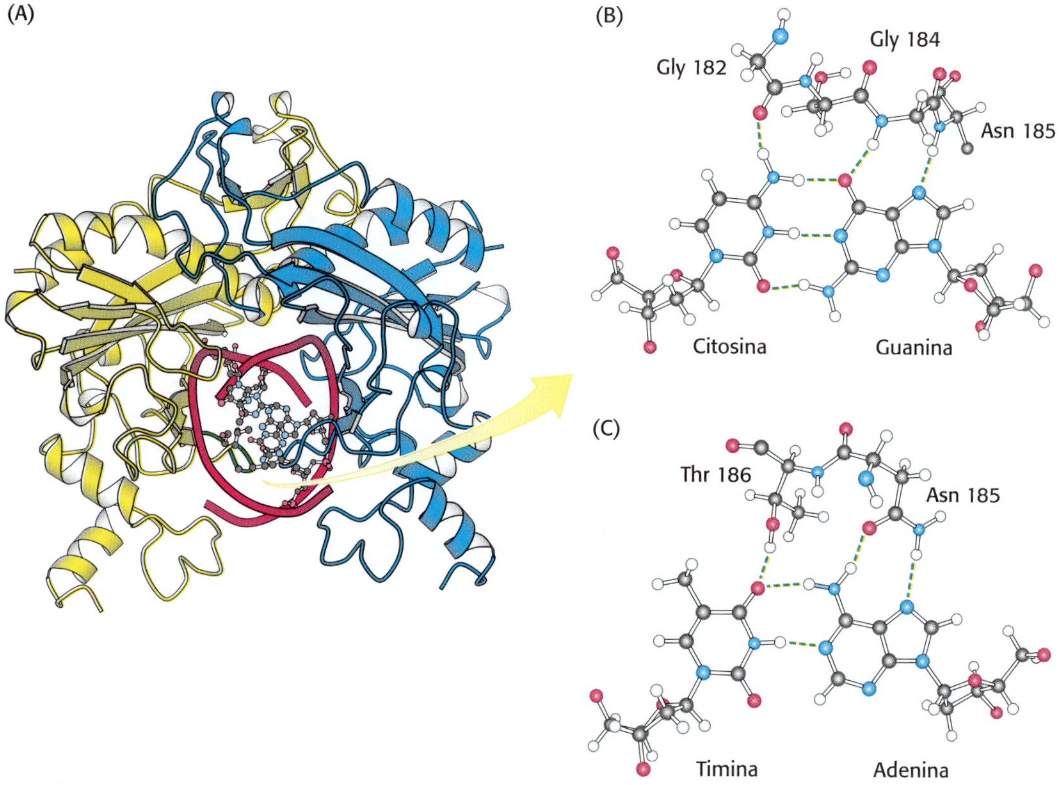


**FIGURA 9.36** ***Eco*RV envolvendo uma molécula do DNA cognato.** **A.** Essa vista da estrutura da endonuclease *Eco*RV ligada a um fragmento de DNA cognato está abaixo do eixo helicoidal do DNA. As duas subunidades de proteína estão em amarelo e azul, enquanto o esqueleto do DNA está em vermelho. *Observe* que os eixos bilaterais do dímero da enzima e do DNA estão alinhados. Uma das alças de ligação do DNA (em verde) da endonuclease *Eco*RV é mostrada interagindo com os pares de base em seu sítio de ligação ao DNA cognato. Os resíduos de aminoácidos-chave são mostrados fazendo ligações de hidrogênio com (**B**) um par de bases CG e (**C**) um par de bases AT. [Desenhada de 1RVB.pdb.]

com a enzima por ligações de hidrogênio com resíduos localizados em duas alças, cada uma se projetando a partir da superfície de cada subunidade da enzima (Figura 9.36). A característica mais notável desse complexo consiste na *distorção do DNA*, que fica substancialmente dobrado no centro (Figura 9.37). Os dois pares de base TA centrais na sequência de reconhecimento desempenham um papel essencial na produção da dobra. Eles não estabelecem contato com a enzima, mas parecem ser necessários devido à sua facilidade de distorção. Sabe-se que a sequência `5'-TA-3'` está entre os pares de bases mais facilmente deformados.

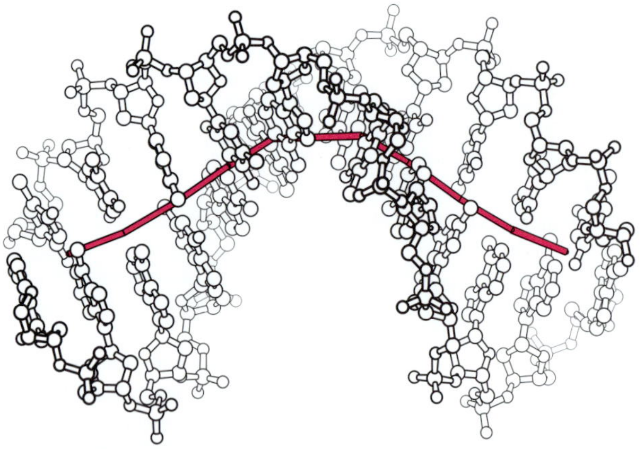

**FIGURA 9.37 Distorção do sítio de reconhecimento.** O DNA está representado em um modelo de esferas e bastões. O trajeto do eixo helicoidal do DNA, mostrado em vermelho, é substancialmente distorcido com a ligação à enzima. Para a forma B do DNA, o eixo é reto (não mostrado).

As estruturas dos complexos formados com fragmentos de DNA não cognatos são notavelmente diferentes daquelas formadas com o DNA cognato; a conformação do DNA não cognato não é substancialmente distorcida (Figura 9.38). *Essa ausência de distorção tem consequências importantes no que diz respeito à catálise. Nenhum fosfato é posicionado próximo o suficiente dos resíduos de aspartato do sítio ativo para completar um sítio de ligação ao íon magnésio* (Figura 9.34). Consequentemente, os complexos inespecíficos não se ligam aos íons magnésio, e nunca ocorre a montagem do aparelho catalítico completo. A distorção do substrato e a subsequente ligação do íon magnésio respondem pela especificidade catalítica de mais de 1 milhão de vezes daquela observada na endonuclease *Eco*RV. *Por conseguinte, a especificidade enzimática pode ser determinada pela especificidade de ação da enzima, e não pela especificidade de ligação ao substrato.*

Podemos agora analisar o papel da energia de ligação nessa estratégia para alcançar a especificidade catalítica. O DNA distorcido estabelece contatos adicionais com a enzima, aumentando a energia de ligação. Entretanto, esse aumento na energia de ligação é cancelado pelo custo energético da distorção do DNA a partir de sua conformação relaxada (Figura 9.39). Assim, no caso da endonuclease *Eco*RV, existe pouca diferença na afinidade de ligação para fragmentos do DNA cognato e inespecíficos. Entretanto, a distorção no complexo cognato afeta drasticamente a catálise ao completar o sítio de ligação ao íon magnésio. Esse exemplo ilustra como as enzimas são capazes de utilizar a energia de ligação disponível para deformar substratos e estabilizá-los para transformação química. As interações que ocorrem dentro do complexo do substrato distorcido estabilizam o estado de transição que leva à hidrólise do DNA.

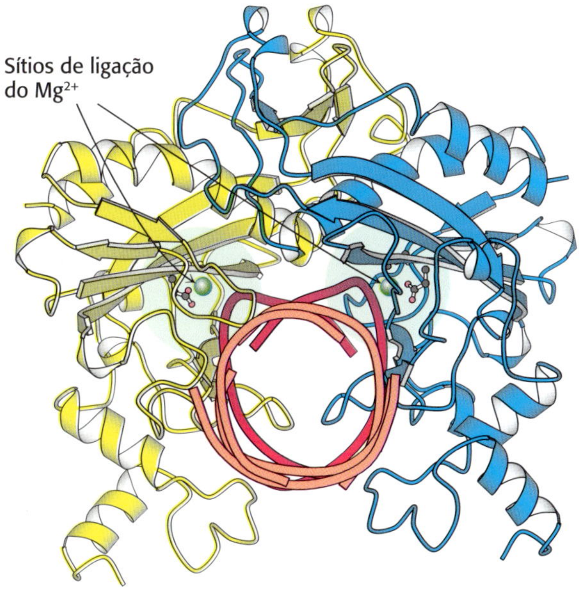


**FIGURA 9.38 DNA inespecífico e cognato dentro da endonuclease *Eco*RV.** Comparação entre as posições do DNA inespecífico (em laranja) e do DNA cognato (em vermelho) dentro da *Eco*RV. *Observe* que, no complexo inespecífico, o esqueleto do DNA está demasiado distante da enzima para completar os sítios de ligação do íon magnésio. [Desenhada de 1RVB.pdb.]

## O DNA da célula hospedeira é protegido pela adição de grupos metila a bases específicas

Como uma célula hospedeira que abriga uma enzima de restrição protege seu próprio DNA? O DNA da célula hospedeira é metilado em bases de adenina específicas dentro das sequências de reconhecimento da célula hospedeira por outras enzimas, denominadas *metilases* (Figura 9.40). Uma endonuclease não irá clivar o DNA se a sua sequência de reconhecimento estiver metilada. Para cada endonuclease de restrição, a célula hospedeira produz uma metilase correspondente que marca o DNA da célula hospedeira no sítio de metilação apropriado. Esses pares de enzimas são designados como *sistemas de restrição-modificação*.

A distorção do DNA explica como a metilação bloqueia a catálise e protege o DNA da célula hospedeira. A *E. coli* hospedeira adiciona um grupo metila ao grupo amino do nucleotídio de adenina na extremidade 5′ da sequência de reconhecimento. A presença do grupo metila bloqueia a formação de uma ligação de hidrogênio entre o grupo amino e o grupo carbonila da cadeia lateral da asparagina 185 (Figura 9.41). Esse resíduo de asparagina está estreitamente ligado aos outros aminoácidos que formam contatos específicos com o DNA. A ausência da ligação de hidrogênio rompe outras

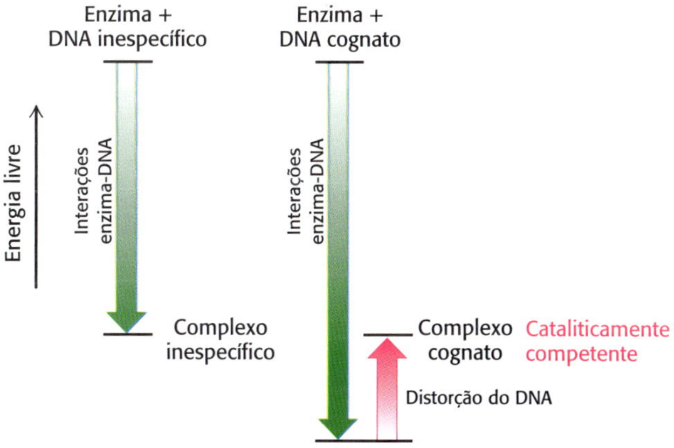


**FIGURA 9.39 Maior energia de ligação da endonuclease *Eco*RV ligada ao DNA cognato *versus* DNA não cognato.** As interações adicionais da endonuclease *Eco*RV com o DNA cognato aumentam e energia de ligação, que pode ser utilizada para implementar as distorções do DNA necessárias para formar um complexo cataliticamente competente.

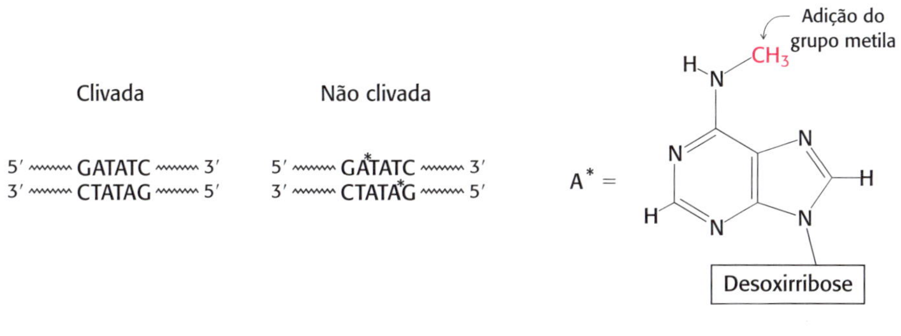


**FIGURA 9.40 Proteção por metilação.** A sequência de reconhecimento na endonuclease *Eco*RV (à esquerda) e os sítios de metilação (à direita) no DNA protegido da ação catalítica da enzima.

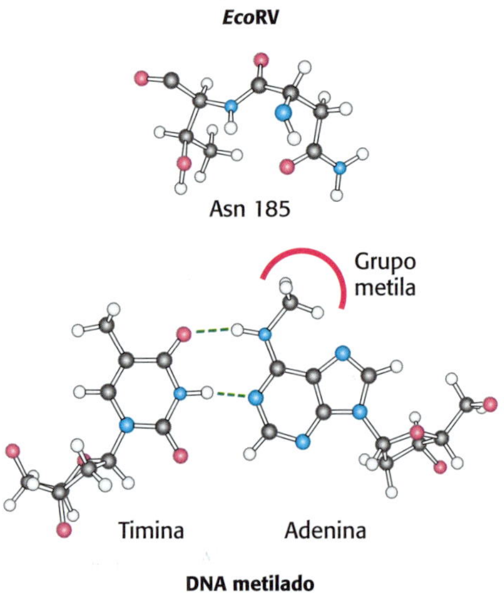


**FIGURA 9.41 Metilação da adenina.** A metilação da adenina bloqueia a formação de ligação de hidrogênio entre a endonuclease *Eco*RV e as moléculas do DNA cognato, impedindo a sua hidrólise.

interações da enzima com o substrato do DNA, e não ocorre a distorção necessária para a clivagem.

### As enzimas de restrição tipo II apresentam um cerne catalítico em comum e provavelmente estão relacionadas por transferência gênica horizontal

As enzimas de restrição tipo II são prevalentes nas arqueias e nas bactérias. O que podemos dizer acerca da história evolutiva dessas enzimas? A comparação das sequências de aminoácidos de uma variedade de endonucleases de restrição tipo II não revelou nenhuma semelhança significativa de sequência entre a maioria dos pares de enzima. Entretanto, um exame cuidadoso das estruturas tridimensionais levando em conta a localização dos sítios ativos revelou a presença de uma estrutura central conservada nas diferentes enzimas.

Essas observações indicam que muitas enzimas de restrição tipo II são, de fato, evolutivamente relacionadas. As análises mais detalhadas das sequências sugerem que as bactérias podem ter obtido genes que codificam essas enzimas a partir de outras espécies por *transferência gênica horizontal*, isto é, pela passagem de segmentos do DNA (como os plasmídios) entre espécies, proporcionando uma vantagem seletiva em determinado ambiente. Por exemplo, a *Eco*RI (de *E. coli*) e a *Rsr*I (de *Rhodobacter sphaeroides*) exibem uma identidade de sequência de 50% em mais de 266 aminoácidos, indicando claramente a existência de uma estreita relação evolutiva. Entretanto, tais espécies de bactérias não são estreitamente aparentadas. Com efeito, *elas parecem ter obtido o gene para essas endonucleases de restrição a partir de uma fonte comum depois da época de sua divergência evolutiva.* Além disso, os códons utilizados pelo gene que codifica a endonuclease *Eco*RI para especificar determinados aminoácidos são notavelmente diferentes daqueles usados pela maioria dos genes de *E. coli*, sugerindo que o gene não se originou da *E. coli*.

A transferência gênica horizontal pode constituir um evento comum. Por exemplo, os genes que inativam os antibióticos são frequentemente transferidos, o que leva à transmissão de resistência a antibióticos de uma espécie para outra. Para os sistemas de restrição-modificação, a proteção contra infecções virais pode ter favorecido a transferência gênica horizontal.

## 9.4 As miosinas aproveitam as mudanças conformacionais das enzimas para acoplar a hidrólise do ATP ao trabalho mecânico

As últimas enzimas que iremos considerar são as miosinas. Essas enzimas catalisam a hidrólise da adenosina trifosfato (ATP) para formar adenosina difosfato (ADP) e fosfato inorgânico ($P_i$), e utilizam a energia associada a essa reação termodinamicamente favorável para acionar o movimento das moléculas dentro das células.

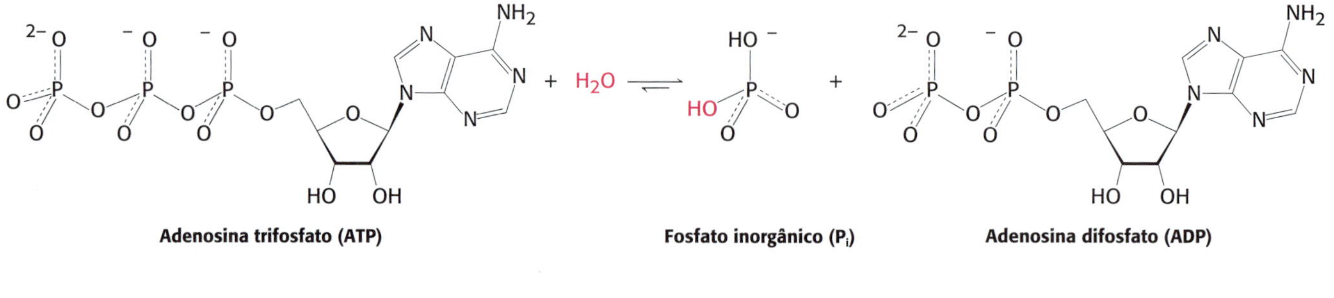

Por exemplo, quando levantamos um livro, a energia necessária provém da hidrólise do ATP catalisada pela miosina em nossos músculos. As miosinas são encontradas em todos os eucariotos, e o genoma humano codifica mais de 40 miosinas diferentes. Em geral, as miosinas apresentam estruturas alongadas com domínios globulares que, na realidade, efetuam a hidrólise do ATP (Figura 9.42). Neste capítulo, iremos considerar os domínios de ATPase globulares, particularmente as estratégias empregadas para que as miosinas possam hidrolisar o ATP de modo controlado e utilizar a energia livre associada a essa reação para promover mudanças conformacionais substanciais dentro da molécula de miosina. Essas mudanças conformacionais são amplificadas por outras estruturas nas moléculas alongadas de miosina para transportar proteínas ou outras cargas a distâncias consideráveis dentro das células. No Capítulo 36 (disponível no material complementar *online*), examinaremos de modo muito mais detalhado a ação das miosinas e de outras proteínas motoras moleculares.

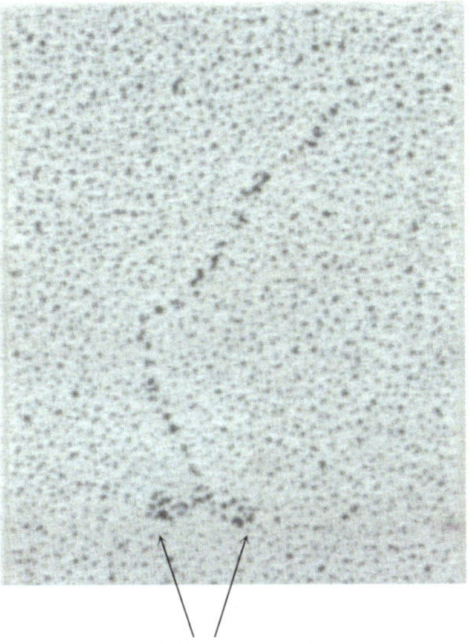


**FIGURA 9.42 Estrutura alongada da miosina do músculo.** Micrografia eletrônica mostrando a miosina do músculo de um mamífero. Essa proteína dimérica possui uma estrutura alongada com dois domínios globulares de ATPase por dímero. [Cortesia da Dra. Paula Flicker, do Dr. Theo Walliman e do Dr. Peter Vibert.]

Conforme discutido no Capítulo 15, o ATP é utilizado como principal forma de energia no interior das células. Muitas enzimas utilizam a hidrólise do ATP para conduzir outras reações e processos. Em quase todos os casos, uma enzima que hidrolisou o ATP sem qualquer processo acoplado desse tipo simplesmente irá drenar as reservas de energia de uma célula sem qualquer benefício.

## A hidrólise do ATP ocorre pelo ataque ao grupo gama fosforila pela água

Ao examinar o mecanismo das enzimas de restrição, aprendemos que uma molécula de água ativada efetua um ataque nucleofílico ao fósforo, clivando o esqueleto fosfodiéster do DNA. A clivagem do ATP pelas miosinas segue um mecanismo análogo. Para entender mais detalhadamente o mecanismo das miosinas, precisamos examinar em primeiro lugar a estrutura do domínio de *ATPase* da miosina.

Foram examinadas as estruturas dos domínios de ATPase de várias miosinas diferentes. Um desses domínios, o da ameba do solo *Dictyostelium discoideum*, um organismo que tem sido de grande utilidade para o estudo do movimento celular e das proteínas motoras moleculares, foi estudado de modo pormenorizado. A estrutura cristalográfica desse fragmento proteico na ausência de nucleotídios revelou um único domínio globular constituído por aproximadamente 750 aminoácidos. Existe um bolsão repleto de líquido próximo ao centro da estrutura, sugerindo um possível sítio de ligação de nucleotídios. Cristais dessa proteína foram colocados em uma solução contendo ATP, e a estrutura foi novamente examinada. De maneira notável, essa estrutura revelou a ligação de ATP intacto ao sítio ativo, com pouca modificação da estrutura global e sem qualquer evidência de hidrólise significativa (Figura 9.43). O ATP também está ligado a um íon $Mg^{2+}$.

**FIGURA 9.43 Estrutura do complexo miosina-ATP.** Sobreposição das estruturas do domínio de ATPase da miosina de *Dictyostelium discoideum* sem ligantes ligados (em azul) e do complexo dessa proteína com ATP e magnésio ligados (vermelho). *Observe* que as duas estruturas são extremamente semelhantes entre si. [Desenhada de 1FMV.pdb e 1FMW.pdb.]

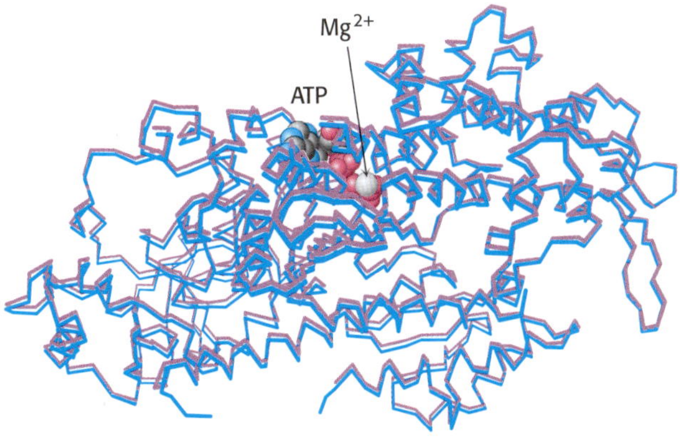


Os estudos de cinética das miosinas, bem como de muitas outras enzimas cujo substrato é o ATP ou outros nucleosídios trifosfato, revelaram que essas enzimas são essencialmente inativas na ausência de íons metálicos divalentes, como o magnésio ($Mg^{2+}$) ou o manganês ($Mn^{2+}$), mas que adquirem atividade com a adição desses íons. Diferentemente das enzimas discutidas até o momento, o metal não constitui um componente do sítio ativo. Na verdade, nucleotídios como o ATP ligam-se a esses íons, e o complexo íon metálico-nucleotídio é que constitui o verdadeiro substrato das enzimas. A constante de dissociação do complexo ATP–$Mg^{2+}$ é de cerca de 0,1 mM e, tendo em vista que as concentrações intracelulares $Mg^{2+}$

normalmente se situam na faixa de minimols, praticamente todos os nucleosídios trifosfato estão presentes na forma de complexos NTP–$Mg^{2+}$. *Os complexos de magnésio ou manganês com nucleosídios trifosfato constituem os verdadeiros substratos de praticamente todas as enzimas dependentes de NTP.*

O ataque nucleofílico ao grupo γ-fosforila por uma molécula de água exige algum mecanismo para ativar a água, como um resíduo básico ou um íon metálico ligado. O exame da estrutura do complexo miosina-ATP mostra que não existe nenhum resíduo básico em posição apropriada e também revela que o íon $Mg^{2+}$ ligado está muito distante do grupo fosforila para desempenhar esse papel. Tais observações sugerem a razão pela qual esse complexo de ATP é relativamente estável: a enzima não se encontra em uma conformação que seja competente para catalisar a reação. Essa observação indica que o domínio precisa sofrer uma mudança conformacional para catalisar a reação de hidrólise do ATP.

## A formação do estado de transição para a hidrólise do ATP está associada a uma substancial mudança conformacional

A conformação cataliticamente competente do domínio de ATPase da miosina precisa se ligar e estabilizar o estado de transição da reação. Em analogia com as enzimas de restrição, espera-se que a hidrólise do ATP inclua um estado de transição pentacoordenado.

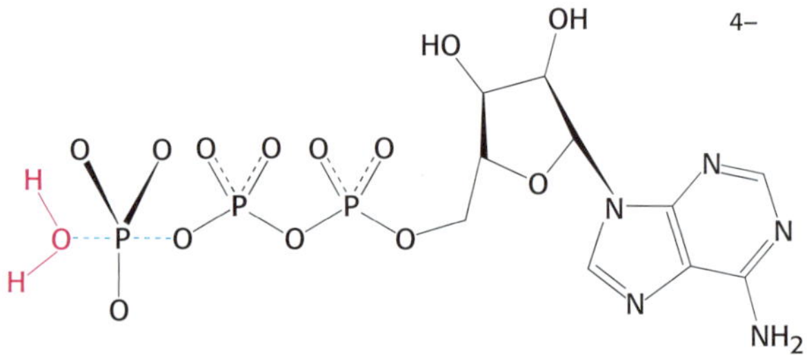


Essas estruturas pentacoordenadas baseadas no fósforo são demasiado instáveis para serem facilmente observadas. Entretanto, os análogos do estado de transição nos quais o fósforo é substituído por outros átomos são mais estáveis. O metal de transição, o vanádio em particular, forma estruturas semelhantes. O domínio de ATPase da miosina pode ser cristalizado na presença de ADP e vanadato ($VO_4^{3-}$). O resultado consiste na formação de um complexo que corresponde estreitamente à estrutura esperada do estado de transição (Figura 9.44). Conforme esperado, o átomo de vanádio é coordenado a cinco átomos de oxigênio, incluindo um átomo de oxigênio do ADP diametralmente oposto a um átomo de oxigênio que é análogo à molécula de água de ataque no estado de transição. O íon $Mg^{2+}$ é coordenado a um átomo de oxigênio do vanadato, a um átomo de oxigênio do ADP, a dois grupos hidroxila da enzima e a duas moléculas de água. Nessa posição, esse íon não parece desempenhar um papel direto na ativação da água de ataque. Entretanto, um resíduo adicional da enzima, a Ser 236, está bem posicionado para desempenhar um papel na catálise (Figura 9.44). No mecanismo proposto de hidrólise do ATP baseado nessa estrutura, a molécula de água ataca o grupo γ-fosforila com o grupo hidroxila da Ser 236, facilitando a transferência de um próton da água de ataque para o grupo hidroxila da Ser 236, que, por sua vez, é desprotonada por um dos átomos de oxigênio do grupo γ-fosforila (Figura 9.45). *Por conseguinte, o ATP atua, de fato, como base para promover a sua própria hidrólise.*

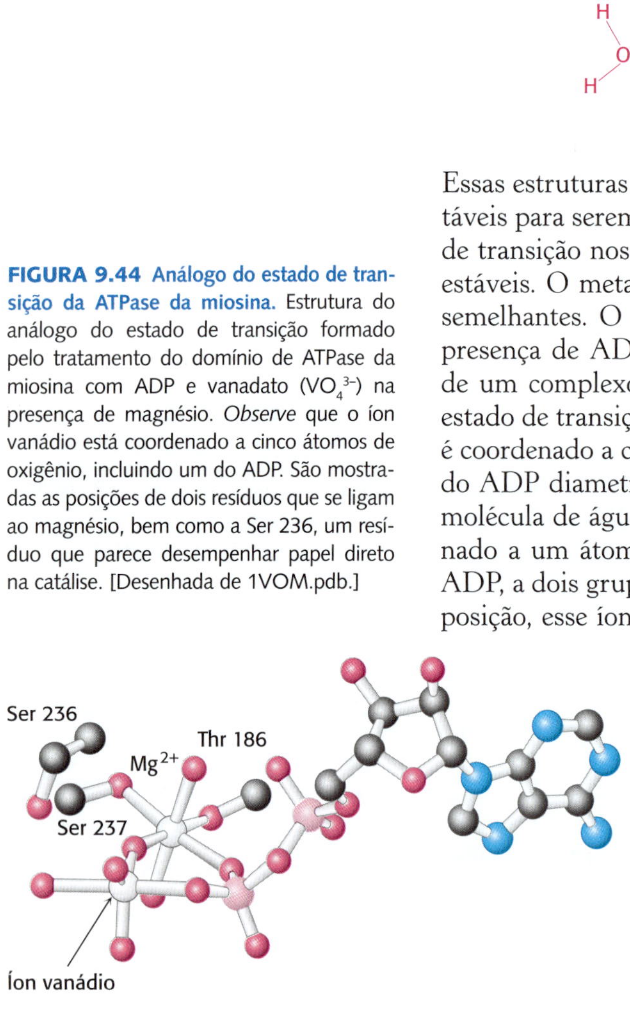


**FIGURA 9.44 Análogo do estado de transição da ATPase da miosina.** Estrutura do análogo do estado de transição formado pelo tratamento do domínio de ATPase da miosina com ADP e vanadato ($VO_4^{3-}$) na presença de magnésio. *Observe* que o íon vanádio está coordenado a cinco átomos de oxigênio, incluindo um do ADP. São mostradas as posições de dois resíduos que se ligam ao magnésio, bem como a Ser 236, um resíduo que parece desempenhar papel direto na catálise. [Desenhada de 1VOM.pdb.]

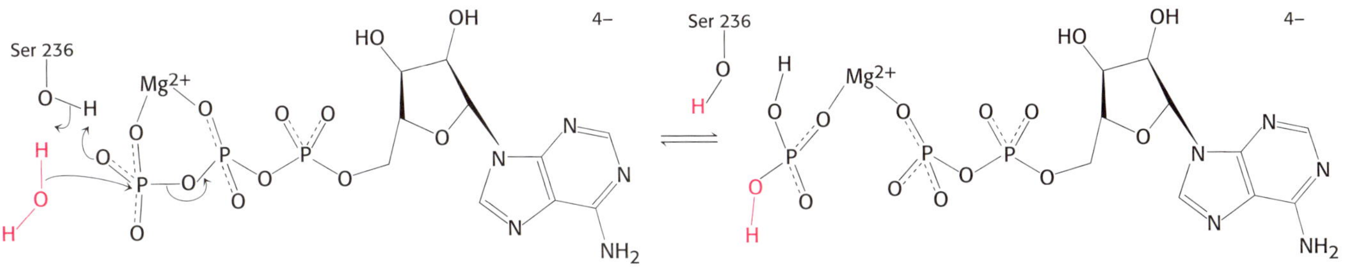


**FIGURA 9.45 Facilitando o ataque pela água.** A molécula de água que ataca o grupo γ-fosforila do ATP é desprotonada pelo grupo hidroxila da Ser 236, que, por sua vez, é desprotonada por um dos átomos de oxigênio do grupo γ-fosforila, formando o produto $H_2PO_4^-$.

A comparação das estruturas globais do domínio de ATPase da miosina complexado com ATP e com ADP-vanadato revela algumas diferenças notáveis. Ocorrem mudanças estruturais relativamente modestas no sítio ativo e em torno dele. Em particular, um segmento de aminoácido move-se em direção ao nucleotídio por aproximadamente 2 Å e interage com o átomo de oxigênio que corresponde à molécula de água de ataque. Essas mudanças ajudam a facilitar a reação de hidrólise ao estabilizar o estado de transição. Entretanto, o exame da estrutura global mostra a ocorrência de alterações ainda mais marcantes.

Uma região constituída de aproximadamente 60 aminoácidos na extremidade carboxiterminal do domínio adota configuração diferente no complexo ADP-vanadato, deslocado por uma distância de até 25 Å de sua posição no complexo de ATP (Figura 9.46). Esse deslocamento amplifica enormemente as alterações relativamente sutis que ocorrem no sítio ativo. O efeito desse movimento é ainda mais amplificado quando esse domínio carboxiterminal é conectado a outras estruturas dentro das estruturas alongadas típicas das moléculas de miosina (Figura 9.42). Por conseguinte, a conformação que é capaz de promover a reação de hidrólise do ATP difere substancialmente de outras mudanças conformacionais que ocorrem durante o ciclo de catálise.

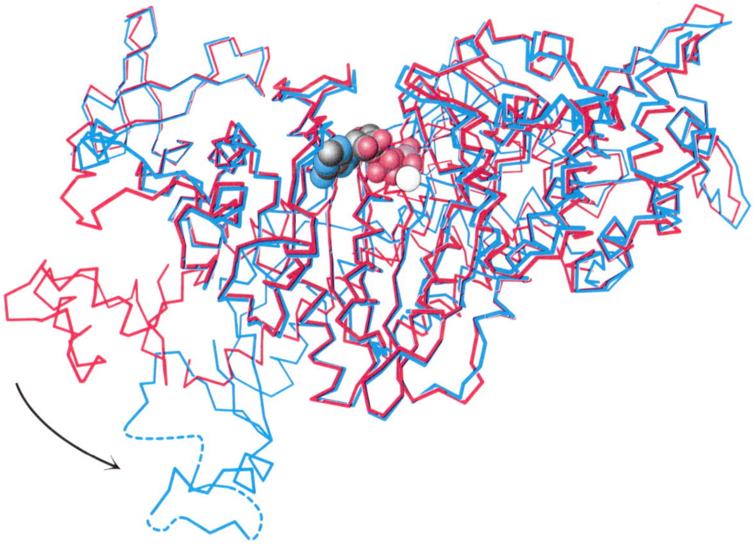

**FIGURA 9.46 Mudanças na conformação da miosina.** Comparação das estruturas globais do domínio de ATPase da miosina com ATP ligado (mostrado em vermelho) com o análogo do estado de transição ADP-vanadato (mostrado em azul). *Observe* a grande mudança conformacional de uma região na extremidade carboxiterminal do domínio (ver a seta), da qual algumas partes movem-se por até 25 Å. [Desenhada de 1FMW.pdb e 1VOM.pdb.]

## A conformação alterada da miosina persiste por um período substancial de tempo

As miosinas são enzimas lentas, e a sua renovação é, normalmente, de cerca de uma vez por segundo. Que etapas limitam a velocidade de renovação? Em um experimento que foi particularmente revelador, a hidrólise do ATP foi catalisada pelo domínio de ATPase de miosina do músculo de um mamífero. A reação ocorreu em água marcada com $^{18}O$ para acompanhar a incorporação do solvente oxigênio nos produtos da reação. A fração de oxigênio do produto de fosfato foi analisada. No caso mais simples, o esperado é que o fosfato tivesse um átomo de oxigênio derivado da água e três inicialmente presentes no grupo fosforila terminal do ATP.

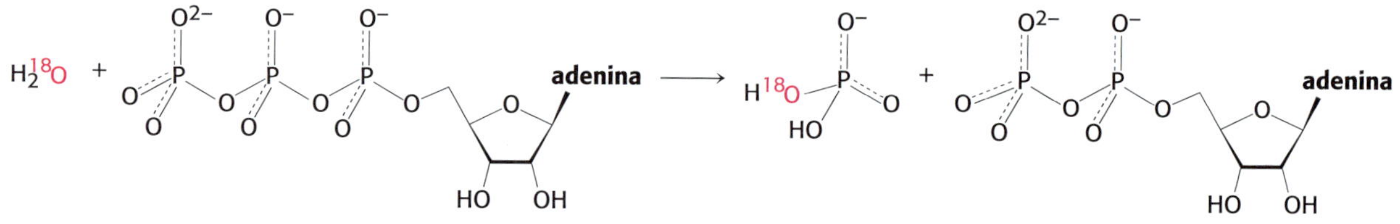


Em lugar disso, foram encontrados, em média, entre dois e três átomos de oxigênio no fosfato provenientes da água. Essas observações indicam que a reação de hidrólise do ATP dentro do sítio ativo da enzima é reversível. Cada molécula de ATP é clivada em ADP e $P_i$ e, a seguir, é novamente formada várias vezes a partir desses produtos antes de serem liberados da enzima (Figura 9.47). À primeira vista, essa observação é surpreendente, já que a hidrólise ao ATP é uma reação muito favorável, com constante de equilíbrio de cerca de 140.000. Entretanto, essa constante de equilíbrio aplica-se às moléculas livres em solução, e não dentro do sítio ativo de uma enzima. Com efeito, uma análise mais pormenorizada sugere que essa constante de equilíbrio na enzima é de aproximadamente 10, indicando uma estratégia geral utilizada pelas enzimas. As enzimas catalisam reações ao estabilizar o estado de transição. A estrutura desse estado de transição é intermediária entre os reagentes ligados à enzima e os produtos ligados à enzima. Muitas das interações que estabilizam o estado de transição ajudam a igualar as estabilidades dos reagentes e dos produtos. Por conseguinte, *a constante de equilíbrio entre os reagentes ligados à enzima e os produtos costuma se aproximar de 1, independentemente da constante de equilíbrio dos reagentes e produtos livres em solução.*

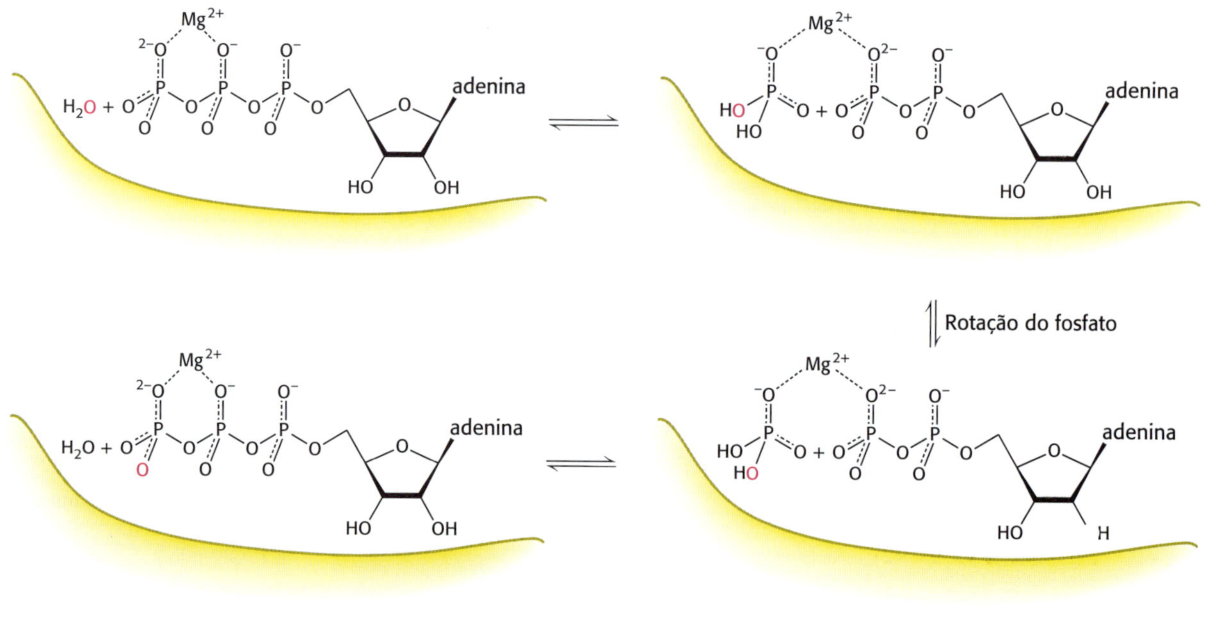


**FIGURA 9.47 Hidrólise reversível do ATP dentro do sítio ativo da miosina.** Na miosina, mais de um átomo de oxigênio da água é incorporado ao fosfato inorgânico. Os átomos de oxigênio são incorporados em ciclos de hidrólise do ATP a ADP e fosfato inorgânico, rotação do fosfato dentro do sítio ativo e nova formação de ATP contendo agora oxigênio proveniente da água.

Essas observações revelam que a hidrólise do ATP a ADP e $P_i$ não é uma etapa limitante de velocidade para a reação catalisada pela miosina. Na verdade, a liberação de produtos, em particular $P_i$ da enzima, é limitadora de velocidade. A constatação de que uma conformação da miosina com ATP hidrolisado, porém ainda ligado à enzima, persiste por um período significativo de tempo é de importância crítica para o acoplamento das alterações conformacionais que ocorrem durante a reação com outros processos.

## Os cientistas podem observar o movimento de moléculas únicas de miosina

As moléculas de miosina atuam para utilizar a energia livre da hidrólise do ATP para conduzir os movimentos macroscópicos. As moléculas de miosina deslocam-se ao longo de uma proteína filamentosa denominada actina, conforme discutido de modo mais detalhado no Capítulo 36 (disponível no material suplementar *online*). Utilizando uma variedade de métodos físicos, os cientistas foram capazes de observar *moléculas de miosina únicas em ação*. Por exemplo, um membro da família das miosinas, denominado miosina V, pode ser marcado com marcadores fluorescentes de modo que possa ser localizado quando fixado a uma superfície com uma precisão de menos de 15 Å. Quando essa miosina é colocada sobre uma superfície coberta de filamentos de actina, cada molécula permanece em uma posição fixa. Entretanto, quando se adiciona ATP, cada molécula move-se ao longo da superfície. O acompanhamento das moléculas individuais revela que cada uma delas move-se em passos de aproximadamente 74 nm, como mostra a Figura 9.48. A observação dos passos de tamanho fixo, bem como a determinação do tamanho desses passos, ajuda a revelar detalhes do mecanismo de ação desses minúsculos motores moleculares.

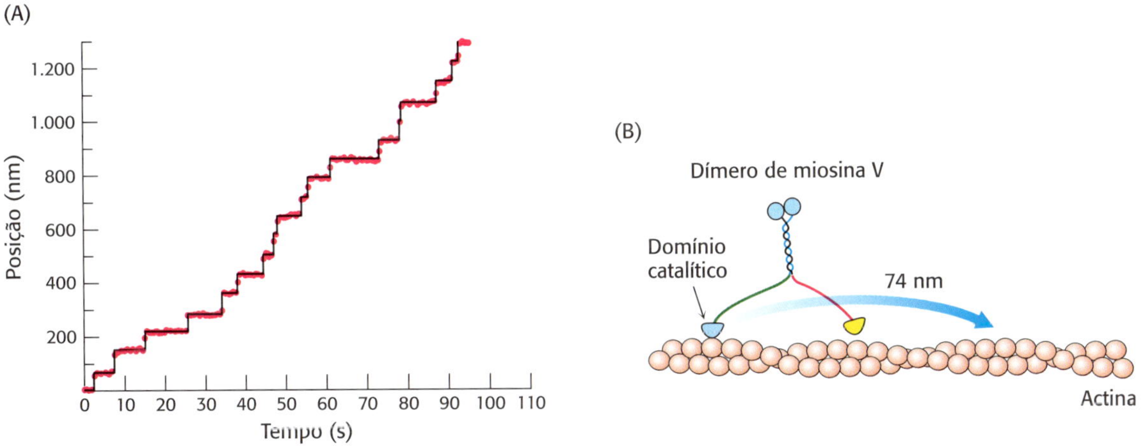


**FIGURA 9.48 Movimento de uma molécula única.** **A.** Traçado da posição de uma única molécula de miosina V dimérica à medida que vai se movendo ao longo de uma superfície coberta por filamentos de actina. **B.** Modelo do movimento da molécula dimérica em passos discretos com tamanho médio de 74 ± 5 nm. [Dados de A. Yildiz *et al*., *Science* 300(5628):2061–2065, 2003.]

## As miosinas formam uma família de enzimas contendo estruturas de alça P

A cristalografia de raios X revelou as estruturas tridimensionais de várias enzimas diferentes que compartilham características estruturais-chave e, quase certamente, uma história evolutiva com a miosina. Em particular, existe um domínio de cerne de ligação de NTP conservado. Esse domínio consiste em uma folha β central circundada, em ambos os lados, por α-hélices (Figura 9.49). Um aspecto característico desse domínio é a presença de uma alça entre a primeira fita β e a primeira hélice. Tipicamente, essa alça apresenta vários resíduos de glicina, que frequentemente são conservados entre membros mais estreitamente relacionados dessa família grande e diversificada. Essa alça é frequentemente designada como *alça P*, visto que ela interage com grupos fosforila no nucleotídio ligado. Existem domínios de NTPase com alça P em uma notável variedade de proteínas, muitas das quais participam de processos bioquímicos essenciais. Entre os exemplos, destacam-se a ATP sintase, a enzima-chave responsável pela produção de ATP; as proteínas de transdução de sinais, como as proteínas G; as proteínas essenciais para a tradução do mRNA em proteínas, como o fator de elongação Tu; e as helicases de desenovelamento do DNA e RNA. A ampla utilidade dos domínios de NTPases com alça P talvez seja mais bem explicada pela sua capacidade de sofrer substanciais mudanças

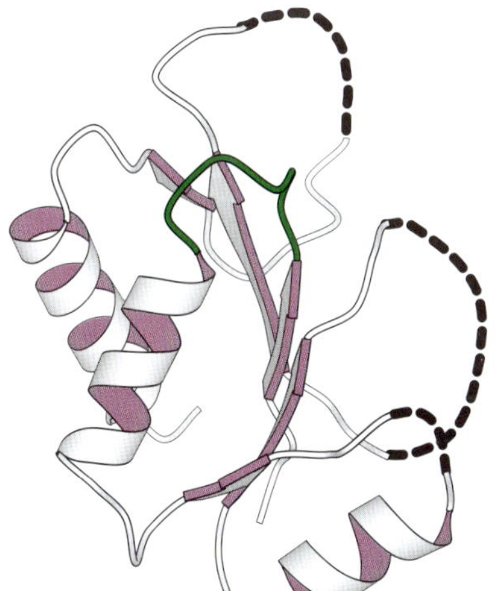

**FIGURA 9.49 O domínio de cerne das NMP quinases.** *Observe* a alça P mostrada em verde. As linhas tracejadas representam a parte restante da estrutura da proteína. [Desenhada de 1GKY.pdb.]

conformacionais com a ligação de nucleosídio trifosfato e hidrólise. Encontraremos esses domínios em todos os capítulos deste livro e observaremos como eles funcionam como molas, motores e relógios. Para facilitar o reconhecimento desses domínios no livro, eles serão representados com as superfícies internas das fitas em um diagrama de fitas na cor violeta com a alça P em verde (Figura 9.50).

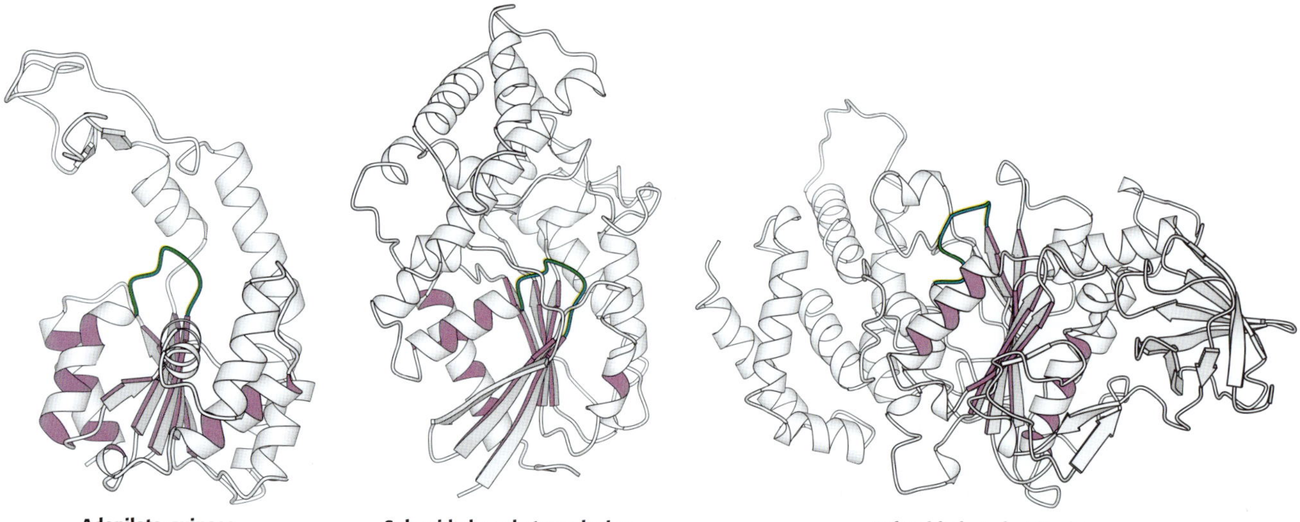


**FIGURA 9.50** Três proteínas contendo domínios de NTPases com alça P. *Observe* os domínios conservados mostrados nas superfícies internas das fitas em violeta e as alças P em verde. [Desenhada de 4AKE.pdb; 1TND.pdb; 1BMF.pdb.]

## RESUMO

As enzimas adotam conformações que são estrutural e quimicamente complementares aos estados de transição das reações que elas catalisam. Conjuntos de resíduos de aminoácidos que interagem formam sítios com as propriedades estruturais e químicas especiais necessárias para estabilizar o estado de transição. As enzimas utilizam cinco estratégias básicas para formar e estabilizar o estado de transição. A primeira envolve (1) o uso da energia de ligação para promover tanto a especificidade quanto a catálise. As outras estratégias são (2) a catálise covalente, (3) a catálise acidobásica geral, (4) a catálise por aproximação, e (5) a catálise por íons metálicos. As quatro classes de enzimas examinadas neste capítulo catalisam a adição de água a seus substratos, porém têm diferentes necessidades de velocidade catalítica, especificidade e acoplamento a outros processos.

### 9.1 As proteases facilitam uma reação fundamentalmente difícil

A clivagem de ligações peptídicas pela quimiotripsina é iniciada pelo ataque de um resíduo de serina ao grupo carbonila do peptídio. O grupo hidroxila atacante é ativado pela sua interação com o grupo imidazol de um resíduo de histidina, que, por sua vez, está ligado a um resíduo de aspartato. Essa tríade catalítica Ser-His-Asp gera um poderoso nucleófilo. O produto dessa reação inicial é um intermediário covalente formado pela enzima e por um grupo acila derivado do substrato ligado. A hidrólise desse intermediário acil-enzima completa o processo de clivagem. Os intermediários tetraédricos dessas reações apresentam uma carga negativa no átomo de oxigênio carbonílico do peptídio. Essa carga negativa é estabilizada por interações com grupos NH dos peptídios em uma região da enzima denominada cavidade de oxiânion.

Outras proteases empregam a mesma estratégia de catálise. Algumas dessas proteases, como a tripsina e a elastase, são homólogas da quimiotripsina. Outras proteases, como a subtilisina, contêm uma tríade catalítica muito semelhante, que surgiu por evolução convergente. Em várias outras classes de proteases, existem estruturas de sítios ativos que diferem da tríade catalítica. Essas classes empregam uma variedade de estratégias de catálise; todavia, em cada caso, ocorre produção de um nucleófilo que é poderoso o suficiente para atacar o grupo carbonila do peptídio. Em algumas enzimas, o nucleófilo deriva de uma cadeia lateral, ao passo que, em outras, uma molécula de água ativada ataca diretamente a carbonila do peptídio.

## 9.2 As anidrases carbônicas aceleram uma reação rápida

As anidrases carbônicas catalisam a reação da água com dióxido de carbono, produzindo ácido carbônico. A catálise pode ser extremamente rápida: algumas anidrases carbônicas hidratam o dióxido de carbono em velocidades de até 1 milhão de vezes por segundo. Um íon zinco firmemente ligado constitui um componente crucial dos sítios ativos dessas enzimas. Cada íon zinco liga-se a uma molécula de água e promove a sua desprotonação, produzindo um íon hidróxido em pH neutro. Esse íon hidróxido ataca o dióxido de carbono, formando o íon bicarbonato ($HCO_3^-$). Devido aos papéis fisiológicos do dióxido de carbono e dos íons bicarbonato, a velocidade constitui a essência dessa enzima. Para superar as limitações impostas pela taxa de transferência de prótons da molécula de água ligada ao zinco, as anidrases carbônicas mais ativas desenvolveram uma lançadeira de prótons para transferi-los a um tampão.

## 9.3 As enzimas de restrição catalisam reações de clivagem do DNA altamente específicas

Um alto nível de especificidade de substrato constitui frequentemente o elemento essencial para a função biológica. As endonucleases de restrição que clivam o DNA em sequências de reconhecimento específicas discriminam as moléculas que contêm essas sequências de reconhecimento daquelas que não as contêm. Dentro do complexo enzima-substrato, o substrato do DNA é distorcido de modo a criar um sítio de ligação de íons magnésio entre a enzima e o DNA. O íon magnésio liga-se a uma molécula de água e a ativa, e esta ataca o esqueleto fosfodiéster.

Algumas enzimas discriminam entre potenciais substratos, ligando-se a eles com diferentes afinidades. Outras podem ligar-se a muitos potenciais substratos, porém só promovem reações químicas de modo eficiente em moléculas específicas. Algumas endonucleases de restrição, como a endonuclease *Eco*RV, empregam este último mecanismo. Apenas as moléculas que contêm a sequência de reconhecimento apropriada são distorcidas de modo a possibilitar a ligação de íons magnésio e, portanto, a catálise. As enzimas de restrição são impedidas de atuar sobre o DNA de uma célula hospedeira pela metilação dos sítios-chave dentro de suas sequências de reconhecimento. Os grupos metila adicionados bloqueiam as interações específicas das enzimas com o DNA, de modo que não ocorra a distorção necessária para a clivagem.

## 9.4 As miosinas aproveitam as mudanças conformacionais das enzimas para acoplar a hidrólise do ATP ao trabalho mecânico

As miosinas catalisam a hidrólise da adenosina trifosfato (ATP), formando adenosina difosfato (ADP) e fosfato inorgânico ($P_i$). As conformações dos domínios de ATPase da miosina sem nucleotídios ligados e com ATP ligado são muito semelhantes. Com o uso de ADP e vanadato ($VO_4^{3-}$), pode-se criar uma excelente reprodução do estado de transição da hidrólise do ATP ligada ao domínio de ATPase da miosina. A estrutura desse complexo revela a ocorrência de mudanças conformacionais drásticas com a produção dessa espécie a partir do complexo de ATP. Essas mudanças conformacionais são utilizadas para acionar movimentos substanciais nos motores moleculares. A velocidade da hidrólise do ATP pela miosina é relativamente baixa e limitada pela taxa de liberação do produto da enzima. A hidrólise do ATP a ADP e $P_i$ dentro da enzima é reversível, com uma constante de equilíbrio de cerca de 10, em comparação com uma constante de equilíbrio de 140.000 para as espécies livres em solução. As miosinas fornecem exemplos de enzimas NTPases com alça P, que abrangem um grande conjunto de famílias de proteínas que desempenham papéis-chave em uma variedade de processos biológicos em virtude das mudanças conformacionais que elas sofrem com vários nucleotídios ligados.

APÊNDICE

# Estratégias para resolução da questão

## Estratégia para resolução da questão 1

**QUESTÃO:** *Quantos sítios?* Um pesquisador isolou uma endonuclease de restrição que efetua a clivagem em apenas um sítio específico de 10 pares de bases. Essa enzima seria útil na proteção de células contra infecções virais, tendo em vista que um genoma viral típico possui um comprimento de 50.000 pares de bases? Explique.

**SOLUÇÃO:** Esse problema concentra-se na probabilidade.

- **Qual é a importância de um sítio de clivagem de 10 pares de bases de comprimento?**

O tamanho do sítio de clivagem nos permite estimar a frequência, em média, com que um sítio desse tipo deve ocorrer no DNA. Como existem quatro bases possíveis em cada posição, o número de sítios de 10 pares de bases é $4^{10}$ = 1.048.576. Assim, cada sítio de 10 pares de bases deve ocorrer aproximadamente uma vez a cada milhão de pares de bases.

- **Qual é a importância do comprimento de um genoma viral típico?**

Com 50 mil pares de bases, o comprimento de um genoma viral típico é bastante pequeno. Particularmente, 50 mil é muito menor do que 1.048.576. Assim, não se deve esperar que um genoma viral típico possa incluir qualquer sítio particular de 10 pares de bases.

Por conseguinte, não há expectativa de que a enzima seja útil na proteção das células bacterianas contra a maioria dos vírus.

A repetição desse cálculo com um sítio de seis pares de bases mais típico revela que existem $4^6$ = 4.096 possíveis sítios, e pode-se esperar que um genoma viral com 50 mil pares de bases tenha vários desses sítios, de modo que uma enzima menos específica seria mais efetiva na proteção das células bacterianas.

## Estratégia para resolução da questão 2

**QUESTÃO:** *Estratégia de marcação.* Adiciona-se ATP ao domínio de ATPase da miosina em água marcada com $^{18}O$. Após hidrólise de 50% do ATP, o ATP remanescente é isolado, e constata-se que ele contém $^{18}O$. Explique.

**SOLUÇÃO:** Examinemos mais detalhadamente a reação química catalisada pela ATPase.

- **Qual é a reação catalisada pelo domínio de ATPase da miosina?**

O domínio de ATPase da miosina catalisa a hidrólise do ATP em ADP e fosfato inorgânico ($P_i$): ATP + $H_2O$ ADP + $P_i$.

Se for considerada apenas a reação direta, não existe nenhum mecanismo para a incorporação do oxigênio da água no ATP. Por conseguinte, a observação de que o $^{18}O$ da água está incorporado ao ATP é surpreendente.

- **Como o $^{18}O$ da $H_2O$ poderia ser incorporado ao ATP?**

Quando o ATP é hidrolisado, um átomo de oxigênio da água é incorporado ao $P_i$. Se a reação de hidrólise do ATP ocorrer na direção reversa, até mesmo em pequeno grau, o $P_i$ que contém o $^{18}O$ pode ser incorporado ao ATP. Em solução e em condições normais, o equilíbrio encontra-se muito mais à direita, favorecendo ADP + $P_i$. Entretanto, dentro do sítio ativo da enzima ATPase da miosina, o equilíbrio está mais centrado, e tanto a reação direta quanto a reação reversa são catalisadas. Se o fosfato inorgânico for ligado ao sítio ativo da enzima, o oxigênio liberado durante a reação reversa será o mesmo que entrou na forma de água. Contudo, os quatro oxigênios no fosfato inorgânico são equivalentes; e, se o fosfato se reorientar no sítio ativo, um oxigênio diferente será liberado como água. Isso permite que o $^{18}O$ da água seja incorporado ao ATP.

▸ **Qual é o processo global responsável pela incorporação do $^{18}O$ no ATP?**

Miosina + ATP → Miosina-ATP (ligação do ATP à miosina)

Miosina-ATP + $H_2{}^{18}O$ → Miosina-ADP-$P_i$ ($^{18}O$) (hidrólise do ATP com água $^{18}O$)

Miosina-ATP + $H_2{}^{18}O$ → Miosina-ADP-$P_i$ ($^{18}O$ em posição diferente) (reorientação do fosfato)

Miosina-ADP-$P_i$($^{18}O$) → Miosina-ATP ($^{18}O$) + $H_2O$($^{16}O$) (síntese de ATP por reversão da reação)

Miosina-ATP($^{18}O$) → Miosina + ATP ($^{18}O$) (liberação de ATP marcado por $^{18}O$)

## PALAVRAS-CHAVE

energia de ligação
encaixe induzido
catálise covalente
catálise acidobásica geral
catálise por aproximação
catálise por íons metálicos
reação de modificação química
substrato cromogênico
tríade catalítica
cavidade de oxiânion
inibidor de protease
lançadeira de prótons
sequência de reconhecimento
deslocamento em linha
metilases
sistema de restrição-modificação
transferência gênica horizontal
ATPase
alça P

## QUESTÕES

**1.** *Sem surto.* O exame da clivagem do substrato amida A pela quimiotripsina com o uso de métodos de cinética de fluxo interrompido não revelou nenhum surto. A reação é monitorada pela observação da cor produzida com a liberação da porção amino do substrato (destacada em laranja). Por que não foi observado nenhum surto?

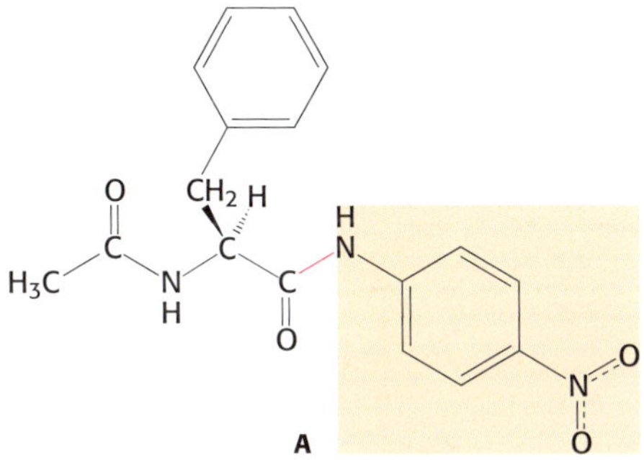


A

**2.** *Contribuindo para a sua própria extinção.* Considere os substratos A e B da subtilisina.

| Phe-Ala-Gln-Phe-X | Phe-Ala-His-Phe-X |
|---|---|
| **A** | **B** |

Esses substratos são clivados (entre Phe e X) pela subtilisina nativa com essencialmente a mesma velocidade. Todavia, o mutante His 64 para Ala da subtilisina cliva o substrato B com uma velocidade mais de 1.000 vezes superior àquela com que cliva o substrato A. Proponha uma explicação.

**3.** *1 + 1 ≠ 2.* Considere o seguinte argumento. Na subtilisina, a mutação da Ser 221 para Ala resulta em uma redução da atividade de $10^6$ vezes. A mutação da His 64 para Ala resulta em uma diminuição semelhante de $10^6$ vezes. Consequentemente, a mutação simultânea da Ser 221 para Ala e da His 64 para Ala deve resultar em uma redução da atividade de $10^6 \times 10^6 = 10^{12}$ vezes. Essa redução é correta? Por que sim ou por que não?

**4.** *Adicionando uma carga.* Na quimiotripsina, foi produzido um mutante com a Ser 189, que está no fundo do bolsão de especificidade do substrato, substituída por Asp. Que efeito você pode prever para essa mutação Ser 189 → Asp 189?

**5.** *Resultados condicionais.* Na anidrase carbônica II, esperava-se que a mutação do resíduo His 64 da lançadeira de prótons para Ala resultasse em uma redução da velocidade máxima de catálise. Todavia, em tampões como o imidazol, com componentes moleculares relativamente pequenos, não foi observada nenhuma redução de velocidade. Em tampões com componentes moleculares maiores, foi constatada uma redução significativa de velocidade. Proponha uma explicação.

**6.** *Mais rápido significa melhor?* Em geral, as endonucleases de restrição são enzimas bastante lentas, com valores típicos de renovação de 1 $s^{-1}$. Suponha que as endonucleases fossem mais rápidas, com valores de renovação semelhantes aos da anidrase carbônica ($10^6$ $s^{-1}$), de modo que pudessem atuar mais rapidamente do que as metilases. Essa taxa aumentada seria benéfica para as células hospedeiras, supondo que as enzimas rápidas tenham níveis semelhantes de especificidade?

**7.** *Adotando um novo gene.* Suponha que uma espécie de bactéria obtivesse por transferência gênica horizontal um gene que codificasse uma endonuclease de restrição. Você acredita que essa aquisição seria benéfica?

**8.** *Tratamento com quelação.* O tratamento da anidrase carbônica com altas concentrações do quelante de metais EDTA (ácido etilenodiaminotetracético) resulta em perda da atividade enzimática. Proponha uma explicação. ✔❷ ✔❸

**9.** *Um aldeído inibidor.* A elastase é especificamente inibida por um derivado aldeídico de um de seus substratos:

$$\text{N-acetil-Pro-Ala-Pro}$$

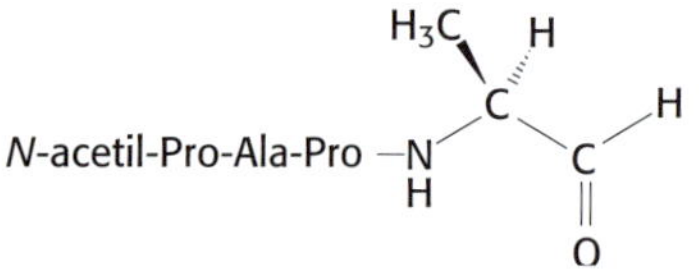

**(a)** Qual o resíduo no sítio ativo da elastase que tem mais tendência a formar uma ligação covalente com esse aldeído?

**(b)** Que tipo de ligação covalente deve ser formado?

**10.** *Identifique a enzima.* Considere a estrutura da molécula A. Qual das enzimas discutidas nesse capítulo você acredita seja mais efetivamente inibida pela molécula A? Justifique sua escolha. ✔❷

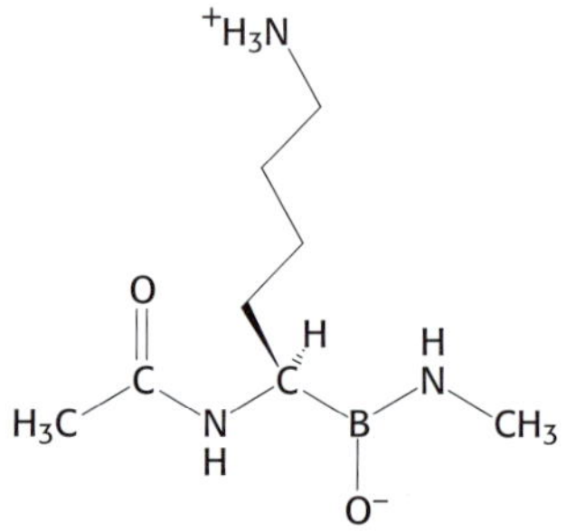

**Molécula A**

**11.** *Teste ácido.* Em pH 7,0, a anidrase carbônica apresenta um valor de $k_{cat}$ de 600.000 $s^{-1}$. Estime o valor esperado de $k_{cat}$ em pH 6,0.

**12.** *Restrição.* Para interromper uma reação em que uma enzima de restrição cliva o DNA, os pesquisadores frequentemente acrescentam altas concentrações do quelante de metais EDTA (ácido etilenodiaminotetracético). Por que a adição de EDTA interrompe a reação?

**13.** *Viva a resistência.* Muitos pacientes tornam-se resistentes aos inibidores da protease do HIV com o passar do tempo devido à ocorrência de mutações no gene do HIV que codifica a protease. Não são encontradas mutações no resíduo de aspartato que interage com os fármacos. Por quê? ✔❶ ✔❷

**14.** *Mais de uma maneira de descascar $k_{cat}$.* A serina 236 na miosina de *Dictyostelium discoideum* foi mutada para alanina. A proteína mutada apresentou uma redução modesta da atividade da ATPase. A análise da estrutura cristalográfica da proteína mutada revelou que uma molécula de água ocupava a posição do grupo hidroxila do resíduo de serina na proteína selvagem. Proponha um mecanismo para a atividade de ATPase da enzima mutada. ✔❶ ✔❷ ✔❻

**15.** *Uma luta de poder.* O poder catalítico de uma enzima pode ser definido como a razão entre a velocidade da reação catalisada pela enzima e a da reação não catalisada. Utilizando a informação da Figura 9.15 em relação à subtilisina e a da Figura 9.22 em relação à anidrase carbônica, calcule o poder catalítico dessas duas enzimas.

**16.** *Ferida, mas não morta.* Quanta atividade (em termos de valores relativos de $k_{cat}$) a versão da subtilisina com mutação de todos os três resíduos da tríade catalítica apresenta em comparação com a reação não catalisada (ver Figura 9.15)? Proponha uma explicação.

## Questão sobre mecanismo

**17.** *Complete o mecanismo.* Com base na informação fornecida na Figura 9.17, complete os mecanismos de clivagem na ligação peptídica por (a) uma cisteína protease, (b) uma aspartil protease e (c) uma metaloprotease. ✔❶ ✔❷

## Questão para discussão

**18.** As enzimas são, em sua maioria, muito específicas, catalisando determinada reação em um conjunto de substratos que são estruturalmente muito semelhantes entre si. Analise por que isso é vantajoso dentro de uma perspectiva biológica. Sugira por que isso é provavelmente verdadeiro do ponto de vista químico. Ou seja, por que seria difícil desenvolver uma enzima com alta atividade catalítica, porém com baixa especificidade? ✔❹

# Estratégias de Regulação

CAPÍTULO 10

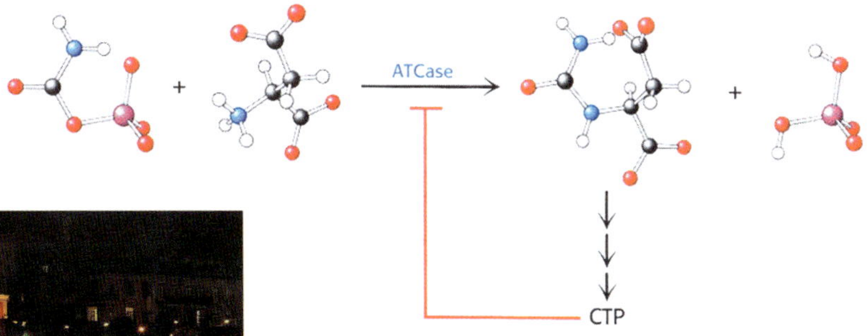

À semelhança do tráfego de veículos, as vias metabólicas fluem com mais eficiência quando reguladas por sinais. O citidina trifosfato (CTP), o produto final de uma via de múltiplas etapas, controla o fluxo através da via ao inibir a etapa de comprometimento catalisada pela aspartato transcarbamilase (ATCase). [Fonte: iStock ©FedotovAnatoly.]

## OBJETIVOS DE APRENDIZAGEM

*Ao término do capítulo, o leitor deverá ser capaz de:*

1. Descrever as características das enzimas alostéricas e explicar como as curvas de cinética dessas enzimas diferem daquelas das enzimas de Michaelis-Menten.
2. Descrever a inibição por retroalimentação e como a aspartato transcarbamilase a utiliza como mecanismo regulatório.
3. Diferenciar entre efeitos homotrópicos e heterotrópicos, e explicar como eles modificam o equilíbrio entre as formas T e R de uma enzima alostérica.
4. Definir as isoenzimas e explicar o propósito das isoenzimas no metabolismo.
5. Descrever a atividade das proteínas quinases e das proteínas fosfatases.
6. Explicar por que a fosforilação é um meio efetivo de regular as atividades das proteínas-alvo.
7. Definir zimogênio ou proenzima, e explicar por que o mecanismo de ativação dos zimogênios é fisiologicamente importante e como ele difere dos outros mecanismos de controle discutidos neste capítulo.

## SUMÁRIO



A atividade das enzimas frequentemente precisa ser regulada de modo que elas possam funcionar no momento e no local adequados. Essa regulação é essencial para a coordenação da imensa variedade de processos bioquímicos que ocorrem a todo instante em determinado organismo. A atividade enzimática é regulada de cinco maneiras principais:

**1.** *Controle alostérico.* As proteínas alostéricas contêm sítios regulatórios distintos e múltiplos sítios funcionais. A ligação de moléculas sinalizadoras pequenas aos sítios regulatórios constitui uma maneira de controlar a atividade dessas proteínas. Além disso, as proteínas alostéricas têm a propriedade da *cooperatividade:* a atividade em um sítio funcional afeta a atividade em outros. As proteínas que exibem controle alostérico são, portanto, transdutoras de informação: a sua atividade pode ser modificada em resposta a moléculas sinalizadoras ou à informação compartilhada entre os sítios ativos. Este capítulo examina uma das proteínas alostéricas mais bem conhecidas: a enzima *aspartato transcarbamilase* (ATCase). A catálise pela aspartato transcarbamilase na primeira etapa da biossíntese das pirimidinas é inibida pela citidina trifosfato, o produto final da biossíntese, em um exemplo de *inibição por retroalimentação.* Já apresentamos uma proteína alostérica – a hemoglobina, a proteína transportadora de oxigênio no sangue (ver Capítulo 7).

**2.** *Múltiplas formas de enzimas.* As isoenzimas ou isozimas proporcionam uma maneira de variar a regulação da mesma reação para atender às necessidades fisiológicas específicas de determinado tecido em um momento específico. As isoenzimas são enzimas homólogas dentro de um mesmo organismo que catalisam a mesma reação, mas que diferem ligeiramente na sua estrutura e, mais obviamente, nos valores de $K_M$ e $V_{máx.}$, bem como nas suas propriedades de regulação. Com frequência, as isoenzimas são expressas em tecidos ou organelas diferentes, ou em um estágio diferente do desenvolvimento.

**3.** *Modificação covalente reversível.* As propriedades catalíticas de muitas enzimas são acentuadamente alteradas pela ligação covalente de um grupo modificador, mais comumente um grupo fosforila. Normalmente, o ATP atua como doador de fosforila nessas reações, que são catalisadas pelas *proteínas quinases.* A remoção dos grupos fosforila por hidrólise é catalisada pelas *proteínas fosfatases.* Este capítulo analisa a estrutura, a especificidade e o controle da *proteinoquinase A* (PKA), uma enzima eucariótica ubíqua que regula diversas proteínas-alvo.

**4.** *Ativação proteolítica.* As enzimas controladas por alguns desses mecanismos regulatórios alternam-se entre os estados ativo e inativo. Uma estratégia de regulação diferente é utilizada para converter *irreversivelmente* uma enzima inativa em uma ativa. Muitas enzimas são ativadas pela hidrólise de algumas ligações peptídicas ou até mesmo de uma única ligação peptídica presente em precursores inativos, denominados *zimogênios* ou *proenzimas.* Esse mecanismo de regulação gera enzimas digestivas, como a quimiotripsina, a tripsina e a pepsina. A coagulação do sangue resulta de uma notável cascata de ativação de zimogênios. As enzimas digestivas ou da coagulação ativas são inativadas por uma ligação irreversível a proteínas inibitórias específicas, que atuam como iscas irresistíveis para a sua presa molecular.

**5.** *Controle da quantidade de enzimas presentes.* A atividade enzimática também pode ser regulada pelo ajuste da quantidade de enzimas presentes. Essa forma importante de regulação ocorre habitualmente em nível da transcrição. O controle da transcrição gênica será abordado nos Capítulos 30, 32 e 33.

Para começar, analisaremos os princípios do alosterismo ao examinar a enzima aspartato transcarbamilase.

## 10.1 A aspartato transcarbamilase é inibida alostericamente pelo produto final de sua via

A aspartato transcarbamilase catalisa a primeira etapa na biossíntese das pirimidinas: a condensação do aspartato com o carbamilfosfato para formar *N*-carbamilaspartato e ortofosfato (Figura 10.1). Essa reação é a *etapa de*

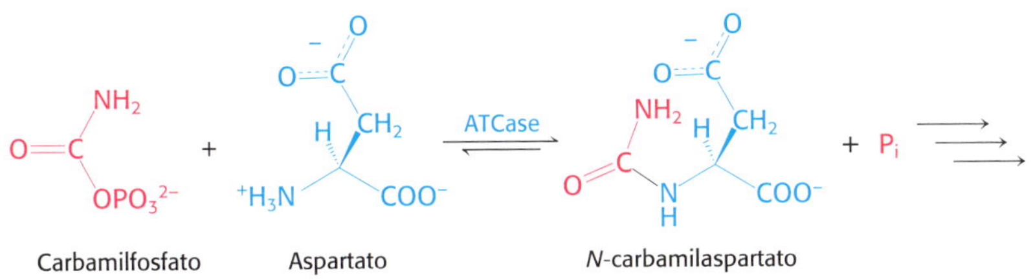


**FIGURA 10.1 Reação da ATCase.** A aspartato transcarbamilase catalisa a etapa de comprometimento, isto é, a condensação do aspartato com o carbamilfosfato para formar *N*-carbamilaspartato na síntese de pirimidinas.

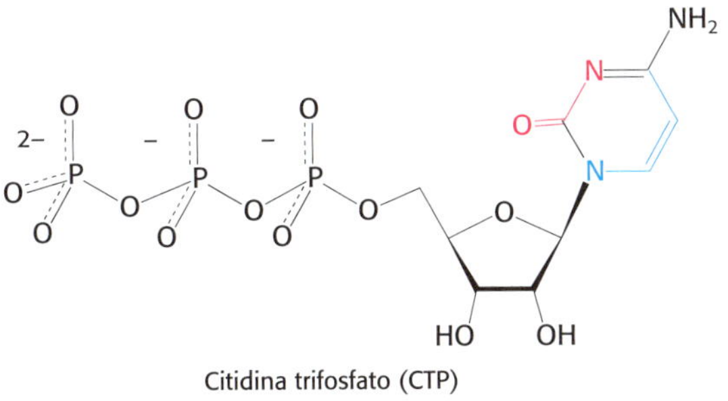


*comprometimento* da via, que consiste em 10 reações que finalmente produzirão os nucleotídios pirimidínicos uridina trifosfato (UTP) e citidina trifosfato (CTP). A etapa de comprometimento significa que os produtos da reação estão comprometidos para a síntese dos produtos finais da via, neste caso, UTP e CTP. Em qualquer via, a etapa de comprometimento é irreversível em condições celulares e constitui uma reação catalisada pelas enzimas alostéricas. Como a ATCase é regulada para gerar com precisão a quantidade de pirimidinas necessária para a célula?

A ATCase é inibida pelo CTP, o produto final da via iniciada pela ATCase. A velocidade da reação catalisada pela ATCase é rápida em baixas concentrações de CTP, porém diminui à medida que a concentração de CTP vai aumentando (Figura 10.2). Por conseguinte, a via continua produzindo novas moléculas de pirimidinas até haver acúmulo de quantidades suficientes de CTP. A inibição da ATCase pelo CTP fornece um exemplo de *inibição por retroalimentação, isto é,* a inibição de uma enzima pelo produto final da via. A inibição por retroalimentação pelo CTP assegura que o *N*-carbamilaspartato e os intermediários subsequentes da via não sejam formados desnecessariamente quando as pirimidinas estão presentes em quantidades abundantes. Outro exemplo de inibição por retroalimentação e as consequências deletérias quando não ocorre adequadamente é fornecido mais adiante em "Bioquímica em foco" (p. 338).

A capacidade de inibição do CTP é notável, visto que *o CTP é estruturalmente muito diferente dos substratos da reação* (Figura 10.1). Por conseguinte, o CTP precisa se ligar a um sítio distinto do sítio ativo ao qual se liga o substrato. Esses sítios são denominados *sítios alostéricos* ou *regulatórios.* O CTP é um exemplo de *inibidor alostérico.* Na ATCase (mas não em todas as enzimas reguladas alostericamente), os sítios catalíticos e os sítios regulatórios encontram-se em cadeias polipeptídicas separadas.

## As enzimas com regulação alostérica não obedecem à cinética de Michaelis-Menten

As enzimas alostéricas distinguem-se pela sua resposta a mudanças na concentração de substrato, além de sua suscetibilidade à regulação por outras moléculas. Examinemos a velocidade de formação do produto em função da concentração de substrato no caso da ATCase (Figura 10.3). A curva obtida difere daquela esperada para uma enzima que segue a cinética de Michaelis-Menten. A curva observada é designada como sigmoide, visto que ela se assemelha à letra "S". A grande maioria das enzimas alostéricas

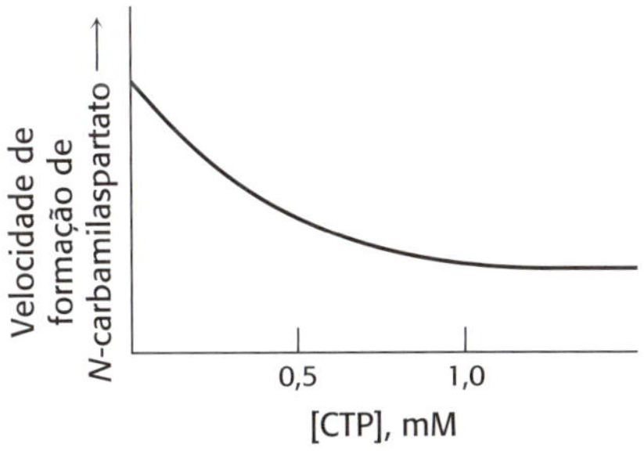


**FIGURA 10.2 O CTP inibe a ATCase.** A citidina trifosfato, um produto final da via de síntese das pirimidinas, inibe a aspartato transcarbamilase, embora tenha pouca semelhança estrutural com os reagentes ou os produtos.

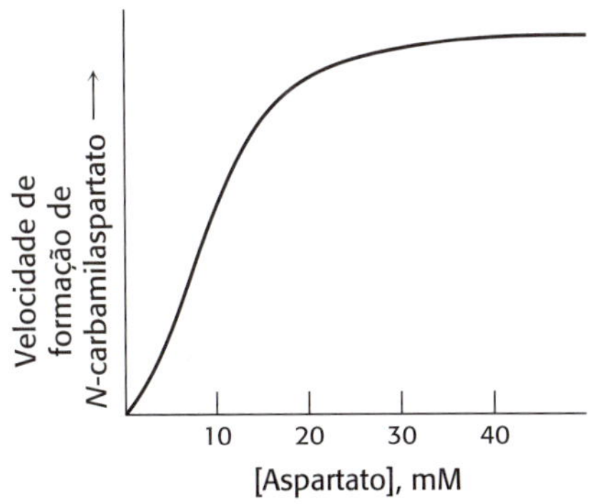


**FIGURA 10.3 A ATCase exibe uma cinética sigmoide.** O gráfico da formação do produto em função da concentração de substrato produz uma curva sigmoide, visto que a ligação do substrato a um sítio ativo aumenta a atividade nos outros sítios ativos. Portanto, a enzima exibe cooperatividade.

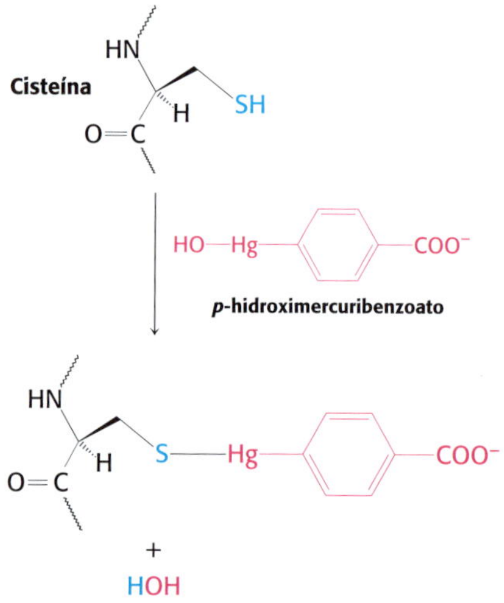


**FIGURA 10.4 Modificação de resíduos de cisteína.** O *p*-hidroximercuribenzoato reage com resíduos de cisteína cruciais na aspartato transcarbamilase.

apresenta uma cinética sigmoide. Com base na discussão sobre a hemoglobina, podemos lembrar que as curvas sigmoides resultam da cooperação entre subunidades: a ligação do substrato a um sítio ativo em uma molécula aumenta a probabilidade desse substrato de se ligar a outros sítios ativos. Para entender a base da cinética sigmoide das enzimas e da inibição pelo CTP, precisamos examinar a estrutura da ATCase.

## A ATCase é constituída de subunidades catalíticas e regulatórias separáveis

Qual é a evidência de que a ATCase apresenta sítios regulatórios e catalíticos distintos? A ATCase pode ser literalmente separada em subunidades regulatórias (r) e catalíticas (c) mediante o tratamento com um composto de mercúrio, como o *p*-hidroximercuribenzoato, que reage com grupos sulfidrila (Figura 10.4). A ultracentrifugação (ver Capítulo 3) após o tratamento com mercuriais revelou que a ATCase é constituída de dois tipos de subunidades (Figura 10.5). As subunidades podem ser prontamente separadas por cromatografia de troca iônica, uma vez que elas diferem acentuadamente na sua carga (ver Capítulo 3), ou por centrifugação em um gradiente de densidade de sacarose, visto que elas também diferem quanto ao tamanho (ver Capítulo 3). Essas diferenças de tamanho manifestam-se nos coeficientes de sedimentação: o da enzima nativa é de 11,6S, enquanto os das subunidades dissociadas são de 2,8S e 5,8S. Os grupos *p*-mercuribenzoato ligados podem ser removidos das subunidades separadas pela adição de um excesso de mercaptoetanol, o que fornece as subunidades isoladas para estudo.

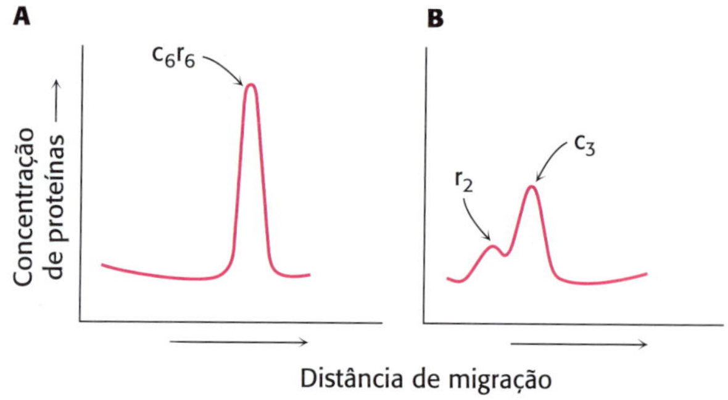


**FIGURA 10.5 Estudos de ultracentrifugação da ATCase.** Os padrões de velocidade de sedimentação (**A**) da ATCase nativa e (**B**) da enzima após tratamento com *p*-hidroximercuribenzoato mostram que a enzima pode ser dissociada em subunidades regulatória (r) e catalítica (c). [Dados de J. C. Gerhart e H. K. Schachman. *Biochemistry* 4:1054-1062, 1965.]

A subunidade maior é a *subunidade catalítica*. Essa subunidade possui atividade catalítica; entretanto, quando testada, exibe a cinética hiperbólica das enzimas de Michaelis-Menten, em vez da cinética sigmoide. Além disso, a subunidade catalítica isolada não responde ao CTP. A subunidade menor isolada pode ligar-se ao CTP, porém carece de atividade catalítica. Por conseguinte, essa subunidade é denominada *subunidade regulatória*. A subunidade catalítica ($c_3$) consiste em três cadeias (cada uma de 34 kDa), enquanto a subunidade regulatória ($r_2$) é constituída de duas cadeias (cada uma de 17 kDa). As subunidades catalíticas e regulatórias combinam-se rapidamente quando são misturadas. O complexo resultante tem a mesma estrutura, $c_6r_6$, da enzima nativa: dois trímeros catalíticos e três dímeros regulatórios.

$$2\ c_3 + 3\ r_2 \longrightarrow c_6r_6$$

De modo mais notável, a enzima reconstituída apresenta as mesmas propriedades alostéricas e cinéticas que as da enzima nativa. Assim, a ATCase é composta de subunidades catalíticas e regulatórias distintas, e *a interação destas subunidades na enzima nativa produz as suas propriedades regulatórias e catalíticas*. A possibilidade de separar a enzima em subunidades catalíticas e regulatórias isoladas, as quais podem ser reconstituídas para produzir a enzima funcional, possibilita a realização de uma variedade de experimentos para caracterizar as propriedades alostéricas da enzima (Questões 33 e 34).

## As interações alostéricas na ATCase são mediadas por grandes alterações na estrutura quaternária

Quais são as interações de subunidades que respondem pelas propriedades da ATCase? Pistas importantes foram obtidas com a estrutura tridimensional de várias formas da ATCase. Dois trímeros catalíticos estão empilhados um em cima do outro e ligados por três dímeros das cadeias regulatórias (Figura 10.6). Existem contatos significativos entre as subunidades catalíticas e regulatórias: cada cadeia r dentro de um dímero regulatório interage com uma cadeia c dentro de um trímero catalítico. A cadeia c estabelece contato com um domínio estrutural na cadeia r, que é estabilizado por um íon zinco ligado a quatro resíduos de cisteína. O íon zinco é de importância fundamental para a interação da cadeia r com a cadeia c. O composto mercurial *p*-hidroximercuribenzoato é capaz de dissociar as subunidades catalíticas e regulatórias, visto que o mercúrio se liga fortemente aos resíduos de cisteína, deslocando o zinco e impedindo a interação com a cadeia c.

Para localizar os sítios ativos, a enzima é cristalizada na presença de *N*-(fosfonacetil)-L-aspartato (PALA), um análogo bissubstrato (análogo de dois substratos) que se assemelha a um intermediário na via de catálise (Figura 10.7). O PALA é um potente inibidor competitivo da ATCase que se liga aos sítios ativos e os bloqueia. A estrutura do complexo ATCase-PALA revela que o PALA se liga a sítios localizados nos limites entre pares de cadeias c dentro de um trímero catalítico (Figura 10.8). Cada trímero catalítico contribui com três sítios ativos para a enzima completa. Um exame mais atento do complexo ATCase-PALA revela uma alteração notável na estrutura quaternária após a ligação do PALA. Os dois trímeros catalíticos movem-se por uma distância de 12 Å e sofrem uma rotação de

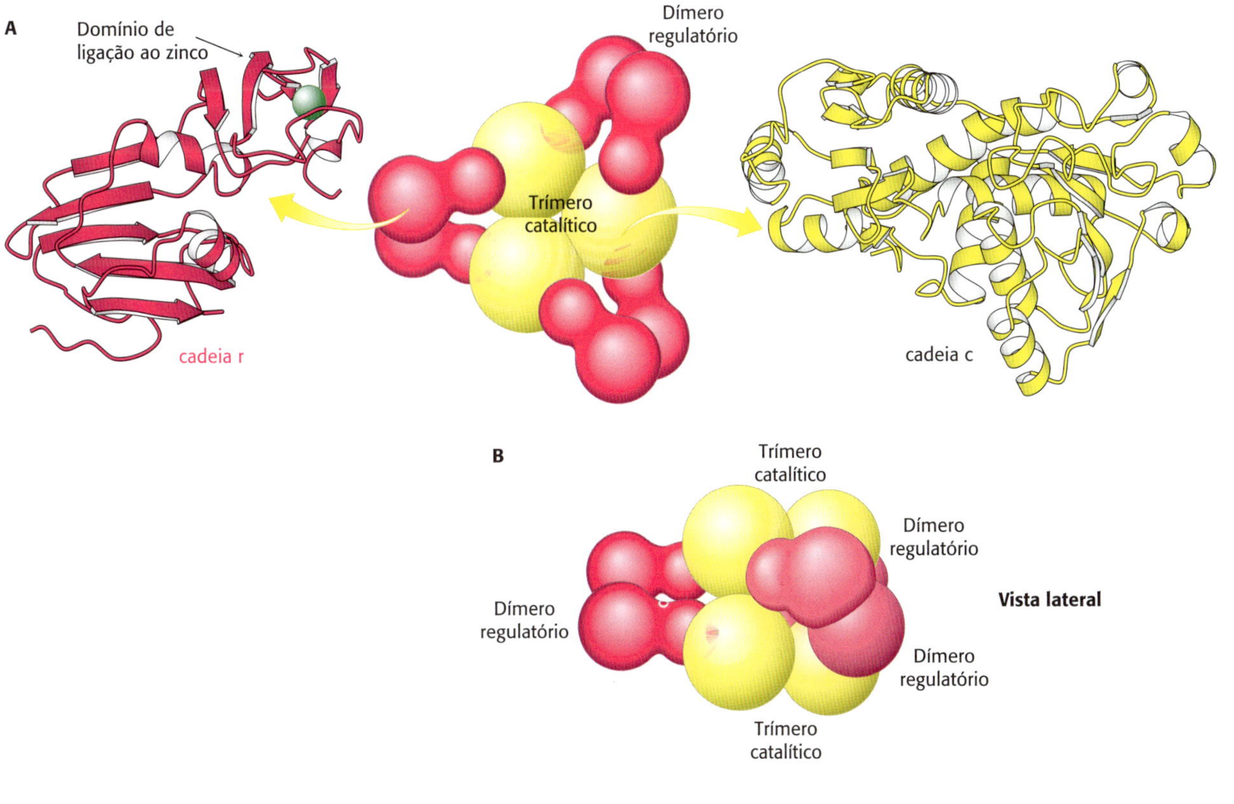


**FIGURA 10.6 Estrutura da ATCase. A.** A estrutura quaternária da aspartato transcarbamilase vista de cima. O esquema no centro é uma representação simplificada das relações entre as subunidades. Um único trímero catalítico [cadeias catalíticas (c), mostradas em amarelo] é visível; nessa vista, o segundo trímero está escondido abaixo do aparente. *Observe* que cada cadeia r interage com uma cadeia c através do domínio de zinco. **B.** Vista lateral do complexo. [Desenhada de 1RAI.pdb.]

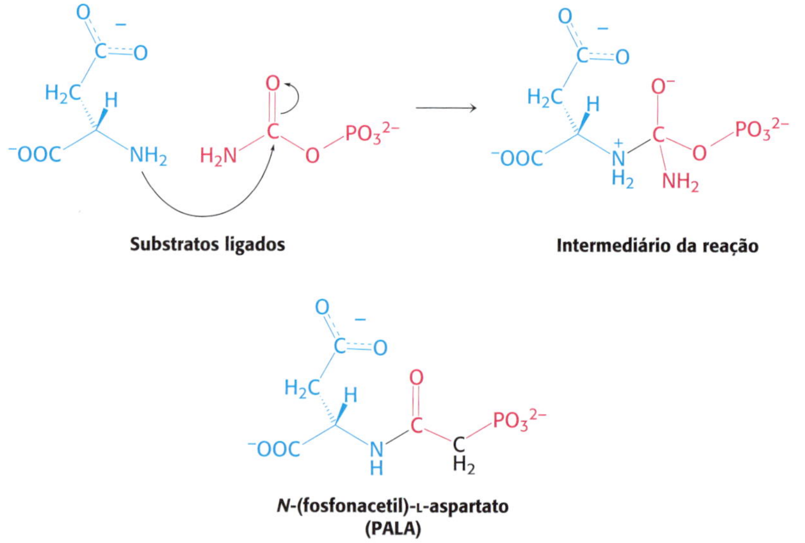


**FIGURA 10.7 PALA, um análogo bissubstrato.** (Acima) O ataque nucleofílico do grupo amino do aspartato no átomo de carbono carbonílico do carbamilfosfato produz um intermediário na via de formação do *N*-carbamilaspartato. (Embaixo) O *N*-(fosfonacetil)-L-aspartato (PALA) é um análogo do intermediário da reação e um potente inibidor competitivo da aspartato transcarbamilase.

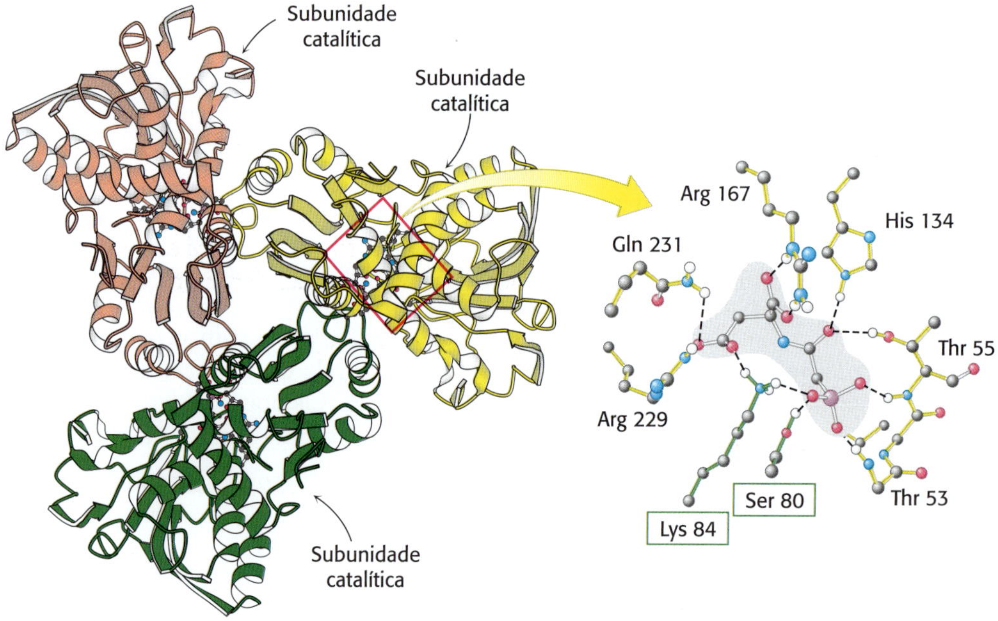


**FIGURA 10.8 O sítio ativo da ATCase.** O trímero catalítico, $c_3$, da ATCase contém três sítios ativos, cada um deles ligado a uma molécula de PALA. Alguns dos resíduos cruciais do sítio ativo aparecem ligados ao inibidor PALA (em cinza) por meio de ligações de hidrogênio (linhas tracejadas pretas). *Observe* que um sítio ativo é composto principalmente de resíduos de uma cadeia c (ligação em amarelo), porém uma cadeia c adjacente também contribui com resíduos importantes (ligações em verde e em caixas verdes). [Desenhada de 8ATC.pdb.]

aproximadamente 10° em torno de seu eixo de simetria trirradial comum. Além disso, os dímeros regulatórios sofrem rotação de aproximadamente 15° para acomodar esse movimento (Figura 10.9). A enzima literalmente se expande com a ligação do PALA. Em essência, a ATCase apresenta duas formas quaternárias distintas: uma que predomina na ausência de substrato ou de análogos de substrato, e outra que predomina quando substratos ou análogos estão ligados. Essas formas são designadas, respectivamente, como estado T (tenso) e estado R (relaxado), como fizemos para os dois estados quaternários da hemoglobina.

Como podemos explicar a cinética sigmoide da enzima à luz das observações estruturais? À semelhança da hemoglobina, a enzima existe em um equilíbrio entre os estados T e R.

$$R \rightleftharpoons T$$

Na ausência de substrato, quase todas as moléculas da enzima encontram-se no estado T, visto que este estado é energeticamente mais estável do que o estado R. A razão da concentração de enzima entre o estado T e o estado R é denominada coeficiente alostérico (L). Na maioria das enzimas alostéricas, L é da ordem de $10^2$ a $10^3$.

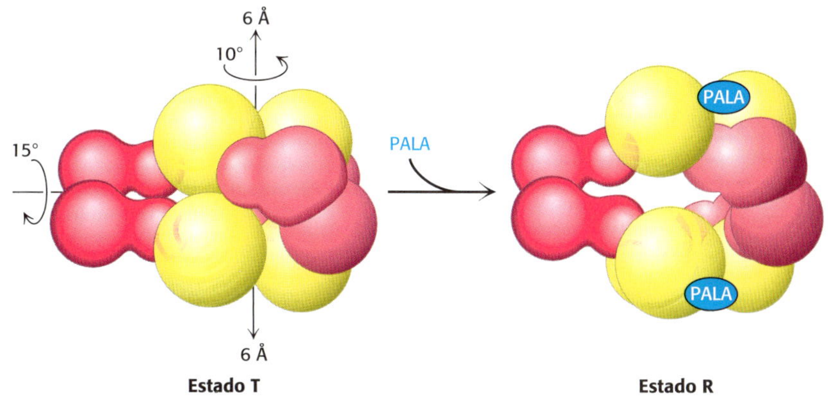


**FIGURA 10.9 A transição do estado T para o estado R na ATCase.** A aspartato transcarbamilase existe em duas conformações: uma forma compacta e relativamente inativa, denominada estado tenso (T), e uma forma expandida, denominada estado relaxado (R). *Observe* que a estrutura da ATCase se modifica drasticamente na transição do estado T para o estado R. A ligação do PALA estabiliza o estado R.

$$L = \frac{T}{R}$$

O estado T tem baixa afinidade pelo substrato e, portanto, exibe baixa atividade catalítica. A ligação ocasional de uma molécula de substrato a um sítio ativo da enzima aumenta a probabilidade de que toda a enzima passe para o estado R com sua maior afinidade de ligação ao substrato. A adição de mais substrato tem dois efeitos. Em primeiro lugar, aumenta a probabilidade de ligação de cada molécula da enzima a pelo menos uma molécula de substrato. Em segundo lugar, aumenta o número médio de moléculas de substrato ligadas a cada enzima. A presença de uma quantidade adicional de substrato aumentará a fração de moléculas da enzima no mais ativo estado R, visto que *a posição de equilíbrio depende do número de sítios ativos que estejam ocupados pelo substrato.* Já consideramos essa propriedade, denominada *cooperatividade,* visto que as subunidades cooperam umas com as outras, quando discutimos a curva sigmoide da ligação da hemoglobina ao oxigênio no Capítulo 7. Os efeitos dos substratos sobre as enzimas alostéricas são designados como *efeitos homotrópicos* (do grego *homós,* "mesmo").

Esse mecanismo de regulação alostérica é denominado *modelo concertado,* visto que a alteração na enzima é do tipo "tudo ou nada", ou seja, toda a enzima é convertida de seu estado T em estado R, afetando igualmente todos os sítios catalíticos. Por outro lado, o *modelo sequencial* supõe que a ligação do ligante a um sítio no complexo pode afetar os sítios adjacentes sem que todas as subunidades transitem do estado T para R (ver Capítulo 7). Embora o modelo concertado possa explicar de modo satisfatório o comportamento da ATCase, a maioria das outras enzimas alostéricas exibe características de ambos os modelos.

A curva sigmoide da ATCase pode ser vista como composta por duas curvas de Michaelis-Menten, uma correspondendo ao estado T, menos ativo, e a outra ao estado R, mais ativo. Na presença de baixas concentrações de substrato, a curva assemelha-se estreitamente àquela da enzima no estado T. À medida que a concentração de substrato vai aumentando, a curva desloca-se progressivamente, assemelhando-se àquela da enzima no estado R (Figura 10.10).

Qual é a vantagem bioquímica da cinética sigmoide? As enzimas alostéricas sofrem transição de um estado menos ativo para um estado mais ativo dentro de uma estreita faixa de concentração de substrato. O benefício desse comportamento é ilustrado na Figura 10.11, que compara a cinética de uma enzima de Michaelis-Menten (curva azul) com a de uma enzima alostérica (curva vermelha). Neste exemplo, a enzima de Michaelis-Menten necessita de um aumento de aproximadamente 27 vezes na concentração de substrato para aumentar a $V_0$ de 0,1 da $V_{máx.}$ para 0,8 da $V_{máx.}$. Em contrapartida, a enzima alostérica exige apenas um aumento de cerca de quatro vezes na

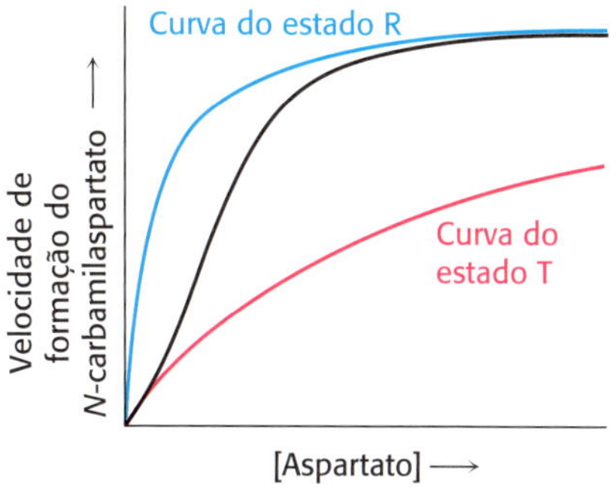


**FIGURA 10.10 Base para a curva sigmoide.** A geração da curva sigmoide pela propriedade da cooperatividade pode ser compreendida ao se imaginar uma enzima alostérica como uma mistura de duas enzimas de Michaelis-Menten, uma com alto valor de $K_M$, que corresponde ao estado T, e outra com baixo valor de $K_M$, que corresponde ao estado R. À medida a concentração de substrato vai aumentando, o equilíbrio desloca-se do estado T para o estado R, resultando em uma acentuada elevação da atividade em relação à concentração de substrato.

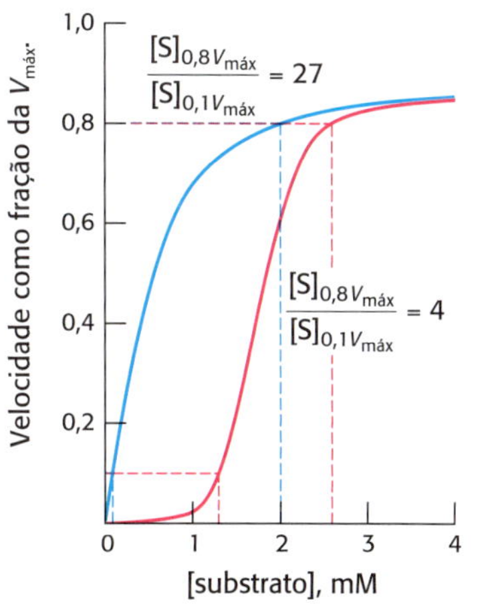


**FIGURA 10.11 As enzimas alostéricas exibem efeitos de limiar.** À medida que vai ocorrendo a transição do estado T para R, a velocidade vai aumentando ao longo de uma faixa mais estreita de concentração de substrato na enzima alostérica (curva vermelha) em comparação com uma enzima de Michaelis-Menten (curva azul).

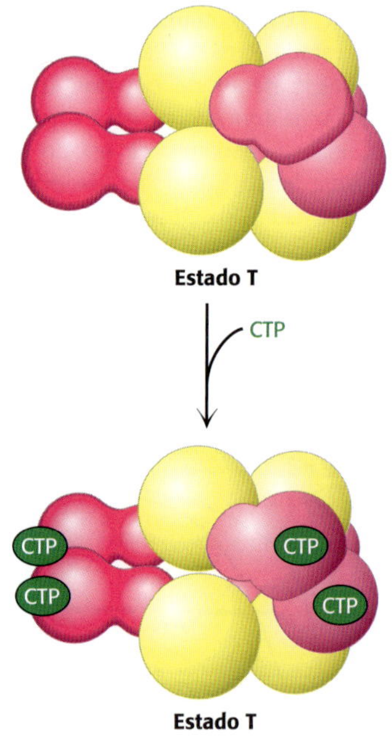


**FIGURA 10.12 O CTP estabiliza o estado T.** A ligação do CTP à subunidade regulatória da aspartato transcarbamilase estabiliza o estado T.

concentração de substrato para alcançar o mesmo aumento de velocidade. *A atividade das enzimas alostéricas é mais sensível a mudanças na concentração de substrato próxima à $K_M$ do que à das enzimas de Michaelis-Menten com a mesma $V_{máx}$.* Essa sensibilidade é denominada *efeito de limiar*: abaixo de uma determinada concentração de substrato, observa-se pouca atividade enzimática. Entretanto, após o limiar ter sido alcançado, a atividade enzimática aumenta rapidamente. Em outras palavras, de modo muito semelhante a um interruptor de "liga/desliga", a cooperatividade assegura que a maior parte da enzima esteja "ligada" (estado R) ou "desligada" (estado T). A grande maioria das enzimas alostéricas exibe cinética sigmoide.

## Os reguladores alostéricos modulam o equilíbrio entre T e R

Concentremos agora a nossa atenção para os efeitos dos nucleotídios de pirimidina sobre a atividade da ATCase. Conforme assinalado anteriormente, o CTP inibe a ação da ATCase. Os estudos da ATCase com raios X na presença de CTP revelaram que (1) a enzima encontra-se no estado T quando ligada ao CTP e (2) existe um sítio de ligação para esse nucleotídio em cada cadeia regulatória em um domínio que não interage com a subunidade catalítica (Figura 10.12). Cada sítio ativo está a uma distância de mais de 50 Å do sítio de ligação mais próximo do CTP. Surge naturalmente a seguinte questão: como o CTP pode inibir a atividade catalítica da enzima quando não interage com a cadeia catalítica?

As alterações na estrutura quaternária observadas com a ligação do análogo de substrato sugerem a existência de um mecanismo para a inibição pelo CTP (Figura 10.13). *A ligação do inibidor CTP ao estado T desvia o equilíbrio entre T e R a favor do estado T, diminuindo a atividade efetiva da enzima.* O CTP aumenta o coeficiente alostérico de 200, na sua ausência, para 1.250 quando todos os sítios regulatórios são ocupados pelo CTP. A ligação do CTP torna mais difícil a conversão da enzima no estado R pela ligação do substrato. Consequentemente, o CTP aumenta a fase inicial da curva sigmoide (Figura 10.14). É necessário maior quantidade de substrato

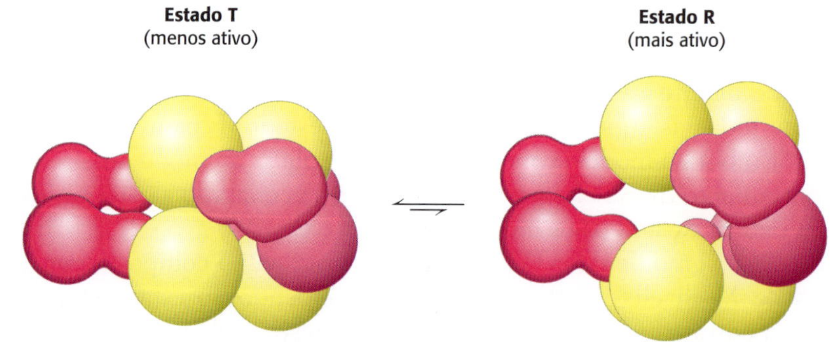


**FIGURA 10.13 O estado R e o estado T estão em equilíbrio.** Mesmo na ausência de qualquer substrato ou reguladores, a aspartato transcarbamilase existe em equilíbrio entre os estados R e T. Nessas condições, o estado T é favorecido por um fator de aproximadamente 200.

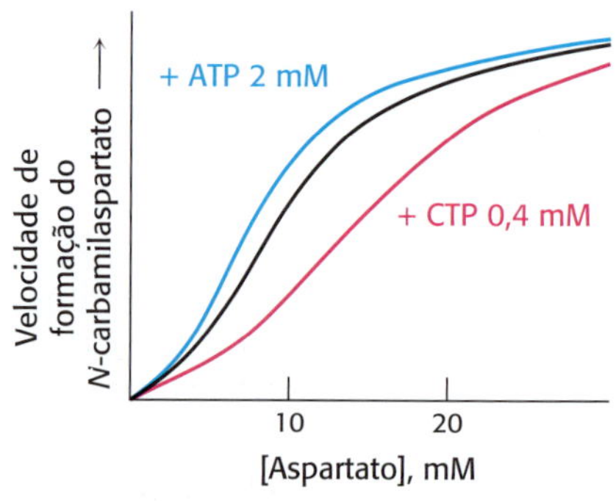


**FIGURA 10.14 Efeito do CTP sobre a cinética da ATCase.** O CTP estabiliza o estado T da aspartato transcarbamilase, o que torna mais difícil a conversão da enzima ao estado R pela ligação do substrato. Consequentemente, a curva é deslocada para a direita, mostrada em vermelho. O ATP é um ativador alostérico da aspartato transcarbamilase, visto que ele estabiliza o estado R, tornando mais fácil a ligação do substrato. Consequentemente, a curva é desviada para a esquerda, mostrada em azul.

para alcançar determinada velocidade de reação. O UTP, o precursor imediato do CTP, também regula a ATCase. Embora seja incapaz de inibir a enzima isoladamente, o UTP inibe de modo sinérgico a ATCase na presença de CTP.

É interessante assinalar que o ATP também é um efetor alostérico da ATCase, ligando-se ao mesmo sítio que o CTP. Entretanto, a ligação do ATP estabiliza o estado R, reduzindo o coeficiente alostérico de 200 para 70 e, assim, *aumentando* a velocidade da reação em determinada concentração de aspartato (Figura 10.14). Na presença de ATP em quantidade suficiente, o perfil cinético exibe um comportamento sigmoide menos pronunciado. Como o ATP e o CTP ligam-se ao mesmo sítio, a presença de altos níveis de ATP impede a inibição da enzima pelo CTP. Os efeitos das moléculas que não são substratos sobre as enzimas alostéricas (como os do CTP e do ATP sobre a ATCase) são designados como *efeitos heterotrópicos* (do grego *héteros*, "diferente"). *Os substratos geram a curva sigmoide (efeitos homotrópicos), enquanto os reguladores deslocam a* $K_M$ *(efeitos heterotrópicos). Todavia, observe que ambos os tipos de efeito são gerados pela alteração da razão T/R.*

O aumento da atividade da ATCase em resposta a uma concentração aumentada de ATP tem duas explicações fisiológicas possíveis. Em primeiro lugar, o ATP em altas concentrações sinaliza uma alta concentração de nucleotídios purínicos na célula; o aumento da atividade da ATCase tende a equilibrar os conjuntos de purinas e de pirimidinas. Em segundo lugar, o ATP em alta concentração indica que existe energia disponível para a síntese de mRNA e a replicação do DNA, levando à síntese das pirimidinas necessárias para esses processos.

## 10.2 As isoenzimas fornecem um meio de regulação específica para diferentes tecidos e estágios de desenvolvimento

As *isozimas*, ou *isoenzimas*, são enzimas que diferem na sua sequência de aminoácidos, mas que catalisam a mesma reação. Normalmente, essas enzimas exibem diferentes parâmetros cinéticos, como $K_M$, ou respondem a diferentes moléculas regulatórias. Elas são codificadas por genes diferentes, que habitualmente surgem por duplicação e divergência gênicas. As isoenzimas frequentemente podem ser distinguidas umas das outras pelas suas propriedades físicas, como a mobilidade eletroforética. *Isoforma* é um termo mais genérico utilizado quando a proteína em questão não é uma enzima.

*A existência de isozimas possibilita o controle fino do metabolismo para suprir as necessidades de determinado tecido ou estágio de desenvolvimento.* Considere o exemplo da lactato desidrogenase (LDH), uma enzima que catalisa uma etapa no metabolismo anaeróbico da glicose e na síntese de glicose. Os seres humanos têm duas cadeias polipeptídicas isozímicas para essa enzima: a isozima H é altamente expressa no músculo cardíaco, enquanto a isozima M é expressa no músculo esquelético. As sequências de aminoácidos são 75% idênticas. Cada enzima funcional é um tetrâmero, e são possíveis muitas combinações diferentes das duas cadeias polipeptídicas isozímicas. A isoenzima $H_4$, que é encontrada no coração, exibe maior afinidade pelos substratos do que a isoenzima $M_4$. Além disso, a presença de altos níveis de piruvato inibe alostericamente a isoenzima $H_4$, mas não a $M_4$. As outras combinações, como $H_3M$, exibem propriedades intermediárias. Discutiremos essas isoenzimas em seu contexto biológico no Capítulo 16.

A isoenzima $M_4$ apresenta uma função ótima no ambiente anaeróbico do músculo esquelético em intensa atividade, enquanto a isoenzima $H_4$ o

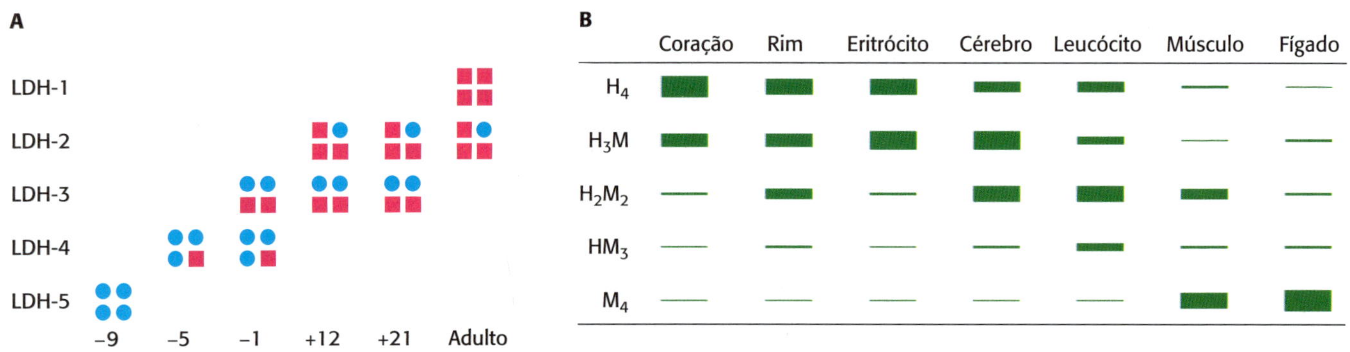


**FIGURA 10.15 Isoenzimas da lactato desidrogenase.** **A.** O perfil das isoenzimas da lactato desidrogenase (LDH) do coração do rato modifica-se durante o desenvolvimento. A isoenzima H é representada por quadrados, e a isoenzima M, por círculos. Os números positivos e negativos denotam, respectivamente, os dias antes e depois do nascimento. **B.** O conteúdo das isoenzimas da LDH varia de acordo com o tecido. A espessura das barras verdes representa as quantidades relativas de isozimas. [(**A**) Dados de W.-H. Li, *Molecular Evolution* (Sinauer, 1997), p. 283; (**B**) de K. Urich, *Comparative Animal Biochemistry* (Springer Verlag, 1990), p. 542.]

faz no ambiente aeróbico do músculo cardíaco. Com efeito, as proporções dessas isoenzimas modificam-se durante o desenvolvimento do coração do rato à medida que o tecido vai passando de um ambiente anaeróbico para um aeróbico (Figura 10.15A). A Figura 10.15B mostra a distribuição das formas teciduais específicas da lactato desidrogenase nos tecidos adultos do rato. *Praticamente todas as enzimas que encontraremos em capítulos subsequentes, incluindo as enzimas alostéricas, existem em formas isozímicas.*

O aparecimento de algumas isoenzimas no sangue constitui um sinal de lesão tecidual, que é útil para o diagnóstico clínico. Por exemplo, um aumento dos níveis séricos de $H_4$ em relação a $H_3M$ fornece uma indicação de que um infarto do miocárdio ou ataque cardíaco provocou lesão das células musculares cardíacas, resultando em liberação de material celular.

## 10.3 A modificação covalente constitui um meio de regular a atividade enzimática

A ligação covalente de uma molécula a uma enzima ou a outra proteína pode modificar a sua atividade. Nesses casos, uma molécula doadora fornece o componente funcional a ser ligado. A maioria das modificações covalentes é reversível. A fosforilação e a desfosforilação constituem os meios mais comuns de modificação covalente, que examinaremos de modo detalhado mais adiante. A ligação de grupos acetila a resíduos de lisina por acetiltransferases e a sua remoção por desacetilases constituem outro exemplo. As histonas – proteínas que estão acondicionadas com DNA nos cromossomos – são extensivamente acetiladas e desacetiladas *in vivo* nos resíduos de lisina (ver Capítulo 33, seção 33.3). As histonas mais intensamente acetiladas estão associadas a genes que estão sendo ativamente transcritos. Embora a acetilação de proteínas tenha sido originalmente descoberta como uma modificação das histonas, sabemos agora que ela constitui um importante mecanismo de regulação, com mais de 2 mil proteínas diferentes reguladas por acetilação em células de mamíferos. A acetilação de proteínas parece ser particularmente importante na regulação do metabolismo. As enzimas acetiltransferase e desacetilase são elas próprias reguladas por fosforilação, o que mostra que a modificação covalente de uma proteína pode ser controlada pela modificação covalente das enzimas modificadoras.

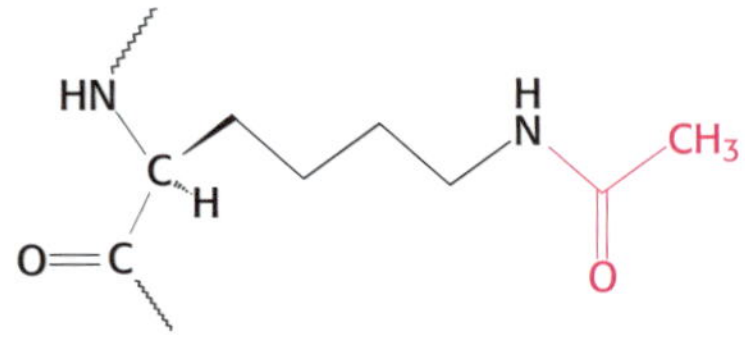


**Lisina acetilada**

Em alguns casos, a modificação covalente não é reversível. A ligação irreversível de um grupo lipídico faz com que algumas proteínas em vias de transdução de sinais, como a Ras (uma GTPase) e a Src (uma proteína tirosinoquinase), fiquem afixadas à face citoplasmática da membrana celular. Quando fixadas neste local, as proteínas têm mais capacidade de receber e transmitir as informações que estão sendo comunicadas ao longo de suas vias de sinalização (ver Capítulo 14). São observadas mutações tanto na

Ras quanto na Src em uma ampla variedade de cânceres. A fixação da ubiquitina, uma proteína pequena, pode sinalizar que uma proteína deve ser destruída, constituindo o mecanismo final de regulação (ver Capítulo 23). A proteína ciclina precisa ser ubiquitinada e destruída antes que uma célula possa entrar em anáfase e prossiga pelo ciclo celular.

Praticamente todos os processos metabólicos que iremos examinar são regulados, em parte, por modificação covalente. Com efeito, as propriedades alostéricas de muitas enzimas são alteradas por modificação covalente. A Tabela 10.1 fornece uma lista de algumas das modificações covalentes comuns.

**TABELA 10.1** Modificações covalentes comuns da atividade proteica.

| Modificação | Molécula doadora | Exemplo de proteína modificada | Função da proteína |
|---|---|---|---|
| Fosforilação | ATP | Glicogênio fosforilase | Homeostasia da glicose; transdução de energia |
| Acetilação | Acetil-CoA | Histonas | Empacotamento do DNA; transcrição |
| Miristilação | Miristil-CoA | Src | Transdução de sinais |
| Ribosilação do ADP | $NAD^+$ | RNA polimerase | Transcrição |
| Farnesilação | Farnesil pirofosfato | Ras | Transdução de sinais |
| γ-Carboxilação | $HCO_3^-$ | Trombina | Coagulação do sangue |
| Sulfatação | 3′-Fosfoadenosina-5′-Fosfossulfato | Fibrinogênio | Formação do coágulo sanguíneo |
| Ubiquitinação | Ubiquitina | Ciclina | Controle do ciclo celular |

## As quinases e as fosfatases controlam o grau de fosforilação das proteínas

Veremos que a fosforilação é utilizada como mecanismo regulador em praticamente todos os processos metabólicos das células eucarióticas. De fato, até 30% das proteínas eucarióticas são fosforiladas. As enzimas que catalisam as reações de fosforilação são denominadas *proteínas quinases*. Essas enzimas constituem uma das maiores famílias conhecidas de proteínas: existem mais de 500 proteínas quinases homólogas nos seres humanos. Essa multiplicidade de enzimas possibilita um fino controle da regulação de acordo com um tecido, momento ou substrato específico.

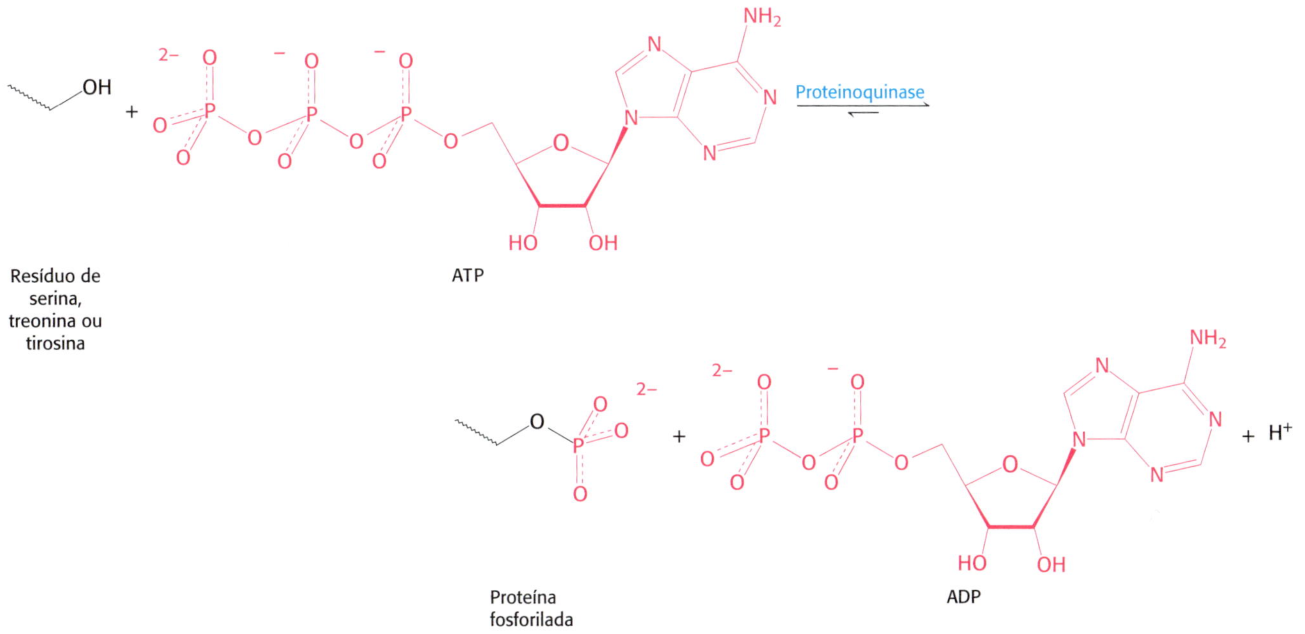

O ATP é o doador mais comum de grupos fosforila. O grupo fosforila terminal (γ) do ATP é transferido para um aminoácido específico da proteína aceptora ou enzima. Nos eucariotos, o resíduo aceptor é comumente um dos três que contêm um grupo hidroxila em sua cadeia lateral. As transferências para resíduos de *serina* e *treonina* são efetuadas por uma classe de proteínas quinases, enquanto a transferência para resíduos de *tirosina* é feita por outra classe. As tirosinas quinases, que são exclusivas dos organismos multicelulares, desempenham um papel central na regulação do crescimento, e observa-se comumente a ocorrência de mutações dessas enzimas em células cancerosas (ver Capítulo 14).

A Tabela 10.2 fornece uma lista de algumas das proteínas quinases de serina e treonina conhecidas. As proteínas que sofrem reações de fosforilação de proteínas estão localizadas dentro das células, onde o doador de grupo fosforila, o ATP, é encontrado em quantidades abundantes. As proteínas totalmente extracelulares não são reguladas por fosforilação reversível.

**TABELA 10.2** Exemplos de serina e treonina quinases e seus sinais de ativação.

| Sinal | Enzima |
|---|---|
| Nucleotídios cíclicos | Proteinoquinase dependente de AMP cíclico |
| | Proteinoquinase dependente de GMP cíclico |
| $Ca^{2+}$ e calmodulina | $Ca^{2+}$-calmodulina proteinoquinase |
| | Fosforilase quinase ou glicogênio sintase quinase 2 |
| AMP | Quinase ativada por AMP |
| Diacilglicerol | Proteinoquinase C |
| Intermediários metabólicos e outros efetores "locais" | Muitas enzimas com alvos específicos, como a piruvato desidrogenase quinase e a desidrogenase quinase de cetoácidos de cadeia ramificada |

Fonte: Informação de D. Fell, *Understanding the Control of Metabolism* (Portland Press, 1997), Tabela 7.2.

As proteínas quinases variam quanto a seu grau de especificidade. As *proteínas quinases dedicadas* fosforilam uma única proteína ou várias proteínas estreitamente relacionadas. As *proteínas quinases multifuncionais* modificam muitos alvos diferentes; elas têm grande alcance e podem coordenar diversos processos. As comparações das sequências de aminoácidos de muitos sítios de fosforilação mostram que uma quinase multifuncional reconhece sequências relacionadas. Por exemplo, a *sequência consenso* reconhecida pela proteinoquinase A é Arg-Arg-X-*Ser*-Z ou Arg-Arg-X-*Thr*-Z, na qual X é um pequeno resíduo, Z é um grande resíduo hidrofóbico e *Ser* ou *Thr* constituem o local de fosforilação. Entretanto, essa sequência não é absolutamente necessária. Por exemplo, a lisina pode substituir um dos resíduos de arginina, porém com alguma perda de afinidade. Por conseguinte, *o principal determinante da especificidade é a sequência de aminoácidos em torno do sítio de fosforilação de serina ou treonina.* Entretanto, resíduos distantes podem contribuir para a especificidade. Por exemplo, uma modificação na conformação da proteína pode abrir ou fechar o acesso a um possível sítio de fosforilação.

As *proteínas fosfatases* revertem os efeitos das quinases ao catalisar a remoção dos grupos fosforila ligados às proteínas. A enzima hidrolisa a ligação que fixa o grupo fosforila.

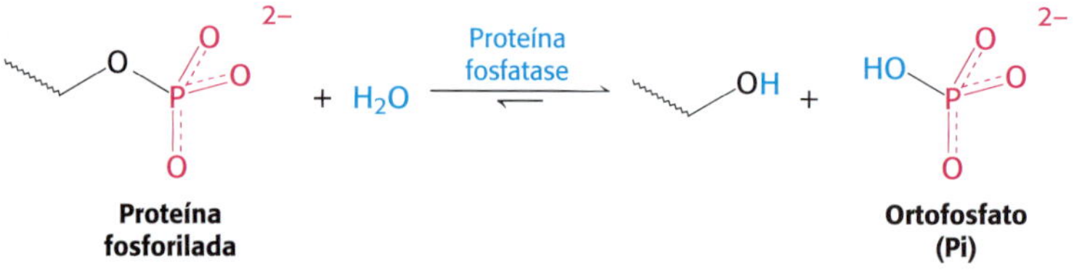

A cadeia lateral contendo hidroxila não modificada é regenerada, e ocorre produção de ortofosfato ($P_i$). Essa família de enzimas, das quais existem cerca de 200 membros nos seres humanos, desempenha um papel vital nas células, visto que essas enzimas interrompem as vias de sinalização que são ativadas por quinases. Uma classe de fosfatase altamente conservada denominada PP2A suprime a atividade promotora de câncer de certas quinases.

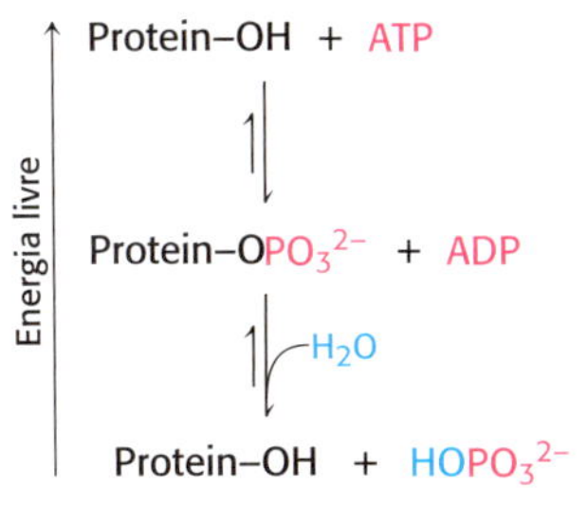


É importante ressaltar que as reações de fosforilação e de desfosforilação não são o inverso uma da outra; cada uma é essencialmente irreversível em condições fisiológicas. Além disso, ambas as reações ocorrem em velocidades insignificantes na ausência de enzimas. Por conseguinte, a fosforilação de um substrato proteico só irá ocorrer por meio da ação de uma proteinoquinase específica e à custa da clivagem do ATP, enquanto a desfosforilação só irá ocorrer pela ação de uma fosfatase. O resultado é que as proteínas-alvo alternam-se entre as formas não fosforilada e fosforilada. A velocidade de reciclagem entre os estados fosforilado e desfosforilado depende das atividades relativas das quinases e das fosfatases específicas.

## A fosforilação é uma maneira altamente efetiva de regular as atividades das proteínas-alvo

A fosforilação é uma modificação covalente comum das proteínas em todas as formas de vida, o que leva à seguinte questão: o que faz a fosforilação das proteínas ser tão valiosa na regulação da função proteica a ponto de seu uso ser onipresente? A fosforilação é uma maneira altamente efetiva de controlar a atividade das proteínas por várias razões:

1. *A energia livre da fosforilação é grande.* Dos –50 kJ mol$^{-1}$ (–12 kcal mol$^{-1}$) fornecidos pelo ATP, cerca da metade é consumida para tornar a fosforilação irreversível; a outra metade é conservada na proteína fosforilada. Uma mudança de energia livre de 5,69 kJ mol$^{-1}$ (1,36 kcal mol$^{-1}$) corresponde a um fator de 10 em uma constante de equilíbrio. Por conseguinte, a fosforilação pode modificar o equilíbrio de conformação entre diferentes estados funcionais por um grande fator, ou seja, da ordem de $10^4$. Em essência, o gasto de energia possibilita forte deslocamento de um estado para outro.
2. *Um grupo fosforila acrescenta duas cargas negativas a uma proteína.* Essas novas cargas podem interromper interações eletrostáticas na proteína não modificada e possibilitar a formação de novas interações eletrostáticas. Essas mudanças estruturais podem alterar acentuadamente a ligação ao substrato e a atividade catalítica.
3. *Um grupo fosforila pode formar três ou mais ligações de hidrogênio.* A geometria tetraédrica de um grupo fosforila torna essas ligações altamente direcionais, possibilitando interações específicas com doadores de ligações de hidrogênio.
4. *A fosforilação e a desfosforilação podem ocorrer em menos de um segundo ou ao longo de um período de horas.* A cinética pode ser ajustada para atender às necessidades de tempo de um processo fisiológico.
5. *A fosforilação frequentemente produz efeitos altamente amplificados.* Uma única molécula de quinase ativada pode fosforilar centenas de proteínas-alvo em um curto intervalo de tempo. Se a proteína-alvo for uma enzima, ela pode, por sua vez, transformar um grande número de moléculas de substrato.
6. *O ATP é a moeda energética celular* (ver Capítulo 15). O uso desse composto como doador de grupo fosforila liga o estado energético da célula à regulação do metabolismo.

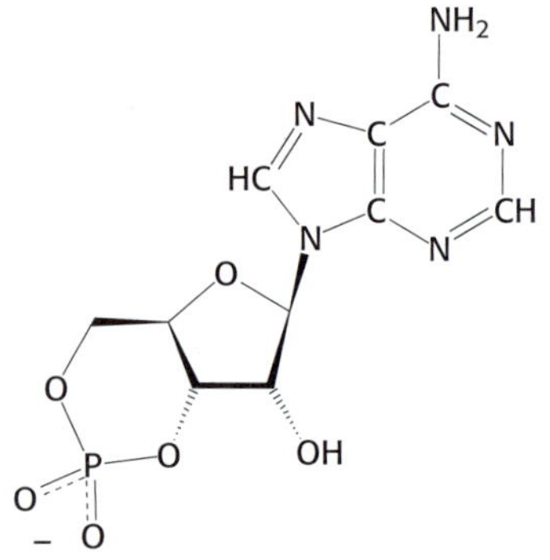

**Monofosfato de adenosina cíclico (cAMP)**

## O AMP cíclico ativa a proteinoquinase A ao alterar a estrutura quaternária

Examinemos uma proteinoquinase específica que ajuda os animais a enfrentar situações estressantes. A resposta de "luta ou fuga" é comum em muitos animais quando se defrontam com uma situação perigosa ou excitante. O músculo prepara-se para a ação. Esse preparo resulta da atividade de determinada proteinoquinase. Nesse caso, o hormônio epinefrina (adrenalina) deflagra a formação do AMP cíclico (cAMP), um mensageiro intracelular formado pela ciclização do ATP. Subsequentemente, o AMP cíclico ativa uma enzima-chave: a *proteinoquinase A* (PKA). Essa quinase altera as atividades das proteínas-alvo ao fosforilar resíduos específicos de serina ou treonina. O achado notável é que a *maioria dos efeitos do cAMP nas células eucarióticas é produzida por meio da ativação da PKA pelo cAMP.*

A PKA fornece um exemplo claro da integração entre a regulação alostérica e a fosforilação. A PKA é ativada por concentrações de cAMP próximas a 10 nM. A estrutura quaternária da PKA lembra a da ATCase. À semelhança dessa enzima, a PKA no músculo é constituída de dois tipos de subunidades: uma subunidade regulatória (R) de 49 kDa e uma subunidade catalítica (C) de 38 kDa. Na ausência de cAMP, as subunidades regulatórias e catalíticas formam um complexo $R_2C_2$, que é enzimaticamente inativo (Figura 10.16). A ligação de duas moléculas de cAMP a cada uma das subunidades regulatórias leva à dissociação do complexo $R_2C_2$ em uma subunidade $R_2$ e duas subunidades C. Essas subunidades catalíticas livres são enzimaticamente ativas. Por conseguinte, *a ligação do cAMP à subunidade regulatória alivia a sua inibição da subunidade catalítica.* À semelhança da maioria das outras quinases, A PKA existe em formas isozímicas para a regulação de um controle fino de modo a suprir as necessidades de uma célula específica ou de determinado estágio do desenvolvimento. Nos mamíferos, quatro isoformas da subunidade R e três da subunidade C são codificadas no genoma.

Como a ligação do cAMP ativa a quinase? Cada cadeia R contém a sequência Arg-Arg-Gly-*Ala*-Ile, que corresponde à sequência consenso para a fosforilação, exceto pela presença de alanina em lugar da serina. No complexo $R_2C_2$, essa *sequência de pseudossubstratos* de R ocupa o sítio catalítico de C, impedindo, assim, a entrada de substratos proteicos (Figura 10.16). A ligação do cAMP às cadeias R move alostericamente as sequências de pseudossubstratos para fora dos sítios catalíticos. As cadeias C liberadas ficam então livres para se ligar a proteínas substratos e fosforilá-las. Curiosamente, o domínio de ligação ao cAMP da subunidade R é altamente conservado e encontrado em todos os organismos.

**FIGURA 10.16 Regulação da proteinoquinase A.** A ligação de quatro moléculas de cAMP ativa a proteinoquinase A ao dissociar a holoenzima inibida ($R_2C_2$) em uma subunidade regulatória ($R_2$) e duas subunidades cataliticamente ativas (C). Cada cadeia R inclui domínios de ligação ao cAMP e uma sequência de pseudossubstratos.

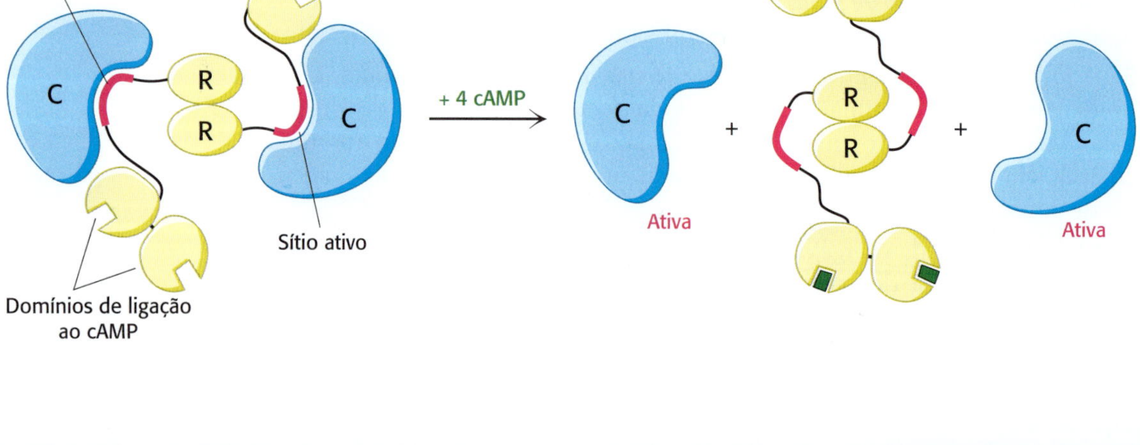

### Mutações na proteinoquinase A podem causar a síndrome de Cushing

A síndrome de Cushing, que abrange um grupo de doenças que resultam do excesso de secreção de cortisol pelo córtex da suprarrenal, é um distúrbio metabólico caracterizado por uma variedade de sintomas, tais como fraqueza muscular e um adelgaçamento da pele que facilmente sofre equimose e osteoporose. O cortisol, que é um hormônio esteroide (ver Capítulo 26, seção 26.4), possui vários efeitos fisiológicos, incluindo a estimulação da síntese de glicose, a supressão da resposta imune e a inibição do crescimento ósseo. A causa mais comum da síndrome de Cushing, denominada doença de Cushing, consiste em um tumor da hipófise que estimula uma secreção excessiva de cortisol pelo córtex da suprarrenal. Pesquisas recentes mostraram que uma mutação que torna a proteinoquinase A constitutivamente ativa também resulta na síndrome. Nesses pacientes, a subunidade catalítica da enzima encontra-se alterada, de modo que ela não se liga mais à subunidade regulatória. Em consequência, a enzima apresenta-se ativa até mesmo na ausência de cAMP, resultando finalmente em ausência de regulação da secreção do cortisol.

### O exercício modifica a fosforilação de muitas proteínas

Como veremos mais claramente em capítulos subsequentes, o exercício é fundamental para a manutenção de uma boa saúde, em parte pela regulação do metabolismo energético e pela manutenção da sensibilidade corporal total à insulina. *Fosfoproteoma* é o termo utilizado para se referir a todas as proteínas que são modificadas por fosforilação, e a fosfoproteômica é o estudo dessas proteínas. Tendo em vista a importância da fosforilação na regulação biológica, não é surpreendente que o exercício modifique o fosfoproteoma. Pesquisas recentes mostraram que o exercício resulta na fosforilação de mais de 1.000 potenciais sítios de fosforilação em aproximadamente 600 proteínas diferentes. Essas modificações são catalisadas pela proteinoquinase A e pela quinase ativada pelo AMP (AMPK, Capítulo 27), bem como por outras quinases. Essas modificações alteram diversas funções biológicas, mais notavelmente um aumento na capacidade de processar combustível aerobicamente (ver Capítulos 17 e 18). O estabelecimento das funções das proteínas modificadas certamente deverá manter os bioquímicos do exercício ocupados durante muitos anos.

## 10.4 Muitas enzimas são ativadas por clivagem proteolítica específica

Analisaremos agora um mecanismo diferente de regulação enzimática. Enquanto muitas enzimas adquirem uma atividade enzimática completa quando se enovelam espontaneamente em suas formas tridimensionais características, as formas enoveladas de outras enzimas ficam inativas até ocorrer a clivagem de uma ou mais ligações peptídicas específicas. O precursor inativo é denominado *zimogênio* ou *proenzima*. Como não há necessidade de uma fonte de energia como o ATP para a clivagem proteolítica específica, até mesmo proteínas extracelulares podem ser ativadas por esse mecanismo. Isso difere da regulação enzimática reversível por fosforilação, que necessita da presença de ATP. Outra diferença notável é que a ativação proteolítica, diferentemente do controle alostérico e da modificação covalente reversível, só ocorre uma vez na vida de uma molécula enzimática.

A proteólise específica constitui uma maneira comum de ativar enzimas e outras proteínas em sistemas biológicos. Por exemplo:

1. As *enzimas digestivas* que hidrolisam o alimento são sintetizadas como zimogênios no estômago e no pâncreas (Tabela 10.3).

**TABELA 10.3** Zimogênios do estômago e do pâncreas.

| Local de síntese | Zimogênio | Enzima ativa |
|---|---|---|
| Estômago | Pepsinogênio | Pepsina |
| Pâncreas | Quimiotripsinogênio | Quimiotripsina |
| Pâncreas | Tripsinogênio | Tripsina |
| Pâncreas | Procarboxipeptidase | Carboxipeptidase |

**2.** *A coagulação do sangue* é mediada por uma cascata de ativações proteolíticas que assegura uma resposta rápida e amplificada ao trauma.

**3.** Alguns hormônios proteicos são sintetizados como precursores inativos. Por exemplo, a *insulina* é derivada da *proinsulina* pela remoção proteolítica de um peptídio.

**4.** A proteína fibrosa *colágeno,* que é o principal constituinte da pele e dos ossos, deriva do *procolágeno,* um precursor solúvel.

**5.** Muitos *processos de desenvolvimento* são controlados pela ativação de zimogênios. Por exemplo, na metamorfose de um girino em uma rã, grandes quantidades de colágeno são reabsorvidas da cauda no decorrer de poucos dias. De modo semelhante, uma grande quantidade de colágeno é degradada no útero de mamífero após o parto. A conversão da *procolagenase* em *colagenase,* a protease ativa responsável pela degradação do colágeno, é precisamente cronometrada nesses processos de remodelagem.

**6.** A *morte celular programada* ou *apoptose* é mediada por enzimas proteolíticas denominadas *caspases,* que são sintetizadas na forma precursora de *procaspases.* Quando ativadas por vários sinais, as caspases atuam, causando morte celular na maioria dos organismos, desde *C. elegans* aos seres humanos. A apoptose fornece um meio de esculpir as formas das partes do corpo durante o desenvolvimento, bem como um meio de eliminar as células danificadas ou infectadas.

A seguir, examinaremos a ativação e o controle dos zimogênios utilizando como exemplos várias enzimas responsáveis pela digestão e pela formação do coágulo sanguíneo.

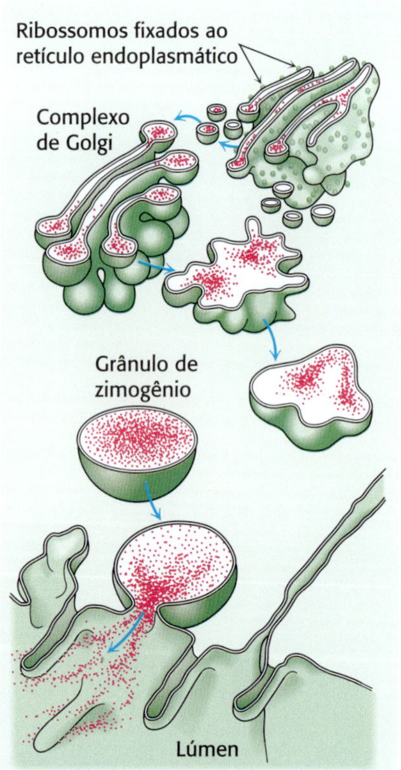


**FIGURA 10.17 Secreção de zimogênios por uma célula acinar do pâncreas.** Os zimogênios são sintetizados em ribossomos fixados ao retículo endoplasmático. Subsequentemente, são processados no aparelho de Golgi e empacotados em grânulos de zimogênio ou secretórios. Com o sinal apropriado, os grânulos fundem-se com a membrana plasmática e descarregam seu conteúdo no lúmen dos ductos pancreáticos. O citoplasma da célula é mostrado em verde-pálido. As membranas e o lúmen são mostrados em verde-escuro.

## O quimiotripsinogênio é ativado por clivagem específica de uma única ligação peptídica

A *quimiotripsina* é uma enzima digestiva que hidrolisa proteínas. É um membro de uma grande família de serinas proteases, cujo mecanismo de ação foi descrito de modo detalhado no Capítulo 9. Ela cliva especificamente ligações peptídicas no lado carboxila dos resíduos de aminoácidos com grandes grupos R hidrofóbicos (Tabela 8.6). Seu precursor inativo, o *quimiotripsinogênio,* é sintetizado no pâncreas, assim como vários outros zimogênios e enzimas digestivas. Com efeito, o pâncreas é um dos órgãos mais ativos na síntese e secreção de proteínas. As enzimas e os zimogênios são sintetizados nas células acinares do pâncreas e armazenados dentro de grânulos delimitados por membrana (Figura 10.17). Os grânulos de zimogênio acumulam-se no ápice da célula acinar. Quando a célula é estimulada por um sinal hormonal ou por um impulso nervoso, o conteúdo dos grânulos é liberado em um ducto que leva ao duodeno.

O quimiotripsinogênio, uma cadeia polipeptídica simples constituída de 245 resíduos de aminoácidos, é praticamente desprovido de atividade enzimática. É convertido em uma enzima totalmente ativa quando a ligação peptídica que une a arginina 15 e a isoleucina 16 é clivada pela tripsina (Figura 10.18). A enzima ativa resultante, denominada quimiotripsina $\pi$,

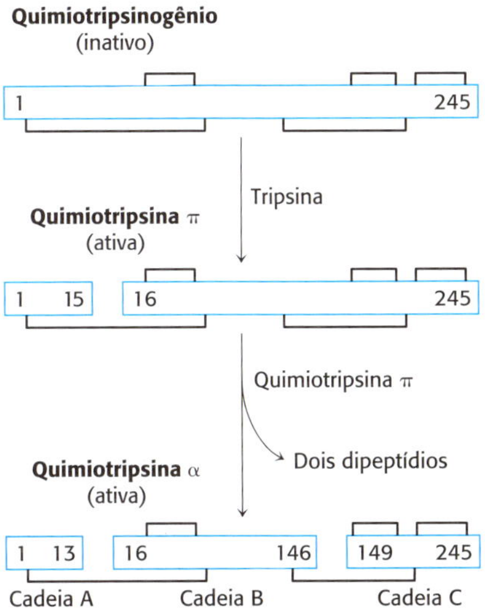


**FIGURA 10.18 Ativação proteolítica do quimiotripsinogênio.** As três cadeias da quimiotripsina α estão ligadas por duas pontes dissulfeto entre cadeias (A para B, e B para C). São mostradas as posições aproximadas das pontes dissulfeto entre cadeias e intracadeia.

atua então sobre outras moléculas de quimiotripsina π, removendo dois dipeptídios para produzir a quimiotripsina α, a forma estável da enzima. As três cadeias resultantes da quimiotripsina α permanecem ligadas umas às outras por duas pontes dissulfeto entre cadeias. A característica notável desse processo de ativação é que *a clivagem de uma única ligação peptídica específica transforma a proteína de uma forma cataliticamente inativa em uma forma totalmente ativa.*

## A ativação proteolítica do quimiotripsinogênio leva à formação de um sítio de ligação ao substrato

Como a clivagem de uma única ligação peptídica ativa o zimogênio? A clivagem da ligação peptídica entre os aminoácidos 15 e 16 desencadeia mudanças conformacionais fundamentais, que foram reveladas pela elucidação da estrutura tridimensional do quimiotripsinogênio.

**1.** O recém-formado *grupo aminoterminal da isoleucina 16 volta-se para dentro e forma uma ligação iônica com o aspartato 194* no interior da molécula de quimiotripsina (Figura 10.19).

**2.** Essa interação eletrostática desencadeia uma série de mudanças conformacionais. A metionina 192 desloca-se de uma posição profundamente internalizada no zimogênio para a superfície da enzima ativa, enquanto os resíduos 187 e 193 afastam-se um do outro. Essas alterações resultam na formação do *sítio de especificidade do substrato* para grupos aromáticos e apolares volumosos. Um lado desse sítio é constituído pelos resíduos 189 a 192 (Figura 9.10). *Essa cavidade para a ligação de parte do substrato não está totalmente formada no zimogênio.*

**3.** O estado de transição tetraédrico gerado pela quimiotripsina possui um oxiânion (um átomo de

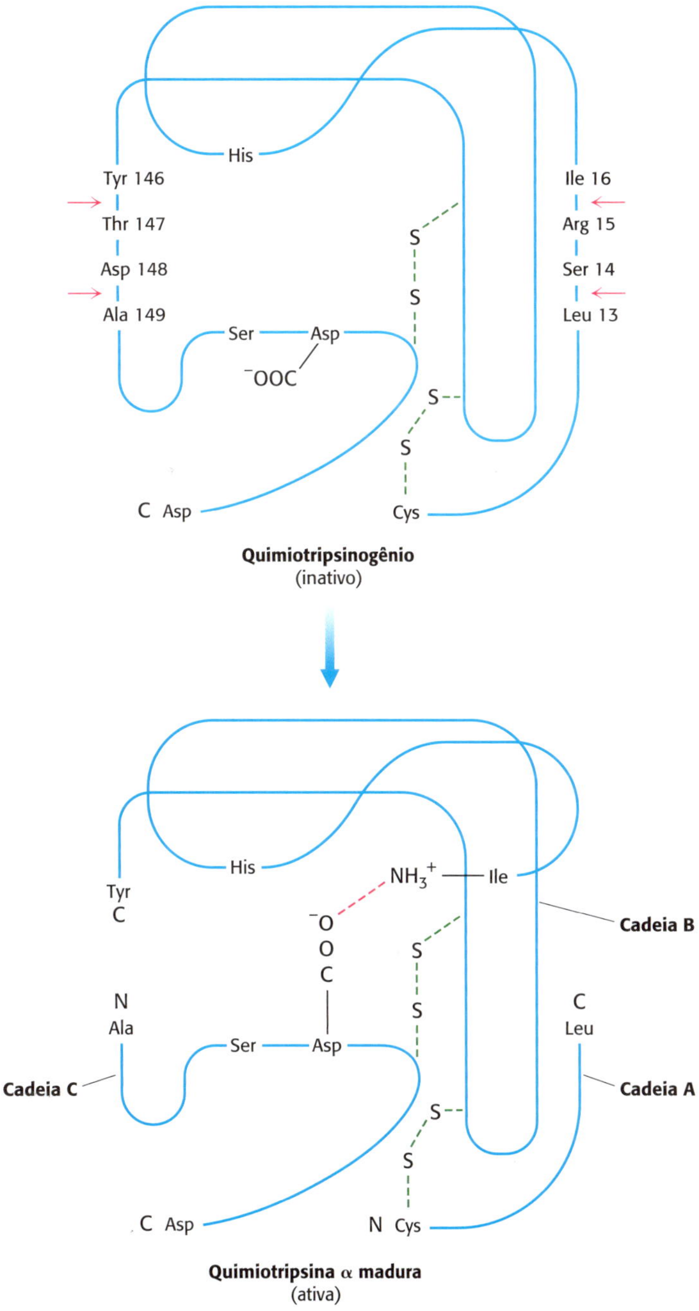


**FIGURA 10.19 Conformações do quimiotripsinogênio e da quimiotripsina.** A interação eletrostática entre o grupo α-amino da isoleucina 16 e o carboxilato do aspartato 194, essencial para a estrutura da quimiotripsina ativa, só é possível após a clivagem da ligação peptídica entre a isoleucina e a arginina no quimiotripsinogênio. [Informação de Gregory A. Petsko e Dagmar Ringer, *Protein Structure and Function* (Sinauer, 2003), pp. 3–16, Fig. 3.31.]

oxigênio carbonílico de carga negativa), que é estabilizado por ligações de hidrogênio a dois grupos NH da cadeia principal da enzima (Figura 9.9). Um desses grupos NH não está adequadamente localizado no quimiotripsinogênio, de modo que o sítio de estabilização do oxiânion (a cavidade de oxiânion, Capítulo 9) é incompleto no zimogênio.

**4.** As mudanças conformacionais em outros locais da molécula são muito pequenas. Por conseguinte, *a atividade enzimática em uma proteína pode ser acionada por mudanças discretas e altamente localizadas de conformação, que são deflagradas pela hidrólise de uma ligação peptídica.*

## A produção de tripsina a partir do tripsinogênio leva à ativação de outros zimogênios

As alterações estruturais que acompanham a ativação do *tripsinogênio,* o precursor da enzima proteolítica *tripsina*, outra serina protease, diferem daquelas observadas na ativação do quimiotripsinogênio. Quatro regiões do polipeptídio são muito flexíveis no zimogênio, enquanto exibem uma conformação bem definida na tripsina. As alterações estruturais resultantes também completam a formação da cavidade de oxiânion.

A digestão de proteínas e de outras moléculas no duodeno exige a ação concomitante de várias enzimas proteolíticas, visto que cada uma delas é específica para um número limitado de cadeias laterais. Por conseguinte, os zimogênios precisam ser ativados ao mesmo tempo. Um controle coordenado é obtido pela ação da *tripsina como ativador comum de todos os zimogênios pancreáticos* – o tripsinogênio, o quimiotripsinogênio, a proelastase, a procarboxipeptidase e a prolipase, o precursor inativo da enzima de degradação dos lipídios. Para produzir a tripsina ativa, as células que revestem o duodeno possuem uma enzima inserida na membrana, a *enteropeptidase,* que hidrolisa uma ligação peptídica lisina-isoleucina específica no tripsinogênio à medida que o zimogênio proveniente do pâncreas vai entrando no duodeno. A pequena quantidade de tripsina produzida dessa maneira ativa mais tripsinogênio e os outros zimogênios (Figura 10.20). Por conseguinte, *a formação da tripsina pela enteropeptidase constitui a principal etapa de ativação.*

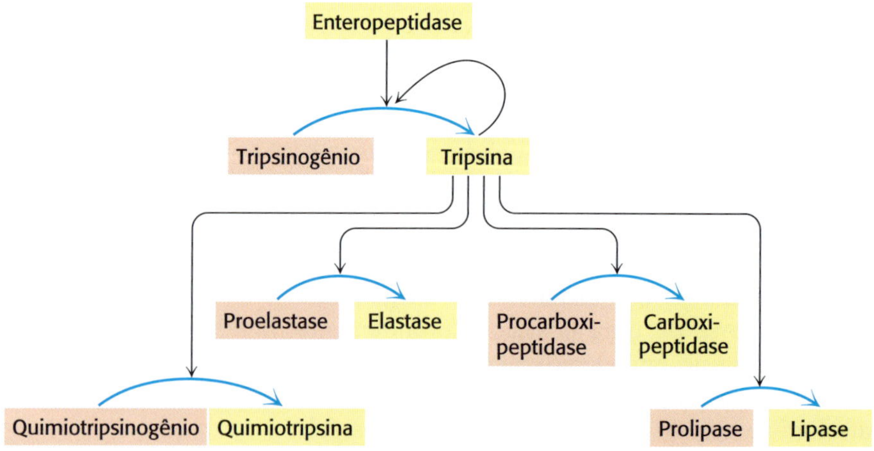


**FIGURA 10.20 Ativação dos zimogênios por clivagem proteolítica.** A enteropeptidase inicia a ativação dos zimogênios pancreáticos ativando a tripsina, que, em seguida, ativa outros zimogênios. As enzimas ativas são mostradas em amarelo; e os zimogênios, em laranja.

## Algumas enzimas proteolíticas têm inibidores específicos

A conversão de um zimogênio em uma protease pela clivagem de uma única ligação peptídica constitui um modo preciso de acionar a atividade enzimática. Entretanto, essa etapa de ativação é irreversível, de modo que é necessário um mecanismo diferente para interromper a proteólise. Essa tarefa é executada por inibidores específicos de proteases. As *serpinas,* que são inibidores da serina protease, fornecem um exemplo desse tipo de família de inibidores. Por exemplo, o *inibidor pancreático da tripsina*, uma proteína de 6 kDa, inibe a tripsina ao ligar-se muito firmemente a seu sítio ativo. A constante de dissociação do complexo é de 0,1 pM, o que corresponde a uma energia livre-padrão de ligação de cerca de –75 kJ $mol^{-1}$ (–18 kcal $mol^{-1}$). Diferentemente de quase todas as montagens conhecidas de proteínas, esse complexo não se dissocia em suas cadeias constituintes mediante tratamento com agentes desnaturantes, como ureia 8 M ou cloreto de guanidínio 6 M (ver Capítulo 2, seção 2.6).

A razão para a excepcional estabilidade do complexo é que o inibidor pancreático da tripsina é um análogo de substrato muito efetivo. As análises com raios X mostraram que o inibidor situa-se no sítio ativo da enzima, posicionado de tal modo que a cadeia lateral da lisina 15 desse inibidor possa interagir com a cadeia lateral de aspartato na cavidade de especificidade da tripsina. Além disso, existem muitas ligações de hidrogênio entre a cadeia principal da tripsina e a de seu inibidor. Ademais, o grupo carbonila da lisina 15 e os átomos circundantes do inibidor encaixam-se perfeitamente no sítio ativo da enzima. A comparação da estrutura do inibidor ligado à enzima com a do inibidor livre revela que *a estrutura permanece essencialmente inalterada com a ligação à enzima* (Figura 10.21). Por conseguinte, o inibidor é pré-organizado em uma estrutura altamente complementar com o sítio ativo da enzima. Com efeito, a ligação peptídica entre a lisina 15 e a alanina 16 no inibidor pancreático da tripsina é clivada, porém em uma velocidade muito lenta: a meia-vida do complexo tripsina-inibidor é de vários meses. Em essência, o inibidor é um substrato, porém a sua estrutura intrínseca é tão precisamente complementar com o sítio ativo da enzima que ele se liga muito firmemente, raramente progredindo para o estado de transição e com uma renovação lenta.

Por que existe o inibidor da tripsina? Lembre-se de que a tripsina ativa outros zimogênios. Consequentemente, é vital impedir que até mesmo pequenas quantidades de tripsina possam iniciar a cascata enquanto os zimogênios ainda se encontram no pâncreas ou nos ductos pancreáticos. O inibidor da tripsina liga-se a quaisquer moléculas de tripsina prematuramente ativadas no pâncreas ou nos ductos pancreáticos. Essa inibição evita a ocorrência de uma lesão grave desses tecidos, o que poderia levar à pancreatite aguda.

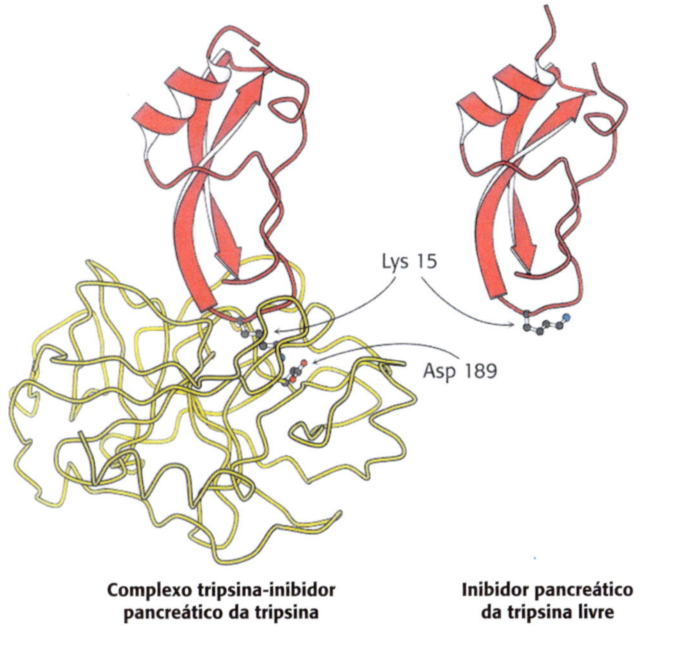


**FIGURA 10.21 Interação da tripsina com o seu inibidor.** Estrutura de um complexo de tripsina (em amarelo) com o inibidor pancreático da tripsina (em vermelho). *Observe* que a lisina 15 do inibidor penetra no sítio ativo da enzima. Nesse local, forma uma ponte iônica com o aspartato 189 no sítio ativo. *Observe também* que o inibidor ligado e o inibidor livre apresentam uma estrutura quase idêntica. [Desenhada de 1BPI.pdb.]

O inibidor pancreático da tripsina não é o único inibidor importante de proteases. A $\alpha_1$-*antitripsina* (também denominada $\alpha_1$-*antiproteinase*), uma proteína plasmática de 53 kDa, protege os tecidos contra a digestão pela elastase, um produto de secreção dos neutrófilos (leucócitos que ingerem bactérias). O termo *antielastase* seria uma designação mais acurada para esse inibidor, visto que ele bloqueia a *elastase* muito mais efetivamente do que a tripsina. À semelhança do inibidor pancreático da tripsina, a $\alpha_1$-antitripsina bloqueia a ação de enzimas-alvo ligando-se de modo quase irreversível a seus sítios ativos. Os distúrbios genéticos que levam a uma deficiência de $\alpha_1$-antitripsina mostram a importância fisiológica desse inibidor. Por exemplo, a substituição do glutamato pela lisina no resíduo 53 no mutante tipo Z diminui a secreção desse inibidor pelas células hepáticas. Os níveis séricos do inibidor correspondem a cerca de 15% do valor de referência normal em indivíduos homozigotos para esse defeito. Em consequência, o excesso de elastase destrói as paredes alveolares dos pulmões, digerindo as fibras elásticas e outras proteínas do tecido conjuntivo.

A condição clínica resultante é denominada *enfisema* (também conhecida como *doença pulmonar obstrutiva crônica* [DPOC]). Os indivíduos com enfisema precisam respirar mais fortemente do que as pessoas normais para trocar o mesmo volume de ar, visto que seus alvéolos são muito menos resilientes do que o normal. O tabagismo aumenta acentuadamente a probabilidade de desenvolvimento de enfisema mesmo em um heterozigoto do tipo Z. A razão é que a fumaça oxida a metionina 358 do inibidor (Figura 10.22), um resíduo essencial para a ligação da elastase. Com efeito, essa cadeia lateral de metionina constitui a isca que captura seletivamente a elastase. Por outro lado, o produto da oxidação, o *sulfóxido de metionina*, não atrai a elastase, representando uma consequência notável da inserção de apenas um átomo de oxigênio em uma proteína, bem como um exemplo marcante do efeito que exerce o comportamento humano sobre a bioquímica. Abordaremos outro inibidor de protease, a antitrombina III, quando examinarmos o controle da coagulação sanguínea.

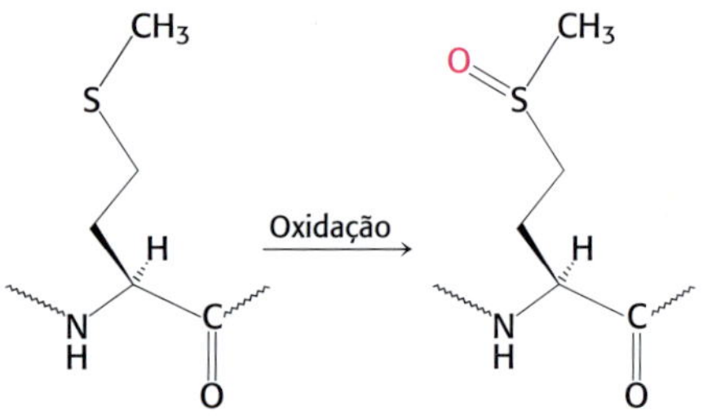


**FIGURA 10.22** Oxidação da metionina a sulfóxido de metionina.

## As serpinas podem ser degradadas por uma única enzima

A ativação prematura das proteases pode levar ao desenvolvimento de pancreatite, porém serpinas em excesso também podem levar a condições patológicas ao inibir a atividade da serina protease. As serpinas podem ser ingeridas ou, talvez em alguns casos, produzidas em excesso. Existe alguma maneira de se proteger contra esse tipo de situação? A mesotripsina, uma enzima humana secretada pelo pâncreas, é uma isozima da tripsina, mas que difere desta em dois aspectos importantes. Em primeiro lugar, a mesotripsina não é inibida pelas serpinas; e, em segundo lugar, ela digere rapidamente o inibidor. Curiosamente, experimentos de mutação demonstraram que uma mudança de apenas quatro aminoácidos na tripsina torna a enzima mutada resistente às serpinas e confere a capacidade catalítica observada na mesotripsina. Acredita-se que a mesotripsina possa proteger contra a presença de serpinas em excesso, porém a sua função precisa ainda não foi elucidada.

## A coagulação sanguínea ocorre por meio de uma cascata de ativações de zimogênios

As *cascatas enzimáticas* são frequentemente utilizadas nos sistemas bioquímicos para obter uma resposta rápida. Em uma cascata, um sinal inicial desencadeia uma série de etapas em que cada uma é catalisada por uma enzima. Em cada etapa, o sinal é amplificado. Por exemplo, se uma molécula sinalizadora ativar uma enzima que, por sua vez, ativa 10 enzimas, e cada uma dessas 10 enzimas ativa, por sua vez, 10 enzimas adicionais, depois de quatro etapas, o sinal original terá sido amplificado 10 mil vezes. A *hemostasia*, o processo de formação e dissolução de coágulos sanguíneos, exige uma *cascata de ativações de zimogênios:* a forma ativada de um fator de coagulação catalisa a ativação do seguinte (Figura 10.23). Assim, quantidades muito pequenas de fatores iniciais são suficientes para deflagrar a cascata, o que assegura uma resposta rápida ao traumatismo.

Foram descritas duas maneiras de iniciação da coagulação sanguínea: a *via intrínseca* e a *via extrínseca*. A via intrínseca da coagulação é ativada pela exposição de superfícies aniônicas quando ocorre uma ruptura do revestimento endotelial dos vasos sanguíneos. A via extrínseca, que parece ser mais crucial na coagulação sanguínea, é iniciada quando o traumatismo expõe o *fator tecidual* (FT), uma glicoproteína integral de membrana. Com exposição ao sangue, o fator tecidual liga-se ao fator VII para ativar o fator X. Tanto a via intrínseca quanto a via extrínseca levam à ativação do fator X (uma serina protease), que, por sua vez, converte a *protrombina* em *trombina*, a protease-chave da coagulação. Em seguida, a trombina amplifica o processo da coagulação ao ativar enzimas e fatores que levam à produção de mais trombina, fornecendo um exemplo de retroalimentação positiva. Observe que as formas ativas dos fatores de coagulação são designadas por um subscrito "a", enquanto os fatores que são enzimas ou cofatores enzimáticos ativados pela trombina são designados com um asterisco.

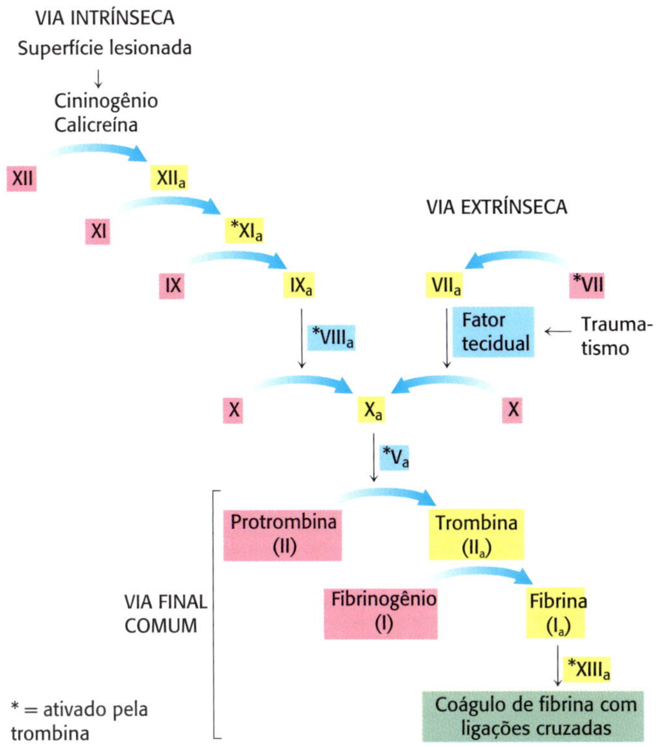


**FIGURA 10.23 Cascata da coagulação sanguínea.** Forma-se um coágulo de fibrina pela interação das vias intrínseca, extrínseca e uma via final comum. A via intrínseca começa com a ativação do fator XII (fator Hageman) em consequência do contato com as superfícies anormais produzidas pela lesão. A via extrínseca é desencadeada pela ocorrência do traumatismo, que libera o fator tecidual (FT). O FT forma um complexo com o fator VII, que dá início a uma cascata de ativação da trombina. As formas inativas dos fatores de coagulação são mostradas em vermelho, e seus correspondentes ativados (indicados pelo subscrito "a"), em amarelo. As proteínas estimuladoras, que não são elas próprias enzimas, estão mostradas em caixas azuis. Uma característica notável desse processo é que a forma ativada de um fator de coagulação catalisa a ativação do fator seguinte.

## A protrombina precisa se ligar ao $Ca^{2+}$ para ser convertida em trombina

A trombina é sintetizada na forma de um zimogênio denominado protrombina. A molécula inativa apresenta quatro domínios principais, com o domínio de serina protease na extremidade carboxiterminal (Figura 10.24). O primeiro domínio, denominado *domínio gla*, é rico em resíduos de γ-carboxiglutamato (abreviatura gla), enquanto o segundo e o terceiro domínios são denominados *domínios kringle* (em homenagem a um produto dinamarquês de pastelaria com o qual se assemelham). Esses três domínios atuam em conjunto para manter a protrombina em uma forma inativa. Além disso, o domínio gla, por ser rico em γ-carboxiglutamato, é capaz de se ligar ao $Ca^{2+}$ (Figura 10.25). Qual é o efeito dessa ligação? A ligação ao $Ca^{2+}$ pela protrombina fixa o zimogênio às membranas fosfolipídicas derivadas das plaquetas do sangue circulante após a ocorrência da lesão. Essa ligação é crucial, visto que ela aproxima a protrombina de duas proteínas

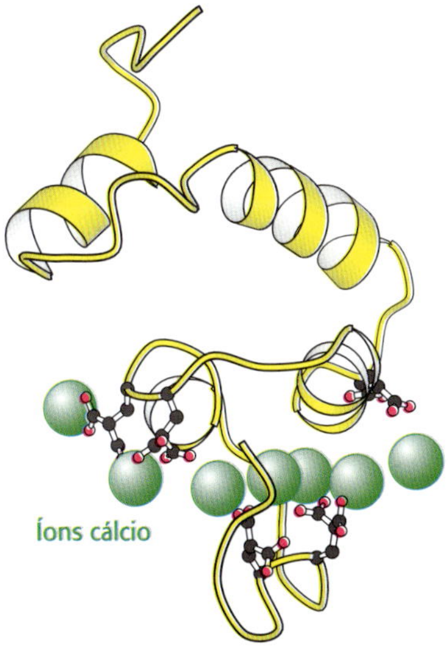


**FIGURA 10.25 A região de ligação ao cálcio da protrombina.** A protrombina liga-se aos íons cálcio por meio dos grupos carboxila do aminoácido modificado, o γ-carboxiglutamato (em vermelho). [Desenhada de 2PF2.pdb.]

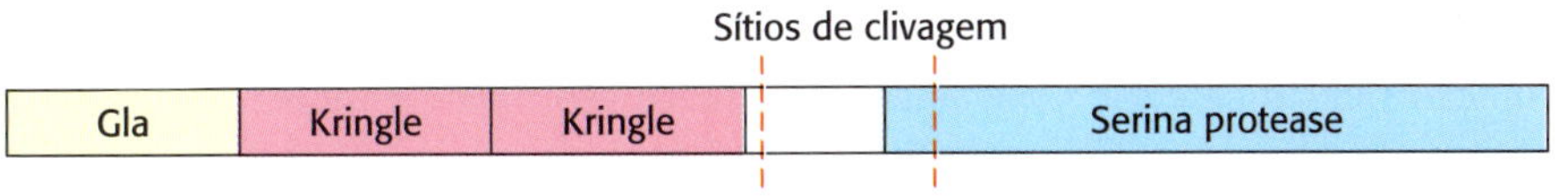


**FIGURA 10.24 Estrutura modular da protrombina.** A clivagem de duas ligações peptídicas produz a trombina. Todos os resíduos de γ-carboxiglutamato estão no domínio gla.

da coagulação, o fator $X_a$ e o fator $V_a$ (uma proteína estimuladora), que catalisam a sua conversão em trombina. O fator $X_a$ cliva a ligação entre a arginina 274 e a treonina 275, liberando um fragmento que contém os primeiros três domínios. O fator $X_a$ também cliva a ligação entre a arginina 323 e a isoleucina 324, produzindo a trombina ativa.

## O fibrinogênio é convertido pela trombina em um coágulo de fibrina

A parte mais bem caracterizada do processo da coagulação é a etapa final da cascata: a conversão do *fibrinogênio* em fibrina pela trombina. O fibrinogênio é uma glicoproteína grande composta de três cadeias não idênticas, Aα, Bβ e γ, e é encontrada no plasma sanguíneo de todos os vertebrados. A composição geral dessa proteína de 340 kDa é $(A\alpha_2B\beta_2\gamma_2)$. Três unidades globulares estão conectadas por dois bastonetes, e as regiões dos bastões consistem em espirais *α-helical coiled coils*, um motivo recorrente nas proteínas (ver Capítulo 2, seção 2.3; Figura 10.26A). A trombina cliva quatro *ligações peptídicas arginina-glicina* na região globular central do fibrinogênio (Figura 10.26B). Com a clivagem, ocorre liberação de um peptídio A de 18 resíduos de cada uma das duas cadeias Aα, bem como de um peptídio B de 20 resíduos de cada uma das duas cadeias Bβ. Esses peptídios A e B são denominados *fibrinopeptídios* (Figura 10.27). Uma molécula de fibrinogênio desprovida desses fibrinopeptídios é denominada *monômero de fibrina* e apresenta a estrutura de subunidades $(\alpha\beta\gamma)_2$.

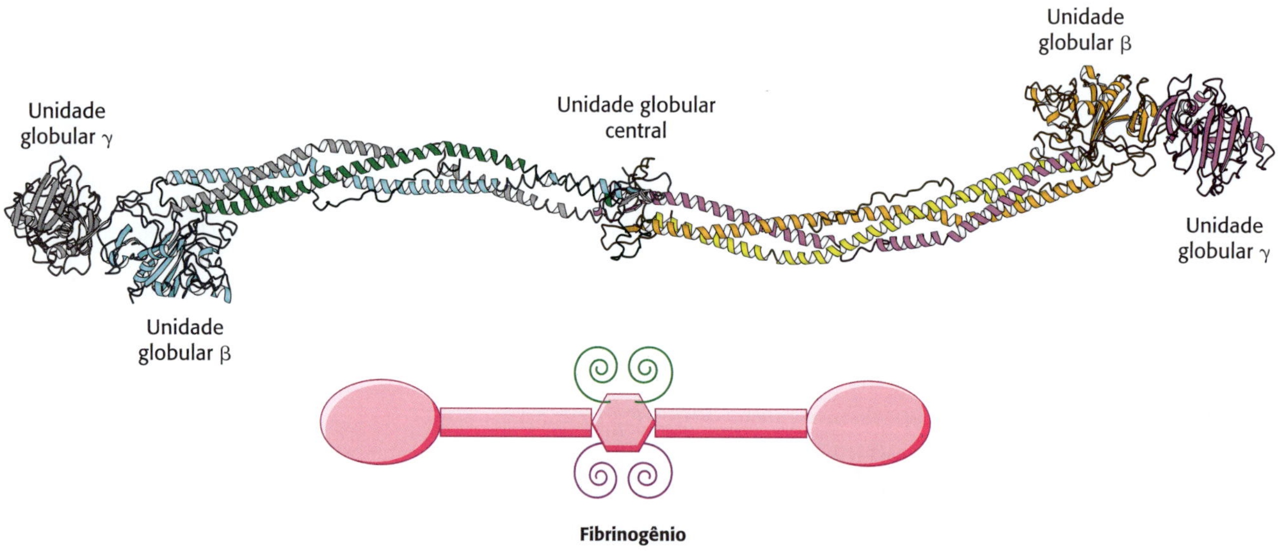


**FIGURA 10.26 Estrutura de uma molécula de fibrinogênio.** **A.** Esquema em fitas. As duas regiões em bastonetes consistem em espirais *α-helical coiled coils* conectadas a três regiões globulares. **B.** Representação esquemática mostrando as posições dos fibrinopeptídios (em verde e púrpura) na região globular central. [Parte **A** desenhada de 1M1J.pdb.]

Com a clivagem da trombina, as sequências de aminoácidos são expostas na unidade globular central, que interage com as subunidades γ e β de outros monômeros. A polimerização ocorre à medida que mais monômeros de fibrina vão interagindo entre si (Figura 10.27). Por conseguinte, de modo análogo à ativação do quimiotripsinogênio, a clivagem da ligação peptídica expõe novas extremidades amino-terminais, que podem participar em interações específicas. O "coágulo mole" recém-formado é estabilizado pela formação de ligações amídicas entre as cadeias laterais dos resíduos de lisina e glutamina em monômeros diferentes.

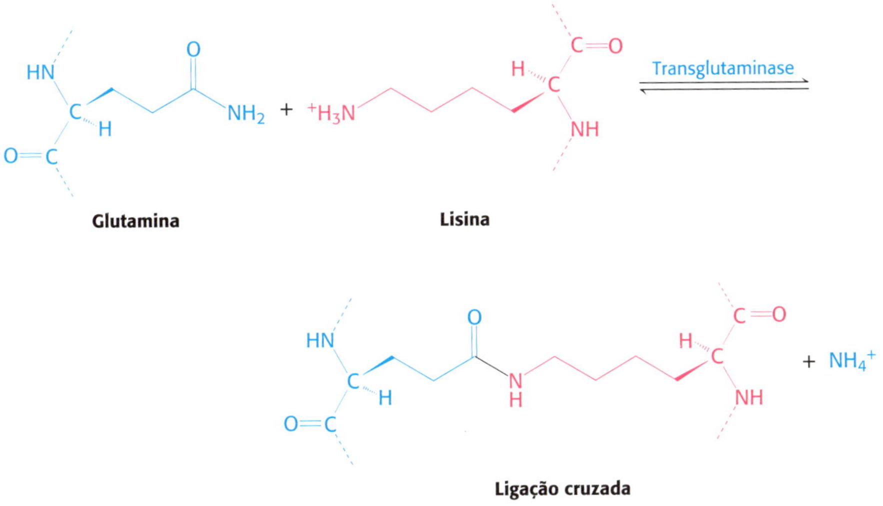


Essa reação de ligação cruzada é catalisada pela *transglutaminase* (*fator XIII*$_a$), que é, ela própria, ativada a partir da forma protransglutaminase pela trombina.

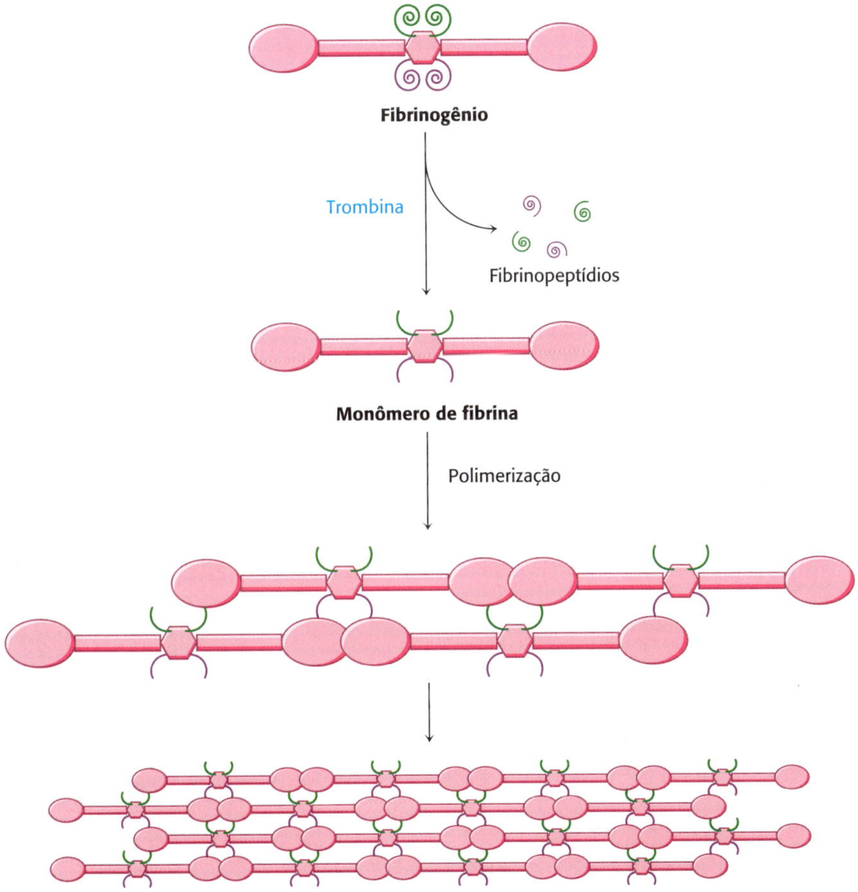


**FIGURA 10.27 Formação de um coágulo de fibrina.** (1) A trombina cliva os fibrinopeptídios do glóbulo central do fibrinogênio. (2) Os domínios globulares nas extremidades carboxiterminais das cadeias β e γ interagem com os peptídios expostos após a clivagem pela trombina.

## A vitamina K é necessária para a formação do γ-carboxiglutamato

A vitamina K (Figura 10.28) já era conhecida há muitos anos por ser essencial para a síntese da protrombina e de vários outros fatores de coagulação. Com efeito, é denominada vitamina K porque a deficiência dessa vitamina resulta em defeito da coagulação (de *k*oagulação, palavra escandinava) sanguínea. Após a sua ingestão, a vitamina K é reduzida a um derivado di-hidro que é necessário para a conversão pela γ-glutamil carboxilase dos

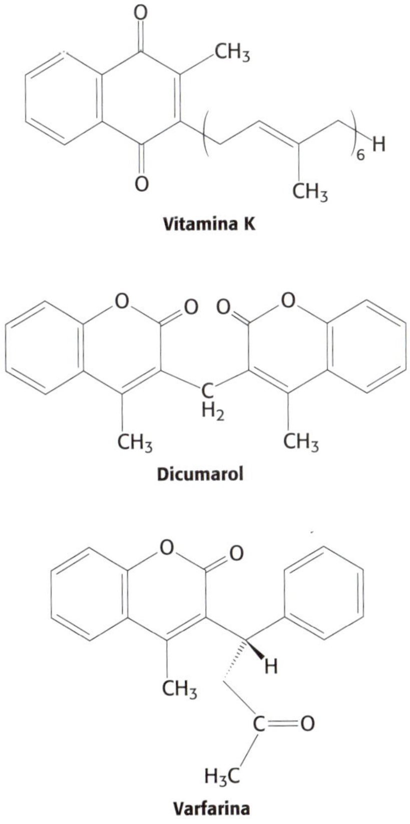


**FIGURA 10.28 Estruturas da vitamina K e de dois antagonistas: o dicumarol e a varfarina.**

**Relato de uma disposição hemorrágica observada em certas famílias.**

"Há cerca de setenta ou oitenta anos, uma mulher com o nome de Smith estabeleceu-se na vizinhança de Plymouth, New Hampshire, e transmitiu a seguinte idiossincrasia a seus descendentes. Como ela própria observou, trata-se de uma idiossincrasia à qual sua família está infelizmente sujeita e que tem sido não apenas a fonte de grandes cuidados, mas também a causa frequente de morte. Se o menor arranhão for feito na pele de alguns desses indivíduos, uma hemorragia mortal acaba ocorrendo como se tivesse ocorrido o maior ferimento... É uma circunstância surpreendente que apenas os indivíduos do sexo masculino estejam sujeitos a essa estranha afecção, e que nem todos eles sejam predispostos a isso... Embora as mulheres sejam isentas, elas ainda são capazes de transmiti-la a seus filhos do sexo masculino."

John Otto (1803)

primeiros 10 resíduos de glutamato na região aminoterminal da protrombina em γ-carboxiglutamato (Figura 10.29). Lembre-se de que o γ-carboxiglutamato, um forte agente quelante do $Ca^{2+}$, é necessário para a ativação da protrombina (ver Capítulo 10). O *dicumarol*, que é encontrado no trevo doce em decomposição, provoca uma doença hemorrágica fatal no gado alimentado com esse feno. As vacas alimentadas com dicumarol sintetizam uma protrombina anormal, que não se liga ao $Ca^{2+}$, diferentemente da protrombina normal. O dicumarol foi o primeiro *anticoagulante* utilizado para evitar tromboses em pacientes propensos à formação de coágulos. Entretanto, é raramente utilizado hoje em dia devido à sua pouca absorção e aos efeitos colaterais gastrintestinais. A *varfarina*, outro antagonista da vitamina K disponível no comércio, é comumente administrada como anticoagulante. A varfarina parece inibir a epóxido redutase e a quinona redutase, que são necessárias para regenerar o derivado di-hidro da vitamina K (Figura 10.29). O dicumarol, a varfarina e seus derivados químicos servem como eficientes raticidas.

## O processo da coagulação precisa ser regulado com precisão

Existe uma linha divisória tênue entre hemorragia e trombose, isto é, a formação de coágulos de sangue nos vasos sanguíneos. Os coágulos precisam ser formados rapidamente; contudo, devem permanecer confinados à área da lesão. Quais são os mecanismos que normalmente limitam a formação de coágulo ao local da lesão? A labilidade dos fatores de coagulação contribui significativamente para o controle da coagulação. Os fatores ativados são de vida curta, visto que são diluídos pelo fluxo sanguíneo, removidos pelo fígado e degradados por proteases. Por exemplo, os fatores proteicos estimuladores $V_a$ e $VIII_a$ são digeridos pela proteína C, uma protease ativada pela ação da trombina. *Por conseguinte, a trombina desempenha uma dupla função: catalisa a formação de fibrina e inicia a desativação da cascata da coagulação.*

Os inibidores específicos dos fatores de coagulação também são fundamentais no término da coagulação. Por exemplo, o *inibidor da via do fator tecidual* (TFPI, do inglês *tissue factor pathway inhibitor*) inibe o complexo TF-$VII_a$-$X_a$ que ativa a trombina. Outro inibidor essencial é a *antitrombina III*, um membro da família das serpinas de inibidores de protease (p. 328) que forma um complexo inibitório irreversível com a trombina.

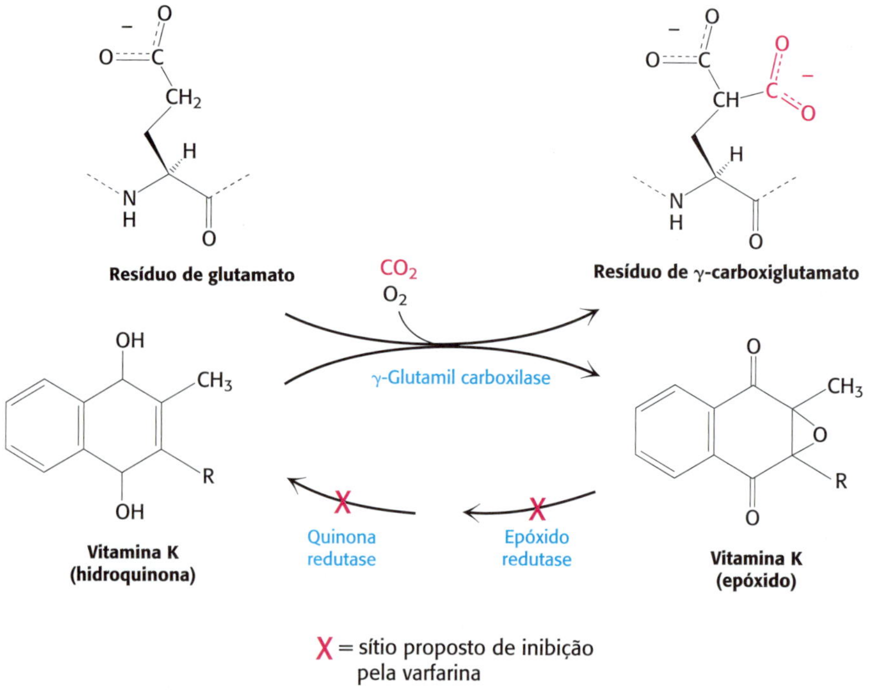


**FIGURA 10.29 Síntese de γ-carboxiglutamato pela γ-glutamil carboxilase.** A formação de γ-carboxiglutamato exige a presença do derivado hidroquinona da vitamina K, que é regenerado a partir do derivado epóxido pela ação sequencial da epóxido redutase e da quinona redutase, ambas as quais são inibidas pela varfarina.

A antitrombina III assemelha-se à $\alpha_1$-antitripsina, exceto pelo fato de inibir a trombina muito mais fortemente do que inibe a elastase (Figura 10.21). A antitrombina III também bloqueia outras serinas proteases na cascata da coagulação – isto é, os fatores $XII_a$, $XI_a$, $IX_a$ e $X_a$. A ação inibitória da antitrombina III é potencializada pela glicosaminoglicana *heparina*, um polissacarídio de carga negativa (ver Capítulo 11, seção 11.3) encontrado em mastócitos situados perto das paredes dos vasos sanguíneos e nas superfícies das células endoteliais (Figura 10.30). A heparina atua como um anticoagulante, visto que aumenta a velocidade de formação de complexos irreversíveis entre a antitrombina III e os fatores de coagulação serinas proteases.

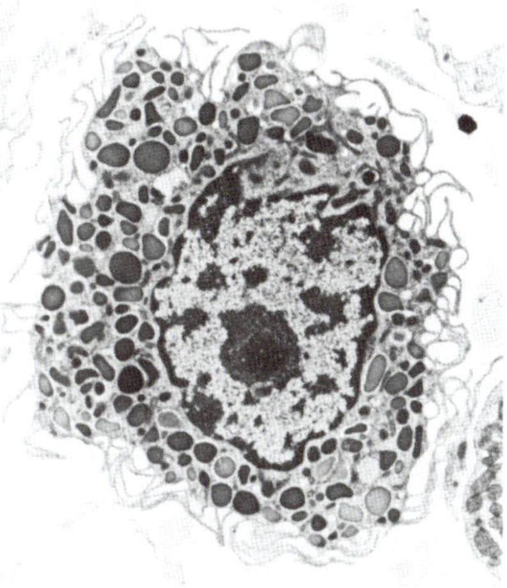

**FIGURA 10.30 Micrografia eletrônica de um mastócito.** A heparina e outras moléculas nos grânulos densos, que circundam o núcleo da célula, são liberadas no espaço extracelular quando a célula é estimulada a secretar. [Cortesia de Lynne Mercer.]

A importância da razão entre a trombina e a antitrombina é ilustrada no caso de um menino de 14 anos de idade falecido em consequência de um distúrbio hemorrágico devido a uma mutação na sua $\alpha_1$-antitripsina, que normalmente inibe a elastase. A metionina 358 na cavidade de ligação da $\alpha_1$-antitripsina à elastase foi substituída por arginina, resultando em uma mudança na especificidade de um inibidor da elastase para um inibidor da trombina. A atividade da $\alpha_1$-antitripsina normalmente aumenta de modo acentuado após a ocorrência de uma lesão para neutralizar o excesso de elastase que surge em consequência dos neutrófilos estimulados. A $\alpha_1$-antitripsina mutante causou uma queda na atividade de trombina do paciente para um nível tão baixo a ponto de resultar em hemorragia. Vemos aqui um exemplo notável de como uma mudança de um único resíduo em uma proteína pode alterar drasticamente a especificidade, bem como um exemplo da grande importância de ter a quantidade correta de inibidor de protease.

A antitrombina limita o grau de formação de coágulos, porém o que ocorre com os próprios coágulos? Os coágulos não são estruturas permanentes, porém são formados para se dissolver uma vez restaurada a integridade estrutural da área lesionada. A fibrina é clivada pela *plasmina*, uma serina protease que hidrolisa ligações peptídicas nas regiões *coiled-coil*. As moléculas de plasmina podem se difundir através de canais aquosos no coágulo de fibrina poroso, cortando os bastões conectores acessíveis. A plasmina é formada pela ativação proteolítica do *plasminogênio*, um precursor inativo que exibe alta afinidade pelos coágulos de fibrina. Essa conversão é efetuada pelo *ativador do plasminogênio tecidual* (TPA, do inglês *tissue-type plasminogen activator*), uma proteína de 72 kDa, que apresenta estrutura de domínios estreitamente relacionada com a da protrombina (Figura 10.31; comparar com a Figura 10.24). Entretanto, um domínio que direciona o TPA para os coágulos de fibrina substitui o domínio gla da protrombina direcionado para a membrana. O TPA ligado aos coágulos de fibrina ativa prontamente o plasminogênio aderido. Por outro lado, o TPA ativa o plasminogênio livre muito lentamente. O gene do TPA foi clonado e expresso em células de mamíferos em cultura. O TPA administrado no início de um ataque cardíaco ou de um acidente vascular encefálico causados por coágulo sanguíneo aumenta a probabilidade de sobrevida, e sem incapacidades físicas ou cognitivas (Figura 10.32).

## A hemofilia revelou uma etapa inicial no processo de coagulação

Alguns avanços importantes na elucidação das vias da coagulação vieram de estudos de pacientes com distúrbios hemorrágicos. A *hemofilia clássica*, ou *hemofilia A*, é o defeito da coagulação mais bem conhecido. Esse distúrbio é geneticamente transmitido como caráter recessivo ligado ao

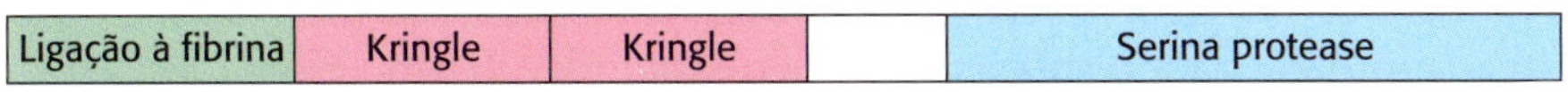


**FIGURA 10.31 Estrutura modular do ativador do plasminogênio tecidual (TPA).**

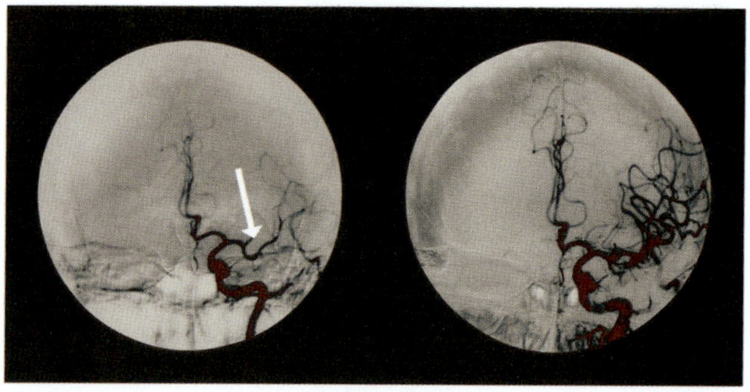

**FIGURA 10.32 O efeito do ativador do plasminogênio tecidual.** As imagens de angiografia demonstram o efeito da administração de TPA. A imagem à esquerda mostra uma artéria cerebral ocluída (seta) antes da injeção de TPA. A imagem à direita, obtida várias horas depois da injeção, revela a restauração do fluxo sanguíneo para a artéria cerebral. [Medical Body Scans/ Science Source.]

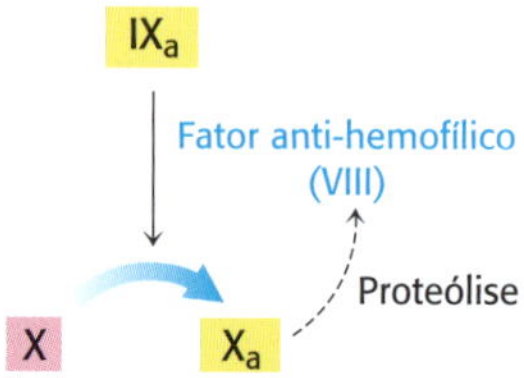


**FIGURA 10.33 Ação do fator anti-hemofílico.** O fator anti-hemofílico (fator VIII) estimula a ativação do fator X pelo fator $IX_a$. É interessante assinalar que a atividade do fator VIII é acentuadamente aumentada por uma proteólise limitada pela trombina. Essa retroalimentação positiva amplifica o sinal da coagulação e acelera a formação do coágulo após ter sido alcançado um limiar.

cromossomo X. *Na hemofilia clássica, o fator VIII (fator anti-hemofílico) da via intrínseca está ausente ou tem a sua atividade acentuadamente reduzida.* Embora o fator VIII não seja em si uma protease, ele estimula acentuadamente a ativação do fator X, a protease final da via intrínseca, pelo fator $IX_a$, uma serina protease (Figura 10.33). Por conseguinte, a ativação da via intrínseca está gravemente comprometida na hemofilia clássica.

No passado, os hemofílicos eram tratados com transfusões de uma fração de plasma concentrado contendo fator VIII. Essa terapia estava associada ao risco de infecção. Com efeito, muitos hemofílicos contraíram hepatite e AIDS. Havia uma necessidade urgente de uma fonte mais segura de fator VIII. Com o uso das técnicas de purificação bioquímica e do DNA recombinante, o gene para o fator VIII foi isolado e expresso em células crescendo em cultura. O fator VIII recombinante purificado a partir dessas células substituiu, em grande parte, os concentrados de plasma no tratamento da hemofilia.

# RESUMO

## 10.1 A aspartato transcarbamilase é inibida alostericamente pelo produto final de sua via

As proteínas alostéricas constituem uma importante classe de proteínas, cuja atividade biológica pode ser regulada. Moléculas reguladoras específicas podem modular a atividade das proteínas alostéricas por meio de sua ligação a sítios regulatórios distintos, separados dos sítios ativos. Essas proteínas apresentam múltiplos sítios funcionais que exibem cooperatividade, conforme evidenciado por uma dependência sigmoide da função em relação à concentração de substrato. A aspartato transcarbamilase (ATCase), uma das enzimas alostéricas mais bem conhecidas, catalisa a síntese de *N*-carbamilaspartato, o primeiro intermediário na síntese de pirimidinas. A ATCase é inibida por retroalimentação pelo CTP, o produto final da via, e é estimulada pelo ATP. A ATCase é constituída de subunidades catalíticas ($c_3$) (que se ligam aos substratos) e subunidades regulatórias ($r_2$) (que se ligam ao CTP e ao ATP). O efeito inibidor do CTP, a ação estimuladora do ATP e a ligação cooperativa dos substratos são mediados por grandes alterações na estrutura quaternária. Com a ligação aos substratos, as subunidades $c_3$ da enzima $c_6r_6$ afastam-se e reorientam-se. Essa transição alostérica é altamente coordenada. Todas as subunidades de uma molécula de ATCase sofrem interconversão simultânea do estado T (de baixa afinidade para o substrato) para o estado R (de alta afinidade).

## 10.2 As isoenzimas fornecem um meio de regulação específica para diferentes tecidos e estágios de desenvolvimento

As isoenzimas diferem nas suas características estruturais, porém catalisam a mesma reação. Fornecem um meio de ajuste fino do metabolismo para atender às necessidades de determinado tecido ou estágio de desenvolvimento. As isoenzimas são codificadas por genes separados, que frequentemente são o resultado de eventos de duplicação gênica.

## 10.3 A modificação covalente constitui um meio de regular a atividade enzimática

A modificação covalente das proteínas constitui um meio potente de controlar a atividade das enzimas e de outras proteínas. A fosforilação representa um tipo comum de modificação covalente reversível. Os sinais podem ser altamente amplificados pela fosforilação, visto que uma única proteinoquinase pode atuar em muitas moléculas-alvo. As ações regulatórias das proteínas quinases são revertidas por proteínas fosfatases, que catalisam a hidrólise de grupos fosforila ligados.

O AMP cíclico atua como mensageiro intracelular na transdução de numerosos estímulos hormonais e sensoriais. O AMP cíclico ativa a proteinoquinase A, uma importante quinase multifuncional, pela sua ligação à subunidade regulatória da enzima, liberando, assim, as subunidades catalíticas ativas da PKA. Na ausência de cAMP, os sítios catalíticos da PKA são ocupados por sequências de pseudossubstratos da subunidade regulatória.

## 10.4 Muitas enzimas são ativadas por clivagem proteolítica específica

A ativação de uma enzima pela clivagem proteolítica de uma ou de algumas ligações peptídicas constitui um mecanismo de controle recorrente observado em processos tão diversos quanto a ativação das enzimas digestivas e da coagulação sanguínea. O precursor inativo é um zimogênio (proenzima). O tripsinogênio é ativado pela enteropeptidase ou pela tripsina, e, em seguida, a tripsina ativa inúmeros outros zimogênios, levando à digestão dos alimentos. Por exemplo, a tripsina converte o quimiotripsinogênio, um zimogênio, em quimiotripsina ativa pela hidrólise de uma única ligação peptídica.

Uma característica notável do processo de coagulação é que ele ocorre por uma cascata de conversões de zimogênios na qual a forma ativada de um fator de coagulação catalisa a ativação do próximo precursor. Muitos dos fatores de coagulação ativados são serinas proteases. Na etapa final de formação do coágulo, o fibrinogênio, uma molécula altamente solúvel do plasma, é convertido pela trombina em fibrina por meio da hidrólise de quatro ligações de arginina-glicina. Os monômeros resultantes da fibrina formam espontaneamente fibras longas e insolúveis denominadas fibrina. A ativação dos zimogênios também é essencial na lise dos coágulos. O plasminogênio é convertido em plasmina pelo ativador do plasminogênio tecidual (TPA). A plasmina, uma serina protease, cliva então a fibrina. Embora a ativação dos zimogênios seja irreversível, inibidores específicos de algumas proteases inativam as enzimas por meio de sua ligação ao sítio ativo. A antitrombina III, o inibidor proteico irreversível, mantém a coagulação sob controle na cascata da coagulação.

APÊNDICE

# Bioquímica em foco

## Gota induzida pela fosforribosilpirofosfato sintetase

A gota é uma doença articular em que uma quantidade excessiva de urato cristaliza no líquido e no revestimento das articulações, resultando em uma inflamação dolorosa quando as células do sistema imune fagocitam os cristais de urato de sódio. O urato é um produto final da degradação das purinas, as bases componentes dos nucleotídios adenina e guanina do DNA e do RNA.

Embora a gota possa ser produzida por várias deficiências metabólicas (ver Capítulo 25), uma causa consiste na ocorrência de uma mutação em uma enzima importante envolvida na síntese de purinas, a fosforribosilpirofosfato sintetase (PRS). A PRS catalisa a primeira etapa na via metabólica que leva à síntese de purinas, a síntese de fosforribosilpirofosfato (PRPP).

$$\text{Ribose 5-fosfato} + \text{ATP} \xrightarrow[\text{sintetase}]{\text{Fosforribosilpirofosfato}} \text{5-fosforribosil-1-pirofosfato} + \text{AMP}$$

Tendo em vista a sua localização na primeira etapa da via metabólica que leva à síntese de purinas, pode-se aventar a hipótese de que a PRS é uma enzima alostérica que seria inibida pelos produtos purínicos da via. Os estudos genéticos estabeleceram que uma mutação no gene que codifica a PRS pode resultar em gota. Que alterações na atividade da PRS levariam a uma produção excessiva de purinas? Há duas possibilidades. Uma delas seria uma mutação no sítio regulatório que torna a enzima insensível à inibição por retroalimentação. A segunda possibilidade seria uma mutação que resultaria em aumento da atividade enzimática, mais provavelmente uma mutação nas regiões promotoras do gene (ver Capítulo 4) que resulta em síntese aumentada da enzima. Com efeito, ambos os tipos de mutações são observados. Em certos indivíduos, o sítio regulatório sofreu uma mutação que tornou a PRS insensível à inibição por retroalimentação. A atividade catalítica da PRS não é afetada. Em outros casos, o aumento na quantidade da enzima resulta em maior síntese de purinas. Em ambas as circunstâncias, ocorre um excesso de nucleotídios de purina, que são convertidos em urato. O excesso de urato acumula-se e causa gota.

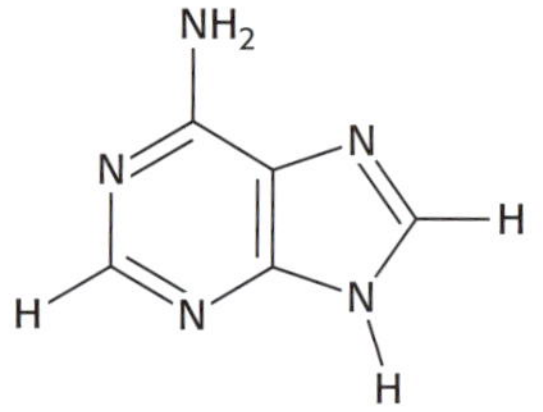


**Adenina**

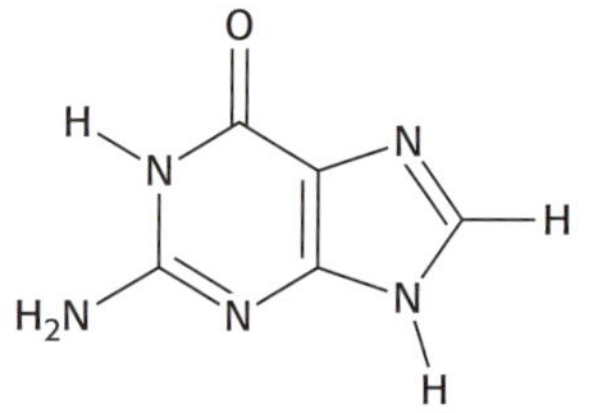


**Guanina**

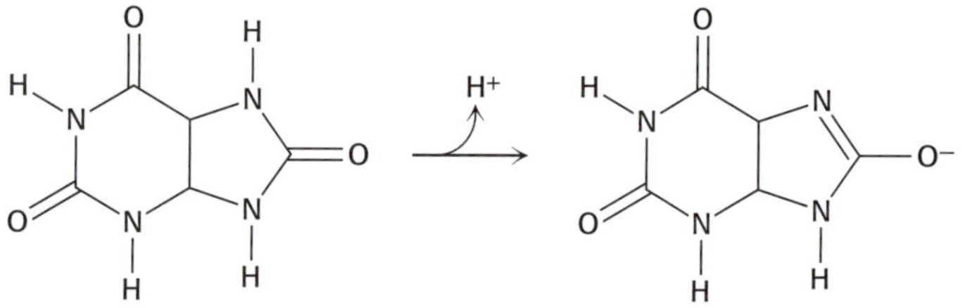


**Ácido úrico**

**Urato**

APÊNDICE

# Estratégias para resolução da questão

## Estratégia para resolução da questão 1

**QUESTÃO:** Lembre-se de que o fosfonacetil-L-aspartato (PALA) é um potente inibidor da ATCase, visto que ele imita os dois substratos fisiológicos. Entretanto, com substratos, a presença de baixas concentrações desse análogo de bissubstrato não reativo *aumenta* a velocidade da reação. Com a adição de PALA, a velocidade da reação aumenta até haver, em média, uma ligação de três moléculas de PALA por molécula de enzima. Essa velocidade máxima é 17 vezes maior do que na ausência de PALA. Em seguida, a velocidade da reação diminui até praticamente zero com a adição de três moléculas adicionais de PALA por molécula de enzima. Por que o PALA em baixas concentrações ativa a ATCase?

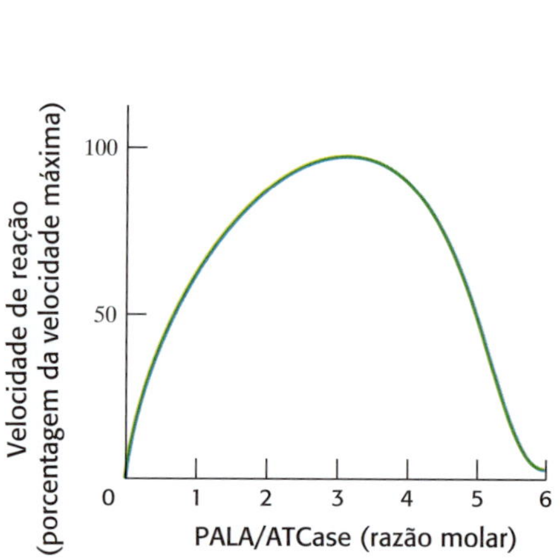


**SOLUÇÃO:** Quando uma questão envolve enzimas alostérica e cinética, é sempre uma boa ideia rever a cooperatividade e o equilíbrio T $\rightleftharpoons$ R.

- **O que é cooperatividade em termos de enzimas alostéricas?**
- **O que é o equilíbrio T $\rightleftharpoons$ R?**

Cooperatividade significa que a atividade em um sítio ativo afeta a atividade em outros sítios.

A ATCase existe em duas formas: um estado T, que é menos ativo, e um estado R, que é cataliticamente ativo. O equilíbrio favorece o estado T.

A questão quer saber o efeito do PALA sobre a atividade da ATCase.

- **O que é PALA?**

O PALA é um análogo de bissubstrato e um inibidor competitivo da ATCase.

Agora, chegamos ao cerne da questão. Na questão, afirma-se que, até determinado ponto, quantidades crescentes de PALA aumentam a velocidade da reação para determinada concentração de substrato.

- **Como um inibidor competitivo poderia aumentar a velocidade da reação da ATCase?**

A ligação do PALA desloca a ATCase de seu estado T para o estado R, visto que o PALA atua como análogo de substrato. O PALA rompe o equilíbrio T $\rightleftharpoons$ R a favor de R. Por conseguinte, a quantidade limitada de substrato pode ligar-se mais rapidamente ao estado R, e a atividade da ATCase aumenta inicialmente com o aumento do PALA.

- **Por que a atividade da enzima acaba caindo à medida que maior quantidade de PALA está presente?**

Lembre-se de que o PALA é um inibidor competitivo. O PALA desloca o equilíbrio T $\rightleftharpoons$ R a favor de R; entretanto, quando o inibidor ocupa um número cada vez maior de sítios ativos, o substrato real torna-se incapaz de se ligar à enzima. Quando o PALA ocupa todos os sítios ativos, a atividade catalítica cai para zero.

## Estratégia para resolução da questão 2

**QUESTÃO:** Examine a via metabólica mostrada abaixo. Qual das enzimas, identificadas por "e" com um número subscrito, é provavelmente a enzima alostérica que controla a síntese de G?

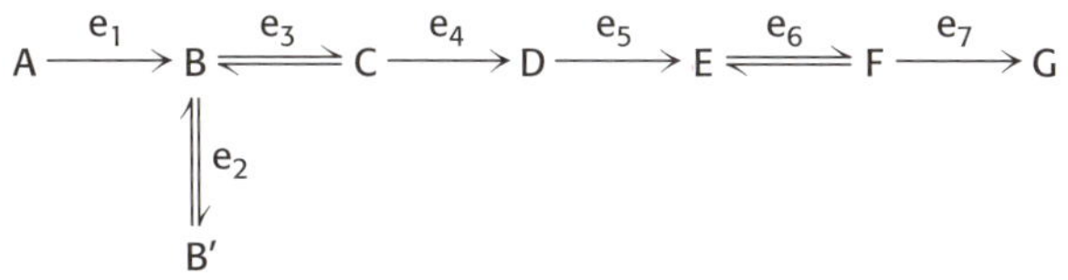


**SOLUÇÃO:** As enzimas alostéricas catalisam a etapa de comprometimento nas vias metabólicas.

- **O que significa etapa de comprometimento?**

A etapa de comprometimento é a reação que, quando ocorre, determina a ocorrência de todas as reações subsequentes da via.

- **O que caracteriza a etapa de comprometimento em termos de mudança de energia livre?**

A etapa de comprometimento é irreversível em condições celulares.

- **Examinando a via metabólica acima, que reações são irreversíveis?**

As reações catalisadas por $e_1$, $e_4$, $e_5$ e $e_7$.

- **A enzima $e_1$ não tem probabilidade de catalisar a etapa de comprometimento. Explique por quê.**

O produto de $e_1$, B, possui dois destinos possíveis: a conversão de C ou B′. Por conseguinte, o produto não está comprometido para a síntese de G.

- **Entre as enzimas remanescentes que catalisam reações irreversíveis, qual delas tem maior probabilidade de ser a enzima alostérica?**

A primeira enzima que catalisa uma reação que compromete a via para síntese de G é a enzima $e_4$. Esta enzima tem mais probabilidade de ser a enzima alostérica.

## PALAVRAS-CHAVE

cooperatividade
etapa de comprometimento
inibição por retroalimentação (pelo produto final)
sítio alostérico (regulatório)
efeito homotrópico
modelo concertado
modelo sequencial
efeito heterotrópico
isoenzima (isozima) (isoforma)
proteinoquinase
sequência consenso
proteína fosfatase
proteinoquinase A (PKA)
sequência de pseudossubstratos
fosfoproteoma
zimogênio (proenzima)
cascata enzimática
hemostasia
via intrínseca
via extrínseca

# QUESTÕES

**1.** *Considere o contexto.* As propriedades alostéricas da aspartato transcarbamilase foram discutidas detalhadamente neste capítulo. Qual é a função da aspartato transcarbamilase? ✓**①**, ✓**②**

**2.** *Como Bonnie e Clyde.* Associe o termo com a descrição correta.

**(a)** Cooperatividade _____   **1.** Regulação do produto final

**(b)** Isoenzima _____   **2.** Ativado(a) pelo cAMP

**(c)** Modelo concertado_____   **3.** Possibilidade de diferentes conformações

**(d)** Modelo sequencial_____   **4.** Estrutura primária diferente, catalisa a mesma reação

**(e)** Proteinoquinase _____   **5.** Os sítios ativos colaboram

**(f)** Efeito homotrópico ___   **6.** Média de muitos

**(g)** Inibição por _____   **7.** Todas as subunidades na mesma

**(h)** Efeito heterotrópico ___   **8.** Efeito de substratos

**(i)** Sequência consenso ___   **9.** Efeito das moléculas reguladoras

**(j)** Proteinoquinase A _____   **10.** Necessita de ATP

**3.** *Diga a verdade.* Suponha que você tenha uma enzima alostérica dimérica que segue o modelo concertado. Quais das seguintes afirmativas são verdadeiras? ✓**❸**

**(a)** O equilíbrio entre o estado T e o estado R favorece o estado T.

**(b)** A enzima pode existir como dímero RR.

**(c)** A enzima pode existir como dímero RT.

**(d)** A forma RR da enzima é mais ativa.

**4.** *Perfil de atividade.* Acredita-se que a presença de um resíduo de histidina no sítio ativo da aspartato transcarbamilase seja importante para a estabilização do estado de transição dos substratos ligados. Preveja a dependência da velocidade de catálise em relação ao pH, pressupondo que essa interação seja essencial e que domine o perfil de atividade da enzima em função do pH. (Ver equações no Capítulo 1.) ✓**❸**

**5.** *Sabendo quando dizer quando.* O que é inibição por retroalimentação? Por que se trata de uma propriedade útil? ✓**②**

**6.** *Sabendo quando seguir em frente.* Qual é a justificativa bioquímica para a ação do ATP como regulador positivo da ATCase? ✓**①**, ✓**❸**

**7.** *Sem T.* Qual seria o efeito de uma mutação em uma enzima alostérica que resultasse em uma razão T/R de 0? ✓**❸**

**8.** *Virar de cabeça para baixo.* Uma enzima alostérica que segue o modelo concertado tem uma razão T/R de 300 na ausência de substrato. Suponha que uma mutação tenha invertido essa razão. Como essa mutação poderia afetar a relação entre a velocidade da reação e a concentração de substrato? ✓**❸**

**9.** *Parceiros.* Conforme ilustrado na Figura 10.2, o CTP inibe a ATCase; entretanto, essa inibição não é completa. Você pode sugerir outra molécula passível de potencializar a inibição da ATCase? Dica: ver Figura 25.2. ✓**①**

**10.** *Equilíbrio RT.* Diferencie os efetores homotrópicos dos heterotrópicos. ✓**❸**

**11.** *Porque é uma enzima.* Os estudos de cristalografia de raios X da ATCase na forma R exigiram o uso do análogo de bissubstratos PALA. Por que esse análogo, um inibidor competitivo, foi usado em lugar dos verdadeiros substratos? ✓**①**

**12.** *Acionamento alostérico.* Um substrato liga-se 100 vezes mais firmemente ao estado R de uma enzima alostérica do que a seu estado T. Suponha que o modelo concertado (MWC) se aplique a essa enzima. (Ver as equações do Modelo Concertado no Apêndice do Capítulo 7.)

**(a)** Por qual fator a ligação de uma molécula de substrato por molécula de enzima altera a razão entre as concentrações das moléculas de enzima nos estados R e T?

**(b)** Suponha que $L$, a razão entre [T] e [R] na ausência de substrato, seja de $10^7$, e que a enzima contenha quatro sítios de ligação para o substrato. Qual é a razão entre as moléculas de enzima no estado R e no estado T na presença de quantidades saturantes de substrato supondo que seja seguido o modelo concertado? ✓**❸**

**13.** *Transição alostérica.* Considere uma proteína alostérica que obedeça ao modelo concertado. Suponha que a razão entre T e R formada na ausência de ligantes seja de $10^5$, $K_T = 2$ mM e $K_R = 5$ μM. A proteína contém quatro sítios de ligação para ligantes. Qual é a fração de moléculas na forma R quando 0, 1, 2, 3 e 4 ligantes estão ligados? (Ver as equações do Modelo Concertado no Apêndice do Capítulo 7.) ✓**❸**

**14.** *Cooperatividade negativa.* Você isolou uma enzima dimérica que contém dois sítios ativos idênticos. A ligação do substrato a um sítio ativo diminui a afinidade do substrato pelo outro sítio ativo. O modelo concertado pode explicar essa cooperatividade negativa? Dica: ver Capítulo 7, seção 7.2.

**15.** *Uma nova visão de cooperatividade.* Faça um gráfico de duplo recíproco para uma enzima de Michaelis-Menten típica e para uma enzima alostérica com os mesmos valores de $V_{máx.}$ e $K_M$. Faça um gráfico de duplo recíproco para a mesma enzima alostérica na presença de um inibidor e de um estimulador alostérico. ✓**①**

**16.** *Energética de regulação.* A fosforilação e a desfosforilação de proteínas constituem um meio vital de regulação. As proteínas quinases ligam-se a grupos fosforila, enquanto apenas uma fosfatase remove o grupo fosforila da proteína-alvo. Qual é o custo energético dessa forma de regulação covalente?

17. *Viva a diferença.* O que é uma isozima ou isoenzima?

18. *Controle fino da bioquímica.* Qual é a vantagem da presença de formas isoenzimáticas de uma enzima para um organismo?

19. *Faça as correspondências.*

| | |
|---|---|
| (a) ATCase ____________ | 1. Catalisador da fosforilação proteica |
| (b) Estado T ____________ | 2. Necessário(a) para modificar o glutamato |
| (c) Estado R ____________ | 3. Ativa uma determinada quinase |
| (d) Fosforilação _________ | 4. Proenzima |
| (e) Quinase ____________ | 5. Ativa a tripsina |
| (f) Fosfatase ____________ | 6. Modificação covalente comum |
| (g) cAMP ____________ | 7. Inibido(a) pelo CTP |
| (h) Zimogênio __________ | 8. Estado menos ativo de uma proteína alostérica |
| (i) Enteropeptidase ______ | 9. Inicia a via extrínseca |
| (j) Vitamina K __________ | 10. Forma a fibrina |
| (k) Trombina __________ | 11. Estado mais ativo de uma proteína alostérica |
| (l) Fator tecidual _______ | 12. Remove fosfatos |

20. *Modificação energética.* A fosforilação constitui uma modificação covalente comum das proteínas em todas as formas de vida. Quais são as vantagens energéticas obtidas com o uso do ATP como doador de fosforila?

21. *Sem retorno.* Qual é a diferença fundamental entre regulação por modificação covalente e clivagem proteolítica específica?

22. *Ativação de zimogênio.* Quando concentrações muito baixas de pepsinogênio são acrescentadas a meios ácidos, como a meia-vida de ativação depende da concentração de zimogênio?

23. *Nenhuma proteína causa um transtorno intencional.* Preveja os efeitos fisiológicos de uma mutação que resultou em uma deficiência de enteropeptidase.

24. *Um teste revelador.* Suponha que você tenha acabado de examinar um menino com distúrbio hemorrágico altamente sugestivo de hemofilia clássica (deficiência de fator VIII). Devido ao horário tardio, o laboratório que realiza testes de coagulação especializados está fechado. Entretanto, você por acaso tem uma amostra de sangue de um hemofílico clássico que foi internado uma hora mais cedo. Qual é o teste mais simples e mais rápido que você pode efetuar para determinar se o seu paciente atual também apresenta deficiência de atividade do fator VIII?

25. *Contraponto.* A síntese do fator X, como a da protrombina, necessita de vitamina K. O fator X também contém resíduos de γ-carboxiglutamato em sua região aminoterminal. Entretanto, o fator X ativado, diferentemente da trombina, conserva essa região da molécula. Qual é a provável consequência funcional dessa diferença entre as duas espécies ativadas?

26. *Um inibidor discriminante.* A antitrombina III forma um complexo irreversível com a trombina, mas não com a protrombina. Qual é a razão mais provável para essa diferença de reatividade?

27. *Planejamento de fármacos.* Uma companhia farmacêutica decidiu utilizar os métodos de DNA recombinante para preparar uma $\alpha_1$-antitripsina modificada, que deverá ser mais resistente à oxidação do que o inibidor de ocorrência natural. Qual substituição de um único aminoácido você recomendaria?

28. *O sangue deve fluir.* Por que a formação inadequada de coágulos sanguíneos é perigosa?

29. *Hemostasia.* A trombina atua tanto na coagulação quanto na fibrinólise. Explique.

30. *Fileira de dissolução.* Qual é o ativador do plasminogênio tecidual e qual o seu papel na prevenção de ataques cardíacos?

31. *Juntando.* O que diferencia um coágulo mole de um coágulo maduro?

## Questões I Interpretação de dados

32. *Distinguindo os modelos.* O gráfico seguinte mostra a fração de uma enzima alostérica no estado R ($f_R$) e a fração de sítios ativos ligados ao substrato ($Y$) em função da concentração de substrato. Que modelo – o concertado ou o sequencial – explica melhor esses resultados?

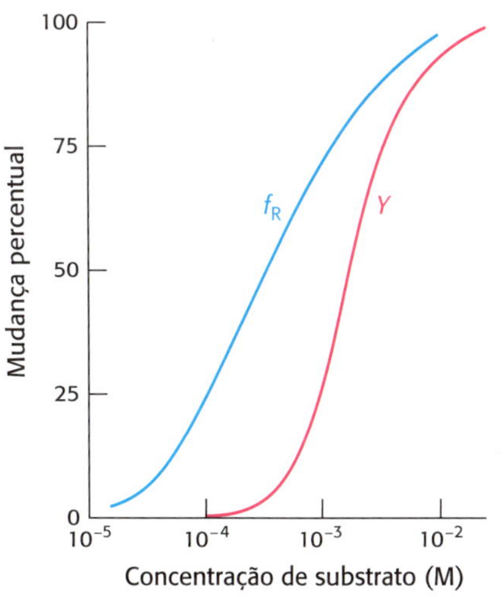


33. *Transmissão ao vivo da ATCase 1.* A ATCase sofreu reação com o tetranitrometano, formando um grupo nitrotirosina colorido ($\lambda_{máx.}$ = 430 nm) em cada uma de suas cadeias catalíticas. A absorção por esse grupo repórter depende de

seu ambiente imediato. Um resíduo de lisina essencial em cada sítio catalítico também foi modificado para bloquear a ligação do substrato. Trímeros catalíticos dessa enzima duplamente modificada foram, então combinados com trímeros nativos para formar uma enzima híbrida. A absorção pelo grupo nitrotirosina foi medida após a adição de succinato, um análogo do substrato. Qual é o significado da alteração na absorbância em 430 nm? ✓1

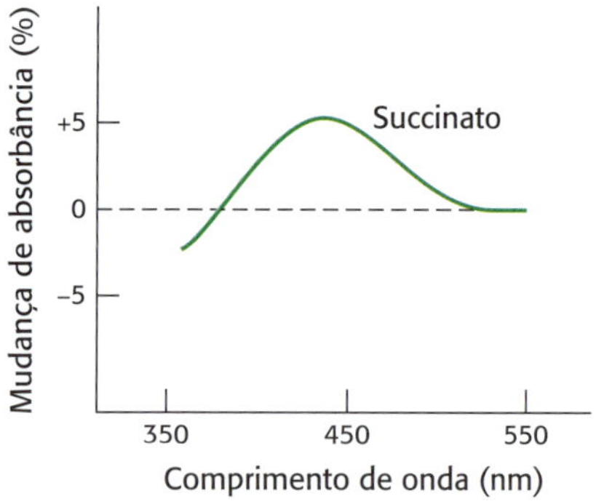


**34.** *Transmissão ao vivo da ATCase 2.* Foi construído um híbrido de ATCase diferente para testar os efeitos de ativadores alostéricos e inibidores. Subunidades regulatórias normais foram combinadas com subunidades catalíticas contendo nitrotirosina. A adição de ATP na ausência de substrato aumentou a absorbância em 430 nm, a mesma alteração produzida pela adição de succinato (ver o gráfico na Questão 33). Por outro lado, na ausência de substrato, o CTP diminuiu a absorbância em 430 nm. Qual é o significado das alterações na absorção dos grupos repórteres? ✓1

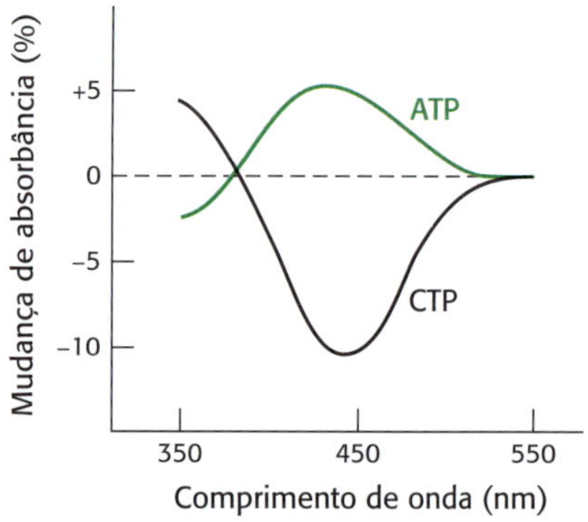


**35.** *Convívio e PKA.* Estudos recentes sugeriram que a proteinoquinase A pode ser importante no estabelecimento de comportamentos em muitos organismos, incluindo os seres humanos. Um desses estudos investigou o papel da PKA no comportamento do gafanhoto. Certas espécies de gafanhotos têm vidas solitárias até encontrar grupos de gafanhotos, quando então se tornam gregárias – preferem a vida em grupo. ✓5

Gafanhotos foram agrupados por um período de 1 hora; em seguida, foram deixados com o grupo ou afastados. Antes de entrar em contato com o grupo, os insetos receberam uma injeção de inibidor de PKA, um inibidor da quinase dependente de

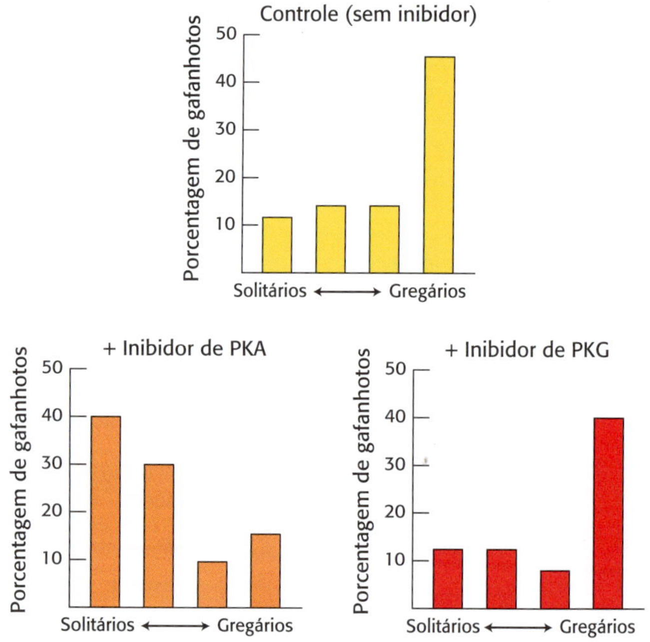


GMP cíclico, ou ficaram sem inibidor, conforme indicado no gráfico. Os resultados são mostrados nos gráficos acima.

**(a)** Qual é a resposta do grupo de controle a permanecer em grupos?

**(b)** Qual é o resultado quando os insetos são inicialmente tratados com inibidor de PKA? E com inibidor de PKG?

**(c)** Qual foi o propósito do experimento com o inibidor de PKG?

**(d)** O que esses resultados sugerem sobre o papel da PKA na transição de um estilo de vida solitário para um gregário? Os experimentos anteriores foram repetidos em uma espécie diferente de inseto, que é sempre gregária. Os resultados são mostrados abaixo.

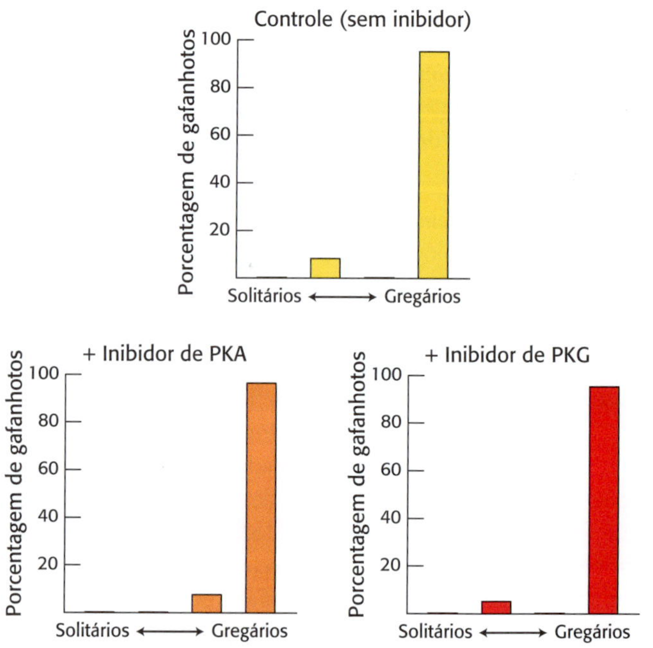

**(e)** O que esses resultados sugerem sobre o papel da PKA nos insetos que são sempre gregários?

## Questões | Integração de capítulos

**36.** *Heptapeptídios repetitivos.* Cada um dos três tipos de cadeias de fibrina contém unidades heptapeptídicas repetitivas (*abcdefg*) nas quais os resíduos *a* e *d* são hidrofóbicos. Proponha uma razão para explicar essa regularidade.

**37.** *A densidade importa.* O valor de sedimentação da aspartato transcarbamilase diminui quando a enzima passa para o estado R. Com base nas propriedades alostéricas da enzima, explique por que o valor de sedimentação diminui.

**38.** *Aperto de mão muito forte.* A tripsina cliva proteínas no lado carboxílico da lisina. O inibidor da tripsina possui um resíduo de lisina e liga-se à tripsina; contudo, não se trata de um substrato. Explique.

**39.** *Aparentemente não pertence à variedade de quatro folhas.* As vacas que pastam em campos com trevo doce deteriorado, que contém dicumarol, morrem de doença hemorrágica. A causa de morte consiste em protrombina defeituosa. Entretanto, a composição de aminoácidos da protrombina defeituosa é idêntica àquela da protrombina normal. Qual é o mecanismo de ação do dicumarol? Por que as composições de aminoácidos da protrombina normal e da forma defeituosa são as mesmas?

## Questões sobre mecanismo

**40.** *Aspartato transcarbamilase.* Descreva o mecanismo (em detalhes) envolvido na conversão do aspartato e do carbamilfosfato em *N*-carbamilaspartato. Inclua o papel do resíduo de histidina presente no sítio ativo. 1

**41.** *Proteínas quinases.* Descreva o mecanismo (em detalhes) da fosforilação de um resíduo de serina pelo ATP em uma reação catalisada por uma proteinoquinase. 5

## Questões para discussão

**42.** Por que as enzimas alostéricas são cruciais para o controle do metabolismo?

**43.** Se subunidades regulatórias isoladas e subunidades catalíticas da ATCase forem misturadas, a enzima nativa é reconstituída. Qual é a importância biológica dessa observação?

# Carboidratos

CAPÍTULO 11

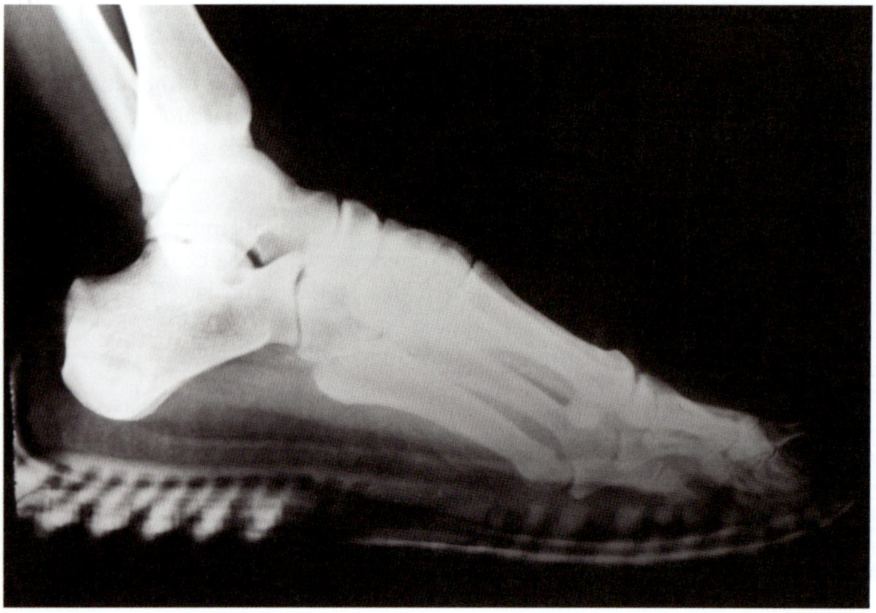

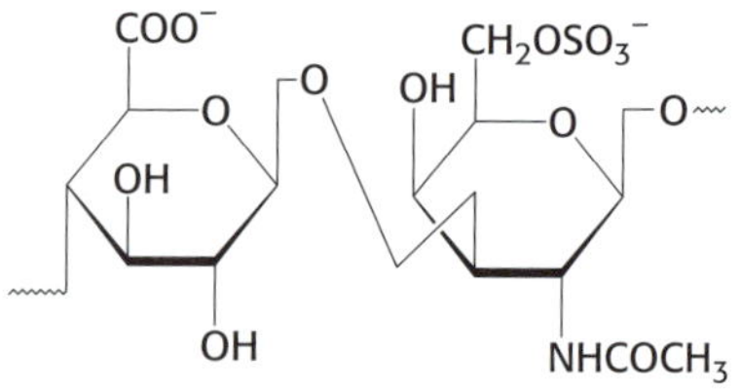


Os carboidratos são importantes fontes de energia, porém desempenham muitas outras funções bioquímicas, incluindo proteção contra forças de alto impacto. A cartilagem do pé de um corredor amortece o impacto de cada passo. Um componente essencial da cartilagem consiste em moléculas denominadas glicosaminoglicanos, que são grandes polímeros constituídos por numerosas repetições de dímeros, como o par mostrado acima. Fonte: iStock ©grecosvet

## SUMÁRIO



## OBJETIVOS DE APRENDIZAGEM

*Ao término do capítulo, o leitor deverá ser capaz de:*

1. Descrever as principais funções dos carboidratos na natureza.
2. Definir carboidratos e monossacarídios.
3. Descrever como carboidratos simples são ligados para formar carboidratos complexos.
4. Explicar como os carboidratos se ligam a proteínas.
5. Descrever as três principais classes de glicoproteínas e explicar suas funções bioquímicas.
6. Definir lectinas e descrever de modo geral suas funções bioquímicas.

Durante muitos anos, o estudo dos carboidratos foi considerado menos interessante do que muitos outros temas da bioquímica. Os carboidratos eram reconhecidos como importantes fontes de energia e componentes estruturais, porém acreditava-se que eram de importância secundária em relação à maioria das atividades essenciais da célula. Em essência, eram considerados como as vigas de sustentação e fonte de energia de uma magnífica obra de arquitetura bioquímica. Essa visão mudou radicalmente nestes últimos anos. Aprendemos que as células de todos os organismos são revestidas por uma densa e complexa camada de carboidratos frequentemente ligados a lipídios e a proteínas. As proteínas secretadas são, com frequência, extensamente decoradas com carboidratos essenciais para determinada função de uma proteína. Com efeito, a ligação de um carboidrato a uma proteína constitui a modificação pós-tradução mais comum das proteínas. A matriz extracelular nos eucariotos superiores – o ambiente no qual vivem as células – é rica em carboidratos secretados, que são fundamentais para a sobrevida da célula e a comunicação intercelular. Os carboidratos, as proteínas que contêm carboidratos e as proteínas específicas de ligação aos carboidratos são necessários para as interações que tornam as células capazes de formar tecidos, constituem a base dos grupos sanguíneos nos seres humanos e são utilizados por uma variedade de patógenos para ter acesso a seus hospedeiros. Com efeito, mais do que meros componentes de infraestrutura, os carboidratos contribuem com detalhes e realces para a arquitetura bioquímica da célula, ajudando a definir a funcionalidade e a singularidade das células.

Uma propriedade fundamental dos carboidratos, que possibilita o desempenho de suas numerosas funções, é a enorme *diversidade estrutural* possível dentro dessa classe de moléculas. Os monossacarídios são os carboidratos mais simples. Trata-se de pequenas moléculas – contendo, normalmente, três a nove átomos de carbono ligados a grupos hidroxila – que variam no tamanho e na configuração estereoquímica em um ou mais centros de carbono. Esses monossacarídios podem ligar-se uns aos outros, formando uma grande variedade de estruturas oligossacarídicas. O mero número de oligossacarídios possíveis torna essa classe de moléculas rica em informações. Essa informação, quando ligada às proteínas, pode aumentar a diversidade já imensa destas últimas.

O reconhecimento da importância dos carboidratos para numerosos aspectos da bioquímica deu origem a um campo de estudo conhecido como *glicobiologia*. A glicobiologia é o estudo da síntese e da estrutura dos carboidratos, assim como do modo pelo qual se ligam a outras moléculas, como as proteínas, e são reconhecidos por elas. Ao lado de um novo campo, surge uma nova "ômica" para juntar-se à genômica e à proteômica – a *glicômica*. A glicômica é o estudo do glicoma, isto é, de todos os carboidratos e moléculas associadas a carboidratos produzidos pelas células. À semelhança do proteoma, o glicoma é dinâmico, dependendo das condições celulares e ambientais. A elucidação das estruturas dos oligossacarídios e dos efeitos de sua ligação a outras moléculas constitui um enorme desafio no campo da bioquímica.

## 11.1 Os monossacarídios são os carboidratos mais simples

Os carboidratos são moléculas à base de carbono que são ricas em grupos hidroxila. Com efeito, a fórmula empírica de muitos carboidratos é $(CH_2O)_n$ – literalmente, um hidrato de carbono. Os carboidratos simples são denominados *monossacarídios*. Esses açúcares simples servem não apenas como fontes de energia, mas também como componentes fundamentais dos sistemas vivos. Por exemplo, o DNA possui um esqueleto constituído de grupos fosforila alternados e desoxirribose, um açúcar cíclico de cinco carbonos.

Os monossacarídios são aldeídos ou cetonas que possuem dois ou mais grupos hidroxila. Os monossacarídios menores, compostos de três átomos de carbono, são a di-hidroxiacetona e os D e L-gliceraldeídos.

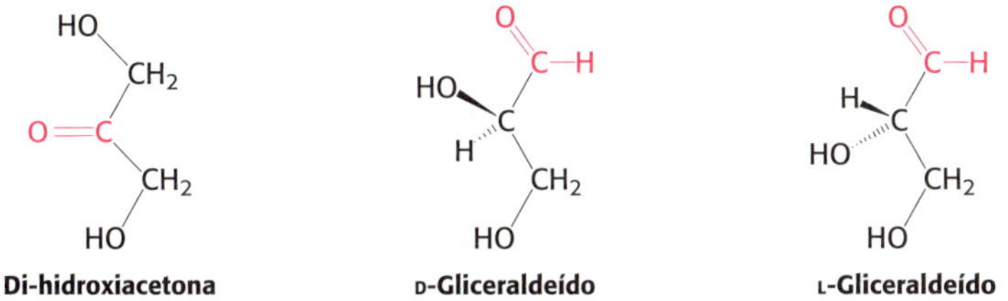

**Di-hidroxiacetona** (uma cetose) **D-Gliceraldeído** (uma aldose) **L-Gliceraldeído** (uma aldose)

A di-hidroxiacetona é denominada uma *cetose*, visto que ela contém um grupo cetona (em vermelho, acima), enquanto o gliceraldeído é uma *aldose*, pois contém um grupo aldeído (também em vermelho). Ambos são designados como *trioses* (tri para indicar três, referindo-se aos três átomos de carbono que eles contêm). De modo semelhante, os monossacarídios simples com quatro, cinco, seis e sete átomos de carbono são denominados, respectivamente, *tetroses*, *pentoses*, *hexoses* e *heptoses*. Talvez os monossacarídios que mais conhecemos são as hexoses, como a glicose e a frutose. A glicose representa uma fonte de energia essencial para praticamente todas as formas de vida. A frutose é comumente utilizada como adoçante, sendo convertida em derivados de glicose no interior da célula.

Os carboidratos podem ocorrer em uma variedade deslumbrante de formas isoméricas (Figura 11.1). A di-hidroxiacetona e o gliceraldeído são denominados *isômeros constitucionais*, uma vez que apresentam fórmulas moleculares idênticas, porém diferem na ordenação dos átomos. Os *estereoisômeros* são isômeros que diferem no seu arranjo espacial. Conforme discutido anteriormente em relação aos aminoácidos (ver Capítulo 2), os estereoisômeros são designados pela sua configuração D ou L. O gliceraldeído tem um único átomo de carbono assimétrico, e, portanto, existem dois estereoisômeros desse açúcar: o D-gliceraldeído e o L-gliceraldeído. Essas moléculas são um tipo de estereoisômero denominado *enantiômeros*, que são imagens especulares um do outro. Os monossacarídios dos vertebrados têm, em sua maioria, a configuração D. Por convenção, os isômeros D e L são determinados pela configuração do átomo de carbono assimétrico mais distante do grupo aldeído ou ceto. A di-hidroxiacetona é o único monossacarídio que não tem sequer um átomo de carbono assimétrico.

Os monossacarídios constituídos de mais de três átomos de carbono apresentam múltiplos carbonos assimétricos e, portanto, podem existir não apenas como enantiômeros, mas também como *diastereoisômeros*, isto é, isômeros que não são imagens especulares um do outro. O número de estereoisômeros possíveis é igual a $2^n$, em que $n$ é o número de átomos de carbono assimétricos. Assim, uma aldose de seis carbonos com quatro

**FIGURA 11.1** Formas isoméricas dos carboidratos.

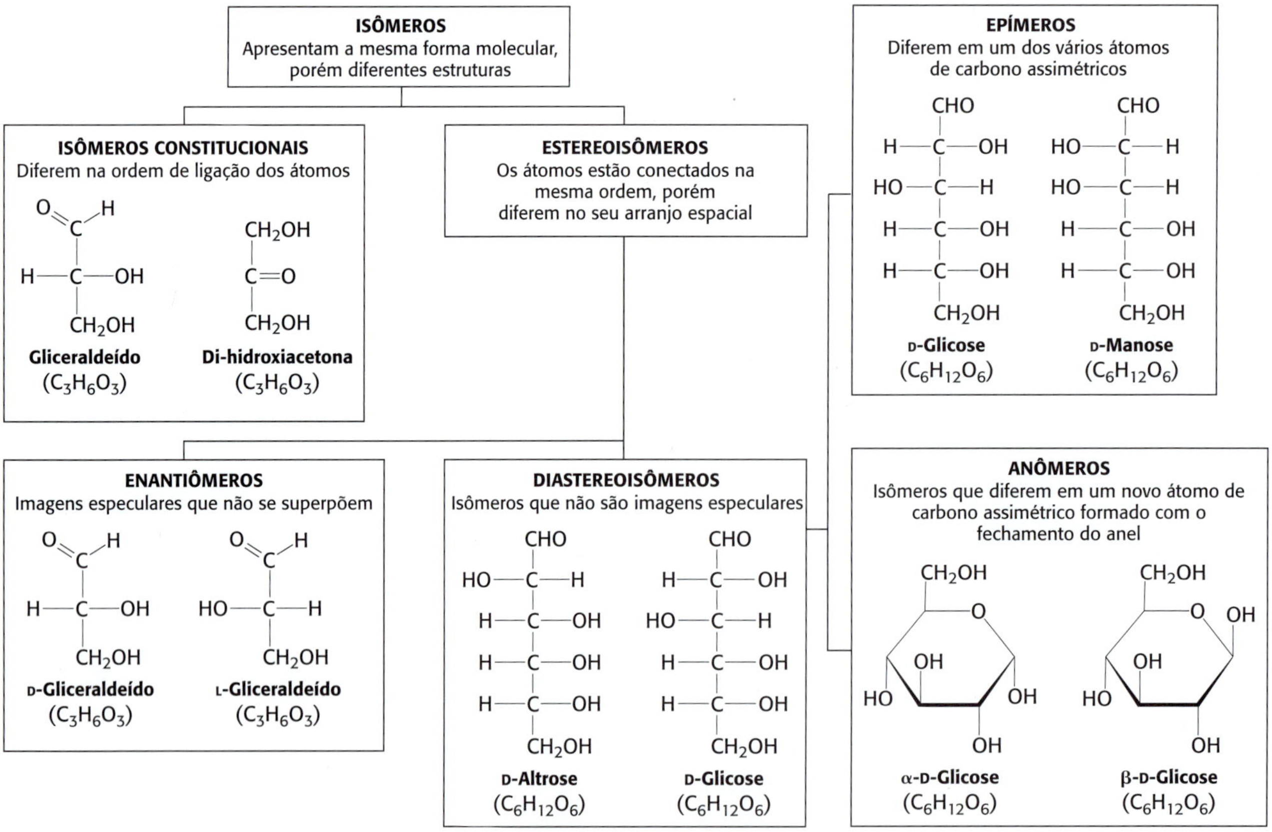

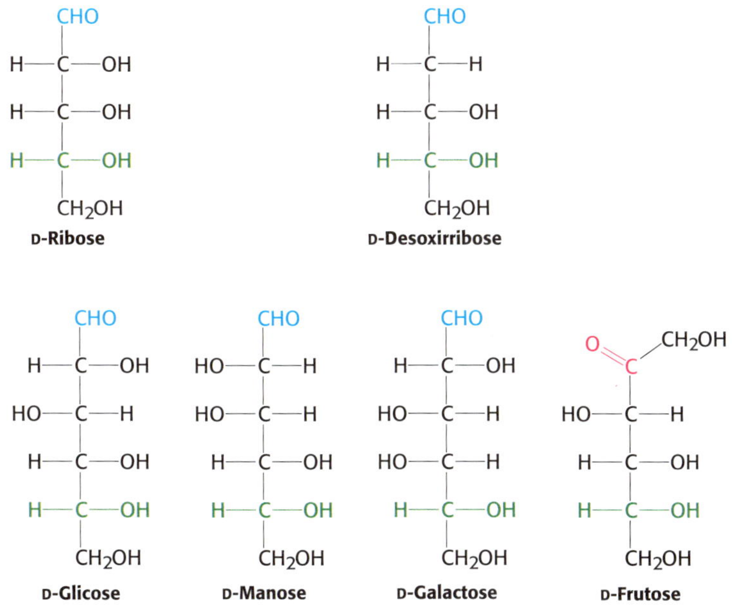


**FIGURA 11.2 Monossacarídios comuns.** As aldoses contêm um aldeído (mostrado em azul), enquanto as cetoses, como a frutose, contêm um grupo cetona (mostrado em vermelho). O átomo de carbono assimétrico (mostrado em verde) mais distante do grupo aldeído ou ceto designa as estruturas na configuração D.

átomos de carbono assimétricos pode existir em 16 diastereoisômeros possíveis, dos quais a glicose é um desses isômeros.

A Figura 11.2 mostra os açúcares comuns que veremos com mais frequência em nosso estudo de bioquímica. A D-ribose, o componente de carboidrato do RNA, é uma aldose de cinco carbonos, assim como a desoxirribose, o componente monossacarídico dos desoxinucleotídios. A D-glicose, a D-manose e a D-galactose são aldoses de seis carbonos encontradas em quantidade abundante. Observe que a D-glicose e a D-manose diferem somente na configuração no C-2, o átomo de carbono na segunda posição. Os açúcares diastereoisômeros que diferem na configuração em apenas um único centro de assimetria são denominados *epímeros*. Por conseguinte, a D-glicose e a D-manose são epímeras no C-2; a D-glicose e a D-galactose são epímeras no C-4.

Observe que as cetoses apresentam um centro assimétrico a menos do que as aldoses com o mesmo número de átomos de carbono. A D-frutose é a mais abundante das ceto-hexoses.

## Muitos açúcares comuns existem em formas cíclicas

As formas predominantes da ribose, da glicose, da frutose e de muitos outros açúcares em solução, como ocorre no interior da célula, não estão em cadeias abertas. Na verdade, as formas abertas desses açúcares ciclizam-se em anéis. A base química para a formação do anel reside no fato de que um aldeído pode reagir com um álcool para formar um *hemiacetal*.

**Aldeído** **Álcool** **Hemiacetal**

No caso de uma aldo-hexose, como a glicose, uma única molécula fornece tanto o aldeído quanto o álcool: o aldeído no C-1 na forma da glicose em cadeia aberta reage com o grupo hidroxila no C-5, formando um *hemiacetal intramolecular* (Figura 11.3). O hemiacetal cíclico resultante, um anel de seis membros, é denominado *piranose*, em virtude de sua similaridade com o *pirano*.

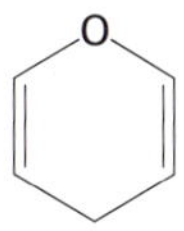

**Pirano**

De modo semelhante, uma cetona pode reagir com um álcool formando um *hemicetal*.

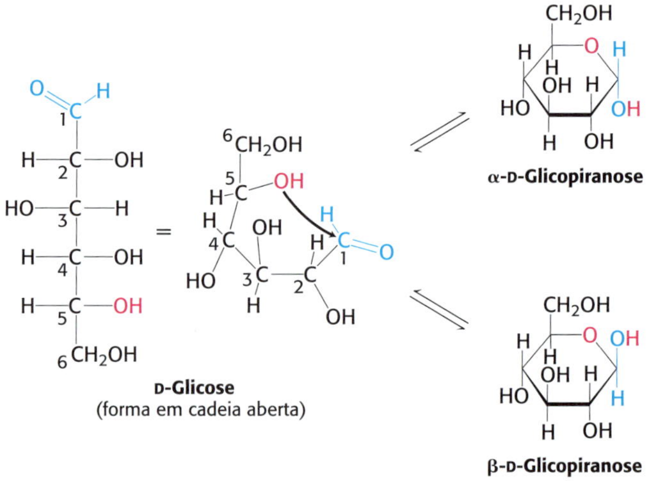


**FIGURA 11.3 Formação da piranose.** A forma em cadeia aberta da glicose cicliza-se quando o grupo hidroxila no C-5 ataca o átomo de oxigênio do grupo aldeído no C-1, formando um hemiacetal intramolecular. Podem resultar duas formas anoméricas, designadas como α e β.

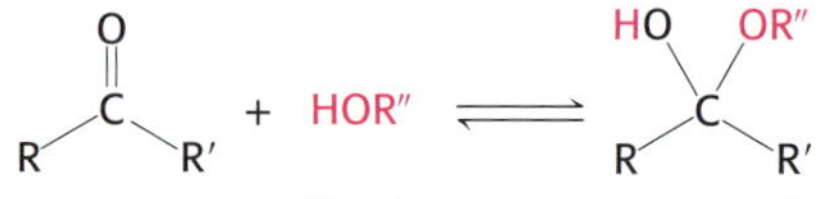

O grupo cetona no C-2 na forma em cadeia aberta de uma ceto-hexose, como a frutose, pode formar um *hemicetal intramolecular* ao reagir com o grupo hidroxila do C-6, formando um hemicetal cíclico de seis membros, ou com o grupo hidroxila do C-5, formando um hemicetal cíclico de cinco membros (Figura 11.4). O anel de cinco membros é denominado *furanose* em virtude de sua similaridade com o *furano*.

As representações da glicopiranose (glicose) e da frutofuranose (frutose) mostradas nas Figuras 11.3 e 11.4 são *projeções de Hawort*. Nessas projeções, os átomos de carbono do anel não são exibidos. O plano aproximado do anel é perpendicular ao plano do papel, e a linha espessa do anel projeta-se em direção ao leitor.

Vimos que os carboidratos podem conter muitos átomos de carbono assimétricos. Um centro assimétrico adicional é criado quando se forma um hemiacetal cíclico, produzindo outra forma diastereoisomérica dos açúcares, denominada *anômero*. Na glicose, o C-1 (o átomo de carbono da carbonila na forma de cadeia aberta) torna-se um centro assimétrico. Por conseguinte, podem ser formadas duas estruturas em anel: a α-D-glicopiranose e a β-D-glicopiranose (Figura 11.3). No caso dos açúcares D representados nas projeções de Haworth na orientação padrão, conforme ilustrado na Figura 11.3, *a designação α significa que o grupo hidroxila ligado ao C-1 está no lado oposto ao anel em relação ao C-6; e β significa que o grupo hidroxila está no mesmo lado do anel em relação ao C-6.* O átomo de carbono C-1 é denominado *átomo de carbono anomérico*. Uma mistura em equilíbrio de glicose contém aproximadamente um terço do anômero α, dois terços do anômero β e < 1% da forma em cadeia aberta.

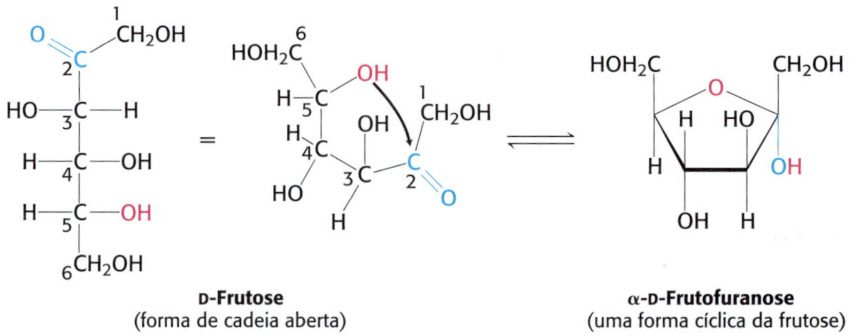


**FIGURA 11.4 Formação da furanose.** A forma em cadeia aberta da frutose cicliza-se para formar um anel de cinco membros quando o grupo hidroxila no C-5 ataca a cetona do C-2, formando um hemicetal intramolecular. Dois anômeros são possíveis, porém apenas o anômero α é mostrado.

A forma da frutose em anel de furanose também tem formas anoméricas, em que α e β referem-se aos grupos hidroxila ligados ao C-2, o átomo de carbono anomérico (Figura 11.4). A frutose forma ambos os anéis de piranose e furanose. A forma piranose predomina na frutose livre em solução, enquanto a forma furanose predomina em muitos derivados da frutose (Figura 11.5).

A β-D-frutopiranose, encontrada no mel, é uma das substâncias mais doces conhecidas. A β-D-frutofuranose é muito menos doce. O aquecimento converte a β-frutopiranose na forma β-frutofuranose, reduzindo a doçura da solução. Por esse motivo, o xarope de milho com alta concentração de frutose na forma β-D-piranose é utilizado como adoçante em bebidas frias, mas não quentes. A Figura 11.6 mostra os açúcares comuns discutidos anteriormente em suas formas de anel.

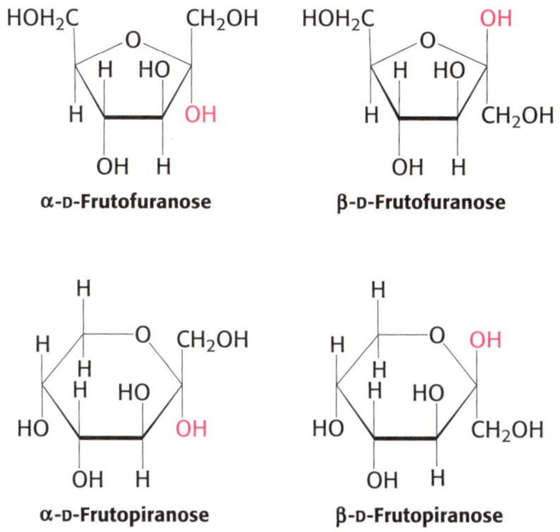


**FIGURA 11.5** **Estruturas em anel da frutose.** A frutose pode formar tanto o anel furanose de cinco membros (acima) quanto o anel piranose de seis membros (embaixo). Em ambos os casos, são possíveis os anômeros tanto α quanto β.

## Os anéis de piranose e de furanose podem assumir diferentes conformações

O anel de seis membros da piranose não é plano devido à geometria tetraédrica de seus átomos de carbonos saturados. Com efeito, os anéis de piranose adotam duas classes de conformação, denominadas em cadeira e em barco, devido à sua semelhança com esses objetos (Figura 11.7). Na forma em cadeira, os substituintes nos átomos de carbono em anel apresentam duas orientações: axial e equatorial. As ligações *axiais* são quase perpendiculares ao plano médio do anel, enquanto as ligações *equatoriais* são quase paralelas a este plano. Os substituintes axiais impedem estericamente uns aos outros de emergirem do mesmo lado do anel (p. ex., grupos 1,3-diaxiais). Em contrapartida, os substituintes equatoriais são mais espaçados. A forma em cadeira da β-D-*glicopiranose predomina, visto que todas as posições axiais estão ocupadas por átomos de hidrogênio.* Os grupos mais volumosos – OH e – $CH_2OH$ emergem na periferia menos impedida. A forma da glicose em barco é desfavorecida devido ao acentuado impedimento estérico.

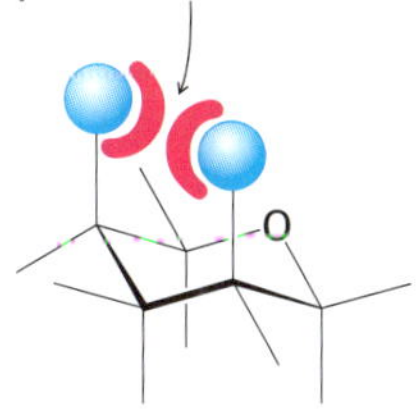


Os anéis de furanose, como os de piranose, não são planos. Podem ser dobrados, de modo que quatro átomos são quase coplanares, enquanto o quinto está distante desse plano em cerca de 0,5 Å (Figura 11.8). Essa conformação é denominada *forma em envelope*, visto que a estrutura assemelha-se a um envelope aberto com a aba posterior levantada. Na ribose

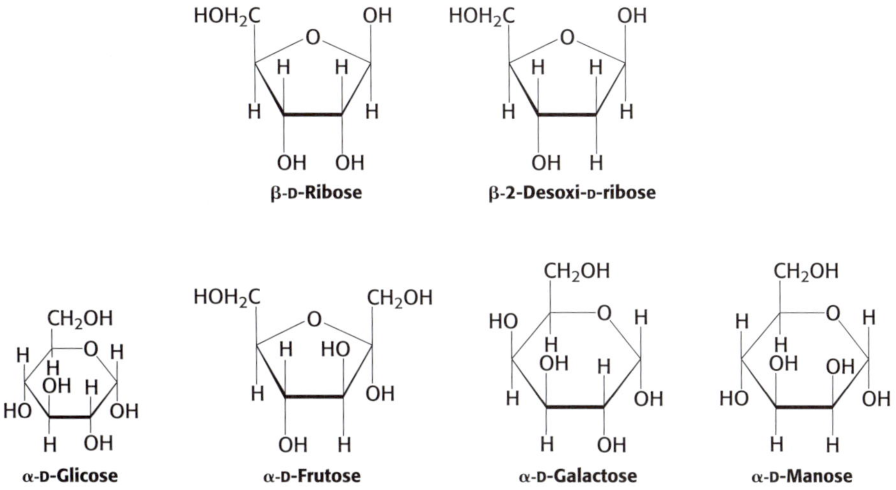


**FIGURA 11.6** **Monossacarídios comuns em suas formas de anel.**

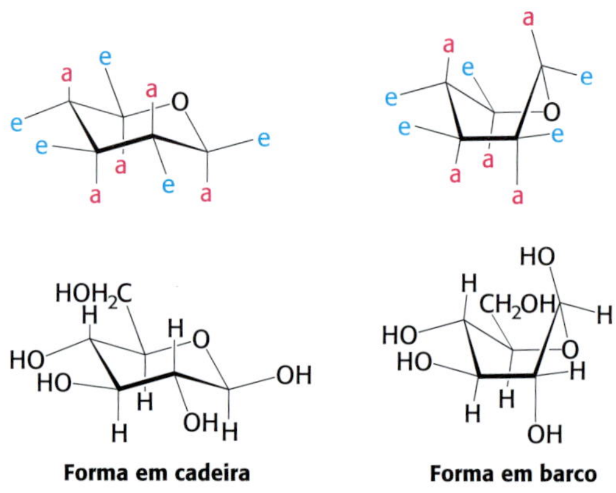


**FIGURA 11.7 Formas em cadeira e em barco da β-D-glicose.** A forma em cadeira é mais estável, visto que os átomos de hidrogênio ocupam todas as posições axiais, resultando em menor impedimento estérico. Abreviaturas: a, axial; e, equatorial.

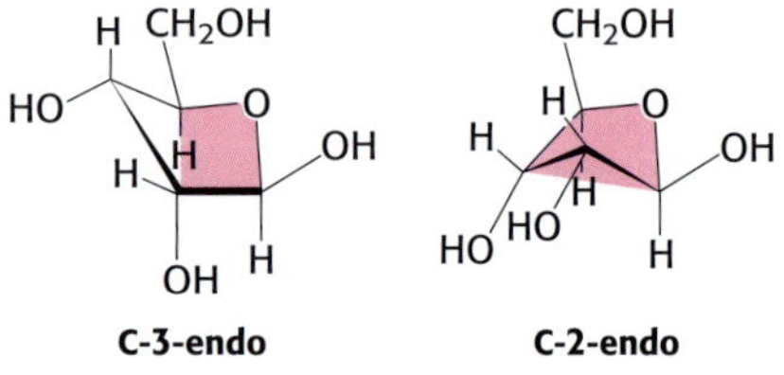


**FIGURA 11.8 Conformações em envelope da β-D-ribose.** São mostradas as formas C-3-endo e C-2-endo da β-D-ribose. A cor indica os quatro átomos que se dispõem aproximadamente em um plano.

encontrada na maioria das biomoléculas, o C-2 ou o C-3 estão fora do plano do mesmo lado que o C-5. Essas conformações são denominadas C-2-endo e C-3-endo, respectivamente.

## A glicose é um açúcar redutor

Como os isômeros α e β da glicose encontram-se em um equilíbrio que passa pela forma de cadeia aberta, a glicose apresenta algumas das propriedades químicas dos aldeídos livres, como a capacidade de reagir com agentes oxidantes. Por exemplo, a glicose pode reagir com o íon cúprico ($Cu^{2+}$), reduzindo-o a íon cúprico ($Cu^{+}$), enquanto está sendo oxidada em ácido glicônico.

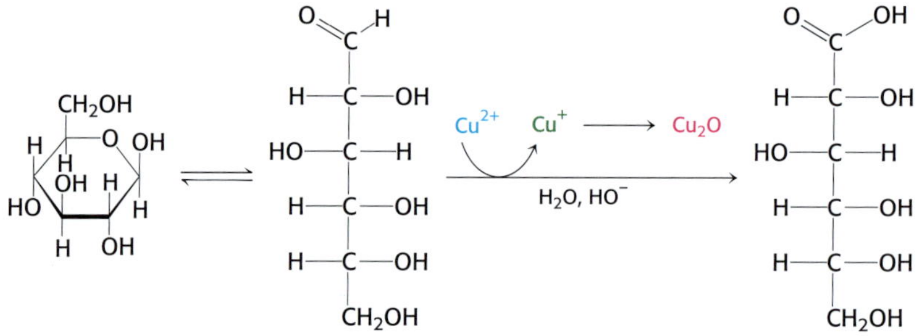


As soluções de íon cúprico (conhecidas como solução de Fehling) fornecem um teste simples para a presença de açúcares como a glicose. Os açúcares que reagem são denominados *açúcares redutores*, enquanto os que não o fazem são denominados *açúcares não redutores*. Com frequência, os açúcares redutores podem reagir inespecificamente com um grupo amino livre, frequentemente de um resíduo de lisina ou de arginina, para formar uma ligação covalente estável. Por exemplo, por ser um açúcar redutor, a glicose pode reagir com a hemoglobina, formando a hemoglobina glicosilada (hemoglobina A1 c). O monitoramento das variações na quantidade de hemoglobina glicosilada constitui um método particularmente útil de avaliar a eficiência do tratamento do diabetes melito, uma condição caracterizada por altos níveis de glicemia (ver seção 27.3). Como a hemoglobina glicosilada permanece na circulação, a quantidade de hemoglobina modificada corresponde à regulação a longo prazo – no decorrer de um período de vários meses – dos níveis de glicose. No indivíduo não diabético, menos de 6% da hemoglobina é glicosilada, ao passo que, em pacientes com diabetes melito não controlado, quase 10% da hemoglobina está glicosilada. Embora a glicosilação da hemoglobina não tenha nenhum efeito sobre a ligação do oxigênio, e, portanto, seja benigna, reações redutoras semelhantes com outras proteínas, como o colágeno (ver Capítulo 2), frequentemente são prejudiciais, visto que as glicosilações alteram a função bioquímica normal das proteínas modificadas. Após a modificação primária, pode ocorrer ligação cruzada entre o sítio da primeira modificação e outra região na proteína, comprometendo ainda mais a função. Essas modificações, conhecidas como produtos finais de glicação avançada (AGEs, *advanced glycation end products*), foram implicadas no envelhecimento, na arteriosclerose e no diabetes melito, bem como em outras condições patológicas.

## Os monossacarídios são unidos a alcoóis e aminas por ligações glicosídicas

As propriedades bioquímicas dos monossacarídios podem ser modificadas pela sua reação com outras moléculas. Essas modificações aumentam a versatilidade bioquímica dos carboidratos, possibilitando a sua atuação como moléculas de sinalização ou facilitando o seu metabolismo. Esses reagentes comuns são alcoóis, aminas e fosfato. A ligação formada entre o átomo de carbono anomérico de um carboidrato e o átomo de oxigênio de um álcool é denominada *ligação glicosídica* – especificamente uma *ligação O-glicosídica*. As ligações *O*-glicosídicas são proeminentes quando os carboidratos são ligados entre si para formar longos polímeros e quando estão ligados a proteínas (Figura 11.9). Além disso, o átomo de carbono anomérico de um açúcar pode ser ligado ao átomo de nitrogênio de uma amina, formando uma *ligação N-glicosídica*, como aquela encontrada quando bases nitrogenadas são ligadas a unidades de glicose para formar nucleosídios (Figura 11.9B). Os carboidratos também podem ser modificados pela ligação de grupos funcionais a outros carbonos diferentes do carbono anomérico (Figura 11.10).

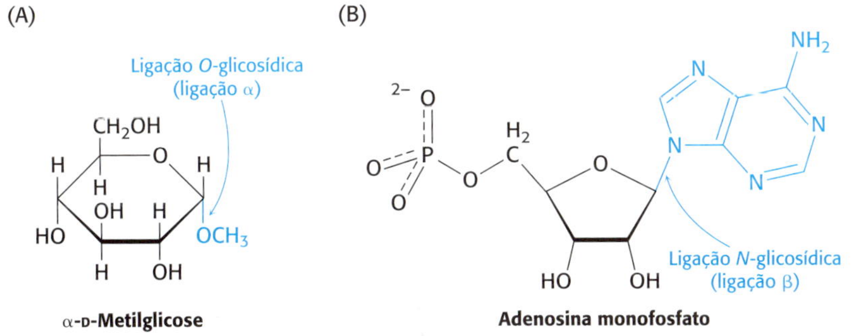


**FIGURA 11.9 Ligações *O*-glicosídicas e *N*-glicosídicas.** **A.** A ligação *O*-glicosídica une a glicose a um grupo metila na α-D-metilglicose. **B.** Uma ligação *N*-glicosídica une a ribose à base adenina na adenosina monofosfato.

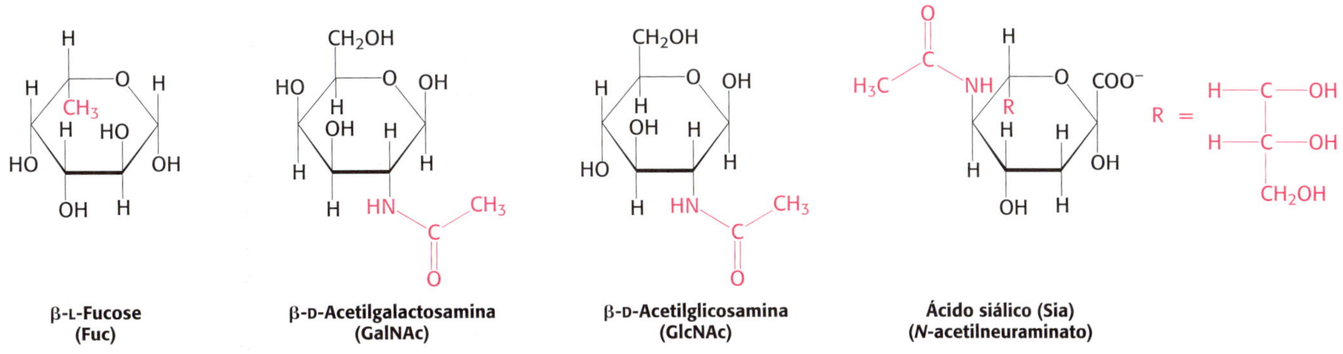


**FIGURA 11.10 Monossacarídios modificados.** Os carboidratos podem ser modificados pela adição de substituintes (mostrados em vermelho) diferentes dos grupos hidroxila. Esses carboidratos modificados são frequentemente expressos nas superfícies das células como partes de glicoproteínas e de glicolipídios.

## Os açúcares fosforilados são intermediários essenciais na geração de energia e nos processos de biossíntese

Uma modificação dos açúcares merece uma observação especial devido à sua importância no metabolismo. A adição de grupos fosforila é uma modificação comum dos açúcares. Por exemplo, a primeira etapa na degradação da glicose para obter energia é a sua conversão em glicose 6-fosfato. Vários intermediários subsequentes nessa via metabólica, como a di-hidroxiacetona fosfato e o gliceraldeído 3-fosfato, são açúcares fosforilados.

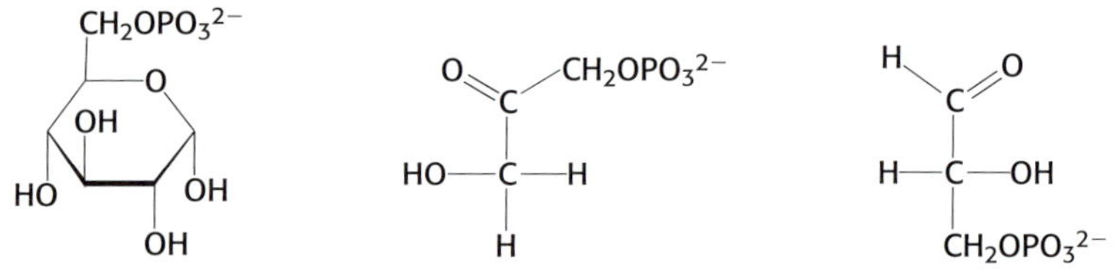


A *fosforilação torna os açúcares aniônicos*; a carga negativa impede não apenas que esses açúcares deixem espontaneamente a célula atravessando a bicamada lipídica das membranas, como também impede a sua interação com transportadores do açúcar não modificado. Além disso, a fosforilação também *cria intermediários reativos*, que mais prontamente irão sofrer metabolismo. Por exemplo, um derivado multifosforilado da ribose desempenha papéis essenciais na biossíntese dos nucleotídios purínicos e pirimidínicos (ver Capítulo 25).

## 11.2 Os monossacarídios são ligados para formar carboidratos complexos

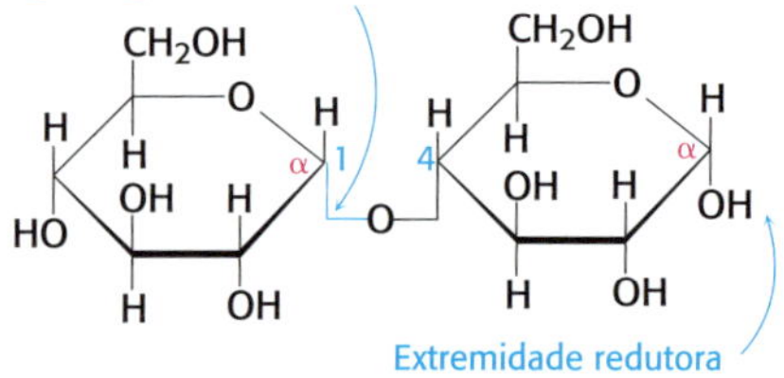


**FIGURA 11.11 Maltose, um dissacarídio.** Duas moléculas de glicose são ligadas por uma ligação glicosídica α-1,4 para formar o dissacarídio maltose. Os ângulos nas ligações ao átomo de oxigênio central não denotam átomos de carbono. Os ângulos são adicionados apenas para facilitar a ilustração. A molécula de glicose à direita é capaz de assumir a forma de cadeia aberta, que tem a capacidade de atuar como agente redutor. A molécula de glicose à esquerda não pode assumir a forma de cadeia aberta, visto que o átomo de carbono C-1 está ligado a outra molécula.

Como os açúcares contêm grupos hidroxila, as ligações glicosídicas podem unir um monossacarídio a outro. Os *oligossacarídios* são produzidos pela ligação de dois ou mais monossacarídios por ligações *O*-glicosídicas (Figura 11.11). No dissacarídio maltose, por exemplo, dois resíduos de D-glicose são unidos por uma ligação glicosídica entre a forma α-anomérica do C-1 de um açúcar e o átomo de oxigênio hidroxila do C-4 do açúcar adjacente. Essa ligação é denominada ligação glicosídica α-1,4. Assim como as proteínas apresentam uma direcionalidade definida pelas extremidades amino e carboxiterminais, os oligossacarídios exibem uma direcionalidade definida pelas suas extremidades redutora e não redutora. A unidade de carboidrato na extremidade redutora tem um átomo de carbono anomérico livre que possui atividade redutora, visto que pode formar a cadeia aberta, conforme discutido anteriormente (p. 350). Por convenção, essa extremidade do oligossacarídio continua sendo denominada extremidade redutora, mesmo quando está ligada a outra molécula, como uma proteína, e, portanto, não tem mais propriedades redutoras.

O fato de que os monossacarídios apresentam múltiplos grupos hidroxila significa a possibilidade de muitas ligações glicosídicas diferentes. Por exemplo, consideremos três monossacarídios: a glicose, a manose e a galactose. Essas moléculas podem ser ligadas umas às outras no laboratório, formando mais de 12 mil estruturas diferentes que diferem na ordem dos monossacarídios e dos grupos hidroxila que participam das ligações glicosídicas. Nesta seção, examinaremos alguns dos oligossacarídios mais comuns encontrados na natureza.

### A sacarose, a lactose e a maltose são os dissacarídios comuns

Um *dissacarídio* é constituído de dois açúcares unidos por uma ligação *O*-glicosídica. A sacarose, a lactose e a maltose são três dissacarídios abundantes que encontramos com frequência (Figura 11.12). A *sacarose* (o açúcar comum de mesa) é obtida comercialmente a partir da cana-de-açúcar ou da beterraba. Os átomos de carbono anoméricos de uma unidade

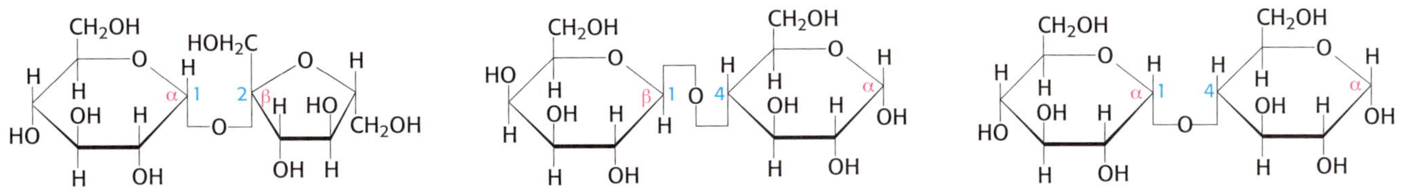


**FIGURA 11.12 Dissacarídios comuns.** A sacarose, a lactose e a maltose são componentes comuns da alimentação. Como na Figura 11.11, os ângulos nas ligações aos átomos de oxigênio centrais não denotam átomos de carbono.

de glicose e de uma unidade de frutose estão unidos nesse dissacarídio; a configuração dessa ligação glicosídica é α para a glicose e β para a frutose. A sacarose pode ser clivada em seus monossacarídios componentes pela enzima *sacarase*, também denominada *invertase*. A *lactose*, o dissacarídio do leite, é constituída de galactose unida à glicose por uma ligação glicosídica β-1,4. A lactose é hidrolisada a esses monossacarídios pela *lactase* nos seres humanos e pela β-*galactosidase* nas bactérias. Na *maltose*, duas unidades de glicose são unidas por uma ligação glicosídica α-1,4. A maltose resulta da hidrólise de grandes oligossacarídios poliméricos, como o amido e o glicogênio, e, por sua vez, é hidrolisada a glicose pela *maltase* (α-glicosidase). A maltase também degrada oligossacarídios unidos por ligações glicosídicas α-1,4. A sacarase, a lactase e a maltase estão localizadas na superfície externa das células epiteliais que revestem o intestino delgado. Os produtos de clivagem da sacarose, da lactose e da maltose podem ser ainda processados para fornecer energia na forma de ATP. (Ver Bioquímica em Foco para uma discussão mais detalhada sobre a maltase.)

**Invertase**

A invertase foi a enzima investigada por Lenore Michaelis e Maud Menten em seu estudo clássico Die Kinetik der Invertinwirkung [(The Kinetics of Invertase) *Biochem*. Z. 49: 333–369, 1913]. Nesse manuscrito, estabeleceram que a velocidade da reação da invertase é proporcional à concentração do complexo enzima-substrato, conforme previsto pela equação de Michaelis-Menten.

## O glicogênio e o amido são formas de armazenamento da glicose

A glicose constitui uma importante fonte de energia em praticamente todas as formas de vida. Entretanto, as moléculas de glicose livre não podem ser armazenadas, visto que a presença de altas concentrações de glicose perturbaria o equilíbrio osmótico da célula, com a consequência potencial de morte celular. A solução consiste em armazenar a glicose como unidades em um grande polímero, que não é osmoticamente ativo.

Os grandes oligossacarídios poliméricos, formados pela ligação de múltiplos monossacarídios, são denominados *polissacarídios* e desempenham funções vitais no armazenamento da energia e na manutenção de integridade estrutural do organismo. Se todas as unidades de monossacarídio em um polissacarídio forem iguais, o polímero é denominado *homopolímero*. O homopolímero mais comum nas células animais é o *glicogênio*, a forma de armazenamento da glicose. O glicogênio é encontrado na maioria dos nossos tecidos, porém é mais abundante nos músculos e no fígado. Conforme discutido detalhadamente no Capítulo 21, o glicogênio é um grande polímero ramificado de resíduos de glicose. A maioria das unidades de glicose no glicogênio é unida por ligações glicosídicas α-1,4. As ramificações são formadas por ligações glicosídicas α-1,6, presentes aproximadamente a cada 12 unidades (Figura 11.13).

O reservatório nutricional nas plantas é o homopolímero *amido*, do qual existem duas formas. A *amilose*, o tipo não ramificado de amido, é constituída de resíduos de glicose em ligação α-1,4. A *amilopectina*, a forma ramificada, tem cerca de uma ligação α-1,6 para cada 30 ligações α-1,4 de modo semelhante ao glicogênio, exceto por seu menor grau de ramificação. Mais da metade dos carboidratos ingeridos pelos seres humanos consiste no amido encontrado no trigo, nas batatas e no arroz, para citar apenas algumas fontes. A amilopectina, a amilose e o glicogênio são rapidamente hidrolisados pela α-*amilase*, uma enzima secretada pelas glândulas salivares e pelo pâncreas.

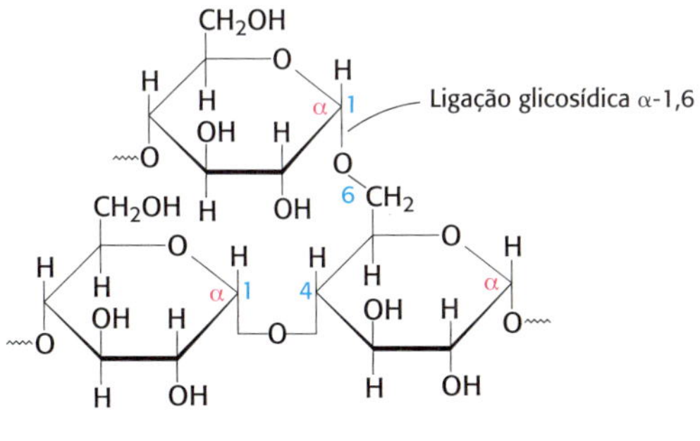


**FIGURA 11.13 Ponto de ramificação do glicogênio.** Duas cadeias de moléculas de glicose unidas por ligações glicosídicas α-1,4 estão unidas por uma ligação glicosídica α-1,6 para criar um ponto de ramificação. Essa ligação glicosídica α-1,6 forma-se aproximadamente a cada 12 unidades de glicose, tornando o glicogênio uma molécula altamente ramificada.

### A celulose, um componente estrutural das plantas, é constituída por cadeias de glicose

A *celulose*, o outro polissacarídio principal de glicose encontrado nas plantas, desempenha um papel mais estrutural do que nutricional como importante componente da parede celular das plantas. *A celulose está entre os compostos orgânicos mais abundantes da biosfera.* Cerca de $10^{15}$ kg de celulose são sintetizados e degradados na Terra a cada ano, uma quantidade 1.000 vezes maior do que o peso combinado da raça humana. A celulose é um polímero não ramificado de resíduos de glicose unidos por ligações β-1,4, diferentemente da ligação α-1,4 observada no amido e no glicogênio. Essa simples diferença na estereoquímica produz duas moléculas com propriedades e funções biológicas muito diferentes. A configuração β faz com que a celulose possa formar cadeias lineares muito longas. As fibrilas de celulose são formadas por cadeias paralelas que interagem umas com as outras por ligações de hidrogênio, produzindo uma estrutura rígida de suporte (Figura 11.14, acima). As cadeias lineares formadas por ligações β são ideais para a construção de fibrilas com alta resistência à tensão. As ligações α-1,4 no glicogênio e no amido produzem uma arquitetura molecular muito diferente: forma-se uma hélice oca em vez de uma cadeia retilínea (Figura 11.14, embaixo). A hélice oca formada por ligações α é bem apropriada para o armazenamento de uma forma mais compacta e acessível de açúcar. Embora os mamíferos careçam de celulase e, portanto, sejam incapazes de digerir fibras de madeira e de vegetais, a celulose e outras fibras vegetais ainda representam importante constituinte da alimentação dos mamíferos como componente das fibras alimentares. As fibras solúveis, como a *peptina* (ácido poligalacturônico), tornam o movimento do alimento

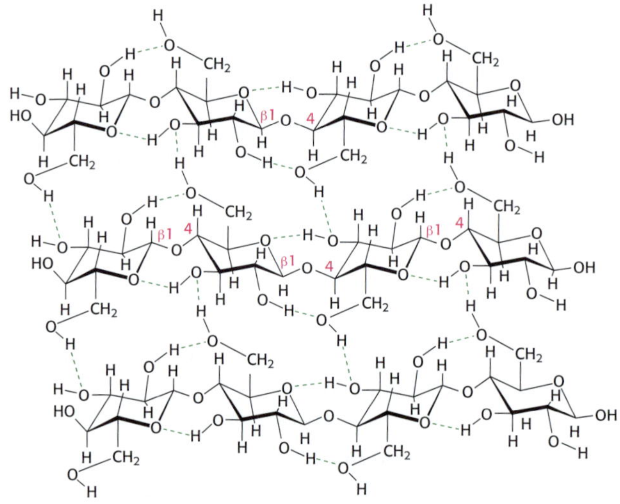

**Celulose**
(ligações β-1,4)

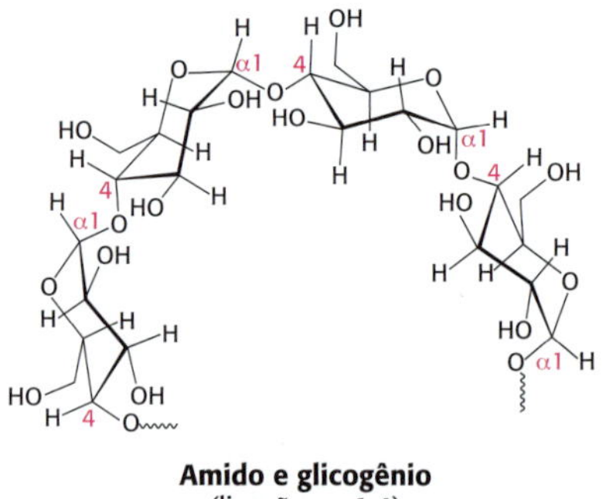

**Amido e glicogênio**
(ligações α-1,4)

**FIGURA 11.14 As ligações glicosídicas determinam a estrutura do polissacarídio.** As ligações β-1,4 favorecem cadeias retilíneas, que são ideais para fins estruturais. As ligações α-1,4 favorecem estruturas curvadas, que são mais apropriadas para armazenamento.

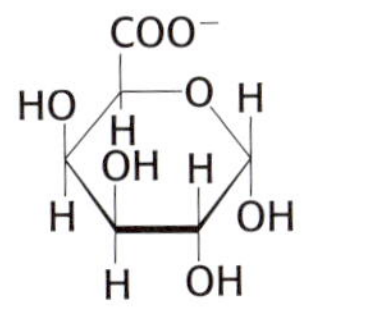


**Ácido galacturônico**

mais lento pelo trato gastrintestinal, possibilitando melhor digestão e absorção dos nutrientes. As fibras insolúveis, como a celulose, aumentam a velocidade pela qual os produtos da digestão passam pelo intestino grosso. Esse aumento de velocidade pode minimizar a exposição às toxinas presentes na alimentação.

Consideramos apenas os homopolímeros da glicose. Entretanto, tendo em vista a variedade de diferentes monossacarídios que podem ser unidos em qualquer número de rearranjos, o número de possíveis polissacarídios é enorme. Analisaremos alguns desses polissacarídios mais adiante.

### Os oligossacarídios do leite humano protegem o recém-nascido da infecção

Conforme assinalado anteriormente, a lactose é um dissacarídio comum do leite; entretanto, muitos outros oligossacarídios também são encontrados no leite. Foram identificados mais de 150 oligossacarídios diferentes no leite humano, e a sua quantidade e composição variam entre as mulheres. Esses carboidratos não são digeridos pelo lactente, porém desempenham papel significativo na proteção contra a infecção bacteriana. É importante assinalar que tais oligossacarídios não estão presentes em fórmulas para lactentes.

Certos tipos de bactérias do gênero *Streptococcus* colonizam o epitélio vaginal de aproximadamente 20% das mulheres saudáveis. A transmissão do *Streptococcus* ao lactente pode causar pneumonia, septicemia (toxinas na corrente sanguínea) e meningite. Os oligossacarídios do leite parecem impedir o crescimento dessas bactérias. Ainda não está firmemente estabelecido como a proteção acontece; entretanto, pelo fato de não serem digeridos pelo lactente, os oligossacarídios podem atuar como fonte de energia para as bactérias benéficas. Como alternativa, ou além disso, esses carboidratos podem impedir a fixação de patógenos microbianos à parede intestinal do recém-nascido. Os oligossacarídios aparecem na urina de lactentes amamentados. Esforços estão sendo envidados para pesquisar o potencial terapêutico desses interessantes carboidratos.

## 11.3 Os carboidratos podem ligar-se a proteínas para formar glicoproteínas

Um grupo carboidrato pode ligar-se de modo covalente a uma proteína, formando uma *glicoproteína*. Essas modificações são comuns, visto que 50% do proteoma consistem em glicoproteínas. Examinaremos três classes de glicoproteínas. A primeira classe é simplesmente designada como glicoproteínas. Nessas glicoproteínas, a proteína constitui o maior componente por peso. Essa classe versátil desempenha uma variedade de funções bioquímicas. Muitas glicoproteínas são componentes das membranas celulares, onde participam de vários processos, como adesão celular e ligação dos espermatozoides aos óvulos. Outras glicoproteínas são formadas pela ligação de carboidratos a proteínas solúveis. Muitas das proteínas secretadas das células são glicosiladas, ou seja, modificadas pela ligação de carboidratos, incluindo a maioria das proteínas presentes no plasma sanguíneo.

A segunda classe de glicoproteínas compreende os *proteoglicanos*. O componente proteico dos proteoglicanos é conjugado com um tipo particular de polissacarídio denominado *glicosaminoglicano*. Os carboidratos representam uma porcentagem muito maior por peso do proteoglicano em comparação com as glicoproteínas simples. Os proteoglicanos atuam como componentes estruturais e como lubrificantes.

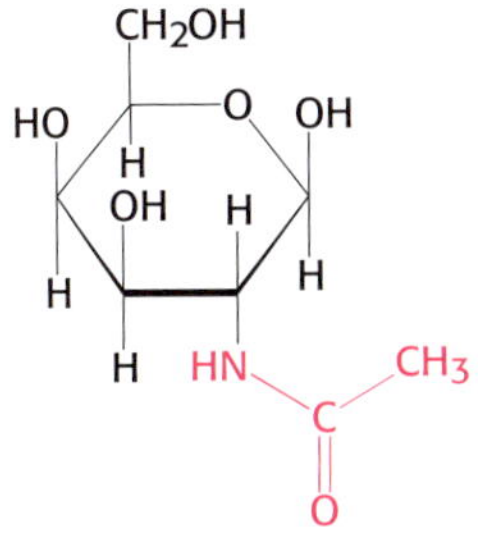


***N*-acetilgalactosamina (GalNAc)**

As *mucinas* ou *mucoproteínas*, como os proteoglicanos, são constituídas predominantemente de carboidratos. A *N*-acetilgalactosamina é habitualmente o carboidrato ligado à proteína nas mucinas. A *N*-acetilgalactosamina é um exemplo de um *aminoaçúcar*, assim designado pela substituição de um grupo hidroxila por um grupo amino. As mucinas, que constituem um componente essencial do muco, atuam como lubrificantes.

A glicosilação aumenta acentuadamente a complexidade do proteoma. Uma determinada proteína com vários sítios potenciais de glicosilação pode exibir muitas formas glicosiladas diferentes, denominadas *glicoformas*. À semelhança das isoformas de proteínas (ver seção 10.2), cada uma delas normalmente é gerada apenas em um tipo celular ou estágio de desenvolvimento específico.

## Os carboidratos podem ser ligados às proteínas por meio de resíduos de asparagina (*N*-ligados) ou de serina ou treonina (*O*-ligados)

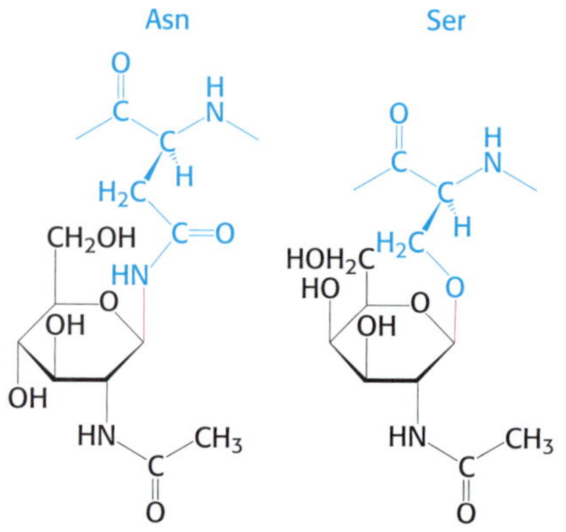


**GlcNAc *N*-ligada** **GalNAc *O*-ligada**

**FIGURA 11.15 Ligações glicosídicas entre proteínas e carboidratos.** Uma ligação glicosídica liga um carboidrato à cadeia lateral da asparagina (*N*-ligado) ou à cadeia lateral da serina ou treonina (*O*-ligado). As ligações glicosídicas são mostradas em azul.

Os açúcares nas glicoproteínas são unidos ao átomo de nitrogênio da amida na cadeia lateral da asparagina (ligação denominada N-*ligação*) ou ao átomo de oxigênio na cadeia lateral de serina ou treonina (O-*ligação*), conforme ilustrado na Figura 11.15. Um resíduo de asparagina só pode aceitar um oligossacarídio se o resíduo fizer parte de uma sequência Asn-X-Ser ou Asn-X-Thr, em que X pode ser qualquer resíduo, exceto prolina. Todavia, nem todos os sítios potenciais são glicosilados. Os sítios específicos que serão glicosilados dependem de outros aspectos da estrutura da proteína e do tipo de célula na qual essa proteína é expressa. Todos os oligossacarídios *N*-ligados têm em comum um cerne pentassacarídico constituído de três resíduos de manose e dois resíduos de *N*-acetilglicosamina. Outros açúcares são ligados a esse cerne, formando a grande variedade de padrões de oligossacarídios encontrados nas glicoproteínas (Figura 11.16).

## A glicoproteína eritropoetina é um hormônio vital

Examinemos uma glicoproteína presente no plasma sanguíneo cuja forma recombinante clonada melhorou radicalmente o tratamento da anemia, em particular a anemia induzida pela quimioterapia no câncer. A *eritropoetina* (EPO), um hormônio glicoproteico, é secretada pelos rins e estimula a produção dos eritrócitos. A EPO é constituída de 165 aminoácidos e é *N*-glicosilada em três resíduos de asparagina e *O*-glicosilada em um resíduo de serina (Figura 11.17). A EPO madura tem 40% de carboidrato por peso, e a glicosilação aumenta a estabilidade da proteína no sangue.

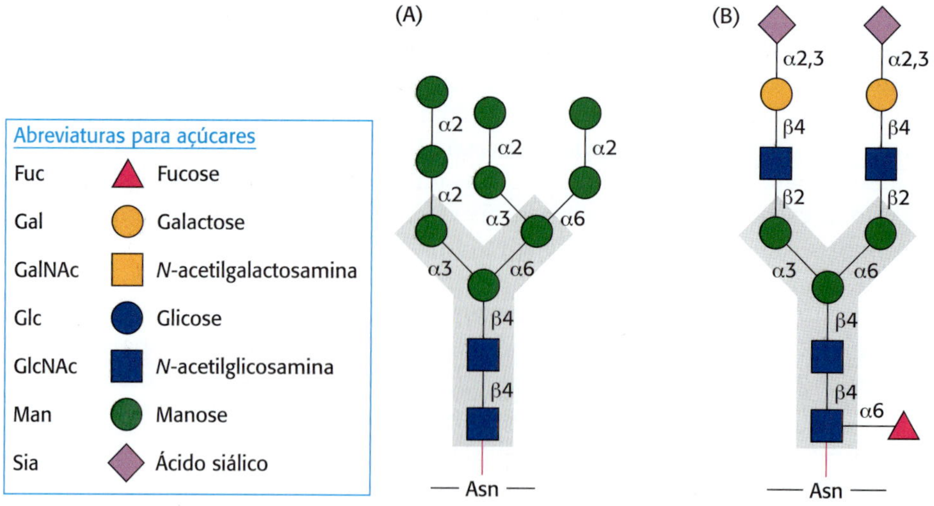


**FIGURA 11.16 Oligossacarídios *N*-ligados.** Um cerne de pentassacarídio (sombreado em cinza) é comum a todos os oligossacarídios *N*-ligados e atua como base para uma ampla variedade de oligossacarídios *N*-ligados, dois dos quais estão ilustrados: **A.** o tipo rico em manose; **B.** o tipo complexo. As estruturas de carboidratos mostradas são representadas simbolicamente empregando-se um esquema que está se tornando amplamente utilizado.

A proteína não glicosilada tem apenas cerca de 10% da bioatividade da forma glicosilada, visto que a proteína é rapidamente removida do sangue pelos rins. A disponibilidade de EPO humana recombinante ajudou enormemente o tratamento das anemias. Todavia, alguns atletas de resistência têm utilizado a EPO humana recombinante para aumentar a contagem de eritrócitos e, portanto, a sua capacidade de transporte de oxigênio. Os laboratórios toxicológicos são capazes de distinguir algumas formas de EPO humana recombinante proibidas da EPO natural em atletas, detectando diferenças em seus padrões de glicosilação por meio do uso de focalização hidroelétrica (ver Capítulo 3).

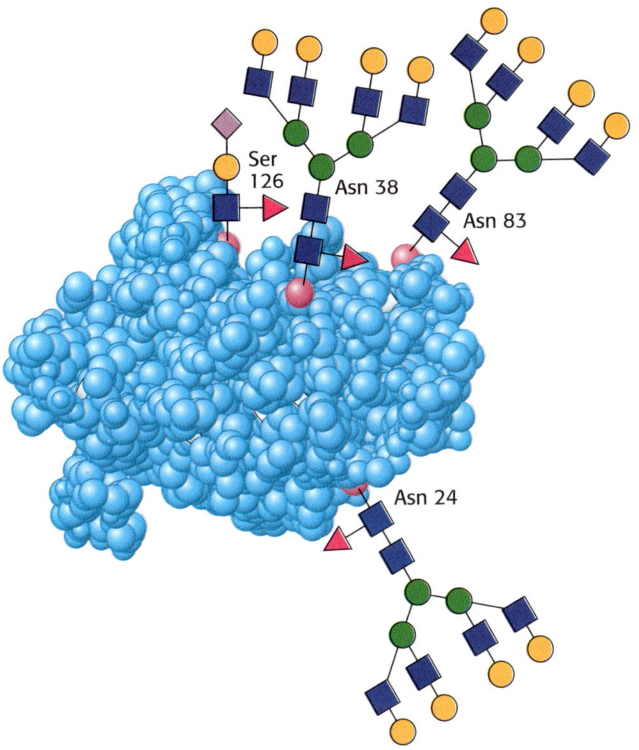


**FIGURA 11.17 Oligossacarídios ligados à eritropoetina.** A eritropoetina tem oligossacarídios ligados a três resíduos de asparagina e a um resíduo de serina. As estruturas mostradas estão aproximadamente em escala. Veja a Figura 11.16 para as legendas dos carboidratos. [Desenhada de 1BUY.pdf.]

## A glicosilação atua na detecção de nutrientes

Uma reação de glicosilação particularmente importante é a ligação covalente de uma *N*-acetilglicosamina (GlcNAc) a resíduos de serina ou de treonina das proteínas citoplasmáticas, nucleares e mitocondriais. A reação, que constitui uma das modificações pós-tradução mais comuns, é catalisada pela *O-GlcNAc transferase*, uma enzima altamente conservada encontrada em todos os animais multicelulares. A concentração de GlcNAc reflete o metabolismo ativo de carboidratos, aminoácidos e lipídios, indicando a presença de nutrientes em quantidades abundantes (Figura 11.18). Mais de 4 mil proteínas são modificadas por GlcNAcilação, incluindo fatores de transcrição e componentes de vias de sinalização. É interessante assinalar que, como os sítios de GlcNAcilação também são potenciais sítios de fosforilação, a *O*-GlcNAc transferase e as proteinoquinases podem estar envolvidas na comunicação cruzada para modular a atividade de sinalização umas das outras. À semelhança da fosforilação, a GlcNAcilação é reversível, e a *GlcNAcase* catalisa a remoção do carboidrato. A desregulação da GlcNAc transferase tem sido associada à resistência à insulina, diabetes melito, câncer e patologias neurológicas.

Recentemente, mutações no gene da GlcNAc transferase foram implicadas na deficiência intelectual (DI) ligada ao cromossomo X. Além da DI, outros sintomas neurológicos incluem diplegia espástica (hipertonia e espasticidade musculares) e síndrome piramidal (disrupção dos tratos piramidais que controlam o movimento voluntário).

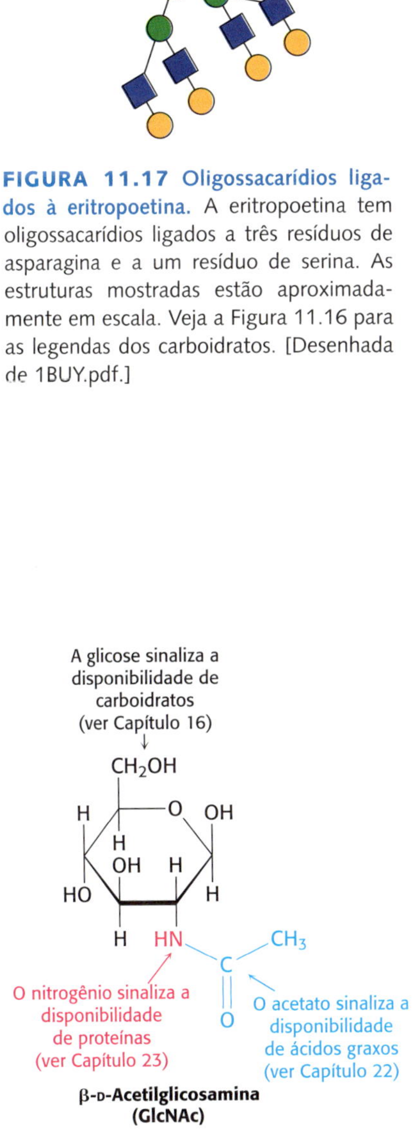


**FIGURA 11.18 A glicosilação atua como sensor de nutrientes.** A *N*-acetilglicosamina liga-se a proteínas quando os nutrientes estão presentes em abundância.

## Os proteoglicanos, compostos de polissacarídios e proteína, desempenham importantes papéis estruturais

Conforme assinalado anteriormente, os proteoglicanos são proteínas ligadas a glicosaminoglicanos. O glicosaminoglicano constitui até 95% da biomolécula por peso, e, portanto, o proteoglicano assemelha-se mais a um polissacarídio do que a uma proteína. Os proteoglicanos não apenas funcionam como lubrificantes e componentes estruturais do tecido conjuntivo, mas também medeiam a adesão das células à matriz extracelular e ligam fatores que regulam a proliferação celular.

As propriedades dos proteoglicanos são determinadas principalmente pelo componente glicosaminoglicano. Muitos glicosaminoglicanos são constituídos por unidades repetidas de dissacarídios contendo um derivado de aminoaçúcar, a glicosamina ou a galactosamina (Figura 11.19). Pelo menos um dos dois açúcares na unidade repetitiva tem um *grupo carboxilato ou*

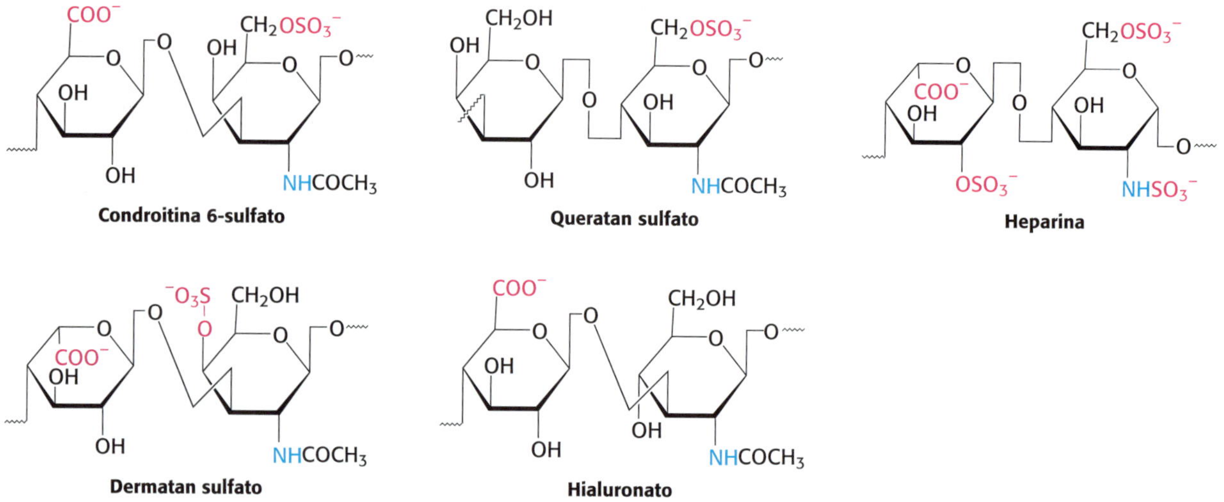


**FIGURA 11.19 Unidades repetitivas nos glicosaminoglicanos.** As fórmulas estruturais para cinco unidades repetitivas de glicosaminoglicanos importantes ilustram a variedade de modificações e de ligações que são possíveis. Os grupos amino são mostrados em azul e os grupos de carga negativa, em vermelho. Foram omitidos os átomos de hidrogênio para maior clareza. Para cada molécula mostrada, a hexose, à direita, é um derivado da glicosamina.

*sulfato de carga negativa*. Os principais glicosaminoglicanos nos animais são o sulfato de condroitina, o queratan sulfato, a heparina, o dermatan sulfato e o hialuronato. Lembre-se de que a heparina atua como anticoagulante que impede a coagulação sanguínea (ver Capítulo 10). As *mucopolissacaridoses* representam um conjunto de doenças, como a doença de Hurler, que resultam da incapacidade de degradar os glicosaminoglicanos (Figura 11.20). Embora as características clínicas precisas variem de acordo com a doença, todas as mucopolissacaridoses resultam em deformidades do esqueleto e redução da expectativa de vida.

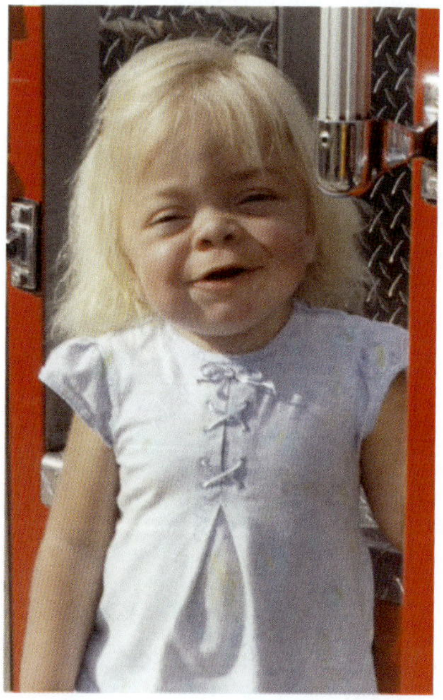

**FIGURA 11.20 Doença de Hurler.** Antigamente denominado gargoilismo, a doença de Hurler é uma mucopolissacaridose cujos sintomas consistem em narinas largas, ponte nasal rebaixada, lábios e lóbulos das orelhas grosseiros e dentes irregulares. Na doença de Hurler, os glicosaminoglicanos não podem ser degradados. O excesso dessas moléculas é armazenado nos tecidos moles da região facial, resultando nos traços faciais característicos. [Cortesia da National MPS Society.]

## Os proteoglicanos são importantes componentes da cartilagem

Entre os membros mais bem caracterizados dessa classe diversificada destaca-se o proteoglicano na matriz extracelular da cartilagem. O proteoglicano *agrecano* e a proteína *colágeno* são componentes essenciais da cartilagem. A hélice tríplice do colágeno (ver Capítulo 2) fornece estrutura e resistência à tensão, enquanto o agrecano atua como elemento de absorção de choque. O componente proteico do agrecano é uma grande molécula constituída de 2.397 aminoácidos. A proteína possui três domínios globulares, e o sítio de ligação ao glicosaminoglicano é uma região estendida entre os domínios globulares 2 e 3 (Figura 11.21). Essa região linear contém sequências de aminoácidos altamente repetitivas, que são locais para a ligação do queratan sulfato e do sulfato de condroitina. Por sua vez, muitas moléculas de agrecano estão ligadas de modo não covalente, por meio do seu primeiro domínio globular, a um filamento muito longo formado pela união de moléculas de hialuronato de glicosaminoglicano (Figura 11.21). A água liga-se aos glicosaminoglicanos atraída pelas numerosas cargas negativas. O agrecano pode amortecer forças compressivas, visto que a água adsorvida possibilita a sua retração após ter sido deformado. Quando se exerce pressão, como quando o pé bate no solo enquanto caminha, a água é espremida para fora do glicosaminoglicano, amortecendo o impacto. Quando a pressão é aliviada, a água volta a se ligar. A *osteoartrite*, que constitui a forma mais comum de artrite, ocorre quando há perda de água do proteoglicano com o envelhecimento. Outras formas de artrite podem resultar da degradação proteolítica do agrecano e do colágeno na cartilagem.

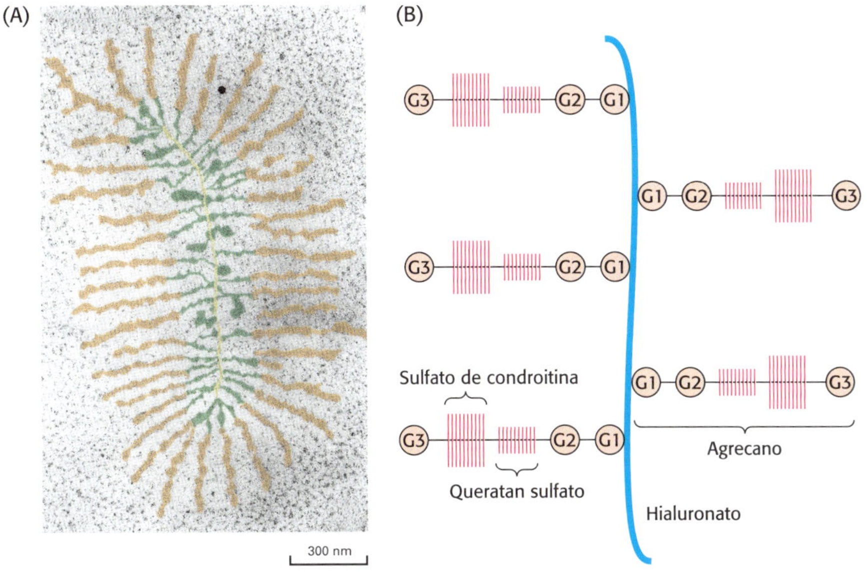


**FIGURA 11.21 Estrutura do proteoglicano da cartilagem. A.** Micrografia eletrônica de um proteoglicano da cartilagem (com cores falsas adicionadas). Os monômeros de proteoglicano emergem lateralmente, a intervalos regulares, dos lados opostos de um filamento central de hialuronato. **B.** Representação esquemática. G = domínio globular. [Cortesia do Dr. Lawrence Rosenberg e Joseph A. Buckwalter, veja: J.A. Buckwalter e L. Rosenberg. "Structural Changes during Development in Bovine Fetal Epiphyseal Cartilage." *Collagen and Related Research*, 3(1983): 489–504.]

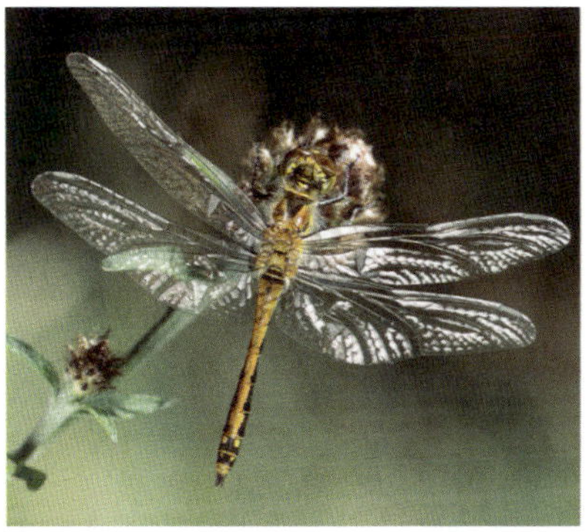

**FIGURA 11.22 A quitina, um glicosaminoglicano, é encontrada nas asas e no exoesqueleto dos insetos.** Os glicosaminoglicanos são componentes do exoesqueleto de insetos, crustáceos e aracnídeos. [FLPA/Alamy.]

Além de serem um componente-chave dos tecidos estruturais, os glicosaminoglicanos são comuns em toda a biosfera. A quitina é um glicosaminoglicano encontrado no exoesqueleto de insetos, crustáceos e aracnídeos, e, depois da celulose, é o segundo polissacarídio mais abundante da natureza (Figura 11.22). Os cefalópodes, como a lula, utilizam seus bicos em navalha, que são constituídos de quitina com ligações cruzadas extensas, para inutilizar e consumir suas presas.

## As mucinas são componentes glicoproteicos do muco

Uma terceira classe de glicoproteínas é constituída pelas *mucinas* (mucoproteínas). Nas mucinas, a proteína componente é extensamente glicosilada nos resíduos de serina ou de treonina pela *N*-acetilgalactosamina (Figura 11.10). As mucinas são capazes de formar grandes estruturas poliméricas e são comuns nas secreções mucosas. Essas glicoproteínas são sintetizadas por células especializadas nos tratos traqueobrônquico, gastrintestinal e geniturinário. As mucinas são abundantes na saliva, onde atuam como lubrificantes.

A Figura 11.23A mostra um modelo de uma mucina. A característica que define as mucinas é uma região do esqueleto da proteína denominada *região de número variável de repetições em série* (VNTR, *variable number of tandem repeats*), que é rica em resíduos de serina e de treonina que são *O*-glicosilads. Com efeito, a fração de carboidrato pode representar até 80% do peso da molécula. Várias estruturas de carboidratos do cerne são conjugadas à proteína componente da mucina. A Figura 11.23B mostra esse tipo de estrutura.

As mucinas aderem às células epiteliais e atuam como barreira protetora, como também elas hidratam as células subjacentes. Além de proteger as células de agressões ambientais, como o ácido gástrico, substâncias químicas inaladas nos pulmões e infecções bacterianas, as mucinas desempenham um papel na fertilização, na resposta imune e na adesão celular.

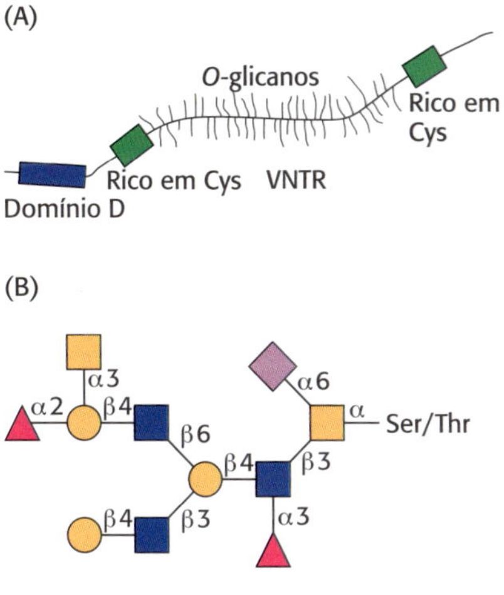


**FIGURA 11.23 Estrutura da mucina. A.** Representação esquemática de uma mucoproteína. A região VNTR é altamente glicosilada, forçando a molécula a assumir uma conformação estendida. Os domínios ricos em Cys e o domínio D facilitam a polimerização de muitas dessas moléculas. **B.** Exemplo de um oligossacarídio ligado à região VNTR da proteína. Veja a Figura 11.16 para as legendas dos carboidratos. [Informação de A. Varki *et al*. (Eds.), *Essentials of Glycobiology*, 2nd ed. (Cold Spring Harbor Press, 2009), pp. 117, 118.]

As mucinas estão superexpressas na bronquite e na fibrose cística, e a superexpressão de mucinas é característica dos adenocarcinomas – cânceres das células glandulares de origem epitelial.

### A quitina pode ser processada a uma molécula com variedade de usos

Todos nós temos conhecimento, de uma maneira ou de outra, das numerosas aplicações da celulose, um polissacarídio. A celulose é um importante constituinte do papel, dos bioadesivos e das roupas que vestimos. Menos evidentes para a maioria de nós são os usos do segundo polissacarídio mais abundante, a quitina. As estimativas indicam que 10 mil toneladas de quitina poderiam ser recuperadas a partir do processamento de cascas de crustáceos marinhos, uma quantidade que de outro modo torna-se resíduo ambiental.

A quitina processada, a quitosana, já tem uma variedade de usos. Por exemplo, é utilizada como carreador para ajudar no fornecimento de fármacos; como sutura cirúrgica; como componente de produtos de cuidados da pele, dos cabelos e orais; e como componente estabilizante e espessante de produtos alimentares. Pesquisas recentes mostram que a quitosana pode ser utilizada como componente de um adesivo que adere fortemente a tecidos úmidos, permitindo o uso do adesivo como curativo cirúrgico. Existem várias maneiras de processar a quitina, que é insolúvel em água, em quitosana hidrossolúvel. Examinaremos o processo enzimático.

Em primeiro lugar, as cascas são lavadas e moídas até se obter um pó fino, que é então exposto a bactérias geradoras de ácido láctico (ver Capítulo 16). O ácido láctico remove os minerais da quitina. Após a desmineralização, a quitina é tratada com bactérias secretoras de protease para degradar a proteína componente da quitina. Em seguida, o tratamento com acetona remove a cor dissolvendo os carotenoides (ver Capítulo 26). Por fim, a quitina é tratada com quitina desacetilase para remover grupos acetila, gerando a mais versátil quitosana. Temos aqui um maravilhoso exemplo do uso da bioquímica na biotecnologia para converter resíduos ambientais em uma variedade de materiais úteis.

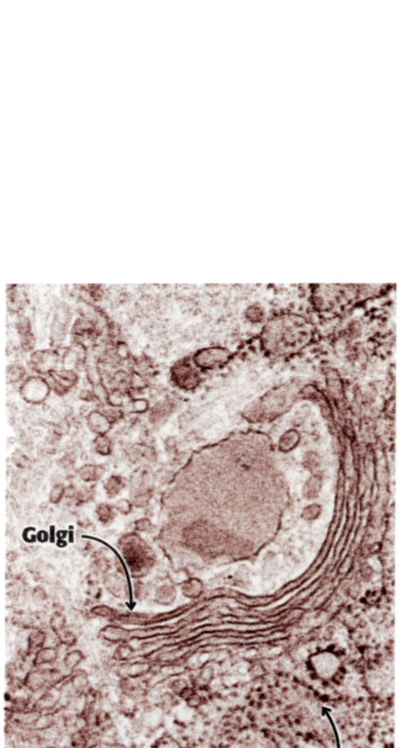


**FIGURA 11.24 Complexo de Golgi e retículo endoplasmático.** A micrografia eletrônica mostra o complexo de Golgi e o retículo endoplasmático adjacente. Os pontos pretos na superfície citoplasmática da membrana do RE são ribossomos. [Cortesia de Lynne Mercer.]

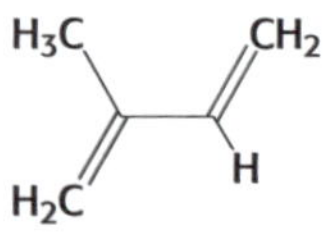


**Isopreno**

### A glicosilação de proteínas ocorre no lúmen do retículo endoplasmático e no complexo de Golgi

A principal via de glicosilação de proteínas ocorre no lúmen do *retículo endoplasmático* (RE) e no *complexo de Golgi*, duas organelas que desempenham papéis fundamentais no tráfego das proteínas (Figura 11.24). A proteína é sintetizada por ribossomos fixados à face citoplasmática da membrana do RE, e a cadeia peptídica é inserida no lúmen do RE (ver seção 31.6). A glicosilação *N*-ligada começa no RE e continua no complexo de Golgi, enquanto a glicosilação *O*-ligada ocorre exclusivamente no complexo de Golgi.

Um grande oligossacarídio destinado à ligação ao resíduo de asparagina de uma proteína é montado no *dolicol fosfato*, uma molécula lipídica especializada localizada na membrana do RE e contendo cerca de 20 unidades de isopreno ($C_5$).

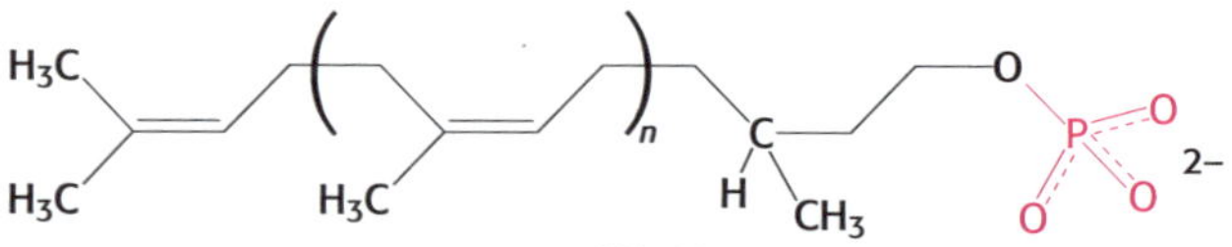


$n = 15–19$

**Dolicol fosfato**

O grupo fosfatoterminal do dolicol fosfato constitui o sítio de ligação do oligossacarídio. Essa forma ativada (rica em energia) do oligossacarídio é subsequentemente transferida a um resíduo específico de asparagina da cadeia polipeptídica em crescimento por uma enzima localizada no lado luminal do RE.

As proteínas no lúmen e na membrana do RE são transportadas até o complexo de Golgi, que consiste em uma pilha de sacos membranosos achatados. *As unidades de carboidrato das glicoproteínas são alteradas e elaboradas no complexo de Golgi.* As unidades de açúcar *O*-ligadas são produzidas nesse local, enquanto os açúcares *N*-ligados, provenientes do RE como componente de uma glicoproteína, são modificados de maneiras muito diferentes. *O complexo de Golgi é o principal centro de triagem e endereçamento da célula.* As proteínas prosseguem do complexo de Golgi para os lisossomos, os grânulos secretores ou a membrana plasmática de acordo com sinais codificados dentro de suas sequências de aminoácidos e suas estruturas tridimensionais (Figura 11.25).

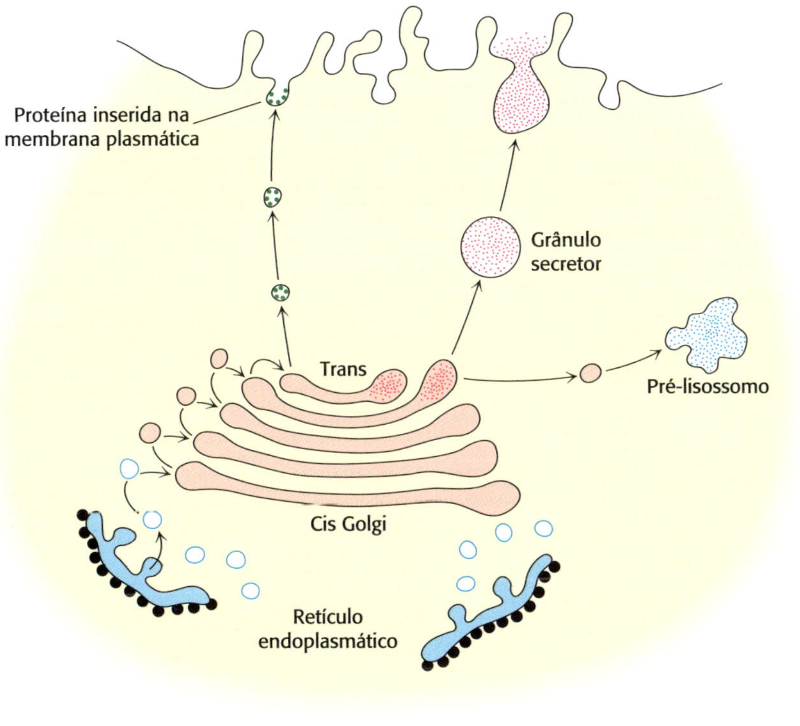


**FIGURA 11.25 O complexo de Golgi como centro de triagem e endereçamento.** O complexo de Golgi é o centro de triagem e endereçamento de proteínas para os lisossomos, as vesículas secretoras e a membrana plasmática. A face cis do complexo de Golgi recebe vesículas do retículo endoplasmático, enquanto a face trans envia um conjunto diferente de vesículas para os sítios-alvo. As vesículas também transferem proteínas de um compartimento do complexo de Golgi para outro. [Cortesia da Dr. Marilyn Farquhar.]

## Enzimas específicas são responsáveis pela montagem dos oligossacarídios

Como os carboidratos complexos são formados, sejam eles moléculas não conjugadas, como o glicogênio, sejam eles componentes de glicoproteínas? Os carboidratos complexos são sintetizados por meio da ação de enzimas específicas, as *glicosiltransferases*, que catalisam a formação de ligações glicosídicas. Tendo em vista a diversidade das ligações glicosídicas conhecidas, são necessárias muitas enzimas diferentes. Com efeito, as glicosiltransferases representam 1 a 2% dos produtos gênicos em todos os organismos examinados.

Enquanto os oligossacarídios ligados ao dolicol fosfato são substratos de algumas glicosiltransferases, os doadores de carboidrato mais comuns para as glicosiltransferases consistem em nucleotídios de açúcar ativados, como a UDP-glicose (UDP é a abreviatura de uridina difosfato) (Figura 11.26). A ligação de um nucleotídio para aumentar o conteúdo de energia de uma molécula constitui estratégia comum na biossíntese, como veremos inúmeras vezes em nosso estudo de bioquímica. Os substratos aceptores para as

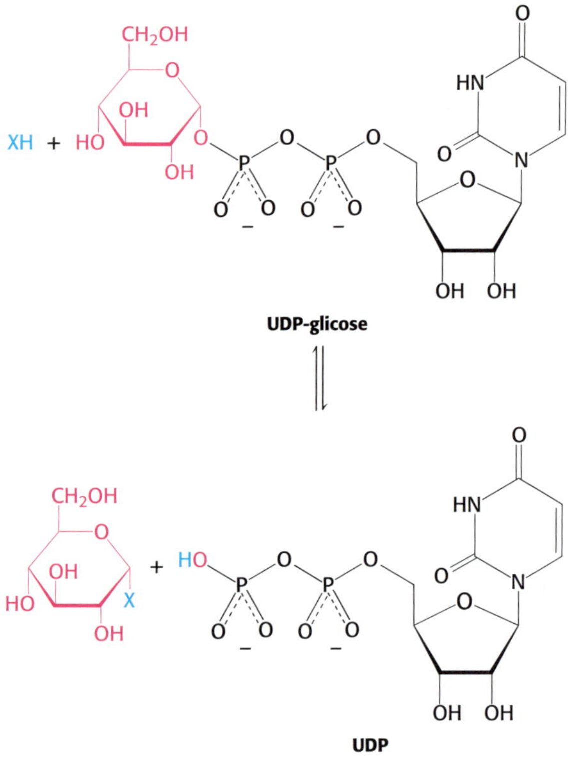


**FIGURA 11.26 Forma geral de uma reação de glicosiltransferase.** O açúcar a ser adicionado provém de um nucleotídio de açúcar – neste caso, a UDP-glicose. O aceptor, designado por X nesta ilustração, pode ser uma de várias biomoléculas, incluindo outros carboidratos ou proteínas.

glicosiltransferases são muito variados e incluem carboidratos, resíduos de serina, treonina e asparagina de proteínas, lipídios e até mesmo ácidos nucleicos.

## Os grupos sanguíneos baseiam-se em padrões de glicosilação de proteínas

Os grupos sanguíneos ABO humanos ilustram os efeitos das glicosiltransferases sobre a formação de glicoproteínas. Cada grupo sanguíneo é designado pela presença de um dos três carboidratos diferentes, denominados A, B ou O, ligados a glicoproteínas e glicolipídios sobre a superfície dos eritrócitos (Figura 11.27). Essas estruturas têm em comum uma base oligossacarídica denominada antígeno O (ou, algumas vezes, H). Os antígenos A e B diferem do antígeno O pela adição de um monossacarídio extra, a *N*-acetilgalactosamina (para o A) ou a galactose (para o B), por meio de uma ligação α-1,3 a uma galactose ao antígeno O.

Glicosiltransferases específicas adicionam o monossacarídio extra ao antígeno O. Cada indivíduo herda de cada genitor o gene para uma glicosiltransferase desse tipo. A transferase tipo A adiciona especificamente a *N*-acetilgalactosamina, enquanto a transferase tipo B acrescenta a galactose. Essas enzimas são idênticas em todas as posições, exceto em quatro das 354. No grupo AB, ambas as enzimas estão presentes. Ocorre o fenótipo O quando ambas as enzimas estão ausentes.

Essas estruturas têm importantes implicações nas transfusões de sangue e em outros procedimentos de transplante. Se um antígeno normalmente não presente em um indivíduo for introduzido, o sistema imune desse indivíduo irá reconhecê-lo como estranho. Ocorre rápida lise dos eritrócitos, levando a uma acentuada queda da pressão arterial (hipotensão), choque, insuficiência renal e morte por colapso circulatório.

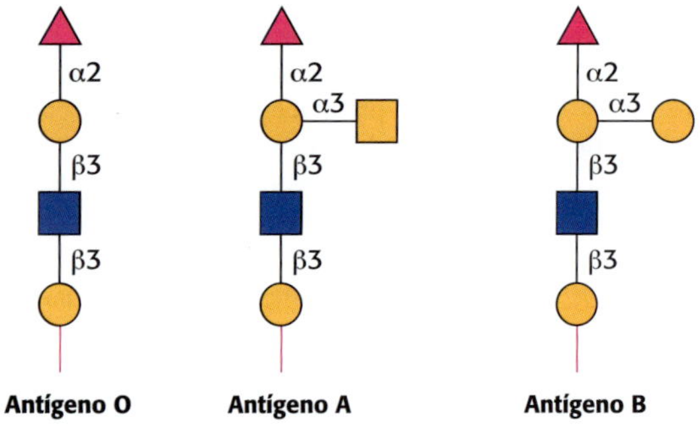


**FIGURA 11.27 Estruturas dos antígenos oligossacarídicos A, B e O.** Os diferentes padrões de glicosilação são responsáveis pelos diferentes grupos sanguíneos humanos.

Por que diferentes tipos sanguíneos estão presentes na população humana? Suponhamos que um organismo patogênico, como um parasita, expresse em sua superfície celular um antígeno de carboidrato semelhante a um dos antígenos de grupo sanguíneo. Esse antígeno pode não ser prontamente detectado como estranho em uma pessoa cujo tipo sanguíneo seja correspondente ao antígeno do parasita, de modo que este irá se multiplicar. Entretanto, outras pessoas com diferentes tipos sanguíneos serão protegidas. Por conseguinte, haverá uma pressão seletiva sobre os seres humanos para variar o tipo sanguíneo, de modo a impedir o mimetismo parasitário, e uma pressão seletiva correspondente sobre os parasitas para aumentar o mimetismo. Essa constante "corrida armamentista" entre microrganismos patogênicos e seres humanos impulsiona a evolução da diversidade dos antígenos de superfície na população humana.

## Erros na glicosilação podem resultar em condições patológicas

Como observamos no caso da EPO, a função das proteínas torna-se frequentemente comprometida quando elas são inadequadamente glicosiladas. Esses erros na glicosilação podem resultar em doença. Por exemplo, certos tipos de distrofia muscular podem ser atribuídos a uma glicosilação inadequada do distroglicano, uma proteína de membrana que liga a matriz extracelular ao citoesqueleto. Com efeito, foi identificada toda uma família de doenças hereditárias humanas graves, denominadas *distúrbios congênitos da glicosilação*. Essas condições patológicas revelam a importância da modificação apropriada das proteínas por carboidratos e seus derivados.

Exemplo particularmente claro do papel desempenhado pela glicosilação é fornecido pela *doença de célula I* (também denominada *mucolipidose II*), uma doença de armazenamento lisossomal. Normalmente, um marcador de carboidrato direciona certas enzimas digestivas do complexo de Golgi para os lisossomos. Os *lisossomos* são organelas que degradam e reciclam componentes celulares lesionados ou material introduzido na célula por endocitose. Em pacientes com doença de célula I, os lisossomos contêm grandes *inclusões* de glicosaminoglicanos e glicolipídios não digeridos – explicando o "I" no nome da doença. Essas inclusões estão presentes devido à ausência, nos lisossomos afetados, das enzimas normalmente responsáveis pela degradação dos glicosaminoglicanos. De modo notável, as enzimas estão presentes em níveis muito altos no sangue e na urina. Portanto, ocorre síntese das enzimas ativas; todavia, na ausência de glicosilação apropriada, elas são exportadas em vez de serem capturadas pelos lisossomos. Em outras palavras, *na doença de célula I, um conjunto completo de enzimas é incorretamente endereçado e distribuído para um local incorreto.* Normalmente, essas enzimas contêm um resíduo de manose 6-fosfato como componente de um *N*-oligossacarídio que serve como marcador direcionando as enzimas do complexo de Golgi para os lisossomos. Entretanto, na doença de célula I, a manose ligada carece de um fosfato. Os pacientes com doença de célula I apresentam deficiência da *N-acetilglicosamina fosfotransferase*, que catalisa a primeira etapa na adição do grupo fosforila; em consequência, ocorre direcionamento incorreto de oito enzimas essenciais (Figura 11.28). A doença de célula I faz com que o paciente desenvolva retardo psicomotor grave e deformidades esqueléticas semelhantes àquelas observadas na doença de Hurler. De maneira notável, mutações na fosfotransferase também têm sido associadas à gagueira. A razão pela qual algumas mutações causam gagueira enquanto outras causam doença de célula I continua um mistério.

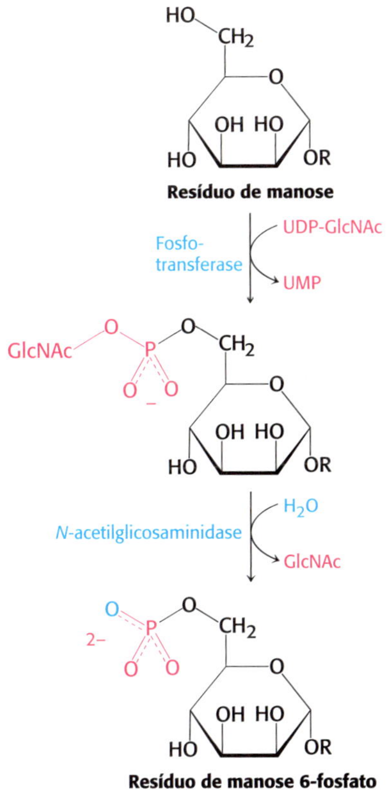


**FIGURA 11.28 Formação de um marcador de manose 6-fosfato.** Uma glicoproteína destinada a ser distribuída para os lisossomos adquire um marcador de fosfato no compartimento de Golgi em um processo de duas etapas. Na primeira, a GlcNAc fosfotransferase acrescenta uma unidade de fosfo-*N*-acetilglicosamina ao grupo 6-OH de uma manose; e, em seguida, uma *N*-acetilglicosaminidase remove o açúcar adicionado, gerando um resíduo de manose 6-fosfato no cerne do oligossacarídio.

## Os oligossacarídios podem ser "sequenciados"

Como é possível determinar a estrutura de uma glicoproteína – as estruturas oligossacarídicas e seus pontos de união? A maioria das abordagens recorre às enzimas que clivam oligossacarídios em tipos específicos de ligações.

A primeira etapa consiste em desprender o oligossacarídio da proteína. Por exemplo, os oligossacarídios *N*-ligados podem ser liberados das proteínas por uma enzima, como a *peptídio N-glicosidase F*, que cliva as ligações *N*-glicosídicas que unem o oligossacarídio à proteína. Em seguida, os oligossacarídios podem ser isolados e analisados. A técnica de ionização por dessorção a *laser* assistida por matriz com analisador por tempo de voo (MALDI-TOF, do inglês *matrix-assisted laser desorption/ionization/time-of-flight*) ou outras técnicas de espectrometria de massa (ver seção 3.3) fornecem a massa de um fragmento oligossacarídico. Entretanto, muitas estruturas oligossacarídicas possíveis são compatíveis com determinada massa. Podem-se obter informações mais completas pela clivagem do oligossacarídio com enzimas de especificidades variadas. Por exemplo, a *β-1,4-galactosidase* cliva ligações β-glicosídicas exclusivamente nos resíduos de galactose. Os produtos podem ser mais uma vez analisados por espectrometria de massa (Figura 11.29). A repetição desse processo com o uso de uma série de enzimas de diferentes especificidades irá revelar finalmente a estrutura do oligossacarídio.

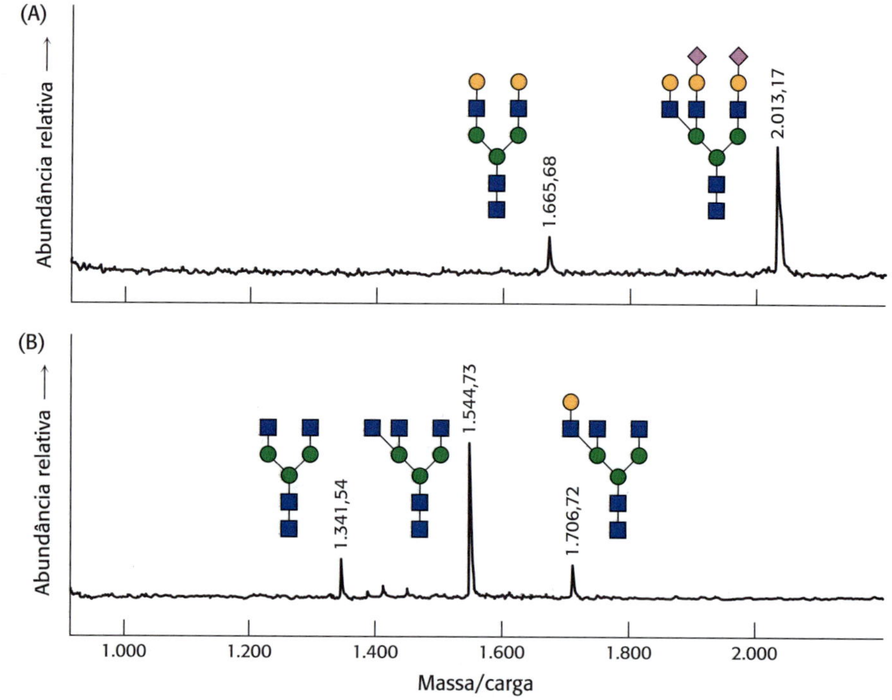


**FIGURA 11.29 "Sequenciamento" de oligossacarídios por espectrometria de massa.** Foram utilizadas enzimas que clivam carboidratos para liberar e clivar especificamente o oligossacarídio componente da glicoproteína fetuína. As partes A e B mostram as massas obtidas por espectrometria MALDI-TOF, bem como as estruturas correspondentes dos produtos de digestão do oligossacarídio: **A.** digestão com os peptídios *N*-glicosidase F (para liberar o oligossacarídio da proteína) e neuraminidase (para clivagem de resíduos de ácido siálico); **B.** digestão com o peptídio *N*-glicosidase F, neuraminidase, e β-1,4-galactosidase. O conhecimento das especificidades das enzimas e das massas dos produtos possibilita a caracterização do oligossacarídio. Ver a legenda dos carboidratos fundamentais na Figura 11.16. [Dados de A. Varki, R. D. Cummings, J. D. Esko, H. H. Freeze, G. W. Hart, e J. Marth (Eds.), *Essentials of Glycobiology* (Cold Spring Harbor Laboratory Press, 1999), p. 596.]

Proteases aplicadas às glicoproteínas podem revelar os pontos de ligação dos oligossacarídios. A clivagem por uma protease específica produz um padrão característico de fragmentos peptídicos que pode ser analisado por cromatografia. Os fragmentos ligados aos oligossacarídios podem ser distinguidos, visto que as suas propriedades cromatográficas variam com o tratamento com glicosidases. A análise por espectrometria de massa ou o sequenciamento direto dos peptídios podem revelar a identidade do peptídio em questão e, com esforços adicionais, o local exato de ligação ao oligossacarídio.

Enquanto o sequenciamento do genoma humano já está completo, a caracterização do muito mais complexo proteoma, incluindo as funções biológicas de proteínas glicosiladas, representa um desafio para a bioquímica.

## 11.4 As lectinas são proteínas específicas de ligação a carboidratos

A diversidade e a complexidade das unidades de carboidratos e as várias maneiras com que podem ser unidas em oligossacarídios e polissacarídios atestam a sua importância funcional. A natureza não constrói padrões complexos quando padrões simples são suficientes. Por que toda essa complexidade e diversidade? Hoje em dia, está claro que essas estruturas de carboidratos constituem os locais de reconhecimento para uma classe especial de proteína. Essas proteínas, denominadas *proteínas de ligação de glicanos*, ligam estruturas específicas de carboidratos em superfícies celulares adjacentes. Originalmente descobertas em plantas, as proteínas de ligação de glicano são ubíquas, e não foi encontrado nenhum organismo vivo que não tivesse essas proteínas essenciais. Iremos nos concentrar em uma classe particular de proteínas de ligação de glicanos, denominadas *lectinas* (do Latim *legere*, "selecionar"). A interação das lectinas com seus parceiros carboidratos é outro exemplo de carboidratos como moléculas ricas em informações que orientam numerosos processos biológicos. As estruturas diversas dos carboidratos apresentadas nas superfícies das células são bem apropriadas para atuarem como locais de interação entre as células e seus ambientes. É interessante assinalar que os parceiros para a ligação de lectinas são frequentemente a fração carboidrato das glicoproteínas.

## As lectinas promovem interações entre as células e no interior delas

O contato entre células é uma interação vital em numerosas funções bioquímicas, incluindo desde a formação de um tecido a partir de células isoladas até o processo de facilitação de transmissão de informações. A principal função das lectinas consiste em facilitar o contato entre células. Em geral, uma lectina contém dois ou mais sítios de ligação para unidades de carboidratos. As lectinas na superfície de uma célula interagem com um conjunto de carboidratos presentes na superfície de outra célula. As lectinas e os carboidratos estão ligados por diversas interações não covalentes fracas, que asseguram especificidade, mas que possibilitam seu desligamento, se necessário. As interações fracas entre uma superfície celular e outra assemelham-se à ação de um velcro; cada interação é fraca, porém o conjunto é forte.

Já encontramos aqui uma lectina indiretamente. Lembre-se de que, na doença de célula I, as enzimas lisossômicas carecem da manose 6-fosfato apropriada, uma molécula que direciona as enzimas para os lisossomos. Em circunstâncias normais, o *receptor de manose 6-fosfato*, uma lectina, liga-se às enzimas no aparelho de Golgi e as direciona para o lisossomo. De modo não surpreendente, a doença de célula I também pode ser causada pela perda do receptor de manose 6-fosfato.

## As lectinas são organizadas em diferentes classes

As lectinas podem ser divididas em classes, com base nas sequências de seus aminoácidos e nas suas propriedades bioquímicas. Uma grande classe é constituída pelo tipo C (visto que necessita da presença de cálcio). Essas proteínas possuem um domínio homólogo de 120 aminoácidos, que é responsável pela ligação ao carboidrato. A Figura 11.30 mostra a estrutura de um domínio desse tipo ligado a um carboidrato-alvo.

Um íon cálcio na superfície da proteína atua como ponte entre a proteína e o açúcar por meio de interações diretas com grupos OH do açúcar. Além disso, dois resíduos de glutamato na proteína ligam-se ao íon cálcio e ao açúcar, enquanto outras cadeias laterais da proteína formam ligações de hidrogênio com outros grupos OH no carboidrato. A especificidade de ligação de determinada lectina a carboidratos é definida pelos resíduos de aminoácidos que se ligam ao carboidrato. As lectinas tipo C atuam em diversas atividades celulares, incluindo endocitose mediada por receptor, um processo em que moléculas solúveis são ligadas à superfície celular e, subsequentemente, internalizadas (ver seção 26.3), e reconhecimento entre células.

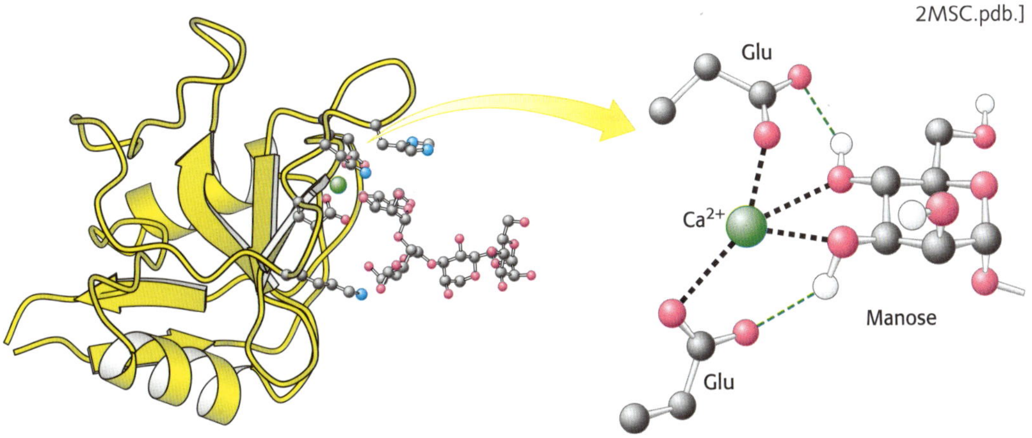


**FIGURA 11.30 Estrutura de um domínio de ligação de carboidrato de uma lectina tipo C animal.** *Observe* que um íon cálcio liga um resíduo de manose à lectina. São mostradas interações selecionadas, com omissão de alguns átomos de hidrogênio para maior clareza. [Desenhada de 2MSC.pdb.]

Proteínas denominadas *selectinas* são membros da família do tipo C. As selectinas ligam células do sistema imune aos locais de lesão na resposta inflamatória. As formas L, E e P das selectinas ligam-se especificamente a carboidratos nos vasos dos *l*infonodos, *e*ndotélio ou *p*laquetas sanguíneas ativadas, respectivamente. Novos agentes terapêuticos para controlar a inflamação poderão surgir com o entendimento mais profundo de como as selectinas ligam-se e distinguem diferentes carboidratos. A selectina L, que originalmente se acreditava que participasse apenas da resposta imune, é produzida por embriões quando estão prontos para se fixar ao endométrio do útero materno. Durante um curto período de tempo, as células endometriais apresentam um oligossacarídio na superfície celular. Quando o embrião se fixa através de lectinas, essa ligação ativa vias de sinalização no endométrio, possibilitando a implantação do embrião.

Outra grande classe de lectinas é constituída pelas lectinas L. Essas lectinas são particularmente abundantes nas sementes de leguminosas, e muitas das caracterizações bioquímicas iniciais das lectinas foram efetuadas com essa lectina prontamente disponível. Embora o papel exato das lectinas nas plantas permaneça incerto, elas podem atuar como potentes inseticidas. Outras lectinas do tipo L, como a *calnexina* e a *calreticulina*, são chaperonas proeminentes no retículo endoplasmático eucariótico. Convém lembrar que as chaperonas são proteínas que facilitam o enovelamento de outras proteínas.

## O vírus influenza liga-se a resíduos de ácido siálico

Muitos patógenos entram em células hospedeiras específicas por meio de sua adesão a carboidratos da superfície celular. Por exemplo, o vírus influenza reconhece resíduos de ácidos siálico ligados a resíduos de galactose que estão presentes em glicoproteínas de superfície celular. A proteína viral que se liga a esses açúcares é uma lectina denominada *hemaglutinina* (Figura 11.31A).

Após a ligação da hemaglutinina, o vírus é internalizado pela célula e começa a se replicar. Para sair da célula, ocorre um processo essencialmente inverso à entrada do vírus (Figura 11.31B). A montagem do vírus resulta no brotamento da partícula viral a partir da célula. Após montagem completa, a partícula viral continua ligada a resíduos de ácido siálico da membrana celular pela hemaglutinina existente na superfície dos novos vírions. Outra proteína viral, a neuraminidase (sialidase), cliva as ligações glicosídicas entre os resíduos de ácido siálico e o resto da glicoproteína celular, liberando o vírus para infectar novas células, com disseminação da infecção

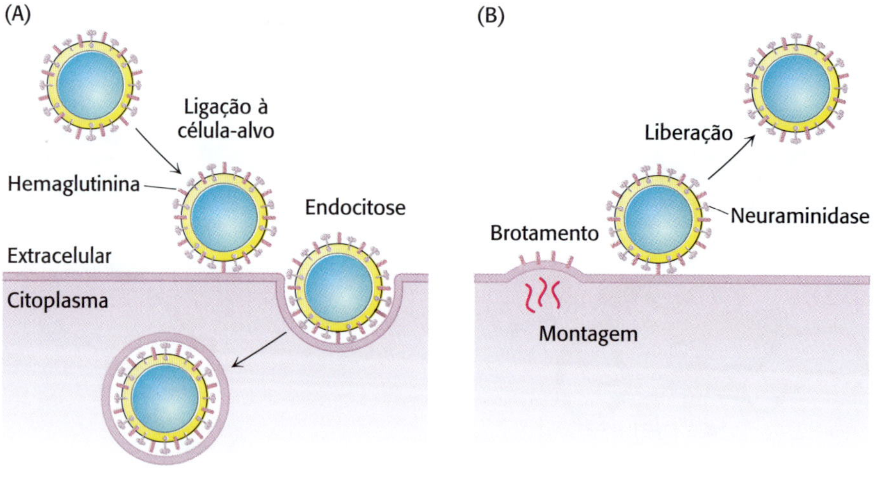


**FIGURA 11.31 Receptores virais. A.** O vírus influenza ataca as células por meio de sua ligação a resíduos de ácido siálico localizados nas extremidades de oligossacarídios presentes nas glicoproteínas e glicolipídios da superfície celular. Esses carboidratos são ligados pela lectina hemaglutinina, uma das principais proteínas expressas na superfície do vírus. **B.** Quando a replicação viral é completa, e ocorre brotamento da partícula viral a partir da célula, outra proteína majoritária na de superfície viral, a neuraminidase, cliva cadeias de oligossacarídios, liberando a partícula viral.

pelo trato respiratório. Os inibidores dessa enzima, como o oseltamivir (Tamiflu) e o zanamivir (Relenza), são importantes agentes antigripais.

A especificidade de ligação da hemaglutinina viral a carboidratos pode desempenhar um importante papel na especificidade de espécie e na facilidade de transmissão da infecção. Por exemplo, o vírus da influenza aviária H5N1 (influenza aviária) é particularmente letal e propaga-se rapidamente de uma ave para outra. Embora os seres humanos possam ser infectados por esses vírus, a infecção é rara, e a transmissão entre seres humanos é ainda mais rara. A base bioquímica dessas características reside no fato de que a hemaglutinina do vírus aviário reconhece uma sequência diferente de carboidrato daquela reconhecida na influenza humana. Embora os seres humanos tenham a sequência à qual se liga o vírus aviário, ela se localiza profundamente nos pulmões. Por conseguinte, a infecção pelo vírus aviário é difícil, e, quando ocorre, o vírus não é prontamente transmitido pelo espirro ou pela tosse.

O *Plasmodium falciparum*, o parasita protozoário causador da malária, também depende da ligação a glicanos para infectar e colonizar o seu hospedeiro. As proteínas de ligação a glicano da forma parasitária inicialmente injetadas pelo mosquito ligam-se ao sulfato de heparina do fígado, um glicosaminoglicano, que inicia a entrada do parasita na célula. Ao sair do fígado posteriormente no seu ciclo de vida, o parasita invade os eritrócitos utilizando outra proteína de ligação a glicano para ligar-se à fração de carboidrato da *glicoforina*, uma glicoproteína proeminente da membrana dos eritrócitos. O desenvolvimento de meios para interromper as interações de carboidrato entre patógenos e células do hospedeiro poderá ser clinicamente útil.

## RESUMO

### 11.1 Os Monossacarídios São os Carboidratos Mais Simples

Os carboidratos são aldoses ou cetoses ricas em grupos hidroxila. Uma aldose é um carboidrato com um grupo aldeído (como no gliceraldeído e na glicose), enquanto uma cetose contém um grupo cetona (como na di-hidroxiacetona e na frutose). Um açúcar pertence à série D se a configuração absoluta de seu átomo de carbono assimétrico mais distante do grupo aldeído ou cetona for a mesma que a do D-gliceraldeído. Os açúcares de ocorrência natural pertencem, em sua maioria, à série D. O aldeído no C-1 na forma de cadeia aberta da glicose reage com o grupo hidroxila do C-5, formando um anel hexagonal de piranose. O grupo cetona no C-2 na forma de cadeia aberta da frutose reage com um grupo hidroxila no C-5, formando um anel pentagonal de furanose. As pentoses, como a ribose e a desoxirribose, também formam anéis de furanose. Forma-se um centro assimétrico adicional no átomo de carbono anomérico (C-1 nas aldoses e C-2 nas cetoses) nessas ciclizações. O grupo hidroxila unido ao átomo de carbono anomérico está no lado oposto do anel em relação ao grupo $CH_2OH$ unido ao centro quiral no anômero $\alpha$, enquanto está do mesmo lado do anel que o grupo $CH_2OH$ no anômero $\beta$. Nem todos os átomos do anel encontram-se no mesmo plano. Com efeito, os anéis de piranose adotam habitualmente a conformação em cadeira, enquanto os anéis de furanose adotam, em geral, a conformação em envelope. Os açúcares são unidos a alcoóis e aminas por ligações glicosídicas a partir do átomo de carbono anomérico. Por exemplo, as ligações *N*-glicosídicas ligam açúcares às purinas e pirimidinas nos nucleotídios, no RNA e no DNA.

## 11.2 Os Monossacarídios São Ligados para Formar Carboidratos Complexos

Os açúcares ligam-se uns aos outros por ligações *O*-glicosídicas, formando dissacarídios e polissacarídios. A sacarose, a lactose e a maltose são dissacarídios comuns. A sacarose (açúcar comum de mesa) é constituída de α-glicose e β-frutose unidas por uma ligação glicosídica entre seus átomos de carbono anoméricos. A lactose (presente no leite) é constituída de galactose unida à glicose por uma ligação β-1,4. A maltose (do amido) é constituída de duas glicoses unidas por uma ligação α-1,4. O amido é uma forma polimérica de glicose nas plantas, e, nos animais, o glicogênio desempenha papel semelhante. As unidades de glicose no amido e no glicogênio estão unidas, em sua maioria, por ligações α-1,4. A celulose, o principal polímero estrutural das paredes celulares das plantas, é constituída por unidades de glicose unidas por ligações β-1,4. Essas ligações β dão origem a longas cadeias lineares que formam fibrilas com alta resistência à tensão. Por outro lado, as ligações α no amido e no glicogênio resultam em hélices abertas de acordo com suas funções como reservas mobilizáveis de energia.

## 11.3 Os Carboidratos Podem Ligar-se a Proteínas para Formar Glicoproteínas

Os carboidratos são comumente conjugados às proteínas. Se a proteína componente for predominante, o conjugado de proteína e carboidrato é denominado glicoproteína. As proteínas secretadas são, em sua maioria, glicoproteínas, como a eritropoetina, uma molécula de sinalização. As glicoproteínas também são proeminentes na superfície externa da membrana plasmática. As proteínas que apresentam glicosaminoglicanos ligados de modo covalente são denominadas proteoglicanos. Os glicosaminoglicanos são polímeros de dissacarídios repetidos. Uma das unidades em cada repetição é um derivado da glicosamina ou da galactosamina. Esses carboidratos altamente aniônicos apresentam alta densidade de grupos carboxilato ou sulfato. Os proteoglicanos são encontrados na matriz extracelular dos animais e constituem componentes essenciais da cartilagem. As mucoproteínas, à semelhança dos proteoglicanos, consistem predominantemente em carboidratos por peso. O componente proteico é altamente *O*-glicosilado com ligação do oligossacarídio à proteína pela *N*-acetilgalactosamina. As mucoproteínas atuam como lubrificantes.

As glicosiltransferases ligam as unidades de oligossacarídios nas proteínas ao átomo de oxigênio da cadeia lateral de um resíduo de serina ou de treonina ou ao átomo de nitrogênio amídico da cadeia lateral de um resíduo de asparagina. A glicosilação da proteína ocorre no lúmen do retículo endoplasmático. Os oligossacarídios *N*–ligados são sintetizados sobre o dolicol fosfato e, subsequentemente, são transferidos para a proteína aceptora. Açúcares adicionais são unidos no complexo de Golgi para formar padrões diversos.

## 11.4 As Lectinas São Proteínas Específicas de Ligação a Carboidratos

Os carboidratos nas superfícies celulares são reconhecidos por proteínas denominadas lectinas. Nos animais, a interação das lectinas com seus açúcares-alvo orienta o contato entre células. As lectinas também desempenham um papel no interior da célula direcionando as proteínas para as localizações celulares apropriadas e auxiliando no processo de enovelamento das proteínas. A hemaglutinina, uma proteína viral na superfície do vírus influenza, reconhece os resíduos de ácido siálico na superfície das células invadidas pelo vírus.

APÊNDICE

# Bioquímica em Foco

## Os inibidores da α-glicosidase (maltase) podem ajudar a manter a homeostasia da glicemia

A manutenção da concentração adequada de glicose no sangue (3,9 a 5,5 mM) – homeostasia da glicose – é de importância vital, uma vez que a glicose é reativa e pode formar produtos de glicação avançados. Além disso, a elevação do nível de glicemia (hiperglicemia) caracteriza o diabetes, uma condição grave em que a insulina, um hormônio fundamental na regulação da homeostasia da glicose, está ausente (diabetes tipo 1) ou ineficaz (diabetes tipo 2). Examinaremos a base bioquímica do diabetes muitas vezes em nosso estudo de bioquímica.

Quando o organismo é incapaz de manter a homeostasia da glicose por si só, é necessária uma intervenção farmacológica, como a administração de insulina ou outros fármacos para controlar a glicemia. Que enzimas poderiam representar alvos apropriados para a intervenção farmacológica? Na verdade, existem várias dessas enzimas, porém a discutida neste capítulo é a maltase ou α-glicosidase (p. 353). Depois de uma refeição, o amido e o glicogênio são inicialmente degradados pela α-amilase secretada pelas glândulas salivares e pelo pâncreas (p. 353). Os oligossacarídios produzidos pela α-amilase são ainda digeridos pela α-glicosidase. Dois fármacos utilizados comumente para inibir a α-glicosidase são a acarbose (Precose) e o miglitol (Glyset).

Tanto a acarbose quanto o miglitol são inibidores competitivos (ver seção 8.5) da α-glicosidase e são habitualmente ingeridos no início de uma refeição para reduzir a absorção pós-prandial (após uma refeição) da glicose. Ambos os fármacos são utilizados no tratamento do diabetes tipo 2 para reduzir a absorção de glicose. Esses fármacos também podem ser utilizados no tratamento do diabetes tipo 1 se a administração de insulina isoladamente não resulta em homeostasia da glicose.

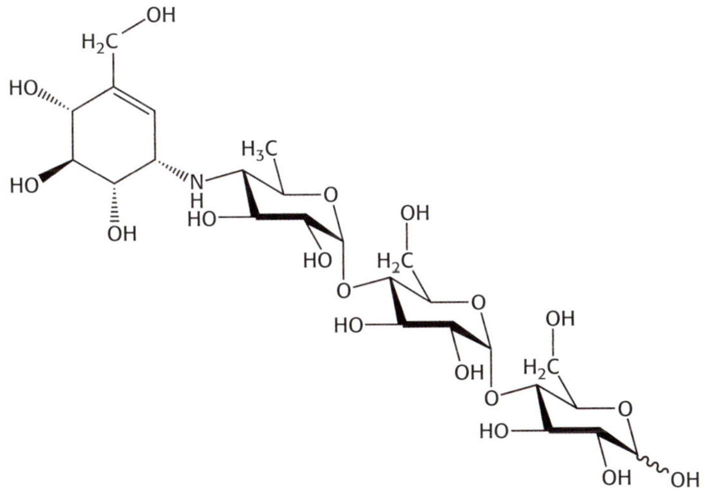

Acarbose (Precose)

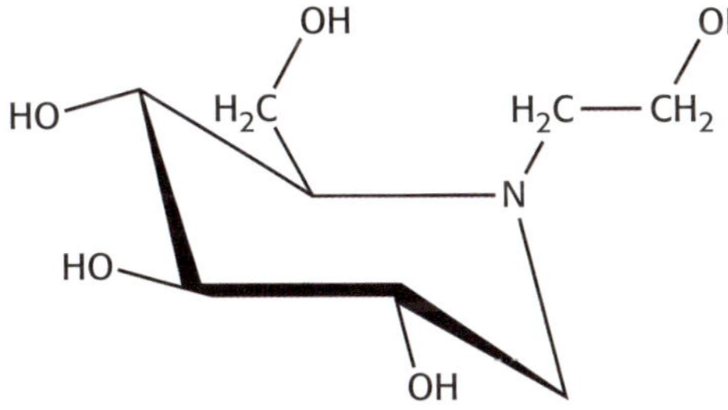

Miglitol (Glyset)

APÊNDICE

# Estratégias para resolução da questão
# Resolução da questão 1

**QUESTÃO:** Você pode lembrar da química orgânica que existe uma variedade de métodos para metilar os grupos hidroxila dos carboidratos, isto é, para substituir o hidrogênio em todos os grupos hidroxila por um grupo metila. Pode lembrar-se também de que os polissacarídios podem ser hidrolisados por ácidos, produzindo monossacarídios. Suponha que você tenha um método capaz de identificar os diferentes monossacarídios metilados. Fundamentando-se nesses dois dados e em uma pressuposição, planeje um experimento para determinar o número de pontos de ramificação no glicogênio ou na amilopectina.

**SOLUÇÃO:** O primeiro passo consiste em certificar-se de que você sabe o que é um ponto de ramificação.

▸ **Desenhe um exemplo de ligação glicosídica α-1,6 no ponto de ramificação. Inclua duas ligações glicosídicas α-1,4 e uma extremidade redutora. Identifique os dois tipos de ligações e a extremidade redutora.**

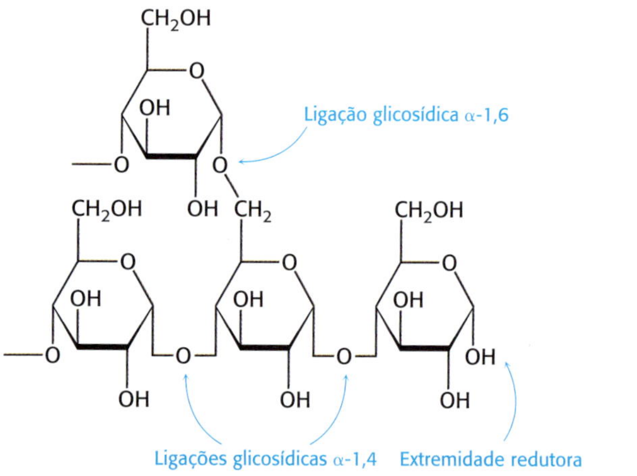


Agora, desenhe a mesma estrutura totalmente metilada.

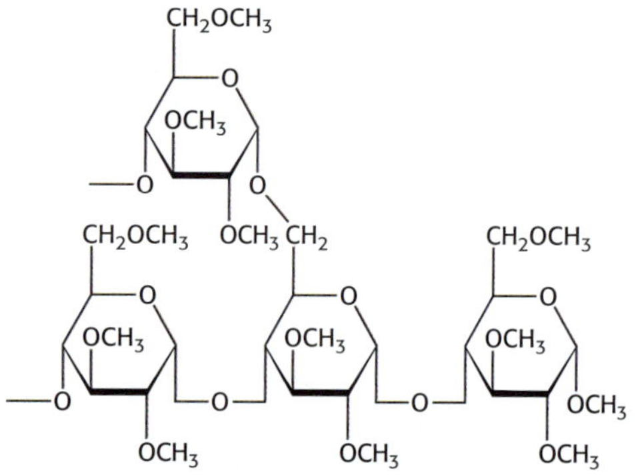


▶ **Que produtos serão formados a partir da hidrólise completa do polissacarídio metilado a monossacarídios?**

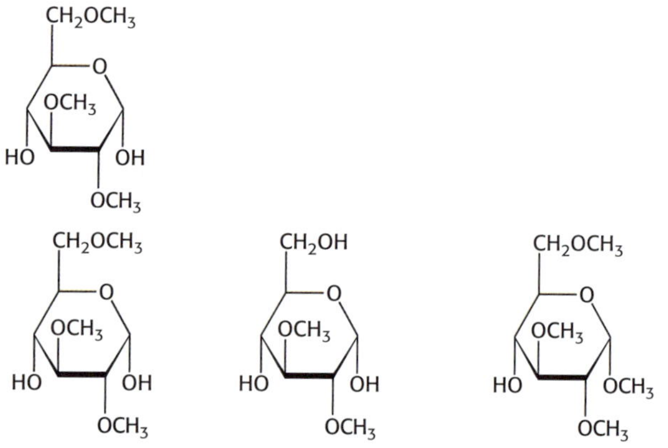


**2,3,6-*O*-Trimetilglicose** **2,3-*O*-Dimetilglicose** **1,2,3,6-*O*-Tetrametilglicose**

Examine os monossacarídios resultantes.

▶ **Como os padrões de metilação diferem?**

Existem três padrões de metilação: a 2,3,6-tri-*O*-metilglicose, a 2,3-di-*O*-metilglicose e a 1,2,3,6-tetra-*O*-metilglicose.

▶ **Como você pode utilizar essa informação para determinar o número de ramificações?**

Como a hidroxila no carbono 6 está envolvida na ligação glicosídica α-1,6, ela não será metilada. Assim, a quantidade de 2,3-di-*O*-metilglicose corresponde ao número de pontos de ramificação. Como a extremidade redutora possui uma hidroxila livre, o número de extremidades redutoras corresponde à quantidade de 1,2,3,6-tetra-*O*-metilglicose.

Aqui, há algo a pensar.

▶ **Como você poderia utilizar o mesmo experimento para determinar o número de extremidades não redutoras?**

# Resolução da questão 2

## Interpretação de dados

**QUESTÃO:** o vírus zika é transmitido por mosquitos. Se uma mulher grávida for infectada pelo vírus zika, ele pode atravessar a barreira placentária e causar graves anomalias fetais, mais notavelmente microcefalia. À semelhança de muitos vírus, o vírus zika entra na célula por meio de sua ligação a glicosaminoglicanos. No caso do vírus zika, a proteína E do envelope inicia o contato celular. Experimentos realizados estabeleceram que a proteína E liga-se fortemente à heparina farmacêutica.

Examinemos os dados na forma de dois gráficos e vejamos se podemos interpretar os dados.

**CONJUNTO DE DADOS:** a barra da esquerda na figura anexa mostra a proteína E ligada a um plástico recoberto de heparina. A barra da direita mostra a proteína E ligada a um plástico recoberto de heparina na presença de heparina solúvel em excesso. As barras de erro são desvios padrões de experimentos triplicados.

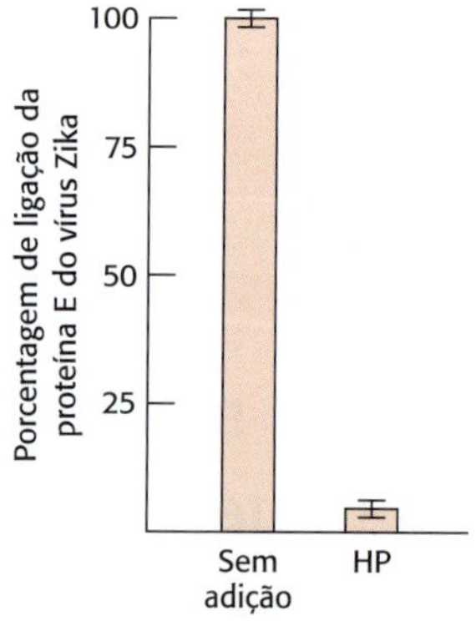


▶ **Por que a quantidade de proteína E ligada à heparina imobilizada diminui na presença de heparina solúvel?**

Se a proteína E liga-se à heparina solúvel, ela é incapaz de se ligar à heparina imobilizada. Em essência, a proteína solúvel supera a heparina imobilizada pelos sítios de ligação da proteína E

▶ **Como esse tipo de "ensaio de competição" poderia ser utilizado para determinar o glicosaminoglicano biológico que se liga à proteína E?**

Os glicosaminoglicanos podem ser isolados de tecidos sensíveis ao vírus zika e, em seguida, testados no ensaio de competição para determinar se eles inibem a ligação da proteína E à heparina imobilizada.

**CONJUNTO DE DADOS:** vários glicosaminoglicanos foram extraídos de placentas humanas. Em seguida, esses glicosaminoglicanos foram examinados quanto à sua capacidade de inibir a ligação da proteína E à heparina no ensaio de competição, como mostra o gráfico ao lado.

▶ **Quais dos glicosaminoglicanos não têm probabilidade de se ligar à proteína E *in vivo*? Explique a sua resposta.**

Algumas vezes, a interpretação dos dados é uma decisão subjetiva. O CSC dificilmente inibe a ligação da proteína E, de modo que é improvável que ele se ligue à proteína E *in vivo*. Os HS, CSA, CSD e KS também parecem ser parceiros biológicos improváveis da proteína E.

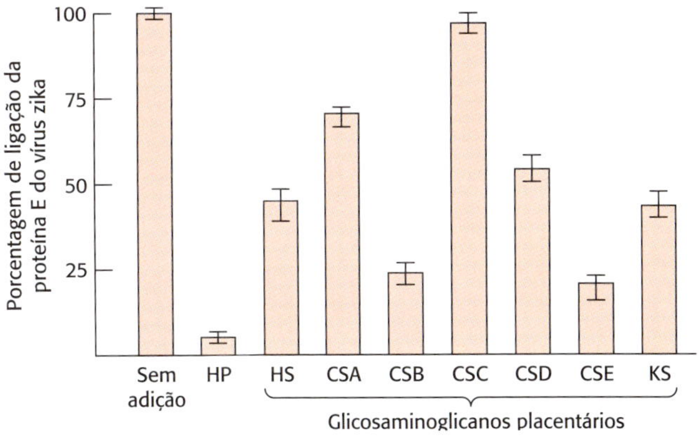


Dados de Kim, S. Y., Zhao, J., Liu, X., Fraser, K., Lin, L., *et al.* Interaction of Zika virus envelope protein with glycosaminoglycans. *Biochemistry* 56:1151–1162, 2017.

▶ **Quais dos glicosaminoglicanos mostram-se promissores como prováveis sítios de ligação da proteína E?**

O CSB e o CSE inibem substancialmente a ligação da proteína E à heparina. Entre os glicosaminoglicanos testados, esses dois parecem ser os sítios de ligação naturais mais prováveis para a proteína E.

## PALAVRAS-CHAVE

glicobiologia
glicômica
monossacarídio
cetose
aldose
isômero constitucional
estereoisômero
enantiômero
diastereoisômero
epímero
hemiacetal
piranose
hemicetal
furanose
anômero
açúcar redutor
açúcar não redutor
produto final de glicação avançada (AGE)
ligação glicosídica
oligossacarídio
dissacarídio
polissacarídio
glicogênio
amido
celulose
glicoproteína
proteoglicano
glicosaminoglicano
mucina (mucoproteína)
glicoforma
retículo endoplasmático
complexo de Golgi
dolicol fosfato
glicosiltransferase
proteína de ligação de glicanos
lectina
selectina

## QUESTÕES

1. *Origem da palavra.* Explique a origem do termo *carboidrato.* ✓2

2. *Cetose.* Qual das seguintes substâncias não é uma aldose?

(a) gliceraldeído

(b) glicose

(c) fucose

(d) frutose

3. *Açúcar dietético?* Qual dos seguintes açúcares não é um açúcar redutor?

(a) sacarose

(b) ribose

(c) frutose

(d) glicose

4. *Misto quente.* Qual dos seguintes açúcares é encontrado no glicogênio e no amido?

(a) frutose

(b) β-D-glicose

(c) manose

(d) α-D-glicose

5. *Diversidade.* Quantos oligossacarídios diferentes podem ser formados pela ligação de uma glicose, uma manose e uma galactose? Suponha que cada açúcar esteja em sua forma de piranose. Compare esse número com o número de tripeptídios que podem ser formados a partir de três aminoácidos diferentes. ✓3

**6.** *Andam juntos como cavalo e carruagem.* Associe cada termo à sua descrição.

(a) Enantiômeros _____ 1. Possui a fórmula molecular $(CH_2O)_n$

(b) Celulose ________ 2. Monossacarídios que diferem em um único átomo de carbono assimétrico

(c) Lectinas _________ 3. Forma de armazenamento da glicose nos animais

(d) Glicosiltransferases _ 4. Forma de armazenamento da glicose nas plantas

(e) Epímeros ________ 5. Glicoproteína contendo glicosaminoglicanos

(f) Amido __________ 6. A molécula orgânica mais abundante da biosfera

(g) Carboidratos ______ 7. A *N*-acetilgalactosamina é um componente-chave dessa glicoproteína

(h) Proteoglicano______ 8. Proteínas de ligação de carboidratos

(i) Mucoproteína ______ 9. Enzimas que sintetizam oligossacarídios

(j) Glicogênio________ 10. Estereoisômeros que são imagens especulares um do outro

**7.** *Pares.* Indique se cada um dos seguintes pares de açúcares é constituído de anômeros, epímeros ou de um par aldose-cetose:

(a) D-gliceraldeído e di-hidroxiacetona

(b) D-glicose e D-manose

(c) D-glicose e D-frutose

(d) α- D-glicose e β-D-glicose

(e) D-ribose e D-ribulose

(f) D-galactose e D-glicose

**8.** *Carbonos e carbonilas.* A que classes de açúcares pertencem os seguintes monossacarídios?

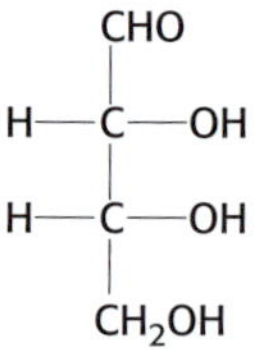

**D-Eritrose**

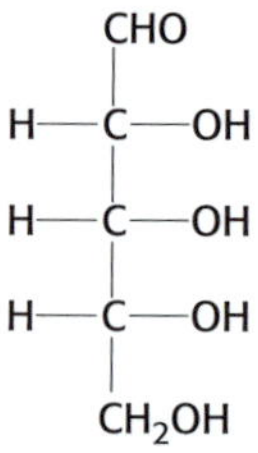

**D-Ribose**

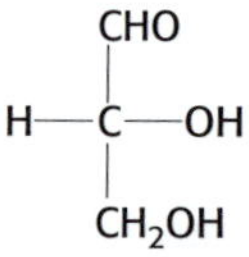

**D-Gliceraldeído**

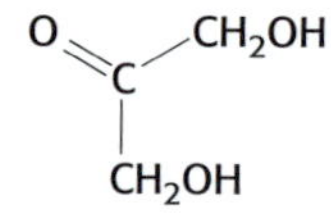

**Di-Hidroxiacetona**

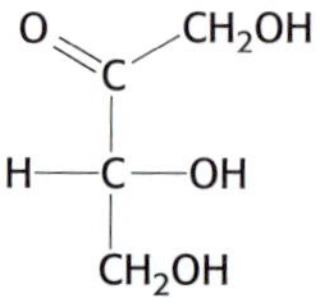

**D-Eritrulose**

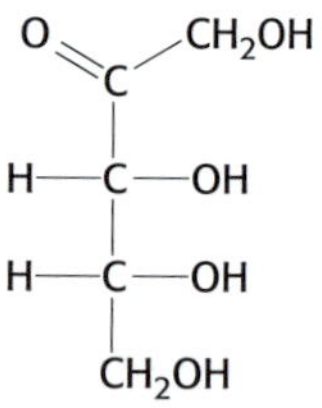

**D-Ribulose**

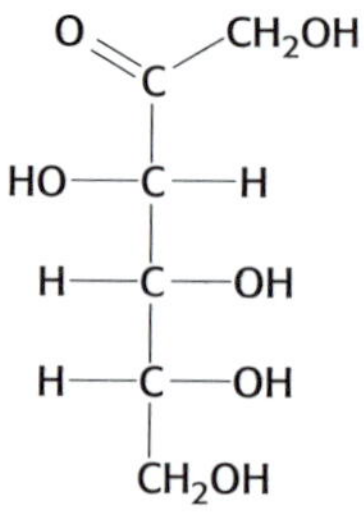

**D-Frutose**

**9.** *Primos químicos.* Embora uma aldose com quatro átomos de carbono assimétricos seja capaz de formar 16 diastereoisômeros, apenas oito dos isômeros são comumente observados, incluindo a glicose. Eles são listados abaixo com sua relação estrutural à glicose. Utilizando a estrutura da glicose como referência, desenhe as seguintes estruturas.

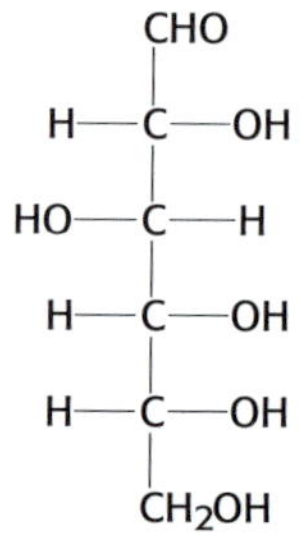

**D-Glicose**

(a) D-Alose: Epimérica no C-3

(b) D-Altrose: Isomérica no C-2 e no C-3

(c) D-Manose: Epimérica no C-2

(d) D-Gulose: Isomérica no C-3 e no C-4

(e) D-Idose: Isomérica no C-2, no C-3 e no C-4

(f) D-Galactose: Epimérica no C-4

(g) D-Talose: Isomérica no C-2 e no C-4

**10.** *Projeto de arte.* Desenhe a estrutura do dissacarídio α-glicosil-(1 ⟶ 6)-galactose na forma anomérica β.

**11.** *Mutarrotação.* As rotações específicas dos anômeros α e β da D-glicose são, respectivamente, de +112 e +18,7°. A rotação específica $[\alpha]_D$ é definida como a rotação observada da luz de comprimento de onda de 589 nm (a linha D de uma lâmpada de sódio) passando através de 10 cm de uma solução de 1 g mℓ⁻ de uma amostra. Quando uma amostra cristalina de α-D-glicose é dissolvida em água, a rotação específica diminui de 112° para um valor de equilíbrio de 52,7°. Com fundamento nesse resultado, quais são as proporções dos anômeros α e β em equilíbrio? Suponha que a concentração da forma de cadeia aberta seja desprezível.

**12.** *Marcador denunciador.* A glicose reage lentamente com a hemoglobina e com outras proteínas, formando compostos covalentes. Por que a glicose é reativa? Qual é a natureza do aduto formado?

**13.** *Clivagem com periodato.* Compostos contendo grupos hidroxila em átomos de carbono adjacentes sofrem clivagem da ligação carbono-carbono quando tratados com íons periodato ($IO_4^-$). Como essa reação pode ser utilizada para distinguir entre a piranose e a furanose?

**14.** *Alinhamento de açúcares.* Identifique os quatro açúcares seguintes.

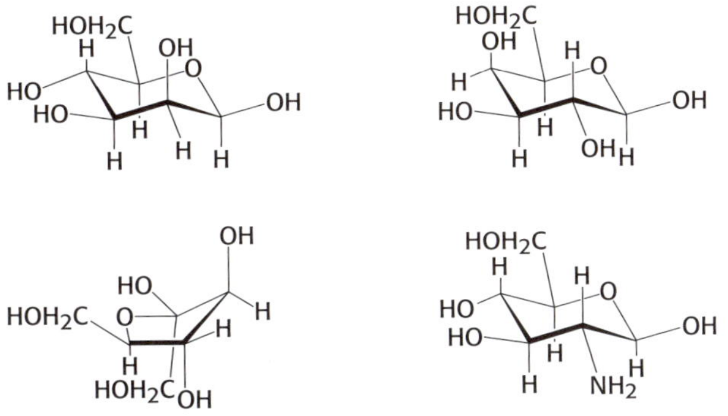

**15.** *Cola celular.* Foi postulado que uma unidade de trissacarídio de uma glicoproteína de superfície celular desempenha papel fundamental na mediação da adesão entre células em determinado tecido. Planeje um experimento simples para testar essa hipótese.

**16.** *Partes componentes.* A rafinose é um trissacarídio e um constituinte de menor abundância na beterraba.

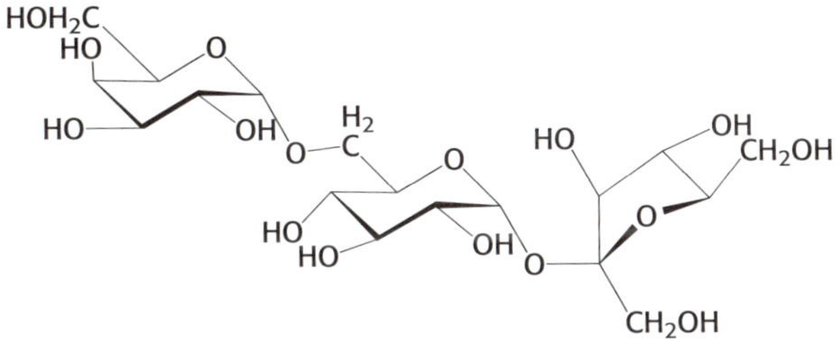

**Rafinose**

**(a)** A rafinose é um açúcar redutor? Explique.

**(b)** Quais são os monossacarídios que compõem a rafinose?

**(c)** A β-galactosidase é uma enzima que remove resíduos de galactose de um oligossacarídio. Quais são os produtos do tratamento da rafinose com β-galactosidase?

**17.** *Diferenças entre anômeros.* A α-D-manose é um açúcar de sabor doce. Por outro lado, a β-D-manose tem sabor amargo. Uma solução pura de α-D-manose perde o seu sabor doce com o passar do tempo, visto que é convertida no anômero β. Desenhe o anômero β e explique como ele se forma a partir do anômero α.

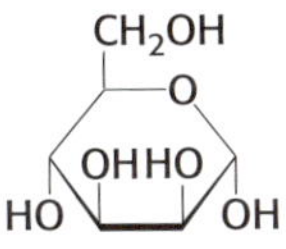

α-D-Manose

**18.** *Sabor de mel.* A frutose em sua forma de β-D-piranose é responsável pelo forte sabor doce do mel. A forma β-D-furanose, apesar de ser doce, não é tão doce quanto a forma piranose. A forma furanose é a mais estável. Desenhe as duas formas e explique por que nem sempre pode ser aconselhável cozinhar com mel.

**19.** *Fazendo os extremos se encontrarem.*

**(a)** Compare o número de extremidades redutoras com as extremidades não redutoras em uma molécula de glicogênio.

**(b)** Como veremos no Capítulo 21, o glicogênio é uma importante forma de armazenamento de energia, que é rapidamente mobilizada. Em qual extremidade – redutora ou não redutora – você espera que ocorra a maior parte do metabolismo?

**20.** *Uma propriedade perdida.* A glicose e a frutose são açúcares redutores. A sacarose, ou açúcar de mesa, é um dissacarídio constituído de frutose e glicose. A sacarose é um açúcar redutor? Explique. ✔❸

**21.** *Carne e batatas.* Compare as estruturas do glicogênio e do amido. ✔❸

**22.** *Reta ou com um giro?* Explique as diferentes estruturas do glicogênio e da celulose. ✔❸

**23.** *Proteínas doces.* Cite as principais classes de glicoproteínas, as características que as definem e suas funções biológicas. ✔❶, ✔❺

**24.** *Prolongamento da vida.* Qual é a função da fração carboidrato que está ligada à EPO? ✔❶

**25.** *Amortecimento.* Qual é a função do glicosaminoglicano no amortecimento proporcionado pela cartilagem? ✔❶, ✔❺

**26.** *Correspondência não entregue. Não devolvida ao remetente.* A doença de célula I ocorre quando proteínas normalmente destinadas aos lisossomos carecem da molécula de carboidrato responsável pelo endereçamento (p. 362-363). Proponha outro modo possível pelo qual a doença de célula I poderia surgir.

**27.** *Pino apropriado.* Que aminoácidos são utilizados para a ligação de carboidratos às proteínas? ✔❹

**28.** *A partir de um, muitos.* O que se entende por glicoforma?

**29.** *Oma.* O que se entende por glicoma?

**30.** *Expansão exponencial?* Compare a quantidade de informações inerentes no genoma, no proteoma e no glicoma.

**31.** *Ligações.* Em uma tarde de domingo, suponha que esteja descansando lendo as sequências de aminoácidos de várias proteínas. Sentindo um pouco de fome, você está também pensando em comer um doce. Associando esses interesses, você gostaria de saber se é possível detectar sítios de N-glicosilação examinando apenas a sequência de aminoácidos. Seu colega de quarto, que está fazendo um curso de bioquímica, responde: "Claro que você pode, pelo menos em certo grau, e aqui vai a explicação." O que o seu colega de quarto explicou? ✔❹

**32.** *Fechaduras e chaves.* O que o fato de que todos os organismos contêm lectinas sugere acerca do papel dos carboidratos? ✔❻

**33.** *Carboidratos – não apenas para o desjejum.* Diferencie uma glicoproteína de uma lectina. ✔❺, ✔❻

**34.** *Carboidratos e proteômica.* Suponha que uma proteína contenha seis sítios potenciais de glicosilação N-ligados. Quantas proteínas possíveis podem ser geradas, dependendo de qual desses sítios é realmente glicosilado? Não inclua os efeitos da diversidade dentro do carboidrato adicionado.

## Questões | Integração de capítulos

**35.** *Como um jogo de quebra-cabeça.* Por que é mais difícil determinar a estrutura dos oligossacarídios em comparação

com as sequências de aminoácidos ou as sequências de nucleotídios?

**36.** *Estereoespecificidade*. A sacarose, um importante produto da fotossíntese nas folhas verdes, é sintetizada por uma bateria de enzimas. Os substratos para a síntese de sacarose, a D-glicose e a D-frutose, são uma mistura de anômeros α e β, bem como compostos acíclicos em solução. Todavia, a sacarose é constituída de α-D-glicose ligada pelo seu átomo de carbono 1 ao átomo de carbono 2 da β-D-frutose. Como a especificidade da sacarose pode ser explicada à luz dos substratos potenciais?

**37.** *Reconhecimento específico*. Como a técnica de cromatografia de afinidade poderia ser utilizada para purificar as lectinas? 6

## Questões I Interpretação de dados

**38.** *Articulações doloridas*. Um fator que contribui para o desenvolvimento da artrite é uma inapropriada destruição proteolítica do componente agrecano da cartilagem pela enzima proteolítica agrecanase. Uma molécula de sinalização do sistema imune, a interleucina 2 (IL-2), ativa a agrecanase; com efeito, bloqueadores da IL-2 são algumas vezes utilizados no tratamento da artrite. Foram conduzidos estudos para determinar se inibidores da agrecanase podem contrabalançar os efeitos da IL-2. Fragmentos de cartilagem foram incubados em meios com várias adições, e a quantidade de agrecano destruída foi medida em função do tempo.

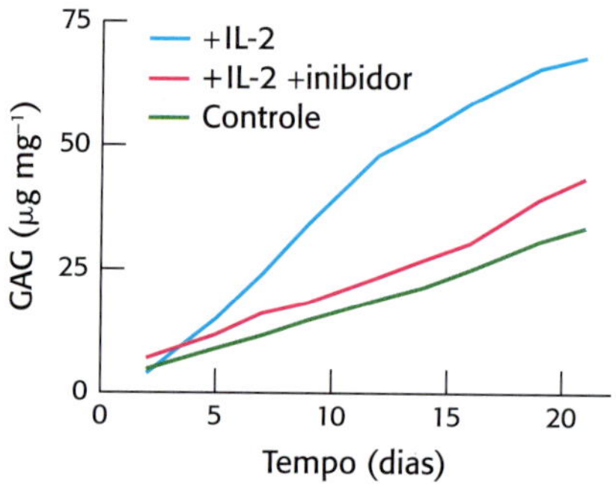


**(a)** A degradação do agrecano foi medida pela liberação de glicosaminoglicano. Qual é a base racional desse ensaio?

**(b)** Por que a liberação de glicosaminoglicano poderia não indicar uma degradação de agrecano?

**(c)** Qual é o propósito do controle (cartilagem incubada sem nenhuma adição)?

**(d)** Qual o efeito da adição de IL-2 ao sistema?

**(e)** Qual é a resposta quando se adiciona um inibidor da agrecanase além da IL-2?

**(f)** Por que ocorre alguma destruição de agrecano no controle com o passar do tempo?

## Questões para discussão

**39.** Descreva os vários papéis que os carboidratos desempenham na natureza e explique a base bioquímica dessa versatilidade.

# Lipídios e Membranas Celulares

CAPÍTULO 12

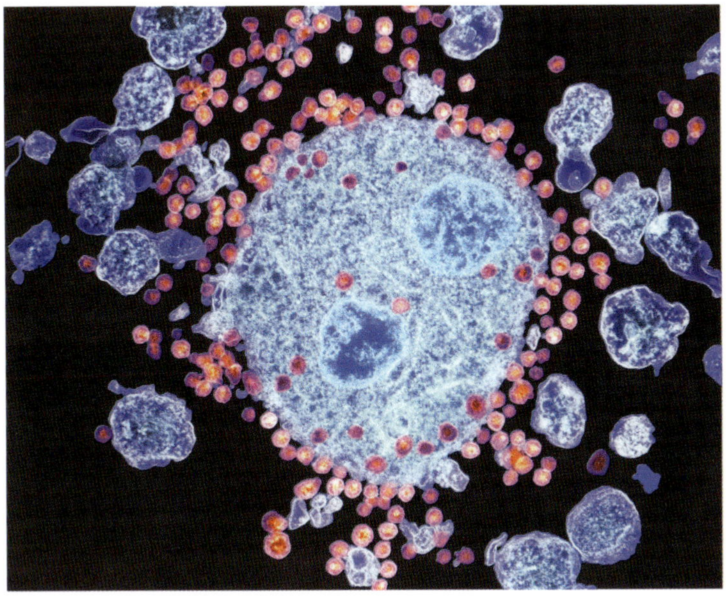

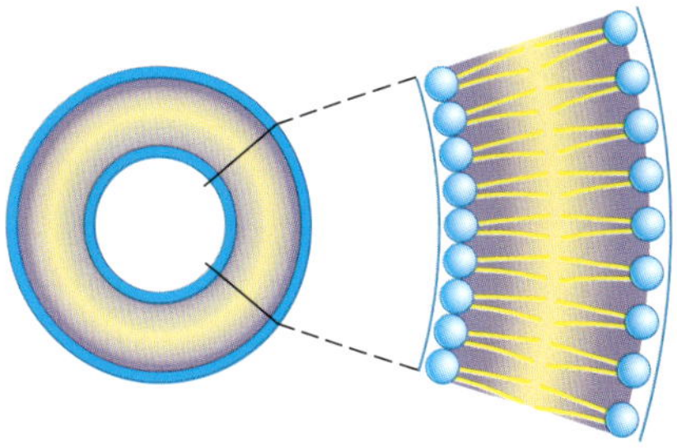

As partículas do HIV (cor-de-rosa) saem de uma célula infectada por brotamento da membrana. As membranas celulares são estruturas altamente dinâmicas que sofrem automontagem de modo espontâneo. Direcionadas por interações hidrofóbicas, conforme ilustrado no diagrama à direita, as caudas dos ácidos graxos dos lipídios de membrana aglomeram-se (amarelo), enquanto as cabeças polares (azul) permanecem expostas nas superfícies. [NIBSC/Science Source.]

## OBJETIVOS DE APRENDIZAGEM

*Ao término do capítulo, o leitor deverá ser capaz de:*

1. Descrever a estrutura de um ácido graxo e explicar sua nomenclatura.
2. Definir os três tipos mais comuns de lipídios de membrana.
3. Explicar como ocorre a automontagem dos lipídios de membrana em lâminas bimoleculares.
4. Distinguir entre proteínas de membrana integrais e periféricas.
5. Descrever como as proteínas interagem com as membranas e como é possível identificar motivos transmembranares nas proteínas.
6. Explicar as propriedades da fluidez da membrana e a sua dependência quanto à composição dos lipídios.
7. Explicar a importância das membranas nas células eucarióticas.

## SUMÁRIO



Os limites de todas as células são estabelecidos por *membranas biológicas* (Figura 12.1), que são estruturas dinâmicas nas quais as proteínas flutuam em um mar de lipídios. O componente lipídico impede que as moléculas produzidas no interior da célula escapem e também impede que as moléculas indesejadas do lado de fora sofram difusão para dentro da célula, enquanto os componentes proteicos atuam como sistemas de transporte que possibilitam à célula captar moléculas específicas e remover as indesejadas. Esses sistemas de transporte conferem às membranas a sua importante propriedade de *permeabilidade seletiva*. Abordaremos esses sistemas de transporte de modo mais detalhado no próximo capítulo.

Além de uma membrana celular externa (denominada *membrana plasmática*), as células eucarióticas também contêm membranas internas que definem os limites das organelas, como mitocôndrias, cloroplastos, peroxissomos e lisossomos. A especialização funcional no

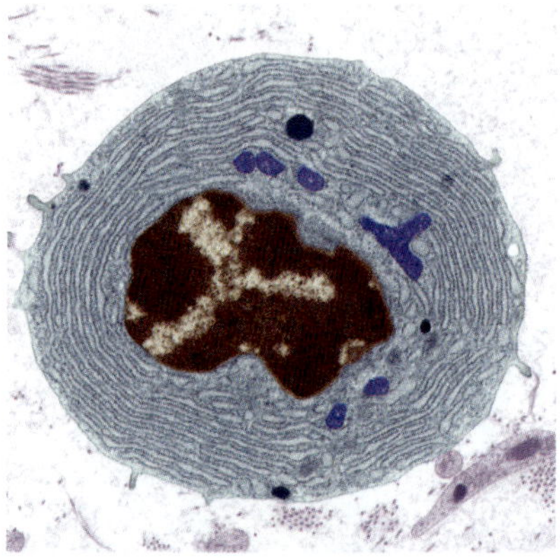

**FIGURA 12.1 Micrografia eletrônica de um leucócito.** Essa micrografia foi colorida para indicar o limite distinto da célula constituído pela membrana plasmática. [Steve Gschmeissner/Science Source.]

decurso da evolução tem sido estreitamente ligada à formação desses compartimentos. Sistemas específicos foram desenvolvidos durante a evolução para possibilitar o endereçamento de proteínas selecionadas para dentro ou através de determinadas membranas internas e, consequentemente, para organelas específicas. As membranas externas e internas compartilham propriedades essenciais, que constituem o tema deste capítulo.

As membranas biológicas desempenham várias outras funções indispensáveis à vida, como o armazenamento de energia e a transdução de informações. As proteínas associadas à membrana definem essas funções para uma dada célula. Neste capítulo, examinaremos as propriedades das proteínas de membrana que possibilitam a sua existência no ambiente hidrofóbico da membrana, enquanto conectam dois ambientes hidrofílicos. No próximo capítulo, analisaremos as funções dessas proteínas.

### Muitas características comuns estão na base da diversidade das membranas biológicas

As membranas são tão diversas na sua estrutura quanto na sua função. Entretanto, elas apresentam em comum diversos atributos importantes:

**1.** As membranas são *estruturas laminares*, com apenas duas moléculas de espessura, que estabelecem *limites fechados* entre diferentes compartimentos. A espessura da maioria das membranas situa-se entre 60 Å (6 nm) e 100 Å (10 nm).

**2.** As membranas são constituídas principalmente de *lipídios* e *proteínas*. A razão de massa entre lipídios e proteínas varia de 1:4 a 4:1. As membranas também contêm *carboidratos*, que estão ligados aos lipídios e às proteínas.

**3.** Os lipídios de membrana são pequenas moléculas que apresentam tanto porções *hidrofílicas* quanto *hidrofóbicas*. Esses lipídios formam espontaneamente *lâminas bimoleculares fechadas* em meios aquosos. Essas *bicamadas lipídicas* atuam como barreiras ao fluxo de moléculas polares.

**4.** *Proteínas específicas medeiam funções distintas das membranas*. As proteínas atuam como bombas, canais, receptores, transdutores de energia e enzimas. As proteínas de membrana estão inseridas em bicamadas lipídicas, que criam ambientes apropriados para a sua ação.

**5.** As membranas são *montagens não covalentes*. As moléculas de proteínas e lipídios que constituem as membranas são mantidas juntas por numerosas interações não covalentes, que atuam de modo cooperativo.

**6.** As membranas são *assimétricas*. As duas faces das membranas biológicas sempre diferem uma da outra.

**7.** As membranas são *estruturas fluidas*. As moléculas de lipídios difundem-se rapidamente no plano da membrana, assim como as proteínas, a não ser que estejam ancoradas por interações específicas. Em contrapartida, as moléculas de lipídios e as proteínas raramente se movem de um lado para outro da membrana. As membranas podem ser consideradas como *soluções bidimensionais de proteínas e lipídios orientados*.

**8.** As membranas celulares são, em sua maioria, *eletricamente polarizadas*, com o lado interno negativo [normalmente –60 milivolts (mV)]. O potencial de membrana desempenha um papel essencial no transporte, na conversão de energia e na excitabilidade (ver Capítulo 13).

## 12.1 Os ácidos graxos são constituintes essenciais dos lipídios

As propriedades hidrofóbicas dos lipídios são essenciais para a sua capacidade de formar membranas. Na maioria dos lipídios, as propriedades hidrofóbicas devem-se a um componente: seus ácidos graxos.

## Os nomes dos ácidos graxos fundamentam-se em seus hidrocarbonetos parentais

Os *ácidos graxos* consistem-se em longas cadeias de hidrocarbonetos, com vários comprimentos e graus de insaturação, que terminam em grupos de ácido carboxílico. O nome sistemático de um ácido graxo deriva do nome de seu hidrocarboneto parental pela substituição do *o* final por *oico*. Por exemplo, o ácido graxo saturado $C_{18}$ é denominado ácido *octadecanoico* porque o hidrocarboneto parental é o octadecano. Um ácido graxo $C_{18}$ com uma dupla ligação é denominado ácido octadec*enoico*; com duas duplas ligações, ácido octadeca*dienoico*; e, por fim, com três duplas ligações, ácido octadeca*trienoico*. A notação 18:0 denota um ácido graxo $C_{18}$ sem dupla ligação, enquanto 18:2 significa que existem duas duplas ligações. As estruturas das formas ionizadas de dois ácidos graxos comuns – o ácido palmítico (16:0) e o ácido oleico (18:1) – são apresentadas na Figura 12.2.

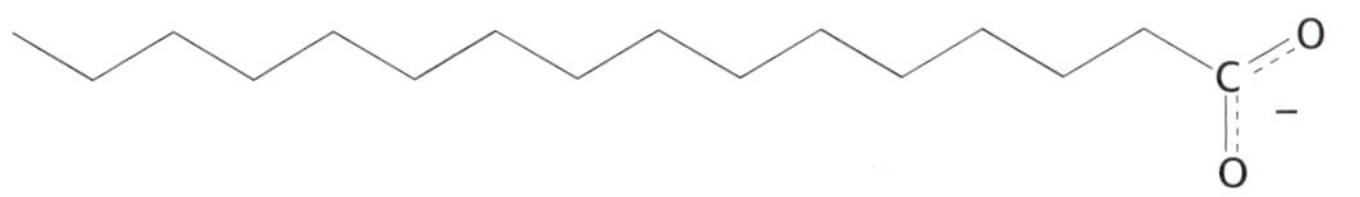


**Palmitato (16:0)**
(forma ionizada do ácido palmítico)

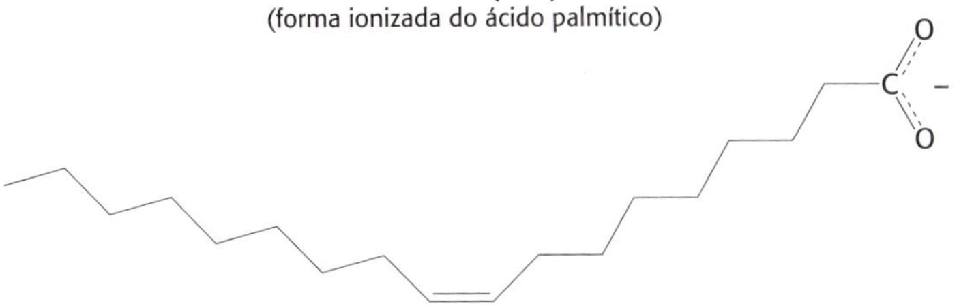


**Oleato (18:1)**
(forma ionizada do ácido oleico)

**FIGURA 12.2 Estruturas de dois ácidos graxos.** O palmitato é um ácido graxo saturado de 16 carbonos, enquanto o oleato é um ácido graxo de 18 carbonos com uma dupla ligação cis (18:1).

Os átomos de carbono dos ácidos graxos são numerados a partir da extremidade carboxiterminal, conforme ilustrado na margem. Os átomos de carbono 2 e 3 são frequentemente designados como α e β, respectivamente. O átomo de carbono metila na extremidade distal da cadeia é denominado *átomo de carbono* ω. A posição de uma dupla ligação é representada pelo símbolo Δ seguido de um número sobrescrito. Por exemplo, *cis*-$\Delta^9$ significa que existe uma dupla ligação cis entre os átomos de carbono 9 e 10; *trans*-$\Delta^2$ significa a presença de uma dupla ligação trans entre os carbonos 2 e 3. Como alternativa, a posição de uma dupla ligação pode ser indicada contando a partir da extremidade distal, com o átomo de carbono ω (o carbono metílico) como número 1. Por exemplo, um ácido graxo ω-3 tem a estrutura ilustrada na margem. Os ácidos graxos ionizam-se em pH fisiológico, de modo que é apropriado referir-se a eles de acordo com a sua forma carboxilato: por exemplo, palmitato ou hexadecanoato.

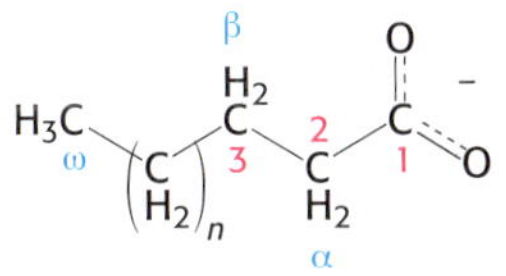


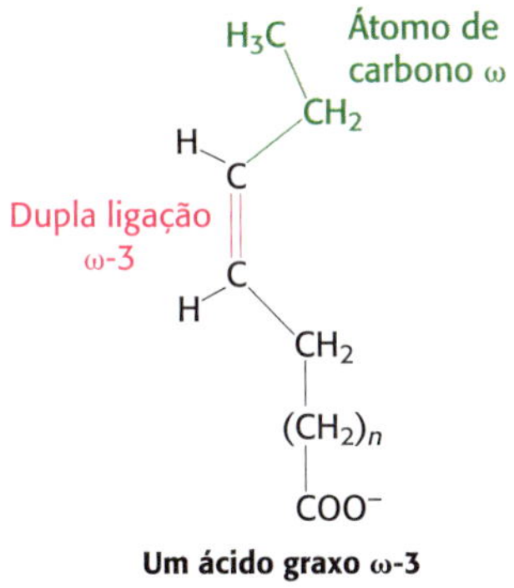


**Um ácido graxo ω-3**

## Os ácidos graxos variam quanto a seu comprimento de cadeia e grau de insaturação

Os ácidos graxos nos sistemas biológicos contêm habitualmente um número par de átomos de carbono, normalmente entre 14 e 24 (Tabela 12.1). Os ácidos graxos com 16 e 18 carbonos são os mais comuns. O predomínio de cadeias de ácidos graxos contendo um número par de átomos de carbono reflete o modo pelo qual ocorre a sua biossíntese (ver Capítulo 26). A cadeia de hidrocarbonetos quase sempre não é ramificada nos ácidos graxos de animais. A cadeia alquila pode ser saturada, ou pode conter uma ou mais duplas ligações. A configuração das duplas ligações é cis na maioria dos ácidos graxos insaturados. As duplas ligações nos ácidos graxos poli-insaturados são separadas por pelo menos um grupo metileno.

**TABELA 12.1** Alguns ácidos graxos de ocorrência natural em animais.

| Número de carbonos | Número de duplas ligações | Nome comum | Nome sistemático | Fórmula |
|---|---|---|---|---|
| 12 | 0 | Laurato | *n*-dodecanoato | $CH_3(CH_2)_{10}COO^-$ |
| 14 | 0 | Miristato | *n*-tetradecanoato | $CH_3(CH_2)_{12}COO^-$ |
| 16 | 0 | Palmitato | *n*-hexadecanoato | $CH_3(CH_2)_{14}COO^-$ |
| 18 | 0 | Estearato | *n*-octadecanoato | $CH_3(CH_2)_{16}COO^-$ |
| 20 | 0 | Araquidato | *n*-eicosanoato | $CH_3(CH_2)_{18}COO^-$ |
| 22 | 0 | Behenato | *n*-docosanoato | $CH_3(CH_2)_{20}COO^-$ |
| 24 | 0 | Lignocerato | *n*-tetracosanoato | $CH_3(CH_2)_{22}COO^-$ |
| 16 | 1 | Palmitoleato | *cis*-$\Delta^9$-hexadecenoato | $CH_3(CH_2)_5CH{=}CH(CH_2)_7COO^-$ |
| 18 | 1 | Oleato | *cis*-$\Delta^9$-octadecenoato | $CH_3(CH_2)_7CH{=}CH(CH_2)_7COO^-$ |
| 18 | 2 | Linoleato | *cis, cis*-$\Delta^9$, $\Delta^{12}$-octadecadienoato | $CH_3(CH_2)_4(CH{=}CHCH_2)_2(CH)_6COO^-$ |
| 18 | 3 | Linolenato | *all-cis*-$\Delta^9$, $\Delta^{12}$, $\Delta^{15}$-octadecatrienoato | $CH_3CH_2(CH{=}CHCH_2)_3(CH_2)_6COO^-$ |
| 20 | 4 | Araquidonato | *all-cis*-$\Delta^5$, $\Delta^8$, $\Delta^{11}$, $\Delta^{14}$-eicosatetraenoato | $CH_3(CH_2)_4(CH{=}CHCH_2)_4(CH_2)_2COO^-$ |

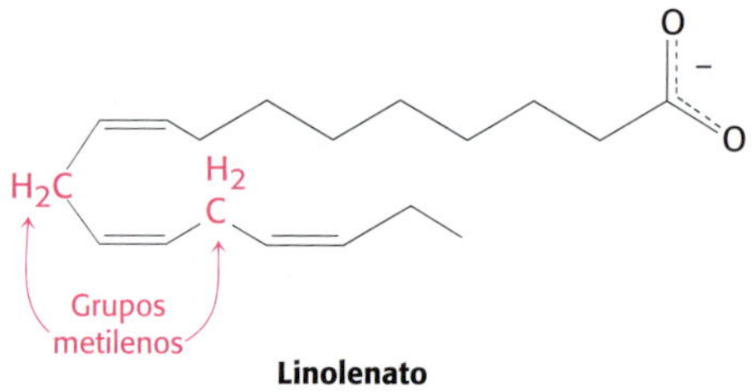


**Linolenato**

As propriedades dos ácidos graxos e dos lipídios derivados deles dependem acentuadamente do comprimento da cadeia e do grau de saturação. Os ácidos graxos insaturados apresentam pontos de fusão mais baixos do que os ácidos graxos saturados com o mesmo comprimento. Por exemplo, o ponto de fusão do ácido esteárico é de 69,6°C, enquanto o do ácido oleico (que contém uma dupla ligação cis) é de 13,4°C. Os pontos de fusão dos ácidos graxos poli-insaturados da série $C_{18}$ são ainda mais baixos. O comprimento da cadeia também afeta o ponto de fusão, conforme ilustrado pelo fato de que a temperatura de fusão do ácido palmítico ($C_{16}$) é 6,5° abaixo daquela do ácido esteárico ($C_{18}$). Por conseguinte, *as cadeias curtas e a insaturação aumentam a fluidez dos ácidos graxos e de seus derivados.*

## 12.2 Existem três tipos comuns de lipídios de membrana

Por definição, os *lipídios são biomoléculas insolúveis em água que são altamente solúveis em solventes orgânicos, como o clorofórmio.* Os lipídios desempenham uma variedade de funções biológicas: servem como moléculas de combustível, como reservas altamente concentradas de energia, como moléculas sinalizadoras e mensageiros em vias de transdução de sinais e como componentes das membranas. As primeiras três funções dos lipídios serão discutidas em capítulos posteriores. Nosso foco aqui é dirigido para os lipídios como constituintes das membranas. Os três tipos principais de lipídios de membrana são os *fosfolipídios*, os *glicolipídios* e o *colesterol*. Começaremos com os lipídios encontrados nos eucariotos e nas bactérias. Os lipídios das arqueias são distintos, embora exibam muitas características em comum com os de outros organismos no que concerne à formação das membranas.

### Os fosfolipídios constituem a principal classe de lipídios de membrana

Os *fosfolipídios* são abundantes em todas as membranas biológicas. Uma molécula de fosfolipídio é constituída de quatro componentes:

- um ou mais ácidos graxos
- uma plataforma à qual se fixam os ácidos graxos
- um fosfato e
- um álcool ligado ao fosfato (Figura 12.3).

Os ácidos graxos componentes fornecem uma barreira hidrofóbica, enquanto o restante da molécula tem propriedades hidrofílicas que possibilitam a interação com o ambiente aquoso.

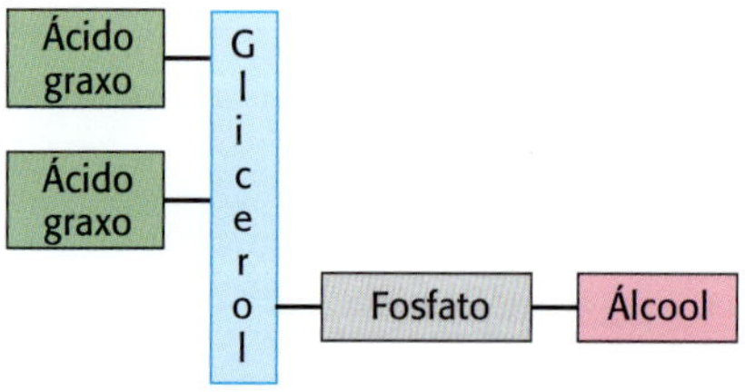


**FIGURA 12.3** Estrutura esquemática de um fosfolipídio.

A plataforma sobre a qual são formados os fosfolipídios pode ser o *glicerol*, um álcool de três carbonos, ou a *esfingosina*, um álcool mais complexo. Os fosfolipídios derivados do glicerol são denominados *fosfoglicerídios*. Um fosfoglicerídio é constituído de um esqueleto de glicerol ao qual estão fixadas duas cadeias de ácidos graxos e um álcool fosforilado.

Nos fosfoglicerídios, os grupos hidroxila no C-1 e no C-2 do glicerol são esterificados aos grupos carboxila das duas cadeias de ácidos graxos. O grupo hidroxila no C-3 do esqueleto de glicerol é esterificado com ácido fosfórico. Quando não ocorre mais nenhuma adição, o composto resultante é um *fosfatidato* (*diacilglicerol 3-fosfato*), que é o fosfoglicerídio mais simples. Existem apenas pequenas quantidades de fosfatidato nas membranas. Entretanto, a molécula é um intermediário essencial na biossíntese dos outros fosfoglicerídios (ver Seção 26.1). A configuração absoluta do componente glicerol 3-fosfato dos lipídios de membrana é mostrada na Figura 12.4.

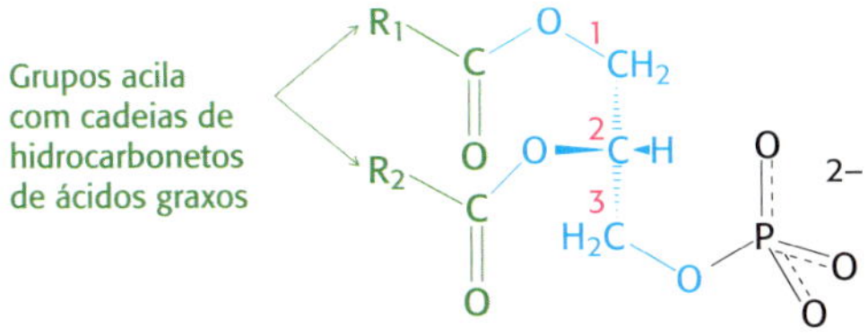


**Fosfatidato (diacilglicerol 3-fosfato)**

**FIGURA 12.4 Estrutura do fosfatidato (diacilglicerol 3-fosfato).** A figura mostra a configuração absoluta do carbono central (C-2).

Os principais fosfoglicerídios derivam do fosfatidato pela formação de uma ligação éster entre o grupo fosfato do fosfatidato e o grupo hidroxila de um de vários alcoóis. Os componentes comuns de alcoóis dos fosfoglicerídios são o aminoácido serina, a etanolamina, a colina, o glicerol e o inositol.

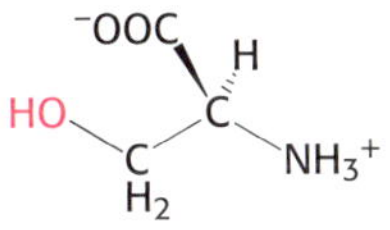

**Serina**

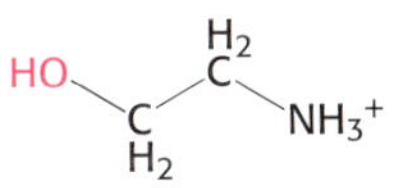

**Etanolamina**

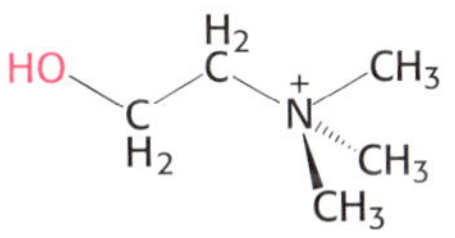

**Colina**

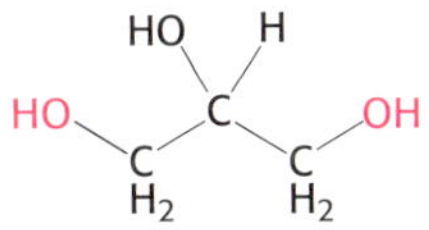

**Glicerol**

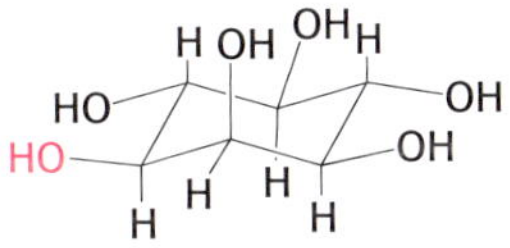

**Inositol**

As fórmulas estruturais da fosfatidilcolina e dos outros fosfoglicerídios principais – isto é, a fosfatidiletanolamina, a fosfatidilserina, o fosfatidilinositol e o difosfatidilglicerol – são apresentadas na Figura 12.5.

A *esfingomielina* é um fosfolipídio encontrado nas membranas que não é derivado do glicerol. Com efeito, o esqueleto na esfingomielina é a *esfingosina*, um aminoálcool que contém longa cadeia de hidrocarbonetos insaturada

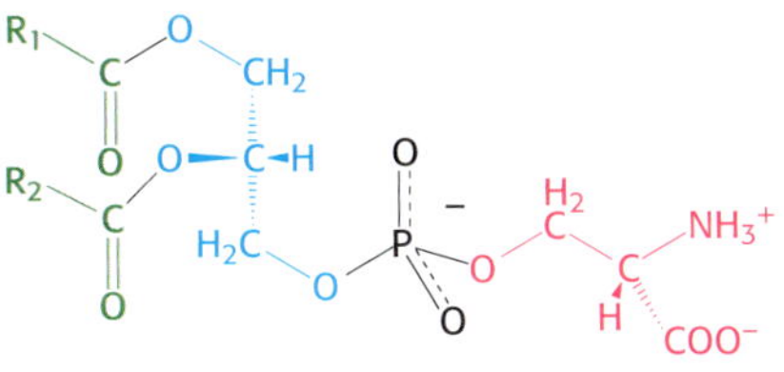

**Fosfatidilserina**

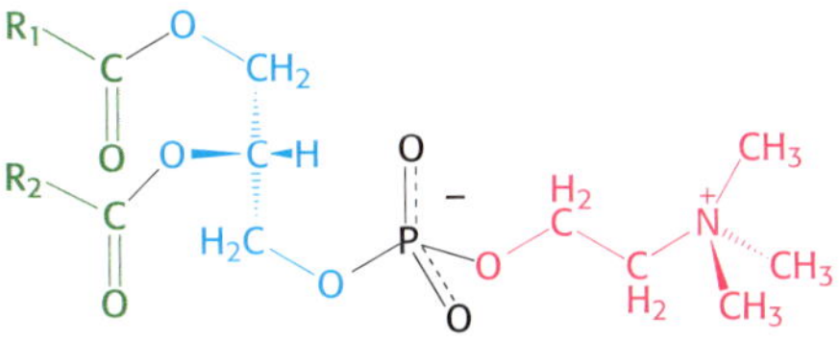

**Fosfatidilcolina**

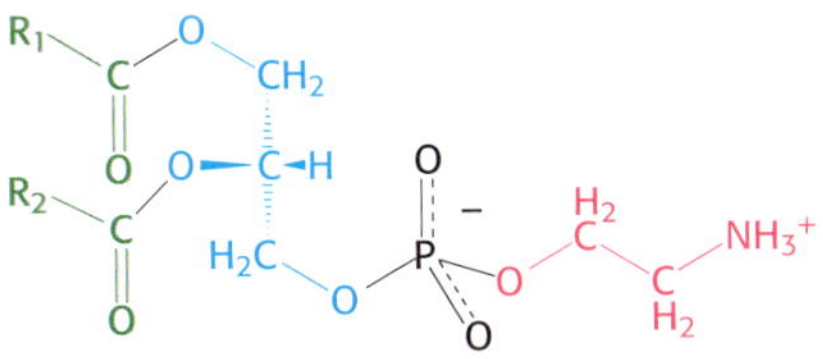

**Fosfatidiletanolamina**

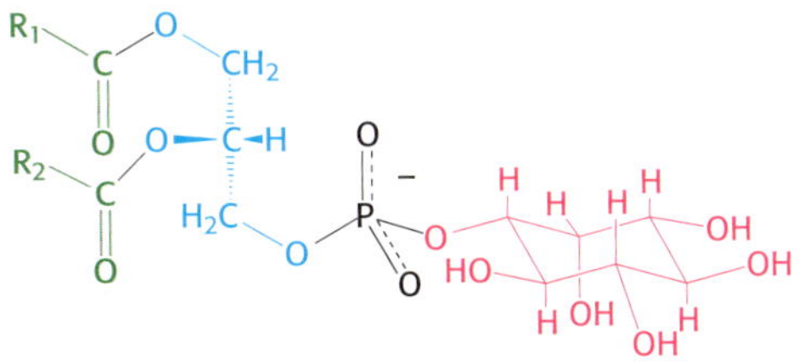

**Fosfatidilinositol**

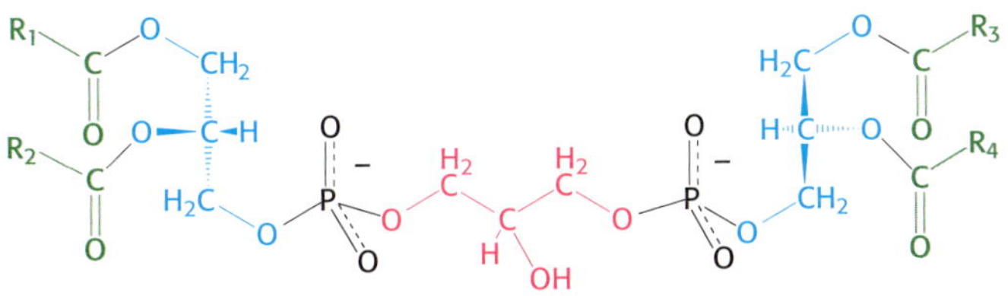

**Difosfatidilglicerol (cardiolipina)**

**FIGURA 12.5 Alguns fosfoglicerídios comuns encontrados nas membranas.**

(Figura 12.6). Na esfingomielina, o grupo amino do esqueleto da esfingosina está ligado a um ácido graxo por uma ligação amídica. Além disso, o grupo hidroxila primário da esfingosina é esterificado em fosforilcolina.

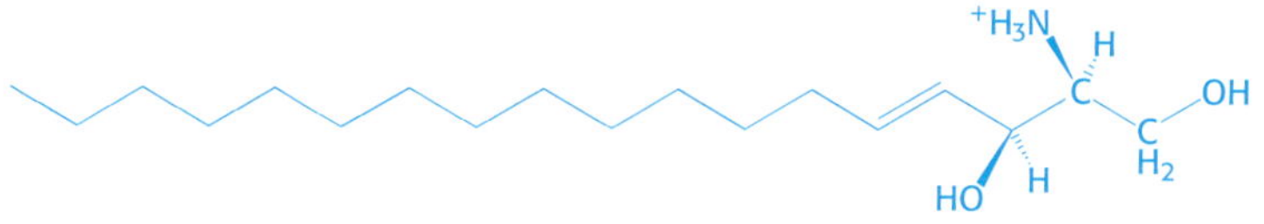


**Esfingosina**

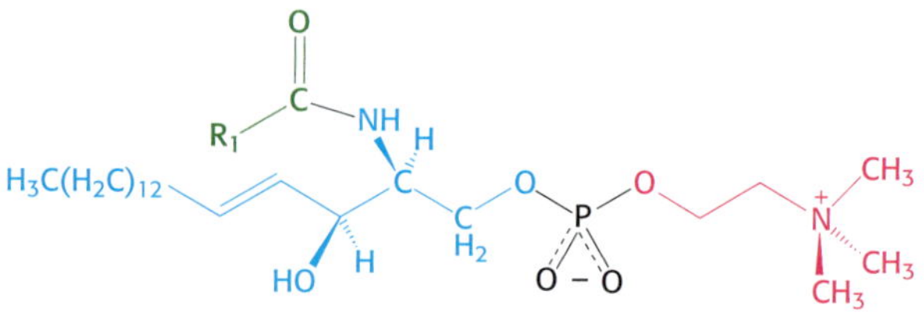


**Esfingomielina**

**FIGURA 12.6 Estruturas da esfingosina e da esfingomielina.** O componente esfingosina da esfingomielina é destacado em azul.

## Os lipídios de membrana podem incluir componentes de carboidratos

A segunda classe importante de lipídios de membrana, os *glicolipídios*, são *lipídios que contêm açúcares*. À semelhança da esfingomielina, os glicolipídios nas células animais são derivados da esfingosina. O grupo amino do esqueleto da esfingosina é acilado por um ácido graxo, como na esfingomielina. Os glicolipídios diferem da esfingomielina na identidade da unidade que está ligada ao grupo hidroxila primário da esfingosina. Nos glicolipídios, um ou mais açúcares (em lugar da fosforilcolina) estão ligados a esse grupo. O glicolipídio mais simples, denominado *cerebrosídio*, contém um único resíduo de açúcar: a glicose ou a galactose.

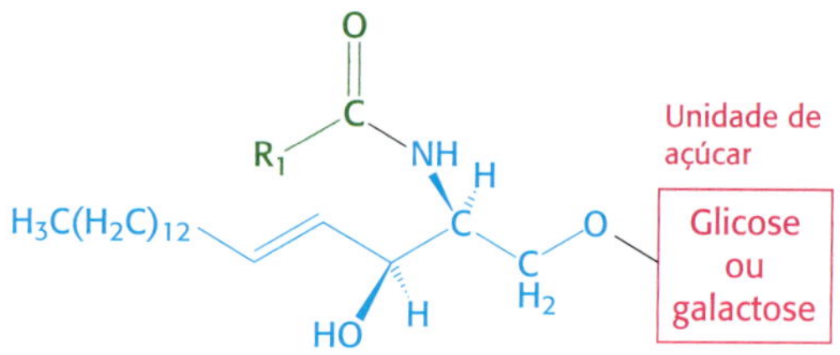


**Cerebrosídio**
(um glicolipídio)

Os glicolipídios mais complexos, como os *gangliosídios*, contêm uma cadeia ramificada de até sete resíduos de açúcar. Os glicolipídios são orientados de modo totalmente assimétrico, com os *resíduos de açúcar sempre no lado extracelular da membrana.*

## O colesterol é um lipídio com base em um núcleo esteroide

O *colesterol*, o terceiro tipo principal de lipídio de membrana, e possui uma estrutura bem diferente daquela dos fosfolipídios. Trata-se de um esteroide formado a partir de quatro anéis de hidrocarbonetos ligados.

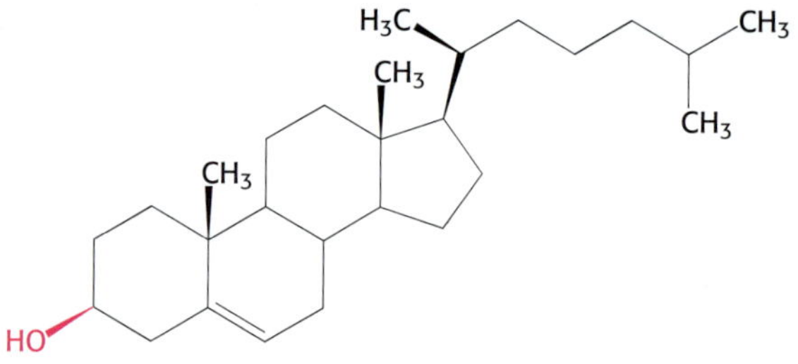


**Colesterol**

Uma cauda de hidrocarbonetos está ligada ao esteroide em uma extremidade, e um grupo hidroxila está ligado à outra. Nas membranas, a orientação da molécula é paralela às cadeias de ácidos graxos dos fosfolipídios, e o grupo hidroxila interage com as cabeças dos fosfolipídios próximas. O colesterol está ausente nos procariotos, porém é encontrado em graus variáveis em praticamente todas as membranas animais. Constitui cerca de 25% dos lipídios de membrana em certas células nervosas, porém está essencialmente ausente em algumas membranas intracelulares.

**FIGURA 12.7 Uma arqueia e seu ambiente.** As arqueias podem desenvolver-se em hábitats tão inóspitos quanto uma abertura de vulcão. Aqui, as arqueias formam um tapete laranja circundado por depósitos sulfurosos amarelos. [Images & Volcans/Science Sources.]

## As membranas das arqueias são formadas a partir de lipídios de ligação éter com cadeias ramificadas

As membranas das arqueias diferem, na sua composição, daquelas dos eucariotos ou das bactérias em três aspectos importantes. Duas dessas diferenças estão claramente relacionadas com as condições de vida hostis de muitas espécies de arqueia (Figura 12.7).

**1.** As cadeias apolares são unidas a um esqueleto de glicerol por ligações éter, em vez de éster. A ligação éter é mais resistente à hidrólise.

**2.** As cadeias alquila são geralmente ramificadas, e não lineares. São constituídas de repetições de um fragmento de cinco carbonos totalmente saturado. Esses hidrocarbonetos ramificados e saturados são mais resistentes à oxidação do que as cadeias não ramificadas dos lipídios de membrana dos eucariotos e das bactérias. A capacidade dos lipídios das arqueias de resistir à hidrólise e à oxidação pode ajudar esses organismos a suportar as condições extremas nas quais algumas dessas arqueias crescem, como altas temperaturas, pH baixo ou alta concentração salina.

**3.** A estereoquímica do glicerol central é invertida em comparação com aquela mostrada na Figura 12.4.

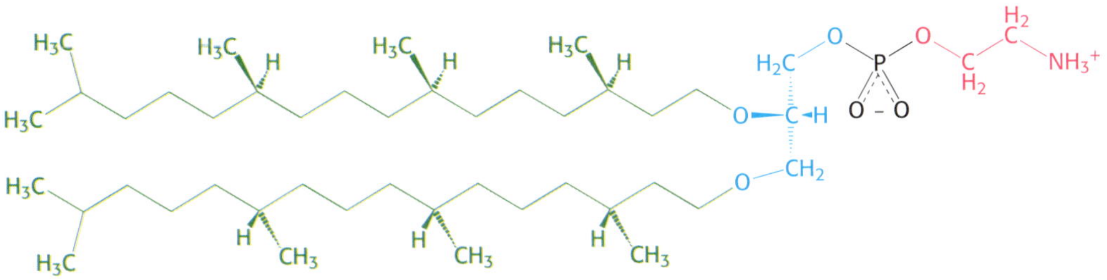

**Lipídio de membrana da arqueia *Methanococcus jannaschii***

## Um lipídio de membrana é uma molécula anfipática que contém um componente hidrofílico e outro hidrofóbico

O repertório de lipídios de membrana é extenso. Todavia, esses lipídios apresentam um tema estrutural fundamental comum: *os lipídios de membrana são moléculas anfipáticas* (moléculas anfifílicas), isto é, eles contêm tanto um componente *hidrofílico* quanto um *hidrofóbico*.

Examinemos um modelo de um fosfoglicerídio, como a fosfatidilcolina. Sua forma global é aproximadamente retangular (Figura 12.8A). As duas cadeias hidrofóbicas de ácidos graxos são aproximadamente paralelas uma à outra, enquanto o componente hidrofílico da fosforilcolina aponta para o sentido oposto. A esfingomielina tem uma conformação similar, assim como o lipídio de arqueia ilustrado. Por conseguinte, foi adotada a seguinte representação simplificada para representar esses lipídios de membrana: a unidade hidrofílica, também denominada *grupo cabeça polar*, é representada por um círculo, enquanto as caudas de hidrocarbonetos são representadas por linhas retas ou onduladas (Figura 12.8B).

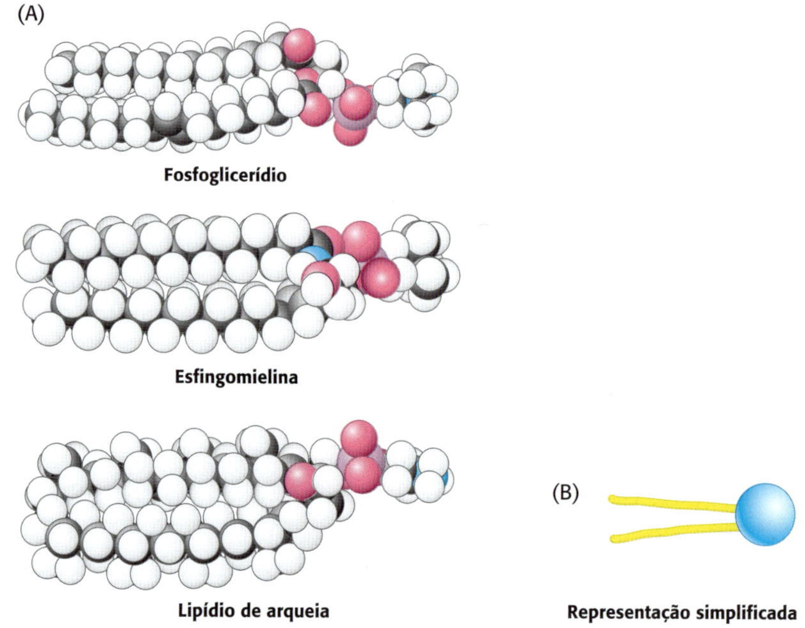

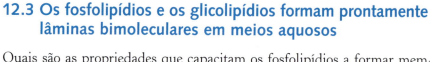

**FIGURA 12.8 Representações dos lipídios de membrana.** **A.** Modelos de preenchimento espacial de um fosfoglicerídio, da esfingomielina e de um lipídio de arqueia mostrando suas formas e a distribuição dos componentes hidrofílico e hidrofóbico. **B.** Representação simplificada e um lipídio de membrana.

## 12.3 Os fosfolipídios e os glicolipídios formam prontamente lâminas bimoleculares em meios aquosos

Quais são as propriedades que capacitam os fosfolipídios a formar membranas? *A formação de membranas é uma consequência da natureza anfipática das moléculas.* Suas cabeças polares favorecem o contato com a água, enquanto suas caudas de hidrocarbonetos interagem preferencialmente umas com as outras, e não com a água. Como moléculas com essas preferências podem dispor-se em soluções aquosas? Uma maneira é produzir uma estrutura globular, denominada *micela*. As cabeças polares formam a superfície externa da micela, que é circundada por água, enquanto as caudas de hidrocarbonetos são sequestradas no interior, interagindo umas com as outras (Figura 12.9).

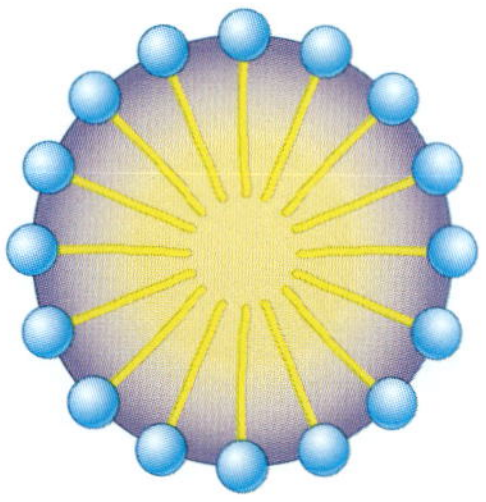

**FIGURA 12.9 Diagrama de um corte de uma micela.** Os ácidos graxos ionizados formam prontamente essas estruturas, mas não a maioria dos fosfolipídios.

Como alternativa, as preferências fortemente opostas dos componentes hidrofílicos e hidrofóbicos dos lipídios de membrana podem ser satisfeitas com a formação de uma *bicamada lipídica* composta de duas lâminas de lipídios (Figura 12.10). Uma bicamada lipídica também é denominada *lâmina bimolecular*. As caudas hidrofóbicas de cada lâmina individual interagem umas com as outras, formando um interior hidrofóbico que atua como barreira de permeabilidade. As cabeças hidrofílicas interagem com o meio aquoso em cada lado da bicamada. As duas lâminas opostas são denominadas folhetos.

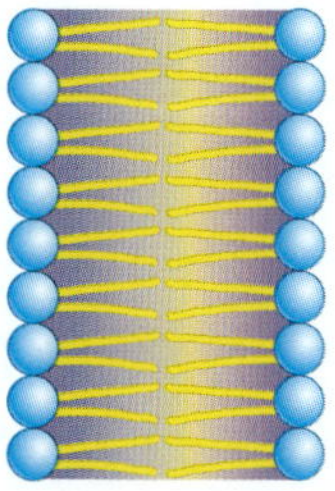

**FIGURA 12.10 Diagrama de um corte de uma membrana de dupla camada (bicamada).**

*A estrutura favorecida para a maioria dos fosfolipídios e glicolipídios em meios aquosos é uma lâmina bimolecular, em vez de uma micela.* O motivo disso é que as duas cadeias de ácidos graxos de um fosfolipídio ou glicolipídio são demasiado volumosas para se encaixar no interior de uma micela. Por outro lado, os sais de ácidos graxos (como o palmitato de sódio, um constituinte do sabão) formam prontamente micelas, visto que contêm apenas uma cadeia. *A formação de bicamadas em lugar de micelas de fosfolipídios é de importância biológica fundamental.* Uma micela é uma estrutura limitada, habitualmente com menos de 200 Å (20 nm) de diâmetro. Por outro lado, uma lâmina bimolecular pode se estender até alcançar dimensões macroscópicas, como um milímetro ($10^7$ Å, ou $10^6$ nm) ou mais. Os fosfolipídios e moléculas relacionadas são constituintes importantes de membranas, visto que eles formam prontamente extensas lâminas bimoleculares.

As bicamadas lipídicas formam-se de modo espontâneo por *um processo de automontagem*. Em outras palavras, a estrutura de uma lâmina bimolecular é inerente à estrutura das moléculas lipídicas constituintes. O crescimento de bicamadas lipídicas a partir de fosfolipídios é rápido e espontâneo na água. *As interações hidrofóbicas constituem a principal força motriz para a formação de bicamadas lipídicas*. Convém lembrar que as interações hidrofóbicas também desempenham papel predominante no empilhamento das bases dos ácidos nucleicos e no dobramento das proteínas (ver Seções 1.3 e 2.4). Moléculas de água são liberadas das caudas de hidrocarbonetos dos lipídios de membrana quando elas são sequestradas no interior apolar da bicamada. Além disso, *as forças atrativas de van der Waals entre as caudas de hidrocarbonetos favorecem o seu empacotamento*. Por fim, existem *atrações eletrostáticas e ligações de hidrogênio entre as cabeças polares e as moléculas de água*. Consequentemente, as bicamadas lipídicas são estabilizadas por todo o conjunto das forças que medeiam as interações moleculares nos sistemas biológicos. Como as bicamadas lipídicas são mantidas unidas por numerosas *interações não covalentes reforçadas* (*predominantemente hidrofóbicas*), elas são *estruturas cooperativas*. Essas interações hidrofóbicas têm três consequências biológicas significativas: (1) as bicamadas lipídicas têm uma tendência inerente a ser *extensas*; (2) as bicamadas lipídicas tendem a se *fechar sobre elas próprias*, de modo que não haja bordas com cadeias de hidrocarbonetos expostas, com consequente formação de compartimentos; e (3) as bicamadas lipídicas são *autosselantes*, visto que qualquer orifício em uma bicamada é energeticamente desfavorável.

## Vesículas lipídicas podem ser formadas a partir de fosfolipídios

A propensão dos fosfolipídios de formar membranas vem sendo utilizada para criar uma importante ferramenta experimental e clínica. As *vesículas lipídicas*, ou *lipossomos*, são compartimentos aquosos delimitados por uma bicamada lipídica (Figura 12.11). Essas estruturas podem ser empregadas no estudo da permeabilidade das membranas ou para entregar substâncias químicas às células. Os lipossomos são formados pela suspensão de um lipídio adequado, como a fosfatidilcolina, em um meio aquoso, e, em seguida, por *sonicação* (*i. e.*, agitação por ondas sonoras de alta frequência), produzindo uma dispersão de vesículas fechadas com tamanho muito uniforme. As vesículas formadas por esse método são praticamente esféricas e apresentam um diâmetro de cerca de 500 Å (50 nm). Vesículas maiores (da ordem de 1 μm ou $10^4$ Å de diâmetro) podem ser preparadas por evaporação lenta do solvente orgânico de uma suspensão de fosfolipídio em um sistema de solventes mistos.

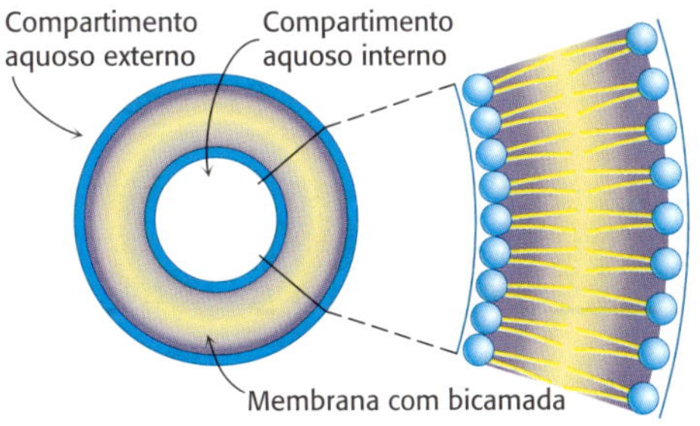


**FIGURA 12.11 Lipossomo.** Um lipossomo, ou vesícula lipídica, é um pequeno compartimento aquoso circundado por uma bicamada lipídica.

Os íons ou moléculas podem ser capturados nos compartimentos aquosos das vesículas lipídicas pela formação de vesículas na presença dessas substâncias (Figura 12.12). Por exemplo, vesículas com diâmetros de 500 Å formadas em uma solução de glicina 0,1 M capturam cerca de 2 mil moléculas de glicina em cada compartimento aquoso interno. Essas vesículas contendo glicina podem ser separadas da solução de glicina circundante

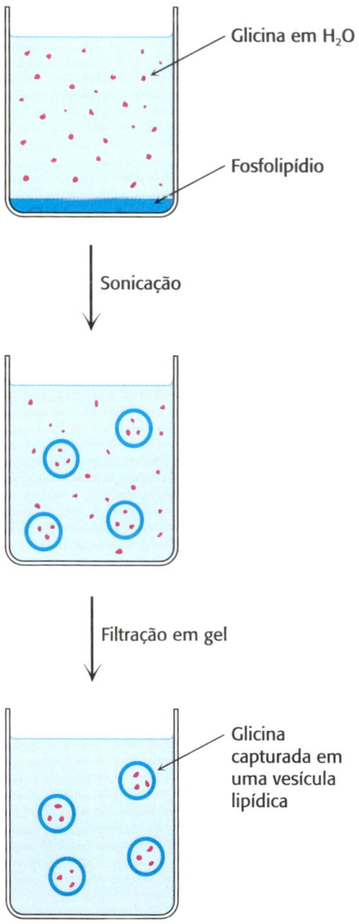


**FIGURA 12.12 Preparação de lipossomos contendo glicina.** Lipossomos contendo glicina são formados por sonicação de fosfolipídios na presença de glicina. A glicina livre é removida por filtração em gel.

por diálise ou por cromatografia de filtração em gel (ver Seção 3.1). A permeabilidade da membrana de bicamada à glicina pode ser então determinada pela medição da velocidade do efluxo da glicina do compartimento interno da vesícula para a solução do ambiente externo. Os lipossomos podem ser formados com proteínas de membrana específicas inseridas neles ao solubilizar as proteínas na presença de detergentes e, em seguida, ao adicioná-las aos fosfolipídios a partir dos quais os lipossomos serão formados. Os complexos de proteína-lipossomo fornecem instrumentos experimentais valiosos para examinar uma variedade de funções das proteínas de membrana.

As aplicações terapêuticas dos lipossomos estão atualmente em fase ativa de investigação. Por exemplo, lipossomos contendo fármacos ou DNA podem ser injetados em pacientes. Esses lipossomos fundem-se com a membrana plasmática de muitos tipos de células, introduzindo nelas as moléculas que eles contêm. A administração de fármacos com lipossomos frequentemente diminui a sua toxicidade. Menor quantidade do fármaco é distribuída para os tecidos normais, visto que os lipossomos de circulação prolongada concentram-se em regiões de circulação sanguínea aumentada, como tumores sólidos e locais de inflamação. Além disso, a fusão seletiva das vesículas lipídicas com determinados tipos de células constitui uma forma promissora de controlar o aporte de fármacos às células-alvo.

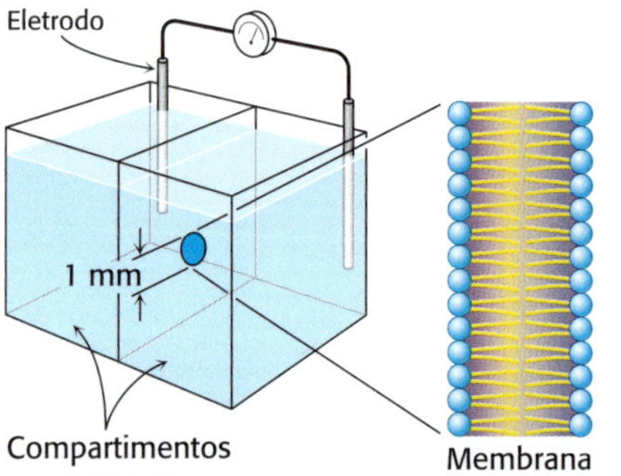


**FIGURA 12.13 Montagem experimental para o estudo de uma membrana com bicamada planar.** Uma membrana de bicamada é formada ao longo de um orifício de 1 mm em um septo que separa dois compartimentos aquosos. Esse arranjo possibilita a medição da permeabilidade e da condutância elétrica das bicamadas lipídicas.

Outra membrana sintética bem definida é a *membrana com bicamada planar*. Essa estrutura pode ser formada ao longo de um orifício de 1 mm em um septo entre dois compartimentos aquosos mergulhando-se um pincel fino em uma solução formadora de membranas, como a fosfatidilcolina em decano, e passando a ponta do pincel ao longo do orifício. O filme lipídico sobre o orifício se afina espontaneamente, formando uma bicamada lipídica. As propriedades de condução elétrica dessa membrana macroscópica de bicamada são facilmente estudadas mediante inserção de eletrodos em ambos os compartimentos aquosos (Figura 12.13). Por exemplo, a permeabilidade da membrana a íons é determinada pela medição da corrente através da membrana como função da voltagem aplicada.

## As bicamadas lipídicas são altamente impermeáveis a íons e à maioria das moléculas polares

Os estudos de permeabilidade de vesículas lipídicas e as medições de condutância elétrica de bicamadas planares mostraram que *as membranas de bicamada lipídica têm uma permeabilidade muito baixa para íons e para a maioria das moléculas polares.* A água é uma exceção notável a essa generalização; com efeito, ela atravessa essas membranas com relativa facilidade em virtude de seu baixo peso molecular, alta concentração e ausência de carga completa. A faixa de coeficientes de permeabilidade medidos é muito ampla (Figura 12.14). Por exemplo, o $Na^+$ e o $K^+$ atravessam essas membranas $10^9$ vezes mais lentamente do que a $H_2O$. O triptofano, um *zwitterion* em pH 7, atravessa a membrana $10^3$ vezes mais lentamente do que o indol, uma molécula estruturalmente

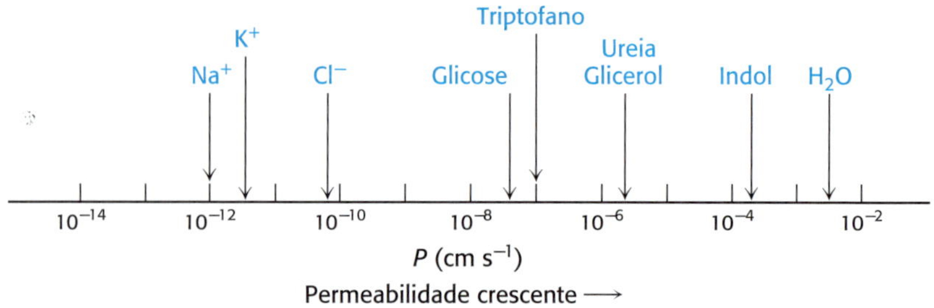


**FIGURA 12.14 Coeficientes de permeabilidade (*P*) de íons e moléculas em uma bicamada lipídica.** A capacidade das moléculas de atravessar uma bicamada lipídica abrange ampla faixa de valores.

relacionada que carece de grupos iônicos. Com efeito, *a permeabilidade das moléculas pequenas está correlacionada com a sua solubilidade em solvente apolar em relação à sua solubilidade em água*. Essa relação sugere que uma molécula pequena poderia atravessar uma membrana de bicamada lipídica da seguinte maneira: em primeiro lugar, livra-se de sua camada de solvatação de água; em seguida, dissolve-se no cerne de hidrocarbonetos da membrana; e, por fim, difunde-se através desse cerne para o outro lado da membrana, onde é ressolvatada pela água. Um íon como o $Na^+$ atravessa as membranas muito lentamente, visto que a substituição de sua camada de coordenação de moléculas polares de água por interações apolares com o interior da membrana é, em termos energéticos, altamente desfavorável.

## 12.4 As proteínas realizam a maior parte dos processos da membrana

Discutiremos agora as proteínas de membrana, que são responsáveis pela maioria dos processos dinâmicos realizados pelas membranas. Os lipídios de membrana formam uma barreira de permeabilidade e, portanto, estabelecem compartimentos, enquanto *proteínas específicas medeiam praticamente todas as outras funções das membranas*. Em particular, as proteínas transportam substâncias químicas e informações através da membrana. Os lipídios de membrana criam o ambiente apropriado para a ação dessas proteínas.

As membranas diferem quanto a seu conteúdo de proteínas. A *mielina*, uma membrana que atua como isolante elétrico em torno de certas fibras nervosas, apresenta baixo conteúdo de proteínas (18%). Lipídios relativamente puros são bem apropriados como isolantes. Em contrapartida, as membranas plasmáticas ou membranas externas da maioria das outras células são muito mais ativas metabolicamente. Elas contêm numerosas bombas, canais, receptores e enzimas. O conteúdo de proteínas dessas membranas plasmáticas é normalmente de 50%. As membranas de transdução de energia, como as membranas internas das mitocôndrias e dos cloroplastos, são as que apresentam maior conteúdo de proteínas, alcançando aproximadamente 75%.

A mielina, que serve como isolante, desempenha um papel de suma importância, possibilitando a rápida transmissão de impulsos nervosos ou potenciais de ação (ver Seção 13.4). A sua estrutura é muito singular: as células que produzem a mielina – os oligodendrócitos no encéfalo e as células de Schwann – enrolam múltiplas vezes as suas membranas plasmáticas em torno do axônio (Figura 12.15), que é a parte do neurônio que conduz

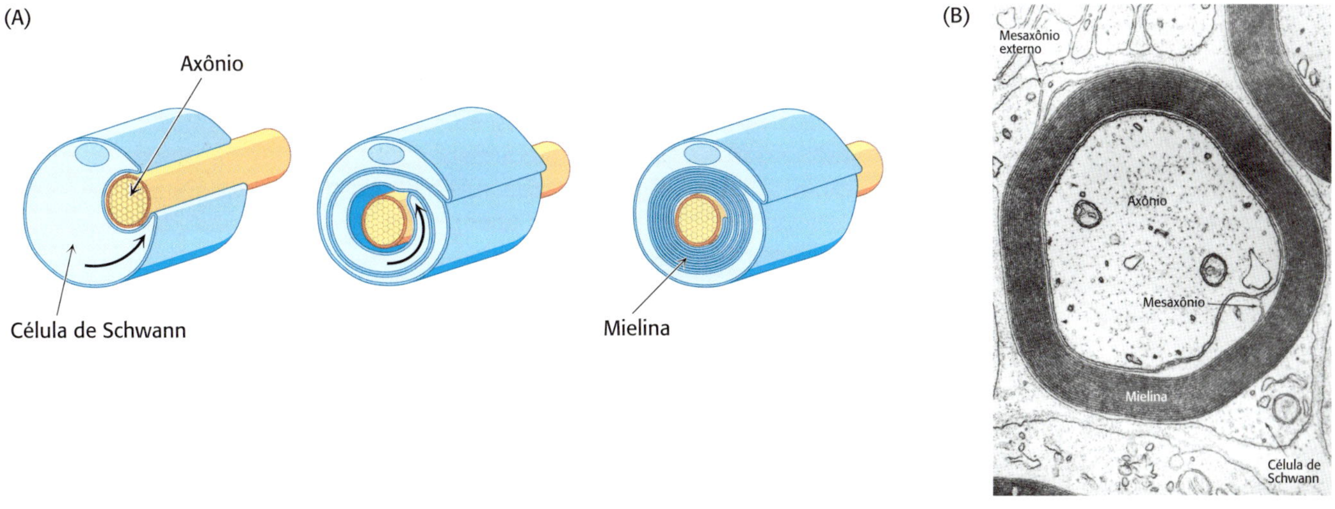


**FIGURA 12.15 Mielinização de um neurônio.** **A.** A mielina é constituída pela membrana plasmática rica em lipídios de uma célula de Schwann nos nervos periféricos ou do oligodendrócito no encéfalo, que se enrola múltiplas vezes em torno do axônio, a parte do neurônio que conduz os impulsos elétricos. [https://biologydictionary.net/myelin-sheath] **B.** Bainha de mielina em torno de um axônio facilmente aparente na microscopia eletrônica. [Don W Fawcett/Getty Images.]

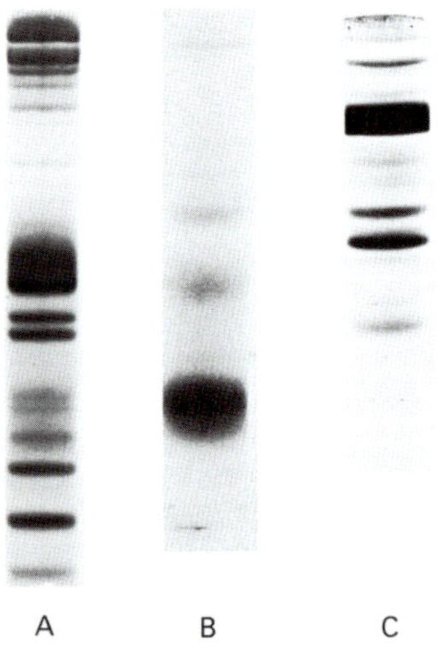


**FIGURA 12.16 Padrões de proteínas de membrana em gel de poliacrilamida-SDS.** **A.** Membrana plasmática de eritrócitos. **B.** Membranas fotorreceptoras dos bastonetes da retina. **C.** Membrana do retículo sarcoplasmático de células musculares. [Cortesia do Dr. Theodore Steck e do Dr. David MacLennan.]

os sinais elétricos. A mielinização dos neurônios no encéfalo ocorre de modo significativo durante a primeira infância, porém persiste durante toda a adolescência, lembrando, assim, que o encéfalo é um órgão em desenvolvimento ativo durante toda a infância. A importância da mielinização é ainda mais ressaltada pela existência de doenças desmielinizantes, como a *esclerose múltipla*, em que a montagem de mielina está comprometida ou a mielina existente encontra-se danificada.

Os componentes proteicos de uma membrana podem ser prontamente visualizados por *eletroforese em gel de poliacrilamida-SDS*. Conforme discutido na Seção 3.1, a mobilidade eletroforética de muitas proteínas em gel contendo SDS depende mais de sua massa do que da carga efetiva da proteína. A Figura 12.16 mostra os padrões de eletroforese em gel de três membranas – a membrana plasmática dos eritrócitos, a membrana fotorreceptora dos bastonetes da retina e a membrana do retículo sarcoplasmático do músculo. É evidente que cada uma dessas três membranas contém muitas proteínas, porém com composição proteica distinta. Em geral, *as membranas que desempenham diferentes funções contêm diferentes repertórios de proteínas.*

## As proteínas associam-se à bicamada lipídica de diversas maneiras

A facilidade com que uma proteína pode ser dissociada de uma membrana indica o grau com que está intimamente associada a ela. Algumas proteínas de membrana podem ser solubilizadas por meios relativamente suaves, como a extração com uma solução de alta força iônica (p. ex.,NaCl 1 M). Outras proteínas de membrana ligam-se com muito mais tenacidade; só podem ser solubilizadas com o uso de um detergente ou de um solvente orgânico. As proteínas de membrana podem ser classificadas em *periféricas* ou *integrais* com base nessa diferença de dissociabilidade (Figura 12.17). *As proteínas integrais de membrana* interagem extensamente com as cadeias de hidrocarbonetos dos lipídios de membrana, de modo que elas só podem ser liberadas por agentes que competem por essas interações apolares. Com efeito, a maioria das proteínas integrais de membrana atravessa a bicamada lipídica. Em contrapartida, as *proteínas periféricas de membrana* estão ligadas às membranas primariamente por interações eletrostáticas e ligações de hidrogênio às cabeças dos lipídios. Essas interações polares podem ser rompidas pela adição de sais ou pela mudança do pH. Muitas proteínas periféricas de membrana estão ligadas às superfícies de proteínas integrais no lado citoplasmático ou extracelular da membrana. Outras estão ancoradas à bicamada lipídica por uma cadeia hidrofóbica de ligação covalente, como um ácido graxo.

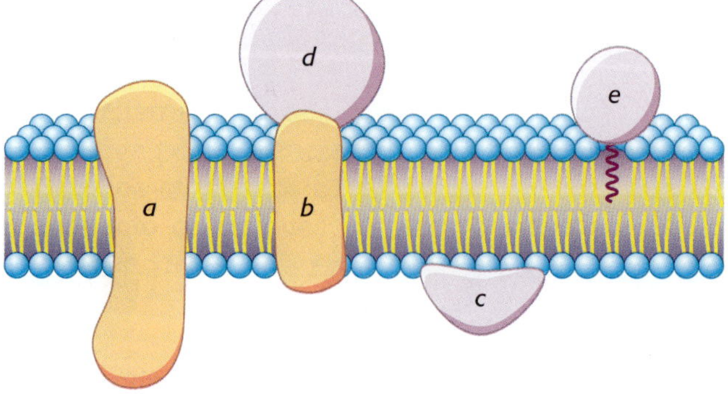


**FIGURA 12.17 Proteínas de membrana integrais e periféricas.** As proteínas integrais de membrana (*a* e *b*) interagem extensamente com a região de hidrocarbonetos da bicamada. A maioria das proteínas integrais de membrana conhecidas atravessa a bicamada lipídica. As proteínas periféricas de membrana interagem com as cabeças polares dos lipídios (*c*) ou ligam-se à superfície de proteínas integrais (*d*). Outras proteínas estão firmemente ancoradas à membrana por uma molécula lipídica ligada covalentemente (*e*).

## As proteínas interagem com as membranas de várias maneiras

As proteínas de membrana são mais difíceis de purificar e cristalizar do que as proteínas hidrossolúveis. Entretanto, os pesquisadores determinaram as estruturas tridimensionais de mais de 4 mil dessas proteínas utilizando

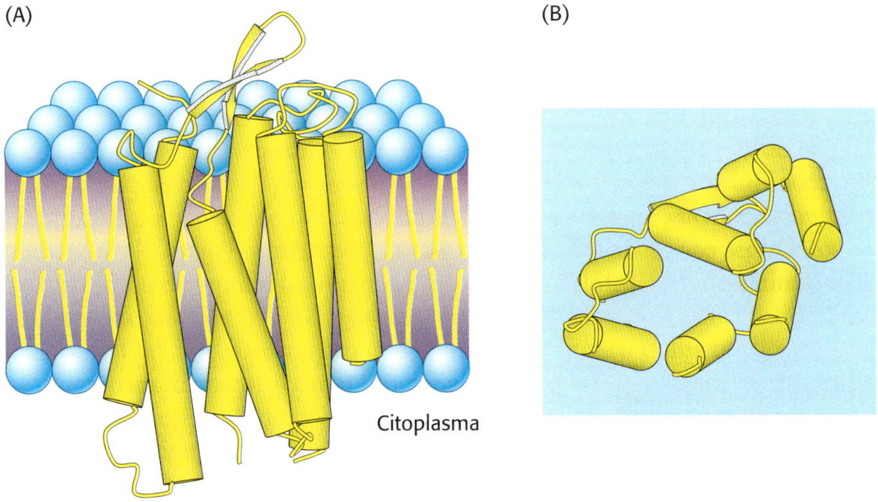


**FIGURA 12.18 Estrutura da bacteriorrodopsina.** *Observe* que a bacteriorrodopsina é constituída, em grande parte, de α-hélices que atravessam a membrana (representadas pelos cilindros amarelos). **A.** Vista através da bicamada da membrana. **B.** Vista do lado citoplasmático da membrana. [Desenhada de 1BRX.pdb.]

métodos de cristalografia de raios X ou de microscopia eletrônica com resolução alta o suficiente para discernir os detalhes moleculares. Conforme assinalado no Capítulo 2, as proteínas de membrana diferem das proteínas solúveis na distribuição dos grupos hidrofóbicos e hidrofílicos. A seguir, analisaremos com mais detalhes as estruturas de três proteínas de membrana.

**As proteínas podem atravessar a membrana com alfa-hélices.** A primeira proteína de membrana que analisaremos é uma proteína de arqueia, a *bacteriorrodopsina*, mostrada na Figura 12.18. Essa proteína utiliza a energia luminosa para transportar prótons do interior da célula para o exterior, gerando um gradiente de prótons usado para formar ATP. A bacteriorrodopsina é constituída quase totalmente de α-hélices; sete α-hélices densamente agrupadas, dispostas quase perpendicularmente ao plano da membrana, atravessam a sua largura de 45 Å. O exame da estrutura primária da bacteriorrodopsina revela que a maioria dos aminoácidos nessas α-hélices transmembranares é apolar, e que apenas alguns poucos têm carga (Figura 12.19). Essa distribuição de aminoácidos apolares é razoável, visto que esses resíduos estão em contato com o cerne de hidrocarbonetos da membrana ou um com o outro. *As α-hélices que atravessam a membrana constituem o motivo estrutural mais comum nas proteínas de membrana.* Como veremos na Seção 12.5, essas regiões frequentemente podem ser detectadas pelo exame da sequência de aminoácidos apenas.

A Q I T G R P E W I W L A L G T A L M G L G T L Y F L V K G M G V S D P D A K K F Y A I T T L V P A
I A F T M Y L S M L L G Y G L T M V P F G G E Q N P I Y W A R Y A D W L F T T P L L L L D L A L L V
D A D Q G T I L A L V G A D G I M I G T G L V G A L T K V Y S Y R F V W W A I S T A A M L Y I L Y V
L F F G F T S K A E S M R P E V A S T F K V L R N V T V V L W S A Y V V V W L I G S E G A G I V P L
N I E T L L F M V L D V S A K V G F G L I L L R S R A I F G E A E A P E P S A D G A A A T S

**FIGURA 12.19 Sequência de aminoácidos da bacteriorrodopsina.** As sete regiões helicoidais estão destacadas em amarelo, enquanto os resíduos com carga estão em vermelho.

**Uma proteína de canal pode ser formada a partir de fitas beta.** A porina, uma proteína da membrana externa de bactérias como *E. coli* e *Rhodobacter capsulatus*, representa uma classe de proteínas de membrana com um tipo de estrutura completamente diferente. As estruturas desse tipo são construídas de fitas β e essencialmente não contêm nenhuma α-hélice (Figura 12.20).

A disposição das fitas β é muito simples: cada fita é ligada à sua vizinha por ligações de hidrogênio em um arranjo antiparalelo formando uma única folha β. A folha β curva-se para formar um cilindro oco que, como o próprio nome sugere, forma um poro ou canal na membrana. A superfície externa da porina é apropriadamente apolar, tendo em vista que ela interage com o cerne de hidrocarbonetos da membrana. Em contrapartida, o interior do canal é muito hidrofílico e repleto de água. Esse arranjo de superfícies apolares e polares é obtido pela alternância de aminoácidos hidrofóbicos e hidrofílicos ao longo de cada fita β (Figura 12.21).

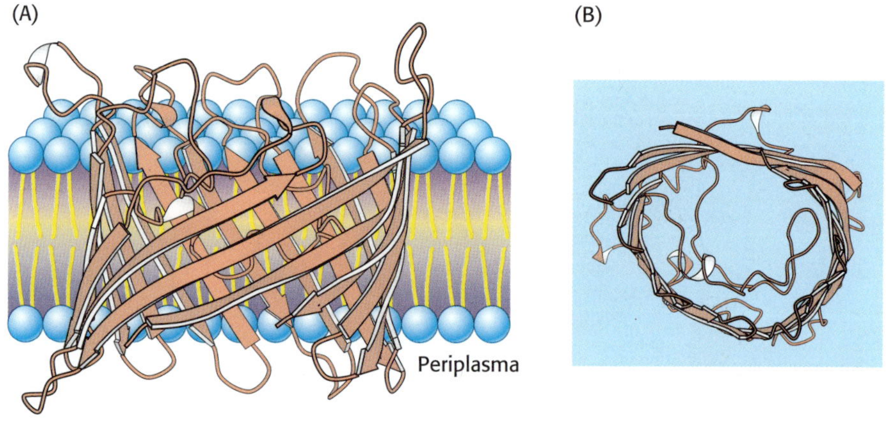


**FIGURA 12.20 Estrutura da porina bacteriana (de *Rhodopseudomonas blastica*).** *Observe* que essa proteína de membrana é constituída inteiramente de fitas β. **A.** vista lateral. **B.** Vista a partir do espaço periplasmático. Observa-se apenas um monômero da proteína trimérica. [Desenhada de 1PRN.pdb.]

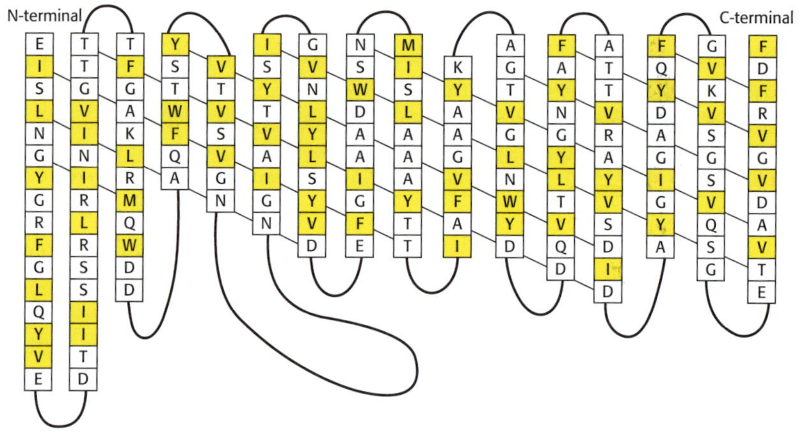


**FIGURA 12.21 Sequência de aminoácidos de uma porina.** Algumas proteínas de membranas, como as porinas, são constituídas de fitas β que tendem a apresentar aminoácidos hidrofóbicos e hidrofílicos em posições adjacentes. A figura mostra a estrutura secundária da porina de *Rhodopseudomonas blastica*, em que as linhas diagonais indicam a direção das ligações de hidrogênio ao longo da folha β. Os resíduos hidrofóbicos (F, I, L, M, V, W e Y) são mostrados em amarelo. Esses resíduos tendem a se localizar no lado externo da estrutura em contato com o cerne hidrofóbico da membrana.

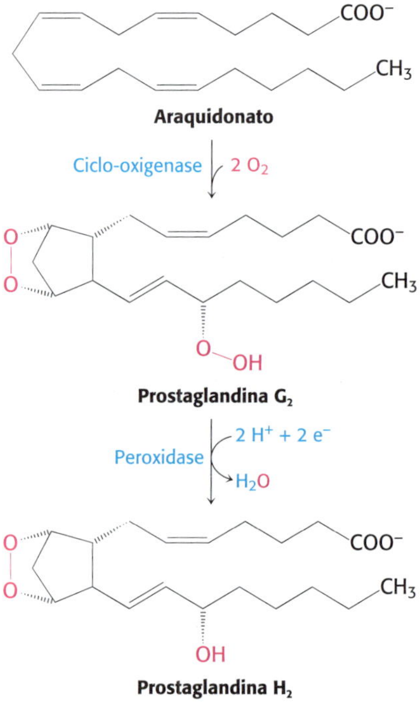


**FIGURA 12.22 Formação da prostaglandina $H_2$.** A prostaglandina $H_2$ sintase 1 catalisa a formação da prostaglandina $H_2$ a partir do ácido araquidônico em duas etapas.

**A inserção de parte de uma proteína em uma membrana pode ligá-la à superfície da membrana.** A estrutura da enzima prostaglandina $H_2$ sintase 1 ligada à membrana do retículo endoplasmático revela um papel bastante diferente para as α-hélices nas associações de proteínas às membranas. Essa enzima catalisa a conversão do ácido araquidônico em prostaglandina $H_2$ em duas etapas: (1) uma reação de ciclo-oxigenase e (2) uma reação de peroxidase (Figura 12.22). A prostaglandina $H_2$ promove a inflamação e modula a secreção de ácido gástrico. A enzima que produz a prostaglandina $H_2$ é um homodímero com estrutura bastante complicada, que consiste principalmente em α-hélices. Diferentemente da bacteriorrodopsina, essa proteína não está em grande parte inserida na membrana. Com efeito, situa-se ao longo da superfície externa da membrana, firmemente ligada por um conjunto de α-hélices com superfícies hidrofóbicas que se estendem da base da proteína para dentro da membrana (Figura 12.23). Essa ligação é suficientemente forte, de modo que apenas a ação de detergentes consegue liberar a proteína da membrana. Por conseguinte, essa enzima é classificada como proteína integral de membrana, embora ela não a atravesse de um lado ao outro.

A localização da prostaglandina $H_2$ sintase 1 na membrana é crucial para o desempenho de sua função. O substrato para essa enzima, o ácido araquidônico, é uma molécula hidrofóbica gerada pela hidrólise de lipídios de membrana. O ácido araquidônico alcança o sítio ativo da enzima a partir da membrana sem entrar em contato com um ambiente aquoso e

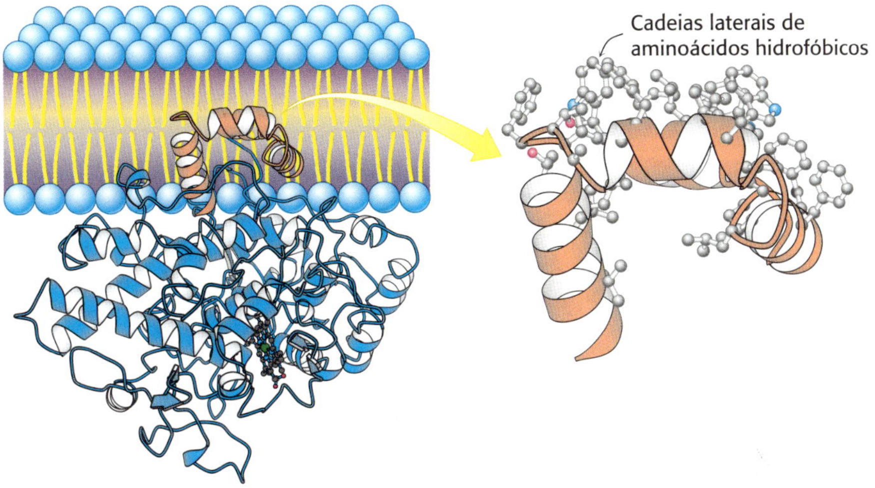


**FIGURA 12.23 Fixação da prostaglandina $H_2$ sintase 1 à membrana.** *Observe* que a prostaglandina $H_2$ sintase 1 é mantida na membrana por um conjunto de α-hélices (laranja) recobertas por cadeias laterais hidrofóbicas. A figura mostra um monômero da enzima dimérica. [Desenhada de 1PTH.pdb.]

penetrando por um canal hidrofóbico na proteína (Figura 12.24). Com efeito, quase todos nós já percebemos a importância desse canal: medicamentos como o ácido acetilsalicílico e o ibuprofeno bloqueiam o canal e impedem a síntese de prostaglandinas ao inibir a atividade de ciclo-oxigenase da sintase. Em particular, o ácido acetilsalicílico atua por meio da transferência de seu grupo acetila para um resíduo de serina (Ser 530) situado ao longo do trajeto que leva ao sítio ativo (Figura 12.25). Em resposta a uma lesão ou à infecção, as prostaglandinas promovem a resposta inflamatória, que consiste em edema, dor e febre. Os inibidores da ciclo-oxigenase interrompem essa resposta, proporcionando alívio da dor e redução da febre.

Duas características importantes emergem do exame desses três exemplos de estrutura de proteínas de membrana. Em primeiro lugar, as partes da proteína que interagem com as partes hidrofóbicas da membrana são recobertas por cadeias laterais de aminoácidos apolares, enquanto as que interagem com o ambiente aquoso são muito mais hidrofílicas. Em segundo lugar, as estruturas localizadas dentro da membrana são muito regulares e, em particular, todos os doadores e aceptores de ligações de hidrogênio no esqueleto participam nas ligações de hidrogênio. *A quebra de uma ligação de hidrogênio dentro de uma membrana é muito desfavorável, visto que pouca ou nenhuma água está presente para competir pelos grupos polares.*

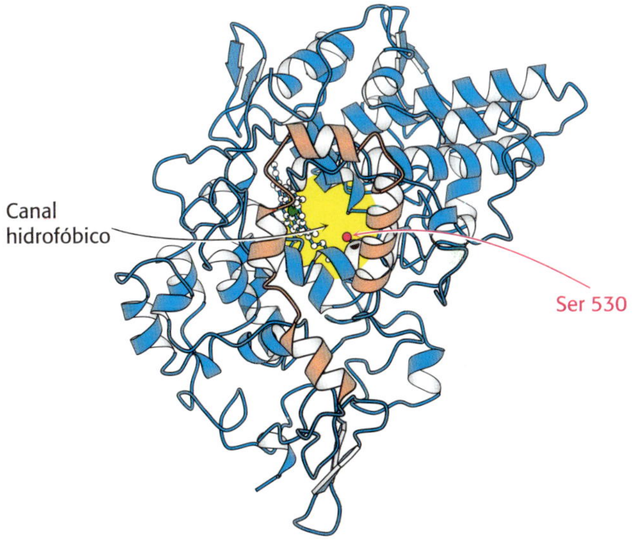


**FIGURA 12.24 Canal hidrofóbico da prostaglandina $H_2$ sintase 1.** Uma vista da prostaglandina $H_2$ sintase 1 a partir da membrana mostra o canal hidrofóbico que leva ao sítio ativo. As hélices de ancoragem à membrana são mostradas em laranja. [Desenhada de 1PTH.pdb.]

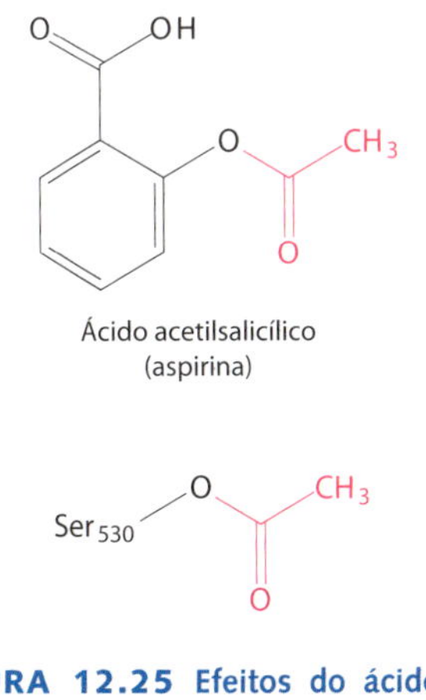


**FIGURA 12.25 Efeitos do ácido acetilsalicílico sobre a prostaglandina $H_2$ sintase 1.** O ácido acetilsalicílico atua pela transferência de um grupo acetila para um resíduo de serina na prostaglandina $H_2$ sintase 1.

## Algumas proteínas associam-se às membranas por meio de grupos hidrofóbicos ligados de modo covalente

As proteínas de membrana consideradas até agora associam-se à membrana por meio de superfícies geradas por cadeias laterais de aminoácidos hidrofóbicos. Entretanto, até mesmo proteínas solúveis nos demais aspectos podem se associar às membranas se ligadas a grupos hidrofóbicos. Três desses grupos estão ilustrados na Figura 12.26: (1) um grupo palmitoil ligado a um resíduo específico de cisteína por uma ligação tioéster, (2) um grupo farnesil ligado a um resíduo de cisteína na extremidade carboxiterminal, e (3) uma estrutura glicolipídica denominada âncora de glicosilfosfatidilinositol (GPI) ligada à extremidade carboxiterminal. Essas modificações são ligadas por sistemas enzimáticos que reconhecem sequências sinalizadoras próximas ao sítio de ligação.

## As hélices transmembranares podem ser previstas de modo acurado a partir das sequências dos aminoácidos

Muitas proteínas de membrana, como a bacteriorrodopsina, empregam α-hélices para atravessar a parte hidrofóbica de uma membrana. Conforme assinalado anteriormente, a maioria dos resíduos nessas α-hélices é apolar, e quase nenhum deles tem carga. É possível utilizar essa informação para identificar possíveis regiões que atravessam as membranas fundamentando-se exclusivamente nos dados de sequência? Uma abordagem para a identificação das hélices transmembranares é perguntar onde um suposto segmento helicoidal provavelmente é mais estável: em um ambiente de hidrocarboneto ou na água. Especificamente, queremos estimar a variação de energia livre quando um segmento helicoidal é transferido do interior de uma membrana para a água. A Tabela 12.2 fornece as variações de energia livre para a transferência de resíduos individuais de aminoácidos de um ambiente hidrofóbico para um aquoso. Por exemplo, a transferência de uma hélice formada inteiramente de resíduos de L-arginina – um aminoácido de carga positiva – do interior de uma membrana para a água seria altamente favorável [-51,5 kJ $mol^{-1}$ (-12,3 kcal $mol^{-1}$) por resíduo de arginina na hélice]. Em contrapartida, a transferência de uma hélice totalmente formada de L-fenilalanina – um aminoácido hidrofóbico – seria desfavorável [+15,5 kJ $mol^{-1}$ (+3,7 kcal $mol^{-1}$) por resíduo de fenilalanina na hélice].

**FIGURA 12.26 Âncoras de membrana.** As âncoras de membrana são grupos hidrofóbicos que se ligam de modo covalente a proteínas (em azul) e as fixam à membrana. Os círculos verdes e o quadrado azul correspondem à manose e à β-D-acetilglicosamina (GlcNAc), respectivamente. Os grupos R representam pontos de modificação adicional.

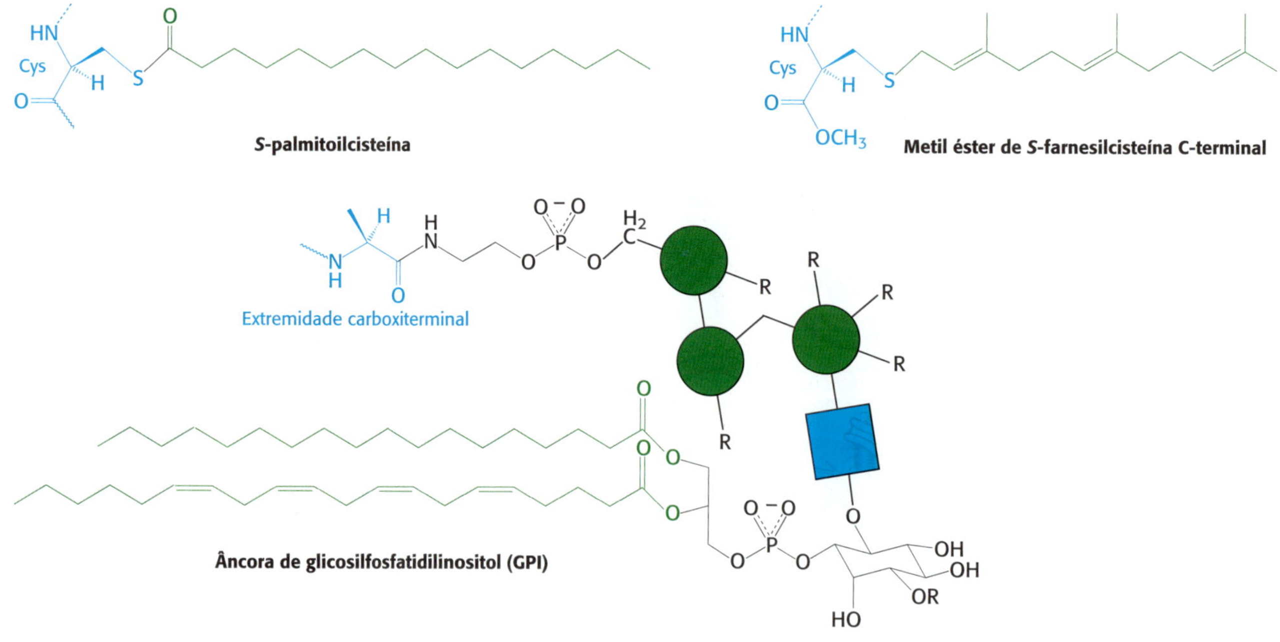

O cerne de hidrocarboneto de uma membrana tem normalmente 30 Å de largura, um comprimento que pode ser atravessado por uma α-hélice constituída de 20 resíduos. Podemos considerar uma sequência de aminoácidos de uma proteína e estimar a variação de energia livre que ocorre quando uma α-hélice hipotética formada pelos resíduos 1 a 20 é transferida do interior da membrana para a água. O mesmo cálculo pode ser feito para os resíduos 2 a 21, 3 a 22, e assim por diante, até alcançar o final da sequência. O segmento de 20 resíduos escolhidos para esse cálculo é denominado *janela*. A variação de energia livre para cada janela é representada graficamente contra o primeiro aminoácido na janela para criar um *gráfico de hidropaticidade*. Empiricamente, um pico de +84 kJ $mol^{-1}$ (+20 kcal $mol^{-1}$) ou mais em um gráfico de hidropaticidade baseado em uma janela de 20 resíduos indica que um segmento polipeptídico poderia ser uma α-hélice transmembranar. Por exemplo, com fundamento nesse critério, pode-se prever que uma glicoforina – uma proteína encontrada nas membranas dos eritrócitos – tenha uma hélice transmembranar, de acordo com os achados experimentais (Figura 12.27). Entretanto, observe que um pico no gráfico de hidropaticidade não prova que um segmento seja uma hélice transmembranar. Até mesmo proteínas solúveis podem ter regiões altamente apolares. Por outro lado, algumas proteínas de membrana contêm características transmembranares (como, por exemplo, um conjunto de fitas β formando um cilindro) que escapam da detecção por esses gráficos (Figura 12.28).

## 12.5 Os lipídios e muitas proteínas de membrana difundem-se rapidamente no plano da membrana

As membranas biológicas não são estruturas rígidas e estáticas. Pelo contrário, os lipídios e muitas proteínas de membrana estão em constante movimento

**TABELA 12.2** Escala de polaridade para a identificação de hélices transmembranares.

| Resíduo de aminoácido | Energia livre de transferência em kJ $mol^{-1}$ (kcal $mol^{-1}$) |
|---|---|
| Phe | 15,5 (3,7) |
| Met | 14,3 (3,4) |
| Ile | 13,0 (3,1) |
| Leu | 11,8 (2,8) |
| Val | 10,9 (2,6) |
| Cys | 8,4 (2,0) |
| Trp | 8,0 (1,9) |
| Ala | 6,7 (1,6) |
| Thr | 5,0 (1,2) |
| Gly | 4,2 (1,0) |
| Ser | 2,5 (0,6) |
| Pro | –0,8 (–0,2) |
| Tyr | –2,9 (–0,7) |
| His | –12,6 (–3,0) |
| Gln | –17,2 (–4,1) |
| Asn | –20,2 (–4,8) |
| Glu | –34,4 (–8,2) |
| Lys | –37,0 (–8,8) |
| Asp | –38,6 (–9,2) |
| Arg | –51,7 (–12,3) |

Fonte: Dados de D. M. Engelman, T. A. Steitz e A. Goldman. *Annu. Rev. Biophys. Biophys. Chem.* 15(1986):21-353.
Nota: As energias livres são para a transferência de um resíduo de aminoácido em uma α-hélice a partir do interior da membrana (que se supõe tenha uma constante dielétrica de 2) para a água.

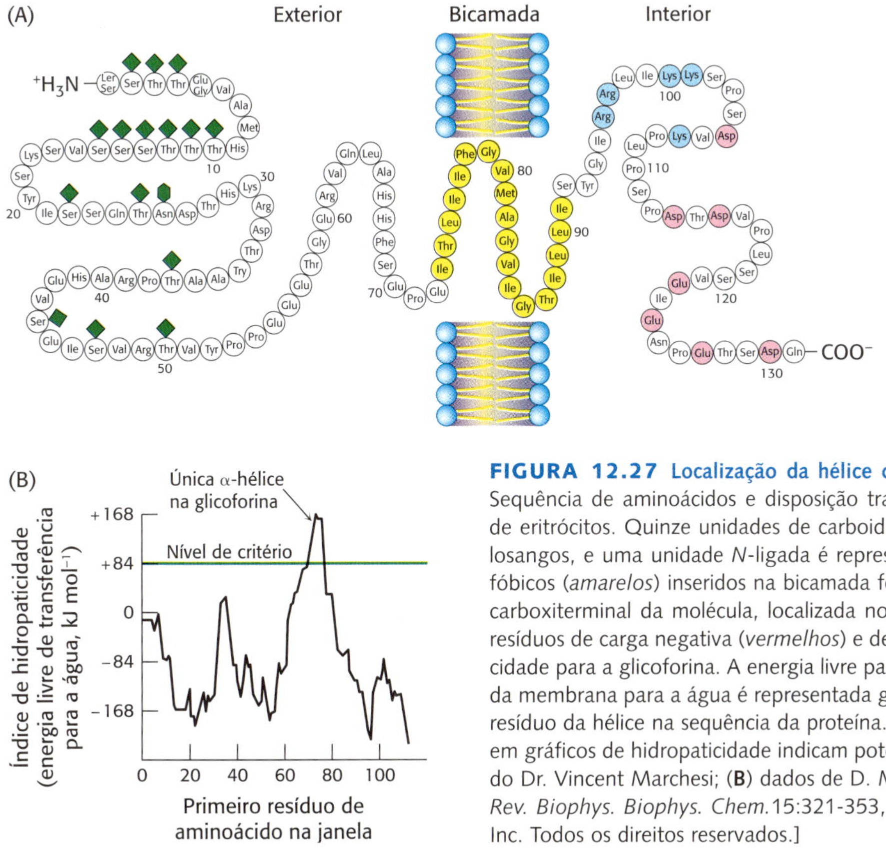


**FIGURA 12.27 Localização da hélice de glicoforina que atravessa a membrana. A.** Sequência de aminoácidos e disposição transmembranar da glicoforina A da membrana de eritrócitos. Quinze unidades de carboidrato *O*-ligados são representadas na forma de losangos, e uma unidade *N*-ligada é representada por um hexágono. Os resíduos hidrofóbicos (*amarelos*) inseridos na bicamada formam uma α-hélice transmembranar. A parte carboxiterminal da molécula, localizada no lado citoplasmático da membrana, é rica em resíduos de carga negativa (*vermelhos*) e de carga positiva (*azuis*). **B.** Gráfico de hidropaticidade para a glicoforina. A energia livre para a transferência de uma hélice de 20 resíduos da membrana para a água é representada graficamente em função da posição do primeiro resíduo da hélice na sequência da proteína. Picos de mais de +84 k$Jmol^{-1}$ (+20 kcal $mol^{-1}$) em gráficos de hidropaticidade indicam potenciais hélices transmembranares. [(**A**) Cortesia do Dr. Vincent Marchesi; (**B**) dados de D. M. Engelman, T. A. Steitz e A. Goldman. *Annu. Rev. Biophys. Biophys. Chem.*15:321-353, 1986. Copyright © 1986 by Annual Reviews, Inc. Todos os direitos reservados.]

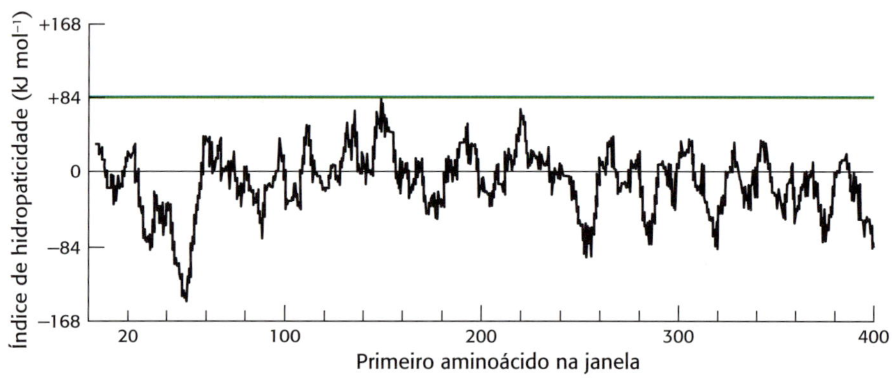


**FIGURA 12.28 Gráfico de hidropaticidade para a porina.** Não se observa nenhum pico acentuado para essa proteína intrínseca de membrana, visto que é construída a partir de fitas β que atravessam a membrana, em vez de α-hélices.

lateral, um processo denominado *difusão lateral*. O rápido movimento lateral das proteínas de membrana foi visualizado por meio da microscopia de fluorescência utilizando-se a técnica de *recuperação de fluorescência após fotobranqueamento* (FRAP, *fluorescence recovery after photobleaching*; Figura 12.29). Em primeiro lugar, um componente da superfície da célula é marcado especificamente com um cromóforo fluorescente. Uma pequena região da superfície da célula (cerca de 3 $\mu m^2$) é examinada ao microscópio de fluorescência. As moléculas fluorescentes nessa região são então destruídas (branqueadas) por um pulso luminoso muito intenso de um *laser*, conforme indicado pelo ponto pálido na Figura 12.29B. A fluorescência dessa região é subsequentemente monitorada em função do tempo, utilizando-se um nível luminoso suficientemente baixo para impedir qualquer branqueamento adicional. Se o componente marcado for móvel, as moléculas branqueadas saem da região, enquanto as moléculas não branqueadas entram nessa região iluminada, resultando em aumento da intensidade de fluorescência. A velocidade de recuperação da fluorescência depende da mobilidade lateral do componente marcado com fluorescência e pode ser expressa em termos de um coeficiente de difusão, $D$. A distância média $S$ atravessada no tempo $t$ depende de $D$, de acordo com a seguinte expressão:

$$S = (4Dt)^{1/2}$$

O coeficiente de difusão dos lipídios em uma variedade de membranas é de cerca de 1 $\mu m^2\ s^{-1}$. Por conseguinte, uma molécula de fosfolipídio difunde-se por uma distância média de 2 μm em 1 s. Essa velocidade significa que *uma molécula de lipídio pode se locomover de uma extremidade de uma bactéria para outra em um segundo*. A magnitude do coeficiente de difusão observado indica que a viscosidade da membrana é cerca de 100 vezes a da água, ou seja, bastante semelhante à do azeite de oliva.

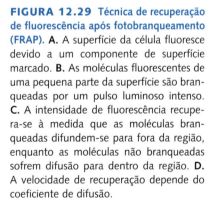

**FIGURA 12.29 Técnica de recuperação de fluorescência após fotobranqueamento (FRAP).** **A.** A superfície da célula fluoresce devido a um componente de superfície marcado. **B.** As moléculas fluorescentes de uma pequena parte da superfície são branqueadas por um pulso luminoso intenso. **C.** A intensidade de fluorescência recupera-se à medida que as moléculas branqueadas difundem-se para fora da região, enquanto as moléculas não branqueadas sofrem difusão para dentro da região. **D.** A velocidade de recuperação depende do coeficiente de difusão.

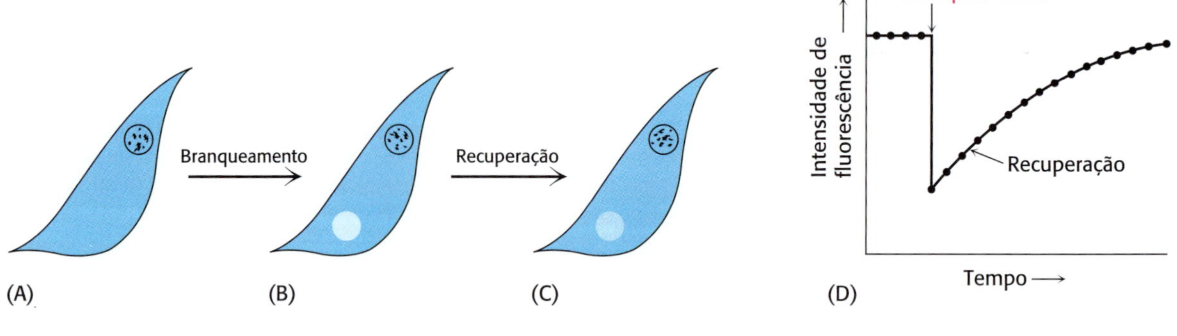

Em contrapartida, as proteínas variam acentuadamente na sua mobilidade lateral. *Algumas proteínas são quase tão móveis quanto os lipídios, enquanto outras são praticamente imóveis*. Por exemplo, a rodopsina (ver Seção 34.3 no SaplingPlus), a proteína fotorreceptora, é muito móvel e apresenta um coeficiente de difusão de 0,4 $\mu m^2\ s^{-1}$. O movimento rápido da rodopsina é essencial para uma sinalização veloz. No outro extremo, encontra-se a fibronectina, uma glicoproteína periférica que interage com a matriz extracelular. Na fibronectina, *D* é inferior a $10^{-4}\ \mu m^2\ s^{-1}$. A fibronectina apresenta uma mobilidade muito baixa porque está ancorada a filamentos de actina no outro lado da membrana plasmática por meio da *integrina*, uma proteína transmembranar que liga a matriz extracelular ao citoesqueleto.

## O modelo de mosaico fluido possibilita o movimento lateral, mas não a rotação através da membrana

Fundamentando-se na mobilidade das proteínas nas membranas, Jonathan Singer e Garth Nicolson, em 1972, propuseram um *modelo de mosaico fluido* para descrever a organização global das membranas biológicas. A essência de seu modelo é que as *membranas são soluções bidimensionais de lipídios orientados e de proteínas globulares*. A bicamada lipídica desempenha um papel duplo: atua tanto como *solvente* para proteínas integrais de membrana quanto como *barreira de permeabilidade*. As proteínas de membrana são livres para se difundir lateralmente na matriz lipídica, a não ser que sejam restritas por interações especiais.

Embora a difusão lateral dos componentes da membrana possa ser rápida, a rotação espontânea dos lipídios de uma face de uma membrana para outra é um processo muito lento. A transição de uma molécula de uma superfície da membrana para outra é denominada *difusão transversal ou flip-flop* (Figura 12.30). A *flip-flop* de moléculas de fosfolipídio em vesículas de fosfatidilcolina foi medida diretamente por técnicas de ressonância de *spin* de elétrons, que mostraram que *uma molécula de fosfolipídio sofre difusão transversal uma vez em várias horas*. Por conseguinte, uma molécula de fosfolipídio leva cerca de $10^9$ vezes mais tempo para sofrer difusão transversal através de uma membrana do que para se difundir no sentido lateral por uma membrana de 50 Å. As barreiras de energia livre à difusão transversal são ainda maiores para as moléculas de proteína do que para os lipídios, visto que as proteínas apresentam regiões polares mais extensas. Com efeito, nunca foi observada a ocorrência de *flip-flop* de uma molécula de proteína. Por conseguinte, *a assimetria da membrana pode ser preservada por longos períodos de tempo.*

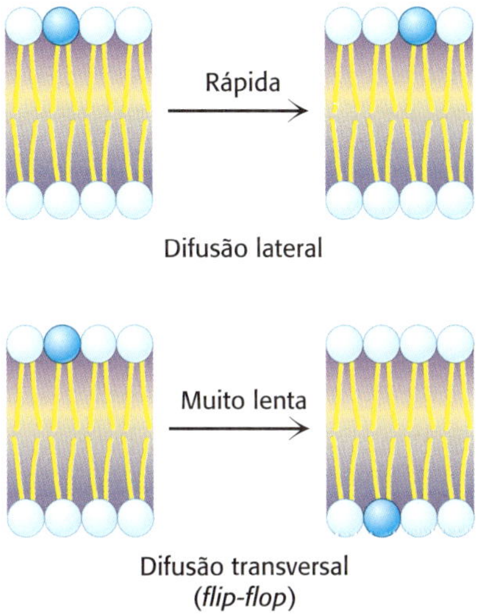


**FIGURA 12.30 Movimento dos lipídios nas membranas.** A difusão lateral dos lipídios é muito mais rápida que a difusão transversal (*flip-flop*).

## A fluidez da membrana é controlada pela composição de ácidos graxos e pelo conteúdo de colesterol

Muitos processos de membrana, como o transporte e a transdução de sinais, dependem da fluidez dos lipídios de membrana, que, por sua vez, depende das propriedades das cadeias de ácidos graxos. As cadeias de ácidos graxos nas bicamadas da membrana podem existir em um estado ordenado e rígido, ou em um estado fluido relativamente desordenado. A transição do estado rígido para o fluido ocorre de modo abrupto quando a temperatura é elevada acima da $T_m$, a temperatura de fusão (Figura 12.31). *Essa temperatura de transição depende do comprimento das cadeias de ácidos graxos e de seu grau de insaturação* (Tabela 12.3). A presença de ácidos graxos saturados favorece o estado rígido, visto que suas cadeias de hidrocarbonetos lineares interagem de modo muito favorável umas com as outras. Por outro lado, *uma dupla ligação cis produz uma dobra na cadeia de hidrocarbonetos. Essa dobra interfere no empacotamento altamente ordenado das cadeias de ácidos graxos, e, portanto, a* $T_m$ *é diminuída* (Figura 12.32). O comprimento da

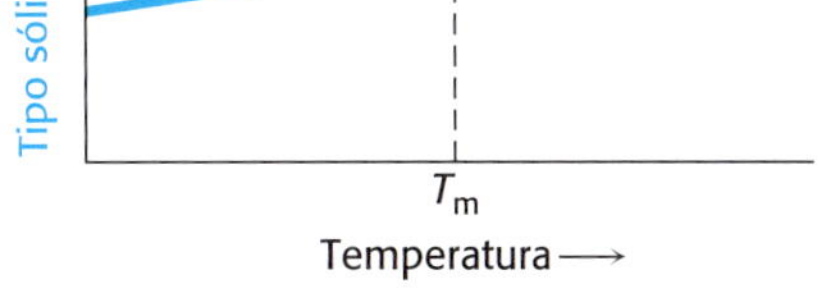

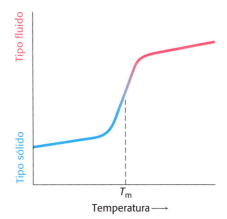


**FIGURA 12.31 Temperatura de transição de fase ou de fusão ($T_m$) em uma membrana de fosfolipídios.** À medida que a temperatura é elevada, a membrana de fosfolipídios passa de um estado empacotado e ordenado para um estado mais aleatório.

**TABELA 12.3** Temperatura de fusão da fosfatidilcolina contendo diferentes pares de cadeias idênticas de ácidos graxos.

| | | Ácido graxo | | |
|---|---|---|---|---|
| Número de carbonos | Número de duplas ligações | Nome trivial | Nome sistemático | $T_m$ (°C) |
| 22 | 0 | Behenato | *n*-Docosanoato | 75 |
| 18 | 0 | Estearato | *n*-Octadecanoato | 58 |
| 16 | 0 | Palmitato | *n*-Hexadecanoato | 41 |
| 14 | 0 | Miriastato | *n*-Tetradecanoato | 24 |
| 18 | 1 | Oleato | *cis*-$\Delta^9$-Octadecenoato | -22 |

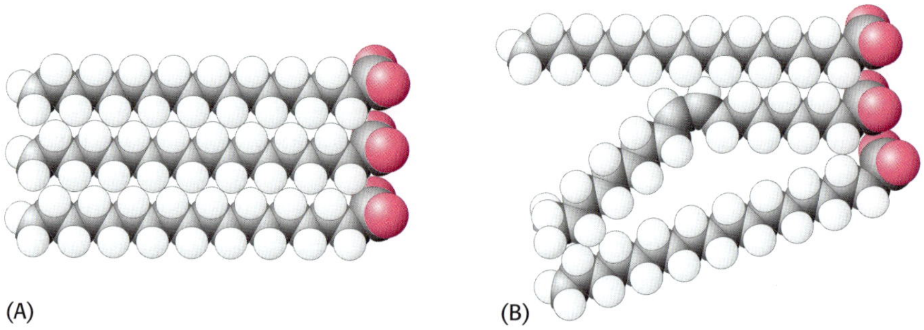


**FIGURA 12.32 Empacotamento de cadeias de ácidos graxos em uma membrana.** O empacotamento altamente ordenado das cadeias de ácidos graxos é perturbado pela presença de duplas ligações cis. Os modelos de preenchimento espacial mostram os empacotamentos de (**A**) três moléculas de estearato ($C_{18}$, saturado) e de (**B**) uma molécula de oleato ($C_{18}$, insaturado) entre duas moléculas de estearato.

cadeia de ácido graxo também afeta a temperatura de transição. As cadeias de hidrocarbonetos longas interagem mais fortemente do que as curtas. Especificamente, cada grupo $-CH_2-$ adicional dá uma contribuição favorável de cerca de $-2$ kJ $mol^{-1}$ ($-0{,}5$ kcal $mol^{-1}$) para a energia livre de interação de duas cadeias de hidrocarbonetos adjacentes.

*As bactérias regulam a fluidez de suas membranas ao variar o número de duplas ligações e o comprimento de suas cadeias de ácidos graxos.* Por exemplo, a razão entre cadeias de ácidos graxos saturadas e insaturadas na membrana de *E. coli* diminui de 1,6 para 1,0 quando a temperatura de crescimento é reduzida de 42°C para 27°C. Essa diminuição na proporção de resíduos saturados impede que a membrana se torne demasiado rígida em temperatura mais baixa.

*Nos animais, o colesterol constitui o principal regulador da fluidez da membrana.* O colesterol contém um núcleo esteroide volumoso com um grupo hidroxila em uma extremidade e uma cauda de hidrocarbonetos flexível na outra. O colesterol se insere em bicamadas com o seu eixo maior perpendicular ao plano da membrana. O grupo hidroxila do colesterol forma uma ligação de hidrogênio com o átomo de oxigênio da carbonila de uma cabeça de fosfolipídio, enquanto a sua cauda de hidrocarbonetos se localiza no cerne apolar da bicamada. O formato diferente do colesterol em comparação com o dos fosfolipídios perturba as interações regulares entre as cadeias de ácidos graxos (Figura 12.33).

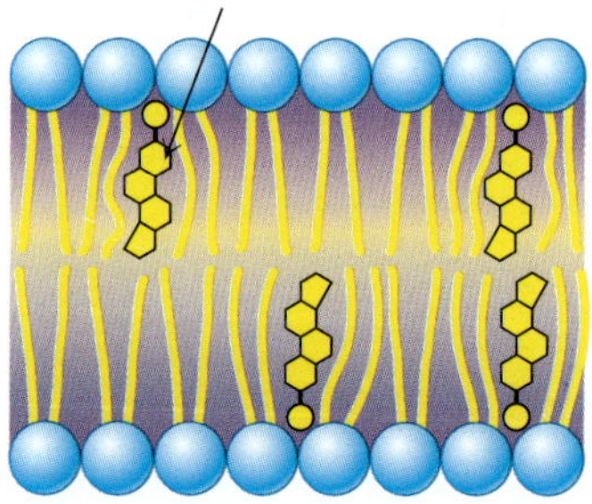


**FIGURA 12.33 O colesterol rompe o estreito empacotamento das cadeias de ácidos graxos.** [Informação de S. L. Wolfe, *Molecular and Cellular Biology* (Wadsworth, 1993).]

## As balsas lipídicas são complexos altamente dinâmicos formados entre o colesterol e lipídios específicos

Além de seus efeitos inespecíficos sobre a fluidez da membrana, o colesterol pode formar complexos específicos com lipídios que contêm o esqueleto de esfingosina, incluindo a esfingomielina e determinados glicolipídios, e com proteínas ancoradas a GPI. Esses complexos concentram-se dentro de regiões pequenas (10 a 200 nm) e altamente dinâmicas nas membranas. As estruturas assim formadas são frequentemente descritas como *balsas lipídicas*. Um resultado dessas interações é a *moderação da fluidez da membrana*, tornando-a menos fluida, porém ao mesmo tempo menos sujeita a transições de fases. Assim, a presença de balsas lipídicas representa uma modificação do modelo de mosaico fluido original para as membranas biológicas. Embora o seu estudo tenha sido muito difícil em virtude de seu pequeno tamanho e de sua natureza dinâmica, parece que as balsas lipídicas podem desempenhar um papel na concentração das proteínas que participam de vias de transdução de sinal; além disso, elas também podem atuar para regular a curvatura e o brotamento das membranas.

### Todas as membranas biológicas são assimétricas

As membranas são estrutural e funcionalmente assimétricas. As superfícies externa e interna de *todas as membranas biológicas conhecidas apresentam diferentes componentes e atividades enzimáticas também diferentes.* Um exemplo bem definido é a bomba que regula a concentração de íons $Na^+$ e $K^+$ nas células (Figura 12.34). Essa proteína transportadora está localizada na membrana plasmática de quase todas as células dos organismos superiores. A bomba de $Na^+$–$K^+$ é orientada de modo a bombear o $Na^+$ para fora da célula e o $K^+$ para dentro. Além disso, o ATP precisa estar no interior da célula para acionar a bomba. A ouabaína, um inibidor específico da bomba, só é efetiva se estiver localizada no lado externo. Analisaremos o mecanismo dessa importante e fascinante família de bombas no Capítulo 13.

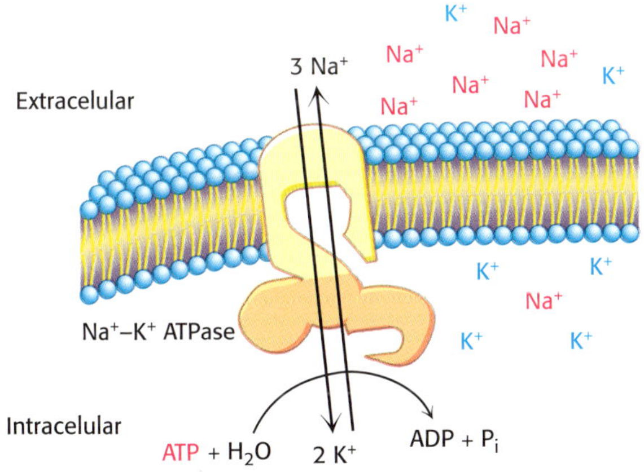


**FIGURA 12.34 Assimetria do sistema de transporte de $Na^+$–$K^+$ nas membranas plasmáticas.** O sistema de transporte de $Na^+$–$K^+$ bombeia o $Na^+$ para fora da célula e o $K^+$ para dentro ao hidrolisar o ATP no lado intracelular da membrana.

As proteínas de membrana exibem uma orientação singular, visto que, após a sua síntese, são inseridas na membrana de modo assimétrico. Essa assimetria absoluta é preservada, pois as proteínas de membrana não podem rodar de um lado da membrana para o outro e as *membranas são sempre sintetizadas pelo crescimento de membranas preexistentes*. Os lipídios também exibem uma distribuição assimétrica entre os dois folhetos da membrana. Por exemplo, na membrana dos eritrócitos, a esfingomielina e a fosfatidilcolina estão preferencialmente localizadas no folheto externo da bicamada, enquanto a fosfatidiletalonamina e a fosfatidilserina estão localizadas principalmente no folheto interno. Verifica-se a presença de grandes quantidades de colesterol em ambos os folhetos.

## 12.6 As células eucarióticas contêm compartimentos delimitados por membranas internas

Até o momento, consideramos apenas a membrana plasmática das células. Algumas bactérias e arqueias apresentam apenas essa membrana, circundada por uma parede celular espessa. Outras bactérias, como *E. coli*, têm duas membranas separadas por uma parede celular (constituída de proteínas, peptídios e carboidratos) situada entre elas (Figura 12.35). A membrana

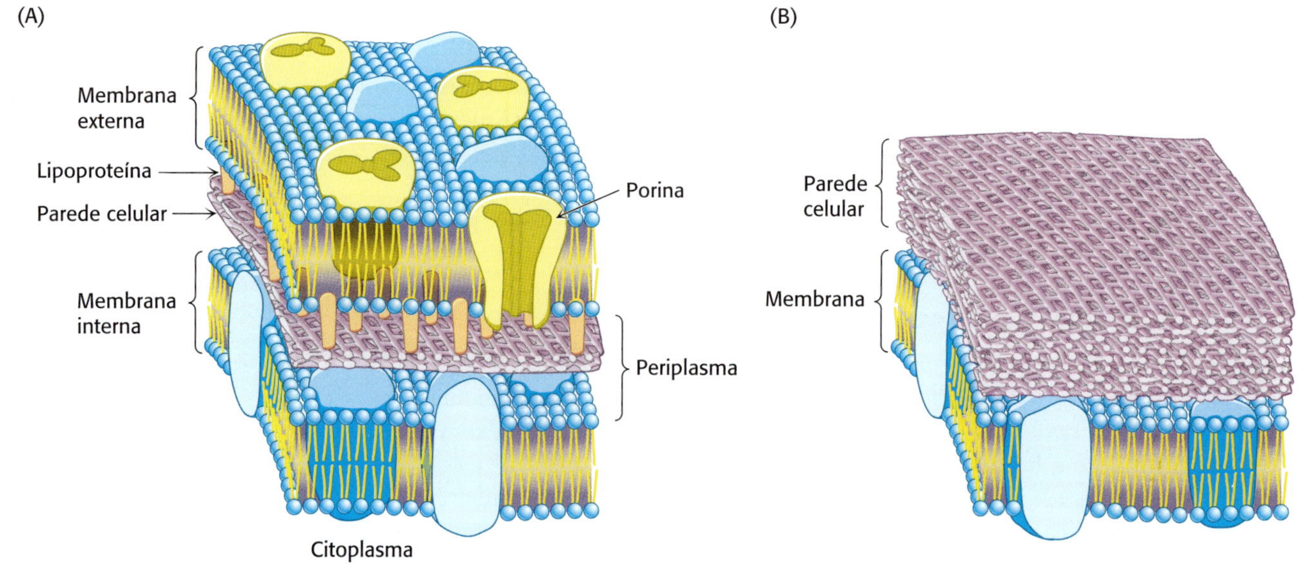


**FIGURA 12.35 Membranas celulares de procariotos.** Vista esquemática da membrana de células bacterianas circundadas por (**A**) duas membranas ou (**B**) uma membrana.

interna atua como barreira de permeabilidade, enquanto a membrana externa e a parede celular proporcionam uma proteção adicional. A membrana externa é muito permeável a pequenas moléculas em virtude da presença de porinas. A região situada entre as duas membranas que contém a parede celular é denominada *periplasma*.

Os dois tipos de membranas das bactérias, mostrados na Figura 12.35, podem ser diferenciados microscopicamente com o uso de técnica conhecida como *coloração de Gram*, assim denominada em homenagem a seu inventor, Hans Christian Gram. O corante cristal violeta é adicionado a uma amostra fixada de bactérias, seguido de iodo para reter o corante no interior da célula. Em seguida, utiliza-se álcool para remover o corante. Nas células que possuem uma parede celular espessa, conforme ilustrado na Figura 12.35B, o corante retido liga-se firmemente e não é eliminado. Essas bactérias coram-se de um púrpura intenso e são designadas como bactérias *gram-positivas* (Figura 12.36A). Nas células cuja parede celular é muito fina, o corante é rapidamente eliminado; tais bactérias adquirem uma coloração rosada (devido à adição de um segundo corante no término do experimento)

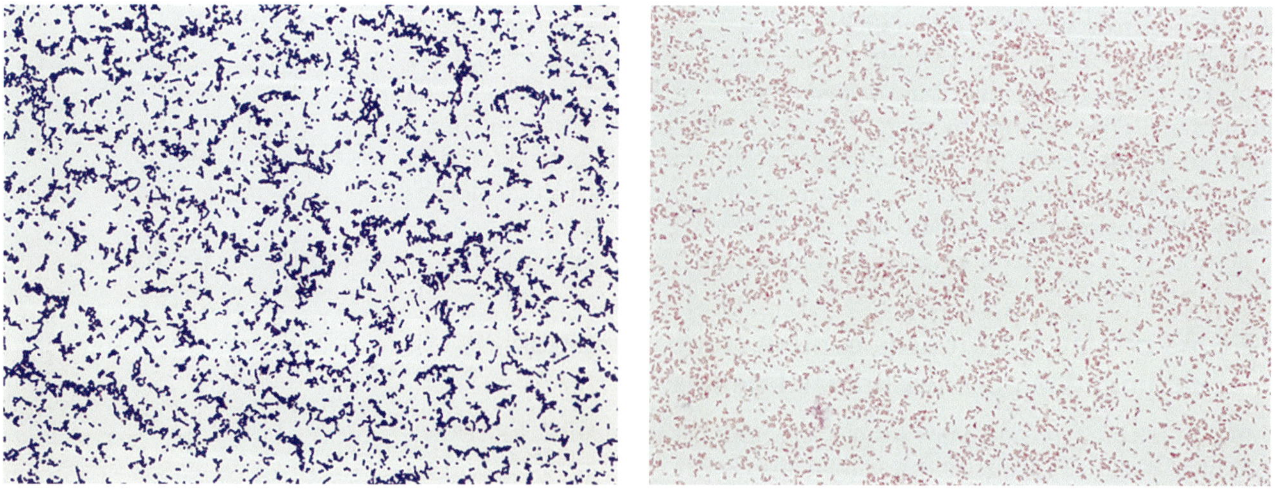

**FIGURA 12.36 Coloração de Gram das bactérias. A.** As bactérias gram-positivas retêm o corante cristal violeta em suas paredes celulares espessas. **B.** As bactérias gram-negativas apresentam uma parede celular mais fina. Durante a etapa de lavagem, elas perdem o cristal violeta e aparecem na cor rosada. [(**A**) Richard J Green/Getty Images (**B**) Richard J Green/Getty Images.]

e são denominadas bactérias *gram-negativas* (Figura 12.36B). A coloração de Gram constitui importante método para a classificação inicial de uma amostra de bactérias, particularmente em amostras de fluidos de um paciente infectado em que a rápida identificação do tipo de bactéria é de suma importância para a escolha do tratamento antibiótico.

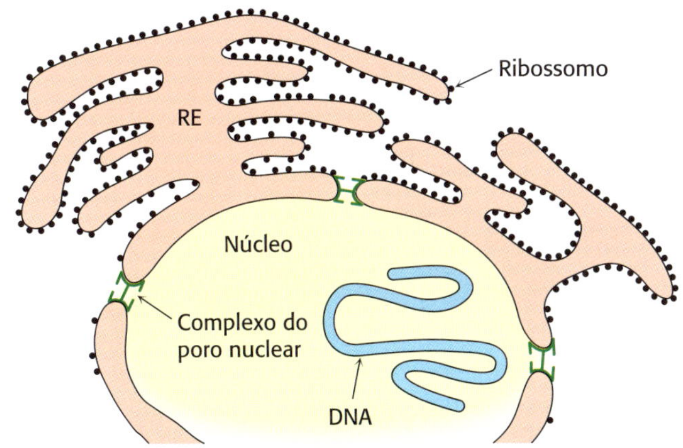


**FIGURA 12.37 Envelope nuclear.** O envelope nuclear é uma dupla membrana conectada a outro sistema de membranas dos eucariotos, o retículo endoplasmático. [Informação de E. C. Schirmer e L. Gerace. *Genome Biol.* 3(4): 1008. 1–1008.4, 2002, reviews, Fig.1.]

Com exceção das células vegetais, as células eucarióticas não apresentam paredes celulares, e suas membranas celulares consistem em uma única bicamada lipídica. Nas células vegetais, a parede celular encontra-se no lado externo da membrana plasmática. As células eucarióticas diferenciam-se das células procarióticas pela presença de membranas dentro da célula que formam compartimentos internos. Por exemplo, os peroxissomos, organelas que desempenham um importante papel na oxidação dos ácidos graxos para a conversão da energia, são definidos por uma única membrana. As mitocôndrias, que são organelas nas quais ocorre a síntese de ATP, são circundadas por duas membranas. Como no caso das bactérias, a membrana externa é muito permeável a pequenas moléculas, mas não a sua membrana interna. Com efeito, hoje em dia, há consideráveis evidências de que as mitocôndrias evoluíram a partir das bactérias por *endossimbiose* (ver Seção 18.1). O núcleo também é circundado por uma dupla membrana, o *envelope nuclear*, que consiste em um conjunto de membranas fechadas que se reúnem em estruturas denominadas *poros nucleares* (Figura 12.37). Esses poros regulam o transporte para dentro e para fora do núcleo. O envelope nuclear está ligado a outra estrutura definida por membranas, o *retículo endoplasmático*, que desempenha inúmeras funções celulares, incluindo desintoxicação de substâncias e modificação de proteínas para secreção. Por conseguinte, uma célula eucariótica contém compartimentos que interagem, e o transporte para dentro e para fora desses compartimentos é essencial para muitos processos bioquímicos.

As membranas devem ser capazes de se separar ou de se unir, de modo que as células e os compartimentos possam captar, transportar e liberar moléculas. Muitas células captam moléculas pelo processo de *endocitose mediada por receptor*. Neste caso, uma proteína ou um complexo maior liga-se inicialmente a um receptor existente na superfície da célula. Após a ligação ao receptor, proteínas especializadas atuam para induzir a invaginação da membrana nessa região. Uma dessas proteínas especializadas é a *clatrina*, que se polimeriza em uma rede em torno do broto da membrana em crescimento, frequentemente designado como *depressão revestida por clatrina* (Figura 12.38). A membrana invaginada acaba se rompendo e funde-se, dando origem a uma *vesícula*. Diversos hormônios, proteínas transportadoras e anticorpos utilizam a endocitose mediada por receptor

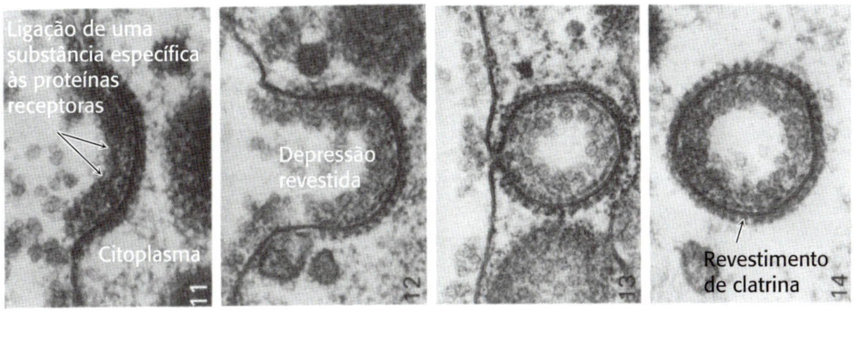


**FIGURA 12.38 Formação de vesícula por endocitose mediada por receptor.** A ligação do receptor na superfície da célula induz a invaginação da membrana com o auxílio de proteínas intracelulares especializadas, como a clatrina. O processo resulta na formação de uma vesícula dentro da célula. [Reproduzida com autorização: MM Perry e AB Gilbert Yolk transport in the ovarian follicle of the hen (Gallus domesticus): lipoprotein-like particles at the periphery of the oocyte in the rapid growth phase *J. Cell Sci.* 39: 266.]

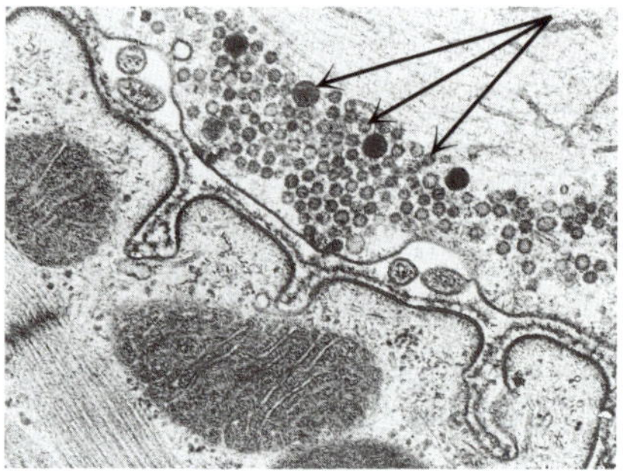

**FIGURA 12.39 Liberação de neurotransmissor.** Vesículas sinápticas contendo neurotransmissores (indicadas pelas setas) estão dispostas perto da membrana plasmática de uma célula nervosa. As vesículas sinápticas fundem-se com a membrana plasmática, liberando o neurotransmissor na fenda sináptica. [Don W. Fawcett/T. Reese/Science Source.]

para ganhar acesso às células. Uma consequência menos vantajosa é o fato de que essa via está disponível para vírus e toxinas como meio de invasão das células. O processo inverso – a fusão de uma vesícula com uma membrana – constitui uma etapa essencial na liberação de neurotransmissores de um neurônio na fenda sináptica (Figura 12.39).

Consideremos um exemplo de endocitose mediada por receptor. O ferro é um elemento essencial para a função e a estrutura de muitas proteínas, incluindo a hemoglobina e a mioglobina (ver Capítulo 7). Entretanto, os íons ferro livres são altamente tóxicos para as células em virtude de sua capacidade de catalisar a formação de radicais livres. Por conseguinte, o transporte de átomos de ferro do trato digestório para as células, onde eles são mais necessários, precisa ser rigorosamente controlado. Na corrente sanguínea, o ferro está estreitamente ligado à proteína *transferrina*, que tem a capacidade de ligar dois íons $Fe^{3+}$ com uma constante de dissociação de $10^{-23}$ M em pH neutro. As células que necessitam de ferro expressam o *receptor de transferrina* em suas membranas plasmáticas (ver Seção 33.4). A formação de um complexo entre o receptor de transferrina e a transferrina ligada ao ferro dá início ao processo de endocitose mediada por receptor, internalizando os complexos dentro das vesículas denominadas *endossomos* (Figura 12.40). À medida que os endossomos vão amadurecendo, bombas de prótons da membrana da vesícula reduzem o pH luminal para cerca de 5,5. Nessas condições, a afinidade dos íons ferro pela transferrina diminui; em consequência, esses íons são liberados e atravessam os canais das membranas endossômicas, passando para o citoplasma. O complexo de transferrina sem ferro é reciclado para a membrana plasmática, onde a transferrina é liberada de volta à corrente sanguínea, podendo então o receptor de transferrina participar de outro ciclo de captação.

Embora o brotamento e a fusão pareçam ser enganosamente simples, as estruturas dos intermediários nesses processos e os mecanismos detalhados continuam sendo áreas ativas de pesquisa. Tais processos precisam ser altamente específicos, de modo a impedir eventos incorretos de fusão da membrana. As *proteínas SNARE* (*soluble N-ethylmaleimide-sensitive factor attachment protein receptor;* receptor de proteína de ligação de fator sensível à *N*-etilmaleimida solúvel) de ambas as membranas ajudam a reunir bicamadas lipídicas apropriadas por meio da formação de feixes de quatro

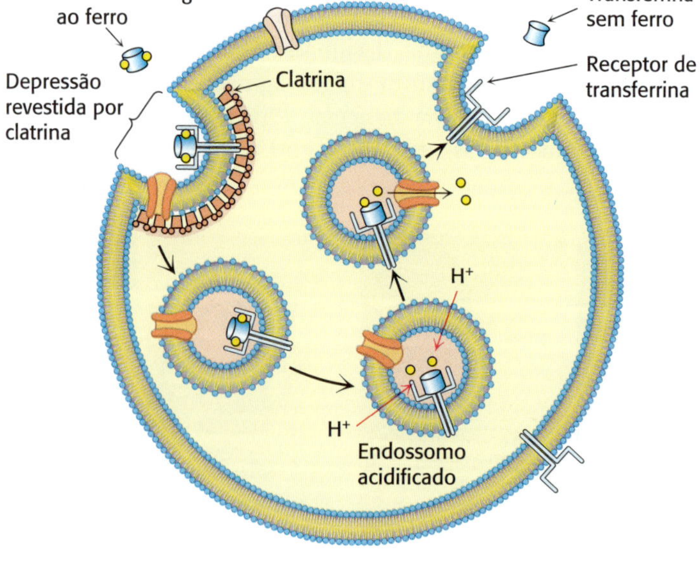

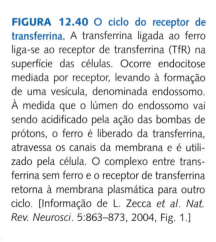

**FIGURA 12.40 O ciclo do receptor de transferrina.** A transferrina ligada ao ferro liga-se ao receptor de transferrina (TfR) na superfície das células. Ocorre endocitose mediada por receptor, levando à formação de uma vesícula, denominada endossomo. À medida que o lúmen do endossomo vai sendo acidificado pela ação das bombas de prótons, o ferro é liberado da transferrina, atravessa os canais da membrana e é utilizado pela célula. O complexo entre transferrina sem ferro e o receptor de transferrina retorna à membrana plasmática para outro ciclo. [Informação de L. Zecca *et al.* *Nat. Rev. Neurosci.* 5:863–873, 2004, Fig. 1.]

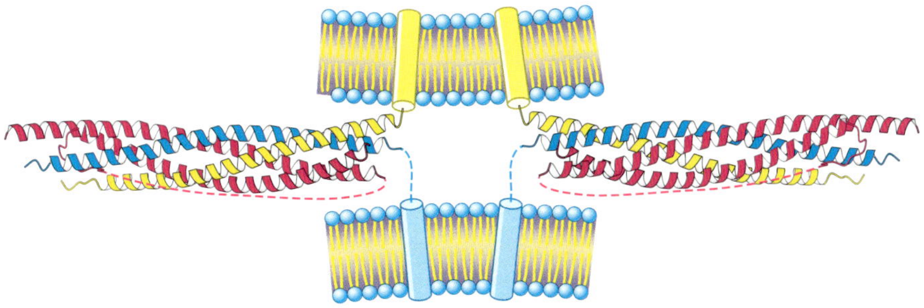

**FIGURA 12.41 Os complexos SNARE iniciam a fusão da membrana.** A proteína SNARE sinaptobrevina (em amarelo) de uma membrana forma um feixe firme de quatro hélices com as proteínas SNARE correspondentes, a sintaxina-1 (em azul) e SNAP25 (em vermelho) de uma segunda membrana. O complexo aproxima as membranas, iniciando o processo de fusão. [Desenhada de 1SFC.pdb.]

hélices estreitamente enroladas (Figura 12.41). Quando essas membranas estão em estreita aposição, pode ocorrer o processo de fusão. As proteínas SNARE, codificadas por famílias de genes em todas as células eucarióticas, determinam, em grande parte, o compartimento com o qual uma vesícula irá se fundir. A especificidade de fusão das membranas assegura o tráfego ordenado das vesículas de membrana e suas cargas através das células eucarióticas.

## RESUMO

As membranas biológicas são estruturas laminares, tipicamente de 60 a 100 Å de espessura, compostas de moléculas de proteínas e de lipídios mantidas juntas por interações não covalentes. As membranas são barreiras de permeabilidade altamente seletivas. Criam compartimentos fechados, que podem ser células inteiras ou organelas dentro de uma célula. As proteínas nas membranas regulam as composições moleculares e iônicas desses compartimentos. As membranas também controlam o fluxo de informações entre as células.

### 12.1 Os ácidos graxos são constituintes essenciais dos lipídios

Os ácidos graxos são cadeias de hidrocarbonetos de vários comprimentos e graus de insaturação que terminam com um grupo de ácido carboxílico. As cadeias de ácidos graxos nas membranas contêm habitualmente entre 14 e 24 átomos de carbono, podendo ser saturadas ou insaturadas. As cadeias curtas e a insaturação aumentam a fluidez dos ácidos graxos e seus derivados, diminuindo a temperatura de fusão.

### 12.2 Existem três tipos comuns de lipídios de membrana

Os principais tipos de lipídios de membrana são os fosfolipídios, os glicolipídios e o colesterol. Os fosfoglicerídios, um tipo de fosfolipídio, são constituídos de um esqueleto de glicerol, duas cadeias de ácidos graxos e um álcool fosforilado. A fosfatidilcolina, a fosfatidilserina e a fosfatidiletanolamina são os principais fosfoglicerídios. A esfingomielina, um tipo diferente de fosfolipídio, contém um esqueleto de esfingosina em vez de glicerol. Os glicolipídios são lipídios que contêm açúcares derivados da esfingosina. O colesterol, que modula a fluidez da membrana, é formado a partir de um núcleo esteroide. Uma característica comum desses lipídios de membrana é que são moléculas anfipáticas, apresentando uma extremidade hidrofóbica e outra hidrofílica.

### 12.3 Os fosfolipídios e os glicolipídios formam prontamente lâminas bimoleculares em meios aquosos

Os lipídios de membrana formam espontaneamente lâminas bimoleculares extensas em soluções aquosas. A força motriz para a formação das membranas é proporcionada pelas interações hidrofóbicas entre as caudas de ácidos graxos dos lipídios de membrana. As cabeças hidrofílicas interagem com o meio aquoso. As bicamadas lipídicas são estruturas cooperativas, mantidas por numerosas ligações fracas. Essas bicamadas lipídicas são altamente impermeáveis aos íons e à maioria das moléculas polares. Todavia, são muito fluidas, possibilitando a sua atuação como solvente para as proteínas de membrana.

### 12.4 As proteínas realizam a maior parte dos processos da membrana

Proteínas específicas medeiam funções características da membrana, como transporte, comunicação e transdução de energia. Muitas proteínas integrais de membrana atravessam a bicamada lipídica de um lado ao outro, enquanto outras são apenas parcialmente inseridas na membrana. As proteínas periféricas de membrana estão ligadas às superfícies das membranas por interações eletrostáticas e ligações de hidrogênio. As proteínas transmembranares apresentam estruturas regulares, incluindo fitas $\beta$, embora a $\alpha$-hélice seja a estrutura transmembranar mais comum. Sequências de 20 aminoácidos apolares consecutivos podem ser diagnósticas de uma região de $\alpha$-hélice transmembranar de uma proteína.

### 12.5 Os lipídios e muitas proteínas de membrana difundem-se rapidamente no plano da membrana

As membranas são estrutural e funcionalmente assimétricas, conforme exemplificado pela restrição de resíduos de açúcar à superfície externa das membranas plasmáticas dos mamíferos. As membranas são estruturas dinâmicas em que as proteínas e os lipídios sofrem rápida difusão no plano da membrana (difusão lateral), a não ser que sejam restritos por interações especiais. Em contrapartida, a rotação de lipídios de uma face de uma membrana para outra (difusão transversal ou *flip-flop*) é habitualmente muito lenta. As proteínas não giram através de bicamadas; dessa maneira, a assimetria da membrana pode ser preservada. O grau de fluidez de uma membrana depende do comprimento da cadeia de seus lipídios e do grau de insaturação de seus ácidos graxos constituintes. Nos animais, o conteúdo de colesterol também regula a fluidez da membrana.

### 12.6 As células eucarióticas contêm compartimentos delimitados por membranas internas

Uma série extensa de membranas internas nos eucariotos cria compartimentos dentro de uma célula para desempenhar funções bioquímicas distintas. Por exemplo, uma dupla membrana circunda o núcleo (o local da maior parte do material genético da célula) e as mitocôndrias (o local da maior parte da síntese de ATP). Uma única membrana define os outros compartimentos internos, como o retículo endoplasmático. A endocitose mediada por receptor possibilita a formação de vesículas intracelulares quando ligantes ligam-se às suas proteínas receptoras correspondentes na membrana plasmática. O processo inverso – a fusão de uma vesícula a uma membrana – constitui etapa essencial na liberação de moléculas de sinalização para fora da célula.

# APÊNDICE

## Bioquímica em foco

### O curioso caso da cardiolipina

Você pode ter percebido a estrutura singular de um dos fosfolipídios mostrados na Figura 12.5. No difosfatidilglicerol, a unidade de álcool central é, ela própria, um componente glicerol ao qual se ligam dois grupos fosfatidato.

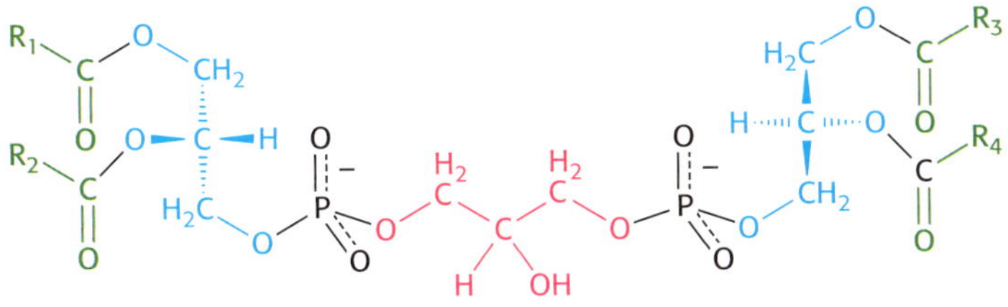


Difosfatidilglicerol (cardiolipina)

O resultado final é um fosfoglicerídio contendo quatro cadeias de ácidos graxos e uma carga efetiva de -2. Em virtude de sua estrutura dimérica, o difosfatidilglicerol possui uma forma semelhante a um cone truncado, em vez da forma cilíndrica do fosfolipídio mais típico (Figura 12.42).

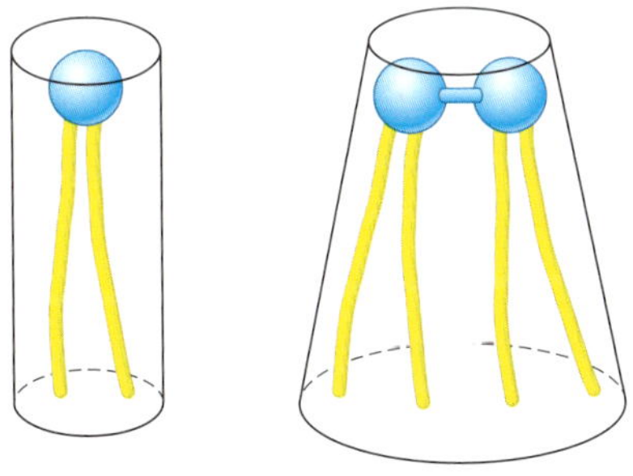


**FIGURA 12.42 Forma da cardiolipina *versus* um fosfoglicerídio "comum".** *Observe* que a cardiolipina tem forma semelhante a um cone truncado em virtude de sua cabeça de difosfoglicerol dimérico e quatro caudas de ácidos graxos.

O difosfatidilglicerol é também conhecido como *cardiolipina*, assim denominado por ter sido identificado pela primeira vez no coração de vacas. A cardiolipina é encontrada nas membranas de bactérias e arqueias, e está presente em quantidade particularmente abundante na membrana interna das mitocôndrias. A composição das suas cadeias lipídicas varia de acordo com o tipo de tecido: nos animais, a forma predominante da cardiolipina contém quatro cadeias de linoleato (18:2). Conforme assinalado anteriormente neste capítulo, as mitocôndrias são organelas celulares circundadas por duas membranas, que são responsáveis pela síntese de ATP celular. Como veremos mais adiante, o ATP é produzido na membrana mitocondrial interna por um complexo de múltiplas proteínas transmembranares conhecidas como respirassomo (ver Seção 18.3). Surpreendentemente, as estruturas cristalinas das proteínas do respirassomo apresentam evidências de sítios de ligação altamente específicos para a cardiolipina em suas regiões transmembranares. Em outras palavras, a cardiolipina não é simplesmente um componente passivo da "solução" de lipídios, porém desempenha papel específico na estrutura e na função dessas proteínas.

A importância da cardiolipina na função das mitocôndrias também é demonstrada em indivíduos com níveis reduzidos de cardiolipina devido a mutações genéticas. A síntese e a manutenção adequadas dos níveis de cardiolipina exigem a presença da enzima *tafazina*, que catalisa a transferência de cadeias de linoleato da fosfatidilcolina para a cardiolipina imatura, produzindo a sua forma madura tetralinoleoil. Mutações que reduzem a atividade catalítica da tafazina resultam na *síndrome de Barth*, que se caracteriza pela dilatação das câmaras cardíacas, intolerância ao exercício e comprometimento do crescimento. Pesquisas adicionais nos tecidos desses pacientes revelaram a presença de mitocôndrias inadequadamente formadas com membranas internas distorcidas e respirassomos de função precária devido a uma montagem incorreta dos complexos proteicos.

A importância da cardiolipina para a função do respirassomo fornece um exemplo da interação entre lipídios e proteínas de membrana. A composição da bicamada lipídica e, de fato, das moléculas individuais de lipídios pode desempenhar papel integral na função das proteínas, não atuando meramente como solvente orgânico.

# PALAVRAS-CHAVE

ácido graxo
fosfolipídio
esfingosina
fosfoglicerídio
esfingomielina
glicolipídio
cerebrosídio
gangliosídio
colesterol
molécula anfipática (anfifílica)
bicamada lipídica
lipossomo
proteína integral de membrana
proteína periférica de membrana
gráfico de hidropaticidade
difusão lateral
modelo de mosaico fluido
balsa lipídica
coloração de Gram
endocitose mediada por receptor
clatrina
transferrina
receptor de transferrina
endossomo
proteínas SNARE (receptor de proteína de ligação de fator sensível à *N*-etilmaleimida solúvel)

# QUESTÕES

1. *Densidade de população.* Quantas moléculas de fosfolipídios existem em uma região de 1 $\mu m^2$ de uma membrana com bicamada de fosfolipídio? Suponha que uma molécula de fosfolipídio ocupe 70 $Å^2$ da área de superfície.

2. *Através do espelho.* Os fosfolipídios formam bicamadas lipídicas na água. Qual é a estrutura que poderia se formar se os fosfolipídios fossem colocados em um solvente orgânico? ✓3

3. *Difusão de lipídios.* Qual é a distância média percorrida por um lipídio de membrana em 1 μs, 1 ms e 1 s? Suponha um coeficiente de difusão de $10^{-8}$ $cm^2$ $s^{-1}$. ✓6

4. *Difusão de proteínas.* O coeficiente de difusão, *D*, de uma molécula esférica rígida é fornecido por

$$D = kT/6\pi\eta r,$$

em que $\eta$ é a viscosidade do solvente, *r* o raio da esfera, *k* a constante de Boltzman (1,38 × $10^{-16}$ erg $grau^{-1}$) e *T* a temperatura absoluta. Qual é o coeficiente de difusão a 37°C de uma proteína de 100 kDa em uma membrana com viscosidade efetiva de 1 poise (1 poise = 1 erg $s^{-1}$ $cm^{-3}$)? Qual a distância média percorrida por essa proteína em 1 μs, 1 ms e 1 s? Suponha que essa proteína seja uma esfera rígida não hidratada com densidade de 1,35 g $cm^{-3}$.

5. *Sensibilidade ao frio.* Alguns antibióticos atuam como carreadores que se ligam a um íon em um lado da membrana, difundem-se através da membrana e liberam o íon do outro lado. A condutância de uma membrana de bicamada lipídica contendo um antibiótico carreador diminui abruptamente quando a temperatura é reduzida de 40°C para 36°C. Por outro lado, há pouca mudança na condutância da mesma membrana de bicamada quando esta contém um antibiótico formador de canais. Por quê?

6. *Ponto de fusão 1.* Explique por que o ácido oleico (18 carbonos, uma ligação cis) tem menor ponto de fusão do que o ácido esteárico, que tem o mesmo número de átomos de carbono, porém é saturado. Como você espera que seja o ponto de fusão do ácido *trans*-oleico em comparação com o do ácido *cis*-oleico? Por que a maioria dos ácidos graxos insaturados nos fosfolipídios está na conformação cis em lugar da conformação trans? ✓6

7. *Ponto de fusão 2.* Explique por que o ponto de fusão do ácido palmítico ($C_{16}$) é 6,5° mais baixo que o do ácido esteárico ($C_{18}$). ✓6

8. *Uma dieta saudável.* Pequenos mamíferos hibernantes podem suportar temperaturas corporais de 0° a 5°C sem qualquer dano. Entretanto, as gorduras corporais da maioria dos mamíferos apresentam temperaturas de fusão de aproximadamente 25°C. Preveja como a composição da gordura corporal dos animais hibernantes pode diferir daquela de seus primos não hibernantes. ✓6

9. *Flip-flop 1.* A difusão transversal de fosfolipídios em uma membrana em bicamada foi investigada com o uso de um análogo da fosfatidilserina, denominado NBD-PS, marcado com fluorescência.

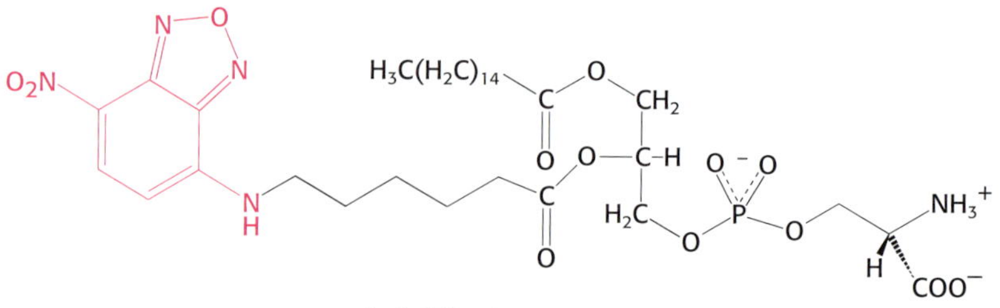

**NBD-fosfatidilserina (NBD-PS)**

O sinal de fluorescência da NBD-PS é apagado quando exposto à ditionita de sódio, um agente redutor ao qual a membrana não é permeável.

Vesículas lipídicas contendo fosfatidilserina (98%) e NBD-PS (2%) foram preparadas por sonicação e purificadas. Dentro de poucos minutos após a adição de ditionita de sódio, o sinal de fluorescência dessas vesículas diminuiu para cerca de 45% do seu valor inicial. A adição imediata de uma segunda alíquota de ditionita de sódio não produziu nenhuma mudança no sinal de fluorescência. Entretanto, quando as vesículas foram incubadas por 6,5 horas, a adição de uma terceira alíquota de ditionita de sódio diminuiu o sinal de fluorescência remanescente em 50%. Como você interpretaria as mudanças de fluorescência com cada adição de ditionita de sódio?

10. *Flip-flop 2.* Embora as proteínas raramente, ou nunca, sofram *flip-flop* ao longo de uma membrana, a distribuição dos lipídios de membrana entre seus folhetos não é absoluta, exceto no caso dos glicolipídios. Por que os lipídios glicosilados têm menos tendência a sofrer *flip-flop*?

11. *Ligações.* O fator de ativação plaquetário (PAF) é um fosfolipídio que desempenha um papel nas respostas alérgicas e inflamatórias, bem como na síndrome do choque tóxico. A estrutura do PAF é mostrada aqui. Como ela difere das estruturas dos fosfolipídios discutidos neste capítulo? ✓2

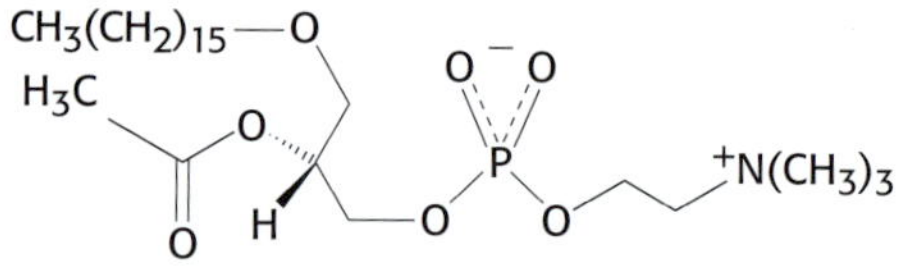

**Fator de ativação plaquetário (PAF)**

12. *Uma questão de competição.* Um homopolímero de alanina tem mais probabilidade de formar uma α-hélice na água ou em um meio hidrofóbico? Explique.

13. *Falso-positivo.* A análise do gráfico de hidropaticidade de sua proteína de interesse revela um único pico hidrofóbico proeminente. Entretanto, você descobre posteriormente que essa proteína é solúvel e não está associada a membrana. Explique como o gráfico de hidropaticidade pode ter sido enganoso. ✓5

**14.** *Mantendo a fluidez.* Uma cultura de bactérias crescendo a 37°C teve a sua temperatura reduzida a 25°C. Como você esperaria que essa mudança altere a composição de ácidos graxos dos fosfolipídios de membrana? Explique. ✓6

**15.** *Deixe-me contar as maneiras.* Cada fusão intracelular de uma vesícula com uma membrana necessita de uma proteína SNARE na vesícula (denominada v-SNARE) e de uma proteína SNARE na membrana-alvo (denominada t-SNARE). Suponha que um genoma codifique 21 membros da família v-SNARE e sete membros da família t-SNARE. Com a suposição de ausência de especificidade, quantas interações potenciais de v-SNARE com t-SNARE podem ocorrer?

## Questões | Interpretação de dados

**16.** *Efeitos do colesterol.* A curva vermelha no gráfico seguinte mostra a fluidez dos ácidos graxos de uma bicamada fosfolipídica em função da temperatura. A curva azul mostra a fluidez na presença de colesterol.

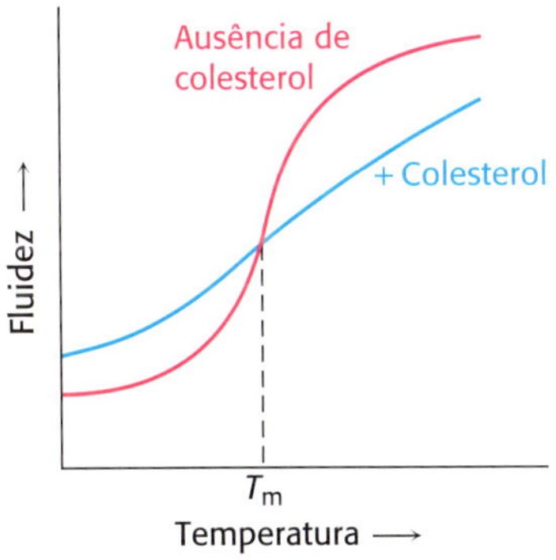


**(a)** Qual é o efeito do colesterol?

**(b)** Por que esse efeito seria biologicamente importante?

**17.** *Gráficos de hidropaticidade.* Fundamentando-se nos seguintes gráficos de hidropaticidade para três proteínas (A-C), preveja quais seriam as proteínas de membrana. Quais são as ambiguidades quanto ao uso desses gráficos para determinar se uma proteína é de membrana?

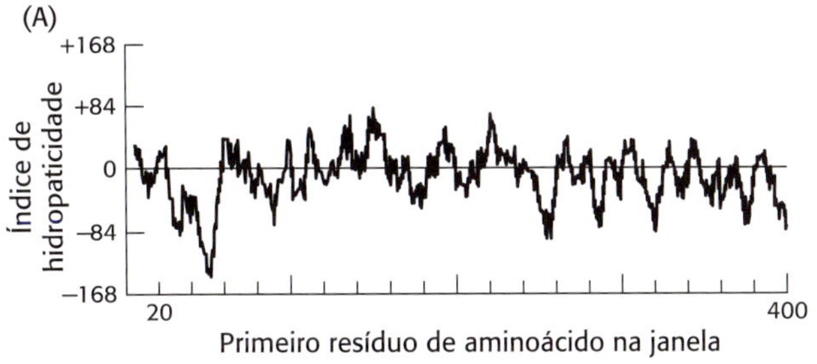


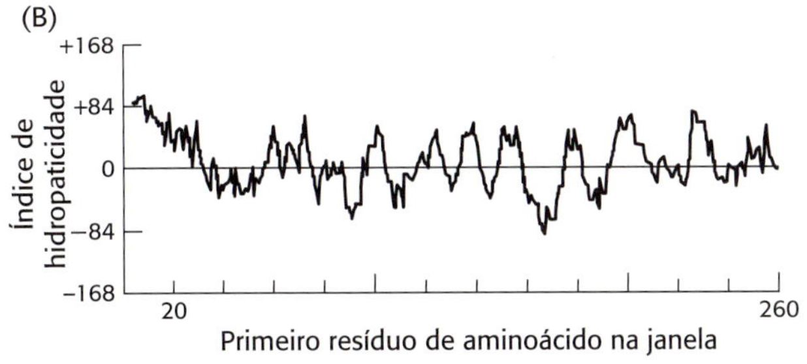


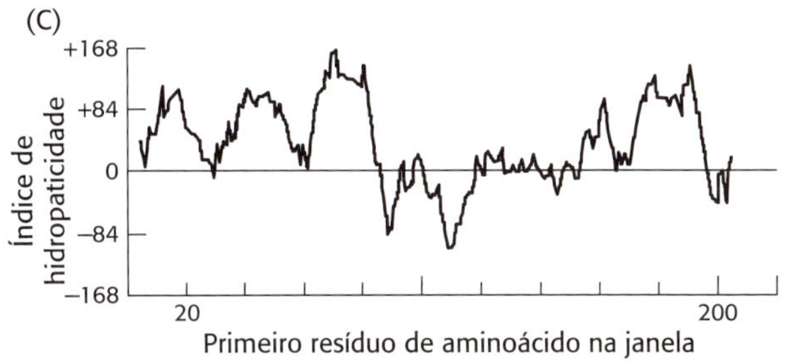


**18.** *Nem todos os inibidores são iguais.* O ibuprofeno e a indometacina são inibidores clinicamente importantes da prostaglandina $H_2$ sintase 1. Células que expressam essa enzima foram incubadas nas seguintes condições e, em seguida, a atividade da enzima foi medida pela adição de ácido araquidônico marcado radioativamente e detecção da prostaglandina $H_2$ recém-produzida:

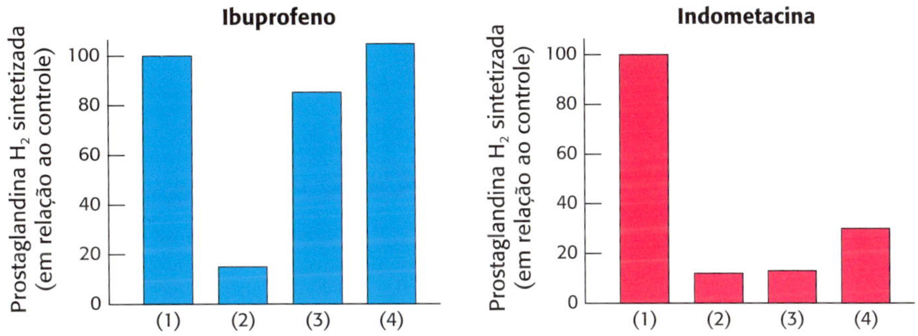


**(1)** 40 min *sem* inibidor (controle)
**(2)** 40 min com inibidor
**(3)** 40 min com inibidor; em seguida, as células foram suspensas em meio *sem* inibidor
**(4)** 40 min com inibidor; em seguida, as células foram suspensas em meio *sem* inibidor e incubadas por um período adicional de 30 min.

**(a)** Formule uma hipótese para explicar os diferentes resultados obtidos com esses dois inibidores.

**(b)** Como tais resultados seriam se o ácido acetilsalicílico fosse testado de modo similar?

## Questões | Integração de capítulos

**19.** *Ambiente apropriado.* O conhecimento da estrutura e da função das proteínas de membrana ficou atrasado em relação ao de outras proteínas. O principal motivo é que as proteínas de membrana são mais difíceis de purificar e de cristalizar. Por que isso acontece?

## Questões para discussão

**20.** Neste capítulo, discutimos dois fatos aparentemente contraditórios sobre os lipídios de membrana:

**(1)** A difusão (*"flip-flop"*) dos lipídios de membrana de um folheto para outro é muito lenta.

**(2)** Os lipídios nas membranas biológicas possuem uma distribuição assimétrica.

Proponha alguns mecanismos pelos quais a célula pode estabelecer e manter membranas assimétricas.

# Canais e Bombas de Membranas

CAPÍTULO 13

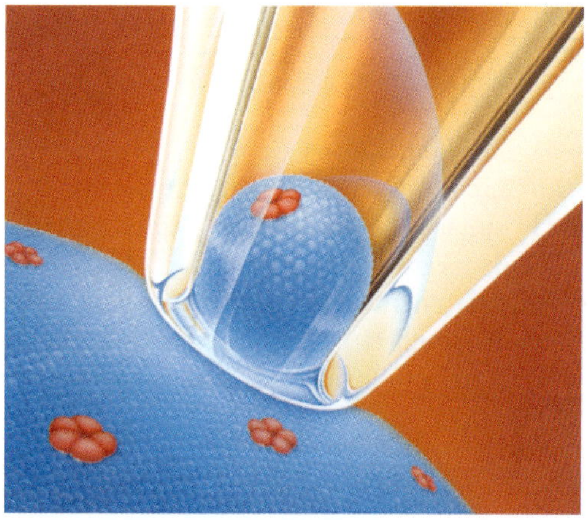

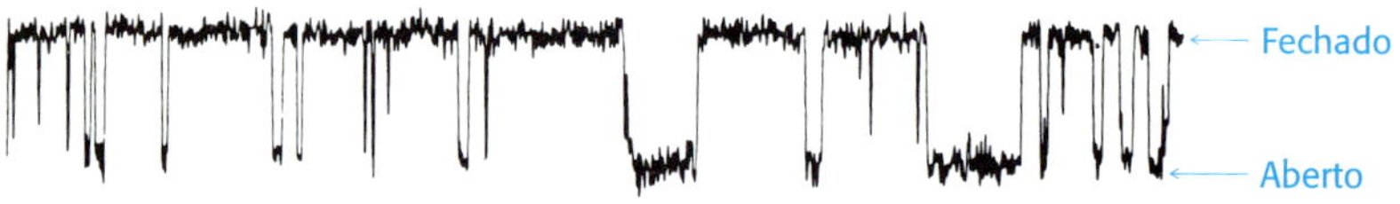


O fluxo de íons através de um único canal de membrana (os canais estão mostrados em vermelho na ilustração à esquerda) pode ser detectado pela técnica de *patch-clamp*, que registra as mudanças de corrente quando o canal oscila entre os estados aberto e fechado. [(*À esquerda*) Ilustração de Dana Burns-Pizer (*À direita*) Cortesia do Dr. Mauricio Montal.].

## SUMÁRIO



## OBJETIVOS DE APRENDIZAGEM

*Ao término do capítulo, o leitor deverá ser capaz de:*

1. Distinguir entre transporte passivo e ativo.
2. Calcular a energia livre armazenada em um gradiente de concentração ou eletroquímico.
3. Definir transporte ativo primário e secundário.
4. Comparar os mecanismos da bomba de ATPase do tipo P e a bomba dos transportadores ABC.
5. Explicar como os canais são capazes de mover rapidamente íons através das membranas e como eles conseguem atingir a seletividade de íons.
6. Descrever dois mecanismos pelos quais os canais de íons são regulados.
7. Explicar as etapas que levam à formação de um potencial de ação.

---

A bicamada lipídica das membranas biológicas é intrinsecamente impermeável aos íons e às moléculas polares; mesmo assim, essas espécies devem ser capazes de atravessar tais membranas para o funcionamento normal das células. A permeabilidade é conferida por três classes de proteínas de membrana: as *bombas*, os *carreadores* e os *canais*. As bombas utilizam uma fonte de energia livre, como a hidrólise do ATP ou a absorção de luz, para acionar o transporte termodinamicamente desfavorável de íons ou moléculas. A ação das bombas fornece um exemplo de *transporte ativo*. Os carreadores medeiam o transporte de íons e de pequenas moléculas através das membranas sem o consumo de ATP. Os canais formam um poro na membrana através do qual os íons podem fluir rapidamente em uma direção termodinamicamente favorável. A ação dos canais ilustra o *transporte passivo* ou *difusão facilitada*.

As bombas são transdutores de energia, visto que convertem uma forma de energia livre em outra. Dois tipos de *bombas acionadas pelo ATP* – as ATPases do tipo P e os transportadores com cassete de ligação de ATP (ABC) – sofrem mudanças conformacionais com a ligação e a hidrólise do ATP, proporcionando o transporte de um íon ligado através da membrana. A energia livre da hidrólise do ATP é utilizada para impulsionar o movimento de íons contra seus gradientes de concentração, um processo denominado *transporte ativo primário*. Em contrapartida, os carreadores utilizam o gradiente de um íon para impulsionar o transporte de outra molécula contra o seu gradiente. Um exemplo desse processo, denominado *transporte ativo secundário*, é mediado pelo transportador de lactose de *E. coli*, uma proteína bem estudada responsável pela captação de um açúcar específico do ambiente de uma bactéria. Muitos transportadores dessa classe são encontrados nas membranas das nossas células. A expressão desses transportadores determina os metabólitos que uma célula pode importar do ambiente. Por conseguinte, o ajuste do nível de expressão dos transportadores constitui um mecanismo primário de controle do metabolismo.

As bombas podem estabelecer gradientes persistentes de determinados íons através das membranas. *Canais iônicos* específicos possibilitam o fluxo rápido desses íons através das membranas a favor de seus gradientes. Esses canais estão entre as moléculas mais fascinantes da bioquímica em virtude de sua capacidade de propiciar o fluxo livre de alguns íons através de uma membrana enquanto bloqueiam o fluxo de espécies até mesmo estreitamente relacionadas. A abertura ou a regulação desses canais pode ser controlada pela presença de certos ligantes ou por determinada voltagem da membrana. Os canais iônicos regulados são fundamentais para o funcionamento de nosso sistema nervoso, pois atuam como disjuntores elaborados que possibilitam o rápido fluxo de corrente.

Por fim, uma classe diferente de canal, o canal de célula para célula ou *junção comunicante* (*gap junction*), possibilita o fluxo de metabólitos ou íons *entre as células*. Por exemplo, as junções comunicantes são responsáveis pela sincronização da contração das células musculares no batimento cardíaco.

### A expressão dos transportadores define, em grande parte, as atividades metabólicas de determinado tipo celular

Cada tipo de célula expressa um conjunto específico de transportadores em sua membrana plasmática. Esse conjunto de transportadores expressos é importante, visto que determina, em grande parte, a composição iônica existente no interior das células e os compostos que podem ser captados do ambiente extracelular. De certo modo, o conjunto de transportadores específicos de uma célula define as suas características porque uma célula só pode executar as reações bioquímicas para as quais captou os substratos necessários.

Exemplo tomado do metabolismo da glicose ilustra esse aspecto. Como veremos no Capítulo 16, os tecidos diferem na sua capacidade de empregar diferentes moléculas como fontes de energia (combustível). Os tipos de tecidos que podem utilizar a glicose são determinados, em grande parte, pela expressão de diferentes membros da família GLUT de transportadores homólogos de glicose. Por exemplo, o GLUT3 é o principal transportador de glicose expresso na membrana plasmática dos neurônios. Esse transportador liga-se com relativa firmeza à glicose, de modo que essas células têm prioridade para a glicose quando está presente em concentrações relativamente baixas. Encontraremos muitos exemplos desse tipo para ilustrar o papel fundamental que a expressão dos transportadores desempenha no controle e na integração do metabolismo.

## 13.1 O transporte de moléculas através de uma membrana pode ser ativo ou passivo

Inicialmente, consideraremos alguns princípios gerais sobre o transporte nas membranas. Dois fatores determinam se uma molécula irá atravessar uma membrana: (1) a permeabilidade da bicamada lipídica à molécula e (2) a disponibilidade de uma fonte de energia.

### Muitas moléculas necessitam de proteínas transportadoras para atravessar as membranas

Conforme assinalado no Capítulo 12, algumas moléculas podem atravessar as membranas celulares em virtude de sua capacidade de se dissolver na bicamada lipídica. Tais moléculas são denominadas *moléculas lipofílicas*. Os hormônios esteroides fornecem um exemplo fisiológico. Esses parentes do colesterol podem atravessar uma membrana, porém o que determina o sentido no qual irão se mover? Essas moléculas podem atravessar uma membrana ao longo de um gradiente de concentração em processo denominado *difusão simples*. De acordo com a Segunda Lei da Termodinâmica, as moléculas movem-se espontaneamente de uma região de maior concentração para outra de menor concentração.

O assunto torna-se mais complicado quando a molécula é altamente polar. Por exemplo, os íons sódio estão presentes em uma concentração de 143 mM fora de uma célula típica e em uma concentração de 14 mM no interior da célula. Todavia, o sódio não penetra livremente na célula, visto que íon dotado de carga é incapaz de passar pelo interior hidrofóbico da membrana. Em algumas circunstâncias, como durante um impulso nervoso, os íons sódio precisam penetrar na célula. Como são capazes de fazer isso? Os íons sódio atravessam canais específicos na barreira hidrofóbica formada pelas proteínas de membrana. Esse mecanismo de cruzar a membrana é denominado *difusão facilitada*, visto que a difusão através da membrana é facilitada pelo canal. É também denominado *transporte passivo*, visto que a energia que aciona o movimento dos íons origina-se do próprio gradiente iônico, sem qualquer contribuição do sistema de transporte. Do mesmo modo que as enzimas, os canais exibem especificidade de substrato, pois eles facilitam o transporte de alguns íons, mas não de outros, mesmo que sejam íons estreitamente relacionados.

Como o gradiente de sódio é estabelecido em primeiro lugar? Nesse caso, o sódio precisa se mover ou ser bombeado *contra* um gradiente de concentração. Como o movimento do íon de uma região de baixa concentração para uma de maior concentração resulta em uma diminuição da entropia, isso exige energia livre. As proteínas transportadoras inseridas na membrana são capazes de utilizar uma fonte de energia para mover a molécula contra um gradiente de concentração. Como é necessário energia proveniente de outra fonte, esse mecanismo de atravessar a membrana é denominado *transporte ativo*.

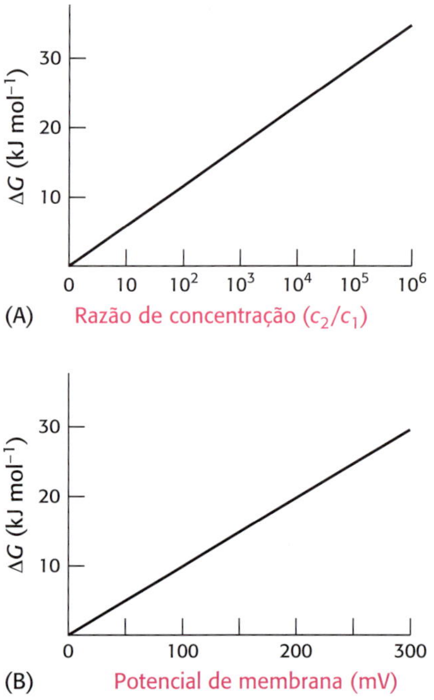


**FIGURA 13.1 Energia livre e transporte.** A mudança de energia livre no transporte (**A**) de um soluto sem carga elétrica de um compartimento com concentração $c_1$ para outro com concentração $c_2$ e (**B**) de uma espécie com uma única carga elétrica através de uma membrana para o lado que tem a mesma carga que o íon transportado. *Observe* que a variação de energia livre imposta por um potencial de membrana de 59 mV é equivalente àquela imposta por uma razão de concentração de 10 para um íon de uma única carga elétrica a 25°C.

### A energia livre armazenada em gradientes de concentração pode ser quantificada

Uma distribuição desigual de moléculas constitui-se em condição rica em energia, visto que a energia livre é reduzida ao máximo quando todas as concentrações ficam iguais. Em consequência, para alcançar essa distribuição desigual de moléculas, precisa-se de energia livre. Como podemos quantificar a energia necessária para gerar um gradiente de concentração (Figura 13.1)? Consideremos uma molécula de soluto *sem carga elétrica*. A mudança de energia livre no transporte dessa espécie do lado 1, onde está presente em uma concentração de $c_1$, para o lado 2, onde está presente em uma concentração $c_2$, é

$$\Delta G = RT \ln (c_2/c_1) \qquad (1)$$

em que $R$ é a constante de gases ($8{,}315 \times 10^{-3}$ kJ mol$^{-1}$ deg$^{-1}$ ou $1{,}987 \times 10^{-3}$ kcal mol$^{-1}$ deg$^{-1}$) e $T$ é a temperatura em kelvins. Um processo de transporte precisa ser ativo quando a $\Delta G$ é positiva, enquanto pode ser passivo quando a $\Delta G$ é negativa. Por exemplo, considere o transporte de uma molécula sem carga elétrica de $c_1 = 10^{-3}$ M para $c_2 = 10^{-1}$ M a 25°C (298 K).

$$\begin{aligned}\Delta G &= RT \ln (10^{-1}/10^{-3}) \\ &= (8{,}315 \times 10^{-3}) \times 298 \times \ln (10^{-2}) \\ &= +11{,}4 \text{ kJ mol}^{-1}) + (2{,}7 \text{ kcal mol}^{-1})\end{aligned}$$

A $\Delta G$ é $+11{,}4$ kJ mol$^{-1}$ ($+2{,}7$ kcal mol$^{-1}$), indicando que esse processo de transporte requer energia livre.

No caso das moléculas *com carga elétrica*, uma distribuição desigual através da membrana gera um potencial elétrico que também deve ser considerado, visto que os íons serão repelidos por cargas iguais. A soma dos termos de concentração e carga elétrica é denominada *potencial eletroquímico* ou *potencial de membrana*. A variação de energia livre é então fornecida por

$$\Delta G = RT \ln (c_2/c_1) + ZF\Delta V \qquad (2)$$

em que $Z$ é a carga elétrica da espécie transportada, $\Delta V$ é o potencial em volts através da membrana e $F$ é a constante de Faraday (96,5 kJ V$^{-1}$ mol$^{-1}$ ou 23,1 kcal V$^{-1}$ mol$^{-1}$).

## 13.2 Duas famílias de proteínas de membrana utilizam a hidrólise do ATP para bombear íons e moléculas através das membranas

O líquido extracelular das células animais apresenta uma concentração salina semelhante à da água do mar. Entretanto, as células precisam controlar suas concentrações intracelulares de sais para facilitar processos específicos, como a transdução de sinais e a propagação de potenciais de ação, e para impedir interações desfavoráveis com altas concentrações de íons como o $Ca^{2+}$. Por exemplo, a maioria das células animais contém alta concentração de $K^+$ e baixa concentração de $Na^+$ em relação ao meio externo. Esses gradientes iônicos são gerados por um sistema de transporte específico, uma enzima denominada *bomba* de *$Na^+$–$K^+$* ou *$Na^+$–$K^+$ ATPase*. A hidrólise do ATP por esta bomba fornece a energia necessária para o transporte ativo de $Na^+$ para fora da célula e de $K^+$ para dentro dela, gerando os gradientes. A bomba é denominada $Na^+$–$K^+$ ATPase porque a hidrólise do ATP só ocorre na presença de $Na^+$ e $K^+$. À semelhança de todas as enzimas desse tipo, essa ATPase necessita de $Mg^{2+}$.

A variação de energia livre que acompanha o transporte de $Na^+$ e $K^+$ pode ser calculada. Suponhamos que as concentrações de $Na^+$ fora e dentro da célula sejam de 143 e 14 mM, respectivamente, e que os valores correspondentes para $K^+$ sejam de 4 e 157 mM. Em um potencial de membrana de –50 mV e a uma temperatura de 37°C, podemos utilizar a equação 2 (ver anteriormente) para determinar a variação de energia livre para transportar 3 mols de $Na^+$ para fora da célula e 2 mols de $K^+$ para dentro da célula:

Para o transporte de íons $Na^+$:

$$\begin{aligned}\Delta G &= RT \ln (c_2/c_1) + ZF\Delta V \\ \Delta G &= (8{,}315 \times 10^{-3} \text{ kJ mol}^{-1} \text{ deg}^{-1}) \times (310 \text{ deg}) \times \ln (143/14) \\ &\quad + (1) \times (96{,}5 \text{ kJ mol}^{-1} \text{ V}^{-1}) \times (0{,}05 \text{ V}) \\ \Delta G &= 10{,}82 \text{ kJ mol}^{-1}\end{aligned}$$

Para o transporte de íons $K^+$:

$$\Delta G = RT \ln (c_2/c_1) + ZF\Delta V$$
$$\Delta G = (8{,}315 \times 10^{-3}\ \text{kJ mol}^{-1}\ \text{deg}^{-1}) \times (310\ \text{deg}) \times \ln (157/4)$$
$$+ (1) \times (96{,}5\ \text{kJ mol}^{-1}\ \text{V}^{-1}) \times (-0{,}05\ \text{V})$$
$$\Delta G = 4{,}64\ \text{kJ mol}^{-1}$$

Levando em consideração o transporte de três íons $Na^+$ e dois íons $K^+$ para cada ciclo de transporte, a energia livre necessária para operar a bomba é:

$$\Delta G = 3 \times (10{,}82\ \text{kJ mol}^{-1}) + 2 \times (4{,}64\ \text{kJ mol}^{-1})$$
$$\Delta G = 41{,}7\ \text{kJ mol}^{-1}$$

Observe que o termo químico é positivo (desfavorável) para ambos os íons, porém o termo elétrico é favorável para $K^+$ (o $\Delta V$ é negativo) e desfavorável para $Na^+$ (o $\Delta V$ é positivo), visto que a membrana possui uma efetiva carga negativa em sua superfície interna. Nas condições celulares, a hidrólise de uma única molécula de ATP por ciclo de transporte fornece a energia livre suficiente, de cerca de $-50$ kJ $\text{mol}^{-1}$ ($-12$ kcal $\text{mol}^{-1}$), para acionar o transporte desses íons contra o gradiente de concentração. O transporte ativo de $Na^+$ e $K^+$ é de grande importância fisiológica. Com efeito, mais de um terço do ATP consumido por um animal em repouso é utilizado para bombear esses íons. O gradiente de $Na^+$–$K^+$ nas células animais controla o volume celular, torna os neurônios e as células musculares eletricamente excitáveis, e aciona o transporte ativo dos açúcares e dos aminoácidos.

A purificação de outras bombas iônicas revelou uma grande família de bombas iônicas evolutivamente relacionadas que inclui proteínas de bactérias, de arqueias e de todos os eucariotos. Cada uma dessas bombas é específica para determinado íon ou conjunto de íons. Duas dessas bombas são de interesse particular: a *$Ca^{2+}$ ATPase do retículo sarcoplasmático* (ou *SERCA*), que transporta $Ca^{2+}$ para fora do citoplasma e para dentro do retículo sarcoplasmático das células musculares; e a *$H^+$–$K^+$ ATPase gástrica,* a enzima responsável pelo bombeamento de prótons suficientes para dentro do estômago de modo a reduzir o pH para 1,0. Essas enzimas e as centenas de homólogas conhecidas, incluindo a $Na^+$–$K^+$ ATPase, são designadas como *ATPases do tipo P*, visto que elas formam um intermediário fosforilado essencial. Na formação desse intermediário, um grupo fosforila do ATP é ligado à cadeia lateral de um resíduo de aspartato específico conservado na ATPase para formar fosforilaspartato.

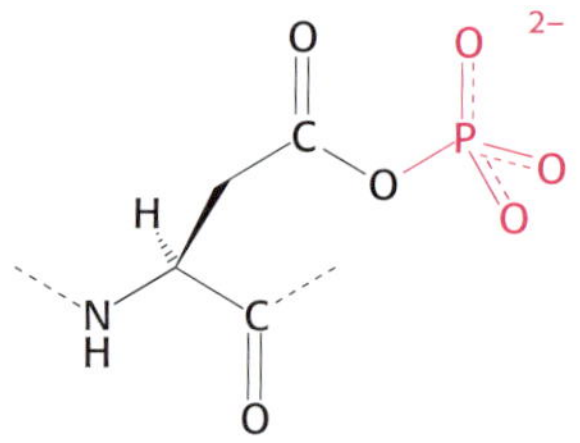


**Fosforilaspartato**

### As ATPases do tipo P acoplam fosforilação e mudanças conformacionais para bombear íons cálcio através das membranas

As bombas de membranas funcionam por mecanismos que, em princípio, são simples, mas que frequentemente são complexos nos seus detalhes. Fundamentalmente, cada proteína compondo a bomba pode existir em dois estados conformacionais principais: um com sítios de ligação a íons abertos para um lado da membrana, e outro com sítios de ligação de íons abertos para o outro lado (Figura 13.2). Para bombear íons em uma única direção através de uma membrana, a energia livre da hidrólise do ATP precisa ser acoplada com a interconversão entre esses dois estados conformacionais.

Analisemos as características estruturais e do mecanismo das ATPases do tipo P tendo como base a SERCA. As propriedades dessa ATPase do tipo P foram estabelecidas de modo muito detalhado a partir das estruturas cristalográficas da bomba em cinco estados diferentes. Essa enzima, que constitui 80% das proteínas totais da membrana do retículo sarcoplasmático, desempenha papel importante no relaxamento do músculo contraído.

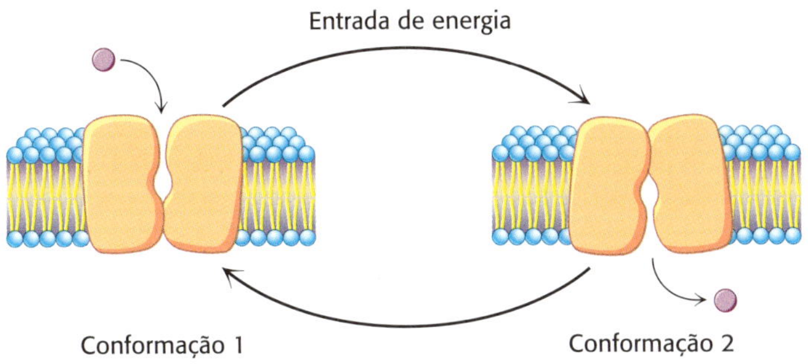


**FIGURA 13.2 Ação da bomba.** Esquema simples para o bombeamento de uma molécula através de uma membrana. A bomba interconverte entre dois estados conformacionais, cada um deles com um sítio de ligação acessível a um lado diferente da membrana.

A contração muscular é desencadeada por uma elevação abrupta do nível citoplasmático de íons cálcio. O relaxamento muscular subsequente depende da rápida remoção do $Ca^{2+}$ do citoplasma pela SERCA para dentro do retículo sarcoplasmático, um compartimento especializado para o armazenamento de $Ca^{2+}$. Essa bomba mantém uma concentração de $Ca^{2+}$ de aproximadamente 0,1 μM no citoplasma, em comparação com 1,5 mM no retículo sarcoplasmático.

A primeira estrutura da SERCA a ser determinada apresentava $Ca^{2+}$ ligado, porém sem nenhum nucleotídio presente (Figura 13.3). A SERCA é um polipeptídio simples de 110 kDa com domínio transmembranar constituído de 10 α-hélices. O domínio transmembranar inclui sítios para a ligação de dois íons cálcio. Cada íon cálcio é coordenado a sete átomos de oxigênio provenientes de uma combinação de cadeias laterais de resíduos de glutamato, aspartato, treonina e asparagina, grupos carbonila do arcabouço e moléculas de água. Uma grande cabeça citoplasmática corresponde a quase metade do peso molecular da proteína e é constituída de três domínios distintos, cada um deles desempenhando uma função distinta. Um domínio (N) liga-se ao *nucleotídio* ATP, outro (P) aceita o grupo fosforila (phosphoryl) em um resíduo de aspartato conservado, e o terceiro (A) serve como um *a*tuador ligando as alterações nos domínios N e P à parte transmembranar da enzima.

A SERCA é uma proteína notavelmente dinâmica. Por exemplo, a estrutura da SERCA sem $Ca^{2+}$ ligado, porém com um análogo de fosforilaspartato presente no domínio P, é mostrada na Figura 13.4. Os domínios

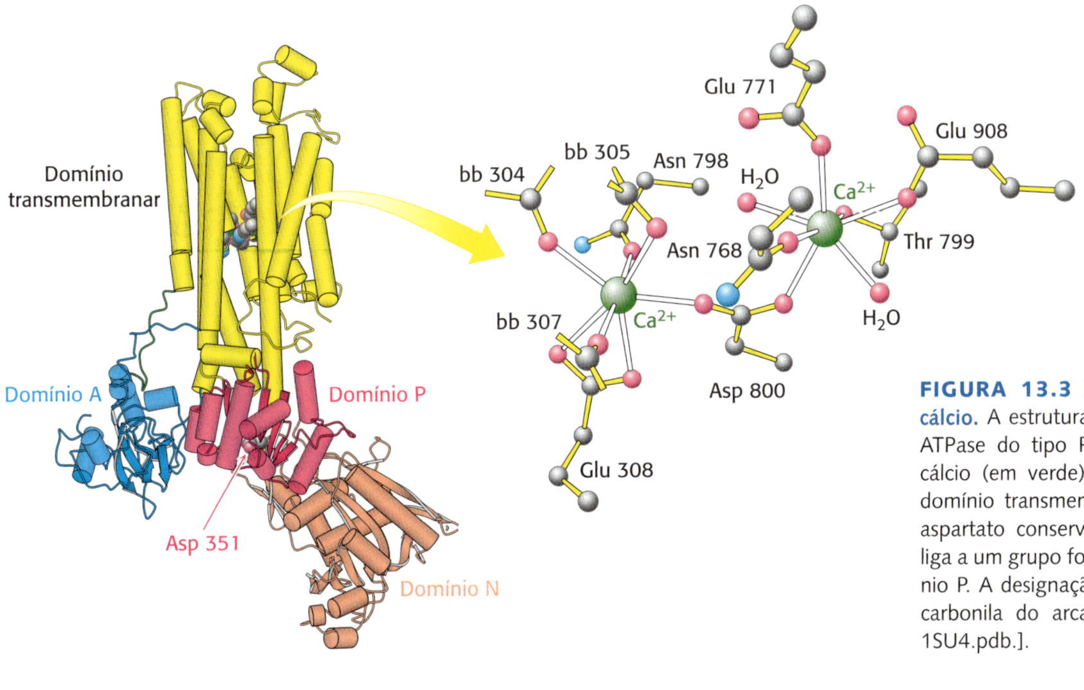


**FIGURA 13.3 Estrutura da bomba de cálcio.** A estrutura global da SERCA, uma ATPase do tipo P. *Observe* os dois íons cálcio (em verde) situados no centro do domínio transmembranar. Um resíduo de aspartato conservado (Asp 351), que se liga a um grupo fosforila, situa-se no domínio P. A designação bb refere-se a grupos carbonila do arcabouço. [Desenhada de 1SU4.pdb.].

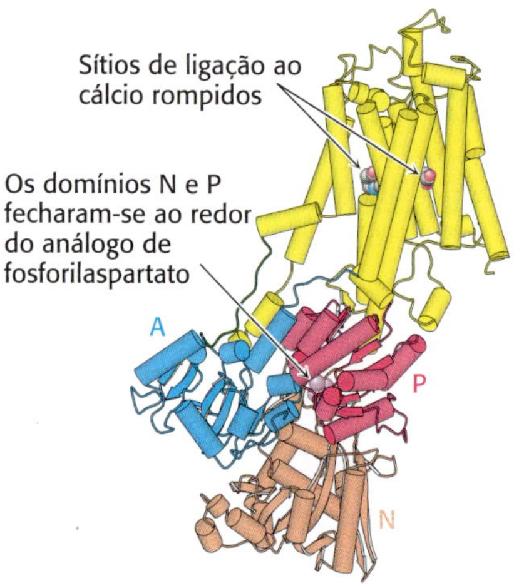


**FIGURA 13.4 Mudanças conformacionais associadas ao bombeamento de cálcio.** Essa estrutura foi determinada na ausência de cálcio ligado, porém na presença de um análogo de fosforilaspartato no domínio P. *Observe* como essa estrutura é diferente da forma ligada ao cálcio mostrada na Figura 13.3: tanto a parte transmembranar (amarelo) quanto os domínios A, P e N sofreram substancial rearranjo. [Desenhada de 1WPG.pdb.].

N e P estão fechados ao redor do análogo de fosforilaspartato, enquanto o domínio A sofreu considerável rotação em relação à sua posição na SERCA com $Ca^{2+}$ ligado e sem o análogo fosforila. Além disso, a parte transmembranar da enzima sofreu substancial rearranjo, e os sítios bem organizados de ligação ao $Ca^{2+}$ estão rompidos. Esses sítios são agora acessíveis pelo lado da membrana oposto aos domínios N, P e A.

Os resultados estruturais podem ser combinados com outros estudos para construir um mecanismo detalhado do bombeamento de $Ca^{2+}$ pela SERCA (Figura 13.5):

**1.** O ciclo catalítico começa com a enzima em seu estado não fosforilado com dois íons cálcio ligados. A conformação global da enzima nesse estado será designada como $E_1$; com o $Ca^{2+}$ ligado, é designada como $E_1$-$(Ca^{2+})_2$. Nessa conformação, a SERCA pode ligar-se a íons cálcio apenas no lado citoplasmático da membrana. Essa conformação é apresentada na Figura 13.3.

**2.** Na conformação $E_1$, a enzima pode ligar-se ao ATP. Os domínios N, P e A sofrem substancial rearranjo, visto que se fecham ao redor do ATP ligado; entretanto, não ocorre nenhuma mudança conformacional substancial no domínio transmembranar. Os íons cálcio estão agora retidos dentro da enzima.

**3.** O grupo fosforila é então transferido do ATP para o Asp 351.

**4.** Com a liberação de ADP, a enzima novamente modifica a sua conformação global, incluindo, dessa vez, o domínio membranar. Essa nova conformação é designada como $E_2$ ou $E_2$-P em sua forma fosforilada. O processo de interconversão entre as conformações $E_1$ e $E_2$ é algumas vezes designado como *eversion*.

Na conformação $E_2$-P, os sítios de ligação ao $Ca^{2+}$ sofrem uma ruptura, e os íons cálcio são liberados no lado da membrana oposto ao qual entraram; o transporte de íons foi, assim, realizado. Essa conformação é mostrada na Figura 13.4.

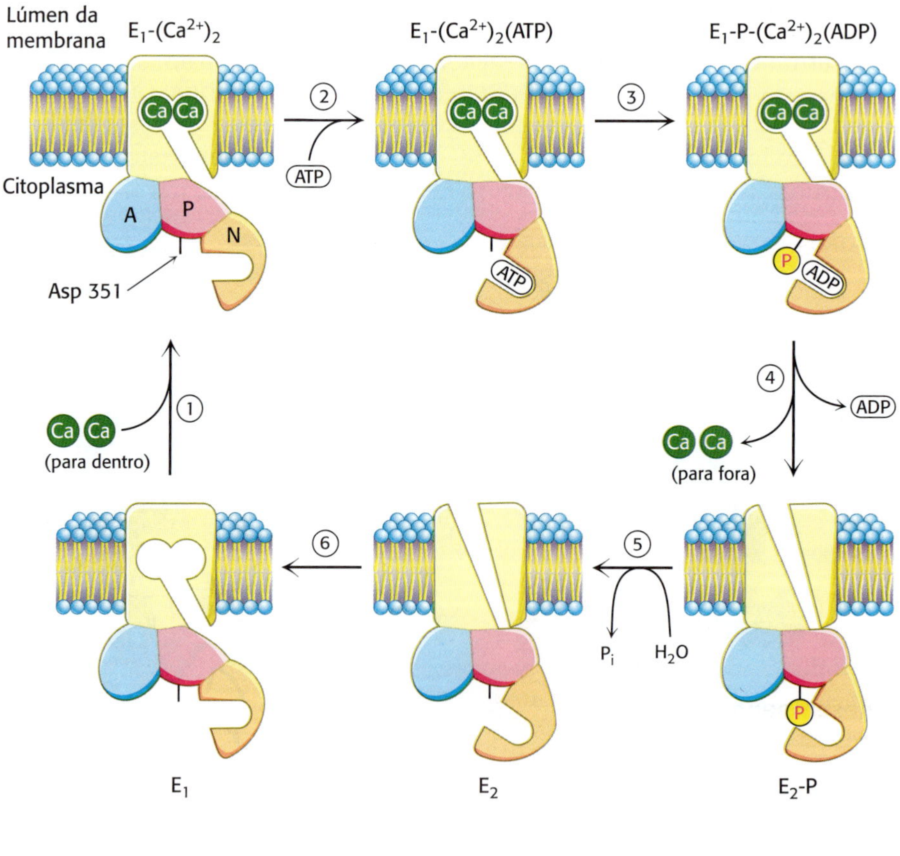


**FIGURA 13.5 Bombeamento do cálcio.** A $Ca^{2+}$ ATPase transporta o $Ca^{2+}$ através da membrana por um mecanismo que inclui (1) a ligação do $Ca^{2+}$ a partir do citoplasma, (2) a ligação do ATP, (3) a clivagem do ATP com transferência de um grupo fosforila para o Asp 351 da enzima, (4) a liberação de ADP e a mudança conformacional da enzima para liberar o $Ca^{2+}$ no lado oposto da membrana, (5) a hidrólise do resíduo de fosforilaspartato e (6) a mudança conformacional para preparar a ligação do $Ca^{2+}$ a partir do citoplasma.

**5.** O resíduo de fosforilaspartato é hidrolisado, liberando fosfato inorgânico.

**6.** Com a liberação de fosfato, ocorre a perda das interações que estabilizam a conformação $E_2$, e a enzima retorna à conformação $E_1$.

A ligação de dois íons cálcio do lado citoplasmático da membrana completa o ciclo.

Provavelmente, esse mecanismo se aplica a outras ATPases do tipo P. Por exemplo, a $Na^+$–$K^+$ ATPase é um tetrâmero $\alpha_2\beta_2$. Sua subunidade $\alpha$ é homóloga à SERCA e inclui um resíduo essencial de aspartato análogo ao Asp 351. A subunidade $\beta$ não participa diretamente do transporte de íons. Existe um mecanismo análogo àquele mostrado na Figura 13.5, com ligação de três íons $Na^+$ do lado interno da célula à conformação $E_1$ e ligação de dois íons $K^+$ do lado de fora da célula à conformação $E_2$.

## Os digitálicos inibem especificamente a bomba de $Na^+$–$K^+$ ao bloquear a sua desfosforilação

Certos esteroides derivados de plantas são potentes inibidores ($K_i \approx$ 10 nM) da bomba de $Na^+$–$K^+$. A digitoxigenina e a ouabaína são membros dessa classe de inibidores, que são conhecidos como *esteroides cardiotônicos* em virtude de seus efeitos pronunciados sobre o coração (Figura 13.6). Esses compostos inibem a desfosforilação da forma $E_2$-P da ATPase quando aplicados à face *extracelular* da membrana.

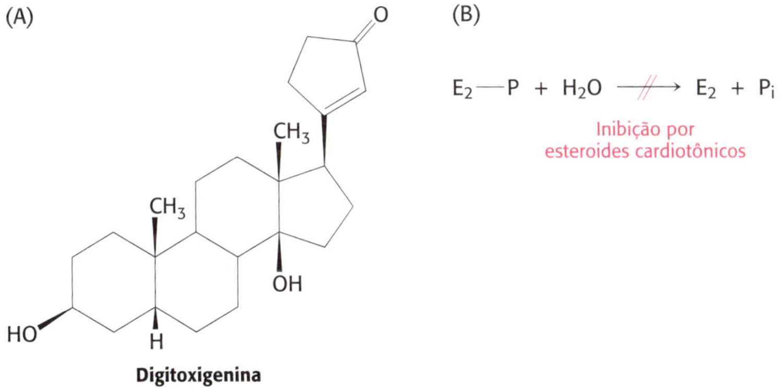


**FIGURA 13.6** Digitoxigenina. Os esteroides cardiotônicos, como a digitoxigenina, mostrada em (**A**), inibem a bomba de $Na^+$–$K^+$ ao bloquear a desfosforilação de $E_2$-P (**B**).

A *digitalina* é uma mistura de esteroides cardiotônicos derivados da folha seca da dedaleira (*Digitalis purpurea*). O composto aumenta a força de contração do músculo cardíaco e, consequentemente, constitui um fármaco de escolha no tratamento da insuficiência cardíaca congestiva. A inibição da bomba de $Na^+$–$K^+$ pelos digitálicos leva a um nível mais elevado de $Na^+$ dentro da célula. Um gradiente diminuído de $Na^+$ resulta em extrusão mais lenta de $Ca^{2+}$ pelo trocador de sódio-cálcio, um *antiporter* (ver seção 13.3). A elevação subsequente nos níveis intracelulares de $Ca^{2+}$ aumenta a capacidade de contratilidade do músculo cardíaco. É interessante assinalar que a digitalina foi utilizada efetivamente muito tempo antes da descoberta da $Na^+$–$K^+$ ATPase. Em 1785, William Withering, um médico britânico, ouviu os relatos de uma mulher idosa, conhecida como "a velha de Shropshire", que curava pessoas de "hidropisia" (que hoje seria reconhecida como insuficiência cardíaca congestiva) com extrato de dedaleira. Withering conduziu o primeiro estudo científico dos efeitos da dedaleira sobre a insuficiência cardíaca congestiva e documentou a sua eficiência.

A dedaleira (*Digitalis purpurea*) é a fonte de digitalina, um dos medicamentos mais amplamente utilizados. [Fonte: iStock ©Vasyl Rohan.]

## As ATPases do tipo P são conservadas evolutivamente e desempenham ampla variedade de funções

A análise do genoma completo de levedura revelou a presença de 16 proteínas que claramente pertencem à família de ATPases do tipo P.

A análise mais detalhada da sequência sugere que duas dessas proteínas transportam íons $H^+$, duas transportam $Ca^{2+}$, três transportam $Na^+$ e duas transportam metais como o $Cu^{2+}$. Além disso, cinco membros dessa família parecem participar no transporte de fosfolipídios com cabeças de aminoácidos. Essas cinco proteínas ajudam a manter a assimetria da membrana transportando lipídios, como a fosfatidilserina, do folheto externo para o interno da membrana de bicamada. Essas enzimas foram denominadas "flipases". De modo notável, o genoma humano codifica 70 ATPases do tipo P. Todos os membros dessa família de proteínas empregam o mesmo mecanismo fundamental: a energia livre da hidrólise do ATP aciona o transporte de membrana por meio de mudanças conformacionais, que são induzidas pela adição e pela remoção de um grupo fosforila em um sítio de aspartato análogo em cada proteína.

## A resistência a múltiplas drogas destaca uma família de bombas de membrana com domínios de cassetes de ligação de ATP

Estudos de doenças humanas revelaram outra família grande e importante de proteínas envolvidas no transporte ativo com estruturas e mecanismos bem diferentes daqueles da família de ATPases do tipo P. Essas bombas foram identificadas a partir dos estudos de células tumorais em cultura que desenvolveram resistência a drogas que, inicialmente, tinham sido muito tóxicas para as células. De maneira notável, o desenvolvimento de resistência a uma droga tornou as células menos sensíveis a uma variedade de outros compostos, um fenômeno conhecido como *resistência a múltiplas drogas*. Em uma descoberta significativa, foi constatado que o início da resistência a múltiplas drogas correlaciona-se com a expressão e a atividade de uma proteína de membrana com massa molecular aparente de 170 kDa. Essa proteína atua como uma bomba dependente de ATP que extrai uma ampla variedade de moléculas das células que a expressam. A proteína é denominada *proteína de resistência a múltiplas drogas* (MDR, do inglês *multidrug-resistance*) ou *glicoproteína P* ("glico" porque ela apresenta uma porção de carboidratos). Por conseguinte, quando as células são expostas a determinada droga, a proteína MDR bombeia a droga para fora da célula antes que esta possa exercer seus efeitos.

A análise das sequências de aminoácidos da proteína MDR e de proteínas homólogas revelou uma arquitetura comum (Figura 13.7A). Cada proteína compreende quatro domínios: dois domínios transmembranares e dois domínios de ligação ao ATP. Os domínios de ligação ao ATP dessas proteínas são denominados *cassetes de ligação de ATP* (ABCs, do inglês *ATP-binding cassetes*) e são homólogos aos domínios encontrados em uma grande família de proteínas de transporte das bactérias e arqueias. Os transportadores que incluem esses domínios são denominados *transportadores ABC*. Com 79 membros, os transportadores ABC constituem a maior família identificada no genoma de *E. coli*. O genoma humano inclui mais de 150 genes de transportadores ABC.

As proteínas ABC são membros da superfamília de NTPase com alça P (ver seção 9.4). As estruturas tridimensionais de vários membros da família de transportadores ABC foram determinadas, incluindo a do transportador lipídico bacteriano MsbA. Diferentemente da proteína MDR eucariótica, essa proteína é um dímero de cadeias de 62 kDa: a metade aminoterminal de cada proteína contém o domínio transmembranar, enquanto a metade carboxiterminal contém o cassete de ligação de ATP (Figura 13.7B). As proteínas ABC procarióticas são frequentemente constituídas de múltiplas subunidades, como um dímero de cadeias idênticas, ou um heterotetrâmero

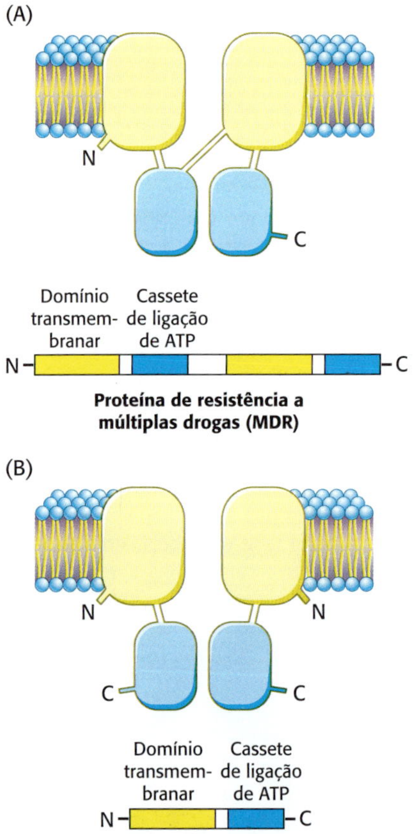


**FIGURA 13.7 Arranjo dos domínios dos transportadores ABC.** Os transportadores ABC constituem uma grande família de proteínas homólogas compostas de dois domínios transmembranares e dois domínios de ligação ao ATP, denominados cassetes de ligação de ATP (ABCs). **A.** A proteína de resistência a múltiplas drogas é composta de uma única cadeia polipeptídica contendo todos os quatro domínios, enquanto (**B**) o transportador lipídico bacteriano MsbA consiste em um dímero de duas cadeias idênticas, contendo um de cada domínio.

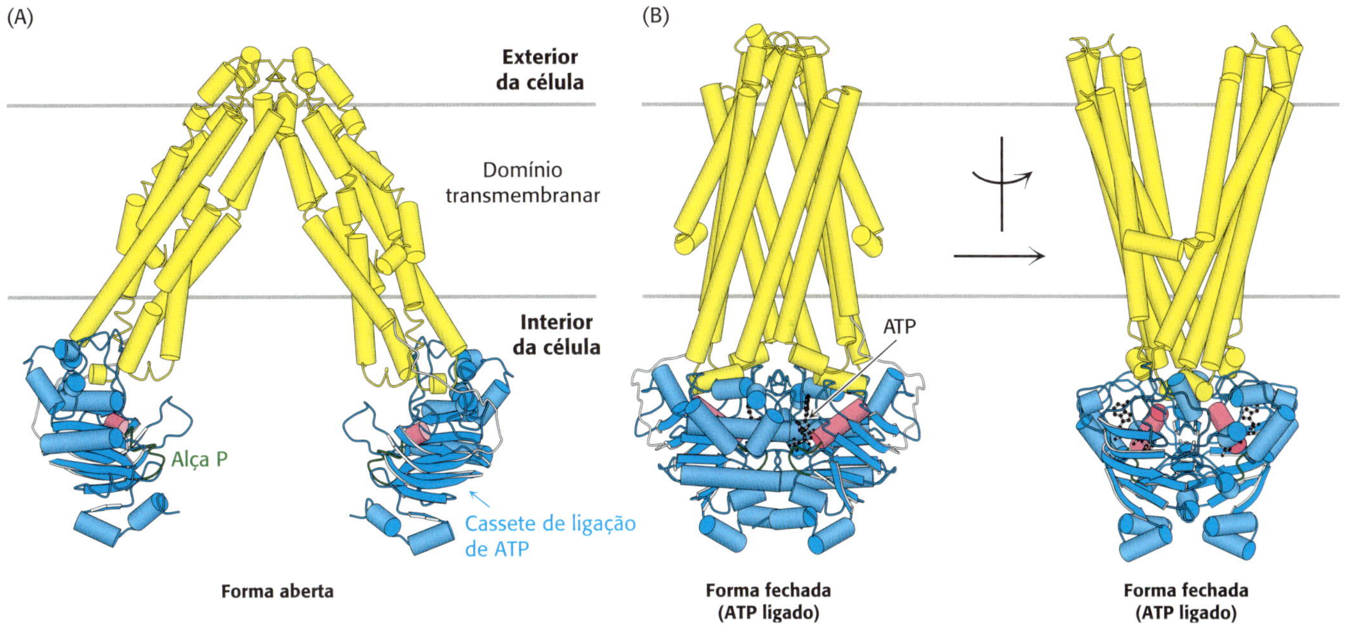


**FIGURA 13.8 Estrutura do transportador ABC.** Duas estruturas do transportador lipídico bacteriano MsbA, um representativo transportador ABC. **A.** A forma livre de nucleotídios e voltada para dentro e (**B**) a forma ligada ao ATP e voltada para fora são mostradas de dois lados (com rotação de 90°). Em ambas as estruturas, os dois cassetes de ligação de ATP (em azul) estão relacionados com as NTPases com alça P e, como estas, contêm alças P (em verde). A α-hélice adjacente à alça P é mostrada em vermelho. As linhas na cor cinza indicam a extensão da membrana plasmática. [Desenhada de 3B5W e 3B60.pdb.]

de duas subunidades de domínio transmembranar e duas subunidades de cassetes de ligação de ATP. A consolidação das atividades enzimáticas de várias cadeias polipeptídicas nos procariotos em uma única cadeia nos eucariotos é um tema que veremos novamente. Os dois cassetes de ligação de ATP estão em contato, porém não interagem fortemente na ausência de ATP ligado (Figura 13.8A). Com base na descoberta de várias estruturas dos transportadores ABC, juntamente com os dados de outros experimentos, foi desenvolvido um mecanismo para o transporte ativo dessas proteínas (Figura 13.9):

**1.** O ciclo catalítico começa com o transportador livre de ATP e de substrato. Embora a distância entre os cassetes de ligação de ATP nessa forma possa variar de acordo com o transportador específico, a região de ligação do substrato do transportador é voltada para dentro.

**2.** O substrato entra na cavidade central do transportador do lado interno da célula. A ligação do substrato induz mudanças conformacionais nos cassetes de ligação de ATP que aumentam a sua afinidade pelo ATP.

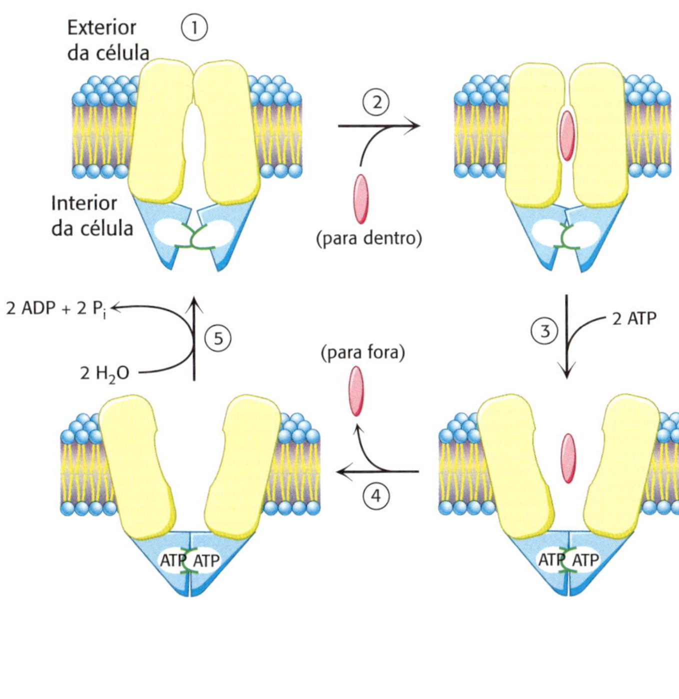


**FIGURA 13.9 Mecanismo do transportador ABC.** O mecanismo inclui as seguintes etapas: (1) a abertura do canal do lado interno da célula, (2) a ligação do substrato e mudanças conformacionais nos cassetes de ligação de ATP, (3) a ligação do ATP e a abertura do canal para o lado oposto da membrana, (4) a liberação do substrato para o lado externo da célula, e (5) a hidrólise do ATP para restaurar o transportador a seu estado inicial.

3. O ATP liga-se aos cassetes de ligação de ATP, e modifica suas conformações de tal modo que os dois domínios interagem fortemente um com o outro. A estreita interação dos ABCs reorienta as hélices transmembranares de modo que o sítio de ligação do substrato está agora voltado para o lado externo da célula (Figura 13.8B).
4. A conformação do transportador voltada para fora possui afinidade reduzida pelo substrato, possibilitando a liberação do substrato no lado oposto da membrana.
5. A hidrólise do ATP e a liberação de ADP e de fosfato inorgânico restabelecem o transportador para outro ciclo.

Enquanto os transportadores ABC dos eucariotos geralmente atuam para exportar moléculas a partir do interior da célula, os transportadores ABC de procariotos frequentemente atuam na importação de moléculas específicas a partir do *exterior* da célula. Uma específica proteína de ligação atua em associação com o transportador ABC bacteriano, liberando o substrato para o transportador e estimulando a hidrólise do ATP no interior da célula. Essas proteínas de ligação estão presentes no periplasma, o compartimento existente entre as duas membranas que circundam algumas células bacterianas (Figura 12.35A).

Por conseguinte, os transportadores ABC utilizam um mecanismo substancialmente diferente das ATPases do tipo P para acoplar a reação de hidrólise do ATP com as mudanças conformacionais. Entretanto, o resultado final é o mesmo: os transportadores são convertidos de uma conformação capaz de se ligar ao substrato de um lado da membrana para outro com capacidade de liberar o substrato do outro lado.

## 13.3 A permease de lactose é um protótipo dos transportadores secundários que utilizam um gradiente de concentração para impulsionar a formação de outro

Os carreadores são proteínas que transportam íons ou moléculas através da membrana sem a hidrólise do ATP. O mecanismo dos carreadores envolve grandes mudanças conformacionais e a interação da proteína com apenas algumas moléculas a cada ciclo de transporte, limitando a velocidade máxima em que pode ocorrer o transporte. Embora os carreadores não possam mediar o transporte ativo primário – em virtude de sua incapacidade de hidrolisar o ATP –, eles podem acoplar o fluxo termodinamicamente desfavorável de um tipo de íon ou molécula *contra* um gradiente de concentração com o fluxo favorável de uma espécie diferente *ao longo* de um gradiente de concentração em um processo designado como transporte ativo secundário. Os carreadores que movem íons ou moléculas dessa maneira, contra um gradiente, são denominados *transportadores secundários* ou *cotransportadores*. Essas proteínas podem ser classificadas como *antiporters* ou *symporters*. Os *antiporters* acoplam o fluxo favorável de uma espécie com o fluxo desfavorável de outra em *sentido oposto* através da membrana; os *symporters* utilizam o fluxo de uma espécie para impulsionar o fluxo de uma espécie diferente *no mesmo sentido* através da membrana. Os *uniporters*, outra classe de carreadores, são capazes de transportar uma espécie específica em ambos os sentidos, dependendo apenas das concentrações dessa espécie em ambos os lados da membrana (Figura 13.10).

Os transportadores secundários são máquinas moleculares antigas, encontradas hoje em dia comumente em bactérias e arqueias, bem como em eucariotos. Por exemplo, cerca de 160 (de aproximadamente 4.000)

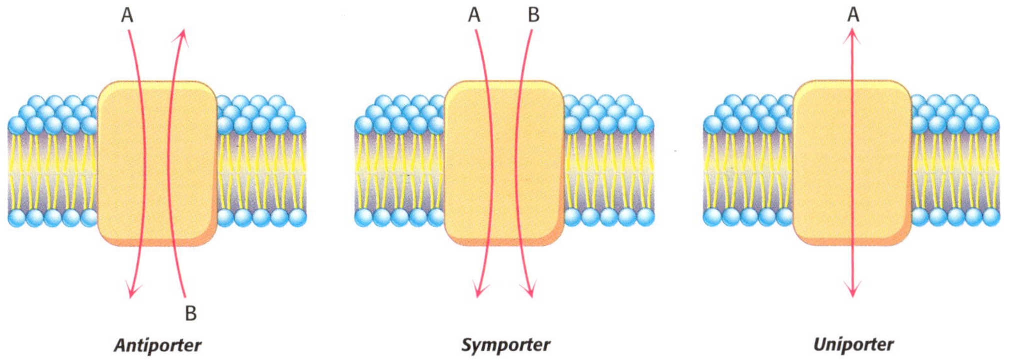


**FIGURA 13.10** *Antiporters, symporters e uniporters.* Os transportadores secundários podem transportar dois substratos em sentidos opostos (*antiporters*), dois substratos no mesmo sentido (*symporters*) ou um substrato em qualquer sentido (*uniporters*).

proteínas codificadas pelo genoma de *E. coli* são transportadores secundários. A comparação das sequências e a análise de hidropatia sugerem que os membros da maior família têm 12 hélices transmembranares, que parecem ter surgido da duplicação e da fusão de uma proteína de membrana com seis hélices transmembranares. Nesta família está incluída a *permease de lactose* de *E. coli*. Esse *symporter* utiliza o gradiente de $H^+$ através da membrana de *E. coli* (apresenta maior concentração de $H^+$ do lado de fora) gerado pela oxidação de moléculas de combustível para impulsionar a captação de lactose e de outros açúcares contra um gradiente de concentração. Esse transportador foi extensamente estudado durante muitas décadas e constitui um protótipo útil dessa família.

A estrutura da permease de lactose foi determinada (Figura 13.11). Conforme esperado pela análise de sequência, essa proteína consiste em duas metades em que cada uma delas compreende seis α-hélices que atravessam a membrana. As duas metades são bem separadas e estão unidas por um único polipeptídio. Nessa estrutura, uma molécula de açúcar situa-se em uma cavidade no centro da proteína e é acessível por uma via que provém do interior da célula. Com base nessa estrutura e em vários outros experimentos, foi desenvolvido um mecanismo para a ação dos *symporters*. Esse mecanismo (Figura 13.12) apresenta muitas características semelhantes àquelas das ATPases do tipo P e dos transportadores ABC.

**1.** O ciclo começa com as duas metades orientadas de modo que a abertura para a cavidade de ligação esteja voltada para o lado externo da célula, em uma conformação diferente daquela observada nas estruturas elucidadas até o momento. Um próton do lado de fora da célula liga-se a um resíduo na permease, possivelmente Glu 325.

**2** Na forma protonada, a permease liga-se à lactose a partir do exterior da célula.

**3.** A estrutura passa a assumir a forma observada na estrutura cristalográfica (Figura 13.11).

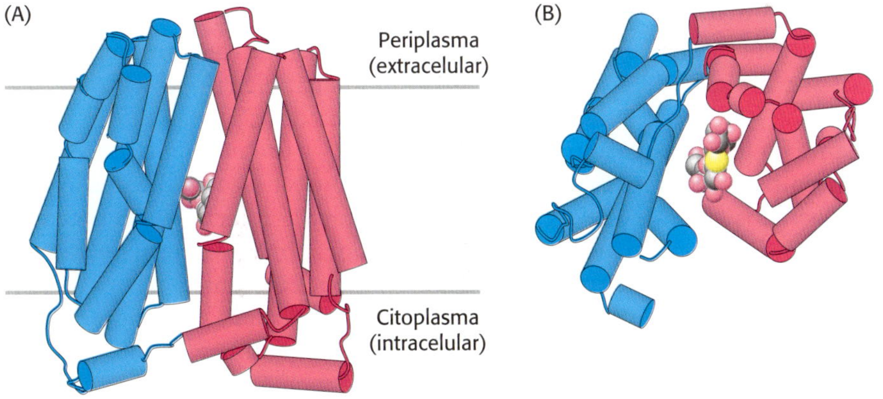


**FIGURA 13.11 Estrutura da permease de lactose com um análogo de lactose ligado.** A metade aminoterminal da proteína é mostrada em azul, e a metade carboxiterminal, em vermelho. **A.** Vista lateral. As linhas na cor cinza indicam a extensão da membrana plasmática. **B.** Vista de baixo (do interior da célula). *Observe* que a estrutura é constituída de duas metades que circundam o açúcar e estão ligadas uma à outra por apenas um único segmento de polipeptídio. [Desenhada de 1 PV7.pdb.].

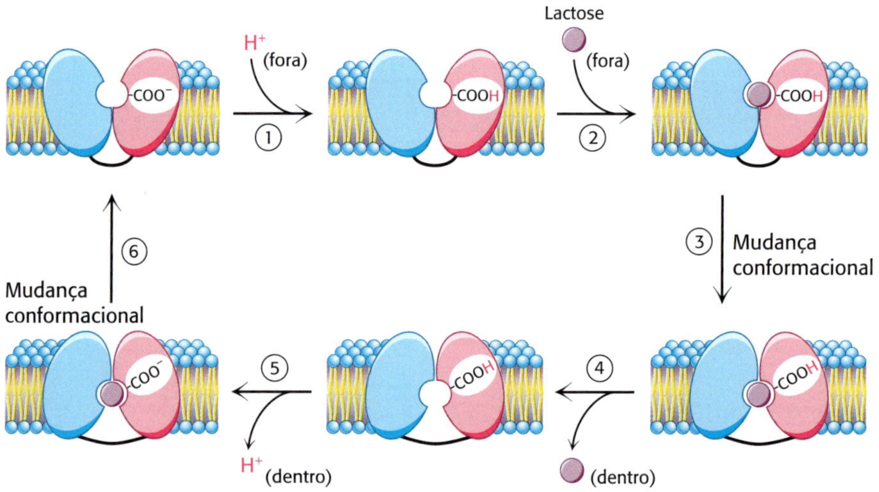


**FIGURA 13.12 Mecanismo da permease de lactose.** O mecanismo começa com a permease aberta para o lado de fora da célula (parte superior, à esquerda). A permease liga-se a um próton pelo lado de fora da célula (1) e, a seguir, liga-se a seu substrato (2). A permease muda de conformação (3) e, em seguida, libera o seu substrato (4) e um próton (5) para dentro da célula. Em seguida, muda de conformação (6) para completar o ciclo.

4. A permease libera a lactose no interior da célula.
5. A permease libera um próton no interior da célula.
6. A permease muda a conformação para completar o ciclo.

O local de protonação provavelmente muda durante esse ciclo.

Acredita-se que esse mecanismo de mudança conformacional (virar para dentro e para fora) se aplique a todas as classes de transportadores secundários que se assemelham à permease de lactose na sua arquitetura global.

## 13.4 Canais específicos podem transportar rapidamente íons através das membranas

As bombas e os carreadores podem transportar íons através da membrana em velocidades de aproximadamente vários milhares de moléculas por segundo. Outras proteínas de membrana, os sistemas de transporte passivo denominados *canais iônicos*, são capazes de transportar íons com velocidades mais de mil vezes maiores. Essas velocidades de transporte através dos canais iônicos aproximam-se da velocidade esperada para a difusão livre de íons por uma solução aquosa. Todavia, os canais iônicos não são simplesmente tubos que atravessam as membranas de um lado ao outro e pelos quais os íons podem fluir rapidamente. Com efeito, trata-se de máquinas moleculares altamente sofisticadas que respondem a mudanças químicas e físicas de seus ambientes e sofrem alterações conformacionais precisamente cronometradas.

### Os potenciais de ação são mediados por alterações transitórias na permeabilidade ao $Na^+$ e ao $K^+$

Uma das manifestações mais importantes da ação dos canais iônicos é o impulso nervoso, que constitui o meio fundamental de comunicação no sistema nervoso. Um *impulso nervoso* é um sinal elétrico produzido pelo fluxo de íons através da membrana plasmática de um neurônio. À semelhança da maioria das outras células, o interior de um neurônio contém alta concentração de $K^+$ e baixa concentração de $Na^+$. Esses gradientes iônicos são gerados pela $Na^+$–$K^+$ ATPase. A membrana celular tem um potencial elétrico determinado pela razão entre as concentrações interna e externa de íons. No estado de repouso, o potencial de membrana é, normalmente, de –60 mV. Um impulso nervoso, ou *potencial de ação*, é gerado quando o potencial de membrana é despolarizado além de um valor limiar crítico (p. ex., de –60 para –40 mV). O potencial de membrana torna-se positivo dentro de cerca de 1 milissegundo e alcança um valor de cerca de +30 mV antes de se tornar novamente negativo (repolarização). Essa despolarização amplificada é propagada ao longo da terminação nervosa (Figura 13.13).

Experimentos engenhosos realizados por Alan Hodgkin e Andrew Huxley revelaram que os potenciais de ação surgem a partir de alterações acentuadas e transitórias na permeabilidade da membrana do axônio aos íons $Na^+$ e $K^+$. A despolarização da membrana além do limiar leva a um aumento da permeabilidade ao $Na^+$. Os íons sódio começam a fluir para dentro da célula em virtude do grande gradiente eletroquímico através da membrana plasmática. A entrada de $Na^+$ despolariza ainda mais a membrana, levando a um aumento adicional da permeabilidade ao $Na^+$. Essa retroalimentação positiva leva a uma mudança muito rápida e grande no potencial de membrana descrito anteriormente e mostrado na Figura 13.13.

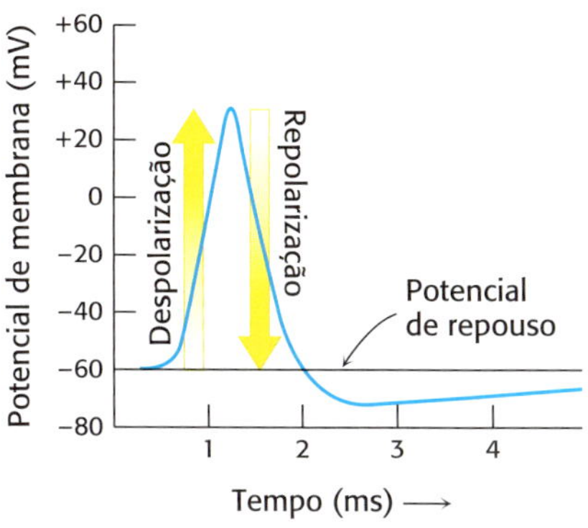


**FIGURA 13.13** Potencial de ação. Sinais são enviados ao longo dos neurônios pela despolarização e repolarização transitórias da membrana.

A membrana torna-se espontaneamente menos permeável ao $Na^+$ e mais permeável ao $K^+$. Consequentemente, o $K^+$ flui para fora, e, desse modo, o potencial de membrana retorna a um valor negativo. O nível de repouso de –60 mV é restaurado em poucos milissegundos à medida que a condutância do $K^+$ vai diminuindo para o valor característico do estado não estimulado. A onda de despolarização seguida de repolarização move-se rapidamente ao longo de uma célula nervosa. A propagação dessas ondas faz com que um toque na ponta de seu dedo do pé seja detectado em seu cérebro em poucos milissegundos.

Tal modelo do potencial de ação postulou a existência de canais iônicos específicos para o $Na^+$ e o $K^+$. Esses canais devem se abrir em resposta a mudanças no potencial de membrana e, em seguida, se fechar após terem permanecido abertos por breve período de tempo. Essa hipótese audaciosa previu a existência de moléculas com um conjunto bem definido de propriedades muito antes da disponibilidade de instrumentos para a sua detecção direta e caracterização.

## As medições da condutância por *patch-clamp* revelam as atividades de canais isolados

A *técnica de patch-clamp*, que foi introduzida por Erwin Neher e Bert Sakmann em 1976, forneceu evidências diretas para a existência desses canais. Essa poderosa técnica possibilita a medição da condutância de íons através de um pequeno fragmento de membrana celular. Nessa técnica, uma pipeta de vidro com ponta de diâmetro de cerca de 1 μm é pressionada contra uma célula intacta, formando uma vedação (Figura 13.14). Uma leve sucção leva à formação de uma vedação muito firme, de modo que a

**FIGURA 13.14** Modos de *patch-clamp*. A técnica de *patch-clamp* para monitoramento da atividade dos canais é altamente versátil. Uma vedação de alta resistência (*gigaseal*) é formada entre a pipeta e um pequeno fragmento da membrana plasmática. Essa configuração é denominada *modo ligado à célula*. A ruptura do fragmento da membrana pelo aumento da sucção produz uma via de baixa resistência entre a pipeta e o interior da célula. A atividade dos canais em toda a membrana plasmática pode ser monitorada nesse *modo de célula inteira*. Para preparar uma membrana no modo de excisão (*excised-patch mode*), a pipeta é afastada da célula. Um pedaço de membrana plasmática com o seu lado citoplasmático exposto ao meio é monitorado pela pipeta.

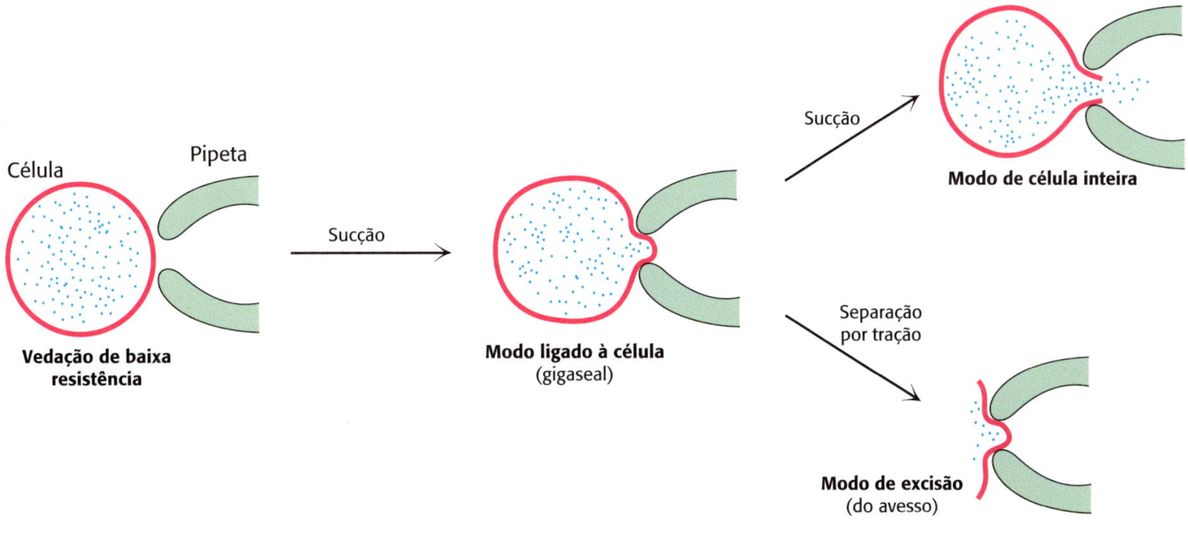

resistência entre o interior da pipeta e a solução que a banha é de muitos gigaohms (1 gigaohm é igual a $10^9$ ohms). Por conseguinte, uma vedação de gigaohm (denominada *gigaseal*) assegura que o fluxo de uma corrente elétrica através da pipeta seja idêntica à corrente que flui através da membrana coberta pela pipeta. A *gigaseal* possibilita a realização de medições de corrente com alta resolução enquanto se aplica uma voltagem conhecida através da membrana. De modo notável, o fluxo de íons através de um único canal e as transições entre os estados aberto e fechado de um canal podem ser monitorados com um tempo de resolução da ordem de microssegundos (Figura 13.15). Além disso, é possível observar diretamente a atividade de um canal em seu ambiente nativo de membrana, mesmo em células intactas. Os métodos de *patch-clamp* proporcionaram uma das primeiras visões de biomoléculas isoladas em ação. Posteriormente, foram inventados outros métodos para observar moléculas isoladas, abrindo novas perspectivas em bioquímica em seu nível mais fundamental.

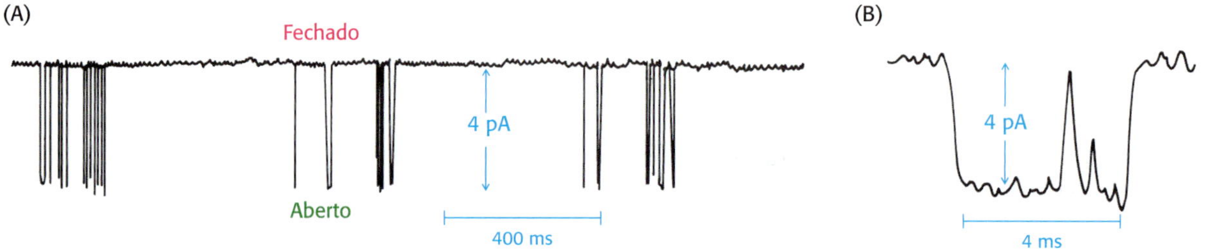


**FIGURA 13.15 Observação de canais isolados.** **A.** Os resultados de um experimento de *patch-clamp* revelam a pequena quantidade de corrente, medida em microampères ($10^{-12}$ ampères), que passa por um único canal iônico. As espículas para baixo indicam transições entre os estados fechado e aberto. **B.** Um exame mais detalhado de uma das espículas em (A) revela a duração em que o canal permanece no estado aberto.

## A estrutura de um canal iônico de potássio é um protótipo para muitas estruturas de canais iônicos

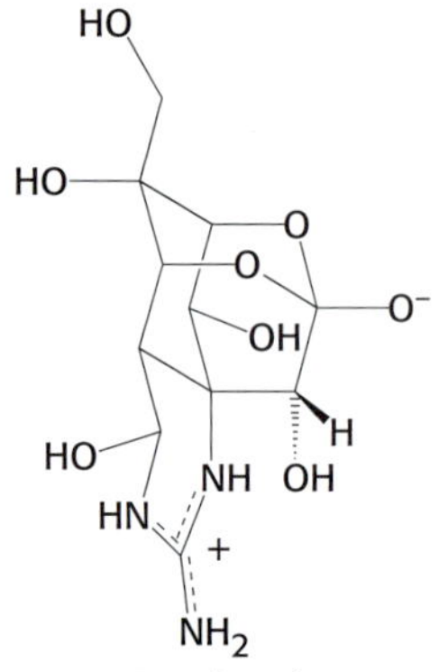


**Tetrodotoxina**

Uma vez estabelecida firmemente a existência de canais iônicos por métodos de *patch-clamp*, os cientistas procuraram identificar as moléculas que formam esses canais. O canal de $Na^+$ foi primeiramente purificado a partir do órgão elétrico da enguia elétrica, que constitui uma fonte rica da proteína que forma esse canal. O canal foi purificado com base na sua capacidade de se ligar à tetrodotoxina, uma neurotoxina do baiacu que se liga muito firmemente aos canais $Na^+$ ($K_i \approx 1$ nM). A dose letal desse veneno para um ser humano adulto é de cerca de 10 ng.

O canal de $Na^+$ isolado é uma única cadeia de 260 kDa (Figura 13.16). A clonagem e o sequenciamento dos cDNAs que codificam os canais de $Na^+$ revelaram que o canal contém quatro repetições internas, cada uma delas tendo uma sequência semelhante de aminoácidos, o que sugere que a duplicação e a divergência gênicas produziram o gene para esse canal. Os perfis de hidrofobicidade indicam que cada repetição contém cinco segmentos hidrofóbicos (S1, S2, S3, S5 e S6). Cada repetição também contém um segmento S4 altamente carregado positivamente; resíduos de arginina ou de lisina de carga positiva encontram-se a quase cada terceiro resíduo. Foi proposto que os segmentos S1 a S6 são α-hélices que atravessam a membrana, enquanto os resíduos de carga positiva em S4 atuam como sensores de voltagem do canal.

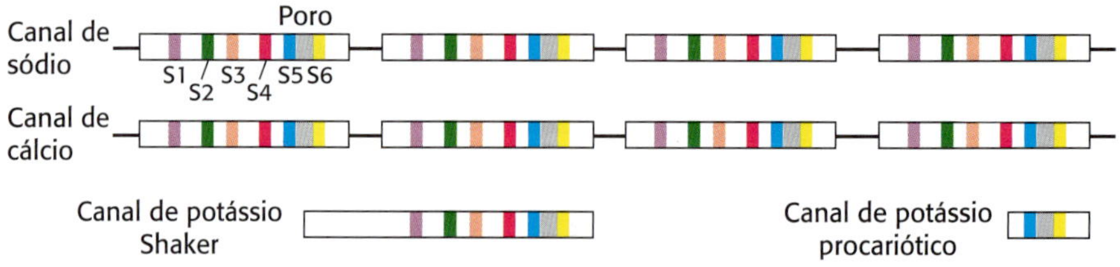


**FIGURA 13.16 Relações das sequências dos canais iônicos.** As cores semelhantes indicam regiões estruturalmente similares dos canais de sódio, de cálcio e de potássio. Cada um desses canais exibe uma simetria quádrupla aproximada, seja dentro de uma cadeia (canais de sódio e de cálcio), seja pela formação de tetrâmeros (canais de potássio).

A purificação dos canais de $K^+$ demonstrou ser muito mais difícil em virtude de sua pouca abundância e da falta de ligantes conhecidos de alta afinidade comparáveis à tetrodotoxina. Os progressos vieram de estudos de moscas-das-frutas mutantes, que se agitam violentamente quando anestesiadas com éter. O mapeamento e a clonagem do gene, denominado *Shaker* (agitador), responsável por esse defeito, revelou a sequência de aminoácidos codificada por um gene do canal de $K^+$. O gene *Shaker* codifica uma proteína de 70 kDa que contém sequências que correspondem aos segmentos S1 a S6 em uma das unidades repetidas do canal de $Na^+$. Por conseguinte, uma subunidade do canal de $K^+$ é homóloga a uma das unidades repetidas dos canais de $Na^+$. De acordo com essa homologia, quatro polipeptídios *Shaker* se unem para formar um canal funcional. Também foram descobertos canais de $K^+$ em bactérias que contêm apenas as duas regiões transmembranares que correspondem aos segmentos S5 e S6. Esta e outras informações sugeriram que S5 e S6, incluindo a região entre eles, formam o verdadeiro poro do canal de $K^+$. Os segmentos S1 a S4 contêm o aparelho que abre o poro. As relações de sequência entre canais iônicos estão resumidas na Figura 13.16.

Em 1998, Roderick MacKinnon e colaboradores determinaram a estrutura do canal de $K^+$ a partir da bactéria *Streptomyces lividans* por cristalografia de raios X. Esse canal contém apenas os segmentos S5 e S6 formadores de poros. Conforme esperado, o canal de $K^+$ é um tetrâmero de subunidades idênticas, cada uma das quais incluindo duas α-hélices transmembranares (Figura 13.17). As quatro subunidades se unem para formar um poro com a forma de um cone que percorre o centro da estrutura.

### A estrutura do canal de íons potássio revela a base da especificidade iônica

A estrutura apresentada na Figura 13.17 provavelmente representa o canal de $K^+$ em uma forma fechada. Todavia, ela sugere como o canal tem a capacidade de excluir todos os íons, exceto o $K^+$. Começando pelo lado interno da célula, o poro apresenta inicialmente um diâmetro de cerca de 10 Å e, em seguida, fica reduzido a uma cavidade menor, com diâmetro de 8 Å. Tanto a abertura para o lado de fora quanto a cavidade central do poro são preenchidas com água, e um íon $K^+$ pode se encaixar no poro sem perda de sua camada de moléculas de água ligadas. Aproximadamente a dois terços de extensão pela membrana, o poro torna-se mais estreito (com diâmetro de 3 Å). Neste local, os íons $K^+$ presentes devem abandonar suas moléculas de água e interagir diretamente com os grupos da proteína. A estrutura do canal reduz efetivamente a espessura da membrana de 34 Å para 12 Å, possibilitando a penetração dos íons solvatados na membrana antes de sua interação direta com o canal (Figura 13.18).

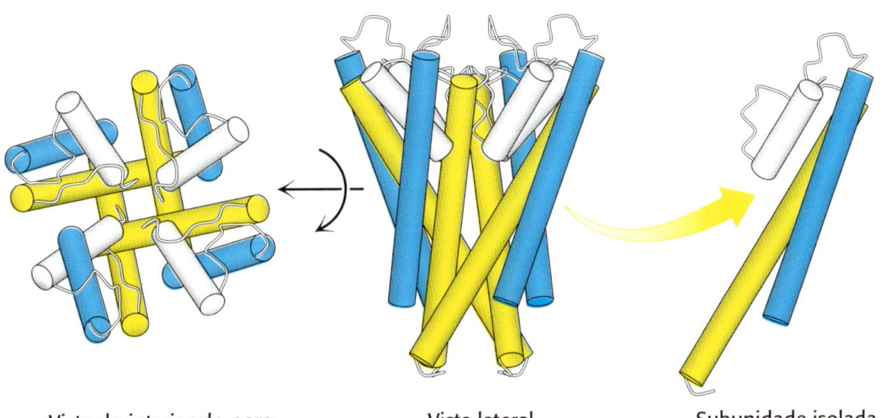


**FIGURA 13.17 Estrutura do canal iônico de potássio.** O canal de $K^+$, constituído de quatro subunidades idênticas, tem o formato de um cone com a abertura maior voltada para o interior da célula (centro). Uma vista do interior do poro, olhando para fora da célula, mostra as relações entre as subunidades individuais (à esquerda). Uma das quatro subunidades idênticas do poro está ilustrada à direita, com a região formadora do poro indicada em cinza. [Desenhada de 1 K4C.pdb].

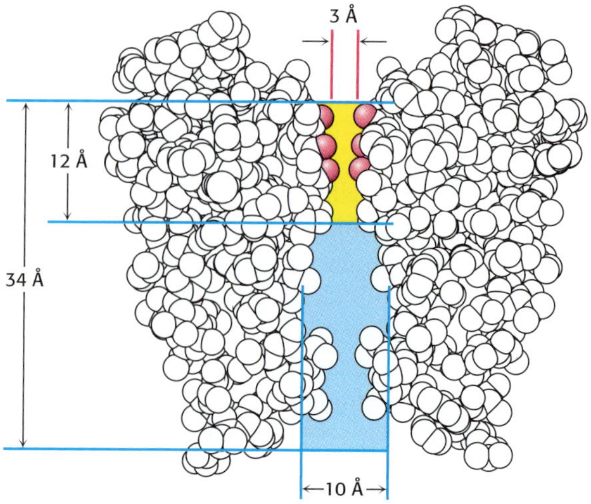


**FIGURA 13.18 Caminho através de um canal.** Um íon potássio, ao entrar no canal de $K^+$, pode percorrer uma distância de 22 Å pela membrana enquanto permanece solvatado com água (em azul). Nesse ponto, o diâmetro do poro se estreita para 3 Å (em amarelo), e os íons potássio devem abandonar a sua água e interagir com grupos carbonila (em vermelho) dos aminoácidos do poro.

Para que os íons $K^+$ abandonem suas moléculas de água, outras interações polares precisam substituir as da água. A parte estreita do poro é constituída de resíduos provenientes das duas α-hélices transmembranares. Em particular, um segmento de cinco aminoácidos dentro dessa região funciona como um *filtro de seletividade* que determina a preferência pelo $K^+$ em relação aos outros íons (Figura 13.19). O segmento tem a sequência Thr-Val-Gly-Tyr-Gly (TVGYG) e é quase totalmente conservado em todos os canais de $K^+$. A região da fita que contém a sequência conservada situa-se em uma conformação distendida e está orientada de modo que os grupos carbonila do peptídio estejam direcionados para dentro do canal em uma posição apropriada para interagir com os íons potássio.

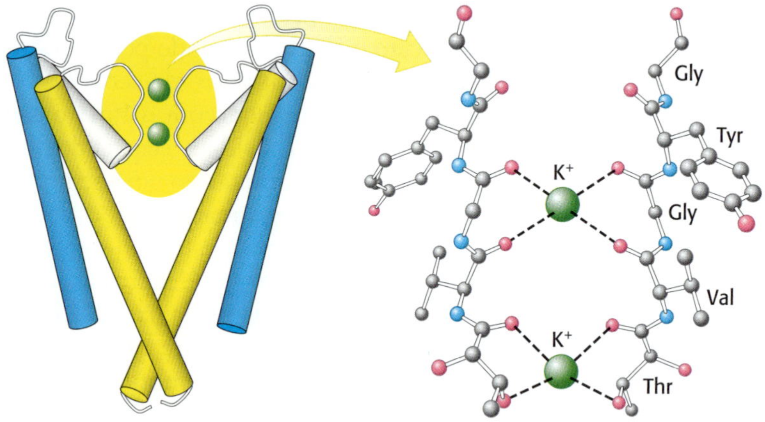


**FIGURA 13.19 Filtro de seletividade do canal de íons potássio.** Os íons potássio interagem com os grupos carbonila da sequência TVGYG do filtro de seletividade, localizada no poro do canal de $K^+$ com diâmetro de 3 Å. São mostradas apenas duas das quatro subunidades do canal.

**TABELA 13.1** Propriedades dos cátions alcalinos.

| Íon | Raio iônico (Å) | Energia livre de hidratação em kJ mol$^{-1}$ (kcal mol$^{-1}$) |
|---|---|---|
| $Li^+$ | 0,60 | – 410 (– 98) |
| $Na^+$ | 0,95 | – 301 (– 72) |
| $K^+$ | 1,33 | – 230 (– 55) |
| $Rb^+$ | 1,48 | – 213 (– 51) |
| $Cs^+$ | 1,69 | –197 (– 47) |

Os canais de íons potássio são 100 vezes mais permeáveis ao $K^+$ do que ao $Na^+$. Como esse alto grau de seletividade é alcançado? Os íons que apresentam um raio maior que 1,5 Å não podem passar pelo diâmetro estreito (3 Å) do filtro de seletividade do canal de $K^+$. Entretanto, um $Na^+$ dessolvatado é pequeno o suficiente (Tabela 13.1) para atravessar o poro. Com efeito, o raio iônico do $Na^+$ é substancialmente menor que o do $K^+$. Como então o $Na^+$ é rejeitado?

O ponto importante é que os custos de energia livre para a desidratação desses íons são consideráveis [$Na^+$, 301 kJ mol$^{-1}$ (72 kcal mol$^{-1}$) e $K^+$, 230 kJ mol$^{-1}$ (55 kcal mol$^{-1}$)]. *O canal paga o custo para a desidratação do $K^+$ ao proporcionar interações compensatórias ótimas com os átomos de oxigênio carbonílicos que revestem o filtro de seletividade.* Estudos cuidadosos do canal de potássio, cuja realização foi possível pela determinação de sua estrutura

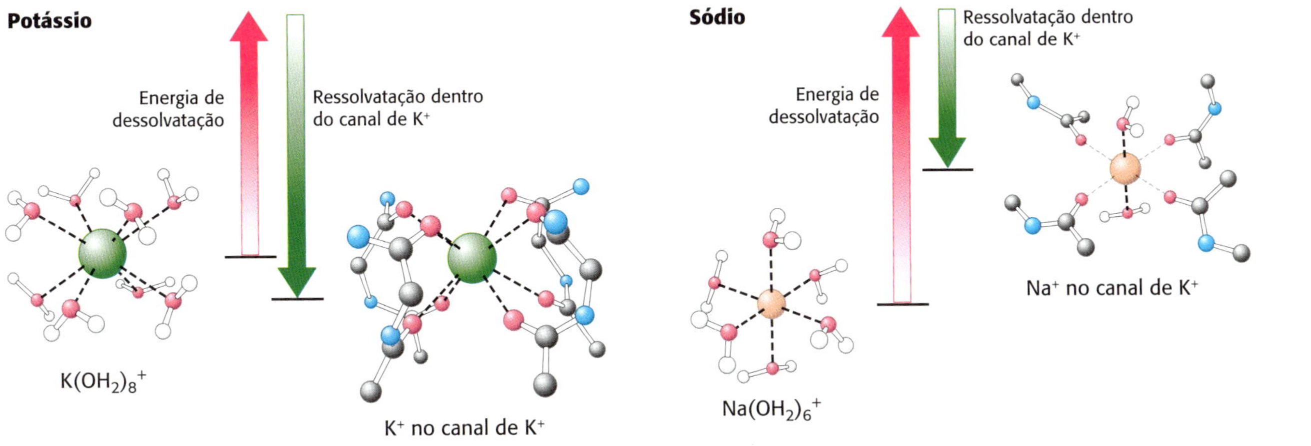


**FIGURA 13.20 Base energética da seletividade iônica.** O custo energético para a desidratação de um íon potássio é compensado pelas interações favoráveis com o filtro de seletividade. Como um íon sódio é demasiado pequeno para interagir favoravelmente com o filtro de seletividade, a energia livre de dessolvatação não pode ser compensada, e o íon sódio não atravessa o canal.

tridimensional, revelaram que o interior do poro consiste em um ambiente fluido e altamente dinâmico. As interações favoráveis entre os átomos de oxigênio carbonílicos, que possuem carga negativa parcial, com o cátion, são equilibradas pela repulsão desses átomos de oxigênio uns dos outros. Nesse canal, o equilíbrio ideal é obtido com o $K^+$, mas não com o $Na^+$ (Figura 13.20). Em consequência, os íons sódio são rejeitados, visto que o maior custo para desidratá-los não seria recuperado.

A estrutura dos canais de $K^+$ proporciona uma compreensão mais clara da estrutura e da função dos canais de $Na^+$ e de $Ca^{2+}$ devido à sua homologia com os canais de $K^+$. A comparação das sequências e os resultados dos experimentos de mutagênese apontaram para a região situada entre os segmentos S5 e S6 na seletividade iônica dos canais de $Ca^{2+}$. Nesses canais, um resíduo de glutamato dessa região em cada uma das quatro unidades repetidas desempenha importante papel na determinação da seletividade iônica (Figura 13.21). Os resíduos nas posições que correspondem aos resíduos de glutamato nos canais de $Ca^{2+}$ constituem os principais componentes do filtro de seletividade do canal de $Na^+$. Esses resíduos – aspartato, glutamato, lisina e alanina – estão localizados em cada uma das repetições internas do canal de $Na^+$, formando uma região denominada *locus* DEKA. Por conseguinte, a potencial simetria quádrupla do canal é claramente rompida nessa região, o que explica por que os canais de $Na^+$ consistem em uma única cadeia polipeptídica grande em vez de uma montagem não covalente de quatro subunidades idênticas. A preferência do canal de $Na^+$ pelo $Na^+$ ao $K^+$ depende do raio iônico; o diâmetro do poro determinado por esses e outros resíduos é restrito o suficiente para que pequenos íons como o $Na^+$ e

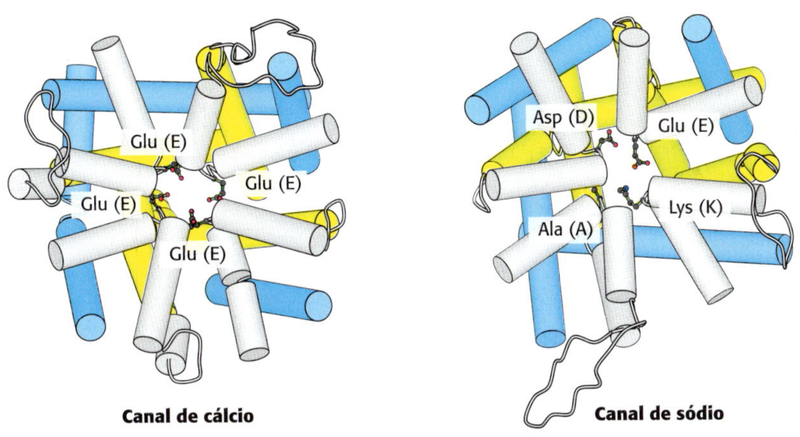


**FIGURA 13.21 Filtros de seletividade para os canais de cálcio e de sódio.** Os poros dos canais de cálcio e de sódio eucarióticos são constituídos por cadeias polipeptídicas simples. Nessas vistas, estamos olhando a partir do interior do poro; para simplificar, apenas as regiões S5 (em azul), S6 (em amarelo) e formadoras de poros (em branco) são representadas. *Observe* que o filtro de seletividade para o canal de cálcio contém quatro resíduos de glutamato (E), enquanto o filtro para o canal de sódio contém quatro resíduos diferentes (o *locus* DEKA): aspartato (D), glutamato (E), lisina (K) e alanina (A). [Desenhada de 5 GJV.pdb e 5X0 M.pdb.].

o $Li^+$ possam passar através do canal, enquanto íons maiores como o $K^+$ são significativamente impedidos de fazê-lo.

### A estrutura do canal de íons potássio explica a sua grande velocidade de transporte

Os sítios de ligação firmes necessários para a seletividade iônica deveriam reduzir a velocidade de progressão dos íons através de um canal; contudo, os canais iônicos alcançam altas velocidades de transporte iônico. Como esse paradoxo é resolvido? Uma análise estrutural do canal em alta resolução fornece uma explicação atraente. Quatro sítios de ligação de $K^+$ cruciais para o fluxo rápido de íons estão presentes na região estreita no canal de $K^+$. Consideremos o processo de condutância dos íons a partir do interior da célula (Figura 13.22). Um íon potássio hidratado percorre o canal e passa pela sua parte relativamente larga. Em seguida, o íon abandona suas moléculas coordenadas de água e se liga a um sítio dentro da região do filtro de seletividade. O íon pode se mover entre os quatro sítios dentro do filtro de seletividade, visto que eles apresentam afinidades iônicas semelhantes. À medida que cada íon potássio subsequente vai se movendo para dentro do filtro de seletividade, sua carga positiva irá repelir o íon potássio no sítio mais próximo, provocando o seu deslocamento para um sítio mais distante no canal e, por sua vez, empurrando para a frente qualquer íon potássio que já esteja ligado a um sítio mais adiante. Por conseguinte, cada novo íon que se liga favorece a liberação de um íon do outro lado do canal. Esse mecanismo de múltiplos sítios de ligação soluciona o paradoxo da alta seletividade iônica e fluxo rápido.

### A regulagem por voltagem exige substanciais mudanças conformacionais em domínios específicos dos canais iônicos

Alguns canais de $Na^+$ e de $K^+$ são regulados pelo potencial de membrana, isto é, sofrem uma mudança conformacional para uma forma de alta condutância em resposta a variações na voltagem através da membrana. Conforme já assinalado, esses *canais regulados por voltagem* incluem os segmentos S1 a S4, além do próprio poro formado por S5 e S6. A estrutura

**FIGURA 13.22 Modelo para o transporte iônico no canal de $K^+$.** O filtro de seletividade tem quatro sítios de ligação. Os íons potássio hidratados podem entrar nesses sítios, um de cada vez, perdendo sua camada de hidratação. Quando dois íons ocupam sítios adjacentes, as forças de repulsão eletrostáticas os separam. Assim, à medida que íons entram no canal a partir de um lado, outros íons são expulsos no outro lado.

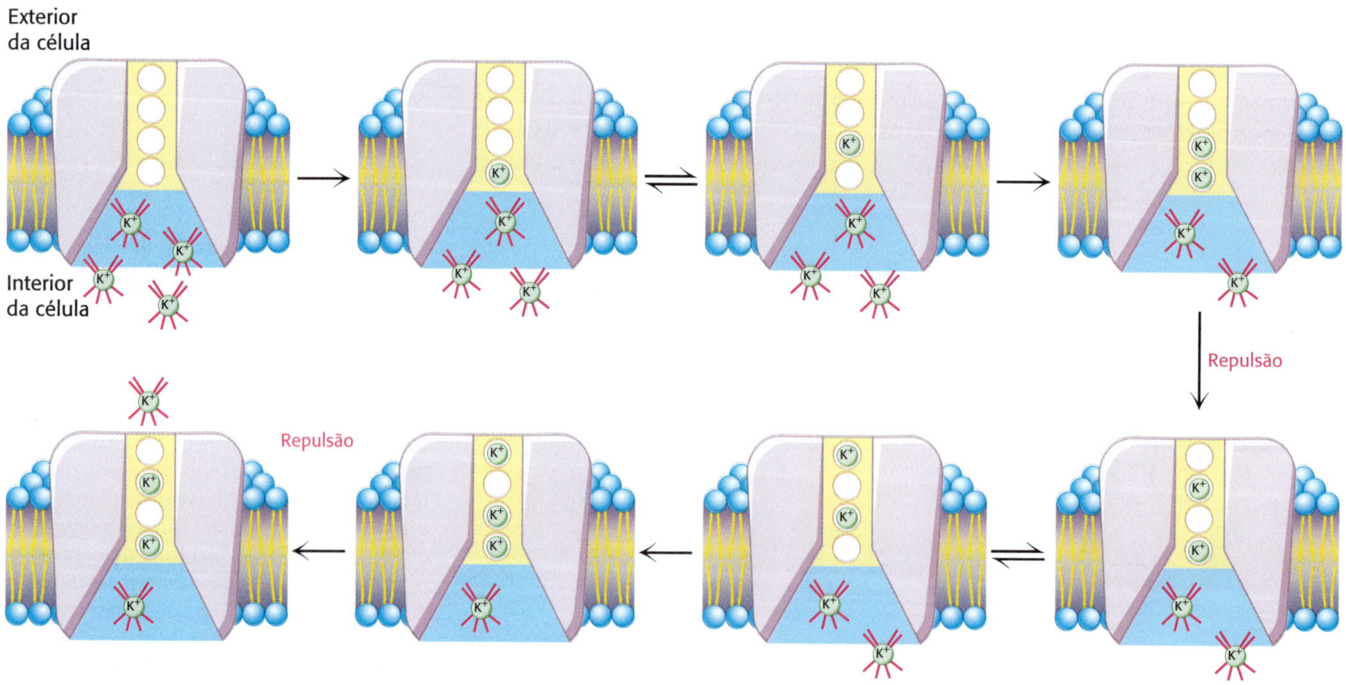

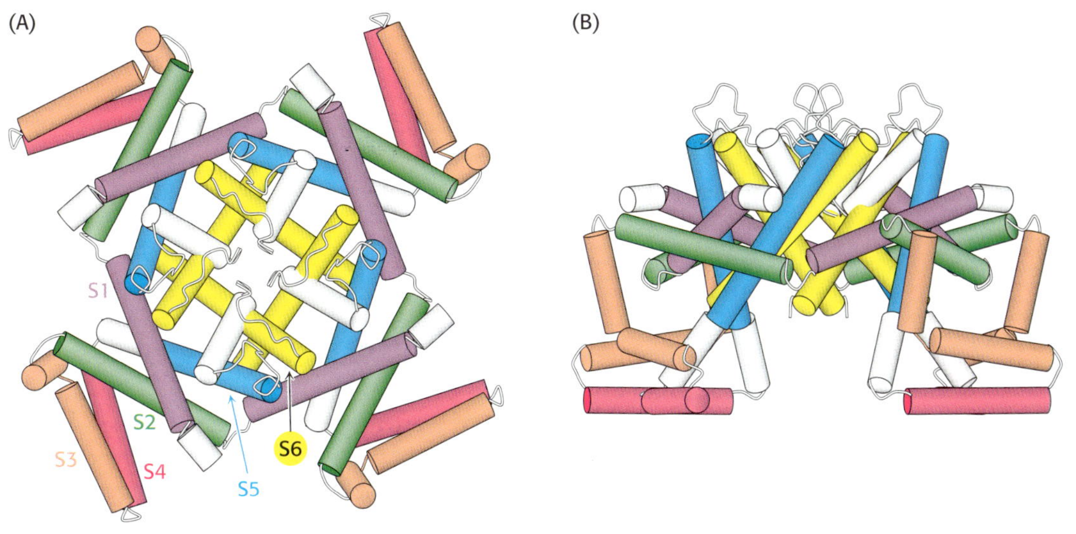


de um canal de $K^+$ regulado por voltagem de *Aeropyrum pernix* foi determinada por cristalografia de raios X (Figura 13.23). Os segmentos S1 a S4 formam domínios, denominados "remos", que se estendem a partir do cerne do canal. Esses remos incluem o segmento S4, o próprio sensor de voltagem. O segmento S4 forma uma α-hélice revestida de resíduos de carga positiva. Contrariamente às expectativas, os segmentos S1 a S4 não estão confinados dentro da proteína, mas estão posicionados para se situar na própria membrana.

**FIGURA 13.23 Estrutura de um canal de potássio regulado por voltagem. A.** Vista do interior do poro. **B.** Vista lateral. *Observe* que a região S4 de carga positiva (em vermelho) situa-se fora da estrutura no fundo do poro. [Desenhada de 1ORQ.pdb.]

Roderick MacKinnon e colaboradores propuseram um modelo de regulagem por voltagem com base nessa estrutura e em uma variedade de outros experimentos (Figura 13.24). No estado fechado, os remos localizam-se em uma posição "para baixo". Com a despolarização da membrana, o lado citoplasmático da membrana torna-se mais positivo, e os remos são arrastados através da membrana para uma posição "superior". Nesta posição, eles afastam os quatro lados da base do poro, aumentando o acesso ao filtro de seletividade e abrindo o canal.

## Um canal pode ser inativado pela oclusão do poro: o modelo de bola e corrente

Os canais de $K^+$ e de $Na^+$ sofrem inativação dentro de milissegundos após a sua abertura (Figura 13.25A). O primeiro indício do mecanismo de inativação veio da exposição do lado citoplasmático do canal à protease tripsina. A clivagem pela tripsina produziu canais "aparados", que permaneceram persistentemente abertos após a despolarização, sugerindo que uma região flexível da proteína (*i. e.*, acessível à protease) foi responsável pela inativação. Além disso, um canal mutante *Shaker* carecendo de 42 aminoácidos próximos à extremidade aminoterminal abriu-se em resposta à despolarização, porém não foi inativado (Figura 13.25B). De modo notável, a inativação foi restaurada pela adição de um peptídio sintético correspondendo aos primeiros 20 resíduos do canal nativo (Figura 13.25C).

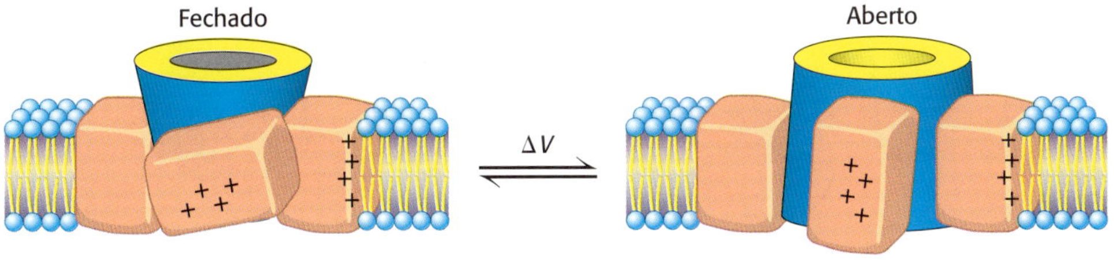


**FIGURA 13.24 Um modelo para a regulagem dos canais iônicos por voltagem.** Os remos sensores de voltagem situam-se na posição "para baixo", abaixo do canal fechado (à esquerda). A despolarização da membrana arrasta esses remos através da membrana. O movimento afasta a base do canal, abrindo-o (à direita).

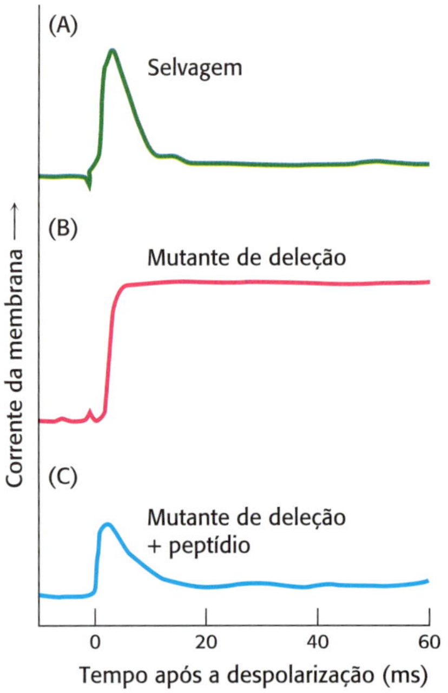


**FIGURA 13.25 Inativação do canal de íons potássio.** A região aminoterminal do canal de $K^+$ é crítica para a inativação. **A.** O canal de $K^+$ *Shaker* selvagem exibe uma rápida inativação após a sua abertura. **B.** Um canal mutante que carece dos resíduos 6 a 46 não é inativado. **C.** A inativação pode ser restaurada pela adição de um peptídio constituído dos resíduos 1 a 20 em uma concentração de 100 μM. [Dados de W. N. Zagotta, T. Hoshi e R. W. Aldrich. *Science* 250:568-571, 1990.].

Esses experimentos sustentam fortemente o *modelo de bola e corrente* para a inativação dos canais que foi aventado há alguns anos (Figura 13.26). De acordo com esse modelo, os primeiros 20 resíduos do canal de $K^+$ formam uma unidade citoplasmática (a *bola*) que se fixa a um segmento flexível do polipeptídio (a *corrente*). Quando o canal está fechado, a bola rotaciona livremente na solução aquosa. Quando aberto, a bola rapidamente encontra um sítio complementar no poro aberto e o veda. Por conseguinte, o canal só se abre por um breve intervalo de tempo antes de sofrer inativação por oclusão. O encurtamento da corrente acelera a inativação, visto que a bola encontra o seu alvo mais rapidamente. Por outro lado, o alongamento da corrente diminui a velocidade de inativação. Assim, a duração do estado aberto pode ser controlada pelo comprimento e pela flexibilidade da corrente. De certo modo, os domínios de "bola", que incluem regiões substanciais de carga positiva, podem ser considerados como grandes cátions acorrentados que podem ser puxados para dentro do canal aberto, mas que permanecem fixados bloqueando a condutância adicional de íons.

## O receptor de acetilcolina é um protótipo dos canais iônicos regulados por ligantes

Os impulsos nervosos são transmitidos através das sinapses por pequenas moléculas difusíveis denominadas *neurotransmissores*. A *acetilcolina* é um desses neurotransmissores. A membrana pré-sináptica de uma sinapse é separada da membrana pós-sináptica por um espaço de cerca de 50 nm denominado *fenda sináptica*. A chegada de um impulso nervoso na extremidade de um axônio leva à saída sincrônica do conteúdo de cerca de 300 compartimentos delimitados por membranas, ou vesículas, de acetilcolina na fenda (Figura 13.27). A ligação da acetilcolina à membrana pós-sináptica modifica acentuadamente a sua permeabilidade a íons, deflagrando um potencial de ação. A acetilcolina abre um único tipo de canal catiônico, denominado *receptor de acetilcolina*, que é quase igualmente permeável ao $Na^+$ e ao $K^+$.

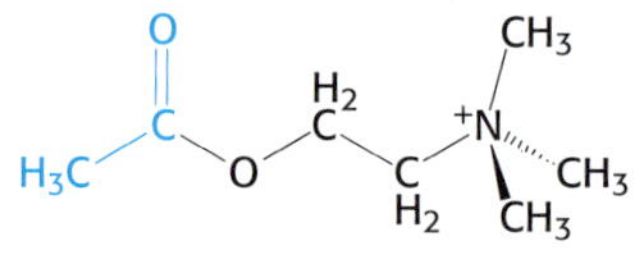


**Acetilcolina**

O receptor de acetilcolina constitui o *canal regulado por ligante* mais bem conhecido. Esse tipo de canal não é regulado por voltagem, mas pela presença de ligantes específicos. A ligação da acetilcolina ao canal é seguida de sua abertura transitória. O órgão elétrico do *Torpedo marmorata*, uma arraia elétrica, constitui uma fonte de escolha para o estudo dos receptores de acetilcolina, visto que suas eletroplacas (células geradoras de voltagem) são muito ricas em membranas pós-sinápticas que respondem

**FIGURA 13.26 Modelo de bola e corrente para a inativação do canal.** O domínio de inativação ou "bola" (em cinza) está fixado ao canal por uma "corrente" flexível. No estado fechado, a bola está localizada no citoplasma. A despolarização abre o canal e cria um sítio de ligação para a bola de carga positiva na boca do poro. O movimento da bola para esse sítio inativa o canal, ocluindo-o.

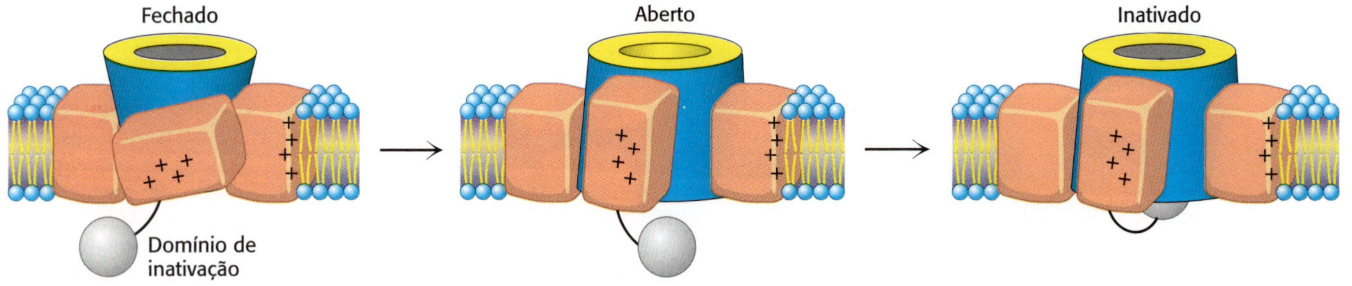

a esse neurotransmissor. O receptor encontra-se densamente empacotado nessas membranas (cerca de 20.000 $\mu m^{-2}$). O receptor de acetilcolina do órgão elétrico foi solubilizado pela adição de um detergente não iônico a uma preparação de membrana pós-sináptica e purificado por cromatografia de afinidade em uma coluna com cobratoxina ligada covalentemente, uma pequena toxina proteica de serpentes que apresenta alta afinidade pelos receptores de acetilcolina. Com o uso das técnicas apresentadas no Capítulo 3, o receptor de 268 kDa foi identificado como um pentâmero de quatro tipos de subunidades transmembranares – $\alpha_2$, $\beta$, $\gamma$ e $\delta$ – dispostas na forma de um anel que cria um poro através da membrana.

A clonagem e o sequenciamento dos cDNAs dos quatro tipos de subunidades (50 a 58 kDa) mostraram que elas apresentam sequências claramente semelhantes. Os genes para as subunidades $\alpha$, $\beta$, $\gamma$ e $\delta$ surgiram por duplicação e divergência de um gene ancestral comum. Cada subunidade apresenta grande domínio extracelular seguido, na extremidade carboxílica, de quatro segmentos predominantemente hidrofóbicos que atravessam a bicamada da membrana. A acetilcolina liga-se às interfaces $\alpha$–$\gamma$ e $\alpha$–$\delta$. A estrutura dos receptores de acetilcolina purificados foi determinada por métodos de crio-ME e cristalografia de raios X (ver seção 3.5). O receptor exibe uma aproximada simetria pentagonal em harmonia com a semelhança de suas cinco subunidades constituintes (Figura 13.28).

Qual é a base para a abertura do canal? A obtenção de uma resposta definitiva a essa questão tem sido difícil, porém os detalhes desse mecanismo estão começando a se tornar evidentes. Imagens do receptor com o uso de crio-ME nos estados aberto e fechado foram determinadas, embora com baixa resolução. Essas estruturas indicam que a ligação da acetilcolina ao domínio extracelular leva, finalmente, à retificação das $\alpha$-hélices a partir das subunidades $\alpha$ e $\delta$ que revestem o poro (Figura 13.29). No estado fechado, a região de menor diâmetro no poro (o "portão") está localizada aproximadamente a meio caminho através da membrana. Essa região é revestida por resíduos apolares que são incapazes de formar interações favoráveis com íons $K^+$ e $Na^+$. Entretanto, uma vez retificadas as hélices,

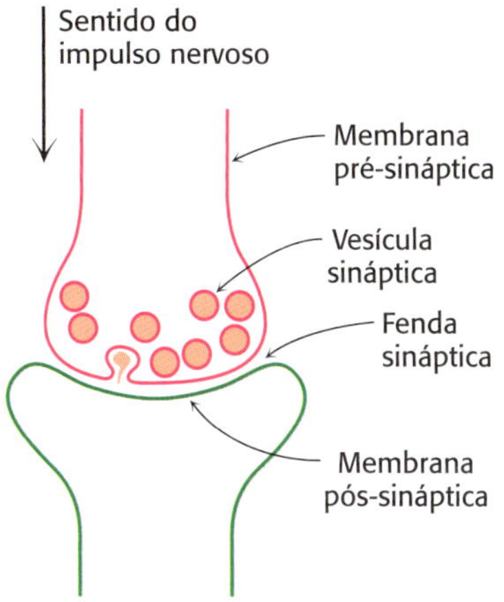


**FIGURA 13.27** **Representação esquemática de uma sinapse.**

O torpedo (*Torpedo marmorata*, também conhecido como arraia elétrica) possui um órgão elétrico rico em receptores de acetilcolina que pode deflagrar um choque de até 200 V em aproximadamente 1 s. [Fonte: iStock ©Rob Atherton.]

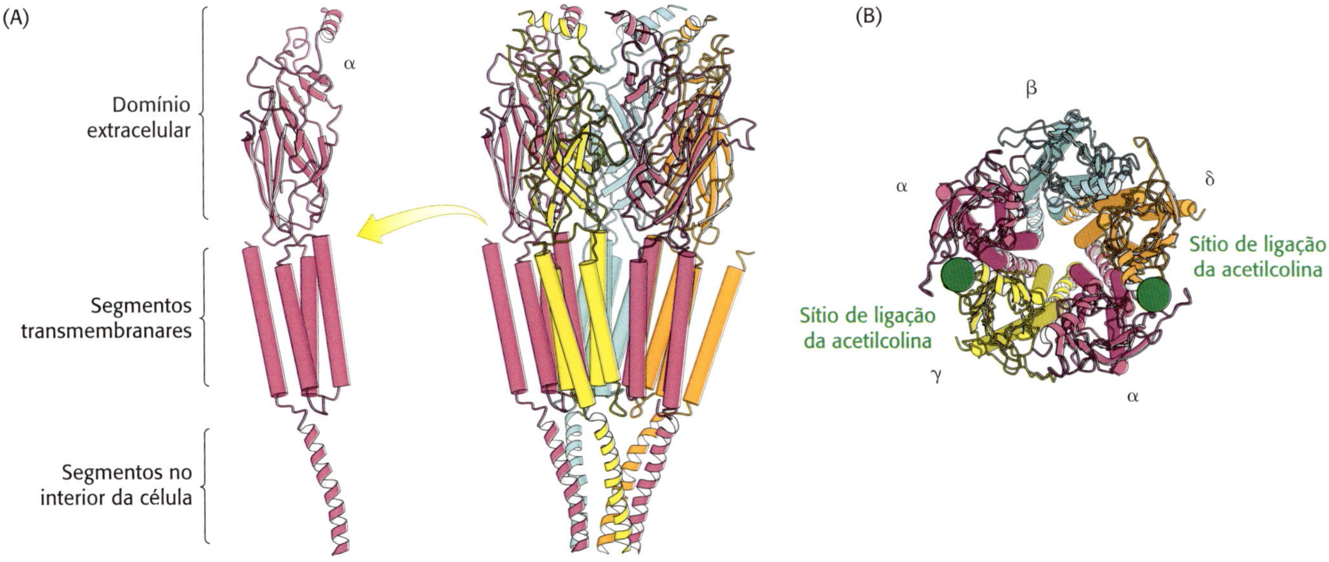


**FIGURA 13.28** **Estrutura do receptor de acetilcolina.** Um modelo para a estrutura do receptor de acetilcolina, deduzido a partir de estudos de microscopia eletrônica de alta resolução, revela que cada subunidade é constituída de um grande domínio extracelular composto principalmente de fitas $\beta$, quatro $\alpha$-hélices transmembranares e uma $\alpha$-hélice final no interior da célula. **A.** Vista lateral mostrando o receptor pentamérico com cada tipo de subunidade em uma cor diferente. Um exemplar da subunidade $\alpha$ é mostrado isoladamente. **B.** Vista do interior do canal a partir do lado de fora da célula. Os sítios de ligação para o ligante acetilcolina estão indicados em verde. [Desenhada de 2BG9.pdb.]

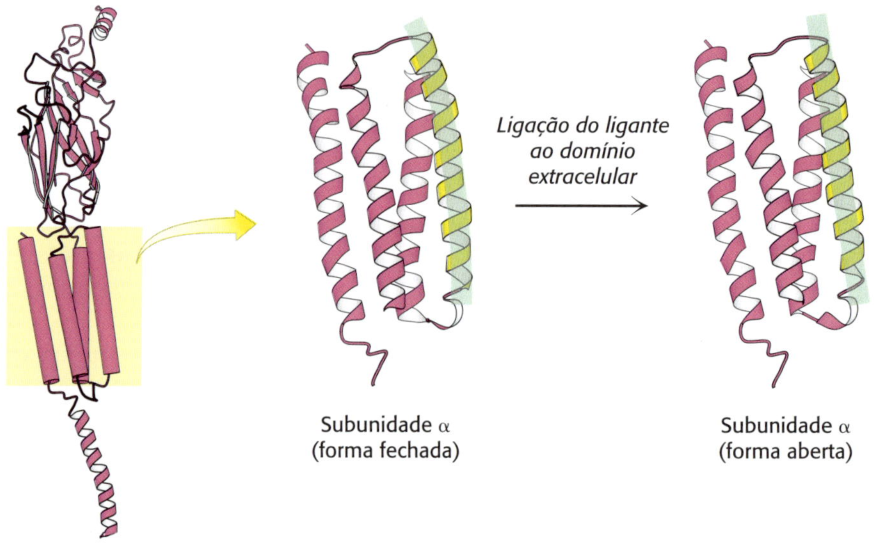


**FIGURA 13.29 Abertura do receptor de acetilcolina.** A ligação da acetilcolina à região extracelular do receptor leva a uma série de mudanças conformacionais, que são transmitidas às hélices que revestem o poro. *Observe* que, com a ligação do ligante, a hélice que reveste o poro da subunidade α retifica-se (barra verde). Esse sutil ajuste estrutural modifica as propriedades de regulagem do poro, possibilitando a passagem de cátions. [Desenhada de 4AQ5.pdb e 4AQ9.pdb.]

a região de menor diâmetro desloca-se para um ponto mais próximo do folheto interno da membrana. Essa região é revestida por resíduos polares e é capaz de conduzir livremente íons $K^+$ e $Na^+$.

## Os potenciais de ação integram as atividades de vários canais iônicos que atuam em conjunto

Para entender como os canais regulados por ligantes e regulados por voltagem trabalham em conjunto para gerar uma sofisticada resposta fisiológica, retornemos ao potencial de ação apresentado no início desta seção. Em primeiro lugar, precisamos introduzir o conceito de *potencial de equilíbrio*. Suponha que uma membrana separe duas soluções contendo diferentes concentrações de um cátion $X^+$, bem como uma quantidade equivalente de ânions para equilibrar a carga em cada solução (Figura 13.30). Suponha que $[X^+]_{int}$ seja a concentração de $X^+$ em um lado da membrana (correspondendo ao interior da célula) e $[X^+]_{ext}$ seja a concentração de $X^+$ no outro lado (correspondendo ao exterior da célula). Suponha ainda que um canal iônico se abra para possibilitar o deslocamento de $X^+$ através da membrana. O que irá acontecer? Parece evidente que $X^+$ irá se mover através do canal do lado de maior concentração para o lado de menor concentração. Entretanto, cargas positivas começarão a se acumular no lado da menor concentração,

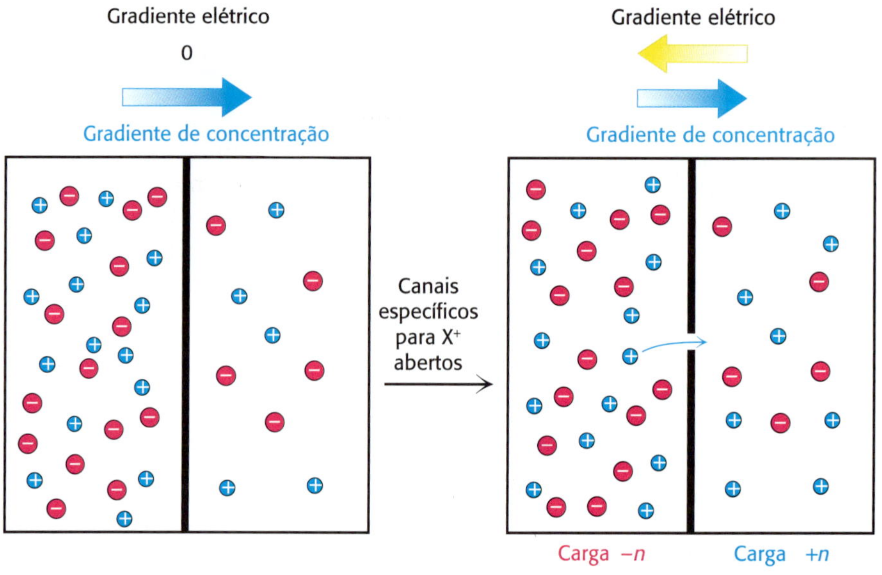


**FIGURA 13.30 Potencial de equilíbrio.** O potencial de membrana alcança um equilíbrio quando a força motriz, devido ao gradiente de concentração, é exatamente equilibrada pela força oposta devido à repulsão de cargas semelhantes.

tornando mais difícil mover cada íon adicional de carga positiva. Será alcançado um equilíbrio quando a força motriz, devido ao gradiente de concentração, for equilibrada pela força eletrostática que resiste ao movimento de uma carga adicional. Nessas circunstâncias, o potencial de membrana é fornecido pela *equação de Nersnt*:

$$V_{eq} = -(RT/zF)\ \ln([X]_{int}/[X]_{ext}),$$

em que $R$ é a constante de gases, $F$ é a constante de Faraday (96,5 kJ $V^{-1}$ $mol^{-1}$ ou 23,1 kcal $V^{-1}$ $mol^{-1}$) e $z$ é a carga do íon X (p. ex., +1 para $X^+$).

O potencial de membrana em equilíbrio é denominado potencial de equilíbrio para determinado íon em uma razão de concentração determinada através da membrana. No caso do sódio com $[Na^+]_{int}$ = 14 mM e $[Na^+]_{ext}$ = 143 mM, o potencial de equilíbrio é de +62 mV a 37°C. De modo semelhante, no caso do potássio com $[K^+]_{int}$ = 157 mM e $[K^+]_{ext}$ = 4 mM, o potencial de equilíbrio é de –98 mV. Na ausência de estímulo, o potencial de repouso de um neurônio típico é de –60 mV. Esse valor aproxima-se do potencial de equilíbrio do $K^+$ devido ao fato de que um pequeno número de canais de $K^+$ está aberto.

Agora estamos preparados para analisar o que acontece na geração de um potencial de ação (Figura 13.31). Inicialmente, um neurotransmissor, como a acetilcolina, é liberado de uma membrana pré-sináptica para dentro da fenda sináptica (Figura 13.27). A acetilcolina liberada liga-se ao receptor de acetilcolina na membrana pós-sináptica, causando a sua abertura em menos de 1 milissegundo. O receptor de acetilcolina é um inespecífico canal de cátions. Os íons sódio fluem para dentro da célula, enquanto os íons potássio fluem para fora. Sem quaisquer eventos adicionais, o potencial de membrana se moveria para um valor correspondente à média dos potenciais de equilíbrio do $Na^+$ e do $K^+$, ou seja, de aproximadamente –20 mV. Entretanto, quando o potencial de membrana se aproxima de –40 mV, os remos sensíveis à voltagem dos canais de $Na^+$ são arrastados para dentro da membrana, abrindo os canais de $Na^+$. Com esses canais abertos, os íons sódio fluem rapidamente para dentro da célula, e o potencial de membrana aumenta rapidamente em direção ao potencial de equilíbrio do $Na^+$ (Figura 13.31B, curva vermelha). Os remos sensíveis à voltagem dos canais de $K^+$ também são arrastados para dentro da membrana pela mudança do potencial de membrana, porém mais lentamente do que os remos dos canais de $Na^+$. Todavia, depois de aproximadamente 1 ms, muitos canais de $K^+$ começam a se abrir. Ao mesmo tempo, os domínios de inativação em "bola" tampam os canais abertos de $Na^+$, diminuindo a corrente desse íon. Os receptores de acetilcolina que iniciaram esses eventos também são inativados nessa escala de tempo. Com os canais de $Na^+$ inativados e apenas os canais de $K^+$ abertos, o potencial de membrana cai rapidamente em direção ao potencial de equilíbrio do $K^+$ (Figura 13.31B, curva azul). Os canais abertos de $K^+$ são suscetíveis à inativação pelos seus domínios em "bola", e essas correntes de $K^+$ também são bloqueadas. Com o potencial de membrana voltando a se aproximar de seu valor inicial, os domínios de inativação são liberados, e os canais retornam a seu estado fechado original. Tais eventos propagam-se ao longo do neurônio à medida que a despolarização da membrana vai abrindo os canais em setores adjacentes da membrana.

Quanta corrente realmente flui através da membrana durante um potencial de ação? Tenha em mente que uma típica célula nervosa contém 100 canais de $Na^+$ por micrômetro quadrado. Em um potencial de membrana de +20 mV, cada canal conduz $10^7$ íons por segundo. Por conseguinte, em um período de 1 milissegundo, cerca de $10^5$ íons fluem por cada micrômetro quadrado de superfície de membrana. Supondo um volume

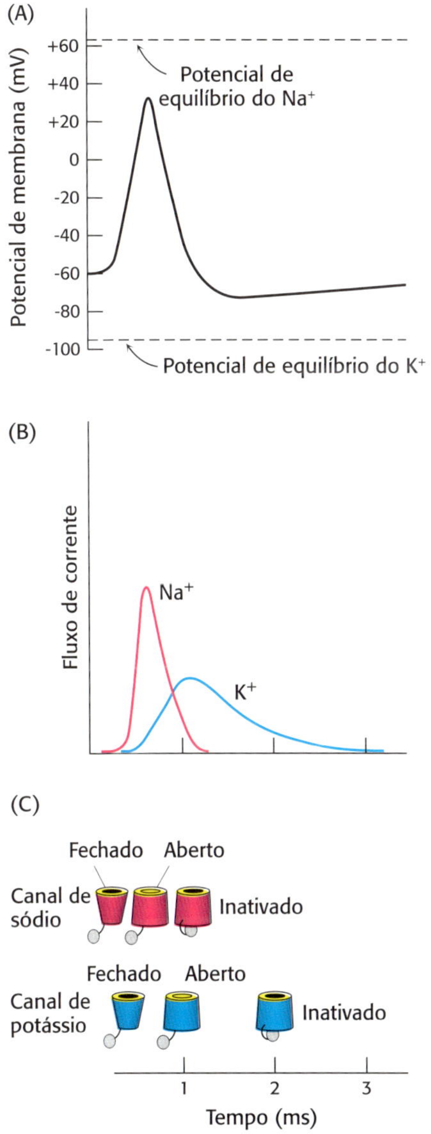


**FIGURA 13.31 Mecanismo do potencial de ação.** **A.** No início de um potencial de ação, o potencial de membrana move-se do potencial de repouso para cima em direção ao potencial de equilíbrio do $Na^+$ e, em seguida, para baixo, em direção ao potencial de equilíbrio de $K^+$. **B.** As correntes através dos canais de $Na^+$ e de $K^+$ constituem a base do potencial de ação. **C.** Os estados dos canais de $Na^+$ e $K^+$ durante o potencial de ação.

celular de $10^4$ $\mu m^3$ e uma área de superfície de $10^4$ $\mu m^2$, essa velocidade de fluxo iônico corresponde a um aumento na concentração de $Na^+$ de menos de 1%. Como isso pode ocorrer? Um forte potencial de ação é gerado, visto que o potencial de membrana é muito sensível até mesmo a uma discreta mudança na distribuição de cargas. Em virtude dessa sensibilidade, o potencial de ação constitui um mecanismo muito eficiente de sinalização por longas distâncias e com taxas rápidas de repetição.

### O comprometimento da integridade dos canais iônicos por mutações ou por substâncias químicas pode ser potencialmente fatal

A geração de um potencial de ação exige a coordenação precisa de eventos reguladores de um conjunto de canais iônicos. Uma perturbação nessa sequência temporal de eventos pode ter efeitos devastadores. Por exemplo, a geração rítmica de potenciais de ação pelo coração é absolutamente essencial para manter o aporte de sangue oxigenado aos tecidos periféricos. A *síndrome do QT longo* (SQTL) é um distúrbio genético no qual ocorre retardo na recuperação do potencial de ação de seu potencial máximo para o potencial de equilíbrio de repouso. O termo "QT" refere-se a uma característica específica do padrão de atividade elétrica cardíaca medido pelo eletrocardiograma. A SQTL pode resultar em breves perdas da consciência (síncope), alteração do ritmo cardíaco normal (arritmia) e morte súbita. As mutações mais comuns identificadas em pacientes com SQTL inativam os canais de $K^+$ ou impedem o tráfego apropriado desses canais para a membrana plasmática. A consequente perda de permeabilidade ao potássio diminui a velocidade de repolarização da membrana e retarda a indução da subsequente contração cardíaca, tornando o tecido cardíaco suscetível a arritmias.

Um prolongamento do potencial de ação cardíaco dessa maneira também pode ser induzido por vários agentes terapêuticos. Em particular, o canal de $K^+$ hERG (abreviatura para o gene humano relacionado com *ether-a-go-go* [do inglês *human ether-a-go-go-related gene*], assim designado pelo seu ortólogo em *Drosophila melanogaster*) é altamente suscetível a interações com determinados fármacos. As regiões hidrofóbicas desses fármacos podem bloquear o hERG por meio de sua ligação a dois resíduos aromáticos não conservados na superfície interna da cavidade do canal. Além disso, acredita-se que essa cavidade seja mais larga que a de outros canais de $K^+$ devido à ausência de um motivo Pro-X-Pro conservado dentro do segmento hidrofóbico S6. A inibição do hERG por esses fármacos pode levar a um risco aumentado de arritmias cardíacas e morte súbita. Em consequência, vários desses agentes foram retirados do mercado, como o anti-histamínico terfenadina. A triagem para a inibição do hERG constitui, hoje em dia, uma importante barreira de segurança para o avanço farmacêutico de uma molécula até ser aprovada como fármaco.

## 13.5 As junções comunicantes (*gap junctions*) possibilitam os fluxos de íons e de moléculas pequenas entre células que se comunicam

Os canais iônicos que analisamos até agora apresentam poros estreitos e exibem seletividade moderada a alta pelos íons que conseguem passar por eles. Esses canais estão fechados no estado de repouso e têm tempo de vida curto no estado aberto, normalmente de 1 milissegundo, o que possibilita a transmissão de sinais neurais frequentes. Consideremos agora um canal com função muito diferente. As *junções comunicantes* (*gap junctions*), também conhecidas como *canais intercelulares*, servem como vias de passagem pelo interior de células contíguas. As junções comunicantes aglomeram-se em regiões distintas das membranas plasmáticas de células justapostas. Micrografias eletrônicas de lâminas de junções comunicantes mostram que elas são estreitamente empacotadas em uma disposição hexagonal regular (Figura 13.32). Um orifício central de aproximadamente 20 Å, o lúmen do canal, é proeminente em cada junção comunicante. Esses canais atravessam o espaço interposto, ou lacuna (*gap*), entre células justapostas (o que explica a expressão "*gap junction*"). A largura do espaço entre os citoplasmas de duas células é de cerca de 35 Å.

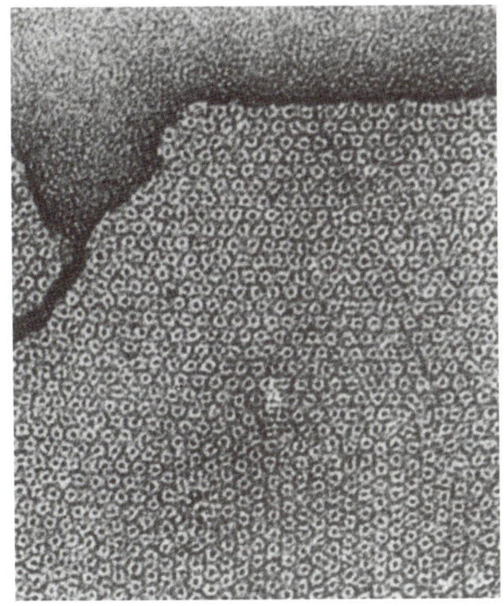

**FIGURA 13.32 Junções comunicantes.** Essa micrografia eletrônica mostra uma lâmina de junções comunicantes isoladas. Os conéxons cilíndricos formam uma rede hexagonal com um comprimento celular unitário de 85 Å. O orifício central densamente corado tem um diâmetro de cerca de 20 Å. [Don W. Fawcett/Science Source.]

Moléculas hidrofílicas pequenas, bem como íons, podem passar através das junções comunicantes. O tamanho do poro das junções foi determinado pela microinjeção de uma série de moléculas fluorescentes nas células e pela observação de sua passagem para as células adjacentes. Todas as moléculas polares com massa inferior a cerca de 1 kDa podem atravessar prontamente esses canais intercelulares. Por conseguinte, *os íons inorgânicos e a maioria dos metabólitos* (p. ex., *açúcares, aminoácidos e nucleotídios*) *podem fluir entre as partes internas das células unidas por junções comunicantes.* Em contrapartida, as proteínas, os ácidos nucleicos e os polissacarídios são demasiado grandes para atravessar esses canais. *As junções comunicantes são importantes para a comunicação intercelular.* As células de alguns tecidos excitáveis, como o músculo cardíaco, são acopladas pelo rápido fluxo de íons através dessas junções, o que assegura uma resposta rápida e sincronizada aos estímulos. As junções comunicantes também são essenciais para a nutrição das células que estão distantes dos vasos sanguíneos, como as da lente do olho e do osso. Além disso, os canais comunicantes são importantes no processo de desenvolvimento e diferenciação. Por exemplo, o útero quiescente transforma-se em um órgão de contrações intensas no início do trabalho de parto; a formação de junções comunicantes funcionais nessa ocasião cria um sincício de células musculares que se contraem de modo sincrônico.

Um canal intercelular é constituído de 12 moléculas e de *conexina*, que pertence a uma família de proteínas transmembranares com massas moleculares que variam de 30 a 42 kDa. Cada molécula de conexina contém quatro hélices que atravessam a membrana (Figura 13.33A). Seis moléculas de conexina formam um arranjo hexagonal para criar um meio canal, denominado *conéxon* ou *hemicanal*. Dois conéxons unem-se pelas suas extremidades no espaço intercelular, formando um canal funcional entre as células comunicantes (Figura 13.33B). Cada conéxon adota uma forma em funil: na face citoplasmática, o diâmetro interno do canal mede 35 Å, ao passo que, em seu ponto mais interno, o poro passa a ser estreito, com diâmetro de 14 Å (Figura 13.33C). Os canais intercelulares diferem de outros canais de membrana em três aspectos:

**1.** atravessam *duas* membranas, em lugar de uma;

**2.** conectam o citoplasma de uma célula com o citoplasma de outra, em vez de conectar o citoplasma com o espaço extracelular ou o lúmen de uma organela; e

**3.** os conéxons que formam um canal são sintetizados por células diferentes.

As junções comunicantes formam-se prontamente quando as células são reunidas. Uma vez formado, o canal intercelular tende a permanecer aberto por segundos a minutos. Fecham-se pelas altas concentrações de íons cálcio e pela presença de pH baixo. *O fechamento das junções comunicantes pelo $Ca^{2+}$ e pelo $H^+$ serve para isolar células normais de células adjacentes lesionadas ou mortas.* As junções comunicantes também são controladas pelo potencial de membrana e por fosforilação induzida por hormônios.

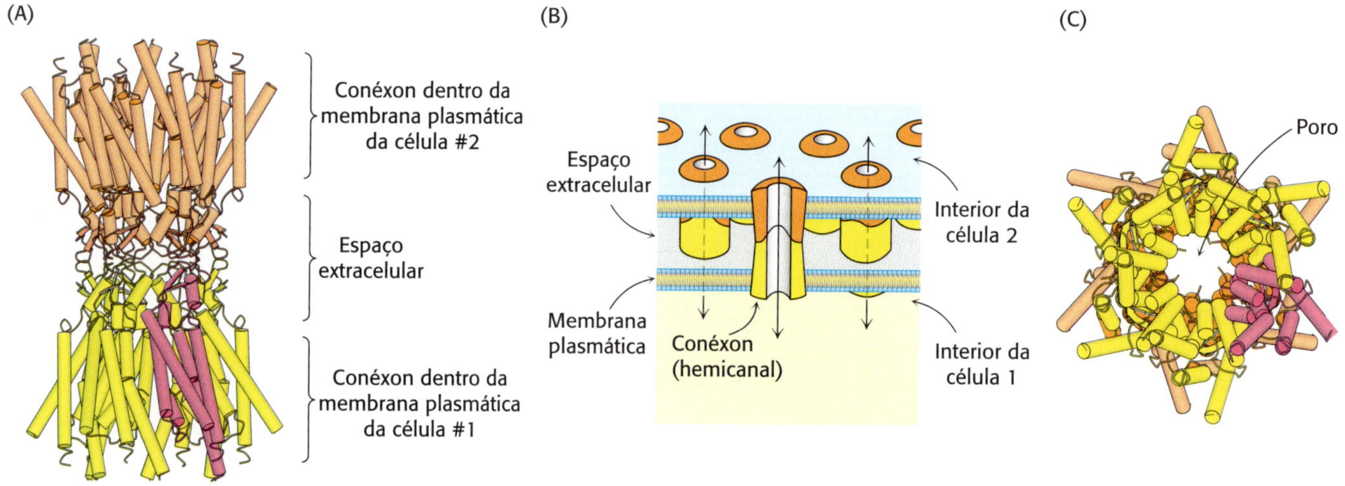


**FIGURA 13.33 Estrutura de uma junção comunicante.** **A.** Seis conexinas unem-se para formar um conéxon ou hemicanal dentro da membrana plasmática (amarelo). Um único monômero de conexina é mostrado em vermelho. A região extracelular de um conéxon liga-se à mesma região de um conéxon de outra célula (em laranja), formando uma junção comunicante completa. **B.** Vista esquemática da junção comunicante, orientada na mesma direção que a mostrada em (**A**). **C.** Vista de baixo para cima através do poro de uma junção comunicante. Essa perspectiva é visualizada na Figura 13.32. [(**A** e **C**) Desenhadas de 2ZW3.pdb; (**B**) Informação do Dr. Werner Loewenstein.]

O genoma humano codifica 21 conexinas distintas. Os diferentes membros dessa família são expressos em diferentes tecidos. Por exemplo, a conexina 26 é expressa em tecidos essenciais na orelha. Mutações nessa conexina estão associadas à surdez hereditária. A base mecanística para essa surdez parece consistir no transporte insuficiente de íons ou de moléculas de segundos mensageiros, como o inositol trifosfato, entre as células sensoriais.

## 13.6 Canais específicos aumentam a permeabilidade de algumas membranas à água

Outra classe importante de canais não tem nenhuma participação no transporte de íons. Na verdade, esses canais aumentam a velocidade com que a água flui através das membranas. Conforme assinalado na seção 12.3, as membranas são razoavelmente permeáveis à água. Por que, então, são necessários canais específicos de água? Em certos tecidos, em algumas circunstâncias, é necessário haver um rápido transporte de água através das membranas. Por exemplo, nos rins, a água precisa ser rapidamente reabsorvida na corrente sanguínea após a filtração. De modo semelhante, na secreção de saliva e de lágrimas, a água precisa fluir rapidamente através das membranas. Essas observações sugeriram a existência de canais aquosos específicos, porém inicialmente não foi possível identificá-los.

Os canais (atualmente denominados *aquaporinas*) foram descobertos por acaso. Peter Agre assinalou a existência de uma proteína em altos níveis nas membranas dos eritrócitos, que não fora identificada porque não se corava bem com o azul de Coomassie. Além de sua presença nos eritrócitos, essa proteína foi encontrada em grandes quantidades em tecidos como os rins e a córnea, os tecidos que precisamente acreditava-se que continham canais de água. Com base nessa observação, foram planejados estudos posteriores, e estes revelaram que tal proteína de membrana de 24 kDa é, de fato, um canal de água.

A estrutura da aquaporina foi então determinada (Figura 13.34). A proteína é constituída de seis $\alpha$-hélices que atravessam a membrana. Duas alças contendo resíduos hidrofílicos revestem o canal propriamente dito. As moléculas de água passam através de uma única fila em uma velocidade de $10^6$ moléculas por segundo. É importante ressaltar que resíduos específicos de carga positiva próximos ao centro do canal impedem o transporte de prótons através da aquaporina. Por conseguinte, os canais de aquaporina não rompem os gradientes de prótons, que desempenham papéis

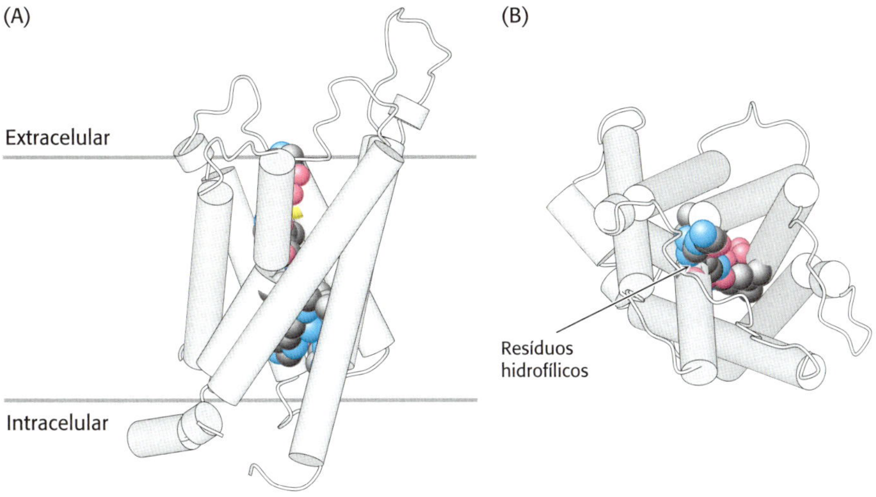


**FIGURA 13.34 Estrutura da aquaporina.** A estrutura da aquaporina vista (**A**) de lado e (**B**) de cima. *Observe* os resíduos hidrofílicos (mostrados em modelos de preenchimento espacial) que revestem o canal de água. As linhas na cor cinza em (A) indicam a extensão da membrana plasmática. [Desenhada de 1J4N.pdb.]

fundamentais na transdução da energia, como veremos no Capítulo 18. De maneira notável, as aquaporinas são canais que evoluíram especificamente para a condução de substratos sem carga.

# RESUMO

## 13.1 O transporte de moléculas através de uma membrana pode ser ativo ou passivo

Para que ocorra um movimento efetivo de moléculas através de uma membrana, são necessárias duas características: (1) a molécula precisa ser capaz de atravessar uma barreira hidrofóbica e (2) o movimento deve ser acionado por uma fonte de energia. As moléculas lipofílicas podem passar pelo interior hidrofóbico de uma membrana por difusão simples. Essas moléculas movem-se ao longo de seus gradientes de concentração. As moléculas polares ou com carga elétrica necessitam de proteínas que formem passagens através da barreira hidrofóbica. Ocorre transporte passivo ou difusão facilitada quando um íon ou uma molécula polar movem-se ao longo de seu gradiente de concentração. Se a molécula se deslocar contra um gradiente de concentração, é necessária uma fonte de energia externa; esse movimento é designado como transporte ativo e resulta na geração de gradientes de concentração. O potencial eletroquímico mede a capacidade combinada de um gradiente de concentração e de uma distribuição desigual de carga elétrica para impulsionar substâncias através de uma membrana.

## 13.2 Duas famílias de proteínas de membrana utilizam a hidrólise do ATP para bombear íons e moléculas através das membranas

O transporte ativo é frequentemente realizado à custa da hidrólise do ATP. As ATPases do tipo P bombeiam íons contra um gradiente de concentração e tornam-se transitoriamente fosforiladas em um resíduo de ácido aspártico durante o ciclo de transporte. Essas ATPases, que incluem a $Ca^{2+}$ ATPase do retículo sarcoplasmático e a $Na^+$–$K^+$ ATPase, são proteínas integrais de membrana com estruturas e mecanismos catalíticos conservados. Outra família de bombas dependentes de ATP, as proteínas transportadoras ABC, contém domínios com cassetes de ligação de ATP. Cada bomba inclui quatro domínios principais: dois domínios que atravessam a membrana e dois outros que contêm estruturas de ABC ATPase com alça P. Essas bombas não são fosforiladas durante o bombeamento; na verdade, elas utilizam a energia da ligação e da hidrólise do ATP para acionar mudanças conformacionais que resultam no transporte de substratos específicos através das membranas. As proteínas de resistência a múltiplas drogas são transportadores ABC, que conferem resistência às células cancerosas ao bombear agentes quimioterápicos para fora das células cancerosas antes que esses fármacos possam exercer seus efeitos.

### 13.3 A permease de lactose é um protótipo dos transportadores secundários que utilizam um gradiente de concentração para impulsionar a formação de outro

Os carreadores são proteínas que transportam íons ou moléculas através da membrana sem a necessidade de hidrólise do ATP. Podem ser classificados em *uniporters*, *antiporters* e *symporters*. Os *uniporters* transportam um substrato em ambos os sentidos, sendo o sentido determinado pelo gradiente de concentração. Os *antiporters* e os *symporters* podem mediar o transporte ativo secundário ao acoplar o fluxo de um substrato contra o gradiente de concentração ao fluxo de outro a favor do gradiente de concentração. Os *antiporters* acoplam o fluxo de um substrato ao longo de um gradiente em um sentido com o fluxo de outro no sentido oposto contra um gradiente. Os *symporters* movem ambos os substratos no mesmo sentido. Os estudos da permease de lactose de *E. coli* permitiram elucidar as estruturas e os mecanismos dos transportadores secundários.

### 13.4 Canais específicos podem transportar rapidamente íons através das membranas

Os canais iônicos possibilitam o movimento rápido de íons através da barreira hidrofóbica da membrana. A atividade individual das moléculas dos canais iônicos pode ser observada pelo uso de técnicas de *patch-clamp*. Muitos canais iônicos apresentam um arcabouço estrutural em comum. Em relação aos canais de $K^+$, os íons potássio hidratados precisam perder temporariamente suas moléculas de água coordenadas à medida que se movem para a parte mais estreita do canal, denominada filtro de seletividade. No filtro de seletividade, os grupos carbonila peptídicos coordenam os íons. O fluxo rápido de íons através do filtro de seletividade é facilitado pela repulsão entre íons, em que um íon empurra o seguinte através do canal. Alguns canais iônicos são regulados por voltagem: mudanças no potencial de membrana induzem mudanças conformacionais que abrem esses canais. Muitos canais são espontaneamente inativados após a sua abertura por um curto período de tempo. Em alguns casos, a inativação deve-se à ligação de um domínio do canal denominado "bola" à entrada do canal, bloqueando-o. Outros canais, exemplificados pelo receptor de acetilcolina, são abertos ou fechados pela ligação de ligantes. Os canais regulados por ligantes e aqueles regulados por voltagem trabalham em conjunto para gerar potenciais de ação. Mutações herdadas ou fármacos que interferem com os canais iônicos que produzem o potencial de ação podem resultar em distúrbios potencialmente fatais.

### 13.5 As junções comunicantes (*gap junctions*) possibilitam os fluxos de íons e de moléculas pequenas entre células que se comunicam

Diferentemente de muitos canais, que conectam o interior da célula com o meio ambiente, as junções comunicantes (*gap junctions*), ou canais intercelulares, servem para conectar os interiores de células contíguas. Um canal intercelular é constituído de 12 moléculas de conexina, que se associam para formar dois conéxons de seis membros.

### 13.6 Canais específicos aumentam a permeabilidade de algumas membranas à água

Alguns tecidos contêm proteínas que aumentam a permeabilidade das membranas à água. Cada proteína formadora de canal de água, denominada aquaporina, é constituída de seis α-hélices que atravessam a membrana e de um canal central revestido por resíduos hidrofílicos que possibilitam a passagem das moléculas de água em fila única. As aquaporinas não transportam prótons.

## APÊNDICE

# Bioquímica em foco

### Estabelecer o ritmo é mais do que um processo curioso

O coração utiliza mudanças coordenadas do potencial de membrana para facilitar as contrações musculares eficientes necessárias para bombear efetivamente o sangue por todo o corpo. Entretanto, o coração pode bater de modo espontâneo, sem qualquer estímulo proveniente do resto do corpo. Lembre-se de que, em nosso estudo do potencial de ação, utilizamos o exemplo de um neurônio estimulado pela acetilcolina. Esse ligante liga-se ao receptor de acetilcolina, abrindo um inespecífico canal de cátions, o que resulta em despolarização da membrana e início de um potencial de ação. Como o coração inicia um potencial de ação sem esse estímulo?

A resposta é encontrada em um grupo de células cardíacas conhecido como marca-passo. Embora existam vários marca-passos no coração humano, o mais importante é o *nó sinoatrial* (*SA*), localizado na parede posterior do átrio direito. As células do nó SA geram espontaneamente potenciais de ação na velocidade de cerca de 100 por segundo. Há muitos anos os pesquisadores sabem que essas células possuem uma capacidade singular de condutância mista do $Na^+$ /$K^+$ quando suas membranas são hiperpolarizadas. Tal permeabilidade da membrana foi designada como *corrente funny* ($I_f$). Em repouso, essa corrente é ativa, resultando em uma despolarização gradual da membrana até um nível que desencadeia o início de um potencial de ação. Durante o potencial de ação, essa corrente é desativada. Entretanto, quando o potencial de ação é completo e a membrana retorna a seu potencial de repouso, a corrente *funny* é novamente ativada, repetindo o ciclo. O potencial de ação propaga-se do nó SA para o restante do tecido cardíaco de maneira altamente organizada, estimulando a contração muscular e o movimento de sangue.

Foram identificados os canais responsáveis pela corrente *funny*. Os canais regulados por nucleotídios cíclicos ativados na hiperpolarização (HCN, do inglês *hyperpolarization-activated cyclic nucleotide-gated*) compreendem quatro isoformas. Os canais funcionais são compostos por tetrâmeros dessas isoformas, todos do mesmo tipo (homotetrâmeros) ou de uma combinação de tipos (heterotetrâmeros). O HCN4 é o mais proeminente expresso no nó SA. Esses canais são singulares, visto que são abertos pela hiperpolarização e se fecham quando a membrana é despolarizada. Além disso, conforme esperado, são responsivos a mudanças nos níveis do AMP cíclico (cAMP) intracelular: embora o coração possa bater espontaneamente, os estímulos neuronais e hormonais podem afetar essa frequência para acomodar as mudanças das necessidades energéticas do corpo.

Foram identificadas mutações no gene *HCN4* de pacientes com *síndrome do seio doente* (*sick sinus syndrome*), uma condição caracterizada por uma frequência cardíaca anormalmente baixa (*bradicardia*), que pode se manifestar com sintomas de tontura, desmaio, cefaleia e fadiga. Em uma família, a mutação identificada resultou em maior hiperpolarização, necessária para obter a abertura do HCN4 (Figura 13.35) quando esses canais foram expressos em células cultivadas. Em um paciente portador dessa mutação, ocorre abertura de menor número de canais de HCN4 em determinado potencial de repouso, com consequente despolarização mais lenta e redução da frequência cardíaca.

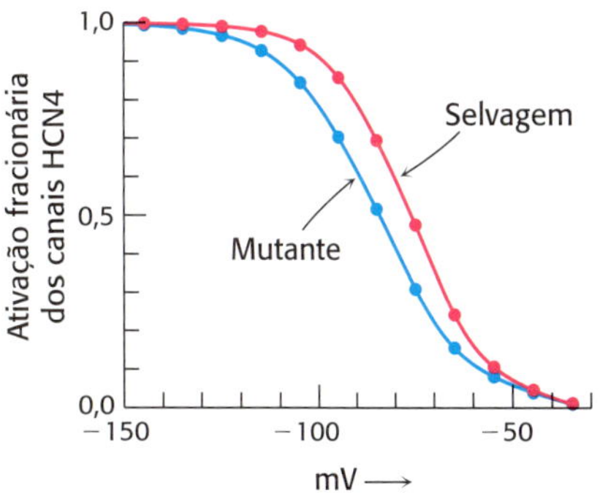


**FIGURA 13.35 Propriedades de abertura de um mutante de HCN4.** Esse gráfico mostra a fração de canais abertos em determinado potencial de membrana. Como esses dados provêm de um canal HCN4, ele está aberto (alta fração de canais ativados) nos potenciais de membrana hiperpolarizada e se fecha quando a membrana despolariza. *Observe* que, no caso dos canais HCN4 mutantes (círculos azuis), existe a necessidade de um estado mais hiperpolarizado para se abrir na mesma extensão que os canais selvagens (círculos vermelhos). [R. Milanese, M. Baruscotti, T. Gnecchi-Ruscone e D. DiFrancesco, *New Eng. J. Med.* 354:151-157, 2006, Figura 3A.]

## APÊNDICE

# Estratégia para resolução da questão

**QUESTÃO:** Algumas células animais captam a glicose por um *symporter* energizado pela entrada simultânea de $Na^+$. A entrada de $Na^+$ proporciona uma absorção de energia livre de 10,8 kJ mol$^{-1}$ (2,6 kcal mol$^{-1}$) em condições celulares típicas ([$Na^+$] externa = 143 mM, [$Na^+$] interna = 14 mM e potencial de membrana = –50 mV). Quão grande um gradiente de concentração de glicose a 37°C pode ser gerado por essa absorção de energia livre?

**SOLUÇÃO:** Como a glicose não possui carga elétrica, podemos utilizar a equação 1 da seção 13.1:

$$\Delta G = RT \ln (c_2/c_1)$$

A questão nos fornece a entrada de energia livre a partir do gradiente de $Na^+$ (embora você também deva ser capaz de resolver isso utilizando a equação 2), de modo que precisamos apenas reorganizar essa equação para determinar o gradiente de concentração. Lembre-se de que, nessa equação, a temperatura precisa ser expressa em kelvins:

$$\ln (c_2/c_1) = \frac{\Delta G}{RT}$$

$$\ln (c_2/c_1) = \frac{(10,8\,\text{kJ mol}^{-1})}{(8,315 \times 10^{-3}\,\text{kJ mol}^{-1}\,\text{deg}^{-1})(310\,\text{K})}$$

$$\ln (c_2/c_1) = 4,19$$

$$c_2/c_1 = e^{(4,19)} = 66$$

Assim, a energia livre gerada pelo gradiente de $Na^+$ pode impulsionar a formação de um gradiente de glicose de 66 vezes através da membrana.

## PALAVRAS-CHAVE

bomba

carreador

canal

transporte ativo

difusão facilitada (transporte passivo)

bomba acionada por ATP

transporte ativo primário

transporte ativo secundário

difusão simples

potencial eletroquímico (potencial de membrana)

bomba de $Na^+$–$K^+$ ($Na^+$–$K^+$ ATPase)

$Ca^{2+}$ ATPase do retículo sarcoplasmático (SERCA)

$H^+$–$K^+$ ATPase gástrica

ATPase do tipo P

mudança conformacional (virar para dentro ou para fora)

esteroide cardiotônico

digitalina

resistência a múltiplas drogas

proteína de resistência a múltiplas drogas (MDR) (glicoproteína P)

domínio de cassete de ligação de ATP (ABC)

transportador ABC

transportador secundário (cotransportador)

*antiporter*

*symporter*

*uniporter*

permease de lactose

canal de íons

impulso nervoso

potencial de ação

*patch-clamp*

*gigaseal*

filtro de seletividade

canal regulado por voltagem

modelo de bola e corrente

neurotransmissor

acetilcolina

fenda sináptica

receptor de acetilcolina

canal regulado por ligante

potencial de equilíbrio

equação de Nernst

síndrome do QT longo (SQTL)

junção comunicante (*gap junction*) (canais intercelulares)

conexina

conéxon (hemicanal)

aquaporina

## QUESTÕES

**1.** *Oferecendo uma ajuda.* Diferencie a difusão simples da difusão facilitada.

**2.** *Acionando o movimento.* Quais são as duas formas de energia capazes de impulsionar o transporte ativo? ✔❶

**3.** *Carreadores.* Cite os três tipos de proteínas carreadoras. Qual delas pode mediar o transporte ativo secundário? ✔❸

**4.** *O preço da extrusão.* Qual é o custo de energia livre a 25°C do bombeamento de $Ca^{2+}$ fora de uma célula quando a concentração citoplasmática é de 0,4 μM, a concentração extracelular é de 1,5 mM e o potencial de membrana é –60 mV? ✔❷

**5.** *Potenciais de equilíbrio.* Em uma típica célula de mamífero, as concentrações intracelular e extracelular de íons cloreto ($Cl^-$) são de 4 μM e 150 mM, respectivamente. No caso dos íons cálcio ($Ca^{2+}$), as concentrações intracelular e extracelular são de 0,2 μM e 1,8 mM, respectivamente. Calcule os potenciais de equilíbrio para esses dois íons a 37°C. ✔❷

**6.** *Variação sobre um tema.* Descreva um mecanismo detalhado para o transporte da $Na^+$–$K^+$ ATPase fundamentando-se na analogia com o mecanismo da $Ca^{2+}$ ATPase mostrado na Figura 13.5. ✓4

**7.** *Bombeando prótons.* Crie um experimento para mostrar que a ação da permease de lactose pode ser revertida *in vitro* para bombear prótons.

**8.** *Abrindo canais.* Diferencie os canais regulados por ligantes dos canais regulados por voltagem. ✓6

**9.** *Diferentes direções.* O canal de $K^+$ e o canal de $Na^+$ têm estruturas semelhantes e estão dispostos na mesma orientação na membrana celular. Contudo, o canal de $Na^+$ possibilita o fluxo de íons sódio para dentro da célula, enquanto o canal de $K^+$ possibilita o fluxo de íons potássio para fora da célula. Explique. ✓5

**10.** *Diferenciando mecanismos.* Distinga os mecanismos pelos quais os *uniporters* e os canais transportam íons ou moléculas através da membrana. ✓1, ✓3

**11.** *Curto-circuito.* O 4-(trifluorometóxi) carbonil cianeto fenil-hidrazona (FCCP) é um ionóforo de prótons: possibilita a passagem livre de prótons através das membranas. O tratamento de *E. coli* com FCCP impede o acúmulo de lactose nessas células. Explique.

**12.** *Trabalhando em conjunto.* O genoma humano contém mais de 20 genes que codificam conexinas. Vários desses genes são expressos em altos níveis no coração. Por que as conexinas são altamente expressas no tecido cardíaco?

**13.** *Relações estrutura-atividade.* Com base na estrutura da tetrodotoxina, proponha um mecanismo pelo qual a toxina inibe o fluxo de $Na^+$ através do canal de $Na^+$. ✓5

**14.** *De alta qualidade.* Quando a SERCA é incubada com [$\gamma$-$^{32}$P]ATP (uma forma de ATP em que o fosfatoterminal é marcado com $^{32}$P radioativo) e cálcio a 0°C durante 20 s e, em seguida, analisada por meio de eletroforese em gel, observa-se uma banda radioativa no peso molecular que corresponde à SERCA. Por que se observa uma banda marcada? Você esperaria observar uma banda semelhante se fizesse um ensaio similar, com um substrato apropriado, para a proteína MDR? ✓4

**15.** *Um caramujo perigoso.* Os caramujos do gênero *Conus* são carnívoros que injetam um poderoso conjunto de toxinas em sua presa, resultando em rápida paralisia. Foi constatado que muitas dessas toxinas ligam-se a proteínas específicas de canais iônicos. Por que essas moléculas são tão tóxicas? Como essas toxinas poderiam ser úteis para os estudos de bioquímica?

**16.** *Pausa para o efeito.* Imediatamente após a fase de repolarização de um potencial de ação, a membrana neuronal fica temporariamente incapaz de responder ao estímulo de um segundo potencial de ação, um fenômeno designado como *período refratário*. Qual é a base do mecanismo do período refratário? ✓7

**17.** *Somente uns poucos.* Por que apenas um pequeno número de íons sódio precisa fluir através do canal de $Na^+$ para modificar significativamente o potencial de membrana?

**18.** *Mais de um mecanismo.* Como uma mutação em um canal cardíaco de sódio dependente de voltagem poderia provocar a síndrome do QT longo?

**19.** *Canais mecanossensíveis.* Muitas espécies contêm canais iônicos que respondem a estímulos mecânicos. Com base nas propriedades de outros canais iônicos, você esperaria que o fluxo de íons através de um único canal mecanossensível aberto aumentasse em resposta a um estímulo apropriado? Por que sim ou por que não?

**20.** *Abertura coordenada.* Suponha que um canal obedeça ao modelo alostérico concertado (modelo MWC, seção 7.2). A ligação do ligante ao estado R (a forma aberta) é 20 vezes mais firme que a ligação ao estado T (a forma fechada). Na ausência de ligante, a razão entre canais fechados e abertos é de $10^5$. Se o canal for um tetrâmero, qual é a fração de canais abertos quando um, dois, três e quatro ligantes estiverem ligados?

**21.** *Paralisia respiratória.* O neurotransmissor acetilcolina é degradado por uma enzima específica, que é inativada por tabun, sarin e paration. Com base nas seguintes estruturas, proponha uma base possível para as suas ações letais.

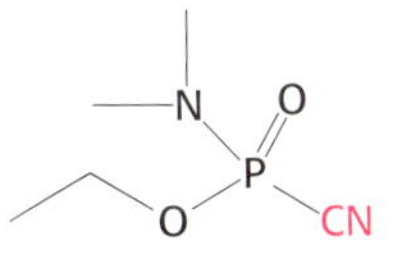


**Tabun**

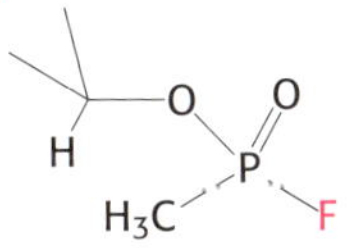


**Sarin**

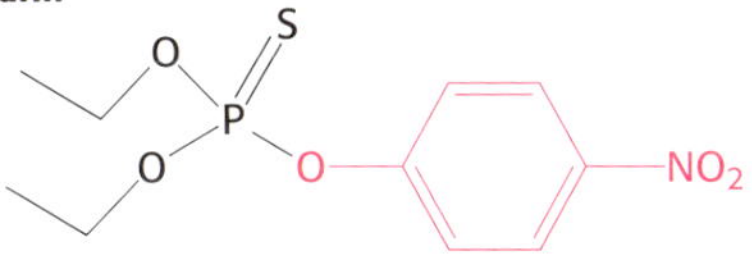


**Paration**

**22.** *Abertura de canal induzida por ligante.* A razão entre as formas aberta e fechada do canal do receptor de acetilcolina contendo nenhuma, uma e duas moléculas de acetilcolina ligadas é de $5 \times 10^{-6}$, $1{,}2 \times 10^{-3}$ e 14, respectivamente.

**(a)** Por qual fator a razão entre a forma aberta e a fechada é aumentada pela ligação da primeira molécula de acetilcolina? E pela segunda molécula?

**(b)** Quais são as contribuições correspondentes de energia livre para a abertura do canal a 25°C? ✓2

**(c)** A transição alostérica pode ser explicada pelo modelo concertado MWC (ver seção 7.2)?

**23.** *Veneno de rã.* A batraquiotoxina (BTX) é um alcaloide esteroide da pele da *Phyllobates terribilis*, uma rã colombiana venenosa (a fonte do veneno utilizado em dardos de zarabatanas). Na presença de BTX, os canais de $Na^+$ em um fragmento de membrana excisado permanecem persistentemente abertos quando a membrana é despolarizada. Eles se fecham com a repolarização da membrana. Que transição é bloqueada pela BTX?

**24.** *Alvo do Valium.* O ácido γ-aminobutírico (GABA) abre canais que são específicos para íons cloreto. O canal do receptor $GABA_A$ é farmacologicamente importante, visto que constitui o alvo do diazepam (Valium), que é utilizado para diminuir a ansiedade.

**(a)** A concentração extracelular de $Cl^-$ é de 123 mM e a concentração intracelular é de 4 mM. Em que sentido o $Cl^-$ flui através de um canal aberto quando o potencial de membrana encontra-se na faixa de –60 mV a +30 mV?

**(b)** Qual é o efeito da abertura do canal de $Cl^-$ na excitabilidade de um neurônio?

**(c)** O perfil hidropático do receptor de $GABA_A$ assemelha-se ao do receptor de acetilcolina. Deduza o número de subunidades neste canal de $Cl^-$.

**25.** *Entendendo a SERCA.* Para estudar o mecanismo da SERCA, você prepara vesículas de membrana contendo essa proteína orientada de tal modo que o seu sítio de ligação ao ATP esteja na superfície externa da vesícula. Para medir a atividade da bomba, você utiliza um ensaio que detecta a formação de fosfato inorgânico no meio. Quando você adiciona cálcio e ATP ao meio, você observa a produção de fosfato apenas por um curto período de tempo. Somente após a adição de calcimicina, uma molécula que torna as membranas seletivamente permeáveis ao cálcio, é que você observa uma produção sustentada de fosfato. Explique. ✓4

## Questão | Integração de capítulos

**26.** *Questão de velocidade e de eficiência.* A acetilcolina é rapidamente destruída pela enzima acetilcolinesterase. Essa enzima, cujo número de renovação é de 25.000 por segundo, alcançou a perfeição catalítica com $k_{cat}/K_M$ de $2 \times 10^8\ M^{-1} s^{-1}$. Por que a eficiência dessa enzima é fisiologicamente crucial?

## Questão sobre mecanismo

**27.** *Recordação de mecanismos passados.* A acetilcolinesterase converte a acetilcolina em acetato e colina. À semelhança das serina proteases, a acetilcolinesterase é inibida por DIPF. Proponha um mecanismo catalítico para a digestão da acetilcolina pela acetilcolinesterase. Mostre a reação na forma de estruturas químicas.

## Questões | Interpretação de dados

**28.** *Toxina da tarântula.* A sensibilidade ao ácido está associada à dor, ao paladar e a outras atividades biológicas (ver Capítulo 34, disponível no material suplementar *online*). A sensibilidade ao ácido deve-se a um canal regulado por ligante que possibilita o influxo de $Na^+$ em resposta ao $H^+$. Essa família de canais iônicos sensíveis a ácido (ASICs, do inglês *acid-sensitive ion channels*) é constituída por diversos membros. A psalmotoxina 1 (PcTX1), o veneno da tarântula, inibe alguns membros dessa família. Os seguintes registros eletrofisiológicos de células contendo vários membros da família ASIC foram realizados na presença da toxina em uma concentração de 10 nM. Os canais foram abertos pela mudança do pH de 7,4 para os valores indicados. A PcTX1 esteve presente por um período curto de tempo (indicado pela barra preta acima dos registros), quando foi rapidamente removida do sistema.

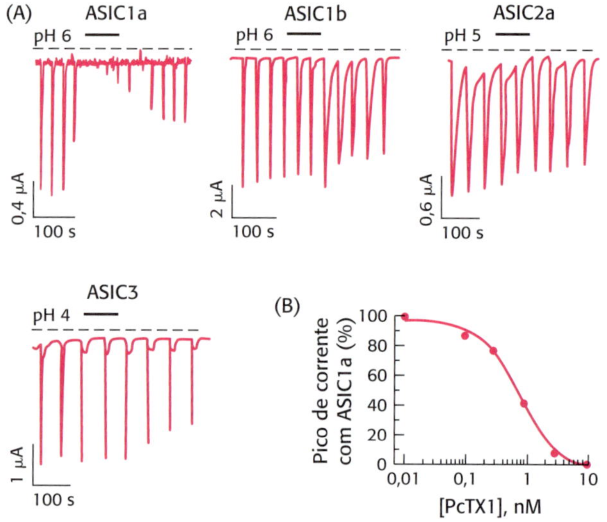


A. Registros eletrofisiológicos de células expostas à toxina de tarântula. B. Gráfico do pico de corrente de uma célula contendo a proteína ASIC1a *versus* a concentração da toxina. [Dados de P. Escoubas *et al. J. Biol. Chem.* 275:25116-25121, 2000.]

**(a)** Qual dos membros da família ASIC – ASIC1a, ASIC1b, ASIC2a ou ASIC3 – é mais sensível à toxina?

**(b)** O efeito da toxina é reversível? Explique.

**(c)** Qual a concentração de PcTX1 que produz 50% de inibição do canal sensível?

**29.** *Problemas de canal 1.* Diversas condições patológicas resultam de mutações no canal do receptor de acetilcolina. Uma das mutações na subunidade β, βV266 M, provoca fraqueza muscular e rápida fadiga. Uma investigação das correntes geradas pela acetilcolina através do canal do receptor de acetilcolina para um controle e um paciente produziu os seguintes resultados.

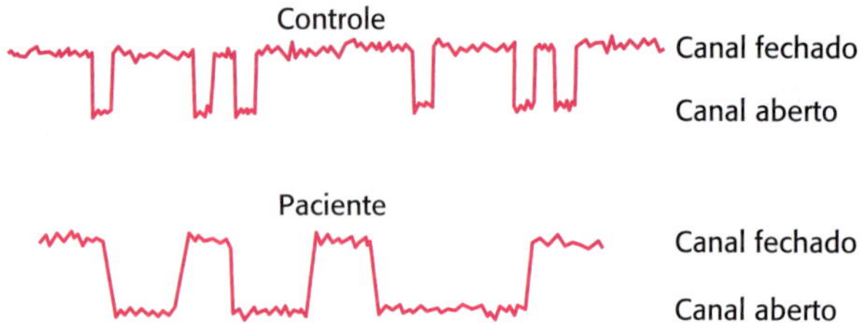


Qual é o efeito da mutação sobre a função do canal? Sugira algumas explicações bioquímicas possíveis para o efeito.

**30.** *Problemas de canal 2.* O canal do receptor de acetilcolina também pode sofrer uma mutação que leva à síndrome do canal rápido (FCS, do inglês *fast-channel syndrome*), com manifestações clínicas semelhantes àquelas da síndrome do canal lento (questão 29). Como seriam os registros da movimentação de íons nessa síndrome? Sugira uma explicação bioquímica.

**31.** *Diferenças de transporte.* A velocidade de transporte de duas moléculas, indol e glicose, através de uma membrana é mostrada a seguir. Quais são as diferenças entre os mecanismos de transporte das duas moléculas? Suponha que a ouabaína iniba o transporte de glicose. O que essa inibição poderia sugerir sobre o mecanismo de transporte?

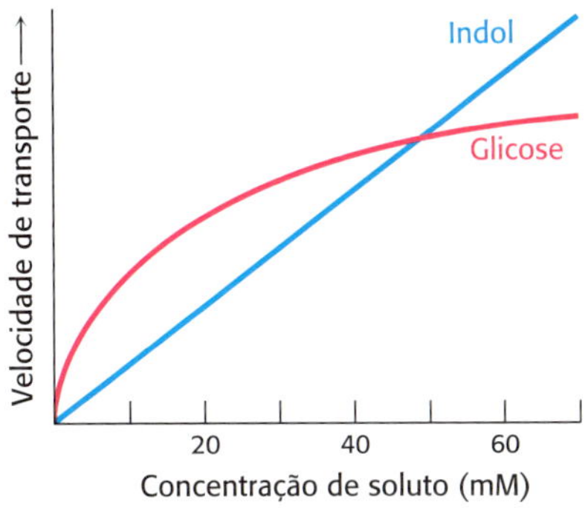


## Questões para discussão

**32.** As bombas, os carreadores (transportadores secundários) e os canais funcionam para translocar moléculas através da barreira constituída pela membrana plasmática. Entretanto, eles possuem propriedades muito diferentes. Compare essas três classes de proteínas de acordo com as seguintes características:

- Tipo de transporte: primário *versus* secundário
- Fonte de energia
- Tipos de moléculas transportadas
- Cinética de translocação: rápida *versus* lenta
- Presença de mecanismos de regulagem ou inativação.

# Vias de Transdução de Sinais

CAPÍTULO 14

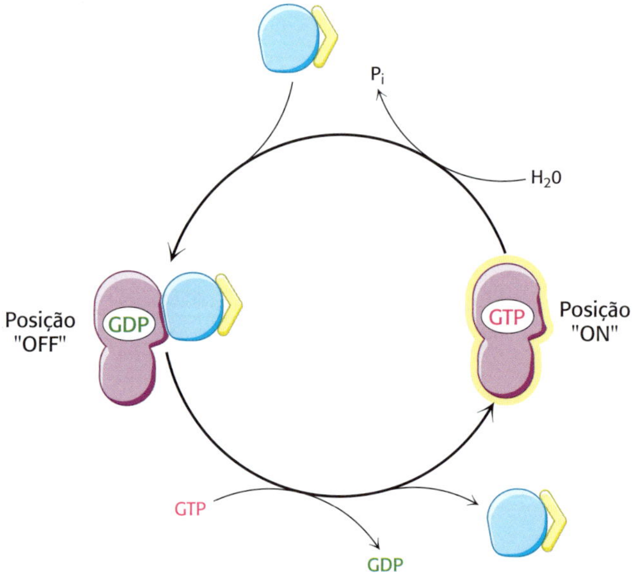


Os circuitos de transdução de sinais nos sistemas biológicos apresentam interruptores moleculares que, à semelhança daqueles em um *chip* de computador (acima), transmitem a informação quando "ligados". Entre esses circuitos, são comuns os que incluem as proteínas G (*à direita*), que transmitem um sinal quando ligadas ao GTP, enquanto são silenciosas quando ligadas ao GDP. [(*À esquerda*) Fonte: iStock ©Andy.]

## SUMÁRIO



## OBJETIVOS DE APRENDIZAGEM

*Ao término do capítulo, o leitor deverá ser capaz de:*

1. Descrever as características essenciais de um circuito de transdução de sinais.
2. Definir o que se quer dizer com segundo mensageiro.
3. Comparar e contrapor como o receptor beta-adrenérgico, o receptor da insulina e o receptor do fator de crescimento epidérmico transmitem um evento de interação de um ligante através da membrana plasmática de modo a iniciar uma cascata de sinalização intracelular.
4. Descrever alguns dos domínios de proteínas que são comumente encontrados nas proteínas de sinalização.
5. Fornecer exemplos de como mutações em proteínas de sinalização podem resultar em câncer.

Uma célula é altamente responsiva a substâncias químicas específicas existentes em seu ambiente: ela pode adaptar o seu metabolismo ou alterar padrões de expressão gênica ao perceber a presença dessas moléculas. Nos organismos multicelulares, esses sinais químicos são cruciais para coordenar as respostas fisiológicas. Três exemplos de sinais moleculares que estimulam uma resposta fisiológica são a epinefrina (algumas vezes denominada adrenalina), a insulina e o fator de crescimento epidérmico (EGF, do inglês *epidermal growth factor*; Figura 14.1). Quando um mamífero é ameaçado, suas glândulas suprarrenais liberam o hormônio epinefrina, que estimula a mobilização das reservas de energia e leva a uma melhora da função cardíaca. Depois de uma refeição, as células β do pâncreas liberam insulina, que estimula numerosas respostas fisiológicas, incluindo a captação de glicose a partir da corrente sanguínea e o seu armazenamento na forma

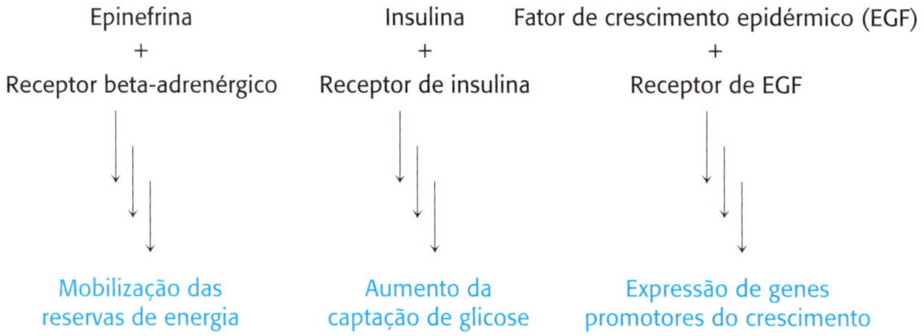


**FIGURA 14.1 Três vias de transdução de sinais.** A ligação de moléculas de sinalização a seus receptores dá início a vias que levam a respostas fisiológicas importantes.

de glicogênio. A liberação do EGF em resposta a um ferimento estimula o crescimento e a divisão de células específicas. Em todos esses casos, a célula recebe informações provenientes de determinada molécula que está presente em seu ambiente acima de alguma concentração limiar. A cadeia de eventos que transforma a mensagem "esta molécula está presente" na resposta fisiológica final é denominada *transdução de sinal*.

As vias de transdução de sinais frequentemente são constituídas por muitos componentes e ramificações. Por conseguinte, podem ser extremamente complicadas e confusas. Entretanto, é possível simplificar a lógica da transdução de sinais ao examinar as estratégias comuns e as classes de moléculas recorrentes nessas vias. Esses princípios são introduzidos aqui, visto que as vias de transdução de sinais afetam praticamente todas as vias metabólicas que analisaremos no restante do livro.

## A transdução de sinais depende de circuitos moleculares

As vias de transdução de sinais seguem um curso amplamente similar, que pode ser considerado como um circuito molecular (Figura 14.2). Todos esses circuitos contêm certas etapas fundamentais:

**1.** *Liberação do primeiro mensageiro ("sinal")*. Um estímulo, como a ocorrência de um ferimento ou uma refeição digerida, desencadeia a liberação da molécula de sinalização, também denominada *primeiro mensageiro*.

**2.** *Recepção do primeiro mensageiro*. A maioria das moléculas sinalizadoras não entra nas células. Com efeito, as proteínas na membrana celular atuam como *receptores* que convertem a ligação da molécula sinalizadora na superfície celular em uma mudança estrutural no interior da célula. Os receptores estendem-se pela membrana celular e, portanto, apresentam componentes tanto extracelulares quanto intracelulares. Um sítio de ligação no lado extracelular reconhece especificamente a molécula sinalizadora (frequentemente designada como *ligante*). Esses sítios de ligação são análogos aos sítios ativos das enzimas, exceto que não ocorre catálise dentro deles. A interação do ligante com o receptor altera a estrutura terciária ou quaternária do receptor, induzindo uma mudança estrutural no lado intracelular.

**3.** *Entrega da mensagem no interior da célula pelo segundo mensageiro*. Outras moléculas pequenas, denominadas *segundos mensageiros*, são utilizadas para retransmitir a informação dos complexos receptor-ligante. Os segundos mensageiros são moléculas intracelulares cuja concentração varia em resposta a sinais do ambiente e que medeiam a etapa seguinte no circuito molecular de informação. Alguns segundos mensageiros particularmente importantes são o AMP cíclico (cAMP) e o GMP cíclico (cGMP), o íon cálcio, o inositol 1,4,5-trifosfato ($IP_3$) e o diacilglicerol (DAG; Figura 14.3).

A utilização de segundos mensageiros tem várias consequências. Na primeira, o sinal pode ser amplificado significativamente: apenas um pequeno número de moléculas receptoras pode ser ativado pela ligação direta de moléculas sinalizadoras, porém cada molécula de receptor ativada pode

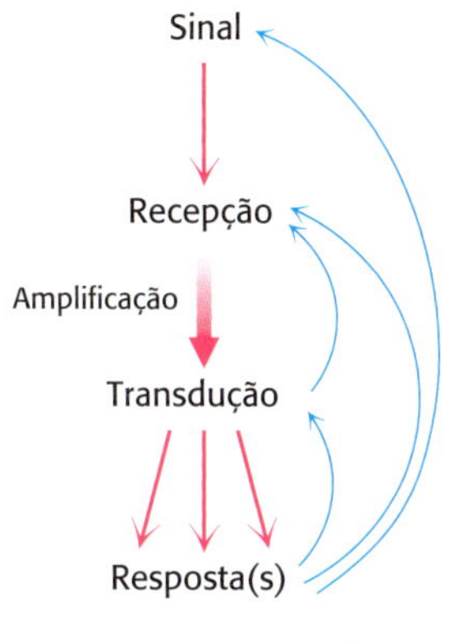


**FIGURA 14.2 Princípios da transdução de sinais.** Um sinal do ambiente é inicialmente recebido pela sua interação com um componente celular, mais frequentemente um receptor de superfície celular. A informação de que o sinal chegou é então convertida em outras formas químicas ou *transduzida*. Normalmente, o processo de transdução compreende muitas etapas. Com frequência, o sinal é amplificado antes de produzir uma resposta. Todo o processo de sinalização é regulado por vias de retroalimentação.

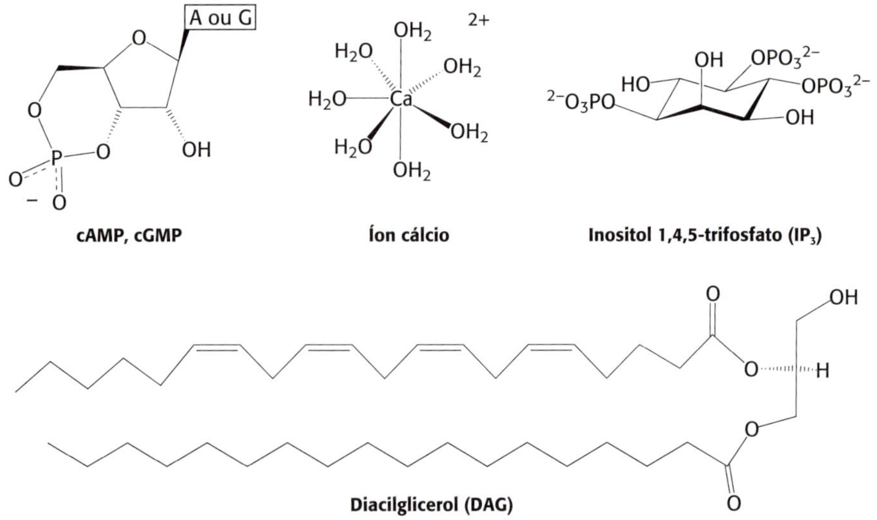


**FIGURA 14.3 Segundos mensageiros comuns.** Os segundos mensageiros são moléculas intracelulares cuja concentração varia em resposta a sinais do ambiente. Essa alteração na concentração transmite a informação para o interior da célula.

levar à geração de muitos segundos mensageiros. Por conseguinte, *uma baixa concentração de sinal no ambiente, até mesmo de uma única molécula, pode produzir grande sinal e amplas respostas intracelulares.* Como segunda consequência, os segundos mensageiros frequentemente estão livres para se difundirem para outros compartimentos celulares, onde podem influenciar processos por toda a célula. Enfim, o uso de segundos mensageiros comuns em múltiplas vias de sinalização cria tanto oportunidades quanto problemas potenciais. A ativação de várias vias de sinalização, frequentemente denominada *comunicação cruzada,* pode alterar a concentração de um segundo mensageiro comum. A comunicação cruzada possibilita uma regulação mais afinada da atividade celular do que a que seria exercida pela ação de vias individuais independentes. Entretanto, uma comunicação cruzada inadequada pode resultar em interpretação incorreta de variações na concentração de segundos mensageiros.

**4.** *Ativação de efetores que alteram diretamente a resposta fisiológica.* O efeito final da via de sinalização consiste em ativar (ou inibir) as bombas, os canais, as enzimas e os fatores de transcrição que controlam diretamente as vias metabólicas, a expressão gênica e a permeabilidade das membranas a íons específicos.

**5.** *Terminação do sinal.* Após uma célula ter completado a sua resposta a determinado sinal, o processo de sinalização precisa ser concluído, ou a célula irá perder a sua capacidade de responder a novos sinais. Além disso, os processos de sinalização que não terminam de modo adequado podem ter consequências altamente indesejáveis. Como veremos adiante, muitos tipos de câncer estão associados a processos de transdução de sinais que não são apropriadamente concluídos, particularmente os processos que controlam o crescimento celular.

Neste capítulo, examinaremos os componentes das três vias de transdução de sinais apresentadas na Figura 14.1. Nesse estudo, veremos diversas classes de domínios adaptadores presentes nas proteínas de transdução de sinais. Esses domínios reconhecem habitualmente classes específicas de moléculas e ajudam a transferir a informação de uma proteína para outra. Os componentes descritos no contexto dessas três vias reaparecem em muitas outras vias de transdução de sinais, de modo que é importante ter em mente que os exemplos específicos são representativos de muitas dessas vias.

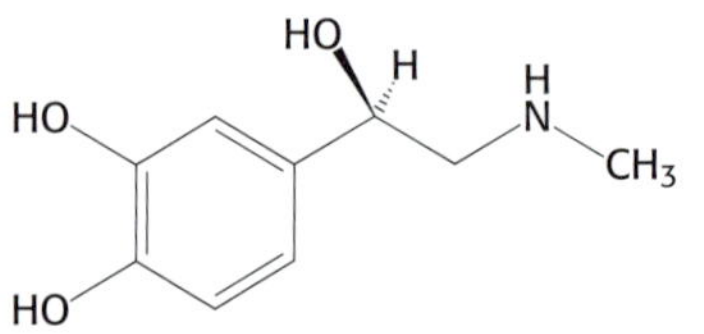

**Epinefrina**

## 14.1 Sinalização da epinefrina e da angiotensina II: as proteínas G heterotriméricas transmitem sinais e se recompõem

A epinefrina é um hormônio secretado pelas glândulas suprarrenais dos mamíferos em resposta a estressores internos e externos. A epinefrina exerce uma ampla variedade de efeitos – designados como *resposta de "luta ou fuga"* – para ajudar o organismo a antecipar a necessidade de uma atividade muscular rápida, incluindo aceleração da frequência cardíaca, dilatação do músculo liso das vias respiratórias e iniciação da degradação do glicogênio (ver seção 21.3) e dos ácidos graxos (ver seção 22.2). A sinalização da epinefrina começa com a ligação do ligante a uma proteína denominada *receptor beta-adrenérgico* (β-AR). O β-AR é um membro da maior classe de receptores de superfície celular, denominados *receptores com sete hélices transmembranares* (7TM). Os membros dessa família são responsáveis por transmitir a informação iniciada por sinais tão diversos como hormônios, neurotransmissores, substâncias odoríferas, sabores e até mesmo fótons (Tabela 14.1). Atualmente, são conhecidos mais de 20 mil desses receptores, incluindo os quase 800 codificados no genoma humano. Além disso, cerca de um terço dos fármacos disponíveis no comércio tem como alvos receptores dessa classe. Como o próprio nome indica, esses receptores contêm sete hélices que atravessam a bicamada da membrana de um lado ao outro. (Figura 14.4).

O primeiro membro da família dos receptores 7TM a ter a sua estrutura tridimensional determinada foi a *rodopsina* (Figura 14.5A), uma proteína da retina do olho que percebe a presença de fótons e que inicia a cascata de sinalização responsável pela sensação visual. Um único resíduo de lisina na rodopsina é modificado de modo covalente por uma forma de vitamina A, o 11-*cis*-retinal. Essa modificação está localizada perto do lado extracelular do receptor, dentro da região circundada pelas sete hélices transmembranares. Conforme discutido com mais detalhes na seção 34.3, a exposição à luz induz a isomerização do 11-*cis*-retinal em sua forma *all-trans*, produzindo uma mudança estrutural do receptor que resulta na iniciação de um potencial de ação, que é finalmente interpretado pelo cérebro como estímulo visual.

**TABELA 14.1** Funções biológicas mediadas por receptores 7TM.

| |
|---|
| Ação hormonal |
| Secreção hormonal |
| Neurotransmissão |
| Quimiotaxia |
| Exocitose |
| Controle da pressão arterial |
| Embriogênese |
| Crescimento e diferenciação celulares |
| Desenvolvimento |
| Olfato |
| Paladar |
| Visão |
| Infecção viral |

Informação obtida de J. S. Gutkind, *J. Biol. Chem.* 273:1839-1842, 1998.

**FIGURA 14.4 O receptor 7TM.** Representação esquemática de um receptor 7TM mostrando a sua passagem pela membrana sete vezes.

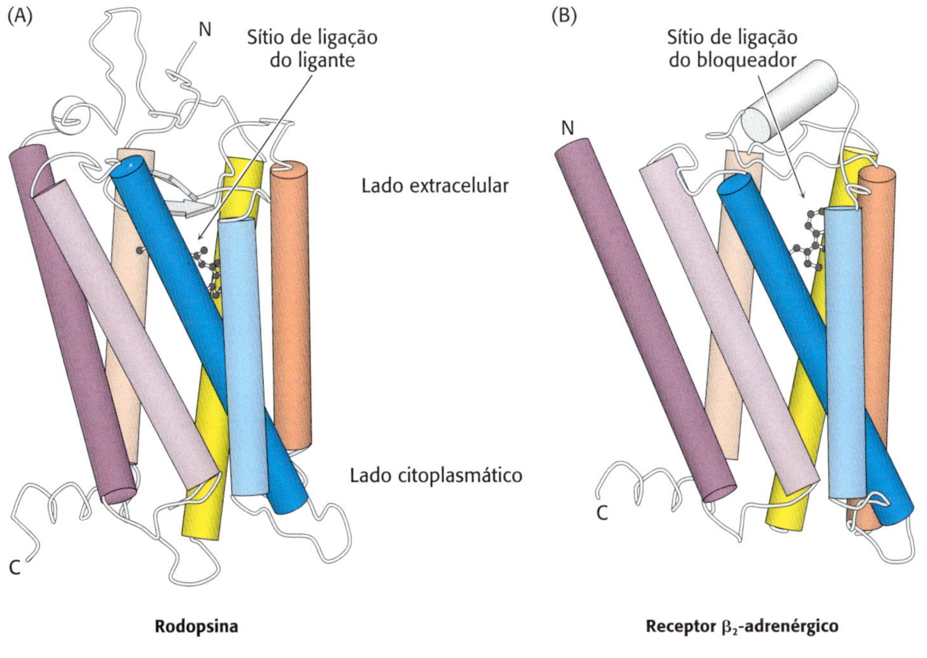


**FIGURA 14.5 Estruturas da rodopsina e do receptor $\beta_2$-adrenérgico.** Estrutura tridimensional da rodopsina (**A**) e do receptor $\beta_2$-adrenérgico ($\beta_2$-AR) (**B**). *Observe* a semelhança na arquitetura global de ambos os receptores e as localizações similares do ligante de rodopsina, do 11-*cis*-retinal, e do bloqueador $\beta_2$-AR carazolol. [Desenhada de 1F88.pdb e 2RH1.pdb.]

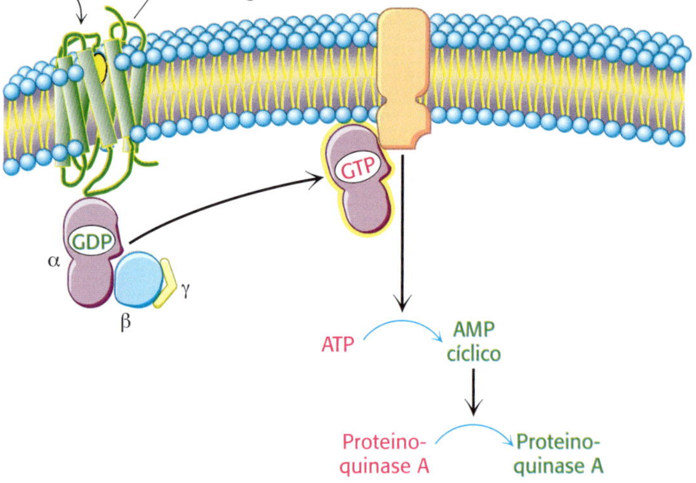


**FIGURA 14.6 Ativação da proteinoquinase A por uma via de proteína G.** A ligação do hormônio a um receptor 7TM inicia uma via de transdução de sinal que atua por meio de uma proteína G e do cAMP para ativar a proteinoquinase A.

Em 2007, a primeira estrutura tridimensional do receptor adrenérgico subtipo $\beta_2$ ($\beta_2$-AR) humano ligado a um inibidor foi resolvida pela cristalografia de raios X. Esse inibidor, o carazolol, compete com a epinefrina pela sua ligação ao $\beta_2$-AR de modo muito semelhante aos inibidores competitivos que atuam nos sítios ativos das enzimas (ver seção 8.5). A estrutura do $\beta_2$-AR revelou considerável similaridade com a da rodopsina, particularmente no que concerne à localização do 11-*cis*-retinal na rodopsina e do sítio de ligação do carazolol (Figura 14.5B).

## A ligação do ligante aos receptores 7TM leva à ativação de proteínas G heterotriméricas

Qual é a etapa seguinte da via? A mudança conformacional do domínio citoplasmático do receptor ativa uma proteína denominada *proteína G*, assim chamada em virtude de sua ligação com nucleotídios guanil. A proteína G ativada estimula a atividade da adenilato ciclase, uma enzima que catalisa a conversão do ATP em cAMP. A proteína G e a adenilato ciclase permanecem fixadas à membrana, enquanto o cAMP, um segundo mensageiro, pode percorrer toda a célula transportando o sinal originalmente produzido pela ligação da epinefrina. A Figura 14.6 fornece ampla visão geral dessas etapas.

Consideremos agora o papel da proteína G nessa via de sinalização com mais detalhes. Em seu estado inativado, a proteína G está ligada ao GDP. Nessa forma, a proteína G existe como um heterotrímero constituído de subunidades α, β e γ; a subunidade α (designada como $G_\alpha$) liga-se ao nucleotídio (Figura 14.7). A subunidade α é um membro da família de NTPase com alça P (ver seção 9.4), e é a alça P que participa na ligação ao nucleotídio. As subunidades α e γ estão habitualmente ancoradas à membrana por ácidos graxos ligados covalentemente. *O papel do receptor ligado ao hormônio consiste em catalisar a troca do GDP ligado pelo GTP.* A interação do complexo hormônio-$\beta_2$-AR com a proteína G heterotrimérica foi ilustrada com detalhes moleculares quando a estrutura cristalográfica desse complexo foi determinada por Brian Kobilka e colaboradores em 2011. Nessa estrutura, foi utilizado um *agonista* sintético, ou uma molécula

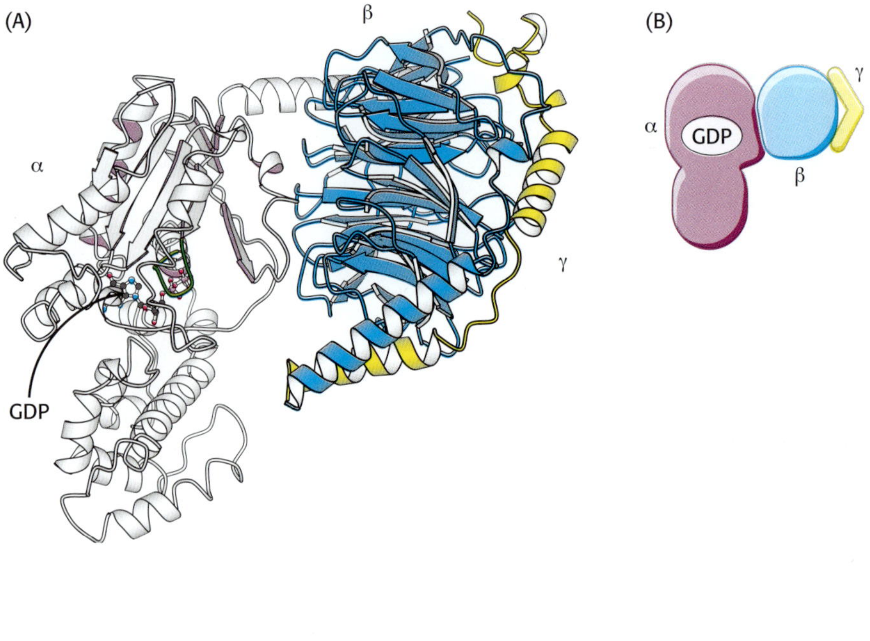


**FIGURA 14.7 Proteína G heterotrimérica. A.** Um diagrama em fitas mostra a relação entre as três subunidades. Nesse complexo, a subunidade α (cinza e violeta) está ligada ao GDP. *Observe* que o GDP está ligado em um bolsão próximo à superfície onde a subunidade α interage com o dímero βγ **B.** Representação esquemática da proteína G heterotrimérica. [Desenhada de 1GOT.pdb.]

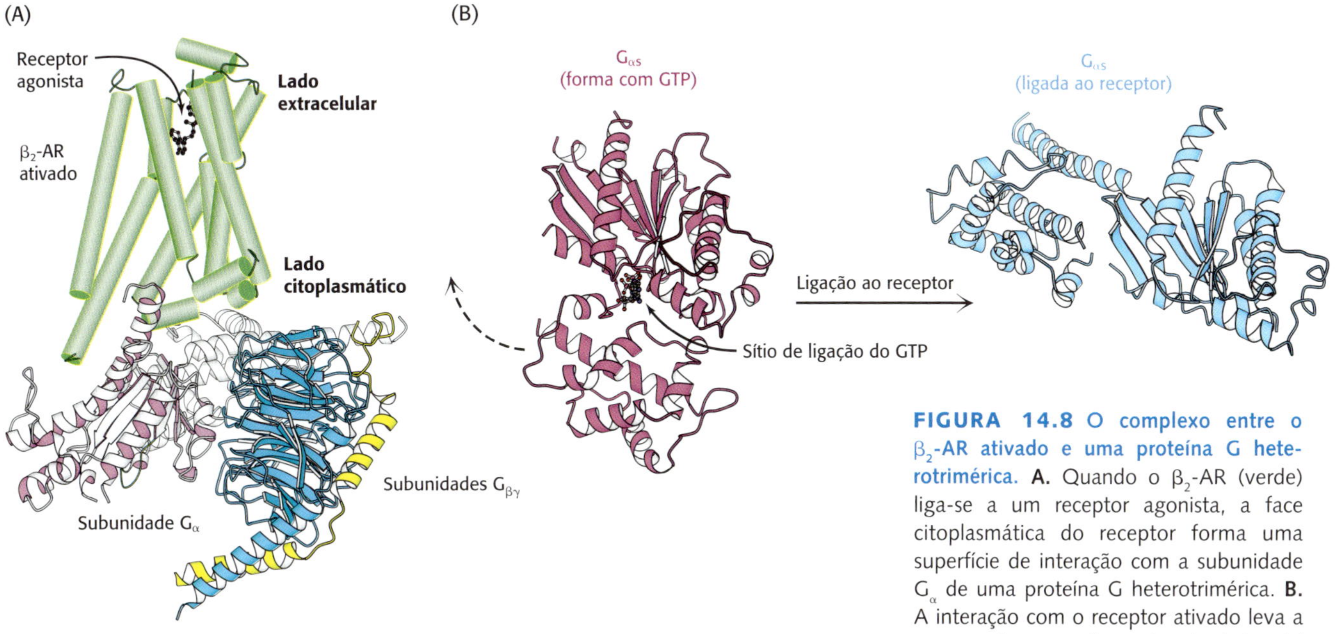


**FIGURA 14.8 O complexo entre o $\beta_2$-AR ativado e uma proteína G heterotrimérica.** **A.** Quando o $\beta_2$-AR (verde) liga-se a um receptor agonista, a face citoplasmática do receptor forma uma superfície de interação com a subunidade $G_\alpha$ de uma proteína G heterotrimérica. **B.** A interação com o receptor ativado leva a uma mudança conformacional substancial na proteína $G_\alpha$, na qual ocorre a abertura do sítio de ligação do GTP, possibilitando a troca de nucleotídios. Nesta figura, $G_\alpha$, em sua forma com GTP, é mostrada em púrpura, enquanto a sua forma ligada ao receptor é mostrada em azul. [Desenhada de 3SN6.pdb e 1AZT.pdb.]

pequena que ativa um receptor, para induzir a conformação ativa do $\beta_2$-AR. A ligação do agonista resulta no movimento de duas hélices transmembranares, proporcionando uma extensa superfície de interação para a subunidade $G_\alpha$ do heterotrímero (Figura 14.8A). Quando ligado ao receptor, o sítio de ligação de $G_\alpha$ ao nucleotídio abre-se de modo substancial, possibilitando o deslocamento do GDP pelo GTP (Figura 14.8B).

## As proteínas G ativadas transmitem sinais ligando-se a outras proteínas

Na forma com GTP, a superfície de $G_\alpha$ que esteve ligada ao $G_{\beta\gamma}$ modificou a sua conformação da forma GDP, de modo que ela não apresenta mais uma alta afinidade por $G_{\beta\gamma}$. Essa superfície está agora exposta para a sua ligação a outras proteínas. Na via do β-AR, o novo parceiro de ligação é a *adenilato ciclase*, a enzima que converte o ATP em cAMP. Essa enzima é uma proteína de membrana que contém 12 hélices transmembranares; dois grandes domínios citoplasmáticos formam a parte catalítica da enzima (Figura 14.9). A interação de $G_\alpha$ com a adenilato ciclase favorece uma conformação cataliticamente mais ativa da enzima, estimulando, assim, a produção de cAMP. De fato, a subunidade $G_\alpha$ que participa na via do β-AR é denominada $G_{\alpha s}$ (em que "s" refere-se a "estimuladora", do inglês *stimulatory*). *O resultado final é que a ligação da epinefrina ao receptor na superfície*

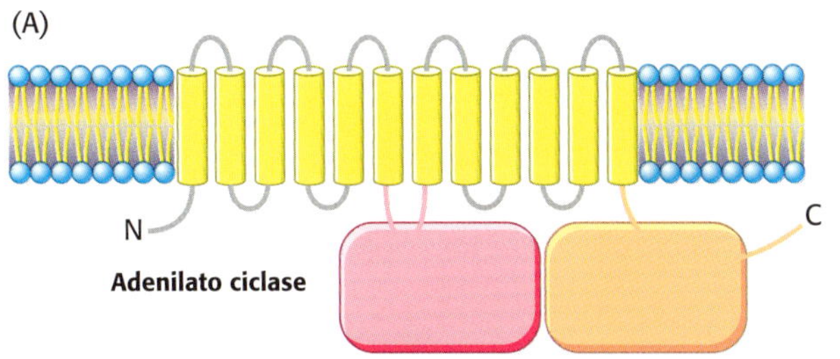


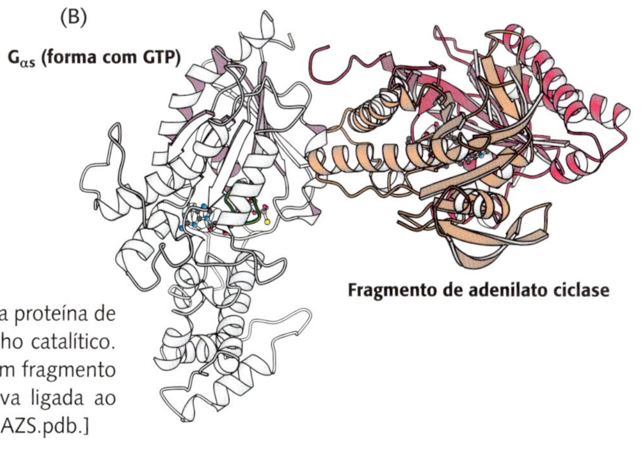


**FIGURA 14.9 Ativação da adenilato ciclase.** **A.** A adenilato ciclase é uma proteína de membrana com dois grandes domínios intracelulares que contêm o aparelho catalítico. **B.** A estrutura de um complexo entre $G_\alpha$ em sua forma com GTP ligado a um fragmento catalítico da adenilato ciclase. *Observe* que a superfície de $G_\alpha$ que estava ligada ao dímero βγ (Figura 14.7) liga-se agora à adenilato ciclase. [Desenhada de 1AZS.pdb.]

*celular aumenta a taxa de produção de cAMP dentro da célula.* A produção de cAMP pela adenilato ciclase fornece um segundo nível de amplificação, visto que cada adenilato ciclase ativada pode converter muitas moléculas de ATP em cAMP.

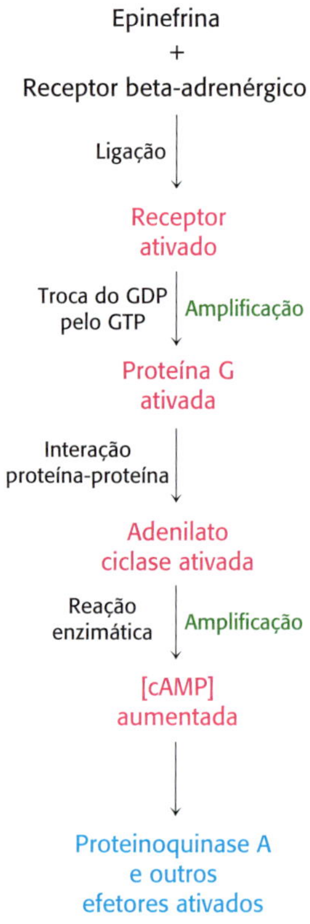


**FIGURA 14.10 Via de sinalização da epinefrina.** A ligação da epinefrina ao receptor beta-adrenérgico inicia a via de transdução de sinais. O processo de cada etapa está indicado (em preto) à esquerda de cada seta. As etapas que têm o potencial de amplificação do sinal estão indicadas em verde à direita.

## O AMP cíclico estimula a fosforilação de muitas proteínas-alvo ao ativar a proteinoquinase A

A concentração aumentada de cAMP pode afetar uma ampla variedade de processos celulares. No músculo, o cAMP estimula a produção de ATP para a contração muscular. Em outros tipos de células, o cAMP aumenta a degradação de substratos energéticos armazenados, aumenta a secreção de ácido pela mucosa gástrica, leva à dispersão dos grânulos de pigmento melanina, diminui a agregação das plaquetas sanguíneas e induz a abertura dos canais de cloreto. Como o cAMP influencia tantos processos celulares? *Os efeitos do cAMP nas células eucarióticas são mediados, em sua maioria, pela ativação de uma única proteinoquinase. Essa enzima chave é a proteinoquinase A* (PKA).

Conforme descrito anteriormente, a PKA é constituída de duas cadeias regulatórias (R) e duas cadeias catalíticas (C) ($R_2C_2$; Figura 10.16). Na ausência de cAMP, o complexo $R_2C_2$ é cataliticamente inativo. A ligação do cAMP às cadeias regulatórias liberam as cadeias catalíticas, que são, por si sós, cataliticamente ativas. Em seguida, a PKA ativada fosforila resíduos específicos de serina e de treonina em muitos alvos, alterando a sua atividade. Por exemplo, a PKA fosforila duas enzimas que levam à degradação do glicogênio, à reserva polimérica de glicose e à inibição da síntese adicional de glicogênio (ver seção 21.3). Além disso, *a PKA estimula a expressão de genes específicos* ao fosforilar um ativador da transcrição denominado proteína de ligação do elemento de resposta ao cAMP (CREB, do inglês *cAMP response element binding protein*). Essa atividade da PKA ilustra que as vias de transdução de sinais podem se estender até dentro do núcleo, alterando a expressão gênica.

A via de transdução de sinais iniciada pela epinefrina está resumida na Figura 14.10.

## As proteínas G se restabelecem espontaneamente por meio da hidrólise do GTP

Como o sinal iniciado pela epinefrina é desativado? *As subunidades $G_\alpha$ exibem atividade intrínseca de GTPase*, que é utilizada para hidrolisar o GTP ligado a GDP e $P_i$. Entretanto, essa reação de hidrólise é lenta, levando de segundos a minutos. Por conseguinte, a forma da $G_\alpha$ com GTP é capaz de ativar componentes distais da via de transdução de sinais antes de ser desativada pela hidrólise do GTP. Em essência, *o GTP ligado atua como um relógio que reconfigura espontaneamente a subunidade $G_\alpha$ depois de um curto período de tempo.* Após a hidrólise do GTP e a liberação de $P_i$, a forma da $G_\alpha$ ligada ao GDP associa-se novamente à $G\beta\gamma$ para voltar a formar a proteína heterotrimérica inativa (Figura 14.11).

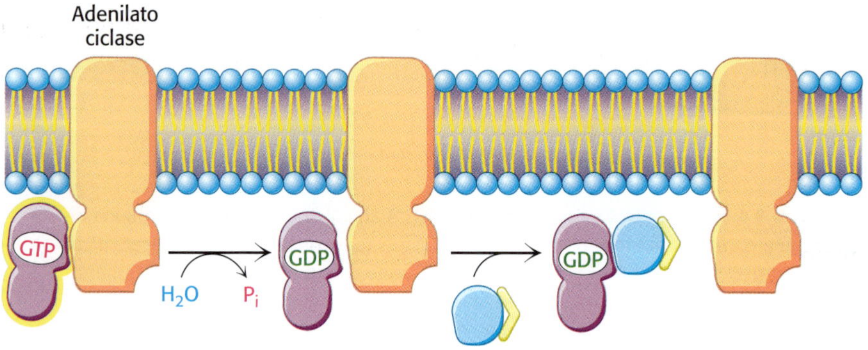


**FIGURA 14.11 Reconfiguração da Gα.** Com a hidrólise do GTP ligado pela atividade intrínseca de GTPase da $G_\alpha$, esta última volta a se associar ao dímero $\beta\gamma$ para formar a proteína G heterotrimérica, terminando, assim, a ativação da adenilato ciclase.

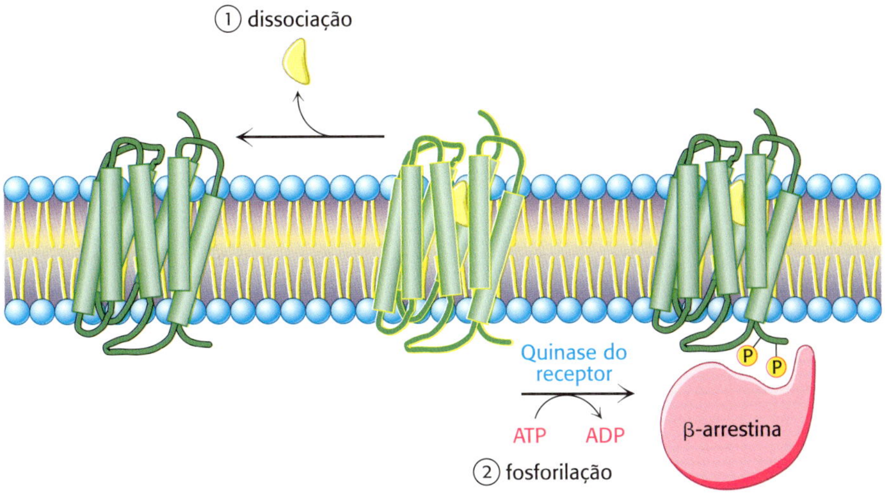


**FIGURA 14.12 Terminação do sinal.** A transdução de sinal pelo receptor 7TM é interrompida (1) pela dissociação da molécula sinalizadora do receptor e (2) pela fosforilação da cauda C-terminal citoplasmática do receptor e pela subsequente ligação da β-arrestina.

O receptor ativado ligado ao hormônio também precisa se restabelecer para evitar a ativação contínua das proteínas G. Essa reconfiguração é efetuada por dois processos (Figura 14.12). No primeiro, o hormônio se dissocia, de modo que o receptor retorna a seu estado inicial não ativado. A probabilidade de que o receptor permaneça em seu estado não ligado depende da concentração extracelular do hormônio. No segundo, a cascata de sinalização iniciada pelo complexo hormônio-receptor ativa uma quinase, que fosforila os resíduos de serina e de treonina na cauda carboxiterminal do receptor. Esses eventos de fosforilação resultam na desativação do receptor. No exemplo em questão, a *quinase do receptor beta-adrenérgico* (também denominada *quinase 2 do receptor de proteína G ou GRK2*, do inglês *G-protein receptor kinase 2*) fosforila a cauda carboxiterminal do complexo hormônio-receptor, mas não o receptor desocupado. Por fim, a molécula *β-arrestina* liga-se ao receptor fosforilado e diminui ainda mais a sua capacidade de ativar proteínas G.

## Alguns receptores 7TM ativam a cascata de fosfoinositídios

Examinaremos agora outra cascata comum de segundo mensageiro, que também emprega um receptor 7TM e que é utilizada por muitos hormônios para produzir uma variedade de respostas. À semelhança da cascata do cAMP, a *cascata de fosfoinositídio* converte sinais extracelulares em intracelulares. Os segundos mensageiros intracelulares formados pela ativação dessa via surgem da clivagem do *fosfatidilinositol 4,5-bisfosfato* ($PIP_2$), um fosfolipídio presente nas membranas celulares. Exemplo de uma via de sinalização baseada na cascata de fosfoinositídio é a via desencadeada pelo receptor de angiotensina II, um hormônio peptídico que controla a pressão arterial.

Cada tipo de receptor 7TM sinaliza por meio de uma proteína G distinta. Enquanto o receptor beta-adrenérgico ativa a proteína G denominada $G_{\alpha s}$, o receptor de angiotensina II ativa uma proteína G denominada $G_{\alpha q}$. Em sua forma com GTP, a $G_{\alpha q}$ liga-se à isoforma β da enzima *fosfolipase C* e a ativa. Essa enzima catalisa a clivagem de $PIP_2$ em dois segundos mensageiros: o inositol 1,4,5-trifosfato ($IP_3$) e o diacilglicerol (DAG; Figura 14.13).

O $IP_3$ é solúvel e difunde-se para longe da membrana. Esse segundo mensageiro causa uma rápida liberação de $Ca^{2+}$ das reservas intracelulares no retículo endoplasmático (RE), que acumula um reservatório de $Ca^{2+}$ por meio da ação de transportadores, como a $Ca^{2+}$ ATPase (ver seção 13.2). Com a ligação do $IP_3$, proteínas específicas dos canais de $Ca^{2+}$ regulados por $IP_3$ na membrana do RE abrem-se para possibilitar o fluxo de íons

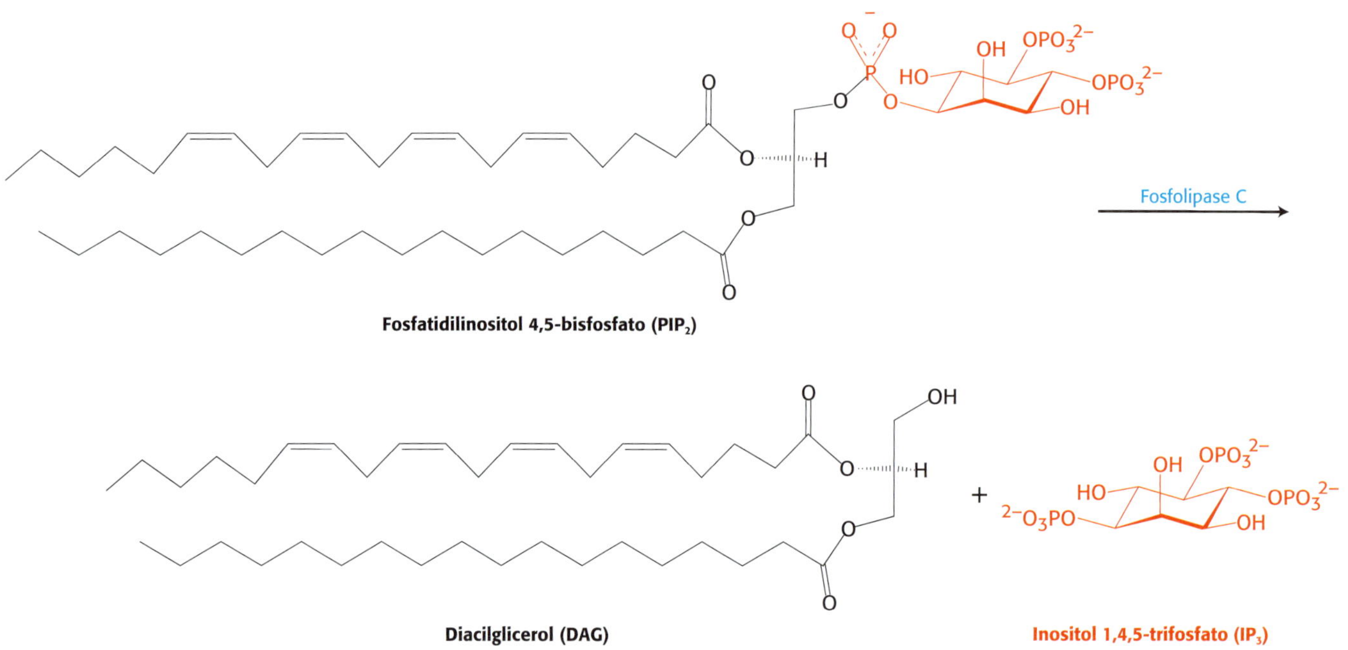


**FIGURA 14.13 Reação da fosfolipase C.** A fosfolipase C cliva o lipídio de membrana, o fosfatidilinositol 4,5-bisfosfato ($PIP_2$) em dois segundos mensageiros: o diacilglicerol (DAG), que permanece na membrana, e o inositol 1,4,5-trifosfato ($IP_3$), que se difunde para longe da membrana.

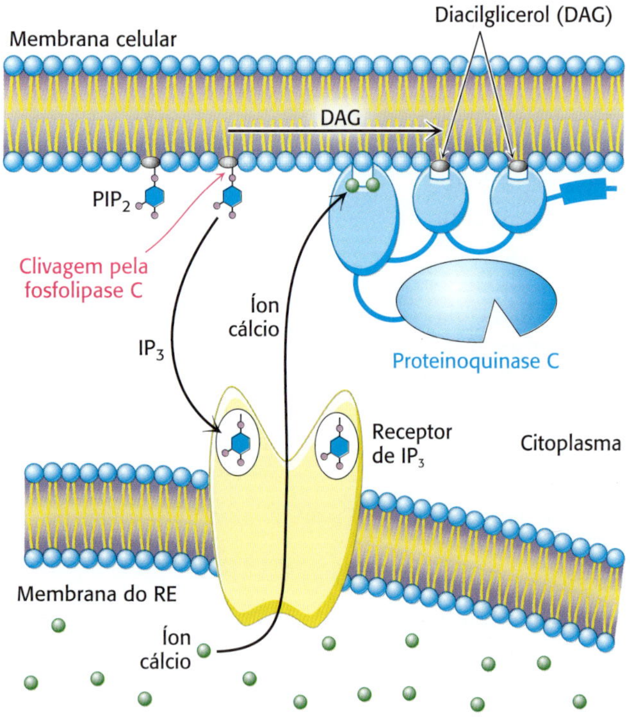


**FIGURA 14.14 Cascata de fosfoinositídio.** A clivagem de $PIP_2$ em DAG e $IP_3$ resulta na liberação de íons cálcio (devido à abertura dos canais iônicos do receptor de $IP_3$) e na ativação da proteinoquinase C (devido à ligação da proteinoquinase C ao DAG livre na membrana). Os íons cálcio ligam-se à proteinoquinase C e ajudam facilitando a sua ativação.

cálcio do RE para o citoplasma. O próprio íon cálcio é uma molécula sinalizadora: pode ligar-se a proteínas, incluindo uma proteína de sinalização ubíqua denominada calmodulina, e a enzimas, como a proteinoquinase C. Por esses meios, o nível elevado de $Ca^{2+}$ citoplasmático desencadeia processos como a contração do músculo liso, a degradação do glicogênio e a liberação de vesículas.

O DAG permanece na membrana plasmática. Nesse local, o DAG ativa a *proteinoquinase C* (PKC), uma proteinoquinase que fosforila resíduos de serina e de treonina em muitas proteínas-alvo. Para ligar o DAG, os domínios especializados de ligação ao DAG dessa quinase necessitam de cálcio ligado. Observe que o DAG e o $IP_3$ trabalham em sequência: o $IP_3$ aumenta a concentração de $Ca^{2+}$, e o $Ca^{2+}$ facilita a ativação da proteinoquinase C mediada pelo DAG. A cascata de fosfoinositídio está resumida na Figura 14.14. Tanto o $IP_3$ quanto o DAG atuam de modo transitório, visto que são convertidos em outras espécies por fosforilação ou outros processos.

## O íon cálcio é um segundo mensageiro amplamente utilizado

O íon cálcio participa em numerosos processos de sinalização, além da cascata de fosfoinositídio. Várias propriedades desse íon respondem pelo seu uso disseminado como mensageiro intracelular. Em primeiro lugar, alterações transitórias na concentração de $Ca^{2+}$ são prontamente detectadas. No estado de equilíbrio dinâmico, os níveis intracelulares de $Ca^{2+}$ precisam ser mantidos baixos de modo a impedir a precipitação de compostos carboxilados e fosforilados, que formam sais pouco solúveis com o $Ca^{2+}$. Sistemas de transporte que expulsam o $Ca^{2+}$ do citoplasma mantêm a concentração citoplasmática de $Ca^{2+}$ em aproximadamente 100 nM

– várias ordens de magnitude menor do que a concentração no meio extracelular (ver seção 13.2). Tendo em vista esse baixo nível no estado de equilíbrio dinâmico, aumentos transitórios da concentração de $Ca^{2+}$ produzidos por eventos de sinalização podem ser rapidamente percebidos.

Uma segunda propriedade do $Ca^{2+}$ que o torna altamente apropriado como mensageiro intracelular reside na sua capacidade de se ligar firmemente às proteínas e de induzir substanciais rearranjos estruturais. Os íons cálcio ligam-se adequadamente a átomos de oxigênio carregados negativamente (das cadeias laterais de glutamato e aspartato) e a átomos de oxigênio sem carga (grupos carbonílicos da cadeia principal e átomos de oxigênio de cadeias laterais da glutamina e da asparagina; Figura 14.15). A *capacidade do* $Ca^{2+}$ *de ser coordenado a múltiplos ligantes – seis a oito átomos de oxigênio – lhe permite formar ligações cruzadas com diferentes segmentos de uma proteína, induzindo mudanças conformacionais.*

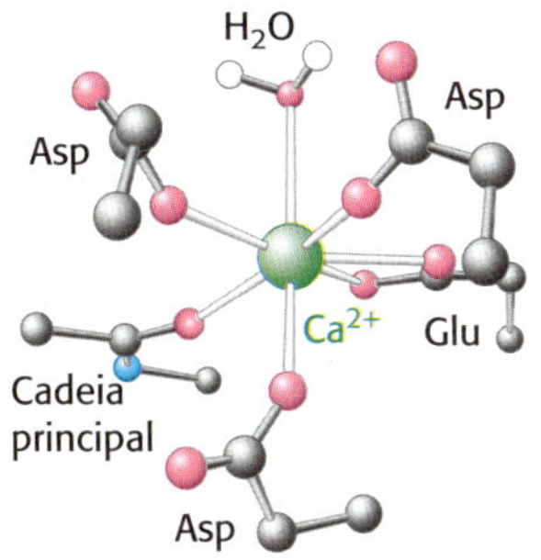


**FIGURA 14.15 Sítio de ligação do cálcio.** Em um modo comum de ligação, o cálcio é coordenado a seis átomos de oxigênio de uma proteína e a um da água.

Nosso entendimento do papel do $Ca^{2+}$ nos processos celulares aumentou acentuadamente como resultado da nossa capacidade de detectar mudanças nas concentrações intracelulares de $Ca^{2+}$ e até mesmo monitorar essas mudanças em tempo real. Na seção 3.2, discutimos como proteínas intactas podem ser detectadas em células vivas com o uso da microscopia de fluorescência. Pode-se utilizar uma abordagem similar para a visualização de alterações nas concentrações de $Ca^{2+}$. Essa capacidade depende da utilização de corantes especialmente desenvolvidos, como o Fura-2, que se liga ao $Ca^{2+}$ e modifica suas propriedades fluorescentes com a ligação a esse íon. O Fura-2 liga-se ao $Ca^{2+}$ através de átomos de oxigênio adequadamente posicionados (mostrados em vermelho) dentro de sua estrutura.

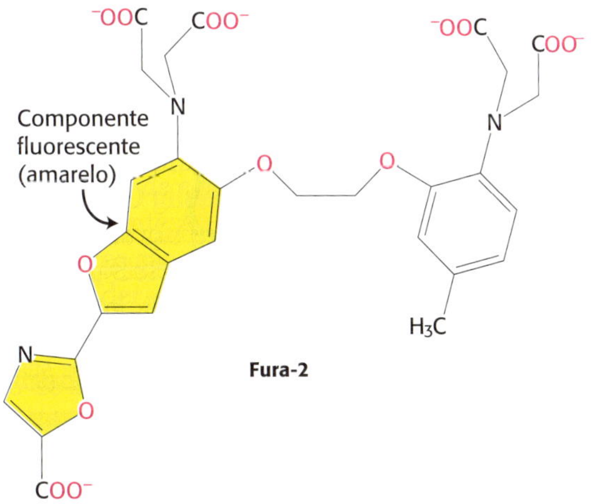


Quando esse corante é introduzido nas células, é possível monitorar variações na concentração disponível de $Ca^{2+}$ com microscópios capazes de detectar mudanças na fluorescência (Figura 14.16). Foram também desenvolvidas sondas para reconhecer outros segundos mensageiros, como o cAMP. Esses *agentes de imageamento molecular* estão cada vez mais ampliando nossa compreensão dos processos de transdução de sinais.

## O íon cálcio frequentemente ativa a calmodulina, uma proteína regulatória

A *calmodulina* (CaM), uma proteína de 17 kDa com quatro sítios de ligação para o $Ca^{2+}$, atua como um sensor de cálcio em praticamente todas as células eucarióticas. *Em concentrações citoplasmáticas acima de cerca de 500 nM, o* $Ca^{2+}$ *liga-se à calmodulina e a ativa.* A calmodulina é um membro da *família de proteínas com motivos EF hand*. O *EF hand* é um motivo de ligação ao $Ca^{2+}$ constituído de uma hélice, uma alça e uma segunda hélice.

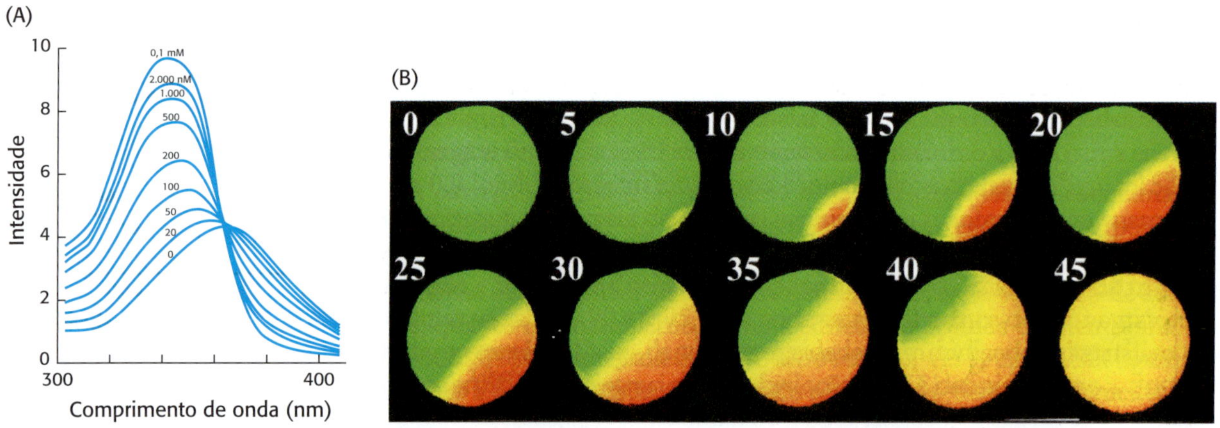


**FIGURA 14.16 Imageamento do cálcio. A.** Os espectros de fluorescência do corante de ligação ao cálcio, Fura-2, podem ser utilizados para medir as concentrações disponíveis de íons cálcio em solução e nas células. **B.** Uma série de imagens mostra a disseminação do $Ca^{2+}$ através de um óvulo após fertilização por um espermatozoide. Essas imagens foram obtidas com o uso do Fura-2. As imagens são falsamente coloridas: o laranja representa altas concentrações de $Ca^{2+}$, e o verde, baixas concentrações de $Ca^{2+}$. [(**A**) Informação de S. J. Lippard e J. M. Berg, *Principles of Bioinorganic Chemistry* (University Science Books, 1994), p. 193; (**B**) Republicada com autorização da Company of Biologists, de Exploring the mechanism of action of the sperm-triggered calcium-wave pacemaker in ascidian zygotes, Carroll, M. *et al.*, 2003 *J Cell Sci* 116, 4997–5004; autorização concedida pelo Copyright Clearance Center, Inc. Cortesia de Alex McDougall.]

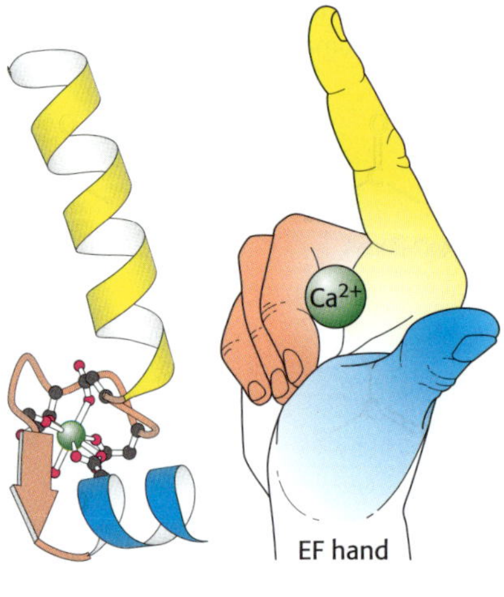


**FIGURA 14.17 EF hand.** Formado por uma unidade hélice-alça-hélice, o EF hand constitui um sítio de ligação para o $Ca^{2+}$ em muitas proteínas sensoras de cálcio. Aqui, a hélice E é amarela, a hélice F é azul e o cálcio é representado pela esfera verde. *Observe* que o íon cálcio está ligado a uma alça que conecta duas hélices quase perpendiculares. [Desenhada de 1CLL.pdb.]

Esse motivo, originalmente descoberto na proteína parvalbumina, foi denominado EF hand, visto que as duas hélices essenciais, designadas como E e F na parvalbumina, estão posicionadas como o dedo indicador e o polegar da mão direita (Figura 14.17). Essas duas hélices e a alça interveniente formam o motivo de ligação ao $Ca^{2+}$. Sete átomos de oxigênio estão coordenados a cada $Ca^{2+}$, seis da proteína e um de uma molécula de água ligada. A calmodulina é constituída de quatro motivos EF hand, e cada um deles pode ligar-se a um único íon $Ca^{2+}$.

A ligação do $Ca^{2+}$ à calmodulina induz mudanças substanciais de conformação nos EF hands, expondo superfícies hidrofóbicas que podem ser utilizadas para a ligação de outras proteínas. Utilizando os seus dois conjuntos de EF hands, a calmodulina fecha-se ao redor de regiões específicas das proteínas-alvo – habitualmente α-hélices expostas com grupos hidrofóbicos e com carga apropriadamente posicionados (Figura 14.18). O complexo $Ca^{2+}$-calmodulina estimula uma ampla variedade de enzimas,

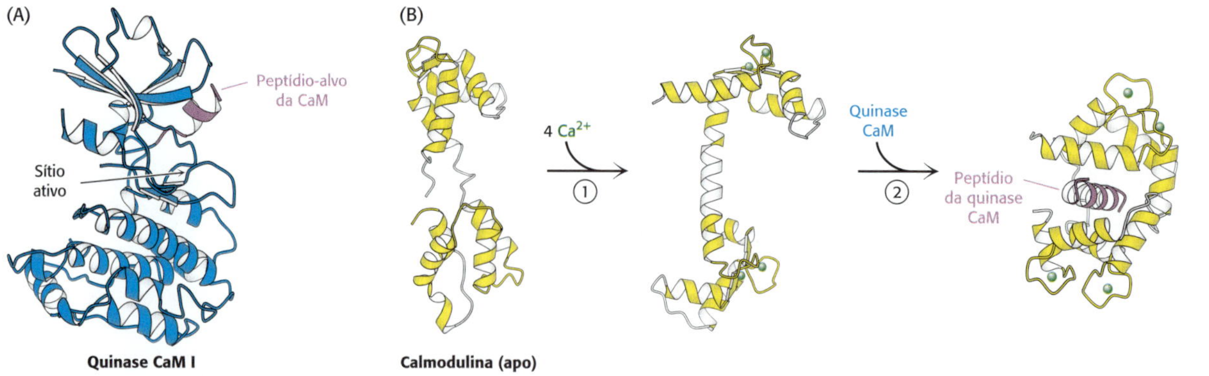


**FIGURA 14.18 A calmodulina liga-se às α-hélices. A.** Uma α-hélice (violeta) na quinase CaM I constitui um alvo para a calmodulina. **B.** Com a ligação do $Ca^{2+}$ à apo, ou forma da calmodulina sem cálcio (1), duas metades da calmodulina fecham-se ao redor da hélice-alvo (2), ligando-a por meio de interações hidrofóbicas e iônicas. Na quinase CaM I, essa interação permite que a enzima adote uma conformação ativa. [Desenhada de 1AO6, 1CFD, 1CLL e 1CM1.pdb.]

bombas e outras proteínas-alvo, induzindo rearranjos estruturais nesses parceiros de ligação. Um conjunto de alvos particularmente notáveis inclui várias *proteinoquinases dependentes de calmodulina* (quinases CaM), que fosforilam muitas proteínas diferentes e que regulam o metabolismo energético, a permeabilidade a íons e a síntese e liberação de neurotransmissores. Vemos aqui um tema recorrente nas vias de transdução de sinais: a concentração de um segundo mensageiro (neste caso, o $Ca^{2+}$) é aumentada; o sinal é percebido por uma proteína de ligação de segundos mensageiros (neste caso, a calmodulina); e a proteína de ligação de segundos mensageiros atua ao produzir alterações nas enzimas (neste caso, quinases dependentes de calmodulina) que controlam efetores.

## 14.2 Sinalização da insulina: as cascatas de fosforilação são fundamentais para muitos processos de transdução de sinais

As vias de sinalização que examinamos até aqui ativavam uma proteinoquinase como componente distal da via. Abordaremos agora uma classe de vias de transdução de sinais que são *iniciadas por receptores que incluem proteinoquinases como parte de suas estruturas.* A ativação dessas proteínas quinases desencadeia outros processos que, em última análise, modificam os efetores dessas vias.

Um exemplo é a via de transdução de sinais iniciada pela *insulina*, o hormônio liberado em resposta a um aumento dos níveis de glicemia depois de uma refeição. Em todos os seus detalhes, essa via multifacetada é muito complexa. Por conseguinte, só nos concentraremos no ramo principal, que leva à mobilização dos transportadores de glicose para a superfície da célula. Esses transportadores fazem com que a célula seja capaz de captar a glicose que está presente em quantidades abundantes na corrente sanguínea após uma refeição.

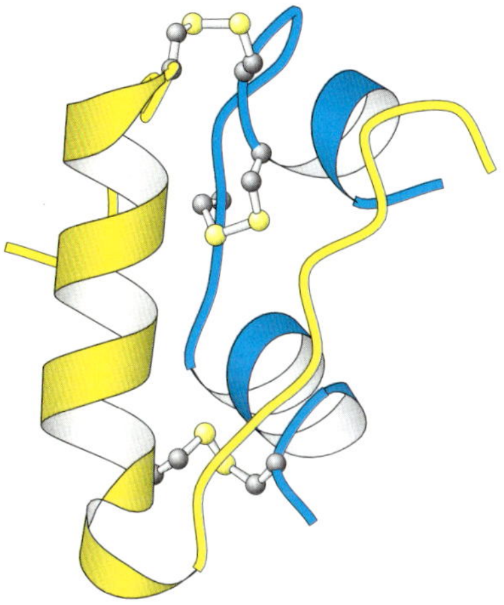

**FIGURA 14.19 Estrutura da insulina.** *Observe* que a insulina é constituída de duas cadeias (mostradas em azul e amarelo) ligadas por duas pontes dissulfeto entre elas. A cadeia α (azul) também tem uma ponte dissulfeto intracadeia. [Desenhada de 1B2F.pdb.]

### O receptor de insulina é um dímero que se fecha ao redor de uma molécula de insulina ligada

A insulina é um hormônio peptídico constituído de duas cadeias ligadas por três pontes dissulfeto (Figura 14.19). Seu receptor tem uma estrutura muito diferente daquela do β-AR. O *receptor de insulina* é um dímero constituído de duas unidades idênticas. Cada unidade consiste em uma cadeia α e uma cadeia β ligadas uma à outra por uma única ponte dissulfeto (Figura 14.20). Cada subunidade α situa-se totalmente fora da célula, enquanto cada subunidade β encontra-se principalmente dentro da célula, atravessando a membrana com um único segmento transmembranar. As duas subunidades α juntam-se para formar um sítio de ligação para uma única molécula de insulina – um evento surpreendente, visto que duas superfícies diferentes na molécula de insulina precisam interagir com as duas cadeias idênticas do receptor de insulina. A aproximação das unidades diméricas na presença de uma molécula de insulina desencadeia a via de sinalização. *O fechamento de um receptor oligomérico ou a oligomerização de receptores monoméricos ao redor de um ligante ligado constitui uma estratégia empregada por muitos receptores para iniciar um sinal, particularmente pelos receptores que contêm uma proteinoquinase.*

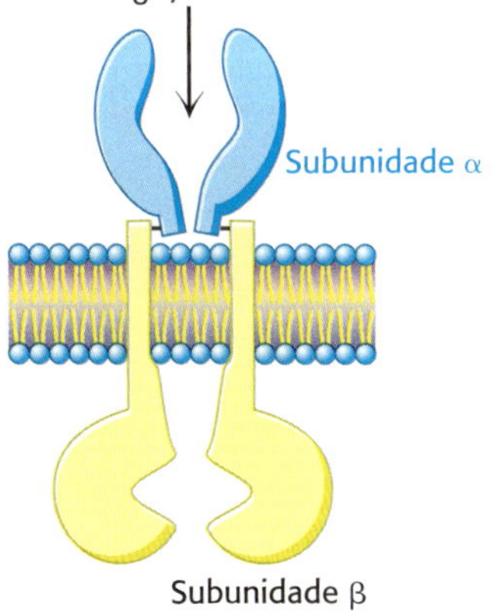


**FIGURA 14.20 O receptor de insulina.** O receptor consiste em duas subunidades em que cada uma delas é constituída de uma subunidade α e de uma subunidade β unidas por uma ponte dissulfeto. Duas subunidades α, que estão localizadas fora da célula, unem-se para formar um sítio de ligação para a insulina. Cada subunidade β situa-se principalmente dentro da célula e inclui um domínio de proteinoquinase.

Cada subunidade β é constituída principalmente de um domínio de proteinoquinase, homólogo à proteinoquinase A. Entretanto, essa quinase difere da proteinoquinase A em dois aspectos importantes. Em primeiro lugar, a quinase do receptor de insulina é uma *tirosinoquinase*, isto é, uma quinase que catalisa a transferência de um grupo fosforila do ATP para um grupo hidroxila da tirosina, e não da serina ou da treonina.

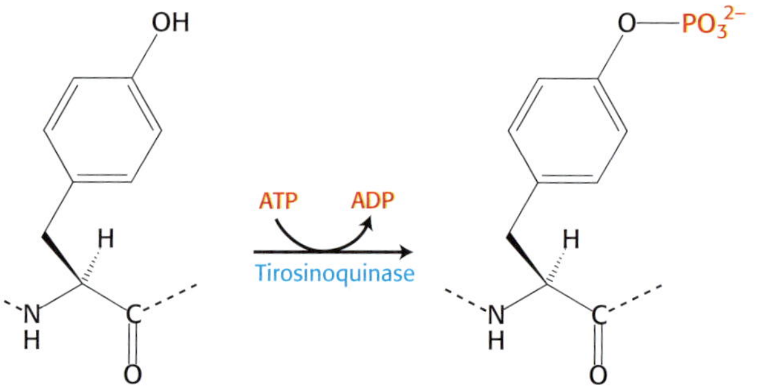


Como essa tirosinoquinase é um componente do próprio receptor, o receptor de insulina é designado como *receptor de tirosinoquinase*. Em segundo lugar, a quinase do receptor da insulina encontra-se em uma conformação inativa quando o domínio não está modificado de modo covalente. A quinase torna-se inativa pelo posicionamento de uma alça não estruturada (denominada *alça de ativação*) situada no centro da estrutura.

### A ligação da insulina resulta em fosforilação cruzada e ativação do receptor de insulina

Quando as duas subunidades α aproximam-se para circundar uma molécula de insulina, os dois domínios de proteinoquinase no interior da célula também se aproximam. É importante ressaltar que, à medida que vão se aproximando, a alça de ativação flexível de uma subunidade de quinase é capaz de se encaixar no sítio ativo da outra subunidade de quinase dentro do dímero. Com as duas subunidades β reunidas, os domínios de quinase catalisam a adição de grupos fosforila do ATP para resíduos de tirosina nas alças de ativação. Quando esses resíduos de tirosina são fosforilados, ocorre uma notável mudança conformacional (Figura 14.21). O rearranjo da alça de ativação converte a quinase em uma conformação ativa. Por conseguinte, *a ligação da insulina no lado externo da célula resulta em ativação de uma quinase associada à membrana dentro da célula.*

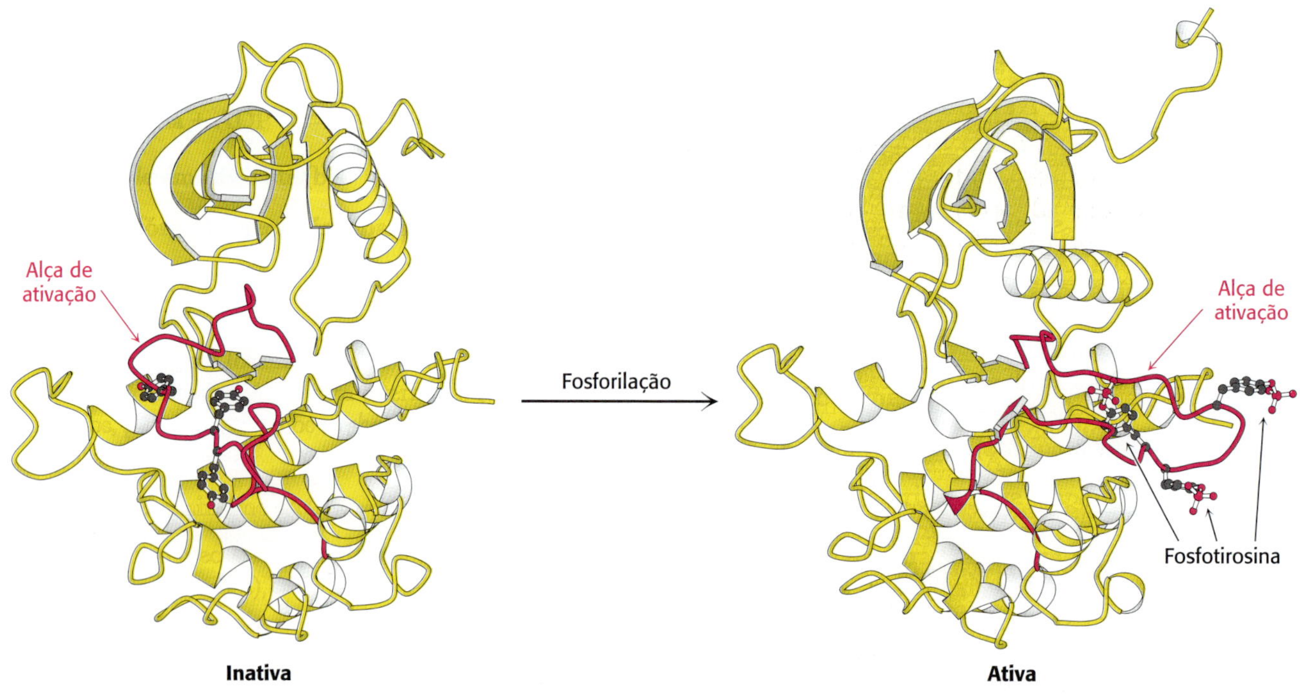


**FIGURA 14.21 Ativação do receptor de insulina por fosforilação.** A alça de ativação é mostrada em vermelho neste modelo do domínio de proteinoquinase da subunidade β do receptor de insulina. A estrutura não fosforilada à esquerda não é cataliticamente ativa. *Observe* que, quando três resíduos de tirosina na alça de ativação são fosforilados, a alça de ativação desloca-se através da estrutura, e a estrutura da quinase adota uma conformação mais compacta. Essa conformação é cataliticamente ativa. [Desenhada de 1IRK.pdb e 1IR3.pdb.]

## A quinase do receptor de insulina ativada inicia uma cascata de quinases

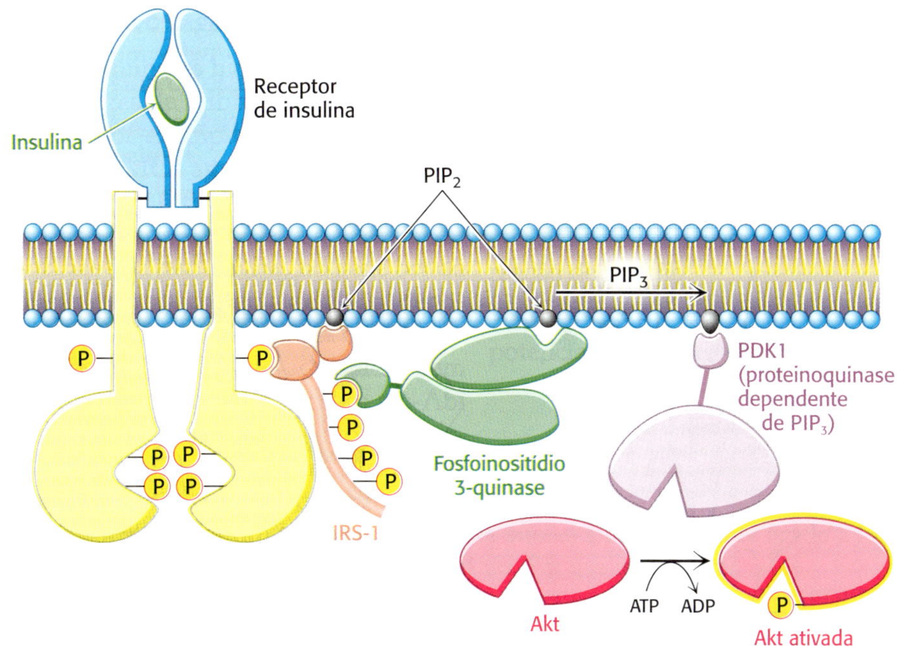


**FIGURA 14.22 Sinalização da insulina.** A ligação da insulina resulta em fosforilação cruzada e ativação do receptor de insulina. Os sítios fosforilados no receptor atuam como sítios de ligação para os substratos do receptor de insulina, como o IRS-1. A lipídio quinase fosfoinositídio 3-quinase liga-se aos sítios fosforilados no IRS-1 por meio de seu domínio regulatório e, em seguida, converte o PIP$_2$ em PIP$_3$. A ligação ao PIP$_3$ ativa a proteinoquinase dependente de PIP$_3$ (PDK1), que fosforila e ativa quinases como a Akt1. A Akt1 ativada pode então difundir-se pela célula para continuar a via de transdução de sinais.

Com a fosforilação, a tirosinoquinase do receptor de insulina é ativada. Como as duas unidades do receptor são mantidas em estreita proximidade uma da outra, outros sítios dentro do receptor também são fosforilados. Esses sítios fosforilados atuam como locais de ancoragem para outros substratos, incluindo uma classe de moléculas designadas como *substratos do receptor de insulina* (IRS, do inglês *insulin-receptor substrates*; Figura 14.22). O IRS-1 e o IRS-2 são duas proteínas homólogas com uma estrutura modular comum (Figura 14.23). A parte aminoterminal inclui um *domínio de homologia à plecstrina*, que se liga ao fosfoinositídio, e um domínio de ligação de fosfotirosina. Esses domínios atuam em conjunto para ancorar a proteína IRS ao receptor de insulina e à membrana associada. Cada proteína IRS contém quatro sequências semelhantes à forma Tyr-X-X-Met. Essas sequências também são substratos para a quinase ativada do receptor de insulina. Quando os resíduos de tirosina dentro dessas sequências são fosforilados, transformando-se em resíduos de fosfotirosina, as moléculas de IRS podem atuar como *proteínas adaptadoras*. Embora essas proteínas não sejam enzimas, elas atuam para fixar os componentes subsequentes dessa via de sinalização à membrana.

Os resíduos de fosfotirosina, como aqueles encontrados nas proteínas IRS, são reconhecidos mais frequentemente por domínios de *homologia Src 2* (SH2) (Figura 14.24). Esses domínios, presentes em muitas proteínas de transdução de sinal, ligam-se a segmentos do polipeptídio que contêm resíduos de fosfotirosina. Cada domínio SH2 específico exibe uma preferência de ligação pela fosfotirosina encontrada em determinado contexto de sequência. Que proteínas contêm domínios SH2 que se ligam a sequências contendo fosfotirosina nas proteínas IRS? As mais importantes delas pertencem a uma classe de lipídio quinases denominada *fosfoinositídio 3-quinases* (PI3 Ks), que adicionam um grupo fosforila à posição 3 do inositol no fosfatidilinositol 4,5-bisfosfato (PIP$_2$; Figura 12.25). Essas enzimas são

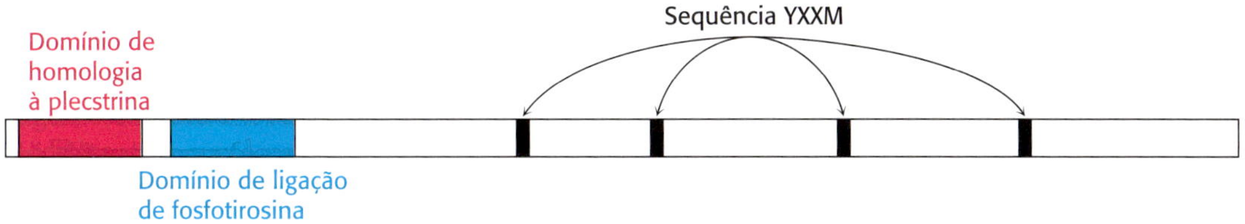


**FIGURA 14.23 Estrutura modular dos substratos do receptor de insulina IRS-1 e IRS-2.** Essa vista esquemática representa a sequência de aminoácidos comuns ao IRS-1 e ao IRS-2. Cada proteína contém um domínio de homologia à plecstrina (que se liga a lipídios fosfoinositídios), um domínio de ligação de fosfotirosina e quatro sequências que se aproximam de Tyr-X-X-Met (YXXM). Essas quatro sequências são fosforiladas pela tirosinoquinase do receptor de insulina.

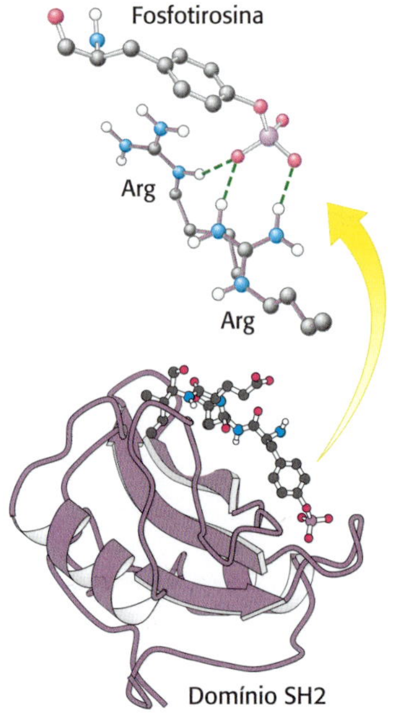


**FIGURA 14.24 Estrutura do domínio SH2.** O domínio é mostrado ligado a um peptídio contendo fosfotirosina. *Observe* na parte superior que o resíduo de fosfotirosina de carga negativa interage com dois resíduos de arginina, que são conservados em praticamente todos os domínios SH2. [Desenhada de 1SPS.pdb.]

dímeros de subunidades catalíticas de 110 kDa e subunidades regulatórias de 85 kDa. Por meio dos domínios SH2 nas subunidades regulatórias, essas enzimas ligam-se às proteínas IRS e são levadas até a membrana, onde podem fosforilar o $PIP_2$, formando fosfatidilinositol 3,4,5-trifosfato ($PIP_3$). Por sua vez, o $PIP_3$ ativa uma proteinoquinase, a PDK1, em virtude de um domínio de homologia à plecstrina presente nessa quinase que é específico para o $PIP_3$ (Figura 14.22). A PDK1 ativada fosforila e ativa outra proteinoquinase, a Akt. A Akt não está ancorada à membrana e move-se através da célula para fosforilar alvos, que incluem componentes que controlam o tráfego do receptor de glicose GLUT4 à superfície da célula, bem como enzimas que estimulam a síntese de glicogênio (ver seção 21.4).

A cascata iniciada pela ligação da insulina ao receptor de insulina está resumida na Figura 14.26. O sinal é amplificado em vários estágios ao longo dessa via. Como o próprio receptor de insulina ativado é uma proteinoquinase, cada receptor ativado pode fosforilar múltiplas moléculas de IRS. As enzimas ativadas amplificam ainda mais o sinal em pelo menos duas das etapas subsequentes. Por conseguinte, um pequeno aumento na concentração de insulina circulante pode produzir uma resposta intracelular robusta. Observe que, embora a via da insulina descrita aqui possa parecer complicada, ela é substancialmente menos elaborada do que a rede de sinalização completa iniciada pela insulina.

## A sinalização da insulina é terminada pela ação de fosfatases

Vimos que a proteína G ativada promove a sua própria inativação pela liberação catalítica de um grupo fosforila do GTP. Em contrapartida, as proteínas fosforiladas nos resíduos de serina, treonina ou tirosina são extremamente estáveis na sua cinética. São necessárias enzimas específicas, denominadas proteínas fosfatases, para hidrolisar essas proteínas fosforiladas e convertê-las em seus estados iniciais. De modo similar, são necessários lipídios fosfatases para remover grupos fosforila de lipídios inositóis que foram ativados por lipídios quinases. Na sinalização da insulina, três classes de enzimas são de importância particular na interrupção da via de sinalização:

**1.** as proteínas tirosina fosfatases, que removem grupos fosforila de resíduos de tirosina no receptor de insulina e das proteínas adaptadoras IRS;

**2.** lipídio fosfatases, que hidrolisam o $PIP_3$ a $PIP_2$; e

**3.** as proteínas serina fosfatases, que removem grupos fosforila de proteinoquinases ativadas, como a Akt.

Muitas dessas fosfatases são ativadas ou recrutadas como parte da resposta à insulina. Por conseguinte, a ligação do sinal inicial cria as condições para a terminação eventual da resposta.

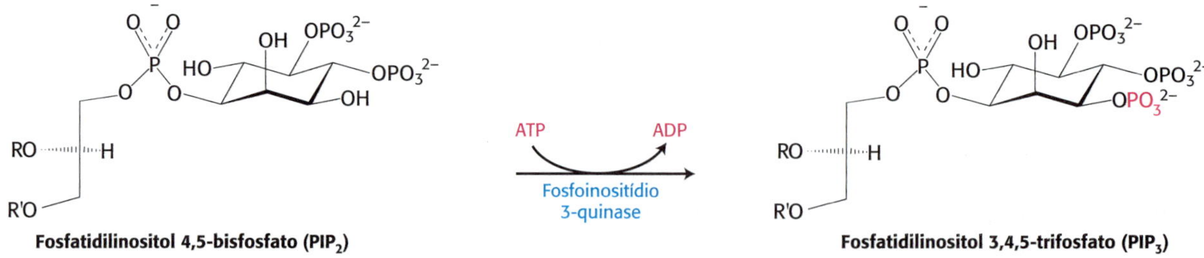


**FIGURA 14.25 Ação de um lipídio quinase na sinalização da insulina.** O IRS-1 e o IRS-2 fosforilados ativam a fosfoinositídio 3-quinase, uma enzima que converte o $PIP_2$ em $PIP_3$.

## 14.3 Sinalização do EGF: as vias de transdução de sinais são preparadas para responder

Nossa discussão sobre as cascatas de transdução de sinais, iniciada com a epinefrina e a insulina, incluiu exemplos de como componentes das vias de transdução de sinais estão preparados para a ação, prontos para serem ativados por pequenas modificações. Por exemplo, as subunidades da proteína G necessitam apenas da ligação de GTP em troca do GDP para transmitir um sinal. Essa reação de troca é termodinamicamente favorável, porém é muito lenta na ausência de um receptor 7TM apropriado ativado. De modo similar, os domínios de tirosinoquinase do receptor de insulina dimérico estão prontos para a fosforilação e ativação, porém necessitam da ligação da insulina entre duas subunidades $\alpha$ para arrastar a alça de ativação de uma tirosinoquinase para dentro do sítio ativo de uma tirosinoquinase parceira, de modo a iniciar a cascata de sinalização.

Examinaremos agora uma via de transdução de sinais que revela outro exemplo bem claro de como essas cascatas de sinalização estão preparadas para responder. Essa via é ativada pela molécula de sinalização *fator de crescimento epidérmico* (EGF). À semelhança do receptor de insulina, o iniciador dessa via é um receptor de tirosinoquinase. Ambos os domínios extracelular e intracelular desse receptor estão prontos para a ação, mantidos sob controle apenas por uma estrutura específica que impede a união dos receptores. Além disso, na via do EGF, encontraremos várias outras classes de componentes de sinalização que participam de muitas outras redes de sinalização.

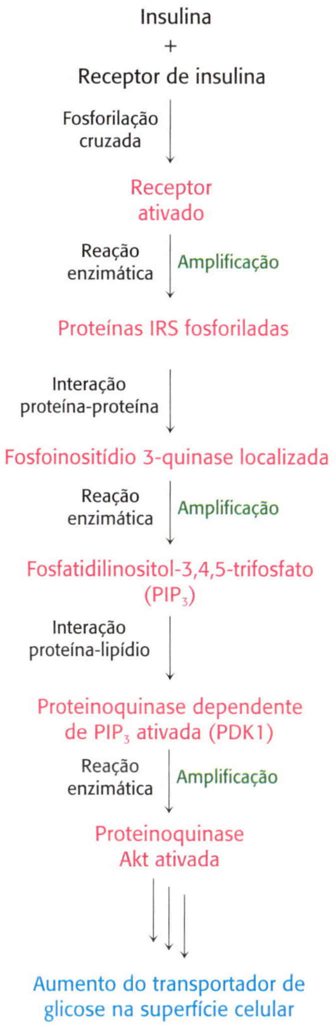


**FIGURA 14.26 Via de sinalização da insulina.** Etapas essenciais na via de transdução de sinais iniciada pela ligação da insulina ao receptor de insulina.

### A ligação do EGF resulta em dimerização do receptor de EGF

O fator de crescimento epidérmico é um polipeptídio de 6 kDa que estimula o crescimento das células epidérmicas e epiteliais (Figura 14.27). O *receptor do EGF* (EGFR), como o da insulina, é um dímero de duas subunidades idênticas. Cada subunidade contém um domínio de proteína tirosinoquinase intracelular que participa das reações de fosforilação cruzada (Figura 14.28). Entretanto, diferentemente daquelas do receptor de insulina, essas unidades existem como monômeros até que ocorra a sua ligação ao EGF. Além disso, cada monômero do receptor de EGF liga-se a uma única molécula de EGF em seu domínio extracelular (Figura 14.29). Por conseguinte, o dímero liga-se a duas moléculas de ligante, diferentemente do dímero do receptor de insulina, que se liga apenas a um ligante. Observe que cada molécula de EGF situa-se afastada da interface do dímero. Essa interface inclui um denominado *braço de dimerização* de cada monômero, que se estende para fora e se insere em um bolsão de ligação no outro monômero.

Embora tal estrutura revele muito bem as interações que sustentam a formação de um dímero de receptor, favorecendo a fosforilação cruzada, surge outra questão: por que o receptor não dimeriza e não sinaliza na ausência do EGF? Essa questão foi investigada por meio da análise da estrutura do receptor de EGF na ausência do ligante ligado (Figura 14.30). Com efeito, trata-se de uma estrutura monomérica, e cada monômero encontra-se em uma conformação que é muito diferente daquela observada no dímero ligado ao ligante. Em particular, o braço de dimerização liga-se a um domínio *dentro do mesmo monômero* que mantém o receptor em uma configuração fechada. Em essência, o receptor está preparado em uma conformação acionada por uma mola, mantida em posição pelo contato entre a alça de interação e outra parte da estrutura, pronta para ligar-se ao ligante e mudar para uma conformação ativa para dimerização e sinalização.

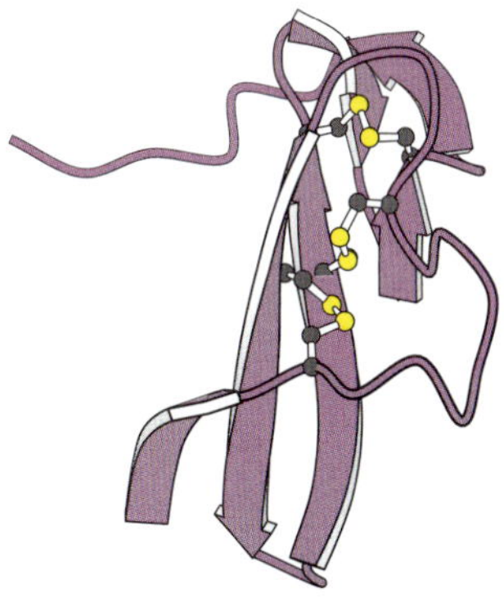

**Fator de crescimento epidérmico (EGF)**

**FIGURA 14.27 Estrutura do fator de crescimento epidérmico.** *Observe* que as três pontes dissulfeto intracadeias estabilizam a estrutura tridimensional compacta do fator de crescimento. [Desenhada de 1EGF.pdb.]

**FIGURA 14.28 Estrutura modular do receptor de EGF.** Essa vista esquemática da sequência de aminoácidos do receptor de EGF mostra o domínio de ligação de EGF que se situa fora da célula, uma única região formadora de hélice transmembranar, o domínio intracelular de tirosinoquinase e o domínio rico em tirosina da extremidade carboxiterminal.

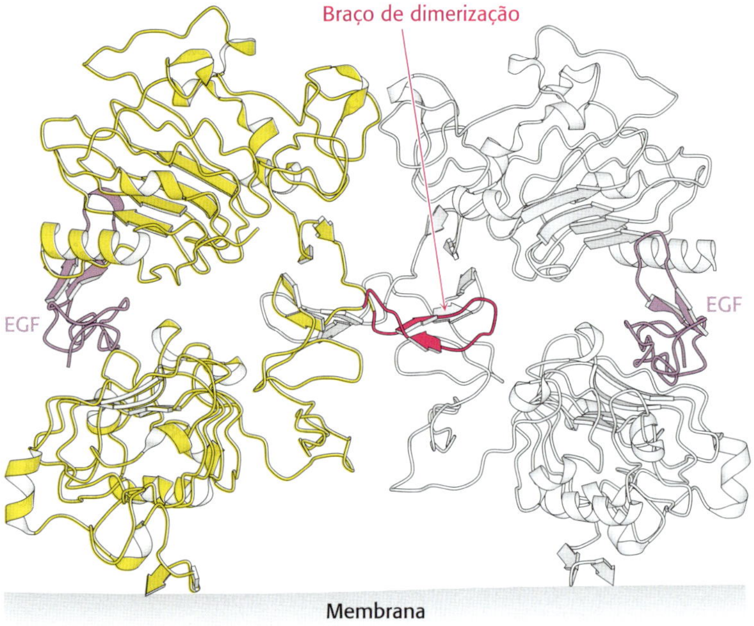


**FIGURA 14.29 Dimerização do receptor de EGF.** A estrutura da região extracelular do receptor do EGF é mostrada ligada ao EGF. *Observe* que a estrutura é dimérica, com uma molécula de EGF ligada a cada molécula de receptor, e que a dimerização é mediada por um braço de dimerização (em vermelho) que se estende a partir de cada molécula de receptor. [Desenhada de 1IVO.pdb.]

Essa observação sugere que um receptor que exista na conformação distendida, mesmo na ausência do ligante, seria constitutivamente ativo. É notável que esse receptor exista. Esse receptor, o HER2, tem uma sequência de aminoácidos aproximadamente 50% idêntica à do receptor de EGF e apresenta a mesma estrutura de domínios. O HER2 não se liga a nenhum ligante conhecido; contudo, os estudos de cristalografia revelaram que ele adota uma estrutura distendida muito similar àquela observada no receptor de EGF ligado ao ligante. Em condições normais, o HER2 forma heterodímeros com o receptor de EGF e outros membros da família do receptor de EGF, e também participa em reações de fosforilação cruzada com esses receptores. O HER2 é superexpresso em alguns tipos de câncer, contribuindo, presumivelmente, para o crescimento do tumor por meio da formação de homodímeros que sinalizam mesmo na ausência do ligante. Retornaremos ao HER2 quando apresentarmos as abordagens para o tratamento do câncer baseadas no conhecimento das vias de sinalização (ver seção 14.5).

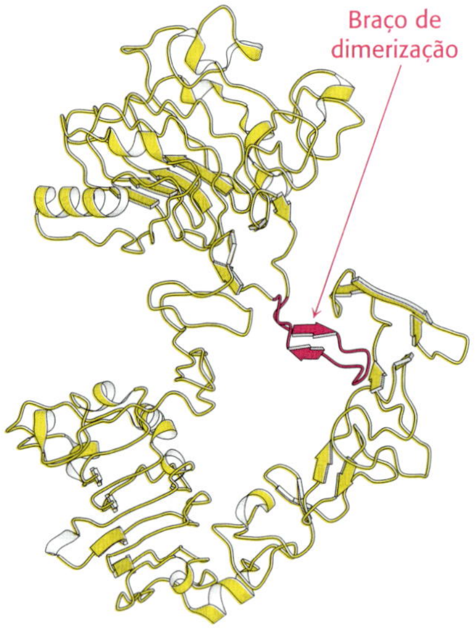


**FIGURA 14.30 Estrutura do receptor de EGF não ativado.** O domínio extracelular do receptor de EGF é mostrado na ausência de EGF ligado. *Observe* que o braço de dimerização (em vermelho) está ligado a uma parte do receptor que o torna indisponível para a interação com outra molécula de receptor. [Desenhada de 1NQL.pdb.]

## A cauda carboxiterminal do receptor de EGF é fosforilada

À semelhança do receptor de insulina, o receptor de EGF sofre fosforilação cruzada de uma unidade pela outra dentro de um dímero. Entretanto, diferentemente daquele do receptor de insulina, o sítio dessa fosforilação não se encontra dentro da alça de ativação da quinase, porém em uma região situada no lado C-terminal do domínio quinase. Até cinco resíduos de tirosina são fosforilados nessa região. A dimerização do receptor de EGF traz a região C-terminal de um receptor para o sítio ativo de sua quinase parceira. A própria quinase encontra-se em uma conformação ativa sem fosforilação, revelando mais uma vez como esse sistema de sinalização está preparado para responder.

## A sinalização do EGF leva à ativação de Ras, uma proteína G monomérica

As fosfotirosinas nos receptores de EGF atuam como locais de ancoragem para os domínios SH2 em outras proteínas. A cascata de sinalização intracelular começa com a ligação de *Grb2*, uma proteína adaptadora essencial que contém um domínio SH2 e dois domínios de *homologia Src 3* (SH3). Com a fosforilação do receptor, o domínio SH2 da Grb2 liga-se aos resíduos de fosfotirosina do receptor de tirosinoquinase. Por meio de seus dois domínios SH3, a Grb2 liga-se então a polipeptídios ricos em poliprolina dentro de uma proteína denominada *Sos*. Por sua vez, a Sos liga-se à *Ras* e a ativa.

A Ras, um componente muito proeminente da transdução de sinais, é um membro de uma classe de proteínas denominadas *proteínas G monoméricas*. À semelhança das proteínas G descritas na seção 14.1, as proteínas G monoméricas contêm GDP ligado em suas formas não ativas. A Sos abre um bolsão de ligação de nucleotídio da Ras, possibilitando o escape de GDP e a entrada de GTP em seu lugar. Devido a seu efeito sobre a Ras, a Sos é designada como *fator de troca de nucleotídios de guanina* (GEF, do inglês *guanine-nucleotide-exchange factor*). Assim, a ligação do EGF a seu receptor leva à conversão da Ras em sua forma com GTP por meio da intermediação de Grb2 e Sos (Figura 14.31).

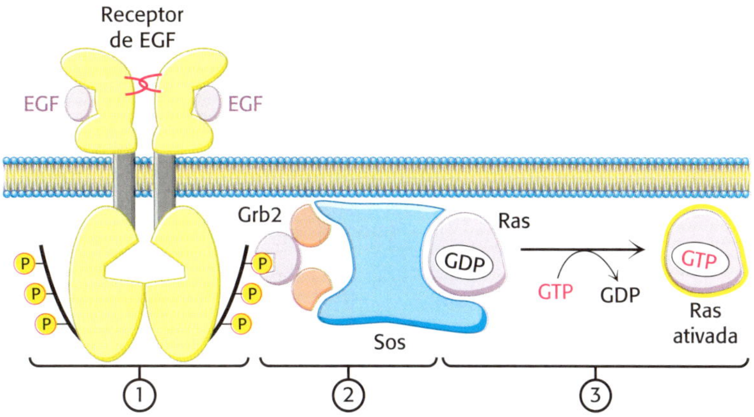


**FIGURA 14.31 Mecanismo de ativação da Ras.** A dimerização do receptor de EGF devido à ligação de EGF leva: (1) à fosforilação das caudas C-terminais do receptor, (2) ao subsequente recrutamento de Grb2 e Sos e (3) à troca do GDP pelo GTP na Ras. Essa via de transdução de sinal resulta na conversão de Ras em sua forma ativada ligada ao GTP.

## A Ras ativada inicia uma cascata de proteinoquinases

A Ras modifica a sua conformação quando é transformada de sua forma com GDP em sua forma com GTP. Na forma com GTP, a Ras liga-se a outras proteínas, incluindo uma proteinoquinase denominada *Raf*. Quando ligada à Ras, a Raf sofre uma mudança conformacional que ativa o domínio de proteinoquinase da Raf. Tanto a Ras quanto a Raf estão ancoradas à membrana por meio de modificações de lipídios ligados covalentemente. Em seguida, a Raf ativada fosforila outras proteínas, incluindo as proteinoquinases denominadas MEK. Por sua vez, as MEKs ativam quinases denominadas *quinases reguladas por sinais extracelulares* (ERK, do inglês *extracellular signal-regulated kinases*). Em seguida, as ERKs fosforilam numerosos substratos, incluindo fatores de transcrição no núcleo, bem como outras proteinoquinases. O fluxo completo de informações desde a chegada do EGF na superfície celular até alterações na expressão gênica está resumido na Figura 14.32.

As proteínas G monoméricas ou GTPases monoméricas constituem uma grande superfamília de proteínas – agrupadas em subfamílias denominadas Ras, Rho, Arf, Rab e Ran – que desempenham importante papel em uma variedade de funções celulares, incluindo crescimento, diferenciação, motilidade celular, citocinese (a separação de duas células durante a divisão) e transporte de materiais através da célula (Tabela 14.2). À semelhança das proteínas G heterotriméricas, as proteínas G monoméricas alternam-se entre uma forma ativa ligada ao GTP e uma forma inativa ligada ao GDP. Diferem das proteínas G heterotriméricas por serem menores (20 a 25 kDa *versus* 30 a 35 kDa) e monoméricas. Todavia, as duas famílias estão relacionadas por evolução divergente, e as proteínas G monoméricas possuem numerosos motivos mecanísticos e estruturais essenciais em comum com a subunidade $G_{\alpha}$ das proteínas G heterotriméricas.

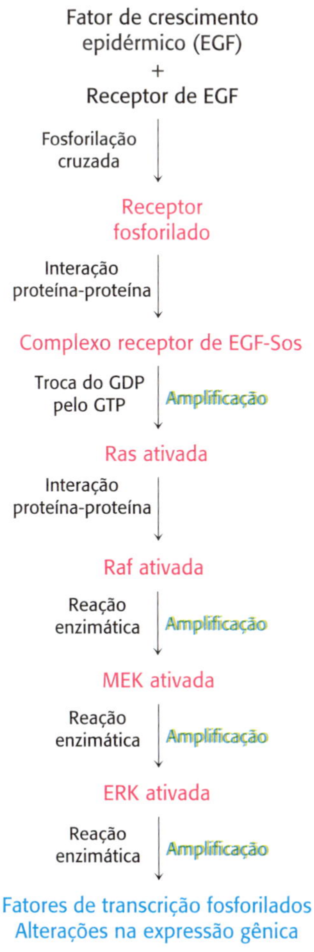


**FIGURA 14.32 Via de sinalização do EGF.** Etapas essenciais na via iniciada pela ligação do EGF a seu receptor. Uma cascata de quinases leva à fosforilação de fatores de transcrição e a alterações concomitantes na expressão gênica.

## A sinalização do EGF é concluída por proteína fosfatases e pela atividade intrínseca de GTPase da Ras

Devido ao grande número de componentes da via de transdução de sinais do EGF que são ativados por fosforilação, podemos esperar que as proteínas fosfatases desempenhem papéis fundamentais na terminação da sinalização do EGF. De fato, fosfatases cruciais removem grupos fosforila de resíduos de tirosina no receptor de EGF e de resíduos de serina, treonina e tirosina das proteinoquinases que participam na cascata de sinalização. O próprio processo de sinalização desencadeia os eventos que ativam muitas dessas fosfatases. Em consequência, a ativação do sinal também inicia o seu término.

**TABELA 14.2** Superfamília Ras de GTPases.

| Subfamília | Função |
|---|---|
| Ras | Regula o crescimento celular por meio de serina-treonina proteinoquinases |
| Rho | Reorganiza o citoesqueleto por meio de serina-treonina proteinoquinases |
| Arf | Ativa a ADP-ribosiltransferase da subunidade A da toxina da cólera; regula as vias de tráfego de vesículas; ativa a fosfolipase D |
| Rab | Desempenha um papel essencial em vias secretoras e de endocitose |
| Ran | Funciona no transporte de RNA e proteínas para dentro e para fora do núcleo |

À semelhança das proteínas G ativadas por receptores 7TM, a Ras possui atividade intrínseca de GTPase. Por conseguinte, a forma ativada de Ras com GTP sofre conversão espontânea à forma inativa com GDP. A velocidade de conversão pode ser acelerada na presença de *proteínas ativadoras de GTPase* (GAPs, do inglês *GTPase-activating proteins*), isto é, proteínas que interagem com proteínas G monoméricas na forma com GTP e que facilitam a hidrólise do GTP. Por conseguinte, o tempo de vida da Ras ativada é regulado por proteínas acessórias na célula. A atividade de GTPase da Ras é crucial para o término de sinais que levam ao crescimento celular, de modo que não é surpreendente que sejam encontradas mutações de Ras em muitos tipos de câncer, conforme discutido na seção 14.5.

## 14.4 Muitos elementos reaparecem com variações em diferentes vias de transdução de sinais

Podemos começar a perceber a complexidade das vias de transdução de sinais ao anotarmos os diversos temas comuns que apareceram consistentemente nas vias descritas neste capítulo e que estão na base de muitas vias de sinalização adicionais que não são consideradas aqui.

**1.** *As proteinoquinases são fundamentais para muitas vias de transdução de sinais.* As proteinoquinases são essenciais para todas as três vias de transdução de sinais descritas neste capítulo. Na via iniciada pela epinefrina, a proteinoquinase dependente de cAMP (PKA) situa-se no final da via, transduzindo informações representadas por uma elevação da concentração de cAMP em modificações covalentes que alteram a atividade de enzimas metabólicas importantes. Nas vias iniciadas pela insulina e pelo EGF, os próprios receptores consistem em proteinoquinases, e várias proteinoquinases adicionais participam distalmente nas vias. A amplificação do sinal devido às cascatas de proteinoquinases constitui uma característica comum a todas as três vias. Embora não sejam apresentadas neste capítulo, as proteinoquinases frequentemente fosforilam múltiplos substratos e, portanto, são capazes de gerar uma diversidade de respostas.

**2.** *Os segundos mensageiros participam de muitas vias de transdução de sinais.* Encontramos vários segundos mensageiros, incluindo cAMP, $Ca^{2+}$, $IP_3$ e o lipídio DAG. Como os segundos mensageiros são gerados por enzimas ou pela abertura de canais iônicos, suas concentrações podem ser enormemente amplificadas em comparação com os sinais que levam à sua geração. Existem proteínas especializadas que percebem as concentrações desses segundos mensageiros e que continuam o fluxo de informação ao longo das vias de transdução de sinais. Os segundos mensageiros que analisamos reaparecem em muitas outras vias de transdução de sinais. Por exemplo, em uma descrição dos sistemas sensoriais no Capítulo 34 (disponível no material suplementar *online*), veremos como a sinalização baseada no $Ca^{2+}$ e a sinalização baseada em nucleotídios cíclicos desempenham papéis fundamentais na visão e na olfação.

**3.** *Domínios especializados que medeiam interações específicas estão presentes em muitas proteínas sinalizadoras.* O estabelecimento de uma "rede" em muitas vias de transdução de sinais baseia-se em domínios particulares de proteínas que medeiam as interações entre componentes proteicos de determinada cascata de sinalização. Já encontramos vários deles, incluindo os domínios de homologia à plecstrina, que facilitam as interações de proteínas com o lipídio $PIP_3$; os domínios SH2, que medeiam as interações dos polipeptídios contendo resíduos de tirosina fosforilados; e os domínios SH3, que interagem com sequências peptídicas que contêm muitos resíduos de prolina. Existem muitas outras famílias de domínios desse tipo. Em muitos casos, membros individuais de cada família de domínios exibem características singulares que possibilitam a sua ligação a seus alvos apenas dentro de determinado contexto de sequência, tornando-os específicos para determinada via de sinalização e impedindo uma indesejável comunicação cruzada. *As vias de transdução de sinais evoluíram, em grande parte, pela incorporação de fragmentos de DNA que codificam esses domínios em genes que codificam componentes da via.*

A presença desses domínios é de grande utilidade para os cientistas que procuram desvendar as vias de transdução de sinais. Quando uma proteína em uma via de transdução de sinais é identificada, sua sequência de aminoácidos pode ser analisada quanto à presença desses domínios especializados pelos métodos descritos no Capítulo 6. Se forem encontrados um ou mais domínios de função conhecida, é frequentemente possível desenvolver hipóteses claras acerca dos potenciais parceiros de ligação e dos mecanismos de transdução de sinais.

## 14.5 Defeitos nas vias de transdução de sinais podem levar ao câncer e a outras doenças

Tendo em vista a sua complexidade, não é surpreendente que, em certas ocasiões, as vias de transdução de sinais falhem, resultando em doenças. O câncer – um conjunto de doenças caracterizadas pelo crescimento descontrolado ou inadequado de células – está fortemente associado a defeitos nas proteínas de transdução de sinais. Com efeito, o estudo do câncer, particularmente dos tipos de câncer causados por determinados vírus, tem contribuído enormemente para o nosso entendimento das proteínas envolvidas em vias de transdução de sinais e das vias.

Por exemplo, o vírus do sarcoma de Rous é um retrovírus que provoca sarcoma (um câncer de tecidos de origem mesodérmica, como o músculo ou o tecido conjuntivo) em galinhas. Além dos genes necessários para a sua replicação, este vírus apresenta um gene denominado v-*src*. O gene v-*src* é um *oncogene* que leva à produção de características semelhantes ao câncer em tipos celulares suscetíveis. A proteína codificada pelo gene v-*src*, a v-Src, é uma proteína tirosinoquinase que inclui os domínios SH2 e SH3. A proteína v-Src assemelha-se, na sua sequência de aminoácidos, a uma proteína normalmente encontrada nas células musculares de galinhas que é designada como c-Src (de Src celular; Figura 14.33A). O gene c-*src* não induz transformação celular e é denominado *proto-oncogene* para se referir ao fato de que este gene, quando mutado, pode ser convertido em um oncogene. A proteína que ele codifica é uma proteína de transdução de sinais que regula o crescimento celular.

Por que a atividade biológica da proteína v-Src é tão diferente daquela da c-Src? A c-Src contém um resíduo de tirosina essencial próximo à sua extremidade C-terminal, que, quando fosforilado, estabelece uma ligação intramolecular com o domínio SH2 proximal (Figura 14.33B). Essa interação

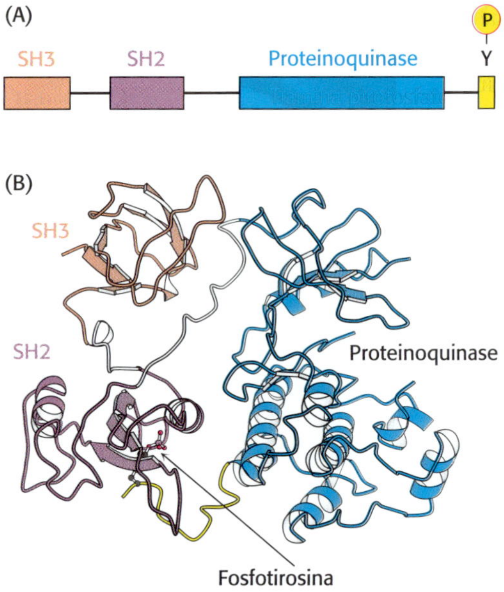


**FIGURA 14.33 Estrutura da Src. A.** A Src celular inclui um domínio SH3, um domínio SH2, um domínio de proteinoquinase e uma cauda carboxiterminal que inclui um resíduo essencial de tirosina. **B.** Estrutura da c-Src em uma forma inativa com o resíduo essencial de tirosina fosforilado. *Observe* como os três domínios atuam em conjunto para manter a enzima em uma conformação inativa: o resíduo de fosfotirosina está ligado ao domínio SH2, e a união entre o domínio SH2 e o domínio de proteinoquinase é ligado pelo domínio SH3. [Desenhada de 2PTK.pdb.]

mantém o domínio quinase em uma conformação inativa. Todavia, na v-Src, os 19 aminoácidos C-terminais da c-Src são substituídos por um segmento totalmente diferente de 11 aminoácidos que carece desse resíduo fundamental de tirosina. Em consequência, a v-Src é sempre ativa e pode promover o crescimento desregulado das células. Desde a descoberta da Src, muitas outras proteinoquinases mutantes foram identificadas como oncogenes.

O gene que codifica Ras, um componente da via iniciada pelo EGF, é um dos genes mais comumente mutados nos tumores humanos. As células de mamíferos contêm três proteínas Ras de 21 kDa (Ras H, K e N), e cada uma delas alterna-se entre as formas inativa com GDP e ativa com GTP. As mutações mais comuns nos tumores levam a uma perda da capacidade de hidrolisar o GTP. Por conseguinte, a proteína Ras fica retida na posição ativada e continua estimulando o crescimento celular mesmo na ausência de um sinal continuado.

Outros genes só podem contribuir para o desenvolvimento de câncer quando ambas as cópias do gene normalmente presente em uma célula são deletadas ou de outro modo danificadas. Esses genes são denominados *genes supressores tumorais*. Por exemplo, os genes para algumas das fosfatases que participam na terminação da sinalização do EGF são supressores tumorais. Na ausência de qualquer fosfatase funcional, a sinalização do EGF persiste, uma vez iniciada, estimulando o crescimento celular inapropriado.

## Anticorpos monoclonais podem ser utilizados para inibir as vias de transdução de sinais ativadas em tumores

Com frequência, são observados receptores de tirosinoquinases mutados ou superexpressos nos tumores. Por exemplo, o receptor do fator de crescimento epidérmico (EGFR) é superexpresso em alguns tipos de cânceres epiteliais humanos, incluindo o câncer de mama, de ovário e o colorretal. Como determinada quantidade pequena do receptor pode dimerizar e ativar a via de sinalização mesmo sem ligação ao EGF, a superexpressão do receptor aumenta a probabilidade de que um sinal de "crescimento e divisão" seja inapropriadamente enviado à célula. Essa compreensão das vias de transdução de sinais relacionadas com o câncer levou a uma abordagem terapêutica que tem como alvo o EGFR. A estratégia consiste em produzir anticorpos monoclonais contra os domínios extracelulares dos receptores agressores. Um desses anticorpos, o cetuximabe (Erbitux), tem sido dirigido efetivamente contra o EGFR nos cânceres colorretais. O cetuximabe inibe o EGFR ao competir com o EGF pelo sítio de ligação no receptor. Como o anticorpo bloqueia estericamente a mudança conformacional que expõe o braço de dimerização, o próprio anticorpo não pode induzir dimerização. O resultado é que a via controlada pelo EGFR não é iniciada.

O cetuximabe não é o único anticorpo monoclonal que foi desenvolvido para ser direcionado contra um receptor de tirosinoquinase. O trastuzumabe (Herceptin) inibe outro membro da família do EGFR, o HER2, que é superexpresso em cerca de 30% dos cânceres de mama. Convém lembrar que essa proteína pode sinalizar até mesmo na ausência de ligante, de modo que é particularmente provável que a superexpressão estimule a proliferação celular. Hoje em dia, as pacientes com câncer de mama estão sendo rastreadas para a superexpressão de HER2 e tratadas com Herceptin, quando apropriado. Por conseguinte, o tratamento desse câncer é individualizado segundo as características genéticas do tumor.

### Inibidores da proteinoquinase podem ser efetivos agentes antineoplásicos

A ocorrência disseminada de proteinoquinases hiperativas em células cancerosas sugere que moléculas capazes de inibir essas enzimas poderiam atuar como agentes antitumorais. Por exemplo, mais de 90% dos pacientes com leucemia mieloide crônica (LMC) apresentam um defeito cromossômico específico nas células cancerosas (Figura 14.34). A translocação do material genético entre os cromossomos 9 e 22 leva à inserção do gene c-*abl*, que codifica uma tirosinoquinase da família Src, no gene *bcr* do cromossomo 22. O resultado é a produção de uma proteína de fusão, denominada Bcr-Abl, que consiste primariamente em sequências da c-Abl quinase. Entretanto, o gene *bcr-abl* não é regulado de modo adequado; com efeito, é expresso em níveis mais altos do que o gene que codifica a c-Abl quinase normal, estimulando uma via promotora de crescimento. Em virtude dessa superexpressão, as células leucêmicas expressam um alvo singular para quimioterapia. Um inibidor específico da Bcr-Abl quinase, Gleevec (STI-571, mesilato de imatinibe), demonstrou ser um tratamento altamente efetivo para pacientes que sofrem de LMC (Figura 14.35). Essa abordagem da quimioterapia do câncer é fundamentalmente distinta da maioria das abordagens, que são direcionadas contra todas as células de crescimento rápido, incluindo células normais. Como o Gleevec é direcionado especificamente contra as células tumorais, os efeitos colaterais provocados pelo comprometimento das células normais em divisão podem ser minimizados. *Por conseguinte, nossa compreensão das vias de transdução de sinais está possibilitando estratégias conceitualmente novas para o tratamentos da doença.*

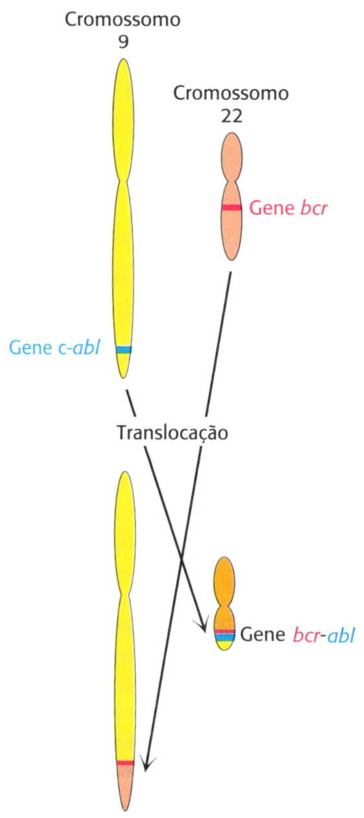


**FIGURA 14.34 Formação do gene *bcr-abl* por translocação.** Na leucemia mieloide crônica, partes dos cromossomos 9 e 22 sofrem troca recíproca, com consequente fusão dos genes *bcr* e *abl*. A proteinoquinase codificada pelo gene *bcr-abl* é expressa em níveis mais elevados nas células tumorais do que o gene c-*abl* nas células normais.

### A cólera e a coqueluche resultam da atividade alterada da proteína G

Embora defeitos das vias de transdução de sinais tenham sido mais extensamente estudados no contexto do câncer, esses defeitos também são importantes em muitas outras doenças. A cólera e a coqueluche são duas patologias das vias de sinalização dependentes da proteína G. Consideremos inicialmente o mecanismo de ação da toxina da cólera, que é secretada pela bactéria intestinal *Vibrio cholerae*. A cólera é uma doença diarreica aguda potencialmente fatal transmitida por água e alimentos contaminados. Causa secreção volumosa de eletrólitos e líquidos no intestino dos indivíduos infectados. A toxina da cólera, o *colerágeno*, é uma proteína composta de duas unidades funcionais – uma subunidade β, que se liga aos gangliosídios $G_{M1}$ (ver seção 26.1) do epitélio intestinal, e uma subunidade A catalítica, que entra na célula. A subunidade A catalisa a modificação covalente de uma proteína $G_{\alpha s}$: a subunidade α é modificada pela fixação de uma ADP-ribose a um resíduo de arginina. Essa modificação estabiliza a forma da $G_{\alpha s}$ ligada ao GTP, mantendo a molécula em sua conformação ativa. Por sua vez, a proteína G ativa provoca ativação contínua da proteinoquinase A. A PKA abre um canal de cloreto e inibe a absorção de sódio pelo trocador de $Na^+$–$H^+$ ao fosforilar tanto o canal quanto o trocador. O resultado final da fosforilação consiste em perda excessiva de NaCl e perda de grandes quantidades de água no intestino. Os pacientes que sofrem de cólera podem perder até o dobro de seu peso corporal em líquido em 4 a 6 dias. O tratamento consiste em reidratação com uma solução de glicose e eletrólitos.

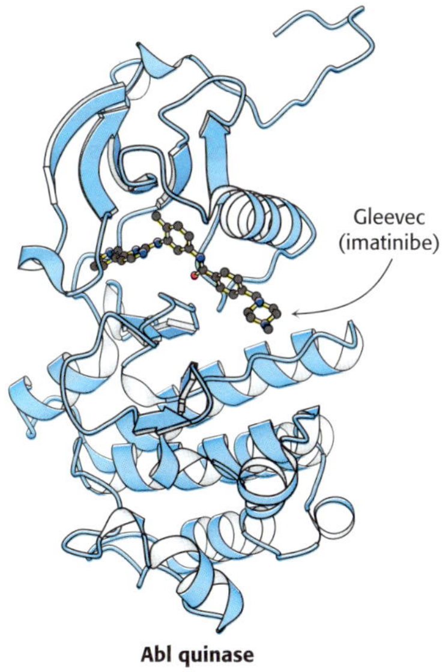


**FIGURA 14.35 Inibição da Abl quinase pelo Gleevec (imatinibe).** Estrutura do domínio quinase de Abl com o Gleevec ligado. *Observe* que o inibidor ocupa o sítio ativo da quinase (compare, por exemplo, com a localização do sítio ativo na estrutura da CaM quinase I na Figura 14.18A). [Desenhada de 1IEP.pdb.]

Enquanto a cólera resulta da retenção de uma proteína G na sua conformação ativa, fazendo com que a via de transdução de sinais seja persistentemente estimulada, a coqueluche é o resultado da situação oposta. A toxina da coqueluche é secretada pela *Bordetella pertussis*, a bactéria responsável pela coqueluche. À semelhança de toxina colérica, a da coqueluche também acrescenta um componente de ADP-ribose a uma subunidade $G_\alpha$. Entretanto, neste caso, o grupo ADP-ribose é acrescentado a uma proteína $G_{\alpha i}$, uma subunidade $G_\alpha$ que inibe a adenilato ciclase, fecha os canais de $Ca^{2+}$ e abre os canais de $K^+$. O efeito dessa modificação consiste em impedir a ligação da proteína $G_i$ heterotrimérica a seu receptor, retendo-a na conformação inativada. Os sintomas pulmonares ainda não foram atribuídos a um alvo específico da proteína $G_{\alpha i}$.

## RESUMO

Nos seres humanos e em outros organismos multicelulares, moléculas de sinalização específicas são liberadas por células de um órgão e percebidas por células em outros órgãos do corpo. A mensagem iniciada por um ligante extracelular é convertida em alterações específicas no metabolismo ou na expressão gênica por meio de redes frequentemente complexas, designadas como vias de transdução de sinais. Essas vias amplificam o sinal inicial e levam a mudanças nas propriedades de moléculas efetoras específicas.

### 14.1 Sinalização da epinefrina e da angiotensina II: as proteínas G heterotriméricas transmitem sinais e se recompõem

A epinefrina liga-se a uma proteína de superfície celular, denominada receptor beta-adrenérgico. Esse receptor é um membro da família de receptores com sete hélices transmembranares, assim denominados porque cada receptor tem sete α-hélices que atravessam a membrana celular de um lado ao outro. Quando a epinefrina se liga ao receptor beta-adrenérgico no lado extracelular, o receptor sofre uma mudança conformacional, que é percebida no interior da célula por uma proteína de sinalização denominada proteína G heterotrimérica. A subunidade α da proteína G troca uma molécula de GDP ligada por GTP e libera concomitantemente o heterodímero constituído das subunidades β e γ. A subunidade α na forma com GTP liga-se, em seguida, à adenilato ciclase e a ativa, levando a um aumento na concentração do segundo mensageiro, o AMP cíclico. Por sua vez, esse aumento na concentração de AMP cíclico ativa a proteinoquinase A. Outros receptores 7TM também sinalizam por meio de proteínas G heterotriméricas, embora essas vias frequentemente incluam enzimas distintas da adenilato ciclase. Por exemplo, o receptor de angiotensina II sinaliza por meio da via de fosfoinositídio, que começa com a ativação da fosfolipase C, que cliva um lipídio de membrana, produzindo dois segundos mensageiros, o diacilglicerol e o inositol 1,4,5-trifosfato. O aumento na concentração de $IP_3$ leva à liberação de íons cálcio, outro segundo mensageiro importante, dentro da célula. A sinalização da proteína G é concluída pela hidrólise do GTP ligado a GDP.

### 14.2 Sinalização da insulina: as cascatas de fosforilação são fundamentais para muitos processos de transdução de sinais

As proteinoquinases são componentes essenciais em muitas vias de transdução de sinais, incluindo algumas para as quais a proteinoquinase é um componente integral do receptor inicial. Um exemplo desse tipo de receptor é a tirosinoquinase de membrana ligada pela insulina. A ligação da insulina faz com que uma subunidade dentro do receptor dimérico fosforile resíduos específicos de tirosina na outra subunidade. As mudanças conformacionais resultantes aumentam acentuadamente a atividade de quinase do receptor. A quinase do receptor ativada inicia uma cascata de sinalização que inclui tanto lipídios quinases quanto proteinoquinases. Essa cascata eventualmente leva à mobilização de transportadores de glicose para a superfície da célula, aumentando a captação de glicose. A sinalização da insulina é concluída pela ação de fosfatases.

### 14.3 Sinalização do EGF: as vias de transdução de sinais são preparadas para responder

São necessárias apenas modificações mínimas para transformar muitas proteínas de transdução de sinais de suas formas inativas em formas ativas. O fator de crescimento epidérmico também sinaliza por meio de um receptor de tirosinoquinase. A ligação do EGF induz uma mudança conformacional que possibilita a dimerização do receptor e a fosforilação cruzada. O receptor fosforilado liga-se a proteínas adaptadoras que medeiam a ativação da Ras, uma proteína G monomérica. A Ras ativada inicia uma cascata de proteinoquinases, que leva finalmente à fosforilação de fatores de transcrição e a alterações na expressão gênica. A sinalização do EGF é concluída pela ação de fosfatases e pela hidrólise do GTP pela Ras.

### 14.4 Muitos elementos reaparecem com variações em diferentes vias de transdução de sinais

As proteinoquinases atuam em muitas vias de transdução de sinais, tanto como componentes de receptores quanto em outras funções. Os segundos mensageiros, incluindo nucleotídios cíclicos, cálcio e derivados de lipídios, são comuns em muitas vias de sinalização. As mudanças nas concentrações de segundos mensageiros são frequentemente muito maiores do que as alterações associadas ao sinal inicial devido ao processo de amplificação ao longo da via. Existem pequenos domínios que reconhecem resíduos de fosfotirosina ou lipídios específicos em muitas proteínas de sinalização que são essenciais para determinar a especificidade das interações.

### 14.5 Defeitos nas vias de transdução de sinais podem levar ao câncer e a outras doenças

Os genes que codificam componentes das vias de transdução de sinais que controlam o crescimento celular frequentemente são mutados em câncer. Alguns genes podem ser mutados a formas denominadas oncogenes, que são ativos independentemente de sinais apropriados. Foram desenvolvidos anticorpos monoclonais direcionados contra receptores de superfície celular que participam de processos de sinalização para uso no tratamento do câncer. Nosso conhecimento da base molecular do câncer está possibilitando o desenvolvimento de agentes antineoplásicos direcionados contra alvos específicos, como o Gleevec, um inibidor de quinase específico.

## APÊNDICE

# Bioquímica em Foco

### Gases entrando no jogo da sinalização

Neste capítulo, aprendemos que os segundos mensageiros desempenham uma função essencial na transmissão de sinais por toda a célula. Essas moléculas existem em uma variedade de formas e tamanhos, incluindo desde cátions simples ($Ca^{2+}$) até nucleotídios cíclicos (cAMP) e lipídios (DAG). De maneira notável, moléculas gasosas também foram identificadas como segundos mensageiros. Por exemplo, o óxido nítrico (NO) é uma importante molécula sinalizadora em muitos sistemas de vertebrados que exerce um efeito sobre os músculos esquelético e liso, o coração e o encéfalo. Particularmente, o NO é um potente *vasodilatador*, uma molécula que provoca relaxamento do músculo liso dos vasos sanguíneos, levando a uma abertura desses vasos. Como veremos na seção 24.4, o NO é produzido por um grupo de enzimas denominadas óxido nítrico sintases (NOSs), que utilizam a arginina e o $O_2$ para gerar NO e citrulina. O NO possui propriedades singulares como segundo mensageiro; pode difundir-se através das membranas biológicas e possui vida curta. Assim, o NO pode influenciar a sinalização não apenas nas células que o produzem, mas também nas células adjacentes.

Como a presença de NO é percebida? No interior da célula, o NO liga-se a uma proteína heterodimérica denominada *guanilato ciclase solúvel* (sGC). Após a sua ligação, a atividade enzimática da sGC aumenta, resultando na formação de cGMP a partir de GTP. O cGMP liga-se à proteinoquinase G (PKG) e a ativa, e esta última, por sua vez, pode fosforilar diversos alvos intracelulares, incluindo vários alvos que aumentam a remoção do cálcio do citosol. É importante assinalar que a PKG também fosforila e ativa a fosfodiesterase 5 (PDE), uma enzima que cliva o cGMP em GMP. Por conseguinte, conforme discutido em todo este capítulo, o circuito de sinalização do NO ativa os mecanismos para a sua eventual terminação.

A identificação da sGC levou ao desenvolvimento de uma nova classe de fármacos: os ativadores da sGC. Essas moléculas ligam-se à sGC e estimulam acentuadamente a atividade catalítica, mesmo na ausência de NO. Assim, essas moléculas atuam como potentes vasodilatadores. Uma delas, o riociguate, foi aprovada para o tratamento da hipertensão arterial pulmonar (HAP), uma condição em que ocorre elevação da pressão arterial dos vasos dos pulmões.

Foram identificadas possíveis funções de sinalização em outros segundos mensageiros gasosos, tais como o monóxido de carbono (CO) e o sulfeto de hidrogênio ($H_2S$). Juntamente com o NO, essas moléculas são frequentemente designadas como *gasotransmissores*, e constituem o objeto das novas pesquisas sobre vias de transdução de sinais anteriormente não reconhecidas e para a descoberta de novos fármacos.

## PALAVRAS-CHAVE

primeiro mensageiro
ligante
segundo mensageiro
comunicação cruzada
receptor beta-adrenérgico (β-AR)
receptor com sete hélices transmembranares (7TM)
rodopsina
proteína G
agonista
receptor acoplado à proteína G (GPCR)
adenilato ciclase
proteinoquinase A (PKA)
quinase do receptor beta-adrenérgico
cascata de fosfoinositídio
fosfatidilinositol 4,5-bisfosfato ($PIP_2$)
fosfolipase C
proteinoquinase C (PKC)
calmodulina (CaM)
EF hand
proteinoquinase dependente de calmodulina (quinase CaM)
insulina
receptor de insulina
tirosinoquinase
receptor de tirosinoquinase
substrato do receptor de insulina (IRS)
domínio de homologia à plecstrina
proteína adaptadora
domínio de homologia Src 2 (SH2)
fosfoinositídio 3-quinases (PI3 Ks)
fator de crescimento epidérmico (EGF)
receptor do EGF (EGFR)
braço de dimerização
domínio de homologia Src 3 (SH3)
Ras
proteína G monomérica
fator de troca de nucleotídios de guanina (GEF)
quinase regulada por sinais extracelulares (ERK)
proteína ativadora de GTPase (GAP)
oncogene
proto-oncogene
gene supressor tumoral

## QUESTÕES

1. *Mutantes ativos.* Algumas proteinoquinases são inativas, a não ser que sejam fosforiladas em resíduos-chave de serina ou treonina. Em alguns casos, podem ser produzidas enzimas ativas pela mutação desses resíduos de serina ou treonina em aspartato. Explique.

2. *No bolsão.* Os domínios SH2 ligam-se a resíduos de fosfotirosina em bolsões profundos na sua superfície. Você esperaria que os domínios SH2 se ligassem à fosfosserina ou à fosfotreonina com alta afinidade? Por que ou por que não? 4

3. *Ligado-desligado.* Por que a atividade de GTPase das proteínas G é crucial para o funcionamento apropriado de uma célula? Proponha uma teoria para explicar por que as proteínas G não evoluíram para catalisar a hidrólise do GTP mais eficientemente.

4. *Vive la différence.* Por que a ligação simultânea de um hormônio monomérico a duas moléculas idênticas de receptor é considerada notável, promovendo, assim, a formação de um dímero do receptor?

5. *Anticorpos mimetizando hormônios.* Os anticorpos têm dois sítios idênticos de ligação a antígenos. De modo notável, os anticorpos dirigidos contra as partes extracelulares dos receptores de fatores de crescimento frequentemente levam aos mesmos efeitos celulares que a exposição aos fatores de crescimento. Explique essa observação. 3

6. *Troca fácil.* Foi identificada uma forma mutada da subunidade α da proteína G heterotrimérica. Essa forma troca prontamente nucleotídios, mesmo na ausência de um receptor ativado. Qual seria o efeito sobre uma via de sinalização contendo a subunidade α mutante? 5

7. *Estabelecendo conexões.* Suponha que você fosse investigar uma via de transdução de sinais de fatores de crescimento recém-descoberta. Você verifica que, ao adicionar GTPγS, um análogo não hidrolisável do GTP, a duração da resposta hormonal é aumentada. O que você pode concluir?

8. *Velocidades de difusão.* Normalmente, as velocidades de difusão variam inversamente com as massas moleculares; por conseguinte, moléculas menores difundem-se mais

rapidamente do que as maiores. Entretanto, nas células, os íons cálcio difundem-se mais lentamente do que o cAMP. Proponha uma possível explicação. ✓❷

9. *Negatividade em abundância*. O Fura-2, conforme descrito na página 447, não é efetivo para o estudo dos níveis de cálcio nas células vivas intactas. Baseando-se na estrutura do Fura-2, por que ele é ineficaz?

10. *Inundado com glicose*. A glicose é mobilizada para a geração de ATP no músculo em resposta à epinefrina, que ativa a $G_{\alpha s}$. O AMP cíclico fosfodiesterase é uma enzima que converte o cAMP em AMP. Como os inibidores do cAMP fosfodiesterase afetariam a mobilização da glicose no músculo?

11. *Iniciando-a*. O receptor de insulina, uma vez dimerizado, efetua a fosforilação cruzada da alça de ativação da outra molécula de receptor, levando à ativação da quinase. Proponha como esse evento de fosforilação pode ocorrer se a quinase começa em uma conformação inativa. ✓❸

12. *Muitos defeitos*. Consideráveis esforços foram envidados para determinar os genes nos quais as variações de sequência contribuem para o desenvolvimento do diabetes melito tipo 2. Foram implicados cerca de 800 genes. Proponha uma explicação para essa observação.

13. *Sinalização do fator de crescimento*. O hormônio de crescimento humano liga-se a uma proteína de membrana da superfície celular que não é um receptor de tirosinoquinase. O domínio intracelular do receptor pode ligar-se a outras proteínas dentro da célula. Além disso, estudos indicam que o receptor é monomérico na ausência de hormônio, porém dimeriza com a ligação do hormônio. Proponha um mecanismo possível para a sinalização do hormônio de crescimento.

14. *Truncamento de receptor*. Você está preparando uma linhagem celular que superexpressa uma forma mutante do EGFR na qual houve deleção de toda a região intracelular do receptor. Preveja o efeito da superexpressão dessa construção sobre a sinalização do EGF nessa linhagem celular.

15. *Híbrido*. Suponha que, por meio de manipulações genéticas, seja produzido um receptor quimérico constituído do domínio extracelular do receptor de insulina e dos domínios transmembranar e intracelular do receptor de EGF. As células que expressam esse receptor são expostas à insulina, e examina-se o nível de fosforilação do receptor quimérico. O que você esperaria observar e por quê? O que você esperaria observar se essas células fossem expostas ao EGF?

16. *Amplificação total*. Suponha que cada receptor beta-adrenérgico ligado à epinefrina converta 100 moléculas de $G_{\alpha s}$ em sua forma com GTP e que cada molécula de adenilato ciclase ativada produza 1.000 moléculas de cAMP por segundo. Supondo uma resposta completa, quantas moléculas de cAMP serão produzidas em 1 s após a formação de um único complexo entre a epinefrina e o receptor beta-adrenérgico? ✓❶

## Questões | Integração de capítulos

17. *Via do fator de crescimento neural*. O fator de crescimento neural (NGF) liga-se a um receptor acoplado a uma proteína tirosinoquinase. A quantidade de diacilglicerol na membrana plasmática aumenta nas células que expressam esse receptor quando tratadas com NGF. Proponha uma via de sinalização simples e identifique a isoforma de quaisquer enzimas participantes. Você esperaria um aumento das concentrações de quaisquer outros segundos mensageiros comuns após tratamento com o NGF?

18. *Redundância*. Em virtude do elevado grau de variabilidade genética nos tumores, não existe praticamente nenhuma terapia antineoplásica isolada que seja universalmente efetiva para todos os pacientes, mesmo no caso de um tipo específico de tumor. Por conseguinte, é frequentemente desejável inibir uma via particular em mais de um ponto na cascata de sinalização. Além do cetuximabe, um anticorpo monoclonal dirigido contra o EGFR, proponha estratégias alternativas direcionadas contra a via de sinalização do EGF para o desenvolvimento de fármacos antitumorais. ✓❺

## Questões sobre mecanismo

19. *Parentes distantes*. A estrutura da adenilato ciclase é similar às estruturas de alguns tipos de DNA polimerases, sugerindo que essas enzimas tiveram origem a partir de um ancestral comum. Compare as reações catalisadas por essas duas enzimas. De que modo elas são similares?

20. *Inibidores da quinase como fármacos*. As análises funcional e estrutural indicam que o Gleevec é um inibidor competitivo do ATP na Bcr-Abl quinase. Com efeito, muitos inibidores de quinases em fase de investigação ou atualmente comercializados como fármacos são inibidores competitivos do ATP. Você pode sugerir uma desvantagem potencial dos fármacos que utilizam esse mecanismo específico de ação?

## Questões | Interpretação de dados

21. *Estabelecendo a especificidade*. Você deseja determinar a especificidade de ligação a hormônios de um receptor de membrana recentemente identificado. Três hormônios diferentes, X, Y e Z, foram misturados com o receptor em experimentos separados, e a porcentagem de capacidade de ligação do receptor foi determinada em função da concentração de hormônio, como mostra o gráfico A.

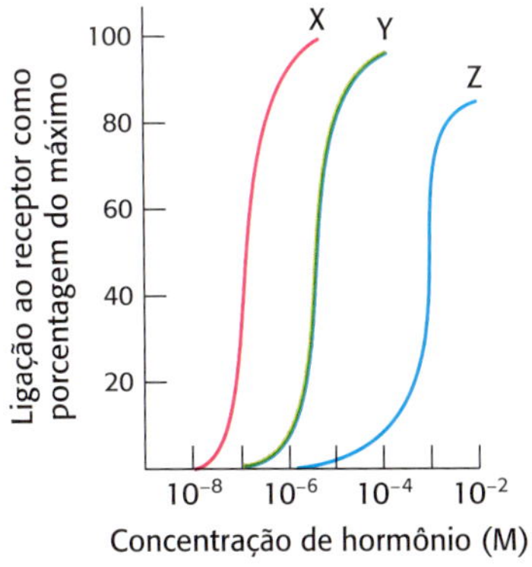

**(a)** Que concentrações de cada hormônio resultam em 50% de ligação máxima?

**(b)** Qual o hormônio que exibe a maior afinidade de ligação ao receptor?

Em seguida, você deseja determinar se o complexo hormônio-receptor estimula a cascata de adenilato ciclase. Para isso, você mede a atividade da adenilato ciclase em função da concentração de hormônio, como mostra o gráfico B.

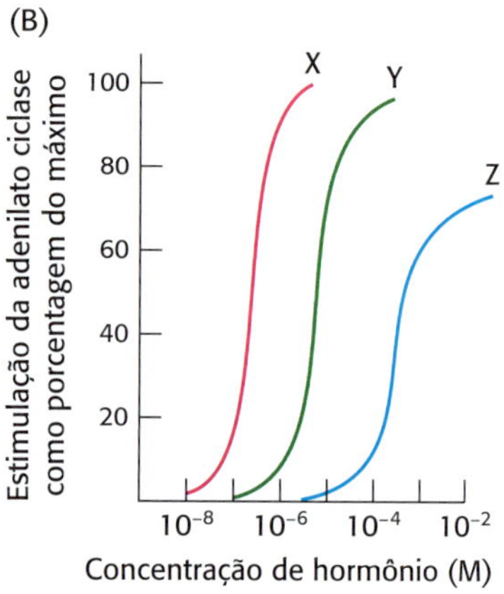


**(c)** Qual é a relação entre a afinidade de ligação do complexo hormônio-receptor e a capacidade do hormônio de aumentar a atividade da adenilato ciclase? O que você pode concluir acerca do mecanismo de ação do complexo hormônio-receptor?

**(d)** Sugira experimentos que poderiam determinar se uma proteína $G_{\alpha s}$ é um componente da via de transdução de sinais.

**22.** *Questões de ligação.* Um cientista deseja determinar o número de receptores específicos para um ligante X, que ele possui na forma tanto radioativa quanto não radioativa. Em um experimento, ele adiciona quantidades crescentes de X radioativo e mede a quantidade ligada às células. O resultado é mostrado como ligação total no gráfico abaixo. Em seguida, ele realiza o mesmo experimento, exceto que inclui um excesso de várias centenas de vezes de X não radioativo. Esse resultado é mostrado como ligação inespecífica. A diferença entre as duas curvas é a ligação específica.

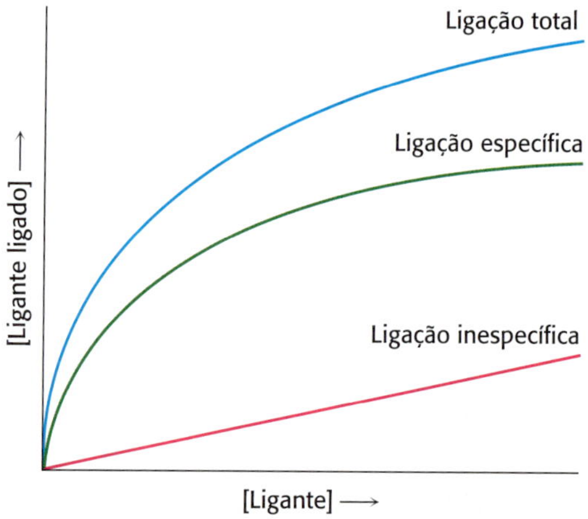


**(a)** Por que a ligação total não é uma representação acurada do número de receptores na superfície celular?

**(b)** Qual é o propósito de executar o experimento na presença de um excesso de ligante não radioativo?

**(c)** Qual é o significado do fato de a ligação específica alcançar um platô?

**23.** *Contando os receptores.* Com a utilização de experimentos como aqueles descritos nas questões 21 e 22, é possível calcular o número de receptores presentes na membrana celular. Suponha que a atividade específica do ligante seja de $10^{12}$ cpm por milimol e que a ligação específica máxima seja de $10^4$ cpm por miligrama de proteína de membrana. Existem $10^{10}$ células por miligrama de proteína de membrana. Suponha que haja ligação de um ligante por receptor. Calcule o número de moléculas de receptor presentes por célula.

## Questões para discussão

**24.** Na seção 14.5, discutimos a importância de um resíduo tirosina fosforilado em c-Src em manter a quinase em um estado inativo. Nos seres humanos, esse resíduo é Tyr 527. Uma das quinases que fosforilam Tyr 527 é a denominada Src quinase C-terminal (Csk, do inglês *C-terminal Src kinase*). Além disso, uma das fosfatases dirigidas para fosfo-Tyr 527 é a proteína tirosina fosfatase 1B (PTP1B).

**(a)** Você espera que a Csk se comporte como um gene supressor tumoral ou como um proto-oncogene? Por quê?

**(b)** Você espera que a PTP1B se comporte como um gene supressor tumoral ou como um proto-oncogene? Por quê?

# Metabolismo: Conceitos Básicos e Desenho

É possível escrever uma quantidade infinita de livros com apenas um número limitado de letras, 26 no caso do inglês. De modo semelhante, a bioquímica complexa de uma célula – o metabolismo intermediário – é construída a partir de um número limitado de padrões, reações e moléculas recorrentes. Uma das funções do metabolismo intermediário consiste na conversão da energia do ambiente na moeda energética celular, o ATP, representado pelo modelo à direita. [(*À esquerda*) Fonte: iStock ©Bet_Noire.]

## OBJETIVOS DE APRENDIZAGEM

*Ao término do capítulo, o leitor deverá ser capaz de:*

1. Explicar o que se entende por metabolismo intermediário.
2. Identificar os fatores que tornam o ATP uma molécula rica em energia.
3. Explicar como o ATP tem a capacidade de energizar reações que, de outra maneira, não ocorreriam.
4. Descrever a relação entre o estado de oxidação de uma molécula de carbono e a sua utilidade como fonte de energia.
5. Descrever os padrões (motivos) recorrentes nas vias metabólicas.

## SUMÁRIO



Os conceitos de conformação e de dinâmica desenvolvidos nos capítulos iniciais – particularmente os que tratam da especificidade e do poder catalítico das enzimas, da regulação de sua atividade catalítica e do transporte de moléculas e de íons através das membranas – constituem ferramentas fundamentais para compreender a bioquímica. Neste capítulo, começaremos a aprender o "alfabeto" do metabolismo. À semelhança das letras do alfabeto de um idioma, que permitem escrever uma quantidade infinita de livros, essas reações e cofatores limitados podem se combinar para a realização de uma enorme variedade de processos bioquímicos. Os conceitos já apresentados e o alfabeto bioquímico fornecido neste capítulo nos permitem agora formular questões fundamentais de bioquímica:

1. Como uma célula extrai energia e poder redutor de seu ambiente?
2. Como uma célula sintetiza os blocos de construção de suas macromoléculas e, em seguida, as próprias macromoléculas?

Esses processos são realizados por uma rede altamente integrada de reações químicas coletivamente conhecidas como *metabolismo* ou *metabolismo intermediário*. Os avanços nas técnicas analíticas, como a espectrometria de massa (ver seção 3.3), facilitaram enormemente o estudo do metabolismo e deram origem a outra "ômica" – a metabolômica. A *metabolômica* é o estudo dos metabólitos e das reações químicas que eles sofrem em condições fisiológicas e patológicas.

Mais de mil reações químicas ocorrem até mesmo em um organismo tão simples quanto *Escherichia coli*. À primeira vista, a variedade de reações pode parecer impressionante. Entretanto, um exame mais minucioso revela que o metabolismo possui um *desenho coerente com muitos padrões (motivos) em comum*. Esses padrões incluem a utilização de uma moeda energética e o aparecimento repetido de um número limitado de intermediários ativados. De fato, um grupo de cerca de 100 moléculas desempenha funções fundamentais em todas as formas de vida. Além disso, embora o número de reações no metabolismo seja grande, o número de *tipos* de reações é pequeno, e os mecanismos dessas reações são, em geral, bem simples. As vias metabólicas também são reguladas de formas semelhantes. O propósito deste capítulo é apresentar alguns princípios gerais do metabolismo de modo a fornecer uma base para os futuros estudos mais detalhados. Esses princípios são:

1. Os substratos energéticos são degradados, e grandes moléculas são construídas passo a passo, em uma série de reações interligadas, denominadas *vias metabólicas*.
2. Uma moeda energética comum a todas as formas de vida, a *adenosina trifosfato* (*ATP*), une as vias de liberação de energia com as vias que necessitam de energia.
3. A oxidação de substratos de carbono impulsiona a formação de ATP.
4. Embora existam muitas vias metabólicas, um número limitado de tipos de reações e intermediários particulares são comuns a várias delas.
5. As vias metabólicas são altamente reguladas.
6. As enzimas envolvidas no metabolismo estão organizadas em grandes complexos. A formação de enzimas metabólicas em complexos aumenta a eficiência, visto que facilita o movimento de substratos e de produtos entre cada uma das enzimas que compõem o complexo. Além disso, algumas vias produzem ou consomem intermediários instáveis ou até mesmo tóxicos. A organização das enzimas possibilita o processamento eficiente desses produtos. Investigaremos esses complexos à medida que avançarmos em nosso estudo de bioquímica.

## 15.1 O metabolismo é composto de numerosas reações acopladas e interconectadas

Os organismos vivos necessitam de um suprimento contínuo de energia livre para três propósitos principais: (1) o desempenho de trabalho mecânico na contração muscular e nos movimentos celulares, (2) o transporte ativo de moléculas e de íons, e (3) a síntese de macromoléculas e de outras biomoléculas a partir de precursores simples. A energia livre utilizada nesses processos, que mantêm um organismo em um estado que está longe do equilíbrio, provém da vizinhança. Os organismos fotossintéticos, ou *fototróficos*, obtêm essa energia pela captação da luz solar, enquanto os organismos *quimiotróficos*, que incluem os animais, obtêm energia por meio da oxidação dos alimentos gerados pelos fototróficos.

## O metabolismo é constituído por reações que produzem energia e por reações que necessitam de energia

O *metabolismo* consiste, essencialmente, em uma sequência de reações químicas que começa com determinada molécula e resulta na formação de alguma outra molécula ou moléculas de modo cuidadosamente definido (Figura 15.1). Existem muitas dessas vias definidas na célula (Figura 15.2), e, mais adiante, examinaremos algumas delas com mais detalhes. Essas vias são interdependentes, e a sua atividade é coordenada por meios extremamente sensíveis de comunicação nos quais predominam as enzimas alostéricas (ver seção 10.1). Estudamos os princípios dessa comunicação no Capítulo 14.

Podemos dividir as vias metabólicas em duas grandes classes: (1) as vias que convertem energia a partir de combustível em formas biologicamente úteis e (2) as vias que necessitam de energia para prosseguir. Embora com frequência essa divisão seja imprecisa, ela contudo proporciona uma distinção útil no exame do metabolismo. As reações que transformam substratos energéticos em energia celular são denominadas *reações catabólicas* ou, de maneira geral, *catabolismo*.

$$\text{Substratos energéticos (carboidratos, gorduras)} \xrightarrow{\text{Catabolismo}} CO_2 + H_2O + \text{energia útil}$$

As reações que necessitam de energia – como a síntese de glicose, de gorduras ou do DNA – são denominadas *reações anabólicas* ou *anabolismo*. As formas úteis de energia que são produzidas no catabolismo são utilizadas no anabolismo para gerar estruturas complexas a partir de estruturas simples, ou estados ricos em energia a partir de estados pobres em energia.

$$\text{Energia útil} + \text{precursores simples} \xrightarrow{\text{Anabolismo}} \text{moléculas complexas}$$

Algumas vias podem ser anabólicas e também catabólicas, dependendo das condições energéticas da célula. Essas vias são designadas como *vias anfibólicas*.

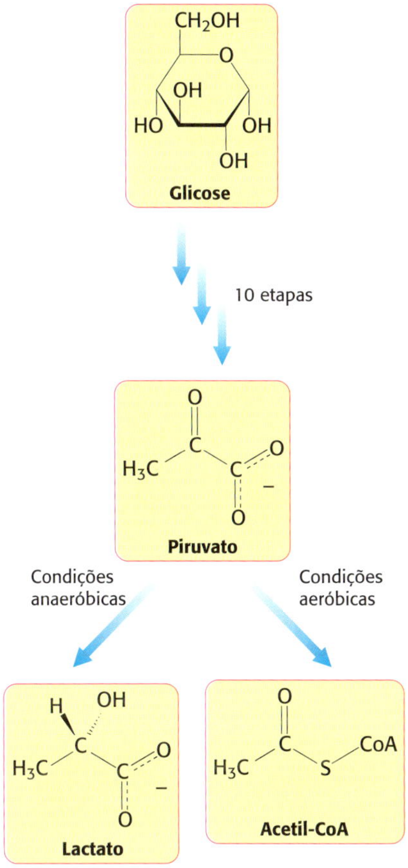


**FIGURA 15.1 Metabolismo da glicose.** A glicose é metabolizada a piruvato em 10 reações interligadas. Em condições anaeróbicas, o piruvato é metabolizado a lactato e, em condições aeróbicas, a acetil-CoA. Os carbonos derivados da glicose da acetil-CoA são subsequentemente oxidados a $CO_2$.

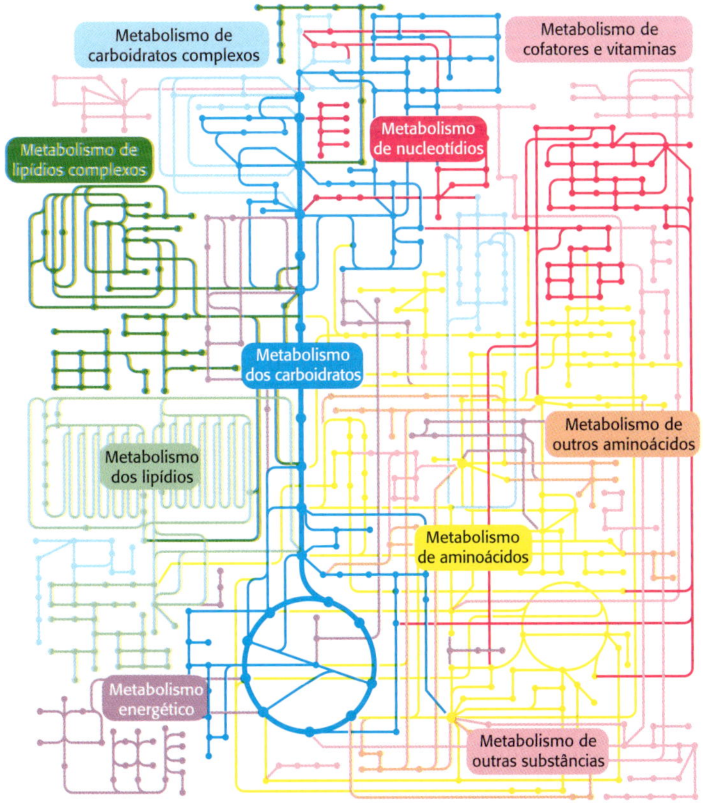


**FIGURA 15.2 Vias metabólicas.** Cada nó representa um metabólito específico. [De Kyoto Encyclopedia of Genes and Genomes (www.genome.ad.jp/kegg).]

Um importante princípio geral do metabolismo é que as *vias de biossíntese e as vias de degradação são quase sempre distintas*. Essa separação é necessária por motivos energéticos, como ficará evidente em capítulos posteriores. Ela também facilita o controle o metabolismo.

### Uma reação termodinamicamente desfavorável pode ser impulsionada por uma reação favorável

Como vias específicas são construídas a partir de reações individuais? Uma via metabólica precisa preencher dois critérios, no mínimo: (1) as reações individuais precisam ser *específicas*, e (2) todo o conjunto de reações que constituem a via precisa ser *termodinamicamente favorável*. Uma reação específica originará apenas um determinado produto ou um conjunto de produtos a partir de seus reagentes. Conforme discutido no Capítulo 8, as enzimas proporcionam essa especificidade. A termodinâmica do metabolismo é mais prontamente abordada em relação à energia livre, que foi discutida nos Capítulos 1 e 8. Uma reação só pode ocorrer espontaneamente se $\Delta G$, a variação da energia livre, for negativa. Convém lembrar que $\Delta G$ para a formação dos produtos C e D a partir dos substratos A e B é dada por:

$$\Delta G = \Delta G^{\circ\prime} + RT \ln \frac{[C][D]}{[A][B]}$$

Assim, $\Delta G$ de uma reação depende da *natureza* dos reagentes e dos produtos (expressa pelo termo $\Delta G^{\circ\prime}$, a variação-padrão de energia livre), como também de suas *concentrações* (expressas pelo segundo termo).

Um fato importante relacionado com a termodinâmica é que *a variação global de energia livre para uma série de reações químicas acopladas é igual à soma das variações de energia livre das etapas individuais*. Consideremos as seguintes reações:

$$\begin{array}{ll} A \rightleftharpoons B + C & \Delta G^{\circ\prime} = +21\ \text{kJ mol}^{-1}\ (+5\ \text{kcal mol}^{-1}) \\ B \rightleftharpoons D & \Delta G^{\circ\prime} = -34\ \text{kJ mol}^{-1}\ (-8\ \text{kcal mol}^{-1}) \\ \hline A \rightleftharpoons C + D & \Delta G^{\circ\prime} = -13\ \text{kJ mol}^{-1}\ (-3\ \text{kcal mol}^{-1}) \end{array}$$

Em condições-padrão, A não pode ser convertido espontaneamente em B e C, visto que o valor de $\Delta G^{\circ\prime}$ é positivo. Entretanto, a conversão de B em D, em condições-padrão, é termodinamicamente viável. Como as variações de energia livre são aditivas, a conversão de A em C e D apresenta uma $\Delta G^{\circ\prime}$ de $-13$ kJ $\text{mol}^{-1}$ ($-3$ kcal $\text{mol}^{-1}$), o que significa que ela pode ocorrer espontaneamente em condições-padrão. Por conseguinte, *uma reação termodinamicamente desfavorável pode ser impulsionada por uma reação termodinamicamente favorável à qual está acoplada*. Nesse exemplo, as reações são acopladas pelo intermediário químico B compartilhado. As vias metabólicas são formadas pelo acoplamento de reações catalisadas por enzimas, de modo que a energia livre global da via é negativa.

## 15.2 O ATP é a moeda universal de energia livre utilizada nos sistemas biológicos

Assim como o comércio é facilitado pelo uso de uma moeda corrente comum, o comércio da célula – o metabolismo – é facilitado pelo uso de uma forma de energia comum, a *adenosina trifosfato* (ATP). Parte da energia livre proveniente da oxidação dos alimentos e da luz é transformada nessa molécula altamente acessível, que atua como doador de energia livre na maioria dos processos que necessitam de energia, como o movimento, o transporte ativo e a biossíntese. Com efeito, a maior parte do catabolismo consiste em reações que extraem energia a partir de combustíveis, como carboidratos e gorduras, convertendo-os em ATP.

## A hidrólise do ATP é exergônica

O ATP é um nucleotídio constituído de adenina, de uma ribose e de uma unidade trifosfato (Figura 15.3). A forma ativa do ATP consiste habitualmente em um complexo de ATP com $Mg^{2+}$ ou $Mn^{2+}$. Ao considerarmos o papel do ATP como carreador de energia, podemos focar a sua fração trifosfato. *O ATP é uma molécula rica em energia, visto que a sua unidade trifosfato contém duas ligações fosfoanidrido.* Ocorre liberação de grande quantidade de energia livre quando o ATP é hidrolisado a adenosina difosfato (ADP) e ortofosfato ($P_i$), ou quando o ATP é hidrolisado a adenosina monofosfato (AMP) e pirofosfato ($PP_i$).

$$\text{ATP} + H_2O \rightleftharpoons \text{ADP} + \text{Pi} \quad \Delta G^{\circ\prime} = -30{,}5\ \text{kJ mol}^{-1}(-7{,}3\ \text{kcal mol}^{-1})$$

$$\text{ATP} + H_2O \rightleftharpoons \text{AMP} + \text{PPi} \quad \Delta G^{\circ\prime} = -45{,}6\ \text{kJ mol}^{-1}(-10{,}9\ \text{kcal mol}^{-1})$$

O valor preciso de $\Delta G$ para essas reações depende da força iônica do meio e das concentrações de $Mg^{2+}$ e de outros íons metálicos (questões 26 e 37). Nas concentrações celulares típicas, o valor de $\Delta G$ para essas hidrólises é de aproximadamente $-50$ kJ $mol^{-1}$ ($-12$ kcal $mol^{-1}$).

A energia livre liberada na hidrólise do ATP é aproveitada para impulsionar reações que requerem um aporte de energia livre, como a contração muscular. Por sua vez, o ATP é formado a partir de ADP e $P_i$, quando moléculas energéticas são oxidadas nos organismos quimiotróficos, ou quando a luz é capturada pelos fototróficos. *Esse ciclo de ATP-ADP é o modo fundamental de troca energética nos sistemas biológicos.*

Algumas reações de biossíntese são impulsionadas pela hidrólise de outros nucleosídios trifosfatos – isto é, guanosina trifosfato (GTP), uridina trifosfato (UTP) e citidina trifosfato (CTP). As formas difosfato desses nucleotídios são designadas como GDP, UDP e CDP, enquanto as formas monofosfato são denominadas GMP, UMP e CMP. As enzimas catalisam a transferência do grupo fosforila terminal de um nucleotídio para outro.

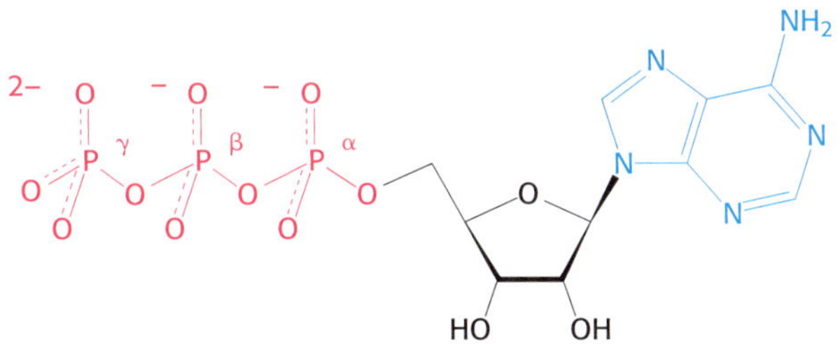

**Adenosina trifosfato (ATP)**

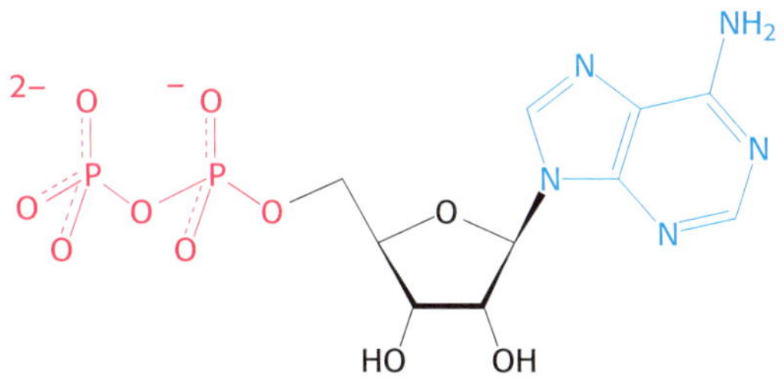

**Adenosina difosfato (ADP)**

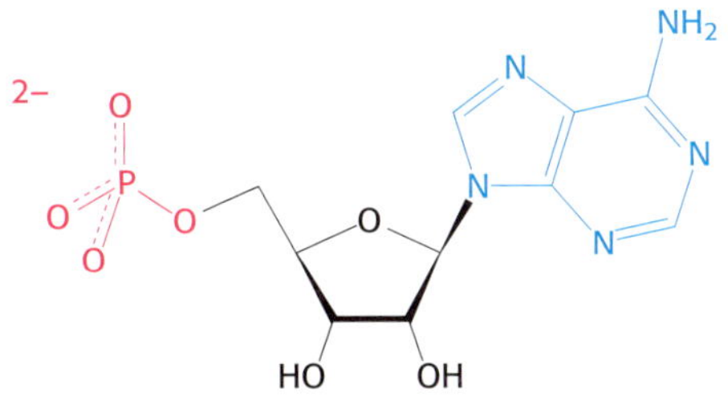

**Adenosina monofosfato (AMP)**

**FIGURA 15.3 Estruturas do ATP, ADP e AMP.** Esses adenilatos consistem em adenina (azul), uma ribose (preto) e uma unidade tri-, di- ou monofosfato (vermelho). O átomo de fósforo mais interno do ATP é denominado $P_\alpha$, o mediano, $P_\beta$ e o mais externo, $P_\gamma$.

A fosforilação de nucleosídios monofosfatos é catalisada por uma família de *nucleosídios monofosfatos quinases,* conforme discutido na seção 9.4. A fosforilação de nucleosídios difosfatos é catalisada pela *nucleosídio difosfato quinase,* uma enzima que exibe ampla especificidade.

$$\underset{\substack{\text{Nucleosídio}\\\text{monofosfato}}}{\text{NMP}} + \text{ATP} \xrightleftharpoons[]{\substack{\text{Nucleosídio monofosfato}\\\text{quinase}}} \text{NDP} + \text{ADP}$$

$$\underset{\substack{\text{Nucleosídio}\\\text{difosfato}}}{\text{NDP}} + \text{ATP} \xrightleftharpoons[]{\substack{\text{Nucleosídio difosfato}\\\text{quinase}}} \text{NTP} + \text{ADP}$$

É surpreendente observar que, embora todos os nucleosídios trifosfatos sejam energeticamente equivalentes, o ATP constitui, entretanto, o principal carreador de energia celular. Além disso, dois importantes carreadores de elétrons – $NAD^+$ e FAD –, bem como o carreador de grupo acila, a coenzima A, são derivados do ATP. *O papel do ATP no metabolismo energético é de importância primordial.*

## A hidrólise do ATP impulsiona o metabolismo deslocando o equilíbrio das reações acopladas

É possível que uma reação desfavorável passe a ocorrer pelo seu acoplamento à hidrólise do ATP. Considere uma reação química termodinamicamente desfavorável na ausência de um aporte de energia livre – uma situação comum à maioria das reações de biossíntese. Suponha que a energia livre padrão da conversão do composto A em composto B seja de +16,7 kJ $mol^{-1}$ (+ 4,0 kcal $mol^{-1}$):

$$\text{A} \rightleftharpoons \text{B} \quad \Delta G^{\circ\prime} = +16{,}7\ \text{kJ mol}^{-1}\,(+4\ \text{kcal mol}^{-1})$$

A constante de equilíbrio $K'_{eq}$ dessa reação a 25°C está relacionada com $\Delta G^{\circ\prime}$ (em unidades de quilojaules por mol) por

$$K'_{eq} = [\text{B}]_{eq}/[\text{A}]_{eq} = e^{-\Delta G^{\circ\prime}/2{,}47} = 1{,}15 \times 10^{-3}$$

Assim, a conversão efetiva de A em B não pode ocorrer quando a razão molar entre B e A for igual ou superior a $1{,}15 \times 10^{-3}$. Entretanto, A pode ser convertido em B nessas condições se a reação for acoplada à hidrólise do ATP. Em condições-padrão, a $\Delta G^{\circ\prime}$ da hidrólise é de aproximadamente –30,5 kJ $mol^{-1}$ (–7,3 kcal $mol^{-1}$). A nova reação global é:

$$\text{A} + \text{ATP} + \text{H}_2\text{O} \rightleftharpoons \text{B} + \text{ADP} + \text{P}_i$$

$$\Delta G^{\circ\prime} = -13{,}8\ \text{kJ mol}^{-1}\,(-3{,}3\ \text{kcal mol}^{-1})$$

Sua variação de energia livre de –13,8 kJ $mol^{-1}$ (–3,3 kcal $mol^{-1}$) é a soma do valor de $\Delta G^{\circ\prime}$ para a conversão de A em B [+16,7 kJ $mol^{-1}$ (+4,0 kcal $mol^{-1}$)] com o valor de $\Delta G^{\circ\prime}$ para a hidrólise da ATP [–30,5 kJ $mol^{-1}$ (–7,3 kcal $mol^{-1}$)]. Em pH 7, a constante de equilíbrio dessa reação acoplada é:

$$K'_{eq} = \frac{[\text{B}]_{eq}}{[\text{A}]_{eq}} \times \frac{[\text{ADP}]_{eq}[\text{P}_i]_{eq}}{[\text{ATP}]_{eq}} = e^{13{,}8/2{,}47} = 2{,}67 \times 10^2$$

Em equilíbrio, a razão entre [B] e [A] é fornecida por

$$\frac{[\text{B}]_{eq}}{[\text{A}]_{eq}} = K'_{eq}\,\frac{[\text{ATP}]_{eq}}{[\text{ADP}]_{eq}[\text{P}_i]_{eq}}$$

o que significa que a hidrólise do ATP possibilita a conversão de A em B até que a razão [B]/[A] alcance um valor de $2{,}67 \times 10^2$. Essa razão de equilíbrio é notavelmente diferente do valor de $1{,}15 \times 10^{-3}$ para a reação A ⟶ B na ausência de hidrólise do ATP. Em outras palavras, o acoplamento da hidrólise do ATP com a conversão de A em B em condições-padrão modificou a razão de equilíbrio entre B e A por um fator de cerca de $10^5$. Se fôssemos utilizar a $\Delta G$ da hidrólise do ATP em condições celulares [$-50{,}2$ kJ mol$^{-1}$ ($-12$ kcal mol$^{-1}$)] em nossos cálculos, em vez de $\Delta G^{\circ\prime}$, a variação na razão de equilíbrio seria ainda mais acentuada, da ordem de $10^8$.

Vemos aqui a essência termodinâmica da ação do ATP como *agente acoplador de energia*. As células mantêm níveis de ATP pela utilização de substratos oxidáveis ou da luz como fontes de energia livre para a síntese da molécula. Na célula, a hidrólise de uma molécula de ATP em uma reação acoplada modifica a razão de equilíbrio entre produtos e reagentes por um fator muito grande, da ordem de $10^8$. Mais comumente, a hidrólise de $n$ moléculas de ATP altera a razão de equilíbrio de uma reação acoplada (ou de uma sequência de reações) por um fator de $10^{8n}$. Por exemplo a hidrólise de três moléculas de ATP em uma reação acoplada altera a razão de equilíbrio por um fator de $10^{24}$. Assim, *uma sequência de reações termodinamicamente desfavoráveis pode ser convertida em uma favorável pelo seu acoplamento à hidrólise de um número suficiente de moléculas de ATP em uma nova reação.* Além disso, deve-se ressaltar que A e B na reação acoplada precedente podem ser interpretados de modo muito geral, e não apenas como espécies químicas diferentes. Por exemplo, A e B podem representar conformações ativadas e não ativadas de uma proteína que é ativada pela sua fosforilação com ATP. Por meio dessas mudanças conformacionais da proteína, motores moleculares, como a miosina, a cinesina e a dineína, convertem a energia química do ATP em energia mecânica (ver Capítulo 35, disponível no material suplementar *online*). De fato, essa conversão constitui a base da contração muscular.

Alternativamente, A e B podem referir-se às concentrações de um íon ou de uma molécula fora e dentro de uma célula, como no transporte ativo de um nutriente. O transporte ativo de $Na^+$ e de $K^+$ através das membranas é impulsionado pela fosforilação da bomba de sódio-potássio pelo ATP e sua subsequente desfosforilação (ver seção 13.2).

### O alto potencial do grupo fosforila do ATP resulta das diferenças estruturais entre o ATP e seus produtos de hidrólise

O que faz com que o ATP seja um doador eficiente de grupo fosforila? Comparemos a energia livre padrão da hidrólise do ATP com a de um éster de fosfato como o glicerol 3-fosfato:

$$\text{ATP} + H_2O \rightleftharpoons \text{ADP} + P_i$$
$$\Delta G^{\circ\prime} = -30{,}5\ \text{kJ mol}^{-1}(-7{,}3\ \text{kcal mol}^{-1})$$

$$\text{Glicerol 3-fosfato} + H_2O \rightleftharpoons \text{glicerol} + P_i$$
$$\Delta G^{\circ\prime} = -9{,}2\ \text{kJ mol}^{-1}(-2{,}2\ \text{kcal mol}^{-1})$$

A magnitude de $\Delta G^{\circ\prime}$ para a hidrólise do glicerol 3-fosfato é muito menor que a do ATP, o que significa que o ATP possui maior tendência a transferir o seu grupo fosforila terminal para a água do que o glicerol 3-fosfato. Em outras palavras, o ATP apresenta maior *potencial de transferência do grupo fosforila* do que o glicerol 3-fosfato.

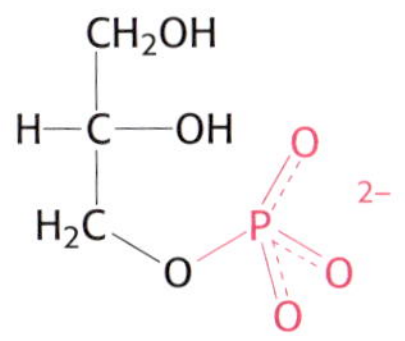

**Glicerol 3-fosfato**

O alto potencial de transferência de grupo fosforila do ATP pode ser explicado pelas características de sua estrutura. Como a $\Delta G^{\circ\prime}$ depende da *diferença* entre a energia livre dos produtos e a dos reagentes, precisamos examinar a estrutura do ATP e de seus produtos de hidrólise, ADP e $P_i$, para responder a essa questão. Quatro fatores são importantes: *a estabilização por ressonância, a repulsão eletrostática, o aumento na entropia* e a *estabilização devido à hidratação.*

1. *Estabilização por ressonância.* O ortofosfato ($P_i$), um dos produtos da hidrólise do ATP, tem maior estabilização por ressonância do que qualquer um dos grupos fosforila do ATP. O ortofosfato apresenta várias formas de ressonância de energia semelhante (Figura 15.4), enquanto o grupo fosforila γ do ATP tem um número menor. Formas como aquela mostrada na Figura 15.5 são desfavoráveis, visto que um átomo de oxigênio com carga elétrica positiva está adjacente a um átomo de fósforo de carga positiva – uma justaposição eletrostaticamente desfavorável.

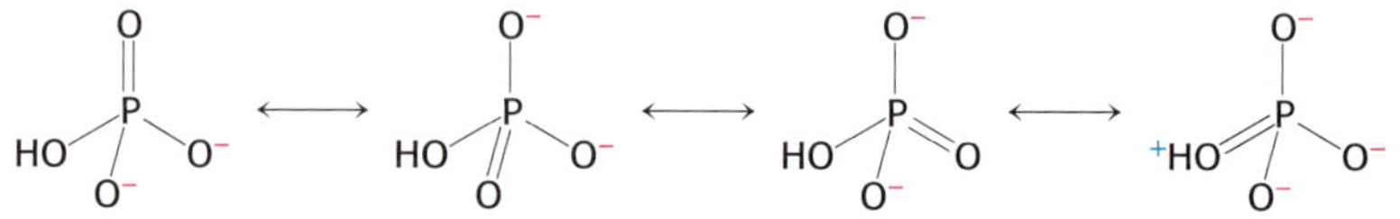

**FIGURA 15.4 Estruturas de ressonância do ortofosfato.**

2. *Repulsão eletrostática.* Em pH 7, a unidade trifosfato do ATP possui cerca de quatro cargas elétricas negativas. Essas cargas elétricas se repelem umas às outras, visto que elas estão em estreita proximidade. A repulsão entre essas cargas é reduzida quando o ATP é hidrolisado.

3. *Aumento na entropia.* A entropia dos produtos de hidrólise do ATP é maior, visto que agora temos duas moléculas, em vez de uma única molécula de ATP. Não consideramos a molécula de água utilizada na hidrólise do ATP; tendo em vista a alta concentração (55,5 M), não há efetivamente nenhuma mudança na concentração de água durante a reação.

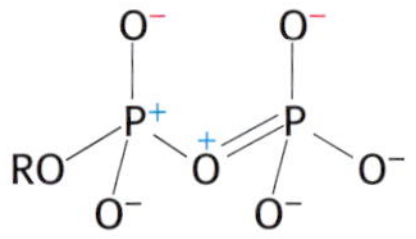

**FIGURA 15.5 Estrutura de ressonância improvável.** A estrutura contribui pouco para a parte terminal do ATP, visto que duas cargas elétricas positivas estão localizadas adjacentes uma à outra.

4. *Estabilização devido à hidratação.* A água liga-se ao ADP e $P_i$, estabilizando essas moléculas e tornando a reação inversa – a síntese de ATP – mais desfavorável.

O ATP é frequentemente denominado um composto com fosfato de alta energia, e suas ligações fosfoanidrido são designadas como ligações ricas em energia. De fato, utiliza-se com frequência um símbolo (~P) para indicar essa ligação. Entretanto, não há nada de especial com relação às próprias ligações. *Trata-se de ligações ricas em energia, visto que ocorre liberação de muita energia livre quando são hidrolisadas,* pelas razões citadas anteriormente.

## O potencial de transferência de fosforila constitui uma importante forma de transformação da energia celular

As energias livres-padrão da hidrólise proporcionam um meio conveniente para comparar o potencial de transferência de fosforila dos compostos fosforilados. Essas comparações revelam que o ATP não é o único composto com alto potencial de transferência de fosforila. Com efeito, alguns compostos nos sistemas biológicos apresentam maior potencial de transferência de fosforila do que o ATP. Esses compostos incluem o fosfoenolpiruvato (PEP), o 1,3-bisfosfoglicerato (1,3-BPG) e a creatina fosfato (ou fosfocreatina) (Figura 15.6). Assim, o PEP pode transferir o seu grupo fosforila para o ADP, com consequente formação de ATP. De fato, essa transferência constitui uma das maneiras pelas quais o ATP é produzido na degradação de açúcares (ver Capítulo 16). É importante assinalar que o ATP possui um potencial de transferência de fosforila intermediário entre as moléculas fosforiladas biologicamente importantes (Tabela 15.1). *Essa posição intermediária permite que o ATP funcione com eficiência como carreador de grupos fosforila.*

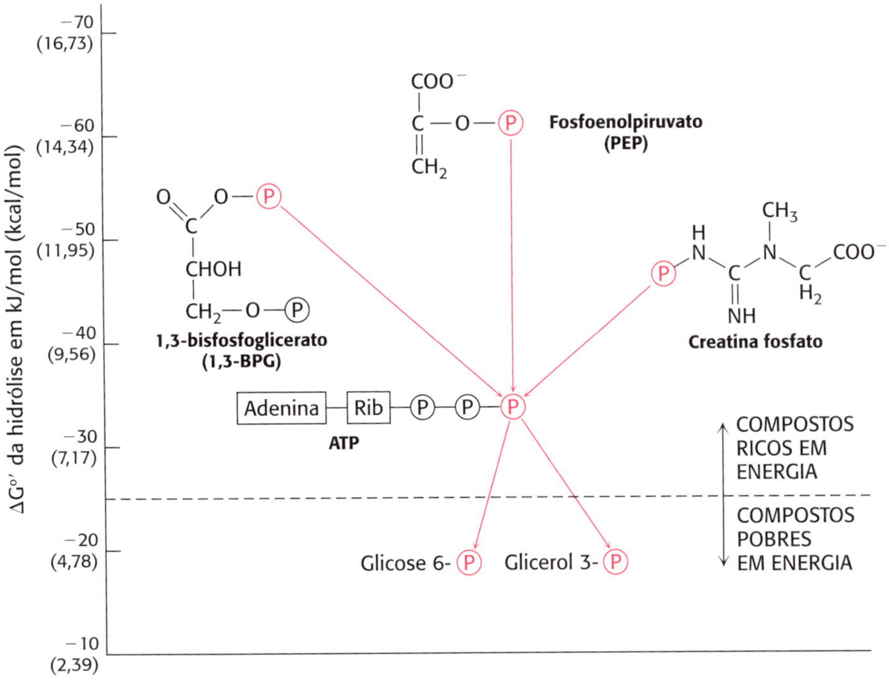


**FIGURA 15.6 Compostos com alto potencial de transferência de fosforila.** O papel do ATP como fonte de energia celular é ilustrado pela sua relação com outros compostos fosforilados. O ATP possui um potencial de transferência de fosforila que é intermediário entre as moléculas fosforiladas biologicamente importantes. Os compostos com alto potencial de transferência de fosforila (1,3-BPG, PEP e creatina fosfato), derivados do metabolismo de moléculas energéticas, são utilizados para impulsionar a síntese de ATP. Por sua vez, o ATP doa um grupo fosforila para outras biomoléculas, de modo a facilitar o seu metabolismo. [Dados de D. L. Nelson e M. M. Cox, *Lehninger Principles of Biochemistry*, 5ª ed. (W. H. Freeman and Company, 2009), Fig. 13-19.]

**TABELA 15.1** Energias livres-padrão da hidrólise de alguns compostos fosforilados.

| Composto | kJ mol⁻¹ | kcal mol⁻¹ |
|---|---|---|
| Fosfoenolpiruvato | −61,9 | −14,8 |
| 1,3-bisfosfoglicerato | −49,4 | −11,8 |
| Creatina fosfato (fosfocreatina) | −43,1 | −10,3 |
| ATP (para ADP) | −30,5 | −7,3 |
| Glicose 1-fosfato | −20,9 | −5,0 |
| Pirofosfato | −19,3 | −4,6 |
| Glicose 6-fosfato | −13,8 | −3,3 |
| Glicerol 3-fosfato | −9,2 | −2,2 |

A quantidade de ATP no músculo é suficiente para manter a atividade contrátil por menos de um segundo. A creatina fosfato no músculo dos vertebrados atua como reservatório de grupos fosforila de alto potencial, que podem ser prontamente transferidos para o ADP. Com efeito, utilizamos a creatina fosfato (fosfocreatina) para regenerar ATP a partir do ADP toda vez que efetuamos exercícios vigorosos. Essa reação é catalisada pela *creatinoquinase*.

$$\text{Creatina fosfato} + \text{ADP} \xrightleftharpoons{\text{Creatinoquinase}} \text{ATP} + \text{creatina}$$

Em pH 7, a energia livre padrão da hidrólise da creatina fosfato é de $-43{,}1\ \text{kJ mol}^{-1}$ ($-10{,}3\ \text{kcal mol}^{-1}$), em comparação com $-30{,}5\ \text{kJ mol}^{-1}$ ($-7{,}3\ \text{kcal mol}^{-1}$) do ATP. Por conseguinte, a variação de energia livre-padrão na formação de ATP a partir da creatina fosfato é de $-12{,}6\ \text{kJ mol}^{-1}$ ($-3{,}0\ \text{kcal mol}^{-1}$), o que corresponde a uma constante de equilíbrio de 162.

$$K'_{eq} = \frac{[\text{ATP}][\text{creatina}]}{[\text{ADP}][\text{creatina fosfato}]} = e^{-\Delta G^{\circ\prime}/2{,}47} = e^{12{,}6/2{,}47} = 162$$

No músculo em repouso, as concentrações típicas desses metabólitos são de [ATP] = 4 mM, [ADP] = 0,013 mM, [creatina fosfato] = 25 mM e [creatina] = 13 mM. Em virtude de sua abundância e de seu alto potencial

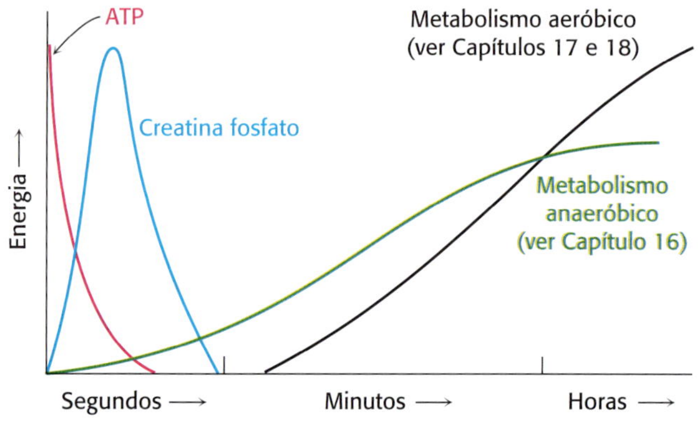


**FIGURA 15.7 Fontes de ATP durante o exercício físico.** Nos primeiros segundos, o exercício físico é impulsionado por compostos de alta transferência de grupo fosforila (ATP e creatina fosfato). Subsequentemente, o ATP precisa ser regenerado por vias metabólicas.

de transferência de grupo fosforila em relação ao ATP, a creatina fosfato é um tampão de fosforila altamente efetivo. De fato, a creatina fosfato constitui a principal fonte de grupos fosforila para a regeneração do ATP para um corredor durante os primeiros 4 segundos de uma corrida de 100 metros. A capacidade da creatina fosfato de repor as reservas de ATP constitui a base para o uso de creatina como suplemento alimentar por atletas em esportes que requerem curtos períodos de intensa atividade. Após a depleção do conjunto de creatina fosfato, o ATP precisa ser gerado pelo metabolismo (Figura 15.7).

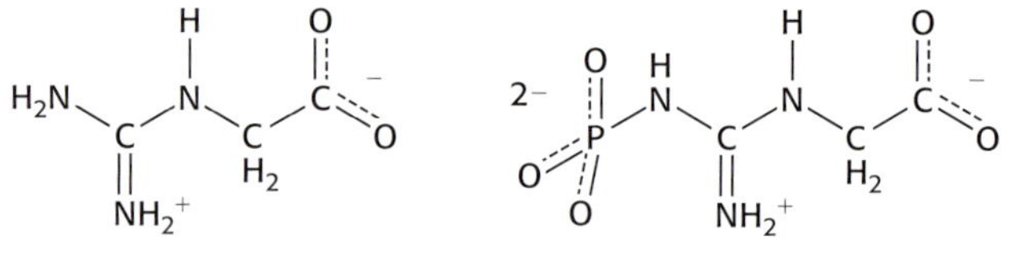

**Creatina** **Creatina fosfato (fosfocreatina)**

## O ATP pode desempenhar funções além da transdução de energia e de sinais

A concentração de ATP no interior da célula é normalmente de 2 a 8 mM. Curiosamente, esse valor é 10 a 100 vezes maior do que a $K_M$ da maioria das enzimas que utilizam o ATP como substrato. Por que uma célula manteria essas concentrações tão altas de ATP?

Pesquisas recentes sugerem que o ATP pode atuar como *agente hidrotrópico* biológico. Os hidrotrópicos são moléculas anfipáticas com um componente hidrofóbico e um componente hidrofílico; entretanto, diferentemente dos ácidos graxos ou dos lipídios, o componente hidrofóbico é muito pequeno para sofrer autoagregação (ver seção 12.1). No caso do ATP, a fração adenina é hidrofóbica, enquanto o restante da molécula é hidrofílico.

O citoplasma possui uma concentração de proteínas superior a 100 mg/mℓ; a manutenção da solubilidade das proteínas nessas concentrações é problemática. Em concentrações intracelulares, o ATP impede a formação de agregados proteicos e dissolve os que se formam, indicando que uma outra função do ATP consiste na manutenção da solubilidade das proteínas. Curiosamente, a concentração de ATP cai com a idade por motivos que estão sendo investigados. Essa redução causaria, em parte, agregação proteica, levando ao desenvolvimento de doenças neurodegenerativas entre outras. A conciliação desse novo papel proposto do ATP com suas funções mais estabelecidas deverá ser uma área fascinante de pesquisa.

## 15.3 A oxidação de substratos energéticos de carbono constitui uma fonte importante de energia celular

O ATP atua como o principal *doador imediato de energia livre* nos sistemas biológicos, e não como uma forma de armazenamento de energia livre a longo prazo. Em uma célula típica, uma molécula de ATP é consumida no primeiro minuto após a sua formação. Embora a quantidade total de ATP no corpo seja limitada a aproximadamente 100 g, *a renovação dessa pequena quantidade de ATP é muito alta.* Por exemplo, um ser humano em repouso consome cerca de 40 kg de ATP em 24 horas. Durante o esforço vigoroso, a taxa de utilização de ATP pode alcançar 0,5 kg/minuto. Em uma corrida de 2 horas, são utilizados 60 kg de ATP. Evidentemente, é vital dispor de mecanismos para regenerar o ATP. O movimento, o transporte ativo, a amplificação de sinais e a biossíntese só podem ocorrer se o ATP for continuamente regenerado a partir de ADP (Figura 15.8). *A produção de ATP constitui uma das principais funções do catabolismo.* O carbono presente nas moléculas energéticas – como a glicose e as gorduras – é oxidado a $CO_2$. Os elétrons resultantes são capturados e utilizados para regenerar ATP a partir de ADP e $P_i$.

Nos organismos aeróbicos, o aceptor final de elétrons na oxidação do carbono é o $O_2$, e o produto de oxidação é o $CO_2$. Em consequência, quanto mais reduzido for o carbono no ponto de início, maior a energia livre liberada pela sua oxidação. A Figura 15.9 mostra a $\Delta G^{o\prime}$ da oxidação de compostos monocarbonados.

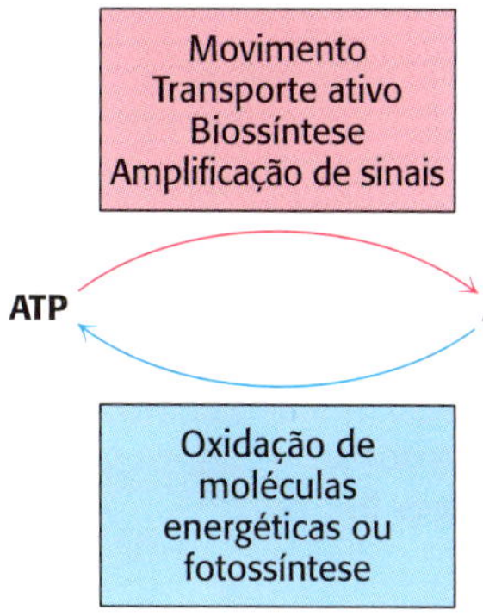


**FIGURA 15.8 Ciclo ATP-ADP.** Esse ciclo é o modo fundamental de troca energética nos sistemas biológicos.

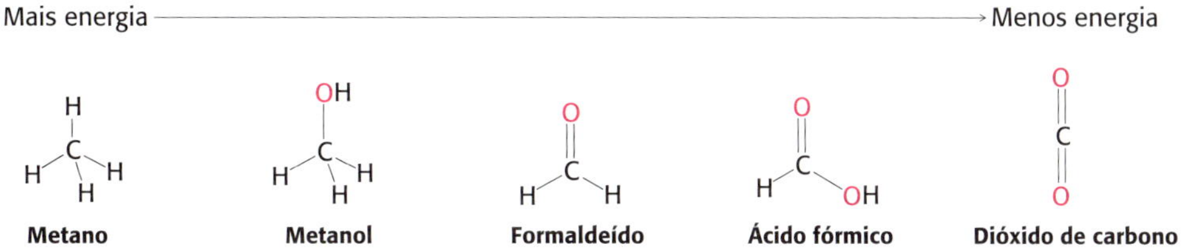


| | Metano | Metanol | Formaldeído | Ácido fórmico | Dióxido de carbono |
|---|---|---|---|---|---|
| $\Delta G'$ da oxidação (kJ mol$^{-1}$) | −820 | −703 | −523 | −285 | 0 |
| $\Delta G'$ da oxidação (kcal mol$^{-1}$) | −196 | −168 | −125 | −68 | 0 |

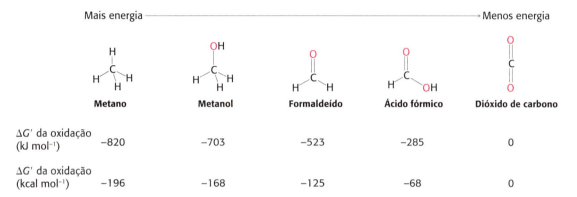

**FIGURA 15.9 Energia livre da oxidação de compostos monocarbonados.**

As moléculas energéticas são mais complexas (Figura 15.10) do que os compostos monocarbonados, mostrados na Figura 15.9. Entretanto, a oxidação dessas moléculas energéticas ocorre em um carbono de cada vez. A energia da oxidação dos carbonos é utilizada em alguns casos para produzir um composto com alto potencial de transferência de fosforila e, em outros casos, para produzir um gradiente iônico. Em ambas as situações, o ponto final consiste na formação de ATP.

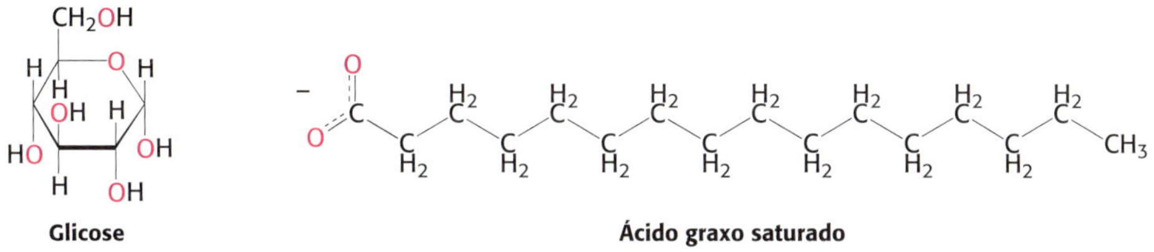


**FIGURA 15.10 Compostos energéticos proeminentes.** As gorduras constituem uma fonte de energia mais eficiente do que os carboidratos, como a glicose, visto que o carbono nas gorduras é mais reduzido.

## Os compostos com alto potencial de transferência de grupo fosforila podem acoplar a oxidação de carbono à síntese de ATP

Como a energia liberada da oxidação de um composto carbonado é convertida em ATP? Como exemplo, considere o gliceraldeído 3-fosfato (mostrado na margem da página), que é um metabólito da glicose formado durante a sua oxidação. O carbono C-1 (mostrado em vermelho) está no nível de oxidação de aldeído e não se encontra em seu estado mais oxidado. A oxidação do aldeído a um ácido libera energia.

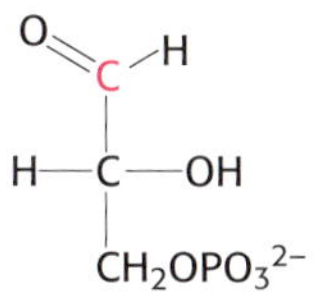

**Gliceraldeído 3-fosfato (GAP)**

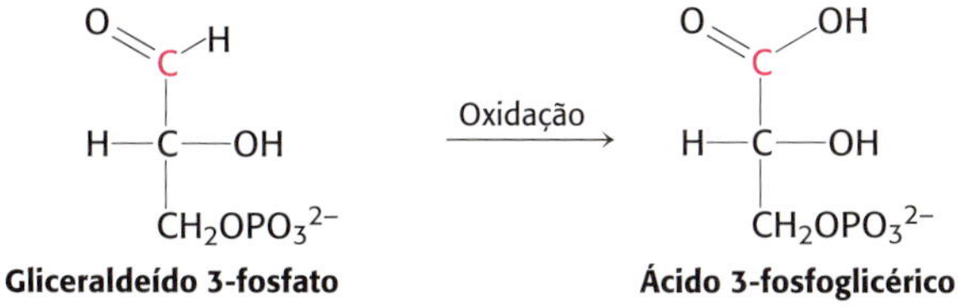

Entretanto, a oxidação não ocorre de maneira direta. Com efeito, a oxidação do carbono gera um acil fosfato, o 1,3-bisfosfoglicerato. Os elétrons liberados são capturados pelo $NAD^+$, que abordaremos mais adiante.

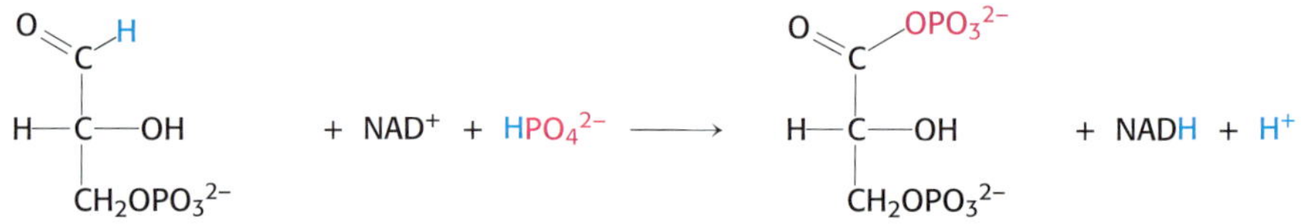


**Gliceraldeído 3-fosfato (GAP)** **1,3-bisfosfoglicerato (1,3-BPG)**

Por motivos semelhantes aos apresentados para o ATP, o 1,3-bisfosfoglicerato possui alto potencial de transferência de grupo fosforila, que é, de fato, maior que o do ATP. Por conseguinte, a hidrólise do 1,3-BPG pode ser acoplada à síntese de ATP.

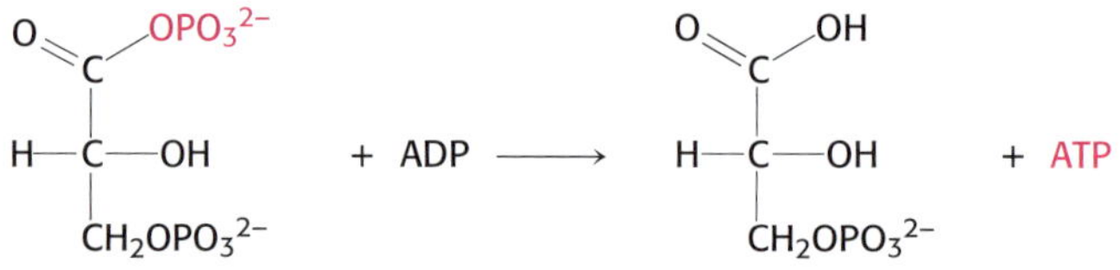


**1,3-bisfosfoglicerato** **Ácido 3-fosfoglicérico**

*A energia da oxidação é inicialmente retida na forma de um composto de alto potencial de transferência de grupo fosforila e, a seguir, é utilizada na formação de ATP.* A energia de oxidação de um átomo de carbono é transformada em um potencial de transferência de grupo fosforila, inicialmente como 1,3-bisfosfoglicerato e, por fim, como ATP. Os detalhes do mecanismo dessas reações serão estudados no Capítulo 16.

## Os gradientes iônicos através das membranas fornecem uma importante fonte de energia celular que pode ser acoplada à síntese de ATP

Conforme descrito no Capítulo 13, o potencial eletroquímico constitui um meio efetivo de armazenamento de energia livre. De fato, o potencial eletroquímico dos *gradientes iônicos através das membranas* – produzidos pela oxidação de moléculas energéticas ou por fotossíntese – aciona, em última análise, a síntese da maior parte do ATP nas células. Em geral, os gradientes iônicos são formas versáteis de acoplar reações termodinamicamente desfavoráveis a reações favoráveis. Nos animais, os *gradientes de prótons* gerados pela oxidação de compostos energéticos carbonados são responsáveis por mais de 90% da produção de ATP (Figura 15.11). Esse processo é denominado *fosforilação oxidativa* (ver Capítulo 18). Em seguida, a hidrólise do ATP pode ser utilizada para formar gradientes iônicos de diferentes tipos e funções. Por exemplo, o potencial eletroquímico de um gradiente de $Na^+$ pode ser aproveitado para bombear $Ca^{2+}$ para fora das células ou para transportar nutrientes, como açúcares e aminoácidos, para dentro das células.

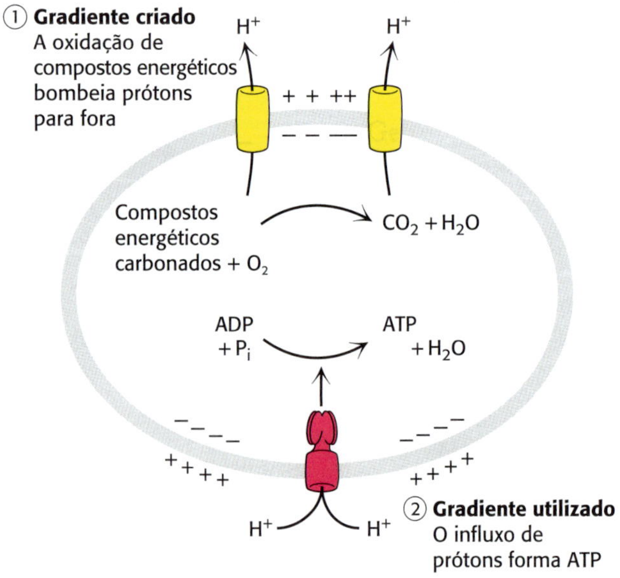


**FIGURA 15.11 Gradientes de prótons.** A oxidação de substratos energéticos pode impulsionar a formação de gradientes de prótons pela ação de bombas de prótons específicas (cilindros amarelos). Esses gradientes de prótons podem, por sua vez, impulsionar a síntese de ATP quando os prótons fluem através de uma enzima envolvida na síntese de ATP (complexo vermelho).

## Os fosfatos desempenham papel proeminente nos processos bioquímicos

No Capítulo 14, bem como neste capítulo, destacamos a importância da transferência de grupos fosforila do ATP para moléculas aceptoras. Como esse fosfato passou a desempenhar uma função proeminente em biologia? O fosfato e seus ésteres possuem várias características que os tornam úteis nos sistemas bioquímicos. Em primeiro lugar, os ésteres de fosfato exibem uma importante característica química "meio a meio", sendo *termodinamicamente instáveis* e, ao mesmo tempo, *cineticamente estáveis.* Por conseguinte, os ésteres de fosfato são moléculas cuja liberação de energia pode ser manipulada por enzimas. A estabilidade dos ésteres de fosfato deve-se às cargas negativas que os tornam resistentes à hidrólise na ausência de enzimas. Isso explica a presença de fosfato no esqueleto do DNA. Ademais, em virtude de sua estabilidade cinética, os ésteres de fosfato representam moléculas reguladoras ideais que são acrescentadas a proteínas por quinases e removidas apenas por fosfatases. Os fosfatos também são acrescentados frequentemente a metabólitos que, de outro modo, poderiam se difundir através das membranas celulares. Além disso, mesmo quando existem transportadores para formas não fosforiladas de um metabólito, a adição de um fosfato modifica a geometria e a polaridade das moléculas, de modo que elas não conseguem mais se encaixar nos sítios de ligação dos transportadores.

Nenhum outro íon possui as características químicas do fosfato. O citrato não tem carga elétrica suficiente para evitar a hidrólise. O arseniato forma ésteres que são instáveis e suscetíveis à hidrólise espontânea. De fato, o arseniato é venenoso para as células, visto que ele pode substituir o fosfato em reações necessárias para a síntese de ATP, gerando compostos instáveis e impedindo a síntese de ATP. O silicato é mais abundante do que o fosfato, porém os sais de silicato são praticamente insolúveis e são utilizados na biomineralização, como nas diatomáceas e em certas esponjas. Somente o fosfato possui as propriedades químicas para suprir as necessidades dos sistemas vivos.

## A energia dos alimentos é extraída em três estágios

Tenhamos agora uma visão global dos processos de conversão de energia nos organismos superiores antes de abordá-los com mais detalhes nos capítulos subsequentes. Hans Krebs descreveu três estágios na produção de energia a partir da oxidação dos alimentos (Figura 15.12).

*No primeiro estágio, as moléculas grandes presentes no alimento são degradadas em unidades menores* no processo de *digestão.* As proteínas são hidrolisadas em seus 20 aminoácidos diferentes, os polissacarídios são hidrolisados a açúcares simples, como a glicose, e os lipídios são hidrolisados a glicerol e ácidos graxos. Em seguida, os produtos de degradação são absorvidos pelas células do intestino e distribuídos por todo o corpo. Esse estágio representa, estritamente, um estágio preparatório; nenhuma energia útil é capturada nessa fase.

*No segundo estágio, essas numerosas moléculas pequenas são degradadas a algumas unidades simples que desempenham uma função central no metabolismo.* Com efeito, a maioria dessas unidades – açúcares, ácidos graxos, glicerol e vários aminoácidos – é convertida na unidade acetila da acetil-CoA. Nesse estágio, há produção de algum ATP, porém a quantidade é pequena em comparação com aquela obtida no terceiro estágio.

*No terceiro estágio, o ATP é produzido pela oxidação completa da unidade acetila da acetil-CoA.* O terceiro estágio é constituído pelo ciclo do ácido cítrico e pela fosforilação oxidativa, que constituem *as vias finais comuns na oxidação de moléculas energéticas.* A acetil-CoA transporta unidades de acetila para o ciclo do ácido cítrico [também denominado

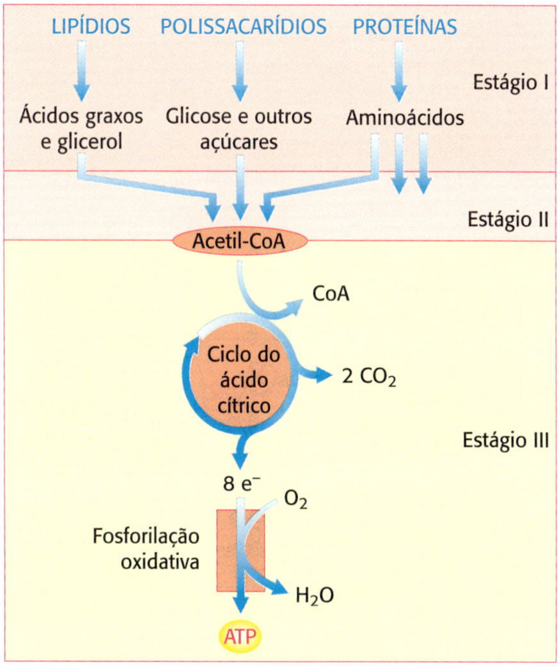


**FIGURA 15.12 Estágios do catabolismo.** A extração de energia a partir de compostos energéticos pode ser dividida em três estágios.

ciclo do ácido tricarboxílico (TCA) ou ciclo de Krebs], onde são totalmente oxidadas a $CO_2$. Quatro pares de elétrons são transferidos (três para o $NAD^+$ e um para o FAD) para cada grupo acetila oxidado. Em seguida, um gradiente de prótons é gerado à medida que os elétrons fluem das formas reduzidas desses carreadores para o $O_2$. Esse gradiente é utilizado para a síntese de ATP (ver Capítulos 17 e 18).

## 15.4 As vias metabólicas contêm muitos padrões (motivos) recorrentes

À primeira vista, o metabolismo parece assustador devido ao enorme número de reagentes e de reações. Entretanto, existem temas unificadores que ajudam a compreender essa complexidade. Esses temas unificadores incluem metabólitos, reações e esquemas regulatórios em comum que provêm de uma herança evolutiva comum.

### Os carreadores ativados exemplificam o padrão modular e a economia do metabolismo

Vimos anteriormente que a transferência de grupo fosforila pode ser utilizada para impulsionar reações endergônicas, alterar a energia de conformação de uma proteína ou servir como sinal para modificar a atividade de uma proteína. Em todas essas reações, o doador de grupos fosforila é o ATP. Em outras palavras, *o ATP é um carreador ativado de grupos fosforila, visto que a transferência desses grupos fosforila a partir do ATP é um processo exergônico.* A utilização de carreadores ativados é um motivo recorrente em bioquímica, e analisaremos vários desses carreadores aqui. Muitos desses carreadores ativados funcionam como coenzimas (ver seção 8.1):

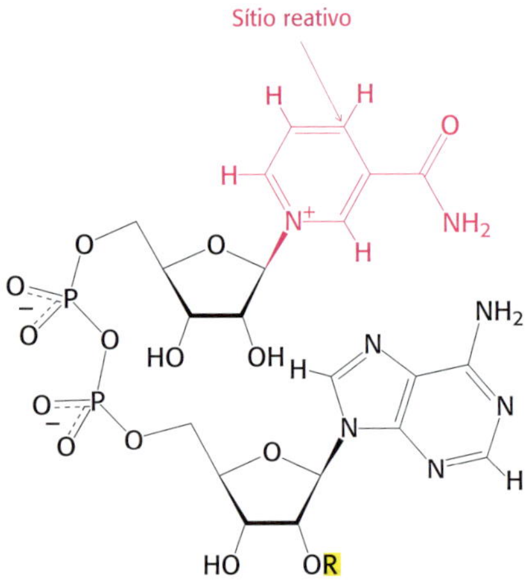


**FIGURA 15.13 Estrutura das formas oxidadas dos carreadores de elétrons derivados da nicotinamida.** A nicotinamida adenina dinucleotídio ($NAD^+$) e a nicotinamida adenina dinucleotídio fosfato ($NADP^+$) são carreadores proeminentes de elétrons de alta energia. No $NAD^+$, R = H; no $NADP^+$, R = $PO_3^{2-}$.

1. *Carreadores ativados de elétrons para a oxidação de compostos energéticos.* Nos organismos aeróbicos, o aceptor final de elétrons na oxidação de moléculas energéticas é o $O_2$. Entretanto, os elétrons não são transferidos diretamente para o $O_2$. Em vez disso, as moléculas energéticas transferem elétrons para carreadores especiais, que são *nucleotídios piridínicos* ou *flavinas.* As formas reduzidas desses carreadores transferem, então, os seus elétrons de alto potencial para o $O_2$.

A nicotinamida adenina dinucleotídio é um importante carreador de elétrons na oxidação de moléculas energéticas (Figura 15.13). A parte reativa do $NAD^+$ é o seu anel nicotinamida, um derivado piridínico sintetizado a partir da vitamina niacina. *Na oxidação de um substrato, o anel de nicotinamida do $NAD^+$ aceita um íon hidrogênio e dois elétrons, que são equivalentes a um íon hidreto* (H:⁻). A forma reduzida desse carreador é denominada *NADH.* Na forma oxidada, o átomo de nitrogênio apresenta uma carga positiva, conforme indicado pelo $NAD^+$. O $NAD^+$ é o aceptor de elétrons em muitas reações do tipo

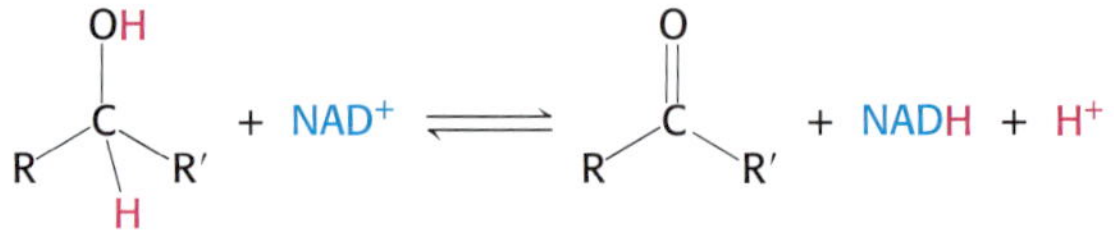


Nessa desidrogenação, um átomo de hidrogênio do substrato é transferido diretamente para o $NAD^+$, enquanto o outro aparece no solvente como próton. Ambos os elétrons perdidos pelo substrato são transferidos para o anel de nicotinamida.

O outro carreador de elétrons importante na oxidação de moléculas energéticas é a coenzima *flavina adenina dinucleotídio* (Figura 15.14). As abreviaturas

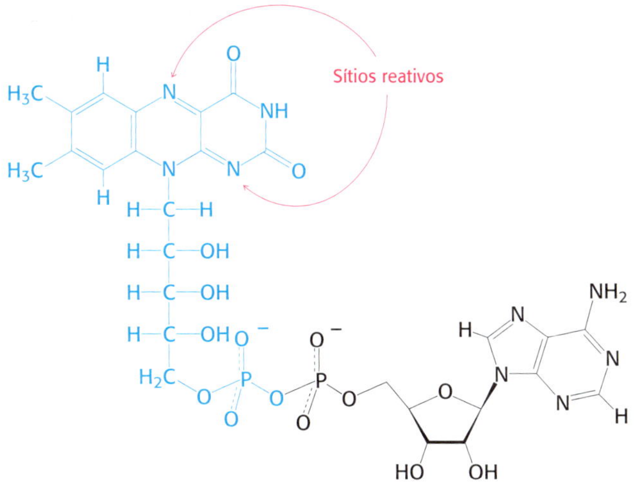


**FIGURA 15.14 Estrutura da forma oxidada da flavina adenina dinucleotídio (FAD).** Esse carreador de elétrons é constituído por uma unidade de flavina mononucleotídio (FMN) (mostrada em azul) e por uma unidade de AMP (mostrada em preto).

para as formas oxidada e reduzida desse carreador são FAD e $FADH_2$, respectivamente. O FAD é o aceptor de elétrons nas reações desse tipo:

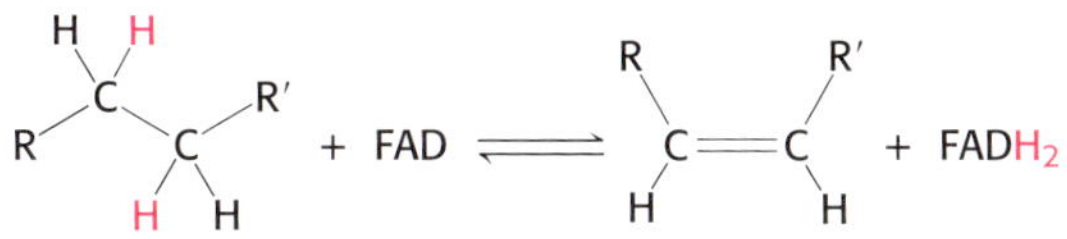

A parte reativa do FAD é o seu anel de isoaloxazina, um derivado da vitamina riboflavina (Figura 15.15). À semelhança do $NAD^+$, o FAD pode aceitar dois elétrons. Ao fazê-lo, o FAD, diferentemente do $NAD^+$, capta dois prótons. Esses carreadores de elétrons de alto potencial, bem como a flavina mononucleotídio (FMN) – um carreador de elétrons semelhante ao FAD, mas que carece do nucleotídio de adenina –, serão abordados mais detalhadamente, no Capítulo 18.

**2.** *Um carreador ativado de elétrons para a biossíntese redutora.* Na maioria dos processos de biossíntese, são necessários elétrons de alto potencial, visto que os precursores são mais oxidados do que os produtos. Assim, há necessidade de um poder redutor, além do ATP. Por exemplo, na biossíntese de ácidos graxos, o grupo cetona é reduzido a um grupo metileno em várias etapas. Essa sequência de reações requer o aporte de quatro elétrons.

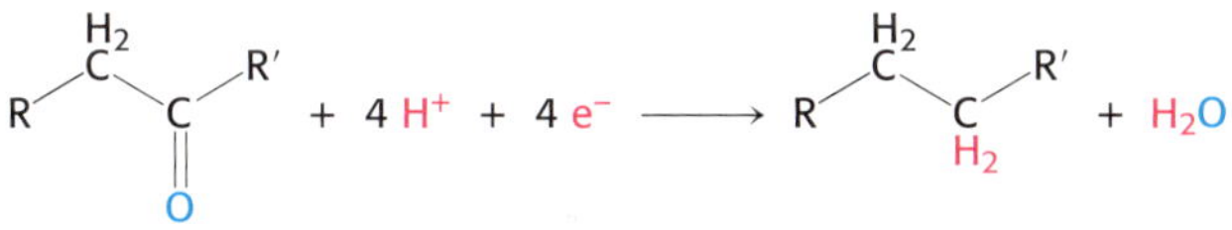

O doador de elétrons na maioria dos processos de biossíntese redutora é o NADPH, a forma reduzida da nicotinamida adenina dinucleotídio fosfato ($NADP^+$; Figura 15.13). O NADPH difere do NADH pela esterificação do grupo 2'-hidroxila da porção adenosina com fosfato. O NADPH é um carreador de elétrons da mesma maneira que o NADH. Entretanto,

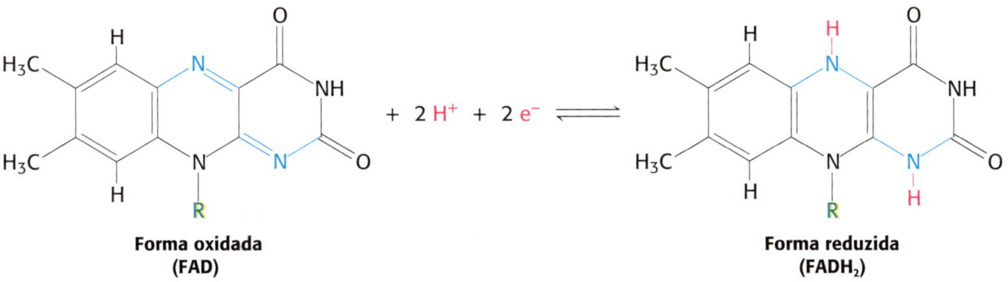


**FIGURA 15.15 Estruturas dos componentes reativos do FAD e do $FADH_2$.** Os elétrons e os prótons são carreados pelo anel de isoaloxazina, componente do FAD e do $FADH_2$.

*o NADPH é utilizado quase exclusivamente para biossínteses redutoras, enquanto o NADH é utilizado principalmente para a produção de ATP.* O grupo fosforila extra no NADPH é um marcador que permite que as enzimas distingam elétrons de alto potencial a serem utilizados no anabolismo daqueles que devem ser utilizados no catabolismo.

**3.** *Um carreador ativado de fragmentos de dois carbonos.* A coenzima A, outra molécula central do metabolismo, é um carreador de grupos acila derivados da vitamina pantotenato (Figura 15.16). Os grupos acila são importantes constituintes tanto no catabolismo, como a oxidação de ácidos graxos, quanto no anabolismo, como a síntese de lipídios de membrana. O grupo sulfidrila terminal da CoA é o sítio reativo. Os grupos acila ligam-se à CoA por ligações tioéster. O derivado resultante é denominado *acil-CoA*. Um grupo acila frequentemente ligado à CoA é a unidade acetila; esse derivado é denominado *acetil-CoA*. A $\Delta G°'$ para hidrólise da acetil-CoA apresenta um valor negativo grande:

$$\text{Acetil-CoA} + H_2O \rightleftharpoons \text{acetato} + \text{CoA} + H^+$$

$$\Delta G°' = -31{,}4\ \text{kJ mol}^{-1}\ (-7{,}5\ \text{kcal mol}^{-1})$$

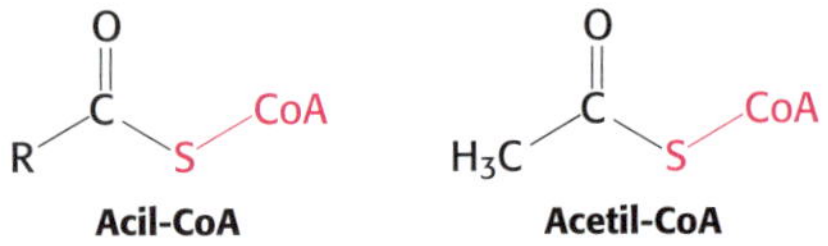


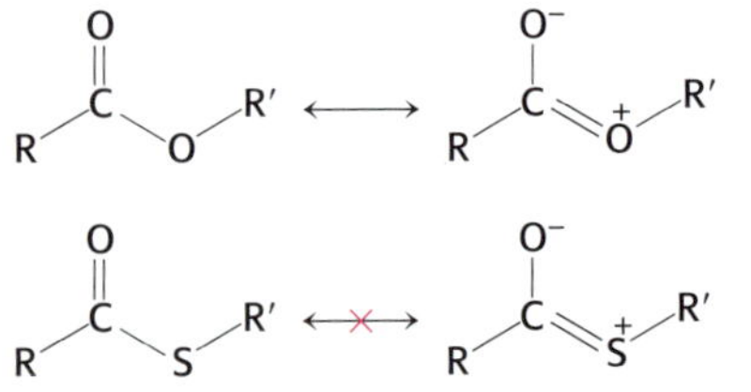

**Os ésteres de oxigênio são estabilizados por estruturas de ressonância não disponíveis para os tioésteres.**

Um tioéster é termodinamicamente mais instável do que um éster de oxigênio, visto que os elétrons da ligação C O não conseguem formar estruturas de ressonância com a ligação C–S que são tão estáveis quanto as que podem ser formadas com a ligação C–O. Em consequência, *a acetil-CoA possui alto potencial de transferência de grupos acetila, visto que a transferência de grupo acetila é exergônica.* A acetil-CoA é um carreador de grupo acetila ativado, assim como o ATP é um carreador de grupo fosforila ativado.

A utilização de carreadores ativados ilustra dois aspectos fundamentais do metabolismo. Em primeiro lugar, o NADH, o NADPH e o $FADH_2$ reagem lentamente com $O_2$ na ausência de catalisador. De modo semelhante, o ATP e a acetil-CoA são hidrolisados lentamente (no decorrer de muitas horas ou até mesmo dias) na ausência de um catalisador. Essas moléculas são cineticamente muito estáveis tendo em vista a grande força termodinâmica que impulsiona a reação com $O_2$ (em relação aos carreadores de elétrons) e com $H_2O$ (em relação ao ATP e à acetil-CoA). *A estabilidade cinética dessas moléculas na ausência de catalisadores específicos é essencial para a sua função biológica, visto que permite que as enzimas controlem o fluxo de energia livre e o poder redutor.*

Em segundo lugar, *as trocas de grupos ativados no metabolismo são realizadas, em sua maioria, por um conjunto bastante pequeno de carreadores* (Tabela 15.2). A existência de um conjunto recorrente de carreadores ativados em todos os organismos constitui um dos padrões (motivos) unificadores da bioquímica. Além disso, ilustra o padrão modular do metabolismo. Um pequeno conjunto de moléculas executa uma variedade muito ampla de tarefas. É fácil compreender o metabolismo por causa de sua economia e da elegância de seu modelo subjacente.

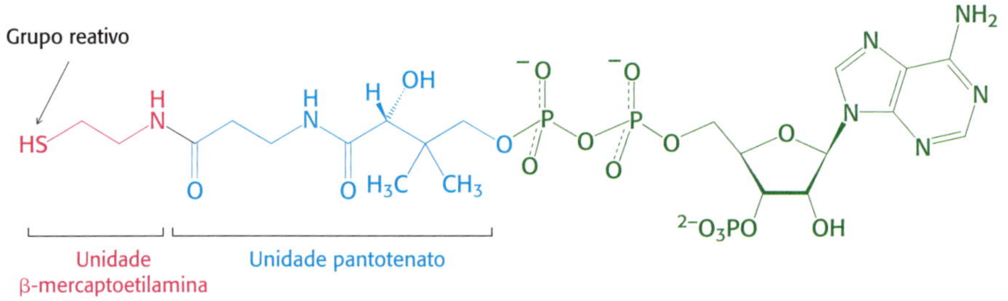


**FIGURA 15.16** Estrutura da coenzima A (CoA-SH).

**TABELA 15.2** Alguns carreadores ativados do metabolismo.

| Molécula carreadora na forma ativada | Grupo carreado | Vitamina precursora |
|---|---|---|
| ATP | Fosforila | |
| NADH e NADPH | Elétrons | Nicotinato (niacina) (vitamina $B_3$) |
| $FADH_2$ | Elétrons | Riboflavina (vitamina $B_2$) |
| $FMNH_2$ | Elétrons | Riboflavina (vitamina $B_2$) |
| Coenzima A | Acil | Pantotenato (vitamina $B_5$) |
| Lipoamida | Acil | |
| Tiamina pirofosfato | Aldeído | Tiamina (vitamina $B_1$) |
| Biotina | $CO_2$ | Biotina (vitamina $B_7$) |
| Tetra-hidrofolato | Unidades de um carbono | Folato (vitamina $B_9$) |
| *S*-Adenosilmetionina | Metila | |
| Uridina difosfato glicose | Glicose | |
| Citidina difosfato diacilglicerol | Fosfatidato | |
| Nucleosídios trifosfatos | Nucleotídios | |

Nota: Muitos dos carreadores ativados são coenzimas derivadas de vitaminas hidrossolúveis.

## Muitos carreadores ativados derivam de vitaminas

Quase todos os carreadores ativados que atuam como coenzimas derivam de *vitaminas*. As vitaminas são moléculas orgânicas necessárias em pequenas quantidades na alimentação de alguns animais superiores. A Tabela 15.3 fornece uma lista das vitaminas que atuam como coenzimas, enquanto a Figura 15.17 mostra as estruturas de algumas delas. Essa série de vitaminas é conhecida como vitaminas do complexo B. Em todos os casos, a vitamina precisa ser modificada para que possa exercer a sua função. Já comentamos as funções da niacina, da riboflavina e do pantotenato. Veremos essas três vitaminas e outras vitaminas B em muitas oportunidades no nosso estudo de bioquímica.

As vitaminas desempenham as mesmas funções em quase todas as formas de vida, porém os animais superiores perderam a capacidade de sintetizá-las no decorrer da evolução. Por exemplo, enquanto *E. coli* pode crescer na presença de glicose e sais orgânicos, os seres humanos necessitam de pelo menos 12 vitaminas na sua alimentação. As vias de biossíntese das vitaminas podem ser complexas; por conseguinte, é biologicamente mais

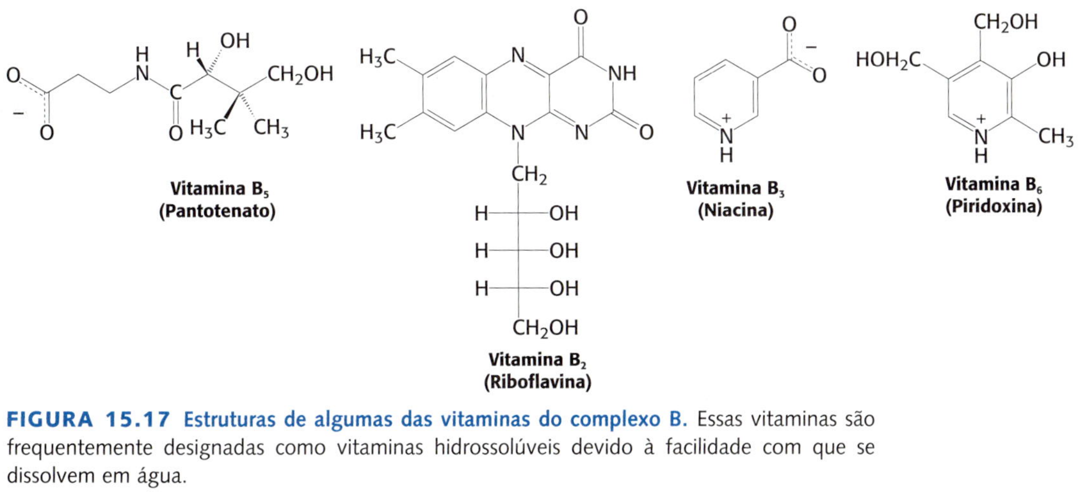


**FIGURA 15.17 Estruturas de algumas das vitaminas do complexo B.** Essas vitaminas são frequentemente designadas como vitaminas hidrossolúveis devido à facilidade com que se dissolvem em água.

**TABELA 15.3** As vitaminas B.

| Vitamina | Coenzima | Reação típica | Consequências da deficiência |
|---|---|---|---|
| Tiamina ($B_1$) | Tiamina pirofosfato | Transferência de aldeídos | Beribéri (perda de peso, problemas cardíacos, disfunção neurológica) |
| Riboflavina ($B_2$) | Flavina adenina dinucleotídio (FAD) | Oxirredução | Queilose e estomatite angular (lesões da boca), dermatite |
| Piridoxina ($B_6$) | Piridoxal fosfato | Transferência de grupos para ou a partir de aminoácidos | Depressão, confusão, crises convulsivas |
| Ácido nicotínico (niacina) ($B_3$) | Nicotinamida adenina dinucleotídio ($NAD^+$) | Oxirredução | Pelagra (dermatite, depressão, diarreia) |
| Ácido pantotênico ($B_5$) | Coenzima A | Transferência de grupos acila | Hipertensão |
| Biotina ($B_7$) | Adutos de biotina-lisina (biocitina) | Carboxilação dependente de ATP e transferência de grupos carboxila | Exantema nas sobrancelhas, dor muscular, fadiga (rara) |
| Ácido fólico ($B_9$) | Tetra-hidrofolato | Transferência de componentes de um carbono; síntese de timina | Anemia, defeitos do tubo neural durante o desenvolvimento |
| $B_{12}$ | 5'-desoxiadenosil cobalamina | Transferência de grupos metila; rearranjos intramoleculares | Anemia, anemia perniciosa, acidose metilmalônica |

eficiente ingeri-las do que sintetizar as enzimas necessárias para a sua produção a partir de moléculas simples. Essa eficiência vem ao custo de uma dependência de outros organismos para obter substâncias químicas essenciais à vida. Com efeito, a deficiência de vitaminas pode causar doenças em todos os organismos que necessitam dessas moléculas (Tabelas 15.3 e 15.4).

Nem todas as vitaminas atuam como coenzimas. As vitaminas designadas pelas letras A, C, D, E e K (Figura 15.18 e Tabela 15.4) desempenham um conjunto diverso de funções.

- A vitamina A (retinol) é o precursor do retinal, o grupo fotossensível na rodopsina e em outros pigmentos visuais (ver seção 34.3 do Capítulo 34, disponível no material suplementar *online*), e do ácido retinoico, uma importante molécula de sinalização. A deficiência dessa vitamina leva à cegueira noturna. Além disso, os animais jovens necessitam de vitamina A para o seu crescimento.
- A vitamina C ou ascorbato atua como antioxidante. A deficiência de vitamina C resulta na formação de moléculas instáveis de colágeno e constitui a causa do escorbuto, uma doença caracterizada por lesões cutâneas e fragilidade dos vasos sanguíneos (ver seção 27.6).
- A vitamina D é um precursor de um hormônio que regula o metabolismo do cálcio e do fósforo. A deficiência dessa vitamina compromete a formação óssea nos animais em crescimento.
- A deficiência de vitamina E ($\alpha$-tocoferol) causa uma variedade de patologias neuromusculares. Essa vitamina inativa espécies reativas de

**TABELA 15.4** Vitaminas que não atuam como coenzimas.

| Vitamina | Função | Deficiência |
|---|---|---|
| A | Funções na visão, no crescimento, na reprodução | Cegueira noturna, lesões da córnea, dano às vias respiratórias e ao trato gastrintestinal |
| C (ácido ascórbico) | Antioxidante | Escorbuto (tumefação e sangramento das gengivas, hemorragia subdérmica) |
| D | Regulação dos metabolismos do cálcio e do fosfato | Raquitismo (crianças): deformidades esqueléticas, atraso do crescimento<br>Osteomalacia (adultos): amolecimento e arqueamento dos ossos |
| E | Antioxidante | Lesões nos músculos e nos nervos (rara) |
| K | Coagulação sanguínea | Hemorragia subdérmica |

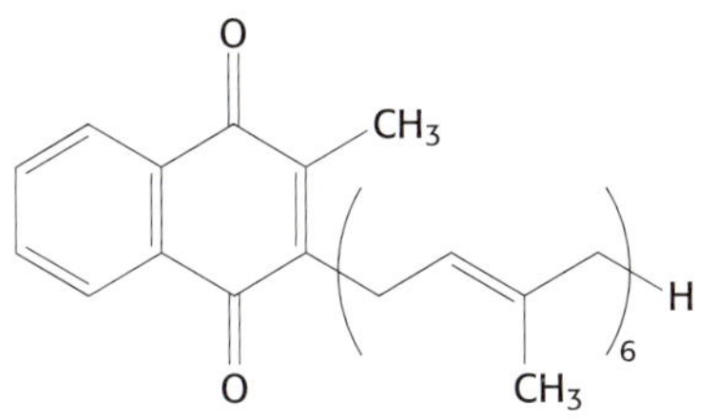

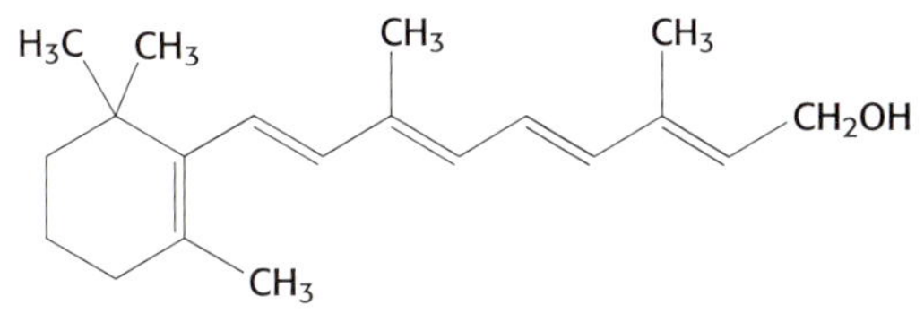

**Vitamina A (Retinol)**

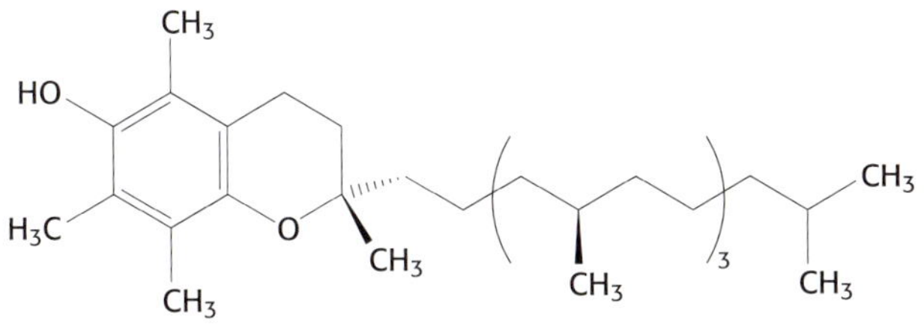

**Vitamina E (α-Tocoferol)**

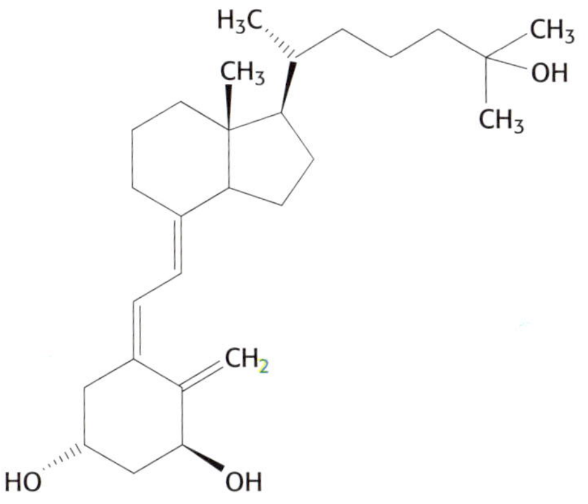

**1,25-di-hidroxivitamina $D_3$ (calcitriol)**

**FIGURA 15.18 Estruturas de algumas vitaminas que não atuam como coenzimas.** Essas vitaminas são frequentemente denominadas vitaminas lipossolúveis em virtude de sua natureza hidrofóbica.

oxigênio, como os radicais hidroxila, antes que possam oxidar os lipídios insaturados de membranas, provocando dano às estruturas celulares.

- A vitamina K é necessária para a coagulação sanguínea normal.

Já abordamos a vitamina K em seu contexto bioquímico (ver seção 10.4), e discutiremos as outras vitaminas que não atuam como coenzimas ao longo de nosso estudo de bioquímica.

## Reações-chave repetem-se em todo o metabolismo

Assim como existe uma economia de planejamento na utilização de carreadores ativados, existe também uma economia de padrão nas reações bioquímicas. As milhares de reações metabólicas, desconcertantes à primeira vista diante de sua variedade, podem ser subdivididas em apenas seis tipos (Tabela 15.5). Esses seis tipos de reações correspondem às seis principais classes de enzimas discutidas no Apêndice do Capítulo 8. As reações específicas de cada tipo aparecem repetidamente, reduzindo o número de reações que o estudante precisa aprender.

**TABELA 15.5** Tipos de reações químicas do metabolismo.

| Tipo de reação | Descrição |
|---|---|
| Oxirredução | Transferência de elétrons |
| Transferência de grupo | Transferência de um grupo funcional de uma molécula para outra |
| Hidrólise | Clivagem de ligações pela adição de água |
| Clivagem da ligação de carbono por outros meios diferentes da hidrólise ou oxidação | Dois substratos produzindo um produto, ou vice-versa. Quando a $H_2O$ ou o $CO_2$ são um produto, forma-se uma dupla ligação |
| Isomerização | Rearranjo de átomos para formar isômeros |
| Ligação exigindo clivagem do ATP | Formação de ligações covalentes (*i. e.*, ligações carbono-carbono) |

**1.** *As reações de oxirredução* são componentes essenciais de muitas vias. A energia útil provém, com frequência, da oxidação de compostos de carbono. Considere as duas reações seguintes:.

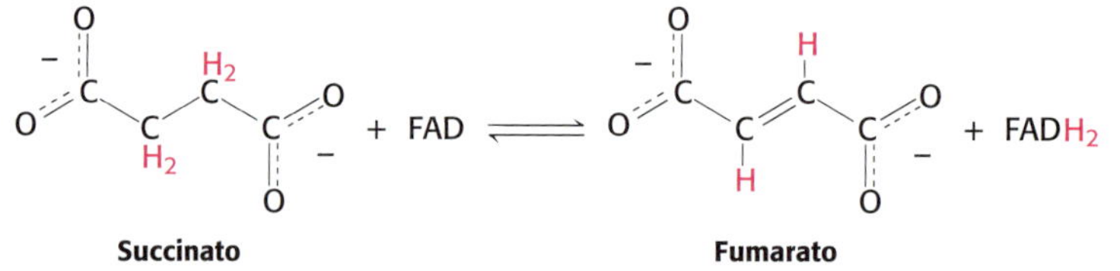


(1)

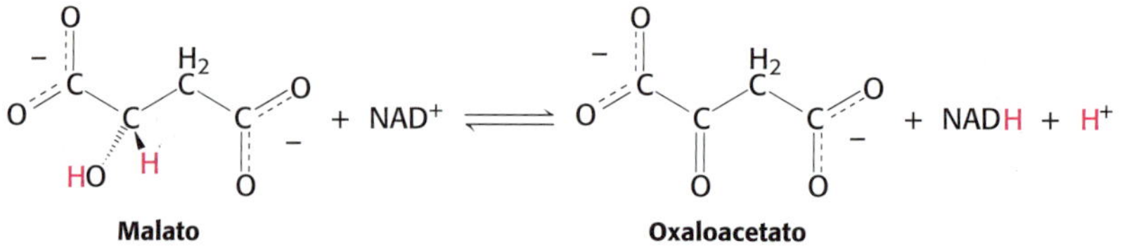


(2)

Essas duas reações de oxirredução são componentes do ciclo do ácido cítrico (ver Capítulo 17), que oxida por completo o fragmento de dois carbonos ativado da acetil-CoA a duas moléculas de $CO_2$. Na reação 1, o $FADH_2$ é o carreador de elétrons, ao passo que, na reação 2, os elétrons são carreados pelo NADH.

**2.** *As reações de transferência de grupos* desempenham uma variedade de funções. A reação 3 representa uma reação desse tipo. Um grupo fosforila é transferido do carreador ativado de grupos fosforila, o ATP, para a glicose, a etapa inicial da glicólise, uma via fundamental para a extração de energia da glicose (ver Capítulo 16). Essa reação captura a glicose dentro da célula de modo que possa ocorrer seu subsequente catabolismo.

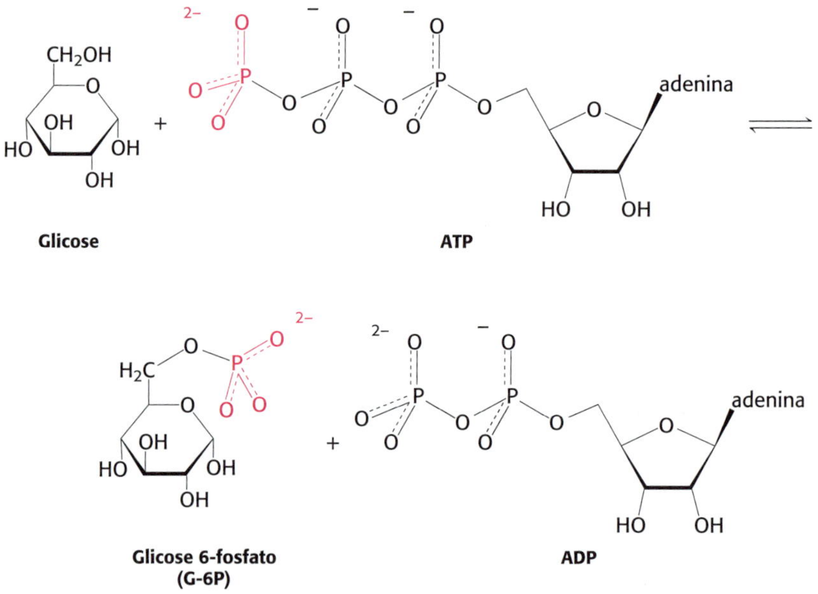


(3)

Conforme assinalado anteriormente, as reações de transferência de grupos são utilizadas na síntese de ATP. Vimos também exemplos de seu uso em vias de sinalização (ver Capítulo 14).

**3.** *As reações hidrolíticas* clivam ligações pela adição de água. A hidrólise constitui uma forma comum de degradar moléculas grandes, facilitando o seu metabolismo subsequente ou reutilizando alguns dos componentes para propósitos de biossíntese. As proteínas são digeridas por clivagem hidrolítica (ver Capítulos 9 e 10). A reação 4 ilustra a hidrólise de um peptídio produzindo dois peptídios menores.

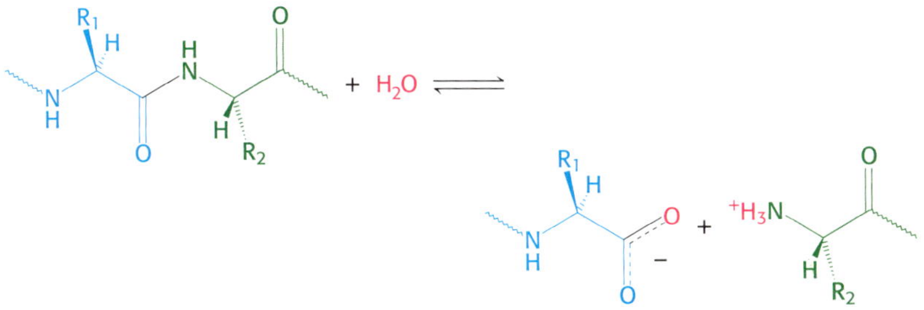


(4)

**4.** *As ligações de carbono podem ser clivadas por outros meios diferentes da hidrólise ou da oxidação, com dois substratos gerando um produto ou vice-versa.* Quando o $CO_2$ ou a $H_2O$ são liberados, forma-se uma dupla ligação. As enzimas que catalisam esses tipos de reações são classificadas como *liases.* Um exemplo importante, ilustrado na reação 5, é a conversão da molécula de seis carbonos, a frutose 1,6-bisfosfato, em dois fragmentos de três carbonos: a di-hidroxiacetona fosfato e o gliceraldeído 3-fosfato.

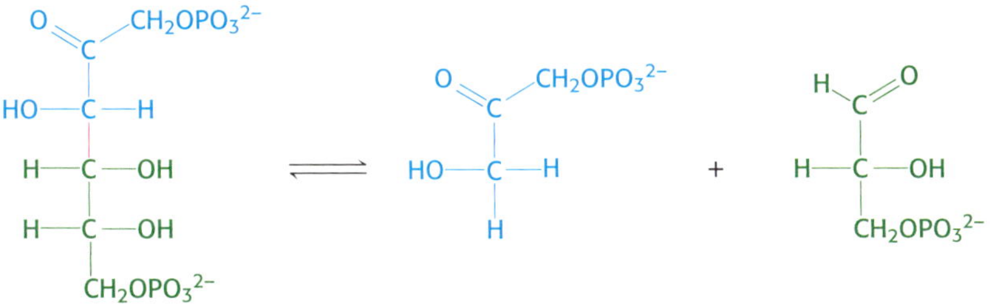


(5)

**Frutose 1,6-bisfosfato (F-1,6-BP)**   **Di-hidroxiacetona fosfato (DHAP)**   **Gliceraldeído 3-fosfato (GAP)**

Essa reação constitui uma etapa fundamental na glicólise (ver Capítulo 16). As desidratações para formar ligações duplas, como a formação de fosfoenolpiruvato (Figura 15.6) a partir do 2-fosfoglicerato (reação 6), são importantes reações desse tipo.

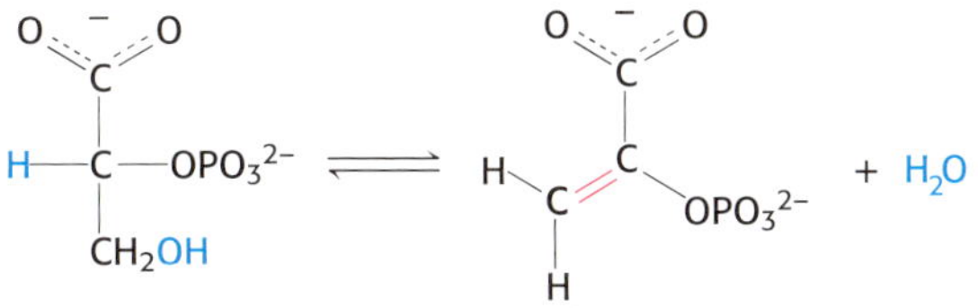


(6)

**2-fosfoglicerato**   **Fosfoenolpiruvato (PEP)**

A desidratação leva à próxima etapa da via: uma reação de transferência de grupo que utiliza o alto potencial de transferência de grupo fosforila do produto PEP para formar ATP a partir de ADP.

**5.** *As reações de isomerização* reorganizam determinados átomos dentro de uma molécula. Sua função consiste frequentemente em preparar a molécula para reações subsequentes, como as reações de oxirredução descritas no tipo 1.

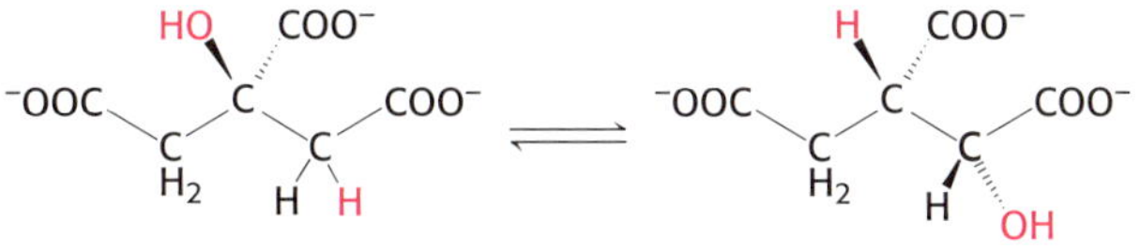


(7)

**Citrato**   **Isocitrato**

A reação 7 também é um componente do ciclo do ácido cítrico. Essa isomerização prepara a molécula para reações subsequentes de oxidação e descarboxilação movendo o grupo hidroxila do citrato de uma posição terciária para uma secundária.

**6.** *As reações de ligação* formam ligações pela utilização da energia livre da clivagem do ATP. A reação 8 ilustra a formação dependente de ATP de uma ligação carbono-carbono, que é necessária para combinar moléculas menores para produzir moléculas maiores. O oxaloacetato é formado a partir de piruvato e $CO_2$.

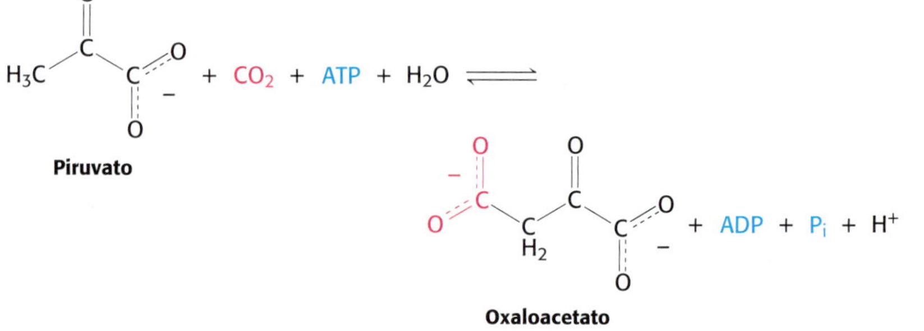


(8)

O oxaloacetato pode ser utilizado no ciclo do ácido cítrico ou pode ser convertido em glicose ou aminoácidos, como o ácido aspártico.

Esses seis tipos de reações fundamentais constituem a base do metabolismo. Convém lembrar que todos os seis tipos podem ocorrer em ambas as direções, dependendo da energia livre-padrão para uma reação específica e das concentrações dos reagentes e dos produtos no interior da célula. Uma maneira efetiva de aprender é buscar as características em comum nas diversas vias metabólicas que examinaremos. Existe uma lógica química que, quando exposta, torna a complexidade da química dos sistemas vivos mais manejável, revelando a sua elegância.

## Os processos metabólicos são regulados de três maneiras principais

É evidente que a rede complexa de reações metabólicas precisa ser rigorosamente regulada. Os níveis dos nutrientes disponíveis devem ser monitorados, e a atividade das vias metabólicas precisam ser alteradas e integradas, criando *homeostasia, isto é,* um ambiente bioquímico estável. Ao mesmo tempo, o controle metabólico precisa ser flexível, capaz de ajustar a atividade metabólica aos ambientes externos das células em constante mudança. A Figura 15.19 ilustra os reservatórios de nutrientes e suas conexões que precisam ser monitoradas e reguladas. O metabolismo é regulado pelo controle (1) *das quantidades de enzimas,* (2) *de suas atividades catalíticas* e (3) *da acessibilidade dos substratos.*

**Controle das quantidades de enzimas.** A quantidade de determinada enzima depende tanto de sua velocidade de síntese quanto de sua velocidade de degradação. O nível de muitas enzimas é ajustado por uma mudança nas *taxas de transcrição* dos genes que as codificam (ver Capítulos 30, 32 e 33). Por exemplo, em *E. coli,* a presença da lactose induz, em poucos minutos, um aumento de mais de 50 vezes na velocidade de síntese da β-galactosidase, a enzima necessária para a degradação desse dissacarídeo.

**Controle da atividade catalítica.** A atividade catalítica das enzimas é controlada de diversas maneiras. O *controle alostérico* é particularmente importante. Por exemplo, a primeira reação em muitas vias de biossíntese é alostericamente inibida pelo produto final da via. Um exemplo bem compreendido de *inibição por retroalimentação* é a inibição da enzima aspartato transcarbamoilase pela citidina trifosfato (ver seção 10.1). Esse tipo de controle pode ser quase instantâneo. Outro mecanismo recorrente é a *modificação covalente reversível* (ver seção 10.3). Por exemplo, a glicogênio fosforilase, a enzima que catalisa a degradação do glicogênio, uma forma de

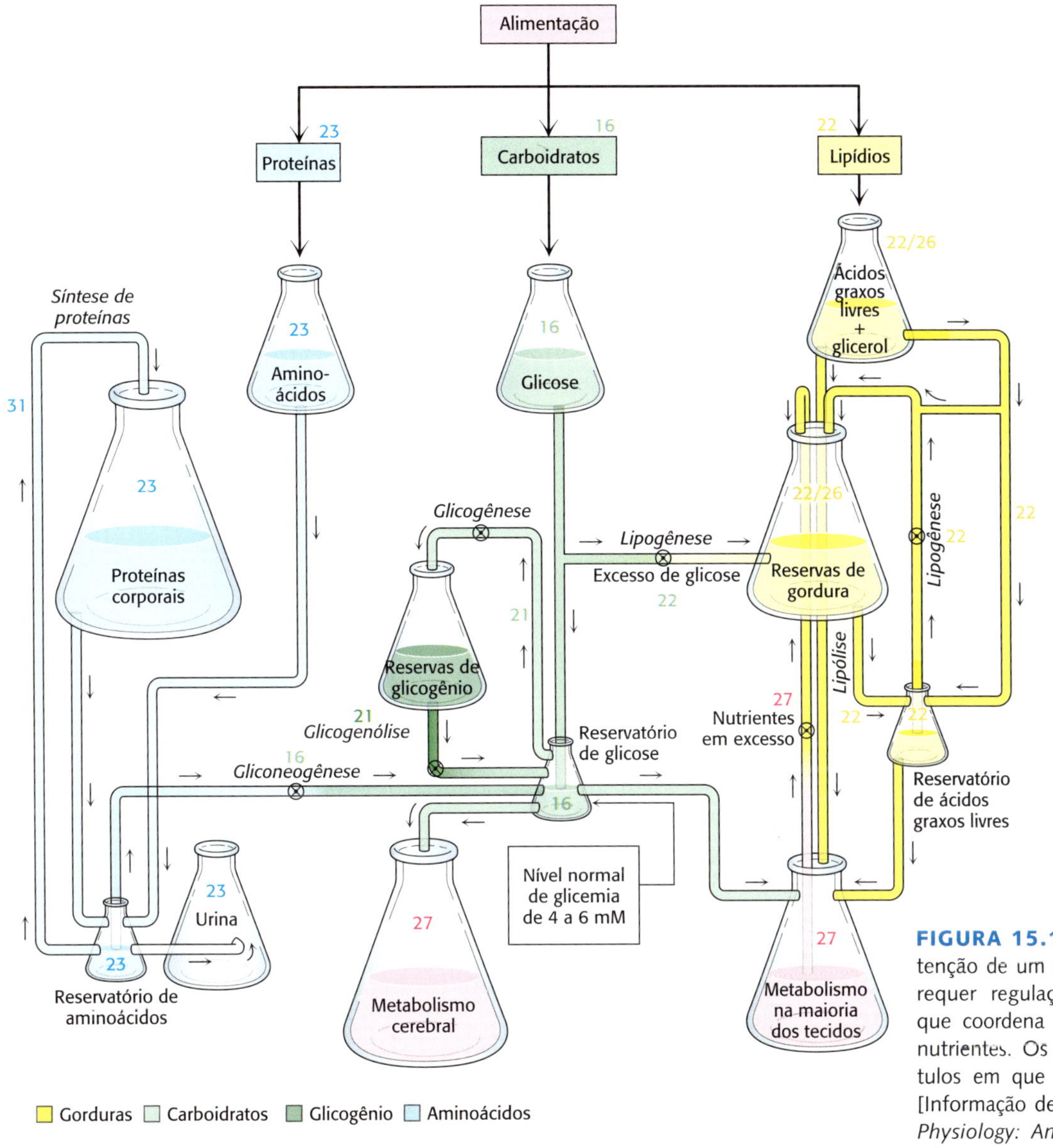


**FIGURA 15.19** Homeostasia. A manutenção de um ambiente celular constante requer regulação metabólica complexa, que coordena o uso de reservatórios de nutrientes. Os números indicam os capítulos em que os tópicos são discutidos. [Informação de D. U. Silverthorn, *Human Physiology: An Integrated Approach*, 3rd ed. (Pearson, 2004), Figure 22.2.]

armazenamento de açúcar, é ativada pela fosforilação de determinado resíduo de serina quando há escassez de glicose (ver seção 21.1).

*Os hormônios coordenam as relações metabólicas* entre diferentes tecidos, frequentemente por meio da regulação da modificação reversível de enzimas-chave. Por exemplo, o hormônio epinefrina desencadeia uma cascata de transdução de sinais no músculo que resulta na fosforilação e ativação de enzimas fundamentais, levando à rápida degradação do glicogênio em glicose, que é então utilizada para fornecer o ATP necessário para a contração muscular. Conforme descrito no Capítulo 14, muitos hormônios atuam por meio de mensageiros intracelulares, como o AMP cíclico e o íon cálcio, que coordenam as atividades de muitas proteínas-alvo.

Muitas reações no metabolismo são controladas pelo *estado energético* da célula. Um indicador do estado energético é a *carga energética*, que é proporcional à fração molar de ATP mais metade da fração molar de ADP, tendo em vista que o ATP contém duas ligações anidrido, enquanto o ADP contém uma. Por conseguinte, a carga energética é definida como

$$\text{Carga energética} = \frac{[\text{ATP}] + \frac{1}{2}[\text{ADP}]}{[\text{ATP}] + [\text{ADP}] + [\text{AMP}]}$$

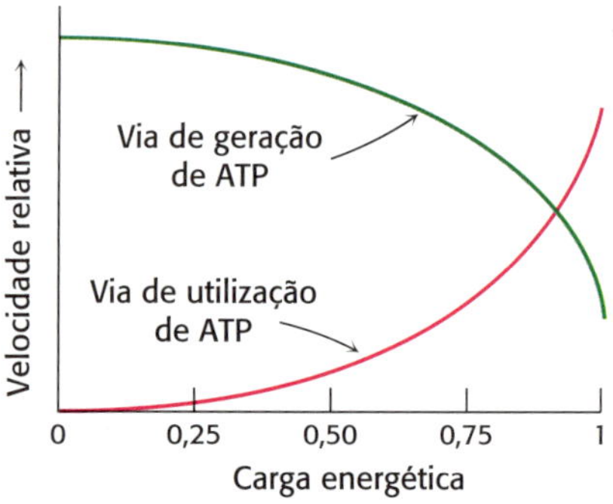


**FIGURA 15.20 A carga energética regula o metabolismo.** Quando a carga enérgica é alta, o ATP inibe a velocidade relativa de uma via típica de geração de ATP (catabólica) e estimula uma via típica de utilização do ATP (anabólica).

A carga energética pode ter um valor que varia de 0 (tudo AMP) a 1 (tudo ATP). *As vias produtoras de ATP (catabólicas) são inibidas por uma carga energética alta, enquanto as vias que utilizam ATP (anabólicas) são estimuladas por uma alta carga energética.* Nos gráficos das velocidades das reações dessas vias *versus* carga energética, as curvas são acentuadas próximo a uma carga energética de 0,9, onde ocorre habitualmente interseção entre elas (Figura 15.20). É evidente que o controle dessas vias evoluiu para manter a carga energética dentro de limites bastante estreitos. Em outras palavras, *a carga energética, assim como o pH de uma célula, é tamponada.* A carga energética da maioria das células varia de 0,90 a 0,95, mas pode cair para menos de 0,7 no músculo durante o exercício físico de alta intensidade. Um indicador alternativo do estado energético é o *potencial de fosforilação,* que é definido como

$$\text{Potencial de fosforilação} = \frac{[\text{ATP}]}{[\text{ADP}] + [\text{P}_i]}$$

Diferentemente da carga energética, o potencial de fosforilação depende da concentração de $P_i$ e está diretamente relacionado com a reserva de energia livre disponível a partir do ATP.

**Controle da acessibilidade de substratos.** O controle da *disponibilidade de substratos* constitui outro meio de regular o metabolismo em todos os organismos. Por exemplo, a degradação da glicose pode ocorrer em muitas células apenas na presença de insulina para promover a entrada de glicose no interior das células. Nos eucariotos, a regulação e a flexibilidade metabólicas são intensificadas pela compartimentalização. A transferência de substratos de um compartimento celular para outro atua como ponto de controle. Por exemplo, a oxidação de ácidos graxos ocorre nas mitocôndrias, enquanto a síntese de ácidos graxos ocorre no citoplasma. *A compartimentalização segrega reações opostas.*

## Aspectos do metabolismo podem ter evoluído a partir de um mundo de RNA

Como evoluíram as complexas vias que constituem o metabolismo? A ideia atual é a de que o RNA foi uma biomolécula primordial que dominou o metabolismo atuando como catalisador e como molécula de armazenamento de informação. Essa época hipotética é denominada mundo do RNA.

Por que carreadores ativados, como o ATP, o NADH, o $FADH_2$ e a coenzima A, contêm unidades de adenosina difosfato? Uma explicação possível é que essas moléculas evoluíram a partir de catalisadores primordiais de RNA. Unidades não RNA, como o anel de isoaloxazina, podem ter sido recrutadas para atuar como carreadores eficientes de elétrons ativados e de unidades químicas – uma função não prontamente executada pelo próprio RNA. Podemos imaginar o anel de adenina do $FADH_2$ ligando-se a uma unidade de uracila em um nicho de uma enzima de RNA (ribozima) por pareamento de bases, enquanto o anel de isoaloxazina se projeta e atua como carreador de elétrons. Quando as proteínas mais versáteis substituíram o RNA como principais catalisadores, as coenzimas de ribonucleotídios permaneceram essencialmente inalteradas, visto que já estavam bem adaptadas às suas funções metabólicas. Por exemplo, a unidade de nicotinamida do NADH é capaz de transferir prontamente elétrons independentemente da interação da unidade de adenina com uma base em uma enzima de RNA, ou com resíduos de aminoácidos em uma enzima proteica. Com o advento das enzimas proteicas, esses cofatores importantes evoluíram como moléculas livres sem perder o vestígio de adenosina difosfato de seu mundo de RNA ancestral. O fato de que moléculas e padrões de metabolismo sejam comuns a todas as formas de vida atesta a sua origem comum e a retenção de módulos de funcionamento por bilhões de anos de evolução. Nossa compreensão do metabolismo, como a de outros processos biológicos, é enriquecida pela pesquisa de como surgiram esses padrões de reações maravilhosamente integradas.

## RESUMO

Todas as células transformam a energia. Elas extraem energia de seu ambiente e a utilizam para converter moléculas simples em componentes celulares.

### 15.1 O metabolismo é composto de numerosas reações acopladas e interconectadas

O processo de transdução de energia ocorre por meio do metabolismo, uma rede altamente integrada de reações químicas. O metabolismo pode ser subdividido em catabolismo (reações empregadas para extrair energia de compostos energéticos) e em anabolismo (reações que utilizam essa energia para a biossíntese). O conceito termodinâmico mais valioso para compreender a bioenergética é o de energia livre. Uma reação só pode ocorrer espontaneamente se a variação na energia livre ($\Delta G$) for negativa. Uma reação termodinamicamente desfavorável pode ser impulsionada por outra reação termodinamicamente favorável, que, em muitos casos, consiste na hidrólise do ATP.

### 15.2 O ATP é a moeda universal de energia livre utilizada nos sistemas biológicos

A energia derivada do catabolismo é transformada em adenosina trifosfato. A hidrólise do ATP é exergônica, e a energia liberada pode ser utilizada para impulsionar processos celulares, incluindo movimento, transporte ativo e biossíntese. Em condições celulares, a hidrólise do ATP desloca o equilíbrio de uma reação acoplada por um fator de $10^8$. O ATP, que é a moeda universal de energia livre utilizada nos sistemas biológicos, é uma molécula rica em energia, visto que ela contém duas ligações fosfoanidrido.

### 15.3 A oxidação de substratos energéticos de carbono constitui uma fonte importante de energia celular

A formação do ATP está acoplada à oxidação de compostos energéticos de carbono, seja diretamente, seja por meio da formação de gradientes iônicos. Os organismos fotossintéticos podem utilizar a luz para gerar esses gradientes. O ATP é consumido para impulsionar reações endergônicas e nos processos de transdução de sinais. A extração de energia dos alimentos pelos organismos aeróbicos compreende três estágios. No primeiro estágio, as moléculas grandes são clivadas em moléculas menores, como aminoácidos, açúcares e ácidos graxos. No segundo estágio, essas moléculas pequenas são degradadas a algumas unidades simples, como a acetil-CoA, que desempenham funções variadas no metabolismo. O terceiro estágio do metabolismo é o ciclo do ácido cítrico e a fosforilação oxidativa, em que ocorre produção de ATP à medida que os elétrons vão fluindo para o $O_2$, o último aceptor de elétrons, e os substratos energéticos estão completamente oxidados a $CO_2$.

### 15.4 As vias metabólicas contêm muitos padrões (motivos) recorrentes

O metabolismo caracteriza-se por padrões (motivos) comuns. Um pequeno número de recorrentes carreadores ativados, como ATP, NADH e acetil-CoA, transferem grupos ativados em muitas vias metabólicas. O NADPH, que atua como carreador de dois elétrons com alto potencial, fornece poder redutor na biossíntese redutora de componentes celulares. Muitos carreadores ativados derivam de vitaminas – pequenas moléculas orgânicas necessárias na alimentação de muitos organismos superiores. Além disso, algumas reações essenciais são utilizadas de modo repetitivo nas vias metabólicas.

O metabolismo é regulado de diversas maneiras. As quantidades de algumas enzimas fundamentais são controladas pela regulação da velocidade de síntese e de degradação. Além disso, as atividades catalíticas de muitas enzimas são reguladas por interações alostéricas e por modificação covalente. O movimento de muitos substratos nas células e nos compartimentos subcelulares também é controlado. A carga energética, que depende das quantidades relativas de ATP, ADP e AMP, desempenha um papel na regulação metabólica. Uma carga energética elevada inibe as vias de geração de ATP (catabólicas) enquanto estimula as vias de utilização do ATP (anabólicas).

APÊNDICE

# Estratégias para resolução da questão

**QUESTÃO:** A creatina fosfato (fosfocreatina) é utilizada como doador de fosforila para a síntese de ATP no músculo.

**a.** Que enzima catalisa a síntese de creatina fosfato (fosfocreatina)? Escreva a reação.

**b.** Em um músculo esquelético em repouso, são observados os seguintes metabólitos nas concentrações indicadas.

$$[ATP] = 4\ mM;\ ADP = 0{,}013\ mM$$

$$[fosfocreatina] = 25\ mM;\ [creatina] = 13\ mM$$

Calcule o valor de $\Delta G$ para a reação da creatinoquinase em um músculo em repouso.

**SOLUÇÃO:** A parte (a) desta questão é direta. Você se lembra da enzima e da reação, ou você procura a resposta na p. 475.

$$\text{Fosfocreatina} + \text{ADP} \xrightleftharpoons{\text{Creatinoquinase}} \text{ATP} + \text{creatina}$$

Agora, consideremos a parte (b).

▶ **Qual é a fórmula necessária para calcular ΔG?**

$$\Delta G = \Delta G^{\circ\prime} + RT\ln\frac{[C][D]}{[A][B]}$$

Essa fórmula está localizada na p. 490.

Os valores necessários para o termo à direita são fornecidos, porém precisamos conhecer o valor de $\Delta G^{\circ\prime}$ para a reação da quinase.

▶ **Como determinamos ΔG°′?**

Precisamos dissecar a reação da quinase em dois componentes (duas reações), e procurar determinar os valores de $\Delta G^{\circ\prime}$ em cada uma das reações. Convém lembrar que os valores de $\Delta G^{\circ\prime}$ são aditivos.

▶ **Quais são as duas reações componentes da reação da creatinoquinase?**

$$ADP + P_i \longrightarrow ATP + H_2O$$

$$\text{Fosfocreatina} + H_2O \text{ –> creatina} + P_i$$

Utilizando a Tabela 15.1 do texto, podemos determinar os valores de $\Delta G^{\circ\prime}$ em ambas as reações.

Na síntese de ATP, $\Delta G^{\circ\prime} = +30{,}5$ kJ/mol. Na hidrólise da fosfocreatina, $\Delta G^{\circ\prime} = -43{,}1$ kJ/mol$^{-1}$.

▶ **Qual é o valor de ΔG°′ da reação da quinase?**

Os valores de $\Delta G^{\circ\prime}$ são aditivos, de modo que $\Delta G^{\circ\prime}$ na reação da quinase é –43,1 kJ/mol + 30,5 kJ/mol = –12,6 kJ/mol.

Uma vez determinado o valor de $\Delta G^{\circ\prime}$, podemos agora utilizar a equação anterior e os valores fornecidos para determinar $\Delta G^{\circ\prime}$.

$$\Delta G = -12{,}6\ \text{kJ/mol} + \text{RT} = \frac{[\text{ATP}][\text{creatina}]}{[\text{ADP}][\text{fosfocreatina}]}$$

$$= -12{,}9\ \text{kJ/mol} + (0{,}0083)(298)\frac{[4\ \text{mM}][13\ \text{mM}]}{[0{,}03\ \text{mM}][\text{creatina } 25\ \text{mM}]}$$

$$= 12{,}6\ \text{kJ/mol} + (2{,}47)\ln(160)$$

$$= 0{,}1\ \text{kJ/mol}$$

Nenhuma tarefa para realizar em casa, porém convém lembrar que se trata de um músculo em repouso.

## PALAVRAS-CHAVE

metabolismo ou metabolismo intermediário
metabolômica
fototrófico
quimiotrófico
catabolismo
anabolismo
via anfibólica
adenosina trifosfato (ATP)
potencial de transferência de grupo fosforila
carreador ativado
vitamina
reação de oxirredução
reação de transferência de grupo
reação hidrolítica
clivagem de ligações de carbono por outros meios distintos da hidrólise ou oxidação
liase
reação de isomerização
reação de ligação
carga energética
potencial de fosforilação

## QUESTÕES

**1.** *Padrões complexos.* O que se entende por *metabolismo intermediário?* 1

**2.** *Opostos.* Diferencie anabolismo de catabolismo. 1

**3.** *Autossuficiente versus dependente.* Diferencie um fototrófico de um quimiotrófico.

**4.** *Reciclagem.* Descreva o ciclo ATP-ADP e a sua função nos sistemas biológicos. 2

**5.** *Ideia de Hans Krebs.* Quais são os três estágios principais na extração de energia dos alimentos? Avalie a contribuição de cada estágio para a síntese de ATP.

**6.** *Grafite.* Enquanto caminha com um amigo para a sua aula de bioquímica, você se depara com a seguinte pintura de grafite na parede do prédio de ciências: "Quando um sistema está em equilíbrio, a energia livre de Gibbs é máxima." Você está indignado não apenas com o ato de vandalismo, mas também com a ignorância da pessoa que o cometeu. O seu amigo lhe pede para explicar isso.

**7.** *Por que se preocupar com a alimentação?* Quais são as três utilizações principais da energia celular?

**8.** *Estabeleça a correspondência.* 1

| | |
|---|---|
| 1. Moeda energética celular ____________ | (a) $NAD^+$ |
| 2. Carreador anabólico de elétrons _________ | (b) Coenzima A |
| 3. Fototrófico __________ | (c) Precursor de coenzimas |
| 4. Carreador catabólico de elétrons ___________ | (d) Reações que produzem energia |
| 5. Oxirredução _________ | (e) Reações que requerem energia |
| 6. Carreador ativo de dois ___________ | (f) Fragmentos de carbonos de ATP |
| 7. Vitamina ___________ | (g) Transfere elétrons |
| 8. Anabolismo _________ | (h) $NADP^+$ |
| 9. Reação anfibólica ____ | (i) Converte a energia luminosa em energia química |
| 10. Catabolismo ________ | (j) Utilizado(a) no anabolismo e no catabolismo |

**9.** *Cargas.* O ATP *in vivo* está habitualmente ligado a íons magnésio ou manganês. Por que isso ocorre? 2

**10.** *Energia para queimar.* Que fatores são responsáveis pelo alto potencial de transferência de grupo fosforila de nucleosídios trifosfatos? 2

**11.** *De volta no tempo.* Explique o fato de o ATP, e não outro nucleosídio trifosfato, ser a moeda energética celular.

**12.** *Fonte universal.* Por que faz sentido ter um único nucleotídio, o ATP, para atuar como forma universal de energia celular?

**13.** *Condições ambientais.* A energia livre-padrão da hidrólise do ATP é de $-30{,}5$ kJ mol$^{-1}$ ($-7{,}3$ kcal mol$^{-1}$).

$$\text{ATP} + H_2O \rightleftharpoons \text{ADP} + P_i$$

Em condições fisiológicas, como o repouso, o exercício intenso ou uma alteração do ambiente iônico intracelular poderiam alterar a energia livre da hidrólise? 2

**14.** *Força bruta?* As vias metabólicas frequentemente contêm reações com valores positivos de energia livre-padrão; apesar disso, as reações ainda ocorrem. Como isso é possível? 3

**15.** *Fluxo de energia.* Qual é o sentido de cada uma das seguintes reações quando os reagentes estão inicialmente presentes em quantidades equimolares? Utilize os dados fornecidos na Tabela 15.1. 3

(a) ATP + creatina $\rightleftharpoons$ fosfocreatina + ADP

(b) ATP + glicerol $\rightleftharpoons$ glicerol 3-fosfato + ADP

(c) ATP + piruvato $\rightleftharpoons$ fosfoenolpiruvato + ADP

(d) ATP + glicose $\rightleftharpoons$ glicose 6-fosfato + ADP

**16.** *Dedução correta.* Qual é a informação fornecida pelos dados de $\Delta G°'$ na Tabela 15.1 sobre as velocidades relativas da hidrólise do pirofosfato e do acetil fosfato?

**17.** *Doador potente.* Considere a seguinte reação:

$$\text{ATP} + \text{piruvato} \rightleftharpoons \text{fosfoenolpiruvato} + \text{ADP}$$

**(a)** Calcule $\Delta G°'$ e $K'_{eq}$ a 25°C dessa reação utilizando os dados fornecidos na Tabela 15.1.

**(b)** Qual é a razão de equilíbrio entre o piruvato e o fosfoenolpiruvato se a razão entre ATP e ADP for 10? 3

**18.** *Equilíbrio isomérico.* Utilizando a informação fornecida na Tabela 15.1, calcule $\Delta G^{\circ\prime}$ para a isomerização da glicose 6-fosfato em glicose 1-fosfato. Qual é a razão de equilíbrio entre a glicose 6-fosfato e a glicose 1-fosfato a 25°C?

**19.** *Acetato ativado.* A formação de acetil-CoA a partir do acetato é uma reação impulsionada pelo ATP:

$$\text{Acetato} + \text{ATP} + \text{CoA} \rightleftharpoons \text{acetil-CoA} + \text{AMP} + \text{PP}_i$$

**(a)** Calcule $\Delta G^{\circ\prime}$ dessa reação utilizando os dados fornecidos neste capítulo.

**(b)** O $PP_i$ formado na reação anterior é rapidamente hidrolisado *in vivo* devido à ubiquidade da pirofosfatase inorgânica. O valor de $\Delta G^{\circ\prime}$ da hidrólise do $PP_i$ é de –19,2 kJ mol$^{-1}$ (–4,6 kcal mol$^{-1}$). Calcule $\Delta G^{\circ\prime}$ da reação global incluindo a hidrólise do pirofosfato. Que efeito a hidrólise de $PP_i$ tem sobre a formação de acetil-CoA?

**20.** *Força do ácido.* A $pK_a$ de um ácido é uma medida de seu potencial de transferência de prótons.

**(a)** Deduza uma relação entre $\Delta G^{\circ\prime}$ e $pK_a$.

**(b)** Qual é a $\Delta G^{\circ\prime}$ da ionização do ácido acético que tem um valor de $pK_a$ de 4,8?

**21.** *Raison d'être.* Os músculos de alguns invertebrados são ricos em arginina fosfato (fosfoarginina). Proponha uma função para esse derivado de aminoácido.

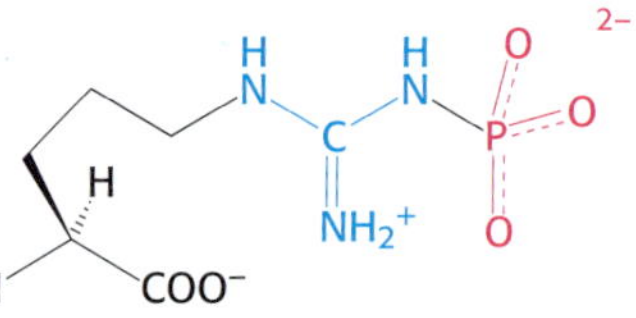

**Arginina fosfato**

**22.** *Padrão (motivo) recorrente.* Qual é a característica estrutural comum ao ATP, FAD, NAD$^+$ e CoA? 5

**23.** *Ajuda ou obstáculo ergogênicos?* A creatina é um suplemento alimentar popular, porém não testado.

**(a)** Qual é a justificativa bioquímica para o uso da creatina?

**(b)** Que tipo de exercício obteria mais benefício da suplementação de creatina? 3

**24.** *Condições-padrão versus vida real 1.* A enzima aldolase catalisa a seguinte reação na via glicolítica:

$$\text{Frutose 1,6-bisfosfato} \xrightleftharpoons{\text{Aldolase}} \text{ATP + creatina}$$
$$\text{di-hidroxiacetona fosfato + gliceraldeído 3-fosfato}$$

Nessa reação, $\Delta G^{\circ\prime}$ é +23,8 kJ mol$^{-1}$ (+5,7 kcal mol$^{-1}$), enquanto $\Delta G$ na célula é –1,3 kJ mol$^{-1}$ (–0,3 kcal mol$^{-1}$). Calcule a razão entre reagentes e produtos em condições de equilíbrio e intracelulares. Utilizando os resultados que obteve, explique como a reação pode ser endergônica em condições-padrão e exergônica em condições intracelulares.

**25.** *Condições-padrão versus vida real 2.* Na p. 468, mostramos que uma reação A $\rightleftharpoons$ B, com $\Delta G^{\circ\prime}$ = +16,7 kJ mol$^{-1}$ (+4,0 kcal mol$^{-1}$) apresenta uma $K'_{eq}$ de 1,15 × 10$^{-3}$. Ocorre um aumento da $K'_{eq}$ para 2,67 × 10$^{2}$ se a reação for acoplada à hidrólise do ATP em condições-padrão. O sistema de geração de ATP das células mantém a razão [ATP]/[ADP][$P_I$] em alto nível, normalmente na ordem de 500 M$^{-1}$. Calcule a razão B/A em condições celulares.

**26.** *Nem tudo igual.* As concentrações de ATP, ADP e $P_i$ diferem de acordo com o tipo de célula. Em consequência, a liberação de energia livre com a hidrólise do ATP variará com o tipo de célula. Utilizando a tabela seguinte, calcule $\Delta G$ da hidrólise do ATP nas células hepáticas, musculares e cerebrais. Em que tipo de célula a energia livre da hidrólise do ATP é mais negativa? 3

| | ATP (mM) | ADP (mM) | $P_i$ (mM) |
|---|---|---|---|
| Fígado | 3,5 | 1,8 | 5,0 |
| Músculo | 8,0 | 0,9 | 8,0 |
| Cérebro | 2,6 | 0,7 | 2,7 |

**27.** *Questões de oxidação.* Examine os pares de moléculas e identifique a molécula mais reduzida em cada par. 4

(a)

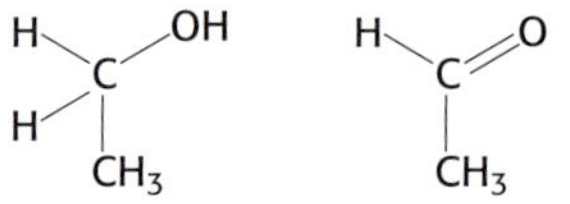

**Etanol** **Acetaldeído**

(b)

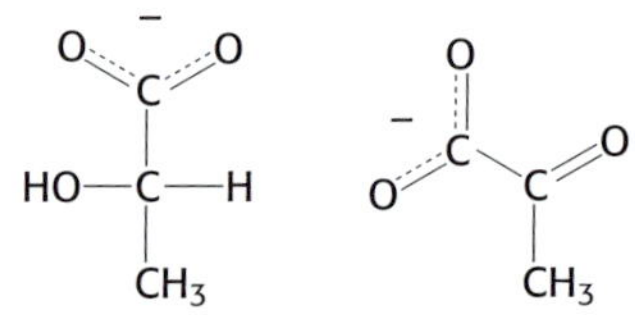

**Lactato** **Piruvato**

(c)

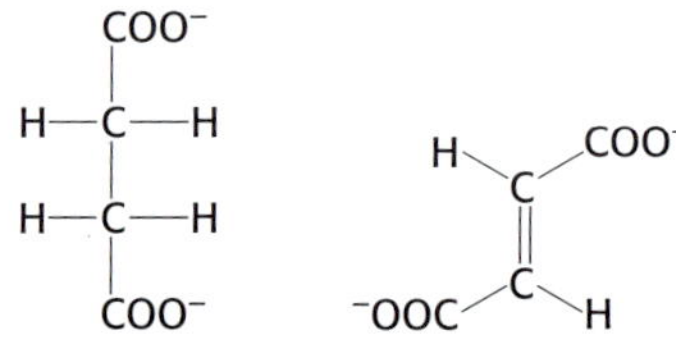

**Succinato** **Fumarato**

(d)

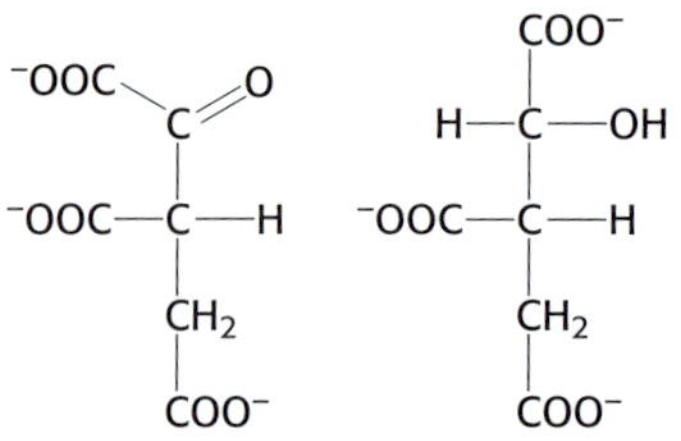

**Oxalossuccinato** **Isocitrato**

(e)

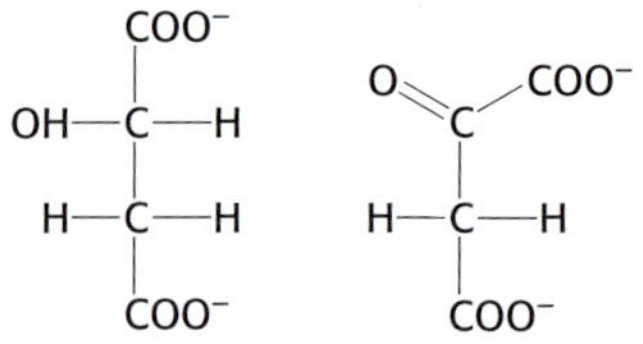

**Malato** **Oxaloacetato**

**28.** *Corrida em descida.* A glicólise é uma série de 10 reações ligadas entre si que convertem uma molécula de glicose em duas moléculas de piruvato com concomitante síntese de duas moléculas de ATP (ver Capítulo 16). A $\Delta G^{o\prime}$ nesse conjunto de reações é –35,6 kJ $mol^{-1}$ (–8,5 kcal $mol^{-1}$), enquanto a $\Delta G$ nas condições da vida real é –90 kJ $mol^{-1}$ (–22 kcal $mol^{-1}$). Explique por que a liberação de energia livre é muito maior em condições intracelulares do que em condições-padrão.

**29.** *Terceirização.* A terceirização, uma prática comum nos negócios, consiste em contratar outra empresa para executar determinada função. Os organismos superiores foram os terceirizadores originais, dependendo, com frequência, de organismos inferiores para a execução de funções bioquímicas essenciais. Dê um exemplo, a partir deste capítulo, de terceirização bioquímica. 5

**30.** *Produtos de degradação.* A digestão, que consiste na degradação de substâncias bioquímicas complexas em moléculas mais simples, é o primeiro estágio na extração de energia dos alimentos, porém nenhuma energia útil é obtida durante esse estágio. Por que a digestão é considerada um estágio de extração de energia? 5

**31.** *Elétrons de alta energia.* Quais são os carreadores de elétrons ativados do catabolismo? E do anabolismo?

**32.** *Menos estados alternativos.* Os tioésteres, que são comuns em bioquímica, são mais instáveis (ricos em energia) do que os ésteres de oxigênio. Explique a razão disso. 4

**33.** *Classificação das reações.* Quais são os seis tipos de reações comuns observadas em bioquímica? 5

**34.** *Mantendo o controle.* Quais são os três principais meios de controle das reações metabólicas? 5

## Questões | Integração de capítulos

**35.** *Cinética versus termodinâmica.* A reação do NADH com oxigênio para produzir $NAD^+$ e $H_2O$ é muito exergônica; contudo, a reação do NADH e do oxigênio ocorre muito lentamente. Por que uma reação termodinamicamente favorável não ocorre rapidamente?

**36.** *Sulfato ativado.* O fibrinogênio (ver Capítulo 10) contém tirosina-*O*-sulfato. Proponha uma forma ativada de sulfato que possa reagir *in vivo* com o grupo hidroxila aromático de um resíduo de tirosina em uma proteína para formar tirosina-*O*-sulfato.

## Questões | Interpretação de dados

**37.** *Os opostos se atraem.* O gráfico a seguir mostra como a $\Delta G$ da hidrólise do ATP varia em função da concentração de $Mg^{2+}$ (pMg = $-\log[Mg^{2+}]$). 2

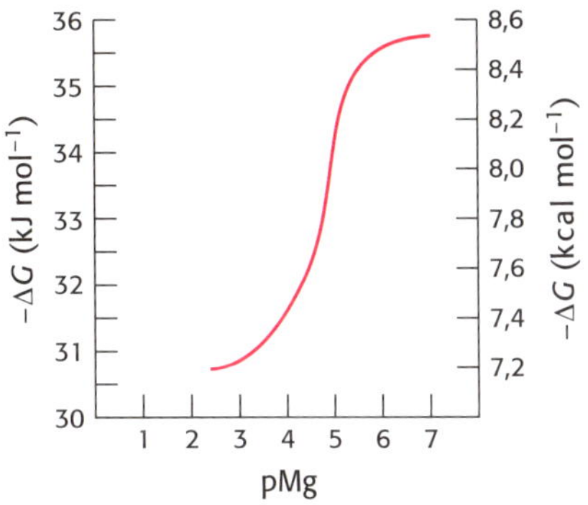


**(a)** Como a diminuição de $[Mg^{2+}]$ afeta a $\Delta G$ da hidrólise do ATP?

**(b)** Explique esse efeito.

## Questões para discussão

**38.** Identifique os processos nos organismos vivos que necessitam de um aporte constante de energia livre.

**39.** Explique a importância da variação de energia livre das reações 1DG2 e da relação de DG com DG89, da constante de equilíbrio e da concentração de reagentes e produtos.

# CAPÍTULO 16 Glicólise e Gliconeogênese

O metabolismo da glicose tem a capacidade de gerar ATP para acionar a contração muscular. Durante uma corrida de velocidade, quando as necessidades de ATP ultrapassam o aporte de oxigênio, a glicose é metabolizada a lactato. Quando o aporte de oxigênio é adequado, a glicose é metabolizada de modo mais eficiente a dióxido de carbono e água. [Fonte: iStock ©FS-Stock.]

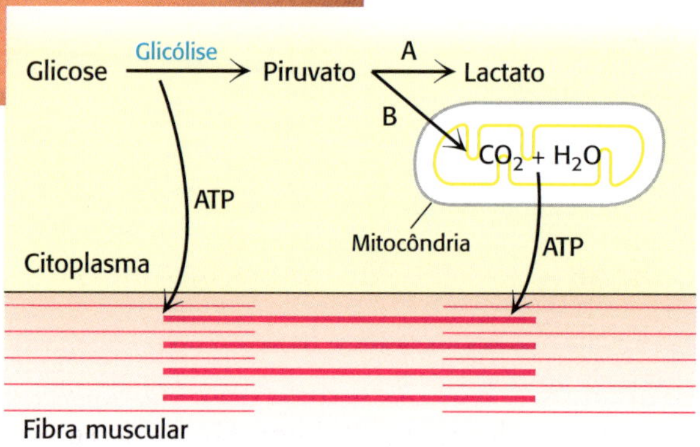


## SUMÁRIO



## OBJETIVOS DE APRENDIZAGEM

*Ao término do capítulo, o leitor deverá ser capaz de:*

1. Descrever como o ATP é produzido na glicólise.
2. Explicar por que a regeneração de $NAD^+$ é crucial para as fermentações.
3. Descrever como a gliconeogênese é acionada na célula.
4. Descrever a regulação coordenada entre glicólise e gliconeogênese.

A primeira via metabólica que encontramos é a *glicólise*, uma antiga via empregada por grande número de organismos. *A glicólise refere-se à sequência de reações que metabolizam uma molécula de glicose em duas moléculas de piruvato com concomitante produção efetiva de duas moléculas de ATP.* Trata-se de um processo anaeróbico, o que significa que ele não necessita de $O_2$, visto que evoluiu antes do acúmulo de quantidades substanciais de oxigênio na atmosfera. O piruvato pode ser ainda processado de modo anaeróbico em lactato (*fermentação láctica*) ou em etanol (*fermentação alcoólica*). Em condições aeróbicas, o piruvato pode ser totalmente oxidado a $CO_2$, produzindo muito mais ATP, conforme descrito nos Capítulos 17 e 18. A Figura 16.1 mostra alguns possíveis destinos do piruvato produzido pela glicólise.

Como a glicose é um composto energético muito precioso, os produtos metabólicos, como o piruvato e o lactato, são recuperados para sintetizar glicose no processo da *gliconeogênese*. Embora a glicólise e a gliconeogênese compartilhem algumas enzimas, as duas vias não constituem simplesmente o inverso uma da outra. Em particular, as etapas altamente exergônicas e irreversíveis da glicólise são evitadas na

**Glicólise**
Palavra derivada do grego *glyk-*, "doce", e *lysis*, "dissolução".

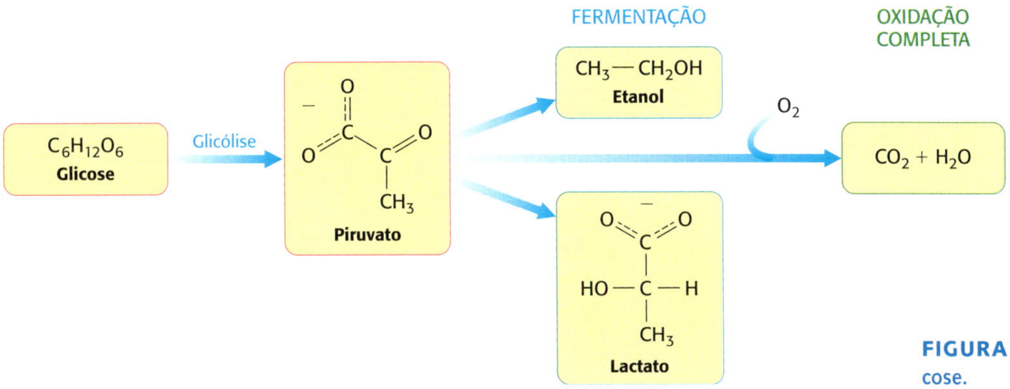


**FIGURA 16.1** Alguns destinos da glicose.

gliconeogênese. As duas vias são reguladas de maneira recíproca, de modo que elas não ocorrem simultaneamente e de modo significativo na mesma célula.

Nossa compreensão do metabolismo da glicose, em particular da glicólise, tem uma história rica. Na verdade, o desenvolvimento da bioquímica e a descrição inicial da glicólise começaram juntos. Hans e Eduard Buchner, em 1897, fizeram, quase por acaso, uma descoberta fundamental. Os dois estavam interessados na produção de extratos de levedura acelulares para uma possível aplicação terapêutica. Esses extratos precisavam ser conservados sem o uso de antissépticos, como o fenol, de modo que decidiram recorrer à sacarose, um conservante comumente utilizado na química culinária. Obtiveram resultado surpreendente: a sacarose era rapidamente fermentada a álcool pelo suco de levedura. A importância desse achado foi imensa. *Os Buchner demonstraram, pela primeira vez, que a fermentação poderia ocorrer fora de células vivas.* O ponto de vista aceito em sua época, estabelecido por Louis Pasteur em 1860, era de que a fermentação estava inextricavelmente ligada às células vivas. Essa descoberta casual dos Buchner refutou tal dogma e abriu as portas para a bioquímica moderna. A descoberta dos Buchner inspirou a pesquisa dos compostos bioquímicos capazes de catalisar a conversão da sacarose em álcool. *O estudo do metabolismo tornou-se o estudo da química.*

Estudos subsequentes de extratos de músculos mostraram que muitas das reações da fermentação láctica eram as mesmas da fermentação alcoólica. *Essa descoberta empolgante revelou a existência de uma unidade subjacente na bioquímica.* A via glicolítica completa foi elucidada em 1940. A glicólise é também conhecida como *via de Embden–Meyerhof*, assim denominada em homenagem a dois pioneiros na pesquisa da glicólise.

**Enzima**
Termo criado por Friedrich Wilhelm Kühne em 1878 para designar as substâncias cataliticamente ativas que anteriormente eram denominadas de fermentos. Derivado do grego *en*, "dentro", e *zyme*, "levedura".

## A glicose é produzida a partir dos carboidratos dos alimentos

Em nossa alimentação, consumimos normalmente uma quantidade generosa de amido e uma menor quantidade de glicogênio. Esses carboidratos complexos precisam ser convertidos em carboidratos mais simples para a sua absorção pelo intestino e transporte no sangue. O amido e o glicogênio são digeridos principalmente pela enzima pancreática, a *α-amilase*, e, em menor grau, pela α-amilase salivar. A amilase cliva as ligações α-1,4 do amido e do glicogênio, mas não as ligações α-1,6. Os produtos obtidos são os di e trissacarídios, a maltose e a maltotriose. O material não digerível devido à presença de ligações α-1,6 é denominado *dextrina limite*.

A *α-glicosidase* (maltase) digere a maltotriose e quaisquer outros oligossacarídios que possam ter escapado da digestão pela amilase; além disso, cliva a maltose em duas moléculas de glicose. Posteriormente, a *α-dextrinase* digere a dextrina limite. A α-glicosidase está localizada na superfície das células intestinais, assim como a *sacarase*, uma enzima que degrada a sacarose proveniente dos vegetais em frutose e glicose. A enzima *lactase* é responsável pela degradação da lactose, o açúcar do leite, em glicose e galactose, e também é encontrada na superfície das células intestinais. Os monossacarídios são transportados para dentro das células que revestem o intestino e, em seguida, para a corrente sanguínea.

### A glicose é um combustível importante para a maioria dos organismos

A glicose é um combustível comum e importante. Nos mamíferos, a glicose constitui a única fonte de energia que o encéfalo utiliza em condições habituais que não incluem o jejum e também o único combustível que pode ser utilizado pelos eritrócitos. Com efeito, quase todos os organismos utilizam a glicose, e a maioria a processa de maneira semelhante. Lembre-se de que foi ressaltada no Capítulo 11 a existência de muitos carboidratos. Por que a glicose, e não alguns outros monossacarídios, constitui um combustível tão proeminente? Podemos aventar várias razões. Em primeiro lugar, a glicose é um dos vários monossacarídios formados a partir do formaldeído em condições prebióticas, de modo que poderia estar disponível como combustível nos sistemas bioquímicos primitivos. Em segundo lugar, a glicose tem baixa tendência, em comparação com os outros monossacarídios, a glicosilar proteínas não enzimaticamente. Em suas formas de cadeia aberta, os monossacarídios contêm grupos carbonila que são capazes de reagir com os grupos amino das proteínas, formando bases de Schiff que se rearranjam para produzir uma ligação aminocetona mais estável (ver Capítulo 11). Essas proteínas modificadas de modo inespecífico frequentemente não funcionam de maneira efetiva. A glicose tem forte tendência a ocorrer na conformação de anel e, portanto, tem relativamente pouca tendência de modificar as proteínas. Convém lembrar que todos os grupos hidroxila na conformação da β-glicose em anel são equatoriais, contribuindo para a alta estabilidade relativa desse açúcar (ver Capítulo 11).

## 16.1 A glicólise é uma via de conversão de energia em muitos organismos

Comecemos agora o nosso estudo da via glicolítica. Essa via é comum a praticamente todas as células, tanto procarióticas quanto eucarióticas. Nas células eucarióticas, as enzimas glicolíticas estão organizadas em complexos supramoleculares localizados no citoplasma.

### As enzimas da glicólise estão associadas umas às outras

Há evidências cada vez maiores de que as enzimas da glicólise estão organizadas em complexos. Por exemplo, na levedura, as enzimas glicolíticas estão associadas às mitocôndrias, ao passo que, nos eritrócitos de mamíferos, as enzimas estão ligadas à superfície interna da membrana celular. De fato, parece existir algum nível de organização em todos os tipos de células. Esse arranjo aumenta a eficiência enzimática, visto que facilita o movimento de substratos e produtos entre enzimas – um processo denominado canalização de substrato – e impede a liberação de qualquer intermediário tóxico. Veremos que a organização das vias metabólicas em grandes complexos é uma ocorrência comum no interior das células.

### A glicólise pode ser dividida em duas partes

A glicólise pode ser considerada uma via constituída de dois estágios (Figura 16.2). O estágio 1 é a fase de retenção e preparação. Não há

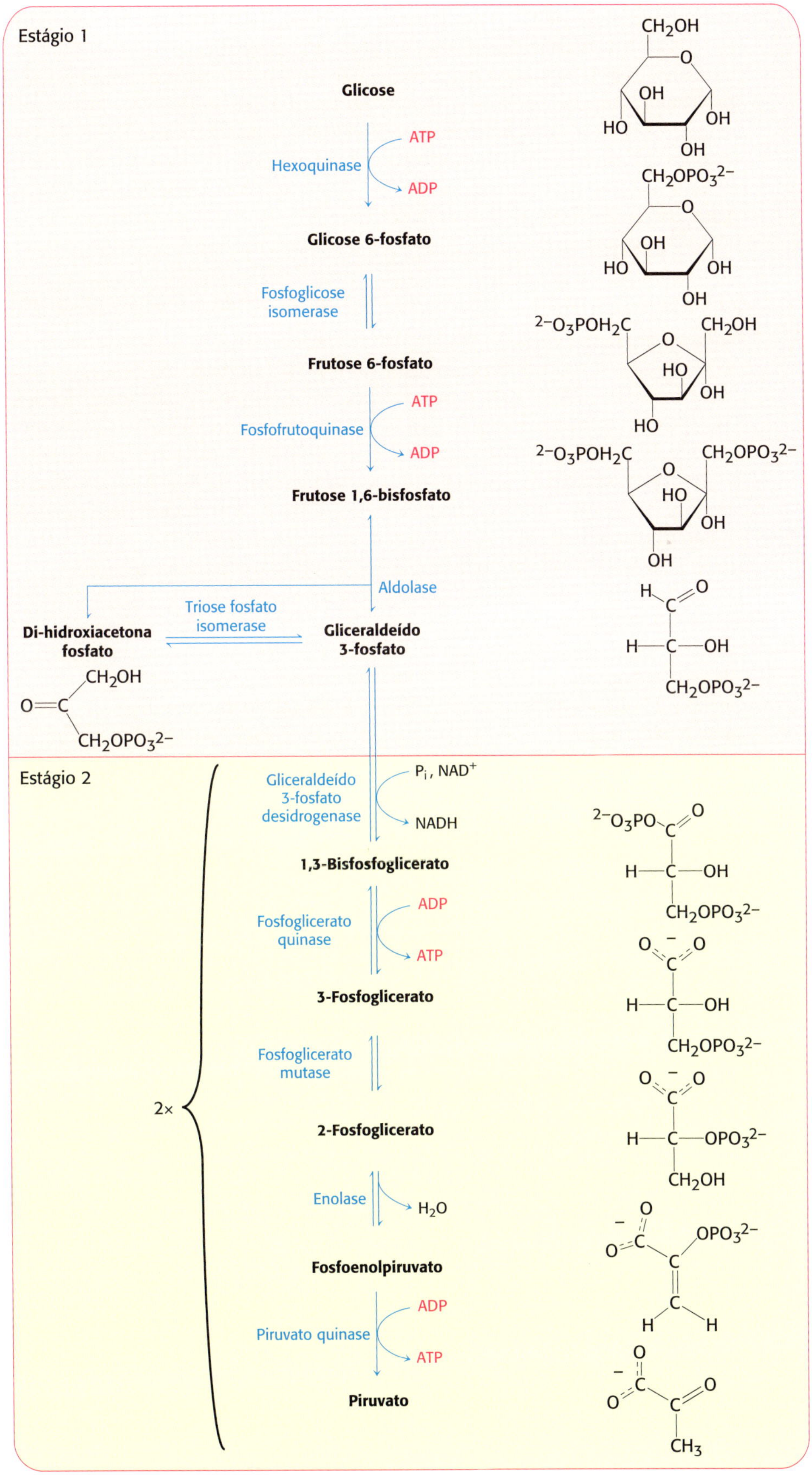


**FIGURA 16.2 Estágios da glicólise.** A via glicolítica pode ser dividida em dois estágios: (1) a glicose é retida, desestabilizada e clivada em duas moléculas de três carbonos interconversíveis produzidas pela clivagem da frutose de seis carbonos; e (2) o ATP é produzido.

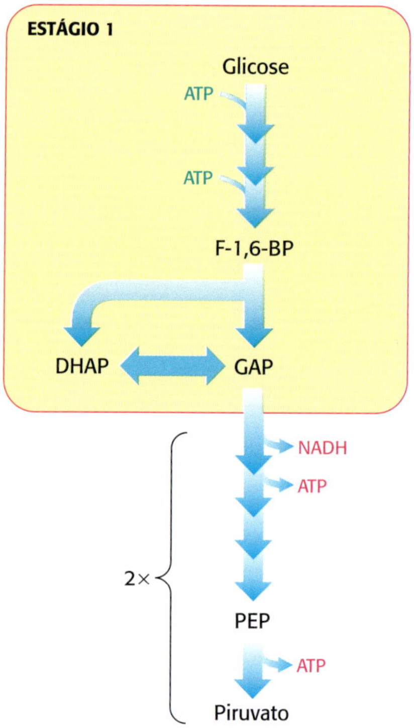


**Primeiro estágio da glicólise.** O primeiro estágio da glicólise começa com a fosforilação da glicose pela hexoquinase e termina com a isomerização da di-hidroxiacetona fosfato a gliceraldeído 3-fosfato.

nenhuma geração de ATP nesse estágio. No estágio 1, a glicose é convertida em frutose 1,6-bisfosfato em três etapas: uma fosforilação, uma isomerização e uma segunda reação de fosforilação. *A estratégia dessas etapas iniciais da glicólise consiste em reter a glicose no interior da célula e em formar um composto capaz de ser prontamente clivado em unidades fosforiladas de três carbonos.* O estágio 1 é concluído com a clivagem da frutose 1,6-bisfosfato em dois fragmentos de três carbonos. Essas unidades resultantes de três carbonos são facilmente interconversíveis. No estágio 2, ocorre a formação de ATP quando os fragmentos de três carbonos são oxidados a piruvato.

## A hexoquinase retém a glicose no interior da célula e inicia a glicólise

A glicose entra nas células por meio de proteínas transportadores específicas (p. 516) e tem um destino principal: *a sua fosforilação pelo ATP para formar glicose 6-fosfato.* Essa etapa é notável por várias razões. A glicose 6-fosfato é incapaz de atravessar a membrana devido às cargas negativas presentes nos grupos fosforila, e não constitui um substrato para os transportadores de glicose. Além disso, a adição do grupo fosforila facilita o metabolismo eventual da glicose em moléculas de três carbonos com elevado potencial de transferência de fosforila. A transferência do grupo fosforila do ATP para o grupo hidroxila no carbono 6 da glicose é catalisada pela *hexoquinase*.

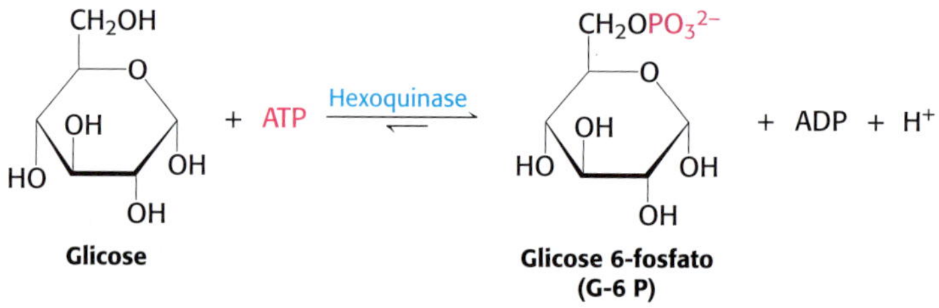


A transferência de fosforila constitui uma reação fundamental em bioquímica. As *quinases* são enzimas que catalisam a transferência de um grupo fosforila do ATP para um aceptor. Em seguida, a hexoquinase catalisa a transferência de um grupo fosforila do ATP para uma variedade de açúcares de seis carbonos (*hexoses*), como a glicose e a manose. *A hexoquinase, à semelhança da adenilato quinase* (ver seção 9.4) *e de todas as outras quinases, necessita de* $Mg^{2+}$ *(ou outro íon metálico divalente, como o* $Mn^{2+}$*) para a sua atividade.* O íon metálico divalente forma um complexo com o ATP.

Os estudos de cristalografia de raios X da hexoquinase de levedura revelaram que a ligação da glicose induz uma grande mudança conformacional da enzima. A hexoquinase consiste em dois lobos, que se movem um em direção ao outro quando a glicose se liga à enzima (Figura 16.3). Com a ligação da glicose, um dos lobos gira 12° em relação ao outro, resultando em movimentos do esqueleto polipeptídico de até 8 Å. Ocorre fechamento da fenda entre os dois lobos, e a glicose ligada fica então envolta pela proteína, com exceção do grupo hidroxila do carbono 6, que irá aceitar o grupo fosforila do ATP. O fechamento da fenda na hexoquinase fornece um exemplo notável do papel do *encaixe induzido* na ação das enzimas (ver seção 8.3).

As alterações estruturais induzidas pela glicose são significativas em dois aspectos. Em primeiro lugar, o ambiente em torno da glicose torna-se mais apolar, favorecendo a reação entre o grupo hidroxila hidrofílico da glicose e o grupo fosforila terminal do ATP. Em segundo lugar, as mudanças conformacionais permitem que a quinase discrimine contra a $H_2O$ como substrato. O fechamento da fenda mantém as moléculas de água afastadas do sítio ativo. Se a hexoquinase fosse rígida, uma molécula de água que ocupasse o sítio de ligação para $-CH_2OH$ da glicose poderia atacar o grupo γ-fosforila do ATP, com formação de ADP e $P_i$. Em outras palavras, uma

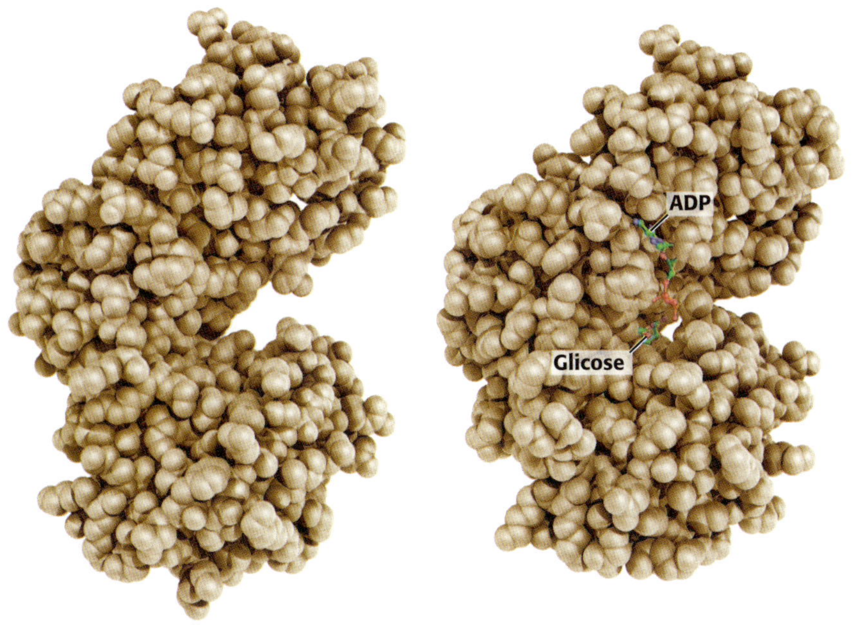


**FIGURA 16.3 Encaixe induzido na hexoquinase.** Os dois lobos da hexoquinase estão separados na ausência de glicose (à esquerda). A conformação da hexoquinase modifica-se acentuadamente com a ligação da glicose (à direita). *Observe* que os dois lobos da enzima juntam-se, criando o ambiente necessário para a catálise. [De RSCB Protein Data Bank; desenhada de yhx e 1hkg por Adam Steinberg.]

quinase rígida provavelmente também seria uma ATPase. É interessante observar que outras quinases que atuam na glicólise – fosfofrutoquinase, fosfoglicerato quinase e piruvato quinase – também contêm fendas entre os lobos que se fecham com a ligação do substrato, embora as estruturas dessas enzimas sejam diferentes em outros aspectos. *O fechamento da fenda induzido pelo substrato constitui uma característica geral das quinases.* Convém lembrar que a proteinoquinase A também sofre mudanças estruturais semelhantes (ver Capítulo 10).

## A frutose 1,6-bisfosfato é gerada a partir da glicose 6-fosfato

A *isomerização da glicose 6-fosfato a frutose 6-fosfato* constitui uma etapa crucial para o término da primeira fase da glicólise – a formação da frutose 1,6-bisfosfato. Convém lembrar que a forma de cadeia aberta da glicose apresenta um grupo aldeído no carbono 1, enquanto a forma de cadeia aberta da frutose tem um grupo cetona no carbono 2. Por conseguinte, a isomerização da glicose 6-fosfato em frutose 6-fosfato consiste na *conversão de uma aldose em uma cetose*. A reação, que é catalisada pela *fosfoglicose isomerase*, ocorre em várias etapas, visto que tanto a glicose 6-fosfato quanto a frutose 6-fosfato estão presentes principalmente nas formas cíclicas. A enzima precisa inicialmente abrir o anel de seis membros da glicose 6-fosfato, catalisar a isomerização e, em seguida, promover a formação do anel de cinco membros da frutose 6-fosfato.

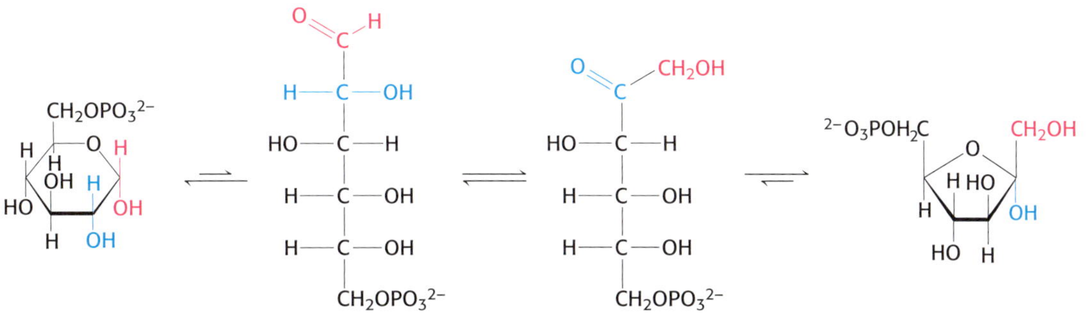

**Glicose 6-fosfato (G-6 P)** — **Glicose 6-fosfato** (forma de cadeia aberta) — **Frutose 6-fosfato** (forma de cadeia aberta) — **Frutose 6-fosfato (F-6 P)**

A etapa de isomerização é seguida de uma segunda reação de fosforilação. *À custa de ATP, a frutose 6-fosfato é fosforilada a frutose 1,6-bisfosfato* (F-1,6-BP). O prefixo *bis* no bisfosfato significa que dois grupos monofosforila separados estão presentes, enquanto o prefixo *di* no difosfato (como na adenosina difosfato) significa a presença de dois grupos fosforila unidos por uma ligação anidrido.

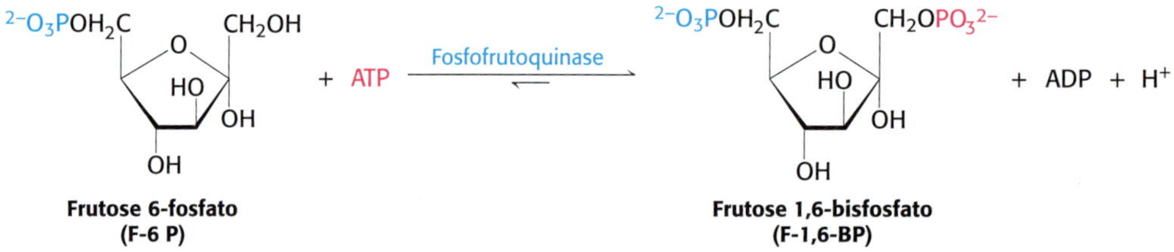


Essa reação é catalisada pela *fosfofrutoquinase* (PFK), uma enzima alostérica que determina a velocidade da glicólise. Como aprenderemos, essa enzima desempenha uma função central no metabolismo de muitas moléculas em todas as partes do corpo.

Qual é a razão bioquímica para a isomerização da glicose 6-fosfato a frutose 6-fosfato e a sua subsequente fosforilação para formar frutose 1,6-bifosfato? Se a clivagem aldólica ocorresse na aldose glicose, haveria formação de um fragmento de dois carbonos e outro de quatro carbonos. Seriam necessárias duas vias metabólicas diferentes – uma para processar o fragmento de dois carbonos e a outra para o fragmento de quatro carbonos – para extrair energia. A fosforilação da frutose 6-fosfato a frutose 1,6-bisfosfato impede que a glicose 6-fosfato seja novamente formada. Como mostrado adiante, a clivagem aldólica da frutose 1,6-bisfosfato produz dois fragmentos de três carbonos fosforilados e interconversíveis que serão oxidados nas etapas subsequentes da glicólise para a captação da energia na forma de ATP.

## O açúcar de seis carbonos é clivado em dois fragmentos de três carbonos

A frutose 1,6-bisfosfato recém-sintetizada é clivada em *gliceraldeído 3-fosfato* (GAP) e em *di-hidroxiacetona fosfato* (DHAP), completando, assim, o estágio 1 da glicólise. Os produtos das etapas remanescentes da glicólise consistem em unidades de três carbonos, em vez de seis carbonos. Essa reação, que é prontamente reversível, é catalisada pela *aldolase*. O nome dessa enzima provém da natureza da reação reversa, uma condensação aldólica.

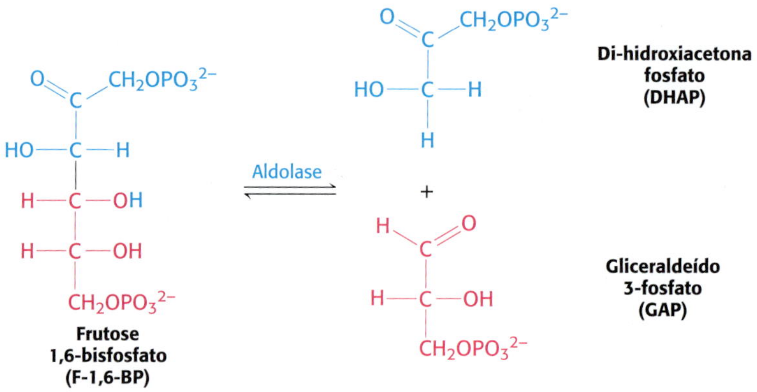


O gliceraldeído 3-fosfato encontra-se na via direta da glicólise, mas não a di-hidroxiacetona fosfato. A não ser que exista uma forma de converter a di-hidroxiacetona fosfato em gliceraldeído 3-fosfato, haverá a perda de um fragmento de três carbonos útil para a produção de ATP. Esses compostos são isômeros que podem sofrer rápida interconversão: a di-hidroxiacetona fosfato é uma cetose, enquanto o gliceraldeído 3-fosfato é uma aldose. A isomerização desses açúcares fosforilados de três carbonos é catalisada pela *triose fosfato isomerase* (TPI, algumas vezes abreviada como TIM; Figura 16.4).

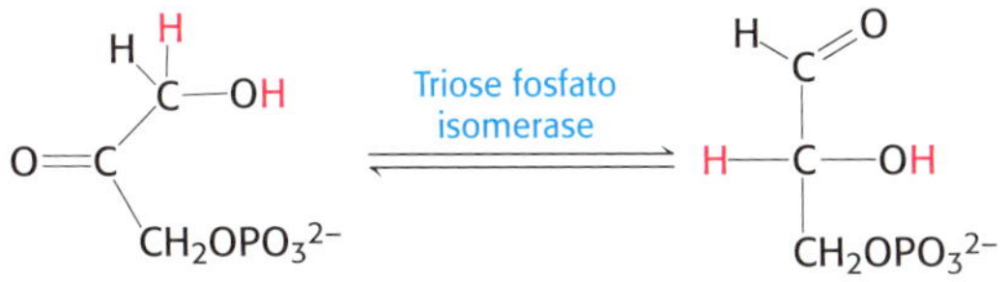


**Di-hidroxiacetona fosfato** **Gliceraldeído 3-fosfato**

Essa reação é rápida e reversível. No equilíbrio, 96% da triose fosfato consiste em di-hidroxiacetona fosfato. Entretanto, a reação prossegue rapidamente da di-hidroxiacetona para o gliceraldeído 3-fosfato, visto que as reações subsequentes da glicólise removem esse produto. A deficiência de triose fosfato isomerase, uma condição rara, constitui a única enzimopatia glicolítica fatal. Essa deficiência caracteriza-se por anemia hemolítica grave e neurodegeneração.

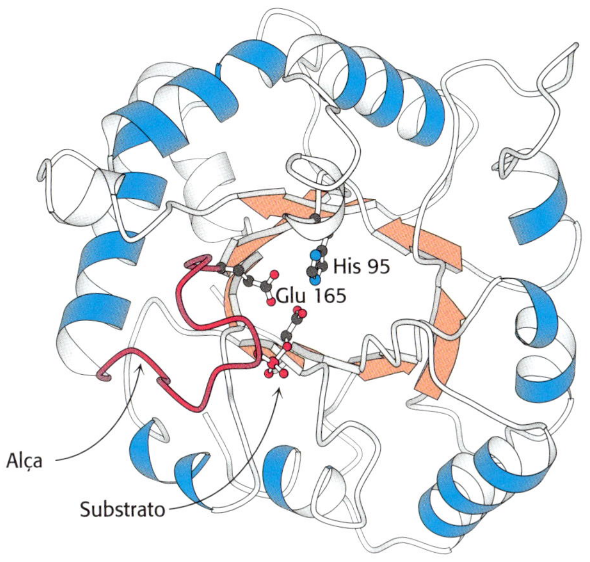


**FIGURA 16.4 Estrutura da triose fosfato isomerase.** Essa enzima é constituída por um cerne de oito fitas β paralelas (em laranja) circundado por oito α-hélices (em azul). Esse motivo estrutural, designado como barril αβ, também é encontrado nas enzimas glicolíticas aldolase, enolase e piruvato quinase. *Observe* que a histidina 95 e o glutamato 165, que são componentes essenciais do sítio ativo da triose fosfato isomerase, estão localizadas no barril. Uma alça (em vermelho) fecha o sítio ativo com a ligação do substrato. [Desenhada de 2YPI.pdb.]

## Mecanismo: a triose fosfato isomerase recupera um fragmento de três carbonos

Muito se sabe acerca do mecanismo catalítico da triose fosfato isomerase. A TPI catalisa a transferência de um átomo de hidrogênio do carbono 1 para o carbono 2, uma reação de oxirredução intramolecular. Essa isomerização de uma cetose em aldose ocorre por meio de um *intermediário enediol* (Figura 16.5).

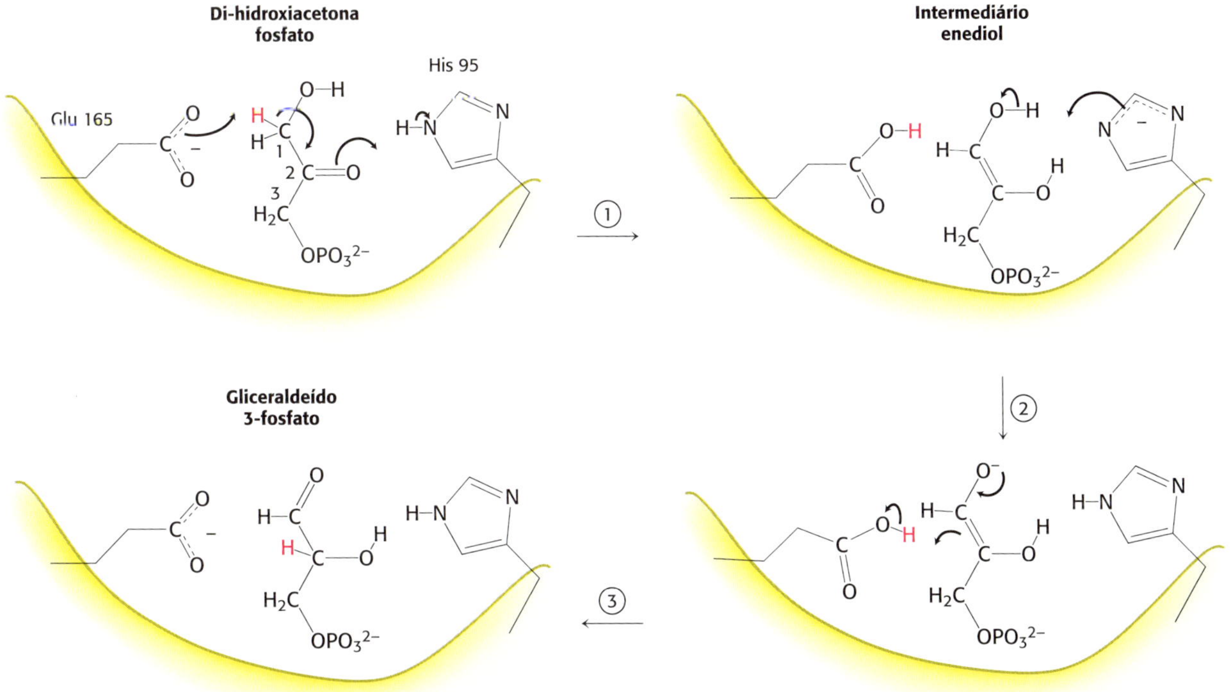


**FIGURA 16.5 Mecanismo catalítico da triose fosfato isomerase.** (1) O glutamato 165 atua como base geral, extraindo um próton ($H^+$) do carbono 1. A histidina 95, que atua como ácido geral, doa um próton ao átomo de oxigênio ligado ao carbono 2, formando o intermediário enediol. (2) O ácido glutâmico, que agora atua como ácido geral, doa um próton ao C-2, enquanto a histidina remove um próton do grupo OH de C-1. (3) O produto é formado, e o glutamato e a histidina retornam às suas formas ionizada e neutra, respectivamente.

Estudos como o de cristalografia de raios X mostraram que o glutamato 165 desempenha o papel de catalisador acidobásico geral: ele extrai um próton ($H^+$) do carbono 1 e, em seguida, o doa ao carbono 2. Entretanto, o grupo carboxilato do glutamato 165 por si só não é básico o suficiente para afastar um próton de um átomo de carbono adjacente a um grupo carbonila. A histidina 95 auxilia na catálise doando um próton para estabilizar a carga negativa que se desenvolve no grupo carbonila C-2.

Duas características dessa enzima se destacam. Em primeiro lugar, a TPI possui grande poder catalítico. Essa enzima acelera a isomerização por um fator de $10^{10}$, em comparação com a velocidade alcançada por um catalisador básico comum, como o íon acetato. De fato, a razão $k_{cat}/K_M$ na isomerização do gliceraldeído 3-fosfato é de $2 \times 10^8\ M^{-1}\ s^{-1}$, o que está próximo do limite controlado por difusão. Em outras palavras, a catálise ocorre toda vez que a enzima e o substrato se encontram. O encontro do substrato e da enzima controlado por difusão constitui, portanto, a etapa limitante de velocidade na catálise. A TPI fornece um exemplo de uma *enzima cineticamente perfeita* (ver seção 8.4). Em segundo lugar, a TPI suprime uma reação colateral indesejada: a decomposição do intermediário enediol em metilglioxal e ortofosfato.

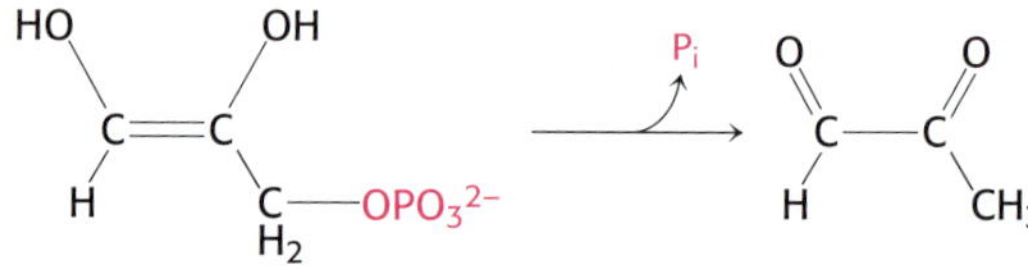


Em solução, essa reação fisiologicamente inútil é 100 vezes mais rápida do que a isomerização. Além disso, o metilglioxal é um composto altamente reativo que tem a capacidade de modificar a estrutura e a função de uma variedade de biomoléculas, incluindo proteínas e o DNA. A reação do metilglioxal com uma biomolécula é um exemplo de reações deletérias denominadas produtos finais de glicação avançada, discutidas anteriormente (AGEs, seção 11.1). Assim, a TPI precisa impedir que o enediol saia da enzima. Esse intermediário lábil é retido no sítio ativo pelo movimento de uma alça de 10 resíduos (Figura 16.4). Essa alça atua como uma tampa sobre o sítio ativo, fechando-o quando o enediol está presente e reabrindo-o quando a isomerização está completa. *Verificamos aqui um notável exemplo de uma forma de impedir uma reação alternativa indesejável: o sítio ativo é mantido fechado até que ocorra a reação desejável.*

Em consequência, são formadas duas moléculas de gliceraldeído 3-fosfato a partir de uma molécula de frutose 1,6-bisfosfato pela ação sequencial da aldolase e da triose fosfato isomerase. A economia metabólica é evidente nessa sequência de reações. A isomerase conduz a di-hidroxiacetona fosfato para a via glicolítica principal; não há necessidade de um conjunto separado de reações. Ver Bioquímica em Foco para uma discussão sobre a deficiência de triose fosfato isomerase.

### A oxidação de um aldeído a um ácido impulsiona a formação de um composto com alto potencial de transferência de fosforila

As etapas anteriores da glicólise transformaram uma molécula de glicose em duas moléculas de gliceraldeído 3-fosfato, porém ainda não houve nenhuma extração de energia. Pelo contrário, até essa etapa, foram investidas duas moléculas de ATP. Passamos agora para o segundo estágio da glicólise – uma série de etapas que captam parte da energia contida no gliceraldeído 3-fosfato na forma de ATP. A reação inicial nessa sequência é a *conversão do gliceraldeído 3-fosfato em 1,3 bisfosfoglicerato* (1,3-BPG), uma reação catalisada pela *gliceraldeído 3-fosfato desidrogenase.*

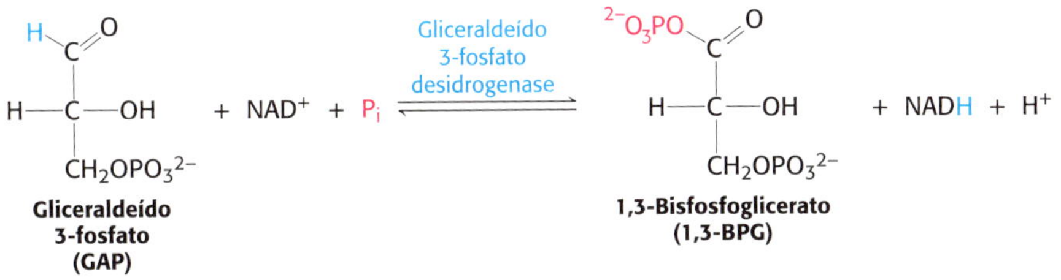


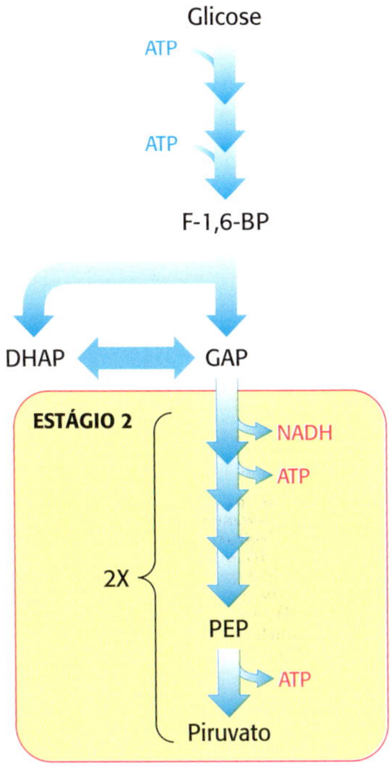


**Segundo estágio da glicólise.** A oxidação de fragmentos de três carbonos produz ATP.

O 1,3-bisfosfoglicerato é um acilfosfato que consiste em um anidrido misto de ácido fosfórico e ácido carboxílico. Esses compostos apresentam um elevado potencial de transferência de fosforila; um de seus grupos fosforila é transferido para o ADP na etapa seguinte da glicólise.

A reação catalisada pela gliceraldeído 3-fosfato desidrogenase pode ser vista como a soma de dois processos: a *oxidação* do aldeído a um ácido carboxílico pelo $NAD^+$ e a *união* do ácido carboxílico com o ortofosfato para formar o produto acilfosfato.

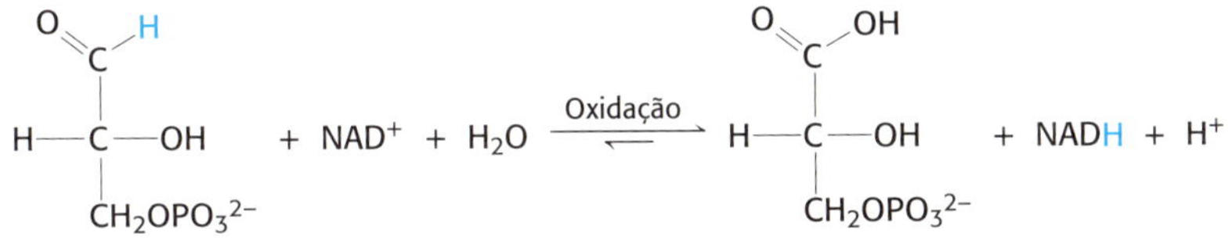


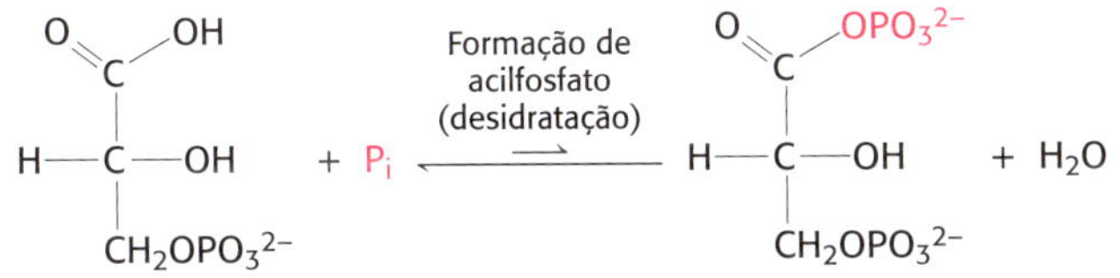


A primeira reação é termodinamicamente muito favorável, com uma variação de energia livre-padrão, $\Delta G°'$, de aproximadamente $-50$ kJ $mol^{-1}$, ($-12$ kcal $mol^{-1}$), enquanto a segunda reação é bastante desfavorável, com uma variação de energia livre-padrão da mesma magnitude, porém de sinal oposto. Se essas duas reações simplesmente ocorressem de modo sucessivo, a segunda reação teria uma energia de ativação muito grande e, portanto, não ocorreria em uma velocidade biologicamente significativa. Esses dois processos *precisam estar acoplados*, de modo que a oxidação favorável do aldeído possa ser utilizada para impulsionar a formação do acilfosfato. Como essas reações estão acopladas? *A chave consiste em um intermediário, formado em consequência da oxidação do aldeído, que está ligado à enzima por uma ligação tioéster.* Os tioésteres são compostos de alta energia encontrados em muitas vias bioquímicas (ver seção 15.4). Esse intermediário reage com o ortofosfato para formar o composto de alta energia 1,3-bisfosfoglicerato.

*O intermediário tioéster apresenta maior energia livre do que o ácido carboxílico livre.* As reações de oxidação favorável e de fosforilação desfavorável estão acopladas pelo intermediário tioéster, que preserva grande parte da energia livre liberada na reação de oxidação. Vemos aqui a *utilização de um intermediário ligado à enzima covalentemente como mecanismo de acoplamento de energia*. Um perfil da energia livre da reação da gliceraldeído 3-fosfato desidrogenase, comparado com um processo hipotético em que a reação prossegue na ausência desse intermediário, revela como esse intermediário permite que um processo favorável acione um desfavorável (Figura 16.6).

## Mecanismo: a fosforilação está acoplada à oxidação do gliceraldeído 3-fosfato por um intermediário tioéster

O sítio ativo da gliceraldeído 3-fosfato desidrogenase inclui um resíduo de cisteína reativo, bem como $NAD^+$ e uma histidina crucial (Figura 16.7).

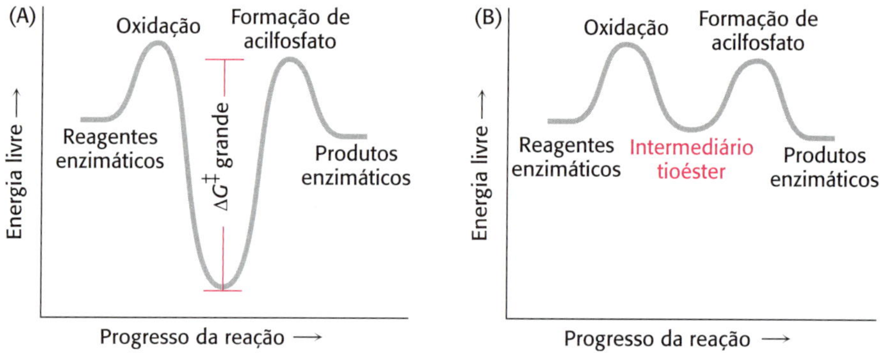


**FIGURA 16.6 Perfis de energia livre da oxidação do gliceraldeído seguida da formação de acilfosfato.** **A.** Caso hipotético sem acoplamento entre os dois processos. A segunda etapa precisa ter uma grande barreira de ativação, tornando a reação muito lenta. **B.** O caso real com as duas reações acopladas por meio de um intermediário tioéster.

Consideremos de modo detalhado como esses compostos cooperam no mecanismo da reação (Figura 16.8). Na etapa 1, o substrato aldeído reage com o grupo sulfidrila da cisteína 149 na enzima, formando um hemitioacetal. A etapa 2 consiste na *transferência de um íon hidreto para uma molécula de NAD$^+$, que está firmemente ligada à enzima e está adjacente ao resíduo de cisteína.* Essa reação é favorecida pela desprotonação do hemitioacetal pela histidina 176. Os produtos dessa reação consistem na coenzima reduzida NADH e em um intermediário tioéster. *Esse intermediário tioéster possui uma energia livre próxima à dos reagentes* (Figura 16.6). Na etapa 3, o NADH formado a partir da oxidação do aldeído deixa a enzima e é substituído por uma segunda molécula de NAD$^+$. Essa etapa é importante, visto que a carga positiva do NAD$^+$ polariza o intermediário tioéster para facilitar o ataque pelo ortofosfato. Na etapa 4, o ortofosfato ataca o tioéster para formar 1,3-BPG e liberar o resíduo de cisteína. Esse exemplo ilustra a essência das transformações energéticas e do próprio metabolismo: a energia liberada pela oxidação do carbono é convertida em alto potencial de transferência de fosforila.

## O ATP é formado pela transferência de fosforila a partir do 1,3-bisfosfoglicerato

O 1,3-bisfosfoglicerato é uma molécula rica em energia, com maior potencial de transferência de fosforila do que o ATP (ver seção 15.2). Por conseguinte, o 1,3-BPG pode ser utilizado para impulsionar a síntese de ATP a partir do ADP. A *fosfoglicerato quinase* catalisa a transferência do grupo fosforila do acilfosfato do 1,3-bisfosfoglicerato para o ADP; os produtos são o ATP e o 3-fosfoglicerato.

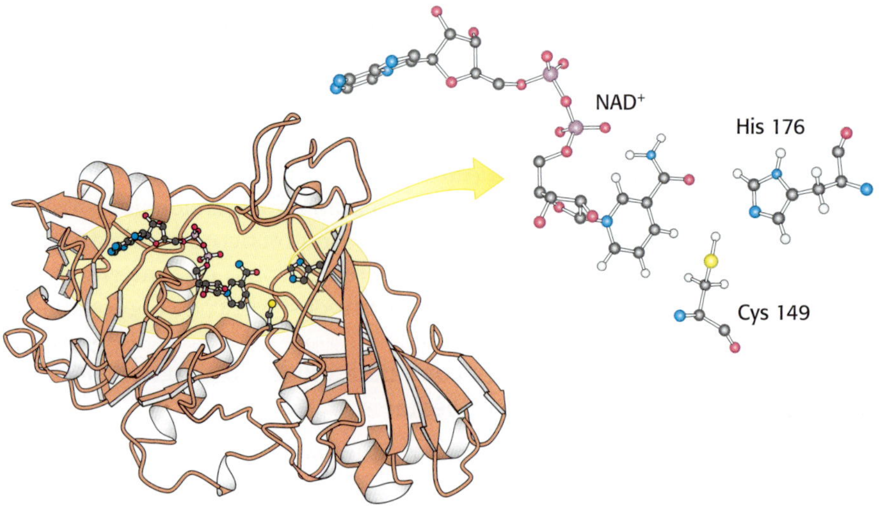


**FIGURA 16.7 Estrutura da gliceraldeído 3-fosfato desidrogenase.** *Observe* que o sítio ativo inclui um resíduo de cisteína e um resíduo de histidina adjacentes a uma molécula de NAD$^+$ ligada. O átomo de enxofre da cisteína liga-se ao substrato, formando um intermediário tioéster transitório. [Desenhada de 1GAD.pdb.]

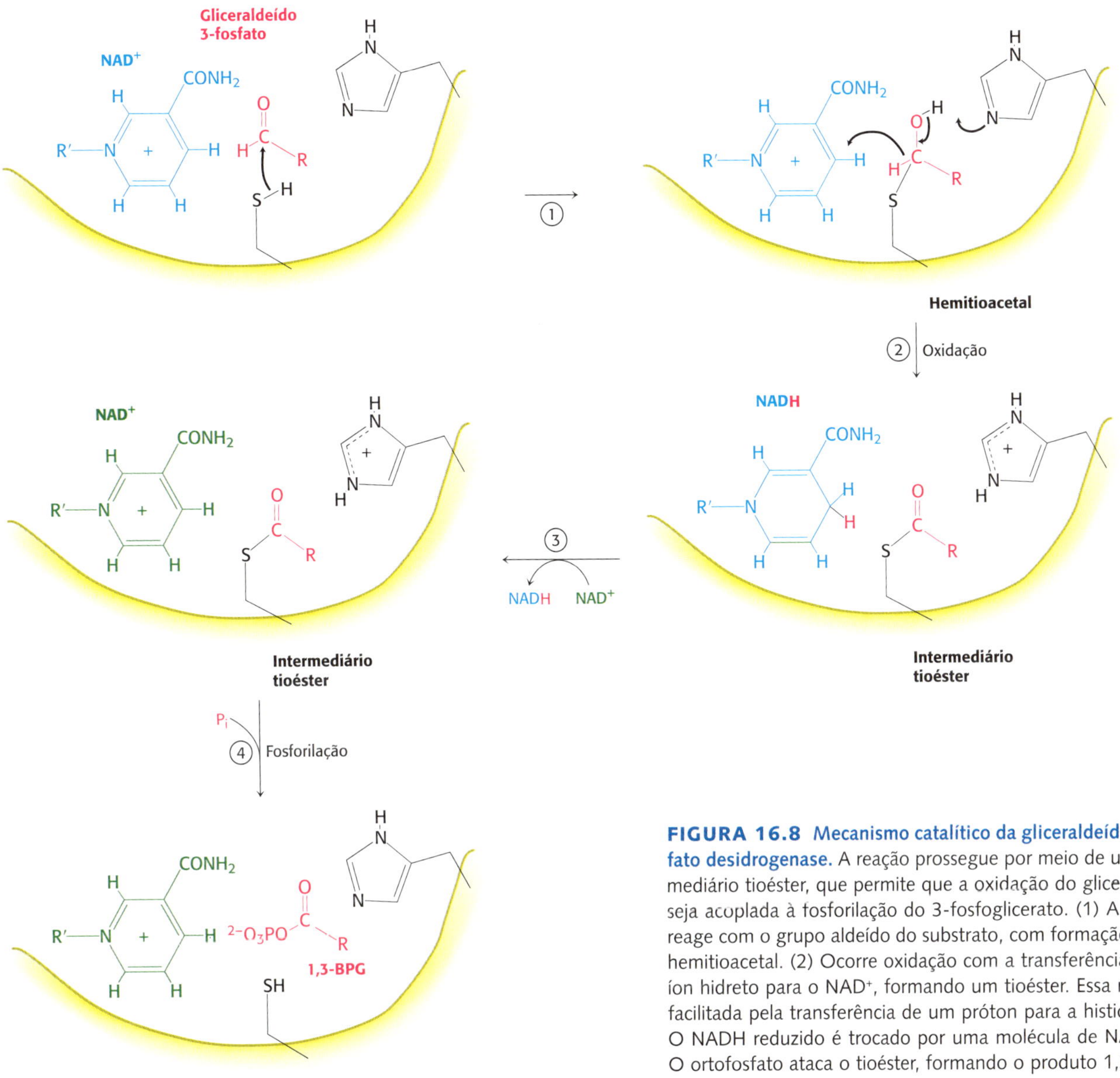


**FIGURA 16.8 Mecanismo catalítico da gliceraldeído 3-fosfato desidrogenase.** A reação prossegue por meio de um intermediário tioéster, que permite que a oxidação do gliceraldeído seja acoplada à fosforilação do 3-fosfoglicerato. (1) A cisteína reage com o grupo aldeído do substrato, com formação de um hemitioacetal. (2) Ocorre oxidação com a transferência de um íon hidreto para o NAD⁺, formando um tioéster. Essa reação é facilitada pela transferência de um próton para a histidina. (3) O NADH reduzido é trocado por uma molécula de NAD⁺. (4) O ortofosfato ataca o tioéster, formando o produto 1,3-BPG.

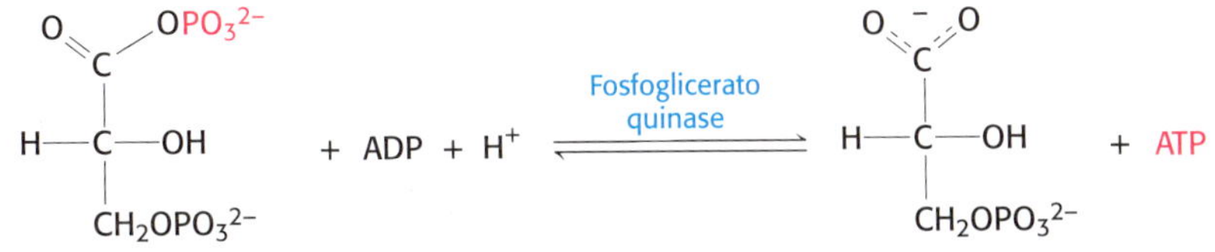


**1,3-Bisfosfoglicerato** **3-Fosfoglicerato**

A formação de ATP dessa maneira é denominada *fosforilação em nível do substrato*, visto que o doador de fosfato, o 1,3-BPG, é um substrato com alto potencial de transferência de fosforila. Esse modo de formação do ATP será comparado com a formação de ATP a partir de gradientes iônicos nos Capítulos 18 e 19.

Assim, os resultados das reações catalisadas pela gliceraldeído 3-fosfato desidrogenase e pela fosfoglicerato quinase são os seguintes:

1. O gliceraldeído 3-fosfato, um aldeído, é oxidado a 3-fosfoglicerato, um ácido carboxílico.
2. O $NAD^+$ é concomitantemente reduzido a NADH.
3. O ATP é formado a partir de $P_i$ e ADP à custa da energia de oxidação do carbono.

Em essência, a energia liberada durante a oxidação do gliceraldeído 3-fosfato a 3-fosfoglicerato é temporariamente retida na forma de 1,3-bisfosfoglicerato. Essa energia aciona a transferência de um grupo fosforila do 1,3-bisfosfoglicerato para o ADP, produzindo ATP. Tenha em mente que, devido às ações da aldolase e da triose fosfato isomerase, houve formação de duas moléculas de gliceraldeído 3-fosfato e, portanto, foram produzidas duas moléculas de ATP. Essas moléculas de ATP compensam as duas moléculas de ATP consumidas no primeiro estágio da glicólise.

## Ocorre produção de ATP adicional com a formação de piruvato

Nas etapas restantes da glicólise, o 3-fosfoglicerato é convertido em piruvato, com formação de uma segunda molécula de ATP a partir do ADP.

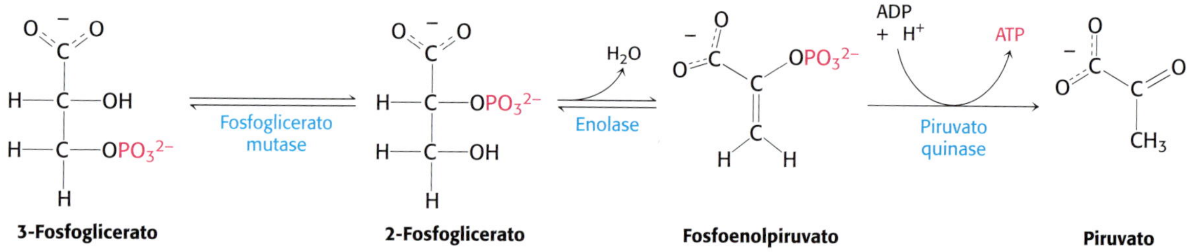


A primeira reação consiste em um rearranjo. A posição do grupo fosforila muda na *conversão do 3-fosfoglicerato em 2-fosfoglicerato*, uma reação catalisada pela *fosfoglicerato mutase*. Em geral, uma *mutase* é uma enzima que catalisa o deslocamento intramolecular de um grupo químico, como um grupo fosforila. A reação da fosfoglicerato mutase possui um mecanismo interessante: o grupo fosforila não é simplesmente deslocado de um átomo de carbono para outro. Essa enzima necessita de quantidades catalíticas de 2,3 bisfosfoglicerato (2,3-BPG) para manter um resíduo de histidina do sítio ativo em uma forma fosforilada. Esse grupo fosforila é transferido para o 3-fosfoglicerato, com nova formação de 2,3-bisfosfoglicerato.

$$\text{Enz-His-fosfato} + \text{3-fosfoglicerato} \rightleftharpoons \text{Enz-His} + \text{2,3-bisfosfoglicerato}$$

Em seguida, a mutase atua como fosfatase: ela converte o 2,3-bisfosfoglicerato em 2-fosfoglicerato. A mutase retém o grupo fosforila para regenerar a histidina modificada.

$$\text{Enz-His} + \text{2,3-bisfosfoglicerato} \rightleftharpoons \text{Enz-His-fosfato} + \text{2-fosfoglicerato}$$

A soma dessas reações produz a reação da mutase:

$$\text{3-fosfoglicerato} \rightleftharpoons \text{2-fosfoglicerato}$$

Na reação seguinte, a desidratação do 2-fosfoglicerato introduz uma dupla ligação, formando um *enol*. A *enolase* catalisa a formação do enolfosfato *fosfoenolpiruvato* (PEP). Essa desidratação aumenta acentuadamente o potencial de transferência do grupo fosforila. Um *enolfosfato* possui elevado potencial de transferência de fosforila, enquanto um éster fosfato de um álcool comum, como o 2-fosfoglicerato, apresenta baixo potencial. $\Delta G^{\circ\prime}$ da hidrólise de um éster fosfato de um álcool comum é de $-13$ kJ mol$^{-1}$ ($-3$ kcal mol$^{-1}$), enquanto do fosfoenolpiruvato é de $-62$ kJ mol$^{-1}$ ($-15$ kcal mol$^{-1}$).

Por que o fosfoenolpiruvato possui esse elevado potencial de transferência de fosforila? O grupo fosforila retém a molécula em sua forma enólica instável. Quando o grupo fosforila é doado ao ATP, o enol sofre conversão a uma cetona mais estável – isto é, piruvato.

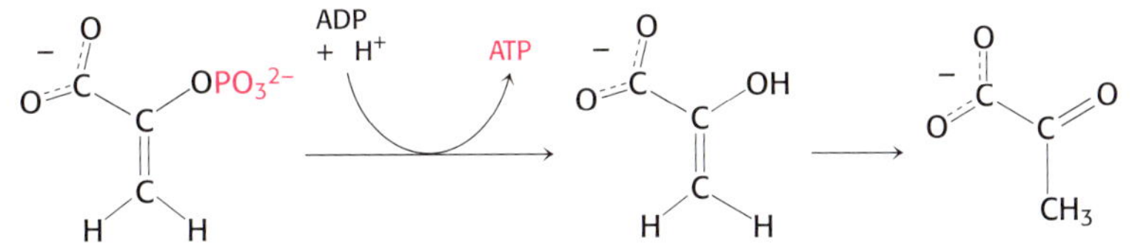


Fosfoenolpiruvato Piruvato (forma enólica) Piruvato

Por conseguinte, *o elevado potencial de transferência de fosforila do fosfoenolpiruvato surge principalmente em consequência da grande força motriz da conversão subsequente de enol-cetona.* Assim, ocorre formação de piruvato com simultânea produção de ATP, a transferência praticamente irreversível de um grupo fosforila do fosfoenolpiruvato para o ADP catalisada pela *piruvato quinase*. Qual é a fonte de energia para a formação do fosfoenolpiruvato? A resposta a essa questão torna-se evidente quando comparamos as estruturas do 2-fosfoglicerato e do piruvato. A formação de piruvato a partir do 2-fosfoglicerato constitui, em essência, uma reação de oxirredução interna; o carbono 3 retira elétrons do carbono 2 na conversão do 2-fosfoglicerato em piruvato. Em comparação com o 2-fosfoglicerato, o C-3 é mais reduzido no piruvato, enquanto o C-2 é mais oxidado. Mais uma vez, a oxidação do carbono impulsiona a síntese de um composto com alto potencial de transferência de fosforila, aqui o fosfoenolpiruvato e anteriormente o 1,3-bisfosfoglicerato, o que possibilita a síntese de ATP.

Como as moléculas de ATP utilizadas na formação da frutose 1,6-bifosfato já foram regeneradas, as duas moléculas de ATP produzidas a partir do fosfoenolpiruvato constituem um "lucro".

## São formadas duas moléculas de ATP na conversão da glicose em piruvato

A reação efetiva na transformação da glicose em piruvato é a seguinte:

$$\text{Glicose} + 2\ P_i + 2\ \text{ADP} + 2\ \text{NAD}^+ \longrightarrow 2\ \text{piruvato} + 2\ \text{ATP} + 2\ \text{NADH} + 2\ \text{H}^+ + 2\ H_2O$$

Por conseguinte, *são formadas duas moléculas de ATP na conversão da glicose em duas moléculas de piruvato.* As reações da glicólise estão resumidas na Tabela 16.1.

A energia liberada na conversão anaeróbica da glicose em duas moléculas de piruvato é de cerca de $-90\ \text{kJ mol}^{-1}$ ($-22\ \text{kcal mol}^{-1}$). Nos Capítulos 17 e 18, veremos que pode haver muito mais liberação de energia a partir da glicose na presença de oxigênio.

## O $NAD^+$ é regenerado a partir do metabolismo do piruvato

A conversão da glicose em duas moléculas de piruvato resulta na síntese efetiva de ATP. Entretanto, uma via de conversão de energia que termina no piruvato não poderá ocorrer por muito tempo, visto que o equilíbrio redox não é mantido. Como já estudamos, a atividade da gliceraldeído 3-fosfato desidrogenase, além de produzir um composto com alto potencial de transferência de fosforila, reduz o $NAD^+$ a NADH. Na célula, existem quantidades limitadas de $NAD^+$, que provêm da vitamina niacina ($B_3$), uma necessidade alimentar nos seres humanos. Em consequência, o $NAD^+$ precisa ser regenerado para que a glicólise possa ocorrer. Assim, o processo final da via consiste na regeneração de $NAD^+$ por meio do metabolismo do piruvato.

A sequência de reações da glicose até o piruvato é semelhante na maioria dos organismos e na maioria dos tipos de células. Em contrapartida, o destino do piruvato é variável. Três reações do piruvato são de importância

**TABELA 16.1** Reações da glicólise.

| Etapa | Reação | Enzima | Tipo de reação | $\Delta G°'$ em kJ $mol^{-1}$ (kcal $mol^{-1}$) | $\Delta G$ em kJ $mol^{-1}$ (kcal $mol^{-1}$) |
|---|---|---|---|---|---|
| 1 | Glicose + ATP ⟶ glicose 6-fosfato + ADP + $H^+$ | Hexoquinase | Transferência de fosforila | −16,7 (−4,0) | −33,5 (−8,0) |
| 2 | Glicose 6-fosfato ⇌ frutose 6-fosfato | Fosfoglicose isomerase | Isomerização | +1,7 (+0,4) | −2,5 (−0,6) |
| 3 | Frutose 6-fosfato + ATP ⟶ frutose 1,6-bisfosfato + ADP + $H^+$ | Fosfofrutoquinase | Transferência de fosforila | −14,2 (−3,4) | −22,2 (−5,3) |
| 4 | Frutose 1,6-bisfosfato ⇌ di-hidroxiacetona fosfato + gliceraldeído 3-fosfato | Aldolase | Clivagem de aldol | +23,8 (+5,7) | −1,3 (−0,3) |
| 5 | Di-hidroxiacetona fosfato ⇌ gliceraldeído 3-fosfato | Triose fosfato isomerase | Isomerização | +7,5 (+1,8) | +2,5 (+0,6) |
| 6 | Gliceraldeído 3-fosfato + $P_i$ + $NAD^+$ ⇌ 1,3-bisfosfoglicerato + NADH + $H^+$ | Gliceraldeído 3-fosfato desidrogenase | Fosforilação acoplada à oxidação | +6,3 (+1,5) | −1,7 (−0,4) |
| 7 | 1,3-Bisfosfoglicerato + ADP ⇌ 3-fosfoglicerato + ATP | Fosfoglicerato quinase | Transferência de fosforila | −18,8 (−4,5) | +1,3 (+0,3) |
| 8 | 3-Fosfoglicerato ⇌ 2-fosfoglicerato | Fosfoglicerato mutase | Deslocamento de fosforila | +4,6 (+1,1) | +0,8 (+0,2) |
| 9 | 2-Fosfoglicerato ⇌ fosfoenolpiruvato + $H_2O$ | Enolase | Desidratação | +1,7 (+0,4) | −3,3 (−0,8) |
| 10 | Fosfoenolpiruvato + ADP + $H^+$ ⟶ piruvato + ATP | Piruvato quinase | Transferência de fosforila | −31,4 (−7,5) | −16,7 (−4,0) |

Nota: A $\Delta G$, a variação de energia livre real, foi calculada a partir da $\Delta G°'$ e das concentrações conhecidas dos reagentes em condições fisiológicas típicas. A glicólise só pode prosseguir se os valores da $\Delta G$ de todas as reações forem negativos. Os pequenos valores positivos da $\Delta G$ de três das reações anteriores indicam que as concentrações dos metabólitos *in vivo* nas células que apresentam glicólise não são precisamente conhecidas.

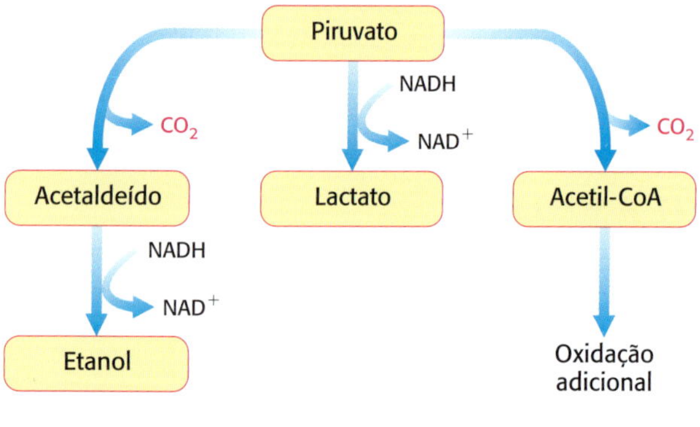


**FIGURA 16.9 Os diversos destinos do piruvato.** Pode haver formação de etanol e de lactato por reações que envolvem o NADH. Como alternativa, uma unidade de dois carbonos do piruvato pode ser acoplada à coenzima A (ver Capítulo 17) para formar acetil-CoA.

primordial: a conversão em etanol, em lactato ou em dióxido de carbono (Figura 16.9). As primeiras duas reações consistem em fermentações que ocorrem na ausência de oxigênio. A *fermentação* é um processo gerador de ATP em que compostos orgânicos atuam como doadores e como aceptores de elétrons. Na presença de oxigênio – a situação mais comum nos organismos multicelulares e em muitos organismos unicelulares –, o piruvato é metabolizado a dióxido de carbono e água pelo ciclo do ácido cítrico e pela cadeia de transporte de elétrons, com o oxigênio atuando como o aceptor final de elétrons. Analisemos agora com mais detalhes esses três destinos possíveis do piruvato.

**1.** O *etanol* é formado a partir do piruvato nas leveduras e em vários outros microrganismos. A primeira etapa é a descarboxilação do piruvato. Essa reação é catalisada pela *piruvato descarboxilase*, que necessita da coenzima tiamina pirofosfato, que provém da vitamina tiamina ($B_1$). A segunda etapa é a redução do acetaldeído a etanol pelo NADH em uma reação catalisada pela *álcool desidrogenase*. Esse processo regenera o $NAD^+$.

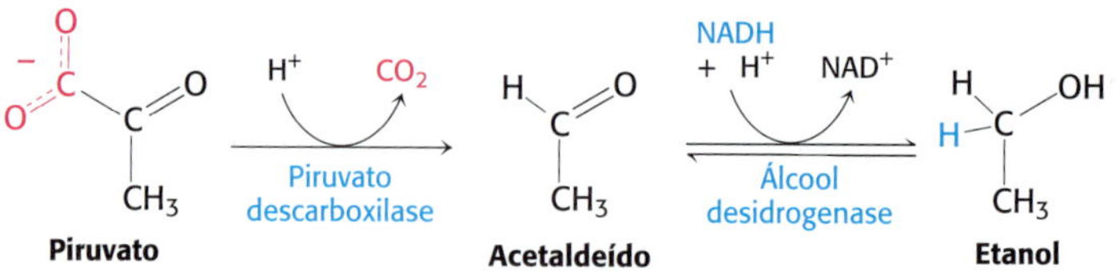


O sítio ativo da álcool desidrogenase contém um íon zinco, que está coordenado aos átomos de enxofre de dois resíduos de cisteína e a um átomo de nitrogênio da histidina (Figura 16.10). Esse íon zinco polariza o grupo carbonila do substrato, favorecendo a transferência de um hidreto do NADH.

A conversão da glicose em etanol fornece um exemplo de *fermentação alcoólica*. O resultado final desse processo anaeróbico é:

$$\text{Glicose} + 2\ P_i + 2\ \text{ADP} + 2\ H^+ \longrightarrow 2\ \text{etanol} + 2\ CO_2 + 2\ \text{ATP} + 2\ H_2O$$

Observe que o $NAD^+$ e o NADH não aparecem nessa equação, embora sejam fundamentais para o processo global. O NADH produzido pela oxidação do gliceraldeído 3-fosfato é consumido na redução do acetaldeído a etanol. Por conseguinte, *não há nenhuma oxirredução efetiva na conversão da glicose em etanol* (Figura 16.11). O etanol formado na fermentação alcoólica fornece um ingrediente fundamental para a fabricação da cerveja e do vinho.

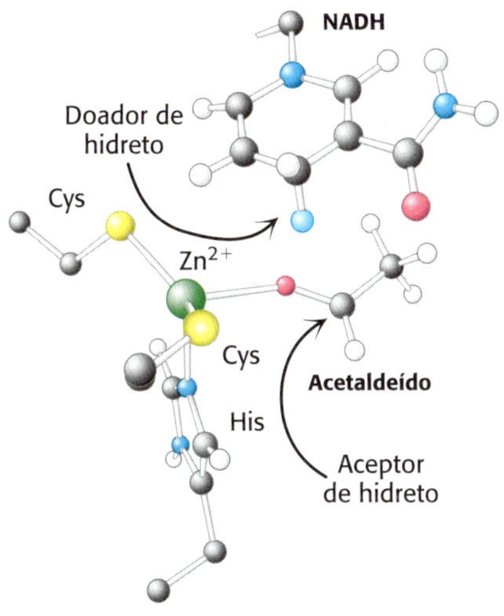


**FIGURA 16.10 Sítio ativo da álcool desidrogenase.** O sítio ativo contém um íon zinco ligado a dois resíduos de cisteína e a um resíduo de histidina. *Observe* que o íon zinco liga-se ao substrato acetaldeído pelo seu átomo de oxigênio, polarizando o substrato de modo que ele possa aceitar com mais facilidade um hidreto do NADH. Apenas o anel de nicotinamida do NADH é mostrado.

**2.** O *lactato* é formado a partir do piruvato em uma variedade de microrganismos em um processo denominado *fermentação láctica*. Na maioria dos animais, certos tipos de músculos esqueléticos também podem funcionar de modo anaeróbico por um curto período de tempo. Por exemplo, um tipo específico de fibra muscular, denominada fibra de contração rápida ou tipo IIb, executa breves períodos (salvas) de exercício intenso. O ATP precisa aumentar mais rapidamente do que a capacidade do corpo de fornecer oxigênio ao músculo. O músculo funciona anaerobicamente até ocorrer fadiga, que é causada, em parte, pelo acúmulo de lactato. Com efeito, o pH das fibras musculares do tipo IIb em repouso, que é de cerca de 7,0, pode cair para 6,3 durante a prática de exercício. A queda do pH inibe a fosfofrutoquinase (p. 515). Um *symporter* de lactato/$H^+$ possibilita a saída de lactato da célula muscular. A redução do piruvato pelo NADH para formar lactato é catalisada pela *lactato desidrogenase*.

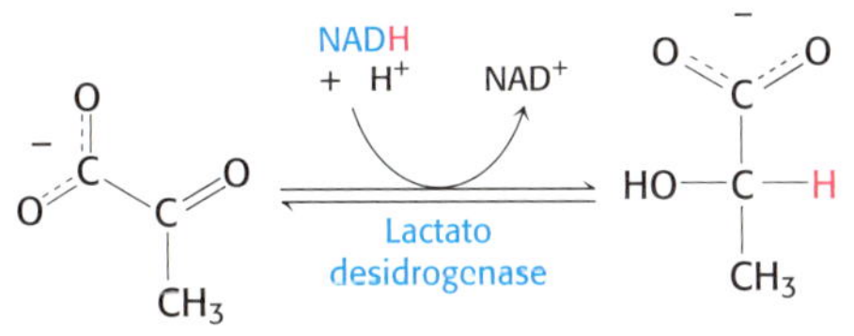


**Piruvato** **Lactato**

A reação global na conversão da glicose em lactato é:

$$\text{Glicose} + 2\ P_i + 2\ \text{ADP} \longrightarrow 2\ \text{lactato} + 2\ \text{ATP} + 2\ H_2O$$

À semelhança da fermentação alcoólica, não há nenhuma oxirredução efetiva. O NADH formado na oxidação do gliceraldeído 3-fosfato é consumido na redução do piruvato. A *regeneração do $NAD^+$ na redução do piruvato a lactato ou a etanol mantém o processo continuado de glicólise em condições anaeróbicas.*

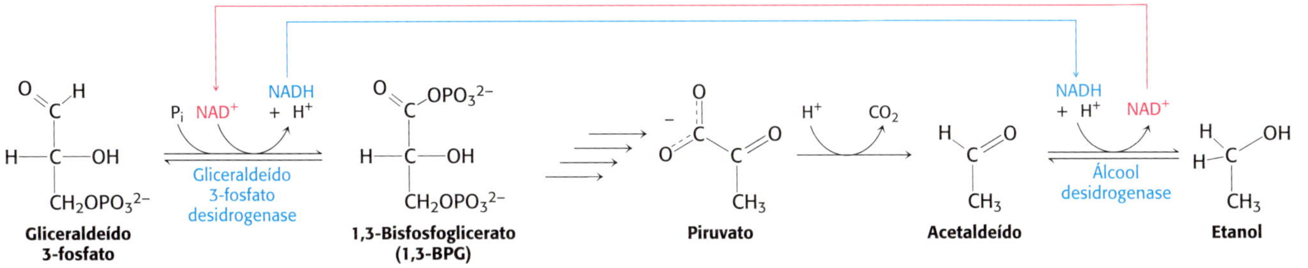


**FIGURA 16.11 Manutenção do equilíbrio redox.** O NADH produzido pela reação da gliceraldeído 3-fosfato desidrogenase precisa ser reoxidado a $NAD^+$ para que a via glicolítica prossiga. Na fermentação alcoólica, a álcool desidrogenase oxida o NADH e produz etanol. Na fermentação do ácido láctico (não mostrado), a lactato desidrogenase oxida o NADH enquanto produz ácido láctico.

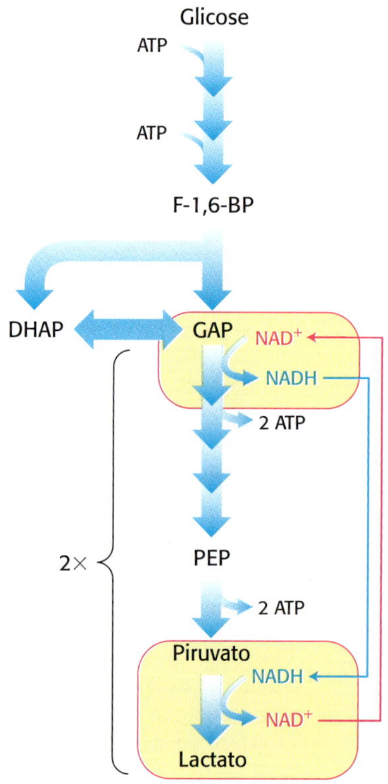


Regeneração do $NAD^+$

**3.** Apenas uma fração da energia da glicose é liberada durante a sua conversão anaeróbica em etanol ou em lactato. Uma quantidade muito maior de energia pode ser extraída em condições aeróbicas por meio do ciclo do ácido cítrico e da cadeia de transporte de elétrons. O ponto de entrada para essa via oxidativa é a *acetil coenzima A* (acetil-CoA), que é formada no interior das mitocôndrias pela descarboxilação oxidativa do piruvato.

$$\text{Piruvato} + NAD^+ + \text{CoA} \longrightarrow \text{acetil CoA} + CO_2 + \text{NADH} + H^+$$

Essa reação, que é catalisada pelo complexo piruvato desidrogenase, será discutida de modo detalhado no Capítulo 17. O $NAD^+$ necessário para tal reação e para a oxidação do gliceraldeído 3-fosfato é regenerado quando o NADH finalmente transfere seus elétrons ao $O_2$ por meio da cadeia de transporte de elétrons nas mitocôndrias.

## As fermentações fornecem energia utilizável na ausência de oxigênio

As fermentações produzem apenas uma fração da energia disponível a partir da combustão completa da glicose. Por que uma via metabólica relativamente ineficiente é tão extensamente utilizada? O principal motivo é que ela não necessita de oxigênio. A capacidade de sobreviver sem oxigênio proporciona uma grande variedade de ambientes compatíveis com a vida, como solos, água profunda e poros da pele. Alguns organismos, denominados *anaeróbios obrigatórios*, são incapazes de sobreviver na presença de $O_2$, um composto altamente reativo. A bactéria *Clostridium perfringens*, que causa gangrena, é um exemplo de anaeróbio obrigatório. Outros anaeróbios obrigatórios patogênicos estão listados na Tabela 16.2. Alguns organismos, como as leveduras, são *anaeróbios facultativos*, ou seja, metabolizam a glicose aerobicamente na presença de oxigênio e realizam a fermentação na ausência de oxigênio.

Muitos produtos alimentares, incluindo creme azedo (*sour cream*), iogurte, vários queijos, cerveja, vinho e chucrute, resultam de fermentação. O iogurte é produzido pela fermentação da lactose do leite em lactato por uma cultura mista de *Lactobacillus acidophilus* e *Streptococcus thermophilus*. O creme azedo (*sour cream*) é obtido com creme *light* pasteurizado, que é fermentado a lactato pelo *Streptococcus lactis*. O lactato é ainda fermentado a cetonas e aldeídos pelo *Leuconostoc citrovorum*. A segunda fermentação contribui para o sabor e o aroma do creme azedo. A levedura *Saccharomyces cerevisiae* fermenta os carboidratos a etanol e dióxido de carbono, fornecendo alguns dos ingredientes para uma variedade de bebidas alcoólicas. Embora só tenhamos considerado a fermentação láctica e a fermentação alcoólica, os microrganismos são capazes de produzir ampla variedade de moléculas como pontos finais da fermentação (Tabela 16.3).

**TABELA 16.3** Pontos de início e de término de várias fermentações.

| | | |
|---|---|---|
| Glicose | → | Lactato |
| Lactato | → | Acetato |
| Glicose | → | Etanol |
| Etanol | → | Acetato |
| Arginina | → | Dióxido de carbono |
| Pirimidinas | → | Dióxido de carbono |
| Purinas | → | Formato |
| Etilenoglicol | → | Acetato |
| Treonina | → | Propionato |
| Leucina | → | 2-Alquilacetato |
| Fenilalanina | → | Propionato |

Nota: Os produtos de algumas fermentações são os substratos para outras.

## A frutose é convertida em intermediários glicolíticos pela frutoquinase

Embora a glicose seja o monossacarídio mais amplamente utilizado, outros também constituem importantes fontes de energia. Consideremos como a

**TABELA 16.2** Exemplos de anaeróbios obrigatórios patogênicos.

| Bactéria | Resultado da infecção |
|---|---|
| *Clostridium tetani* | Tétano |
| *Clostridium botulinum* | Botulismo (tipo particularmente grave de envenenamento alimentar) |
| *Clostridium perfringens* | Gangrena gasosa (produção de gás como ponto final da fermentação, deformando e destruindo o tecido) |
| *Bartonella hensela* | Doença da arranhadura do gato (sintomas de tipo gripal) |
| *Bacteroides fragilis* | Infecções abdominais, pélvicas, pulmonares e sanguíneas |

frutose entra na via glicolítica (Figura 16.12). Não existem vias catabólicas para metabolizar a frutose, de modo que a estratégia consiste em converter esse açúcar em um metabólito da glicose.

O principal local de metabolismo da frutose é o fígado com utilização da *via da frutose 1-fosfato* (Figura 16.13). A primeira etapa é a fosforilação da *frutose* em *frutose 1-fosfato* pela *frutoquinase*. Em seguida, a frutose 1-fosfato é clivada em *gliceraldeído* e *di-hidroxiacetona fosfato*, um intermediário na glicólise. Essa clivagem aldólica é catalisada por uma *frutose 1-fosfato aldolase* específica. Em seguida, o gliceraldeído é fosforilado a *gliceraldeído 3-fosfato*, um intermediário glicolítico, pela *triose quinase*. Em outros tecidos, como o tecido adiposo, a *frutose pode ser fosforilada a frutose 6-fosfato pela hexoquinase.*

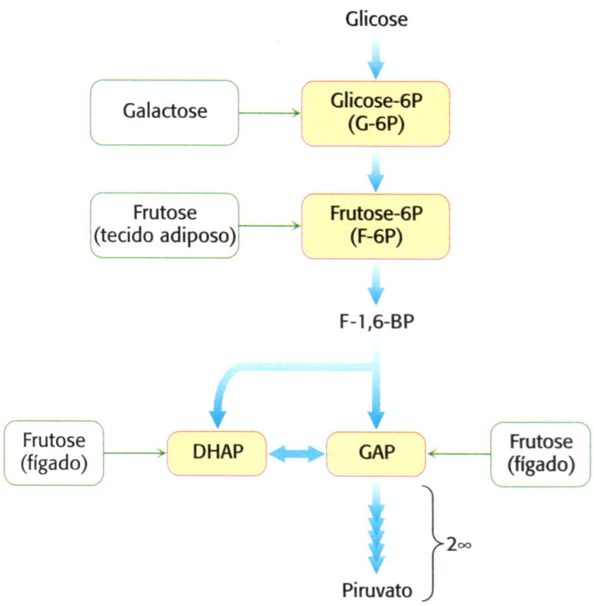


**FIGURA 16.12 Pontos de entrada na glicólise para a frutose e a galactose.**

## O consumo excessivo de frutose pode levar ao desenvolvimento de condições patológicas

A frutose, um adoçante comumente utilizado, é um componente da sacarose e do xarope de milho rico em frutose (que contém aproximadamente 55% de frutose e 45% de glicose). Estudos epidemiológicos, bem como clínicos, associaram o consumo excessivo de frutose a esteatose hepática, insensibilidade à insulina e obesidade. Essas condições podem levar finalmente ao diabetes melito tipo 2 (ver Capítulo 27). Os estudos realizados mostraram que esses distúrbios não resultam necessariamente de um simples consumo excessivo de energia, mas do modo pelo qual a frutose é processada pelo fígado. Que aspectos do metabolismo hepático da frutose constituem, nesse caso, os fatores contribuintes? Como mostra a Figura 16.13, observe que as ações da frutoquinase e da triose quinase não utilizam a etapa regulatória mais importante na glicólise: a reação catalisada pela fosfofrutoquinase. O gliceraldeído 3-fosfato e a di-hidroxiacetona fosfato derivados da frutose são processados pela glicólise a piruvato e, subsequentemente, a acetil-CoA de maneira não regulada. Como veremos no Capítulo 22, esse excesso de acetil-CoA é convertido em ácidos graxos, que podem ser transportados para o tecido adiposo, resultando em obesidade. O fígado também começa a acumular ácidos graxos, resultando em esteatose hepática (fígado gorduroso). A atividade da frutoquinase e da triose quinase pode depletar o fígado de ATP e de fosfato inorgânico, comprometendo a função hepática. Voltaremos a discutir a obesidade e a homeostasia calórica no Capítulo 27.

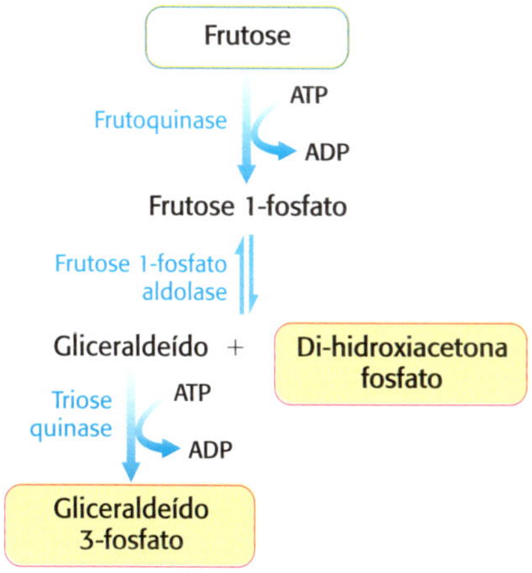


**FIGURA 16.13 Metabolismo da frutose.** A frutose entra na via glicolítica no fígado por meio da via da frutose 1-fosfato.

## A galactose é convertida em glicose 6-fosfato

À semelhança da frutose, a *galactose* é um açúcar abundante comum em laticínios que precisa ser convertido em metabólitos da glicose (Figura 16.12). A galactose é convertida em *glicose 6-fosfato* em quatro etapas. A primeira reação na *via de interconversão galactose-glicose* é a fosforilação da galactose a galactose 1-fosfato pela *galactoquinase*.

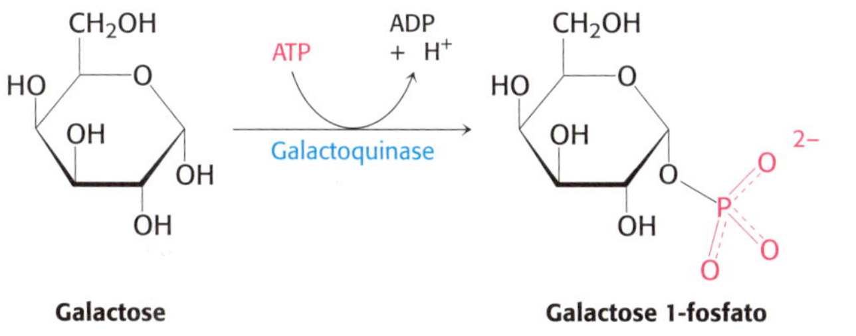

Em seguida, a galactose 1-fosfato adquire um grupo uridila da uridina difosfato glicose (UDP-glicose), um intermediário ativado na síntese de carboidratos (ver Capítulo 11 e seção 21.4).

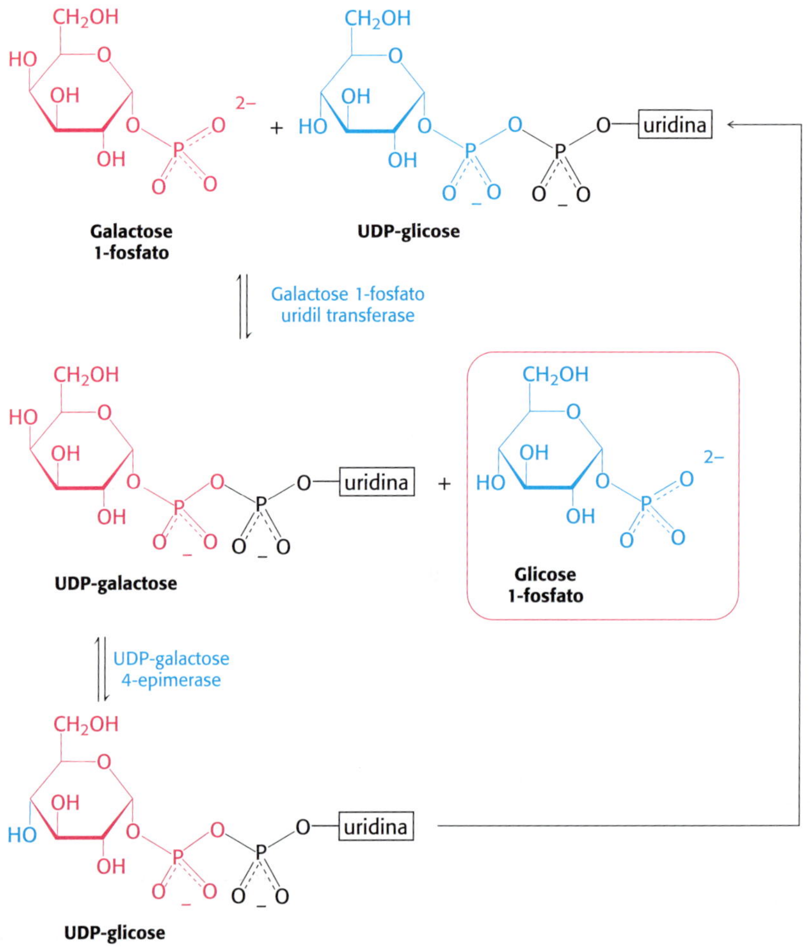


Os produtos dessa reação, que é catalisada pela *galactose 1-fosfato uridil transferase*, são a UDP-galactose e a glicose 1-fosfato. A galactose da UDP-galactose é, em seguida, epimerizada a glicose. A configuração do grupo hidroxila no carbono 4 é invertida pela *UDP-galactose 4-epimerase*.

A soma das reações catalisadas pela galactoquinase, pela transferase e pela epimerase é:

$$\text{Galactose} + \text{ATP} \longrightarrow \text{glicose 1-fosfato} + \text{ADP} + \text{H}^+$$

Observe que a UDP-glicose não é consumida na conversão da galactose em glicose, visto que ela é regenerada a partir da UDP-galactose pela epimerase. Essa reação é reversível, e o produto do sentido inverso também é importante. *A conversão da UDP-glicose em UDP-galactose é essencial para a síntese de resíduos de galactosil em polissacarídios complexos e glicoproteínas se a quantidade de galactose na alimentação for inadequada para suprir essas necessidades.*

Por fim, a glicose 1-fosfato, formada a partir da galactose, é isomerizada a glicose 6-fosfato pela *fosfoglicomutase*.

$$\text{Glicose 1-fosfato} \xrightleftharpoons{\text{fosfoglicomutase}} \text{glicose 6-fosfato}$$

Retornaremos a essa reação quando abordarmos a síntese e a degradação do glicogênio, que prosseguem por meio da glicose 1-fosfato, no Capítulo 21.

## Muitos adultos são intolerantes ao leite devido à deficiência de lactase

Muitos adultos são incapazes de metabolizar a lactose, o açúcar do leite, e apresentam distúrbios gastrintestinais quando consomem leite. A *intolerância à lactose,* ou hipolactase, é mais comumente causada por uma deficiência da enzima lactase, que cliva a lactose em glicose e galactose.

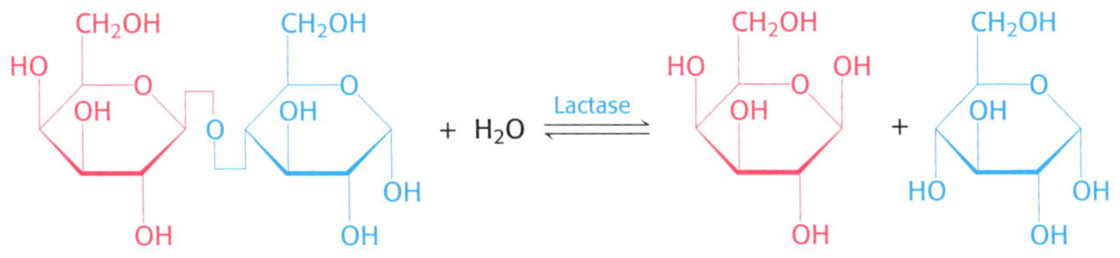


"Deficiência" não é exatamente o termo apropriado, visto que é normal haver uma diminuição da lactase durante o desenvolvimento de todos os mamíferos. Quando as crianças são desmamadas, e o leite torna-se menos importante em sua alimentação, a atividade da lactase normalmente declina para cerca de 5% a 10% do nível existente no nascimento. Essa diminuição não é tão pronunciada em algumas populações, mais notavelmente nos indivíduos da Europa Setentrional, e as pessoas que pertencem a esses grupos podem continuar ingerindo leite sem qualquer dificuldade gastrintestinal. Com o aparecimento dos animais produtores de leite, um adulto com lactase ativa apresentaria uma vantagem seletiva por ser capaz de consumir calorias do leite prontamente disponível. Com efeito, as estimativas sugerem que os indivíduos com a mutação produziriam uma prole quase 20% mais fértil. Como a atividade leiteira surgiu no norte da Europa há cerca de 10.000 anos, a pressão seletiva da evolução sobre a persistência da lactase deve ter sido substancial, atestando o valor bioquímico da capacidade de utilização do leite como fonte de energia na idade adulta.

O que ocorre com a lactose no intestino de um indivíduo com deficiência de lactase? A lactose constitui uma boa fonte de energia para os microrganismos do cólon, que a fermentam a ácido láctico enquanto produzem metano ($CH_4$) e gás hidrogênio ($H_2$). O gás produzido cria uma sensação desconfortável de distensão abdominal e o desagradável problema de flatulência. O lactato produzido pelos microrganismos é osmoticamente ativo e extrai água para o intestino, assim como qualquer lactose não digerida, resultando em diarreia. Quando grave o suficiente, os gases e a diarreia impedem a absorção de outros nutrientes, como gorduras e proteínas. O tratamento mais simples consiste em evitar o consumo de produtos contendo muita lactose. Como alternativa, pode-se ingerir a enzima lactase com o consumo de laticínios.

## A galactose é altamente tóxica na ausência de transferase

Os distúrbios que interferem no metabolismo da galactose são menos comuns do que a intolerância à lactose. O distúrbio do metabolismo da galactose é denominado *galactosemia*. A forma mais comum, denominada galactosemia clássica, é uma deficiência hereditária na atividade da galactose 1-fosfato uridil transferase. As crianças acometidas apresentam retardo do crescimento. Além disso, ocorrem vômitos ou diarreia após o consumo do leite, e é comum haver hepatomegalia e icterícia, progredindo, algumas vezes, para a cirrose. Ocorre também formação de cataratas, e a letargia e o desenvolvimento mental retardado também são comuns. O nível sanguíneo de galactose apresenta-se acentuadamente elevado, e a galactose é encontrada na urina. A ausência da transferase nos eritrócitos é um critério definitivo para o diagnóstico.

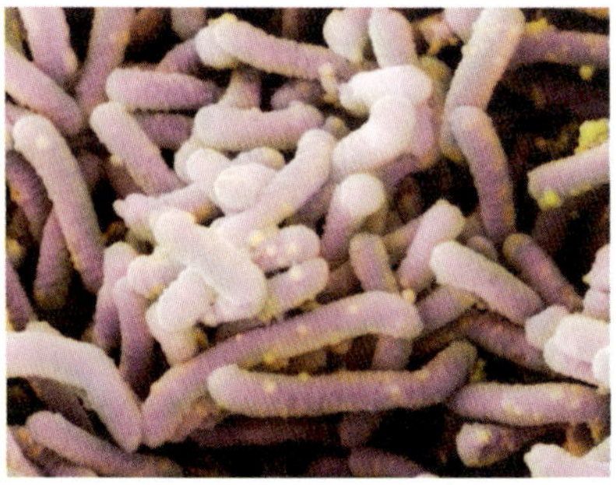

**Micrografia eletrônica de varredura do *Lactobacillus*.** A bactéria anaeróbia *Lactobacillus* é mostrada aqui. Como o próprio nome sugere, esse gênero de bactérias fermenta a glicose a ácido láctico e é amplamente utilizada na indústria de alimentos. O *Lactobacillus* também é um componente da flora bacteriana humana normal do trato urogenital, onde, em virtude de sua capacidade de gerar um ambiente ácido, impede o crescimento de bactérias prejudiciais. [SPL/Science Source.]

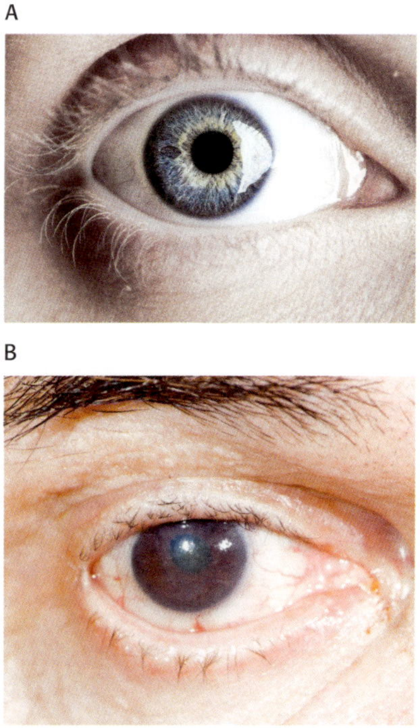


**FIGURA 16.14** As cataratas são evidentes pela opacificação da lente. **A.** Olho saudável. **B.** Olho com catarata. [(**A**) Fonte: iStock ©aetb; (**B**) Fonte: iStock ©sdigital.]

O tratamento mais comum consiste em remover a galactose (e a lactose) da alimentação. Um enigma da galactosemia é o fato de que, embora a eliminação da galactose da dieta evite a doença hepática e o desenvolvimento de cataratas, a maioria dos pacientes ainda apresenta disfunção do sistema nervoso central, mais comumente aquisição tardia das habilidades de linguagem. As mulheres também apresentam insuficiência ovariana.

A formação de cataratas é mais bem compreendida. A catarata consiste em opacificação da lente do olho normalmente transparente (Figura 16.14). Se a transferase não for ativa na lente, a presença de aldose redutase provoca acúmulo de galactose para ser reduzida a galactitol.

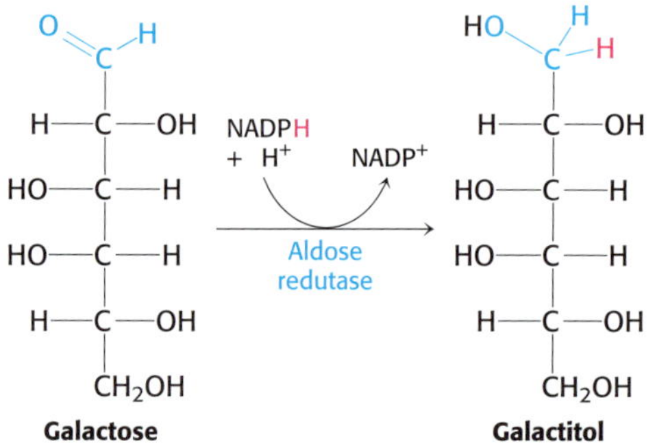


O galactitol é precariamente metabolizado e acumula-se na lente. A água difunde-se para dentro da lente de modo a manter o equilíbrio osmótico, desencadeando a formação de cataratas. De fato, observa-se uma alta incidência de formação de cataratas com a idade em populações que consomem quantidades substanciais de leite na idade adulta.

## 16.2 A via glicolítica é rigorosamente controlada

A via glicolítica desempenha uma dupla função: degrada a glicose para produzir ATP e fornece os blocos de construção para as reações de biossíntese. A velocidade de conversão da glicose em piruvato é regulada para suprir essas duas necessidades celulares primordiais. *Nas vias metabólicas, as enzimas que catalisam as reações essencialmente irreversíveis constituem locais potenciais de controle.* Na glicólise, as reações catalisadas pela hexoquinase, pela fosfofrutoquinase e pela piruvato quinase são praticamente irreversíveis, e cada uma delas serve como sítio de controle. Essas enzimas tornam-se mais ou menos ativas em resposta à ligação reversível de efetores alostéricos ou à modificação covalente. Além disso, as quantidades dessas enzimas importantes variam de acordo com a regulação da transcrição para suprir as várias necessidades metabólicas. O tempo necessário para o controle alostérico, a regulação pela fosforilação e o controle da transcrição é normalmente da ordem de milissegundos, segundos e horas, respectivamente. Abordaremos o controle da glicólise em dois tecidos diferentes – músculo esquelético e fígado.

### A glicólise no músculo é regulada para suprir as necessidades de ATP

A glicólise no músculo esquelético fornece ATP principalmente para acionar a contração. Em consequência, *o controle básico da glicose muscular consiste na carga energética da célula* – a razão entre ATP e AMP. Examinemos como cada uma dessas enzimas regulatórias-chave responde às mudanças nas quantidades de ATP e de AMP presentes nas células.

**Fosfofrutoquinase.** A *fosfofrutoquinase constitui o local de controle mais importante na via glicolítica dos mamíferos* (Figura 16.15). O ATP em altos níveis inibe alostericamente a enzima (um tetrâmero de 340 kDa). O ATP liga-se a um sítio regulatório específico, que é distinto do sítio catalítico.

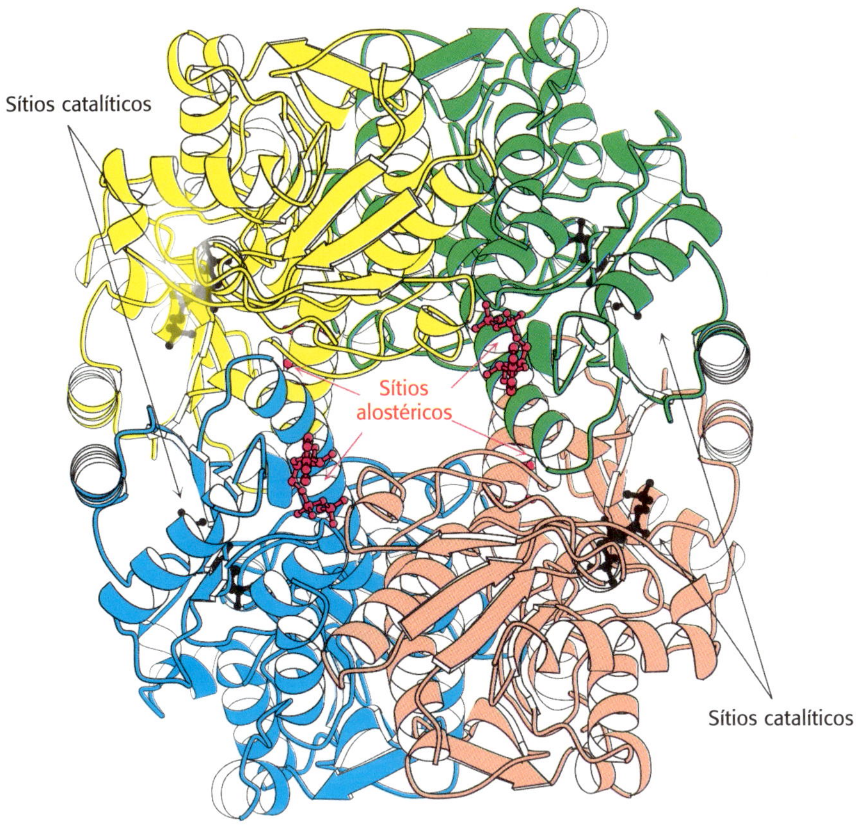


**FIGURA 16.15 Estrutura da fosfofrutoquinase.** A estrutura da fosfofrutoquinase de *E. coli* consiste em um tetrâmero de quatro subunidades idênticas. *Observe* a separação dos sítios catalíticos e alostéricos. Cada subunidade da enzima hepática humana consiste em dois domínios que são semelhantes à enzima de *E. coli*. [Desenhada de 1PFK.pdb.]

A ligação do ATP reduz a afinidade da enzima pela frutose 6-fosfato. Assim, a presença de alta concentração de ATP converte a curva de ligação hiperbólica da frutose 6-fosfato em uma curva sigmoide (Figura 16.16). O AMP reverte a ação inibitória do ATP, de modo que *a atividade da enzima aumenta quando a razão ATP/AMP está diminuída*. Em outras palavras, *a glicólise é estimulada à medida que a carga energética vai caindo*. Uma diminuição do pH também inibe a atividade da fosfofrutoquinase, visto que aumenta o efeito inibidor do ATP. O pH pode cair quando o músculo de contração rápida está funcionando de modo anaeróbico, produzindo quantidades excessivas de ácido láctico. O efeito inibitório protege o músculo da lesão que resultaria do acúmulo de ácido em quantidade excessiva.

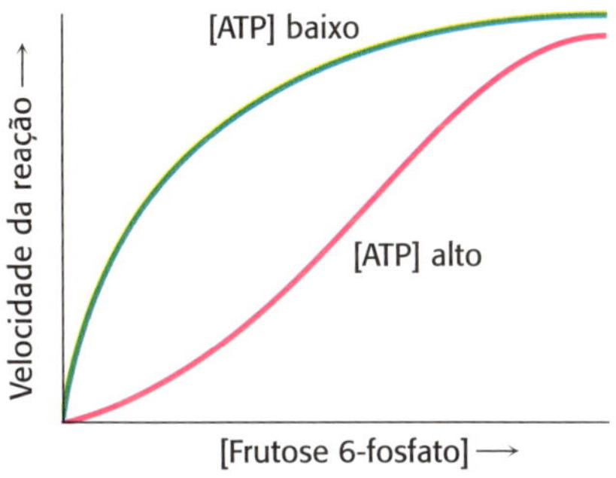


**FIGURA 16.16 Regulação alostérica da fosfofrutoquinase.** Um nível elevado de ATP inibe a enzima, visto que diminui a sua afinidade pela frutose 6-fosfato.

Por que o AMP, e não o ADP, é o regulador positivo da fosfofrutoquinase? Quando o ATP está sendo utilizado rapidamente, a enzima *adenilato quinase* (ver seção 9.4) é capaz de formar ATP a partir do ADP de acordo com a seguinte reação:

$$\text{ADP} + \text{ADP} \rightleftharpoons \text{ATP} + \text{AMP}$$

Por conseguinte, algum ATP é recuperado do ADP, e o AMP torna-se o sinal para o estado de baixa energia. Além disso, a utilização do AMP como regulador alostérico proporciona um controle particularmente sensível. Podemos entender o porquê se considerarmos o seguinte. Em primeiro lugar, o conjunto total de adenilatos ([ATP], [ADP], [AMP]) em uma célula é constante a curto prazo. Em segundo lugar, a concentração de ATP é mais alta que a do ADP, e, por sua vez, a concentração de ADP é maior que a do AMP. Em consequência, pequenas mudanças percentuais no [ATP] resultam em alterações percentuais maiores nas concentrações de outros nucleotídios de adenilato. Essa amplificação de pequenas mudanças no [ATP] para mudanças maiores no [AMP] leva a um controle mais rigoroso, aumentando a faixa de sensibilidade da fosfofrutoquinase (Questão 49).

**Hexoquinase.** A fosfofrutoquinase é a enzima regulatória mais proeminente da glicólise, porém não é a única. A hexoquinase, a enzima que catalisa a primeira etapa da glicólise, é inibida pelo seu produto, a glicose 6-fosfato. A presença de altas concentrações dessa molécula sinaliza que a célula não necessita mais de glicose para energia ou para a síntese de glicogênio, uma forma de armazenamento da glicose (ve Capítulo 21), e a glicose é então deixada no sangue. Uma elevação na concentração de glicose 6-fosfato é um meio pelo qual a fosfofrutoquinase comunica-se com a hexoquinase. Quando a fosfofrutoquinase está inativa, ocorre a elevação da concentração de frutose 6-fosfato. Por sua vez, o nível de glicose 6-fosfato aumenta, visto que está em equilíbrio com a frutose 6-fosfato. Por conseguinte, *a inibição da fosfofrutoquinase leva à inibição da hexoquinase.*

Por que a fosfofrutoquinase, e não a hexoquinase, é o marca-passo da glicólise? O motivo torna-se evidente quando se observa que a glicose 6-fosfato não é apenas um intermediário glicolítico. No músculo, a glicose 6-fosfato também pode ser convertida em glicogênio. A primeira reação irreversível exclusiva da via glicolítica, a *etapa de comprometimento* (ver seção 10.1), é a fosforilação da frutose 6-fosfato em frutose 1,6-bisfosfato. Assim, é extremamente apropriado que a fosfofrutoquinase seja o principal local de controle da glicólise. Em geral, *a enzima que catalisa a etapa de comprometimento em uma sequência metabólica é o elemento de controle mais importante da via.*

**Piruvato quinase.** A piruvato quinase, a enzima que catalisa a terceira etapa irreversível da glicólise, controla o efluxo dessa via. Essa etapa final produz ATP e piruvato, um intermediário metabólico fundamental que pode ser ainda oxidado ou utilizado como bloco de construção. O ATP inibe alostericamente a piruvato quinase, de modo a reduzir a velocidade da glicólise quando a carga energética está elevada. Quando a velocidade da glicólise aumenta, a frutose 1,6-bisfosfato – o produto da etapa irreversível precedente da glicólise – ativa a quinase, permitindo que ela mantenha a velocidade com o elevado fluxo de intermediários que entram na via. Esse processo é denominado *estimulação por retroalimentação positiva*. A Figura 16.17 fornece um resumo da regulação da glicólise no músculo em repouso e ativo.

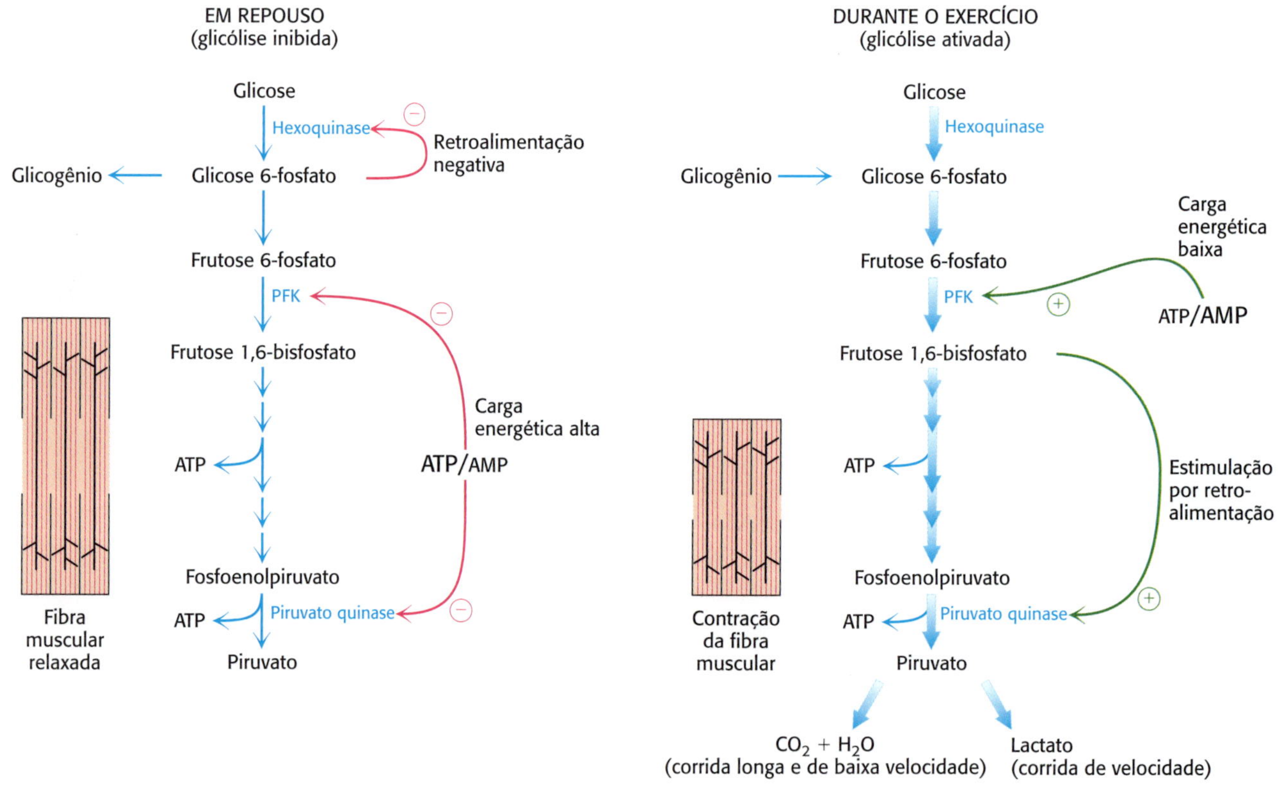


**FIGURA 16.17 Regulação da glicólise no músculo.** Em repouso (à esquerda), a glicólise não é muito ativa (setas finas). A concentração elevada de ATP inibe a fosfofrutoquinase (PFK), a piruvato quinase e a hexoquinase. A glicose 6-fosfato é convertida em glicogênio (ver Capítulo 21). Durante o exercício (à direita), a redução na razão ATP/AMP em consequência da contração muscular ativa a fosfofrutoquinase e, portanto, a glicólise. O fluxo ao longo da via aumenta, conforme representado pelas setas espessas.

## A regulação da glicólise no fígado ilustra a versatilidade bioquímica deste órgão

O fígado desempenha funções bioquímicas mais diversas do que o músculo. De modo significativo, o fígado mantém o nível da glicemia: ele armazena a glicose na forma de glicogênio quando a glicose está abundante e a libera quando o aporte é baixo. O fígado também utiliza a glicose para gerar poder redutor para a biossíntese (ver seção 20.3), bem como para a síntese de uma variedade de compostos bioquímicos. Assim, embora o fígado exiba muitas das características regulatórias da glicólise muscular, a regulação da glicólise hepática é mais complexa.

**Fosfofrutoquinase.** A fosfofrutoquinase hepática pode ser regulada pelo ATP, como no músculo; entretanto, essa regulação não é tão importante, visto que o fígado não apresenta uma necessidade súbita de ATP como um músculo contraindo. De modo semelhante, um pH baixo não constitui importante sinal metabólico para a enzima hepática, visto que o lactato normalmente não é produzido pelo fígado. De fato, como veremos adiante, o lactato é convertido em glicose no fígado.

A glicólise no fígado também fornece esqueletos de carbono para a biossíntese, de modo que um sinal que indique se há abundância ou escassez de blocos de construção também deve regular a fosfofrutoquinase. No fígado, a *fosfofrutoquinase é inibida pelo citrato*, um intermediário inicial no ciclo do ácido cítrico (ver Capítulo 17). Um elevado nível de citrato no citoplasma significa abundância de precursores biossintéticos, de modo que não há necessidade de degradar uma quantidade adicional de glicose para esse propósito. O citrato inibe a fosfofrutoquinase ao aumentar o efeito inibitório do ATP.

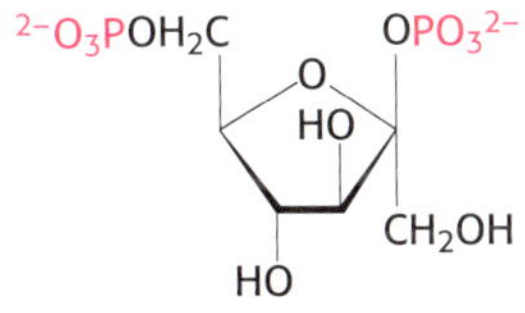

**Frutose 2,6-bisfosfato (F-2,6-BP)**

A principal maneira pela qual a glicólise no fígado responde a mudanças da glicemia é por meio da molécula sinalizadora *frutose 2,6-bisfosfato* (F-2,6-BP), um potente ativador da fosfofrutoquinase. No fígado, a concentração de frutose 6-fosfato aumenta quando a concentração de glicose no sangue está elevada, e a abundância de frutose 6-fosfato acelera a síntese de F-2,6-BP (Figura 16.18). Por conseguinte, *uma abundância de frutose 6-fosfato leva a maior concentração de F-2,6-BP*. A ligação da frutose 2,6-bisfosfato aumenta a afinidade da fosfofrutoquinase pela frutose 6-fosfato e diminui o efeito inibitório do ATP (Figura 16.19). Em consequência, a glicólise é

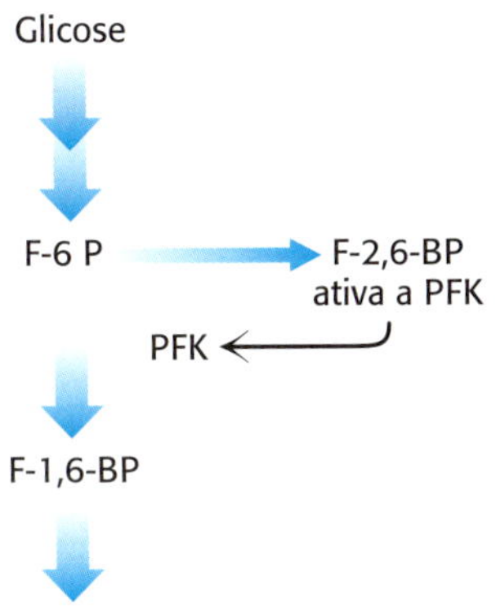


**FIGURA 16.18 Regulação da fosfofrutoquinase pela frutose 2,6-bisfosfato.** Em altas concentrações, a frutose 6-fosfato (F-6 P) ativa a enzima fosfofrutoquinase (PFK) por meio de um intermediário, a frutose 2,6-bisfosfato (F-2,6-BP).

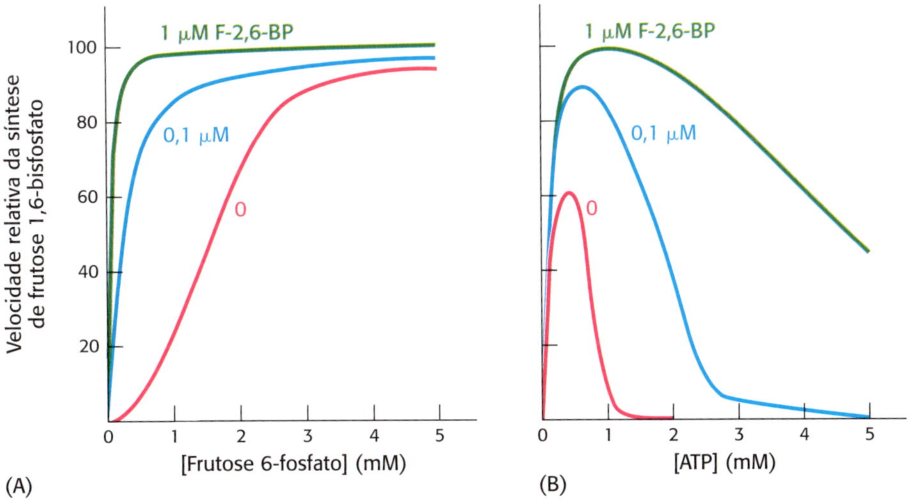


**FIGURA 16.19 Ativação da fosfofrutoquinase pela frutose 2,6-bisfosfato. A.** A dependência sigmoide da velocidade sobre a concentração de substrato torna-se hiperbólica na presença de 1 μM de frutose 2,6-bisfosfato. **B.** O ATP, que atua como substrato, inicialmente estimula a reação. À medida que a sua concentração vai aumentando, o ATP atua como inibidor alostérico. O efeito inibitório do ATP é revertido pela frutose 2,6-bisfosfato. [Dados de E. Van Schaftingen, M. F. Jett, L. Hue, e H. G. Hers, *Proc. Natl. Acad. Sci. U.S.A.* 78:3483–3486, 1981.]

acelerada quando a glicose está presente em quantidades abundantes. Analisaremos a síntese e a degradação dessa importante molécula regulatória após abordarmos a gliconeogênese.

**Hexoquinase e glicoquinase.** A reação da hexoquinase no fígado é controlada como no músculo. Entretanto, o fígado, em conformidade com o seu papel no monitoramento da glicemia, possui outra isoenzima especializada da hexoquinase, denominada *glicoquinase*, que não é inibida pela glicose 6-fosfato. O papel da glicoquinase consiste em fornecer glicose 6-fosfato para a síntese de glicogênio e para a formação de ácidos graxos (ver seção 22.1). De maneira notável, a glicoquinase apresenta a cinética sigmoide característica de uma enzima alostérica, apesar de atuar como um monômero. A glicoquinase fosforila a glicose apenas quando esta última está presente em quantidades abundantes, visto que a afinidade da glicoquinase pela glicose é cerca de 50 vezes menor que a da hexoquinase. Além disso, quando a concentração de glicose está baixa, a glicoquinase é inibida pela proteína regulatória da glicoquinase (GKRP, do inglês *glucokinase regulatory protein*), específica do fígado, que sequestra a quinase no núcleo até haver aumento na concentração de glicose. A baixa afinidade da glicoquinase pela glicose faz com que o cérebro e os músculos sejam os primeiros a receber glicose quando o suprimento estiver limitado, e também assegura que não haja desperdício de glicose quando esta estiver abundante. Os fármacos que ativam a glicoquinase hepática ou que rompem a sua interação com a GKRP estão sendo avaliados como tratamento para o diabetes melito tipo 2 ou o diabetes insensível à insulina. A glicoquinase também está presente nas células β do pâncreas, onde ocorre a formação aumentada de glicose 6-fosfato pela glicoquinase quando os níveis glicêmicos estão elevados, levando à secreção do hormônio insulina. A insulina sinaliza a necessidade de remoção da glicose do sangue para o seu armazenamento como glicogênio ou para sua conversão em gordura.

**Piruvato quinase.** Os mamíferos apresentam várias isoenzimas da piruvato quinase (um tetrâmero de subunidades de 57 kDa) codificadas por diferentes genes: o tipo L predomina no fígado, enquanto o tipo M é observado predominantemente no músculo e no cérebro. As formas L e M da piruvato quinase compartilham muitas propriedades. Com efeito, a enzima hepática comporta-se de modo muito semelhante à enzima muscular no que concerne à regulação alostérica, exceto que a enzima hepática também é inibida pela alanina (sintetizada em uma etapa a partir do piruvato), um sinal indicando a disponibilidade de blocos de construção. Além disso, as isoenzimas diferem na sua suscetibilidade à modificação covalente. As propriedades catalíticas da forma L – mas não da forma M – também são controladas por fosforilação reversível (Figura 16.20). Quando a glicemia está baixa, a cascata do AMP cíclico desencadeada pelo glucagon (p. 530, ver Capítulo 16) leva à fosforilação da piruvato quinase, o que diminui a sua atividade. Essa fosforilação desencadeada pelo hormônio impede o fígado de consumir glicose quando ela é mais urgentemente necessária para o cérebro e para o músculo. Vemos aqui um exemplo bem claro de como as isoenzimas contribuem para a diversidade metabólica de diferentes órgãos. Retornaremos ao controle da glicólise após discutir a gliconeogênese.

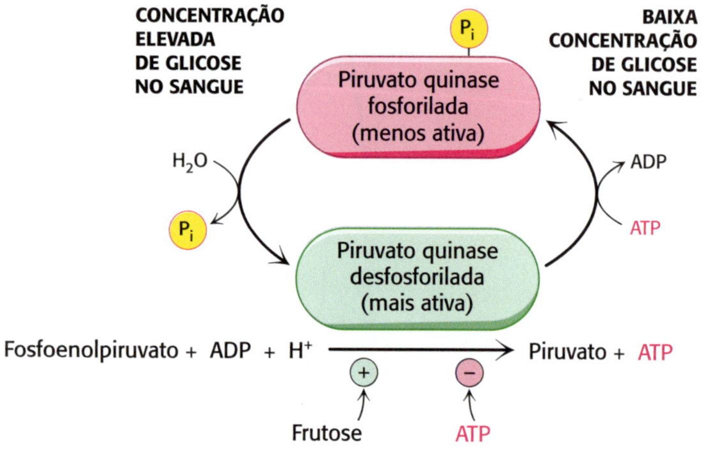


**FIGURA 16.20 Controle da atividade catalítica da piruvato quinase.** A piruvato quinase é regulada por efetores alostéricos e por modificação covalente. A frutose 1,6-bisfosfato estimula alostericamente a enzima, enquanto o ATP e a alanina são inibidores alostéricos. O glucagon, que é secretado em resposta à baixa glicemia, promove a fosforilação e a inibição da enzima. Quando a concentração de glicose no sangue está adequada, a enzima é desfosforilada e ativada.

## Uma família de transportadores possibilita a entrada e a saída de glicose das células animais

Vários transportadores de glicose medeiam o movimento termodinamicamente favorável da glicose através das membranas plasmáticas das células animais. Cada membro dessa família de proteínas, denominadas GLUT1 a GLUT5, consiste em uma única cadeia polipeptídica com cerca de 500 resíduos de comprimento (Tabela 16.4). Cada transportador de glicose possui uma estrutura de 12 hélices transmembranares semelhante à da lactose permease (ver seção 13.3).

**TABELA 16.4** Família de transportadores de glicose.

| Nome | Tecido | $K_M$ | Comentários |
|---|---|---|---|
| GLUT1 | Todos os tecidos de mamíferos | 1 mM | Captação basal de glicose |
| GLUT2 | Fígado e células β do pâncreas | 15 a 20 mM | No pâncreas, desempenha papel na regulação da insulina<br>No fígado, remove o excesso de glicose do sangue |
| GLUT3 | Todos os tecidos de mamíferos | 1 mM | Captação basal de glicose |
| GLUT4 | Células musculares e adipócitos | 5 mM | A quantidade na membrana plasmática do músculo aumenta durante o treino de resistência |
| GLUT5 | Intestino delgado | – | Primordialmente, um transportador de frutose |

Os membros desta família desempenham funções distintas:

**1.** O GLUT1 e o GLUT3, que estão presentes em quase todas as células de mamíferos, são responsáveis pela captação basal de glicose. Seu valor de $K_M$ para a glicose é de cerca de 1 mM, ou seja, significativamente menor do que o nível sérico normal de glicose, que normalmente varia de 4 mM a 8 mM. Por conseguinte, o GLUT1 e o GLUT3 transportam continuamente a glicose para dentro das células em uma velocidade essencialmente constante.

**2.** O GLUT2, presente no fígado e nas células β do pâncreas, é distinto por apresentar um valor muito alto de $K_M$ para a glicose (15 a 20 mM). Consequentemente, a glicose entra nesses tecidos com velocidade biologicamente significativa apenas quando há muita glicose no sangue. O pâncreas tem a capacidade de detectar o nível de glicose e de ajustar a velocidade de secreção de insulina de acordo com esse nível. Um alto valor de $K_M$ do GLUT2 também assegura a rápida entrada de glicose nos hepatócitos apenas em momentos de abundância.

**3.** O GLUT4, cujo valor de $K_M$ é de 5 mM, transporta a glicose para as células musculares e os adipócitos. O número de transportadores de GLUT4 na membrana plasmática aumenta rapidamente na presença de insulina, que sinaliza o estado de saciedade. Em consequência, a insulina promove a captação de glicose pelo músculo e pelo tecido adiposo. Os exercícios de resistência aumentam esse transportador nas membranas musculares.

**4.** O GLUT5, que é encontrado no intestino delgado, atua basicamente como transportador de frutose.

## A glicólise aeróbica é uma propriedade das células em rápido crescimento

Sabe-se há décadas que os tumores apresentam velocidades aumentadas de captação de glicose e de glicólise. Com efeito, as células tumorais de rápido crescimento metabolizam a glicose a lactato mesmo na presença de oxigênio, um processo denominado *glicólise aeróbica* ou *efeito*

*Warburg*, em homenagem a Otto Warburg, o bioquímico que observou pela primeira vez essa característica das células cancerosas na década de 1920. De fato, os tumores com alta captação de glicose são particularmente agressivos, e o câncer tende a apresentar um prognóstico sombrio. Utilizando-se um análogo não metabolizável da glicose, o 2-$^{18}$F-2-D-desoxiglicose, que pode ser detectado por uma combinação de tomografia por emissão de pósitrons (PET, do inglês *positron emission tomography*) e tomografia computadorizada (CAT, do inglês *computer-aided tomography*), visualiza-se facilmente os tumores e possibilita-se o monitoramento da eficácia do tratamento (Figura 16.21).

Que vantagem seletiva a glicólise aeróbica oferece ao tumor em relação à fosforilação oxidativa, que é energeticamente mais eficiente? As pesquisas estão procurando ativamente uma resposta a essa questão; entretanto, podemos especular sobre os benefícios obtidos. Em primeiro lugar, a glicólise aeróbica produz ácido láctico, que, em seguida, é secretado. Foi constatado que a acidificação do ambiente tumoral facilita a invasão do tumor. Além disso, o lactato compromete a ativação das células T CD8$^+$ e NK do sistema imune, que normalmente atacam o tumor. Entretanto, até mesmo as leucemias realizam a glicólise aeróbica, e a leucemia não é um câncer invasivo. Em segundo lugar e talvez de maior importância, a captação aumentada de glicose e a formação de glicose 6-fosfato fornecem substratos para outra via metabólica – a via da pentose fosfato (ver Capítulo 20) –, que gera um poder redutor de biossíntese, o NADPH. Por fim, as células cancerosas crescem mais rapidamente do que os vasos sanguíneos que as nutrem; em consequência, à medida que tumores sólidos vão crescendo, a concentração de oxigênio em seu ambiente cai. Em outras palavras, eles começam a apresentar *hipoxia*, que consiste em uma deficiência de oxigênio. O uso da glicólise aeróbica reduz a dependência do oxigênio para o crescimento celular.

Que alterações bioquímicas facilitam a mudança para a glicólise aeróbica? Mais uma vez, as respostas não são completas, porém as alterações

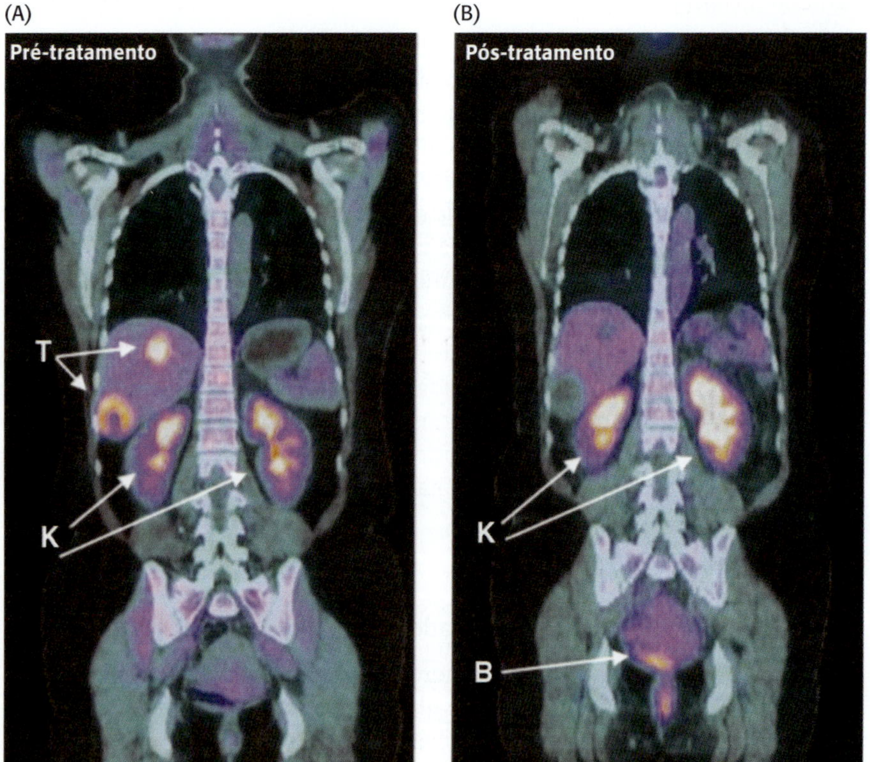


**FIGURA 16.21 Os tumores podem ser visualizados com 2-$^{18}$F-2-D-desoxiglicose (FDG) e tomografia por emissão de pósitrons. A.** Um análogo não metabolizável da glicose infundido em um paciente e detectado por uma combinação de tomografia por emissão de pósitrons e tomografia computadorizada revela a presença de um tumor maligno (T). **B.** Depois de 4 semanas de tratamento com um inibidor da tirosinoquinase (ver seção 14.5), o tumor não exibe mais nenhuma captação de FDG, indicando diminuição do metabolismo. O excesso de FDG, que é excretado na urina, também possibilita a visualização dos rins (K) e da bexiga (B). [Cortesia de A. D. Van den Abbeele, MD, Dana-Farber Cancer Institute, Boston.]

na expressão gênica de isoenzimas de duas enzimas glicolíticas podem ser cruciais. As células tumorais expressam uma isoenzima da hexoquinase, que se liga às mitocôndrias. Nessas organelas, a enzima tem rápido acesso a qualquer ATP gerado por fosforilação oxidativa e não é suscetível à inibição por retroalimentação pelo seu produto, a glicose 6-fosfato. O aspecto mais importante é que ocorre também expressão de uma isoenzima embrionária da piruvato quinase, a piruvato quinase M. De maneira notável, essa isoenzima apresenta menor velocidade catalítica do que a piruvato quinase normal e cria um afunilamento, possibilitando o uso de intermediários glicolíticos para os processos de biossíntese necessários para a proliferação celular. Conforme assinalado anteriormente, a glicose 6-fosfato pode ser processada para produzir NADPH. A frutose 6-fosfato pode ser convertida em N-acetilglicosamina, um substrato para a modificação de muitas proteínas celulares (ver Capítulo 11) e um componente de proteoglicanas (ver Capítulo 11). A di-hidroxiacetona fosfato é um precursor dos fosfolipídios, que são necessários para a síntese de nova membrana (ver Capítulo 22). O 3-fosfoglicerato pode ser convertido em glicina, serina e coenzimas necessárias para a síntese de nucleotídios. A necessidade de precursores de biossíntese é maior do que a necessidade de ATP, sugerindo que até mesmo a glicólise em uma velocidade reduzida produz ATP em quantidade suficiente para possibilitar a proliferação celular. Embora originalmente observado em células cancerosas, o efeito Warburg também é observado em células não cancerosas que se dividem rapidamente.

Além da glicose, o câncer e outras células de rápida divisão necessitam de grandes quantidades do aminoácido glutamina. A glutamina atua como fonte de carbono para diversas reações e também fornece o nitrogênio para a síntese de nucleotídio, N-acetilglicosamina e de aminoácidos não essenciais.

### O câncer e o treinamento de resistência afetam a glicólise de modo semelhante

A hipoxia que alguns tumores apresentam com o rápido crescimento ativa um fator de transcrição, o *fator de transcrição induzível por hipoxia* (HIF-1, do inglês *hipoxia-inducible transcription factor*). O HIF-1 aumenta a expressão da maioria das enzimas glicolíticas e dos transportadores de glicose GLUT1 e GLUT3 (Tabela 16.5). Essas adaptações apresentadas pelas células cancerosas possibilitam a sobrevivência do tumor até que os vasos sanguíneos possam crescer. O HIF-1 também aumenta a expressão de moléculas sinalizadoras, como o fator de crescimento do endotélio vascular (VEGF, do inglês *vascular endothelial growth factor*), que facilita o crescimento dos vasos sanguíneos que irão fornecer nutrientes às células (Figura 16.22). Sem novos vasos sanguíneos, um tumor cessaria o seu crescimento e morreria ou permaneceria inofensivamente pequeno. Concentram-se esforços para desenvolver fármacos capazes de inibir o crescimento dos vasos sanguíneos nos tumores. Assim, o bevacizumabe, um anticorpo monoclonal que se liga ao VEGF e impede a ativação da angiogênese, foi aprovado para o tratamento do glioblastoma. Os glioblastomas são cânceres de rápido crescimento do sistema nervoso central que se originam de células da glia.

Curiosamente, os exercícios anaeróbicos – que forçam os músculos a depender da fermentação láctica para a produção de ATP – também ativa o HIF-1, produzindo os mesmos efeitos observados no tumor – aumento da capacidade de produção anaeróbica de ATP e estimulação de crescimento de vasos sanguíneos. Esses efeitos bioquímicos respondem pelo melhor desempenho atlético que resulta do treinamento e demonstram como o comportamento pode afetar a bioquímica. Outros sinais de contração muscular contínua desencadeiam a biogênese mitocondrial muscular,

**TABELA 16.5** Proteínas no metabolismo da glicose codificadas por genes regulados pelo fator induzível por hipoxia.

| |
|---|
| GLUT1 |
| GLUT3 |
| Hexoquinase |
| Fosfofrutoquinase |
| Aldolase |
| Gliceraldeído 3-fosfato desidrogenase |
| Fosfoglicerato quinase |
| Enolase |
| Piruvato quinase |

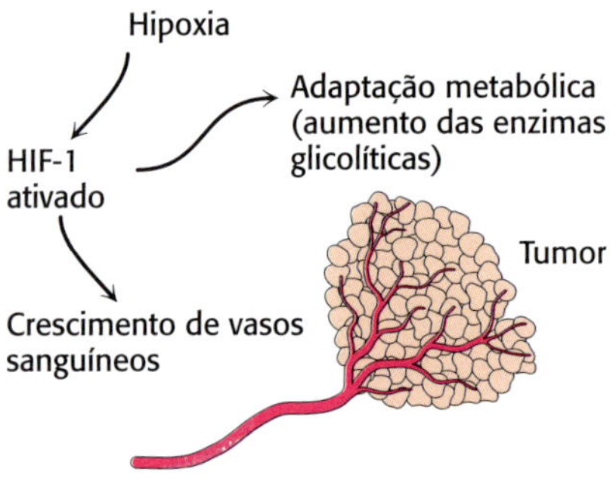


**FIGURA 16.22 Alteração da expressão gênica em tumores devido à hipoxia.** As condições de hipoxia no interior de um tumor levam à ativação do fator de transcrição induzível por hipoxia (HIF-1), que induz uma adaptação metabólica (aumento das enzimas glicolíticas) e que ativa fatores angiogênicos que estimulam o crescimento de novos vasos sanguíneos. [Informação de C. V. Dang e G. L. Semenza, *Trends Biochem. Sci.* 24:68–72, 1999.]

possibilitando a produção mais eficiente de energia aeróbica e evitando a necessidade de recorrer à fermentação láctica para a síntese de ATP (ver Capítulo 27).

## 16.3 A glicose pode ser sintetizada a partir de precursores que não são carboidratos

Abordemos agora a *síntese de glicose a partir de precursores que não carboidratos*, um processo denominado *gliconeogênese*. A manutenção dos níveis de glicose é importante, visto que o cérebro depende da glicose como principal fonte de energia, e os eritrócitos a utilizam como único composto energético. A necessidade diária de glicose do cérebro de um ser humano adulto típico é de cerca de 120 g, que representa a maior parte dos 160 g de glicose necessários diariamente para todo o organismo. A quantidade de glicose presente nos líquidos corporais é de cerca de 20 g, e a glicose prontamente disponível a partir do glicogênio é de aproximadamente 190 g. Por conseguinte, as reservas diretas de glicose são suficientes para suprir as necessidades de glicose por cerca de 1 dia. A gliconeogênese é particularmente importante durante um período mais prolongado de jejum ou inanição (ver seção 27.5).

*A via gliconeogênica converte o piruvato em glicose.* Os precursores não carboidratos da glicose são inicialmente convertidos em piruvato ou entram na via na forma de intermediários, como o oxaloacetato e a di-hidroxiacetona fosfato (Figura 16.23). Os principais precursores não carboidratos são o *lactato*, os *aminoácidos* e o *glicerol*. O lactato é formado pelo músculo esquelético ativo quando a velocidade da glicólise ultrapassa a do metabolismo oxidativo. O lactato é rapidamente convertido em piruvato pela ação da lactato desidrogenase (p. 508). Os aminoácidos provêm das proteínas na dieta e, durante a inanição, da degradação de proteínas do músculo esquelético (ver seção 23.1). A hidrólise de triacilgliceróis (ver seção 22.2) nos adipócitos produz glicerol e ácidos graxos. O glicerol é um precursor da glicose, porém os animais são incapazes de converter ácidos graxos em glicose por motivos que serão explicados mais adiante. O glicerol pode entrar na via gliconeogênica ou na via glicolítica na etapa da di-hidroxiacetona fosfato.

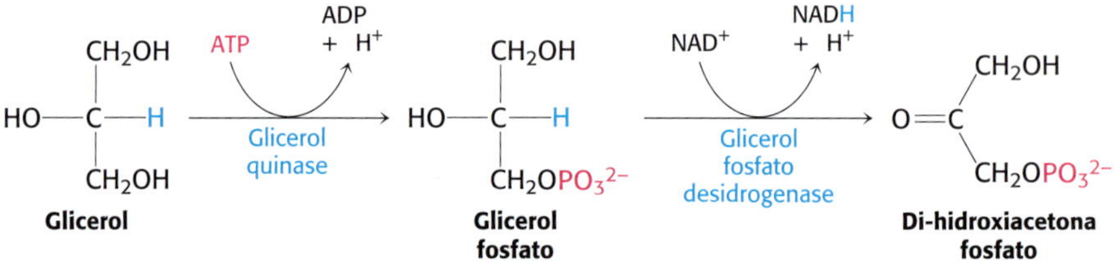


O *fígado* constitui o local principal da gliconeogênese, porém uma pequena porcentagem também ocorre nos *rins*. *A gliconeogênese no fígado e nos rins ajuda a manter a concentração de glicose no sangue, de modo que o cérebro e os músculos possam extrair glicose suficiente para suprir suas demandas metabólicas.*

### A gliconeogênese não é o reverso da glicólise

Na glicólise, a glicose é convertida em piruvato; na gliconeogênese, o piruvato é convertido em glicose. Entretanto, *a gliconeogênese não é o reverso da glicólise*. Várias reações precisam ser diferentes, visto que o equilíbrio da glicólise encontra-se muito mais para o lado da formação de piruvato. A variação de energia livre real para a formação de piruvato a partir da glicose é de cerca de $-90$ kJ $mol^{-1}$ ($-22$ kcal $mol^{-1}$) em condições celulares típicas.

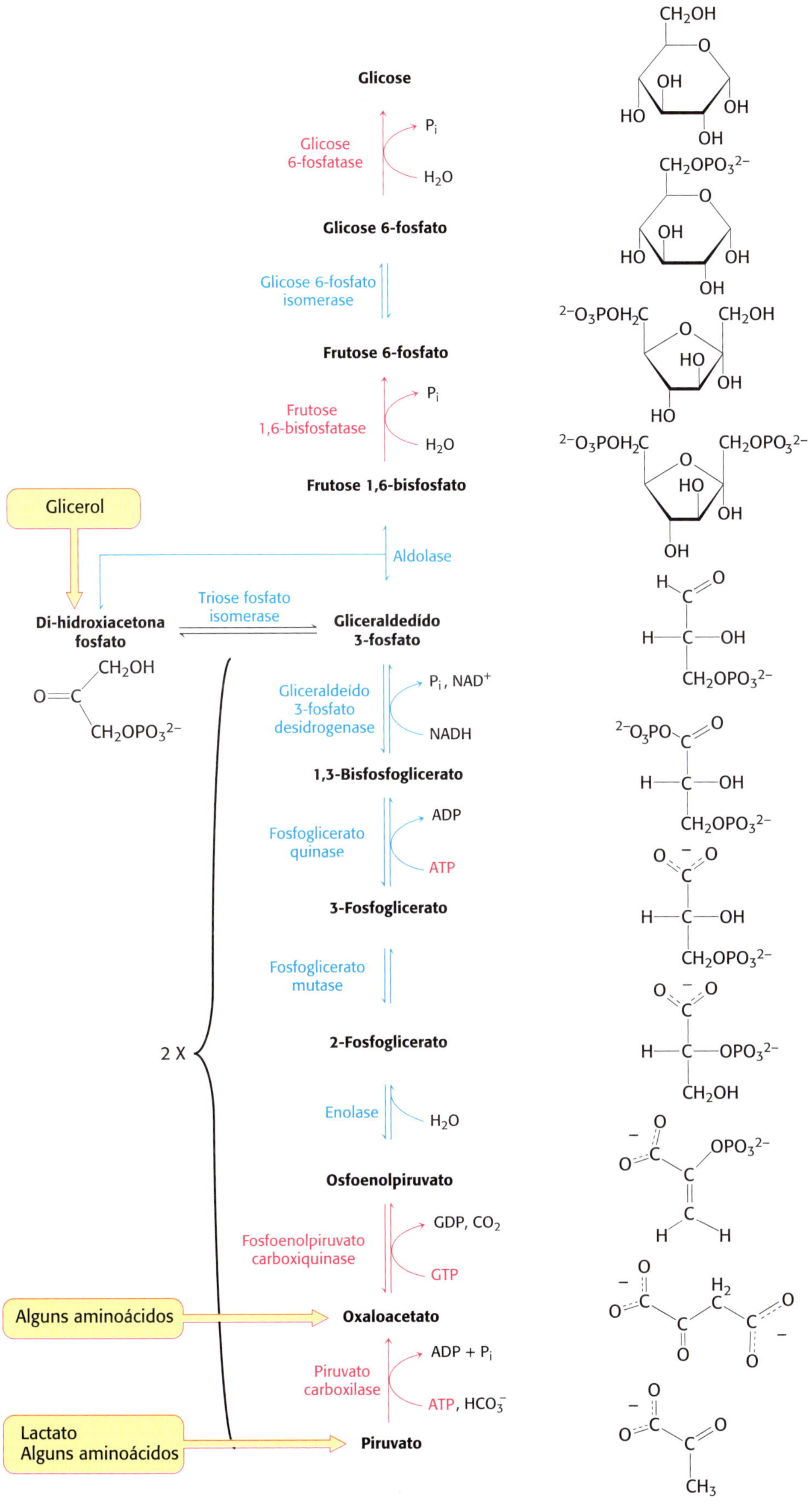


**FIGURA 16.23 Via da gliconeogênese.** As reações e as enzimas exclusivas da gliconeogênese são mostradas em vermelho. As outras reações são comuns à glicólise. As enzimas para a gliconeogênese estão localizadas no citoplasma, com exceção da piruvato carboxilase (nas mitocôndrias) e da glicose 6-fosfatase (ligada à membrana no retículo endoplasmático). São mostrados os pontos de entrada para o lactato, o glicerol e os aminoácidos.

A maior parte da diminuição da energia livre na glicólise ocorre nas três etapas essencialmente irreversíveis, que são catalisadas pela hexoquinase, pela fosfofrutoquinase e pela piruvato quinase.

$$\text{Glicose} + \text{ATP} \xrightarrow{\text{Hexoquinase}} \text{Glicose 6-fosfato} + \text{ADP}$$
$$\Delta G = -33 \text{ kJ mol}^{-1} \ (-8{,}0 \text{ kcal mol}^{-1})$$

$$\text{Frutose 6-fosfato} + \text{ATP} \xrightarrow{\text{Fosfofrutoquinase}} \text{frutose 1,6-bisfosfato} + \text{ADP}$$
$$\Delta G = -22 \text{ kJ mol}^{-1} \ (-5{,}3 \text{ kcal mol}^{-1})$$

$$\text{Fosfoenolpiruvato} + \text{ADP} \xrightarrow{\text{Piruvato quinase}} \text{piruvato} + \text{ATP}$$
$$\Delta G = -17 \text{ kJ mol}^{-1} \ (-4{,}0 \text{ kcal mol}^{-1})$$

Na gliconeogênese, essas reações praticamente irreversíveis da glicólise precisam ser contornadas.

## A conversão do piruvato em fosfoenolpiruvato começa com a formação de oxaloacetato

A primeira etapa na gliconeogênese é a carboxilação do piruvato para formar oxaloacetato à custa de uma molécula de ATP, uma reação catalisada pela *piruvato carboxilase*. Essa reação ocorre nas mitocôndrias.

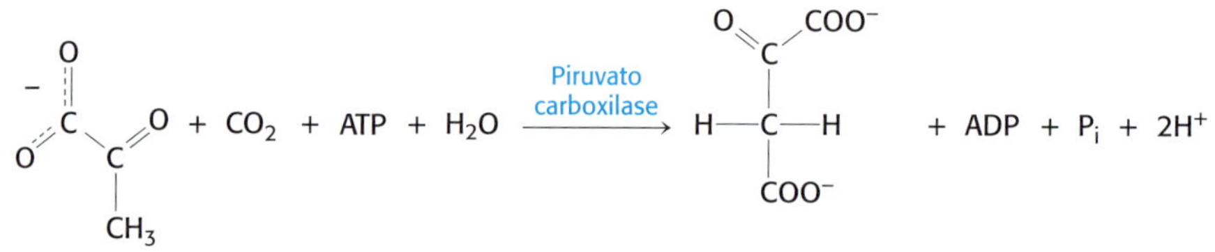


**Piruvato** **Oxaloacetato**

A piruvato carboxilase necessita de *biotina*, um grupo prostético ligado covalentemente que atua como *carreador de* $CO_2$ ativado. O grupo carboxilato da biotina está ligado ao grupo ε-amino de um resíduo de lisina específico por uma ligação amida (Figura 16.24). Lembre-se de que, em soluções aquosas, o $CO_2$ encontra-se principalmente na forma de $HCO_3^-$ com a ajuda da anidrase carbônica (ver seção 9.2).

A carboxilação do piruvato ocorre em três estágios:

$$HCO_3^- + ATP \rightleftharpoons HOCO_2-PO_3^{2-} + ADP$$

$$\text{Biotina-enzima} + HOCO_2-PO_3^{2-} \longrightarrow CO_2-\text{biotina-enzima} + P_i$$

$$CO_2-\text{biotina-enzima} + \text{piruvato} \rightleftharpoons \text{biotina-enzima} + \text{oxaloacetato}$$

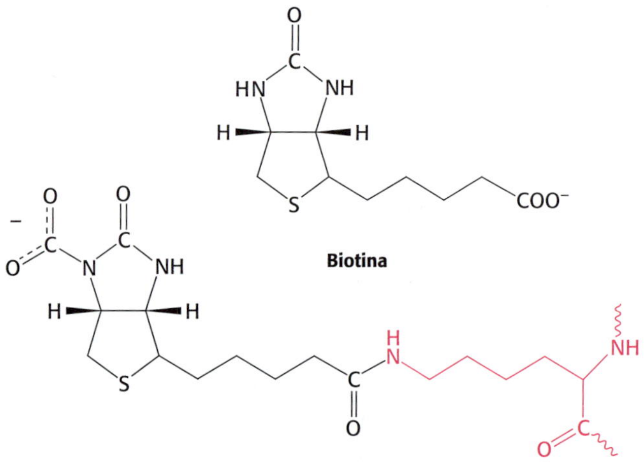


**Carboxibiotina ligada covalentemente ao grupo ε-amino de uma lisina**

**FIGURA 16.24** Estruturas da biotina e da carboxibiotina.

A piruvato carboxilase funciona como um tetrâmero constituído de quatro subunidades idênticas em que cada subunidade consiste em quatro domínios (Figura 16.25). O domínio da biotina carboxilase (BC) catalisa a formação de carboxifosfato e a subsequente ligação do $CO_2$ ao segundo domínio, a proteína carreadora de carboxibiotina (BCCP, do inglês *biotin carboxyl carrier protein*) – o sítio da biotina ligada covalentemente. Uma vez ligada ao $CO_2$, a BCCP deixa o sítio ativo da biotina carboxilase e desloca-se ao longo de quase toda a extensão da subunidade (cerca de 75 Å) para o sítio ativo do domínio da carboxil transferase (CT), que transfere o

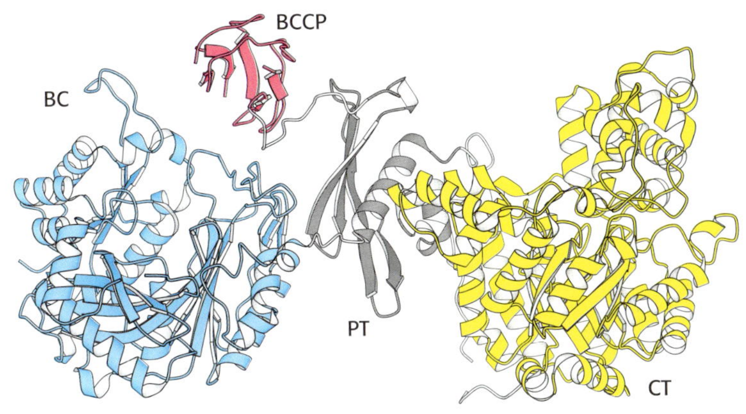


**FIGURA 16.25 Uma subunidade da piruvato carboxilase.** A biotina, ligada covalentemente à BCCP, transporta o $CO_2$ do sítio ativo da BC para o sítio ativo de PT de uma subunidade adjacente. (BC) *b*iotina *c*arboxilase; (BCCP) *p*roteína *c*arreadora de *c*arboxi*b*iotina; (CT) *c*arboxil *t*ransferase; (PT) domínio de *t*etramerização de *p*iruvato carboxilase. [Informação de G. Lasso, L. P. C. Yu, D. Gil, S. Xiang, L. Tong e M. Valle, *Structure* 18:1300–1310, 2010.]

$CO_2$ para o piruvato para formar oxaloacetato. A BCCP em uma subunidade interage com os sítios ativos de uma subunidade adjacente. O quarto domínio (PT) facilita a formação do tetrâmero e constitui o sítio de ligação para a acetil-CoA, um necessário ativador alostérico.

O modo pelo qual a acetil-CoA facilita a reação da carboxilase está sendo investigado. Pesquisas recentes sugerem que, por meio de sua ligação à enzima, a acetil-CoA aumenta a comunicação conformacional entre os domínios BC e CT, possibilitando o movimento do domínio BCCP entre dois sítios catalíticos. A ativação alostérica da piruvato carboxilase pela acetil-CoA constitui importante mecanismo de controle fisiológico, que será discutido na seção 17.4. Ver Bioquímica em Foco 2 para uma discussão sobre a deficiência de piruvato carboxilase.

## O oxaloacetato é transportado para o citoplasma e convertido em fosfoenolpiruvato

O oxaloacetato precisa ser, portanto, transportado para o citoplasma de modo a completar a síntese de fosfoenolpiruvato. O oxaloacetato é inicialmente reduzido a malato pela malato desidrogenase. O malato é transportado através da membrana mitocondrial e reoxidado a oxaloacetato por uma malato desidrogenase citoplasmática ligada ao $NAD^+$ (Figura 16.26). A formação de oxaloacetato a partir do malato também fornece NADH para utilização em etapas subsequentes da gliconeogênese. Por fim, o oxaloacetato é simultaneamente *descarboxilado* e *fosforilado* pela *fosfoenolpiruvato carboxiquinase* (PEPCK), gerando fosfoenolpiruvato. O doador de fosforila é o GTP. O $CO_2$ que foi adicionado ao piruvato pela piruvato carboxilase sai nesta etapa.

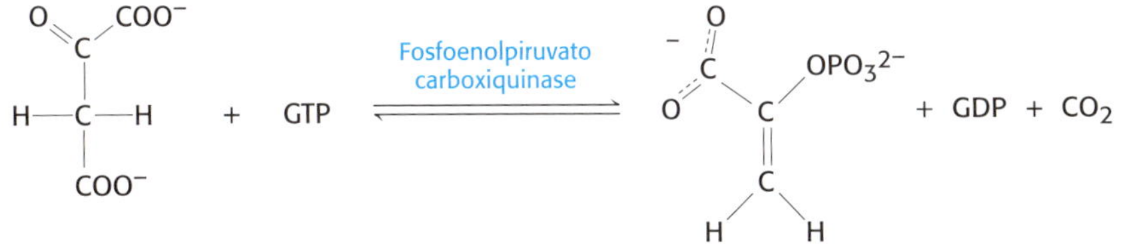


**Oxaloacetato** **Fosfoenolpiruvato**

A soma das reações catalisadas pela piruvato carboxilase e pela fosfoenolpiruvato carboxiquinase é:

$$\text{Piruvato} + \text{ATP} + \text{GTP} + H_2O \longrightarrow \text{fosfoenolpiruvato} + \text{ADP} + \text{GDP} + P_i + 2\,H^+$$

Esse par de reações dispensa a reação irreversível catalisada pela piruvato quinase na glicólise.

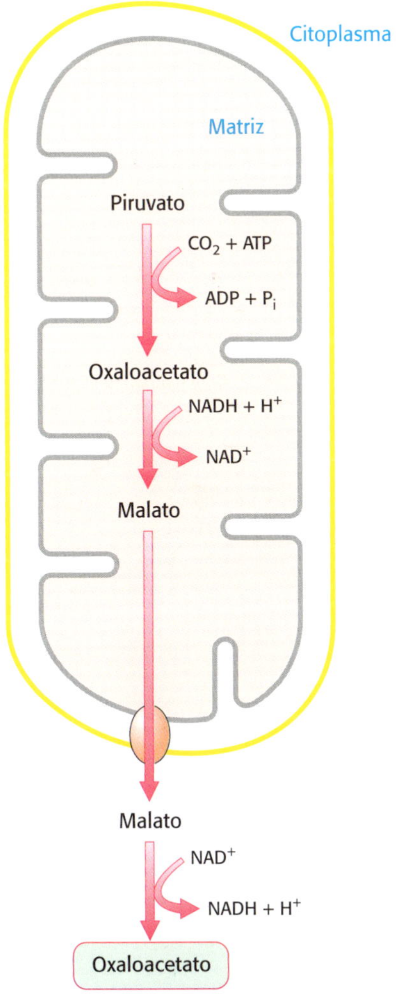


**FIGURA 16.26 Cooperação entre compartimentos.** O oxaloacetato utilizado no citoplasma para a gliconeogênese é formado na matriz mitocondrial pela carboxilação do piruvato. O oxaloacetato deixa a mitocôndria por um sistema de transporte específico (estrutura oval nas membranas mitocondriais) na forma de malato, que é reoxidado a oxaloacetato no citoplasma.

Por que há a necessidade de uma carboxilação e de uma descarboxilação para formar fosfoenolpiruvato a partir do piruvato? Lembre-se de que, na glicólise, a presença de um grupo fosforila aprisiona o isômero enólico instável do piruvato na forma de fosfoenolpiruvato (p. 506). Entretanto, a adição de um grupo fosforila ao piruvato é uma reação altamente desfavorável: o valor de $\Delta G^{\circ\prime}$ do reverso da reação glicolítica catalisada pela piruvato quinase é de +31 kJ $mol^{-1}$ (+7,5 kcal $mol^{-1}$). Na gliconeogênese, o uso das etapas de carboxilação e descarboxilação resulta em $\Delta G^{\circ\prime}$ muito mais favorável. A formação de fosfoenolpiruvato a partir do piruvato na via gliconeogênica apresenta um valor de $\Delta G^{\circ\prime}$ de +0,8 kJ $mol^{-1}$ (+0,2 kcal $mol^{-1}$). Uma molécula de ATP é utilizada para impulsionar a adição de uma molécula de $CO_2$ ao piruvato na etapa de carboxilação. Em seguida, esse $CO_2$ é removido para impulsionar a formação de fosfoenolpiruvato na etapa de descarboxilação. *Com frequência, as descarboxilações impulsionam reações que, de outro modo, seriam altamente endergônicas.* Esse motivo metabólico é utilizado no ciclo do ácido cítrico (ver Capítulo 17), na via de pentose fosfato (ver Capítulo 20) e na síntese de ácidos graxos (ver seção 22.4).

## A conversão de frutose 1,6-bisfosfato em frutose 6-fosfato e ortofosfato é uma etapa irreversível

Uma vez formado, o fosfoenolpiruvato é metabolizado pelas enzimas da glicólise, porém no sentido reverso. Essas reações estão próximo ao equilíbrio em condições intracelulares; assim, quando surgem condições que favorecem a gliconeogênese, ocorrem reações reversas até que seja alcançada a próxima etapa irreversível. Essa etapa é a hidrólise da frutose 1,6-bisfosfato a frutose 6-fosfato e $P_i$.

$$\text{Frutose 1,6-bisfosfato} + H_2O \xrightarrow{\text{Frutose 1,6-bisfosfato}} \text{frutose 6-fosfato} + P_i$$

A enzima responsável por essa etapa é a *frutose 1,6-bisfosfatase*. À semelhança de sua equivalente glicolítica, trata-se de uma enzima alostérica que participa na regulação da gliconeogênese. Retornaremos a essas propriedades regulatórias mais adiante neste capítulo.

## A produção de glicose livre constitui um importante ponto de controle

A frutose 6-fosfato gerada pela frutose 1,6-bisfosfatase é prontamente convertida em glicose 6-fosfato. A etapa final na geração de glicose livre ocorre principalmente no fígado, um tecido cujo dever metabólico é manter concentrações adequadas de glicose no sangue para uso por outros tecidos. Não há formação de glicose livre no citoplasma. Com efeito, a glicose 6-fosfato é transportada para dentro do lúmen do retículo endoplasmático, onde é hidrolisada a glicose pela *glicose 6-fosfatase*, que está ligada à membrana do RE (Figura 16.27). Em seguida, a glicose e o $P_i$ são transportados de volta ao citoplasma por um par de transportadores. Na maioria dos tecidos, a gliconeogênese termina com a formação de glicose 6-fosfato. A glicose livre não é produzida, visto que a maioria dos tecidos carece de

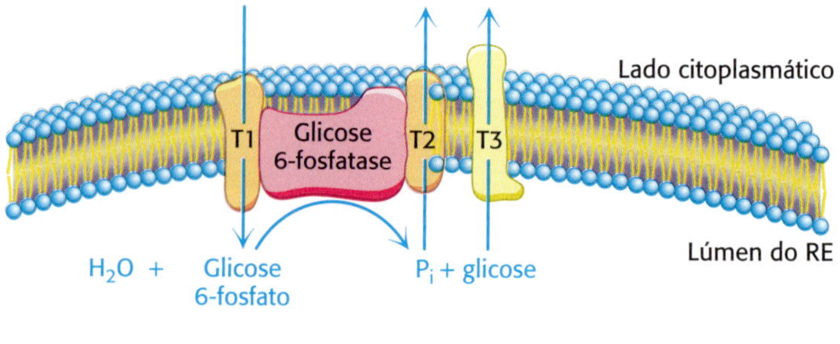

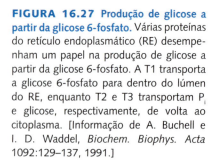

**FIGURA 16.27 Produção de glicose a partir da glicose 6-fosfato.** Várias proteínas do retículo endoplasmático (RE) desempenham um papel na produção de glicose a partir da glicose 6-fosfato. A T1 transporta a glicose 6-fosfato para dentro do lúmen do RE, enquanto T2 e T3 transportam $P_i$ e glicose, respectivamente, de volta ao citoplasma. [Informação de A. Buchell e I. D. Waddel, *Biochem. Biophys. Acta* 1092:129–137, 1991.]

glicose 6-fosfatase. Com efeito, a glicose 6-fosfato é comumente convertida em glicogênio, a forma de armazenamento da glicose (ver Capítulo 21).

## Seis grupos de alto potencial de transferência de fosforila são gastos na síntese de glicose a partir do piruvato

A formação de glicose a partir do piruvato é energeticamente desfavorável, a não ser que seja acoplada a reações favoráveis. Compare a estequiometria da gliconeogênese com a do reverso da glicólise.

A estequiometria da gliconeogênese é:

$$2\ \text{Piruvato} + 4\ \text{ATP} + 2\ \text{GTP} + 2\ \text{NADH} + 6\ H_2O \longrightarrow$$
$$\text{glicose} + 4\ \text{ADP} + 2\ \text{GDP} + 6\ P_i + 2\ \text{NAD}^+ + 2\ H^+$$
$$\Delta G°' = -48\ \text{kJ mol}^{-1}\ (-11\ \text{kcal mol}^{-1})$$

Por outro lado, a estequiometria para o reverso da glicólise é:

$$2\ \text{Piruvato} + 2\ \text{ATP} +.\ \text{NADH} + 2\ H_2O \longrightarrow$$
$$\text{glicose} + 2\ \text{ADP} + 2\ P_i + 2\ \text{NAD}^+ + 2\ H^+$$
$$\Delta G°' = +90\ \text{kJ mol}^{-1}\ (+22\ \text{kcal mol}^{-1})$$

Observe que ocorre hidrólise de *seis* moléculas de nucleosídios trifosfato para sintetizar glicose a partir do piruvato na gliconeogênse, enquanto apenas *duas* moléculas de ATP são produzidas na glicólise na conversão de glicose em piruvato. Por conseguinte, o custo extra da gliconeogênese é de quatro moléculas de alto potencial de transferência de fosforila para cada molécula de glicose sintetizada a partir de piruvato. As quatro moléculas adicionais com alto potencial de transferência de fosforila são necessárias para transformar um processo energeticamente desfavorável (a reversão da glicólise) em um processo favorável (a gliconeogênese). Temos aqui um exemplo claro do acoplamento de reações: a hidrólise de NTP é utilizada para impulsionar uma reação energeticamente desfavorável. As reações da gliconeogênese estão resumidas na Tabela 16.6.

**TABELA 16.6** Reações da gliconeogênese.

| Etapa | Reação | Enzima | Tipo de Reação | $\Delta G°'$ em kJ $mol^{-1}$ (kcal $mol^{-1}$) |
|---|---|---|---|---|
| 1 | Piruvato + $CO_2$ + ATP + $H_2O$ ⟶ oxaloacetato + ADP + $P_i$ + 2 $H^+$ | Piruvato carboxilase | Transferência de fosforila | –4,2 |
| 2 | Oxaloacetato + GTP ⇌ fosfoenolpiruvato + GDP + $CO_2$ | Fosfoenolpiruvato carboxiquinase | Oxidação acoplada à transferência de fosforila | +5,8 |
| 3 | Fosfoenolpiruvato + $H_2O$ ⇌ 2-fosfoglicerato | Enolase | Hidratação | –3,4 |
| 4 | 2-Fosfoglicerato ⇌ 3-fosfoglicerato | Fosfoglicerato mutase | Deslocamento de fosforila | –9,2 |
| 5 | 3-Fosfoglicerato + ATP ⇌ 1,3-bisfosfoglicerato + ADP | Fosfoglicerato quinase | Transferência de fosforila | +37,6 |
| 6 | 1,3-Bisfosfoglicerato + NADH + $H^+$ ⇌ gliceraldeído 3-fosfato + $NAD^+$ + $P_i$ | Gliceraldeído 3-fosfato desidrogenase | Redução acoplada à transferência de fosforila | –12,6 |
| 7 | Gliceraldeído 3-fosfato ⇌ di-hidroxiacetona fosfato | Triose fosfato isomerase | Isomerização | –7,6 |
| 8 | Gliceraldeído 3-fosfato + di-hidroxiacetona fosfato ⇌ frutose 1,6-bisfosfato | Aldolase | Adição de aldol | –23,9 |
| 9 | Frutose 1,6-bisfosfato + $H_2O$ ⟶ frutose 6-fosfato + $P_i$ | Frutose 1,6-bisfosfatase | Fosforil transferase | –16,3 |
| 10 | Frutose 6-fosfato ⇌ glicose 6-fosfato | Fosfoglicose isomerase | Isomerização | –1,7 |
| 11 | Glicose 6-fosfatase + $H_2O$ ⟶ glicose + $P_i$ | Glicose 6-fosfatase | Transferência de fosforila | –12,1 |

## 16.4 A gliconeogênese e a glicólise são reguladas de maneira recíproca

A gliconeogênese e a glicólise são coordenadas de modo que, no interior de uma célula, uma via é relativamente inativa enquanto a outra é altamente ativa. Se ambos os conjuntos de reações fossem altamente ativos ao mesmo tempo, o resultado final seria a hidrólise de quatro nucleosídios trifosfato (duas moléculas de ATP mais duas moléculas de GTP) por ciclo de reação. Tanto a glicólise quanto a gliconeogênese são altamente exergônicas em condições celulares, e, portanto, não existe nenhuma barreira termodinâmica para essa atividade simultânea. Entretanto, as *quantidades* e as *atividades* das enzimas distintas de cada via são controladas de modo que ambas as vias não sejam altamente ativas ao mesmo tempo. A velocidade da glicólise também é determinada pela concentração de glicose, e a velocidade da gliconeogênese pela concentração de lactato e de outros precursores da glicose. A premissa básica da regulação recíproca é a de que, quando há necessidade de energia ou quando há necessidade de intermediários glicolíticos para a biossíntese, a glicólise predomina. Quando existe um excesso de energia e de precursores da glicose, a gliconeogênese prevalece.

### A carga energética determina se a glicólise ou a gliconeogênese serão mais ativas

O primeiro ponto importante de regulação é a interconversão da frutose 6-fosfato em frutose 1,6-bisfosfato (Figura 16.28). Considere em primeiro lugar uma situação em que haja necessidade de energia, como o músculo ativo. Nesse caso, a concentração de AMP está elevada. Em tais condições, o AMP estimula a fosfofrutoquinase, porém inibe a frutose 1,6-bisfosfatase. Em consequência, a glicólise é ativada, enquanto a gliconeogênese

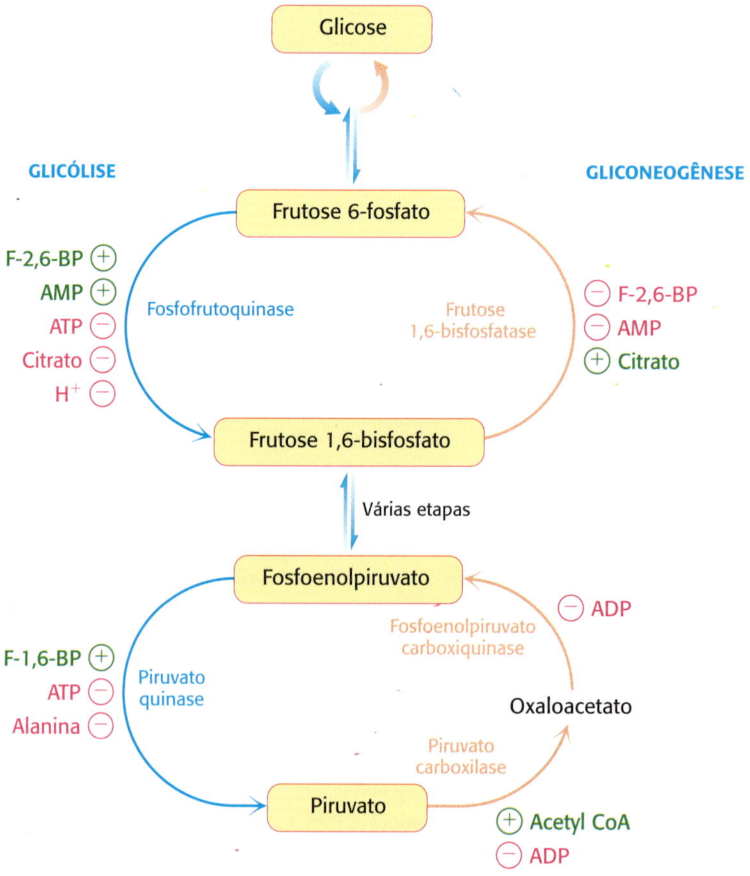


**FIGURA 16.28 Regulação recíproca da gliconeogênese e da glicólise no fígado.** A concentração de frutose 2,6-bisfosfato está elevada no estado de saciedade e baixa no jejum. Outro controle importante é a inibição da piruvato quinase por meio de fosforilação durante o jejum.

é inibida. Por outro lado, altos níveis de ATP e de citrato indicam que a carga energética está elevada, e que os intermediários biossintéticos estão presentes em quantidades abundantes. O ATP e o citrato inibem a fosfofrutoquinase, enquanto o citrato ativa a frutose 1,6-bisfosfatase. Nessas condições, a glicólise é praticamente interrompida, e a gliconeogênese é promovida. Por que o citrato participa nesse esquema regulatório? Como veremos no Capítulo 17, o citrato nos remete ao estado do ciclo do ácido cítrico, a principal via de oxidação de compostos energéticos na presença de oxigênio. O citrato presente em altos níveis indica uma situação rica em energia e a existência de precursores para a biossíntese.

A glicólise e a gliconeogênese também são reguladas de maneira recíproca nas interconversões do fosfoenolpiruvato e do piruvato no fígado. A enzima glicolítica piruvato quinase é inibida pelos efetores alostéricos ATP e alanina, que sinalizam que a carga energética é alta e que existe uma abundância de blocos de construção. Por outro lado, a piruvato carboxilase, que catalisa a primeira etapa na gliconeogênese a partir do piruvato, é inibida pelo ADP. De modo semelhante, o ADP inibe a fosfoenolpiruvato carboxiquinase. A piruvato carboxilase é ativada pela acetil-CoA, que, à semelhança do citrato, indica que o ciclo do ácido cítrico está produzindo energia e intermediários biossintéticos (ver Capítulo 17). Em consequência, a gliconeogênese é favorecida quando a célula está rica em precursores biossintéticos e ATP.

## O equilíbrio entre a glicólise e a gliconeogênese no fígado é sensível à concentração de glicose no sangue (glicemia)

No fígado, as velocidades da glicólise e da gliconeogênese são ajustadas para manter a concentração de glicose no sangue. *A molécula sinalizadora frutose 2,6-bisfosfato estimula fortemente a fosfofrutoquinase* (PFK) *e inibe a frutose 1,6-bisfosfatase.* Quando a glicemia está baixa, a frutose 2,6-bisfosfato perde um grupo fosforila para formar frutose 6-fosfato, que não é mais um efetor alostérico da PFK. Como a concentração de frutose 2,6-bisfosfato é controlada para aumentar ou reduzir a glicemia? A concentração dessa molécula é regulada por duas enzimas: uma delas fosforila a frutose 6-fosfato, enquanto a outra desfosforila a frutose 2,6-bisfosfato. A frutose 2,6-bisfosfato é formada em uma reação catalisada pela *fosfofrutoquinase 2* (PFK2), uma enzima diferente da fosfofrutoquinase. A frutose 6-fosfato é formada por meio da hidrólise da frutose 2,6-bisfosfato por uma fosfatase específica, a *frutose bisfosfatase 2* (FBPase2). O achado notável é que *tanto a PFK2 quanto a FBPase2 estão presentes em uma única cadeia polipeptídica de 55 kDa* (Figura 16.29). Essa *enzima bifuncional* contém um *domínio regulatório* N-terminal seguido de um *domínio de quinase* e um *domínio de fosfatase*. A PFK2 assemelha-se à adenilato quinase, visto que possui um domínio de NTPase em alça P (ver seção 9.4), enquanto a FBPase2 assemelha-se à fosfoglicerato mutase (p. 506). Lembre-se de que a mutase é essencialmente uma fosfatase. Na enzima bifuncional, a atividade de fosfatase evoluiu para se tornar específica para a F-2,6-BP. A própria enzima bifuncional provavelmente surgiu da fusão de genes que codificam os domínios de quinase e de fosfatase.

O que determina se a PFK2 ou a FBPase2 dominam as atividades da enzima bifuncional no fígado? As atividades da PFK2 e da FBPase2 são controladas de maneira

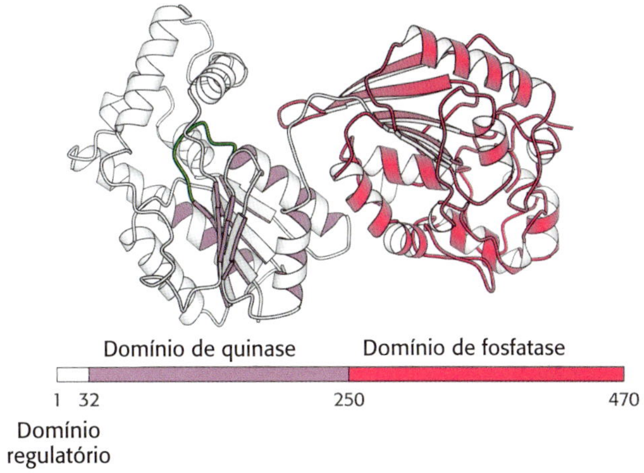


**FIGURA 16.29 Estrutura dos domínios da enzima bifuncional fosfofrutoquinase 2.** O domínio de quinase (púrpura) funde-se com o domínio de fosfatase (vermelho). O domínio de quinase é um domínio de NTP hidrolase em alça P, conforme indicado pelo sombreamento em púrpura (ver seção 9.4). A barra representa a sequência de aminoácidos da enzima. [Desenhada de 1BIF.pdb.]

recíproca pela *fosforilação de um único resíduo de serina*. Quando a glicose é escassa, como durante o jejum noturno, a elevação da concentração sanguínea do hormônio glucagon desencadeia uma cascata de sinalização de AMP cíclico (ver seção 14.1), levando à fosforilação dessa enzima bifuncional pela proteinoquinase A (Figura 16.30). Essa modificação covalente ativa a FBPase2 e inibe a PFK2, reduzindo o nível de F-2,6-BP. A gliconeogênese predomina. A glicose formada pelo fígado nessas condições é essencial para a viabilidade do cérebro. A estimulação da proteinoquinase A pelo glucagon inativa a piruvato quinase no fígado (p. 516).

Por outro lado, quando a concentração de glicose no sangue está elevada, como depois de uma refeição, não há necessidade de gliconeogênese. A insulina é secretada e inicia uma via de sinalização que ativa uma proteína fosfatase, que remove o grupo fosforila da enzima bifuncional. Essa modificação covalente ativa a PFK2 e inibe a FBPase2. A consequente elevação no nível de F-2,6-BP acelera a glicólise. No fígado, o papel fundamental da glicólise consiste em gerar metabólitos para a biossíntese. O controle coordenado da glicólise e da gliconeogênese é facilitado pela localização dos domínios de quinase e de fosfatase na mesma cadeia polipeptídica do domínio regulatório.

Os hormônios insulina e glucagon também regulam as quantidades de enzimas fundamentais. Esses hormônios alteram a expressão gênica basicamente por uma mudança na velocidade de transcrição. Os níveis de insulina aumentam após a ingestão de alimento, quando existe uma quantidade abundante de glicose para a glicólise. Para promover a glicólise, a insulina estimula as expressões da fosfofrutoquinase, da piruvato quinase e da enzima bifuncional que sintetiza e degrada a F-2,6-BP. Ocorre um aumento dos níveis de glucagon durante o jejum, quando a gliconeogênese é necessária para repor a glicose escassa. Para promover a gliconeogênese, o glucagon inibe a expressão das três enzimas glicolíticas reguladas e estimula a produção de duas enzimas gliconeogênicas fundamentais: a fosfoenolpiruvato carboxiquinase e a frutose 1,6-bisfosfatase. Nos eucariotos, o controle transcricional é muito mais lento do que o controle alostérico, levando horas ou dias em vez de segundos a minutos.

**FIGURA 16.30 Controle da síntese e da degradação da frutose 2,6-bisfosfato.** A presença de uma baixa concentração de glicose no sangue, sinalizada pelo glucagon, leva à fosforilação da enzima bifuncional e, portanto, a uma concentração mais baixa de frutose 2,6-bisfosfato, reduzindo a velocidade da glicólise. A insulina acelera a formação de frutose 2,6-bisfosfato ao facilitar a desfosforilação da enzima bifuncional.

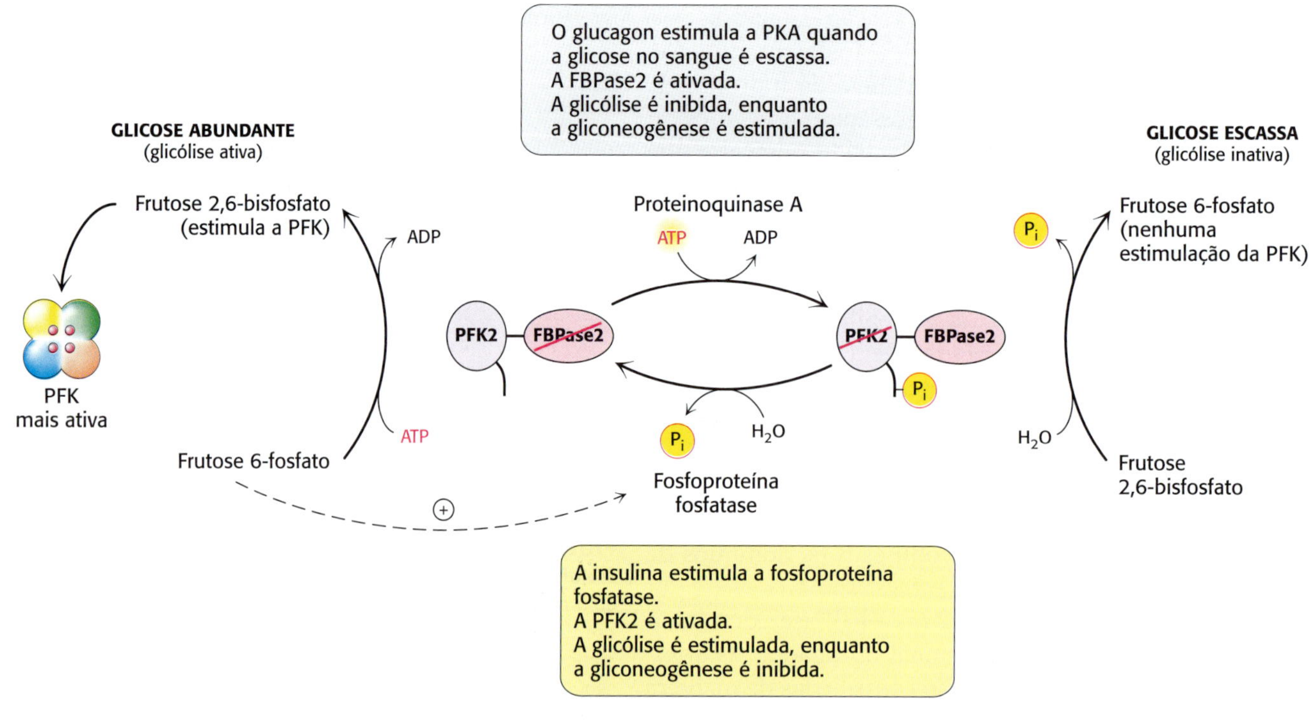

## Os ciclos de substrato amplificam sinais metabólicos e produzem calor

Um *ciclo de substrato* refere-se a um par de reações, como a fosforilação da frutose 6-fosfato em frutose 1,6-bisfosfato e a sua hidrólise de volta à frutose 6-fosfato. Conforme já assinalado, ambas as reações não são totalmente ativas ao mesmo tempo devido a controles alostéricos recíprocos. Entretanto, estudos que utilizaram marcação com isótopos mostraram que alguma frutose 6-fosfato é fosforilada em frutose 1,6-bisfosfato até mesmo durante a gliconeogênese. Existe também um grau limitado de ciclagem em outros pares de reações opostas irreversíveis. Esse ciclo era considerado como uma imperfeição no controle metabólico, razão pela qual os ciclos de substrato foram algumas vezes denominados *ciclos fúteis*. Os ciclos fúteis podem resultar em condições patológicas. Um exemplo claro é a hipertermia maligna, que ocorre predominantemente nos músculos de indivíduos suscetíveis. Esses indivíduos mostram-se sensíveis a determinados anestésicos, e, em resposta a esses anestésicos, ocorre liberação de cálcio do retículo sarcoplasmático através do canal de cálcio de maneira descontrolada. A rápida elevação do cálcio citoplasmático ativa a bomba de cálcio do retículo sarcoplasmático, a $Ca^{2+}$, uma ATPase do tipo P, na tentativa de remover o cálcio do citoplasma (ver Capítulo 13). A liberação e a recaptação constantes do cálcio, assim como a consequente hidrólise rápida do ATP, causam elevação da temperatura corporal a 44°C e provocam depleção do ATP muscular. Os músculos podem se enrijecer e sofrer substancial lesão tecidual. Se não for tratada, a condição pode ser fatal. O tratamento consiste na remoção do anestésico e no tratamento com dantroleno, um inibidor do canal de cálcio.

Apesar dessas circunstâncias extraordinárias, atualmente parece provável que os ciclos de substrato tenham importância biológica. Uma possibilidade é a de que os *ciclos de substrato amplifiquem sinais metabólicos*. Suponha que a velocidade de conversão de A em B seja de 100 e de B em A, de 90, proporcionando um fluxo inicial efetivo de 10. Suponha que um efetor alostérico aumente a velocidade de A ⟶ B em 20%, ou seja, para 120,e diminua reciprocamente a velocidade de B ⟶ A em 20%, ou seja, para 72. O novo fluxo final será de 48, e, portanto, uma variação de 20% nas velocidades das reações opostas levou a um aumento de 380% no fluxo efetivo. No exemplo apresentado na Figura 16.31, essa amplificação é possível pela rápida hidrólise do ATP. Foi sugerido que o fluxo ao longo da via glicolítica aumenta até 1.000 vezes no início de um exercício intenso. Como parece improvável que a ativação alostérica das enzimas por si só possa explicar esse aumento do fluxo, a existência de ciclos de substrato pode explicar em parte a rápida elevação na velocidade da glicólise.

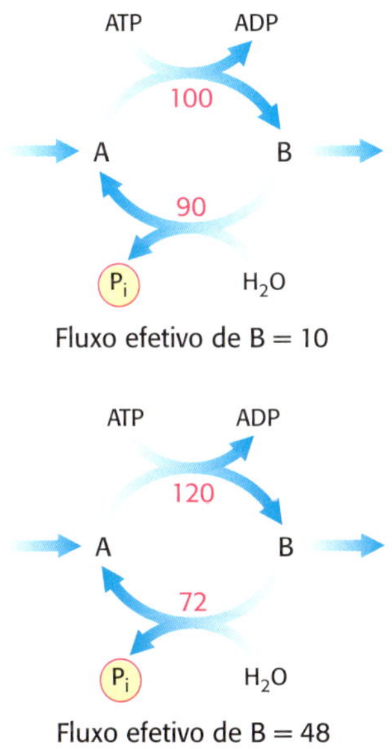


**FIGURA 16.31 Ciclo de substrato.** Esse ciclo impulsionado pelo ATP opera em duas velocidades diferentes. Uma pequena variação nas velocidades das duas reações opostas resulta em grande variação no fluxo *efetivo* do produto B.

## O lactato e a alanina formados durante a contração muscular são utilizados por outros órgãos

O lactato produzido pelo músculo esquelético ativo e pelos eritrócitos constitui uma fonte de energia para outros órgãos. Os eritrócitos carecem de mitocôndrias e nunca podem oxidar a glicose por completo. Nas fibras musculares de contração rápida, durante o exercício vigoroso, a velocidade com que a glicólise produz piruvato excede a velocidade de sua oxidação pelo ciclo do ácido cítrico. Nessas células, a lactato desidrogenase reduz o excesso de piruvato a lactato para restaurar o equilíbrio redox (p. 509). Entretanto, o lactato é um "beco sem saída" no metabolismo. Ele precisa ser convertido de novo em piruvato antes que possa ser metabolizado. Tanto o piruvato quanto o lactato difundem-se para fora dessas células para o sangue por meio de carreadores. *No músculo esquelético em contração, a formação e a liberação de lactato permitem a produção de ATP pelo músculo na ausência de oxigênio e desviam a carga do metabolismo do lactato do*

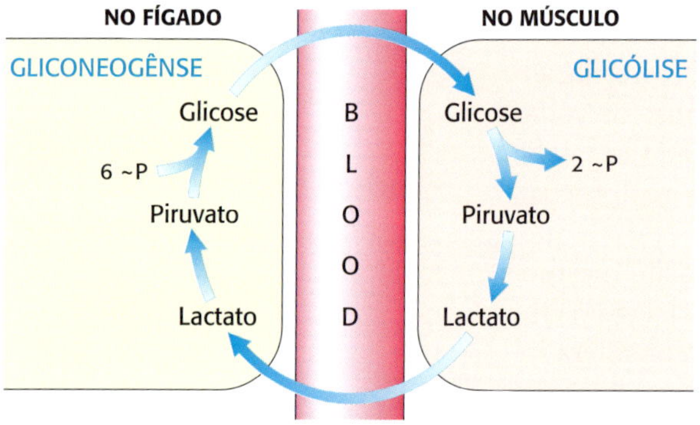


**FIGURA 16.32 Ciclo de Cori.** O lactato formado pelo músculo ativo é convertido em glicose pelo fígado. Esse ciclo desvia parte da carga metabólica do músculo ativo para o fígado. O símbolo ~P representa nucleosídios trifosfato.

*músculo para outros órgãos.* O piruvato e o lactato na corrente sanguínea possuem dois destinos. Em um deles, as membranas plasmáticas de algumas células – particularmente as células do músculo cardíaco e do músculo esquelético de contração lenta (tipo 1) – contêm carreadores que tornam as células altamente permeáveis ao lactato e ao piruvato. Essas moléculas difundem-se do sangue para dentro dessas células permeáveis. Uma vez no interior dessas células bem oxigenadas, o lactato pode ser revertido a piruvato e metabolizado pelo ciclo do ácido cítrico e pela fosforilação oxidativa para gerar ATP. A utilização do lactato em vez de glicose por essas células faz com que maior quantidade de glicose circulante esteja disponível para as células musculares ativas. No segundo destino, o excesso de lactato entra no fígado, é convertido inicialmente em piruvato e, a seguir, em glicose pela via da gliconeogênese. *O músculo esquelético em contração fornece lactato ao fígado, que o utiliza para a síntese e a liberação de glicose. Assim, o fígado restaura o nível de glicose necessário para as células musculares ativas, que obtêm o ATP da conversão glicolítica da glicose em lactato. Essas reações constituem o ciclo de Cori* (Figura 16.32).

Os estudos realizados mostraram que a alanina, à semelhança do lactato, constitui um importante precursor da glicose no fígado. A alanina é produzida no músculo quando os esqueletos de carbono de alguns aminoácidos são utilizados como combustível. Os nitrogênios desses aminoácidos são transferidos para o piruvato para formar alanina; a reação reversa ocorre no fígado. Esse processo também ajuda a manter o equilíbrio nitrogenado. A inter-relação entre a glicólise e a gliconeogênese está resumida na Figura 16.33, que mostra como essas vias ajudam a suprir as necessidades energéticas de diferentes tipos celulares.

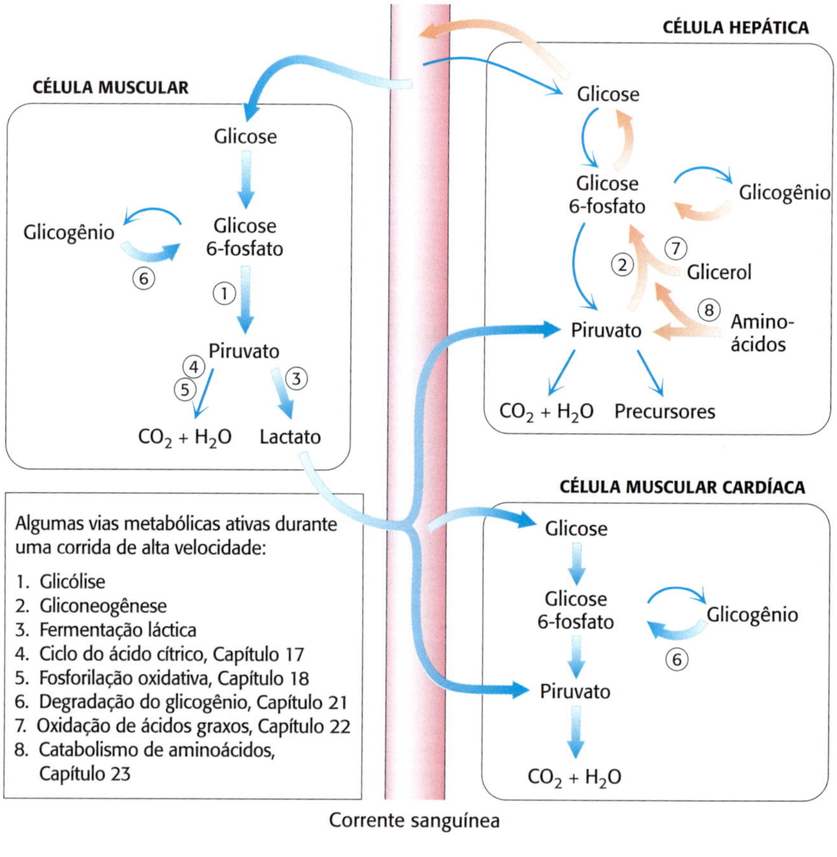


**FIGURA 16.33 Integração das vias: cooperação entre a glicólise e a gliconeogênese durante uma corrida de alta velocidade (*sprint*).** A glicólise e a gliconeogênese são coordenadas de forma tecido-específica, o que assegura o suprimento das necessidades energéticas de todas as células. Considere um velocista. No músculo esquelético da perna, a glicose será metabolizada aerobicamente a $CO_2$ e $H_2O$ ou, mais provavelmente (setas espessas) durante uma corrida de velocidade, anaerobicamente a lactato. No músculo cardíaco, o lactato pode ser convertido em piruvato e utilizado como combustível, juntamente com a glicose, para impulsionar os batimentos cardíacos de modo a manter o fluxo sanguíneo do velocista. A gliconeogênese, uma função básica do fígado, ocorre rapidamente (setas espessas) para assegurar a presença de glicose suficiente no sangue para os músculos esqueléticos e cardíaco, bem como para outros tecidos. O glicogênio, o glicerol e os aminoácidos constituem outras fontes de energia que serão discutidas em capítulos posteriores.

As interconversões entre piruvato e lactato são catalisadas por formas isoenzimáticas da lactato desidrogenase em diferentes tecidos (ver seção 10.2). A lactato desidrogenase é um tetrâmero de dois tipos de subunidades de 35 kDa codificadas por genes semelhantes: o tipo H predomina no coração, e o homólogo tipo M no músculo esquelético e no fígado. Essas subunidades associam-se para formar cinco tipos de tetrâmeros: $H_4$, $H_3M_1$, $H_2M_2$, $H_1M_3$ e $M_4$. A isoenzima $H_4$ (tipo 1) possui maior afinidade pelos substratos do que a isoenzima $M_4$ (tipo 5) e, diferentemente da $M_4$, é inibida alostericamente por altos níveis de piruvato. As outras isoenzimas apresentam propriedades intermediárias dependendo da razão entre os dois tipos de cadeias. A isoenzima $H_4$ oxida o lactato a piruvato, que, em seguida, é utilizado como combustível pelo coração no metabolismo aeróbico. Com efeito, o músculo cardíaco nunca funciona anaerobicamente. Em contrapartida, a $M_4$ é otimizada para operar na direção reversa, convertendo o piruvato em lactato de modo a possibilitar a ocorrência da glicólise em condições anaeróbicas. Curiosamente, o treinamento de resistência aumenta a isoenzima $H_4$ nas fibras musculares de contração lenta, permitindo que essas fibras utilizem o lactato produzido por outros tipos de fibras.

### A glicólise e a gliconeogênese estão evolutivamente interligadas

O metabolismo da glicose tem origens milenares. Os organismos vivos na biosfera primordial dependiam da geração anaeróbica de energia até a época em que quantidades significativas de oxigênio começaram a se acumular, há 2 bilhões de anos. As enzimas glicolíticas provavelmente evoluíram de modo independente, e não por duplicação gênica, visto que as enzimas glicolíticas com propriedades semelhantes não apresentam sequências de aminoácidos semelhantes. Apesar da existência de quatro quinases e duas isomerases na via, as comparações tanto de sequência quanto estruturais sugerem que esses conjuntos de enzimas não estejam relacionados uns com os outros por evolução divergente.

Podemos especular sobre a relação entre a glicólise e a gliconeogênese se considerarmos que a glicólise é constituída de dois segmentos: o metabolismo das hexoses (o segmento superior) e o metabolismo das trioses (o segmento inferior). As enzimas do segmento superior são diferentes em algumas espécies e estão totalmente ausentes em algumas arqueias, enquanto as enzimas do segmento inferior são muito conservadas. De fato, quatro enzimas do segmento inferior são encontradas em todas as espécies. *Essa parte inferior da via é comum à glicólise e à gliconeogênese.* Essa parte comum das duas vias pode ser a parte mais antiga, constituindo o cerne ao qual foram adicionadas as outras etapas. A parte superior deve ter variado de acordo com os açúcares disponíveis para os organismos em evolução em nichos específicos. Curiosamente, essa parte central do metabolismo dos carboidratos é capaz de gerar trioses precursoras da ribose, um componente do RNA e uma necessidade fundamental para o mundo do RNA. Assim, ficamos com a questão sem resposta: a via central original era utilizada para a conversão de energia ou para a biossíntese?

## RESUMO

### 16.1 A glicólise é uma via de conversão de energia em muitos organismos

A glicólise refere-se ao conjunto de reações que convertem a glicose em piruvato. As 10 reações da glicólise ocorrem no citoplasma. No primeiro estágio, a glicose é convertida em frutose 1,6-bisfosfato por uma fosforilação, uma isomerização e uma segunda reação de fosforilação. A frutose 1,6-bisfosfato é então clivada pela aldolase em di-hidroxiacetona fosfato e gliceraldeído 3-fosfato, que são prontamente interconversíveis. Nessas reações, são consumidas duas moléculas de ATP por molécula de glicose. No segundo estágio, ocorre produção de ATP. O gliceraldeído 3-fosfato é oxidado e fosforilado para formar 1,3-bisfosfoglicerato, um acil fosfato com alto potencial de transferência de fosforila. Essa molécula transfere um grupo fosforila para o ADP, havendo a formação de ATP e 3-fosfoglicerato. Um deslocamento de fosforila e uma desidratação formam o fosfoenolpiruvato, um segundo intermediário com alto potencial de transferência de fosforila. Outra molécula de ATP é produzida quando o fosfoenolpiruvato é convertido em piruvato. Há um ganho efetivo de duas moléculas de ATP na formação de duas moléculas de piruvato a partir de uma molécula de glicose.

O aceptor de elétrons na oxidação do gliceraldeído 3-fosfato é o $NAD^+$, que precisa ser regenerado para que a glicólise prossiga. Nos organismos aeróbicos, o NADH formado na glicólise transfere seus elétrons para o $O_2$ por meio da cadeia de transporte de elétrons, com consequente regeneração do $NAD^+$. Em condições anaeróbicas e em alguns microrganismos, o $NAD^+$ é regenerado pela redução do piruvato a lactato. Em outros microrganismos, o $NAD^+$ é regenerado pela redução do piruvato a etanol. Esses dois processos são exemplos de fermentações.

## 16.2 A via glicolítica é rigorosamente controlada

A via glicolítica apresenta uma dupla função: degrada a glicose para produzir ATP e fornece blocos de construção para a síntese de componentes celulares. A velocidade de conversão da glicose em piruvato é regulada para atender a essas duas demandas celulares principais. Em condições fisiológicas, as reações da glicólise são prontamente reversíveis, com exceção daquelas catalisadas pela hexoquinase, pela fosfofrutoquinase e pela piruvato quinase. A fosfofrutoquinase – o elemento de controle mais importante da glicólise – é inibida pela presença de altos níveis de ATP e citrato, enquanto é ativada pelo AMP e pela frutose 2,6-bisfosfato. No fígado, esse bisfosfato sinaliza que a glicose está presente em quantidade abundante. Por conseguinte, a fosfofrutoquinase é ativa quando há a necessidade de energia ou de blocos de construção. A hexoquinase é inibida pela glicose 6-fosfato, que se acumula quando a fosfofrutoquinase é inativa. O ATP e a alanina inibem alostericamente a piruvato quinase, o outro local de controle, e a frutose 1,6-bisfosfato ativa a enzima. Consequentemente, a piruvato quinase apresenta atividade máxima quando a carga energética é baixa e quando há acúmulo de intermediários glicolíticos.

## 16.3 A glicose pode ser sintetizada a partir de precursores que não são carboidratos

A gliconeogênese, que ocorre principalmente no fígado, consiste na síntese de glicose a partir de fontes que não carboidratos, como lactato, aminoácidos, glicerol e alanina produzidos a partir do piruvato pelo músculo esquelético ativo. Várias das reações que convertem o piruvato em glicose são comuns à glicólise. Entretanto, a gliconeogênese requer quatro novas reações para evitar a irreversibilidade essencial de três reações na glicólise. Em duas das novas reações, o piruvato é carboxilado nas mitocôndrias a oxaloacetato, que, por sua vez, é descarboxilado e fosforilado no citoplasma a fosfoenolpiruvato. O ATP e o GTP são consumidos nessas reações, que são catalisadas pela piruvato carboxilase e pela fosfoenolpiruvato carboxiquinase, respectivamente. As outras reações características da gliconeogênese são as hidrólises da frutose 1,6-bisfosfato e da glicose 6-fosfato, que são catalisadas por fosfatases específicas.

### 16.4 A gliconeogênese e a glicólise são reguladas de maneira recíproca

A gliconeogênese e a glicose são reguladas de maneira recíproca, de modo que uma via é relativamente inativa enquanto a outra é altamente ativa. A fosfofrutoquinase e a frutose 1,6-bisfosfatase constituem pontos de controle essenciais. A frutose 2,6-bisfosfato, uma molécula sinalizadora intracelular presente em níveis mais altos quando a glicose encontra-se abundante, ativa a glicólise e inibe a gliconeogênese ao regular essas enzimas. A piruvato quinase e a piruvato carboxilase são reguladas por outros efetores, de modo que ambas não exibem atividade máxima ao mesmo tempo. A regulação alostérica e a fosforilação reversível, que são rápidas, são complementadas por controle transcricional, que ocorre dentro de várias horas ou dias.

# APÊNDICE Bioquímica em Foco

## Bioquímica em Foco 1

### Deficiência de triose fosfato isomerase (DTPI)

A DTPI é um distúrbio multissistêmico que se manifesta no início da infância. Os sintomas consistem em anemia hemolítica congênita (deficiência de eritrócitos devido à sua destruição prematura por ocasião do nascimento) e distúrbio neuromuscular progressivo, incluindo miocardiopatia (inflamação e lesão do músculo cardíaco). Nos casos graves, a DTPI pode levar à morte no início da infância. A di-hidroxiacetona fosfato acumula-se nas células, particularmente nos eritrócitos. A DTPI é rara, limitando, assim, a nossa compreensão do distúrbio. A relação entre o defeito bioquímico e as manifestações clínicas ainda não foi estabelecida. Podemos formular uma hipótese acerca da patologia da DTPI.

Em primeiro lugar, convém lembrar que o sistema nervoso central e os eritrócitos dependem exclusivamente do metabolismo da glicose para obtenção de energia. Assim, qualquer alteração que ocorra na glicólise deve ter impacto nesses tecidos. Além disso, os músculos podem utilizar a glicose, porém muitos dependem das gorduras como combustível. Essa observação explica a natureza dos sintomas: sem energia, a função neuromuscular fica comprometida. Analisemos como a glicólise poderia ser afetada por uma deficiência na atividade da isomerase. A enzima catalisa a conversão da di-hidroxiacetona fosfato a gliceraldeído 3-fosfato, que é então metabolizado para produzir ATP.

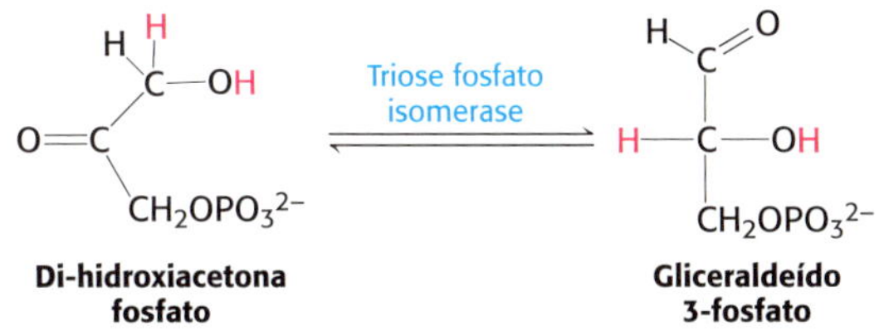


Na ausência de atividade da isomerase, metade dos carbonos da glicose não pode ser metabolizada para produzir ATP. No mínimo, deve ocorrer comprometimento na geração de ATP. Entretanto, as pesquisas sugerem que a ruptura do metabolismo energético não constitui a causa das consequências mais graves da DTPI. A DTPI pode resultar em outros efeitos?

Examinemos a reação enzimática e o seu local de ocorrência na glicólise.

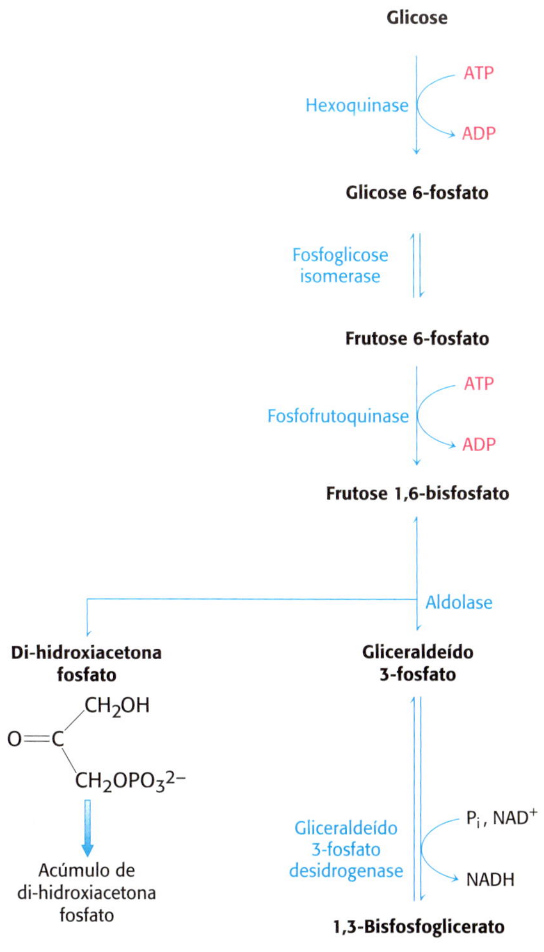

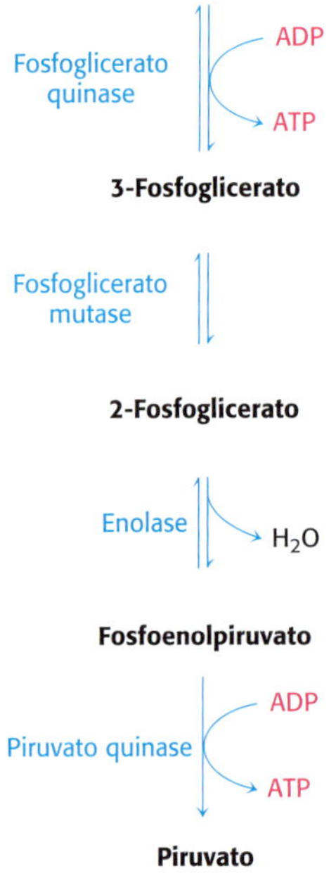


Mesmo se as células tentassem compensar a ausência de atividade da isomerase pelo processamento de mais glicose, haveria um acúmulo inevitável de di-hidroxiacetona fosfato. Esse acúmulo poderia ter consequências deletérias?

Há fortes evidências de que a di-hidroxiacetona fosfato possa ser convertida em metilglioxal.

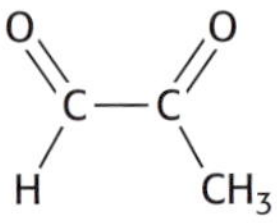

**Metilglioxal**

O metilglioxal, uma molécula altamente reativa, liga-se covalentemente a grupos amino disponíveis em proteínas, dando origem a produtos finais de glicação avançada (AGE, do inglês *advanced glycation end products*) (ver Capítulo 11). Essas modificações inibem a função da proteína. A perda extensa de função da proteína poderia contribuir então para a patologia observada na DTPI, incluindo morte precoce. Os AGE também foram implicados no envelhecimento, na arteriosclerose (espessamento e endurecimento das paredes arteriais) e no diabetes melito. O estabelecimento definitivo das causas da patologia da DTPI requer mais pesquisas.

# Bioquímica em Foco 2

## Deficiência de piruvato carboxilase (DPC)

A DPC é outro distúrbio raro do metabolismo dos carboidratos. Os vários tipos variam conforme a gravidade dos resultados clínicos, porém todos se caracterizam, em certo grau, por hipoglicemia (baixa concentração de glicose no sangue) e acidose láctica (presença de ácido láctico em excesso no sangue). Os sintomas consistem em letargia e crises convulsivas. Nas formas graves de DPC, ocorre morte nos primeiros meses de vida.

Juntos, procuremos entender a causa das duas principais características bioquímicas: a hipoglicemia e a acidose láctica. Convém lembrar que o cérebro, os eritrócitos e os músculos utilizam a glicose como combustível. A falta de glicose explicaria os sintomas anteriormente citados, visto que haveria comprometimento do funcionamento do sistema neuromuscular.

Em primeiro lugar, identifiquemos a reação catalisada pela piruvato carboxilase e, em seguida, determinemos o seu papel no metabolismo da glicose.

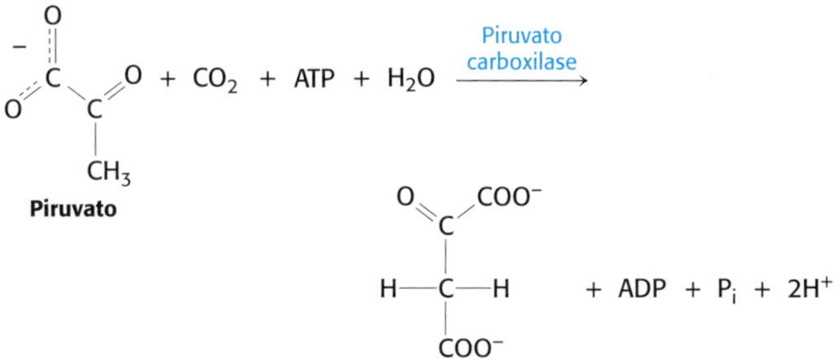


**Oxaloacetato**

Convém lembrar que a piruvato carboxilase constitui uma enzima regulatória fundamental na gliconeogênese, que ocorre principalmente no fígado. A piruvato carboxilase, em associação com a enzima seguinte da via, a fosfoenolpiruvato carboxilase, sintetiza um composto com alto potencial fosforila, o fosfoenolpiruvato.

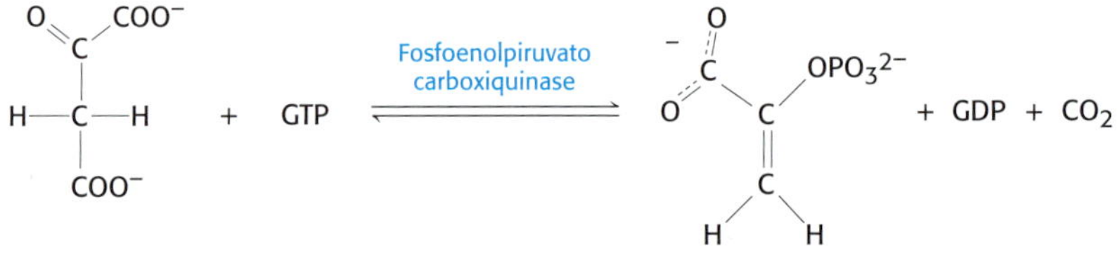


**Oxaloacetato** **Fosfoenolpiruvato**

A soma das reações é a seguinte:

$$\text{Piruvato} + \text{ATP} + \text{GTP} + \text{H}_2\text{O} \longrightarrow \text{fosfoenolpiruvato} + \text{ADP} + \text{GDP} + \text{P}_i + 2\ \text{H}^+$$

Essas duas reações evitam a reação irreversível catalisada pela piruvato quinase na glicólise. Em circunstâncias normais, o fosfoenolpiruvato seria metabolizado a glicose.

Podemos depreender que a falta da piruvato carboxilase explicaria a ocorrência de hipoglicemia: o fígado é incapaz de desempenhar a sua função na manutenção de um nível adequado de glicemia para os tecidos que dependem da glicose. Entretanto, como explicaríamos a acidose láctica? Os eritrócitos e muitos outros tecidos, como o músculo ativo, produzem lactato como produto final da fermentação láctica. O lactato é liberado no sangue, onde forma ácido láctico. Uma importante função do fígado consiste em remover o ácido láctico do sangue e utilizá-lo como precursor gliconeogênico. Entretanto, se o ácido láctico não pode ser utilizado para a formação de glicose devido à ausência de piruvato carboxilase, ele irá permanecer no sangue, resultando em queda do pH sanguíneo, com consequente acidose.

Concentramo-nos apenas no efeito da DPC sobre a gliconeogênese. Em capítulos subsequentes, veremos que o oxaloacetato formado pela piruvato carboxilase é uma molécula importante e versátil, de modo que a deficiência da carboxilase possui maiores efeitos do que os discutidos aqui.

APÊNDICE

# Estratégias para Resolução da Questão

## Estratégias para Resolução da Questão 1

**QUESTÃO:** O arsenato ($AsO_4^{3-}$) assemelha-se estreitamente ao $P_i$ na sua estrutura e reatividade. Na reação catalisada pela gliceraldeído 3-fosfato desidrogenase, o arsenato pode substituir o fosfato atacando o intermediário tioéster rico em energia. O produto dessa reação, o 1-arseno-3-fosfoglicerato, é instável. Esse produto e outros acil arsenatos são hidrolisados rapidamente e de modo espontâneo. Qual é o efeito do arsenato sobre a produção de ATP em uma célula?

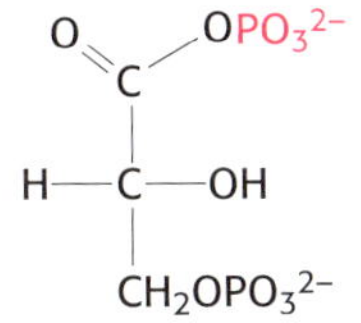

**1,3-Bisfosfoglicerato**

**SOLUÇÃO:** Uma maneira pela qual se pode solucionar um problema consiste em dividi-lo em uma série de questões. Utilizaremos esta abordagem aqui.

- **Qual é o foco do problema? Em outras palavras, de que se trata o problema?**

O problema investiga o efeito do arsenato sobre a produção de ATP na glicólise. A questão assinala que o arsenato possui uma estrutura semelhante à do fosfato. É possível que a semelhança estrutural seja importante.

- **Compare a estrutura do arsenato com a do fosfato.**

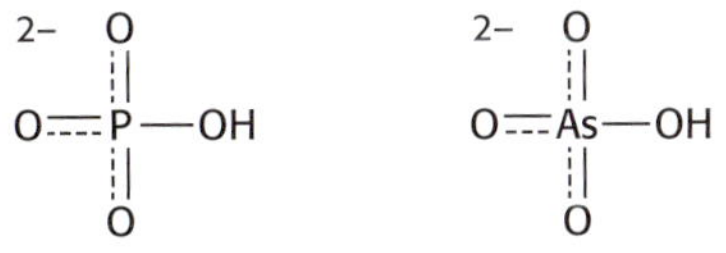

**Fosfato** **Arsenato**

O arsenato assemelha-se ao $P_i$ quanto à sua estrutura e reatividade, e o $P_i$ é um componente fundamental da glicólise. Conforme assinalado na questão, o arsenato pode substituir o $P_i$ nas reações da glicólise. Em particular, o arsenato pode atuar como substrato na reação catalisada pela gliceraldeído 3-fosfato desidrogenase.

- **Qual é a reação catalisada por essa enzima na glicólise?**

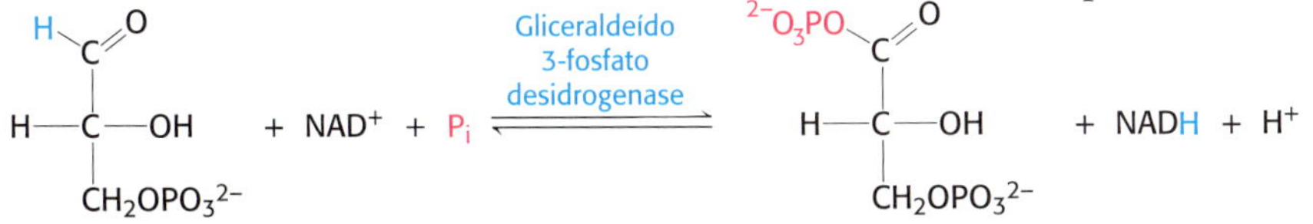


**Gliceraldeído 3-fosfato (GAP)** **1,3-Bisfosfoglicerato (1,3-BPG)**

- **Por que essa reação é crucial na síntese de ATP na glicólise?**

O 1,3-bisfosfoglicerato possui alto potencial de fosforila e pode ser utilizado para impulsionar a síntese de ATP na reação seguinte da glicólise, uma reação catalisada pela fosfoglicerato quinase.

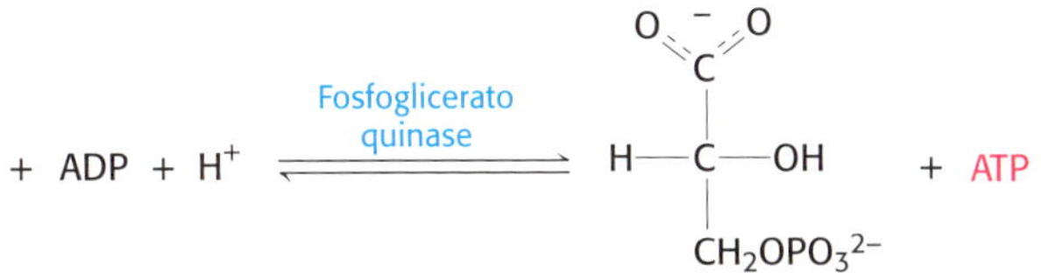


**3-Fosfoglicerato**

Se a gliceraldeído 3-fosfato desidrogenase utilizar arsenato em vez de fosfato, a questão declara que haverá formação de 1-arseno-3-fosfoglicerato.

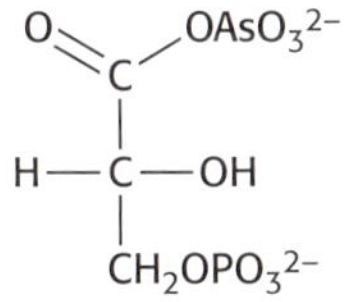

- **No que se refere ao problema, qual é o provável destino do 1-arseno-3-fosfoglicerato?**

Ele será hidrolisado rapidamente e de modo espontâneo.

- **Que produtos resultarão da hidrólise do 1-arseno-3-fosfoglicerato?**

Arsenato e 3-fosfoglicerato.

- **O 3-fosfoglicerato é um metabólito na glicólise. Que enzima glicolítica gera esse metabólito?**

A fosfoglicerato quinase (ver anteriormente).

- **Que outro produto é gerado pela fosfoglicerato quinase?**

ATP.

- **Se o 3-fosfoglicerato for produzido pela hidrólise espontânea do 1-arseno-3-fosfoglicerato, qual é a produção de ATP a partir da reação catalisada pela fosfoglicerato quinase?**

0.

Assim, A utilização de arsenato em vez de fosfato pela gliceraldeído 3-fosfato desidrogenase elimina uma das duas etapas de síntese de ATP na glicólise. Com efeito, seria improvável que o arsenato fosse utilizado apenas pela gliceraldeído 3-fosfato desidrogenase.

Todas as enzimas que utilizam fosfato poderiam usar o arsenato, comprometendo gravemente a produção de energia da célula, com consequente dano celular. Se a concentração de arsenato for alta o suficiente, poderá resultar em morte.

## Estratégias para Resolução da Questão 2

**QUESTÃO:** Qual seria o efeito de uma mutação que inativasse a glicose 6-fosfatase no fígado sobre a capacidade do organismo de utilizar a glicose como combustível?

**SOLUÇÃO:** O que precisamos saber para solucionar este problema? Duas questões surgem imediatamente na cabeça:

- **Qual é a reação catalisada pela glicose 6-fosfatase?**
- **Qual é o papel do fígado na manutenção da concentração adequada de glicose no sangue?**

A reação catalisada pela glicose 6-fosfatase é a seguinte:

$$\text{Glicose 6-fosfato} + H_2O \longrightarrow \text{glicose} + P_i$$

Esta é a última etapa da gliconeogênese, e a glicose livre é liberada no sangue.

Uma função metabólica importante do fígado consiste em liberar a glicose no sangue para a sua utilização por outros tecidos, como o músculo, o cérebro e os eritrócitos.

Com essas duas informações, podemos agora solucionar o problema:

- **Qual seria o resultado de uma falta de atividade da glicose 6-fosfatase?**

A glicemia cairia, resultando em privação de energia nos tecidos que dependem da glicose.

Você pode pensar adiante e refletir: "O que aconteceria com a glicose 6-fosfato sintetizada pela gliconeogênese se a atividade da glicose 6-fosfatase estivesse ausente?" Boa pergunta! Como aprenderemos no Capítulo 21, o glicogênio constitui a forma de armazenamento da glicose. O excesso de glicose 6-fosfato em consequência de uma deficiência de fosfatase será convertido em glicogênio, resultando em acúmulo excessivo de glicogênio no fígado.

## Estratégias para Resolução da Questão 3

**QUESTÃO:** As leveduras são anaeróbios facultativos – ou seja, são capazes de crescer na ausência de oxigênio (em condição anaeróbica) utilizando a fermentação alcoólica ou na presença de oxigênio (em condição aeróbica) utilizando a respiração celular. Curiosamente, as leveduras são incapazes de viver em condições anaeróbicas utilizando glicerol como única fonte de combustível. Explique por que as leveduras não podem sobreviver metabolizando o glicerol anaerobicamente.

**SOLUÇÃO:** Esse problema pede que abordemos o metabolismo do glicerol nas leveduras em condições anaeróbicas. Anteriormente neste capítulo, foi assinalado que as leveduras podem gerar ATP em condições anaeróbicas, processando a glicose em etanol (fermentação alcoólica). De acordo com a questão, as leveduras não conseguem sobreviver quando utilizam o glicerol como única fonte de energia na ausência de oxigênio. Como você pode provar isso?

Em primeiro lugar, precisamos determinar como o glicerol é preparado para entrar no metabolismo.

- **Que enzimas metabolizam o glicerol?**

Duas enzimas – a glicerol quinase e a glicerol fosfato desidrogenase –, que atuam de modo sequencial, convertem o glicerol em di-hidroxiacetona fosfato (DHAP).

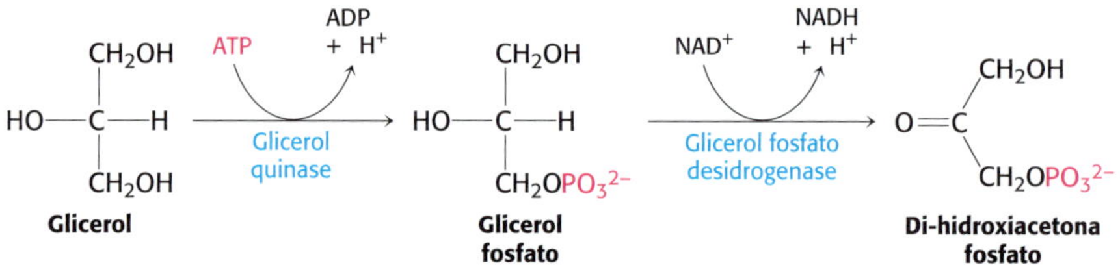


Lembre-se de que a DHAP é prontamente convertida em gliceraldeído 3-fosfato (GAP). Tanto a DHAP quanto o GAP são precursores gliconeogênicos, porém apenas o GAP pode ser metabolizado por fermentação alcoólica.

Examine as reações acopladas.

- **Que reagentes são necessários para gerar DHAP?**

A reação da quinase consome um ATP, enquanto a da desidrogenase reduz o $NAD^+$ a NADH.

Agora, utilizando as Figuras 16.1 e 16.11, que mostram a conversão do piruvato em etanol, responda às seguintes questões.

- **Quantos ATPs são sintetizados quando o glicerol é metabolizado a etanol?**

O GAP sintetizado a partir do glicerol produz dois ATPs quando convertido em etanol; entretanto, lembre-se de que um ATP foi utilizado para fosforilar o glicerol, de modo que a produção efetiva é de um ATP. A produção de ATPs é reduzida à metade. Entretanto, a produção de ATPs não constitui a principal razão que explique a incapacidade das leveduras de sobreviver.

Examine o uso de $NAD^+$/NADH na conversão do glicerol em etanol.

- **O equilíbrio redox é mantido?**

Não. Em primeiro lugar, considere o uso do $NAD^+$/NADH na via de fermentação. A gliceraldeído 3-fosfato desidrogenase reduz $NAD^+$ a NADH, enquanto a álcool desidrogenase oxida a NADH a $NAD^+$. O equilíbrio redox é mantido: não há nenhuma variação efetiva na razão $NAD^+$/NADH. Para que o glicerol seja convertido em DHAP e subsequentemente em GAP, o $NAD^+$ é reduzido a NADH, porém não existe nenhuma maneira de regenerar o $NAD^+$. A via é interrompida, e a levedura morre devido à falta de $NAD^+$.

## PALAVRAS-CHAVE

glicólise
fermentação láctica
fermentação alcoólica
gliconeogênese
hexoquinase
quinase
fosfofrutoquinase (PFK)
intermediário tioéster
fosforilação ao nível do substrato
piruvato quinase
fermentação
anaeróbio obrigatório
anaeróbio facultativo
etapa de comprometimento
estimulação por retroalimentação
glicoquinase
glicólise aeróbica
piruvato carboxilase
biotina
fosfoenolpiruvato carboxiquinase
frutose 1,6-bisfosfatase
glicose 6-fosfatase
enzima bifuncional
ciclo de substrato
ciclo de Cori

## QUESTÕES

**1.** *Sua escolha 1.* A conversão de uma molécula de frutose 1,6-bisfosfato em duas moléculas de piruvato resulta na síntese *efetiva* de:

(a) Duas moléculas de NADH e duas moléculas de ATP

(b) Duas moléculas de $NAD^+$ e duas moléculas de ATP

(c) Quatro moléculas de NADH e quatro moléculas de ATP

(d) Duas moléculas de NADH e quatro moléculas de ATP

**2.** *Sua escolha 2.* A conversão de uma molécula de glicose em duas moléculas de lactato resulta na síntese *efetiva* de:

(a) Nenhum NADH e duas moléculas de ATP

(b) Nenhum NADH e quatro moléculas de ATP

(c) Duas moléculas de NADH e quatro moléculas de ATP

(d) Duas moléculas de NADH e duas moléculas de ATP

**3.** *A verdade e nada mais do que a verdade.* Qual ou quais das seguintes afirmativas é(são) verdadeira(s) para um músculo que realiza a fermentação láctica?

(a) O processo é inibido pelo AMP

(b) O processo é inibido pelo ATP

(c) Ocorre síntese efetiva de NADH

(d) O processo é exergônico

**4.** *Como Tarzan e Jane.* Associe cada termo à sua descrição.

| | |
|---|---|
| (a) clivagem do aldol ________ | 1. enolase |
| (b) desidratação ________ | 2. fosfoglicerato mutase |
| (c) transferência de fosforila ________ | 3. triose fosfato isomerase |
| (d) deslocamento de fosforila ________ | 4. gliceraldeído 3-fosfato desidrogenase |
| (e) isomerização ________ | 5. aldolase |
| (f) fosforilação acoplada a uma oxidação ________ | 6. piruvato quinase |

**5.** *Bruto versus efetivo.* A produção bruta de ATP do metabolismo da glicose até duas moléculas de piruvato é de quatro moléculas de ATP. Entretanto, a produção efetiva é de apenas duas moléculas de ATP. Por que os valores bruto e efetivo são diferentes? ✓1

**6.** *Juntos como a coruja e o gatinho.* Associe cada termo à sua descrição. ✓1

| | |
|---|---|
| (a) Hexoquinase ________ | 1. Forma frutose 1,6-bisfosfato |
| (b) Fosfoglicose isomerase ________ | 2. Gera o primeiro composto com alto potencial de transferência de fosforila que não é ATP |
| (c) Fosfofrutoquinase ________ | 3. Converte a glicose 6-fosfato em frutose 6-fosfato |
| (d) Aldolase ________ | 4. Fosforila a glicose |
| (e) Triose fosfato isomerase ________ | 5. Produz a segunda molécula de ATP |
| (f) Gliceraldeído 3-fosfato desidrogenase ________ | 6. Cliva a frutose 1,6-bisfosfato |
| (g) Fosfoglicerato quinase ________ | 7. Produz o segundo composto com alto potencial de transferência de fosforila que não é ATP |
| (h) Fosfoglicerato mutase ________ | 8. Catalisa a interconversão de isômeros de três carbonos |
| (i) Enolase ________ | 9. Converte o 3-fosfoglicerato em 2-fosfoglicerato |
| (j) Piruvato quinase ________ | 10. Gera a primeira molécula de ATP |

**7.** *Quem toma? Quem dá?* A fermentação láctica e a fermentação alcoólica são reações de oxirredução. Identifique o doador de elétrons e o aceptor de elétrons finais. ✓2

**8.** *Produção de ATP.* Cada uma das seguintes moléculas é processada a lactato pela glicólise. Quantos ATPs são gerados a partir de cada molécula? ✓1

**(a)** Glicose 6-fosfato

**(b)** Di-hidroxiacetona fosfato

**(c)** Gliceraldeído 3-fosfato

**(d)** Frutose

**(e)** Sacarose

**9.** *Redundância enzimática?* Por que é vantajoso para o fígado ter tanto a hexoquinase quanto a glicoquinase para fosforilar a glicose?

**10.** *Mágica?* A interconversão de DHAP e GAP favorece fortemente a formação de DHAP em equilíbrio. Contudo, a conversão de DHAP pela triose fosfato isomerase ocorre prontamente. Por quê?

**11.** *Entre dois extremos.* Qual é o papel de um tioéster na formação de ATP na glicólise? ✔❶

**12.** *Patrocinadores.* Algumas das primeiras pesquisas sobre a glicólise foram patrocinadas pela indústria da cerveja. Por que a indústria cervejeira estaria interessada na glicólise? ✔❷

**13.** *Dose diária recomendada.* A dose diária recomendada da vitamina niacina é de 15 mg. Como a glicólise seria afetada por uma deficiência de niacina?

**14.** *Quem é o primeiro?* Embora tanto a hexoquinase quanto a fosfofrutoquinase catalisem etapas irreversíveis da glicólise e a etapa catalisada pela hexoquinase seja a primeira, a fosfofrutoquinase é, entretanto, o marca-passo da glicólise. O que essa informação lhe revela sobre o destino da glicose 6-fosfato formada pela hexoquinase?

**15.** *A tartaruga e a lebre.* Por que a regulação da fosfofrutoquinase pela carga energética não é tão importante no fígado quanto no músculo?

**16.** *Como Mineápolis e St. Paul.* Associe cada termo à sua descrição. ✔❸ ✔❹

**(a)** Lactato _____

**(b)** Piruvato carboxilase _____

**(c)** Acetil-CoA _____

**(d)** Fosfoenolpiruvato carboxiquinase _____

**(e)** Glicerol _____

**(f)** Frutose 1,6-bisfosfatase _____

**(g)** Glicose 6-fosfatase _____

**1.** Gera oxaloacetato

**2.** Prontamente convertido(a) em DHAP

**3.** Gera um composto com alto potencial de transferência de fosforila

**4.** Encontrado(a) predominantemente no fígado

**5.** Contraparte gliconeogênica da PFK

**6.** Prontamente convertido(a) em piruvato

**7.** Necessário(a) para a atividade da piruvato carboxilase

**17.** *Seguir em sentido contrário.* Por que as reações da via glicolítica simplesmente não podem ocorrer em sentido inverso para sintetizar a glicose? ✔❹

**18.** *Obstáculos no caminho.* Que reações da glicólise não são prontamente reversíveis em condições intracelulares? ✔❹

**19.** *Sem apuros.* Por que é mais interessante para ao músculo exportar ácido láctico para o sangue durante o exercício intenso? ✔❸

**20.** *Après vous.* Por que é fisiologicamente vantajoso para o pâncreas utilizar o GLUT2 com alto valor de $K_M$, como transportador para possibilitar a entrada de glicose nas células β?

**21.** *Bypass.* No fígado, a frutose pode ser convertida em gliceraldeído 3-fosfato e di-hidroxiacetona fosfato sem passar pela reação regulada pela fosfofrutoquinase. Mostre as reações que tornam essa conversão possível. Por que a ingestão de altos níveis de frutose pode ter efeitos fisiológicos deletérios?

**22.** *Associe uma vez.* A seguinte sequência constitui parte da sequência de reações na gliconeogênese.

$$\text{Piruvato} \xrightarrow{A} \text{Oxaloacetato} \xrightarrow{B} \text{Malato} \xrightarrow{C}$$
$$\text{Oxaloacetato} \xrightarrow{D} \text{Fosfoenolpiruvato}$$

Associe as letras maiúsculas que representam a reação na via da gliconeogênese com as partes *a, b, c* etc. ✔❸

**(a)** ocorre nas mitocôndrias

**(b)** ocorre no citoplasma

**(c)** produz $CO_2$

**(d)** consome $CO_2$

**(e)** requer NADH

**(f)** produz NADH

**(g)** requer ATP

**(h)** requer GTP

**(i)** requer tiamina

**(j)** requer biotina

**(k)** regulada pela acetil-CoA

**23.** *Como Batman e Robin.* Associe a coluna (a) a (j) com a coluna 1 a 10.

**(a)** Glicose 6-fosfato _____

**(b)** [ATP] < [AMP] _____

**(c)** Citrato _____

**(d)** pH baixo _____

**(e)** Frutose 1,6-bisfosfato _____

**1.** Inibe a fosfofrutoquinase no fígado

**2.** Glicoquinase

**3.** GLUT2

**4.** Inibe a hexoquinase

**5.** Inibe a fosfofrutoquinase no músculo

| | |
|---|---|
| (f) Frutose 2,6-bisfosfato _________ | 6. Inibe a fosfofrutoquinase |
| (g) Insulina _________ | 7. Estimula a piruvato quinase |
| (h) Apresenta valor alto de $K_M$ para a glicose _________ | 8. Estimula a fosfofrutoquinase no fígado |
| (i) Transportador específico para o fígado e o pâncreas _________ | 9. Causa a inserção do GLUT4 na membrana celular |
| (j) [ATP] > [AMP] | 10. Estimula a fosfofrutoquinase |

**24.** *Problema adiante.* Suponha que um microrganismo que era anaeróbio obrigatório sofreu uma mutação, resultando em perda da atividade da triose fosfato isomerase. Como essa perda afetaria a produção de ATP pela fermentação? Esse organismo conseguiria sobreviver? ❶

**25.** *A regulação é boa.* As enzimas regulatórias são cruciais para o funcionamento apropriado e a coordenação da glicólise e da gliconeogênese. Como regra geral, as enzimas regulatórias catalisam reações que estão longe de estar no equilíbrio. Por que isso faz sentido para a bioquímica?

**26.** *Química na cozinha.* A sacarose é comumente utilizada para conservar frutas. Por que a glicose não é adequada para a conservação dos alimentos?

**27.** *Marcação dos átomos de carbono 1.* A glicose marcada com $^{14}C$ no C-1 é incubada com as enzimas glicolíticas e cofatores necessários.

**(a)** Qual é a distribuição do $^{14}C$ no piruvato formado? (Suponha que a interconversão entre gliceraldeído 3-fosfato e di-hidroxiacetona fosfato seja muito rápida em comparação com a etapa subsequente.)

**(b)** Se a atividade específica do substrato glicose for de 10 mCi $mmol^{-1}$ (milicuries por mol, uma medida de radioatividade por mol), qual será a atividade específica do piruvato formado?

**28.** *Fermentação láctica.* ❷

**(a)** Escreva uma equação balanceada para a conversão da glicose em lactato.

**(b)** Calcule a variação de energia livre-padrão dessa reação utilizando os dados fornecidos na Tabela 16.1 e o fato de que $\Delta G°'$ é de –25 kJ $mol^{-1}$ (–6 kcal $mol^{-1}$) na seguinte reação:

$$\text{Piruvato} + \text{NADH} + \text{H}^+ \rightleftharpoons \text{lactato} + \text{NAD}^+$$

Qual é a variação de energia livre ($\Delta G$, e não $\Delta G°'$) dessa reação quando as concentrações dos reagentes são: glicose, 5 mM; lactato, 0,05 mM; ATP, 2 mM; ADP, 0,2 mM; e $P_i$, 1 mM?

**29.** *Alto potencial.* Qual é a razão de equilíbrio entre fosfoenolpiruvato e piruvato em condições-padrão quando [ATP]/[ADP] = 10?

**30.** *Equilíbrio hexose-triose.* Quais são as concentrações de equilíbrio entre frutose 1,6-bisfosfato, di-hidroxiacetona fosfato e gliceraldeído 3-fosfato quando 1 mM de frutose 1,6-bisfosfato é incubado com aldolase em condições-padrão?

**31.** *Dupla marcação.* O 3-fosfoglicerato marcado uniformemente com $^{14}C$ é incubado com 1,3-BPG marcado com $^{32}P$ no C-1. Qual é a distribuição dos radioisótopos do 2,3-BPG formado com a adição da BPG mutase?

**32.** *Um análogo informativo.* A xilose possui a mesma estrutura da glicose, exceto que ela tem um átomo de hidrogênio no G-5 em vez de um grupo hidroximetila. A velocidade de hidrólise do ATP pela hexoquinase é acentuadamente aumentada pela adição de xilose. Por quê?

**33.** *Açúcares distintos.* A infusão intravenosa de frutose em voluntários saudáveis leva a um aumento de duas a cinco vezes no nível de lactato no sangue, um aumento muito maior do que aquele observado após a infusão da mesma quantidade de glicose. ❷

**(a)** Por que a glicólise é mais rápida após a infusão de frutose?

**(b)** A frutose tem sido utilizada em lugar da glicose na alimentação intravenosa. Por que esse uso da frutose não é prudente?

**34.** *Não é difícil cobrir as despesas. Estão em toda parte.* Que barreira energética impede que a glicólise siga simplesmente em sentido reverso para a sintese de glicose? Qual é o custo energético de superar essa barreira? ❸

**35.** *Associe duas vezes.* Indique quais das condições listadas na coluna da direita aumentam a atividade das vias glicolítica e gliconeogênica. ❹

| | |
|---|---|
| (a) Glicólise _________ | 1. aumento do ATP |
| (b) Gliconeogênese ______ | 2. aumento do AMP |
| | 3. aumento da frutose 2,6-bisfosfato |
| | 4. aumento do citrato |
| | 5. aumento da acetil-CoA |
| | 6. aumento da insulina |
| | 7. aumento do glucagon |
| | 8. jejum |
| | 9. estado de saciedade |

**36.** *Não ao desperdício, não à escassez.* Por que a conversão do ácido láctico do sangue em glicose no fígado é melhor para o organismo?

**37.** *Contornando os obstáculos na estrada.* Como as reações irreversíveis da glicólise são contornadas na gliconeogênese? ❸

**38.** *Inutilidade evitada.* Quais são os meios de regulação que impedem a ocorrência simultânea de altos níveis de atividade na glicólise e na gliconeogênese? ✓❹

**39.** *Necessidades diferentes.* O fígado é principalmente um tecido gliconeogênico, enquanto o músculo é principalmente glicolítico. Por que essa divisão de trabalho faz todo o sentido fisiologicamente?

**40.** *Nunca me deixe ir embora.* Por que a falta de atividade da glicose 6-fosfatase no cérebro e no músculo faz sentido fisiologicamente?

**41.** *Contando compostos de alta energia 1.* Quantas moléculas de NTP são necessárias para a síntese de uma molécula de glicose a partir de duas moléculas de piruvato? Quantas moléculas de NADH são necessárias? ✓❸

**42.** *Contando compostos de alta energia 2.* Quantas moléculas de NTP são necessárias para a síntese de glicose a partir de cada um dos seguintes compostos? ✓❸

**(a)** Glicose 6-fosfato

**(b)** Frutose 1,6-bisfosfato

**(c)** Duas moléculas de oxaloacetato

**(d)** Duas moléculas de di-hidroxiacetona fosfato

**43.** *Uma ajuda.* Como as enzimas que removem grupos amino da alanina e do aspartato contribuem para a gliconeogênese?

**44.** *Mutantes metabólicos.* Preveja o efeito de cada uma das seguintes mutações sobre o ritmo da glicólise nos hepatócitos: ✓❹

**(a)** Perda do sítio alostérico para o ATP na fosfofrutoquinase

**(b)** Perda do sítio de ligação para o citrato na fosfofrutoquinase

**(c)** Perda do domínio de fosfatase da enzima bifuncional que controla o nível de frutose 2,6-bisfosfato

**(d)** Perda do sítio de ligação para a frutose 1,6-bisfosfato na piruvato quinase

**45.** *Outro mutante metabólico.* Quais são as possíveis consequências de um distúrbio genético que torna a frutose 1,6-bisfosfatase no fígado menos sensível à regulação pela frutose 2,6-bisfosfato?

**46.** *Sequestrador de biotina.* A avidina, uma proteína de 70 kDa, encontrada na clara do ovo, apresenta uma afinidade muito alta pela biotina. De fato, a avidina é um inibidor altamente específico das enzimas que requerem biotina. Qual das seguintes conversões seria bloqueada pela adição de avidina a um homogenato de células?

**(a)** Glicose $\longrightarrow$ piruvato

**(b)** Piruvato $\longrightarrow$ glicose

**(c)** Oxaloacetato $\longrightarrow$ glicose

**(d)** Malato $\longrightarrow$ oxaloacetato

**(e)** Piruvato $\longrightarrow$ oxaloacetato

**(f)** Gliceraldeído 3-fosfato $\longrightarrow$ frutose 1,6-bisfosfato

**47.** *Marcador de átomos de carbono 2.* Se as células que sintetizam a glicose a partir do lactato forem expostas ao $CO_2$ marcado com $^{14}C$, qual será a distribuição do marcador na glicose recém-sintetizada?

**48.** *Reduza, reutilize, recicle.* Na conversão da glicose em duas moléculas de lactato, o NADH gerado anteriormente na via é oxidado a $NAD^+$. Por que não é vantajoso para a célula produzir simplesmente mais $NAD^+$ de modo que a regeneração não seja necessária? Afinal, a célula preservaria mais energia, visto que não haveria mais necessidade de sintetizar a lactato desidrogenase. ✓❷

**49.** *Adenilato quinase novamente.* A adenilato quinase, uma enzima discutida detalhadamente no Capítulo 9, é responsável pela interconversão do conjunto de nucleotídios de adenilato:

$$ADP + ADP \rightleftharpoons ATP + AMP$$

A constante de equilíbrio nessa ração aproxima-se de 1, visto que o número de ligações fosfoanidrido é o mesmo em ambos os lados da equação. Utilizando a equação para a constante de equilíbrio dessa reação, mostre por que mudanças na [AMP] constituem um indicador mais efetivo do conjunto de adenilatos do que a [ATP].

**50.** *Trabalhando com propósitos contraditórios?* A gliconeogênese ocorre durante o exercício intenso, o que parece ser ilógico. Por que um organismo iria sintetizar glicose e ao mesmo tempo utilizá-la para gerar energia? ✓❹

**51.** *Impulsionando vias.* Compare as estequiometrias da glicólise e da gliconeogênese. Lembre-se de que o aporte de um equivalente de ATP modifica a constante de equilíbrio de uma reação por um fator de cerca de $10^8$ (ver seção 15.2). Por qual fator os compostos de alta transferência de fosforila adicionais alteram a constante de equilíbrio da gliconeogênese? ✓❸

## Questão sobre Mecanismo

**52.** *Argumento por analogia.* Proponha um mecanismo para a conversão da glicose 6-fosfato em frutose 6-fosfato pela fosfoglicose isomerase fundamentando-se no mecanismo da triose fosfato isomerase.

## Questões | Integração de Capítulos

**53.** *Não apenas para energia.* Os indivíduos com galactosemia exibem anormalidades do sistema nervoso central até mesmo quando a galactose é eliminada da dieta. A razão precisa para isso não é conhecida. Sugira uma explicação plausível.

**54.** *Todo o poder às rbc!* A hexoquinase nos eritrócitos apresenta um valor de $K_M$ de aproximadamente 50 μM. Como a vida é suficientemente difícil, suponha que a hexoquinase exiba uma cinética de Michaelis-Menten. Que concentração de glicose no sangue produziria $v_0$ igual a 90% da $V_{máx.}$? Que informação esse resultado lhe fornece se o nível normal de glicemia varia entre aproximadamente 3,6 e 6,1 mM?

**55.** *Diga a função.* A frutose 2,6-bisfosfato é um potente estimulante da fosfofrutoquinase. Explique como a frutose 2,6-bisfosfato poderia funcionar no modelo concertado (ou de simetria orquestrada) para as enzimas alostéricas.

## Questões | Interpretação de Dados

**56.** *Fabricação de cerveja.* O gráfico anexo mostra os resultados de experimentos sobre a fermentação alcoólica da glicose com o uso de extratos de levedura. O gráfico mostra o volume de dióxido de carbono liberado (eixo *y*) como uma função do tempo (eixo *x*).

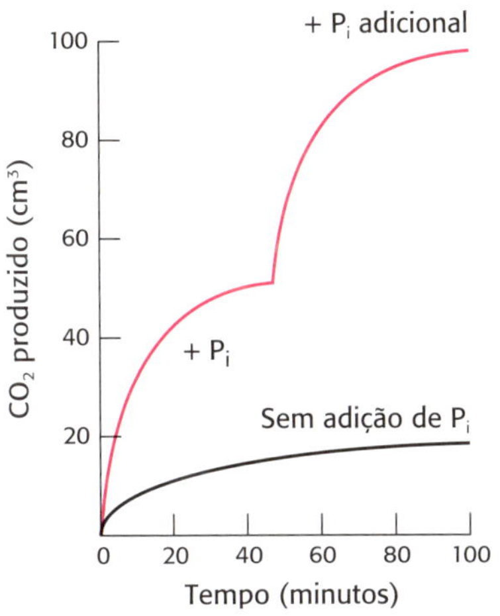


**(a)** A medição da velocidade de liberação de dióxido de carbono constitui uma forma segura de medir a fermentação alcoólica? Explique.

**(b)** Por que a fermentação da glicose depende do fosfato?

**(c)** Por que ocorre mais produção de dióxido de carbono se o extrato for suplementado com fosfato?

**(d)** Durante a fermentação, qual seria a razão esperada entre dióxido de carbono produzido e fosfato consumido?

**(e)** Quando a velocidade de fermentação é reduzida, ocorre acúmulo de uma hexose bisfosfato. Qual é esse composto e por que ele se acumula?

**57.** *Agora isso é incomum.* Recentemente, a fosfofrutoquinase foi isolada do *archaeon* hipertermofílico *Pyrococcus furiosus*. Foi realizada uma análise bioquímica padrão para determinar os parâmetros catalíticos básicos. Os processos estudados foram na forma de:

Frutose 6-fosfato + $(x - P_i) \longrightarrow$ frutose 1,6-bisfosfato + $(x)$

O ensaio mediu o aumento da frutose 1,6-bisfosfato. O gráfico a seguir mostra alguns resultados.

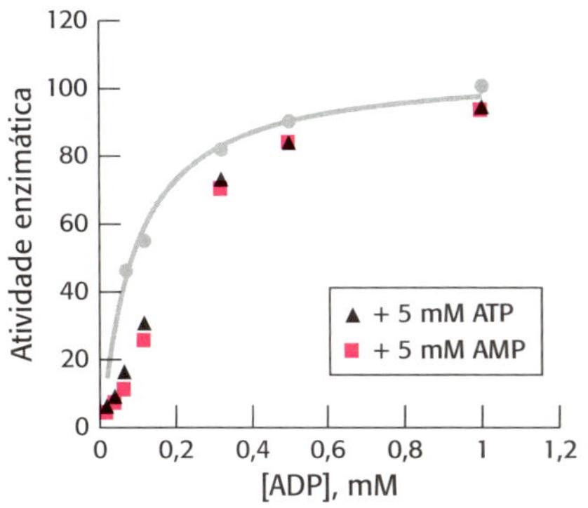


[Dados de J. E. Tuininga *et al.*, *J. Biol. Chem.* 274:21023–21028, 1999.]

**(a)** Qual é a diferença entre a fosfofrutoquinase de *P. furiosus* e a fosfofrutoquinase considerada neste capítulo?

**(b)** Quais são os efeitos do AMP e do ATP sobre a reação com ADP?

**58.** *Abelhas no frio.* Em princípio, um ciclo fútil que inclua a fosfofrutoquinase e a frutose 1,6-bisfosfatase poderia ser utilizado para produzir calor. O calor poderia ser utilizado para aquecer tecidos. Por exemplo, foi relatado que determinadas abelhas, conhecidas como mamangabas, do gênero *Bombus*, utilizam esse tipo de ciclo fútil para aquecer seus músculos de voo em manhãs frias. Cientistas realizaram uma série de experimentos para determinar se algumas espécies de *Bombus* utilizam esse ciclo fútil. A abordagem utilizada foi medir a atividade da PFK e da F-1,6-BPase no músculo de voo.

**(a)** Qual é a base racional para comparar as atividades dessas duas enzimas?

**(b)** Os dados a seguir mostram as atividades de ambas as enzimas para uma variedade de espécies de mamangaba (gêneros *Bombus* e *Psithyrus*). Esses resultados sustentam a noção de que essas abelhas utilizam ciclos fúteis para a produção de calor? Explique.

**(c)** Em quais espécies poderia ocorrer o ciclo fútil? Explique o seu raciocínio.

**(d)** Esses resultados provam que o ciclo fútil não participa na produção de calor?

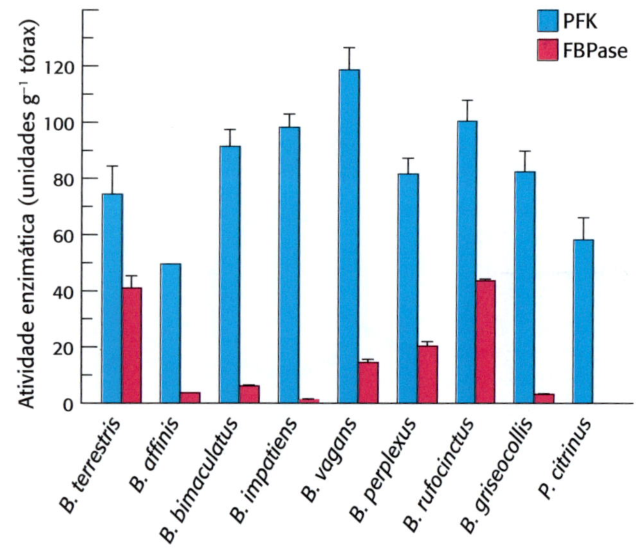


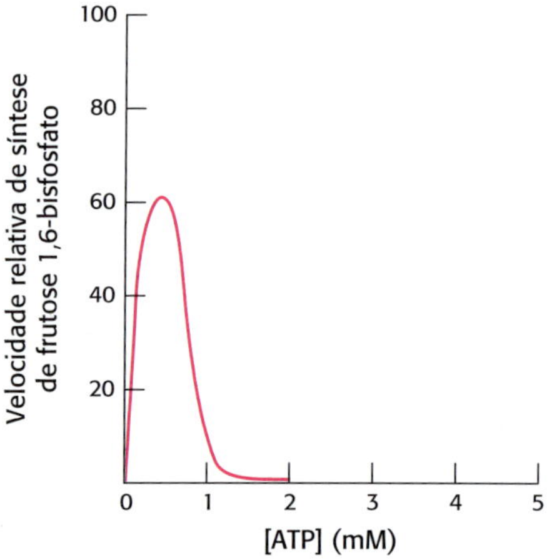


59. *Confuso?* O gráfico anexo mostra a atividade da fosfofrutoquinase do músculo como função da concentração de ATP na presença de uma concentração constante de frutose 6-fosfato. Explique esses resultados e discuta como eles se relacionam com a função da fosfofrutoquinase na glicólise.

## Questões para Discussão

60. O lactato é um produto de "via sem saída", visto que o seu único destino é ser convertido de volta em glicose. Por que então as células se preocupam em formar lactato?

61. Se a glicose representa um combustível prontamente disponível, por que a gliconeogênese é necessária?

# O Ciclo do Ácido Cítrico

CAPÍTULO 17

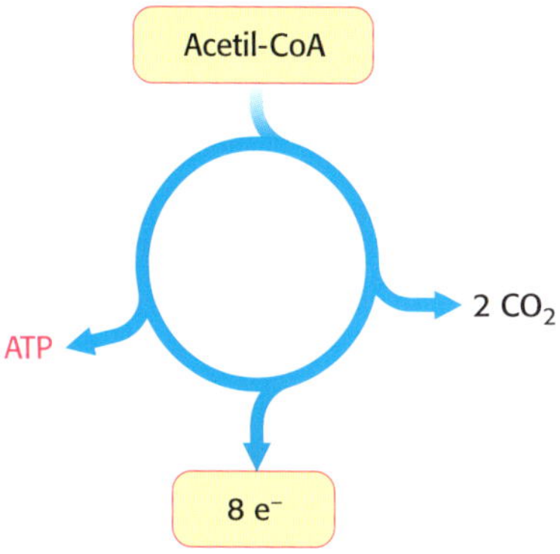


As rotatórias funcionam como eixos centralizadores para facilitar o trânsito. O ciclo do ácido cítrico é o eixo centralizador bioquímico da célula, oxidando fontes de energia de carbono, habitualmente na forma de acetil-CoA, além de constituir uma fonte de precursores para a biossíntese. [Chalermkiat Seedokmai/Getty Images.]

## OBJETIVOS DE APRENDIZAGEM

*Ao término do capítulo, o leitor deverá ser capaz de:*

1. Explicar por que a reação catalisada pelo complexo piruvato desidrogenase estabelece uma conexão crucial no metabolismo.
2. Identificar o mecanismo pelo qual o complexo piruvato desidrogenase é regulado.
3. Identificar o principal propósito catabólico do ciclo do ácido cítrico.
4. Explicar a eficiência em utilizar o ciclo do ácido cítrico para oxidar a acetil-CoA.
5. Descrever como o ciclo do ácido cítrico é regulado.
6. Descrever o papel do ciclo do ácido cítrico no anabolismo.
7. Identificar as vantagens bioquímicas proporcionadas pelo ciclo do glioxilato.

## SUMÁRIO



O metabolismo da glicose a piruvato na glicólise, que é um processo anaeróbico, coleta apenas uma fração do ATP disponível a partir da glicose. A maior parte do ATP gerado no metabolismo provém do processamento *aeróbico* da glicose. Esse processo começa com a oxidação completa de derivados da glicose a dióxido de carbono. Essa oxidação ocorre por meio de uma série de reações denominada *ciclo do ácido cítrico,* também conhecido como *ciclo do ácido tricarboxílico* (TCA) ou *ciclo de Krebs.* O ciclo do ácido cítrico constitui a *via final para a oxidação de moléculas energéticas* – carboidratos, ácidos graxos e aminoácidos. Em sua maioria, as moléculas energéticas entram no ciclo na forma de *acetil-coenzima A.*

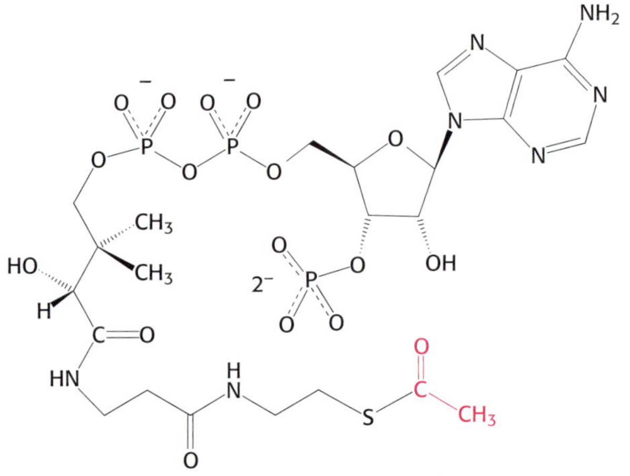

**Acetil-coenzima A (acetil-CoA)**

Em condições aeróbicas, o piruvato gerado a partir da glicose sofre uma descarboxilação oxidativa, com formação de acetil-CoA. Nos eucariotos, as reações do ciclo do ácido cítrico ocorrem na matriz das mitocôndrias (Figura 17.1), diferentemente das reações da glicólise, que ocorrem no citoplasma.

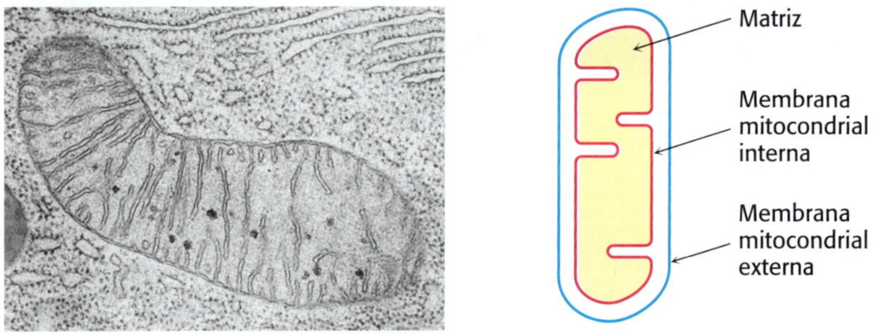


**FIGURA 17.1 Mitocôndria.** A dupla membrana da mitocôndria é evidente nessa micrografia eletrônica. As numerosas invaginações da membrana mitocondrial interna são denominadas cristas. A descarboxilação oxidativa do piruvato e a sequência de reações no ciclo do ácido cítrico ocorrem dentro da matriz [Omikron/Science Source.]

## O ciclo do ácido cítrico coleta elétrons de alta energia

O ciclo do ácido cítrico constitui o eixo metabólico central da célula. Trata-se do portão de entrada para o metabolismo aeróbico de qualquer molécula capaz de ser transformada em um grupo acetila ou em um componente do ciclo do ácido cítrico. O ciclo também constitui importante fonte de precursores para os blocos de construção de muitas outras moléculas, como os aminoácidos, as bases nucleotídicas e a porfirina (o componente orgânico do heme). O oxaloacetato, um componente do ciclo do ácido cítrico, também é um importante precursor da glicose (ver seção 16.3).

Qual é a função do ciclo do ácido cítrico na transformação de moléculas energéticas em ATP? Convém lembrar que as moléculas energéticas são compostos de carbono que podem ser oxidados – ou seja, podem perder elétrons (ver seção 15.3). O ciclo do ácido cítrico inclui uma série de reações de oxirredução que resultam na oxidação de um grupo acetila em duas moléculas de dióxido de carbono. Essa oxidação gera elétrons de alta energia, que serão utilizados para impulsionar a síntese de ATP. *A função catabólica do ciclo do ácido cítrico consiste em coletar elétrons de alta energia a partir de fontes energéticas de carbono.*

O padrão global do ciclo do ácido cítrico é mostrado na Figura 17.2. Um composto de quatro carbonos (oxaloacetato) condensa-se com uma unidade acetila de dois carbonos, produzindo um ácido tricarboxílico com seis carbonos. O composto constituído de seis carbonos libera $CO_2$ duas vezes em duas reações sucessivas de descarboxilação oxidativa que produzem elétrons de alta energia. Um composto com quatro carbonos

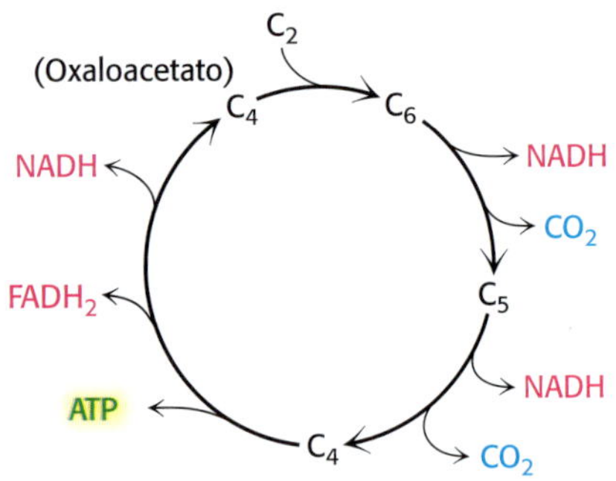


**FIGURA 17.2 Visão geral do ciclo do ácido cítrico.** O ciclo do ácido cítrico oxida unidades de dois carbonos, produzindo duas moléculas de $CO_2$, uma molécula de ATP e elétrons de alta energia na forma de NADH e $FADH_2$.

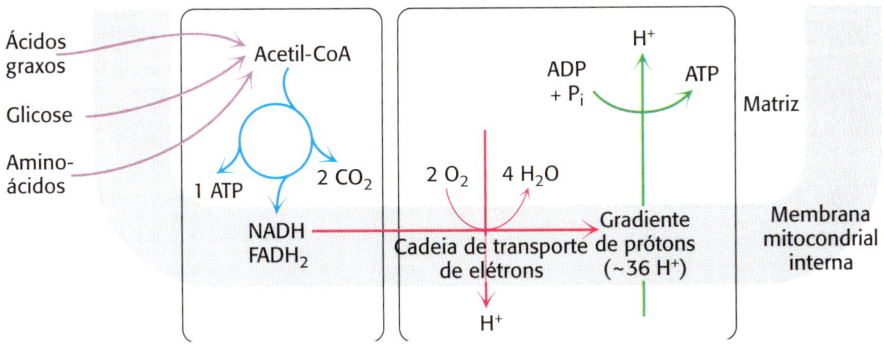


**FIGURA 17.3 Respiração celular.** O ciclo do ácido cítrico constitui o primeiro estágio na respiração celular, que consiste na remoção de elétrons de alta energia de compostos energéticos de carbono na forma de NADH e $FADH_2$ (via em azul). Esses elétrons reduzem o $O_2$, gerando um gradiente de prótons (via em vermelho), que é utilizado para sintetizar ATP (via em verde). A redução do $O_2$ e a síntese de ATP constituem a fosforilação oxidativa.

permanece. Esse composto é então processado para regenerar o oxaloacetato, que pode então iniciar outro ciclo. Dois átomos de carbono entram no ciclo na forma de uma unidade acetila, enquanto dois átomos de carbono deixam o ciclo na forma de duas moléculas de $CO_2$.

Observe que o ciclo do ácido cítrico, por si só, não produz muitas moléculas de ATP nem inclui o oxigênio como reagente (Figura 17.3). Com efeito, o ciclo do ácido cítrico remove elétrons da acetil-CoA e os utiliza para reduzir $NAD^+$ e FAD para formar NADH e $FADH_2$. Três íons hidreto (portanto, seis elétrons) são transferidos para três moléculas de nicotinamida adenina dinucleotídio (NAD+), enquanto um par de átomos de hidrogênio (portanto, dois elétrons) é transferido para uma molécula de flavina adenina dinucleotídio (FAD) toda vez que uma acetil-CoA é processada pelo ciclo. Os elétrons liberados na reoxidação do NADH e do $FADH_2$ fluem por uma série de proteínas de membrana (designadas como *cadeia de transporte de elétrons*) para gerar um gradiente de prótons ao longo da membrana mitocondrial interna. Em seguida, esses prótons fluem através da ATP sintase para gerar ATP a partir de ADP e fosfato inorgânico. Tais carreadores de elétrons produzem nove moléculas de ATP quando são oxidados pelo $O_2$ na *fosforilação oxidativa* (ver Capítulo 18).

O ciclo do ácido cítrico, juntamente com a fosforilação oxidativa, fornece a maior parte da energia utilizada pelas células aeróbicas – o que corresponde, nos seres humanos, a mais de 90%. É altamente eficiente, visto que a oxidação de um número limitado de moléculas do ciclo do ácido cítrico consegue gerar grandes quantidades de NADH e de $FADH_2$. Observe na Figura 17.2 que a molécula de quatro carbonos, o oxaloacetato, que inicia a primeira etapa no ciclo do ácido cítrico, é regenerada no final de uma passagem pelo ciclo. Por conseguinte, uma molécula de oxaloacetato consegue participar na oxidação de muitas moléculas de acetila.

## 17.1 O complexo piruvato desidrogenase conecta a glicólise ao ciclo do ácido cítrico

Os carboidratos, mais notavelmente a glicose, são processados pela glicólise em piruvato (ver Capítulo 16). Em condições anaeróbicas e dependendo do organismo, o piruvato é convertido em lactato ou etanol. Em condições aeróbicas, o piruvato é transportado para dentro das mitocôndrias por uma proteína carreadora específica inserida na membrana mitocondrial. Na matriz mitocondrial, o piruvato sofre uma descarboxilação oxidativa pelo *complexo piruvato desidrogenase,* formando acetil-CoA.

$$\text{Piruvato} + \text{CoA} + \text{NAD}^+ \longrightarrow \text{acetil-CoA} + CO_2 + \text{NADH} + \text{H}^+$$

*Essa reação irreversível estabelece a conexão entre a glicólise e o ciclo do ácido cítrico* (Figura 17.4). Observe que o complexo piruvato desidrogenase produz $CO_2$

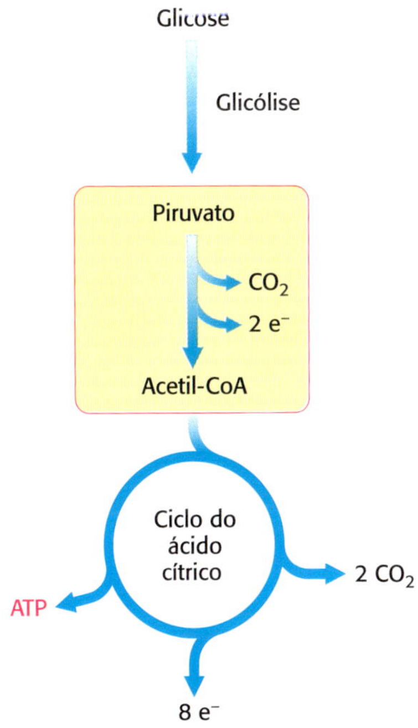


**FIGURA 17.4 A conexão entre a glicólise e o ciclo do ácido cítrico.** O piruvato produzido pela glicólise é convertido em acetil-CoA, fonte energética do ciclo do ácido cítrico.

**TABELA 17.1** Complexo piruvato desidrogenase de *E. coli*.

| Enzima | Abreviatura | Grupo prostético | Reação catalisada |
|---|---|---|---|
| Componente piruvato desidrogenase | $E_1$ | TPP | Descarboxilação oxidativa do piruvato |
| Di-hidrolipoil transacetilase | $E_2$ | Lipoamida | Transferência do grupo acetila para a CoA |
| Di-hidrolipoil desidrogenase | $E_3$ | FAD | Regeneração da forma oxidada da lipoamida |

e captura elétrons de alto potencial de transferência na forma de NADH. Assim, a reação de piruvato desidrogenase apresenta muitas das características essenciais das reações do próprio ciclo do ácido cítrico.

O complexo piruvato desidrogenase – um grande complexo altamente integrado de três enzimas distintas (Tabela 17.1) – fornece outro exemplo da organização das enzimas em estruturas supramoleculares (ver Capítulo 15). O complexo piruvato desidrogenase é um membro de uma família de complexos homólogos que incluem a enzima do ciclo do ácido cítrico: o complexo α-cetoglutarato desidrogenase (p. 556). Esses complexos são gigantes, maiores do que ribossomos, com massas moleculares que variam de 4 a 10 milhões de kDa. Como veremos adiante, suas estruturas elaboradas possibilitam o transporte de grupos de um sítio ativo para outro conectados por "cabos" ao cerne da estrutura.

## Mecanismo: a síntese de acetil-coenzima A a partir do piruvato exige três enzimas e cinco coenzimas

O mecanismo da reação da piruvato desidrogenase é extremamente complexo, mais do que é sugerido pela sua estequiometria simples. A reação exige a participação das três enzimas do complexo piruvato desidrogenase e cinco coenzimas. As coenzimas *tiamina pirofosfato* (TTP), *ácido lipoico* e *FAD* atuam como cofatores catalíticos, enquanto a *CoA* e o *NAD*$^+$ são cofatores estequiométricos, isto é, cofatores que atuam como substratos.

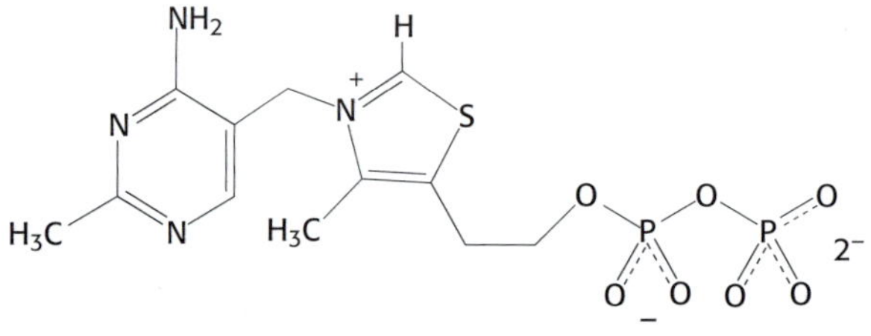

**Tiamina pirofosfato (TPP)**

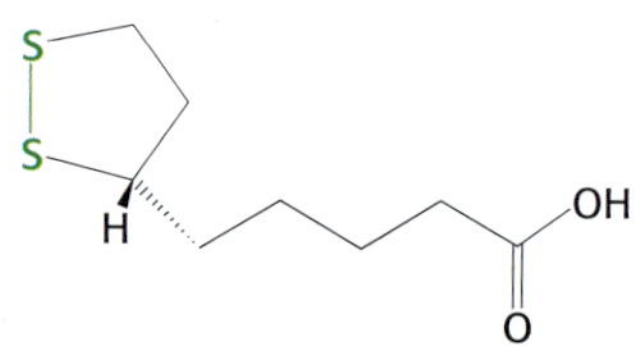

**Ácido lipoico**

A conversão do piruvato em acetil-CoA ocorre em três etapas: descarboxilação, oxidação e transferência do grupo acetila resultante para a CoA. É necessária uma quarta etapa para regenerar a enzima ativa.

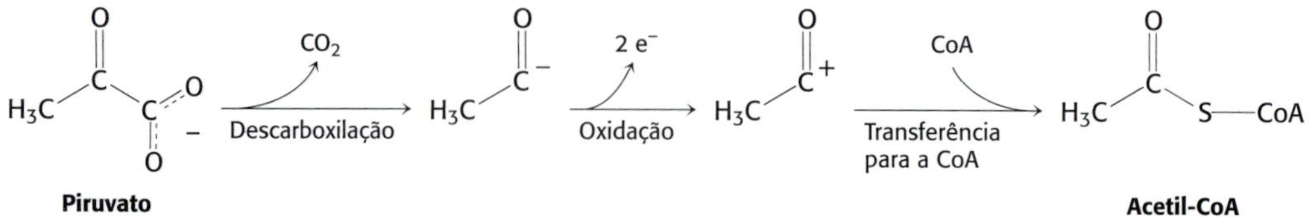


Essas etapas precisam ser acopladas para preservar a energia livre proveniente da etapa de descarboxilação para conduzir a formação de NADH e de acetil-CoA:

**1.** *Descarboxilação.* O piruvato combina-se com a TPP e, em seguida, é descarboxilado, produzindo hidroxietil-TPP (Figura 17.5).

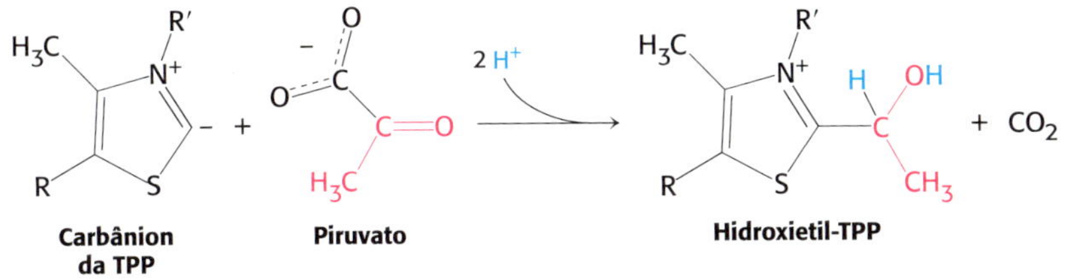


Essa reação, que é a etapa limitante de velocidade na síntese de acetil-CoA, é catalisada pelo *componente piruvato desidrogenase* ($E_1$) do complexo multienzimático. A TPP é o grupo prostético do componente piruvato desidrogenase.

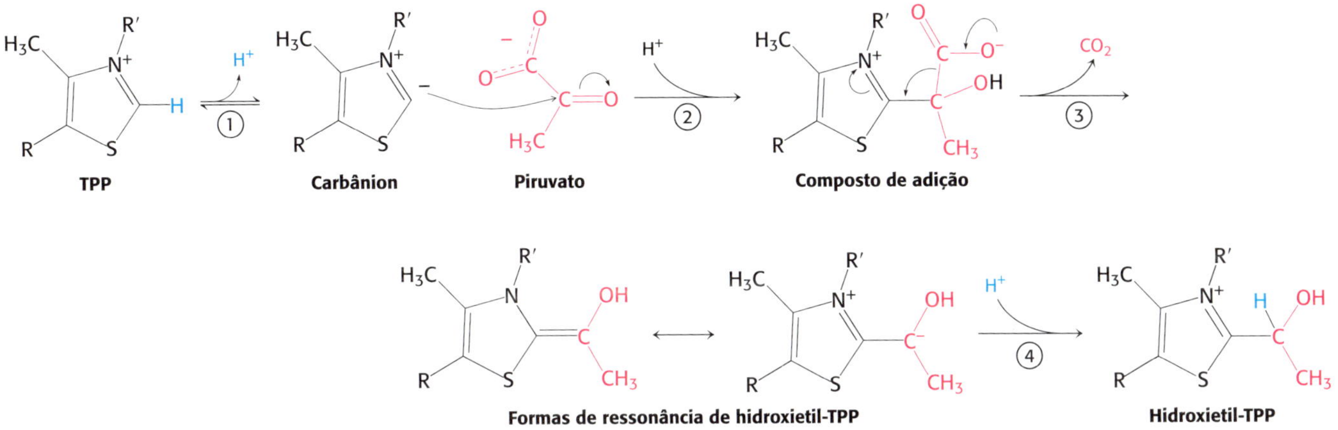


**FIGURA 17.5 Mecanismo da reação de descarboxilação de $E_1$.** $E_1$ é o componente piruvato desidrogenase do complexo piruvato desidrogenase. Uma característica essencial do grupo prostético, TPP, é o fato de que o átomo de carbono entre os átomos de nitrogênio e de enxofre no anel tiazólico é muito mais ácido do que a maioria dos grupos =C–, com valor de p*K*a próximo de 10. (1) Esse carbono central ioniza, formando um *carbânion*. (2) O carbânion é prontamente adicionado ao grupo carbonila do piruvato. (3) Essa adição é seguida de descarboxilação do piruvato. O anel de TPP de carga positiva atua como um escoador de elétrons que estabiliza a carga negativa que é transferida para o anel como parte da descarboxilação. (4) A protonação produz hidroxietil-TPP.

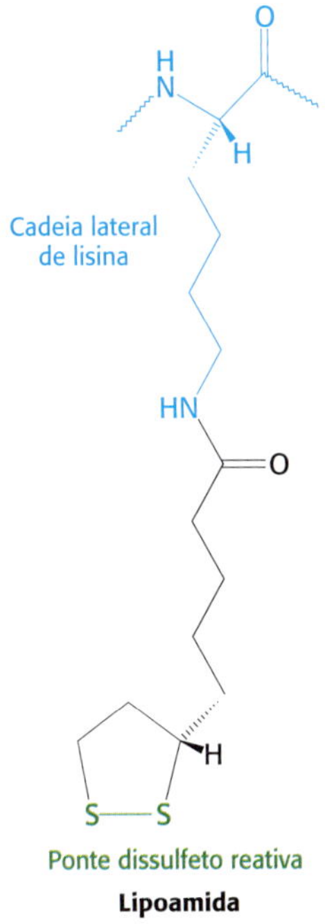


**2.** *Oxidação.* O grupo hidroxietila fixado à TPP é *oxidado* para formar um grupo acetila enquanto é transferido simultaneamente para a lipoamida, um derivado do ácido lipoico ligado à cadeia lateral de um resíduo de lisina por uma ligação amida. Observe que essa transferência resulta na formação de uma ligação tioéster rica em energia.

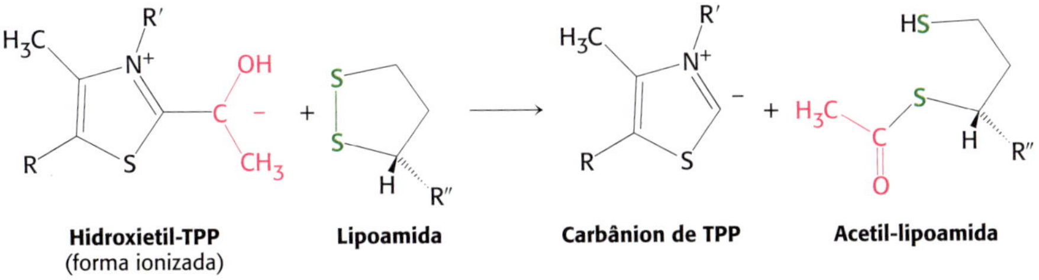


Nessa reação, o oxidante é o grupo dissulfeto da lipoamida, que é reduzido à sua forma dissulfidrila. Essa reação, que também é catalisada pelo componente piruvato desidrogenase $E_1$, produz *acetil-lipoamida*.

**3.** *Formação de acetil-CoA.* O grupo acetila é transferido da acetil-lipoamida para a CoA, com formação de acetil-CoA.

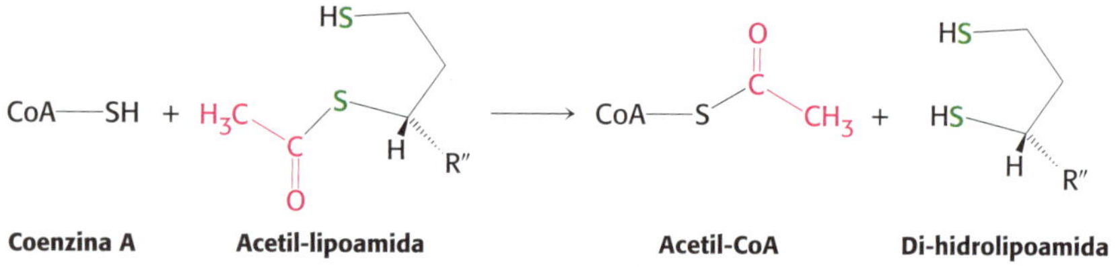


A *di-hidrolipoil transacetilase* ($E_2$) catalisa essa reação. A ligação tioéster rica em energia é preservada enquanto o grupo acetila vai sendo transferido para a CoA. Convém lembrar que a CoA atua como carreador de muitos grupos acila ativados, dos quais o grupo acetila é o mais simples (ver seção 15.3). *A acetil-CoA, que constitui a fonte energética para o ciclo do ácido cítrico, foi gerada agora a partir do piruvato.*

**4.** *Regeneração da lipoamida oxidada.* O complexo piruvato desidrogenase não pode completar outro ciclo catalítico até que a di-hidrolipoamida seja oxidada a lipoamida. Na quarta etapa, *a forma oxidada da lipoamida é regenerada pela di-hidrolipoil desidrogenase* ($E_3$). Dois elétrons são transferidos para um grupo prostético FAD da enzima e, em seguida, para o $NAD^+$.

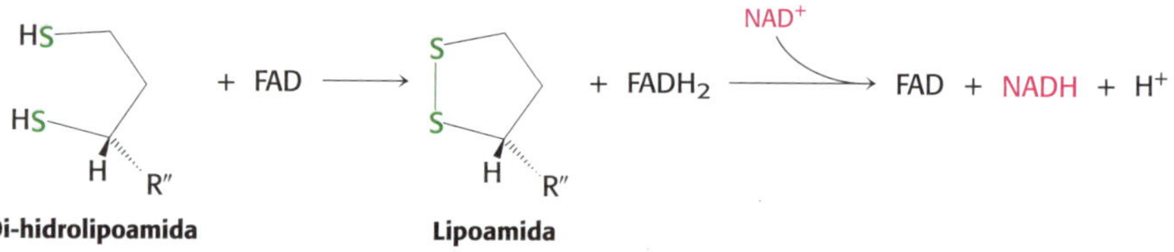


Essa transferência de elétrons do FAD para o $NAD^+$ é incomum, visto que a função comum do FAD consiste em receber elétrons provenientes do NADH. O potencial de transferência de elétrons do FAD é aumentado pelo seu ambiente químico dentro da enzima, possibilitando a transferência de elétrons para o $NAD^+$. As proteínas estreitamente associadas ao FAD ou à flavina mononucleotídio (FMN) são denominadas *flavoproteínas.*

## Ligações flexíveis possibilitam o movimento da lipoamida entre diferentes sítios ativos

As estruturas e a precisa composição das enzimas componentes do complexo piruvato desidrogenase variam entre as espécies. Entretanto, existem convergências.

O cerne do complexo é formado por 60 moléculas do componente transacetilase $E_2$ (Figura 17.6). A transacetilase consiste em 20 trímeros catalíticos, cuja montagem forma um cubo oco. Cada uma das três subunidades que formam um trímero apresenta três domínios principais (Figura 17.7). Na extremidade aminoterminal, existe um pequeno domínio que contém um cofator de lipoamida flexível ligado a um resíduo de lisina. Esse domínio é homólogo aos domínios de ligação de biotina, como o da piruvato carboxilase (ver Figura 16.25). O domínio de lipoamida é seguido de um pequeno domínio que interage com $E_3$ no interior do complexo. Um domínio maior de transacetilase completa uma subunidade $E_2$. A transacetilase do cerne é circundada por uma camada composta de cerca de 45 cópias da enzima $E_1$ e de cerca de 10 cópias da enzima $E_3$. Nos mamíferos, a $E_1$ é um tetrâmero $\alpha_2\beta_2$, enquanto a $E_3$ é um dímero $\alpha\beta$, e esse cerne contém outra proteína, a proteína de ligação de $E_3$ ($E_3$-BP), que facilita a interação entre $E_2$ e $E_3$. Na ausência da $E_3$-BP, o complexo apresenta uma acentuada redução de atividade. O espaço entre a camada externa e o cerne de

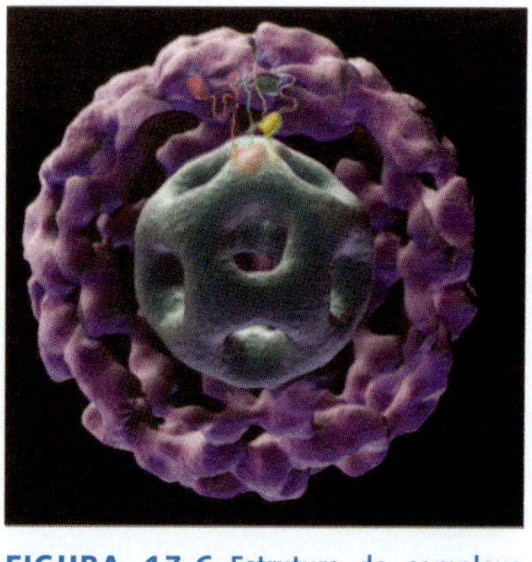

**FIGURA 17.6 Estrutura do complexo piruvato desidrogenase de *B. stearothermophilus*.** A imagem do complexo, que foi obtida de dados de criomicroscopia eletrônica (ver seção 3.5), mostra um cerne interno constituído pela enzima $E_2$. A camada que circunda o cerne consiste nas enzimas $E_1$ e $E_3$, embora apenas as enzimas $E_1$ sejam mostradas nessa estrutura. A figura também mostra dois dos 60 braços de lipoamida (em vermelho e amarelo). [Donald Bliss, National Library of Medicine.]

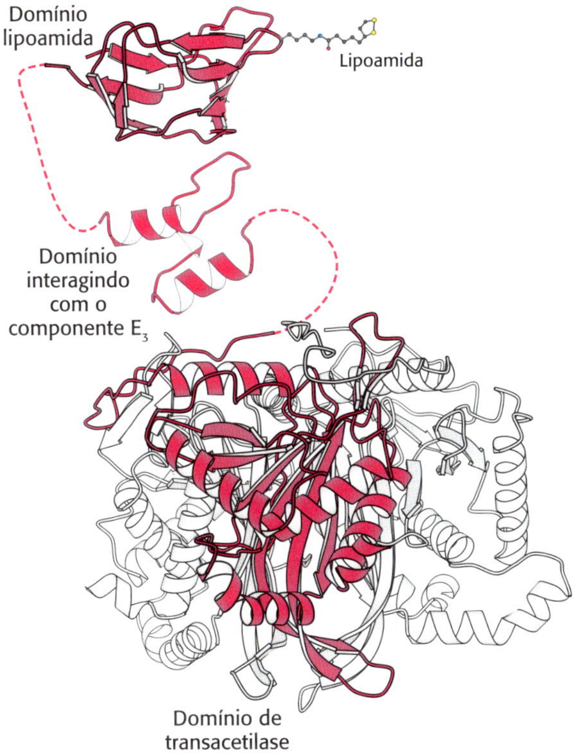


**FIGURA 17.7 Estrutura do cerne da transacetilase ($E_2$).** A figura mostra uma subunidade do trímero de transacetilase. Observe que cada subunidade é constituída por três domínios: um domínio de ligação de lipoamida, um pequeno domínio que interage com $E_3$ e um grande domínio catalítico de transacetilase. Os domínios catalíticos interagem entre si para formar o trímero catalítico. Os domínios de transacetilase de três subunidades idênticas são mostrados, um deles em vermelho e os outros em branco, na representação em fita.

transacetilase permite que os "braços" da lipoamida alcancem os vários sítios ativos, conforme descrito adiante (ver Figura 17.6)

Como os três sítios ativos distintos atuam em conjunto (Figura 17.8)? A resposta reside no braço longo flexível de lipoamida da subunidade $E_2$, que transporta o substrato de um sítio ativo para outro sítio ativo:

1. O piruvato é descarboxilado no sítio ativo da $E_1$, formando o intermediário hidroxietil-TPP, e o $CO_2$ aparece como o primeiro produto. Esse sítio ativo está situado profundamente no complexo $E_1$, conectado com a superfície da enzima por um longo canal hidrofóbico de 20 Å de comprimento.
2. A $E_2$ insere o braço de lipoamida do domínio lipoamida dentro do canal profundo de $E_1$ que leva ao sítio ativo.
3. A $E_1$ catalisa a transferência do grupo acetila para a lipoamida. Em seguida, o braço acetilado deixa $E_1$ e entra no cubo de $E_2$ para alcançar o sítio ativo de $E_2$, localizado profundamente no cubo na interface da subunidade.
4. O grupo acetila é então transferido para a CoA, e o segundo produto, a acetil-CoA, deixa o cubo. O braço de lipoamida reduzido move-se então para o sítio ativo da flavoproteína $E_3$.
5. No sítio ativo da $E_3$, a lipoamida é oxidada pela coenzima FAD. A lipoamida reativada está pronta para iniciar outro ciclo de reação.
6. O produto final, NADH, é produzido com a reoxidação de $FADH_2$ a FAD.

*A integração estrutural dos três tipos de enzimas e o braço de lipoamida longo e flexível possibilitam a catálise coordenada de uma possível reação complexa.* A proximidade entre as enzimas *aumenta a velocidade global da reação e minimiza as reações colaterais.* Todos os intermediários na descarboxilação oxidativa do piruvato permanecem ligados ao complexo durante toda a sequência da reação e são prontamente transferidos à medida que o braço flexível de $E_2$ vai alcançando cada sítio ativo.

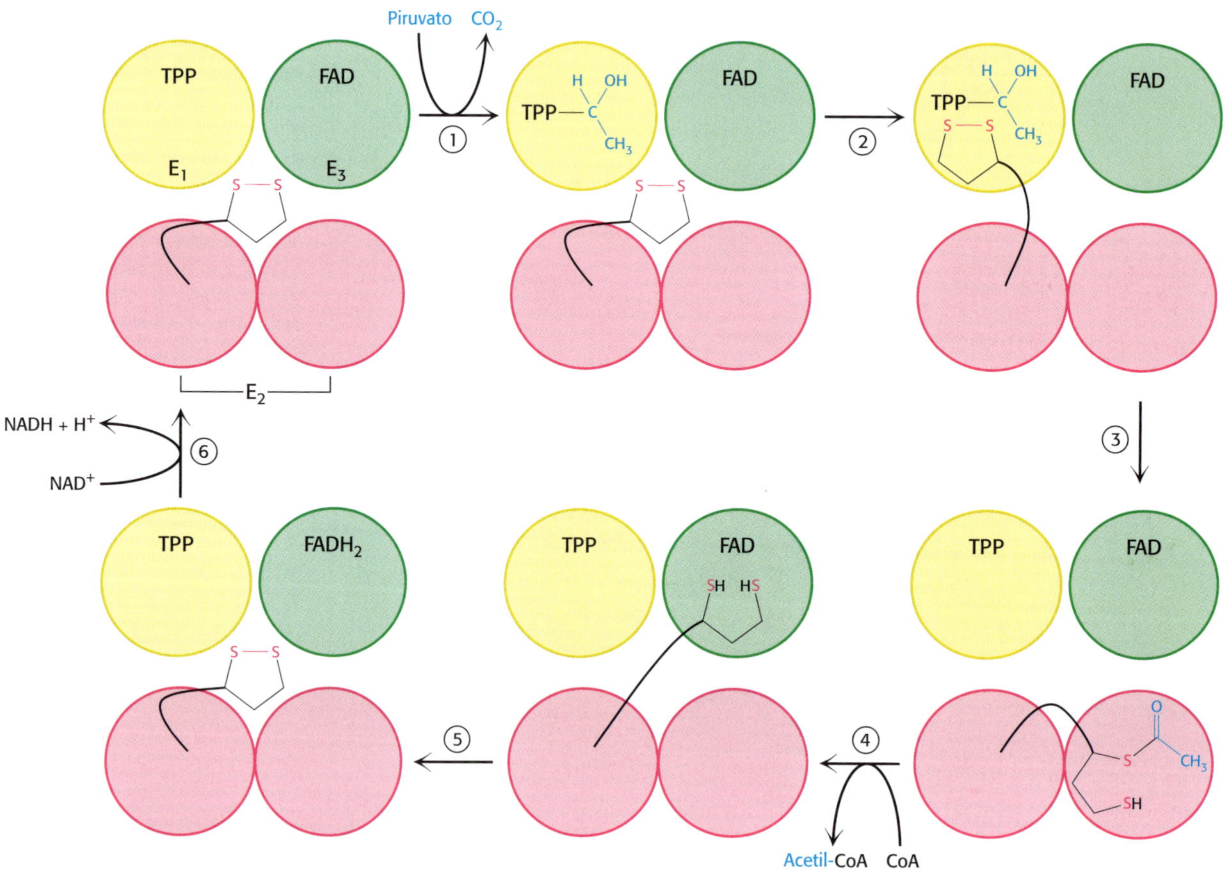


**FIGURA 17.8 Reações do complexo piruvato desidrogenase.** Na parte superior (à esquerda), a enzima (representada por uma esfera amarela, uma esfera verde e duas esferas vermelhas) não é modificada e está pronta para um ciclo catalítico. (1) O piruvato é descarboxilado para formar hidroxietil-TPP. (2) O braço de lipoamida $E_2$ move-se para o sítio ativo de $E_1$. (3) A $E_1$ catalisa a transferência do grupo de dois carbonos para o grupo da lipoamida, formando o complexo acetil-lipoamida. (4) A $E_2$ catalisa a transferência da parte acetila para a CoA, formando o produto acetil-CoA. Em seguida, o braço de di-hidrolipoamida move-se para o sítio ativo de $E_3$. A $E_3$ catalisa (5) a oxidação da di-hidrolipoamida e (6) a transferência dos prótons e elétrons para o $NAD^+$, completando o ciclo da reação.

## 17.2 O ciclo do ácido cítrico oxida unidades de dois carbonos

A conversão do piruvato em acetil-CoA pelo complexo piruvato desidrogenase estabelece a conexão entre a glicólise e a respiração celular, visto que a *acetil-CoA constitui a fonte de energia para o ciclo do ácido cítrico.* Com efeito, todas as fontes energéticas são, em última análise, metabolizadas a acetil-CoA ou a componentes do ciclo do ácido cítrico.

### A citrato sintase forma citrato a partir do oxaloacetato e da acetil coenzima A

O ciclo do ácido cítrico começa com a condensação de uma unidade de quatro carbonos, o oxaloacetato, com uma unidade de dois carbonos, o grupo acetila da acetil-CoA. O oxaloacetato reage com acetil-CoA e $H_2O$, produzindo citrato e CoA.

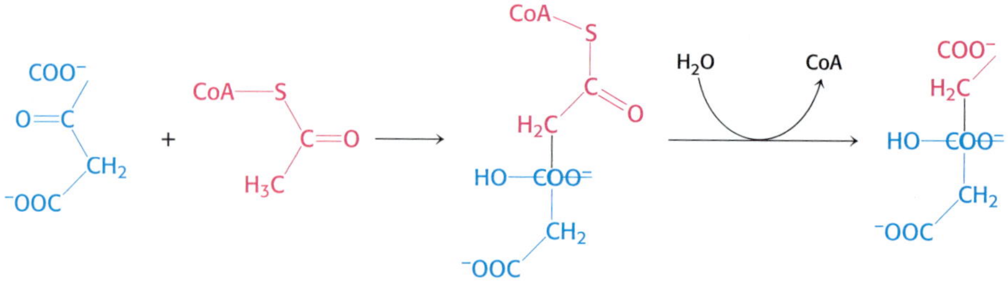


**Oxaloacetato** **Acetil-CoA** **Citril-CoA** **Citrato**

Essa reação, que consiste em uma condensação aldol seguida de hidrólise, é catalisada pela *citrato sintase.* Inicialmente, o oxaloacetato se condensa com acetil-CoA para formar *citril-CoA,* uma molécula rica em energia uma vez que contém ligação tioéster proveniente da acetil-CoA. A hidrólise do tioéster da citril-CoA em citrato e CoA impulsiona a reação global em direção à síntese de citrato. Em essência, a hidrólise do tioéster impulsiona a síntese de uma nova molécula a partir de dois precursores.

## Mecanismo: o mecanismo da citrato sintase impede a ocorrência de reações indesejáveis

Como a condensação da acetil-CoA e do oxaloacetato inicia o ciclo do ácido cítrico, é muito importante que as reações colaterais sejam minimizadas, notavelmente a hidrólise da acetil-CoA a acetato e CoA. Analisaremos de maneira sucinta como a citrato sintase evita uma hidrólise ineficiente de acetil-CoA.

A citrato sintase dos mamíferos é um dímero de subunidades idênticas de 49 kDa. Cada sítio ativo está localizado em uma fenda entre os domínios grande e pequeno de uma subunidade, adjacente à interface das subunidades. Os estudos com cristalografia de raios X da citrato sintase e de seus complexos com vários substratos e inibidores revelaram que a enzima sofre alterações conformacionais pronunciadas durante a catálise. A citrato sintase exibe uma cinética sequencial ordenada: o oxaloacetato liga-se em primeiro lugar, seguido da acetil-CoA. O motivo dessa ligação ordenada é o fato de que o *oxalocacetato induz um rearranjo estrutural importante, levando à criação de um sítio de ligação para a acetil-CoA.* A ligação do oxaloacetato converte a forma aberta da enzima em uma forma mais fechada (Figura 17.9). Em cada subunidade, o domínio pequeno sofre rotação de 19° em relação ao domínio grande. *Movimentos de até 15 Å são produzidos pela rotação das alfa-hélices induzida por deslocamentos bastante pequenos das cadeias laterais em torno do oxaloacetato ligado.* Essas mudanças estruturais criam um sítio de ligação para a acetil-CoA.

A citrato sintase catalisa a reação de condensação trazendo os substratos em estreita proximidade, orientando-os e polarizando determinadas ligações (Figura 17.10). A doação e a retirada de prótons transformam a acetil-CoA em um *intermediário enol.* O enol ataca o oxaloacetato para formar uma dupla ligação carbono-carbono que une a acetil-CoA com

**Sintase**
Enzima que catalisa uma reação de síntese em que duas unidades são unidas, habitualmente sem a participação direta do ATP (ou de outro nucleosídio trifosfato).

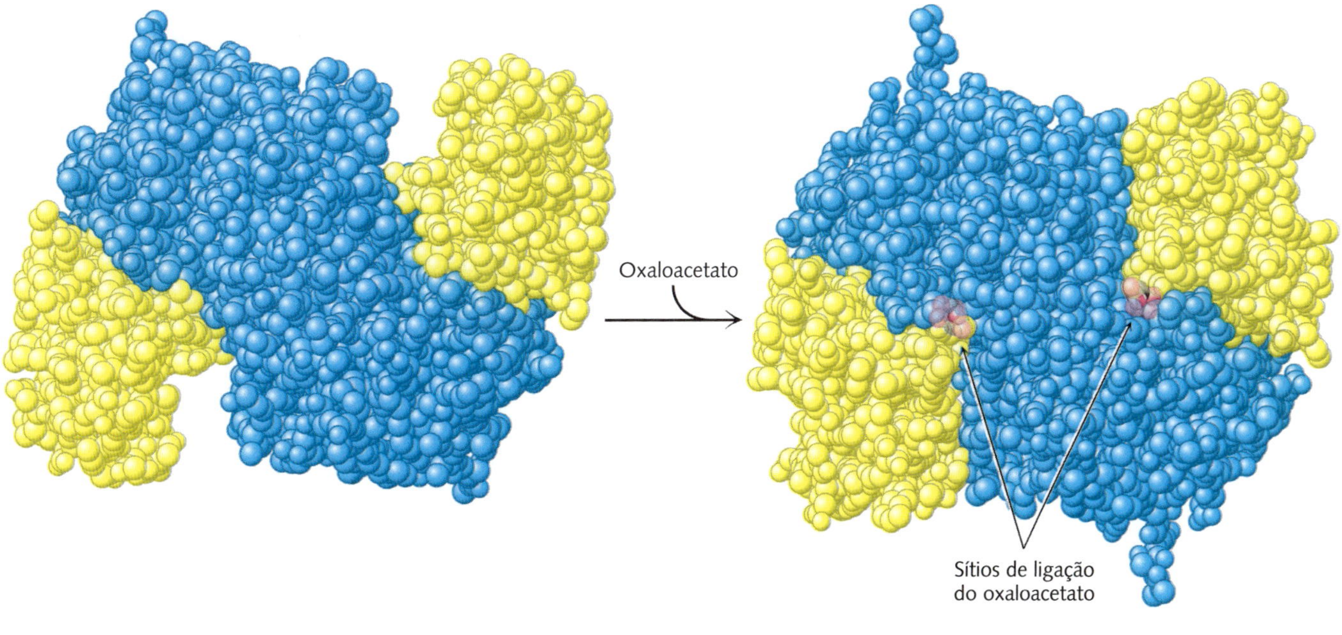


**FIGURA 17.9 Mudanças conformacionais da citrato sintase com a ligação do oxaloacetato.** O domínio pequeno de cada subunidade do homodímero é mostrado em amarelo, enquanto os domínios grandes são mostrados em azul. (À esquerda) Forma aberta da enzima isolada. (À direita) Forma fechada do complexo oxaloacetato-enzima. [Desenhada de 5CSC.pdb e 4CTS.pdb.]

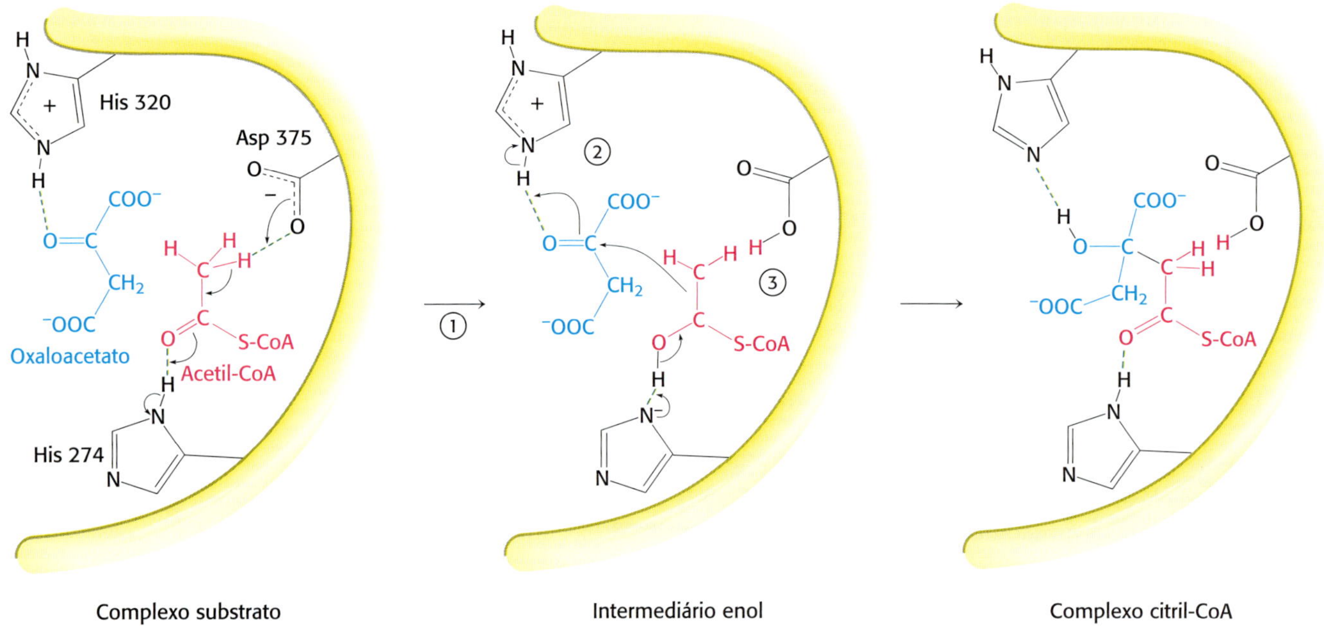


**FIGURA 17.10 Mecanismo de síntese de citril-CoA pela citrato sintase.** (1) No complexo do substrato (à esquerda), a His 274 doa um próton para o oxigênio carbonila da acetil-CoA, de modo a promover a retirada de um próton metila pela Asp 375, formando o intermediário enol (no centro). (2) O oxaloacetato é ativado pela transferência de um próton da His 320 para o seu átomo de carbono carbonila. (3) Simultaneamente, o enol da acetil-CoA ataca o carbono carbonila do oxaloacetato, havendo a formação de uma ligação carbono-carbono que liga a acetil-CoA com o oxaloacetato. A His 274 é reprotonada. Ocorre a formação de citril-CoA. A His 274 participa mais uma vez como doadora de próton para hidrolisar o tioéster (não mostrado), produzindo citrato e CoA.

o oxaloacetato. A citril-CoA recém-formada induz alterações estruturais adicionais na enzima, fazendo com que o sítio ativo fique totalmente cercado. A enzima cliva o tioéster da citril-CoA por hidrólise. A CoA deixa a enzima, seguida do citrato, e a enzima readquire a sua conformação aberta inicial.

Podemos agora entender como uma hidrólise ineficiente da acetil-CoA é evitada. A citrato sintase é uma enzima bem apropriada para a hidrólise de *citril*-CoA, mas não de *acetil*-CoA. Como essa discriminação é obtida? Em primeiro lugar, a acetil-CoA só se liga à enzima quando o oxaloacetato está ligado e pronto para condensação. Em segundo lugar, os resíduos catalíticos cruciais para a hidrólise da ligação tioéster só ficam adequadamente posicionados *após a formação de citril-CoA*. À semelhança da hexoquinase e da triose fosfato isomerase (ver seção 16.1), *o encaixe induzido impede uma reação colateral indesejável.*

## O citrato é isomerizado a isocitrato

O grupo hidroxila não está adequadamente localizado na molécula de citrato para as descarboxilações oxidativas subsequentes (Questão 31). Em consequência, o citrato é isomerizado a isocitrato para possibilitar a descarboxilação oxidativa da unidade de seis carbonos. A isomerização do citrato é realizada por uma etapa de *desidratação* seguida de uma etapa de *hidratação.* O resultado é um intercâmbio de um H e um OH. A enzima que catalisa ambas as etapas é denominada *aconitase,* visto que o cis-*aconitato* é um intermediário.

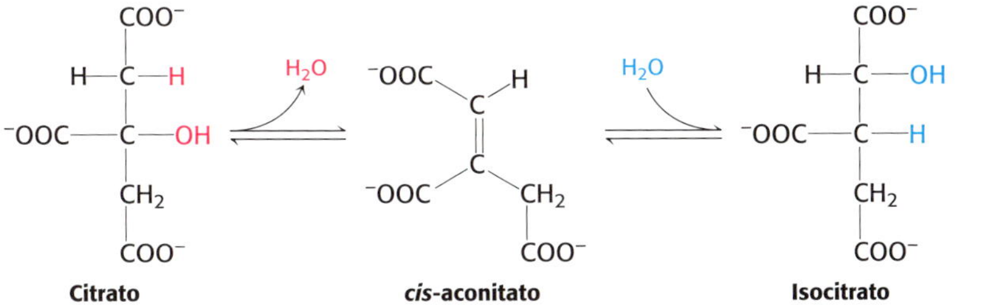


A aconitase é uma *proteína ferro-enxofre* ou uma *proteína ferro não heme,* visto que ela contém ferro que não está ligado ao heme. Na verdade, seus quatro átomos de ferro estão complexados com quatro sulfetos inorgânicos e três átomos de enxofre de cisteína, deixando um átomo de ferro disponível para a ligação do citrato por meio de um de seus grupos $COO^-$ e um grupo OH (Figura 17.11). Esse grupamento Fe-S participa na desidratação e na reidratação do substrato ligado.

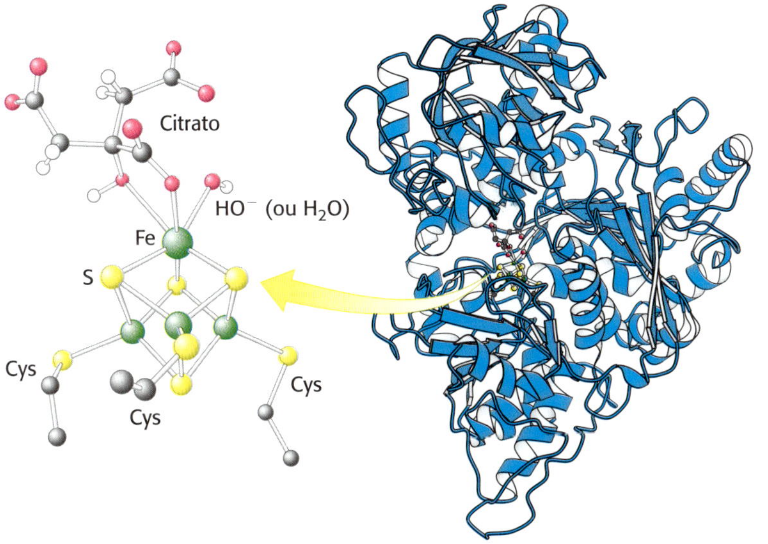


**FIGURA 17.11 Ligação do citrato ao complexo ferro-enxofre da aconitase.** Um grupamento ferro-enxofre 4F e 4S é um componente do sítio ativo da aconitase. *Observe* que um dos átomos de ferro do grupamento liga-se a um grupo $COO^-$ e a um grupo OH do citrato. [Desenhada de 1C96.pdb.]

## O isocitrato é oxidado e descarboxilado a alfacetoglutarato

Analisemos agora a primeira de quatro reações de oxirredução no ciclo do ácido cítrico. A descarboxilação oxidativa do isocitrato é catalisada pela *isocitrato desidrogenase.*

$$\text{Isocitrato} + \text{NAD}^+ \longrightarrow \alpha\text{-cetoglutarato} + \text{CO}_2 + \text{NADH}$$

Nessa reação, o intermediário é o oxalossuccinato, um β-cetoácido instável. Enquanto ligado à enzima, perde $CO_2$ para formar α-cetoglutarato.

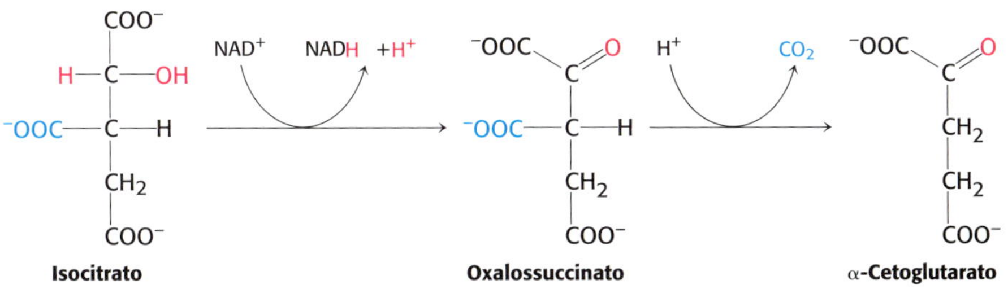


Essa oxidação gera o primeiro carreador de elétrons de alto potencial de transferência no ciclo: o NADH.

## A succinil-coenzima A é formada pela descarboxilação oxidativa do alfacetoglutarato

A conversão do isocitrato em α-cetoglutarato é seguida de uma segunda reação de descarboxilação oxidativa: a formação de succinil-CoA a partir de α-cetoglutarato.

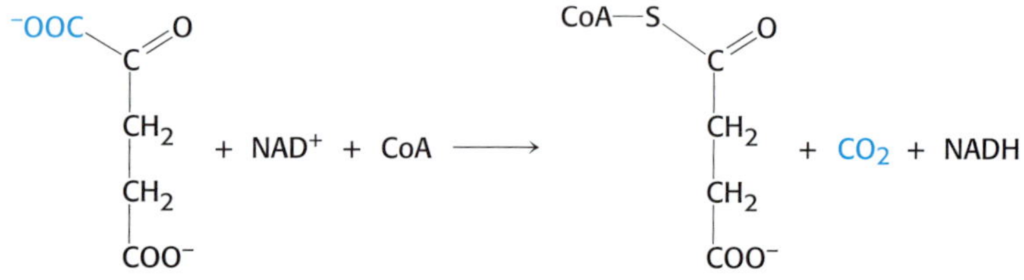

**α-Cetoglutarato** **Succinil-CoA**

Essa reação é catalisada pelo *complexo α-cetoglutarato desidrogenase,* uma montagem organizada de três tipos de enzimas que é homóloga ao complexo piruvato desidrogenase. Com efeito, o componente $E_3$ é idêntico em ambas as enzimas. A descarboxilação oxidativa do α-cetoglutarato assemelha-se estreitamente à do piruvato, que também é um α-cetoácido.

$$\text{Piruvato} + \text{CoA} + \text{NAD}^+ \xrightarrow{\text{Complexo piruvato desidrogenase}} \text{acetil-CoA} + \text{CO}_2 + \text{NADH} + \text{H}^+$$

$$\alpha\text{-Cetoglutarato} + \text{CoA} + \text{NAD}^+ \xrightarrow{\text{Complexo } \alpha\text{-Cetoglutarato desidrogenase}} \text{succinil-CoA} + \text{CO}_2 + \text{NADH}$$

Ambas as reações incluem a descarboxilação de um α-cetoácido e a formação subsequente de uma ligação tioéster com CoA, que possui alto potencial de transferência. Os mecanismos de reação são totalmente análogos (p. 548).

## Um composto com alto potencial de transferência de fosforila é gerado a partir da succinil-coenzima A

A succinil-CoA é um composto tioéster rico em energia. A $\Delta G^{\circ\prime}$ para a hidrólise da succinil-CoA é de cerca de $-33{,}5$ kJ $\text{mol}^{-1}$ ($-8{,}0$ kcal $\text{mol}^{-1}$), que é comparável à do ATP ($-30{,}5$ kJ $\text{mol}^{-1}$ ou $-7{,}3$ kcal $\text{mol}^{-1}$). Na reação da citrato sintase, a clivagem da ligação tioéster impulsiona a síntese de citrato com seis carbonos a partir do oxaloacetato de quatro carbonos e do fragmento de dois carbonos. *A clivagem da ligação tioéster da succinil-CoA está acoplada à fosforilação de um nucleosídio difosfato de purina, habitualmente ADP.* Essa reação, que é prontamente reversível, é catalisada pela *succinil-CoA* sintetase (também denominada succinato tioquinase)

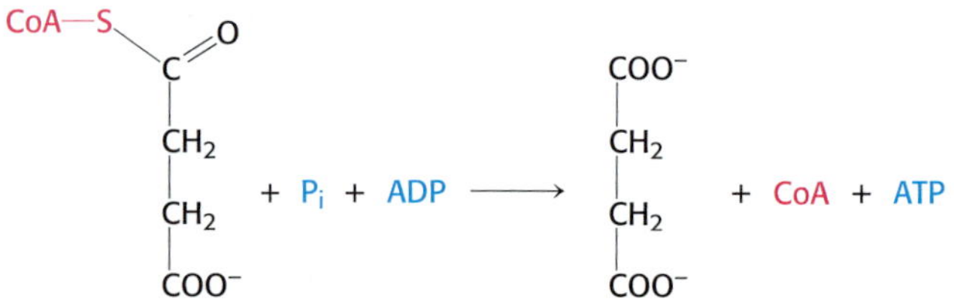

**Succinil-CoA** **Succinato**

Essa reação constitui a única etapa no ciclo do ácido cítrico que produz diretamente um composto com alto potencial de transferência de fosforila. Nos mamíferos, existem duas formas isoenzimáticas da enzima: uma específica para o ADP e a outra para o GDP. Nos tecidos com alto grau de respiração celular, como os músculos esquelético e cardíaco, predomina a isoenzima que exige ADP. Nos tecidos que realizam numerosas reações anabólicas, como o fígado, é comum a presença da enzima que necessita de GDP. Acredita-se que a enzima que exige GDP atue no sentido oposto ao observado no ciclo do TCA, ou seja, o GTP é utilizado para impulsionar a síntese de succinil-CoA, que é um precursor para a síntese do heme (ver seção 24.4). A enzima de *E. coli* utiliza GDP ou ADP como aceptor de grupo fosforila.

Observe que a enzima *nucleosídio difosfoquinase,* que catalisa a seguinte reação,

$$\text{GTP} + \text{ADP} \rightleftharpoons \text{GDP} + \text{ATP}$$

possibilita a rápida transferência do grupo γ fosforila do GTP para formar ATP, permitindo, assim, o ajuste da concentração de GTP ou de ATP para suprir as necessidades da célula.

## Mecanismo: a succinil-coenzima A sintetase transforma tipos de energia bioquímica

O mecanismo dessa reação fornece um exemplo claro de transformação energética: a energia inerente na molécula do tioéster é transformada em potencial de transferência de grupo fosforila (Figura 17.12). A primeira etapa consiste no deslocamento da coenzima A pelo ortofosfato, que gera outro composto rico em energia: o succinil-fosfato. Um resíduo de histidina desempenha papel essencial como braço móvel que desprende o grupo fosforila, gira em seguida para um ADP ligado e transfere o grupo para formar ATP. A participação de compostos de alta energia em todas as etapas é atestada pelo fato de que a reação é prontamente reversível: $\Delta G°' = -3{,}4$ kJ $mol^{-1}$ ($-0{,}8$ kcal $mol^{-1}$). A formação de ATP à custa de succinil-CoA é um exemplo de fosforilação em nível de substrato (ver seção 16.1).

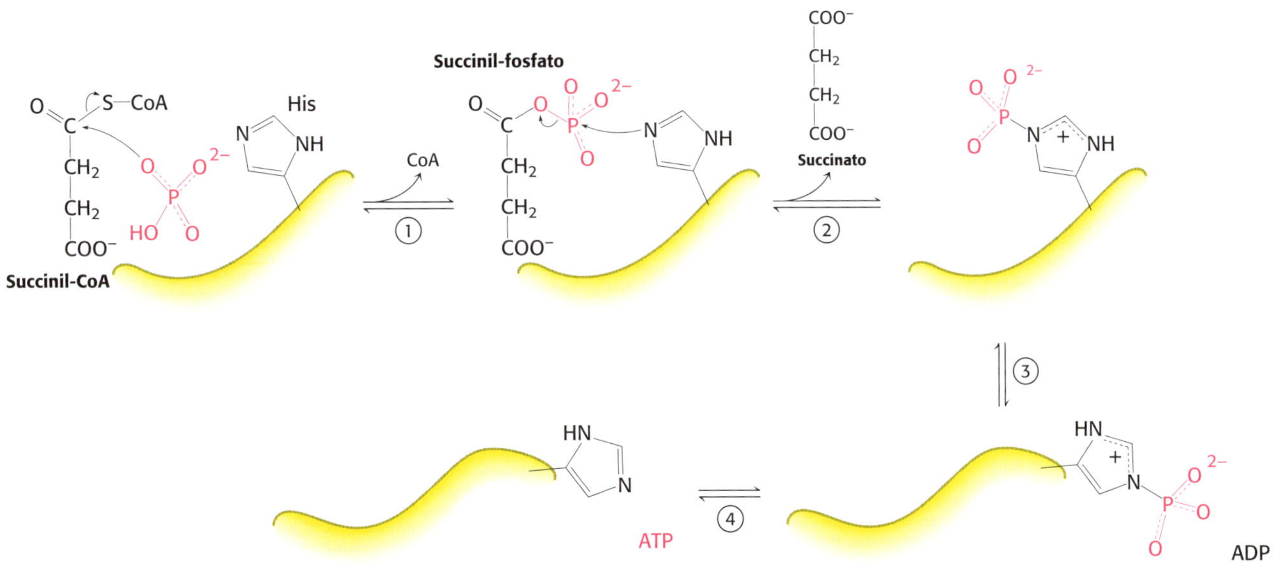


**FIGURA 17.12 Mecanismo de reação da succinil-CoA sintetase.** A reação prossegue por meio de um intermediário de enzima fosforilada. (1) O ortofosfato desloca a coenzima A, o que gera outro composto rico em energia: o succinil-fosfato. (2) Um resíduo de histidina remove o grupo fosforila, com geração concomitante de succinato e fosfo-histidina. (3) Em seguida, o resíduo de fosfo-histidina gira para um ADP ligado e (4) o grupo fosforila é transferido para formar ATP.

### O oxaloacetato é regenerado pela oxidação do succinato

As reações de compostos de quatro carbonos constituem o estágio final do ciclo do ácido cítrico: a regeneração de oxaloacetato.

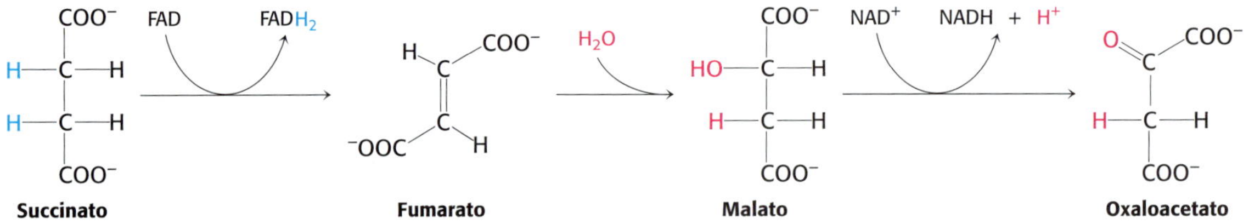


As reações constituem um motivo metabólico, que veremos de novo na síntese e na degradação dos ácidos graxos, bem como na degradação de alguns aminoácidos. Um grupo metileno ($CH_2$) é convertido em um grupo carbonila C=O em três etapas: uma reação de oxidação, uma reação de hidratação e uma segunda reação de oxidação. Assim, o oxaloacetato é regenerado para outra volta do ciclo, e maior quantidade de energia é extraída na forma de $FADH_2$ e NADH.

O succinato é oxidado a fumarato pela *succinato desidrogenase.* O aceptor de hidrogênio é o FAD, em vez do $NAD^+$, que é utilizado nas outras três reações de oxidação do ciclo. O FAD é o aceptor de hidrogênio nessa reação, visto que a mudança de energia livre não é suficiente para reduzir o $NAD^+$. O FAD é quase sempre o aceptor de elétrons nas oxidações que removem dois *átomos* de hidrogênio de um substrato. Na succinato desidrogenase, o anel isoaloxazina do FAD está ligado covalentemente a uma cadeia lateral de histidina da enzima (designada como E-FAD).

$$\text{E-FAD} + \text{succinato} \rightleftharpoons \text{E-FADH}_2 + \text{fumarato}$$

À semelhança da aconitase, a succinato desidrogenase é uma proteína ferro-enxofre. Com efeito, a succinato desidrogenase contém três tipos diferentes de grupamentos ferro-enxofre: 2Fe-2S (dois átomos de ferro ligados a dois sulfetos inorgânicos), 3Fe-4S e 4Fe-4S. A succinato desidrogenase – que consiste em uma subunidade de 70 kDa e em outra subunidade de 27 kDa – difere de outras enzimas do ciclo do ácido cítrico, uma vez que está inserida na membrana mitocondrial interna. De fato, *a succinato desidrogenase está diretamente associada à cadeia de transporte de elétrons, à conexão entre o ciclo do ácido cítrico e à formação de ATP.* O $FADH_2$ produzido pela oxidação do succinato não se dissocia da enzima, diferentemente do NADH produzido em outras reações de oxirredução. Na verdade, dois elétrons são transferidos diretamente do $FADH_2$ para grupamentos ferro-enxofre da enzima, que, por sua vez, passa os elétrons para a coenzima Q (CoQ). A coenzima Q, um importante membro da cadeia de transporte de elétrons, passa elétrons para o aceptor final, o oxigênio molecular, como veremos no Capítulo 18.

A próxima etapa consiste na hidratação do fumarato para formar L-malato. A *fumarase* catalisa uma adição transestereoespecífica de $H^+$ e $OH^-$. O grupo $OH^-$ contribui para apenas um lado da dupla ligação do fumarato; por conseguinte, ocorre formação apenas do isômero L do malato.

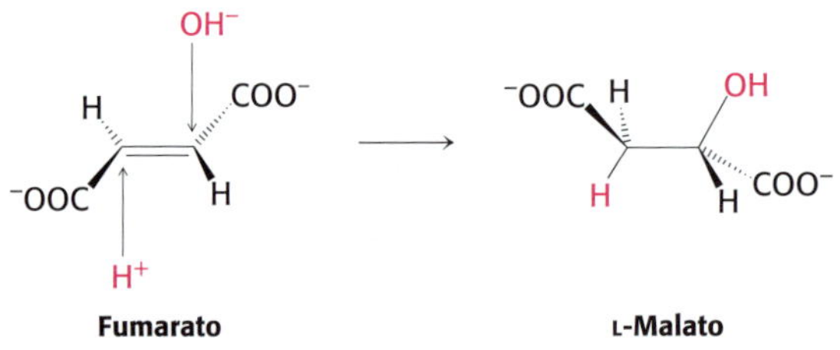

Por fim, o malato é oxidado para formar oxaloacetato. Essa reação é catalisada pela *malato desidrogenase,* e o $NAD^+$ é, mais uma vez, o aceptor de hidrogênio.

$$\text{Malato} + NAD^+ \rightleftharpoons \text{oxaloacetato} + NADH + H^+$$

A energia livre-padrão para essa reação, diferentemente daquela para as outras etapas do ciclo do ácido cítrico, é significativamente positiva ($\Delta G°'$ = +29,7 kJ $mol^{-1}$ ou + 7,1 kcal $mol^{-1}$). A oxidação do malato é impulsionada pelo uso dos produtos – o oxaloacetato pela citrato sintase e o NADH pela cadeia de transporte de elétrons.

## O ciclo do ácido cítrico produz elétrons com alto potencial de transferência, ATP e $CO_2$

A reação efetiva do ciclo do ácido cítrico é a seguinte:

$$\text{Acetil-CoA} + 3\ NAD^+ + FAD + ADP + P_i + 2\ H_2O \longrightarrow 2\ CO_2 + 3\ NADH + FADH_2 + ATP + 2\ H^+ + CoA$$

Recapitulemos as reações que fornecem essa estequiometria (Figura 17.13 e Tabela 17.2):

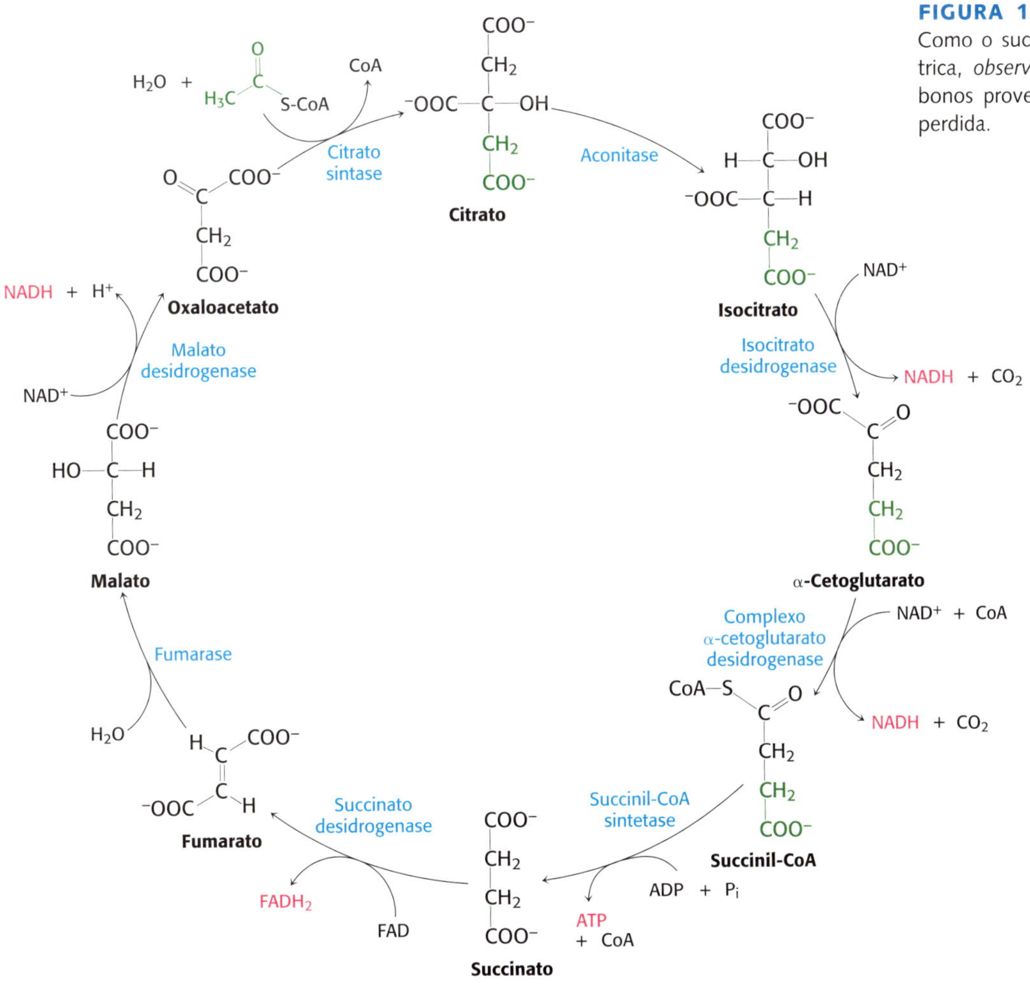


**FIGURA 17.13 Ciclo do ácido cítrico.** Como o succinato é uma molécula simétrica, *observe* que a identidade dos carbonos provenientes da unidade acetila é perdida.

1. Dois átomos de carbono entram no ciclo na condensação de uma unidade acetila (proveniente da acetil-CoA) com oxaloacetato. Dois átomos de carbono deixam o ciclo na forma de $CO_2$ nas descarboxilações sucessivas, que são catalisadas pela isocitrato desidrogenase e pela α-cetoglutarato desidrogenase.

**TABELA 17.2** Ciclo do ácido cítrico.

| Etapa | Reação | Enzima | Grupo prostético | Tipo* | $\Delta G°$ kJ $mol^{-1}$ | $\Delta G°$ kcal $mol^{-1}$ |
|---|---|---|---|---|---|---|
| 1 | Acetil-CoA + oxaloacetato + $H_2O$ ⟶ citrato + CoA + $H^+$ | Citrato sintase | | a | − 31,4 | -7,5 |
| 2ª | Citrato ⇌ *cis*-aconitato + $H_2O$ | Aconitase | Fe-S | b | + 8,4 | +2,0 |
| 2b | *cis*-aconitato + $H_2O$ ⇌ isocitrato | Aconitase | Fe-S | c | − 2,1 | - 0,5 |
| 3 | Isocitrato + $NAD^+$ ⇌ α-cetoglutarato + $CO_2$ + NADH | Isocitrato desidrogenase | | d + e | − 8,4 | - 2,0 |
| 4 | α-cetoglutarato + $NAD^+$ + CoA ⇌ succinil-CoA +$CO_2$ + NADH | Complexo α-cetoglutarato desidrogenase | Ácido lipoico, FAD, TPP | d + e | − 30,1 | -7,2 |
| 5 | Succinil-CoA + $P_i$ + ADP ⇌ succinato + ATP + CoA | Succinil-CoA sintetase | | f | − 3,3 | -0,8 |
| 6 | Succinato + FAD (ligado à enzima) ⇌ fumarato + $FADH_2$ (ligado à enzima) | Succinato desidrogenase | FAD, Fe-S | e | 0 | 0 |
| 7 | Fumarato + $H_2O$ ⇌ L-malato | Fumarase | | c | − 3,8 | - 0,9 |
| 8 | L-malato + $NAD^+$ ⇌ oxaloacetato + NADH + $H^+$ | Malato desidrogenase | | e | + 29,7 | + 7,1 |

*Tipo de reação: (a) condensação; (b) desidratação; (c) hidratação; (d) descarboxilação; (e) oxidação; (f) fosforilação em nível de substrato.

**2.** Quatro pares de átomos de hidrogênio deixam o ciclo em quatro reações de oxidação. Duas moléculas de $NAD^+$ são reduzidas nas descarboxilações oxidativas do isocitrato e do α-cetoglutarato, uma molécula de FAD é reduzida na oxidação do succinato e uma molécula de $NAD^+$ é reduzida na oxidação do malato. Convém lembrar também que ocorre redução de uma molécula de $NAD^+$ na descarboxilação oxidativa do piruvato para formar acetil-CoA.

**3.** Um composto com alto potencial de transferência de fosforila, habitualmente o ATP, é gerado a partir da clivagem da ligação tioéster na succinil-CoA.

**4.** Duas moléculas de água são consumidas: uma na síntese de citrato pela hidrólise de citril-CoA, e a outra na hidratação do fumarato.

Os estudos que utilizavam marcação isotópica revelaram que os dois átomos de carbono que entram em cada ciclo não são os mesmos que saem. Os dois átomos de carbono que entram no ciclo na forma do grupo acetila são retidos durante as duas reações iniciais de descarboxilação (ver Figura 17.13) e, em seguida, permanecem incorporados nos ácidos de quatro carbonos do ciclo. Observe que o succinato é uma molécula simétrica. Em consequência, os dois átomos de carbono que entram no ciclo podem ocupar qualquer uma das posições de carbono no metabolismo subsequente dos ácidos de quatro carbonos. Os dois carbonos que entram no ciclo como grupo acetila são liberados como $CO_2$ em reações *subsequentes* do ciclo. Para compreender a razão pela qual o citrato não é processado como uma molécula simétrica, veja as questões 38 e 39.

Várias técnicas, tais como a recuperação de fluorescência após fotoapagamento (FRAP, do inglês *fluorescence recovery after photobleaching* [ver seção 12.5]) e a análise por espectroscopia de massa *in tandem* (ver seção 3.3), estabeleceram a existência de uma associação física de todas as enzimas do ciclo do ácido cítrico em um complexo supramolecular. O arranjo próximo das enzimas aumenta a eficiência do ciclo do ácido cítrico, visto que um produto de uma reação pode passar diretamente de um sítio ativo para o seguinte por meio de canais de conexão, um processo denominado canalização de substratos.

Como discutiremos no Capítulo 18, a cadeia de transporte de elétrons oxida o NADH e o $FADH_2$ formados no ciclo do ácido cítrico. A transferência de elétrons desses carreadores para o $O_2$, o aceptor final de elétrons, leva à geração de um gradiente de prótons ao longo da membrana mitocondrial interna. Essa força próton motriz impulsiona então a geração de ATP; a estequiometria efetiva é de cerca de 2,5 ATP por NADH e de 1,5 ATP por $FADH_2$. Em consequência, são gerados nove grupos fosforila de alta potencial de transferência quando a cadeia de transporte de elétrons oxida três moléculas de NADH e uma molécula de $FADH_2$, com formação direta de um ATP em uma volta do ciclo do ácido cítrico. Por conseguinte, uma unidade de acetila gera aproximadamente 10 moléculas de ATP. Em acentuado contraste, a glicólise anaeróbica de uma molécula de glicose gera apenas duas moléculas de ATP (e duas moléculas de lactato).

É preciso lembrar que o oxigênio molecular não participa diretamente do ciclo do ácido cítrico. Entretanto, o ciclo só opera em condições aeróbicas, visto que o $NAD^+$ e o FAD podem ser regenerados na mitocôndria apenas pela transferência de elétrons para o oxigênio molecular. *A glicólise pode ser tanto aeróbica quanto anaeróbica, enquanto o ciclo do ácido cítrico é estritamente aeróbico.* A glicólise pode ocorrer em condições anaeróbicas porque o $NAD^+$ é regenerado na conversão do piruvato em lactato ou etanol.

## 17.3 A entrada no ciclo do ácido cítrico e o metabolismo por intermédio dele são controlados

O ciclo do ácido cítrico constitui a via comum final para a oxidação aeróbica de moléculas energéticas. Além disso, como veremos adiante (ver seção 17.4) e repetidamente em nosso estudo da bioquímica, o ciclo constitui importante fonte de blocos de construção para numerosas biomoléculas importantes. Em concordância com o seu papel como eixo metabólico da célula, a entrada no ciclo e a velocidade do próprio ciclo são controladas em vários estágios.

### O complexo piruvato desidrogenase é regulado alostericamente e por fosforilação reversível

Conforme assinalado anteriormente, a glicose pode ser formada a partir do piruvato (ver seção 16.3). *Entretanto, a formação de acetil-CoA a partir do piruvato é uma etapa irreversível nos animais, que, portanto, são incapazes de converter a acetil-CoA de volta em glicose.* A descarboxilação oxidativa do piruvato a acetil-CoA faz com que os átomos de carbono da glicose tenham um destes dois destinos principais: a oxidação a $CO_2$ pelo ciclo do ácido cítrico, com geração concomitante de energia; ou a incorporação nos lipídios (Figura 17.14). Conforme esperado de uma enzima em um ponto de ramificação crítico no metabolismo, a atividade do complexo piruvato desidrogenase é rigorosamente controlada. A presença de altas concentrações de produtos da reação inibe a própria reação: a acetil-CoA inibe o componente transacetilase ($E_2$) por ligação direta, enquanto o NADH inibe a di-hidrolipoil desidrogenase ($E_3$). Concentrações elevadas de NADH e de acetil-CoA informam à enzima que as necessidades de energia da célula foram supridas, ou que os ácidos graxos estão sendo degradados para produzir acetil-CoA e NADH. Em ambos os casos, não há nenhuma necessidade de metabolizar o piruvato a acetil-CoA. Essa inibição tem o efeito de preservar a glicose, visto que a maior parte do piruvato provém da glicose por meio da glicólise (ver seção 16.1).

O mecanismo fundamental de regulação do complexo nos eucariotos é a modificação covalente (Figura 17.15). *A fosforilação do componente piruvato desidrogenase ($E_1$) pela piruvato desidrogenase quinase* (PDK) *desativa o complexo.* Existem quatro isoenzimas da PDK que são expressas de maneira específica de acordo com o tecido. *A desativação é revertida pela piruvato desidrogenase fosfatase* (PDP), que ocorre por duas isoenzimas. Nos mamíferos,

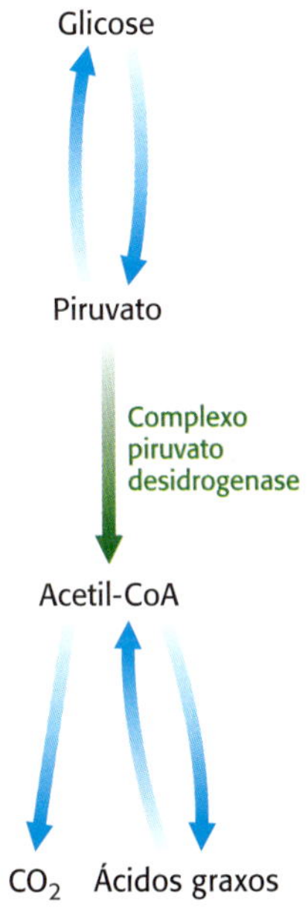


**FIGURA 17.14 Da glicose para a acetil-CoA.** A síntese de actil-CoA pelo complexo piruvato desidrogenase é uma etapa essencial e irreversível no metabolismo da glicose.

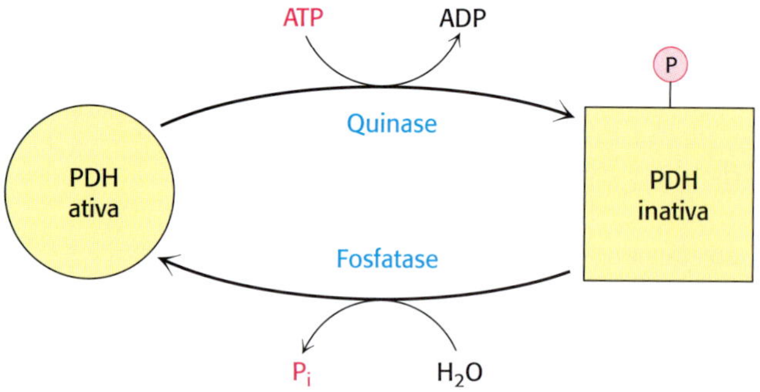


**FIGURA 17.15 Regulação do complexo piruvato desidrogenase.** Uma quinase específica fosforila e inativa a piruvato desidrogenase (PDH), enquanto uma fosfatase ativa a desidrogenase pela retirada do grupo fosforila. A quinase e a fosfatase também são enzimas altamente reguladas.

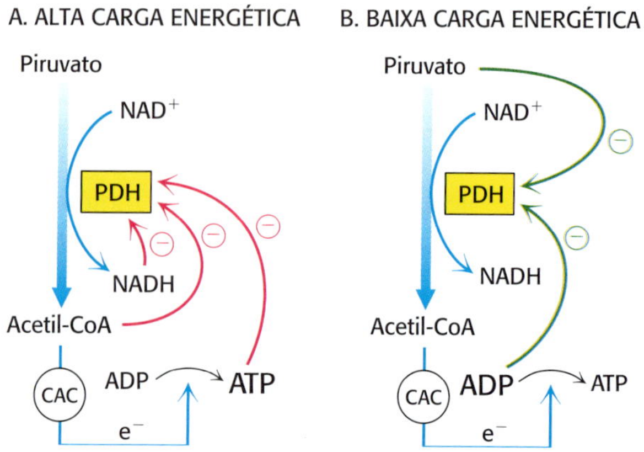


**FIGURA 17.16 Resposta do complexo piruvato desidrogenase à carga energética.** O complexo piruvato desidrogenase é regulado para responder à carga energética da célula. **A.** O complexo é inibido pelos seus produtos imediatos, NADH e acetil-CoA, bem como pelo produto final da respiração celular, o ATP. **B.** O complexo é ativado pelo piruvato e pelo ADP, que inibem a quinase que fosforila a PDH.

a quinase e a fosfatase estão associadas ao complexo $E_2$-$E_3$-BP, ressaltando mais uma vez a importância estrutural e mecanicista desse cerne. Tanto a quinase quanto a fosfatase são reguladas. Para entender como essa regulação atua em condições fisiológicas, considere o músculo que está começando a se tornar ativo depois de um período de repouso (Figura 17.16). Em repouso, o músculo não apresenta nenhuma demanda energética significativa. Consequentemente, as razões NADH/$NAD^+$, acetil-CoA/CoA e ATP/ADP estão elevadas. Essas razões elevadas promovem a fosforilação e a inativação do complexo pela ativação da PDK. Em outras palavras, a atividade é inibida por altas concentrações dos produtos imediatos (acetil-CoA e NADH) e do produto final (ATP). Por conseguinte, *a piruvato desidrogenase é inativada quando a carga energética está elevada.*

Quando o exercício físico começa, as concentrações de ADP e de piruvato aumentam à medida que a contração muscular vai consumindo ATP e a glicose vai sendo convertida em piruvato para suprir as demandas energéticas. Tanto o ADP quanto o piruvato ativam a desidrogenase, inibindo a quinase. Além disso, a fosfatase é estimulada pelo $Ca^{2+}$, o mesmo sinal que inicia a contração muscular. Uma elevação no nível citoplasmático de $Ca^{2+}$ (ver seção 36.2 no Capítulo 36, disponível no material suplementar *online*) aumenta o nível mitocondrial de $Ca^{2+}$. A elevação do $Ca^{2+}$ mitocondrial ativa a fosfatase, intensificando a atividade da piruvato desidrogenase.

Em alguns tecidos, a fosfatase é regulada por hormônios. No fígado, a epinefrina liga-se ao receptor alfa-adrenérgico para iniciar a via do fosfatidilinositol (ver seção 14.1), produzindo um aumento da concentração de $Ca^{2+}$ que ativa a fosfatase. Nos tecidos com capacidade de sintetizar ácidos graxos, como o fígado e o tecido adiposo, a insulina – o hormônio que significa o estado alimentado – estimula a fosfatase, aumentando a conversão do piruvato em acetil-CoA. A acetil-CoA é o precursor da síntese de ácidos graxos (ver seção 22.4). Nesses tecidos, o complexo piruvato desidrogenase é ativado para canalizar a glicose até o piruvato e, em seguida, até a acetil-CoA e, por fim, até os ácidos graxos.

Nos indivíduos com deficiência de piruvato desidrogenase fosfatase, a piruvato desidrogenase está sempre fosforilada e, portanto, inativa. Em consequência, a glicose é processada a lactato, e não a acetil-CoA. Essa condição resulta em uma persistente acidose láctica – isto é, níveis sanguíneos elevados de ácido láctico. Nesse ambiente ácido, muitos tecidos não funcionam de modo adequado, em particular o sistema nervoso central (questão 18). Veja Bioquímica em foco (p. 570) para se informar sobre a discussão do papel do complexo piruvato desidrogenase na neuropatia diabética.

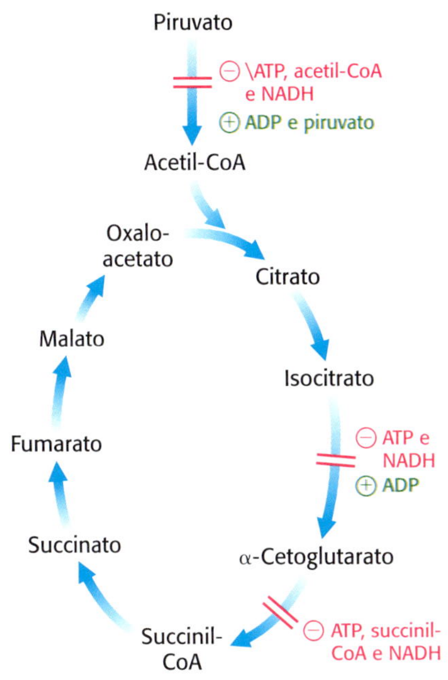


**FIGURA 17.17 Controle do ciclo do ácido cítrico.** O ciclo do ácido cítrico é regulado principalmente pela concentração de ATP e de NADH. Os pontos de controle-chave são as enzimas isocitrato desidrogenase e α-cetoglutarato desidrogenase.

## O ciclo do ácido cítrico é controlado em vários pontos

A velocidade do ciclo do ácido cítrico é ajustada com precisão de modo a suprir as necessidades de ATP das células animais (Figura 17.17). Os principais pontos de controle são as enzimas alostéricas isocitrato desidrogenase e α-cetoglutarato desidrogenase, as duas primeiras enzimas do ciclo a gerarem elétrons de alta energia.

*O primeiro sítio de controle é a isocitrato desidrogenase.* Essa enzima é estimulada alostericamente pelo ADP, que aumenta a afinidade da enzima pelos substratos. A ligação de isocitrato, $NAD^+$, $Mg^{2+}$ e ADP é mutuamente cooperativa. Por outro lado, o ATP é inibitório. O produto da reação, NADH, também inibe a isocitrato desidrogenase ao deslocar diretamente o $NAD^+$. É importante assinalar que várias etapas no ciclo exigem a presença de $NAD^+$ ou FAD, que estão abundantes apenas quando a carga energética está baixa.

*Um segundo sítio de controle do ciclo do ácido cítrico é a α-cetoglutarato desidrogenase,* que catalisa a etapa limitante de velocidade no ciclo do ácido cítrico. Alguns aspectos do controle dessa enzima assemelham-se aos do complexo piruvato desidrogenase, como se poderia esperar pela homologia dessas duas enzimas. A α-cetoglutarato desidrogenase é inibida pela succinil-CoA e pelo NADH, os produtos da reação que ela catalisa. Além disso, a α-cetoglutarato desidrogenase é inibida por alta carga energética. Por conseguinte, *a velocidade do ciclo é reduzida quando a célula apresenta níveis elevados de ATP.* Observa-se uma deficiência de α-cetoglutarato desidrogenase em vários distúrbios neurológicos, incluindo a doença de Alzheimer.

O uso da isocitrato desidrogenase e da α-cetoglutarato desidrogenase como pontos de controle integra o ciclo do ácido cítrico às outras vias metabólicas e destaca o papel central do ciclo do ácido cítrico no metabolismo. Por exemplo, a inibição da isocitrato desidrogenase leva a um acúmulo de citrato, visto que a interconversão do isocitrato e do citrato é prontamente reversível em condições intracelulares. O citrato pode ser transportado para o citoplasma, onde ele sinaliza à fosfofrutoquinase sobre a necessidade de interromper a glicólise (ver seção 16.2) e sobre onde pode atuar como fonte de acetil-CoA para a síntese de ácidos graxos (ver seção 22.4). O α-cetoglutarato que se acumula quando a α-cetoglutarato desidrogenase é inibida pode ser utilizado como precursor de vários aminoácidos e bases purínicas (ver Capítulos 23 e 25).

Em muitas bactérias, a canalização de fragmentos de dois carbonos para o ciclo também é controlada. *A síntese de citrato a partir de unidades de carbono do oxaloacetato e da acetil-CoA constitui um importante ponto de controle nesses organismos.* O ATP é um inibidor alostérico da citrato sintase. O efeito do ATP consiste em aumentar o valor de $K_M$ para a acetil-CoA. Por conseguinte, à medida que o nível de ATP vai aumentando, uma menor quantidade dessa enzima liga-se à acetil-CoA, e ocorre menos formação de citrato.

## Defeitos no ciclo do ácido cítrico contribuem para o desenvolvimento de câncer

Quatro enzimas cruciais para a respiração celular reconhecidamente contribuem para o desenvolvimento de câncer: a succinato desidrogenase, a fumarase, a piruvato desidrogenase quinase e a isocitrato desidrogenase. As mutações que alteram a atividade das primeiras três dessas enzimas aumentam a glicólise aeróbica (ver seção 16.2). Na glicólise aeróbica, as células cancerosas metabolizam preferencialmente a glicose a lactato, mesmo na presença de oxigênio. Os defeitos nessas enzimas compartilham um elo bioquímico comum: o fator de transcrição denominado *fator indutor de hipoxia 1* (HIF-1, do inglês *hypoxia inducible factor 1*).

Normalmente, o HIF-1 suprarregula as enzimas e os transportadores que intensificam a glicólise apenas quando a concentração de oxigênio cai, uma condição denominada hipoxia. Em condições normais, o HIF-1 é hidroxilado pela prolil-hidroxilase 2 e, subsequentemente, é destruído pelo proteossomo, um grande complexo de enzimas proteolíticas (ver seção 23.2). A degradação do HIF-1 impede a estimulação da glicólise. A prolil-hidroxilase 2 exige as presenças de α-cetoglutarato, ascorbato (vitamina C) e oxigênio para a sua atividade. Assim, quando a concentração de oxigênio cai, a prolil-hidroxilase 2 é inativa, o HIF-1 não é hidroxilado nem degradado, e a síntese das proteínas necessárias para a glicólise é estimulada. Em consequência, a taxa de glicólise aumenta.

Pesquisas recentes sugerem que a ocorrência de defeitos nas enzimas do ciclo do ácido cítrico pode afetar significativamente a regulação da prolil-hidroxilase 2. Quando há defeitos na succinato desidrogenase ou na fumarase, o succinato e o fumarato acumulam-se nas mitocôndrias e espalham-se pelo citoplasma. Tanto o succinato quanto o fumarato são inibidores competitivos da prolil-hidroxilase 2. A inibição da prolil-hidroxilase 2 resulta na estabilização do HIF-1, visto que ele não é mais hidroxilado. O lactato – o produto final da glicólise – também parece inibir a prolil-hidroxilase 2 ao interferir na ação do ascorbato. Além de aumentar a quantidade de proteínas necessárias para a glicólise, o HIF-1 também estimula a produção da piruvato desidrogenase quinase (PDK). A quinase inibe o complexo piruvato desidrogenase, o que impede a conversão do piruvato em acetil-CoA. O piruvato permanece no citoplasma, aumentando ainda mais a velocidade da glicólise aeróbica. Além disso, as mutações da PDK que levam a um aumento de atividade contribuem para o aumento da glicólise aeróbica e o subsequente desenvolvimento de câncer. As mutações da PDK, ao aumentar a glicólise e a concentração de lactato, resultam em inibição da hidroxilase e em estabilização do HIF-1.

As mutações na isocitrato desidrogenase resultam na geração de um metabólito oncogênico, o 2-hidroxiglutarato. A enzima mutante catalisa a conversão do isocitrato em α-cetoglutarato, porém reduz o α-cetoglutarato para formar 2-hidroxiglutarato. O 2-hidroxiglutarato altera os padrões de metilação no DNA (ver seção 33.3) e diminui a dependência dos fatores de crescimento para a proliferação. Essas mudanças alteram a expressão gênica e promovem um crescimento celular sem restrição.

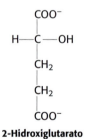

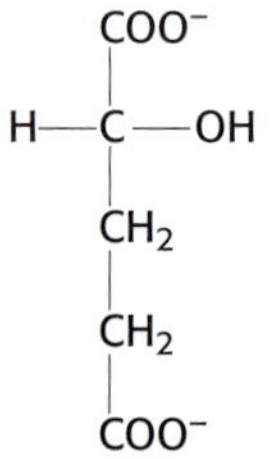

**2-Hidroxiglutarato**

## Uma enzima no metabolismo dos lipídios é desviada para inibir a atividade da piruvato desidrogenase

Um exemplo particularmente fascinante da manipulação do controle celular pelas células cancerosas provém dos achados recentes sobre a enzima mitocondrial acetil-CoA acetiltransferase. Em circunstâncias normais, essa enzima sintetiza corpos cetônicos, como o acetoacetato, que constitui uma fonte de energia para alguns tecidos e uma fonte de energia essencial para todos os tecidos em condições de jejum prolongado (ver seção 22.3).

$$2\ \text{Acetil-CoA} + \text{H2O} \xrightarrow[\text{Acetil-CoA acetiltransferase}]{} \text{acetoacetato} + 2\ \text{CoA}$$

Em certos tipos de câncer, a acetil-CoA acetiltransferase é fosforilada, induzindo a enzima a formar tetrâmeros ativos. Curiosamente, a enzima atua então como uma proteína acetiltransferase, adicionando grupos acetila à piruvato desidrogenase e à piruvato desidrogenase fosfatase. A acetilação inibe as duas enzimas e facilita o desvio metabólico da fosforilação oxidativa para a glicólise aeróbica, aumentando, assim, o efeito Warburg (ver seção 16.2). Em essência, a enzima é desviada de sua função normal de formação de corpos cetônicos para promover o crescimento do câncer, o que constitui um evento notável. Pode-se aproveitar a enzima como um alvo terapêutico singular para inibir a progressão do câncer.

Essas observações que associam as enzimas do ciclo do ácido cítrico ao câncer sugerem que o câncer também é uma doença metabólica, e não simplesmente uma doença de mutações de fatores de crescimento e proteínas de controle do ciclo celular. O reconhecimento da existência de um componente metabólico no câncer abre novas portas sobre a possibilidade de controlar essa doença. Com efeito, experimentos preliminares sugerem que, se as células cancerosas submetidas a glicólise aeróbica forem forçadas por meio de manipulação farmacológica a utilizar a fosforilação oxidativa, elas perderão suas propriedades malignas. É também interessante assinalar que o ciclo do ácido cítrico, que vem sendo estudado há décadas, ainda guarda segredos a serem desvendados pelos futuros bioquímicos.

## 17.4 O ciclo do ácido cítrico é uma fonte de precursores da biossíntese

Até agora, concentramos nossa discussão no ciclo do ácido cítrico como a *principal via de degradação para a geração de ATP.* Como importante eixo metabólico da célula, o ciclo do ácido cítrico também integra muitas das outras vias metabólicas da célula, incluindo as vias dos carboidratos, das gorduras, dos aminoácidos e das porfirinas. Os conjuntos citoplasmático e mitocondrial de componentes do ciclo do ácido cítrico são intercambiáveis. *Essa integração possibilita o uso de intermediários do ciclo do ácido cítrico para os processos de biossíntese* (Figura 17.18). Por exemplo, a maioria dos átomos de carbono nas porfirinas provém da *succinil-CoA* em uma via que ocorre tanto no citoplasma quanto nas mitocôndrias. As gorduras são sintetizadas no citoplasma a partir do citrato mitocondrial. Muitos dos aminoácidos utilizados em toda a célula provêm do *α-cetoglutarato* e do *oxaloacetato.* Esses processos de biossíntese serão abordados em capítulos subsequentes.

### O ciclo do ácido cítrico precisa ser capaz de ser rapidamente reabastecido

Um aspecto importante é *a necessidade de reposição dos intermediários do ciclo do ácido cítrico se forem desviados para processos de biossíntese.* Suponha

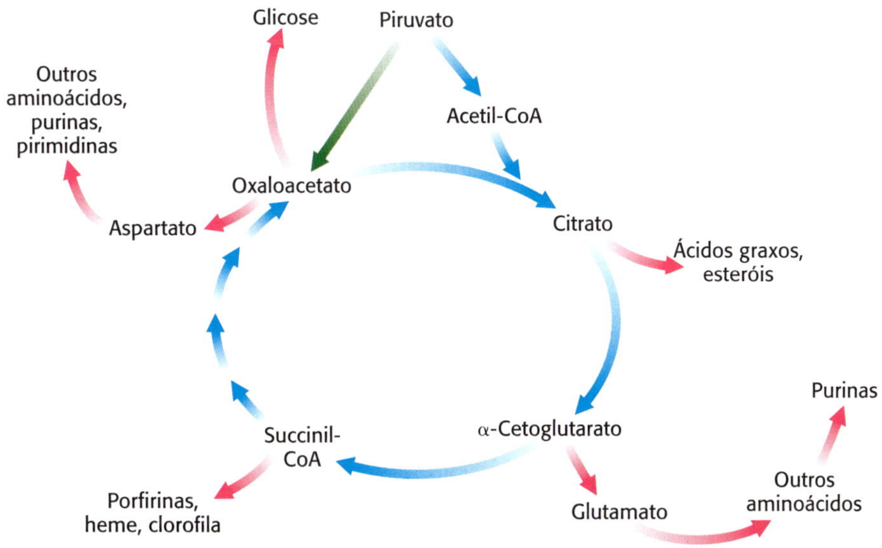


**FIGURA 17.18 Funções do ciclo do ácido cítrico nos processos de biossíntese.** Os intermediários são desviados para biossíntese (setas vermelhas) quando as necessidades energéticas da célula são supridas. A reposição dos intermediários ocorre pela formação de oxaloacetato a partir de piruvato.

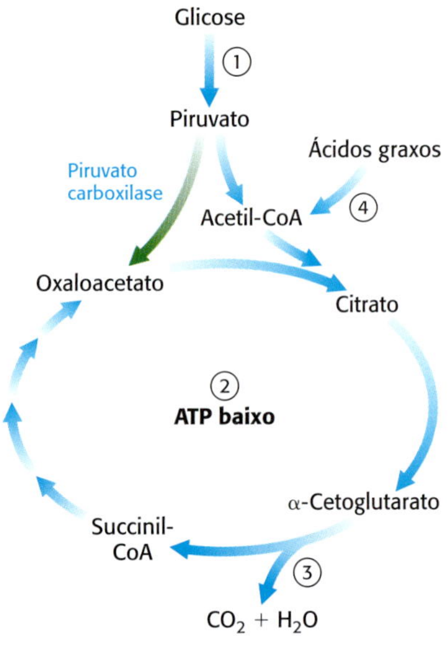


**Vias ativas**

① Glicólise, Capítulo 16
② Ciclo do ácido cítrico, Capítulo 17
③ Fosforilação oxidativa, Capítulo 18
④ Oxidação dos ácidos graxos, Capítulo 22

**FIGURA 17.19 Integração de vias: resposta metabólica ao exercício físico depois de uma noite de repouso.** A velocidade do ciclo do ácido cítrico aumenta durante o exercício físico, exigindo a reposição de oxaloacetato e de acetil-CoA. O oxaloacetato é reabastecido pela sua formação a partir do piruvato. A acetil-CoA pode ser produzida a partir do metabolismo do piruvato e dos ácidos graxos.

que uma grande quantidade de oxaloacetato seja convertida em aminoácidos para a síntese de proteínas e, posteriormente, as necessidades energéticas da célula aumentem. O ciclo do ácido cítrico ocorrerá em grau reduzido, a não ser que haja formação de novo oxaloacetato, visto que a acetil-CoA só pode entrar no ciclo se for condensada com oxaloacetato. Embora o oxaloacetato seja reciclado, é preciso manter um nível mínimo para permitir o funcionamento do ciclo.

Como o oxaloacetato é reposto? Os mamíferos carecem das enzimas para a conversão efetiva de acetil-CoA em oxaloacetato ou em qualquer outro intermediário do ciclo do ácido cítrico. Com efeito, o oxaloacetato é formado pela carboxilação do piruvato em uma reação catalisada pela *piruvato carboxilase,* uma enzima dependente de biotina (Figura 17.19).

$$\text{Piruvato} + CO_2 + \text{ATP} + H_2O \longrightarrow \text{oxaloacetato} + \text{ADP} + P_i + 2H^+$$

Convém lembrar que essa enzima desempenha um papel crucial na gliconeogênese (ver seção 16.3). É ativa apenas na presença de acetil-CoA, o que significa que existe necessidade de mais oxaloacetato. Se a carga energética for elevada, o oxaloacetato é convertido em glicose. Se a carga energética for baixa, o oxaloacetato repõe o ciclo do ácido cítrico. A síntese de oxaloacetato pela carboxilação do piruvato é um exemplo de *reação anaplerótica* (termo de origem grega que significa "repor"), reação que leva a uma síntese efetiva ou a uma reposição dos componentes da via. Observe que, por ser um ciclo, o ciclo do ácido cítrico pode ser reposto pela geração de qualquer um dos intermediários. A glutamina constitui uma fonte particularmente importante de intermediários do ciclo do ácido cítrico nas células em rápido crescimento, incluindo as células cancerosas. A glutamina é convertida em glutamato e, em seguida, em α-cetoglutarato (ver seção 23.5).

## A interrupção do metabolismo do piruvato constitui a causa do beribéri e do envenenamento por mercúrio e arsênio

O *beribéri,* um distúrbio neurológico e cardiovascular, é causado por uma deficiência dietética de tiamina (também denominada *vitamina $B_1$*). A doença tem sido e continua sendo um grave problema de saúde no Extremo Oriente, visto que o arroz, que é o principal alimento nessa região, apresenta um teor bastante baixo de tiamina. A deficiência é parcialmente aliviada se os grãos de arroz integral forem colocados na água antes da moagem; parte da tiamina na casca penetra então no arroz. O problema é exacerbado se o arroz for polido para retirar a camada externa (*i. e.*, se for convertido de arroz integral em arroz branco), visto que apenas a camada externa contém quantidades significativas de tiamina. Uma forma de beribéri, denominada encefalopatia de Wernicke, também é observada ocasionalmente em alcoólatras que apresentam desnutrição grave e, portanto, deficiência de tiamina. A doença caracteriza-se por sintomas neurológicos e cardíacos. A lesão do sistema nervoso periférico manifesta-se como dor nos membros, fraqueza muscular e distorção da sensibilidade da pele. Pode ocorrer cardiomegalia, e o débito cardíaco pode ser inadequado.

Que processos bioquímicos poderiam ser afetados pela deficiência de tiamina? A tiamina é o precursor do cofator tiramina pirofosfato. *Esse cofator é um grupo prostético de três enzimas importantes: a piruvato desidrogenase, a α-cetoglutarato desidrogenase e a transcetolase.* A transcetolase atua na via das pentoses fosfato, que será descrita no Capítulo 20. *A característica comum das reações enzimáticas que utilizam TPP é a transferência de uma unidade aldeído ativada.* No beribéri, os níveis de piruvato e de α-cetoglutarato no sangue estão mais elevados do que o normal. O aumento dos níveis sanguíneos de piruvato é particularmente pronunciado após a ingestão de glicose.

**Beribéri**

Uma doença causada por deficiência vitamínica descrita pela primeira vez em 1630 por Jacob Bonitus, um médico holandês que trabalhava em Java:

"Certa doença muito perturbadora, que ataca os homens, é denominada pelos habitantes beribéri (que significa carneiro). Acredito que as pessoas acometidas por essa mesma doença, com seus joelhos sacudindo e as pernas elevadas, andem de modo semelhante a carneiros. Trata-se de um tipo de paralisia ou, melhor, de tremor, visto que afeta o movimento e a sensibilização das mãos e dos pés e, algumas vezes, de todo o corpo".

Um achado relacionado é que as atividades dos complexos piruvato e α-cetoglutarato desidrogenase *in vivo* estão anormalmente baixas. A baixa atividade da transcetolase nos eritrócitos de indivíduos com beribéri constitui um indicador confiável de diagnóstico da doença facilmente medido.

Por que a deficiência de TPP leva principalmente a distúrbios neurológicos? O sistema nervoso depende essencialmente da glicose como a sua única fonte de energia. O piruvato, que é o produto da glicólise, só pode entrar no ciclo do ácido cítrico por intermédio do complexo piruvato desidrogenase. Com essa enzima desativada, o sistema nervoso não dispõe de nenhuma fonte de energia. Em contrapartida, a maioria dos outros tecidos consegue utilizar gorduras como fonte de energia para o ciclo do ácido cítrico.

Sintomas semelhantes ao do beribéri aparecem em organismos expostos ao mercúrio ou ao arsenito ($AsO_3^{3-}$). Ambos os materiais possuem alta afinidade pelas sulfidrilas adjacentes, como aquelas encontradas nos grupos di-hidrolipoil reduzidos do componente $E_3$ do complexo piruvato desidrogenase (Figura 17.20). A ligação do mercúrio ou do arsenito aos grupos di-hidrolipoil inibe o complexo e resulta em patologias do sistema nervoso central. A expressão "louco como chapeleiro" refere-se ao estranho comportamento dos chapeleiros envenenados, que utilizavam nitrato de mercúrio para amaciar e moldar as peles de animais. Essa forma de mercúrio é absorvida através da pele. Sintomas semelhantes acometeram os primeiros fotógrafos, que utilizavam mercúrio vaporizado para criar daguerreótipos.

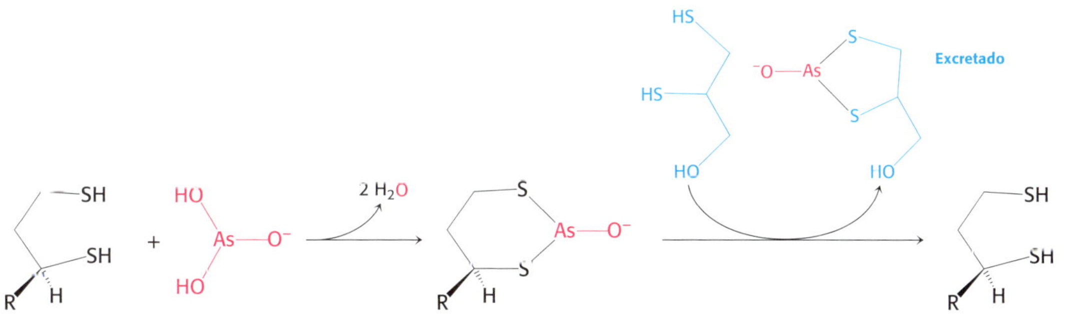


**FIGURA 17.20 Envenenamento por arsenito.** O arsenito inibe o complexo piruvato desidrogenase pela ativação do componente di-hidrolipoamida da transacetilase. Alguns reagentes de sulfidrila, como o 2,3-dimercaptopropranolol, aliviam a inibição ao formar um complexo com o arsenito, que pode ser então excretado.

O tratamento desses envenenamentos consiste na administração de reagentes sulfidrílicos com grupos sulfidrila adjacentes para competir com os resíduos de di-hidrolipoil pela ligação ao íon metálico. Em seguida, o complexo reagente-metal é excretado na urina. Com efeito, o 2,3-dimercaptopropranolol (ver Figura 17.20) foi desenvolvido depois da I Guerra Mundial como antídoto da lewisite, uma arma química à base de arsênio. Esse composto foi inicialmente denominado BAL, do inglês *British anti-lewisite*.

## O ciclo do ácido cítrico pode ter evoluído a partir de vias preexistentes

Como surgiu o ciclo do ácido cítrico? Embora as respostas definitivas sejam evasivas, é possível haver especulações fundamentadas. Talvez possamos começar a compreender como a evolução pode atuar no nível das vias bioquímicas.

O manuscrito que propôs a existência do ciclo do ácido cítrico foi apresentado para publicação à revista *Nature*, porém foi rejeitado em junho de 1937. Naquele mesmo ano, foi publicado na *Enzymologia*. O Dr. Krebs exibiu com orgulho a carta de rejeição durante toda a sua carreira como forma de incentivar os jovens cientistas:

"O editor da NATURE apresenta seus cumprimentos ao Dr. H. A. Krebs e lamenta que já tenha material suficiente para publicar na seção de correspondência da NATURE por 7 ou 8 semanas. Não é desejável aceitar mais material no momento atual, tendo em vista a demora exigida na sua publicação.

Se o Dr. Krebs não se importar com essa longa demora, o editor poderá guardar o manuscrito até que os trabalhos acumulados sejam reduzidos na esperança de utilizá-lo.

O editor devolverá o trabalho agora caso o Dr. Krebs prefira apresentá-lo a outro periódico para uma publicação rápida".

Mais provavelmente, o ciclo do ácido cítrico foi criado a partir de vias de reações preexistentes. Conforme assinalado anteriormente, muitos dos intermediários formados no ciclo do ácido cítrico são utilizados em vias metabólicas dos aminoácidos e das porfirinas. Por conseguinte, compostos como o piruvato, o α-cetoglutarato e o oxaloacetato provavelmente já existiam no início da evolução para fins de biossíntese. A descarboxilação oxidativa desses α-cetoácidos é muito favorável do ponto de vista termodinâmico e pode ser utilizada para conduzir a síntese de derivados da acil-CoA e do NADH. Quase certamente, essas reações formaram o cerne de processos que precederam evolutivamente o ciclo do ácido cítrico. É interessante assinalar que o α-cetoglutarato e o oxaloacetato podem ser interconvertidos por meio de transaminação dos respectivos aminoácidos pela aspartato aminotransferase, outra enzima essencial da biossíntese. Por conseguinte, ciclos constituídos por números menores de intermediários utilizados para uma variedade de propósitos bioquímicos podem ter existido antes de a forma atual ter evoluído.

## 17.5 O ciclo do glioxilato possibilita o crescimento de plantas e de bactérias em acetato

A acetil-CoA que entra no ciclo do ácido cítrico possui apenas um destino: a oxidação a $CO_2$ e $H_2O$. Assim, a maioria dos organismos é incapaz de converter a acetil-CoA em glicose. Embora o oxaloacetato, um precursor fundamental da glicose, seja formado no ciclo do ácido cítrico, as duas descarboxilações que ocorrem antes da regeneração do oxaloacetato impedem a conversão *efetiva* da acetil-CoA em glicose.

Nas plantas e em alguns microrganismos, existe uma via metabólica que possibilita a conversão da acetil-CoA gerada a partir das reservas de gordura em glicose. Essa sequência de reações, denominada *ciclo do glioxilato,* assemelha-se ao ciclo do ácido cítrico, porém transpõe as duas etapas de descarboxilação do ciclo. Outra diferença importante é a entrada de duas moléculas de actil-CoA por volta do ciclo do glioxilato em comparação com uma molécula no ciclo do ácido cítrico.

À semelhança do ciclo do ácido cítrico, o ciclo do glioxilato (Figura 17.21) começa com a condensação de acetil-CoA e oxaloacetato para formar citrato, que, em seguida, é isomerizado a isocitrato. Em vez de ser descarboxilado, como ocorre no ciclo do ácido cítrico, o isocitrato é clivado pela enzima *isocitrato liase* em succinato e glioxilato. As etapas seguintes regeneram o oxaloacetato a partir do glioxilato. Em primeiro lugar, a acetil-CoA condensa-se com o glioxilato para formar malato em uma reação catalisada pela *malato sintase;* em seguida, o malato é oxidado a oxaloacetato, como no ciclo do ácido cítrico. A soma dessas reações é:

$$2 \text{ Acetil-CoA} + NAD^+ + 2 H_2O \longrightarrow \text{succinato} + 2 \text{ CoA} + NADH + 2 H^+$$

Nas plantas, essas reações ocorrem em organelas denominadas *glioxissomas.* Esse ciclo é particularmente proeminente em sementes ricas em óleo, como as de girassol, pepinos e mamona. O succinato, que é liberado na metade do ciclo, pode ser convertido em carboidratos por meio de uma combinação do ciclo do ácido cítrico e da gliconeogênese. Os carboidratos impulsionam o crescimento das plântulas até que a célula seja capaz de iniciar o processo de fotossíntese. Assim, os organismos que possuem o ciclo do glioxilato ganham versatilidade metabólica, visto que são capazes de utilizar a acetil-CoA como um precursor da glicose e de outras biomoléculas. (Ver Bioquímica em foco 2 [p. 571] para conhecer uma análise do papel do ciclo do glioxilato na tuberculose.)

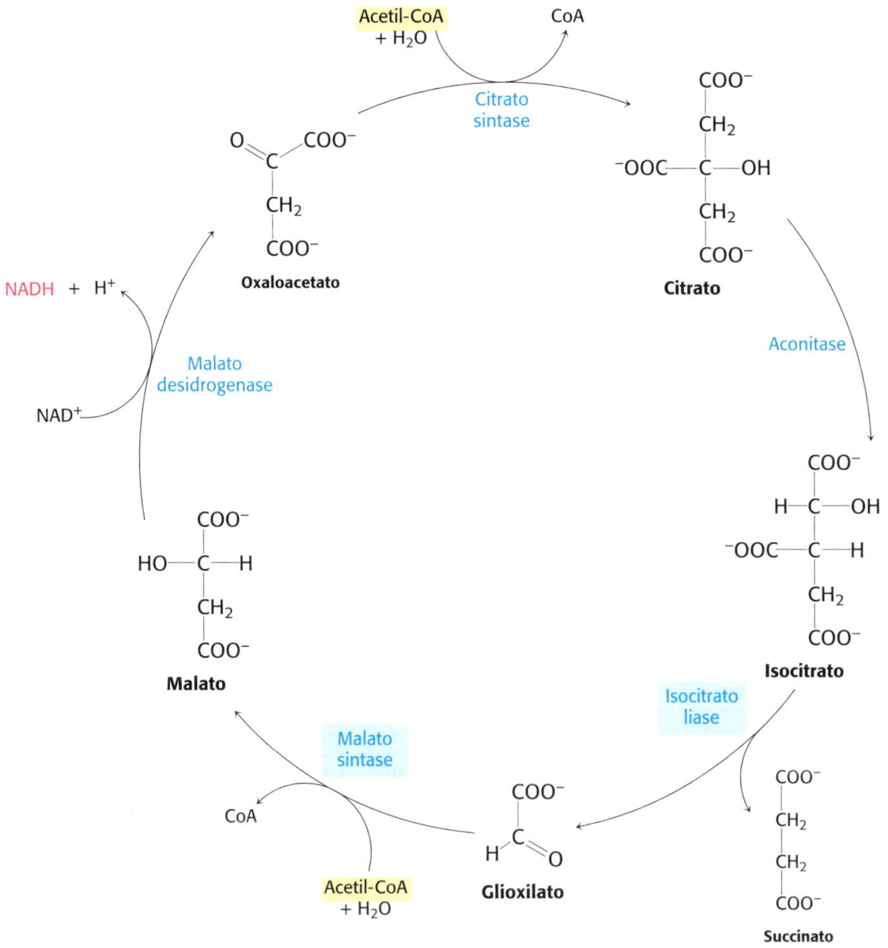


**FIGURA 17.21 Ciclo do glioxilato.** O ciclo do glioxilato possibilita o crescimento de plantas e de alguns microrganismos em acetato, visto que esse ciclo transpõe as etapas de descarboxilação do ciclo do ácido cítrico. As reações desses ciclos são as mesmas do ciclo do ácido cítrico, com exceção daquelas catalisadas pela isocitrato liase e pela malato sintase, que estão assinaladas em caixa azul.

## RESUMO

O ciclo do ácido cítrico constitui a via final comum da oxidação das moléculas energéticas. Atua também como fonte de blocos de construção para os processos de biossíntese.

### 17.1 O complexo piruvato desidrogenase conecta a glicólise ao ciclo do ácido cítrico

As moléculas energéticas entram, em sua maioria, no ciclo do ácido cítrico na forma de acetil-CoA. A conexão entre a glicólise e o ciclo do ácido cítrico é a descarboxilação oxidativa do piruvato para formar acetil-CoA. Nos eucariotos, essa reação e as do ciclo ocorrem no interior das mitocôndrias, diferentemente das reações da glicólise, que ocorrem no citoplasma.

### 17.2 O ciclo do ácido cítrico oxida unidades de dois carbonos

O ciclo começa com a condensação do oxaloacetato ($C_4$) e da unidade acetila ($C_2$) da acetil-CoA para produzir citrato ($C_6$), que é isomerizado a isocitrato ($C_6$). A descarboxilação oxidativa desse intermediário produz o α-cetoglutarato ($C_5$). A segunda molécula de dióxido de carbono surge na reação seguinte, em que o α-cetoglutarato sofre descarboxilação oxidativa a succinil-CoA ($C_4$). A ligação tioéster da succinil-CoA é clivada pelo ortofosfato, com produção de succinato, e uma molécula de ATP é concomitantemente gerada. O succinato é oxidado a fumarato ($C_4$), que, em seguida, é hidratado para formar malato ($C_4$). Por fim, o malato é oxidado para regenerar o oxaloacetato ($C_4$). Assim, dois átomos de carbono provenientes da acetil-CoA entram no ciclo, e dois átomos de carbono deixam o ciclo na forma de

$CO_2$ nas sucessivas descarboxilações catalisadas pela isocitrato desidrogenase e pela α-cetoglutarato desidrogenase. Nas quatro reações de oxirredução do ciclo, três pares de elétrons são transferidos para o $NAD^+$ e um par para o FAD. Esses carreadores de elétrons reduzidos são subsequentemente oxidados pela cadeia de transporte de elétrons, gerando aproximadamente nove moléculas de ATP. Além disso, uma molécula de ATP é diretamente formada no ciclo do ácido cítrico. Por conseguinte, há a produção de um total de 10 moléculas de ATP para cada fragmento de dois carbonos que é completamente oxidado a $H_2O$ e $CO_2$.

### 17.3 A entrada no ciclo do ácido cítrico e o metabolismo por intermédio dele são controlados

O ciclo do ácido cítrico só opera em condições aeróbicas, visto que ele necessita de um suprimento de $NAD^+$ e de FAD. Esses aceptores de elétrons são regenerados quando o NADH e o $FADH_2$ transferem seus elétrons para o $O_2$ por meio da cadeia de transporte de elétrons, com produção concomitante de ATP. Consequentemente, a velocidade do ciclo do ácido cítrico depende da necessidade de ATP. A formação irreversível de acetil-CoA a partir do piruvato representa um ponto importante de regulação para a entrada do piruvato derivado da glicose no ciclo do ácido cítrico. A atividade do complexo piruvato desidrogenase é rigorosamente controlada por fosforilação reversível. Nos eucariotos, a regulação de duas enzimas no ciclo também é importante para o seu controle. Uma alta carga energética diminui as atividades da isocitrato desidrogenase e da α-cetoglutarato desidrogenase. Esses mecanismos se complementam reduzindo a velocidade de formação de acetil-CoA quando a carga energética da célula está elevada e quando os intermediários de biossíntese estão presentes em quantidades abundantes.

### 17.4 O ciclo do ácido cítrico é uma fonte de precursores da biossíntese

Quando a célula dispõe de energia adequada, o ciclo do ácido cítrico também pode proporcionar uma fonte de blocos de construção para uma grande variedade de biomoléculas importantes, como bases nucleotídicas, proteínas e grupos heme. Esse uso depleta os intermediários do ciclo. Quando o ciclo mais uma vez precisa metabolizar combustível, as reações anapleróticas repõem os intermediários do ciclo.

### 17.5 O ciclo do glioxilato possibilita o crescimento de plantas e de bactérias em acetato

O ciclo do glioxilato aumenta a versatilidade metabólica de muitas plantas e bactérias. Esse ciclo, que utiliza algumas das reações do ciclo do ácido cítrico, possibilita a subsistência desses organismos em acetato, visto que ele transpõe as duas etapas de descarboxilação do ciclo do ácido cítrico.

# APÊNDICE Bioquímica em foco

## Bioquímica em foco 1

### A neuropatia diabética pode resultar da inibição do complexo piruvato desidrogenase

A neuropatia diabética (ND), caracterizada por dormência, formigamento ou dor nas mãos, nos braços, nas pernas, nos pés e nos dedos das mãos e dos pés, constitui uma complicação comum do diabetes melito tanto do tipo 1 quanto do tipo 2, afetando aproximadamente 50% dos pacientes. Não existe cura para o distúrbio, e o tratamento baseia-se em analgésicos. Estudos recentes realizados em camundongos e culturas teciduais sugeriram que a produção excessiva de ácido láctico pelas células no gânglio da raiz dorsal, uma parte do sistema nervoso responsável pela percepção de dor, pode constituir um fator significativo, contribuindo para a ND. O lactato, que é produzido por algumas células do sistema nervoso, constitui uma fonte energética comum para as células nervosas. Os neurônios importam o lactato e o convertem em piruvato para uso na respiração celular. Entretanto, a presença de uma alta concentração de lactato é problemática. Qual é a causa do aumento do ácido láctico? Ainda é necessário muita pesquisa, mas parece que a hiperglicemia (alta concentração de glicose), a característica que define o diabetes melito, aumenta a atividade da piruvato desidrogenase quinase nas células do gânglio da raiz dorsal. Por sua vez, o aumento na atividade da quinase leva a fosforilação e inibição do complexo piruvato desidrogenase. O piruvato produzido pela glicólise é então processado a lactato. A superabundância do lactato leva a um aumento dos nociceptores (receptores de dor) sensores de ácido, um tipo de receptor acoplado à proteína G (ver seção 14.1), no gânglio da raiz dorsal. O aumento dos nociceptores resulta em ND.

A confirmação do papel do lactato na ND provém de vários experimentos. Nos sistemas experimentais, é possível impedir o acúmulo de ácido láctico. A inibição farmacológica da piruvato desidrogenase quinase ou da ácido láctico desidrogenase, ou a eliminação genética do gene da quinase, reduz acentuadamente a ND, porém não a elimina. A identificação do eixo hiperglicemia-piruvato desidrogenase quinase-ácido láctico desidrogenase no gânglio da raiz dorsal como causa da ND abre a possibilidade de uma intervenção terapêutica para prevenir ou melhorar a ND.

# Bioquímica em foco 2

## Novos tratamentos para a tuberculose podem estar a caminho

A tuberculose (TB) é uma das principais causas de morte no mundo inteiro. Em 2016, de acordo com a Organização Mundial da Saúde, 10,4 milhões de pessoas contraíram a doença, e 1,7 milhão morreram, incluindo 250 mil crianças. A TB também é a principal causa de morte em indivíduos HIV-positivos.

A bactéria responsável, *Mycobacterium tuberculosis*, é transmitida por meio da tosse e espirros de indivíduos portadores de infecção pulmonar ativa. A rifampicina, um antibiótico e inibidor da síntese do RNA bacteriano, constitui um tratamento comum para a TB (ver Capítulo 32). Entretanto, cepas de *M. tuberculosis* estão desenvolvendo resistência à rifampicina, de modo que há necessidade urgente do desenvolvimento de novos tratamentos.

Algumas pesquisas recentes e interessantes sugerem um possível tratamento baseado na dependência do ciclo do glioxilato apresentada pelas bactérias. Essa dependência é mais aguda quando os microrganismos encontram-se em estado latente nos pulmões (questão 42). É preciso lembrar que o ciclo do glioxilato possibilita a conversão das gorduras em glicose. Uma enzima fundamental no ciclo é a isocitrato liase, que cliva o isocitrato em glioxilato e succinato.

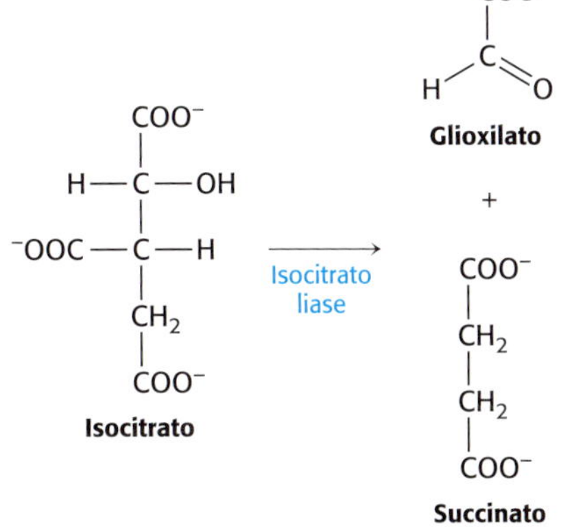


No processo de catálise, há a formação de um tiolato reativo em $Cys_{191}$ no sítio ativo. O subscrito 191 indica a posição da cisteína na estrutura primária.

$Cys_{191}—S^-$

**Tiolato**

Foi sintetizado um inibidor suicida ou inibidor baseado no mecanismo (ver seção 8.2) da liase, o 2-vinil-isocitrato, que pode levar a um tratamento efetivo da tuberculose.

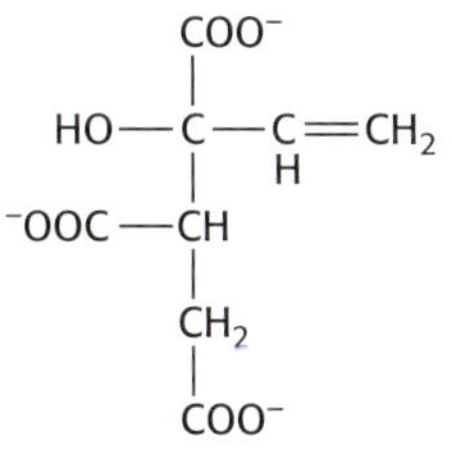

**2-vinil-isocitrato**

Quando a liase reage com o inibidor, ocorre liberação de succinato, como na reação normal; entretanto, um componente homopiruvil ligado ao tioéter é covalentemente ligado à $Cys_{191}$, inibindo a enzima.

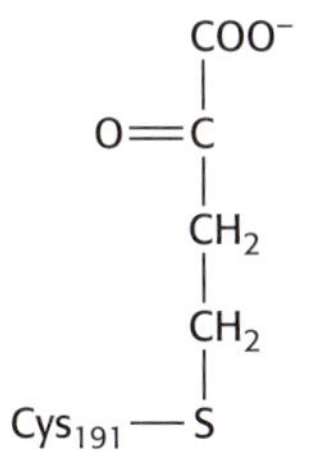

**Isocitrato liase modificada por homopiruvil**

Isso pode representar um importante avanço na terapia da TB, visto que o sítio ativo $Cys_{191}$ é conservado em todas as cepas de *M. tuberculosis*, o que deve reduzir a probabilidade de desenvolvimento de resistência ao tratamento. Essa pesquisa é muito recente (2017), porém será interessante verificar se ela resultará, em última análise, em um medicamento efetivo para o tratamento da TB.

APÊNDICE

# Estratégias para a resolução da questão

## Estratégias para a resolução da questão 1

**QUESTÃO:** O choque é uma condição potencialmente fatal que resulta da falta de fluxo sanguíneo adequado. O choque hipovolêmico ou hemorrágico, que constitui a variedade mais comum, é causado por um sangramento excessivo. Os pacientes em choque frequentemente apresentam acidose láctica devido a uma deficiência de $O_2$.

**(a)** Por que a falta de fluxo sanguíneo leva a uma deficiência de $O_2$?

**(b)** Por que a falta de $O_2$ leva ao acúmulo de ácido láctico?

**(c)** Um tratamento para o choque consiste na administração de dicloroacetato (DCA), que inibe a quinase associada ao complexo piruvato desidrogenase. Qual é a lógica bioquímica desse tratamento?

**SOLUÇÃO:** Para responder à pergunta (a), formularemos outra questão:

- **Qual é um dos papéis mais fundamentais da circulação sanguínea?**

Retornando ao Capítulo 7, vimos que a proteína sanguínea hemoglobina transporta o $O_2$ dos pulmões para os tecidos. Uma redução do volume sanguíneo significaria menos hemoglobina e, consequentemente, menos $O_2$ para os tecidos. Isso responde à questão (a). Agora, passemos para a (b).

- **Qual é a função do $O_2$ nos tecidos?**

O $O_2$ é necessário para a respiração celular, que gera 90% do ATP necessário para um tecido típico. Esse processo será descrito com detalhes no Capítulo 18.

- **Se houver deficiência de $O_2$, qual é a única maneira de gerar ATP?**

Por fermentação do ácido láctico, como vimos no Capítulo 16. Assim, a resposta à questão (b) é que os tecidos de um indivíduo em choque recorrem à fermentação do ácido láctico em uma tentativa de gerar ATP em quantidades suficientes na ausência de $O_2$. Agora, passemos para a questão (c). Para responder a essa pergunta, precisamos conhecer o papel da piruvato desidrogenase quinase.

- **Qual é a função da quinase associada ao complexo piruvato desidrogenase?**

A quinase fosforila e inibe o complexo. A quinase, juntamente com a piruvato desidrogenase fosfatase, é a reguladora-chave do complexo.

- **Qual seria o efeito de inibir a quinase?**

A quinase não poderia inibir o complexo piruvato desidrogenase. Em condições ideais, o complexo iria processar mais piruvato por meio da respiração celular, aliviando o potencial de acúmulo perigoso de ácido láctico. De fato, a maioria das pesquisas sugere que o tratamento de pacientes em choque com dicloroacetato é de valor insignificante.

## Estratégias para resolução da questão 2

**QUESTÃO:** O fluoroacetato é uma molécula tóxica que inibe o ciclo do ácido cítrico. Quando o fluoroacetato é acrescentado às mitocôndrias, ocorre acúmulo de fluorocitrato.

**(a)** Qual é a etapa no ciclo do ácido cítrico que é inibida pelo tratamento com fluoroacetato?

**(b)** Qual seria o efeito da inibição sobre outros intermediários no ciclo do ácido cítrico?

**SOLUÇÃO:** Vamos mais uma vez decompor essa questão em uma série de perguntas menores, começando com uma questão simples, porém fundamental

- **O fluoroacetato é um análogo de que molécula?**

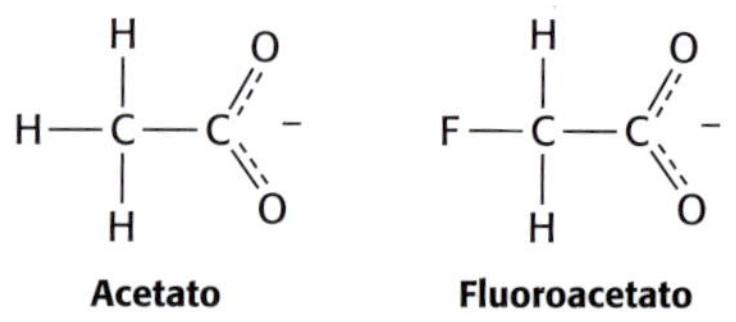


Se examinarmos a estrutura do fluoroacetato, constatamos que ele se assemelha ao acetato com um hidrogênio substituído pelo flúor. A formação de fluorocitrato fornece alguma informação sobre o destino metabólico imediato do fluoroacetato. Como dica, considere como os grupos acetila entram no ciclo do ácido cítrico

- **Como é possível a entrada do fluoroacetato no ciclo do ácido cítrico?**

O fluoroacetato precisa ser inicialmente convertido em fluoroacetil-CoA. Agora,

- **Como você pensa que o fluorocitrato pode ser formado?**

A fluoroacetil-CoA precisa reagir com o oxaloacetato para formar fluorocitrato.

Convém lembrar o ciclo do ácido cítrico

- **Qual é o destino normal do citrato formado pela condensação da acetil-CoA com oxaloacetato?**

O citrato é convertido em isocitrato pela enzima aconitase. Agora, para responder à questão (a), consideremos o que acabamos de lembrar:

- **Qual é a etapa do ciclo do ácido cítrico inibida pelo fluorocitrato?**

A reação da aconitase. Aparentemente, o fluorocitrato não é um substrato da aconitase, de modo que ele se acumula. Bom trabalho.

Quanto à questão (b). Se o ciclo for bloqueado na reação da aconitase:

▸ **Qual seria o efeito sobre as reações que ocorrem após a etapa catalisada pela aconitase?**

Todas as reações prosseguirão, começando com o processamento de todo o isocitrato formado antes da introdução do fluoroacetato. Entretanto, não pode haver geração de novo isocitrato devido à inibição da aconitase.

▸ **Que intermediário do ciclo do ácido cítrico seria regenerado?**

Todos os intermediários após a reação da aconitase seriam metabolizados a oxaloacetato

▸ **Qual seria o destino do oxaloacetato se houvesse fluoroacetato em quantidade suficiente?**

Reagiria com fluoroacetil-CoA até que todos os componentes do ciclo do ácido cítrico fossem convertidos em fluorocitrato. O ciclo do ácido cítrico pararia, uma situação que definitivamente não é compatível com a vida.

## PALAVRAS-CHAVE

ciclo do ácido cítrico (ciclo do ácido tricarboxílico; TCA; ciclo de Krebs)
acetil-CoA
fosforilação oxidativa
complexo piruvato desidrogenase
flavoproteína
citrato sintase
proteína ferro-enxofre (ferro não heme)
isocitrato desidrogenase
α-cetoglutarato desidrogenase
reação anaplerótica
beribéri
ciclo do glioxilato
isocitrato liase
malato sintase
glioxissoma

## QUESTÕES

**1.** *Parceiros essenciais.* Quais dos seguintes cofatores catalíticos são necessários para o complexo piruvato desidrogenase?

**(a)** $NAD^+$, ácido lipoico, tiamina pirofosfato

**(b)** $NAD^+$, biotina, tiamina pirofosfato

**(c)** $NAD^+$, FAD, ácido lipoico

**(d)** FAD, ácido lipoico, tiamina pirofosfato

**2.** *Diferente.* Qual das seguintes alternativas não é um componente do ciclo do ácido cítrico?

**(a)** Succinil-CoA

**(b)** Propionil-CoA

**(c)** Malato

**(d)** Oxaloacetato

**3.** *Afinal, trata-se de uma oxidação.* A oxidação completa de uma molécula de acetil-CoA pelo ciclo do ácido cítrico resulta em

**(a)** Produção de uma molécula de citrato

**(b)** Geração de duas moléculas de ATP

**(c)** Consumo de uma molécula de oxaloacetato

**(d)** Geração de duas moléculas de $CO_2$

**4.** *Uma semelhança excepcional.* O complexo piruvato desidrogenase assemelha-se dos pontos de vista mecanístico e estrutural à

**(a)** Isocitrato desidrogenase

**(b)** α-Cetoglutarato desidrogenase

**(c)** Gliceraldeído 3-fosfato desidrogenase

**(d)** Fumarase

**5.** *Aquecimento global?* Qual das seguintes enzimas catalisa uma reação que não gera uma molécula de $CO_2$?

**(a)** Malato desidrogenase

**(b)** Isocitrato desidrogenase

**(c)** Piruvato desidrogenase

**(d)** α-Cetoglutarato desidrogenase

**6.** *Ligação de sentido único.* Escreva a reação que liga a glicólise e o ciclo do ácido cítrico. Qual é a enzima que catalisa essa reação? ✓1

**7.** *Citando nomes.* Quais são as cinco enzimas (incluindo as enzimas regulatórias) que constituem o complexo piruvato desidrogenase? Que reações elas catalisam? ✓1

**8.** *Coenzimas.* Quais são as coenzimas necessárias para o complexo piruvato desidrogenase? Quais são as suas funções? ✓1

**9.** *Mais coenzimas.* Diferencie as coenzimas catalíticas das estequiométricas no complexo piruvato desidrogenase.

**10.** *Desperdício e fraude?* A Figura 17.8 mostra as etapas no ciclo de reações do complexo piruvato desidrogenase. Um produto-chave, a acetil-CoA, é liberado depois da quarta etapa. Qual é o propósito das etapas remanescentes? ✓1

**11.** *Sempre juntas.* Cite algumas das vantagens de organizar as enzimas que catalisam a formação de acetil-CoA a partir do piruvato em um grande e único complexo. ✓1

12. *Fluxo de átomos de carbono.* Qual é o destino do marcador radioativo quando cada um dos seguintes compostos é adicionado a um extrato celular contendo as enzimas e os cofatores da via glicolítica, do ciclo do ácido cítrico e do complexo piruvato desidrogenase? (O marcador $^{14}C$ está indicado em vermelho.)

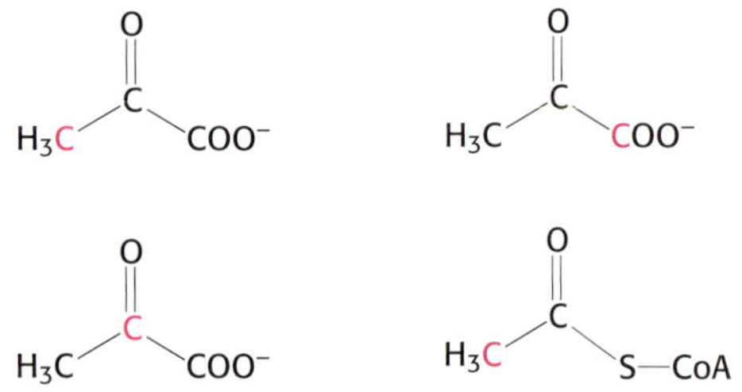


(a) A glicose 6-fosfato é marcada no C-1.

13. $C_2 + C_2 \rightarrow C_4$

(a) Quais são as enzimas necessárias para obter a *síntese efetiva de* oxaloacetato a partir da acetil-CoA?

(b) Escreva uma equação balanceada para a síntese efetiva.

(c) As células de mamíferos contêm as enzimas necessárias?

14. *Força motriz.* Qual é o valor da $\Delta G^{\circ'}$ para a oxidação completa da unidade acetila da acetil-CoA pelo ciclo do ácido cítrico?

15. *Ação catalítica.* O próprio ciclo do ácido cítrico, que é constituído por etapas catalisadas por enzimas, pode ser considerado essencialmente como uma enzima supramolecular. Explique.

16. *Um potente inibidor.* A tiamina tiazolona pirofosfato liga-se à piruvato desidrogenase cerca de 20 mil vezes mais fortemente do que a tiamina pirofosfato e inibe competitivamente a enzima. Por quê?

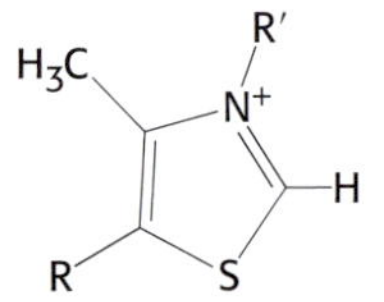


**TPP**

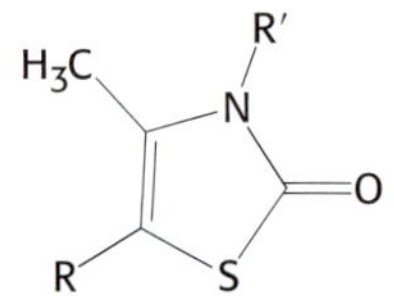


**Análogo tiazolona da TPP**

17. *Como Holmes e Watson.* Associe cada termo à sua descrição correspondente.

| | |
|---|---|
| (a) Acetil-CoA ________ | 1. Catalisa a conexão entre a glicólise e o ciclo do ácido cítrico |
| (b) Ciclo do ácido cítrico ________ | 2. Coenzima necessária para a transacetilase |
| (c) Complexo piruvato desidrogenase ________ | 3. Produto final da piruvato desidrogenase |
| (d) Tiamina pirofosfato ________ | 4. Catalisa a formação de acetil-CoA |
| (e) Ácido lipoico ________ | 5. Regenera a transacetilase ativa |
| (f) Piruvato desidrogenase ________ | 6. Combustível para o ciclo do ácido cítrico |
| (g) Acetil-lipoamida ________ | 7. Coenzima necessária para a piruvato desidrogenase |
| (h) Di-hidrolipoil transacetilase ________ | 8. Catalisa a descarboxilação oxidativa do piruvato |
| (i) Di-hidrolipoil desidrogenase ________ | 9. Devido à deficiência de tiamina |
| (j) Beribéri ________ | 10. Eixo metabólico central |

18. *Acidose láctica.* Os pacientes com deficiência da piruvato desidrogenase apresentam níveis elevados de ácido láctico no sangue. Todavia, em alguns casos, o tratamento com dicloroacetato (DCA), que inibe a quinase associada ao complexo piruvato desidrogenase, reduz os níveis de ácido láctico.

(a) Como o DCA atua para estimular a atividade da piruvato desidrogenase?

(b) O que isso sugere sobre a atividade da piruvato desidrogenase em pacientes que respondem ao DCA?

19. *Rico em energia.* Quais são os tioésteres na reação catalisada pelo complexo PDH?

20. *Destinos alternativos.* Compare as regulações do complexo piruvato desidrogenase no músculo e no fígado.

21. *Mutações.*

(a) Preveja o efeito de uma mutação que aumenta a atividade da quinase associada ao complexo PDH.

(b) Preveja o efeito de uma mutação que reduz a atividade da fosfatase associada ao complexo PDH.

22. *Tinta descascando, papel de parede verde.* Clare Boothe Luce, embaixadora na Itália na década de 1950 (além de congressista em Connecticut, escritora, editora da revista *Vanity Fair,* e esposa de Henry Luce, fundador das revistas *Time* e *Sports Illustrated*), adoeceu enquanto estava vivendo em Roma na residência da embaixada. A tinta no teto da sala de jantar, uma tinta à base de arsênio, estava descascando; o papel de parede do quarto da embaixadora estava verde-claro devido à presença de arsenito cúprico no pigmento. Sugira uma possível causa da doença da embaixadora Luce.

23. *Como Jack e Jill.* Associe cada enzima à sua descrição correspondente.

| | |
|---|---|
| (a) Complexo piruvato desidrogenase ______ | 1. Catalisa a formação de isocitrato |
| (b) Citrato sintase______ | 2. Sintetiza succinil-CoA |
| (c) Aconitase ________ | 3. Gera malato |
| (d) Isocitrato desidrogenase ______ | 4. Gera ATP |
| (e) α-cetoglutarato desidrogenase ________ | 5. Converte o piruvato em acetil-CoA |
| (f) Succinil-CoA sintetase ______ | 6. Converte o piruvato em oxaloacetato |

**(g)** Succinato desidrogenase _____

**(h)** Fumarase
_____

**(i)** Malato desidrogenase
_____

**(j)** Piruvato carboxilase
_____

**7.** Condensa o oxaloacetato e a acetil-CoA

**8.** Catalisa a formação de oxaloacetato

**9.** Sintetiza fumarato

**10.** Catalisa a formação de α-cetoglutarato

**24.** *Um embuste, talvez?* O ciclo do ácido cítrico faz parte da respiração aeróbica, porém o ciclo não necessita de $O_2$. Explique esse paradoxo. ✓**⑤**

**25.** *Um tipo único.* Como a succinato desidrogenase é singular quando comparada com as outras enzimas do ciclo do ácido cítrico?

**26.** *Reações acopladas.* A oxidação do malato pelo $NAD^+$ para formar oxaloacetato é uma reação altamente endergônica em condições-padrão [$\Delta G^{o'} = 29$ kJ $mol^{-1}$ (7 kcal $mol^{-1}$)]. A reação prossegue prontamente em condições fisiológicas. ✓**④**

**(a)** Explique por que a reação prossegue em condições fisiológicas.

**(b)** Pressupondo uma razão [$NAD^+$]/[$NADH$] de 8 e um pH 7, qual é a menor razão [malato]/[oxaloacetato] na qual pode haver formação de oxaloacetato a partir de malato?

**27.** *Síntese de α-cetoglutarato.* Com o uso das reações e das enzimas apresentadas neste capítulo, é possível converter o piruvato em α-cetoglutarato sem causar depleção de qualquer componente do ciclo do ácido cítrico. Escreva uma reação balanceada para essa conversão mostrando os cofatores e identificando as enzimas necessárias. ✓**⑥**

**28.** *Bloqueio na estrada.* O malonato é um inibidor competitivo da succinato desidrogenase. Como as concentrações de intermediários do ciclo do ácido cítrico se modificam imediatamente após a adição do malonato? Por que o malonato não é um substrato da succinato desidrogenase?

$$
\begin{array}{c}
COO^- \\
| \\
CH_2 \\
| \\
COO^-
\end{array}
$$

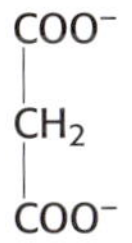

**Malonato**

**29.** *Nenhum sinal, nenhuma atividade.* Por que a acetil-CoA é um ativador particularmente apropriado da piruvato carboxilase? ✓**②**, ✓**⑤**

**30.** *Diferenças de potencial.* Como veremos no próximo capítulo, quando o NADH reage com oxigênio, são geradas 2,5 moléculas de ATP. Quando o $FADH_2$ reduz o oxigênio, apenas 1,5 molécula de ATP é produzida. Por que a succinato desidrogenase produz $FADH_2$ e não NADH quando o succinato é reduzido a fumarato?

**31.** *De volta à química orgânica.* Para que possa ocorrer qualquer oxidação no ciclo do ácido cítrico, o citrato precisa ser isomerizado a isocitrato. Por que isso ocorre?

**32.** *Um aceno é tão bom quanto um piscar para um cavalo cego.* Explique por que uma molécula de GTP ou outro nucleosídio trifosfato é energeticamente equivalente a uma molécula de ATP no metabolismo.

**33.** *Escolher um entre dois.* A síntese de citrato a partir de acetil-CoA e de oxaloacetato é uma reação de biossíntese. Qual é a fonte de energia que impulsiona a formação de citrato? ✓**④**

**34.** *Versatilidade.* Qual é o principal benefício da capacidade de realizar o ciclo do glioxilato? ✓**⑦**

## Questões | Integração de capítulos

**35** *Transformação de gorduras em glicose?* As gorduras são habitualmente metabolizadas a acetil-CoA e, em seguida, processadas pelo ciclo do ácido cítrico. No Capítulo 16, vimos que a glicose pode ser sintetizada a partir do oxaloacetato, um intermediário do ciclo do ácido cítrico. Assim, por que, depois de uma longa sessão de exercício físico que provoca depleção das reservas de carboidratos, precisamos repor essas reservas com a ingestão de carboidratos? Por que não podemos simplesmente fazer a sua reposição convertendo gorduras em carboidratos?

**36.** *Fontes energéticas alternativas.* Como veremos no Capítulo 22, a degradação de ácidos graxos gera grande quantidade de acetil-CoA. Qual será o efeito da degradação de ácidos graxos na atividade do complexo piruvato desidrogenase? E na glicólise? ✓**②**

## Questões sobre mecanismo

**37.** *Tema e variações.* Proponha um mecanismo de reação para a condensação da acetil-CoA e do glioxilato no ciclo do glioxilato de plantas e bactérias.

**38.** *Problemas de simetria.* Em experimentos conduzidos em 1941 para investigar o ciclo do ácido cítrico, o oxaloacetato marcado com $^{14}C$ no átomo de carbono carboxila mais distante do grupo ceto foi introduzido em uma preparação ativa de mitocôndrias.

$$
\begin{array}{c}
O= \!\!\! \begin{array}{c} ^{COO^-} \\ C \\ | \\ CH_2 \\ | \\ COO^- \end{array}
\end{array}
$$

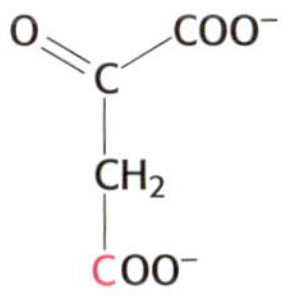

**Oxaloacetato**

A análise do α-cetoglutarato formado mostrou que não houve perda de nenhum marcador radioativo. Em seguida, a descarboxilação do α-cetoglutarato produziu succinato desprovido de radioatividade. Toda a marcação encontrava-se no $CO_2$ liberado. Por que os primeiros pesquisadores do ciclo do ácido cítrico surpreenderam-se com o fato de que *toda* a marcação apareceu no $CO_2$?

**39** *Moléculas simétricas reagindo de modo assimétrico.* A interpretação dos experimentos descritos na questão 38 foi a de que o citrato (ou qualquer outro composto simétrico) não pode ser um intermediário na formação do α-cetoglutarato devido ao destino assimétrico do marcador. Esse ponto de vista parecia ser atraente até que Alexander Ogston assinalou incisivamente em 1948 que "é possível que *uma enzima* *assimétrica que ataca um composto simétrico possa diferenciar seus grupos idênticos* [itálicos acrescentados]". Para simplificar, considere uma molécula na qual dois átomos de hidrogênio, um grupo X e um diferente grupo Y estão ligados a um átomo de carbono tetraédrico como modelo para o citrato. Explique como uma molécula simétrica pode reagir com uma enzima de maneira assimétrica.

## Questões I Interpretação de dados

**40.** *Uma pequena quantidade é suficiente.* Como será esclarecido no Capítulo 18, a atividade do ciclo do ácido cítrico pode ser monitorada pela determinação da quantidade de $O_2$ consumida. Quanto maior a taxa de consumo de $O_2$, mais rápida a velocidade do ciclo. Em 1937, Hans Krebs utilizou esse ensaio para investigar o ciclo. Utilizou como sistema experimental o músculo peitoral picado de pombo, que é rico em mitocôndrias. Em um conjunto de experimentos, Krebs determinou o consumo de $O_2$ na presença de carboidratos apenas e na presença de carboidratos e citrato. Os resultados são mostrados na tabela a seguir. ✓5

**Efeito do citrato sobre o consumo de oxigênio pelo músculo peitoral picado de pombo.**

| | Micromols de oxigênio consumido | |
|---|---|---|
| Tempo (min) | Carboidratos apenas | Carboidratos mais 3 μmol de citrato |
| 10 | 26 | 28 |
| 60 | 43 | 62 |
| 90 | 46 | 77 |
| 150 | 49 | 85 |

**(a)** Qual é a quantidade de $O_2$ que seria absorvida se o citrato adicionado fosse totalmente oxidado a $H_2O$ e $CO_2$?

**(b)** Com base na sua resposta à questão *a*, o que os resultados apresentados na tabela sugerem?

**41.** *Envenenamento por arsenito.* O efeito do arsenito sobre o sistema experimental da questão 40 foi então examinado. Dados experimentais (que não são apresentados aqui) mostraram que, na ausência de arsenito, a quantidade de citrato presente não se modificou durante a realização do experimento. Entretanto, se o arsenito fosse acrescentado ao sistema, seriam obtidos resultados diferentes, como mostra a tabela a seguir. ✓5

**Desaparecimento do ácido cítrico no músculo peitoral de pombo na presença de arsenito.**

| Micromols de citrato adicionados | Micromols de citrato encontrados depois de 40 min | Micromols de citrato utilizados |
|---|---|---|
| 22 | 0,6 | 21 |
| 44 | 20,0 | 24 |
| 90 | 56,0 | 34 |

**(a)** Qual é o efeito do arsenito no desaparecimento do citrato?

**(b)** Como a ação do arsenito é alterada pela adição de mais citrato?

**(c)** O que esses dados sugerem sobre o local de ação do arsenito?

**42.** *Isocitrato liase e tuberculose.* A bactéria *Mycobacterium tuberculosis*, causadora da tuberculose, pode invadir os pulmões e persistir em um estado latente por anos. Durante esse período, as bactérias residem em granulomas – cicatrizes nodulares contendo bactérias e restos celulares do hospedeiro no centro circundados por células imunes. Os granulomas são ambientes ricos em lipídios e pobres em oxigênio. Como essas bactérias conseguem persistir continua sendo um mistério. Os resultados das pesquisas sugerem que o ciclo do glioxilato é necessário para a persistência das bactérias. Os seguintes dados mostram a quantidade de bactérias [na forma de unidades formadoras de colônias (UFC)] em pulmões de camundongos nas semanas após a ocorrência de infecção. ✓7

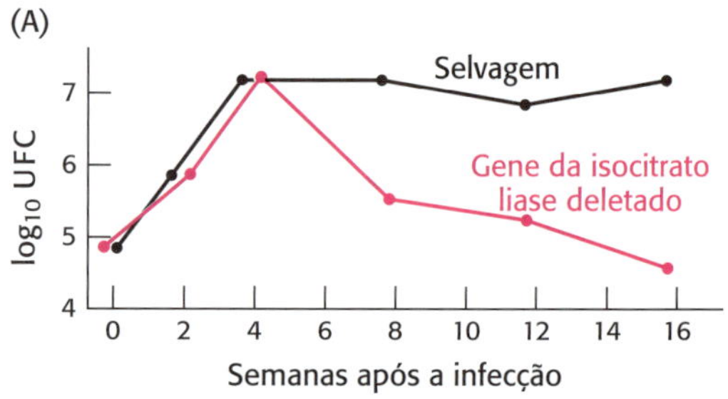


No gráfico A, os círculos pretos representam os resultados das bactérias selvagens, enquanto os círculos vermelhos representam os resultados das bactérias cujo gene para a isocitrato liase foi deletado.

**(a)** Qual é o efeito da ausência da citrato liase?

As técnicas descritas no Capítulo 5 foram utilizadas para a reinserção do gene codificador da isocitrato liase em bactérias nas quais esse gene foi anteriormente deletado. (Ver animação no SaplingPlus.)

No gráfico B, os círculos pretos representam as bactérias nas quais o gene foi reinserido, enquanto os círculos vermelhos representam as bactérias nas quais o gene continua ausente.

**(b)** Esses resultados apoiam aqueles obtidos na parte *a*?

**(c)** Qual é o propósito do experimento na parte *b*?

**(d)** Por que essas bactérias morrem na ausência do ciclo do glioxilato?

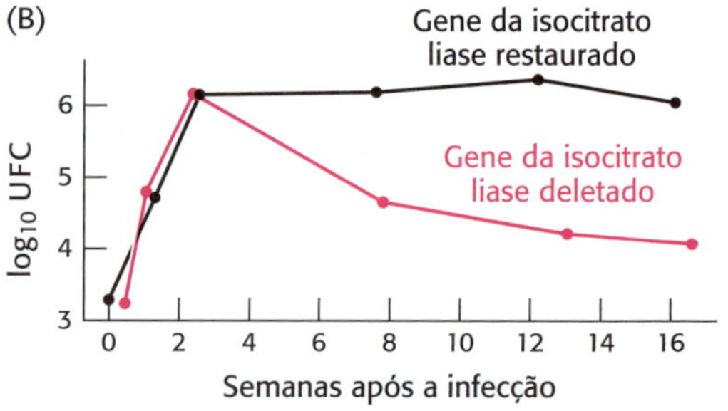


[Dados de McKinney *et al.*, *Nature* 406: 735-738, 2000]

## Questões para discussão

**43.** O ciclo do ácido cítrico é frequentemente descrito como o eixo metabólico do metabolismo celular. Explique o que significa essa afirmativa.

**44.** Descreva a vantagem de regenerar oxaloacetato no final de cada volta do ciclo do ácido cítrico.

# Fosforilação Oxidativa

CAPÍTULO 18

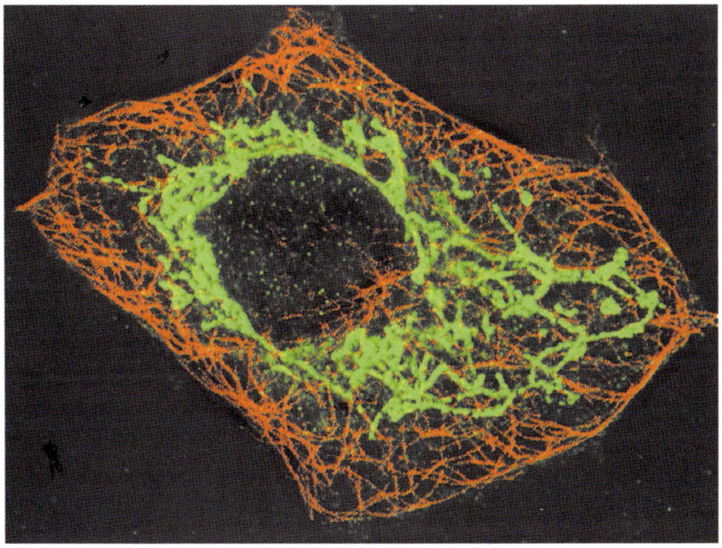

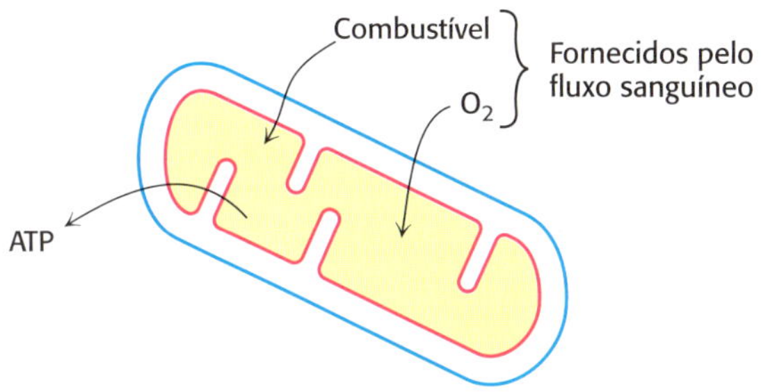


As mitocôndrias, coradas em verde, formam uma rede no interior de um fibroblasto (*à esquerda*). As mitocôndrias oxidam fontes energéticas de carbono para produzir energia celular na forma de ATP. [(*À esquerda*) Cortesia de Michael P. Yaffe, Dept. of Biology, University of California at San Diego.]

## OBJETIVOS DE APRENDIZAGEM

*Ao término do capítulo, o leitor deverá ser capaz de:*

1. Descrever os componentes-chave da cadeia de transporte de elétrons e como eles estão organizados.
2. Explicar os benefícios da localização da cadeia de transporte de elétrons em uma membrana.
3. Descrever como a força próton-motriz é convertida em ATP.
4. Identificar o determinante final da taxa de respiração celular.

## SUMÁRIO



A quantidade de ATP necessária para que os seres humanos tenham uma vida ativa é impressionante. Um homem sedentário de 70 kg precisa de aproximadamente 8.400 kJ (2.000 kcal) para 1 dia de atividade. São necessários 83 kg de ATP para suprir essa enorme demanda de energia. Entretanto, os seres humanos possuem apenas cerca de 250 g de ATP em dado momento. A disparidade entre a quantidade de ATP de que dispomos e a quantidade que necessitamos é compensada pela reciclagem do ADP a ATP. Cada molécula de ATP é reciclada cerca de 300 vezes/dia. Essa reciclagem ocorre principalmente por meio da *fosforilação oxidativa*.

Começaremos nosso estudo da fosforilação oxidativa examinando as reações de oxirredução que possibilitam o fluxo de elétrons do NADH e do $FADH_2$ para o oxigênio. O fluxo de elétrons ocorre em quatro grandes complexos proteicos que estão inseridos na membrana mitocondrial interna e que, em seu conjunto, são denominados *cadeia respiratória* ou *cadeia de transporte de elétrons*.

$$\text{NADH} + \tfrac{1}{2}\text{O}_2 + \text{H}^+ \longrightarrow \text{H}_2\text{O} + \text{NAD}^+$$

$$\Delta G^{\circ\prime} = -220{,}1 \text{ kJ mol}^{-1} \ (-52{,}6 \text{ kcal mol}^{-1})$$

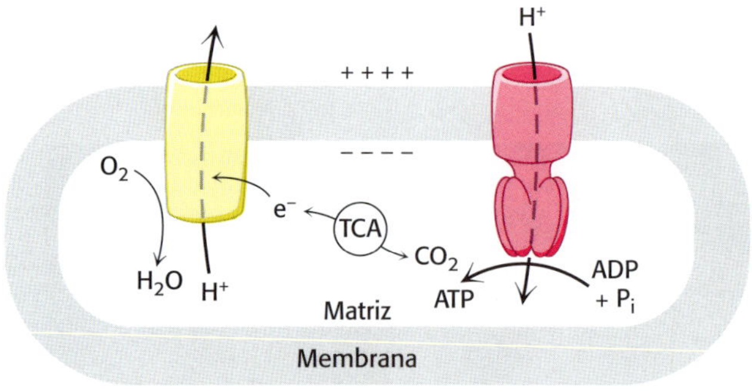


**FIGURA 18.1 Visão geral da fosforilação oxidativa.** A oxidação e a síntese de ATP são acopladas por fluxos transmembrana de prótons. Os elétrons do NADH e do $FADH_2$, formados no ciclo do TCA, fluem através da cadeia de transporte de elétrons para reduzir o oxigênio a água (tubo amarelo). Alguns componentes da cadeia bombeiam prótons da matriz mitocondrial para o espaço intermembrana. Os prótons retornam à matriz fluindo por intermédio de outro complexo proteico, a ATP sintase (estrutura em vermelho), o que impulsiona a síntese de ATP.

A reação global é exergônica. É importante ressaltar que três dos complexos da cadeia de transporte de elétrons utilizam a energia liberada pelo fluxo de elétrons para bombear prótons para fora da matriz mitocondrial. Em essência, a energia é transformada. A consequente distribuição desigual de prótons gera um gradiente de pH e um potencial elétrico transmembrana que gera uma *força próton-motriz*. O ATP é sintetizado quando os prótons fluem de volta para a matriz mitocondrial por meio de um complexo enzimático.

$$ADP + P_i + H^+ \longrightarrow ATP + H_2O$$

$$\Delta G°' = +30{,}5\ kJ\ mol^{-1}\ (+7{,}3\ kcal\ mol^{-1})$$

Assim, *a oxidação de combustível e a fosforilação do ATP são acopladas por um gradiente de prótons ao longo da membrana mitocondrial interna* (Figura 18.1).

Coletivamente, a geração de elétrons com alto potencial de transferência pelo ciclo do ácido cítrico e seu fluxo através da cadeia respiratória associado à síntese de ATP são denominados *respiração* ou *respiração celular*.

**Respiração**
Processo de geração de ATP no qual um composto inorgânico (como o oxigênio molecular) atua como último aceptor de elétrons. O doador de elétrons pode ser um composto orgânico ou um composto inorgânico.

## 18.1 A fosforilação oxidativa nos eucariotos ocorre nas mitocôndrias

Convém lembrar que uma das funções bioquímicas do ciclo do ácido cítrico, que ocorre na matriz mitocondrial, consiste na geração de elétrons de alta energia. Por conseguinte, é apropriado que a fosforilação oxidativa, que converte a energia desses elétrons em ATP, também ocorra nas mitocôndrias. As mitocôndrias são organelas de formato oval normalmente de cerca de 2 μm de comprimento e 0,5 μm de diâmetro, ou seja, aproximadamente o tamanho de uma bactéria.

### As mitocôndrias são delimitadas por uma dupla membrana

Os estudos com microscopia eletrônica revelaram que as mitocôndrias possuem dois sistemas de membranas: uma *membrana externa* e uma *membrana interna* extensa e com muitas dobras. A membrana interna é dobrada, formando uma série de pregas internas denominadas *cristas*. Assim, existem dois compartimentos nas mitocôndrias: (1) o *espaço intermembrana,* situado entre as membranas externa e interna; e (2) a *matriz,* que é delimitada pela membrana interna (Figura 18.2). A matriz mitocondrial constitui o local onde ocorre a maioria das reações do ciclo do ácido cítrico e a oxidação dos ácidos graxos. Em contrapartida, a fosforilação oxidativa ocorre na membrana mitocondrial interna. O aumento na área de superfície da membrana mitocondrial interna, proporcionado pelas cristas, cria mais sítios onde ocorre a fosforilação oxidativa do que haveria se a membrana fosse simples

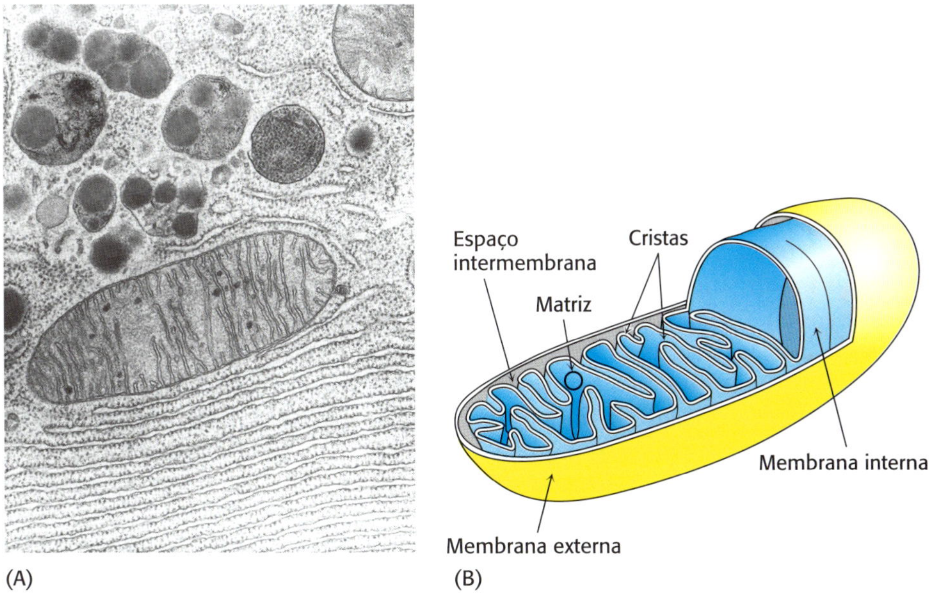


**FIGURA 18.2 Micrografia eletrônica (A) e diagrama (B) de uma mitocôndria.** [(A) Keith R. Porter/Science Source. (B) Informação de Wolfe, *Biology of the Cell*, 2e, © 1981 Brooks/Cole, a part of Cengage Learning, Inc. Reproduzido, com autorização, de www.cengage.com/permission 3.]

e sem pregas. Os seres humanos contêm aproximadamente 14.000 $m^2$ de membrana mitocondrial interna, o que equivale aproximadamente a três campos de futebol americano.

A membrana externa é muito permeável à maioria das moléculas pequenas e íons, visto que ela contém *porina mitocondrial*, uma proteína formadora de poros de 30 a 35 kDa também conhecida como VDAC (do inglês *voltage-dependent anion channel* [canal aniônico dependente de voltagem]). O VDAC, que é a proteína mais prevalente na membrana mitocondrial externa, desempenha um papel no fluxo regulado de metabólitos – habitualmente espécies aniônicas, como fosfato, cloreto, ânions orgânicos e nucleotídios de adenina – através da membrana interna. Em contrapartida, a membrana interna é impermeável a praticamente todos os íons e moléculas polares. Uma grande família de transportadores transfere metabólitos, como ATP, piruvato e citrato, através da membrana mitocondrial interna. As duas faces dessa membrana serão designadas como *lado da matriz* e *lado citoplasmático* (este último por ser livremente acessível à maioria das moléculas pequenas presentes no citoplasma). São também denominados lados *N* e *P*, respectivamente, visto que o potencial de membrana é negativo no lado da matriz e positivo no lado citoplasmático (ver Figura 18.1).

Nas bactérias, as bombas de prótons impulsionadas por elétrons e os complexos de síntese de ATP estão localizados na membrana citoplasmática, a mais interna das duas membranas. Em muitas bactérias, a membrana externa, como a das mitocôndrias, é permeável à maioria dos metabólitos pequenos devido à presença de porinas.

## As mitocôndrias resultam de um evento endossimbiótico

As mitocôndrias são organelas semiautônomas que vivem em uma relação endossimbiótica com a célula hospedeira. Essas organelas contêm o seu próprio DNA, que codifica uma variedade de proteínas e RNAs diferentes. Em geral, o DNA mitocondrial é descrito como circular; entretanto, pesquisas recentes sugerem que o DNA mitocondrial de muitos organismos pode ser linear. O tamanho dos genomas das mitocôndrias varia amplamente entre as espécies. O genoma mitocondrial do protista *Plasmodium falciparum* consiste em menos de 6 mil pares de bases (pb), enquanto o de algumas plantas terrestres é constituído por mais de 200.000 pb (Figura 18.3). O DNA mitocondrial dos seres humanos consiste em

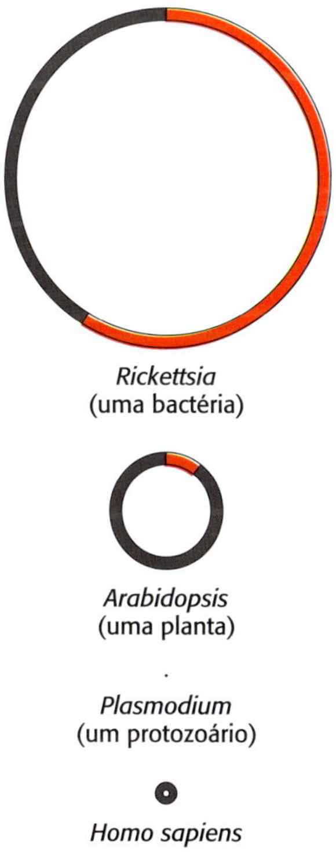


**FIGURA 18.3 Tamanhos de genomas mitocondriais.** O tamanho de três genomas mitocondriais é comparado com o genoma de *Rickettsia*, um parente do suposto ancestral de todas as mitocôndrias. Nos genomas com mais de 60 kpb, a região codificadora do DNA para os genes com função conhecida é mostrada em vermelho.

16.569 pb e codifica 13 proteínas da cadeia respiratória, bem como os RNAs ribossômicos pequenos e grandes e uma quantidade suficiente de tRNAs para a tradução de todos os códons. Entretanto, as mitocôndrias também contêm muitas proteínas codificadas pelo DNA nuclear. As células que apresentam mitocôndrias dependem dessas organelas para a fosforilação oxidativa, e, por sua vez, as mitocôndrias dependem das células para a sua existência. Como surgiu essa estreita relação simbiótica?

Acredita-se que *um evento endossimbiótico* tenha ocorrido por meio do qual um organismo de vida livre capaz de realizar a fosforilação oxidativa foi engolido por outra célula. A dupla membrana, o DNA circular (com exceções) e a maquinaria de transcrição e de tradução específica das mitocôndrias apontam para essa conclusão. Em virtude do rápido acúmulo de dados sobre o sequenciamento dos genomas mitocondriais e bacterianos, é possível especular com alguma segurança a origem da mitocôndria "original". O genoma bacteriano mais semelhante ao da mitocôndria é o da *Rickettsia prowazekii,* a causa do tifo transmitido por piolhos. O genoma desse organismo consiste em mais de 1 milhão de pares de bases e contém 834 genes codificadores de proteínas. Os dados sobre sequências sugerem que todas as mitocôndrias existentes provêm de um ancestral da *R. prowazekii* como resultado de um único evento endossimbiótico.

As evidências de que as mitocôndrias atuais resultam de um único evento provêm do estudo do genoma mitocondrial mais semelhante ao bacteriano: o do protozoário *Reclinomonas americana.* O genoma desse organismo contém 97 genes, dos quais 62 especificam proteínas. Os genes que codificam essas proteínas incluem todos os genes codificadores de proteínas encontrados em todos os genomas mitocondriais sequenciados (Figura 18.4). Contudo, esse genoma codifica menos de 2% dos genes codificadores de proteínas na bactéria *E. coli.* Em outras palavras, uma pequena fração dos genes bacterianos – 2% – é encontrada em todas as mitocôndrias examinadas. Como é possível que todas as mitocôndrias tenham os mesmos 2% do genoma bacteriano? Parece improvável que os genomas mitocondriais resultantes de vários eventos endossimbióticos pudessem ser reduzidos independentemente ao mesmo conjunto de genes presentes no protozoário *R. americana.* Qual foi o destino dos genes mitocondriais que não foram mais abrigados pelas mitocôndrias? Os genomas reduzidos das mitocôndrias resultam de uma transferência gênica endossimbiótica por meio da qual os genes mitocondriais se tornaram parte do genoma nuclear. Assim, a célula bacteriana original perdeu o seu DNA, tornando-a incapaz de ter uma vida independente, e a célula hospedeira tornou-se dependente do ATP gerado pelo seu inquilino.

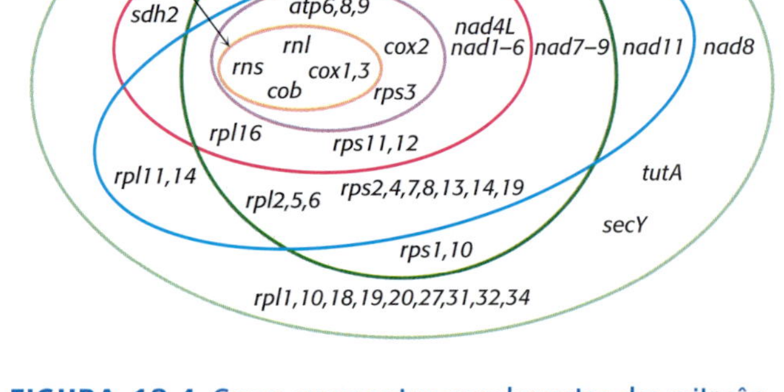

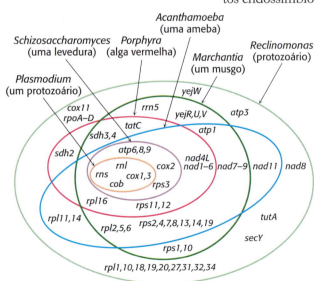


**FIGURA 18.4 Genes superpostos complementos das mitocôndrias.** Os genes encontrados dentro de cada oval são aqueles presentes no organismo representado pelo oval. São mostrados apenas os genes codificadores de rRNA e de proteínas. O genoma de *Reclinomonas* contém todos os genes codificadores de proteínas encontrados em todos os genomas mitocondriais sequenciados. [Dados de M. W. Gray, G. Burger, e B. F. Lang, *Science* 283:1476–1481, 1999.]

## 18.2 A fosforilação oxidativa depende da transferência de elétrons

No Capítulo 17, a geração de NADH e de $FADH_2$ pela oxidação da acetil-CoA foi identificada como uma importante função do ciclo do ácido cítrico. Na fosforilação oxidativa, elétrons do NADH e do $FADH_2$ são utilizados para reduzir o oxigênio molecular a água. Essa redução altamente exergônica é realizada por várias reações de transferência de elétrons que ocorrem em um conjunto de proteínas de membrana conhecidas como *cadeia de transporte de elétrons.*

## O potencial de transferência de elétrons de um elétron é medido como potencial redox

Na fosforilação oxidativa, o *potencial de transferência de elétrons* do NADH ou do $FADH_2$ é convertido no *potencial de transferência de fosforila* do ATP. Para entender melhor essa conversão, precisamos recorrer às expressões quantitativas dessas formas de energia. A medida do potencial de transferência de fosforila já é conhecida: é fornecida pelo valor de $\Delta G°'$ para a hidrólise do composto fosforila ativado. A expressão correspondente para o potencial de transferência de elétrons é $E'_0$, o *potencial de redução* (também denominado *potencial redox* ou *potencial de oxirredução*).

Considere uma substância que pode existir em uma forma oxidada X e em uma forma reduzida $X^-$. Esse par é denominado *par redox* e é designado como $X{:}X^-$. O potencial de redução desse par pode ser determinado pela medição da força eletromotriz gerada por um aparelho denominado *meia-célula da amostra* conectada a uma *meia-célula de referência padrão* (Figura 18.5). A meia-célula da amostra consiste em um eletrodo imerso em uma solução de 1 M de oxidante (X) e 1 M de redutor ($X^-$). A meia-célula de referência padrão consiste em um eletrodo imerso em uma solução de 1 M $H^+$ que está em equilíbrio com gás $H_2$ a uma atmosfera (1 atm) de pressão. Os eletrodos são conectados a um voltímetro, e uma ponte de ágar possibilita o movimento dos íons de uma meia-célula para outra, estabelecendo uma continuidade elétrica entre as meias-células. Os elétrons fluem então de uma meia-célula para outra através do fio de conexão das duas meias-células ao voltímetro. Se a reação seguir no sentido

$$X^- + H^+ \longrightarrow X + \tfrac{1}{2}\,H_2$$

as reações nas meias-células (designadas como *meias-reações* ou *pares*) devem ser

$$X^- \longrightarrow X + e^- \qquad H^+ + e^- \longrightarrow \tfrac{1}{2}\,H_2$$

Assim, os elétrons fluem da meia-célula da amostra para a meia-célula de referência padrão, e o eletrodo da célula da amostra é considerado negativo em relação ao eletrodo da célula padrão. *O potencial de reação do par $X{:}X^-$ é a voltagem observada no início do experimento* (quando X, $X^-$ e $H^+$ estão em 1 M com 1 atm de $H_2$). *O potencial de redução do par $H^+{:}H_2$ é definido como sendo 0 volt.* Nas reações de oxirredução, o doador de elétrons – neste caso, $X^-$ – é denominado *agente redutor,* enquanto o aceptor de elétrons – neste caso $H^+$ – é denominado *agente oxidante.*

O significado do potencial de redução é agora evidente. Um potencial de redução negativo significa que a forma oxidada de uma substância apresenta menor afinidade por elétrons do que o $H_2$, como no exemplo precedente. Um potencial de redução positivo significa que a forma oxidada de uma substância possui maior afinidade por elétrons do que o $H_2$. Essas comparações referem-se a condições padrão – ou seja, 1 M de oxidante, 1 M de redutor, 1 M de $H^+$ e 1 atm de $H_2$. Por conseguinte, *um agente redutor forte (como o NADH) está preparado para doar elétrons e apresenta potencial de redução negativo, enquanto um agente oxidante forte (como o $O_2$) está pronto para aceitar elétrons e apresenta potencial de redução positivo.*

Os potenciais de redução de muitos pares redox biologicamente importantes são conhecidos (Tabela 18.1). A Tabela 18.1 é semelhante àquelas fornecidas em livros de química, exceto que a concentração de íon hidrogênio de $10^{-7}$ M (pH 7), em vez de 1 M (pH 0), é o estado padrão adotado pelos bioquímicos. Essa diferença é indicada pela linha em $E'_0$. Convém lembrar que a linha em $\Delta G°'$ denota a variação padrão de energia livre em pH 7.

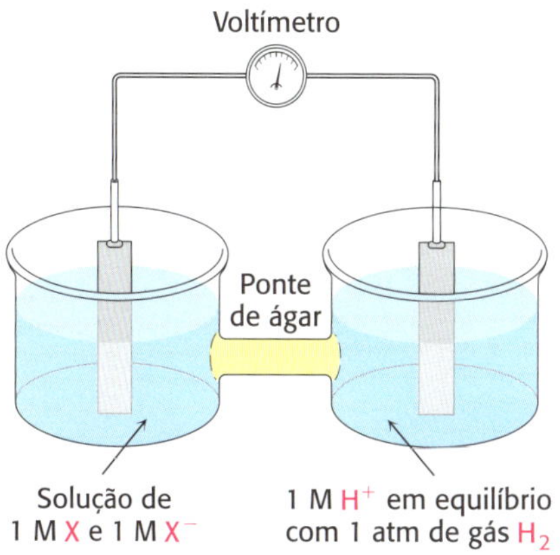


**FIGURA 18.5 Medição do potencial redox.** Aparelho para determinação do potencial de oxirredução padrão de um par redox. Os elétrons fluem através do fio que une as células, enquanto os íons fluem pela ponte de ágar.

A variação de energia livre padrão $\Delta G^{o\prime}$ está relacionada com a variação no potencial de redução $\Delta E'_0$ por

$$\Delta G^{o\prime} = -nF\Delta E'_0$$

em que $n$ é o número de elétrons transferidos, $F$ é uma constante de proporcionalidade, denominada *constante de Faraday* [96,48 kJ $mol^{-1}$ $V^{-1}$ (23,06 kcal $mol^{-1}$ $V^{-1}$)], $\Delta E'_0$ é expressa em volts, e $\Delta G^{o\prime}$ é expressa em quilojoules ou quilocalorias por mol.

A mudança de energia livre de uma reação de oxirredução pode ser facilmente calculada a partir do potencial de redução dos reagentes. Por exemplo, considere a redução do piruvato pelo NADH, que é catalisada pela lactato desidrogenase. Convém lembrar que essa reação mantém o equilíbrio redox na fermentação do ácido láctico (ver Figura 16.11).

$$\text{Piruvato} + \text{NADH} + H^+ \rightleftharpoons \text{lactato} + NAD^+ \qquad (A)$$

O potencial de redução do par $NAD^+$:NADH, ou meia-reação, é de –0,32 V, enquanto o do par piruvato:lactato é de –0,19 V. Por convenção, os potenciais de redução (como na Tabela 18.1) referem-se a reações parciais escritas como reduções: oxidante + $e^- \longrightarrow$ redutor. Assim,

$$\text{Piruvato} + 2\,H^+ + 2\,e^- \rightarrow \text{lactato} \qquad E'_0 = -0{,}19\text{ V} \qquad (B)$$
$$NAD^+ + H^+ + 2\,e^- \rightarrow \text{NADH} \qquad E'_0 = -0{,}32\text{ V} \qquad (C)$$

Para obter a reação A a partir das reações B e C, precisamos inverter o sentido da reação C, de modo que o NADH apareça à esquerda da seta. Ao fazê-lo, o sinal de $E'_0$ precisa ser trocado.

$$\text{Piruvato} + 2\,H^+ + 2\,e^- \rightarrow \text{lactato} \qquad E'_0 = -0{,}19\text{ V} \qquad (B)$$
$$\text{NADH} \rightarrow NAD^+ + H^+ + 2\,e^- \qquad E'_0 = +0{,}32\text{ V} \qquad (D)$$

**TABELA 18.1** Potenciais de redução-padrão de algumas reações.

| Oxidante | Redutor | *n* | $E'_0$(V) |
|---|---|---|---|
| Succinato + $CO_2$ | α-cetoglutarato | 2 | –0,67 |
| Acetato | Acetaldeído | 2 | –0,60 |
| Ferredoxina (oxidada) | Ferredoxina (reduzida) | 1 | –0,43 |
| 2 $H^+$ | $H_2$ | 2 | –0,42 |
| $NAD^+$ | NADH + $H^+$ | 2 | –0,32 |
| $NADP^+$ | NADPH + $H^+$ | 2 | –0,32 |
| Lipoato (oxidado) | Lipoato (reduzido) | 2 | –0,29 |
| Glutationa (oxidada) | Glutationa (reduzida) | 2 | –0,23 |
| FAD | $FADH_2$ | 2 | –0,22 |
| Acetaldeído | Etanol | 2 | –0,20 |
| Piruvato | Lactato | 2 | –0,19 |
| 2 $H^+$ | $H_2$ | 2 | 0,00[1] |
| Fumarato | Succinato | 2 | + 0,03 |
| Citocromo *b* (+3) | Citocromo *b* (+ 2) | 1 | + 0,07 |
| Desidroascorbato | Ascorbato | 2 | + 0,08 |
| Ubiquinona (oxidada) | Ubiquinona (reduzida) | 2 | + 0,10 |
| Citocromo *c* (+ 3) | Citocromo *c* (+ 2) | 1 | + 0,22 |
| Fe (+ 3) | Fe (+2) | 1 | + 0,77 |
| ½ $O_2$ + 2 $H^+$ | $H_2O$ | 2 | + 0,82 |

Nota: $E'_0$ é o potencial de oxirredução padrão (pH 7, 25°C) e *n* é o número de elétrons transferidos. $E'_0$ refere-se à reação parcial escrita da seguinte maneira: Oxidante + $e^- \longrightarrow$ redutor.

[1] Potencial de oxirredução padrão em pH = 0. Compare com $E'_0$ = –0,42 em pH = 7.

Para a reação B, a energia livre pode ser calculada com $n = 2$.

$$\Delta G^{\circ\prime} = -2 \times 96{,}48\ \text{kJ mol}^{-1}\ \text{V}^{-1} \times -0{,}19\ \text{V}$$
$$= +36{,}7\ \text{kJ mol}^{-1}(+8{,}8\ \text{kcal mol}^{-1})$$

De modo semelhante, para a reação D,

$$\Delta G^{\circ\prime} = -2 \times 96{,}48\ \text{kJ mol}^{-1}\ \text{V}^{-1} \times +0{,}32\ \text{V}$$
$$= -61{,}8\ \text{kJ mol}^{-1}(-14{,}8\ \text{kcal mol}^{-1})$$

Por conseguinte, a energia livre para a reação A é obtida por

$$\Delta G^{\circ\prime} = \Delta G^{\circ\prime}\,(\text{para a reação B}) + \Delta G^{\circ\prime}\,(\text{para a reação D})$$
$$= +36{,}7\ \text{kJ mol}^{-1} - 61{,}8\ \text{kJ mol}^{-1}$$
$$= -25{,}1\ \text{kJ mol}^{-1}\,(-6{,}0\ \text{kcal mol}^{-1})$$

### O fluxo de elétrons do NADH para o oxigênio molecular impulsiona a formação de um gradiente de prótons

A força-motriz da fosforilação oxidativa é o potencial de transferência de elétrons do NADH ou do $FADH_2$ em relação ao do $O_2$. Quanta energia é liberada pela redução do $O_2$ com NADH? Calculemos a $\Delta G^{\circ\prime}$ dessa reação. As meias-reações pertinentes são:

$$\tfrac{1}{2}\,O_2 + 2\,H^+ + 2e^- \rightarrow H_2O \qquad E_0' = +0{,}82\ \text{V} \qquad \text{(A)}$$
$$NAD^+ + H^+ + 2e^- \rightarrow NADH \qquad E_0' = -0{,}32\ \text{V} \qquad \text{(B)}$$

A combinação das duas meias-reações, como ocorre na cadeia de transporte de elétrons, produz

$$\tfrac{1}{2}O_2 + NADH + H^+ \rightarrow H_2O + NAD^+ \qquad \text{(C)}$$

A energia livre padrão para essa reação é fornecida da seguinte maneira:

$$\Delta G^{\circ\prime} = (-2 \times 96{,}48\ \text{kJ mol}^{-1}\text{V}^{-1} \times +0{,}82\ \text{V})$$
$$+ (-2 \times 96{,}48\ \text{kJ mol}^{-1}\text{V}^{-1} \times +0{,}32\ \text{V})$$
$$= -158{,}2\ \text{kJ mol}^{-1} + (-61{,}9)\ \text{kJ mol}^{-1}$$
$$= -220{,}1\ \text{kJ mol}^{-1}\,(-52{,}6\ \text{kcal mol}^{-1})$$

Essa liberação de energia livre é substancial. Convém lembrar que a $\Delta G^{\circ\prime}$ para a síntese de ATP é de 30,5 kJ $\text{mol}^{-1}$ (7,3 kcal $\text{mol}^{-1}$). A energia liberada é inicialmente utilizada para gerar um gradiente de prótons que, em seguida, é utilizado para a síntese de ATP e para o transporte de metabólitos através da membrana mitocondrial.

Como podemos quantificar a energia associada a um gradiente de prótons? Conforme discutido na seção 13.1, lembre-se de que a mudança de energia livre para uma espécie que se desloca de um lado de uma membrana, onde a sua concentração é $c_1$, para o outro lado, onde se encontra em uma concentração de $c_2$, é fornecida da seguinte maneira:

$$\Delta G = \text{RT}\ln(c_2/c_1) + ZF\Delta V$$

em que $Z$ é a carga elétrica da espécie transportada, e $\Delta V$ é o potencial em volts através da membrana. Em condições típicas para a membrana mitocondrial interna, o pH externo é 1,4 unidade mais baixo do que o pH interno [correspondendo a 1n $(c_2/c_1)$ de 3,2], enquanto o potencial de membrana é de 0,14V, sendo o exterior positivo. Como $Z = +1$ para prótons, a variação de energia livre é $(8{,}32 \times 10^{-3}\ \text{kJ mol}^{-1}\ \text{K}^{-1} \times 310\ \text{K} \times 3{,}2) + (+1 \times 96{,}48\ \text{kJ mol}^{-1}\ \text{V}^{-1} \times 0{,}14\ \text{V}) = 21{,}8\ \text{kJ mol}^{-1}$ (5,2 kcal $\text{mol}^{-1}$). Por conseguinte, cada próton que é transportado da matriz para o lado citoplasmático corresponde a 21,8 kJ $\text{mol}^{-1}$ de energia livre.

## 18.3 A cadeia respiratória consiste em quatro complexos: três bombas de prótons e uma ligação física com o ciclo do ácido cítrico

Os elétrons são transferidos do NADH para o $O_2$ por meio de uma cadeia de três grandes complexos proteicos denominados *NADH-Q oxidorredutase, Q-citocromo c oxidorredutase* e *citocromo c oxidase* (Figura 18.6 e Tabela 18.2). *O fluxo de elétrons nesses complexos transmembranares é altamente exergônico e impulsiona o transporte de prótons através da membrana mitocondrial interna.* Um quarto complexo proteico grande, denominado *succinato-Q redutase,* contém a enzima succinato desidrogenase, que gera $FADH_2$ no ciclo do ácido cítrico. Os elétrons provenientes desse $FADH_2$ entram na cadeia de

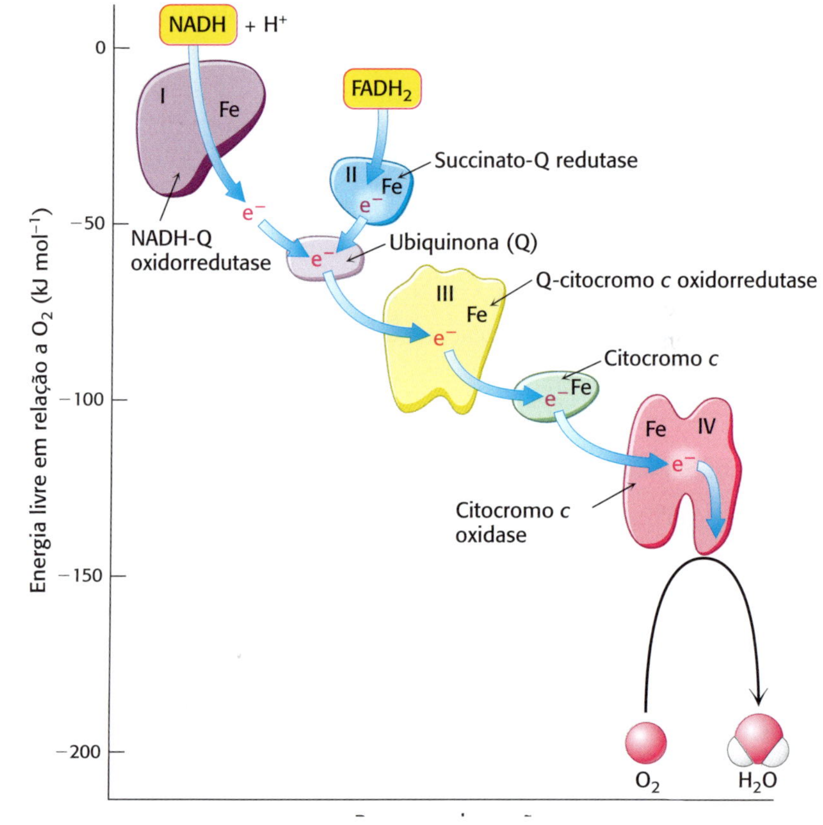


**FIGURA 18.6 Componentes da cadeia de transporte de elétrons.** Os elétrons fluem ao longo de um grandiente de energia do NADH para o $O_2$. Este fluxo é catalisado por quatro complexos proteicos, e a energia liberada é utilizada para gerar um gradiente de prótons. [Informação de D. Sadava *et al.*, *Life*, 8th ed. (Sinauer, 2008), p. 150.]

**TABELA 18.2** Componentes da cadeia de transporte de elétrons das mitocôndrias.

| | | | Oxidante ou redutor | | |
|---|---|---|---|---|---|
| Complexo enzimático | Massa (kDa) | Grupo prostético | Lado da matriz | Cerne da membrana | Lado intermembrana |
| NADH-Q oxidorredutase | > 900 | FMN.<br>Fe-S | NADH | Q | |
| Succinato-Q redutase | 140 | FAD<br>Fe-S | Succinato | Q | |
| Q-citocromo *c* oxidorredutase | 250 | Heme $b_H$<br>Heme $b_L$<br>Heme $c_1$<br>Fe-S | | Q | Citocromo *c* |
| Citocromo *c* oxidase | 160 | Heme *a*<br>Heme $a_3$<br>$Cu_A$ e $Cu_B$ | | | Citocromo *c* |

Informação de: J. W. DePierre e L. Ernster, *Annu. Rev. Biochem.* 46:215, 1977; Y. Hatefi, *Annu Rev. Biochem.* 54:1015, 1985; e J. E. Walker, *Q. Rev. Biophys.* 25:253, 1992.

transporte de elétrons na Q-citocromo *c* oxidorredutase. Diferentemente dos outros complexos, a succinato-Q redutase não bombeia prótons. A NADH-Q oxidorredutase, a succinato-Q redutase, a Q-citocromo *c* oxidorredutase e a citocromo *c* oxidase são também denominadas *Complexos I, II, III* e *IV,* respectivamente. Os Complexos I, III e IV parecem estar associados em um complexo supramolecular que facilita a transferência rápida de substratos e evita a liberação de intermediários da reação (p. 599).

Dois carreadores de elétrons especiais transportam os elétrons de um complexo para outro. O primeiro é a *coenzima Q* (Q), também conhecida como *ubiquinona,* visto que se trata de uma *quinona ubí*qua nos sistemas biológicos. A ubiquinona é uma quinona hidrofóbica que se difunde rapidamente pela membrana mitocondrial interna. Os elétrons são transportados da NADH-Q oxidorredutase para a Q-citocromo *c* oxidorredutase, o terceiro complexo da cadeia, pela forma reduzida de Q. Os elétrons do $FADH_2$, que são gerados pelo ciclo do ácido cítrico, são inicialmente transferidos para a ubiquinona e, em seguida, para o complexo da Q-citocromo *c* oxidorredutase.

A coenzima Q é um derivado da quinona com uma longa cauda constituída de unidades isopreno de cinco carbonos, que são responsáveis pela sua natureza hidrofóbica. O número de unidades isopreno na cauda depende da espécie. A forma mais comum em mamíferos contém 10 unidades isopreno (coenzima $Q_{10}$). Para simplificar, o subscrito será omitido dessa abreviatura, visto que todas as variedades funcionam de maneira idêntica. As quinonas podem existir em vários estados de oxidação. No estado totalmente oxidado (Q), a coenzima Q apresenta dois grupos ceto (Figura 18.7). A adição de um elétron e de um próton resulta na forma semiquinona (QH•). A semiquinona pode perder um próton para formar um radical ânion semiquinona ($Q\cdot^-$). A adição de um segundo elétron e de um segundo próton à semiquinona produz ubiquinol ($QH_2$), a forma totalmente reduzida da coenzima Q, que mantém seus prótons mais fortemente ligados. Por conseguinte, *nas quinonas, as reações de transferência de elétrons são acopladas à ligação e à liberação de prótons,* uma propriedade que é fundamental para o transporte transmembranar de prótons. Como a ubiquinona é solúvel na membrana, acredita-se que exista um *pool* de Q e $QH_2$ – o *pool de Q* – na membrana mitocondrial interna; entretanto, pesquisas recentes sugerem que o *pool* de Q está confinado aos complexos proteicos da cadeia de transporte de elétrons.

**FIGURA 18.7 Estados de oxidação das quinonas.** A redução da ubiquinona (Q) a ubiquinol ($QH_2$) ocorre por meio de um intermediário semiquinona (QH•).

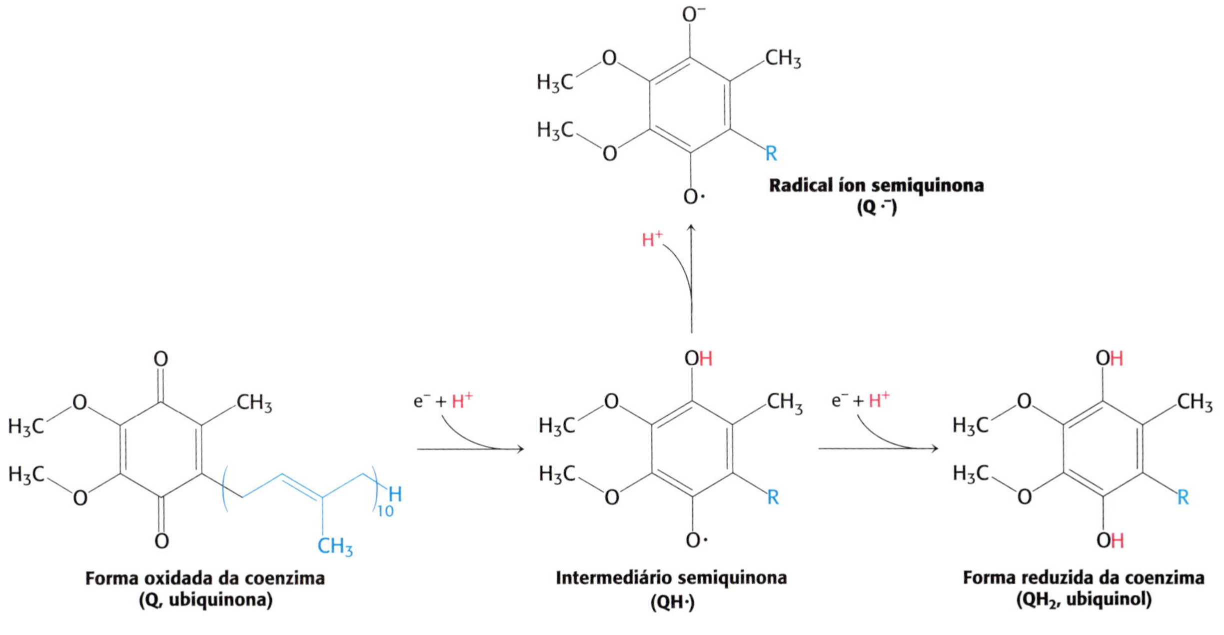

Diferentemente de Q, o segundo carreador de elétrons especial é uma proteína. O citocromo *c*, uma pequena proteína solúvel, transfere elétrons da Q citocromo *c* oxidorredutase para a citocromo *c* oxidase, o componente final da cadeia e aquele que catalisa a redução de $O_2$.

## Os grupamentos de ferro-enxofre são componentes comuns da cadeia de transporte de elétrons

Os *grupamentos de ferro-enxofre* nas *proteínas ferro-enxofre* (também denominadas *proteínas não hêmicas*) desempenham uma função de importância crítica em ampla variedade de reações de redução nos sistemas biológicos. São conhecidos vários tipos de grupamentos Fe-S (Figura 18.8). No tipo mais simples, um único íon de ferro é tetraedricamente coordenado com os grupos sulfidrila de quatro resíduos de cisteína da proteína (Figura 18.8A). Um segundo tipo, ilustrado pelo 2Fe-2S, contém dois íons de ferro, dois sulfetos inorgânicos e habitualmente quatro resíduos de cisteína (Figura 18.8B). Um terceiro tipo, designado como 4Fe-4S, contém quatro íons de ferro, quatro sulfetos inorgânicos e quatro resíduos de cisteína (Figura 18.8C). A NADH-Q oxidorredutase contém os grupamentos 2Fe-2S e 4Fe-4S. Nesses complexos de Fe-S, os íons de ferro alternam entre os estados $Fe^{2+}$ (reduzido) e $Fe^{3+}$ (oxidado). Diferentemente das quinonas e das flavinas, os grupamentos de ferro-enxofre geralmente sofrem reações de oxirredução sem liberação ou ligação de prótons.

A importância dos grupamentos Fe-S é ilustrada pela perda de função da proteína frataxina. A frataxina é uma pequena proteína (14,2 kDa), crucial na síntese de grupamentos Fe-S. A ocorrência de mutações na frataxina provoca a ataxia de Friedreich, uma doença de gravidade variável que afeta os sistemas nervosos central e periférico, bem como o coração e o sistema esquelético. Os casos graves resultam em morte no adulto jovem. A mutação mais comum é uma expansão trinucleotídica (ver seção 29.5) no gene da frataxina.

## Os elétrons de alto potencial do NADH entram na cadeia respiratória na NADH-Q oxidorredutase

Os elétrons do NADH entram na cadeia na *NADH-Q oxidorredutase* (também denominada *Complexo I* e *NADH desidrogenase*), uma enzima enorme (> 900 kDa) constituída por aproximadamente 45 cadeias polipeptídicas organizadas em 14 subunidades centrais, que são encontradas em todas as espécies. À semelhança das outras duas na cadeia respiratória, essa bomba de prótons é codificada por genes localizados tanto nas mitocôndrias quanto no núcleo. A NADH-Q oxidorredutase tem o formato de um L, com o braço horizontal situado na membrana e o braço vertical projetado para dentro da matriz.

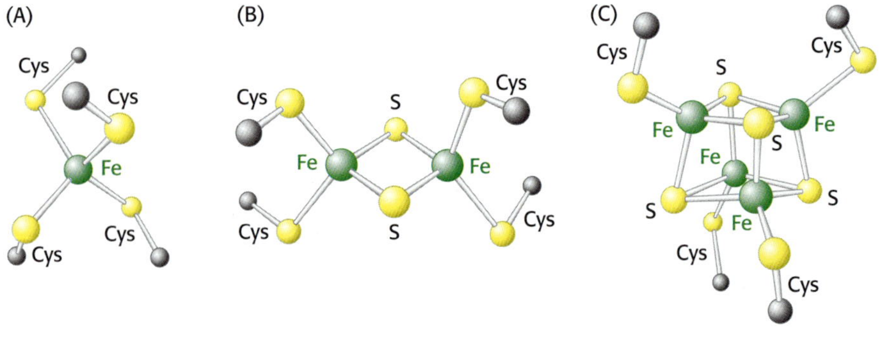


**FIGURA 18.8 Grupamentos de ferro-enxofre. A.** Um único íon ferro está ligado por quatro resíduos de cisteína. **B.** Grupamento 2Fe-2S com íons de ferro unidos por íons de sulfeto. **C.** Grupamento 4Fe-4S. Cada um desses grupamentos pode sofrer reações de oxirredução.

A reação catalisada por essa enzima parece ser:

$$\text{NADH} + \text{Q} + 5\ \text{H}^{+}_{\text{matriz}} \longrightarrow \text{NAD}^{+} + \text{QH}_2 + 4\ \text{H}^{1}_{\text{espaço intermembrana}}$$

A etapa inicial consiste na ligação do NADH e na transferência de seus dois elétrons de alto potencial para o grupo prostético *flavina mononucleotídio* (FMN), produzindo a forma reduzida $FMNH_2$ (Figura 18.9). O aceptor de elétrons da FMN, o anel isoaloxazínico, é idêntico ao do FAD. Em seguida, os elétrons são transferidos da $FMNH_2$ para uma série de grupamentos de ferro-enxofre, o segundo tipo de grupo prostético na NADH-Q oxidorredutase.

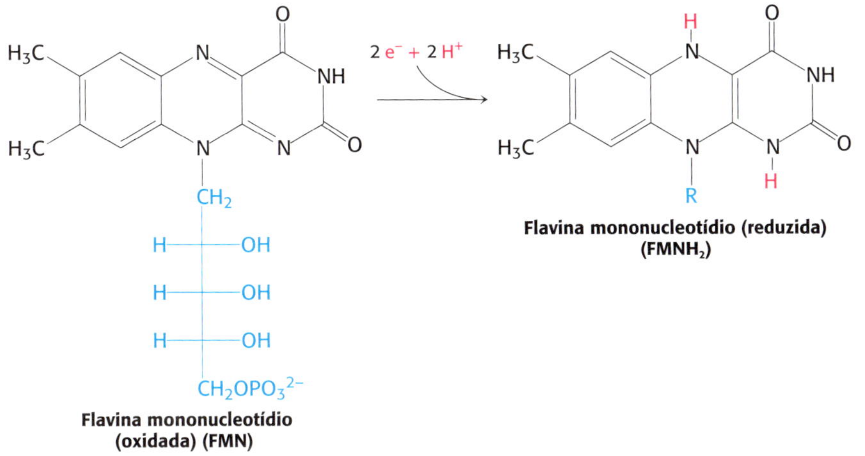


**FIGURA 18.9** Estados de oxidação das flavinas.

Estudos estruturais recentes sugeriram como o Complexo I atua como uma bomba de prótons. Quais são os elementos estruturais necessários para o bombeamento de prótons? A parte do complexo inserida na membrana possui quatro meios-canais de prótons constituídos, em parte, por hélices verticais. Um conjunto de meios-canais fica exposto à matriz, enquanto o outro está exposto ao espaço intermembrana (Figura 18.10). As hélices verticais estão ligadas no lado da matriz por uma longa hélice horizontal (HL) que se conecta com os meios-canais da matriz, enquanto os meios-canais do espaço intermembrana estão unidos por uma série de elementos de conexão de β-hélice em grampo (βH). Existe próximo à junção da porção hidrofílica e à porção inserida na membrana uma câmara Q fechada, o local onde Q aceita elétrons do NADH. Por fim, um funil hidrofílico conecta a câmara Q a um canal revestido de água (no qual se abrem os meios-canais), que se estende por todo o comprimento da parte inserida na membrana.

Como esses elementos estruturais cooperam para bombear prótons para fora da matriz? Quando Q aceita dois elétrons do NADH, gerando $Q^{2-}$, as cargas negativas em $Q^{2-}$ interagem eletrostaticamente com resíduos de aminoácidos de carga negativa no braço inserido na membrana, causando modificações conformacionais na hélice horizontal longa e nos elementos βH.

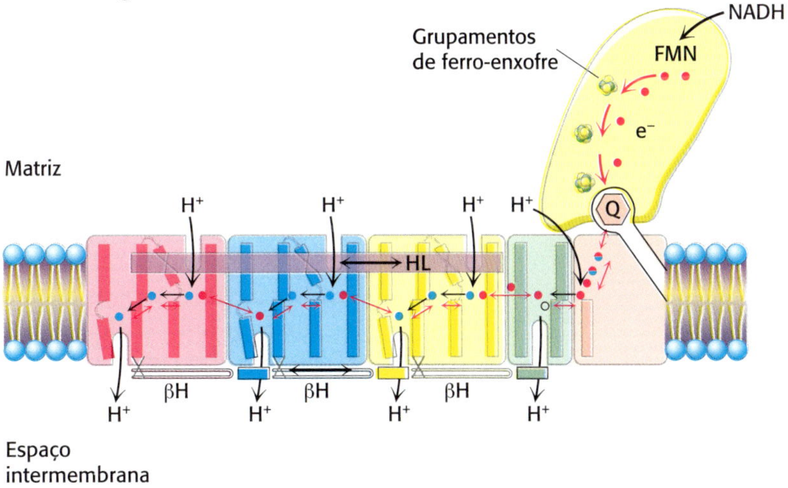


**FIGURA 18.10 Reações de transferência de elétrons-prótons acopladas por meio da NADH-Q oxidorredutase.** Os elétrons fluem no Complexo I do NADH, através da FMN e de uma série de grupamentos de ferro-enxofre, para a ubiquinona (Q), com formação de $Q^{2-}$. As cargas em $Q^{2-}$ são transmitidas eletrostaticamente para resíduos de aminoácidos hidrofílicos [mostrados como esferas vermelhas (glutamato) e azuis (lisina ou histidina)] que impulsionam o movimento dos componentes HL e βH. Esse movimento modifica a conformação das hélices transmembranares e resulta no transporte de quatro prótons para fora da matriz mitocondrial. [Informação de R. Baradaran *et al.*, *Nature* 494:443–448.]

Por sua vez, essas modificações alteram as estruturas das hélices verticais conectadas que modificam o valor de p$K_a$ dos aminoácidos, permitindo que os prótons da matriz se liguem inicialmente aos aminoácidos, dissociem-se no canal revestido por água e, por fim, entrem no espaço intermembrana. Assim, *o fluxo de dois elétrons do NADH para a coenzima Q por meio da NADH-Q oxidorredutase leva ao bombeamento de quatro íons hidrogênio para fora da matriz da mitocôndria.* Subsequentemente, $Q^{2-}$ capta dois prótons da matriz, sendo reduzida a $QH_2$. A remoção desses prótons da matriz contribui para a formação da força próton-motriz. Posteriormente, o $QH_2$ deixa a enzima para o *pool* de Q, possibilitando a ocorrência de outro ciclo de reação.

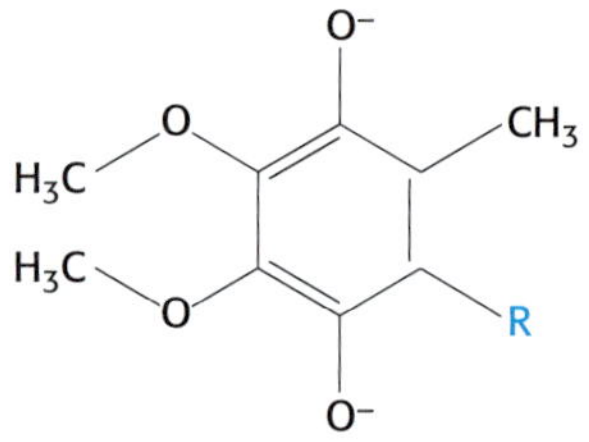

**Ubiquinona reduzida**
($Q^{2-}$)

É importante assinalar que o ciclo do ácido cítrico não constitui a única fonte de NADH mitocondrial. Como veremos no Capítulo 22, a degradação dos ácidos graxos, que também ocorre nas mitocôndrias, representa outra fonte crucial de NADH para a cadeia de transporte de elétrons. Além disso, os elétrons provenientes do NADH gerado no citoplasma podem ser transportados para dentro das mitocôndrias para uso na cadeia de transporte de elétrons (ver seção 18.5).

## O ubiquinol é o ponto de entrada para os elétrons provenientes do $FADH_2$ das flavoproteínas

O $FADH_2$ entra na cadeia de transporte de elétrons no segundo complexo proteico da cadeia. Convém lembrar que o $FADH_2$ é formado no ciclo do ácido cítrico, na oxidação do succinato a fumarato pela succinato desidrogenase (ver seção 17.2). A succinato desidrogenase faz parte do *complexo da succinato-Q redutase* (*Complexo II*), uma proteína de membrana integral da membrana mitocondrial interna. O $FADH_2$ não deixa o complexo. Com efeito, seus elétrons são transferidos para centros de Fe-S e, por fim, para Q, com formação de $QH_2$, que então está pronto para transferir elétrons ao longo da cadeia de transporte de elétrons. Diferentemente da NADH-Q oxidorredutase, o complexo da succinato-Q redutase não bombeia prótons de um lado da membrana para outro. Consequentemente, há menos formação de ATP a partir da oxidação do $FADH_2$ do que a partir do NADH. Conforme discutido no capítulo anterior, convém lembrar que a ocorrência de mutações na succinato desidrogenase resulta em acúmulo de succinato, o que facilita o desenvolvimento de câncer.

## Os elétrons fluem do ubiquinol para o citocromo *c* por meio da Q-citocromo *c* oxidorredutase

Qual é o destino do ubiquinol gerado pelos Complexos I e II? Os elétrons do $QH_2$ são passados para o *citocromo c* (Cit *c*), uma proteína hidrossolúvel, pela segunda das três bombas de prótons na cadeia respiratória, a *Q-citocromo* c *oxidorredutase* (também conhecida como *Complexo III* e *citocromo* c *redutase*). O fluxo de um par de elétrons através desse complexo resulta no transporte efetivo de 2 $H^+$ para o espaço intermembrana, metade da produção obtida com a NADH-Q redutase devido a uma menor força impulsora termodinâmica.

$$QH_2 + 2\ Citc_{ox} + 2\ H^+_{matriz} \longrightarrow Q + 2\ Citc_{red} + 4\ H^+_{\text{espaço intermembrana}}$$

A própria Q-citocromo *c* oxidorredutase contém dois tipos de citocromos, que são denominados *b* e $c_1$ (Figura 18.11). *Um citocromo é uma proteína de transferência de elétrons que contém um grupo prostético heme.* O grupo prostético heme nos citocromos *b*, $c_1$ e *c* é a ferroprotoporfirina IX, o mesmo heme encontrado na mioglobina e na hemoglobina (ver seção 7.1). Diferentemente da hemoglobina e da mioglobina, o íon ferro de um citocromo alterna entre um estado reduzido ferroso (+2) e um estado oxidado férrico (+3) durante o transporte de elétrons. As duas

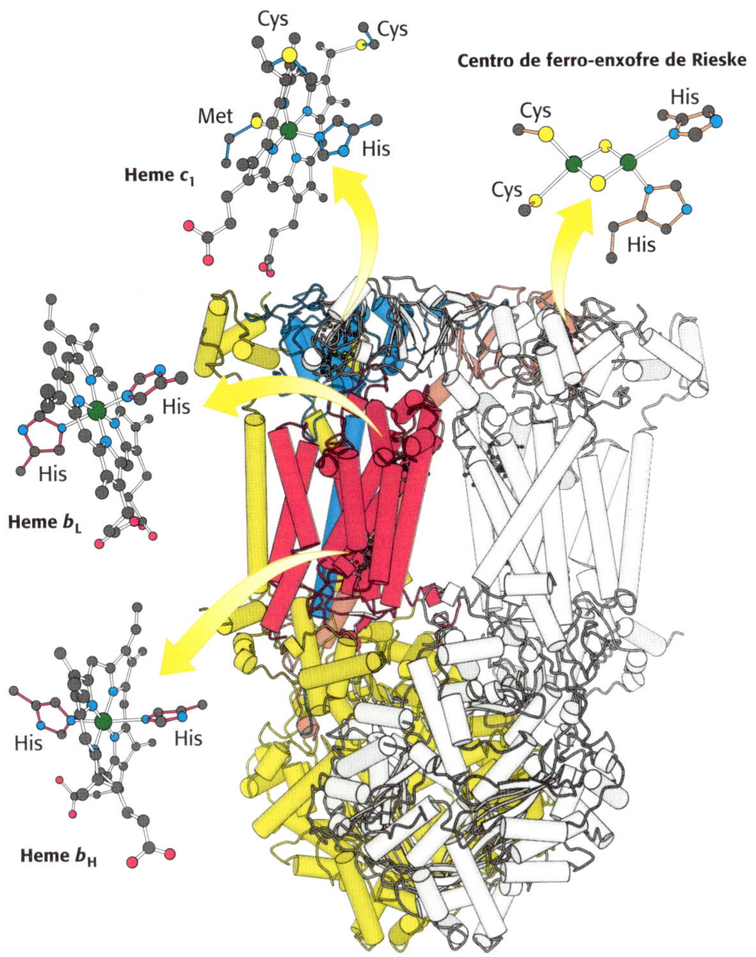


**FIGURA 18.11 Estrutura da Q-citocromo *c* oxidorredutase.** Essa enzima é um homodímero em que cada monômero consiste em 11 cadeias polipeptídicas distintas. Alguns dos componentes mais proeminentes em um monômero estão coloridos, enquanto o outro monômero está em branco. Embora cada monômero contenha os mesmos componentes, alguns estão identificados em um monômero ou outro para facilitar a visualização. *Observe* que os principais grupos prostéticos, os três hemes e um grupamento 2Fe-2S, estão localizados próximo à borda do complexo que margeia o espaço intermembrana (parte superior) ou na região inserida na membrana (as α-hélices estão representadas por tubos). Estão bem posicionados para mediar as reações de transferência de elétrons entre quinonas na membrana e no citocromo *c* no espaço intermembrana. [Desenhada de 1BCC.pdb.]

subunidades citocromo da Q-citocromo *c* oxidorredutase contêm um total de três hemes: dois hemes no interior do citocromo *b*, denominados $b_L$ (L [do inglês *low affinity*] para baixa afinidade) e heme $b_H$ (H [do inglês *high affinity*] para alta afinidade), e um heme no interior do citocromo $c_1$. Esses hemes idênticos apresentam diferentes afinidades por elétrons, visto que eles se encontram em ambientes polipeptídicos diferentes. Por exemplo, o heme $b_L$, que está localizado em um grupamento de hélices próximo à face intermembranar da membrana, apresenta menor afinidade por um elétron do que o heme $b_H$, que está perto do lado da matriz.

Além dos hemes, a enzima contém uma proteína ferro-enxofre com um centro de 2Fe-2S. Esse centro, denominado *centro de Rieske,* é incomum, visto que um dos íons ferro é coordenado por dois resíduos de histidina, em vez de dois resíduos de cisteína. Essa coordenação estabiliza o centro em sua forma reduzida, elevando o seu potencial de redução, de modo que possa aceitar prontamente elétrons de $QH_2$.

## O ciclo Q canaliza elétrons de um carreador de dois elétrons para um carreador de um elétron e bombeia prótons

O $QH_2$ passa dois elétrons para a Q-citocromo *c* oxidorredutase; entretanto, o aceptor de elétrons nesse complexo, o citocromo *c*, só pode aceitar um elétron. Como ocorre a troca do carreador de dois elétrons, o ubiquinol, para o carreador de um elétron, o citocromo *c*? O mecanismo do acoplamento da transferência de elétrons de Q para o citocromo *c* para o transporte transmembrana de prótons é conhecido como *ciclo Q* (Figura 18.12). Duas moléculas de $QH_2$ ligam-se consecutivamente ao complexo, e cada uma delas doa dois elétrons e dois $H^+$. *Esses prótons são liberados no espaço intermembrana.* O primeiro

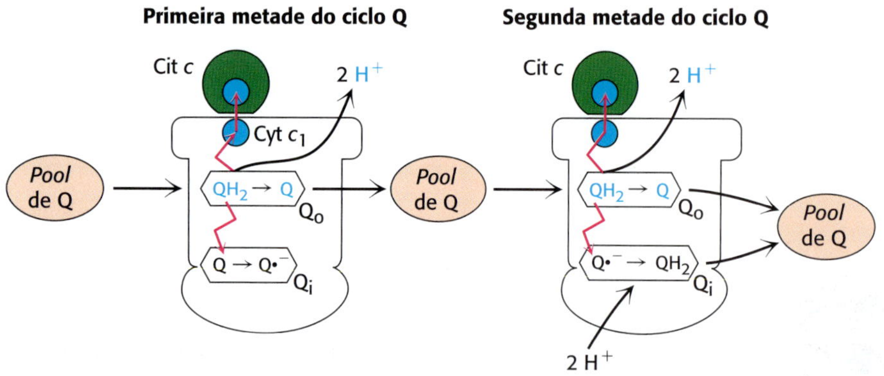


**FIGURA 18.12 Ciclo Q.** O ciclo Q ocorre no Complexo III, que é representado no esboço. Na primeira metade do ciclo, dois elétrons de um $QH_2$ ligado são transferidos, um para o citocromo *c* e o outro para uma Q ligada em um segundo sítio de ligação, formando o ânion radical semiquinona $Q^{\bullet-}$. A Q recém-formada dissocia-se e entra no *pool* de Q. Na segunda metade do ciclo, um segundo $QH_2$ também doa seus elétrons para o Complexo III, um para uma segunda molécula do citocromo *c* e o outro para reduzir $Q^{\bullet-}$ a $QH_2$. Essa segunda transferência de elétrons resulta na captação de dois prótons a partir da matriz. O trajeto da transferência de elétrons é mostrado em vermelho.

$QH_2$ que sai do *pool* de Q liga-se ao primeiro sítio de ligação de Q ($Q_o$) e seus dois elétrons movem-se através do complexo para diferentes destinos. Um elétron flui inicialmente para o grupamento 2Fe-2S de Rieske; em seguida, segue o seu fluxo para o citocromo $c_1$; e, por fim, para uma molécula de citocromo *c* oxidado, convertendo-o em sua forma reduzida. A molécula reduzida de citocromo *c* fica livre para se difundir longe da enzima, prosseguindo pela cadeia respiratória.

O segundo elétron passa por dois grupos hemes do citocromo *b* para uma ubiquinona oxidada em um segundo sítio de ligação de Q ($Q_i$). A Q no segundo sítio de ligação é reduzida a um ânion radical semiquinona ($Q^{\bullet-}$) pelo elétron proveniente do primeiro $QH_2$. A Q agora totalmente oxidada deixa o primeiro sítio de Q, livre para retornar ao *pool* de Q.

Uma segunda molécula de $QH_2$ liga-se ao sítio $Q_o$ da Q-citocromo *c* oxidorredutase e reage da mesma maneira que a primeira. Um dos elétrons é transferido para o citocromo *c*, enquanto o segundo elétron é transferido para a ubiquinona parcialmente reduzida ligada ao sítio de ligação $Q_i$. Com a adição do elétron proveniente da segunda molécula de $QH_2$, esse ânion radical quinona capta dois prótons do lado da matriz para formar $QH_2$. *A retirada desses dois prótons da matriz contribui para a formação do gradiente de prótons.* Em suma, são liberados quatro prótons no espaço intermembrana, e dois prótons são removidos da matriz mitocondrial.

$$2\ QH_2 + Q + 2\ \text{Cit}\ c_{ox} + 2\ H^+_{\text{matriz}} \longrightarrow 2\ Q + QH_2 + 2\ \text{Cit}\ c_{red} + 2\ H^+_{\text{espaço intermembrana}}$$

Em um ciclo Q, duas moléculas de $QH_2$ são oxidadas para formar duas moléculas de Q, e, em seguida, uma molécula de Q é reduzida a $QH_2$. O problema de como canalizar eficientemente elétrons de um carreador de dois elétrons ($QH_2$) para um carreador de um elétron (citocromo *c*) é solucionado pelo ciclo Q. O componente citocromo *b* da redutase é, em essência, um dispositivo de reciclagem que possibilita efetiva utilização de ambos os elétrons de $QH_2$.

## A citocromo *c* oxidase catalisa a redução do oxigênio molecular a água

O último dos três complexos de bombeamento de prótons da cadeia respiratória é a *citocromo c oxidase* (*Complexo IV*). A citocromo *c* oxidase catalisa a transferência de elétrons da forma reduzida do citocromo *c* para o oxigênio molecular, o aceptor final.

$$4\ \text{Cit}\ c_{red} + 8\ H^+_{\text{matriz}} + O_2 \longrightarrow 4\ \text{Cit}\ c_{ox} + 2\ H_2O + 4\ H^+_{\text{espaço intermembrana}}$$

A necessidade de oxigênio para que essa reação ocorra é o que torna "aeróbicos" os organismos aeróbicos. A obtenção de oxigênio para essa reação é o motivo pelo qual os seres humanos precisam respirar. Quatro elétrons são canalizados para o $O_2$, de modo a reduzi-lo completamente a $H_2O$; concomitantemente, são bombeados prótons da matriz para o espaço intermembrana. Essa reação é, termodinamicamente, muito favorável. A partir dos potenciais de redução apresentados na Tabela 18.1, calcula-se a variação de energia livre padrão dessa reação, que é de $\Delta G^{\circ\prime} = -231{,}8\ \text{kJ mol}^{-1}$ ($-55{,}4\ \text{kcal mol}^{-1}$). A quantidade máxima possível dessa energia livre deve ser capturada na forma de um gradiente de prótons para uso subsequente na síntese de ATP.

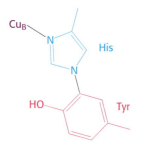


Histidina ligada covalentemente à tirosina

A citocromo *c* oxidase bovina está razoavelmente bem elucidada em nível estrutural (Figura 18.13). É constituída por 13 subunidades, das

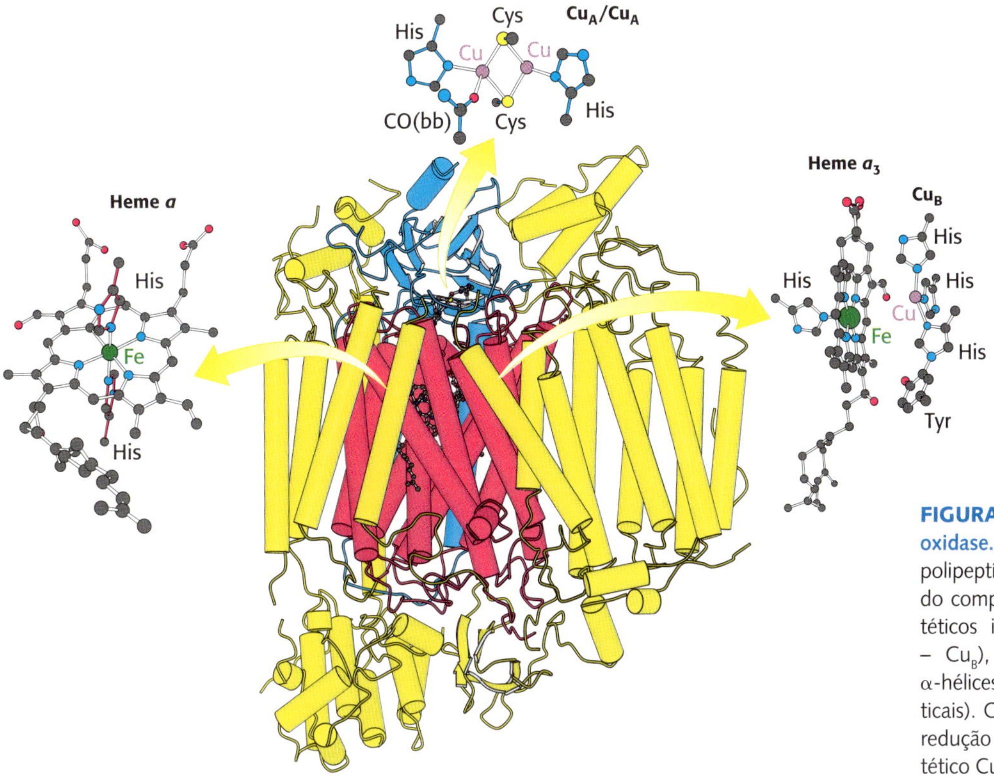


**FIGURA 18.13 Estrutura da citocromo *c* oxidase.** Essa enzima consiste em 13 cadeias polipeptídicas. *Observe* que a maior parte do complexo, bem como dois grupos prostéticos importantes (heme *a* e heme $a_3$ – $Cu_B$), está inserida na membrana (as α-hélices são representadas por tubos verticais). O heme $a_3$ – $Cu_B$ constitui o sítio de redução do oxigênio a água. O grupo prostético $Cu_A/Cu_A$ está posicionado próximo ao espaço intermembrana para aceitar melhor os elétrons provenientes do citocromo *c*. CO(bb) é um grupo carbonila do esqueleto peptídico. [Desenhada de 2OCC.pdb.]

quais três são codificadas pelo genoma da própria mitocôndria. A citocromo *c* oxidase contém dois grupos *hemes* A e três *íons cobre*, dispostos na forma de dois centros de cobre, designados como A e B. Um dos centros, $Cu_A/Cu_A$, contém dois íons cobre ligados por dois resíduos de cisteína. Inicialmente, esse centro aceita elétrons provenientes do citocromo *c* reduzido. O íon cobre remanescente, $Cu_B$, está ligado a três resíduos de histidina, um dos quais é modificado pela ligação covalente a um resíduo de tirosina. Os centros de cobre alternam entre a forma $Cu^+$ reduzida (cuprosa) e a forma $Cu^{2+}$ oxidada (cúprica), visto que aceitam e doam elétrons.

Na citocromo *c* oxidase, existem duas moléculas de heme A, denominadas *heme* a e *heme* $a_3$. O heme A difere do heme nos citocromos *c* e $c_1$ de três maneiras: (1) um grupo formila substitui um grupo metila, (2) uma cadeia de hidrocarbonetos $C_{17}$ substitui um dos grupos vinila, e (3) o heme não está ligado covalentemente à proteína.

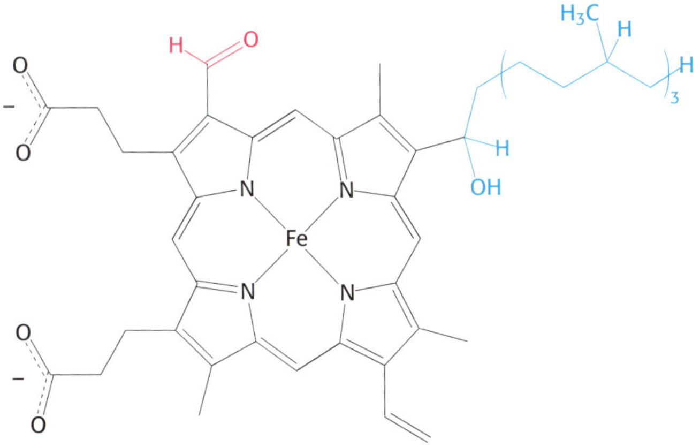


**Heme A**

O heme *a* e o heme $a_3$ apresentam potenciais redox distintos, visto que estão localizados em diferentes ambientes na citocromo *c* oxidase. Um elétron flui do citocromo *c* para $Cu_A/Cu_A$, para o heme *a*, para o heme $a_3$, para $Cu_B$ e,

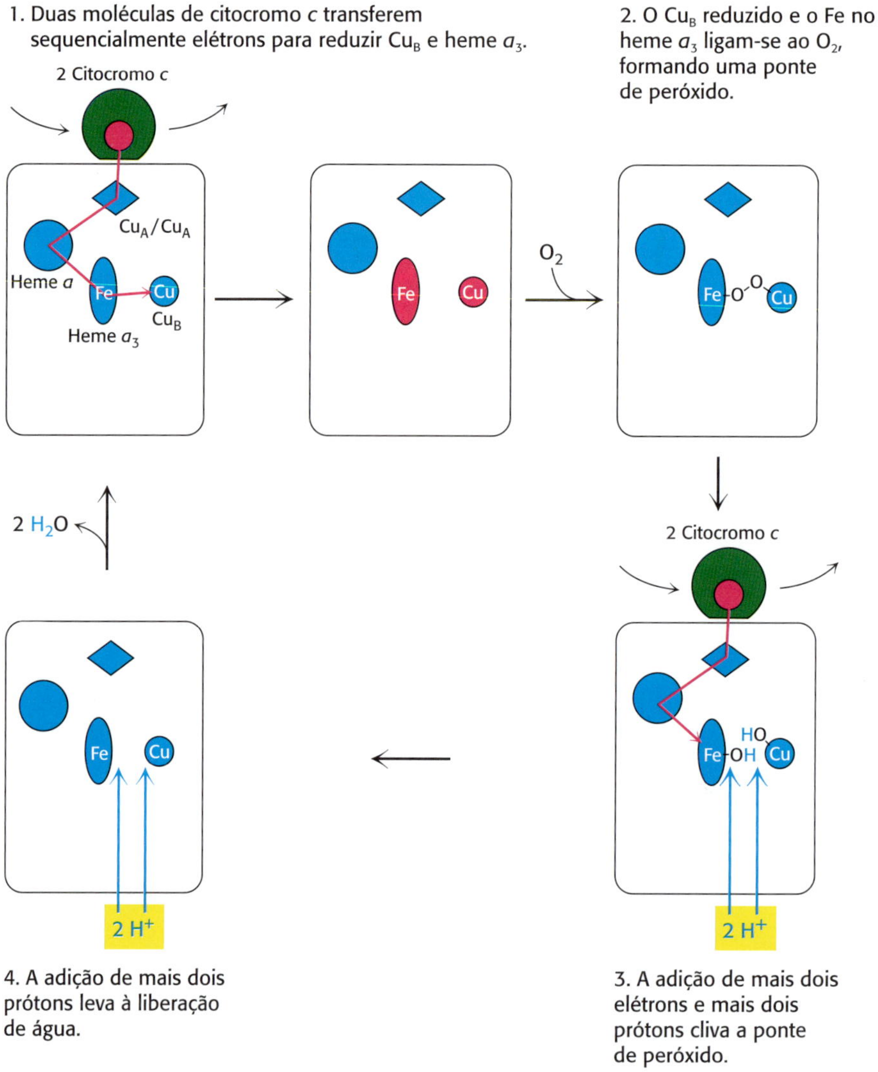


**FIGURA 18.14 Mecanismo da citocromo *c* oxidase.** O ciclo começa e termina com todos os grupos prostéticos em suas formas oxidadas (mostrados em azul). As formas reduzidas estão em vermelho. Quatro moléculas de citocromo *c* doam quatro elétrons, os quais, ao possibilitar a ligação e a clivagem de uma molécula de $O_2$, também permitem a importação de quatro $H^+$ da matriz, formando duas moléculas de $H_2O$, que são liberadas da enzima para regenerar o estado inicial.

por fim, para o $O_2$. O heme $a_3$ e o $Cu_B$ estão diretamente adjacentes. Juntos, o heme $a_3$ e o $Cu_B$ formam o centro ativo no qual o $O_2$ é reduzido a $H_2O$.

Quatro moléculas de citocromo *c* ligam-se consecutivamente à enzima e transferem um elétron para reduzir uma molécula de $O_2$ a $H_2O$ (Figura 18.14):

**1.** Elétrons de duas moléculas de citocromo *c* reduzido fluem ao longo de uma via de transferência de elétrons na citocromo *c* oxidase, um parando em $Cu_B$, e o outro no heme $a_3$. Com ambos os centros no estado reduzido, eles agora podem ligar-se a uma molécula de oxigênio.

**2.** Quando o oxigênio molecular se liga, ele retira um elétron de cada um dos íons próximos no centro ativo, formando uma ponte de peróxido ($O_2^{2-}$) entre eles (Figura 18.15).

**3.** Duas moléculas adicionais de citocromo *c* se ligam e liberam elétrons, os quais se deslocam para o centro ativo. A adição de um elétron e de $H^+$ a cada átomo de oxigênio reduz os dois grupos íon-oxigênio a $Cu_B^{2+}$–OH e $Fe^{3+}$–OH.

**4.** A reação com mais dois íons $H^+$ possibilita a liberação de duas moléculas de $H_2O$ e recoloca a enzima em sua forma inicial totalmente oxidada.

$$4\ \text{Cit}\ c_{\text{red}} + 4\ H^+_{\text{matriz}} + O_2 \longrightarrow 4\ \text{Cit}\ c_{\text{ox}} + 2\ H_2O$$

*Os quatro prótons nessa reação provêm exclusivamente da matriz.* Por conseguinte, o consumo desses quatro prótons contribui para o gradiente

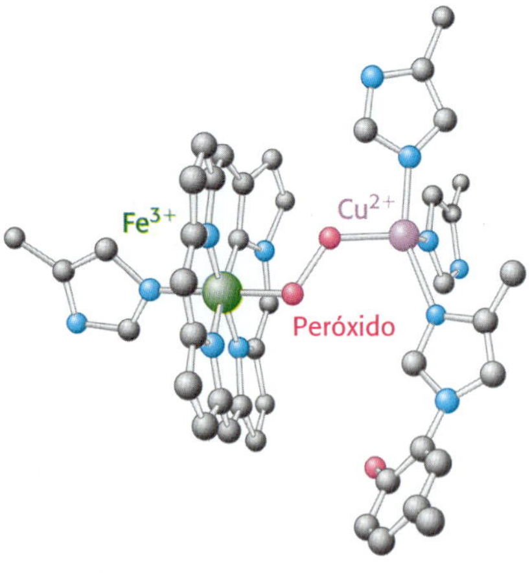


**FIGURA 18.15 Ponte de peróxido.** O oxigênio ligado ao heme $a_3$ é reduzido a peróxido pela presença de $Cu_B$.

de prótons. Convém lembrar que cada próton contribui com 21,8 kJ $mol^{-1}$ (5,2 kcal $mol^{-1}$) para a energia livre associada ao gradiente de prótons; assim, esses quatro prótons contribuem com 87,2 kJ $mol^{-1}$ (20,8 kcal $mol^{-1}$), ou seja, uma quantidade substancialmente menor do que a energia livre disponível a partir da redução do oxigênio a água. Qual é o destino dessa energia que falta? De maneira notável, *a citocromo c oxidase utiliza essa energia para bombear quatro prótons adicionais da matriz para dentro do espaço intermembrana no curso de cada ciclo de reação, o que dá um total de oito prótons removidos da matriz* (Figura 18.16). Os detalhes sobre como esses prótons são transportados através da proteína continuam sendo estudados. Entretanto, dois efeitos contribuem para o mecanismo. Em primeiro lugar, a neutralidade de carga elétrica tende a ser mantida no interior das proteínas. Assim, a adição de um elétron a um sítio no interior de uma proteína tende a favorecer a ligação do $H^+$ em um sítio adjacente. Em segundo lugar, ocorrem mudanças conformacionais, particularmente em torno do centro heme $a_3$–$Cu_B$, durante o ciclo da reação. Presumivelmente, em uma conformação, os prótons podem entrar na proteína exclusivamente pelo lado da matriz, ao passo que, na outra conformação, eles podem sair exclusivamente para o espaço intermembrana. Por conseguinte, o processo global catalisado pela citocromo *c* oxidase é:

$$4\ \text{Cit}\ c_{\text{red}} + 8\ H^+_{\text{matriz}} + O_2 \longrightarrow 4\ \text{Cit}\ c_{\text{ox}} + 2\ H_2O + 4\ H^+_{\text{espaço intermembrana}}$$

A Figura 18.17 fornece um resumo do fluxo de elétrons a partir do NADH e do $FADH_2$ através da cadeia respiratória. Essa série de reações exergônicas está acoplada ao bombeamento de prótons a partir da matriz. Como veremos adiante, a energia inerente no gradiente de prótons será utilizada na síntese de ATP.

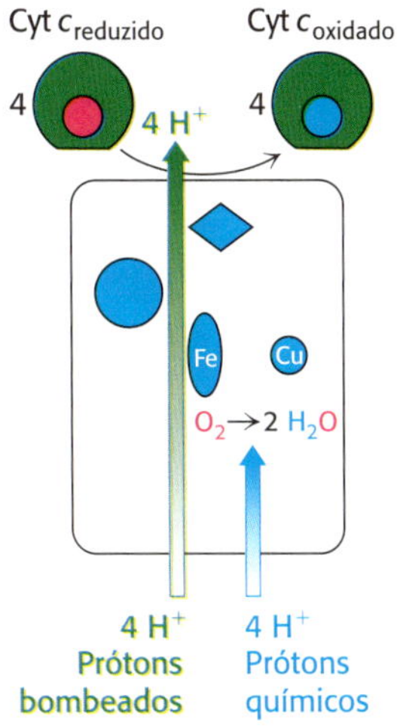


**FIGURA 18.16 Transporte de elétrons pela citocromo *c* oxidase.** Quatro prótons são captados do lado da matriz para reduzir uma molécula de $O_2$ a duas moléculas de $H_2O$. Esses prótons são denominados "prótons químicos", visto que participam de uma reação claramente definida com o $O_2$. Quatro prótons adicionais "bombeados" são transportados para fora da matriz e liberados no espaço intermembrana no curso da reação. Os prótons bombeados duplicam a eficiência do armazenamento de energia livre na forma de um gradiente de prótons para essa etapa final na cadeia de transporte de elétrons.

## A maior parte da cadeia de transporte de elétrons está organizada em um complexo denominado respirassoma

A representação da cadeia de transporte de elétrons na Figura 18.17 mostra os componentes individuais como unidades isoladas. Embora seja apropriada para fins ilustrativos, essa representação é demasiadamente simplista. Pesquisas recentes descobriram que três dos componentes da cadeia de transporte de elétrons estão organizados em um grande complexo denominado *respirassoma*. O respirassoma humano é constituído de duas cópias do Complexo I, Complexo III e Complexo IV (Figura 18.18). O respirassoma forma uma estrutura circular com duas cópias do Complexo I e duas

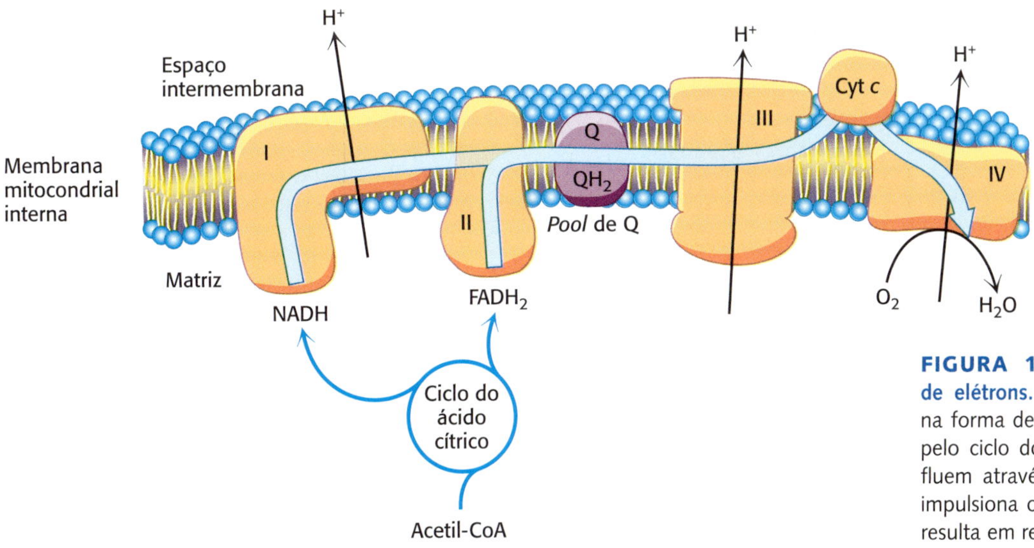


**FIGURA 18.17 Cadeia de transporte de elétrons.** Os elétrons de alta energia na forma de NADH e $FADH_2$ são gerados pelo ciclo do ácido cítrico. Esses elétrons fluem através da cadeia respiratória, que impulsiona o bombeamento de prótons e resulta em redução de $O_2$.

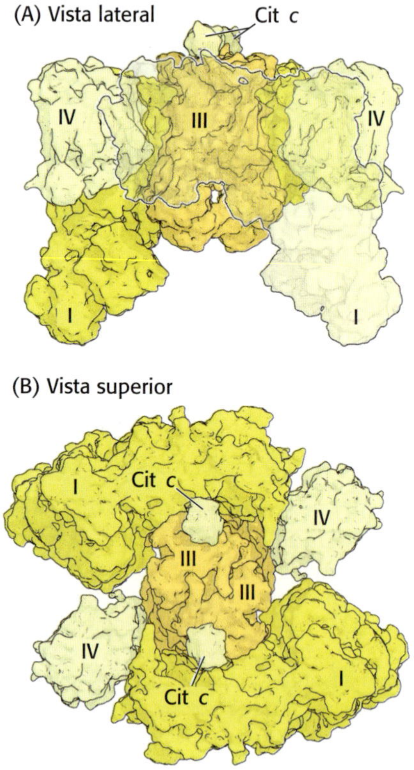


**FIGURA 18.18 O respirassoma.** A estrutura do supercomplexo da cadeia de transporte de elétrons, ou respirassoma, foi revelada por criomicroscopia eletrônica. O complexo é constituído de duas cópias do Complexo I, Complexo III e Complexo IV. As vistas superior e lateral são mostradas, com o citocromo *c* ligado ao Complexo III.

**Dismutação**
Reação em que um único reagente é convertido em dois produtos diferentes.

do Complexo IV circundando duas cópias do Complexo III. Duas cópias do citocromo *c* estão localizadas na superfície do Complexo III. Embora não haja confirmação experimental, esta estrutura possibilita a associação do Complexo II em um espaço entre os Complexos I e IV. A estrutura do respirassoma, que foi refratária aos exames por cristalografia de raios X e por ressonância magnética nuclear, foi revelada com o uso da técnica de criomicroscopia eletrônica (crio-ME) (ver seção 3.5). O respirassoma fornece outro exemplo de vias multienzimáticas que estão organizadas em grandes complexos para aumentar a eficiência.

## Derivados tóxicos do oxigênio molecular, como os radicais superóxido, são retirados por enzimas protetoras

Conforme discutido anteriormente, o oxigênio molecular é um ideal aceptor terminal de elétrons, uma vez que a sua elevada afinidade por elétrons proporciona grande força-motriz termodinâmica. Entretanto, há um risco associado à redução do $O_2$. A transferência de quatro elétrons resulta em produtos seguros (duas moléculas de $H_2O$), porém a redução parcial gera compostos perigosos. Em particular, a *transferência de um único elétron ao $O_2$ forma o íon superóxido, enquanto a transferência de dois elétrons produz peróxido.*

$$O_2 \xrightarrow{e^-} \underset{\text{Íon superóxido}}{O_2^{\cdot -}} \xrightarrow{e^-} \underset{\text{Peróxido}}{O_2^{2-}}$$

Ambos os compostos são potencialmente destrutivos. A estratégia para a redução segura de $O_2$ é evidente: *o catalisador não libera intermediários parcialmente reduzidos.* A citocromo *c* oxidase preenche esse critério crucial, visto que mantém firmemente o $O_2$ entre os íons Fe e Cu.

Embora a citocromo *c* oxidase e outras proteínas que reduzem $O_2$ sejam notavelmente bem-sucedidas em reter intermediários, é inevitável a formação de pequenas quantidades de ânions superóxido e de peróxido de hidrogênio. O superóxido, o peróxido de hidrogênio e espécies que podem ser geradas a partir deles, como o radical hidroxila (OH•), são coletivamente designados como *espécies reativas de oxigênio* ou *ROS* (do inglês *reactive oxygen species*). A lesão oxidativa causada pelas ROS foi implicada no processo de envelhecimento, bem como em uma lista crescente de doenças (Tabela 18.3).

Quais são as estratégias de defesa celular contra a lesão oxidativa causada pelas ROS? A principal estratégia de defesa ocorre por meio da enzima *superóxido dismutase.* Essa enzima retira radicais superóxidos por meio da

**TABELA 18.3** Condições patológicas que podem estar associadas à lesão por radicais livres.

| |
|---|
| Aterogênese |
| Enfisema; bronquite |
| Doença de Parkinson |
| Distrofia muscular de Duchenne |
| Câncer de colo do útero |
| Doença hepática alcoólica |
| Diabetes melito |
| Insuficiência renal aguda |
| Síndrome de Down |
| Fibroplasia retrolenticular (transformação da retina em uma massa fibrosa em lactentes prematuros) |
| Distúrbios vasculares encefálicos |
| Isquemia; lesão por reperfusão |

Informações de Michael Lieberman e Allan D. Marks, *Basic Medical Biochemistry: A Clinical Approach*, 4th ed. (Lippincott, Williams & Wilkins, 2012), p. 437.

catálise da conversão de dois desses radicais em peróxido de hidrogênio e oxigênio molecular.

$$2\,O_2^{\dot{-}} + 2\,H^+ \xrightleftharpoons{\text{Superóxido dismutase}} O_2 + H_2O_2$$

Os eucariotos contêm duas formas dessa enzima: uma versão com manganês, localizada nas mitocôndrias, e uma forma citoplasmática dependente de cobre e de zinco. Essas enzimas são responsáveis pela reação de dismutação por um mecanismo semelhante (Figura 18.19). A forma oxidada da enzima é reduzida pelo superóxido para formar oxigênio. A forma reduzida da enzima, que é gerada nessa reação, reage em seguida com um segundo íon superóxido para formar peróxido, que capta dois prótons ao longo da via da reação, produzindo peróxido de hidrogênio.

O peróxido de hidrogênio formado pela superóxido dismutase e por outros processos é retirado pela *catalase,* uma proteína heme ubíqua que catalisa a dismutação do peróxido de hidrogênio em água e oxigênio molecular.

$$2\,H_2O_2 \xrightleftharpoons{\text{Catalase}} O_2 + 2\,H_2O$$

A superóxido dismutase e a catalase são notavelmente eficientes e realizam suas reações na velocidade limitada por difusão ou próximo a ela (ver seção 8.4). A glutationa peroxidase também desempenha um papel na retirada de $H_2O_2$ (ver seção 20.5). Outras defesas celulares contra a lesão oxidativa incluem as vitaminas antioxidantes, as vitaminas E e C. Por ser lipofílica, a vitamina E é particularmente útil na proteção das membranas contra a peroxidação de lipídios.

Um benefício a longo prazo do exercício físico pode consistir no aumento da concentração de superóxido dismutase nas células. O elevado metabolismo aeróbico durante o exercício provoca a geração de mais ROS. Em resposta, a célula sintetiza mais enzimas protetoras. O efeito consiste em proteção, visto que o aumento da concentração de superóxido dismutase protege mais efetivamente a célula durante os períodos de repouso (questão 54).

Apesar do fato de as espécies reativas de oxigênio serem conhecidamente perigosas, evidências recentes sugerem que, em determinadas circunstâncias, a geração controlada dessas moléculas pode constituir um componente importante das vias de transdução de sinais. Por exemplo, foi constatado que os fatores de crescimento aumentam os níveis de ROS como parte de sua via de sinalização, e as ROS regulam canais e fatores de transcrição. As ROS foram implicadas no controle da diferenciação celular, na resposta imune e na autofagia, bem como em outras atividades metabólicas. O duplo papel das ROS fornece um excelente exemplo da extraordinária complexidade da bioquímica dos sistemas vivos: até mesmo substâncias potencialmente prejudiciais podem ser aproveitadas para desempenhar funções úteis.

## Os elétrons podem ser transferidos entre grupos que não estão em contato

Como os elétrons são transferidos entre grupos carreadores de elétrons da cadeia respiratória? Essa questão é intrigante, já que esses grupos estão frequentemente localizados no interior de uma proteína, em posições fixas, e, portanto, não estão em contato direto uns com os outros. Os elétrons podem se mover através do espaço, mesmo no vácuo. Entretanto, a velocidade de transferência de elétrons através do espaço cai rapidamente à medida que o doador de elétrons e o aceptor de elétrons se afastam um do outro, diminuindo por um fator de 10 para cada aumento de 0,8 Å na distância de separação. O ambiente proteico fornece vias mais eficientes para a condução

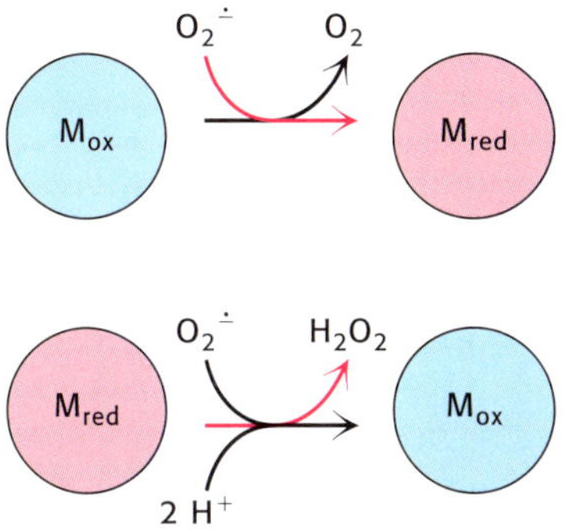


**FIGURA 18.19 Mecanismo da superóxido dismutase.** A forma oxidada da superóxido dismutase ($M_{ox}$) reage com um íon superóxido para formar $O_2$ e gerar a forma reduzida da enzima ($M_{red}$). Em seguida, a forma reduzida reage com um segundo superóxido e dois prótons para formar o peróxido de hidrogênio e regenerar a forma oxidada da enzima.

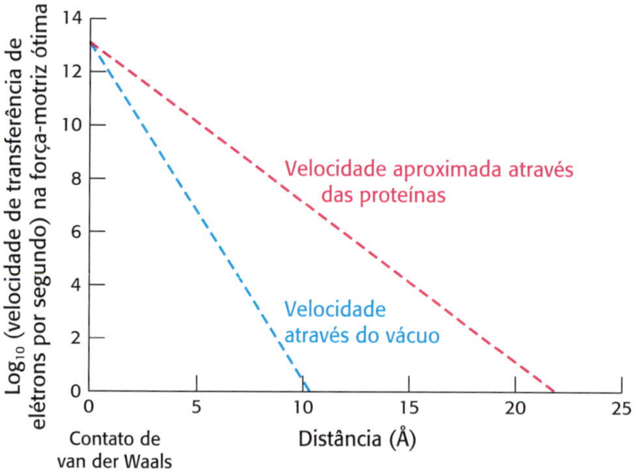


**FIGURA 18.20 Velocidade de transferência de elétrons dependente da distância.** A velocidade de transferência de elétrons diminui à medida que o doador de elétrons e o aceptor de elétrons se afastam um do outro. No vácuo, a velocidade diminui em um fator de 10 para cada aumento de 0,8 Å na distância. Nas proteínas, a velocidade diminui de modo mais gradual, ou seja, por um fator de 10 a cada aumento de 1,7 Å na distância. Esse valor é apenas aproximado, visto que a ocorrência de variações na estrutura do meio proteico interveniente pode afetar a velocidade.

de elétrons: normalmente, a velocidade de transferência de elétrons diminui em um fator de 10 para cada 1,7 Å (Figura 18.20). No caso de grupos que estão em contato, as reações de transferência de elétrons podem ser muito rápidas, com velocidade de aproximadamente $10^{13}$ $s^{-1}$. Dentro das proteínas, na cadeia de transporte de elétrons, os grupos carreadores de elétrons são normalmente separados por 15 Å, além de sua distância de contato de van der Waals. Em separações desse tipo, são esperadas velocidades de transferência de elétrons de aproximadamente $10^4$ $s^{-1}$ (ou seja, uma transferência de elétrons em menos de 1 ms), isso partindo do pressuposto de que todos os outros fatores estejam ótimos. Sem a mediação da proteína, a transferência de elétrons por essa distância levaria aproximadamente 1 dia.

A situação fica mais complicada quando os elétrons precisam ser transferidos entre duas proteínas distintas, como o caso em que o citocromo *c* aceita elétrons do Complexo III ou os transfere para o Complexo IV. Várias interações hidrofóbicas aproximam os grupos hemes dos citocromos *c* e $c_1$ para uma distância de 4,5 Å entre eles, com os átomos de ferro separados por 17,4 Å. Essa distância poderia permitir a redução do citocromo *c* a uma velocidade de $8{,}3 \times 10^6$ $s^{-1}$.

## A conformação do citocromo *c* permaneceu essencialmente constante durante mais de 1 bilhão de anos

O citocromo *c* é encontrado em todos os organismos que possuem cadeias respiratórias mitocondriais: plantas, animais e microrganismos eucarióticos. Esse carreador de elétrons vinha evoluindo há mais de 1,5 bilhão de anos antes da divergência entre plantas e animais. Sua função foi conservada ao longo de todo esse tempo, conforme evidenciado pelo fato de que *o citocromo* c *de qualquer espécie eucariótica reage in vitro com a citocromo c oxidase de qualquer outra espécie testada até hoje.* Por exemplo, o citocromo *c* do germe de trigo reage com a citocromo *c* oxidase humana. Além disso, alguns citocromos bacterianos, como o citocromo $c_2$ da bactéria fotossintética *Rhodospirillum rubrum* e o citocromo $c_{550}$ da bactéria desnitrificante *Paracoccus denitrificans,* assemelham-se estreitamente ao citocromo *c* das mitocôndrias do coração de atum (Figura 18.21). Essas evidências comprovam a existência de uma solução evolutiva eficiente para a transferência de elétrons proporcionada pelas características estruturais e funcionais do citocromo *c.*

A semelhança entre as moléculas do citocromo *c* estende-se até o nível de sequência dos aminoácidos. Tendo em vista o pequeno tamanho e a ubiquidade das moléculas, as sequências de aminoácidos do citocromo *c* de mais de 80 espécies eucarióticas amplamente diferentes foram

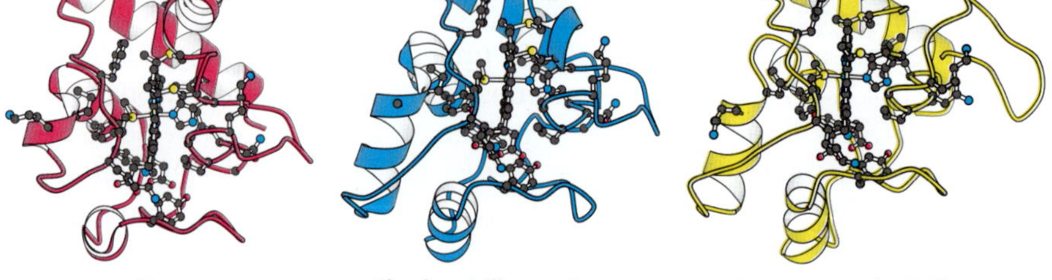


**FIGURA 18.21 Conservação da estrutura tridimensional do citocromo *c*.** *Observe* a semelhança estrutural global das três moléculas diferentes de diferentes fontes. As cadeias laterais são mostradas para os 21 aminoácidos conservados, bem como para o heme planar de localização central. [Desenhada de 3CYT.pdb, 3C2C.pdb, e 155C.pdb.]

determinadas por sequenciamento direto das proteínas. O achado notável é que *21 dos 104 resíduos demonstraram nenhuma variação durante mais de 1,5 bilhão de anos de evolução.* Uma árvore filogenética, construída a partir das sequências de aminoácidos do citocromo *c*, revela as relações evolutivas entre as muitas espécies de animais (Figura 18.22).

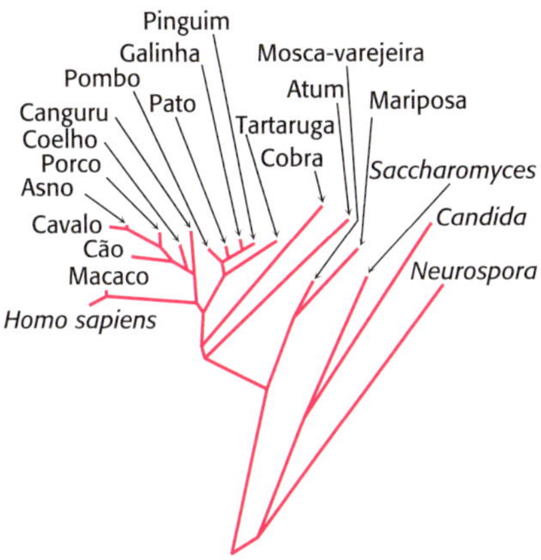


**FIGURA 18.22 Árvore evolutiva construída a partir das sequências do citocromo *c*.** Os comprimentos dos ramos são proporcionais ao número de alterações dos aminoácidos que se acredita tenha ocorrido. [Informação de Walter M. Fitch e Emanuel Margoliash.]

## 18.4 A síntese de ATP é impulsionada por um gradiente de prótons

Até agora, consideramos o fluxo de elétrons do NADH para o $O_2$, um processo exergônico.

$$\text{NADH} + \tfrac{1}{2}\text{O}_2 + \text{H}^+ \rightleftharpoons \text{H}_2\text{O} + \text{NAD}^+$$
$$\Delta G^{\circ\prime} = -220.1\ \text{kJ mol}^{-1}\ (-52.6\ \text{kcal mol}^{-1})$$

Em seguida, consideraremos como esse processo está acoplado à síntese de ATP, um processo endergônico.

$$\text{ADP} + \text{P}_i + \text{H}^+ \rightleftharpoons \text{ATP} + \text{H}_2\text{O}$$
$$\Delta G^{\circ\prime} = +30.5\ \text{kJ mol}^{-1}(+7.3\ \text{kcal mol}^{-1})$$

Um complexo molecular na membrana mitocondrial interna realiza a síntese de ATP. Esse complexo enzimático foi originalmente denominado *ATPase mitocondrial* ou $F_1F_0$ *ATPase,* visto que foi descoberto por meio da catálise da reação reversa, a hidrólise do ATP. A *ATP sintase,* que é a designação preferida, ressalta o seu papel verdadeiro nas mitocôndrias. É também denominado *Complexo V*.

Como a oxidação de NADH é acoplada à fosforilação do ADP? Inicialmente, foi sugerido que a transferência de elétrons leva à formação de um intermediário de covalente de alta energia que atua como um composto com alto potencial de transferência de fosforila, análogo à geração de ATP pela formação de 1,3-bisfosfoglicerato na glicólise (ver seção 16.1). Uma hipótese alternativa foi que a transferência de elétrons ajuda na formação de uma conformação ativada das proteínas, que então impulsiona a síntese de ATP. A investigação à procura desses intermediários durante várias décadas provou ser infrutífera.

Em 1961, Peter Mitchell sugeriu um mecanismo radicalmente diferente: *a hipótese quimiosmótica.* Ele propôs que o transporte de elétrons e a síntese de ATP estão acoplados por um *gradiente de prótons ao longo da membrana mitocondrial interna.* Nesse modelo, a transferência de elétrons através da cadeia respiratória leva ao bombeamento de prótons da matriz para o espaço intermembrana. A concentração de $H^+$ torna-se mais baixa na matriz, e então é gerado um campo elétrico com o lado da matriz negativo (Figura 18.23). A seguir, os prótons fluem de volta para a matriz de modo a igualar a distribuição. A ideia de Mitchell era de que esse fluxo de

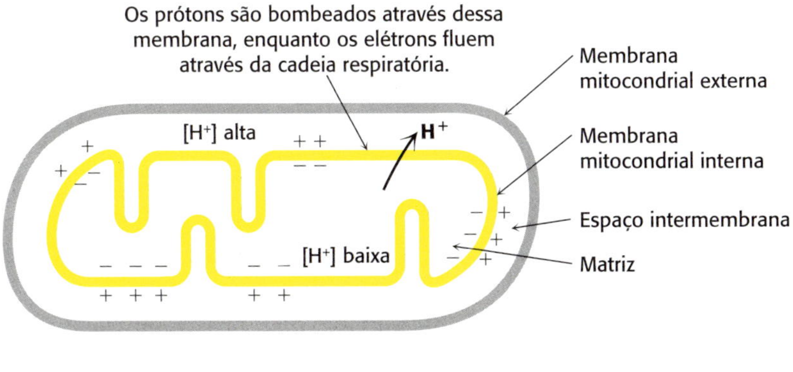


**FIGURA 18.23 Hipótese quimiosmótica.** A transferência de elétrons através da cadeia respiratória leva ao bombeamento de prótons da matriz para o espaço intermembrana. O gradiente de pH e o potencial de membrana constituem uma força próton-motriz, utilizada para impulsionar a síntese de ATP.

prótons impulsiona a síntese de ATP por meio da ATP sintase. A distribuição desigual de prótons rica em energia é denominada *força próton-motriz*. A força próton-motriz é constituída de dois componentes: um gradiente químico e um gradiente elétrico. O gradiente químico para prótons pode ser representado como um gradiente de pH. O gradiente elétrico é criado pela carga elétrica positiva dos prótons distribuídos de modo desigual, formando o gradiente químico. De acordo com a hipótese de Mitchell, ambos os componentes impulsionam a síntese de ATP.

Alguns argumentaram que, juntamente com a elucidação da estrutura do DNA, a descoberta de que a síntese de ATP é impulsionada por um gradiente de prótons constitui um dos dois principais avanços da biologia no século XX. O postulado inicial da teoria quimiosmótica de Mitchell não foi bem recebido por todos. Efraim Racker, um dos primeiros pesquisadores da ATP sintase, lembra que alguns colegas consideraram Mitchell como um bobo da corte, cujo trabalho não tinha nenhuma consequência. Peter Mitchell recebeu o Prêmio Nobel de Química em 1978 pelas suas contribuições na compreensão da fosforilação oxidativa.

$$\text{Força próton-motriz } (\Delta p) = \text{gradiente químico } (\Delta pH) + \text{gradiente elétrico } (\Delta\psi)$$

A hipótese altamente inovadora de Mitchell, a de que a oxidação e a fosforilação estão acopladas por um gradiente de prótons, é agora sustentada por numerosas evidências. Com efeito, o transporte de elétrons gera um gradiente de prótons ao longo da membrana mitocondrial interna. O pH externo é 1,4 unidade menor do que o interno, e o potencial de membrana é de 0,14 V, sendo o exterior positivo. Conforme calculado na página 583, esse potencial de membrana corresponde a uma energia livre de 21,8 kJ (5,2 kcal) por mol de prótons.

Foi criado um sistema artificial para demonstrar elegantemente o princípio básico da hipótese quimiosmótica. O papel da cadeia respiratória foi desempenhado pela bacteriorrodopsina, uma proteína de membrana de halobactérias que bombeia prótons quando iluminada. Foram criadas vesículas sintéticas contendo bacteriorrodopsina e ATP sintase mitocondrial purificada de coração de boi (Figura 18.24). Quando as vesículas foram expostas à luz, houve formação de ATP. Esse experimento fundamental mostrou claramente que *a cadeia respiratória e a ATP sintase constituem sistemas bioquimicamente separados, ligados apenas por uma força próton-motriz.*

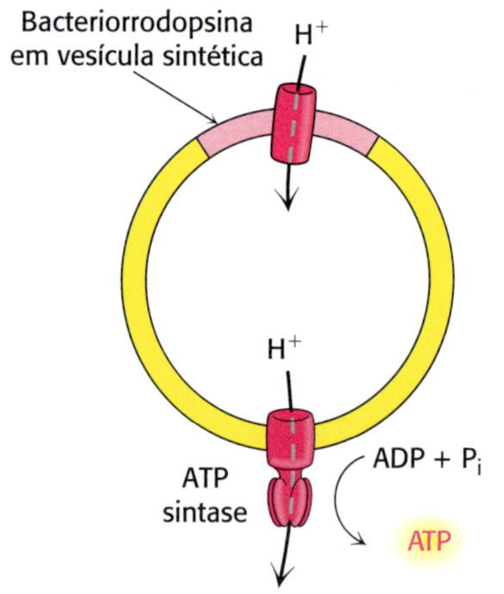


**FIGURA 18.24 Teste da hipótese quimiosmótica.** O ATP é sintetizado quando vesículas de membrana reconstituídas contendo bacteriorrodopsina (uma bomba de prótons impulsionada por luz) e a ATP sintase são iluminadas.

## A ATP sintase é constituída por uma unidade condutora de prótons e por uma unidade catalítica

Duas partes do enigma de como a oxidação do NADH está acoplada à síntese de ATP são agora evidentes: (1) o transporte de elétrons gera uma força próton-motriz, e (2) a síntese de ATP pela ATP sintase pode ser impulsionada pela força próton-motriz. Como essa força próton-motriz é convertida no alto potencial de transferência de fosforila do ATP?

Estudos bioquímicos, de microscopia eletrônica e de cristalografia da ATP sintase revelaram muitos detalhes de sua estrutura (Figura 18.25). Trata-se de uma enzima grande e complexa que se assemelha a uma bola sobre um bastão. Grande parte do "bastão", a denominada subunidade $F_0$, está inserida na membrana mitocondrial interna. A bola de 85 Å de diâmetro, denominada subunidade $F_1$, projeta-se na matriz mitocondrial. A subunidade $F_1$ contém a atividade catalítica da sintase. De fato, subunidades $F_1$ isoladas exibem atividade de ATPase.

A subunidade $F_1$ consiste em cinco tipos de cadeias polipeptídicas ($\alpha_3$, $\beta_3$, $\gamma$, $\delta$ e $\varepsilon$) com a estequiometria indicada. As subunidades $\alpha$ e $\beta$, que constituem a maior parte da $F_1$, estão dispostas alternadamente em um anel hexamérico; elas são homólogas entre si e são membros da família de NTPase com alça P (ver seção 9.4). Ambas se ligam a nucleotídios, porém apenas as subunidades $\beta$ são cataliticamente ativas. Logo abaixo das subunidades $\alpha$ e $\beta$, encontra-se uma haste central constituída pelas proteínas $\gamma$ e $\varepsilon$. A subunidade $\gamma$ inclui um *coiled-coil* longo helicoidal que se estende ao centro do hexâmero $\alpha_3\beta_3$. *A subunidade $\gamma$ rompe a simetria do hexâmero $\alpha_3\beta_3$: cada uma das subunidades $\beta$ é distinta em virtude de sua interação com uma face diferente de $\gamma$.* A diferenciação das três subunidades $\beta$ é crucial para compreender o mecanismo de síntese de ATP.

A subunidade $F_0$ é o segmento hidrofóbico que atravessa a membrana mitocondrial interna. *$F_0$ contém o canal de prótons do complexo.* Esse canal consiste em um anel constituído por 8 a 14 subunidades **c** que estão inseridas na membrana. Uma única subunidade **a** liga-se à parte externa do anel. As subunidades $F_0$ e $F_1$ estão conectadas de duas maneiras: por uma haste γε central e por uma coluna externa. A coluna externa consiste em uma subunidade **a**, duas subunidades **b** e a subunidade δ.

As ATPs sintases interagem uma com a outra para formar dímeros, que, em seguida, associam-se para formar grandes oligômeros de dímeros (Figura 18.26). Essa associação estabiliza as enzimas individuais para as forças rotacionais necessárias para a catálise (p. 601) e facilita a curvatura da membrana mitocondrial interna. A formação das cristas permite que as bombas de prótons da cadeia de transporte de elétrons localizem o gradiente de prótons na proximidade das sintases, que estão localizadas nas pontas das cristas, aumentando, assim, a eficiência da síntese de ATP (Figura 18.28).

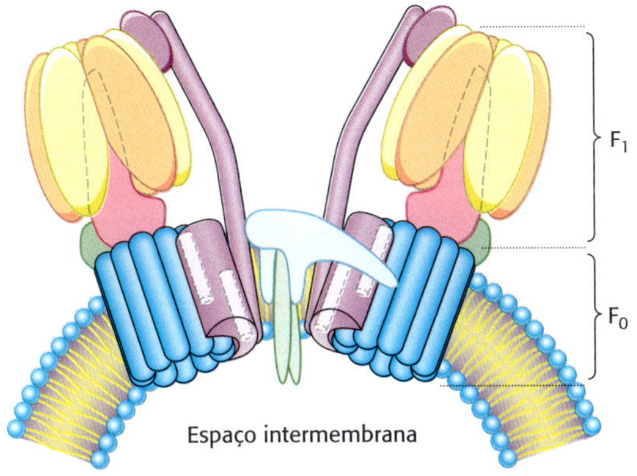


**FIGURA 18.26 Um dímero da ATP sintase mitocondrial.** Uma representação esquemática de um dímero da ATP sintase mitocondrial é mostrada inserida na membrana mitocondrial interna. O dímero, unido por um arranjo de proteínas, ajuda na curvatura da membrana mitocondrial interna. A estrutura do dímero foi determinada por criomicroscopia eletrônica.

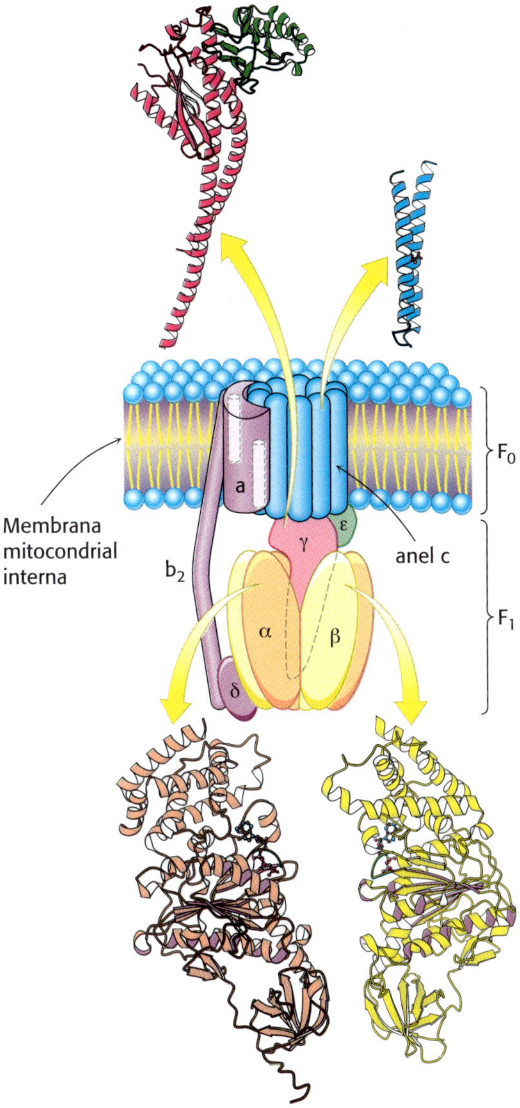


**FIGURA 18.25 Estrutura da ATP sintase.** Uma estrutura esquemática é mostrada juntamente com representações dos componentes cujas estruturas foram determinadas com alta resolução. Os domínios de NTPase com alça P das subunidades α e β estão indicados pela cor púrpura. *Observe* que parte do complexo enzimático está inserida na membrana mitocondrial interna, enquanto o restante está localizado na matriz. [Desenhada de 1E79.pdb e 1COV.pdb.]

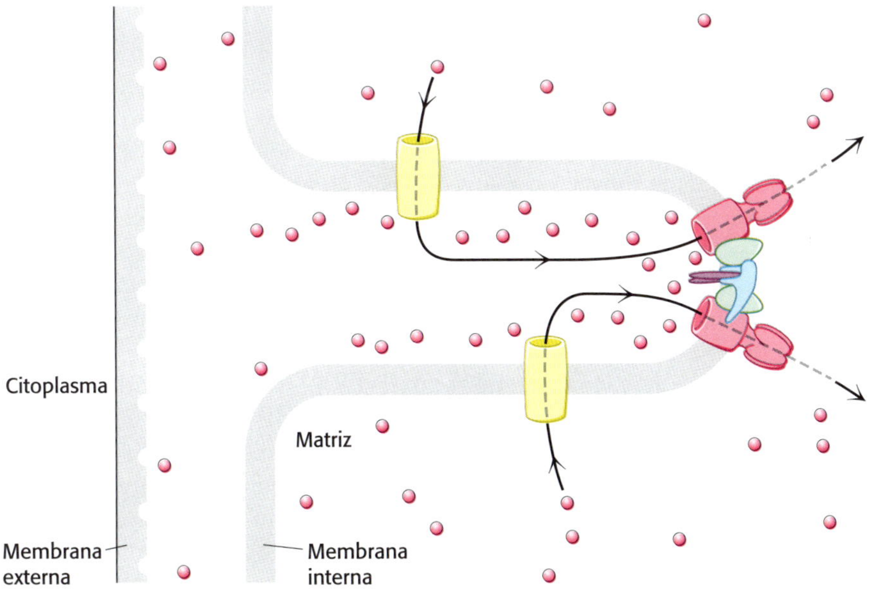


**FIGURA 18.27 A ATPase ajuda na formação das cristas.** Oligômeros de dímeros da ATP sintase facilitam a formação das cristas, criando uma área onde os prótons (bolas vermelhas) estão concentrados e têm pronto acesso à porção $F_0$ da ATP sintase. A cadeia de transporte de elétrons é representada pelos cilindros amarelos inseridos na membrana mitocondrial interna. [Informação de K. M. Davies *et al.*, *Proc. Natl. Acad. Sci. U.S.A.* 108: 14121–14126, 2011.]

## O fluxo de prótons por meio da ATP sintase leva à liberação do ATP firmemente ligado: o mecanismo de mudança de ligação

A ATP sintase catalisa a formação de ATP a partir de ADP e ortofosfato.

$$ADP^{3-} + HPO_4^{2-} + H^+ \rightleftharpoons ATP^{4-} + H_2O$$

Os substratos verdadeiros são o ADP e o ATP complexado com $Mg^{2+}$, como em todas as reações conhecidas de transferência de fosforila com esses nucleotídios. Um átomo de oxigênio terminal do ADP ataca o átomo de fósforo de $P_i$ para formar um intermediário pentacovalente, que em seguida se dissocia em ATP e $H_2O$ (ver Figura 18.28).

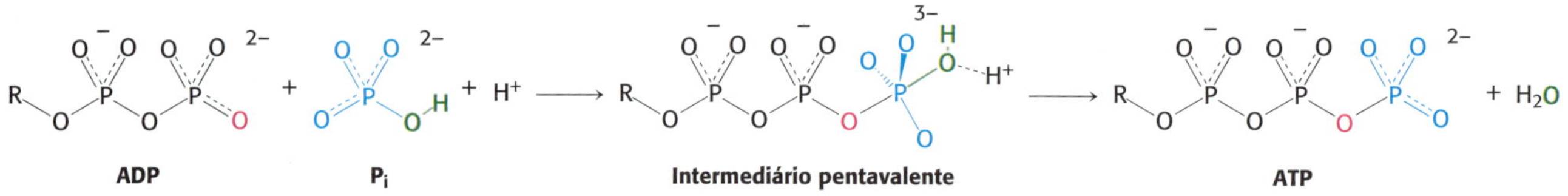


**FIGURA 18.28 Mecanismo da síntese de ATP.** Um dos átomos de oxigênio do ADP ataca o átomo de fósforo do $P_i$ para formar um intermediário pentacovalente que, em seguida, forma ATP e libera uma molécula de $H_2O$.

Como o fluxo de prótons impulsiona a síntese de ATP? Experimentos com troca de isótopos revelaram de maneira inesperada que o *ATP ligado à enzima forma-se prontamente na ausência de força próton-motriz*. Quando o ADP e o $P_i$ foram adicionados à ADP sintase em $H_2{}^{18}O$, o $^{18}O$ ficou incorporado ao $P_i$ por meio da síntese de ATP e sua subsequente hidrólise (Figura 18.29). A velocidade de incorporação do $^{18}O$ ao $P_i$ mostrou que quantidades aproximadamente iguais de ATP e ADP estão em equilíbrio no sítio catalítico, até mesmo na ausência de um gradiente de prótons. Entretanto, o ATP não deixa o sítio catalítico, a não ser que haja um fluxo de prótons por intermédio da enzima. Por conseguinte, a *função do gradiente de prótons não consiste em formar ATP, mas em liberá-lo da sintase.*

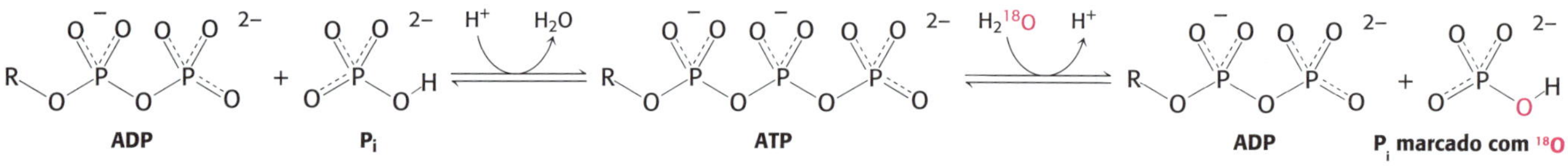


**FIGURA 18.29 O ATP forma-se sem uma força próton-motriz, porém não é liberado.** Os resultados de experimentos com troca de isótopos indicam que o ATP ligado à enzima é formado a partir de ADP e $P_i$ na ausência de uma força próton-motriz.

O fato de que três subunidades β sejam componentes da subunidade $F_1$ da ATPase significa que existem três sítios ativos na enzima, cada um deles desempenhando uma das três funções distintas em qualquer momento determinado. A força próton-motriz faz com que os três sítios ativos modifiquem sequencialmente suas funções à medida que os prótons vão fluindo através dos componentes da enzima inseridos na membrana. Com efeito, podemos imaginar a enzima como apresentando uma parte móvel e uma parte estacionária: (1) a unidade móvel, ou *rotor*, consiste no anel **c** e na haste γε; e (2) a unidade estacionária, ou *estator*, é composta pelo restante da molécula.

Como os três sítios ativos da ATP sintase respondem ao fluxo de prótons? Várias observações experimentais sugeriram um *mecanismo de mudança de ligação* para a síntese de ATP impulsionada por prótons. Essa hipótese estabelece que uma subunidade β é capaz de realizar cada uma das três etapas sequenciais na síntese de ATP por meio de mudança conformacional. Essas etapas são (1) a ligação do ADP e do $P_i$, (2) a síntese de ATP e (3) a liberação de ATP. Conforme assinalado anteriormente, as interações com a subunidade γ tornam as três subunidades β estruturalmente distintas (Figura 18.30). Em dado momento, uma subunidade β estará na conformação L (do inglês *loose*), ou frouxa. Essa conformação liga o ADP e o $P_i$. Uma segunda subunidade estará na conformação T (do

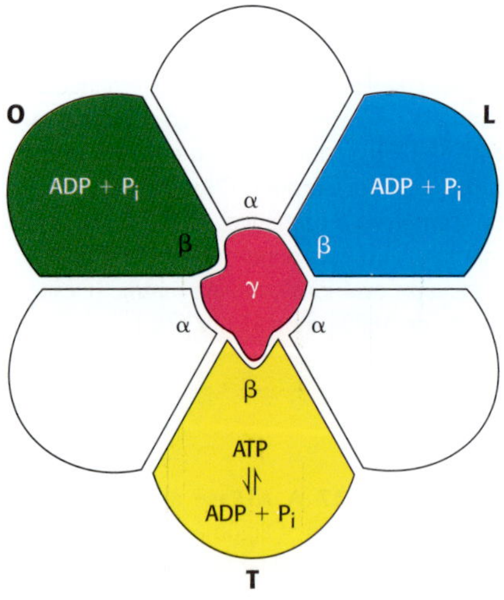


**FIGURA 18.30 Os sítios de ligação de nucleotídios da ATP sintase não são equivalentes.** A subunidade γ passa através do centro do hexâmero $\alpha_3\beta_3$ e torna os sítios de ligação de nucleotídios nas subunidades β distintos uns dos outros. As subunidades β estão coloridas para diferenciá-las umas das outras.

inglês *tight*), ou rígida. Essa conformação liga o ATP com grande avidez, de modo que converte o ADP e o $P_i$ ligados em ATP. Tanto a conformação T quanto a conformação L são limitadas suficientemente para que não liberem os nucleotídios ligados. A subunidade final estará na forma O (do inglês *open*), ou aberta. Essa forma possui uma conformação mais aberta e pode ligar ou liberar nucleotídios de adenina.

A rotação da subunidade γ impulsiona a interconversão dessas três formas (Figura 18.31). O ADP e o $P_i$ ligados na subunidade na forma T combinam-se transitoriamente para formar ATP. Suponha que a subunidade γ sofra uma rotação de 120° em sentido anti-horário (visão de cima). Essa rotação converte o sítio na forma T em um sítio na forma O com o nucleotídio ligado na forma de ATP. Concomitantemente, o sítio na forma L é convertido em um sítio na forma T, possibilitando a transformação de adicionais ADP e $P_i$ em ATP. O ATP no sítio na forma O pode agora se separar da enzima para ser substituído por ADP e $P_i$. Outra rotação de 120° converte esse sítio na forma O em um sítio na forma L, aprisionando esses substratos. Cada subunidade progride da forma T para a forma O e, em seguida, para a forma L, e nunca há duas subunidades presentes na mesma forma conformacional. Esse mecanismo sugere que o ATP pode ser sintetizado e liberado ao impulsionar a rotação da subunidade γ no sentido apropriado.

**Alteração progressiva das formas dos três sítios ativos da ATP sintase.**

Subunidade 1 L → T → O → L → T → O......
Subunidade 2 O → L → T → O → L → T......
Subunidade 3 T → O → L → T → O → L......

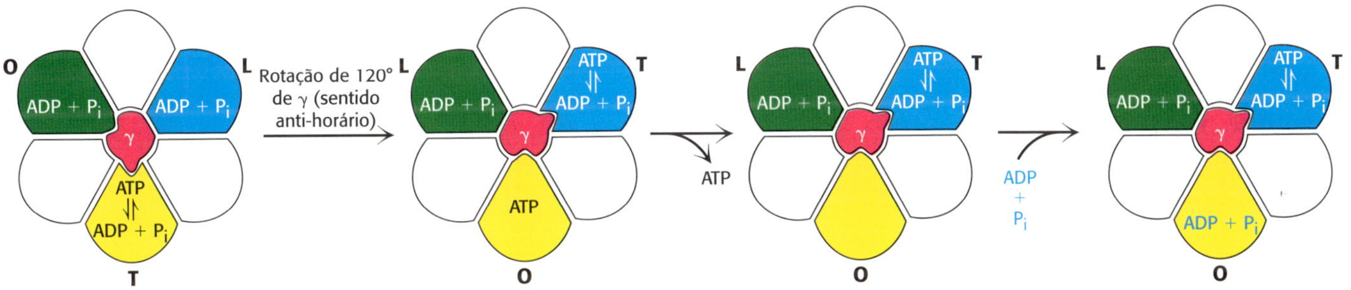


**FIGURA 18.31 Mecanismo de mudança de ligação da ATP sintase.** A rotação da subunidade γ é responsável pela interconversão das três subunidades β. A subunidade na forma T (rígida) interconverte ADP e $P_i$ e o ATP, porém não permite a liberação do ATP. Quando ocorre rotação da subunidade γ em 120° no sentido anti-horário, a subunidade na forma T é convertida na forma O, possibilitando a liberação do ATP. Em seguida, o ADP e o $P_i$ podem ligar-se à subunidade na forma O. Outra rotação de 120° (não mostrada) aprisiona esses substratos na subunidade em forma L.

## A catálise rotacional constitui o menor motor molecular do mundo

É possível observar diretamente a rotação proposta? Experimentos elegantes utilizando técnicas com moléculas únicas (ver seção 8.6) demonstraram a rotação por meio de um sistema experimental simples constituído apenas de subunidades $\alpha_3\beta_3\gamma$ clonadas (Figura 18.32). As subunidades β foram obtidas por engenharia, de modo a conter marcadores de poli-histidina aminoterminais que possuem alta afinidade por íons níquel. Essas propriedades dos marcadores possibilitaram a imobilização da montagem $\alpha_3\beta_3$ em uma superfície de vidro, que foi coberta com íons níquel. A subunidade γ foi ligada a um filamento de actina marcado com fluorescência para proporcionar um segmento longo passível de ser observado ao microscópio de fluorescência. De maneira notável, a adição de ATP provocou uma rotação unidirecional do filamento de actina no sentido anti-horário. *Observou-se a rotação da subunidade γ impulsionada pela hidrólise do ATP.* Assim, foi possível verificar a atividade catalítica de uma molécula individual. A rotação no sentido anti-horário é compatível com o mecanismo de hidrólise previsto, pois a molécula foi vista por debaixo em relação à vista mostrada na Figura 18.32.

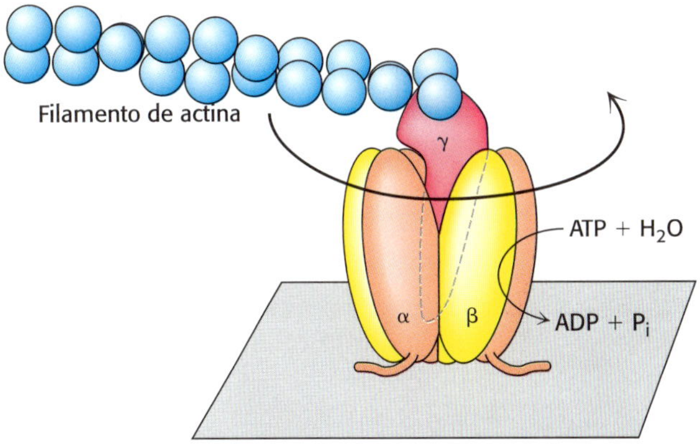


**FIGURA 18.32 Observação direta da rotação da ATP sintase impulsionada pelo ATP.** O hexâmero $\alpha_3\beta_3$ da ATP sintase é fixado a uma superfície com a subunidade γ projetando-se para cima e ligada a um filamento de actina marcado com fluorescência. A adição de ATP e a sua hidrólise subsequente resultam em rotação no sentido anti-horário da subunidade γ, que pode ser vista diretamente com um microscópio de fluorescência.

Uma análise mais detalhada na presença de concentrações mais baixas de ATP revelou que a subunidade

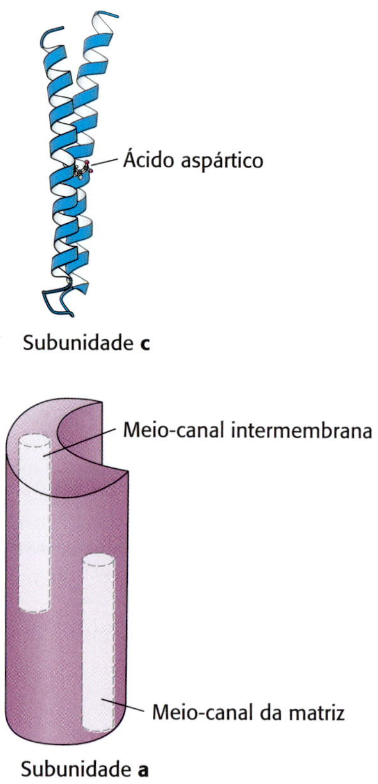


**FIGURA 18.33 Componentes da unidade condutora de prótons da ATP sintase.** A subunidade **c** consiste em duas α-hélices que atravessam a membrana. Em *E. coli*, um resíduo de ácido aspártico em uma das hélices situa-se no centro da membrana. A estrutura da subunidade **a** ainda não foi observada diretamente, mas parece incluir dois meios-canais que possibilitam a entrada e a passagem dos prótons parcialmente, mas não totalmente, através da membrana.

γ sofre rotação em incrementos de 120°. Cada incremento corresponde à hidrólise de uma única molécula de ADP. Além disso, com base nos resultados obtidos pela variação do comprimento do filamento de actina e pela determinação da velocidade de rotação, a enzima parece operar com uma eficiência de quase 100%, ou seja, praticamente toda a energia liberada pela hidrólise do ATP é convertida em movimento rotacional.

## O fluxo de prótons em torno do anel *c* impulsiona a síntese de ATP

A observação direta do movimento rotacional da subunidade γ constitui uma forte evidência do mecanismo rotacional na síntese de ATP. A última questão remanescente é a seguinte: como o fluxo de prótons através de $F_0$ impulsiona a rotação da subunidade γ? O mecanismo depende das estruturas das subunidades **a** e **c** de $F_0$ (Figura 18.33). A subunidade **a** estacionária é contígua com o anel transmembranar formado por 8 a 14 subunidades **c**. A subunidade **a** inclui dois meios-canais hidrofílicos, que não se estendem pela membrana (Figura 18.33). Assim, os prótons podem passar por qualquer um desses canais, mas não conseguem se mover totalmente através da membrana. A subunidade **a** está posicionada de tal modo que cada meio-canal interage diretamente com a subunidade **c.**

A estrutura da subunidade **c** foi determinada por métodos de RMN e por cristalografia de raios X. Cada cadeia polipeptídica forma um par de α-hélices que atravessam a membrana. Um resíduo de ácido glutâmico (ou de ácido aspártico) é encontrado no meio de uma das hélices. Se o glutamato tiver carga elétrica (não protonado), a subunidade **c** não irá se mover dentro da membrana. O fator fundamental para o movimento de prótons através da membrana é que, em um ambiente rico em prótons como o espaço intermembrana, um próton entrará em um canal e se ligará ao resíduo de glutamato, enquanto o ácido glutâmico no ambiente pobre em prótons do outro meio-canal liberará um próton (Figura 18.34). A subunidade **c** com o próton ligado então move-se dentro da membrana à medida que o anel vai sofrendo rotação em uma subunidade **c**. Essa rotação desloca a subunidade **c** recém-despronatada do meio-canal da matriz para o meio-canal do espaço intermembrana rico em prótons, onde ela pode se ligar a um próton. *O movimento de prótons através dos meios-canais desde a elevada concentração de prótons do espaço intermembrana para a baixa concentração de prótons da matriz impulsiona a rotação do anel* **c.** A unidade **a** permanece estacionária à medida que o anel **c** vai rodando. Cada próton que entra no meio-canal do espaço intermembrana da unidade **a** move-se através da membrana "montando" sobre o anel **c** em rotação para sair através do meio-canal da matriz para o ambiente pobre em prótons da matriz (Figura 18.35).

Como a rotação do anel **c** leva à síntese de ATP? O anel **c** está firmemente ligado às subunidades γ e ε. Por conseguinte, à medida que o anel **c** vai girando, as subunidades γ e ε são viradas dentro da unidade do hexâmero $\alpha_3\beta_3$ de $F_1$. Por sua vez, a rotação da subunidade γ promove a síntese de ATP por meio do mecanismo de mudança de ligação. A coluna externa formada pelas duas cadeias **b** e pela subunidade δ impede a rotação do hexâmero $\alpha_3\beta_3$ em sintonia com o anel **c**. Convém lembrar que a dimerização e a subsequente oligomerização da sintase nas cristas também estabilizam a enzima às forças rotacionais. Conforme assinalado anteriormente, o número de subunidades **c** no anel **c** parece variar entre 8 e 14. Esse número é significativo, visto que determina o número de prótons que precisam ser transportados para gerar uma molécula de ATP. Cada rotação de 360° da subunidade γ leva à síntese e à liberação de três moléculas de ATP. Por conseguinte, se houver 10 subunidades **c** no anel (como foi observado em uma estrutura cristalográfica da ATP sintase mitocondrial da levedura),

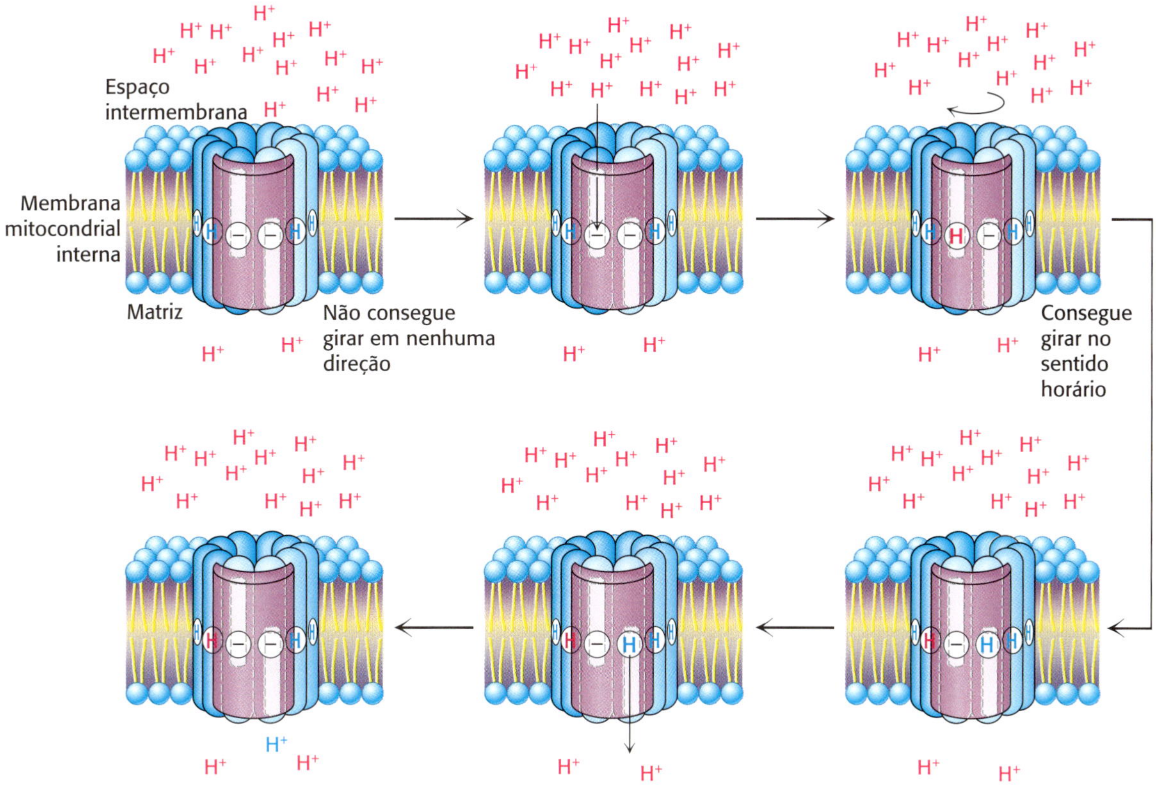


**FIGURA 18.34 O movimento dos prótons através da membrana impulsiona a rotação do anel *c*.** Um próton proveniente do espaço intermembrana entra no meio-canal citoplasmático para neutralizar a carga elétrica de um resíduo de aspartato em uma subunidade **c**. Com essa carga elétrica neutralizada, o anel **c** consegue girar no sentido horário por meio de uma subunidade **c**, movendo então um resíduo de ácido aspártico de fora da membrana para dentro do meio-canal da matriz. Esse próton pode se mover para o interior da matriz, o que restabelece o estado inicial do sistema.

cada ATP gerado exige o transporte de 10/3 = 3,33 prótons. Evidências recentes mostraram que os anéis **c** de todos os vertebrados são compostos de oito subunidades, tornando a ATP sintase dos vertebrados a mais eficiente das ATPs sintase conhecidas, com a necessidade de transportar apenas 2,7 prótons para a síntese de ATP. Para simplificar, partiremos do pressuposto de que três prótons precisam fluir para a matriz para cada ATP formado; entretanto, precisamos ter em mente que o verdadeiro valor pode diferir. Como veremos adiante, os elétrons provenientes do NADH bombeiam prótons suficientes para gerar 2,5 moléculas de ATP, enquanto aqueles provenientes do $FADH_2$ produzem 1,5 molécula de ATP.

Voltemos por um momento ao exemplo com o qual iniciamos este capítulo. Se um ser humano em repouso necessita de 85 kg de ATP por dia para a realização das funções corporais, então $3{,}3 \times 10^{25}$ prótons devem fluir por meio da ATP sintase por dia, ou $3{,}9 \times 10^{20}$ prótons por segundo. A Figura 18.36 fornece um resumo do processo da fosforilação oxidativa.

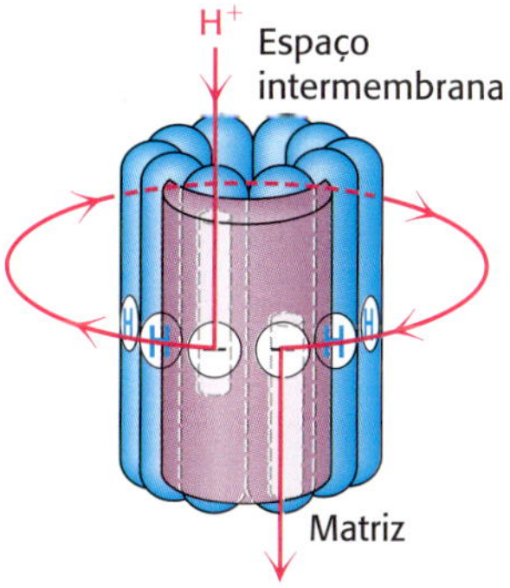


**FIGURA 18.35 Trajeto do próton através da membrana.** Cada próton entra no meio-canal citoplasmático, segue uma rotação completa do anel **c** e sai através do outro meio-canal para a matriz.

## A ATP sintase e as proteínas G compartilham várias características

As subunidades α e β da ATP sintase são membros da família de proteínas de NTPase com alça P. No Capítulo 14, aprendemos que as propriedades sinalizadoras de outros membros dessa família – as proteínas G – dependem da sua capacidade de se ligar a nucleosídios trifosfato e difosfato com grande tenacidade. Essas proteínas não trocam nucleotídios, a não ser que sejam estimuladas a fazê-lo por meio de interação com outras

**Com um pouco se vai muito longe.**
Apesar das várias maquinações moleculares e dos inúmeros ATP sintetizados e prótons bombeados, um ser humano em repouso surpreendentemente necessita de pouca energia. Cerca de 116 watts – a energia produzida por uma lâmpada típica – fornecem energia suficiente para sustentar uma pessoa em repouso.

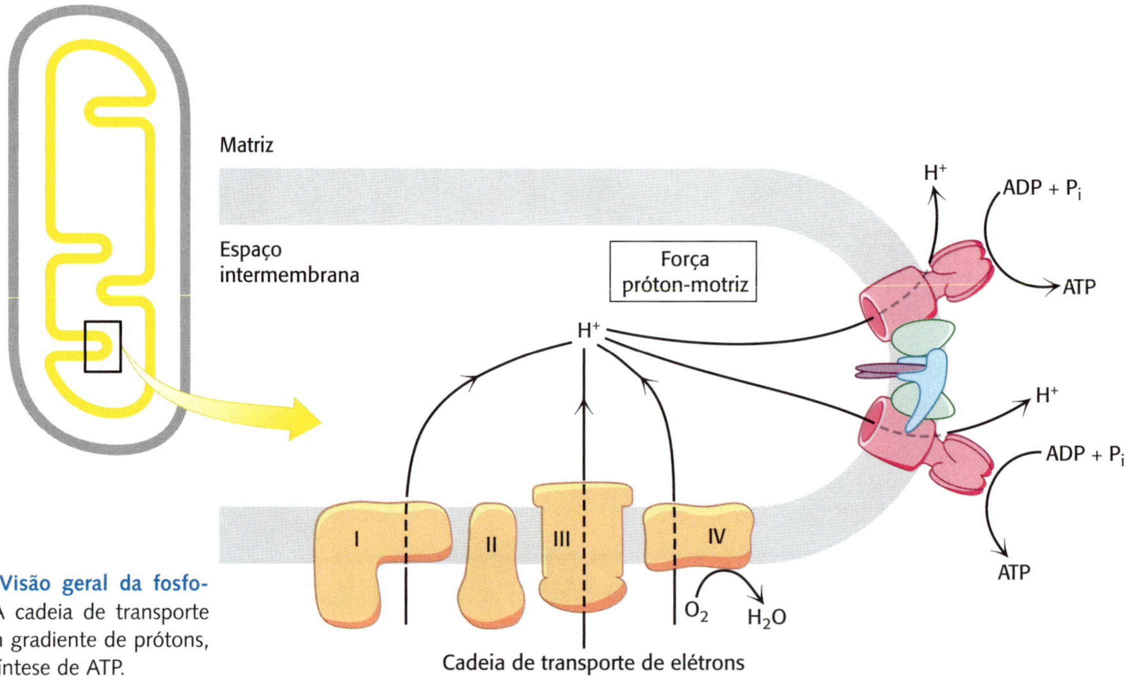


**FIGURA 18.36 Visão geral da fosforilação oxidativa.** A cadeia de transporte de elétrons gera um gradiente de prótons, que é utilizado na síntese de ATP.

proteínas. O mecanismo de mudança de ligação da ATP sintase constitui uma variedade desse tema. As regiões das subunidades β com alça P ligam-se ao ADP ou ao ATP (ou liberam ATP), dependendo de com qual das três faces diferentes da subunidade γ interagem. As mudanças conformacionais ocorrem de maneira ordenada e impulsionadas pela rotação da subunidade γ.

## 18.5 Muitas "lançadeiras" (*shuttles*) possibilitam o movimento através das membranas mitocondriais

A membrana mitocondrial interna precisa ser impermeável à maioria das moléculas; entretanto, muitas trocas têm de ocorrer entre o citoplasma e as mitocôndrias. Essas trocas são mediadas por uma série de proteínas transportadoras que atravessam a membrana (ver Figura 13.10).

### Os elétrons provenientes do NADH citoplasmático entram nas mitocôndrias por meio de "lançadeiras"

Uma das funções da cadeia respiratória consiste em regenerar o $NAD^+$ para uso na glicólise. O NADH gerado pelo ciclo do ácido cítrico e pela oxidação de ácidos graxos já se encontra na matriz mitocondrial; então, como o NADH citoplasmático é reoxidado a $NAD^+$ em condições aeróbicas? O NADH não consegue simplesmente entrar nas mitocôndrias para oxidação pela cadeia respiratória, visto que a membrana mitocondrial interna é impermeável ao NADH e ao $NAD^+$. A solução é o transporte de *elétrons do NADH,* e não do próprio NADH, através da membrana mitocondrial. Uma das várias maneiras de introduzir elétrons provenientes do NADH na cadeia de transporte de elétrons é a *"lançadeira" de glicerol 3-fosfato* (Figura 18.37). A primeira etapa nesse processo é a transferência de um par de elétrons do NADH para a di-hidroxiacetona fosfato, um intermediário glicolítico, para formar glicerol 3-fosfato. Essa reação é catalisada pela glicerol 3-fosfato desidrogenase no citoplasma. O glicerol 3-fosfato é reoxidado a di-hidroxiacetona fosfato na superfície externa da membrana mitocondrial interna por uma isoenzima da glicerol 3-fosfato desidrogenase ligada à membrana. Um par de elétrons proveniente do glicerol 3-fosfato é transferido para um grupo prostético FAD nessa enzima, com formação de $FADH_2$. Essa reação também regenera a di-hidroxiacetona fosfato.

A flavina reduzida transfere seus elétrons para o carreador de elétrons Q, que em seguida entra na cadeia respiratória na forma de $QH_2$. *Quando o NADH citoplasmático transportado pela "lançadeira" de glicerol 3-fosfato é oxidado pela cadeia respiratória, há formação de 1,5 molécula de ATP, em vez de 2,5 moléculas.* O rendimento é menor, visto que o FAD, em vez do $NADH^+$, é o aceptor de elétrons na glicerol 3-fosfato desidrogenase mitocondrial. O uso de FAD possibilita o transporte de elétrons do NADH citoplasmático para dentro das mitocôndrias contra um gradiente de concentração de NADH. O preço desse transporte é uma molécula de ATP por dois elétrons. Essa "lançadeira" de glicerol 3-fosfato é particularmente proeminente no músculo e possibilita a manutenção de uma taxa muito alta de fosforilação oxidativa. Com efeito, alguns insetos carecem de lactato desidrogenase e dependem por completo da "lançadeira" de glicerol 3-fosfato para a regeneração do $NAD^+$ citoplasmático.

No coração e no fígado, os elétrons do NADH citoplasmático são transportados para dentro das mitocôndrias pela *"lançadeira" de malato-aspartato,* que é mediada por dois carreadores membranares e quatro enzimas (Figura 18.38). Os elétrons são transferidos do NADH no citoplasma para o oxaloacetato, formando malato, que atravessa a membrana mitocondrial interna em troca de α-cetoglutarato e, em seguida, é reoxidado pelo $NAD^+$ na matriz, com formação de NADH em uma reação catalisada pela enzima do ciclo do ácido cítrico malato desidrogenase. O oxaloacetato resultante não cruza prontamente a membrana mitocondrial interna, de modo que há a necessidade de uma reação de transaminação (ver seção 23.3) para formar o aspartato, que pode ser transportado para o lado citoplasmático em troca de glutamato. O glutamato doa um grupo amino para o oxaloacetato, formando aspartato e α-cetoglutarato. No citoplasma, o aspartato é então desaminado para formar oxaloacetato, e o ciclo é reiniciado.

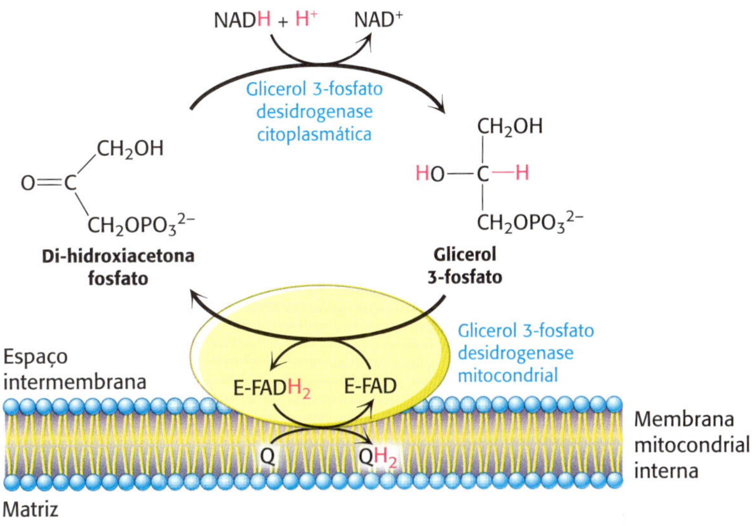


**FIGURA 18.37 "Lançadeira" (*shuttle*) de glicerol 3-fosfato.** Elétrons provenientes do NADH podem entrar na cadeia mitocondrial de transporte de elétrons ao serem utilizados para reduzir a di-hidroxiacetona fosfato a glicerol 3-fosfato. O glicerol 3-fosfato é reoxidado pela transferência de elétrons para um grupo prostético FAD por uma enzima glicerol 3-fosfato desidrogenase ligada à membrana. A subsequente transferência de elétrons para Q para formar $QH_2$ possibilita a entrada desses elétrons na cadeia de transporte de elétrons.

$$\underset{\text{citoplasmático}}{NADH} + H^+ + \underset{\text{mitocondrial}}{E\text{–}FAD} \longrightarrow \underset{\text{citoplasmático}}{NAD^+} + \underset{\text{mitocondrial}}{E\text{–}FADH_2}$$

**"Lançadeira" de glicerol 3-fosfato**

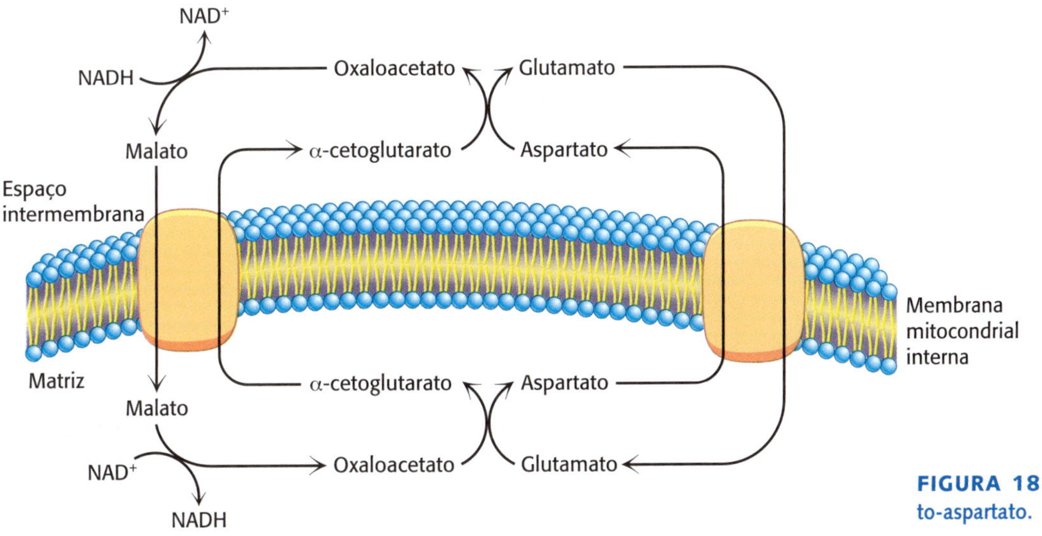

**FIGURA 18.38 "Lançadeira" de malato-aspartato.**

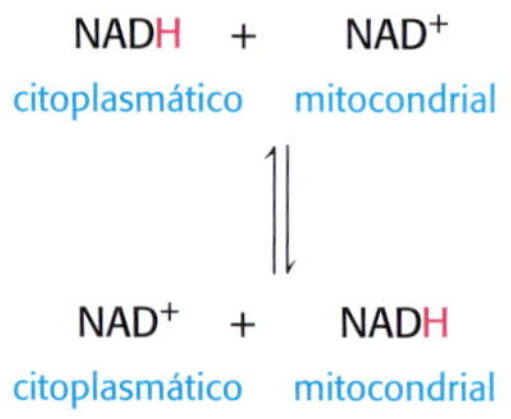

**"Lançadeira" de malato-aspartato**

## A entrada de ADP nas mitocôndrias está acoplada à saída de ATP pela ATP-ADP translocase

A principal função da fosforilação oxidativa consiste na geração de ATP a partir de ADP. O ATP e o ADP não se difundem livremente através da membrana mitocondrial interna. Como essas moléculas altamente carregadas se movem através da membrana interna para o citoplasma? Uma proteína transportadora específica, a *ATP-ADP translocase,* permite que elas atravessem essa barreira de permeabilidade. Mais importante ainda, os fluxos de ATP e de ADP são acoplados. *O ADP só entra na matriz mitocondrial se o ATP sair, e vice-versa.* Esse processo é realizado pela translocase, um *antiporter*:

$$ADP^{3-}_{\text{citoplasma}} + ATP^{4-}_{\text{matriz}} \longrightarrow ADP^{3-}_{\text{matriz}} + ATP^{4-}_{\text{citoplasma}}$$

A ATP-ADP translocase, que também é denominada adenina nucleotídio translocase (ANT), é extremamente abundante, constituindo cerca de 15% das proteínas existentes na membrana mitocondrial interna. Essa abundância é uma manifestação do fato de que os seres humanos trocam o equivalente de seu peso em ATP diariamente. Embora as mitocôndrias sejam o local da síntese de ATP, tanto o citoplasma quanto o núcleo possuem mais ATP do que as mitocôndrias, um testamento da eficiência do transporte.

A translocase de 30 kDa contém um único sítio de ligação de nucleotídio, que alternadamente está voltado para o lado da matriz e para o lado citoplasmático da membrana (Figura 18.39). O ATP e o ADP ligam-se à translocase sem $Mg^{2+}$, e o ATP possui uma carga elétrica negativa a mais do que o ADP. Por conseguinte, em uma mitocôndria com respiração ativa e com potencial de membrana positivo, o transporte de ATP para fora da matriz mitocondrial e o transporte de ADP para dentro da matriz são favorecidos. Essa troca entre ATP e ADP é energeticamente dispendiosa; cerca de um quarto da força próton-motriz gerada pela cadeia respiratória é consumido por esse processo de troca. A inibição da translocase também leva a uma subsequente inibição da respiração celular (p. 613).

## Os transportadores mitocondriais para metabólitos apresentam uma estrutura tripartida em comum

A análise da sequência de aminoácidos da ATP-ADP translocase revelou que essa proteína consiste em três repetições *in tandem* de um módulo de 100 aminoácidos, e cada uma delas parece ter dois segmentos transmembranares. Recentemente, essa estrutura tripartida foi confirmada pela

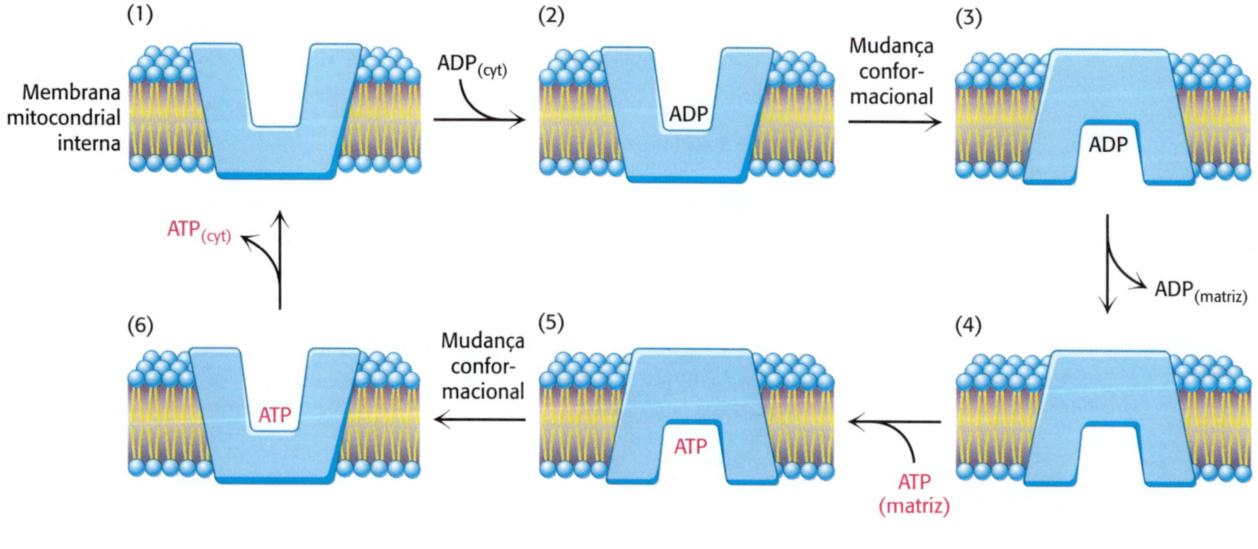


**FIGURA 18.39 Mecanismo da ATP-ADP translocase mitocondrial.** A translocase catalisa o acoplamento da entrada de ADP na matriz com a saída de ATP dela. A ligação do ADP (1) do citoplasma favorece uma mudança conformacional do transportador (2) para liberar ADP na matriz (3). A subsequente ligação do ATP proveniente da matriz na forma aberta para o interior (4) favorece o retorno à conformação original (5), liberando ATP no citoplasma (6).

elucidação da estrutura tridimensional desse transportador (Figura 18.40). As hélices transmembranares formam uma estrutura semelhante a uma tenda, com o sítio de ligação de nucleotídios (marcado por um inibidor ligado) situado no centro. Cada uma das três repetições adota uma estrutura semelhante.

A ATP-ADP translocase é apenas um de muitos transportadores mitocondriais de íons e de metabólitos com carga elétrica (Figura 18.41). O *carreador de fosfato,* que atua em combinação com a ATP-ADP translocase, medeia a troca eletroneutra de $H_2PO_4^-$ para $OH^-$. A ação combinada desses dois transportadores leva à troca de ADP e $P_i$ citoplasmáticos pelo ATP da matriz à custa do influxo de um $H^+$ (devido ao transporte de um $OH^-$ para fora da matriz). Esses dois transportadores, que fornecem os substratos da ATP sintase, estão associados à sintase para formar um grande complexo denominado *ATP sintassoma* (*synthasome*).

Outros carreadores homólogos também estão presentes na membrana mitocondrial interna. O carreador de dicarboxilato possibilita a exportação de malato, succinato e fumarato da matriz mitocondrial em troca de $P_i$. O carreador de tricarboxilato troca o citrato e o $H^+$ por malato. Ao todo, mais de 40 desses carreadores são codificados pelo genoma humano. Um tipo diferente de carreador é responsável pelo transporte de piruvato na mitocôndria. O piruvato no citoplasma entra na membrana mitocondrial por meio de um heterodímero composto de duas pequenas proteínas transmembranares.

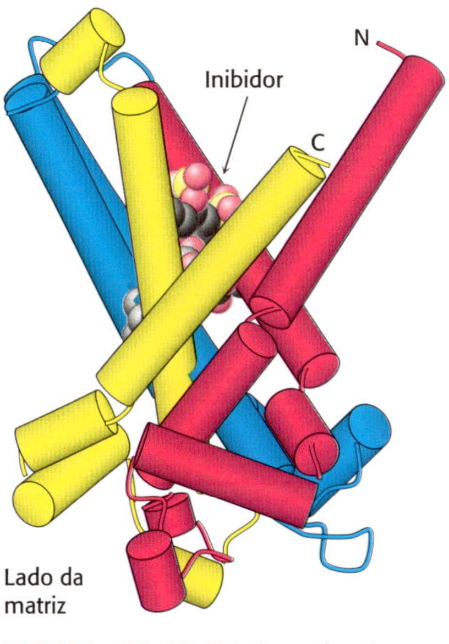


**FIGURA 18.40 Estrutura dos transportadores mitocondriais.** A estrutura da ATP-ADP translocase é mostrada. *Observe* que essa estrutura é constituída por três unidades semelhantes (mostradas em vermelho, azul e amarelo), que se juntam para formar um sítio de ligação, ocupado, aqui, pelo atractilosídeo, um inibidor desse transportador. Outros membros da família de transportadores mitocondriais adotam estruturas tripartidas semelhantes. [Desenhada de 1OKC.pdb.]

## 18.6 A regulação da respiração celular é governada principalmente pela necessidade de ATP

Como o ATP é o produto final da respiração celular, as necessidades de ATP da célula constituem o determinante final da velocidade das vias respiratórias e seus componentes.

### A oxidação completa da glicose produz cerca de 30 moléculas de ATP

Podemos agora calcular quantas moléculas de ATP são formadas quando a glicose é totalmente oxidada a $CO_2$. O número de moléculas de ATP formadas na glicólise e no ciclo do ácido cítrico é inequivocadamente conhecido, visto que é determinado pelas estequiometrias das reações químicas. Em contrapartida, a produção de ATP da fosforilação oxidativa é menos certa, já que as estequiometrias da bomba de prótons, da síntese de ATP e dos processos de transporte de metabólitos não precisam ser um número inteiro, nem mesmo ter valores fixos. Conforme assinalado anteriormente, as melhores estimativas atuais para os números de prótons bombeados para fora da matriz pela NADH-Q oxidorredutase, pela Q-citocromo *c* oxidorredutase e pela citocromo *c* oxidase por par de elétrons são quatro,

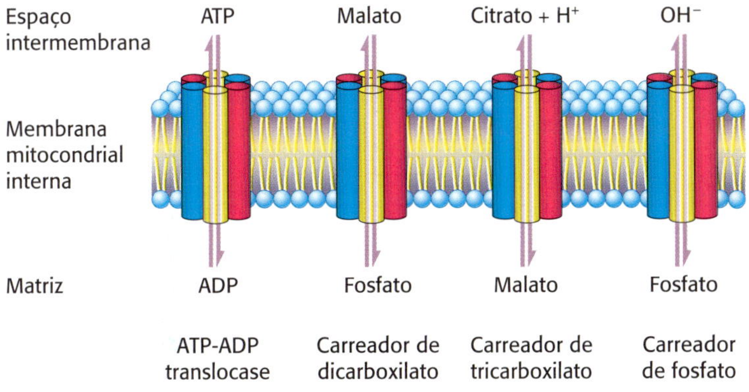


**FIGURA 18.41 Transportadores mitocondriais.** Os transportadores (também denominados carreadores) são proteínas transmembranares que transportam íons específicos e metabólitos com carga elétrica através da membrana mitocondrial interna.

dois e quatro, respectivamente. A síntese de uma molécula de ATP é impulsionada pelo fluxo de cerca de três prótons por meio da ATP sintase. Um próton adicional é consumido no transporte do ATP da matriz para o citoplasma. Assim, são geradas cerca de 2,5 moléculas de ATP citoplasmático como resultado do fluxo de um par de elétrons do NADH para o $O_2$. No caso dos elétrons que entram no nível da Q-citocromo *c* oxidorredutase, como aqueles provenientes da oxidação do succinato ou do NADH citoplasmático transferidos pela "lançadeira" de glicerol-fosfato, o rendimento é de cerca de 1,5 molécula de ATP por par de elétrons. Assim, como mostra a Tabela 18.4, *são formadas cerca de 30 moléculas de ATP quando a glicose é completamente oxidada a $CO_2$.* A maior parte do ATP, ou seja, 26 das 30 moléculas formadas, é gerada por fosforilação oxidativa. Convém lembrar que o metabolismo anaeróbico da glicose produz apenas duas moléculas de ATP. Um dos efeitos do exercício de resistência, uma prática que exige muito ATP durante um período prolongado de tempo, consiste em aumentar o número de mitocôndrias e de vasos sanguíneos no músculo e, consequentemente, aumentar a geração de ATP pela fosforilação oxidativa.

### A taxa de fosforilação oxidativa é determinada pela necessidade de ATP

Como a taxa da cadeia de transporte de elétrons é controlada? Na maioria das condições fisiológicas, o transporte de elétrons está estreitamente

**TABELA 18.4** Rendimento de ATP a partir da oxidação completa da glicose.

| Sequência de reações | Produção de ATP por molécula de glicose |
|---|---|
| **Glicose: conversão da glicose em piruvato (no citoplasma)** | |
| Fosforilação da glicose | -1 |
| Fosforilação da frutose-6-fosfato | -1 |
| Desfosforilação de 2 moléculas de 1,3-BPG | +2 |
| Desfosforilação de 2 moléculas de fosfoenolpiruvato | +2 |
| 2 moléculas de NADH são formadas na oxidação de 2 moléculas de gliceraldeído 3-fosfato | |
| **Conversão do piruvato em acetil-CoA (no interior das mitocôndrias)** | |
| 2 moléculas de NADH são formadas | |
| **Ciclo do ácido cítrico (no interior das mitocôndrias)** | |
| 2 moléculas de adenosina trifosfato são formadas a partir de 2 moléculas de succinil-CoA | +2 |
| 6 moléculas de NADH são formadas na oxidação de 2 moléculas cada de isocitrato, $\alpha$-cetoglutarato e malato | |
| 2 moléculas de $FADH_2$ são formadas na oxidação de 2 moléculas de succinato | |
| **Fosforilação oxidativa (no interior das mitocôndrias)** | |
| 2 moléculas de NADH são formadas na glicólise; cada uma produz 1,5 molécula de ATP (pressupondo o transporte de NADH pela "lançadeira" de glicerol 3-fosfato) | +3 |
| 2 moléculas de NADH são formadas na descarboxilação oxidativa do piruvato; cada uma produz 2,5 moléculas de ATP | +5 |
| 2 moléculas de $FADH_2$ são formadas no ciclo do ácido cítrico; cada uma produz 1,5 molécula de ATP | +3 |
| 6 moléculas de NADH são formadas no ciclo do ácido cítrico; cada uma produz 2,5 moléculas de ATP | +15 |
| Produção Efetiva por Molécula de Glicose | +30 |

A informação sobre a produção de ATP pela fosforilação oxidativa provém dos valores fornecidos em P. C. Hinkle, M. A. Kumar, A. Resetar e D. L. Harris, *Biochemistry* 30:3576, 1991.

Nota: O valor atual de 30 moléculas de ATP por molécula de glicose substitui o valor anterior de 36 moléculas de ATP. As estequiometrias da bomba de prótons, da síntese de ATP e do transporte de metabólitos devem ser consideradas como estimativas. São formadas cerca de duas moléculas de ATP a mais por molécula de glicose oxidada quando a "lançadeira" de malato-aspartato é utilizada em vez da "lançadeira" de glicerol 3-fosfato.

acoplado à fosforilação. *Em geral, os elétrons não fluem através da cadeia de transporte de elétrons para o $O_2$, a não ser que o ADP seja simultaneamente fosforilado a ATP.* Quando a concentração de ADP aumenta, como seria o caso do músculo ativo, a taxa de fosforilação oxidativa aumenta para suprir as necessidades de ATP do músculo. A regulação da taxa de fosforilação oxidativa pelo nível de ADP é denominada *controle respiratório* ou *controle de aceptor*. Experimentos realizados em mitocôndrias isoladas demonstraram a importância do nível de ADP (Figura 18.42). A taxa de consumo de oxigênio pelas mitocôndrias aumenta acentuadamente quando o ADP é adicionado e, em seguida, retorna a seu valor inicial quando o ADP adicionado é convertido em ATP.

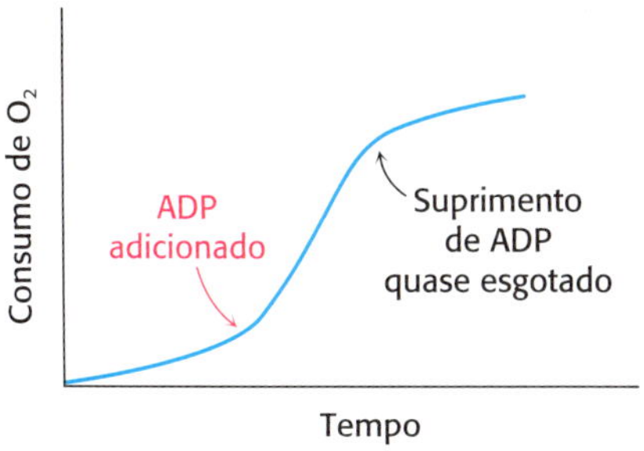


**FIGURA 18.42 Controle respiratório.** Os elétrons são transferidos para o $O_2$ apenas se o ADP for concomitantemente fosforilado a ATP.

O nível de ADP também afeta a taxa do ciclo do ácido cítrico. Na presença de baixas concentrações de ADP, como no músculo em repouso, o NADH e o $FADH_2$ não são consumidos pela cadeia de transporte de elétrons. O ciclo do ácido cítrico torna-se mais lento, visto que há menor quantidade de $NAD^+$ e FAD para alimentar o ciclo. À medida que o nível de ADP vai aumentando e a fosforilação oxidativa vai se acelerando, o NADH e o $FADH_2$ são oxidados, e o ciclo do ácido cítrico torna-se mais ativo. *Os elétrons não fluem dos combustíveis moleculares para o $O_2$, a não ser que seja necessário sintetizar ATP.* Vemos aqui outro exemplo da significância regulatória da carga energética. A coordenação dos componentes da respiração celular, conforme ilustrado na Figura 18.43, torna essa regulação possível.

## A ATP sintase pode ser regulada

As mitocôndrias contêm uma proteína evolutivamente conservada, denominada *fator inibitório 1* (IF1, do inglês *inhibitory factor 1*), que inibe especificamente a potencial atividade hidrolítica da $F_0F_1$ATP sintase. Qual é a função do IF1? Considere uma situação em que os tecidos podem ficar privados de oxigênio (isquemia). Sem oxigênio como aceptor de elétrons, a cadeia de transporte de elétrons é incapaz de gerar a força próton-motriz. O ATP nas mitocôndrias seria hidrolisado pela sintase, atuando então de modo reverso (questão 51). A função do IF1 consiste em evitar o desperdício com a hidrólise do ATP, inibindo a atividade hidrolítica da sintase.

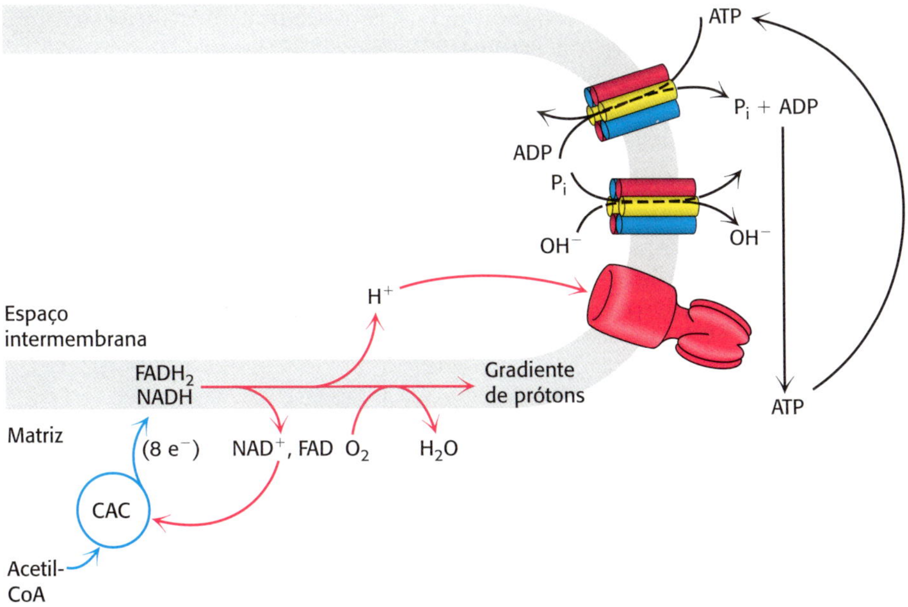


**FIGURA 18.43 Integração da respiração celular.** O ciclo do ácido cítrico (CAC) gera elétrons de alta energia pela oxidação da acetil-CoA. Os elétrons são utilizados para reduzir o oxigênio a água e, no processo, desenvolvem um gradiente de prótons. O gradiente de prótons aciona a síntese de ATP, que requer a coordenação da ATP sintase, da ATP-ADP translocase e do carreador de fosfato.

O IF1 encontra-se superexpresso em muitos tipos de câncer. Essa hiperexpressão desempenha um papel na indução do efeito de Warburg, o desvio da fosforilação oxidativa para a glicólise aeróbica como meio principal para a síntese de ATP (ver seção 16.2).

## O desacoplamento regulado leva à geração de calor

*Alguns organismos possuem a capacidade de desacoplar a fosforilação oxidativa da síntese de ATP para gerar calor.* Esse desacoplamento é um meio de manter a temperatura corporal nos animais que hibernam, em alguns animais recém-nascidos (incluindo os seres humanos) e em muitos mamíferos adultos, particularmente aqueles adaptados ao frio. A planta *Symplocarpus foetidus* utiliza um mecanismo análogo para aquecer suas inflorescências no início da primavera, aumentando a evaporação de moléculas odoríferas que atraem insetos para fertilizar suas flores. Nos animais, o desacoplamento ocorre no *tecido adiposo marrom* (TAM), que é um tecido especializado no processo da *termogênese sem calafrio.* Em contrapartida, o *tecido adiposo branco* (TAB), que constitui a maior parte do tecido adiposo, não desempenha nenhuma função na termogênese, porém atua como fonte de energia e como glândula endócrina (ver Capítulos 26 e 27).

O tecido adiposo marrom é muito rico em mitocôndrias, que são frequentemente denominadas *mitocôndrias da gordura marrom.* Esse tecido tem coloração marrom devido à combinação dos citocromos de coloração esverdeada nas numerosas mitocôndrias com a hemoglobina vermelha presente no extensivo suprimento sanguíneo, que ajuda a transportar o calor por todo o corpo. A membrana mitocondrial interna dessas mitocôndrias contém grande quantidade de *proteína desacopladora* (UCP-1) ou *termogenina,* um dímero de subunidades de 33 kDa que se assemelha à ATP-ADP translocase. A UCP-1 transporta prótons do espaço intermembrana para a matriz com o auxílio dos ácidos graxos. Em essência, a *UCP-1 gera calor ao fazer um curto-circuito na bateria de prótons mitocondrial.* A energia do gradiente de prótons, que normalmente é capturada como ATP, é liberada na forma de calor à medida que os prótons vão fluindo através da UCP-1 até a matriz mitocondrial. Essa via dissipadora de prótons é ativada quando a temperatura corporal central começa a cair. Em resposta a uma queda da temperatura, os hormônios alfa-adrenérgicos estimulam a liberação de ácidos graxos livres a partir dos triacilglicerois armazenados em grânulos de lipídios citoplasmáticos (ver seção 22.2) (Figura 18.44). Os ácidos graxos de cadeia longa ligam-se à face citoplasmática da UCP-1, e o grupo carboxila liga-se a um próton. Isso provoca uma mudança estrutural na UCP-1 de modo que a carboxila protonada está voltada agora para o ambiente da matriz pobre em prótons, e ocorre a liberação do próton. A liberação de prótons restaura a UCP-1 ao estado inicial.

Até recentemente, acreditava-se que os seres humanos adultos não tivessem tecido adiposo marrom. Entretanto, estudos hodiernos estabeleceram que os adultos, em particular as mulheres, possuem tecido

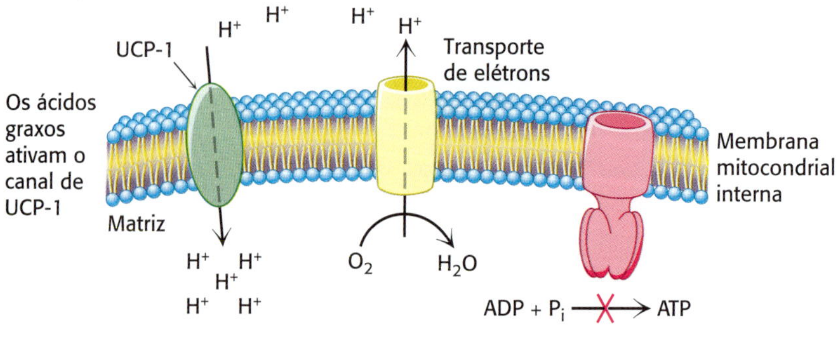


**FIGURA 18.44 Ação de uma proteína desacopladora.** A proteína desacopladora (UCP-1) gera calor ao permitir o influxo de prótons nas mitocôndrias sem a síntese de ATP.

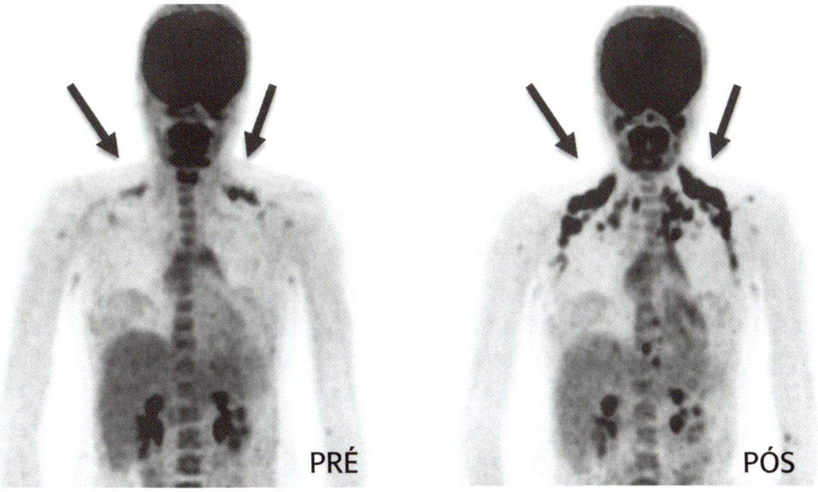


(A) (B)

**FIGURA 18.45 O tecido adipose marrom é revelado com a exposição ao frio.** Os resultados de PET-TC mostram a captação e a distribuição da $^{18}$F-fluorodesoxiglicose ($^{18}$F-FDG) no tecido adiposo. Os padrões de captação de $^{18}$F-FDG no mesmo indivíduo são acentuadamente diferentes em condições termoneutras (**A**) e após exposição ao frio (**B**). [Republicado com autorização da American Society for Clinical Investigation, de *J Clin Invest.* 2013;123(8): 3395–3403. doi:10.1172/JCI68993. Permissão obtida por Copyright Clearance Center, Inc.]

adiposo marrom no pescoço e na região torácica superior, que é ativado pelo frio (Figura 18.45). A obesidade leva a uma redução do tecido adiposo marrom.

Podemos testemunhar os efeitos da ausência de termogênese sem calafrios ao examinarmos o comportamento do porco. Acredita-se que os ancestrais dos porcos tenham perdido o gene da UCP-1 há aproximadamente 20 milhões de anos, quando habitavam ambientes tropicais e subtropicais, onde podiam sobreviver na ausência de termogênese sem calafrio. Entretanto, com a expansão da variedade de porcos, a ausência de UCP-1 tornou-se uma deficiência. Os porcos são mamíferos incomuns, visto que eles têm uma grande ninhada e são os únicos ungulados (animais com cascos) que constroem ninhos para dar à luz. Essas características comportamentais parecem representar uma adaptação à ausência de UCP-1 e, portanto, à falta de gordura marrom. Os filhotes dependem de outras formas de termogênese, como nidificação, ninhada grande e calafrio.

Além da UCP-1, foram identificadas duas outras proteínas desacopladoras. A UCP-2, cuja sequência é 56% idêntica à da UCP-1, é encontrada em uma ampla variedade de tecidos. A UCP-3 (57% idêntica à UCP-1 e 73% idêntica à UCP-2) está localizada na musculatura esquelética e na gordura marrom. Essa família de proteínas desacopladoras, particularmente a UCP-2 e a UCP-3, pode desempenhar um papel na homeostasia energética. De fato, os genes da UCP-2 e a UCP-3 são mapeados em regiões dos cromossomos humanos e de camundongos que foram ligadas à obesidade, sustentando a noção de que eles funcionam como um meio de regular o peso corporal.

### A reintrodução da UCP-1 em porcos pode ser economicamente valiosa

Conforme discutido anteriormente, os porcos carecem de UCP-1. Essa deficiência tem implicações importantes na criação de porcos. Quando um filhote nasce, ele sofre uma súbita redução de cerca de 15°C no seu ambiente térmico. Mesmo com o uso de lâmpadas para aquecer os filhotes, a taxa de mortalidade pode alcançar 20% por ninhada em consequência de hipotermia. Além disso, o aquecimento dos filhotes tem custo significativo, sendo responsável por aproximadamente 35% do custo energético na criação de porcos. Soma-se a isto o fato de que, devido à falta de UCP-1, os porcos acumulam gordura como isolante térmico. Maior quantidade de gordura significa menor quantidade disponível de carne magra.

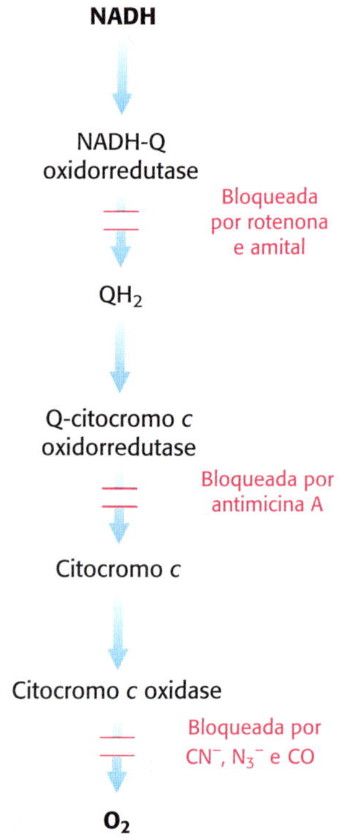


**FIGURA 18.46** Locais de ação de alguns inibidores do transporte de elétrons.

Recentemente, pesquisadores inseriram o gene da UCP-1 em embriões de porcos. Os porcos resultantes foram de criação mais barata devido à redução dos custos energéticos e forneceram mais carne magra de alta qualidade. O gene da UCP-1 foi inserido nos embriões utilizando-se a técnica CRISPR descrita no Capítulo 5. Vemos aqui outro exemplo do alcance cada vez maior da bioquímica em áreas da economia, além da área biomédica.

## A fosforilação oxidativa pode ser inibida em muitos estágios

Muitos venenos potentes e letais exercem seus efeitos por meio da inibição da fosforilação oxidativa em um de vários locais diferentes (Figura 18.46):

**1.** *Inibição da cadeia de transporte de elétrons.* A *rotenona,* que é utilizada como veneno para insetos e peixes, e o *amital,* um sedativo barbitúrico, bloqueiam a transferência de elétrons na NADH-Q oxidorredutase e, portanto, impedem a utilização do NADH como substrato. Como inibidor da cadeia de transporte de elétrons, a rotenona pode desempenhar um papel, juntamente com a suscetibilidade genética, no desenvolvimento da doença de Parkinson. Na presença de rotenona e amital, o fluxo de elétrons resultante da oxidação do succinato não é comprometido, visto que esses elétrons entram através de $QH_2$, além do bloqueio. A *antimicina A* interfere no fluxo de elétrons proveniente do citocromo $b_H$ na Q-citocromo *c* oxidorredutase. Além disso, o fluxo de elétrons na citocromo *c* oxidase pode ser bloqueado pelo *cianeto* ($CN^-$), pela *azida* ($N_3^-$) e pelo *monóxido de carbono* (CO). O cianeto e a azida reagem com a forma férrica do heme $a_3$, enquanto o monóxido de carbono inibe a forma ferrosa. A inibição da cadeia de transporte de elétrons também inibe a síntese de ATP, visto que a força próton-motriz não pode mais ser gerada.

**2.** *Inibição da ATP sintase.* A oligomicina, um antibiótico utilizado como agente antifúngico, e a diciclo-hexilcarbodiimida (DCC) impedem o influxo de prótons pela ATP sintase por meio de sua ligação ao grupo carboxilato das subunidades c necessárias para a ligação de prótons. A modificação de apenas uma subunidade c pela DCC é suficiente para inibir a rotação de todo o anel c e, portanto, a síntese de ATP. Se mitocôndrias com respiração ativa forem expostas a um inibidor da ATP sintase, a cadeia de transporte de elétrons cessa de operar. Essa observação ilustra claramente que o transporte de elétrons e a síntese de ATP normalmente são estreitamente acoplados.

**3.** *Desacoplamento do transporte de elétrons da síntese de ATP.* O estreito acoplamento do transporte de elétrons com a fosforilação nas mitocôndrias pode ser rompido pelo 2,4 dinitrofenol (DNP) e por outros compostos aromáticos ácidos. Essas substâncias transportam prótons através da membrana mitocondrial interna ao longo de seu gradiente de concentração. Na presença desses desacopladores, o transporte de elétrons do NADH para o $O_2$ prossegue de maneira normal; entretanto, não há formação de ATP pela ATP sintase mitocondrial, visto que a força próton-motriz através da membrana mitocondrial interna é continuamente dissipada. Essa perda de controle respiratório leva a um aumento do consumo de oxigênio e da oxidação de NADH. Com efeito, no caso de ingestão acidental de agentes desacopladores, ocorre consumo de grandes quantidades de substratos energéticos metabólicos, porém nenhuma energia é captada na forma de ATP. Em vez disso, a energia é liberada na forma de calor. O DNP é um ingrediente ativo em alguns herbicidas e fungicidas. Convém assinalar que algumas pessoas consomem DNP como fármaco para perder peso, embora a FDA tenha proibido o seu uso em 1938. Existem também relatos de que soldados soviéticos receberam DNP para mantê-los aquecidos durante os longos invernos russos. Os desacopladores químicos são os equivalentes não fisiológicos e não regulados das proteínas desacopladoras.

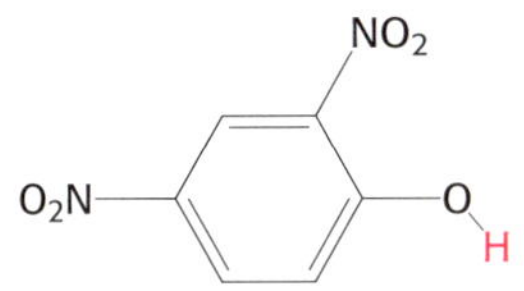


**2,4-dinitrofenol (DNP)**

Estão sendo pesquisados fármacos para atuarem como desacopladores leves – desacopladores que não sejam tão potencialmente letais quanto o DNP – para uso no tratamento da obesidade e de patologias relacionadas. O xanthohumol, uma chalcona prenilada encontrada no lúpulo e na cerveja, é promissor nesse aspecto. O xanthohumol também remove radicais livres e é utilizado para o tratamento de certos tipos de câncer.

**4.** *Inibição da exportação de ATP.* A ATP-ADP translocase é inibida especificamente por concentrações muito baixas de *atractilosídeo* (um glicosídio vegetal) ou *ácido bongkréquico* (flavotoxina A, um antibiótico obtido de um bolor). O atractilosídeo liga-se à translocase quando o seu sítio de nucleotídio está voltado para o espaço intermembrana, enquanto o ácido bongkréquico liga-se quando esse sítio está voltado para a matriz mitocondrial. A fosforilação oxidativa cessa logo após a adição de qualquer um desses inibidores, o que mostra que a ATP-ADP translocase é essencial para a manutenção de quantidades adequadas de ADP para aceitar a energia associada à força próton-motriz.

## Estão sendo descobertas doenças mitocondriais

O número de doenças que podem ser atribuídas a mutações mitocondriais está aumentando uniformemente, acompanhando nossa crescente compreensão da bioquímica e da genética das mitocôndrias. A prevalência das doenças mitocondriais é estimada em 10 a 15 por 100 mil pessoas, ou seja, aproximadamente equivalente à prevalência das distrofias musculares. A primeira doença mitocondrial elucidada foi a neuropatia óptica hereditária de Leber (LHON, do inglês *Leber hereditary optic neuropathy*), uma forma de cegueira que acomete indivíduos da meia-idade em consequência de mutações no Complexo I (ver Bioquímica em foco). Algumas dessas mutações comprometem a utilização do NADH, enquanto outras bloqueiam a transferência de elétrons para a Q. As mutações no Complexo I constituem a causa mais frequente de doenças mitocondriais. O acúmulo de mutações nos genes mitocondriais ao longo de várias décadas pode contribuir para o envelhecimento, os distúrbios degenerativos e o câncer.

Um ovo humano abriga várias centenas de milhares de moléculas de DNA mitocondrial, enquanto um espermatozoide contribui apenas com algumas centenas e, portanto, exerce pouco efeito sobre o genótipo mitocondrial. Como as mitocôndrias de herança materna estão presentes em grande número, e nem todas podem ser afetadas, as patologias dos mutantes mitocondriais podem ser muito complexas. Mesmo dentro de uma única família portadora de uma mutação idêntica, as flutuações aleatórias na porcentagem de mitocôndrias com a mutação levam a grandes variações na natureza e na gravidade dos sintomas da condição patológica, bem como no momento de seu início. À medida que a porcentagem de mitocôndrias defeituosas vai aumentando, a capacidade de gerar energia vai diminuindo até que, em algum limiar, a célula não consegue mais funcionar adequadamente. Os defeitos na respiração celular são duplamente perigosos. Não apenas a transdução de energia diminui, como também aumenta a probabilidade de geração de espécies reativas de oxigênio. Os órgãos que são altamente dependentes da fosforilação oxidativa, como o sistema nervoso, a retina e o coração, são os mais vulneráveis a mutações no DNA mitocondrial.

### As mitocôndrias desempenham uma função fundamental na apoptose

Durante o desenvolvimento ou nos casos de dano celular significativo, as células individuais nos organismos multicelulares sofrem *morte celular programada*, ou *apoptose*. As mitocôndrias atuam como centros de controle na regulação desse processo. Embora os detalhes ainda não tenham sido estabelecidos, a membrana externa das mitocôndrias danificadas torna-se altamente permeável – um processo designado como *permeabilização da membrana mitocondrial externa* (PMME). Essa permeabilização é estimulada por uma família de proteínas (família Bcl), que foi inicialmente descoberta devido à sua função no câncer. Um dos ativadores mais potentes da apoptose, o citocromo *c*, sai das mitocôndrias e interage com o fator ativador de peptidase apoptótica 1 (APAF-1, do inglês *apoptotic peptidase-activating factor 1*), levando à formação do *apoptossoma*. O apoptossoma recruta e ativa uma enzima proteolítica denominada *caspase 9*, um membro da família da cisteína protease (ver seção 9.1), que, por sua vez, ativa uma cascata de outras caspases. Cada tipo de caspase destrói um alvo específico, como as proteínas que mantêm a estrutura celular. Outro alvo é uma proteína que inibe uma enzima que destrói o DNA ([uma enzima denominada DNAse, ativada por caspase, ou CAD (do inglês *caspase-activated DNAse*]), liberando a CAD para clivar o material genético. Essa cascata de enzimas proteolíticas foi denominada "morte por milhares de minúsculos cortes".

### A transmissão de potência por gradientes de prótons constitui um motivo central da bioenergética

O principal conceito apresentado neste capítulo é que a transferência de elétrons mitocondrial e a síntese de ATP estão ligadas por um gradiente de prótons transmembranar. A síntese de ATP nas bactérias e nos cloroplastos também é impulsionada por gradientes de prótons. De fato, os gradientes de prótons impulsionam uma variedade de processos que exigem energia, como o transporte ativo de íons cálcio pelas mitocôndrias, a entrada de alguns aminoácidos e açúcares nas bactérias, a rotação dos flagelos bacterianos e a transferência de elétrons do $NADP^+$ para o NADPH. Os gradientes de prótons também podem ser utilizados para gerar calor, como na termogênese sem calafrio. É evidente que *os gradientes de prótons constituem uma fonte interconversível central de energia livre nos sistemas biológicos* (Figura 18.47). Mitchell observou que a força próton-motriz constitui uma reserva extraordinariamente simples e efetiva de energia livre, visto que exige apenas uma fina membrana lipídica fechada entre duas fases aquosas.

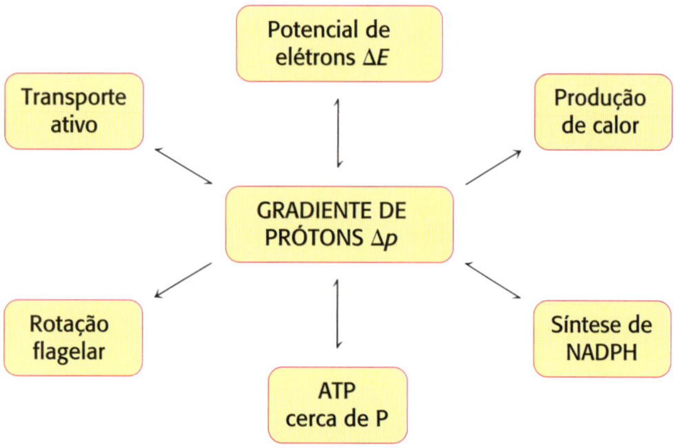


**FIGURA 18.47** O gradiente de prótons é uma forma interconversível de energia livre.

## RESUMO

### 18.1 A fosforilação oxidativa nos eucariotos ocorre nas mitocôndrias

As mitocôndrias produzem a maior parte do ATP necessário para as células aeróbicas por meio de uma atuação conjunta das reações do ciclo do ácido cítrico, que ocorrem na matriz mitocondrial, e da fosforilação oxidativa, que ocorre na membrana mitocondrial interna. As mitocôndrias são descendentes de uma bactéria de vida livre que estabeleceu relação simbiótica com outra célula.

### 18.2 A fosforilação oxidativa depende da transferência de elétrons

Na fosforilação oxidativa, a síntese de ATP está acoplada ao fluxo de elétrons do NADH ou do $FADH_2$ para o $O_2$ por um gradiente de prótons ao longo da membrana mitocondrial interna. O fluxo de elétrons através de três complexos transmembranares de orientação assimétrica resulta no bombeamento de prótons para fora da matriz mitocondrial e na geração de um potencial de membrana. O ATP é sintetizado quando os prótons fluem de volta para a matriz através de um canal existente em um complexo envolvido na síntese de ATP, que é denominado ATP sintase (também conhecido como $F_0F_1$-ATPase). A fosforilação oxidativa exemplifica um tema fundamental da bioenergética: a transmissão de energia livre por gradientes de prótons.

### 18.3 A cadeia respiratória consiste em quatro complexos: três bombas de prótons e uma ligação física com o ciclo do ácido cítrico

Os carreadores de elétrons na montagem respiratória da membrana mitocondrial interna são quinonas, flavinas, complexos de ferro-enxofre, grupos hemes dos citocromos e íons cobre. Os elétrons do NADH são transferidos para o grupo prostético FMN da NADH-Q oxidorredutase (Complexo I), o primeiro dos quatro complexos. Essa oxidorredutase também contém centros de Fe-S. Os elétrons emergem no $QH_2$, a forma reduzida da ubiquinona (Q). A enzima succinato desidrogenase do ciclo do ácido cítrico é um componente do complexo succinato-Q redutase (Complexo II), que doa elétrons do $FADH_2$ para a Q, com formação de $QH_2$. Esse carreador hidrofóbico transfere seus elétrons para a Q-citocromo *c* oxidorredutase (Complexo III), um complexo que contém os citocromos *b* e $c_1$ e um centro de Fe-S. Esse complexo reduz o citocromo *c*, uma proteína de membrana periférica hidrossolúvel. O citocromo *c* transfere elétrons para a citocromo *c* oxidase (Complexo IV). Esse complexo contém os citocromos *a* e $a_3$, mais três íons cobre. Um íon ferro do heme e um íon cobre nessa oxidase transferem elétrons para o $O_2$, o aceptor final, formando $H_2O$. Os Complexos I, III e IV estão organizados em uma grande estrutura molecular, que é denominada respirassoma.

### 18.4 A síntese de ATP é impulsionada por um gradiente de prótons

O fluxo de elétrons através dos Complexos I, III e IV leva à transferência de prótons do lado da matriz para o lado citoplasmático da membrana mitocondrial interna. É gerada então uma força próton-motriz constituída por um gradiente de pH (lado da matriz básico) e um potencial de membrana (lado da matriz negativo). O fluxo de prótons de volta para o lado da matriz por meio da ATP sintase impulsiona a síntese de ATP. O complexo enzimático é um motor molecular composto de duas unidades operacionais: um componente rotatório e um componente estacionário. A rotação da subunidade $\gamma$ induz alterações estruturais na subunidade $\beta$ que resultam na síntese e na liberação de ATP da enzima. O influxo de prótons através do anel *c* proporciona a força para a rotação da subunidade $\gamma$.

O fluxo de dois elétrons por meio da NADH-Q oxidorredutase, da Q-citocromo *c* oxidorredutase e da citocromo *c* oxidase gera um gradiente suficiente para sintetizar 1,0,5 e 1 molécula de ATP, respectivamente. Em consequência, são formadas 2,5 moléculas de ATP por molécula de NADH oxidada na matriz mitocondrial, enquanto apenas 1,5 molécula de ATP é formada por molécula de $FADH_2$ oxidada, visto que seus elétrons entram na cadeia em $QH_2$, após o primeiro local de bombeamento de prótons.

### 18.5 Muitas "lançadeiras" (*shuttles*) possibilitam o movimento através das membranas mitocondriais

As mitocôndrias utilizam numerosos transportadores ou carreadores para deslocar moléculas através da membrana mitocondrial interna. Os elétrons do NADH citoplasmático são transferidos para dentro das mitocôndrias pela "lançadeira" de glicerol fosfato, com formação de $FADH_2$ a partir de FAD, ou pela "lançadeira" de malato-aspartato, com formação de NADH mitocondrial. A entrada de ADP na matriz mitocondrial está acoplada à saída de ATP pela ATP-ADP translocase, um transportador dirigido pelo potencial de membrana.

### 18.6 A regulação da respiração celular é governada principalmente pela necessidade de ATP

São geradas aproximadamente 30 moléculas de ATP quando uma molécula de glicose é completamente oxidada a $CO_2$ e $H_2O$. Normalmente, o transporte de elétrons está estreitamente acoplado à fosforilação. O NADH e o $FADH_2$ são oxidados apenas se o ADP for simultaneamente fosforilado a ATP, uma forma de regulação denominada controle de aceptor ou controle respiratório. Foram identificadas proteínas que desacoplam o transporte de elétrons e a síntese de ATP para a geração de calor.

## APÊNDICE

# Bioquímica em foco

### A neuropatia óptica hereditária de Leber pode resultar de defeitos no Complexo I

A neuropatia óptica hereditária de Leber (LHON) é uma forma de perda de visão descrita pela primeira vez pelo oftalmologista alemão Theodore Leber em 1871. A perda de visão começa na segunda ou na terceira década de vida e, com o passar do tempo, pode evoluir para a cegueira. Essa perda deve-se à morte dos neurônios ópticos, e a frequência de sua ocorrência, embora não esteja firmemente estabelecida, parece ser de aproximadamente um em 40 mil indivíduos. Por motivos desconhecidos, os homens são mais afetados do que as mulheres.

Conforme assinalado no texto (p. 613), a LHON é causada por mutações no DNA mitocondrial. A grande maioria das mitocôndrias é de origem materna e, consequentemente, a LHON foi designada como a "maldição da mãe".

Diversas mutações nos genes que codificam o Complexo I comprovadamente resultam em LHON. Uma mutação particular consiste em uma simples substituição de prolina por lisina em uma das subunidades do Complexo I. A manipulação genética de camundongos gerou um modelo murino de LHON da mutação de prolina para lisina. O modelo murino de LHON possibilita uma investigação mais detalhada da patologia do que o estudo realizado em tecido humano.

Foi constatado que as mitocôndrias no nervo óptico dos camundongos com LHON apresentam um formato anormal e estão presentes em número aumentado – características observadas em pacientes humanos com LHON. O aumento no número de mitocôndrias é denominado proliferação compensatória: o número de mitocôndrias aumenta em uma tentativa de compensar a diminuição da função. Mitocôndrias de camundongos com LHON foram isoladas para responder a uma questão específica: as patologias observadas na LHON resultam de uma diminuição na produção de ATP ou de um aumento nas danosas espécies reativas de oxigênio?

O primeiro experimento realizado consistiu em determinar a atividade do Complexo I de camundongos com LHON em comparação com camundongos de controle (sem a mutação), conforme ilustrado na Figura 18.48A. A atividade do Complexo I foi medida pela sua capacidade de oxidar o NADH. A Figura 18.48A mostra que o Complexo I na LHON funcionou apenas 70% em comparação com o Complexo I de camundongos de controle. Houve duas razões possíveis para a redução da atividade: uma delas é que o Complexo I na LHON tem a sua atividade comprometida, enquanto a outra razão é que a atividade é idêntica àquela do controle, porém existe um menor número de Complexos I. Experimentos de controle estabeleceram que a quantidade do complexo era a mesma nas mitocôndrias tanto de controle quanto de LHON.

Seria possível que, embora a atividade do Complexo I da LHON esteja diminuída, a atividade global da cadeia de transporte de elétrons não estivesse afetada? Para responder a essa questão, a capacidade das mitocôndrias de reduzir o $O_2$ foi comparada entre as mitocôndrias de camundongos de controle e camundongos com LHON. A Figura 18.48B mostra que, de fato, a eficiência da cadeia de transporte de elétrons nas mitocôndrias com LHON foi, mais uma vez, de apenas cerca de 70% daquela das mitocôndrias de controle,

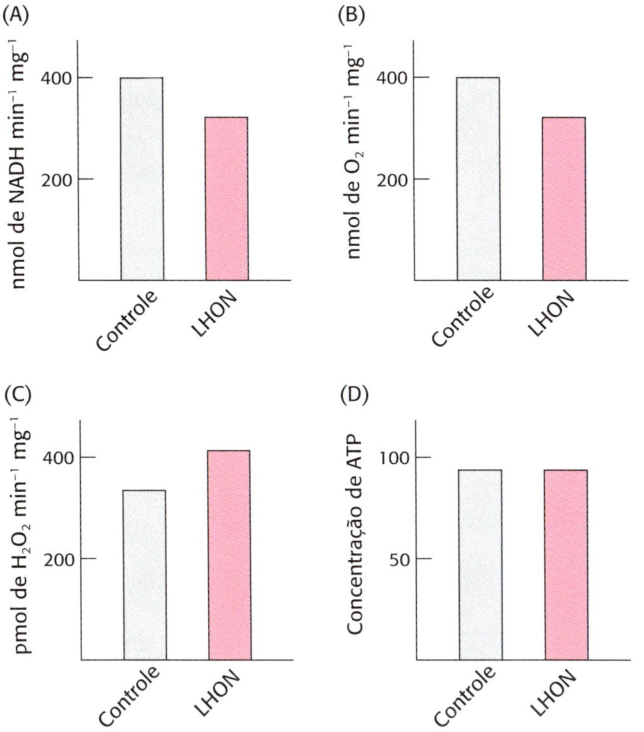


**FIGURA 18.48 Mutações do Complexo I e neuropatia óptica hereditária de Leber.** **A.** Capacidade do Complexo I de oxidar o NADH em camundongos de controle e camundongos com LHON. **B.** A redução do $O_2$ pelas mitocôndrias de camundongos de controle e camundongos com LHON. **C.** A geração de $H_2O_2$ pelas mitocôndrias de camundongos de controle e camundongos com LHON. **D.** A concentração de ATP em mitocôndrias de controle e mitocôndrias com LHON.

mostrando que o comprometimento do Complexo I afetou toda a cadeia de transporte de elétrons.

A próxima questão é saber se a mutação em camundongos com LHON leva a um aumento na geração de oxigênio reativo. A Figura 18.48C mostra que, de fato, há um aumento na produção de peróxido de hidrogênio ($H_2O_2$), uma potente espécie reativa de oxigênio, nas mitocôndrias com LHON em comparação com mitocôndrias de controle. Essa observação é compatível com a ideia de que a fisiopatologia da LHON é causada por dano oxidativo.

Por outro lado, o que ocorre com a produção de ATP? A perda de atividade também poderia levar a uma diminuição do ATP, que também poderia resultar em lesão do nervo óptico? Os resultados apresentados na Figura 18.48D indicam que a capacidade de síntese de ATP das mitocôndrias de controle e das mitocôndrias com LHON é idêntica, o que sustenta a ideia de que as espécies reativas de oxigênio constituem a principal causa de lesão na LHON.

Convém ter em mente que os resultados descritos foram baseados apenas em uma única mutação, de modo que esses desfechos podem não se aplicar a outras mutações no gene do Complexo I. Além disso, os experimentos foram realizados em sistemas muito complexos – isto é, em mitocôndrias. Embora tais experimentos tenham sido bem planejados e executados, é prudente demonstrar certo ceticismo quanto aos resultados obtidos em um conjunto de experimentos. Naturalmente, este é o motivo pelo qual é importante que os resultados experimentais sejam reproduzidos por experimentos realizados em diferentes laboratórios.

APÊNDICE

# Estratégias para resolução da questão

## Estratégias para resolução da questão 1

**QUESTÃO:** São necessários quatro carreadores de elétrons – a, b, c, d – para o transporte de elétrons em uma cadeia bacteriana de transporte de elétrons. O primeiro carreador recebe elétrons do NADH, e o último carreador transfere os elétrons para o $O_2$. As formas oxidada e reduzida dos carreadores são facilmente diferenciadas. Na presença de NADH e $O_2$, três inibidores diferentes bloqueiam a respiração, produzindo os padrões de estados de oxidação mostrados na tabela. Com base nos dados da tabela, determine a ordem dos carreadores do NADH até o $O_2$.

Carreadores.

| Inibidor | a | b | c | d |
|---|---|---|---|---|
| 1 | + | + | – | + |
| 2 | – | – | – | + |
| 3 | + | – | – | + |

+, totalmente oxidado; –, totalmente reduzido.

**SOLUÇÃO:** Em primeiro lugar, convém assegurar que conhecemos os princípios necessários para responder à questão.

▸ **Em termos de cadeia de transporte de elétrons, qual é a diferença entre um carreador reduzido e um carreador oxidado?**

Um carreador reduzido apresenta elétrons ligados, enquanto um carreador oxidado tem deficiência de elétrons, ou seja, transferiu os seus elétrons sem contudo apresentar mais elétrons ligados.

Agora, convém assegurar que estamos entendendo o que ocorrerá ao estado de oxirredução de uma cadeia de transporte de elétrons se o fluxo de elétrons for interrompido por um inibidor. Consideremos uma cadeia de transporte de elétrons NADH → W → X → Y → Z → $O_2$.

▸ **Se um inibidor impedir o fluxo de elétrons de X para Y, quais serão os estados de oxirredução dos quatro carreadores?**

Os carreadores "anteriores" ao inibidor estarão reduzidos, enquanto aqueles "posteriores" estarão oxidados. Em nosso exemplo, W e X estarão reduzidos. Podem ligar elétrons, porém não conseguem passá-los adiante. Y e Z estarão oxidados. Podem transferir elétrons, porém não conseguem aceitar nenhum elétron novo devido ao inibidor.

Agora que dispomos dessa base, consideremos a resolução dessa questão:

▶ **Qual é o local de ação do inibidor 1?**

O carreador *c* é reduzido, de modo que ele não é capaz de transferir elétrons. Os outros componentes são oxidados, indicando que eles devem estar distalmente ao inibidor. Ainda não podemos afirmar qual a sua ordem, de modo que os colocamos entre parênteses. Nossa ordem preliminar é a seguinte: c ⟶ (a, b, d).

▶ **Qual é o local de ação do inibidor 2?**

Todos os carreadores estão reduzidos, com exceção do carreador d. Por conseguinte, a inibição deve estar imediatamente antes do d. Nossa ordem preliminar é agora a seguinte: c ⟶ (a,b) ⟶ d.

Vejamos qual a informação oferecida pelo inibidor 3.

▶ **Qual é o local de ação do inibidor 3?**

Ambos os carreadores c e b estão reduzidos enquanto a e d estão oxidados, de modo que o inibidor deve estar atuando no carreador b. Associando esse novo dado ao que já sabemos, a ordem da cadeia de transporte de elétrons deve ser a seguinte:

$$\text{NADH} \rightarrow \text{c} \rightarrow \text{b} \rightarrow \text{a} \rightarrow \text{d} \rightarrow \text{O}_2.$$

De fato, experimentos utilizando inibidores de modo semelhante ao nosso exemplo aqui foram fundamentais para determinar a ordem dos carreadores de elétrons na cadeia mitocondrial de transporte de elétrons (ver questão 38).

## Estratégias para resolução da questão 2

**QUESTÃO:** O 4,6-dinitro-o-cresol (DNOC) era utilizado como pesticida até 1991, quando foi proibido por ser extremamente tóxico aos seres humanos.

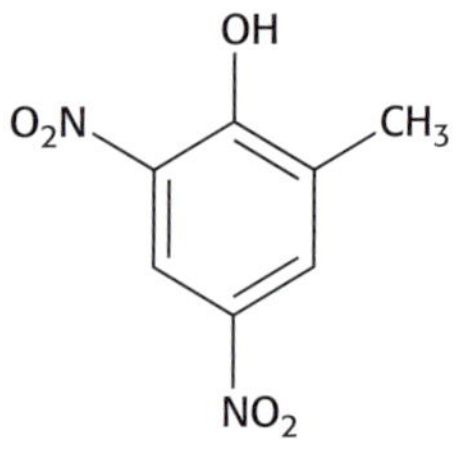


**4,6-dinitro-o-cresol (DNOC)**

Foi relatada uma ocorrência de exposição acidental ao pesticida em seres humanos. Os sintomas da exposição consistiram em elevação da temperatura corporal de 37°C para 39,5°C, sudorese profusa, respiração rápida e diminuição da gordura corporal subcutânea. O pesticida foi testado em mitocôndrias isoladas para determinar o seu mecanismo de ação, e os resultados obtidos são mostrados nos dois gráficos da Figura 18.49.

**(a)** Por que a respiração mitocondrial depende do ADP?

**(b)** Qual é o efeito da adição de DNOC?

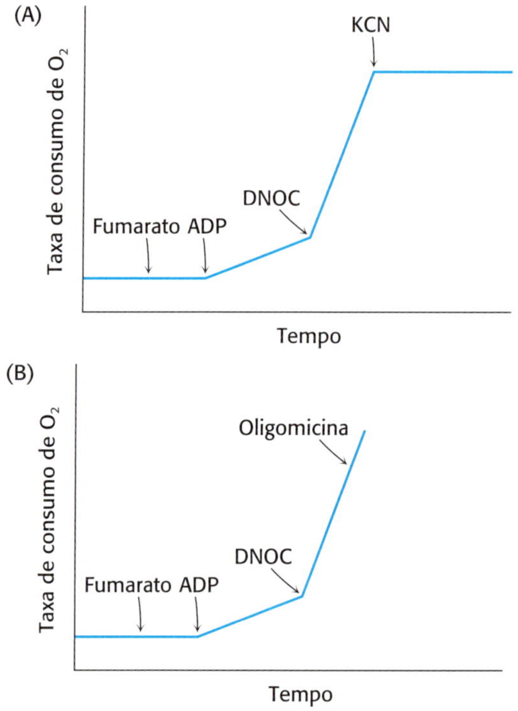


**FIGURA 18.49 O impacto da exposição ao DNOC na função das mitocôndrias.**

**(c)** Explique os resultados da adição de cianeto de potássio (KCN) na Figura 18.49A.

**(d)** Considere agora a Figura 18.49B. Em circunstâncias normais, qual seria o efeito da adição de oligomicina?

**(e)** O que você pode concluir sobre o efeito do DNOC?

Agora, façamos algumas perguntas sobre como a exposição ao DNOC alteraria a fisiologia de uma pessoa.

**(f)** Por que houve elevação da temperatura corporal?

**(g)** Por que a gordura corporal estava ausente?

**SOLUÇÃO:** Antes de começar a responder a todas essas questões, vamos assegurar, como sempre, que sabemos o que estamos procurando. O sistema experimental consiste em mitocôndrias isoladas às quais são adicionadas sequencialmente várias substâncias químicas. O eixo y mostra a taxa de consumo de $O_2$, e o eixo × indica o tempo.

▶ **Por que a medição da taxa de consumo de oxigênio constitui um meio de determinar a atividade mitocondrial?**

Convém lembrar que os elétrons fluem ao longo da cadeia de transporte de elétrons, reduzindo finalmente o $O_2$ a $H_2O$. Por conseguinte, a taxa de consumo de $O_2$ mede a atividade de transporte dos elétrons e, portanto, a atividade mitocondrial.

▶ **Examine a Figura 18.49A. Explique por que a adição de fumarato, um intermediário do ciclo do ácido cítrico, não resulta em aumento no consumo de $O_2$.**

A resposta a essa questão levará à resposta da questão (a). Convém lembrar que, em condições normais, os elétrons não fluem ao longo da cadeia de transporte de elétrons, a não ser que o ATP seja sintetizado, visto que, de outro modo, o gradiente de prótons não será dissipado, o que fornece um exemplo de controle de aceptor (ver Figura 18.42). Por conseguinte, o fluxo de elétrons, medido pelo consumo de $O_2$, só ocorrerá se o ATP for sintetizado a partir do ADP. Passemos para a questão (b).

▸ **O que ocorre com o consumo de $O_2$ com a adição de DNOC?**

O consumo de $O_2$ aumenta drasticamente. (Isso deve lhe fornecer uma dica sobre como o DNOC atua.) Consideremos a questão (c).

▸ **Qual é o efeito da adição de cianeto à cadeia de transporte de elétrons estimulada pelo DNOC?**

O cianeto inibe o Complexo IV da cadeia de transporte de elétrons. É preciso lembrar que o Complexo IV reduz o $O_2$ a $H_2O_2$. Assim, o cianeto interrompe por completo a cadeia de transporte de elétrons, e o consumo de $O_2$ cessa.

Agora, passemos para a questão (d). Para responder a essa questão, precisamos saber como a oligomicina atua.

▸ **Qual é o local molecular de ação da oligomicina?**

A oligomicina liga-se ao anel c da ATP sintase, inibindo a translocação de prótons e, portanto, a síntese de ATP (p. 612). Isso leva à questão (d).

▸ **Em circunstâncias normais, isto é, na ausência de DNOC, como a inibição da ATP sintase afetaria a cadeia de transporte de elétrons?**

Como a cadeia de transporte de elétrons e a ATP sintase estão normalmente acopladas, a inibição da ATP sintase interromperia a cadeia de transporte de elétrons. Agora, podemos responder à questão (e).

▸ **Como o DNOC atua?**

À semelhança do DNP, o DNOC deve ser um agente desacoplador (p. 612). É preciso lembrar que os agentes desacopladores provocam depleção do gradiente de prótons, permitindo que a cadeia de transporte de elétrons opere na ausência da síntese de ATP.

Agora, consideremos as questões fisiológicas.

▸ **Por que houve elevação da temperatura corporal nos indivíduos afetados?**

Na presença de DNOC, a energia liberada pela cadeia de transporte de elétrons é liberada na forma de calor, em vez de ser utilizada na síntese de ATP.

▸ **Por que os indivíduos afetados apresentam uma redução da gordura corporal?**

Todos os tecidos estavam metabolizando rapidamente a gordura em uma tentativa fútil de sintetizar ATP.

## PALAVRAS-CHAVE

fosforilação oxidativa
cadeia de transporte de elétrons
respiração celular
potencial de redução (redox, oxirredução, $E'_0$)
coenzima Q (Q, ubiquinona)
*pool* de Q
proteína ferro-enxofre (ferro não heme)
NADH-Q oxidorredutase (Complexo I)
flavina mononucleotídio (FMN)
succinato-Q redutase (Complexo II)
citocromo *c* (Cit *c*)
Q-citocromo *c* oxidorredutase (Complexo III)
centro de Rieske
ciclo Q
citocromo *c* oxidase (Complexo IV)
respirassoma
superóxido dismutase
catalase
ATP sintase (Complexo V, $F_1F_0$ ATPase)
força próton-motriz
"lançadeira" (*shuttle*) de glicol 3-fosfato
"lançadeira" (*shuttle*) de malato-aspartato
ATP-ADP translocase (adenina nucleotídio translocase, ANT)
controle respiratório (controle de aceptor)
proteína desacopladora (UCP)
morte celular programada (apoptose)
permeabilização da membrana mitocondrial externa (PMME)
apoptossoma
caspase

## QUESTÕES

1. *Não é um membro.* Qual dos seguintes complexos da cadeia de transporte de elétrons não é um membro do respirassoma?

**(a)** Complexo I

**(b)** Complexo II

**(c)** Complexo III

**(d)** Complexo IV

2. *Componente do ciclo.* Qual dos seguintes complexos da cadeia de transporte de elétrons também é um membro do ciclo do ácido cítrico?

(a) Complexo I

(b) Complexo II

(c) Complexo III

(d) Complexo IV

3. *A última parada.* O aceptor final de elétrons para a cadeia de transporte de elétrons é:

(a) $O_2$

(b) Coenzima Q

(c) $CO_2$

(d) $NAD^+$

4. *Ciclos.* Os elétrons são transferidos para o citocromo *c* utilizando qual dos seguintes ciclos?

(a) Ciclo de Cori

(b) Ciclo Q

(c) Ciclo de glicose alanina

(d) Ciclo de Krebs

5. *Possa a força estar com você.* Qual das seguintes afirmativas não é verdadeira?

A força próton-motriz:

(a) Exige uma membrana intacta.

(b) Consiste em uma distribuição desigual de prótons.

(c) É utilizada para a síntese de ATP.

(d) É impulsionada pela hidrólise do ATP.

6. *Respirar ou fermentar?* Compare a fermentação e a respiração quanto aos doadores de elétrons e aceptores de elétrons.

7. *Estados de referência.* O potencial padrão de oxirredução ($E'_0$) para a redução do $O_2$ a $H_2O$ é fornecido na Tabela 18.1 como 0,82 V. Entretanto, o valor apresentado em livros de química é de 1,23 V. Explique essa diferença.

8. *Menos elétrons energéticos.* Por que os elétrons carreados pelo $FADH_2$ não são tão ricos em energia quanto aqueles carreados pelo NADH? Qual é a consequência dessa diferença?

9. *Agora prove.* Calcule a energia liberada pela redução do $O_2$ com $FADH_2$.

10. *Restrição termodinâmica.* Compare os valores de $\Delta G^{o\prime}$ da oxidação do succinato pelo $NAD^+$ e pelo FAD. Utilize os dados fornecidos na Tabela 18.1 para encontrar $E'_0$ dos pares $NAD^+$ – NADH e fumarato-succinato, supondo que $E'_0$ do par redox FAD – $FADH_2$ é de quase 0,05 V. Por que o FAD, em vez do $NAD^+$, é o aceptor de elétrons na reação catalisada pela succinato desidrogenase?

11. *Doe e aceite.* Diferencie entre agente oxidante e agente redutor.

12. *Benfeitor e beneficiado.* Identifique o oxidante e o redutor na seguinte reação.

$$\text{Piruvato} + \text{NADH} + \text{H}^+ \rightleftharpoons \text{lactato} + \text{NAD}^+$$

13. *Seis de um, meia dúzia do outro.* Como o potencial redox ($\Delta E'_0$) está relacionado com a variação de energia livre de uma reação ($\Delta G^{0\prime}$)?

14. *Localização, localização, localização.* O ferro é um componente de muitos dos carreadores de elétrons da cadeia de transporte de elétrons. Como ele pode participar de uma série de reações redox acopladas se o valor de $E'_0$ é de +0,77 V, conforme indicado na Tabela 18.1.

15. *Alinhamento.* Coloque os seguintes componentes da cadeia de transporte de elétrons em sua ordem correta:

(a) citocromo *c*

(b) Q-citocromo *c* oxidorredutase

(c) NADH-Q redutase

(d) citocromo *c* oxidase

(e) ubiquinona

16. *Como macarrão e queijo.* Associe cada termo à sua descrição correspondente.

| | |
|---|---|
| (a) Respiração ________ | 1. Converte espécies reativas de oxigênio em peróxido de hidrogênio |
| (b) Potencial redox ________ | 2. Fluxo de elétrons do NADH e do $FADH_2$ para o $O_2$ |
| (c) Cadeia de transporte de elétrons ________ | 3. Facilita o fluxo de elétrons de FMN para a coenzima Q no Complexo I |
| (d) Flavina mononucleotídio (FMN) ________ | 4. Processo de geração de ATP em que um composto inorgânico atua como aceptor final de elétrons |
| (e) Proteína ferro-enxofre ________ | 5. Medição da tendência a aceitar ou doar elétrons |
| (f) Coenzima Q ________ | 6. Converte o peróxido de hidrogênio em oxigênio e água |
| (g) Citocromo *c* ________ | 7. Canaliza elétrons de um carreador de dois elétrons para um carreador de um elétron |
| (h) Ciclo Q ________ | 8. Carreador de elétrons lipossolúvel |
| (i) Superóxido dismutase ________ | 9. Doa elétrons para o Complexo IV |
| (j) Catalase ________ | 10. Aceita elétrons do NADH no Complexo I |

17. *Estabeleça a associação.*

| | |
|---|---|
| (a) Complexo I ________ | 1. Q-citocromo *c* oxidorredutase |
| (b) Complexo II ________ | 2. Coenzima Q |

(c) Complexo III ______ 3. Succinato-Q redutase

(d) Complexo IV ______ 4. NADH-Q oxidorredutase

(e) Ubiquinona ______ 5. Citocromo *c* oxidase

**18.** *Considerações estruturais.* Explique por que a coenzima Q é um efetivo carreador móvel de elétrons na cadeia de transporte de elétrons. ✓2

**19.** *Inibidores.* A rotenona inibe o fluxo de elétrons por meio da NADH-Q oxidorredutase. A antimicina A bloqueia o fluxo de elétrons entre os citocromos *b* e $c_1$. O cianeto bloqueia o fluxo de elétrons por meio da citocromo *c* oxidase até o $O_2$. Preveja o estado relativo de oxirredução de cada um dos seguintes componentes da cadeia respiratória das mitocôndrias que são tratados com cada um dos seguintes inibidores: ✓1

(a) $NAD^+$

(b) NADH-Q oxidorredutase

(c) coenzima Q

(d) citocromo $c_1$

(e) citocromo *c*

(f) citocromo *a*

**20.** *Há rumores de que era um favorito de Elvis.* O amital é um sedativo barbitúrico que inibe o fluxo de elétrons através do Complexo I. Como a adição de amital a mitocôndrias com respiração ativa afetaria os estados relativos de oxirredução dos componentes da cadeia de transporte de elétrons e do ciclo do ácido cítrico?

**21.** *Eficiência.* Qual é a vantagem de ter Complexos I, III e IV associados entre si na forma de um respirassoma? ✓1, ✓2

**22.** *Ligação.* Qual é a enzima do ciclo do ácido cítrico que também é um componente da cadeia de transporte de elétrons? ✓2

**23.** *ROS, e não ROUS.* Quais são as espécies reativas de oxigênio e por que são particularmente perigosas para as células?

**24** *Recuperação dos recursos.* Os seres humanos possuem apenas cerca de 250 g de ATP; entretanto, até mesmo uma pessoa preguiçosa necessita de cerca de 83 kg de ATP para abrir um saquinho de batatas fritas e utilizar o controle remoto. Como essa discrepância entre necessidades e recursos é conciliada? ✓3, ✓4

**25.** *Coleta energética.* Qual é a produção de ATP quando cada um dos seguintes substratos é totalmente oxidado a $CO_2$ por um homogenato de células de mamíferos? Parta do pressuposto de que a glicólise, o ciclo do ácido cítrico e a fosforilação oxidativa estão totalmente ativos.

(a) Piruvato

(b) Lactato

(c) Frutose 1,6-bisfosfato

(d) Fosfoenolpiruvato

(e) Galactose

(f) Di-hidroxiacetona fosfato

**26.** *Venenos potentes.* Qual é o efeito de cada um dos seguintes inibidores sobre o transporte de elétrons e sobre a formação de ATP pela cadeia respiratória? ✓1, ✓3

(a) Azida

(b) Atractilosídeo

(c) Rotenona

(d) DNP

(e) Monóxido de carbono

(f) Antimicina A

**27.** *Questão de acoplamento.* Qual é a base mecanicista da observação de que os inibidores da ATP sintase também levam a uma inibição da cadeia de transporte de elétrons? ✓1, ✓3, ✓4

**28.** *Chave de catraca browniana.* Qual é a causa da rotação das subunidades c da ATP sintase? O que determina a direção da rotação? ✓3

**29.** *Resíduo essencial.* A condução de prótons pela unidade $F_0$ da ATP sintase é bloqueada pela diciclo-hexilcarbodiimida, que reage prontamente com grupos carboxila. Quais são os mais prováveis alvos da ação desse reagente? Como você poderia utilizar a mutagênese sítio-dirigida para determinar se esse resíduo é essencial para a condução de prótons? ✓3, ✓4

**30.** *Arseniato mais uma vez.* O arseniato ($AsO_4^{3-}$) assemelha-se estreitamente ao fosfato na sua estrutura e reatividade. Entretanto, os ésteres de arseniato são instáveis e hidrolisam espontaneamente. Se o arseniato for acrescentado a mitocôndrias com respiração ativa, qual deverá ser o efeito sobre a síntese de ATP? E sobre a velocidade da cadeia de transporte de eletrons? Explique de maneira sucinta.

**31.** *Vias alternativas.* O sinal metabólico mais comum de distúrbios mitocondriais é a acidose láctica. Por quê?

**32.** *Conexões.* Como a inibição da ATP-ADP translocase afeta o ciclo do ácido cítrico? E a glicólise?

**33.** *Consumo de $O_2$.* A fosforilação oxidativa nas mitocôndrias é frequentemente monitorada pela medição do consumo de oxigênio. Quando a fosforilação oxidativa está ocorrendo rapidamente, as mitocôndrias também consomem oxigênio rapidamente. Se houver pouca fosforilação oxidativa, apenas pequenas quantidades de oxigênio serão utilizadas. Você recebe uma suspensão de mitocôndrias isoladas e é orientado a adicionar os seguintes compostos na ordem de *a* a *h*. Com a adição de cada composto, todos os compostos previamente adicionados permanecem na suspensão. Preveja o efeito de cada adição sobre o consumo de oxigênio pelas mitocôndrias isoladas. ✓1, ✓3, ✓4

(a) Glicose

(b) ADP + $P_i$

(c) Citrato

(d) Oligomicina

(e) Succinato

(f) Dinitrofenol

(g) Rotenona

(h) Cianeto

**34.** *Razões P:O.* O número de moléculas de fosfato inorgânico incorporadas na forma orgânica por átomo de oxigênio consumido, denominado *razão P:O,* era frequentemente utilizado como índice de fosforilação oxidativa.

(a) Qual é a relação entre a razão P:O, a razão do número de prótons translocados por par de elétrons ($H^+/2e^-$) e a razão do número de prótons necessários para sintetizar ATP e transportá-lo para o citoplasma ($P/H^+$)?

(b) Quais são as razões P:O dos elétrons doados pelo NADH da matriz e pelo succinato?

**35.** *Antídoto para o cianeto.* A administração imediata de nitrito constitui um tratamento altamente efetivo para o envenenamento por cianeto. Qual é a base da ação desse antídoto? (Dica: o nitrito oxida a ferro-hemoglobina a ferri-hemoglobina.)

**36.** *Mitocôndrias fugitivas 1.* Suponha que as mitocôndrias de um paciente oxidem NADH independentemente da presença ou não de ADP. A razão P:O da fosforilação oxidativa por essas mitocôndrias é inferior ao normal. Preveja os prováveis sintomas desse distúrbio.

**37.** *Dispositivo de reciclagem.* O componente citocromo *b* da Q-citocromo *c* oxidorredutase possibilita o uso efetivo de ambos os elétrons do $QH_2$ na geração de uma força próton-motriz. Cite outro dispositivo de reciclagem no metabolismo dos carboidratos que leve de volta um produto potencialmente inútil da reação ao metabolismo principal.

**38.** *Ponto de cruzamento.* O local preciso de ação de um inibidor da cadeia respiratória pode ser revelado pela *técnica de cruzamento* (*crossover technique*). Britton Chance elaborou refinados métodos estreptoscópicos para determinar as proporções das formas oxidada e reduzida de cada carreador. Essa determinação é exequível, visto que tais formas apresentam espectros de absorção distintos, conforme ilustrado no gráfico abaixo para o citocromo *c*. Você recebe um novo inibidor e descobre que a sua adição a mitocôndrias durante a respiração faz com que os carreadores entre NADH e $QH_2$ se tornem mais reduzidos, enquanto aqueles entre o citocromo *c* e o $O_2$ se tornem mais oxidados. Onde o seu inibidor atua?

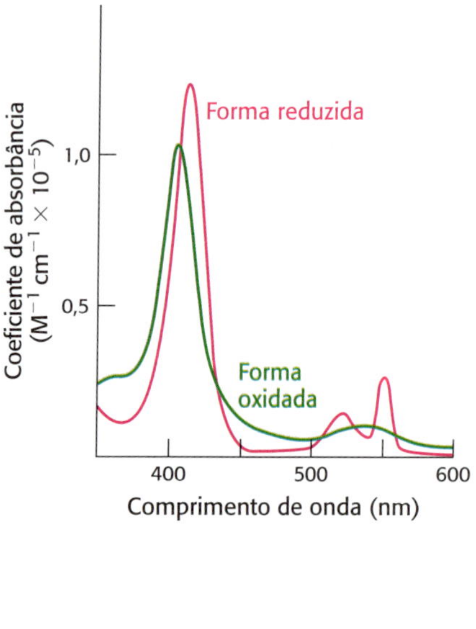


**39.** *Mitocôndrias fugitivas 2.* Há alguns anos, os desacopladores foram sugeridos como maravilhosos medicamentos para emagrecer. Explique por que essa ideia foi proposta e por que foi rejeitada. Por que os fabricantes de antiperspirantes poderiam apoiar essa ideia?

**40.** *Tudo está conectado.* Se mitocôndrias com respiração ativa forem expostas a um inibidor da ATP-ADP translocase, a cadeia de transporte de elétrons cessa de operar. Por quê?

**41.** *Identificação da inibição.* Você é solicitado para determinar se uma substância química é um inibidor da cadeia de transporte de elétrons ou um inibidor da ATP sintase. Elabore um experimento para efetuar essa determinação.

**42.** *A cada um de acordo com suas necessidades.* Já foi assinalado que as mitocôndrias das células musculares frequentemente apresentam maior número de cristas do que as mitocôndrias das células hepáticas. Forneça uma explicação para essa observação.

**43.** *Os opostos se atraem.* Um resíduo de arginina (Arg 210) na subunidade a da ATP sintase de *E. coli* está próximo ao resíduo de aspartato (Asp 61) no canal de prótons do lado da matriz. Como o Arg 210 poderia ajudar no fluxo de prótons?

**44.** *Subunidades c variáveis.* Lembre-se de que o número de subunidades c no anel c parece variar entre 8 e 14. Esse número é significativo, visto que ele determina o número de prótons que precisam ser transportados para gerar uma molécula de ATP. Cada rotação de 360° da subunidade $\gamma$ leva à síntese e à liberação de três moléculas de ATP. Por conseguinte, se houver 10 subunidades c no anel (como foi observado na estrutura cristalográfica da ATP sintase mitocondrial da levedura), cada ATP gerado exigirá o transporte de 10/3 = 3,33 prótons. Quantos prótons são necessários para formar ATP se o anel tiver 12 subunidades c? E se tiver 14?

**45.** *Contraintuitivo.* Em algumas condições, foi observado que na verdade a ATP sintase mitocondrial funciona no sentido inverso. Como essa situação afetaria a força próton-motriz.

**46.** *Etiologia? O que significa?* O que o fato de que a rotenona parece aumentar a suscetibilidade à doença de Parkinson indica sobre a etiologia dessa doença?

**47.** *Exagerando a diferença.* Por que a ATP-ADP translocase (também denominada adenina nucleotídio translocase ou ANT) precisa utilizar formas de ATP e ADP livres de $Mg^{2+}$.

**48.** *Controle respiratório.* A taxa de consumo de oxigênio pelas mitocôndrias aumenta acentuadamente quando se adiciona ADP e, em seguida, retorna a seu valor inicial quando o ADP adicionado é convertido em ATP (ver Figura 18.42). Por que essa taxa de consumo diminui?

**49.** *Iguais, porém diferentes.* Por que a troca eletroneutra de $H_2PO_4^-$ para $OH^-$ é indistinguível do simporte eletroneutro de $H_2PO_4^-$ e $H^+$?

**50.** *Múltiplos usos.* Dê um exemplo da utilização da força próton-motriz além de sua função na síntese de ATP.

## Questões | Integração de capítulos

**51.** *Obedecendo apenas às leis.* Por que subunidades $F_1$ isoladas da ATP sintase catalisam a hidrólise do ATP? ✓❸

**52.** *Localização correta.* Algumas quinases citoplasmáticas, enzimas que fosforilam substratos à custa de ATP, ligam-se a canais aniônicos dependentes de voltagem. Qual poderia ser a vantagem dessa ligação?

**53.** *Sem nenhuma troca.* Camundongos que carecem totalmente de ATP-ADP translocase (ANT⁻/ANT⁻) podem ser criados com o uso da técnica de nocaute (*knockout*). Convém assinalar que esses camundongos são viáveis, porém apresentam as seguintes condições patológicas: (1) níveis séricos elevados de lactato, alanina e succinato; (2) pouco transporte de elétrons; e (3) um aumento de seis a oito vezes nos níveis de $H_2O_2$ mitocondrial em comparação com os níveis observados em camundongos normais. Forneça uma possível explicação bioquímica para cada uma dessas condições.

**54.** *Talvez você não deva tomar suas vitaminas.* Sabe-se que o exercício físico aumenta a sensibilidade à insulina e melhora o diabetes melito tipo 2 (ver Capítulo 27). Pesquisas recentes sugerem que o consumo de vitaminas antioxidantes poderia reduzir os efeitos benéficos do exercício em relação à proteção contra as ROS.

(a) O que são as vitaminas antioxidantes?

(b) Como o exercício físico protege contra as ROS?

(c) Explique por que as vitaminas poderiam neutralizar os efeitos do exercício.

## Questão | Integração de capítulos e interpretação de dados

**55.** *Monitoramento das fontes de energia.* A tecnologia XF (Seahorse Bioscience) possibilita agora a determinação simultânea da taxa de respiração aeróbica e da fermentação de ácido láctico em tempo real em cultura de células. O grau de respiração aeróbica é determinado pela medição da taxa de consumo de oxigênio (TCO [OCR, do inglês *oxygen consumption rate*]), que é avaliada em picomols de oxigênio consumido por minuto, enquanto a taxa de glicólise correlaciona-se com a taxa de acidificação extracelular (TAEC-mili pH por minuto [ECAR, do inglês *extracelular acidification rate*], [as mudanças do pH que ocorrem com o passar do tempo]). O gráfico a seguir mostra os resultados de um experimento que utiliza a nova tecnologia.

O dinitrofenol (DNP), o inibidor da glicólise 2-desoxiglicose (DG), e a rotenona foram adicionados sequencialmente a culturas de células. ✓❶, ✓❷

(a) Qual é o efeito da adição de DNP à cultura de células sobre a TCO e a TAEC? Explique esses resultados.

(b) Explique o efeito da adição de 2-desoxiglicose.

(c) Explique como a 2-desoxiglicose atua como inibidor da glicólise.

(d) Explique o efeito da adição de rotenona.

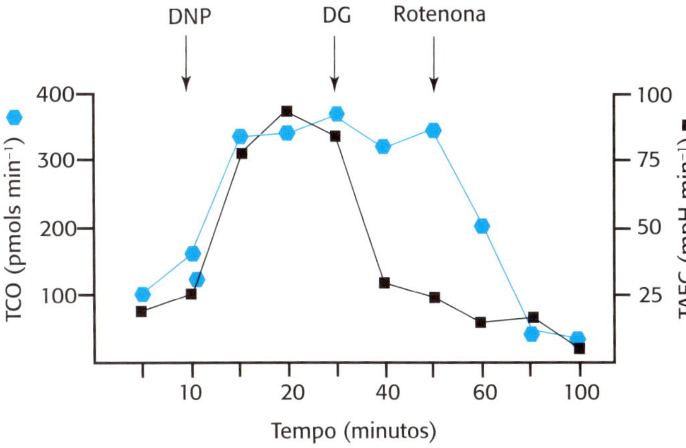

## Questão | Interpretação de dados

**56.** *Doença mitocondrial.* Foi identificada uma mutação em um gene mitocondrial que codifica um componente da ATP sintase. Os indivíduos portadores dessa mutação sofrem de fraqueza muscular, ataxia (perda da coordenação) e retinite pigmentosa (degeneração da retina). Foi realizada uma biopsia de tecido em cada um de três pacientes portadores dessa mutação, e foram isoladas partículas submitocondriais com capacidade de sintetizar ATP sustentado por succinato. Em primeiro lugar, foi determinada a atividade da ATP sintase com a adição de succinato, e foram obtidos os seguintes resultados. ✓❸, ✓❹

| Atividade da ATP sintase (nmol de ATP formado min⁻¹ mg⁻¹). |  |
|---|---|
| Controles | 3,0 |
| Paciente 1 | 0,25 |
| Paciente 2 | 0,11 |
| Paciente 3 | 0,17 |

(a) Qual foi o propósito da adição de succinato?

(b) Qual é o efeito da mutação sobre a síntese de ATP acoplada ao succinato?

Em seguida, a atividade de ATPase da enzima foi determinada pela incubação das partículas submitocondriais com ATP na ausência de succinato.

| Hidrólise do ATP (nmol de ATP hidrolisado min⁻¹ mg⁻¹). |  |
|---|---|
| Controles | 33 |
| Paciente 1 | 30 |
| Paciente 2 | 25 |
| Paciente 3 | 31 |

(c) Por que o succinato foi omitido da reação?

(d) Qual é o efeito da mutação sobre a hidrólise do ATP?

(e) O que esses resultados, juntamente com aqueles obtidos no primeiro experimento, revelam sobre a natureza da mutação?

## Questão sobre mecanismo

**57.** *Indício quiral.* O ATPγS, um análogo lentamente hidrolisado de ATP, pode ser utilizado para investigar o mecanismo das reações de transferência de fosforila. Foi sintetizado ATPγS quiral contendo $^{18}O$ em uma posição γ específica e $^{16}O$ comum em outra parte da molécula. A hidrólise dessa molécula quiral pela ATP sintase em água enriquecida com $^{17}O$ produz [$^{16}O$, $^{17}O$, $^{18}O$] tiofosfato com a seguinte configuração absoluta. Por outro lado, a hidrólise desse ATPγS quiral por uma ATPase de bombeamento de cálcio do músculo fornece tiofosfato na configuração oposta. Qual é a interpretação mais simples desses dados? ✓3

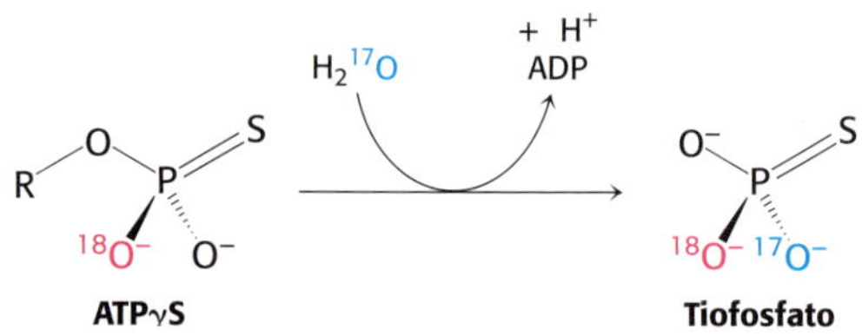


## Questões para discussão

**58.** Analise as relações funcional e estrutural entre o ciclo do ácido cítrico e a cadeia de transporte de elétrons.

**59.** Explique a regulação da respiração celular. Inclua as funções da glicólise, do ciclo do ácido cítrico, da cadeia de transporte de elétrons, da síntese de ATP e da compartimentalização da respiração celular nas mitocôndrias.

# Fotorreações da Fotossíntese

CAPÍTULO 19

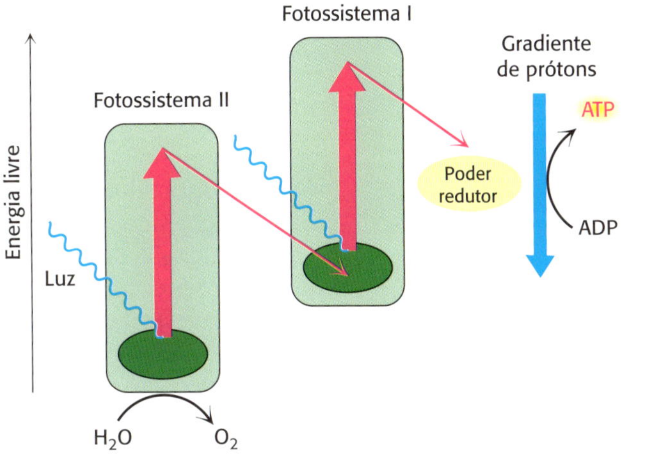


Campo de cevada (*à esquerda*). Durante o dia, a cevada converte a energia da luz solar em energia química por meio do processo bioquímico da fotossíntese. Como a cevada é uma importante cultura para alimentação animal, a energia do sol logo seguirá o seu caminho pela cadeia alimentar até alcançar os seres humanos. [Brian Jannsen/Alamy.] Os elétrons de alta energia nos cloroplastos são transportados por dois fotossistemas (*acima*). Nesse trajeto, que culmina na geração de poder redutor, o ATP é sintetizado de maneira análoga à síntese mitocondrial de ATP. Entretanto, em contraste com o transporte mitocondrial de elétrons, os elétrons nos cloroplastos são energizados pela luz. [(*À esquerda*) Fonte: iStock ©Iurii Garmash.]

## OBJETIVOS DE APRENDIZAGEM

*Ao término do capítulo, o leitor deverá ser capaz de:*

1. Descrever as fotorreações.
2. Identificar os produtos essenciais das fotorreações.
3. Explicar como o equilíbrio redox é mantido durante as fotorreações.
4. Explicar como o ATP é sintetizado nos cloroplastos.
5. Descrever a função do complexo coletor de luz.

## SUMÁRIO



Todos os anos, o planeta Terra é banhado por fótons com um conteúdo total de energia de aproximadamente $10^{24}$ kJ. Para fins comparativos, um furacão tem uma quantidade correspondente a $10^{-9}$ dessa energia. Naturalmente, a fonte de energia provém da radiação eletromagnética do sol. Em nosso planeta, existem organismos que têm a capacidade de coletar uma fração dessa energia solar, ou seja, aproximadamente 2%, e de convertê-la em energia química. As plantas de coloração verde são os mais óbvios de tais organismos, embora 60% dessa conversão seja efetuada por algas e bactérias. Embora apenas uma pequena quantidade da energia incidente seja capturada, ela é suficiente para alimentar toda a vida na Terra. Essa transformação é, talvez, a mais importante de todas as transformações energéticas que encontraremos em nosso estudo de bioquímica; sem ela, a vida como a conhecemos em nosso planeta simplesmente não poderia existir.

O processo de conversão da radiação eletromagnética em energia química é denominado *fotossíntese,* que utiliza energia luminosa para converter o dióxido de carbono e a água em carboidratos e oxigênio.

$$CO_2 + H_2O \xrightarrow{\text{Luz}} (CH_2O) + O_2$$

Nessa equação, $CH_2O$ representa o carboidrato, principalmente sacarose e amido. A síntese fotossintética de carboidratos constitui a via metabólica mais comum na Terra. Esses carboidratos fornecem não apenas a energia para ativar o mundo biológico, mas também as moléculas de carbono necessárias para a produção de uma ampla gama de biomoléculas. Os organismos fotossintéticos são denominados *autotróficos* (literalmente, "produtores do próprio alimento"), visto que são capazes de sintetizar substâncias químicas energéticas, como a glicose, a partir do dióxido de carbono e da água com a utilização da energia luminosa como fonte de energia e, em seguida, recuperar parcialmente essa energia a partir da glicose sintetizada pela via glicolítica e pelo metabolismo aeróbico. Os organismos que obtêm energia apenas de substâncias químicas energéticas são denominados *heterotróficos,* visto que dependem, em última análise, dos autotróficos para obter energia.

A fotossíntese é constituída de duas fases: as reações da fase clara e as reações da fase escura. Nas *fotorreações* ou *reações da fase clara,* a energia luminosa é transformada em duas formas de energia bioquímica com as quais já estamos familiarizados: o poder redutor e o ATP. Os produtos da fase clara são então utilizados nas reações da fase escura para impulsionar a redução do $CO_2$ e a sua conversão em glicose e outros açúcares. As reações da fase escura também são denominadas *ciclo de Calvin* ou *reações independentes de luz* e serão discutidas no Capítulo 20.

**Produção fotossintética**

"Se a produção anual da fotossíntese fosse acumulada na forma de cana-de-açúcar, formaria uma pilha com mais de duas milhas [3,2 quilômetros] de altura e com uma base de 43 milhas [68,8 quilômetros] quadradas."

–Gordon Elliot Fogge
Biólogo inglês 1919-2005

Se toda essa cana-de-açúcar fosse convertida em cubos de açúcar (1,27 cm de lado) e estes fossem enfileirados um a um, os cubos de açúcar se estenderiam por $1{,}6 \times 10^{10}$ milhas ($2{,}6 \times 10^{10}$ quilômetros) ou até o planeta anão Plutão.

## A fotossíntese converte energia luminosa em energia química

As reações da fase clara da fotossíntese assemelham-se estreitamente aos eventos da fosforilação oxidativa. Nos Capítulos 17 e 18, aprendemos que a respiração celular consiste na oxidação de glicose a $CO_2$, com redução do $O_2$ a água, um processo que gera ATP. Na fotossíntese, esse processo precisa ser revertido – reduzindo o $CO_2$ e oxidando a $H_2O$ para sintetizar glicose.

$$\text{Energia} + 6\ H_2O + 6\ CO_2 \xrightarrow{\text{Fotossíntese}} C_6H_{12}O_6 + 6\ O_2$$

$$C_6H_{12}O_6 + 6\ O_2 \xrightarrow{\text{Respiração celular}} 6\ CO_2 + 6\ H_2O + \text{energia}$$

Embora os processos da respiração e da fotossíntese sejam quimicamente opostos, os princípios bioquímicos que governam esses dois processos são praticamente idênticos. Seu elemento fundamental é a geração de elétrons de alta energia. O ciclo do ácido cítrico oxida compostos energéticos de carbono a $CO_2$ para gerar elétrons de alta energia. O fluxo desses elétrons de alta energia ao longo de uma cadeia de transporte de elétrons gera uma força próton-motriz. Em seguida, essa força próton-motriz é transduzida pela ATP sintase para formar ATP. Para sintetizar glicose a partir de $CO_2$, são necessários elétrons de alta energia para dois propósitos: (1) proporcionar um poder redutor na forma de NADPH, de modo a reduzir o $CO_2$, e (2) gerar ATP para energizar essa redução. Como elétrons de alta energia podem ser gerados sem utilizar uma fonte de energia química? *A fotossíntese utiliza a energia proveniente da luz para impulsionar elétrons de um estado de baixa energia para um estado de alta energia.* No estado de alta energia, que é instável, as moléculas próximas podem escapar com os elétrons excitados. Esses elétrons são utilizados para a produção de poder redutor e para gerar uma força próton-motriz ao longo de uma membrana que, subsequentemente, conduz à síntese de ATP. As reações que são impulsionadas pela luz solar são denominadas *fotorreações ou reações da fase clara* (Figura 19.1).

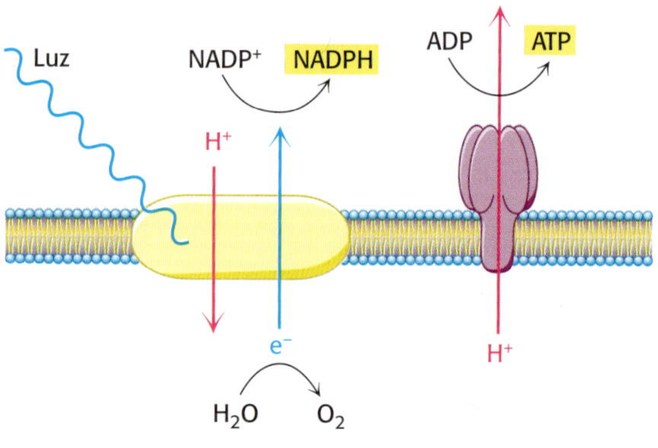


**FIGURA 19.1 Reações da fase clara da fotossíntese.** A luz é absorvida e a energia é utilizada para retirar elétrons da água para gerar NADPH e para transportar prótons ao longo de uma membrana. Esses prótons retornam por meio da ATP sintase (estrutura em violeta) para produzir ATP.

A fotossíntese nas plantas verdes é mediada por dois tipos de fotorreações. O fotossistema I gera um poder redutor na forma de NADPH; entretanto, nesse processo, ele se torna deficiente em elétrons. O fotossistema II oxida a água e transfere os elétrons para repor aqueles perdidos pelo fotossistema I. Um subproduto dessas reações é o $O_2$. O fluxo de elétrons do fotossistema II para o fotossistema I gera o gradiente de prótons transmembranar, que é aumentado pelos prótons liberados pela oxidação da água, que conduz à síntese de ATP. Mantendo a similaridade com seus princípios de operação, os dois processos ocorrem em organelas com dupla membrana: as mitocôndrias para a respiração celular e os cloroplastos para a fotossíntese.

**Catástrofe fotossintética**

Se a fotossíntese cessasse, todas as formas superiores de vida se extinguiriam em aproximadamente 25 anos. Uma versão mais branda dessa catástrofe encerrou o período Cretáceo há 65,1 milhões de anos, quando um grande asteroide atingiu a Península de Yucatan, no México. Foi lançada na atmosfera uma quantidade de poeira grande o suficiente para reduzir acentuadamente a capacidade de fotossíntese, o que aparentemente levou ao desaparecimento dos dinossauros e possibilitou a ascensão dos mamíferos.

## 19.1 A fotossíntese ocorre nos cloroplastos

A fotossíntese, que é o processo de converter a luz em energia química, ocorre em organelas denominadas *cloroplastos,* que normalmente medem 5 μm de comprimento. À semelhança da mitocôndria, o cloroplasto possui uma membrana externa e uma membrana interna, e há um espaço intermembranas entre elas (Figura 19.2). A membrana interna circunda um espaço denominado *estroma,* que é o local onde ocorrem as reações da fase escura da fotossíntese (ver seção 20.1). No estroma, existem estruturas membranosas denominadas *tilacoides,* que consistem em sacos achatados ou discos. Os discos tilacoides são empilhados para formar um *granum.* Diferentes *grana* são unidos por regiões da membrana do tilacoide, denominadas *lamelas do estroma* (Figura 19.3). As membranas dos tilacoides separam o espaço tilacoide do espaço estromal. Assim, os cloroplastos possuem três membranas diferentes (as *membranas interna, externa* e *do tilacoide*) e três espaços separados (*os espaços intermembrana, estromal* e *do tilacoide*). Nos cloroplastos em desenvolvimento, os tilacoides surgem a partir de brotamentos da membrana interna e, portanto, são homólogos às cristas mitocondriais. À semelhança das cristas mitocondriais, constituem o local de reações acopladas de oxirredução das reações da fase clara, que geram a força próton-motriz.

### Os principais eventos da fotossíntese ocorrem nas membranas dos tilacoides

As membranas dos tilacoides contêm a maquinaria envolvida na transformação de energia: proteínas coletoras de luz, centros de reação, cadeias de transporte de elétrons e a ATP sintase. Essas membranas contêm quantidades praticamente iguais de lipídios e de proteínas. A composição lipídica é altamente característica: cerca de 75% dos lipídios totais consistem em *galactolipídios* e 10% em *sulfolipídios*, enquanto apenas 10% são

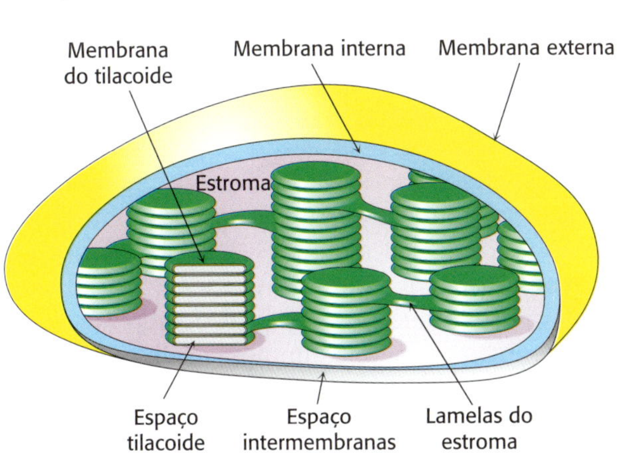


**FIGURA 19.2** Diagrama de um cloroplasto.

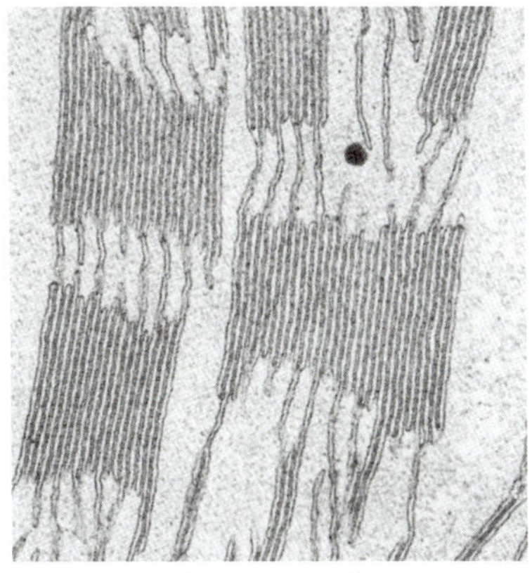


**FIGURA 19.3 Micrografia eletrônica de um cloroplasto de folha de espinafre.** As membranas dos tilacoides são agrupadas, formando *grana.* [Cortesia do Dr. Kenneth Miller.]

fosfolipídios. A membrana do tilacoide e a membrana interna, assim como a membrana mitocondrial interna, são impermeáveis à maioria das moléculas e dos íons. A membrana externa do cloroplasto, à semelhança daquela da mitocôndria, é altamente permeável a moléculas pequenas e íons. O estroma contém as enzimas solúveis que utilizam o NADPH e o ATP sintetizados pelos tilacoides para converter o $CO_2$ em açúcar. As células das folhas das plantas contêm de 1 a 100 cloroplastos, dependendo da espécie, do tipo de célula e das condições de crescimento.

### Os cloroplastos surgiram de um evento endossimbiótico

Os cloroplastos contêm seu próprio DNA e a maquinaria para a sua replicação e expressão. Entretanto, os cloroplastos não são autônomos; eles também contêm muitas proteínas codificadas pelo DNA nuclear. Como se desenvolveu essa intrigante relação entre a célula e seus cloroplastos? Atualmente, acreditamos que, de maneira análoga à evolução das mitocôndrias (ver seção 18.1), os cloroplastos constituem o resultado de eventos endossimbióticos em que um microrganismo fotossintético, mais provavelmente um ancestral de uma cianobactéria (Figura 19.4), foi engolfado por um hospedeiro eucariótico. As evidências sugerem que os cloroplastos nas plantas superiores e nas algas verdes provêm de um único evento endossimbiótico, enquanto os das algas vermelhas e pardas surgiram pelo menos de um evento adicional.

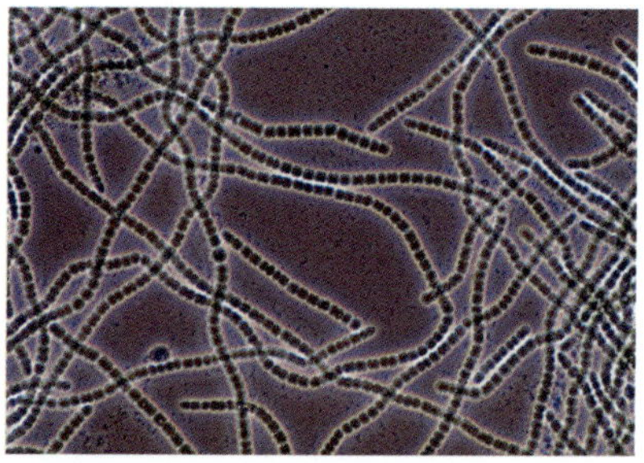

**FIGURA 19.4 Cianobactérias.** Uma colônia da cianobactéria filamentosa fotossintética *Anabaena* é mostrada com aumento de 450 x. Acredita-se que os ancestrais dessas bactérias evoluíram para os cloroplastos atuais. [Michael Abbey/Science Source.]

O genoma do cloroplasto é menor que o de uma cianobactéria; entretanto, os dois genomas possuem características essenciais em comum. Ambos são circulares e apresentam um único sítio de início da replicação do DNA. Os genes de ambos estão dispostos em operons – sequências de genes funcionalmente relacionados sob controle comum (ver Capítulo 32). Ao longo da evolução, muitos dos genes do ancestral do cloroplasto foram transferidos para o núcleo celular das plantas ou, em alguns casos, foram totalmente perdidos, estabelecendo, assim, uma relação totalmente dependente.

## 19.2 A absorção de luz pela clorofila induz a transferência de elétrons

A captura da energia luminosa constitui o fator fundamental para a fotossíntese. O primeiro evento consiste na absorção da luz por uma molécula fotorreceptora. O principal fotorreceptor nos cloroplastos da maioria das plantas verdes é a molécula do pigmento *clorofila* a, um tetrapirrol substitutivo (Figura 19.5). Os quatro átomos de nitrogênio dos pirróis são coordenados a um íon magnésio. Diferentemente das porfirinas, como o heme, a clorofila possui um anel pirrólico reduzido e um anel adicional de cinco carbonos fundido com um dos anéis pirrólicos. Outra característica distinta da clorofila é a presença de *fitol,* um álcool altamente hidrofóbico de 20 carbonos, esterificado a uma cadeia lateral ácida.

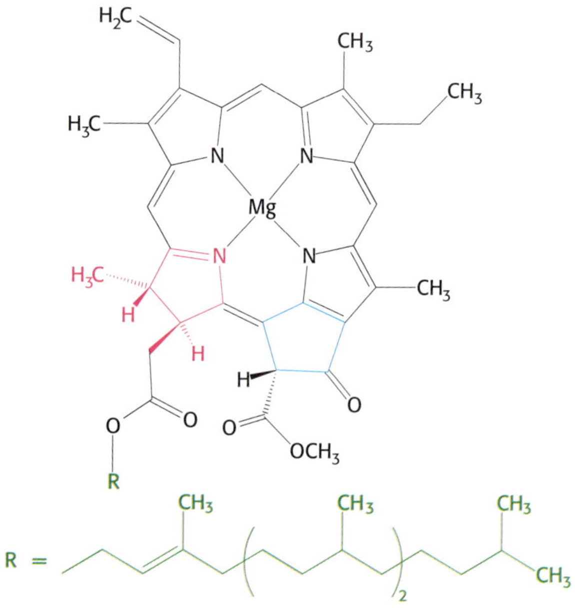


**FIGURA 19.5 Clorofila.** À semelhança do heme, a clorofila *a* é um tetrapirrol cíclico. Um dos anéis pirrólicos (mostrado em vermelho) está reduzido, e um anel adicional de cinco carbonos (mostrado em azul) está fundido com outro anel pirrólico. Uma cadeia de fitol (mostrada em verde) está conectada por uma ligação éster. O íon magnésio liga-se ao centro da estrutura.

As clorofilas são fotorreceptores muito efetivos, visto que elas contêm redes de duplas ligações conjugadas – com alternância de ligações simples e duplas. Esses compostos são denominados *polienos* conjugados. Nos polienos, os elétrons não estão localizados em determinado núcleo atômico. Com a absorção da energia luminosa, o elétron passa de um orbital molecular de baixa energia para um orbital de maior energia. As clorofilas apresentam bandas de absorção muito fortes na região visível do espectro, onde a emissão solar que atinge a Terra é máxima (Figura 19.6). O coeficiente de extinção molar máximo (ε) da clorofila *a*, uma medida da capacidade de absorção de luz de um composto, é superior a $10^5$ $M^{-1}$ $cm^{-1}$, sendo um dos mais altos observados em compostos orgânicos.

O que ocorre quando a luz é absorvida por uma molécula de pigmento? A energia da luz excita um elétron de seu nível energético basal para um nível energético excitado (Figura 19.7). Esse elétron de alta energia pode ter dois destinos. Na maioria dos compostos que absorvem luz, o elétron simplesmente retorna ao estado basal e a energia absorvida é convertida em calor. Entretanto, se houver um apropriado aceptor de elétrons na vizinhança, como é o caso da clorofila nos sistemas fotossintéticos, o elétron excitado pode se mover da molécula inicial para o aceptor (Figura 19.8). Forma-se então uma carga elétrica positiva na molécula inicial devido à perda de um elétron, enquanto uma carga negativa se forma no aceptor devido ao ganho de um elétron. Por conseguinte, esse processo é designado como *separação fotoinduzida de carga elétrica*.

Nos cloroplastos, o local onde ocorre a separação de cargas elétricas em cada fotossistema é denominado *centro de reação*. O aparato fotossintético é disposto de modo a maximizar a separação fotoinduzida de carga elétrica e a minimizar o retorno improdutivo do elétron a seu estado basal. Extraído de seu sítio inicial pela absorção de luz, o elétron agora apresenta poder redutor: ele é capaz de reduzir outras moléculas para armazenar a energia originalmente obtida da luz em formas químicas.

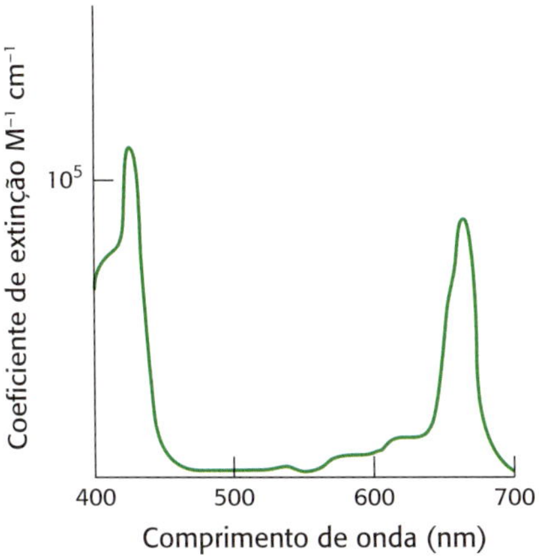


**FIGURA 19.6 Absorção da luz pela clorofila *a*.** A clorofila *a* absorve eficientemente a luz visível, de acordo com o coeficiente de extinção próximo a $10^5$ $M^{-1}$ $cm^{-1}$.

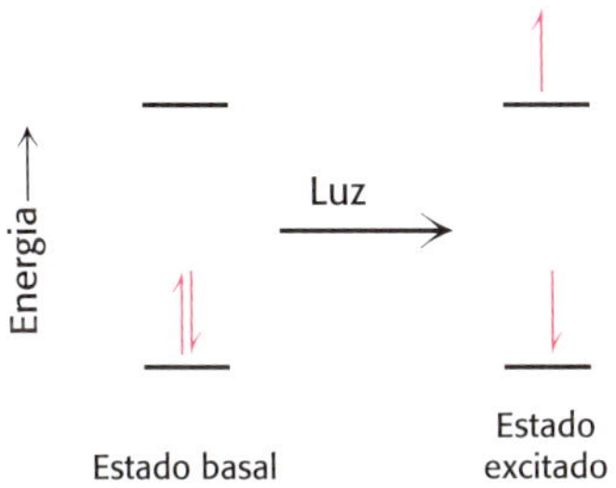


**FIGURA 19.7 Absorção da luz.** A absorção da luz leva à excitação de um elétron de seu estado basal para um nível de maior energia.

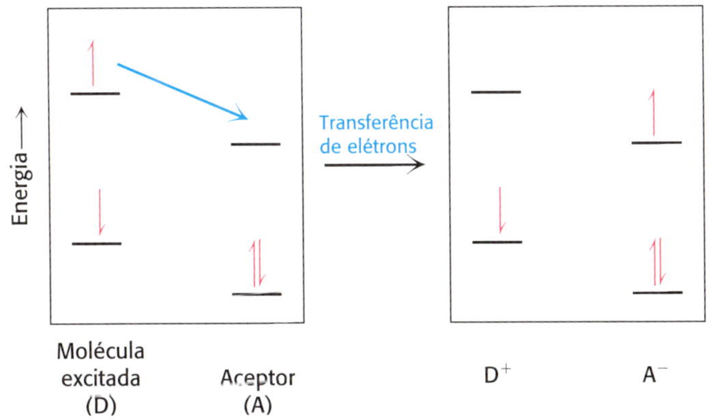


**FIGURA 19.8 Separação fotoinduzida de carga elétrica.** Se um apropriado aceptor de elétrons estiver nas proximidades, um elétron que tenha sido deslocado para um nível alto de energia pela absorção de luz pode ser movido da molécula excitada para o aceptor.

## A separação de carga elétrica é iniciada por um par especial de clorofilas

As bactérias fotossintéticas, como a *Rhodopseudomonas viridis,* contêm um centro de reação fotossintético que foi revelado no nível de resolução atômica. O centro de reação dessas bactérias é constituído por quatro polipeptídios: as subunidades L (31 kDa, em vermelho), M (36 kDa, em azul) e H (28 kDa, em branco) mais C, um citocromo tipo *c* com quatro hemes tipo *c* (em amarelo) (Figura 19.9). *As comparações de sequências e os estudos estruturais de baixa resolução revelaram que o centro de reação das bactérias é homólogo aos sistemas mais complexos das plantas.* Por conseguinte, muitas de nossas observações do sistema bacteriano também se aplicam aos sistemas encontrados nas plantas.

As subunidades L e M formam os cernes estrutural e funcional do centro de reação fotossintético bacteriano (Figura 19.9). Cada uma dessas subunidades homólogas contém cinco hélices transmembranares, em contraste com a subunidade H, que tem apenas uma hélice. A subunidade H situa-se no lado citoplasmático da membrana celular, enquanto a subunidade citocromo

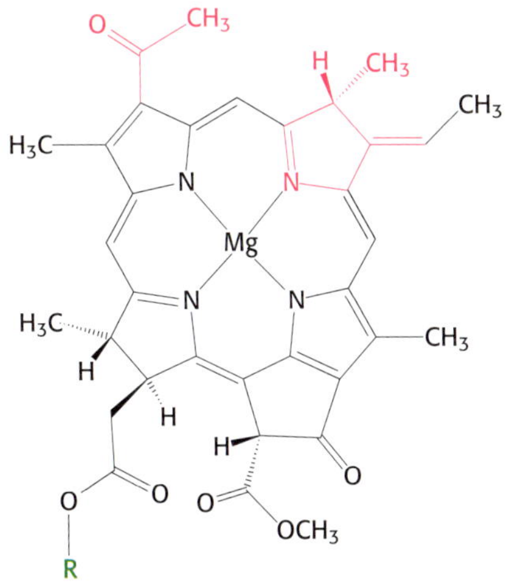


**Bacterioclorofila *b***
**(BChl-*b*)**

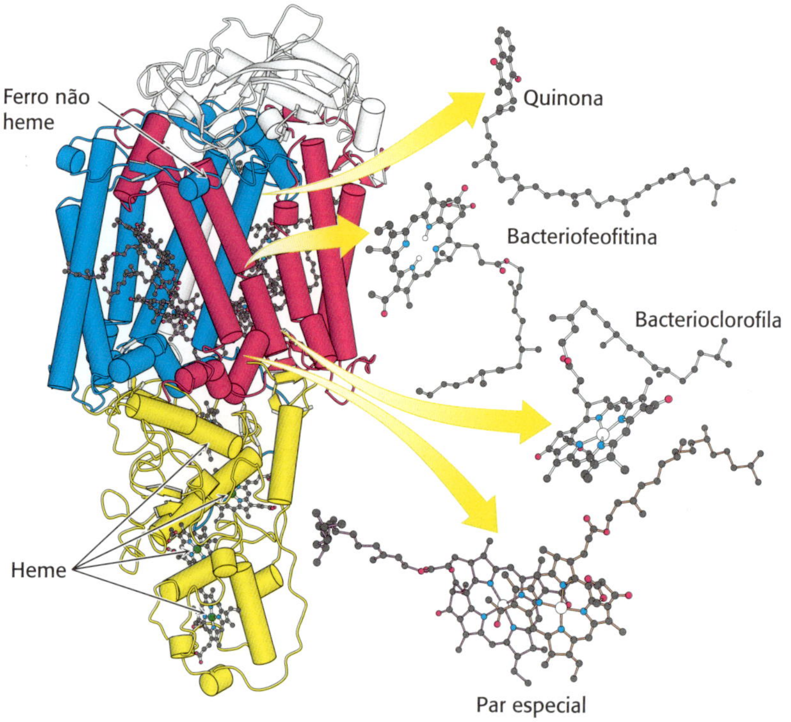


**FIGURA 19.9 Centro de reação fotossintético bacteriano.** O cerne do centro de reação da *Rhodopseudomonas viridis* é constituído por duas cadeias similares: L (em vermelho) e M (em azul). Uma cadeia H (em branco) e uma subunidade citocromo (em amarelo) completam a estrutura. *Observe* que as subunidades L e M são compostas, em grande parte, de α hélices que atravessam a membrana. *Observe também* que uma cadeia de grupos prostéticos carreadores de elétrons, começando com um par especial de bacterioclorofilas e terminando em uma quinona associada, percorre toda a estrutura da base para a parte superior nessa vista. [Desenhada de 1 PRC.pdb.]

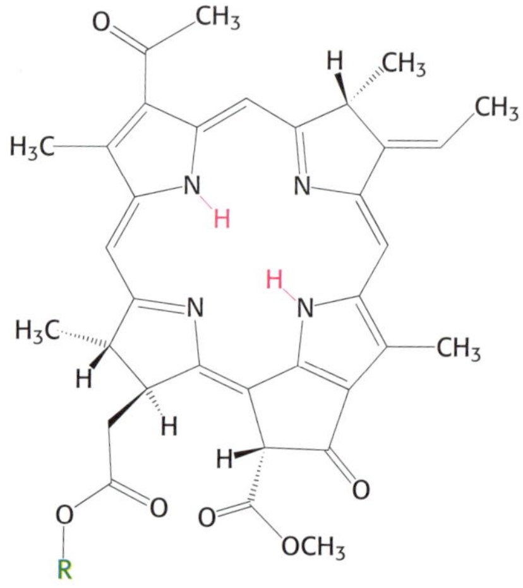

**Bacteriofeofitina (BPh)**

está localizada na face externa da membrana celular, denominada *lado periplasmático,* visto que está voltada para o periplasma – o espaço entre a membrana e a parede celulares. Quatro moléculas de bacterioclorofila *b* (BChl-*b*), duas moléculas de bacteriofeofitina *b* (BPh), duas quinonas ($Q_A$ e $Q_B$) e um íon ferroso estão associados às subunidades L e M.

As bacterioclorofilas são receptores semelhantes às clorofilas, exceto pela redução de um anel pirrólico adicional e por outras diferenças menores, que deslocam a sua absorção máxima para o infravermelho próximo de comprimentos de onda de até 1.000 nm. *Bacteriofeofitina* é o termo para se referir a uma bacterioclorofila que possui dois prótons, em vez de um íon magnésio, em seu centro.

A reação começa com a absorção de luz por um par de moléculas de BChl-*b* que estão situadas próximo ao lado periplasmático da membrana no dímero L-M. O par de moléculas de BChl-*b* é denominado *par especial* em virtude de sua função fundamental na fotossíntese. O par especial absorve luz de maneira máxima a 960 nm e, por essa razão, é frequentemente denominado *P960* (*P* para se referir ao pigmento). Após a absorção de luz, o par especial excitado ejeta um elétron, que é transferido por meio de outra BChl-*b* a uma bacteriofeofitina (Figura 19.10, etapas 1 e 2). Essa separação inicial de carga elétrica produz uma carga elétrica positiva no par especial ($P960^+$) e uma carga elétrica negativa em BPh ($BPh^-$). A ejeção do elétron e a transferência ocorrem em menos de 10 picossegundos ($10^{-12}$ s).

Um aceptor de elétrons de localização próxima, uma quinona fortemente ligada ($Q_A$), capta rapidamente o elétron de $BPh^-$ antes que ele tenha a chance de retornar ao par especial P960. A partir da $Q_A$, o elétron move-se para uma quinona de ligação mais frouxa, $Q_B$. A absorção de um segundo fóton e o movimento de um segundo elétron do par especial através da bacteriofeofitina até as quinonas completam a redução de dois elétrons de $Q_B$, de Q para $QH_2$. Como o sítio de ligação de $Q_B$ está situado próximo ao lado citoplasmático da membrana, *dois prótons são captados do citoplasma, o que contribui para o desenvolvimento de um gradiente de prótons ao longo da membrana celular* (Figura 19.10, etapas 5, 6 e 7).

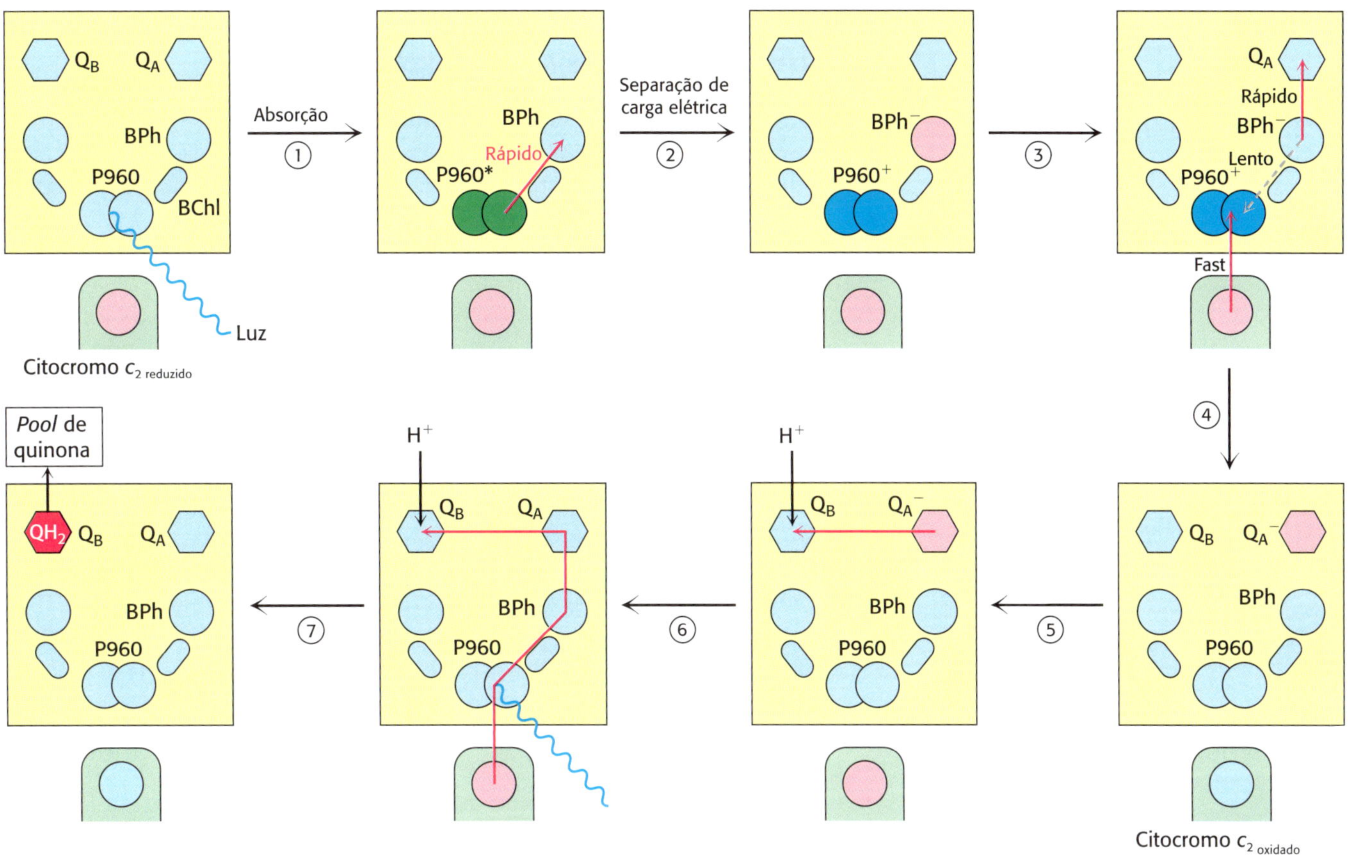


Nos seus estados de alta energia, P960$^{+}$ e BPh$^{-}$ poderiam sofrer uma recombinação de carga elétrica, isto é, o elétron de BPh$^{-}$ pode retornar para neutralizar a carga elétrica positiva do par especial. Seu retorno ao par especial desperdiçaria um valioso elétron de alta energia e simplesmente converteria a energia luminosa absorvida em calor. Como a recombinação de carga elétrica é prevenida? Dois fatores na estrutura do centro de reação atuam em conjunto para suprimir quase por completo a recombinação de carga elétrica (Figura 19.10, etapas 3 e 4). Em primeiro lugar, o aceptor de elétrons seguinte ($Q_A$) está a uma distância de menos de 10 Å de BPh$^{-}$, e, portanto, o elétron é rapidamente transferido para mais longe do par especial. Em segundo lugar, um dos hemes da subunidade citocromo está a uma distância de menos de 10 Å do par especial, de modo que a carga elétrica positiva em P960 é neutralizada pela transferência de um elétron do citocromo reduzido.

**FIGURA 19.10 Cadeia de elétrons no centro de reação fotossintético bacteriano.** A absorção de luz pelo par especial (P960) resulta na rápida transferência de um elétron desse sítio para uma bacteriofeofitina (BPh), criando uma separação fotoinduzida de carga elétrica (etapas 1 e 2). (O asterisco em P960 indica o estado excitado.) O possível retorno do elétron da feofitina para o par especial oxidado é suprimido pelo "orifício" no par especial que está sendo preenchido por um elétron da subunidade citocromo e pelo elétron da feofitina que está sendo transferido para uma quinona ($Q_A$) que está mais distante do par especial (etapas 3 e 4). A $Q_A$ transfere o elétron para a $Q_B$. A redução de uma quinona ($Q_B$) no lado citoplasmático da membrana resulta na captação de dois prótons do citoplasma (etapas 5 e 6). A quinona reduzida pode se mover para o *pool* de quinonas na membrana (etapa 7).

## O fluxo cíclico de elétrons reduz o citocromo do centro de reação

A subunidade citocromo do centro de reação precisa readquirir um elétron para completar o ciclo. Essa recuperação é feita pela retomada de dois elétrons da quinona reduzida ($QH_2$). Inicialmente, o $QH_2$ entra no *pool* de Q na membrana, onde é reoxidada a Q pelo complexo $bc_1$, que é homólogo ao Complexo III da cadeia respiratória de transporte de elétrons. O complexo $bc_1$ transfere os elétrons do $QH_2$ para o citocromo $c_2$, uma proteína hidrossolúvel no periplasma, e, no processo, bombeia prótons para dentro do espaço periplasmático. Os elétrons, que agora estão no citocromo $c_2$, fluem para a subunidade citocromo do centro de reação. Por conseguinte, o fluxo de elétrons é cíclico (Figura 19.11). O gradiente de prótons gerado durante esse ciclo impulsiona a síntese de ATP pela ação da ATP sintase.

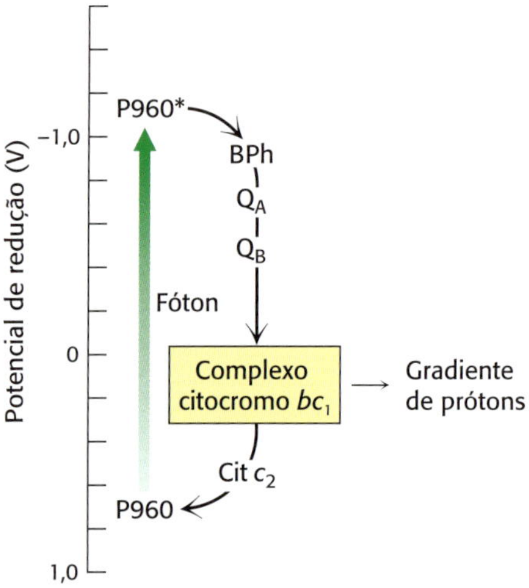


**FIGURA 19.11 Fluxo cíclico de elétrons no centro de reação bacteriano.** Os elétrons excitados do centro de reação P960 fluem através da bacteriofeofitina (BPh), um par de moléculas de quinona ($Q_A$ e $Q_B$), do complexo citocromo $bc_1$ e, por fim, do citocromo $c_2$ para o centro de reação. O complexo citocromo $bc_1$ bombeia prótons em consequência do fluxo de elétrons, o que impulsiona a formação de ATP.

## 19.3 Dois fotossistemas geram um gradiente de prótons e NADPH na fotossíntese oxigênica

A fotossíntese é mais complicada nas plantas verdes do que nas bactérias fotossintéticas. Nas plantas verdes, a fotossíntese depende da inter-relação de dois tipos de complexos fotossensíveis ligados à membrana – o *fotossistema I* (PS I) e o *fotossistema II* (PS II), como mostra a Figura 19.12. Há similaridades na fotossíntese entre as plantas verdes e as bactérias fotossintéticas. Ambas necessitam de luz para energizar os centros de reação constituídos por pares especiais, denominados *P700* para o fotossistema I e *P680* para o fotossistema II, e ambos transferem elétrons por meio de cadeias de transporte de elétrons. Entretanto, nas plantas, o fluxo de elétrons não é cíclico, porém na maioria das circunstâncias progride do fotossistema II para o fotossistema I.

O fotossistema I, que responde à luz em comprimentos de onda menores do que 700 nm, utiliza elétrons de alta energia provenientes da luz para criar um poder redutor biossintético na forma de NADPH, um reagente versátil que conduz os processos de biossíntese. Os elétrons para criar uma molécula de NADPH são captados de duas moléculas de água pelo fotossistema II, que responde a comprimentos de onda inferiores a 680 nm. Há formação de uma molécula de $O_2$ como subproduto das ações do fotossistema II. Os elétrons deslocam-se do fotossistema II para o fotossistema I por meio do citocromo *bf*, um complexo ligado à membrana que é homólogo ao Complexo III na fosforilação oxidativa. O citocromo *bf* gera um gradiente de prótons ao longo da membrana do tilacoide que possibilita a formação de ATP. Por conseguinte, os dois fotossistemas cooperam para produzir NADPH e ATP.

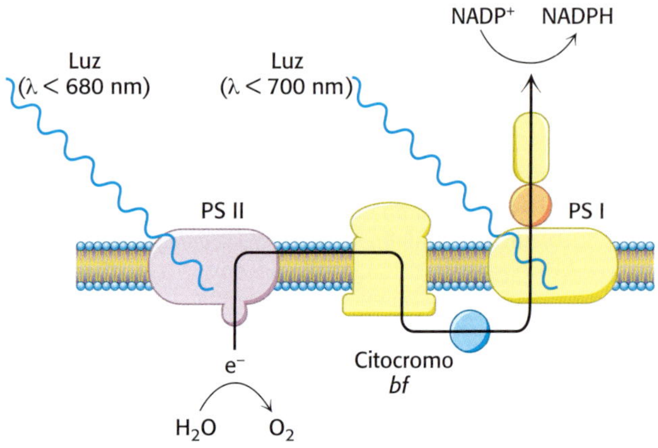


**FIGURA 19.12 Dois fotossistemas.** A absorção de fótons por dois fotossistemas distintos (PS I e PS II) é necessária para completar o fluxo de elétrons da água para o NADP⁺.

### O fotossistema II transfere elétrons da água para a plastoquinona e gera um gradiente de prótons

O fotossistema II, que consiste em um enorme complexo transmembranar de mais de 20 subunidades, catalisa a transferência impulsionada pela luz de elétrons da água para a plastoquinona. Esse aceptor de elétrons assemelha-se estreitamente à ubiquinona, um componente da cadeia de transporte de elétrons das mitocôndrias. A plastoquinona segue um ciclo entre uma forma oxidada (Q) e uma forma reduzida ($QH_2$, plastoquinol). A reação global catalisada pelo fotossistema II é

$$2\,Q + 2\,H_2O \xrightarrow{\text{Luz}} O_2 + 2\,QH_2.$$

Os elétrons no $QH_2$ estão em um potencial redox mais alto do que aqueles na água. Convém lembrar que, na fosforilação oxidativa, os elétrons fluem do ubiquinol para um aceptor, o $O_2$, que está em um potencial *mais baixo*. O fotossistema II impulsiona a reação em direção termodinamicamente ascendente, utilizando a energia livre da luz.

Essa reação é similar àquela catalisada pelo sistema bacteriano, em que uma quinona é convertida de sua forma oxidada para a forma reduzida. O fotossistema II é razoavelmente similar ao centro de reação bacteriano (Figura 19.13). O cerne do fotossistema é formado por D1 e D2, um par de subunidades similares de 32 kDa que atravessam a membrana do tilacoide. Essas subunidades são homólogas às cadeias L e M do centro de reação das bactérias. Diferentemente do sistema bacteriano, o fotossistema II contém grande número de subunidades adicionais que ligam mais de 30 moléculas de clorofila e que aumentam a eficiência com que a energia luminosa é absorvida e transferida para o centro de reação (ver seção 19.5).

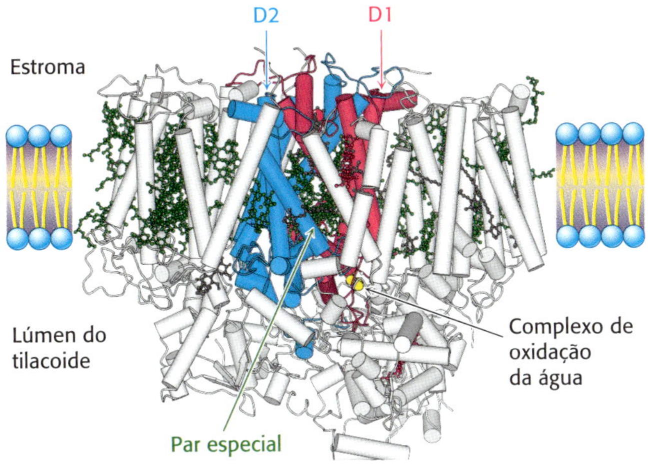


**FIGURA 19.13 Estrutura do fotossistema II.** As subunidades D1 (em vermelho) e D2 (em azul), e as numerosas moléculas de clorofila ligadas (em verde). *Observe* que o par especial e o complexo de oxidação da água situam-se do lado da membrana voltado ao lúmen do tilacoide. [Desenhada de 1S5L.pdb.]

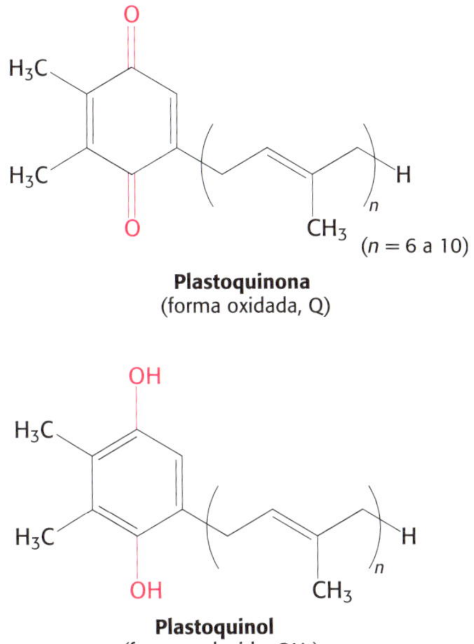


A fotoquímica do fotossistema II começa com a excitação de um par especial de moléculas de clorofila que estão ligadas pelas subunidades D1 e D2 (Figura 19.14). Como as moléculas de clorofila *a* do par especial absorvem luz a 680 nm, esse par especial é frequentemente denominado *P680*. Com a excitação, o P680 transfere rapidamente um elétron para uma feofitina adjacente. A partir daí, o elétron é transferido inicialmente para uma plastoquinona firmemente ligada no sítio $Q_A$ e, em seguida, para uma plastoquinona móvel no sítio $Q_B$. Esse fluxo de elétrons é inteiramente análogo àquele observado no sistema bacteriano. Com a chegada de um segundo elétron e a captação de dois prótons, a plastoquinona móvel é reduzida a $QH_2$. Nesse ponto, a energia de dois fótons foi armazenada com segurança e eficientemente no potencial redutor de $QH_2$.

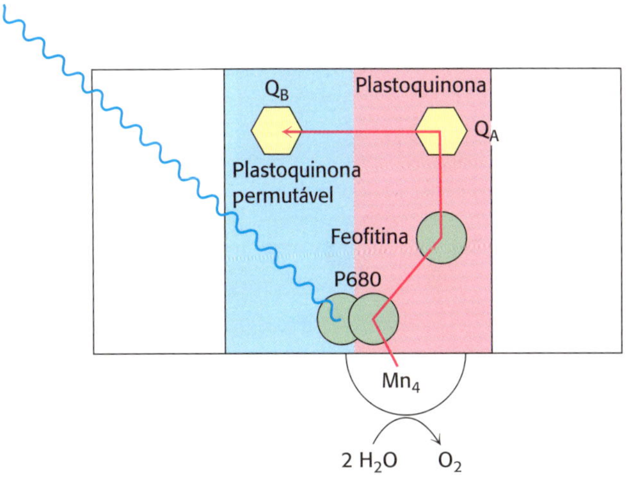


**FIGURA 19.14 Fluxo de elétrons através do fotossistema II.** A absorção de luz induz a transferência de elétrons de P680 ao longo de uma via de transferência de elétrons até uma plastoquinona permutável. A carga elétrica positiva no P680 é neutralizada pelo fluxo de elétrons a partir das moléculas de água ligadas no centro de manganês.

A principal diferença entre o sistema bacteriano e o fotossistema II reside na fonte dos elétrons que são utilizados para neutralizar a carga positiva formada no par especial. O *P680⁺, um oxidante muito potente, extrai elétrons das moléculas de água ligadas ao complexo de oxidação da água* (WOC, do inglês *water-oxidizing complex*), também denominado *centro de manganês*. O cerne desse complexo inclui um íon cálcio, quatro íons manganês e quatro moléculas de água (Figura 19.15A). O manganês foi selecionado para essa função evolutivamente devido à sua capacidade de existir em múltiplos estados de oxidação e de formar ligações fortes com espécies contendo oxigênio. Em sua forma reduzida, o WOC oxida duas moléculas de água para formar uma única molécula de oxigênio. A cada vez que a absorção de um fóton aciona a retirada de um elétron do $P680^+$, o par especial com carga elétrica positiva extrai um elétron de um resíduo de tirosina (frequentemente designado como Z) da subunidade D1 do WOC, formando um radical tirosina (Figura 19.15B). Em seguida, o radical tirosina remove um elétron de um íon manganês. Esse processo ocorre quatro vezes, e o resultado consiste na oxidação da $H_2O$ para gerar $O_2$ e $H^+$. Quatro fótons precisam ser absorvidos para extrair quatro elétrons de uma molécula de água (Figura 19.16). Os quatro elétrons coletados da

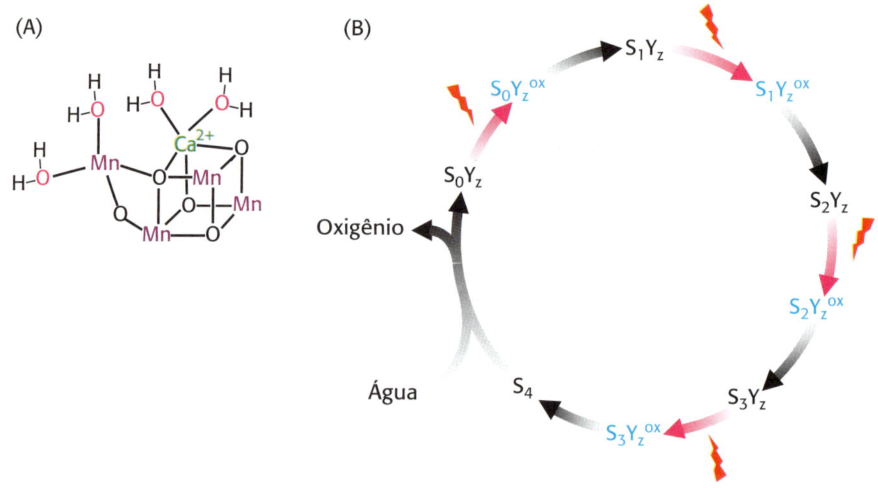


**FIGURA 19.15 Cerne do complexo de oxidação da água. A.** A figura mostra a estrutura deduzida do cerne do complexo de oxidação da água (WOC), incluindo quatro íons manganês e um íon cálcio. Os estados de valência de cada íon manganês não estão indicados devido à incerteza sobre a carga elétrica nos íons individuais. O centro é oxidado, um elétron de cada vez, até que duas moléculas de $H_2O$ sejam oxidadas para formar uma molécula de $O_2$, que é então liberada do complexo. **B.** A absorção de fótons pelo centro de reação gera um radical tirosina (setas vermelhas), que, em seguida, extrai elétrons dos íons manganês. As estruturas são designadas como $S_0$ a $S_4$ para indicar o número de elétrons que foram removidos.

A evolução do oxigênio é evidente pela formação de bolhas na planta aquática *Elodea.* [Fonte: iStock©Sergii_Trofymchuk.]

água são utilizados para reduzir duas moléculas de Q a $QH_2$. Todos os fototróficos oxigênicos – o tipo mais comum de organismo fotossintético – utilizam o mesmo cerne inorgânico e componentes proteicos para a captura da luz solar. Uma única solução para o problema bioquímico da extração de elétrons a partir da água evoluiu há bilhões de anos e foi conservada para uso em uma ampla variedade de circunstâncias filogenéticas e ecológicas.

**FIGURA 19.16 São necessários quatro fótons para gerar uma molécula de oxigênio.** Quando os cloroplastos adaptados ao escuro são expostos a um breve clarão de luz, um elétron passa através do fotossistema II. O monitoramento do $O_2$ liberado depois de cada clarão revela que são necessários quatro clarões para gerar cada molécula de $O_2$. Os picos na liberação de $O_2$ ocorrem após o terceiro, o sétimo e o décimo primeiro clarões, visto que os cloroplastos adaptados ao escuro iniciam no estado $S_1$ – isto é, no estado reduzido de um elétron.

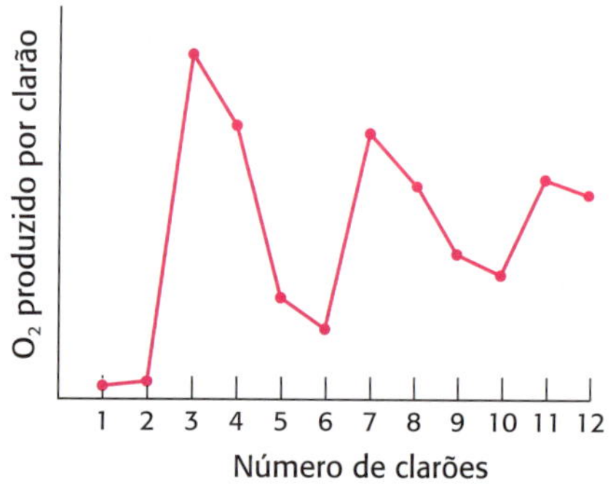


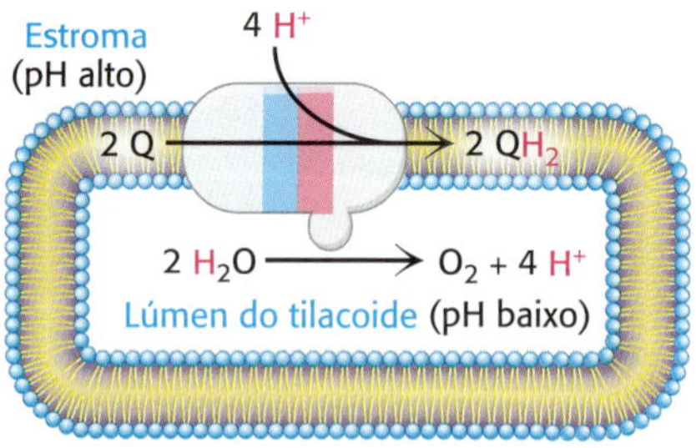


**FIGURA 19.17 Sentido do gradiente de prótons.** O fotossistema II libera fótons no lúmen do tilacoide e os capta do estroma. O resultado é um gradiente de pH ao longo da membrana do tilacoide com excesso de prótons (pH baixo) no interior.

O fotossistema II atravessa a membrana do tilacoide, de tal modo que o sítio de redução da quinona encontra-se no lado do estroma, enquanto o WOC situa-se no lúmen do tilacoide. Por conseguinte, os dois prótons que são captados com a redução de Q a $QH_2$ provêm do estroma, e os quatro prótons que são disponibilizados durante a oxidação da água são liberados no lúmen. Essa distribuição de prótons gera um gradiente de prótons ao longo da membrana do tilacoide caracterizado por um excesso de prótons no lúmen do tilacoide em comparação com o estroma (Figura 19.17).

## O citocromo *bf* liga o fotossistema II ao fotossistema I

Os elétrons fluem do fotossistema II para o fotossistema I através do complexo do *citocromo* bf. Esse complexo catalisa a transferência de elétrons do plastoquinol ($QH_2$) para a plastocianina (Pc), uma pequena proteína solúvel ligada a cobre no lúmen do tilacoide.

$$QH_2 + 2\ Pc(Cu^{2+}) \longrightarrow Q + 2\ Pc(Cu^{+}) + 2\ H^{+}_{\text{lúmen do tilacoide}}$$

Os dois prótons provenientes do plastoquinol são liberados no lúmen do tilacoide. Essa reação lembra aquela catalisada pelo Complexo III na fosforilação oxidativa, e os componentes do complexo do citocromo *bf* são, em sua maioria, homólogos aos do Complexo III. O complexo do citocromo *bf* inclui quatro subunidades: um citocromo de 23 kDa com dois hemes do tipo *b*, uma proteína com Fe-S do tipo Rieske de 20 kDa (ver Capítulo 18), um citocromo *f* de 33 kDa com um citocromo tipo *c*, além de uma cadeia de 17 kDa.

Esse complexo catalisa a reação prosseguindo pelo ciclo Q (Figura 18.12). Na primeira metade do ciclo Q, o plastoquinol ($QH_2$) é oxidado a plastoquinona (Q), um elétron de cada vez. Os elétrons provenientes do plastoquinol fluem através da proteína Fe-S para converter a plastocianina oxidada (Pc) à sua forma reduzida.

Na segunda metade do ciclo Q, o citocromo *bf* reduz uma molécula de plastoquinona do *pool* de Q a plastoquinol, captando dois prótons de um lado da membrana, e, em seguida, reoxida o plastoquinol para liberar esses prótons do outro lado. A enzima é orientada de modo que os prótons sejam liberados no lúmen do tilacoide e captados do estroma, contribuindo ainda mais para o gradiente de prótons ao longo da membrana do tilacoide (Figura 19.18).

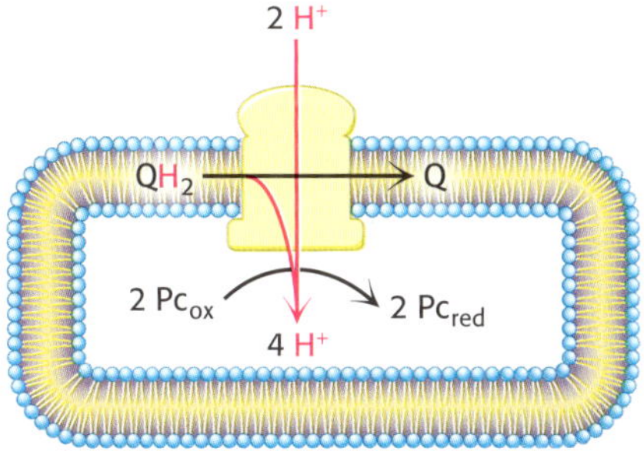


**FIGURA 19.18 Contribuição do citocromo *bf* para o gradiente de prótons.** O complexo do citocromo *bf* oxida o $QH_2$ a Q através do ciclo Q. São liberados quatro prótons no lúmen do tilacoide a cada ciclo.

## O fotossistema I utiliza a energia luminosa para gerar ferredoxina reduzida, um potente redutor

O estágio final das fotorreações é catalisado pelo fotossistema I, um complexo transmembranar constituído de cerca de 15 cadeias polipeptídicas e múltiplas proteínas e cofatores associados (Figura 19.19). O cerne desse sistema consiste em um par de subunidades similares – psaA (83 kDa, em vermelho) e psaB (82 kDa, em azul) – que se ligam a 80 moléculas de clorofila, bem como a outros fatores redox. Essas subunidades são bem maiores do que as subunidades do cerne do fotossistema II e do centro de reação das bactérias. Apesar disso, parecem ser homólogas; os 40% terminais de cada subunidade são similares a uma subunidade correspondente do fotossistema II. O que é denominado *par especial* das moléculas de clorofila *a* situa-se no centro da estrutura e absorve luz no máximo a 700 nm. Esse centro, denominado *P700*, inicia a separação fotoinduzida de cargas elétricas (Figura 19.20). O elétron desloca-se de P700 por meio da clorofila no sítio $A_0$ e da quinona no sítio $A_1$ para um conjunto de grupos 4Fe-4S.

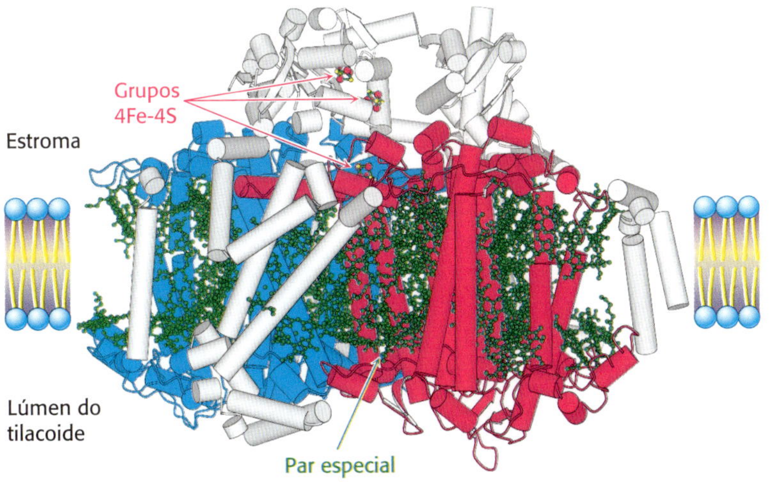


**FIGURA 19.19 Estrutura do fotossistema I.** As subunidades psaA e psaB são mostradas em vermelho e em azul, respectivamente. *Observe* as numerosas moléculas de clorofila ligadas, mostradas em verde, incluindo o par especial, bem como os grupos ferro-enxofre, que facilitam a transferência de elétrons a partir do estroma. [Desenhada de 1JBO.pdb.]

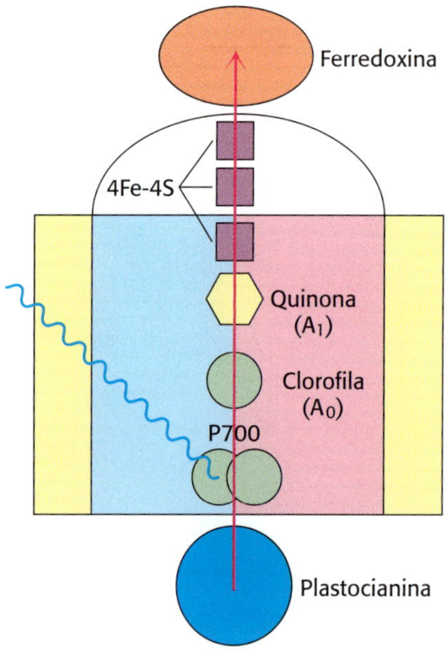


**FIGURA 19.20 Fluxo de elétrons através do fotossistema I para a ferredoxina.** A absorção de luz induz a transferência de elétrons do P700 ao longo de uma via de transferência de elétrons que inclui uma molécula de clorofila, uma molécula de quinona e três grupos 4Fe-4S para chegar até a ferredoxina. A carga elétrica positiva deixada em P700 é neutralizada pela transferência de elétrons a partir da plastocianina reduzida.

A etapa seguinte consiste na transferência do elétron para a ferredoxina (Fd), uma proteína solúvel que contém um grupo 2Fe-2S coordenado a quatro resíduos de cisteína (Figura 19.21). A ferredoxina transfere elétrons para o $NADP^+$. Enquanto isso, o $P700^+$ captura um elétron proveniente da plastocianina reduzida fornecido pelo fotossistema II para retornar a P700, de modo que possa ser novamente excitado. Por conseguinte, a reação global catalisada pelo fotossistema I é uma reação simples de oxirredução de um elétron.

$$\mathrm{Pc(Cu^+) + Fd_{ox} \xrightarrow{Luz} Pc(Cu^{2+}) + Fd_{red}}$$

Tendo em vista que os potenciais de redução da plastocianina e da ferredoxina são de +0,37 V e -0,45 V, respectivamente, a energia livre padrão dessa reação é de +79,1 kJ $mol^{-1}$ (+18,9 kcal $mol^{-1}$). Essa reação endergônica é favorecida pela absorção de um fóton de 700 nm, que possui energia de 171 kJ $mol^{-1}$ (40,9 kcal $mol^{-1}$).

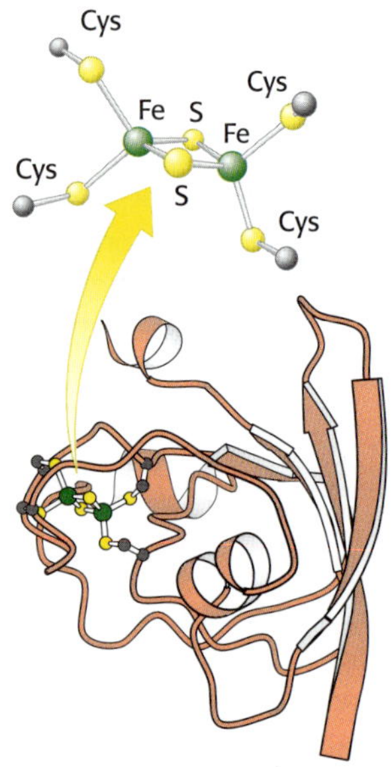


**FIGURA 19.21 Estrutura da ferredoxina.** Nas plantas, a ferredoxina contém um grupo 2Fe-2S. Essa proteína aceita elétrons provenientes do fotossistema I e os transporta até a ferredoxina-$NADP^+$ redutase. (Desenhada de 1FXA.pdb.)

## A ferredoxina-$NADP^+$ redutase converte o $NADP^+$ em NADPH

A ferredoxina reduzida gerada pelo fotossistema I é um poderoso redutor utilizado como fonte de elétrons para uma variedade de reações, mais notavelmente a fixação de $N_2$ em $NH_3$ (ver seção 24.1). Entretanto, a ferredoxina não é útil para direcionar muitas reações, em parte pelo fato de que ela só possui um elétron disponível. Em contraste, o NADPH, um redutor de dois elétrons, é um doador de elétrons amplamente utilizado nos processos de biossíntese, inclusive nas reações do ciclo de Calvin (ver Capítulo 20). Como a ferredoxina reduzida é utilizada para favorecer a redução do $NADP^+$ a NADPH? Essa reação é catalisada pela *ferredoxina –$NADP^+$ redutase,* uma flavoproteína com um grupo prostético FAD (Figura 19.22A). O grupo FAD ligado aceita dois elétrons e dois prótons de duas moléculas de ferredoxina reduzida para formar $FADH_2$ (Figura 19.22B). Em seguida, a enzima transfere um íon hidreto ($H^-$) para o $NADP^+$ para formar NADPH. Essa reação ocorre no lado estromal da membrana. Por conseguinte, a captação de um próton na redução do $NADP^+$ contribui ainda mais para a geração do gradiente de prótons ao longo da membrana do tilacoide.

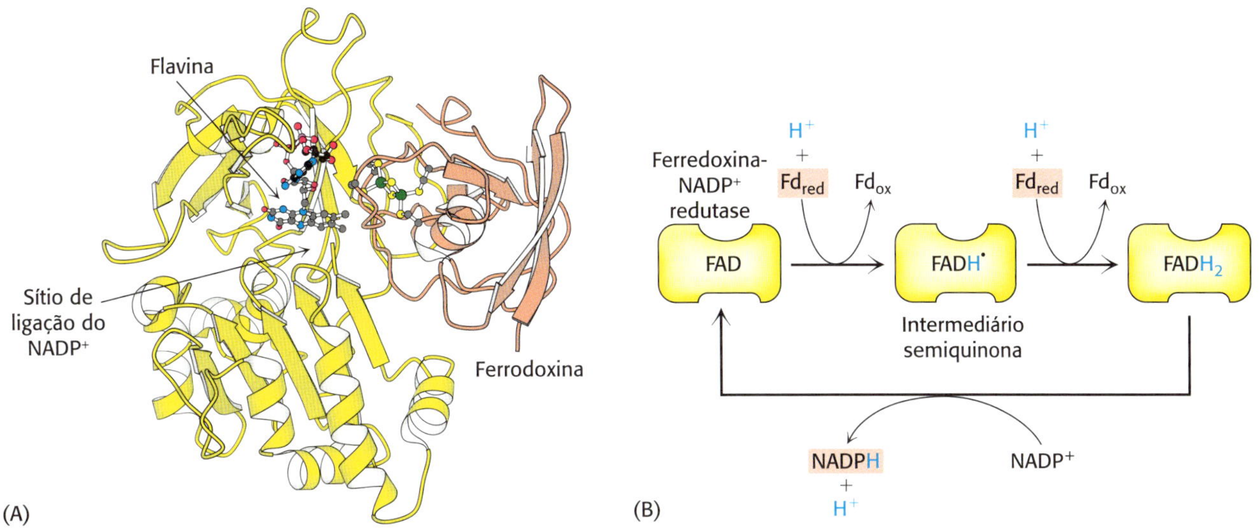


**FIGURA 19.22 Estrutura e função da ferredoxina-NADP⁺ redutase.** **A.** Estrutura da ferrodoxina-NADP⁺ redutase. Essa enzima aceita os elétrons, um de cada vez, provenientes da ferredoxina (mostrada na cor laranja). **B.** A ferredoxina–NADP⁺ redutase aceita inicialmente dois elétrons gerados pelo fotossistema I e dois prótons do lúmen para formar duas moléculas de ferredoxina (Fd) reduzida. A ferredoxina reduzida é então utilizada para formar $FADH_2$, que em seguida transfere dois elétrons e um próton para o $NADP^+$, com formação de NADPH no estroma. [Desenhada de 1EWY.pdb.]

A cooperação entre o fotossistema I e o fotossistema II cria um fluxo de elétrons da $H_2O$ para o $NADP^+$. A via do fluxo de elétrons é denominada *esquema Z da fotossíntese,* visto que o diagrama redox de P680 para P700* assemelha-se à letra Z (Figura 19.23).

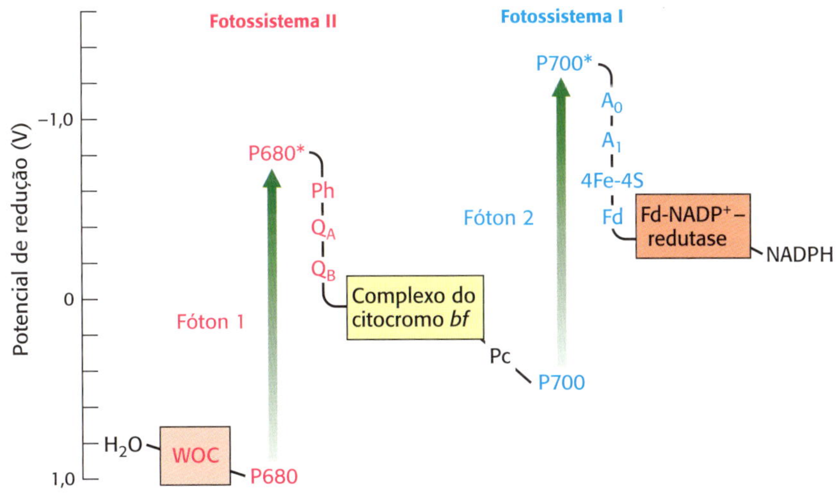


**FIGURA 19.23 Via do fluxo de elétrons da $H_2O$ para o $NADP^+$ na fotossíntese.** Essa reação endergônica é possibilitada pela absorção de luz pelo fotossistema II (P680) e pelo fotossistema I (P700). Abreviaturas: Ph, feofitina; $Q_A$ e $Q_B$, proteínas de ligação de plastoquinona; Pc, plastocianina; $A_0$ e $A_1$, aceptores de elétrons provenientes de P700*; Fd, ferredoxina; WOC, complexo de oxidação da água.

## 19.4 Um gradiente de prótons ao longo da membrana do tilacoide dirige a síntese de ATP

Em 1966, André Jagendorf mostrou que os cloroplastos sintetizam ATP no escuro quando um gradiente de pH artificial é imposto através da membrana do tilacoide. Para criar esse transitório gradiente de pH, ele colocou os cloroplastos em um tampão de pH 4 durante várias horas e, em seguida, os misturou rapidamente com um tampão de pH 8 contendo ADP e $P_i$. O pH do estroma aumentou subitamente para 8, enquanto o pH do espaço

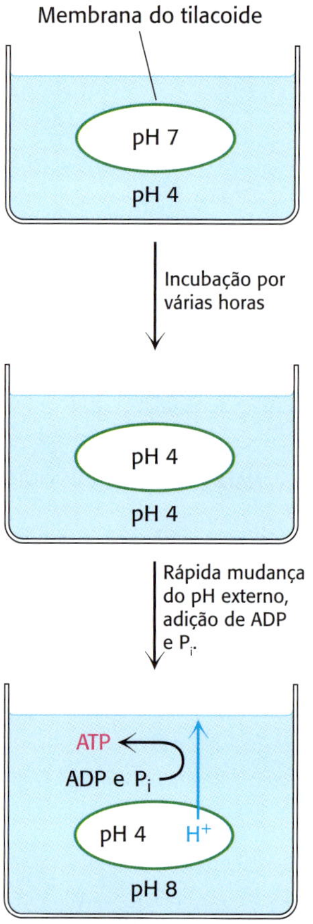


**FIGURA 19.24 Demonstração de Jagendorf.** Os cloroplastos sintetizam ATP após a imposição de um gradiente de pH.

tilacoide permaneceu em 4. *Então, um surto de síntese de ATP acompanhou o desaparecimento do gradiente de pH ao longo da membrana do tilacoide* (Figura 19.24). Esse experimento incisivo foi um dos primeiros a apoiar de maneira inequívoca a hipótese formulada por Peter Mitchell de que a síntese de ATP é conduzida por uma força próton-motriz (ver seção 18.4).

Os princípios da síntese de ATP nos cloroplastos são praticamente idênticos aos da mesma síntese nas mitocôndrias. *A formação de ATP é conduzida por uma força próton-motriz tanto na fotofosforilação quanto na fosforilação oxidativa.* Já aprendemos como a luz induz a transferência de elétrons através dos fotossistemas II e I e do complexo do citocromo *bf*. Em vários estágios desse processo, os prótons são liberados no lúmen do tilacoide ou são captados a partir do estroma, gerando um gradiente de prótons. O gradiente é mantido, visto que a membrana do tilacoide é essencialmente impermeável aos prótons. *O espaço tilacoide torna-se acentuadamente ácido, com pH que se aproxima de 4. O gradiente de prótons transmembranar induzido pela luz é de cerca de 3,5 unidades de pH.* Conforme discutido na seção 18.4, a energia inerente ao gradiente de prótons, denominada *força próton-motriz* ($\Delta p$), é descrita como a soma de dois componentes: um gradiente de carga elétrica e um gradiente químico. Nos cloroplastos, praticamente toda a $\Delta p$ provém do gradiente de pH, ao passo que, nas mitocôndrias, a contribuição do potencial de membrana é maior. A razão dessa diferença é que a membrana do tilacoide é muito permeável ao $Cl^-$ e ao $Mg^{2+}$. A transferência fotoinduzida de $H^+$ ao espaço tilacoide é acompanhada da transferência de $Cl^-$ no mesmo sentido ou de $Mg^{2+}$ (1 $Mg^{2+}$ para 2 $H^+$) no sentido oposto. Consequentemente, a neutralidade elétrica é mantida, e não há geração de nenhum potencial de membrana. O influxo de $Mg^{2+}$ para o estroma desempenha uma função na regulação do ciclo de Calvin (ver seção 20.2). Um gradiente de pH de 3,5 unidades ao longo da membrana do tilacoide corresponde a uma força próton-motriz de 0,20 V ou a uma $\Delta G$ de -20,0 kJ $mol^{-1}$ (-4,8 kcal $mol^{-1}$).

## A ATP sintase dos cloroplastos assemelha-se estreitamente às das mitocôndrias e dos procariotos

A força-motriz gerada pelas fotorreações é convertida em ATP pela *ATP sintase* dos cloroplastos, também denominada *complexo $CF_1 - CF_0$* (*C* indica cloroplasto; *F*, fator). A $CF_1 - CF_0$ ATP sintase assemelha-se estreitamente à $F_1 - F_0$ ATP sintase das mitocôndrias (ver seção 18.4). O $CF_0$ conduz prótons através da membrana do tilacoide, enquanto o $CF_1$ catalisa a formação de ATP a partir de ADP e $P_i$.

O $CF_0$ está inserido na membrana do tilacoide. É constituído de quatro cadeias polipeptídicas diferentes, conhecidas como I (17 kDa), II (16,5 kDa), III (8 kDa) e IV (27 kDa), com estequiometria estimada de 1:2:10-14:1. As subunidades I e II têm similaridade de sequência com a subunidade **b** da subunidade $F_0$ mitocondrial; a subunidade III corresponde à subunidade **c** do complexo mitocondrial; e a subunidade IV tem similaridade de sequência com a subunidade **a**. $CF_1$, o sítio de síntese de ATP, apresenta uma composição de subunidades $\alpha_3\beta_3\gamma\delta\varepsilon$. As subunidades $\beta$ contêm sítios catalíticos de modo semelhante à subunidade $F_1$ da ATP sintase mitocondrial. De maneira notável, as subunidades $\beta$ da ATP sintase dos cloroplastos de milho exibem mais de 60% de identidade de sequência de aminoácidos com a ATP sintase humana, apesar da passagem de aproximadamente 1 bilhão de anos desde a separação dos reinos vegetal e animal.

Observe que a orientação da membrana de $CF_1 - CF_0$ está invertida em comparação com a da ATP sintase mitocondrial (Figura 19.25). Entretanto, a orientação funcional das duas sintases é idêntica: por intermédio

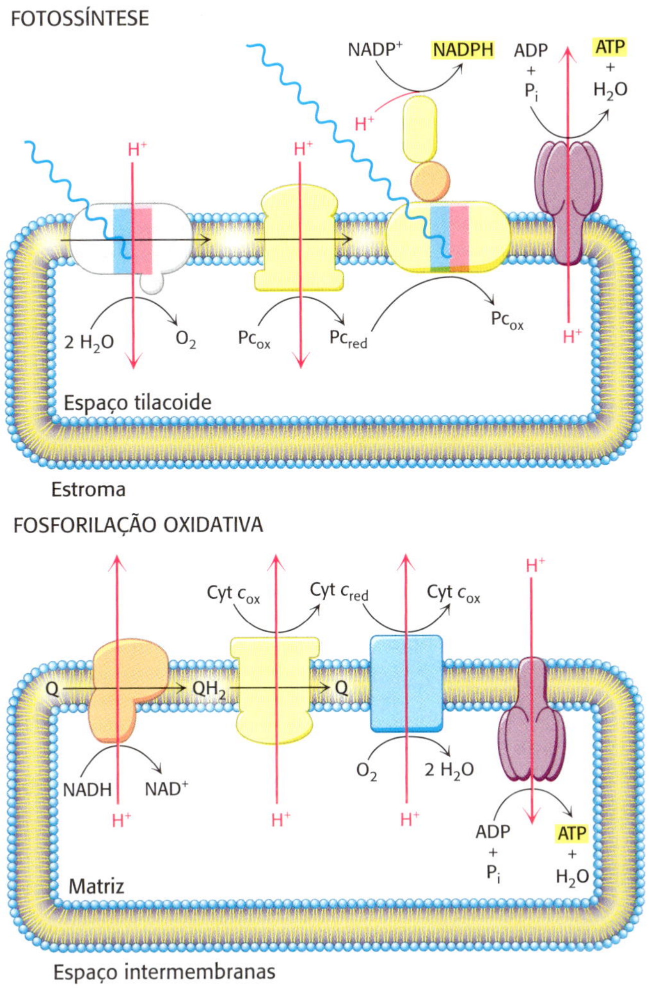


**FIGURA 19.25 Comparação entre a fotossíntese e a fosforilação oxidativa.** A transferência de elétrons induzida pela luz na fotossíntese transfere prótons para dentro do lúmen do tilacoide. O excesso de prótons flui para fora do lúmen por meio da ATP sintase, gerando ATP no estroma. Na fosforilação oxidativa, o fluxo de elétrons ao longo da cadeia de transporte de elétrons bombeia prótons para fora da matriz mitocondrial. O excesso de prótons provenientes do espaço intermembranas flui para dentro da matriz por meio da ATP sintase, produzindo ATP na matriz.

da enzima, os prótons fluem do lúmen para o estroma ou para a matriz, onde ocorre a síntese de ATP. Como o $CF_1$ está na superfície estromal da membrana do tilacoide, o ATP recém-sintetizado é liberado diretamente no espaço estromal. De forma semelhante, o NADPH formado pelo fotossistema I é liberado no espaço estromal. Por conseguinte, *o ATP e o NADPH, os produtos das fotorreações da fotossíntese, estão adequadamente posicionados para as subsequentes reações da fase escura, nas quais o* $CO_2$ *é convertido em carboidrato.*

## A atividade da ATP sintase dos cloroplastos é regulada

A atividade da ATP sintase é sensível às condições redox no cloroplasto. Para uma atividade máxima, uma ponte dissulfeto específica na subunidade γ precisa ser reduzida a duas cisteínas. O redutor é a tiorredoxina reduzida, que é formada a partir da ferredoxina gerada no fotossistema I pela ferredoxina-tiorredoxina redutase, uma enzima que contém ferro-enxofre.

$$\text{2 ferredoxinas reduzidas + dissulfeto de tiorredoxina} \xrightleftharpoons{\text{Ferredoxina-tiorredoxina redutase}} \text{2 ferredoxinas oxidadas + tiorredoxina reduzida} + 2\,H^+$$

Mudanças conformacionais na subunidade ε também contribuem para a regulação da sintase. A subunidade ε parece existir em duas conformações. Uma das conformações inibe a hidrólise do ATP pela sintase, enquanto a outra, que é gerada por um aumento na força próton-motriz, possibilita a

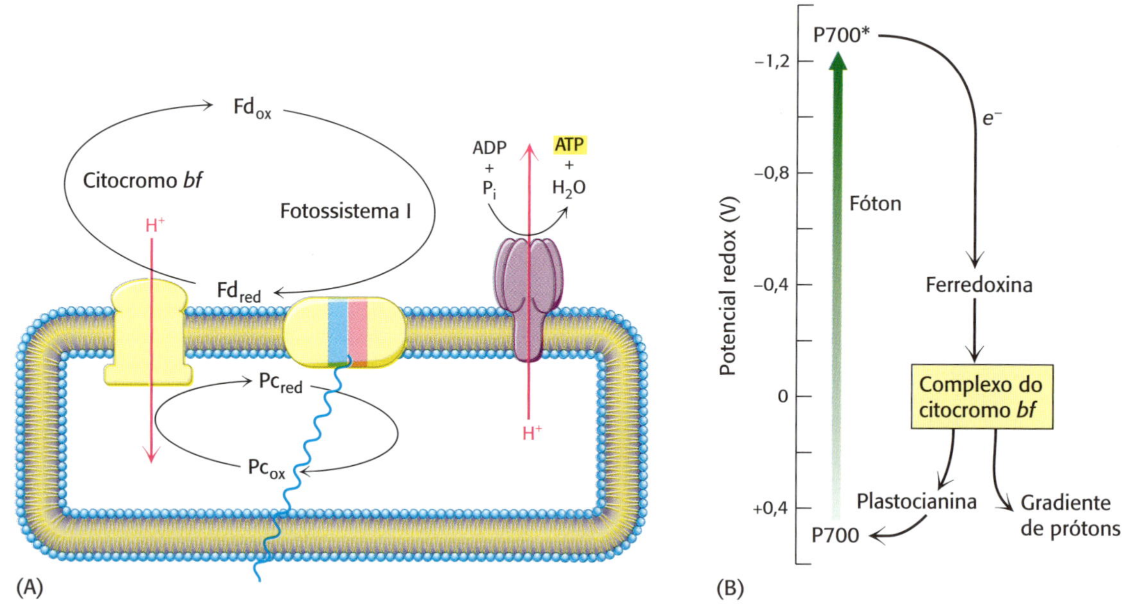


**FIGURA 19.26 Fotofosforilação cíclica.** **A.** Nessa via, os elétrons provenientes da ferredoxina reduzida são transferidos para o citocromo *bf*, e não para a ferredoxina-NADP$^+$ redutase. O fluxo de elétrons através do citocromo *bf* bombeia prótons para dentro do lúmen do tilacoide. Esses prótons fluem por meio da ATP sintase para gerar ATP. Essa via não gera nem NADPH, nem $O_2$. **B.** Esquema mostrando a base energética da fotofosforilação cíclica. Abreviaturas: Fd, ferredoxina; Pc, plastocianina.

síntese de ATP e facilita a redução da ponte dissulfeto na subunidade γ. Assim, a atividade de sintase é máxima quando há disponibilidade de um poder redutor de biossíntese e de um gradiente de prótons. Veremos no Capítulo 20 que a regulação redox também é importante no metabolismo fotossintético de carbonos. (Ver a questão 30 neste capítulo.)

## O fluxo cíclico de elétrons através do fotossistema I leva à produção de ATP, em vez de NADPH

Em certas ocasiões, quando a razão entre NADPH e NADP$^+$ está muito alta, como pode ocorrer se houver outra fonte de elétrons para formar NADPH (ver seção 20.3), pode não haver NADP$^+$ disponível para aceitar elétrons da ferredoxina reduzida. Nessas circunstâncias, grandes complexos proteicos específicos possibilitam o fluxo cíclico de elétrons que energiza a síntese de ATP. Os elétrons provenientes do P700, o centro de reação do fotossistema I, geram ferredoxina reduzida. O elétron na ferredoxina reduzida é transferido para o complexo do citocromo *bf*, e não para NADP$^+$. Em seguida, esse elétron flui de volta através do complexo do citocromo *bf* para reduzir a plastocianina, que então pode ser reoxidada pelo P700$^+$ para completar um ciclo. O resultado líquido desse fluxo cíclico de elétrons consiste no bombeamento de prótons pelo complexo do citocromo *bf*. O gradiente de prótons resultante dirige então a síntese de ATP. Nesse processo, denominado *fotofosforilação cíclica, o ATP é gerado sem a formação concomitante de NADPH*$^+$(Figura 19.26). O fotossistema II não participa na fotofosforilação cíclica e, portanto, não há formação de $O_2$ a partir da $H_2O$.

## A absorção de oito prótons resulta em uma molécula de $O_2$, duas moléculas de NADPH e três moléculas de ATP

Podemos agora estimar a estequiometria global das fotorreações. A absorção de quatro fótons pelo fotossistema II gera uma molécula de $O_2$ e libera quatro prótons dentro do lúmen do tilacoide. As duas moléculas de plastoquinol são oxidadas pelo ciclo Q do complexo do citocromo *bf* para liberar oito prótons no lúmen. Por fim, os elétrons de quatro moléculas de plastocianina reduzida são transferidos para a ferredoxina pela absorção de quatro fótons adicionais. As quatro moléculas de ferredoxina reduzida geram duas moléculas de NADPH. Assim, a reação global é

$$2\,H_2O + 2\,NADP^+ + 10\,H^+_{estroma} \longrightarrow O_2 + 2\,NADPH + 12\,H^+_{lúmen}$$

Os 12 prótons liberados no lúmen podem então fluir por meio da ATP sintase. Suponhamos que existem 12 componentes de subunidades III em $CF_0$. Podemos esperar a passagem obrigatória de 12 prótons através de $CF_0$ para completar uma rotação de $CF_1$. Uma única rotação gera três moléculas de ATP. Considerando a razão de três ATP para 12 prótons, a reação global é

$$\begin{array}{rcl} 2\,H_2O + 2\,NADP^+ + 10\,H^+_{estroma} & \longrightarrow & O_2 + 2\,NADPH + 12\,H^+_{lúmen} \\ 3\,ADP^{3-} + 3\,P_i^{2+} + 3\,H^+ + 12\,H^+_{lúmen} & \longrightarrow & 3\,ATP^{4-} + 3\,H_2O + 12\,H^+_{estroma} \\ \hline 2\,NADP^+ + 3\,ADP^{3-} + 3\,P_i^{2-} + H^+ & \longrightarrow & O_2 + 2\,NADPH + 3\,ATP^{4-} + H_2O \end{array}$$

Por conseguinte, são necessários oito fótons para produzir três moléculas de ATP (2,7 fótons/ATP).

A fotofosforilação cíclica é uma forma um pouco mais produtiva de sintetizar ATP do que a fotofosforilação não cíclica (esquema Z). A absorção de quatro fótons pelo fotossistema I leva à liberação de oito prótons no lúmen pelo sistema do citocromo *bf*. Esses prótons fluem por meio da ATP sintase, produzindo duas moléculas de ATP. Por conseguinte, cada dois fótons absorvidos produzem uma molécula de ATP. Não há produção de NADPH.

## 19.5 Pigmentos acessórios canalizam a energia para os centros de reação

Um sistema coletor de luz que dependesse apenas das moléculas de clorofila *a* do par especial seria bastante ineficiente por duas razões. Em primeiro lugar, as moléculas de clorofila *a* absorvem luz apenas em comprimentos de onda específicos (Figura 19.6). Existe uma grande lacuna no meio da região visível entre aproximadamente 450 e 650 nm. Tal lacuna encontra-se exatamente no pico do espectro solar, de modo que a incapacidade de coletar essa luz representaria considerável perda de oportunidade. Em segundo lugar, mesmo em um dia sem nuvens, muitos fótons que podem ser absorvidos pela clorofila *a* atravessam o cloroplasto sem ser absorvidos, visto que a densidade das moléculas de clorofila *a* em um centro de reação não é muito grande. Pigmentos acessórios, ou seja, tanto clorofilas adicionais quanto outras classes de moléculas, estão estreitamente associados aos centros de reação. *Esses pigmentos absorvem luz e canalizam a energia para o centro de reação para a sua conversão em formas químicas.* Os pigmentos acessórios impedem que o centro de reação fique ocioso.

A *clorofila b* e os *carotenoides* constituem pigmentos acessórios importantes que direcionam a energia para o centro de reação. A clorofila *b* difere da clorofila *a* pela presença de um grupo formila em lugar de um grupo metila. Essa pequena diferença desloca os seus dois principais picos de absorção para o centro da região visível. Em particular, a clorofila *b* absorve eficientemente a luz com comprimentos de onda entre 450 e 500 nm (Figura 19.27).

Os carotenoides são polienos estendidos que absorvem luz entre 400 e 500 nm. Os carotenoides são responsáveis pela maior parte da cor amarela e vermelha das frutas e das flores, e proporcionam o esplendor das cores do outono, quando as moléculas de clorofila sofrem degradação, revelando os carotenoides.

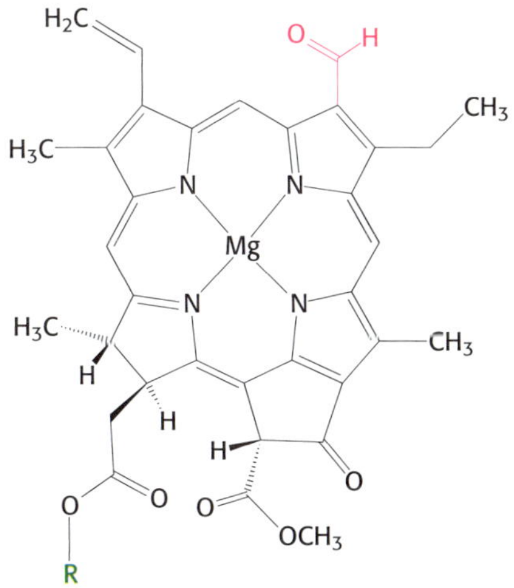

**Clorofila *b***

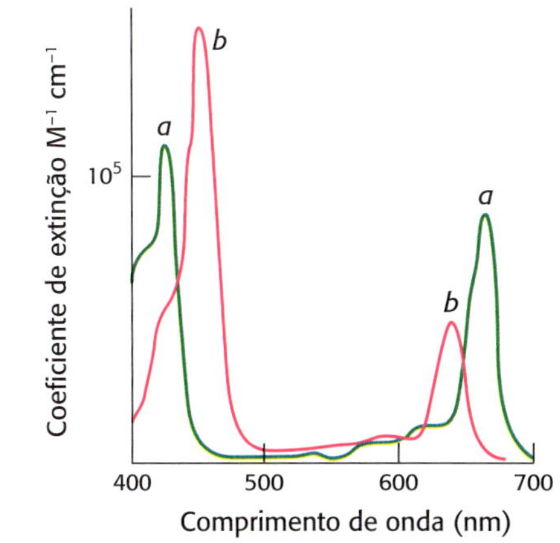


**FIGURA 19.27** Espectros de absorção das clorofilas *a* e *b*.

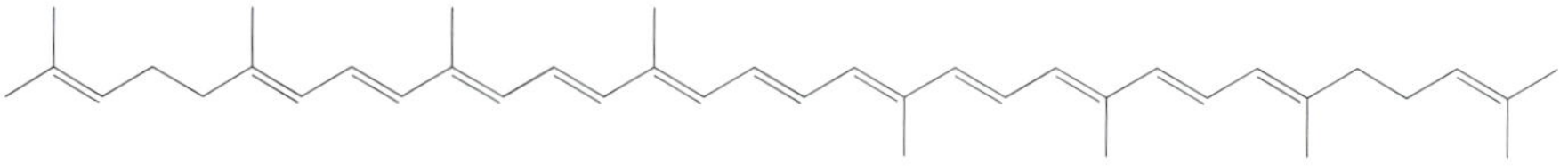

**Licopeno**

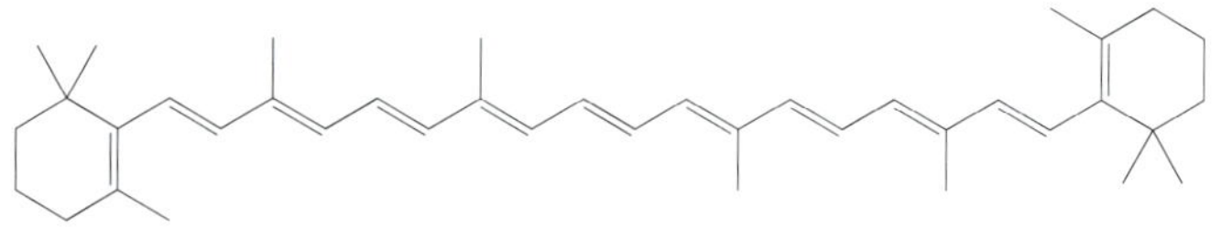

**Betacaroteno**

Os tomates são particularmente ricos em licopeno, que é responsável pela sua cor vermelha, enquanto as cenouras e as abóboras possuem quantidades abundantes de betacaroteno, que é responsável pela sua cor laranja.

### A transferência de energia por ressonância possibilita o deslocamento da energia do local inicial de absorbância para o centro de reação

Como a energia é canalizada dos pigmentos acessórios para um centro de reação? A absorção de um fóton nem sempre leva a excitação e transferência de elétrons. Com maior frequência, a energia de excitação é transferida de uma molécula para outra molécula adjacente por meio de interações eletromagnéticas através do espaço (Figura 19.28). A taxa desse processo, denominada *transferência de energia por ressonância*, depende acentuadamente da distância entre as moléculas doadoras de energia e as moléculas aceptoras de energia. Um aumento na distância entre o doador e o aceptor por um fator de 2 normalmente resulta em diminuição da taxa de transferência de energia por um fator de $2^6 = 64$. Devido à conservação de energia, a transferência de energia precisa ser realizada de um doador no estado excitado para um aceptor de energia igual ou menor. *O estado excitado de um par especial de moléculas de clorofila tem menos energia do que uma molécula de clorofila, permitindo que os centros de reação capturem a energia transferida de outras moléculas.*

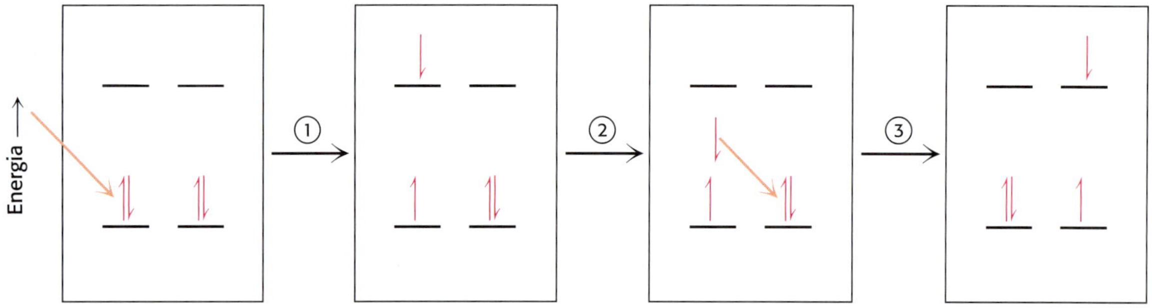


**FIGURA 19.28 Transferência de energia por ressonância.** (1) Um elétron pode aceitar energia de radiação eletromagnética de comprimento de onda apropriado e saltar para um estado energético mais alto. (2) Quando o elétron excitado retorna a seu estado de energia mais baixo, a energia absorvida é liberada. (3) A energia liberada pode ser absorvida por um elétron em uma molécula adjacente, e esse elétron salta para um estado de energia alta.

Qual é a relação estrutural entre o pigmento acessório e o centro de reação? Os pigmentos acessórios estão dispostos em numerosos *complexos coletores de luz* que circundam por completo o centro de reação (Figura 19.29). A subunidade do complexo coletor de luz II (LHC-II, do inglês *light-harvesting complex*), de 26 kDa, é a proteína de membrana mais abundante nos cloroplastos. Essa subunidade liga-se a sete moléculas de clorofila *a*, a seis moléculas de clorofila *b* e a duas moléculas de carotenoides. Existem conjuntos coletores de luz semelhantes nas bactérias fotossintéticas (Figura 19.30).

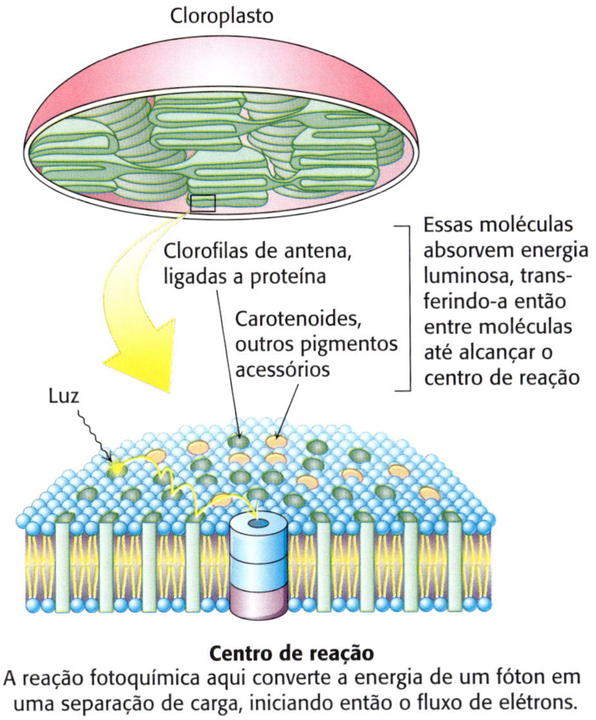
Cloroplasto
Clorofilas de antena, ligadas a proteína
Carotenoides, outros pigmentos acessórios
Essas moléculas absorvem energia luminosa, transferindo-a então entre moléculas até alcançar o centro de reação
Luz
Centro de reação
A reação fotoquímica aqui converte a energia de um fóton em uma separação de carga, iniciando então o fluxo de elétrons.

**FIGURA 19.29 Transferência da energia dos pigmentos acessórios para os centros de reação.** A energia luminosa absorvida por moléculas de clorofila acessórias ou outros pigmentos pode ser deslocada, por meio da transferência de energia por ressonância (setas amarelas), para centros de reação, onde impulsiona a separação fotoinduzida de cargas elétricas. [Fonte: D. L. Nelson e M. M. Cox, *Lehninger Principles of Biochemistry*, 5th ed. (W. H. Freeman and Company, 2008), Fig. 19.52.]

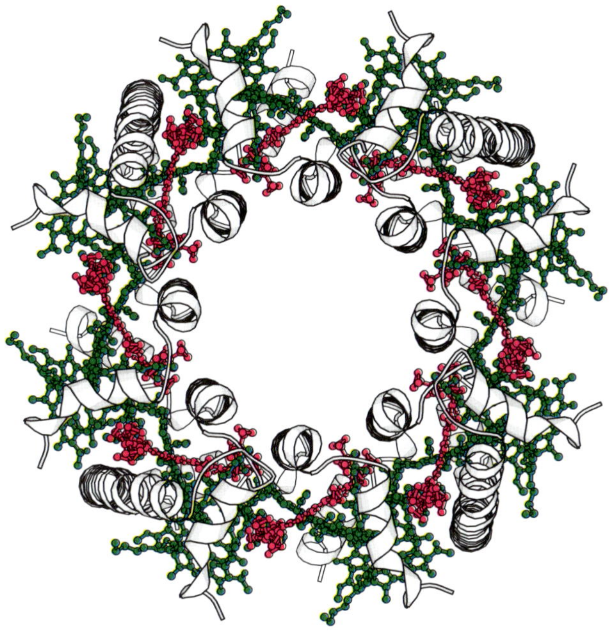

**FIGURA 19.30 Estrutura de um complexo coletor de luz bacteriano.** Oito polipeptídios, cada um deles ligado a três moléculas de clorofila (em verde) e a uma molécula de carotenoide (em vermelho), circundam uma cavidade central que contém o centro de reação (não mostrado). *Observe* a elevada concentração de pigmentos acessórios que circundam o centro de reação. [Desenhada de 1LGH.pdb.]

Além de seu papel na transferência de energia para os centros de reação, os carotenoides e outros pigmentos acessórios desempenham uma função protetora. Os carotenoides suprimem as reações fotoquímicas prejudiciais, particularmente as que incluem oxigênio, que possam ser induzidas pela luz solar intensa. As espécies reativas de oxigênio danificam a célula e, por fim, toda a planta. Para se proteger contra a luz solar intensa, as plantas utilizam um mecanismo denominado *dissipação não fotoquímica* (NPQ, do inglês *nonphotochemical quenching*). Quando a NPQ está operando, os fótons são afastados do complexo coletor de luz, e a energia dos fótons é liberada na forma de calor. Essa proteção pode ser particularmente importante no outono, quando a clorofila, o principal pigmento, está sendo degradada e, portanto, não é capaz de absorver a energia luminosa. As plantas que carecem de carotenoides morrem rapidamente com a exposição à luz e ao oxigênio.

(Ver Apêndice Bioquímica em Foco, neste capítulo, para informações mais detalhadas sobre a dissipação não fotoquímica.)

## Os componentes da fotossíntese são altamente organizados

A complexidade da fotossíntese, já observada na elaborada inter-relação dos componentes dos complexos, estende-se até mesmo ao posicionamento dos componentes nas membranas dos tilacoides. *As membranas dos tilacoides da maioria das plantas são diferenciadas em regiões empilhadas (comprimidas) e não empilhadas (não comprimidas)* (ver Figuras 19.2 e 19.3). O empilhamento aumenta a quantidade de membrana do tilacoide em determinado volume de cloroplasto. Ambas as regiões circundam um espaço tilacoide interno comum, porém apenas as regiões não empilhadas estabelecem

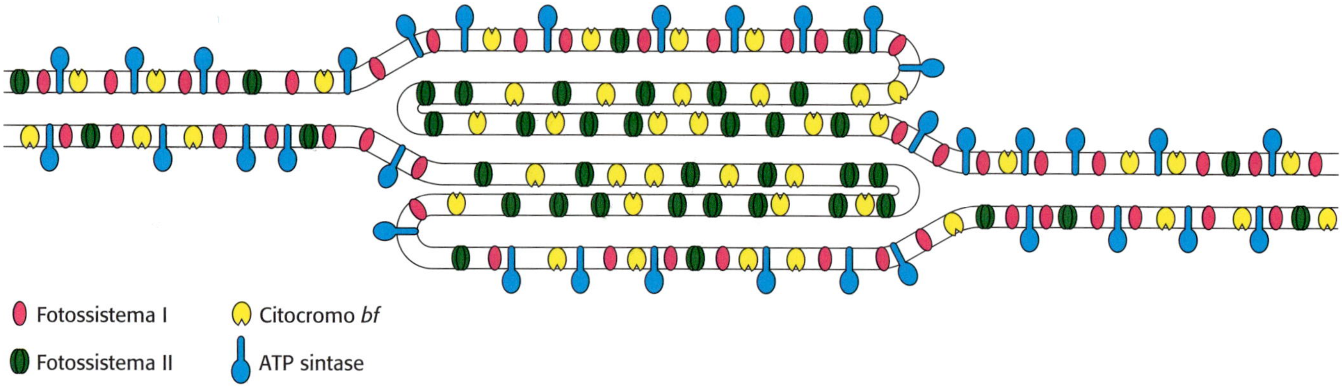


**FIGURA 19.31 Localização dos componentes da fotossíntese.** Os complexos da fotossíntese estão distribuídos de modo diferencial nas regiões empilhadas (comprimidas) e não empilhadas (não comprimidas) das membranas dos tilacoides. [Informação de Dr. Jan M. Anderson e Dr. Bertil Andersson.]

contato direto com o estroma do cloroplasto. As regiões empilhadas e não empilhadas diferem na natureza de seus complexos fotossintéticos (Figura 19.31). O fotossistema I e a ATP sintase estão localizados quase exclusivamente nas regiões não empilhadas, enquanto o fotossistema II está presente em sua maior parte nas regiões empilhadas. O complexo do citocromo *bf* é encontrado em ambas as regiões. A plastoquinona e a plastocianina constituem os carreadores móveis dos elétrons entre os complexos localizados em diferentes regiões da membrana do tilacoide. Um espaço tilacoide interno comum permite que os prótons liberados pelo fotossistema II nas membranas empilhadas sejam utilizados pelas moléculas de ATP sintase, que estão localizadas longe nas membranas não empilhadas.

Qual é a importância funcional dessa diferenciação lateral do sistema de membranas dos tilacoides? O posicionamento do fotossistema I nas membranas não empilhadas também lhe fornece acesso direto ao estroma para a redução do $NADP^+$. A ATP sintase também está localizada na região não empilhada que fornece espaço para o seu grande glóbulo de $CF_1$ e que dá acesso ao ADP. Em contrapartida, o pouco espaço existente na região comprimida não representa nenhum problema para o fotossistema II, que interage com um pequeno doador polar de elétrons ($H_2O$) e um carreador de elétrons altamente lipossolúvel (plastoquinona).

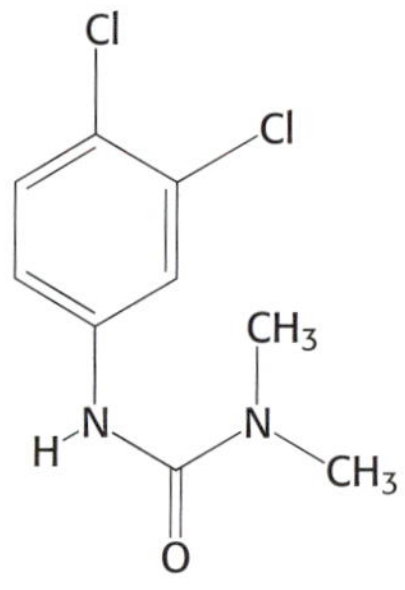


**Diuron**

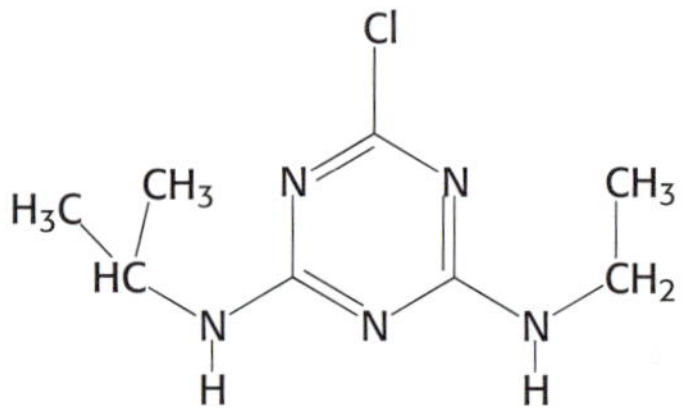


**Atrazina**

## Muitos herbicidas inibem as reações da fase clara da fotossíntese

Muitos herbicidas comerciais matam as plantas daninhas ao interferir na ação do fotossistema II ou do fotossistema I. Os inibidores do fotossistema II bloqueiam o fluxo de elétrons, enquanto os inibidores do fotossistema I desviam elétrons da parte terminal desse fotossistema. Os inibidores do fotossistema II incluem os derivados da ureia, como *diuron*, e os derivados da triazina, como a *atrazina*. Essas substâncias químicas ligam-se ao sítio $Q_B$ da subunidade D1 do fotossistema II e bloqueiam a formação de plastoquinol ($QH_2$).

O paraquat (1,1'-dimetil-4 a 4'-bipiridínio) é um inibidor do fotossistema I. O paraquat, um dicátion, é capaz de aceitar elétrons do fotossistema I, transformando-se então em um radical. Esse radical reage com o $O_2$ para produzir espécies reativas de oxigênio, como o superóxido ($O_2^-$) e o radical hidroxila (OH•). Essas espécies reativas de oxigênio reagem com numerosas biomoléculas, incluindo ligações duplas nos lipídios da membrana, danificando-a.

## 19.6 A capacidade de converter a luz em energia química é antiga

A capacidade de converter a energia luminosa em energia química representa enorme vantagem evolutiva. Evidências geológicas sugerem que a fotossíntese oxigênica tornou-se importante há aproximadamente 2 bilhões de anos. Os sistemas de fotossíntese anoxigênicos surgiram

**TABELA 19.1** Principais grupos de procariotos fotossintéticos.

| Bactérias | Doador de elétrons fotossintéticos | Uso de $O_2$ |
|---|---|---|
| Verdes sulfurosas | $H_2$, $H_2S$, S | Anoxigênica |
| Verdes não sulfurosas | Vários aminoácidos e ácidos orgânicos | Anoxigênica |
| Púrpuras sulfurosas | $H_2$, $H_2S$, S | Anoxigênica |
| Púrpuras não sulfurosas | Habitualmente moléculas orgânicas | Anoxigênica |
| Cianobactérias | $H_2O$ | Oxigênica |

muito antes na história de 3,5 bilhões de anos de vida na Terra (Tabela 19.1). O sistema de fotossíntese da bactéria púrpura não sulfurosa *Rhodopseudomonas viridis* apresenta muitas características em comum com os sistemas de fotossíntese oxigênica e claramente os antecede. As bactérias verdes sulfurosas, como a *Chlorobium thiosulfatophilum*, realizam uma reação que também parece ter surgido antes da fotossíntese oxigênica e que é ainda mais semelhante à fotossíntese oxigênica do que o fotossistema da *R. viridis*. As espécies de enxofre reduzidas, como $H_2S$, são doadores de elétrons na reação global da fotossíntese.

$$CO_2 + 2\,H_2S \xrightarrow{\text{Luz}} (CH_2O) + 2\,S + H_2O$$

Entretanto, a fotossíntese não surgiu imediatamente na origem da vida. Não foi descoberto nenhum organismo fotossintético no domínio Archaea, indicando que a fotossíntese evoluiu no domínio das bactérias após a divergência entre arqueias e bactérias a partir de um ancestral comum. Porém, todos os domínios de vida possuem em comum cadeias de transporte de elétrons. Como já vimos, componentes como a ubiquinona-citocromo *c* oxidorredutase e a família *bf* estão presentes na cadeia respiratória e na cadeia de transporte de elétrons da fotossíntese. Esses componentes foram as bases a partir das quais evoluíram os sistemas de captação de energia luminosa.

## Os sistemas de fotossíntese artificial podem fornecer energia limpa e renovável

Como já aprendemos, os organismos fotossintéticos utilizam a luz solar para oxidar a $H_2O$, produzindo o $O_2$ e os prótons utilizados para energizar a síntese de ATP e gerar NADPH. Atualmente, há pesquisas em andamento que estão procurando reproduzir esse processo, de modo a fornecer energia limpa. As células fotovoltaicas podem utilizar a energia luminosa para oxidar a água, produzindo $O_2$, bem como $H_2$. O gás hidrogênio é um combustível que, ao reagir com o oxigênio, gera energia e apenas água como produto de degradação. As maiores dificuldades na criação de células fotovoltaicas são as de que os materiais necessários não são duráveis e, com frequência, não estão prontamente disponíveis. Trabalhos recentes sugerem que os semicondutores compostos de material orgânico-inorgânico são mais promissores. Um desses materiais, a perovskita ($CH_3NH_3PbI_3$), é notavelmente eficiente na captação da luz solar.

Atualmente, as células fotovoltaicas de perovskita estão sendo combinadas com microrganismos para gerar uma variedade de biomoléculas, inclusive combustíveis, de maneira limpa e renovável. Um exemplo desse sistema híbrido-biológico-inorgânico (HBI) é o reator de eletrossíntese microbiana (MES, do inglês *microbial electrosynthesis*) (Figura 19.32).

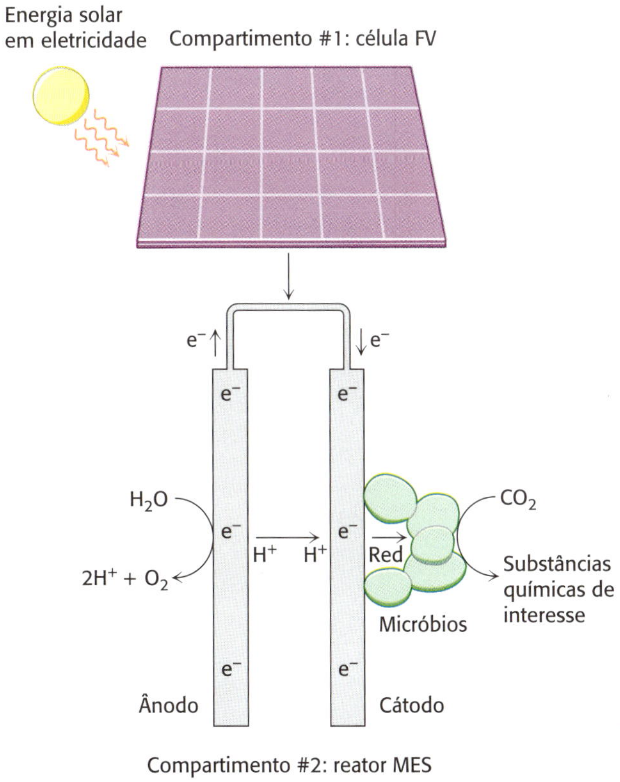


**FIGURA 19.32 Fotossíntese artificial.** A luz é absorvida por uma célula fotovoltaica. A corrente resultante flui para o ânodo para oxidar a água, e os elétrons são então captados pelo cátodo. Bactérias em contato com o cátodo utilizam os elétrons para reduzir o $CO_2$ a biomoléculas.

A luz solar é convertida em corrente elétrica pela célula fotovoltaica. A corrente flui para o ânodo, onde a água é oxidada, e os elétrons resultantes são captados pelo cátodo. Bactérias como a *Cupriavidus necator* (também utilizada na biorremediação devido à sua capacidade de degradar hidrocarbonetos clorados) vivem em contato direto com o cátodo em um biofilme. Os biofilmes são colônias de bactérias que vivem em uma matriz secretada composta de carboidratos, proteínas e ácidos nucleicos (ver seção 32.3). As bactérias no biofilme utilizam os elétrons gerados pela oxidação da água para reduzir o $CO_2$ a biomoléculas importantes para a indústria. A eficiência desses sistemas HBI na conversão da luz solar em energia química é de quase 10%, e com possibilidade de melhora, o que ultrapassa a eficiência da fotossíntese natural (2%).

## RESUMO

### 19.1 A fotossíntese ocorre nos cloroplastos

As proteínas que participam nas reações da fase clara da fotossíntese estão localizadas nas membranas dos tilacoides dos cloroplastos. As reações da fase clara resultam em (1) criação de um poder redutor para a produção de NADPH, (2) geração de um gradiente de prótons transmembrana para a formação de ATP e (3) produção de $O_2$.

### 19.2 A absorção de luz pela clorofila induz a transferência de elétrons

As moléculas de clorofila absorvem luz com muita eficiência, visto que são polienos. Um elétron excitado a um estado de alta energia pela absorção de um fóton pode se mover para aceptores de elétrons adjacentes. Na fotossíntese, um elétron excitado deixa um par de moléculas de clorofila associadas, conhecido como par especial. O cerne funcional da fotossíntese, um centro de reação de uma bactéria fotossintética, foi estudado de modo muito detalhado. Nesse sistema, o elétron move-se do par especial (que contém bacterioclorofila) para uma bacteriofeofitina (uma bacterioclorofila que carece do íon magnésio central) e para as quinonas. A redução das quinonas leva à geração de um gradiente de prótons, que energiza a síntese de ATP de modo análogo ao da fosforilação oxidativa.

### 19.3 Dois fotossistemas geram um gradiente de prótons e NADPH na fotossíntese oxigênica

A fotossíntese nas plantas verdes é mediada por dois fotossistemas associados. No fotossistema II, a excitação de um par especial de moléculas de clorofila denominado P680 leva à transferência de elétrons para a plastoquinona de modo análogo ao centro de reação bacteriano. Os elétrons são repostos pela extração de elétrons a partir de uma molécula de água no complexo de oxidação da água, que contém quatro íons manganês. Nesse centro, para cada quatro elétrons transferidos, uma molécula de $O_2$ é gerada. O plastoquinol produzido no fotossistema II é reoxidado pelo complexo do citocromo *bf*, que transfere os elétrons para a plastocianina, uma proteína solúvel que contém cobre. A partir da plastocianina, os elétrons entram no fotossistema I. No fotossistema I, a excitação do par especial P700 libera elétrons, que fluem para a ferredoxina, um poderoso redutor. Em seguida, a ferredoxina-$NADP^+$ redutase, uma flavoproteína, catalisa a formação de NADPH. Um gradiente de prótons é gerado à medida que os elétrons vão passando pelo fotossistema II, pelo complexo do citocromo *bf* e pela ferredoxina $NADP^+$ redutase.

### 19.4 Um gradiente de prótons ao longo da membrana do tilacoide dirige a síntese de ATP

O gradiente de prótons ao longo da membrana do tilacoide cria uma força próton-motriz, que é utilizada pela ATP sintase para formar ATP. A ATP sintase dos cloroplastos (também denominada complexo $CF_0 - CF_1$) assemelha-se estreitamente aos complexos de síntese de ATP das bactérias e das mitocôndrias. Se a razão $NADPH:NADP^+$ for alta, os elétrons transferidos para a ferredoxina pelo fotossistema I podem reentrar no complexo do citocromo *bf*. Esse processo, denominado fotofosforilação cíclica, leva à geração de um gradiente de prótons pelo complexo do citocromo *bf* sem a formação de NADPH ou $O_2$.

### 19.5 Pigmentos acessórios canalizam a energia para os centros de reação

Os complexos coletores de luz que circundam os centros de reação contêm moléculas adicionais de clorofila *a*, bem como carotenoides e moléculas de clorofila *b*, que absorvem luz no centro do espectro visível. Esses pigmentos acessórios aumentam a eficiência da captação de luz ao absorver a luz e ao transferir a energia para os centros de reação por meio de transferência de energia por ressonância.

### 19.6 A capacidade de converter a luz em energia química é antiga

Os fotossistemas possuem características estruturais em comum que sugerem uma origem evolutiva mútua. As semelhanças na organização e na estrutura molecular com as da fosforilação oxidativa sugerem que o aparato fotossintético evoluiu a partir de um sistema antigo de transdução de energia.

## APÊNDICE

# Bioquímica em foco

## O aumento na eficiência da fotossíntese incrementará o rendimento das coletas

A dissipação não fotoquímica (NPQ) (p. 643) é uma maneira pela qual as plantas se protegem das espécies reativas de oxigênio danosas que são geradas pela luz solar intensa – constituindo, essencialmente, um protetor solar botânico. A compreensão da NPQ, um complexo processo que consiste em diversos componentes, é uma ativa área atual de pesquisa. Foi estabelecido que a NPQ necessita de um gradiente de prótons ao longo da membrana do tilacoide e, nos organismos fotossintéticos superiores como as plantas, de determinada proteína, a subunidade S do fotossistema II (PsbS). Na presença de um gradiente de pH, a PsbS atua em segundos para ajudar a iniciar a NPQ, interagindo com os componentes proteicos do complexo coletor de luz. Essa interação redireciona a energia absorvida pelo complexo coletor de luz dos centros de reação de modo que a energia seja perdida na forma de calor. Embora seja rapidamente ativada, a NPQ é lenta na sua desativação, o que reduz o rendimento fotossintético em até 30% em algumas culturas. Essa desativação lenta constitui um alvo para os bioquímicos na esperança de aumentar a eficiência da fotossíntese e, consequentemente, o rendimento das coletas.

Por que é necessário impulsionar a fotossíntese? O cultivo tradicional das plantas aumentou acentuadamente o rendimento das coletas nestas últimas décadas. Além disso, as práticas e as ferramentas agrícolas modernas, como fertilizantes, pesticidas e irrigação, contribuíram para aumentar a produção. Entretanto, os estudos realizados sugerem que a capacidade de aumentar o rendimento das coletas por meios tradicionais pode ter alcançado o seu limite. Entretanto, a Organização de Alimentação e Agricultura das Nações Unidas estima que, em 40 anos, a população mundial alcançará cerca de 10 bilhões, um aumento de mais de 2 bilhões em comparação com os 7,6 bilhões atuais. Para alimentar toda essa população, será necessário um aumento de 50% na produção agrícola dos países desenvolvidos e de 400% nos países em desenvolvimento.

Para enfrentar o problema da quantidade insuficiente de alimentos, os bioquímicos estão procurando aumentar a eficiência da fotossíntese reduzindo o tempo necessário para desativar a NPQ. Com o uso das técnicas descritas no Capítulo 5, foram introduzidos genes no organismo modelo – o tabaco – que aumentaram a velocidade de desativação da NPQ. O resultado foi um aumento de 15% no tamanho das plantas. A próxima etapa é modificar culturas como trigo, arroz e feijão-frade – que constituem importantes fontes de proteína na África Subsaariana.

# APÊNDICE

## Estratégias para resolução da questão

**QUESTÃO:** As proporções relativas dos componentes da força próton-motriz que dirigem a síntese de ATP nos cloroplastos são diferentes daquelas dos componentes que energizam a síntese de ATP nas mitocôndrias. Tendo em vista que a estrutura da sintase e o mecanismo de ação dos cloroplastos e das mitocôndrias são muito semelhantes, explique a base dessa diferença.

**SOLUÇÃO:** Como sempre, iniciaremos com os primeiros princípios. A questão é sobre a força próton-motriz, de modo que precisamos saber se entendemos o que é uma força próton-motriz.

▸ **Escreva uma equação que descreva a força próton-motriz.**

Força próton-motriz ($\Delta p$) = gradiente químico ($\Delta pH$) + gradiente elétrico ($\Delta\psi$)

▸ **Agora, descreva a natureza dos dois componentes que compõem a força próton-motriz.**

A força próton-motriz deve-se a uma distribuição desigual de $H^+$ ao longo de uma membrana impermeável a prótons. Um dos componentes descreve o gradiente químico, visto que, como o componente químico é um próton, o gradiente pode ser representado como um gradiente de pH ($\Delta pH$) ao longo da membrana do tilacoide do cloroplasto ou ao longo da membrana interna das mitocôndrias. O pH é menor (mais ácido, mais $H^+$) no lúmen do tilacoide e no espaço da membrana mitocondrial interna em relação ao estroma ou à matriz. O segundo componente da força próton-motriz ($\Delta\psi$) descreve a diferença de carga elétrica ao longo das membranas. A diferença de carga elétrica ocorre pelo fato de que o componente químico que forma o gradiente, um próton, tem carga positiva. O lúmen do tilacoide e o espaço da membrana interna das mitocôndrias são positivos em relação ao estroma ou à matriz.

A questão declara que, embora a força próton-motriz impulsione a síntese de ATP tanto nos cloroplastos quanto nas mitocôndrias, a proporção de cada componente é diferente. Consideremos essa questão.

▸ **A membrana do tilacoide é permeável a $H^+$?**

Não, a membrana do tilacoide não é permeável a $H^+$. Isso nos mostra que $\Delta pH$ é, pelo menos, parcialmente responsável pela força próton-motriz nos cloroplastos.

▸ **A membrana do tilacoide é permeável a outros íons além do $H^+$?**

Sim! Convém lembrar (p. 638) que a membrana do tilacoide é muito permeável ao $Cl^-$ e ao $Mg^{2+}$. Por conseguinte, à medida que o $H^+$ vai sendo bombeado para dentro do lúmen do tilacoide, o $Mg^{2+}$ (1 $Mg^{2+}$ por 2 $H^+$) passa do lúmen para o estroma. Alternativamente, o $Cl^-$ acompanha o $H^+$ no lúmen a partir do estroma. Em ambos os casos, nenhum gradiente elétrico é estabelecido, de modo que $\Delta\psi \approx 0$. Assim,

▸ **Que componentes da força próton-motriz impulsionam a síntese de ATP nos cloroplastos?**

Nos cloroplastos, a força próton-motriz consiste inteiramente no gradiente de pH, $\Delta pH$. Em contrapartida, nas mitocôndrias, tanto o gradiente de pH quanto o gradiente elétrico contribuem para a força próton-motriz.

# PALAVRAS-CHAVE

reações da fase clara/fotorreações
cloroplasto
estroma
tilacoide
*granum*
clorofila *a*
separação de carga fotoinduzida
centro de reação
par especial
P960
fotossistema I (PS I)
fotossistema II (PS II)
P680
complexo de oxidação da água (WOC) (centro de manganês)
citocromo *bf*
P700
esquema Z de fotossíntese
força próton-motriz
ATP sintase (complexo $CF_1 - CF_0$)
fotofosforilação cíclica
carotenoide
complexo coletor de luz
dissipação não fotoquímica

# QUESTÕES

1. *Os estranhos ficam do lado de fora.* Qual das seguintes opções não é um componente dos cloroplastos?

**(a)** Membrana do tilacoide

**(b)** Lamelas do estroma

**(c)** Cristas

**(d)** *Granum*

2. *As doações são boas.* Em circunstâncias normais, o fotossistema I doa elétrons para:

(a) O fotossistema II

(b) A ATP sintase

(c) P700

(d) $NADP^+$

3. *Desidratação.* O complexo de oxidação da água fornece elétrons para:

(a) P680

(b) P450

(c) P700

(d) Citocromo *c*

4. *Um ou outro.* A fotofosforilação cíclica possibilita a geração de __________ sem a síntese de ________.

(a) ATP, NADPH

(b) NADPH, ATP

(c) ATP, NADH

(d) ATP, $O_2$

5. *RET ou FRET.* A transferência de energia por ressonância:

(a) Resulta em separação de carga.

(b) Energiza a síntese de ATP.

(c) Possibilita o fluxo de energia no complexo coletor de luz.

(d) Não existe.

6. *Pré-requisito crucial.* Os seres humanos não produzem energia pela fotossíntese; contudo, esse processo é de importância cucial para a nossa sobrevivência. Explique.

7. *Contabilização.* Qual é a reação global para as reações da fase clara da fotossíntese?

8. *Como pífano e tambor.* Associe cada termo à sua descrição.

| | |
|---|---|
| (a) Reações da fase clara ________ | 1. Utiliza a transferência de energia por ressonância para alcançar o centro de reação |
| (b) Cloroplastos ________ | 2. Promove a formação de NADPH |
| (c) Centro de reação ______ | 3. Bombeia prótons |
| (d) Clorofila __________ | 4. Local de separação de cargas fotoinduzidas |
| (e) Complexo coletor de luz ____________ | 5. Localização celular da fotossíntese |
| (f) Fotossistema I ________ | 6. Complexo $CF_1 - CF_0$ |
| (g) Fotossistema II _______ | 7. Gera ATP, NADPH e $O_2$ |
| (h) Complexo do citocromo *bf* _________ | 8. Local de geração de oxigênio |
| (i) Complexo de oxidação da água ___________ | 9. Transfere elétrons da $H_2O$ para o P680 |
| (j) ATP sintase ________ | 10. Principal pigmento fotossintético |

9. *Um único comprimento de onda.* A fotossíntese pode ser medida pela determinação da taxa de produção de oxigênio. Quando plantas são expostas à luz de comprimento de onda de 680 nm, há mais formação de oxigênio do que se as plantas forem expostas à luz de 700 nm. Explique. 1

10. *Combinando comprimentos de onda.* Se as plantas descritas na questão 9 forem iluminadas com uma combinação de luz de 680 nm e 700 nm, a produção de oxigênio irá ultrapassar aquela observada com cada comprimento de onda isoladamente. Explique. 1

11. *Poderes complementares.* O fotossistema I produz um poderoso redutor, enquanto o fotossistema II produz um poderoso oxidante. Identifique o redutor e o oxidante, e descreva suas funções. 2, 3

12. *Se um pouco é bom.* Qual é a vantagem de ter um extenso conjunto de membranas dos tilacoides nos cloroplastos? 1, 2

13. *Cooperação.* Explique como os complexos coletores de luz aumentam a eficiência da fotossíntese. 5

14. *Uma coisa leva à outra.* Qual é o último aceptor de elétrons na fotossíntese? Qual é o último doador de elétrons? O que impulsiona o fluxo de elétrons entre o doador e o aceptor? 3

15. *Ambientalmente apropriado.* A clorofila é uma molécula hidrofóbica. Por que essa propriedade é crucial para a função da clorofila?

16. *Origens dos prótons.* Quais são as várias fontes de prótons que contribuem para a geração de um gradiente de prótons nos cloroplastos? 4

17. *A eficiência é importante.* Que fração da energia da luz em 700 nm absorvida pelo fotossistema I é captada na forma de elétrons de alta energia?

18. *Isso não está certo.* Explique o defeito, ou os defeitos, no esquema hipotético mostrado aqui para as reações da fase clara da fotossíntese. 3

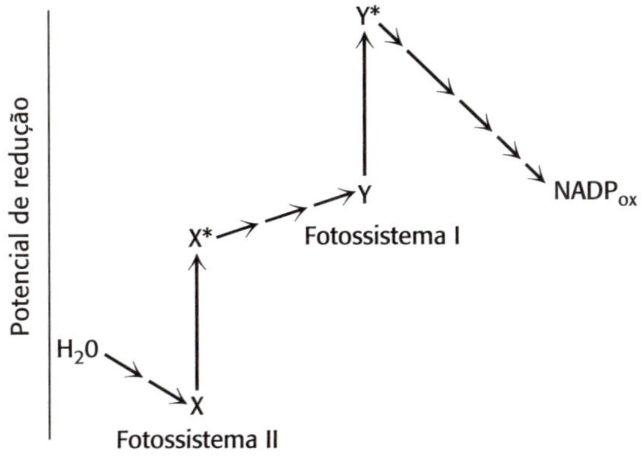


19. *Transferência de elétrons.* Calcule $\Delta E'_0$ e $\Delta G^{0'}$ para a redução do $NADP^+$ pela ferredoxina. Utilize os dados fornecidos na Tabela 18.1.

**20.** *Aventurar-se com coragem.* (a) Pode-se argumentar que, se houvesse vida em alguma parte no universo, ela necessitaria de algum processo semelhante ao da fotossíntese. Por que esse argumento é razoável? (b) Se a nave estelar *Enterprise* pousasse em um planeta distante e não encontrasse oxigênio mensurável na atmosfera, a tripulação poderia concluir que não haveria fotossíntese? ✓1

**21.** *Herbicida 1.* O herbicida diclorofenildimetilureia (DCMU) interfere na fotofosforilação e na liberação de $O_2$. Entretanto, ele não bloqueia a liberação de $O_2$ na presença de um aceptor de elétrons artificial, como o ferricianeto. Proponha um local para a ação inibitória da DCMU.

**22.** *Herbicida 2.* Preveja o efeito do herbicida diclorofenildimetilureia (DCMU) sobre a capacidade da planta de realizar a fotofosforilação cíclica.

**23.** *Coleta no infravermelho.* Considere a relação entre a energia de um fóton e o seu comprimento de onda.

**a.** Algumas bactérias são capazes de coletar a luz no comprimento de onda de 1.000 nm. Qual é a energia (em quilojaules ou quilocalorias) de um mol (também denominado *einstein*) dos fótons de 1.000 nm?

**b.** Qual é o aumento máximo do potencial redox que pode ser induzido por um fóton de 1.000 nm?

**c.** Qual é o número mínimo de fótons de 1.000 nm necessário para formar ATP a partir de ADP e $P_i$? Suponha um valor de $\Delta G$ de 50 kJ $mol^{-1}$ (12 kcal $mol^{-1}$) para a reação de fosforilação.

**24.** *Falta de aceptores.* Suponha que tenha sido preparado um centro de reação bacteriano contendo apenas o par especial e as quinonas. Tendo em vista que o par especial e a quinona mais próxima estão separados por 22 Å, calcule a taxa de transferência de elétrons entre o par especial excitado e essa quinona.

**25.** *Abordagem próxima.* Suponha que a transferência de energia entre duas moléculas de clorofila *a* separadas por 10 Å ocorra em 10 picossegundos. Suponha que essa distância seja aumentada para 20 Å enquanto todos os outros fatores permanecem iguais. Em quanto tempo deverá ocorrer a transferência de energia?

## Questões | Integração de capítulos

**26.** *Equivalentes funcionais.* Que característica estrutural das mitocôndrias corresponde às membranas dos tilacoides? ✓1, ✓2, ✓3, ✓4

**27.** *Compare e diferencie.* Compare e diferencie a fosforilação oxidativa e a fotossíntese. ✓1, ✓2, ✓3, ✓4

**28.** *A energia deve ser considerada.* Na página 660, foi apresentado o balanço do custo da síntese de glicose energizada pela fotossíntese. São necessárias 18 moléculas de ATP. Contudo, quando a glicose sofre combustão na respiração celular, são produzidas 30 moléculas de ATP. Explique a diferença.

## Questão sobre mecanismo

**29.** *Reação de Hill.* Em 1939, Robert Hill descobriu que os cloroplastos produzem $O_2$ quando são iluminados na presença de um aceptor artificial de elétrons, como o ferricianeto $[Fe^{3+}(CN)_6]^{3-}$. O ferricianeto é reduzido a ferrocianeto $[Fe^{2+}(CN)_6]^{4-}$ nesse processo. Não há produção de NADPH nem de plastocianina reduzida. Proponha um mecanismo para a reação de Hill.

## Questões | Integração de dados e integração de capítulos

**30.** *O mesmo, porém diferente.* O complexo $\alpha_3\beta_3\gamma$ da ATP sintase das mitocôndrias ou dos cloroplastos funciona como ATPase *in vitro*. A enzima do cloroplasto (tanto a sintase quanto a atividade de ATPase) é sensível ao controle redox, enquanto a enzima mitocondrial não é sensível. Para determinar as diferenças entre as enzimas, um segmento da subunidade γ mitocondrial foi retirado e substituído pelo segmento equivalente da subunidade γ do cloroplasto. Em seguida, a atividade de ATPase da enzima modificada foi determinada em função das condições redox. O ditiotreitol (DTT) é um agente redutor. ✓4

**a.** Qual é o regulador redox da ATP sintase dos cloroplastos *in vivo*? O gráfico anexo mostra a atividade de ATPase das enzimas modificadas e de controle em várias condições redox.

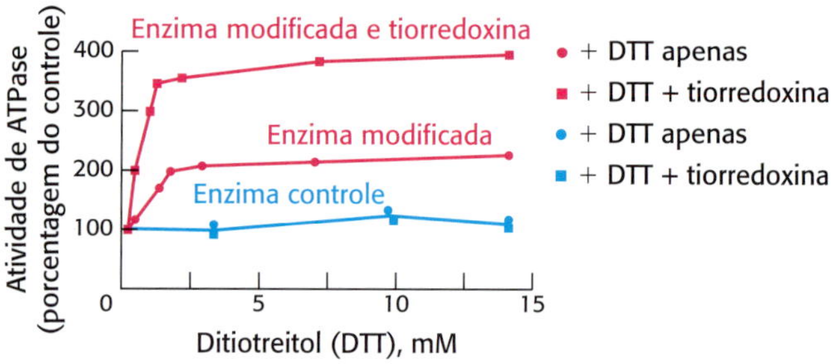


**b.** Qual é o efeito do aumento do poder redutor da mistura da reação para as enzimas controle e as enzimas modificadas?

**c.** Qual é o efeito da adição de tiorredoxina? Como esses resultados diferem daqueles obtidos na presença de DTT apenas? Sugira uma possível explicação para a diferença.

**d.** Os pesquisadores conseguiram identificar a região da subunidade γ responsável pela regulação redox?

**e.** Qual é a base biológica da regulação por altas concentrações de agentes redutores?

**f.** Que aminoácidos na subunidade γ são mais provavelmente afetados pelas condições redutoras?

**g.** Que experimentos poderiam confirmar a sua resposta à parte f?

## Questão para discussão

**31.** Albert Szent-Györgyi, bioquímico ganhador do Prêmio Nobel, uma vez declarou: "A vida nada mais é do que um elétron à procura de um lugar para repousar". Explique como essa declaração expressiva aplica-se à fotossíntese e à respiração celular.

# O Ciclo de Calvin e a Via das Pentoses Fosfato

CAPÍTULO 20

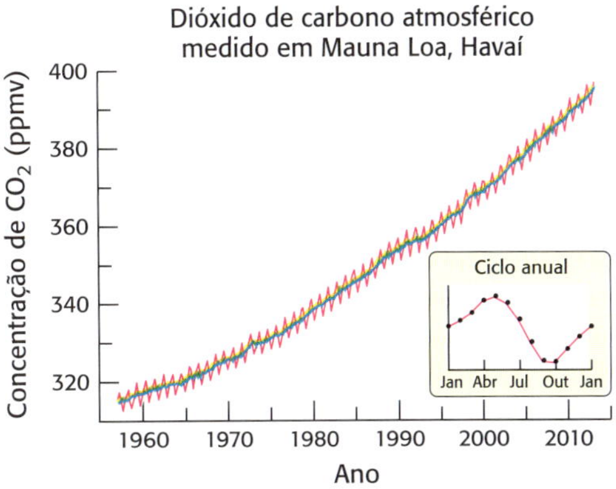


Medições do dióxido de carbono atmosférico em Mauna Loa, Havaí. Essas medições mostram o aumento na concentração de dióxido de carbono atmosférico desde 1960. A curva com aspecto de serra resulta dos ciclos anuais em consequência da variação sazonal da fixação de $CO_2$ pelo ciclo de Calvin nas plantas terrestres (*ver detalhe*). Grande parte dessa fixação ocorre em florestas tropicais, que são responsáveis por aproximadamente 50% da fixação terrestre. [(*À esquerda*) Fonte: iStock ©quickshooting. (*Acima*) Dados de http://www.esrl.noaa.gov/gmd/ccgg/trends.]

## OBJETIVOS DE APRENDIZAGEM

*Ao término do capítulo, o leitor deverá ser capaz de:*

1. Explicar a função do ciclo de Calvin.
2. Descrever como as fotorreações da fase clara e o ciclo de Calvin são coordenados.
3. Identificar os dois estágios da via das pentoses fosfato e explicar como a via está coordenada com a glicólise e a gliconeogênese.
4. Identificar a enzima que controla a fase oxidativa da via das pentoses fosfato.

## SUMÁRIO



A fotossíntese ocorre em duas partes: as fotorreações, ou as reações da fase clara, e as reações da fase escura. As fotorreações, que são discutidas no Capítulo 19, transformam a energia luminosa em ATP e em um poder redutor para a biossíntese, o NADPH. Lembre-se de que essas reações envolvem as membranas dos tilacoides dos cloroplastos (ver Figura 19.2). As reações da fase escura, que ocorrem no estroma dos cloroplastos, utilizam o ATP e o NADPH produzidos pelas fotorreações para reduzir os átomos de carbono de seu estado totalmente oxidado, como o dióxido de carbono, a um estado mais reduzido, como a hexose. Por conseguinte, o dióxido de carbono é retido em uma forma útil para muitos processos e, particularmente, como combustível. Em seu conjunto, *as fotorreações (ou as reações da fase clara) e as reações da fase escura da fotossíntese cooperam para transformar a energia luminosa em combustível de carbono.* As reações da fase escura são também denominadas *ciclo de Calvin–Benson* em homenagem a Melvin Calvin e Andrew Benson, os bioquímicos que elucidaram a via ou, simplesmente, ciclo de Calvin. Os componentes do ciclo de Calvin são denominados *reações da fase escura*, visto que, diferentemente das fotorreações, essas reações não dependem diretamente da presença de luz.

A segunda metade deste capítulo examina uma via comum a todos os organismos, que é conhecida por vários nomes, tais como *via das pentoses fosfato, via da hexose monofosfato, via do fosfogliconato* ou *desvio das pentoses*. Esta via proporciona um meio pelo qual a glicose pode ser oxidada para produzir NADPH, *a moeda corrente de poder redutor prontamente disponível nas células*. O grupo fosforila no grupo 2'-hidroxila de uma das unidades de ribose do NADPH distingue o NADPH do NADH. *Existe uma distinção fundamental entre o NADPH e o NADH em bioquímica: o NADH é oxidado pela cadeia respiratória para gerar ATP, enquanto o NADPH serve como redutor em processos de biossíntese.* A via das pentoses fosfato também pode ser utilizada para:

- o catabolismo das pentoses da alimentação,
- a síntese das pentoses utilizadas na biossíntese de nucleotídios, e
- o catabolismo e a síntese dos açúcares menos comuns de quatro e sete carbonos.

A via das pentoses fosfato e o ciclo de Calvin compartilham várias enzimas e intermediários que atestam uma relação evolutiva. À semelhança da glicólise e da gliconeogênese, essas vias são imagens especulares uma da outra: o ciclo de Calvin utiliza o NADPH para reduzir o dióxido de carbono, gerando hexoses, enquanto a via das pentoses fosfato oxida a glicose a dióxido de carbono, gerando NADPH.

## 20.1 O ciclo de Calvin sintetiza hexoses a partir do dióxido de carbono e da água

Conforme assinalado no Capítulo 16, a glicose pode ser formada a partir de precursores que não são carboidratos, como lactato e aminoácidos, pela gliconeogênese. A energia que alimenta a gliconeogênese provém, em última análise, do catabolismo prévio de combustíveis de carbono. Em contraste, os organismos fotossintéticos podem utilizar o ciclo de Calvin para sintetizar glicose a partir do gás dióxido de carbono e da água utilizando a luz solar como fonte de energia. O ciclo de Calvin introduz na vida todos os átomos de carbono que serão utilizados como combustível e como esqueletos de carbono das biomoléculas. Os organismos fotossintéticos são denominados *autótrofos* (literalmente, produtores do próprio alimento), visto que são capazes de converter a luz solar em energia química, a qual é utilizada em seguida para alimentar seus processos de biossíntese. Os organismos que obtêm energia exclusivamente de combustíveis químicos são denominados *heterótrofos*, e esses organismos dependem, em última análise, dos autótrofos para seus combustíveis.

O ciclo de Calvin compreende três estágios (Figura 20.1):

1. A fixação do $CO_2$ pela ribulose 1,5-bisfosfato, formando duas moléculas de 3-fosfoglicerato;
2. A redução do 3-fosfoglicerato para formar hexoses; e
3. A regeneração da ribulose 1,5-bisfosfato, de modo que mais $CO_2$ possa ser fixado.

Esse conjunto de reações ocorre no estroma dos cloroplastos – as organelas fotossintéticas.

### O dióxido de carbono reage com a ribulose 1,5-bisfosfato para formar duas moléculas de 3-fosfoglicerato

A primeira etapa no ciclo de Calvin consiste na fixação do $CO_2$. Essa etapa começa com a conversão da ribulose 1,5-bisfosfato em um intermediário

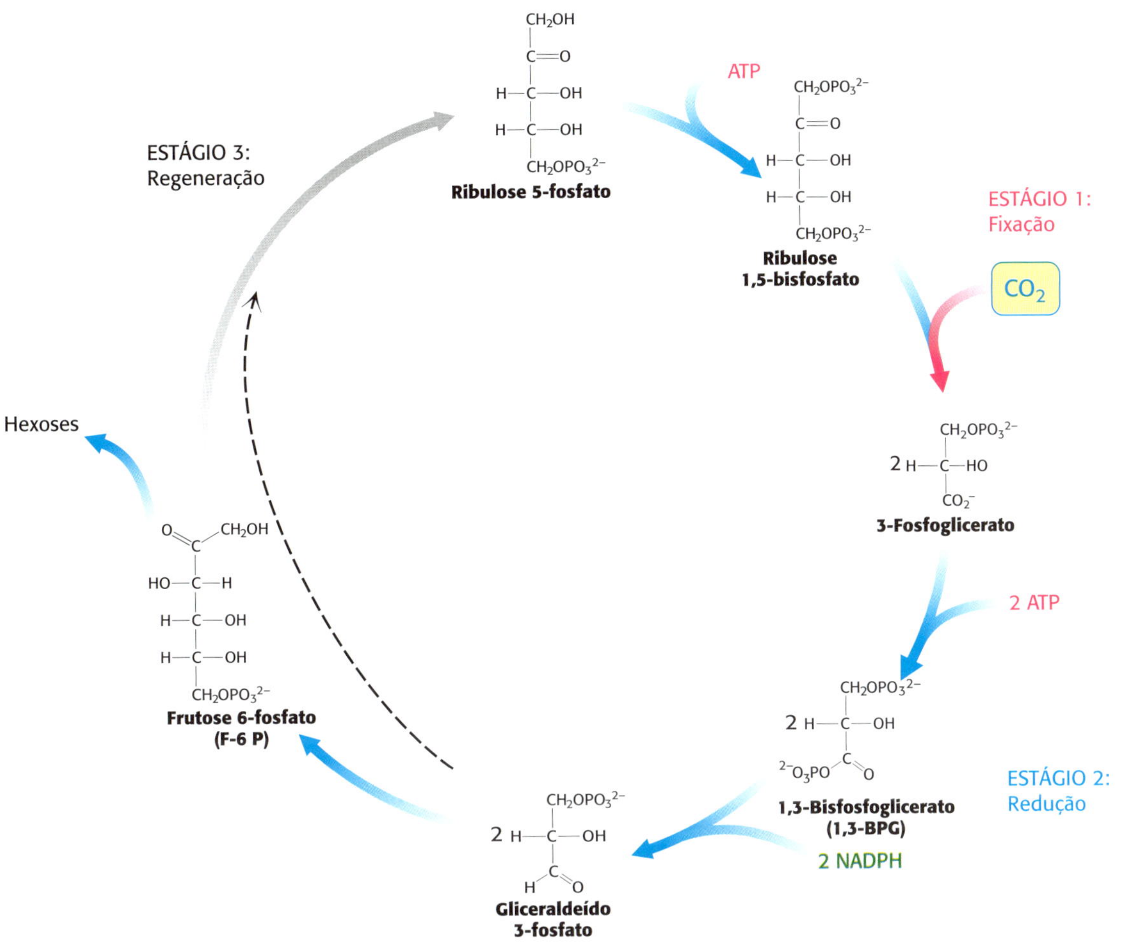


**FIGURA 20.1** Ciclo de Calvin. O ciclo de Calvin consiste em três estágios. O Estágio 1 é a fixação de carbono pela carboxilação da ribulose 1,5-bisfosfato. O Estágio 2 consiste na redução do carbono fixado para iniciar a síntese de hexose. O Estágio 3 é a regeneração do composto inicial a ribulose 1,5-bisfosfato.

enediolato altamente reativo. A molécula de $CO_2$ condensa-se com o intermediário enediolato, formando então um composto instável de seis carbonos, que é rapidamente hidrolisado a duas moléculas de 3-fosfoglicerato.

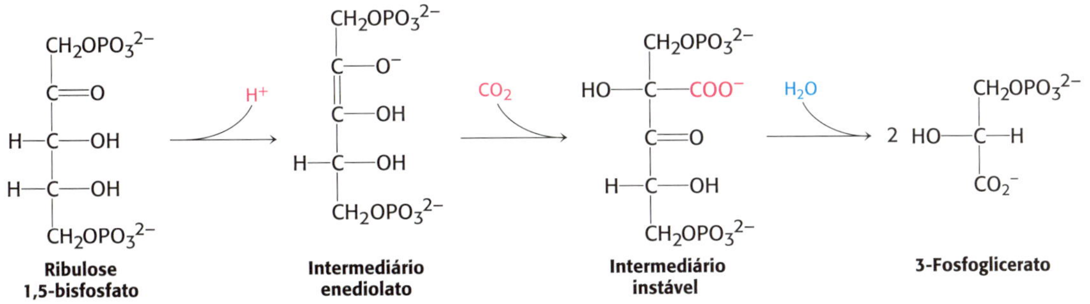


Essa reação altamente exergônica [$\Delta G^{\circ\prime} = -51{,}9$ kJ mol$^{-1}$ ($-12{,}4$ kcal mol$^{-1}$)] é catalisada pela *ribulose 1,5-bisfosfato carboxilase/oxigenase* (habitualmente denominada *rubisco*), uma enzima localizada na face voltada para o estroma das membranas dos tilacoides dos cloroplastos. Essa reação importante constitui a etapa limitante de velocidade na síntese de hexoses. Nas plantas e nas algas verdes, a rubisco é constituída de oito subunidades grandes (L, do inglês *large*, 55 kDa) e oito pequenas (S, do inglês *small*, 15 kDa) (Figura 20.2). Cada cadeia L contém um sítio catalítico e um sítio regulatório. As cadeias S aumentam a atividade catalítica das cadeias L. Essa enzima

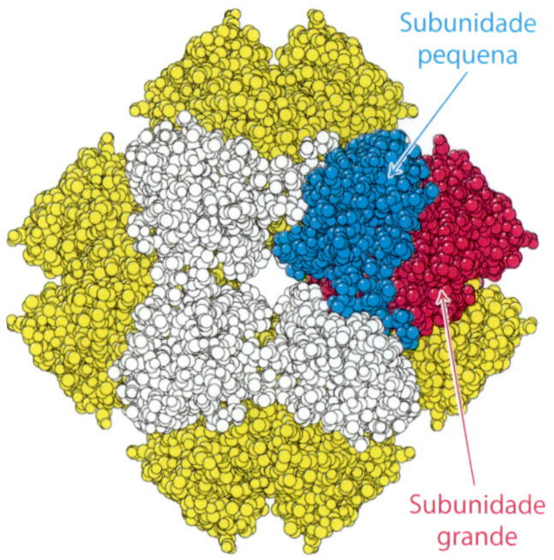


**FIGURA 20.2 Estrutura da rubisco.** A enzima ribulose 1,5-bisfosfato carboxilase/oxigenase (rubisco) é constituída de oito subunidades grandes (uma delas mostrada em vermelho e as outras, em amarelo) e oito subunidades pequenas (uma delas em azul e as outras em branco). Os sítios ativos encontram-se nas subunidades grandes. [Desenhada de 1RXO.pdb.]

é abundante nos cloroplastos, sendo responsável por aproximadamente 30% do total de proteínas das folhas em algumas plantas. Com efeito, a rubisco é a enzima mais abundante e provavelmente também a proteína mais abundante na biosfera. Existem grandes quantidades de rubisco por ela ser uma enzima lerda; a sua velocidade catalítica máxima é de apenas 3 $s^{-1}$.

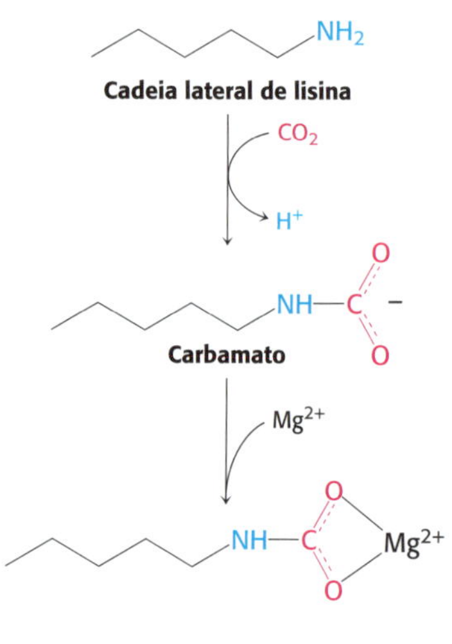


## A atividade da rubisco depende de magnésio e de carbamato

A rubisco necessita da ligação de um íon metálico divalente para a sua atividade, habitualmente o íon magnésio. À semelhança do íon zinco no sítio ativo da anidrase carbônica (ver seção 9.2), esse íon metálico serve para ativar uma molécula do substrato ligado por estabilizar uma carga negativa. É interessante observar que uma molécula de $CO_2$, além do substrato, é necessária para completar a montagem do sítio de ligação do $Mg^{2+}$ na rubisco. Essa molécula de $CO_2$ é acrescentada ao grupo ε-amino sem carga da lisina 201, formando então um *carbamato*. Em seguida, esse aduto de carga negativa liga-se ao íon $Mg^{2+}$.

O centro metálico desempenha papel essencial na ligação da ribulose 1,5-bisfosfato e na sua ativação para reagir com o $CO_2$ (Figura 20.3).

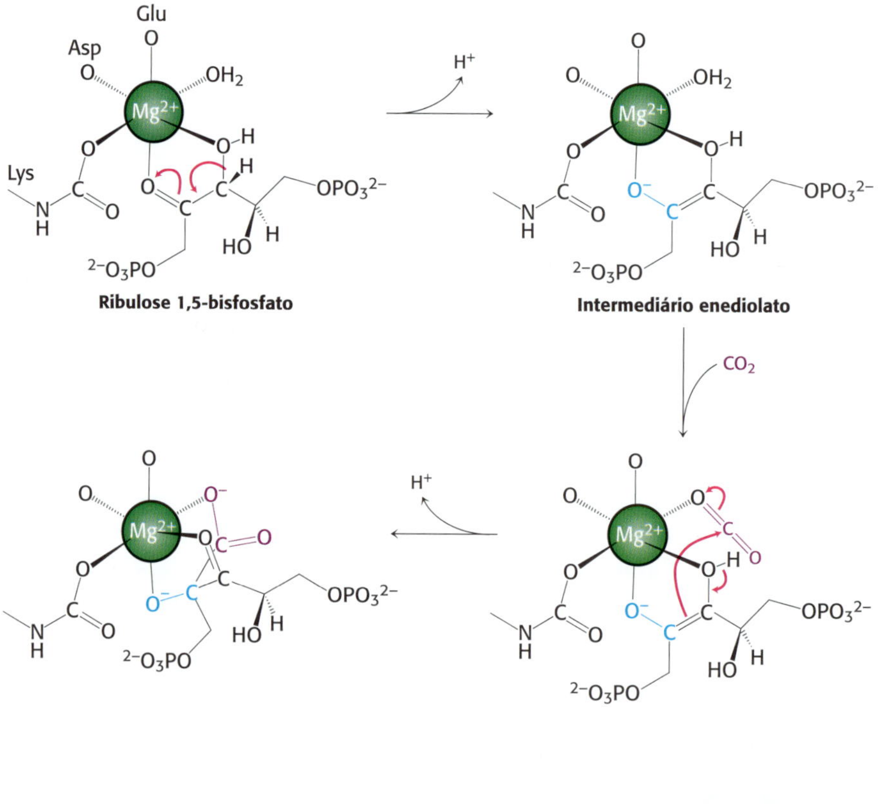


**FIGURA 20.3 Papel do íon magnésio no mecanismo da rubisco.** A ribulose 1,5-bisfosfato liga-se a um íon magnésio que está ligado à rubisco por meio de um resíduo de glutamato, de um resíduo de aspartato e do carbamato de lisina. A ribulose 1,5-bisfosfato coordenada perde um próton para formar uma espécie reativa enediolato, que reage com $CO_2$ para formar uma nova ligação carbono-carbono.

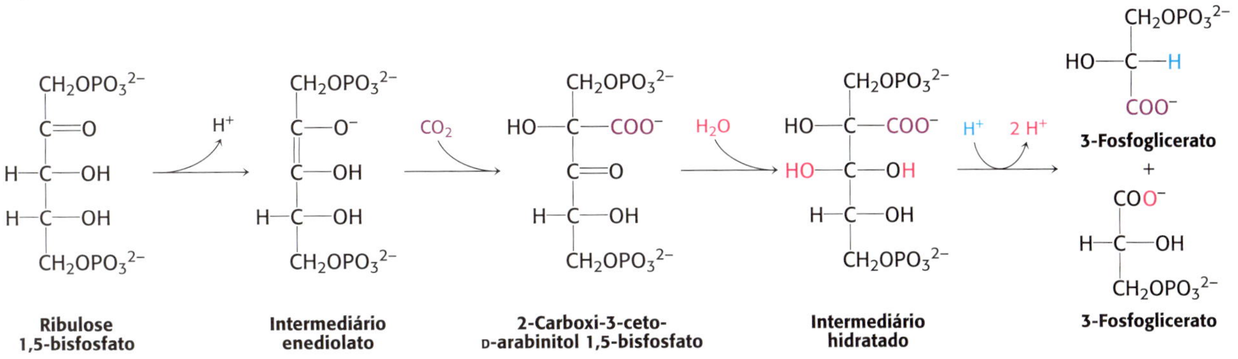


**FIGURA 20.4 Formação do 3-fosfoglicerato.** A via global para a conversão da ribulose 1,5-bisfosfato e do $CO_2$ em duas moléculas de 3-fosfoglicerato. Embora sejam mostradas as espécies livres, essas etapas ocorrem no íon magnésio.

A ribulose 1,5-bisfosfato liga-se ao $Mg^{2+}$ pelo seu grupo cetona e por um grupo hidroxila adjacente. Esse complexo é imediatamente desprotonado para formar um intermediário enediolato. Essa espécie reativa, análoga à espécie de hidróxido de zinco na anidrase carbônica, acopla-se ao $CO_2$, produzindo a nova ligação carbono-carbono. O 2-carboxi-3-ceto-D-arabinitol 1,5-bisfosfato é coordenado ao íon $Mg^{2+}$ por meio de três grupos, incluindo o carboxilato recém-formado. Em seguida, uma molécula de $H_2O$ é acrescentada a esse β-cetoácido para formar um intermediário que sofre clivagem, originando duas moléculas de 3-fosfoglicerato (Figura 20.4).

## A rubisco ativase é essencial para a sua própria atividade

Na ausência de CO2, a rubisco liga-se a seu substrato, a ribulose 1,5-bisfosfato, tão fortemente que a sua atividade enzimática fica inibida. A enzima *rubisco ativase* utiliza o ATP para induzir mudanças estruturais na rubisco, possibilitando então a liberação do substrato ligado e a formação do carbamato necessário. A necessidade de ATP da rubisco ativase coordena a atividade da rubisco com as fotorreações.

A ativase contém um domínio em alça P (ver seção 9.4) e é montada como uma estrutura hexamérica semelhante a um anel. A enzima liga-se à extremidade C-terminal da cadeia polipeptídica que forma a subunidade grande da rubisco. Utilizando a energia da hidrólise do ATP, a extremidade C-terminal é transitoriamente puxada para o poro central da ativase. Isso libera a ribulose 1,5-bisfosfato ligada e ativa a rubisco. A ativase é um membro da grande família AAA de ATPases, que geralmente se organizam como estruturas oligoméricas em forma de anel e utilizam a hidrólise do ATP para energizar as mudanças conformacionais de seus substratos. As AAA ATPases desempenham uma variedade de funções nos sistemas biológicos. São cruciais para a degradação de proteínas (ver Capítulo 23) e para a replicação do DNA (ver Capítulo 29), como também funcionam como motores moleculares (ver Capítulo 36, disponível no material suplementar *online*). Com efeito, a rubisco ativase é frequentemente designada como proteína motora.

## A rubisco também catalisa uma reação de oxigenase fútil: a imperfeição catalítica

O intermediário reativo enediolato produzido no íon $Mg^{2+}$ algumas vezes reage com o $O_2$ em vez de reagir com o $CO_2$. Por conseguinte, a rubisco também catalisa uma deletéria reação de oxigenase. Os produtos dessa reação são o *fosfoglicolato* e o *3-fosfoglicerato* (Figura 20.5). A velocidade da reação da carboxilase é quatro vezes a da reação da oxigenase em condições atmosféricas normais a 25°C; a concentração de $CO_2$ no estroma é então de 10 μM, e a de $O_2$, de 250 μM. À semelhança da reação da carboxilase, a reação da oxigenase exige que a lisina 201 esteja na forma de carbamato.

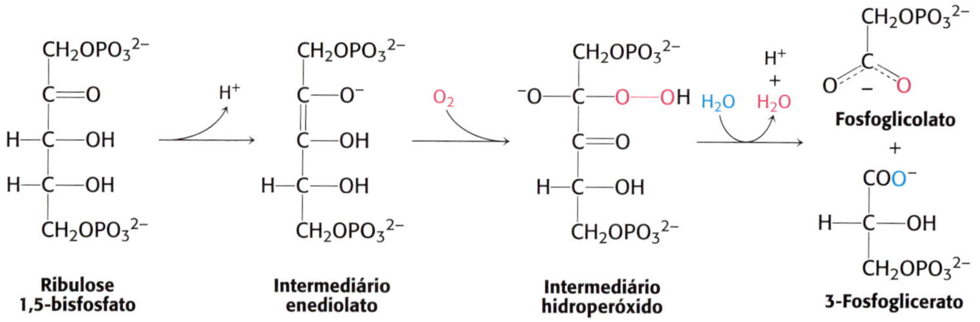


**FIGURA 20.5 Uma reação colateral fútil.** O intermediário reativo enediolato na rubisco também reage com o oxigênio molecular para formar um intermediário hidroperóxido, que em seguida prossegue formando uma molécula de 3-fosfoglicerato e uma de fosfoglicolato.

Como esse carbamato só é formado na presença de $CO_2$, a rubisco é impedida de catalisar exclusivamente a reação da oxigenase na ausência de $CO_2$.

O fosfoglicolato não é um metabólito versátil. Uma via de reaproveitamento resgata parte de seu esqueleto de carbono (Figura 20.6). Uma fosfatase específica converte o fosfoglicolato em *glicolato,* que penetra nos *peroxissomos* (também denominados *microcorpos;* Figura 20.7). Em seguida, o glicolato é oxidado a *glioxilato* pela glicolato oxidase, uma enzima com um grupo prostético de flavina mononucleotídio. O $H_2O_2$ produzido nessa reação é clivado pela catalase a $H_2O$ e $O_2$. A transaminação do glioxilato produz então *glicina,* que em seguida entra nas mitocôndrias. Duas moléculas de glicina podem unir-se para formar serina com a liberação de $CO_2$ e íon amônio ($NH_4^+$). O íon amônio, que é utilizado na síntese de compostos contendo nitrogênio, é recuperado pela reação da glutamina sintetase (ver Figura 20.6 e seção 23.3). A serina entra novamente no peroxissomo, no interior do qual doa a sua amônia ao glioxilato e é subsequentemente convertida em 3-fosfoglicerato.

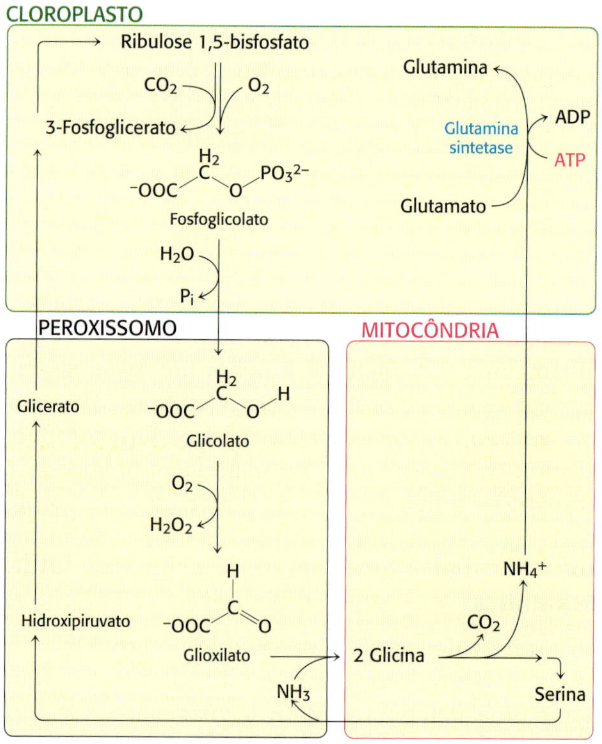


**FIGURA 20.6 Reações de fotorrespiração.** O fosfoglicolato é formado como um produto da reação da oxigenase nos cloroplastos. Após desfosforilação, o glicolato é transportado para os peroxissomos, onde é convertido em glioxilato e, a seguir, em glicina. Nas mitocôndrias, duas glicinas transformam-se em serina após as perdas de um carbono na forma de $CO_2$ e do íon amônio. A serina é convertida de volta em 3-fosfoglicerato, e o íon amônio é recuperado nos cloroplastos.

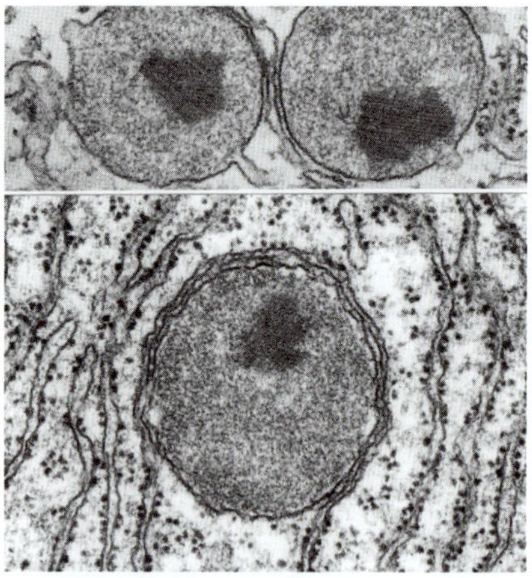

**FIGURA 20.7 Micrografia eletrônica de três peroxissomos.** Os peroxissomos estão circundados pelo retículo endoplasmático rugoso. [Don W. Fawcett/Science Source.]

Essa via de reaproveitamento serve para reciclar três dos quatro átomos de carbono de duas moléculas de glicolato. Entretanto, um átomo de carbono é perdido como $CO_2$. Esse processo é denominado *fotorrespiração* devido ao consumo de $O_2$ e à liberação de $CO_2$. A fotorrespiração representa um desperdício, visto que um carbono orgânico é convertido em $CO_2$ sem produção de ATP, NADPH ou outro metabólito rico em energia. Embora os processos evolutivos presumivelmente tenham aumentado a preferência da rubisco pela carboxilação – por exemplo, a rubisco das plantas superiores é oito vezes mais específica para a carboxilação do que a das bactérias fotossintéticas –, a fotorrespiração ainda é responsável pela perda de até 25% do carbono fixado.

Muitas pesquisas foram realizadas com o objetivo de produzir formas recombinantes de rubisco capazes de apresentar reduzida atividade de oxigenase, porém todas essas tentativas resultaram em fracasso. Isso suscitou a seguinte questão: qual a base bioquímica de tal ineficiência? Os estudos estruturais realizados mostraram que, quando o intermediário reativo enediolato é formado, ocorre o fechamento de alças sobre o sítio ativo para proteger o enediolato. Um canal para a vizinhança é mantido para possibilitar o acesso ao $CO_2$. Entretanto, como o $CO_2$, o $O_2$ é uma molécula linear que também se encaixa no canal. Em essência, o problema não reside na enzima, mas na estrutura notável do $CO_2$. O $CO_2$ carece de quaisquer características químicas que poderiam estabelecer uma discriminação entre ele e outros gases, como o $O_2$, de modo que a atividade de oxigenase da enzima representa uma falha inevitável. Entretanto, existe outra possibilidade. A atividade de oxigenase pode não representar uma imperfeição da enzima, porém uma falta de compreensão de nossa parte. Talvez a atividade de oxigenase possa desempenhar papel bioquimicamente importante que ainda não foi descoberto.

## As hexoses fosfato são produzidas a partir do fosfoglicerato, e a ribulose 1,5-bisfosfato é regenerada

O produto da rubisco, o 3-fosfoglicerato, é convertido a seguir em frutose 6-fosfato, que prontamente se isomeriza em glicose 1-fosfato e glicose 6-fosfato. A mistura das três hexoses fosforiladas é denominada *conjunto (pool) de hexoses monofosfato*. As etapas nessa conversão (Figura 20.8) são iguais às da via gliconeogênica (ver Figura 16.24), exceto que a gliceraldeído 3-fosfato desidrogenase nos cloroplastos – que gera gliceraldeído 3-fosfato (GAP) – é específica para o NADPH, e não para o NADH. Essas reações e aquelas catalisadas pela rubisco levam o $CO_2$ ao nível de uma hexose, convertendo então o $CO_2$ em um combustível químico à custa do NADPH e do ATP produzidos nas fotorreações.

A terceira fase do ciclo de Calvin consiste na regeneração da ribulose 1,5-bisfosfato, o aceptor de $CO_2$ na primeira etapa. O problema é construir um açúcar de cinco carbonos a partir de açúcares de seis e de três carbonos. Uma transcetolase e uma aldolase desempenham o principal papel no rearranjo dos átomos de carbono. A *transcetolase,* que veremos novamente na via das pentoses fosfato, requer a presença da coenzima tiamina pirofosfato (TPP) para transferir uma unidade de dois carbonos ($CO–CH_2OH$) de uma cetose para uma aldose.

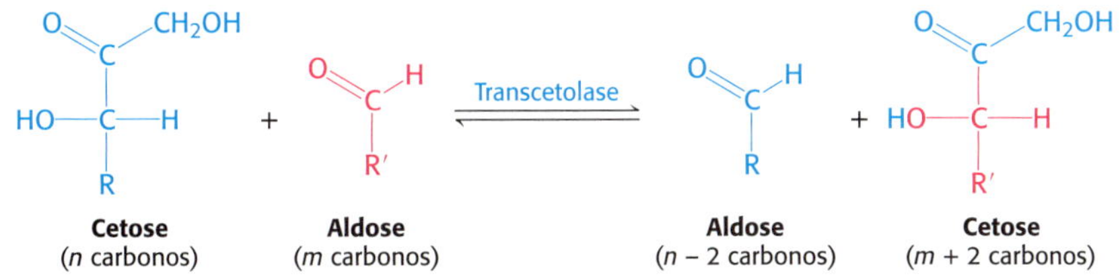


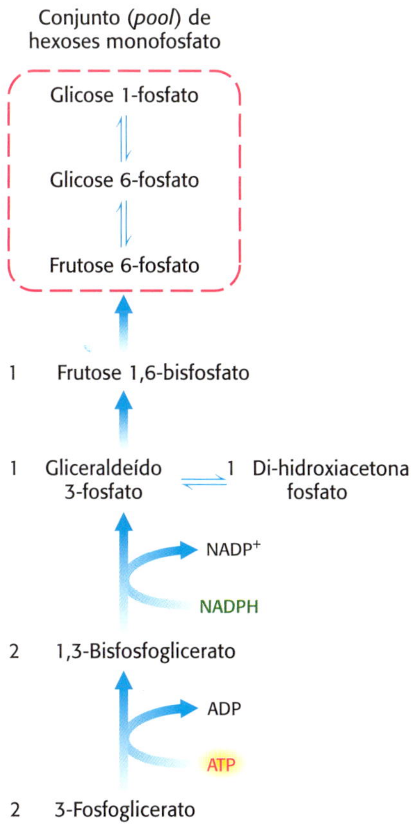


**FIGURA 20.8 Formação da hexose fosfato.** O 3-fosfoglicerato é convertido em frutose 6-fosfato em uma via paralela à da gliconeogênese.

A transcetolase converte a frutose 6-fosfato e o gliceraldeído 3-fosfato em eritrose 4-fosfato e xilulose 5-fosfato.

A *aldolase*, que já encontramos na glicólise (ver seção 16.1), catalisa uma condensação de aldol entre a di-hidroxiacetona fosfato (DHAP) e um aldeído. Essa enzima é altamente específica para a di-hidroxiacetona fosfato, porém aceita uma ampla variedade de aldeídos.

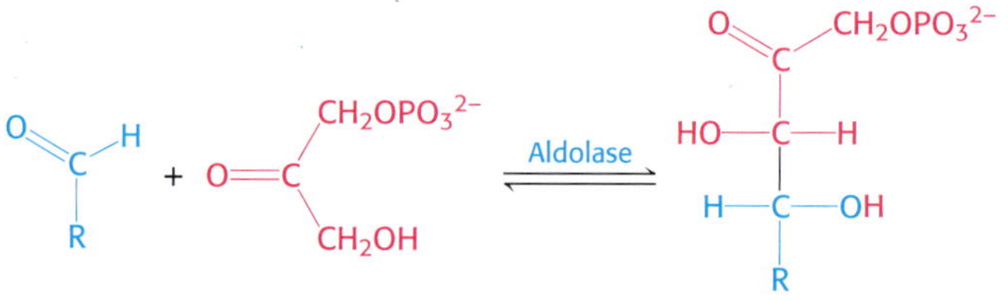


**Aldose** ($n$ carbonos) **Di-hidroxiacetona fosfato** **Cetose** ($n$ + 3 carbonos)

A aldolase gera sedo-heptulose 1,7-bisfosfato a partir da eritrose 4-fosfato e da di-hidroxiacetona fosfato. Uma fosfatase remove um fosfato da sedo-heptulose 1,7-bisfosfato para formar a sedo-heptulose 7-fosfato. A transcetolase entra novamente em ação para combinar a sedo-heptulose 7-fosfato com outra molécula de gliceraldeído 3-fosfato, formando a ribose 5-fosfato, um açúcar de cinco carbonos, bem como uma segunda molécula de xilulose 5-fosfato (Figura 20.9).

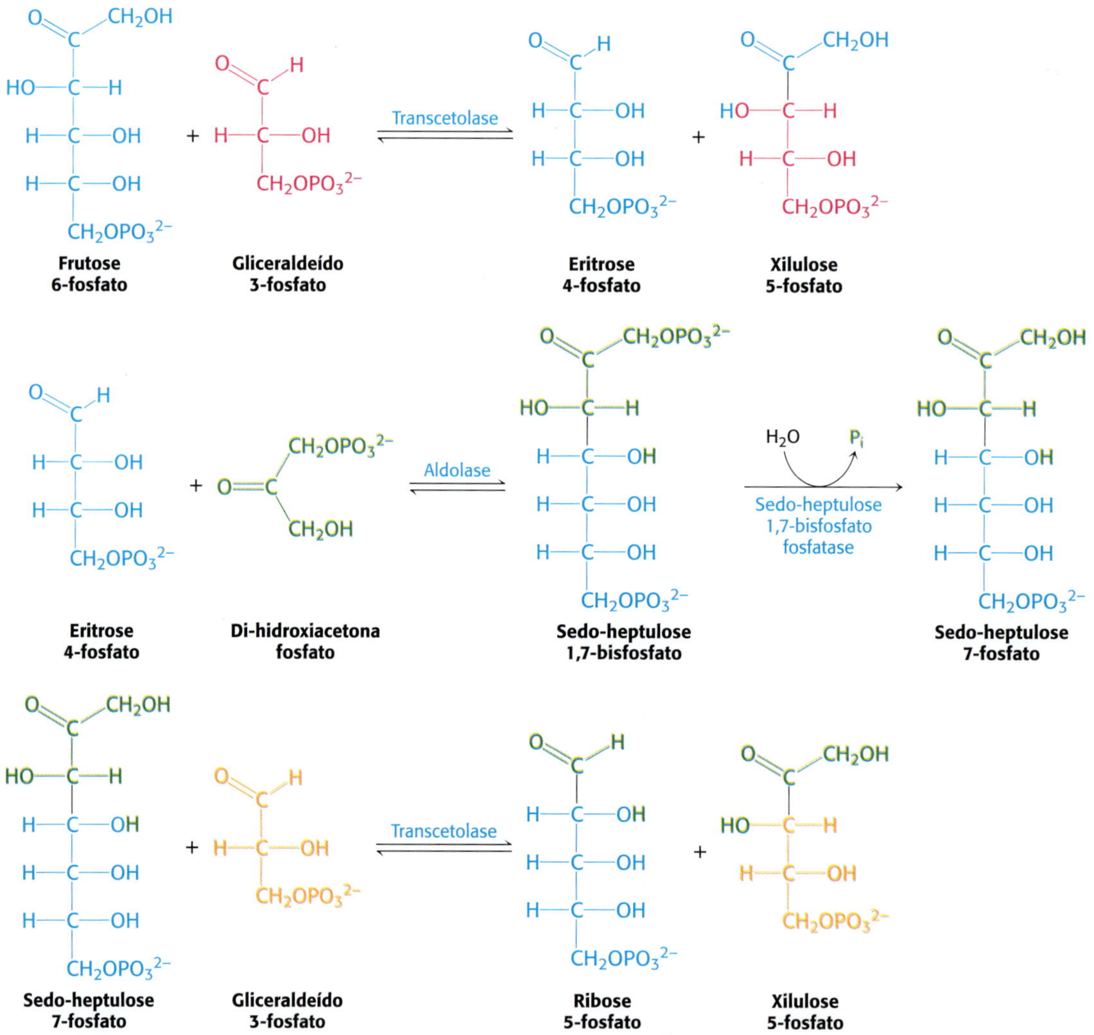


**FIGURA 20.9 Formação dos açúcares de cinco carbonos.** Em primeiro lugar, a transcetolase converte um açúcar de seis carbonos e um açúcar de três carbonos em um açúcar de quatro carbonos e um açúcar de cinco carbonos. Em seguida, a aldolase combina o produto de quatro carbonos com um açúcar de três carbonos para formar um açúcar de sete carbonos. Por fim, esse açúcar de sete carbonos reage com outro açúcar de três carbonos para formar dois açúcares adicionais de cinco carbonos.

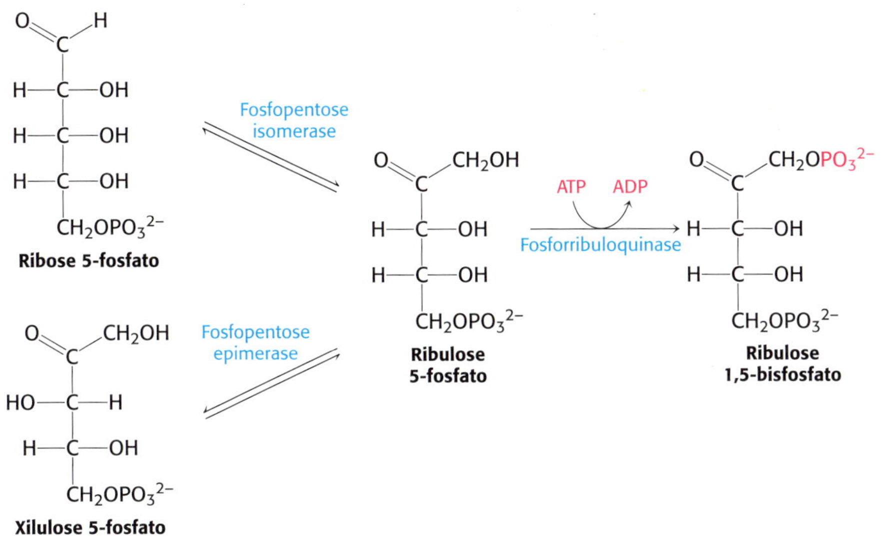


**FIGURA 20.10 Regeneração da ribulose 1,5-bisfosfato.** Tanto a ribose 5-fosfato quanto a xilulose 5-fosfato são convertidas em ribulose 5-fosfato, que é então fosforilada para completar a regeneração da ribulose 1,5-bisfosfato.

Por fim, a ribose 5-fosfato é convertida em ribulose 5-fosfato pela *fosfopentose isomerase,* enquanto duas moléculas de xilulose 5-fosfato são transformadas em ribulose 5-fosfato pela *fosfopentose epimerase.* A ribulose 5-fosfato é convertida em ribulose 1,5-bisfosfato pela ação da *fosforribuloquinase* (Figura 20.10). A soma dessas reações mostradas nas Figuras 20.9 e 20.10 é:

Frutose 6-fosfato + 2 gliceraldeído 3-fosfato
+ di-hidroxiacetona fosfato + 3 ATP ⟶
3 ribulose 1,5-bisfosfato + 3 ADP

A Figura 20.11 mostra as reações necessárias com a estequiometria apropriada para converter três moléculas de $CO_2$ em uma molécula de DHAP.

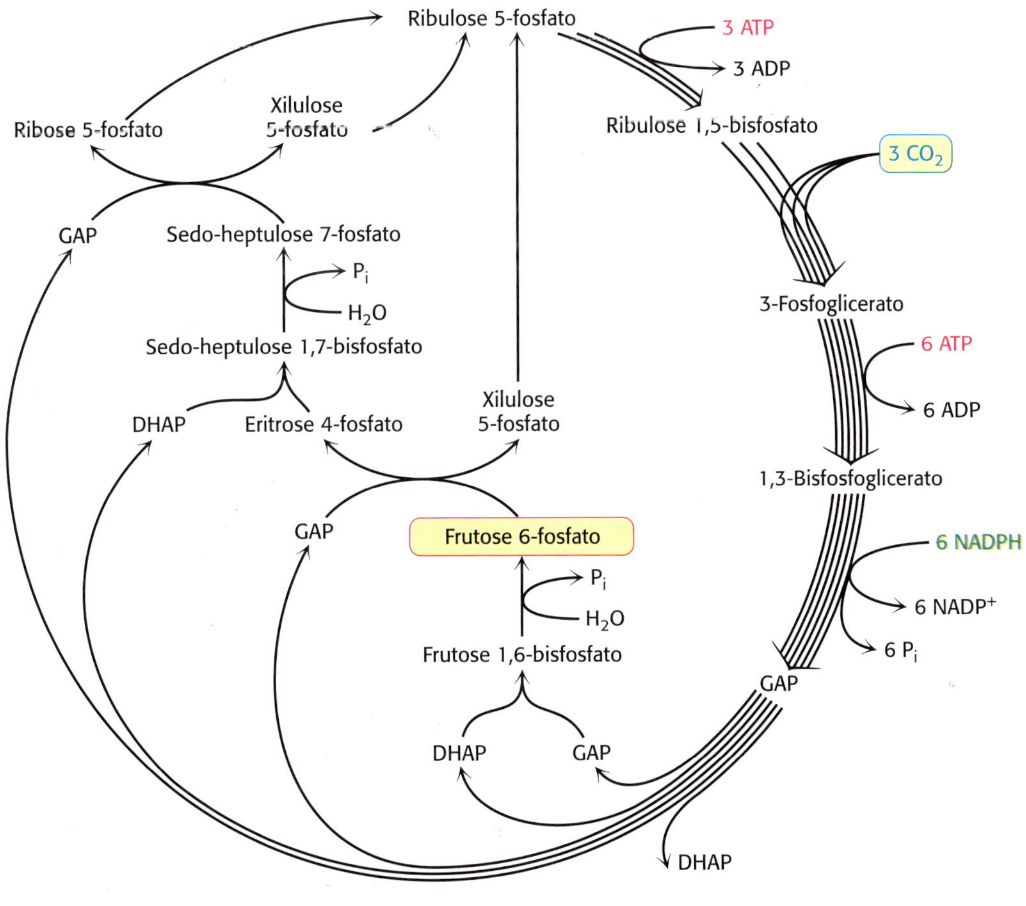


**FIGURA 20.11 Ciclo de Calvin.** O diagrama mostra as reações necessárias com a estequiometria correta para converter três moléculas de $CO_2$ em uma molécula de di-hidroxiacetona fosfato (DHAP). O ciclo não é tão simples como aquele apresentado na Figura 20.1; na verdade, ocorrem muitas reações que levam finalmente à síntese de glicose e à regeneração da ribulose 1,5-bisfosfato. [Informação de J. R. Bowyer e R. C. Leegood. "Phtosynthesis", em *Plant Biochemistry,* P. M. Dey e J. B. Harborne, Eds. (Academic Press, 1997), p. 85.]

Entretanto, são necessárias duas moléculas de DHAP para a síntese de um membro do conjunto (*pool*) de hexoses monofosfato. Consequentemente, o ciclo, como ele é apresentado, precisa ocorrer duas vezes para produzir uma hexose monofosfato. O resultado do ciclo de Calvin consiste na produção de uma hexose e na regeneração do composto inicial, a ribulose 1,5-bisfosfato. Em essência, a ribulose 1,5-bisfosfato atua de modo catalítico, à semelhança do oxaloacetato no ciclo do ácido cítrico.

### São utilizadas três moléculas de ATP e duas de NADPH para levar o dióxido de carbono ao nível de uma hexose

Qual é o gasto energético da síntese de uma hexose?

- São necessários seis giros do ciclo de Calvin, visto que um átomo de carbono é reduzido em cada giro.
- São consumidas 12 moléculas de ATP na fosforilação de 12 moléculas de 3-fosfoglicerato a 1,3-bisfosfoglicerato.
- São consumidas 12 moléculas de NADPH na redução de 12 moléculas de 1,3-bisfosfoglicerato a gliceraldeído 3-fosfato.
- Seis moléculas adicionais de ATP são gastas na regeneração da ribulose 1,5-bisfosfato.

Podemos agora escrever uma equação equilibrada para a reação final do ciclo de Calvin:

$$6\ CO_2 + 18\ ATP + 12\ NADPH + 12\ H_2O \longrightarrow C_6H_{12}O_6 + 18\ ADP + 18\ P_i + 12\ NADP^+ + 6\ H^+$$

Por conseguinte, são consumidas três moléculas de ATP e duas moléculas de NADPH na incorporação de uma única molécula de $CO_2$ em uma hexose, como a glicose ou a frutose.

### O amido e a sacarose constituem as principais reservas de carboidratos nas plantas

Qual é o destino dos membros do conjunto (*pool*) de hexoses monofosfato? Essas moléculas são utilizadas de diversas maneiras, porém elas desempenham dois papéis principais. Os vegetais contêm duas formas principais de armazenamento de açúcar: o *amido* e a *sacarose*. O amido, como o seu correspondente em animais, o glicogênio, é um polímero de resíduos de glicose, porém menos ramificado do que o glicogênio, visto que ele contém menor proporção de ligações glicosídicas $\alpha$-1,6 (ver seção 11.2). Outra diferença é que a ADP-glicose, e não a UDP-glicose, constitui o precursor ativado. O amido é sintetizado e armazenado nos cloroplastos.

Por outro lado, a sacarose (o açúcar comum de mesa), um dissacarídio, é sintetizada no citoplasma. As plantas carecem da capacidade de transportar as hexoses fosfato através da membrana do cloroplasto, porém são capazes de transportar trioses fosfato dos cloroplastos para o citoplasma. Os intermediários da triose fosfato, como o gliceraldeído 3-fosfato, atravessam o citoplasma em troca de fosfato por meio da ação de um *antiporter* de triose fosfato-fosfato presente em grandes quantidades. A frutose 6-fosfato formada a partir de trioses fosfato une-se à unidade de glicose da UDP-glicose para formar sacarose 6-fosfato (Figura 20.12). A hidrólise do éster fosfato produz sacarose, um açúcar prontamente transportável e mobilizável que é armazenado em muitas células vegetais, como na beterraba e na cana-de-açúcar.

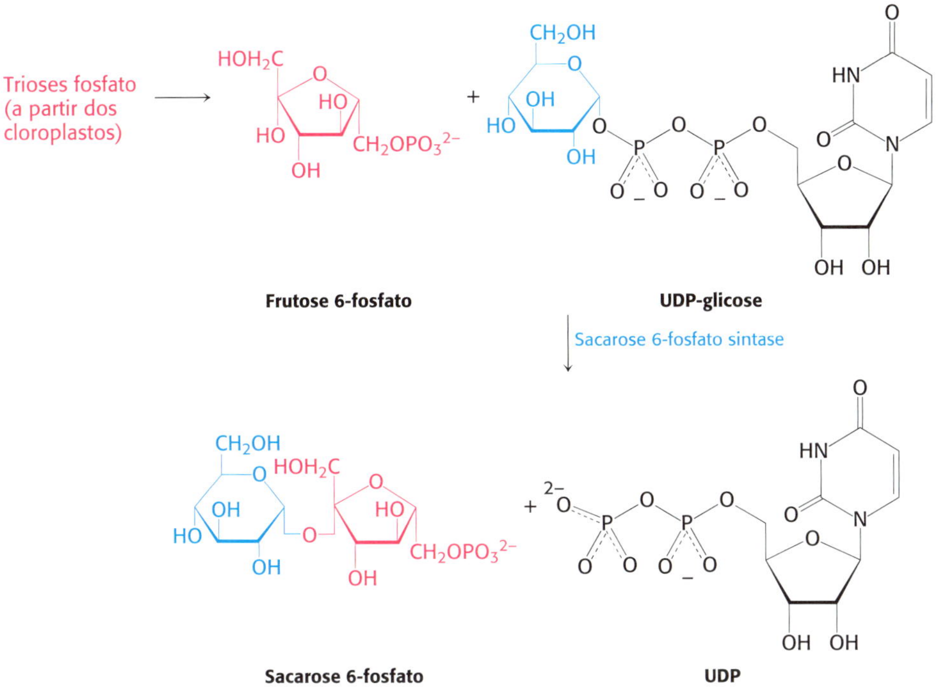


**FIGURA 20.12 Síntese da sacarose.** A sacarose 6-fosfato é formada pela reação entre a frutose 6-fosfato e o intermediário ativado: a uridina difosfato glicose (UDP-glicose). A sacarose fosfatase gera a seguir a sacarose livre (não mostrado).

## 20.2 A atividade do ciclo de Calvin depende das condições ambientais

Como as fotorreações da fase clara comunicam-se com as reações da fase escura para regular esse processo fundamental de fixação do $CO_2$ em biomoléculas? *O principal meio de regulação consiste na alteração do ambiente do estroma pelas fotorreações.* As fotorreações levam a um aumento do pH (redução na concentração de $H^+$) e das concentrações de $Mg^{2+}$, NADPH e ferredoxina reduzida no estroma – contribuindo para a ativação de certas enzimas do ciclo de Calvin localizadas no estroma (Figura 20.13).

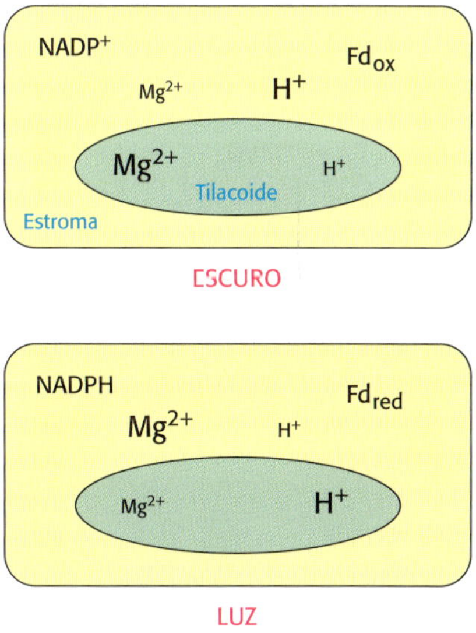


**FIGURA 20.13 Regulação do ciclo de Calvin pela luz.** As fotorreações da fotossíntese transferem elétrons para fora do lúmen do tilacoide e para dentro do estroma, como também transferem prótons do estroma para o lúmen do tilacoide. Em consequência desses processos, as concentrações de NADPH, de ferredoxina (Fd) reduzida e de $Mg^{2+}$ no estroma são mais elevadas na luz do que no escuro. O pH do estroma também está elevado (redução da concentração de $H^+$) na luz em consequência do bombeamento de prótons do estroma para o lúmen do tilacoide. Cada uma dessas mudanças de concentração ajuda a acoplar as reações do ciclo de Calvin com as fotorreações.

### A rubisco é ativada pelas mudanças nas concentrações de prótons e de íons magnésio impulsionadas pela luz

Conforme assinalado anteriormente, a etapa limitante de velocidade no ciclo de Calvin é a carboxilação da ribulose 1,5-bisfosfato para formar duas moléculas de 3-fosfoglicerato. *A atividade da rubisco aumenta acentuadamente com a iluminação, visto que a luz facilita a formação de carbamato necessária para a atividade da enzima* (p. 654). No estroma, o pH aumenta de 7 para 8, e ocorre uma elevação do nível de $Mg^{2+}$. Ambos os efeitos são consequências do bombeamento de prótons impulsionado pela luz para dentro do espaço do tilacoide. Os íons $Mg^{2+}$ do espaço do tilacoide são liberados no estroma para compensar o influxo de prótons. A formação de carbamato é favorecida na presença de pH alcalino. O $CO_2$ é adicionado a uma forma desprotonada da lisina 201 da rubisco, e o íon $Mg^{2+}$ liga-se ao carbamato para produzir a forma ativa da enzima. Por conseguinte, a luz leva não apenas à geração de ATP e de NADPH, mas também a sinais reguladores que estimulam a fixação do $CO_2$.

### A tiorredoxina desempenha papel essencial na regulação do ciclo de Calvin

Como vimos no Capítulo 19 (Figura 19.23), as reações dirigidas pela luz levam à transferência de elétrons da água para a ferredoxina e, por fim, para o NADPH no fotossistema I. As presenças de ferredoxina reduzida e de

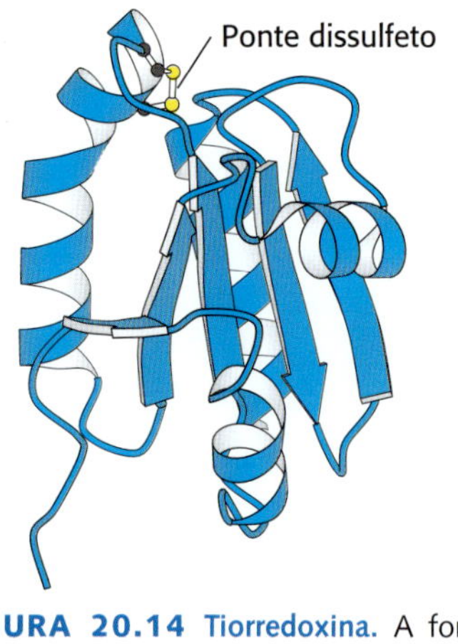


**FIGURA 20.14 Tiorredoxina.** A forma oxidada da tiorredoxina contém uma ponte dissulfeto. Quando a tiorredoxina é reduzida pela ferredoxina reduzida, a ponte dissulfeto é convertida em dois grupos sulfidrila livres. A tiorredoxina reduzida pode clivar pontes dissulfeto em enzimas, ativando então certas enzimas do ciclo de Calvin e inativando algumas enzimas de degradação. [Desenhada de 1F9M.pdb.]

NADPH constituem bons sinais de que as condições são favoráveis para a biossíntese. Uma maneira pela qual essa informação é transmitida para as enzimas de biossíntese é pela *tiorredoxina*, uma proteína de 12 kDa que contém resíduos de cisteína adjacentes que se alternam entre uma forma sulfidrila reduzida e uma forma dissulfeto oxidada (Figura 20.14). A forma reduzida da tiorredoxina ativa muitas enzimas de biossíntese, incluindo a *ATP sintase dos cloroplastos* (ver Capítulo 19), ao reduzir as pontes dissulfeto que controlam sua atividade. A tiorredoxina reduzida também inibe várias enzimas de degradação pelo mesmo mecanismo (Tabela 20.1). Nos cloroplastos, a tiorredoxina oxidada é reduzida pela ferredoxina em uma reação catalisada pela *ferredoxina-tiorredoxina redutase* (ver Capítulo 19). Por conseguinte, *as atividades das fotorreações e da fase escura da fotossíntese são coordenadas por meio da transferência de elétrons da ferredoxina reduzida para a tiorredoxina e, a seguir, para as enzimas componentes, contendo pontes dissulfeto regulatórias* (Figura 20.15). Retornaremos à tiorredoxina quando abordarmos a redução dos ribonucleotídios (ver seção 25.3).

**TABELA 20.1** Enzimas reguladas pela tiorredoxina.

| Enzima | Via |
|---|---|
| Rubisco | Fixação do carbono no ciclo de Calvin |
| Frutose 1,6-bisfosfatase | Gliconeogênese |
| Gliceraldeído 3-fosfato desidrogenase | Ciclo de Calvin, gliconeogênese, glicólise |
| Sedo-heptulose 1,7-bisfosfatase | Ciclo de Calvin |
| Glicose 6-fosfato desidrogenase | Via das pentoses fosfato |
| Fenilalanina amônia liase | Síntese de lignina |
| Fosforribuloquinase | Ciclo de Calvin |
| $NADP^+$-malato desidrogenase | Via $C_4$ |
| $CF_1$-$CF_0$ ATP sintase | Fotorreações da fase clara |

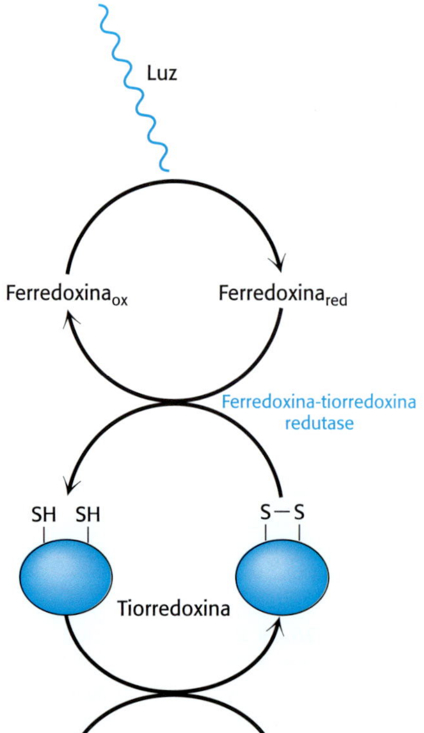

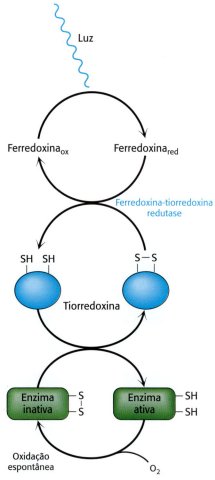


**FIGURA 20.15 Ativação enzimática pela tiorredoxina.** A tiorredoxina reduzida ativa certas enzimas do ciclo de Calvin ao clivar pontes dissulfeto regulatórias.

O NADPH é uma molécula sinalizadora que ativa duas enzimas de biossíntese: a fosforribuloquinase e a gliceraldeído 3-fosfato desidrogenase. No escuro, essas enzimas são inibidas pela associação a uma proteína de 8,5 kDa denominada *CP12* intrinsecamente desordenada (ver seção 2.6). O NADPH rompe essa associação ao promover a formação de duas pontes dissulfeto em CP12, com consequente liberação das enzimas ativas.

## A via $C_4$ das plantas tropicais acelera a fotossíntese ao concentrar o dióxido de carbono

A atividade de oxigenase da rubisco representa um desafio bioquímico para as plantas tropicais, visto que essa atividade aumenta mais rapidamente com a temperatura do que a sua atividade de carboxilase. Como então as plantas que crescem em climas quentes, como a cana-de-açúcar, evitam taxas muito altas de fotorrespiração? A solução para esse problema é conseguir alta concentração local de $CO_2$ onde o ciclo de Calvin ocorre nas células fotossintéticas. A essência desse processo, que foi elucidada por Marshall Davidson Hatch e C. Roger Slack, é que *os compostos de quatro carbonos ($C_4$), como o oxaloacetato e o malato, transportam o $CO_2$ das células do mesófilo, que estão em contato com o ar, para as células da bainha do feixe, que constituem os principais locais de fotossíntese* (Figura 20.16). A descarboxilação do composto de quatro carbonos na célula da bainha do feixe mantém alta concentração de $CO_2$ no local de ocorrência do ciclo de Calvin. O produto de três carbonos retorna à célula do mesófilo para outro ciclo de carboxilação. Essa via metabólica é chamada de *via $C_4$* ou *via de Hatch-Slack*. O milho é uma planta $C_4$ de enorme importância econômica e

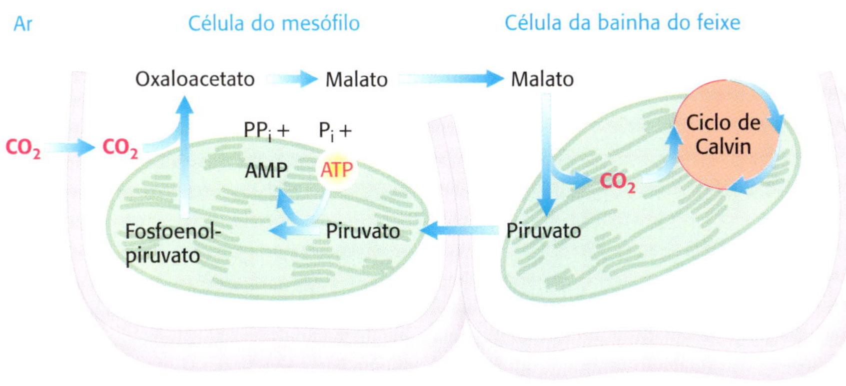


**FIGURA 20.16** Via $C_4$. O dióxido de carbono é concentrado nas células da bainha do feixe à custa do ATP nas células do mesófilo.

agrícola, sendo responsável por aproximadamente 20% da nutrição humana mundial. O milho foi domesticado por cruzamento seletivo da granilha mexicana, o teosinto, há aproximadamente 9.000 anos. Embora as plantas tropicais utilizem a via $C_4$, as gramíneas e as ciperáceas (plantas com flores que se assemelham às gramíneas, como a castanha-d'água) são as plantas mais comuns que utilizam a via $C_4$.

A via $C_4$ para o transporte de $CO_2$ começa em uma célula mesófila com a condensação de $CO_2$ na forma de bicarbonato e de fosfoenolpiruvato para formar *oxaloacetato* em uma reação catalisada pela *fosfoenolpiruvato carboxilase*. O oxaloacetato é convertido em malato por uma malato desidrogenase dependente de $NADP^+$. O malato penetra na célula da bainha do feixe e sofre uma descarboxilação oxidativa no interior dos cloroplastos por uma malato desidrogenase dependente de $NADP^+$. O $CO_2$ liberado entra no ciclo de Calvin da maneira habitual pela sua condensação com ribulose 1,5-bisfosfato. O piruvato formado nessa reação de descarboxilação retorna à célula do mesófilo. Por fim, ocorre formação de fosfoenolpiruvato a partir do piruvato pela *piruvato-$P_i$ diquinase.*

A reação final dessa via $C_4$ é

$$CO_2 \text{ (na célula mesófila)} + ATP + 2\ H_2O \longrightarrow CO_2 \text{ (na célula da bainha do feixe)} + AMP + 2\ P_i + 2\ H^+$$

Por conseguinte, *o equivalente energético de duas moléculas de ATP é consumido no transporte de $CO_2$ para os cloroplastos das células da bainha do feixe.* Observe que são necessárias seis moléculas de $CO_2$ para a síntese de glicose, de modo que a via $C_4$ necessita de quantidade adicional de 12 ATP em comparação com a via $C_3$. Em essência, esse processo consiste em um transporte ativo: o bombeamento de $CO_2$ para a célula da bainha do feixe é impulsionado pela hidrólise de uma molécula de ATP a uma molécula de AMP e duas moléculas de ortofosfato. A concentração de $CO_2$ pode ser 20 vezes maior nas células da bainha do feixe do que nas células do mesófilo. É interessante assinalar que a fosfoenolpiruvato carboxilase possui maior afinidade pelo $CO_2$ (na forma de bicarbonato) do que a rubisco. As plantas $C_4$ utilizam essa diferença de afinidade para o seu proveito. A alta afinidade da fosfoenolpiruvato carboxilase pelo $CO_2$ significa que a rubisco pode ser adequadamente suprida de $CO_2$, enquanto os estômatos – as aberturas existentes nas folhas que possibilitam a troca gasosa (Figura 20.17) – não precisam se abrir tanto no calor dos dias tropicais, impedindo, assim, a perda de água.

Quando a via $C_4$ e o ciclo de Calvin operam juntos, a reação final é

$$6\ CO_2 + 30\ ATP + 12\ NADPH + 24\ H_2O \longrightarrow C_6H_{12}O_6 + 30\ ADP + 30\ P_i + 12\ NADP^+ + 18\ H^+$$

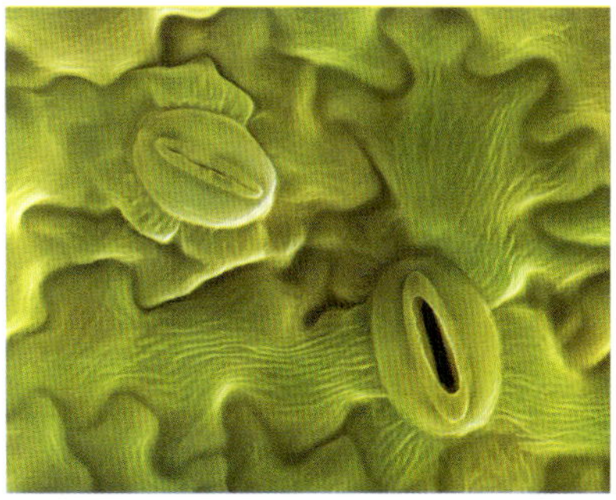

**FIGURA 20.17** Micrografia eletrônica de varredura de um estômato aberto e outro fechado. [Power and Syred/Science Source.]

Observe que são consumidas 30 moléculas de ATP por molécula de hexose formada quando a via $C_4$ libera $CO_2$ para o ciclo de Calvin, em contraste com 18 moléculas de ATP por molécula de hexose na ausência da via $C_4$. A alta concentração de $CO_2$ nas células da bainha do feixe das plantas $C_4$ – que resulta do consumo das 12 moléculas adicionais de ATP – é crucial para a velocidade alta da fotossíntese, visto que o $CO_2$ é um fator limitante quando a luz está abundante. Uma alta concentração de $CO_2$ também minimiza a perda de energia causada pela fotorrespiração.

*As plantas tropicais com uma via $C_4$ efetuam pouca fotorrespiração, visto que a alta concentração de $CO_2$ em suas células da bainha do feixe acelera a reação da carboxilase em relação à da oxigenase.* Esse efeito é particularmente importante em temperaturas mais altas. A distribuição geográfica das plantas que apresentam essa via (plantas $C_4$) e daquelas que carecem dela (plantas $C_3$) pode ser agora compreendida em termos moleculares. As *plantas $C_4$* têm vantagem em um ambiente quente com alta iluminação, o que explica a sua prevalência nos trópicos. As *plantas $C_3$*, que consomem apenas 18 moléculas de ATP por molécula de hexose formada na ausência de fotorrespiração (em comparação com 30 moléculas de ATP no caso das plantas $C_4$), são mais eficientes em temperaturas abaixo de cerca de 28°C e, portanto, predominam em ambientes temperados (Figura 20.18). Embora as plantas $C_4$ compreendam apenas 3% de todas as plantas com flores, elas respondem por 25% de toda a fixação do carbono terrestre devido à minimização da sua fotorrespiração.

A

B

**FIGURA 20.18 Plantas $C_3$ e $C_4$. A.** As plantas $C_3$, como as árvores, respondem por aproximadamente 95% das espécies vegetais. **B.** O milho é uma planta $C_4$ de enorme importância agrícola. [(**A**) Fonte: iStock ©Alexander Fattal; (**B**) Fonte: iStock ©bruev.]

A rubisco é encontrada em bactérias, eucariotos e até mesmo em arqueias, embora outros componentes da fotossíntese não tenham sido encontrados em arqueias. Portanto, a rubisco surgiu cedo na evolução, quando a atmosfera era rica em $CO_2$ e quase desprovida de $O_2$. A enzima não foi originalmente selecionada para operar em um ambiente como o atual, que é quase desprovido de $CO_2$ e rico em $O_2$. A fotorrespiração tornou-se significativa há cerca de 600 milhões de anos, quando a concentração de $CO_2$ caiu para os níveis atuais. As plantas $C_4$ surgiram há aproximadamente 35 milhões de anos, porém tornaram-se ecologicamente importantes há cerca de 7 milhões de anos. As plantas $C_4$ fornecem um exemplo claro de evolução convergente. Essas plantas evoluíram das plantas $C_3$ em muitos eventos independentes e são encontradas em espécies distantemente relacionadas, o que explica o fato de que nenhuma enzima é exclusiva das plantas $C_4$, sugerindo que essa via utilizava as enzimas já existentes. É interessante observar que o uso da via $C_4$ é raro nas árvores – uma observação que ainda não foi entendida.

### O metabolismo ácido das crassuláceas possibilita o crescimento em ecossistemas áridos

Muitas plantas, incluindo algumas que crescem em climas quentes e secos, mantêm os estômatos de suas folhas fechados durante o calor do dia, de modo a impedir a perda de água (Figura 20.17). Em consequência, o $CO_2$ não pode ser absorvido durante as horas de claridade, quando ele é necessário para a síntese de glicose. Em vez disso, o $CO_2$ entra na folha quando os estômatos abrem-se nas temperaturas mais frias da noite. Para armazenar o $CO_2$ até que possa ser utilizado durante o dia, essas plantas utilizam uma adaptação denominada *metabolismo ácido das crassuláceas* (CAM, do inglês *crassulacean acid metabolism*), assim denominado em virtude do gênero *Crassulacea* (das plantas suculentas). O dióxido de carbono é fixado pela via $C_4$ em malato, que é armazenado em vacúolos. Durante o dia, o malato é descarboxilado, e o $CO_2$ torna-se disponível para o ciclo de Calvin. Diferentemente das plantas $C_4$, as plantas CAM separam a acumulação de $CO_2$ da utilização de $CO_2$ no tempo mais do que no espaço.

Embora as plantas CAM evitem a perda de água, o uso do malato como única fonte de $CO_2$ tem custo metabólico. Como o armazenamento de malato é limitado, as plantas CAM são incapazes de gerar $CO_2$ tão rapidamente quanto ele pode ser importado pelas plantas $C_3$ e $C_4$. Em consequência, a velocidade de crescimento das plantas CAM é mais lenta que a das plantas $C_3$ e $C_4$. O cacto saguaro, uma planta CAM que pode viver até 200 anos e alcançar uma altura de 1,80 m, pode levar 15 anos para crescer apenas 30 cm (Figura 20.19).

**FIGURA 20.19 Plantas do deserto.** Devido ao metabolismo ácido das crassuláceas, os cactos estão bem adaptados para viver no deserto. [Fonte: iStock ©ehrlif.]

## 20.3 A via das pentoses fosfato gera NADPH e sintetiza açúcares de cinco carbonos

Os organismos fotossintéticos podem utilizar as fotorreações para a produção de algum NADPH. Outra via, que é encontrada em todos os organismos, preenche as necessidades de NADPH dos organismos e dos tecidos vegetais não fotossintéticos. A *via das pentoses fosfato*, que ocorre no citoplasma, constitui uma fonte crucial de NADPH para uso na biossíntese redutora (Tabela 20.2), bem como para proteção contra o estresse oxidativo. Essa via é constituída de duas fases (Figura 20.20): (1) a geração oxidativa de NADPH e (2) a interconversão não oxidativa de açúcares.

Na fase oxidativa, o NADPH é produzido quando a glicose 6-fosfato é oxidada a ribulose 5-fosfato.

$$\text{Glicose 6-fosfato} + 2\ \text{NADP}^+ + \text{H}_2\text{O} \longrightarrow \text{ribulose 5-fosfato} + 2\ \text{NADPH} + 2\ \text{H}^+ + \text{CO}_2$$

Na fase não oxidativa, a via catalisa a interconversão de açúcares de três, quatro, cinco, seis e sete carbonos em uma série de reações não oxidativas. O excesso de açúcares de cinco carbonos pode ser convertido em intermediários da via glicolítica. Todas essas reações ocorrem no citoplasma. Tais interconversões dependem das mesmas reações que levam à regeneração da ribulose 1,5-bisfosfato no ciclo de Calvin.

**TABELA 20.2** Vias que necessitam de NADPH.

| |
|---|
| **Síntese** |
| Biossíntese de ácidos graxos |
| Biossíntese de colesterol |
| Biossíntese de neurotransmissores |
| Biossíntese de nucleotídios |
| **Desintoxicação** |
| Redução da glutationa oxidada |
| Mono-oxigenases do citocromo P450 |

### Duas moléculas de NADPH são produzidas na conversão da glicose 6-fosfato em ribulose 5-fosfato

A fase oxidativa da via das pentoses fosfato começa com a desidrogenação da glicose 6-fosfato no carbono 1 em uma reação catalisada pela *glicose 6-fosfato desidrogenase* (Figura 20.21). Essa enzima é altamente específica para o $NADPH^+$; a $K_M$ do $NAD^+$ é cerca de mil vezes maior que a do $NADP^+$.

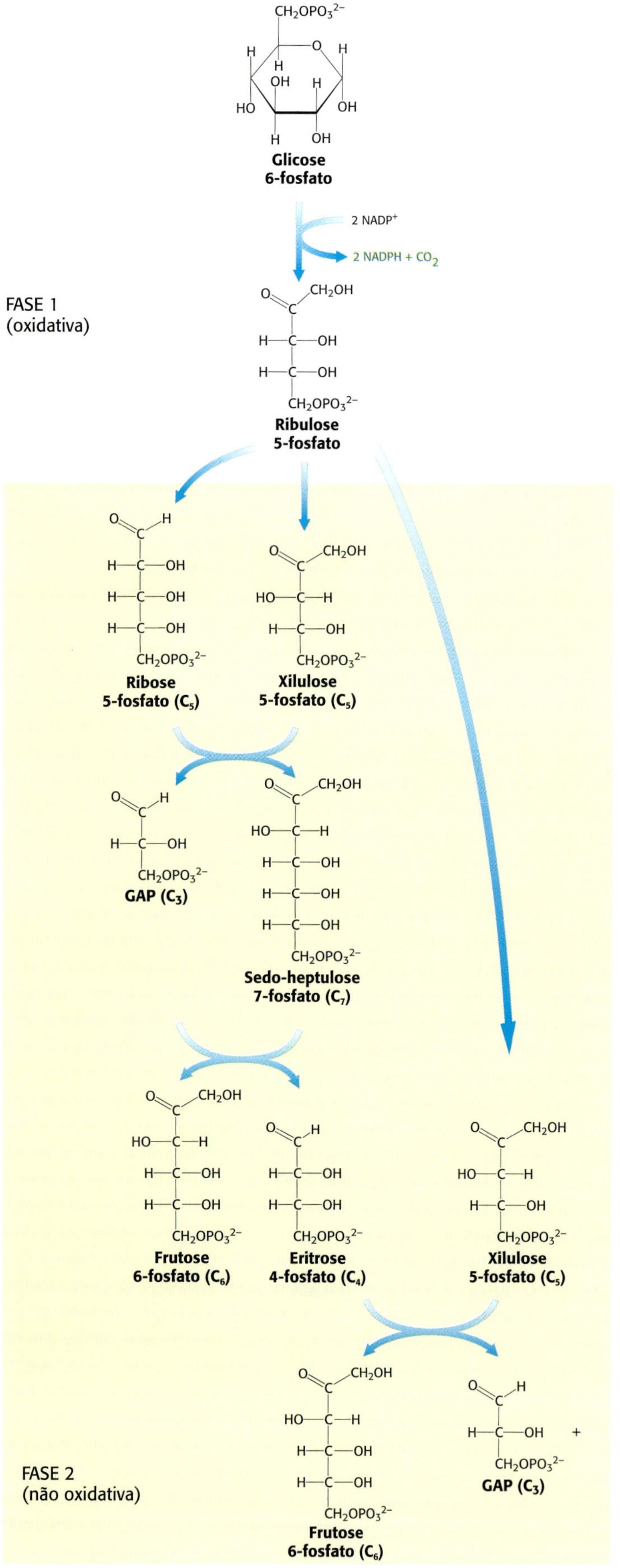


**FIGURA 20.20 A via das pentoses fosfato.** A via consiste em (1) uma fase oxidativa que produz NADPH e (2) uma fase não oxidativa que interconverte os açúcares fosforilados.

O produto é a *6-fosfoglicono-δ-lactona,* um éster intramolecular entre o grupo carboxila C-1 e o grupo hidroxila C-5. A etapa seguinte consiste na hidrólise da 6-fosfoglicono-δ-lactona por uma *lactonase* específica para produzir *6-fosfogliconato.* Esse açúcar de seis carbonos é então descarboxilado de modo oxidativo pela *6-fosfogliconato desidrogenase* para produzir *ribulose-5-fosfato.* O $NADP^+$ é novamente o aceptor de elétrons.

## A via das pentoses fosfato e a glicólise estão ligadas pela transcetolase e transaldolase

As reações precedentes produzem duas moléculas de NADPH e uma molécula de ribulose 5-fosfato para cada molécula de glicose 6-fosfato oxidada. Subsequentemente, a ribulose 5-fosfato é isomerizada em ribose 5-fosfato pela fosfopentose isomerase.

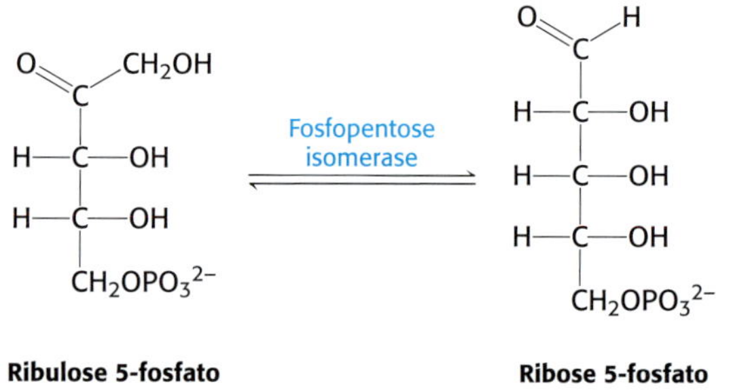


A ribose 5-fosfato e seus derivados são componentes do RNA e do DNA, bem como do ATP, do NADH, do FAD e da coenzima A. Embora a ribose 5-fosfato seja um precursor de numerosas biomoléculas, muitas células precisam bem mais de NADPH para as biossínteses redutoras do que de ribose 5-fosfato para incorporação em nucleotídios. Por exemplo, o tecido adiposo, o fígado e as glândulas mamárias necessitam de grandes quantidades de NADPH para a síntese de ácidos graxos (ver Capítulo 22). Nesses casos, a ribose 5-fosfato é convertida nos intermediários glicolíticos gliceraldeído 3-fosfato e frutose 6-fosfato pela *transcetolase* e pela *transaldolase. Essas enzimas criam uma ligação reversível entre a via das pentoses fosfato e a glicólise ao catalisar essas três reações sucessivas.*

$$C_5 + C_5 \xrightleftharpoons{\text{Transcetolase}} C_3 + C_7$$

$$C_5 + C_5 \xrightleftharpoons{\text{Transaldolase}} C_3 + C_7$$

$$C_5 + C_5 \xrightleftharpoons{\text{Transcetolase}} C_3 + C_7$$

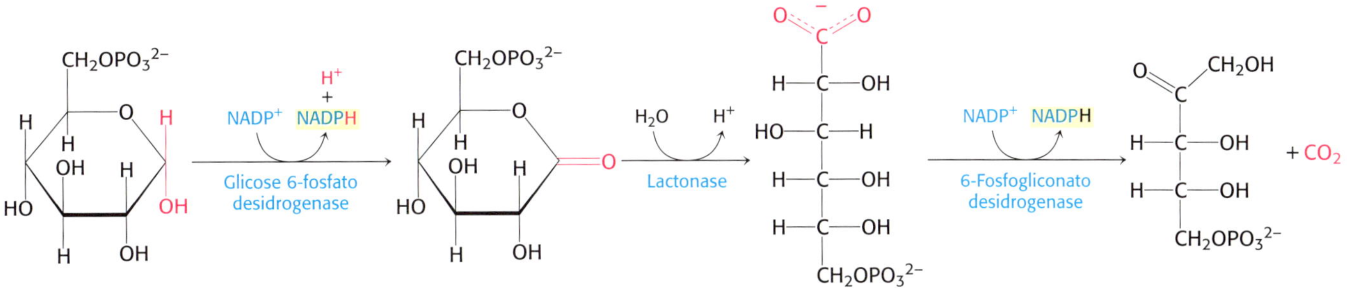


**Glicose 6-fosfato** | **6-Fosfoglicono-δ-lactona** | **6-Fosfogliconato** | **Ribulose 5-fosfato**

**FIGURA 20.21 Fase oxidativa da via das pentoses fosfato.** A glicose 6-fosfato é oxidada a 6-fosfoglicono-δ-lactona, havendo então produção de uma molécula de NADPH. A lactona é hidrolisada a 6-fosfogliconato, que sofre descarboxilação oxidativa, originando ribulose 5-fosfato com a geração de uma segunda molécula de NADPH.

O resultado final dessas reações consiste na *formação de duas hexoses e uma triose a partir de três pentoses:*

$$3\,C_5 \rightleftharpoons 2\,C_6 + C_3$$

A primeira das três reações que ligam a via das pentoses fosfato à glicólise é a formação de *gliceraldeído 3-fosfato* e de *sedo-heptulose 7-fosfato* a partir de duas pentoses.

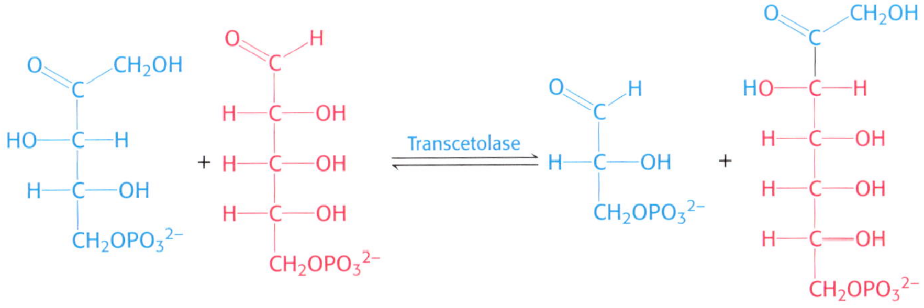


**Xilulose 5-fosfato** | **Ribose 5-fosfato** | **Gliceraldeído 3-fosfato** | **Sedo-heptulose 7-fosfato**

O doador da unidade de dois carbonos nessa reação é a xilulose 5-fosfato, um epímero da ribulose 5-fosfato. Uma cetose só é substrato da transcetolase se o seu grupo hidroxila em C-3 tiver a configuração da xilulose, e não da ribulose. A ribulose 5-fosfato é convertida no epímero apropriado para a reação da transcetolase pela *fosfopentose epimerase* em uma reação reversa em relação à que ocorre no ciclo de Calvin.

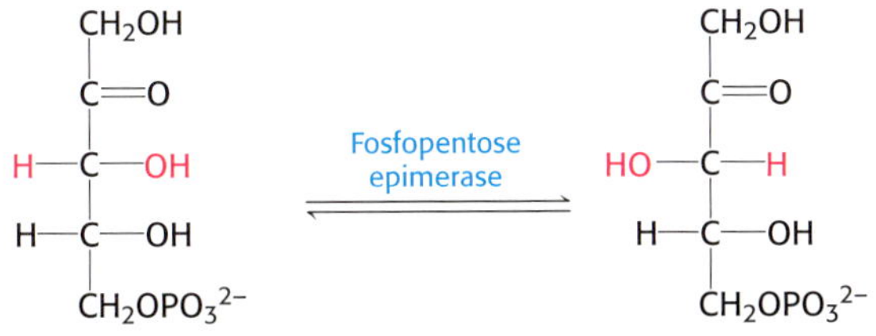


**Ribulose 5-fosfato** | **Xilulose 5-fosfato**

O gliceraldeído 3-fosfato e a sedo-heptulose 7-fosfato gerados pela transcetolase reagem, então, para formar *frutose 6-fosfato* e *eritrose 4-fosfato*.

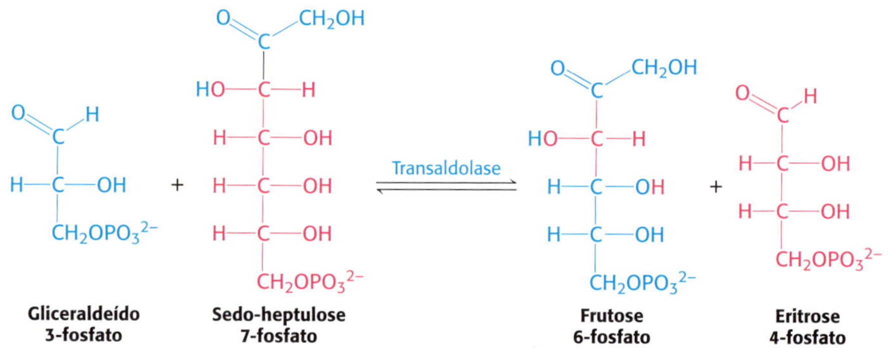


Essa síntese de um açúcar de quatro carbonos e de um açúcar de seis carbonos é catalisada pela *transaldolase.*

Na terceira reação, a transcetolase catalisa a síntese de *frutose 6-fosfato* e *gliceraldeído 3-fosfato* a partir da eritrose 4-fosfato e da xilulose 5-fosfato.

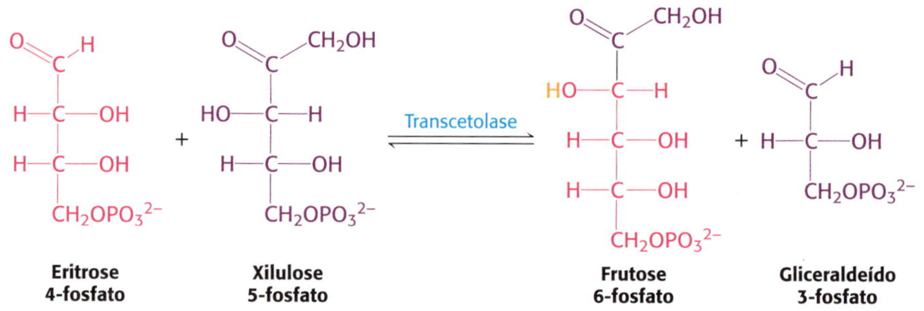


A soma dessas reações é

$$2 \text{ xilulose 5-fosfato} + \text{ribose 5-fosfato} \rightleftharpoons 2 \text{ frutose 6-fosfato} + \text{gliceraldeído 3-fosfato}$$

A xilulose 5-fosfato pode ser formada a partir da ribose 5-fosfato pela ação sequencial da fosfopentose isomerase e da fosfopentose epimerase, de modo que a reação final que começa a partir da ribose 5-fosfato é

$$3 \text{ ribose 5-fosfato} \rightleftharpoons 2 \text{ frutose 6-fosfato} + \text{gliceraldeído 3-fosfato}$$

Assim, *o excesso de ribose 5-fosfato formado pela via das pentoses fosfato pode ser totalmente convertido em intermediários glicolíticos.* Além disso, qualquer ribose ingerida na alimentação pode ser processada a intermediários da glicólise por essa via. É evidente que os esqueletos de carbono dos açúcares podem sofrer extenso rearranjo para suprir as necessidades fisiológicas (Tabela 20.3).

### Mecanismo: a transcetolase e a transaldolase estabilizam intermediários carbaniônicos por diferentes mecanismos

As reações catalisadas pela transcetolase e pela transaldolase são distintas, porém semelhantes em muitos aspectos. Uma diferença é que a transcetolase transfere uma unidade de dois carbonos, enquanto a transaldolase transfere uma unidade de três carbonos. Cada uma dessas unidades fixa-se transitoriamente à enzima durante a reação, de modo que essas enzimas são exemplos de reações de duplo deslocamento (ver seção 8.4).

**Reação da transcetolase.** A transcetolase contém uma tiamina pirofosfato firmemente ligada como grupo prostético. Essa enzima transfere um glicoaldeído de dois carbonos de um doador de cetose para um aceptor de aldose. O local da adição da unidade de dois carbonos é o anel tiazólico da TPP.

**TABELA 20.3** Via das pentoses fosfato.

| Reação | Enzima |
|---|---|
| **Fase oxidativa** | |
| Glicose 6-fosfato + $NADP^+$ → 6-fosfoglicono-δ-lactona + NADPH + $H^+$ | Glicose 6-fosfato desidrogenase |
| 6-fosfoglicono-δ-lactona + $H_2O$ → 6-fosfogliconato + $H^+$ | Lactonase |
| 6-fosfogliconato + $NADP^+$ → ribulose 5-fosfato + $CO_2$ + NADPH + $H^+$ | 6-fosfogliconato desidrogenase |
| **Fase não oxidativa** | |
| Ribulose 5-fosfato ⇌ ribose 5-fosfato | Fosfopentose isomerase |
| Ribulose 5-fosfato ⇌ xilulose 5-fosfato | Fosfopentose epimerase |
| Xilulose 5-fosfato + ribose 5-fosfato ⇌ sedo-heptulose 7-fosfato + gliceraldeído 3-fosfato | Transcetolase |
| Sedo-heptulose 7-fosfato + gliceraldeído 3-fosfato ⇌ frutose 6-fosfato + eritrose 4-fosfato | Transaldolase |
| Xilulose 5-fosfato + eritrose 4-fosfato ⇌ frutose 6-fosfato + gliceraldeído 3-fosfato | Transcetolase |

A transcetolase é homóloga à subunidade $E_1$ do complexo da piruvato desidrogenase (ver seção 17.1), e seu mecanismo de reação é semelhante (Figura 20.22).

A reação prossegue da seguinte forma:

**1.** O átomo de carbono C-2 da TPP ligada ioniza-se prontamente, produzindo um *carbânion*.

**2.** O átomo de carbono de carga negativa desse intermediário reativo ataca o grupo carbonila do substrato da cetose.

**3.** O composto de adição resultante libera o produto da aldose, dando origem a uma *unidade de glicoaldeído ativada*.

**4.** O átomo de nitrogênio de carga positiva no anel tiazólico atua como um *escoadouro de elétrons* no desenvolvimento desse intermediário ativado.

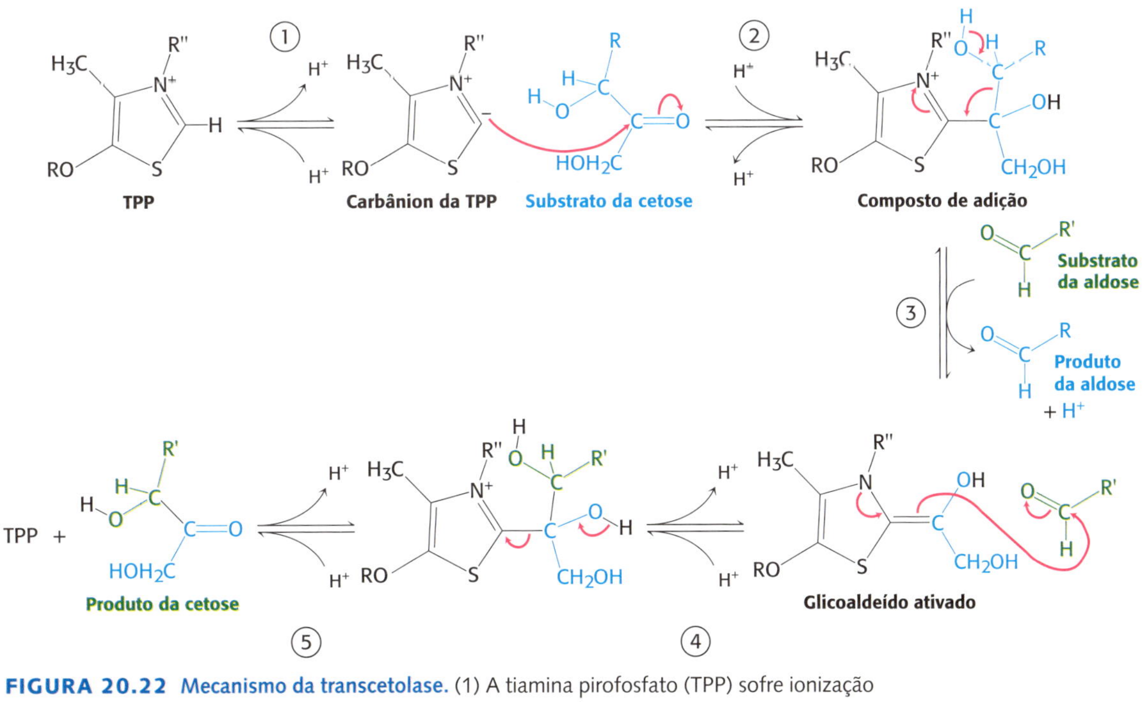


**FIGURA 20.22 Mecanismo da transcetolase.** (1) A tiamina pirofosfato (TPP) sofre ionização para formar um carbânion. (2) O carbânion da TPP ataca o substrato da cetose. (3) A clivagem de uma ligação carbono-carbono libera o produto aldose e deixa um fragmento de dois carbonos ligado à TPP. (4) Esse intermediário glicoaldeído ativado ataca o substrato da aldose, formando uma nova ligação carbono-carbono. (5) O produto da cetose é liberado, deixando a TPP pronta para o próximo ciclo de reações.

O grupo carbonila de um aceptor de aldose apropriado condensa-se então com o glicoaldeído ativado, formando uma nova cetose.

**5.** A cetose é então liberada da enzima.

**Reação da transaldolase.** A transaldose transfere uma unidade de *di-hidroxiacetona* de três carbonos de um doador de cetose para um aceptor de aldose. Diferentemente da transcetolase, a transaldolase não contém um grupo prostético. Na verdade, *forma-se uma base de Schiff entre o grupo carbonila do substrato da cetose e o grupo ε-amino de um resíduo de lisina no sítio ativo da enzima* (Figura 20.23). Esse tipo de intermediário covalente enzima-substrato assemelha-se àquele formado na frutose 1,6 bisfosfato aldolase na via glicolítica (ver seção 16.1), e, com efeito, as enzimas são homólogas. A reação prossegue da seguinte maneira:

**1.** A primeira etapa consiste na formação da base de Schiff.

**2.** A base de Schiff torna-se protonada, e a ligação entre C-3 e C-4 é clivada.

**3.** Com a reprotonação, o produto da aldose é liberado, deixando um fragmento de três carbonos ligado à enzima. A carga negativa na porção carbânion da base de Schiff é estabilizada por ressonância (Figura 20.24). O átomo de nitrogênio de carga positiva da base de Schiff protonada atua como um escoadouro de elétrons.

**4.** O aduto da base de Schiff permanece estável até haver a ligação de uma aldose apropriada.

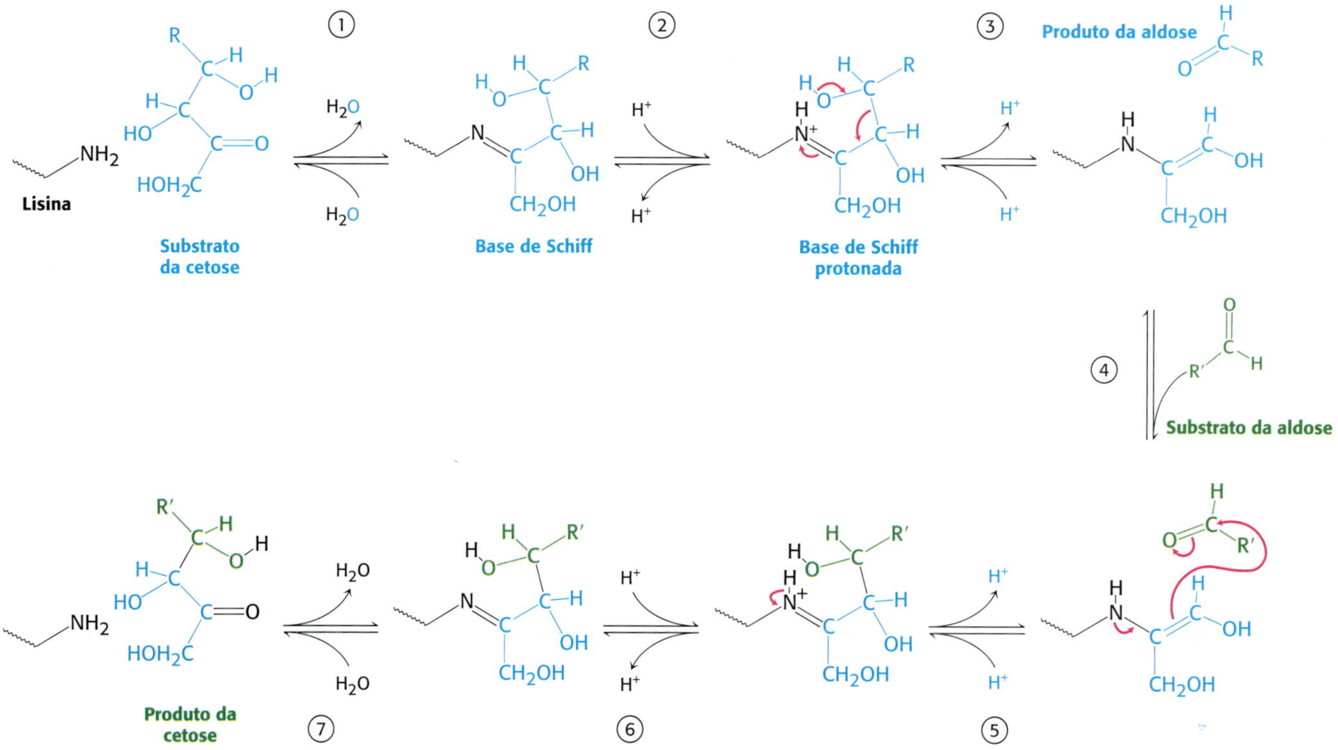


**FIGURA 20.23 Mecanismo da transaldolase.** **1.** A reação começa com a formação de uma base de Schiff entre um resíduo de lisina na transaldolase e o substrato da cetose. **2.** Ocorre a protonação da base de Schiff. **3.** A desprotonação leva à liberação do produto da aldose, deixando um fragmento de três carbonos ligado ao resíduo de lisina. **4.** Esse intermediário é adicionado ao substrato da aldose. **5.** Ocorre uma protonação, formando então uma nova ligação carbono-carbono. **6.** A desprotonação subsequente e (**7**) a hidrólise da base de Schiff liberam o produto da cetose da cadeia lateral da lisina, completando o ciclo de reações.

**5.** Em seguida, a porção di-hidroxiacetona reage com o grupo carbonila da aldose. A protonação permite a formação de uma nova ligação carbono–carbono.

**6.** Subsequentemente, ocorre desprotonação.

**7.** Após a desprotonação, a hidrólise da base de Schiff libera o produto da cetose.

O átomo de nitrogênio da base de Schiff protonada desempenha o mesmo papel na transaldolase que o átomo de nitrogênio do anel tiazólico na transcetolase. Em cada enzima, um grupo dentro de um intermediário reage como um carbânion, atacando um grupo carbonila para formar uma nova ligação carbono-carbono. Em cada caso, a carga no carbânion é estabilizada por ressonância (ver Figura 20.24).

Uma base de Schiff, assim denominada em homenagem ao químico italiano Hugo Schiff (1834–1915), é um composto com a estrutura geral $R_2C = NR'$. Esses compostos podem ser considerados uma subclasse das iminas que são normalmente formadas pela condensação de uma cetona ou aldeído com uma amina primária.

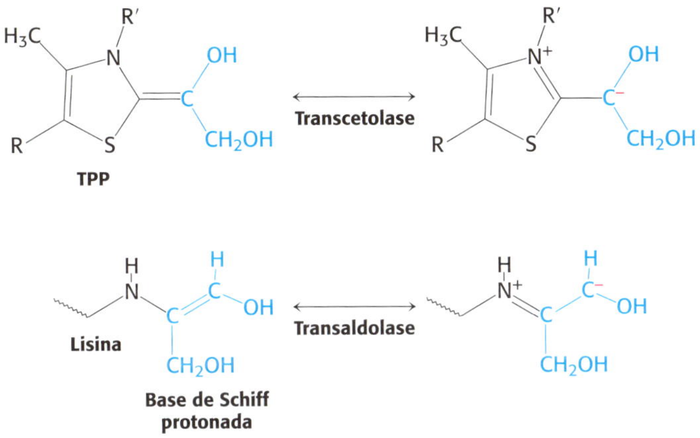


**FIGURA 20.24 Intermediários de carbânion.** Nos casos da transcetolase e da transaldolase, um intermediário carbânion é estabilizado por ressonância. Na transcetolase, a TPP estabiliza esse intermediário; na transaldolase, uma base de Schiff protonada desempenha esse papel.

## 20.4 O metabolismo da glicose 6-fosfato pela via das pentoses fosfato é coordenado com a glicólise

A glicose 6-fosfato é metabolizada pela via glicolítica (ver Capítulo 16) e pela via das pentoses fosfato. Como o processamento desse importante metabólito é dividido entre essas duas vias metabólicas? A concentração citoplasmática de $NADP^+$ desempenha papel essencial na determinação do destino da glicose 6-fosfato.

### A velocidade da fase oxidativa da via das pentoses fosfato é controlada pelo nível de $NADP^+$

A primeira reação no ramo oxidativo da via das pentoses fosfato – a desidrogenação da glicose 6-fosfato – é essencialmente irreversível. Com efeito, em condições fisiológicas, essa reação tem sua velocidade limitada e atua como um local de controle para o ramo oxidativo da via. O fator regulatório mais importante é o nível de $NADP^+$. Níveis baixos de $NADP^+$ limitam a desidrogenação da glicose 6-fosfato, visto que ele é necessário como aceptor de elétrons. O efeito dos baixos níveis de $NADP^+$ é intensificado pelo fato de que o NADPH compete com o $NADP^+$ pela ligação à enzima. A razão entre $NADP^+$ e NADPH no citoplasma de uma célula hepática de um rato bem alimentado é de cerca de 0,014. O acentuado efeito do nível de $NADP^+$ sobre a velocidade da fase oxidativa assegura que não haja produção de NADPH, a não ser que o suprimento necessário para as biossínteses redutoras seja baixo. A fase não oxidativa da via das pentoses fosfato é controlada principalmente pela disponibilidade de substratos.

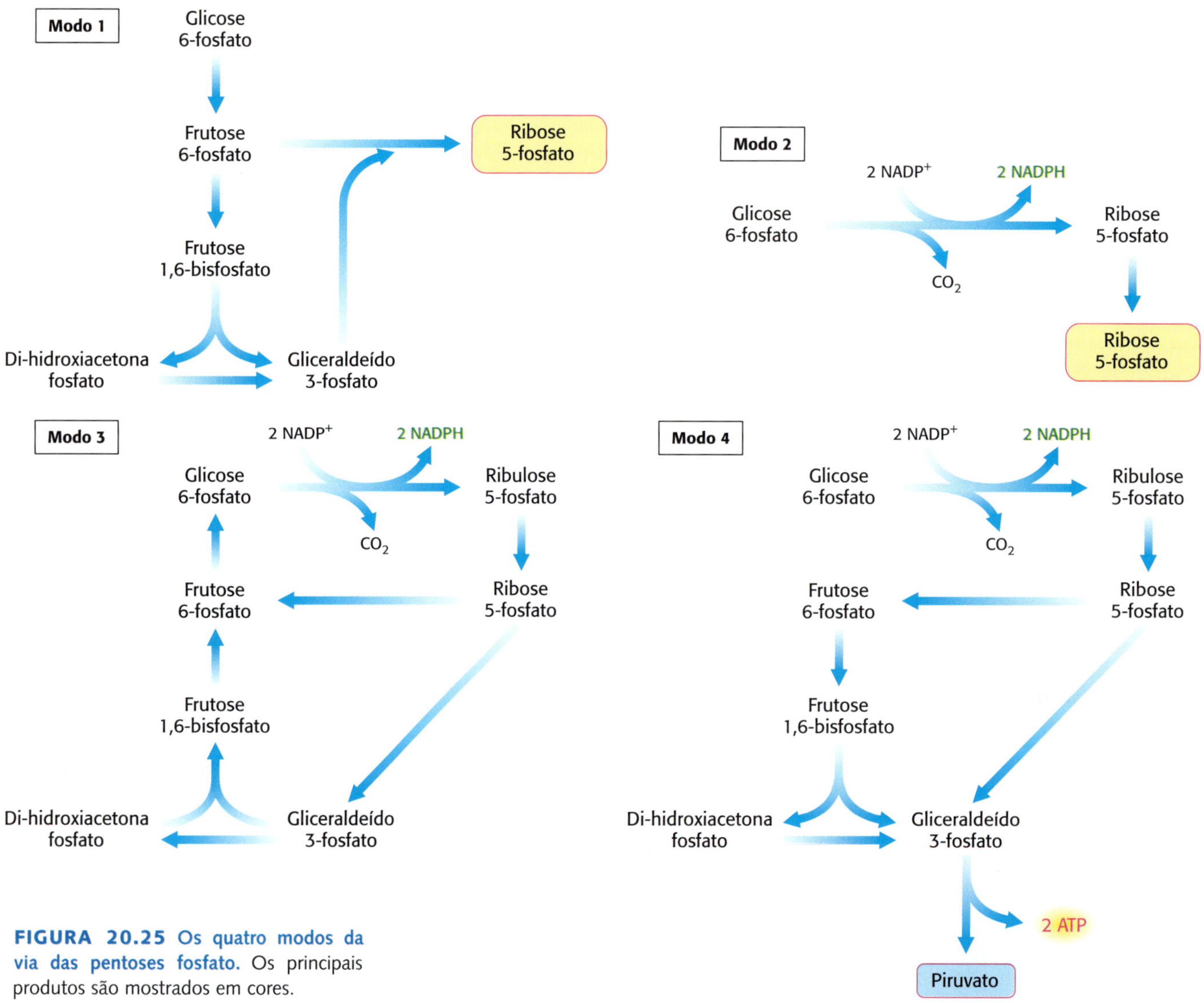


**FIGURA 20.25 Os quatro modos da via das pentoses fosfato.** Os principais produtos são mostrados em cores.

## O fluxo da glicose 6-fosfato depende da necessidade de NADPH, de ribose 5-fosfato e de ATP

Podemos compreender a complexa interação entre a glicólise e a via das pentoses fosfato examinando o metabolismo da glicose 6-fosfato em quatro situações metabólicas diferentes (Figura 20.25).

**Modo 1.** *Há a necessidade de muito mais ribose 5-fosfato do que de NADPH.* Por exemplo, as células que sofrem rápida divisão necessitam de ribose 5-fosfato para a síntese dos nucleotídios precursores do DNA. A maior parte da glicose 6-fosfato é convertida em frutose 6-fosfato e gliceraldeído 3-fosfato pela via glicolítica. Em seguida, a transaldolase e a transcetolase convertem duas moléculas de frutose 6-fosfato e uma molécula de gliceraldeído 3-fosfato em três moléculas de ribose 5-fosfato por reações reversas em relação às descritas anteriormente. A estequiometria do modo 1 é

$$5 \text{ glicose 6-fosfato} + \text{ATP} \longrightarrow 6 \text{ ribose 5-fosfato} + \text{ADP} + 2\ \text{H}^+$$

**Modo 2.** *As necessidades de NADPH e de ribose 5-fosfato estão equilibradas.* Nessas condições, a glicose 6-fosfato é processada em uma molécula de ribulose 5-fosfato enquanto são produzidas duas moléculas de NADPH.

Em seguida, a ribulose 5-fosfato é convertida em ribose 5-fosfato. A estequiometria do modo 2 é

$$\text{Glicose 6-fosfato} + 2\ NADP^+ + H_2O \longrightarrow \text{ribose 5-fosfato} + 2\ NADPH + 2\ H^+ + CO_2$$

**Modo 3.** *Há a necessidade de muito mais NADPH do que de ribose 5-fosfato.* Por exemplo, o tecido adiposo necessita de alto nível de NADPH para a síntese de ácidos graxos (Tabela 20.4). Nesse caso, a glicose 6-fosfato é totalmente oxidada a $CO_2$. Três grupos de reações estão ativos nessa situação. Em primeiro lugar, a fase oxidativa da via das pentoses fosfato forma duas moléculas de NADPH e uma molécula de ribulose 5-fosfato. Em seguida, a ribulose 5-fosfato é convertida em frutose 6-fosfato e gliceraldeído 3-fosfato pela transcetolase e pela transaldolase. Por fim, a glicose 6-fosfato é novamente sintetizada a partir da frutose 6-fosfato e do gliceraldeído 3-fosfato pela gliconeogênese. A estequiometria desses três conjuntos de reações é

$$6\ \text{glicose 6-fosfato} + 12\ NADP^+ + 6\ H_2O \longrightarrow 6\ \text{ribose 5-fosfato} + 12\ NADPH + 12\ H^+ + 6\ CO_2$$

$$6\ \text{ribose 5-fosfato} \longrightarrow 4\ \text{frutose 6-fosfato} + 2\ \text{gliceraldeído 3-fosfato}$$

$$4\ \text{frutose 6-fosfato} + 2\ \text{gliceraldeído 3-fosfato} + H_2O \longrightarrow 5\ \text{glicose 6-fosfato} + P_i$$

A soma das reações do modo 3 é

$$\text{Glicose 6-fosfato} + 12\ NADP^+ + 7\ H_2O \longrightarrow 6\ CO_2 + 12\ NADPH + 12\ H^+ + P_i$$

Por conseguinte, *o equivalente da glicose 6-fosfato pode ser totalmente oxidado a $CO_2$, com produção concomitante de NADPH.* Em essência, a ribose 5-fosfato produzida pela via das pentoses fosfato é reciclada em glicose 6-fosfato pela transcetolase, pela transaldolase e por algumas das enzimas da gliconeogênese.

**TABELA 20.4** Tecidos com via das pentoses fosfato ativa.

| Tecido | Função |
|---|---|
| Glândula suprarrenal | Síntese de esteroides |
| Fígado | Síntese de ácidos graxos e colesterol |
| Testículo | Síntese de esteroides |
| Tecido adiposo | Síntese de ácidos graxos |
| Ovário | Síntese de esteroides |
| Glândula mamária | Síntese de ácidos graxos |
| Eritrócitos | Manutenção da glutationa reduzida |

**Modo 4.** *Tanto o NADPH quanto o ATP são necessários.* Como alternativa, a ribulose 5-fosfato formada a partir da glicose 6-fosfato pode ser convertida em piruvato. A frutose 6-fosfato e o gliceraldeído 3-fosfato derivados da ribose 5-fosfato entram na via glicolítica, em vez de reverter para glicose 6-fosfato. Nesse modo, *ocorre produção concomitante de ATP e de NADPH, e cinco dos seis carbonos da glicose 6-fosfato emergem no piruvato.*

$$3 \text{ glicose 6-fosfato} + 6 \text{ NADP}^+ + 5 \text{ NAD}^+ + 5 \text{ P}_i + 8 \text{ ADP} \longrightarrow$$
$$5 \text{ piruvato} + 3 \text{ CO}_2 + 6 \text{ NADPH} + 5 \text{ NADH}$$
$$+ 8 \text{ ATP} + 2 \text{ H}_2\text{O} + 8 \text{ H}^+$$

O piruvato formado por essas reações pode ser oxidado para produzir mais ATP, ou pode ser utilizado como bloco de construção em uma variedade de biossínteses.

### A via das pentoses fosfato é necessária para o rápido crescimento das células

As células que sofrem rápida divisão, como as células cancerosas, necessitam de ribose 5-fosfato, para a síntese de ácidos nucleicos, e de NADPH, para a síntese de ácidos graxos, que, por sua vez, são necessários para formar os lipídios de membrana (ver seção 26.1). Lembre-se de que as células que apresentam rápida divisão mudam para a glicólise aeróbica para suprir as necessidades de ATP (ver seção 16.2). A glicose 6-fosfato e os intermediários glicolíticos são então utilizados para gerar NADPH e ribose 5-fosfato, utilizando a fase não oxidativa da via das pentoses fosfato. O desvio dos intermediários glicolíticos para a fase não oxidativa é facilitado pela expressão do gene de uma isoenzima da piruvato quinase, a PKM. A PKM possui baixa atividade catalítica, o que a faz criar um afunilamento na via glicolítica. Os intermediários glicolíticos acumulam-se e, em seguida, são utilizados pela via das pentoses fosfato para a síntese de NADPH e de ribose 5-fosfato. O desvio dos intermediários fosforilados para a fase não oxidativa da via das pentoses fosfato é ainda mais favorecido pela inibição da triose fosfato isomerase pelo fosfoenolpiruvato, o substrato da PKM.

### Através do espelho: o ciclo de Calvin e a via das pentoses fosfato são imagens especulares

Podemos compreender mais facilmente as complexidades do ciclo de Calvin e da via das pentoses fosfato se os considerarmos como imagens especulares funcionais uma da outra. O ciclo de Calvin começa com a fixação do $CO_2$ e prossegue utilizando o NADPH na síntese de glicose. A via das pentoses fosfato começa com a oxidação de um átomo de carbono derivado da glicose a $CO_2$ e concomitantemente produz NADPH. A fase de regeneração do ciclo de Calvin converte moléculas de $C_6$ e $C_3$ de volta ao material inicial – a molécula $C_5$ de ribulose 1,5 bisfosfato. A via das pentoses fosfato converte uma molécula $C_5$, a ribulose 5-fosfato, em intermediários $C_6$ e $C_3$ da via glicolítica. Não é surpreendente que, nos organismos fotossintéticos, muitas enzimas sejam comuns às duas vias. Testemunhamos a economia da evolução: o uso de enzimas idênticas para reações semelhantes com diferentes finalidades.

## 20.5 A glicose 6-fosfato desidrogenase desempenha papel essencial na proteção contra espécies reativas de oxigênio

O NADPH produzido na via das pentoses fosfato desempenha papel vital ao proteger as células das espécies reativas de oxigênio (ROS, do inglês *reactive oxygen species*). As espécies reativas de oxigênio produzidas no metabolismo oxidativo causam dano a todas as classes de macromoléculas e, por fim, podem levar à morte celular. Com efeito, as ROS estão implicadas em diversas doenças humanas, como o diabetes melito (Tabela 18.3).

A *glutationa* reduzida (GSH), um tripeptídio com um grupo sulfidrila livre, combate o estresse oxidativo ao reduzir as ROS a formas inócuas. Uma vez cumprida a sua tarefa, a glutationa está agora na forma oxidada (GSSG) e precisa ser reduzida para regenerar a GSH. O poder redutor é fornecido pelo NADPH gerado pela glicose 6-fosfato desidrogenase na via das pentoses fosfato. Com efeito, as células com níveis reduzidos de glicose 6-desidrogenase são particularmente sensíveis ao estresse oxidativo.

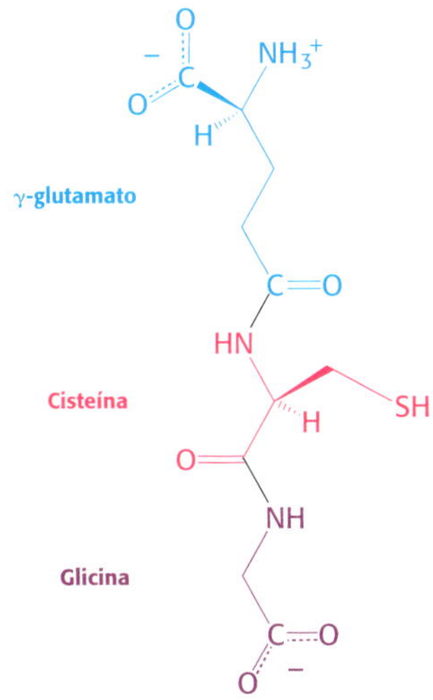


**Glutationa (reduzida)**
**(γ-glutamilcisteinilglicina)**

## A deficiência de glicose 6-fosfato desidrogenase causa anemia hemolítica induzida por fármacos

A importância da via das pentoses fosfato é ressaltada pelas respostas anômalas que algumas pessoas apresentam a determinados fármacos. Por exemplo, a pamaquina, o primeiro medicamento antimalárico sintético introduzido em 1926, esteve associada ao aparecimento de sintomas graves e misteriosos. A maioria dos pacientes tolerava bem o fármaco, porém alguns desenvolviam sintomas graves em poucos dias após o início da terapia. A urina ficava escura, ocorria icterícia, e o nível de hemoglobina no sangue caía acentuadamente. Em alguns casos, uma destruição maciça dos eritrócitos levava à morte.

Trinta anos mais tarde, foi descoberto que essa *anemia hemolítica* induzida por fármacos era causada por uma *deficiência de glicose 6-fosfato desidrogenase*, a enzima que catalisa a primeira etapa da fase oxidativa da via das pentoses fosfato. O resultado consiste em uma escassez de NADPH em todas as células, porém essa deficiência é mais aguda nos eritrócitos, visto que eles carecem de mitocôndrias e não dispõem de meios alternativos para gerar um poder redutor. Esse defeito, que é herdado no cromossomo X, constitui a doença mais comum decorrente de uma disfunção enzimática, afetando centenas de milhões de pessoas.

Há muitas décadas, a sensibilidade à pamaquina não é simplesmente uma singularidade histórica relacionada ao tratamento da malária. A primaquina, um agente antimalárico estreitamente relacionado com a pamaquina, é amplamente utilizada em regiões do mundo propensas à malária. A vicina, um glicosídio pirimidínico da fava (consumida nos países do Mediterrâneo), também pode induzir uma hemólise. Os indivíduos com deficiência de glicose 6-fosfato desidrogenase sofrem hemólise com a ingestão de favas ou a inalação do pólen das flores da planta, uma resposta denominada *favismo*. Como podemos explicar bioquimicamente a hemólise causada pela pamaquina, pela primaquina e pela vicina? Essas substâncias químicas são agentes oxidantes que geram peróxidos, espécies reativas de oxigênio que podem causar lesão das membranas, bem como de outras biomoléculas. Os peróxidos são habitualmente eliminados pela enzima *glutationa peroxidase*, que utiliza a glutationa reduzida como agente redutor.

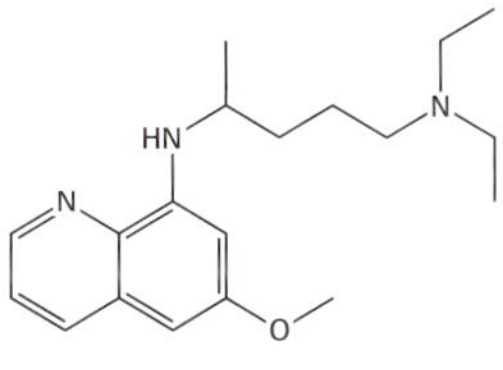

Pamaquina

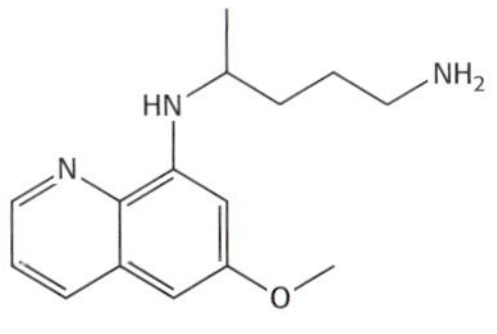

Primaquina

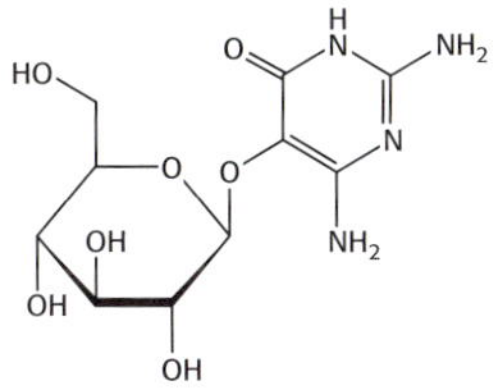

Vicina

***Vicia faba***. A planta *Vicia faba* do Mediterrâneo é uma fonte de grãos que contêm o glicosídio pirimidínico vicina. [Fonte: iStock ©Queserasera99.]

$$2\ \text{GSH} + \text{ROOH} \xrightarrow{\text{Glutationa peroxidase}} \text{GSSG} + \text{H}_2\text{O} + \text{ROH}$$

O principal papel do NADPH nos eritrócitos consiste em reduzir a forma dissulfeto da glutationa à forma sulfidrila. A enzima que catalisa a regeneração da glutationa reduzida é a *glutationa redutase*.

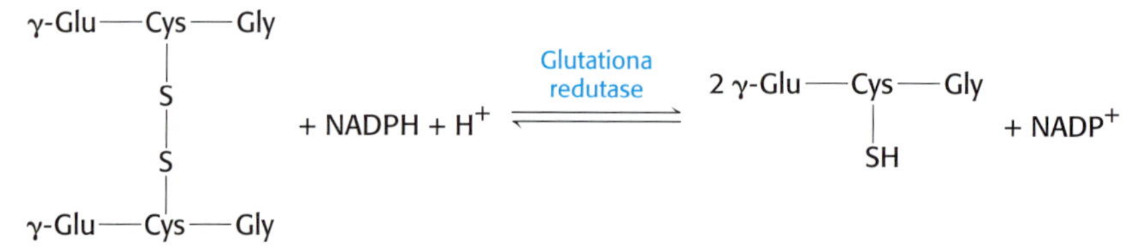


**Glutationa oxidada (GSSG)** **Glutationa reduzida (GSH)**

Os eritrócitos com nível diminuído de glutationa reduzida são mais suscetíveis à hemólise. Na ausência de glicose 6-fosfato desidrogenase, os peróxidos continuam lesionando as membranas, visto que não há produção de NADPH para restaurar a glutationa reduzida. Por conseguinte, a resposta à nossa questão é que *a glicose 6-fosfato desidrogenase é necessária para manter níveis reduzidos de glutationa, de modo a proteger contra o estresse oxidativo.* Na ausência de estresse oxidativo, entretanto, a deficiência é bastante benigna. A sensibilidade dos indivíduos com essa deficiência de desidrogenase aos agentes oxidativos também demonstra claramente que *as reações atípicas a fármacos podem ter base genética.*

A glutationa reduzida também é essencial na manutenção da estrutura normal dos eritrócitos, visto que mantém a estrutura da hemoglobina. A forma reduzida da glutationa atua como um tampão de sulfidrilas, mantendo os resíduos de hemoglobina na forma sulfidrila reduzida. Na ausência de níveis adequados de glutationa reduzida, os grupos sulfidrila da hemoglobina não podem mais ser mantidos na forma reduzida. Em seguida, as moléculas de hemoglobina estabelecem ligações cruzadas umas com as outras, formando agregados denominados *corpúsculos de Heinz,* nas membranas celulares (Figura 20.26). As membranas lesionadas pelos corpúsculos de Heinz e pelas espécies reativas de oxigênio ficam deformadas, e a célula tende a sofrer lise.

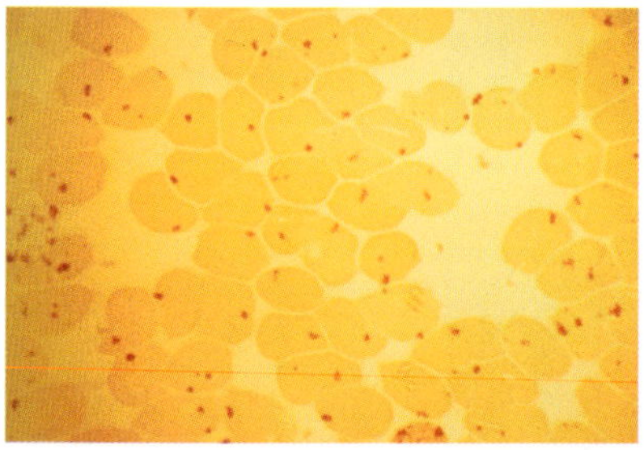

**FIGURA 20.26 Eritrócitos com corpúsculos de Heinz.** A micrografia óptica mostra eritrócitos obtidos de um indivíduo com deficiência de glicose 6-fosfato desidrogenase. As partículas escuras, denominadas corpúsculos de Heinz, que estão dentro das células consistem em agregados de hemoglobina desnaturada que aderem à membrana plasmática e coram-se com corantes básicos. Os eritrócitos desses indivíduos são altamente suscetíveis à lesão oxidativa. [CNRI/Science Source.]

## A deficiência de glicose 6-fosfato desidrogenase confere vantagem evolutiva em algumas circunstâncias

A incidência da forma mais comum de deficiência de glicose 6-fosfato desidrogenase, caracterizada por uma redução de 10 vezes na atividade da enzima nos eritrócitos, é de 11% entre norte-americanos de ascendência africana. Essa alta frequência sugere que a deficiência pode ser vantajosa em certas condições ambientais. Com efeito, *a deficiência de glicose 6-fosfato desidrogenase fornece proteção contra a malária falciparum.* Os parasitas que causam essa doença necessitam de NADPH para o seu crescimento. Além disso, a infecção pelos parasitas induz um estresse oxidativo na célula infectada. Como a via das pentoses fosfato está comprometida, a célula e o parasita morrem em consequência da lesão oxidativa. Por conseguinte, a deficiência de glicose 6-fosfato desidrogenase constitui um mecanismo de proteção contra a malária, o que explica a sua alta frequência em regiões do mundo propensas à malária. Com esse exemplo, observamos mais uma vez a interação existente entre a hereditariedade e o ambiente no efeito dos fármacos e da dieta sobre a fisiologia.

Entretanto, a capacidade da deficiência de glicose 6-fosfato desidrogenase de proteger contra a malária cria um dilema de saúde pública. A primaquina é um agente antimalárico comumente utilizado e altamente efetivo. Entretanto, o uso indiscriminado desse fármaco provoca hemólise em indivíduos com deficiência de glicose 6-fosfato desidrogenase. Uma solução para tal problema pode estar no futuro próximo, visto que pesquisas recentes mostram a possibilidade de desenvolver uma vacina antimalárica.

# RESUMO

## 20.1 O ciclo de Calvin sintetiza hexoses a partir do dióxido de carbono e da água

O ATP e o NADPH, que são formados nas fotorreações da fase clara da fotossíntese, são utilizados para converter o $CO_2$ em hexoses e outros compostos orgânicos. A fase escura da fotossíntese, denominada *ciclo de Calvin*, começa com a reação do $CO_2$ com a ribulose 1,5-bisfosfato para formar duas moléculas de 3-fosfoglicerato. Essa reação é catalisada pela rubisco (ribulose 1,5-bisfosfato carboxilase/oxigenase). As etapas na conversão do 3-fosfoglicerato em frutose 6-fosfato e glicose 6-fosfato são iguais àquelas da gliconeogênese, exceto que a gliceraldeído 3-fosfato desidrogenase dos cloroplastos é específica para o NAPDH, e não para o NADH. A ribulose 1,5-bisfosfato é regenerada a partir da frutose 6-fosfato, do gliceraldeído 3-fosfato e da di-hidroxiacetona fosfato por uma complexa série de reações. Várias das etapas na regeneração da ribulose 1,5-bisfosfato são iguais às da via das pentoses fosfato. Três moléculas de ATP e duas moléculas de NADPH são consumidas para cada molécula de $CO_2$ convertida em hexose. O amido nos cloroplastos e a sacarose no citoplasma constituem as principais reservas de carboidratos nas plantas.

A rubisco também catalisa uma reação de oxigenase competidora, que produz fosfoglicolato e 3-fosfoglicerato. A reciclagem do fosfoglicolato leva à liberação de $CO_2$ e ao consumo adicional de $O_2$ em um processo denominado fotorrespiração.

## 20.2 A atividade do ciclo de Calvin depende das condições ambientais

A tiorredoxina reduzida, que é formada pela transferência de elétrons guiada pela luz a partir da ferredoxina, ativa as enzimas do ciclo de Calvin ao reduzir as pontes dissulfeto. Os aumentos do pH e dos níveis de $Mg^{2+}$ do estroma induzidos pela luz são importantes para estimular a carboxilação da ribulose 1,5-bisfosfato pela rubisco. A fotorrespiração é minimizada nas plantas tropicais, que dispõem de uma via acessória – a via $C_4$ – para concentrar o $CO_2$ no local do ciclo de Calvin. Em virtude dessa via, as plantas tropicais aproveitam os altos níveis de luz e minimizam a oxigenação da ribulose 1,5-bisfosfato. Outras plantas utilizam o metabolismo ácido das crassuláceas (CAM) para impedir a desidratação. Nas plantas CAM, a via $C_4$ é ativa durante a noite, quando a planta troca gases com o ar. Durante o dia, a troca gasosa é eliminada, e ocorre a produção de $CO_2$ a partir do malato armazenado em vacúolos.

## 20.3 A via das pentoses fosfato gera NADPH e sintetiza açúcares de cinco carbonos

Enquanto o ciclo de Calvin só ocorre nos organismos fotossintéticos, a via das pentoses fosfato é encontrada em todos os organismos. A via das pentoses fosfato consiste em duas fases: uma fase oxidativa e uma fase não oxidativa. A fase oxidativa produz NADPH e ribulose 5-fosfato no citoplasma. O NADPH é utilizado em biossínteses redutoras. A fase oxidativa começa com a desidrogenação da glicose 6-fosfato para formar uma lactona, que é hidrolisada, produzindo 6-fosfogliconato, e, em seguida, descarboxilada de modo oxidativo, produzindo ribulose 5-fosfato. O $NADP^+$ é o aceptor de elétrons em ambas as oxidações. A fase não oxidativa começa com a isomerização da ribulose 5-fosfato (uma cetose) a ribose 5-fosfato (uma aldose). A ribose 5-fosfato é convertida em gliceraldeído 3-fosfato e frutose 6-fosfato pelas *transcetolase* e *transaldolase*. Essas duas enzimas estabelecem um elo reversível entre a via das pentoses fosfato e a gliconeogênese. A xilulose 5-fosfato, a sedo-heptulose 7-fosfato e a eritrose 4-fosfato são intermediários nessas interconversões. Quando as necessidades de NADPH são extremas, a frutose 6-fosfato e o gliceraldeído 3-fosfato da fase não oxidativa são utilizados para a síntese de glicose 6-fosfato para o metabolismo na fase oxidativa. Dessa maneira, 12 moléculas de NADPH podem ser produzidas para cada molécula de glicose 6-fosfato totalmente oxidada a $CO_2$.

### 20.4 O metabolismo da glicose 6-fosfato pela via das pentoses fosfato é coordenado com a glicólise

Apenas a fase não oxidativa da via fica significativamente ativa quando é necessário sintetizar uma quantidade muito maior de ribose 5-fosfato do que de NADPH. Nessas condições, a frutose 6-fosfato e o gliceraldeído 3-fosfato (formados pela via glicolítica) são convertidos em ribose 5-fosfato sem a formação de NADPH. Como alternativa, a ribose 5-fosfato formada na fase oxidativa pode ser transformada em piruvato por meio da frutose 6-fosfato e do gliceraldeído 3-fosfato. Nesse modo, são gerados ATP e NADPH, e cinco dos seis carbonos da glicose 6-fosfato emergem no piruvato. A interação entre a via glicolítica e a via das pentoses fosfato possibilita um ajuste contínuo dos níveis de NADPH, de ATP e dos blocos de construção, como a ribose 5-fosfato e o piruvato, para suprir as necessidades celulares.

### 20.5 A glicose 6-fosfato desidrogenase desempenha papel essencial na proteção contra espécies reativas de oxigênio

O NADPH gerado pela glicose 6-fosfato desidrogenase mantém os níveis apropriados de glutationa reduzida, necessários para combater o estresse oxidativo e para manter o ambiente redutor apropriado na célula. As células com atividade diminuída da glicose 6-fosfato desidrogenase são particularmente sensíveis ao estresse oxidativo.

# APÊNDICE Bioquímica em foco

## Bioquímica em foco 1

### A fosfoenolpiruvato carboxilase permite vislumbrar os antigos ecossistemas

Além de exibir maior afinidade pelo $CO_2$ quando comparada com a rubisco, a fosfoenolpiruvato carboxilase (PEPC) também incorpora o isótopo do carbono $^{13}CO_2$ mais prontamente do que a rubisco. Essa diferença significa que as plantas $C_4$ e as plantas $C_3$ apresentam diferentes razões $^{13}C/^{12}C$, ou assinaturas isotópicas diferentes. Essas assinaturas podem ser detectadas por meio de espectrometria de massa (ver seção 3.3). A detecção das diferentes assinaturas tem sido utilizada pelos ecologistas e biólogos evolutivos para investigar os ecossistemas antigos. Por exemplo, a análise da razão $^{13}C/^{12}C$ em fósseis mostrou que as plantas $C_4$ se expandiram rapidamente e tornaram-se as plantas dominantes das pradarias e savanas de 10 a 6 milhões de anos atrás. A assinatura isotópica possibilita até mesmo o exame da alimentação dos animais antigos. Os fósseis de animais que se alimentavam de plantas $C_4$ apresentam uma assinatura isotópica diferente daqueles que se alimentavam de plantas $C_3$. Um dos avanços mais interessantes e empolgantes da pesquisa biológica moderna é a quebra das barreiras entre as disciplinas. Uma peculiaridade bioquímica da PEPC – a incorporação de $^{13}CO_2$ – pode ser explorada por ecologistas e biólogos evolutivos para investigar a história dos ecossistemas.

## Bioquímica em foco 2

### Beija-flores e a via das pentoses fosfato

A evolução dos organismos fotossintéticos que produzem oxigênio possibilitou a evolução dos organismos multicelulares. Entretanto, conforme discutido no Capítulo 18 e neste capítulo, o $O_2$ pode ser prontamente convertido em espécies reativas de oxigênio (ROS), que podem causar lesão oxidativa na maioria das biomoléculas. Qualquer animal aeróbico que seja altamente ativo depara-se com o problema da lesão por ROS, e esse problema aumenta à medida que aumenta a atividade. Consideremos o beija-flor. Os músculos do voo constituem mais de 25% do peso da ave, as asas batem até 200 vezes por segundo, o coração apresenta mais de 1.200 bpm, e as aves alimentam-se enquanto estão no ar.

[Fonte: iStock ©mbolina.]

Esse incrível nível de atividade requer músculos que sejam capazes de manter elevada taxa metabólica por um longo período de tempo. Como os beija-flores lidam com a geração de ROS, que constitui uma consequência da elevada demanda de $O_2$? Uma das maneiras reside na natureza do combustível que eles extraem das flores. O néctar é rico em carboidratos, o combustível preferido para a atividade de alta intensidade (ver Capítulo 27). Quando os organismos utilizam carboidratos apenas como combustível, o quociente respiratório (QR) – a razão entre $CO_2$ produzido e $O_2$ consumido – é de 1. Conforme mostrado na equação:

$$C_6H_{12}O_6 + 6\ O_2 \xrightarrow[\text{celular}]{\text{respiração}} 6\ CO_2 + 6\ H_2O$$

$$QR = CO_2/O_2 = 1$$

Como veremos no Capítulo 27, o QR das gorduras e das proteínas é muito mais baixo.

A segunda vantagem em utilizar carboidratos como combustível é revelada quando se mede o QR dos beija-flores. O valor é realmente superior a 1. Qual poderia ser a fonte do $CO_2$ extra? Lembre-se de que a fase oxidativa da via das pentoses fosfato gera NADPH, que protege contra as ROS (p. 674). Ao atuar dessa maneira, a fase oxidativa também produz $CO_2$, sendo responsável pelo QR superior a 1 (ver figura abaixo).

Isso revela que, em virtude do elevado fluxo pela via das pentoses fosfato (ambas as fases, oxidativa e não oxidativa), os beija-flores utilizam néctar rico em carboidratos para produzir ATP, energizando a atividade muscular e protegendo também contra as ROS. Os atletas humanos que consomem carboidratos durante atividades físicas intensas e de longa duração também podem utilizar a via das pentoses fosfato para proteção contra as ROS.

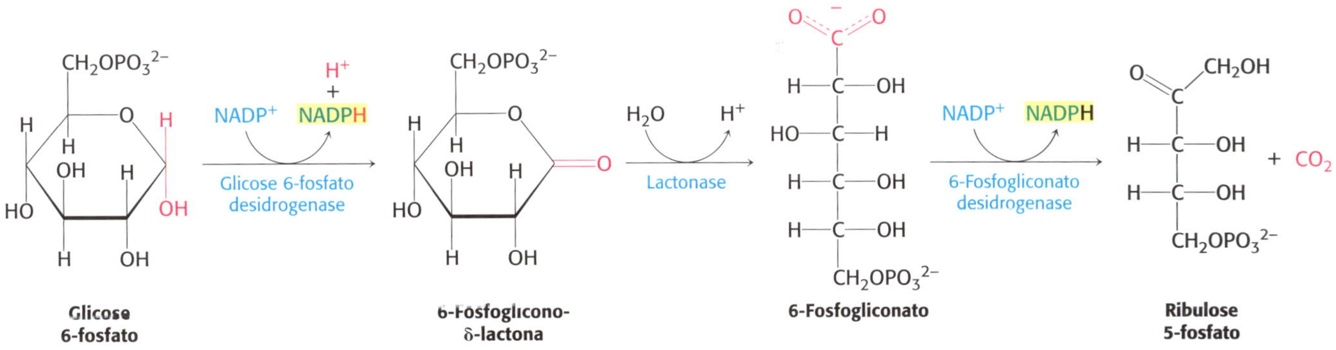


# APÊNDICE

## Estratégias para Resolução da Questão

**QUESTÃO:** A frutose 6-fosfato é um membro do conjunto (*pool*) de hexoses monofosfato encontrado nas plantas fotossintéticas.

**(a)** Quais são os outros membros do conjunto (*pool*)?

**(b)** Qual é a fonte do 3-fosfoglicerato nas plantas fotossintéticas?

**(c)** Esquematize uma via para a síntese de frutose 6-fosfato a partir do 3-fosfoglicerato.

**SOLUÇÃO:** Não precisamos ser bioquímicos de plantas para encontrar várias hexoses monofosfato; precisamos apenas lembrar do metabolismo da glicose descrito no Capítulo 17, visto que as hexoses monofosfato são proeminentes.

▸ **Quais são os outros membros do conjunto (*pool*) de hexoses monofosfato?**

Além da frutose 6-fosfato, vimos a glicose 6-fosfato e a glicose 1-fosfato. Lembre-se de que essas hexoses monofosfato sofrem rápida interconversão.

▸ **Qual é a fonte do 3-fosfoglicerato nas plantas fotossintéticas?**

Esta é uma importante questão a ser respondida, visto que ela essencialmente pergunta: qual é a reação que introduz o carbono da atmosfera na biosfera? A resposta é a reação catalisada pela rubisco:

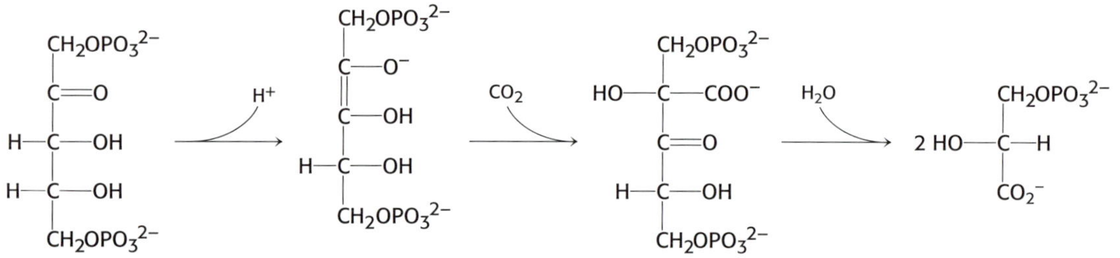


Ribulose 1,5-bisfosfato — Intermediário enediolato — Intermediário instável — 3-Fosfoglicerato

▶ **Esquematize uma via para a síntese de frutose 6-fosfato a partir do 3-fosfoglicerato.**

Se você lembrar, já tratamos dessa questão anteriormente. Assim, antes de responder, formulemos outra questão.

▶ **Qual é a via responsável pela síntese de glicose a partir de precursores simples?**

A gliconeogênese. Tudo que precisamos fazer é examinar a gliconeogênese, e introduzir qualquer adaptação específica necessária para as plantas.

▶ **Qual é a primeira etapa na conversão do 3-fosfoglicerato em frutose 6-fosfato?**

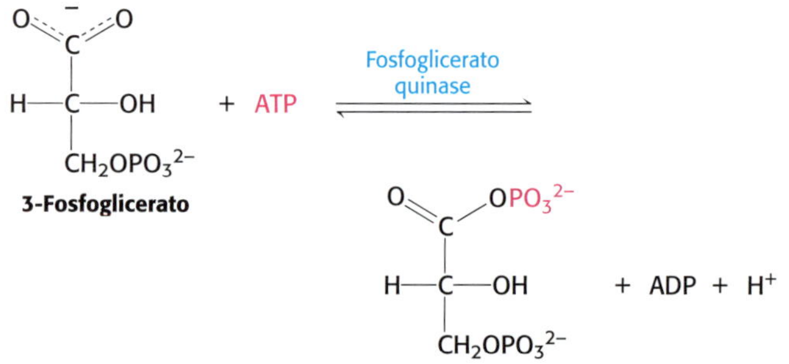


3-Fosfoglicerato

1,3-Bisfosfoglicerato

A reação da quinase gera o composto com potencial de transferência de fosforila de alta energia: o 1,3-bisfosfoglicerato. Certifique-se apenas de que estamos sendo bem claros sobre todos os detalhes:

▶ **Qual é a fonte do ATP na reação da quinase?**

Essas reações ocorrem no cloroplasto, de modo que existe um fácil acesso ao ATP produzido pelas fotorreações.

▶ **Utilizando a gliconeogênese como nosso guia, qual é a próxima reação na síntese de frutose 6-fosfato e como ela difere da reação da gliconeogênese?**

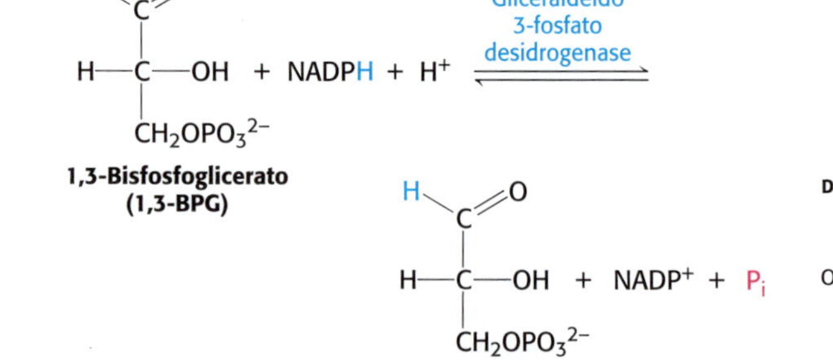


1,3-Bisfosfoglicerato (1,3-BPG)

Gliceraldeído 3-fosfato (GAP)

A próxima reação é a redução do 1,3-bisfosfoglicerato a gliceraldeído 3-fosfato. Essa reação é diferente porque a gliceraldeído 3-fosfato desidrogenase dos cloroplastos utiliza NADPH, em vez de NADH. Lembre-se de que o NADPH também é um produto das fotorreações. Tenha em mente que a frutose 6-fosfato é composta de seis carbonos, enquanto as reações que estamos utilizando como substratos e produtos têm três moléculas de carbono. Assim, precisamos duplicar as reações anteriores. Já fizemos isso:

▶ **Qual é a próxima reação que deve ocorrer?**

Gliceraldeído 3-fosfato — Di-hidroxiacetona fosfato

Precisamos de duas moléculas de três carbonos diferentes para gerar frutose 6-fosfato; essas duas moléculas são o gliceraldeído 3-fosfato e a di-hidroxiacetona fosfato. Dependemos da triose fosfato isomerase para converter uma das moléculas de gliceraldeído 3-fosfato a di-hidroxiacetona fosfato.

Agora temos duas moléculas de três carbonos. Obviamente, elas precisam ser unidas para formar uma molécula de seis carbonos capaz de ser convertida em frutose 6-fosfato.

▶ **Mostremos as reações que unem as duas moléculas de três carbonos e a síntese de frutose 6-fosfato.**

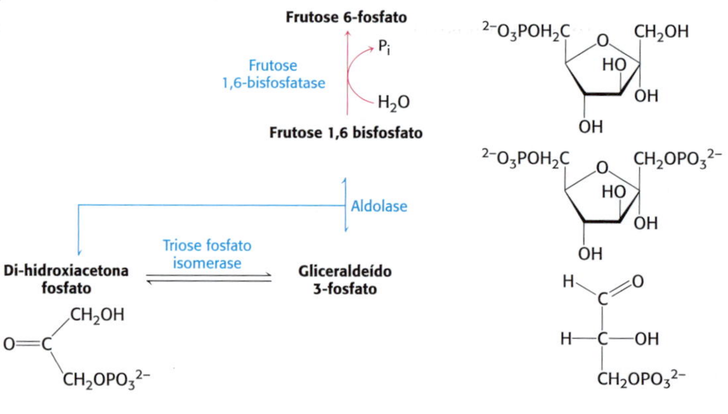


A aldolase une a di-hidroxiacetona fosfato com o gliceraldeído 3-fosfato para formar a frutose 1,6-bisfosfato, e a frutose 1,6-bisfosfatase remove um fosfato para produzir finalmente a frutose 6-fosfato. Lembre-se de que a frutose 6-fosfato é um membro do conjunto (*pool*) de hexoses monofosfato, cujos componentes são, todos eles, prontamente interconversíveis. Assim, sintetizamos não apenas uma hexose monofosfato, mas três. Ótimo trabalho!

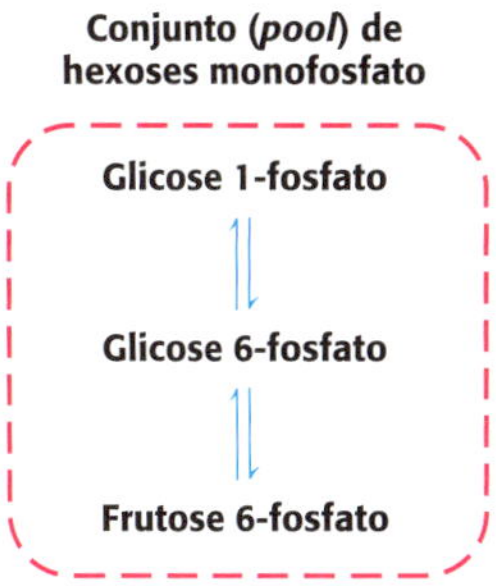


## PALAVRAS-CHAVE

Ciclo de Calvin (reações da fase escura)
autótrofo
heterótrofo
rubisco (ribulose 1,5-bisfosfato carboxilase/oxigenase)
peroxissomo (microcorpo)
fotorrespiração
conjunto (*pool*) de hexoses monofosfato
transcetolase
aldolase
amido
sacarose
tiorredoxina
via $C_4$ (via de Hatch-Slack)
planta $C_4$
planta $C_3$
metabolismo ácido das crassuláceas (CAM)
via das pentoses fosfato
glicose 6-fosfato desidrogenase
glutationa

## QUESTÕES

**1.** *Não é o ciclo de Calvin Klein.* O ciclo de Calvin: ✓1

**(a)** Não pode ocorrer na presença de luz.

**(b)** É independente das fotorreações.

**(c)** É uma necessidade das plantas fotossintéticas, porém não tem nenhum efeito sobre o resto da biosfera.

**(d)** É dependente das fotorreações.

**2.** *Fixação no $CO_2$.* A fixação do $CO_2$ pelas plantas em compostos orgânicos: ✓1

**(a)** Requer NADPH.

**(b)** Requer Acetil-CoA.

**(c)** Gera ATP.

**(d)** Ocorre no citoplasma.

**3.** *Não é o ciclo de Calvin nem o ciclo de Hobbes.* Por que o ciclo de Calvin é crucial no funcionamento de todas as formas de vida? ✓1

**4.** *Seja gentil com as plantas.* Diferencie autótrofos de heterótrofos.

**5.** *Reações cabalísticas?* Por que as reações do ciclo de Calvin são algumas vezes designadas como reações da fase escura? Elas ocorrem apenas à noite ou são reações sombrias e secretas? ✓1

**6.** *Compare e diferencie.* Identifique as semelhanças e as diferenças entre o ciclo de Krebs e o ciclo de Calvin. ✓1

**7.** *Falando de luz e escuridão.* A rubisco necessita de uma molécula de $CO_2$ covalentemente ligada à lisina 201 para a sua atividade catalítica. A carboxilação da rubisco é favorecida pela presença de pH alto e concentração elevada de $Mg^{2+}$ no estroma. Por que é fisiologicamente coerente que essas condições favoreçam a carboxilação da rubisco? ✓1, ✓2

**8.** *Experimentos de marcação.* Quando Melvin Calvin realizou seus experimentos iniciais de fixação do carbono, expôs algas ao dióxido de carbono radioativo. Depois de 5 segundos, apenas um único composto orgânico continha radioatividade; entretanto, depois de 60 segundos, muitos compostos haviam incorporado a radioatividade. (a) Que composto continha inicialmente radioatividade? (b) Quais são os compostos que apresentaram radioatividade depois de 60 segundos? ✓1

**9.** *Harmonia em três partes.* Pode-se considerar o ciclo de Calvin como um processo que ocorre em três partes ou estágios. Descreva esses estágios. ✓1

**10.** *Nem sempre a mais rápida.* Forneça uma razão pela qual a rubisco poderia ser a enzima mais abundante do mundo. ✓1

**11.** *Uma necessidade.* Em uma atmosfera desprovida de $CO_2$, porém rica em $O_2$, a atividade de oxigenase da rubisco desaparece. Por quê? ✓1, ✓2

**12.** *Redução local.* A gliceraldeído 3-fosfato desidrogenase nos cloroplastos utiliza NADPH para participar na síntese de glicose. Na gliconeogênese que ocorre no citoplasma, a isozima da desidrogenase utiliza NADH. Qual é a vantagem da enzima dos cloroplastos em utilizar NADPH? ✓①

**13.** *Eclipse total.* Uma suspensão iluminada da alga verde de *Chlorella* está realizando ativamente a fotossíntese. Suponha que a luz tenha sido subitamente desligada. Como os níveis de 3-fosfoglicerato e de ribulose 1,5-bisfosfato iriam se modificar no minuto seguinte? ✓①

**14.** *Privação de $CO_2$.* Uma suspensão iluminada de *Chlorella* está realizando ativamente a fotossíntese na presença de 1% de $CO_2$. A concentração de $CO_2$ é reduzida abruptamente para 0,003%. Que efeito essa redução teria sobre os níveis de 3-fosfoglicerato e de ribulose 1,5-bisfosfato durante o minuto seguinte? ✓①

**15.** *Operação de salvamento.* Escreva uma equação equilibrada para a transaminação do glioxilato na produção de glicina.

**16.** *Dias de canícula de agosto.* Antes da época dos gramados bem cuidados, a maioria dos proprietários praticava darwinismo em horticultura. O resultado era que o exuberante gramado do início de verão frequentemente se transformava em culturas robustas de capim-colchão (*Digitaria*) nos dias de canícula de agosto. Forneça uma explicação bioquímica possível para essa transição.

**17.** *Está calor aqui, ou sou eu?* Por que a via $C_4$ é valiosa para as plantas tropicais?

**18.** *Sem almoço grátis.* Explique por que a manutenção de uma alta concentração de $CO_2$ nas células da bainha do feixe das plantas $C_4$ é exemplo de transporte ativo. Qual a quantidade de ATP necessária por $CO_2$ para manter uma alta concentração de $CO_2$ nas células da bainha do feixe das plantas $C_4$?

**19.** *Respirando fotos?* O que é fotorrespiração, qual a sua causa e por que se acredita que seja um desperdício?

**20.** *Aquecimento global.* As plantas $C_3$ são mais comuns em latitudes altas e tornam-se menos comuns em latitudes próximas ao equador. O inverso é verdadeiro para as plantas $C_4$. Como o aquecimento global poderia afetar essa distribuição?

**21.** *Custo-eficiência?* As plantas $C_3$ necessitam de 18 moléculas de ATP para sintetizar uma molécula de glicose. Por outro lado, as plantas $C_4$ necessitam de 30 moléculas de ATP para sintetizar também uma molécula de glicose. Por que qualquer planta utilizaria o metabolismo $C_4$ em vez do metabolismo $C_3$, tendo em vista que este último é muito mais eficiente?

**22.** *Comunicação.* Quais as alterações dependentes de luz no estroma que regulam o ciclo de Calvin? ✓②

**23.** *Associação.* Associe cada termo à sua descrição.

**(a)** Ciclo de Calvin ____
**(b)** Rubisco _____
**(c)** Carbamato _____
**(d)** Amido _____

1. Catalisa a fixação de $CO_2$
2. Forma de armazenamento dos carboidratos
3. Apenas ligações α-1,4
4. Formação de 3-fosfoglicerato após a fixação do carbono

**(e)** Sacarose _____
**(f)** Amilose _____
**(g)** Amilopectina _____
**(h)** Plantas $C_3$ _____
**(i)** Plantas $C_4$ _____
**(j)** Estômato _____

5. Reações da fase escura
6. Inclui ligações α-1,6
7. Necessário(a) para a atividade da rubisco
8. A fixação do carbono resulta em formação de oxaloacetato
9. Possibilita a troca de gases
10. Forma de transporte dos carboidratos

**24.** *Por favor, ID da VPF.* Qual dos seguintes componentes não é encontrado na via das pentoses fosfato? ✓③

**(a)** NADPH

**(b)** $CO_2$

**(c)** Ribose 5-fosfato

**(d)** Fosfoenolpiruvato

**(e)** Eritrose 4-fosfato

**25.** *Quem está no controle?* Qual das seguintes enzimas é a enzima regulatória na fase oxidativa da via das pentoses fosfato? ✓③, ✓④

**(a)** 6-Fosfogliconato desidrogenase

**(b)** Gliceraldeído 3-fosfato desidrogenase

**(c)** Glicose 6-fosfato desidrogenase

**(d)** Glicose 6-fosfatase

**(e)** Lactonase

**26.** *Mudança de fase.* A via das pentoses fosfato é constituída de duas fases distintas. Quais são essas duas fases e quais são as suas funções? ✓③

**27.** *Elo.* Descreva como a via das pentoses fosfato e a glicólise estão ligadas entre si pela transaldolase e pela transcetolase. ✓③

**28.** *Taxonomia bioquímica.* Associe as seguintes frases com as reações ou estruturas abaixo.

**(a)** Identifique a 6-fosfoglicono-δ-lactona. _____

**(b)** Que reações produzem NADPH? _____

**(c)** Identifique a ribulose 5-fosfato. _____

**(d)** Que reação gera $CO_2$? _____

**(e)** Identifique o 6-fosfogliconato. _____

**(f)** Que reação é catalisada pela fosfopentose isomerase? _____

**(g)** Identifique a ribose 5-fosfato. _____

**(h)** Que reação é catalisada pela lactonase? _____

**(i)** Identifique a glicose 6-fosfato. _____

**(j)** Que reação é catalisada pela 6-fosfogliconato desidrogenase? _____

**(k)** Que reação é catalisada pela glicose 6-fosfato desidrogenase? _____

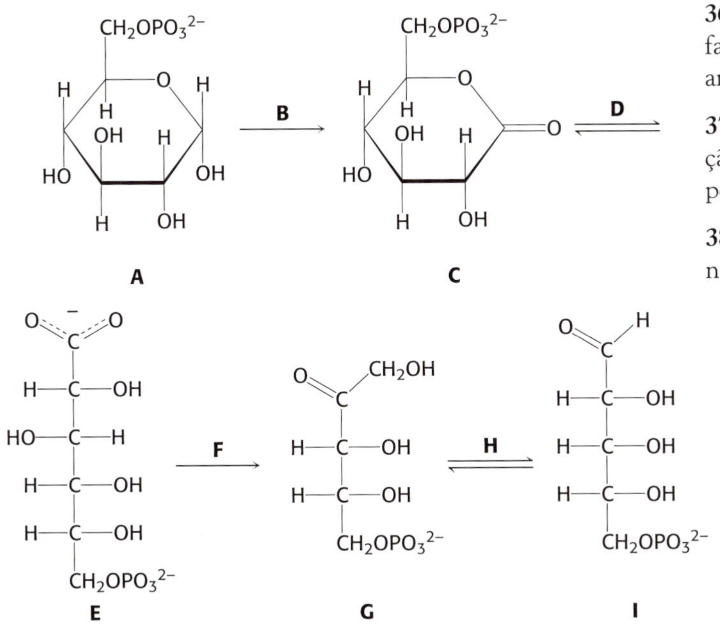

## Capítulo 20 • O Ciclo de Calvin e a Via das Pentoses Fosfato

**A** → (B) → **C** ⇌ (D)

**E** → (F) → **G** ⇌ (H) → **I**

**29.** *Rastreando a glicose.* Glicose marcada com $^{14}C$ em C-6 é adicionada a uma solução contendo as enzimas e cofatores da fase oxidativa da via das pentoses fosfato. Qual é o destino do marcador radioativo? ✔❸

**30.** *Descarboxilações repetidas.* Qual é a reação do ciclo do ácido cítrico mais análoga à descarboxilação oxidativa do 6-fosfogliconato a ribulose 5-fosfato? Que tipo de intermediário ligado à enzima é formado em ambas as reações?

**31.** *Estequiometrias da síntese.* Qual é a estequiometria da síntese de (a) ribose 5-fosfato a partir de glicose 6-fosfato sem a concomitante produção de NADPH? (b) NADPH a partir da glicose 6-fosfato sem a concomitante formação de pentoses? ✔❸

**32.** *Miúdo ou colossal?* O fígado e outras vísceras contêm grandes quantidades de ácidos nucleicos. Durante o processo de digestão, o RNA é hidrolisado a ribose, entre outras substâncias químicas. Explique como a ribose pode ser usada como combustível. ✔❸

**33.** *Um ATP necessário.* O metabolismo da glicose 6-fosfato em ribose 5-fosfato pelo esforço combinado da via das pentoses fosfato e da glicólise pode ser resumido pela seguinte equação:

5 glicose 6-fosfato + ATP ⟶ 6 ribose 5-fosfato + ADP

Que reação necessita de ATP? ✔❸

**34.** *Nenhuma respiração.* Em condições normais, a glicose é totalmente oxidada a $CO_2$ nas mitocôndrias. Em que circunstância a glicose pode ser totalmente oxidada a $CO_2$ no citoplasma? ✔❸, ✔❹

**35.** *Tome cuidado com a sua dieta, doutor.* O renomado psiquiatra Hannibal Lecter uma vez confessou a Clarice Starling, agente do FBI, que ele gostava de fígado com favas e um bom vinho Chianti. Por que essa dieta pode ser perigosa para algumas pessoas? ✔❹

**36.** *Sem redundância.* Por que a deficiência de glicose 6-fosfato desidrogenase manifesta-se frequentemente como uma anemia? ✔❹

**37.** *Controle de dano.* Qual é o papel da glutationa na proteção contra a lesão por peróxidos reativos? Por que a via das pentoses fosfato é crucial para essa proteção?

**38.** *Poder redutor.* Qual é a razão entre NADPH e NADP$^+$ necessária para manter [GSH] = 10 mM e [GSSG] = 1 mM? Utilize os potenciais redox fornecidos na Tabela 18.1.

### Questões sobre mecanismo

**39.** *Uma abordagem alternativa.* Os mecanismos de algumas aldoses não incluem intermediários da base de Schiff. Na verdade, essas enzimas necessitam de íons metálicos ligados. Proponha um mecanismo desse tipo para a conversão da di-hidroxiacetona fosfato e do gliceraldeído 3-fosfato em frutose 1,6-bisfosfato.

**40.** *Intermediário recorrente.* A fosfopentose isomerase efetua a interconversão da aldose ribose 5-fosfato e da cetose ribulose 5-fosfato. Proponha um mecanismo.

### Questões | Integração de capítulos

**41.** *Capturando carbonos.* Experimentos com marcadores radioativos podem fornecer estimativas sobre a quantidade de glicose 6-fosfato metabolizada pela via das pentoses fosfato e sobre a quantidade metabolizada pela ação combinada da glicólise e do ciclo do ácido cítrico. Suponha que você tenha amostras de dois tecidos diferentes, bem como duas amostras de glicose marcadas radioativamente, uma marcada com $^{14}C$ em C-1 e a outra marcada com $^{14}C$ em C-6. Projete um experimento que lhe possibilite determinar a atividade relativa do metabolismo aeróbico da glicose em comparação com o metabolismo pela via das pentoses fosfato. ✔❸

**42.** *Faça o que puder.* Os eritrócitos carecem de mitocôndrias. Essas células processam a glicose a lactato, porém geram também $CO_2$. Qual é o propósito de produzir lactato? Como os eritrócitos podem gerar $CO_2$ se são desprovidos de mitocôndrias?

**43.** *Melhor dirigir o foco para um deles.* A rubisco catalisa uma reação de carboxilação e uma reação de oxigenase fútil. A seguir, são apresentados os parâmetros cinéticos das duas reações.

| $K_M^{CO_2}$ ($\mu$M) | $K_M^{O_2}$ ($\mu$M) | $k_{cat}^{CO_2}$ (s$^{-1}$) | $k_{cat}^{O_2}$ (s$^{-1}$) |
|---|---|---|---|
| 10 | 500 | 3 | 2 |

**(a)** Determine os valores de $k_{cat}^{CO_2}/K_{Mt}^{CO_2}$ e de $k_{cat}^{O_2}/K_M^{O_2}$ na forma de s$^{-1}$ M$^{-1}$.

**(b)** Tendo em vista os valores de $k_{cat}/K_M$ nas duas reações, por que a reação de oxigenação ocorre?

**44.** *Eficiência da fotossíntese.* Utilize as seguintes informações para estimar a eficiência da fotossíntese.

A $\Delta G°'$ para a redução do $CO_2$ ao nível da hexose é de +477 kJ $mol^{-1}$ (+114 kcal $mol^{-1}$).

Um mol de fótons de 600 nm tem conteúdo energético de 199 kJ (47,6 kcal).

Suponha que o gradiente de prótons gerado na produção do NADPH necessário seja suficiente para acionar a síntese do ATP necessário.

**45.** *Uma violação da Primeira Lei?* A combustão completa da glicose a $CO_2$ e $H_2O$ produz 30 ATP, como mostra a Tabela 18.4. Entretanto, a síntese de glicose necessita de apenas 18 ATP. Como é possível que a síntese de glicose a partir de $CO_2$ e $H_2O$ necessite apenas de 18 ATP, enquanto a combustão do $CO_2$ e da $H_2O$ produz 30 ATP? Será uma violação da Primeira Lei da Termodinâmica ou talvez um milagre?

## Questões | Interpretação de Dados

**46.** *Decidindo entre 3 e 4.* O gráfico A mostra a atividade de fotossíntese de duas espécies de plantas – uma planta $C_4$ e outra $C_3$ – em função da temperatura da folha.

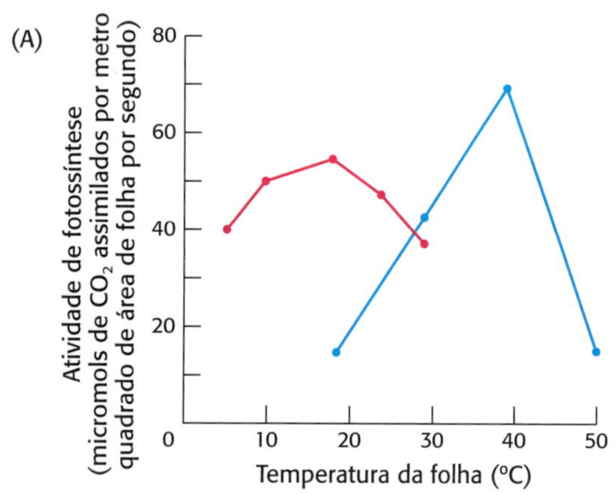


**(a)** Quais dados foram mais provavelmente gerados pela planta $C_4$ e quais pela planta $C_3$? Explique.

**(b)** Forneça algumas explicações possíveis para o motivo pelo qual a atividade da fotossíntese cai em temperaturas mais altas.

O gráfico B ilustra como a atividade de fotossíntese das plantas $C_3$ e $C_4$ varia com a concentração de $CO_2$ quando a temperatura (30°C) e a intensidade luminosa (alta) são constantes.

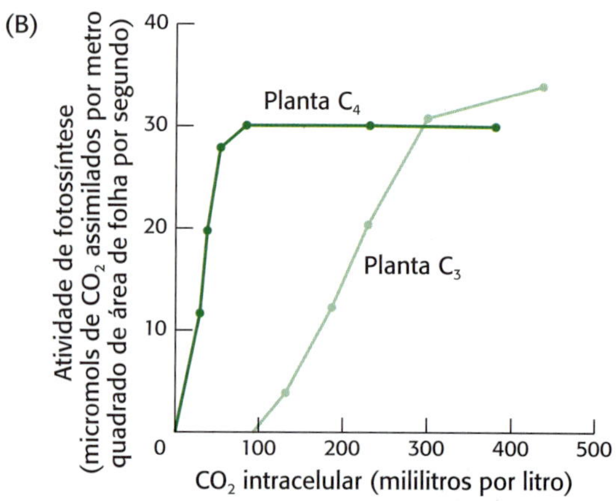


**(c)** Por que as plantas $C_4$ têm sucesso em concentrações de $CO_2$ que não sustentam o crescimento das plantas $C_3$?

**(d)** Forneça uma explicação plausível para o fato de as plantas $C_3$ continuarem aumentando a atividade de fotossíntese em concentrações mais altas de $CO_2$, enquanto as plantas $C_4$ alcançam um platô.

## Questões para discussão

**47.** Explique as diferenças entre as fotorreações da fase clara e as reações da fase escura da fotossíntese, e descreva a relação entre esses dois grupos de reações.

**48.** Discuta as semelhanças e as diferenças entre o ciclo de Calvin e as vias das pentoses fosfato.

# Metabolismo do Glicogênio

CAPÍTULO 21

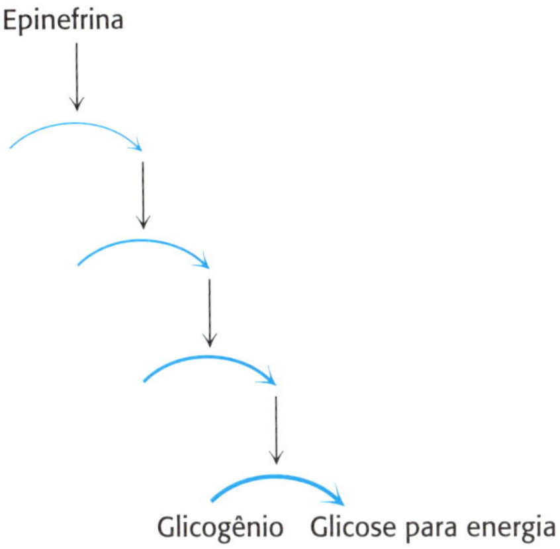


Cascatas de sinalização levam à mobilização do glicogênio para produzir glicose, uma fonte de energia para ciclistas. [(*À esquerda*) Fonte: iStock ©JackF.

## OBJETIVOS DE APRENDIZAGEM

*Ao término do capítulo, o leitor deverá ser capaz de:*

1. Listar e descrever as etapas da degradação do glicogênio e identificar as enzimas necessárias.
2. Explicar a regulação da degradação do glicogênio.
3. Descrever as etapas da síntese de glicogênio e identificar as enzimas necessárias.
4. Explicar a regulação da síntese de glicogênio.
5. Descrever como a degradação e a síntese de glicogênio são coordenadas.
6. Comparar as diferentes funções do metabolismo do glicogênio no fígado e no músculo.

## SUMÁRIO



A glicose é um importante combustível e, como veremos adiante, um precursor essencial para a biossíntese de numerosas moléculas. Entretanto, a glicose não pode ser armazenada, visto que a sua presença em altas concentrações perturba o equilíbrio osmótico da célula, o que causaria lesão ou morte celular. Como é possível manter reservas adequadas de glicose sem provocar lesão na célula? A solução para esse problema consiste em armazenar a glicose na forma de um polímero não osmoticamente ativo, que é denominado *glicogênio*.

O glicogênio é uma *forma de armazenamento de glicose prontamente mobilizável*. Trata-se de um polímero muito grande e ramificado de resíduos de glicose que pode ser decomposto para produzir moléculas de glicose quando há necessidade de energia (Figura 21.1). Uma molécula de glicogênio tem aproximadamente 12 camadas de moléculas de glicose e pode alcançar até 40 nm, contendo aproximadamente 55 mil resíduos de glicose. Em sua maioria, os resíduos de glicose no glicogênio estão ligados por ligações α-1,4 glicosídicas (Figura 21.2). As ramificações

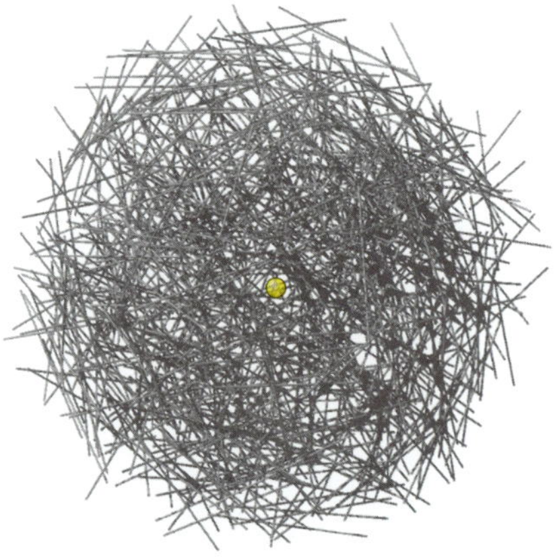

**FIGURA 21.1 Glicogênio.** No cerne da molécula de glicogênio, encontra-se a proteína glicogenina (amarelo). Cada linha representa moléculas de glicose unidas por ligações α-1,4 glicosídicas. As extremidades não redutoras da molécula de glicogênio formam a superfície do grânulo de glicogênio. A degradação ocorre nessa superfície. [Informação de R. Melendez *et al*. *Biophys. J.* 77:1327–1332, 1999.]

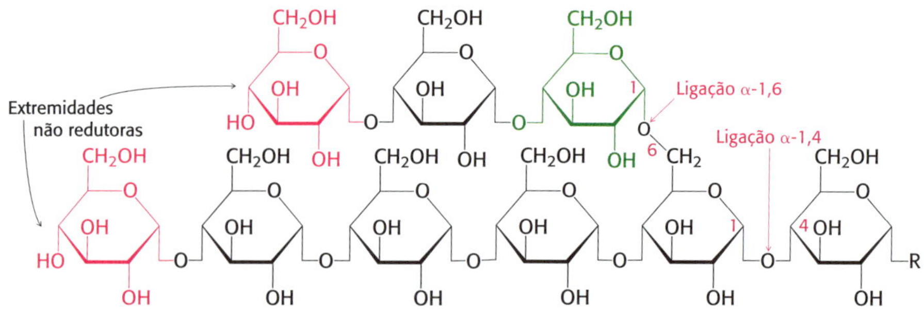


**FIGURA 21.2 Estrutura do glicogênio.** Nessa estrutura de duas ramificações externas de uma molécula de glicogênio, os resíduos nas extremidades não redutoras são mostrados em vermelho, e o resíduo que dá início a uma ramificação é mostrado em verde. O restante da molécula de glicogênio é representado por R.

a aproximadamente cada 12 resíduos são criadas por ligações α-1,6 glicosídicas. Convém lembrar que as ligações α-glicosídicas formam polímeros helicoidais abertos, enquanto as ligações β produzem fitas quase lineares que formam fibrilas estruturais, como na celulose (ver Figura 11.14).

O glicogênio não é tão reduzido quanto os ácidos graxos e, consequentemente, não é tão rico em energia. Por que todo o excesso de energia não é armazenado como ácidos graxos em vez de glicogênio? A liberação controlada de glicose a partir do glicogênio mantém os níveis de glicemia entre as refeições. O sangue circulante abastece o cérebro com glicose, que praticamente constitui o único combustível utilizado por ele, exceto durante o jejum prolongado (ver Capítulo 27). Além disso, a glicose prontamente mobilizada a partir do glicogênio representa uma boa fonte de energia para o desempenho de uma atividade súbita e vigorosa. Diferentemente dos ácidos graxos, a glicose liberada pode fornecer energia na ausência de oxigênio e, portanto, constituir um suprimento de energia para a atividade anaeróbica (ver seção 16.1).

O glicogênio está presente nas bactérias, nas arqueias e nos eucariotos. Lembre-se de que as plantas armazenam a glicose na forma de amido, um composto químico semelhante. Assim, o armazenamento de energia na forma de polímeros de glicose é comum a todas as formas de vida. Nos seres humanos, a maioria dos tecidos tem algum glicogênio, embora os dois locais principais de armazenamento do glicogênio sejam o fígado e o músculo esquelético. A concentração de glicogênio é maior no fígado do que no músculo (10% *versus* 2% por peso), porém existe maior quantidade de glicogênio armazenado no músculo esquelético como um todo devido à massa muito maior do músculo. O glicogênio é encontrado no citoplasma, e suas moléculas aparecem na forma de grânulos (Figura 21.3). No fígado, a síntese e a degradação do glicogênio são reguladas para manter os níveis de glicemia necessários para suprir as necessidades do organismo como um todo. Por outro lado, no músculo, esses processos são regulados para atender às necessidades energéticas do próprio músculo.

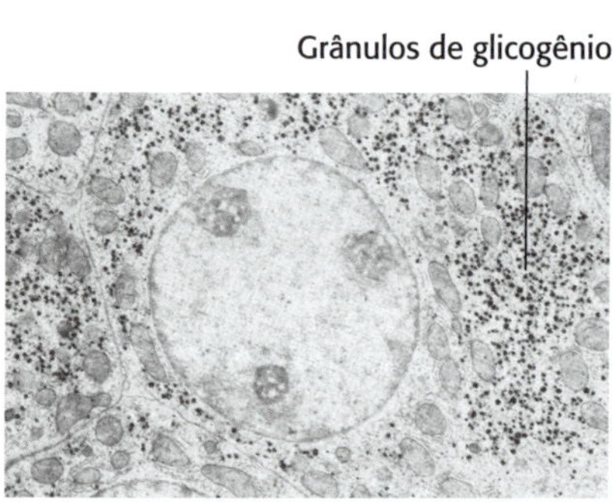


**FIGURA 21.3 Micrografia eletrônica de uma célula hepática.** As partículas densas no citoplasma são grânulos de glicogênio. [Cortesia do Dr. George Palade/Yale University, Harvey Cushing/John Hay Whitney Medical Library.]

## O metabolismo do glicogênio caracteriza-se pela liberação e armazenamento regulados da glicose

A degradação e a síntese de glicogênio são processos bioquímicos simples. A degradação do glicogênio consiste em três etapas: (1) a liberação de glicose 1-fosfato a partir do glicogênio, (2) o remodelamento do substrato glicogênio para possibilitar a subsequente degradação e (3) a conversão da glicose 1-fosfato em glicose 6-fosfato para o metabolismo posterior. A glicose 6-fosfato derivada da degradação do glicogênio tem três destinos possíveis (Figura 21.4): (1) pode ser metabolizada pela glicólise, (2) pode

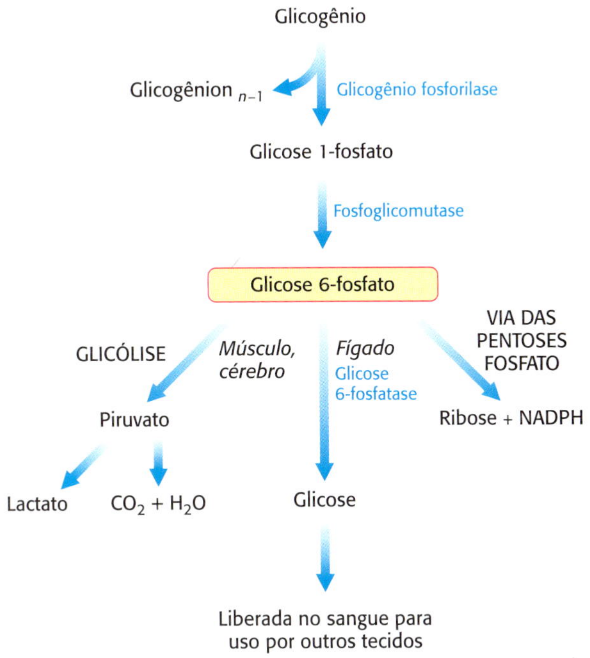


**FIGURA 21.4 Destinos da glicose 6-fosfato.** A glicose 6-fosfato derivada do glicogênio pode ser: (1) utilizada como combustível para o metabolismo anaeróbico ou aeróbico, como, por exemplo, no músculo; (2) convertida em glicose livre no fígado e subsequentemente liberada no sangue; ou (3) processada pela via das pentoses fosfato, gerando NADPH e ribose em uma variedade de tecidos.

ser convertida em glicose livre para a sua liberação na corrente sanguínea, e (3) pode ser processada pela via das pentoses fosfato, produzindo então NADPH e derivados da ribose. A conversão do glicogênio em glicose livre ocorre principalmente no fígado.

A síntese de glicogênio, que ocorre quando a glicose está presente em quantidades abundantes, exige uma forma ativada de glicose, a uridina difosfato glicose (UDP-glicose), formada pela reação da UTP com a glicose 1-fosfato. Como no caso da degradação do glicogênio, a molécula de glicogênio precisa ser remodelada para continuar a síntese.

A regulação da degradação e da síntese de glicogênio é complexa, em parte devido ao fato de que todas as enzimas envolvidas no metabolismo do glicogênio e na sua regulação estão associadas à partícula de glicogênio. Várias enzimas que atuam no metabolismo do glicogênio respondem de modo alostérico a metabólitos que sinalizam as necessidades energéticas das células. *Por meio dessas respostas alostéricas, a atividade enzimática é ajustada para atender às necessidades das células.* Além disso, os hormônios podem desencadear cascatas de sinalização que levam a uma reversível fosforilação de enzimas que altera suas velocidades catalíticas. *A regulação por hormônios ajusta o metabolismo do glicogênio para atender às necessidades do organismo como um todo.*

## 21.1 A degradação do glicogênio exige a interação de várias enzimas

A degradação eficiente do glicogênio para fornecer glicose 6-fosfato para seu metabolismo posterior exige quatro atividades enzimáticas: uma para degradar o glicogênio; duas para remodelá-lo, de modo que possa continuar sendo um substrato para a degradação; e a última para converter o produto da degradação do glicogênio em uma forma apropriada para seu metabolismo posterior. Examinaremos cada uma dessas atividades separadamente.

### A fosforilase catalisa a clivagem fosforolítica do glicogênio para liberar glicose 1-fosfato

A *glicogênio fosforilase*, a enzima-chave na degradação do glicogênio, cliva o seu substrato pela adição de ortofosfato ($P_i$), produzindo então *glicose*

*1-fosfato*. A clivagem de uma ligação pelo acréscimo de ortofosfato é denominada *fosforólise*.

$$\underset{(n \text{ resíduos})}{\text{Glicogênio}} + \text{Pi} \rightleftharpoons \text{glicose 1-fosfato} + \underset{(n-1 \text{ resíduos})}{\text{glicogênio}}$$

A fosforilase catalisa a remoção sequencial de resíduos glicosil das extremidades não redutoras da molécula de glicogênio (as extremidades com um grupo OH livre no carbono 4). O ortofosfato cliva a ligação glicosídica entre o C-1 do resíduo terminal e o C-4 do adjacente. Especificamente, cliva a ligação entre o átomo de carbono C-1 e o átomo de oxigênio glicosídico, e a configuração α no C-1 é conservada.

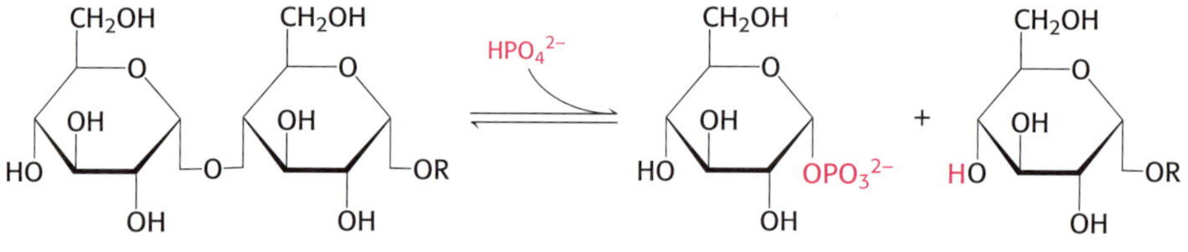

**Glicogênio** (*n* resíduos) **Glicose 1-fosfato** **Glicogênio** (*n* – 1 resíduos)

A glicose 1-fosfato liberada a partir do glicogênio pode ser prontamente convertida em glicose 6-fosfato, um importante intermediário metabólico, pela enzima fosfoglicomutase.

A reação catalisada pela fosforilase é prontamente reversível *in vitro*. Em pH 6,8, a razão de equilíbrio entre ortofosfato e glicose 1-fosfato é de 3,6. O valor da $\Delta G°'$ dessa reação é pequeno, visto que uma ligação glicosídica é substituída por uma ligação de fosforil éster, que tem potencial de transferência quase igual. Entretanto, a fosforólise prossegue no sentido da degradação do glicogênio *in vivo* porque a razão $[P_i]$/[glicose 1-fosfato] é habitualmente superior a 100, favorecendo substancialmente a fosforólise. Vemos aqui um exemplo de como a célula pode alterar a mudança de energia livre para favorecer a ocorrência de uma reação ao alterar a razão entre substrato e produto.

*A clivagem fosforolítica do glicogênio é energeticamente vantajosa, visto que o açúcar liberado já está fosforilado*. Em contrapartida, uma clivagem hidrolítica produziria glicose, que teria de ser então fosforilada à custa de uma molécula de ATP para entrar na via glicolítica. Uma vantagem adicional da clivagem fosforolítica para as células musculares é que não existe nenhum transportador para a glicose 1-fosfato, que apresenta carga negativa em condições fisiológicas, de modo que ela não pode ser transportada nem se difundir para fora da célula.

## Mecanismo: o piridoxal fosfato participa na clivagem fosforolítica do glicogênio

O grande desafio enfrentado pela fosforilase consiste em clivar o glicogênio fosforoliticamente, e não por hidrólise, de modo a economizar o ATP necessário para fosforilar a glicose livre. Portanto, é necessário excluir a água do sítio ativo. A fosforilase é um dímero de duas subunidades idênticas de 97 kDa. Cada subunidade está enovelada de maneira compacta em um *domínio aminoterminal* (480 resíduos), que contém um *sítio de ligação do glicogênio*, e em um *domínio carboxiterminal* (360 resíduos; Figura 21.5). O sítio catalítico em cada subunidade está localizado em uma fenda profunda, que é formada por resíduos de ambos os domínios. Os substratos ligam-se de maneira sinérgica, causando então o estreitamento da fenda, com consequente exclusão da água. Qual é a base mecanicista para a clivagem fosforolítica do glicogênio?

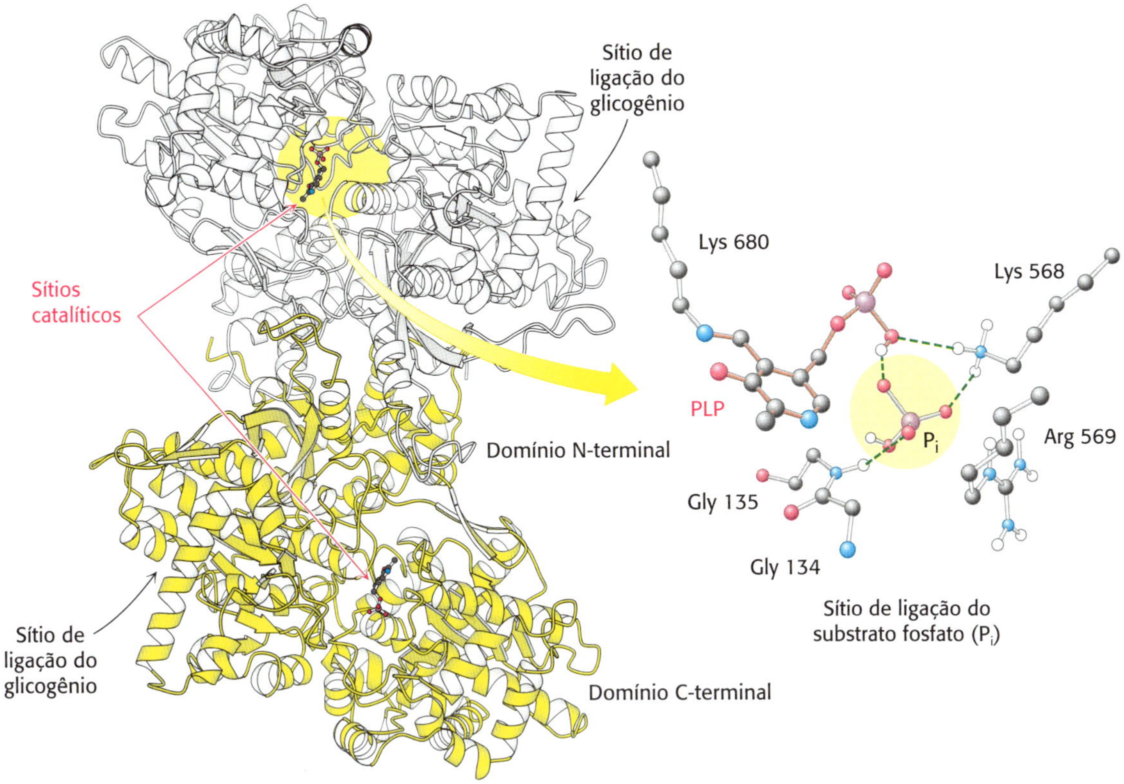


**FIGURA 21.5 Estrutura da glicogênio fosforilase.** Essa enzima forma um homodímero: uma subunidade é mostrada em branco, e a outra, em amarelo. Cada sítio catalítico inclui um grupo piridoxal fosfato (PLP) ligado à lisina 680 da enzima. A figura mostra o sítio de ligação para o substrato fosfato ($P_i$). *Observe* que o sítio catalítico se situa entre o domínio C-terminal e o sítio de ligação do glicogênio. Uma fenda estreita, que se liga a quatro ou cinco unidades de glicose do glicogênio, conecta os dois sítios. Em virtude da separação dos sítios, o sítio catalítico é capaz de fosforolisar várias unidades de glicose antes de se religar ao substrato glicogênio. [Desenhada de 1NOI.pdb.]

Vários indícios sugerem a existência de um mecanismo que atua nesse processo. Em primeiro lugar, tanto o substrato, o glicogênio, quanto o produto, a glicose 1-fosfato, apresentam uma configuração α no C-1. Um ataque direto pelo fosfato no C-1 de um açúcar inverteria a configuração desse átomo de carbono, visto que a reação prosseguiria através de um estado de transição pentacovalente. O fato de a glicose 1-fosfato formada ter uma configuração α, em vez de β, sugere que é necessário um número par de etapas (no caso mais simples, duas). Uma explicação provável para esses resultados consiste na formação de um *intermediário íon carbônio* a partir do resíduo de glicose.

Um segundo indício do mecanismo catalítico da fosforilase é a sua necessidade da coenzima *piridoxal fosfato* (PLP), um derivado da piridoxina (vitamina $B_6$, ver seção 15.4). O grupo aldeído dessa coenzima forma uma ligação de base de Schiff com uma cadeia lateral específica de uma lisina da enzima (Figura 21.6). Os estudos estruturais indicam que o grupo ortofosfato reagente assume posição entre o grupo 5′-fosfato do PLP e o substrato glicogênio (Figura 21.7). *O grupo 5′-fosfato do PLP atua* in tandem *com o ortofosfato, servindo como um doador de prótons e, em seguida, como um aceptor de prótons (i. e., como um catalisador acidobásico geral).* O ortofosfato (na forma $HPO_4^{2-}$) doa um próton para o átomo de oxigênio ligado ao carbono 4 da cadeia de glicogênio de saída, e simultaneamente adquire um próton do PLP. O íon carbônio intermediário formado nessa etapa é então atacado pelo ortofosfato para formar α-glicose 1-fosfato, com concomitante retorno de um próton para o piridoxal fosfato.

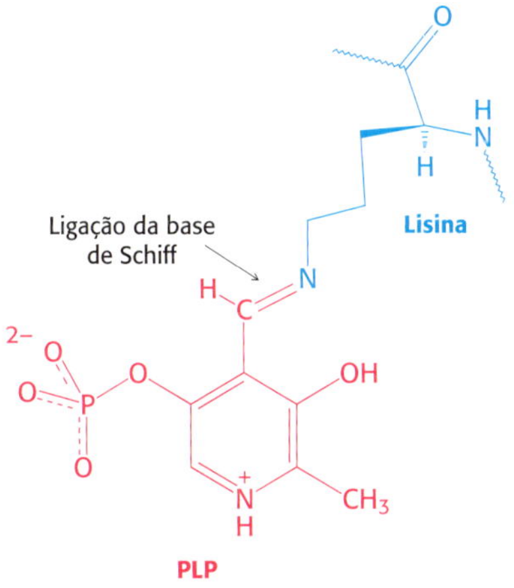


**FIGURA 21.6 Ligação PLP-base de Schiff.** Um grupo piridoxal fosfato (PLP) (em vermelho) forma uma base de Schiff com um resíduo de lisina (em azul) no sítio ativo da fosforilase, onde atua como catalisador de acidobásico geral.

Uma base de Schiff, também denominada *imina*, é um composto que contém dupla ligação carbono-nitrogênio com o átomo de nitrogênio ligado a um composto orgânico, e não a um átomo de hidrogênio. Uma base de Schiff é formada pela reação de uma amina primária com um aldeído ou uma cetona.

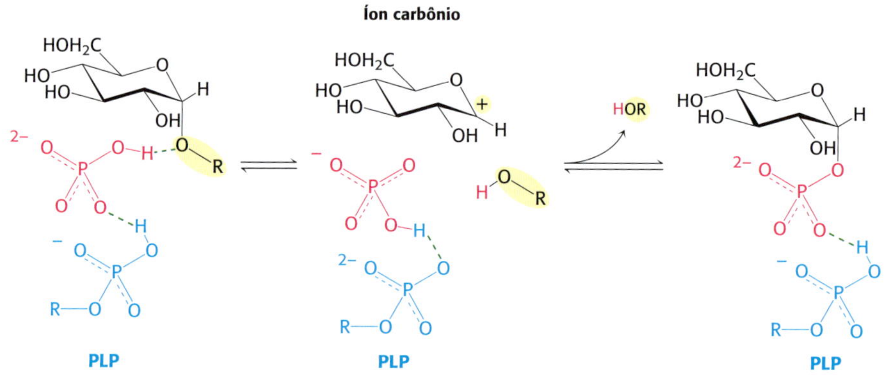


**FIGURA 21.7 Mecanismo da fosforilase.** Um grupo $HPO_4^{2-}$ ligado (em vermelho) favorece a clivagem da ligação glicosídica pela doação de um próton ao oxigênio C-4 do grupo glicosil de saída (em preto). Essa reação resulta na formação de um íon carbônio e é favorecida pela transferência de um próton do protonado grupo fosfato do piridoxal fosfato (PLP) ligado (em azul). O íon carbônio e o ortofosfato combinam-se para formar a glicose 1-fosfato. O "R" representa o restante da coenzima PLP.

O sítio de ligação do glicogênio está a uma distância de 30 Å do sítio catalítico (ver Figura 21.5), porém está conectado ao sítio catalítico por uma fenda estreita capaz de acomodar quatro ou cinco unidades de glicose. A grande separação entre o sítio de ligação e o sítio catalítico possibilita a fosforólise de muitos resíduos pela enzima, sem a necessidade de se dissociar e depois reassociar a cada ciclo catalítico. Uma enzima que pode catalisar muitas reações sem a necessidade de se dissociar e reassociar após cada etapa catalítica é denominada *processiva* – uma propriedade das enzimas que sintetizam e degradam grandes polímeros. Veremos novamente essas enzimas quando discutirmos a síntese de DNA e de RNA.

## Uma enzima desramificadora também é necessária para a degradação do glicogênio

A glicogênio fosforilase, ao atuar isoladamente, resulta em uma limitada degradação do glicogênio. Essa enzima é capaz de romper as ligações α-1,4 glicosídicas nas ramificações do glicogênio, porém depara-se logo com um obstáculo. As ligações α-1,6 glicosídicas nos pontos de ramificação não são suscetíveis à clivagem pela fosforilase. Com efeito, a fosforilase interrompe a clivagem das ligações α-1,4 quando alcança um resíduo terminal localizado a quatro resíduos de distância de um ponto de ramificação. Como cerca de um em 12 resíduos é ramificado, a clivagem exclusivamente pela fosforilase cessaria após a liberação de oito moléculas de glicose por ramificação.

Como o restante da molécula de glicogênio pode ser mobilizado para uso como fonte de energia? Duas enzimas adicionais, uma *transferase* e uma *α-1,6-glicosidase*, remodelam o glicogênio para continuar a degradação pela fosforilase (Figura 21.8). *A transferase desloca um bloco de três resíduos glicosil de uma ramificação externa para outra.* Essa transferência expõe um único resíduo de glicose unido por uma ligação α-1,6 glicosídica. A α-1,6-glicosidase, também conhecida como enzima desramificadora, hidrolisa a ligação α-1,6 glicosídica.

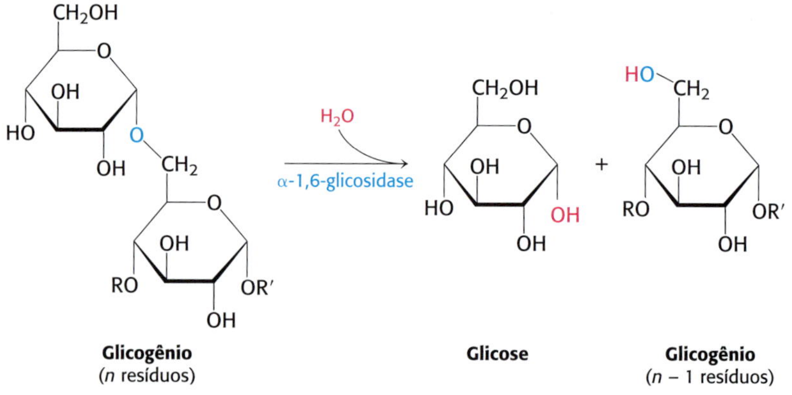

Uma molécula de glicose livre é liberada e, em seguida, fosforilada pela enzima glicolítica hexoquinase se a glicose for processada pela glicólise ou pela via das pentoses fosfato. Por conseguinte, a transferase e a α-1,6-glicosidase convertem a estrutura ramificada em uma estrutura linear, preparando então o caminho para a subsequente clivagem pela fosforilase. Nos eucariotos, as atividades da transferase e da α-1,6-glicosidase estão presentes em uma única cadeia polipeptídica de 160 kDa, fornecendo outro exemplo de enzima bifuncional (ver Figura 16.29).

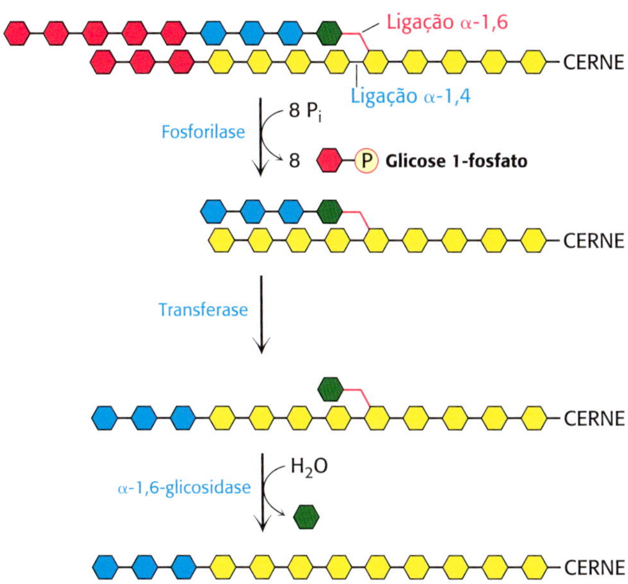


**FIGURA 21.8 Remodelamento do glicogênio.** Em primeiro lugar, as ligações α-1,4 glicosídicas em cada ramificação são clivadas pela fosforilase, deixando quatro resíduos de glicose em cada ramificação. A transferase desloca um bloco de três resíduos glicosil de uma ramificação externa para outra. Nessa reação, a ligação α-1,4 glicosídica entre os resíduos azul e verde é rompida, e forma-se uma nova ligação α-1,4 entre os resíduos azul e amarelo. O resíduo verde é então removido pela α-1,6-glicosidase, deixando uma cadeia linear com todas as ligações α-1,4 apropriadas para uma clivagem posterior pela fosforilase.

## A fosfoglicomutase converte a glicose 1-fosfato em glicose 6-fosfato

A glicose 1-fosfato formada na clivagem fosforolítica do glicogênio precisa ser convertida em glicose 6-fosfato para entrar no fluxo metabólico principal. Esse deslocamento de um grupo fosforila é catalisado pela *fosfoglicomutase*. Convém lembrar que tal enzima também é utilizada no metabolismo da galactose (ver seção 16.1). Para efetuar esse deslocamento, a enzima troca um grupo fosforila com o substrato (Figura 21.9). O sítio catalítico de uma molécula de mutase ativa contém um resíduo de serina fosforilada. O grupo fosforila é transferido do resíduo de serina para o grupo hidroxila no C-6 da glicose 1-fosfato, formando então glicose 1,6-bisfosfato. O grupo fosforila no C-1 desse intermediário é então transferido para o mesmo resíduo de serina, resultando na formação de glicose 6-fosfato e na regeneração da fosfoenzima.

Tais reações são semelhantes àquelas da *fosfoglicerato mutase*, uma enzima glicolítica (ver seção 16.1). O papel da glicose 1,6-bisfosfato na interconversão das fosfoglicoses é semelhante ao do 2,3-bisfosfoglicerato (2,3-BPG) na interconversão do 2-fosfoglicerato e do 3-fosfoglicerato na glicólise. Um intermediário fosfoenzima participa em ambas as reações.

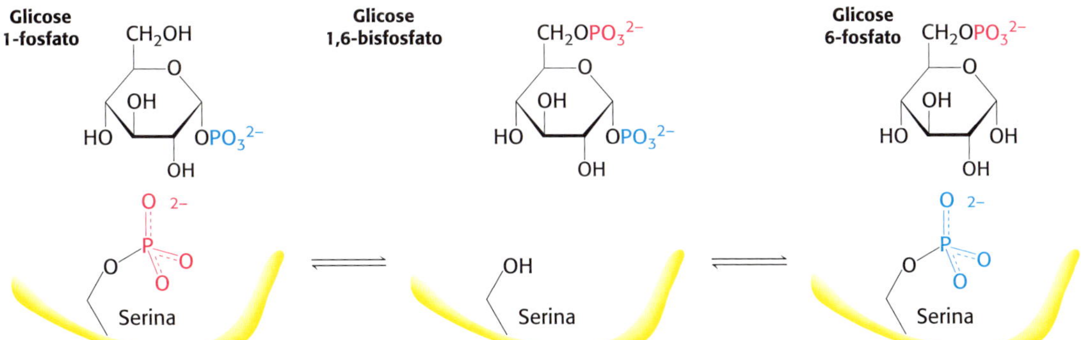


**FIGURA 21.9 Reação catalisada pela fosfoglicomutase.** Um grupo fosforila é transferido da enzima para o substrato, e um diferente grupo fosforila é transferido de volta para restaurar a enzima a seu estado inicial.

## O fígado contém glicose 6-fosfatase, uma enzima hidrolítica ausente no músculo

*Uma das principais funções do fígado consiste em manter um nível quase constante de glicose no sangue.* O fígado libera glicose no sangue entre as refeições e durante a atividade muscular. A glicose liberada é captada principalmente pelo cérebro, pelo músculo esquelético e pelos eritrócitos. Entretanto, a glicose fosforilada produzida pela degradação do glicogênio não é transportada para fora das células. O fígado contém uma enzima hidrolítica, a *glicose 6-fosfatase*, que converte a glicose 6-fosfato em glicose, que então pode deixar o órgão. Tal enzima cliva o grupo fosforila, formando glicose livre e ortofosfato. Essa glicose 6-fosfatase é a mesma enzima que libera glicose livre no final da gliconeogênese. Localiza-se no lado luminal da membrana do retículo endoplasmático liso. Convém lembrar que a glicose 6-fosfato é transportada para dentro do retículo endoplasmático; a glicose e o ortofosfato formados pela hidrólise são então transportados de volta para o citoplasma (ver seção 16.3).

$$\text{Glicose 6-fosfato} + H_2O \longrightarrow \text{glicose} + P_i$$

A glicose 6-fosfatase está ausente na maioria dos outros tecidos. Os tecidos musculares conservam a glicose 6-fosfato para a produção de ATP. Por outro lado, a glicose não constitui uma importante fonte de energia para o fígado.

## 21.2 A fosforilase é regulada por interações alostéricas e por fosforilação reversível

A degradação do glicogênio é controlada de modo preciso por múltiplos mecanismos interconectados. Esse controle tem como foco a enzima glicogênio fosforilase. *A fosforilase é regulada por vários efetores alostéricos, que sinalizam o estado energético da célula, bem como por fosforilação reversível, que responde a hormônios como a insulina, a epinefrina e o glucagon.* Examinaremos as diferenças no controle de duas isoenzimas da glicogênio fosforilase: uma específica do fígado e a outra específica do músculo esquelético. Essas diferenças devem-se ao fato de que *o fígado mantém a homeostasia da glicose do organismo como um todo,* enquanto o *músculo utiliza glicose para produzir a sua própria energia.*

### A fosforilase hepática produz glicose para utilização por outros tecidos

A fosforilase dimérica existe em duas formas interconversíveis: uma forma *a* fosforilada *habitualmente ativa* e uma forma *b* não fosforilada *habitualmente inativa* (Figura 21.10). Cada uma dessas duas formas existe em equilíbrio entre um estado relaxado (R) ativo e um estado tenso (T) muito menos ativo, porém o equilíbrio para a fosforilase *a* favorece o estado R ativo, enquanto o equilíbrio para a fosforilase *b* favorece o estado T menos ativo (Figura 21.11). O papel da

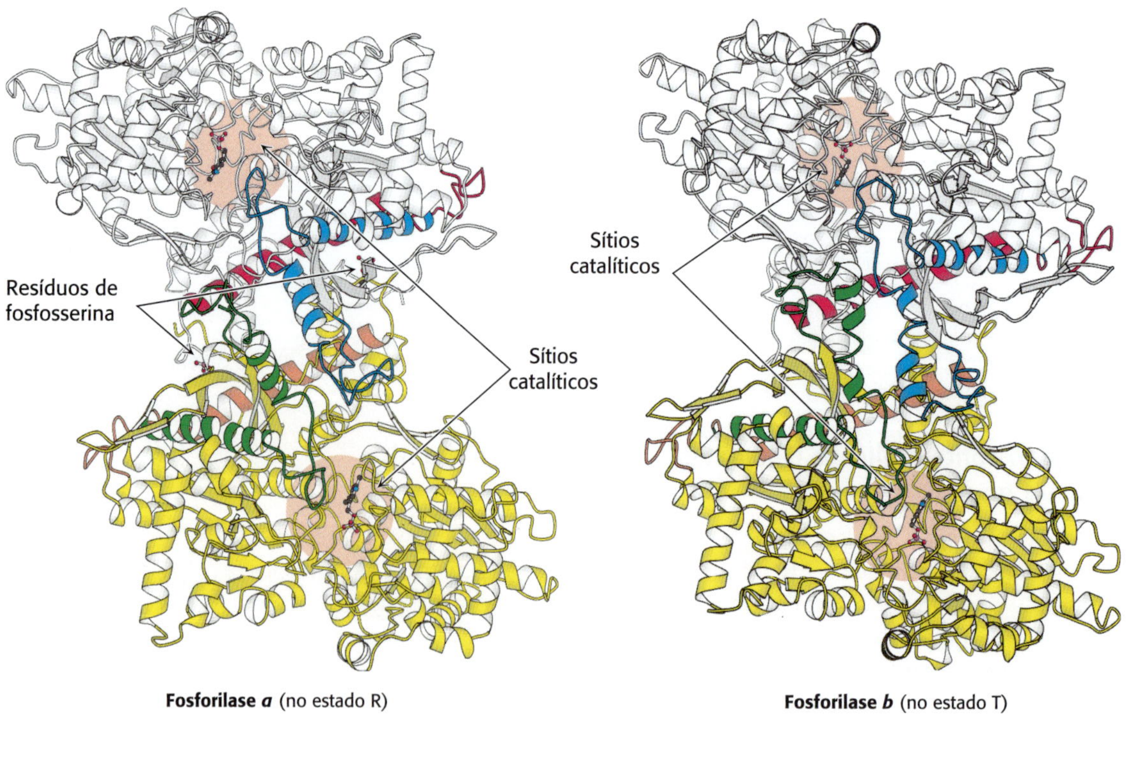


**FIGURA 21.10 Estruturas da fosforilase *a* e da fosforilase *b*.** A fosforilase *a* é fosforilada na serina 14 de cada subunidade. Essa modificação favorece a estrutura do estado R mais ativo. Uma subunidade é mostrada em branco, e as hélices e alças importantes para a regulação são mostradas em azul e em vermelho. A outra subunidade é mostrada em amarelo, e as estruturas regulatórias, em cor laranja e verde. A fosforilase *b* não é fosforilada e existe predominantemente no estado T. *Observe* que os sítios catalíticos estão em parte ocluídos no estado T. [Desenhada de 1GPA.pdb e 1NOJ.pdb.]

degradação do glicogênio no fígado consiste em produzir glicose para exportação a outros tecidos quando o nível de glicemia está baixo. Por conseguinte, podemos considerar o estado padrão da fosforilase hepática como a forma *a*: a glicose precisa ser produzida, a não ser que a enzima receba uma sinalização diferente. Por conseguinte, a fosforilase *a* hepática exibe a transição R $\leftrightarrow$ T mais responsiva (Figura 21.12). A ligação da glicose ao sítio ativo desloca a forma *a* do estado R ativo para o estado T menos ativo. Em essência, a enzima só retorna ao estado T de baixa atividade quando ela detecta a presença de glicose em quantidade suficiente. Se a glicose estiver presente na alimentação, não há necessidade de degradar o glicogênio.

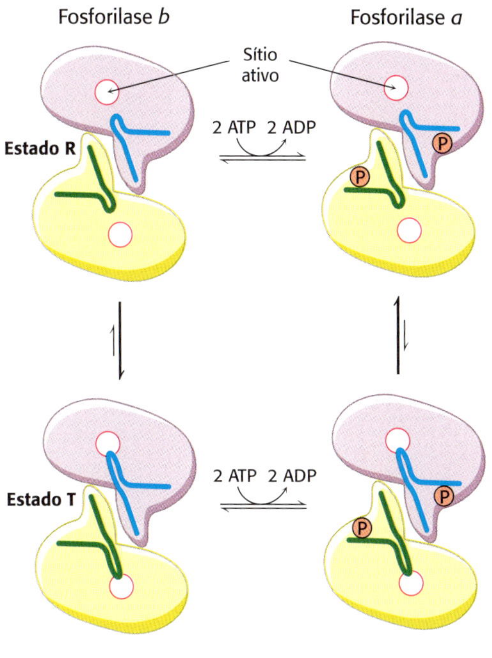


**FIGURA 21.11 Regulação da fosforilase.** Tanto a fosforilase *b* quanto a fosforilase *a* existem em equilíbrio entre o estado R ativo e o estado T menos ativo. A fosforilase *b* é habitualmente inativa, visto que o equilíbrio favorece o estado T. A fosforilase *a* é habitualmente ativa, visto que o equilíbrio favorece o estado R. As estruturas regulatórias são mostradas em azul e verde.

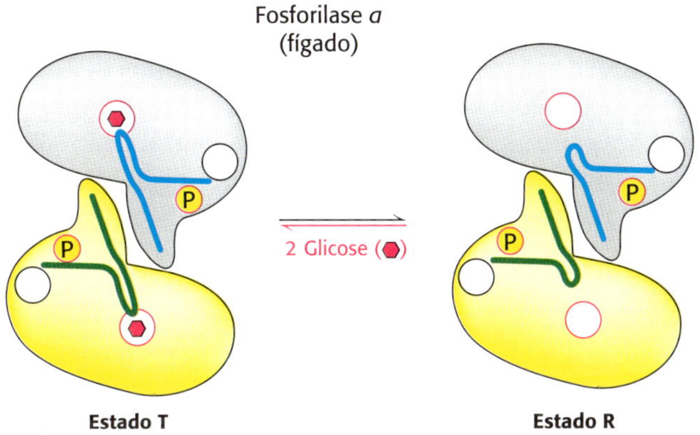


**FIGURA 21.12 Regulação alostérica da fosforilase hepática.** A ligação da glicose à fosforilase *a* desloca o equilíbrio para o estado T e inativa a enzima. Em consequência, o glicogênio não é mobilizado quando a glicose já está presente em quantidades abundantes.

## A fosforilase muscular é regulada pela carga energética intracelular

Diferentemente da isoenzima hepática, o estado padrão da fosforilase muscular é a forma *b* devido ao fato de que, no músculo, a fosforilase precisa ser ativa principalmente durante a contração muscular. A fosforilase *b* muscular é ativada pela presença de altas concentrações de AMP, que se liga a um sítio de ligação de nucleotídios e estabiliza a conformação da fosforilase *b* no estado R ativo (Figura 21.13). Assim, quando ocorre uma contração muscular e o ATP é convertido em AMP pela ação sequencial da miosina (ver seção 9.4) e da adenilato quinase (ver seção 16.2), a fosforilase é sinalizada para degradar o glicogênio. O ATP atua como um efetor alostérico negativo ao competir com o AMP. Por conseguinte, *a transição da fosforilase* b *entre o estado R ativo e o estado T menos ativo é controlada pela carga energética da célula muscular*. Se não houver disponibilidade de ATP, a glicose 6-fosfato pode ligar-se ao sítio de ligação do ATP e estabilizar o estado menos ativo da fosforilase *b*, um exemplo de inibição por retroalimentação. No músculo em repouso, a *fosforilase* b *é inativa devido aos efeitos inibitórios do ATP e da glicose 6-fosfato*. Em contrapartida, a *fosforilase* a *está totalmente ativa*, independentemente da concentração de AMP, ATP e glicose 6-fosfato.

Diferentemente da enzima muscular, a fosforilase hepática não é sensível à regulação pelo AMP, visto que o fígado não sofre as variações acentuadas de carga energética observadas no músculo em contração. Observamos aqui um exemplo claro

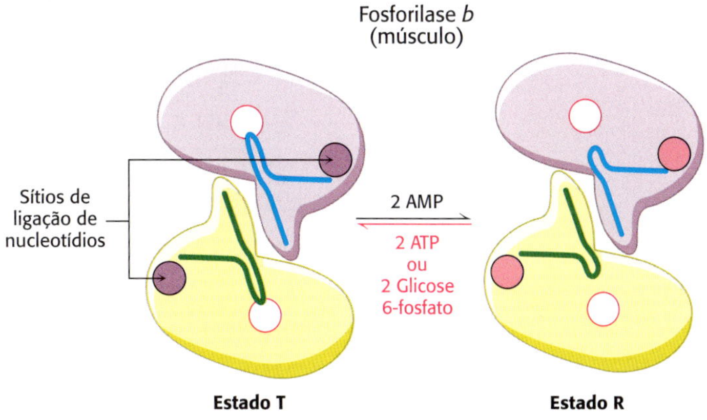


**FIGURA 21.13 Regulação alostérica da fosforilase muscular.** Uma baixa carga energética, representada por altas concentrações de AMP, favorece a transição para o estado R. O ATP e a glicose 6-fosfato estabilizam o estado T.

da utilização de isoenzimas para estabelecer as propriedades bioquímicas teciduais específicas do fígado e do músculo. Nos seres humanos, a fosforilase hepática e a fosforilase muscular são aproximadamente 90% idênticas na sequência de aminoácidos; todavia, a diferença de 10% resulta em deslocamentos sutis, porém importantes, na regulação das duas enzimas.

## As características bioquímicas dos tipos de fibras musculares diferem

Não apenas as necessidades bioquímicas do fígado e do músculo diferem no que concerne ao metabolismo do glicogênio, como também as necessidades bioquímicas dos diferentes tipos de fibras musculares variam. O músculo esquelético consiste em três tipos diferentes de fibras: o tipo I, ou músculo de contração lenta; o tipo IIb (também denominado tipo IIx), ou fibras de contração rápida; e as fibras de tipo IIa, que possuem propriedades intermediárias entre os outros dois tipos de fibras. As fibras tipo I dependem predominantemente da respiração celular para obter a sua energia. Essas fibras são energizadas pela degradação dos ácidos graxos e são ricas em mitocôndrias, o local de degradação dos ácidos graxos e do ciclo do ácido cítrico. Como veremos no Capítulo 22, os ácidos graxos constituem uma excelente forma de armazenamento de energia; entretanto, a geração de ATP a partir dos ácidos graxos é mais lenta que a do glicogênio. O glicogênio não representa um importante combustível para as fibras tipo I, e, consequentemente, a quantidade de glicogênio fosforilase é baixa. As fibras tipo I realizam as atividades ligadas à resistência. As fibras tipo IIb utilizam o glicogênio como principal combustível. Em consequência, o glicogênio e a glicogênio fosforilase estão presentes em quantidades abundantes. Essas fibras também são ricas em enzimas glicolíticas, necessárias para processar rapidamente a glicose na ausência de oxigênio, e pobres em mitocôndrias. As fibras tipo IIb são responsáveis pelas atividades que necessitam de impulso, como a corrida de alta velocidade e o levantamento de peso. Nenhum volume de treinamento consegue a interconversão entre fibras tipo I e fibras tipo IIb. Entretanto, há algumas evidências de que as fibras tipo IIa são "treináveis", isto é, o treinamento de resistência aumenta a capacidade oxidativa das fibras tipo IIa, enquanto o treinamento de atividades que necessitam de impulso aumenta a capacidade glicolítica. A Tabela 21.1 mostra o perfil bioquímico dos tipos de fibras.

## A fosforilação promove a conversão da fosforilase *b* em fosforilase *a*

Tanto no fígado quanto no músculo, a fosforilase *b* é convertida em fosforilase *a* pela fosforilação de um único resíduo de serina (serina 14) em cada subunidade. Essa conversão é iniciada por hormônios. A presença de

**TABELA 21.1** Características bioquímicas dos tipos de fibras musculares.

| Característica | Tipo I | Tipo IIa | Tipo IIb |
|---|---|---|---|
| Resistência à fadiga | Alta | Intermediária | Baixa |
| Densidade mitocondrial | Alta | Intermediária | Baixa |
| Tipo de metabolismo | Oxidativo | Oxidativo/glicolítico | Glicolítico |
| Conteúdo de mioglobina | Alto | Intermediário | Baixo |
| Conteúdo de glicogênio | Baixo | Intermediário | Alto |
| Conteúdo de triacilglicerol | Alto | Intermediário | Baixo |
| Atividade da glicogênio fosforilase | Baixa | Intermediária | Alta |
| Atividade da fosfofrutoquinase | Baixa | Intermediária | Alta |
| Atividade da citrato sintase | Alta | Intermediária | Baixa |

baixos níveis de glicemia leva à secreção do hormônio glucagon. A elevação da concentração de glucagon resulta em fosforilação da enzima, convertendo-a à forma de fosforilase *a* no fígado. Emoções como a excitação do exercício ou o medo provocam aumento na concentração do hormônio epinefrina. A epinefrina liga-se a receptores no músculo (e no fígado), induzindo mais uma vez a fosforilação da fosforilase *b* em fosforilase *a*. A enzima regulatória *fosforilase quinase* catalisa essa modificação covalente.

A comparação das estruturas da fosforilase *a* no estado R e da fosforilase *b* no estado T revela que alterações estruturais sutis nas interfaces das subunidades são transmitidas aos sítios ativos (Figura 21.10). A transição do estado T (o estado prevalente da fosforilase *b*) para o estado R (o estado prevalente da fosforilase *a*) acarreta uma rotação de 10° em torno do eixo duplo do dímero. Mais importante ainda, essa transição está associada a alterações estruturais nas α-hélices que movem uma alça para fora do sítio ativo de cada subunidade. Por conseguinte, o estado T é menos ativo, visto que o sítio catalítico está, em parte, bloqueado. No estado R, o sítio catalítico é mais acessível, e um sítio de ligação para o ortofosfato está bem organizado.

## A fosforilase quinase é ativada por fosforilação e por íons cálcio

A fosforilase quinase converte a fosforilase *b* na forma *a* por meio de sua ligação a um grupo fosforila. A composição de subunidades da fosforilase quinase no músculo esquelético é $(\alpha\beta\gamma\delta)_4$, e a massa dessa proteína muito grande é de 1.300 kDa. A enzima consiste em dois lobos $(\alpha\beta\gamma\delta)_2$ unidos por uma ponte $\beta_4$, que é o cerne da enzima e que atua como uma estrutura para as subunidades remanescentes. A subunidade γ contém o sítio ativo, enquanto todas as subunidades remanescentes (cerca de 90% da massa) desempenham funções regulatórias. A subunidade δ é a proteína de ligação ao $Ca^{2+}$, a *calmodulina*, um sensor de cálcio que estimula muitas enzimas nos eucariotos (ver seção 14.1). As subunidades α e β constituem alvos da proteinoquinase A. A subunidade β é a primeira a ser fosforilada, seguida da fosforilação da subunidade α.

A ativação da fosforilase quinase é iniciada quando o $Ca^{2+}$ liga-se à subunidade δ. Esse modo de ativação da quinase é particularmente notável no músculo, onde a contração é deflagrada pela liberação de $Ca^{2+}$ a partir do retículo sarcoplasmático (Figura 21.14). A ativação máxima é obtida com a fosforilação das subunidades β e α da quinase ligada ao $Ca^{2+}$.

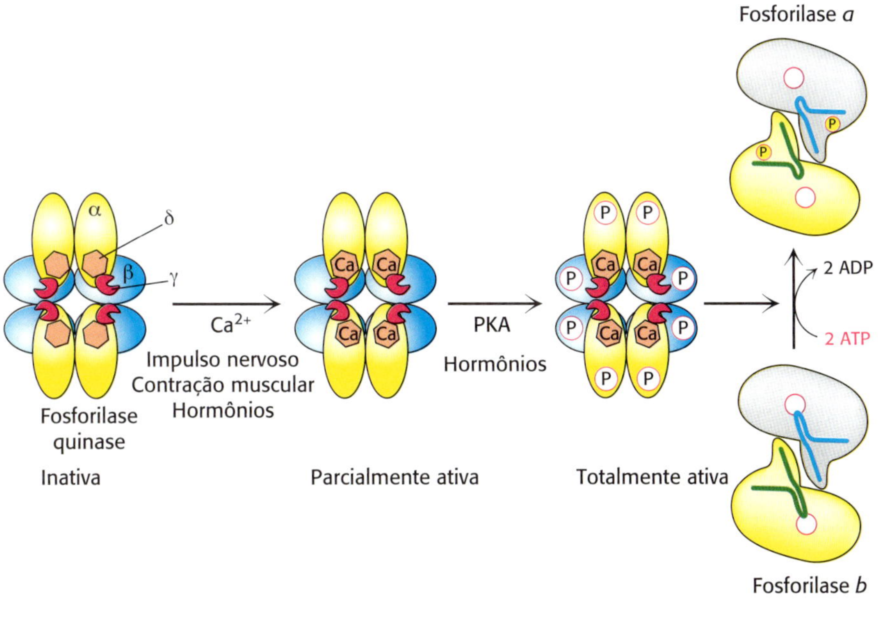


**FIGURA 21.14 Ativação da fosforilase quinase.** A fosforilase quinase, uma montagem $(\alpha\beta\gamma\delta)_4$, é em parte ativada pela ligação do $Ca^{2+}$ às subunidades δ. A ativação é máxima quando as subunidades β e α são fosforiladas em resposta a sinais hormonais. Quando ativa, a enzima converte a fosforilase *b* em fosforilase *a*.

A estimulação da fosforilase quinase constitui uma etapa em uma cascata de transdução de sinais iniciada por moléculas sinalizadoras, tais como o glucagon e a epinefrina.

### Existe uma forma isoenzimática da glicogênio fosforilase no encéfalo

Recentemente, foi identificada uma forma isoenzimática da glicogênio fosforilase no encéfalo. A glicogênio fosforilase do encéfalo é distinta das formas hepática e muscular, porém é mais semelhante à enzima muscular do que à enzima hepática. À semelhança da fosforilase muscular, a fosforilase do encéfalo é estimulada pelo AMP; todavia, além disso, é regulada por uma mudança redox, duas cisteínas que formam uma ponte dissulfeto. Espécies reativas de oxigênio, notavelmente o $H_2O_2$ que atua como uma molécula sinalizadora, levam à formação da ponte dissulfeto. A ponte dissulfeto impede a ativação da enzima pelo AMP, porém não altera a sua regulação pela fosforilação. Os neurônios expressam apenas a isoenzima do encéfalo, porém os astrócitos – células que facilitam a função dos neurônios – expressam tanto a isoforma do encéfalo quanto a isoforma muscular.

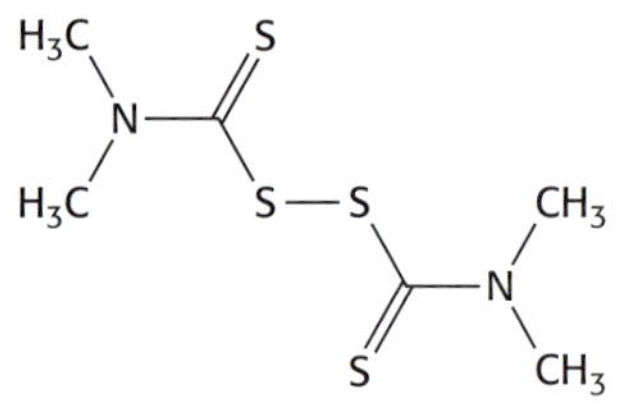

**Thiram**

A glicogênio fosforilase do encéfalo pode constituir um alvo do ditiocarbamatos, compostos organossulfurados com uma variedade de aplicações na indústria e na agricultura. Um desses ditiocarbamatos, o pesticida thiram, foi associado ao envenenamento neurotóxico. Os ditiocarbamatos apresentam ampla reatividade; entretanto, pesquisas recentes sugerem que o thiram interrompe a mudança redox da fosforilase do encéfalo, diminuindo a atividade da enzima. A falta de uma eficiente mobilização de glicogênio no encéfalo pode ser responsável por parte da toxicidade neurológica.

## 21.3 A epinefrina e o glucagon sinalizam a necessidade de degradação do glicogênio

A proteinoquinase A ativa a fosforilase quinase que, por sua vez, ativa a glicogênio fosforilase. O que ativa a proteinoquinase A? Qual é o sinal que, em última análise, desencadeia um aumento na degradação do glicogênio?

### As proteínas G transmitem o sinal para o início da degradação do glicogênio

Vários hormônios afetam acentuadamente o metabolismo do glicogênio. O glucagon e a epinefrina desencadeiam a degradação do glicogênio. A atividade muscular ou a sua antecipação levam à liberação de *epinefrina* (*adrenalina*), uma catecolamina derivada da tirosina, a partir da medula suprarrenal. A epinefrina estimula acentuadamente a degradação do glicogênio no músculo e, em menor grau, no fígado. O fígado é mais responsivo ao *glucagon*, um hormônio polipeptídico secretado pelas células α do pâncreas quando o nível de glicemia está baixo. Fisiologicamente, o glucagon significa um estado de fome (Figura 21.15). A degradação do glicogênio muscular não é sensível ao glucagon.

Como os hormônios desencadeiam a degradação do glicogênio? Eles iniciam uma cascata de transdução de sinais do AMP cíclico, que já foi discutida na seção 14.1 (Figura 21.16).

**1.** As moléculas sinalizadoras epinefrina e glucagon ligam-se a sete específicos receptores transmembrana (7TM) na membrana plasmática das células-alvo (ver seção 14.1). A epinefrina liga-se ao receptor beta-adrenérgico no músculo, enquanto o glucagon liga-se ao receptor de glucagon no fígado. Esses eventos de ligação ativam a proteína $G_S$. *Um sinal externro* *específico foi transmitido para dentro da célula por meio de alterações estruturais*, inicialmente no receptor e, em seguida, na proteína G.

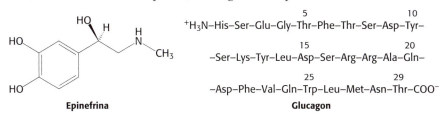

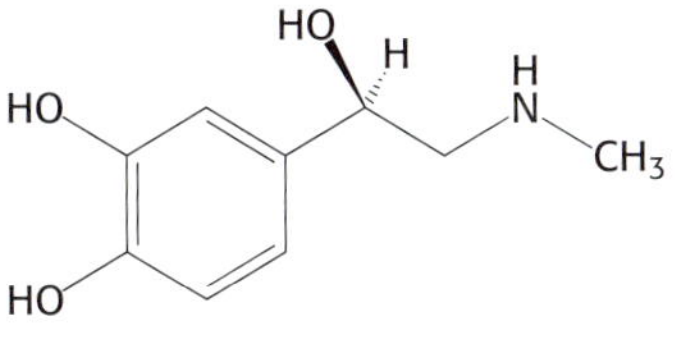


**Epinefrina**

$^{+}H_3N$–His–Ser–Glu–Gly–Thr–Phe–Thr–Ser–Asp–Tyr– (5, 10)
–Ser–Lys–Tyr–Leu–Asp–Ser–Arg–Arg–Ala–Gln– (15, 20)
–Asp–Phe–Val–Gln–Trp–Leu–Met–Asn–Thr–$COO^{-}$ (25, 29)

**Glucagon**

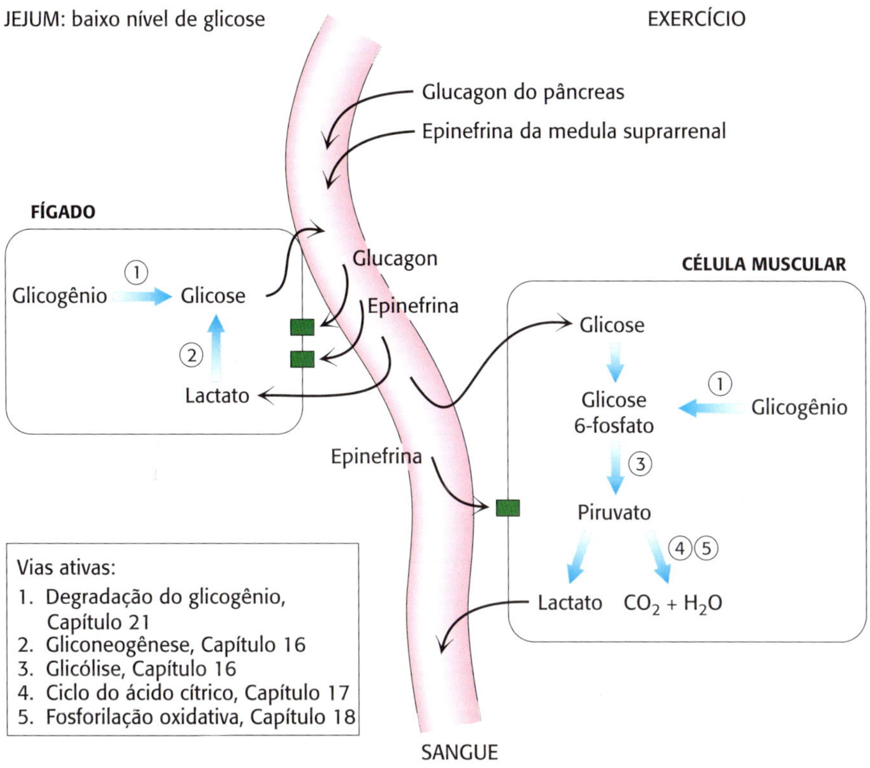


**FIGURA 21.15 Integração de vias: controle hormonal da degradação do glicogênio.** O glucagon estimula a degradação do glicogênio hepático quando o nível de glicemia está baixo. A epinefrina potencializa a degradação do glicogênio no músculo e no fígado, fornecendo energia para a contração muscular.

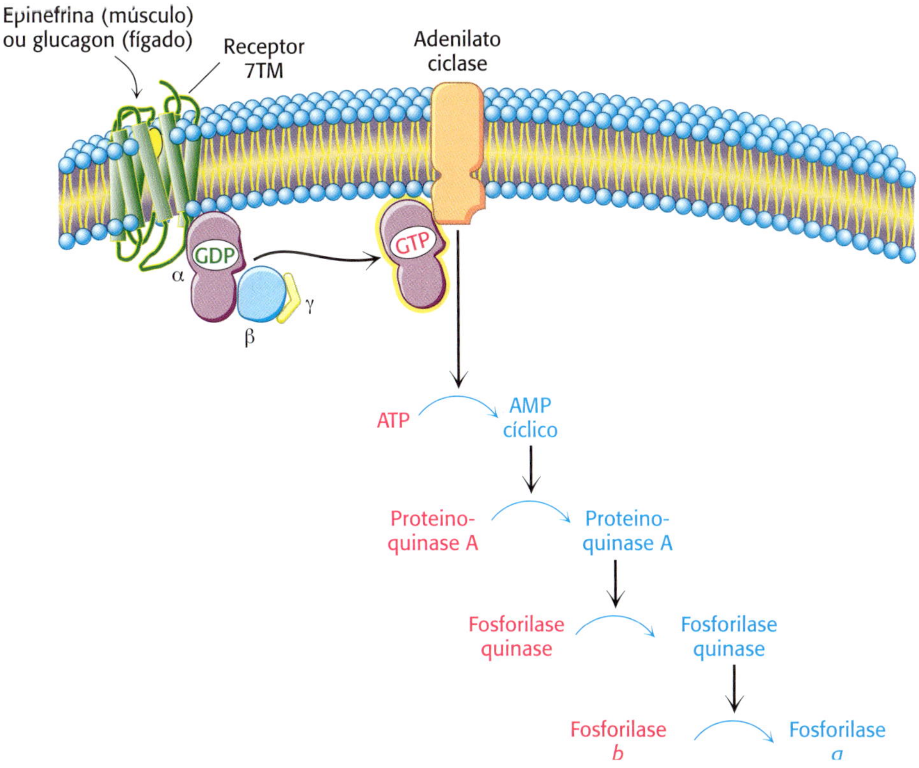


**FIGURA 21.16 Cascata regulatória da degradação do glicogênio.** A degradação do glicogênio é estimulada pela ligação de hormônios a receptores 7TM. A ligação do hormônio inicia uma via de transdução de sinais dependente da proteína G, o que resulta na fosforilação e na ativação da glicogênio fosforilase. As formas inativas das enzimas são mostradas em vermelho, e as formas ativas, em azul.

2. A subunidade da $G_S$ ligada ao GTP ativa a proteína transmembranar adenilato ciclase. Essa enzima catalisa a formação do segundo mensageiro, o AMP cíclico (cAMP), a partir de ATP.
3. O nível citoplasmático elevado de cAMP ativa a *proteinoquinase* A (ver seção 10.3). A ligação do AMP cíclico às subunidades regulatórias que inibem a proteinoquinase A desencadeia a sua dissociação das subunidades catalíticas. As subunidades catalíticas livres estão agora ativas.
4. A proteinoquinase A fosforila a fosforilase quinase inicialmente na subunidade β e, em seguida, na subunidade α, que subsequentemente ativa a glicogênio fosforilase.

*A cascata do AMP cíclico amplifica acentuadamente os efeitos dos hormônios.* A ligação de uma pequena quantidade de moléculas hormonais aos receptores de superfície celular leva à liberação de uma quantidade muito grande de unidades de açúcar. Com efeito, grande parte do glicogênio armazenado seria mobilizada dentro de segundos se não houvesse um sistema contrarregulador.

Os processos de transdução de sinais no fígado são mais complexos do que os no músculo. A epinefrina também induz a degradação do glicogênio no fígado. Entretanto, além de sua ligação ao receptor beta-adrenérgico, a epinefrina liga-se ao receptor alfa-adrenérgico 7TM, que então inicia a *cascata do fosfoinositídeo* (ver seção 14.2), que induz a liberação de $Ca^{2+}$ a partir das reservas do retículo endoplasmático. Convém lembrar que a subunidade δ da fosforilase quinase é a calmodulina, um sensor de $Ca^{2+}$. A ligação do $Ca^{2+}$ à calmodulina leva a uma ativação parcial da fosforilase quinase. A estimulação pelo glucagon e pela epinefrina leva à mobilização máxima do glicogênio hepático.

**Alto Ganho**

O ganho refere-se à razão entre o sinal de saída e o sinal de entrada. No caso do metabolismo do glicogênio, um alto ganho significa que poucos sinais hormonais podem rapidamente gerar grandes quantidades de glicose 6-fosfato

## A degradação do glicogênio precisa ser rapidamente interrompida quando necessário

É fundamental que o sistema de alto ganho da degradação do glicogênio seja rapidamente interrompido, de modo a evitar a depleção e o desperdício do glicogênio após as necessidades energéticas serem supridas. Quando as necessidades de glicose são preenchidas, a fosforilase quinase e a glicogênio fosforilase são desfosforiladas e inativadas. Simultaneamente, a síntese de glicogênio é ativada.

A via de transdução de sinais que leva à ativação da glicogênio fosforilase é interrompida automaticamente quando a secreção do hormônio desencadeante cessa. A inerente atividade de GTPase da proteína G transforma o GTP ligado em GDP inativo, e as fosfodiesterases sempre presentes na célula convertem o AMP cíclico em AMP. A proteína fosfatase 1 (PP1) remove os grupos fosforila da fosforilase quinase, inativando, assim, a enzima. Por fim, a PP1 também remove o grupo fosforila da glicogênio fosforilase, convertendo então a enzima na forma *b* habitualmente inativa.

## A regulação da glicogênio fosforilase tornou-se mais sofisticada com a evolução da enzima

As análises das estruturas primárias da glicogênio fosforilase de seres humanos, ratos, *Dictyostelium* (fungo limoso), leveduras, batatas e *E. coli* levaram a inferências acerca da evolução dessa enzima importante. Os 16 resíduos que entram em contato com a glicose no sítio ativo são idênticos em quase todas as enzimas. Há maior variação, porém uma conservação ainda substancial dos 15 resíduos no sítio de ligação do piridoxal fosfato. De modo semelhante, o sítio de ligação do glicogênio é bem conservado em todas as enzimas. O alto grau de semelhança entre esses três sítios mostra que o mecanismo catalítico foi mantido durante toda a evolução.

Entretanto, surgem diferenças quando comparamos os sítios regulatórios. O tipo mais simples de regulação seria a inibição por retroalimentação pela glicose 6-fosfato. Com efeito, o sítio regulatório da glicose 6-fosfato é altamente conservado na maioria das fosforilases. Os resíduos de aminoácidos cruciais que participam na regulação pela fosforilação e ligação de nucleotídios são bem conservados apenas nas enzimas de mamíferos. Por conseguinte, esse nível de regulação foi uma aquisição evolutiva mais tardia.

## 21.4 A síntese de glicogênio requer várias enzimas e uridina difosfato glicose

À semelhança da glicólise e da gliconeogênese, as vias de biossíntese e de degradação relacionadas raramente operam exatamente pelas mesmas reações em sentidos direto e inverso. O metabolismo do glicogênio forneceu o primeiro exemplo conhecido desse importante princípio. *Vias separadas possibilitam uma flexibilidade muito maior, tanto do ponto de vista energético quanto em nível de controle.*

O glicogênio é sintetizado por uma via que utiliza *uridina difosfato glicose* (UDP-glicose) como um doador ativado de glicose.

$$\text{Síntese: glicogênio}_n + \text{UDP-glicose} \longrightarrow \text{glicogênio}_{n+1} + \text{UDP}$$
$$\text{Degradação: glicogênio}_{n+1} + P_i \longrightarrow \text{glicogênio}_n + \text{glicose 1-fosfato}$$

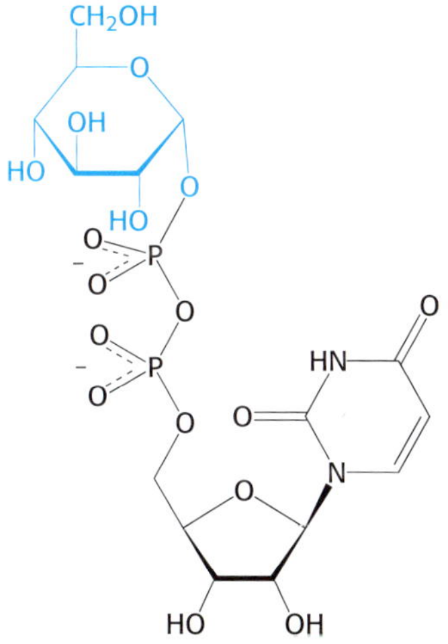

**Uridina difosfato glicose (UDP-glicose)**

### A UDP-glicose é uma forma ativada de glicose

A UDP-glicose, o doador de glicose na biossíntese de glicogênio, é uma *forma ativada de glicose*, assim como o ATP e a acetil CoA são, respectivamente, formas ativadas de ortofosfato e acetato. O átomo de carbono C-1 da unidade glicosil da UDP-glicose é ativado, visto que o grupo hidroxila é esterificado ao componente difosfato da UDP.

A UDP-glicose é sintetizada a partir da glicose 1-fosfato e da uridina trifosfato (UTP) em uma reação catalisada pela *UDP-glicose pirofosforilase*. Essa reação libera os dois resíduos fosforila externos da UTP na forma de pirofosfato.

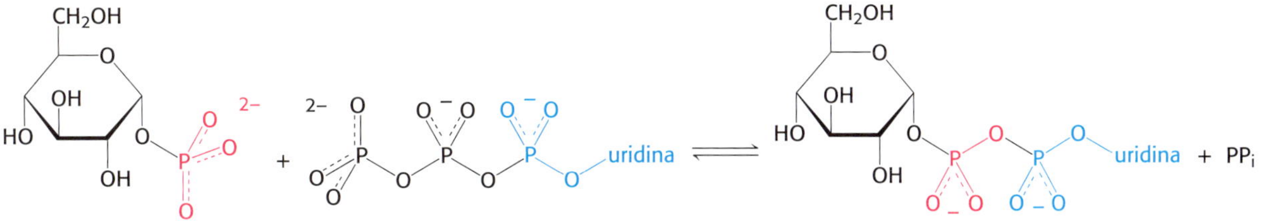

**Glicose 1-fosfato** **UTP** **UDP-glicose**

Essa reação é prontamente reversível. Entretanto, o pirofosfato é rapidamente hidrolisado *in vivo* a ortofosfato por uma pirofosfatase inorgânica. A hidrólise essencialmente irreversível do pirofosfato impulsiona a síntese de UDP-glicose.

$$\text{Glicose 1-fosfato} + \text{UTP} \rightleftharpoons \text{UDP-glicose} + PP_1$$
$$PP_i + H_2O \longrightarrow 2P_i$$
$$\overline{\text{Glicose 1-fosfato} + \text{UTP} + H_2O \longrightarrow \text{UDP-glicose} + 2\,P_i}$$

A síntese de UDP-glicose é um exemplo de outro tema recorrente em bioquímica: *muitas reações de biossíntese são impulsionadas pela hidrólise do pirofosfato.*

## A glicogênio sintase catalisa a transferência da glicose da UDP-glicose para uma cadeia em crescimento

Novas unidades de glicosil são acrescentadas aos resíduos terminais não redutores do glicogênio. A unidade glicosil ativada da UDP-glicose é transferida ao grupo hidroxila no C-4 de um resíduo terminal para formar uma ligação α-1,4 glicosídica. A UDP é deslocada pelo grupo hidroxila terminal da molécula de glicogênio em crescimento. Essa reação é catalisada pela *glicogênio sintase, uma enzima regulatória-chave na síntese de glicogênio.* Os seres humanos possuem duas isoenzimas da glicogênio sintase: uma, específica do fígado, enquanto a outra é expressa no músculo e em demais tecidos.

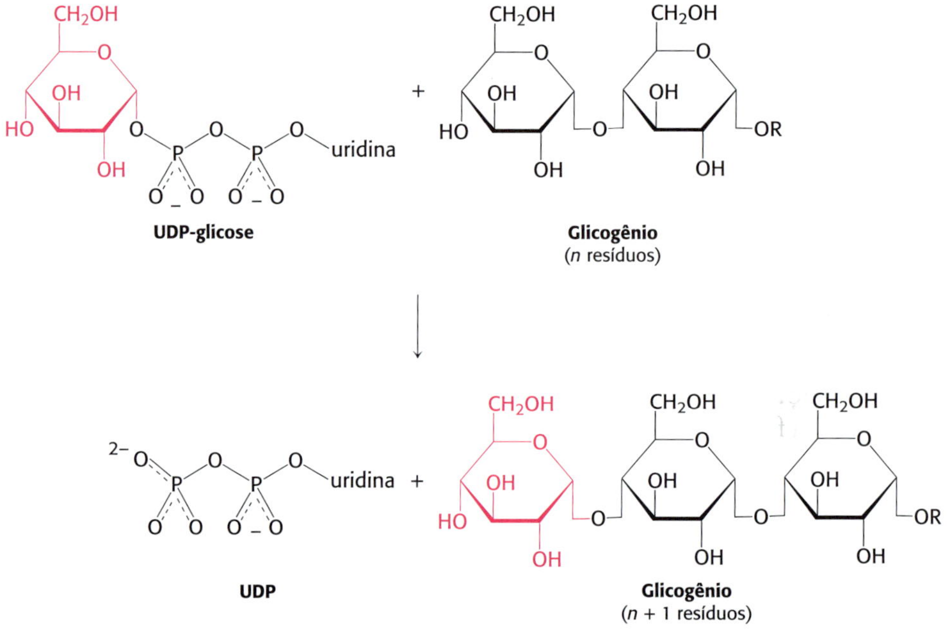


A glicogênio sintase, um membro da grande família de glicosiltransferases (ver seção 11.3), só pode acrescentar resíduos glicosil a uma cadeia de polissacarídio que já contenha pelo menos quatro resíduos. Por conseguinte, a síntese de glicogênio necessita de um *iniciador* (*primer*). Essa função de iniciador é desempenhada pela *glicogenina,* uma glicosiltransferase que necessita de $Mn^{2+}$ e é constituída de duas subunidades idênticas de 37 kDa. Cada subunidade da glicogenina catalisa a formação de polímeros de α-1,4-glicose com 10 a 20 unidades glicosil de comprimento, que são sintetizados de modo sequencial diretamente sobre o grupo hidroxila fenólico de um resíduo de tirosina específico em cada subunidade de glicogenina. A UDP-glicose é o doador nessa autoglicosilação. Nesse ponto, a glicogênio sintase passa a atuar para estender a molécula de glicogênio. Por conseguinte, cada molécula de glicogênio apresenta uma molécula de glicogenina em seu cerne (Figura 21.1).

Apesar de não haver nenhuma semelhança de sequência detectável, os estudos estruturais revelaram que a glicogênio sintase é homóloga à glicogênio fosforilase. O sítio de ligação para a UDP-glicose na glicogênio sintase corresponde, na sua posição, ao piridoxal fosfato na glicogênio fosforilase.

### Uma enzima ramificadora forma ligações α-1,6

A glicogênio sintase só catalisa a síntese de ligações α-1,4. Outra enzima é necessária para formar as ligações α-1,6 que fazem do glicogênio um polímero ramificado. A ramificação ocorre após a ligação α-1,4 de vários resíduos glicosil pela glicogênio sintase (Figura 21.17). Uma ramificação é criada pela quebra de uma ligação α-1,4 e pela formação de uma ligação α-1,6. Um bloco de resíduos, tipicamente em número de sete, é transferido para local mais interno. A *enzima ramificadora* que catalisa essa reação requer que o bloco de sete ou mais resíduos inclua o terminal não redutor e provenha de uma cadeia com pelo menos 11 resíduos de comprimento. Além disso, o novo ponto de ramificação precisa estar a pelo menos quatro resíduos de distância de um preexistente.

*A ramificação é importante, visto que aumenta a solubilidade do glicogênio.* Além disso, a ramificação cria um grande número de resíduos terminais, que são os locais de ação da glicogênio fosforilase e da glicogênio sintase (Figura 21.18). Por conseguinte, *a ramificação aumenta a velocidade de síntese e de degradação do glicogênio.*

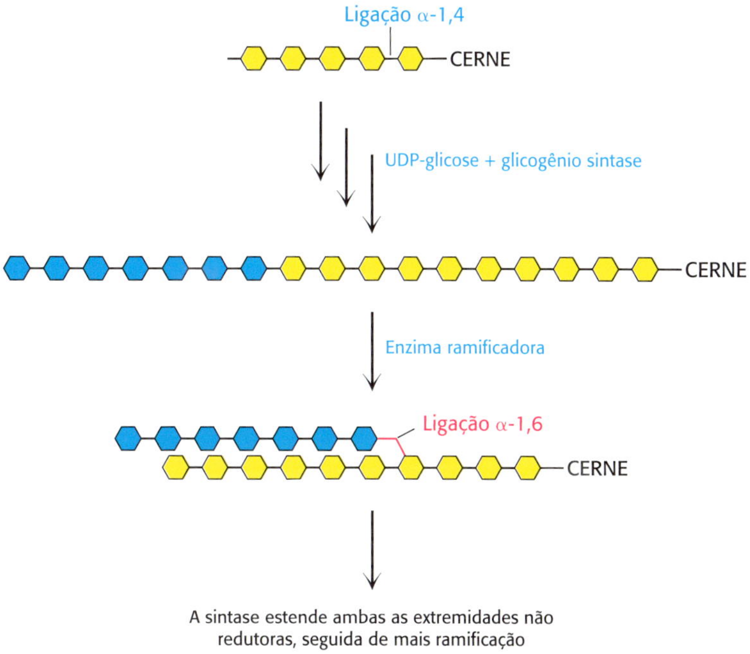


**FIGURA 21.17 Reação de ramificação.** A enzima ramificadora remove um oligossacarídio de aproximadamente sete resíduos da extremidade não redutora e cria uma ligação α-1,6 interna.

## A glicogênio sintase é uma enzima regulatória-chave na síntese de glicogênio

À semelhança da glicogênio fosforilase, a glicogênio sintase existe em duas formas: uma forma *a* não fosforilada ativa e uma forma *b* fosforilada habitualmente inativa. Mais uma vez à semelhança da glicogênio fosforilase, a interconversão das duas formas é regulada por meio de uma modificação covalente mediada por hormônios. Entretanto, o principal modo de regular a glicogênio sintase consiste na regulação alostérica da forma fosforilada da enzima, a glicogênio sintase *b*. A glicose 6-fosfato é um poderoso ativador da enzima, estabilizando o estado R da enzima em relação ao estado T.

A modificação covalente da glicogênio sintase parece desempenhar mais do que um papel de modulação. A sintase é fosforilada em múltiplos sítios por várias proteínas quinases – principalmente a *glicogênio sintase quinase* (GSK), que está sob o controle da insulina (p. 704), e a *proteinoquinase* A. A função dos múltiplos sítios de fosforilação ainda está em fase de investigação. Observe que a *fosforilação possui efeitos opostos sobre as atividades enzimáticas da glicogênio sintase e da glicogênio fosforilase.*

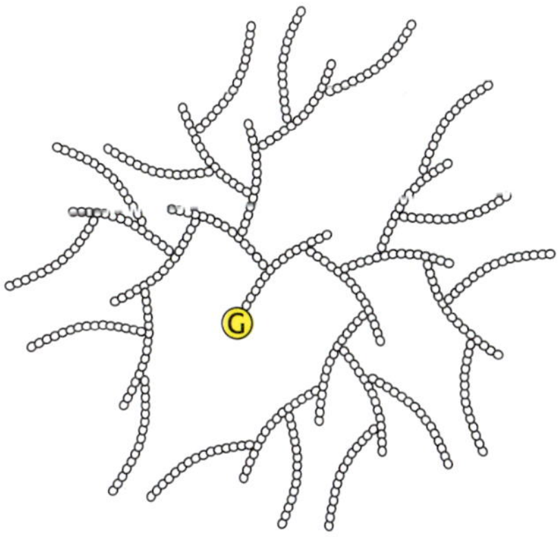


**FIGURA 21.18 Corte transversal de uma molécula de glicogênio.** O componente designado por G é a glicogenina.

## O glicogênio é uma forma de armazenamento eficiente de glicose

Qual é o custo da conversão da glicose 6-fosfato em glicogênio e de volta à glicose 6-fosfato? As reações pertinentes já foram descritas, exceto a reação 5, que consiste na regeneração da UTP. O ATP fosforila a UDP em uma reação catalisada pela *nucleosídio difosfoquinase*.

$$\text{Glicose 6-fosfato} \longrightarrow \text{glicose 1-fosfato} \qquad (1)$$

$$\text{Glicose 1-fosfato} + \text{UTP} \longrightarrow \text{UDP-glicose} + \text{PP}_i \qquad (2)$$

$$\text{PP}_i + \text{H}_2\text{O} \longrightarrow 2\,\text{P}_i \qquad (3)$$

$$\text{UDP-glicose} + \text{glicogênio}_n \longrightarrow + \text{glicogênio}_{n+1} + \text{UDP} \qquad (4)$$

$$\text{UDP} + \text{ATP} \longrightarrow \text{UTP} + \text{ADP} \qquad (5)$$

Soma: $\text{glicose 6-fosfato} + \text{ATP} + \text{glicogênio}_n + \text{H}_2\text{O} \longrightarrow \text{glicogênio}_{n+1} + \text{ADP} + 2\,\text{P}_i$

Assim, uma molécula de ATP é hidrolisada para incorporar a glicose 6-fosfato no glicogênio. O rendimento energético da degradação do glicogênio é altamente eficiente. Cerca de 90% dos resíduos sofrem uma clivagem fosforolítica a glicose 1-fosfato, que é convertida sem custo em glicose 6-fosfato. Os outros resíduos consistem em resíduos de ramificação, que são clivados por hidrólise. Em seguida, uma molécula de ATP é utilizada para fosforilar cada uma dessas moléculas de glicose a glicose 6-fosfato. A oxidação completa da glicose 6-fosfato produz cerca de 31 moléculas de ATP, e o armazenamento consome um pouco mais do que uma molécula de ATP por molécula de glicose 6-fosfato; por conseguinte, *a eficiência global do armazenamento é de quase 97%.*

## 21.5 A degradação e a síntese de glicogênio são reguladas de modo recíproco

Um importante mecanismo de controle impede que o glicogênio seja sintetizado enquanto é degradado. *As mesmas cascatas de cAMP desencadeadas pelo glucagon e pela epinefrina, que iniciam a degradação do glicogênio no fígado e no músculo, respectivamente, também interrompem a síntese de glicogênio. O glucagon e a epinefrina controlam tanto a degradação quanto a síntese de glicogênio por meio da proteinoquinase A* (Figura 21.19). Convém lembrar que a proteinoquinase A acrescenta um grupo fosforila à fosforilase quinase, ativando então essa enzima e iniciando o processo de degradação do glicogênio. A glicogênio sintase quinase e a proteinoquinase A acrescentam grupos fosforila à glicogênio sintase, porém essa fosforilação leva a uma *diminuição* da atividade enzimática. De tal maneira, a degradação e a síntese de glicogênio são reguladas de modo recíproco. Como a atividade enzimática é revertida de modo que a degradação do glicogênio seja interrompida e comece a sua síntese?

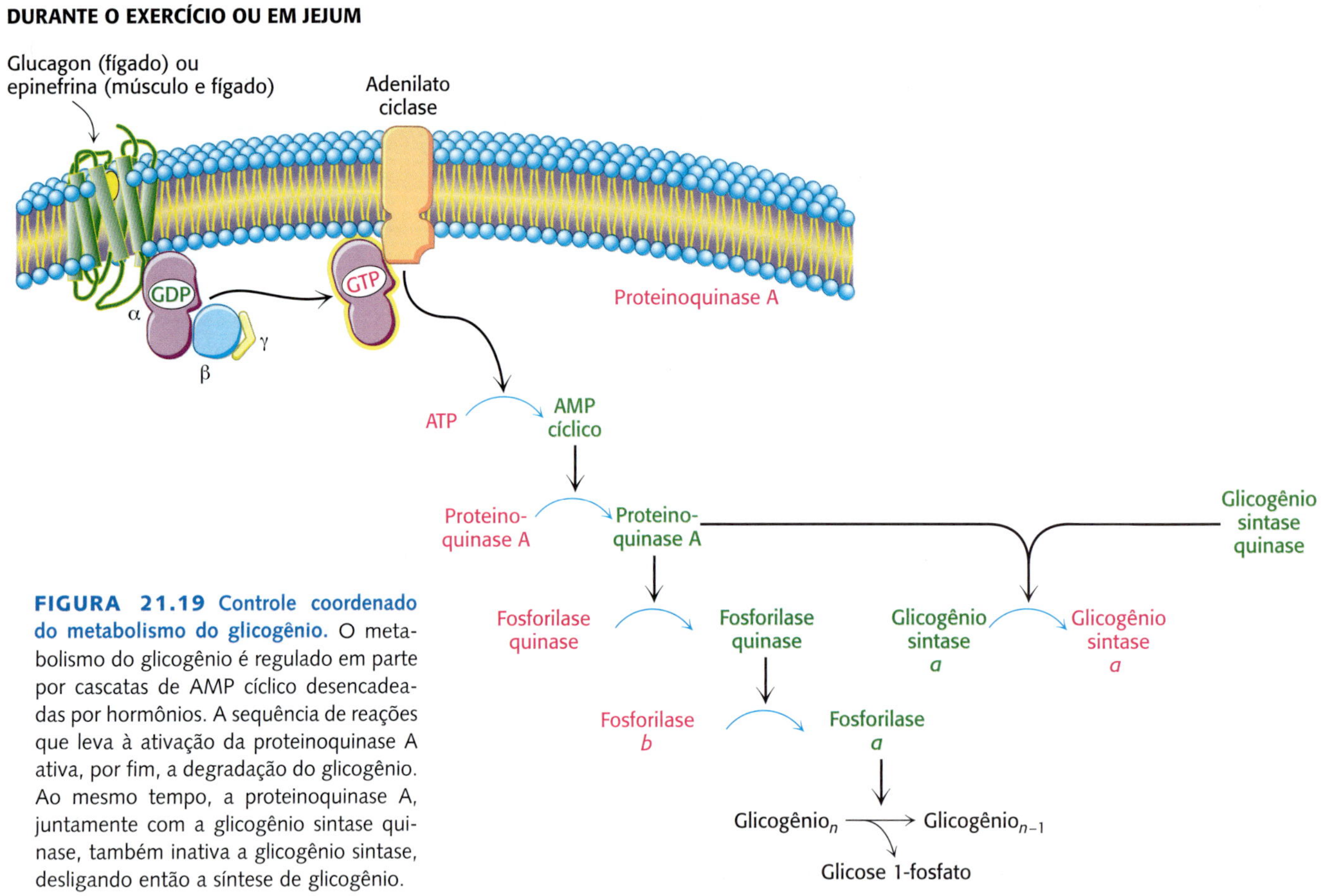


**FIGURA 21.19 Controle coordenado do metabolismo do glicogênio.** O metabolismo do glicogênio é regulado em parte por cascatas de AMP cíclico desencadeadas por hormônios. A sequência de reações que leva à ativação da proteinoquinase A ativa, por fim, a degradação do glicogênio. Ao mesmo tempo, a proteinoquinase A, juntamente com a glicogênio sintase quinase, também inativa a glicogênio sintase, desligando então a síntese de glicogênio.

## A proteína fosfatase 1 reverte os efeitos regulatórios das quinases sobre o metabolismo do glicogênio

Após uma sessão de exercício, o músculo precisa mudar o modo de degradação do glicogênio para o modo de sua reposição. A primeira etapa nessa tarefa metabólica consiste em interromper as proteínas fosforiladas que estimulam a degradação do glicogênio. Essa tarefa é realizada por *proteínas fosfatases*, que catalisam a hidrólise de resíduos fosforilados de serina e treonina em proteínas. *A proteína fosfatase 1 desempenha um papel essencial na regulação do metabolismo do glicogênio* (Figura 21.20). A proteína fosfatase 1 (PP1) inativa a fosforilase *a* e a fosforilase quinase por meio de sua desfosforilação. A PP1 diminui a velocidade da degradação do glicogênio; ela reverte os efeitos da cascata de fosforilação. Além disso, *a PP1 também remove os grupos fosforila da glicogênio sintase* b *para convertê-la na forma* a *mais ativa*. Aqui, a PP1 também acelera a síntese de glicogênio. A PP1 também constitui outro dispositivo molecular para coordenar o armazenamento de carboidratos. É interessante observar que pesquisas recentes sugeriram que a glicogênio fosforilase também é regulada por acetilação (ver seção 10.3). A acetilação não apenas inibe a enzima, como também aumenta a desfosforilação, promovendo a interação com a PP1. A acetilação é estimulada pela glicose e pela insulina, enquanto é inibida pelo glucagon. É fascinante o fato de que a glicogênio fosforilase, uma das primeiras enzimas alostéricas identificadas e uma das enzimas mais estudadas, ainda esteja revelando segredos.

A subunidade catalítica da PP1 é uma proteína de um único domínio de 37 kDa. Em geral, essa subunidade liga-se a uma de uma família de subunidades regulatórias com massa de aproximadamente 120 kDa. No músculo esquelético e no coração, a subunidade regulatória mais prevalente é denominada $G_M$, ao passo que, no fígado, a subunidade mais prevalente é denominada $G_L$. Essas subunidades regulatórias apresentam estruturas modulares com domínios que participam de interações com o glicogênio, com a subunidade catalítica e com as enzimas-alvo. Por conseguinte, *essas subunidades regulatórias atuam como esqueletos, aproximando a fosfatase e seus substratos na partícula de glicogênio.*

O que impede a atividade de fosfatase da PP1 de inibir sempre a degradação do glicogênio? Quando a degradação do glicogênio é convocada, a epinefrina ou o glucagon ativam a cascata de cAMP, que ativa a proteinoquinase A

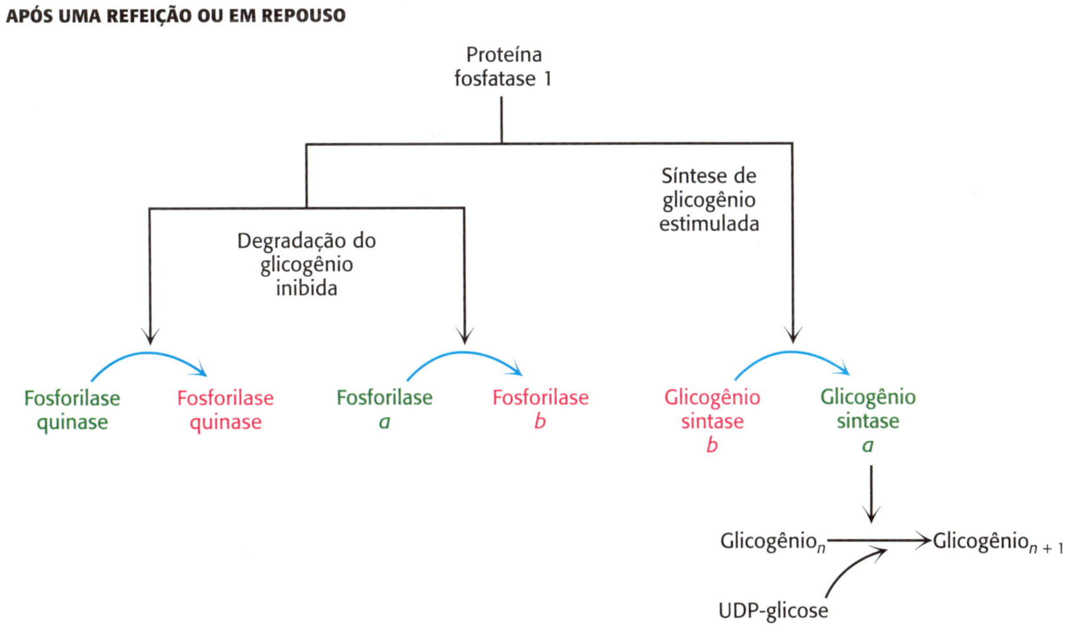


**FIGURA 21.20 Regulação da síntese de glicogênio pela proteína fosfatase 1.** A proteína fosfatase 1 estimula a síntese de glicogênio, enquanto inibe a sua degradação. As enzimas ativas são mostradas em verde, e as enzimas inativas, em vermelho.

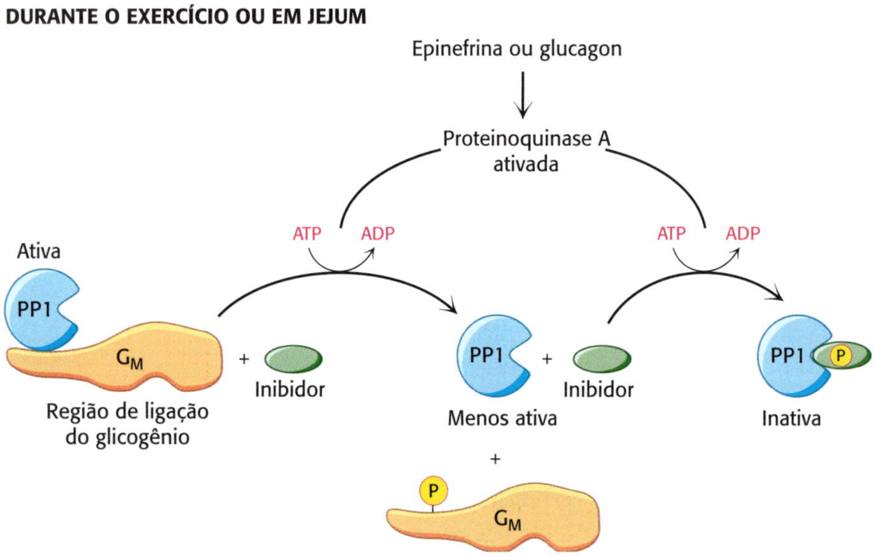


**FIGURA 21.21 Regulação da proteína fosfatase 1.** A regulação da proteína fosfatase 1 (PP1) no músculo ocorre em duas etapas. A fosforilação da $G_M$ pela proteinoquinase A dissocia a subunidade catalítica de seus substratos na partícula de glicogênio e reduz a sua atividade. A fosforilação da subunidade inibitória pela proteinoquinase A e a sua subsequente ligação à fosfatase inativa por completo a unidade catalítica da PP1.

(Figura 21.21). A proteinoquinase A reduz a atividade da PP1 por meio de dois mecanismos. Em primeiro lugar, no músculo, a $G_M$ é fosforilada no domínio responsável pela ligação da subunidade catalítica. A subunidade catalítica é liberada do glicogênio e de seus substratos, e a sua atividade de fosfatase é acentuadamente reduzida. Em segundo lugar, quase todos os tecidos contêm pequenas proteínas (inibidor na Figura 21.21) que, quando fosforiladas, ligam-se à subunidade catalítica da PP1, inibindo-a. Por conseguinte, quando a degradação do glicogênio é ligada pelo cAMP, a concomitante fosforilação desses inibidores mantém a fosforilase em sua forma *a* ativa e a glicogênio sintase em sua forma *b* inativa.

## A insulina estimula a síntese de glicogênio ao inativar a glicogênio sintase quinase

Após o exercício, as pessoas frequentemente consomem alimentos ricos em carboidratos para repor suas reservas de glicogênio. Como a síntese de glicogênio é estimulada? Quando os níveis de glicemia estão elevados, *a insulina estimula a síntese de glicogênio ao inativar a glicogênio sintase quinase,* uma das enzimas que mantêm a glicogênio sintase em seu estado fosforilado inativo (Figura 21.22). A primeira etapa na ação da insulina consiste em sua ligação a um receptor, uma tirosinoquinase receptora na membrana plasmática (ver seção 14.2). A ligação da insulina estimula a atividade da tirosinoquinase do receptor, de modo que ela fosforila substratos do receptor de insulina (IRSs, do inglês *insulin-receptor substrates*). Essas proteínas fosforiladas desencadeiam vias de transdução de sinais, que finalmente levam à ativação

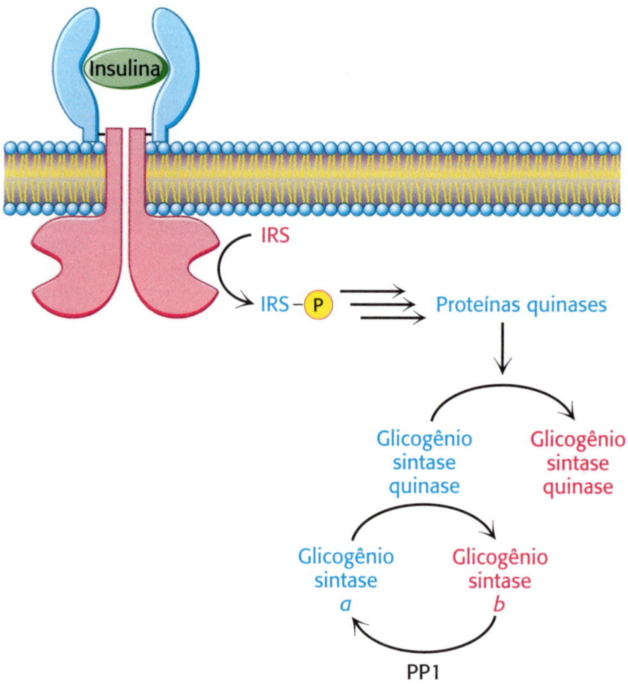


**FIGURA 21.22 A insulina inativa a glicogênio sintase quinase.** A insulina desencadeia uma cascata que leva à fosforilação e à inativação da glicogênio sintase quinase e impede a fosforilação da glicogênio sintase. A proteína fosfatase 1 (PP1) remove os fosfatos da glicogênio sintase, ativando, assim, a enzima e possibilitando a síntese de glicogênio. IRS, substrato do receptor de insulina.

de proteínas quinases que fosforilam e inativam a glicogênio sintase quinase. A quinase inativa não pode mais manter a glicogênio sintase em seu estado inativo fosforilado. A proteína fosfatase 1 desfosforila a glicogênio sintase, ativando-a e restaurando as reservas de glicogênio. Convém lembrar que a insulina aumenta a quantidade de glicose na célula ao aumentar o número de transportadores de glicose na membrana (ver seção 16.2). Por conseguinte, o efeito final da insulina consiste na reposição das reservas de glicogênio.

## O metabolismo do glicogênio no fígado regula o nível de glicemia

Depois de uma refeição rica em carboidratos, ocorre elevação dos níveis de glicemia, e a síntese hepática de glicogênio aumenta. Embora a insulina seja o principal sinal para a síntese de glicogênio, outro sinal consiste na concentração de glicose no sangue, que normalmente varia de cerca de 4,4 a 6,7 mM. O fígado é sensível à concentração de glicose no sangue e capta ou libera glicose de acordo com a glicemia. Experimentos realizados em roedores estabeleceram que a quantidade de fosforilase *a* do fígado diminui rapidamente quando se infunde glicose (Figura 21.23). Depois de um período de latência, a quantidade de glicogênio sintase *a* aumenta, resultando na síntese de glicogênio. Com efeito, *a fosforilase* a *é o sensor de glicose nas células hepáticas*, facilitando a mudança da degradação para o processo de síntese. Como a fosforilase executa a sua função de sensor?

A fosforilase *a* e a PP1 ficam localizadas na partícula de glicogênio por meio de interações com a subunidade $G_L$ da PP1. A ligação da glicose à fosforilase *a* desloca o equilíbrio alostérico da forma R ativa para a forma T inativa (ver Figura 21.12). Essa mudança conformacional faz com que o *grupo fosforila da serina 14 seja um substrato para a proteína fosfatase 1*. A PP1 só se liga firmemente à fosforilase *a* quando esta se encontra no estado R, porém é inativa quando ligada. Quando a glicose induz a transição para a forma T, a PP1 e a fosforilase dissociam-se uma da outra e da partícula de glicogênio, e a PP1 torna-se ativa, convertendo a fosforilase *a* na forma *b* (ver Figura 21.11). É importante lembrar que a transição R ↔ T da fosforilase *a* muscular não é afetada pela glicose e, portanto, não é afetada pela elevação dos níveis de glicemia (ver seção 21.2).

Como a ligação da glicose à glicogênio fosforilase estimula a síntese de glicogênio? Conforme assinalado anteriormente, a conversão da forma *a* na forma *b* é acompanhada da *liberação de PP1, que fica então livre para ativar a glicogênio sintase* (Figura 21.24). A remoção do grupo fosforila

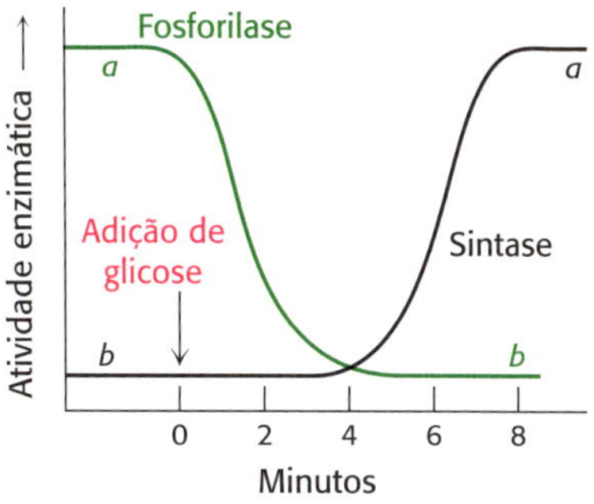


**FIGURA 21.23 A glicemia regula o metabolismo hepático do glicogênio.** A infusão de glicose na corrente sanguínea leva à inativação da fosforilase, que é seguida da ativação da glicogênio sintase no fígado. [Dados de W. Stalmans, H. De Wulf, L. Hue e H.-G. Hers, *Eur. J. Biochem*. 41:117-134, 1974.]

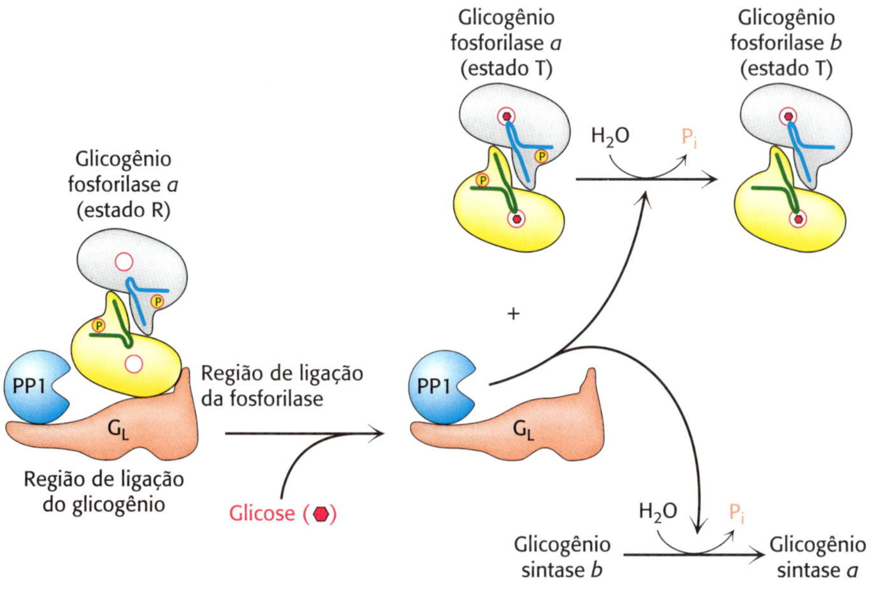


**FIGURA 21.24 Regulação do metabolismo hepático do glicogênio pela glicose.** Depois de uma refeição rica em carboidratos, a glicose liga-se à glicogênio fosforilase *a* no fígado e a inibe, facilitando a formação do estado T da fosforilase *a*. O estado T da fosforilase *a* não se liga à proteína fosfatase 1 (PP1), levando à dissociação da PP1 da glicogênio fosforilase *a*. A PP1 livre não é mais inibida e desfosforila a glicogênio fosforilase *a* e a glicogênio sintase *b*, com consequente inativação da degradação do glicogênio e ativação de sua síntese.

da glicogênio sintase *b* inativa converte-a na forma *a* ativa. O que explica o intervalo entre o término da degradação do glicogênio e o início de sua síntese (ver Figura 21.23)? Existem cerca de 10 moléculas de fosforilase *a* por molécula de fosfatase. Por conseguinte, *a atividade da glicogênio sintase só começa a aumentar após a conversão de quase toda a fosforilase* a *na forma* b. O intervalo entre a diminuição da degradação do glicogênio e o aumento de sua síntese impede que as duas vias operem simultaneamente. Esse notável sistema sensor de glicose depende de três elementos essenciais: (1) a comunicação entre o sítio alostérico para a glicose e a serina fosfato dentro da fosforilase, (2) o uso da PP1 para inativar a fosforilase e ativar a glicogênio sintase e (3) a ligação da fosfatase à fosforilase *a* para impedir a ativação prematura da glicogênio sintase.

Estão sendo envidados esforços para desenvolver fármacos capazes de interromper a interação da fosforilase hepática com a subunidade $G_L$ como tratamento para o diabetes melito tipo 2 (ver seção 27.3). Um fármaco experimental liga-se a um sítio exclusivo na enzima que, sinergicamente com a glicose, estabiliza o estado T da fosforilase, aumentando, assim, a transição para síntese de glicogênio, conforme descrito anteriormente. O diabetes melito tipo 2 caracteriza-se por níveis excessivos de glicemia. Por conseguinte, a ruptura da associação da fosforilase com a $G_L$ a tornaria um substrato da PP1. A degradação do glicogênio diminuiria, e a liberação de glicose no sangue seria inibida.

## É possível ter uma compreensão bioquímica das doenças de armazenamento do glicogênio

Edgar von Gierke descreveu a primeira doença de armazenamento do glicogênio em 1929. Um paciente com essa doença apresenta distensão abdominal causada por aumento maciço do fígado. Ocorre hipoglicemia pronunciada entre as refeições. Além disso, o nível de glicemia não aumenta com a administração de epinefrina e de glucagon. Um lactente com essa doença de armazenamento do glicogênio pode ter convulsões devido ao baixo nível de glicemia.

O defeito enzimático na doença de von Gierke foi elucidado em 1952 por Carl e Gerty Cori. Eles descobriram que *a glicose 6-fosfatase estava ausente no fígado de um paciente com essa doença* (Figura 21.4). Esse achado foi a primeira demonstração de deficiência hereditária de uma enzima hepática. O glicogênio no fígado apresenta estrutura normal, porém está presente em quantidades anormalmente grandes. A ausência de glicose 6-fosfatase no fígado provoca hipoglicemia, visto que a glicose não pode ser formada a partir da glicose 6-fosfato. Esse açúcar fosforilado não sai do fígado, visto que não é capaz de atravessar a membrana plasmática. A presença de glicose 6-fosfato em excesso desencadeia um aumento da glicólise hepática, levando a um alto nível de lactato e de piruvato no sangue. Os pacientes que apresentam doença de von Gierke também demonstram maior dependência do metabolismo dos lipídios. Essa doença também pode ser produzida por uma mutação no gene que codifica o *transportador de glicose 6-fosfato*. Convém lembrar que a glicose 6-fosfato precisa ser transportada para o lúmen do retículo endoplasmático para ser hidrolisada pela fosfatase (ver seção 16.3). A ocorrência de mutações nas outras três proteínas essenciais desse sistema também pode levar à doença de von Gierke.

Foram caracterizadas outras sete doenças de armazenamento do glicogênio (Tabela 21.2). Na doença de Pompe (tipo II), os lisossomos ficam ingurgitados de glicogênio devido à deficiência de α-1,4-glicosidase, uma enzima hidrolítica restrita a essas organelas (Figura 21.25). Carl e Gerty Cori

**TABELA 21.2** Doenças de armazenamento do glicogênio.

| Tipo | Enzima deficiente | Órgão afetado | Glicogênio no órgão afetado | Manifestações clínicas |
|---|---|---|---|---|
| I<br>Von Gierke | Glicose 6-fosfatase ou sistema de transporte | Fígado e rins | Quantidade aumentada; estrutura normal. | Aumento maciço do fígado; atraso no desenvolvimento; hipoglicemia grave, cetose, hiperuricemia, hiperlipidemia. |
| II<br>Pompe | α-1,4 glicosidase (lisossomal) | Todos os órgãos | Aumento maciço da quantidade; estrutura normal. | Insuficiência cardiorrespiratória causando morte, habitualmente antes de 2 anos de idade. |
| III<br>Cori | 1,6-glicosidase (enzima desramificadora) | Músculos e fígado | Quantidade aumentada; ramificações externas curtas. | Semelhantes às do tipo I, porém com evolução mais leve. |
| IV<br>Andersen | Enzima ramificadora (α-1,4 → α-1,6) | Fígado e baço | Quantidade normal; ramificações externas muito longas. | Cirrose hepática progressiva; insuficiência hepática causando morte, habitualmente antes de 2 anos de idade. |
| V<br>McArdle | Fosforilase | Músculos | Quantidade moderadamente aumentada; estrutura normal. | Capacidade limitada de realizar exercícios vigorosos devido a cãibras musculares dolorosas; nos demais aspectos, o paciente é normal e está bem desenvolvido. |
| VI<br>Hers | Fosforilase | Fígado | Quantidade aumentada. | Semelhantes às do tipo I, porém com evolução mais leve. |
| VII | Fosfofrutoquinase | Músculos | Quantidade aumentada; estrutura normal. | Semelhantes às do tipo V. |
| VIII | Fosforilase quinase | Fígado | Quantidade aumentada; estrutura normal. | Aumento discreto do fígado; hipoglicemia leve. |

Nota: os tipos I a VII são herdados como caráter autossômico recessivo. O tipo VIII está ligado ao sexo.

também elucidaram o defeito bioquímico em outra doença de armazenamento do glicogênio (tipo III) que não pode ser diferenciada da doença von Gierke (tipo I) fundamentando-se apenas no exame físico. Existem vários subtipos de doença de armazenamento do glicogênio III. Na doença tipo IIIa e tipo IIIc, as estruturas dos glicogênios hepático e muscular estão anormais, e a sua quantidade está acentuadamente aumentada. Os tipos IIIb e IIId são específicos do fígado. Independentemente do subtipo, as ramificações externas do glicogênio são muito curtas. *Os pacientes que apresentam esse tipo carecem da enzima desramificadora (α-1,6-glicosidase)*, e, portanto, apenas as ramificações mais externas do glicogênio podem ser efetivamente utilizadas. Por conseguinte, somente uma pequena fração desse glicogênio anormal é funcionalmente ativa como reserva acessível de glicose.

Um defeito no metabolismo do glicogênio restrito ao músculo é encontrado na doença de McArdle (tipo V). *A atividade da fosforilase muscular está ausente*, e a capacidade do paciente de realizar exercícios intensos encontra-se limitada devido à ocorrência de cãibras musculares dolorosas. A doença de McArdle é examinada com mais detalhes no Apêndice Bioquímica em foco, no final deste capítulo. O paciente está normal nos demais aspectos e bem desenvolvido. Por conseguinte, a utilização efetiva do glicogênio muscular não é essencial para a vida.

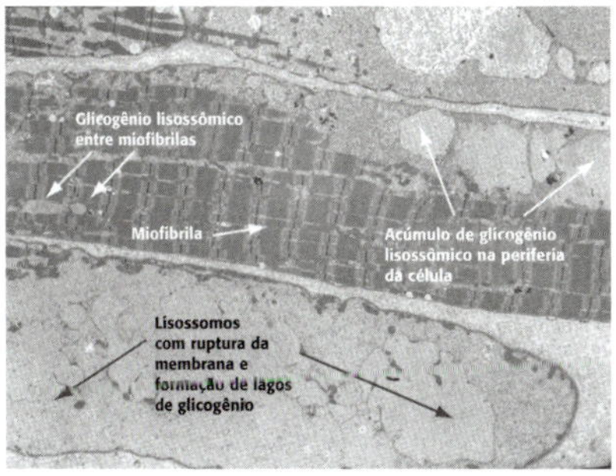


**FIGURA 21.25 Micrografia eletrônica de célula muscular de um paciente com doença de Pompe.** São observados lisossomos repletos de glicogênio por toda a célula, incluindo as miofibrilas. À medida que a doença vai progredindo, os lisossomos podem sofrer uma ruptura, liberando então grandes quantidades de glicogênio no citoplasma. Esses acúmulos citoplasmáticos de glicogênio são denominados lagos de glicogênio. [Reproduzido, com autorização do autor, de B.L. Thurberg *et al.*, Characterization of pre- and post-treatment pathology after enzyme replacement therapy for Pompe disease. *Lab. Invest.* 86(12):1208–1220, 2006.]

## RESUMO

O glicogênio, um combustível prontamente mobilizado, é um polímero ramificado de resíduos de glicose. Em sua maioria, as unidades de glicose no glicogênio estão ligadas por ligações α-1,4 glicosídicas. A mais ou menos cada 12 resíduos surge uma ramificação por meio de uma ligação α-1,6 glicosídica. O glicogênio está presente em grandes quantidades nas células musculares e nas células hepáticas, onde é armazenado no citoplasma na forma de grânulos hidratados.

## 21.1 A degradação do glicogênio exige a interação de várias enzimas

A maior parte da molécula de glicogênio é degradada a glicose 1-fosfato pela ação da glicogênio fosforilase, a enzima-chave na degradação do glicogênio. A ligação glicosídica entre o C-1 de um resíduo terminal e o C-4 do resíduo adjacente é clivada pelo ortofosfato, produzindo então glicose 1-fosfato, que pode ser convertida reversivelmente em glicose 6-fosfato. Os pontos de ramificação são degradados pela ação combinada de uma oligossacarídio transferase e uma α-1,6-glicosidase.

## 21.2 A fosforilase é regulada por interações alostéricas e por fosforilação reversível

A fosforilase *b*, habitualmente inativa, é convertida em fosforilase *a* ativa pela fosforilação de um único resíduo de serina em cada subunidade. Essa reação é catalisada pela fosforilase quinase. A forma *a* no fígado é inibida pela glicose. No fígado, a fosforilase é ativada para liberar glicose, que é exportada para outros órgãos, como o músculo esquelético e o cérebro. A forma *b* no músculo pode ser ativada pela ligação do AMP, um efeito antagonizado pelo ATP e pela glicose 6-fosfato. Diferentemente do que ocorre no fígado, a fosforilase muscular é ativada, produzindo glicose para uso dentro da célula como combustível para a atividade contrátil.

## 21.3 A epinefrina e o glucagon sinalizam a necessidade de degradação do glicogênio

A epinefrina e o glucagon estimulam a degradação do glicogênio por meio de receptores 7TM específicos. O músculo constitui o principal alvo da epinefrina, enquanto o fígado responde ao glucagon. Ambas as moléculas sinalizadoras iniciam uma cascata de quinases que leva à ativação da fosforilase quinase, a qual, por sua vez, converte a glicogênio fosforilase *b* à forma *a* fosforilada.

## 21.4 A síntese de glicogênio requer várias enzimas e uridina difosfato glicose

A via para a síntese de glicogênio difere daquela para a sua degradação. A UDP-glicose, o intermediário ativado na síntese de glicogênio, é formada a partir de glicose 1-fosfato e UTP. A glicogênio sintase catalisa a transferência da glicose da UDP-glicose para o grupo hidroxila no C-4 de um resíduo terminal na molécula de glicogênio em crescimento. A síntese é iniciada pela glicogenina, proteína autoglicosilante que contém uma unidade de oligossacarídio ligada covalentemente a um resíduo específico de tirosina. Uma enzima ramificadora converte parte das ligações α-1,4 em ligações α-1,6 para aumentar a quantidade de extremidades, de modo que o glicogênio possa ser sintetizado e degradado mais rapidamente.

## 21.5 A degradação e a síntese de glicogênio são reguladas de modo recíproco

A síntese e a degradação do glicogênio são coordenadas por várias cascatas de reações amplificadoras. A epinefrina e o glucagon estimulam a degradação do glicogênio e inibem a sua síntese, aumentando a concentração citoplasmática de AMP cíclico, que ativa a proteinoquinase A. A proteinoquinase A ativa a degradação do glicogênio ao fixar um fosfato à fosforilase quinase e inibe a síntese de glicogênio ao fosforilar a glicogênio sintase. A glicogênio sintase quinase também inibe a síntese por meio de fosforilação da sintase.

As ações da proteinoquinase A sobre a mobilização do glicogênio são revertidas pela proteína fosfatase 1, que é regulada por vários hormônios. A epinefrina inibe essa fosfatase ao bloquear sua fixação às moléculas de glicogênio e ao ativar um inibidor. Em contrapartida, a insulina desencadeia uma cascata que fosforila e inativa a glicogênio sintase quinase. Por conseguinte, a síntese de glicogênio é diminuída pela epinefrina e aumentada pela insulina. A glicogênio sintase e a glicogênio fosforilase também são reguladas por interações alostéricas não covalentes. Com efeito, a fosforilase é um elemento-chave no sistema sensor de glicose das células hepáticas. O metabolismo do glicogênio exemplifica o poder e a precisão da fosforilação reversível na regulação dos processos biológicos.

# APÊNDICE

## Bioquímica em foco

### A doença de McArdle resulta de uma deficiência de glicogênio fosforilase do músculo esquelético

A doença de McArdle, ou doença de armazenamento do glicogênio tipo V, é uma condição rara que afeta aproximadamente uma em 100 mil pessoas. Os indivíduos afetados apresentam fadiga muscular dolorosa e urina cor de vinho Borgônia após a realização de um exercício vigoroso. A coloração da urina deve-se à rabdomiólise (rápida degradação do músculo esquelético), que resulta em mioglobinúria (presença de mioglobina no sangue e na urina). O repouso e o exercício moderado, como caminhada em ritmo relaxado, não provocam sintomas. Examinemos a base bioquímica desses sintomas e investiguemos algumas outras características bioquímicas do distúrbio.

Durante o exercício vigoroso, particularmente nos primeiros minutos, as contrações do músculo esquelético são impulsionadas pela mobilização do glicogênio pela glicogênio fosforilase. Se o músculo esquelético trabalhar vigorosamente sem um suprimento adequado de energia, ocorre rabdomiólise, e o tecido muscular danificado libera mioglobina no sangue, que é eliminada na urina. Lembre-se de que o grupo heme confere às globinas a sua cor vermelha, e a sua presença na urina é responsável pela cor de vinho Borgônia. No indivíduo não afetado, o pH intracelular e o pH do sangue caem à medida que o ácido láctico vai sendo produzido durante a glicólise aeróbica (ver Capítulo 16).

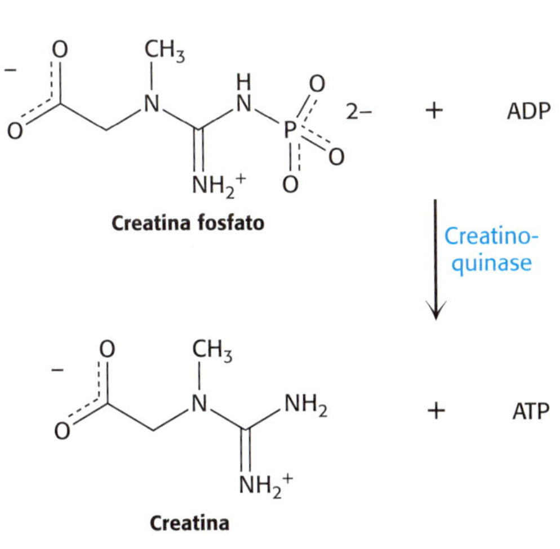


Como os pacientes com doença de McArdle são incapazes de mobilizar a glicose, não há produção de ácido láctico, e não ocorre queda do pH. É interessante assinalar que há elevação do pH nesses indivíduos. Qual é a causa desse aumento? Convém lembrar que uma fonte intermediária de ATP no músculo esquelético é a sua fosforilação à custa de creatina fosfato.

Em uma tentativa fútil de impulsionar o exercício, o músculo esquelético de um indivíduo afetado sintetiza rapidamente ATP à custa de creatina fosfato. Entretanto, o grupo guanidínio da creatina é uma base forte, resultando em aumento do pH.

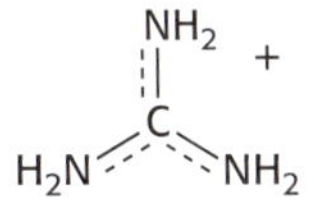

**Guanidínio**

À medida que o exercício vai prosseguindo, as células musculares passam da glicólise aeróbica para a respiração celular. Para facilitar essa mudança, ocorre aumento dos intermediários do ciclo do ácido cítrico nos indivíduos não afetados, porém esse aumento não é observado nos pacientes com a doença de McArdle. Por que esse aumento está ausente nesses pacientes? Lembre-se de que uma reação essencial para suplementar os componentes do ciclo do ácido cítrico é catalisada pela piruvato carboxilase.

$$\text{Piruvato} + CO_2 + \text{ATP} \xrightarrow[\text{Piruvato carboxilase}]{} \text{oxaloacetato} + \text{ADP} + \text{Pi} + 2\,H^+$$

Em seguida, o oxaloacetato entra no ciclo do ácido cítrico. A fonte mais comum de piruvato no músculo esquelético provém do metabolismo da glicose gerada pela mobilização do glicogênio. Entretanto, os pacientes com doença de McArdle são incapazes de gerar a glicose e, portanto, não podem suplementar os componentes do ciclo do ácido cítrico.

Finalmente, por que os indivíduos afetados não apresentam sintomas em repouso ou quando realizam exercícios em ritmo mais sossegado? Como veremos no próximo capítulo, nessas condições, o músculo esquelético obtém a maior parte de sua energia da oxidação dos ácidos graxos, e não da mobilização do glicogênio.

APÊNDICE

# Estratégias para resolução da questão

**QUESTÃO:** Imagine que você seja um estudante de medicina procurando realizar um experimento para uma pesquisa. A médica assistente tem um paciente com doença hepática que pode ter sido causada por um defeito no metabolismo do glicogênio. Ela lhe dá uma amostra de glicogênio do paciente e pede que proceda à incubação da amostra em tubo de ensaio com ortofosfato, glicogênio fosforilase, oligossacarídio transferase e enzima desramificadora (α-1,6-glicosidase), todos retirados do laboratório de bioquímica. Você constata que a razão entre glicose 1-fosfato e glicose obtida nessa mistura é de 100. Qual é a deficiência enzimática mais provável que esse paciente apresenta?

**SOLUÇÃO:** O primeiro item na agenda é certificar-se de que sabemos a função de cada uma das substâncias químicas colocadas no tubo de ensaio.

- ▶ **Quais são as funções de cada componente no tubo de ensaio?**

O fosfato é um substrato para a glicogênio fosforilase que possibilita a clivagem fosforolítica do glicogênio para produzir glicose 1-fosfato. A transferase efetua o remodelamento do glicogênio deslocando vários resíduos de glicose próximos a um ponto de ramificação de uma ramificação externa para outra. A α-1,6-glicosidase cliva a ligação α-1,6 para produzir glicose livre. Aqui está novamente a Figura 21.8.

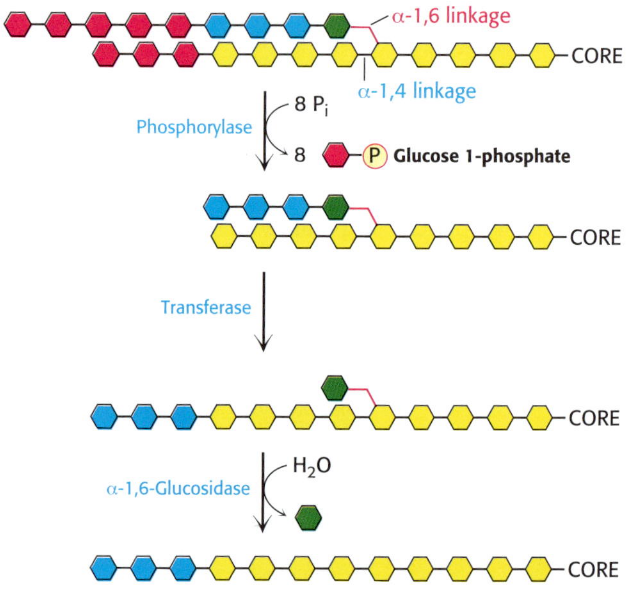


- ▶ **Qual é a única informação sobre a degradação do glicogênio incluída na questão?**

A razão entre glicose 1-fosfato e glicose livre é de cerca de 100

- ▶ **Que aspecto da estrutura do glicogênio representa a glicose livre?**

O único momento em que a glicose livre é gerada é quando a α-1,6-glicosidase cliva uma glicose em um ponto de ramificação. Assim, cada glicose livre representa um antigo ponto de ramificação.

- ▶ **Tendo como base a discussão sobre a estrutura do glicogênio neste capítulo, qual é a frequência dos pontos de ramificação no glicogênio normal?**

Os pontos de ramificação ocorrem aproximadamente uma vez a cada 12 resíduos de glicose. Em outras palavras, quando o glicogênio normal é tratado conforme descrito anteriormente, a razão entre glicose 1-fosfato e glicose livre deve ser de cerca de 12.

- ▶ **O que a diferença entre a razão glicose 1-fosfato e glicose livre no paciente em comparação com a razão de 12 para 1 normalmente observada sugere sobre a estrutura do glicogênio nesse paciente?**

Os dados sugerem que há um número muito pequeno de pontos de ramificação no glicogênio desse paciente.

- ▶ **Como os pontos de ramificação são normalmente introduzidos no glicogênio?**

A glicogênio sintase apenas estende os polímeros de glicose. As ramificações são introduzidas pela enzima ramificadora. A Figura 21.17 (apresentada aqui) mostra como as ramificações são acrescentadas.

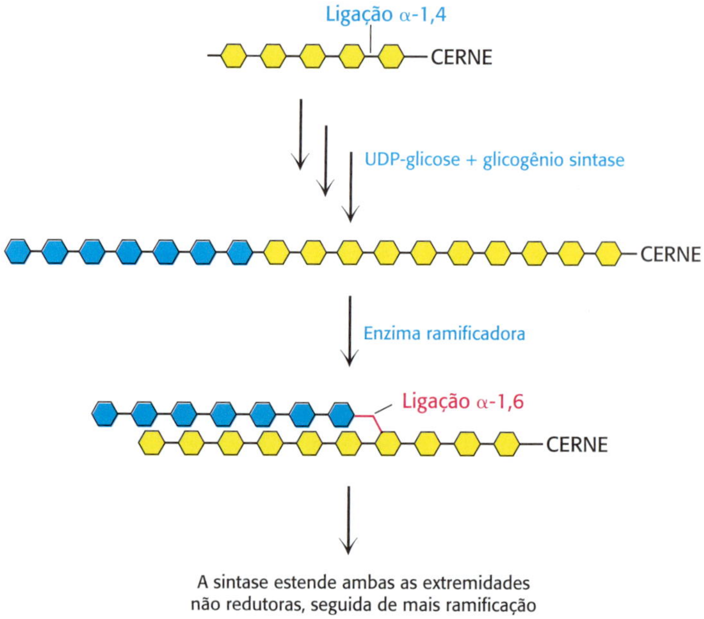


- ▶ **Qual é a explicação que fornecerá à médica quando ela pedir a sua opinião sobre o problema?**

Procure fornecer uma resposta ponderada, porém demonstrando entusiasmo, e diga-lhe que aparentemente esse paciente está apresentando uma deficiência da enzima ramificadora.

## PALAVRAS-CHAVE

glicogênio fosforilase
fosforólise
piridoxal fosfato (PLP)
fosforilase quinase
calmodulina

epinefrina (adrenalina)
glucagon
proteinoquinase A (PKA)
uridina difosfato glicose
  (UDP-glicose)

glicogênio sintase
glicogenina
glicogênio sintase quinase
proteína fosfatase 1 (PP1)
insulina

## QUESTÕES

**1.** *Degradação passo a passo.* Quais são as três etapas da degradação do glicogênio e quais são as enzimas necessárias? ✔❶

**2.** *Identificação do produto.* O produto intermediário da glicogênio fosforilase é: ✔❶

(a) Glicose 6-fosfato.

(b) Glicose 1-fosfato.

(c) Frutose 1-fosfato.

(d) Glicose 1,6-bisfosfato.

**3.** *Tipo de ração.* A glicogênio fosforilase degrada o glicogênio por meio de: ✔❶

(a) Uma reação de hidrólise.

(b) Uma reação de oxidorredução.

(c) Uma reação de fosforólise.

(d) Uma reação de transferase.

**4.** *Trabalho de equipe.* Quais das seguintes enzimas não estão diretamente envolvidas na degradação do glicogênio? ✔❶

(a) Fosfoglicose isomerase

(b) α-1,6-Glicosidase

(c) Glicogênio fosforilase

(d) Transferase

**5.** *Glicose ativada.* Qual das seguintes alternativas é um substrato da glicogênio sintase? ✔❸

(a) UTP-glicose

(b) Glicose 1-fosfato

(c) CDP-glicose

(d) UDP-glicose

**6.** *Inapropriada.* Qual das seguintes enzimas não é necessária para a síntese de glicogênio? ✔❸

(a) Glicogenina

(b) Enzima ramificadora

(c) Glicogênio sintase

(d) α-1,6-Glicosidase

**7.** *Associação.* Associe cada termo à sua descrição correspondente.

(a) Glicogênio fosforilase _____

(b) Fosforólise _____

(c) Transferase _____

(d) α-1,6-glicosidase _____

(e) Fosfoglicomutase _____

(f) Fosforilase quinase _____

(g) Proteinoquinase A _____

(h) Calmodulina _____

(i) Epinefrina _____

(j) Glucagon _____

1. Subunidade de ligação do cálcio da fosforilase quinase

2. Ativa a glicogênio fosforilase

3. Remoção de um resíduo de glicose pela adição de fosfato

4. Estimula a degradação do glicogênio no músculo

5. Libera um resíduo de glicose livre

6. Modifica a localização de vários resíduos de glicose

7. Estimula a degradação do glicogênio no fígado

8. Catalisa a clivagem fosforolítica

9. Prepara a glicose 1-fosfato para a glicólise

10. Fosforila a fosforilase quinase

**8.** *A escolha é boa.* O glicogênio não é tão reduzido quanto os ácidos graxos e, em consequência, não é tão rico em energia. Por que os animais armazenam energia na forma de glicogênio? Por que eles não convertem todo o excesso de combustível em ácidos graxos?

**9.** *Se pouco é bom, muito é melhor.* A α-amilose é um polímero não ramificado de glicose. Por que esse polímero não deve ser tão eficiente quanto o glicogênio como forma de armazenamento da glicose?

**10.** *A velocidade é importante.* O fígado e o músculo esquelético possuem formas isoenzimáticas diferentes da glicogênio fosforilase que diferem em vários aspectos, conforme discutido no texto. Uma notável diferença é a de que a $V_{máx.}$ da fosforilase muscular é consideravelmente maior que a $V_{máx.}$ da fosforilase hepática. Explique por que essa diferença faz sentido do ponto de vista fisiológico. ✔❻

**11.** *Ouse ser diferente.* Compare a regulação alostérica da fosforilase no fígado e no músculo, e explique a importância da diferença. ✓❷, ✓❻

**12.** *Uma influência no equilíbrio.* A reação catalisada pela fosforilase é prontamente reversível *in vitro*. Em pH 6,8, a razão de equilíbrio entre ortofosfato e glicose 1-fosfato é de 3,6. O valor da $\Delta G°'$ dessa reação é pequeno, visto que uma ligação glicosídica é substituída por uma ligação fosforil éster, que tem potencial de transferência quase igual. Entretanto, a fosforólise prossegue na direção da degradação do glicogênio *in vivo*. Sugira um meio pelo qual a reação pode se tornar irreversível *in vivo*. ✓❶

**13.** *Armazenamento excessivo.* Sugira uma explicação para o fato de que a quantidade de glicogênio na doença de armazenamento do glicogênio tipo I (doença de von Gierke) está aumentada.

**14.** *Recuperando uma fosforila essencial.* O grupo fosforila da fosfoglicomutase é lentamente perdido por hidrólise. Proponha um mecanismo que utilize um intermediário catalítico conhecido para restaurar esse grupo fosforila essencial. Como esse doador de fosforila poderia ser formado?

**15.** *Nem todas as ausências são iguais.* A doença de Hers resulta da ausência de glicogênio fosforilase hepática e pode causar uma desordem grave. Na doença de McArdle, a glicogênio fosforilase muscular está ausente. Embora a realização de exercícios seja difícil para os pacientes portadores de doença de McArdle, a doença raramente representa uma ameaça à vida. Explique as diferentes manifestações da ausência de glicogênio fosforilase nos dois tecidos. O que a existência dessas duas doenças diferentes indica sobre a natureza genética da fosforilase? ✓❻

**16.** *Hidrofobia.* Por que a água é excluída do sítio ativo da fosforilase? Qual é o efeito previsto de uma mutação que possibilita a entrada de moléculas de água? ✓❶

**17.** *Removendo todos os vestígios.* Em extratos de fígado humano, a atividade catalítica da glicogenina só foi detectada após tratamento com α-amilase, uma enzima que hidrolisa ligações α-1,4 no amido e no glicogênio. Por que a α-amilase foi necessária para revelar a atividade da glicogenina?

**18.** *Duas em uma.* Uma única cadeia polipeptídica abriga as enzimas transferase e desramificadora. Cite uma vantagem potencial desse arranjo. ✓❸

**19.** *Como eles fizeram isso?* Foi desenvolvida uma linhagem de camundongos que carece da enzima fosforilase quinase. Contudo, mesmo após a realização de um exercício intenso, ocorreu depleção das reservas de glicogênio em um camundongo dessa linhagem. Explique como essa depleção é possível.

**20.** *Um inibidor apropriado.* Qual é a justificativa para a inibição da glicogênio fosforilase muscular pela glicose 6-fosfato quando a glicose 1-fosfato é o produto da reação da fosforilase?

**21.** *Transmitindo a informação.* Faça um resumo da cascata de transdução de sinais para a degradação do glicogênio no músculo. ✓❷

**22.** *Freando bruscamente.* Uma vez supridas as necessidades energéticas, deve haver um meio de interromper rapidamente a degradação do glicogênio para impedir o desperdício decorrente da depleção de glicogênio. Que mecanismos são empregados para interromper a degradação do glicogênio?

**23.** *Diametralmente opostos.* A fosforilação tem efeitos opostos sobre a síntese e a degradação do glicogênio. Qual é a vantagem desses efeitos opostos? ✓❺

**24.** *Sentindo-se exaurido.* A depleção de glicogênio que resulta do exercício intenso e extenso pode levar à exaustão e à incapacidade de continuar a atividade física. Algumas pessoas também sentem tontura, incapacidade de concentração e perda do controle muscular. Explique esses sintomas.

**25.** *Todo mundo tem um trabalho a fazer.* O que explica o fato de a fosforilase hepática ser um sensor de glicose, o que não ocorre com a fosforilase muscular? ✓❻

**26.** *Yin e yang.* Associe os termos à esquerda com as descrições correspondentes à direita.

(a) UDP-glicose
_____

(b) UDP-glicose pirofosforilase _____

(c) Glicogênio sintase
_____

(d) Glicogenina _____

(e) Enzima ramificadora
_____

(f) Glicose 6-fosfato
_____

(g) Glicogênio sintase quinase _____

(h) Proteína fosfatase 1
_____

(i) Insulina _____

(j) Glicogênio fosforilase *a*
_____

1. A glicose 1-fosfato é um de seus substratos

2. Potente ativador(a) da glicogênio sintase *b*

3. Sensor de glicose no fígado

4. Substrato ativado para a síntese de glicogênio

5. Sintetiza ligações α-1,4 entre moléculas de glicose

6. Leva à inativação da glicogênio sintase quinase

7. Sintetiza ligações α-1,6 entre moléculas de glicose

8. Catalisa a formação da glicogênio sintase *b*

9. Catalisa a formação da glicogênio sintase *a*

10. Fornece o iniciador (*primer*) para a síntese de glicogênio

**27.** *Esforço em equipe.* Que enzimas são necessárias para a síntese de uma partícula de glicogênio começando a partir da glicose 6-fosfato? ✓❸

**28.** *Pressione-a para a frente.* A seguinte reação é responsável pela síntese de UDP-glicose. Essa reação é prontamente reversível. Como torná-la irreversível *in vivo*?

Glicose 1-fosfato + UTP $\rightleftharpoons$ UDP-glicose + PP$_i$

**29.** *Se você insistir.* Por que a ativação da forma *b* fosforilada da glicogênio sintase por altas concentrações de glicose 6-fosfato faz sentido do ponto de vista químico?

**30.** *Um ATP economizado é um ATP ganho.* A oxidação completa da glicose 6-fosfato derivada da glicose livre produz 30 moléculas de ATP, enquanto a oxidação completa da glicose 6-fosfato derivada do glicogênio produz 31 moléculas de ATP. Explique essa diferença.

**31.** *Papéis duplos.* A fosfoglicomutase é crucial para a degradação, bem como para a síntese de glicogênio. Explique o papel dessa enzima em cada um dos dois processos.

**32.** *Trabalhando com contradições.* Escreva uma equação balanceada mostrando o efeito da ativação simultânea da glicogênio fosforilase e da glicogênio sintase. Inclua as reações catalisadas pela fosfoglicomutase e pela UDP-glicose pirofosforilase.

**33.** *Alcançando a imortalidade.* A glicogênio sintase necessita de um iniciador (*primer*). Antigamente, acreditava-se que o iniciador fosse fornecido quando os grânulos de glicogênio existentes eram divididos entre as células-filhas produzidas por divisão celular. Em outras palavras, partes da molécula original de glicogênio eram simplesmente passadas de uma geração para outra. Essa estratégia teria tido sucesso na transmissão das reservas de glicogênio de uma geração a outra? Hoje em dia, o que se sabe sobre a síntese de novas moléculas de glicogênio?

**34.** *Sinal de síntese.* Como a insulina estimula a síntese de glicogênio?

## Questão sobre Mecanismo

**35.** *Semelhança de família.* Enzimas da família da α-amilase (questão 17) catalisam uma reação por meio da formação de um intermediário covalente com um resíduo de aspartato conservado. Proponha mecanismos para as duas enzimas que catalisam as etapas da desramificação do glicogênio com base em seu potencial parentesco com a família da α-amilase.

## Questões I Integração de Capítulos

**36.** *Dupla ativação.* Que via, além da via de transdução de sinais induzida pelo cAMP, é utilizada no fígado para aumentar ao máximo a degradação do glicogênio?

**37.** *Conversão de carboidratos.* Escreva uma equação equilibrada para a formação de glicogênio a partir da galactose.

**38.** *Trabalhando junto.* Quais são as enzimas necessárias para a liberação da glicose hepática no sangue quando um organismo está dormindo e em jejum?

**39.** *Experimento desintegrador.* Os cristais de fosforilase *a* que crescem na presença de glicose se desfazem quando se acrescenta um substrato como a glicose 1-fosfato. Por quê?

**40.** *Eu sei que já vi esse rosto antes.* A UDP-glicose é a forma ativada da glicose utilizada na síntese de glicogênio. Entretanto, já encontramos anteriormente outras formas ativadas semelhantes de carboidratos em nosso estudo do metabolismo. Que outro UDP-carboidrato já encontramos em nosso estudo de bioquímica?

**41.** *Mesmos sintomas, causas diferentes.* Sugira uma outra mutação no metabolismo da glicose capaz de causar sintomas semelhantes aos da doença de von Gierke.

## Questões I Interpretação de Dados

**42.** *Uma réplica autêntica.* Foram realizados experimentos em que a serina (S) 14 da glicogênio fosforilase foi substituída pelo glutamato (E). A $V_{máx.}$ da enzima mutante foi então comparada com a fosforilase selvagem tanto na forma *a* quanto na forma *b*.

| $V_{máx.}$ μmols de glicose 1-$PO_4$ liberados $min^{-1}$ $mg^{-1}$ | |
|---|---|
| Fosforilase *b* selvagem | 25 ± 0,4 |
| Fosforilase *a* selvagem | 100 ± 5 |
| Mutante S para E | 60 ± 3 |

**(a)** Explique os resultados obtidos com o mutante.

(b) Preveja o efeito da substituição da serina por ácido aspártico.

43. *Isolamento do glicogênio 1.* O fígado é o principal local de armazenamento de glicogênio. Purificado a partir de duas amostras de fígado humano, o glicogênio foi tratado ou não tratado com α-amilase e subsequentemente analisado por SDS-PAGE e *Western blotting* com o uso de anticorpos dirigidos contra a glicogenina. Os resultados são apresentados na ilustração seguinte.

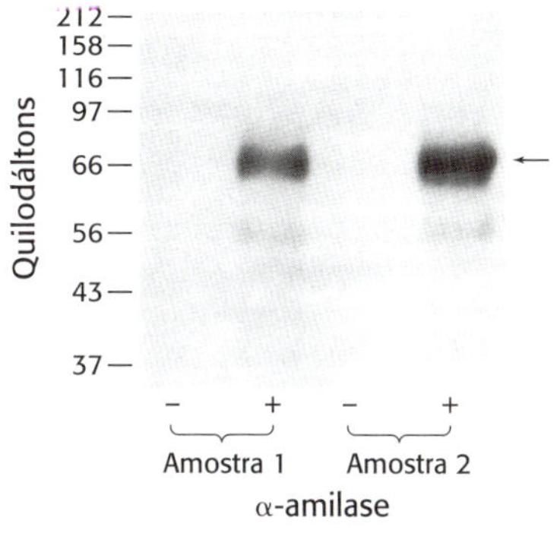


[Cortesia do Dr. Peter J. Roach, Indiana University School of Medicine.]

**(a)** Por que não há proteínas visíveis nas colunas sem tratamento com amilase?

**(b)** Qual é o efeito do tratamento das amostras com α-amilase? Explique os resultados.

**(c)** Liste outras proteínas que você poderia esperar que estivessem associadas ao glicogênio. Por que outras proteínas não são visíveis?

**44** *Isolamento do glicogênio 2.* Em uma linhagem de células que normalmente armazenam apenas pequenas quantidades de glicogênio, o gene para a glicogenina foi transfectado.

As células foram então manipuladas de acordo com o seguinte protocolo, e o glicogênio foi isolado e analisado por SDS-PAGE e *Western blotting* com o uso de um anticorpo dirigido contra a glicogenina com e sem tratamento com α-amilase. Os resultados são apresentados na ilustração seguinte

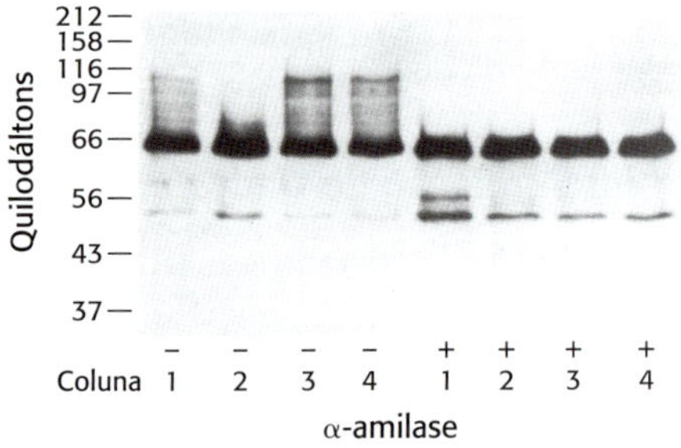


[Cortesia do Dr. Peter J. Roach, Indiana University School of Medicine.]

Protocolo: as células cultivadas em meio de crescimento e com 25 mM de glicose (coluna 1) foram transferidas para um meio sem glicose durante 24 horas (coluna 2). As células privadas de glicose foram novamente colocadas em meio contendo 25 mM de glicose por 1 hora (coluna 3) ou por 3 horas (coluna 4). As amostras (12 μg de proteínas) foram tratadas ou não tratadas com α-amilase, conforme indicado, antes de sua aplicação no gel.

**(a)** Por que a análise por *Western blotting* produz um "esfregaço" – isto é, a coloração de alto peso molecular na coluna 1 (–)?

**(b)** Qual é o significado da diminuição na coloração de alto peso molecular na coluna 2 (–)?

**(c)** Qual é o significado da diferença entre as colunas 2 (–) e 3 (–)?

**(d)** Forneça uma razão plausível pela qual não há essencialmente nenhuma diferença entre as colunas 3 (–) e 4 (–).

**(e)** Por que as bandas em 66 kDa são as mesmas nas colunas tratadas com amilase, apesar do fato de as células terem sido tratadas diferentemente?

## Questões para Discussão

**45.** Descreva a estrutura do glicogênio e explique como ela facilita o metabolismo do glicogênio.

**46.** Descreva a regulação recíproca do catabolismo e do anabolismo do glicogênio no fígado. Explique por que essa regulação recíproca é necessária para uma apropriada homeostasia da glicose.

# Metabolismo dos Ácidos Graxos

CAPÍTULO 22

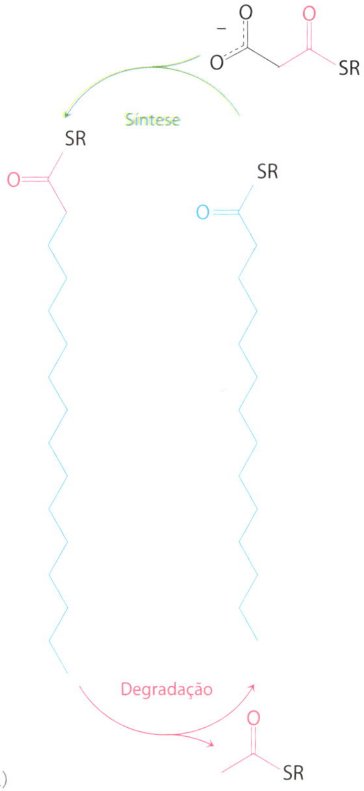


As gorduras fornecem um meio eficiente de armazenamento de energia para uso posterior. (*À direita*) Os processos de síntese de ácidos graxos (preparação para o armazenamento de energia) e sua degradação (preparação para o uso de energia) são, em muitos aspectos, o inverso um do outro. (*Acima*) Muitos mamíferos, como esse camundongo doméstico, hibernam durante os longos meses de inverno. Embora a velocidade de seu metabolismo diminua durante o processo de hibernação, ainda é necessário suprir as necessidades energéticas do animal. A degradação de ácidos graxos constitui uma importante fonte de energia para suprir essa necessidade. Fonte: iStock ©Coatesy.

## OBJETIVOS DE APRENDIZAGEM

*Ao término do capítulo, o leitor deverá ser capaz de:*

1. Identificar as etapas repetidas da degradação de ácidos graxos.
2. Descrever os corpos cetônicos e o seu papel no metabolismo.
3. Explicar como os ácidos graxos são sintetizados.
4. Explicar como o metabolismo dos ácidos graxos é regulado.

## SUMÁRIO



Passemos agora do metabolismo dos carboidratos para o dos ácidos graxos. Um ácido graxo contém uma longa cadeia de hidrocarbonetos e um grupo carboxilato terminal. Os ácidos graxos desempenham quatro funções fisiológicas principais. Em primeiro lugar, *os ácidos graxos são fontes de energia* (combustível). São armazenados como *triacilgliceróis* (também denominados *gorduras neutras* ou *triglicerídios*), que são ésteres de ácidos graxos sem carga com glicerol. Os triacilgliceróis são armazenados principalmente no tecido adiposo, que é constituído por células denominadas adipócitos (Figura 22.1). Os ácidos graxos mobilizados a partir dos triacilgliceróis são oxidados para suprir as necessidades de energia de uma célula ou de um organismo. Durante o repouso ou o exercício de intensidade moderada, como a caminhada, os ácidos graxos

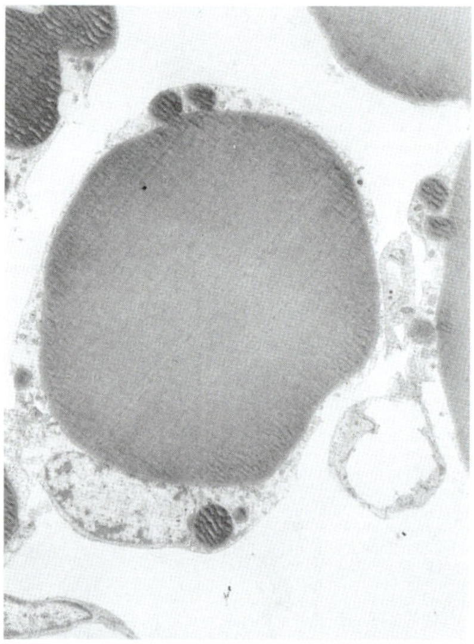

**FIGURA 22.1 Micrografia eletrônica de um adipócito.** Uma pequena faixa de citoplasma circunda o grande depósito de triacilgliceróis. [Biophoto Associates/ Science Source.]

constituem a nossa principal fonte de energia. Em segundo lugar, os *ácidos graxos são os blocos de construção dos fosfolipídios e dos glicolipídios.* Essas moléculas anfipáticas são componentes importantes das membranas biológicas, conforme discutido no Capítulo 12. Em terceiro lugar, muitas proteínas são modificadas pela *ligação covalente com ácidos graxos, que as direcionam para locais na membrana* (ver seção 12.4). Por fim, *derivados de ácidos graxos atuam como hormônios e mensageiros intracelulares.* Neste capítulo, focalizaremos a degradação (oxidação) e a síntese de ácidos graxos.

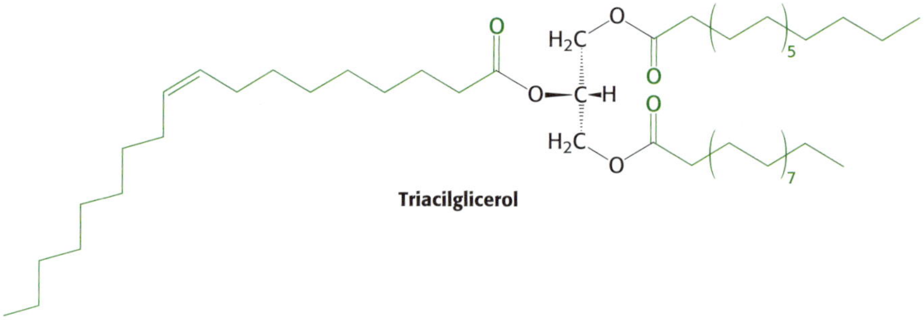


**Triacilglicerol**

## A degradação e a síntese de ácidos graxos espelham-se em suas reações químicas

A degradação e a síntese de ácidos graxos consistem em quatro etapas, que são o inverso uma da outra na sua química básica. A degradação é um processo oxidativo que converte um ácido graxo em um conjunto de unidades acetila ativadas (acetil-CoA), que podem ser processadas pelo ciclo do ácido cítrico (Figura 22.2):

- Um ácido graxo ativado é oxidado para introduzir uma dupla ligação
- Essa dupla ligação é hidratada para introduzir um grupo hidroxila
- O álcool é oxidado a uma cetona
- Por fim, o ácido graxo é clivado pela coenzima A, produzindo acetil-CoA e uma cadeia de ácidos graxos com dois carbonos a menos.

Se o ácido graxo tiver um número par de átomos de carbono e for saturado, o processo simplesmente se repete até que o ácido graxo seja totalmente convertido em unidades de acetil-CoA.

A síntese de ácidos graxos é essencialmente o inverso desse processo. O processo começa com as unidades individuais para montagem – nesse caso, com um grupo acila ativado (mais simplesmente, uma unidade acetila) e uma unidade malonila (ver Figura 22.2). A unidade malonila condensa-se com a unidade acetila, formando um fragmento de quatro carbonos. Para produzir a cadeia de hidrocarbonetos necessária, o grupo carbonila é reduzido a um grupo metileno em três etapas: uma redução, uma desidratação e outra redução, exatamente o oposto da degradação. O produto da redução é a butiril-CoA. Outro grupo malonil ativado condensa-se com a unidade butirila, e o processo se repete até que seja sintetizado um ácido graxo $C_{16}$ ou mais curto.

## 22.1 Os triacilgliceróis são reservas de energia altamente concentradas

Os triacilgliceróis são reservas altamente concentradas de energia metabólica, visto que são *reduzidos* e *anidros* (que não contêm água). O rendimento da oxidação completa dos ácidos graxos é de cerca de 38 kJ $g^{-1}$ (9 kcal $g^{-1}$), em contraste com cerca de 17 kJ $g^{-1}$ (4 kcal $g^{-1}$) para os carboidratos e as proteínas. A base dessa grande diferença de rendimento calórico é que

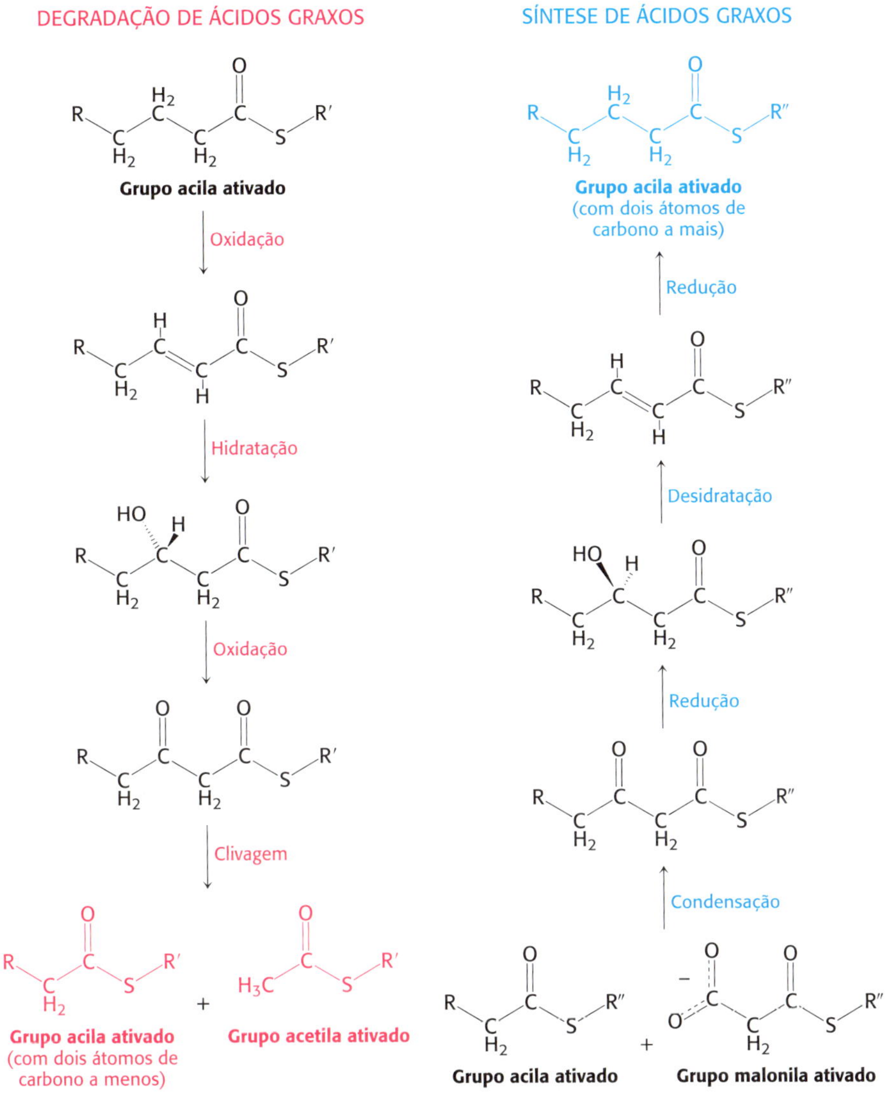


**FIGURA 22.2 Etapas da degradação e da síntese de ácidos graxos.** Os dois processos são, em muitos aspectos, imagens especulares um do outro.

os ácidos graxos são muito mais reduzidos do que os carboidratos ou as proteínas. Além disso, os triacilgliceróis são apolares e, portanto, são armazenados em uma forma quase anidra, enquanto os carboidratos, muito mais polares, são mais altamente hidratados. Com efeito, 1 g de glicogênio seco liga-se a cerca de 2 g de água. Consequentemente, *1 grama de reservas de gorduras quase anidras armazena 6,75 vezes mais energia do que 1 grama de glicogênio hidratado,* o que provavelmente constitui o motivo pelo qual os triacilgliceróis, e não o glicogênio, foram selecionados evolutivamente como o principal reservatório de energia.

Consideremos um homem típico de 70 kg com reservas energéticas de 420.000 kJ (100.000 kcal) em triacilgliceróis, 100.000 kJ (24.000 kcal) em proteínas (principalmente no músculo), 2.500 kJ (600 kcal) em glicogênio e 170 kj (40 kcal) em glicose. Os triacilgliceróis constituem cerca de 11 kg de seu peso corporal total. Se essa quantidade de energia fosse armazenada na forma de glicogênio, o seu peso corporal total seria 64 kg maior. As reservas de glicogênio e de glicose fornecem energia suficiente para sustentar as funções fisiológicas por cerca de 24 horas, enquanto as reservas de triacilgliceróis possibilitam a sobrevivência por várias semanas.

Nos mamíferos, o principal local de acúmulo dos triacilgliceróis é o citoplasma dos *adipócitos* (*células de gordura*). Esse tecido rico em energia encontra-se distribuído por todo o corpo, notavelmente sob a pele (gordura subcutânea) e circundando os órgãos internos (gordura visceral). As gotículas de triacilglicerol coalescem formando um grande glóbulo denominado *gotícula de lipídio*, que pode ocupar a maior parte do volume da célula (Figura 22.1). A gotícula de lipídio é circundada por uma única camada de fosfolipídios e numerosas proteínas necessárias para o metabolismo dos triacilgliceróis. Originalmente consideradas como depósitos lipídicos inertes, as gotículas de lipídio são hoje entendidas como organelas dinâmicas e essenciais para a regulação do metabolismo dos lipídios. Os adipócitos são especializados para a síntese e o armazenamento de triacilgliceróis, assim como para sua mobilização em moléculas fornecedoras de energia, que são transportadas pelo sangue para outros tecidos. O músculo também armazena triacilgliceróis para suas próprias necessidades energéticas. Com efeito, os triacilgliceróis são evidentes pela aparência "marmoreada" dos cortes de carne de primeira.

Os triacilgliceróis abastecem os longos voos de migração da tarambola-dourada-americana (*Pluvialis dominica*). Fonte: iStock ©PaulReevesPhotography.

A utilidade dos triacilgliceróis como fonte de energia é notavelmente ilustrada pela capacidade das aves migratórias de voar por grandes distâncias sem se alimentar após terem armazenado energia na forma de triacilgliceróis. Exemplos são a tarambola-dourada-americana e o beija-flor-de-papo-vermelho. A tarambola-dourada-americana pode voar do Alasca até o extremo sul da América do Sul; grande parte do voo (3.800 km) ocorre sobre o mar aberto, onde as aves não podem se alimentar. O beija-flor-de-papo-vermelho pode voar sem parar por toda a extensão do Golfo do México. Os ácidos graxos fornecem a fonte de energia para ambas essas façanhas prodigiosas.

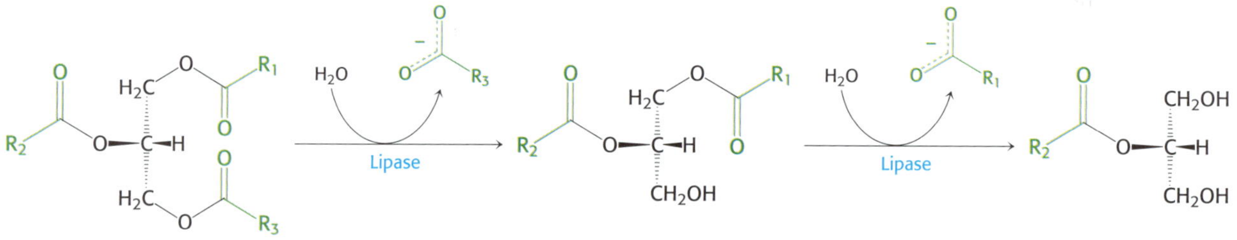


**FIGURA 22.3 Ação das lipases pancreáticas.** As lipases secretadas pelo pâncreas convertem os triacilgliceróis em ácidos graxos e em monoacilglicerol para absorção no intestino.

## Os lipídios alimentares são digeridos por lipases pancreáticas

Em sua maioria, os lipídios são ingeridos na forma de triacilgliceróis e precisam ser degradados a ácidos graxos para sua absorção através do epitélio intestinal. Enzimas intestinais denominadas *lipases*, que são secretadas pelo pâncreas, degradam os triacilgliceróis a ácidos graxos livres e a monoacilglicerol (Figura 22.3). Os lipídios apresentam um problema especial, visto que, diferentemente dos carboidratos e das proteínas, essas moléculas não são solúveis em água. Os lipídios são encontrados no estômago na forma de emulsão – partículas com um cerne de triacilglicerol circundado por colesterol e ésteres de colesterol. Como então eles se tornam acessíveis às lipases, que estão em solução aquosa? Em primeiro lugar, as partículas são revestidas por *ácidos biliares* (Figura 22.4), que são moléculas anfipáticas sintetizadas a partir do colesterol no fígado e secretadas pela vesícula biliar. As ligações éster de cada lipídio estão orientadas para a superfície da partícula revestida por sais biliares, tornando a ligação mais suscetível à digestão pelas lipases em solução aquosa. Entretanto, nessa forma, as partículas ainda não são substratos para a digestão. A proteína colipase (outro produto secretor do pâncreas) deve ligar a lipase à partícula de modo a possibilitar a degradação dos lipídios. Os produtos finais da digestão são carreados em micelas até

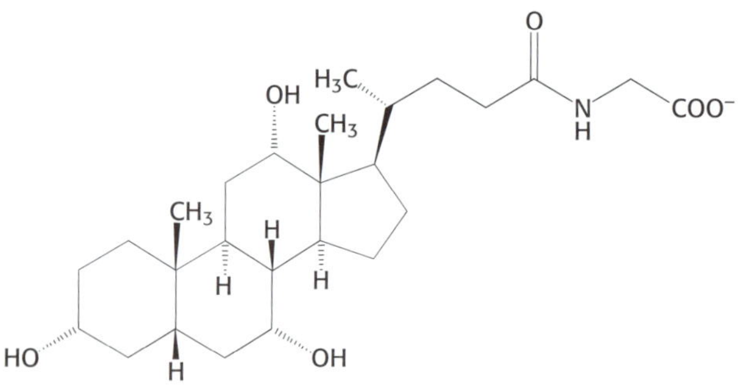

**Glicocolato**

**FIGURA 22.4 Glicocolato.** Os sais biliares, como o glicocolato, facilitam a digestão dos lipídios no intestino.

o epitélio intestinal, onde são transportados através da membrana plasmática (Figura 22.5). Se a produção de sais biliares for inadequada devido à presença de doença hepática, ocorre excreção de grandes quantidades de gorduras (até 30 g $dia^{-1}$) nas fezes. Essa condição é designada como *esteatorreia*, termo derivado do ácido esteárico, um ácido graxo comum.

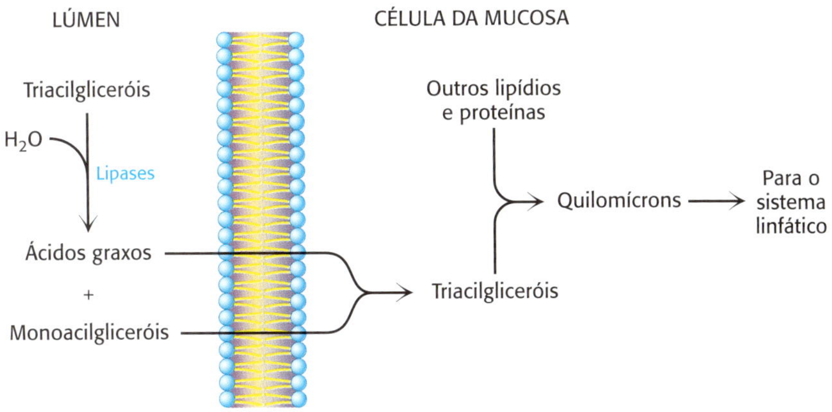


**FIGURA 22.5 Formação de quilomícrons.** Os ácidos graxos livres e os monoacilgliceróis são absorvidos pelas células epiteliais do intestino. Os triacilgliceróis são novamente sintetizados e empacotados com outros lipídios e com a apolipoproteína B-48, formando quilomícrons, que, em seguida, são liberados no sistema linfático.

### Os lipídios alimentares são transportados em quilomícrons

Nas células da mucosa intestinal, os triacilgliceróis são novamente sintetizados a partir de ácidos graxos e monoacilgliceróis e, a seguir, empacotados em partículas de transporte de lipoproteínas denominadas *quilomícrons*, que consistem em partículas estáveis de aproximadamente 2.000 Å (200 nm) de diâmetro (Figura 22.5). Essas partículas são compostas principalmente de triacilgliceróis, tendo como principal componente proteico a apolipoproteína B-48 (apo B-48). Os constituintes proteicos das partículas de lipoproteínas são denominados *apolipoproteínas*. Os quilomícrons também transportam vitaminas lipossolúveis e colesterol.

Os quilomícrons são liberados para o sistema linfático e, a seguir, para o sangue. Essas partículas ligam-se a lipases ligadas à membrana, principalmente no tecido adiposo e no músculo, onde os triacilgliceróis são, mais uma vez, degradados a ácidos graxos livres e a monoacilglicerol para transporte dentro do tecido. Em seguida, os triacilgliceróis são novamente sintetizados dentro da célula e armazenados. No músculo, podem ser oxidados para fornecer energia.

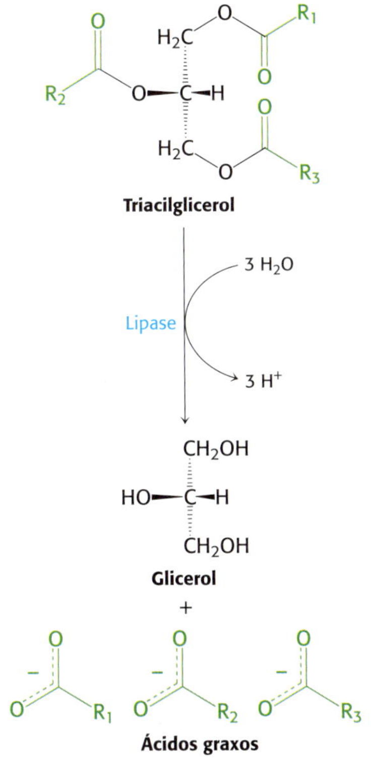


## 22.2 A utilização de ácidos graxos como fonte de energia requer três estágios de processamento

Os tecidos por todo o corpo têm acesso às reservas energéticas de lipídios armazenados no tecido adiposo por meio de três estágios de processamento. Em primeiro lugar, os lipídios precisam ser mobilizados. Nesse processo, os triacilgliceróis são degradados a ácidos graxos e glicerol, que são liberados do tecido adiposo e transportados até os tecidos que necessitam de energia. Em segundo lugar, nesses tecidos, os ácidos graxos precisam ser ativados e transportados para dentro das mitocôndrias para degradação. No terceiro estágio, os ácidos graxos são degradados passo a passo a acetil-CoA, que é então processada pelo ciclo do ácido cítrico.

### Os triacilgliceróis são hidrolisados por lipases estimuladas por hormônios

Consideremos alguém que acabou de acordar depois de uma noite de sono e começa uma sessão de exercícios. As reservas de glicogênio estão baixas, porém os lipídios estão prontamente disponíveis. Como essas reservas lipídicas são mobilizadas?

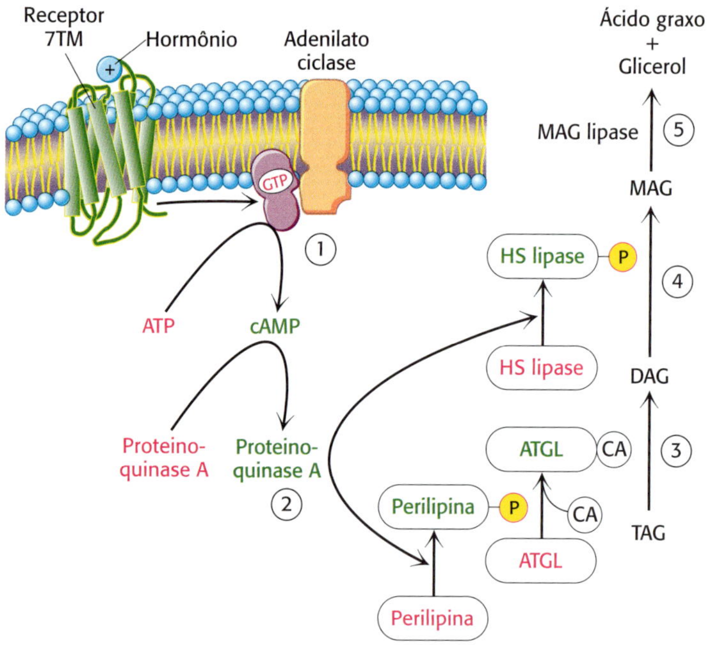


**FIGURA 22.6 Mobilização dos triacilgliceróis.** Os triacilgliceróis no tecido adiposo são convertidos em ácidos graxos livres em resposta a sinais hormonais. 1. Os hormônios ativam a proteinoquinase A por meio da cascata de cAMP. 2. A proteinoquinase A fosforila a perilipina, resultando na reestruturação da gotícula de lipídio e na liberação do coativador de ATGL, com consequente ativação da ATGL. 3. A ATGL converte o triacilglicerol em diacilglicerol. 4. A lipase hormônio-sensível libera um ácido graxo do diacilglicerol, gerando monoacilglicerol. 5. A monoacilglicerol lipase completa o processo de mobilização. Abreviaturas: 7TM, receptor transmembranar que atravessa sete vezes a membrana; ATGL, triglicerídio lipase do tecido adiposo; CA, coativador; HS lipase, lipase hormônio-sensível; MAG lipase, monoacilglicerol lipase; DAG, diacilglicerol; TAG, triacilglicerol.

Para que as gorduras possam ser utilizadas como fonte de energia, os triacilgliceróis armazenados precisam ser hidrolisados para produzir ácidos graxos isolados. Essa reação é catalisada por lipases controladas por hormônios. Nas condições fisiológicas de um corredor no início da manhã, o glucagon e a epinefrina estarão presentes. No tecido adiposo, esses hormônios deflagram receptores 7TM que ativam a adenilato ciclase (ver seção 14.1). O nível aumentado de AMP cíclico estimula então a proteinoquinase A, que fosforila duas proteínas essenciais: a *perilipina*, uma proteína associada às gotículas de lipídio, e a lipase hormônio-sensível (Figura 22.6). A fosforilação da perilipina tem dois efeitos cruciais. Em primeiro lugar, ela reestrutura a gotícula de gordura de modo que os triacilgliceróis estejam mais acessíveis à mobilização. Em segundo lugar, a fosforilação da perilipina desencadeia a liberação de um coativador da *triglicerídio lipase do tecido adiposo* (ATGL, do inglês *adipose triglyceride lipase*). Uma vez ligada ao coativador, a ATGL inicia a mobilização dos triacilgliceróis liberando um ácido graxo do triacilglicerol, havendo então formação de diacilglicerol. O diacilglicerol é convertido em um ácido graxo livre e em monoacilglicerol pela lipase hormônio-sensível. Por fim, uma monoacilglicerol lipase completa a mobilização dos ácidos graxos com a produção de ácido graxo livre e de glicerol. Por conseguinte, *a epinefrina e o glucagon induzem a lipólise.* Embora seu papel no músculo não esteja tão bem estabelecido, esses hormônios provavelmente também regulam a utilização das reservas de triacilgliceróis nesse tecido.

Se o coativador necessário para a ATGL estiver ausente ou deficiente, ocorre uma condição rara (cuja incidência é desconhecida) denominada síndrome de Chanarim-Dorfman. As gorduras acumulam-se por todo o corpo, visto que elas não podem ser liberadas pela ATGL. Outros sintomas incluem pele seca (ictiose), hepatomegalia, fraqueza muscular e uma discreta incapacidade cognitiva.

Embora os adipócitos sejam o principal local de metabolismo dos triacilgliceróis, o fígado desempenha papel crucial no metabolismo dos lipídios, como examinaremos com mais detalhes nos Capítulos 26 e 27. Os hepatócitos constituem o tipo mais comum de células hepáticas, e essas células atuam em todos os aspectos do metabolismo dos lipídios, incluindo importação, síntese, armazenamento e secreção de lipídios. Tais processos são responsivos à dieta e às necessidades energéticas do fígado e de outros tecidos. Pesquisas recentes sugerem que a via epinefrina/cAMP também regula a lipólise a partir de gotículas de lipídio em hepatócitos cultivados. É interessante assinalar que essa via de sinalização é perturbada pelo etanol, e essa ruptura pode desempenhar um papel no desenvolvimento da esteatose hepática, um fator de risco para obesidade e diabetes melito. Ver Bioquímica em Foco para uma discussão mais detalhada sobre o metabolismo do etanol no fígado.

## Os ácidos graxos livres e o glicerol são liberados para o sangue

Os ácidos graxos não são solúveis em soluções aquosas. Para alcançar os tecidos que necessitam de ácidos graxos, os ácidos graxos liberados ligam-se à albumina, uma proteína sanguínea que os transporta até os tecidos que necessitam de combustível.

O glicerol formado pela lipólise é absorvido pelo fígado e fosforilado. Em seguida, é oxidado a di-hidroxiacetona fosfato, que é isomerizada a gliceraldeído 3-fosfato. Essa molécula é um intermediário tanto na via glicolítica quanto na via gliconeogênica.

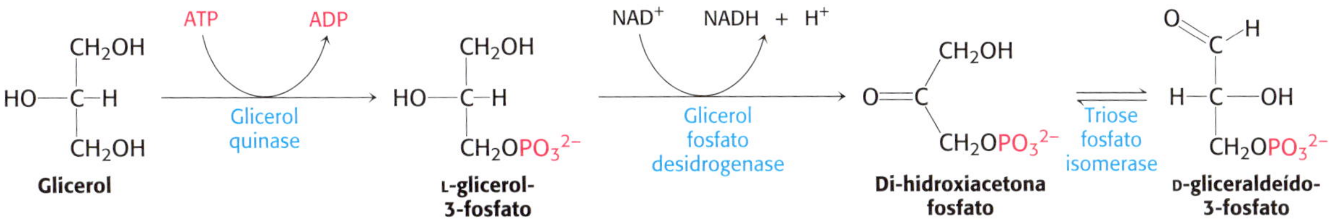


Por conseguinte, o glicerol pode ser convertido em piruvato ou em glicose no fígado, que contém as enzimas apropriadas (Figura 22.7). O processo inverso pode ocorrer pela redução da di-hidroxiacetona fosfato a glicerol-3-fosfato. A hidrólise por uma fosfatase produz então glicerol. Desse modo, o glicerol e os intermediários glicolíticos são prontamente interconversíveis.

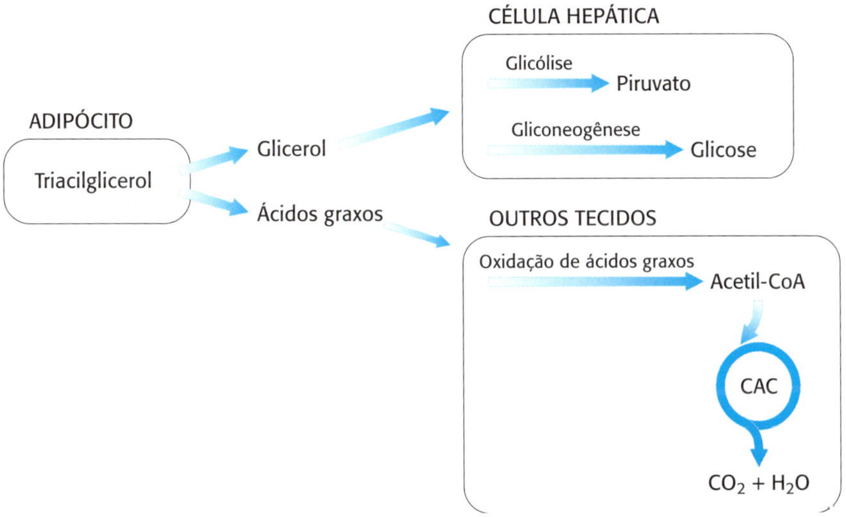


**FIGURA 22.7 A lipólise gera ácidos graxos e glicerol.** Os ácidos graxos são utilizados como fonte de energia por muitos tecidos. O fígado processa o glicerol pela via glicolítica ou pela via gliconeogênica, dependendo das circunstâncias metabólicas. Abreviatura: CAC, ciclo do ácido cítrico.

## Os ácidos graxos são ligados à coenzima A antes de sua oxidação

Os ácidos graxos separam-se da albumina na corrente sanguínea e difundem-se através da membrana celular com o auxílio da proteína transportadora de ácidos graxos. Na célula, os ácidos graxos são transferidos e ligados a uma proteína de ligação de ácidos graxos.

A oxidação dos ácidos graxos ocorre na matriz mitocondrial; entretanto, para entrar nas mitocôndrias, eles são inicialmente ativados por meio da formação de uma ligação tioéster com a coenzima A. A adenosina trifosfato (ATP) impulsiona a formação da ligação tioéster entre o grupo carboxila de um ácido graxo e um grupo sulfidrila da coenzima A. Essa reação de ativação ocorre na membrana mitocondrial externa, onde é catalisada pela *acil-CoA sintetase* (também denominada *ácido graxo tioquinase*).

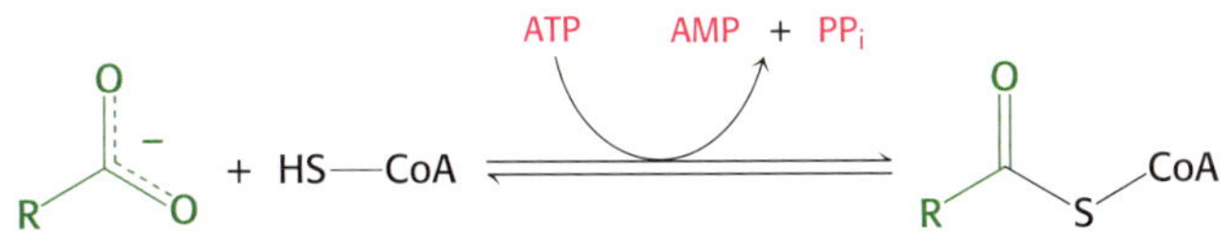


A ativação de um ácido graxo pela acil-CoA sintetase ocorre em duas etapas. Na primeira, o ácido graxo reage com ATP, formando um *acil adenilato*. Nesse anidrido misto, o grupo carboxila de um ácido graxo está ligado ao grupo fosforila do AMP. Os outros dois grupos fosforila do

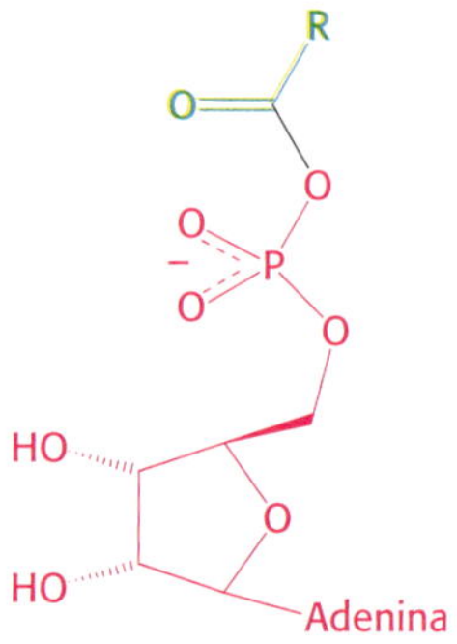


**Acil adenilato**

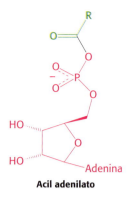

substrato ATP são liberados na forma de pirofosfato. Na segunda etapa, o grupo sulfidrila da coenzima A ataca o acil adenilato, que está firmemente ligado à enzima, formando acil-CoA e AMP.

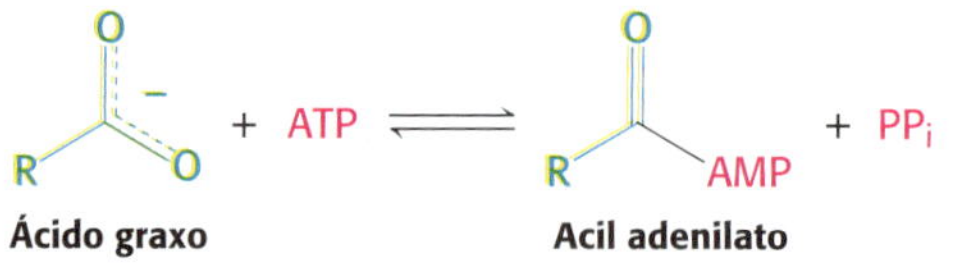


(1)

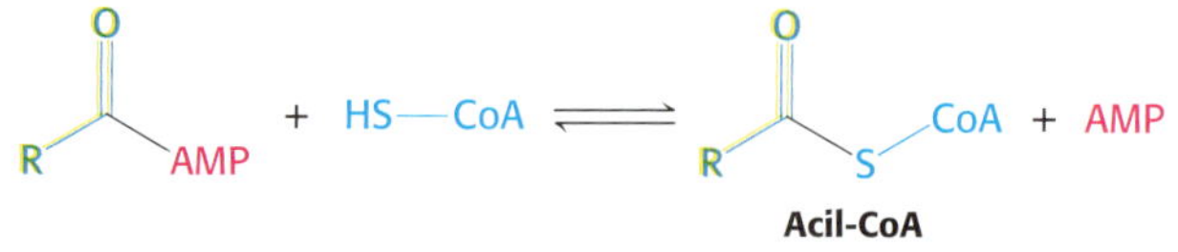


(2)

Essas reações parciais são livremente reversíveis. De fato, a constante de equilíbrio da soma delas aproxima-se de 1. Um composto de alto potencial de transferência é clivado (entre $PP_i$ e AMP), e forma-se outro composto de alto potencial de transferência (o tioéster de acil-CoA). Como a reação global é impulsionada para a frente? A resposta é que o pirofosfato é rapidamente hidrolisado pela pirofosfatase. A reação completa é

$$RCOO^- + CoA + ATP + H_2O \longrightarrow RCO\text{-}CoA + AMP + 2\ P_i + 2\ H^+$$

Essa reação é muito favorável, visto que o equivalente a duas moléculas de ATP é hidrolisado, enquanto apenas um composto de alto potencial de transferência é formado. Temos aqui outro exemplo de um tema recorrente em bioquímica: *muitas reações de biossíntese tornam-se irreversíveis pela hidrólise do pirofosfato inorgânico*.

Outro motivo também se repete nessa reação de ativação. O intermediário acil adenilato ligado à enzima não é exclusivo da síntese de acil-CoA. *Com frequência, formam-se acil adenilatos quando grupos carboxila são ativados em reações bioquímicas.* Os aminoácidos são ativados para a síntese de proteínas por um mecanismo semelhante (ver seção 31.2), embora as enzimas que catalisam esse processo não sejam homólogas à acil-CoA sintetase. Por conseguinte, *a ativação por adenilação repete-se, em parte, devido à evolução convergente.*

## A carnitina transporta ácidos graxos ativados de cadeia longa para a matriz mitocondrial

Os ácidos graxos são ativados na membrana mitocondrial externa, enquanto são oxidados na matriz mitocondrial. É necessário um mecanismo especial de transporte para levar os ácidos graxos de cadeia longa ativados através da membrana mitocondrial interna. Esses ácidos graxos precisam ser conjugados à *carnitina*, um álcool com cargas tanto positiva quanto negativa (zwitterion). O grupo acila é transferido do átomo de enxofre da coenzima A para o grupo hidroxila da carnitina, formando *acil carnitina*. Essa reação é catalisada pela *carnitina aciltransferase I*, também denominada *carnitina palmitoil transferase I*, que está ligada à membrana mitocondrial externa.

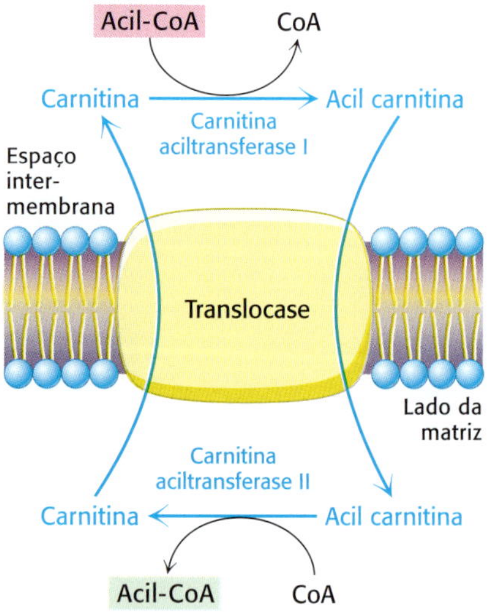


**FIGURA 22.8 Acil carnitina translocase.** A entrada da acil carnitina na matriz mitocondrial é mediada por uma translocase. A carnitina retorna ao lado citoplasmático da membrana mitocondrial interna em troca de acil carnitina.

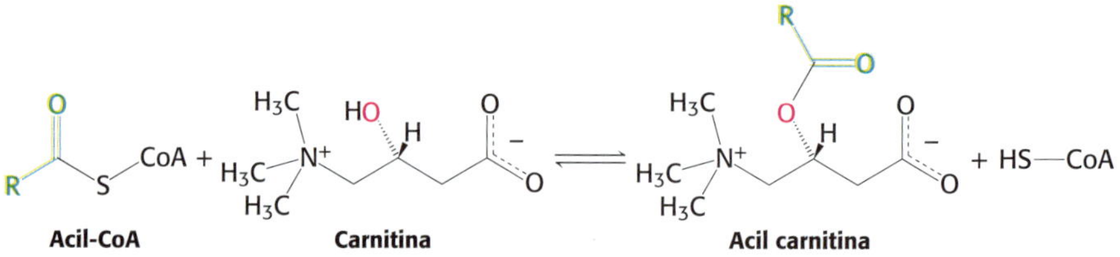


A acil carnitina é então transportada através da membrana mitocondrial interna por uma translocase (Figura 22.8). O grupo acila é transferido de volta à coenzima A do lado da matriz da membrana. Essa reação, que é catalisada pela *carnitina aciltransferase II* (*carnitina palmitoil transferase II*), é simplesmente o inverso da reação que ocorre no citoplasma. A reação é termodinamicamente possível devido à natureza zwitteriônica da carnitina. A ligação *O*-acil na carnitina tem alto potencial de transferência de grupo aparentemente pelo fato de que a carnitina e seus ésteres, por serem zwittérions, sofrem uma solvatação diferente da maioria dos outros alcoóis e seus ésteres. Por fim, a translocase devolve a carnitina ao lado citoplasmático em troca de uma acil carnitina que entra.

Diversas doenças têm sido atribuídas a uma deficiência de carnitina, de transferase ou de translocase. A incapacidade de sintetizar carnitina pode ser um fator que contribui para o desenvolvimento de autismo em indivíduos do sexo masculino. Os sintomas da deficiência de carnitina variam de cãibras musculares leves até fraqueza intensa, e até mesmo morte. Em geral, o músculo, o rim e o coração constituem os tecidos primariamente acometidos. A fraqueza muscular durante o exercício prolongado constitui um sintoma de deficiência de carnitina aciltransferase, visto que a longo prazo o músculo depende de ácidos graxos como fonte de energia. Os ácidos graxos de cadeia média ($C_8 - C_{10}$) são normalmente oxidados nesses pacientes, uma vez que eles podem, até certo grau, entrar nas mitocôndrias na ausência de carnitina. Essas doenças ilustram que *o comprometimento do fluxo de um metabólito de um compartimento celular para outro pode resultar em uma patologia.*

## Acetil-CoA, NADH e $FADH_2$ são produzidos em cada ciclo de oxidação de ácidos graxos

Uma acil-CoA saturada é degradada por uma sequência repetitiva de quatro reações: oxidação pela flavina adenina dinucleotídio (FAD), hidratação, oxidação pelo $NAD^+$ e tiólise pela coenzima A (Figura 22.9). A cadeia de ácidos graxos é encurtada em dois átomos de carbono como consequência dessas reações, com a produção de $FADH_2$, NADH e acetil-CoA. Como a oxidação ocorre no átomo de carbono β, essa série de reações é denominada *via da β oxidação*.

A primeira reação em cada ciclo de degradação consiste na *oxidação* da acil-CoA por uma *acil-CoA desidrogenase*, dando origem a uma enoil-CoA com dupla ligação *trans* entre C-2 e C-3.

$$\text{Acil-CoA} + \text{E-FAD} \longrightarrow trans\text{-}\Delta^2\text{-enoil-CoA} + \text{E-FADH}_2$$

Como na desidrogenação do succinato no ciclo do ácido cítrico, FAD, e não $NAD^+$, é o aceptor de elétrons, visto que ΔG para essa reação não é suficiente para impulsionar a redução do $NAD^+$. Os elétrons do $FADH_2$, grupo prostético da acil-CoA desidrogenase reduzida, são transferidos para uma segunda flavoproteína, denominada *flavoproteína de transferência de elétrons* (ETF, do inglês *electron-transferring flavoprotein*). Por sua vez, ETF doa elétrons para *ETF: ubiquinona redutase*, uma proteína ferro-enxofre. Desse modo, a ubiquinona é reduzida a ubiquinol, que libera seus elétrons de alto potencial para o segundo local de bombeamento de prótons da cadeia respiratória (ver seção 18.3). Consequentemente, ocorre a produção de 1,5 molécula de ATP por molécula de $FADH_2$ formada nessa etapa de desidrogenação, como na oxidação do succinato a fumarato.

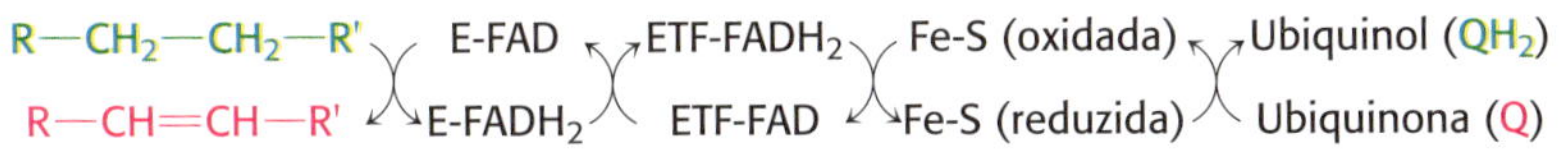


A etapa seguinte consiste na *hidratação* da dupla ligação entre C-2 e C-3 pela *enoil-CoA hidratase*.

$$trans\text{-}\Delta^2\text{-enoil-CoA} + H_2O \longrightarrow \text{L-3-hidroxiacil-CoA}$$

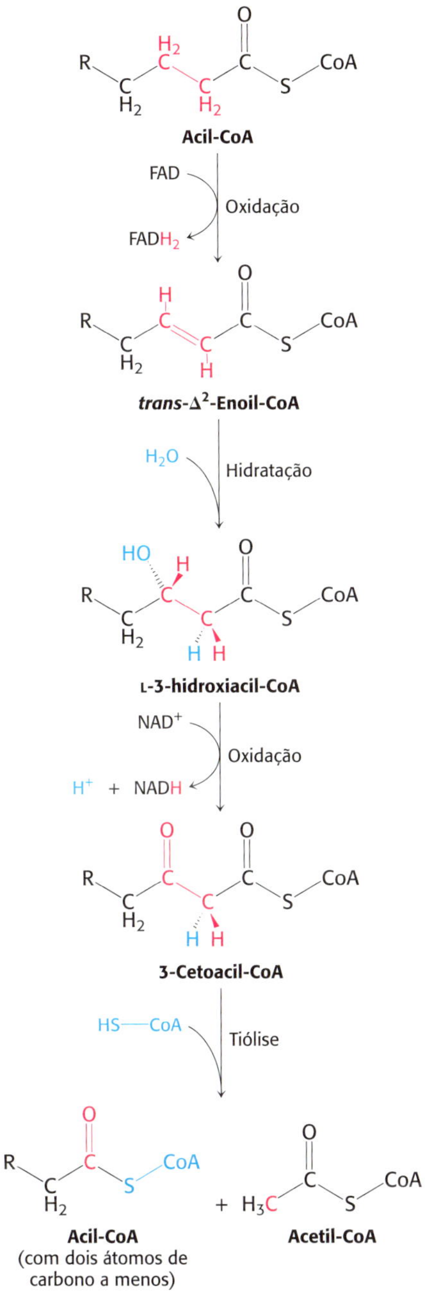


**FIGURA 22.9 Sequência de reações para a degradação de ácidos graxos.** Os ácidos graxos são degradados pela repetição de uma sequência de quatro reações, que consistem em oxidação, hidratação, oxidação e tiólise.

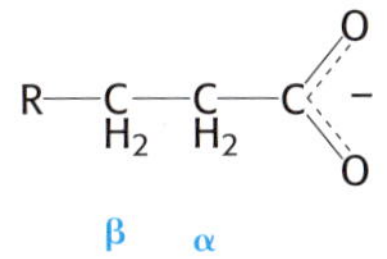

A hidratação da enoil-CoA é estereoespecífica. Forma-se apenas o isômero L da 3-hidroxiacil-CoA quando a dupla ligação *trans*-$\Delta^2$ é hidratada. A enzima também hidrata uma dupla ligação *cis*-$\Delta^2$, porém neste caso o produto é o isômero D. Retornaremos a esse ponto mais adiante, quando analisaremos como os ácidos graxos insaturados são oxidados.

A hidratação da enoil-CoA é um prelúdio para a segunda reação de *oxidação*, que converte o grupo hidroxila no C-3 em um grupo ceto, gerando NADH. Essa oxidação é catalisada pela *L-3-hidroxiacil-CoA desidrogenase*, que é específica para o isômero L do substrato hidroxiacila.

$$\text{L-3-hidroxiacil-CoA} + \text{NAD}^+ \rightleftharpoons \text{3-cetoacil-CoA} + \text{NADH} + \text{H}^+$$

As reações precedentes oxidaram o grupo metileno no C-3 a um grupo ceto. A etapa final consiste na *clivagem* da 3-cetoacil-CoA pelo grupo tiol de uma segunda molécula de coenzima A, produzindo acetil-CoA e uma acil-CoA com dois átomos de carbono a menos. Essa clivagem tiolítica é catalisada pela *β-cetotiolase.*

$$\underset{(n\ \text{carbonos})}{\text{3-cetoacil-CoA}} + \text{HS-CoA} \rightleftharpoons \text{acetil-CoA} + \underset{(n-2\ \text{carbonos})}{\text{acil-CoA}}$$

A Tabela 22.1 fornece um resumo das reações na oxidação dos ácidos graxos.

**TABELA 22.1** Principais reações na oxidação de ácidos graxos.

| Etapa | Reações | Enzima |
|---|---|---|
| 1 | Ácido graxo + CoA + ATP $\rightleftharpoons$ acil-CoA + AMP + $PP_i$ | Acil-CoA sintetase (também denominada ácido graxo tioquinase e ácido graxo CoA: ligase)* |
| 2 | Carnitina + acil-CoA $\rightleftharpoons$ acil carnitina + CoA | Carnitina aciltransferase (também denominada carnitina palmitoil transferase) |
| 3 | Acil-CoA + E-FAD → *trans*-$\Delta^2$-enoil-CoA + E-$FADH_2$ | Acil-CoA desidrogenase (várias isoenzimas com especificidades para diferentes comprimentos de cadeia) |
| 4 | *trans*-$\Delta^2$-enoil-CoA + $H_2O$ $\rightleftharpoons$ L-3-hidroxiacil-CoA | Enoil-CoA hidratase (também denominada crotonase ou 3-hidroxiacil-CoA hidroliase) |
| 5 | L-3-hidroxiacil-CoA + $NAD^+$ $\rightleftharpoons$ 3-cetoacil-CoA + NADH + $H^+$ | L-3-hidroxiacil-CoA desidrogenase |
| 6 | 3-cetoacil-CoA + CoA $\rightleftharpoons$ acetil-CoA + acil-CoA (com um $C_2$ a menos) | β-cetotiolase (também denominada tiolase) |

*Ligase formadora de AMP.

Em seguida, a acil-CoA encurtada sofre outro ciclo de oxidação, começando com a reação catalisada pela acil-CoA desidrogenase (Figura 22.10). As cadeias de ácidos graxos que contêm 12 a 18 átomos de carbono são oxidadas pela acil-CoA desidrogenase de cadeia longa. A acil-CoA desidrogenase de cadeia média oxida cadeias de ácidos graxos que apresentam 4 a 14 carbonos, enquanto a acil-CoA desidrogenase de cadeia curta atua apenas sobre cadeias de ácidos graxos de 4 a 6 carbonos. Por outro lado, a β-cetotiolase, a hidroxiacil desidrogenase e a enoil-CoA hidratase atuam sobre moléculas de ácidos graxos de quase todos os comprimentos.

### A oxidação completa do palmitato produz 106 moléculas de ATP

Podemos agora calcular o rendimento energético derivado da oxidação de um ácido graxo. Em cada ciclo de reações, uma acil-CoA é encurtada em dois átomos de carbono, e ocorre a formação de uma molécula de $FADH_2$, uma molécula de NADH e uma molécula de acetil-CoA.

$$C_n\text{-acil-CoA} + \text{FAD} + \text{NAD}^+ + \text{H}_2\text{O} + \text{CoA} \longrightarrow C_{n-2}\text{-acil-CoA} + \text{FADH}_2 + \text{NADH} + \text{acetil-CoA} + \text{H}^+$$

A degradação de palmitoil-CoA ($C_{16}$-acil-CoA) requer sete ciclos de reação. No sétimo ciclo, a tiólise da $C_4$-cetoacil-CoA produz duas moléculas de acetil-CoA. Por conseguinte, a estequiometria da oxidação de palmitoil-CoA é

$$\text{Palmitoil-CoA} + 7\ \text{FAD} + 7\ \text{NAD}^+ + 7\ \text{CoA} + 7\ \text{H}_2\text{O} \longrightarrow 8\ \text{acetil-CoA} + 7\ \text{FADH}_2 + 7\ \text{NADH} + 7\ \text{H}^+$$

Aproximadamente 2,5 moléculas de ATP são produzidas quando cada uma dessas moléculas de NADH é oxidada pela cadeia respiratória, enquanto ocorre a formação de 1,5 molécula de ATP para cada $FADH_2$, visto que os elétrons entram na cadeia no nível do ubiquinol. Convém lembrar que a oxidação da acetil-CoA pelo ciclo do ácido cítrico produz 10 moléculas de ATP. Por conseguinte, o número de moléculas de ATP formadas na oxidação da palmitoil-CoA é de 10,5 a partir de sete $FADH_2$, de 17,5 a partir de sete NADH e de 80 a partir de oito moléculas de acetil-CoA, fornecendo um total de 108. O equivalente a duas moléculas de ATP é consumido na ativação do palmitato, em que o ATP é clivado em AMP e duas moléculas de ortofosfato. Por conseguinte, *a oxidação completa de uma molécula de palmitato produz 106 moléculas de ATP.*

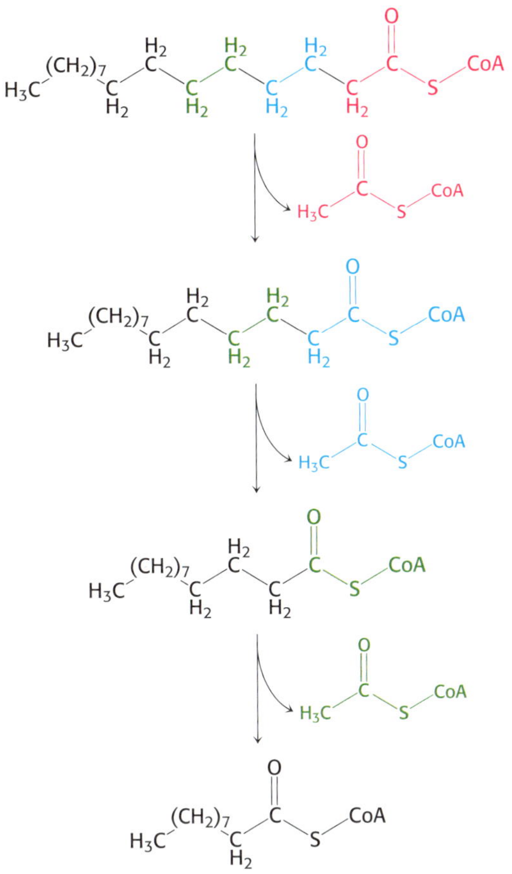

**FIGURA 22.10 Primeiros três ciclos na degradação do palmitato.** Unidades de dois carbonos são removidas sequencialmente da extremidade carboxila do ácido graxo.

## 22.3 Os ácidos graxos insaturados e de cadeia ímpar requerem etapas adicionais para a sua degradação

A via da β-oxidação é responsável pela degradação completa de ácidos graxos saturados com um número par de átomos de carbono. A maioria dos ácidos graxos apresenta essas estruturas devido a seu modo de síntese (que será abordado posteriormente neste capítulo). Entretanto, nem todos os ácidos graxos são tão simples. A oxidação de ácidos graxos que contêm duplas ligações requer duas etapas adicionais, assim como a oxidação de ácidos graxos contendo um número ímpar de átomos de carbono.

### Uma isomerase e uma redutase são necessárias para a oxidação de ácidos graxos insaturados

A oxidação de ácidos graxos insaturados depara-se com algumas dificuldades; contudo, muitos desses ácidos graxos estão disponíveis na alimentação. As reações são, em sua maioria, as mesmas que as dos ácidos graxos saturados. De fato, são necessárias apenas duas enzimas adicionais – uma isomerase e uma redutase – para degradar uma ampla variedade de ácidos graxos insaturados.

Consideremos a oxidação do palmitoleato (Figura 22.11). Esse ácido graxo insaturado $C_{16}$, que apresenta uma dupla ligação entre C-9 e C-10, é ativado e transportado através da membrana mitocondrial interna do mesmo modo que os ácidos graxos saturados. Em seguida, a palmitoleil-CoA sofre três ciclos de degradação, que são efetuados pelas mesmas enzimas da oxidação de ácidos graxos saturados. Entretanto, a *cis*-$\Delta^3$-enoil-CoA formada na terceira volta não é um substrato para a acil-CoA desidrogenase. A presença de uma dupla ligação entre C-3 e C-4 impede a formação de outra ligação dupla entre C-2 e C-3. Esse impasse é resolvido por uma nova reação, que muda a posição e a configuração da dupla ligação cis-$\Delta^3$. A *cis-$\Delta^3$-enoil-CoA isomerase converte essa dupla ligação em uma dupla ligação trans-$\Delta^2$*. A dupla ligação situa-se agora entre C-2 e C-3. As reações subsequentes são as da via de oxidação dos ácidos graxos saturados, nas quais a *trans*-$\Delta^2$-enoil-CoA é um substrato regular.

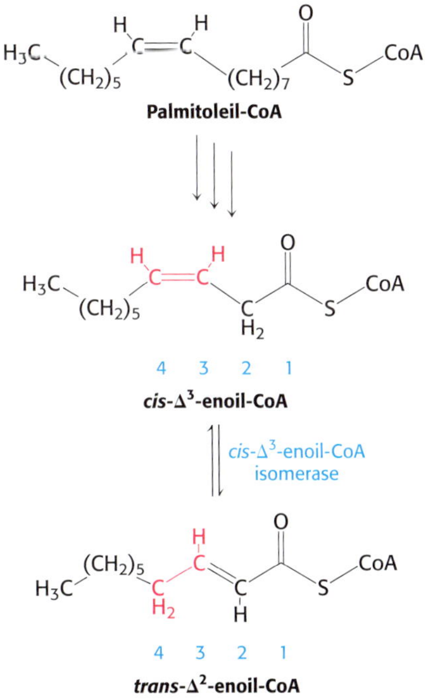


**FIGURA 22.11 Degradação de um ácido graxo monoinsaturado.** A *cis*-$\Delta^3$-enoil-CoA isomerase possibilita a β-oxidação contínua de ácidos graxos com uma única ligação dupla.

Os seres humanos necessitam de ácidos graxos poli-insaturados (p. 743), que apresentam múltiplas ligações duplas, como importantes precursores de moléculas sinalizadoras. Os ácidos graxos poli-insaturados em excesso são degradados pela β-oxidação. Entretanto, surge outro problema com a oxidação dos ácidos graxos poli-insaturados. Consideremos o linoleato, um ácido graxo poli-insaturado $C_{18}$ com duplas ligações *cis*-$\Delta^9$ e *cis*-$\Delta^{12}$ (Figura 22.12). A dupla ligação *cis*-$\Delta^3$ (entre os carbonos 3 e 4), formada após três ciclos de β-oxidação, é convertida em uma dupla ligação *trans*-$\Delta^2$ (entre os carbonos 2 e 3) pela isomerase mencionada anteriormente. A acil-CoA produzida por outro ciclo de β-oxidação contém dupla ligação *cis*-$\Delta^4$ (entre os carbonos 4 e 5). A desidrogenação dessa espécie pela acil-CoA desidrogenase produz um *intermediário 2,4-dienoil* (com dupla ligação entre os carbonos 2 e 3 e entre os carbonos 4 e 5), que não é um substrato para a próxima enzima da via de β-oxidação. Esse impasse é contornado pela *2,4-dienoil-CoA redutase*, uma enzima que utiliza NADPH para reduzir o intermediário 2,4-dienoil a *trans*-$\Delta^3$-enoil-CoA. A *cis*-$\Delta^3$-enoil-CoA isomerase converte então a *trans*-$\Delta^3$-enoil-CoA na forma *trans*-$\Delta^2$, um intermediário habitual na via da β-oxidação. Essas estratégias catalíticas são elegantes e econômicas. Apenas duas enzimas adicionais são necessárias para a oxidação de *qualquer* ácido graxo poli-insaturado. *As duplas ligações em posição ímpar são processadas pela isomerase, enquanto aquelas em posição par são processadas pela redutase e pela isomerase.*

**FIGURA 22.12 Oxidação da linoleil-CoA.** A oxidação completa do linoleato, um ácido graxo di-insaturado, é facilitada pelas atividades da enoil-CoA isomerase e da 2,4-dienoil-CoA redutase.

## Os ácidos graxos de cadeia ímpar produzem propionil-CoA na etapa final da tiólise

Os ácidos graxos que apresentam um número ímpar de átomos de carbono são espécies secundárias. São oxidados da mesma maneira que os ácidos

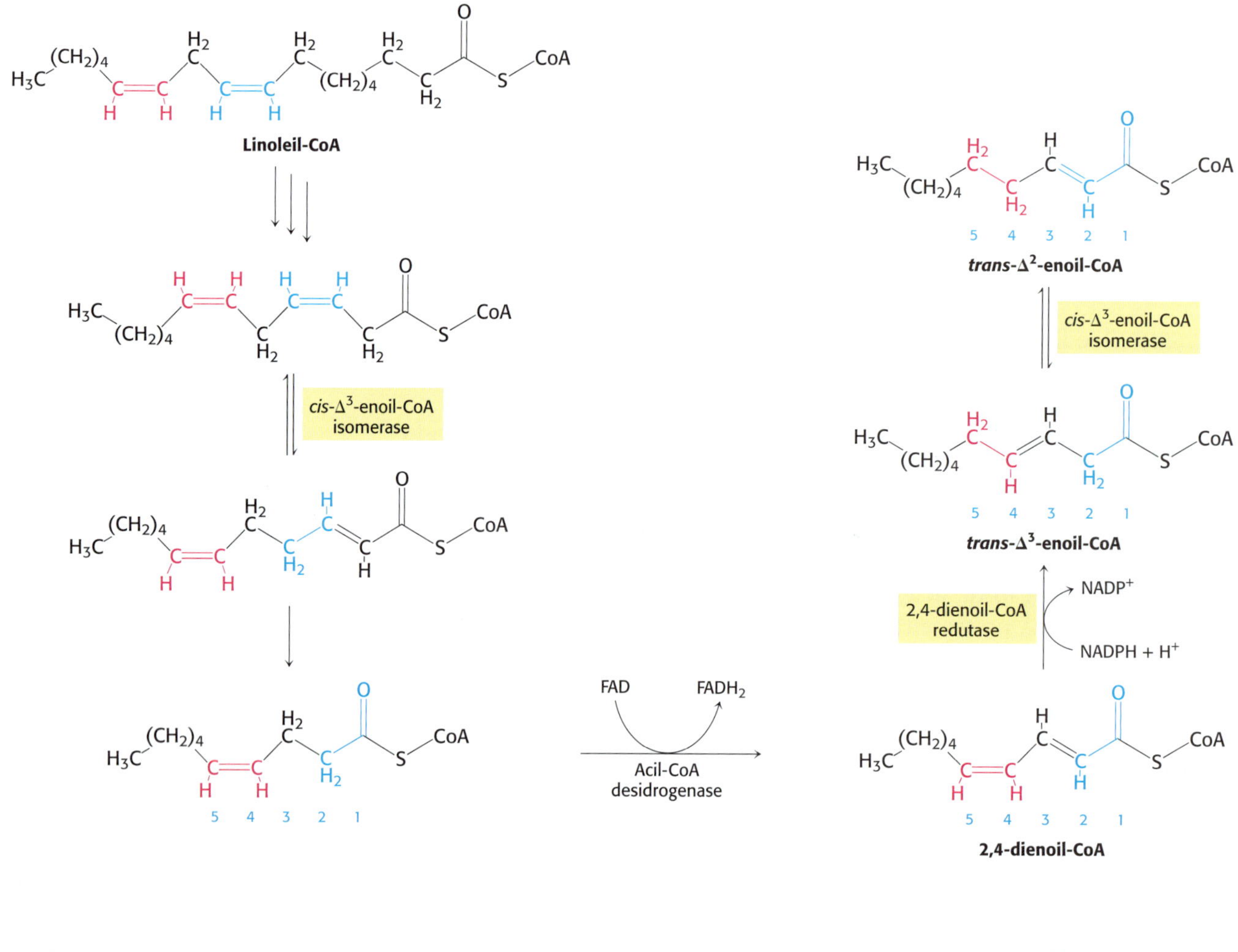

graxos com número par, exceto que a propionil-CoA e a acetil-CoA, em lugar de duas moléculas de acetil-CoA, são produzidas no ciclo final da degradação. A unidade de três carbonos ativada na propionil-CoA entra no ciclo do ácido cítrico após ter sido convertida em succinil-CoA.

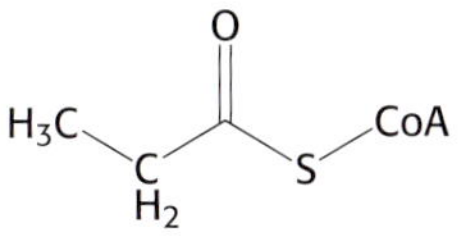

**Propionil-CoA**

A via da propionil-CoA até a succinil-CoA é particularmente interessante, visto que envolve um rearranjo que necessita de *vitamina $B_{12}$* (também conhecida como *cobalamina*). A propionil-CoA é carboxilada à custa da hidrólise de uma molécula de ATP, originando o isômero D da metilmalonil-CoA (Figura 22.13). Essa reação de carboxilação é catabolizada pela *propionil-CoA carboxilase*, uma enzima com biotina que apresenta um mecanismo catalítico semelhante ao da enzima homóloga, a piruvato carboxilase (ver seção 16.3). O isômero D da metilmalonil-CoA é racemizado ao isômero L, o substrato de uma mutase que o converte em *succinil-CoA* por um *rearranjo intramolecular*. O grupo – CO – S – CoA migra do C-2 para um grupo metila em troca de um átomo de hidrogênio. Essa muito incomum isomerização é catalisada pela *metilmalonil-CoA mutase*, que contém um derivado da cobalamina como coenzima.

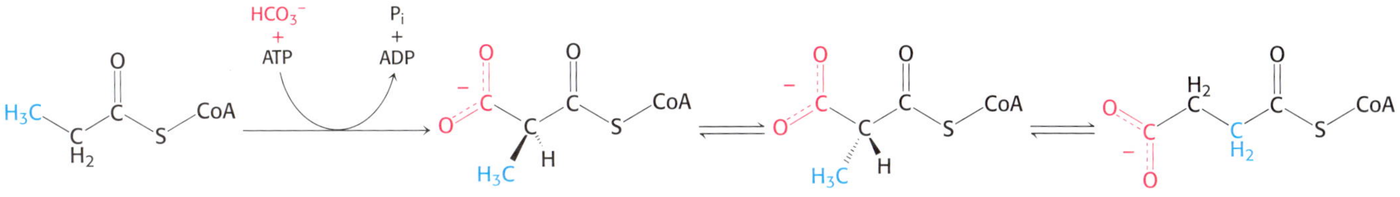


**FIGURA 22.13 Conversão da propionil-CoA em succinil-CoA.** A propionil-CoA, que é produzida a partir de ácidos graxos com um número ímpar de carbonos, bem como a partir de alguns aminoácidos, é convertida em succinil-CoA, um intermediário do ciclo do ácido cítrico.

## A vitamina $B_{12}$ contém um anel de corrina e um átomo de cobalto

As enzimas de cobalamina, que estão presentes na maioria dos organismos, catalisam três tipos de reações: (1) *rearranjos intramoleculares*; (2) *metilações*, como na síntese de metionina (ver seção 24.2); e (3) *redução de ribonucleotídios a desoxirribonucleotídios* (ver seção 25.3). Nos mamíferos, são conhecidas apenas duas reações que necessitam da coenzima $B_{12}$. A conversão de L-metilmalonil-CoA em succinil-CoA é uma dessas reações, enquanto a outra é a formação de metionina pela metilação da homocisteína (ver seção 24.2). Esta última reação é particularmente importante, visto que a metionina é necessária para a produção de coenzimas que participam na síntese de purinas e da timina, que são necessárias para a síntese de ácidos nucleicos.

O cerne da cobalamina consiste em um *anel de corrina com um átomo de cobalto central* (Figura 22.14). À semelhança de uma porfirina, o anel corrínico tem *quatro unidades pirrólicas*. Duas delas estão diretamente ligadas entre si, enquanto as outras são unidas por pontes de metina, como nas porfirinas. O anel de corrina é mais reduzido que o das porfirinas, e os substituintes são diferentes. Um átomo de cobalto está ligado aos quatro nitrogênios pirrólicos. O quinto substituinte ligado ao átomo de cobalto é um derivado do *dimetilbenzimidazol*, que contém ribose 3-fosfato e amino isopropanol. Um dos átomos de nitrogênio do dimetilbenzimidazol está ligado ao átomo de cobalto. Na coenzima $B_{12}$, o *sexto substituinte* ligado ao átomo de cobalto é uma *unidade 5′-desoxiadenosil*. Essa posição também pode ser ocupada por um grupo ciano. A cianocobalamina é a forma da coenzima administrada no tratamento da deficiência de vitamina $B_{12}$. Em todos esses compostos, o cobalto está no estado de oxidação +3.

### Mecanismo: a metilmalonil-CoA mutase catalisa um rearranjo para formar succinil-CoA

As reações de rearranjo catalisadas pela coenzima $B_{12}$ consistem nas trocas de dois grupos unidos a átomos de carbono adjacentes do substrato

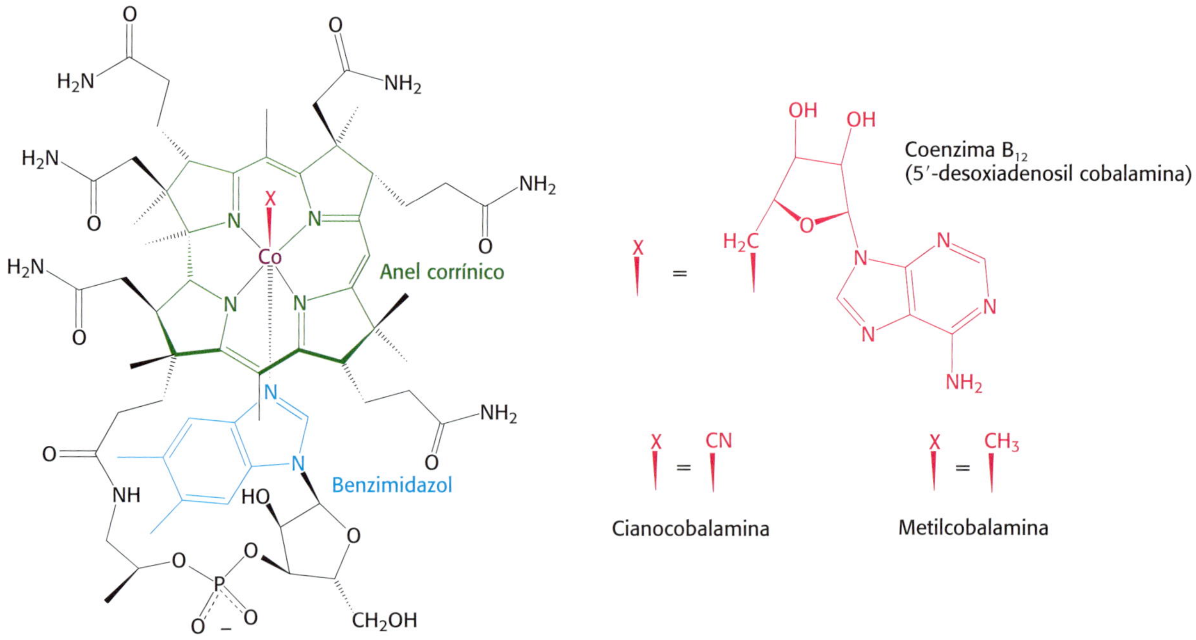


**FIGURA 22.14 Estrutura da coenzima $B_{12}$.** A coenzima $B_{12}$ é uma classe de moléculas que variam dependendo do componente designado por X na estrutura da esquerda. A 5'-desoxiadenosil cobalamina é a forma de coenzima na metilmalonil mutase. A substituição de X por grupos ciano e metila cria a cianocobalamina e a metilcobalamina, respectivamente.

(Figura 22.15). Um átomo de hidrogênio migra de um átomo de carbono para o seguinte, enquanto um grupo R (como o grupo – CO – S – CoA da metilmalonil-CoA) move-se concomitantemente no sentido inverso. A primeira etapa nesses rearranjos intramoleculares consiste na clivagem da ligação carbono-cobalto da 5'-desoxiadenosil cobalamina, gerando a forma $Co^{2+}$ da coenzima e um radical 5'-desoxiadenosila: $-CH_2•$ (Figura 22.16). Nessa *reação de clivagem homolítica*, um elétron da ligação Co–C permanece com o Co (reduzindo-o do estado de oxidação +3 para +2), enquanto o outro elétron permanece com o átomo de carbono, produzindo um radical livre. Em contrapartida, quase todas as outras reações de clivagem nos sistemas biológicos são *heterolíticas*: um *par* de elétrons é transferido para um dos dois átomos que estavam ligados.

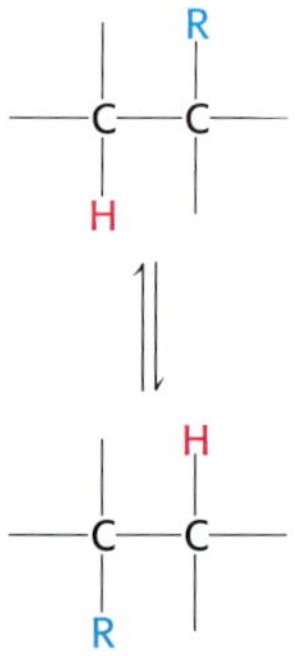

**FIGURA 22.15 Reação de rearranjo catalisada por enzimas de cobalamina.** O grupo R pode ser um grupo amino, um grupo hidroxila ou um carbono substitutivo.

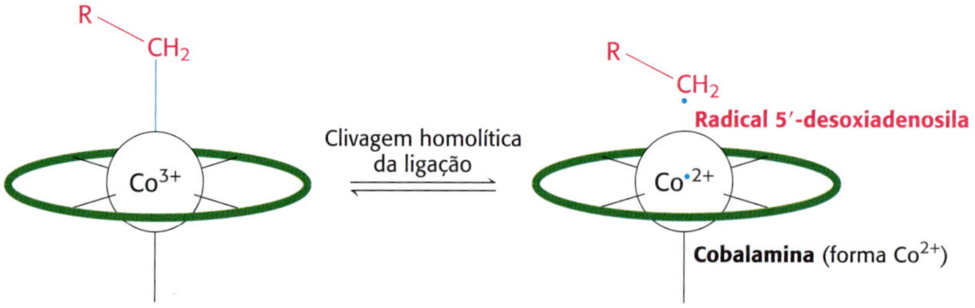


**FIGURA 22.16 Formação de um radical 5'-desoxiadenosila.** A reação da metilmalonil-CoA mutase começa com a clivagem homolítica da ligação que une o $Co^{3+}$ da coenzima $B_{12}$ a um átomo de carbono da ribose da porção adenosina da enzima. A clivagem produz um radical 5'-desoxiadenosila e leva à redução do $Co^{3+}$ a $Co^{2+}$. A letra R representa o componente 5'-desoxiadenosila da coenzima, enquanto o oval verde representa o restante da coenzima.

Qual o papel desse muito incomum radical $-CH_2•$? Essa espécie altamente reativa retira um *átomo de hidrogênio* do substrato para formar 5'-desoxiadenosina e um radical do substrato (Figura 22.17). Esse radical do substrato se rearranja espontaneamente: o grupo carbonil-CoA migra para a posição anteriormente ocupada pelo H no átomo de carbono adjacente, produzindo um radical diferente. Esse radical produzido retira um átomo de hidrogênio do grupo metila da 5'-desoxiadenosina para completar o rearranjo e fazer com que a unidade desoxiadenosila retorne à forma

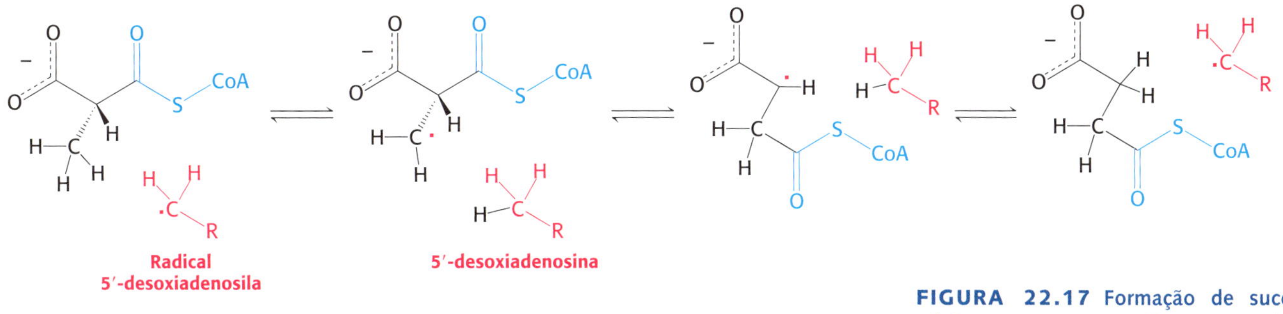


**FIGURA 22.17 Formação de succinil-CoA por uma reação de rearranjo.** Um radical livre retira um átomo de hidrogênio no rearranjo da metilmalonil-CoA em succinil-CoA.

de radical. *O papel da coenzima $B_{12}$ nessas migrações intramoleculares consiste em atuar como fonte de radicais livres para a retirada de átomos de hidrogênio.*

Uma propriedade essencial da coenzima $B_{12}$ consiste na fraqueza de sua ligação cobalto-carbono, que é prontamente clivada para produzir um radical. Para facilitar a clivagem dessa ligação, enzimas como a metilmalonil-CoA mutase deslocam o grupo benzimidazol da cobalamina e ligam o átomo de cobalto através de um resíduo de histidina (Figura 22.18). A aglomeração estérica ao redor da ligação cobalto-carbono dentro do sistema do anel corrínico contribui para a fraqueza da ligação.

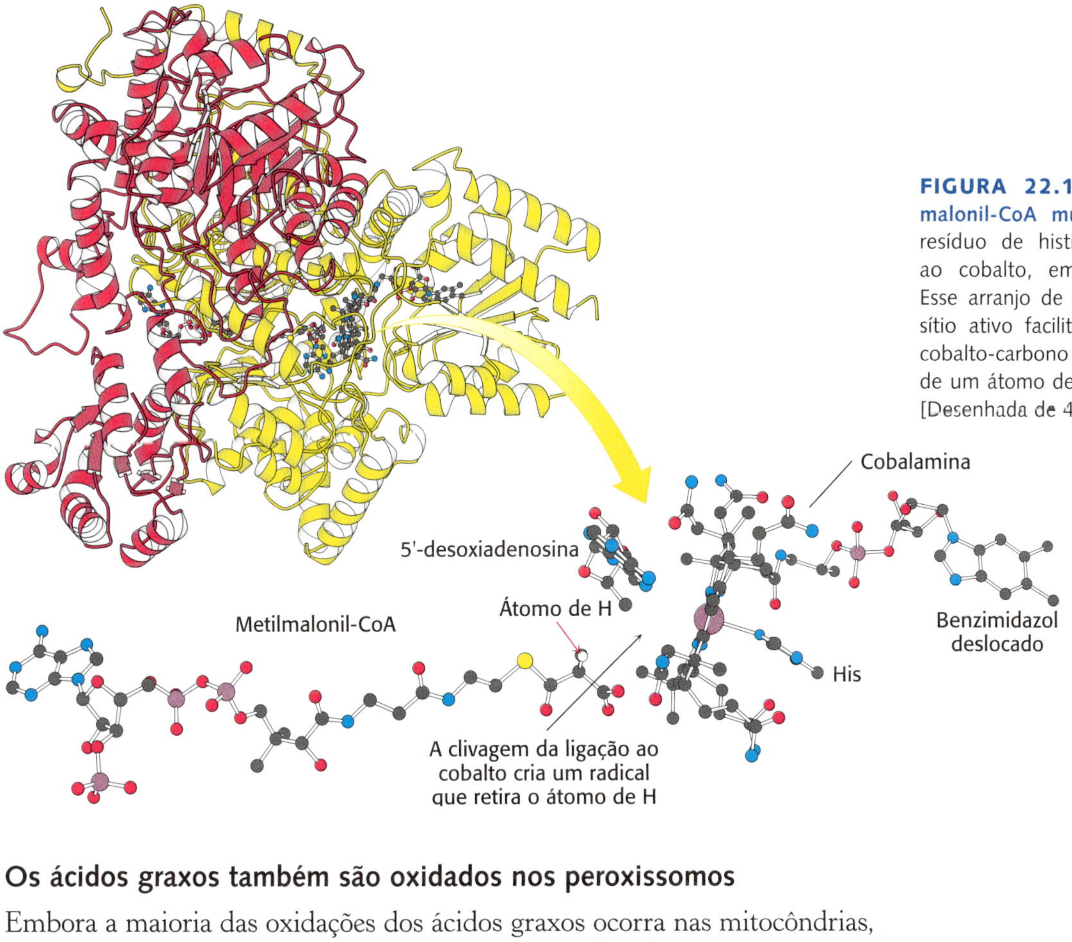


**FIGURA 22.18 Sítio ativo da metilmalonil-CoA mutase.** *Observe* que um resíduo de histidina da enzima liga-se ao cobalto, em vez do benzimidazol. Esse arranjo de substrato e coenzima no sítio ativo facilita a clivagem da ligação cobalto-carbono e a subsequente retirada de um átomo de hidrogênio do substrato. [Desenhada de 4REQ.pdb.]

## Os ácidos graxos também são oxidados nos peroxissomos

Embora a maioria das oxidações dos ácidos graxos ocorra nas mitocôndrias, a oxidação dos ácidos graxos de cadeia longa e ramificados pode ocorrer em organelas celulares denominadas *peroxissomos* (Figura 22.19) (questões 17 e 45). Essas organelas consistem em pequenos compartimentos delimitados por membrana que são encontrados nas células da maioria dos eucariotos. A oxidação dos ácidos graxos nessas organelas, que é interrompida na octanoil-CoA, serve para encurtar cadeias muito longas ($C_{26}$), tornando-as substratos mais apropriados para a β-oxidação nas mitocôndrias. A oxidação

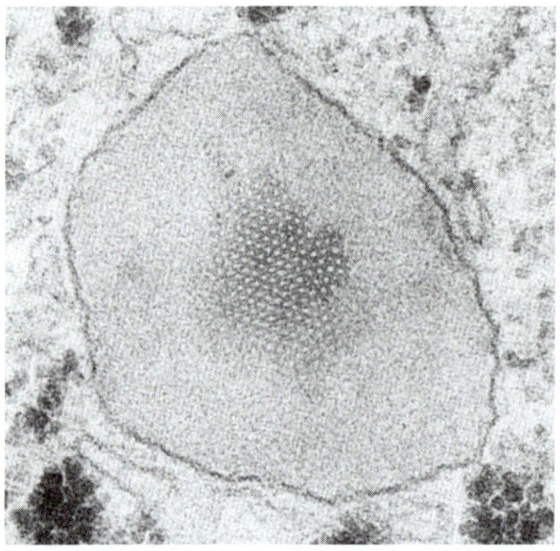

**FIGURA 22.19 Micrografia eletrônica de um peroxissomo em uma célula hepática.** Observa-se a presença de um cristal de urato oxidase, uma enzima peroxissomal, no centro da organela. O peroxissomo é delimitado por uma única membrana de dupla camada. As estruturas granulares escuras fora do peroxissomo são partículas de glicogênio. [Cortesia do Dr. George Palade/Yale University, Harvey Cushing/John Hay Whitney Medical Library.]

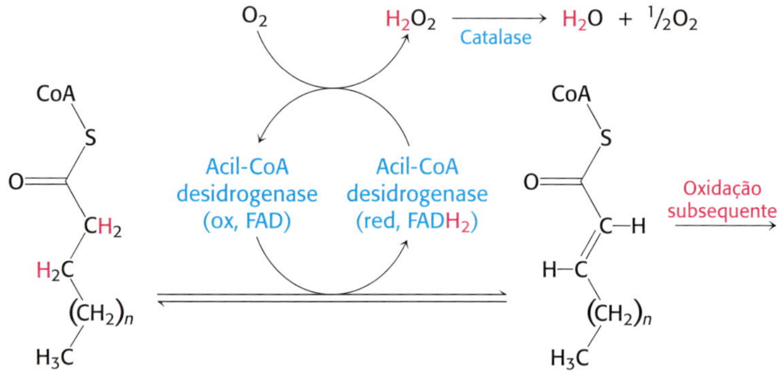


**FIGURA 22.20 Início da degradação peroxissômica de ácidos graxos.** A primeira desidrogenação na degradação de ácidos graxos nos peroxissomos requer uma flavoproteína desidrogenase, que transfere elétrons de sua porção $FADH_2$ para o $O_2$, produzindo $H_2O_2$.

nos peroxissomos difere da β-oxidação na reação inicial de desidrogenação (Figura 22.20). Nos peroxissomos, a acil-CoA desidrogenase – uma flavoproteína – transfere elétrons do substrato para o $FADH_2$ e, em seguida, para $O_2$, produzindo $H_2O_2$. Na β-oxidação mitocondrial, os elétrons de alta energia seriam capturados como $FADH_2$ para uso na cadeia de transporte de elétrons. Como há produção de $H_2O_2$ em vez de $FADH_2$, os peroxissomos contêm altas concentrações da enzima catalase para degradar o $H_2O_2$ em água e $O_2$. As etapas subsequentes são idênticas àquelas de seus equivalentes nas mitocôndrias, embora sejam efetuadas por diferentes isoformas das enzimas.

Os peroxissomos não funcionam em pacientes com síndrome de Zellweger. As anormalidades hepáticas, renais e musculares habitualmente levam à morte do indivíduo por volta dos 6 anos de idade. A síndrome é causada por um defeito na importação de enzimas para dentro dos peroxissomos. Temos aqui uma condição patológica que resulta de uma distribuição celular inapropriada de enzimas.

### Alguns ácidos graxos podem contribuir para o desenvolvimento de condições patológicas

Como veremos adiante (ver seção 22.5), alguns ácidos graxos poli-insaturados são essenciais para a vida, atuando como precursores de várias moléculas sinalizadoras. Os óleos vegetais, comumente utilizados na preparação dos alimentos, são ricos em ácidos graxos poli-insaturados. Entretanto, esses ácidos graxos poli-insaturados são instáveis e prontamente oxidados. Tal tendência ao ranço reduz o seu prazo de validade e os torna indesejáveis para cozinhar. Para superar esse problema, os ácidos graxos poli-insaturados são hidrogenados, convertendo-se em ácidos graxos saturados e transinsaturados (popularmente conhecidos como "gordura *trans*"), uma variedade de gordura raramente encontrada na natureza. Evidências epidemiológicas sugerem que o consumo de grandes quantidades de ácidos graxos saturados e de gordura *trans* promove a obesidade, o diabetes melito tipo 2 e a aterosclerose. O mecanismo pelo qual essas gorduras exercem esses efeitos está sendo ativamente investigado. Algumas evidências sugerem que elas promovem uma resposta inflamatória e podem silenciar a ação da insulina e de outros hormônios (ver seção 27.3).

## 22.4 Os corpos cetônicos constituem uma fonte de energia derivada de gorduras

A acetil-CoA formada na oxidação de ácidos graxos só entra no ciclo do ácido cítrico se a degradação de lipídios e de carboidratos estiver adequadamente equilibrada. A acetil-CoA precisa se combinar com o oxaloacetato para entrar no ciclo do ácido cítrico. Entretanto, a disponibilidade de oxaloacetato depende de um suprimento adequado de carboidratos. Convém lembrar que o oxaloacetato é normalmente formado a partir do piruvato, o produto da degradação da glicose na glicólise, pela piruvato carboxilase (ver seção 16.3). Se não houver disponibilidade de carboidratos, ou se estes forem inadequadamente utilizados, a concentração de oxaloacetato é reduzida, e a acetil-CoA não pode entrar no ciclo do ácido cítrico. Essa dependência constitui a base molecular do adágio de que *as gorduras queimam na chama dos carboidratos*.

No jejum ou no diabetes melito, o oxaloacetato é consumido para formar glicose pela via gliconeogênica (ver seção 16.3) e, portanto, não está disponível para condensação com a acetil-CoA. Nessas condições, a acetil-CoA é desviada para a formação de acetoacetato e D-3-hidroxibutirato. O acetoacetato, o D-3-hidroxibutirato e a acetona são frequentemente designados como *corpos cetônicos*. Verifica-se a presença de níveis anormalmente elevados de corpos cetônicos no sangue de diabéticos não tratados.

O acetoacetato é formado a partir da acetil-CoA em três etapas (Figura 22.21). Duas moléculas de acetil-CoA condensam-se, formando acetoacetil-CoA. Essa reação, que é catalisada pela tiolase, é o inverso da etapa de tiólise na oxidação de ácidos graxos. Em seguida, a acetoacetil-CoA reage com a acetil-CoA e a água, produzindo 3-hidroxi-3-metilglutaril-CoA (HMG-CoA) e CoA. Essa condensação assemelha-se àquela catalisada pela citrato sintase (ver seção 17.2). Essa reação, que apresenta um equilíbrio favorável devido à hidrólise de uma ligação tioéster, compensa o equilíbrio desfavorável na formação de acetoacetil-CoA. Em seguida, a 3-hidroxi-3-metilglutaril-CoA é clivada a acetil-CoA e acetoacetato. A soma dessas reações é

$$2\ \text{acetil-CoA} + H_2O \longrightarrow \text{acetoacetato} + 2\ \text{CoA} + H^+$$

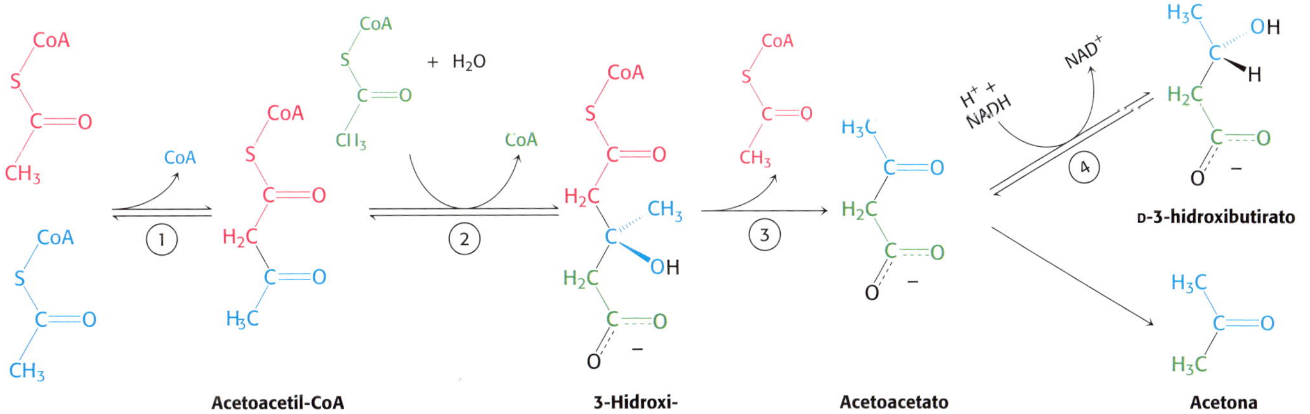


**FIGURA 22.21 Formação dos corpos cetônicos.** Os corpos cetônicos – acetoacetato, D-3-hidroxibutirato e acetona – são formados principalmente no fígado a partir da acetil-CoA. As enzimas que catalisam essas reações são (1) a 3-cetotiolase, (2) a hidroximetilglutaril-CoA sintase, (3) a enzima de clivagem de hidroximetilglutaril-CoA, e (4) a D-3-hidroxibutirato desidrogenase. O acetoacetato descarboxila-se espontaneamente, formando acetona.

O D-3-hidroxibutirato é formado pela redução do acetoacetato na matriz mitocondrial pela D-3-hidroxibutirato desidrogenase. A razão entre hidroxibutirato e acetoacetato depende da razão NADH/NAD⁺ dentro das mitocôndrias.

Por ser um β-cetoácido, o acetoacetato também sofre uma espontânea e lenta descarboxilação a acetona. O odor de acetona pode ser detectado na respiração de uma pessoa com nível elevado de acetoacetato no sangue. Em condições de jejum prolongado, a acetona pode ser capturada para sintetizar glicose.

## Os corpos cetônicos constituem importante fonte de energia em alguns tecidos

O fígado é o principal local de produção de acetoacetato e de 3-hidroxibutirato. Essas moléculas são transportadas das mitocôndrias hepáticas para o

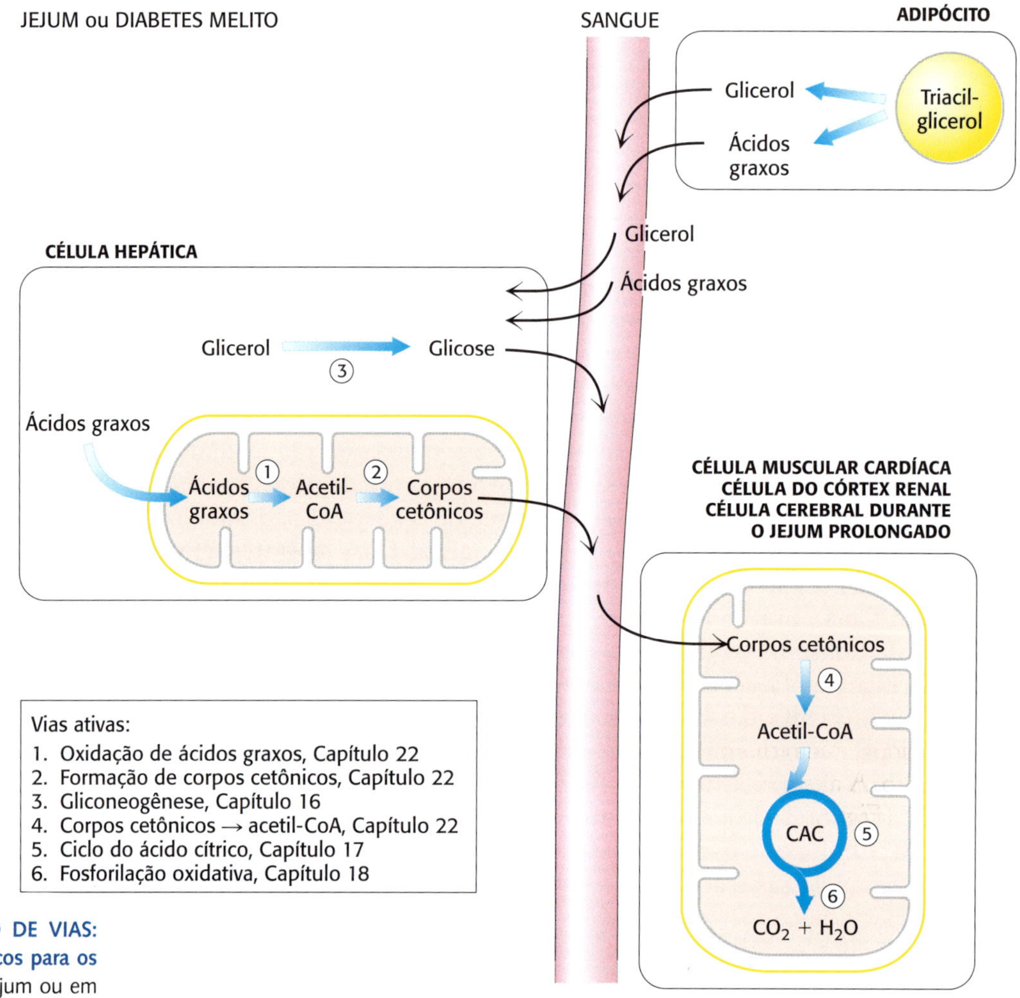


**FIGURA 22.22 INTEGRAÇÃO DE VIAS: O fígado fornece corpos cetônicos para os tecidos periféricos.** Durante o jejum ou em pacientes com diabetes melito não tratado, o fígado converte ácidos graxos em corpos cetônicos, que constituem uma fonte de energia para diversos tecidos. A produção de corpos cetônicos é particularmente importante durante o jejum prolongado, quando os corpos cetônicos constituem a fonte de combustível predominante.

sangue por proteínas transportadoras e são transferidas para outros tecidos, como o coração e os rins (Figura 22.22). O acetoacetato e o 3-hidroxibutirato constituem combustíveis normais da respiração e são quantitativamente importantes como fontes de energia. Com efeito, o músculo cardíaco e o córtex renal utilizam preferencialmente o acetoacetato em vez da glicose. Por outro lado, a glicose constitui a principal fonte de energia para o cérebro e os eritrócitos no indivíduo bem nutrido com uma alimentação balanceada. Entretanto, o cérebro adapta-se à utilização de acetoacetato durante o jejum prolongado e na presença de diabetes melito. No jejum prolongado, 75% das necessidades energéticas do cérebro são supridos pelos corpos cetônicos (ver seção 27.5).

O acetoacetato é convertido em acetil-CoA em duas etapas. Na primeira, o acetoacetato é ativado pela transferência de CoA da succinil-CoA em uma reação catalisada por uma CoA transferase específica. Na segunda etapa, a acetoacetil-CoA é clivada pela tiolase, produzindo duas moléculas de acetil-CoA, que em seguida podem entrar no ciclo do ácido cítrico (Figura 22.23). O fígado dispõe de acetoacetato para suprimento a outros órgãos, visto que ele carece dessa CoA transferase específica. O 3-hidroxibutirato necessita de uma etapa adicional para gerar acetil-CoA. Ele é inicialmente oxidado para produzir acetoacetato, que é processado conforme já descrito, e NADH para uso na fosforilação oxidativa.

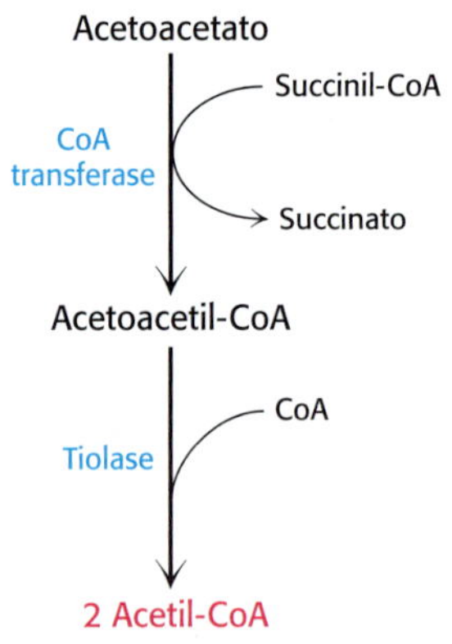


**FIGURA 22.23 Utilização do acetoacetato como combustível.** O acetoacetato pode ser convertido em duas moléculas de acetil-CoA, que em seguida entram no ciclo do ácido cítrico.

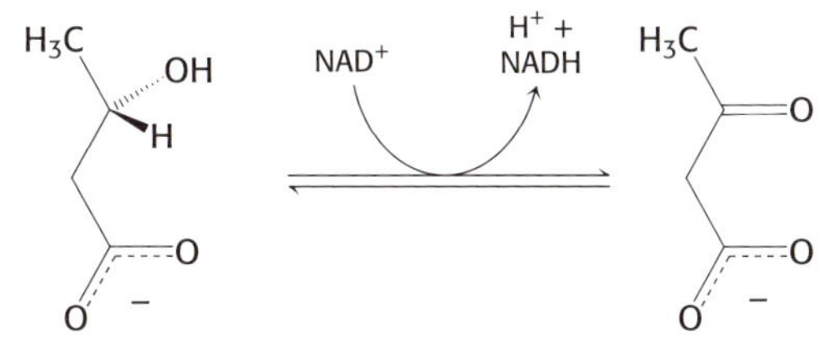


*Os corpos cetônicos podem ser considerados como uma forma hidrossolúvel transportável de unidades acetila.* Os ácidos graxos são liberados pelo tecido adiposo e convertidos em unidades acetila pelo fígado, que em seguida as exporta na forma de acetoacetato. Como era de se esperar, o acetoacetato também desempenha um papel regulatório. *Níveis elevados de acetoacetato no sangue significam uma abundância de unidades acetila e levam a uma redução da velocidade de lipólise no tecido adiposo.*

A ocorrência de uma concentração elevada de corpos cetônicos no sangue, que resulta de certas condições patológicas, pode ser potencialmente fatal. A mais comum dessas condições é a cetose diabética em pacientes com diabetes melito insulinodependente. Esses pacientes são incapazes de produzir insulina. Conforme assinalado anteriormente, esse hormônio, que normalmente é liberado depois das refeições, sinaliza a captação de glicose pelos tecidos. Além disso, ele limita a mobilização de ácidos graxos pelo tecido adiposo. A ausência de insulina tem duas consequências bioquímicas importantes (Figura 22.24). Em primeiro lugar, o fígado não pode absorver glicose e, consequentemente, não pode fornecer oxaloacetato para processar a acetil-CoA derivada de ácidos graxos. Em segundo lugar, os adipócitos continuam liberando ácidos graxos na corrente sanguínea, que são captados pelo fígado e convertidos em corpos cetônicos. Por conseguinte, o fígado produz grandes quantidades de corpos cetônicos, que são ácidos moderadamente fortes. O resultado consiste em acidose grave. A diminuição do pH prejudica a função tecidual, afetando mais gravemente o sistema nervoso central.

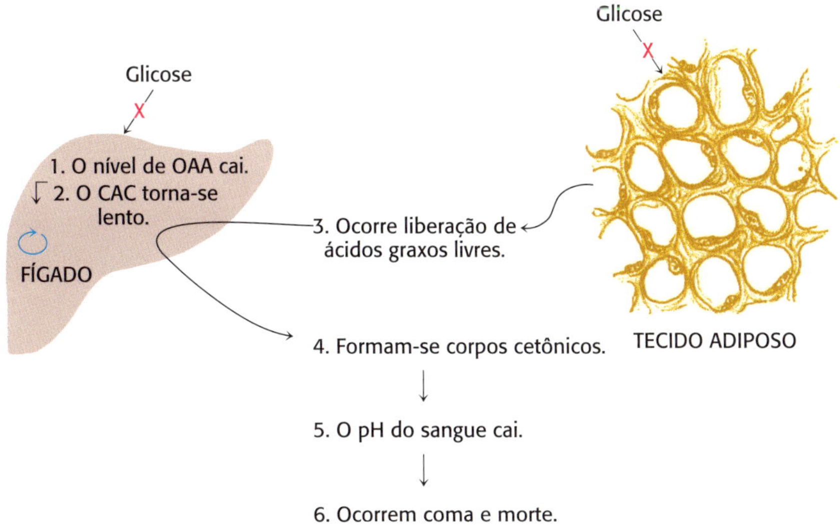


**FIGURA 22.24 Ocorre cetose diabética quando a insulina está ausente.** Na ausência de insulina, as gorduras são liberadas do tecido adiposo, e a glicose não pode ser absorvida pelo fígado ou pelo tecido adiposo. O fígado degrada os ácidos graxos por β-oxidação, mas não pode processar a acetil-CoA devido à ausência de oxaloacetato (OAA) derivado da glicose. Ocorre formação de corpos cetônicos em excesso, que são liberados no sangue.

É interessante mencionar que as dietas que promovem a formação de corpos cetônicos, denominadas *dietas cetogênicas*, são frequentemente utilizadas como opção terapêutica para crianças com epilepsia resistente a fármacos. As dietas cetogênicas são ricas em gorduras e pobres em carboidratos, com quantidades adequadas de proteína. Em essência, o corpo é forçado a ficar no modo de jejum prolongado, em que as gorduras e os corpos cetônicos passam a constituir a principal fonte de energia (ver seção 27.5). Notavelmente, pesquisas recentes realizadas em camundongos sugerem que as dietas cetogênicas alteram a flora intestinal – o microbioma –, e é essa alteração do microbioma o fator responsável pelos efeitos terapêuticos da dieta. O microbioma alterado regula de alguma forma os níveis de determinados neurotransmissores, reduzindo, assim, as crises convulsivas.

Pesquisas recentes conduzidas em camundongos também estabeleceram que as dietas cetogênicas estendem o tempo de vida, melhoram a memória e mantêm a saúde a longo prazo. Será interessante descobrir se esses efeitos também se aplicam aos seres humanos, embora a obtenção de tais dados de seres humanos seja muito mais difícil do que em experimentos com camundongos.

### Os animais são incapazes de converter os ácidos graxos em glicose

Em um ser humano típico, as reservas de gordura são muito maiores do que as de glicogênio. Todavia, o glicogênio é necessário como combustível para o músculo muito ativo, bem como para o cérebro, que normalmente só utiliza glicose como fonte de energia. Quando as reservas de glicogênio estão baixas, por que o corpo não é capaz de utilizar as reservas de gordura e converter os ácidos graxos em glicose? A resposta é que *os animais são incapazes de efetuar a síntese efetiva de glicose a partir de ácidos graxos*. Especificamente nos animais, a acetil-CoA não pode ser convertida em piruvato ou em oxaloacetato. Lembre-se de que a reação que gera acetil-CoA a partir do piruvato é irreversível (ver seção 17.1). Os dois átomos de carbono do grupo acetila da acetil-CoA entram no ciclo do ácido cítrico, porém dois átomos de carbono saem do ciclo nas descarboxilações catalisadas pela isocitrato desidrogenase e pela $\alpha$-cetoglutarato desidrogenase. Consequentemente, o oxaloacetato é regenerado, porém não é formado *de novo* quando a unidade acetila da acetil-CoA é oxidada pelo ciclo do ácido cítrico. Em essência, dois átomos de carbono entram no ciclo como grupo acetila, porém dois carbonos deixam o ciclo como $CO_2$ antes da produção de oxaloacetato. Em consequência, não é possível ocorrer nenhuma síntese efetiva de oxaloacetato. Em contrapartida, as plantas apresentam duas enzimas adicionais que possibilitam a conversão dos átomos de carbono da acetil-CoA em oxaloacetato (ver seção 17.5).

## 22.5 Os ácidos graxos são sintetizados pela ácido graxo sintase

Os ácidos graxos são sintetizados por um complexo de enzimas denominado *ácido graxo sintase*. Como a dieta ocidental típica atende nossas necessidades fisiológicas de gorduras e lipídios, os seres humanos adultos têm pouca necessidade de síntese *de novo* de ácidos graxos. Entretanto, muitos tecidos, como o fígado e o tecido adiposo, são capazes de sintetizar ácidos graxos, e essa síntese é necessária em determinadas condições fisiológicas. Por exemplo, a síntese de ácidos graxos é necessária durante o desenvolvimento embrionário e durante a lactação nas glândulas mamárias. Uma inapropriada síntese de ácidos graxos no fígado devido a um consumo calórico excessivo ou ao álcool contribui para a insuficiência hepática.

A acetil-CoA, o produto final da degradação de ácidos graxos, é o precursor de praticamente todos os ácidos graxos. O desafio bioquímico é ligar as unidades de dois carbonos e reduzir os carbonos para produzir palmitato, um ácido graxo $C_{16}$. O palmitato atua então como precursor de uma variedade de outros ácidos graxos.

### Os ácidos graxos são sintetizados e degradados por diferentes vias

Embora a síntese de ácidos graxos seja o reverso da via de degradação em termos das reações químicas básicas envolvidas, as vias de síntese e de degradação diferem quanto a seu mecanismo, exemplificando, mais uma vez, o princípio de que *as vias de síntese e de degradação são quase sempre distintas*. Algumas diferenças importantes observadas entre essas vias são as seguintes:

1. A síntese ocorre no *citoplasma*, diferentemente da degradação, que ocorre principalmente na matriz mitocondrial.
2. Os intermediários na síntese de ácidos graxos estão ligados de modo covalente aos grupos sulfidrila de uma *proteína carreadora de acila* (ACP, do inglês *acyl carrier protein*), enquanto os intermediários na degradação estão ligados covalentemente ao grupo sulfidrila da coenzima A.
3. As enzimas da síntese de ácidos graxos nos organismos superiores são unidas em uma *única cadeia polipeptídica, denominada ácido graxo sintase*. Por outro lado, as enzimas degradativas não parecem estar ligadas covalentemente.
4. A cadeia de ácidos graxos em crescimento é elongada pela *adição sequencial de unidades de dois carbonos* derivadas da acetil-CoA. O doador ativado das unidades de dois carbonos na etapa de elongação é a *malonil ACP*. A reação de elongação é impulsionada pela liberação de $CO_2$.
5. O redutor na síntese de ácidos graxos é o *NADPH*, enquanto os oxidantes na degradação de ácidos graxos são o *NAD*$^+$ e o *FAD*.
6. A forma isomérica do intermediário hidroxiacil na degradação é a forma L, enquanto a forma D é utilizada na síntese.

### A formação da malonil-CoA é a etapa de comprometimento na síntese de ácidos graxos

A síntese de ácidos graxos começa com a carboxilação da acetil-CoA a *malonil-CoA*. Essa reação irreversível constitui a etapa de comprometimento na síntese de ácidos graxos.

A síntese de malonil-CoA é catalisada pela *acetil-CoA carboxilase 1*, uma enzima citoplasmática que contém um grupo prostético de biotina. O grupo carboxila da biotina é ligado covalentemente ao grupo ε amino de um resíduo de lisina, como na piruvato carboxilase (Figura 16.24) e na propionil-CoA carboxilase (p. 727). À semelhança dessas outras enzimas, forma-se um intermediário carboxibiotina à custa da hidrólise de uma molécula de ATP. O grupo $CO_2$ ativado nesse intermediário é então transferido para a acetil-CoA, formando malonil-CoA.

$$\text{Biotina-enzima} + \text{ATP} + \text{HCO}_3^- \rightleftharpoons \text{CO}_2\text{-biotina-enzima} + \text{ADP} + \text{P}_i$$

$$\text{CO}_2\text{-biotina-enzima} + \text{acetil-CoA} \longrightarrow \text{malonil-CoA} + \text{biotina-enzima}$$

A acetil-CoA carboxilase 2, uma isoenzima da carboxilase 1 localizada nas mitocôndrias, é a enzima regulatória essencial para o metabolismo dos ácidos graxos.

### Os intermediários na síntese de ácidos graxos são fixados a uma proteína carreadora de acila

Os intermediários na síntese de ácidos graxos são ligados a uma proteína carreadora de acila. Especificamente, ligam-se à extremidade terminal sulfidrílica de um grupo fosfopanteteína. Na degradação de ácidos graxos, essa unidade está presente como parte da coenzima A, ao passo que, na sua síntese, está ligada a um resíduo de serina da proteína carreadora de

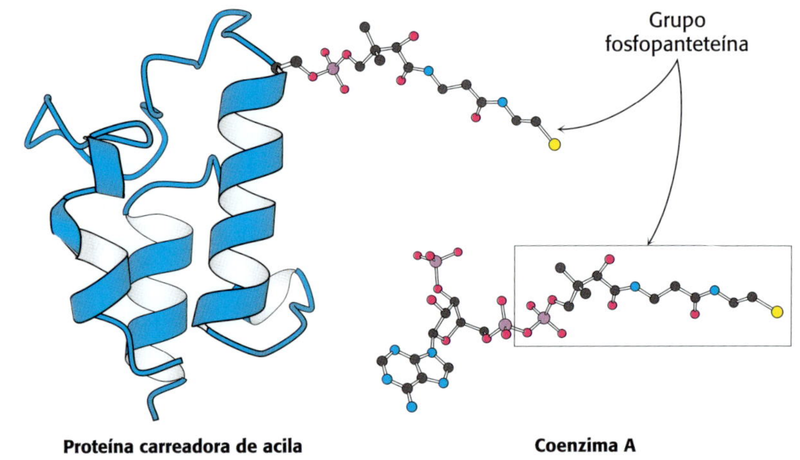


**FIGURA 22.25 Fosfopanteteína.** Tanto a proteína carreadora de acila quanto a coenzima A incluem a fosfopanteteína como sua unidade reativa. [Desenhada de 1ACP.pdb]

acila (Figura 22.25). Por conseguinte, a ACP – que consiste em uma única cadeia polipeptídica de 77 resíduos – pode ser considerada como um grupo prostético gigante, uma "macro CoA".

## A síntese de ácidos graxos consiste em uma série de reações de condensação, redução, desidratação e redução

O sistema enzimático que catalisa a síntese de ácidos graxos saturados de cadeia longa a partir de acetil-CoA, malonil-CoA e NADPH é denominado *ácido graxo sintase*. A sintase é, na realidade, um complexo de enzimas distintas. O complexo ácido graxo sintetase nas bactérias dissocia-se prontamente nas enzimas individuais quando as células são rompidas. A disponibilidade dessas enzimas isoladas ajudou os bioquímicos a elucidar as etapas na síntese de ácidos graxos (Tabela 22.2). Com efeito, as reações que levam à síntese de ácidos graxos nos organismos superiores são muito semelhantes àquelas das bactérias.

A fase de elongação da síntese de ácidos graxos começa com a formação de acetil ACP e malonil ACP. A *acetil transacilase* e a *malonil transacilase* catalisam essas reações.

$$\text{Acetil-CoA} + \text{ACP} \rightleftharpoons \text{acetil ACP} + \text{CoA}$$
$$\text{Malonil-CoA} + \text{ACP} \rightleftharpoons \text{malonil ACP} + \text{CoA}$$

A malonil transacilase é altamente específica, enquanto a acetil transacilase pode transferir grupos acila diferentes da unidade acetila, embora com velocidade muito menor. A síntese de ácidos graxos com número ímpar de átomos de carbono começa com a propionil ACP, que é formada a partir da propionil-CoA pela acetil transacilase.

A acetil ACP e a malonil ACP reagem para formar acetoacetil ACP (Figura 22.26). A β-cetoacil sintase, também denominada enzima de condensação, catalisa essa reação de condensação.

**TABELA 22.2** Principais reações na síntese de ácidos graxos em bactérias.

| Etapa | Reação | Enzima |
|---|---|---|
| 1 | Acetil-CoA + $HCO_3^-$ + ATP → malonil-CoA + ADP + $P_i$ + $H^+$ | Acetil-CoA carboxilase |
| 2 | Acetil-CoA + ACP ⇌ acetil ACP + CoA | Acetil transacilase |
| 3 | Malonil-CoA + ACP ⇌ malonil ACP + CoA | Malonil transacilase |
| 4 | Acetil ACP + malonil ACP → acetoacetil ACP + ACP + $CO_2$ | β-cetoacil sintase |
| 5 | Acetoacetil ACP + NADPH + $H^+$ ⇌ D-3-hidroxibutiril ACP + $NADP^+$ | β-cetoacil redutase |
| 6 | D-3-Hidroxibutiril ACP ⇌ crotonil ACP + $H_2O$ | 3-hidroxiacil desidratase |
| 7 | Crotonil ACP + NADPH + $H^+$ → butiril ACP + $NADP^+$ | Enoil redutase |

$$\text{Acetil ACP} + \text{malonil ACP} \longrightarrow \text{acetoacetil ACP} + \text{ACP} + CO_2$$

Na reação de condensação, forma-se uma unidade de quatro carbonos a partir de uma unidade de dois carbonos e uma unidade de três carbonos, com liberação de $CO_2$. Por que a unidade de quatro carbonos não é formada a partir de duas unidades de dois carbonos, isto é, duas moléculas de acetil ACP? A resposta é que o equilíbrio para a síntese de acetoacetil ACP a partir de duas moléculas de acetil ACP é altamente desfavorável. Em contrapartida, *o equilíbrio é favorável se a malonil ACP for um reagente, visto que a sua descarboxilação contribui com uma redução substancial de energia livre.* Com efeito, a reação de condensação é impulsionada pelo ATP, embora ele não participe diretamente na reação de condensação. Na verdade, o ATP é utilizado para carboxilar a acetil-CoA a malonil-CoA. Assim, a energia livre armazenada na malonil-CoA é liberada na descarboxilação que acompanha a formação de acetoacetil ACP. Embora o $HCO_3^-$ seja necessário para a síntese de ácidos graxos, o seu átomo de carbono não aparece no produto. Em vez disso, *todos os átomos de carbono dos ácidos graxos que contêm um número par de átomos de carbono derivam da acetil-CoA.*

As três etapas seguintes na síntese de ácidos graxos reduzem o grupo ceto no C-3 a um grupo metileno (ver Figura 22.26). Na primeira etapa, a acetoacetil ACP é reduzida a D-3-hidroxibutiril ACP pela β-cetoacil redutase. Essa reação difere da correspondente na degradação de ácidos graxos em dois aspectos: (1) forma-se o isômero D em lugar do L; e (2) o agente redutor é o NADPH, enquanto o agente oxidante na β-oxidação é o $NAD^+$. Essa diferença exemplifica o princípio geral de que o *NADPH é consumido em reações de biossíntese, enquanto o NADH é gerado em reações de produção de energia*. Em seguida, a D-3-hidroxibutiril ACP é *desidratada* para formar crotonil ACP, que é uma *trans*-$\Delta^2$-enoil ACP, pela 3-hidroxiacil desidratase. A etapa final no ciclo *reduz* a crotonil ACP a butiril ACP. O NADPH é mais uma vez o redutor, enquanto o FAD é o oxidante na reação correspondente na β-oxidação. A enzima bacteriana que catalisa essa etapa, a *enoil redutase*, pode ser inibida pela *triclosana*, um agente antibacteriano de amplo espectro que é adicionado a uma variedade de produtos, como pasta dental, sabonetes e cremes para a pele. Essas três últimas reações – uma redução, uma desidratação e uma segunda redução – convertem a acetoacetil ACP em butiril ACP, completando o primeiro ciclo de elongação.

No segundo ciclo de síntese de ácidos graxos, ocorre a condensação da butiril ACP com a malonil ACP, formando uma $C_6$-β-cetoacil ACP. Essa reação assemelha-se àquela do primeiro ciclo, em que a acetil ACP se condensa com a malonil ACP para formar uma $C_4$-β-cetoacil ACP. Uma redução, uma desidratação e uma segunda redução convertem a $C_6$-β-cetoacil ACP em uma $C_6$-acil ACP, que está pronta para um terceiro ciclo de elongação. Os ciclos de elongação continuam até a formação de $C_{16}$-acil ACP. Esse intermediário constitui um bom substrato para uma tioesterase que hidrolisa a $C_{16}$-acil ACP para produzir palmitato e ACP. *A tioesterase atua como uma régua para determinar o comprimento da cadeia de ácidos graxos*. A síntese de ácidos graxos de cadeias mais longas é discutida na seção 22.6.

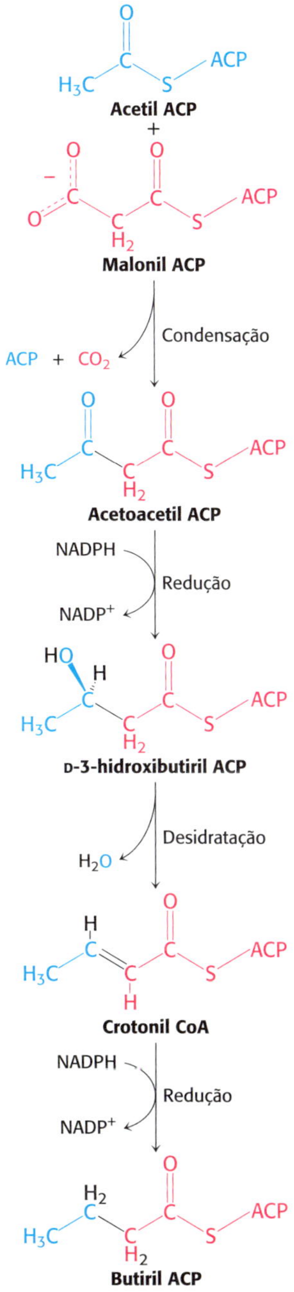


**FIGURA 22.26 As etapas na síntese de ácidos graxos.** A síntese de ácidos graxos começa com a condensação de malonil ACP e acetil ACP para formar acetoacetil ACP. A acetoacetil ACP é então reduzida, desidratada e novamente reduzida para formar butiril ACP. Outro ciclo começa com a condensação da butiril ACP e da malonil ACP. A sequência de reações se repete até a formação do produto final: o palmitato.

## Os ácidos graxos são sintetizados por um complexo enzimático multifuncional nos animais

Embora as reações bioquímicas básicas na síntese de ácidos graxos sejam muito semelhantes em *E. coli* e nos eucariotos, a estrutura da sintase varia de modo considerável. As enzimas componentes das ácido graxo sintases de animais, diferentemente daquelas de *E. coli* e das plantas, estão unidas em uma grande cadeia polipeptídica.

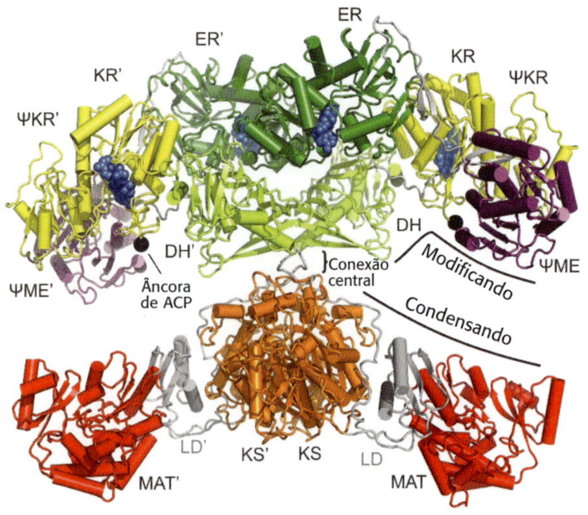


**FIGURA 22.27 Estrutura da ácido graxo sintase de mamíferos.** O complexo consiste em duas partes: o corpo da parte inferior é a β-ceto sintase (KS, do inglês β-*ketosynthase*), enquanto os domínios da malonil acetiltransferase (MAT) compreendem as pernas. Essas estruturas são unidas por um domínio de ligação (LD, do inglês *linker domain*). A parte inferior está ligada pela cintura à parte superior, que consiste na desidratase (DH) e enoil redutase (ER), as quais juntas formam a parte superior do corpo. Os domínios de ceto redutase (KR, do inglês *ketoreductase*) formam os braços. Os domínios não catalíticos são ψKR e ψME. Os cofatores de $NADP^+$ ligados são mostrados como esferas azuis, enquanto o sítio de fixação para a proteína carreadora de acila e a tioesterase é mostrado como uma esfera preta. Os domínios da segunda cadeia estão indicados pela abreviatura seguida do símbolo de linha. [Republicada com autorização de American Assn for the Advancement of Science, de The Crystal Structure of a Mammalian Fatty Acid Synthase, Maier *et al.*, *Science,* Vol. 321, 5 setembro, 2008, pp. 1315–1322, Fig. 1ª © 2008. Permissão transmitida por Copyright Clearance Center, Inc. Imagem cortesia de Maier and Ban, ETH Zurich.]

A estrutura de grande parte da ácido graxo sintase de mamíferos foi recentemente determinada, porém a da proteína carreadora de acila e a da tioesterase ainda não foram resolvidas. A enzima é um dímero de subunidades idênticas com 270 kDa. Cada cadeia contém todos os sítios ativos necessários para a atividade, bem como uma proteína carreadora de acila unida ao complexo (Figura 22.27). Embora cada cadeia possua todas as enzimas necessárias para a síntese de ácidos graxos, os monômeros não são ativos. É necessária a presença de um dímero.

As duas cadeias componentes interagem de modo que as atividades enzimáticas são distribuídas em dois compartimentos distintos: uma parte inferior do corpo e uma parte superior unidas por uma cintura. A parte inferior do corpo contém a β-ceto sintase, enquanto as pernas são formadas pelos domínios de malonil acetiltransferase, que estão unidos ao corpo por um domínio ligante. O corpo e as pernas catalisam as reações de condensação. A parte superior do corpo contém a desidratase e a enoil redutase, enquanto os braços contêm os domínios de ceto redutase. A parte superior do corpo e os braços catalisam as reações de modificação, assim como as atividades de redução e de desidratação que resultam no produto de ácido graxo saturado. É interessante observar que a ácido graxo sintase dos mamíferos apresenta um sítio ativo – a malonil/acetil transacilase –, que acrescenta tanto acetil-CoA quanto malonil-CoA. Em contrapartida, a maioria das outras ácido graxo sintases exibe duas atividades enzimáticas separadas – uma para a acetil-CoA e a outra para a malonil-CoA. A enzima também contém domínios não catalíticos, designados pelo símbolo ψ. O domínio ψKR assemelha-se ao domínio da ceto redutase, enquanto o domínio ψME é homólogo às enzimas metiltransferases. Ambos os domínios ψKR e ψME desempenham papel na manutenção da estrutura da enzima.

Consideremos um ciclo catalítico do complexo ácido graxo sintase (Figura 22.28). Um ciclo de elongação começa quando a malonil/acetil transacilase (MAT) move uma unidade acetila da coenzima A para a proteína carreadora de acila (ACP). A β-ceto sintase (β-KS, do inglês β-*ketosynthase*) aceita uma unidade acetila, formando um tioéster com um resíduo de cisteína no sítio ativo da β-KS. A ACP desocupada é recarregada pela MAT, desta vez com uma fração malonil. A malonil ACP chega ao sítio ativo da β-KS, onde ocorre a condensação dos dois fragmentos de dois carbonos na ACP, com liberação concomitante de $CO_2$. O processo de seleção e condensação é concluído com a ligação do produto β-cetoacil à ACP.

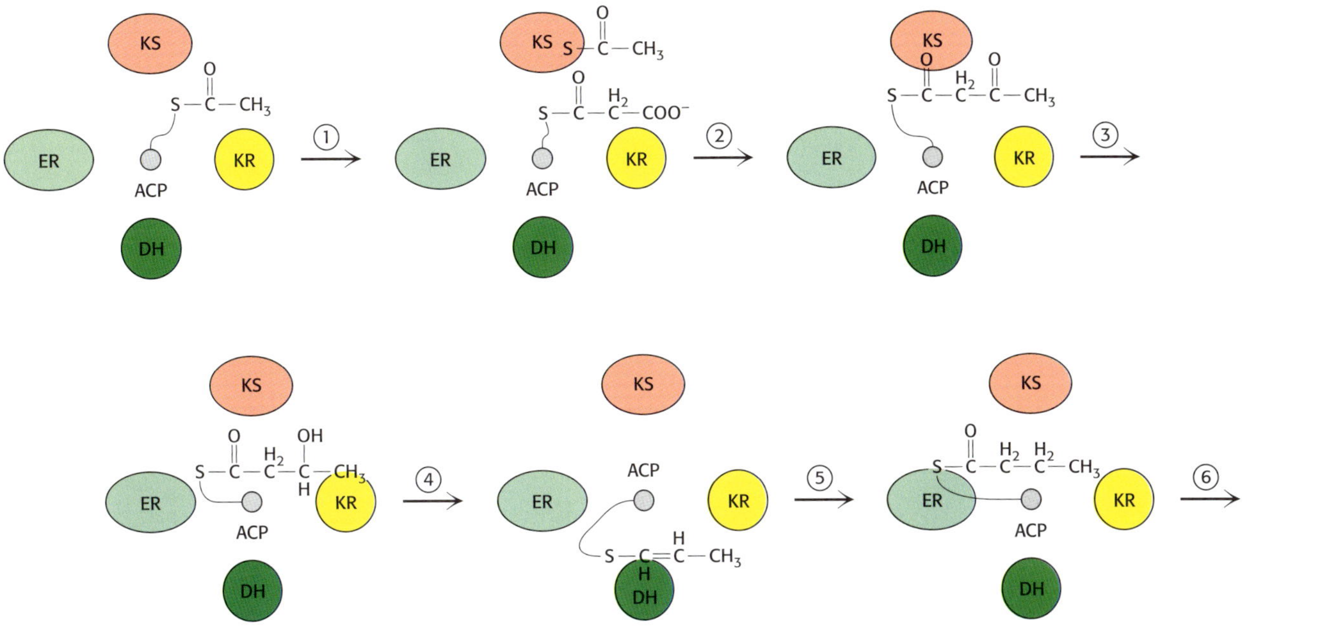


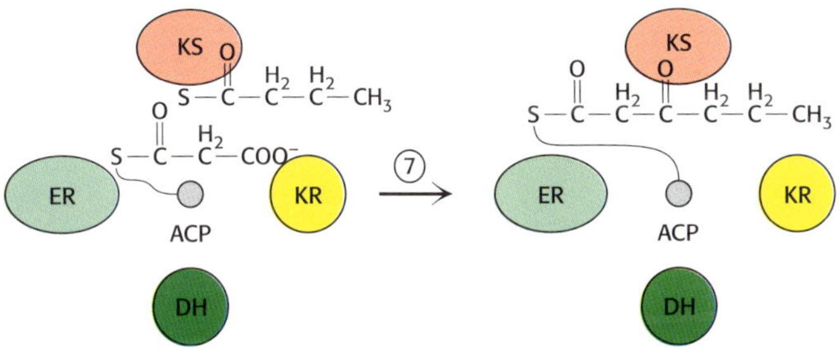


**FIGURA 22.28 Ciclo catalítico da ácido graxo sintase de mamíferos.** O ciclo começa quando a MAT (não mostrada) liga uma unidade acetila à ACP. (1) A ACP transfere a unidade acetila para a KS, e, em seguida, a MAT liga uma unidade malonila à ACP. (2) A ACP entra novamente em contato com a KS, que condensa as unidades acetila e malonila para formar o produto β-cetoacil, ligado à ACP. (3) A ACP transfere o produto β-cetoacil para a enzima KR, que reduz o grupo ceto a um álcool. (4) Em seguida, o produto β-hidroxila entra em contato com a DH, que introduz uma dupla ligação com perda de água. (5) O produto enoil é transferido para a enzima ER, onde a dupla ligação é reduzida. (6) A ACP entrega o produto reduzido à KS e é recarregada com malonil-CoA pela MAT. (7) A KS condensa as duas moléculas na ACP, que está pronta para iniciar outro ciclo. Ver a Figura 22.27 para as abreviaturas.

A ACP carregada passa sequencialmente pelos sítios ativos do compartimento de modificação da enzima. Neste local, o grupo β-ceto do substrato é reduzido a –OH, desidratado e, por fim, reduzido, dando origem ao produto acil saturado, que ainda está ligado à ACP. Com a finalização do processo de modificação, o produto reduzido é transferido para a β-KS, enquanto a ACP aceita outra unidade malonil. Ocorre condensação seguida de outros ciclos de modificação. O processo se repete até a liberação pela tioesterase do produto final, o ácido palmítico $C_{16}$.

Muitos complexos multienzimáticos eucarióticos são proteínas multifuncionais nas quais diferentes enzimas estão ligadas de modo covalente. As enzimas multifuncionais, como a ácido graxo sintase, provavelmente surgiram na evolução dos eucariotos por fusão de genes individuais de ancestrais evolutivos.

## A síntese do palmitato necessita de oito moléculas de acetil-CoA, 14 moléculas de NADPH e sete moléculas de ATP

A estequiometria da síntese do palmitato é

$$\text{Acetil-CoA} + 7\ \text{malonil-CoA} + 14\ \text{NADPH} + 20\ H^+ \longrightarrow$$
$$\text{palmitato} + 7\ CO_2 + 14\ \text{NADP}^+ + 8\ \text{CoA} + 6\ H_2O$$

A equação para a síntese da malonil-CoA usada na equação anterior é

$$7 \text{ Acetil-CoA} + 7 \text{ CO}_2 + 7 \text{ ATP} \longrightarrow 7 \text{ malonil-CoA} + 7 \text{ ADP} + 7 \text{ P}_i + 14 \text{ H}^+$$

Por conseguinte, a estequiometria global da síntese do palmitato é

$$8 \text{ Acetil-CoA} + 7 \text{ ATP} + 14 \text{ NADPH} + 6 \text{ H}^+ \longrightarrow \text{palmitato} + 14 \text{ NADP}^+ + 8 \text{ CoA} + 6 \text{ H}_2\text{O} + 7 \text{ ADP} + 7 \text{ P}_i$$

## O citrato atua como carreador de grupos acetila das mitocôndrias para o citoplasma para a síntese de ácidos graxos

Os ácidos graxos são sintetizados no citoplasma, enquanto a acetil-CoA é formada a partir do piruvato nas mitocôndrias. Por conseguinte, a acetil-CoA precisa ser transferida das mitocôndrias para o citoplasma para a síntese de ácidos graxos. Entretanto, as mitocôndrias não são facilmente permeáveis à acetil-CoA. Convém lembrar que a carnitina só transporta ácidos graxos de cadeia longa. *A barreira contra a acetil-CoA é superada pelo citrato, que transporta grupos acetila através da membrana mitocondrial interna.* O citrato é formado na matriz mitocondrial pela condensação de acetil-CoA com oxaloacetato (Figura 22.29). Quando presente em altos níveis, o citrato é transportado até o citoplasma, onde é clivado pela *ATP-citrato liase.*

$$\text{Citrato} + \text{ATP} + \text{CoA} + \text{H}_2\text{O} \longrightarrow \text{acetil-CoA} + \text{ADP} + \text{P}_i + \text{oxaloacetato}$$

**Liases**
Enzimas que catalisam a clivagem de ligações C–C, C–O ou C–N por eliminação. Forma-se uma dupla ligação nessas reações.

Essa reação ocorre em três etapas: (1) a formação de uma fosfoenzima com a doação de um grupo fosforila do ATP; (2) a ligação do citrato e da CoA seguida de formação de citroil-CoA e liberação do fosfato; e (3) a clivagem da citroil-CoA, com produção de acetil-CoA e oxaloacetato. Como veremos adiante (ver seção 22.6), o citrato estimula a acetil-CoA carboxilase, a enzima que regula o metabolismo dos ácidos graxos. Além disso, convém lembrar que a presença de citrato no citoplasma inibe a fosfofrutoquinase, a enzima que controla a via glicolítica.

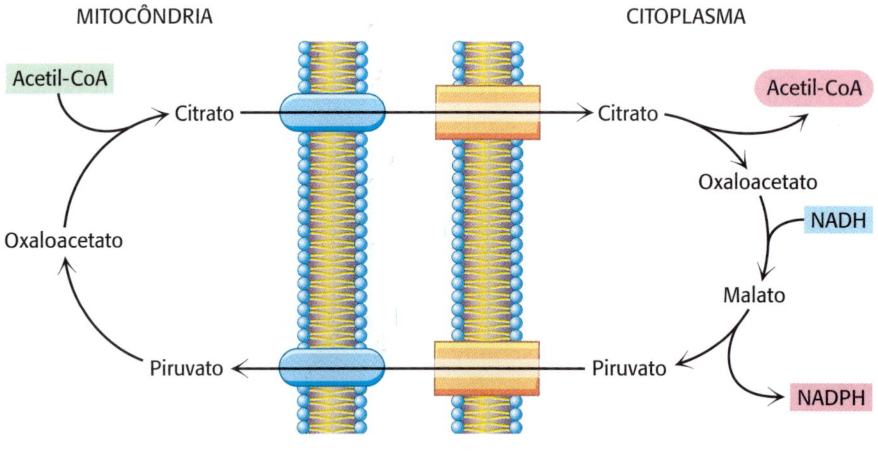


**FIGURA 22.29 Transferência da acetil-CoA para o citoplasma.** A acetil-CoA é transferida das mitocôndrias para o citoplasma, e o potencial redutor do NADH é concomitantemente convertido naquele do NADPH por essa série de reações.

A ATP-citrato liase é estimulada pela insulina, que inicia uma via de transdução de sinais que leva finalmente à fosforilação e ativação da liase pela proteinoquinase B (também denominada Akt).

## Diversas fontes fornecem NADPH para a síntese de ácidos graxos

O oxaloacetato formado na transferência de grupos acetila para o citoplasma precisa agora retornar às mitocôndrias. A membrana mitocondrial interna é impermeável ao oxaloacetato. Por conseguinte, é necessária uma série de reações de desvio. Essas reações também produzem grande parte do NADPH necessário para a síntese de ácidos graxos. Em primeiro lugar, o oxaloacetato é reduzido a malato pelo NADH. Essa reação é catalisada por uma *malato desidrogenase* no citoplasma.

$$\text{Oxaloacetato} + \text{NADH} + \text{H}^+ \rightleftharpoons \text{malato} + \text{NAD}^+$$

Em segundo lugar, o malato sofre descarboxilação oxidativa por uma *enzima de malato ligada ao NADP*$^+$ (também denominada *enzima málica*).

$$\text{Malato} + \text{NADP}^+ \longrightarrow \text{piruvato} + \text{CO}_2 + \text{NADPH}$$

O piruvato formado nessa reação entra prontamente nas mitocôndrias, onde é carboxilado a oxaloacetato pela piruvato carboxilase.

$$\text{Piruvato} + \text{CO}_2 + \text{ATP} + \text{H}_2\text{O} \longrightarrow \text{oxaloacetato} + \text{ADP} + \text{P}_i + 2\ \text{H}^+$$

A soma dessas três reações é

$$\text{NADP}^+ + \text{NADH} + \text{ATP} + \text{H}_2\text{O} \longrightarrow \text{NADPH} + \text{NAD}^+ + \text{ADP} + \text{P}_i + \text{H}^+$$

Por conseguinte, *uma molécula de NADPH é gerada para cada molécula de acetil-CoA que é transferida das mitocôndrias para o citoplasma.* Assim, são formadas oito moléculas de NADPH quando oito moléculas de acetil-CoA são transferidas para o citoplasma para a síntese de palmitato. *As outras seis moléculas de NADPH necessárias para esse processo provêm da via das pentoses fosfato* (ver seção 20.3).

O acúmulo dos precursores da síntese de ácidos graxos é um exemplo maravilhoso do uso coordenado de múltiplas vias. O ciclo do ácido cítrico, o transporte de oxaloacetato a partir das mitocôndrias e a via das pentoses fosfato fornecem os átomos de carbono e o poder redutor, enquanto a glicólise e a fosforilação oxidativa fornecem o ATP para suprir as necessidades para a síntese de ácidos graxos (Figura 22.30).

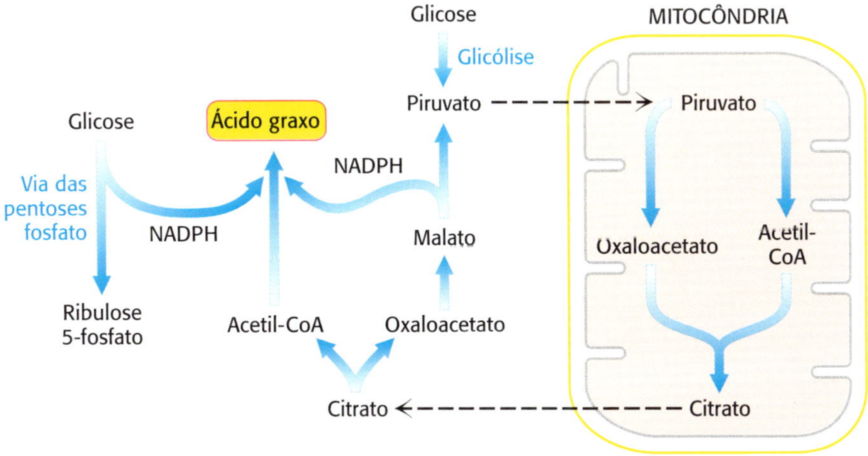


**FIGURA 22.30 INTEGRAÇÃO DAS VIAS: Síntese de ácidos graxos.** A síntese de ácidos graxos requer a cooperação de diversas vias metabólicas localizadas em diferentes compartimentos celulares.

## O metabolismo dos ácidos graxos é alterado nas células tumorais

Anteriormente, vimos que as células cancerosas alteram o metabolismo da glicose para suprir as necessidades de rápido crescimento celular. As células cancerosas também precisam aumentar a síntese de ácidos graxos para uso como moléculas sinalizadoras, bem como para incorporação aos fosfolipídios de membrana. Muitas das enzimas envolvidas na síntese de ácidos graxos estão superexpressas na maioria dos tipos de câncer humano, e essa expressão está relacionada com a natureza maligna do tumor. Convém lembrar que, dependendo do aporte dietético para suprir suas necessidades de gordura, as células normais realizam pouca síntese *de novo* de ácidos graxos.

A dependência da síntese *de novo* de ácidos graxos proporciona possíveis alvos terapêuticos para inibir o crescimento das células cancerosas. A inibição da β-cetoacil ACP sintase – a enzima que catalisa a etapa de condensação na síntese de ácidos graxos – de fato inibe a síntese de fosfolipídios e o subsequente crescimento das células em alguns tipos de câncer, aparentemente ao induzir a apoptose (Capítulo 18). Entretanto, outra observação surpreendente foi feita: *camundongos tratados com inibidores da β-cetoacil ACP sintase demonstraram uma notável perda de peso*, visto que se alimentaram menos. Assim, os inibidores da ácido graxo sintase são notáveis candidatos a fármacos tanto antitumorais quanto antiobesidade.

A acetil-CoA carboxilase também está sendo investigada como possível alvo para inibir o crescimento de células cancerosas. A inibição da carboxilase em linhagens celulares de câncer de próstata e câncer de mama induz apoptose nas células cancerosas sem qualquer efeito sobre as células normais (questão 59). Compreender a alteração observada no metabolismo dos ácidos graxos nas células cancerosas constitui uma nova área de pesquisa promissora para o desenvolvimento de novas terapias antineoplásicas.

### Os triacilgliceróis podem se tornar uma importante fonte de energia renovável

Há pesquisas em andamento para o desenvolvimento de meios eficientes de gerar triacilgliceróis para uso como biodiesel, um combustível renovável. Embora os detalhes do processo sejam bastante complexos, apresentaremos uma visão geral das etapas essenciais. Em primeiro lugar, o $CO_2$, o CO e o $H_2$ (coletivamente denominados singás, uma vez que podem ser utilizados na produção de gás sintético natural) são capturados a partir de resíduos municipais ou gerados a partir de outras fontes de resíduos. Em seguida, esses gases são fornecidos a bactérias acetogênicas, que são bactérias anaeróbicas de distribuição ubíqua na natureza. As bactérias acetogênicas possuem uma via complexa, denominada via de Wood-Ljungdahl, que pode sintetizar acetato a partir do singás. Nessa via – que exige a presença de ácido fólico, um carreador de moléculas de um único carbono (ver seção 24.2) –, o $CO_2$ e o CO são reduzidos a um grupo metila. Em seguida, o grupo metila reage com o CO e com a coenzima A, formando acetil-CoA. Uma enzima-chave na via nos fornece outro exemplo de enzima bifuncional. A monóxido de carbono desidrogenase/acetil-CoA sintase é uma enzima de enxofre níquel-ferro. O componente desidrogenase reduz o $CO_2$ a CO, enquanto a sintase liga o CO ao grupo metila e à coenzima A, formando acetil-CoA. O acetato pode ser extraído das bactérias e utilizado como fonte de carbono para leveduras oleaginosas, que podem, dependendo das condições de cultura, sintetizar e acumular triacilgliceróis em até 20 a 70% de sua massa celular. Utilizando-se grandes fermentadores e algoritmos complexos para controlar o crescimento das bactérias e das leveduras, é possível sintetizar triacilgliceróis em quantidades suficientes para a obtenção de biodiesel e outros produtos renováveis.

## 22.6 A elongação e a insaturação de ácidos graxos são efetuadas por sistemas enzimáticos acessórios

O principal produto da ácido graxo sintase é o palmitato. Nos eucariotos, os ácidos graxos mais longos são formados por reações de elongação, catalisadas por enzimas na face citoplasmática da *membrana do retículo endoplasmático*. Essas reações acrescentam sequencialmente unidades de dois carbonos às extremidades carboxila de substratos de acil-CoA graxo tanto saturados quanto insaturados. A malonil-CoA é o doador de dois carbonos na elongação de acil-CoAs graxos. Mais uma vez, a condensação é impulsionada pela descarboxilação da malonil-CoA.

## Enzimas ligadas à membrana geram ácidos graxos insaturados

Os sistemas do retículo endoplasmático também introduzem duplas ligações nas acil-CoA de cadeia longa. Por exemplo, na conversão de estearil-CoA em oleil-CoA, uma dupla ligação *cis*-$\Delta^9$ é introduzida por uma oxidase que emprega *oxigênio molecular* e *NADH* (ou *NADPH*).

$$\text{Estearil-CoA} + \text{NADH} + \text{H}^+ + \text{O}_2 \longrightarrow \text{oleil-CoA} + \text{NAD}^+ + 2\,\text{H}_2\text{O}$$

Essa reação é catalisada por um complexo de três proteínas ligadas à membrana: *a NADH-citocromo* $b_5$ *redutase*, o *citocromo* $b_5$ e a *estearil-CoA dessaturase* (Figura 22.31). Em primeiro lugar, elétrons são transferidos do NADH para a fração FAD da NADH-citocromo $b_5$ redutase. O átomo de ferro do heme do citocromo $b_5$ é então reduzido ao estado $Fe^{2+}$. O átomo de ferro não hêmico da dessaturase é subsequentemente convertido no estado $Fe^{2+}$, possibilitando a sua interação com $O_2$ e com o substrato de acil-CoA graxo saturado. Forma-se uma dupla ligação, e ocorre liberação de duas moléculas de $H_2O$. Dois elétrons provêm do NADH e dois da ligação simples do substrato de ácido graxo.

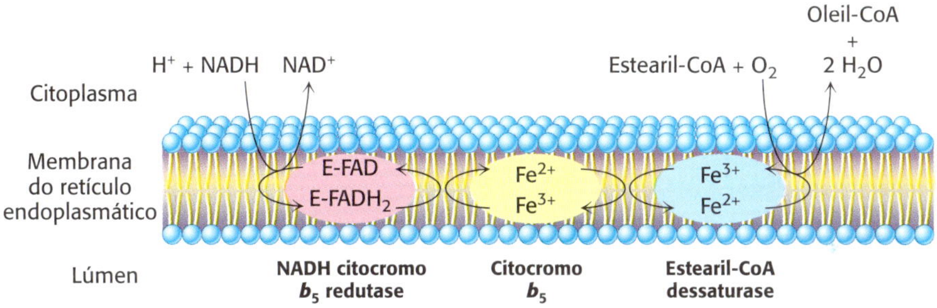


**FIGURA 22.31** Cadeia de transporte de elétrons na dessaturação de ácidos graxos.

Uma variedade de ácidos graxos insaturados pode ser formada a partir do oleato por uma combinação de reações de elongação e dessaturação. Por exemplo, o oleato pode ser elongado para um ácido graxo 20:1 *cis*-$\Delta^{11}$. Como alternativa, uma segunda ligação dupla pode ser inserida, produzindo um ácido graxo 18:2 *cis*-$\Delta^6$, $\Delta^9$. De modo semelhante, o palmitato (16:0) pode ser oxidado a palmitoleato (16:1 *cis*-$\Delta^9$), que pode ser então elongado a *cis*-vacenato (18:1 *cis*-$\Delta^{11}$).

Os ácidos graxos insaturados nos mamíferos originam-se do palmitoleato (16:1), do oleato (18:1), do linoleato (18:2) ou do linolenato (18:3). O número de átomos de carbono a partir da extremidade ω de um ácido graxo insaturado derivado até a dupla ligação mais próxima identifica o seu precursor.

| Precursor | Fórmula |
|---|---|
| Linolenato (ω-3) | $CH_3-(CH_2)_2 = CH-R$ |
| Linoleato (ω-6) | $CH_3-(CH_2)_5 = CH-R$ |
| Palmitoleato (ω-7) | $CH_3-(CH_2)_6 = CH-R$ |
| Oleato (ω-9) | $CH_3-(CH_2)_8 = CH-R$ |

Os mamíferos carecem das enzimas necessárias para introduzir ligações duplas em átomos de carbono além do C-9 na cadeia de ácidos graxos. Consequentemente, os mamíferos são incapazes de sintetizar linoleato (18:2 *cis*-$\Delta^9$, $\Delta^{12}$) e linolenato (18:3 *cis*-$\Delta^9$, $\Delta^{12}$, $\Delta^{15}$). O linoleato e o linolenato são os dois ácidos graxos essenciais. O termo *essencial* significa que eles precisam ser supridos pela alimentação, visto que são necessários e não podem ser sintetizados pelo próprio organismo. O linoleato e o linolenato fornecidos pela dieta constituem os pontos de partida para a síntese de uma variedade de outros ácidos graxos insaturados.

## Os hormônios eicosanoides derivam de ácidos graxos poli-insaturados

O *araquidonato*, um ácido graxo 20:4 derivado do linoleato, constitui o principal precursor de várias classes de moléculas sinalizadoras: prostaglandinas, prostaciclinas, tromboxanos e leucotrienos (Figura 22.32).

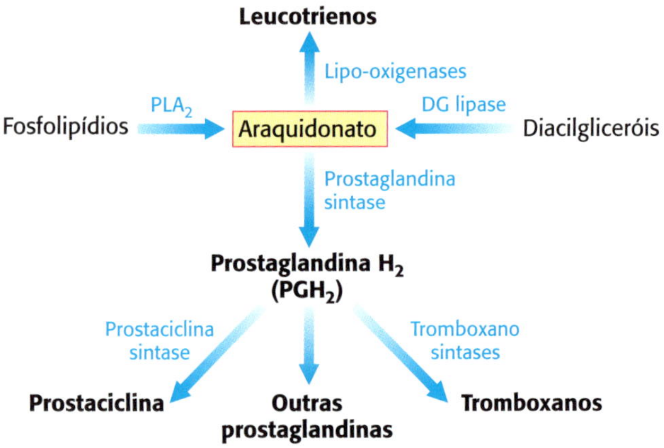


**FIGURA 22.32 O araquidonato é o principal precursor dos hormônios eicosanoides.** A prostaglandina sintase catalisa a primeira etapa de uma via que leva às prostaglandinas, prostaciclinas e tromboxanos. A lipo-oxigenase catalisa a etapa inicial em uma via que leva aos leucotrienos.

Uma *prostaglandina é um ácido graxo de 20 carbonos contendo um anel de 5 carbonos* (Figura 22.33). Esse composto básico é modificado por redutases e isomerases, produzindo nove classes principais de prostaglandinas, designadas como PGA até PGI; um subscrito indica o número de duplas ligações carbono-carbono fora do anel. As prostaglandinas com duas ligações duplas, como a $PGE_2$, originam-se do araquidonato; as outras duas ligações duplas desse precursor são perdidas na formação de um anel de cinco membros. A *prostaciclina* e os *tromboxanos* são compostos relacionados que surgem de uma prostaglandina nascente. São produzidos pela *prostaciclina sintase* e pela *tromboxano sintase*, respectivamente. De modo alternativo, o araquidonato pode ser convertido em *leucotrienos* pela ação da *lipo-oxigenase*. Encontrados pela primeira vez nos leucócitos, os leucotrienos contêm três duplas ligações conjugadas – o que explica o seu nome. As prostaglandinas, a prostaciclina, os tromboxanos e os leucotrienos são denominados *eicosanoides* (do grego *eikosi*, "vinte"), visto que eles contêm 20 átomos de carbono.

As prostaglandinas e outros eicosanoides são *hormônios locais*, visto que têm vida curta. Eles alteram as atividades das células nas quais são sintetizados e das células adjacentes por meio de sua ligação a receptores 7TM. Seus efeitos podem variar de um tipo de célula para outro, diferentemente das ações mais uniformes dos hormônios globais, como a insulina e o glucagon. As prostaglandinas estimulam a inflamação, regulam o fluxo sanguíneo a determinados órgãos, controlam o transporte de íons através das membranas, modulam a transmissão sináptica e induzem o sono.

Convém lembrar que o ácido acetilsalicílico (aspirina) bloqueia o acesso ao sítio ativo da enzima que converte o araquidonato em prostaglandina $H_2$ (ver seção 12.3). Como o araquidonato é o precursor de outras prostaglandinas, da prostaciclina e dos tromboxanos, o bloqueio dessa etapa interfere em muitas vias de sinalização. A capacidade do ácido acetilsalicílico de bloquear essas vias é responsável pelos seus efeitos de amplo espectro sobre a inflamação, a febre, a dor e a coagulação do sangue.

**FIGURA 22.33 Estruturas de vários eicosanoides.**

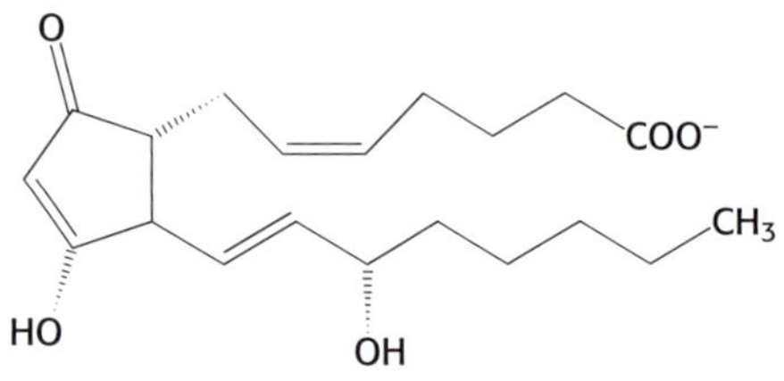


**Prostaglandina $E_2$**
**(induz o trabalho de parto)**

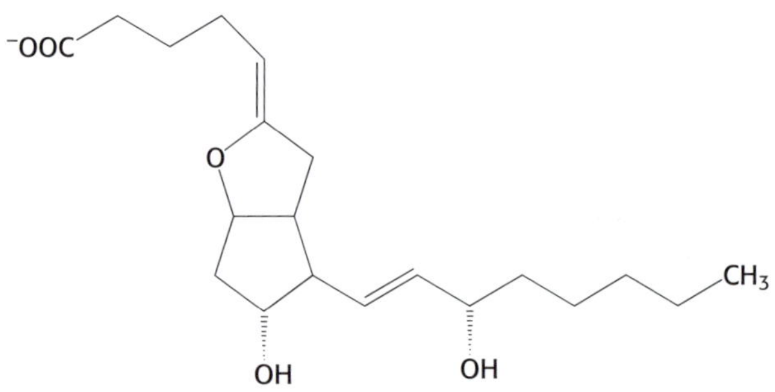


**Prostaciclina ($PGI_2$)**
**(vasodilatador)**

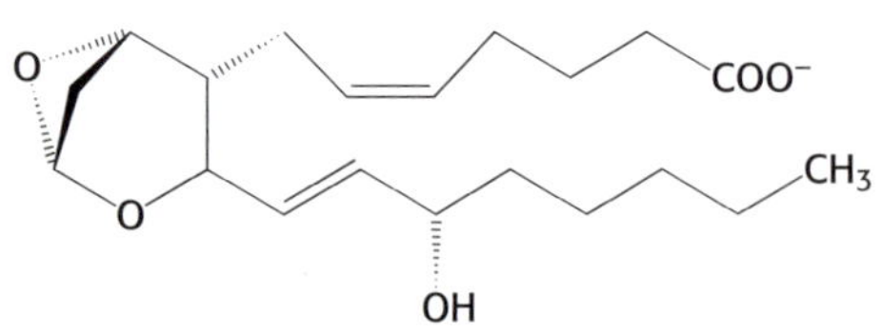


**Tromboxano $A_2$ ($TXA_2$)**
**(aumenta a agregação plaquetária)**

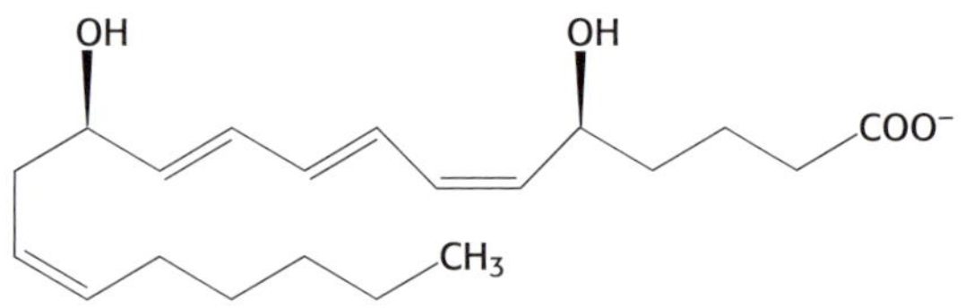


**Leucotrieno $B_4$**
**(sinal pró-inflamatório)**

### Variações sobre um tema: policetídio e peptídio não ribossômicos sintetases assemelham-se à ácido graxo sintase

A ácido graxo sintase multifuncional dos mamíferos é um membro de uma grande família de enzimas complexas, denominadas *megassintases*, que participam de vias de síntese passo a passo. Duas classes importantes de compostos sintetizados por essas enzimas são os *policetídios* e os *peptídios* não ribossômicos. Essas classes de compostos fornecem uma variedade de fármacos úteis, incluindo antibióticos, imunossupressores, agentes antifúngicos e agentes antineoplásicos. O antibiótico eritromicina é um exemplo de policetídio, enquanto a penicilina (ver seção 8.5) é um peptídio não ribossômico.

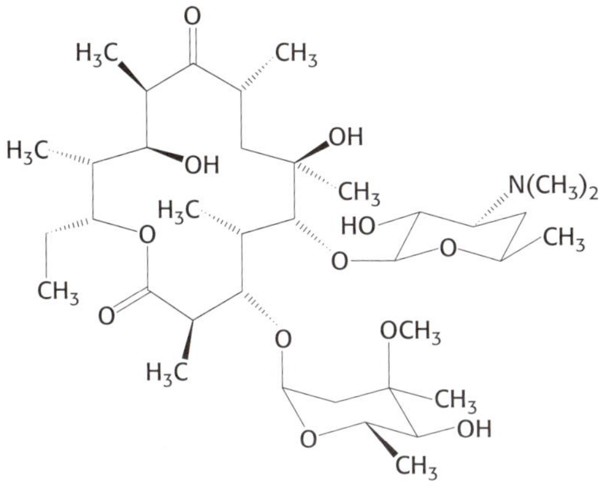

**Eritromicina**

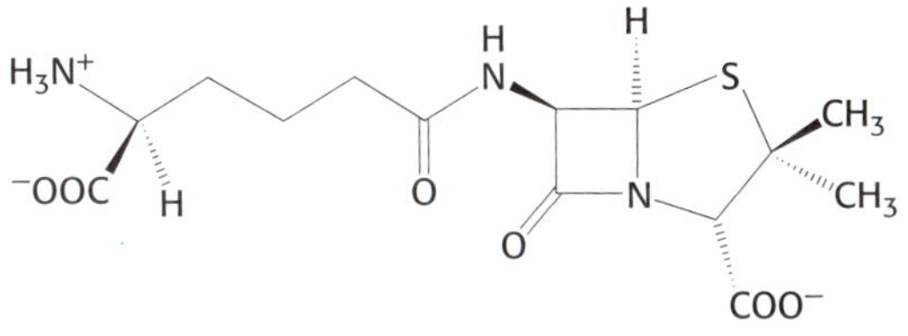

**Penicilina**

Há pesquisas em andamento para descobrir como manipular as vias e as enzimas da síntese de policetídios e de peptídios não ribossômicos de modo a produzir novos agentes terapêuticos.

## 22.7 A acetil-CoA carboxilase desempenha papel essencial no controle do metabolismo dos ácidos graxos

O metabolismo dos ácidos graxos é rigorosamente controlado, de modo que a síntese e a degradação são altamente responsivas às necessidades fisiológicas. A síntese de ácidos graxos torna-se máxima quando existe uma abundância de carboidratos e de energia, e quando há escassez de ácidos graxos. *As acetil-CoA carboxilases 1 e 2 desempenham papel essencial na regulação da síntese e da degradação de ácidos graxos*. Convém lembrar que essas enzimas catalisam a etapa de comprometimento na síntese de ácidos graxos: a produção de malonil-CoA (o doador ativado de dois carbonos). Essas enzimas importantes estão sujeitas à regulação tanto local quanto hormonal. Examinaremos cada um desses níveis de regulação.

### A acetil-CoA carboxilase é regulada por condições na célula

A acetil-CoA carboxilase 1 responde às mudanças em seu ambiente imediato. *A acetil-CoA carboxilase 1 é inativada por fosforilação e ativada por desfosforilação* (Figura 22.34). A *proteinoquinase dependente de AMP* (AMPK, do inglês *AMP-activated protein kinase*) converte a carboxilase em uma forma inativa ao modificar três resíduos de serina. A AMPK é essencialmente um medidor de energia; é ativada pelo AMP e inibida pelo ATP.

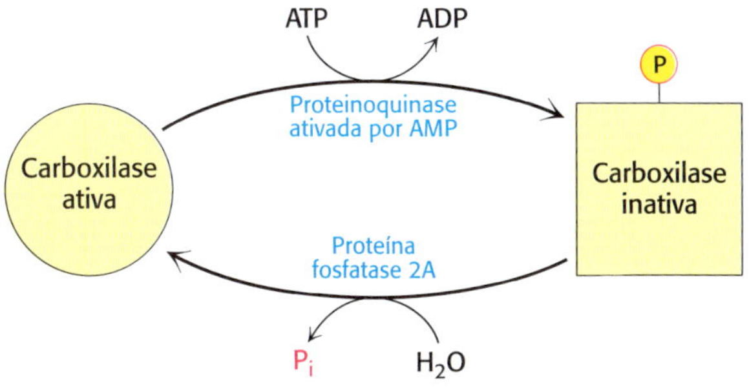


**FIGURA 22.34 Controle da acetil-CoA carboxilase.** A acetil-CoA carboxilase é inibida por fosforilação.

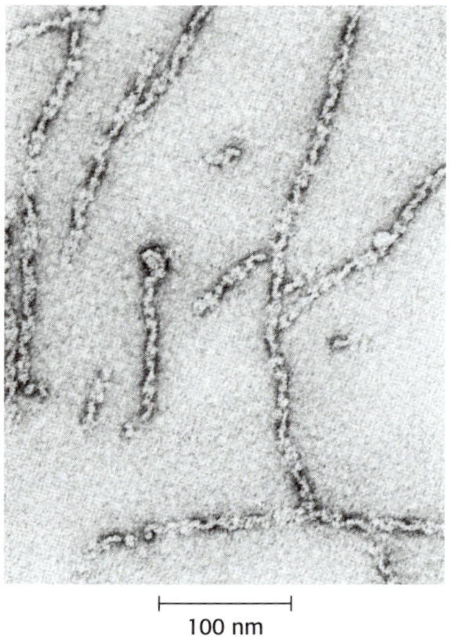


**FIGURA 22.35 Filamentos de acetil-CoA carboxilase.** A micrografia eletrônica mostra a forma filamentosa enzimaticamente ativada da acetil-CoA carboxilase do fígado de galinha. A forma inativa é um dímero de subunidades de 265 kDa. [Cortesia do Dr. M. Daniel Lane.]

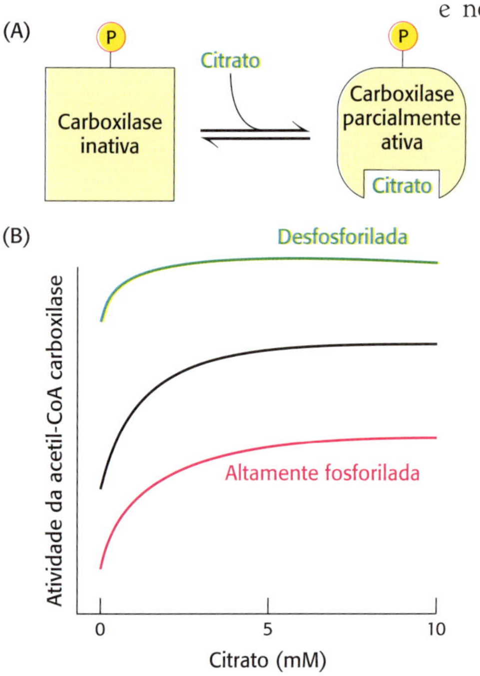


**FIGURA 22.36 Dependência da atividade catalítica da acetil-CoA carboxilase em relação à concentração de citrato. A.** O citrato pode ativar, em parte, a carboxilase fosforilada. **B.** A forma desfosforilada da carboxilase é altamente ativa, mesmo quando o citrato está ausente. O citrato supera, em parte, a inibição produzida pela fosforilação. [Informação de G. M. Mabrouk, I. M. Helmy, K. G. Thampy e S. J. Wakil. *J. Biol. Chem.* 265:6330-6338, 1990.]

A carboxilase também é estimulada alostericamente pelo citrato. O nível de citrato apresenta-se elevado quando tanto a acetil-CoA quanto o ATP estão presentes em quantidades abundantes, indicando a disponibilidade de matérias-primas e energia para a síntese de ácidos graxos. O citrato atua de modo incomum sobre a acetil-CoA carboxilase 1 inativa, que ocorre na forma de dímeros inativos isolados. O citrato facilita a polimerização dos dímeros inativos em filamentos ativos (Figura 22.35). Entretanto, a polimerização pelo citrato por si só exige concentrações suprafisiológicas. Na célula, a polimerização induzida pelo citrato é facilitada pela proteína MIG12, que reduz acentuadamente a quantidade de citrato necessária. A polimerização pode reverter em parte a inibição produzida pela fosforilação (Figura 22.36). O efeito estimulador do citrato sobre a carboxilase é contrabalançado pela *palmitoil-CoA*, que está presente em quantidades abundantes quando existe excesso de ácidos graxos. A palmitoil-CoA induz a dissociação dos filamentos em subunidades inativas. Ela também inibe a translocase, que transporta o citrato das mitocôndrias para o citoplasma, bem como a glicose 6-fosfato desidrogenase, que gera NADPH na via das pentoses fosfato.

A isoenzima acetil-CoA carboxilase 2, que está localizada nas mitocôndrias, desempenha um papel na regulação da degradação de ácidos graxos. A malonil-CoA, o produto da reação da carboxilase, está presente em altos níveis quando há abundância de moléculas de energia. *A malonil-CoA inibe a carnitina aciltransferase I impedindo a entrada de acil-CoAs graxos na matriz mitocondrial em momentos de fartura.* A malonil-CoA é um inibidor particularmente efetivo da carnitina aciltransferase I no coração e no músculo, tecidos que têm pouca capacidade própria de síntese de ácidos graxos. Nesses tecidos, a acetil-CoA carboxilase 2 pode ser apenas uma enzima regulatória. A acetil-CoA carboxilase 2 também é fosforilada e inibida pela quinase ativada por AMP. A redução na quantidade de malonil-CoA mitocondrial após a inibição da quinase ativada por AMP possibilita o transporte de ácidos graxos para dentro das mitocôndrias para a β-oxidação. Assim, a AMPK inibe a síntese de ácidos graxos enquanto estimula a sua oxidação. Os ativadores da AMPK estão sendo investigados para tratar a doença hepática gordurosa não alcoólica (DHGNA), uma condição que ocorre em consequência de nutrição excessiva com acúmulo das gorduras no fígado. A DHGNA não tratada frequentemente constitui um precursor do diabetes melito tipo 2 (ver seção 27.3).

### A acetil-CoA carboxilase é regulada por uma variedade de hormônios

A acetil-CoA carboxilase é controlada pelos hormônios glucagon, epinefrina e insulina, que refletem o estado global de energia do organismo. *A insulina estimula a síntese de ácidos graxos ao ativar a carboxilase, enquanto o glucagon e a epinefrina apresentam o efeito inverso.*

**Regulação pelo glucagon e pela epinefrina.** Consideremos, mais uma vez, uma pessoa que acabou de acordar depois de uma noite de sono e começou uma sessão de exercícios. Conforme já mencionado, as reservas de glicogênio estarão baixas, porém os lipídios estarão disponíveis para a mobilização.

Conforme assinalado anteriormente, os hormônios glucagon e epinefrina, que estão presentes em condições de jejum e exercício físico, estimularão a mobilização de ácidos graxos de triacilgliceróis nos adipócitos, que serão liberados no sangue, e, provavelmente, das células musculares, onde serão utilizados imediatamente como combustível. Esses mesmos hormônios inibem a síntese de ácidos graxos ao inibir a acetil-CoA carboxilase. Embora o mecanismo exato pelo qual esses hormônios exercem seus efeitos não seja conhecido, o resultado efetivo consiste em aumentar a inibição pela quinase ativada por AMP. Esse resultado tem sentido fisiológico: quando o nível de energia da célula está baixo, conforme indicado por uma alta concentração de AMP, e o nível de energia do organismo também está baixo, conforme assinalado pelo glucagon, não ocorre síntese de gorduras. A epinefrina, que sinaliza a necessidade imediata de energia, potencializa esse efeito. Por conseguinte, *esses hormônios catabólicos interrompem a síntese de ácidos graxos ao manter a carboxilase no estado fosforilado inativo.*

**Regulação pela insulina.** Consideremos agora a situação observada após o término do exercício, e quando o corredor já se alimentou. Nesse caso, a insulina inibe a mobilização de ácidos graxos e estimula o seu acúmulo como triacilgliceróis pelo músculo e pelo tecido adiposo. A insulina também estimula a síntese de ácidos graxos ao ativar a acetil-CoA carboxilase. Esse hormônio ativa a carboxilase, aumentando a fosforilação e a inativação da AMPK pela proteinoquinase B. A insulina também promove a atividade de uma proteína fosfatase que desfosforila e ativa a acetil-CoA carboxilase. Por conseguinte, as moléculas sinalizadoras de glucagon, epinefrina e insulina atuam em conjunto sobre o metabolismo dos triacilgliceróis e sobre a acetil-CoA carboxilase, regulando cuidadosamente a utilização e o armazenamento de ácidos graxos.

**Resposta à alimentação.** *A longo prazo, o controle é mediado por alterações nas velocidades de síntese e de degradação das enzimas que participam na síntese de ácidos graxos.* Animais que permaneceram em jejum e, a seguir, foram alimentados com uma dieta rica em carboidratos e pobre em lipídios mostraram aumentos acentuados nas quantidades de acetil-CoA carboxilase e de ácido graxo sintase em poucos dias. Esse tipo de regulação é conhecido como *controle adaptativo*. Tal regulação, que é mediada tanto pela insulina quanto pela glicose, ocorre em nível de transcrição gênica.

## A proteinoquinase ativada por AMP é um regulador-chave do metabolismo

Conforme já assinalamos, a AMPK inibe a síntese de ácidos graxos enquanto estimula simultaneamente a sua oxidação. Entretanto, essa enzima trimérica ubíqua ($\alpha\beta\gamma$), que ocorre em várias formas isoenzimáticas, regula vários outros processos metabólicos. Como no metabolismo dos ácidos graxos, a AMPK geralmente ativa as vias de geração de ATP e inibe as que necessitam de ATP. Consequentemente, a AMPK estimula a captação de glicose e a biogênese mitocondrial, enquanto inibe a síntese de colesterol e de proteínas. Em algumas células imunes, a AMPK modera a resposta inflamatória. Ela também ajuda a iniciar a termogênese sem calafrios no tecido adiposo marrom (Capítulo 18). Por fim, sua importância no crescimento é ilustrada pela observação de que a sua ausência é letal na embriogênese dos camundongos, sugerindo que a AMPK é crucial no início do desenvolvimento. É interessante assinalar que as formas isoenzimáticas dessa enzima-chave são, elas próprias, reguladas por fosforilação por diversas quinases. A elucidação das complexidades dessa enzima certamente irá manter os bioquímicos ocupados nos próximos anos.

# RESUMO

## 22.1 Os triacilgliceróis são reservas de energia altamente concentradas

Os ácidos graxos são fisiologicamente importantes como (1) combustível, (2) componentes de fosfolipídios e glicolipídios, (3) modificadores hidrofóbicos de proteínas e (4) hormônios e mensageiros intracelulares. Eles são armazenados no tecido adiposo na forma de triacilgliceróis (gordura neutra).

## 22.2 A utilização de ácidos graxos como fonte de energia requer três estágios de processamento

Os triacilgliceróis podem ser mobilizados pela ação hidrolítica de lipases que estão sob controle hormonal. O glucagon e a epinefrina estimulam a degradação de triacilgliceróis ao ativar a lipase. Em contrapartida, a insulina inibe a lipólise. Os ácidos graxos são ativados a acil-CoA, transportados através da membrana mitocondrial interna pela carnitina e degradados na matriz mitocondrial por uma sequência repetitiva de quatro reações: oxidação pelo FAD, hidratação, oxidação pelo $NAD^+$ e tiólise pela coenzima A. O $FADH_2$ e o NADH formados nas etapas de oxidação transferem seus elétrons ao $O_2$ por meio da cadeia respiratória, enquanto a acetil-CoA formada na etapa de tiólise entra normalmente no ciclo do ácido cítrico ao se condensar com o oxaloacetato.

## 22.3 Os ácidos graxos insaturados e de cadeia ímpar requerem etapas adicionais para a sua degradação

Os ácidos graxos que contêm duplas ligações ou um número ímpar de átomos de carbono requerem etapas auxiliares para a sua degradação. É necessária a presença de uma isomerase e de uma redutase para a oxidação dos ácidos graxos insaturados, enquanto a propionil-CoA derivada de cadeias com número ímpar de átomos de carbono necessita de uma enzima dependente de vitamina $B_{12}$ para ser convertida em succinil-CoA.

## 22.4 Os corpos cetônicos constituem uma fonte de energia derivada de gorduras

Os corpos cetônicos constituem uma importante fonte de energia para alguns tecidos. Os principais corpos cetônicos – o acetoacetato e o β-hidroxibutirato – são formados no fígado pela condensação de unidades de acetil-CoA. Os mamíferos são incapazes de converter os ácidos graxos em glicose, uma vez que carecem de uma via para a produção efetiva de oxaloacetato, piruvato ou outros intermediários gliconeogênicos da acetil-CoA.

## 22.5 Os ácidos graxos são sintetizados pela ácido graxo sintase

Os ácidos graxos são sintetizados no citoplasma por uma via diferente da β-oxidação. A ácido graxo sintase é o complexo enzimático responsável pela síntese de ácidos graxos. A síntese começa com a carboxilação da acetil-CoA a malonil-CoA, a etapa de comprometimento. Essa reação impulsionada pelo ATP é catalisada pela acetil-CoA carboxilase, uma enzima que contém biotina. Os intermediários na síntese de ácidos graxos são ligados a uma proteína carreadora de acila. Forma-se acetil ACP a partir da acetil-CoA, e ocorre formação de malonil ACP a partir de malonil-CoA. A acetil ACP e a malonil ACP condensam-se para formar acetoacetil ACP, uma reação impulsionada pela liberação de $CO_2$ da unidade malonil ativada. Em seguida, ocorrem uma redução, uma desidratação e uma segunda redução. O NADPH é o redutor nessas etapas. A butiril ACP formada dessa maneira está pronta para um segundo ciclo de elongação, que começa com a adição de uma unidade de dois carbonos proveniente da malonil ACP. Sete ciclos de elongação produzem a palmitoil ACP, que é hidrolisada a palmitato. Nos organismos superiores, as enzimas que catalisam a síntese de ácidos graxos são ligadas de modo covalente em um complexo enzimático multifuncional. Um ciclo de reações baseado na formação e na clivagem do citrato transporta grupos acetila das mitocôndrias para o citoplasma. O NADPH necessário para a síntese é gerado na transferência de equivalentes redutores das mitocôndrias pela ação combinada da malato desidrogenase citoplasmática, da enzima málica e da via das pentoses fosfato.

### 22.6 A elongação e a insaturação de ácidos graxos são efetuadas por sistemas enzimáticos acessórios

Os ácidos graxos são elongados e dessaturados por sistemas enzimáticos presentes na membrana do retículo endoplasmático. A dessaturação requer NADH e $O_2$, e é efetuada por um complexo constituído de uma flavoproteína, um citocromo e uma ferroproteína não hêmica. Os mamíferos carecem das enzimas para introduzir duplas ligações distais ao C-9, de modo que necessitam de linoleato e linolenato em sua dieta.

O araquidonato, um precursor essencial das prostaglandinas e de outras moléculas sinalizadoras, deriva do linoleato. Esse ácido graxo poli-insaturado 20:4 é o precursor de várias classes de moléculas sinalizadoras – prostaglandinas, prostaciclinas, tromboxanos e leucotrienos – que atuam como mensageiros e hormônios locais em virtude de sua transitoriedade. São denominados eicosanoides, visto que contêm 20 átomos de carbono. O ácido acetilsalicílico (aspirina), um anti-inflamatório e antitrombótico, bloqueia de modo irreversível a síntese desses eicosanoides.

### 22.7 A acetil-CoA carboxilase desempenha papel essencial no controle do metabolismo dos ácidos graxos

A síntese e a degradação dos ácidos graxos são reguladas de modo recíproco para que ambas não estejam simultaneamente ativas. A acetil-CoA carboxilase, um ponto essencial de controle, é fosforilada e inativada pela quinase ativada por AMP. A fosforilação é revertida por uma proteína fosfatase. O citrato, que sinaliza uma abundância de blocos de construção e de energia, reverte parcialmente a inibição pela fosforilação. A atividade da carboxilase é estimulada pela insulina e inibida pelo glucagon e pela epinefrina. Em tempos de fartura, as acil-CoAs graxos não entram na matriz mitocondrial, visto que a malonil-CoA inibe a carnitina aciltransferase I.

## APÊNDICE

# Bioquímica em foco

### O consumo de etanol resulta em acúmulo de triacilgliceróis no fígado

O etanol tem constituído parcialmente a dieta humana há séculos, em parte devido a seus efeitos intoxicantes e, em parte, porque as bebidas alcoólicas forneciam um meio seguro de hidratação em uma época em que a água pura era escassa. De fato, no mundo inteiro, apenas a água e o chá são consumidos mais frequentemente do que a cerveja. Entretanto, o consumo de etanol em excesso pode resultar em diversos problemas de saúde, mais notavelmente dano hepático. Qual é a base bioquímica desses problemas de saúde?

O etanol não pode ser excretado e precisa ser metabolizado, principalmente pelo fígado. Existem diversas vias para o metabolismo do etanol (ver seção 27.6). Uma delas é constituída de duas etapas. A primeira, catalisada pela álcool desidrogenase, ocorre no citoplasma:

$$\underset{\text{Etanol}}{CH_3H_2OH} + NAD^+ \xrightarrow[\text{desidrogenase}]{\text{Álcool}} \underset{\text{Acetaldeído}}{CH_3CHO} + NADH + H^+$$

A segunda etapa, catalisada pela aldeído desidrogenase, ocorre nas mitocôndrias.

$$CH_3CHO + NAD^+ + H_2O \xrightarrow{\text{Áldeído desidrogenase}} CH_3COO^- + NADH + H^+$$

Acetaldeído → Acetato

Observe que o consumo de etanol leva a um acúmulo de NADH. Essa alta concentração de NADH inibe a gliconeogênese, impedindo a oxidação do lactato a piruvato. De fato, uma alta concentração de NADH faz com que predomine a reação inversa: o acúmulo de lactato. As consequências podem incluir hipoglicemia (baixa concentração de glicose no sangue) e acidose láctica.

O excesso de NADH também inibe a oxidação dos ácidos graxos. O propósito metabólico da oxidação dos ácidos graxos consiste em gerar NADH para a produção de ATP pela fosforilação oxidativa. Entretanto, as necessidades de NADH de um indivíduo que consome álcool são supridas pelo metabolismo do etanol. De fato, o excesso de NADH sinaliza que as condições estão favoráveis para a síntese de ácidos graxos. O NADH em excesso pode ser convertido em NADPH – o poder redutor para a síntese de ácidos graxos – pela ação combinada da malato desidrogenase citoplasmática com a enzima málica ligada ao $NADP^+$ (p. 740).

$$\text{Oxaloacetato} + NADH + H^+ \rightleftharpoons \text{malato} + NAD^+$$

malato desidrogenase

$$\text{Malato} + NADP^+ \longrightarrow \text{piruvato} + CO_2 + NADPH$$

enzima málica ligada ao $NADP^+$

Além disso, o acetato gerado pela aldeído desidrogenase pode ser prontamente convertido em acetil-CoA, outro substrato para síntese de ácidos graxos. Assim, o consumo de etanol estimula um acúmulo de triacilgliceróis no fígado, levando a uma condição conhecida como esteatose hepática (ou fígado gorduroso). A esteatose hepática pode levar à obesidade e ao diabetes melito tipo 2 (ver seção 27.3).

Pesquisas recentes forneceram evidências de que o etanol também inibe a via beta-adrenérgica/cAMP no fígado (p. 720). Hepatócitos foram expostos ao etanol por vários dias, e, em seguida, a via foi estimulada pelo agonista beta-adrenérgico isoproterenol. Um agonista é um fármaco que simula a ação de uma molécula sinalizadora, neste caso a

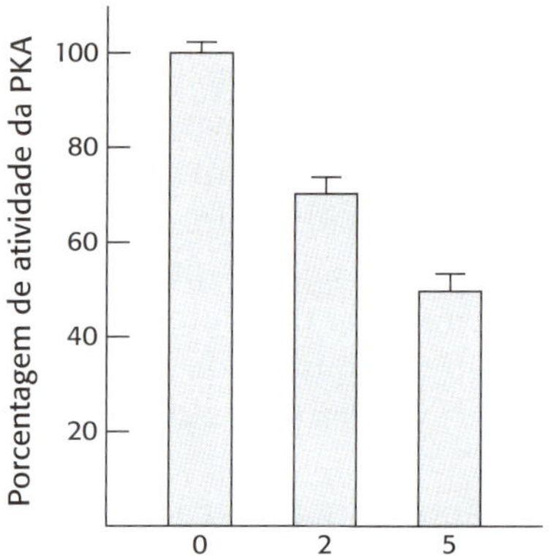


[Schott, M. B., Rasineni, K., Weller, S. G., Schulze, R. J., Sletten, A. C., Casey, C. A., e McNiven, M. A. 2017. β-Adrenergic induction of lipolysis in hepatocytes is inhibited by ethanol exposure. *J. Biol. Chem.* 292: 11815–11828.]

epinefrina. A figura acima mostra a atividade da proteinoquinase A (PKA) nos hepatócitos depois de vários dias de exposição ao etanol.

A atividade de quinase foi determinada pela medição da fosforilação de substratos da PKA. Depois de 2 dias de exposição ao etanol, a atividade da PKA caiu para 70% do valor de controle (sem exposição ao etanol), e, depois de 5 dias, a atividade caiu para 50% do controle. O etanol parece inibir a atividade da PKA; entretanto, é possível haver uma explicação alternativa? A exposição ao etanol poderia inibir a transcrição e a tradução da PKA e dos outros componentes da via? Experimentos de controle determinaram que a PKA e os outros componentes estavam presentes em quantidades iguais àquelas observadas nas células que não foram expostas ao etanol. Assim, além de promover a síntese de ácidos graxos, o etanol também pode impedir a mobilização de ácidos graxos pelo fígado ao inibir o controle da mobilização, promovendo então o desenvolvimento de fígado gorduroso. O mecanismo pelo qual o etanol inibe a via ainda não foi estabelecido. Devido à complexidade dos sistemas bioquímicos, precisamos sempre ser cautelosos ao dar muito crédito aos novos resultados obtidos. Nesse caso, os estudos foram realizados em hepatócitos de rato em cultura, de modo que não sabemos se esses resultados se aplicam a animais inteiros, incluindo seres humanos.

# APÊNDICE

# Estratégias para resolução da questão

## Estratégias para resolução da questão 1

**QUESTÃO:** Suponha que, por algum motivo estranho, você decidiu seguir uma dieta exclusivamente de gordura de baleia e de foca (*blubber*).

**(a)** Como a falta de carboidratos afetaria a sua capacidade de utilizar as gorduras?

**(b)** Qual seria o hálito de sua respiração?

**(c)** Um de seus melhores amigos, após tentar sem sucesso convencê-lo a abandonar essa dieta, faz você prometer consumir uma dose saudável de ácidos graxos de cadeia ímpar. O seu amigo está bem intencionado? Explique.

**SOLUÇÃO:** Não está bem claro por que você deseja seguir esse tipo de dieta, mas esta é a sua escolha. Para sermos bem claros, precisamos esclarecer:

► **O que é *blubber*?**

*Blubber* refere-se ao tecido adiposo espesso encontrado sob a pele de criaturas como focas e baleias, sendo rico em triacilgliceróis. Essa gordura constitui importante componente da dieta dos inuítes e outros povos do norte, embora naturalmente não seja o único alimento que eles consomem. Antes de prosseguir, façamos uma pergunta:

► **Como os triacilgliceróis são processados para gerar energia bioquímica?**

Os triacilgliceróis são degradados a ácidos graxos livres e glicerol. Em seguida, os ácidos graxos livres são processados por β-oxidação para produzir acetil-CoA, que, por sua vez, é metabolizada pelo ciclo do ácido cítrico.

Agora, retornemos à questão (a)

► **Como a falta de carboidratos afetaria o processamento das gorduras pela β-oxidação?**

Responderemos a essa questão fazendo várias outras:

► **Qual a reação que transfere a acetil-CoA para o ciclo do ácido cítrico?**

A acetil-CoA condensa-se com o oxaloacetato para formar citrato em uma reação catalisada pela citrato sintase. Como estamos realizando uma grande quantidade de β-oxidação, precisamos de oxaloacetato em quantidades abundantes.

► Qual é uma provável fonte de oxaloacetato?

O oxaloacetato é comumente formado pela carboxilação do piruvato energizada pelo ATP em uma reação catalisada pela piruvato carboxilase.

► **Qual é uma fonte comum de piruvato?**

Exatamente! O metabolismo da glicose a piruvato pela glicólise! Assim, precisamos pelo menos de alguma glicose para fornecer o piruvato necessário para a síntese de oxaloacetato com o objetivo de processar a acetil-CoA gerada pelo metabolismo da gordura de baleia e de foca. Esta é a base do antigo adágio: "As gorduras queimam na chama dos carboidratos". (A propósito, *como* você prepara a gordura de baleia e de foca para sua refeição?)

► **Qual é a consequência da falta de oxaloacetato?**

A acetil-CoA acumula-se e começa a formar corpos cetônicos, um dos quais é o acetoacetato. Agora, passaremos para a questão (b).

► **O acetoacetato sofre descarboxilação espontânea para produzir que tipo de substância?**

O acetoacetato sofre descarboxilação espontânea para produzir acetona. A sua respiração terá o odor de acetona!

Passando para a questão (c). Por que seu amigo deseja assegurar que a sua gordura contenha ácidos graxos de cadeia ímpar? Os ácidos graxos de cadeia ímpar são processados por β-oxidação, porém o produto da clivagem final é diferente.

► **Como o produto da clivagem final dos ácidos graxos de cadeia ímpar difere dos ácidos graxos de cadeia par que sofrem β-oxidação?**

O produto da clivagem final é a propionil-CoA, em vez da acetil-CoA.

► **Qual é o destino potencial da propionil-CoA?**

A propionil-CoA pode ser convertida em succinil-CoA, um intermediário do ciclo do ácido cítrico (p. 726), em uma reação essencialmente anaplerótica. A succinil-CoA pode ser metabolizada a oxaloacetato, que irá aliviar o acúmulo de corpos cetônicos e o mau hálito causado pela acetona. Assim, o seu amigo tem as melhores intenções. Presenteie-o com um *éclair* de chocolate por ser um tão grande amigo.

## Estratégias para resolução da questão 2

**QUESTÃO:** Experimentos realizados com a síntese de ácidos graxos no final da década de 1950 descobriram que o bicarbonato era necessário para a síntese de palmitoil-CoA. É interessante assinalar que a quantidade de palmitoil-CoA sintetizada ultrapassou a quantidade de bicarbonato necessária. Se o $^{14}C$ bicarbonato fosse utilizado no experimento, ocorreria síntese de ácidos graxos, porém o aspecto interessante é que não haveria incorporação de $^{14}C$ na palmitoil-CoA. Explique essas observações com base nos seus conhecimentos sobre a síntese de ácidos graxos.

**SOLUÇÃO:** Em primeiro lugar, convém lembrar que o bicarbonato é a forma hidratada do dióxido de carbono ($CO_2$). Agora, posso não ser a pessoa mais entendida no assunto, porém mesmo assim acredito que a primeira pergunta a fazer é a seguinte:

► **Qual é a função do bicarbonato na síntese de ácidos graxos?**

O bicarbonato é utilizado para formar malonil-CoA, o precursor ativado na síntese de ácidos graxos em uma reação em duas etapas catalisada pela acetil-CoA carboxilase 1.

$$\text{Biotina-enzima} + \text{ATP} + HCO_3^- \rightleftharpoons CO_2\text{-biotina-enzima} + \text{ADP} + P_i$$

$$CO_2\text{-biotina-enzima} + \text{acetil-CoA} \longrightarrow \text{malonil-CoA} + \text{biotina-enzima} \quad (1)$$

► **Qual é a função da malonil-CoA na síntese de ácidos graxos?**

A malonil-CoA, após a sua ligação à proteína carreadora de acila (ACP), condensa-se com acetil ACP e subsequentemente com acil ACP, estendendo o ácido graxo em crescimento com dois carbonos de cada vez.

$$\text{Acetil ACP} + \text{malonil ACP} \longrightarrow \text{acetoacetil ACP} + \text{ACP} + CO_2 \quad (2)$$

Ver Figura 22.26.

Agora, passemos para a seguinte questão:

- **Por que a quantidade de palmitoil-CoA ultrapassou a quantidade de bicarbonato adicionado?**

Examinemos as equações (1) e (2)

- **Qual é o destino do dióxido de carbono adicionado na equação 1?**

Ele é liberado quando a malonil-CoA condensa-se com a cadeia em crescimento, como mostra a equação 2. Em outras palavras, uma única molécula de dióxido de carbono pode facilitar a condensação de muitas unidades de dois carbonos na cadeia de ácidos graxos em crescimento.

- **Quando a malonil-CoA é sintetizada com $^{14}C$ bicarbonato, por que nenhum $^{14}C$ é encontrado no ácido graxo recém-sintetizado?**

O $CO_2$ é adicionado e, em seguida, liberado. Em essência, o bicarbonato, ou $CO_2$, está atuando cataliticamente para facilitar a síntese de ácidos graxos, porém nunca é incorporado ao ácido graxo.

## PALAVRAS-CHAVE

triacilglicerol (gordura neutra, triglicerídio)
gotícula de lipídio
acil adenilato
carnitina
via da β-oxidação
vitamina $B_{12}$ (cobalamina)
peroxissomo
corpos cetônicos
proteína carreadora de acila (ACP)
ácido graxo sintase
malonil-CoA
acetil-CoA carboxilase 1 e 2
ATP-citrato liase
araquidonato
prostaglandina
eicosanoide
policetídio
proteinoquinase ativada por AMP (AMPK)

## QUESTÕES

1. *Estabeleça a correspondência.* Associe cada termo com a sua descrição correspondente.

| | |
|---|---|
| (a) Triacilglerol ________ | 1. Enzima que inicia a degradação dos lipídios |
| (b) Perilipina ________ | 2. Ativa os ácidos graxos para sua degradação |
| (c) Triglicerídio lipase do tecido adiposo ________ | 3. Converte a dupla ligação *cis*-$\Delta^3$ em uma dupla ligação *trans*-$\Delta^2$ |
| (d) Glucagon ________ | 4. Reduz o intermediário 2,4-dienoil a *trans*-$\Delta^3$-enoil-CoA |
| (e) Acil-CoA sintetase ________ | 5. Forma de armazenamento das gorduras |
| (f) Carnitina ________ | 6. Necessário(a) para a entrada nas mitocôndrias |
| (g) Via da β-oxidação ________ | 7. Necessita de vitamina $B_{12}$ |
| (h) Enoil-CoA isomerase ________ | 8. Acetoacetato |
| (i) 2,4-dienoil-CoA redutase ________ | 9. Meio pelo qual os ácidos graxos são degradados |
| (j) Metilmalonil-CoA mutase ________ | 10. Estimula a lipólise |
| (k) Corpo cetônico ________ | 11. Proteína associada a gotículas de lipídio |

2. *Após a lipólise.* Escreva uma equação balanceada para a conversão do glicerol em piruvato. Quais são as enzimas necessárias além daquelas da via glicolítica?

3. *Formas de energia.* As reações parciais que levam à síntese de acil-CoA (equações 1 e 2, p. 722) são livremente reversíveis. A constante de equilíbrio para a soma dessas reações aproxima-se de 1, o que significa que os níveis de energia dos reagentes e dos produtos são aproximadamente iguais, embora uma molécula de ATP tenha sido hidrolisada. Explique por que essas reações são prontamente reversíveis.

4. *Taxa de ativação.* A reação para a ativação dos ácidos graxos antes da degradação é a seguinte:

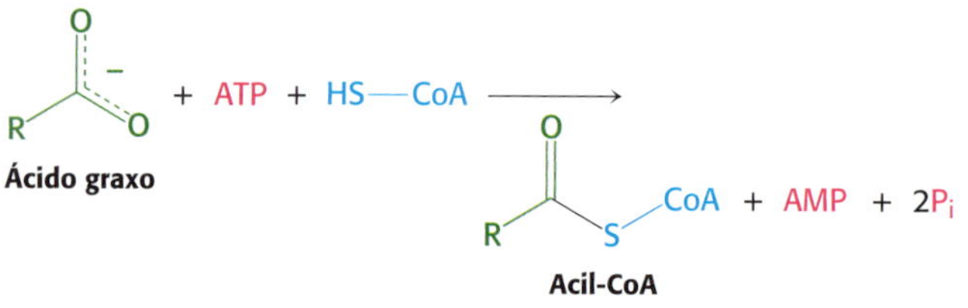


Essa reação é muito favorável devido à hidrólise do equivalente de duas moléculas de ATP. Dentro de um ponto de vista de contabilidade bioquímica, explique por que o equivalente de duas moléculas de ATP é utilizado, embora o lado esquerdo da equação tenha apenas uma molécula de ATP.

5. *Sequência correta.* Coloque a seguinte lista de reações ou locais relevantes na β-oxidação dos ácidos graxos na sequência apropriada.

(a) Reação com carnitina

(b) Ácido graxo no citoplasma

(c) Ativação de ácidos graxos pela ligação à CoA

(d) Hidratação

(e) Oxidação ligada ao $NAD^+$

(f) Tiólise

(g) Acil-CoA nas mitocôndrias

(h) Oxidação ligada ao FAD

**6.** *Lembrança de reações passadas.* Já nos deparamos com reações semelhantes às reações de oxidação, hidratação e oxidação da degradação de ácidos graxos em nosso estudo de bioquímica. Que outra via utiliza esse conjunto de reações?

**7.** *Uma acetil-CoA fantasma?* Na equação da degradação de ácidos graxos apresentada, são necessárias apenas sete moléculas de CoA para produzir oito moléculas de acetil-CoA. Como essa diferença é possível?

$$\text{Palmitoil-CoA} + 7\ \text{FAD} + 7\ \text{NAD}^+ + 7\ \text{CoA} + 7\ \text{H}_2\text{O} \longrightarrow 8\ \text{acetil-CoA} + 7\ \text{FADH}_2 + 7\ \text{NADH} + 7\ \text{H}^+$$

**8.** *Comparando os rendimentos.* Compare o rendimento de ATP a partir do ácido palmítico e do ácido palmitoleico.

**9.** *Contando os ATPs 1.* Qual é a produção de ATP na oxidação completa do ácido graxo $C_{17}$ (heptadecanoico)? Suponha que a propionil-CoA produza finalmente oxaloacetato no ciclo do ácido cítrico.

**10.** *Doce tentação.* O ácido esteárico é um ácido graxo $C_{18}$ componente do chocolate. Suponha que você teve um dia depressivo e decidiu aliviar o problema devorando um chocolate. Quantos ATPs você obterá com a oxidação completa do ácido esteárico a $CO_2$?

**11.** *A melhor forma de armazenamento.* Compare a produção de ATP da oxidação completa da glicose, um carboidrato de seis carbonos, e do ácido hexanoico, um ácido graxo de seis carbonos. O ácido hexanoico é também denominado *ácido caprioico* e é responsável pelo "aroma" das cabras. Por que as gorduras são maiores fontes de energia do que os carboidratos?

**12.** *De ácidos graxos a corpos cetônicos.* Escreva uma equação balanceada para a conversão do estearato em acetoacetato.

**13.** *Generoso, mas não excessivamente.* O fígado constitui o principal local de síntese de corpos cetônicos. Entretanto, os corpos cetônicos não são utilizados pelo fígado, porém são liberados para uso por outros tecidos. O fígado ganha energia no processo de síntese e liberação dos corpos cetônicos. Calcule o número de moléculas de ATP produzidas pelo fígado na conversão do palmitato, um ácido graxo $C_{16}$, em acetoacetato.

**14.** *Contando os ATPs 2.* Quanta energia se obtém com a oxidação completa do corpo cetônico D-3-hidroxibutirato?

**15.** *Outro ponto de vista.* Por que alguém poderia argumentar que a resposta à questão 14 está errada?

**16.** *Um adágio acurado.* Um antigo adágio da bioquímica é que *as gorduras queimam na chama dos carboidratos.* Qual é a base molecular desse adágio?

**17.** *Doença de Refsum.* O ácido fitânico é um componente de ácido graxo de cadeia ramificada da clorofila e também um componente importante do leite. Nos indivíduos suscetíveis, pode ocorrer acúmulo de ácido fitânico, resultando em problemas neurológicos. Essa síndrome é denominada doença de Refsum ou doença de armazenamento de ácido fitânico.

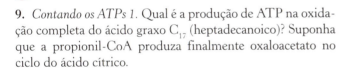

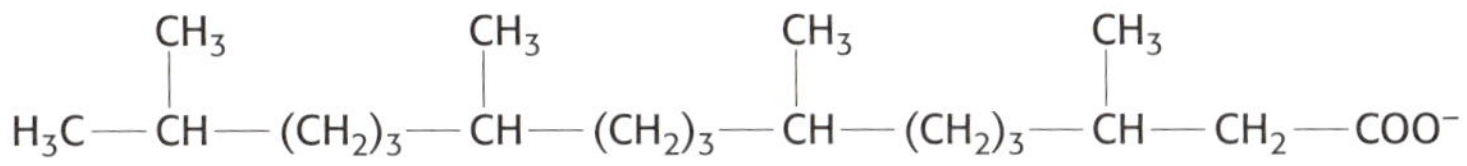


**Ácido fitânico**

(a) Por que o ácido fitânico se acumula?

(b) Que atividade enzimática você poderia inventar para evitar o seu acúmulo?

**18.** *Uma dieta quente.* O trítio é um isótopo radioativo do hidrogênio que pode ser prontamente detectado. Um ácido graxo saturado de seis carbonos totalmente marcado com trítio é administrado a um rato, e uma biopsia muscular do animal é efetuada por técnicos assistentes interessados, cuidadosos e discretos. Esses assistentes isolam cuidadosamente toda a acetil-CoA obtida da β-oxidação do ácido graxo radioativo e removem a CoA para formar acetato. Qual será a razão global entre trítio e carbono do acetato isolado?

**19.** *Encontrando triacilgliceróis em todos os lugares errados.* O diabetes melito insulinodependente é frequentemente acompanhado de altos níveis de triacilgliceróis no sangue. Sugira uma explicação bioquímica.

**20.** *Garantia de avançar.* Qual é a etapa de comprometimento na síntese de ácidos graxos e qual é a enzima que catalisa esta etapa?

**21.** *Estabeleça a correspondência.* Associe os termos com as descrições correspondentes.

| | |
|---|---|
| (a) ATP-citrato liase ________ | 1. Ajuda a gerar NADPH a partir de NADH |
| (b) Enzima málica ________ | 2. Inativa a acetil-CoA carboxilase |
| (c) Malonil-CoA ________ | 3. Molécula sobre a qual são sintetizados os ácidos graxos |

**(d)** Acetil-CoA carboxilase _____

**(e)** Proteína carreadora de acila _____

**(f)** β-cetoacil sintase _____

**(g)** Palmitato _____

**(h)** Eicosanoides _____

**(i)** Araquidonato _____

**(j)** Proteinoquinase ativada por AMP _____

**4.** Precursor das prostaglandinas

**5.** Acetil-CoA ativada

**6.** Produto final da ácido graxo sintase

**7.** Ácidos graxos contendo 20 átomos de carbono

**8.** Catalisa a etapa de comprometimento na síntese de ácidos graxos

**9.** Catalisa a reação da acetil ACP e malonil ACP

**10.** Gera acetil-CoA citoplasmática

**22** *Contraponto*. Compare e diferencie os seguintes aspectos da oxidação e da síntese de ácidos graxos

**(a)** localização do processo

**(b)** carreador de acila

**(c)** redutores e oxidantes

**(d)** estereoquímica dos intermediários

**(e)** direção da síntese ou da degradação

**(f)** organização do sistema enzimático

**23.** *Efervescência na síntese de ácidos graxos.* Durante os estudos iniciais *in vitro* sobre a síntese de ácidos graxos, foram realizados experimentos para determinar que tipo de tampão resultaria em uma atividade ótima. O tampão bicarbonato demonstrou ser muito superior ao tampão fosfato. Inicialmente, os pesquisadores não conseguiram explicar esse resultado. Transcorridas muitas décadas depois desse experimento, explique por que o resultado agora não é surpreendente. ✓❸

**24.** *Uma síntese flexível.* O miristato, um ácido graxo saturado $C_{14}$, é utilizado como emoliente para cosméticos e preparações medicinais tópicas. Escreva uma equação balanceada para a síntese do miristato. ✓❸

**25.** *O custo da limpeza.* O ácido láurico é um ácido graxo de 12 carbonos sem nenhuma dupla ligação. O sal sódico do ácido láurico (laurato de sódio) é um detergente comum empregado em uma variedade de produtos, incluindo detergente para lavagem de roupa, xampus e pasta de dente. Quantas moléculas de ATP e de NADPH são necessárias para a síntese do ácido láurico? ✓❸

**26.** *Organização correta.* Organize as seguintes etapas da síntese de ácidos graxos na sua sequência correta. ✓❸

**(a)** Desidratação

**(b)** Condensação

**(c)** Liberação de um ácido graxo $C_{16}$

**(d)** Redução de um grupo carbonila

**(e)** Formação de malonil ACP

**27.** *Sem acesso a recursos.* Qual seria o efeito sobre a síntese de ácidos graxos de uma mutação da ATP-citrato liase que reduzisse a atividade da enzima? Explique. ✓❸

**28.** *A verdade e nada mais.* Verdadeiro ou Falso. Se for falso, explique. ✓❸

**(a)** A biotina é necessária para a atividade da ácido graxo sintase.

**(b)** A reação de condensação na síntese de ácidos graxos é energizada pela descarboxilação da malonil-CoA.

**(c)** A síntese de ácidos graxos não depende de ATP.

**(d)** O palmitato é o produto final da ácido graxo sintase.

**(e)** Todas as atividades enzimáticas necessárias para a síntese de ácidos graxos nos mamíferos estão contidas em uma única cadeia polipeptídica.

**(f)** Nos mamíferos, a ácido graxo sintase é ativa na forma de um monômero.

**(g)** O ácido graxo araquidonato é um precursor de moléculas sinalizadoras.

**(h)** A acetil-CoA carboxilase é inibida pelo citrato.

**29.** *Gordura ímpar.* Sugira como os ácidos graxos com número ímpar de carbonos são sintetizados. ✓❸

**30.** *Marcadores.* Suponha que você tenha um sistema de síntese de ácidos graxos *in vitro* contendo todas as enzimas e os cofatores necessários para a síntese de ácidos graxos, exceto a acetil-CoA. Para esse sistema, você acrescenta acetil-CoA que contém hidrogênio radioativo ($^3H$, trítio) e carbono 14 ($^{14}C$), conforme mostrado aqui.

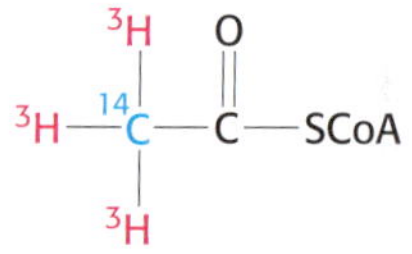

A razão $^3H/^{14}C$ é de 3. Qual seria a razão $^3H/^{14}C$ após a síntese de ácido palmítico ($C_{16}$) com o uso da acetil-CoA radioativa? ✓❸

**31.** *Abraço apertado.* A avidina, uma glicoproteína encontrada em ovos, apresenta alta afinidade pela biotina. A avidina pode ligar-se à biotina e impedir o seu uso pelo corpo. Como uma alimentação rica em ovos crus poderia afetar a síntese de ácidos graxos? Qual será o efeito de uma alimentação rica em ovos cozidos sobre a síntese de ácidos graxos? Explique. ✓❸

**32.** *Alfa ou ômega?* Apenas uma molécula de acetil-CoA é utilizada diretamente na síntese de ácidos graxos. Identifique os átomos de carbono no ácido palmítico que foram doados pela acetil-CoA. ✓❸

**33.** *Ora você vê, ora não.* Embora o $HCO_3^-$ seja necessário para a síntese de ácidos graxos, o seu átomo de carbono não aparece no produto. Explique como essa omissão é possível. ✓❸

**34.** *É tudo questão de comunicação.* Por que o citrato é um inibidor apropriado da fosfofrutoquinase?

**35.** *Rastreando átomos de carbono.* Considere um extrato celular que sintetiza ativamente palmitato. Suponha que a enzima ácido graxo sintase nessa preparação forme uma molécula de palmitato em cerca de 5 minutos. Uma grande quantidade de malonil-CoA marcada com $^{14}C$ em cada átomo de carbono da unidade malonila é acrescentada de repente a esse sistema, e a síntese de ácidos graxos é interrompida 1 minuto depois por meio de alteração do pH. Os ácidos graxos são analisados quanto à sua radioatividade. Qual é o átomo de carbono do palmitato formado por esse sistema mais radioativo – C-1 ou C-14? ✓3

**36.** *Um mutante inaceitável.* Os resíduos de serina na acetil-CoA carboxilase que são alvos da proteinoquinase ativada por AMP são mutados para alanina. Qual é a provável consequência dessa mutação? ✓4

**37.** *Fontes.* Para cada um dos seguintes ácidos graxos insaturados, indique se o precursor da biossíntese nos animais é o palmitoleato, o oleato, o linoleato ou o linolenato.

(a) 18:1 *cis*-$\Delta^{11}$

(b) 18:3 *cis*-$\Delta^{6}$, $\Delta^{9}$, $\Delta^{12}$

(c) 20:2 *cis*-$\Delta^{11}$, $\Delta^{14}$

(d) 20:3 *cis*-$\Delta^{5}$, $\Delta^{8}$, $\Delta^{11}$

(e) 22:1 *cis*-$\Delta^{13}$

(f) 22:6 *cis*-$\Delta^{4}$, $\Delta^{7}$, $\Delta^{10}$, $\Delta^{13}$, $\Delta^{16}$, $\Delta^{19}$

**38.** *Impulsionada pela descarboxilação.* Qual é o papel da descarboxilação na síntese de ácidos graxos? Cite outra reação-chave em uma via metabólica que empregue esse tipo de mecanismo. ✓3

**39.** *Excesso de quinase.* Suponha que uma mutação no promotor leve à superprodução de proteinoquinase A nos adipócitos. Como o metabolismo de ácidos graxos poderia ser alterado por essa mutação? ✓4

**40.** *Bens bloqueados.* A presença de combustível no citoplasma não assegura que ele possa ser efetivamente utilizado. Cite dois exemplos de como o transporte prejudicado de metabólitos entre compartimentos leva a uma doença.

**41.** *Inversão elegante.* Os peroxissomos apresentam uma via alternativa para a oxidação de ácidos graxos poli-insaturados. Eles contêm uma hidratase que converte a D-3-hidroxiacil-CoA em *trans*-$\Delta^{2}$-enoil-CoA. Como essa enzima pode ser utilizada para oxidar CoAs contendo uma dupla ligação *cis* em um átomo de carbono par (p. ex., a dupla ligação *cis*-$\Delta^{12}$ do linoleato)?

**42.** *De braços dados.* Muitas enzimas eucarióticas, como a ácido graxo sintase, são proteínas multifuncionais que possuem múltiplos sítios ativos ligados covalentemente. Qual é a vantagem desse arranjo? ✓3

**43.** *Catástrofe covalente.* Qual a potencial desvantagem de ter muitos sítios catalíticos reunidos em uma cadeia polipeptídica muito longa? ✓3

**44.** *Ausência de acil-CoA desidrogenases.* Foram descritas várias deficiências genéticas das acil-CoA desidrogenases. Essa deficiência surge no início da vida depois de um período de jejum. Os sintomas consistem em vômitos, letargia e, algumas vezes, coma. Não apenas os níveis de glicemia estão baixos (hipoglicemia), mas também a cetose induzida por jejum prolongado está ausente. Forneça uma explicação bioquímica para estas últimas duas observações.

**45.** *Efeitos do clofibrato.* A presença de níveis elevados de triacilglicerídios no sangue está associada a ataques cardíacos e acidentes vasculares encefálicos. O clofibrato, um fármaco que aumenta a atividade dos peroxissomos, é algumas vezes utilizado no tratamento de pacientes com essa condição. Qual é a base bioquímica desse tratamento?

**46.** *Um tipo diferente de enzima.* A Figura 22.36 mostra a resposta da acetil-CoA carboxilase a quantidades variáveis de citrato. Explique esse efeito à luz dos efeitos alostéricos que o citrato tem sobre essa enzima. Preveja os efeitos de concentrações crescentes de palmitoil-CoA. ✓4

## Questões sobre mecanismo

**47.** *Variação sobre um tema.* A tiolase tem estrutura homóloga à enzima de condensação. Com base nessa observação, proponha um mecanismo para a clivagem da 3-cetoacil-CoA pela CoA.

**48.** *Dois mais três são quatro.* Proponha um mecanismo de reação para a condensação de uma unidade acetila com uma unidade malonila para formar uma unidade acetoacetila na síntese de ácidos graxos. ✓3

## Questões | Integração de capítulos

**49.** *Muito cansados para fazer exercícios.* Explique por que indivíduos com deficiência hereditária de carnitina aciltransferase II apresentam fraqueza muscular. Por que os sintomas são mais intensos durante o jejum? ✓1

**50.** *Empolgado e magro.* Foi sugerido que, se está interessado em perder gordura corporal, o melhor momento para praticar exercício aeróbico vigoroso é pela manhã, imediatamente após acordar, isto é, após o jejum. Não tome café da manhã antes do exercício, apenas uma xícara de café cafeinado. A cafeína é um inibidor da cAMP fosfodiesterase. Explique por que essa sugestão pode funcionar bioquimicamente. ✓4

**51.** *NADH em NADPH.* Quais são as três reações que possibilitam a conversão do NADH citoplasmático em NADPH? Que enzimas são necessárias? Mostre a soma das três reações. ✓3

**52.** *Seis de um, meia dúzia do outro.* As pessoas que consomem pouca gordura, porém carboidratos em excesso, ainda podem ficar obesas. Como esse resultado é possível?

**53.** *Familiares.* Uma das reações de importância fundamental para a geração do NADPH citoplasmático a partir do NADH citoplasmático também é importante na gliconeogênese. Qual é a reação e qual é o destino imediato do produto da reação na gliconeogênese?

**54.** *Gorduras em glicogênio.* Um animal é alimentado com ácido esteárico que é marcado com carbono radioativo [$^{14}C$]. Uma biopsia hepática revela a presença de glicogênio marcado com $^{14}C$. Como esse achado é possível à luz do fato de que os animais não são capazes de converter gorduras em carboidratos?

**55.** *Déficit enzimático.* A deficiência de piruvato desidrogenase, uma condição grave com prognóstico sombrio, resulta em disfunção neurológica e acidose láctica contínua. Um tratamento consiste em submeter os pacientes a uma dieta pobre em carboidratos/rica em gorduras.

**(a)** Explique por que a deficiência se caracteriza por uma disfunção neurológica.

**(b)** Por que a deficiência resulta em acidose láctica?

**(c)** Explique a base lógica para a dieta pobre em carboidratos/rica em gorduras.

**56.** *Enzimas corretas. Localização errada.* A síndrome de Zwellweger é causada por um defeito na importação de enzimas para dentro dos peroxissomos. Que doença associada à glicosilação é causada por uma inapropriada distribuição celular de enzimas?

## Questões | Interpretação de dados

**57.** *Enzima mutante.* A carnitina palmitoil transferase I (CPTI) catalisa a conversão de acil-CoA de cadeia longa em acil carnitina, um pré-requisito para o transporte para dentro das mitocôndrias e subsequente degradação. Foi construída uma enzima mutante com alteração de um único aminoácido na posição 3 de ácido glutâmico para alanina. Os Gráficos A a C mostram os dados dos estudos realizados para identificar o efeito da mutação.

**(a)** Qual é o efeito da mutação sobre a atividade enzimática quando a concentração de carnitina é variada (Gráfico A)? Quais são os valores de $K_M$ e $V_{máx.}$ nas enzimas selvagem e mutante?

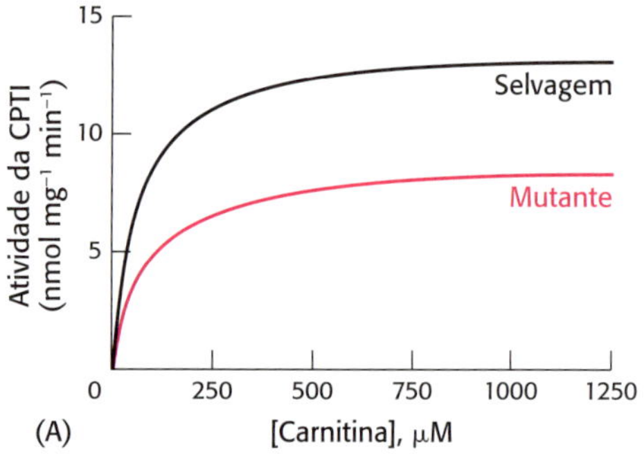


**(b)** Qual é o efeito observado quando o experimento é repetido com concentrações variadas de palmitoil-CoA (Gráfico B)? Quais são os valores de $K_M$ e $V_{máx.}$ nas enzimas selvagem e mutante?

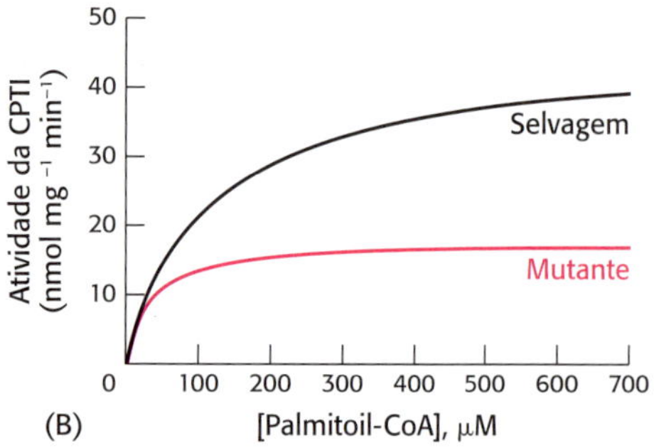


**(c)** O Gráfico C mostra o efeito inibitório da malonil-CoA sobre as enzimas selvagem e mutante. Qual é a enzima mais sensível à inibição pela malonil-CoA?

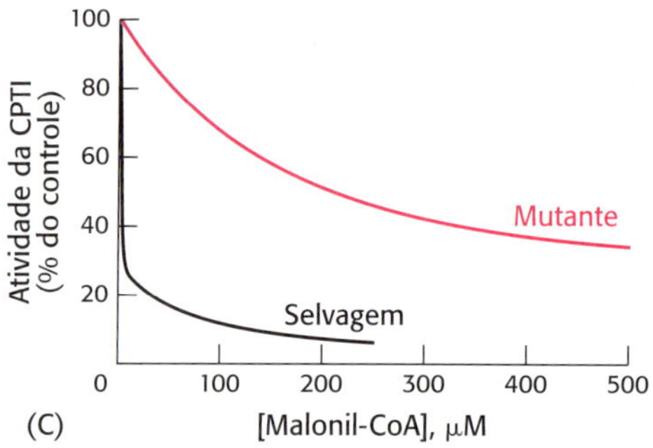


**(d)** Suponha que a concentração de palmitoil-CoA = 100 μM, a da carnitina = 100 μM, e a da malonil-CoA = 10 μM. Nessas condições, qual o efeito mais proeminente da mutação sobre as propriedades da enzima?

**(e)** O que você pode concluir acerca do papel do glutamato 3 na função da CPTI?

**58.** *Parceiros.* A colipase liga-se a partículas de lipídios no intestino e facilita as subsequentes ligação e ativação da lipase pancreática. Em seguida, a lipase hidrolisa os lipídios de modo que possam ser absorvidos pelas células intestinais. Foram realizados experimentos utilizando uma mutagênese sítio-dirigida (ver seção 5.2) para determinar que aminoácidos da colipase facilitam a ligação da lipase e que aminoácidos a ativam. Parte desses experimentos é apresentada a seguir.

A Figura A mostra os resultados das substituições de dois diferentes aminoácidos sobre a capacidade da colipase de facilitar a ligação da lipase às partículas de lipídios. Em ambos os gráficos, os círculos azuis mostram os dados de controle (sem nenhuma mudança nos aminoácidos), enquanto os círculos vermelhos mostram os dados com o aminoácido alterado. A primeira letra representa o aminoácido normal, o número de sua posição na sequência de aminoácidos, e a segunda letra representa a substituição do aminoácido.

**(a)** Qual é a alteração de aminoácido no gráfico superior?

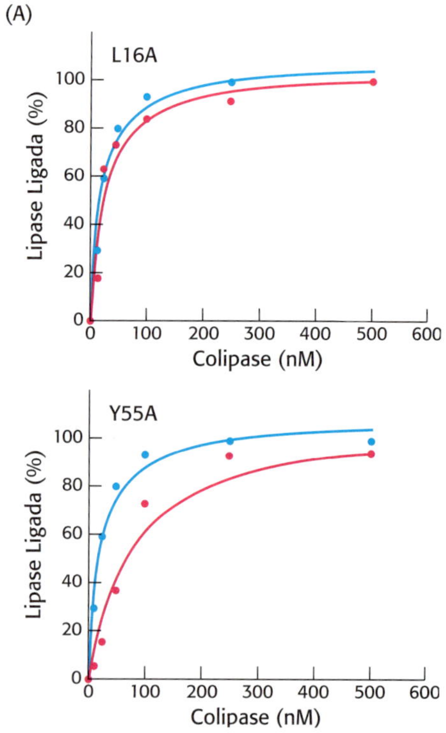

**(b)** Como essa mutação modifica a capacidade da colipase de ligar a lipase à partícula de lipídio?

**(c)** Qual é a substituição de aminoácido no gráfico inferior?

**(d)** Qual é o efeito dessa substituição sobre a capacidade da colipase de ligar a lipase à partícula de lipídio?

Em seguida, a atividade da lipase ligada foi examinada, como mostra a Figura B.

**(e)** Qual foi o efeito da mutação L16A sobre a atividade da lipase?

**(f)** O que isso sugere sobre as propriedades da colipase relacionadas com a ligação e a ativação da lipase?

**(g)** Qual foi o efeito da mutação Y55A sobre a atividade da lipase?

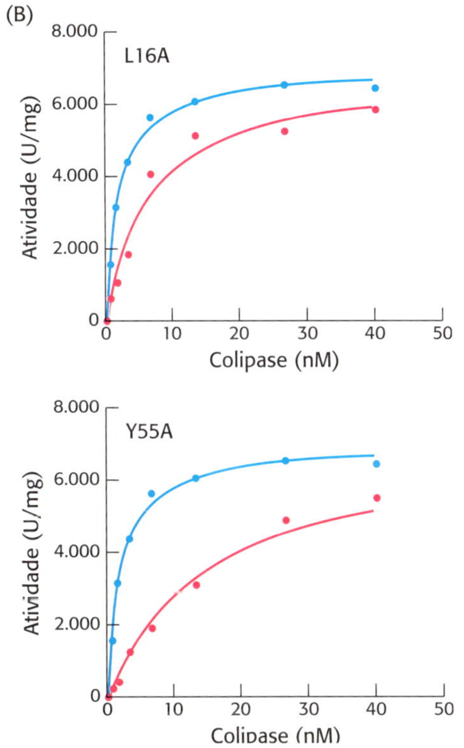


[Dados de: Ross, L. E., Xiao, X., e Lowe, M. E. 2013. Identification of amino acids in human colipase that mediate adsorption to lipid emulsions and mixed micelles. Biochim. Biophys. Acta 1831: 1052–1059.]

**59.** *Corte pela raiz.* O soraphen A é um agente antifúngico natural isolado de uma mixobactéria. O soraphen A também é um potente inibidor da acetil-CoA carboxilase, a enzima regulatória que inicia a síntese de ácidos graxos. Conforme discutido anteriormente (p. 744), as células cancerosas precisam produzir grandes quantidades de ácidos graxos para gerar fosfolipídios para a síntese de membranas. Assim, a acetil-CoA carboxilase pode constituir um alvo para fármacos antineoplásicos. Em seguida, são apresentados os resultados dos experimentos que testaram essa hipótese em uma linhagem de células cancerosas.

A Figura A mostra o efeito de várias quantidades de soraphen A sobre a síntese de ácidos graxos conforme medido pela incorporação de acetato radioativo ($^{14}C$) nos ácidos graxos.

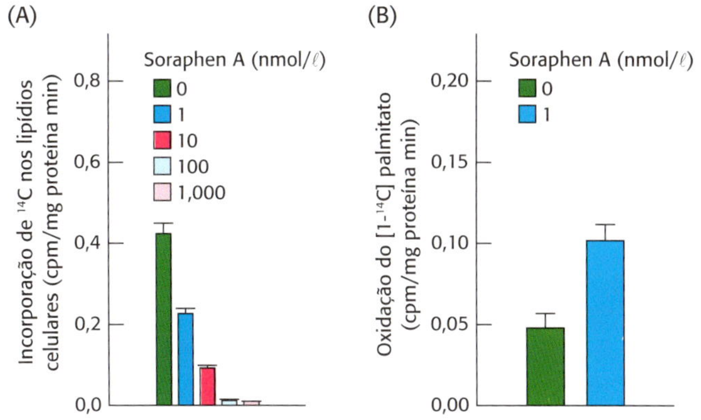


**(a)** Como o soraphen A alterou a síntese de ácidos graxos? Como a síntese foi afetada com concentrações crescentes de soraphen A?

A Figura B mostra os resultados obtidos quando foi medida a oxidação dos ácidos graxos na forma de liberação de $CO_2$ radioativo a partir do ($^{14}C$) palmitato radioativo adicionado na presença de soraphen A.

**(b)** Como o soraphen A alterou a oxidação dos ácidos graxos?

**(c)** Explique os resultados obtidos em B à luz do fato de que o soraphen A inibe a acetil-CoA carboxilase.

Mais experimentos foram realizados para avaliar se a inibição da carboxilase de fato impede a síntese de fosfolipídios. Mais uma vez, células foram cultivadas na presença de acetato radioativo, os fosfolipídios foram subsequentemente isolados, e a quantidade de $^{14}C$ incorporado ao fosfolipídio foi determinada. O efeito do soraphen A sobre a síntese de fosfolipídios é mostrado na Figura C.

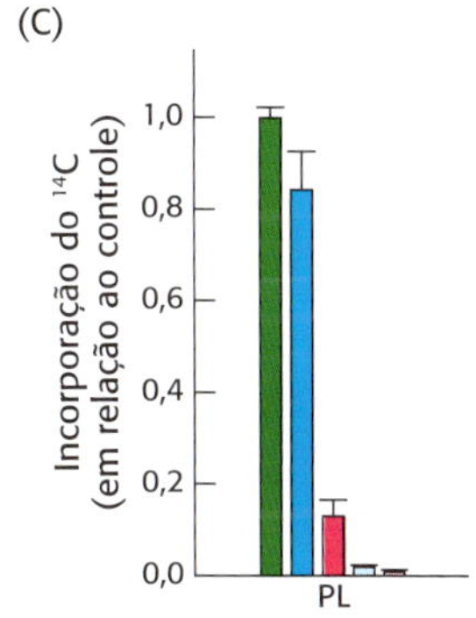


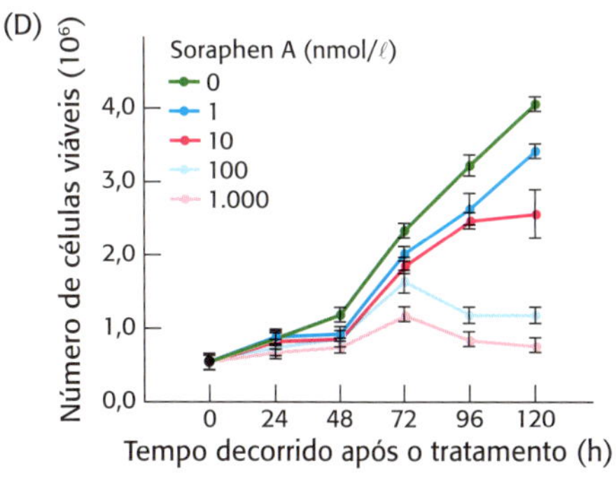


[Dados de: Beckers, A., Organe, S., Timmermans, L., Scheys, K., Peeters, A., Brusselmans, K., Verhoeven, G., e Swinnen, J. V. 2007. Chemical inhibition of acetyl-CoA carboxylase induces growth arrest and cytotoxicity selectively in cancer cells. Cancer Res. 67: 8180–8187.]

**(d)** A inibição da carboxilase pelo fármaco alterou a síntese de fosfolipídios?

**(e)** Como a síntese de fosfolipídios poderia afetar a viabilidade das células?

Por fim, como mostra a Figura D, foram realizados experimentos para determinar se o fármaco inibe o crescimento de células cancerosas *in vitro* pela determinação do número de células cancerosas que sobrevivem após exposição ao soraphen A.

**(f)** Como o soraphen A afetou a viabilidade das células cancerosas?

## Questões para discussão

**60.** Explique os benefícios dos triacilgliceróis como forma primária de energia metabólica armazenada.

**61.** Descreva em linhas gerais as semelhanças e as diferenças entre a síntese e a degradação de ácidos graxos.

**62.** Analise a regulação do metabolismo dos ácidos graxos pelas formas isoenzimáticas da acetil-CoA carboxilase. Explique o controle recíproco da síntese e da degradação dos ácidos graxos e as várias maneiras pelas quais esse controle é obtido.

# Renovação das proteínas e catabolismo dos aminoácidos

CAPÍTULO 23

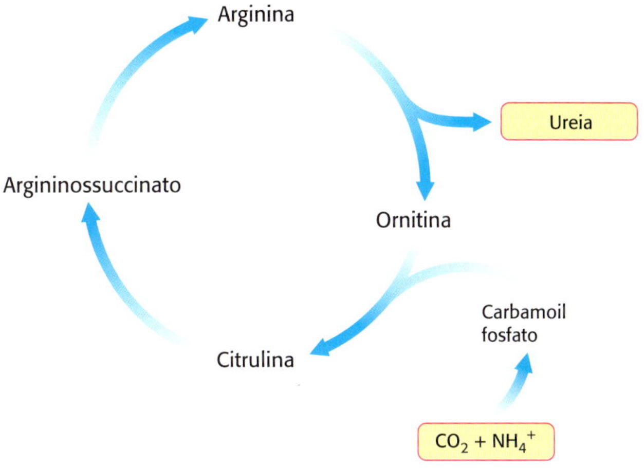


Esta xilogravura alemã colorida à mão, datada do século XIV, mostra uma roda que classifica as amostras de urina de acordo com a sua cor e consistência. No centro da roda, um médico examina a urina de um paciente pela cor, pelo odor e pelo sabor. Os frascos distribuídos pela roda ajudavam os médicos a diagnosticar doenças. Um componente-chave da urina é a ureia, que é formada a partir dos grupos amino liberados durante o metabolismo dos aminoácidos. [(*À esquerda*) Ulrich Pinder. Epiphanie Medicorum. Speculum videndi urinas hominum. Clavis aperiendi portas pulsuum. Berillus discernendi causas & differentias febrium. Nuremberg: 1506. Rosenwald Collection. Rare Book and Special Collections Division, Library of Congress (128.2).]

## OBJETIVOS DE APRENDIZAGEM

*Ao término do capítulo, o leitor deverá ser capaz de:*

1. Explicar a importância da regulação da renovação das proteínas.
2. Identificar o papel desempenhado pela ubiquitina e descrever as enzimas necessárias para a ubiquitinação.
3. Explicar a função do proteassomo.
4. Descrever o destino do nitrogênio que é removido quando os aminoácidos são utilizados como fontes de energia.
5. Explicar como os esqueletos de carbono dos aminoácidos são metabolizados após a remoção do nitrogênio.
6. Identificar erros metabólicos na degradação dos aminoácidos.

## SUMÁRIO



A digestão das proteínas alimentares no intestino e a sua degradação intracelular fornecem um suprimento constante de aminoácidos para a célula. Muitas proteínas celulares sofrem degradação constante e são novamente sintetizadas em resposta a mudanças nas demandas metabólicas. Outras são desnaturadas ou se tornam danificadas e também precisam ser degradadas. As proteínas desnecessárias ou danificadas são marcadas para destruição pela ligação covalente de cadeias de uma pequena proteína denominada ubiquitina, e, em seguida, são degradadas por um grande complexo dependente de ATP denominado *proteassomo. Os aminoácidos fornecidos pela degradação ou pela digestão são principalmente utilizados como blocos de construção para a síntese de proteínas ou de outros compostos nitrogenados, como as bases nucleotídicas.*

Em contraste com os ácidos graxos e a glicose, os aminoácidos em excesso entre os necessários para os processos de biossíntese não podem ser armazenados nem excretados. Em vez disso, são utilizados como combustível metabólico. *O grupo α-amino é removido, e o esqueleto de carbono resultante é convertido em intermediários metabólicos comuns.* Os grupos amino obtidos dos aminoácidos em excesso são convertidos, em sua maior parte, em ureia pelo *ciclo da ureia*, e seus esqueletos de carbono são transformados em acetil-CoA, acetoacetil-CoA, piruvato ou em um dos intermediários do ciclo do ácido cítrico. Os esqueletos de carbono são convertidos em glicose, glicogênio e lipídios.

Várias coenzimas desempenham papéis essenciais na degradação dos aminoácidos; a mais importante entre elas é o *piridoxal fosfato*. Essa coenzima forma intermediários de base de Schiff, que constituem um tipo de aldimina, possibilitando, assim, a transferência de grupos α-amino entre aminoácidos e cetoácidos. Analisaremos vários erros genéticos da degradação de aminoácidos que causam dano cerebral e levam a incapacidades cognitivas, a menos que uma ação corretiva seja iniciada logo após o nascimento. O estudo do metabolismo dos aminoácidos é particularmente gratificante, visto que é rico em conexões entre a bioquímica básica e a medicina clínica.

## 23.1 As proteínas são degradadas a aminoácidos

**TABELA 23.1** Aminoácidos essenciais nos seres humanos.

| |
|---|
| Histidina |
| Isoleucina |
| Leucina |
| Lisina |
| Metionina |
| Fenilalanina |
| Treonina |
| Triptofano |
| Valina |

A proteína alimentar constitui uma fonte vital de aminoácidos. As proteínas particularmente importantes da alimentação são as que contêm aminoácidos essenciais – isto é, aminoácidos que não podem ser sintetizados e que precisam ser adquiridos na alimentação (Tabela 23.1). As proteínas ingeridas na alimentação são digeridas a aminoácidos ou pequenos peptídios, que podem ser absorvidos pelo intestino e transportados no sangue. Outra fonte importante de aminoácidos é a degradação das proteínas celulares.

### A digestão das proteínas alimentares começa no estômago e termina no intestino

A digestão das proteínas alimentares começa no estômago, onde o ambiente ácido favorece a desnaturação de proteínas em espirais aleatórias. As proteínas desnaturadas são mais acessíveis como substratos para a proteólise do que as proteínas nativas. A principal enzima proteolítica do estômago é a *pepsina*, uma protease inespecífica que, notavelmente, possui atividade máxima em pH 2. Por conseguinte, a pepsina pode atuar no ambiente altamente ácido do estômago que inativa outras proteínas.

Em seguida, as proteínas parcialmente digeridas saem do ambiente ácido do estômago e entram no início do intestino delgado. O pH baixo do alimento e os produtos polipeptídicos da digestão da pepsina estimulam a liberação de hormônios que promovem a secreção pancreática de bicarbonato de sódio ($NaHCO_3$), que neutraliza o pH do alimento, bem como uma variedade de enzimas proteolíticas pancreáticas. Convém lembrar que essas enzimas são secretadas como os zimogênios inativos, que são então convertidos em enzimas ativas (ver seções 9.1 e 10.4). A bateria de enzimas exibe amplo repertório de especificidades, de modo que os substratos são degradados a aminoácidos livres, bem como o di e tripeptídios. A digestão é ainda mais potencializada pelas enzimas proteolíticas, como a aminopeptidase N, que estão localizadas na membrana plasmática das células intestinais. As aminopeptidases digerem proteínas a partir da extremidade aminoterminal. Os aminoácidos isolados, bem como os di e os tripeptídios, são transportados do lúmen para as células intestinais.

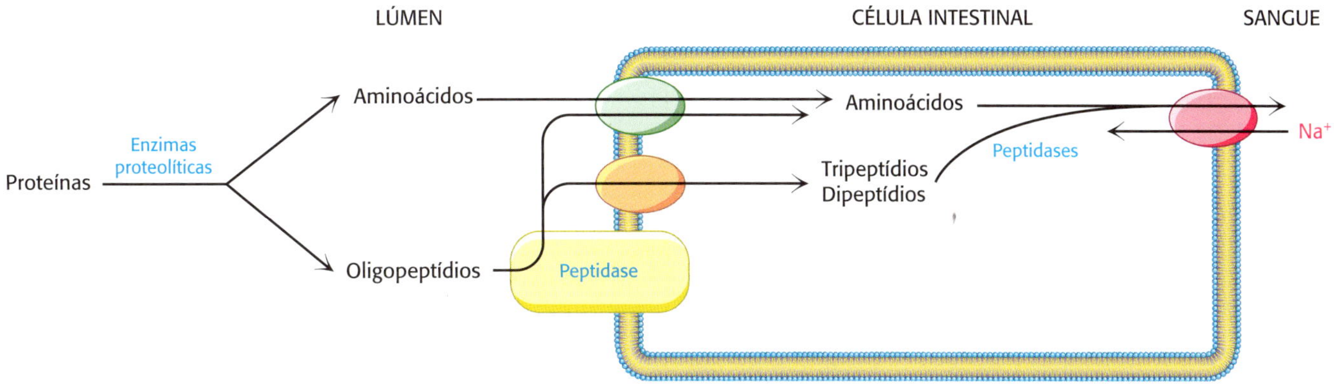


**FIGURA 23.1 Digestão e absorção de proteínas.** A digestão das proteínas resulta principalmente da atividade de enzimas secretadas pelo pâncreas. As aminopeptidases associadas ao epitélio intestinal digerem ainda mais as proteínas. Os aminoácidos e os di e tripeptídios são absorvidos pelas células intestinas por transportadores específicos (ovais na cor verde e laranja). Os aminoácidos livres são então liberados no sangue por transportadores (oval vermelho) para uso por outros tecidos.

Existem pelo menos sete transportadores diferentes, cada um deles específico para um grupo distinto de aminoácidos. Vários distúrbios hereditários resultam de mutações nesses transportadores. Por exemplo, a doença de Hartnup, um raro distúrbio caracterizado por exantemas, ataxia (falta de controle muscular), desenvolvimento mental tardio e diarreia, resulta de um defeito no transportador de triptofano e em outros aminoácidos apolares. Subsequentemente, os aminoácidos absorvidos são liberados no sangue por vários *antiporters* de $Na^+$-aminoácidos para uso por outros tecidos (Figura 23.1).

### As proteínas celulares são degradadas em diferentes velocidades

A *renovação das proteínas* – isto é, a degradação e a ressíntese de proteínas – ocorre constantemente nas células. Embora algumas proteínas sejam muito estáveis, várias delas são de vida curta, particularmente as que participam na regulação metabólica. Essas proteínas podem ser rapidamente degradadas para ativar ou desativar uma via de sinalização. Além disso, as células precisam eliminar as proteínas danificadas. Uma proporção significativa de proteínas recém-sintetizadas é defeituosa devido a erros de tradução ou ao dobramento incorreto. Mesmo as proteínas que são normais quando inicialmente sintetizadas podem sofrer lesão oxidativa ou podem ser alteradas de outras maneiras com o passar do tempo. Essas proteínas precisam ser removidas antes que se acumulem e se agreguem. Com efeito, diversas condições patológicas, como certas formas de doença de Parkinson e a doença de Huntington, estão associadas à agregação de proteínas.

As meias-vidas das proteínas variam em muitas ordens de magnitude. A ornitina descarboxilase, com aproximadamente 11 minutos, tem uma das meias-vidas mais curtas dentre todas as proteínas de mamíferos. Essa enzima participa na síntese de poliaminas, que são cátions celulares essenciais para o crescimento e a diferenciação. Por outro lado, a vida da hemoglobina é limitada apenas pelo tempo de sobrevida do eritrócito, e a proteína da lente, o cristalino, é determinada pelo tempo de vida do organismo.

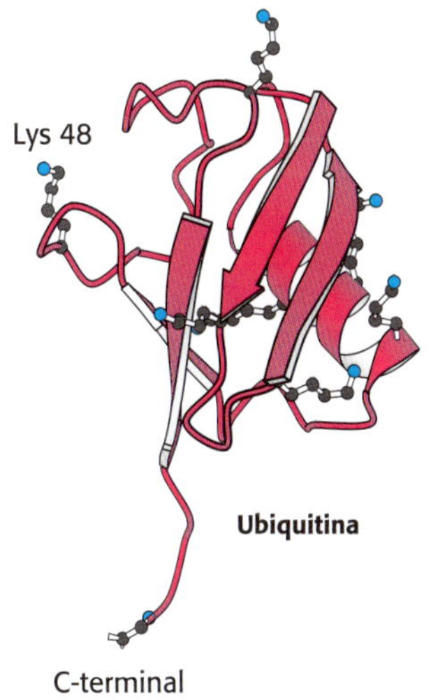


**FIGURA 23.2 Estrutura da ubiquitina.** *Observe* que a ubiquitina tem uma extremidade carboxiterminal estendida, que é ativada e ligada às proteínas destinadas à destruição. Os resíduos de lisina, incluindo a lisina 48, o principal sítio de ligação de moléculas adicionais de ubiquitina, são mostrados em modelos de esfera e bastão. [Desenhada de 1 UBI.pdb.]

## 23.2 A renovação das proteínas é rigorosamente regulada

Como uma célula é capaz de distinguir as proteínas que devem ser degradadas? A *ubiquitina* (Ub), uma pequena proteína (76 aminoácidos) presente em todas as células eucarióticas, é um identificador que marca proteínas para destruição (Figura 23.2). A ubiquitina é o equivalente celular da "mancha negra" da *Ilha do Tesouro* de Robert Louis Stevenson – o sinal da morte.

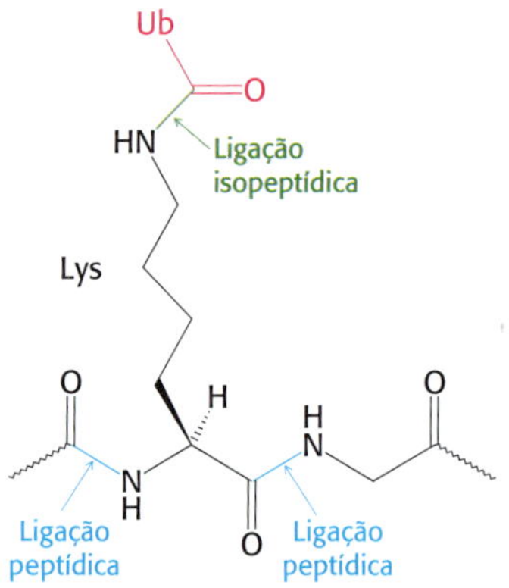


## A ubiquitina marca as proteínas para destruição

A ubiquitina é altamente conservada nos eucariotos: a ubiquitina das leveduras e a dos seres humanos diferem em apenas três dos 76 resíduos. O resíduo de glicina carboxiterminal da ubiquitina liga-se de modo covalente aos grupos ε-amino de vários resíduos de lisina na proteína destinada à degradação. A energia necessária para a formação dessas *ligações isopeptídicas* (*iso* porque são os grupos ε-amino, e não os α-amino, que são marcados) provém da hidrólise do ATP.

Três enzimas participam na ligação da ubiquitina a uma proteína (Figura 23.3): a enzima ativadora da ubiquitina, ou E1; a enzima de conjugação da ubiquitina, ou E2; e a ubiquitina-proteína ligase, ou E3. Em primeiro lugar, o grupo carboxilato da extremidade C-terminal da ubiquitina é ligado a um grupo sulfidrila da E1 por uma ligação tioéster. Essa reação

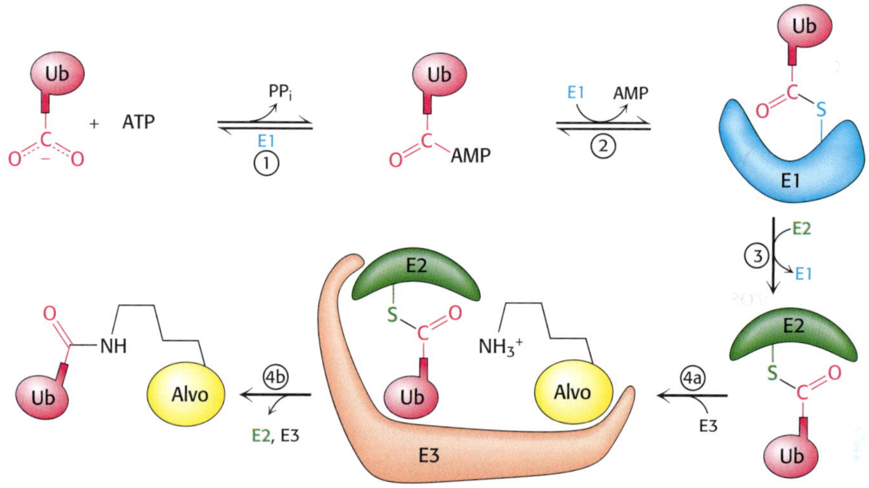


**FIGURA 23.3 Conjugação da ubiquitina.** A enzima ativadora da ubiquitina E1 adenila a ubiquitina (Ub) (1) e a transfere para um de seus próprios resíduos de cisteína (2). Em seguida, a ubiquitina é transferida para um resíduo de cisteína na enzima de conjugação da ubiquitina E2 pela enzima E2 (3). Por fim, a ubiquitina-proteína ligase E3 transfere a ubiquitina a um resíduo de lisina na proteína-alvo (4ª e 4b).

energizada pelo ATP lembra a ativação dos ácidos graxos (ver seção 22.2). Nessa reação, um acil adenilato é formado no carboxilato C-terminal da ubiquitina, com liberação de pirofosfato, e a ubiquitina é subsequentemente transferida a um grupo sulfidrila de um resíduo de cisteína essencial na E1. Em seguida, a ubiquitina ativada é transferida a um grupo sulfidrila da E2 em uma reação catalisada pela própria E2. Por fim, a E3 catalisa a transferência da ubiquitina da E2 para um grupo ε-amino na proteína-alvo. A reação de ubiquitinação é processiva: a E3 permanece ligada às proteínas-alvo e produz uma cadeia de moléculas de ubiquitina pela ligação do grupo ε-amino do resíduo de lisina 48 de uma molécula de ubiquitina ao carboxilato terminal da outra. Uma cadeia de quatro ou mais moléculas de ubiquitina é particularmente efetiva na sinalização da necessidade de degradação (Figura 23.4).

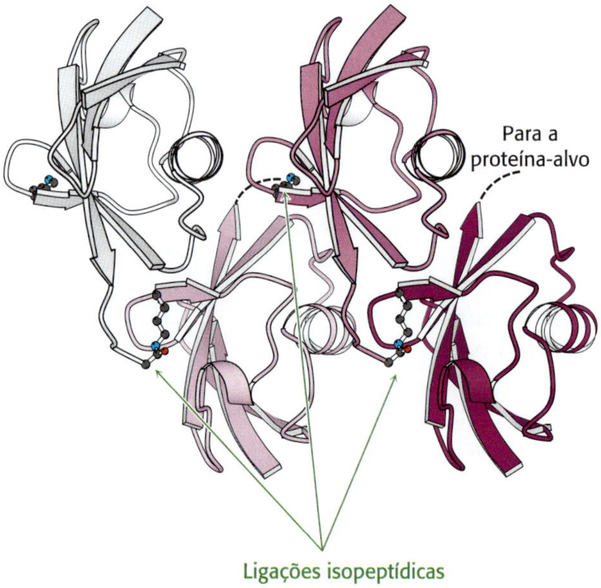


**FIGURA 23.4 Estrutura da tetraubiquitina.** Quatro moléculas de ubiquitina são unidas por ligações isopeptídicas. *Observe* que cada ligação isopeptídica é formada pela ligação do grupo carboxilato na extremidade C-terminal estendida com o grupo ε-amino de um resíduo de lisina. As linhas tracejadas indicam as posições das extremidades C-terminais estendidas que não foram observadas na estrutura cristalina. Essa unidade é o sinal primário para a degradação quando ligada a uma proteína-alvo. [Desenhada de 1 TBE.pdb.]

O que determina se uma proteína específica é ubiquitinada? Uma sequência específica de aminoácidos, denominada *degron*, indica a necessidade de degradação de determinada proteína. Esse tipo de sinal demonstrou ser muito simples. *A meia-vida de uma proteína citoplasmática é determinada, em grande parte, pelo seu resíduo aminoterminal* (Tabela 23.2). Essa dependência é designada como *regra N-terminal* ou *degron N-terminal*. Uma proteína de levedura com metionina em sua extremidade

N-terminal normalmente tem meia-vida de mais de 20 horas, enquanto uma proteína com arginina nessa posição apresenta meia-vida de cerca de 2 minutos. Um resíduo N-terminal altamente desestabilizador, como a arginina ou a leucina, favorece uma rápida ubiquitinação, enquanto um resíduo estabilizador, como a metionina ou a prolina, não tem esse efeito. Por que a regra N-terminal é apenas *aparentemente* simples? Algumas vezes, o *degron N-terminal* só é exposto após a clivagem proteolítica da proteína. Esses *degrons* são denominados *degrons pró-N-terminais*, em analogia às proenzimas (ver seção 10.4), visto que a proteína precisa ser clivada para expor o sinal. Em outros casos, o aminoácido desestabilizador é adicionado à proteína após a sua síntese. Outras modificações, notavelmente a acetilação N-terminal, também podem ativar um *degron*. Outros *degrons* que se acredita sejam capazes de identificar proteínas para a degradação são as *caixas de destruição das ciclinas*, que são sequências de aminoácidos que marcam proteínas do ciclo celular para destruição, e as *sequências de PEST*, que contêm a sequência de aminoácidos prolina (P, abreviatura com uma letra), ácido glutâmico (E), serina (S) e treonina (T).

**TABELA 23.2** Dependência das meias-vidas das proteínas citoplasmáticas da levedura em relação à identidade de seus resíduos aminoterminais.

| | | | |
|---|---|---|---|
| **Resíduos altamente estabilizadores ($t_{1/2}$ > 20 h)** | | | |
| Ala | Cys | Gly | Met |
| Pro | Ser | Thr | Val |
| **Resíduos intrinsecamente desestabilizadores ($t_{1/2}$ = 2 a 30 min)** | | | |
| Arg | His | Ile | Leu |
| Lys | Phe | Trp | Tyr |
| **Resíduos desestabilizadores após modificação química ($t_{1/2}$ = 3 a 30 min)** | | | |
| Asn | Asp | Gln | Glu |

Dados de: J. W. Tobias, T. E. Schrader, G. Rocap e A. Varshavsky. *Science* 254(1991):1374–1377.

As enzimas E3 são as que fazem a leitura dos resíduos N-terminais. Embora a maioria dos eucariotos tenha apenas uma enzima E1 ou um pequeno número de enzimas E1 distintas, todos os eucariotos apresentam numerosas enzimas E2 e E3 distintas. Além disso, parece existir apenas uma única família de proteínas E2 relacionadas evolutivamente, porém três famílias distintas de proteínas E3, todas juntas constituindo um total de centenas de membros. Com efeito, a família E3 é uma das maiores famílias de genes nos seres humanos. A diversidade de proteínas-alvo que devem ser marcadas para destruição exige grande quantidade de proteínas E como leitoras.

Três exemplos demonstram a importância das proteínas E3 para a função celular normal. As proteínas que não são degradadas devido a um defeito da E3 podem acumular-se, produzindo uma doença por agregação proteica, como a doença de Parkinson juvenil ou de início precoce. Um defeito em outro membro da família E3 provoca a síndrome de Angelman, um distúrbio neurológico grave caracterizado por disposição anormalmente alegre, incapacidade cognitiva, ausência de fala, movimento descoordenado e hiperatividade. Um fato impressionante é que, se a mesma ligase for hiperexpressa, o resultado consiste em autismo. A renovação inapropriada de proteínas também pode levar ao desenvolvimento de câncer. Por exemplo, o papilomavírus humano (HPV) codifica uma proteína que ativa uma enzima E3 específica. A enzima efetua a ubiquitinação do supressor tumoral p53 e de outras proteínas que controlam o reparo do DNA, que são então destruídas. A ativação dessa enzima E3 é observada em mais de 90% dos carcinomas de colo do útero. Por conseguinte, a marcação inapropriada para a destruição de proteínas regulatórias essenciais pode desencadear eventos subsequentes que levam à formação de tumores.

É importante assinalar que o papel desempenhado pela ubiquitina é muito mais amplo do que a simples marcação de proteínas para a destruição. Embora o foco tenha sido a degradação proteica, a monoubiquitinação também regula proteínas envolvidas no reparo do DNA, no remodelamento da cromatina e na ativação de proteínas quinases, entre outros processos bioquímicos.

## O proteassomo digere as proteínas marcadas com ubiquitina

Se a ubiquitina é a marca da morte, quem é o executor? *Um grande complexo de protease, denominado proteassomo ou proteassomo 26S, digere as proteínas ubiquitinadas.* Essa protease de múltiplas subunidades, e energizada pelo

ATP, preserva a ubiquitina, que é então reciclada. O proteassomo 26S é um complexo de dois componentes: uma unidade catalítica 20S e uma unidade regulatória 19S.

A unidade 20S é constituída de 28 subunidades, codificadas por 14 genes, dispostas em quatro anéis hétero-heptoeméricos, que são empilhados formando uma estrutura semelhante a um barril (Figura 23.5). Os dois anéis externos do barril são constituídos de subunidades tipo $\alpha$, e os dois anéis internos, de subunidades tipo $\beta$. O cerne catalítico 20S é um barril fechado. *O acesso a seu interior é controlado por uma unidade regulatória 19S*, ela própria constituída por um complexo de 700 kDa formado de 19 subunidades. Dois desses complexos 19S ligam-se ao cerne do proteassomo 20S, um em cada extremidade, formando o proteassomo 26S completo (Figura 23.6). A unidade regulatória 19S desempenha três funções. Em primeiro lugar, os componentes da unidade 19S são receptores de ubiquitina que se ligam especificamente a cadeias de poliubiquitina, assegurando, assim, que apenas as proteínas ubiquitinadas sejam degradadas. Em segundo lugar, uma isopeptidase na unidade 19S cliva moléculas intactas de ubiquitina das proteínas de modo que possam ser novamente utilizadas. Por fim, a proteína condenada é desenovelada e direcionada para o cerne catalítico. Os componentes essenciais do complexo 19S consistem em seis ATPases da classe denominada AAA (ATPase *a*ssociada a várias *a*tividades celulares). A hidrólise do ATP ajuda o complexo 19S a desenovelar o substrato e a induzir mudanças conformacionais no cerne catalítico 20S de modo que o substrato possa ser introduzido no centro do complexo.

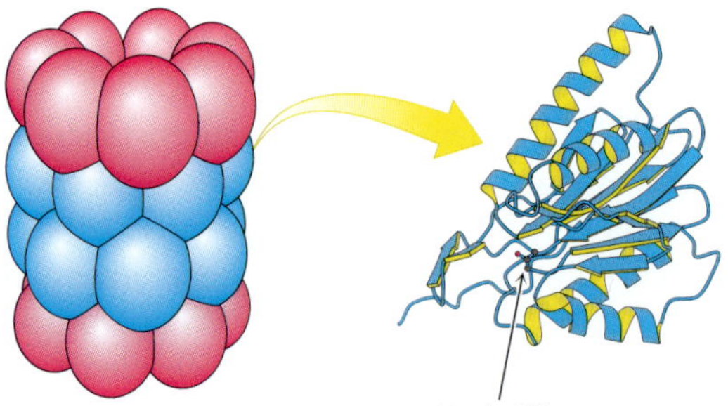


**FIGURA 23.5 Proteassomo 20S.** O proteassomo 20S compreende 28 subunidades homólogas (tipo $\alpha$, vermelho; tipo $\beta$, azul) dispostas em quatro anéis de sete subunidades cada um. Algumas das subunidades tipo $\beta$ (*à direita*) incluem sítios ativos de protease nas extremidades aminoterminais. [Subunidade desenhada de 1RYP.pdb.]

Os sítios ativos proteolíticos são sequestrados no interior do barril para proteger substratos potenciais até que sejam direcionados para dentro do barril. Existem três tipos de sítios ativos nas subunidades $\beta$; cada um deles exibe uma especificidade diferente, porém todos empregam uma treonina N-terminal. O grupo hidroxila do resíduo de treonina é convertido em um nucleófilo que ataca os grupos carbonila das ligações peptídicas, formando intermediários acil-enzima. Os substratos são degradados de modo processivo, sem a liberação de intermediários de degradação, até que o substrato seja reduzido a peptídios, cujo tamanho varia de sete a nove resíduos. Esses produtos peptídicos são liberados do proteassomo e degradados subsequentemente por outras proteases celulares, produzindo aminoácidos individuais. Por conseguinte, a via de ubiquitinação e o proteassomo cooperam para degradar as proteínas indesejáveis. A Figura 23.7 apresenta uma visão geral dos destinos dos aminoácidos após digestão pelo proteassomo.

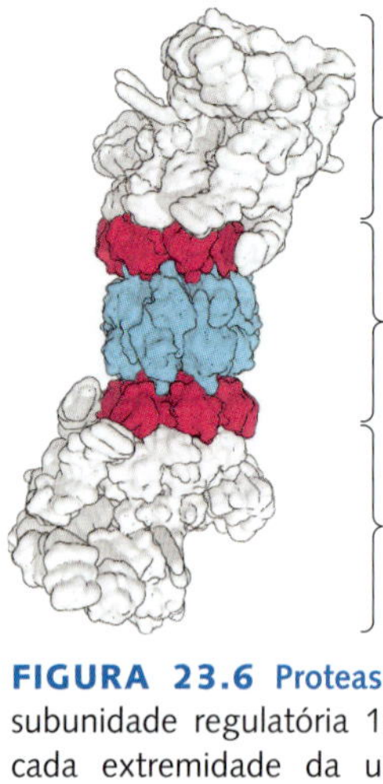


**FIGURA 23.6 Proteassomo 26S.** Uma subunidade regulatória 19S está fixada a cada extremidade da unidade catalítica 20S.

## A via da ubiquitina e o proteassomo têm equivalentes procarióticos

Tanto a via da ubiquitina quanto o proteassomo parecem estar presentes em todos os eucariotos. São também encontrados homólogos do proteassomo em alguns procariotos. Os proteassomos de algumas

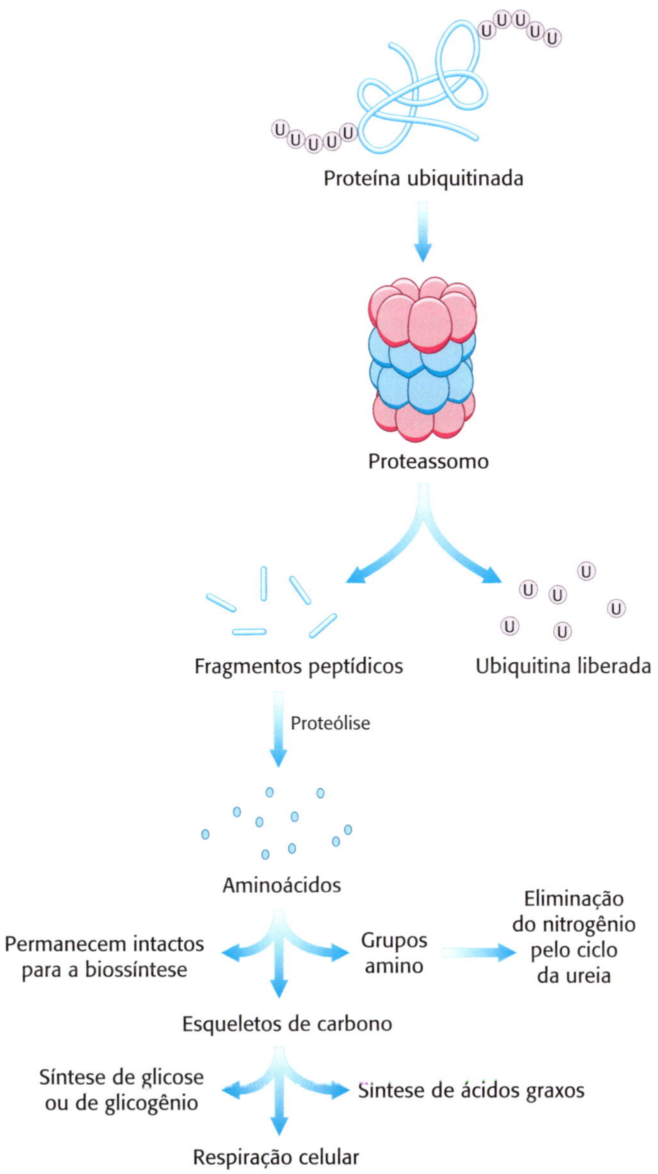


**FIGURA 23.7 O proteassomo e outras proteases geram aminoácidos livres.** As proteínas ubiquitinadas são processadas a fragmentos peptídicos. A ubiquitina é removida e reciclada antes da degradação da proteína. Os fragmentos peptídicos são posteriormente digeridos, produzindo aminoácidos livres, que podem ser utilizados em reações de biossíntese, mais notavelmente na síntese de proteínas. Como alternativa, o grupo amino pode ser removido e processado a ureia (p. 772), e o esqueleto de carbono pode ser utilizado para a síntese de carboidratos ou de lipídios, ou diretamente como combustível para a respiração celular.

arqueias são muito semelhantes em sua estrutura global a seus equivalentes eucarióticos e também apresentam 28 subunidades (Figura 23.8). Todavia, no proteassomo de arqueias, todas as subunidades α dos anéis externos e todas as subunidades β dos anéis internos são idênticas; nos eucariotos, cada subunidade α ou β é uma de sete isoformas diferentes. Essa especialização proporciona uma especificidade distinta de substrato.

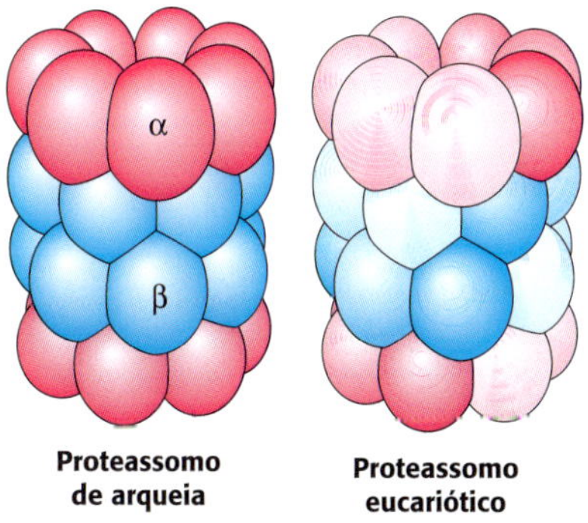

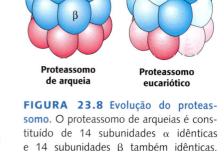

**FIGURA 23.8 Evolução do proteassomo.** O proteassomo de arqueias é constituído de 14 subunidades α idênticas e 14 subunidades β também idênticas. No proteassomo eucariótico, a duplicação dos genes e a especialização levaram a sete subunidades distintas de cada tipo. A arquitetura global do proteassomo foi conservada.

## A degradação de proteínas pode ser utilizada para regular funções biológicas

A Tabela 23.3 fornece uma lista de vários processos fisiológicos que são controlados, pelo menos em parte, pela degradação de proteínas por meio da via ubiquitina-proteassomo. Em cada caso, as proteínas que são degradadas são proteínas regulatórias. Considere, por exemplo, o controle da resposta inflamatória. Um fator de transcrição denominado *NF*-κB (NF para fator nuclear) inicia a expressão de certo número de genes que participam nessa resposta. O próprio fator é ativado pela degradação de uma proteína inibitória que interage com ele, a I-κB (I para inibidor). Em resposta a sinais inflamatórios que se ligam a receptores de membrana, a I-κB é fosforilada em dois resíduos de serina, criando um sítio de ligação à E3.

**TABELA 23.3** Processos regulados pela degradação de proteínas.

| |
|---|
| Transcrição gênica |
| Progressão do ciclo celular |
| Formação de órgãos |
| Ritmos circadianos |
| Resposta inflamatória |
| Supressão de tumores |
| Metabolismo do colesterol |
| Processamento de antígenos |

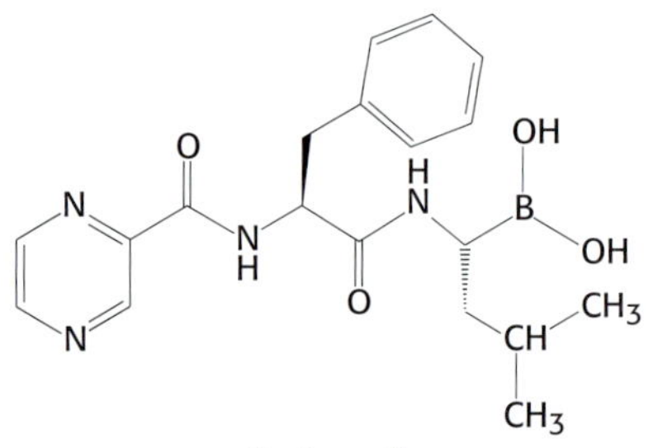


**Bortezomibe**
(um ácido dipeptidil borônico)

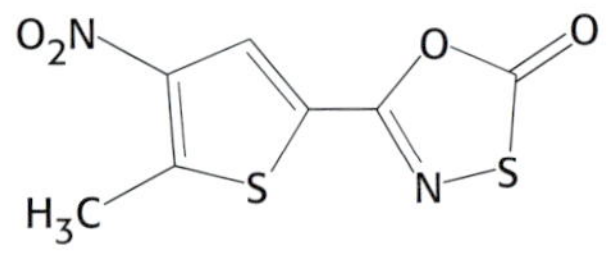


**HT1171**
[5(2-metil-3-nitrotiofeno-2-il)-1.3.4-oxatiazol-2-onal

A ligação à E3 leva à ubiquitinação e à degradação da I-κB, liberando o NF-κB. O fator de transcrição liberado migra do citoplasma para o núcleo para estimular a transcrição dos genes-alvo. O sistema NF-κB–I-κB ilustra a interação de vários motivos regulatórios essenciais: a transdução de sinais mediada por receptor, a fosforilação, a compartimentalização, a degradação controlada e específica e a expressão gênica seletiva. A importância do sistema ubiquitina-proteassomo para a regulação da expressão gênica é ressaltada pelo uso do bortezomibe (Velcade), um potente inibidor do proteassomo, como terapia para o mieloma múltiplo. O bortezomibe é um ácido dipeptidil borônico, inibidor do proteassomo.

Os estudos evolutivos dos proteassomos descritos anteriormente também proporcionaram benefícios clínicos potenciais. A bactéria patogênica *Mycobacterium tuberculosis*, causadora da tuberculose, abriga um proteassomo que é muito semelhante ao seu equivalente humano. Entretanto, pesquisas recentes mostraram que é possível explorar as diferenças entre os proteassomos humano e bacteriano para desenvolver inibidores específicos do complexo *M. tuberculosis*. Os compostos oxatiazol-2-ona, como HT1171, são inibidores suicidas (ver seção 8.5) da atividade proteolítica do proteassomo de *M. tuberculosis*, porém não exercem nenhum efeito sobre os proteassomos do hospedeiro humano. Isso é particularmente interessante, visto que tais fármacos matam a forma não replicativa do *M. tuberculosis* e, portanto, podem não exigir o tratamento prolongado necessário com fármacos convencionais, diminuindo, assim, a probabilidade de resistência farmacológica devido à interrupção do regime de tratamento.

## 23.3 A primeira etapa na degradação dos aminoácidos consiste na remoção do nitrogênio

Qual é o destino dos aminoácidos liberados com a digestão ou com a renovação das proteínas? A primeira convocação é para uso como blocos de construção em reações de biossíntese. Entretanto, aqueles que não são necessários como unidades básicas de construção são degradados a compostos capazes de entrar na via metabólica geral. O grupo amino é inicialmente removido e, a seguir, o esqueleto de carbono remanescente é metabolizado a glicose, um dos vários intermediários do ciclo do ácido cítrico, ou a acetil-CoA. O principal local de degradação dos aminoácidos nos mamíferos é o fígado, embora o músculo degrade prontamente os aminoácidos de cadeia ramificada (Leu, Ile e Val). O destino do grupo α-amino será discutido em primeiro lugar, seguido do esqueleto de carbono (ver seção 23.5).

### Os grupos α-amino são convertidos em íons amônio pela desaminação oxidativa do glutamato

O grupo α-amino de muitos aminoácidos é transferido para o α-cetoglutarato, formando *glutamato*, que sofre então desaminação oxidativa, produzindo o íon amônio ($NH_4^+$).

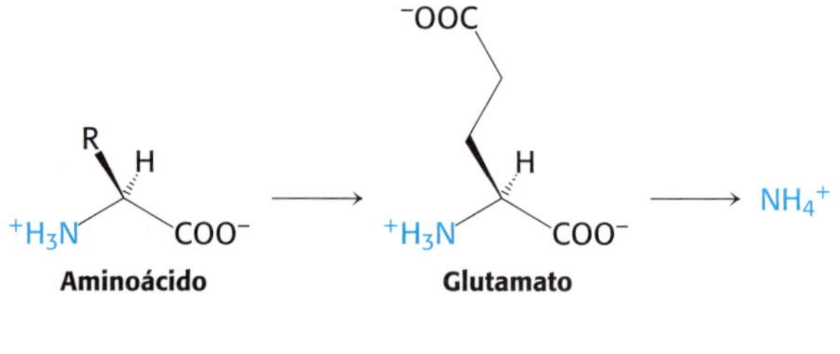


**Aminoácido** **Glutamato**

As *aminotransferases* catalisam a transferência de um grupo α-amino de um α-aminoácido para um α-cetoácido.

Essas enzimas, que também são denominadas *transaminases*, geralmente canalizam os grupos α-amino de uma variedade de aminoácidos para o α-cetoglutarato para conversão em $NH_4^+$. A *aspartato aminotransferase*, uma das mais importantes dessas enzimas, catalisa a transferência do grupo amino do aspartato para o α-cetoglutarato.

$$\text{Aspartato} + \alpha\text{-cetoglutarato} \rightleftharpoons \text{oxaloacetato} + \text{glutamato}$$

A *alanina aminotransferase* catalisa a transferência do grupo amino da alanina para o α-cetoglutarato.

$$\text{Alanina} + \alpha\text{-cetoglutarato} \rightleftharpoons \text{piruvato} + \text{glutamato}$$

Essas reações de transaminação são reversíveis e, portanto, podem ser utilizadas para sintetizar aminoácidos a partir de α-cetoácidos, como veremos no Capítulo 24.

O átomo de nitrogênio no glutamato é convertido em íon amônio livre por desaminação oxidativa, uma reação que é catalisada pela *glutamato desidrogenase*. Essa enzima é incomum, visto que tem a capacidade de utilizar $NAD^+$ ou $NADP^+$, pelo menos em algumas espécies. A reação prossegue por desidrogenação da ligação C–N, seguida de hidrólise da cetimina resultante.

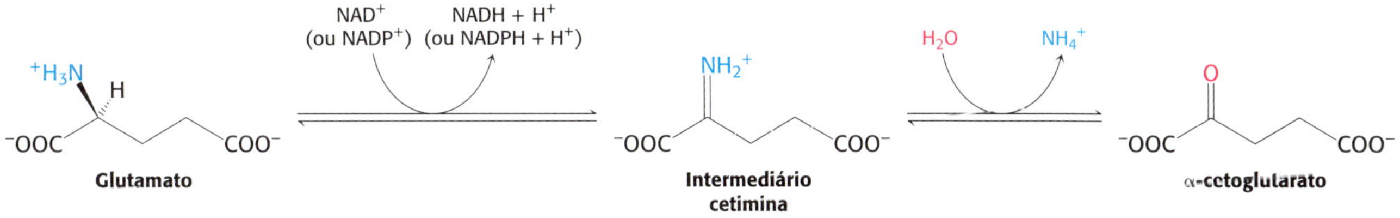


A constante de equilíbrio dessa reação está próxima de 1 no fígado, de modo que o sentido da reação é determinado pelas concentrações dos reagentes e dos produtos. Normalmente, a reação é deslocada pela rápida remoção do íon amônio. A glutamato desidrogenase, que essencialmente é uma enzima específica do fígado, localiza-se nas mitocôndrias, assim como algumas das outras enzimas necessárias para a produção de ureia. Essa compartimentalização sequestra o íon amônio livre, que é tóxico.

Nos mamíferos, mas não em outros organismos, a glutamato desidrogenase é alostericamente inibida pelo GTP e estimulada pelo ADP. Esses nucleotídios exercem seus efeitos regulatórios de maneira singular. Ocorre a formação de um *complexo abortivo* na enzima quando um produto é substituído pelo substrato antes de a reação ser completada. Por exemplo, a enzima ligada ao glutamato e NAD(P)H é um complexo abortivo. O GTP facilita a formação desses complexos, enquanto o ADP causa a sua desestabilização.

A soma das reações catalisadas pelas aminotransferases e pela glutamato desidrogenase é

$$\underset{}{\alpha\text{-aminoácido}} + \underset{(\text{ou } NADP+)}{NAD^+} + H_2O \rightleftharpoons \alpha\text{-cetoácido} + NH_4^+ + \underset{(\text{ou } NADPH)}{NADH} + H^+$$

Na maioria dos vertebrados terrestres, o $NH_4^+$ é convertido em ureia, que é excretada.

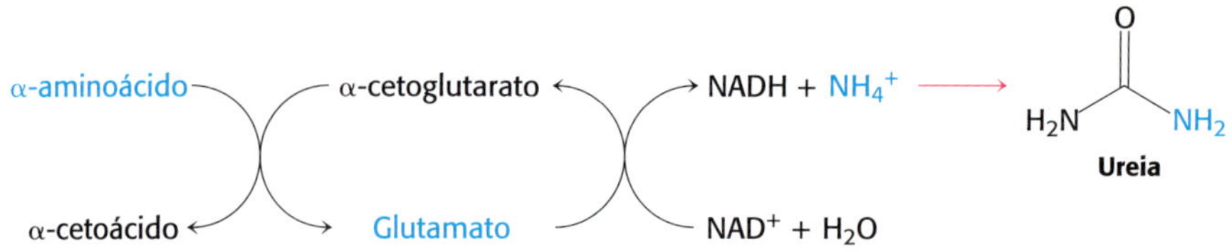


## Mecanismo: o piridoxal fosfato forma intermediários de base de Schiff nas aminotransferases

Todas as aminotransferases contêm o grupo prostético *piridoxal fosfato* (PLP), que provém da *piridoxina* (*vitamina* $B_6$). O piridoxal fosfato inclui um anel de piridina que é levemente básico, ao qual está ligado um grupo OH ligeiramente ácido. Por conseguinte, os derivados de piridoxal fosfato podem produzir uma forma tautomérica estável na qual o átomo de nitrogênio da piridina é protonado e, assim, apresenta carga positiva, enquanto o grupo OH perde um próton e, portanto, tem carga negativa, formando um fenolato.

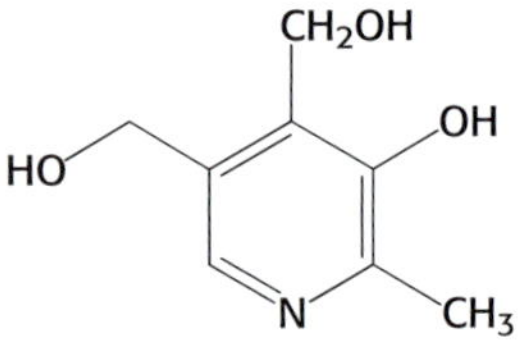

**Piridoxina (vitamina $B_6$)**

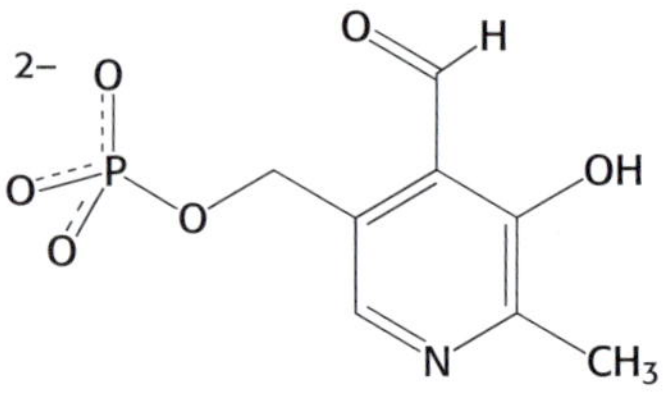

**Piridoxal fosfato (PLP)**

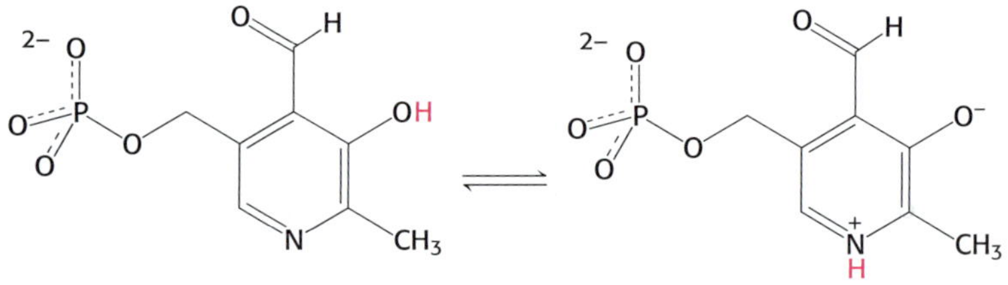

**PLP (protonado)** **PLP (fenolato)**

O grupo funcional mais importante do PLP é o aldeído. Esse grupo forma intermediários covalentes de base de Schiff (ver Capítulo 21) com aminoácidos que são substratos. De fato, mesmo na ausência de substrato, o grupo aldeído do PLP forma habitualmente uma ligação de base de Schiff com o grupo ε-amino de um resíduo de lisina específico no sítio ativo da enzima. Forma-se uma nova ligação de base de Schiff com adição de um aminoácido como substrato.

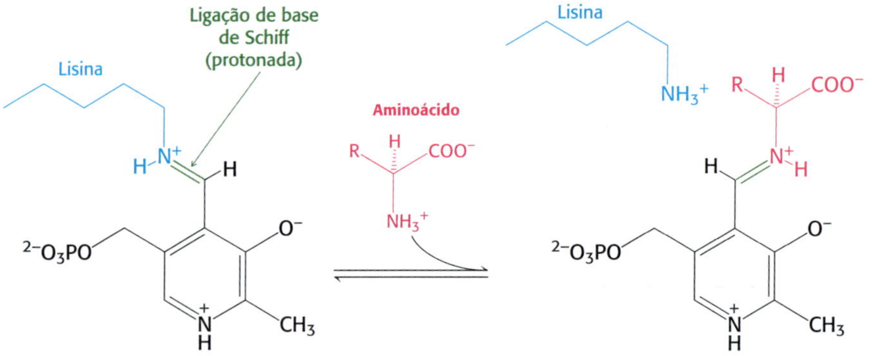


**Aldimina interna** **Aldimina externa**

*O grupo α-amino do substrato de aminoácido desloca o grupo ε-amino do resíduo de lisina do sítio ativo.* Em outras palavras, uma aldimina *interna* transforma-se em aldimina *externa*. A base de Schiff aminoácido-PLP formada permanece firmemente ligada à enzima por múltiplas interações não covalentes. Com frequência, a ligação da base de Schiff aceita um próton no nitrogênio do anel piridínico, sendo a carga positiva estabilizada pela interação com o grupo fenolato de carga negativa do PLP.

A base de Schiff entre o substrato de aminoácido e o PLP, a *aldimina* externa, perde um próton do átomo de carbono α do aminoácido para formar um intermediário *quinonoide* (Figura 23.9). Uma nova protonação

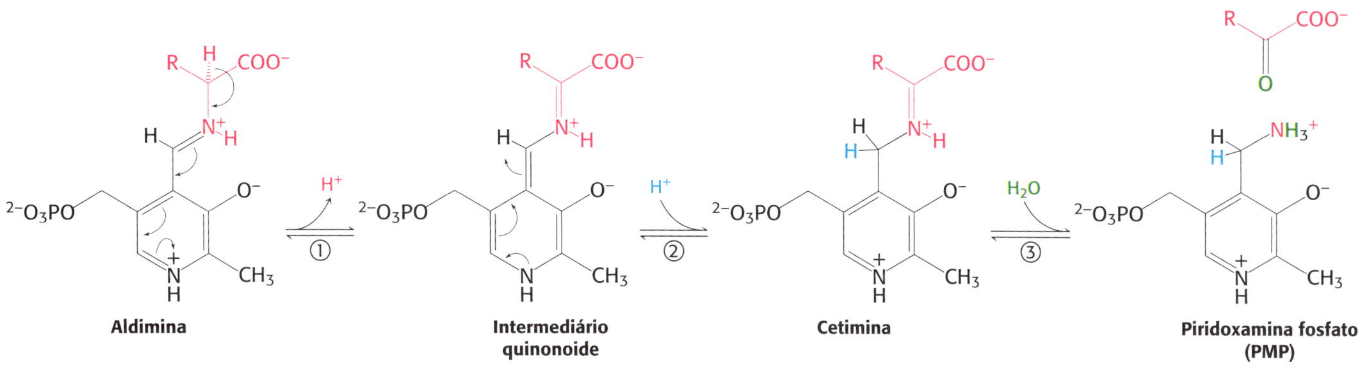


**FIGURA 23.9 Mecanismo de transaminação.** (1) A aldimina externa perde um próton para formar um intermediário quinonoide. (2) A nova protonação desse intermediário no átomo de carbono do aldeído origina uma cetimina. (3) Esse intermediário é hidrolisado, gerando o produto α-cetoácido e a piridoxamina fosfato.

desse intermediário no átomo de carbono do aldeído origina uma *cetimina*. Em seguida, a cetimina é hidrolisada a um α-cetoácido e a *piridoxamina fosfato* (*PMP*). Essas etapas constituem metade da reação de transaminação.

$$\text{Aminoácido}_1 + \text{E-PLP} \rightleftharpoons \alpha\text{-cetoácido}_1 + \text{E-PMP}$$

A segunda metade ocorre pela reversão da via precedente. Um segundo α-cetoácido reage com o complexo enzima-piridoxamina fosfato (E-PMP), produzindo um segundo aminoácido e regenerando o complexo enzima-piridoxal fosfato (E-PLP).

$$\alpha\text{-cetoácido}_2 + \text{E-PMP} \rightleftharpoons \text{aminoácido}_2 + \text{E-PLP}$$

A soma dessas reações parciais é

$$\text{Aminoácido}_1 + \alpha\text{-cetoácido} \rightleftharpoons + \text{aminoácido}_2 + \alpha\text{-cetoácido}_1$$

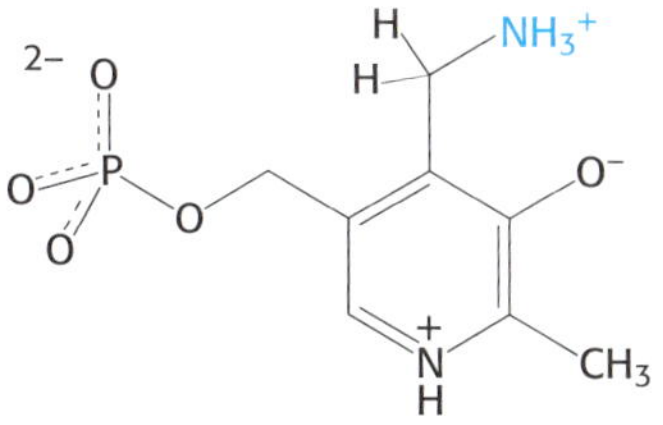

**Piridoxamina fosfato (PMP)**

## A aspartato aminotransferase é uma típica transaminase dependente de piridoxal

A aspartato aminotransferase, uma enzima mitocondrial, fornece um exemplo particularmente bem estudado de PLP como coenzima para reações de transaminação (Figura 23.10). Os resultados de estudos com cristalografia de raios X forneceram detalhes de como o PLP e os substratos se ligam e também confirmaram grande parte do mecanismo catalítico proposto. Cada uma das subunidades idênticas de 45 kDa desse dímero é constituída de um domínio maior e de um menor. O PLP liga-se ao domínio maior em um bolsão próxima à interface do domínio. Na ausência de substrato, o grupo aldeído do PLP está em uma ligação de base de Schiff com a lisina 258, conforme esperado. Adjacente ao sítio de ligação da coenzima, existe

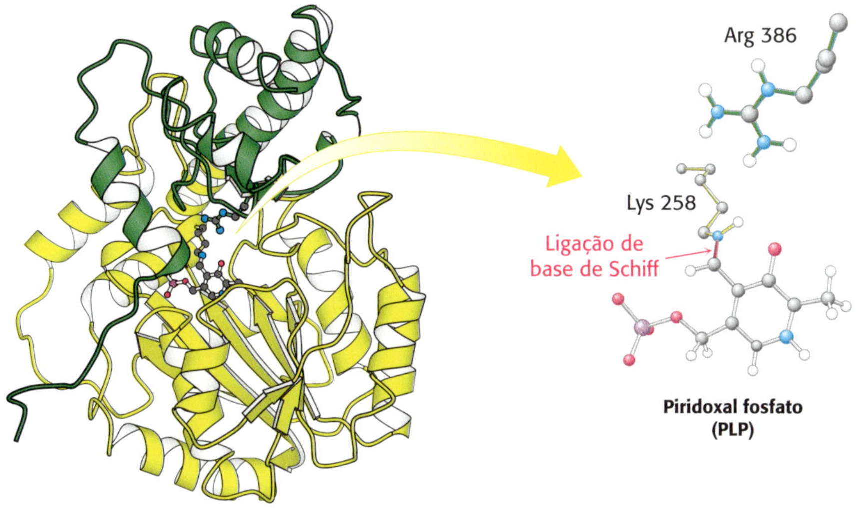


**FIGURA 23.10 Aspartato aminotransferase.** O sítio ativo dessa típica enzima dependente de PLP inclui o piridoxal fosfato ligado à enzima por uma ligação de base de Schiff com a lisina 258. Um resíduo de arginina no sítio ativo ajuda a orientar os substratos por meio da ligação a seus grupos α-carboxilato. A figura mostra apenas uma das duas subunidades da enzima. [Desenhada de 1AAW.pdb.]

um resíduo de arginina conservado que interage com o grupo α-carboxilato do substrato de aminoácido ajudando-o a se orientar de modo apropriado no sítio ativo. A base é necessária para remover um próton do grupo carbono α do aminoácido e transferi-lo ao átomo de carbono do aldeído do PLP (Figura 23.9, etapas 1 e 2). O grupo amino da lisina, que estava inicialmente em ligação de base de Schiff com o PLP, parece atuar como doador e aceptor do próton.

## Os níveis sanguíneos de aminotransferases têm uma função diagnóstica

A presença de alanina e de aspartato aminotransferase no sangue constitui uma indicação de lesão hepática. A lesão hepática pode ocorrer por várias razões, tais como hepatite viral, consumo excessivo de álcool a longo prazo e reação a fármacos como o paracetamol (ver seção 28.1). Nessas condições, as membranas dos hepatócitos são danificadas, e algumas proteínas celulares, incluindo as aminotransferases, extravasam para o sangue. Os níveis sanguíneos normais de atividade da alanina e da aspartato aminotransferases são de 5 a 30 unidades/ℓ e de 40 a 125 unidades/ℓ, respectivamente. Dependendo da extensão do dano hepático, os valores podem alcançar 200 a 300 unidades/ℓ.

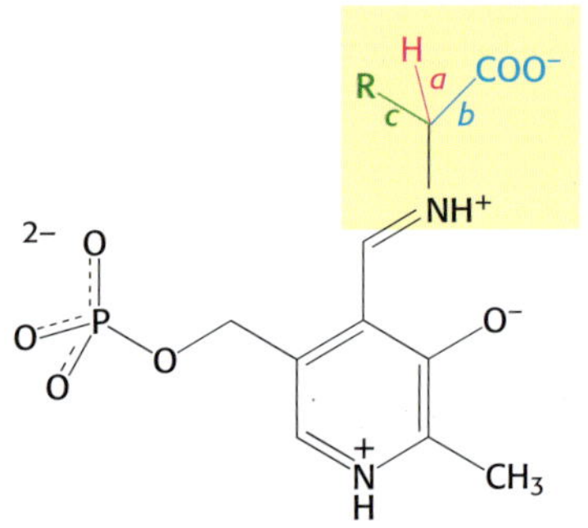


**FIGURA 23.11 Clivagem de ligação por enzimas dependentes de PLP.** As enzimas dependentes de piridoxal fosfato tornam lábil uma das três ligações no átomo de carbono α de um substrato de aminoácido. Por exemplo, a ligação *a* é enfraquecida por aminotransferases; a ligação *b*, por descarboxilases; e a ligação *c*, por aldolases (como as treoninas aldolases). As enzimas dependentes de PLP também catalisam reações nos átomos de carbono β e γ dos aminoácidos.

## As enzimas dependentes de piridoxal fosfato catalisam uma ampla gama de reações

A transaminação é apenas uma de uma ampla variedade de transformações dos aminoácidos catalisadas por enzimas dependentes de PLP. As outras reações catalisadas por essas enzimas no átomo de carbono α dos aminoácidos consistem em descarboxilações, desaminações, racemizações e clivagens aldol (Figura 23.11). Além disso, as enzimas dependentes de PLP catalisam reações de eliminação e de substituição no átomo de carbono β (p. ex., triptofano sintetase na síntese de triptofano) e no átomo de carbono γ (p. ex., cistationina β-sintase na síntese de cisteína) de substratos de aminoácidos. Três características comuns da catálise pelo PLP são a base dessas reações.

1. Forma-se uma base de Schiff entre o substrato de aminoácido (o componente amino) e o PLP (o componente carbonil).
2. A forma protonada do PLP atua como um *escoadouro de elétrons* para estabilizar os intermediários catalíticos que apresentam cargas negativas. Os elétrons desses intermediários são atraídos pela carga positiva do átomo de nitrogênio do anel. Em outras palavras, o PLP é um *catalisador eletrofílico*.
3. O produto da base de Schiff é clivado ao final da reação.

Como uma enzima rompe seletivamente uma das três ligações no átomo de carbono α de um substrato de aminoácido? Princípio importante é o fato de que *a ligação que está sendo rompida precisa ser perpendicular aos orbitais π do escoadouro de elétrons* (Figura 23.12). Por exemplo, uma aminotransferase liga o substrato de aminoácido de modo que a ligação $C_\alpha$–H seja perpendicular ao anel do PLP (Figura 23.13). Na serina hidroximetil transferase, a enzima que converte a serina em glicina, ocorre uma rotação da ligação N–$C_\alpha$, de modo que a ligação $C_\alpha$–$C_\beta$ fique quase perpendicular ao plano do anel do PLP, favorecendo a sua clivagem. Esse mecanismo de escolha de um dos vários resultados catalíticos possíveis é denominado *controle estereoeletrônico*.

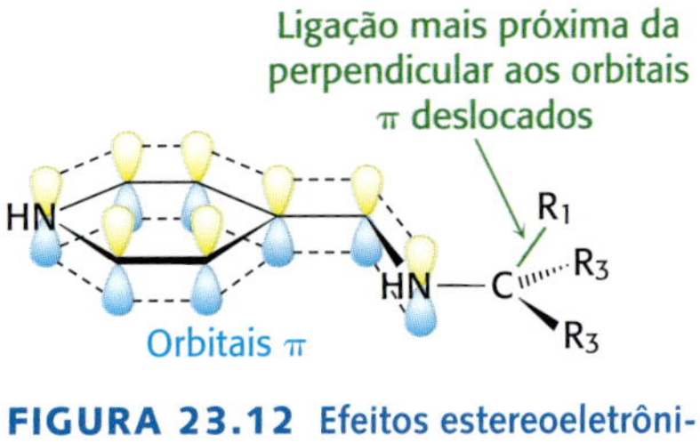


**FIGURA 23.12 Efeitos estereoeletrônicos.** A orientação da ligação N–$C_\alpha$ determina a reação mais favorecida catalisada por uma enzima dependente de piridoxal fosfato. A ligação que está mais próxima da perpendicular ao plano dos orbitais π deslocados (representados por linhas tracejadas) do escoadouro de elétrons do piridoxal fosfato é mais facilmente clivada.

Muitas das enzimas dependentes de PLP que catalisam transformações de aminoácidos, como a serina hidroximetil transferase, apresentam uma estrutura semelhante e estão claramente relacionadas por evolução divergente. Outras, como o triptofano sintetase, têm estruturas

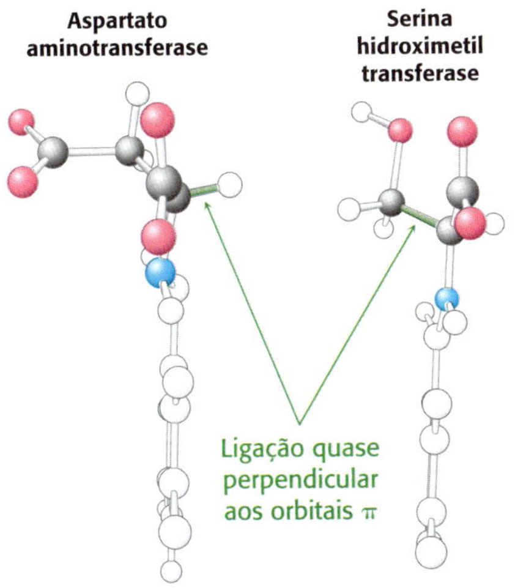


**FIGURA 23.13 Escolha da reação.** Na aspartato aminotransferase, a ligação $C_\alpha$–H é quase perpendicular ao sistema de orbitais π e é clivada. Na serina hidroximetil transferase, uma pequena rotação ao redor da ligação N–$C_\alpha$ coloca a ligação $C_\alpha$–$C_\beta$ perpendicular ao sistema π, favorecendo a sua clivagem.

globais muito diferentes. Entretanto, os sítios ativos dessas enzimas são notavelmente semelhantes ao da aspartato aminotransferase, o que revela os efeitos da evolução convergente.

## A serina e a treonina podem ser diretamente desaminadas

Os grupos α-amino da serina e da treonina podem ser convertidos diretamente em $NH_4^+$ sem serem inicialmente transferidos para o α-cetoglutarato. Essas desaminações diretas são catalisadas pela *serina desidratase* e pela *treonina desidratase,* onde o PLP é o grupo prostético.

$$\text{Serina} \longrightarrow \text{piruvato} + NH_4^+$$
$$\text{Treonina} \longrightarrow \alpha\text{-cetobutirato} + NH_4^+$$

Essas enzimas são denominadas *desidratases*, visto que a *desidratação precede a desaminação*. A serina perde um íon hidrogênio de seu átomo de carbono α e um íon hidróxido de seu átomo de carbono β, produzindo aminoacrilato. Esse composto instável reage com $H_2O$, originando piruvato e $NH_4^+$. Por conseguinte, a presença de um grupo hidroxila no átomo de carbono β em cada um desses aminoácidos possibilita uma desaminação direta.

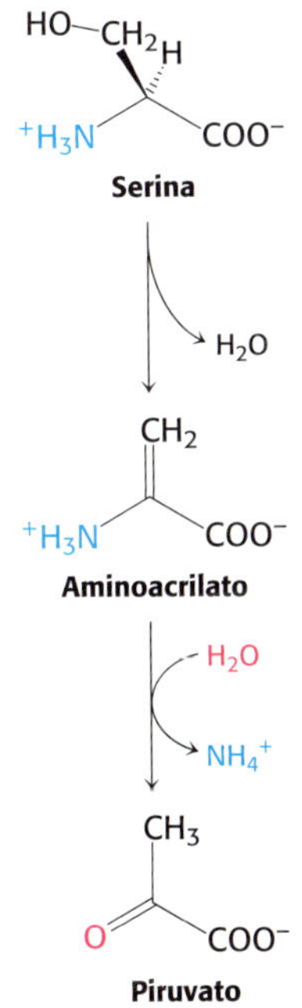


## Os tecidos periféricos transportam nitrogênio para o fígado

Embora a maior parte da degradação dos aminoácidos ocorra no fígado, outros tecidos também podem degradar aminoácidos. Por exemplo, o músculo utiliza aminoácidos de cadeia ramificada como combustível durante o exercício prolongado e o jejum. Como o nitrogênio é processado nesses outros tecidos? Como no fígado, a primeira etapa consiste na remoção do nitrogênio do aminoácido. Entretanto, o músculo carece das enzimas do ciclo da ureia, de modo que o nitrogênio precisa ser liberado em uma forma atóxica que possa ser absorvida pelo fígado e convertida em ureia.

O nitrogênio é transportado do músculo para o fígado em duas formas principais de transporte. É formado glutamato por reações de transaminação, porém o nitrogênio é então transferido para o piruvato, formando alanina, que é liberada no sangue (Figura 23.14). O fígado capta a alanina e a converte de volta em piruvato por transaminação. O piruvato pode ser utilizado para a gliconeogênese, e o grupo amino finalmente aparece como ureia. Esse transporte é designado como *ciclo de glicose-alanina*. Lembra o ciclo de Cori discutido anteriormente (Figura 16.32). Todavia, diferentemente do ciclo de Cori, o piruvato não é reduzido a lactato pelo NADH, e, portanto, maior quantidade de elétrons de alta energia torna-se disponível para a fosforilação oxidativa no músculo.

Vias ativas:
1. Degradação do glicogênio, Capítulo 21
2. Glicólise, Capítulo 16
3. Ciclo do ácido cítrico, Capítulo 17
4. Fosforilação oxidativa, Capítulo 18
5. Gliconeogênese, Capítulo 16
6. Ciclo da ureia, Capítulo 23

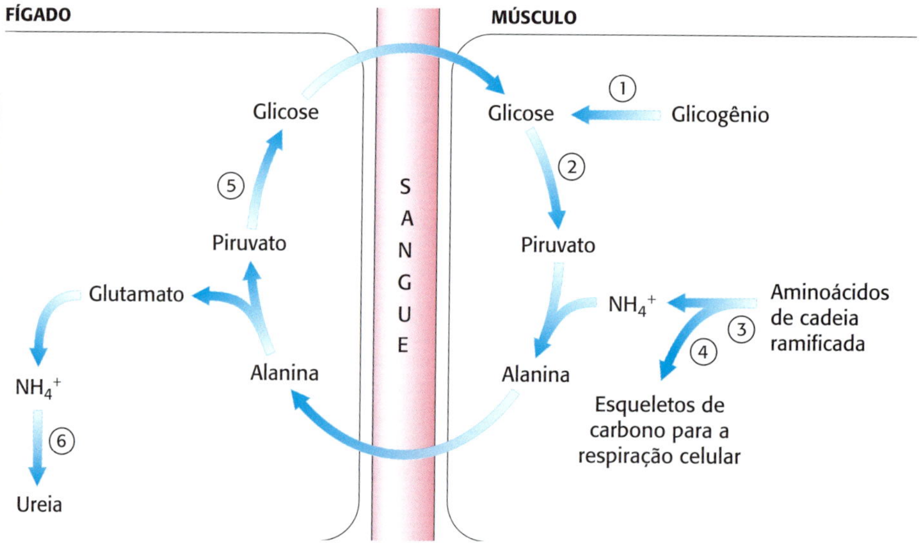


**FIGURA 23.14 INTEGRAÇÃO DAS VIAS: O ciclo de glicose-alanina.** Durante o exercício prolongado e o jejum, o músculo utiliza aminoácidos de cadeia ramificada como combustível. O nitrogênio removido é transferido (por meio do glutamato) para a alanina, que é liberada na corrente sanguínea. No fígado, a alanina é captada e convertida em piruvato para a subsequente síntese de glicose.

A glutamina também constitui uma importante forma de transporte de nitrogênio. A glutamina sintetase catalisa a síntese da glutamina a partir do glutamato e $NH_4^+$ em uma reação dependente de ATP:

$$NH_4^+ + \text{glutamato} + ATP \xrightarrow{\text{Glutamina sintetase}} \text{glutamina} + ADP + P_i$$

Os nitrogênios da glutamina podem ser convertidos em ureia no fígado.

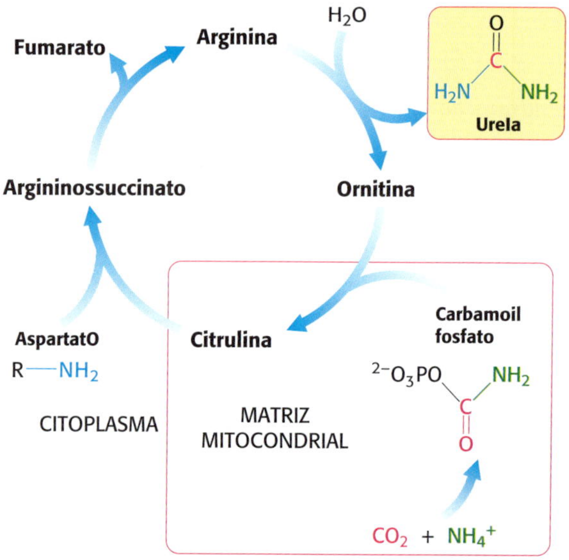


**FIGURA 23.15** O ciclo da ureia.

## 23.4 O íon amônio é convertido em ureia na maioria dos vertebrados terrestres

Parte do $NH_4^+$ formado na degradação dos aminoácidos é consumida na biossíntese dos compostos nitrogenados. Na maioria dos vertebrados terrestres, o excesso de $NH_4^+$ é convertido em *ureia*, que é então excretada. Esses organismos são denominados *ureotélicos*.

Nos vertebrados terrestres, a ureia é sintetizada pelo *ciclo da ureia* (Figura 23.15). Um dos átomos do nitrogênio da ureia é transferido de um aminoácido, o aspartato. O outro átomo de nitrogênio provém diretamente do $NH_4^+$ livre, e o átomo de carbono deriva do $HCO_3^-$ (produzido pela hidratação do $CO_2$; ver seção 9.2).

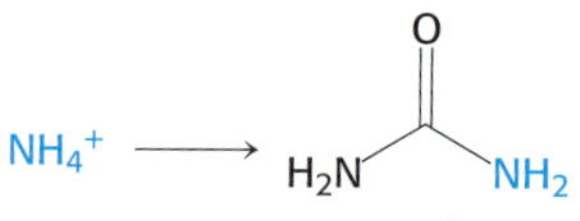


### O ciclo da ureia começa com a formação de carbamoil fosfato

O ciclo da ureia começa com o acoplamento de $NH_3$ livre com $HCO_3^-$, formando carbamoil fosfato, a reação de comprometimento do ciclo da ureia, que é catalisada pela *carbamoil fosfato sintetase I*. O carbamoil fosfato é uma molécula simples, porém a sua síntese é complexa, exigindo três etapas.

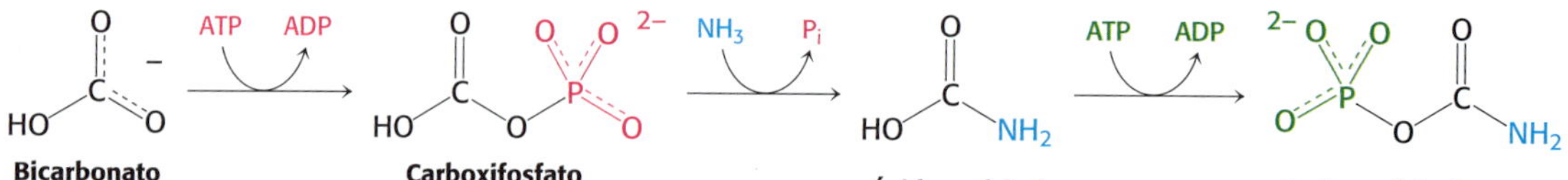

Observe que a $NH_3$, por ser uma base forte, existe normalmente na forma de $NH_4^+$ em solução aquosa. Entretanto, a carbamoil fosfato sintetase utiliza apenas a $NH_3$ como substrato. A reação começa com a fosforilação do $HCO_3^-$, formando carboxifosfato, que reage então com $NH_3$ para formar ácido carbâmico. Por fim, uma segunda molécula de ATP fosforila o ácido carbâmico, formando carbamoil fosfato. A estrutura e o mecanismo da enzima que catalisa essas reações são apresentados no Capítulo 25. O consumo de duas moléculas de ATP torna essa síntese de carbamoil fosfato essencialmente irreversível.

## A carbamoil fosfato sintetase é a enzima regulatória-chave na síntese de ureia

A carbamoil fosfato sintetase é regulada tanto alostericamente quanto por modificação covalente, de modo que a sua atividade é máxima quando os aminoácidos estão sendo metabolizados para uso de energia. O regulador alostérico N-*acetilglutamato* (NAG) é necessário para a atividade da sintetase. Essa molécula é sintetizada pela N-*acetilglutamato sintase*.

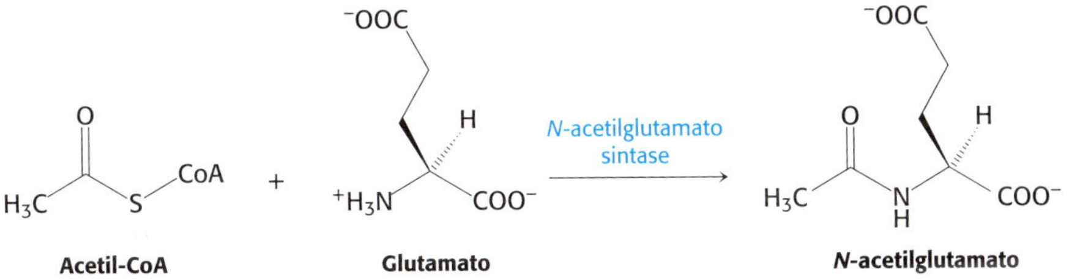


A *N*-acetilglutamato sintase é ela própria ativada pela arginina. Assim, o NAG é sintetizado quando aminoácidos, representados pela arginina e pelo glutamato, estão prontamente disponíveis, e a carbamoil fosfato sintetase é então ativada para processar a amônia gerada. Quando não há produção de amônia, a sintetase é inibida por acetilação. Uma elevação do $NAD^+$ mitocondrial, que indica um estado de baixa energia, estimula uma desacetilase que remove o grupo acetila, ativando a sintetase e preparando a enzima para o processamento da amônia proveniente da degradação das proteínas. O controle da acetilação da sintetase ainda não está bem esclarecido.

## O carbamoil fosfato reage com a ornitina para iniciar o ciclo da ureia

O grupo carbamoil do carbamoil fosfato apresenta alto potencial de transferência em virtude de sua ligação anidrido. O grupo carbamoil é transferido para a *ornitina*, formando *citrulina*, em uma reação catalisada pela *ornitina transcarbamoilase*.

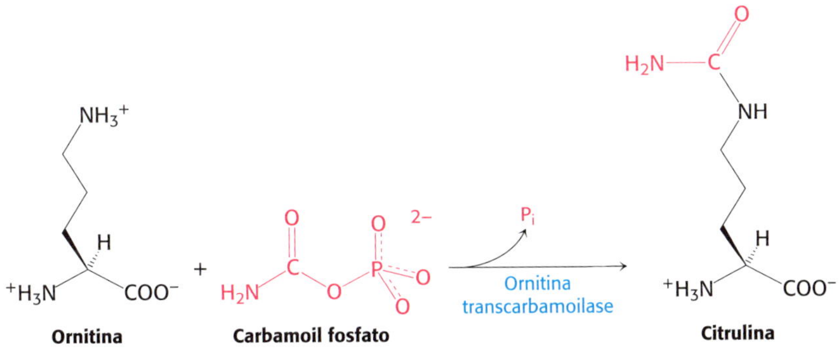


A ornitina e a citrulina são aminoácidos, porém elas não são utilizadas como blocos de construção de proteínas. A formação de $NH_4^+$ pela glutamato desidrogenase, a sua incorporação em carbamoil fosfato como $NH_3$ e a subsequente síntese de citrulina ocorrem na matriz mitocondrial. Em contrapartida, as três reações seguintes do ciclo da ureia, que levam à formação de ureia, ocorrem no citoplasma.

A citrulina é transportada para o citoplasma, onde se condensa com o aspartato, o doador do segundo grupo amino da ureia. Essa síntese de *argininossuccinato*, catalisada pela *argininossuccinato sintetase*, é dirigida pela clivagem do ATP em AMP e pirofosfato, como também pela subsequente hidrólise do pirofosfato.

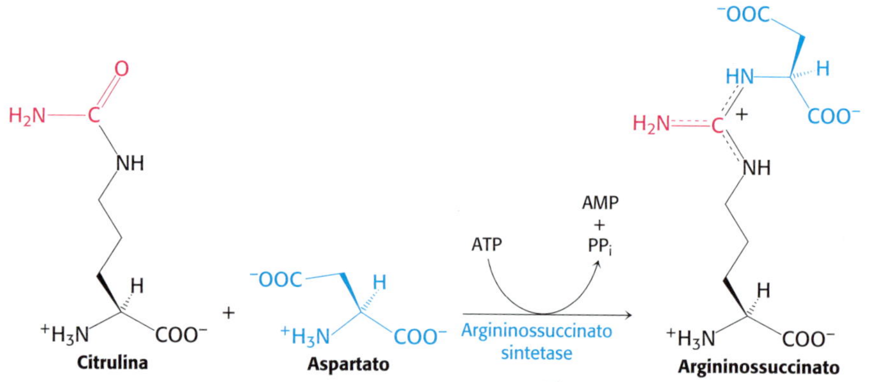


A *argininossucquinase* (também denominada argininossuccinato liase) cliva o argininossuccinato em *arginina* e *fumarato*. Por conseguinte, o esqueleto de carbono do aspartato é preservado na forma de fumarato.

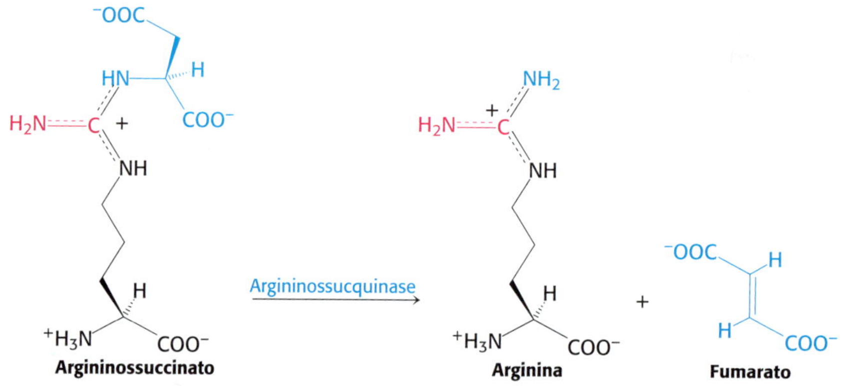


Por fim, a arginina é hidrolisada, gerando ureia e ornitina, em uma reação catalisada pela *arginase*. A seguir, a ornitina é transportada de volta à mitocôndria para iniciar outro ciclo. A ureia é excretada. Com efeito, os seres humanos excretam cerca de 10 kg de ureia por ano.

Na Roma antiga, a urina era um artigo valioso. Recipientes eram colocados nas esquinas para que os transeuntes pudessem urinar. As bactérias degradavam a ureia, liberando íon amônio, que era utilizado como alvejante para clarear togas.

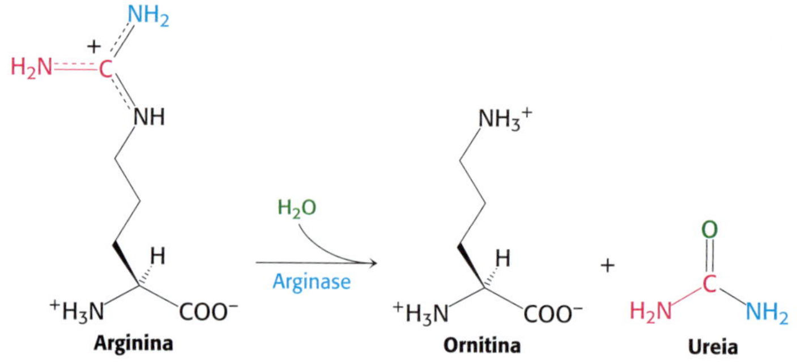


## O ciclo da ureia está ligado à gliconeogênese

A estequiometria da síntese da ureia é

$$CO_2 + NH_4^+ + 3ATP + \text{aspartato} + 2\ H_2O \longrightarrow \text{ureia} + 2ADP + 2\ P_i + AMP + PP_i + \text{fumarato}$$

O pirofosfato é rapidamente hidrolisado, e, assim, o equivalente de quatro moléculas de ATP é consumido nessas reações para sintetizar uma molécula de ureia. A síntese de fumarato pelo ciclo da ureia é importante, visto que ele é um precursor para a síntese de glicose (Figura 23.16). O fumarato é hidratado a malato, que, por sua vez, é oxidado a oxaloacetato. O oxaloacetato pode ser convertido em glicose pela gliconeogênese, ou pode ser transaminado a aspartato.

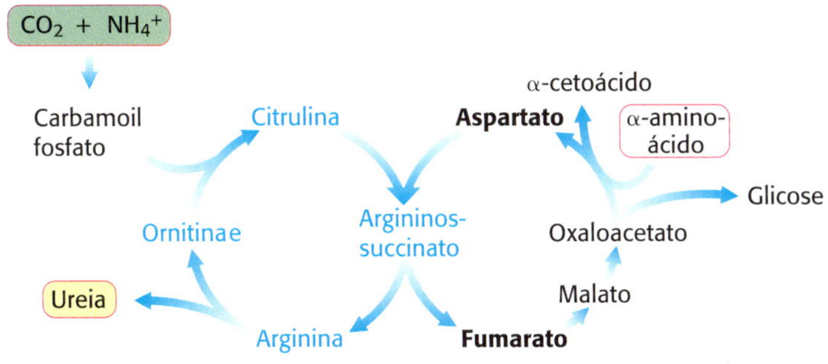


**FIGURA 23.16 Integração metabólica do metabolismo do nitrogênio.** O ciclo da ureia, a gliconeogênese e a transaminação do oxaloacetato estão ligados pelo fumarato e pelo aspartato.

## As enzimas do ciclo da ureia têm uma relação evolutiva com enzimas de outras vias metabólicas

A carbamoil fosfato sintetase gera carbamoil fosfato para o ciclo da ureia, bem como para a primeira etapa da biossíntese das pirimidinas (ver seção 25.1). Nos mamíferos, são encontradas duas isoenzimas distintas da enzima. A carbamoil fosfato sintetase II, que é utilizada na biossíntese das pirimidinas, difere em dois aspectos importantes de seu equivalente do ciclo da ureia. Em primeiro lugar, essa enzima utiliza glutamina como fonte de nitrogênio, e não $NH_3$. A amida da cadeia lateral da glutamina é hidrolisada dentro de um domínio da enzima, e a amônia produzida move-se através de um túnel na enzima para um segundo sítio ativo, onde reage com o carboxifosfato. Em segundo lugar, essa enzima faz parte de um grande complexo, que catalisa várias etapas na biossíntese das pirimidinas (ver seção 25.1). É interessante assinalar que o domínio no qual ocorre a hidrólise da glutamina é, em grande parte, preservado na enzima do ciclo da ureia, embora esse domínio seja cataliticamente inativo. Esse sítio liga-se ao *N*-acetilglutamato, um ativador alostérico da enzima. *Um sítio catalítico em uma isoenzima foi adaptado para atuar como sítio alostérico em outra isoenzima que desempenha papel fisiológico diferente.*

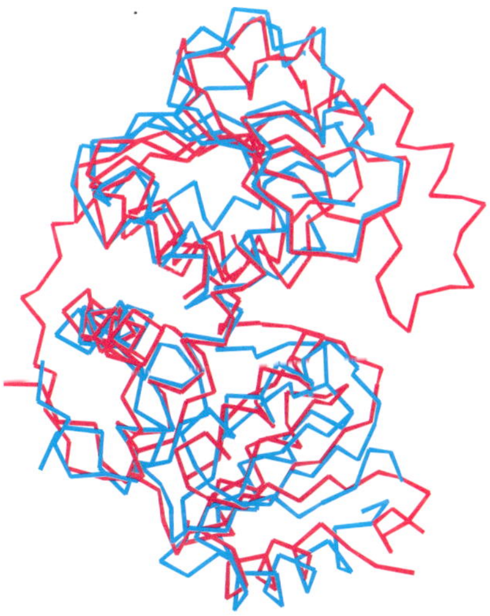

**FIGURA 23.17 Enzimas homólogas.** A estrutura da subunidade catalítica da ornitina transcarbamoilase (azul) é muito semelhante à da subunidade catalítica da aspartato transcarbamoilase (vermelho), indicando que essas duas enzimas são homólogas. [Desenhada de 1AKM.pdb e 1RAI.pdb.]

É possível encontrar homólogos das outras enzimas no ciclo da ureia? A ornitina transcarbamoilase é homóloga à aspartato transcarbamoilase, que catalisa a primeira etapa na biossíntese das pirimidinas, e as estruturas de suas subunidades catalíticas são muito semelhantes (Figura 23.17). Assim, duas etapas consecutivas na via de biossíntese das pirimidinas foram adaptadas para a síntese de ureia. A etapa seguinte no ciclo da ureia consiste na adição de aspartato à citrulina para formar argininossuccinato, e a etapa subsequente é a remoção do fumarato. Essas duas etapas juntas são responsáveis pela adição efetiva de um grupo amino à citrulina, formando arginina. De modo notável, essas etapas são análogas a duas etapas consecutivas na via de biossíntese das purinas (ver seção 25.2).

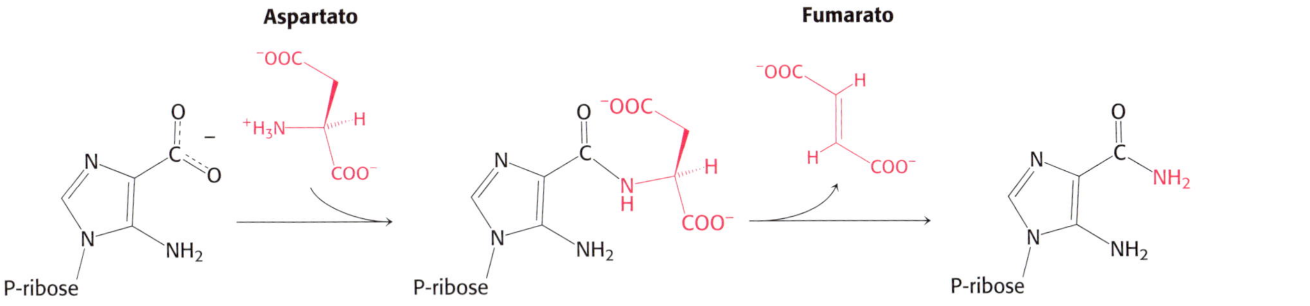

As enzimas que catalisam essas etapas são homólogas à argininossuccinato sintetase e à argininossucquinase, respectivamente. Por conseguinte, quatro das cinco enzimas do ciclo da ureia foram adaptadas a partir de enzimas que atuam na biossíntese dos nucleotídios. A enzima restante, a arginase, parece ser uma antiga enzima encontrada em todos os domínios da vida.

## Os defeitos hereditários do ciclo da ureia causam hiperamonemia e podem levar a lesão cerebral

A síntese de ureia no fígado constitui a principal via de remoção do $NH_4^+$. Os distúrbios do ciclo da ureia ocorrem com prevalência de cerca de 1 em 15.000. A ocorrência de um bloqueio na síntese de carbamoil fosfato ou em qualquer uma das quatro etapas do ciclo da ureia tem consequências devastadoras, visto que não existe nenhuma via alternativa para a síntese de ureia. *Todos os defeitos do ciclo da ureia resultam em níveis elevados de* $NH_4^+$ *no sangue (hiperamonemia).* Alguns desses defeitos genéticos tornam-se evidentes 1 ou 2 dias após o nascimento, quando a criança afetada torna-se letárgica e apresenta vômitos periódicos. Em pouco tempo, podem ocorrer coma e uma lesão cerebral irreversível, condição denominada *encefalopatia hepática*. Por que os altos níveis de $NH_4^+$ são tóxicos? A resposta a essa pergunta ainda não é conhecida. Entretanto, pesquisas recentes sugerem que o $NH_4^+$ pode ativar inapropriadamente um cotransportador de sódio-potássio-cloreto. Essa ativação compromete o equilíbrio osmótico da célula nervosa, causando inchaço que lesiona a célula e resulta em distúrbios neurológicos.

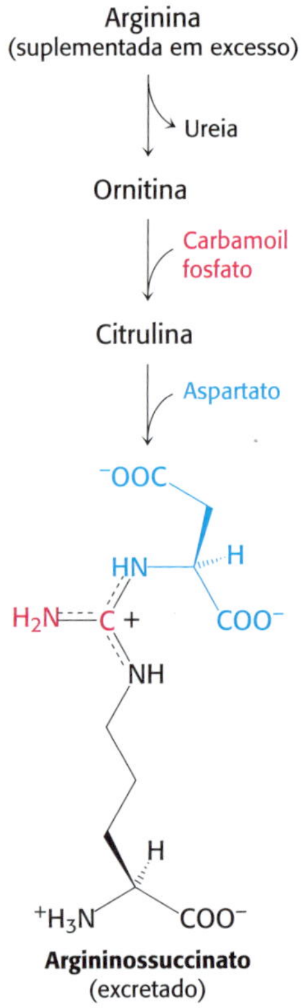


**FIGURA 23.18 Tratamento da deficiência de argininossucquinase.** A deficiência de argininossucquinase pode ser tratada mediante suplementação alimentar de arginina. O nitrogênio é excretado na forma de argininossuccinato.

Foram planejadas estratégias engenhosas para enfrentar as deficiências na síntese de ureia com base em uma compreensão abrangente da bioquímica subjacente. Por exemplo, considere a *deficiência de argininossucquinase*. Esse defeito pode ser em parte sanado pelo *suprimento de um excesso de arginina na alimentação e por uma restrição na ingestão total de proteínas*. No fígado, a arginina é clivada em ureia e ornitina, que então reage com carbamoil fosfato para formar citrulina (Figura 23.18). Esse intermediário do ciclo da ureia condensa-se com o aspartato, produzindo argininossuccinato, que é então excretado. Observe que dois átomos de nitrogênio – um do carbamoil fosfato e outro do aspartato – são eliminados do corpo para cada molécula de arginina fornecida na alimentação. Em essência, *o argininossuccinato substitui a ureia no transporte de nitrogênio para fora do organismo.*

O tratamento da *deficiência da carbamoil fosfato sintetase* ou da *deficiência de ornitina transcarbamoilase* ilustra uma estratégia diferente para contornar um bloqueio metabólico. A citrulina e o argininossuccinato não podem ser utilizados para eliminar átomos de nitrogênio, visto que a sua formação está comprometida. Nessas condições, o excesso de nitrogênio acumula-se na glicina e na glutamina. Por conseguinte, o desafio é livrar o organismo do acúmulo de nitrogênio nesses dois aminoácidos. Tal meta é alcançada mediante suplementação de *grandes quantidades de benzoato e fenilacetato* em uma dieta restrita em proteínas. O benzoato é ativado a benzoil-CoA, que reage com a glicina para formar hipurato, que é excretado (Figura 23.19). De forma semelhante, o fenilacetato é ativado a fenilacetil-CoA, que reage com a glutamina para formar fenilacetil glutamina, que também é excretada. Esses conjugados substituem a ureia na eliminação do nitrogênio. *Por conseguinte, vias bioquímicas latentes podem ser ativadas para sanar parcialmente um defeito genético.*

## A ureia não constitui o único meio de eliminação do excesso de nitrogênio

Conforme assinalado anteriormente, os vertebrados terrestres são, em sua maioria, ureotélicos, ou seja, eles excretam o excesso de nitrogênio na

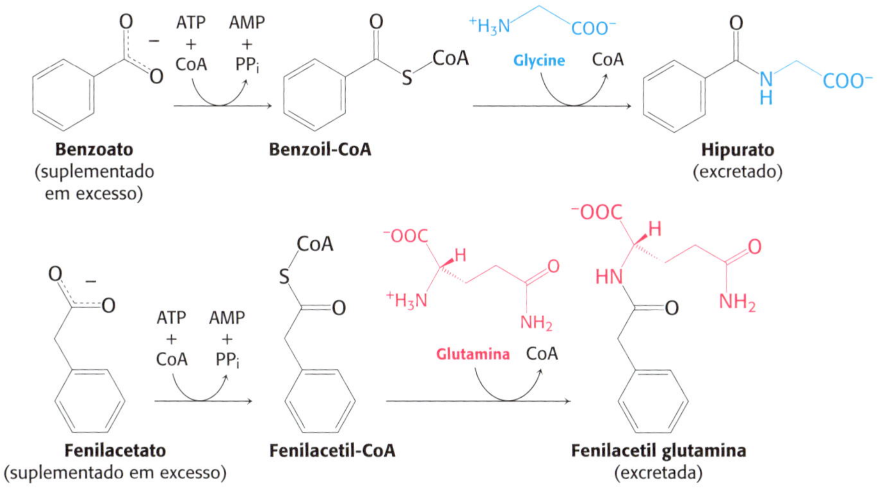


**FIGURA 23.19 Tratamento das deficiências de carbamoil fosfato sintetase e de ornitina transcarbamoilase.** Ambas as deficiências podem ser tratadas por meio de suplementação alimentar com benzoato e fenilacetato. O nitrogênio é excretado na forma de hipurato e fenilacetil glutamina.

forma de ureia. Todavia, a ureia não constitui a única forma de excreção de nitrogênio. *Os organismos amoniotélicos, como os vertebrados e os invertebrados aquáticos, liberam nitrogênio na forma de* $NH_4^+$ e dependem do ambiente aquoso para diluir essa substância tóxica. É interessante observar que os peixes pulmonados, que normalmente são amoniotélicos, tornam-se ureotélicos em épocas de seca, quando vivem fora da água.

Tanto os organismos ureotélicos quanto os amoniotélicos dependem, em graus variáveis, de água suficiente para a excreção do nitrogênio. *Em contrapartida, os organismos uricotélicos, como as aves e os répteis, secretam nitrogênio na forma de ácido úrico, uma purina.* O ácido úrico é secretado como uma massa quase sólida que necessita de pouca água. A secreção de ácido úrico também tem a vantagem de remover quatro átomos de nitrogênio por molécula. A via de excreção de nitrogênio desenvolvida ao longo da evolução depende claramente do hábitat do organismo.

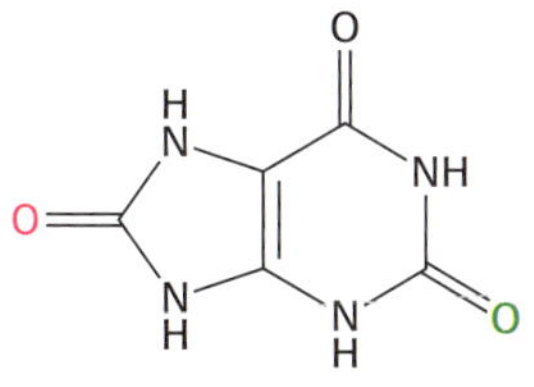

**Ácido úrico**

## 23.5 Os átomos de carbono dos aminoácidos degradados emergem como intermediários metabólicos Principais

Analisaremos agora os destinos dos esqueletos de carbono dos aminoácidos após a remoção do grupo α-amino. *A estratégia da degradação dos aminoácidos consiste em transformar os esqueletos de carbono em intermediários metabólicos principais que possam ser convertidos em glicose ou oxidados pelo ciclo do ácido cítrico.* As vias de conversão variam de extremamente simples até muito complexas. De fato, alguns aminoácidos podem ser degradados por vias alternativas. Por exemplo, a treonina pode ser metabolizada a succinil-CoA ou a piruvato. Entretanto, em todos os casos, os esqueletos de carbono do conjunto diversificado de 20 aminoácidos fundamentais convergem para apenas sete moléculas: *piruvato, acetil-CoA, acetoacetil-CoA, α-cetoglutarato, succinil-CoA, fumarato e oxaloacetato.* Vemos aqui um exemplo da notável economia das conversões metabólicas.

Os aminoácidos que são degradados em acetil-CoA ou em acetoacetil-CoA são denominados *aminoácidos cetogênicos*, visto que podem originar corpos cetônicos ou ácidos graxos. Os aminoácidos que são degradados a piruvato, α-cetoglutarato, succinil-CoA, fumarato ou oxaloacetato são denominados *aminoácidos glicogênicos*. O oxaloacetato, gerado a partir do piruvato e de outros intermediários do ciclo do ácido cítrico, pode ser convertido em fosfoenolpiruvato e, a seguir, em glicose (ver seção 16.3). É importante lembrar que os mamíferos carecem de uma via para a síntese final de glicose a partir da acetil-CoA ou da acetoacetil-CoA.

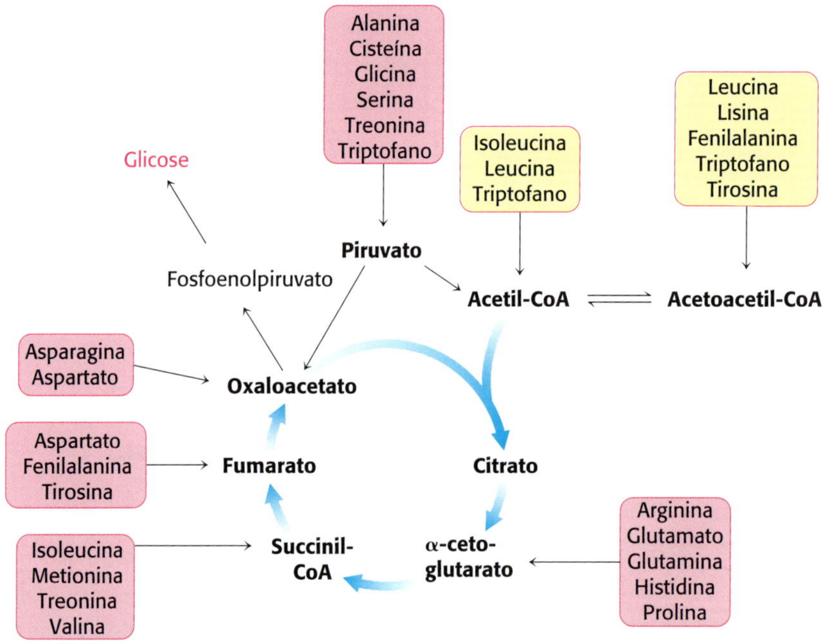


**FIGURA 23.20 Destinos dos esqueletos de carbono dos aminoácidos.** Os aminoácidos glicogênicos são mostrados em vermelho, e os aminoácidos cetogênicos, em amarelo. Vários aminoácidos são tanto glicogênicos quanto cetogênicos.

Do conjunto básico de 20 aminoácidos, apenas a leucina e a lisina são exclusivamente cetogênicas (Figura 23.20). A isoleucina, a fenilalanina, o triptofano e a tirosina são tanto cetogênicos quanto glicogênicos. Alguns de seus átomos de carbono emergem na acetil-CoA ou na acetoacetil-CoA, enquanto outros aparecem em precursores potenciais da glicose. Os outros 14 aminoácidos são classificados como exclusivamente glicogênicos. Identificaremos as vias de degradação pelo ponto de entrada no metabolismo.

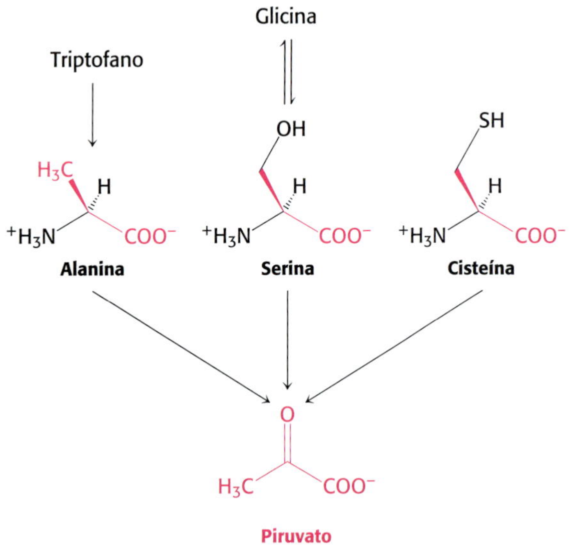


**FIGURA 23.21 Formação do piruvato a partir de aminoácidos.** O piruvato constitui o ponto de entrada da alanina, serina, cisteína, glicina e triptofano.

## O piruvato é um ponto de entrada no metabolismo para diversos aminoácidos

O piruvato é o ponto de entrada dos aminoácidos de três carbonos – alanina, serina e cisteína – no fluxo metabólico principal (Figura 23.21). A transaminação da alanina produz diretamente piruvato.

$$\text{Alanina} + \alpha\text{-cetoglutarato} \rightleftharpoons \text{piruvato} + \text{glutamato}$$

Conforme mencionado anteriormente, o glutamato sofre então desaminação oxidativa, produzindo $NH_4^+$ e regenerando o α-cetoglutarato. A soma dessas reações é

$$\text{Alanina} + \text{NAD(P)}^+ + H_2O \longrightarrow \text{piruvato} + NH_4^+ + \text{NAD(P)H} + H^+$$

Outra reação simples na degradação de aminoácidos é a *desaminação da serina a piruvato pela serina desidratase* (p. 771).

$$\text{Serina} \longrightarrow \text{piruvato} + NH_4^+$$

A cisteína pode ser convertida em piruvato por diversas vias, com o átomo de enxofre aparecendo em $H_2S$, $SCN^-$ ou $SO_3^{2-}$.

Os átomos de carbono de três outros aminoácidos podem ser convertidos em piruvato. A *glicina* pode ser convertida em serina pela adição enzimática de um grupo hidroximetila, ou pode ser clivada para produzir $CO_2$, $NH_4^+$ e uma unidade ativada de um carbono. A *treonina* pode dar origem ao piruvato por meio do intermediário 2-amino-3-cetobutirato. Três átomos de carbono do *triptofano* podem emergir na alanina, que pode ser convertida em piruvato.

## O oxaloacetato constitui um ponto de entrada no metabolismo para o aspartato e a asparagina

O aspartato e a asparagina são convertidos em oxaloacetato, um intermediário do ciclo do ácido cítrico. O *aspartato*, um aminoácido de quatro carbonos, é *transaminado* diretamente em *oxaloacetato*.

$$\text{Aspartato} + \alpha\text{-cetoglutarato} \rightleftharpoons \text{oxaloacetato} + \text{glutamato}$$

A *asparagina* é hidrolisada pela *asparaginase* a $NH_4^+$ e aspartato, que, em seguida, é transaminado.

Convém lembrar que o aspartato também pode ser convertido em *fumarato* pelo ciclo da ureia (Figura 23.16). O fumarato representa um ponto de entrada para metade dos átomos de carbono da tirosina e da fenilalanina, conforme discutido adiante.

## O α-cetoglutarato constitui um ponto de entrada no metabolismo para os aminoácidos de cinco carbonos

Os esqueletos de carbono de vários aminoácidos de cinco carbonos entram no ciclo do ácido cítrico no *α-cetoglutarato*. Esses aminoácidos são inicialmente convertidos em *glutamato*, que, em seguida, sofre desaminação oxidativa pela glutamato desidrogenase, produzindo α-cetoglutarato (Figura 23.22).

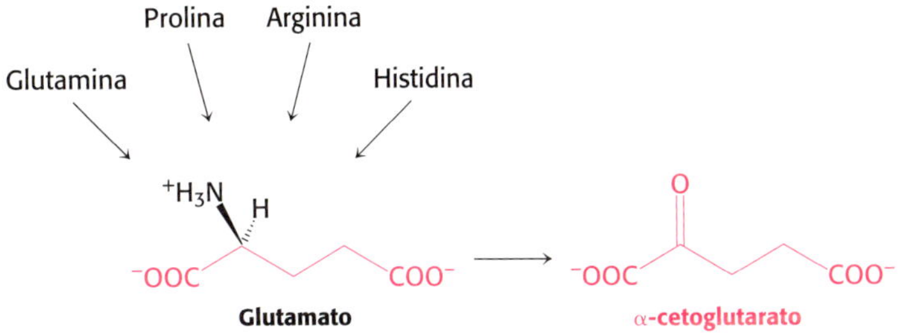


**FIGURA 23.22 Formação do α-cetoglutarato a partir de aminoácidos.** O α-cetoglutarato constitui o ponto de entrada de vários aminoácidos de cinco carbonos, que são inicialmente convertidos em glutamato.

A *histidina* é convertida em 4-imidazolona 5-propionato (Figura 23.23). A ligação amida no anel desse intermediário é hidrolisada ao derivado *N*-formimino do glutamato que, a seguir, é convertido em glutamato pela transferência de seu grupo formimino para o tetra-hidrofolato, um carreador de unidades ativadas de um carbono (Figura 24.9).

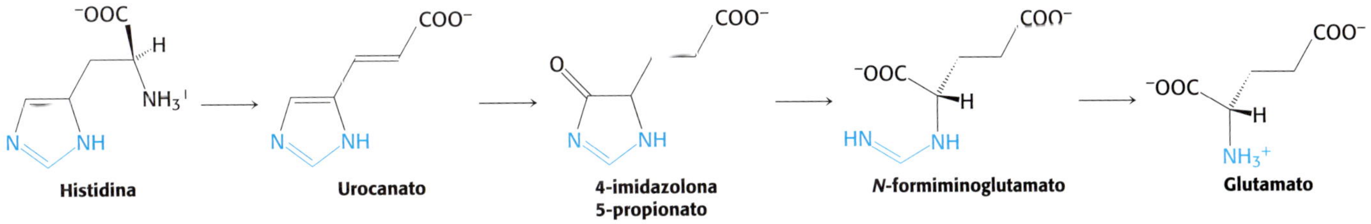


**FIGURA 23.23 Degradação da histidina.** Conversão da histidina em glutamato.

A *glutamina* é hidrolisada a glutamato e $NH_4^+$ pela *glutaminase*. A *prolina* e a *arginina* são convertidas em glutamato γ-semialdeído, que é então oxidado a glutamato (Figura 23.24).

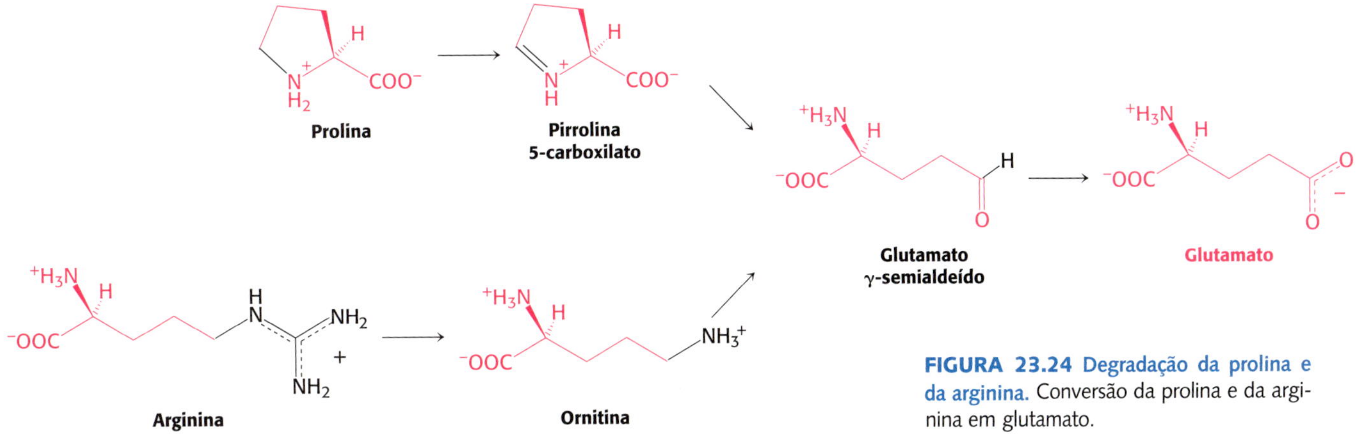


**FIGURA 23.24 Degradação da prolina e da arginina.** Conversão da prolina e da arginina em glutamato.

## A succinil-coenzima A é um ponto de entrada para diversos aminoácidos

A succinil-CoA constitui um ponto de entrada para alguns dos átomos de carbono de metionina, isoleucina, treonina e valina. A propionil-CoA e, em seguida, a metilmalonil-CoA são intermediários na degradação desses quatro aminoácidos (Figura 23.25). Essa via de propionil-CoA para succinil-CoA também é utilizada na oxidação de ácidos graxos que apresentam um número ímpar de átomos de carbono. O mecanismo da interconversão entre propionil-CoA e metilmalonil-CoA foi apresentado na seção 22.3. (Ver Bioquímica em foco no fim deste capítulo.)

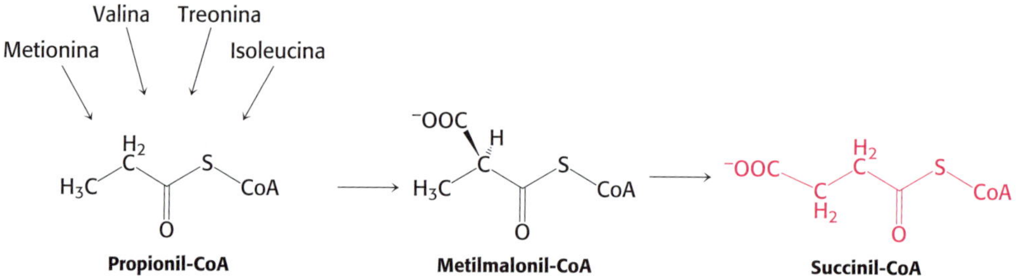


**FIGURA 23.25 Formação da succinil-CoA.** Conversão de metionina, isoleucina, treonina e valina em succinil-CoA.

## A degradação da metionina exige a formação de um doador de metila-chave, a *S*-adenosilmetionina

A metionina é convertida em succinil-CoA em nove etapas (Figura 23.26). A primeira etapa consiste na adenilação da metionina para formar a S-*adenosilmetionina* (SAM), um doador de metila comum na célula (ver seção 24.2). A perda dos grupos metila e adenosila produz a homocisteína, que é finalmente processada em α-*cetobutirato*. Esse α-cetoácido sofre descarboxilação oxidativa pelo complexo α-cetoácido desidrogenase, originando *propionil-CoA*, que é processada em *succinil-CoA*, conforme descrito na seção 22.3.

## A treonina desaminase inicia a degradação da treonina

A treonina pode ser degradada por diversas vias. Uma delas exige a presença da enzima treonina desaminase, também conhecida como treonina desidratase. Essa enzima dependente de piridoxal converte a treonina em α-cetobutirato.

**FIGURA 23.26 Metabolismo da metionina.** Via para conversão da metionina em succinil-CoA. A *S*-adenosilmetionina, que é formada ao longo dessa via, é um importante doador de metila.

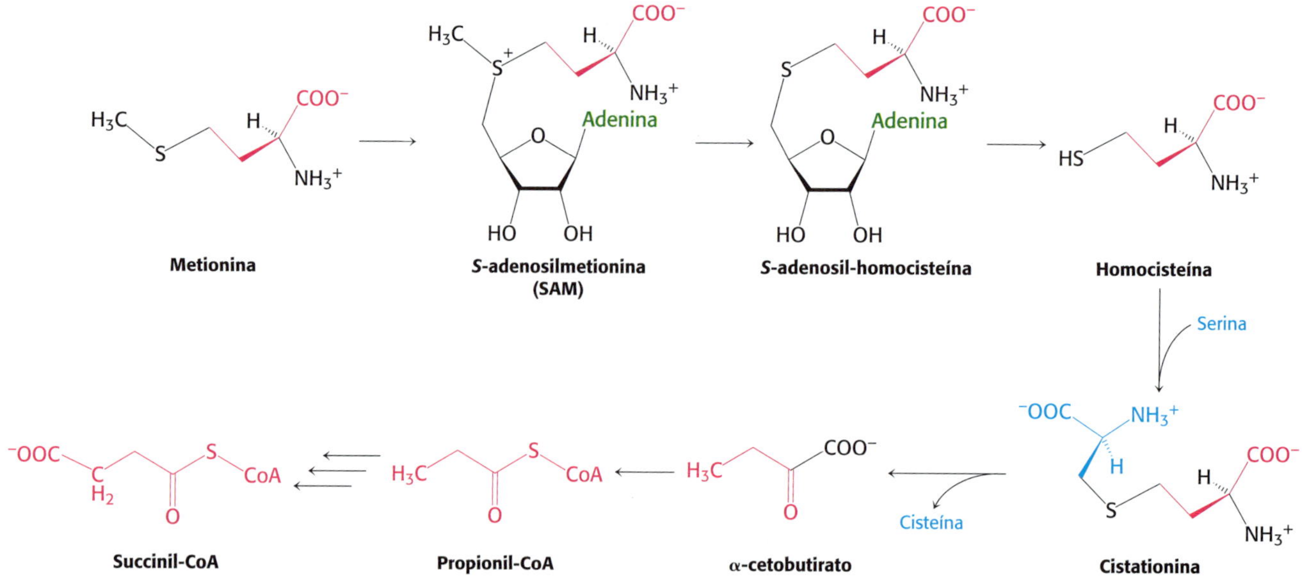

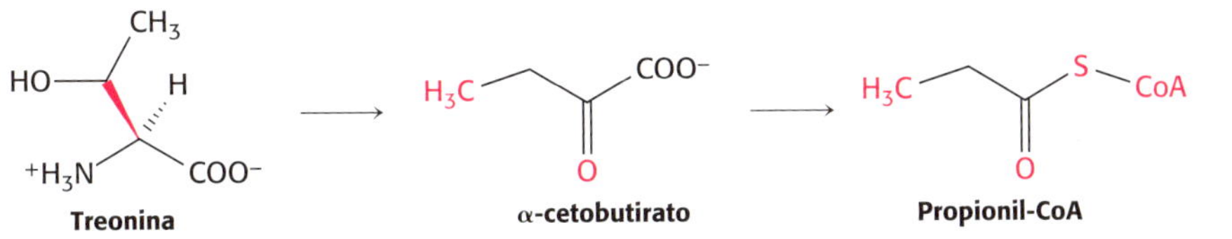


Em seguida, o α-cetobutirato forma propionil-CoA, que é subsequentemente metabolizada a succinil-CoA, conforme ilustrado na Figura 23.25.

## Os aminoácidos de cadeia ramificada produzem acetil-CoA, acetoacetato ou propionil-CoA

Os aminoácidos de cadeia ramificada são degradados por reações que já encontramos no ciclo do ácido cítrico e na oxidação dos ácidos graxos. A leucina é transaminada ao α-cetoácido correspondente, o *α-cetoisocaproato*. Esse α-cetoácido sofre *descarboxilação oxidativa a isovaleril-CoA* pelo *complexo desidrogenase de α-cetoácidos de cadeia ramificada*.

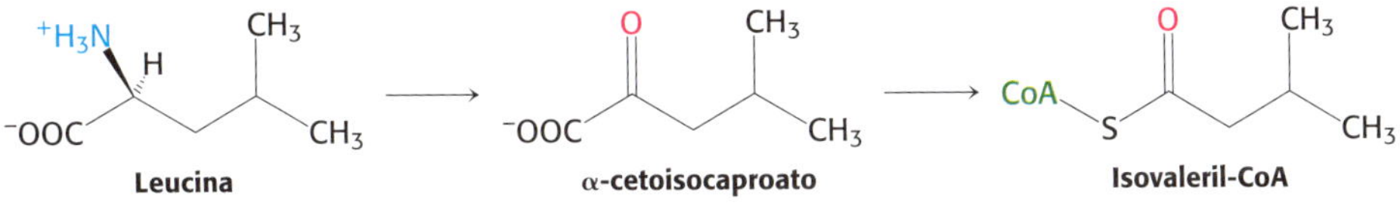


Os α-cetoácidos de valina e isoleucina, os outros dois aminoácidos alifáticos de cadeia ramificada, também são substratos (assim como o α-cetobutirato derivado da metionina). A descarboxilação oxidativa desses α-cetoácidos é análoga à do piruvato a acetil-CoA e à do α-cetoglutarato a succinil-CoA. A desidrogenase de α-cetoácidos de cadeia ramificada, um complexo multienzimático, é um homólogo do complexo piruvato desidrogenase (ver seção 17.1) e do complexo α-cetoglutarato desidrogenase (ver seção 17.2). Com efeito, os componentes E3 dessas enzimas, que regeneram a forma oxidada da lipoamida, são idênticos.

A isovaleril-CoA derivada da leucina é *desidrogenada*, produzindo *β-metilcrotonil-CoA*. Essa oxidação é catalisada pela *isovaleril-CoA desidrogenase*. O aceptor de hidrogênio é o FAD, como na reação análoga da oxidação de ácidos graxos que é catalisada pela acil-CoA desidrogenase. Em seguida, ocorre formação de *β-metilglutaconil-CoA* pela *carboxilação* da β-metilcrotonil-CoA à custa da hidrólise de uma molécula de ATP. Como seria de esperar, o mecanismo de carboxilação da β-metilcrotonil-CoA carboxilase assemelha-se ao da piruvato carboxilase e ao da acetil-CoA carboxilase.

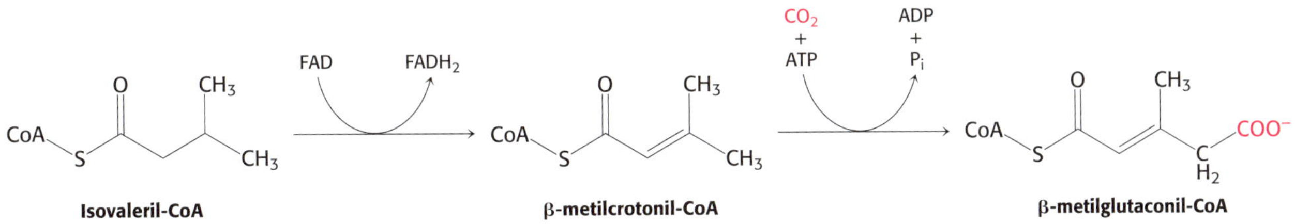


A β-metilglutaconil-CoA é então *hidratada* para formar *3-hidroxi-3-metilglutaril-CoA*, que é clivada em *acetil-CoA* e *acetoacetato*. Essa reação já foi discutida na formação dos corpos cetônicos a partir de ácidos graxos (ver seção 22.3).

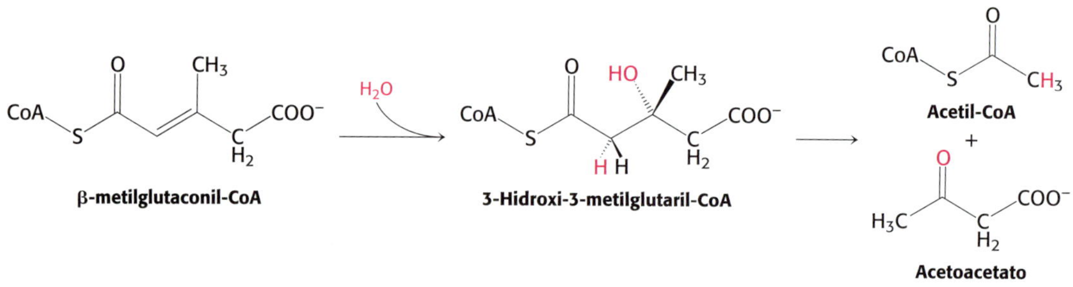


*As vias de degradação da valina e da isoleucina assemelham-se àquela da leucina.* Após transaminação e descarboxilação oxidativa para produzir um derivado de CoA, as reações subsequentes são iguais às da oxidação de ácidos graxos. A isoleucina produz acetil-CoA e propionil-CoA, enquanto a valina origina $CO_2$ e propionil-CoA. A degradação da leucina, da valina e da isoleucina validam um comentário feito anteriormente (ver Capítulo 15): a quantidade de reações no metabolismo é grande, porém o número de *tipos* de reações é relativamente pequeno. A degradação da leucina, da valina e da isoleucina fornece uma notável ilustração da simplicidade e do refinamento subjacentes do metabolismo.

## As oxigenases são necessárias para a degradação dos aminoácidos aromáticos

A degradação dos aminoácidos aromáticos origina os intermediários comuns acetoacetato, fumarato e piruvato. A via de degradação não é direta como a dos aminoácidos anteriormente discutidos. No caso dos aminoácidos aromáticos, *o oxigênio molecular é utilizado para romper o anel aromático.*

A degradação da fenilalanina começa com a sua hidroxilação a tirosina, uma reação catalisada pela *fenilalanina hidroxilase*. Essa enzima é denominada *mono-oxigenase* (ou *oxigenase de função mista*), visto que *um átomo de* $O_2$ aparece no produto, e o outro, em $H_2O$.

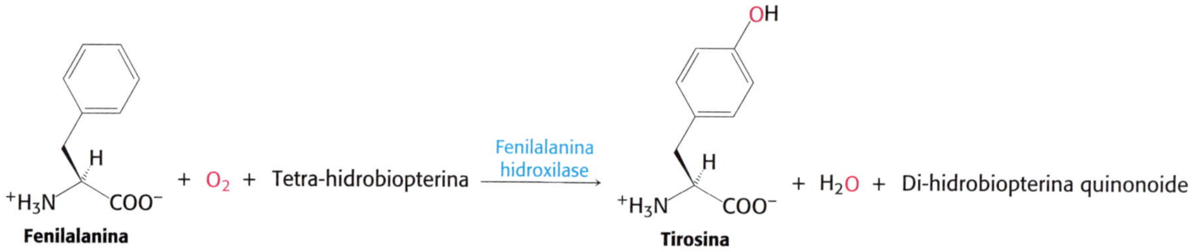


O redutor nessa reação é a *tetra-hidrobiopterina*, um carreador de elétrons que ainda não foi discutido e que se origina do cofator *biopterina*. Como a biopterina é sintetizada no organismo, não se trata de uma vitamina. A forma quinonoide da di-hidrobiopterina é produzida na hidroxilação da fenilalanina. É reduzida de volta à tetra-hidrobiopterina pelo NADPH em uma reação catalisada pela *di-hidropteridina redutase*.

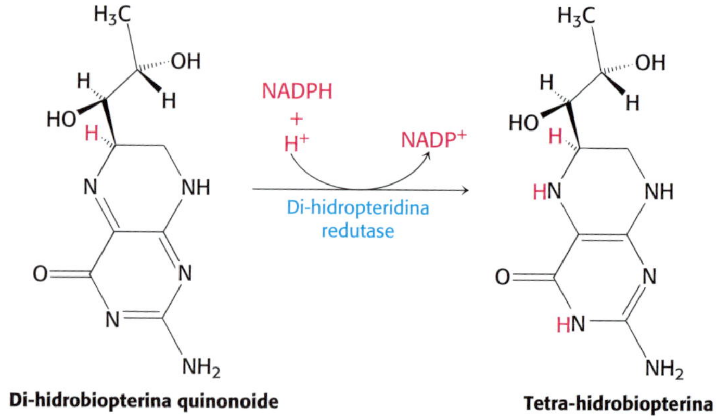

A soma das reações catalisadas pela fenilalanina hidroxilase e pela di-hidropteridina redutase é

$$\text{Fenilalanina} + O_2 + \text{NADPH} + H^+ \longrightarrow \text{tirosina} + \text{NADP}^+ + H_2O$$

Observe que essas reações também podem ser utilizadas na síntese de tirosina a partir da fenilalanina.

A etapa seguinte na degradação da fenilalanina e da tirosina é a transaminação da tirosina a p-*hidroxifenilpiruvato* (Figura 23.27). Em seguida, esse α-cetoácido reage com $O_2$, formando *homogentisato*. A enzima que catalisa essa reação complexa, a p-*hidroxifenilpiruvato hidroxilase*, é denominada *dioxigenase*, visto que *ambos os átomos de* $O_2$ são incorporados ao produto, um no anel e o outro no grupo carboxila. O anel aromático do homogentisato é então clivado pelo $O_2$, produzindo 4-maleilacetoacetato. Essa reação é catalisada pela *homogentisato oxidase*, uma outra dioxigenase. Em seguida, o 4-maleilacetoacetato é isomerizado a *4-fumarilacetoacetato* por uma enzima que utiliza a glutationa como cofator. Por fim, o 4-fumarilacetoacetato é hidrolisado a *fumarato* e *acetoacetato*.

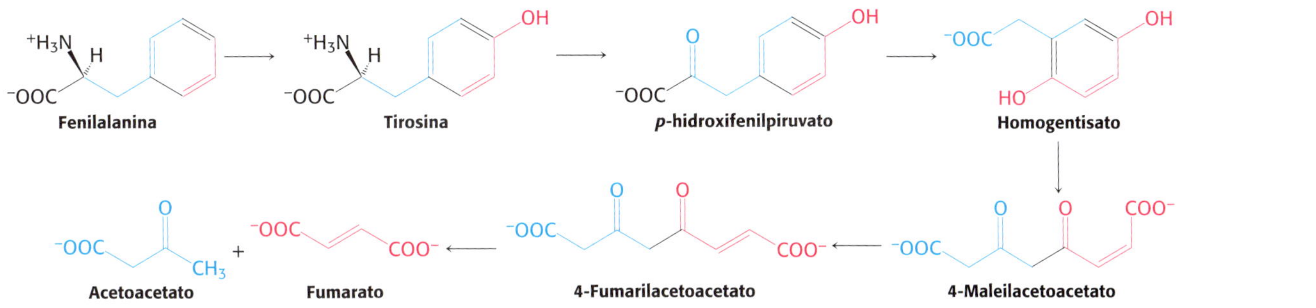


**FIGURA 23.27 Degradação da fenilalanina e da tirosina.** Via para a conversão da fenilalanina em acetoacetato e fumarato.

A degradação do triptofano exige a presença de várias oxigenases (Figura 23.28). A triptofano 2,3-dioxigenase cliva o anel pirrol, e a quinurenina 3-mono-oxigenase hidroxila o anel benzênico remanescente em uma reação semelhante à hidroxilação da fenilalanina para formar tirosina. A alanina é removida, e o 3-hidroxiantranilato é clivado por outra dioxigenase e processado subsequentemente a acetoacetil-CoA. *Quase todas as clivagens*

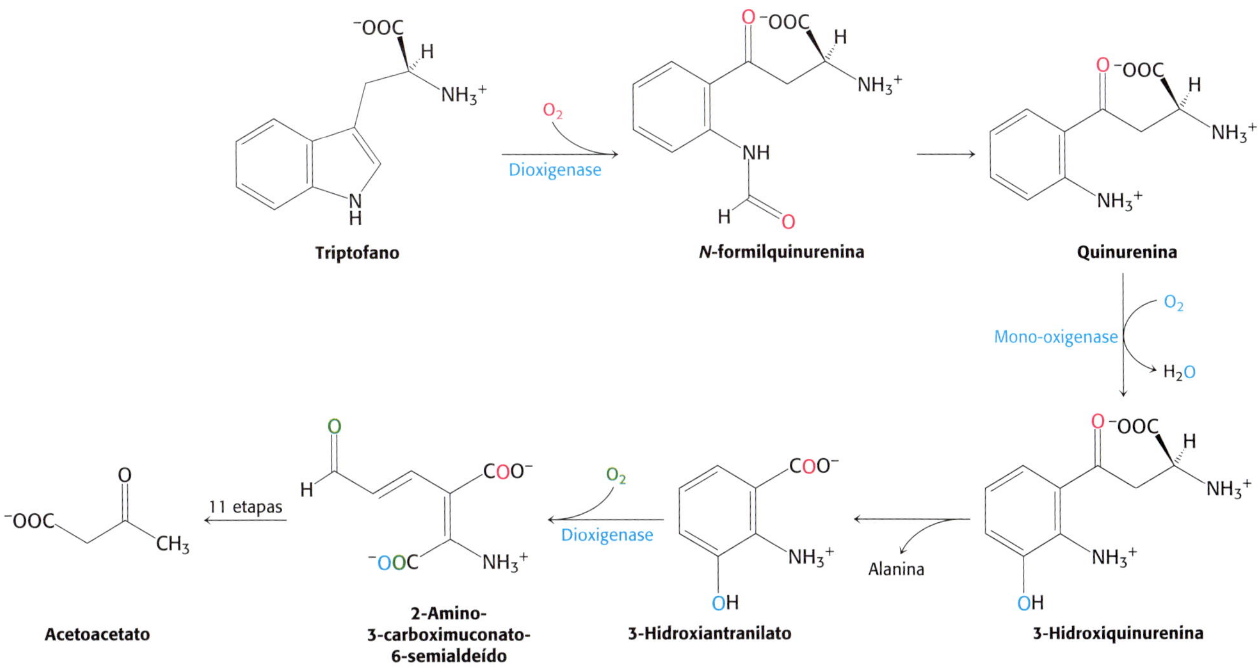


**FIGURA 23.28 Degradação do triptofano.** Via de conversão do triptofano em alanina e acetoacetato.

*de anéis aromáticos nos sistemas biológicos são catalisadas por dioxigenases*. Os sítios ativos dessas enzimas contêm ferro que não faz parte do heme nem de um grupo ferro-enxofre.

### O metabolismo das proteínas ajuda a energizar o voo das aves migratórias

Anteriormente, aprendemos que as gorduras constituem o principal combustível para o voo das aves migratórias por grandes distâncias sem se alimentarem (ver seção 22.1). As proteínas também são degradadas, contribuindo como fonte de energia para essa impressionante façanha de resistência. Por que elas são degradadas? Existem várias razões prováveis. Em primeiro lugar, como essas aves não estão se alimentando, as proteínas envolvidas na digestão e no transporte de nutrientes a partir do intestino não são necessárias e, consequentemente, podem ser degradadas. Em segundo lugar, a gliconeogênese é necessária para fornecer glicose ao sistema nervoso central, e essa necessidade é suprida pelos aminoácidos glicogênicos. Além disso, alguns esqueletos de carbono de aminoácidos podem reabastecer os intermediários do ciclo do ácido cítrico, facilitando o metabolismo dos lipídios. Em terceiro lugar, a redução da massa corporal em consequência da degradação proteica diminui o custo energético do voo. Existe um benefício final. Além de não se alimentarem durante o voo, as aves migratórias tampouco se hidratam; contudo, elas ainda necessitam de água. Enquanto o catabolismo das gorduras produz pouca água – 0,029 g de $H_2O$ $kJ^{-1}$ –, as proteínas fornecem cinco vezes mais água do que as gorduras – 0,155 g de $H_2O$ $kJ^{-1}$ – e podem constituir uma fonte vital de água para as aves migratórias. É fascinante reconhecer os desafios bioquímicos que essas aves migratórias precisam vencer.

## 23.6 Os erros inatos do metabolismo podem comprometer a degradação dos aminoácidos

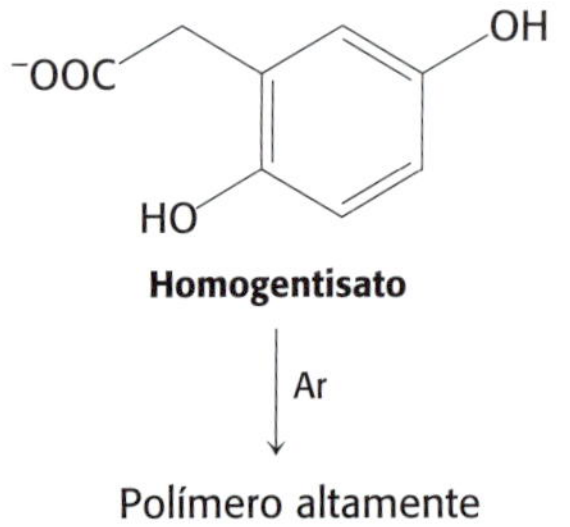

**Homogentisato**

Polímero altamente colorido

Os erros no metabolismo de aminoácidos forneceram alguns dos primeiros exemplos de defeitos bioquímicos ligados a condições patológicas. Por exemplo, a *alcaptonúria*, que é um distúrbio metabólico hereditário causado pela ausência da homogentisato oxidase, foi descrita em 1902. O homogentisato, um intermediário normal na degradação da fenilalanina e da tirosina (Figura 23.27), acumula-se na alcaptonúria, devido ao bloqueio de sua degradação. O homogentisato é excretado na urina, que escurece em repouso, visto que o homogentisato é oxidado e polimerizado a uma substância semelhante à melanina.

Embora a alcaptonúria seja uma condição relativamente inócua, isso não é o caso de outros erros do metabolismo de aminoácidos. Na *doença da urina do xarope de bordo*, a descarboxilação oxidativa dos α-cetoácidos derivados da valina, da isoleucina e da leucina é bloqueada devido à ausência ou deficiência da desidrogenase de cadeia ramificada. Em consequência, os níveis desses α-cetoácidos e dos aminoácidos de cadeia ramificada dos quais derivam estão acentuadamente elevados tanto no sangue quanto na urina. A urina desses pacientes tem odor de xarope de bordo – o que explica o nome da doença (também denominada *cetoacidúria de cadeia ramificada*). A doença da urina do xarope de bordo resulta habitualmente em incapacidades cognitiva e física, a não ser que o paciente receba uma alimentação com baixo teor de valina, isoleucina e leucina no início da vida. Esse distúrbio pode ser prontamente detectado em recém-nascidos pela triagem de amostras de urina com 2,4-dinitrofenil-hidrazina, que reage com os α-cetoácidos para formar derivados de 2,4-dinitrofenil-hidrazona.

Pode-se estabelecer um diagnóstico definitivo por espectrometria de massa. A Tabela 23.4 fornece uma lista de algumas outras doenças do metabolismo de aminoácidos.

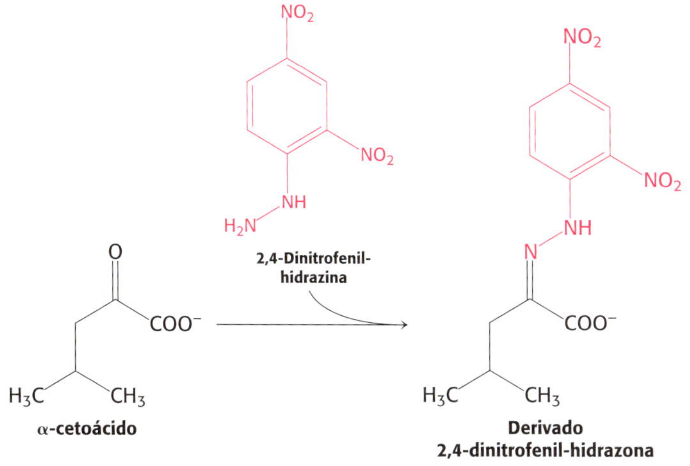


**TABELA 23.4** Erros inatos do metabolismo de aminoácidos.

| Doença | Deficiência enzimática | Sintomas |
|---|---|---|
| Citrulinemia | Argininossuccinato liase | Letargia, convulsões, redução da tensão muscular |
| Tirosinemia | Várias enzimas da degradação da tirosina | Fraqueza, lesão hepática, incapacidade cognitiva |
| Albinismo | Tirosinase | Ausência de pigmentação |
| Homocistinúria | Cistationina β-sintase | Escoliose, fraqueza muscular, incapacidade cognitiva, cabelos loiros e finos |
| Hiperlisinemia | α-aminoadípico semialdeído desidrogenase | Convulsões, incapacidade cognitiva falta de tônus muscular, ataxia |

## A fenilcetonúria é um dos distúrbios metabólicos mais comuns

A *fenilcetonúria* constitui, talvez, a mais bem conhecida das doenças do metabolismo dos aminoácidos. A fenilcetonúria, cuja prevalência é de 1 em 10.000 nascimentos, é causada pela *ausência ou deficiência de fenilalanina hidroxilase* ou, mais raramente, de seu cofator tetra-hidrobiopterina. *A fenilalanina acumula-se em todos os líquidos corporais, visto que ela não pode ser convertida em tirosina.* Normalmente, três quartos das moléculas de fenilalanina são convertidos em tirosina, e o outro quarto é incorporado em proteínas. Como a via de efluxo principal está bloqueada na fenilcetonúria, os níveis sanguíneos de fenilalanina normalmente são pelo menos 20 vezes mais altos do que os níveis observados em indivíduos normais. Os destinos secundários da fenilalanina em pessoas normais, como a formação de fenilpiruvato, passam a constituir os principais destinos em indivíduos com fenilcetonúria. Com efeito, a descrição inicial da fenilcetonúria, em 1934, foi feita pela observação da reação do fenilpiruvato na urina de indivíduos fenilcetonúricos com $FeCl_3$, que torna a urina verde-oliva.

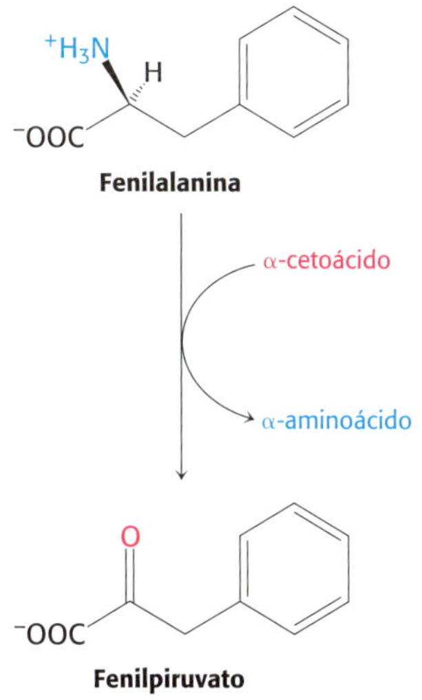


*Quase todos os indivíduos fenilcetonúricos não tratados apresentam incapacidades cognitivas graves.* O peso cerebral desses indivíduos fica abaixo do normal, a mielinização dos nervos é deficiente, e os reflexos são hiperativos. A expectativa de vida de indivíduos fenilcetonúricos não tratados é drasticamente reduzida. Metade morre em torno dos 20 anos de idade, e três quartos em torno dos 30 anos. Os indivíduos com fenilcetonúria parecem normais ao nascer, porém tornam-se gravemente deficientes com 1 ano de idade se não forem tratados. O tratamento para a fenilcetonúria consiste em uma *alimentação pobre em fenilalanina* e suplementada com tirosina, visto que a tirosina é normalmente sintetizada a partir da fenilalanina. A meta é fornecer uma quantidade de fenilalanina exatamente suficiente para atender às necessidades para o crescimento e a sua reposição. As proteínas que apresentam baixo teor de fenilalanina, como a caseína do leite, são hidrolisadas e a fenilalanina é removida por adsorção. Deve-se iniciar uma alimentação pobre em fenilalanina muito cedo após o nascimento a fim de evitar a ocorrência de uma lesão cerebral irreversível. Em um estudo, o QI médio de fenilcetonúricos tratados dentro de poucas semanas após o nascimento foi de 93; um grupo de controle tratado a partir de 1 ano de idade teve um QI médio de 53.

O diagnóstico precoce de fenilcetonúria é essencial e tem sido estabelecido por programas de triagem em massa de todos os recém-nascidos nos EUA e no Canadá. O nível de fenilalanina no sangue constitui o critério preferido de diagnóstico, visto que é mais sensível e confiável do que o teste de $FeCl_3$. O diagnóstico pré-natal de fenilcetonúria com sondas de DNA tornou-se exequível, visto que o gene foi clonado, e foram descobertos os locais exatos de muitas mutações na proteína.

### O estabelecimento da base dos sintomas neurológicos da fenilcetonúria constitui uma área ativa de pesquisa

A base bioquímica das incapacidades cognitivas não está firmemente estabelecida, porém uma hipótese aventada sugere que a ausência de hidroxilase diminui a quantidade de tirosina, um importante precursor de neurotransmissores como a dopamina. Além disso, a fenilalanina em altas concentrações impede o transporte de qualquer tirosina presente, bem como do triptofano, um precursor do neurotransmissor serotonina, para o cérebro. Como todos esses três aminoácidos são transportados pelo mesmo carreador, a fenilalanina satura o carreador, impedindo o acesso da tirosina e do triptofano. A falta desses aminoácidos compromete a síntese de proteínas no cérebro. Por fim, níveis elevados de fenilalanina no sangue resultam em maiores níveis de fenilalanina no cérebro, e as evidências sugerem que a presença dessas elevadas concentrações inibe a glicólise na etapa da piruvato quinase, compromete a mielinização das fibras nervosas e reduz a síntese de vários neurotransmissores.

## RESUMO

### 23.1 As proteínas são degradadas a aminoácidos

As proteínas alimentares são digeridas ao intestino, produzindo aminoácidos que são transportados por todo o organismo. As proteínas celulares são degradadas a velocidades amplamente variáveis, que vão desde minutos até o tempo de vida do organismo.

### 23.2 A renovação das proteínas é rigorosamente regulada

A renovação das proteínas celulares é um processo regulado que exige a atuação de sistemas enzimáticos complexos. As proteínas a serem degradadas são conjugadas com ubiquitina, uma pequena proteína conservada, por uma reação dirigida pela hidrólise do ATP. O sistema de conjugação da ubiquitina é composto de três enzimas distintas. Um grande complexo em forma de barril, denominado proteassomo, digere as proteínas ubiquitinadas. O proteassomo também exige a hidrólise do ATP para funcionar. Os aminoácidos resultantes fornecem uma fonte de precursores para proteínas, bases nucleotídicas e outros compostos nitrogenados.

## 23.3 A primeira etapa na degradação dos aminoácidos consiste na remoção do nitrogênio

Os aminoácidos em excesso são utilizados como blocos de construção e como energia metabólica. A primeira etapa na sua degradação consiste na remoção de seus grupos $\alpha$-amino por transaminação a $\alpha$-cetoácidos. O piridoxal fosfato é a coenzima em todas as aminotransferases e em outras enzimas que catalisam as transformações de aminoácidos. O grupo $\alpha$-amino converge para o $\alpha$-cetoglutarato para formar glutamato, que, em seguida, sofre desaminação oxidativa pela glutamato desidrogenase, produzindo $NH_4^+$ e $\alpha$-cetoglutarato. O $NAD^+$ ou o $NADP^+$ constituem os aceptores de elétrons nessa reação.

## 23.4 O íon amônio é convertido em ureia na maioria dos vertebrados terrestres

A primeira etapa na síntese da ureia é a formação de carbamoil fosfato, que é sintetizado a partir de $HCO_3^-$, $NH_3$ e duas moléculas de ATP pela carbamoil fosfato sintetase. Em seguida, a ornitina é carbamoilada a citrulina pela ornitina transcarbamoilase. Essas duas reações ocorrem nas mitocôndrias. A citrulina abandona a mitocôndria e condensa-se com o aspartato para formar argininossuccinato, que é clivado a arginina e fumarato. O outro átomo de nitrogênio da ureia provém do aspartato. A ureia é formada pela hidrólise da arginina, que também regenera a ornitina.

## 23.5 Os átomos de carbono dos aminoácidos degradados emergem como intermediários metabólicos principais

Os átomos de carbono dos aminoácidos degradados são convertidos em piruvato, acetil-CoA, acetoacetato ou em um intermediário do ciclo do ácido cítrico. Em sua maioria, os aminoácidos são exclusivamente glicogênicos, dois deles são exclusivamente cetogênicos, e alguns são tanto cetogênicos quanto glicogênicos. A alanina, a serina, a cisteína, a glicina, a treonina e o triptofano são degradados a piruvato. A asparagina e o aspartato são convertidos em oxaloacetato. O $\alpha$-cetoglutarato constitui o ponto de entrada para o glutamato e para quatro aminoácidos (glutamina, histidina, prolina e arginina) que podem ser convertidos em glutamato. A succinil-CoA é o ponto de entrada para alguns dos átomos de carbono de quatro aminoácidos (metionina, isoleucina, treonina e valina) que são degradados por meio do intermediário metilmalonil-CoA. A leucina é degradada a acetoacetato e acetil-CoA. A degradação da valina e da isoleucina é semelhante à da leucina. Seus $\alpha$-cetoácidos derivados sofrem descarboxilação oxidativa pela desidrogenase de $\alpha$-cetoácidos de cadeia ramificada.

Os anéis dos aminoácidos aromáticos são degradados por oxigenases. A fenilalanina hidroxilase, uma mono-oxigenase, utiliza tetra-hidrobiopterina como redutor. Um dos átomos de oxigênio do $O_2$ emerge na tirosina, enquanto outro aparece na água. As etapas subsequentes na degradação desses aminoácidos aromáticos são catalisadas por dioxigenases, que catalisam a inserção de ambos os átomos do $O_2$ em produtos orgânicos. Quatro dos átomos de carbono da fenilalanina e da tirosina são convertidos em fumarato, e quatro aparecem no acetoacetato.

## 23.6 Os erros inatos do metabolismo podem comprometer a degradação dos aminoácidos

Os erros no metabolismo de aminoácidos estiveram na origem de algumas das primeiras descobertas sobre a correlação entre patologia e bioquímica. A fenilcetonúria é o mais conhecido dos numerosos erros hereditários do metabolismo dos aminoácidos. Essa condição resulta do acúmulo de altos níveis de fenilalanina nos líquidos corporais. Esse acúmulo resulta em incapacidades cognitivas, a não ser que os indivíduos acometidos recebam uma dieta pobre em fenilalanina imediatamente após o nascimento.

## APÊNDICE

# Bioquímica em foco

## A acidemia metilmalônica resulta de um erro inato do metabolismo

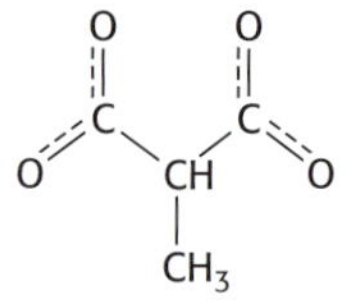

**Ácido metilmalônico**

A acidemia metilmalônica (também conhecida como acidose metilmalônica) é um distúrbio hereditário que ocorre em 1 a cada 75.000 nascimentos. Nessa desordem, a concentração de ácido metilmalônico no sangue pode estar perigosamente elevada. O espectro clínico do distúrbio é bastante amplo, indo desde uma condição benigna até a morte na primeira infância. Os bebês afetados apresentam vômitos, hipotonia (fraqueza muscular), letargia e atraso global do desenvolvimento. Sem tratamento, a acidemia metilmalônica pode ser fatal.

Lembra-se do momento em que encontramos pela primeira vez o ácido metilmalônico? No Capítulo 22, aprendemos que a degradação dos ácidos graxos de cadeia ímpar produz propionil-CoA, que pode ser convertida em succinil-CoA, um intermediário do ciclo do ácido cítrico. O ácido metilmalônico é um intermediário nessa conversão. Particularmente, a metilmalonil-CoA mutase, uma enzima dependente de vitamina $B_{12}$, converte a metilmalonil-CoA em succinil-CoA. Se a atividade da mutase estiver baixa ou ausente, a metilmalonil-CoA acumula-se e é convertida em ácido metilmalônico, que é liberado no sangue.

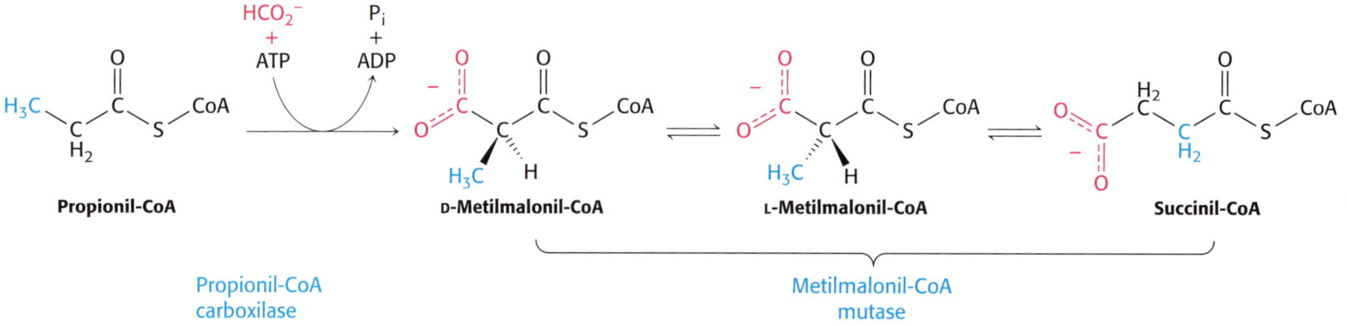


Conforme assinalado no Capítulo 22, os ácidos graxos de cadeia ímpar são raros. Em consequência, a acidemia metilmalônica tem pouca probabilidade de resultar simplesmente do metabolismo de ácidos graxos de cadeia ímpar. Deve existir outra fonte dietética de propionil-CoA. Qual poderia ser essa fonte?

Neste capítulo, vimos que quatro aminoácidos essenciais – metionina, valina, isoleucina e treonina – apresentam propionil-CoA como intermediário (Figura 23.25). Esses quatro aminoácidos constituem a principal fonte de ácido metilmalônico. Portanto, o tratamento do distúrbio deve consistir em uma alimentação pobre nos aminoácidos implicados, com um aporte apenas suficiente para suprir as necessidades da síntese de proteínas.

Você pode sugerir a natureza do erro metabólico que resulta em acidemia metilmalônica? Na verdade, existem dois tipos de causas. No primeiro caso, a própria mutase está ausente ou mutada, de modo que ela é inativa. No segundo caso, o suprimento de vitamina $B_{12}$ é inadequado. Esta última situação pode ser tratada com a administração da vitamina, diminuindo a necessidade de uma dieta proteica restrita.

## APÊNDICE

# Estratégias para resolução da questão

## Estratégias para resolução da questão 1

**QUESTÃO:** A isoleucina é tida como um aminoácido tanto cetogênico quanto glicogênico. Começando a partir da 2-metilbutiril-CoA, um intermediário de degradação da isoleucina, prove que ela é tanto cetogênica quanto glicogênica.

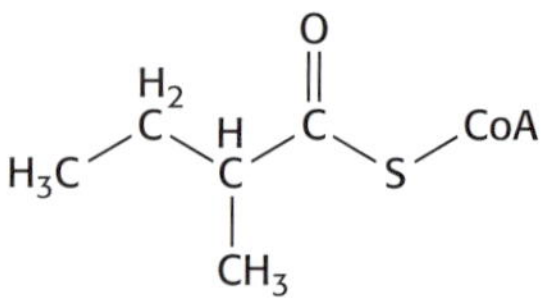

**2-Metilbutiril-CoA**

**SOLUÇÃO:** Comecemos pela análise da estrutura da 2-metilbutiril-CoA. Já vimos anteriormente moléculas semelhantes.

▶ **Essa molécula se assemelha a que tipo geral de composto químico?**

Assemelha-se a uma acil-CoA, exceto que existe um grupo metila onde um hidrogênio estaria em uma acil-CoA de ácido graxo. Para provar isso, examinemos a molécula com a substituição de um hidrogênio pelo grupo metila, a butiril-CoA

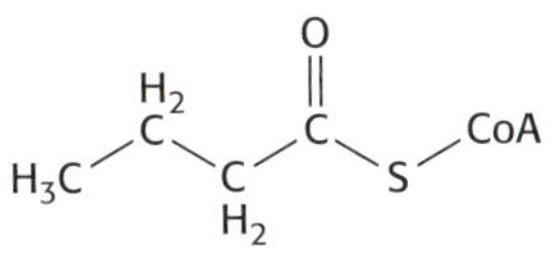

**Butiril-CoA**

▶ **Retornando ao Capítulo 22, como a butiril-CoA seria degradada?**

A β-oxidação seria a via de degradação. Assim, apliquemos a β-oxidação à 2-metilbutiril-CoA e vejamos o que iremos obter.

▶ **Qual seria a primeira etapa na β-oxidação da 2-metilbutiril-CoA?**

A introdução de uma dupla ligação no carbono β acompanhada de redução de FAD. Lembre-se de que já vimos a reação na conversão do succinato em fumarato no ciclo do ácido cítrico, bem como na β-oxidação.

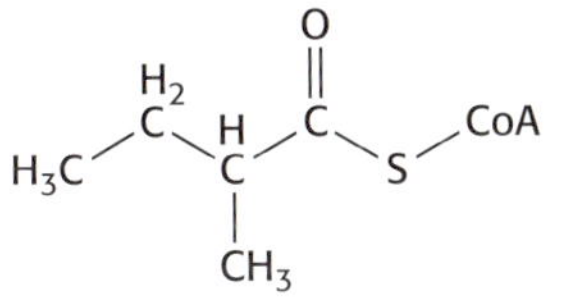

**2-Metilbutiril-CoA**

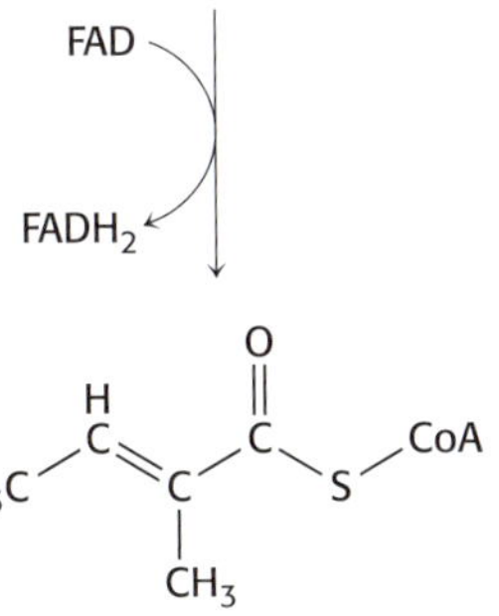


▶ **Utilizando mais uma vez a β-oxidação (ou o ciclo do ácido cítrico), quais são as duas reações seguintes?**

Uma hidratação seguida de oxidação, com redução concomitante do $NAD^+$.

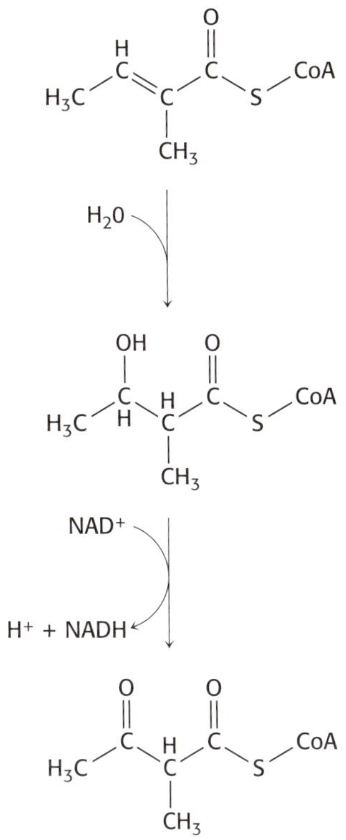


Você precisa de uma ajuda para lembrar qual é a próxima reação? Provavelmente não, mas vamos lembrá-lo de qualquer modo.

▶ **Qual é a próxima etapa na via de degradação, utilizando mais uma vez a β-oxidação como guia?**

A tiólise pela adição de CoA.

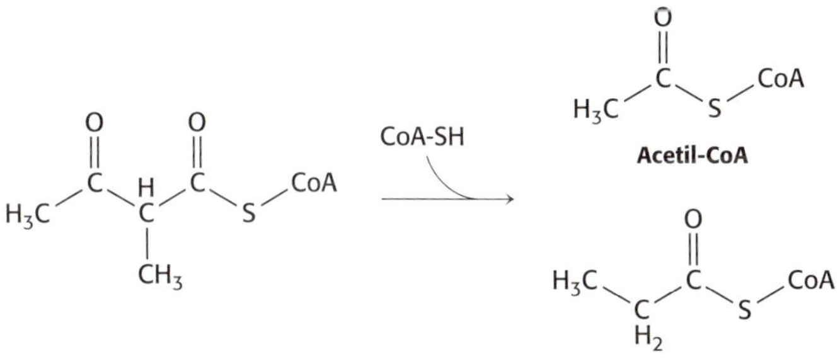


**Propionil-CoA**

A tiólise produz acetil-CoA. A acetil-CoA é um precursor na síntese de ácidos graxos, que é responsável pelo fato de a isoleucina ser um aminoácido cetogênico. Mas ela é também um aminoácido glicogênico?

▶ **Qual é o destino metabólico da propionil-CoA?**

Como vimos na seção 22.3, na seção 23.5 e em Bioquímica em foco neste capítulo, a propionil-CoA é convertida no intermediário succinil-CoA do ciclo do ácido cítrico, que pode ser metabolizada a oxaloacetato. O oxaloacetato é um precursor gliconeogênico (ver seção 16.3). Portanto, a isoleucina é, de fato, um aminoácido tanto cetogênico quanto glicogênico. QED, como os romanos costumavam dizer.

### Estratégias para resolução da questão 2

**QUESTÃO:** Os músculos utilizam aminoácidos de cadeia ramificada (BCAA) como combustível. Entretanto, isso representa um certo problema, visto que os músculos não possuem o ciclo da ureia para metabolizar o nitrogênio que precisa ser removido dos BCAA antes que estes possam ser utilizados como fonte de energia. Explique como os músculos resolveram esse dilema.

**SOLUÇÃO:** Vamos decompor a questão em uma série de pequenas perguntas, começando com uma questão bem direta.

▶ **Quais são os aminoácidos de cadeia ramificada?**

Valina, leucina e isoleucina.

Para utilizar os BCAAs como combustível, o nitrogênio precisa ser inicialmente removido.

▶ **Como o nitrogênio é removido dos BCAAs no músculo?**

Como vimos neste capítulo, o nitrogênio é transferido para o α-cetoglutarato por aminotransferases para formar glutamato. Embora o glutamato seja encontrado em certa quantidade no sangue, ele não constitui a forma de transporte comum do nitrogênio no sangue. Com efeito, o nitrogênio é transferido do glutamato para formar outro aminoácido.

▶ **Qual é o destino do nitrogênio do glutamato recém-formado?**

O nitrogênio é transferido para o piruvato para formar alanina, que é então liberada no sangue. Lembre-se de que esse ciclo de transporte é denominado ciclo de glicose-alanina (p. 771). O nitrogênio também pode ser transferido no sangue como glutamina, que é formada a partir do glutamato pela glutamina sintetase.

▶ **Qual é o destino da alanina e da glutamina no sangue?**

Esses aminoácidos são removidos do sangue pelo fígado. O nitrogênio é transferido para o α-cetoglutarato para formar glutamato por uma aminotransferase e subsequentemente utilizado para formar ureia. O piruvato produzido pela desaminação da alanina pode ser utilizado para formar glicose, o que explica o nome ciclo de glicose-alanina.

▶ **Identifique outro ciclo em que a carga metabólica do músculo é desviada para o fígado.**

Utilizando o ciclo de Cori (ver seção 16.4), o fígado remove do sangue o lactato, que é produzido pela fermentação do ácido láctico no músculo ativo, e o converte em glicose.

## PALAVRAS-CHAVE

ubiquitina
degron
proteassomo
aminotransferase (transaminase)
glutamato desidrogenase
piridoxal fosfato (PLP)
piridoxamina fosfato (PMP)
ciclo de glicose-alanina
ciclo da ureia
carbamoil fosfato sintetase
*N*-acetilglutamato
aminoácido cetogênico
aminoácido glicogênico
biopterina
fenilcetonúria

## QUESTÕES

1. *Submetidas a exposição.* As proteínas são desnaturadas pelo ácido existente no estômago. Essa desnaturação faz com que elas se tornem substratos mais apropriados para a proteólise. Explique por que isso ocorre.

2. *Marcação para destruição.* Quais são as etapas necessárias para a fixação da ubiquitina a uma proteína-alvo? ✓1, ✓2

3. *Sem serviço de encontros.* Associe a descrição da direita com o termo correspondente da esquerda.

(a) Pepsina ________
(b) Regra do N-terminal ________
(c) Ubiquitina ________
(d) Sequência PEST ________
(e) Nucleófilos de treonina ________
(f) Desenovelamento da proteína dependente de ATP ________
(g) Proteassomo ________
(h) Enzima ativadora da ubiquitina ________
(i) Enzima de conjugação da ubiquitina ________
(j) Ubiquitina ligase ________

1. Exige a presença de um intermediário adenilato
2. Marca uma proteína para destruição
3. Subunidade regulatória 19S
4. Determina a meia-vida de uma proteína
5. Cerne 20S
6. Substrato da ligase
7. Enzima proteolítica do estômago
8. Reconhece a proteína a ser degradada
9. Máquina de degradação de proteínas
10. Pro-Glu-Ser-Thr

**4.** *Energia desperdiçada?* A hidrólise de proteínas é um processo exergônico; contudo, o proteassomo 26S depende da hidrólise do ATP para sua atividade. ✓**1**, ✓**3**

**(a)** Explique por que a hidrólise do ATP é necessária para o proteassomo 26S.

**(b)** Os pequenos peptídios podem ser hidrolisados sem gasto de ATP. Como essa informação concorda com a sua resposta no item *a*?

**5.** *Os benefícios da especialização.* O proteassomo de arqueia contém 14 subunidades β ativas idênticas, enquanto o dos eucariotos tem dois conjuntos de sete subunidades β distintas. Quais são os benefícios potenciais de possuir várias subunidades ativas distintas? ✓**1**, ✓**3**

**6.** *Proponha uma estrutura.* A subunidade 19S do proteassomo contém seis subunidades que são membros da família AAA de ATPases. Outros membros dessa grande família estão associados em homo-hexâmeros com simetria de seis vezes. Propõe uma estrutura para as AAA ATPases dentro do proteassomo 19S. Como você poderia testar e refinar sua previsão?

**7.** *Parceiro necessário.* As aminotransferases necessitam de qual dos seguintes cofatores?

**(a)** NAD⁺/NADP⁺

**(b)** Piridoxal fosfato

**(c)** Tiamina pirofosfato

**(d)** Biopterina

**8.** *Butch Cassidy e Sundance Kid.* A glutamato desidrogenase necessita de qual dos seguintes cofatores?

**(a)** NAD⁺/NADP⁺

**(b)** Piridoxal fosfato

**(c)** Tiamina pirofosfato

**(d)** Biopterina

**9.** *Aceitação.* Qual dos seguintes compostos aceita prontamente grupos amino de aminoácidos?

**(a)** Glutamina

**(b)** Isocitrato

**(c)** Malato

**(d)** α-Cetoglutarato

**10.** *Doações são bem-vindas.* Os doadores imediatos dos átomos de nitrogênio da ureia são:

**(a)** Aspartato e glutamato

**(b)** Glutamato e carbamoil fosfato

**(c)** Aspartato e carbamoil fosfato

**(d)** Glutamina e aspartato

**11.** *Viajante.* Que composto do ciclo da ureia é sintetizado nas mitocôndrias e transportado para o citoplasma?

**(a)** Ornitina

**(b)** Citrulina

**(c)** Argininossuccinato

**(d)** Arginina

**12.** *Equivalentes cetônicos.* Cite o α-cetoácido que é formado pela transaminação de cada um dos seguintes aminoácidos: ✓**4**, ✓**5**

**(a)** Alanina

**(b)** Aspartato

**(c)** Glutamato

**(d)** Leucina

**(e)** Fenilalanina

**(f)** Tirosina

**13.** *Um bloco de construção versátil.*

**(a)** Escreva uma equação equilibrada para a conversão do aspartato em glicose por meio do intermediário oxaloacetato. Que coenzimas participam nessa transformação?

**(b)** Escreva uma equação equilibrada para a conversão do aspartato em oxaloacetato por meio do intermediário fumarato.

**14.** *Escoadouros efetivos de elétrons.* O piridoxal fosfato estabiliza intermediários carbaniônicos ao atuar como escoadouro de elétrons. Que outro grupo prostético catalisa reações dessa maneira?

**15.** *Cooperação.* Como as aminotransferases e a glutamato desidrogenase cooperam no metabolismo do grupo amino dos aminoácidos? ✓**4**

**16.** *Retirando o nitrogênio.* Quais são os aminoácidos que produzem componentes do ciclo do ácido cítrico e intermediários da glicólise quando desaminados? ✓**4**, ✓**5**

**17.** *Uma reação apenas.* Que aminoácidos podem ser desaminados diretamente? ✓**4**

**18.** *Produtos úteis.* Quais são as características comuns dos produtos de degradação dos esqueletos de carbono dos aminoácidos? ✓**5**

**19.** *Ajuda prestada.* Proponha um papel para o átomo de nitrogênio guanidínio de carga positiva na clivagem do argininossuccinato em arginina e fumarato.

**20.** *Fontes de nitrogênio.* Quais são as fontes bioquímicas imediatas para os dois átomos de nitrogênio na ureia? ✓**4**

**21.** *Complementos.* Associe o composto bioquímico da direita com a propriedade correspondente à esquerda. ✓**4**

**(a)** Formado(a) a partir de $NH_4^+$ _____     **1.** Aspartato

**(b)** Hidrolisado(a) para produzir ureia _____     **2.** Ureia

(c) Segunda fonte de nitrogênio _____   3. Ornitina

(d) Reage com aspartato _____   4. Carbamoil fosfato

(e) A clivagem produz fumarato _____   5. Arginina

(f) Aceita o primeiro nitrogênio _____   6. Citrulina

(g) Produto final _____   7. Argininossuccinato

22. *Alinhamento*. Identifique as estruturas A a D e coloque-as na sequência em que aparecem no ciclo da ureia. ✓❹

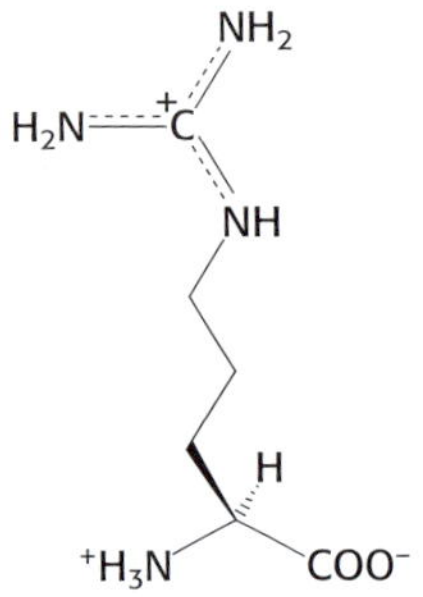

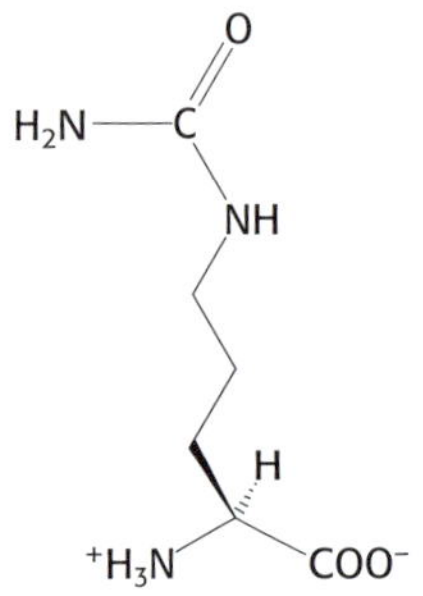

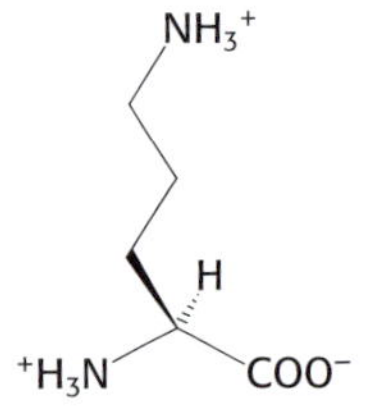

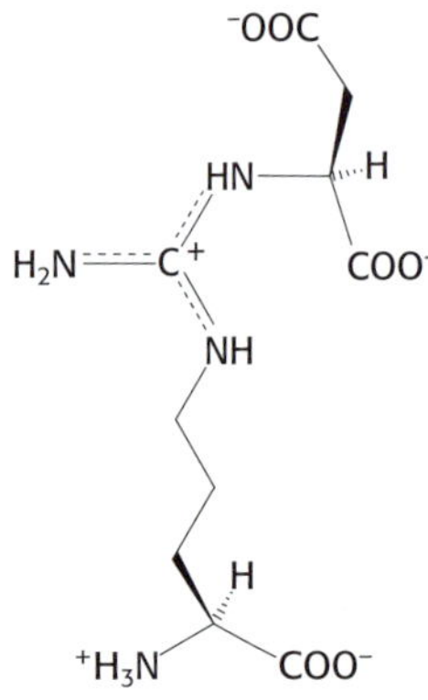

23. *Completando o ciclo*. Quatro grupos fosforila de alto potencial de transferência são consumidos na síntese de ureia de acordo com a estequiometria apresentada na página 775. Nessa reação, o aspartato é convertido em fumarato. Suponha que o fumarato seja convertido em oxaloacetato. Qual é a estequiometria resultante da síntese de ureia? Quantos grupos fosforila de alto potencial de transferência são gastos?

24. *Uma boa aposta*. Um amigo aposta com você uma grande quantia em dinheiro que você não consegue provar que o ciclo da ureia está ligado ao ciclo do ácido cítrico e a outras vias metabólicas. Você pode ganhar a aposta?

25. *Projeto de inibidor*. O composto A foi sintetizado como um potencial inibidor de uma enzima do ciclo da ureia. Para você, qual enzima o composto A poderia inibir?

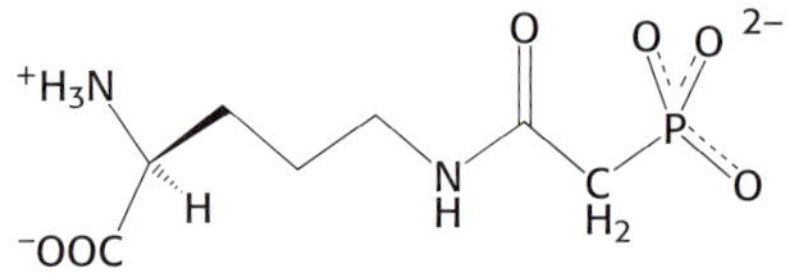

**Composto A**

26. *Toxicidade da amônia*. O glutamato é um importante neurotransmissor, cujos níveis precisam ser cuidadosamente regulados no cérebro. Explique como a presença de amônia em alta concentração poderia perturbar essa regulação. Como uma alta concentração de amônia poderia alterar o ciclo do ácido cítrico?

27. *Um diagnóstico preciso*. A urina de um recém-nascido apresenta reação positiva com 2,4-dinitrofenil-hidrazina. A espectroscopia de massa revela níveis sanguíneos anormalmente elevados de piruvato, de α-cetoglutarato e dos α-cetoácidos de valina, isoleucina, leucina e treonina. Identifique um provável defeito molecular e proponha um teste definitivo para o seu diagnóstico. ✓❻

28. *Projeto terapêutico*. Como você trataria um lactente com deficiência de argininossuccinato sintetase? Que moléculas poderiam transportar o nitrogênio para fora do corpo? ✓❻

29. *Fígado danificado*. Como veremos posteriormente (ver Capítulo 27), a lesão hepática (cirrose) frequentemente resulta em intoxicação por amônia. Explique por que isso ocorre. ✓❹

30. *Acidúria argininossuccínica*. A acidúria argininossuccínica é uma condição que surge quando há deficiência de argininosuquinase, uma enzima do ciclo da ureia. O argininossuccinato está presente no sangue e na urina. Sugira como essa condição poderia ser tratada com o nitrogênio ainda sendo removido do corpo. ✓❻

31. *Doce risco*. Por que os fenilcetonúricos devem evitar o uso do aspartame, um adoçante artificial? (Dica: o aspartame é o metil-éster de L-aspartil-L-fenilalanina.) ✓❻

32. *Déjà vu*. O N-acetilglutamato é necessário como cofator na síntese de carbamoil fosfato. Como o N-acetilglutamato poderia ser sintetizado a partir do glutamato?

33. *Balanço nitrogenado negativo*. A deficiência de até mesmo um aminoácido resulta em um balanço nitrogenado negativo. Nesse estado, a degradação de proteínas é maior do que a sua síntese, de modo que maior quantidade de nitrogênio é excretada em comparação com a sua ingestão. Por que as proteínas seriam degradadas se apenas um aminoácido estivesse ausente?

34. *Precursores*. Diferencie os aminoácidos cetogênicos dos aminoácidos glicogênicos. ✓❺

35. *Truque de prestidigitador*. Os produtos finais da degradação do triptofano são acetil-CoA e acetoacetil-CoA; contudo, o triptofano é um aminoácido gliconeogênico nos animais. Explique. ✓❺

36. *Estreita relação*. O complexo da piruvato desidrogenase e o complexo da α-cetoglutarato desidrogenase são enzimas

enormes que exercem três atividades enzimáticas separadas. Quais são os aminoácidos que necessitam de um complexo enzimático relacionado, e qual o nome da enzima?

**37.** *Linha de abastecimento*. Os esqueletos de carbono dos 20 aminoácidos comuns podem ser degradados em um número limitado de produtos finais. Quais são os produtos finais e qual é a via metabólica onde são comumente encontrados? 5

## Questões sobre mecanismo

**38.** *Serina desidratase*. Escreva por extenso um mecanismo completo para a conversão da serina em aminoacrilato catalisada pela serina desidratase.

**39.** *Serina racemase*. O sistema nervoso contém uma quantidade substancial de D-serina, que é gerada a partir da L-serina pela serina racemase, uma enzima dependente de PLP. Proponha um mecanismo para essa reação. Qual é a constante de equilíbrio da reação L-serina $\rightleftharpoons$ D-serina?

## Questões | Integração de capítulos

**40.** *Múltiplos substratos*. No Capítulo 8, aprendemos que existem dois tipos de reações com dois substratos: a reação sequencial e a reação de duplo deslocamento. Que tipo caracteriza a ação das aminotransferases? Explique a sua resposta.

**41.** *Dupla função*. Os sinais de degradação estão comumente localizados em regiões da proteína que também facilitam as interações proteína-proteína. Explique por que a coexistência dessas duas funções no mesmo domínio poderia ser útil. 1, 2

**42.** *Escolha do combustível*. Dentro de poucos dias após iniciar um jejum, a excreção de nitrogênio acelera-se, alcançando um nível acima do normal. Depois de algumas semanas, a taxa de excreção de nitrogênio cai para um nível mais baixo e continua nessa baixa velocidade. Entretanto, após a depleção das reservas de gordura, a excreção de nitrogênio aumenta e alcança um nível elevado. 4, 5

**(a)** Quais são os eventos que desencadeiam o surto inicial de excreção de nitrogênio?

**(b)** Por que a excreção de nitrogênio cai depois de várias semanas de jejum?

**(c)** Explique o aumento da excreção de nitrogênio quando ocorre depleção das reservas de lipídios.

**43.** *Situação grave*. A deficiência de piruvato carboxilase é um distúrbio fatal. Os pacientes com essa deficiência algumas vezes apresentam alguns dos seguintes sintomas ou todos eles: acidose láctica, hiperamonemia (excesso de $NH_4^+$ no sangue), hipoglicemia, e desmielinização de regiões do cérebro devido à síntese insuficiente de lipídios. Forneça uma possível justificativa bioquímica para cada uma dessas observações.

**44.** *Numerosos papéis*. O piridoxal fosfato é uma coenzima importante em reações de transaminação. Essa coenzima já foi discutida anteriormente quando foi abordado o metabolismo do glicogênio. Qual é a enzima do metabolismo do glicogênio que necessita de piridoxal fosfato e qual é a função desempenhada pela coenzima para essa enzima?

**45.** *Ciclos suficientes para uma corrida*. O ciclo de glicose-alanina lembra o ciclo de Cori, porém pode-se dizer que o ciclo de glicose-alanina é mais eficiente em termos de energia. Explique o motivo. 4

## Questão | Interpretação de dados

**46.** *Outra ajuda prestada*. Nos eucariotos, o componente 20S do proteassomo, em associação com o componente 19S, degrada as proteínas ubiquitinadas com a hidrólise de uma molécula de ATP. As arqueias carecem de ubiquitina e do proteassomo 26S, porém contêm um proteassomo 20S. Algumas arqueias também apresentam uma ATPase, que é homóloga às ATPases do componente 19S eucariótico. Essa atividade de ATPase das arqueias foi isolada na forma de um complexo de 650 kDa (denominado PAN) da arqueia *Thermoplasma*, e foram realizados experimentos para determinar se o PAN poderia potencializar a atividade do proteassomo 20S de *Thermoplasma*, bem como de outros proteassomos 20S.

A degradação de proteínas foi medida em função do tempo e na presença de várias combinações de componentes. O Gráfico A mostra os resultados. 1, 2, 3

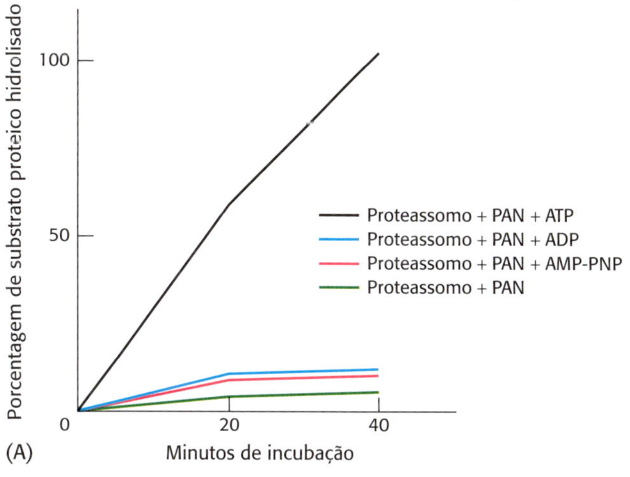


(A)

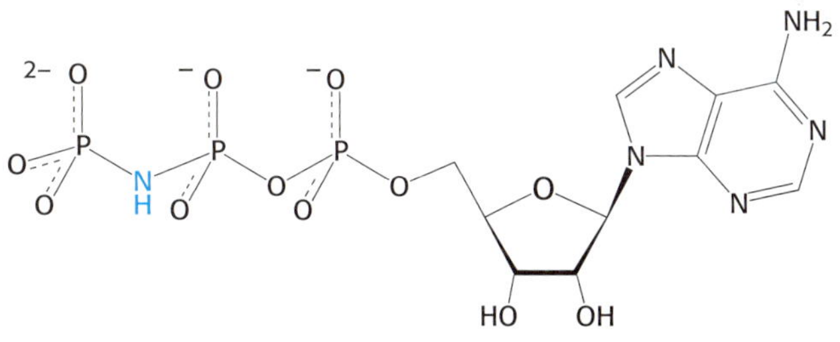

**AMP-PNP**

**(a)** Qual o efeito do PAN sobre a atividade do proteassomo de arqueia na ausência de nucleotídios?

**(b)** Qual é o nucleotídio necessário para a digestão de proteínas?

**(c)** Qual evidência sugere que a hidrólise do ATP, e não apenas a sua presença, é necessária para a digestão?

Foi realizado um experimento semelhante com um pequeno peptídio como substrato para o proteassomo em vez de uma proteína. Os resultados obtidos são mostrados no Gráfico B.

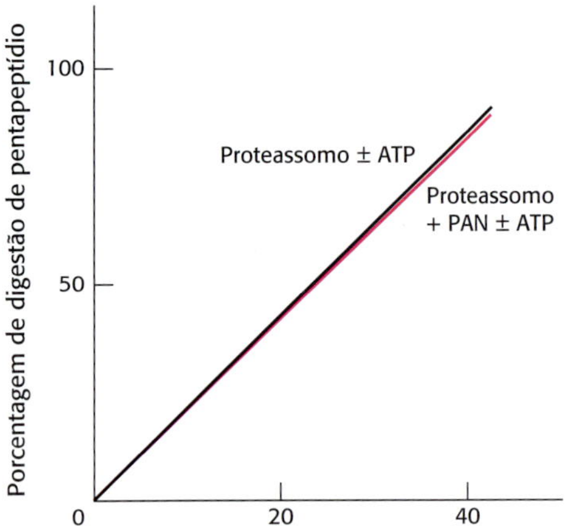


(B)

**(d)** Como as necessidades para a digestão do peptídio diferem daquelas para a digestão da proteína?

**(e)** Sugira algumas razões para essa diferença.

Foi então examinada a capacidade do PAN da arqueia *Thermoplasma* de sustentar a degradação proteica pelos proteassomos 20S da arqueia *Methanosarcina* e do músculo de coelho.

Porcentagem de digestão de substrato proteico (fonte de proteassomo 20S).

| Adições | *Thermoplasma* | *Methanosarcina* | Músculo de coelho |
|---|---|---|---|
| Nenhuma | 11 | 10 | 10 |
| PAN | 8 | 8 | 8 |
| PAN + ATP | 100 | 40 | 30 |
| PAN + ADP | 12 | 9 | 10 |

[Dados de P. Zwickl, D. Ng, K. M. Woo, H.-P. Klenk, e A. L. Goldberg. An archaebacterial ATPase, homologous to ATPase in the eukaryotic 26S proteasome, activates protein breakdown by 20S proteasomes. *J. Biol. Chem.* 274(1999): 26008–26014.]

**(f)** O PAN do *Thermoplasma* pode aumentar a digestão de proteínas pelos proteassomos de outros organismos?

**(g)** Qual é o significado da estimulação do proteassomo do músculo de coelho pelo PAN de *Thermoplasma*?

## Questões para discussão

**47.** Identifique o mecanismo pelo qual a renovação de proteínas é regulada.

**48.** Descreva as características comuns da degradação de aminoácidos.

**49.** Explique o fato de que os sintomas da acidemia metilmalônica podem ser tão variáveis, ou seja, de benignos a fatais.

# Biossíntese de Aminoácidos

CAPÍTULO 24

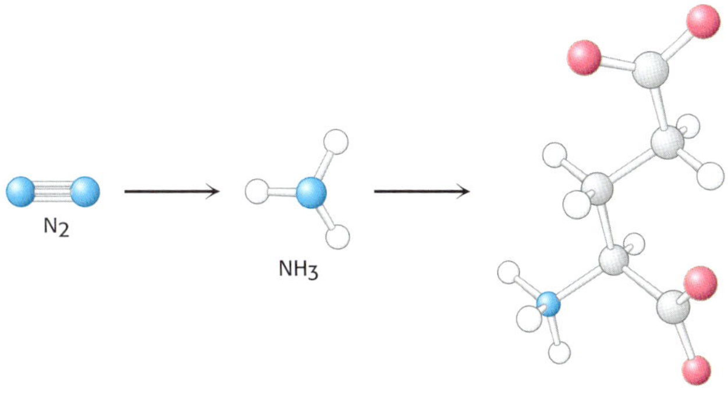


O nitrogênio é um componente essencial dos aminoácidos. A atmosfera é rica em gás nitrogênio ($N_2$), uma molécula extremamente não reativa. Certos organismos, como as bactérias que vivem nos nódulos das raízes do trevo amarelo, têm a capacidade de converter o gás nitrogênio em amônia ($NH_3$), que pode ser então utilizada para sintetizar inicialmente o glutamato e, em seguida, outros aminoácidos. [(*À esquerda*) Hugh Spencer/Science Source.]

## OBJETIVOS DE APRENDIZAGEM

*Ao término do capítulo, o leitor deverá ser capaz de:*

1. Explicar o papel central da fixação do nitrogênio para a vida e descrever como o nitrogênio atmosférico é convertido em formas biologicamente úteis de nitrogênio.
2. Identificar as fontes de átomos de carbono para a síntese de aminoácidos.
3. Descrever o papel da inibição por retroalimentação no controle da síntese de aminoácidos.
4. Identificar as biomoléculas importantes derivadas dos aminoácidos.

## SUMÁRIO



A montagem das macromoléculas biológicas, incluindo as proteínas e os ácidos nucleicos, necessita da produção de materiais iniciadores apropriados. Já abordamos a montagem dos carboidratos na descrição do ciclo de Calvin, da via das pentoses fosfato (ver Capítulo 20) e da síntese de glicogênio (ver Capítulo 21). O presente capítulo e os dois seguintes examinarão a montagem de outros blocos de construção importantes – isto é, os aminoácidos, os nucleotídios e os lipídios.

As vias para a biossíntese dessas moléculas são extremamente antigas, remontando ao último ancestral comum de todos os seres vivos. Com efeito, essas vias provavelmente antecedem muitas das vias de transdução de energia discutidas na Parte II e podem ter proporcionado vantagens seletivas essenciais no início da evolução. Muitos dos intermediários presentes nas vias de produção de energia também desempenham um papel na biossíntese. Esses intermediários em comum possibilitam uma interação eficiente entre as vias de produção de energia (catabólicas) e as vias de biossíntese que utilizam energia (anabólicas). Por conseguinte, as células são capazes de equilibrar a degradação de compostos para a mobilização de energia com a síntese de materiais iniciadores para a construção de macromoléculas.

**Anabolismo**
Processos de biossíntese.

**Catabolismo**
Processos de degradação.
Derivados dos gregos *ana*, "para cima"; *kata*, "para baixo"; *ballein*, "arremessar".

Começaremos o nosso estudo da biossíntese com os aminoácidos – os blocos de construção das proteínas e a fonte de nitrogênio para muitas outras moléculas importantes, incluindo nucleotídios, neurotransmissores e grupos prostéticos como as porfirinas. A biossíntese de aminoácidos está intimamente ligada com a nutrição, visto que muitos organismos superiores, inclusive os seres humanos, perderam a capacidade de sintetizar alguns aminoácidos e, portanto, precisam obter quantidades adequadas desses aminoácidos essenciais a partir de sua alimentação. Além disso, como algumas enzimas da biossíntese de aminoácidos estão ausentes nos mamíferos, porém presentes em vegetais e microrganismos, elas constituem alvos úteis para herbicidas e antibióticos.

### A síntese de aminoácidos exige soluções para três problemas bioquímicos fundamentais

O nitrogênio é um componente essencial dos aminoácidos. A Terra dispõe de um suprimento abundante de nitrogênio, mas que se encontra principalmente na forma de nitrogênio atmosférico gasoso ($N_2$), uma molécula notavelmente inerte. Por conseguinte, um problema fundamental para os sistemas biológicos consiste em obter o nitrogênio em uma forma mais utilizável. Esse problema é resolvido por certos microrganismos que, em uma das reações mais fantásticas da bioquímica, têm a capacidade de reduzir a molécula de nitrogênio gasoso inerte $N{\equiv}N$ em duas moléculas de amônia. O nitrogênio na forma de amônia constitui a fonte de nitrogênio para todos os aminoácidos. Os esqueletos de carbono provêm da via glicolítica, da via das pentoses fosfato ou do ciclo do ácido cítrico.

Na produção de aminoácidos, encontramos outro problema importante na biossíntese – especificamente, o controle estereoquímico. Como todos os aminoácidos são quirais, à exceção da glicina, as vias de biossíntese precisam gerar o isômero correto com alta fidelidade. Em cada uma das 19 vias para a produção de aminoácidos quirais, a estereoquímica do átomo de carbono $\alpha$ é estabelecida por uma reação de transaminação que envolve o piridoxal fosfato (PLP). Quase todas as transaminases que catalisam essas reações originam-se de um ancestral comum, ilustrando mais uma vez que as soluções efetivas para os problemas bioquímicos são conservadas durante o processo da evolução.

Por fim, como são mantidas as concentrações apropriadas de aminoácidos no interior das células? Com frequência, as vias de biossíntese são altamente reguladas, de modo que os blocos de construção são apenas sintetizados quando o seu suprimento se torna baixo. Também é frequente que a presença de alta concentração do produto final de uma via iniba a atividade das enzimas alostéricas que atuam no início da via para controlar a etapa de comprometimento. Nas suas propriedades funcionais, essas enzimas assemelham-se à aspartato transcarbamoilase e seus reguladores (ver seção 10.1). Os mecanismos de retroalimentação e alostéricos asseguram que todos os 20 aminoácidos sejam mantidos em quantidades suficientes para a síntese de proteínas e para outros processos.

## 24.1 Fixação do nitrogênio: os microrganismos utilizam o ATP e um poderoso redutor para reduzir o nitrogênio atmosférico a amônia

Um dos problemas bioquímicos mais desafiadores que os organismos enfrentam é obter nitrogênio em uma forma utilizável. O nitrogênio nos aminoácidos, nas purinas, nas pirimidinas e em outras biomoléculas provém, em última análise, do nitrogênio atmosférico, $N_2$. A ligação N≡N extremamente forte, que tem uma energia de ligação de 940 kJ $mol^{-1}$ (225 kcal $mol^{-1}$), é altamente resistente ao ataque químico. Com efeito, Antoine Lavoisier chamou o gás nitrogênio de "azoto", da palavra grega que significa "sem vida", em virtude de ser extremamente não reativo. Entretanto, a conversão do nitrogênio e do hidrogênio para formar amônia é termodinamicamente favorável; a reação é difícil do ponto de vista cinético devido à energia de ativação necessária para formar intermediários ao longo da via da reação.

Embora os organismos superiores sejam incapazes de fixar o nitrogênio, essa conversão é efetuada por algumas bactérias e arqueias. O processo de biossíntese começa com a redução do $N_2$ a $NH_3$ (amônia), um processamento denominado *fixação do nitrogênio*. As bactérias simbióticas do gênero *Rhizobium* invadem as raízes das leguminosas e formam nódulos radiculares nos quais fixam o nitrogênio, suprindo então tanto as bactérias quanto as plantas. Nunca será demais insistir na importância da fixação do nitrogênio pelos *microrganismos diazotróficos (fixadores de nitrogênio)* para o metabolismo de todos os eucariotos superiores: a quantidade de $N_2$ fixado por essas espécies foi estimada em $10^{11}$ quilogramas por ano, ou seja, cerca de 60% do nitrogênio recém-fixado pela Terra. Os relâmpagos e a radiação ultravioleta fixam outros 15%, e os 25% restantes são fixados por processos industriais. O processo industrial de fixação de nitrogênio, desenvolvido por Fritz Haber em 1910, continua sendo utilizado pelas fábricas de fertilizantes.

$$N_2 + 3\,H_2 \rightleftharpoons 2\,NH_3$$

Normalmente, a fixação do $N_2$ é feita pela mistura com $H_2$ gasoso sobre um catalisador de ferro a cerca de 500°C e sob uma pressão de 300 atmosferas.

Para vencer o desafio cinético, o processo biológico de fixação de nitrogênio necessita de uma enzima complexa com múltiplos centros redox. O *complexo da nitrogenase*, que é responsável por essa transformação fundamental, consiste em duas proteínas: uma *redutase* (também denominada ferro-proteína ou Fe proteína), que fornece elétrons com alto poder redutor; e uma *nitrogenase* (também denominada molibdênio-ferro-proteína ou MoFe proteína), que utiliza esses elétrons para reduzir o $N_2$ a $NH_3$. A transferência de elétrons da redutase para a nitrogenase está acoplada à hidrólise do ATP pela redutase (Figura 24.1).

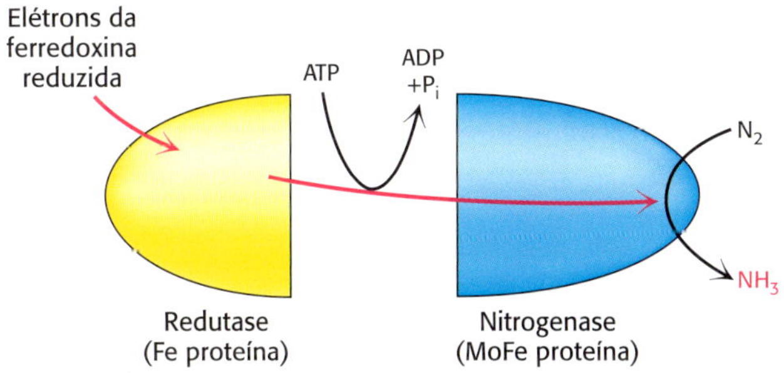


**FIGURA 24.1 Fixação do nitrogênio.** Os elétrons fluem da ferredoxina para a redutase (ferro-proteína ou Fe proteína) e, daí, para a nitrogenase (molibdênio-ferro-proteína ou MoFe proteína) para reduzir o nitrogênio a amônia. A hidrólise do ATP dentro da redutase dirige as mudanças conformacionais necessárias para a transferência eficiente de elétrons.

Em princípio, a redução do $N_2$ a $NH_3$ é um processo de seis elétrons.

$$N_2 + 6\,e^- + 6\,H^+ \longrightarrow 2\,NH_3$$

Entretanto, a reação biológica sempre produz pelo menos 1 mol de $H_2$, além de 2 mols de $NH_3$ para cada mol de N≡N. Por conseguinte, é necessária uma entrada de dois elétrons adicionais.

$$N_2 + 8\,e^- + 8\,H^+ \longrightarrow 2\,NH_3 + H_2$$

Na maioria dos microrganismos fixadores de nitrogênio, *os oito elétrons de alto potencial provêm da ferredoxina reduzida*, que é gerada por processos oxidativos. Duas moléculas de ATP são hidrolisadas para cada elétron transferido. Por conseguinte, *pelo menos 16 moléculas de ATP são hidrolisadas para cada molécula de $N_2$ reduzida.*

$$N_2 + 8\,e^- + 8\,H^+ + 16\,ATP + 16\,H_2O \longrightarrow 2\,NH_3 + H_2 + 16\,ADP + 16\,P_i$$

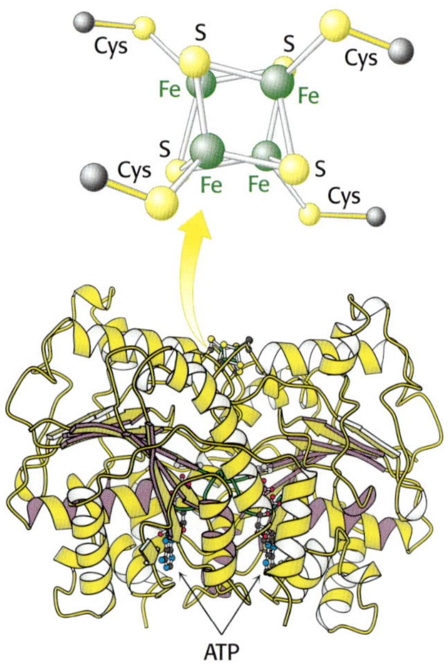


**FIGURA 24.2 Fe proteína.** Essa proteína é um dímero composto de duas cadeias polipeptídicas ligadas por um grupamento 4Fe–4S. *Observe* que cada monômero é um membro da família da NTPase com alça P e contém um sítio de ligação de ATP. [Desenhada de $1N_2C$.pdb.]

Lembre-se de que o $O_2$ é necessário para a fosforilação oxidativa para gerar o ATP necessário para a fixação de nitrogênio. Entretanto, o complexo da nitrogenase é particularmente sensível à inativação pelo $O_2$. Para possibilitar a síntese de ATP e a atuação simultânea da nitrogenase, as leguminosas mantêm uma concentração muito baixa de $O_2$ livre em seus nódulos radiculares, onde está localizada a nitrogenase. Isso é realizado pela ligação do $O_2$ à *leg-hemoglobina*, um homólogo da hemoglobina (ver Figura 6.15).

### O cofator ferro-molibdênio da nitrogenase liga-se ao nitrogênio atmosférico e o reduz

Ambos os componentes de redutase e de nitrogenase do complexo são *proteínas de ferro-enxofre,* em que o ferro está ligado ao átomo de enxofre de um resíduo de cisteína e a um sulfeto inorgânico. Convém lembrar que os grupamentos de ferro-enxofre atuam como carreadores de elétrons (ver seção 18.3). A *redutase* é um dímero com subunidades idênticas de 30 kDa conectadas por um grupamento 4Fe–4S (Figura 24.2).

O papel da redutase consiste em transferir elétrons de um doador apropriado, como a ferredoxina reduzida, ao componente de nitrogenase. O grupamento 4Fe–4S transporta os elétrons, um de cada vez, para a nitrogenase. A ligação e a hidrólise do ATP desencadeiam uma mudança conformacional que desloca a redutase para um local mais próximo do componente de nitrogenase, onde ela é capaz de transferir o seu elétron para o centro de redução do nitrogênio. A estrutura da região de ligação de ATP demonstra ser um membro da família de NTPase com alça P (ver seção 9.4) que está claramente relacionado com as regiões de ligação de nucleotídios encontradas nas proteínas G e em proteínas relacionadas. Assim, temos outro exemplo de como esse domínio foi recrutado na evolução em virtude de sua capacidade de acoplar a hidrólise de nucleosídio trifosfato a mudanças conformacionais.

O componente de nitrogenase é um tetrâmero $\alpha_2\beta_2$ (240 kDa) em que as subunidades α e β são homólogas uma à outra e muito semelhantes do ponto de vista estrutural (Figura 24.3). A nitrogenase necessita do cofator FeMo, que consiste em subgrupamentos de $[Fe_4–S_3]$ e $[Mo–Fe_3–S_3]$ unidos

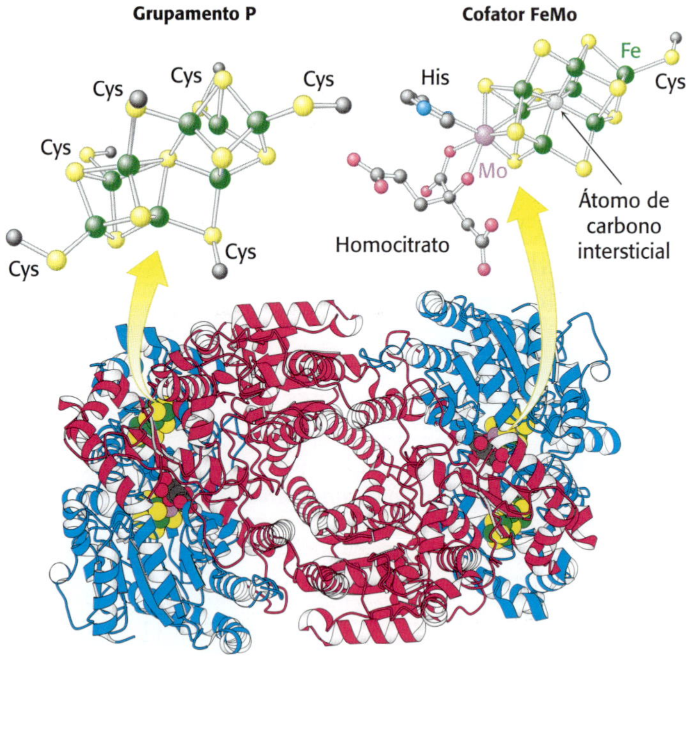


**FIGURA 24.3 MoFe proteína.** Essa proteína é um heterotetrâmero composto de duas subunidades α (em vermelho) e duas subunidades β (em azul). *Observe* que a proteína contém duas cópias de cada um de dois tipos de grupamentos: grupos P e cofatores FeMo. Cada grupo P contém oito átomos de ferro (em verde) e sete sulfetos ligados à proteína por seis resíduos de cisteína. Cada cofator FeMo contém um átomo de molibdênio, sete átomos de ferro, nove sulfetos, o átomo de carbono intersticial e um homocitrato, e está ligado à proteína por um resíduo de cisteinato e um resíduo de histidina. [Desenhada de 1M1N.pdb.]

por três pontes dissulfeto. Um átomo de carbono (o carbono intersticial), doado pela S-adenosilmetionina (ver Capítulo 22), situa-se nos interstícios dos átomos de ferro do cofator FeMo. O cofator FeMo está também coordenado a um homocitrato e à subunidade α por meio de um resíduo de histidina e um resíduo de cisteinato.

Os elétrons da redutase entram nos *grupamentos P*, que estão localizados na interface α–β. O papel dos grupamentos P consiste em armazenar elétrons até que possam ser utilizados de modo produtivo para reduzir o nitrogênio no cofator FeMo. *O cofator FeMo constitui o local de fixação do nitrogênio.* Provavelmente, uma face do cofator FeMo constitui o local de redução do nitrogênio. As reações de transferência de elétrons a partir do grupamento P ocorrem em combinação com a ligação de íons hidrogênio ao nitrogênio quando este é reduzido. Vários estudos estão em andamento para elucidar o mecanismo dessa notável reação.

## O íon amônio é assimilado em um aminoácido por meio do glutamato e da glutamina

A $NH_3$ gerada pelo complexo da nitrogenase é uma base e transforma-se em $NH_4^+$ em soluções aquosas. A etapa seguinte na assimilação do nitrogênio em biomoléculas consiste na entrada de $NH_4^+$ nos aminoácidos. Os aminoácidos *glutamato* e *glutamina* desempenham papéis centrais nesse aspecto, atuando como doadores de nitrogênio para a maioria dos aminoácidos. O grupo α-amino da maioria dos aminoácidos provém do grupo α-amino do glutamato por transaminação (ver seção 23.3). A glutamina, o outro doador principal de nitrogênio, contribui com o átomo de nitrogênio de sua cadeia lateral para a biossíntese de uma ampla variedade de compostos importantes, incluindo os aminoácidos triptofano e histidina.

O glutamato é sintetizado a partir do $NH_4^+$ e do α-cetoglutarato, um intermediário do ciclo do ácido cítrico, pela ação da *glutamato desidrogenase.* Já encontramos essa enzima na degradação de aminoácidos (ver seção 23.3). É importante lembrar que o $NAD^+$ é o oxidante no catabolismo, enquanto o NADPH é o redutor nos processos de biossíntese. A glutamato desidrogenase é incomum, visto que ela não discrimina entre o NADH e o NADPH, pelo menos em algumas espécies.

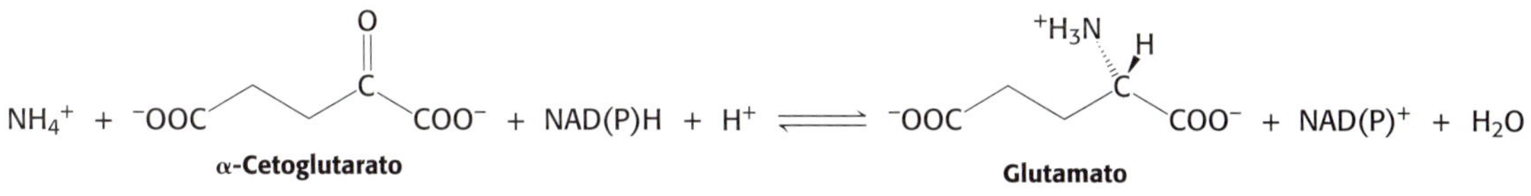


A reação ocorre em duas etapas. Na primeira, forma-se uma base de Schiff entre o íon amônio e o α-cetoglutarato. A formação de uma base de Schiff entre uma amina e um composto carbonila constitui uma reação essencial que ocorre em muitos estágios de biossíntese e degradação de aminoácidos.

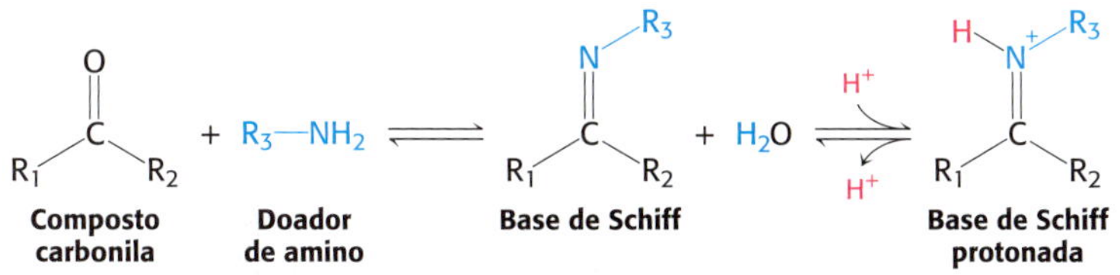


As bases de Schiff são facilmente protonadas. Na segunda etapa, a base de Schiff protonada é reduzida pela transferência de um íon hidreto do NAD(P)H para formar glutamato.

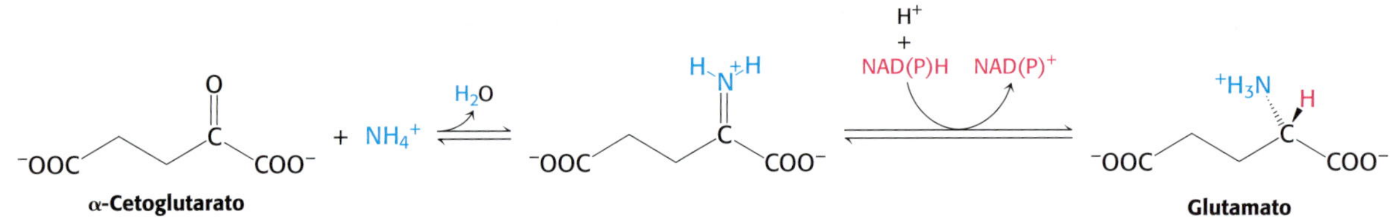


Essa reação é crucial, visto que estabelece a estereoquímica do átomo de carbono α (configuração absoluta *S*) no glutamato. A enzima liga-se ao substrato de α-cetoglutarato de tal modo que o hidreto transferido do NAD(P)H é acrescentado para formar o isômero L do glutamato (Figura 24.4). Como veremos adiante, essa estereoquímica é estabelecida em outros aminoácidos por reações de transaminação que dependem do piridoxal fosfato. Convém lembrar que o estabelecimento da estereoquímica correta constitui um dos desafios fundamentais da incorporação do nitrogênio em biomoléculas.

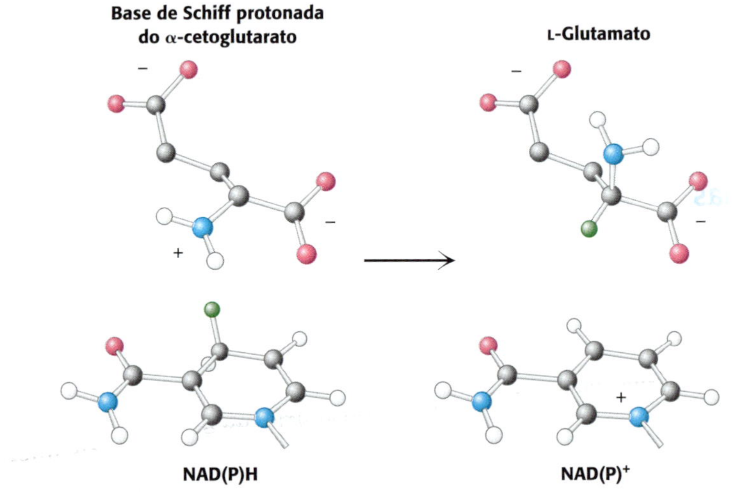


**FIGURA 24.4 Estabelecimento da quiralidade.** No sítio ativo da glutamato desidrogenase, a transferência de hidreto (verde) do NAD(P)H para uma face específica da base de Schiff protonada não quiral do α-cetoglutarato estabelece a configuração L do glutamato.

Um segundo íon amônio é incorporado no glutamato para formar glutamina pela ação da *glutamina sintetase*. Essa amidação é dirigida pela hidrólise do ATP. O ATP participa diretamente na reação ao fosforilar a cadeia lateral do glutamato para formar um intermediário acil-fosfato que, em seguida, reage com amônia para produzir glutamina.

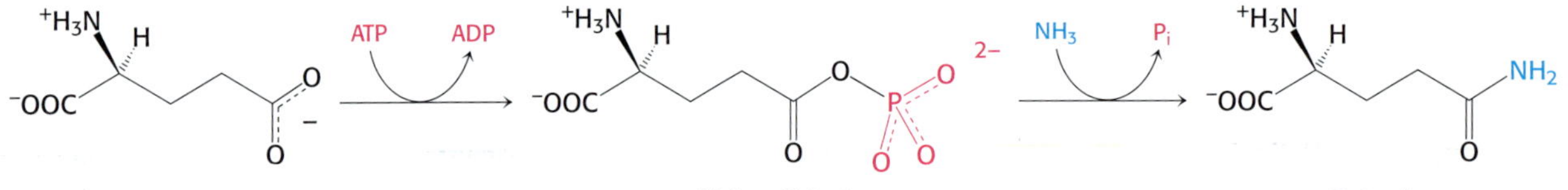


Inicialmente, o $NH_4^+$ liga-se à enzima; entretanto, com a formação do intermediário acil-fosfato, o íon amônio é desprotonado quando um sítio de ligação de amônia de alta afinidade é formado. É necessário um sítio específico para a ligação da amônia para impedir o ataque da água, hidrolisando o intermediário e desperdiçando uma molécula de ATP. A regulação da glutamina sintetase desempenha papel de importância fundamental no controle do metabolismo do nitrogênio (ver seção 24.3).

A glutamato desidrogenase e a glutamina sintetase são encontradas em todos os organismos. Muitos organismos também contêm uma enzima evolutivamente não relacionada, a *glutamato sintase,* que catalisa a aminação redutora do α-cetoglutarato em glutamato. A glutamina é o doador de nitrogênio.

$$\alpha\text{-Cetoglutarato} + \text{glutamina} + \text{NADPH} + H^+ \rightleftharpoons 2\ \text{glutamato} + \text{NADP}^+$$

A amida da cadeia lateral da glutamina é hidrolisada para gerar amônia dentro da enzima, um tema recorrente em todo o metabolismo do nitrogênio. *Quando o $NH_4^+$ é limitante, a maior parte do glutamato formado ocorre pela ação sequencial da glutamina sintetase e da glutamato sintase.* A soma dessas reações é

$$NH_4^+ + \alpha\text{-cetoglutarato} + \text{NADPH} + \text{ATP} \longrightarrow \text{glutamato} + \text{NADPH}^+ + \text{ADP} + P_i$$

Observe que essa estequiometria difere daquela da reação da glutamato desidrogenase, visto que ocorre hidrólise do ATP. Por que os organismos utilizam algumas vezes essa via mais dispendiosa? A resposta é que o valor de $K_M$ da glutamato desidrogenase para o $NH_4^+$ é elevado (cerca de 1 mM), de modo que essa enzima não está saturada quando o $NH_4^+$ é limitante. Em contrapartida, a glutamina sintetase exibe $K_M$ muito baixa para $NH_4^+$. Por conseguinte, a hidrólise do ATP é necessária para capturar a amônia quando esta é escassa.

## 24.2 Os aminoácidos são produzidos a partir de intermediários do ciclo do ácido cítrico e de outras vias principais

Até aqui, consideramos a conversão do $N_2$ em $NH_4^+$ e a assimilação do $NH_4^+$ em glutamato e glutamina. Em seguida, analisaremos a biossíntese dos outros aminoácidos, cuja maioria obtém o seu nitrogênio a partir do glutamato ou da glutamina. As vias para a biossíntese dos aminoácidos são diversas. Todavia, elas apresentam importante característica em comum: *seus esqueletos de carbono provêm de intermediários da glicose, da via das pentoses fosfato ou do ciclo do ácido cítrico.* Com base nesses materiais iniciadores, os aminoácidos podem ser classificados em seis famílias de biossíntese (Figura 24.5).

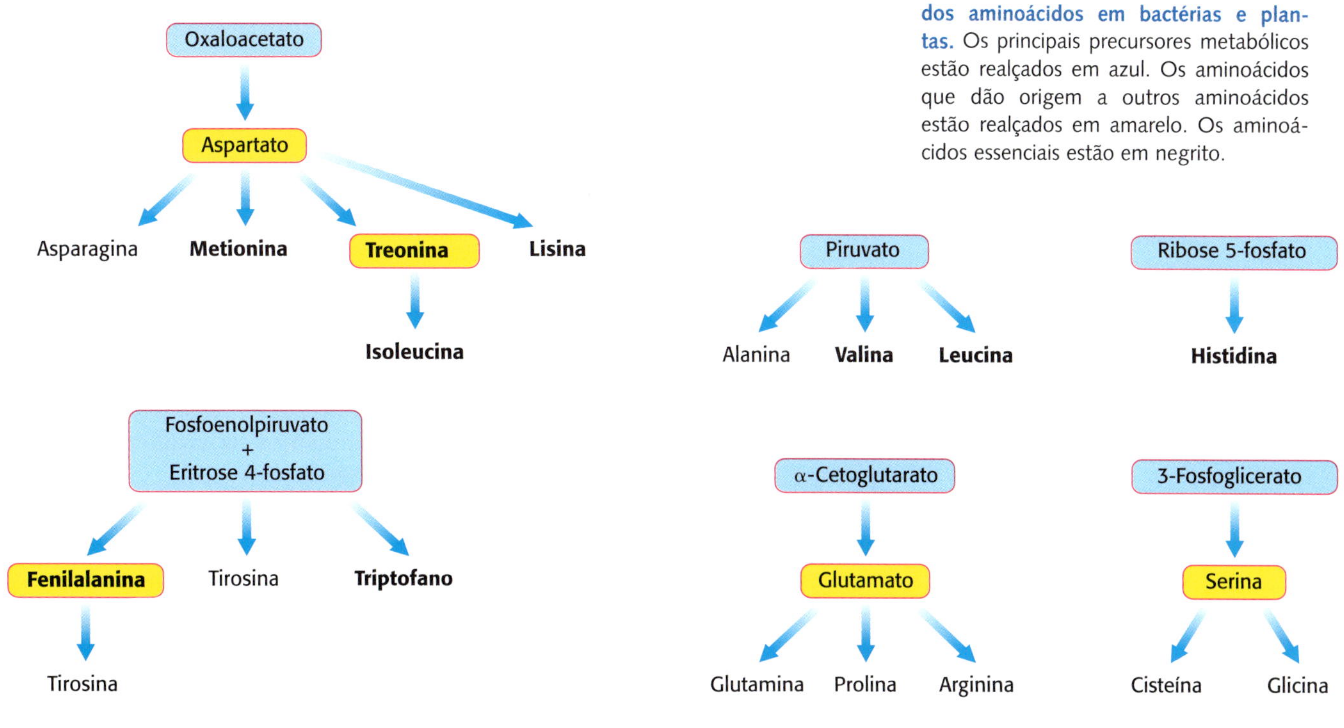


**FIGURA 24.5 Famílias de biossíntese dos aminoácidos em bactérias e plantas.** Os principais precursores metabólicos estão realçados em azul. Os aminoácidos que dão origem a outros aminoácidos estão realçados em amarelo. Os aminoácidos essenciais estão em negrito.

**TABELA 24.1** Conjunto básico de 20 aminoácidos.

| Não essenciais | Essenciais |
|---|---|
| Alanina | Histidina |
| Arginina | Isoleucina |
| Arparagina | Leucina |
| Aspartato | Lisina |
| Cisteína | Metionina |
| Glutamato | Fenilalanina |
| Glutamina | Treonina |
| Glicina | Triptofano |
| Prolina | Valina |
| Serina | |
| Tirosina | |

## Os seres humanos podem sintetizar alguns aminoácidos, porém precisam obter outros da alimentação

A maioria dos microrganismos, como a *E. coli,* tem a capacidade de sintetizar todo o conjunto básico de 20 aminoácidos, enquanto os seres humanos são incapazes de sintetizar nove deles. Os aminoácidos que precisam ser fornecidos pela alimentação são denominados *aminoácidos essenciais,* enquanto os outros, que podem ser sintetizados se o seu conteúdo na alimentação não for suficiente, são designados como *aminoácidos não essenciais* (Tabela 24.1). Essas designações referem-se às necessidades de um organismo em determinado conjunto de condições. Por exemplo, a arginina é sintetizada em quantidades suficientes pelo ciclo da ureia para atender às necessidades de um adulto, mas talvez não às de uma criança em crescimento. De modo semelhante, a tirosina é algumas vezes designada como um aminoácido essencial, embora não seja essencial quando a fenilalanina está presente em quantidades adequadas. Nos mamíferos, a tirosina pode ser sintetizada a partir da fenilalanina em uma etapa.

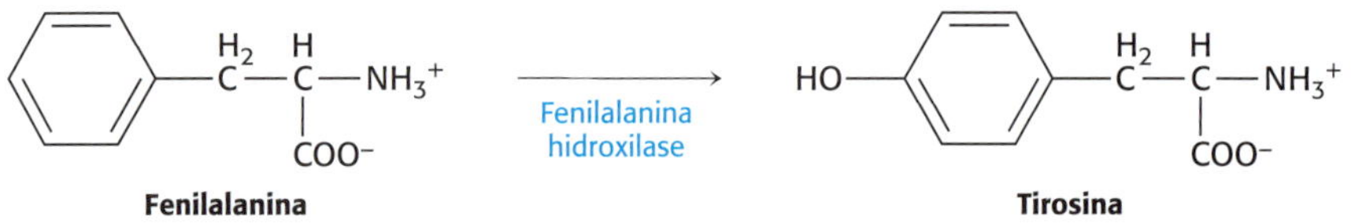


A deficiência de até mesmo um único aminoácido resulta em um *balanço nitrogenado negativo.* Nesse estado, a degradação de proteínas é maior do que a sua síntese, de modo que mais nitrogênio é excretado do que ingerido.

Os aminoácidos não essenciais são sintetizados por reações bastante simples, enquanto as vias para a formação dos aminoácidos essenciais são muito complexas. Por exemplo, os aminoácidos não essenciais *alanina* e *aspartato* são sintetizados em uma única etapa a partir do piruvato e do oxaloacetato, respectivamente. Em contrapartida, as vias para os aminoácidos essenciais exigem 5 a 16 etapas (Figura 24.6). A única exceção a esse padrão é a arginina, visto que a síntese *de novo* desse aminoácido não essencial exige 10 etapas. Normalmente, entretanto, a sua síntese ocorre em apenas três etapas a partir da ornitina como parte do ciclo da ureia. A tirosina, que é classificada como aminoácido não essencial, visto que pode ser sintetizada em uma etapa a partir da fenilalanina, necessita de 10 etapas para ser sintetizada desde o início e é essencial se a fenilalanina não estiver presente em abundância. Iniciaremos com a biossíntese dos aminoácidos não essenciais.

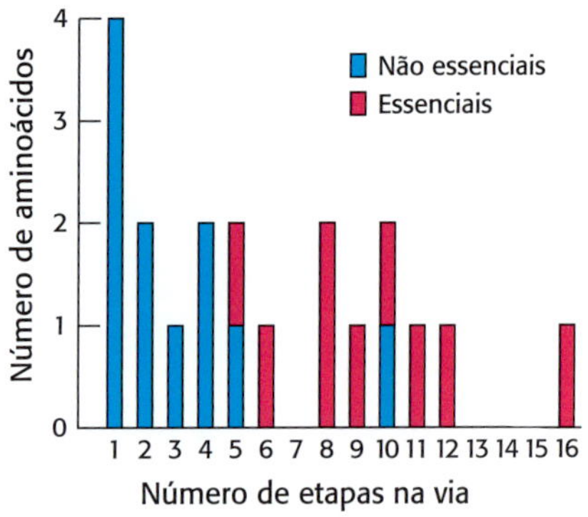


**FIGURA 24.6 Aminoácidos essenciais e não essenciais.** Alguns aminoácidos não são essenciais para os seres humanos, visto que podem ser biossintetizados em um pequeno número de etapas. Os aminoácidos que necessitam de um grande número de etapas para a sua síntese são essenciais na alimentação, uma vez que algumas das enzimas para essas etapas foram perdidas durante a evolução.

## A aspartato, a alanina e o glutamato são formados pela adição de um grupo amino a um alfacetoácido

Três α-cetoácidos – o α-cetogluratato, o oxaloacetato e o piruvato – podem ser convertidos em aminoácidos em uma única etapa pela adição de um grupo amino. Já tivemos a oportunidade de ver que o α-cetoglutarato pode ser convertido em glutamato por aminação redutora (ver seção 23.3). O grupo amino do glutamato pode ser transferido para outros α-cetoácidos por reações de transaminação. Por conseguinte, o aspartato e a alanina podem ser produzidos pela adição de um grupo amino ao oxaloacetato e ao piruvato, respectivamente.

$$\text{Oxaloacetato} + \text{glutamato} \rightleftharpoons \text{aspartato} + \alpha\text{-cetoglutarato}$$

$$\text{Piruvato} + \text{glutamato} \rightleftharpoons \text{alanina} + \alpha\text{-cetoglutarato}$$

Essas reações são efetuadas por *aminotransferases dependentes de piridoxal fosfato.* As reações de transaminação são necessárias para a síntese da maioria dos aminoácidos.

Na seção 23.3, analisamos o mecanismo das aminotransferases quando aplicado ao metabolismo dos aminoácidos. Façamos uma revisão do mecanismo das aminotransferases quando ele opera na *biossíntese* de aminoácidos (Figura 23.10). A via da reação começa com o *piridoxal fosfato* (PLP) em uma ligação de base de Schiff com uma lisina no sítio ativo da aminotransferase, formando então uma aldimina interna (Figura 24.7). Um grupo amino é transferido do glutamato para formar piridoxamina fosfato (PMP), o verdadeiro doador de amino, em um processo de múltiplas etapas. Em seguida, a PMP reage com um α-cetoácido que entra para formar uma cetimina. A perda de prótons dá origem a um intermediário quinonoide, que, em seguida, aceita um próton em um sítio diferente para formar uma aldimina externa. O aminoácido recém-formado é liberado com a concomitante formação da aldimina interna.

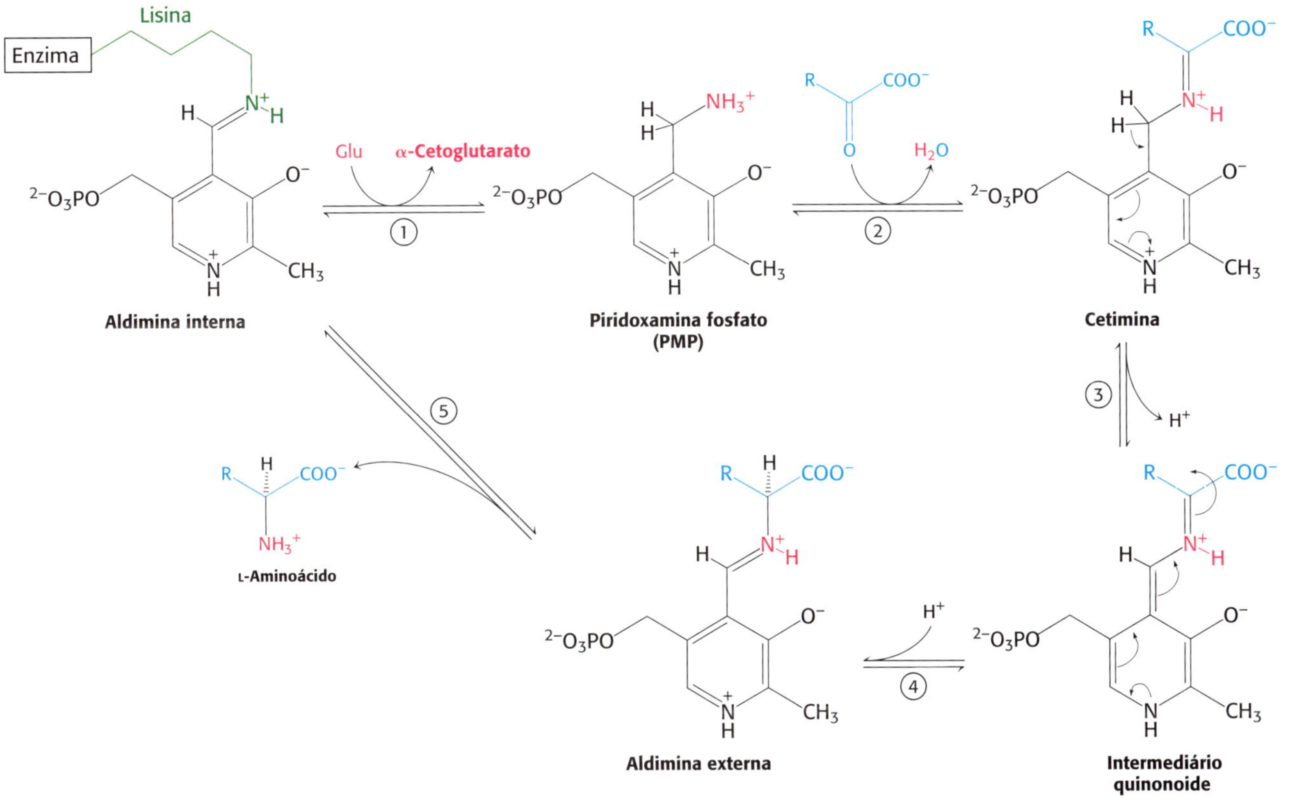


**FIGURA 24.7 Biossíntese de aminoácidos por transaminação.** (1) Dentro de uma aminotransferase, a aldimina interna é convertida em piridoxamina fosfato (PMP) pela reação com glutamato em um processo de múltiplas etapas não mostradas. (2) Em seguida, a PMP reage com um α-cetoácido, produzindo uma cetimina. (3) Esse intermediário é convertido em um intermediário quinonoide (4), que, por sua vez, produz uma aldimina externa. (5) A aldimina é clivada para liberar o aminoácido recém-formado, completando então o ciclo.

## Uma etapa comum determina a quiralidade de todos os aminoácidos

A aspartato aminotransferase é o protótipo de uma grande família de enzimas dependentes de PLP. As comparações das sequências de aminoácidos, bem como de várias estruturas tridimensionais, revelam que quase todas as aminotransferases que desempenham um papel na biossíntese de aminoácidos estão relacionadas com a aspartato aminotransferase por evolução divergente. Um exame das sequências alinhadas dos aminoácidos revela que dois resíduos são totalmente conservados. Esses resíduos são o resíduo de lisina, que forma a base de Schiff com o cofator PLP (lisina 258 na aspartato aminotransferase), e um resíduo de arginina, que interage com o grupo α-carboxilato do cetoácido (Figura 23.10).

Uma etapa essencial na reação de transaminação é a protonação do intermediário quinonoide para formar a aldimina externa. *A quiralidade do aminoácido formado é determinada pelo sentido a partir do qual esse próton é acrescentado à forma quinonoide* (Figura 24.8). A interação entre

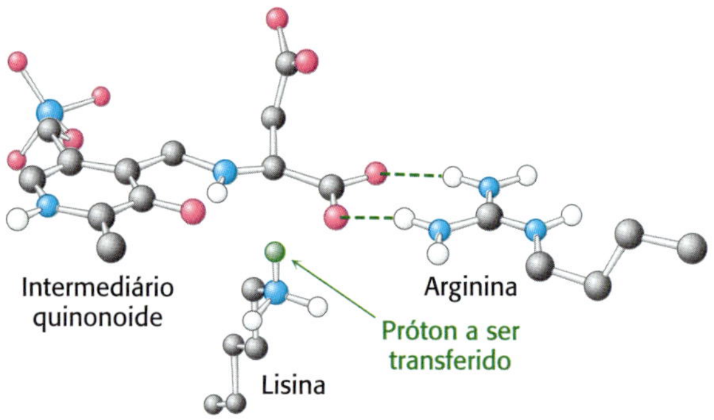


**FIGURA 24.8 Estereoquímica da adição de próton.** Em um sítio ativo da aminotransferase, a adição de um próton do resíduo de lisina à face inferior do intermediário quinonoide determina a configuração L do aminoácido produzido. O resíduo de arginina conservado interage com o grupo α-carboxilato e ajuda a estabelecer a geometria apropriada do intermediário quinonoide.

o resíduo de arginina conservado e o grupo α-carboxilato ajuda a orientar o substrato, de modo que o resíduo de lisina transfere um próton para a face inferior do intermediário quinonoide, produzindo então uma aldimina com configuração L no centro $C_\alpha$.

## A formação de asparagina a partir do aspartato exige um intermediário adenilado

A formação de asparagina a partir do aspartato é quimicamente análoga à formação da glutamina a partir do glutamato. Ambas as transformações são reações de amidação, e ambas são dirigidas pela hidrólise do ATP. Todavia, as reações são diferentes. Nas bactérias, a reação para a síntese da asparagina é a seguinte:

$$\text{Aspartato} + NH_4^+ + \text{ATP} \longrightarrow \text{asparagina} + \text{AMP} + PP_i + H^+$$

Por conseguinte, os produtos da hidrólise do ATP são AMP e $PP_i$, e não ADP e $P_i$. O aspartato é ativado por adenilação, não por fosforilação.

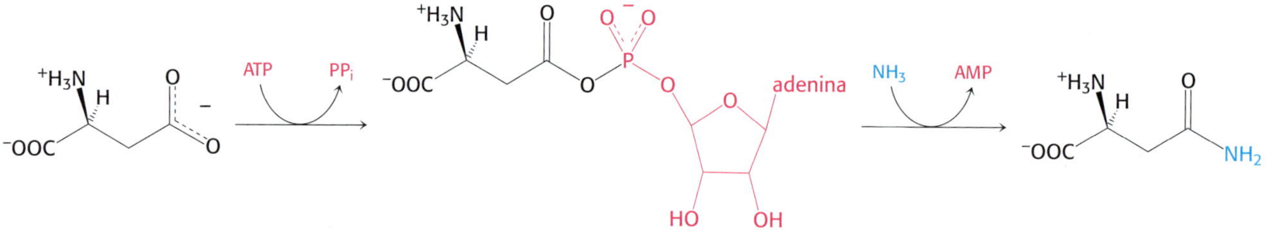


**Aspartato** **Intermediário acil-adenilato** **Asparagina**

Já encontramos esse modo de ativação na degradação de ácidos graxos e o veremos novamente na síntese de lipídios e proteínas.

Nos mamíferos, o doador de nitrogênio para a asparagina é a glutamina, e não a amônia como nas bactérias. A amônia é gerada pela hidrólise da cadeia lateral da glutamina e transferida diretamente ao aspartato ativado, ligado ao sítio ativo. Uma vantagem é a de que a célula não sofre exposição direta ao $NH_4^+$, que, em níveis elevados, é tóxico para os seres humanos e outros mamíferos. *A utilização da hidrólise da glutamina como mecanismo de produção de amônia para uso dentro da mesma enzima constitui um motivo comum em todas as vias de biossíntese.*

## O glutamato é o precursor da glutamina, da prolina e da arginina

A síntese de glutamato pela aminação redutora do α-cetoglutarato já foi discutida, assim como a conversão do glutamato em glutamina (p. 799). O glutamato é o precursor de outros dois aminoácidos não essenciais: a *prolina* e a *arginina*. Em primeiro lugar, o grupo γ-carboxila do glutamato reage com o ATP para formar um acil-fosfato. Esse anidrido misto é então reduzido pelo NADPH a um aldeído.

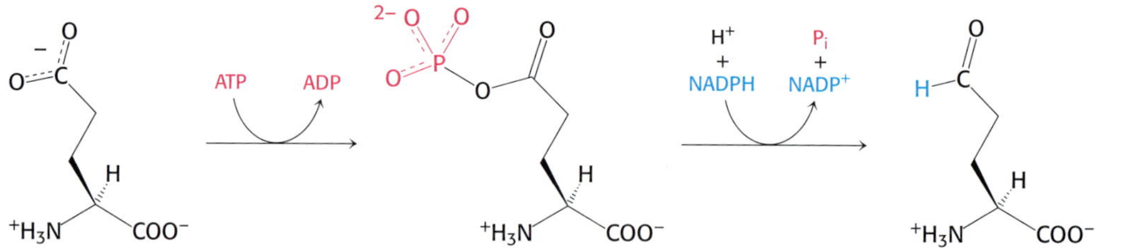


**Glutamato** **Intermediário acil-fosfato** **γ-Semialdeído glutâmico**

O γ-semialdeído glutâmico cicliza com a perda de $H_2O$ em um processo não enzimático, dando origem ao $\Delta^1$-pirrolino 5-carboxilato, que é reduzido pelo NADPH a prolina. De modo alternativo, o semialdeído pode ser transaminado a ornitina, que é convertida, em várias etapas, em arginina no ciclo de ureia (ver Figura 23.16).

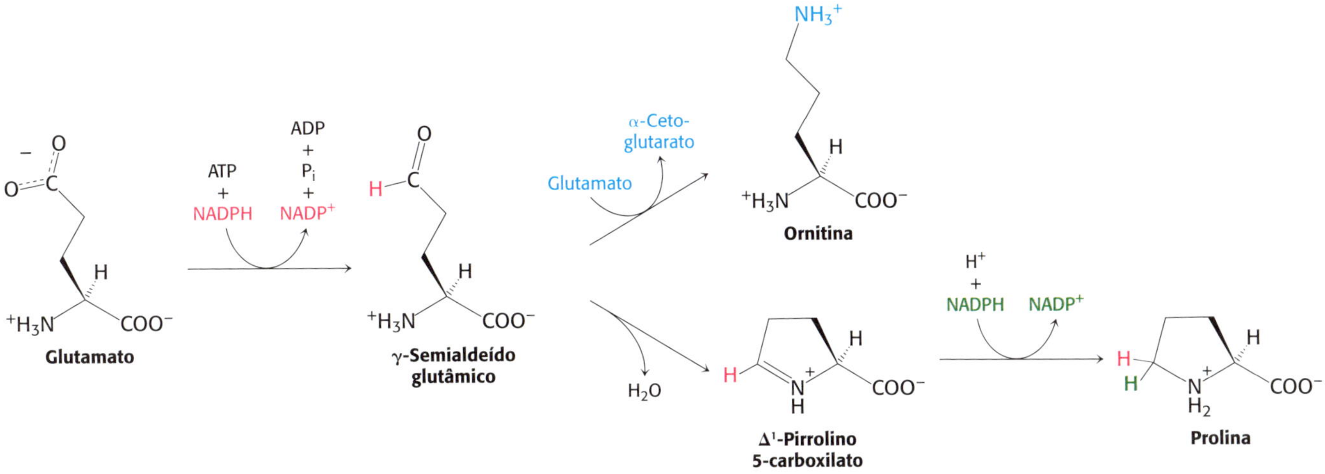


## O 3-fosfoglicerato é o precursor da serina, da cisteína e da glicina

A serina é sintetizada a partir do 3-fosfoglicerato, um intermediário da glicólise. A primeira etapa consiste em uma oxidação a 3-fosfo-hidroxipiruvato. Esse α-cetoácido é transaminado a 3-fosfosserina, que é então hidrolisada a serina.

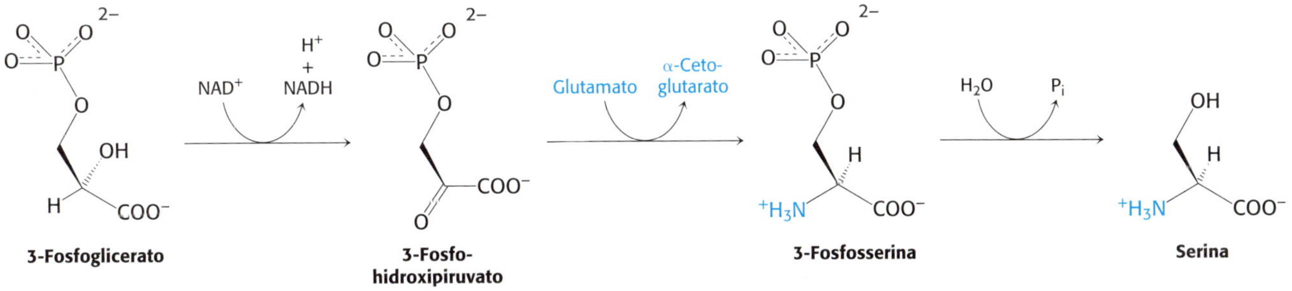


A serina é precursora da *cisteína* e da *glicina*. Como veremos adiante, a conversão da serina em cisteína exige a substituição do átomo de oxigênio da cadeia lateral por um átomo de enxofre derivado da metionina. Na formação da glicina, o grupo metileno da cadeia lateral da serina é transferido ao *tetra-hidrofolato,* um carreador de unidades de um carbono que será discutido adiante.

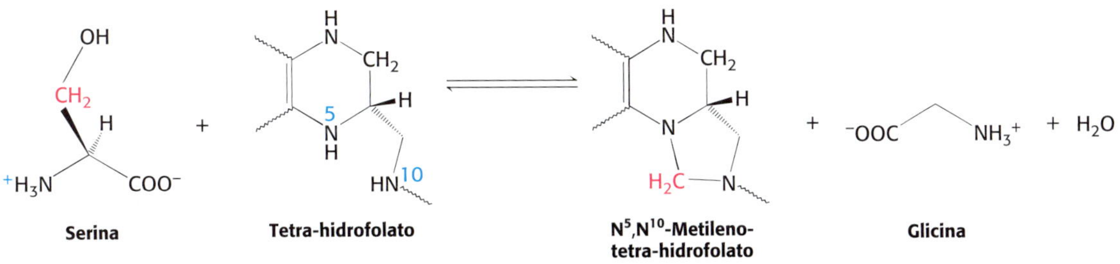


Essa interconversão é catalisada pela *serina hidroximetiltransferase,* uma enzima PLP que é homóloga à aspartato aminotransferase. A formação da base de Schiff da serina torna a ligação entre os átomos de carbono α e β suscetível a uma clivagem, o que possibilita a transferência do carbono β para o tetra-hidrofolato e produz a base de Schiff da glicina.

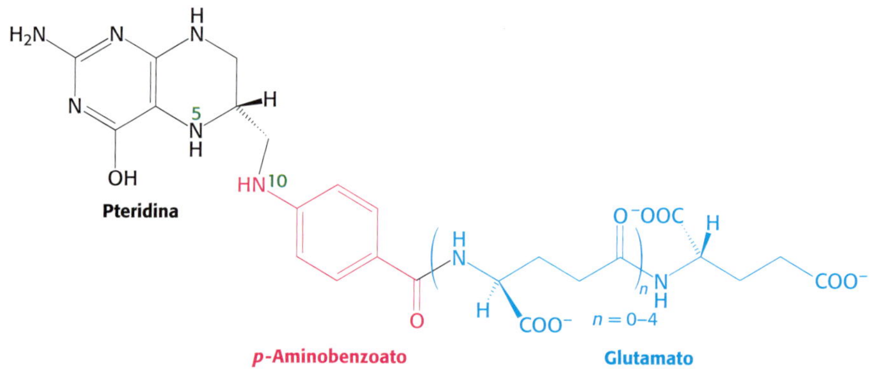


**FIGURA 24.9 Tetra-hidrofolato.** Esse cofator possui três componentes: um anel de pteridina, o *p*-aminobenzoato e um ou mais resíduos de glutamato.

## O tetra-hidrofolato atua como carreador de unidades de um carbono ativadas em vários níveis de oxidação

O *tetra-hidrofolato* (também denominado *tetra-hidropteroilglutamato*) é um carreador altamente versátil de unidades de um carbono ativadas. Esse cofator consiste em três grupos: uma pteridina substituída, o *p*-aminobenzoato e uma cadeia de um ou mais resíduos de glutamato (Figura 24.9). Os mamíferos podem sintetizar o anel de pteridina, porém são incapazes de conjugá-lo às outras duas unidades. Eles obtêm o tetra-hidrofolato a partir de sua alimentação ou de microrganismos presentes no trato intestinal.

**TABELA 24.2** Grupos de um carbono transportados pelo tetra-hidrofolato.

| Estado de oxidação | Grupo – Fórmula | Grupo – Nome |
|---|---|---|
| Mais reduzido (= metanol) | $-CH_3$ | Metila |
| Intermediário (= formaldeído) | $-CH_2-$ | Metileno |
| Mais oxidado (= ácido fórmico) | –CHO | Formil |
| | –CHNH | Formimino |
| | –CH= | Metenil |

O grupo de um carbono transportado pelo tetra-hidrofolato liga-se a seu átomo de nitrogênio N-5 ou N-10 (indicado como $N^5$ e $N^{10}$) ou a ambos. Essa unidade pode existir em três estados de oxidação (Tabela 24.2). A forma mais reduzida transporta um grupo *metila*, enquanto a forma intermediária transporta um grupo *metileno*. As formas mais oxidadas transportam um grupo *formil*, *formimino* ou *metenil*. A unidade de um carbono totalmente oxidada, $CO_2$, é transportada pela biotina, e não pelo tetra-hidrofolato.

As unidades de um carbono transportadas pelo tetra-hidrofolato são interconversíveis (Figura 24.10). O $N^5$,$N^{10}$-*metileno*-tetra-hidrofolato pode ser reduzido a $N^5$-*metil*-tetra-hidrofolato, ou oxidado a $N^5$,$N^{10}$-*metenil*-tetra-hidrofolato. O $N^5$,$N^{10}$-*metenil*-tetra-hidrofolato pode ser convertido em $N^5$-*formimino*-tetra-hidrofolato ou $N^{10}$-*formil*-tetra-hidrofolato, ambos os quais estão no mesmo nível de oxidação. O $N^{10}$-*formil*-tetra-hidrofolato também pode ser sintetizado a partir do tetra-hidrofolato, formato e ATP. O $N^5$-*formil*-tetra-hidrofolato pode ser isomerizado de modo reversível a $N^{10}$-*formil*-tetra-hidrofolato, ou pode ser convertido em $N^5$,$N^{10}$-*metenil*-tetra-hidrofolato.

*Esses derivados do tetra-hidrofolato atuam como doadores de unidades de um carbono em uma variedade de processos de biossíntese.* A *metionina* é regenerada a partir da homocisteína pela transferência do grupo metila do $N^5$-metil-tetra-hidrofolato, como será discutido adiante. No Capítulo 25, veremos que alguns dos átomos de carbono das *purinas* são adquiridos de derivados do $N^{10}$-formil-tetra-hidrofolato. O grupo metila da *timina*, uma pirimidina, provém do $N^5$,$N^{10}$-metileno-tetra-hidrofolato. Esse derivado do tetra-hidrofolato também pode doar uma unidade de um carbono em uma síntese alternativa da *glicina* que começa com $CO_2$ e $NH_4^+$, uma reação catalisada pela *glicina sintase* (denominada *enzima de clivagem da glicina* quando opera no sentido inverso).

$$CO_2 + NH_4^+ + N^5,N^{10}\text{-metileno-tetra-hidrofolato} + NADH \rightleftharpoons \text{glicina} + \text{tetra-hidrofolato} + NAD^+$$

Por conseguinte, as unidades de um carbono em cada um dos três níveis de oxidação são utilizadas em processos de biossíntese. Além disso,

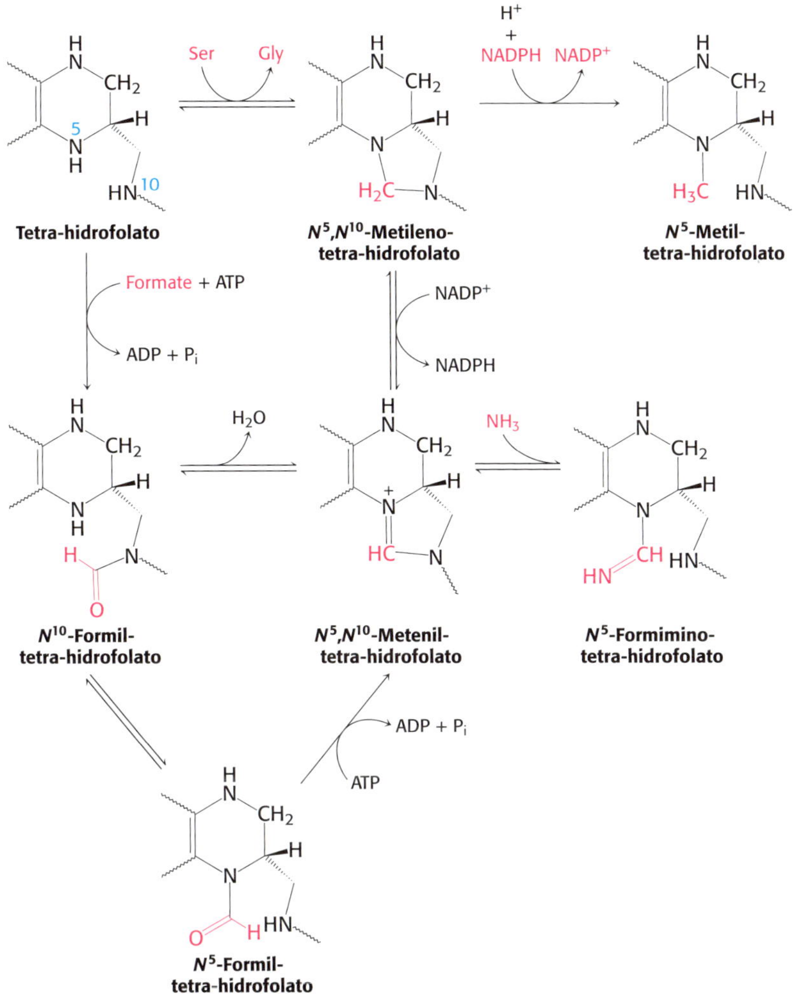


**FIGURA 24.10** Conversões de unidades de um carbono ligadas ao tetra-hidrofolato.

*o tetra-hidrofolato atua como um aceptor de unidades de um carbono em reações de degradação.* A principal fonte de unidades de um carbono consiste na conversão fácil da serina em glicina pela serina hidroximetiltransferase (p. 805), que produz $N^5$,$N^{10}$-metileno-tetra-hidrofolato. A serina pode originar-se do 3-fosfoglicerato, e, portanto, *essa via possibilita a formação* de novo *de unidades de um carbono a partir dos carboidratos.*

## A *S*-adenosilmetionina é o principal doador de grupos metila

O tetra-hidrofolato pode transportar um grupo metila em seu átomo N-5, porém o seu potencial de transferência não é alto o suficiente para a maioria das metilações de biossíntese. Na verdade, o doador de metila ativado é habitualmente a S-*adenosilmetionina* (SAM), que é sintetizada pela transferência de um grupo adenosila do ATP para o átomo de enxofre da metionina.

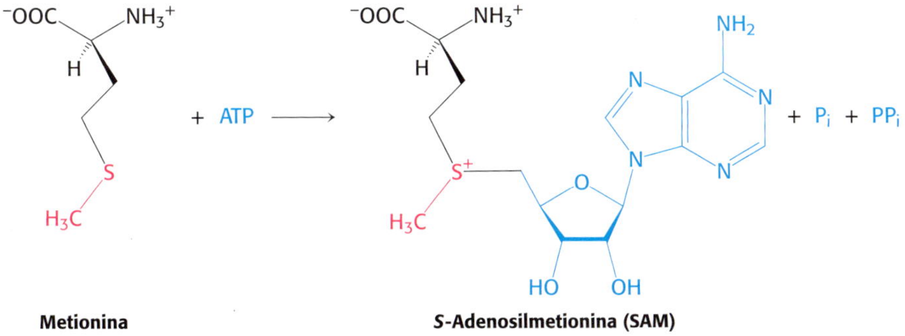

O grupo metila da unidade de metionina é ativado pela carga positiva no átomo de enxofre adjacente, tornando a molécula muito mais reativa do que o $N^5$-metil-tetra-hidrofolato. A síntese de *S*-adenosilmetionina é incomum, visto que o grupo trifosfato do ATP é clivado em pirofosfato e ortofosfato; subsequentemente, o pirofosfato é hidrolisado a duas moléculas de $P_i$. Ocorre formação de S-*adenosil-homocisteína* quando o grupo metila da *S*-adenosilmetionina é transferido para um aceptor. Em seguida, a *S*-adenosil-homocisteína é hidrolisada a *homocisteína* e adenosina.

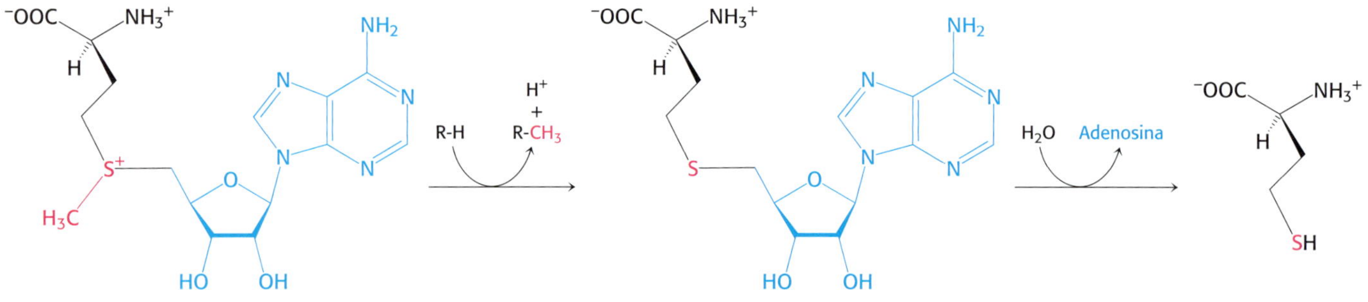


***S*-Adenosilmetionina (SAM)** — ***S*-Adenosil-homocisteína** — **Homocisteína**

A metionina pode ser regenerada pela transferência de um grupo metila para a homocisteína a partir do $N^5$-metil-tetra-hidrofolato em uma reação catalisada pela *metionina sintase* (também conhecida como *homocisteína metiltransferase*).

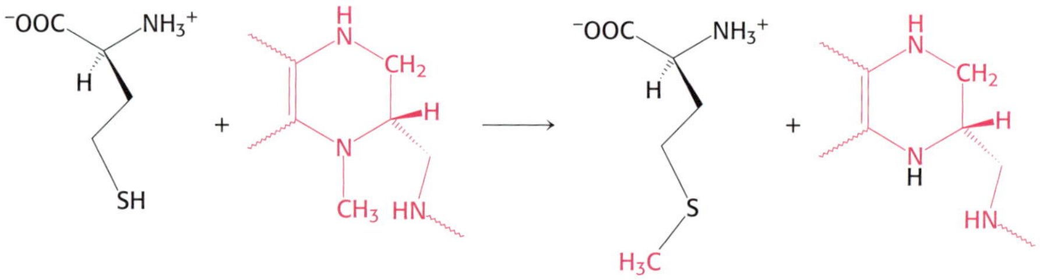

**Homocisteína** — **$N^5$-Metil-tetra-hidrofolato** — **Metionina** — **Tetra-hidrofolato**

A coenzima que medeia essa transferência de um grupo metila é a *metilcobalamina,* que é derivada da vitamina $B_{12}$. Com efeito, essa reação e o rearranjo da L-metilmalonil-CoA a succinil-CoA (ver Capítulo 22), catalisados por uma enzima homóloga, são as duas únicas reações dependentes de vitamina $B_{12}$ conhecidas que ocorrem nos mamíferos. Em muitos organismos, existe também outra enzima que converte a homocisteína em metionina sem a vitamina $B_{12}$.

Essas reações constituem o denominado *ciclo da metila ativada* (Figura 24.11). Os grupos metila entram no ciclo na conversão da homocisteína em metionina e, em seguida, tornam-se altamente reativos pela adição de um grupo adenosila, o que faz com que os átomos de enxofre adquiram carga positiva e os grupos metila fiquem muito mais eletrofílicos. O alto potencial de transferência do grupo *S*-metila possibilita a sua transferência para ampla variedade de aceptores. Entre os aceptores modificados pela *S*-adenosilmetionina estão bases específicas do DNA bacteriano. Por exemplo, a metilação do DNA protege o DNA bacteriano da clivagem por enzimas de restrição (ver seção 9.3). A metilação também é importante para a síntese de fosfolipídios (ver seção 26.1).

A *S*-adenosilmetionina também é precursora do *etileno,* um hormônio vegetal gasoso que induz o amadurecimento das frutas. A *S*-adenosilmetionina é ciclizada a um derivado ciclopropano, que é então oxidado para formar etileno. O filósofo grego Teofrasto reconheceu, há mais de 2.000 anos, que os figos do sicômoro não amadurecem, a não ser que sejam raspados com uma

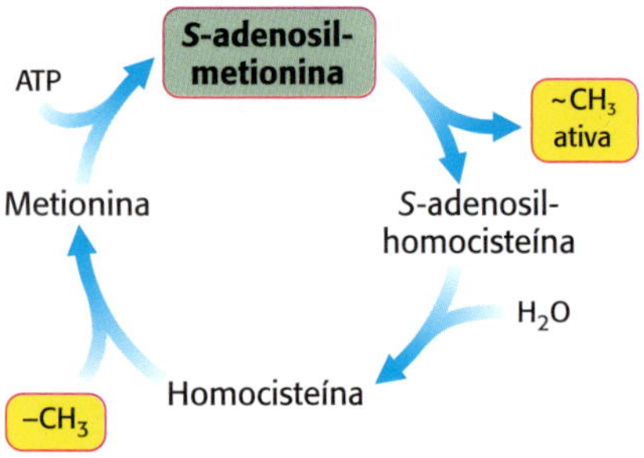


**FIGURA 24.11 Ciclo da metila ativada.** O grupo metila da metionina é ativado pela formação de *S*-adenosilmetionina.

ponta de ferro. Hoje em dia, sabe-se o motivo disso: *o ferimento desencadeia a produção de etileno, que, por sua vez, induz o amadurecimento.*

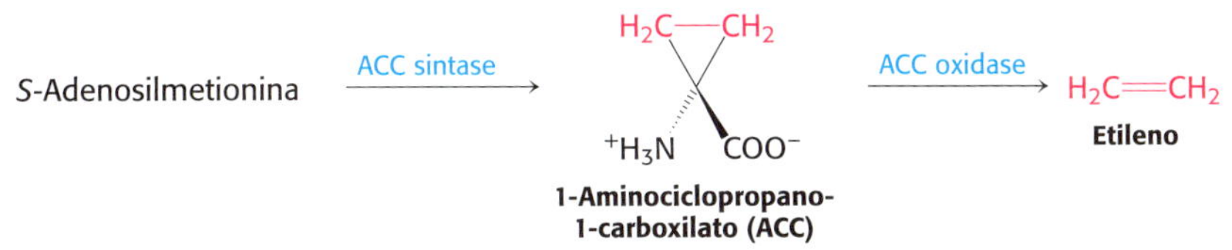


Posteriormente, a S-adenosilmetionina é regenerada a partir da 5′-metiladenosina em cinco etapas.

## A cisteína é sintetizada a partir da serina e da homocisteína

Além de atuar como precursor da metionina no ciclo da metila ativada, a homocisteína é um intermediário na síntese de cisteína. A serina e a homocisteína condensam-se para formar a *cistationina*. Essa reação é catalisada pela *cistationina* β-*sintase*. Em seguida, a cistationina é desaminada e clivada a cisteína e α-cetobutirato pela *cistationina* γ-*liase* ou *cistationase*. Ambas as enzimas utilizam o PLP e são homólogas à aspartato aminotransferase. A reação final é

$$\text{Homocisteína} + \text{serina} \rightleftharpoons \text{cisteína} + \alpha\text{-cetobutirato} + NH_4^+$$

Observe que o átomo de enxofre da cisteína deriva da homocisteína, enquanto o esqueleto de carbono provém da serina.

## A homocisteína em níveis elevados está relacionada com a doença vascular

Indivíduos com níveis séricos elevados de homocisteína (homocisteinemia) ou do dímero de homocistina ligado por dissulfeto (homocistinúria) correm risco acentuadamente alto de coronariopatia e arteriosclerose. A causa genética mais comum dos níveis elevados de homocisteína consiste em uma mutação no gene que codifica a cistationina β-sintase. Os níveis elevados de homocisteína parecem causar dano às células que revestem os vasos sanguíneos e aumentar o crescimento do músculo liso vascular. O aminoácido também aumenta o estresse oxidativo e foi implicado no desenvolvimento do diabetes melito tipo 2 (ver seção 27.3). A base molecular da ação da homocisteína ainda não foi claramente identificada, porém pode resultar da estimulação da resposta inflamatória. Algumas vezes, tratamentos com vitaminas são efetivos para reduzir os níveis de homocisteína em alguns indivíduos. O tratamento com vitaminas maximiza a atividade das duas principais vias metabólicas que processam a homocisteína. O piridoxal fosfato, um derivado da vitamina $B_6$, é necessário para a atividade da cistationina β-sintase, que converte a homocisteína em cistationa; o tetra-hidrofolato, bem como a vitamina $B_{12}$, sustenta a metilação da homocisteína em metionina.

## O chiquimato e o corismato são intermediários na biossíntese de aminoácidos aromáticos

Discutiremos agora a biossíntese de aminoácidos essenciais. Esses aminoácidos são sintetizados por plantas e microrganismos, e aqueles encontrados na alimentação humana originam-se, em última análise, principalmente de plantas. Os aminoácidos essenciais são formados por vias muito mais complexas do que os aminoácidos não essenciais. As vias para a síntese de aminoácidos aromáticos nas bactérias foram selecionadas aqui para discussão, visto que são bem conhecidas e exemplificam temas mecanicistas recorrentes.

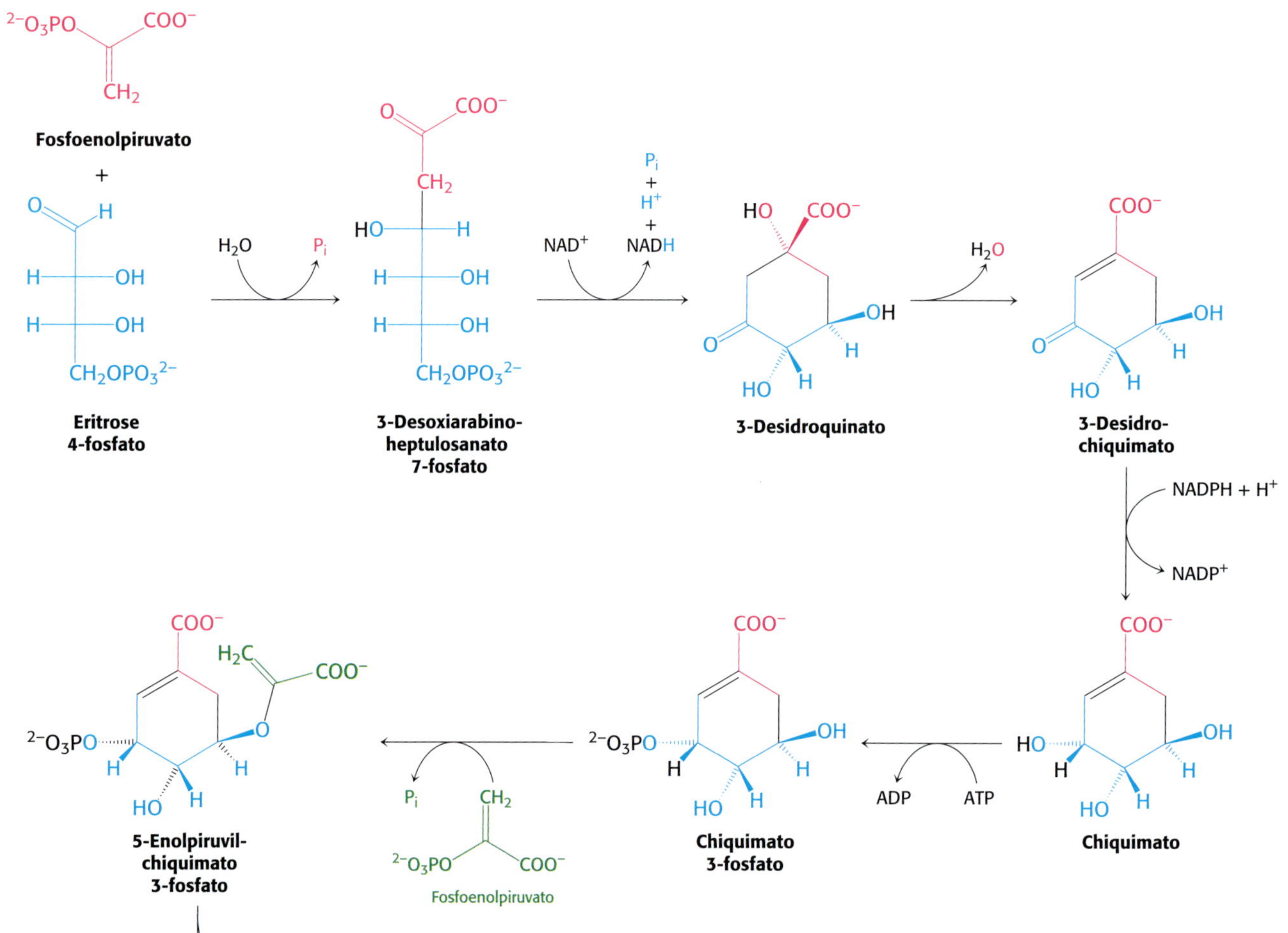


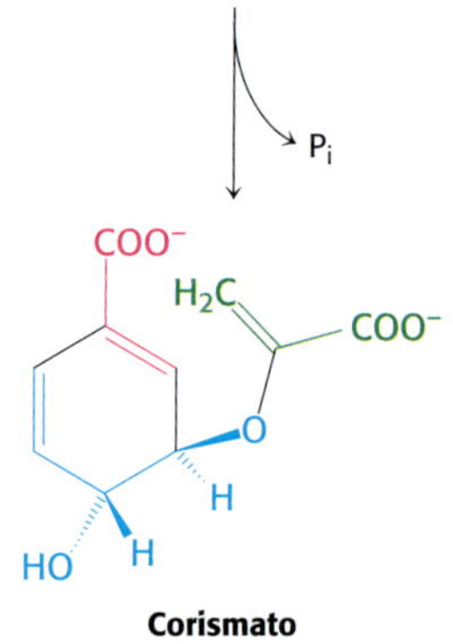


**FIGURA 24.12 Via do corismato.** O corismato é um intermediário na biossíntese da fenilalanina, da tirosina e do triptofano.

A fenilalanina, a tirosina e o triptofano são sintetizados por uma via comum em *E. coli* (Figura 24.12). A etapa inicial consiste na condensação do fosfoenolpiruvato (um intermediário glicolítico) com eritrose 4-fosfato (um intermediário da via das pentoses fosfato). O resultante açúcar de sete carbonos com cadeia aberta é oxidado, perde seu grupo fosforila e cicliza a 3-desidroquinato. Em seguida, a desidratação produz 3-desidrochiquimato, que é reduzido pelo NADPH a chiquimato. A fosforilação do chiquimato pelo ATP produz chiquimato 3-fosfato, que se condensa com uma segunda molécula de fosfoenolpiruvato. O intermediário resultante, o 5-enolpiruvil, perde o seu grupo fosforila, produzindo então corismato, o precursor comum de todos os três aminoácidos aromáticos. A importância dessa via é revelada pela eficiência do glifosato (comercialmente conhecido como Roundup), um herbicida de amplo espectro. Esse composto é um inibidor não competitivo da enzima que produz 5-enolpiruvilchiquimato 3-fosfato. Ele bloqueia a biossíntese de aminoácidos aromáticos nas plantas, porém é bastante atóxico em animais, visto que eles carecem da enzima. Recentemente, foi alegado que o glicosato pode causar câncer, embora a maioria das evidências científicas não sustente tais alegações.

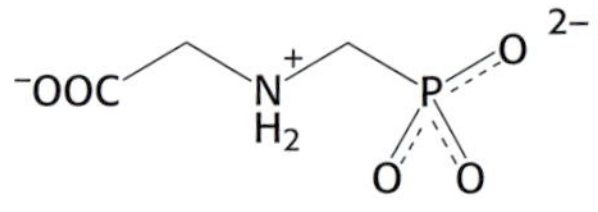

**Glifosato**
(Roundup)

A via bifurca-se no corismato. Analisaremos inicialmente o *ramo do prefenato* (Figura 24.13). Uma mutase converte o corismato em prefenato, o precursor imediato do anel aromático da fenilalanina e da tirosina. Essa conversão fascinante fornece exemplo raro de

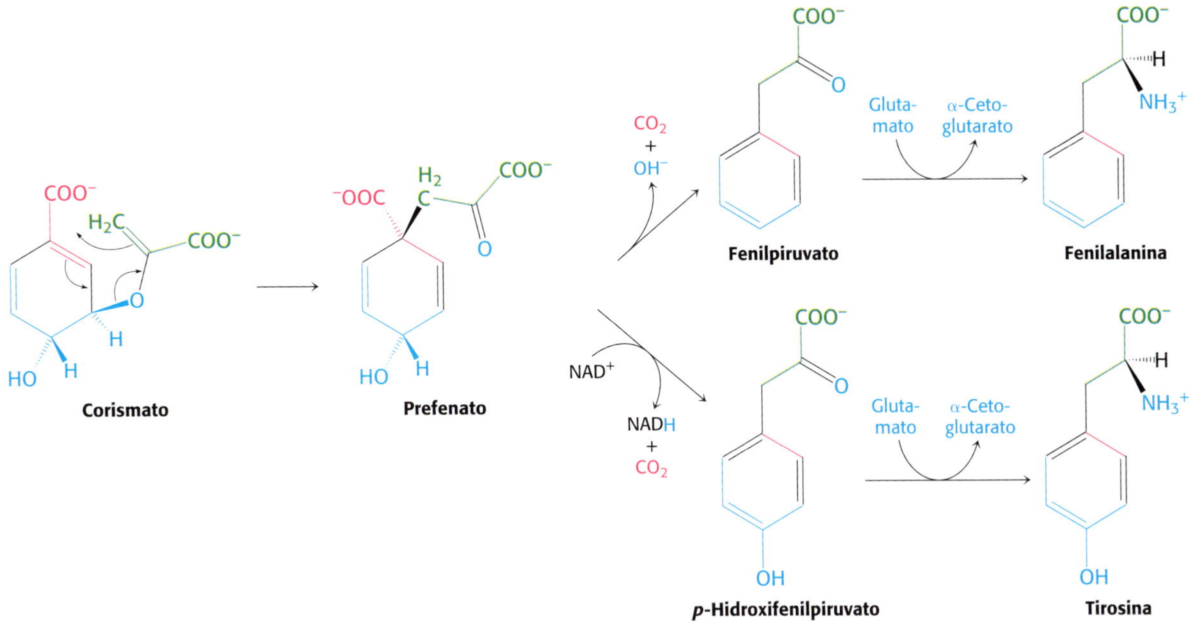


**FIGURA 24.13 Síntese da fenilalanina e da tirosina.** O corismato pode ser convertido em prefenato, que subsequentemente é convertido em fenilalanina e tirosina.

uma reação eletrocíclica em bioquímica, cujo mecanismo se assemelha à conhecida reação de Diels-Alder na química orgânica. A desidratação e a descarboxilação produzem *fenilpiruvato*. De modo alternativo, o prefenato pode sofrer descarboxilação oxidativa a p-*hidroxifenilpiruvato*. Em seguida, esses α-cetoácidos são transaminados para formar *fenilalanina* e *tirosina*.

O ramo que inicia com o *antranilato* leva à síntese do triptofano (Figura 24.14). O corismato adquire um grupo amino proveniente da

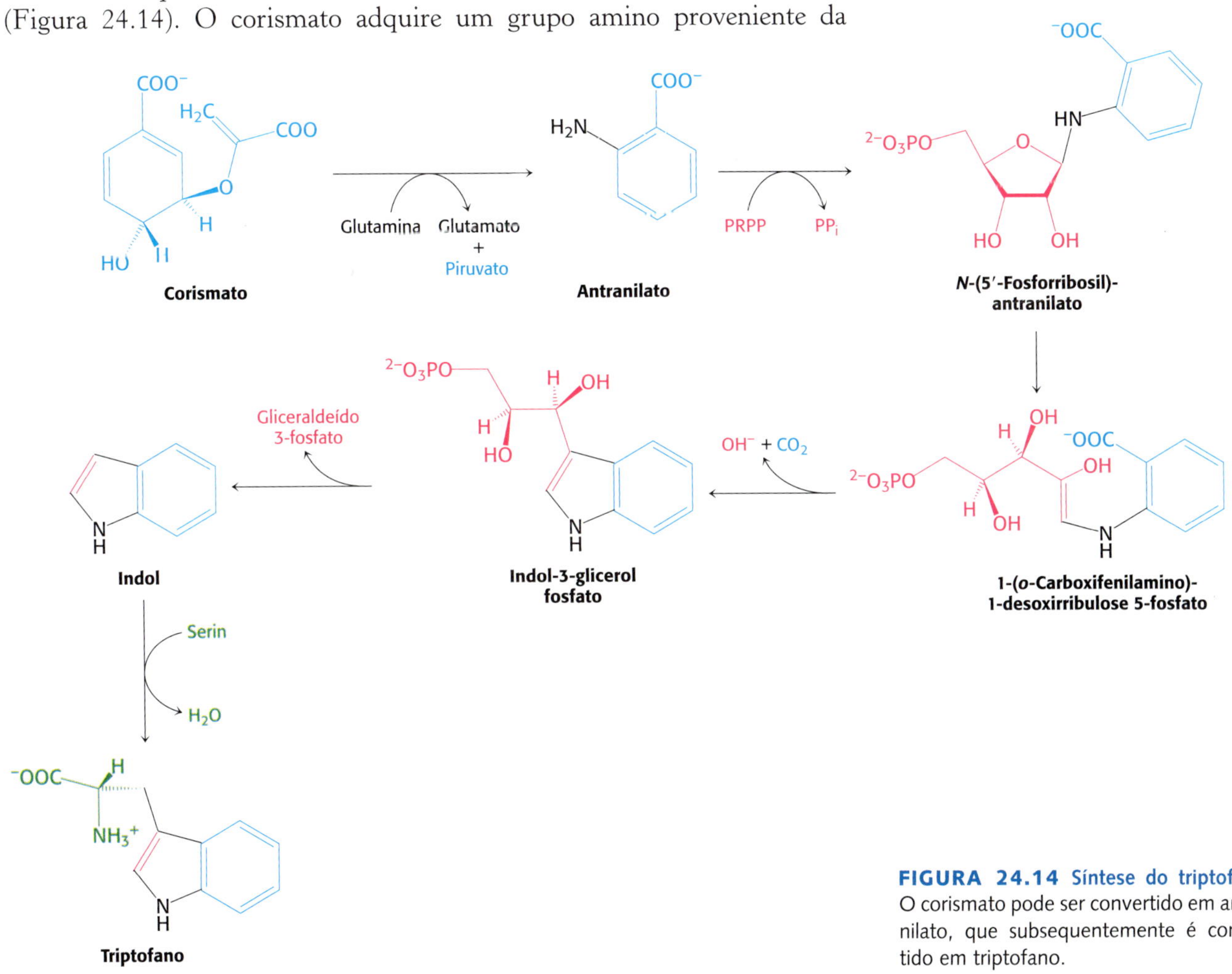


**FIGURA 24.14 Síntese do triptofano.** O corismato pode ser convertido em antranilato, que subsequentemente é convertido em triptofano.

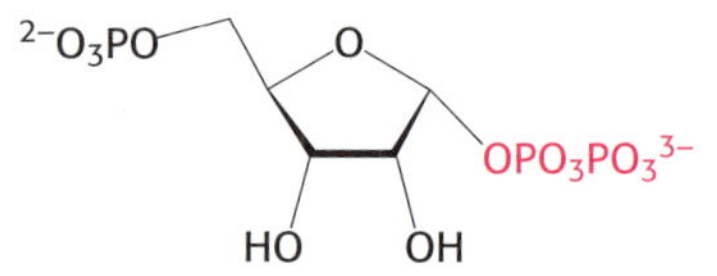

**5-Fosforribosil-1-pirofosfato (PRPP)**

hidrólise da cadeia lateral da glutamina e libera piruvato para formar antranilato. Em seguida, o antranilato condensa-se com o *5-fosforribosil-1-pirofosfato (PRPP), uma forma ativada de ribose fosfato*. O PRPP também constitui um importante intermediário nas sínteses de histidina, de nucleotídios pirimidínicos e de nucleotídios purínicos (ver seções 25.1 e 25.2). O átomo C-1 da ribose 5-fosfato liga-se ao átomo de nitrogênio do antranilato em uma reação que é dirigida pela liberação e hidrólise de pirofosfato. A ribose do fosforribosilantranilato sofre rearranjo, produzindo então 1-(*o*-carboxifenilamino)-1-desoxirribulose 5-fosfato. Esse intermediário é desidratado e, em seguida, descarboxilado a indol-3-glicerol fosfato. A triptofano sintase completa a síntese do triptofano com a retirada da cadeia lateral do indol-3-glicerol fosfato, produzindo gliceraldeído 3-fosfato e sua substituição pelo esqueleto de carbono da serina.

## A triptofano sintase ilustra a canalização do substrato na catálise enzimática

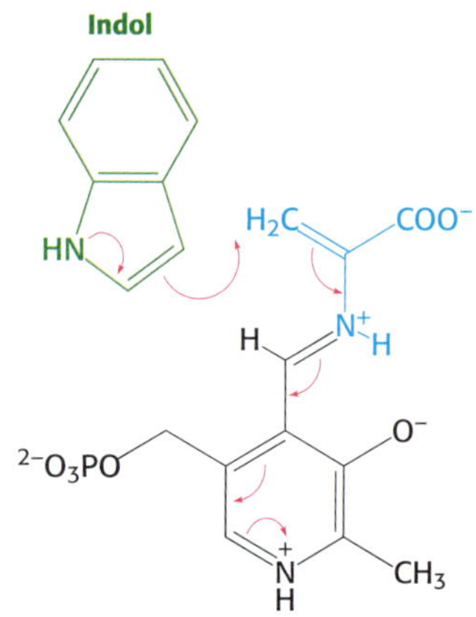

**Base de Schiff do aminoacrilato** (derivado da serina)

A enzima *triptofano sintase da E. coli*, um tetrâmero $\alpha_2\beta_2$, pode ser dissociada em duas subunidades α e um dímero $\beta_2$ (Figura 24.15). A subunidade α catalisa a formação de indol a partir do indol-3-glicerol fosfato, enquanto cada subunidade β apresenta um sítio ativo contendo PLP, que catalisa a condensação do indol com a serina para formar triptofano. A serina forma uma base de Schiff com esse PLP, que é então desidratado, produzindo a *base de Schiff do aminoacrilato*. Esse intermediário reativo é atacado pelo indol, produzindo triptofano.

A síntese de triptofano representa um desafio. O indol, uma molécula hidrofóbica, atravessa prontamente as membranas e seria perdido da célula se conseguisse se difundir para fora da enzima. Esse problema é resolvido de maneira engenhosa. Um canal de 25Å de comprimento liga o sítio ativo da subunidade α com o da subunidade β adjacente no tetrâmero $\alpha_2\beta_2$ (Figura 24.16). Assim, o indol pode difundir-se de um sítio ativo para o outro sem ser liberado no solvente. Experimentos com marcação isotópica mostraram que o indol formado pela subunidade α não deixa a enzima quando a serina está presente. Além disso, as duas reações parciais são coordenadas. O indol não é formado pela subunidade α até que o aminoacrilato altamente reativo esteja pronto e aguardando na subunidade β. Vemos aqui um exemplo bem definido de *canalização de substrato* na catálise por um complexo multienzimático. A canalização aumenta substancialmente a velocidade catalítica. Além disso, evita-se a ocorrência de uma reação colateral deletéria – neste caso, a perda potencial de um intermediário. Encontraremos outros exemplos de canalização de substrato no Capítulo 25.

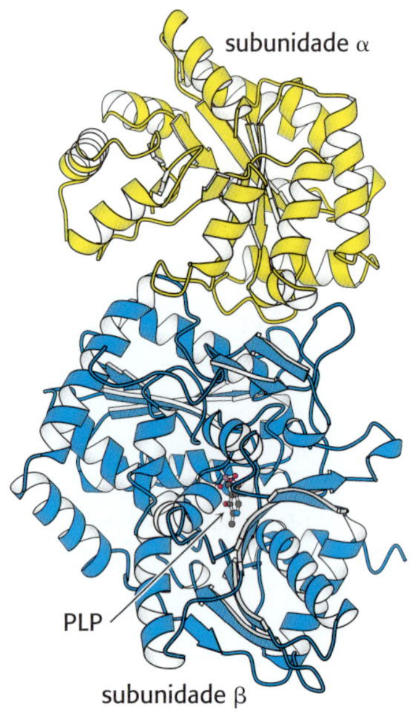


**FIGURA 24.15 Estrutura da triptofano sintase.** Estrutura do complexo formada por uma subunidade α (amarelo) e uma subunidade β (azul). *Observe* que o piridoxal fosfato (PLP) está ligado profundamente dentro da subunidade β a uma distância considerável da subunidade α. [Desenhada de 1BKS.pdb.]

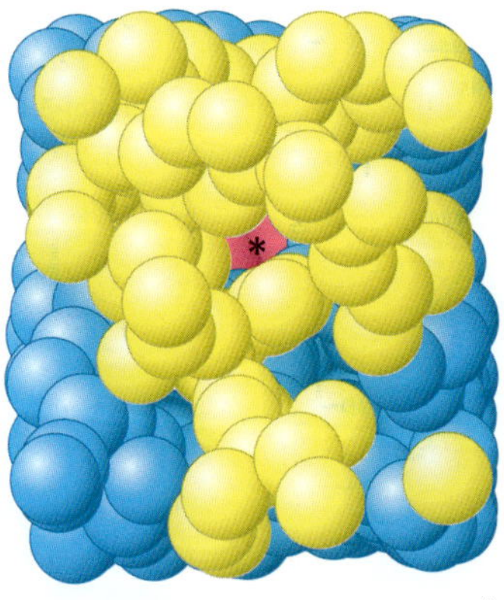


**FIGURA 24.16 Canalização do substrato.** Um túnel de 25Å estende-se do sítio ativo da subunidade α da triptofano sintase (amarelo) até o cofator PLP (vermelho) no sítio ativo da subunidade β (azul). O asterisco indica o centro do túnel.

## 24.3 A biossíntese de aminoácidos é regulada por inibição por retroalimentação

A velocidade da síntese de aminoácidos depende principalmente das *quantidades* das enzimas de biossíntese e de suas *atividades*. Analisaremos agora o controle da atividade enzimática. A regulação da síntese de enzimas em eucariotos será discutida no Capítulo 33.

Em uma via de biossíntese, a primeira reação irreversível, denominada *etapa de comprometimento*, constitui habitualmente um importante ponto de regulação. O produto final da via ($Z$) frequentemente inibe a enzima que catalisa a etapa de comprometimento ($A \rightarrow B$).

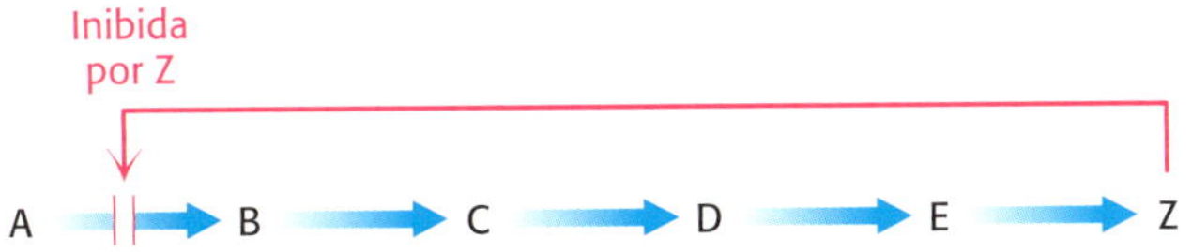


Esse tipo de controle é essencial para a conservação dos blocos de construção e da energia metabólica. Considere a biossíntese de serina (p. 805). A etapa de comprometimento nessa via é a oxidação do 3-fosfoglicerato, que é catalisada pela enzima *3-fosfoglicerato desidrogenase*. A enzima da *E. coli* é um tetrâmero de quatro subunidades idênticas, cada uma delas com um domínio catalítico e um domínio regulatório de ligação de serina (Figura 24.17). A ligação da serina a um sítio regulatório diminui o valor de $V_{máx}$ da enzima; uma enzima ligada a quatro moléculas de serina é essencialmente inativa. Por conseguinte, se a serina for abundante na célula, a atividade da enzima é inibida, de modo que o 3-fosfoglicerato, um bloco de construção essencial que pode ser utilizado em outros processos, não é desperdiçado.

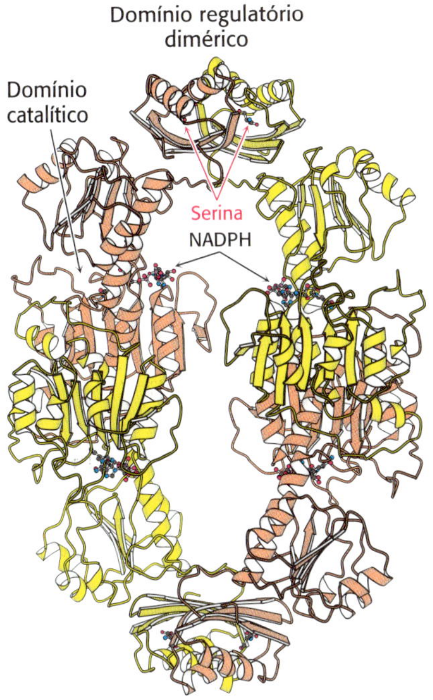


**FIGURA 24.17 Estrutura da 3-fosfoglicerato desidrogenase.** Esta enzima, que catalisa a etapa de comprometimento na via de biossíntese da serina, é inibida pela serina. *Observe* os dois domínios regulatórios diméricos de ligação da serina – um na parte superior e outro na parte inferior da estrutura. [Desenhada de 1PSD.pdb.]

### As vias ramificadas necessitam de uma regulação sofisticada

A regulação das vias ramificadas é mais complicada, visto que a concentração de dois produtos precisa ser considerada. Com efeito, foram identificados vários mecanismos complexos de retroalimentação nas vias ramificadas da biossíntese.

**Inibição e ativação por retroalimentação.** Duas vias com uma etapa inicial comum podem ser, cada uma delas, inibidas pelo seu próprio produto e ativadas pelo produto da outra via. Considere, por exemplo, a biossíntese dos aminoácidos de cadeia ramificada valina, leucina e isoleucina. Um intermediário comum, a hidroxietil tiamina fosfato (hidroxietil-TPP; ver seção 17.1), inicia as vias que levam a todos esses três aminoácidos. A hidroxietil-TPP reage com o α-cetobutirato na etapa inicial da síntese da isoleucina. De modo alternativo, a hidroxietil-TPP reage com piruvato na etapa de comprometimento das vias que levam à valina e à leucina. Por conseguinte, as concentrações relativas de α-cetobutirato e de piruvato determinam a quantidade de isoleucina produzida em comparação com as produções de valina e de leucina. A *treonina desaminase*, a enzima com PLP que catalisa a formação do α-cetobutirato, sofre inibição alostérica pela isoleucina (Figura 24.18). Essa enzima também é ativada alostericamente pela valina. Por conseguinte, é inibida pelo produto final da via que ela inicia e é ativada pelo produto final de uma via competitiva. Esse mecanismo equilibra as quantidades dos diferentes aminoácidos que são sintetizados.

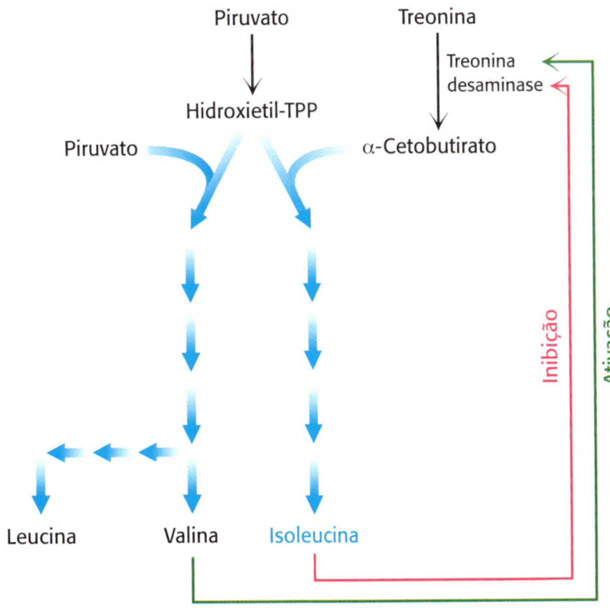


**FIGURA 24.18 Regulação da treonina desaminase.** A treonina é convertida em α-cetobutirato na etapa de comprometimento, levando à síntese de isoleucina. A enzima que catalisa essa etapa, a treonina desaminase, é inibida pela isoleucina e ativada pela valina, o produto de uma via paralela.

Na sua estrutura, o domínio regulatório da treonina desaminase assemelha-se muito ao domínio regulatório da 3-fosfoglicerato desidrogenase (Figura 24.19). Nesta última enzima, os domínios regulatórios de duas subunidades interagem para formar uma unidade regulatória dimérica de ligação de serina, de modo que a enzima tetramérica contém duas dessas unidades regulatórias. Cada unidade é capaz de se ligar a duas moléculas de serina. Na treonina desaminase, os dois domínios regulatórios fundem-se em uma única unidade com dois sítios diferenciados de ligação de aminoácidos, um para a isoleucina e o outro para a valina. A análise das sequências mostra que existem domínios regulatórios semelhantes em outras enzimas da biossíntese de aminoácidos. *As semelhanças sugerem a possível evolução de processos de inibição por retroalimentação pela ligação de domínios regulatórios específicos aos domínios catalíticos das enzimas de biossíntese.*

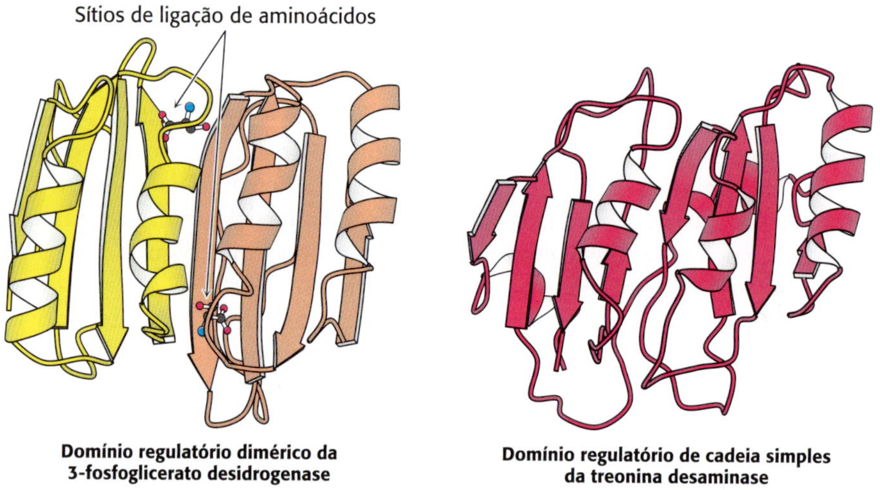


**FIGURA 24.19 Um domínio regulatório recorrente.** O domínio regulatório formado por duas subunidades de 3-fosfoglicerato desidrogenase está estruturalmente relacionado com o domínio regulatório de cadeia simples da treonina desaminase. *Observe* que ambas as estruturas apresentam quatro α-hélices e oito fitas β em locais semelhantes. As análises das sequências revelaram que esse domínio regulatório de ligação de aminoácido também está presente em outras enzimas. [Desenhada de 1PSD e 1TDJ.pdb.]

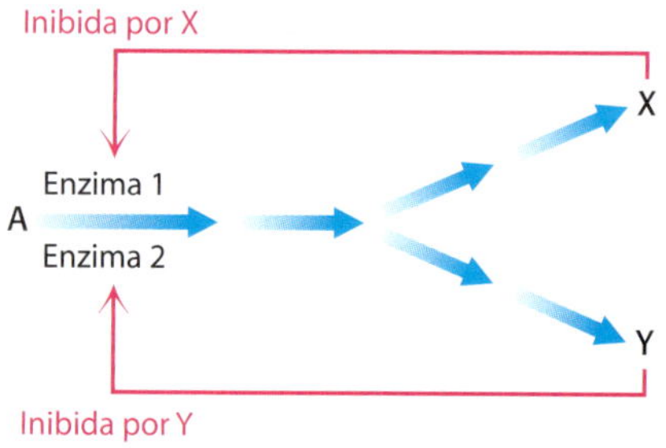


**Multiplicidade enzimática.** A etapa de comprometimento pode ser catalisada por duas ou mais isoenzimas, enzimas com mecanismos catalíticos essencialmente idênticos, porém com propriedades regulatórias diferentes (ver seção 10.2). Por exemplo, a fosforilação do aspartato constitui a etapa de comprometimento nas biossínteses de treonina, metionina e lisina. Na *E. coli*, essa reação é catalisada por três aspartato quinases distintas, que evoluíram por duplicação gênica (Figura 24.20). Os domínios catalíticos dessas enzimas exibem uma identidade de sequências de aproximadamente 30%. Embora os mecanismos de catálise sejam idênticos, suas atividades são reguladas de modo diferente: uma enzima não está sujeita à inibição por retroalimentação, outra é inibida pela treonina e a terceira é inibida pela lisina.

**Inibição por retroalimentação cumulativa.** Uma etapa comum é parcialmente inibida por cada um dos produtos finais atuando de modo independente. A regulação da glutamina sintetase na *E. coli* fornece um notável exemplo de inibição por retroalimentação cumulativa. Convém lembrar que a glutamina é sintetizada a partir de glutamato, $NH_4^+$ e ATP. A *glutamina sintetase* é constituída de 12 subunidades idênticas de 50 kDa dispostas em

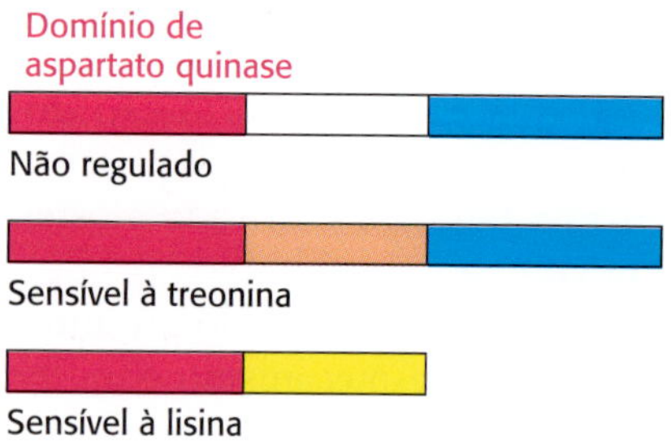


**FIGURA 24.20 Estruturas de domínios de três aspartato quinases.** Cada uma catalisa a etapa de comprometimento na biossíntese de um aminoácido diferente: (em cima) metionina, (no centro) treonina e (embaixo) lisina. Elas apresentam um domínio catalítico em comum (vermelho), porém diferem nos seus domínios regulatórios (amarelo e laranja). O domínio azul representa outra enzima (homosserina desidrogenase) envolvida no metabolismo do aspartato. Assim, as duas aspartato quinases da parte superior são enzimas bifuncionais.

dois anéis hexagonais, um em frente ao outro. Essa enzima regula o fluxo de nitrogênio e, portanto, desempenha um papel essencial no controle do metabolismo bacteriano. O grupo amida da glutamina constitui uma fonte de nitrogênio na biossíntese de uma variedade de compostos, como triptofano, histidina, carbamoil fosfato, glicosamina 6-fosfato, citidina trifosfato e adenosina monofosfato. A glutamina sintetase é inibida cumulativamente por cada um desses produtos finais do metabolismo da glutamina, bem como pela alanina e pela glicina. *Na inibição cumulativa, cada inibidor pode reduzir a atividade da enzima, mesmo quando outros inibidores estão ligados em níveis de saturação.* A atividade enzimática da glutamina sintetase é desligada quase totalmente quando todos os produtos finais estão ligados à enzima.

## A sensibilidade da glutamina sintetase à regulação alostérica é alterada por modificação covalente

A atividade da glutamina sintetase também é controlada por *modificação covalente reversível* – a fixação de uma *unidade de AMP* por uma ligação fosfodiéster ao grupo hidroxila de um resíduo de tirosina específico em cada subunidade. *Essa enzima adenilada é menos ativa e mais suscetível à inibição por retroalimentação cumulativa do que a forma desadenilada.* A unidade de AMP fixada covalentemente é removida da enzima adenilada por fosforólise.

As reações de adenilação e de fosforólise são catalisadas pela mesma enzima, a *adenilil transferase.* A adenilil transferase é constituída de duas metades homólogas, sugerindo que uma metade catalisa a reação de adenilação, enquanto a outra metade é responsável pela reação de desadenilação fosforolítica. O que determina se uma unidade de AMP é acrescentada ou removida? A especificidade da adenilil transferase é controlada por uma *proteína regulatória* $P_{II}$, uma proteína trimérica que pode existir em duas formas: não modificada ($P_{II}$) ou ligada covalentemente a UMP ($P_{II}$-UMP). O complexo de $P_{II}$ com a adenilil transferase catalisa a fixação de uma unidade de AMP à glutamina sintetase, o que reduz a sua atividade. Em contrapartida, o complexo $P_{II}$-UMP com a adenilil transferase remove o AMP da enzima adenilada (Figura 24.21).

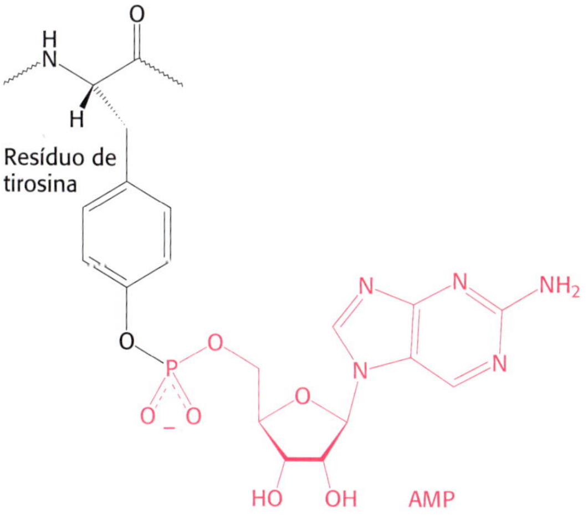

Resíduo de tirosina modificado por adenilação

Esse esquema de regulação levanta imediatamente a seguinte questão: como a modificação da $P_{II}$ é controlada? A $P_{II}$ é convertida em $P_{II}$-UMP pela fixação de uridina monofosfato a um resíduo específico de tirosina (Figura 24.21). Essa reação, que é catalisada pela *uridilil transferase,* é estimulada pelo ATP e

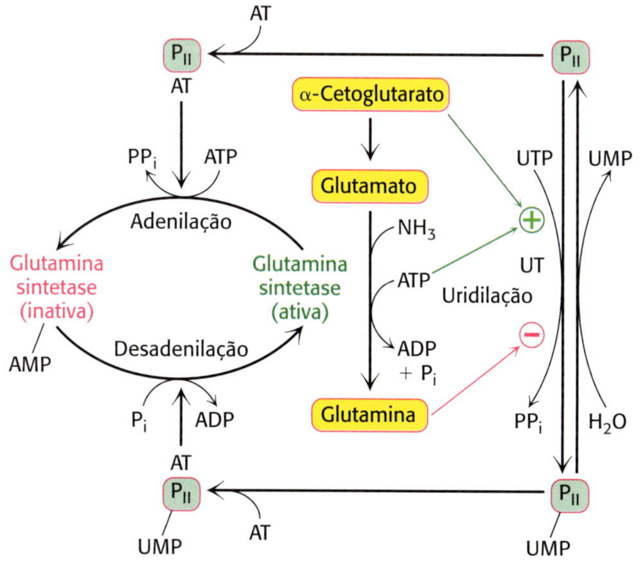


**FIGURA 24.21 Regulação covalente da glutamina sintetase.** A adenilil transferase (AT), em associação com a proteína regulatória $P_{II}$, adenila e inativa a sintetase. Quando associada à $P_{II}$ ligada a UMP, a AT desadenila a sintetase, com consequente ativação da enzima. A uridilil transferase (UT), a enzima que modifica $P_{II}$, é alostericamente regulada pelo α-cetoglutarato, pelo ATP e pela glutamina. [Informação de D. L. Nelson e M. M. Cox, *Lehninger Principles of Biochemistry* 7th ed. (W. H. Freeman and Company, 2013), Fig. 22.9.]

pelo α-cetoglutarato, enquanto é inibida pela glutamina. Por sua vez, as unidades de UMP na $P_{II}$ são removidas por hidrólise, em uma reação que é promovida pela glutamina e inibida pelo α-cetoglutarato. Essas atividades catalíticas opostas encontram-se em uma única cadeia polipeptídica e são controladas de modo que a enzima não catalisa simultaneamente a uridilação e a hidrólise. Em essência, se a glutamina estiver presente, o sistema de modificação covalente favorece a adenilação e a inativação da glutamina sintetase. Na ausência de glutamina, conforme indicado pela presença de seus precursores, o α-cetoglutarato e o ATP, o sistema de controle resulta na desadenilação e ativação da sintetase.

A integração do metabolismo do nitrogênio em uma célula exige que grande quantidade de sinais aferentes seja detectada e processada. Além disso, a proteína regulatória $P_{II}$ também participa na regulação da transcrição de genes da glutamina sintetase e de outras enzimas que atuam no metabolismo do nitrogênio. A evolução da regulação covalente sobreposta à inibição por retroalimentação forneceu muito mais sítios regulatórios e possibilitou um ajuste mais fino do fluxo de nitrogênio na célula. Esse duplo formato regulatório foi anteriormente observado na regulação do metabolismo do glicogênio (ver seção 21.5).

## 24.4 Os aminoácidos são precursores de muitas biomoléculas

Além de serem os blocos de construção das proteínas e dos peptídios, os aminoácidos atuam como precursores de muitos tipos de moléculas pequenas que desempenham diversos papéis biológicos importantes. Examinaremos de modo sucinto algumas das biomoléculas que derivam de aminoácidos (Figura 24.22).

As *purinas* e as *pirimidinas* originam-se, em grande parte, de aminoácidos. A biossíntese desses precursores do DNA, do RNA e de numerosas coenzimas é discutida de modo detalhado no Capítulo 25. A extremidade reativa da *esfingosina*, um intermediário na síntese de esfingolipídios, provém da serina. A *histamina*, um potente vasodilatador, deriva da histidina por descarboxilação. A tirosina é um precursor da *tiroxina* (tetraiodotironina, um hormônio que modula o metabolismo), da *epinefrina* (epinefrina) e da *melanina* (uma complexa molécula polimérica responsável pela pigmentação da pele). O neurotransmissor *serotonina* (5-hidroxitriptamina) e o *anel de nicotinamida* do $NAD^+$ são sintetizados a partir do triptofano. A seguir, são analisados com mais detalhes três compostos bioquímicos particularmente

**FIGURA 24.22 Biomoléculas selecionadas derivadas de aminoácidos.** Os átomos derivados dos aminoácidos são mostrados em azul.

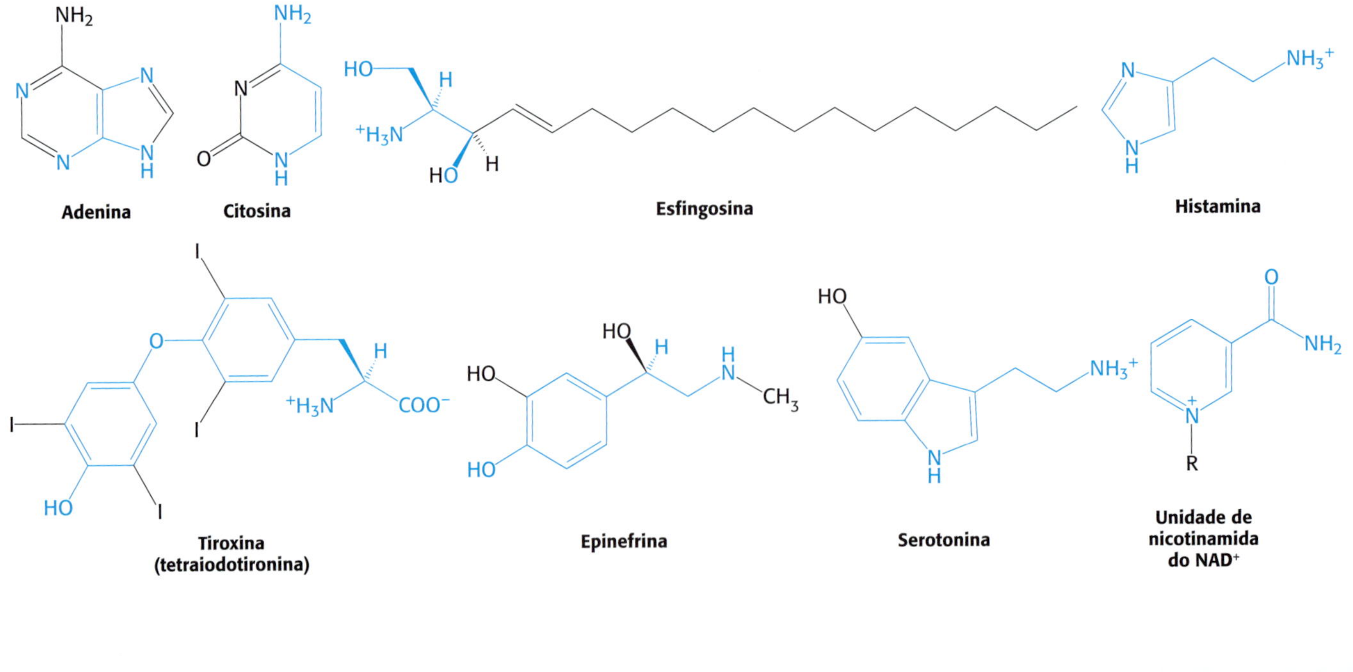

importantes derivados de aminoácidos. (Ver Bioquímica em Foco para uma discussão sobre a síntese de melanina.)

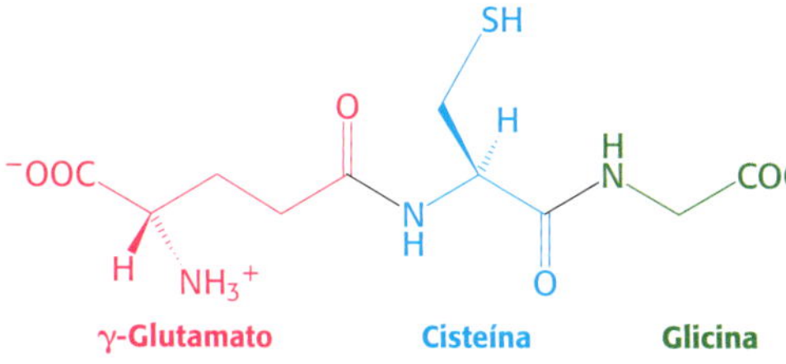


**FIGURA 24.23 Glutationa.** Esse tripeptídio é constituído de um resíduo de cisteína flanqueado por um resíduo de glicina e um resíduo de glutamato ligado à cisteína por uma ligação isopeptídica entre o grupo carboxilato da cadeia lateral do glutamato e o grupo amino da cisteína.

## A glutationa, um peptídio gamaglutamil, atua como tampão de sulfidrilas e como antioxidante

A *glutationa*, um tripeptídio contendo um grupo sulfidrila, é um derivado de aminoácidos bastante peculiar e desempenha várias funções importantes (Figura 24.23). Por exemplo, a glutationa, que é encontrada em altos níveis (cerca de 5 mM) nas células animais, protege os eritrócitos da lesão oxidativa ao atuar como tampão de sulfidrilas (ver seção 20.5). A glutationa alterna entre uma forma tiol reduzida (GSH) e uma forma oxidada (GSSG) em que dois tripeptídios estão ligados por uma ponte dissulfeto.

$$2\ GSH + RO\text{–}OH \rightleftharpoons GSSG + H_2O + ROH$$

A GSSG é reduzida a GSH pela *glutationa redutase*, uma flavoproteína que utiliza NADPH como fonte de elétrons. Na maioria das células, a razão entre GSH e GSSG é superior a 500. *A glutationa desempenha papel essencial na desintoxicação, visto que reage com o peróxido de hidrogênio e com peróxidos orgânicos, os subprodutos deletérios da vida aeróbica* (ver seção 20.5).

A *glutationa peroxidase*, a enzima que catalisa a reação com peróxidos, é notável por ter um aminoácido modificado contendo um átomo de *selênio* (Se) (Figura 24.24). Especificamente, o seu sítio ativo contém o análogo selênio da cisteína, no qual o selênio substitui o enxofre. A forma selenolato (E-Se$^-$) desse resíduo reduz o substrato de peróxido a um álcool e, por sua vez, é oxidada a ácido selenênico (E-SeOH). A seguir, a glutationa entra em ação formando um aduto seleno-sulfeto (E-Se-S-G). A seguir, uma segunda molécula de glutationa regenera a forma ativa da enzima ao atacar o seleno-sulfeto para formar glutationa oxidada (Figura 24.25).

### Marcação com $^{15}$N: relato de um pioneiro

"Eu mesmo como cobaia

...em 1944, realizei, juntamente com David Rittenberg, uma pesquisa sobre a renovação das proteínas sanguíneas dos seres humanos. Para esse propósito, sintetizei 66 g de glicina marcada com 35% de $^{15}$N a um custo de 1.000 dólares pelo $^{15}$N. Em 12 de fevereiro de 1945, iniciei a ingestão da glicina marcada. Como não sabíamos o efeito de doses relativamente grandes do isótopo estável do nitrogênio, e como acreditávamos que a incorporação máxima em proteínas poderia ser obtida pela administração de glicina de modo contínuo, ingeri amostras de 1 g de glicina a intervalos de 1 hora durante as 66 horas seguintes...A intervalos determinados, foi coletada uma amostra de sangue, e, após preparação adequada, foram determinadas as concentrações de $^{15}$N em diferentes proteínas do sangue."

–David Shemin
*Bioessays* 10 (1989):30

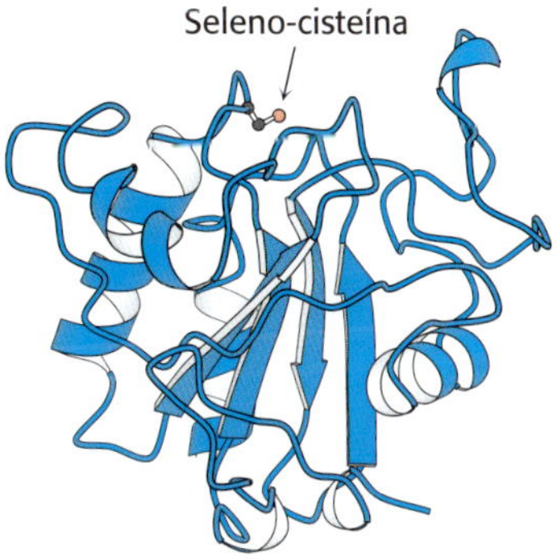


**FIGURA 24.24 Estrutura da glutationa peroxidase.** Esta enzima, que desempenha um papel na desintoxicação de peróxidos, contém um resíduo de seleno-cisteína em seu sítio ativo. [Desenhada de 1GP1.pdb.]

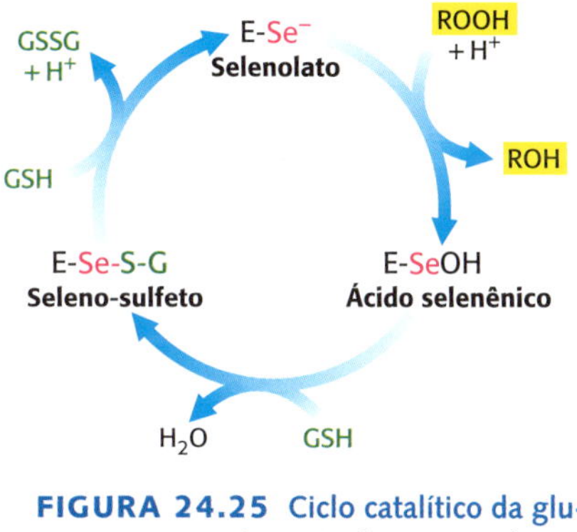


**FIGURA 24.25 Ciclo catalítico da glutationa peroxidase.** [Informação de O. Epp, R. Ladenstein e A. Wendel. *Eur. J. Biochem.* 133(1983):51-69.]

## O óxido nítrico, uma molécula sinalizadora de vida curta, é formado a partir da arginina

O *óxido nítrico* (NO, do inglês *nitric oxide*) é um importante mensageiro em muitos processos de transdução de sinais em vertebrados, e primeiramente foi identificado como um fator de relaxamento do sistema cardiovascular. Sabe-se agora que ele desempenha uma variedade de funções, não apenas no sistema cardiovascular, mas também no sistema imune e no sistema nervoso (Tabela 24.3). Foi também constatado que o NO estimula a biogênese

**TABELA 24.3** Algumas funções do óxido nítrico.

| |
|---|
| Reduz a pressão arterial por meio do relaxamento da musculatura vascular |
| Aumenta o fluxo sanguíneo para os rins |
| Atua como neurotransmissor, aumentando o fluxo sanguíneo para o cérebro |
| Dilata os vasos pulmonares |
| Medeia a função erétil |
| Controla o peristaltismo do trato gastrintestinal |
| Regula a inflamação |

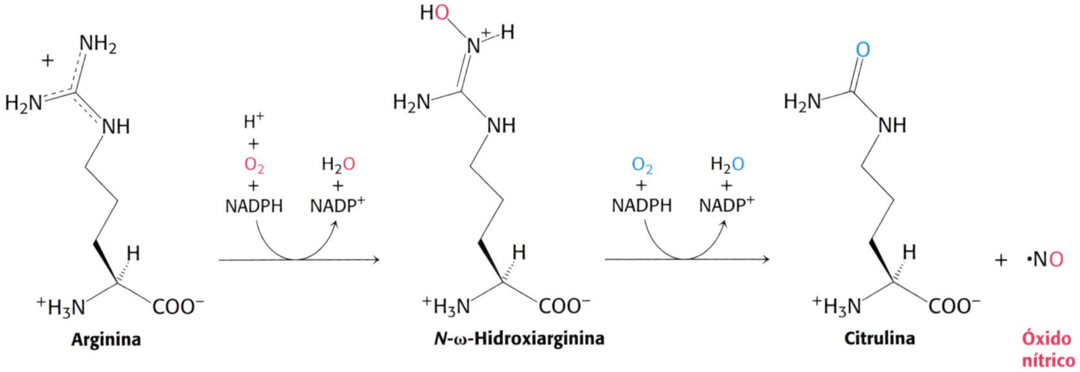


**FIGURA 24.26 Formação do óxido nítrico.** O NO é produzido pela oxidação da arginina.

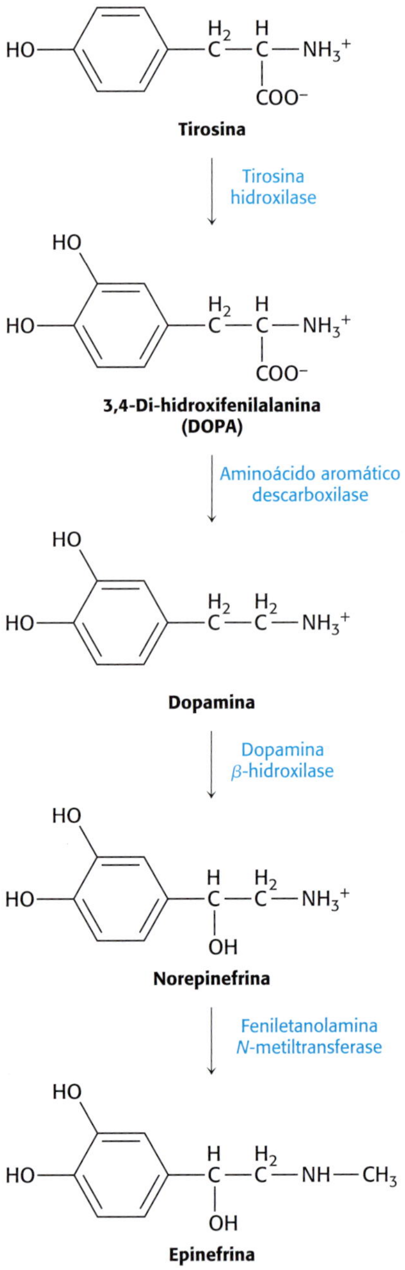


**FIGURA 24.27 A tirosina é precursora das catecolaminas.** As catecolaminas – dopamina, norepinefrina e epinefrina – atuam como moléculas sinalizadoras de estresse.

mitocondrial. Esse radical livre gasoso é produzido de modo endógeno a partir da *arginina* em uma reação complexa que é catalisada pela *óxido nítrico sintase.* O NADPH e o $O_2$ são necessários para a sua síntese (Figura 24.26). O óxido nítrico atua por meio de sua ligação à guanilato ciclase solúvel, uma importante enzima na transdução de sinais, ativando-a (ver seção 34.3, no Capítulo 34, disponível no material suplementar *online*). Essa enzima é homóloga à adenilato ciclase, porém inclui um domínio contendo heme que se liga ao NO.

## Os aminoácidos são precursores de vários neurotransmissores

As catecolaminas, que são moléculas sinalizadoras com uma variedade de funções, são derivadas da tirosina (Figura 24.27). A norepinefrina e a dopamina são neurotransmissores, e a epinefrina é conhecida pela sua regulação do uso de fontes energéticas, estimulando a degradação do glicogênio e a mobilização de lipídios. Em geral, as catecolaminas estão associadas ao estresse e desempenham um papel na resposta de "luta ou fuga".

O triptofano é um precursor de dois aminoácidos (Figura 24.28A). A serotonina atua de várias maneiras. De forma mais notável, a serotonina regula o humor e pode estar envolvida no alívio da depressão. A serotonina também é encontrada no trato gastrintestinal, onde regula a contração do intestino, bem como nas plaquetas, onde facilita a vasoconstrição. A serotonina pode ser metabolizada a outro hormônio, a melatonina, que atua para manter o ciclo natural de sono-vigília (Figura 24.28B).

## As porfirinas são sintetizadas a partir da glicina e da succinil-coenzima A

A participação de um aminoácido na biossíntese dos anéis de porfirina dos grupos heme e das clorofilas foi revelada pela primeira vez por experimentos de marcação isotópica realizados por David Shemin e colaboradores. Em 1945, eles mostraram que os átomos de nitrogênio do heme ficavam marcados após a ingestão de [$^{15}$N]glicina por seres humanos, enquanto a ingestão de [$^{15}$N]glutamato resultava em pouquíssima marcação (p. 817).

Os experimentos com o uso do $^{14}$C, apenas recentemente disponível na época, revelaram que oito dos átomos de carbono do heme nos eritrócitos nucleados de pato provêm do átomo de carbono α da glicina, e nenhum do átomo de carbono carboxílico. Estudos subsequentes demonstraram que os outros 26 átomos de carbono do heme podem originar-se do acetato. Além disso, o $^{14}$C no acetato marcado na metila surgiu em 24 desses átomos de carbono, enquanto o $^{14}$C no acetato marcado na carboxila só apareceu nos outros dois (Figura 24.29).

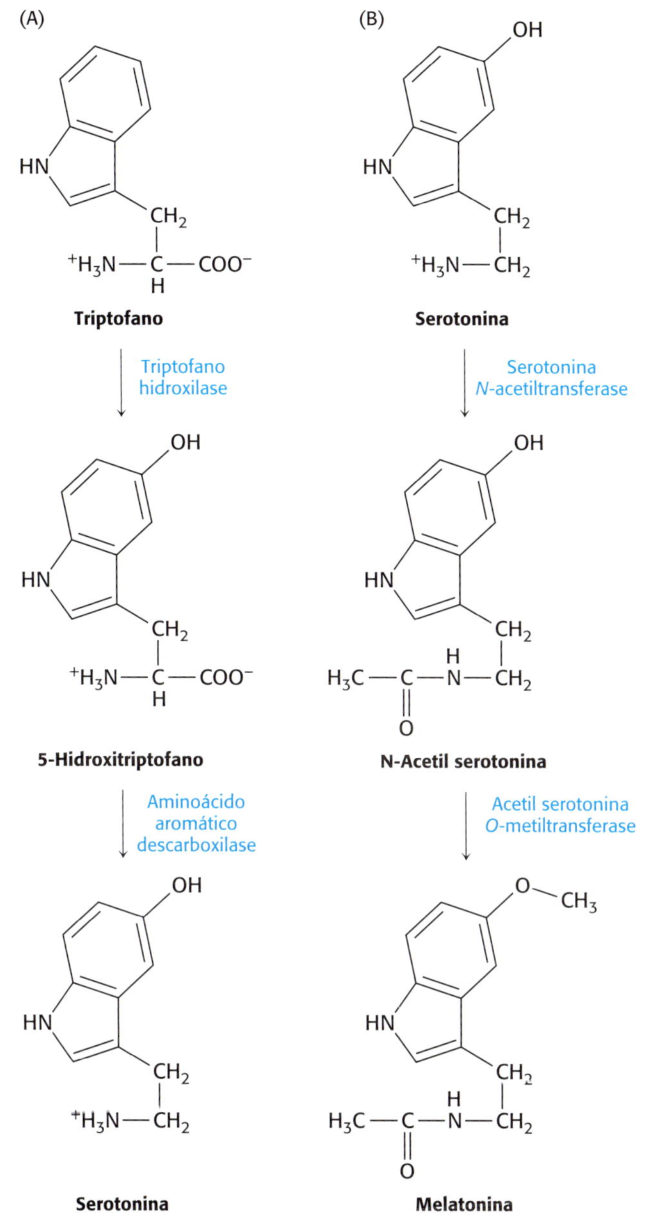


**FIGURA 24.28** A serotonina e a melatonina são sintetizadas a partir do triptofano.

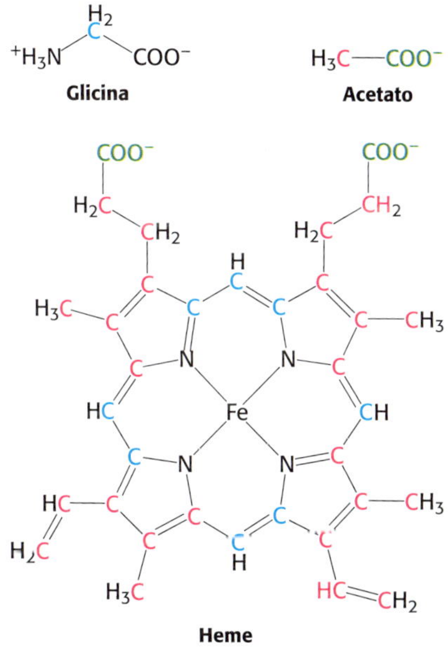


**FIGURA 24.29** Marcação do heme. As origens dos átomos do heme foram reveladas pelos resultados de estudos de marcação isotópica.

Esse peculiar padrão de marcação sugeriu que o acetato é convertido em succinil-CoA por enzimas do ciclo do ácido cítrico (ver seção 17.2), e que um precursor do heme é formado pela condensação da glicina com a succinil-CoA. De fato, *nos mamíferos a primeira etapa na biossíntese de porfirinas consiste na condensação da glicina com a succinil-CoA para formar δ-aminolevulinato.*

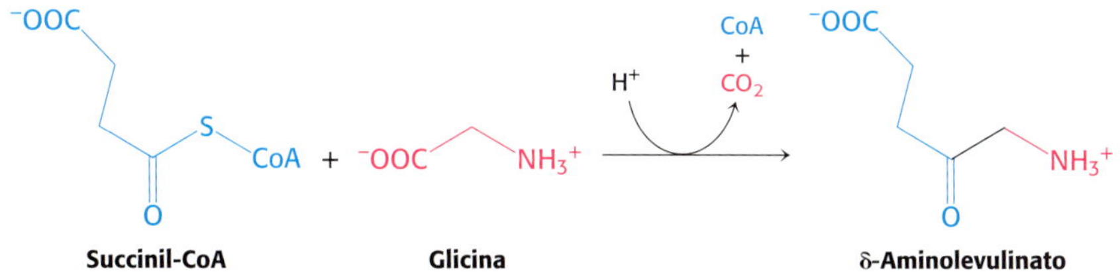


Essa reação é catalisada pela *δ-aminolevulinato sintase,* uma enzima com PLP presente nas mitocôndrias. Em concordância com os estudos de marcação descritos anteriormente, o átomo de carbono do grupo carboxila da glicina é perdido na forma de dióxido de carbono, enquanto o carbono α permanece no δ-aminolevulinato.

As reações necessárias para a síntese do heme ocorrem tanto nas mitocôndrias quanto no citoplasma (Figura 24.30), revelando outro exemplo de cooperação intercompartimental (ver Capítulos 16 e 22). O δ-aminolevulinato é gerado nas mitocôndrias e, em seguida, transportado para o citoplasma, onde duas moléculas de δ-aminolevulinato condensam-se para formar *porfobilinogênio*, o intermediário seguinte. Em seguida, ocorre a condensação de quatro moléculas de porfobilinogênio da cabeça

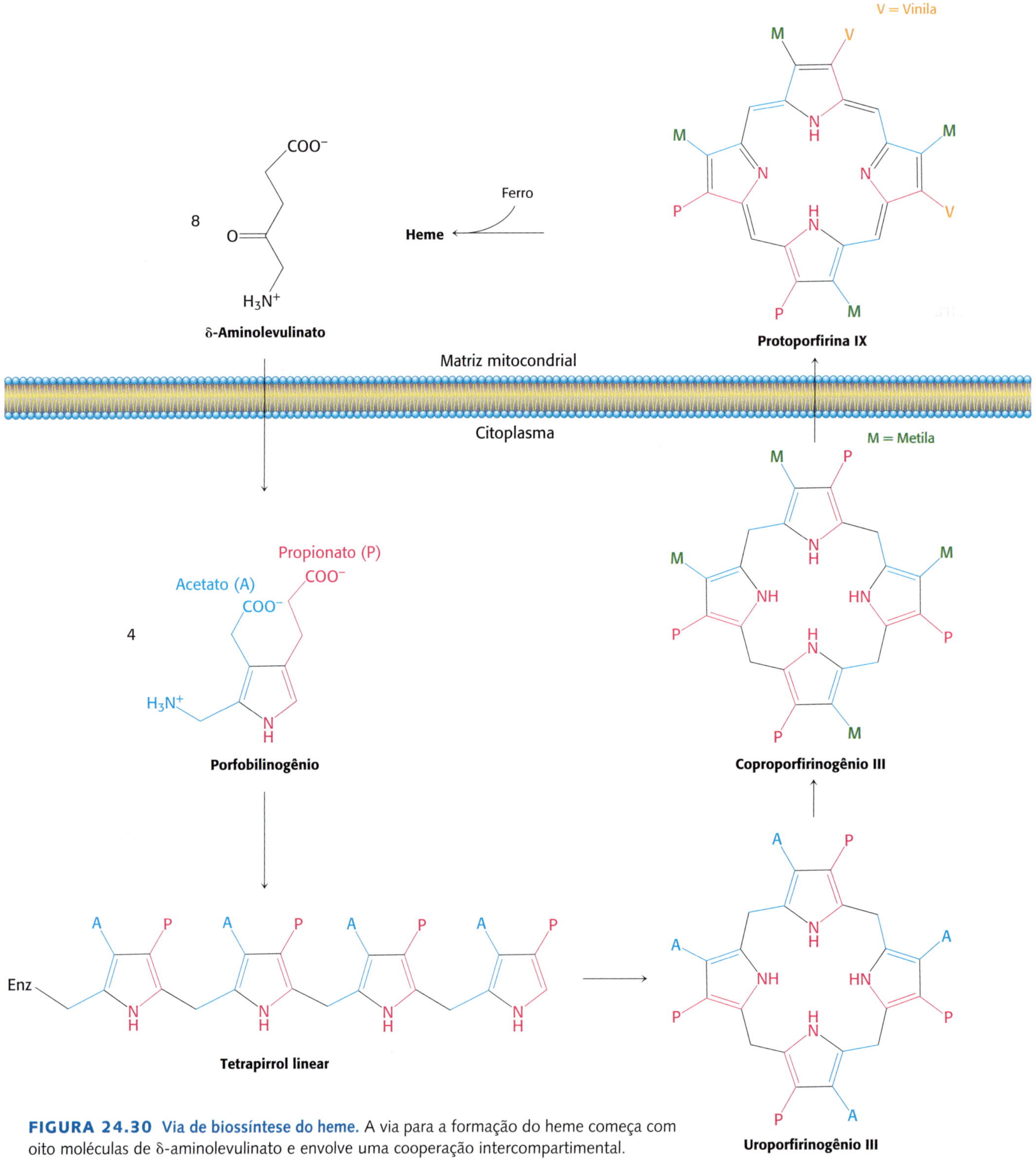


**FIGURA 24.30 Via de biossíntese do heme.** A via para a formação do heme começa com oito moléculas de δ-aminolevulinato e envolve uma cooperação intercompartimental.

para a cauda para formar um *tetrapirrol* linear em uma reação catalisada pela *porfobilinogênio desaminase.* Em seguida, o tetrapirrol linear ligado à enzima cicliza para formar *uroporfirinogênio III*, que apresenta um arranjo assimétrico de cadeias laterais. Essa reação necessita de uma *cossintase.* Na presença apenas da sintase, ocorre a produção de uroporfirinogênio I, o isômero simétrico não fisiológico. O uroporfirinogênio III também é um intermediário-chave na síntese de vitamina $B_{12}$ pelas bactérias e na de clorofila por bactérias e plantas (Figura 24.30).

O esqueleto de porfirina está agora formado. As reações subsequentes alteram as cadeias laterais e o grau de saturação do anel porfirínico (Figura 24.30). O *coproporfirinogênio III* é formado pela descarboxilação das cadeias laterais de acetato e, em seguida, é transportado para dentro das mitocôndrias. Nessas organelas, a dessaturação do anel porfirínico e a conversão de duas das cadeias laterais de propionato em grupos vinila produzem a *protoporfirina IX.* A quelação do ferro finalmente dá origem ao *heme,* o grupo prostético de diversas proteínas, tais como a mioglobina, a hemoglobina, a catalase, a peroxidase e o citocromo *c*. A inserção da forma *ferrosa* do ferro é catalisada pela *ferroquelatase.* O ferro é transportado no plasma pela *transferrina,* uma proteína que se liga a dois íons férricos e é armazenada em tecidos dentro de moléculas de *ferritina* (ver seção 33.4).

Estudos realizados com glicina marcada com $^{15}N$ revelaram que o eritrócito humano normal apresenta um tempo de vida de cerca de 120 dias. A primeira etapa na degradação do grupo heme consiste na clivagem de sua ponte α-metino para formar o pigmento verde, a *biliverdina*, um tetrapirrol linear. Essa reação é catalisada pela *heme oxigenase*. A ponte de metino central da biliverdina é então reduzida pela *biliverdina redutase* para formar *bilirrubina*, um pigmento vermelho (Figura 24.31). A mudança de cor de uma equimose constitui um indicador altamente descritivo dessas reações de degradação.

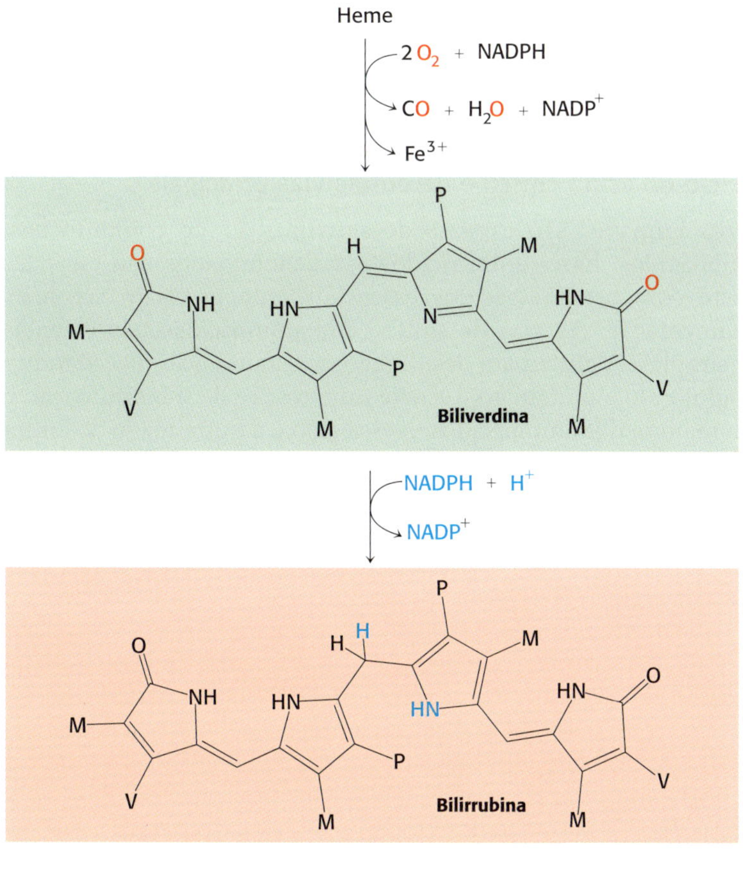


**FIGURA 24.31 Degradação do heme.** A formação dos produtos da degradação do heme, a biliverdina e a bilirrubina, é responsável pela cor das equimoses. Abreviaturas: M, metila; V, vinila.

### As porfirinas acumulam-se em alguns distúrbios hereditários do seu metabolismo

As *porfirias* são distúrbios hereditários ou adquiridos causados pela deficiência de enzimas na via de biossíntese do heme. A porfirina é sintetizada tanto nos eritroblastos quanto no fígado, e ambos podem constituir o local do distúrbio. Por exemplo, na *porfiria eritropoética congênita,* ocorre a destruição prematura dos eritrócitos. Essa doença resulta da deficiência de cossintase. Nessa porfiria, a síntese da quantidade necessária de uroporfirinogênio III é acompanhada da formação de quantidades muito grandes de uroporfirinogênio I, o isômero simétrico inútil. Ocorrem também acúmulos de uroporfirina I, coproporfirina I e outros derivados simétricos. A urina dos pacientes com essa doença é vermelha devido à excreção de grandes quantidades de uroporfirina I. Seus dentes exibem forte fluorescência vermelha sob a luz ultravioleta em virtude do depósito de porfirinas. Além disso, a sua pele é habitualmente muito sensível à luz, visto que as porfirinas fotoexcitadas são muito reativas. A *porfiria intermitente aguda* é a mais prevalente das porfirias, e afeta o fígado. Essa porfiria caracteriza-se pela produção excessiva de porfobilinogênio e δ-aminolevulinato, resultando em dor abdominal intensa e disfunção neurológica. Acredita-se que a "loucura" de George III, rei da Inglaterra durante a revolução norte-americana, tenha sido devido a essa porfiria.

## RESUMO

### 24.1 Fixação do nitrogênio: os microrganismos utilizam o ATP e um poderoso redutor para reduzir o nitrogênio atmosférico a amônia

Os microrganismos utilizam ATP e ferredoxina reduzida, um poderoso redutor, para reduzir o $N_2$ a $NH_3$. Um grupamento de ferro-molibdênio na nitrogenase catalisa eficientemente a fixação do $N_2$, uma molécula muito inerte. Os organismos superiores consomem o nitrogênio fixado para sintetizar aminoácidos, nucleotídios e outras biomoléculas contendo nitrogênio. Os principais pontos de entrada do $NH_4^+$ no metabolismo são a glutamina ou o glutamato.

### 24.2 Os aminoácidos são produzidos a partir de intermediários do ciclo do ácido cítrico e de outras vias principais

Os seres humanos são capazes de sintetizar 11 do conjunto básico de 20 aminoácidos. Esses aminoácidos são denominados não essenciais, em contraste com os aminoácidos essenciais, que precisam ser fornecidos pela alimentação. As vias de síntese dos aminoácidos não essenciais são muito simples. A glutamato desidrogenase catalisa a aminação redutora do α-cetoglutarato a glutamato. Ocorre uma reação de transaminação na síntese da maioria dos aminoácidos. Nessa etapa, a quiralidade do aminoácido é estabelecida. A alanina e o aspartato são sintetizados pela transaminação do piruvato e do oxaloacetato, respectivamente. A glutamina é sintetizada a partir do $NH_4^+$ e do glutamato, e a asparagina é sintetizada de modo semelhante nas bactérias. Nos mamíferos, a glutamina é o doador de nitrogênio para a asparagina. A prolina e a arginina originam-se do glutamato. A serina, que é formada a partir do 3-fosfoglicerato, é o precursor da glicina e da cisteína. A tirosina é sintetizada pela hidroxilação da fenilalanina, um aminoácido essencial. As vias de biossíntese dos aminoácidos essenciais são muito mais complexas do que as dos aminoácidos não essenciais.

O tetra-hidrofolato, um carreador de unidades ativadas de um carbono, desempenha importante papel no metabolismo de aminoácidos e nucleotídios. Essa coenzima transporta unidades de um carbono em três estados de oxidação, que são interconversíveis: mais reduzido – metila; intermediário – metileno; e mais oxidado – formil, formimino e metenil. O principal doador de grupos de metila ativados é a *S*-adenosilmetionina, que é sintetizada pela transferência de um grupo adenosila do ATP para o átomo de enxofre da metionina. A *S*-adenosil-homocisteína é formada quando o grupo metila ativado é transferido para um aceptor. É hidrolisada a adenosina e homocisteína, e esta última é então metilada a metionina para completar o ciclo da metila ativada.

### 24.3 A biossíntese de aminoácidos é regulada por inibição por retroalimentação

A maioria das vias de biossíntese de aminoácidos é regulada por inibição por retroalimentação em que a etapa de comprometimento é inibida alostericamente pelo produto final. A regulação de vias ramificadas exige extensa interação entre os ramos, incluindo tanto regulação negativa quanto positiva. A regulação da glutamina sintetase na *E. coli* fornece uma notável demonstração de inibição por retroalimentação cumulativa e de controle por uma cascata de modificações covalentes reversíveis.

### 24.4 Os aminoácidos são precursores de muitas biomoléculas

Os aminoácidos são precursores de uma variedade de biomoléculas. A glutationa (γ-Glu-Cys-Gly) atua como tampão de sulfidrilas e como agente desintoxicante. A glutationa peroxidase, uma selenoenzima, catalisa as reduções do peróxido de hidrogênio e de peróxidos orgânicos pela glutationa. O óxido nítrico, um mensageiro de vida curta, é formado a partir da arginina. As porfirinas são sintetizadas a partir da glicina e da succinil-CoA, que se condensam para produzir δ-aminolevulinato. Ocorre a ligação de duas moléculas desse intermediário, formando o porfobilinogênio. Quatro moléculas de porfobilinogênio combinam-se para formar um tetrapirrol linear, que cicliza a uroporfirinogênio III. A oxidação e as modificações das cadeias laterais levam à síntese de protoporfirina IX, que adquire um átomo de ferro para formar o grupo heme.

## APÊNDICE

# Bioquímica em foco

### A tirosina é um precursor de pigmentos nos seres humanos

Em Bioquímica em foco, no Capítulo 8, discutimos a mutação sensível à temperatura da enzima tirosinase que causa os padrões de coloração nos gatos siameses. Nos seres humanos, a falta de tirosinase resulta em um tipo específico de albinismo: o albinismo oculocutâneo tipo 1. Essa variedade de albinismo caracteriza-se por pele de coloração branca leitosa, cabelos brancos e olhos azuis. Como os pigmentos melanina desempenham um papel no desenvolvimento da retina e do nervo óptico, esses indivíduos também apresentam uma variedade de problemas visuais.

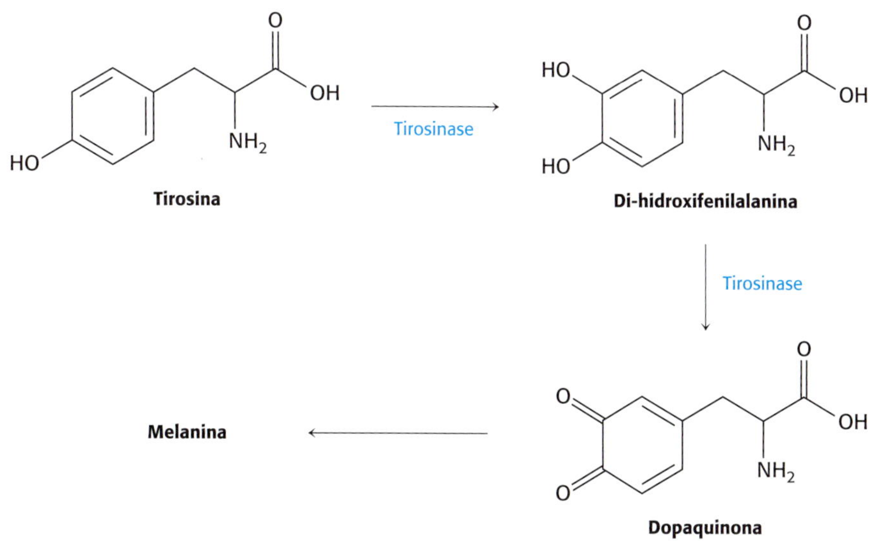


A tirosinase, uma enzima que necessita de cobre, catalisa as primeiras duas etapas da síntese de melanina, e as evidências sugerem que ela pode ainda catalisar outra etapa.

Existem dois tipos de melanina, a eumelanina e a feomelanina, e duas variedades de eumelanina, marrom e preta. A feomelanina produz uma tonalidade rosada e é encontrada principalmente nos lábios, nos mamilos e nos órgãos genitais. As variações nas quantidades das duas eumelaninas e da feomelanina são responsáveis pelas variações na cor da pele e dos cabelos.

As eumelaninas são polímeros grandes de 5,6-di-hidroxi-indol e ácido 5,6-di-hidroxi-indol-2-carboxílico com alto número de ligações cruzadas.

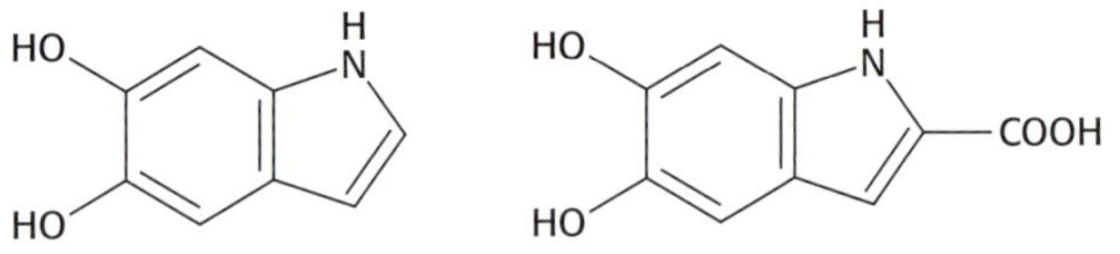

**5,6-Di-hidroxi-indol** **Ácido 5,6-di-hidroxi-indol-2-carboxílico**

Acredita-se que as eumelaninas marrom e preta tenham diferenças nos padrões de ligação dos polímeros. Uma parte de um polímero de eumelanina é mostrada na Figura 24.32A.

A feomelanina é formada a partir de dois metabólitos da tirosina, a benzotiozina e o benzotiazol, bem como a partir do aminoácido cisteína.

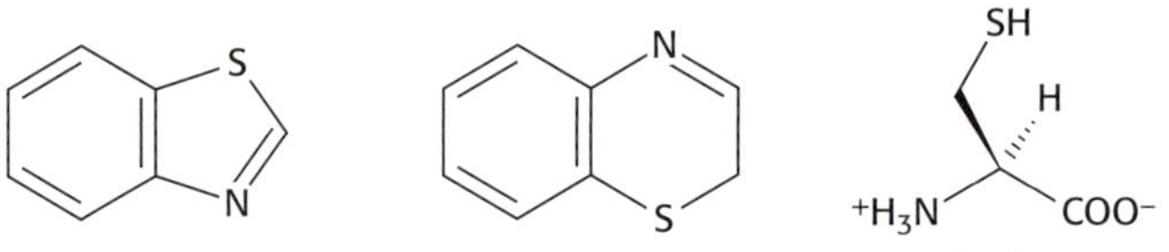

**Benzotiazol** **Benzotiazina** **Cisteína**

Uma parte da estrutura da feomelanina é mostrada na Figura 24.32B. Além de proporcionar a encantadora paleta de cor da pele e dos cabelos, as melaninas também nos protegem da radiação ultravioleta. As pessoas que vivem ou cujos ancestrais viveram próximo ao equador apresentam grandes quantidades de eumelanina em sua pele. A exposição à luz solar aumenta a produção de eumelanina como uma resposta protetora. Naturalmente, este é o processo de bronzeamento. A luz solar também aumenta a quantidade de vitamina D (ver seção 26.4) produzida pelas células da pele. Entretanto, sabe-se muito bem que uma exposição excessiva à luz solar sobrepuja a proteção fornecida pelas eumelaninas e resulta em lesão e câncer de pele.

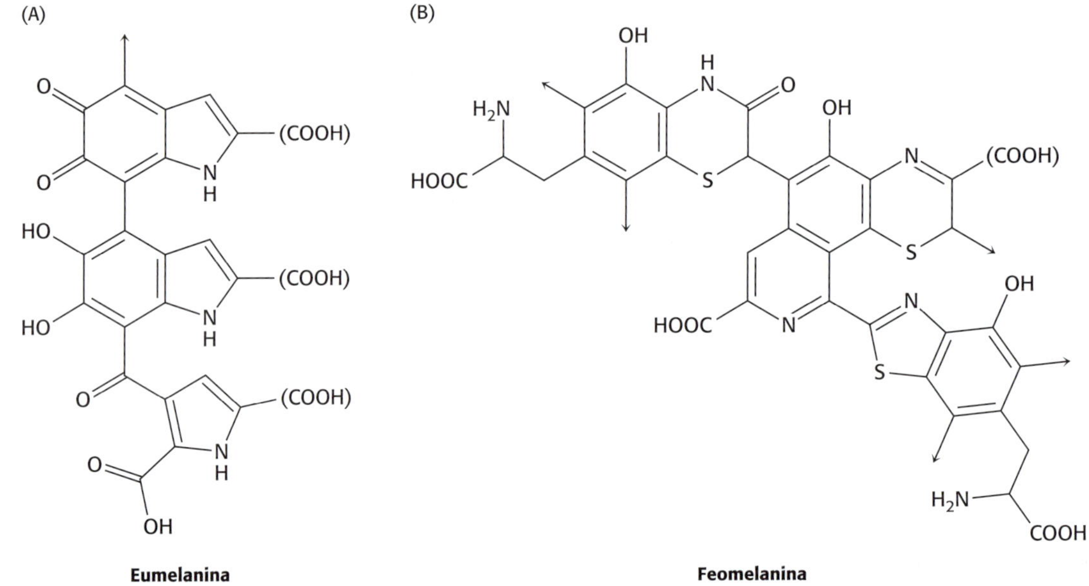

**Eumelanina** **Feomelanina**

**FIGURA 24.32 Estrutura da melanina.** São mostradas partes da eumelanina (**A**) e da feomelanina (**B**). Os parênteses nos grupos carboxila indicam que, dependendo da sua localização específica no polímero, podem ou não estar presentes. As setas indicam que o polímero continua, e que a figura representa apenas parte do polímero.

## APÊNDICE

# Estratégias para resolução da questão

**QUESTÃO:** A anemia por deficiência de ácido fólico é uma condição caracterizada por palidez da pele, irritabilidade, perda de apetite e fadiga. Uma causa comum do problema consiste em dieta inadequada, com falta de determinados alimentos, como vegetais de folhas verdes, feijão e grãos integrais. A condição resulta em diminuição da síntese de hemoglobina e subsequente perda de eritrócitos. Explique a relação entre o ácido fólico e a síntese diminuída de hemoglobina.

**SOLUÇÃO:** Em primeiro lugar, lembre-se dos assuntos tratados neste capítulo. Em segundo lugar, observe que a questão está centrada em duas biomoléculas fundamentais: a hemoglobina e o ácido fólico. Começaremos dividindo essa grande questão em várias menores sobre essas duas biomoléculas.

► **Que componentes formam uma molécula de hemoglobina?**

Duas proteínas de α-globina, duas proteínas de β-globina e um grupo heme (ver Capítulo 7).

Este capítulo não trata das proteínas, portanto concentraremos a nossa atenção no grupo heme.

► **Quais são os dois constituintes do heme?**

Ferro e protoporfirina IX. Mais uma vez, tendo em vista o material apresentado neste capítulo, analisemos mais detalhadamente a protoporfirina. Examinemos a síntese da protoporfirina IX nas páginas 818 a 821.

► **Reunindo todo o seu conhecimento bioquímico adquirido, na sua opinião, qual é a etapa fundamental na síntese de protoporfirina IX?**

Mais provavelmente, a primeira etapa: a síntese de δ-aminolevulinato. Observe que todas as etapas restantes consistem simplesmente em condensações de derivados do δ-aminolevulinato.

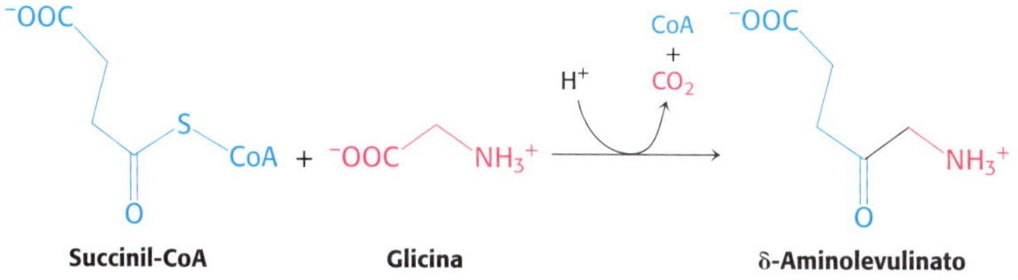


Perfeito. Agora, consideremos a outra biomolécula na questão.

► **Qual é a função bioquímica do ácido fólico?**

O ácido fólico é convertido na versátil coenzima tetra-hidrofolato, que desempenha um papel na síntese de muitos aminoácidos. Lembre-se da síntese de protoporfirina IX.

► **Há quaisquer aminoácidos envolvidos na síntese de protoporfirina IX?**

Exatamente um: a glicina. Tenho certeza de que você pode imaginar a próxima questão que faremos:

► **O tetra-hidrofolato está envolvido na síntese de glicina?**

Bingo! De fato, ele está envolvido.

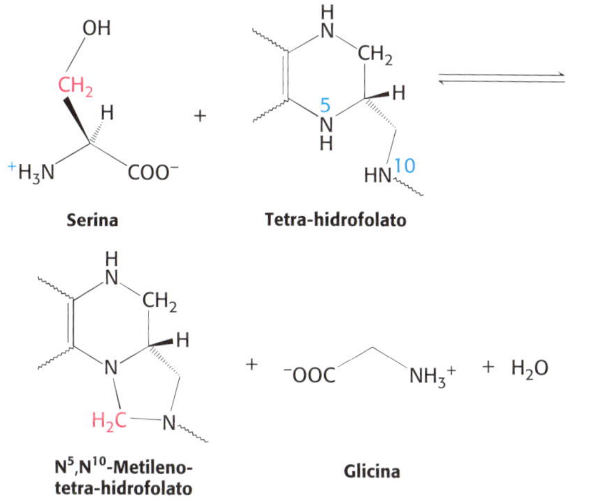


A ausência de glicina devido a uma falta de tetra-hidrofolato resulta em diminuição do heme e, consequentemente, da hemoglobina. A redução da hemoglobina provoca anemia. Agora, vá comer espinafre. E, se houver alguma probabilidade de engravidar em breve, é necessário tomar suplementos de ácido fólico. Você deverá aguardar o próximo capítulo para descobrir a razão disso.

## PALAVRAS-CHAVE

fixação do nitrogênio
complexo da nitrogenase
aminoácidos essenciais
aminoácidos não essenciais
piridoxal fosfato
tetra-hidrofolato
S-adenosilmetionina (SAM)
ciclo da metila ativada
canalização do substrato
etapa de comprometimento
multiplicidade enzimática
inibição por retroalimentação cumulativa
glutationa
óxido nítrico (NO)
porfiria

## QUESTÕES

**1.** *Cooperação.* As duas atividades enzimáticas necessárias para a fixação do nitrogênio são:

**(a)** Nitrogenase

**(b)** Glutamina sintetase

**(c)** Redutase

**(d)** Glutamato desidrogenase

**2.** *Fazendo doações.* O doador de elétrons para a fixação do nitrogênio é:

**(a)** NADPH

**(b)** P680

**(c)** NADH

**(d)** Ferredoxina

3. *Doador de amina.* Os principais doadores de grupo amina na síntese de aminoácidos são:

(a) Asparagina

(b) Glutamina

(c) Glutamato

(d) Lisina

4. *Doador de metila.* Um doador de metila comum na célula é:

(a) *S*-Adenosilmetionina

(b) 5-Foforribosil-pirofosfato

(c) *S*-Adenosil-homocisteína

(d) *S*-Adenosilglutamina

5. *A partir do ar.* Defina a fixação do nitrogênio. Que organelas são capazes de fixar o nitrogênio?

6. *Como Trinidad e Tobago.* Associe cada termo à sua descrição correspondente.

| | |
|---|---|
| (a) Fixação do nitrogênio ________ | 1. Metilado(a) para formar metionina |
| (b) Complexo da nitrogenase ________ | 2. Importante doador de metila |
| (c) Glutamato ________ | 3. Coenzima necessária para as aminotransferases |
| (d) Aminoácidos essenciais ________ | 4. Conversão de $N_2$ em $NH_3$ |
| (e) Aminoácidos não essenciais ________ | 5. Carreador de diferentes unidades de um carbono |
| (f) Aminotransferase ________ | 6. Aminoácidos requeridos na alimentação |
| (g) Piridoxal fosfato ________ | 7. Aminoácidos prontamente sintetizados |
| (h) Tetra-hidrofolato ________ | 8. Responsável pela fixação do nitrogênio |
| (i) *S*-Adenosilmetionina ________ | 9. Transfere grupos amino entre cetoácidos |
| (j) Homocisteína ________ | 10. Doador comum de grupo amino |

7. *Trabalho em equipe.* Identifique os dois componentes do complexo da nitrogenase e descreva suas tarefas específicas.

8. *Resultado manipulado.* "A complexidade mecanicista da nitrogenase é necessária, visto que a fixação do nitrogênio é um processo termodinamicamente desfavorável." Verdadeiro ou falso? Explique.

9. *Extraindo recursos.* As bactérias fixadoras de nitrogênio nas raízes de algumas plantas podem consumir até 20% do ATP produzido pelo seu hospedeiro – um consumo que não parece ser muito benéfico para a planta. Explique por que essa perda de recursos valiosos é tolerada e o que as bactérias fazem com o ATP.

10. *De poucos para muitos.* Quais são os sete precursores dos 20 aminoácidos?

11. *Vital em seu sentido mais verdadeiro.* Por que certos aminoácidos são definidos como essenciais para os seres humanos?

12. *De açúcar para aminoácido.* Escreva uma equação equilibrada para a síntese de alanina a partir da glicose.

13. *Do ar para o sangue.* Quais são os intermediários no fluxo de nitrogênio do $N_2$ para o heme?

14. *Componente comum.* Qual é o cofator necessário para todas as aminotransferases?

15. *Fique com isso.* Neste capítulo, citamos três cofatores/cossubstratos diferentes que atuam como carreadores de unidades de um carbono. Quais são eles?

16. *Transferências de um carbono.* Que derivado do folato é um reagente na conversão da (a) glicina em serina? (b) da homocisteína em metionina?

17. *Marcação denunciadora.* Na reação catalisada pela glutamina sintetase, um átomo de oxigênio é transferido da cadeia lateral do glutamato para o ortofosfato, conforme mostrado pelos resultados dos estudos de marcação com $^{18}O$. Explique esse achado.

18. *Marcação denunciadora revisitada.* Diferentemente da produção de glutamina pela glutamina sintetase (questão 17), a produção de asparagina a partir do aspartato marcado com $^{18}O$ não resulta na transferência de um átomo de $^{18}O$ para o ortofosfato. Em que molécula você espera encontrar um dos átomos de $^{18}O$?

19. *Glicina terapêutica.* A acidemia isovalérica é um distúrbio hereditário do metabolismo da leucina causado por uma deficiência de isovaleril-CoA desidrogenase. Muitas crianças com essa doença morrem no primeiro mês de vida. Algumas vezes, a administração de grandes quantidades de glicina leva a acentuada melhora clínica. Proponha um mecanismo para a ação terapêutica da glicina.

20. *Dando uma mãozinha.* Os átomos do triptofano destacados provêm de outros dois aminoácidos. Quais são eles?

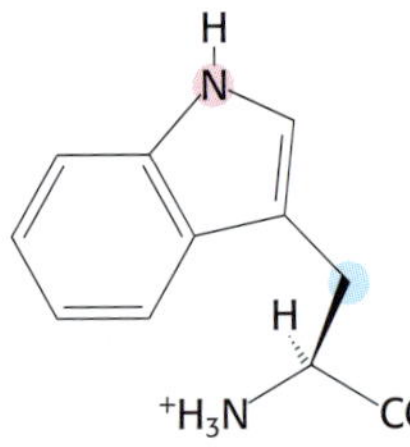

**Triptofano**

21. *Bactérias em privação.* As algas verde-azuladas (cianobactérias), quando privadas de amônia e de nitrato, formam heterocistos que se fixam às células vegetativas adjacentes. Os heterocistos apresentam atividade de fotossistema I, porém são totalmente desprovidos de atividade de fotossistema II. Qual é a sua função?

22. *Cisteína e cistina.* A maioria das proteínas citoplasmáticas carece de pontes dissulfeto, enquanto as proteínas extracelulares habitualmente contêm essas pontes. Por quê?

23. *Através do espelho.* Suponha que a aspartato aminotransferase tenha sido quimicamente sintetizada apenas com o

uso de D-aminoácidos. Que produtos você esperaria se esta enzima em imagem invertida fosse tratada com (a) L-aspartato e α-cetoglutarato; (b) D-aspartato e α-cetoglutarato?

**24.** *De um lado para outro.* A síntese de δ-aminolevulinato ocorre na matriz mitocondrial, enquanto a formação de porfobilinogênio ocorre no citoplasma. Proponha um motivo para a localização mitocondrial da primeira etapa na síntese do heme. ✓④

**25.** *Síntese direta.* Quais dos 20 aminoácidos podem ser sintetizados diretamente a partir de um intermediário metabólico comum por uma reação de transaminação? ✓②

**26.** *Via alternativa para a prolina.* Certas espécies de bactérias possuem uma enzima, a ornitina ciclodesaminase, que tem a capacidade de catalisar a conversão da L -ornitina em L-prolina em um único ciclo catalítico.

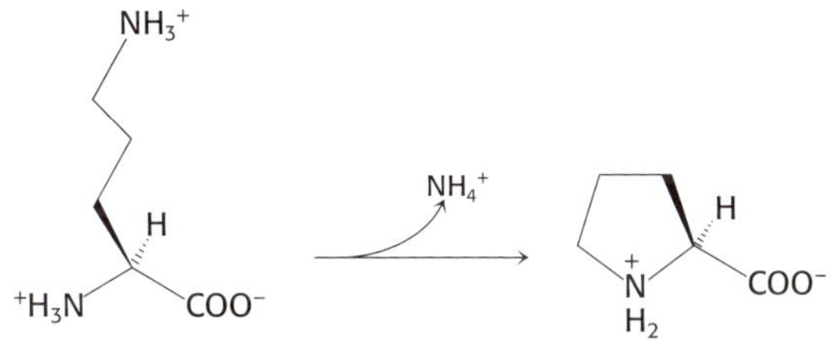

**Ornitina** → **Prolina**

A enzima *lisina* ciclodesaminase também foi identificada. Sugira o produto da reação catalisada pela lisina ciclodesaminase.

**27.** *Linhas de comunicação.* No exemplo que se segue de uma via ramificada, proponha um esquema de inibição por retroalimentação que resultaria na produção de quantidades iguais de Y e Z. ✓③

A → B → C, C → D → E → Y, C → F → G → Z

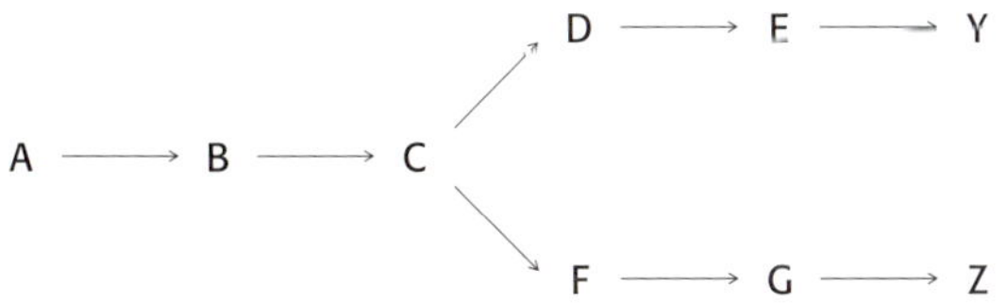

**28.** *Inibição por retroalimentação cumulativa.* Considere a via ramificada na questão 27. A primeira etapa comum (A ⟶ B) é inibida, em parte, por ambos os produtos finais, atuando cada um independentemente do outro. Suponha que um alto nível de Y isoladamente diminua a velocidade da etapa A ⟶ B de 100 para 60 $s^{-1}$, e que um alto nível de Z isoladamente diminua a velocidade de 100 para 40 $s^{-1}$. Qual seria a velocidade na presença de altos níveis de Y e Z?

**29.** *Atividade recuperada.* Os grupos sulfidrila livres podem ser alquilados com 2-bromoetilamina ao tioéter correspondente.

Pesquisadores prepararam uma forma mutante de aspartato aminotransferase em que a lisina 258 foi substituída

por cisteína (Lys258Cys). Essa proteína mutante não tem nenhuma atividade catalítica observável. Entretanto, o tratamento da Lys258Cys com 2-bromoetilamina produziu uma proteína com cerca de 7% de atividade em comparação com a enzima selvagem. Explique por que a alquilação recuperou parte da atividade enzimática.

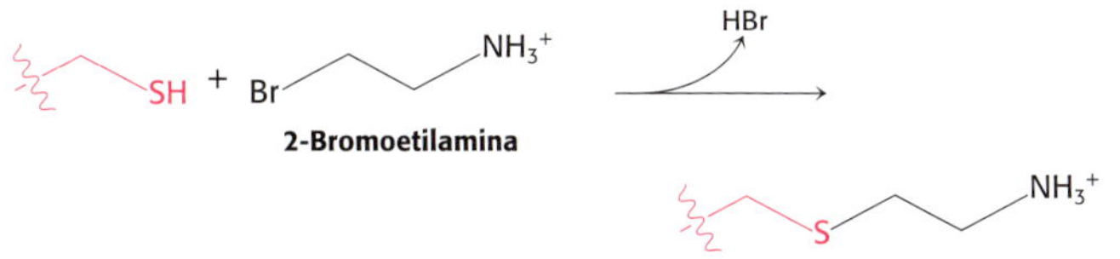

## Questões sobre mecanismo

**30.** *Formação de etileno.* Proponha um mecanismo para a conversão da S-adenosilmetionina em 1-aminociclopropano-1-carboxilato (ACC) pela ACC sintase, uma enzima com PLP. Qual é o outro produto?

**31.** *Imagem especular da serina.* O tecido cerebral contém quantidades substanciais de D-serina, que atua como um neurotransmissor. A D-serina é produzida a partir da L-serina pela serina racemase, uma enzima com PLP. Proponha um mecanismo para a interconversão entre L e D-serina. Qual é a constante de equilíbrio da reação L-serina ⇌ D-serina?

**32.** *Um aminoácido incomum.* O fator de elongação 2 (eEF-2), uma proteína que atua na tradução, contém um resíduo de histidina que é modificado pós-tradução em várias etapas, dando origem a uma cadeia lateral complexa conhecida como diftamida. Um intermediário ao longo dessa via é designado como diftina. ✓④

**(a)** Experimentos com marcação indicam que o intermediário diftina é formado pela modificação da histidina com quatro moléculas de S-adenosilmetionina (indicada pelas quatro cores). Proponha um mecanismo para a formação da diftina.

**(b)** A conversão final da diftina em diftamida é dependente de ATP. Proponha dois mecanismos possíveis para a etapa final de amidação.

**Histidina**

**2-Bromoetilamina**

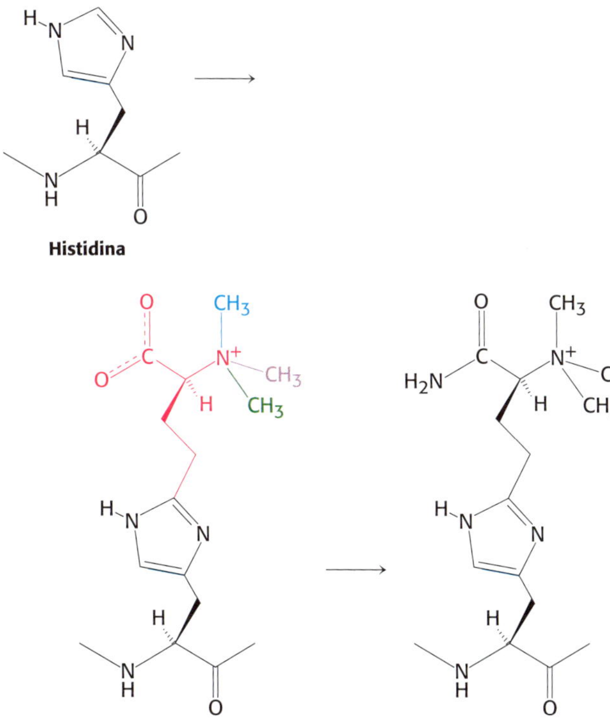

**Diftina** → **Diftamida**

## Questões | Integração de capítulos

**33.** *Pegue isso mais uma vez.* Neste capítulo, apresentamos três cofatores/cossubstratos diferentes que atuam como carreadores de unidades de um carbono (questão 15). Agora, cite outro carreador de unidades de um carbono que encontramos anteriormente.

**34.** *Conexões.* Como as sínteses aumentadas de aspartato e de glutamato poderiam afetar a produção de energia de uma célula? Como a célula responderia a esse efeito?

**35.** *Proteção necessária.* Suponha que uma mutação em uma bactéria tenha resultado em diminuição da atividade da metionina adenosiltransferase, a enzima responsável pela síntese de SAM a partir da metionina e do ATP. Sugira como essa atividade diminuída poderia afetar a estabilidade do DNA da bactéria mutante.

**36.** *Biossíntese do heme.* Shemin e colaboradores utilizaram experimentos com marcação do acetato para concluir que a succinil-CoA é um intermediário essencial na biossíntese do heme. Identifique os intermediários na conversão do acetato em succinil-CoA. ✓4

**37.** *Comparando o valor de* $K_M$. A glutamato desidrogenase (p. 799) e a glutamina sintetase (p. 800) estão presentes em todos os organismos. Muitos organismos também contêm outra enzima, a *glutamato sintase*, que catalisa a aminação redutora do α-cetoglutarato com o uso de glutamina como doador de nitrogênio

$$\alpha\text{-Cetoglutarato} + \text{glutamina} + \text{NADPH} + H^+ \xrightarrow{\text{Glutamato sintase}} 2\ \text{glutamato} + \text{NADP}^+$$

A cadeia lateral amida da glutamina é hidrolisada para gerar amônia dentro da enzima. Quando o $NH_4^+$ é limitante, a maior parte do glutamato é produzida pela ação sequencial da glutamina sintetase e da glutamato sintase. A soma dessas reações é

$$NH_4^+ + \alpha\text{-cetoglutarato} + \text{NADPH} + \text{ATP} \longrightarrow \text{Glutamato} + \text{NADP}^+ + \text{ADP} + P_i$$

Observe que tal estequiometria difere daquela da reação da glutamato desidrogenase, visto que ocorre hidrólise do ATP. Por que alguns organismos às vezes utilizam essa via mais dispendiosa? (Dica: o valor de $K_M$ para $NH_4^+$ da glutamato desidrogenase é maior que o da glutamina sintetase.)

## Questão | Integração de capítulos e interpretação de dados

**38.** *Efeitos da luz.* O gráfico a seguir mostra a concentração de vários aminoácidos livres em plantas adaptadas à luz e ao escuro.

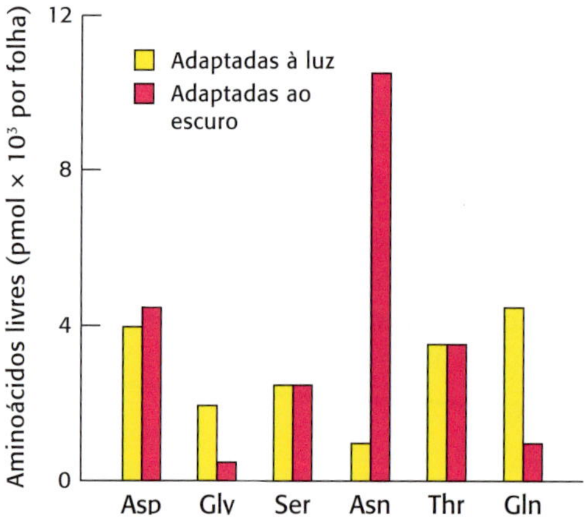


[Dados de B. B. Buchanan, W. Gruissem e R. L. Jones, *Biochemistry and Molecular Biology of Plants* (American Society of Plant Physiology, 2000), Fig. 8.3, p. 363.]

**(a)** Dentre os aminoácidos mostrados, quais são os mais afetados pela adaptação à luz e ao escuro?

**(b)** Forneça uma explicação bioquímica plausível para a diferença observada.

**(c)** O aspargo branco, uma iguaria culinária, resulta do crescimento do aspargo no escuro. Qual é a substância química que você acredita poderia acentuar o sabor do aspargo branco?

## Questões para discussão

**39.** Explique o processo de fixação do nitrogênio e o motivo pelo qual esse processo é crucial para todas as formas de vida na Terra.

**40.** Por que é vantajoso para os agricultores alternar anualmente a plantação de lavouras de leguminosas e não leguminosas em seus campos?

# Biossíntese de Nucleotídios

CAPÍTULO 25

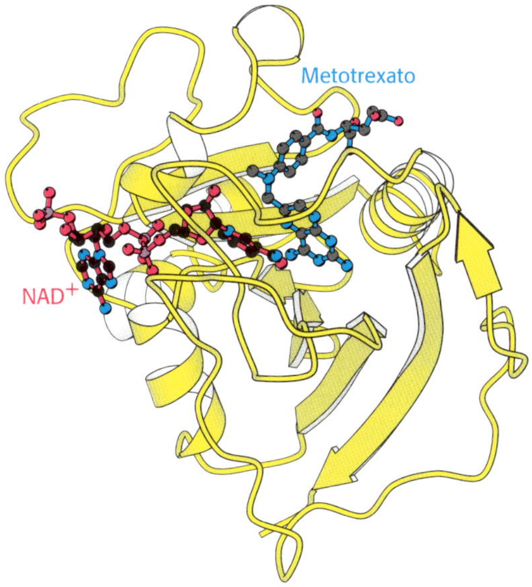


Carlos V, rei do Sacro Império Romano (1519–1558), que também reinou como Carlos I, rei da Espanha (1516–1556), foi um dos mais poderosos soberanos da Europa. Durante o seu reino, os impérios asteca e inca do Novo Mundo foram derrotados pela Espanha. Carlos V também sofria de gota intensa, uma afecção patológica causada pelo acúmulo de urato nas articulações. Essa pintura do artista Ticiano mostra a mão esquerda inchada, apoiada cautelosamente no colo de Carlos V. Uma análise recente de parte de seu dedo da mão, preservado como relíquia religiosa, confirma o diagnóstico de gota. A xantina oxidase (*à esquerda*) é a enzima responsável pela síntese de urato no processo de degradação das purinas. [(*Mais à esquerda*) Erich Lessing/Art Resource, NY.]

## OBJETIVOS DE APRENDIZAGEM

*Ao término do capítulo, o leitor deverá ser capaz de:*

1. Descrever como os nucleotídios pirimidínicos são sintetizados.
2. Descrever a via de síntese dos nucleotídios purínicos.
3. Explicar como são formados os desoxirribonucleotídios.
4. Citar as etapas de regulação na síntese de nucleotídios.
5. Identificar as condições patológicas que decorrem da síntese prejudicada de nucleotídios.

## SUMÁRIO



Os nucleotídios são biomoléculas-chave necessárias para uma variedade de processos vitais. Em primeiro lugar, os nucleotídios são os *precursores ativados dos ácidos nucleicos*, necessários para a replicação do genoma e para a transcrição da informação genética no RNA. Em segundo lugar, um nucleotídio de adenina, o ATP, constitui a *moeda energética universal*. Um nucleotídio de guanina, o GTP, também atua como fonte de energia para um grupo mais seleto de processos biológicos. Em terceiro lugar, os derivados de nucleotídios, como a UDP-glicose, *participam em processos de biossíntese*, como a formação de glicogênio. Em quarto lugar, os nucleotídios são *componentes essenciais das vias de transdução de sinais*. Os nucleotídios cíclicos, como o AMP cíclico e o GMP cíclico, são segundos mensageiros que transmitem sinais intra ou intercelulares. Além disso, o ATP atua como um doador de grupos fosforila transferidos por proteinoquinases por uma variedade de vias de sinalização, e, em alguns casos, o ATP é secretado como uma molécula de sinalização.

Neste capítulo, continuaremos a discussão iniciada no Capítulo 24 sobre a incorporação de nitrogênio por aminoácidos a partir de fontes inorgânicas, como o gás nitrogênio. Os aminoácidos glicina e aspartato constituem o esqueleto sobre o qual são montados os sistemas de anéis presentes nos nucleotídios. Além disso, o aspartato e a

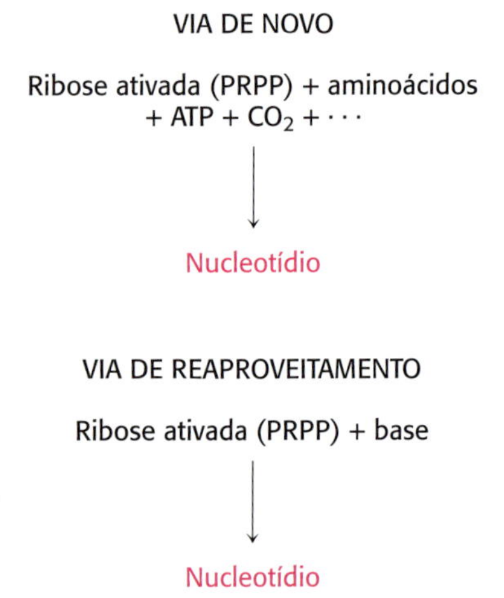


**FIGURA 25.1 Vias *de novo* e de reaproveitamento.** Na síntese *de novo*, a própria base é sintetizada a partir de materiais iniciais mais simples, incluindo aminoácidos. A hidrólise do ATP é necessária para a síntese *de novo*. Em uma via de reaproveitamento, uma base é novamente ligada a uma ribose, que é ativada na forma de 5-fosforribosil-1-pirofosfato (PRPP).

cadeia lateral da glutamina atuam como fontes de grupos $NH_2$ na formação de nucleotídios.

As vias de biossíntese de nucleotídios são de suma importância como pontos de intervenção com agentes terapêuticos. Muitos dos fármacos mais amplamente utilizados no tratamento do câncer bloqueiam etapas na biossíntese dos nucleotídios, particularmente etapas na síntese dos precursores do DNA.

### Os nucleotídios podem ser sintetizados *de novo* ou por vias de reaproveitamento

As vias de biossíntese de nucleotídios são divididas em duas classes: as vias *de novo* e as vias de reaproveitamento (Figura 25.1). Nas vias *de novo* (começando do zero), ocorre a montagem das bases nucleotídicas a partir de compostos mais simples. Inicialmente, a estrutura de uma base *pirimidínica* é montada e, em seguida, ligada à ribose. Em contrapartida, a armação de uma base *purínica* é sintetizada, peça por peça, diretamente sobre uma estrutura à base de ribose. Essas vias apresentam, cada uma delas, um pequeno número de reações elementares, que são repetidas com variações, produzindo diferentes nucleotídios, como seria de esperar para vias que surgiram bem no início da evolução. Nas vias de reaproveitamento, bases pré-formadas são retomadas e novamente ligadas a uma unidade de ribose.

As vias *de novo* levam à síntese de *ribo*nucleotídios. Entretanto, o DNA é formado a partir de *desoxirribo*nucleotídios. Em consonância com a noção de que o RNA precedeu o DNA no curso da evolução, todos os desoxirribonucleotídios são sintetizados a partir dos ribonucleotídios correspondentes. O açúcar desoxirribose é produzido pela redução da ribose dentro de um nucleotídio totalmente formado. Além disso, o grupo metila que distingue a timina no DNA da uracila no RNA é acrescentado na última etapa da via.

A nomenclatura dos nucleotídios e suas unidades constituintes já foram apresentadas no Capítulo 4. Convém lembrar que um *nucleosídio* é constituído de uma base purínica ou pirimidínica ligada a um açúcar, enquanto um *nucleotídio* é um éster de fosfato de um nucleosídio. Os nomes das principais bases do RNA e do DNA e seus nucleosídios e nucleotídios derivados são apresentados na Tabela 25.1.

## 25.1 O anel pirimidínico é montado *de novo* ou recuperado por vias de reaproveitamento

Na síntese *de novo* de pirimidinas, inicialmente o anel é sintetizado e, em seguida, ligado a uma ribose fosfato, formando então um *nucleotídio pirimidínico* (Figura 25.2). Os anéis pirimidínicos são montados a partir

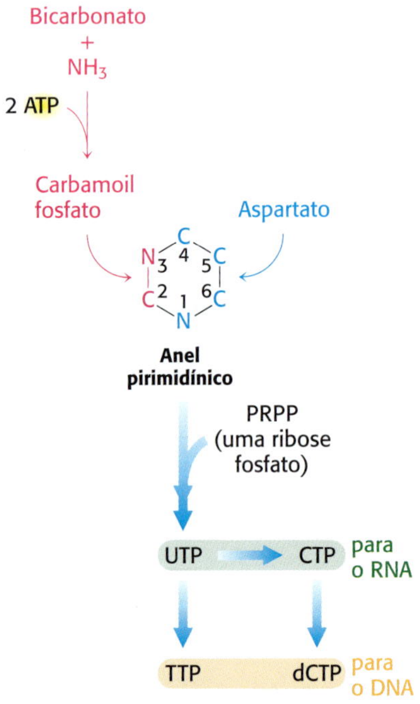


**FIGURA 25.2 Via *de novo* para a síntese de nucleotídios pirimidínicos.** Os átomos C-2 e N-3 no anel pirimidínico provêm do carbamoil fosfato, enquanto os outros átomos do anel originam-se do aspartato.

**TABELA 25.1** Nomenclatura das bases, nucleosídios e nucleotídios.

| **RNA** | | |
|---|---|---|
| **Base** | **Ribonucleosídio** | **Ribonucleotídio (5′-monofosfato)** |
| Adenina (A) | Adenosina | Adenilato (AMP) |
| Guanina (G) | Guanosina | Guanilato (GMP) |
| Uracila (U) | Uridina | Uridilato (UMP) |
| Citosina (C) | Citidina | Citidilato (CMP) |
| **DNA** | | |
| **Base** | **Desoxirribonucleosídio** | **Desoxirribonucleotídio (5′-monofosfato)** |
| Adenina (A) | Desoxiadenosina | Desoxiadenilato (dAMP) |
| Guanina (G) | Desoxiguanosina | Desoxiguanilato (dGMP) |
| Timina (T) | Timidina | Timidilato (TMP) |
| Citosina (C) | Desoxicitidina | Desoxicitidilato (dCMP) |

de bicarbonato, aspartato e amônia. Embora uma molécula de amônia já presente em solução possa ser utilizada, ela é habitualmente produzida pela hidrólise da cadeia lateral da glutamina.

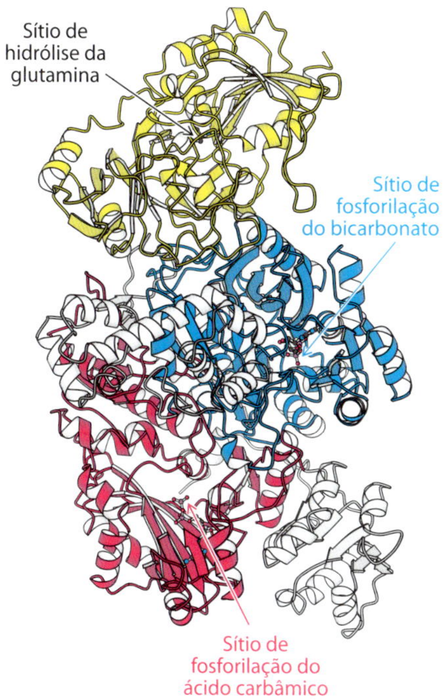


**FIGURA 25.3 Estrutura da carbamoil fosfato sintetase II.** *Observe* que a enzima contém sítios para três reações. Essa enzima é constituída de duas cadeias. A cadeia menor (em amarelo) contém um sítio para a hidrólise de glutamina, gerando amônia. A cadeia maior inclui dois domínios de ATP-*grasp* (em azul e vermelho). Em um desses domínios de ATP-*grasp* (azul), o bicarbonato é fosforilado a carboxifosfato, que então reage com a amônia, produzindo ácido carbâmico. No outro domínio de ATP-*grasp*, o ácido carbâmico é fosforilado para produzir carbamoil fosfato. [Desenhada de 1JDB.pdb.]

## O bicarbonato e outros compostos de carbono oxigenados são ativados por fosforilação

A primeira etapa na biossíntese *de novo* das pirimidinas é a síntese de *carbamoil fosfato* a partir de bicarbonato e amônia em um processo de múltiplas etapas que exige a clivagem de duas moléculas de ATP. Essa reação é catalisada pela *carbamoil fosfato sintetase II* (CPS II). Convém lembrar que a carbamoil fosfato sintetase I facilita a incorporação da amônia pela ureia (ver seção 23.4). A carbamoil fosfato sintetase II é um dímero constituído de uma subunidade menor, que hidrolisa a glutamina para formar $NH_3$, e de uma subunidade maior, que completa a síntese de carbamoil fosfato. A análise da estrutura da subunidade maior revela dois domínios homólogos, cada um dos quais catalisa uma etapa dependente de ATP (Figura 25.3).

Na primeira etapa, o bicarbonato é fosforilado pelo ATP, com formação de carboxifosfato e ADP. Em seguida, a amônia reage com o carboxifosfato, formando então ácido carbâmico e fosfato inorgânico.

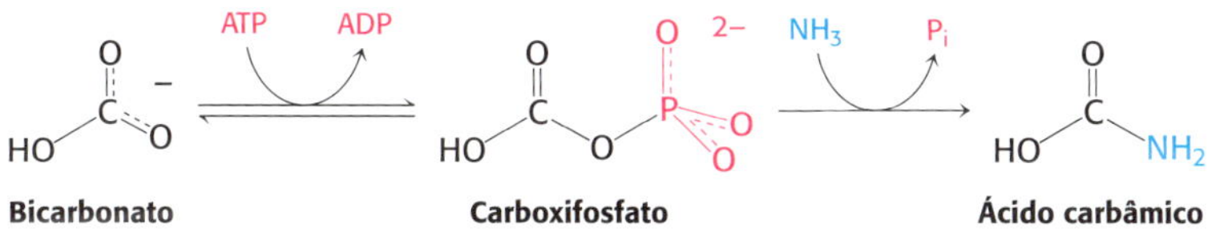


O sítio ativo dessa reação reside em um domínio constituído pelo terço aminoterminal da CPS. Esse domínio forma uma estrutura, denominada *enovelamento de ATP-grasp*, que circunda o ATP e o mantém em uma orientação adequada para o ataque nucleofílico no grupo fosforila γ. As proteínas que contêm domínios ATP-*grasp* catalisam a formação de ligações carbono-nitrogênio por meio de intermediários acilfosfatos. Esses domínios ATP-*grasp* são amplamente utilizados na biossíntese de nucleotídios.

Na segunda etapa catalisada pela carbamoil fosfato sintetase II, o ácido carbâmico é fosforilado por outra molécula de ATP, formando carbamoil fosfato.

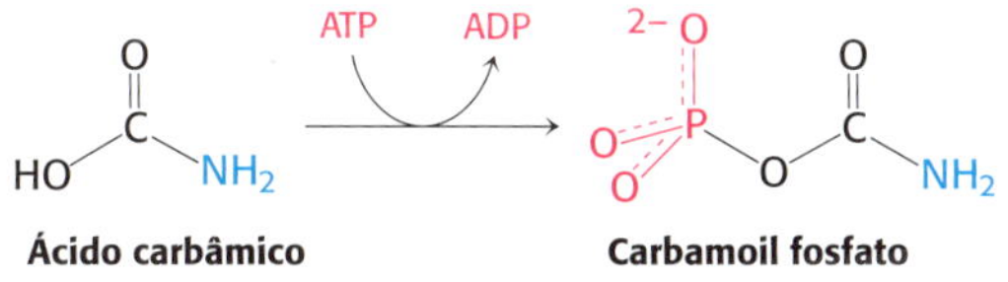


Tal reação ocorre em um segundo domínio ATP-*grasp* dentro da enzima. Os sítios ativos que levam à formação de ácido carbâmico e carbamoil fosfato são muito semelhantes, revelando que essa enzima evoluiu por um evento de duplicação gênica. Com efeito, a duplicação de um gene que codifica um domínio ATP-*grasp* seguida de especialização foi central para a evolução dos processos de biossíntese de nucleotídios (p. 835).

## A cadeia lateral da glutamina pode ser hidrolisada para produzir amônia

A glutamina constitui a fonte primária de amônia para a carbamoil fosfato sintetase II. Nesse caso, a subunidade menor da enzima hidrolisa a glutamina, formando então amônia e glutamato. O sítio ativo do componente de hidrólise da glutamina contém uma díade catalítica constituída de um resíduo de cisteína e um de histidina. Essa díade catalítica, que lembra o sítio ativo das cisteína proteases (Figura 9.16), é conservada em uma família de amidotransferases, incluindo a CTP sintetase e a GMP sintetase.

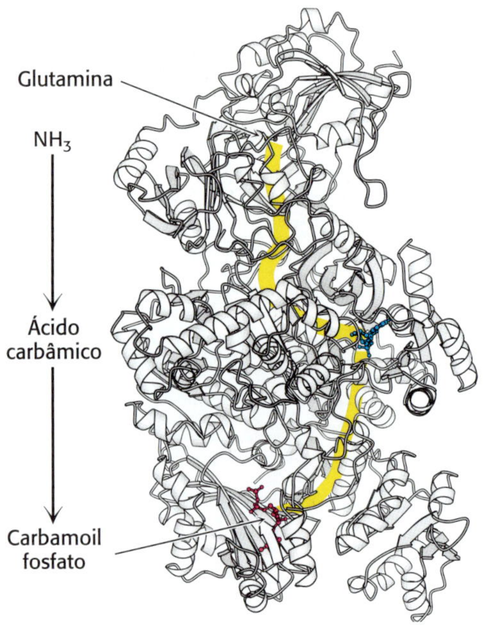


**FIGURA 25.4 Canalização do substrato.** Os três sítios ativos da carbamoil fosfato sintetase II estão ligados por um canal (amarelo) através do qual passam os intermediários. A glutamina entra em um sítio ativo, e o carbamoil fosfato, que inclui o átomo de nitrogênio da cadeia lateral de glutamina, deixa o outro, que está a uma distância de 80 Å. [Desenhada a partir de 1JDB.pdb.].

## Os intermediários podem se mover entre os sítios ativos por canalização

A carbamoil fosfato sintetase II contém três sítios ativos diferentes (Figura 25.3), separados uns dos outros por uma distância total de 80 Å. Os intermediários produzidos em um sítio movem-se para o seguinte sem sair da enzima. Esses intermediários movimentam-se dentro da enzima por meio da canalização do substrato, o que se assemelha ao processo descrito para a triptofano sintetase (Figura 25.4; ver também Figura 24.16). A amônia produzida no sítio ativo de hidrólise da glutamina percorre uma distância de 45 Å através de um canal no interior da enzima para alcançar o sítio onde foi gerado o carboxifosfato. O ácido carbâmico produzido nesse sítio difunde-se por mais uma distância de 35 Å pela extensão do canal, alcançando o sítio onde ocorre a produção de carbamoil fosfato. Essa canalização desempenha duas funções: (1) os intermediários produzidos em um sítio ativo são capturados sem qualquer perda por difusão, e (2) os intermediários lábeis, como o carboxifosfato e o ácido carbâmico (que se decompõe em menos de 1 s em pH 7), são protegidos da hidrólise. Veremos mais exemplos de canalização de substratos posteriormente neste capítulo.

## O orotato adquire um anel de ribose do PRPP para formar um nucleotídio pirimidínico e é convertido em uridilato

O carbamoil fosfato reage com aspartato para formar carbamoil aspartato em uma reação catalisada pela *aspartato transcarbamoilase* (ver seção 10.1). Em seguida, o carbamoil aspartato cicliza, formando di-hidro-orotato, que é então oxidado pelo $NAD^+$, formando então orotato.

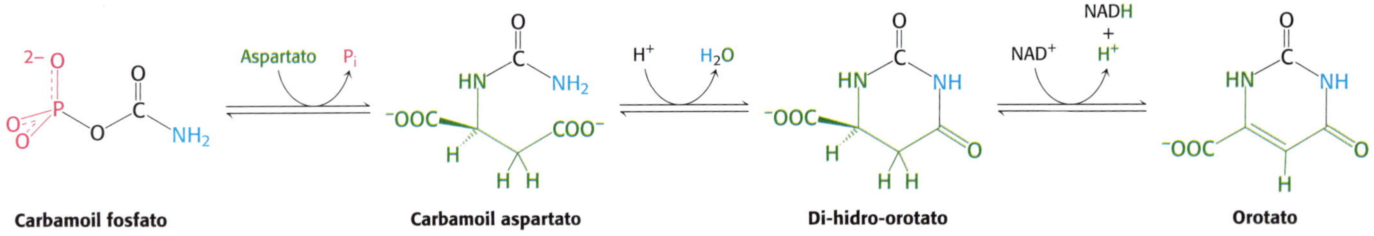


Nos mamíferos, as enzimas que formam o orotato fazem parte de uma única cadeia polipeptídica grande, denominada CAD, uma abreviatura de carbamoil fosfato sintase, aspartato transcarbamoilase e di-hidro-orotase.

Nesse estágio, o orotato acopla-se à ribose na forma de *5-fosforribosil-1-pirofosfato* (PRPP), uma forma de ribose ativada para aceitar bases nucleotídicas. A *5-fosforribosil-1-pirofosfato sintetase* sintetiza PRPP pela adição de um pirofosfato do ATP à ribose 5-fosfato, que é formada pela via das pentoses fosfato.

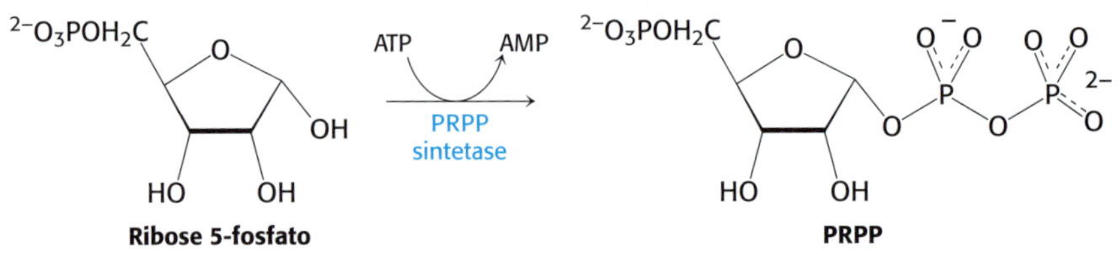


O orotato reage com o PRPP para formar *orotidilato*, um nucleotídio pirimidínico. Essa reação é impulsionada pela hidrólise do pirofosfato. A enzima que catalisa essa adição, a *orotato fosforribosil transferase*, é homóloga a várias outras fosforribosil transferases que acrescentam diferentes grupos ao PRPP para formar os outros nucleotídios.

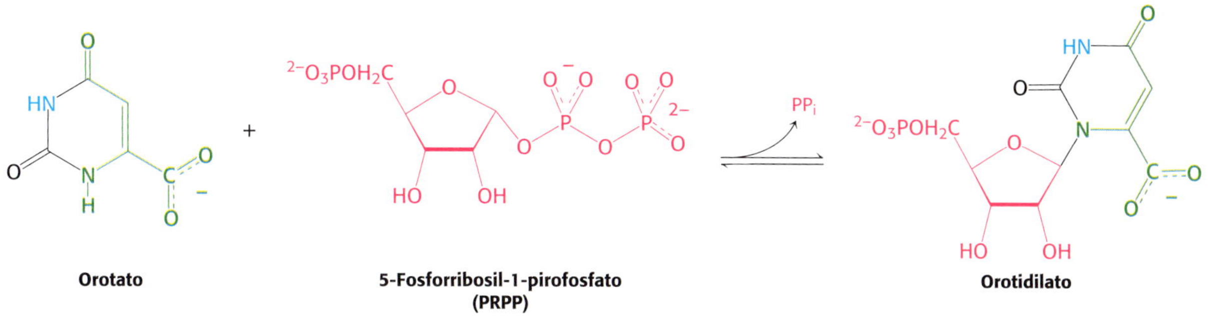


A seguir, o orotidilato é descarboxilado para formar *uridilato* (UMP), um nucleotídio pirimidínico principal que é um precursor do RNA. Essa reação é catalisada pela *orotidilato descarboxilase*, também denominada orotidina-5′ fosfato descarboxilase.

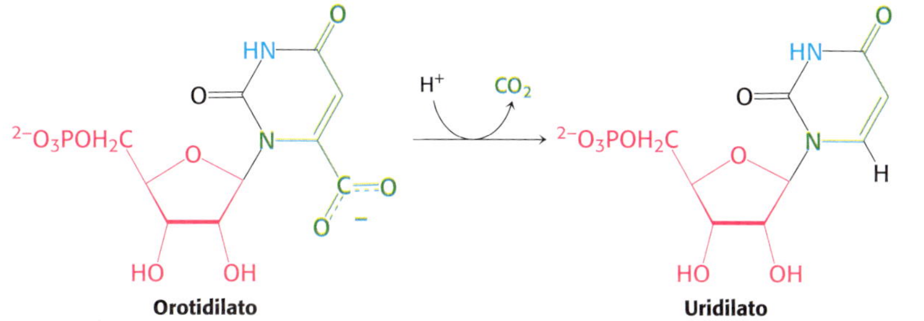


A orotidilato descarboxilase é uma das enzimas mais proficientes conhecidas. Na sua ausência, a descarboxilação é extremamente lenta, e calcula-se que ocorra uma vez a cada 78 milhões de anos. Na presença da enzima, ela ocorre aproximadamente uma vez por segundo, representando um aumento de velocidade de $10^{17}$ vezes. As atividades de fosforribosil transferase e de descarboxilase estão localizadas na mesma cadeia polipeptídica, fornecendo outro exemplo de enzima bifuncional. A enzima bifuncional é denominada *uridina monofosfato sintetase*.

## Os mono, di e trifosfatos de nucleotídios são interconversíveis

Como é formado o outro ribonucleotídio pirimidínico principal, a citidina? Ela é sintetizada a partir da base uracila do UMP, porém essa síntese só pode ocorrer após a conversão do UMP em UTP. Convém lembrar que os difosfatos e os trifosfatos constituem as formas ativas dos nucleotídios em conversões biossintéticas e energéticas. Os monofosfatos de nucleosídios são convertidos em trifosfatos de nucleosídios em estágios. Em primeiro lugar, os monofosfatos de nucleosídios são convertidos em difosfatos por *nucleosídio monofosfato quinases* específicas que utilizam ATP como doador do grupo fosforila. Por exemplo, o UMP é fosforilado a UDP pela *UMP quinase*.

$$\text{UMP} + \text{ATP} \rightleftharpoons \text{UDP} + \text{ADP}$$

Os difosfatos e os trifosfatos de nucleosídios são interconvertidos pela *nucleosídio difosfato quinase*, uma enzima que, diferentemente das monofosfato quinases, apresenta ampla especificidade. X e Y representam qualquer um de vários ribonucleosídios ou até mesmo desoxirribonucleosídios:

$$\text{XDP} + \text{YTP} \rightleftharpoons \text{XTP} + \text{YDP}$$

## O CTP é formado por aminação do UTP

Uma vez formada, a uridina trifosfato pode ser transformada em *citidina trifosfato* pela substituição de um grupo carbonila por um grupo amino, reação catalisada pela *citidina trifosfato sintetase*.

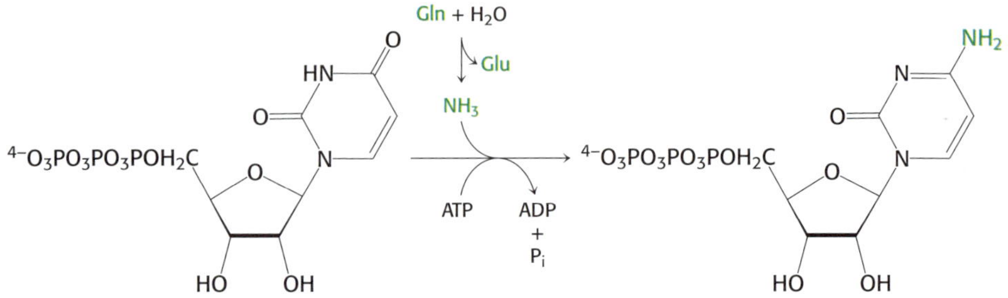


**UTP** **CTP**

À semelhança da síntese de carbamoil fosfato, essa reação necessita de ATP e utiliza a glutamina como fonte do grupo amino. Ela ocorre por um mecanismo análogo em que o átomo O-4 é fosforilado, formando um intermediário reativo, e, em seguida, o fosfato é substituído pela amônia liberada pela hidrólise da glutamina. O CTP pode ser então utilizado em numerosos processos bioquímicos, incluindo as sínteses de lipídios e de RNA.

### As vias de reaproveitamento reciclam bases pirimidínicas

As bases pirimidínicas podem ser recuperadas a partir dos produtos de degradação do DNA e do RNA pelo uso de *vias de reaproveitamento*. Nessas vias, uma base pré-formada é reincorporada em um nucleotídio. Consideraremos a via de reaproveitamento da base pirimidínica timina. A timina é encontrada no DNA e forma um par de bases com a adenina na dupla hélice de DNA. A timina liberada do DNA degradado é recuperada em duas etapas. Na primeira, a timina é convertida no nucleosídio timidina pela *timidina fosforilase*.

$$\text{Timina} + \text{desoxirribose-1-fosfato} \rightleftharpoons \text{timidina} + P_i$$

A seguir, a timidina é convertida em um nucleotídio pela *timidina quinase*.

$$\text{Timidina} + \text{ATP} \rightleftharpoons \text{TMP} + \text{ADP}$$

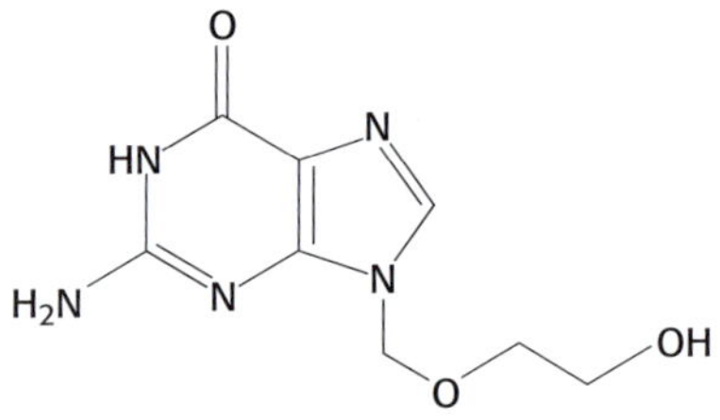

**Aciclovir**

A timidina quinase viral difere da enzima dos mamíferos e, portanto, fornece um alvo terapêutico. Por exemplo, as infecções por herpes simples são tratadas com aciclovir (acidoguanosina), que é convertido pela timidina quinase viral em monofosfato de aciclovir pela adição de um fosfato ao grupo hidroxila do aciclovir. A timidina quinase viral liga-se mais de 200 vezes mais firmemente ao aciclovir do que a timidina quinase celular, o que explica o seu efeito exercido apenas nas células infectadas. O monofosfato de aciclovir é fosforilado por enzimas celulares, produzindo trifosfato de aciclovir. O trifosfato de aciclovir compete com o dGTP pela DNA polimerase. Uma vez incorporado ao DNA viral, ele atua como elemento de terminação de cadeia, visto que carece da 3′-hidroxila necessária para a extensão da cadeia. Como veremos adiante, a timidina quinase também desempenha um papel na síntese *de novo* do timidilato.

## 25.2 As bases purínicas podem ser sintetizadas *de novo* ou recicladas por vias de reaproveitamento

À semelhança dos nucleotídios pirimidínicos, os *nucleotídios purínicos* podem ser sintetizados *de novo* ou por uma via de reaproveitamento. Quando sintetizados *de novo*, a síntese de purinas começa com materiais iniciais simples, como aminoácidos e bicarbonato (Figura 25.5). Diferentemente das bases pirimidínicas, as bases purínicas são montadas já ligadas ao anel de ribose. De modo alternativo, as bases purínicas, que são liberadas pelas degradações hidrolíticas de ácidos nucleicos e de nucleotídios, podem ser recuperadas e recicladas.

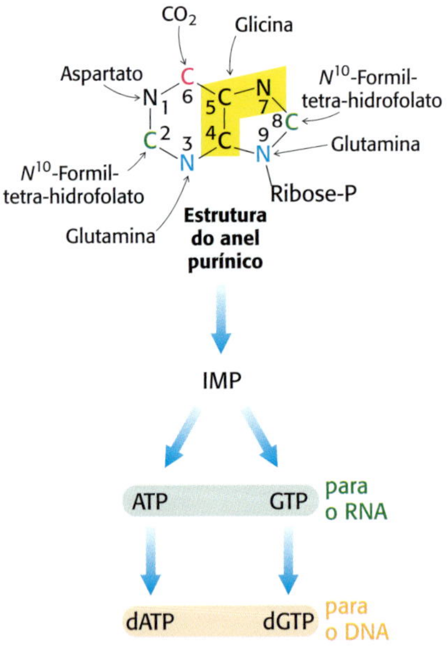


**FIGURA 25.5 Via *de novo* para a síntese de nucleotídios purínicos.** São indicadas as origens dos átomos do anel purínico.

As vias de reaproveitamento das purinas são particularmente notáveis pela energia preservada e pelos efeitos marcantes de sua ausência (p. 848).

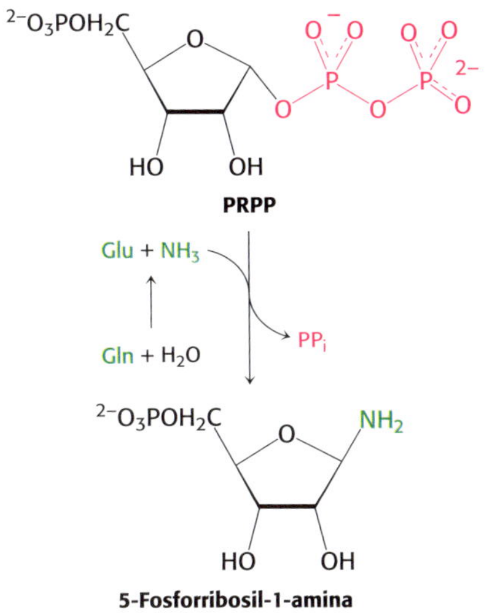


## O sistema do anel purínico é montado sobre a ribose fosfato

A biossíntese *de novo* das purinas, à semelhança da biossíntese de pirimidinas, necessita de PRPP; entretanto, para as purinas, o PRPP fornece o alicerce sobre o qual as bases são construídas passo a passo. A etapa inicial é o deslocamento do pirofosfato pela amônia, e não por uma base pré-montada, para produzir *5-fosforribosil-1-amina*, estando a amina na configuração β.

Tal reação é catalisada pela *glutamina fosforribosil amidotransferase*, que é a etapa de comprometimento na regulação das purinas. Essa enzima é constituída de dois domínios: o primeiro é homólogo às fosforribosil transferases das vias de reaproveitamento das purinas (p. 838), enquanto o segundo produz amônia por meio da hidrólise da glutamina. Entretanto, esse domínio de hidrólise de glutamina é distinto daquele que exerce a mesma função na carbamoil fosfato sintetase II. Na glutamina fosforribosil amidotransferase, a hidrólise da glutamina é facilitada por um resíduo de cisteína localizado na extremidade aminoterminal. Para evitar o desperdício com a hidrólise de qualquer um dos substratos, a amidotransferase só assume a configuração ativa quando se liga tanto ao PRPP quanto à glutamina. Como no caso da carbamoil fosfato sintetase II, a amônia produzida no sítio ativo de hidrólise da glutamina passa por um canal para alcançar o PRPP sem ser liberada na solução.

## O anel purínico é montado por etapas sucessivas de ativação por fosforilação seguida de deslocamento

São necessárias nove etapas adicionais para a montagem do anel purínico. É notável verificar que as primeiras seis etapas são reações análogas. A maioria dessas etapas é catalisada por enzimas com domínios ATP-*grasp* que são homólogos aos da carbamoil fosfato sintetase. *Cada etapa consiste na ativação de um átomo de oxigênio ligado a carbono (tipicamente um átomo de oxigênio carbonílico) por fosforilação seguida do deslocamento do grupo fosforila pela amônia ou por um grupo amina que atua como um nucleófilo* (Nu).

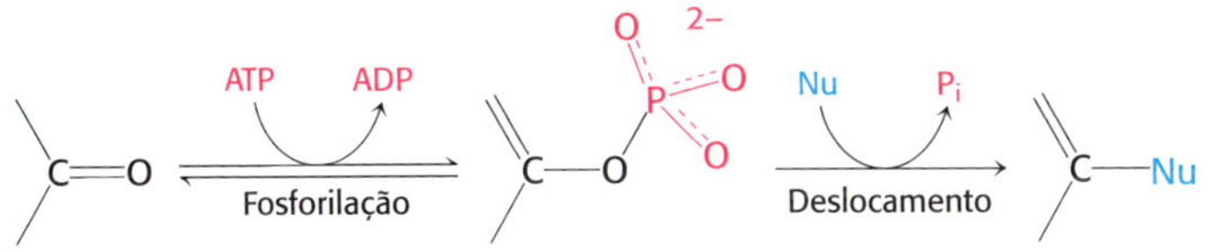


A biossíntese *de novo* das purinas ocorre como mostra a Figura 25.6. A Tabela 25.2 fornece uma lista das enzimas que catalisam cada etapa da reação.

**1.** O grupo carboxilato de um resíduo de glicina é ativado por fosforilação e, em seguida, acoplado ao grupo amino da fosforribosilamina. Forma-se uma nova ligação amida, e o grupo amino da glicina fica livre para atuar como um nucleófilo na etapa seguinte.

**TABELA 25.2** Enzimas da síntese *de novo* das purinas.

| Etapa | Enzima |
|---|---|
| 1 | Glicinamida ribonucleotídio (GAR) sintetase |
| 2 | GAR transformilase |
| 3 | Formilglicinamidina sintase |
| 4 | Aminoimidazol ribonucleotídio sintetase |
| 5 | Carboxiaminoimidazol ribonucleotídio sintetase |
| 6 | Succinil-aminoimidazol carboxamida ribonucleotídio sintetase |
| 7 | Adenilossuccinato liase |
| 8 | Aminoimidazol carboxamida ribonucleotídio transformilase |
| 9 | Inosina monofosfato ciclo-hidrolase |

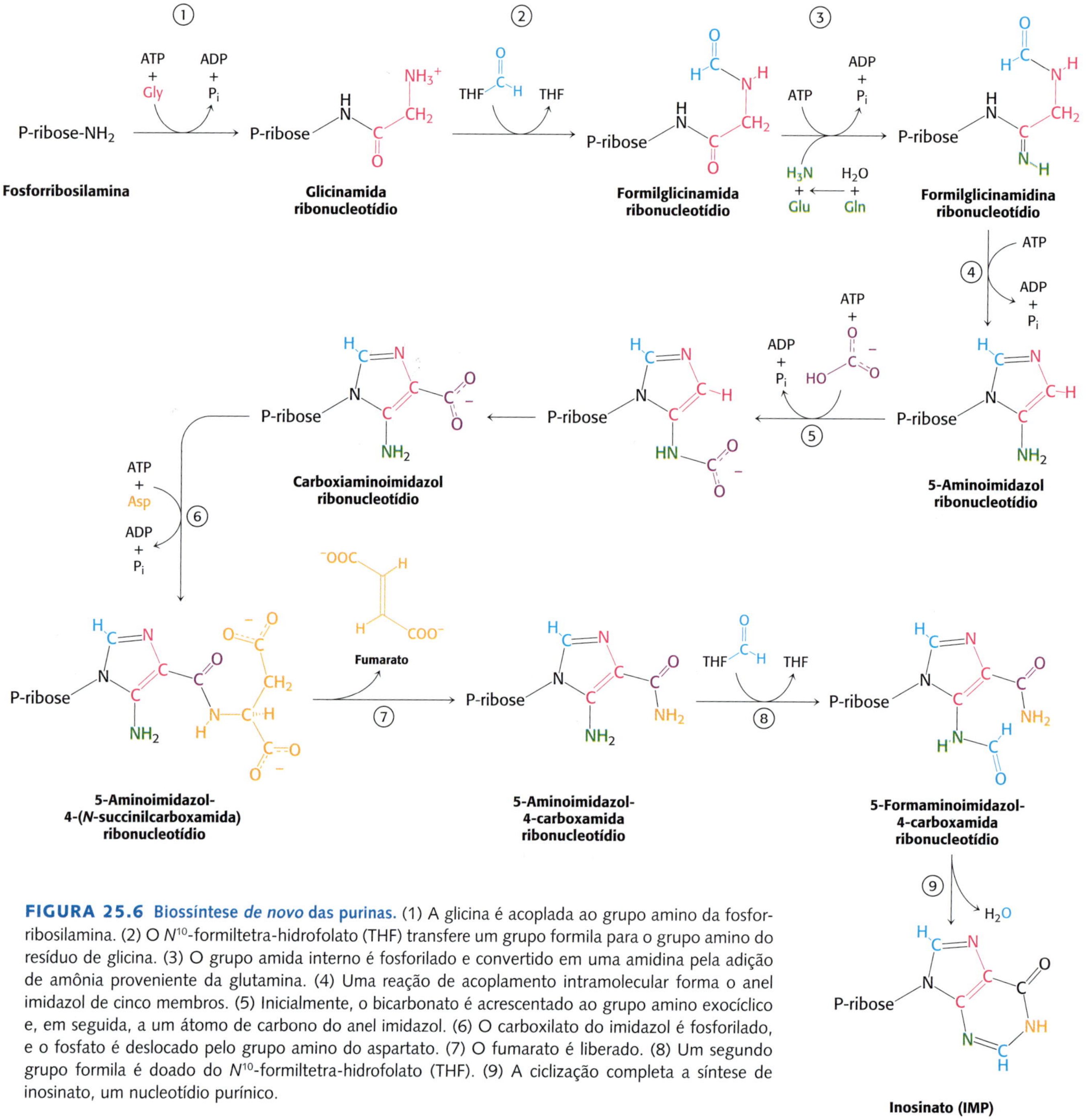


**FIGURA 25.6** **Biossíntese *de novo* das purinas.** (1) A glicina é acoplada ao grupo amino da fosforribosilamina. (2) O $N^{10}$-formiltetra-hidrofolato (THF) transfere um grupo formila para o grupo amino do resíduo de glicina. (3) O grupo amida interno é fosforilado e convertido em uma amidina pela adição de amônia proveniente da glutamina. (4) Uma reação de acoplamento intramolecular forma o anel imidazol de cinco membros. (5) Inicialmente, o bicarbonato é acrescentado ao grupo amino exocíclico e, em seguida, a um átomo de carbono do anel imidazol. (6) O carboxilato do imidazol é fosforilado, e o fosfato é deslocado pelo grupo amino do aspartato. (7) O fumarato é liberado. (8) Um segundo grupo formila é doado do $N^{10}$-formiltetra-hidrofolato (THF). (9) A ciclização completa a síntese de inosinato, um nucleotídio purínico.

**2.** O $N^{10}$-formiltetra-hidrofolato doa uma formila a esse grupo amino para produzir formilglicinamida ribonucleotídio.

**3.** O grupo carbonila interno é ativado por fosforilação e, em seguida, convertido a uma amidina pela adição de amônia derivada da glutamina.

**4.** O produto dessa reação, a formilglicinamidina ribonucleotídio, cicliza para formar o anel imidazol de cinco membros encontrado nas purinas. Embora essa ciclização provavelmente seja favorável do ponto de vista termodinâmico, uma molécula de ATP é consumida para garantir a irreversibilidade. O padrão familiar é repetido: um grupo fosforila da molécula de ATP ativa o grupo carbonila e é deslocado pelo átomo de nitrogênio ligado à molécula de ribose. Por conseguinte, a ciclização é uma reação intramolecular na qual o nucleófilo e o átomo de carbono ativado pelo fosfato estão presentes na mesma molécula. Nos eucariotos superiores, as enzimas que catalisam as etapas 1, 2 e 4 (Tabela 25.2) são componentes de uma única cadeia polipeptídica.

**5.** O bicarbonato é ativado por fosforilação e, em seguida, atacado pelo grupo amino exocíclico. O produto da reação na etapa 5 sofre um rearranjo para transferir o grupo carboxilato para o anel imidazol. É interessante observar que os mamíferos não necessitam de ATP para essa etapa; aparentemente, o bicarbonato liga-se diretamente ao grupo amino exocíclico e, em seguida, é transferido para o anel imidazol.

**6.** O grupo carboxilato do imidazol é novamente fosforilado, e o grupo fosfato é deslocado pelo grupo amino do aspartato. Mais uma vez, nos eucariotos superiores, as enzimas que catalisam as etapas 5 e 6 (Tabela 25.2) compartilham uma única cadeia polipeptídica.

**7.** O fumarato, um intermediário no ciclo do ácido cítrico, é eliminado, deixando o átomo de nitrogênio do aspartato ligado ao anel imidazol. O uso de aspartato como um doador de grupo amino e a concomitante liberação de fumarato lembram a conversão da citrulina em arginina no ciclo da ureia, e essas etapas são catalisadas por enzimas homólogas nas duas vias (ver seção 23.4).

**8.** Um grupo formila do $N^{10}$-formiltetra-hidrofolato é acrescentado a esse átomo do nitrogênio, formando então um 5-formaminoimidazol-4-carboxamida ribonucleotídio final.

**9.** O 5-formaminoimidazol-4-carboxamida ribonucleotídio cicliza com a perda de água, formando o inosinato.

Muitos dos intermediários na via de biossíntese *de novo* das purinas sofrem rápida degradação na água. A sua instabilidade na água sugere que o produto de uma enzima precisa ser canalizado diretamente para a próxima enzima ao longo da via. Evidências recentes mostraram, de fato, que as enzimas formam complexos quando há a necessidade de síntese de purinas (p. 838).

## O AMP e o GMP são formados a partir do IMP

Umas poucas etapas convertem o inosinato em AMP ou GMP (Figura 25.7). O *adenilato* é sintetizado a partir do inosinato pela substituição do átomo de oxigênio carbonílico no C-6 por um grupo amino. Mais uma vez, a adição de aspartato seguida da eliminação de fumarato contribui para o grupo amino. O GTP, e não o ATP, é o doador de grupo fosforila na síntese do intermediário adenilossuccinato a partir do inosinato e do aspartato.

**FIGURA 25.7 Produção de AMP e GMP.** O inosinato é o precursor do AMP e do GMP. O AMP é formado pela adição de aspartato seguida da liberação de fumarato. O GMP é produzido pela adição de água, desidrogenação pelo $NAD^+$ e substituição do átomo de oxigênio carbonílico por $-NH_2$ derivado da hidrólise da glutamina.

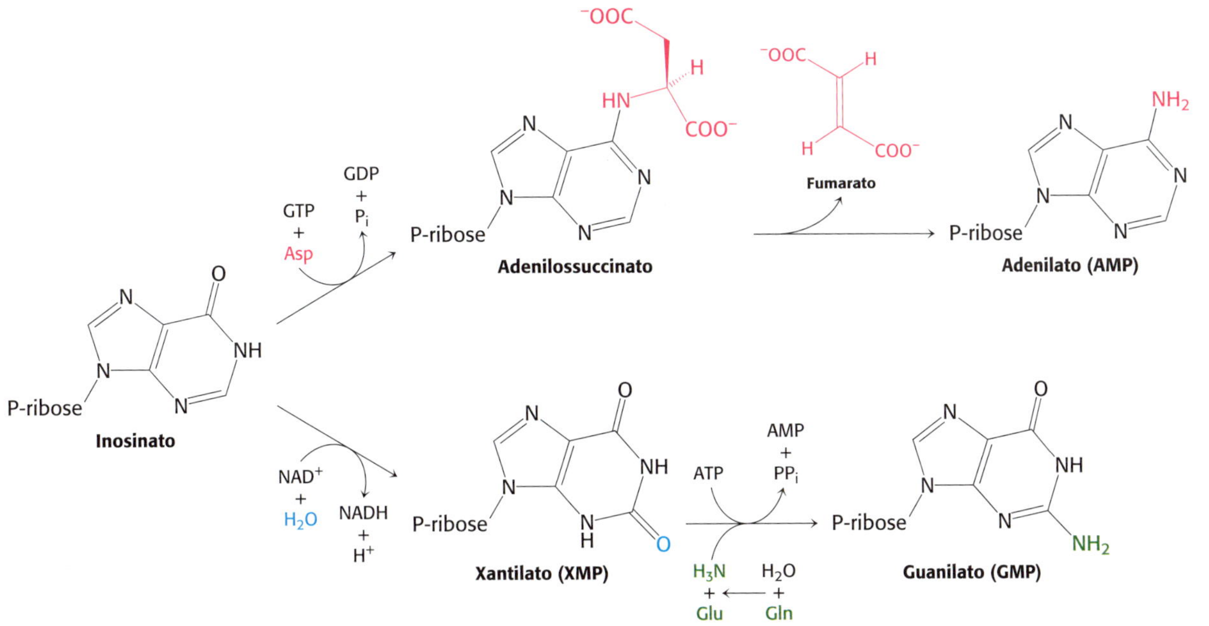

De acordo com a utilização do GTP, a enzima que promove essa conversão, a *adenilossuccinato sintase*, está estruturalmente relacionada com a família de proteínas G e não contém um domínio de ATP-*grasp*.

O *guanilato* é sintetizado pela oxidação do inosilato a xantilato (XMP) seguida da incorporação de um grupo amino no C-2. O $NAD^+$ é o aceptor de hidrogênio na oxidação do inosinato. O xantilato é ativado pela transferência de um grupo AMP (em vez de um grupo fosforila) do ATP para o átomo de oxigênio do grupo carbonila recém-formado. A amônia, que é produzida pela hidrólise da glutamina, desloca então o grupo AMP para formar guanilato em uma reação catalisada pela *GMP sintetase*. Observe que a síntese de adenilato requer a presença de GTP, enquanto a síntese de guanilato necessita de ATP. Esse uso recíproco de nucleotídios pelas vias cria uma importante oportunidade de regulação (ver seção 25.4).

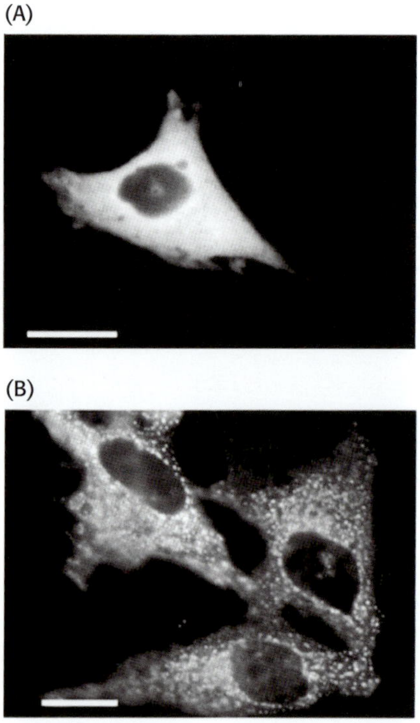


**FIGURA 25.8 Formação de purinossomos.** Um construto gênico que codifica uma proteína de fusão constituída de formilglicinamidina sintase e GFP foi transfectado e expresso em células Hela, uma linhagem celular humana. **A.** Na presença de purinas (ausência de síntese de purinas), a GFP foi observada como uma marcação difusa por todo o citoplasma. **B.** Quando as células foram transferidas para um meio de cultura desprovido de purinas, houve formação de purinossomos, que apareceram como grânulos citoplasmáticos, e ocorreu síntese de purinas. Barras de escala brancas, 10 μm. [De An, S., Kumar, R., Sheets, E. D., e Benkovic, S. J. 2008. Reversible compartmentalization of de novo purine biosynthetic complexes in living cells. *Science* 320:103–106. Reimpresso com autorização da AAAS.]

## As enzimas da via de síntese de purinas associam-se umas com as outras *in vivo*

Os bioquímicos acreditam que as enzimas de muitas vias metabólicas, como a glicólise e o ciclo do ácido cítrico, estão fisicamente associadas entre si. Essas associações aumentariam a eficiência das vias, visto que facilitariam o movimento do produto de uma enzima para o sítio ativo da próxima enzima na via. As evidências dessas associações provêm principalmente dos experimentos em que um componente de uma via, cuidadosamente isolado da célula, está ligado a outros componentes da via. Todavia, essas observações levam à seguinte questão: as enzimas associam-se entre si *in vivo* ou associam-se de maneira espúria durante o processo de isolamento? Evidências *in vivo* recentes mostram que as enzimas da via de síntese de purinas associam-se umas às outras quando há necessidade de síntese de purinas. Várias enzimas da via foram fundidas com a proteína fluorescente verde (GFP, do inglês *green fluorescente protein*) (Figura 2.65) e transfectadas para as células. Quando as células foram cultivadas na presença de purina, a GFP se mostrava difusa por todo o citoplasma (Figura 25.8A). Quando as células foram transferidas para meios de crescimento sem purinas, a síntese de purinas começou, e as enzimas associaram-se entre si formando complexos designados como *purinossomos* (Figura 25.8B). Esses experimentos foram repetidos com outras enzimas da via de síntese de purinas com a GFP fusionada, e os resultados foram idênticos: ocorre síntese de purinas quando as enzimas formam purinossomos. O que na verdade provoca a formação de complexos? Embora os resultados ainda não estejam estabelecidos, parece que vários receptores acoplados à proteína G, incluindo os que respondem à epinefrina, bem como ao ATP e ao ADP (receptores purinérgicos), induzem a formação de complexos, enquanto a creatinoquinase II humana (hCK2), que responde à presença de purinas, provoca a desmontagem do purinossomo.

## As vias de reaproveitamento economizam o dispêndio intracelular de energia

Conforme discutido anteriormente, a síntese *de novo* das purinas exige um investimento substancial de ATP. As vias de reaproveitamento de purinas proporcionam um meio mais econômico de produção de purinas. As bases purínicas livres, derivadas da renovação de nucleotídios ou da alimentação, podem ligar-se ao PRPP, formando então monofosfatos de nucleosídios purínicos em uma reação análoga à formação de orotidilato. Duas enzimas de reaproveitamento com especificidades diferentes recuperam as bases purínicas. A *adenina fosforribosil transferase* catalisa a formação de adenilato (AMP):

$$\text{Adenina} + \text{PRPP} \longrightarrow \text{adenilato} + P_i$$

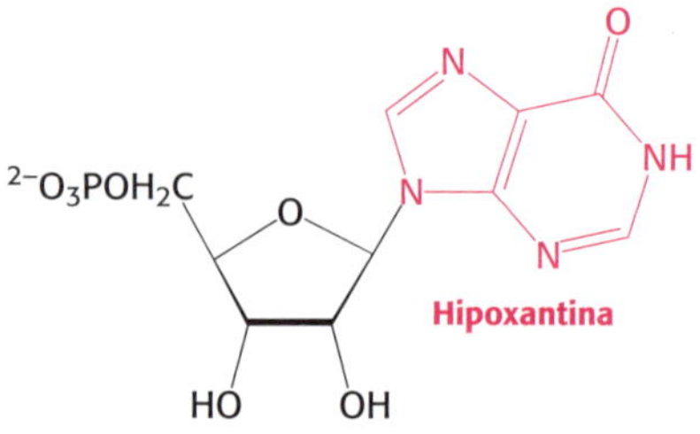


**Inosinato**

enquanto a *hipoxantina-guanina fosforribosil transferase* (HGPRT) catalisa a formação de guanilato (GMP), bem como de inosinato (inosina monofosfato, IMP), um precursor do guanilato e do adenilato.

$$\text{Guanina} + \text{PRPP} \longrightarrow \text{guanilato} + \text{PP}_i$$
$$\text{Hipoxantina} + \text{PRPP} \longrightarrow \text{inosinato} + \text{PP}_i$$

## 25.3 Os desoxirribonucleotídios são sintetizados pela redução de ribonucleotídios por meio de um mecanismo de formação de radicais livres

Abordaremos agora a síntese de desoxirribonucleotídios. Esses precursores do DNA são formados pela redução de ribonucleotídios; especificamente, o grupo 2′-hidroxila na fração de ribose é substituído por um átomo de hidrogênio. Os substratos são os difosfatos de ribonucleosídios, e o redutor definitivo é o NADPH. A enzima *ribonucleotídio redutase* é responsável pela reação de redução de todos os quatro ribonucleotídios. As ribonucleotídio redutases de diferentes organismos constituem um conjunto notavelmente diversificado de enzimas. Entretanto, estudos detalhados revelaram que elas têm um mecanismo de reação em comum, e suas características de estrutura tridimensional indicam que essas enzimas são homólogas. Analisaremos a mais bem conhecida dessas enzimas, a da *E. coli* em condições aeróbicas.

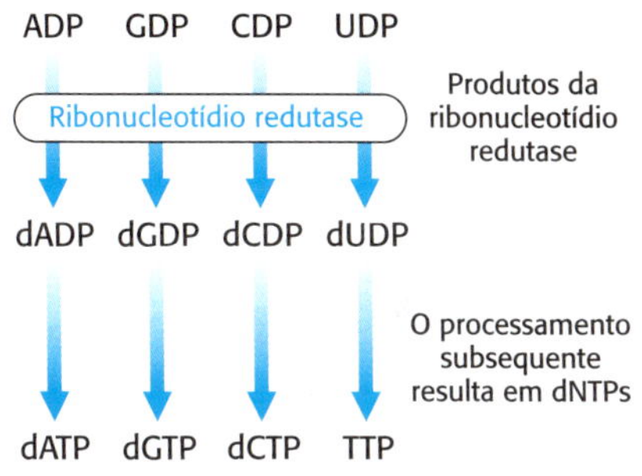


### Mecanismo: um radical tirosila é crucial para a ação da ribonucleotídio redutase

A ribonucleotídio redutase da *E. coli* é constituída de duas subunidades: R1 (um dímero de 87 kDa) e R2 (um dímero de 43 kDa). A subunidade R1 contém o sítio ativo, bem como dois sítios de controle alostéricos (ver seção 25.4). Essa subunidade apresenta três resíduos de cisteína e um resíduo de glutamato conservados, e todos os quatro participam na redução da ribose a desoxirribose (Figura 25.9). O papel da subunidade R2 na catálise é gerar um radical livre em cada uma de suas duas cadeias. Cada cadeia R2 contém um *radical tirosila* com um elétron não pareado deslocalizado em seu anel aromático, gerado por um *centro de ferro* próximo, que consiste em dois íons férricos ($Fe^{3+}$) conectados por um íon oxido ($O^{2-}$)

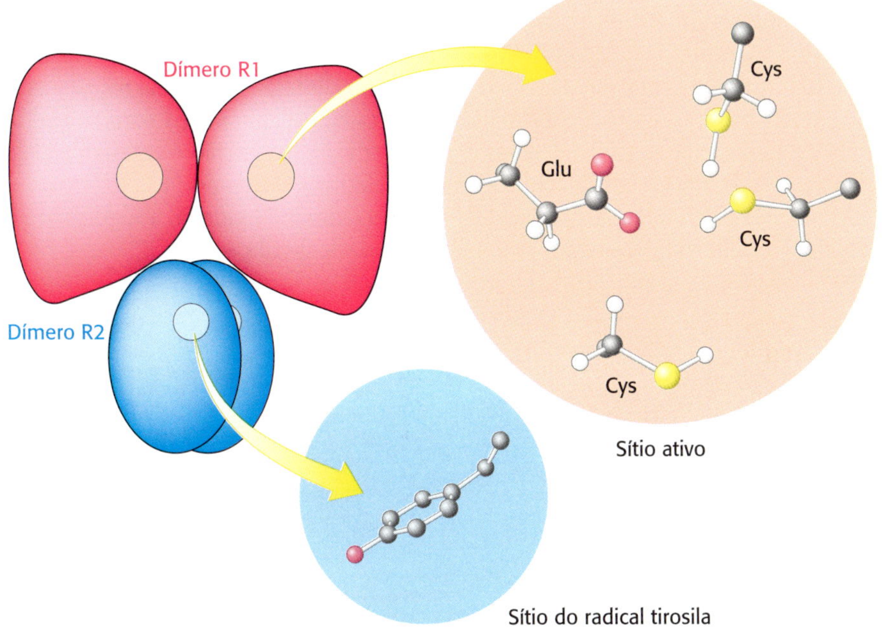


**FIGURA 25.9 Ribonucleotídio redutase.** A ribonucleotídio redutase reduz ribonucleotídios a desoxirribonucleotídios em seu sítio ativo, que contém três resíduos de cisteína-chave e um resíduo de glutamato. Cada subunidade R2 contém um radical tirosila que aceita um elétron de um dos resíduos de cisteína do sítio ativo para iniciar a reação de redução. Duas subunidades R1 se juntam para formar um dímero, assim como duas subunidades R2.

**FIGURA 25.10 Subunidade R2 da ribonucleotídio redutase.** A subunidade R2 contém um radical livre estável no resíduo de tirosina. Esse radical é gerado pela reação do oxigênio (não mostrado) em um sítio adjacente contendo dois átomos de ferro. Duas subunidades R2 unem-se para formar um dímero. [Desenhada a partir de 1RIB.pdb.].

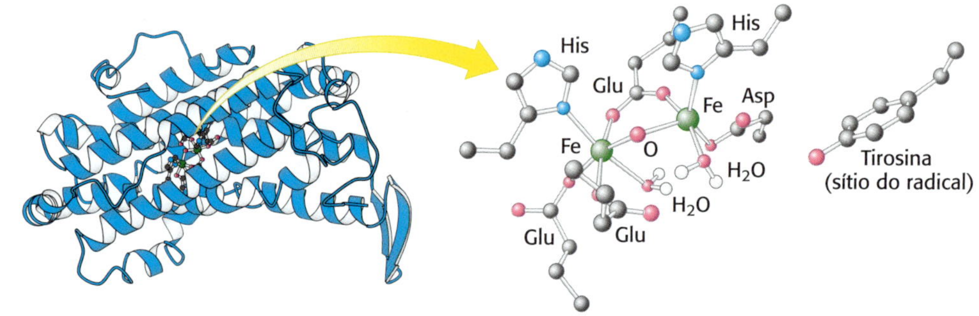


(Figura 25.10). Esse radical livre muito incomum é notavelmente estável, com meia-vida de 4 dias a 4°C. Em contraste, os radicais de tirosina livre em solução apresentam um tempo de vida da ordem de microssegundos.

Na síntese de um desoxirribonucleotídio, a OH ligada ao C-2′ do anel da ribose é substituída por nucleotídio, com retenção da configuração no átomo de carbono C-2′ (Figura 25.11).

1. A reação começa com a transferência de um elétron de um resíduo de cisteína em R1 para o radical tirosila em R2. A perda de um elétron gera um *radical cisteína tiila* altamente reativo dentro do sítio ativo de R1.
2. Em seguida, esse radical retira um átomo de hidrogênio do C-3′ da unidade de ribose, produzindo então um radical nesse átomo de carbono.
3. O radical no C-3′ promove a liberação de $OH^-$ do átomo de carbono C-2′. Protonado por um segundo resíduo de cisteína, o $OH^-$ sai na forma de uma molécula de água.
4. Um íon hidreto (um próton com dois elétrons) é então transferido de um terceiro resíduo de cisteína para completar a redução da posição, formar uma ponte dissulfeto e reconstituir um radical.
5. Esse radical no C-3′ volta a capturar o mesmo átomo de hidrogênio originalmente retirado pelo primeiro resíduo de cisteína, e o desoxirribonucleotídio fica livre para deixar a enzima.
6. O R2 fornece um elétron para reduzir o radical tiila.
7. O desoxirribonucleotídio recém-sintetizado sai do sítio ativo.
8. A ponte dissulfeto gerada no sítio ativo da enzima é reduzida para regenerar a enzima ativa.

Os elétrons para essa redução provêm do NADPH, mas não diretamente. Um carreador com poder redutor que liga o NADPH com a redutase é a *tiorredoxina*, uma proteína de 12 kDa com dois resíduos expostos de cisteína próximos um do outro. Essas sulfidrilas são oxidadas a um dissulfeto em uma reação catalisada pela própria ribonucleotídio redutase. Por sua vez, a tiorredoxina reduzida é regenerada pelo fluxo de elétrons do NADPH. Essa reação é catalisada pela *tiorredoxina redutase*, uma flavoproteína. Os elétrons fluem do NADPH para o FAD ligado da redutase até o dissulfeto da tiorredoxina oxidada, a seguir para a ribonucleotídio redutase e, por fim, para a unidade de ribose.

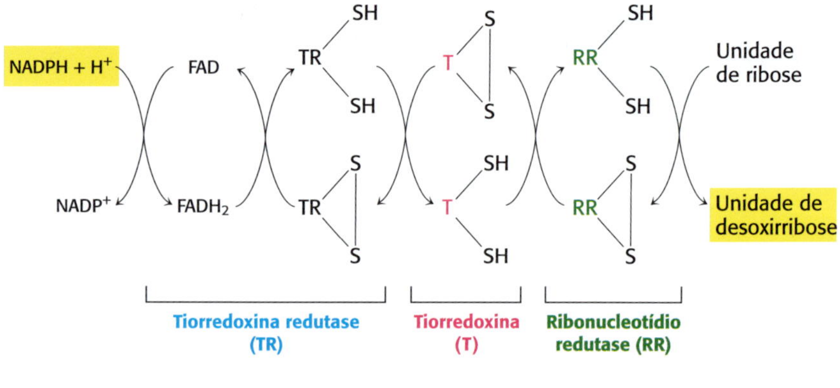

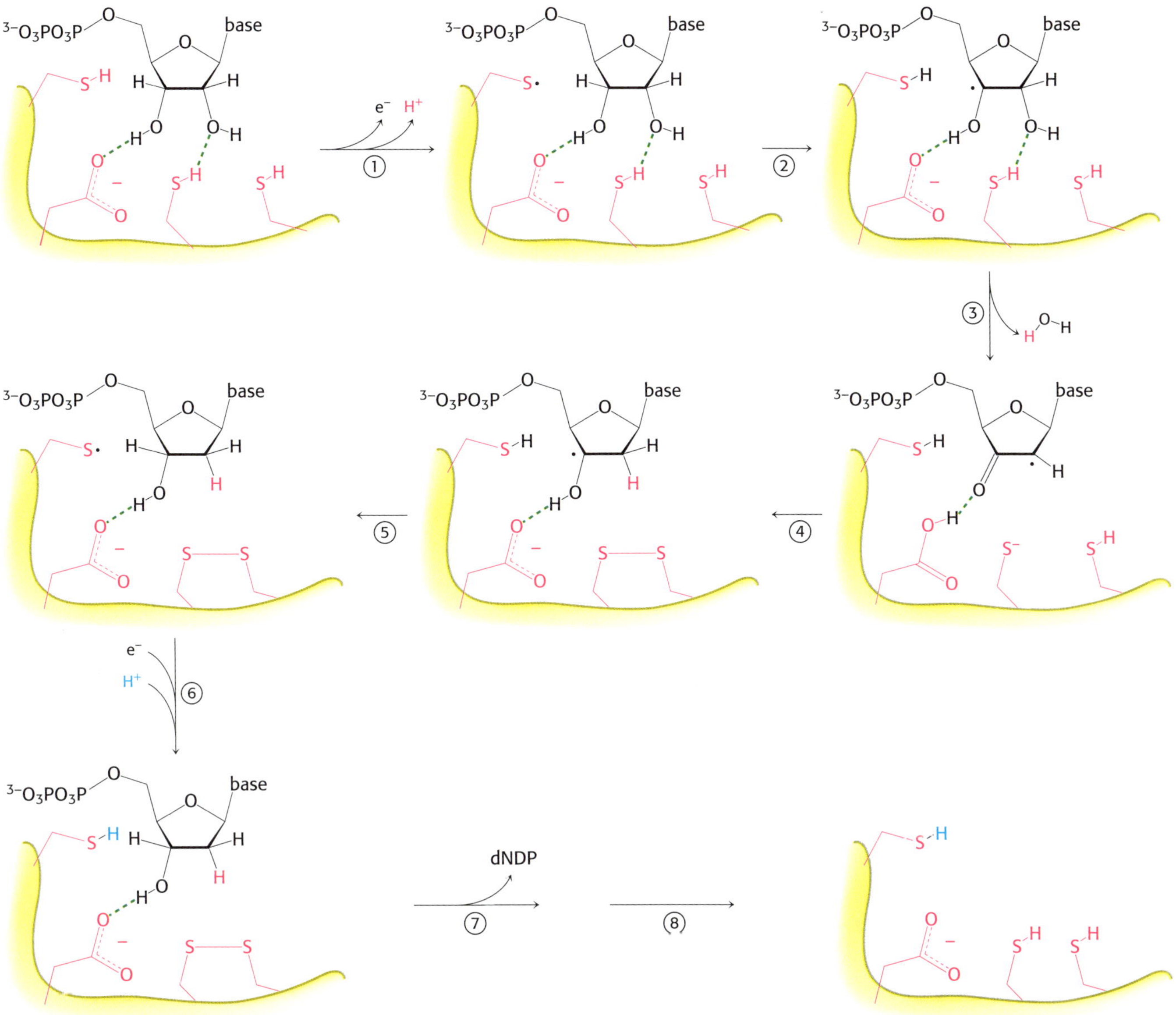


**FIGURA 25.11** Mecanismo da ribonucleotídio redutase. (1) Um elétron é transferido de um resíduo de cisteína em R1 para um radical de tirosina em R2, gerando então um radical cisteína tiila altamente reativo. (2) Esse radical retira um átomo de hidrogênio do C-3′ da unidade de ribose. (3) O radical no C-3′ libera $OH^-$ do átomo de carbono C-2′. Combinado com um próton de um segundo resíduo de cisteína, o $OH^-$ é eliminado na forma de água. (4) Um íon hidreto é transferido de um terceiro resíduo de cisteína, com formação concomitante de uma ponte dissulfeto. (5) O radical C-3′ capta novamente o átomo de hidrogênio originalmente retirado. (6) Um elétron é transferido de R2 para reduzir o radical tiila, que também aceita um próton. (7) O desoxirribonucleotídio deixa R1. (8) O dissulfeto formado no sítio ativo é reduzido para iniciar outro ciclo.

## Radicais estáveis distintos do radical tirosila são utilizados por outras ribonucleotídio redutases

Foram caracterizadas em outros organismos ribonucleotídio redutases que não contêm radical tirosila. Com efeito, essas enzimas contêm outros radicais estáveis que são gerados por outros processos. Por exemplo, em uma classe de redutases, a coenzima adenosilcobalamina (vitamina $B_{12}$) constitui a fonte de radical (ver seção 22.3). Apesar de diferenças no radical estável empregado, os sítios ativos dessas enzimas assemelham-se ao da ribonucleotídio redutase da *E. coli* e parecem atuar pelo mesmo mecanismo com base na excepcional reatividade dos radicais de cisteína. Assim, essas enzimas apresentam um ancestral comum, porém desenvolveram uma variedade de mecanismos para gerar radicais estáveis que funcionam bem em diferentes condições de crescimento. As enzimas primordiais pareciam ser inativadas pelo oxigênio, enquanto as enzimas como a da *E. coli* utilizam o oxigênio para gerar o radical tirosila inicial. Observe que a redução de ribonucleotídios a desoxirribonucleotídios é uma reação quimicamente difícil e provavelmente exige um catalisador sofisticado. A existência de uma estrutura enzimática comum para esse processo sugere fortemente que as proteínas juntaram-se ao mundo do RNA antes da evolução do DNA como uma forma de armazenamento estável de informações genéticas.

## O timidilato é formado pela metilação do desoxiuridilato

A uracila, produzida pela via de síntese das pirimidinas, não é um componente do DNA. Com efeito, o DNA contém *timina*, um análogo metilado da uracila. Outra etapa é necessária para gerar timidilato a partir da uracila. A *timidilato sintase* catalisa esse toque final: o desoxiuridilato (dUMP) é metilado a timidilato (TMP). Convém lembrar que a timidilato sintase também atua nas vias de reaproveitamento da timina (p. 834). Conforme descrito no Capítulo 29, a metilação desse nucleotídio marca para reparo os locais de dano ao DNA e, portanto, ajuda a preservar a integridade da informação genética armazenada no DNA. O doador de metila nessa reação é o $N^5$, $N^{10}$-metilenotetra-hidrofolato, e não a *S*-adenosilmetionina (ver seção 24.2).

O grupo metila liga-se ao átomo C-5 do anel aromático do dUMP, porém esse átomo de carbono não é um nucleófilo adequado e não pode atacar o grupo apropriado no doador de metila. A timidilato sintase promove a metilação acrescentando um tiolato de uma cadeia lateral de cisteína a esse anel para produzir uma espécie nucleofílica capaz de atacar o grupo metileno do $N^5$, $N^{10}$-metilenotetra-hidrofolato (Figura 25.12). Por sua vez, esse grupo metileno é ativado por distorções impostas pela enzima que favorecem a abertura do anel de cinco membros. O ataque do dUMP ativado no grupo metileno forma a nova ligação carbono-carbono. O intermediário formado é então convertido em produto: um íon hidreto é transferido do anel de tetra-hidrofolato para transformar o grupo metileno em um grupo metila, e um próton é retirado do átomo de carbono portador do grupo metila para eliminar a cisteína e regenerar o anel aromático.

**FIGURA 25.12 Síntese de timidilato.** A timidilato sintase catalisa a adição de um grupo metila (derivado do $N^5$, $N^{10}$-metilenotetra-hidrofolato) ao dUMP, formando TMP. A adição de um tiolato da enzima ativa o dUMP. A abertura do anel de cinco membros do derivado de THF prepara o grupo metileno para o ataque nucleofílico pelo dUMP ativado. A reação é completada pela transferência de um íon hidreto para formar o di-hidrofolato.

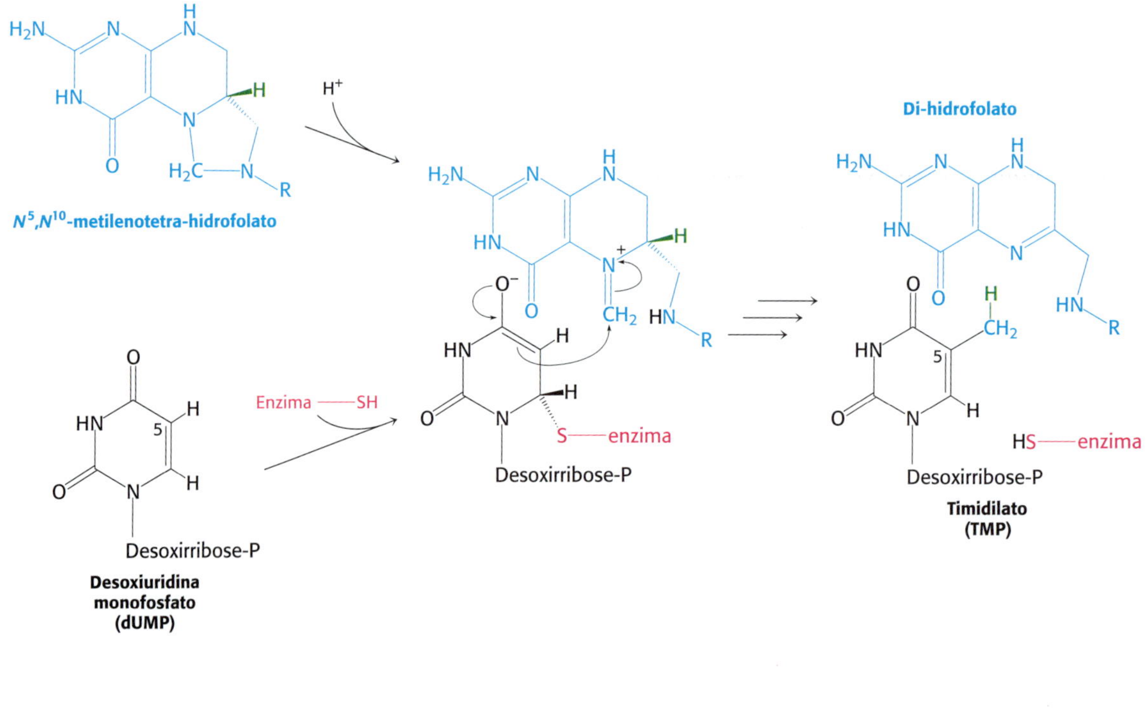

O derivado tetra-hidrofolato perde tanto o grupo metileno quanto um íon hidreto e, dessa forma, é oxidado a di-hidrofolato. Para a síntese de mais timidilato, o tetra-hidrolato precisa ser regenerado.

## A di-hidrofolato redutase catalisa a regeneração do tetra-hidrofolato, um carreador de um carbono

O tetra-hidrofolato é regenerado a partir do di-hidrofolato que é produzido na síntese de timidilato. Essa regeneração é efetuada pela *di-hidrofolato redutase* com a utilização do NADPH como redutor.

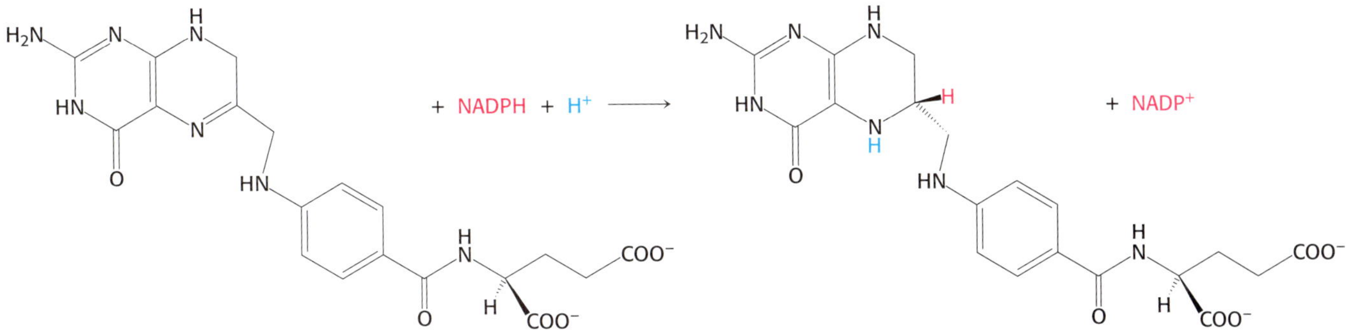


**Di-hidrofolato** **Tetra-hidrofolato**

Um íon hidreto é transferido diretamente do anel nicotinamida do NADPH para o anel pteridina do di-hidrofolato. O di-hidrofolato ligado e o NADPH são mantidos em estreita proximidade para facilitar a transferência do hidreto.

## Vários fármacos antineoplásicos valiosos bloqueiam a síntese de timidilato

As células dividindo-se rapidamente necessitam de um suprimento abundante de timidilato para a síntese de DNA. A vulnerabilidade dessas células à inibição da síntese de TMP tem sido explorada no tratamento do câncer. A timidilato sintase e a di-hidrofolato redutase são os alvos escolhidos pela quimioterapia (Figura 25.13).

A *fluoruracila*, um agente antineoplásico, é convertida *in vivo* em *fluorodesoxiuridilato* (F-dUMP). Esse análogo do dUMP inibe irreversivelmente a timidilato sintase após atuar como um substrato normal em parte do ciclo catalítico. Convém lembrar que a formação de TMP exige a remoção de um próton ($H^+$) do C-5 do nucleotídio ligado (Figura 25.12). Entretanto, a enzima não pode retirar o $F^+$ do F-dUMP, de modo que a catálise é bloqueada no estágio do complexo covalente formado pelo F-dUMP, pelo metilenotetra-hidrofolato e pelo grupo sulfidrila da enzima (Figura 25.14). Temos aqui um exemplo de *inibição suicida*, em que uma enzima converte um substrato em um inibidor reativo que interrompe a atividade catalítica da enzima (ver seção 8.5).

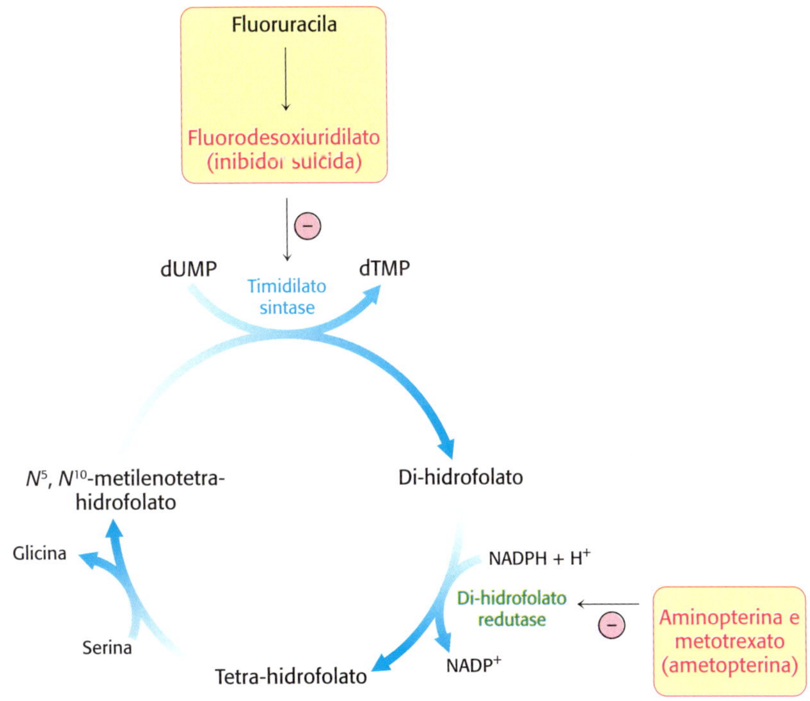


**FIGURA 25.13 Alvos dos fármacos antineoplásicos.** A timidilato sintase e a di-hidrofolato redutase constituem os alvos de escolha na quimioterapia do câncer, visto que a produção de grandes quantidades de precursores na síntese de DNA é necessária para as células cancerosas em rápida divisão.

**FIGURA 25.14 Inibição suicida.** O fluorodesoxiuridilato (produzido a partir da fluoruracila) mantém a timidilato sintase em uma forma que não pode prosseguir na via de reação.

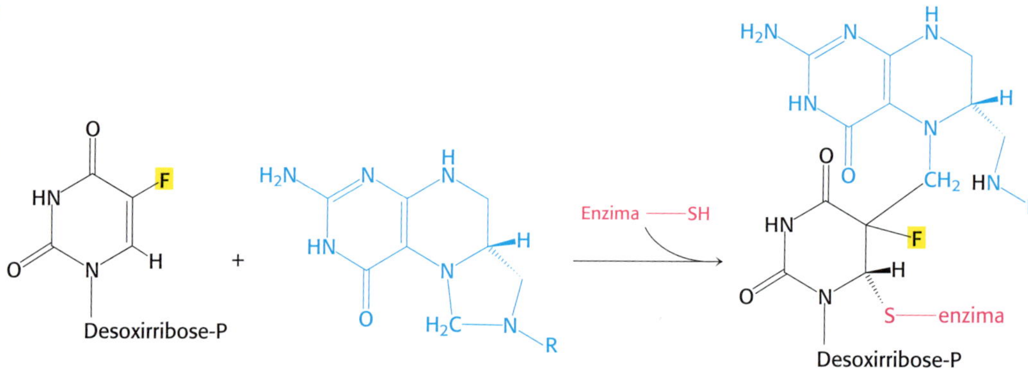


**Fluorodesoxiuridilato** **$N^5$,$N^{10}$-metilenotetra-hidrofolato** **Aduto estável**

A síntese de TMP também pode ser bloqueada pela inibição da regeneração do tetra-hidrofolato. Os análogos do di-hidrofolato, como a *aminopterina* e o *metotrexato* (ametopterina), são potentes inibidores competitivos ($K_i$ < 1 nM) da di-hidrofolato redutase.

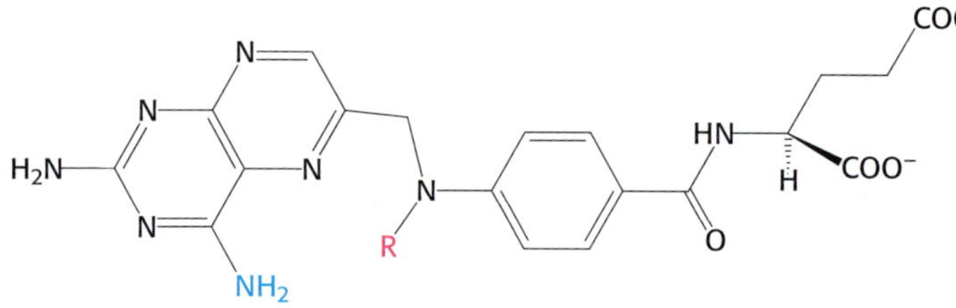

**Aminopterina (R = Nucleotídio) ou metotrexato (R = $CH_3$)**

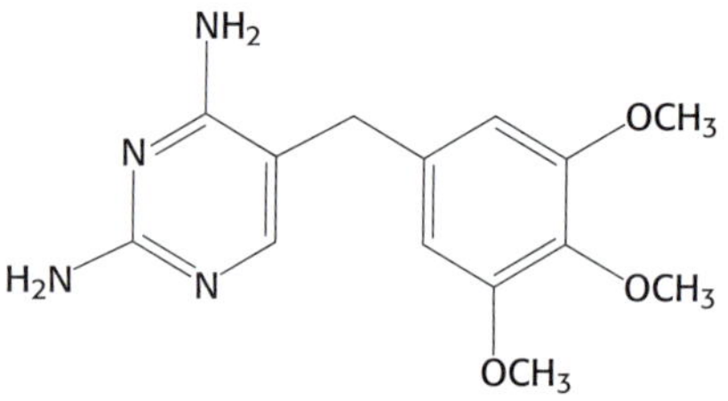

**Trimetoprima**

O metotrexato é um fármaco valioso no tratamento de muitos tumores de crescimento rápido, como a leucemia aguda e o coriocarcinoma, um câncer derivado de células placentárias. Entretanto, o metotrexato mata quaisquer células em rápida replicação, sejam elas malignas ou não. As células-tronco na medula óssea, as células epiteliais do trato intestinal e os folículos pilosos são vulneráveis à ação desse antagonista do folato, explicando, assim, os seus efeitos colaterais tóxicos, que incluem enfraquecimento do sistema imune, náuseas e queda dos cabelos.

Os análogos do folato, como a *trimetoprima*, têm potentes atividades antibacteriana e antiprotozoária. A trimetoprima liga-se $10^5$ vezes menos firmemente à di-hidrofolato redutase de mamíferos do que às redutases dos microrganismos suscetíveis. Pequenas diferenças nas fendas dos sítios ativos dessas enzimas são responsáveis pela sua ação antimicrobiana altamente seletiva. A combinação de trimetoprima com sulfametoxazol (um inibidor da síntese de folato) é amplamente usada no tratamento de infecções como bronquite, diarreia do viajante e infecções do trato urinário.

## 25.4 As etapas essenciais na biossíntese de nucleotídios são reguladas por inibição por retroalimentação

A biossíntese de nucleotídios é regulada por inibição por retroalimentação de modo semelhante à regulação da biossíntese de aminoácidos (ver seção 24.3). Essas vias de regulação asseguram a produção dos vários nucleotídios nas quantidades necessárias.

### A biossíntese de pirimidinas é regulada pela aspartato transcarbamoilase

A aspartato transcarbamoilase, uma das enzimas essenciais na regulação da biossíntese de pirimidinas nas bactérias, foi descrita detalhadamente no

Capítulo 10. Convém lembrar que a *ATCase é inibida pelo CTP, o produto final da biossíntese de pirimidinas*, e estimulada pelo ATP.

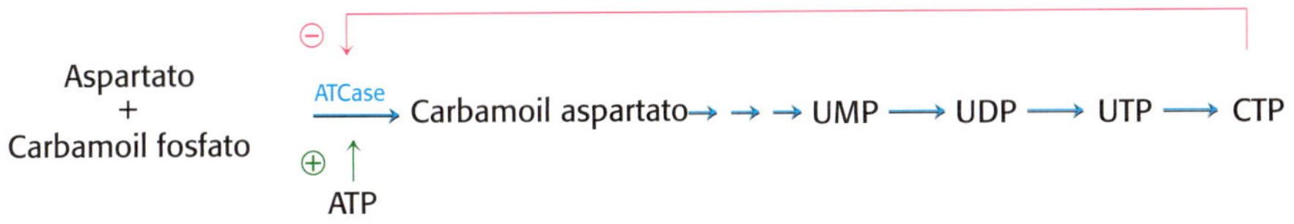


## A síntese de nucleotídios purínicos é controlada por inibição por retroalimentação em vários locais

O esquema de regulação dos nucleotídios purínicos é mais complexo do que aquele dos nucleotídios pirimidínicos (Figura 25.15).

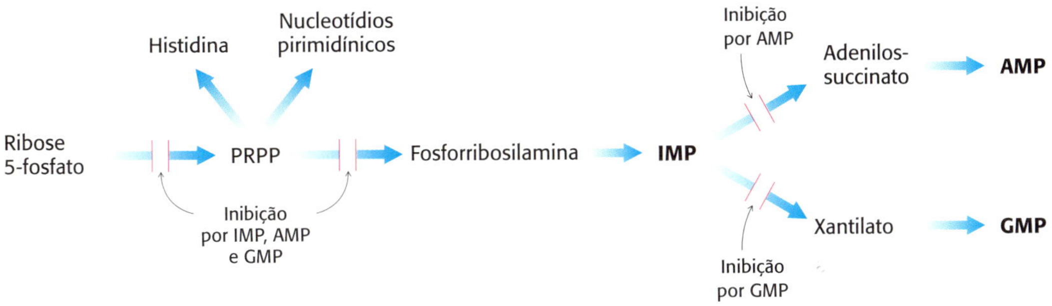


**FIGURA 25.15 Controle da biossíntese de purinas.** A inibição por retroalimentação controla tanto a taxa global de biossíntese de purinas quanto o equilíbrio entre a produção de AMP e de GMP.

**1.** A etapa comprometida na biossíntese de nucleotídios purínicos é a conversão do PRPP em fosforribosilamina pela *glutamina fosforribosil amidotransferase*. Essa enzima importante sofre inibição por retroalimentação por muitos ribonucleotídios purínicos. É notável que o AMP e o GMP, os produtos finais da via, inibem sinergicamente a amidotransferase.

**2.** O inosinato constitui o ponto de ramificação nas sínteses de AMP e de GMP. *As reações que se afastam do inosinato constituem locais de inibição por retroalimentação.* O AMP inibe a conversão do inosinato em adenilssuccinato, o seu precursor imediato. De modo semelhante, o GMP inibe a conversão do inosinato em xantilato, seu precursor imediato.

**3.** Conforme assinalado anteriormente, o GTP é um substrato na síntese de AMP, enquanto o ATP é um substrato na síntese de GMP (Figura 25.7). Essa *relação recíproca de substratos* tende a equilibrar a síntese dos ribonucleotídios de adenina e guanina.

Observe que a síntese de PRPP pela PRPP sintetase é altamente regulada, embora não constitua a etapa de comprometimento na síntese de purinas. Foram identificadas mutações na PRPP sintetase que resultam em perda da resposta alostérica a nucleotídios sem qualquer efeito sobre a atividade catalítica da enzima. Uma das consequências dessa mutação consiste na excessiva abundância de nucleotídios purínicos, o que pode resultar no desenvolvimento de gota, um distúrbio patológico discutido na seção 25.5.

## A síntese de desoxirribonucleotídios é controlada pela regulação da ribonucleotídio redutase

A redução de ribonucleotídios a desoxirribonucleotídios é controlada de maneira precisa por interações alostéricas. Cada polipeptídio da subunidade R1 da ribonucleotídio redutase da *E. coli* aeróbica contém dois sítios alostéricos: um deles controla a *atividade global* da enzima, enquanto o outro regula a *especificidade de substrato* (Figura 25.16A). A atividade catalítica global da ribonucleotídio redutase é diminuída pela ligação do dATP,

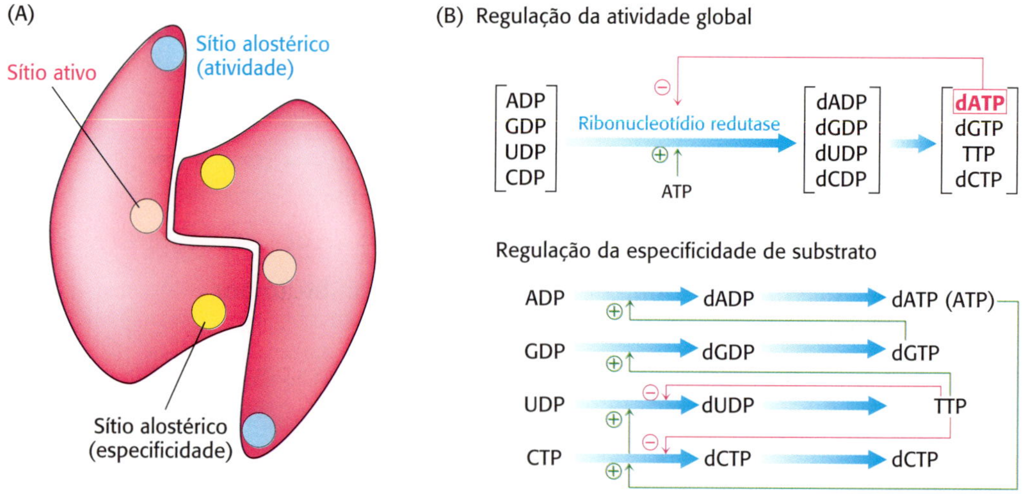


**FIGURA 25.16 Regulação da ribonucleotídio redutase.** **A.** Cada subunidade no dímero R1 contém dois sítios alostéricos além do sítio ativo. Um sítio regula a atividade global, e o outro regula a especificidade de substrato. **B.** Padrões de regulação em relação a diferentes nucleosídio difosfatos demonstrados pela ribonucleotídio redutase.

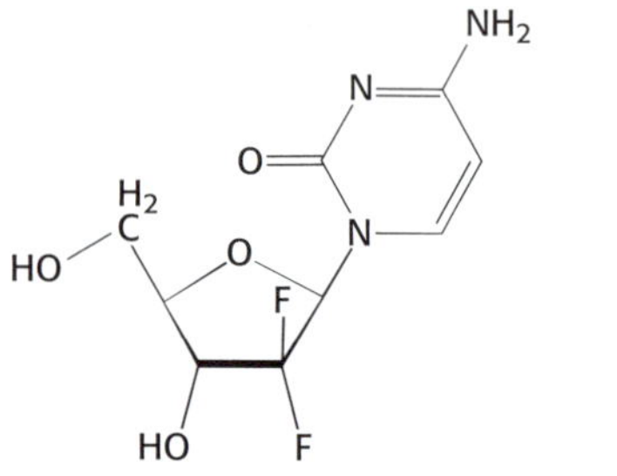

**Gencitabina**

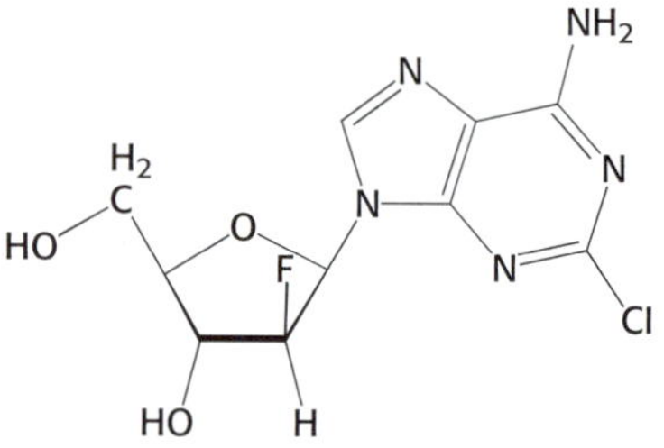

**Clofarabina**

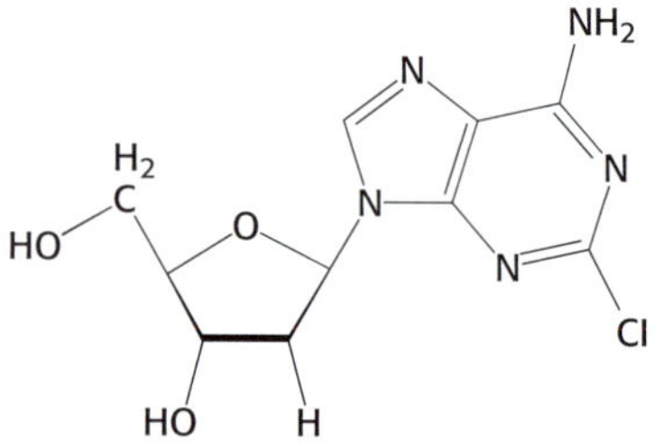

**Cladribina**

o que sinaliza a existência de uma abundância de desoxirribonucleotídios (Figura 25.16B). A ligação do ATP reverte essa inibição por retroalimentação. A ligação do dATP ou do ATP ao sítio de controle de especificidade de substrato aumenta a redução de UDP e CDP, os nucleotídios pirimidínicos. A ligação de timidina trifosfato (TTP) promove a redução do GDP e inibe a redução posterior de ribonucleotídios pirimidínicos. O subsequente aumento no nível de dGTP estimula a redução do ATP a dATP. Esse padrão complexo de regulação é responsável pelo equilíbrio apropriado entre os quatro desoxirribonucleotídios necessários para a síntese de DNA.

A ribonucleotídio redutase constitui um alvo interessante para a terapia antineoplásica, e vários fármacos antineoplásicos clinicamente aprovados simulam substratos e reguladores da enzima. A gencitabina, um análogo pirimidínico, uma vez convertida na forma difosfato *in vivo*, torna-se um inibidor suicida da redutase, sendo utilizada no tratamento do câncer de pâncreas avançado. A clofarabina e a cladribina, que são análogos purínicos, após a sua conversão em suas formas de trifosfato *in vivo*, são análogos do dATP e atuam como inibidores alostéricos da enzima. A clofarabina é utilizada no tratamento da leucemia mieloide aguda pediátrica, enquanto a cladribina é efetiva contra algumas formas de leucemia linfoide crônica.

## 25.5 Distúrbios no metabolismo de nucleotídios podem causar condições patológicas

Os nucleotídios são vitais para inúmeros processos bioquímicos. Por conseguinte, não é surpreendente que a perturbação do metabolismo de nucleotídios tenha uma variedade de efeitos fisiológicos. Os nucleotídios de uma célula passam por uma renovação contínua. Os nucleotídios são degradados por hidrólise a nucleosídios por *nucleotidases*. A clivagem fosforolítica dos nucleosídios a bases livres e ribose 1-fosfato (ou desoxirribose 1-fosfato) é catalisada pelas *nucleosídios fosforilases*. A ribose 1-fosfato é isomerizada pela *fosforribomutase* a ribose 5-fosfato, um substrato na síntese de PRPP. Algumas das bases são novamente utilizadas na formação de nucleotídios por vias de reaproveitamento. Outras são degradadas a produtos que são excretados (Figura 25.17). A deficiência de uma enzima pode interromper essas vias, levando a uma condição patológica.

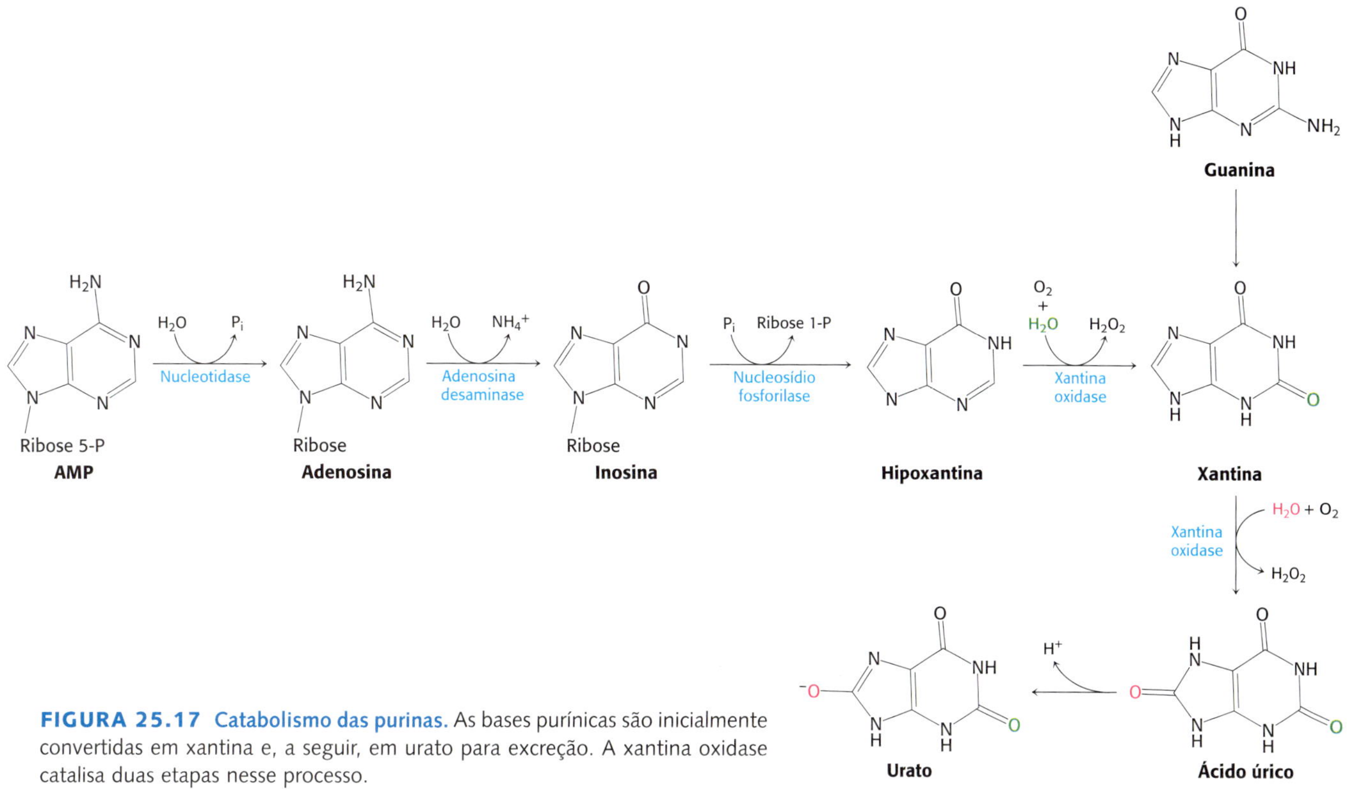


**FIGURA 25.17** **Catabolismo das purinas.** As bases purínicas são inicialmente convertidas em xantina e, a seguir, em urato para excreção. A xantina oxidase catalisa duas etapas nesse processo.

## A perda de atividade da adenosina desaminase resulta em imunodeficiência combinada grave

A via de degradação do AMP inclui uma etapa adicional, visto que a adenosina não é um substrato da nucleosídio fosforilase. Inicialmente, o fosfato é removido por uma nucleotidase, produzindo então nucleosídio adenosina (Figura 25.17). Na etapa adicional, a adenosina é desaminada pela *adenosina desaminase* para formar inosina.

A ocorrência de deficiência na atividade da adenosina desaminase está associada a algumas formas de *imunodeficiência combinada grave* (SCID, do inglês *severe combined immunodeficiency*), um distúrbio imunológico. Os indivíduos com essa desordem apresentam infecções recorrentes graves, que frequentemente levam à morte em uma idade precoce. A SCID caracteriza-se por uma perda de células T, que são cruciais na resposta imune (ver seção 35.5, no Capítulo 35, disponível no material suplementar *online*). Embora a base bioquímica do distúrbio ainda não esteja claramente estabelecida, a ausência de adenosina desaminase resulta em um aumento de 50 a 100 vezes no nível normal de dATP, o que inibe a ribonucleotídio redutase e, consequentemente, a síntese de DNA. Além disso, a própria adenosina é uma molécula de sinalização poderosa que desempenha um papel em diversas vias de regulação. Uma perturbação nos níveis de adenosina também pode ser deletéria. A SCID é frequentemente designada como "doença do menino na bolha", visto que o seu tratamento pode incluir o isolamento completo do paciente de seu ambiente. A deficiência de adenosina desaminase tem sido tratada com sucesso por terapia gênica.

## A gota é induzida por níveis séricos elevados de urato

A inosina produzida pela adenosina desaminase é subsequentemente metabolizada pela *nucleosídio fosforilase* a hipoxantina. A *xantina oxidase*, uma flavoproteína contendo ferro e molibdênio, oxida a hipoxantina a *xantina* e, em seguida, a *ácido úrico*. O oxigênio molecular, que é o oxidante em ambas as reações, é reduzido a $H_2O_2$, que é decomposto a $H_2O$ e $O_2$ pela catalase. O ácido úrico perde um próton em pH fisiológico, formando então *urato*. *Nos seres humanos, o urato é o produto final da degradação das purinas e é excretado na urina.*

Os níveis séricos elevados de urato (hiperuricemia) induzem a *gota*, uma doença dolorosa das articulações. Nessa doença, o sal sódico de urato cristaliza no líquido e no revestimento das articulações. A pequena articulação na base do hálux constitui um local comum de acúmulo de urato de sódio, embora o sal também se acumule em outras articulações. Ocorre uma inflamação dolorosa quando as células do sistema imune fagocitam os cristais de urato de sódio. Os rins também podem ser lesionados pelo depósito de cristais de urato. A gota é um problema clínico comum, acometendo 1% da população dos países ocidentais. É nove vezes mais comum nos homens do que nas mulheres.

A administração de *alopurinol*, um análogo da hipoxantina, constitui um tratamento para a gota. O mecanismo de ação do alopurinol é interessante: o fármaco atua *inicialmente como substrato e, em seguida, como inibidor* da xantina oxidase. A oxidase hidroxila o alopurinol a *aloxantina* (*oxipurinol*), que então permanece firmemente ligada ao sítio ativo. A ligação da aloxantina mantém o átomo de molibdênio da xantina oxidase no estado de oxidação +4, em vez de fazê-lo retornar ao estado de oxidação +6, conforme observado no ciclo catalítico normal. Temos aqui outro exemplo de *inibição suicida*.

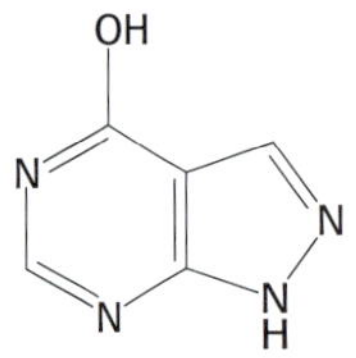


**Alopurinol**

A síntese de urato a partir da hipoxantina e xantina diminui pouco depois da administração de alopurinol. As concentrações séricas de hipoxantina e de xantina aumentam, enquanto a concentração sérica de urato cai.

Nos seres humanos, o nível sérico médio de urato aproxima-se do limite de solubilidade e é maior do que os níveis encontrados em outros primatas. Qual é a vantagem seletiva de um nível de urato tão alto a ponto de estar à beira do limite para a gota em muitos indivíduos? Pode-se verificar que o urato tem uma ação acentuadamente benéfica. O urato é um removedor altamente efetivo das espécies reativas de oxigênio. Com efeito, o urato é quase tão efetivo quanto o ascorbato (vitamina C) como antioxidante. O nível aumentado de urato nos seres humanos pode proteger contra espécies reativas de oxigênio, que estão implicadas em diversas condições patológicas (Tabela 18.3).

## A síndrome de Lesch-Nyhan representa uma consequência dramática das mutações em uma enzima da via de reaproveitamento

As mutações em genes que codificam enzimas da biossíntese de nucleotídios podem reduzir os níveis de nucleotídios necessários e levar ao acúmulo de intermediários. A ausência quase total de hipoxantina-guanina fosforribosil transferase (HGPRT) tem consequências inesperadas e devastadoras. A expressão mais notável desse erro inato do metabolismo, denominado *síndrome de Lesch-Nyhan*, consiste em um *comportamento autodestrutivo compulsivo*. Aos 2 ou 3 anos de idade, as crianças com essa doença começam a morder os dedos e os lábios, destruindo-os se não forem contidas. Essas crianças também se comportam de modo agressivo em relação aos outros. A *deficiência cognitiva e a espasticidade* constituem outras características da síndrome de Lesch-Nyhan. Os níveis elevados de urato no soro levam à formação de cálculos renais no início da vida, o que é seguido de sintomas de gota anos depois. A doença é herdada como um distúrbio recessivo ligado ao sexo.

Qual é a conexão entre a ausência de atividade da HGPRT e as características comportamentais da síndrome de Lesch-Nyhan? A resposta ainda não está bem definida, porém é possível fazer sugestões. O cérebro possui capacidade limitada de síntese *de novo* de purinas. Em consequência, a ausência de HGPRT resulta em deficiência de nucleotídios purínicos. O ATP e o ADP, formados a partir do inosinato, são particularmente importantes no cérebro como moléculas sinalizadoras. Esses nucleotídios ligam-se aos receptores acoplados à proteína G que regulam os neurônios secretores de dopamina e ativam tais receptores. Por conseguinte, a ausência de HGPRT resulta em desequilíbrio de neurotransmissores-chave. Além disso, os nucleotídios de guanosina necessários para a função das proteínas G podem estar presentes em quantidades escassas. A síndrome de Lesch-Nyhan demonstra que a via de reaproveitamento para as sínteses de IMP e de GMP não é de importância menor. Além disso, a síndrome de Lesch-Nyhan revela que o *comportamento anormal, como automutilação e extrema hostilidade, pode ser causado pela ausência de uma única enzima.* Sem dúvida alguma, a psiquiatria irá se beneficiar da elucidação da base molecular desses transtornos mentais.

### A deficiência de ácido fólico promove defeitos congênitos, como a espinha bífida

A *espinha bífida* é uma das classes de defeitos congênitos caracterizados pela formação incompleta ou incorreta do tubo neural no início do desenvolvimento. Nos EUA, a prevalência de *defeitos do tubo neural* é de aproximadamente um caso em 1.000 nascimentos. Diversos estudos demonstraram que a prevalência de defeitos do tubo neural é reduzida em até 70% quando as mulheres tomam ácido fólico como suplemento alimentar antes e durante o primeiro trimestre de gravidez. Uma hipótese é a de que são necessários mais derivados do folato para a síntese de precursores do DNA quando a divisão celular é frequente e quantidades substanciais de DNA precisam ser sintetizadas.

## RESUMO

### 25.1 O anel pirimidínico é montado *de novo* ou recuperado por vias de reaproveitamento

Inicialmente, o anel pirimidínico é montado e, em seguida, ligado à ribose fosfato para formar um nucleotídio pirimidínico. O 5-fosforribosil-1-pirofosfato é o doador da ribose fosfato. A síntese do anel pirimidínico começa com a formação de carbamoil aspartato a partir de carbamoil fosfato e aspartato em uma reação catalisada pela aspartato transcarbamoilase. A desidratação, a ciclização e a oxidação produzem orotato, que reage com o PRPP, dando origem ao orotidilato. A descarboxilação desse nucleotídio pirimidínico produz UMP. O CTP é então formado pela aminação do UTP.

### 25.2 As bases purínicas podem ser sintetizadas *de novo* ou recicladas por vias de reaproveitamento

O anel purínico é montado a partir de uma variedade de precursores: glutamina, glicina, aspartato, $N^{10}$-formiltetra-hidrofolato e $CO_2$. A etapa de comprometimento na síntese *de novo* de nucleotídios purínicos é a formação de 5-fosforribosilamina a partir de PRPP e glutamina. O anel purínico é montado sobre a ribose fosfato, diferentemente da síntese *de novo* dos nucleotídios pirimidínicos. A adição de glicina, seguida de formilação, aminação e fechamento do anel, produz 5-aminoimidazol ribonucleotídio. Esse intermediário contém o anel de cinco membros completo do esqueleto da purina. A adição de $CO_2$, do átomo de nitrogênio do aspartato e de um grupo formila, seguida de fechamento do anel, produz o inosinato, um ribonucleotídio purínico. O AMP e o GMP são formados a partir do IMP. Os ribonucleotídios purínicos também podem ser sintetizados por uma via de reaproveitamento em que uma base pré-formada reage diretamente com o PRPP.

## 25.3 Os desoxirribonucleotídios são sintetizados pela redução de ribonucleotídios por meio de um mecanismo de formação de radicais livres

Os desoxirribonucleotídios, os precursores do DNA, são formados na *E. coli* pela redução de ribonucleosídio difosfatos. Essas conversões são catalisadas pela ribonucleotídio redutase. Ocorre uma transferência de elétrons do NADPH para grupos sulfidrila nos sítios ativos dessa enzima pela tiorredoxina. Um radical livre tirosila, produzido por um centro de ferro na redutase, inicia uma reação de radicais no açúcar, levando à troca de H por OH no C-2′. O TMP é formado por metilação de dUMP. O doador de um grupo metileno e de um hidreto nessa reação é o $N^5$, $N^{10}$-metilenotetra-hidrofolato, que é convertido em di-hidrofolato. O tetra-hidrofolato é regenerado pela redução do di-hidrofolato pelo NADPH. A di-hidrofolato redutase, que catalisa essa reação, é inibida por análogos do folato, como a aminopterina e o metotrexato. Esses compostos e a fluoruracila, um inibidor da timidilato sintase, são utilizados como agentes antineoplásicos.

## 25.4 As etapas essenciais na biossíntese de nucleotídios são reguladas por inibição por retroalimentação

A biossíntese de pirimidinas na *E. coli* é regulada pela inibição por retroalimentação da aspartato transcarbamoilase, a enzima que catalisa a etapa de comprometimento. O CTP inibe essa enzima, enquanto o ATP a estimula. A inibição por retroalimentação da glutamina-PRPP amidotransferase por nucleotídios purínicos é importante na regulação de sua biossíntese. A interferência na regulação e na atividade da ribonucleotídio redutase por fármacos é efetiva como quimioterapia para alguns tipos de câncer.

## 25.5 Distúrbios no metabolismo de nucleotídios podem causar condições patológicas

A imunodeficiência combinada grave resulta da ausência de adenosina desaminase, uma enzima da via de degradação das purinas. Nos seres humanos, as purinas são degradadas a urato. A gota, uma doença que acomete as articulações e leva ao desenvolvimento de artrite, está associada a um acúmulo excessivo de urato. A síndrome de Lesch-Nyhan, uma doença genética caracterizada por automutilação, deficiência cognitiva e gota, é causada pela ausência de hipoxantina-guanina fosforribosil transferase. Essa enzima é essencial para a síntese de nucleotídios purínicos pela via de reaproveitamento. Os defeitos do tubo neural são mais frequentes quando uma mulher grávida tem deficiência de derivados do folato no início da gestação, possivelmente devido ao papel importante desempenhado por esses derivados na síntese de precursores do DNA.

APÊNDICE

# Bioquímica em foco

## A uridina desempenha um papel na homeostasia calórica

A uridina, um nucleosídio pirimidínico, e seus metabólitos desempenham uma variedade de funções importantes na célula.

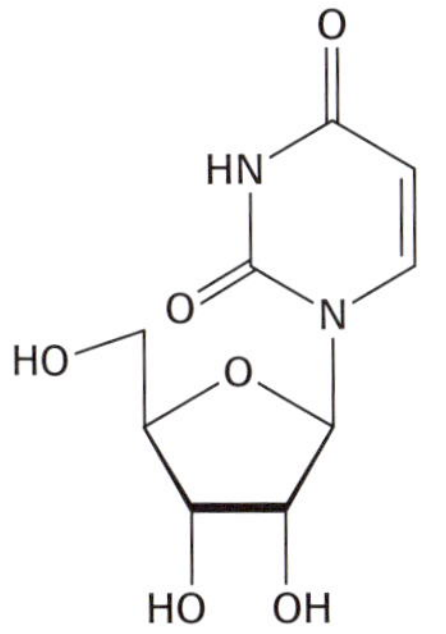


**Uridina**

A uridina é um componente do RNA (ver Capítulo 30), um precursor dos nucleotídios de timidina (p. 842), que é necessário para a síntese de glicogênio (ver Capítulo 21) e a glicosilação de proteínas (ver Capítulo 11) e lipídios (ver seção 26.1). Como veremos no Capítulo 28, a uridina também desempenha uma função crucial na desintoxicação de xenobióticos, substâncias químicas estranhas para o organismo. Pesquisas recentes indicam que a uridina apresenta uma nova função como molécula sinalizadora na manutenção da homeostasia calórica. A homeostasia calórica refere-se à capacidade de manter reservas energéticas adequadas, porém não excessivas. Examinaremos esse tópico com mais detalhes no Capítulo 27.

A concentração de uridina no sangue de roedores e dos seres humanos depende do estado nutricional do organismo – se está em jejum ou alimentado. Os efeitos fisiológicos da uridina dependem de interações complexas entre o tecido adiposo (gordura) e o fígado. Os adipócitos liberam uridina no sangue durante o jejum, e acredita-se que ela atue no cérebro, aumentando o apetite. A uridina também pode ser responsável pela pequena queda da temperatura corporal que constitui uma característica do jejum e por uma redução global da taxa metabólica do organismo durante o jejum.

Com a realimentação, a uridina é depurada do sangue pelo fígado. No fígado, parte da uridina é transportada até a vesícula biliar, onde passa a constituir um componente da bile. A bile é um líquido contendo substâncias bioquímicas que auxiliam na digestão e na absorção das gorduras da alimentação (ver seção 26.4). Com a realimentação, a bile é liberada pela vesícula biliar no intestino. De alguma maneira, a uridina estimula a captação de glicose do intestino.

Essa nova função da uridina é complexa, e são necessárias muitas pesquisas para compreender como a uridina de fato atua. Entretanto, é fascinante constatar como muitas atividades bioquímicas importantes necessitam da presença de uridina e seus metabólitos.

APÊNDICE

# Estratégias para resolução da questão

**QUESTÃO:** Suponha que você tenha células crescendo em cultura que têm a capacidade de sintetizar *de novo* nucleotídios purínicos. Imagine agora que essas células apresentam uma concentração adequada de AMP, enquanto a concentração de GMP está baixa.

**(a)** Explique os processos regulatórios da síntese de purinas que resultariam em aumento da concentração de GMP.

**(b)** Qual seria o resultado da presença de concentração adequadas de AMP e de GMP?

**SOLUÇÃO:** Examinemos inicialmente (a). Deve ficar razoavelmente claro que essa questão trata da regulação da síntese de nucleotídios purínicos e, mais especificamente, das contribuições do AMP e do GMP na regulação.

- **Faça um esquema de regulação para a síntese de purinas.**

O esquema de regulação é mostrado na Figura 25.15; entretanto, sabemos que você é muito ocupado, de modo que economizaremos parte de seu tempo fornecendo-lhe o esquema abaixo.

Examine a via de regulação

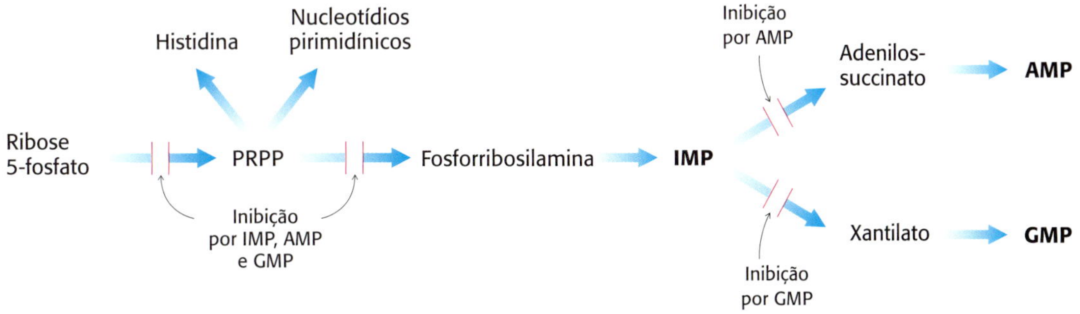

▶ **Qual seria o efeito de concentrações adequadas de AMP?**

Essa questão é um pouco complicada. Você poderia responder que o AMP inibiria a produção de PRPP e de fosforribosilamina, limitando a quantidade de IMP sintetizado. Entretanto, tal inibição não aumentaria a concentração de GMP, e, todavia, a célula necessita de quantidades adequadas de AMP e de GMP.

▶ **Como a inibição de uma via pelo AMP levaria a um aumento de GMP?**

O AMP também inibe a síntese de adenilossuccinato a partir do IMP, uma etapa na via de síntese do AMP. Em outras palavras, não há a necessidade de produção de AMP se houver uma quantidade adequada já presente. Em consequência, qualquer IMP formado seria direcionado para a síntese de GMP.

E quanto à parte (b) da questão?

▶ **Qual seria o efeito de concentrações adequadas de AMP e de GMP?**

O AMP e o GMP inibiriam a sua própria síntese a partir do IMP. Em consequência, a concentração de IMP aumentaria. As concentrações elevadas de AMP, GMP e IMP inibiriam a produção de PRPP e de fosforribosilamina, interrompendo efetivamente a síntese de nucleotídios purínicos.

## PALAVRAS-CHAVE

nucleotídio pirimidínico
carbamoil fosfato sintetase II (CPS II)
enovelamento de ATP-*grasp*
5-Fosforribosil-1-pirofosfato (PRPP)
orotidilato
via de reaproveitamento
nucleotídio purínico
glutamina fosforribosil amidotransferase
ribonucleotídio redutase
timidilato sintase
di-hidrofolato redutase
imunodeficiência combinada grave (SCID)
gota
síndrome de Lesch-Nyhan
espinha bífida
defeito do tubo neural

## QUESTÕES

**1.** *Contribuição.* Quais dos seguintes pares de moléculas formam o anel pirimidínico? ✓1

(a) Glutamato e carbamoil fosfato

(b) Aspartato e glutamina

(c) Aspartato e carbamoil fosfato

(d) Glicina e carbamoil fosfato

**2.** *Sem nenhuma contribuição.* Qual das seguintes moléculas NÃO contribui com átomos para a síntese de purinas? ✓2

(a) Glutamina

(b) Aspartato

(c) Glicina

(d) Lisina

**3.** *Açúcar ativado.* O monossacarídio de cinco carbonos fosforilado que é necessário para a síntese de nucleotídios é: ✓1, ✓2

(a) Ribulose 1,5-bisfosfato

(b) 5-Fosforribosil-1-pirofosfato

(c) Xilulose 5-fosfato

(d) Ribose 5-fosfato

**4.** *No controle.* A enzima regulatória essencial na síntese de pirimidinas é: ✓4

(a) Aspartato transcarbamoilase

(b) Glutamina fosforribosil amidotransferase

(c) Uridina monofosfato sintetase

(d) Orotidilato descarboxilase

**5.** *Gerenciamento da via.* A enzima regulatória essencial na síntese de purinas é: ✓4

(a) Glicinamida ribonucleotídio sintetase

(b) Adenilossuccinato liase

(c) Glutamina fosforribosil amidotransferase

(d) Carbamoil fosfato sintetase

**6.** *Desde o início ou separe, guarde e reutilize.* Diferencie a síntese *de novo* dos nucleotídios da síntese pela via de reaproveitamento.

**7.** *Encontrando suas raízes 1.* Identifique a fonte dos átomos no anel pirimidínico. ✓❶

**8.** *Encontrando suas raízes 2.* Identifique a fonte dos átomos no anel purínico. ✓❷

**9.** *Multifacetados.* Cite alguns dos papéis bioquímicos desempenhados pelos nucleotídios.

**10.** *Um s no lugar de t?* Diferencie um nucleosídio de um nucleotídio.

**11.** *Faça a associação correta.*

| | |
|---|---|
| **(a)** Urato em excesso _____ | **1.** Espinha bífida |
| **(b)** Ausência de adenosina desaminase _____ | **2.** Precursor do ATP e do GTP |
| **(c)** Ausência de HGPRT _____ | **3.** Purina |
| **(d)** Carbamoil fosfato _____ | **4.** Síntese de desoxinucleotídios |
| **(e)** Inosinato _____ | **5.** UTP |
| **(f)** Ribonucleotídio redutase _____ | **6.** Doença de Lesch-Nyhan |
| **(g)** Ausência de ácido fólico _____ | **7.** Imunodeficiência |
| **(h)** Glutamina fosforribosil transferase _____ | **8.** Pirimidina |
| **(i)** Anel simples _____ | **9.** Gota |
| **(j)** Anel bicíclico _____ | **10.** Primeira etapa na síntese de pirimidinas |
| **(k)** Precursor do CTP _____ | **11.** Etapa de comprometimento na síntese de purinas |

**12.** *Passagem segura.* O que é canalização de substrato? Como ela afeta a eficiência da enzima?

**13.** *Ribose fosfato ativada.* Escreva uma equação equilibrada para a síntese de PRPP a partir da glicose através do ramo oxidativo da via de pentose fosfato.

**14.** *Fazendo uma pirimidina.* Escreva uma equação equilibrada para a síntese de orotato a partir da glutamina, $CO_2$ e aspartato. ✓❶

**15.** *Identificando o doador.* Qual é o reagente ativado na biossíntese de cada um desses compostos?

**(a)** Fosforribosilamina

**(b)** Carbamoil aspartato

**(c)** Orotidilato (a partir do orotato)

**(d)** Fosforribosil antranilato

**16.** *Inibindo a biossíntese de purinas.* As amidotransferases são inibidas pelo antibiótico azasserina (*O*-diazoacetil-L-serina), que é um análogo da glutamina. ✓❷

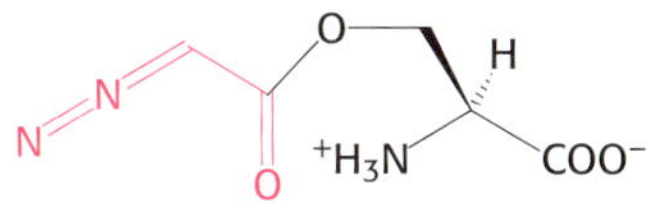

**Azasserina**

Que intermediários na biossíntese de purinas iriam se acumular em células tratadas com azasserina?

**17.** *O preço da metilação.* Escreva uma equação equilibrada para a síntese de TMP a partir de dUMP acoplada à conversão da serina em glicina.

**18.** *Ação da sulfa.* O crescimento bacteriano é inibido pela sulfanilamida e sulfas relacionadas, e observa-se um concomitante acúmulo de 5-aminoimidazol-4-carboxamida ribonucleotídio. Essa inibição é revertida pela adição de *p*-aminobenzoato.

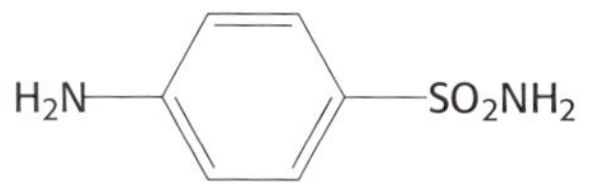

**Sulfanilamida**

Proponha um mecanismo para o efeito inibidor da sulfanilamida.

**19.** *Meio HAT.* As células mutantes incapazes de sintetizar nucleotídios pelas vias de reaproveitamento constituem instrumentos de grande utilidade nas biologias molecular e celular. Suponha que a célula A careça de timidina quinase, a enzima que catalisa a fosforilação de timidina a timidilato, e que a célula B careça de hipoxantina-guanina fosforribosil transferase.

**(a)** As células A e B não proliferam em meio HAT contendo *h*ipoxantina, *a*minopterina ou *a*metopterina (metotrexato) e *t*imina. Entretanto, a célula C, formada pela fusão das células A e B, cresce no meio. Por quê?

**(b)** Suponha que você queira introduzir genes exógenos na célula A. Planeje um modo simples de distinguir as células que captaram o DNA exógeno das que não o captaram.

**20.** *Necessidade de vitamina.* Qual é o papel do folato na síntese de pirimidinas e qual é a consequência de uma deficiência de folato durante o desenvolvimento? ✓❶

**21.** *Estabelecendo o equilíbrio.* Qual é a relação recíproca dos substrato nas sínteses de ATP e de GTP? ✓❹

**22.** *Encontre o marcador.* Suponha que células estejam crescendo na presença de aminoácidos que foram todos marcados nos carbonos α com $^{13}C$. Identifique os átomos na citosina e na guanina que estarão marcados com $^{13}C$. ✓❶, ✓❷

**23.** *Precisa de um mapa?* Descreva a via para a síntese de TTP a partir de UTP. ✓❸

**24.** *Terapia adjuvante.* Algumas vezes o alopurinol é administrado em pacientes com leucemia aguda que estão sendo tratados com agentes antineoplásicos. Por que se utiliza o alopurinol?

**25.** *Uma enzima manca.* Ambos os átomos de oxigênio da cadeia lateral do aspartato 27 no sítio ativo da di-hidrofolato redutase formam ligações de hidrogênio com o anel de pteridina de folatos. A importância dessa interação foi determinada pelo estudo de dois mutantes nessa posição: Asn 27 e Ser 27. A constante de dissociação do metotrexato foi de 0,07 nM para o selvagem, de 1,9 nM para o mutante Asn 27 e de 210 nM para o mutante Ser 27 a 25°C. Calcule a energia livre padrão da ligação do metotrexato nessas três proteínas. Qual é a diminuição da energia de ligação resultante de cada mutação? ✔❸

**26.** *Suprimentos necessários.* Por que as células cancerosas são particularmente sensíveis aos inibidores da síntese de TMP? ✔❸

**27.** *Vias alternativas.* Ocorre acidúria orótica quando uma das atividades enzimáticas da UMP sintetase está ausente. Essa síndrome caracteriza-se por grandes quantidades de ácido orótico no sangue e na urina, anemia megaloblástica (caracterizada por eritrócitos grandes, imaturos e disfuncionais) e atraso do crescimento. Sugira um possível tratamento para essa condição. ✔❺

**28.** *Corrigindo deficiências.* Suponha que seja encontrada uma pessoa com deficiência de uma enzima necessária para a síntese de IMP. Como essa pessoa poderia ser tratada? ✔❺

**29.** *Nitrogênio marcado.* A biossíntese de purinas ocorre na presença de [$^{15}$N] aspartato, e o GTP e o ATP recém-sintetizados são isolados. Que posições estão marcadas nos dois nucleotídios? ✔❷

**30.** *Na pista dos nitrogênios.* Células em cultura de tecidos foram incubadas com glutamina marcada com $^{15}$N no grupo amida. Subsequentemente, foi isolado o IMP, e verificou-se que ele contém algum $^{15}$N. Que átomos no IMP estavam marcados? ✔❷

**31.** *Mecanismo de ação.* Qual é a base bioquímica do tratamento da gota com alopurinol? ✔❺

**32.** *Inibidor alterado.* A xantina oxidase tratada com alopurinol resulta na formação de um novo composto, que é um inibidor extremamente potente da enzima. Proponha uma estrutura para esse composto. ✔❺

**33.** *Calcule a pegada do ATP.* Quantas moléculas de ATP são necessárias para sintetizar uma molécula de CTP a partir do início? ✔❶

**34.** *Bloqueios.* Que intermediário na síntese de purinas irá se acumular se uma cepa de bactéria estiver com falta de cada um dos seguintes compostos? ✔❷

**(a)** Aspartato

**(b)** Tetra-hidrofolato

**(c)** Glicina

**(d)** Glutamina

## Questões sobre mecanismo

**35.** *O mesmo, e não o mesmo.* Escreva mecanismos para as conversões da fosforribosilamina em glicinamida ribonucleotídio e do xantilato em guanilato. ✔❷

**36.** *Fechando o anel.* Proponha um mecanismo para a conversão de 5-formamidoimidazol-4-carboxamida ribonucleotídio em inosinato.

## Questões | Integração de capítulos

**37.** *Traçados diferentes.* Os seres humanos contêm duas enzimas carbamoil fosfato sintetase diferentes. Uma delas utiliza glutamina como substrato, enquanto a outra utiliza amônia. Quais são as funções dessas duas enzimas?

**38.** *Um doador generoso.* Quais são as principais reações de biossíntese que utilizam o PRPP?

**39.** *Estão por toda parte!* Os nucleotídios desempenham uma variedade de papéis na célula. Cite um exemplo de nucleotídio que atua em cada uma das seguintes funções ou processos.

**(a)** Segundo mensageiro

**(b)** Transferência de grupo fosforila

**(c)** Ativação de carboidratos

**(d)** Ativação de grupos acetila

**(e)** Transferência de elétrons

**(f)** Sequenciamento do DNA

**(g)** Quimioterapia

**(h)** Efetor alostérico

**40.** *Anemia perniciosa.* A biossíntese de purinas é prejudicada pela deficiência de vitamina B$_{12}$. Por quê? Como os metabolismos de ácidos graxos e de aminoácidos também poderiam ser afetados por uma deficiência de vitamina B$_{12}$? ✔❷

**41.** *Deficiência de folato.* Suponha que alguém esteja com deficiência de folato. Que células você acredita poderiam ser mais afetadas? Os sintomas podem incluir diarreia e anemia.

**42.** *Hiperuricemia.* Muitos pacientes com deficiência de glicose 6-fosfatase apresentam níveis séricos elevados de urato. A hiperuricemia pode ser induzida em indivíduos normais pela ingestão de álcool ou por exercício físico vigoroso. Proponha um mecanismo comum responsável por esses achados. ✔❺

**43.** *Carbono marcado.* Succinato uniformemente marcado com $^{14}$C é acrescentado a células ativamente envolvidas na biossíntese de pirimidinas. Proponha um mecanismo pelo qual os átomos de carbono do succinato possam ser incorporados a uma pirimidina. Em que posições a pirimidina estará marcada? ✓①

**44.** *Algo engraçado está ocorrendo aqui.* Foram incubadas células com glicose marcada com $^{14}C$ no carbono 2, que aparece em vermelho na estrutura abaixo. Posteriormente, a uracila foi isolada, e foi constatado que continha $^{14}C$ nos carbonos 4 e 6. Explique esse padrão de marcação. ✓①

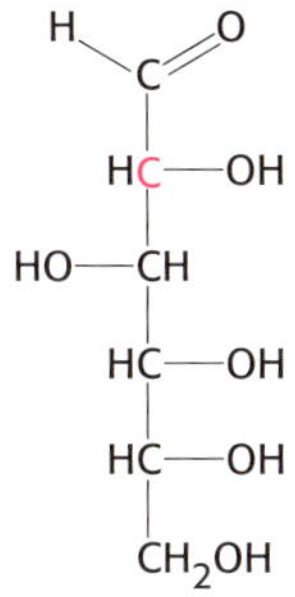

**45.** *Efeitos colaterais.* A azatioprina é um fármaco imunossupressor utilizado em pacientes com transplante de rim. *In vivo*, a azatioprina é metabolizada a 6-mercaptopurina, um análogo da hipoxantina, que, em seguida, é convertida em 6-mercaptopurina ribose monofosfato, a forma ativa do fármaco. A 6-mercaptopurina ribose monofosfato também inibe a síntese *de novo* de purinas, reduzindo então os níveis de ácido úrico no sangue e na urina. Entretanto, quando administrada em pacientes com síndrome de Lesch-Nyhan, não se observa nenhum efeito sobre os níveis de ácido úrico. Explique o porquê. ✓②, ✓⑤

**46.** *Músculo em atividade.* Algumas reações interessantes ocorrem no tecido muscular para facilitar a produção de ATP para a contração. Na contração muscular, o ATP é convertido em ADP. A adenilato quinase converte duas moléculas de ADP em uma molécula de ATP e em outra de AMP. ✓②

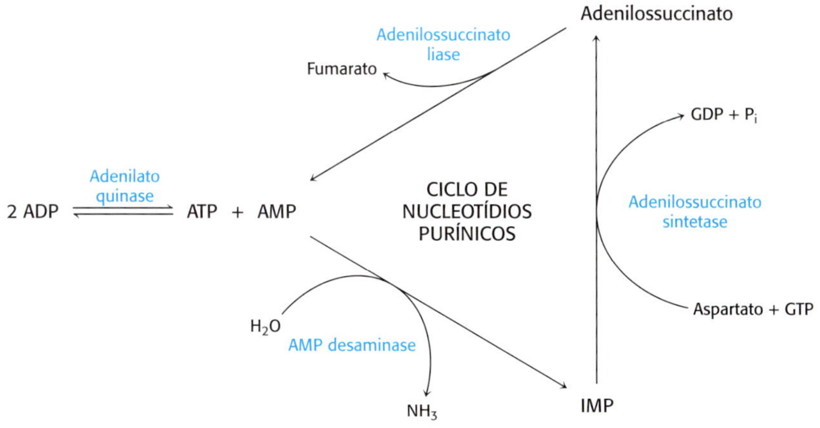

(a) Por que essa reação é benéfica para a contração muscular?

(b) Por que o equilíbrio para a adenilato quinase é aproximadamente igual a 1?

O músculo pode metabolizar o AMP utilizando o ciclo de nucleotídios purínicos. A etapa inicial desse ciclo, que é catalisada pela AMP desaminase, é a conversão do AMP em IMP.

(c) Por que a desaminação do AMP facilitaria a formação de ATP no músculo?

(d) Como o ciclo de nucleotídios purínicos ajuda na produção aeróbica de ATP?

**47** *Uma etapa comum.* Quais são as três reações que transferem um grupo amino do aspartato para produzir o produto aminado e o fumarato?

**48.** *Seu pato de estimação.* Você suspeita que o seu pato de estimação esteja com gota. Por que você pensaria duas vezes antes de administrar uma dose de alopurinol misturada com pão? ✓⑤

## Questão | Interpretação de dados

**49.** Nem todas as ausências são iguais. Para compreender melhor a natureza dos defeitos da HGPRT nos pacientes portadores da doença de Lesch-Nyhan, foram estabelecidas linhagens celulares de dois pacientes com a síndrome de Lesch-Nyhan (LND1 e LND2), bem como de um indivíduo normal. A HGPRT foi então purificada a partir de cada uma das linhagens celulares, empregando-se as técnicas apresentadas no Capítulo 3. Utilizando-se a enzima purificada, foram comparadas as cinéticas básicas das três enzimas, como mostra a Figura A. Em todos os casos, foi utilizada a mesma quantidade de enzima purificada na análise. ✓⑤

(a) Descreva os resultados mostrados na figura.

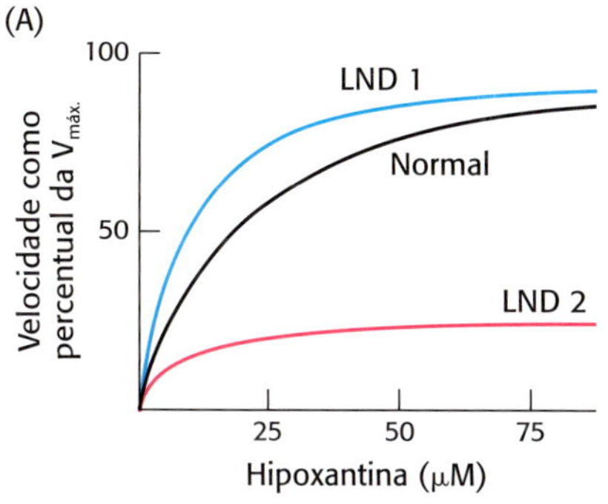

(b) Sugira algumas explicações possíveis para o aparecimento da doença de Lesch-Nyhan mesmo na presença de enzima aparentemente normal.

(c) A estabilidade da HGPRT foi testada para determinar se a enzima LND 1 era mais lábil. As mesmas quantidades da enzima normal e da enzima LND 1 foram incubadas a 37°C na ausência de qualquer substrato ou produto. Em vários momentos, uma amostra da enzima foi removida e analisada quanto à atividade enzimática. Os resultados são apresentados na Figura B. Explique esses resultados.

(B)

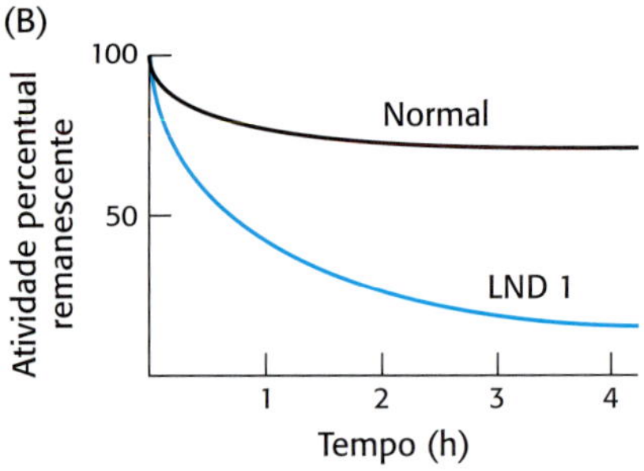


## Questões para discussão

**50** Descreva como as concentrações dos quatro desoxirribonucleotídios são equilibradas pela ribonucleotídio redutase.

**51.** Explique o defeito bioquímico que leva à síndrome de Lesch-Nyhan e sugira como esse defeito poderia causar os sintomas comportamentais que caracterizam o distúrbio.

# Biossíntese de Lipídios e Esteroides de Membrana

CAPÍTULO 26

As gorduras, como a molécula de triacilglicerol (*abaixo*), são amplamente utilizadas para armazenar o excesso de energia para uso posterior e para atender a outros propósitos, como é o caso da gordura isolante das baleias. A tendência natural das gorduras em existir em formas quase desprovidas de água faz com que essas moléculas estejam bem adaptadas ao desempenho dessas funções. [Fonte: iStock blake81.]

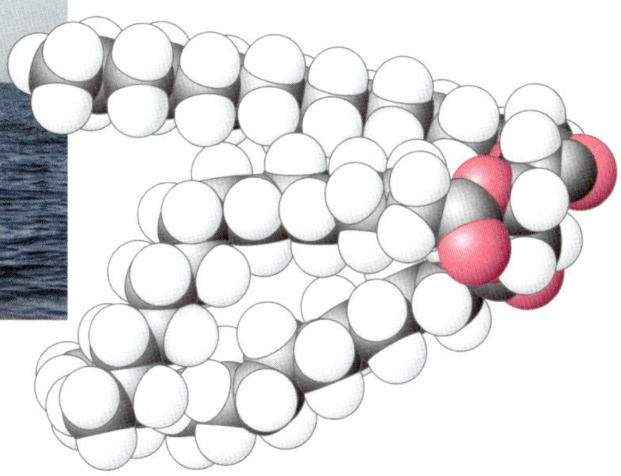

## OBJETIVOS DE APRENDIZAGEM

*Ao término do capítulo, o leitor deverá ser capaz de:*

1. Descrever a relação entre a síntese de triacilgliceróis e a de fosfolipídios.
2. Descrever os três estágios da síntese de colesterol.
3. Identificar os processos de regulação na síntese de colesterol.
4. Identificar as moléculas importantes sintetizadas a partir dos precursores do colesterol e do próprio colesterol.

## SUMÁRIO



Este capítulo examina a biossíntese de três componentes importantes das membranas biológicas – os fosfolipídios, os esfingolipídios e o colesterol –, que foram apresentados no Capítulo 12. Os triacilgliceróis também são abordados aqui, visto que a via de sua síntese se superpõe àquela dos fosfolipídios. O colesterol gera interesse não apenas como um componente da membrana, mas também como um precursor de muitas moléculas sinalizadoras, tais como os hormônios esteroides progesterona, testosterona, estradiol e cortisol.

O transporte e a captação do colesterol ilustram de maneira brilhante um mecanismo recorrente de entrada de metabólitos e de moléculas sinalizadoras nas células. O colesterol é transportado no sangue pela lipoproteína de baixa densidade (LDL) e captado no interior das células pelo receptor de LDL presente na superfície celular. O receptor de LDL está ausente em indivíduos com *hipercolesterolemia familiar,* uma doença genética. As pessoas que carecem desse receptor apresentam níveis acentuadamente elevados de colesterol no sangue e depósitos de colesterol nos vasos sanguíneos, e têm predisposição a sofrer ataques cardíacos na infância. De fato, o colesterol está implicado no desenvolvimento de aterosclerose em indivíduos que não apresentam defeitos genéticos. Por conseguinte, a regulação da síntese e do transporte do colesterol pode constituir uma fonte de novas ideias esclarecedoras sobre o papel que nossa compreensão sobre a bioquímica desempenha na medicina.

## 26.1 O fosfatidato é um intermediário comum nas sínteses de fosfolipídios e de triacilgliceróis

A síntese de lipídios exige a ação coordenada da gliconeogênese e do metabolismo dos ácidos graxos, conforme ilustrado na Figura 26.1. A etapa comum entre as sínteses de lipídios de membrana e de triacilgliceróis para o armazenamento de energia é a formação do *fosfatidato* (diacilglicerol 3-fosfato). Nas células dos mamíferos, o fosfatidato é sintetizado no retículo endoplasmático e na membrana mitocondrial externa. A via começa com o *glicerol 3-fosfato,* formado principalmente pela redução da di-hidroxiacetona fosfato (DHAP), que é sintetizada pela via gliconeogênica e, em menor grau, pela fosforilação do glicerol. A adição de dois ácidos graxos ao glicerol 3-fosfato produz o fosfatidato. Inicialmente, a acil-coenzima A contribui com uma cadeia de ácidos graxos para formar *lisofosfatidato,* e, em seguida, uma segunda acil-CoA contribui também com uma cadeia de ácidos graxos para produzir o fosfatidato.

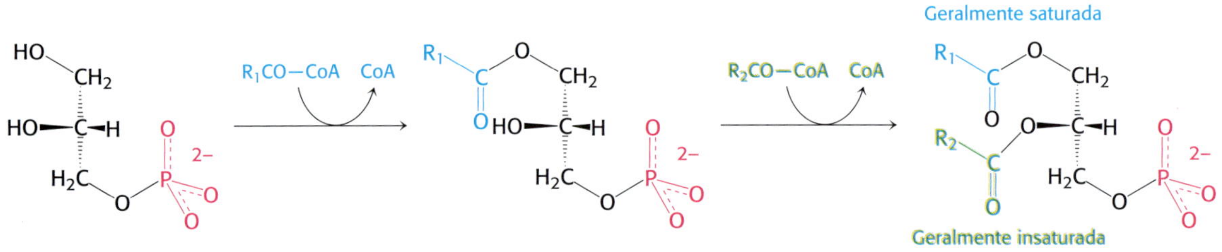


**Glicerol 3-fosfato** **Lisofosfatidato** **Fosfatidato**

Essas acilações são catalisadas pela *glicerol fosfato aciltransferase.* Na maioria dos fosfatidatos, a cadeia de ácidos graxos ligada ao átomo C-1 é

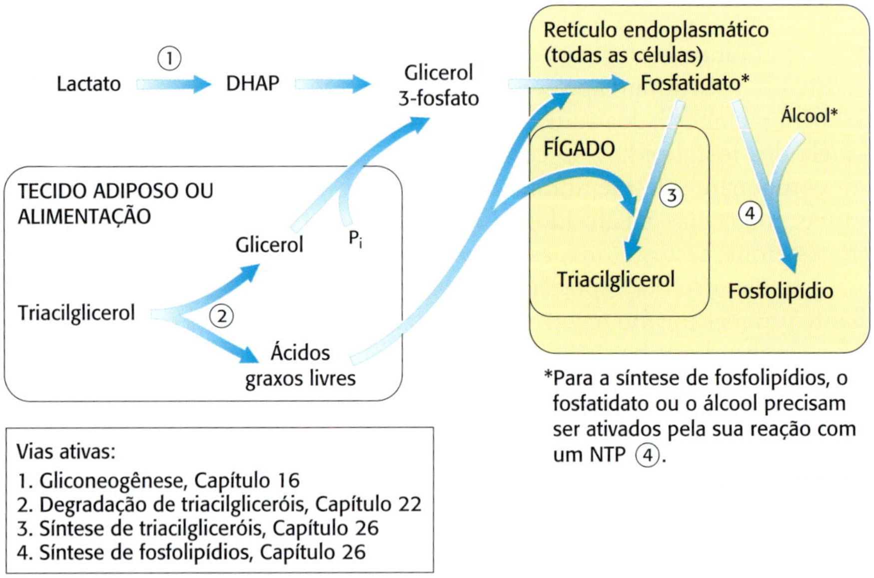


**FIGURA 26.1 INTEGRAÇÃO DE VIAS. Fontes de intermediários nas sínteses de triacilgliceróis e de fosfolipídios.** O fosfatidato, que é sintetizado a partir da di-hidroxiacetona fosfato (DHAP) produzida na gliconeogênese e de ácidos graxos, pode subsequentemente ser processado para produzir triacilglicerol ou fosfolipídios. Os fosfolipídios e outros lipídios de membrana são continuamente produzidos em todas as células.

saturada, enquanto a cadeia ligada ao átomo C-2 é insaturada. O fosfatidato também pode ser sintetizado a partir do *diacilglicerol* (DAG), em uma via essencialmente de reaproveitamento, pela ação da *diacilglicerol quinase:*

$$\text{Diacilglicerol} + \text{ATP} \longrightarrow \text{fosfatidato} + \text{ADP}$$

As vias de fosfolipídios e de triacilgliceróis divergem a partir do fosfatidato. Na síntese de triacilgliceróis, a enzima-chave na regulação da síntese de lipídios, a *ácido fosfatídico fosfatase,* hidrolisa o fosfatidato, produzindo então um diacilglicerol. Esse intermediário é acilado a um *triacilglicerol* por meio da adição de uma terceira cadeia de ácidos graxos em uma reação catalisada pela *diglicerídio aciltransferase.* Ambas as enzimas estão associadas em um *complexo de triacilglicerol sintetase* que está ligado à membrana do retículo endoplasmático.

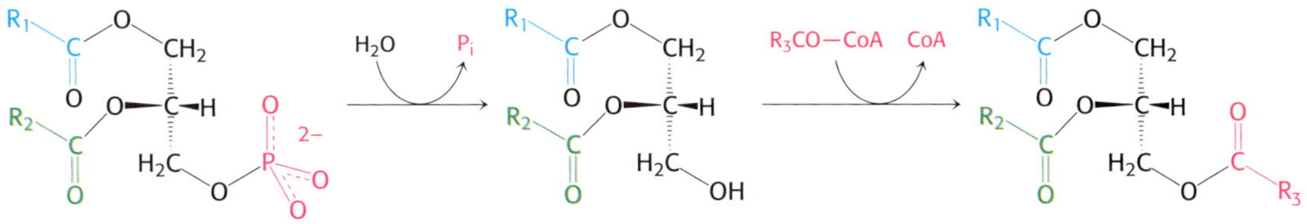


**Fosfatidato** **Diacilglicerol (DAG)** **Triacilglicerol**

O fígado é o principal sítio da síntese de triacilgliceróis. A partir do fígado, os triacilgliceróis são transportados até os músculos para conversão em energia ou até os adipócitos para armazenamento.

## A síntese de fosfolipídios exige um intermediário ativado

A síntese de lipídios de membrana prossegue no retículo endoplasmático e no aparelho de Golgi. A síntese de *fosfolipídios* requer a combinação de um diacilglicerol com um álcool. Como na maioria das reações anabólicas, um dos componentes precisa ser ativado. Nesse caso, dependendo da fonte dos reagentes, o diacilglicerol ou o álcool podem ser ativados.

A síntese de alguns fosfolipídios começa com a reação do fosfatidato com o trifosfato de citidina (CTP) para formar o diacilglicerol ativado, a *citidina difosfodiacilglicerol* (CDP-diacilglicerol). Essa reação, como muitas das que ocorrem em processos de biossíntese, é favorecida pela hidrólise do pirofosfato.

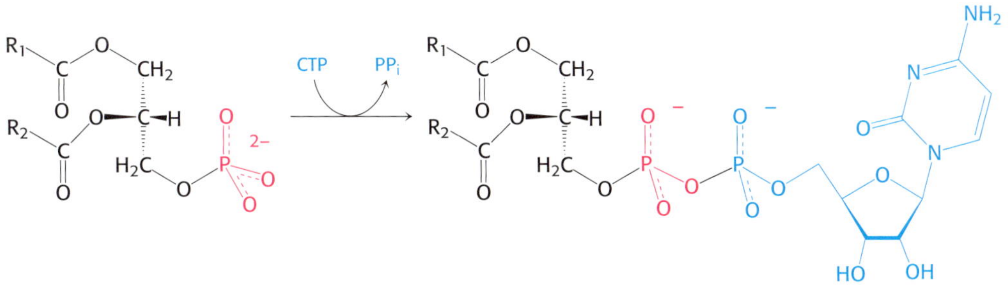


**Fosfatidato** **CDP-diacilglicerol**

Em seguida, a unidade fosfatidil ativada reage com o grupo hidroxila de um álcool, formando então uma ligação fosfodiéster. Se o álcool for o inositol, os produtos serão o *fosfatidilinositol* e o monofosfato de citidina (CMP).

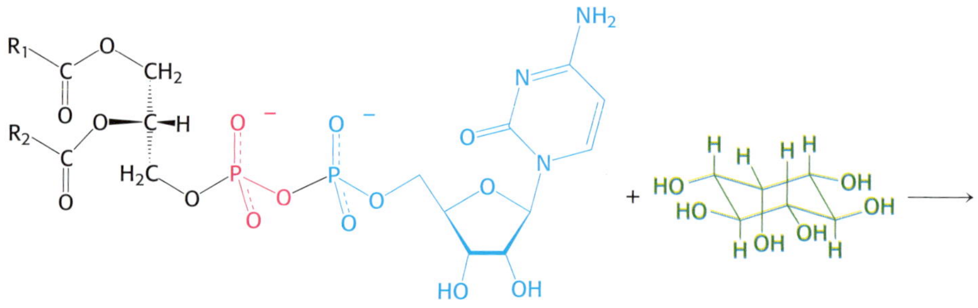

**CDP-diacilglicerol** **Inositol**

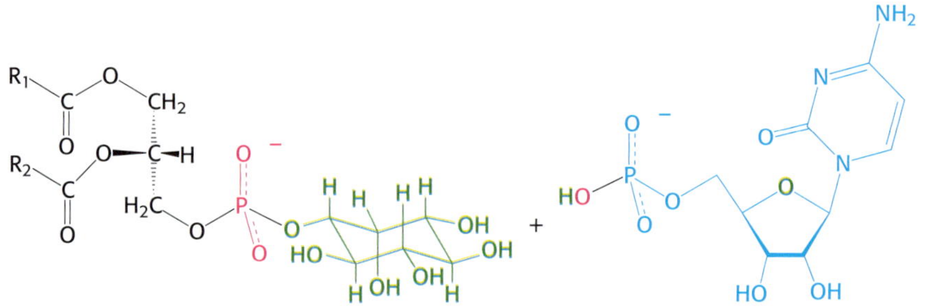

**Fosfatidilinositol** **CMP**

Fosforilações subsequentes, catalisadas por quinases específicas, levam à síntese de *fosfatidilinositol 4,5-bisfosfato*, o precursor de dois mensageiros intracelulares – o diacilglicerol e o inositol 1,4,5-trifosfato (ver seção 14.2). Se o álcool for o fosfatidilglicerol, os produtos serão o *difosfatidilglicerol* (*cardiolipina*) e o CMP. Nos eucariotos, a cardiolipina é sintetizada nas mitocôndrias e está localizada exclusivamente nas membranas mitocondriais internas, onde desempenha importante papel na organização dos componentes proteicos da fosforilação oxidativa. Por exemplo, a cardiolipina é necessária para a atividade máxima da citocromo *c* oxidase (ver seção 18.3). Notavelmente, pesquisas muito recentes mostram que, em células nervosas, a cardiolipina facilita o dobramento correto de α-sinucleína. O mau dobramento da α-sinucleína causa a formação de agregados tóxicos nas células nervosas. Acredita-se que esses depósitos de α-sinucleína têm um papel no desenvolvimento da doença de Parkinson.

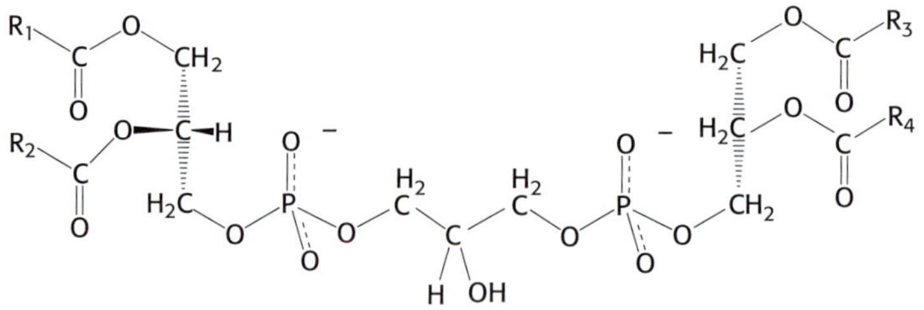

**Difosfatidilglicerol (cardiolipina)**

Os componentes de ácidos graxos dos fosfolipídios podem variar, e, por conseguinte, a cardiolipina, bem como a maioria dos outros fosfolipídios, representa uma classe de moléculas, e não uma única espécie. Em consequência, uma única célula de mamífero pode conter milhares de fosfolipídios distintos. Nesse aspecto, o fosfatidilinositol é incomum, visto que apresenta uma composição quase fixa de ácidos graxos. Em geral, o ácido esteárico ocupa a posição C-1, e o ácido araquidônico, a posição C-2.

## Alguns fosfolipídios são sintetizados a partir de um álcool ativado

A fosfatidiletanolamina, o principal fosfolipídio do folheto interno das membranas celulares, é sintetizada a partir do álcool etanolamina. Para ativar o álcool, a etanolamina é fosforilada por ATP a fim de formar o precursor *fosforiletanolamina*. Em seguida, esse precursor reage com o CTP, produzindo então o álcool ativado, a *CDP-etanolamina*. A unidade fosforiletanolamina da CDP-etanolamina é transferida para um diacilglicerol para formar a *fosfatidiletanolamina*.

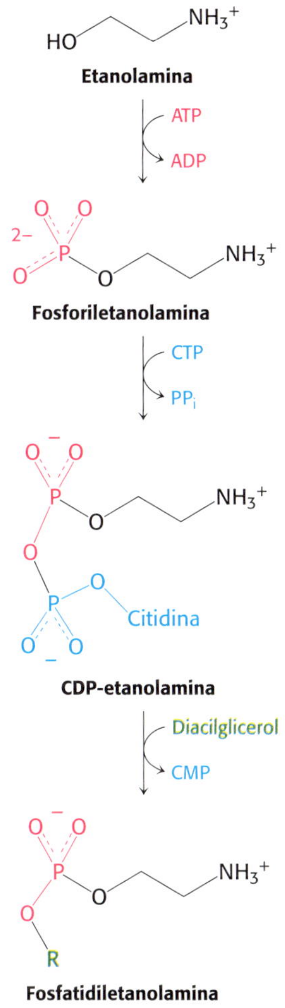


## A fosfatidilcolina é um fosfolipídio abundante

Nos mamíferos, o fosfolipídio mais comum é a fosfatidilcolina, que constitui aproximadamente 50% da massa de membrana. A colina da alimentação é ativada em uma série de reações análogas àquelas da ativação da etanolamina. A CTP-fosfocolina citidililtransferase (CCT) catalisa a formação de CDP-colina, a etapa limitante na síntese de fosfatidilcolina. A CCT é uma enzima anfitrófica – uma classe de enzimas cujo ligante regulador é a própria membrana. Uma parte da enzima, normalmente associada a uma membrana, detecta uma queda da fosfatidilcolina como uma alteração nas propriedades físicas da membrana. Quando isso ocorre, outra porção da enzima é inserida na membrana, resultando na ativação da enzima. Com efeito, o valor de $k_{cat}/K_M$ (ver seção 8.4) aumenta em três ordens de magnitude com a ativação, resultando no restabelecimento dos níveis de fosfatidilcolina.

Anteriormente (ver seção 22.4), examinamos como as células cancerosas aumentam a lipogênese para suprir as necessidades de ácidos graxos para a síntese de membrana. Há evidências crescentes de que a CCT é especificamente ativada em alguns tipos de câncer para gerar a fosfocolina necessária.

O fígado também possui uma enzima, a *fosfatidiletanolamina metiltransferase*, que sintetiza a fosfatidilcolina a partir da fosfatidiletanolamina quando a colina da alimentação é insuficiente, um testemunho da importância desse fosfolipídio vital. O grupo amino dessa fosfatidiletanolamina é metilado três vezes para formar a *fosfatidilcolina*. A *S-adenosilmetionina* é o doador de metila (ver seção 24.2).

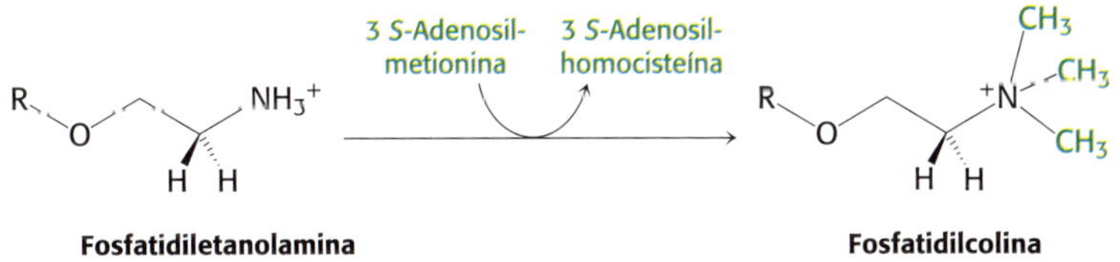


Por conseguinte, nos mamíferos, a fosfatidilcolina pode ser produzida por duas vias distintas, assegurando, assim, que esse fosfolipídio possa ser sintetizado mesmo se houver um suprimento limitado dos componentes de uma das vias.

## O excesso de colina está implicado no desenvolvimento de doença cardíaca

A colina é um suplemento dietético popular, e alguns acreditam que ela tem a propriedade de aumentar as funções hepática e neuronal. Embora a eficiência dos suplementos de colina não esteja estabelecida, os perigos do seu consumo em excesso estão se tornando evidentes. As bactérias intestinais convertem o excesso de colina em trimetilamina (TMA), um gás com odor semelhante a peixe podre, e o fígado converte a TMA absorvida em trimetilamina-*N*-óxido (TMAO). A TMAO estimula a captação de colesterol pelos macrófagos, um processo que pode resultar em aterosclerose (p. 875). Os alimentos ricos em fosfatidilcolina, como as carnes vermelhas e os laticínios, também podem resultar em produção de TMAO.

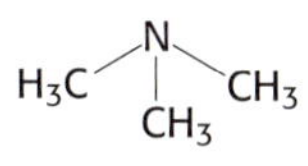

**Trimetilamina**

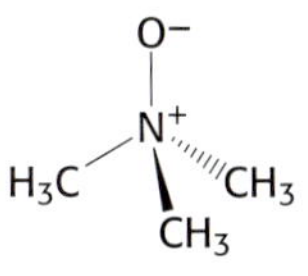

**Trimetilamina-*N*-óxido**

## As reações de troca de bases podem gerar fosfolipídios

Nos mamíferos, a fosfatidilserina constitui 10% dos fosfolipídios. Esse fosfolipídio é sintetizado em uma *reação de troca de bases* da serina com a fosfatidilcolina ou a fosfatidiletanolamina. Na reação, a serina substitui a colina ou a etanolamina.

$$\text{Fosfatidilcolina} + \text{serina} \longrightarrow \text{colina} + \text{fosfatidilserina}$$

$$\text{Fosfatidiletanolamina} + \text{serina} \longrightarrow \text{etanolamina} + \text{fosfatidilserina}$$

Normalmente, a fosfatidilserina está localizada no folheto interno da bicamada da membrana plasmática, porém na apoptose é deslocada para o folheto externo (ver seção 18.6). Nesse local, atrai os fagócitos que vão consumir os remanescentes celulares após a finalização da apoptose. A fosfatidilserina é translocada de um lado da membrana para o outro por uma translocase com cassete de ligação de ATP (ver seção 13.2).

Observe que um nucleotídio de citidina desempenha o mesmo papel na síntese desses fosfoglicerídios do que o nucleotídio de uridina na formação do glicogênio (ver seção 21.4). Em todos esses processos de biossíntese, ocorre formação de um intermediário ativado (UDP-glicose, CDP-diacilglicerol ou CDP-álcool) a partir de um substrato fosforilado (glicose 1-fosfato, fosfatidato ou fosforil-álcool) e de um nucleosídio trifosfato (UTP ou CTP). Em seguida, o intermediário ativado reage com o grupo hidroxila (a terminação do glicogênio, um álcool ou um diacilglicerol).

## Os esfingolipídios são sintetizados a partir da ceramida

Uma vez discutidos os fosfolipídios à base de glicerol, analisemos agora outra classe de lipídios de membrana – os *esfingolipídios.* Esses lipídios são encontrados nas membranas plasmáticas de todas as células eucarióticas, embora a concentração seja maior nas células do sistema nervoso central. O esqueleto de um esfingolipídio é a *esfingosina,* em vez do glicerol. A palmitoil-CoA e a serina condensam-se para formar a 3-cetoesfinganina. A serina-palmitoil transferase, que catalisa essa reação, é a etapa limitante da via e requer piridoxal fosfato, revelando mais uma vez o papel dominante desse cofator em transformações que incluem aminoácidos. Em seguida, a cetoesfinganina é reduzida a di-hidroesfingosina antes de sua conversão em *ceramida,* um lipídio constituído de uma cadeia de ácidos graxos ligada ao grupo amino de um esqueleto de esfingosina (Figura 26.2).

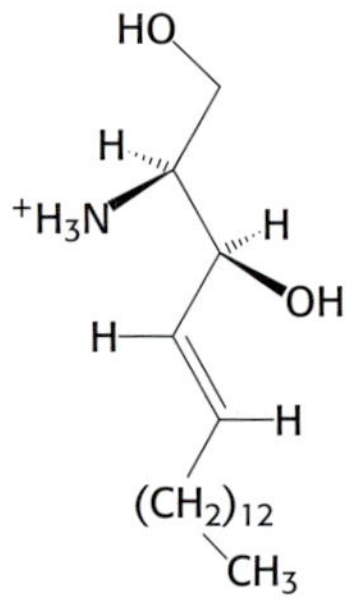

**Esfingosina**

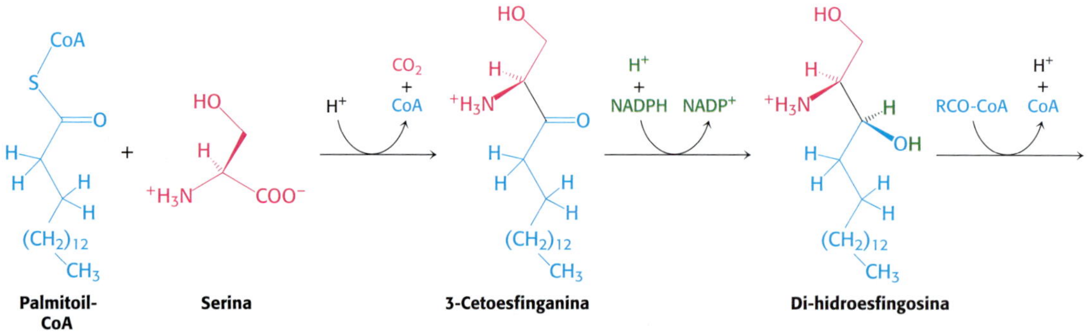


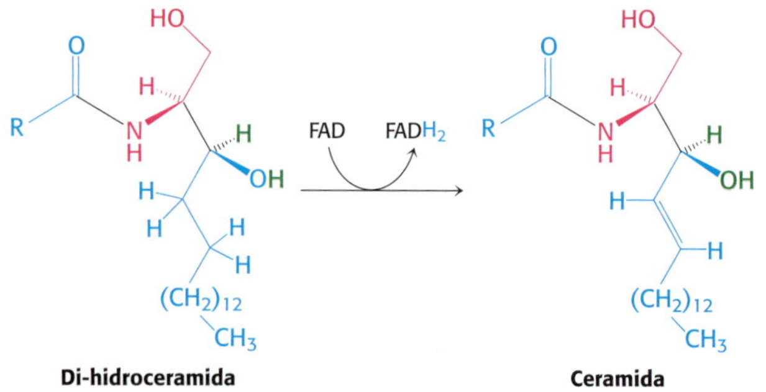


**FIGURA 26.2 Síntese de ceramida.** A palmitoil-CoA e a serina combinam-se para iniciar a síntese de ceramida.

Em todos os esfingolipídios, o grupo amino da ceramida é acilado. O grupo hidroxila terminal também é substituído (Figura 26.3). Na *esfingomielina*, um componente da bainha de mielina que reveste muitas fibras nervosas, o substituinte é a fosforilcolina, que provém da fosfatidilcolina. Em um *cerebrosídio*, o substituinte é a glicose ou a galactose. O doador de açúcar é a UDP-glicose ou a UDP-galactose.

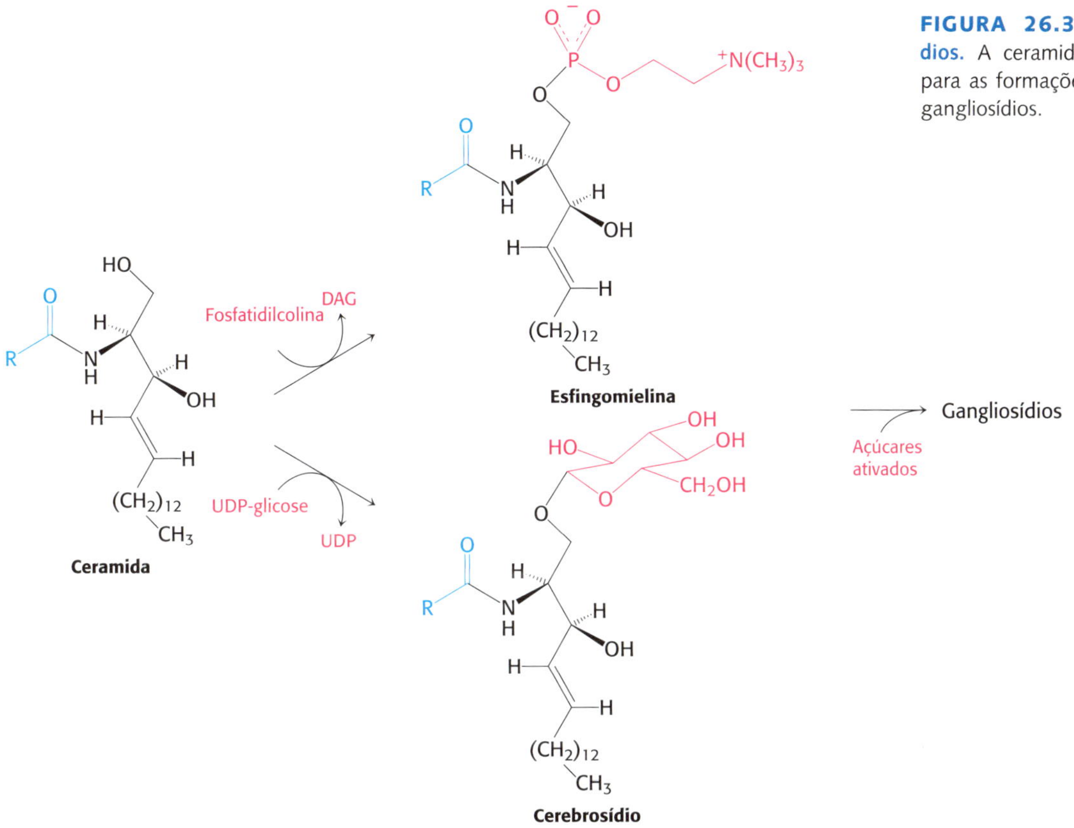


**FIGURA 26.3 Síntese de esfingolipídios.** A ceramida é o ponto de partida para as formações de esfingomielina e de gangliosídios.

## Os gangliosídios são esfingolipídios ricos em carboidratos que contêm açúcares ácidos

Os gangliosídios são os esfingolipídios mais complexos. Em um *gangliosídio*, uma *cadeia de oligossacarídios* está ligada ao grupo hidroxila terminal da ceramida por um resíduo de glicose (Figura 26.4). Essa cadeia oligossacarídica contém pelo menos um açúcar ácido, seja o N-*acetilneuraminato* ou o N-*glicolilneuraminato*. Esses açúcares ácidos são denominados *ácidos siálicos*. Seus esqueletos de nove carbonos são sintetizados a partir do fosfoenolpiruvato (uma unidade de três carbonos) e da *N*-acetilmanosamina 6-fosfato (uma unidade de seis carbonos).

Os gangliosídios são sintetizados pela adição ordenada e sequencial de resíduos de açúcar à ceramida. A síntese desses lipídios complexos exige a presença dos açúcares ativados UDP-glicose, UDP-galactose e UDP-*N*-acetilgalactosamina, bem como o derivado CMP do *N*-acetilneuraminato. O CMP-*N*-acetilneuraminato é sintetizado a partir de CTP e *N*-acetilneuraminato. A composição de açúcares do gangliosídio resultante é determinada pela especificidade das glicosiltransferases na célula. Foram caracterizados mais de 200 gangliosídios diferentes (ver Figura 26.4 para a composição do gangliosídio $G_{M1}$).

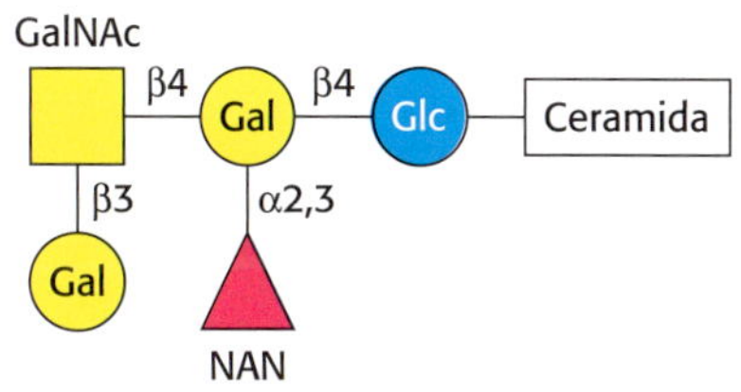


**FIGURA 26.4 Gangliosídio $G_{M1}$.** Esse gangliosídio é constituído de cinco monossacarídios ligados à ceramida: uma molécula de glicose (Glc), duas moléculas de galactose (Gal), uma molécula de *N*-acetilgalactosamina (GalNAc) e uma molécula de *N*-acetilneuraminato (NAN).

A ligação ao gangliosídio pela toxina da cólera constitui a primeira etapa no desenvolvimento da cólera, uma condição patológica caracterizada por diarreia grave (ver seção 14.5). A *E. coli* enterotoxigênica, que é a causa mais comum de diarreia, incluindo a diarreia do viajante, produz

$R_2$ = H, *N*-acetilneuraminato
$R_2$ = OH, *N*-glicolilneuraminato

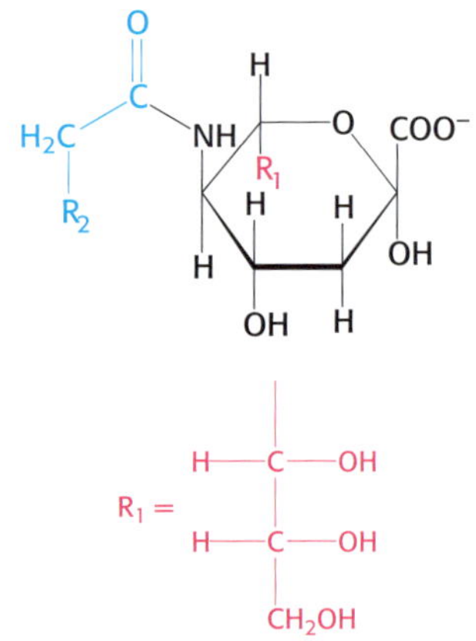


uma toxina que também tem acesso à célula pela sua ligação inicial aos gangliosídios. Os gangliosídios também são cruciais para a ligação das células do sistema imune aos locais de lesão na resposta inflamatória.

## Os esfingolipídios conferem diversidade à estrutura e à função dos lipídios

As estruturas dos esfingolipídios e dos mais abundantes glicerofosfolipídios são muito semelhantes (Figura 12.8). Em virtude da semelhança estrutural desses dois tipos de lipídios, por que os esfingolipídios são necessários? Na verdade, o prefixo "esfingo" foi aplicado para captar as características enigmáticas "semelhantes à esfinge" dessa classe de lipídios. Embora o papel exato dos esfingolipídios não esteja firmemente estabelecido, há progressos na resolução do enigma de sua função. Conforme discutido no Capítulo 12, os esfingolipídios são componentes importantes das balsas lipídicas, que consistem em regiões altamente organizadas da membrana plasmática importantes na transdução de sinais. A esfingosina, a esfingosina 1-fosfato e a ceramida atuam como segundos mensageiros na regulação do crescimento, da diferenciação e da morte celular. Por exemplo, a ceramida derivada de um esfingolipídio inicia o processo de morte celular programada em alguns tipos celulares (p. 865) e pode contribuir para o desenvolvimento do diabetes melito tipo 2 (ver Capítulo 27).

## A síndrome da angústia respiratória e a doença de Tay-Sachs resultam de uma perturbação no metabolismo dos lipídios

A *síndrome da angústia respiratória* é uma condição patológica que resulta de uma falha na via de biossíntese da dipalmitoil fosfatidilcolina. Esse fosfolipídio, juntamente com proteínas específicas e outros fosfolipídios, é encontrado no líquido extracelular que circunda os alvéolos dos pulmões. Sua função consiste em diminuir a tensão superficial desse líquido de modo a impedir o colapso do pulmão no final da fase expiratória da respiração. Os recém-nascidos prematuros podem sofrer de síndrome da angústia respiratória porque seus pulmões imaturos não sintetizam quantidades suficientes de dipalmitoil fosfatidilcolina.

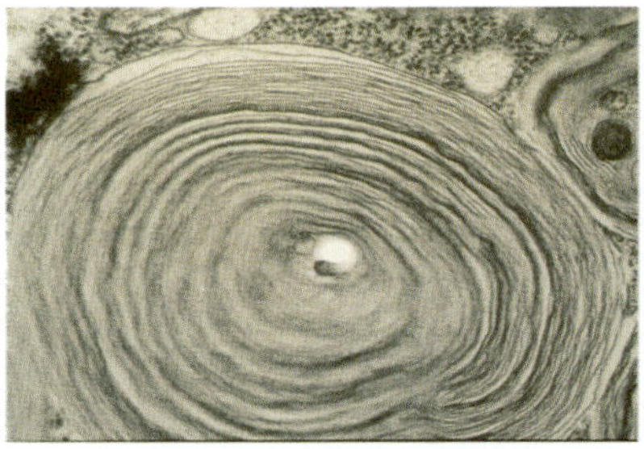

**FIGURA 26.5 Lisossomo com lipídios.** Micrografia eletrônica de um lisossomo estufado por lipídios. Algumas vezes, esses lisossomos são descritos como semelhantes à "casca da cebola", visto que as camadas de lipídios não digeridos assemelham-se a uma cebola cortada. [Graphics & Photography Service/CMSP/Science Source.]

A *doença de Tay-Sachs* é causada por um defeito na degradação dos lipídios: a incapacidade de degradar gangliosídios. Os gangliosídios são encontrados em maior concentração no sistema nervoso, particularmente na substância cinzenta, onde constituem 6% dos lipídios. Normalmente, os gangliosídios são degradados no interior dos lisossomos pela remoção sequencial de seus açúcares terminais; entretanto, na doença de Tay-Sachs, essa degradação não ocorre. Em consequência, os neurônios ficam significativamente aumentados e com lisossomos repletos de lipídios (Figura 26.5). Uma criança acometida apresenta fraqueza e retardo das habilidades psicomotoras antes de 1 ano de idade. Ela desenvolve demência e cegueira em torno dos 2 anos de idade e geralmente morre antes dos 3 anos.

O conteúdo de gangliosídios do cérebro de uma criança com doença de Tay-Sachs está acentuadamente elevado. *A concentração de gangliosídio $G_{M2}$ é muitas vezes mais elevada do que o normal, visto que o resíduo de* N*-acetilgalactosamina terminal é removido muito lentamente ou não é removido.* A enzima ausente ou deficiente é uma β-N-*acetil-hexosaminidase* específica.

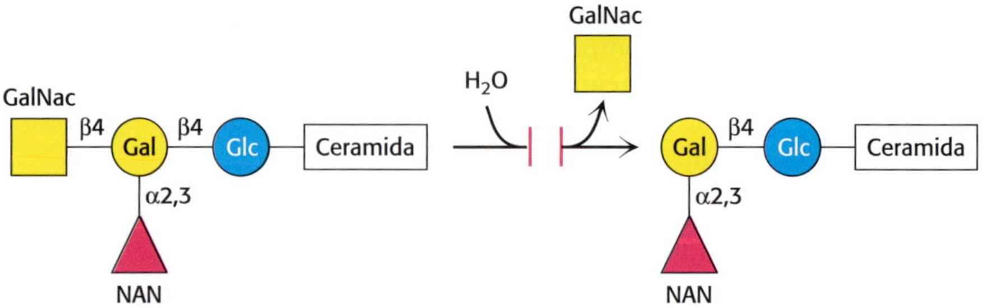


**Gangliosídio $G_{M2}$** **Gangliosídio $G_{M3}$**

A doença de Tay-Sachs pode ser diagnosticada durante o desenvolvimento fetal. São obtidas células das vilosidades da placenta (por coleta das vilosidades coriônicas) ou do líquido amniótico (por amniocentese) para pesquisa de presença do gene defeituoso. A doença de Tay-Sachs era particularmente proeminente entre judeus asquenazes (descendentes de judeus da Europa central e oriental). Um programa de teste genético implantado no início da década de 1970 e baseado no desenvolvimento de um teste sanguíneo simples para identificar os portadores praticamente eliminou a doença na população.

## O metabolismo da ceramida estimula o crescimento de tumores

A ceramida é um precursor da esfingomielina, do cerebrosídio e dos gangliosídios. Entretanto, a própria ceramida induz morte celular programada ou apoptose (ver seção 18.6). Lembre-se de que as células cancerosas necessitam de todos os tipos de lipídios para a formação de membranas (p. 861 e ver seção 22.4). Como as células cancerosas evitam a morte celular induzida pela ceramida? Parece que essas células destroem o sinal apoptótico, convertendo-o em um sinal pró-mitótico. A *ceramidase* remove o ácido graxo do grupo amino da ceramida, gerando então esfingosina. Em seguida, a esfingosina é convertida em esfingosina 1-fosfato pela esfingosina quinase, que estimula a divisão celular.

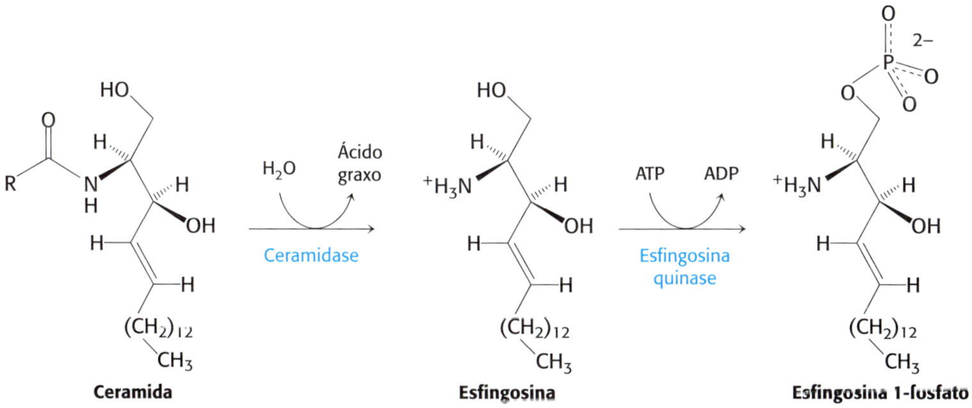


Assim, as células cancerosas convertem uma molécula sinalizadora potencialmente letal em uma molécula capaz de promover o crescimento do tumor. Estão sendo envidados esforços para desenvolver inibidores da ceramidase para uso como agentes quimioterápicos.

## A ácido fosfatídico fosfatase é uma enzima regulatória-chave no metabolismo dos lipídios

Embora os detalhes da regulação da síntese de lipídios ainda não estejam totalmente elucidados, as evidências disponíveis sugerem que a *ácido fosfatídico fosfatase* (PAP, do inglês *phosphatidic acid phosphatase*), atuando em associação com a diacilglicerol quinase, desempenha um papel-chave na regulação da síntese de lipídios. A PAP, também denominada lipina 1 nos mamíferos, controla a taxa da síntese de triacilgliceróis em comparação com a taxa da síntese de fosfolipídios, e também regula o tipo de fosfolipídio sintetizado (Figura 26.6). Por exemplo, quando a atividade da PAP encontra-se elevada, o fosfatidato é desfosforilado, e ocorre produção de diacilglicerol, que pode reagir com os alcoóis ativados apropriados, gerando então fosfatidiletanolamina, fosfatidilserina ou fosfatidilcolina. O diacilglicerol também pode ser convertido em triacilgliceróis. As evidências sugerem que a formação de triacilgliceróis pode atuar como um tampão para os ácidos graxos. Esse tamponamento ajuda a regular os níveis de diacilglicerol e de esfingolipídios, que desempenham funções de sinalização.

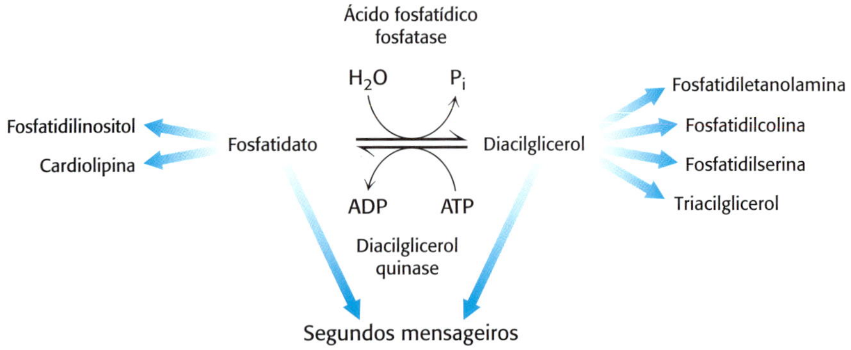


**FIGURA 26.6 Regulação da síntese de lipídios.** A ácido fosfatídico fosfatase é a enzima reguladora-chave na síntese de lipídios. Quando ativa, a PAP gera diacilglicerol (DAG), que pode reagir com alcoóis ativados para formar fosfolipídios ou com a acil-CoA de ácidos graxos para formar triacilgliceróis. Quando a PAP está inativa, o fosfatidato é convertido em CMP-DAG para a síntese de diferentes fosfolipídios. A PAP também controla a quantidade de DAG e de fosfatidato, os quais funcionam como segundos mensageiros.

Quando a atividade da PAP está mais baixa, o fosfatidato é utilizado como um precursor para diferentes fosfolipídios, tais como o fosfatidilinositol e a cardiolipina. Além disso, o próprio fosfatidato é uma molécula sinalizadora. O fosfatidato regula o crescimento do retículo endoplasmático e das membranas nucleares, e também age como um cofator que estimula a expressão gênica da síntese de fosfolipídios.

Quais são as moléculas sinalizadoras que regulam a atividade da PAP? CDP-diacilglicerol, fosfatidilinositol e cardiolipina potencializam a atividade da PAP, enquanto esfingosina e di-hidroesfingosina a inibem. A enzima também sofre extensas fosforilação e desfosforilação. Quando fosforilada, a enzima reside no citoplasma. Com a sua desfosforilação, a enzima associa-se ao retículo endoplasmático, o local de seu substrato, o fosfatidato. Os detalhes da modificação covalente estão sendo investigados.

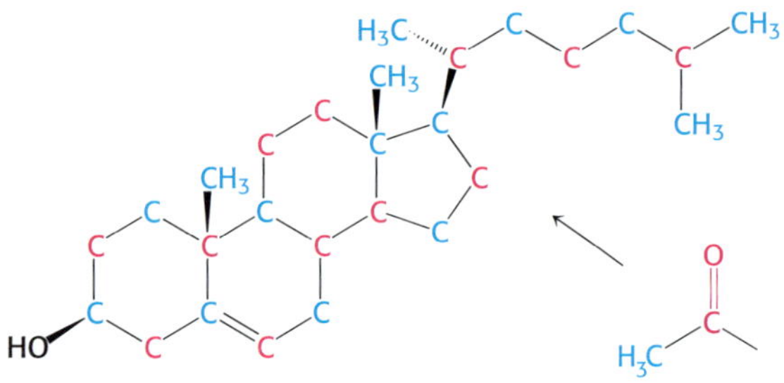

**FIGURA 26.7 Marcação do colesterol.** Experimentos de marcação com isótopos revelam a fonte dos átomos de carbono do colesterol sintetizado a partir do acetato marcado no grupo metila (azul) ou no átomo de carboxilato (vermelho).

Estudos realizados em camundongos mostram claramente a importância da PAP na regulação da síntese de ácidos graxos. A perda da função de PAP impede o desenvolvimento normal do tecido adiposo, resultando em lipodistrofia (grave perda da gordura corporal) e resistência à insulina. A atividade excessiva da PAP resulta em obesidade. A regulação da síntese de fosfolipídios constitui uma área interessante de pesquisa que deverá estar ativa por um bom tempo.

## 26.2 O colesterol é sintetizado a partir de acetil-coenzima A em três estágios

Nesta seção, concentraremos nossa atenção na síntese do *colesterol*, um lipídio fundamental. Esse esteroide modula a fluidez das membranas celulares animais (ver seção 12.5) e constitui o precursor de hormônios esteroides, tais como a progesterona, a testosterona, o estradiol e o cortisol. *Todos os 27 átomos de carbono do colesterol derivam de acetil-CoA em um processo de síntese de três estágios* (Figura 26.7).

**1.** O estágio um consiste na síntese de isopentenil pirofosfato, uma unidade isopreno ativada que constitui o bloco de construção básico do colesterol.

**2.** O estágio dois consiste na condensação de seis moléculas de isopentenil pirofosfato para formar o esqualeno.

**3.** No estágio três, o esqualeno é ciclizado, e o produto tetracíclico é subsequentemente convertido em colesterol.

O primeiro estágio ocorre no citoplasma, enquanto os outros dois são observados no retículo endoplasmático.

**Colesterol**

"O colesterol é a pequena molécula mais condecorada da biologia. Treze Prêmios Nobel foram conferidos a cientistas que dedicaram a maior parte de suas carreiras ao colesterol. Desde que foi isolado de cálculos biliares em 1784, o colesterol tem exercido uma fascinação quase hipnótica sobre cientistas das mais diversas áreas da ciência e da medicina... O colesterol é uma molécula com face de Janus. A mesma propriedade que o torna útil nas membranas celulares, isto é, a sua absoluta insolubilidade em água, também o torna letal."

– Michael Brown e Joseph Goldstein, por ocasião da entrega de um Prêmio Nobel pela elucidação do controle dos níveis sanguíneos de colesterol.

Nobel Lectures (1985) © The Nobel Foundation, 1985

## A síntese de mevalonato, que é ativado como isopentenil pirofosfato, inicia a síntese de colesterol

O primeiro estágio na síntese de colesterol consiste na formação de isopentenil pirofosfato a partir de acetil-CoA. Esse conjunto de reações começa com a formação de 3-hidroxi-3-metilglutaril-CoA (HMG-CoA) a partir de acetil-CoA e de acetoacetil-CoA. Esse intermediário é reduzido a *mevalonato* para a síntese de colesterol (Figura 26.8). É importante lembrar que, como alternativa, pode haver produção de 3-hidroxi-3-metilglutaril-CoA nas mitocôndrias, que é processada para a formação de corpos cetônicos, os quais são subsequentemente secretados para fornecer uma fonte de energia para outros tecidos, notavelmente o cérebro, em condições de inanição (ver seção 22.3).

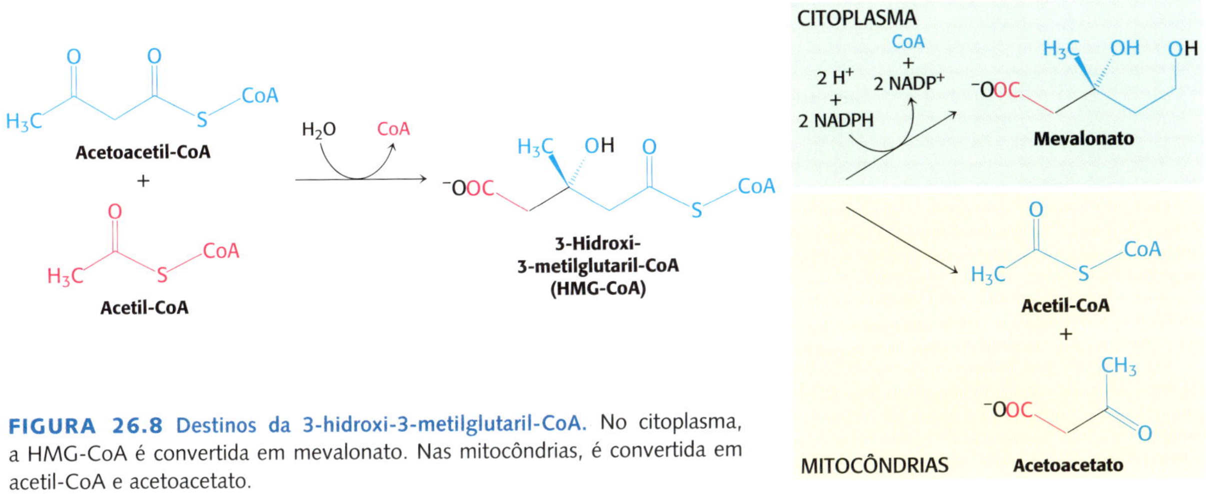


**FIGURA 26.8 Destinos da 3-hidroxi-3-metilglutaril-CoA.** No citoplasma, a HMG-CoA é convertida em mevalonato. Nas mitocôndrias, é convertida em acetil-CoA e acetoacetato.

*A síntese de mevalonato constitui a etapa de comprometimento na formação de colesterol.* A enzima que catalisa essa etapa irreversível, a *3-hidroxi-3-metilglutaril-CoA redutase* (HMG-CoA, redutase), representa um importante local de controle na biossíntese de colesterol, conforme discutido adiante.

$$\text{3-Hidroxi-3-metilglutaril-CoA} + 2\ \text{NADPH} + 2\ \text{H}^+ \longrightarrow \text{mevalonato} + 2\ \text{NADP}^+ + \text{CoA}$$

A HMG-CoA redutase é uma proteína de membrana integral encontrada no retículo endoplasmático.

O mevalonato é convertido em *3-isopentenil pirofosfato*, em três reações consecutivas que requerem ATP (Figura 26.9). Na última etapa, a liberação de $CO_2$ resulta em isopentenil pirofosfato, uma unidade isopreno ativada que constitui um bloco de construção básico para muitas biomoléculas importantes em todos os reinos da vida (ver seção 26.4).

**FIGURA 26.9 Síntese de isopentenil pirofosfato.** Esse intermediário ativado é formado a partir do mevalonato em três etapas, que exigem a presença de ATP, seguidas de uma descarboxilação.

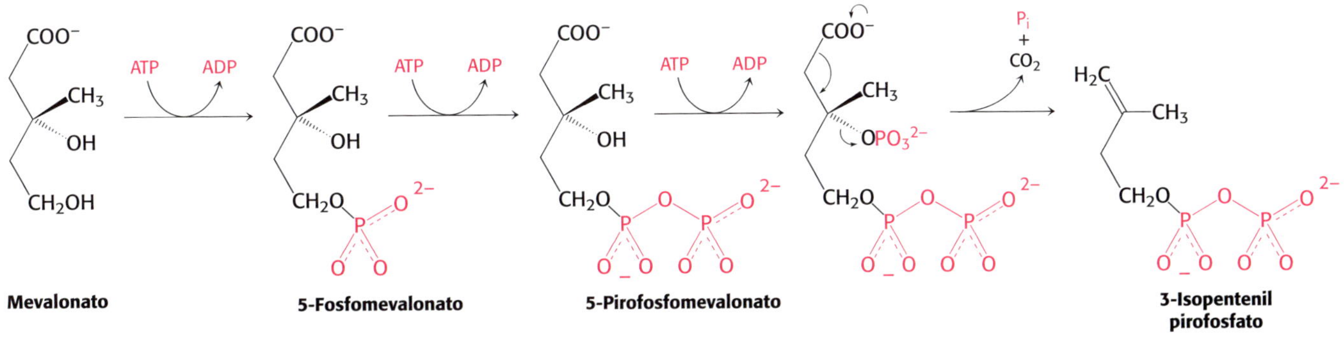

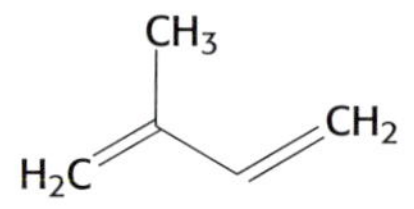


**Isopreno**

## O esqualeno ($C_{30}$) é sintetizado a partir de seis moléculas de isopentenil pirofosfato ($C_5$)

O esqualeno é sintetizado a partir do isopentenil pirofosfato pela sequência de reações

$$C_5 \longrightarrow C_{10} \longrightarrow C_{15} \longrightarrow C_{30}$$

Esse estágio na síntese de colesterol começa com a isomerização do *isopentenil pirofosfato* em *dimetilalil pirofosfato.*

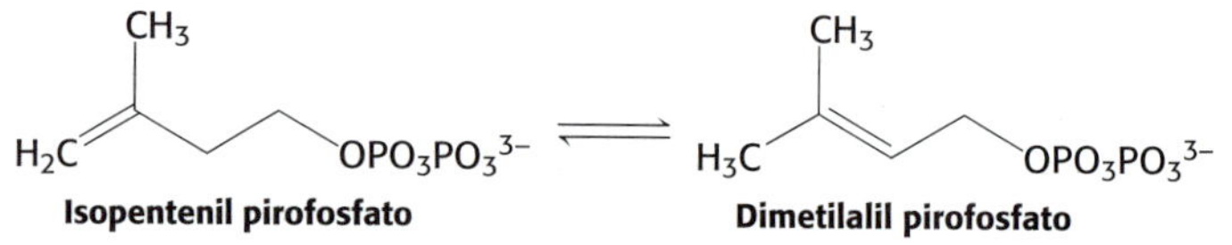


Essas duas unidades isoméricas $C_5$ (uma de cada tipo) condensam-se para formar um composto $C_{10}$: o isopentenil pirofosfato ataca um carbocátion alílico formado a partir do dimetilalil pirofosfato, produzindo então *geranil pirofosfato* (Figura 26.10). O mesmo tipo de reação ocorre novamente: o geranil pirofosfato é convertido em um íon carbônio alílico, que é atacado pelo isopentenil pirofosfato. O composto $C_{15}$ resultante é denominado *farnesil pirofosfato.* A mesma enzima, a *geranil transferase,* catalisa cada uma dessas condensações.

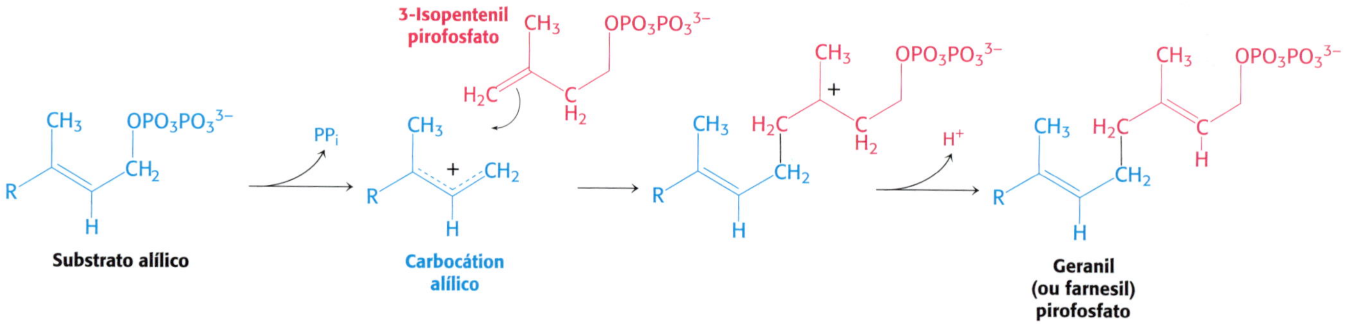


**FIGURA 26.10 Mecanismo de condensação na síntese de colesterol.** As unidades $C_5$ isoméricas dimetilalil pirofosfato e isopentenil pirofosfato unem-se para a formação do geranil pirofosfato. O mesmo mecanismo é utilizado para acrescentar outro isopentil pirofosfato para formar farnesil pirofosfato.

A última etapa na síntese do *esqualeno* é uma condensação redutora entre as caudas de duas moléculas de farnesil pirofosfato em uma reação catalisada pela enzima do retículo endoplasmático, a *esqualeno sintase.*

$$2 \text{ Farnesil pirofosfato } (C_{15}) + \text{NADPH} \longrightarrow \text{esqualeno } (C_{30}) + 2\,PP_i + \text{NADP}^+ + H^+$$

As reações que levam das unidades $C_5$ até o esqualeno, um isoprenoide $C_{30}$, estão resumidas na Figura 26.11.

## O esqualeno cicliza para formar colesterol

O estágio final na biossíntese de colesterol começa com a ciclização do esqualeno (Figura 26.12). Inicialmente, o esqualeno é ativado pela sua conversão em epóxido de esqualeno (2,3-óxido-esqualeno) em uma reação que utiliza $O_2$ e NADPH. Em seguida, o epóxido de esqualeno é ciclizado a *lanosterol* pela *óxido-esqualeno ciclase*. A enzima mantém o epóxido de esqualeno em uma conformação apropriada e inicia a reação pela protonação do oxigênio do epóxido. O carbocátion formado sofre um rearranjo espontâneo, produzindo então lanosterol. O lanosterol é convertido em colesterol em um processo de múltiplas etapas, com remoção de três grupos metila, redução de uma dupla ligação pelo NADPH e migração da outra dupla ligação (Figura 26.13).

## 26.3 A complexa regulação da biossíntese de colesterol ocorre em vários níveis

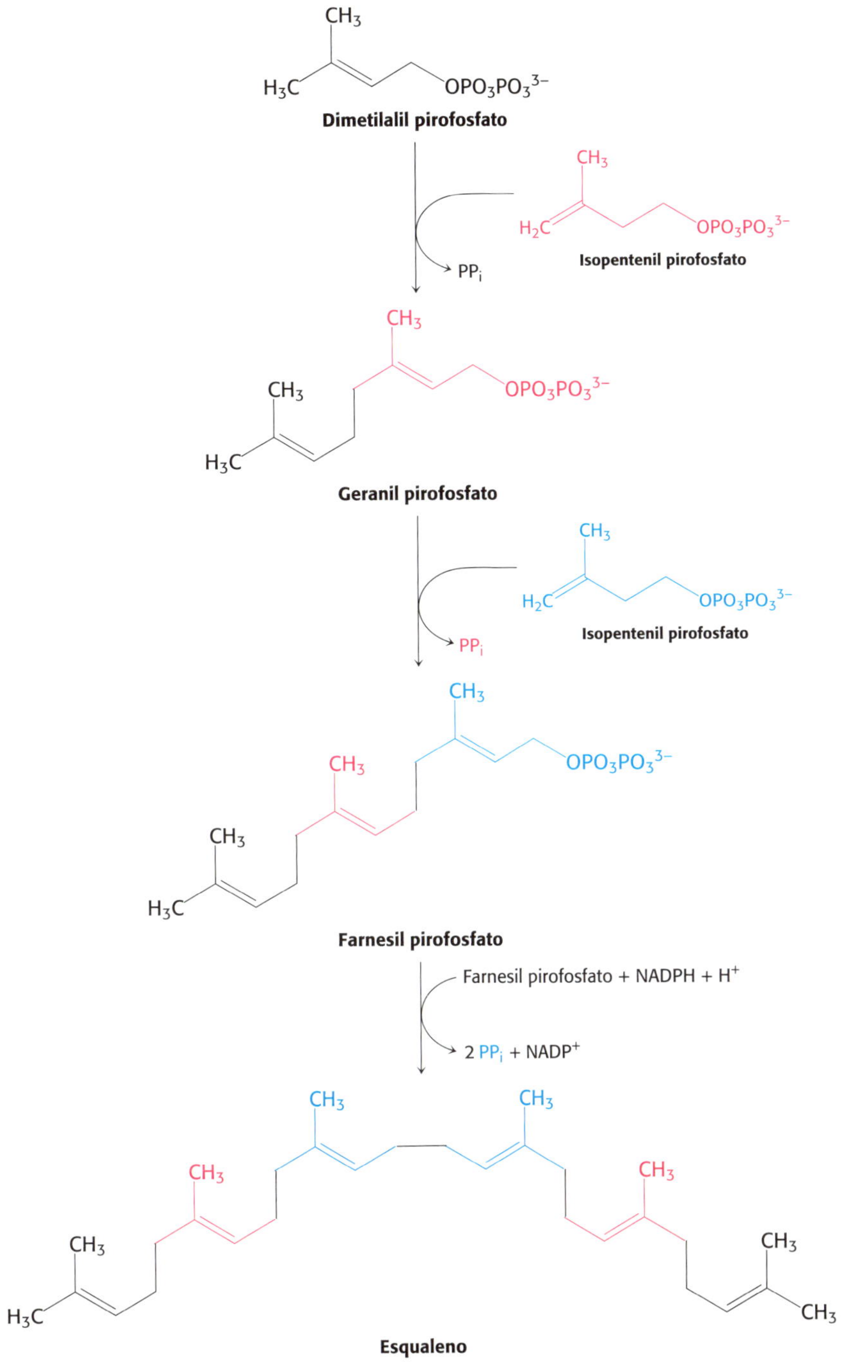


**FIGURA 26.11 Síntese de esqualeno.** Uma molécula de dimetilalil pirofosfato e duas moléculas de isopentenil pirofosfato condensam-se para formar farnesil pirofosfato. O acoplamento das caudas das duas moléculas de farnesil pirofosfato produz o esqualeno.

O colesterol pode ser obtido da alimentação, ou pode ser sintetizado *de novo*. A biossíntese de colesterol constitui uma das vias metabólicas conhecidas mais altamente reguladas. Dependendo da quantidade de colesterol consumida na alimentação, a velocidade da biossíntese pode variar muitas centenas de vezes. Um adulto cuja dieta é pobre em colesterol normalmente sintetiza cerca de 800 mg de colesterol por dia. O fígado constitui o principal local da síntese de colesterol nos mamíferos, apesar de o intestino também formar quantidades significativas. A velocidade da síntese de colesterol por esses órgãos responde altamente ao nível celular de colesterol. *Essa regulação por retroalimentação é mediada principalmente por mudanças na quantidade e atividade da 3-hidroxi-3-metilglutaril-CoA redutase.* Conforme descrito anteriormente (p. 867), essa enzima catalisa a formação de mevalonato, a etapa de comprometimento na biossíntese de colesterol. A HMG-CoA redutase é controlada de múltiplas maneiras:

**1.** A velocidade da *síntese de mRNA da redutase* é controlada pela *proteína de ligação do elemento regulador de esterol* (SREBP, do inglês *sterol regulatory element binding protein*), um membro de uma família de fatores de transcrição que regulam as proteínas necessárias para a síntese de lipídios. Esse fator de transcrição liga-se a uma sequência curta de DNA, denominada *elemento regulador de esterol* (SRE, do inglês *sterol regulatory element*), no lado 5′ do gene da redutase quando os níveis de colesterol estão baixos, aumentando então a transcrição do gene. Em seu estado inativo, a SREBP está localizada na membrana do retículo endoplasmático, onde está associada à proteína ativadora de clivagem de SREBP (SCAP, do inglês *SREBP cleavage activating protein*), uma proteína integral de membrana. SCAP é o sensor de colesterol. Quando os níveis de colesterol declinam, SCAP escolta SREBP em pequenas vesículas de membrana até o complexo de Golgi, onde é liberada da membrana por duas clivagens proteolíticas específicas (Figura 26.14). A primeira clivagem libera um fragmento de SREBP da SCAP, enquanto a segunda clivagem libera o domínio regulador da membrana. A proteína liberada migra para o núcleo e liga-se ao SRE do gene da HMG-CoA redutase, bem como a vários outros genes na via de biossíntese de colesterol, para intensificar a

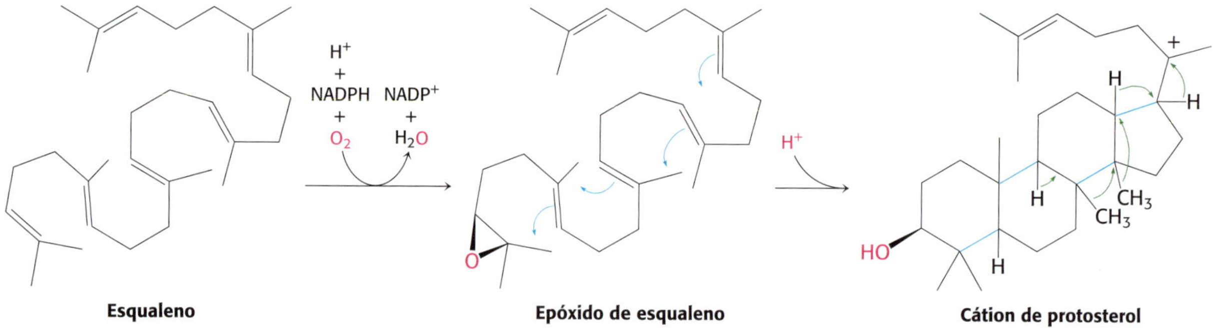


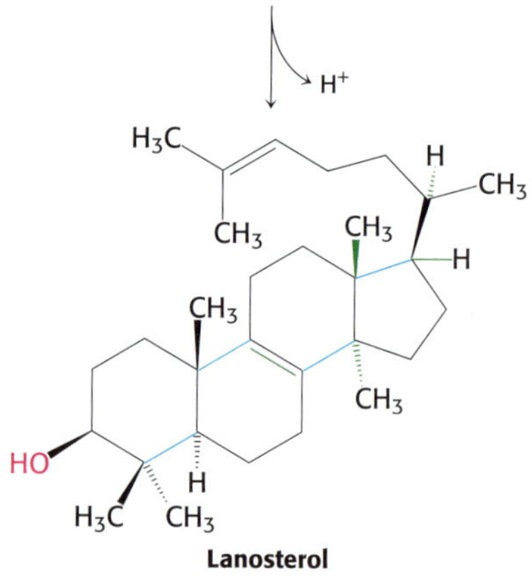


**FIGURA 26.12 Ciclização do esqualeno.** A formação do núcleo esteroide a partir do esqualeno começa com a formação do epóxido de esqualeno. Esse intermediário é protonado para formar um carbocátion, que cicliza para formar uma estrutura tetracíclica, que sofre um rearranjo para formar lanosterol.

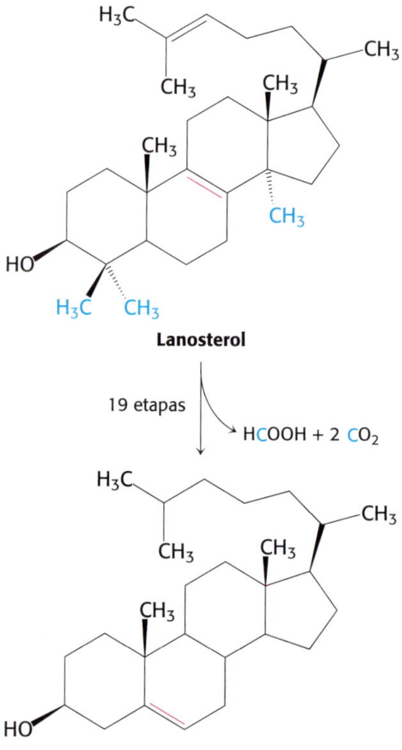


**FIGURA 26.13 Formação do colesterol.** O lanosterol é convertido em colesterol em um processo complexo.

transcrição. Quando ocorre elevação dos níveis de colesterol, a liberação proteolítica da SREBP é bloqueada, e a SREBP nuclear é rapidamente degradada por proteassomos localizados no núcleo. Esses dois eventos interrompem a transcrição de genes das vias de biossíntese de colesterol.

Qual é o mecanismo molecular que retém SCAP-SREBP no RE quando o colesterol está presente, porém possibilita o movimento até o complexo de Golgi quando a concentração de colesterol está baixa? Quando o nível de colesterol está baixo, SCAP liga-se a proteínas vesiculares que facilitam o transporte de SCAP-SREBP até o aparelho de Golgi, conforme já descrito. Na presença de colesterol, SCAP liga-se ao colesterol, o que produz uma mudança estrutural em SCAP, possibilitando a sua ligação a outra proteína do retículo endoplasmático, que é denominada Insig (gene induzido por insulina [*insulin*-induced gene]) (Figura 26.15). A Insig constitui a âncora que conserva SCAP e, portanto, SREBP no retículo endoplasmático na presença de colesterol. As interações entre SCAP e Insig também podem ser forjadas quando Insig liga-se ao 25-hidroxicolesterol, um metabólito do colesterol. Por conseguinte, duas interações esteroide-proteína distintas servem para impedir um movimento inapropriado de SCAP-SREBP até o complexo de Golgi.

**2.** A taxa de *tradução do mRNA da redutase* é inibida por metabólitos não esteróis derivados do mevalonato.

**3.** A *degradação da redutase* é finamente controlada. A enzima é bipartida: o seu domínio citoplasmático é responsável pela catálise, enquanto o *seu domínio de membrana identifica os sinais que levam à sua degradação*. O domínio de membrana pode sofrer mudanças estruturais em *resposta a concentrações crescentes de esteróis, tais como o lanosterol e o 25-hidroxicolesterol*. Nessas condições, a redutase parece ligar-se a um subgrupo de Insigs que estão associadas às enzimas de ubiquitinação (Figura 26.16). A redutase é poliubiquitinada e subsequentemente extraída da membrana, em um processo que exige a presença de geranilgeraniol. A redutase extraída é então degradada pelo proteassomo (ver seção 23.2). A regulação combinada dos

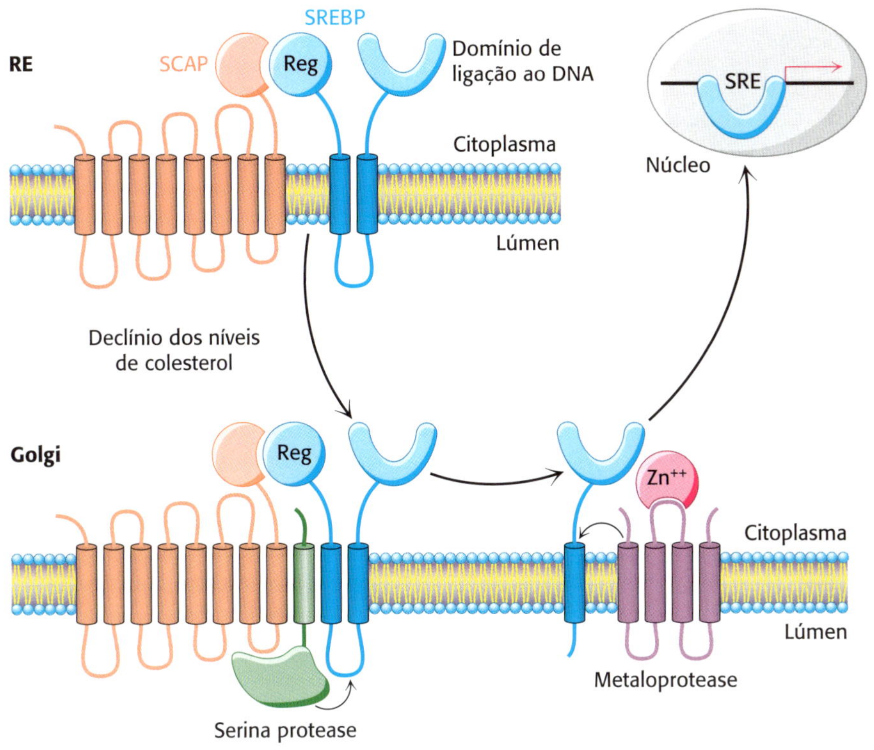


**FIGURA 26.14 A via de SREBP.** SREBP localiza-se no retículo endoplasmático (RE), onde se liga a SCAP pelo seu domínio regulador (Reg). Quando os níveis de colesterol declinam, SCAP e SREBP deslocam-se para o complexo de Golgi, onde SREBP sofre clivagens proteolíticas sucessivas por uma serina protease e por uma metaloprotease. O domínio de ligação do DNA liberado migra até o núcleo para alterar a expressão gênica. [Informação de uma ilustração fornecida pelo Dr. Michael Brown e pelo Dr. Joseph Goldstein.]

níveis de transcrição, tradução e degradação pode alterar a quantidade da enzima na célula em mais de 200 vezes.

**4.** *A fosforilação diminui a atividade de redutase*. Essa enzima, à semelhança da acetil-CoA carboxilase (que catalisa a etapa de comprometimento na síntese de ácidos graxos, ver seção 22.5), é desativada por uma proteinoquinase ativada por AMP. Por conseguinte, a síntese de colesterol cessa quando o nível de ATP encontra-se baixo.

## As lipoproteínas transportam colesterol e triacilgliceróis por todo o organismo

O colesterol e os triacilgliceróis são transportados nos fluidos corporais na forma de *partículas de lipoproteínas*, que são importantes por várias razões. Em primeiro lugar, as partículas de lipoproteínas constituem o meio pelo qual os triacilgliceróis, provenientes do intestino ou do fígado, são transportados até os tecidos para uso como combustível ou para armazenamento. Em segundo lugar, os ácidos graxos dos triacilgliceróis que compõem as partículas de lipoproteínas são incorporados em fosfolipídios para a síntese de membrana. De modo semelhante, o colesterol é um componente vital das membranas e um precursor das poderosas moléculas sinalizadoras – os hormônios esteroides. Por fim, as células não são capazes de degradar o núcleo esteroide. Em consequência, o colesterol precisa ser

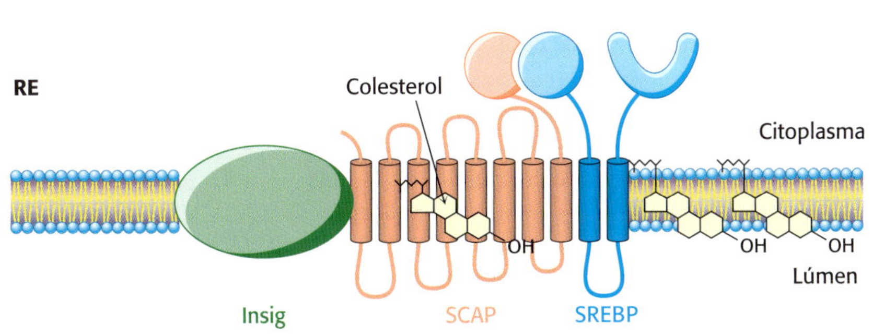


**FIGURA 26.15 Insig regula o movimento de SCAP-SREBP.** Na presença de colesterol, a Insig interage com SCAP-SREBP e impede a ativação de SREBP. A ligação do colesterol a SCAP ou a ligação do 25-hidroxicolesterol a Insig facilitam a interação de Insig e SCAP, conservando então SCAP-SREBP no retículo endoplasmático. [Informação de M. S. Brown e J. L. Goldstein. Cholesterol feedback: From Schoenheimer's bottle to Scap's MELADL. *J. Lipid Res.* 50:S15-S27, 2009.]

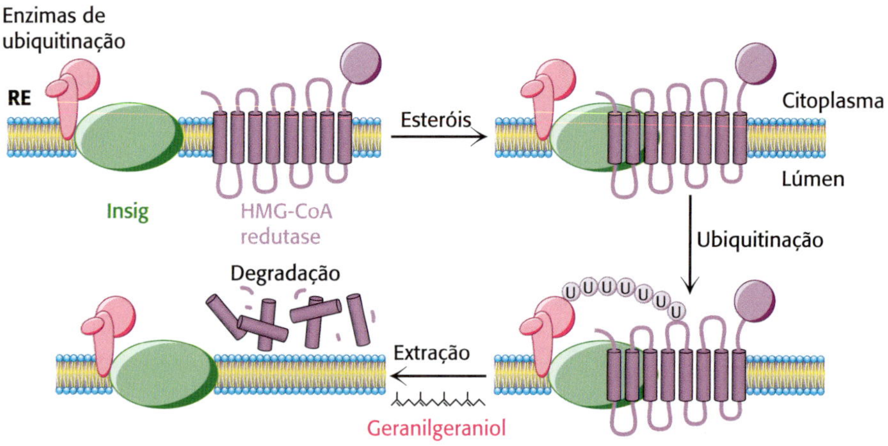


**FIGURA 26.16 A Insig facilita a degradação da HMG-CoA redutase.** Na presença de esteróis, uma subclasse de Insig associada a enzimas de ubiquitinação liga-se à HMG-CoA redutase. A interação resulta em ubiquitinação da enzima. Essa modificação e a presença de geranilgeraniol levam à extração da enzima da membrana e à sua degradação pelo proteassomo. [Informação de R. A. DeBose-Boyd. Feedback regulation of cholesterol synthesis: Sterol-accelerated ubiquitination and degradation of HMG CoA reductase. *Cell Res.* 18:609-621, 2008.]

utilizado bioquimicamente ou excretado pelo fígado. O excesso de colesterol desempenha um papel no desenvolvimento da aterosclerose. As partículas de lipoproteínas atuam na homeostasia do colesterol transportando as moléculas dos locais de síntese para os locais de utilização e, por fim, até o fígado para a sua excreção.

Cada partícula de lipoproteína consiste em um cerne de lipídios hidrofóbicos circundado por uma camada de lipídios mais polares e proteínas. Os componentes proteicos desses agregados macromoleculares, denominados apoproteínas, desempenham duas funções: *solubilizam os lipídios hidrofóbicos e contêm os sinais de endereçamento celular*. As apolipoproteínas são sintetizadas e secretadas pelo fígado e pelo intestino. As partículas de lipoproteínas são classificadas de acordo com a sua densidade crescente (Tabela 26.1): *quilomícrons, remanescentes de quilomícrons, lipoproteínas de densidade muito baixa* (VLDLs), *lipoproteínas de densidade intermediária* (IDLs), *lipoproteínas de baixa densidade* (LDLs) e *lipoproteínas de alta densidade* (HDLs). Essas classes são divididas em numerosos subtipos. Além disso, as partículas de lipoproteínas podem trocar de classe à medida que liberam a sua carga ou a captam, mudando, assim, a sua densidade.

Os triacilgliceróis, o colesterol e outros lipídios obtidos da alimentação são transportados para fora do intestino na forma de grandes *quilomícrons* (ver seção 22.1). Essas partículas apresentam uma densidade muito baixa, visto que os triacilgliceróis constituem cerca de 90% de seu conteúdo. A apolipoproteína B-48 (apo B-48), uma proteína grande (240 kDa), forma um revestimento esférico anfipático em torno do glóbulo de gordura; a face

**TABELA 26.1** Propriedades das lipoproteínas plasmáticas.

| Lipoproteínas plasmáticas | Densidade (g mℓ⁻¹) | Diâmetro (nm) | Apolipoproteína | Papel fisiológico | Composição (%) TAG | CE | C | PL | P |
|---|---|---|---|---|---|---|---|---|---|
| Quilomícron | < 0,95 | 75 a 1.200 | B-48, C, E | Transporte de lipídios da alimentação | 86 | 3 | 1 | 8 | 2 |
| Lipoproteína de densidade muito baixa | 0,95 a 1,006 | 30 a 80 | B-100, C, E | Transporte de lipídios endógenos | 52 | 14 | 7 | 18 | 8 |
| Lipoproteína de densidade intermediária | 1,006 a 1,019 | 15 a 35 | B-100, E | Precursor de LDL | 38 | 30 | 8 | 23 | 11 |
| Lipoproteína de baixa densidade | 1,019 a 1,063 | 18 a 25 | B-100 | Transporte de colesterol | 10 | 38 | 8 | 22 | 21 |
| Lipoproteína de alta densidade | 1,063 a 1,21 | 7,5 a 20 | A | Transporte reverso de colesterol | 5 a 10 | 14 a 21 | 3 a 7 | 19 a 29 | 33 a 57 |

Abreviaturas: TAG, triacilglicerol; CE, éster de colesteril; C, colesterol livre; PL, fosfolipídio; P, proteína.

externa dessa camada é hidrofílica. Os triacilgliceróis nos quilomícrons são liberados por meio de hidrólise pelas *lipases lipoproteicas.* Essas enzimas estão localizadas no revestimento dos vasos sanguíneos dos músculos e em outros tecidos que utilizam ácidos graxos como combustível ou para a síntese de lipídios. Em seguida, o fígado capta os resíduos ricos em colesterol, conhecidos como *remanescentes de quilomícrons.*

As partículas de lipoproteínas também são de suma importância no transporte de lipídios do fígado, que constitui um importante local de síntese de triacilgliceróis e de colesterol, para outros tecidos no corpo (Figura 26.17). Os triacilgliceróis e o colesterol que excedem as próprias necessidades do fígado são exportados para o sangue sob a forma de lipoproteínas de densidade muito baixa. Essas partículas são estabilizadas por duas apolipoproteínas – a apo B-100 (513 kDa) e a apo E (34 kDa). Os triacilgliceróis presentes nas lipoproteínas de densidade muito baixa, assim como nos quilomícrons, são hidrolisados por lipases na superfície dos capilares, e os ácidos graxos liberados são captados pelos músculos e por outros tecidos. Os remanescentes assim produzidos, que são ricos em ésteres de colesteril, são denominados *lipoproteínas de densidade intermediária.* Essas partículas têm dois destinos. Metade delas é captada pelo fígado para processamento, e a outra metade é convertida em lipoproteínas de baixa densidade pela remoção de mais triacilglicerol por lipases teciduais que absorvem os ácidos graxos liberados. É interessante assinalar que a apo B-100 – uma das maiores proteínas conhecidas – é uma versão mais longa da apo B-48, o componente proteico dos quilomícrons. Ambas as proteínas apo B são codificadas pelo mesmo gene e produzidas a partir do mesmo transcrito de RNA inicial. No intestino, a edição do RNA (ver seção 30.3) modifica o transcrito para gerar o mRNA para a apo B-48, a forma truncada.

*A lipoproteína de baixa densidade constitui o principal carreador de colesterol no sangue* (Figura 26.18). Essa lipoproteína contém um cerne de cerca de 1.500 moléculas de colesterol esterificadas a ácidos graxos. A cadeia de ácidos graxos mais comum nesses ésteres é o linoleato, um ácido graxo poli-insaturado. Esse cerne altamente hidrofóbico é circundado por um revestimento de fosfolipídios e moléculas de colesterol não esterificadas. A camada também contém uma única cópia de apo B-100, que é reconhecida pelas células-alvo. *A função da LDL consiste em transportar o colesterol até os tecidos periféricos e em regular a síntese* de novo *de colesterol nesses locais,* conforme descrito na página 869. Um propósito diferente é atendido pela *lipoproteína de alta densidade,* que capta o colesterol liberado no plasma por células mortas e por membranas em processo de renovação e o entrega para o fígado para a sua excreção. Uma aciltransferase na HDL esterifica essas moléculas de colesterol, que, em seguida, retornam ao fígado por intermédio da HDL (Figura 26.19).

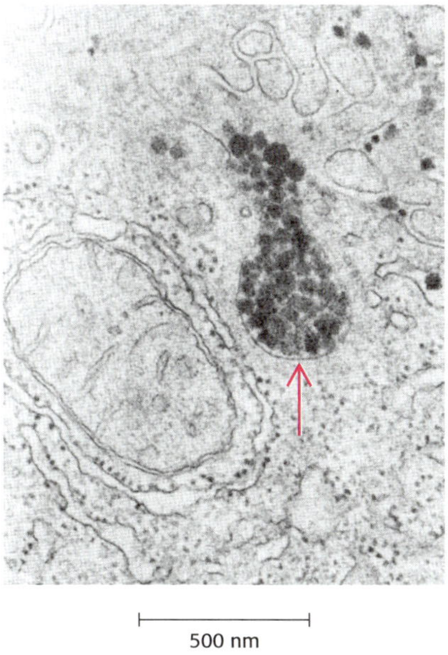


**FIGURA 26.17 Sítio de síntese de colesterol.** Micrografia eletrônica de parte de uma célula hepática ativamente empenhada na síntese e na secreção de lipoproteína de densidade muito baixa (VLDL). A seta aponta para uma vesícula que está liberando o seu conteúdo de partículas de VLDL. [Cortesia do Dr. George Palade/Yale University, Harvey Cushing/John Hay Whitney Medical Library.]

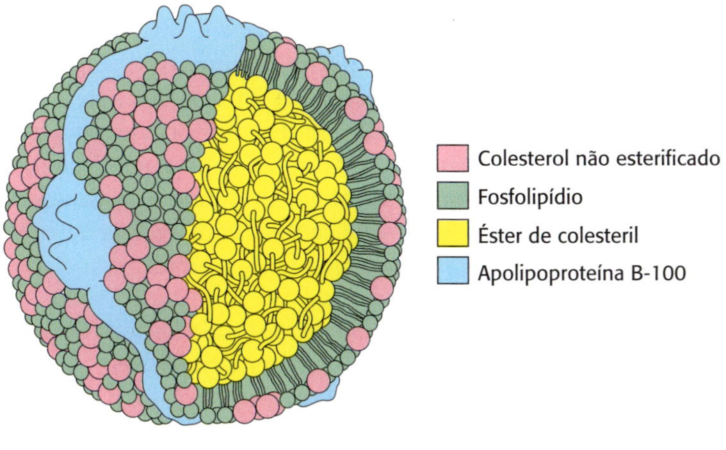


**FIGURA 26.18 Modelo esquemático da lipoproteína de baixa densidade.** A partícula de LDL tem um diâmetro de aproximadamente 22 nm (220 Å).

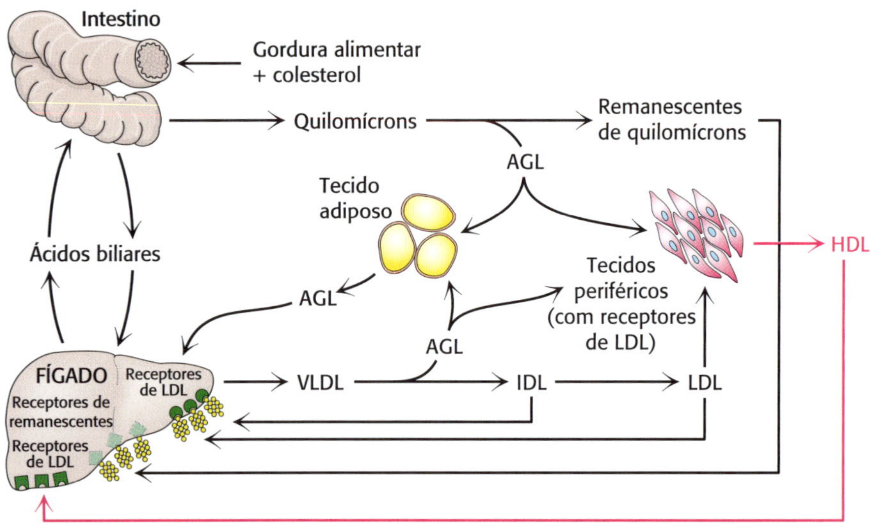


**FIGURA 26.19 Visão geral do metabolismo das partículas de lipoproteínas.** Os ácidos graxos livres estão abreviados como AGL. [Informação de J.G. Hardman (Ed.), L. L. Limbird (Ed.) e A. G. Gilman (Consult. Ed.), *Goodman and Gilman's The Pharmacological Basis of Therapeutics,* 10th ed. (McGraw-Hill, 2001), p. 975, Fig. 36.1.]

## As lipoproteínas de baixa densidade desempenham papel central no metabolismo do colesterol

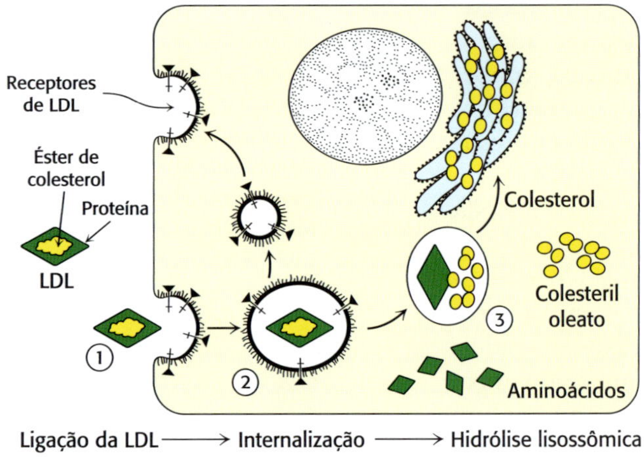


**FIGURA 26.20 Endocitose mediada por receptor.** O processo de endocitose mediada por receptor é ilustrado para o complexo carreador de colesterol, a lipoproteína de baixa densidade (LDL): (1) A LDL liga-se a um receptor específico, o receptor de LDL; (2) esse complexo sofre invaginação, formando então um endossomo; (3) após a separação de seu receptor, a vesícula contendo LDL funde-se com um lisossomo, levando à degradação da LDL e à liberação do colesterol.

O metabolismo do colesterol deve ser regulado com precisão para evitar o desenvolvimento de aterosclerose. O modo desse controle no fígado, que é o principal local de síntese de colesterol, já foi discutido: o colesterol da alimentação reduz a atividade e a quantidade de 3-hidroxi-3-metilglutaril-CoA redutase, a enzima que catalisa a etapa de comprometimento. Em geral, as células fora do fígado e do intestino obtêm o colesterol do plasma, em lugar de sintetizá-lo *de novo*. Especificamente, *a sua fonte primária de colesterol é a lipoproteína de baixa densidade.* O processo de captação de LDL, denominado *endocitose mediada por receptor,* serve como paradigma para a captação de numerosas moléculas (Figura 26.20).

A endocitose começa quando a apolipoproteína B-100 na superfície de uma partícula de LDL liga-se a uma proteína receptora específica na membrana plasmática das células não hepáticas. Os receptores de LDL estão localizados em regiões especializadas, denominadas *depressões revestidas,* que contêm uma proteína especializada, denominada *clatrina.* O complexo receptor-LDL é então internalizado por *endocitose, isto é,* a membrana plasmática na vizinhança do complexo sofre invaginação e, em seguida, funde-se para formar uma vesícula endocítica, que é denominada *endossomo.* O endossomo é acidificado por uma bomba de prótons dependente de ATP e homóloga à $Na^+$/$K^+$ ATPase (ver seção 13.2), fazendo com que o receptor libere a sua carga. Parte do receptor retorna à membrana celular em uma vesícula de reciclagem, enquanto outra porção é degradada juntamente com a sua carga (p. 877). O tempo de ida e volta de um receptor é de cerca de 10 minutos; durante a sua vida de cerca de 1 dia, cada receptor pode levar centenas de partículas de LDL para dentro da célula. As vesículas que contêm LDL e, em alguns casos, o receptor subsequentemente fundem-se com *lisossomos,* que consistem em vesículas ácidas que contêm ampla gama de enzimas de degradação. O componente proteico das LDLs é hidrolisado a aminoácidos livres. Os ésteres de colesteril nas LDLs são hidrolisados por uma lipase ácida lisossômica. *O colesterol não esterificado liberado pode então ser utilizado para a biossíntese de membranas.* Alternativamente, pode ser *reesterificado para o seu armazenamento intracelular.* De fato, o colesterol livre ativa a *acil-CoA:colesterol aciltransferase* (ACAT), a enzima que catalisa essa reação. O colesterol reesterificado contém principalmente oleato e palmitoleato, que são ácidos graxos monoinsaturados, ao contrário dos ésteres de colesteril nas LDLs, que são ricos em linoleato, um ácido graxo poli-insaturado (Tabela 12.1). É imperativo que o colesterol seja reesterificado. A presença de altas concentrações de colesterol não esterificado compromete a integridade das membranas celulares.

A síntese de receptores de LDL está ela própria sujeita à regulação por retroalimentação. Os estudos de fibroblastos em cultura mostraram que, *quando o colesterol está presente em quantidades abundantes dentro da célula, não ocorre síntese de novos receptores de LDL, de modo que a captação de mais colesterol das LDLs do plasma fica bloqueada.* À semelhança daquele para a redutase, o gene para o receptor de LDL é regulado pela SREBP, que se liga a um elemento de regulação de esterol, que controla a taxa de síntese de mRNA.

## A ausência do receptor de LDL leva ao desenvolvimento de hipercolesterolemia e aterosclerose

Os estudos pioneiros de Michael Brown e Joseph Goldstein sobre a *hipercolesterolemia familiar* revelaram a importância fisiológica do receptor de LDL. As concentrações totais de colesterol e de LDL no sangue estão acentuadamente elevadas nesse distúrbio genético, que resulta de uma mutação em um único *locus* autossômico. Nos homozigotos, o nível de colesterol no plasma normalmente alcança 680 mg $d\ell^{-1}$ em comparação com 300 mg $d\ell^{-1}$ nos heterozigotos (os resultados dos exames laboratoriais são frequentemente expressos em miligramas por decilitro, o que corresponde a miligramas por 100 mililitros). Um valor < 200 mg $d\ell^{-1}$ é considerado desejável, porém muitas pessoas apresentam níveis mais elevados. *Na hipercolesterolemia familiar, o colesterol deposita-se em vários tecidos devido à concentração elevada de colesterol LDL no plasma.* Nódulos de colesterol, denominados *xantomas,* são proeminentes na pele e nos tendões. A LDL acumula-se sob as células endoteliais que revestem os vasos sanguíneos. A oxidação do excesso de LDL formando LDL oxidada (oxLDL) é de importância particular, visto que pode estimular a resposta inflamatória pelo sistema imune, uma reação que foi implicada no desenvolvimento de doença cardiovascular. A oxLDL é captada pelas células do sistema imune denominadas macrófagos e que se tornam ingurgitadas para formar células espumosas. Essas células espumosas ficam retidas nas paredes dos vasos sanguíneos e contribuem para a formação de placas ateroscleróticas, que provocam estreitamento arterial e levam à ocorrência de ataques cardíacos (Figura 26.21). Com efeito, *a maioria dos homozigotos morre de doença arterial coronariana na infância.* A doença nos

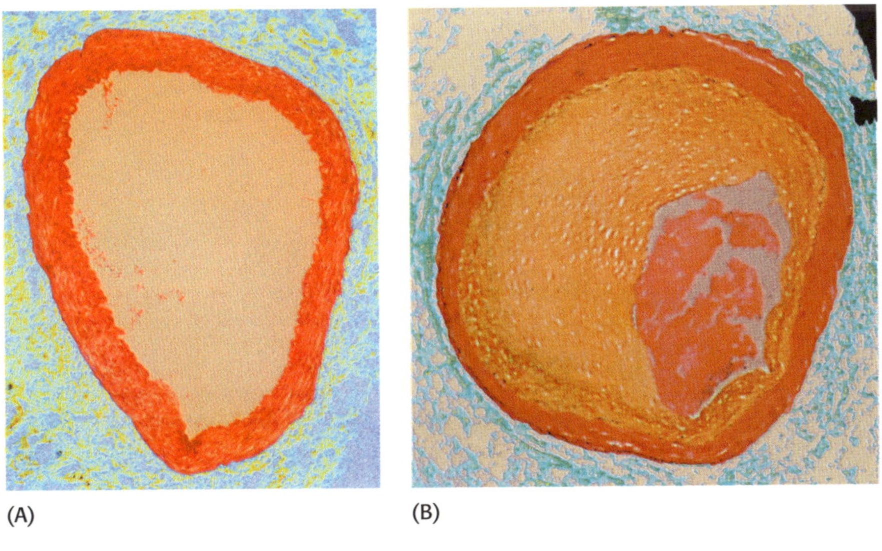


**FIGURA 26.21 Os efeitos do excesso de colesterol.** Corte transversal de (A) uma artéria normal e (B) uma artéria ocluída por uma placa rica em colesterol. [SPL/Science Source.]

heterozigotos (1 em 500 indivíduos) tem uma evolução clínica mais leve e mais variável.

Na *maioria dos casos de hipercolesterolemia familiar, o defeito molecular consiste na ausência ou deficiência de receptores funcionais de LDL*. Foram identificadas mutações no receptor que comprometem cada um dos estágios da via de endocitose. Os homozigotos praticamente não têm nenhum receptor funcional de LDL, enquanto os heterozigotos apresentam cerca da metade da quantidade normal. Em consequência, a entrada de LDL no fígado e em outras células fica prejudicada, resultando em níveis aumentados de LDL no plasma. Além disso, menor quantidade de IDL entra nas células hepáticas, visto que a entrada de IDL também é mediada pelo receptor de LDL. Em consequência, na hipercolesterolemia familiar, a IDL permanece no sangue por mais tempo, e maior quantidade é convertida em LDL em comparação com os indivíduos normais. Todas as consequências deletérias da ausência ou da deficiência do receptor de LDL podem ser atribuídas aos subsequentes níveis elevados de colesterol LDL no sangue.

### A ocorrência de mutações nos receptores de LDL impede a liberação de LDL e resulta em destruição desses mesmos receptores

Uma classe de mutações que provocam hipercolesterolemia familiar resulta na produção de receptores que têm dificuldade em liberar a sua carga de LDL. Examinaremos inicialmente a constituição do receptor. O receptor de LDL humano é uma glicoproteína de 160 kDa que é composta de seis tipos diferentes de domínios (Figura 26.22A). A região aminoterminal do receptor – o sítio de ligação da LDL – consiste em sete domínios do receptor de *LDA* tipo *A* (LA) homólogos, sendo os domínios 4 e 5 de maior importância para a ligação da LDL. Um segundo tipo de domínio é homólogo àquele encontrado no fator de crescimento da epiderme (EGF, do inglês *epidermal growth factor*). Esse domínio é repetido três vezes, e, entre a segunda e a terceira repetições, existe uma estrutura em forma de

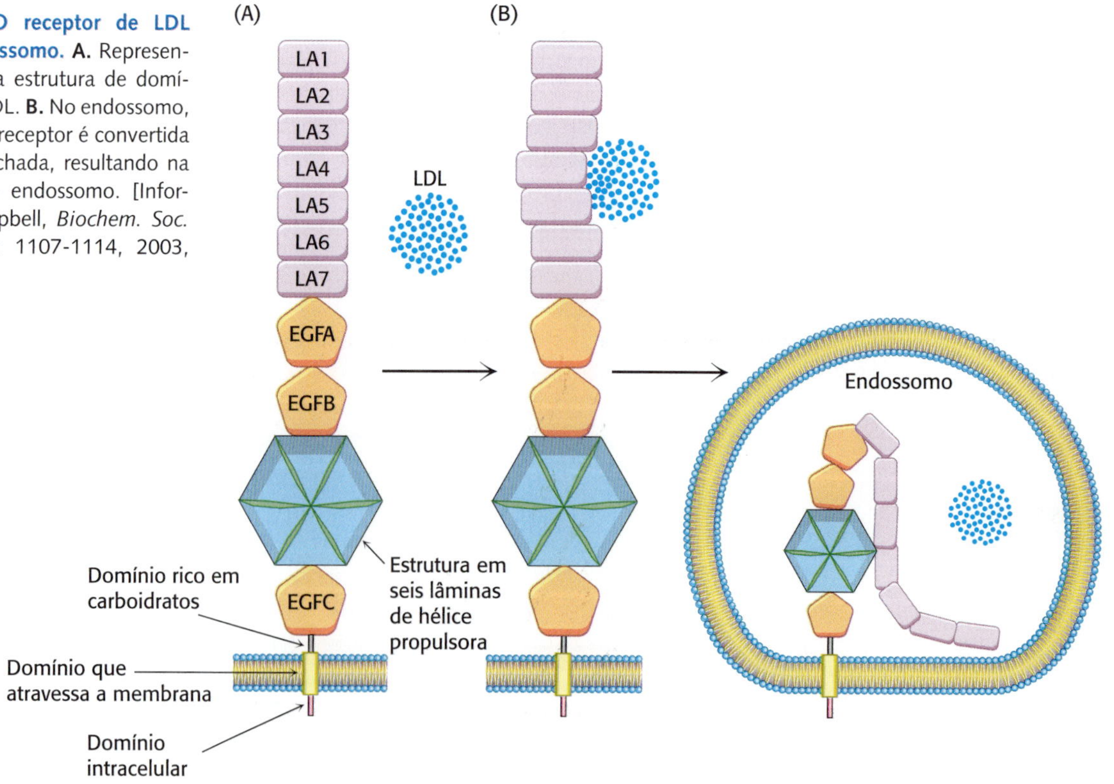


**FIGURA 26.22 O receptor de LDL libera a LDL no endossomo. A.** Representação esquemática da estrutura de domínios do receptor de LDL. **B.** No endossomo, a estrutura aberta do receptor é convertida em uma estrutura fechada, resultando na liberação da LDL no endossomo. [Informação de I. D. Campbell, *Biochem. Soc. Trans.* 31 (pt. 6 p): 1107-1114, 2003, Figura 1A.]

uma hélice propulsora que consiste em seis domínios semelhantes a lâminas. Essa parte do receptor é crucial para a liberação da LDL no endossomo. O quarto domínio, que é muito rico em resíduos de serina e de treonina, contém açúcares com ligação *O*. Esses oligossacarídios funcionam como suportes para manter o receptor estendido a partir da membrana, de modo que o domínio de ligação de LDL seja acessível à LDL. O quinto tipo de domínio consiste em 22 resíduos hidrofóbicos que atravessam a membrana. O sexto e último domínio consiste em 50 resíduos e emerge no lado citoplasmático da membrana, onde controla a interação do receptor com as depressões revestidas e participa na endocitose.

Como o receptor de LDL entrega a sua carga ao entrar no endossomo? O receptor existe em dois estados interconversíveis: um estado estendido ou aberto, capaz de ligar a LDL; e um estado fechado, que resulta na liberação da LDL no endossomo. O receptor mantém o seu estado aberto enquanto se encontra na membrana plasmática, ao se ligar à LDL e em todo o seu percurso até o endossomo. A conversão do estado aberto ao estado fechado ocorre com a sua exposição ao ambiente ácido do endossomo (Figura 26.22B). Três módulos contíguos, LA7, EGFA e EGFB, posicionam rigidamente o módulo de hélice propulsora para facilitar o deslocamento da LDL quando se forma o estado fechado. Em pH neutro, os resíduos de aspartato das lâminas da hélice propulsora formam ligações de hidrogênio que ligam cada lâmina ao restante da estrutura da hélice. A exposição ao ambiente do endossomo de pH baixo faz com que as estruturas em hélice propulsora interajam com o domínio de ligação à LDL. Essa interação desloca a LDL, que é então digerida pelo lisossomo. Com frequência, o receptor retorna à membrana plasmática para ligar-se mais uma vez à LDL. A importância desse processo é ressaltada pelo fato de que mais da metade das mutações pontuais que resultam em hipercolesterolemia familiar devem-se a perturbações no processo de interconversão entre os estados aberto e fechado. Essas mutações resultam em falha na liberação da carga de LDL e em perda do receptor por degradação.

### A incapacidade de transportar o colesterol do lisossomo provoca a doença de Niemann-Pick

As doenças de Niemann-Pick compreendem um grupo de distúrbios de depósito de lipídios de gravidade variável. Uma variedade fatal é causada pelo acúmulo de colesterol nos lisossomos, resultando em falência múltipla de órgãos. Com a sua liberação do receptor de LDL, o colesterol liga-se imediatamente à proteína de Niemann-Pick C2 (NPC2), uma proteína solúvel presente no lúmen do lisossomo. Em seguida, a NPC2 carregada de colesterol acopla-se com a proteína de Niemann-Pick C1 (NPC1). A NPC1, que está inserida na membrana lisossômica por 13 hélices transmembrana, recebe o colesterol da NPC2 e o transfere para a própria membrana lisossômica. Subsequentemente, o colesterol passa para o retículo endoplasmático e a membrana plasmática. A maioria das mutações (cerca de 95%) que causam a doença de Niemann-Pick ocorre na NPC1. É interessante assinalar que a ligação do vírus Ebola à NPC1 é necessária para a infecção.

### O ciclo do receptor de LDL é regulado

A PCSK9 (pró-proteína convertase subtilisina/quexina tipo 9) é uma protease secretada pelo fígado que desempenha papel crucial na regulação do ciclo do receptor de LDL. Embora a PCSK9 seja uma protease, a atividade enzimática da proteína não é necessária para a regulação do ciclo. A PCSK9 no sangue liga-se ao domínio EGFA do receptor (Figura 26.22). A PCSK9 bloqueia o receptor na conformação aberta, mesmo nas condições ácidas do endossomo. A incapacidade de adotar a conformação fechada impede o retorno do receptor à membrana plasmática, e ele é então degradado no lisossomo juntamente com a sua carga.

Os indivíduos que apresentam uma mutação que reduz a quantidade de PCSK9 no sangue têm níveis sanguíneos acentuadamente reduzidos de LDL e exibem uma redução de quase 90% na taxa de doença cardiovascular. Presumivelmente, a redução dos níveis de PCSK9 permite a ciclagem de um maior número de receptores e a remoção mais eficiente da LDL do sangue. Muitas pesquisas estão sendo atualmente direcionadas para inibir a degradação do receptor mediada pela PCSK9 em indivíduos com níveis elevados de colesterol. Existem ensaios clínicos de Fase 3 (ver seção 28.4) em andamento avaliando a eficácia de um anticorpo monoclonal dirigido contra a PCSK9. Os tratamentos com anticorpos monoclonais são de alto custo, de modo que as pesquisas continuam investigando um inibidor químico da proteína.

## A HDL parece proteger contra a arteriosclerose

Embora os eventos que levam à aterosclerose ocorram rapidamente na hipercolesterolemia familiar, observa-se uma sequência similar de eventos em indivíduos que desenvolvem aterosclerose ao longo de várias décadas. Em particular, a formação de células espumosas e placas constituem um evento realmente perigoso. A HDL e a sua função no retorno do colesterol ao fígado parecem ser importantes ao atenuar essas circunstâncias potencialmente fatais.

A HDL tem diversas propriedades antiaterogênicas, entre elas a inibição da oxidação das LDLs. Entretanto, a sua propriedade mais bem caracterizada consiste na remoção do colesterol das células, particularmente dos macrófagos. Anteriormente, assinalamos que a HDL recupera o colesterol de outros tecidos no corpo e o devolve ao fígado para ser excretado na forma de bile ou nas fezes. Esse transporte, denominado *transporte reverso de colesterol,* é de suma importância no que concerne aos macrófagos. De fato, quando ele falha, os macrófagos transformam-se em células espumosas e facilitam a formação de placas. Os macrófagos que coletam o colesterol das LDLs normalmente o transportam para as partículas de HDL. Quanto maior a quantidade de HDL, mais prontamente esse transporte ocorre e menor a probabilidade de transformação dos macrófagos em células espumosas. Presumivelmente, esse importante transporte reverso de colesterol é responsável pela observação de que níveis mais altos de HDL conferem proteção contra a aterosclerose.

A importância do transporte reverso de colesterol é ilustrada pela ocorrência de mutações que inativam uma proteína de transporte de colesterol nas células endoteliais e nos macrófagos: o ABCA1 (transportador com cassete de ligação de ATP da subfamília A1 [ATP-*b*inding *c*assette transporter, subfamily *A1*]) (Figura 13.7). A perda da atividade da proteína de transporte de colesterol ABAC1 resulta em uma condição muito rara denominada *doença de Tangier*, que se caracteriza por deficiência de HDL, acúmulo de colesterol nos macrófagos e aterosclerose prematura. Em condições normais, o componente de apoproteína da HDL, a apoA-I, liga-se ao ABCA1 para facilitar o transporte de LDL. Além disso, a interação entre apoA-I e ABCA1 inicia uma via de transdução de sinais nas células endoteliais que inibe a resposta inflamatória.

Até recentemente, acreditava-se que os altos níveis de colesterol ligado à HDL ("o colesterol bom") em relação ao colesterol ligado à LDL ("o colesterol ruim") protegiam contra a doença cardiovascular. Essa ideia baseava-se em estudos epidemiológicos. Entretanto, vários ensaios clínicos recentes revelaram que os níveis aumentados de colesterol ligado à HDL não têm nenhum efeito protetor. Esses estudos não ignoram os efeitos protetores da HDL isoladamente, porém ilustram o perigo de igualar o HDL livre e o colesterol ligado à HDL.

### O controle clínico dos níveis de colesterol pode ser compreendido em nível bioquímico

A hipercolesterolemia familiar homozigota só pode ser tratada com transplante de fígado. Existe, no entanto, um tratamento geralmente mais aplicável para os heterozigotos e outros indivíduos com níveis elevados de colesterol. *A meta consiste em reduzir a quantidade de colesterol no sangue, estimulando a síntese de uma quantidade maior de receptores de LDL do que a habitual.* Já foi assinalado que a produção de receptores de LDL é controlada pelas necessidades de colesterol da célula. A estratégia terapêutica é privar a célula de fontes já disponíveis de colesterol. Quando há necessidade de colesterol, a quantidade de mRNA do receptor de LDL aumenta, e são encontradas maiores quantidades de receptores na superfície das células. Esse estado pode ser induzido por uma dupla abordagem. Inicialmente, a reabsorção de sais biliares (derivados do colesterol e que promovem a absorção desse colesterol e das gorduras da alimentação) a partir do intestino é inibida. Posteriormente, a síntese *de novo* de colesterol é bloqueada.

A reabsorção da bile é impedida pela administração oral de polímeros de carga positiva, como a colestiramina, que se ligam aos sais biliares de carga negativa, mas que não são absorvidos. A síntese de colesterol pode ser efetivamente bloqueada por uma classe de compostos denominados *estatinas*. Exemplo bem conhecido desse tipo de composto é a lovastatina, também denominada mevacor (Figura 26.23). Esses compostos são potentes inibidores competitivos ($K_i$ = 1 nM) da HMG-CoA redutase, que constitui o ponto de controle essencial na via de biossíntese. Os níveis plasmáticos de colesterol declinam em 50% em muitos pacientes em uso de lovastatina e inibidores da reabsorção de sais biliares. A lovastatina e outros inibidores da HMG-CoA redutase são amplamente utilizados para diminuir os níveis plasmáticos de colesterol em indivíduos que apresentam aterosclerose, que constitui a principal causa de morte nas sociedades industrializadas. Estudos preliminares sugerem que a redução dos níveis de PCSK9 (p. 877) e da atividade da HMG-CoA redutase pode constituir um meio particularmente efetivo de reduzir os níveis de colesterol. O desenvolvimento das estatinas como fármacos efetivos é descrito com mais detalhes no Capítulo 28.

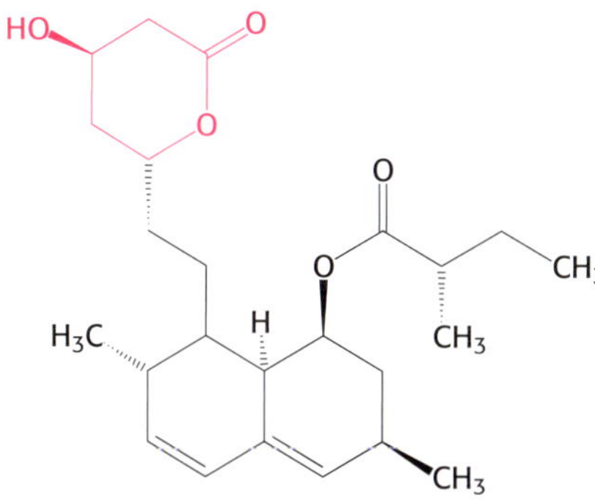


**Lovastatina**

**FIGURA 26.23 Lovastatina, um inibidor competitivo da HMG-CoA redutase.** A parte da estrutura que se assemelha à porção 3-hidroxi-3-metilglutaril é mostrada em vermelho.

## 26.4 Compostos bioquímicos importantes são sintetizados a partir do colesterol e do isopreno

Embora o colesterol por si só seja bem conhecido como um fator que contribui para o desenvolvimento de doença cardíaca, os seus metabólitos – os hormônios esteroides – também aparecem frequentemente com destaque nas notícias. De fato, o abuso de hormônios esteroides parece ser tão proeminente nos noticiários de esportes quanto qualquer atleta famoso. Além dos hormônios esteroides, o colesterol é o precursor de duas outras moléculas importantes: os sais biliares e a vitamina D. Começaremos o nosso estudo com os sais biliares, que são moléculas fundamentais para a captação de lipídios da alimentação.

**Sais biliares.** Os *sais biliares* são derivados polares do colesterol. Esses compostos são *detergentes* altamente efetivos, visto que contêm regiões tanto polares quanto apolares. Os sais biliares são sintetizados no fígado, armazenados e concentrados na vesícula biliar, e então liberados no intestino delgado. Os sais biliares, que representam o principal componente da bile, *solubilizam os lipídios*

**FIGURA 26.24 Síntese de sais biliares.** Os grupos OH em vermelho são acrescentados ao colesterol, assim como os grupos mostrados em azul.

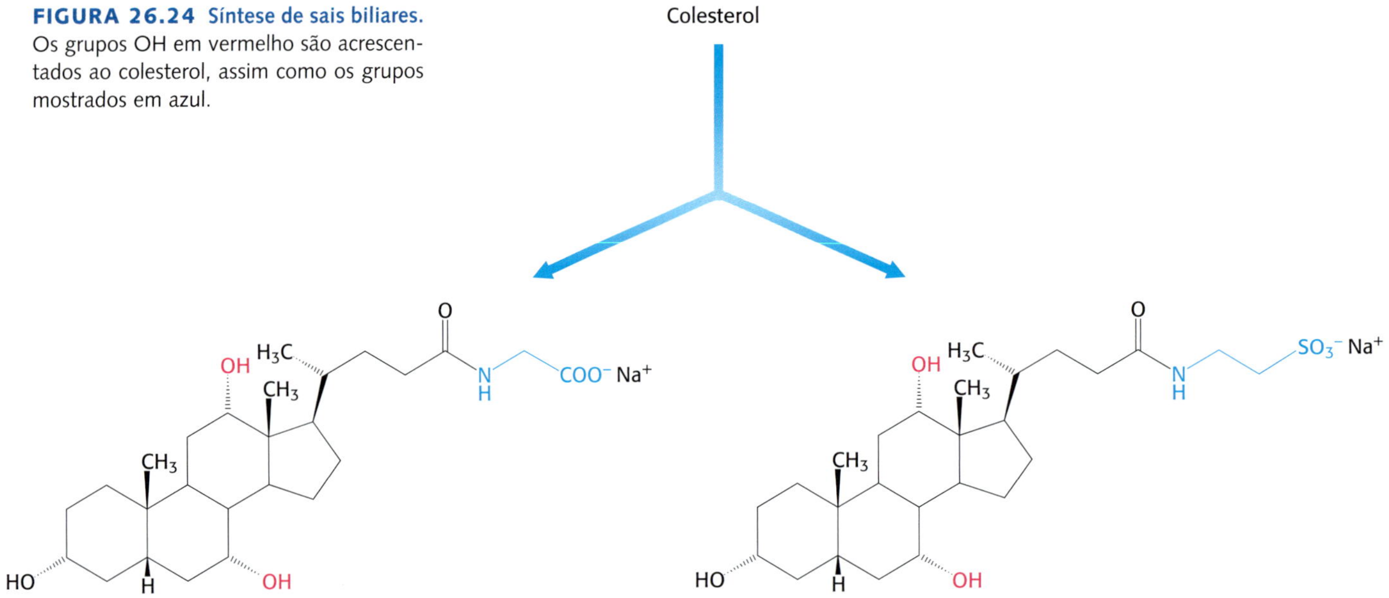


**Glicocolato** **Taurocolato**

*da alimentação.* A solubilização aumenta a área de superfície efetiva dos lipídios com duas consequências: (1) maior área de superfície fica exposta à ação digestiva das lipases e (2) os lipídios são mais prontamente absorvidos pelo intestino. Os sais biliares também constituem os principais produtos de degradação do colesterol. Os sais biliares, isto é, o glicocolato, o principal sal biliar, e o taurocolato, são apresentados na Figura 26.24.

Além dos sais biliares, a bile é composta de colesterol, de fosfolipídios e dos produtos de degradação do heme, da bilirrubina e da biliverdina (ver seção 24.4). Se houver colesterol em quantidades excessivas na bile, ele precipitará, formando então cálculos biliares (colelitíase). Esses cálculos podem causar bloqueio da secreção de bile e inflamação da vesícula biliar, uma condição denominada colecistite. Os sintomas consistem em dor na parte superior direita do abdome, particularmente depois de uma refeição gordurosa, e náuseas. Se houver necessidade, a vesícula biliar é retirada, e a bile passa a fluir do fígado pelo ducto biliar diretamente ao intestino.

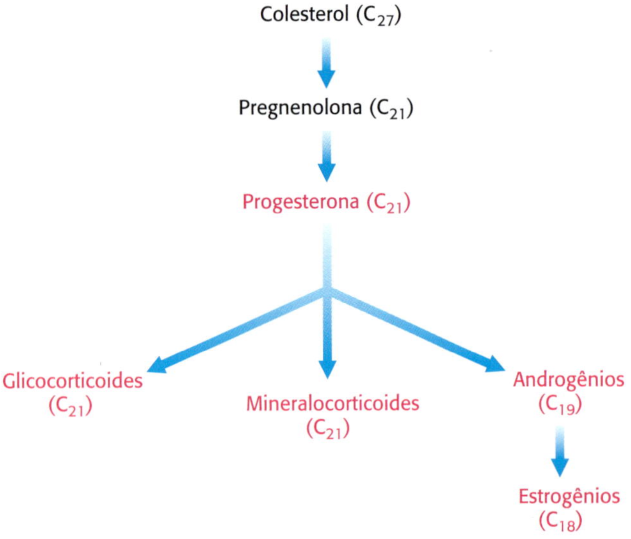


**FIGURA 26.25 Relações de biossíntese entre as classes de hormônios esteroides e o colesterol.**

**Hormônios esteroides.** O colesterol é o precursor de cinco classes principais de *hormônios esteroides:* os progestógenos, os glicocorticoides, os mineralocorticoides, os androgênios e os estrogênios (Figura 26.25). Esses hormônios são moléculas sinalizadoras poderosas que regulam inúmeras funções do organismo. A *progesterona, um progestógeno,* prepara o revestimento do útero para a implantação de um óvulo. A progesterona também é essencial para a manutenção da gestação impedindo as contrações uterinas prematuras. Os *androgênios* (como a *testosterona*) são responsáveis pelo desenvolvimento das características sexuais secundárias masculinas, enquanto os *estrogênios* (como o *estradiol*) são necessários para o desenvolvimento das características sexuais secundárias femininas. Os estrogênios, juntamente com a progesterona, também participam no ciclo ovariano. Os glicocorticoides (como o *cortisol*) promovem a gliconeogênese e a síntese de glicogênio, aumentam a degradação dos lipídios e das proteínas e inibem a resposta inflamatória. Eles capacitam os animais a responder ao estresse; com efeito, a ausência de glicocorticoides pode ser fatal. Os *mineralocorticoides* (principalmente a *aldosterona*) atuam nos túbulos distais dos rins e aumentam a reabsorção de $Na^+$ e a excreção de $K^+$ e $H^+$, levando a um aumento do volume sanguíneo e da pressão arterial. Os principais locais de síntese dessas classes de hormônios são o corpo lúteo, no caso dos progestógenos; os testículos, no caso dos androgênios; os ovários, no caso dos estrogênios; e o córtex da suprarrenal, nos casos dos glicocorticoides e dos mineralocorticoides.

Os hormônios esteroides ligam-se a moléculas receptoras e as ativam; tais moléculas servem então como fatores de transcrição para regular a expressão gênica (ver seção 32.2). Essas pequenas moléculas similares são capazes de exercer efeitos amplamente diferentes, visto que as discretas variações estruturais observadas entre elas possibilitam interações com moléculas receptoras específicas.

## As letras identificam os anéis de esteroides, enquanto os números identificam os átomos de carbono

Os átomos de carbono nos esteroides são numerados conforme indicado para o colesterol na Figura 26.26. Os anéis nos esteroides são designados pelas letras A, B, C e D. O colesterol contém dois grupos metila angulares: o grupo metila C-19 está ligado ao C-10, enquanto o grupo metila C-18 está ligado ao C-13. Os grupos metila C-18 e C-19 do colesterol estão situados *acima* do plano que contém os quatro anéis. Um substituinte localizado acima do plano é designado como tendo *orientação* β, enquanto um substituinte abaixo do plano tem *orientação* α.

Se um átomo de hidrogênio estiver ligado ao C-5, pode ter uma orientação α ou β. Os anéis esteroides A e B estão fundidos em uma conformação *trans* se o hidrogênio no C-5 tiver *orientação* α, e *cis* se tiver uma *orientação* β. A ausência de uma letra grega para o átomo de hidrogênio no C-5 no núcleo esteroide implica uma fusão *trans*.

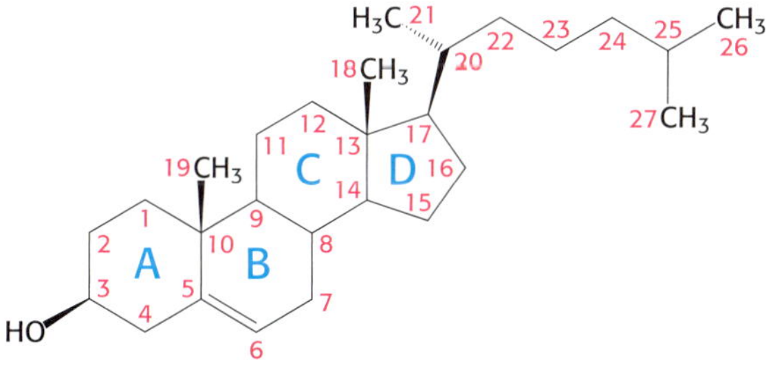


**FIGURA 26.26 Numeração dos carbonos do colesterol.** Esquema de numeração para os átomos de carbono no colesterol e em outros esteroides.

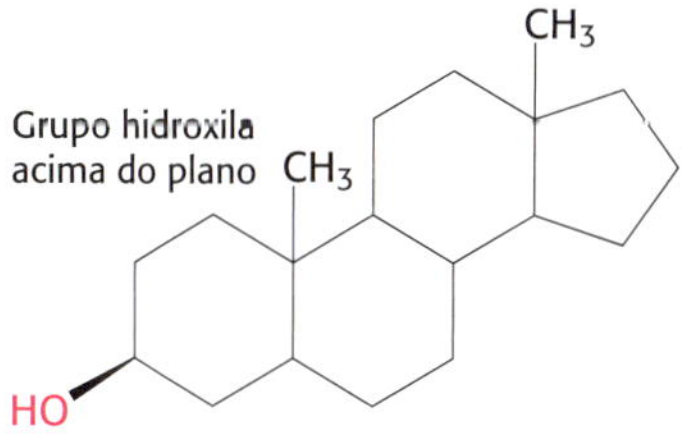


**3β-Hidroxi**

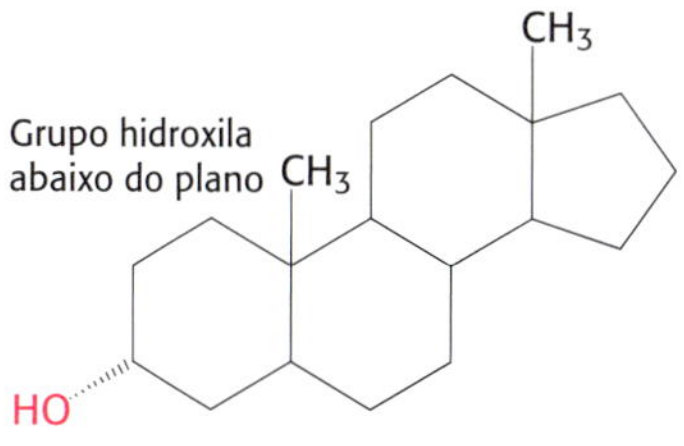


**3α-Hidroxi**

O átomo de hidrogênio no C-5 tem orientação α em todos os hormônios esteroides que contêm um átomo de hidrogênio nessa posição. Em contrapartida, os sais biliares apresentam um átomo de hidrogênio de orientação β no C-5. Por conseguinte, *a fusão cis é característica dos sais biliares, enquanto a fusão trans caracteriza todos os hormônios esteroides que possuem um átomo de hidrogênio no C-5.* Uma fusão trans produz estrutura quase planar, enquanto uma fusão cis produz estrutura encurvada.

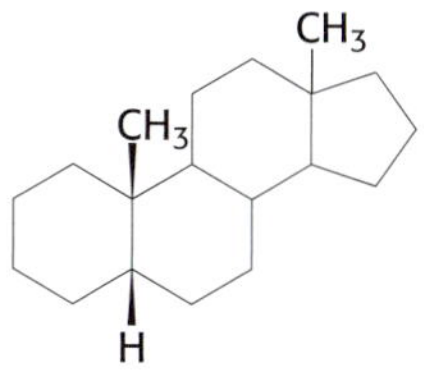


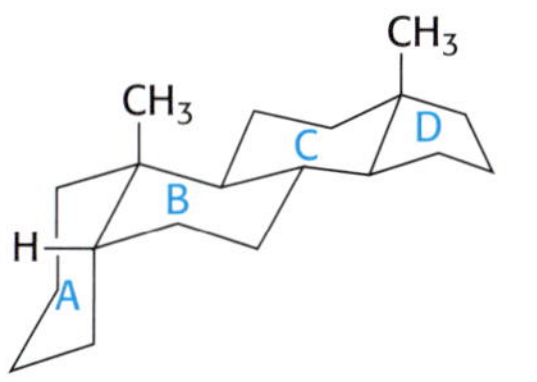


**5β-Hidrogênio (fusão cis)**

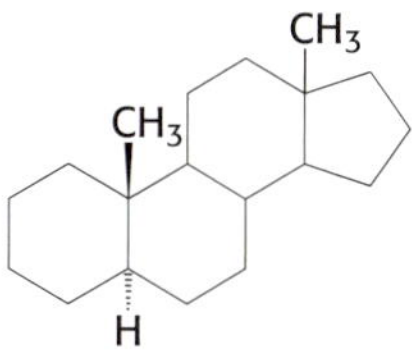


**5α-Hidrogênio (fusão trans)**

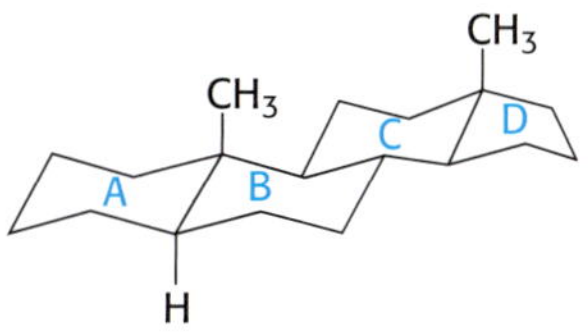

## Os esteroides são hidroxilados por mono-oxigenases do citocromo P450 que utilizam NADPH e $O_2$

A adição de grupos OH desempenha importante papel na síntese de colesterol a partir do esqualeno e na conversão do colesterol em hormônios esteroides e sais biliares. Todas essas hidroxilações necessitam de NADPH e $O_2$. O átomo de oxigênio do grupo hidroxila incorporado provém do $O_2$, e não da $H_2O$. Enquanto um átomo de oxigênio da molécula de $O_2$ vai para o substrato, o outro é reduzido a água. As enzimas que catalisam essas reações são denominadas *mono-oxigenases* (ou *oxigenases de função mista*). Convém lembrar que uma mono-oxigenase também participa na hidroxilação de aminoácidos aromáticos (ver seção 23.5).

$$RH + O_2 + NADPH + H^+ \longrightarrow ROH + H_2O + NADP^+$$

A *hidroxilação exige a ativação do oxigênio.* Nas sínteses de hormônios esteroides e de sais biliares, a ativação ocorre por membros da família do *citocromo P450,* uma família de citocromos que absorve luz ao máximo em 450 nm quando complexada *in vitro* com monóxido de carbono exógeno. Essas proteínas (de cerca de 50 kDa) ancoradas a membranas contêm um heme como grupo prostético. O oxigênio é ativado por meio de sua ligação ao átomo de ferro no grupo heme.

Como as reações de hidroxilação promovidas pelas enzimas do citocromo P450 são reações de oxidação, à primeira vista é surpreendente que elas também consumam o redutor NADPH. O NADPH transfere seus elétrons de alto potencial para uma flavoproteína, que os transfere, um de cada vez, para a *adrenodoxina,* uma proteína contendo ferro não hêmico. A adrenodoxina transfere um elétron para reduzir a forma férrica ($Fe^{3+}$) do P450 à forma ferrosa ($Fe^{2+}$) (Figura 26.27).

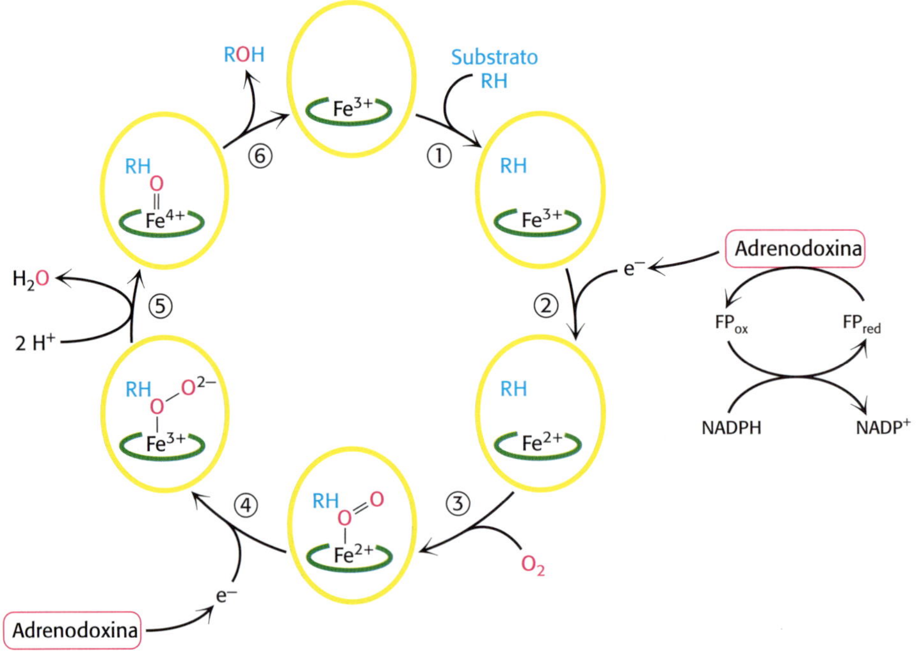


**FIGURA 26.27 Mecanismo do citocromo P450.** (1) O substrato liga-se à enzima. (2) A adrenodoxina doa um elétron, reduzindo o ferro do heme. (3) O oxigênio liga-se ao $Fe^{2+}$. (4) A adrenodoxina doa um segundo elétron. (5) A ligação entre os átomos de oxigênio é clivada, ocorre liberação de uma molécula de água e há formação de um intermediário $Fe^{4+} = O$. (6) O intermediário $Fe^{4+} = O$ forma o produto hidroxilado e faz com que o ferro retorne ao estado $Fe^{3+}$, pronto para outro ciclo de reações.

Sem a adição desse elétron, o citocromo P450 não se liga ao oxigênio. É importante lembrar que apenas as formas ferrosas ($Fe^{2+}$) da mioglobina e da hemoglobina ligam-se ao oxigênio (ver seção 7.1). A ligação de $O_2$ ao heme é seguida da aceitação de um segundo elétron da adrenodoxina. A aceitação desse segundo elétron leva à clivagem da ligação O–O. Um dos átomos de oxigênio é então protonado e liberado como água. O átomo de oxigênio remanescente forma um intermediário ferril ($Fe^{4+}$) Fe O altamente reativo. Esse intermediário retira um átomo de hidrogênio do substrato RH para formar R•. Esse radical livre transitório captura o grupo OH do átomo de ferro para formar ROH, o produto hidroxilado, determinando então o retorno do átomo de ferro ao estado férrico.

## O sistema do citocromo P450 é disseminado e desempenha uma função protetora

O sistema do citocromo P450, que nos mamíferos está localizado principalmente no retículo endoplasmático liso do fígado e do intestino delgado, também é importante na *desintoxicação de substâncias estranhas* (compostos xenobióticos). Por exemplo, a hidroxilação do fenobarbital, um barbitúrico, *aumenta a sua solubilidade* e *facilita a sua excreção*. De modo semelhante, os hidrocarbonetos aromáticos policíclicos que são ingeridos pela ingestão de água contaminada são hidroxilados pelo citocromo P450, fornecendo então sítios para a conjugação com unidades altamente polares (p. ex., glicuronato ou sulfato) que aumentam acentuadamente a solubilidade da molécula aromática modificada. Nos seres humanos, uma das funções mais relevantes do sistema do citocromo P450 consiste em seu papel no metabolismo de substâncias como a cafeína e o ibuprofeno (ver Capítulo 28). Alguns membros do sistema do citocromo P450 também metabolizam o etanol (ver seção 27.6). A duração da ação de muitos medicamentos depende de sua taxa de inativação pelo sistema P450. Apesar de seu papel protetor geral na remoção de substâncias químicas estranhas, a ação do sistema P450 nem sempre é benéfica. *Alguns dos carcinógenos mais poderosos são gerados in vivo pelo sistema P450 a partir de compostos inócuos no processo* de *ativação metabólica* (Figura 29.34). Nas plantas, o sistema do citocromo P450 desempenha um papel na síntese de compostos tóxicos, bem como dos pigmentos das flores.

Anteriormente (ver seção 9.1), examinamos o uso dos inibidores de protease no tratamento da infecção pelo HIV. Esses inibidores, juntamente com os inibidores de outras enzimas do HIV, reduziram drasticamente as mortes causadas pela AIDS. Algumas vezes, a efetividade desses fármacos é comprometida, visto que eles são inativados por enzimas P450, como o citocromo P450-3A4. O ritonavir é um fármaco que foi desenvolvido durante uma pesquisa por inibidores mais efetivos. É interessante observar que o ritonavir, apesar de ser um inibidor da protease, também é um potente inibidor do citocromo P450-3A4. Esse "efeito colateral" incidental possibilita ao médico a administração de baixas doses de ritonavir em associação com outros inibidores da protease, aumentando efetivamente as concentrações desses fármacos e permitindo ao mesmo tempo uma redução na dose e na frequência de sua administração.

## A pregnenolona, um precursor de muitos outros esteroides, é formada a partir do colesterol pela clivagem de sua cadeia lateral

Os hormônios esteroides contêm 21 átomos de carbono ou menos, enquanto o colesterol contém 27. Por conseguinte, o primeiro estágio na síntese de hormônios esteroides consiste na remoção de uma unidade de seis carbonos da cadeia lateral do colesterol para formar a *pregnenolona*. A cadeia lateral do colesterol é hidroxilada no C-20 e, a seguir, no C-22, e a ligação entre esses átomos de carbono é subsequentemente clivada pela *desmolase*. Nessa oxidação de seis elétrons, são consumidas três moléculas de NADPH e três moléculas de $O_2$.

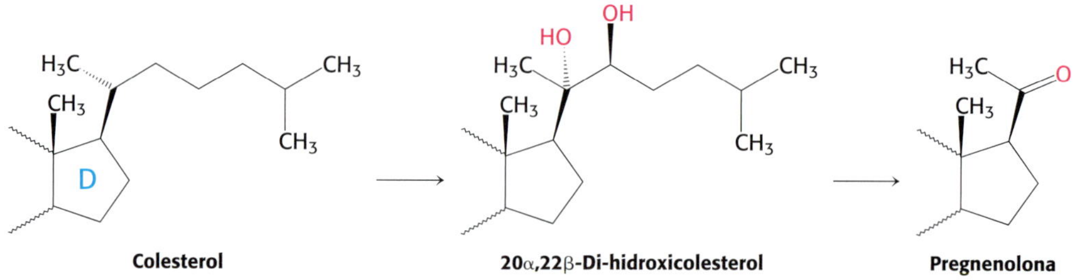


## A progesterona e os corticosteroides são sintetizados a partir da pregnenolona

A *progesterona* é sintetizada a partir da pregnenolona em duas etapas. O grupo 3-hidroxila da pregnenolona é oxidado a um grupo 3-ceto, e a dupla ligação $\Delta^5$ é isomerizada a uma dupla ligação $\Delta^4$ (Figura 26.28). O *cortisol,* o principal glicocorticoide, é sintetizado a partir da progesterona por hidroxilações no C-11, no C-17 e no C-21; o C-17 precisa ser hidroxilado antes da hidroxilação do C-21, enquanto o C-11 pode ser hidroxilado em qualquer estágio. As enzimas que catalisam essas hidroxilações são altamente específicas. A etapa inicial na síntese de *aldosterona,* o principal mineralocorticoide, consiste na hidroxilação da progesterona no C-21. A desoxicorticosterona resultante é hidroxilada no C-11. A oxidação do grupo metila angular C-18 a aldeído produz então a aldosterona.

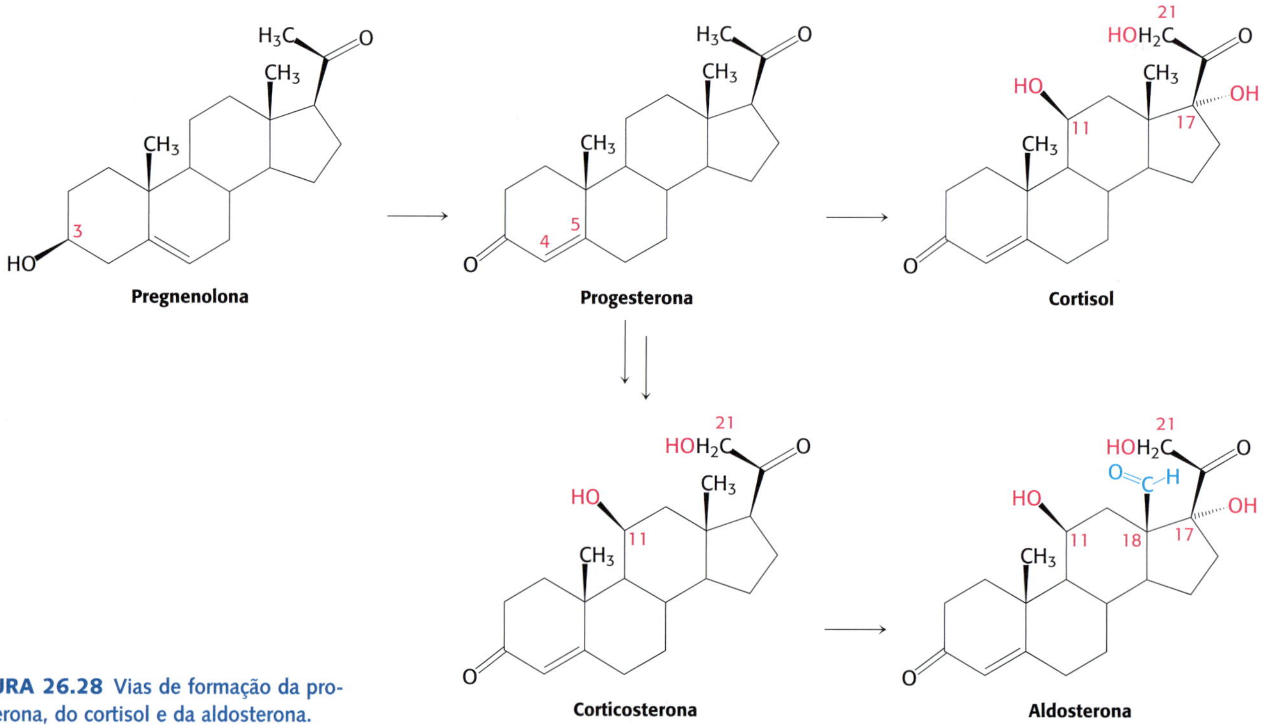


**FIGURA 26.28** Vias de formação da progesterona, do cortisol e da aldosterona.

## Os androgênios e os estrogênios são sintetizados a partir da pregnenolona

Os androgênios e os estrogênios também são sintetizados a partir da pregnenolona por meio do intermediário progesterona. Os androgênios contêm 19 átomos de carbono. A síntese de androgênios começa com a hidroxilação da progesterona no C-17 (Figura 26.29). A cadeia lateral, que é constituída de C-20 e C-21, é então clivada para produzir a *androstenediona,* um androgênio. A *testosterona,* outro androgênio, é formada pela redução do grupo 17-ceto da androstenediona. A testosterona, por meio de suas ações no cérebro, é de suma importância no desenvolvimento do comportamento sexual masculino. É também importante para a manutenção dos testículos e

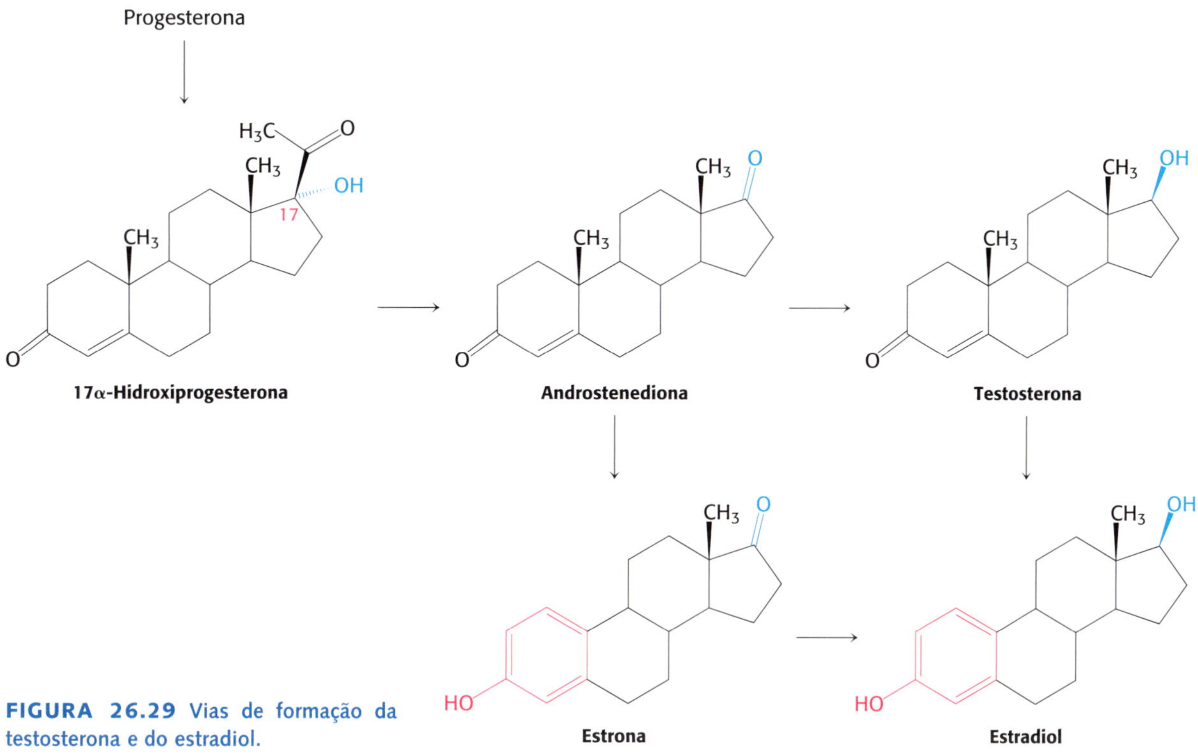


**FIGURA 26.29** Vias de formação da testosterona e do estradiol.

o desenvolvimento da massa muscular. Em virtude desta última atividade, a testosterona é designada como um *esteroide anabolizante.* A testosterona é reduzida pela 5α-*redutase* para produzir *di-hidrotestosterona* (DHT), um poderoso androgênio embrionário que estimula o desenvolvimento e a diferenciação do fenótipo masculino (questões 26 e 29).

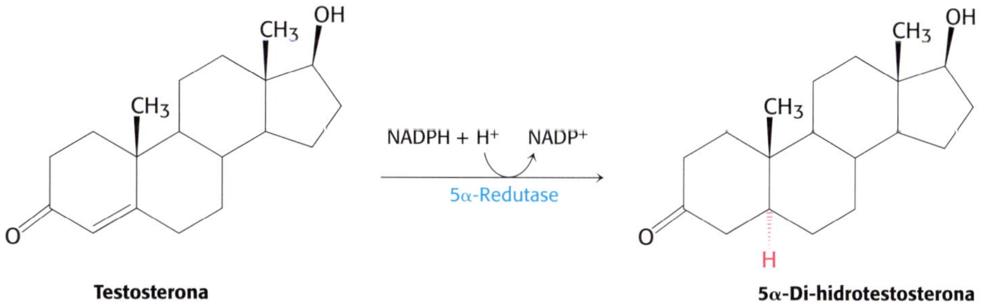


Os estrogênios são sintetizados a partir dos androgênios pela perda do grupo metila angular C-19 e pela formação de um anel A aromático. A *estrona,* um estrogênio, deriva da androstenediona, enquanto o *estradiol,* o estrogênio biologicamente mais potente, é formado a partir da testosterona. O estradiol também pode ser formado a partir da estrona. A formação do anel aromático A é catalisada pela enzima do citocromo P450, a *aromatase.*

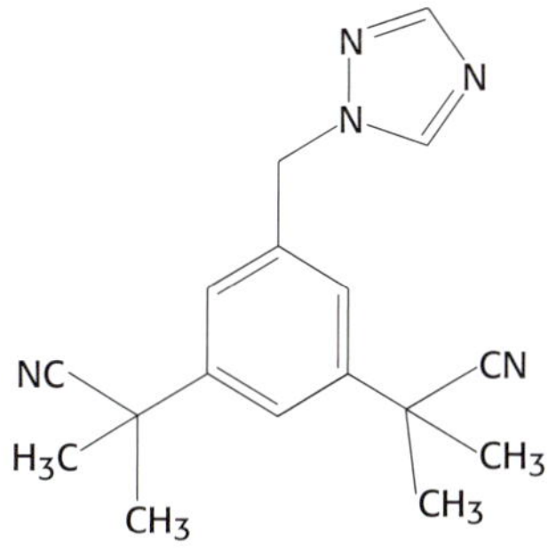


Como os cânceres de mama e de ovário frequentemente dependem da presença de estrogênios para o seu crescimento, os inibidores da aromatase são frequentemente utilizados como tratamento para esses tipos de câncer. O anastrozol é um inibidor competitivo da enzima, enquanto o exemestano é um inibidor suicida que modifica covalentemente e inativa a enzima.

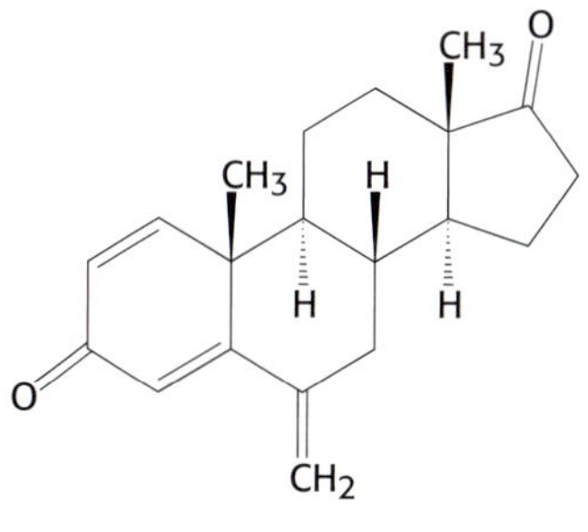


## A vitamina D provém do colesterol pela atividade da luz sobre a ruptura do anel

O colesterol também é o precursor da vitamina D, que desempenha um papel essencial no controle do metabolismo do cálcio e do fósforo.

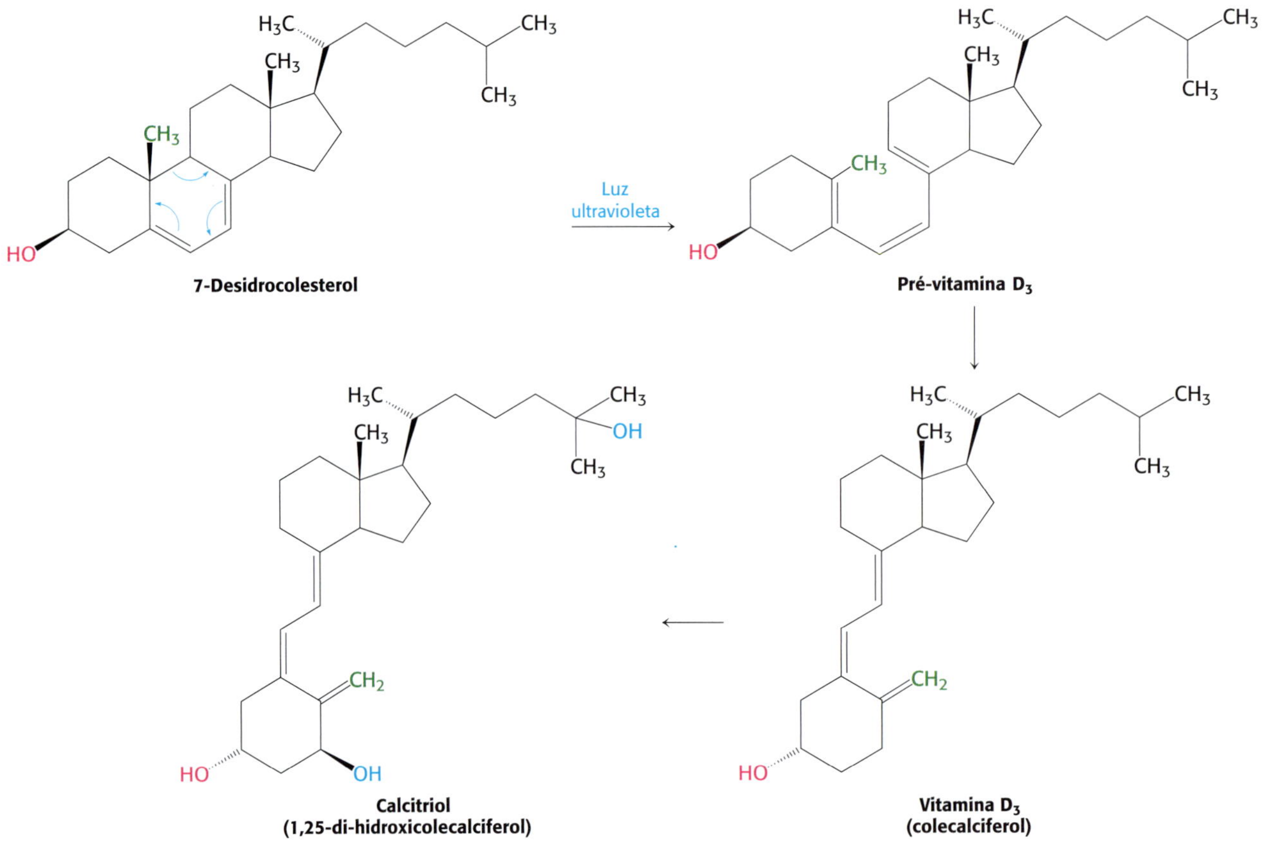


**FIGURA 26.30 Síntese de vitamina D.** Via de conversão do 7-desidrocolesterol em vitamina $D_3$ e, a seguir, em calcitriol, o hormônio ativo.

O *7-desidrocolesterol* (provitamina $D_3$) *é fotolisado pela luz ultravioleta do sol a pré-vitamina* $D_3$, *que sofre isomerização espontânea a vitamina* $D_3$ (Figura 26.30). A vitamina $D_3$ (colecalciferol) é convertida em *calcitriol* (1,25-di-hidroxicolecalciferol), o hormônio ativo, por reações de hidroxilação no fígado e nos rins. Embora não seja um esteroide, a vitamina D atua de modo análogo. Ela liga-se a um receptor estruturalmente semelhante aos receptores de esteroides para formar um complexo que atua como um fator de transcrição regulando a expressão gênica.

A deficiência de vitamina D na infância produz *raquitismo,* uma doença caracterizada por calcificação inadequada das cartilagens e dos ossos. O raquitismo era tão comum na Inglaterra do século XVII que foi designado como "doença infantil dos ingleses". O 7-desidrocolesterol na pele dessas crianças não era fotolisado a pré-vitamina $D_3$ porque havia pouca luz solar por muitos meses durante o ano. Além disso, a sua alimentação fornecia pouca vitamina D, visto que a maioria dos alimentos de ocorrência natural tem baixo conteúdo dessa vitamina. Os óleos de fígado de peixe representam uma notável exceção. O óleo de fígado de bacalhau, odiado por gerações de crianças em virtude de seu sabor desagradável, era utilizado no passado como fonte rica em vitamina D. Hoje em dia, as fontes alimentares mais confiáveis de vitamina D são os alimentos enriquecidos. Por exemplo, o leite é enriquecido até um nível de 400 unidades internacionais por litro (10 μg por litro). O aporte diário recomendado de vitamina D é de 200 unidades internacionais até os 50 anos de idade, quando essa dose aumenta com a idade. Nos adultos, a deficiência de vitamina D leva a um amolecimento e a um enfraquecimento dos ossos, condição denominada *osteomalacia.* A ocorrência de osteomalacia em mulheres muçulmanas, que se vestem de modo que apenas os olhos sejam expostos à luz solar, constitui uma notável advertência de que a vitamina D é necessária para os adultos, assim como para as crianças.

As pesquisas realizadas nestes últimos anos indicam que a vitamina D pode desempenhar papel bioquímico muito mais amplo do que a simples regulação do metabolismo ósseo. Os músculos parecem constituir um alvo para a ação da vitamina D. Nos músculos, a vitamina D dá sinais de que afeta diversos processos bioquímicos, cujo efeito final consiste em aumento do desempenho muscular. Os estudos realizados também sugerem que a vitamina D impede o desenvolvimento de doença cardiovascular, diminui a incidência de uma variedade de cânceres e protege contra doenças autoimunes, entre estas o diabetes melito. Além disso, a deficiência de vitamina D parece ser mais comum do que se pensava. Nos EUA, 75% dos negros e muitos hispânicos e asiáticos apresentam níveis sanguíneos insuficientes de vitamina D. Essa pesquisa recente sobre a vitamina D mostra mais uma vez a natureza dinâmica das investigações bioquímicas. A vitamina D, cujo papel bioquímico se acreditava estar bem estabelecido, oferece agora novas fronteiras de pesquisa biomédica.

## Unidades de cinco carbonos são unidas para formar grande variedade de biomoléculas

A síntese de esqualeno ($C_{30}$) a partir do isopentenil pirofosfato ($C_5$) exemplifica um mecanismo fundamental utilizado na montagem de esqueletos de carbono de biomoléculas. *Um conjunto notável de compostos é formado a partir do isopentenil pirofosfato, o bloco de construção básico de cinco carbonos.* Os aromas de muitas plantas são produzidos por compostos $C_{10}$ e $C_{15}$ voláteis, denominados *terpenos*. Por exemplo, o mirceno ($C_{10}H_{16}$) das folhas de louro consiste em duas unidades isopreno, assim como o limoneno ($C_{10}H_{15}$) do óleo de limão (Figura 26.31). O zingibereno ($C_{15}H_{24}$), do óleo de gengibre, é constituído de três unidades isopreno. Alguns terpenos, como o geraniol dos gerânios e o mentol do óleo de hortelã, são alcoóis, enquanto outros, como o citronelal, são aldeídos. A *borracha natural* é um polímero linear de unidades *cis*-isopreno.

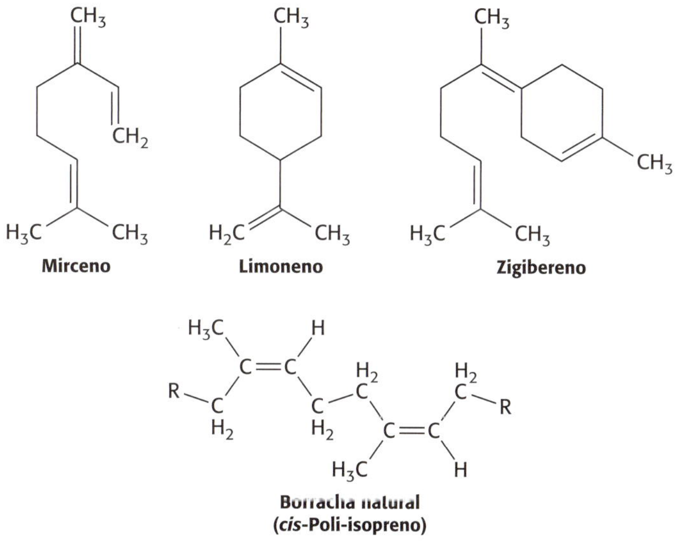


**FIGURA 26.31** Fórmulas de alguns isoprenoides.

Já encontramos várias moléculas que contêm cadeias laterais isoprenoides. A *cadeia lateral* de hidrocarbonetos $C_{30}$ *da vitamina K*, uma molécula essencial no processo de coagulação (ver Capítulo 10) é constituída de seis unidades $C_5$. A *coenzima* $Q_{10}$ na cadeia respiratória mitocondrial (ver Capítulo 18) possui uma cadeia lateral constituída de 10 unidades isopreno. Outro exemplo é a *cadeia lateral fitol da clorofila* (ver Capítulo 19), formada por quatro unidades isopreno. Convém lembrar também que algumas proteínas são direcionadas para as membranas pela ligação covalente de uma unidade farnesil ($C_{15}$) modificada a seu resíduo de cisteína carboxiterminal (ver Capítulo 12).

Os isoprenoides podem encantar pelas suas cores, bem como pelo seu aroma. Com efeito, os isoprenoides podem ser considerados como moléculas sensuais! A cor dos tomates e das cenouras provém dos *carotenoides*, especificamente do *licopeno* e do betacaroteno, respectivamente. Esses compostos absorvem a luz, uma vez que eles contêm redes extensas de ligações simples e duplas ligações – isto é, são *polienos*. Seus esqueletos de carbono $C_{40}$ são construídos pela adição sucessiva de unidades $C_5$ para formar *geranilgeranil pirofosfato, um intermediário* $C_{20}$ que, em seguida, condensa-se pelas suas caudas com outra molécula de geranilgeranil pirofosfato. Essa via de biossíntese é igual àquela do esqualeno, exceto que ocorrem montagem e condensação de unidades $C_{20}$, em vez de $C_{15}$.

**Os perfumes, as cores e os sons se transfundem.**

–Charles Baudelaire
Poeta francês 1821–1867
*Correspondências*

$$C_5 \longrightarrow C_{10} \longrightarrow C_{15} \longrightarrow C_{30} \text{ (Esqualeno)}$$

$$C_5 \longrightarrow C_{10} \longrightarrow C_{15} \longrightarrow C_{20} \longrightarrow C_{40} \text{ (Fitoeno)}$$

O fitoeno, o produto de condensação $C_{40}$, é desidrogenado para produzir licopeno. A ciclização de ambas as extremidades do licopeno resulta em betacaroteno (Figura 26.32). Os carotenoides atuam como moléculas coletoras de luz em complexos fotossintéticos e também desempenham um papel na proteção de bactérias contra os efeitos deletérios da luz. Os carotenoides também são essenciais para a visão. O betacaroteno é o precursor do retinal, o cromóforo presente em todos os pigmentos visuais conhecidos (ver seção 34.3, no Capítulo 34, disponível no material suplementar *online*). Há também evidências de que os isoprenoides ajudam a modular a resposta inflamatória, e uma redução em determinados isoprenoides pode resultar em inflamação (ver Estratégias para Resolução da Questão, no Apêndice). *Esses exemplos ilustram o papel fundamental do isopentenil pirofosfato na montagem dos extensos esqueletos de carbono das biomoléculas. É também evidente que os isoprenoides são onipresentes na natureza e desempenham diversas funções significativas.*

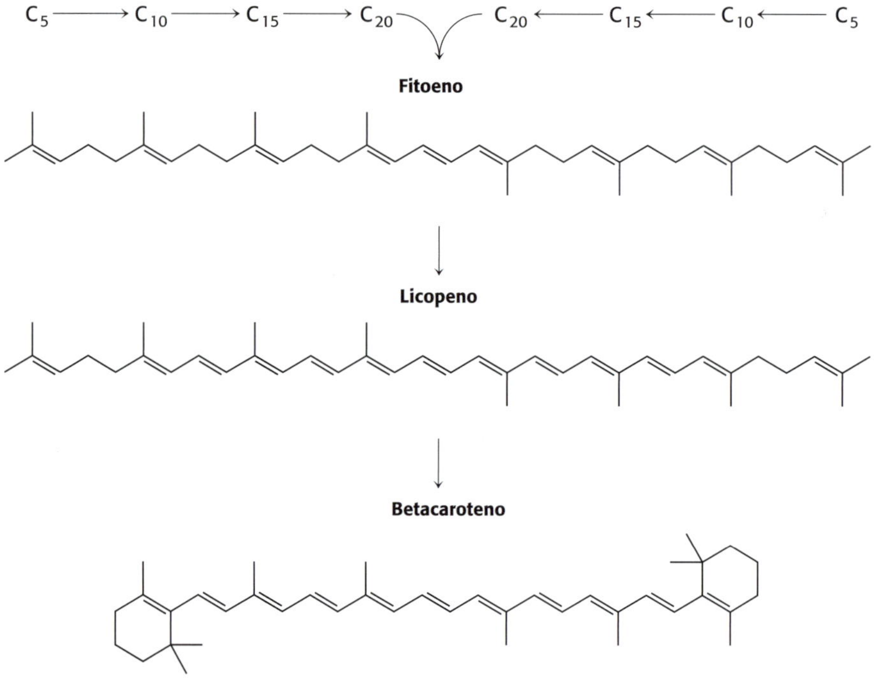


**FIGURA 26.32** Síntese de isoprenoides $C_{40}$.

## Alguns isoprenoides possuem aplicações industriais

O farneseno é um isoprenoide que tem o potencial de atender a uma ampla variedade de necessidades práticas (Tabela 26.2).

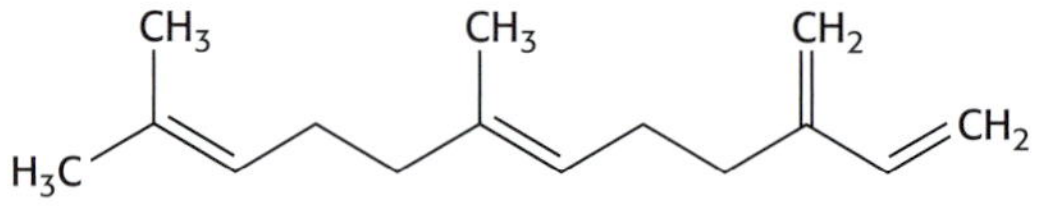


**Farneseno**

Entretanto, para atender a esses usos potenciais de modo econômico, é preciso produzir grandes quantidades de farneseno.

Para solucionar o problema do farneseno barato e prontamente acessível, pesquisadores da empresa de biotecnologia Amyris começaram com o organismo modelo *Saccharomyces cerevisiae* – a levedura do pão. Em seguida, utilizando as técnicas genéticas discutidas no Capítulo 5,

**TABELA 26.2** Usos do farneseno e de seus derivados.

| |
|---|
| Como biocombustível de alta densidade de energia |
| Como selantes e adesivos |
| Como solventes e lubrificantes |
| Para fazer pneus de automóveis que possibilitam melhor quilometragem por litro de combustível e aderência em estrada molhada |
| Como componente de cosméticos |
| Na fabricação de aromas e fragrâncias |

introduziram genes para quatro enzimas que não eram nativas da levedura. Esses genes permitiram que a levedura passasse a fermentar o xarope da cana-de-açúcar em farneseno, secretando-o em seguida. O farneseno secretado tem uma pureza de 93%, e a sua destilação aumenta a pureza para 98%. Esse processo pode ser amplificado para níveis industriais, gerando, assim, uma biomolécula versátil e renovável com uma variedade de aplicações. O exemplo mostra que, para utilizar a bioquímica de maneira útil, importante e interessante, você não precisa estar em uma universidade ou em uma escola de medicina. Na verdade, a extensão da utilidade da bioquímica é limitada apenas pelo que nós imaginamos.

## RESUMO

### 26.1 O fosfatidato é um intermediário comum nas sínteses de fosfolipídios e de triacilgliceróis

O fosfatidato é formado por acilações sucessivas do glicerol 3-fosfato pela acil-CoA. A hidrólise de seu grupo fosforila, seguida de acilação, produz um triacilglicerol. O CDP-diacilglicerol, o intermediário ativado na síntese *de novo* de vários fosfolipídios, é formado a partir do fosfatidato e do CTP. A unidade fosfatidil ativada é então transferida para o grupo hidroxila de um álcool polar, como o inositol, formando então um fosfolipídio, como o fosfatidilinositol. Nos mamíferos, a fosfatidiletanolamina é formada pela CDP etanolamina e pelo diacilglicerol. A fosfatidiletanolamina é metilada pela *S*-adenosilmetionina para formar fosfatidilcolina. Nos mamíferos, esse fosfoglicerídio também pode ser sintetizado por uma via que utiliza a colina da alimentação. A CDP-colina é o intermediário ativado dessa via.

Os esfingolipídios são sintetizados a partir da ceramida, que é formada pela acilação da esfingosina. Os gangliosídios são esfingolipídios que contêm uma unidade oligossacarídica que apresenta pelo menos um resíduo de *N*-acetilneuraminato ou um ácido siálico relacionado. Eles são sintetizados pela adição sequencial de açúcares ativados, como UDP-glicose, à ceramida.

### 26.2 O colesterol é sintetizado a partir de acetil-coenzima A em três estágios

O colesterol é um esteroide componente das membranas animais e um precursor dos hormônios esteroides. A etapa de comprometimento em sua síntese é a formação de mevalonato a partir da 3-hidroxi-3-metilglutaril-CoA (derivada da acetil-CoA e da acetoacetil-CoA). O mevalonato é convertido em isopentenil pirofosfato ($C_5$), que se condensa com o seu isômero, o dimetilalil pirofosfato ($C_5$), formando então geranil pirofosfato ($C_{10}$). A adição de uma segunda molécula de isopentenil pirofosfato produz farnesil pirofosfato ($C_{15}$), que se condensa com outra molécula de farnesil pirofosfato para formar o esqualeno ($C_{30}$). Esse intermediário cicliza o lanosterol ($C_{30}$), que é modificado para produzir colesterol ($C_{27}$).

### 26.3 A complexa regulação da biossíntese de colesterol ocorre em vários níveis

No fígado, a síntese de colesterol é regulada por alterações na quantidade e na atividade da 3-hidroxi-3-metilglutaril-CoA redutase. A transcrição do gene, a tradução do mRNA e a degradação da enzima são estritamente controladas. Além disso, a atividade de redutase é regulada por fosforilação.

Os triacilgliceróis exportados pelo intestino são transportados por quilomícrons e, a seguir, hidrolisados por lipases que revestem os capilares dos tecidos-alvo. O colesterol e outros lipídios em quantidades acima das necessárias para o fígado são exportados na forma de lipoproteínas de densidade muito baixa. Após liberar o seu conteúdo de triacilgliceróis no tecido adiposo e em outros tecidos periféricos, a VLDL é convertida em lipoproteína de densidade intermediária e, a seguir, em lipoproteína de baixa densidade. As IDLs e as LDLs transportam ésteres de colesteril, principalmente o colesteril linoleato. O fígado e as células de tecidos periféricos captam a LDL por endocitose mediada por receptor. O receptor de LDL, uma proteína integral da membrana plasmática da célula-alvo, liga-se à LDL e medeia a sua entrada na célula. A ausência do receptor de LDL na forma homozigota da hipercolesterolemia familiar leva a níveis plasmáticos acentuadamente elevados de colesterol LDL e ao depósito de colesterol nas paredes dos vasos sanguíneos, o que, por sua vez, pode resultar em ataques cardíacos na infância. As lipoproteínas de alta densidade transportam o colesterol dos tecidos periféricos para o fígado.

### 26.4 Compostos bioquímicos importantes são sintetizados a partir do colesterol e do isopreno

Além dos sais biliares, que facilitam a digestão dos lipídios, cinco classes importantes de hormônios esteroides têm a sua origem a partir do colesterol: os progestógenos, os glicocorticoides, os mineralocorticoides, os androgênios e os estrogênios. As hidroxilações por mono-oxigenases do citocromo P450 que utilizam NADPH e $O_2$ desempenham importante papel nas sínteses de hormônios esteroides e de sais biliares a partir do colesterol. As enzimas do citocromo P450, que representam uma grande superfamília, também participam na desintoxicação de fármacos e outras substâncias estranhas.

A pregnenolona ($C_{21}$) é um intermediário essencial na síntese de esteroides. Esse esteroide é formado pela cisão da cadeia lateral do colesterol. A progesterona ($C_{21}$), que é sintetizada a partir da pregnenolona, é o precursor do cortisol e da aldosterona. A hidroxilação da progesterona e a clivagem de sua cadeia lateral produzem a androstenediona, um androgênio ($C_{19}$). Os estrogênios ($C_{18}$) são sintetizados a partir dos androgênios pela perda de um grupo metila angular e pela formação de anel A aromático. A vitamina D, que é importante no controle do metabolismo do cálcio e do fósforo, é formada a partir de um derivado do colesterol pela ação da luz.

Além do colesterol e seus derivados, um notável conjunto de biomoléculas é sintetizado a partir do isopentenil pirofosfato, o bloco de construção básico de cinco carbonos. As cadeias laterais de hidrocarboneto da vitamina K, a coenzima Q e a clorofila são cadeias extensas construídas a partir dessa unidade $C_5$ ativada. Muitas proteínas são direcionadas para membranas por grupos prenila, que derivam desse intermediário ativado.

## APÊNDICE

# Bioquímica em foco

### As ceramidas em excesso podem causar insensibilidade à insulina

Sabemos que o excesso de colesterol desempenha um papel nas doenças cardiovasculares (p. 878). Aprendemos também que as ceramidas podem promover o crescimento de tumores. Pesquisas recentes sugerem que a ceramida poderia ser o "novo colesterol", visto que ela favorece o desenvolvimento de várias doenças metabólicas, inclusive a resistência à insulina. Como veremos no Capítulo 27, a resistência à insulina – a incapacidade de responder à insulina – frequentemente resulta em diabetes melito tipo 2.

Uma característica fundamental da obesidade consiste no acúmulo de lipídios em tecidos que não são apropriados para o armazenamento de lipídios, como o fígado e os músculos. Muitos tipos de lipídios acumulam-se com o consumo excessivo de calorias, porém as ceramidas estão entre as mais deletérias, visto que foram implicadas no desenvolvimento da resistência à insulina. Em geral, as ceramidas não são encontradas na dieta, porém são sintetizadas a partir das gorduras da dieta, notavelmente ácidos graxos saturados. Nos indivíduos obesos, são encontradas ceramidas em quantidades excessivas nos músculos, nas células β do pâncreas e no fígado.

Como uma alta concentração de ceramidas poderia resultar em resistência à insulina? Embora os detalhes ainda não estejam esclarecidos, acredita-se que a ceramida atua de diversas maneiras. A ceramida estimula a importação de ácidos graxos, o que leva ao acúmulo de lipídios. Além disso, a ceramida ativa uma proteína fosfatase que inibe as proteínas quinases que são necessárias para a ação da insulina. Em outras palavras, na presença de ceramida em excesso, as células tornam-se resistentes à insulina. A incapacidade da insulina de mobilizar os lipídios leva a um acúmulo ainda maior de lipídios nos músculos e no fígado.

Curiosamente, em camundongos, foi constatado que um hormônio secretado pelo tecido adiposo, denominado adiponectina (ver seção 27.2), reduz os níveis celulares e sanguíneos de ceramidas. A adiponectina atua pela sua ligação a um receptor inserido na membrana nos tecidos-alvo. A ligação da adiponectina a seu receptor ativa uma atividade de ceramidase que é inerente no receptor. A ceramidase converte as ceramidas em esfingosina, bloqueando, assim, os efeitos patológicos da ceramida.

# APÊNDICE

## Estratégias para resolução da questão

**QUESTÃO:** A deficiência de mevalonato quinase, também denominada acidúria mevalônica, é um raro distúrbio causado por mutação em um gene que codifica a enzima mevalonato quinase. A mevalonato quinase catalisa a formação de 5-fosfomevalonato a partir do mevalonato. A deficiência de mevalonato quinase caracteriza-se por defeitos anatômicos congênitos, comprometimento psicomotor, ataxia, convulsões, hepatomegalia e inflamação de linfonodos. São encontradas altas concentrações de mevalonato no sangue e na urina. O espectro de patologias varia de acordo com a quantidade de atividade enzimática residual.

**(a)** Explique por que há um excesso de mevalonato no sangue e na urina.

**(b)** Qual seria o efeito da deficiência enzimática sobre a síntese de colesterol?

**(c)** Como o nível de atividade da HMG-CoA redutase poderia ser alterado pela deficiência enzimática?

**(d)** Sugira qual poderia ser a verdadeira causa das várias patologias que caracterizam a deficiência de mevalonato quinase.

**SOLUÇÃO:** Como de costume, iremos dividir a questão em uma série de perguntas menores.

▶ **O mevalonato é um componente de qual via bioquímica?**

Se você não lembrar, consulte a Figura 26.9. Você verá então que o mevalonato é um intermediário inicial nas sínteses de colesterol e de isoprenoides.

Agora, recorrendo a toda a sua perspicácia em bioquímica, responda à seguinte questão:

▶ **Qual é a reação catalisada pela mevalonato quinase (a "estrela" da questão que estamos dissecando)?**

Com o seu nível de conhecimento, você pode dizer que essa enzima fosforila o mevalonato para formar 5-fosfomevalonato. Ou você pode simplesmente escrever a equação.

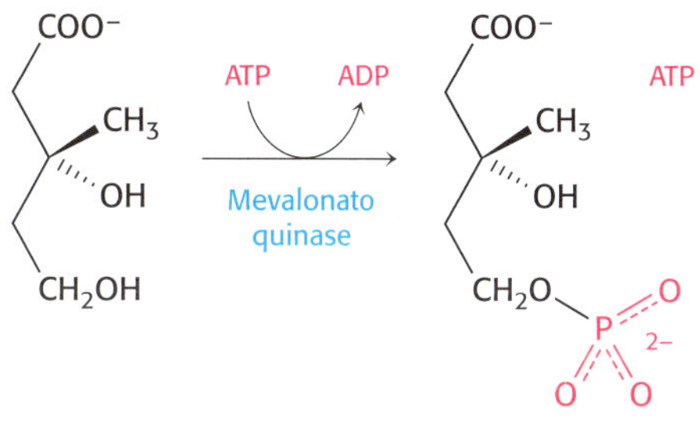


**Mevalonato** **5-Fosfomevalonato**

Uma vez estabelecidos alguns parâmetros, resolvemos agora a parte (a).

▶ **Por que há excesso de mevalonato no sangue e na urina?**

Se o mevalonato não pode ser metabolizado, ele se acumula e, por fim, deixa os tecidos e aparece no sangue e na urina.

▶ **Qual seria o efeito da ausência de 5-fosfomevalonato sobre as sínteses de colesterol e de isoprenoides?**

O 5-fosfomevalonato é um bloco de construção fundamental para o colesterol e os isoprenoides. Ausência de 5-fosfomevalonato = ausências de colesterol e de isoprenoides.

Passemos agora para a pergunta (c).

▶ **Qual é o papel da HMG-CoA redutase nas sínteses de colesterol e de isoprenoides?**

A HMG-CoA redutase catalisa a etapa limitante de velocidade na biossíntese de colesterol.

Lembre-se dos princípios da regulação do colesterol.

▶ **Se a concentração de colesterol estiver baixa, como uma célula que necessita de colesterol poderia responder?**

A resposta seria um aumento na atividade e na quantidade de HMG-CoA redutase para aumentar a concentração de mevalonato. Entretanto, essa tática não teria nenhuma utilidade, visto que, na ausência de quinase, simplesmente haveria maior liberação de mevalonato dos tecidos.

E quanto à parte (d)?

▶ **A ausência de mevalonato quinase causará alterações nas concentrações de várias biomoléculas. Como essas concentrações alteradas poderiam explicar os sintomas da deficiência de mevalonato quinase?**

Esta é uma questão interessante e que ainda não tem uma resposta definitiva. A resposta mais óbvia seria uma quantidade excessiva de mevalonato e/ou uma quantidade insuficiente de colesterol. Entretanto, lembre-se de que muitos isoprenoides também estarão ausentes devido à deficiência. Pesquisas recentes indicam que a falta de isoprenoides específicos pode constituir a causa das patologias. Naturalmente, a resposta também poderia ser "todas as alternativas anteriores".

## PALAVRAS-CHAVE

fosfatidato
triacilglicerol
fosfolipídio
citidina difosfodiacilglicerol (CDP-diacilglicerol)
esfingolipídio
ceramida
cerebrosídio
gangliosídio
colesterol
mevalonato
3-hidroxi-3-metilglutaril-CoA redutase (HMG-CoA redutase)
3-isopentenil pirofosfato
proteína de ligação do elemento regulador de esterol (SREBP)
partículas de lipoproteínas
lipoproteína de baixa densidade (LDL)
lipoproteína de alta densidade (HDL)
endocitose mediada por receptor
transporte reverso de colesterol
sais biliares
hormônio esteroide

## QUESTÕES

**1.** *Bloco de construção.* Todos os fosfolipídios que contêm glicerol são derivados do(a): ❶

**(a)** Ceramida

**(b)** Gangliosídio

**(c)** Mevalonato

**(d)** Fosfatidato

**2.** *Cabeça humana com corpo de leão.* Os esfingolipídios são sintetizados a partir de:

**(a)** Ceramida

**(b)** Fosfatidilserina

**(c)** Diacilglicerol

**(d)** Isopreno

**3.** *Eu sou Sam.* A síntese de fosfatidilcolina a partir da fosfatidiletanolamina exige: ❶

**(a)** Tetra-hidrofolato

**(b)** Glicina

**(c)** Colina

**(d)** *S*-Adenosilmetionina

**4.** *Na sua totalidade.* O colesterol é totalmente sintetizado a partir do(a): ❷

**(a)** Oxaloacetato

**(b)** Glicerol 3-fosfato

**(c)** Acetil-CoA

**(d)** Serina

**5.** *Um dos quatro humores.* Os sais biliares são sintetizados a partir de: ❹

**(a)** Colesterol

**(b)** Prostaglandina

**(c)** Triacilglicerol

**(d)** Ceramida

**6.** *Diferentes papéis.* Descreva os papéis do glicerol 3-fosfato, do fosfatidato e do diacilglicerol nas sínteses de triacilgliceróis e de fosfolipídios. ❶

**7.** *Suprimentos necessários.* Como o glicerol 3-fosfato necessário para a síntese de fosfatidato é produzido? ❶

**8.** *Produzindo gordura.* Escreva uma equação equilibrada para a síntese de um triacilglicerol, começando a partir do glicerol e dos ácidos graxos.

**9.** *Fazendo um fosfolipídio.* Escreva uma equação equilibrada para a síntese de fosfatidiletanolamina pela via *de novo* começando com a etanolamina, o glicerol e os ácidos graxos.

**10.** *Necessidades de ATP.* Quantas moléculas com alto potencial de transferência de fosforila são necessárias para a síntese de fosfatidiletanolamina a partir da etanolamina e do diacilglicerol? Suponha que a etanolamina seja o componente ativado. ✓❶

**11.** *Identificando diferenças.* Estabeleça a diferenciação entre a esfingomielina, um cerebrosídio e um gangliosídio.

**12.** *Vamos contar as maneiras.* Podem existir 50 maneiras de abandonar a pessoa amada; porém, em princípio, existem apenas três para produzir um fosfolipídio com glicerol. Descreva essas três vias.

**13.** *Doadores ativados.* Qual é o reagente ativado em cada uma das seguintes biossínteses?

**(a)** Fosfatidilinositol a partir do inositol

**(b)** Fosfatidiletanolamina a partir da etanolamina

**(c)** Ceramida a partir da esfingosina

**(d)** Esfingomielina a partir da ceramida

**(e)** Cerebrosídio a partir da ceramida

**(f)** Gangliosídio $G_{M1}$ a partir do gangliosídio $G_{M2}$

**(g)** Farnesil pirofosfato a partir do geranil pirofosfato

**14.** *Sem DAG, sem TAG.* Qual seria o efeito de uma mutação que diminuísse a atividade da ácido fosfatídico fosfatase? ✓❶

**15.** *Como Wilbur e Orville.* Associe cada termo à sua descrição correspondente.

**(a)** Fosfatidato
_____

**(b)** Triacilglicerol
_____

**(c)** Fosfolipídio
_____

**(d)** Esfingolipídio
_____

**(e)** Cerebrosídio
_____

**(f)** Gangliosídio
_____

**(g)** Colesterol _____

**(h)** Mevalonato
_____

**(i)** Partícula de lipoproteína _____

**(j)** Hormônio esteroide
_____

**1.** Lipídio de membrana à base de glicerol

**2.** Produto da etapa de comprometimento na síntese de colesterol

**3.** Ceramida com glicose ou galactose ligada

**4.** Forma de armazenamento dos ácidos graxos

**5.** O esqualeno é um precursor dessa molécula

**6.** Transporta colesterol e lipídios

**7.** Derivado(a) do colesterol

**8.** Precursor dos fosfolipídios e dos triacilgliceróis

**9.** Formado(a) a partir da ceramida pela fixação de fosfocolina

**10.** Ceramida com vários carboidratos ligados

**16.** *A Lei dos Três Estágios.* Quais são os três estágios necessários para a síntese de colesterol?

**17** *Muitas regulações a seguir.* Descreva de modo sucinto os mecanismos de regulação da biossíntese de colesterol. ✓❷

**18.** *Marcadores reveladores.* Qual é a distribuição do marcador isotópico no colesterol sintetizado a partir de cada um dos seguintes precursores? ✓❷

**(a)** Mevalonato marcado com $^{14}C$ em seu átomo de carbono carboxílico

**(b)** Malonil-CoA marcada com $^{14}C$ em seu átomo de carbono carboxílico

**19.** *Em excesso e muito cedo.* O que é hipercolesterolemia familiar e quais as suas causas? ✓❸

**20.** *Hipercolesterolemia familiar.* Várias classes de mutações do receptor de LDL foram identificadas como causa dessa doença. Suponha que você tenha amostras de células de pacientes com diferentes mutações, um anticorpo específico para o receptor de LDL que possa ser visualizado com um microscópio eletrônico e acesso a esse microscópio eletrônico. Que diferenças na distribuição do anticorpo você pode esperar encontrar nas células de diferentes pacientes? ✓❸

**21.** *Conversa durante o café da manhã.* Você e a sua amiga estão tomando café da manhã juntos. Enquanto está comendo, a sua amiga lê o rótulo da caixa de cereais e depara-se com a seguinte declaração: "O colesterol desempenha uma função benéfica em seu corpo produzindo células, hormônios e tecidos". Sabendo que você está estudando bioquímica, ela pergunta se isso faz sentido. O que você responde?

**22.** *Uma boa coisa.* O que são estatinas? Qual é a sua função farmacológica? ✓❸

**23.** *Excesso de uma coisa boa.* O desenvolvimento de uma "superestatina" capaz de inibir toda a atividade da HMG-CoA redutase seria um fármaco útil? Explique.

**24.** *Edição do RNA.* Uma versão encurtada (apo B-48) da apolipoproteína B é formada pelo intestino, enquanto a proteína de comprimento integral (apo B-100) é sintetizada pelo fígado. Um códon de glutamina (CAA) é modificado em um códon de terminação. Proponha um mecanismo simples para essa modificação.

**25.** *Um meio de entrada.* Descreva o processo de endocitose mediada por receptor utilizando a LDL como exemplo. ✓❸

**26.** *Inspiração para a criação de fármacos.* Algumas ações dos androgênios são mediadas pela di-hidrotestosterona, que é formada pela redução da testosterona. Esse toque final é catalisado por uma 5α-redutase dependente de NADPH (p. 884). Indivíduos do sexo masculino com cromossomos XY com um defeito genético dessa redutase nascem com um trato urogenital interno masculino, porém com genitália externa predominantemente feminina. Essas pessoas são habitualmente criadas como meninas. Na puberdade, elas se masculinizam devido à elevação dos níveis de testosterona. Os testículos desses homens com deficiência de redutase são normais, porém a próstata permanece pequena. Como essa informação poderia ser utilizada para a criação de um fármaco capaz de tratar a *hipertrofia prostática benigna*, uma consequência comum do processo de envelhecimento

normal nos homens? A maioria dos homens com mais de 55 anos de idade tem algum grau de aumento da próstata, o que leva frequentemente à obstrução urinária. ✔❹

**27.** *Idiossincrasias para medicamentos.* A debrisoquina, um agente bloqueador beta-adrenérgico, tem sido utilizada no tratamento da hipertensão. A dose ideal varia acentuadamente (20 a 400 mg/dia) em uma população de pacientes. A urina da maioria dos pacientes em uso do medicamento contém um nível elevado de 4-hidroxidebrisoquina. Todavia, os mais sensíveis ao fármaco (cerca de 8% do grupo estudado) excretam a debrisoquina e uma quantidade muito pequena do derivado 4-hidroxi. Proponha uma base molecular para essa idiossincrasia para o medicamento. Por que é preciso ter cautela ao prescrever outros medicamentos a pacientes que são muito sensíveis à debrisoquina?

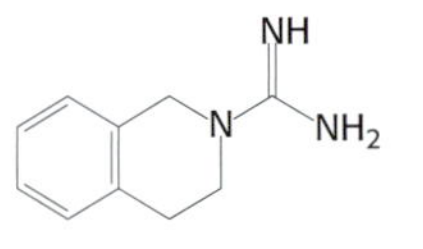

**Debrisoquina**

**28.** *Remoção de substâncias odorantes.* Muitas moléculas odorantes são altamente hidrofóbicas e concentram-se no epitélio olfatório. Independentemente de sua concentração no ambiente, produziriam um sinal persistente, se não fossem rapidamente modificadas. Proponha um mecanismo para converter substâncias odorantes hidrofóbicas em derivados hidrossolúveis passíveis de rápida eliminação. ✔❹

**29.** *Dificuldades de desenvolvimento.* Propecia (finasterida) é um esteroide sintético que funciona como inibidor competitivo e específico da 5α-redutase (p. 884), a enzima responsável pela síntese de di-hidrotestosterona a partir da testosterona. ✔❹

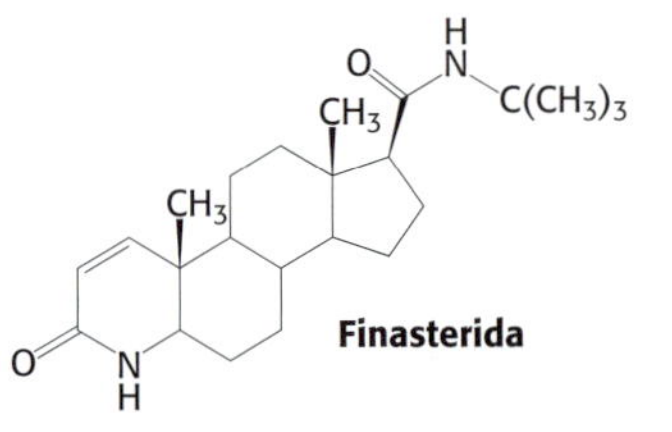

**Finasterida**

Além de seu uso como tratamento da hipertrofia prostática benigna (questão 26), a finasterida é amplamente utilizada para retardar o desenvolvimento do padrão masculino de queda de cabelo. As mulheres grávidas são aconselhadas a evitar a manipulação desse medicamento. Por que é de importância vital que as gestantes evitem qualquer contato com a Propecia?

**30.** *Consequências do estilo de vida.* Os seres humanos e a planta *Arabidopsis* evoluíram a partir do mesmo ancestral distante que possuía um pequeno número de genes do citocromo P450. Os seres humanos apresentam aproximadamente 50 desses genes, enquanto a *Arabidopsis* tem mais de 250. Proponha um papel para o grande número de isoenzimas P450 nas plantas.

**31.** *Medicamento personalizado.* O sistema do citocromo P450 metaboliza numerosos fármacos clinicamente úteis.

Embora todos os seres humanos tenham o mesmo número de genes para o sistema do citocromo P450, existem polimorfismos individuais que alteram a especificidade e a eficiência das proteínas codificadas pelos genes. Como o conhecimento dos polimorfismos individuais poderia ser clinicamente útil?

**32.** *Crise das abelhas.* Em 2006, houve uma súbita e inesperada extinção de colônias de abelhas em todos os EUA. A mortandade causou grande impacto econômico porque um terço da alimentação humana provém de plantas polinizadas por insetos, e as abelhas são responsáveis por 80% da polinização. Em outubro de 2006, foi divulgada a sequência do genoma das abelhas. Curiosamente, foi constatado que o genoma contém um número bem menor de genes do citocromo P450 do que os genomas de outros insetos. Sugira como a extinção das abelhas e a escassez de genes do citocromo P450 podem estar relacionadas.

**33.** *Enzima ausente.* A hiperplasia suprarrenal congênita é uma condição potencialmente fatal que resulta da deficiência de uma enzima P450, a esteroide 21-hidroxilase. Essa enzima catalisa a primeira etapa na conversão da progesterona em cortisol e aldosterona (ver Figuras 26.28 e 26.29). Uma característica da hiperplasia suprarrenal congênita consiste em aumento na produção de hormônios sexuais. Explique por que isso ocorre. ✔❹

**34.** *Deixe o sol brilhar.* Em nível bioquímico, a vitamina D funciona como um hormônio esteroide (ver Capítulo 32). Por conseguinte, é algumas vezes designada como um esteroide honorário. Por que a vitamina D não é um verdadeiro esteroide? ✔❹

## Questões sobre mecanismo

**35.** *Interferência de um fosfato.* Durante a reação global catalisada pela HMG-CoA redutase, um resíduo de histidina protona um tiolato de coenzima A, CoA–S⁻, gerado em uma etapa anterior. ✔❸

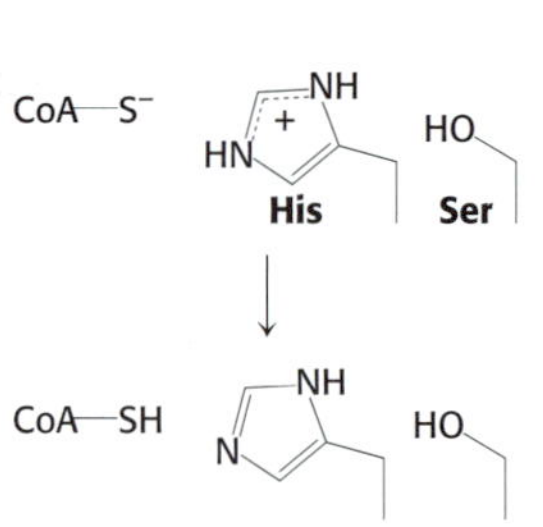

Um resíduo de serina próximo pode ser fosforilado por uma quinase ativada por AMP, resultando em perda da atividade. Proponha uma explicação para a inibição da atividade da enzima pela fosforilação do resíduo de serina.

**36.** *Desmetilação.* Com frequência, as metilaminas são desmetiladas por enzimas do citocromo P450. Proponha um mecanismo para a formação de metilamina a partir de dimetilamina catalisada pelo citocromo P450. Qual é o outro produto?

## Questões | Integração de capítulos

**37.** *Semelhanças.* Compare o papel do CTP na síntese de fosfoglicerídios com o papel do UTP na síntese de glicogênio.

**38.** *Segure firme ou você poderá ser atirado ao citoplasma.* Muitas proteínas são modificadas pela ligação covalente de uma unidade farnesil ($C_{15}$) ou geranilgeranil ($C_{20}$) ao resíduo de cisteína carboxiterminal da proteína. Sugira por que essa modificação pode ocorrer.

**39.** *Bifurcação na estrada.* A 3-hidroxi-3-metilglutaril-CoA encontra-se na via de biossíntese do colesterol. É também componente de outra via. Cite essa via. O que determina a via seguida pela 3-hidroxi-3-metilglutaril-CoA?

**40.** *Exige ser sócio do clube.* Como o metabolismo da metionina está relacionado com a síntese de fosfatidilcolina?

**41.** *Resistência a drogas.* O diclorofeniltricloroetano (DDT) é um potente inseticida, raramente utilizado hoje em dia devido a seus efeitos sobre outras formas de vida. Nos insetos, o DDT compromete a função dos canais de sódio, levando à morte. Os mosquitos desenvolveram resistência ao DDT e a outros inseticidas que atuam de maneira semelhante. Sugira dois mecanismos pelos quais pode ocorrer desenvolvimento de resistência ao DDT.

**42.** *Necessidades de ATP.* Explique como a síntese de colesterol depende da atividade da ATP-citrato liase.

## Questão | Integração de capítulos e interpretação de dados

**43.** *Alimentação com colesterol.* Camundongos foram distribuídos em quatro grupos, dois dos quais receberam alimentação normal, enquanto os outros dois tiveram uma alimentação rica em colesterol. Em seguida, o mRNA e a proteína HMG-CoA redutase do fígado foram isolados e quantificados. O gráfico A mostra os resultados do isolamento do mRNA.

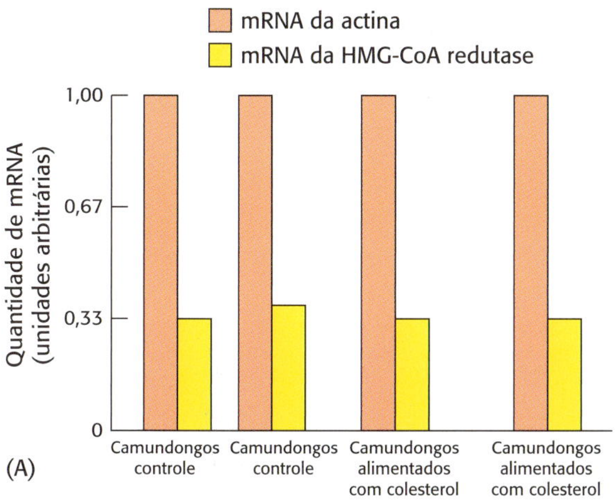


**(a)** Qual é o efeito da alimentação com colesterol sobre a quantidade de mRNA da HMG-CoA redutase?

**(b)** Qual é o propósito de isolar também o mRNA para a proteína actina, que não está sob o controle do elemento regulador de esterol?

A proteína HMG-CoA redutase foi isolada por precipitação com anticorpo monoclonal dirigido contra a HMG-CoA redutase. A quantidade de proteínas HMG-CoA em cada grupo é mostrada no gráfico B.

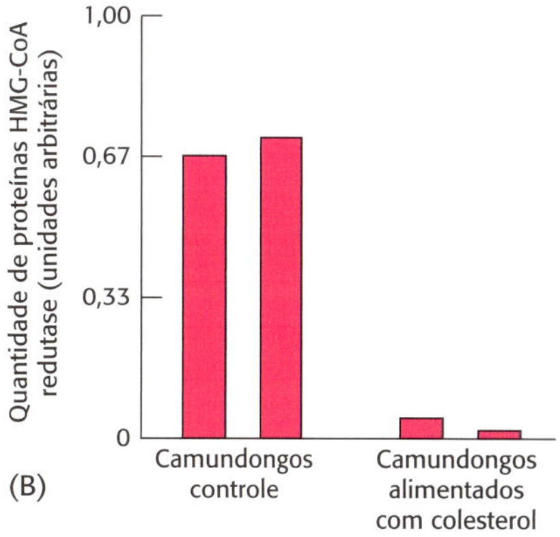


**(c)** Qual é o efeito da alimentação com colesterol sobre a quantidade de proteínas HMG-CoA?

**(d)** Por que esse resultado é surpreendente à luz dos resultados observados no gráfico A?

**(e)** Sugira possíveis explicações para os resultados apresentados no gráfico B.

**44.** *Doença de Gaucher.* A doença de Gaucher, a mais comum das doenças de depósito lisossômico nos seres humanos, é causada por mutações no gene que codifica a glicocerebrosidase (GCase), a enzima lisossômica que degrada os glicocerebrosídios. Dependendo da gravidade da doença e do indivíduo afetado, a doença apresenta uma variedade de sintomas. Gêmeos idênticos podem exibir níveis muito diferentes de gravidade. Os sintomas consistem em dor óssea, hepatomegalia, fadiga excessiva e incapacidades cognitivas.

Para compreender melhor a doença, pesquisadores realizaram uma série de experimentos para caracterizar a natureza do defeito enzimático. Foram obtidas células de um indivíduo sem a doença (controle), bem como de um paciente com a doença (DG). As células foram cultivadas, a enzima foi isolada e a atividade enzimática de 10 μg em cada amostra foi medida (Figura A).

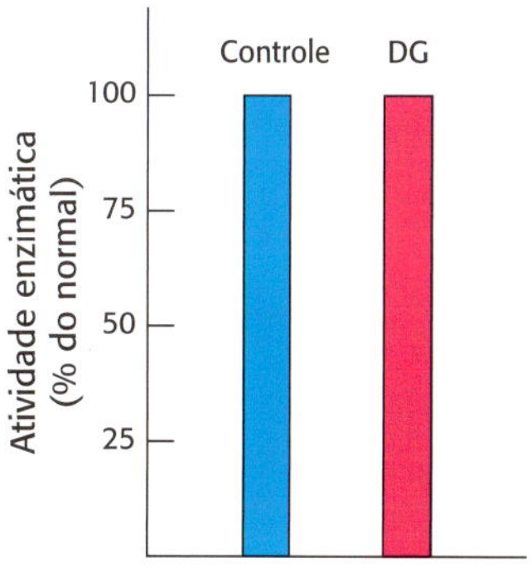


(A)

Dados de J. Lu, *Proc. Natl. Acad. Sci. U.S.A.* 107:21665–21670, 2012.

**(a)** O que os resultados mostram sobre a atividade catalítica da enzima nas células com DG? Por que esses resultados foram surpreendentes para os pesquisadores?

Mais uma vez, foram realizadas culturas celulares, e foram obtidos extratos celulares das amostras de controle e de pacientes com DG. Foi tomado o devido cuidado para assegurar-se o uso do mesmo número de células em ambas as extrações. Foi realizado um *Western blot* com anticorpos anti-GCase nos extratos celulares, e os resultados obtidos são mostrados na Figura B.

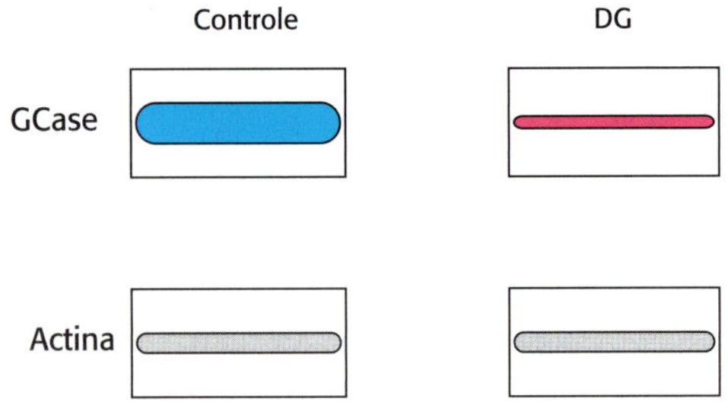


(B)

Dados de J. Lu, *Proc. Natl. Acad. Sci. U.S.A.* 107:21665–21670, 2012.

**(b)** Forneça duas explicações possíveis para os resultados apresentados na Figura B. Por que foi crucial assegurar que o extrato fosse preparado a partir do mesmo número de células? Qual foi o propósito de incluir o *Western blot* da actina?

**(c)** Em seguida, os pesquisadores mediram a quantidade de mRNA na enzima tanto nas células de controle quanto nas células com DG. A quantidade de mRNA foi idêntica nas duas amostras. Fundamentando-se nessa informação, reinterprete os resultados mostrados na Figura B.

Em seguida, células dos indivíduos de controle e dos pacientes com DG foram cultivadas na presença e na ausência de um potente inibidor do proteassomo. A quantidade de GCase foi determinada utilizando-se *Western blot*. Os resultados são apresentados na Figura C.

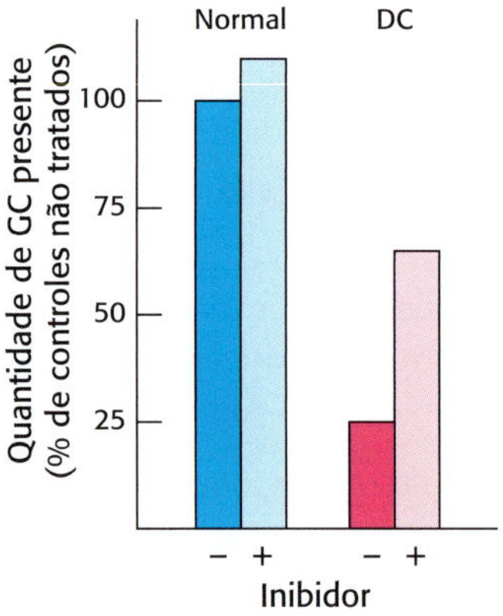


(C)

Dados de J. Lu, *Proc. Natl. Acad. Sci. U.S.A.* 107:21665–21670, 2012.

**(d)** Sugira a natureza do defeito na enzima da DG. Qual é a importância do aumento da atividade da enzima na célula normal observado na presença do inibidor?

## Questões para discussão

**45.** Explique a regulação do metabolismo dos lipídios.

**46.** Descreva a importância biológica do colesterol.

**47.** Explique a importância bioquímica dos componentes da via de biossíntese do colesterol.

# A Integração do Metabolismo

CAPÍTULO 27

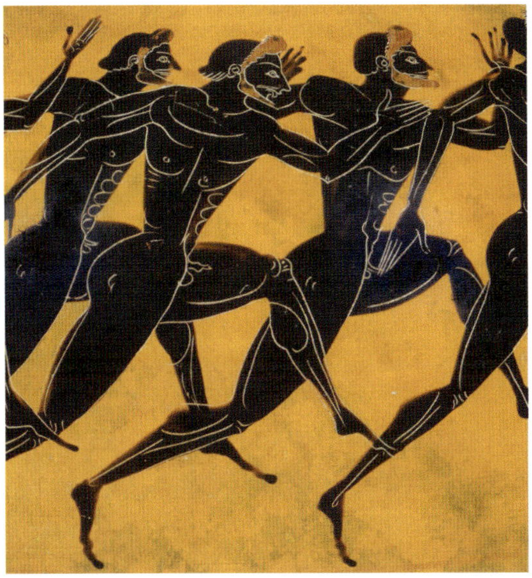

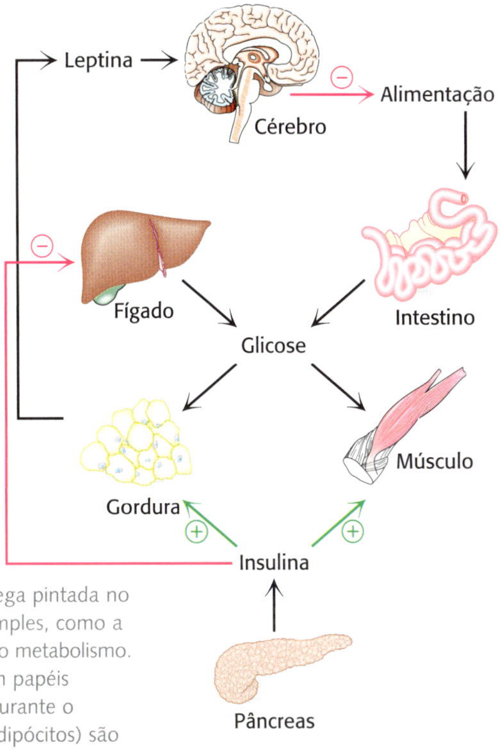


A imagem acima mostra um detalhe de corredores em uma ânfora grega pintada no século VI a.C. Façanhas atléticas, bem como outras aparentemente simples, como a manutenção dos níveis de glicemia, exigem uma integração elaborada do metabolismo. O esquema apresentado à direita mostra os órgãos que desempenham papéis essenciais na integração metabólica que regula os níveis de glicemia durante o exercício físico e em repouso. A insulina e a leptina (secretada pelos adipócitos) são dois dos hormônios que modulam as vias metabólicas de órgãos em todo o corpo, de modo que haja energia adequada disponível para atender às demandas da vida. [(*À esquerda*) Pintor Eufileto (século VI a.C.), ânfora panatenaica para prêmio, cerca de 530 a.C. Terracotta. Altura de 62,2 cm, Grécia, Período Arcaico, Attic. Rogers Fund, 1914 (14.130.12). The Metropolitan Museum of Art, New York, NY, USA. Image copyright © The Metropolitan Museum of Art/Art Resource, NY.]

## OBJETIVOS DE APRENDIZAGEM

*Ao término do capítulo, o leitor deverá ser capaz de:*

1. Descrever a homeostasia calórica e a sua importância bioquímica.
2. Explicar a função dos neurotransmissores e dos hormônios na manutenção da homeostasia calórica.
3. Diferenciar os diabetes melito tipo 1 e tipo 2 e explicar como cada um se desenvolve.
4. Explicar como o exercício físico altera a bioquímica celular.
5. Descrever as adaptações bioquímicas à ingestão de alimentos e à inanição.
6. Explicar como o etanol altera o metabolismo no fígado.

## SUMÁRIO



Examinamos até agora a bioquímica do metabolismo descrevendo uma via de cada vez. Verificamos como a energia útil é extraída de substratos energéticos e utilizada para acionar reações de biossíntese e vias de transdução de sinais. Nos Capítulos 29 a 33, o estudo das reações de biossíntese será dedicado à síntese de ácidos nucleicos e de proteínas. Entretanto, antes disso, examinaremos, neste capítulo, as interações bioquímicas em larga escala que constituem a fisiologia dos organismos. De acordo com um tema central da vida – a manipulação da energia –, analisaremos a regulação da energia no organismo, que pode ser reduzida a uma pergunta aparentemente simples, porém na verdade muito complexa: em nível bioquímico, como um organismo sabe quando comer e quando deixar de comer? A capacidade de manter reservas de energia adequadas, porém não excessivas, é denominada *homeostasia calórica* ou *homeostasia energética*.

Em seguida, examinaremos uma perturbação significativa da homeostasia calórica – a obesidade – e como esse distúrbio fisiológico afeta a ação da insulina, levando frequentemente ao desenvolvimento de diabetes melito. Concentraremos então nossa atenção na análise bioquímica de uma das atividades mais benéficas que os seres humanos podem realizar – o exercício físico – e veremos como esse exercício atenua os efeitos do diabetes melito e como diferentes formas de exercício utilizam fontes distintas de energia.

Na extremidade oposta do espectro fisiológico da obesidade e da superalimentação, encontram-se o jejum e a inanição, e, assim, examinaremos as respostas bioquímicas a esses dois desafios. O capítulo termina com a descrição de outra perturbação energética bioquímica – o consumo excessivo de álcool.

Já estudamos casos de regulação da energia do organismo quando consideramos as ações da insulina e do glucagon. Convém lembrar que a insulina, que é secretada pelas células β do pâncreas, provoca a remoção da glicose do sangue e estimula a síntese de glicogênio e de lipídios. O glucagon, que é secretado pelas células α do pâncreas, tem efeitos opostos aos da insulina. O glucagon aumenta os níveis de glicemia ao estimular a degradação do glicogênio e a gliconeogênese. Neste capítulo, são apresentados dois outros hormônios que desempenham papéis fundamentais na homeostasia calórica. A leptina e a adiponectina, que são secretadas pelo tecido adiposo, e atuam em conjunto com a insulina para regular a homeostasia calórica.

## 27.1 A homeostasia calórica constitui um meio de regular o peso corporal

Nessa etapa de nosso estudo da bioquímica, já estamos cientes do fato de que os carboidratos e os lipídios constituem fontes de energia. Consumimos essas fontes de energia na forma de alimentos, convertemos a energia em ATP e utilizamos esse ATP para acionar nossas vidas. Como todas as transformações energéticas, o consumo e o gasto de energia são determinados pelas leis de termodinâmica. É importante lembrar que, de acordo com a Primeira Lei de Termodinâmica, a energia não pode ser criada nem destruída. Quando expressa em termos práticos de nossa alimentação,

$$\text{Energia consumida} = \text{energia gasta} + \text{energia armazenada.}$$

Essa equação simples tem sérias implicações em termos fisiológicos e para a saúde: de acordo com a Primeira Lei de Termodinâmica, se consumirmos mais energia do que a que gastamos, desenvolveremos sobrepeso ou obesidade. Em geral, a obesidade é definida como um índice de massa corporal (IMC) superior a 30 kg $m^{-2}$, enquanto o sobrepeso é definido como um IMC de mais de 25 kg $m^{-2}$ (Figura 27.1). Convém lembrar que a gordura em excesso é armazenada nos adipócitos na forma de triacilgliceróis. A quantidade de adipócitos permanece fixa no adulto, de modo que a obesidade resulta em ingurgitamento dos adipócitos. Com efeito, a célula pode aumentar de tamanho em até 1.000 vezes.

Todos devem reconhecer que muitas pessoas, particularmente nos países desenvolvidos, estão se tornando obesas ou já alcançaram esse estado. Nos EUA, a obesidade tornou-se uma epidemia, e quase 40% dos adultos e 20% dos adolescentes são classificados como obesos. A obesidade é identificada

Altura em cm

| Peso em kg | | (142) | (147) | (152) | (157) | (163) | (168) | (173) | (178) | (183) | (188) | (193) |
|---|---|---|---|---|---|---|---|---|---|---|---|---|
| 260 | (117,9) | 58 | 54 | 51 | 48 | 45 | 42 | 40 | 37 | 35 | 33 | 32 |
| 250 | (113,4) | 56 | 52 | 49 | 46 | 43 | 40 | 38 | 36 | 34 | 32 | 30 |
| 240 | (108,9) | 54 | 50 | 47 | 44 | 41 | 39 | 36 | 34 | 33 | 31 | 29 |
| 230 | (104,3) | 52 | 48 | 45 | 42 | 39 | 37 | 35 | 33 | 31 | 30 | 28 |
| 220 | (99,8) | 49 | 46 | 43 | 40 | 38 | 36 | 33 | 32 | 30 | 28 | 27 |
| 210 | (95,3) | 47 | 44 | 41 | 38 | 36 | 34 | 32 | 30 | 28 | 27 | 26 |
| 200 | (90,7) | 45 | 42 | 39 | 37 | 34 | 32 | 30 | 29 | 27 | 26 | 24 |
| 190 | (86,2) | 43 | 40 | 37 | 35 | 33 | 31 | 29 | 27 | 26 | 24 | 23 |
| 180 | (81,6) | 40 | 38 | 35 | 33 | 31 | 29 | 27 | 26 | 24 | 23 | 22 |
| 170 | (77,1) | 38 | 36 | 33 | 31 | 29 | 27 | 26 | 24 | 23 | 22 | 21 |
| 160 | (72,6) | 36 | 33 | 31 | 29 | 27 | 26 | 24 | 23 | 22 | 21 | 19 |
| 150 | (68,0) | 34 | 31 | 29 | 27 | 26 | 24 | 23 | 22 | 20 | 19 | 18 |
| 140 | (63,5) | 31 | 29 | 27 | 26 | 24 | 23 | 21 | 20 | 19 | 18 | 17 |
| 130 | (59,0) | 29 | 27 | 25 | 24 | 22 | 21 | 20 | 19 | 18 | 17 | 16 |
| 120 | (54,4) | 27 | 25 | 23 | 22 | 21 | 19 | 18 | 17 | 16 | 15 | 15 |
| 110 | (49,9) | 25 | 23 | 21 | 20 | 19 | 18 | 17 | 16 | 15 | 14 | 13 |
| 100 | (45,4) | 22 | 21 | 20 | 18 | 17 | 16 | 15 | 14 | 14 | 13 | 12 |
| 90 | (40,8) | 20 | 19 | 18 | 16 | 15 | 15 | 14 | 13 | 12 | 12 | 11 |
| 80 | (36,3) | 18 | 17 | 16 | 15 | 14 | 13 | 12 | 11 | 11 | 10 | 10 |

| | |
|---|---|
| > 30 | Obeso |
| 25–30 | Sobrepeso |
| 18,5–25 | Normal |
| <18,5 | Abaixo do peso |

$$\text{IMC} = \frac{\text{peso}}{\text{altura}^2}$$

**FIGURA 27.1 Índice de massa corporal (IMC).** O IMC de um indivíduo fornece um indicador confiável de obesidade na maioria das pessoas. [Dados obtidos dos Centers for Disease Control.]

como fator de risco em inúmeras condições patológicas, incluindo diabetes melito, hipertensão e doença cardiovascular (Tabela 27.1). Na maioria dos casos, a causa da obesidade é muito simples: o indivíduo consome mais alimentos do que o necessário, e o excesso de calorias é armazenado na forma de gordura. A base bioquímica das patologias causadas pela obesidade será considerada posteriormente neste capítulo.

Antes de empreendermos uma análise bioquímica dos resultados do excesso de consumo, consideraremos, em primeiro lugar, a causa da ocorrência de uma epidemia de obesidade. Existem várias explicações possíveis, e elas se sobrepõem. A primeira é fornecida por um ponto de vista comumente defendido segundo o qual nossos corpos estão programados para armazenar rapidamente o excesso de calorias em tempos de fartura, constituindo uma

**TABELA 27.1** Consequências da obesidade ou do sobrepeso na saúde.

| |
|---|
| Doença arterial coronariana |
| Diabetes melito tipo 2 |
| Câncer (endometrial, de mama, de cólon e outros tipos) |
| Hipertensão (pressão arterial elevada) |
| Dislipidemia (perturbação do metabolismo dos lipídios; por exemplo, níveis elevados de colesterol e triglicerídios) |
| Acidente vascular encefálico |
| Doença hepática e da vesícula biliar |
| Apneia do sono e problemas respiratórios |
| Osteoartrite (degeneração da cartilagem e do osso subjacente a uma articulação) |
| Problemas ginecológicos (menstruação anormal, infertilidade) |
| Problemas de infertilidade masculina |

Informação de: *site* dos Centers for Disease Control e Prevention (www.cdc.gov).

adaptação evolutiva desde épocas remotas, quando os seres humanos não tinham garantia de encontrar alimentos em quantidades abundantes, como ocorre com muitos de nós hoje em dia. Em consequência, armazenamos calorias como se um jejum fosse começar amanhã; entretanto, esse jejum não ocorre. Uma segunda explicação possível é a de que não enfrentamos mais os riscos de predação. As evidências indicam que a predação era uma causa comum de morte em nossos ancestrais. Um indivíduo obeso provavelmente teria mais tendência a ser abatido em um grupo de nossos ancestrais do que um indivíduo magro e mais ágil. À medida que o risco de predação foi diminuindo, a magreza tornou-se menos benéfica.

Uma terceira possibilidade, que atualmente está recebendo muita atenção, é a de que os alimentos ricos em calorias e altamente palatáveis – alimentos ricos em açúcar e gorduras –, que são prontamente acessíveis à maioria das pessoas nos países desenvolvidos, atuam como substâncias que estimulam as mesmas vias de recompensa no cérebro que são deflagradas por agentes como a cocaína. Essas vias de recompensa podem ser fortes o suficiente para anular os sinais supressores de apetite. Em quarto lugar, um número crescente de pesquisas sugere que nosso microbioma intestinal – as bactérias que habitam nossos intestinos – desempenha um papel significativo sobre o modo pelo qual processamos o alimento. Por exemplo, camundongos livres de germes não se tornam obesos, mesmo quando têm acesso irrestrito a uma dieta rica em gorduras. Entretanto, quando esses camundongos são expostos à flora intestinal de camundongos obesos, eles se tornam obesos até mesmo com uma alimentação normal. Além disso, o microbioma intestinal dos camundongos obesos desencadeia uma resposta inflamatória que pode enfraquecer o efeito das moléculas sinalizadoras que normalmente regulam o desejo de comer, bem como o modo pelo qual os camundongos processam as calorias que consomem. Muitos desses resultados foram extrapolados para os seres humanos. Por fim, é evidente que os indivíduos respondem diferentemente a condições ambientais passíveis de induzir obesidade, e essa diferença possui um grande componente genético. Vários estudos mostraram que a hereditariedade da massa adiposa situa-se entre 30 e 70%, sugerindo que a obesidade pode ser altamente hereditária, dificultando ainda mais a perda de peso.

Independentemente do motivo pelo qual podemos ter propensão a ganhar peso, essa tendência pode ser anulada pelo comportamento – alimentando-se menos e fazendo mais exercício físico. Parece também que é mais fácil evitar o ganho de peso do que a sua perda. Evidentemente, a homeostasia calórica representa um fenômeno biológico complicado. A compreensão desse fenômeno ocupará os pesquisadores da área médica por algum tempo ainda.

Tão preocupante quanto a epidemia da obesidade é a observação igualmente intrigante e quase surpreendente de que muitas pessoas são capazes de manter um peso corporal aproximadamente constante durante toda a vida adulta, apesar de consumir toneladas de alimentos ao longo da vida (questões 6 e7). Embora a força de vontade, o exercício físico e uma balança no banheiro frequentemente desempenhem um papel nessa homeostasia, alguma sinalização bioquímica deve ocorrer para realizar essa notável façanha fisiológica.

## 27.2 O cérebro desempenha papel essencial na homeostasia calórica

O que torna possível esse notável equilíbrio entre aporte e gasto de energia? Como podemos imaginar, a resposta é complicada, englobando muitos sinais bioquímicos, bem como inúmeros fatores comportamentais. Iremos nos concentrar em alguns sinais bioquímicos essenciais e dividiremos a nossa análise em duas partes: os sinais a curto prazo, que são ativos durante uma refeição; e os sinais a longo prazo, relacionados com o estado energético global do corpo. Esses sinais originam-se no trato gastrintestinal, nas células β do pâncreas e nos adipócitos. O principal alvo desses sinais é o cérebro, em particular um grupo de neurônios em uma região do hipotálamo denominada núcleo arqueado.

## Os sinais provenientes do trato gastrintestinal induzem a sensação de saciedade

Os sinais a curto prazo transmitem a sensação de saciedade do intestino para várias regiões do cérebro e, assim, reduzem o impulso de alimentar-se (Figura 27.2). O sinal a curto prazo mais bem estudado é a colecistocinina (CCK). A *colecistocinina* é, na verdade, uma família de hormônios peptídicos de diferentes tamanhos (de 8 a 58 aminoácidos, dependendo do processamento pós-traducional) que são secretados no sangue por células nas regiões do duodeno e jejuno do intestino delgado como um sinal de saciedade pós-prandial. A CCK liga-se ao receptor de CCK, um receptor acoplado à proteína G (ver seção 14.1), localizado em vários neurônios periféricos, que transmitem sinais para o cérebro. Essa ligação desencadeia uma via de transdução de sinais no cérebro que gera uma sensação de saciedade. A CCK também desempenha um importante papel na digestão, estimulando a secreção de enzimas pancreáticas e de sais biliares da vesícula biliar.

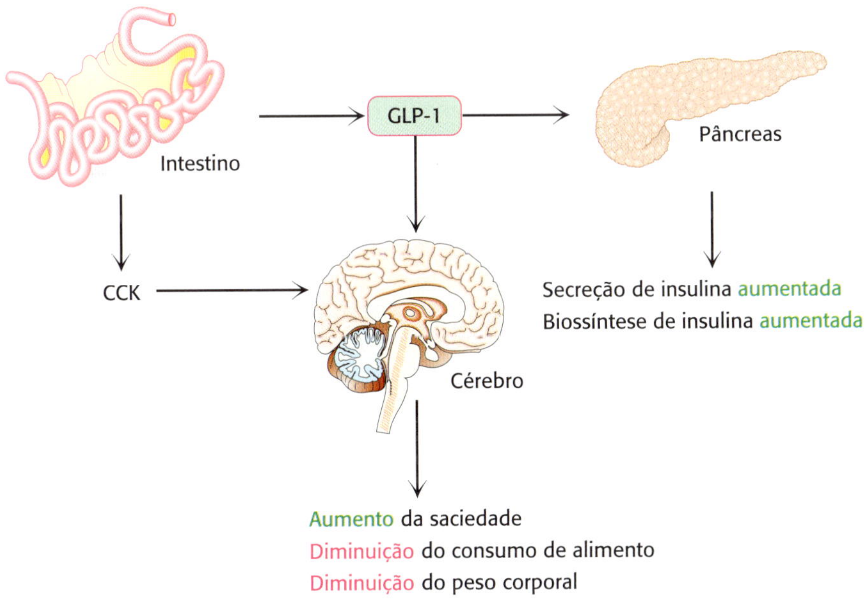


**FIGURA 27.2 Sinais de saciedade.** A colecistocinina (CCK) e o peptídio semelhante ao glucagon 1 (GLP-1, do inglês *glucagon-like peptide 1*) são moléculas sinalizadoras que induzem uma sensação de saciedade no cérebro. A CCK é secretada por células especializadas do intestino delgado em resposta a uma refeição e ativa as vias de saciedade no cérebro. O GLP-1, que é secretado por células L no intestino, também ativa as vias de saciedade no cérebro e potencializa a ação da insulina no pâncreas. [Informação de S. C. Wood. *Cell Metab.* 9:489-498, 2009, Fig. 1.]

Outro sinal importante no intestino é o *peptídio semelhante ao glucagon 1* (GLP-1, do inglês *glucagon-like peptide 1*), um hormônio composto por aproximadamente 30 aminoácidos. O GLP-1 é secretado pelas células L do intestino, isto é, células secretoras de hormônio localizadas em todo o revestimento do trato gastrintestinal. O GLP-1 exerce uma variedade de efeitos, que são aparentemente facilitados pela sua ligação a um receptor de GLP-1, outro receptor acoplado à proteína G. À semelhança da CCK, o GLP-1 induz uma sensação de saciedade que inibe a ingestão subsequente de alimentos. O GLP-1 também potencializa a secreção de insulina pelas células β do pâncreas induzida pela glicose, enquanto inibe a secreção de glucagon.

Embora tenhamos examinado apenas dois sinais a curto prazo, acredita-se que existam muitos outros (Tabela 27.2). Os sinais a curto prazo identificados até o momento consistem, em sua maioria, em supressores do apetite. Entretanto, a grelina, um peptídio composto por 28 aminoácidos

**TABELA 27.2** Peptídios gastrintestinais que regulam a ingestão de alimentos.

| |
|---|
| **Sinais supressores do apetite** |
| Colecistocinina |
| Peptídio semelhante ao glucagon 1 |
| Peptídio semelhante ao glucagon 2 |
| Amilina |
| Somatostatina |
| Bombesina |
| Enterostatina |
| Apolipoproteína A-IV |
| Peptídio inibidor gástrico |
| **Peptídios estimuladores do apetite** |
| Grelina |

Informação de M. H. Stipanuk, ed., *Biochemical, Physiological, and Molecular Aspects of Human Nutrition*, 2nd ed. (Saunders/Elsevier, 2206), p. 627, Box 22-1.

secretado pelo estômago, atua em regiões do hipotálamo, onde estimula o apetite por meio de seu receptor acoplado à proteína G. A secreção de grelina aumenta antes de uma refeição e, em seguida, diminui.

## A leptina e a insulina regulam o controle a longo prazo da homeostasia calórica

A homeostasia energética, dentro de uma escala de tempo de horas ou dias, é regulada por duas moléculas sinalizadoras essenciais: a *leptina*, que é secretada pelos adipócitos; e a *insulina*, que é secretada pelas células β do pâncreas. A leptina está relacionada com o estado das reservas de triacilgliceróis, enquanto a insulina está relacionada com o estado da glicemia – em outras palavras, com a disponibilidade de carboidratos. Abordaremos inicialmente a leptina.

O tecido adiposo era considerado um depósito inerte de triacilgliceróis. Entretanto, pesquisas recentes demonstraram que o tecido adiposo é um tecido endócrino ativo que secreta moléculas sinalizadoras denominadas *adipocinas*, como a leptina, que regulam inúmeros processos fisiológicos. A leptina é secretada pelos adipócitos em proporção direta à quantidade de gordura presente. Quanto mais gordura no corpo, maior a secreção de leptina. A ligação da leptina a seu receptor em todo o corpo aumenta a sensibilidade do músculo e do fígado à insulina, estimula a β-oxidação dos ácidos graxos e diminui a síntese de triacilgliceróis.

Consideremos os efeitos da leptina no cérebro. A leptina liga-se a seu receptor, ativando, assim, uma via de transdução de sinais. O receptor de leptina é encontrado em várias regiões do cérebro, porém particularmente no núcleo arqueado do hipotálamo. Nesse núcleo, uma população de neurônios expressa peptídios estimuladores do apetite (orexigênicos), denominados neuropeptídio Y (NPY) e peptídio relacionado a aguti (AgRP). O jejum estimula a produção de NPY e de AgRP devido à redução dos níveis de leptina que resulta da diminuição do tecido adiposo (Figura 27.3A). Por outro lado, a leptina inibe os neurônios de NPY/AgRP, impedindo a liberação de NPY e AgRP, reprimindo, portanto, o desejo de se alimentar (Figura 27.3B).

A segunda população de neurônios que contêm receptores de leptina expressa um polipeptídio precursor: a pró-opiomelanocortina (POMC). Em resposta à ligação da leptina a seu receptor nos neurônios POMC, a POMC é processada por proteólise, produzindo uma variedade de moléculas sinalizadoras, uma das quais, o *hormônio estimulante de alfa-melanócitos* (MSH, do inglês *melanocyte-stimulating hormone)*, é particularmente importante nesse contexto. O MSH, originalmente descoberto como estimulador dos melanócitos (células que sintetizam o pigmento melanina), ativa os neurônios supressores do apetite (anorexigênicos), inibindo, assim, o consumo de alimentos. O jejum inibe a atividade do MSH e, portanto, estimula a alimentação. O AgRP inibe a atividade do MSH ao atuar como antagonista ligando-se ao receptor de MSH, porém sem ativá-lo (ver Figura 27.3). Por conseguinte, o efeito final da ligação da leptina a seu receptor consiste na iniciação de uma complexa via de transdução de sinais que, em última análise, reduz a ingestão de alimento.

São também encontrados receptores de insulina no hipotálamo, embora o mecanismo de ação da insulina no cérebro não esteja tão bem esclarecido quanto o da leptina. A insulina parece inibir os neurônios produtores de NPY/AgRP, inibindo, desse modo, o consumo de alimentos.

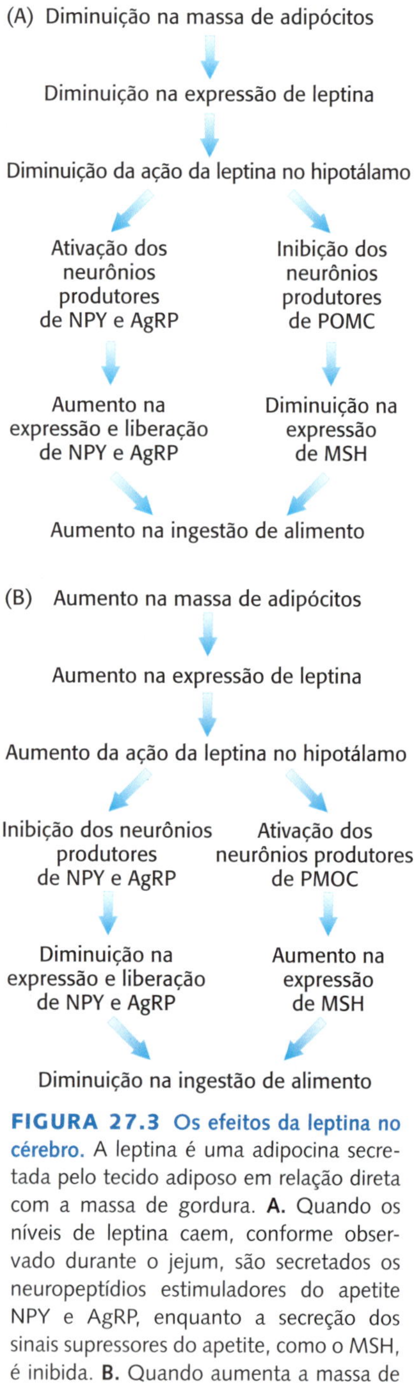


**FIGURA 27.3 Os efeitos da leptina no cérebro.** A leptina é uma adipocina secretada pelo tecido adiposo em relação direta com a massa de gordura. **A.** Quando os níveis de leptina caem, conforme observado durante o jejum, são secretados os neuropeptídios estimuladores do apetite NPY e AgRP, enquanto a secreção dos sinais supressores do apetite, como o MSH, é inibida. **B.** Quando aumenta a massa de gordura, a leptina inibe a secreção de NPY e AgRP enquanto estimula a liberação de MSH, um hormônio supressor do apetite. [Informação de M. H. Stipanuk, *Biochemical, Physiological, and Molecular Aspects of Human Nutrition*, 2nd ed. (Saunders Elsevier, 2006), Fig. 22-2.]

## A leptina é um dos vários hormônios secretados pelo tecido adiposo

A leptina foi a primeira adipocina descoberta em virtude dos efeitos dramáticos de sua ausência. Os pesquisadores descobriram uma cepa de camundongos, denominada camundongos ob/ob, que carecem de leptina e que, em consequência, são extremamente obesos. Esses camundongos apresentam hiperfagia (alimentam-se excessivamente), hiperlipidemia (acúmulo de triacilgliceróis no músculo e no fígado) e falta de sensibilidade à insulina. Desde a descoberta da leptina, outras adipocinas foram detectadas. Por exemplo, a *adiponectina* é outra molécula sinalizadora produzida pelos adipócitos. A secreção de adiponectina cai em proporção direta aos aumentos na massa de gordura. Uma função essencial da adiponectina parece consistir em aumentar a sensibilidade do organismo à insulina. Tanto a leptina quanto a adiponectina exercem seus efeitos por meio da enzima reguladora-chave: a proteinoquinase ativada por AMP (AMPK). Convém lembrar que essa enzima é ativa quando os níveis de AMP estão elevados e os níveis de ATP estão diminuídos, e tal ativação leva à redução do anabolismo e a um aumento do catabolismo, mais notavelmente um aumento na oxidação de ácidos graxos (ver seção 22.6). Em animais obesos resistentes à insulina, como os camundongos ob/ob, os níveis de leptina aumentam, enquanto os de adiponectina diminuem.

Os adipócitos também produzem outros dois hormônios, o *RBP4* (originalmente descoberto como proteína de ligação do retinol [*r*etinol *b*inding *p*rotein]) e a *resistina*, que promovem a resistência à insulina. Embora não se tenha esclarecido o motivo pelo qual os adipócitos secretam hormônios que facilitam a resistência à insulina, em uma condição patológica podemos especular a resposta. Essas moléculas sinalizadoras podem ajudar a sintonizar com precisão as ações da leptina e da adiponectina ou, talvez, atuar como "freios" sobre a ação da leptina e da adiponectina, impedindo o desenvolvimento de hipoglicemia em jejum. Algumas evidências indicam que os adipócitos aumentados em decorrência da obesidade podem secretar níveis mais elevados de hormônios que antagonizam a insulina, contribuindo, assim, para a resistência à insulina. Recentemente, a resistina foi implicada como fator causal na incidência aumentada de doença cardiovascular em indivíduos obesos.

### A resistência à leptina pode ser um fator que contribui para a obesidade

Se a leptina é produzida proporcionalmente à massa de gordura corporal e inibe a ingestão de alimentos, por que as pessoas se tornam obesas? Na maioria dos casos, os indivíduos obesos apresentam tanto receptores de leptina funcionais quanto níveis elevados de leptina no sangue. A incapacidade de responder aos efeitos anorexigênicos da leptina é denominada *resistência à leptina*. Qual é a base da resistência à leptina?

Como a maioria das perguntas formuladas nesse campo interessante da homeostasia energética, a resposta não está bem elaborada, porém evidências recentes sugerem a possível participação de um grupo de proteínas denominadas *supressores da sinalização de citocinas* (SOCS, do inglês *suppressors of cytokine signaling*). Essas proteínas controlam de maneira precisa alguns sistemas hormonais inibindo a ação dos receptores. As proteínas SOCS inibem a sinalização dos receptores de diversas maneiras. Consideremos, por exemplo, o efeito das proteínas SOCS sobre o receptor de insulina. Convém lembrar que a insulina estimula a autofosforilação de resíduos de tirosina no receptor de insulina, o que, por sua vez, fosforila IRS-1, iniciando a via de sinalização da insulina (Figura 27.4A). As proteínas SOCS ligam-se aos resíduos de tirosina fosforilada nos receptores ou em outros membros da via de transdução de sinais, interrompendo, assim, o fluxo de sinais e alterando consequentemente a atividade bioquímica da célula (Figura 27.4B). Em outros casos, a ligação das proteínas SOCS a componentes da via de transdução de sinais também pode intensificar a degradação proteolítica desses componentes pelo proteassomo (ver seção 23.2). As evidências que apontam para um papel das proteínas SOCS na resistência à leptina provêm de camundongos com deleção seletiva de SOCS dos neurônios que expressam

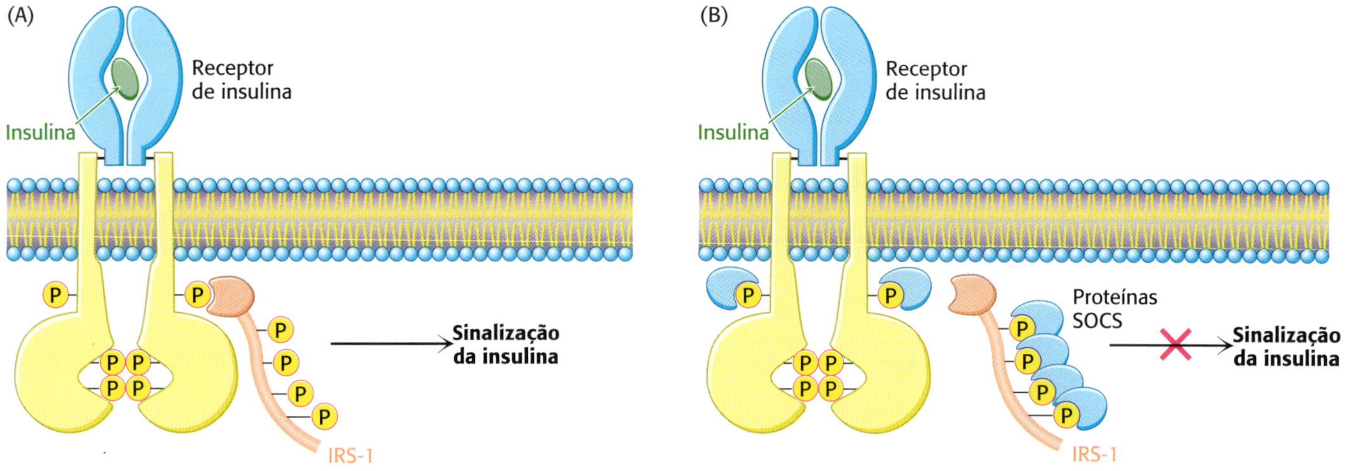


**FIGURA 27.4 Os supressores da sinalização de citocinas (SOCS) regulam a função dos receptores.** **A.** A ligação da insulina resulta na fosforilação do receptor e na fosforilação subsequente do IRS-1. Esses processos iniciam a via de sinalização da insulina. **B.** As proteínas SOCS rompem as interações dos componentes da via de sinalização da insulina por meio de sua ligação a proteínas fosforiladas, inibindo, portanto, a via. Em alguns casos, a ligação de um componente de sinal às proteínas SOCS resulta em degradação do proteassomo. (IRS-1, substrato do receptor de insulina 1[do inglês *insulin-receptor substrate 1*]; SOCS [do inglês *supressor of cytokine signaling*], supressor da sinalização de citocinas.)

a POMC. Esses camundongos exibem maior sensibilidade à leptina e são resistentes a um ganho de peso, mesmo quando alimentados com uma dieta rica em gordura. A razão pela qual a atividade das proteínas SOCS aumenta, levando à resistência à leptina, ainda não foi estabelecida.

A resistência à leptina pode originar de outras razões que não a atenuação da sinalização da leptina via SOCS. Para ter efeitos sistêmicos, a leptina deve entrar no cérebro. Mutações nas proteínas que transportam a leptina para o cérebro ou nos receptores de leptina no cérebro também podem resultar em resistência à leptina (ver Bioquímica em foco 1, para uma discussão mais detalhada sobre leptina e adiponectina).

### Utiliza-se a dieta para combater a obesidade

Tendo em vista a epidemia de obesidade que atualmente nos aflige e seus distúrbios associados, muita atenção tem sido dispensada para determinar a dieta mais efetiva para perda de peso. Em geral, duas categorias de dietas ajudam a controlar o aporte calórico – as dietas pobres em carboidratos e as dietas pobres em gordura. As dietas com baixo teor de carboidratos enfatizam habitualmente o consumo de proteínas. Embora os estudos dos efeitos das dietas sobre os seres humanos sejam imensamente complexos, os dados estão começando a se acumular, sugerindo que as dietas pobres em carboidratos e ricas em proteínas *podem* ser as mais efetivas para a perda de peso. As razões exatas ainda não foram esclarecidas, porém existem duas hipóteses comuns. Na primeira hipótese, as proteínas parecem induzir uma sensação de saciedade mais efetivamente do que as gorduras ou os carboidratos. Na segunda hipótese, as proteínas necessitam de mais energia do que as gorduras ou os carboidratos para a sua digestão, e o maior gasto de energia contribui para a perda de peso. Por exemplo, alguns estudos mostram que uma dieta com 30% de proteínas necessita quase 30% mais energia para a sua digestão do que uma dieta com 10% de proteínas. Os mecanismos pelos quais as dietas ricas em proteínas aumentam o gasto energético e a sensação de saciedade ainda não foram estabelecidos. Qualquer que seja o tipo de dieta, o ditado "coma menos, faça mais exercícios" sempre é válido.

## 27.3 O diabetes melito é uma doença metabólica comum que frequentemente resulta da obesidade

Uma vez fornecida uma visão geral da regulação do peso corporal, examinemos agora os resultados bioquímicos quando a regulação falha devido ao comportamento, à genética ou a uma combinação de ambos. O resultado mais comum dessa falha é a obesidade, uma condição em que o excesso de energia é armazenado na forma de triacilgliceróis. Convém lembrar que todo consumo de alimento em excesso acaba sendo convertido em triacilgliceróis. Os seres humanos mantêm o equivalente a cerca de 1 dia de glicogênio e, após a reposição dessas reservas, o excesso de carboidratos é convertido em gorduras e, a seguir, em triacilgliceróis. Os aminoácidos não são armazenados, de modo que, em excesso, também acabam sendo convertidos em gordura. Por conseguinte, independentemente do tipo de alimento consumido, o consumo em demasia resulta em aumento das reservas de gordura.

Começaremos a analisar os efeitos das alterações da homeostasia calórica com o *diabetes* melito, uma doença complexa caracterizada pelo uso anormal de substratos energéticos: *a glicose é produzida em excesso pelo fígado e subutilizada pelos outros órgãos.* A incidência do diabetes melito (habitualmente designado simplesmente como *diabetes*) é de cerca de 5% da população mundial. O *diabetes tipo 1* é causado pela destruição autoimune das células β do pâncreas secretoras de insulina e, em geral, começa antes dos 20 anos de idade. O diabetes tipo 1 também é denominado "diabetes insulinodependente", o que significa que o indivíduo acometido necessita da administração da insulina para sobreviver. Por outro lado, os diabéticos apresentam, em sua maioria, níveis normais ou até mesmo mais elevados de insulina no sangue, porém não respondem ao hormônio, uma característica denominada *resistência à insulina*. Essa forma da doença, conhecida como *diabetes tipo 2*, normalmente surge mais tarde na vida do que a forma insulinodependente. O diabetes tipo 2 é o responsável por aproximadamente 90% dos casos de diabetes no mundo inteiro e constitui a doença metabólica mais comum no mundo, com cerca de 9% da população mundial e 10% da população americana afetados. Nos EUA, trata-se da principal causa de cegueira, insuficiência renal e amputação. *A obesidade constitui um fator predisponente significativo para o desenvolvimento de diabetes tipo 2.*

**Diabetes**

Assim denominado em virtude da micção excessiva na doença. Areteu, um médico da Capadócia do século II d.C., escreveu: "O epíteto diabetes foi atribuído ao distúrbio, sendo algo como a passagem de água por um sifão". Ele caracterizou com perspicácia o diabetes como "sendo uma desintegração da carne e dos membros em urina".

***Mellitus***

Termo latino que significa "adoçado com mel". Refere-se à presença de açúcar na urina dos pacientes com a doença. O termo *mellitus* distingue essa doença do diabetes *insípido*, que é causado pelo comprometimento da reabsorção renal de água.

## A insulina dá início a uma complexa via de transdução de sinais no músculo

Qual é a base bioquímica da resistência à insulina? Como a resistência à insulina leva à falência das células β do pâncreas, resultando em diabetes tipo 2? Como a obesidade contribui para essa progressão? Para responder a tais perguntas e começar a desvendar os mistérios dos distúrbios metabólicos, examinaremos em primeiro lugar o mecanismo de ação da insulina no músculo, o maior tecido-alvo da insulina. Com efeito, o músculo utiliza cerca de 85% da glicose ingerida durante uma refeição.

Em uma célula normal, a insulina liga-se a seu receptor, que sofre autofosforilação nos resíduos de tirosina, em que cada subunidade do receptor fosforila o seu parceiro. A fosforilação do receptor gera sítios de ligação para os substratos do receptor de insulina (IRS), como o IRS-1 (Figura 27.5). A fosforilação subsequente do IRS-1 pela atividade da tirosinoquinase do receptor de insulina inicia a via de sinalização da insulina (1). O IRS-1 fosforilado liga-se à

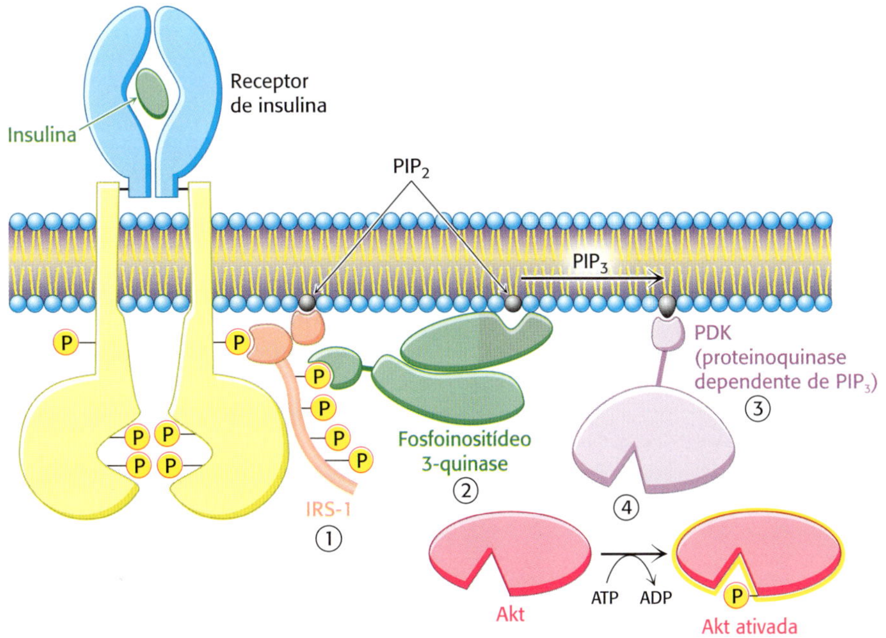


**FIGURA 27.5 Sinalização da insulina.** A ligação da insulina resulta em fosforilação cruzada e ativação do receptor de insulina. Os sítios fosforilados do receptor atuam como sítios de ligação para substratos do receptor de insulina, como o IRS-1. A quinase dos lipídios, a fosfoinositídeo 3-quinase, liga-se aos sítios fosforilados no IRS-1 por meio de seu domínio regulador e, em seguida, converte $PIP_2$ em $PIP_3$. A ligação ao $PIP_3$ ativa a proteinoquinase dependente de $PIP_3$, que fosforila e ativa quinases como a Akt. A seguir, a Akt ativada pode difundir-se pela célula e continuar a via de transdução de sinais.

fosfoinositídeo 3-quinase (PI3 K), ativando-a. A PI3 K catalisa a conversão do fosfatidilinositol 4,5-bisfosfato ($PIP_2$) em fosfatidilinositol 3,4,5-trifosfato ($PIP_3$), um segundo mensageiro (2). O $PIP_3$ ativa a proteinoquinase dependente de fosfatidilinositol (PDK, do inglês *$PIP_3$-dependent protein kinase*) (3), que, por sua vez, ativa várias outras quinases, mais notavelmente a Akt (4), também conhecida como proteinoquinase B (PKB). A Akt facilita a translocação de vesículas contendo o transportador de glicose (GLUT4) para a membrana celular, levando a uma absorção mais intensa de glicose do sangue. Além disso, a Akt fosforila e inibe a glicogênio sintase quinase (GSK3). Convém lembrar que a GSK3 inibe a glicogênio sintase (ver seção 21.5). Por conseguinte, a insulina também leva à absorção de glicose do sangue, à ativação da glicogênio sintase e a um aumento na síntese de glicogênio.

Como todas as vias de sinalização, é preciso que a cascata de sinalização da insulina seja capaz de ser interrompida. Três processos diferentes contribuem para a diminuição da sinalização da insulina. Em primeiro lugar, as fosfatases desativam o receptor de insulina e destroem um segundo mensageiro essencial. A *tirosina fosfatase IB* remove grupos fosforila do receptor, resultando em sua inativação. O segundo mensageiro $PIP_3$ é inativado pela fosfatase *PTEN* (fosfatase e homólogo da tensina), que o desfosforila, formando $PIP_2$, que carece das propriedades de segundo mensageiro.

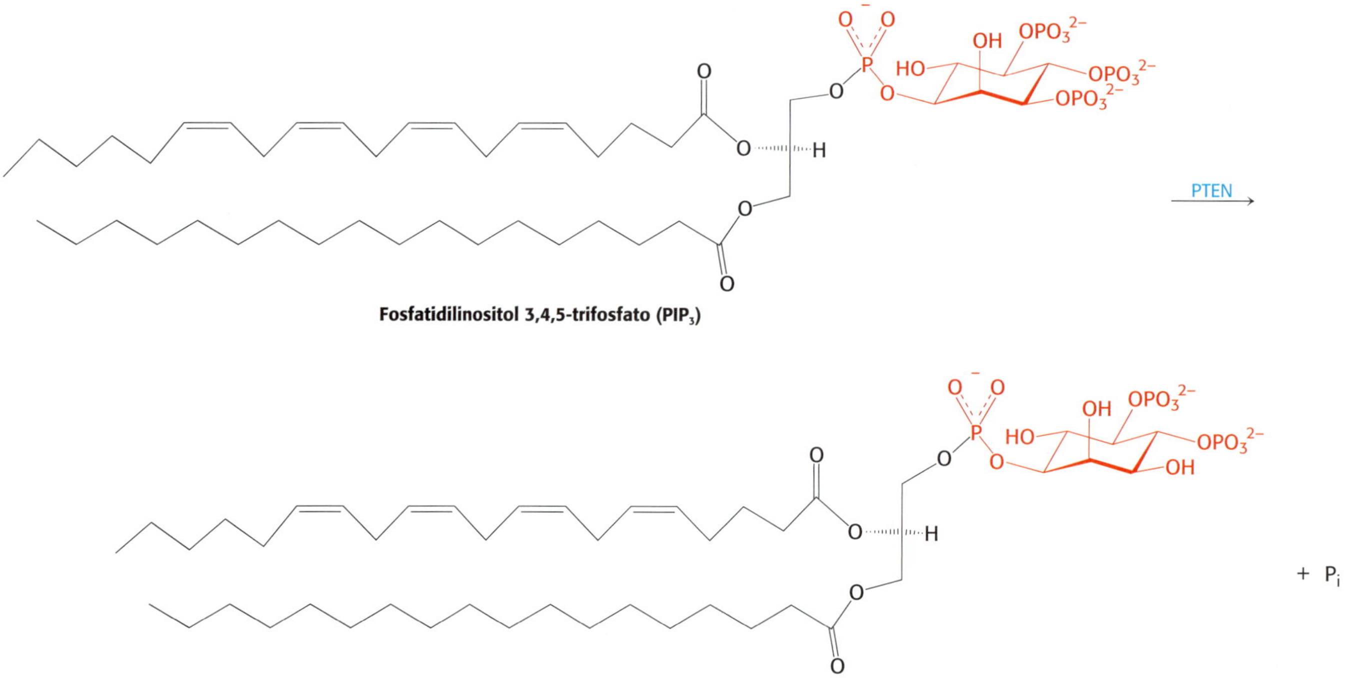

**Fosfatidilinositol 3,4,5-trifosfato ($PIP_3$)**

**Fosfatidilinositol 4,5-bisfosfato ($PIP_2$)**

Em segundo lugar, a proteína IRS pode ser inativada pela fosforilação dos resíduos de serina por Ser/Thr quinases específicas. Essas quinases são ativadas pela nutrição excessiva e por outros sinais de estresse, e podem desempenhar um papel no desenvolvimento da resistência à insulina. Por fim, as proteínas SOCS, que são as proteínas reguladoras anteriormente discutidas, interagem com o receptor de insulina e o IRS-1 e, aparentemente, facilitam a sua degradação proteolítica pelo complexo do proteassomo.

## O diabetes tipo 2 é frequentemente precedido de síndrome metabólica

A partir dos conhecimentos dos componentes-chave da homeostasia energética, começaremos a nossa investigação da base bioquímica da resistência à insulina e do diabetes tipo 2. A obesidade é o fator que contribui para o desenvolvimento de resistência à insulina, que constitui um evento precoce na via que leva ao diabetes tipo 2. Com efeito, um conjunto de patologias – incluindo resistência à insulina, hiperglicemia, dislipidemia (níveis sanguíneos elevados de triacilgliceróis, colesterol e lipoproteínas de baixa densidade) – frequentemente surge de forma simultânea. Acredita-se que esse conjunto, denominado *síndrome metabólica*, preceda o diabetes tipo 2.

Uma consequência da obesidade é que a quantidade de triacilgliceróis consumidos excede a capacidade de armazenamento do tecido adiposo. Por conseguinte, outros tecidos começam a acumular gordura, mais notavelmente o fígado, uma condição denominada esteatose hepática, e o músculo (Figura 27.6). Por motivos que serão explicados posteriormente neste capítulo, esse acúmulo resulta em resistência à insulina e, por fim, leva à insuficiência pancreática. Abordaremos agora o músculo e as células β do pâncreas.

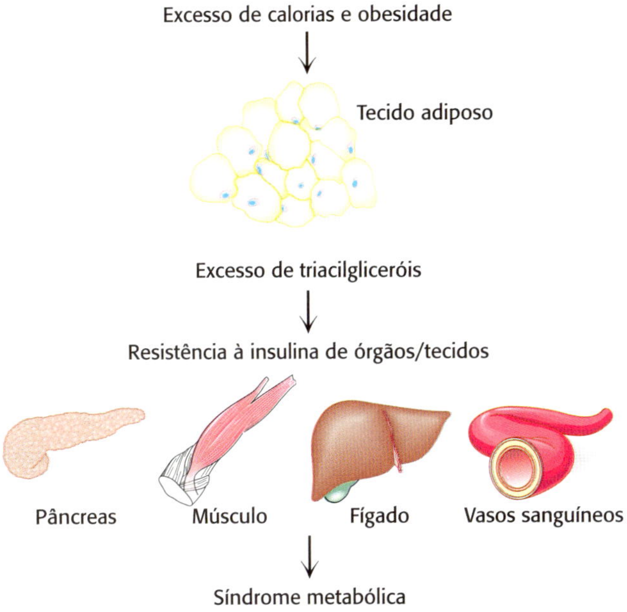


**FIGURA 27.6 A capacidade de armazenamento do tecido adiposo pode ser ultrapassada na obesidade.** Na presença de excesso calórico, a capacidade de armazenamento dos adipócitos pode ser ultrapassada, com resultados deletérios. O excesso de gordura acumula-se em outros tecidos, com consequente disfunção bioquímica desses tecidos. Quando o pâncreas, o músculo, o fígado e as células de revestimento dos vasos sanguíneos são afetados, pode ocorrer a síndrome metabólica, uma condição que frequentemente precede o diabetes tipo 2. [Informação de S. Fröjdö, H. Vidal e L. Pirola. *Biochim. Biophys. Acta* 1792:83-92, 2009, Fig. 1.]

## Os ácidos graxos em excesso no músculo modificam o metabolismo

Em várias circunstâncias, ressaltamos a importância das gorduras como fontes de energia. Na obesidade, as gorduras estão presentes em quantidades maiores do que as que podem ser processadas pelo músculo. Embora a taxa de β-oxidação aumente em resposta a uma alta concentração de gorduras, as mitocôndrias não são capazes de processar todos os ácidos graxos por β-oxidação; em consequência, os ácidos graxos acumulam-se nas mitocôndrias e finalmente passam para o citoplasma. Com efeito, a incapacidade de processar todos os ácidos graxos resulta de novo na sua incorporação em triacilgliceróis e acúmulo de gordura no citoplasma. Os níveis de diacilglicerol e de ceramida (um componente dos esfingolipídios) também aumentam no citoplasma. O diacilglicerol é um segundo mensageiro que ativa a proteinoquinase C (PKC) (ver seção 14.1). Quando ativas, a PKC e outras Ser/Thr proteínas quinases são capazes de fosforilar o IRS e reduzir a sua capacidade de propagar o sinal da insulina. Os ácidos graxos saturados e insaturados *trans* também podem ativar quinases que bloqueiam o sinal da insulina. A ceramida ou seus metabólitos inibem a captação de glicose e a síntese de glicogênio aparentemente ao inibir a PDK e a Akt (ver Capítulo 26). O resultado consiste em resistência à insulina induzida por alimentação (Figura 27.7).

## A resistência à insulina no músculo facilita o desenvolvimento de insuficiência pancreática

Qual é o efeito da hiperalimentação sobre o pâncreas? Essa pergunta é importante, visto que a principal função do pâncreas consiste em responder à presença de glicose no sangue pela secreção de insulina, um processo designado como *secreção de insulina estimulada pela glicose* (GSIS, do inglês *glucose-stimulated insulin secretion*). Com efeito, a célula β é uma fábrica virtual de insulina. O mRNA da proinsulina, que codifica a proinsulina, o precursor da insulina, constitui 20% do mRNA total do pâncreas. A proinsulina constitui 50% da síntese de proteína total no pâncreas.

A glicose entra nas células β do pâncreas por meio do transportador de glicose GLUT2. Convém lembrar que o GLUT2 só irá possibilitar o transporte de glicose quando a glicose estiver presente no sangue em grandes quantidades, assegurando a secreção de insulina somente quando a glicose estiver abundante, como depois de uma refeição (ver seção 16.2). A célula β metaboliza a glicose a $CO_2$ e $H_2O$ no processo da respiração

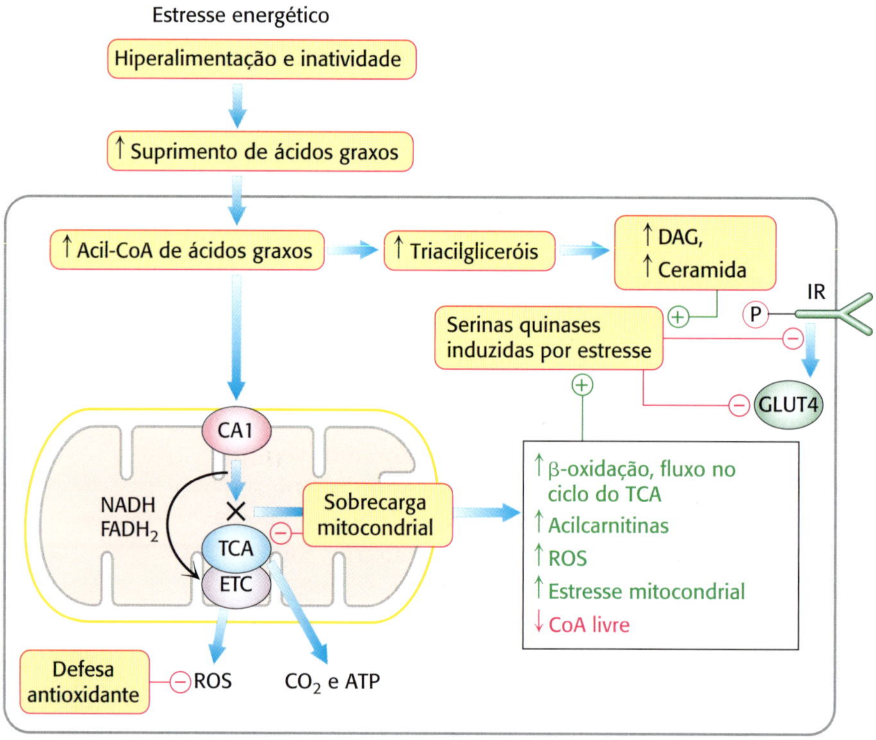


**FIGURA 27.7 O excesso de gordura nos tecidos periféricos pode resultar em insensibilidade à insulina.** O acúmulo de gordura em excesso nos tecidos periféricos, mais notavelmente no músculo, pode perturbar algumas vias de transdução de sinais e ativar inapropriadamente outras. Em particular, os diacilgliceróis e a ceramida ativam vias induzidas por estresse que interferem na sinalização da insulina, resultando em resistência à insulina. (Abreviaturas: DAG, diacilglicerol; TG, triacilgliceróis; ROS, espécies reativas de oxigênio [do inglês *reactive oxygen species*]; CA1, carnitina aciltransferase 1; GLUT4, transportador de glicose 4; IR, receptor de insulina; ETC, cadeia de transporte de elétrons; TCA, ciclo do ácido tricarboxílico.)

celular, produzindo ATP (ver Capítulos 16, 17 e 18). O consequente aumento da razão ATP/ADP determina o fechamento de um canal de $K^+$ sensível ao ATP, que, quando aberto, possibilita o fluxo de potássio para fora da célula (Figura 27.8). A alteração resultante no ambiente iônico da célula abre um canal de $Ca^{2+}$. O influxo de $Ca^{2+}$ provoca a fusão das vesículas secretoras contendo insulina com a membrana celular, resultando em liberação de insulina no sangue. Por conseguinte, um aumento da carga energética em consequência do metabolismo da glicose foi traduzido pelas proteínas de membrana em uma resposta fisiológica – a secreção de insulina e a remoção subsequente da glicose do sangue.

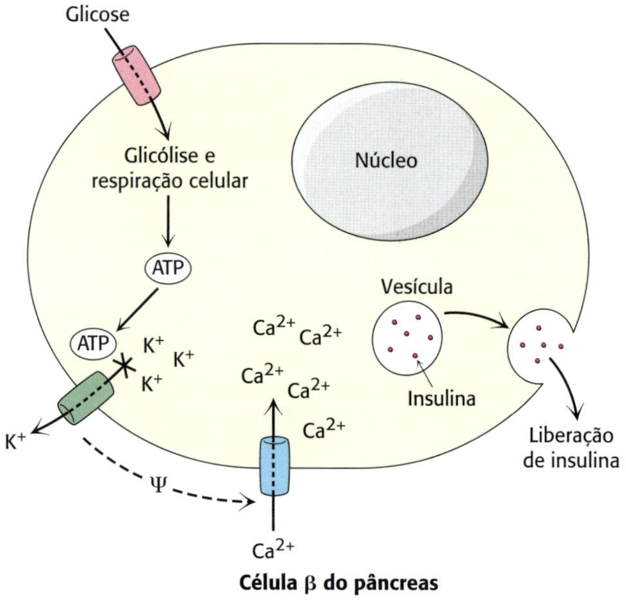


**FIGURA 27.8 A liberação de insulina é regulada pelo ATP.** O metabolismo da glicose pela glicólise e pela respiração celular aumenta a concentração de ATP, causando o fechamento de um canal de potássio sensível ao ATP. O fechamento desse canal altera a carga através da membrana (ψ) e provoca a abertura de um canal de cálcio. O influxo de cálcio causa fusão dos grânulos contendo insulina com a membrana plasmática, resultando na liberação de insulina no sangue.

Que aspecto da função das células β acaba falhando em consequência da hiperalimentação, causando a transição da resistência à insulina para o diabetes tipo 2 totalmente desenvolvido? Convém lembrar que, em circunstâncias normais, as células β do pâncreas sintetizam grandes quantidades de proinsulina. A proinsulina enovela-se em sua estrutura tridimensional no retículo endoplasmático, é processada a insulina e, subsequentemente, é empacotada em vesículas para secreção. Com o desenvolvimento de resistência à insulina no músculo, as células β respondem, passando a sintetizar mais insulina em uma tentativa fútil de impulsionar a sua ação. A capacidade do retículo endoplasmático de processar toda a proinsulina e a insulina torna-se comprometida, resultando em uma situação conhecida como *estresse do retículo endoplasmático* (RE), com acúmulo de proteínas não enoveladas ou enoveladas incorretamente. O estresse do RE dá início a uma via de sinalização denominada *resposta às proteínas não enoveladas* (UPR, do inglês *unfolded protein response*), uma via destinada a salvar a célula. A UPR consiste em várias etapas. Na primeira, a síntese de proteína em geral é inibida, de modo a prevenir a entrada de mais proteínas no RE. Na segunda etapa, a síntese de chaperonas é estimulada. Convém lembrar que as chaperonas são proteínas que auxiliam o processo de enovelamento de outras proteínas (ver seção 2.6). Na terceira etapa, as proteínas mal enoveladas são removidas do RE e, subsequentemente, são transportadas até o proteassomo para destruição. Por fim, se a resposta descrita não conseguir aliviar o estresse do RE, o processo de morte celular programada, apoptose, é deflagrado, levando finalmente à morte da célula B e ao diabetes tipo 2 totalmente desenvolvido.

Quais são as formas de tratamento para o diabetes tipo 2? O tratamento é, em sua maior parte, de natureza comportamental. Os diabéticos são aconselhados a contar as calorias, assegurando, assim, que o aporte de energia não ultrapasse o gasto energético; a consumir uma alimentação rica em vegetais, frutas e cereais; e a praticar muito exercício aeróbico. Observe que essas diretrizes são as mesmas praticadas para ter uma vida saudável, mesmo para as pessoas que não sofrem de diabetes tipo 2. Os tratamentos específicos para o diabetes tipo 2 incluem o monitoramento dos níveis de glicemia, de modo que permaneçam dentro da faixa-alvo (valor de referência de 3,6 a 6,1 nM). Para os indivíduos que não são capazes de manter níveis apropriados de glicose com os comportamentos descritos anteriormente, o tratamento farmacológico é necessário. A administração de insulina pode ser necessária na insuficiência pancreática, e o tratamento com metformina (Glucophage), que ativa a AMPK, pode ser efetivo. A AMPK promove a oxidação das gorduras enquanto inibe sua síntese e armazenamento. Estimula também a captação e o armazenamento de glicose pelo músculo enquanto inibe a gliconeogênese no fígado.

## Os distúrbios metabólicos observados no diabetes tipo 1 resultam da deficiência de insulina e do excesso de glucagon

Abordaremos agora o diabetes tipo 1, de compreensão mais fácil. No diabetes tipo 1, a produção de insulina é insuficiente em virtude da destruição autoimune das células β do pâncreas. Em consequência, a razão glucagon/insulina alcança níveis acima do normal. Em essência, o indivíduo diabético encontra-se em um modo bioquímico de jejum, apesar da presença de níveis elevados de glicemia. Devido à deficiência de insulina, a *entrada de glicose nos adipócitos e nas células musculares está comprometida.* O fígado fica bloqueado em um estado de gliconeogênese e cetogênese. O estado gliconeogênico caracteriza-se pela produção excessiva de glicose. O nível excessivo de glucagon em relação ao da insulina leva a uma diminuição na quantidade de frutose 2,6-bisfosfato (F-2,6-BP), que estimula a glicólise e inibe a gliconeogênese no fígado. Por conseguinte, a glicólise é inibida e a gliconeogênese é estimulada devido aos efeitos opostos da F-2,6-BP sobre a fosfofrutoquinase e a frutose-1,6-bisfosfatase (ver seção 16.4; Figura 27.9). Essencialmente, a resposta das células à ausência de insulina amplifica a quantidade de glicose no sangue. A elevada razão glucagon/insulina no diabetes também promove a degradação do glicogênio. Em consequência, *uma quantidade excessiva de glicose é produzida pelo fígado e liberada no sangue.* A glicose é excretada na urina (o que explica o uso do termo *mellitus*) quando sua concentração no sangue ultrapassa a capacidade reabsortiva dos túbulos renais. A água acompanha a glicose excretada, de modo que o indivíduo diabético sem tratamento na fase aguda da doença tem fome e sede.

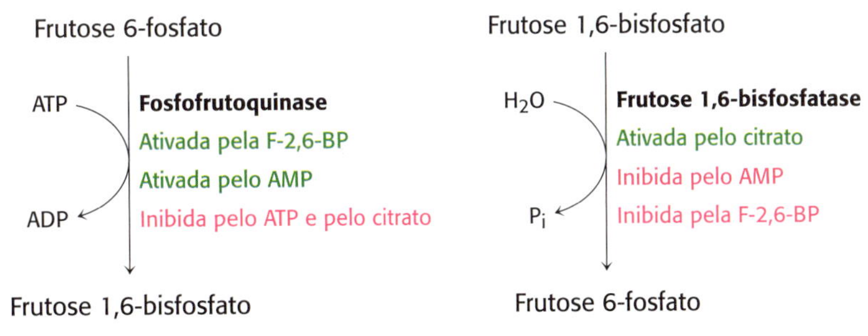


**FIGURA 27.9 Regulações da glicólise e da gliconeogênese.** A fosfofrutoquinase é a enzima-chave na regulação da glicólise, enquanto a frutose 1,6-bisfosfatase é a principal enzima que controla a taxa de gliconeogênese. Observe a relação recíproca entre as vias e as moléculas sinalizadoras.

Devido ao comprometimento na utilização de carboidratos, a ausência de insulina leva à degradação descontrolada de lipídios e proteínas, resultando no estado cetogênico. Em seguida, são produzidas grandes quantidades de acetil-CoA por β-oxidação. Entretanto, grande parte da acetil-CoA não pode entrar no ciclo do ácido cítrico, visto que não há oxaloacetato suficiente para a etapa de condensação. Convém lembrar que os mamíferos podem sintetizar o oxaloacetato a partir do piruvato, um produto da glicólise, mas não a partir da acetil-CoA; em seu lugar, produzem corpos cetônicos (ver seção 22.3). *Uma notável característica do diabetes consiste no desvio do uso de substratos energéticos dos carboidratos para as gorduras; a glicose, mais abundante do que nunca, é desprezada.* Os corpos cetônicos, que estão presentes em altas concentrações, sobrepujam a capacidade do rim de manter o equilíbrio acidobásico. O diabético sem tratamento pode evoluir para o coma em consequência da redução do pH sanguíneo e da desidratação. É interessante ressaltar que a cetose diabética raramente constitui um problema no diabetes tipo 2, visto que a insulina está ativa o suficiente para impedir a lipólise em excesso no fígado e no tecido adiposo.

Qual é o tratamento para o diabetes tipo 1? O tratamento com insulina é necessário para a sobrevida do indivíduo. De modo semelhante, os níveis de glicemia precisam ser monitorados. Muitos dos comportamentos recomendados para o diabetes tipo 2 aplicam-se ao tipo 1: contar as calorias, praticar exercício físico e ter uma alimentação saudável.

## 27.4 O exercício físico altera beneficamente a bioquímica das células

O músculo esquelético representa aproximadamente 40% da massa corporal total e é responsável por cerca de 35% da atividade metabólica em repouso. Além disso, o músculo esquelético é o maior tecido-alvo da insulina. Tendo em vista a sua importância bioquímica, o aumento da atividade muscular – o exercício físico –, somado a uma alimentação saudável, constitui um dos tratamentos mais efetivos para o diabetes, bem como para inúmeras outras condições patológicas, tais como doença coronariana, hipertensão, depressão, perda da massa muscular relacionada com o envelhecimento (sarcopenia) e uma variedade de tipos de câncer. No que concerne ao diabetes, o exercício aumenta a sensibilidade à insulina nos indivíduos que apresentam resistência à insulina ou diabetes tipo 2 e, de fato, é mais efetivo do que a intervenção farmacológica. Qual é a base desse efeito benéfico? (Ver Bioquímica em foco 2 para uma discussão mais detalhada sobre os efeitos bioquímicos do exercício.)

### A biogênese mitocondrial é estimulada pela atividade muscular

Quando o músculo é estimulado a se contrair durante o exercício ao receber impulsos nervosos de neurônios motores, o cálcio é liberado do retículo sarcoplasmático. O cálcio induz a contração muscular, conforme será discutido mais adiante (ver Capítulo 36, disponível no material suplementar *online*). Convém lembrar que o cálcio também é um segundo mensageiro poderoso que frequentemente atua em associação com a calmodulina, a proteína que liga cálcio (ver seção 14.1). Em sua atuação como segundo mensageiro, o cálcio estimula várias enzimas dependentes dele, como a proteinoquinase, dependente de calmodulina. As enzimas dependentes de cálcio, bem como a AMPK, subsequentemente ativam determinados complexos de fatores de transcrição. Como veremos nos Capítulos 30 e 32, os fatores de transcrição são proteínas que controlam a expressão gênica. Dois padrões de expressão gênica em particular modificam-se em resposta ao exercício regular (Figura 27.10). O exercício regular aumenta a produção de proteínas necessárias para o metabolismo dos ácidos graxos, como as enzimas da β-oxidação. É interessante assinalar que os próprios ácidos graxos funcionam como moléculas sinalizadoras, ativando a transcrição das enzimas envolvidas no metabolismo de ácidos graxos. Além disso, outro conjunto de fatores de transcrição ativado pela cascata de sinalização do cálcio inicia uma via de sinalização que leva a um aumento da biogênese mitocondrial. Em seu conjunto, *o aumento na capacidade de oxidação dos ácidos graxos e as mitocôndrias adicionais possibilitam eficiente metabolismo dos ácidos graxos*. Como os ácidos graxos em excesso resultam em resistência à insulina, conforme anteriormente discutido, o metabolismo eficiente dos ácidos graxos resulta em *aumento da sensibilidade à insulina*. Com efeito, os músculos de atletas bem treinados podem conter altas concentrações de triacilgliceróis e ainda manter uma notável sensibilidade à insulina. Essas alterações na bioquímica do músculo constituem algumas das manifestações moleculares do efeito de treinamento do exercício físico.

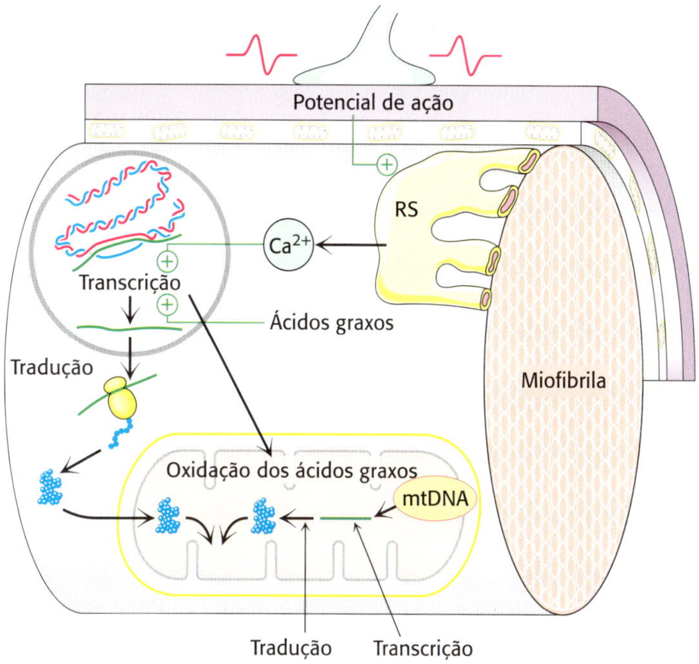


**FIGURA 27.10 O exercício resulta em biogênese mitocondrial e aumento do metabolismo das gorduras.** Um potencial de ação provoca a liberação de $Ca^{2+}$ do retículo sarcoplasmático (RS), o equivalente muscular do retículo endoplasmático. O $Ca^{2+}$, além de estimular a contração muscular, ativa fatores de transcrição nucleares que estimulam a expressão de genes específicos. Os produtos desses genes, juntamente com os produtos dos genes mitocondriais, são responsáveis pela biogênese mitocondrial. Os ácidos graxos ativam um conjunto diferente de genes que aumentam a capacidade de oxidação dos ácidos graxos das mitocôndrias. [Informação de D. A. Hood. *J. Appl. Physiol.* 90:1137-1157, 2001, Fig. 2.]

## A escolha da fonte de energia durante o exercício é determinada pela intensidade e pela duração da atividade

Prosseguindo com nosso tópico sobre o uso de energia em diferentes condições fisiológicas, examinaremos agora como as fontes de energia são utilizadas em diferentes tipos de exercício. As fontes de energia utilizadas em exercícios anaeróbicos – por exemplo, corrida de velocidade – diferem daquelas usadas em exercícios aeróbicos – como a corrida de longa distância. A escolha dos substratos energéticos durante essas diferentes formas de exercício ilustra muitas facetas importantes da transformação de energia e da integração metabólica. O ATP aciona diretamente a miosina, a proteína imediatamente responsável pela conversão de energia química em movimento (ver seção 9.4, e seções 36.1 e 36.2, no Capítulo 36, disponível no material suplementar *online*). Entretanto, a quantidade de ATP no músculo é pequena. Por conseguinte, a produção de potência e, por sua vez, a velocidade da corrida dependem da taxa de produção de ATP a partir de outras fontes de energia. Como mostra a Tabela 27.3, a *creatina fosfato* (fosfocreatina) pode transferir

**TABELA 27.3** Fontes de energia para a contração muscular.

| Fonte de energia | Taxa máxima de produção de ATP (mmol $s^{-1}$) | Quantidade aproximada de P total disponível (mmol) |
|---|---|---|
| ATP muscular | | 223 |
| Creatina fosfato | 73,3 | 446 |
| Conversão do glicogênio muscular em lactato | 39,1 | 6.700 |
| Conversão do glicogênio muscular em $CO_2$ | 16,7 | 84.000 |
| Conversão do glicogênio hepático em $CO_2$ | 6,2 | 19.000 |
| Conversão de ácidos graxos do tecido adiposo em $CO_2$ | 6,7 | 4.000.000 |

Nota: Os substratos energéticos armazenados são estimados para um indivíduo de 70 kg com massa muscular de 28 kg.
Dados de E. Hultman e R. C. Harris. *In Principles of Exercise Biochemistry*, editado por J. R. Poortmans (Karger, 2004), pp. 78-119.

rapidamente o seu grupo fosforila de alta energia para o ADP, produzindo ATP. Entretanto, a quantidade de creatina fosfato, como a do próprio ATP, é limitada. A creatina fosfato e o ATP podem fornecer a energia para uma contração muscular intensa por 5 a 6 segundos. A velocidade máxima em uma corrida de velocidade pode, portanto, ser mantida por apenas 5 a 6 segunos (ver Figura 15.7). Por conseguinte, o vencedor de uma corrida de 100 metros é aquele que alcança a maior velocidade inicial e que, em seguida, reduz a sua velocidade minimamente.

Durante uma corrida de cerca de 10 segundos, o nível de ATP no músculo cai de 5,2 para 3,7 mM, enquanto o da creatina fosfato diminui de 9,1 para 2,6 mM. A glicólise anaeróbica fornece o substrato energético para compensar a perda de ATP e de creatina fosfato. *Uma corrida de velocidade de 100 metros é impulsionada pelas reservas de ATP, pela creatina fosfato e pela glicólise anaeróbica do glicogênio muscular.* A conversão do glicogênio muscular em lactato pode gerar uma quantidade bem maior de ATP, porém a velocidade é menor que a da transferência de grupos fosforila da creatina fosfato. Devido à glicólise anaeróbica, o nível sanguíneo de lactato aumenta de 1,6 para 8,3 mM. A liberação de $H^+$ do músculo em atividade intensa reduz concomitantemente o pH do sangue de 7,42 para 7,24. A corrida de velocidade é impulsionada pela fibra muscular de contração rápida (tipo IIb), especializada em glicólise anaeróbica. Convém lembrar que um dos efeitos do treinamento de alta intensidade consiste em aumentar a quantidade de transportadores de lactato nas membranas das fibras de contração lenta (tipo I), que removem o lactato do sangue e diminuem a velocidade de queda do pH sanguíneo (ver seção 16.4). Entretanto, o ritmo de uma corrida de 100 metros não pode ser mantido em uma corrida de 1.000 metros (cerca de 132 segundos) por duas razões. Em primeiro lugar, a creatina fosfato é consumida em poucos segundos. Em segundo lugar, o lactato produzido causaria acidose. Por conseguinte, são necessárias fontes alternativas de energia.

Examinemos o uso dos substratos energéticos em um corredor de meia distância. A oxidação completa do glicogênio muscular a $CO_2$ pela respiração aeróbica aumenta substancialmente a energia disponível para impulsionar a corrida de 1.000 metros, porém esse processo aeróbico é muito mais lento do que a glicólise anaeróbica. Como o ATP é produzido mais lentamente pela fosforilação oxidativa do que pela glicólise (Tabela 27.3), a velocidade do corredor de meia distância é necessariamente mais lenta do que a do corredor de 100 metros. A velocidade de um campeão na corrida de 1.000 metros é de cerca de 7,6 m $s^{-1}$, em comparação com aproximadamente 10,4 m $s^{-1}$ na competição de 100 metros (Figura 27.11).

A corrida de uma maratona (42.200 metros) exige seleção diferente de substratos energéticos e caracteriza-se por uma cooperação (dependendo das capacidades do corredor) entre o músculo, o fígado e o tecido adiposo. O glicogênio hepático complementa o glicogênio muscular como reserva de energia que pode ser mobilizada. Os maratonistas de elite podem utilizar a combustão aeróbica da glicose para impulsionar toda a corrida, contanto que possam consumir substratos energéticos durante o percurso. Entretanto, para a maioria de nós, as reservas corporais totais de glicogênio (103 mols de ATP, quando muito) são insuficientes para fornecer os 150 mols de ATP necessários para essa extenuante competição. Quantidades muito maiores de ATP podem ser obtidas da oxidação dos ácidos graxos derivados da degradação de *lipídios no tecido adiposo*, porém a taxa máxima de produção de ATP é mais lenta que a da

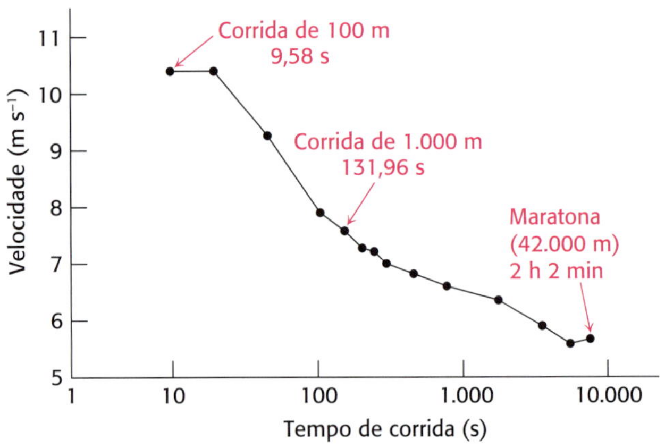


**FIGURA 27.11 Dependência da velocidade da corrida sobre a sua duração.** Os valores mostrados são recordes mundiais. [Dados de trackanfieldnews.com.]

oxidação do glicogênio e é 10 vezes mais lenta que a da creatina fosfato. Por conseguinte, *o ATP é produzido muito mais lentamente a partir das reservas de alta capacidade do que das reservas limitadas*, o que explica as diferentes velocidades dos eventos anaeróbicos e aeróbicos. As gorduras são rapidamente consumidas em atividades como corridas de distância, explicando a razão pela qual o exercício aeróbico extenso é benéfico para indivíduos que apresentam resistência à insulina.

É possível determinar a contribuição de cada substrato energético como função da intensidade do exercício? A contribuição percentual de cada substrato energético pode ser medida com o uso de um respirômetro, que mede o quociente respiratório (QR), a razão entre $CO_2$ produzido e $O_2$ consumido. Considere a combustão completa da glicose:

$$\underset{\text{Glicose}}{C_6H_{12}O_6} + 6\ O_2 \longrightarrow 6\ CO_2 + 6\ H_2O$$

O QR da glicose é de 1. Agora, considere a oxidação de um ácido graxo típico, o palmitato:

$$\underset{\text{Palmitato}}{C_{16}H_{32}O_2} + 23\ O_2 \longrightarrow 16\ CO_2 + 16\ H_2O$$

O QR da oxidação do palmitato é de 0,7. Assim, à medida que a intensidade do exercício aeróbico vai aumentando, o QR vai aumentando de 0,7 (apenas gorduras são utilizadas como fontes de energia) para 1,0 (apenas a glicose é utilizada como fonte de energia). Entre esses valores, é utilizada uma mistura de substratos energéticos (Figura 27.12).

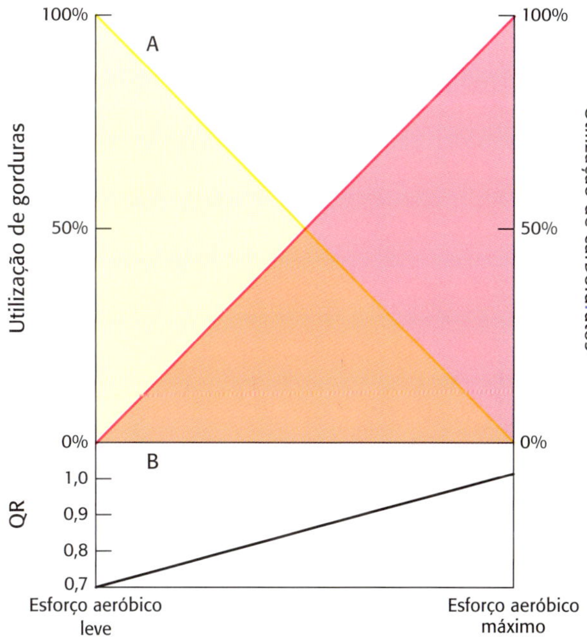


**FIGURA 27.12 Representação idealizada do uso de substratos energéticos como função da intensidade do exercício aeróbico. A.** Com um aumento da intensidade do exercício, o uso de gorduras como substrato energético cai à medida que a utilização de glicose vai aumentando. **B.** O quociente respiratório (QR) mede a alteração no uso de substratos energéticos.

Qual é a mistura ideal de substratos energéticos para uso durante uma maratona? Conforme sugerido anteriormente, trata-se de uma questão complexa que varia com o atleta e com o nível de treinamento. Os estudos realizados mostraram que, quando o glicogênio muscular está esgotado, a produção de potência do músculo cai para aproximadamente 50% de seu valor máximo. A produção de potência diminui, apesar da disponibilidade de um amplo suprimento de gordura, sugerindo que os lipídios podem fornecer apenas cerca de 50% do esforço aeróbico máximo. Com efeito, a depleção das reservas de glicogênio durante uma corrida é designada como "bater no muro", e o resultado é que o atleta é obrigado a reduzir acentuadamente o ritmo.

Como é obtida uma mistura ideal desses substratos energéticos? *Um baixo nível de glicemia leva a uma elevada razão glucagon/insulina, que, por sua vez, mobiliza os ácidos graxos do tecido adiposo.* Os ácidos graxos entram prontamente no músculo, onde são degradados por β-oxidação a acetil-CoA e, em seguida, a $CO_2$. Um nível elevado de acetil-CoA diminui a atividade do complexo piruvato desidrogenase, bloqueando a conversão do piruvato em acetil-CoA. Por conseguinte, a oxidação de ácidos graxos diminui a canalização da glicose para o ciclo do ácido cítrico e a fosforilação oxidativa. A glicose é preservada, de modo que permanece uma quantidade suficiente disponível no final da maratona para aumentar o ritmo à medida que a linha de chegada vai se aproximando. A utilização simultânea de ambas as fontes de energia proporciona uma velocidade média maior do que a que seria alcançada se o glicogênio fosse totalmente consumido antes do início da oxidação dos ácidos graxos. É importante ter em mente que a utilização dos substratos energéticos constitui apenas um dos numerosos fatores que determinam a capacidade de correr.

Se forem consumidas refeições ricas em carboidratos após a depleção de glicogênio, haverá rápida restauração das reservas de glicogênio. Além disso, a síntese de glicogênio prossegue durante o consumo de refeições ricas em carboidratos, aumentando as reservas bem acima do normal. Esse fenômeno é denominado "supercompensação" ou, mais comumente, sobrecarga de carboidratos.

## 27.5 A ingestão de alimentos e o jejum prolongado (inanição) induzem alterações metabólicas

Até agora, analisamos o metabolismo no contexto do consumo excessivo de calorias, como na obesidade, ou em situações de necessidade calórica extrema, como no exercício. Abordaremos agora a situação fisiológica oposta – a falta de calorias.

### O ciclo de fome-saciedade é a resposta fisiológica ao jejum

Iniciaremos com uma condição fisiológica denominada *ciclo de fome-saciedade*, que todos experimentamos nas horas que se seguem após uma ceia e durante o jejum noturno. Esse ciclo noturno de fome-saciedade passa por três estágios: o estado bem alimentado depois de uma refeição, o início do jejum durante a noite e o estado realimentado após o desjejum. Uma importante meta das numerosas alterações bioquímicas que ocorrem nesse período é manter a *homeostasia da glicose* – isto é, um nível constante de glicemia. A manutenção da homeostasia da glicose é crucial, visto que, normalmente, a glicose constitui a única forma de energia para o cérebro. Conforme discutido anteriormente, o principal defeito no diabetes melito é a incapacidade de levar a cabo essa tarefa vital. Os dois principais sinais que regulam o ciclo de fome-saciedade são a insulina e o glucagon.

**1.** *O estado bem alimentado ou pós-prandial.* Depois de consumirmos e digerirmos uma refeição noturna, a glicose e os aminoácidos são transportados do intestino para o sangue. Os lipídios alimentares são empacotados em quilomícrons e transportados até o sangue pelo sistema linfático. Essa condição de saciedade leva à secreção de insulina, que sinaliza tal estado de saciedade. A insulina estimula a síntese de glicogênio tanto no músculo quanto no fígado, suprime a gliconeogênese pelo fígado e estimula a síntese de proteínas. A insulina também acelera a glicólise no fígado, o que, por sua vez, aumenta a síntese de ácidos graxos.

O fígado ajuda a limitar a quantidade de glicose presente no sangue durante o período de fartura, armazenando-a como glicogênio, para assim ser capaz de liberar glicose em tempos de escassez. Como o excesso de glicose presente no sangue depois de uma refeição é removido? O fígado é capaz de capturar grandes quantidades de glicose, visto que ele dispõe de uma isoenzima da hexoquinase denominada *glicoquinase*, que converte a glicose em glicose 6-fosfato, a qual não pode ser transportada para fora da célula. É importante lembrar que a glicoquinase apresenta um alto valor de $K_M$ e, portanto, só é ativa quando os níveis de glicemia estão elevados (ver seção 16.2). Além disso, a glicoquinase não é inibida pela glicose 6-fosfato, como ocorre com a hexoquinase. Em consequência, *o fígado forma glicose 6-fosfato mais rapidamente à medida que os níveis de glicemia vão aumentando. O aumento da glicose 6-fosfato, que ativa a glicogênio sintase, acoplado à ação da insulina leva a um aumento das reservas de glicogênio.* Os efeitos hormonais sobre a síntese e o armazenamento de glicogênio são reforçados por uma ação direta da própria glicose. *A fosforilase é um sensor de glicose, além de seu papel como enzima que cliva o glicogênio.* Quando o nível de glicose está alto, a ligação da glicose à fosforilase *a* torna a enzima suscetível à ação de uma fosfatase, que a converte em fosforilase *b*, que não degrada prontamente o glicogênio (ver Figura 21.24). Por conseguinte, *a glicose desloca alostericamente o sistema do glicogênio de um modo de degradação para um modo de síntese.*

O nível elevado de insulina no estado de saciedade também promove *a entrada de glicose no músculo e no tecido adiposo.* A insulina estimula a síntese de glicogênio tanto no músculo quanto no fígado. A entrada de glicose no tecido adiposo fornece glicerol 3-fosfato para a síntese de triacilgliceróis. A ação da insulina também se estende ao metabolismo de aminoácidos e de proteínas. A insulina promove a captação de aminoácidos de cadeia ramificada (valina, leucina e isoleucina) pelo músculo. Na verdade, a insulina exerce um efeito estimulador geral sobre a síntese de proteínas, o que favorece o acúmulo de proteína muscular. Além disso, ela inibe a degradação intracelular de proteínas.

**2.** *Estado de jejum inicial ou pós-absortivo.* O nível de glicemia começa a declinar várias horas depois de uma refeição, levando a uma diminuição da secreção de insulina e a uma elevação da secreção de glucagon pelas células α do pâncreas. A regulação da secreção de glucagon não está bem elucidada; entretanto, quando a glicose está presente em quantidades abundantes, as células β inibem a secreção de glucagon. Quando a concentração de glicose cai, a inibição é aliviada, e o glucagon é secretado pelas células α do pâncreas. Assim como a insulina sinaliza o estado de saciedade, o glucagon sinaliza o estado de jejum, servindo para mobilizar as reservas de glicogênio quando não há ingestão alimentar de glicose. *O principal órgão-alvo do glucagon é o fígado.* O glucagon estimula a degradação de glicogênio e inibe a sua síntese ao deflagrar a cascata de AMP cíclico, que leva à fosforilação e à ativação da fosforilase e à inibição da glicogênio sintase (ver seção 21.5). O glucagon também inibe a síntese de ácidos graxos ao diminuir a produção de piruvato e ao manter o estado fosforilado inativo da acetil-CoA carboxilase. Além disso, o glucagon estimula a gliconeogênese no fígado e bloqueia a glicólise ao reduzir o nível de F-2,6-BP (ver Figura 27.9).

Todas as ações conhecidas do glucagon são mediadas por proteinoquinases que são ativadas pelo AMP cíclico. A ativação da cascata de AMP cíclico resulta em um nível mais alto de atividade da fosforilase *a* e em um nível mais baixo de atividade da glicogênio sintase *a*. O efeito do glucagon sobre essa cascata é reforçado pela presença de baixa concentração de glicose no sangue. A ligação diminuída da glicose à fosforilase *a* torna a enzima menos suscetível à ação hidrolítica da fosfatase. Em vez disso, a fosfatase permanece ligada à fosforilase *a*, e, desse modo, a sintase permanece na forma fosforilada inativa. Em consequência, ocorre rápida mobilização de glicogênio.

A grande quantidade de glicose formada pela hidrólise da glicose 6-fosfato derivada do glicogênio é então liberada no sangue pelo fígado. A entrada de glicose no músculo e no tecido adiposo diminui em resposta a um baixo nível de insulina. A utilização diminuída de glicose pelo músculo e pelo tecido adiposo também contribui para a manutenção do nível de glicemia. O resultado final dessas ações do glucagon consiste em *aumentar acentuadamente a liberação de glicose pelo fígado.* Tanto o músculo quanto o fígado utilizam ácidos graxos como fonte de energia quando o nível de glicemia cai, poupando a glicose para uso pelo cérebro e pelos eritrócitos. Por conseguinte *o nível de glicemia é mantido em 4,4 mM ou acima desse valor por três fatores principais:* (1) *a mobilização de glicogênio e a liberação de glicose pelo fígado,* (2) *a liberação de ácidos graxos pelo tecido adiposo e* (3) *o desvio do substrato energético usado de glicose para ácidos graxos pelo músculo.*

Qual é o resultado da depleção das reservas de glicogênio do fígado? A gliconeogênese a partir do lactato e da alanina continua, porém esse processo simplesmente repõe a glicose que já foi convertida em lactato e alanina por tecidos como o músculo e pelos eritrócitos. Além disso, o cérebro oxida completamente a glicose a $CO_2$ e $H_2O$. Por conseguinte, para que ocorra uma síntese efetiva de glicose, é necessária outra fonte de carbono. O glicerol liberado pelo tecido adiposo durante a lipólise fornece alguns dos átomos de carbono, enquanto os carbonos restantes provêm da hidrólise das proteínas musculares.

**3.** *O estado realimentado.* Quais são as respostas bioquímicas ao desjejum farto? A gordura é processada exatamente como ela é processada no estado de saciedade normal. Entretanto, isso não ocorre com a glicose. Inicialmente, o fígado não absorve glicose do sangue, deixando-a para os outros tecidos. Além disso, o fígado permanece em um modo de gliconeogênese. Entretanto, nesse estágio, a glicose recém-sintetizada é utilizada para repor as reservas hepáticas de glicogênio. À medida que os níveis de glicemia continuam aumentando, o fígado completa a reposição de suas reservas de glicogênio e começa a processar o excesso restante de glicose para a síntese de ácidos graxos.

## As adaptações metabólicas no jejum prolongado (inanição) minimizam a degradação de proteínas

Anteriormente, apresentamos os resultados metabólicos da superalimentação, uma condição que está se tornando excessivamente comum nas nações prósperas. Examinemos agora o extremo oposto. Quais são as adaptações se o jejum se prolongar até o estado de inanição, uma situação que afeta quase 1 bilhão de pessoas no mundo inteiro? Um homem típico de 70 kg bem nutrido tem reserva energética que totaliza cerca de 670.000 kJ (161.000 kcal; Tabela 27.4). A energia necessária para um período de 24 horas varia de cerca de 6.700 kJ (1.600 kcal) a 25.000 kJ (6.000 kcal), dependendo do grau de atividade. Por conseguinte, os substratos energéticos armazenados são suficientes para atender às necessidades calóricas na inanição por um período de 1 a 3 meses. Todavia, as reservas de carboidratos se esgotam em apenas 1 dia.

**TABELA 27.4** Reservas energéticas em um homem típico de 70 kg.

| | Energia disponível em quilojoules (kcal) | | | | | |
|---|---|---|---|---|---|---|
| **Órgão** | **Glicose ou glicogênio** | | **Triacilgliceróis** | | **Proteínas mobilizáveis** | |
| Sangue | 250 | (60) | 20 | (45) | 0 | (0) |
| Fígado | 1.700 | (400) | 2.000 | (450) | 1.700 | (400) |
| Cérebro | 30 | (8) | 0 | (0) | 0 | (0) |
| Músculo | 5.000 | (1.200) | 2.000 | (450) | 100.000 | (24.000) |
| Tecido adiposo | 330 | (80) | 560.000 | (135.000) | 170 | (40) |

Dados de G. F. Cahill, Jr., *Clin. Endocrinol. Metab.* 5:398, 1976.

Mesmo em condições de inanição, o nível de glicemia precisa ser mantido acima de 2,2 mM. *A primeira prioridade do metabolismo na inanição é fornecer uma quantidade de glicose suficiente ao cérebro e aos outros tecidos (como os eritrócitos) que dependem absolutamente dessa fonte de energia.* Todavia, os precursores da glicose não estão presentes em quantidades abundantes. A maior parte da energia está armazenada na fração de ácidos graxos dos triacilgliceróis. Além disso, convém lembrar que os ácidos graxos não podem ser convertidos em glicose, visto que a acetil-CoA resultante da degradação de ácidos graxos não pode ser transformada em piruvato (ver seção 22.3). A fração glicerol dos triacilgliceróis pode ser convertida em glicose, porém apenas uma quantidade limitada está disponível. A única outra fonte potencial de glicose é constituída pelos esqueletos de carbono de aminoácidos derivados da degradação de proteínas. Entretanto, as proteínas não são armazenadas, de modo que qualquer degradação resultará em perda de função. Por conseguinte, *a segunda prioridade do metabolismo na inanição consiste em preservar as proteínas, e essa preservação é efetuada pelo desvio do substrato energético utilizado de glicose para ácidos graxos e corpos cetônicos* (Figura 27.13).

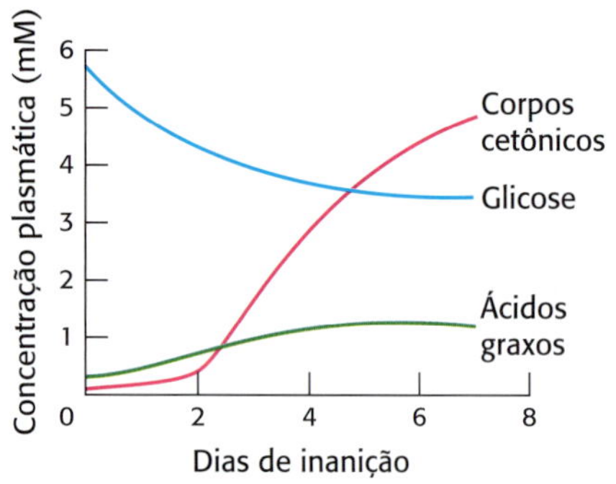


**FIGURA 27.13 Escolha da fonte de energia durante a inanição.** As concentrações plasmáticas de ácidos graxos e de corpos cetônicos aumentam na inanição, enquanto as de glicose diminuem.

As alterações metabólicas durante o primeiro dia de inanição assemelham-se às que ocorrem depois de um jejum noturno. O baixo nível de glicemia leva à secreção diminuída de insulina e a um aumento na secreção de glucagon. *Os processos metabólicos predominantes consistem na mobilização de triacilgliceróis do tecido adiposo e na gliconeogênese pelo fígado.* O fígado obtém a energia para suas próprias necessidades pela oxidação de ácidos graxos liberados do tecido adiposo. Em consequência, as concentrações de acetil-CoA e de citrato aumentam, interrompendo a glicólise. A captação de glicose pelo músculo está acentuadamente diminuída devido ao baixo nível de insulina, enquanto os ácidos graxos entram livremente. Em consequência, *o músculo não utiliza glicose e depende exclusivamente dos ácidos graxos como fonte de energia.* A β-oxidação dos ácidos graxos pelo músculo interrompe a conversão do piruvato em acetil-CoA, visto que esta última estimula a fosforilação do complexo piruvato desidrogenase, tornando-o inativo (ver seção 17.3). Por conseguinte, o piruvato, o lactato e a alanina disponíveis são exportados para o fígado para a sua conversão em glicose. O glicerol derivado da clivagem dos triacilgliceróis constitui outra matéria-prima para a síntese hepática de glicose.

A proteólise também fornece esqueletos de carbono para a gliconeogênese. Durante a inanição, não há reposição das proteínas degradadas, que servem como fontes de carbono para a síntese de glicose. As fontes iniciais de proteínas são as que sofrem rápida renovação, como as proteínas do epitélio intestinal e das secreções do pâncreas. A proteólise das proteínas musculares fornecem alguns dos precursores de três carbonos da glicose. Entretanto, a sobrevida para a maioria dos animais depende de sua capacidade de se mover rapidamente, o que exige grande massa muscular, de modo que a perda muscular deve ser minimizada.

Como a perda de músculo é restrita? Depois de cerca de 3 dias de inanição, o fígado forma grandes quantidades dos corpos cetônicos acetoacetato e D-3-hidroxibutirato (Figura 27.14A). A sua síntese a partir da acetil-CoA aumenta acentuadamente, visto que o ciclo do ácido cítrico é incapaz de oxidar todas as unidades de acetila geradas pela degradação dos ácidos graxos. A gliconeogênese esgota o suprimento de oxaloacetato, que é essencial para a entrada da acetil-CoA no ciclo do ácido cítrico. Em consequência, o fígado produz grandes quantidades de corpos cetônicos, que são liberados no sangue. Nesse estágio, *o cérebro começa a consumir quantidades significativas de acetoacetato em lugar de glicose.* Depois de 3 dias de inanição, cerca de 25% das necessidades energéticas do cérebro são supridos pelos corpos cetônicos (Tabela 27.5). O coração também utiliza corpos cetônicos como fonte de energia.

**TABELA 27.5** Metabolismo energético na inanição.

| Trocas e consumo de substratos energéticos | Quantidade formada ou consumida em 24 h (gramas) — 3º dia | 40º dia |
|---|---|---|
| **Substrato energético utilizado pelo cérebro** | | |
| Glicose | 100 | 40 |
| Corpos cetônicos | 50 | 100 |
| Todos os outros usos da glicose | 50 | 40 |
| **Mobilização dos substratos energéticos** | | |
| Lipólise no tecido adiposo | 180 | 180 |
| Degradação da proteína muscular | 75 | 20 |
| **Liberação de substratos energéticos do fígado** | | |
| Glicose | 150 | 80 |
| Corpos cetônicos | 150 | 150 |

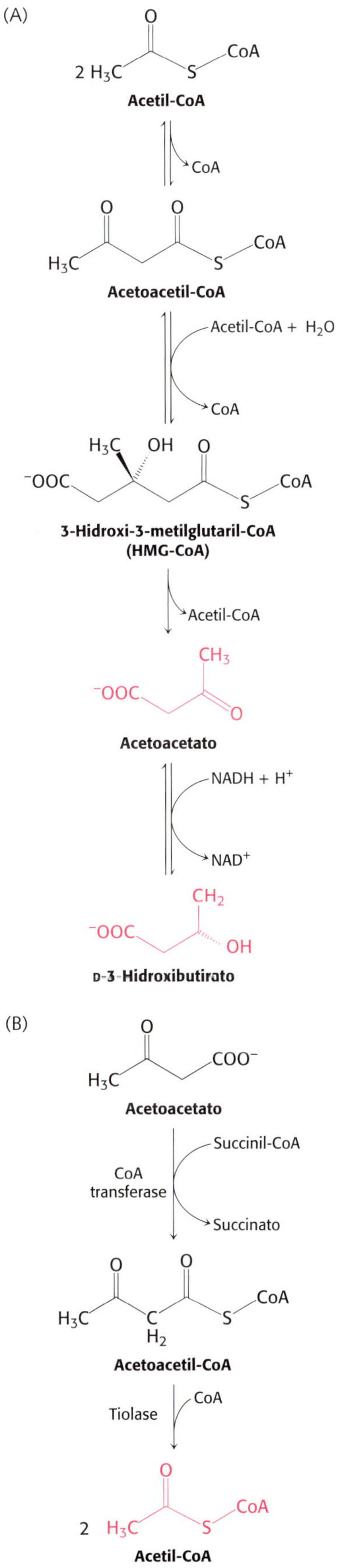


**FIGURA 27.14** Síntese de corpos cetônicos pelo fígado (A) e entrada de corpos cetônicos no ciclo do ácido cítrico (B).

*Depois de várias semanas de inanição, os corpos cetônicos tornam-se a principal fonte de energia do cérebro.* O acetoacetato é ativado pela transferência da CoA da succinil-CoA, produzindo acetoacetil-CoA (Figura 27.14B). A seguir, a clivagem pela tiolase produz duas moléculas de acetil-CoA, que entram no ciclo do ácido cítrico. Em essência, *os corpos cetônicos são equivalentes de ácidos graxos, que constituem uma fonte de energia acessível para o cérebro.* Apenas 40 g de glicose são então necessários por dia para o cérebro, em comparação com cerca de 120 g no primeiro dia de inanição (Figura 27.15A). *A conversão efetiva de ácidos graxos em corpos cetônicos pelo fígado e a sua utilização pelo cérebro diminuem acentuadamente a necessidade de glicose. Por conseguinte, ocorre degradação de menos músculo do que nos primeiros dias de inanição.* A degradação de 20 g de músculo por dia em comparação com 75 g no início da inanição é de suma importância para a sobrevida. Como os aminoácidos liberados pelo músculo são processados? Os aminoácidos são transportados até o fígado, onde o nitrogênio é removido na forma de ureia, os aminoácidos gliconeogênicos são metabolizados a glicose e os aminoácidos cetogênicos são utilizados como substratos energéticos para o fígado ou processados a corpos cetônicos.

O que acontece após a depleção das reservas de triacilgliceróis? A contribuição dos corpos cetônicos desaparece, e a única fonte de energia continuam sendo as proteínas (Figura 27.15B). A degradação de proteínas é acelerada, e a morte resulta inevitavelmente da perda das funções cardíaca, hepática ou renal. O tempo de sobrevida de um indivíduo é principalmente determinado pelo tamanho do depósito de triacilgliceróis. O exame de indivíduos que se submeteram à inanição até a morte como protesto político mostrou que os indivíduos magros sucumbem depois de cerca de 70 dias, enquanto os indivíduos obesos podem sobreviver por 6 ou 7 meses.

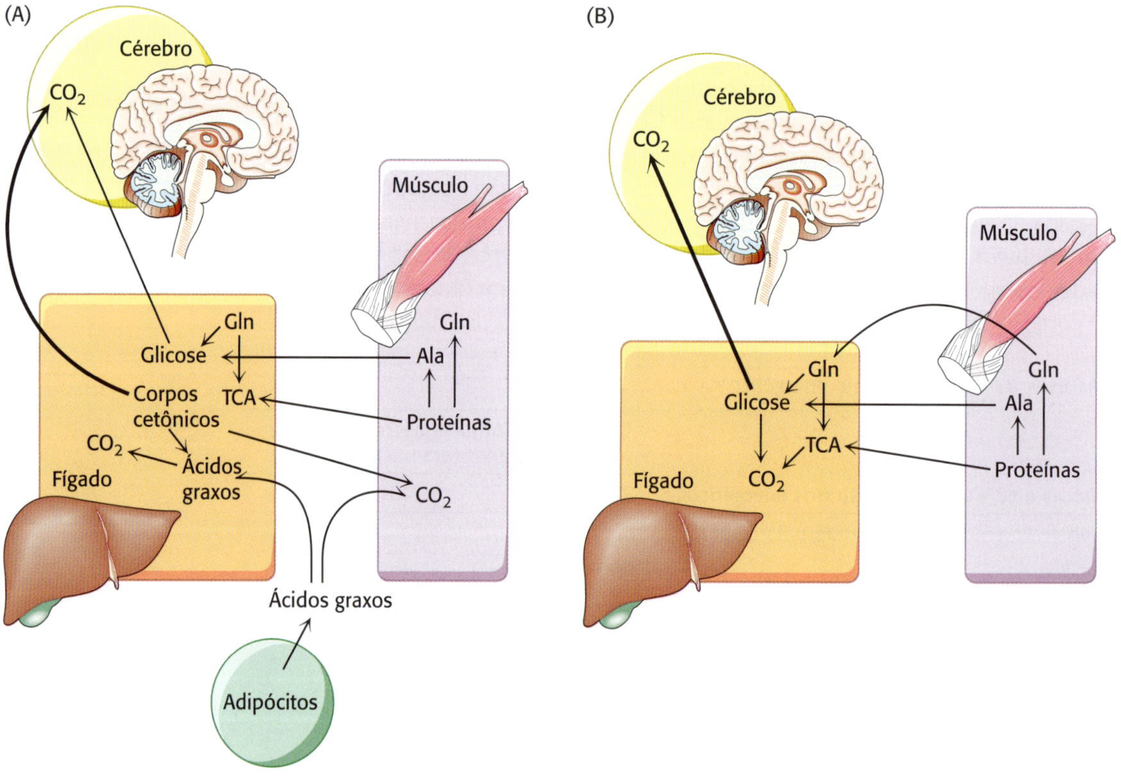


**FIGURA 27.15 Utilização de substratos energéticos durante a inanição prolongada.** A figura mostra uma representação simplificada da relação entre tecido adiposo, fígado, músculo e cérebro. **A.** A massa de gordura é adequada. **B.** Depleção da massa de gordura. Apenas os aminoácidos alanina e glutamina são mostrados, visto que eles são também importantes para o transporte de nitrogênio.

## 27.6 O etanol altera o metabolismo energético no fígado

O etanol tem sido um componente da alimentação humana há séculos, em parte devido a seus efeitos intoxicantes e, em parte, pelo fato de que as bebidas alcoólicas forneciam um meio seguro de hidratação quando a água pura era escassa. Entretanto, o seu consumo em excesso pode resultar em diversos problemas de saúde, mais notavelmente lesão hepática. Qual é a base bioquímica desses problemas de saúde?

### O metabolismo do etanol leva a um excesso de NADH

O etanol não pode ser excretado e precisa ser metabolizado, principalmente pelo fígado. Esse metabolismo ocorre por duas vias. A primeira via compreende duas etapas. A primeira etapa, catalisada pela enzima *álcool desidrogenase*, ocorre no citoplasma:

$$\underset{\text{Etanol}}{CH_3CH_2OH} + NAD^+ \xrightarrow[\text{desidrogenase}]{\text{Álcool}} \underset{\text{Acetaldeído}}{CH_3CHO} + NADH + H^+$$

A segunda etapa, que é catalisada pela *aldeído desidrogenase*, ocorre nas mitocôndrias:

$$\underset{\text{Acetaldeído}}{CH_3CHO} + NAD^+ + H_2O \xrightarrow[\text{desidrogenase}]{\text{Álcool}} \underset{\text{Acetato}}{CH_3CHOO^-} + NADH + H^+$$

Observe que *o consumo de etanol leva a um acúmulo de NADH*. Essa alta concentração de NADH inibe a gliconeogênese, visto que impede a oxidação do lactato a piruvato. Com efeito, as altas concentrações de NADH determinarão o predomínio da reação inversa, com acúmulo de lactato. As consequências podem consistir em hipoglicemia e acidose láctica.

A excessiva abundância de NADH também inibe a oxidação de ácidos graxos. Um importante propósito metabólico da oxidação de ácidos graxos é gerar NADH para a produção de ATP pela fosforilação oxidativa, porém as necessidades de NADH do indivíduo que consome álcool são supridas pelo metabolismo do etanol. Com efeito, o excesso de NADH sinaliza que as condições estão corretas para a síntese de ácidos graxos. Em consequência, há acúmulo de triacilgliceróis no fígado, levando a uma condição conhecida como "fígado gorduroso" ou esteatose hepática, que é exacerbada nos indivíduos obesos.

A segunda via do metabolismo de etanol utiliza as enzimas do citocromo P450. Essa forma de metabolismo do etanol é denominada *sistema microssomal de oxidação do etanol* (MEOS, do inglês *microsomal ethanol-oxidizing system*). Essa via dependente do citocromo P450 (ver seção 26.4) produz acetaldeído e, subsequentemente, acetato, enquanto oxida o poder redutor de biossíntese NADPH a $NADP^+$. Pelo fato de utilizar oxigênio, essa via gera radicais livres, que causam dano aos tecidos. Além disso, como o sistema consome NADPH, não pode haver regeneração do antioxidante glutationa (ver seção 20.5), exacerbando o estresse oxidativo.

Quais são os efeitos dos outros metabólitos do etanol? As mitocôndrias hepáticas podem converter o acetato em acetil-CoA em uma reação que necessita de ATP. A enzima é a tioquinase, que normalmente ativa os ácidos graxos de cadeia curta.

$$\text{Acetato} + \text{coenzima A} + ATP \longrightarrow \text{acetil-CoA} + AMP + PP_i$$
$$PP_i \longrightarrow 2\ P_i$$

Entretanto, o processamento posterior da acetil-CoA pelo ciclo do ácido cítrico é bloqueado, visto que o NADH inibe duas enzimas regulatórias importantes do ciclo do ácido cítrico – a isocitrato desidrogenase e a α-cetoglutarato desidrogenase. O acúmulo de acetil-CoA tem várias consequências. Na primeira, haverá formação de corpos cetônicos, que são liberados no sangue, agravando a acidose já decorrente das altas concentrações de lactato. O processamento do acetato no fígado torna-se ineficiente, levando ao acúmulo de acetaldeído. Esse composto muito reativo forma ligações covalentes com muitos grupos funcionais importantes nas proteínas, comprometendo a sua função. Se o etanol for consistentemente consumido em altos níveis, o acetaldeído pode lesionar o fígado de modo significativo, o que leva finalmente à morte celular.

O etanol também altera a transcrição gênica, exacerbando ainda mais o dano hepático. O etanol de alguma maneira estimula a síntese de SREBP (ver Capítulo 26), um fator de transcrição que regula positivamente os genes que promovem a síntese de ácidos graxos. Ao mesmo tempo, o acetaldeído derivado do etanol inativa outro fator da transcrição, o PPARα (receptor ativado por proliferadores de peroxissoma, do inglês *peroxisome proliferator-activated receptor*), que normalmente estimula os genes envolvidos na oxidação de ácidos graxos. Os efeitos bioquímicos do consumo de etanol podem ser muito rápidos. Por exemplo, ocorre acúmulo de gordura no fígado dentro de poucos dias de consumo moderado de álcool.

A lesão hepática causada pelo consumo excessivo de etanol ocorre em três estágios. O primeiro já mencionado, consiste no desenvolvimento de esteatose hepática. No segundo estágio – hepatite alcoólica –, grupos de células morrem e, em consequência, ocorre inflamação. Esse estágio por si só pode ser fatal. No terceiro estágio – cirrose –, são produzidas estruturas fibrosas e tecido cicatricial ao redor das células mortas. A cirrose compromete muitas das funções bioquímicas do fígado. O fígado cirrótico é incapaz de converter a amônia em ureia, e ocorre elevação dos níveis sanguíneos de amônia. A amônia é tóxica para o sistema nervoso e pode causar coma e morte. A cirrose hepática surge em cerca de 25% dos alcoólatras, e cerca de 75% de todos os casos de cirrose hepática resultam do alcoolismo. A hepatite viral constitui uma causa não alcoólica de cirrose hepática.

### O consumo de etanol em excesso prejudica o metabolismo de vitaminas

Os efeitos adversos do etanol não se limitam ao seu próprio metabolismo. A vitamina A (retinol) é convertida em ácido retinoico, uma importante molécula sinalizadora para o crescimento e o desenvolvimento dos vertebrados, pelas mesmas desidrogenases que metabolizam o etanol. Em consequência, essa ativação não ocorre na presença de etanol, que atua como um inibidor competitivo. Além disso, as enzimas P450 induzidas pelo etanol inativam o ácido retinoico. Acredita-se que essas perturbações na via de sinalização do ácido retinoico sejam responsáveis, pelo menos em parte, pela síndrome alcoólica fetal, bem como pelo desenvolvimento de uma variedade de tipos de câncer.

A perturbação do metabolismo da vitamina A constitui um resultado direto das alterações bioquímicas induzidas pelo consumo excessivo de etanol. Outros distúrbios do metabolismo resultam de outra característica comum dos alcoólatras – a desnutrição. Os alcoólatras frequentemente bebem em lugar de se alimentar. Um distúrbio neurológico grave, denominado *síndrome de Wernicke-Korsakoff*, resulta do aporte insuficiente da vitamina tiamina. Os sintomas incluem confusão mental, marcha instável e ausência de habilidades motoras finas. Os sintomas da síndrome de Wernicke-Korsakoff assemelham-se aos do beribéri (ver seção 17.4), visto que ambas as condições resultam da falta de tiamina. A tiamina é convertida na coenzima tiamina pirofosfato, um constituinte essencial do complexo piruvato desidrogenase. Convém lembrar que esse processo liga a glicólise ao ciclo do ácido cítrico. As perturbações nesse complexo piruvato desidrogenase são mais evidentes na forma de distúrbios neurológicos, visto que o sistema nervoso normalmente depende da glicose para a geração de energia.

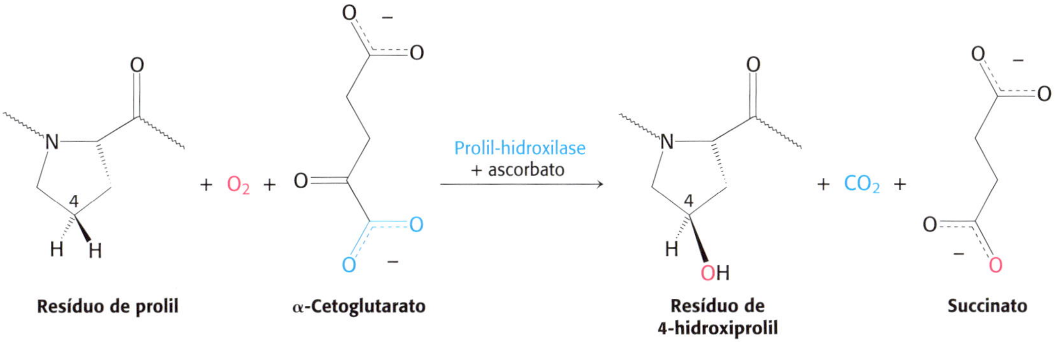


**FIGURA 27.16 Formação da 4-hidroxiprolina.** A prolina é hidroxilada em C-4 pela ação da prolil-hidroxilase, uma enzima que ativa o oxigênio molecular.

Em certas ocasiões, observa-se a ocorrência de escorbuto alcoólico devido à ingestão insuficiente de vitamina C. Essa vitamina é necessária para a formação de fibras estáveis de colágeno. Os sintomas do escorbuto incluem lesões cutâneas e fragilidade dos vasos sanguíneos. Mais notáveis são o sangramento da gengiva, a perda de dentes e as infecções periodontais. As gengivas são particularmente sensíveis à falta de vitamina C, visto que o colágeno nas gengivas sofre rápida renovação. Qual é a base bioquímica do escorbuto? A vitamina C é necessária para a síntese de 4-hidroxiprolina, um aminoácido necessário para a estabilidade do colágeno. Para formar esse aminoácido incomum, os resíduos de prolina no lado amino dos resíduos de glicina nas cadeias nascentes do colágeno são hidroxilados. Um átomo de oxigênio do $O_2$ liga-se ao C-4 da prolina, enquanto o outro átomo de oxigênio é captado pelo α-cetoglutarato, que é convertido em succinato (Figura 27.16). Essa reação é catalisada pela *prolil-hidroxilase*, uma *dioxigenase*, que necessita de um íon $Fe^{2+}$ para ativar o $O_2$. Tal enzima também converte o α-cetoglutarato em succinato sem hidroxilar a prolina. Nessa reação parcial, forma-se um complexo de ferro oxidado, que inativa a enzima. Como a enzima ativa é regenerada? O *ascorbato* (*vitamina C*) vem em socorro ao reduzir o íon férrico da enzima inativada. No processo de recuperação, o ascorbato é oxidado a ácido desidroascórbico (Figura 27.17). Por conseguinte, o ascorbato atua aqui como um *antioxidante* específico. Por que a hidroxilação prejudicada tem essas consequências devastadoras? *Na ausência de ascorbato, o colágeno sintetizado é menos estável do que a proteína normal.* A hidroxiprolina estabiliza a tripla hélice do colágeno, formando ligações de hidrogênio entre as fitas. As fibras anormais formadas pelo colágeno insuficientemente hidroxilado são responsáveis pelos sintomas do escorbuto.

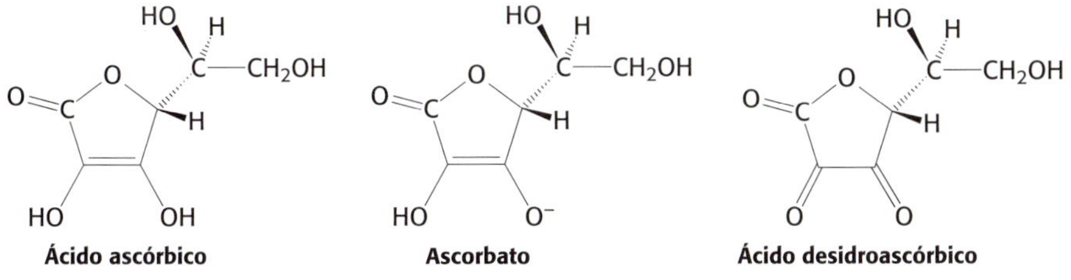


**FIGURA 27.17 Formas de ácido ascórbico (vitamina C).** O ascorbato é a forma ionizada da vitamina C, enquanto o ácido desidroascórbico é a forma oxidada do ascorbato.

# RESUMO

## 27.1 A homeostasia calórica constitui um meio de regular o peso corporal

Muitas pessoas são capazes de manter um peso corporal quase constante durante toda a vida adulta. Essa capacidade é a demonstração da homeostasia calórica, uma condição fisiológica em que as necessidades de energia correspondem ao aporte energético. Quando o aporte energético é maior do que as necessidades de energia, ocorre ganho de peso. Nos países desenvolvidos, a obesidade assumiu proporções epidêmicas e está implicada como um fator que contribui para inúmeras condições patológicas.

## 27.2 O cérebro desempenha um papel essencial na homeostasia calórica

Várias moléculas sinalizadoras atuam no cérebro para controlar o apetite. Os sinais a curto prazo, como a CCK e o GLP-1, transmitem sinais de saciedade ao cérebro enquanto o indivíduo está se alimentando. Os sinais a longo prazo incluem a leptina e a insulina. A leptina, que é secretada pelo tecido adiposo em proporção direta à massa de tecido adiposo, é uma indicação das reservas de gordura. A leptina inibe a ingestão de alimentos. A insulina também atua no cérebro sinalizando a disponibilidade de carboidratos.

A leptina atua por meio de sua ligação a um receptor presente nos neurônios cerebrais, que dá início a vias de transdução de sinais que reduzem o apetite. A obesidade pode ocorrer em indivíduos com quantidades normais de leptina e de seu receptor, sugerindo que esses indivíduos são resistentes à leptina. Os supressores da sinalização de citocinas podem inibir a sinalização da leptina, resultando em resistência à leptina e desenvolvimento de obesidade.

## 27.3 O diabetes melito é uma doença metabólica comum que frequentemente resulta da obesidade

O diabetes melito constitui a doença metabólica mais comum no mundo. O diabetes tipo 1 ocorre quando a insulina está ausente devido à destruição autoimune das células β do pâncreas. O diabetes tipo 2 caracteriza-se por níveis normais ou mais altos de insulina, porém os tecidos-alvo da insulina, notavelmente o músculo, não respondem ao hormônio – uma condição denominada resistência à insulina. A obesidade constitui um significativo fator predisponente para o diabetes tipo 2.

No músculo, as gorduras em excesso acumulam-se no indivíduo obeso. Essas gorduras são processadas em segundos mensageiros que ativam vias de transdução de sinais que inibem a sinalização da insulina, com consequente desenvolvimento de resistência à insulina. A resistência à insulina nos tecidos-alvo acaba resultando em insuficiência das células β do pâncreas. O pâncreas procura compensar a falta de ação da insulina ao sintetizar maior quantidade do hormônio, resultando em estresse do RE e subsequente ativação das vias apoptóticas que levam à morte das células β.

O diabetes melito tipo 1 ocorre quando a insulina está ausente devido à destruição autoimune das células β do pâncreas. A consequente falta de insulina e o excesso de glucagon resultam em níveis elevados de glicemia, mobilização de triacilgliceróis e formação excessiva de corpos cetônicos. A formação acelerada de corpos cetônicos pode levar à acidose, ao coma e à morte em diabéticos insulinodependentes não tratados.

## 27.4 O exercício físico altera beneficamente a bioquímica das células

O exercício constitui uma prescrição útil para a resistência à insulina e o diabetes tipo 2. A atividade muscular estimula a biogênese mitocondrial de modo dependente de cálcio. O aumento na quantidade de mitocôndrias facilita a oxidação de ácidos graxos no músculo, resultando em aumento da sensibilidade à insulina.

A escolha da fonte de energia no exercício é determinada pela intensidade e pela duração do exercício. A corrida de velocidade e a maratona são impulsionadas por diferentes fontes de energia para maximizar a produção de potência. A corrida de 100 metros é impulsionada pelo ATP armazenado, pela creatina fosfato e pela glicólise anaeróbica. Por outro lado, a oxidação do glicogênio muscular e dos ácidos graxos provenientes do tecido adiposo é essencial na maratona, uma competição altamente aeróbica.

### 27.5 A ingestão de alimentos e o jejum prolongado (inanição) induzem alterações metabólicas

A insulina sinaliza o estado de saciedade; ela estimula a formação de glicogênio e de triacilgliceróis, bem como a síntese de proteínas. Em contrapartida, o glucagon sinaliza um baixo nível de glicemia; ele estimula a degradação do glicogênio e a gliconeogênese pelo fígado, assim como a hidrólise dos triacilgliceróis pelo tecido adiposo. Depois de uma refeição, a elevação dos níveis de glicemia leva a um aumento da secreção de insulina e diminuição da secreção de glucagon. Em consequência, o glicogênio é sintetizado no músculo e no fígado. Quando o nível de glicemia cai várias horas mais tarde, a glicose é então formada pela degradação do glicogênio e pela via gliconeogênica, e os ácidos graxos são liberados pela hidrólise de triacilgliceróis. A seguir, o fígado e o músculo utilizam cada vez mais ácidos graxos em lugar de glicose para suprir suas próprias necessidades energéticas, de modo que a glicose seja conservada para uso pelo cérebro e pelos eritrócitos.

As adaptações metabólicas na inanição servem para minimizar a degradação de proteínas. Grandes quantidades de corpos cetônicos são formadas pelo fígado a partir de ácidos graxos, e a sua liberação no sangue ocorre dentro de poucos dias após o início da inanição. Depois de várias semanas de inanição, os corpos cetônicos tornam-se a principal fonte de energia para o cérebro. A necessidade diminuída de glicose reduz a taxa de degradação muscular, de modo que a probabilidade de sobrevida aumenta.

### 27.6 O etanol altera o metabolismo energético no fígado

A oxidação do etanol resulta em uma superprodução desregulada de NADH, que tem várias consequências. Uma elevação nas concentrações de ácido láctico e de corpos cetônicos no sangue provoca queda do pH sanguíneo ou acidose. Ocorre lesão hepática, visto que o excesso de NADH causa a formação de lipídios em excesso, bem como a geração de acetaldeído, uma molécula reativa. As alterações na atividade de vários fatores de transcrição em consequência do consumo de etanol também contribuem para a patologia hepática. Pode ocorrer lesão hepática grave em consequência do uso continuado de etanol.

# APÊNDICE Bioquímica em foco

## Bioquímica em foco 1

### As adipocinas ajudam a regular o metabolismo de substratos energéticos no fígado

Como já tivemos a oportunidade de verificar muitas vezes em nosso estudo de bioquímica, o fígado desempenha um papel central na regulação do metabolismo da glicose e dos lipídios. Essa função é facilitada pela comunicação entre os adipócitos e o fígado. A leptina e a adiponectina, que são adipocinas, regulam o metabolismo de substratos energéticos no fígado (Figura 27.18). Lembre-se de que, anteriormente, ressaltamos que

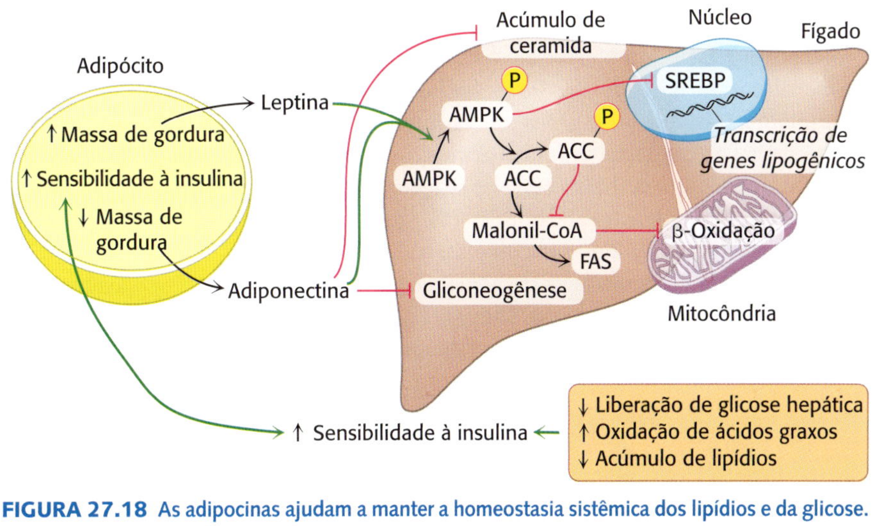


**FIGURA 27.18** As adipocinas ajudam a manter a homeostasia sistêmica dos lipídios e da glicose.

a secreção de leptina aumenta à medida que a massa de gordura aumenta, enquanto a secreção de adiponectina aumenta à medida que a massa de gordura diminui. Ambos os hormônios atuam para impedir o acúmulo de lipídios no fígado e para estimular a oxidação de ácidos graxos de maneira semelhante. A ligação aos respectivos receptores de membrana desses dois hormônios resulta em fosforilação e ativação da proteinoquinase ativada por AMP (AMPK, Capítulo 22). Por sua vez, a AMPK ativada fosforila e inativa a acetil-CoA carboxilase 1, a principal enzima regulatória do metabolismo de ácidos graxos. Com a inibição da acetil-CoA carboxilase 1, ocorre queda na concentração de seu produto, a malonil-CoA. Convém lembrar que a malonil-CoA inibe a oxidação de ácidos graxos por meio da inibição da carnitina acil transferase, a enzima que transporta ácidos graxos para as mitocôndrias para a β-oxidação (ver Capítulo 22). Em consequência, ocorre aumento na β-oxidação de ácidos graxos. A AMPK ativada também diminui a expressão de fatores de transcrição, como SREBP, que controla os genes necessários para a lipogênese e a síntese de colesterol. O efeito global da leptina e da adiponectina sobre o metabolismo de ácidos graxos consiste, portanto, em diminuir a síntese e aumentar a oxidação, impedindo o acúmulo de lipídios no fígado.

A adiponectina também pode melhorar alguns dos efeitos do acúmulo de lipídios. Conforme discutido em Bioquímica em foco no Capítulo 26, uma das consequências do acúmulo de lipídios consiste em aumento na concentração de ceramida. A ceramida estimula a importação de ácidos graxos, o que leva ao acúmulo de lipídios e inibe as proteinoquinases necessárias para a ação da insulina. Em outras palavras, na presença de ceramida em excesso, as células tornam-se resistentes à insulina. A adiponectina, após ligação a seu receptor, ativa a atividade de ceramidase associada ao receptor, que converte a ceramida em esfingosina. Por conseguinte, a diminuição da ceramida aumenta a sensibilidade à insulina. A adiponectina também inibe a gliconeogênese por mecanismos que ainda não estão bem definidos.

A ação combinada da leptina e da adiponectina sobre o fígado resulta em diminuição da liberação de glicose e do acúmulo de lipídios, e em aumento da oxidação de ácidos graxos no fígado. Todas essas alterações aumentam a sensibilidade à insulina no fígado e em outros tecidos, inclusive os adipócitos.

# Bioquímica em foco 2

## O exercício físico altera os metabolismos muscular e corporal total

Analisamos várias vezes os efeitos do exercício físico sobre os processos bioquímicos ao longo deste livro e, mais recentemente, neste capítulo. Aqui, apresentaremos um panorama das adaptações moleculares ao exercício e, em seguida, faremos uma comparação dos efeitos do treinamento de *endurance* e de resistência sobre as bioquímicas muscular e corporal total.

Independentemente do tipo de exercício, o momento da resposta metabólica é, em geral, o mesmo (Figura 27.19). A primeira resposta ao exercício consiste em uma alteração nos padrões de expressão gênica. (Uma discussão completa sobre a regulação da expressão gênica é apresentada nos Capítulos 30 e 33.) Diversos fatores de transcrição são ativados por uma variedade de moléculas sinalizadoras, e todos esses fatores de transcrição estimulam genes que codificam proteínas que facilitam o exercício físico. Por exemplo, conforme discutido na página 910, os ácidos graxos e o $Ca^{2+}$ estimulam a transcrição de genes que estimulam a biogênese mitocondrial e a oxidação de ácidos graxos. Convém lembrar também que a hipoxia (baixo nível de oxigênio) ativa o fator induzível por hipoxia (ver Capítulo 16), que estimula os genes que codificam enzimas glicolíticas, transportadores de glicose e fatores estimuladores da angiogênese. De maneira notável, conforme ilustrado na Figura 27.18, até mesmo uma única sessão de exercício pode estimular várias vezes a expressão gênica, com retorno dos níveis a valores normais em 24 horas. Entretanto, são necessárias sessões repetidas de exercício para acumular mRNA o suficiente para aumentar a síntese das proteínas que respondem ao exercício. Além das proteínas já mencionadas, outros exemplos são as proteínas estruturais e contráteis dos músculos (ver seção 9.4, no Capítulo 9, e seções 36.1 e 36.2, no Capítulo 36, disponível no material suplementar *online*) e as proteínas que ligam o oxigênio, a hemoglobina e a mioglobina (ver Capítulo 7). Quando há acúmulo suficiente dessas e de outras proteínas, os efeitos fisiológicos do exercício tornam-se evidentes. Você pode correr por distâncias maiores e mais rápido ou pode fazer mais repetições com pesos mais pesados.

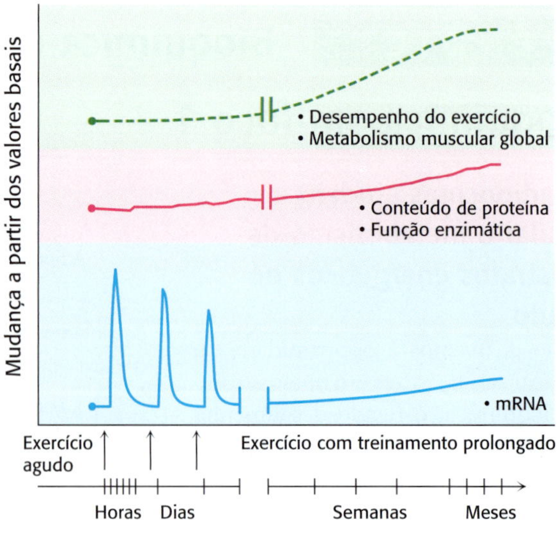


**FIGURA 27.19 A adaptação molecular ao exercício.** As mudanças em função da duração do exercício são mostradas em relação às sínteses de mRNA (parte inferior) e de proteína (parte intermediária), e em relação ao desempenho do exercício (parte superior) [Figura 1 de Egan, B., e Zierath, J. R. 2013. Exercise metabolism and the molecular regulation of skeletal muscle adaptation. *Cell Metab.* 17:162–184.]

A Tabela 27.6 mostra algumas das adaptações moleculares e os benefícios para a saúde obtidos do treinamento de *endurance* e de resistência. Para a maioria de nós, alguma combinação dos dois resultará em um máximo de benefícios para a saúde. Há vários anos, a American Medical Association e o American College of Sports Medicine lançaram uma iniciativa global denominada Exercise is Medicine (o exercício é um remédio). Como mostra a Tabela 27.6 – e já aprendemos isso em nosso estudo de bioquímica –, isso de fato é verdade: o exercício *é* um remédio.

**TABELA 27.6** Adaptações e benefícios para a saúde do treinamento aeróbico e de resistência.

| | Treinamento aeróbico (*endurance*) | Treinamento de resistência (força) |
|---|---|---|
| **Morfologia do músculo esquelético e desempenho do exercício** | | |
| Crescimento do músculo (hipertrofia) | ↔ | ↑↑↑ |
| Força e potência musculares | ↔ | ↑↑↑ |
| Tamanho da fibra muscular | ↔↑ | ↑↑↑ |
| Capacidade anaeróbica | ↑ | ↑↑ |
| Síntese de proteínas musculares | ↔↑ | ↑↑↑ |
| Síntese de proteínas mitocondriais | ↑↑ | ↔↑ |
| Tolerância ao lactato | ↑↑ | ↔↑ |
| Densidade mitocondrial e capacidade oxidativa | ↑↑↑ | ↔↑ |
| Capacidade de *endurance* | ↑↑↑ | ↔↑ |
| **Saúdes corporal total e metabólica** | | |
| Densidade mineral óssea | ↑↑ | ↑↑ |
| Porcentagem de gordura corporal | ↓↓ | ↓ |
| Massa corporal magra | ↔ | ↑↑ |
| Sensibilidade à insulina | ↑↑ | ↑↑ |
| Marcadores inflamatórios | ↓↓ | ↓ |
| Frequência cardíaca em repouso | ↓↓ | ↔ |
| Volumes sistólicos* em repouso e máximo | ↑↑ | ↔ |
| Pressão arterial em repouso | ↔↓ | ↔ |
| Risco cardiovascular | ↓↓↓ | ↓ |
| Taxa metabólica basal | ↑ | ↑↑ |

*Volume de sangue bombeado do ventrículo esquerdo por batimento cardíaco.
↑ Aumento dos valores; ↓ diminuição dos valores; ↔ nenhuma mudança; ↔↑ ou ↔↓ pouca ou nenhuma mudança.
Tabela 1 de Egan, B., e Zierath, J. R. 2013. Exercise metabolism and the molecular regulation of skeletal muscle adaptation. *Cell Metab.* 17:162-184.

# APÊNDICE

## Estratégias para resolução da questão

**QUESTÃO:** Imagine que você seja um bioquímico em uma instituição conceituada de pesquisa biomédica. Está sentado à sua mesa, no final do dia, refletindo sobre os resultados dos experimentos realizados. Um médico amigo seu entra na sua sala para pedir-lhe alguma orientação. Ele está com um paciente, um homem jovem que gosta de caminhar, mas que está apresentando cãibras dolorosas quando realiza um exercício intenso. Os exames de sangue após a prova de esforço em esteira não mostram nenhuma elevação nos níveis de lactato, porém revelam a presença de enzimas glicolíticas e de mioglobina no sangue. O nível da glicemia está normal, e o tratamento com epinefrina levou à mobilização do glicogênio. Os resultados de outros exames de sangue são apresentados na Tabela 27.7.

**TABELA 27.7** Resultados do exame de sangue para Estratégias de Resolução da Questão.

| | Glicogênio (mg/g de tecido) | Glicose 6-fosfato (μmol/g de tecido) | Frutose 6-fosfato (μmol/g de tecido) | Frutose 1,6-bisfosfato (μmol/g de tecido) |
|---|---|---|---|---|
| Paciente do seu amigo | 47 | 10 | 3 | 0,01 |
| Valores de referência | 8 a 11 | 0,4 a 0,7 | 0,09 a 0,15 | 0,7 a 1,0 |

Envergonhado, seu amigo confessa que não prestava muita atenção nas aulas de bioquímica e pede que você o ajude na interpretação das informações obtidas desse paciente. Você sorri, talvez de maneira um pouco condescendente, e responde: "Claro! Se você mais tarde comprar para mim um *éclair* de chocolate". Seu amigo concorda e, então, você faz uma série de questões incisivas.

(a) O que os resultados do teste de exercício anaeróbico sugerem de errado com os músculos desse rapaz?

(b) Qual é a importância dos resultados após o tratamento do paciente com epinefrina?

(c) O que os resultados da biopsia muscular revelam?

(d) Por que o glicogênio muscular está mais alto do que o normal?

(e) Qual é o significado da presença de enzimas glicolíticas e de mioglobina no sangue?

**SOLUÇÃO:** Utilizemos nossa abordagem normal de dividir cada questão em perguntas mais simples. Consideremos inicialmente a questão (a).

► **Qual é o produto final normal do exercício anaeróbico no músculo?**

Lactato

► **O que a ausência de lactato revela nesse paciente?**

A glicólise não deve estar funcionando adequadamente. Ainda não sabemos a razão disso.

Continuemos com a questão (b)

► **Qual é a função bioquímica da epinefrina no músculo?**

A epinefrina estimula a degradação do glicogênio. A resposta normal do paciente à epinefrina mostra que a degradação do glicogênio está funcional. Até o momento, estabelecemos que a glicólise não está funcionando adequadamente, enquanto a degradação do glicogênio está normal.

E quanto à parte (c)?

► **Descreva os resultados da biopsia muscular.**

O glicogênio, a glicose 6-fosfato e a frutose 6-fosfato estão presentes em concentrações mais altas do que o normal, enquanto a concentração de frutose 1,6-bisfosfato está muito mais baixa do que os valores de referência. Observe que a glicose 6-fosfato, a frutose 6-fosfato e a frutose 1,6-bisfosfato são intermediários glicolíticos. A mobilização do glicogênio em resposta à epinefrina nesse paciente estabelece que o excesso de glicogênio não resulta do comprometimento na sua degradação. Quando considerados em conjunto, esses resultados sugerem que algo está errado na glicólise – talvez uma enzima deficiente –, resultando em acúmulo de glicogênio

► **Que enzima glicolítica parece estar afetada? (Se necessário, consulte a Figura 16.2 para uma ajuda.)**

Os intermediários anteriores à reação mediada pela fosfofrutoquinase estão presentes em excesso, enquanto o metabólito distal, a frutose 1,6-bifosfato, está deficiente. Essa condição pode ser explicada pela deficiência de fosfofrutoquinase, uma patologia denominada Doença de Armazenamento do Glicogênio Tipo VII ou doença de Tauri.

Falando em doenças de armazenamento de glicogênio, passemos agora para a questão (d)

► **No que diz respeito ao glicogênio, qual é o provável destino do excesso de glicose 6-fosfato no músculo?**

Convém lembrar que o músculo carece de glicose 6-fosfatase, de modo que a glicose não pode ser liberada no sangue. A glicose 6-fosfato acumulada é metabolizada a glicose 1-fosfato pela fosfoglicomutase, e a glicose 1-fosfato é subsequentemente convertida em glicogênio. Isso explica o aumento do glicogênio observado nesse paciente jovem.

Finalmente, consideremos a parte (e)

► **O que a presença de enzimas glicolíticas e da mioglobina no sangue após o exercício anaeróbico sugere sobre a integridade celular?**

As células devem estar gravemente danificadas devido à ausência de ATP durante o exercício intenso. As células morrem, e o conteúdo celular é liberado no sangue – uma condição denominada rabdomiólise.

Agora, é só atravessar a rua e dirigir-se até a confeitaria em frente a seu laboratório e pedir a seu amigo que compre o *éclair* de chocolate.

## PALAVRAS-CHAVE

homeostasia calórica (homeostasia energética)
colecistocinina (CCK)
peptídio semelhante ao glucagon 1 (GLP-1)
leptina
insulina
adiponectina
resistência à leptina
diabetes melito tipo 1
resistência à insulina
diabetes melito tipo 2
síndrome metabólica
estresse do retículo endoplasmático (RE)
resposta às proteínas não enoveladas (UPR)
ciclo de fome-saciedade
homeostasia da glicose

## QUESTÕES

1. *Reservas energéticas.* Qual dos seguintes tecidos apresenta o maior suprimento de energia em um ser humano bem nutrido?

(a) Fígado

(b) Músculo

(c) Cérebro

(d) Tecido adiposo

2. *Tecidos-alvo.* Quais dos seguintes tecidos constituem os principais alvos da insulina?

(a) Músculo

(b) Cérebro

(c) Tecido adiposo

(d) Fígado

3. *Energia cerebral.* Em circunstâncias normais, qual é a fonte de energia mais comumente utilizada pelo cérebro?

(a) Glicerol

(b) Glicose

(c) Ácidos graxos

(d) Corpos cetônicos

4. *Ausência de estimulação.* Qual das seguintes vias não é estimulada pela epinefrina?

(a) Degradação do glicogênio

(b) Mobilização de ácidos graxos a partir do tecido adiposo

(c) Síntese do glicogênio

(d) Glicólise no músculo

5. *Indistinguível.* O diabetes melito tipo 1 é o resultado de qual das seguintes condições?

(a) Distúrbio autoimune

(b) Síndrome metabólica

(c) Alimentação inadequada

(d) Secreção excessiva de insulina

6. *Controle do peso.* Tão preocupante quanto a epidemia da obesidade é a observação igualmente surpreendente e quase incrível de que muitas pessoas são capazes de manter um peso corporal aproximadamente constante durante toda a vida adulta. Alguns cálculos simples de uma situação simplificada ilustram como esse feito é notável. Considere uma mulher de 54 kg cujo peso não se alterou significativamente entre 25 e 65 anos de idade. Digamos que essa mulher necessite de 8.400 kJ (2.000 kcal) por dia$^{-1}$. Para simplificar, suponhamos que sua alimentação consista predominantemente em ácidos graxos derivados de lipídios. A densidade energética dos ácidos graxos é de 38 kJ (9 kcal) g$^{-1}$. Que quantidade de alimento ela consumiu no decorrer desses 40 anos?

7. *Pneu de reserva.* Suponha que a mulher do teste da questão anterior tenha ganhado 25 kg entre 25 e 65 anos de idade (infelizmente um acontecimento comum), e que o seu peso aos 65 anos seja de 79 kg. Calcule quantas calorias em excesso ela consumiu por dia para ganhar 25 kg ao longo de 40 anos. Suponha que essa mulher tenha 1,67 m de altura. Qual é o seu IMC? Ela seria considerada obesa com 79 kg?

8. *Gordura depositada.* O tecido adiposo era antigamente considerado apenas como um local de armazenamento de gordura. Por que esse conceito não é mais considerado correto?

9. *Ação equilibrada.* O que significa homeostasia calórica?

10. *Dupla dinâmica.* Quais são os hormônios-chave responsáveis pela manutenção da homeostasia calórica?

11. *Duplo papel.* Quais são as duas funções bioquímicas desempenhadas pela CCK? E pelo GLP-1?

12. *Falha na comunicação.* A leptina inibe a ingestão de alimentos e é secretada em quantidades diretamente proporcionais à gordura corporal. Além disso, os indivíduos obesos apresentam quantidades normais de leptina e de seu receptor. Por que, então, as pessoas tornam-se obesas?

13. *Muitos sinais.* Associe as características (*a* a *i*) ao hormônio apropriado (*1* a *6*):

| | |
|---|---|
| (a) Secretado(a) pelo tecido adiposo ________ | 1. Leptina |
| (b) Estimula a gliconeogênese hepática ________ | 2. Adiponectina |
| (c) Via de GPCR ________ | 3. GLP-1 |
| (d) Sinal de saciedade ________ | 4. CCK |
| (e) Aumenta a secreção de insulina ________ | 5. Insulina |
| (f) Secretado(a) pelo pâncreas durante o jejum ________ | 6. Glucagon |
| (g) Secretado(a) depois de uma refeição ________ | |
| (h) Estimula a síntese do glicogênio ________ | |
| (i) Ausente no diabetes melito tipo 1 ________ | |

14. *Uma substância química fundamental.* Quais são as fontes de glicose 6-fosfato nas células hepáticas?

15. *Nenhuma das opções é boa.* Diferencie o diabetes melito tipo 1 do tipo 2.

16. *Combatendo o diabetes.* A leptina é considerada um hormônio "antidiabetogênico". Explique.

**17.** *Energia e potência metabólicas.* A taxa de gasto energético de uma pessoa típica de 70 kg em repouso é de cerca de 70 watts (W), como a de uma lâmpada elétrica.

**(a)** Expresse essa taxa em quilojoules por segundo e em quilocalorias por segundo.

**(b)** Quantos elétrons fluem por segundo através da cadeia mitocondrial de transporte de elétrons nessas condições?

**(c)** Faça uma estimativa da taxa correspondente de produção de ATP.

**(d)** O teor total de ATP do organismo é de cerca de 50 g. Faça uma estimativa da frequência de renovação de uma molécula de ATP em um indivíduo em repouso.

**18.** *Quociente respiratório (QR).* Esse índice metabólico clássico é definido como o volume de $CO_2$ liberado dividido pelo volume de $O_2$ consumido. ✓❹

**(a)** Calcule os valores do QR na oxidação completa da glicose e do tripalmitoil glicerol.

**(b)** O que as medições do QR revelam acerca das contribuições de diferentes fontes de energia durante o exercício intenso? (Suponha que a degradação de proteínas seja insignificante.)

**19.** *Corcova de camelo.* Compare a produção de $H_2O$ a partir da oxidação completa de 1 g de glicose com aquela de 1 g de tripalmitoil glicerol. Relacione esses valores com a seleção evolutiva do conteúdo de uma corcova de camelo.

**20.** *Faminto-nutrido.* O que o ciclo de fome-saciedade significa? ✓❺

**21.** *Naturalmente o excesso é ruim.* Quais são os principais meios de processar o etanol? ✓❻

**22.** *Começou com vinho borgonha, porém logo enfrentou coisa mais pesada.* Descreva os três estágios do consumo do etanol que levam à lesão hepática e, possivelmente, à morte. ✓❻

**23.** *O preço do pecado.* Quanto tempo uma pessoa tem de correr para compensar as calorias obtidas com a ingestão de 10 macadâmias (75 kJ ou 18 kcal por noz)? (Suponha um aumento de potência de consumo de 400 W.) ✓❶

**24.** *Doce risco.* Ingerir grandes quantidades de glicose imediatamente antes de uma maratona poderia parecer uma boa maneira de aumentar as reservas de energia. Entretanto, corredores experientes não ingerem glicose antes de uma corrida. Qual é a razão bioquímica para evitar essa fonte potencial de energia? (Dica: considere o efeito da ingestão de glicose sobre o nível de insulina.) ✓❷, ✓❹

**25.** *Lipodistrofia.* A lipodistrofia é uma condição em que o indivíduo carece de tecido adiposo. Os músculos e o fígado desses indivíduos são resistentes à insulina, e ambos os tecidos acumulam grandes quantidades de triacilgliceróis (hiperlipidemia). A administração de leptina melhora, em parte, essa condição. O que isso indica acerca da relação do tecido adiposo com a ação da insulina? ✓❷

**26.** *Alvo terapêutico.* Qual seria o efeito de uma mutação no gene da PTP1B (proteína tirosina fosfatase 1B) que inativou a enzima em um indivíduo com diabetes melito tipo 2? ✓❸

**27.** *Um efeito do diabetes.* O diabetes insulinodependente é frequentemente acompanhado de hipertrigliceridemia, que é um excesso de triacilgliceróis no sangue na forma de lipoproteínas de densidade muito baixa (VLDL). Sugira uma explicação bioquímica. ✓❸

**28.** *Compartilhando a riqueza.* O hormônio glucagon significa um estado de jejum; todavia, ele inibe a glicólise no fígado. Como essa inibição de uma via de produção de energia beneficia o organismo? ✓❷

**29.** *Compartimentalização.* A glicólise ocorre no citoplasma, enquanto a degradação de ácidos graxos é observada nas mitocôndrias. Que vias metabólicas dependem da interação das reações que ocorrem em ambos os compartimentos?

**30.** *Kwashiorkor.* O *kwashiorkor*, que constitui a forma mais comum de desnutrição de crianças no mundo, é causado por uma alimentação com muitas calorias, porém com pouca proteína. Os altos níveis de carboidratos resultam em níveis elevados de insulina. Qual é o efeito dos níveis elevados de insulina sobre ✓❺

**(a)** a utilização de lipídios?

**(b)** o metabolismo de proteínas?

**(c)** as crianças que sofrem de *kwashiorkor* frequentemente apresentam grande abdome distendido causado pela água do sangue que vaza para os espaços extracelulares. Sugira uma base bioquímica para essa condição.

**31.** *Um por todos, todos por um.* Como o metabolismo do fígado é coordenado com o do músculo esquelético durante o exercício vigoroso? ✓❹

**32.** *Uma pequena ajuda, por favor?* Qual é a vantagem de converter piruvato em lactato no músculo esquelético? ✓❹

**33.** *Escolha da fonte de energia.* Qual é a principal fonte de energia no músculo em repouso? Qual é a principal fonte de energia do músculo em condições de intenso trabalho? ✓❹

**34.** *Reembolso elevado.* Os atletas de *endurance* algumas vezes seguem o seguinte programa de exercícios e alimentação: 7 dias antes de uma competição, praticam exercícios exaustivos de modo a esgotar todas as reservas, exceto as de glicogênio. Nos próximos 2 a 3 dias, consomem poucos carboidratos e praticam exercícios de intensidade baixa a moderada. Por fim, 3 a 4 dias antes da competição, consomem alimentos ricos em carboidratos. Explique os benefícios desse regime. ✓❹

**35.** *Déficit de oxigênio.* Após um exercício de intensidade leve, o oxigênio consumido na recuperação é aproximadamente igual ao déficit de oxigênio, que é a quantidade adicional de oxigênio que teria sido gasta se o consumo de oxigênio alcançasse imediatamente o estado de equilíbrio dinâmico. Como o oxigênio consumido na recuperação é utilizado? ✓❹

**36.** *Consumo excessivo de oxigênio após o exercício.* O oxigênio consumido após o término de um exercício vigoroso é significativamente maior do que o déficit de oxigênio e é denominado *consumo excessivo de oxigênio após o exercício* (EPOC, do inglês *excess post-exercise oxygen consumption*). Por que é necessária uma quantidade muito maior de oxigênio depois de um exercício intenso?

**37.** *Efeitos psicotrópicos.* O etanol é um composto incomum, visto que é livremente solúvel tanto na água quanto nos lipídios. Por esse motivo, tem acesso a todas as regiões do cérebro altamente vascularizado. Embora a base molecular da ação do etanol no cérebro não esteja esclarecida, é evidente que ele influencia diversos receptores de neurotransmissores e canais iônicos. Sugira uma explicação bioquímica para os diversos efeitos do etanol.

38. *Tipo de fibra.* O músculo esquelético tem vários tipos distintos de fibras. O tipo I é utilizado principalmente para a atividade aeróbica, enquanto o tipo IIb é especializado para períodos curtos e intensos de atividade. Como você poderia distinguir esses tipos de fibras musculares se pudesse examiná-los ao microscópio eletrônico?

39. *Tour de France.* Os ciclistas no Tour de France (mais de 2.000 milhas em 3 semanas) necessitam de cerca de 836.000 kJ (200.000 kcal) de energia ou 41.840 kJ (10.000 kcal) $dia^{-1}$ (um homem em repouso necessita de 8.368 kJ ou 2.000 kcal $dia^{-1}$).

(a) Com base na suposição de que a produção de energia do ATP é de cerca de 50,2 kJ (12 kcal) $mol^{-1}$, e que o ATP tem um peso molecular de 503 g $mol^{-1}$, quanto ATP deve ser gasto por um ciclista no Tour de France?

(b) O ATP puro pode ser adquirido ao custo de aproximadamente 150 dólares por grama. Qual seria o custo para impulsionar um ciclista pelo Tour de France se todo o ATP tivesse de ser comprado?

40. *Respondendo ao estresse.* Por que, fisiologicamente, faz sentido que períodos regulares de exercício prolongado irão resultar em biogênese mitocondrial?

41. *Queimando gorduras.* Como a ativação da proteinoquinase ativada por AMP (AMPK) durante o exercício aeróbico promove a mudança para a oxidação de ácidos graxos em uma corrida de longa distância?

42. *Economizando as proteínas.* Que mudanças metabólicas e hormonais são responsáveis pela diminuição da gliconeogênese durante as primeiras semanas de jejum prolongado (inanição) nos seres humanos?

43. *Eu realmente fiz isso!?* O consumo de álcool com estômago vazio resulta em algumas alterações bioquímicas interessantes, bem como em alterações comportamentais constrangedoras. Ignoraremos estas últimas. A gliconeogênese cai; ocorre aumento na razão intracelular entre lactato e piruvato, entre glicerol 3-fosfato e di-hidroxiacetona fosfato, entre glutamato e α-cetoglutarato, e entre D-3-hidroxibutirato e acetoacetato. Há rápido desenvolvimento de hipoglicemia. Observa-se também uma queda do pH sanguíneo. O consumo de álcool por um indivíduo bem alimentado não leva à hipoglicemia nem a uma alteração do pH sanguíneo.

**(a)** Por que o consumo de etanol resulta em alteração dessas razões?

**(b)** Por que ocorrem hipoglicemia e acidose do sangue no indivíduo faminto?

**(c)** Por que uma pessoa bem alimentada não apresenta hipoglicemia?

**44.** *Não coma barra de chocolate.* Os seres humanos podem sobreviver por mais tempo em jejum total do que com uma dieta que consiste exclusivamente em pequenas quantidades de carboidratos. O que ocorre?

**45.** *Coisa boa em excesso.* Qual é a relação entre a oxidação dos ácidos graxos e a resistência à insulina no músculo?

**46.** *Aneurina? Realmente?* Por que os sintomas do beribéri assemelham-se aos da síndrome de Wernicke-Korsakoff?

**47.** *Biscoitos de maisena e leite com chocolate.* Você tem a oportunidade de acompanhar alguns médicos em uma renomada escola de medicina no Meio-Oeste. Os médicos estão examinando um menino de 2,5 anos de idade com os seguintes sintomas: não consegue andar, suas pernas estão dolorosas ao toque e uma radiografia revela fratura de um osso da perna, o corpo está coberto por um exantema, e há hemorragia das gengivas. A mãe informa que esse estado apareceu há aproximadamente 6 semanas. A equipe está perplexa. Várias ideias são apresentadas, porém nenhuma delas parece explicar o estado precário do menino. Como único participante nesse exame, sem título MD, você pergunta, hesitante, à mãe: o que ele gosta de comer? Ela responde que ele é "chato" para se alimentar e que, nos últimos 2 meses, consumiu apenas biscoitos de maisena e leite com chocolate. Uma luz aparece acima de sua cabeça, para o assombro de todos os que estão presentes. Qual é o problema dessa criança?

## Questão | Interpretação de dados

**48.** *Limiar do lactato.* O gráfico mostra a relação entre os níveis de lactato no sangue, o consumo de oxigênio e a frequência cardíaca durante um exercício de intensidade crescente. Os valores do consumo de oxigênio e a frequência cardíaca são indicadores do grau de esforço.

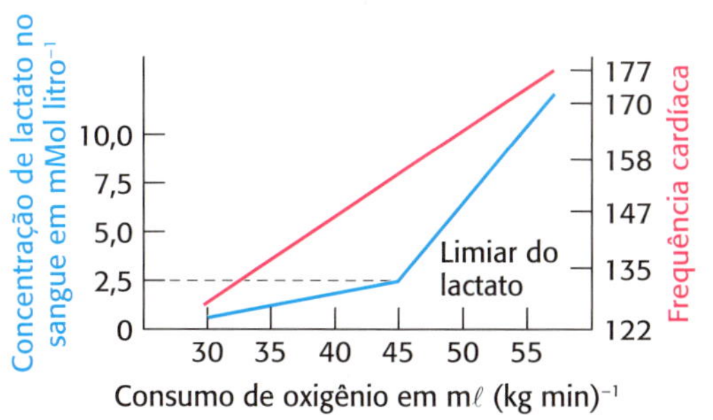


**(a)** Por que há produção de certa quantidade de lactato mesmo quando o exercício é moderado?

**(b)** Bioquimicamente, o que está ocorrendo quando a concentração de lactato começa a aumentar rapidamente, um ponto denominado limiar do lactato?

**(c)** Os atletas de *endurance* medem algumas vezes os níveis sanguíneos de lactato durante o treinamento para conhecer o valor do limiar do lactato. Em seguida, durante as competições, correm exatamente nesse limiar ou abaixo dele até o final da corrida. Bioquimicamente, por que essa prática é sensata?

**(d)** O treinamento pode aumentar o limiar do lactato. Explique.

## Questões | Integração de capítulos

**49.** *Sentindo a queimadura.* Em certas circunstâncias, o quociente respiratório (valor de QR) de um atleta que treina intensamente pode ultrapassar 1. Como isso é possível? 4

**50.** *Tantos canais. Como cabos de TV.* Descreva o papel dos canais de íons na secreção de insulina pelas células β do pâncreas.

## Questões para discussão

**51.** Descreva os processos bioquímicos que contribuem para a manutenção da homeostasia calórica.

**52.** Descreva as alterações bioquímicas que resultam no diabetes melito tipo 2.

**53.** Com relação ao paciente descrito em Estratégias para Resolução da Questão, explique por que esse homem jovem foi capaz de realizar um exercício moderado sem qualquer desconforto.

# Desenvolvimento de Fármacos



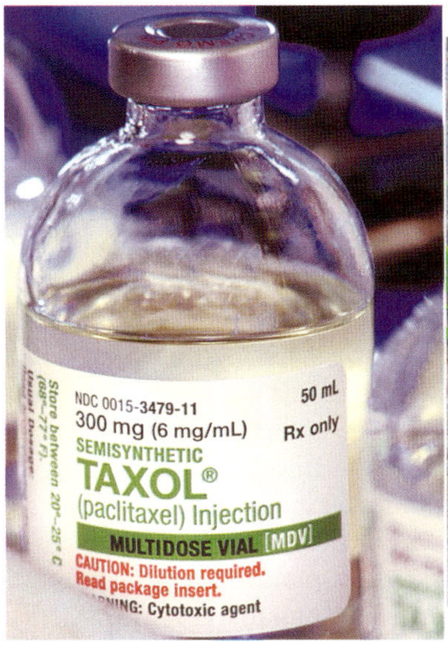


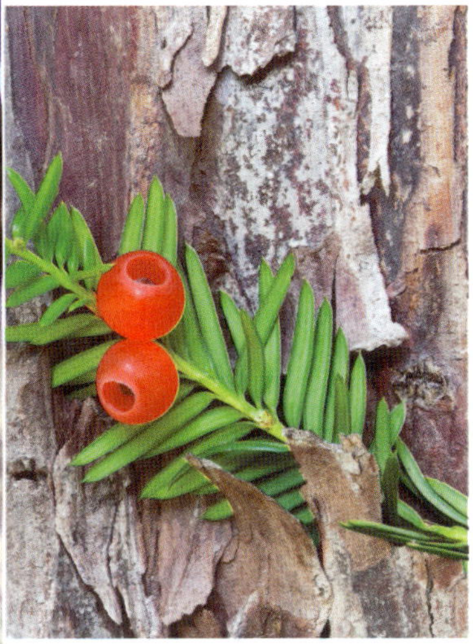

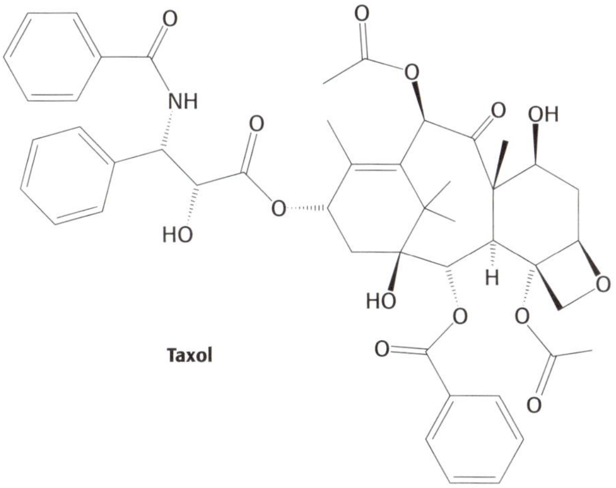

**Taxol**

Muitos fármacos baseiam-se em produtos naturais. O taxol (*acima*) é uma molécula isolada da casca do teixo (*Taxus brevifolia*), uma árvore do Pacífico, que inibe poderosamente a divisão celular e que é utilizada no tratamento de várias formas de câncer. Mais recentemente, foram desenvolvidos métodos para sintetizar o taxol sem derrubar o teixo do Pacífico, reduzindo significativamente o impacto ecológico da preparação do fármaco. [Cortesia de Bristol-Myers Squibb, Inga Spence/Science Source.]

## OBJETIVOS DE APRENDIZAGEM

*Ao término do capítulo, o leitor deverá ser capaz de:*

1. Descrever duas abordagens para a descoberta de fármacos.
2. Identificar os critérios que os compostos precisam preencher para o seu desenvolvimento em fármacos.
3. Descrever os processos pelos quais o corpo interage com os fármacos.
4. Descrever como a informação estrutural pode ser utilizada para ajudar no desenvolvimento de fármacos.
5. Fornecer exemplos de como a genética e a genômica podem ser utilizadas para progredir na descoberta de fármacos.
6. Distinguir as fases clínicas do desenvolvimento de fármacos.

## SUMÁRIO



O desenvolvimento de fármacos representa uma das interfaces mais importantes entre a bioquímica e a medicina. Nos capítulos anteriores deste livro, foram encontrados numerosos tipos de proteínas – enzimas, receptores e transportadores – que atuam como alvos para a maioria dos fármacos de uso clínico (Figura 28.1). Na maioria dos casos, os fármacos atuam por meio de sua ligação a essas proteínas, inibindo ou modulando suas atividades. Assim, o conhecimento dessas moléculas e das vias nas quais participam é crucial para o desenvolvimento de fármacos. Entretanto, um fármaco efetivo é muito mais do que um modulador potente de seu alvo. Os fármacos precisam ser administrados prontamente nos pacientes, de preferência na forma de pequenos comprimidos por via oral, e precisam permanecer dentro do

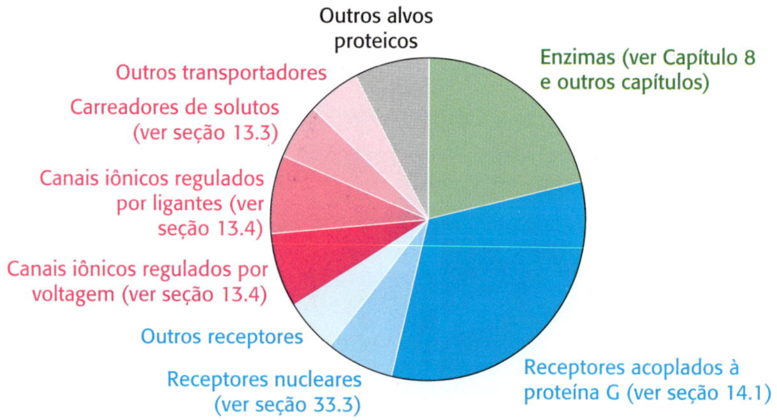


**FIGURA 28.1 Alvos de fármacos de uso corrente.** Nesse gráfico em pizza, os fármacos atualmente utilizados que modulam proteínas humanas estão distribuídos de acordo com o tipo de alvo: enzimas em verde, receptores em azul, transportadores em vermelho e outros alvos em cinza. [Dados de M. Rask-Andersen *et al.*, *Nat. Rev. Drug Discov.* 10:579–590, 2011.]

corpo por um tempo suficiente para alcançar seus alvos. Além disso, a fim de evitar efeitos fisiológicos indesejáveis, os fármacos não devem modular as propriedades de outras biomoléculas que não sejam as moléculas-alvo. Esses requisitos limitam enormemente a quantidade de compostos que têm o potencial de serem fármacos clinicamente úteis.

Normalmente, as moléculas semelhantes a fármacos são descobertas por duas abordagens fundamentalmente distintas. A abordagem de *triagem baseada em alvos* exige, em primeiro lugar, a identificação de um *alvo* – uma proteína ou um oligonucleotídio cuja atividade, quando alterada por um fármaco, modificará a progressão de uma doença humana (Figura 28.2A). Antes de se lançarem em um processo dispendioso e demorado para desenvolver um fármaco contra determinado alvo, inicialmente os pesquisadores precisam acumular evidências de que o alvo exibe duas propriedades de importância crucial. Primeiro, o alvo tem de ser *válido*: deve haver evidências suficientes de que ele desempenha uma função importante na progressão de doenças nos seres humanos. Os pesquisadores acumulam evidências para a validação do alvo a partir de uma variedade de experimentos, como análises genéticas humanas, interferência do RNA, modelos de animais transgênicos ou *knockout* (ver seção 5.4) e estudos com *compostos que servem como ferramentas* – moléculas que podem ser utilizadas em experimentos celulares ou animais, mas que não são apropriadas para medicamentos nos seres humanos. Em segundo lugar, o alvo precisa ser *acessível* ou *drogável (drugable)*. Um alvo acessível contém características estruturais, como bolsões, nas quais as moléculas semelhantes a fármacos podem ser identificadas e otimizadas. Uma vez identificado o alvo, podem ser desenvolvidos ensaios para a sua atividade (ver seção 3.1). Em seguida, bibliotecas de compostos podem ser testadas nesse ensaio, e as moléculas ativas podem ser identificadas e otimizadas. Muitos resultados inesperados podem ser encontrados nesse processo, como revela a própria complexidade dos sistemas biológicos.

Como alternativa, os fármacos podem ser identificados pela abordagem de *triagem fenotípica* (Figura 28.2B). Nesse método, procede-se a uma triagem de bibliotecas de compostos em um ensaio destinado a detectar um

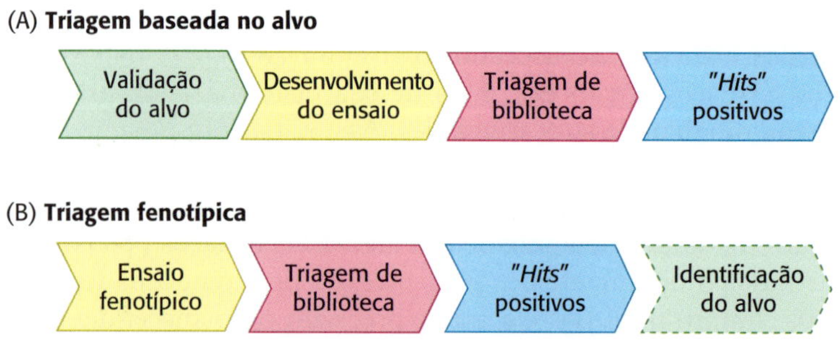


**FIGURA 28.2 Duas vias para a descoberta de fármacos. A.** Triagem baseada no alvo. Um alvo molecular é identificado e validado. Utiliza-se um ensaio para a atividade desse alvo para triagem de uma biblioteca de compostos. "*Hits*" podem ser testados quanto a seus efeitos fisiológicos e otimizados em candidatos a fármacos. **B.** Triagem fenotípica. Um ensaio fenotípico é desenvolvido em um sistema modelo celular ou animal. Esse ensaio é utilizado para a triagem de uma biblioteca de compostos, a partir da qual "*hits*" podem ser otimizados em candidatos a fármacos. Esses compostos também podem ser utilizados para identificar o alvo molecular.

fenótipo desejado em um sistema celular ou modelo animal. Por exemplo, os compostos podem ser testados quanto à sua capacidade de promover a sobrevivência celular ou aumentar a resistência a estímulos tóxicos específicos. Nessa abordagem, um efeito biológico é conhecido antes da identificação do alvo. Só mais tarde o modo de ação do composto é identificado depois de muito trabalho adicional.

Neste capítulo, iremos investigar a ciência da farmacologia. Examinaremos diversas histórias de casos que ilustram o desenvolvimento de medicamentos, incluindo muito de seus conceitos, métodos e desafios. A seguir, veremos como os conceitos e as ferramentas da genômica estão influenciando as abordagens para a descoberta de fármacos. O capítulo termina com um resumo das fases dos ensaios clínicos necessários para o desenvolvimento de um fármaco.

**Farmacologia**
Ciência que trata da descoberta, da química, da composição, dos efeitos biológicos e fisiológicos, dos usos e da fabricação de fármacos.

## 28.1 Os compostos precisam preencher critérios rigorosos para o seu desenvolvimento em fármacos

Muitos compostos exercem efeitos significativos quando entram no organismo, porém apenas uma fração muito pequena deles tem o potencial de ser utilizadas como medicamento útil. Um composto exógeno, não adaptado ao seu papel na célula ao longo da evolução, precisa ter várias propriedades especiais para funcionar de modo efetivo e sem causar dano sério. A seguir, apresentaremos alguns dos desafios enfrentados pelos pesquisadores que desenvolvem fármacos

### Os fármacos precisam ser potentes e seletivos

Em sua maioria, os fármacos ligam-se a proteínas específicas dentro do organismo, habitualmente receptores ou enzimas. Para ser efetivo, um fármaco precisa se ligar a uma quantidade eficiente de proteínas-alvo quando tomado em uma dose que possa ser razoavelmente administrada em pacientes. Um fator na determinação da eficiência de um fármaco é a força de sua interação com o seu alvo. Uma molécula que se liga a alguma molécula-alvo é frequentemente designada como *ligante*. A Figura 28.3 mostra uma curva de ligação de ligante. As moléculas ligantes ocupam progressivamente mais sítios de ligação do alvo à medida que a concentração do ligante vai aumentando até que praticamente todos os sítios disponíveis estejam ocupados. A tendência de um ligante a ligar-se a seu alvo é medida pela *constante de dissociação*, $K_d$, que é definida pela expressão

$$K_d = [R][L]/[RL]$$

em que [R] é a concentração do receptor livre, [L] é a concentração do ligante livre e [RL] é a concentração do complexo receptor-ligante. A constante de dissociação é uma medida da força de interação entre o candidato a fármaco e o alvo. Quanto menor o valor, mais forte a interação. A concentração de ligante livre em que metade dos sítios de ligação está ocupada é igual à constante de dissociação, contanto que a concentração de sítios de ligação seja substancialmente menor do que a constante de dissociação.

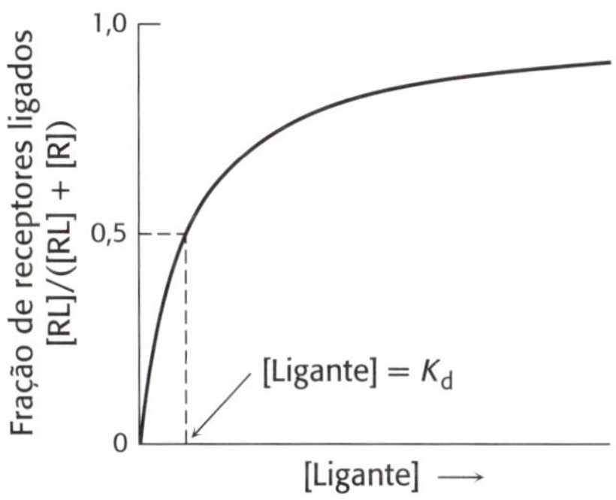


**FIGURA 28.3 Ligação de ligantes.** A titulação de um receptor, R, com um ligante, L, resulta na formação do complexo RL. Nos casos não complicados, a reação de ligação segue uma curva de saturação simples. Metade dos receptores está ligada ao ligante quando a concentração deste último torna-se igual à constante de dissociação, $K_d$, para o complexo RL.

Em muitos casos, são utilizados ensaios biológicos com células ou tecidos vivos (em vez de ensaios diretos enzimáticos ou de ligação) para examinar a potência dos candidatos a fármacos. Por exemplo, a fração de bactérias mortas por um fármaco poderia indicar a potência de um possível antibiótico. Nesses casos, são usados valores como a $EC_{50}$. A $EC_{50}$ é a concentração do candidato a fármaco necessária para produzir 50% da resposta biológica máxima (Figura 28.4). De modo semelhante, a $EC_{90}$ é a concentração necessária para alcançar 90% da resposta máxima. No exemplo de um antibiótico,

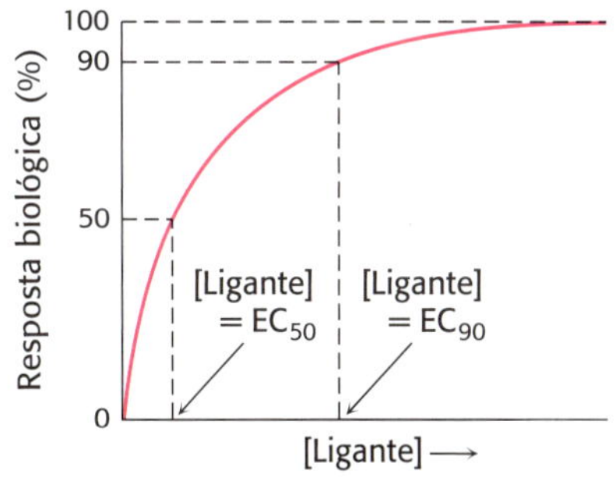


**FIGURA 28.4 Concentrações efetivas.** A concentração de um ligante necessária para desencadear uma resposta biológica pode ser medida em termos de $EC_{50}$, a concentração necessária para produzir 50% da resposta máxima, e de $EC_{90}$, a concentração necessária para produzir 90% da resposta máxima.

a $EC_{90}$ seria a concentração necessária para matar 90% das bactérias expostas ao fármaco. Para candidatos a fármacos que são inibidores, são frequentemente utilizados os termos correspondentes $IC_{50}$ e $IC_{90}$ a fim de descrever as concentrações do inibidor necessárias para reduzir uma resposta a 50 ou 90% de seu valor, respectivamente, na ausência de um inibidor.

Os valores como a $IC_{50}$ e a $EC_{50}$ são medidas da *potência* de um candidato a fármaco em modular a atividade do alvo biológico desejado. Para evitar efeitos indesejáveis, frequentemente denominados *efeitos colaterais*, os candidatos ideais a fármacos também devem ser *seletivos*. Isto é, não devem se ligar em grau significativo a biomoléculas diferentes do alvo. O desenvolvimento de um fármaco desse tipo pode ser muito desafiador, particularmente se o alvo do fármaco for membro de uma grande família de proteínas evolutivamente relacionadas. O grau de seletividade pode ser descrito em termos da razão entre os valores de $K_d$ para a ligação do candidato a fármaco a quaisquer outras moléculas e o valor de $K_d$ para a ligação do candidato ao alvo desejado.

Em condições fisiológicas, a obtenção de uma ligação suficiente de um fármaco a um sítio-alvo pode representar um grande desafio. Em sua maioria, os alvos de fármacos ligam-se também a ligantes normalmente presentes nos tecidos; com frequência, o fármaco e esses ligantes competem pelos sítios de ligação existentes no alvo. Encontramos essa situação quando foram abordados os inibidores competitivos no Capítulo 8. Suponha que o alvo de um fármaco seja uma enzima, e que o candidato a fármaco seja competitivo em relação ao substrato natural da enzima. A concentração do candidato a fármaco necessária para inibir a enzima dependerá da concentração fisiológica do substrato normal da enzima (Figura 28.5). Os bioquímicos Yung-Chi Cheng e William Prusoff descreveram a relação entre a $IC_{50}$ de um inibidor enzimático e a sua *constante de inibição* $K_i$ (análoga à constante de dissociação, $K_d$, de um ligante). *Para um inibidor competitivo,*

$$IC_{50} = K_i\,(1 + [S]/K_M).$$

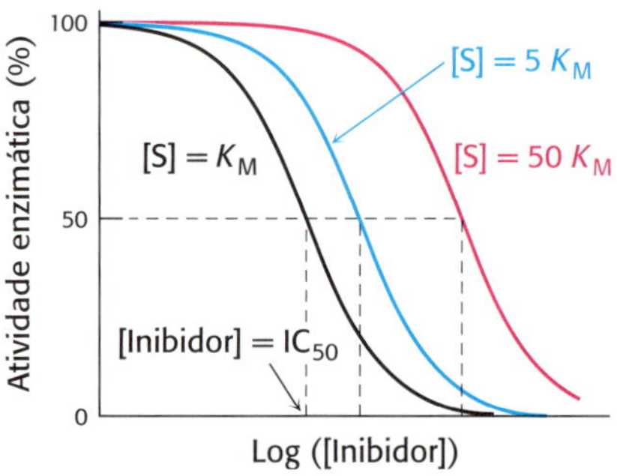


**FIGURA 28.5 Os inibidores competem com substratos pelos sítios ativos das enzimas.** A $IC_{50}$, medida de um inibidor competitivo de sua enzima-alvo, depende da concentração do substrato presente.

Essa relação, designada como *equação de Cheng-Prusoff*, demonstra que a $IC_{50}$ de um inibidor competitivo dependerá da concentração e da constante de Michaelis ($K_M$) para o substrato S. Quanto mais alta a concentração do substrato natural, maior a concentração de fármaco necessária para inibir a enzima.

## Os fármacos precisam ter propriedades adequadas para alcançar seus alvos

Até aqui, enfocamos a capacidade de moléculas de atuar sobre moléculas-alvo específicas. Todavia, um fármaco, para ser efetivo, também precisa ter outras características. Ele deve ser facilmente administrado e precisa alcançar o seu alvo em uma concentração suficiente para ser efetivo. Após a sua entrada no corpo, a molécula de um fármaco depara-se com uma variedade de processos – absorção, distribuição, metabolismo e excreção –, que determinarão a concentração efetiva dessa molécula com o passar do tempo (Figura 28.6). A resposta de um fármaco a esses processos é designada como suas propriedades *ADME* (pronuncia-se "add-me").

**Administração e absorção.** De modo ideal, um fármaco pode ser tomado por via oral na forma de um pequeno comprimido. Um composto ativo administrado por via oral tem de ter a capacidade de sobreviver às condições ácidas do estômago e, a seguir, ser absorvido pelo epitélio intestinal. Por conseguinte, o composto precisa ser capaz de atravessar as membranas celulares em uma velocidade significativa. As moléculas maiores, como as proteínas, não podem ser administradas por via oral, visto que elas frequentemente não conseguem sobreviver às condições ácidas presentes no estômago e, se conseguirem, não são prontamente absorvidas. Até mesmo muitas moléculas pequenas não são bem absorvidas; podem ser excessivamente

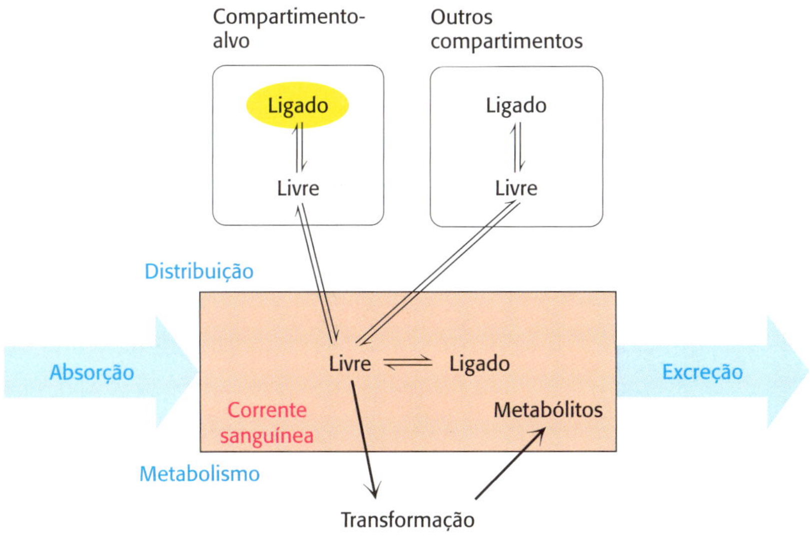


**FIGURA 28.6 Absorção, distribuição, metabolismo e excreção (ADME).** A concentração de um composto em seu sítio-alvo (em amarelo) é afetada pelos graus e velocidades de absorção, distribuição, metabolismo e excreção.

polares, por exemplo, e não atravessar com facilidade as membranas celulares. A capacidade de absorção é frequentemente quantificada em termos de *biodisponibilidade oral*. Essa quantidade é definida como a razão entre a concentração máxima de um composto administrado por via oral e a concentração máxima da mesma dose injetada diretamente na corrente sanguínea. A biodisponibilidade pode variar de modo considerável de uma espécie para outra, de maneira que os resultados obtidos de estudos em animais podem ser difíceis de aplicar em seres humanos. Apesar dessa variabilidade, foram feitas algumas generalizações úteis. Um conjunto efetivo dessas generalizações é fornecido pelas *regras de Lipinski*.

Essas regras nos dizem que é provável haver pouca absorção quando

1. O peso molecular for maior que 500 daltons.
2. A quantidade de doadores de ligações de hidrogênio for superior a 5.
3. A quantidade de aceptores de ligações de hidrogênio for superior a 10.
4. O coeficiente de partição [medido como log($P$)] for maior que 5.

O *coeficiente de partição* é uma forma de medir a tendência de uma molécula a se dissolver em membranas, o que se correlaciona com a sua capacidade de se dissolver em solventes orgânicos. Para determiná-lo, deixa-se um composto entrar em equilíbrio entre a água e uma fase orgânica, o *n*-octanol. O valor de log($P$) é definido como o $\log_{10}$ da razão entre a concentração de um composto em *n*-octanol e a concentração do composto em água:

$$\text{Log}(P) = \text{Log}([\text{composto}]_{\text{n-octanol}}/[\text{composto}]_{\text{água}})$$

Por exemplo, se a concentração do composto na fase de *n*-octanol for 100 vezes a da fase aquosa, então o log($P$) será igual a 2. Embora a capacidade de partição de um fármaco em solventes orgânicos seja ideal, visto que ela significa que o composto poderá penetrar nas membranas, um valor de log($P$) muito alto também sugere que a molécula pode ser pouco solúvel em um ambiente aquoso.

Por exemplo, a morfina satisfaz todas as regras de Lipinski e apresenta uma biodisponibilidade moderada (Figura 28.7). Um fármaco que viola uma ou mais dessas regras pode mesmo assim ter uma biodisponibilidade satisfatória. Entretanto, essas regras servem como um princípio de orientação para a avaliação de novos candidatos a fármacos.

**Distribuição.** Os compostos captados pelas células epiteliais do intestino podem passar para a corrente sanguínea. Todavia, os compostos hidrofóbicos e muitos outros não se dissolvem livremente na corrente sanguínea. Eles ligam-se a proteínas que estão presentes em quantidades abundantes no sangue; é o caso da albumina (Figura 28.8). Como a albumina está presente

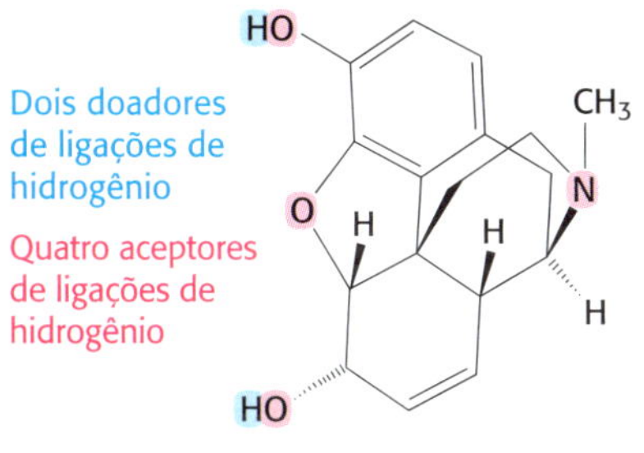


**Morfina ($C_{17}H_{19}O_3N$)**

Peso molecular = 285

log($P$) = 1,27

**FIGURA 28.7 Regras de Lipinski aplicadas à morfina.** A morfina satisfaz todas as regras de Lipinski e apresenta uma biodisponibilidade oral de 33% nos seres humanos.

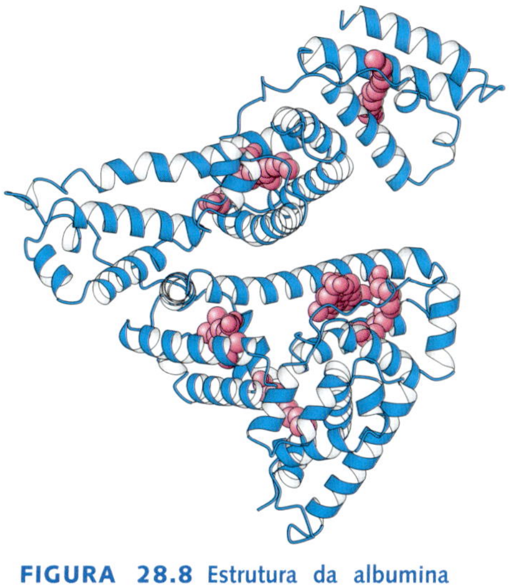

**FIGURA 28.8 Estrutura da albumina sérica humana, o carreador de fármacos.** A figura mostra sete moléculas hidrofóbicas (em vermelho) ligadas a uma única molécula de albumina sérica. [Desenhada de 1BKE.pdb.]

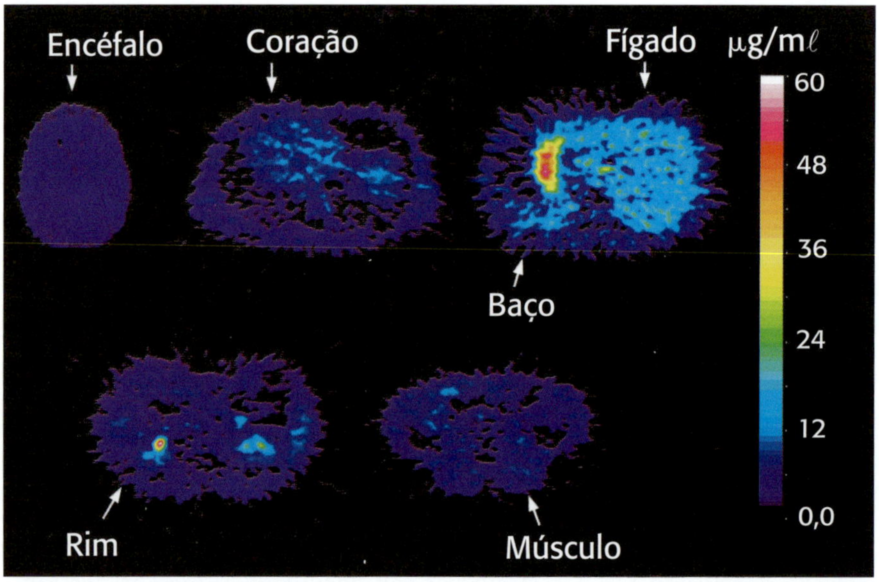


**FIGURA 28.9 Distribuição do fármaco fluconazol.** Após a sua administração, os compostos distribuem-se em vários órgãos do corpo. A distribuição do fluconazol, um agente antifúngico, foi monitorada por meio de tomografia por emissão por pósitrons (PET, do inglês *pósitron emission tomography*). Essas imagens foram obtidas de um voluntário humano saudável 90 minutos após a injeção de uma dose de 5 mg $kg^{-1}$ de fluconazol contendo pequenas quantidades de fluconazol marcado com o isótopo $^{18}F$ emissor de pósitrons. [Reimpressa com autorização de Macmillan Publishers Ltd: *Nature Reviews Drug Discovery*, Rudin, M., e Weissleder, R., "Molecular imaging in drug discovery and development", 2: 2 pp. 123-131, Copyright 2003.]

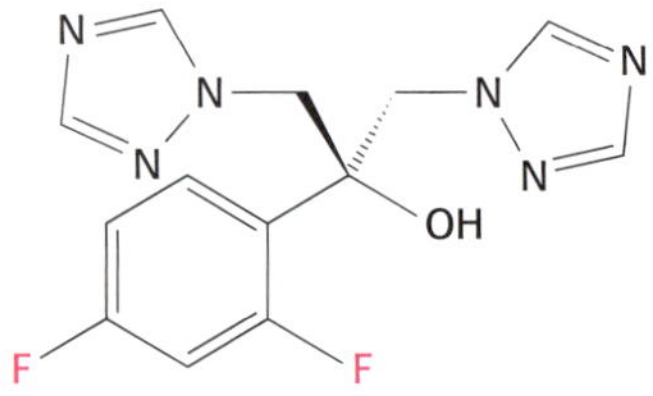


**Fluconazol**

na circulação em concentrações altas (quase 0,7 mM) e pode ligar-se a uma ampla variedade de compostos, ela pode afetar acentuadamente a concentração livre de fármacos na circulação sanguínea. Além disso, a capacidade de ligação da albumina possibilita o transporte dos fármacos por todo o sistema circulatório.

Quando um composto alcança a corrente sanguínea, ele se distribui para diferentes líquidos e tecidos, que são frequentemente designados como *compartimentos*. Alguns compostos estão altamente concentrados em seus compartimentos-alvo por meio de sua ligação às próprias moléculas-alvo ou por outros mecanismos. Outros compostos exibem uma distribuição mais ampla (Figura 28.9). Um fármaco efetivo alcança o compartimento-alvo em quantidades suficientes; a concentração do composto no compartimento-alvo é reduzida sempre que houver distribuição desse composto em outros compartimentos.

Alguns compartimentos-alvo são particularmente difíceis de serem alcançados. Muitos compostos são excluídos do sistema nervoso central pela *barreira hematencefálica*, constituída pelas junções firmes entre as células endoteliais que revestem os vasos sanguíneos dentro do encéfalo e da medula espinal.

**Metabolismo.** Uma molécula com potencial para ser um fármaco precisa escapar das defesas do corpo contra compostos exógenos. Muitos desses compostos (denominados *compostos xenobióticos*) são liberados do corpo na urina ou nas fezes, frequentemente após terem sido metabolizados para ajudar na sua excreção. Esse *metabolismo de fármacos* representa considerável ameaça para a eficiência de um fármaco, visto que a concentração do composto desejado diminui à medida que está sendo metabolizado. Por conseguinte, um composto rapidamente metabolizado precisa ser administrado com mais frequência ou em doses mais altas.

Duas das vias mais comuns no metabolismo de xenobióticos são a *oxidação* e a *conjugação*. As reações de oxidação podem ajudar a excreção de pelo menos duas maneiras: aumentando a hidrossolubilidade e, portanto, a facilidade de transporte, e introduzindo grupos funcionais que participam em etapas metabólicas subsequentes. Frequentemente, essas reações são promovidas por enzimas do citocromo P450 no fígado (ver seção 26.4). O genoma humano codifica mais de 50 isoenzimas P450 diferentes, muitas das quais participam no metabolismo de xenobióticos. Uma reação típica catalisada por uma isoenzima P450 é a hidroxilação do ibuprofeno (Figura 28.10).

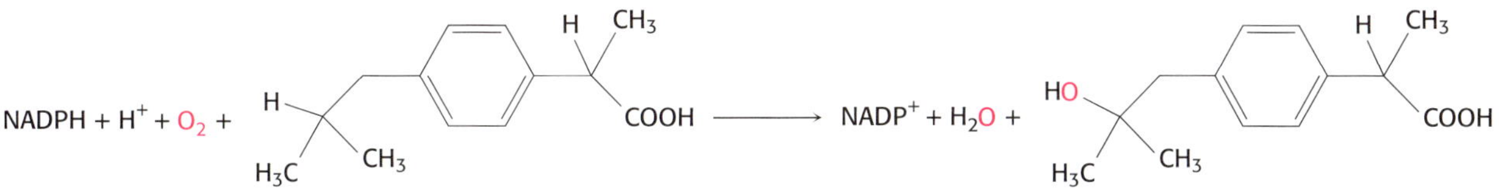


**Ibuprofeno**

**FIGURA 28.10 Conversão do ibuprofeno pelo P450.** As isoenzimas do citocromo P450, principalmente no fígado, catalisam reações metabólicas de xenobióticos, como a hidroxilação. Essa reação introduz um átomo de oxigênio derivado do oxigênio molecular.

A conjugação refere-se à adição de determinados grupos ao composto xenobiótico. Os grupos comuns acrescentados são a glutationa (ver seção 20.5), o ácido glicurônico e o sulfato (Figura 28.11). Com frequência, essas adições aumentam a solubilidade em água e fornecem marcadores que podem ser reconhecidos para direcionar a excreção. Exemplos de conjugação são a adição de glutationa ao agente antineoplásico ciclofosfamida, a adição de glicuronato ao analgésico morfina e a adição de um grupo sulfato ao minoxidil, um estimulador do crescimento capilar.

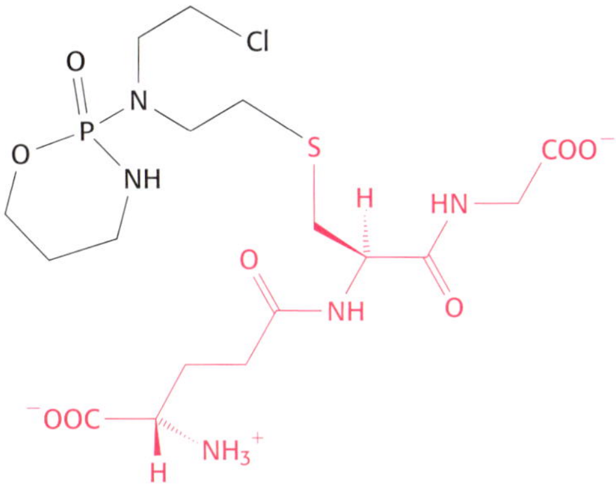

**Conjugado de ciclofosfamida-glutationa**

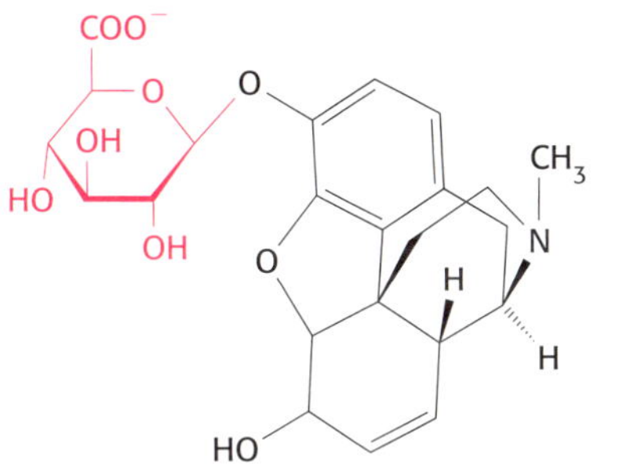

**Glicuronato de morfina**

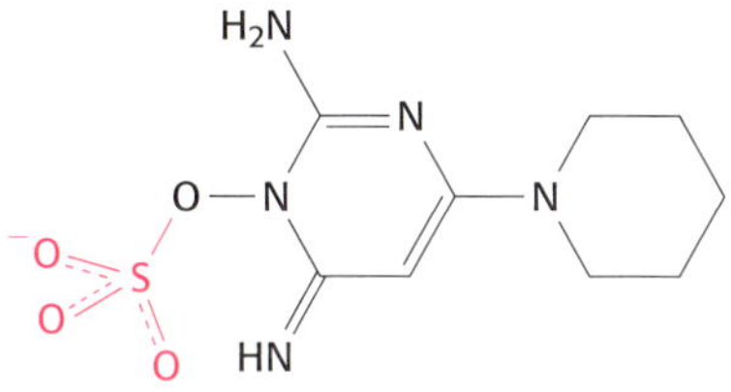

**Sulfato de minoxidil**

É interessante assinalar que a sulfatação do minoxidil produz um composto que é mais ativo do que o composto não modificado na estimulação do crescimento capilar. Por conseguinte, os produtos metabólicos de um fármaco, embora sejam habitualmente menos ativos do que o fármaco, podem algumas vezes ser mais efetivos.

Observe que uma reação de oxidação frequentemente precede a conjugação, visto que a reação de oxidação pode gerar modificações, como o grupo hidroxila ao qual podem ser acrescentados grupos como o ácido glicurônico. Frequentemente, as reações de oxidação dos compostos xenobióticos são designadas como *transformações de fase I*, enquanto as reações de conjugação são denominadas *transformações de fase II*. Essas reações ocorrem principalmente no fígado. Como o sangue flui do intestino diretamente para o fígado através da veia porta, o metabolismo dos xenobióticos altera com frequência os fármacos antes de terem alcançado a circulação geral. Esse *metabolismo de primeira passagem* pode limitar de modo substancial a disponibilidade dos compostos administrados por via oral.

**Excreção.** Após a sua entrada na corrente sanguínea, os compostos podem ser removidos da circulação e excretados do organismo por duas vias principais. Na primeira, podem ser absorvidos pelos rins e excretados na urina. Nesse processo, o sangue passa pelos *glomérulos*, que consistem em redes de capilares finos no rim que atuam como filtros. Os compostos com pesos moleculares abaixo de aproximadamente 60.000 passam através dos glomérulos. Muitas das moléculas de água, moléculas de glicose, nucleotídios e outros compostos de baixo peso molecular que passam através dos glomérulos são reabsorvidos na corrente sanguínea, seja por transportadores que apresentam amplas especificidades, seja por transferência passiva de moléculas hidrofóbicas através das

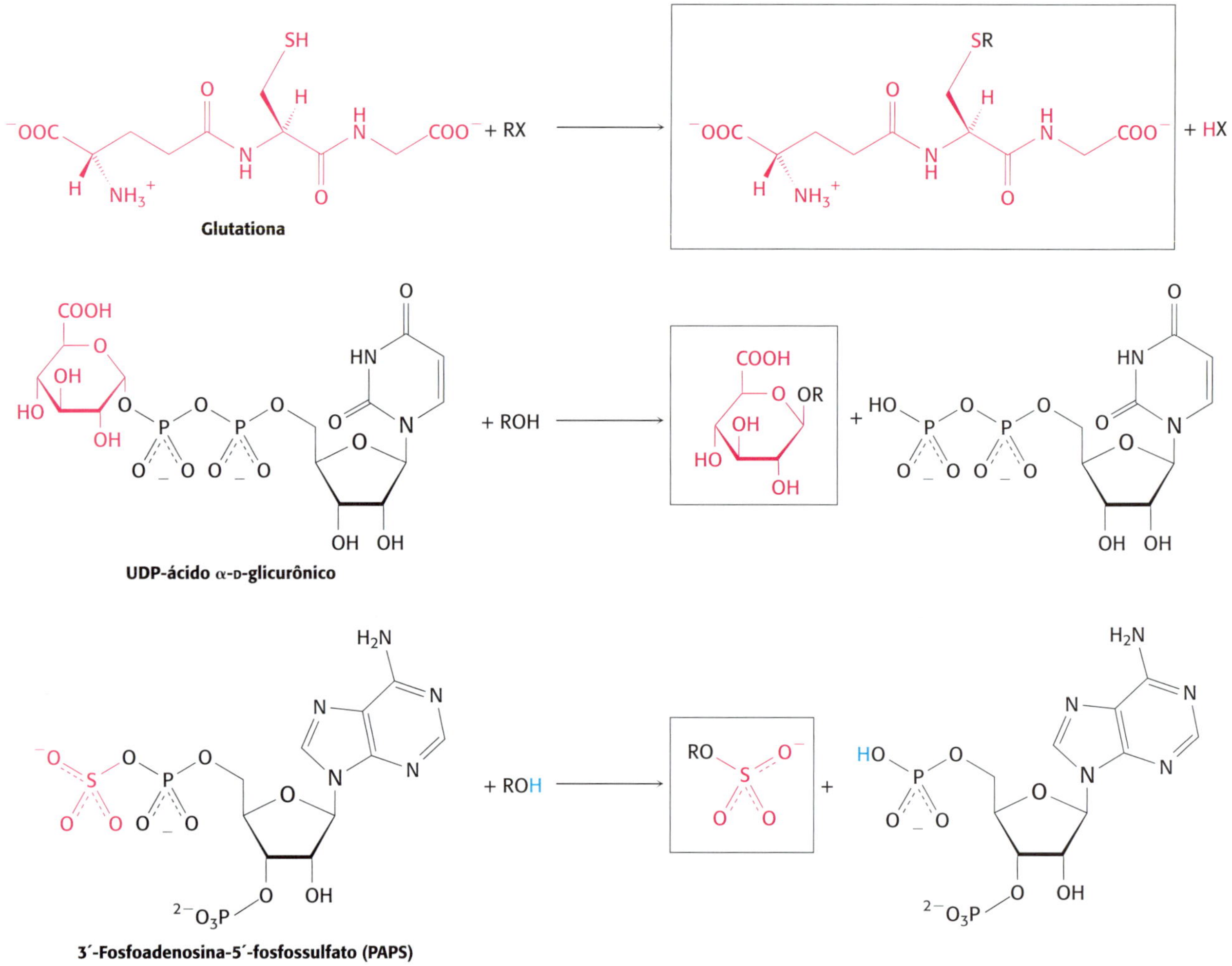


**FIGURA 28.11 Reações de conjugação.** Os compostos que apresentam grupos apropriados são frequentemente modificados por reações de conjugação. Essas reações incluem a adição de glutationa (parte superior), de ácido glicurônico (no centro) ou de sulfato (parte inferior). O produto conjugado é mostrado nas caixas.

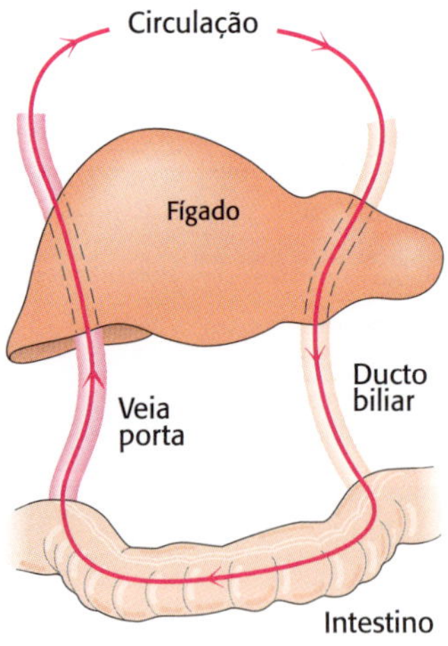


**FIGURA 28.12 Ciclo êntero-hepático.** Alguns fármacos podem passar da circulação sanguínea para o fígado, a bile, o intestino, o fígado e de volta à circulação. Esse ciclo diminui a velocidade de excreção do fármaco.

membranas. Os fármacos e os metabólitos que passam pela primeira etapa de filtração e que não são reabsorvidos são excretados.

Na segunda via, os compostos podem ser ativamente transportados para a bile, um processo que ocorre no fígado. Após concentração na vesícula biliar, a bile flui para o intestino. No intestino, os fármacos e os metabólitos podem ser excretados pelas fezes, reabsorvidos na corrente sanguínea ou ainda degradados por enzimas digestivas. Algumas vezes, os compostos são reciclados da corrente sanguínea para o intestino e de volta à corrente sanguínea em um processo descrito como *ciclo êntero-hepático* (Figura 28.12). Esse processo pode diminuir significativamente a taxa de excreção de alguns compostos, visto que eles escapam de uma via excretora e voltam a entrar na circulação.

Frequentemente, a cinética da excreção de compostos é complexa. Em alguns casos, uma porcentagem fixa do composto remanescente é excretada durante determinado período de tempo (Figura 28.13). Esse padrão de excreção resulta em perda exponencial do composto da corrente sanguínea, que pode ser caracterizada como meia-vida ($t_{1/2}$). A meia-vida refere-se ao período fixo necessário para eliminar 50% do composto remanescente. Trata-se de uma medida do tempo durante o qual uma concentração efetiva do composto permanece no sistema após a sua administração. Dessa maneira, a meia-vida representa um fator importante para determinar a frequência com que um fármaco precisa ser administrado. Um fármaco com meia-vida longa precisa ser tomado apenas 1 vez/dia, enquanto um medicamento com meia-vida curta precisa ser administrado 3 ou 4 vezes/dia.

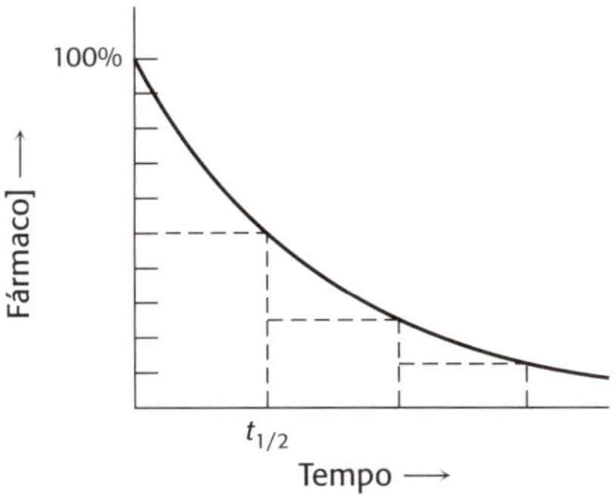


**FIGURA 28.13 Meia-vida da excreção de um fármaco.** No caso apresentado, a concentração de um fármaco na corrente sanguínea diminui à metade de seu valor em determinado período de tempo, $t_{1/2}$, designado como meia-vida.

## A toxicidade pode limitar a eficiência de um medicamento

Para ser efetivo, um fármaco não deve ser tóxico a ponto de prejudicar seriamente a pessoa que o toma. Um fármaco pode ser tóxico por várias razões. Em primeiro lugar, ele pode modular a própria molécula-alvo com *excessiva* eficiência, um processo designado como *toxicidade com base no mecanismo* ou *pelo alvo*. Por exemplo, a presença de uma quantidade excessiva do anticoagulante varfarina pode resultar em um perigoso e incontrolável sangramento e em morte. Em segundo lugar, o composto pode modular as propriedades de proteínas que são distintas da própria molécula-alvo, porém relacionadas com ela, um processo designado como *toxicidade fora do alvo (off-target)*. Os compostos direcionados para determinado membro de uma família de enzimas ou receptores ligam-se frequentemente a outros membros da família. Por exemplo, um agente antiviral direcionado contra proteases virais pode ser tóxico se ele também inibir proteases normalmente presentes no corpo, como as que regulam a pressão arterial.

Um composto também pode ser tóxico se ele modular a atividade de uma proteína não relacionada com o seu alvo desejado. Por exemplo, muitos compostos bloqueiam canais iônicos, como o canal de potássio hERG (ver seção 13.4), causando distúrbios dos batimentos cardíacos potencialmente fatais. Para evitar efeitos colaterais cardíacos, muitos compostos são submetidos à triagem quanto à sua capacidade de bloquear esses canais.

Por fim, mesmo quando um composto não é propriamente tóxico, seus subprodutos metabólicos podem sê-lo. Os processos metabólicos de fase I podem gerar grupos reativos lesivos nos produtos. Exemplo significativo é a hepatotoxicidade observada com grandes doses de um analgésico comum, o paracetamol (Figura 28.14). Uma isoenzima particular do citocromo P450 oxida o paracetamol a *N*-acetil-*p*-benzoquinona imina. O composto resultante é conjugado com glutationa. Entretanto, na presença de grandes doses, a concentração hepática de glutationa cai drasticamente, e o fígado não é mais capaz de se proteger desse composto e de outros compostos reativos. Os sintomas iniciais de excesso de paracetamol consistem em náuseas e vômitos. Em 24 a 48 horas, podem surgir sintomas de insuficiência hepática. A intoxicação por paracetamol é responsável por cerca de 35% dos casos de insuficiência hepática grave nos EUA. Com frequência, o único tratamento efetivo consiste em transplante de fígado.

**FIGURA 28.14 Toxicidade do paracetamol.** Um produto metabólico secundário do paracetamol é a *N*-acetil-*p*-benzoquinona imina. Esse metabólito é conjugado com glutationa. O paracetamol em altas doses pode causar depleção das reservas hepáticas de glutationa.

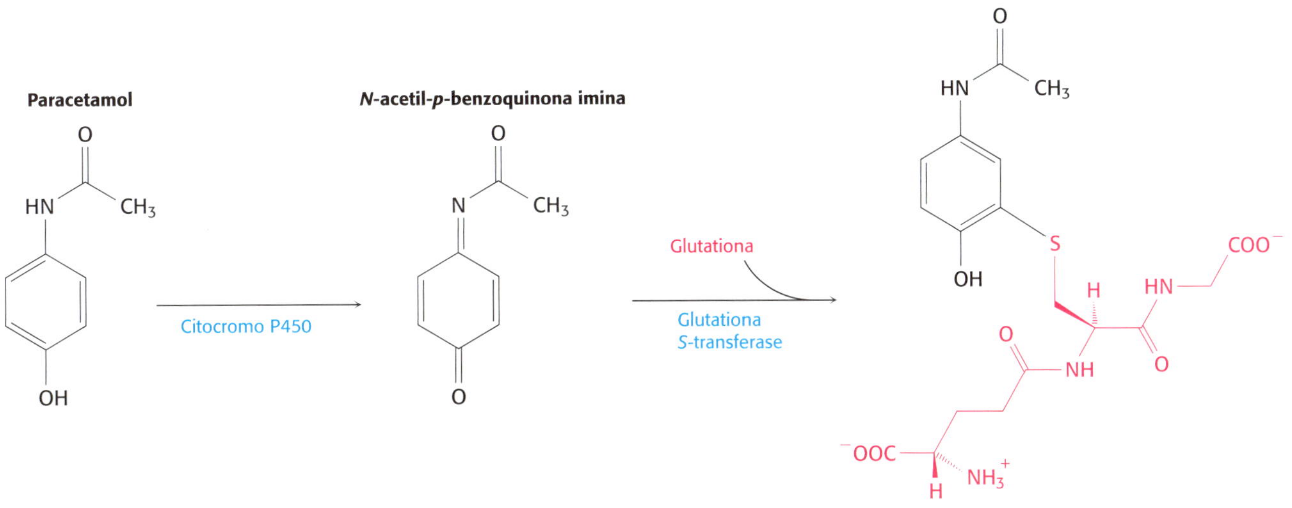

A toxicidade de um candidato a medicamento pode ser descrita em termos de *índice terapêutico*. Essa medida de toxicidade é determinada por testes em animais, habitualmente camundongos ou ratos. O índice terapêutico é definido como a razão entre a dose de um composto necessária para matar metade dos animais (denominada $LD_{50}$, de "dose letal", do inglês *lethal dose*) e uma medida comparável da dose efetiva, habitualmente a $EC_{50}$. Por conseguinte, se o índice terapêutico for de 1.000, a letalidade só é significativa quando for administrada uma quantidade 1.000 vezes a dose efetiva. Índices análogos podem fornecer medidas de toxicidade menos grave do que a letalidade.

Muitos compostos apresentam propriedades favoráveis *in vitro*; todavia, falham quando administrados a um organismo vivo devido às dificuldades relacionadas com a ADME e com a toxicidade. São necessários estudos caros e demorados em animais para verificar se um candidato a fármaco não é tóxico; todavia, as diferenças de resposta entre espécies animais podem confundir as decisões quanto a prosseguir com um composto para estudos em seres humanos. Com os maiores conhecimentos de bioquímica desses processos, espera-se que os cientistas possam desenvolver modelos computacionais para substituir os testes em animais ou ampliá-los. Esses modelos seriam necessários para prever de modo acurado o destino de um composto dentro de um organismo vivo a partir de sua estrutura molecular ou de outras propriedades facilmente medidas em laboratório sem o uso de animais.

## 28.2 Os candidatos a fármacos podem ser descobertos ao acaso, por triagem ou por planejamento

Tradicionalmente, muitos fármacos foram descobertos de modo incidental ou por observações casuais. Mais recentemente, foram descobertos fármacos por triagem de coleções de produtos naturais ou de grandes bibliotecas de compostos à procura de moléculas com as propriedades medicinais desejadas. De modo alternativo, os cientistas vêm planejando candidatos específicos a medicamentos utilizando os conhecimentos acerca de um alvo molecular previamente selecionado. Examinaremos vários exemplos de cada uma dessas vias para revelar seus princípios em comum.

### Observações ao acaso podem impulsionar o desenvolvimento de fármacos

Talvez a observação mais bem conhecida na história do desenvolvimento de medicamentos seja a de Alexander Fleming, feita ao acaso em 1928, segundo a qual colônias da bactéria *Staphylococcus aureus* morriam quando estavam adjacentes a colônias do fungo *Penicillium notatum*. Esporos do fungo caíram acidentalmente nas placas onde cresciam as bactérias. Fleming logo percebeu que o fungo produzia uma substância capaz de matar bactérias causadoras de doenças. Essa descoberta levou a uma abordagem fundamentalmente nova para o tratamento das infecções bacterianas. Howard Florey e Ernest Chain desenvolveram uma forma em pó da substância, denominada penicilina, que se tornou um antibiótico amplamente utilizado na década de 1940. Quando a estrutura desse antibiótico foi elucidada em 1945, constatou-se que contém um anel betalactâmico de quatro membros. Essa característica incomum é fundamental para a função antibacteriana da penicilina, conforme assinalado anteriormente (ver seção 8.5).

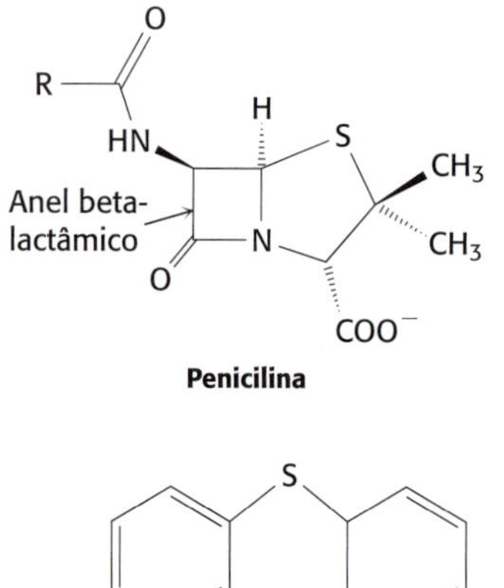

**Penicilina**

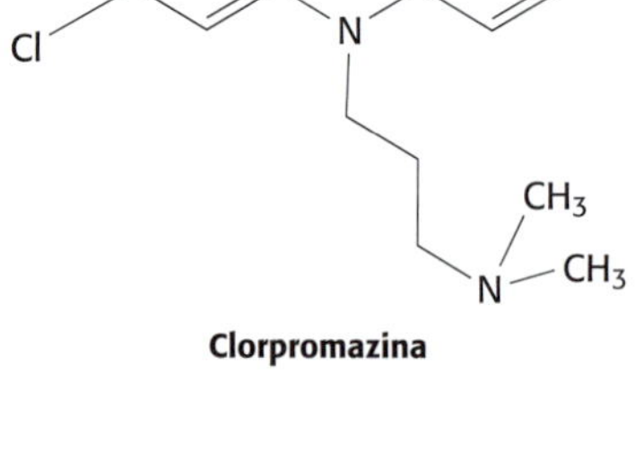

**Clorpromazina**

Três etapas foram cruciais para aproveitar totalmente a descoberta de Fleming. Inicialmente, foi desenvolvido um processo industrial para a produção em larga escala da penicilina a partir do fungo *Penicillium*. Na segunda etapa, a penicilina e seus derivados foram sintetizados quimicamente.

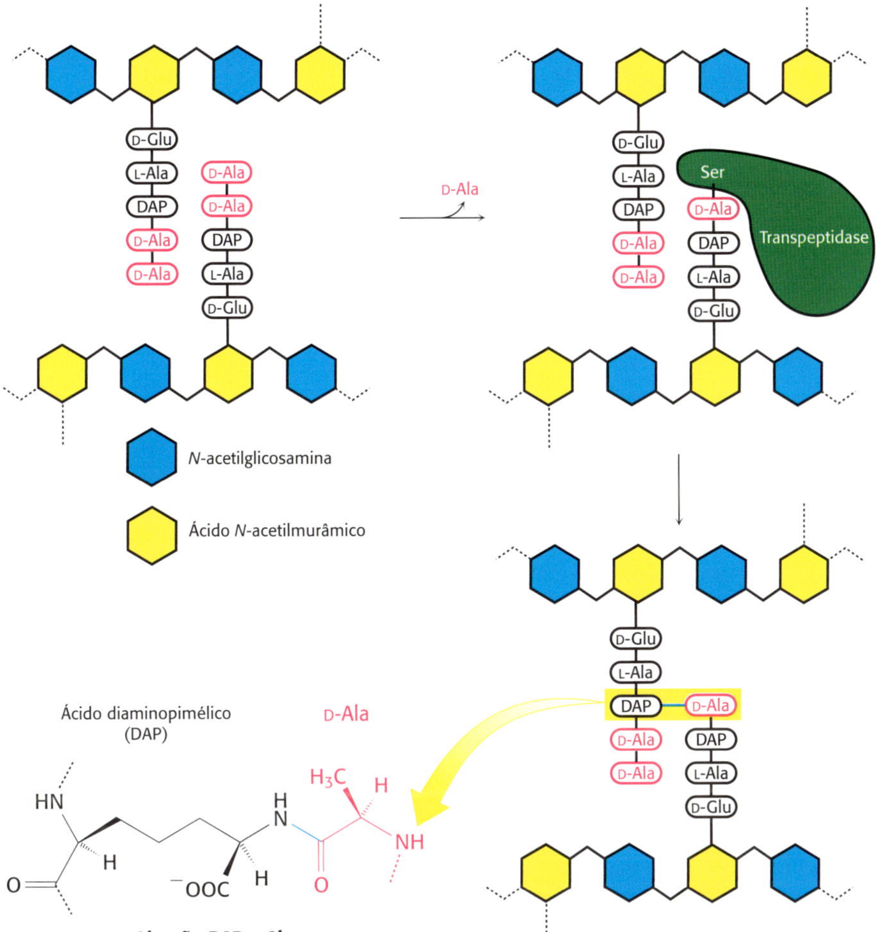


**FIGURA 28.15 Mecanismo de biossíntese da parede celular desestruturado pela penicilina.** Uma enzima transpeptidase catalisa a formação de ligações cruzadas entre grupos de peptideoglicano. No caso ilustrado, a transpeptidase catalisa a ligação da D-alanina na extremidade de uma cadeia peptídica a um aminoácido, o ácido diaminopimélico (DAP), em outra cadeia peptídica. A ligação do ácido diaminopimélico (*embaixo, à esquerda*) é encontrada em bactérias gram-negativas, como a *E. coli*. São encontradas ligações de peptídios ricos em glicina nas bactérias gram-positivas. A penicilina inibe a ação da transpeptidase de modo que as bactérias expostas ao fármaco apresentam paredes celulares fracas que são suscetíveis à lise.

A disponibilidade dos derivados sintéticos da penicilina abriu o caminho para os cientistas explorarem as relações entre sua estrutura e sua função. Muitos desses derivados da penicilina têm ampla aplicação ainda hoje. Por fim, em 1965, Jack Strominger e James Park determinaram, independentemente, que a penicilina exerce sua atividade antibiótica ao bloquear uma crucial reação de transpeptidase na biossíntese da parede celular bacteriana (Figura 28.15), conforme apresentado na seção 8.5.

Muitos outros fármacos foram descobertos por observações casuais. A clorpromazina (Thorazine), um fármaco utilizado no tratamento da psicose, foi descoberto no curso de pesquisas direcionadas para o tratamento do choque em pacientes cirúrgicos. Em 1952, o cirurgião francês Henri Laborit verificou que, após tomar o composto, seus pacientes ficavam extremamente calmos. Essa observação sugeriu que a clorpromazina poderia beneficiar pacientes psiquiátricos, e, com efeito, o medicamento foi utilizado durante muitos anos para o tratamento de pacientes com esquizofrenia e transtorno bipolar. No entanto, esse fármaco apresenta significativos efeitos colaterais (tais como distúrbios do movimento, sedação, ganho de peso e redução da pressão arterial na posição ortostática) e foi suplantado, em grande parte, por medicamentos desenvolvidos mais recentemente.

A clorpromazina atua por meio de sua ligação a receptores do neurotransmissor dopamina, bloqueando-os. Os receptores dopamínicos D2 constituem os alvos de muitos outros fármacos psicoativos. Na pesquisa por medicamentos com efeitos colaterais mais limitados, foram conduzidos estudos para correlacionar os efeitos dos fármacos com parâmetros bioquímicos, tais como constantes de dissociação, constantes de ligação e taxa de liberação.

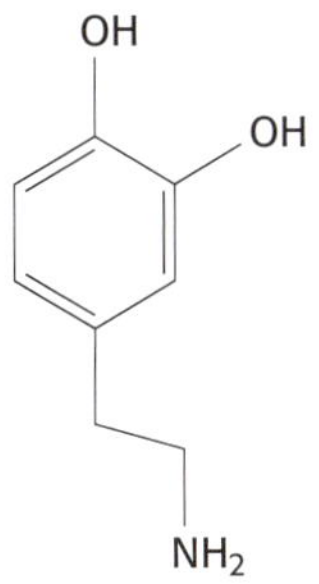


**Dopamina**

**FIGURA 28.16 Sildenafila, um simulador de cGMP.** A sildenafila foi planejada para assemelhar-se ao cGMP, o substrato da fosfodiesterase 5 (PDE5).

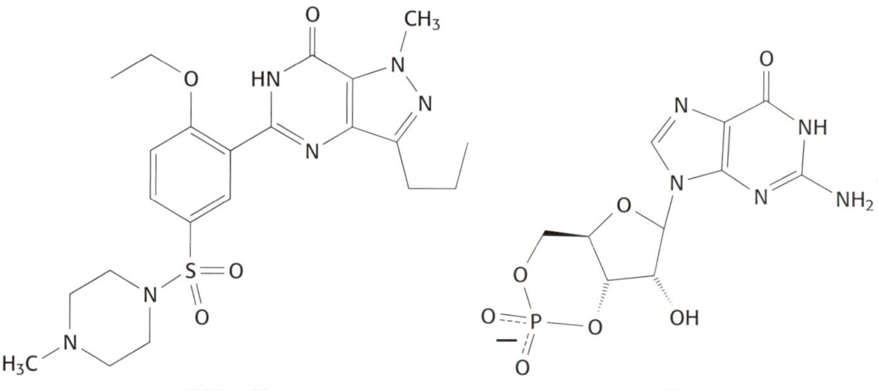

**Sildenafila** **cGMP**

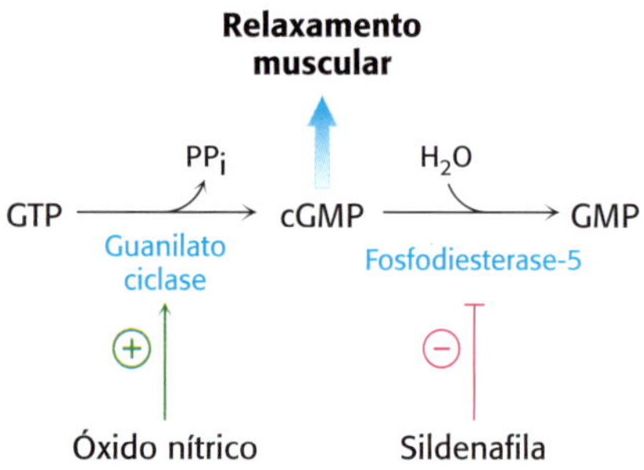


**FIGURA 28.17 Via de relaxamento muscular.** Aumentos nos níveis de óxido nítrico estimulam a guanilato ciclase, que produz cGMP. A concentração aumentada de cGMP promove relaxamento do músculo liso. A PDE5 hidrolisa o cGMP, com consequente diminuição de sua concentração. A inibição da PDE5 pela sildenafila mantém níveis elevados de cGMP.

Exemplo mais recente de um medicamento descoberto por observação ao acaso é a sildenafila (Viagra). Esse composto foi desenvolvido como um inibidor da fosfodiesterase 5 (PDE5), uma enzima que catalisa a hidrólise do cGMP a GMP (Figura 28.16). Esse agente foi planejado para o tratamento da hipertensão arterial e da angina, visto que o cGMP desempenha papel central no relaxamento das células musculares lisas dos vasos sanguíneos (Figura 28.17). Esperava-se que a inibição da PDE5 aumentasse a concentração de cGMP ao bloquear a via de sua degradação. Durante ensaios clínicos iniciais conduzidos no País de Gales, alguns homens relataram ereções penianas incomuns. Não estava claro se essa observação casual por alguns homens era devido ao composto ou a outros efeitos. Entretanto, a observação fazia algum sentido bioquímico, tendo em vista a descoberta de que o relaxamento do músculo liso devido a níveis aumentados de cGMP desempenhava um papel na ereção peniana. Os subsequentes estudos clínicos direcionados para a avaliação da sildenafila como tratamento para a disfunção erétil tiveram sucesso. Esse relato testemunha a importância da coleta de informações detalhadas dos participantes de ensaios clínicos. Nesse caso, observações incidentais levaram a um novo tratamento para a disfunção erétil e a uma venda do medicamento alcançando muitos bilhões de dólares por ano.

## Os produtos naturais constituem fonte valiosa de fármacos e substâncias com potencial farmacológico (*drug leads*)

Nenhum medicamento é tão amplamente usado como o ácido acetilsalicílico. Já na época de Hipócrates (cerca de 400 a.C.), observadores registraram o uso de extratos da casca e das folhas do salgueiro para alívio da dor. Em 1829, uma mistura denominada *salicina* foi isolada da casca do salgueiro. A sua análise subsequente identificou o ácido salicílico como o componente ativo da mistura. Antigamente, o ácido salicílico era utilizado para o tratamento da dor, porém esse composto frequentemente irritava o estômago. Vários pesquisadores tentaram encontrar um meio de neutralizar o ácido salicílico. Felix Hoffmann, um químico que trabalhava na companhia alemã Bayer, desenvolveu um derivado menos irritante ao tratar o ácido salicílico com uma base de cloreto de acetila. Esse derivado, o ácido acetilsalicílico, foi denominado *ácido acetilsalicílico*: "a" do cloreto de acetila, "spir" de *Spirae ulmaria* (rainha-dos-prados ou ulmária, uma planta que produz flores e que também contém ácido salicílico), e "ina" (um sufixo comum para os medicamentos). A cada ano, aproximadamente 35.000 toneladas de ácido acetilsalicílico são tomadas no mundo inteiro, correspondendo a quase o peso do *Titanic*.

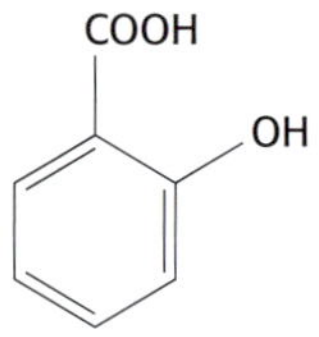

**Ácido salicílico**

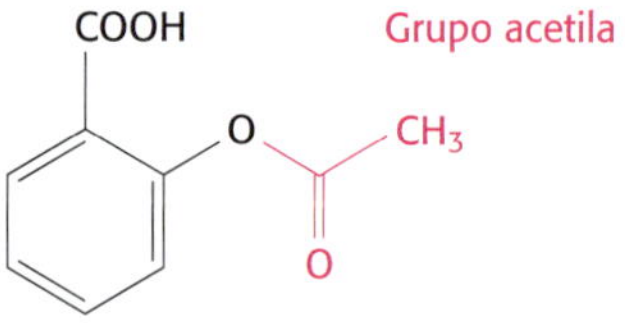


**Ácido acetilsalicílico (aspirina)**

Conforme discutido no Capítulo 12, o grupo acetila no ácido acetilsalicílico é transferido para a cadeia lateral de um resíduo de serina localizado ao longo da via do sítio ativo do componente de ciclo-oxigenase da prostaglandina $H_2$ sintase (Figura 12.24). Nessa posição, o grupo acetila bloqueia o acesso ao sítio ativo. Por conseguinte, embora o ácido acetilsalicílico se ligue no mesmo bolsão da enzima que o ácido salicílico, o grupo acetila do ácido acetilsalicílico aumenta acentuadamente a sua eficiência como medicamento. Esse relato ilustra o valor da triagem de extratos obtidos de plantas e outros materiais que se acredita tenham propriedades medicinais na procura de compostos ativos. A grande quantidade de fitoterápicos e de remédios populares representa um grande tesouro de substâncias com potencial farmacológico (*drug leads*).

Consideremos outro exemplo, que também teve impacto significativo no tratamento clínico de indivíduos com doença cardiovascular. Há mais de 100 anos, um material gorduroso amarelado foi descoberto nas paredes arteriais de pacientes que morriam de doença vascular. A presença do material foi denominada *ateroma*, da palavra grega que significa "mingau". Foi constatado que esse material consistia em colesterol. O estudo cardíaco Framingham Heart Study, iniciado em 1948, documentou uma correlação entre os níveis elevados de colesterol no sangue e as altas taxas de mortalidade por doença cardíaca. Essa observação levou à noção de que o bloqueio da síntese de colesterol poderia reduzir os níveis sanguíneos de colesterol e, por sua vez, reduzir o risco de doença cardíaca. As tentativas iniciais para bloquear a síntese de colesterol concentraram-se em etapas situadas próximo ao término da via. Entretanto, tais esforços foram abandonados, visto que o acúmulo do substrato insolúvel da enzima inibida levou ao desenvolvimento de cataratas e outros efeitos colaterais. Por fim, os pesquisadores identificaram um alvo mais favorável – isto é, a enzima HMG-CoA redutase (ver seção 26.2). Essa enzima atua sobre um substrato, a HMG-CoA (3-hidroxi-3-metilglutaril coenzima A), que não se acumula porque é hidrossolúvel e pode ser utilizado por outras vias.

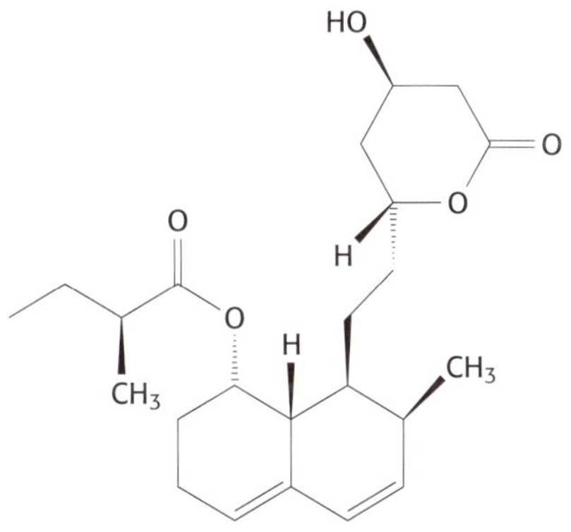


**Compactina**

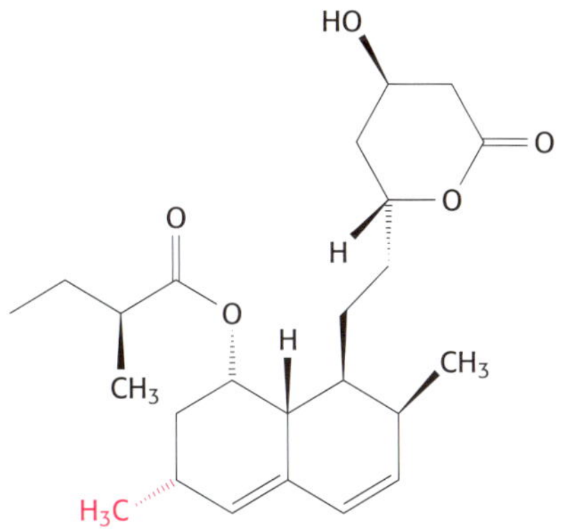


**Lovastatina**

Um produto natural promissor, a compactina, foi descoberto em uma triagem de compostos a partir de um caldo de fermentação de *Penicillium citrinum* em uma pesquisa por agentes antibacterianos. Em alguns dos estudos realizados em animais, mas não em todos, foi constatado que a compactina inibe a HMG-CoA redutase e diminui os níveis séricos de colesterol. Em 1982, foi descoberto um novo inibidor da HMG-CoA redutase em um caldo de fermentação de *Aspergillus cereus*. Foi constatado que esse composto, agora denominado lovastatina, é estruturalmente muito semelhante à compactina, exibindo um grupo metila adicional.

Nos ensaios clínicos conduzidos, a lovastatina reduziu significativamente os níveis séricos de colesterol, e com poucos efeitos colaterais. Foi possível evitar a maioria desses efeitos colaterais mediante um tratamento com mevalonato (o produto da HMG-CoA redutase), um indicativo de que esses efeitos resultavam do mecanismo de ação. Um efeito colateral notável é a dor ou fraqueza muscular (denominada *miopatia*), embora a sua causa ainda não esteja totalmente estabelecida. Depois de muitos estudos, a Food and Drug Administration (FDA) aprovou a lovastatina para tratamento dos níveis séricos elevados de colesterol.

Posteriormente, foi constatado que um inibidor estruturalmente relacionado à HMG-CoA redutase causa uma redução estatisticamente significativa nas taxas de mortalidade por coronariopatia. Esse resultado validou os benefícios da redução dos níveis séricos de colesterol. Uma análise posterior em nível de mecanismo revelou que o inibidor da HMG-CoA redutase atua não apenas ao reduzir a taxa de biossíntese de colesterol, mas também ao induzir a expressão do receptor de lipoproteína de baixa densidade (LDL, do inglês *low-density lipoprotein*) (ver seção 26.3). As células que apresentam esses receptores removem as partículas de LDL da corrente sanguínea, de modo que essas partículas não podem contribuir para a formação de ateroma.

## A triagem de bibliotecas de compostos sintéticos aumenta a oportunidade de identificação de substâncias com potencial farmacológico (*drug leads*)

A lovastatina e compostos relacionados são produtos naturais ou compostos diretamente derivados de produtos naturais. Após a descoberta desses compostos, foram desenvolvidas moléculas totalmente sintéticas que atuam como inibidores mais potentes da HMG-CoA redutase (Figura 28.18). Esses compostos são efetivos em doses mais baixas, reduzindo, assim, os efeitos colaterais. Os inibidores originais da HMG-CoA redutase ou seus precursores foram encontrados por triagem de bibliotecas de produtos naturais. Mais recentemente, os pesquisadores que desenvolvem fármacos procuraram efetuar uma triagem de grandes bibliotecas de produtos naturais e de compostos totalmente sintéticos preparados no curso de muitos programas de desenvolvimento de fármacos. Em circunstâncias favoráveis, milhões de compostos podem ser testados nesse processo, denominado *triagem de alto rendimento* (*high-throughput*). Compostos nessas bibliotecas podem ser sintetizados um de cada vez para teste. Uma abordagem alternativa consiste em sintetizar grande quantidade de compostos estruturalmente relacionados que diferem entre si em apenas uma ou algumas poucas posições ao mesmo tempo. Essa abordagem é frequentemente designada como *química combinatória*. Nela, os compostos são sintetizados com o uso das mesmas reações químicas, porém com um conjunto variável de reagentes. Suponha que um esqueleto molecular seja construído com dois sítios reativos, e que 20 reagentes possam ser utilizados no primeiro sítio e 40 reagentes, no segundo. Pode-se produzir um total de $20 \times 40 = 800$ compostos possíveis.

Um método-chave em química combinatória é a *síntese split-pool* ("dividir e misturar") (Figura 28.19). Essa técnica depende de métodos sintéticos em fase sólida, que foram inicialmente desenvolvidos para a síntese de peptídios (ver seção 3.5). Os compostos são sintetizados em pequenas esferas. As esferas contendo um *esqueleto* inicial apropriado são produzidas e divididas (repartidas, *split*) em *n* conjuntos, em que *n* corresponde à quantidade de blocos de construção a serem usados em um sítio. São efetuadas reações que acrescentam reagentes no primeiro sítio, e as esferas são isoladas por filtração. Os *n* conjuntos de esferas são então combinados, misturados e novamente repartidos em *m* conjuntos, em que *m* corresponde à quantidade de reagentes a serem usados no segundo sítio. São também efetuadas reações que acrescentam esses *m* reagentes, e as esferas são novamente isoladas. O resultado importante é que cada esfera contém apenas um composto, embora a biblioteca inteira de esferas contenha muitos deles. Além disso, embora apenas $n + m$ reações sejam efetuadas, são produzidos

**FIGURA 28.18 Estatinas sintéticas.** A atorvastatina (Lipitor) e a rosuvastatina (Crestor) são fármacos totalmente sintéticos que inibem a HMG-CoA redutase.

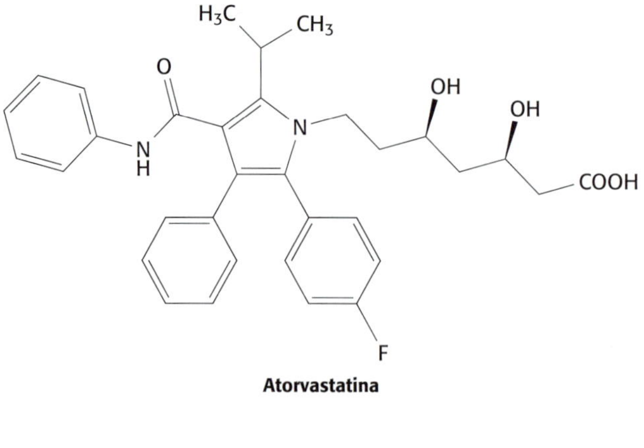


**Atorvastatina**

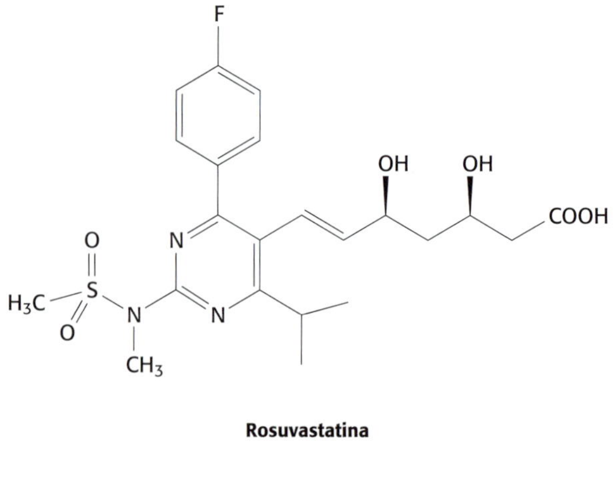


**Rosuvastatina**

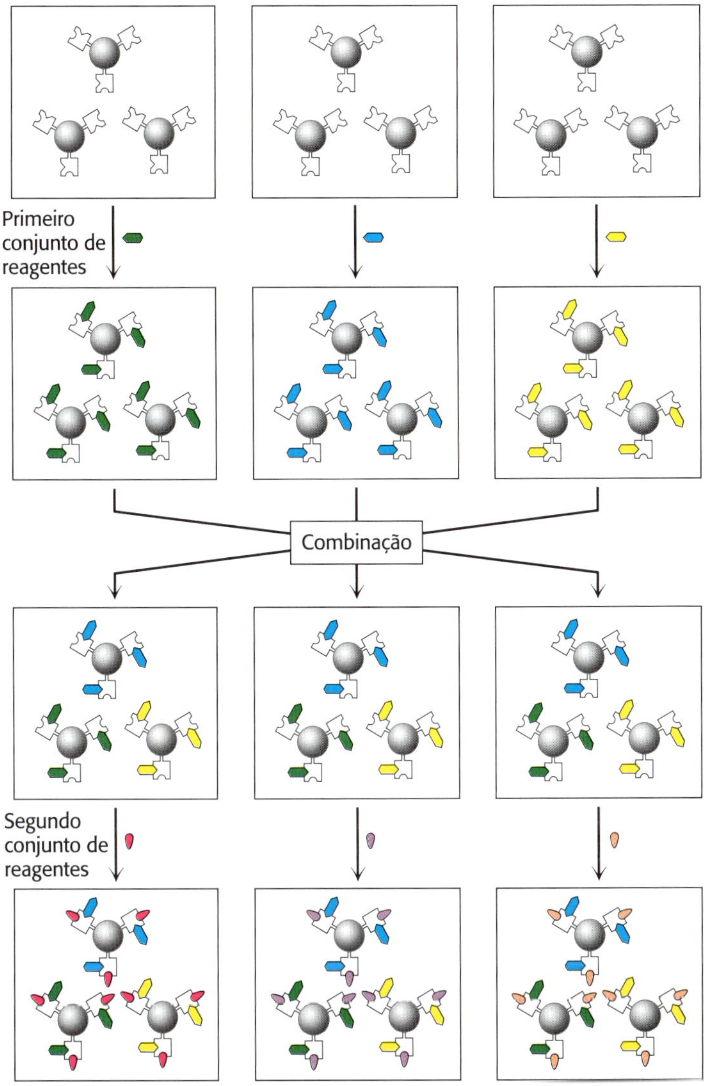


**FIGURA 28.19 Síntese *split-pool* (dividir e misturar).** São efetuadas reações em esferas. Cada uma das reações com o primeiro conjunto de reagentes ocorre em um conjunto separado de esferas. As esferas são então reunidas, misturadas e separadas em conjuntos. Acrescenta-se, então, o segundo conjunto de reagentes. Muitos compostos diferentes são produzidos, porém todos eles em uma única esfera serão idênticos.

$n \times m$ compostos. Com os valores precedentes de $n$ e $m$, $20 + 40 = 60$ reações produzem $20 \times 40 = 800$ compostos. Em alguns casos, os ensaios podem ser realizados diretamente com os compostos ainda fixados à esfera para encontrar compostos com propriedades desejadas (Figura 28.20). Alternativamente, cada esfera pode ser isolada, e o composto pode ser clivado da esfera para produzir compostos livres para análise. Uma vez identificado um composto interessante, é necessário utilizar métodos analíticos de vários tipos para identificar quais dos $n \times m$ compostos estão presentes.

Observe que o "universo" de compostos semelhantes a fármacos é vasto. Segundo as estimativas, são possíveis mais de $10^{40}$ compostos com pesos moleculares abaixo de 750. Por conseguinte, mesmo com bibliotecas "grandes" de milhões de compostos, apenas uma fração minúscula das possibilidades químicas está presente para estudo.

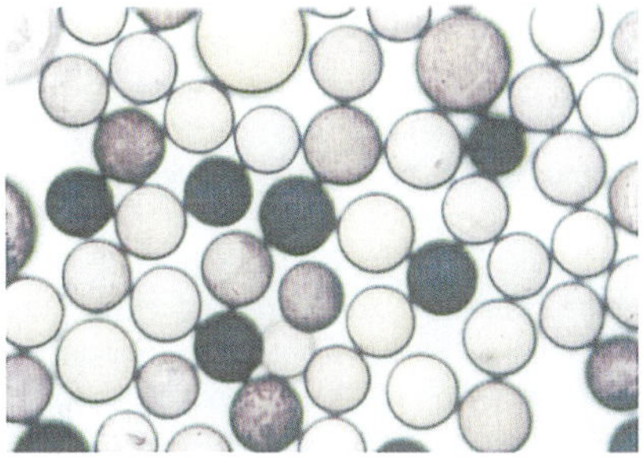

**FIGURA 28.20 Triagem de uma biblioteca de carboidratos sintetizados.** Uma pequena biblioteca combinatória de carboidratos sintetizados sobre a superfície de microesferas de 130 mm é submetida à triagem para carboidratos que se ligam firmemente por intermédio de uma lectina de amendoim. As microesferas que apresentam esses carboidratos são intensamente coradas pela ação de uma enzima ligada à lectina. [Da Figura 3 em Liang *et al.*, "Polyvalent binding to carbohydrates immobilized on an insoluble resin," *Proceedings of the National Academy of Sciences, USA*, vol. 94, pp. 10554-10559. Copyright 1997 National Academy of Sciences, USA.]

## Podem-se planejar fármacos com base na informação da estrutura tridimensional de seus alvos

Muitos fármacos ligam-se a seus alvos lembrando o modelo de chave e fechadura de Emil Fischer (ver Figura 8.8). Em princípio, devemos ser capazes de planejar uma chave tendo como base um conhecimento suficiente acerca do formato e da composição química da fechadura. No caso ideal, gostaríamos de planejar uma molécula pequena que fosse complementar, no seu formato e estrutura eletrônica, a uma proteína-alvo, possibilitando a sua ligação efetiva ao sítio-alvo. Apesar de nossa capacidade de determinar rapidamente estruturas tridimensionais, a realização desse objetivo permanece para o futuro. É difícil planejar, *a partir do zero*, compostos estáveis que tenham o formato correto e outras propriedades para encaixar-se precisamente em um sítio de ligação devido à dificuldade em prever a estrutura que irá corresponder melhor a um sítio de ligação. A previsão da afinidade de ligação requer uma compreensão detalhada das interações entre um composto e seu parceiro de ligação *e* das interações entre o composto e o solvente quando o composto estiver livre em solução.

Entretanto, o *planejamento de fármacos baseado na estrutura* provou ser uma ferramenta poderosa no desenvolvimento de fármacos. Entre os sucessos mais proeminentes, está o desenvolvimento de medicamentos que inibem a protease do vírus da imunodeficiência humana (HIV; ver seção 35.4, no Capítulo 35, disponível no material suplementar *online*). Consideremos o desenvolvimento do inibidor da protease, o indinavir (Crixivan; Figura 9.19). Foram descobertos dois conjuntos de inibidores promissores, que apresentavam alta potência, porém pouca solubilidade e biodisponibilidade. As análises de cristalografia de raios X e os achados de modelagem molecular sugeriram que uma molécula híbrida desses dois inibidores poderia ter alta potência, bem como melhor biodisponibilidade (Figura 28.21). O composto híbrido sintetizado mostrou certo aprimoramento, porém necessitou de uma posterior otimização. Os dados estruturais sugeriram um ponto onde as modificações poderiam ser toleradas. Uma série de compostos foi produzida e examinada quanto à sua capacidade de inibir a protease (Figura 28.22). Esses dados fornecem uma demonstração de uma *relação estrutura-atividade* (SAR, do inglês *structure-activity relationship*), como também fornecem uma oportunidade de correlacionar a estrutura com a função e orientar o planejamento de mais moléculas. O composto mais ativo exibiu baixa biodisponibilidade, porém um dos outros compostos (destacado em amarelo na Figura 28.22) demonstrou boa biodisponibilidade e uma atividade aceitável. A concentração sérica máxima disponível por administração oral foi significativamente mais alta do que

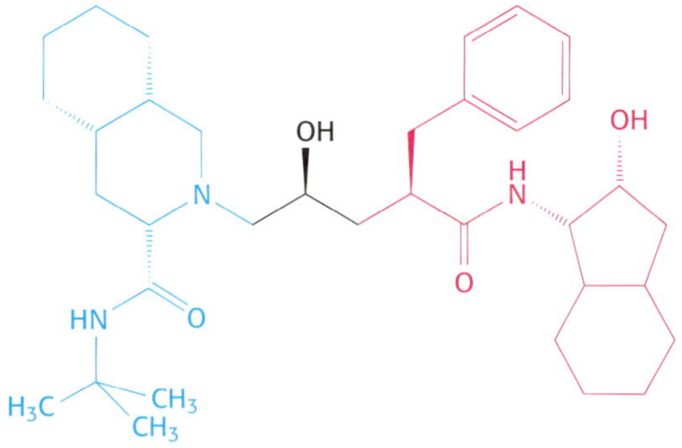


**FIGURA 28.21 Planejamento inicial de um inibidor da protease do HIV.** Esse composto foi planejado pela combinação de parte de um composto com boa atividade de inibição, mas com pouca solubilidade (mostrado em vermelho), com parte de outro composto exibindo melhor solubilidade (mostrado em azul).

**FIGURA 28.22 Otimização de compostos.** Quatro compostos são avaliados quanto às suas características, incluindo $IC_{50}$, log(*P*) e $C_{máx.}$ (a concentração máxima do composto presente), medidas no soro de cães. O composto mostrado na parte inferior (destacado em amarelo) é o que apresenta poder inibitório mais fraco (medido pela $IC_{50}$), porém melhor biodisponibilidade (medida pela $C_{máx.}$). Esse composto foi selecionado para desenvolvimento posterior, levando ao fármaco indinavir (Crixivan).

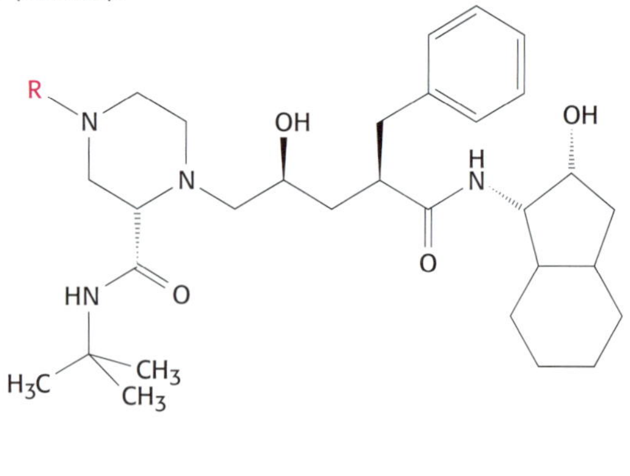


| R = | $IC_{50}$ (nM) | log(*P*) | $c_{máx.}$ (μM) |
|---|---|---|---|
| 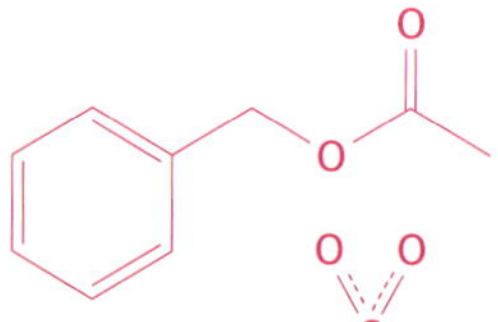 | 0,4 | 4,67 | < 0,1 |
| 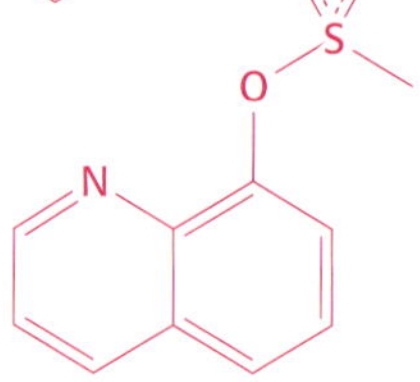 | 0,01 | 3,70 | < 0,1 |
| 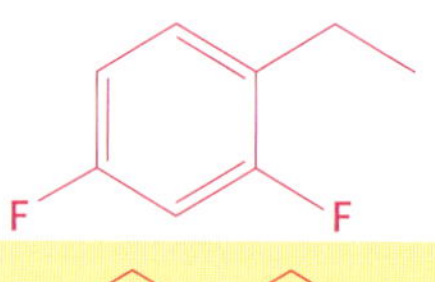 | 0,3 | 3,69 | 0,7 |
| 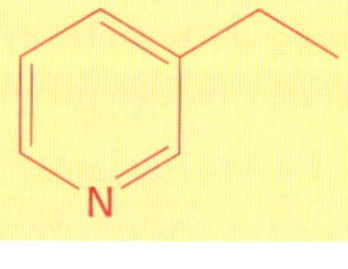 | 0,6 | 2,92 | 11 |

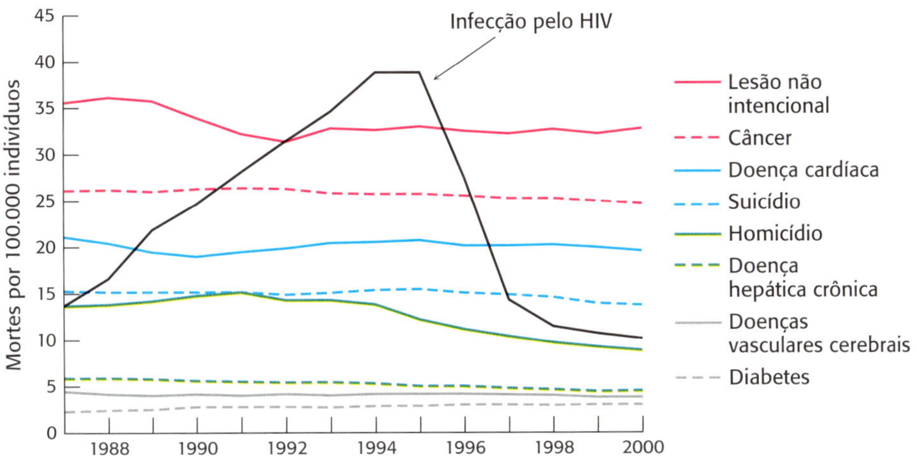


**FIGURA 28.23 O efeito do desenvolvimento de fármacos anti-HIV.** As taxas de mortalidade por infecção pelo HIV (AIDS) revelam o tremendo efeito dos inibidores da protease do HIV e o seu uso em associação aos inibidores da transcriptase reversa do HIV. As taxas de mortalidade nesse gráfico foram obtidas das principais causas de morte de indivíduos entre 24 e 44 anos de idade nos EUA durante a década de 1990; os primeiros inibidores da protease do HIV foram aprovados em 1995. [Dados dos Centers for Disease Control.]

os níveis necessários para suprimir a replicação do vírus. Esse fármaco, bem como outros inibidores da protease desenvolvidos mais ou menos ao mesmo tempo, tem sido utilizado em combinação com outros medicamentos para o tratamento da AIDS, com resultados muito mais encorajadores do que aqueles obtidos anteriormente (Figura 28.23).

A informação estrutural também pode ser utilizada para otimizar a seletividade dos fármacos pelo alvo desejado. Conforme discutido anteriormente, o ácido acetilsalicílico inibe a atividade de ciclo-oxigenase da prostaglandina $H_2$ sintase. Estudos realizados em animais sugeriram que os mamíferos contêm não apenas uma, porém duas ciclo-oxigenases distintas, ambas as quais constituem os alvos do ácido acetilsalicílico. A enzima mais recentemente descoberta, a ciclo-oxigenase 2 (COX2), é expressa principalmente como parte da resposta inflamatória, enquanto a expressão da ciclo-oxigenase 1 (COX1) é mais generalizada (ubíqua). Essas observações sugeriram que um inibidor da ciclo-oxigenase específico para a COX2 poderia ser capaz de reduzir a inflamação em condições como a artrite sem produzir os efeitos gástricos e outros efeitos colaterais associados ao ácido acetilsalicílico.

As sequências de aminoácidos da COX1 e da COX2 foram deduzidas a partir de estudos de clonagem de cDNA. Essas sequências são mais de 60% idênticas, indicando claramente que as enzimas apresentam a mesma estrutura global. Entretanto, existem algumas diferenças nos resíduos em torno do sítio de ligação do ácido acetilsalicílico. A cristalografia de raios X revelou a presença de uma extensão do bolsão de ligação na COX2 que está ausente na COX1. Essa diferença estrutural sugeriu uma estratégia para o desenvolvimento de inibidores específicos da COX2 – isto é, sintetizar compostos que tivessem uma protuberância para se encaixar no bolsão existente na enzima COX2. Tais compostos foram concebidos e sintetizados e, a seguir, aprimorados ainda mais para produzir fármacos efetivos como Celebrex e Vioxx (Figura 28.24). Subsequentemente, o Vioxx (rofecoxibe) foi retirado do mercado porque algumas pessoas tiveram efeitos adversos. Alguns desses efeitos podem resultar da toxicidade baseada no mecanismo de ação. Por conseguinte, embora o desenvolvimento desses medicamentos represente um triunfo para o planejamento de fármacos com base na estrutura, os resultados obtidos ressaltam o fato de que a inibição de enzimas importantes pode levar a respostas fisiológicas complexas.

**FIGURA 28.24 Inibidores específicos da COX2.** Esses compostos exibem protuberâncias (mostradas em vermelho) que se adaptam a um bolsão na isoenzima COX2, mas que estericamente chocam com a isoenzima COX1.

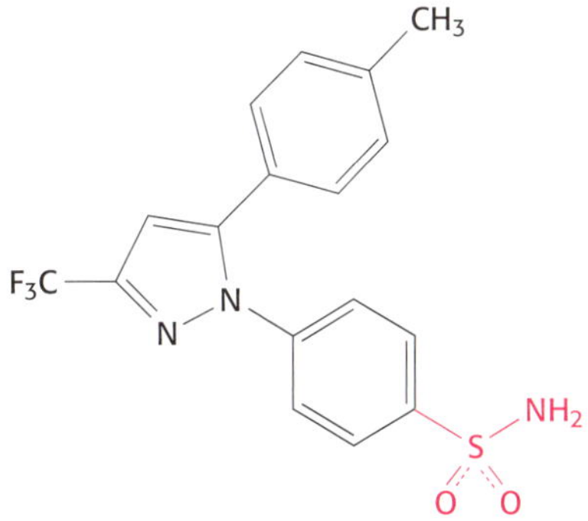

**Celecoxibe (Celebrex)**

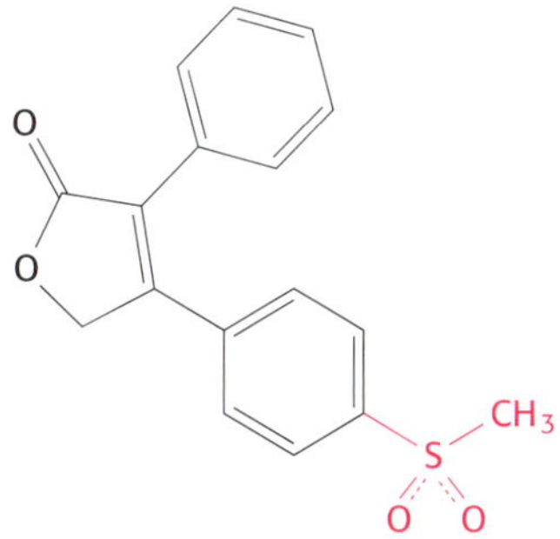

**Rofecoxibe (Vioxx)**

## 28.3 As análises dos genomas podem ajudar na descoberta de fármacos

O término do sequenciamento do genoma humano e de outros genomas constitui uma força propulsora potencialmente poderosa para o desenvolvimento de novos fármacos. Os projetos de sequenciamento e análise de genomas ampliaram enormemente nossos conhecimentos acerca das proteínas codificadas pelo genoma humano. Essa nova fonte de conhecimento pode acelerar acentuadamente as etapas iniciais no processo de desenvolvimento de fármacos ou até mesmo possibilitar a individualização de fármacos para cada paciente.

### Alvos potenciais podem ser identificados no proteoma humano

O genoma humano codifica aproximadamente 21 mil proteínas, sem contar as variações produzidas por *splicing* alternativo do mRNA e modificações pós-traducionais. Muitas dessas proteínas são alvos potenciais de fármacos, em particular as que são enzimas ou receptores e exercem efeitos biológicos significativos quando ativadas ou inibidas. Várias grandes famílias de proteínas constituem fontes particularmente ricas de alvos. Por exemplo, o genoma humano inclui genes para mais de 500 proteinoquinases, que podem ser reconhecidas pela comparação das sequências deduzidas de aminoácidos. Muitas dessas quinases são conhecidas por desempenharem um papel na progressão de uma variedade de doenças. Por exemplo, a Bcr-Abl quinase, uma quinase desregulada formada em decorrência de um defeito cromossômico específico, é conhecida pela sua contribuição em certas leucemias e constituiu o alvo do fármaco mesilato de imatinibe (Gleevec; ver seção 14.5). Algumas das outras proteinoquinases sem dúvida alguma também desempenham papéis fundamentais em determinados tipos de câncer. De modo semelhante, o genoma humano codifica aproximadamente 800 receptores 7TM (ver seção 14.1), dos quais cerca de 350 são receptores odoríferos. Muitos dos receptores 7TM remanescentes constituem alvos de fármacos conhecidos ou potenciais. Por exemplo, os betabloqueadores, que são amplamente utilizados no tratamento da hipertensão, têm como alvo o receptor $\beta_1$-adrenérgico, enquanto o medicamento antiúlcera ranitidina (Zantac) tem como alvo o receptor $H_2$ de histamina (um receptor 7TM que participa do controle da secreção de ácido gástrico).

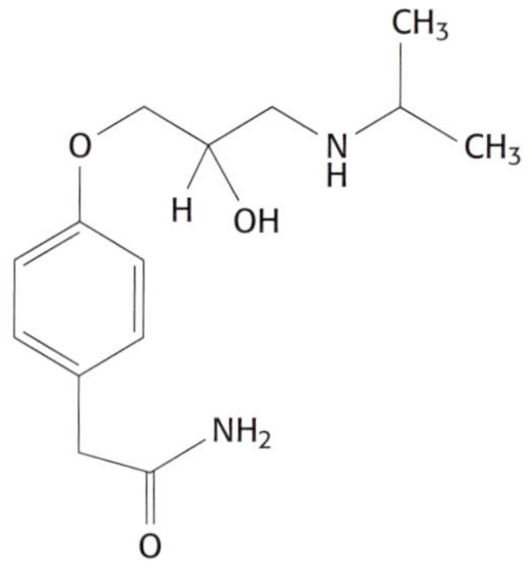

Atenolol

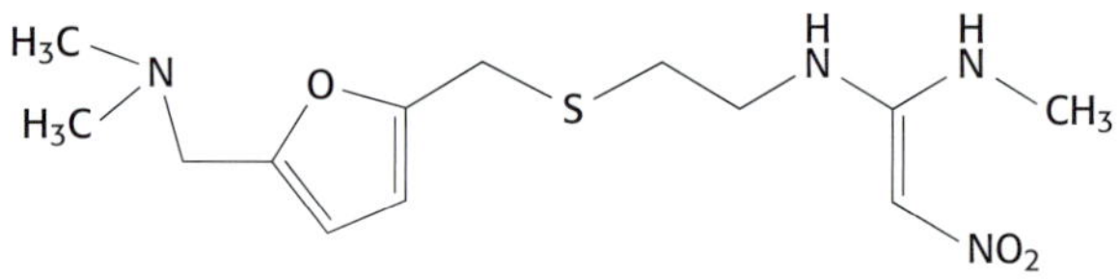

Ranitidina

Novas proteínas que não constituem parte de grandes famílias e que já fornecem alvos para fármacos podem ser mais facilmente identificadas com o uso da informação genômica. Existem diversas maneiras de identificar proteínas passíveis de atuar como alvos para programas de desenvolvimento de fármacos. Um dos métodos é procurar mudanças em padrões de expressão, localização de proteínas ou modificações pós-traducionais em células de organismos acometidos de doença. Outra maneira consiste em conduzir estudos de tecidos ou de tipos de células nos quais são expressos genes específicos. Essas análises do genoma humano aumentariam a quantidade de alvos ativamente investigados para fármacos.

### Podem ser desenvolvidos modelos animais para testar a validade de potenciais alvos de fármacos

Os genomas de diversos organismos-modelo já estão sequenciados. O mais importante desses genomas para o desenvolvimento de fármacos é o do camundongo. De modo notável, os genomas do camundongo e do homem têm sequências aproximadamente 85% idênticas, e mais de 98% de todos os genes humanos apresentam correspondentes reconhecíveis no camundongo. Os estudos em camundongos forneceram aos pesquisadores que desenvolvem fármacos uma poderosa ferramenta – a capacidade de destruir ("*knock out*") genes específicos no camundongo (ver seção 5.4). Se a destruição de um gene tiver algum efeito desejável, então o produto desse gene pode representar um alvo promissor para um fármaco. A utilidade dessa abordagem foi demonstrada de modo retrospectivo. Por exemplo, a destruição do gene para a subunidade α da $H^+$–$K^+$ ATPase, a proteína-chave para a secreção de ácido no estômago, produz camundongos com pH gástrico 6,9. Em condições semelhantes, seus correspondentes selvagens produzem um pH gástrico 3,2. Essa proteína constitui o alvo dos fármacos omeprazol (Prilosec) e lansoprazol (Prevacid e Takepron), que são utilizados no tratamento da doença do refluxo gastresofágico.

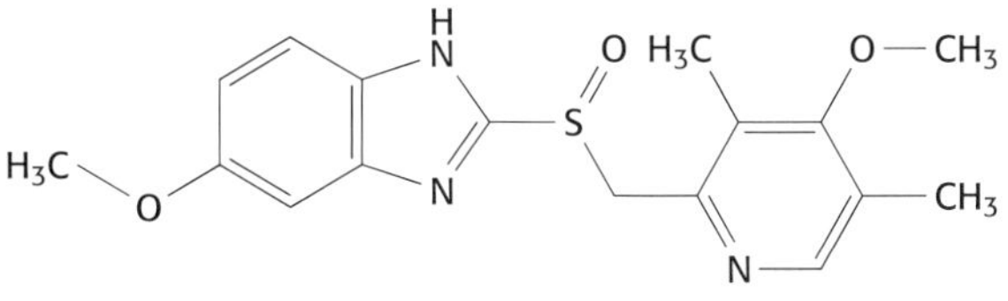

**Omeprazol**

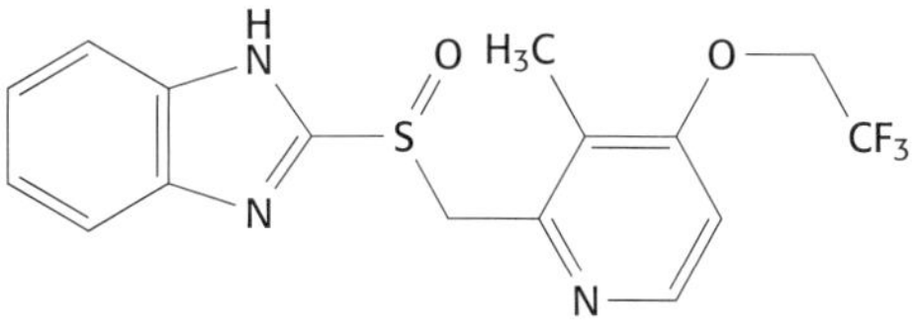

**Lansoprazol**

Vários esforços em larga escala estão sendo envidados para produzir centenas ou milhares de linhagens de camundongos, tendo, cada uma delas, um gene destruído. Os fenótipos desses animais fornecem uma boa indicação se a proteína codificada por um gene destruído constitui um alvo promissor para um fármaco. Entretanto, esses dados devem ser interpretados com cuidado. Por exemplo, algumas enzimas possuem funções além da sua atividade catalítica, como estabelecer importantes interações entre proteínas. Um *knockout* de todo o gene removeria todas essas funções, enquanto um fármaco que atue como inibidor enzimático só teria impacto na função catalítica. Entretanto, essa abordagem permite aos pesquisadores que desenvolvem fármacos avaliar alvos potenciais sem quaisquer noções preconcebidas em relação à função fisiológica.

## Potenciais alvos podem ser identificados nos genomas de patógenos

As proteínas humanas não são os únicos alvos importantes dos fármacos. Medicamentos como a penicilina e os inibidores da protease do HIV atuam sobre proteínas-alvo dentro de um patógeno. Os genomas de centenas de patógenos já estão sequenciados, e essas sequências podem ser exploradas à procura de potenciais alvos.

São necessários novos antibióticos para combater bactérias resistentes a muitos dos antibióticos existentes. Uma abordagem consiste em procurar proteínas essenciais à sobrevivência da célula conservadas em uma ampla variedade de bactérias. Espera-se que os fármacos capazes de inativar essas proteínas sejam antibióticos de amplo espectro, úteis para tratar infecções causadas por ampla gama de bactérias diferentes. Uma dessas proteínas é a peptídio desformilase, a enzima que remove grupos formila presentes nas extremidades aminoterminais de proteínas bacterianas imediatamente após a tradução (Figura 31.19).

Por outro lado, pode ser necessário dispor de um fármaco contra um patógeno específico. Exemplo desse tipo de patógeno é a cepa do coronavírus responsável pela síndrome respiratória aguda grave (SRAG). Do final de 2002 até o início de 2003, praticamente 8.500 indivíduos contraíram a SRAG. Embora o surto inicial tenha ocorrido na Província de Guangdong, na China, a doença foi, em última análise, responsável por quase 800 casos fatais no mundo inteiro. Um mês após o reconhecimento dessa doença, os pesquisadores isolaram o vírus que causa a síndrome, e, em poucas semanas, foi efetuado o sequenciamento completo de seu genoma de 29.751 bases. Essa sequência revelou a presença de um gene que codifica uma protease viral, Mpro, conhecida por ser essencial na replicação do vírus a partir de estudos de outros membros da família dos coronavírus à qual pertence o

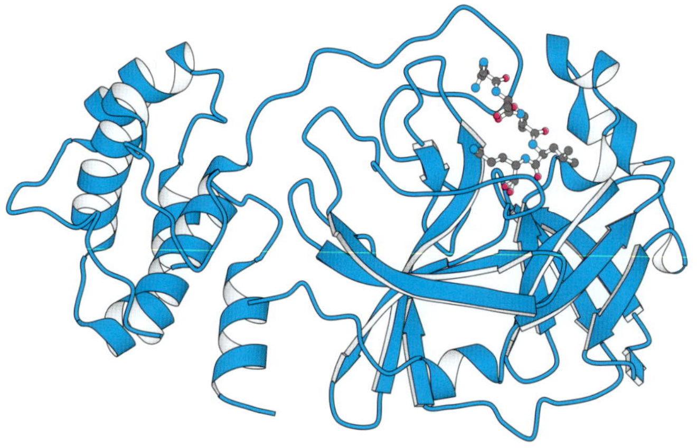

**FIGURA 28.25 Alvo emergente para um fármaco.** A estrutura de uma protease, Mpro, do coronavírus que causa a SRAG (síndrome respiratória aguda grave) é mostrada ligada a um inibidor. Essa estrutura foi elucidada menos de 1 ano após a identificação do vírus. [Desenhada de 1P9S.bdb.]

vírus da SRAG. Essa estrutura abriu a possibilidade de tratamentos antivirais específicos para esse vírus e vírus relacionados (Figura 28.25).

## As respostas individuais aos fármacos são influenciadas por diferenças genéticas

Muitos medicamentos não são efetivos em todas as pessoas, frequentemente devido a diferenças genéticas entre elas. Os indivíduos que não respondem podem apresentar diferenças discretas na molécula-alvo do medicamento ou nas proteínas que atuam no transporte e no metabolismo do medicamento. A meta dos campos emergentes da farmacogenética e da farmacogenômica é planejar fármacos capazes de atuar mais consistentemente entre as pessoas ou que sejam individualizados para pessoas com genótipos particulares.

Os fármacos como o metoprolol, cujo alvo é o receptor $\beta_1$-adrenérgico, constituem tratamentos amplamente utilizados para a hipertensão. Esses fármacos são frequentemente designados como *betabloqueadores*.

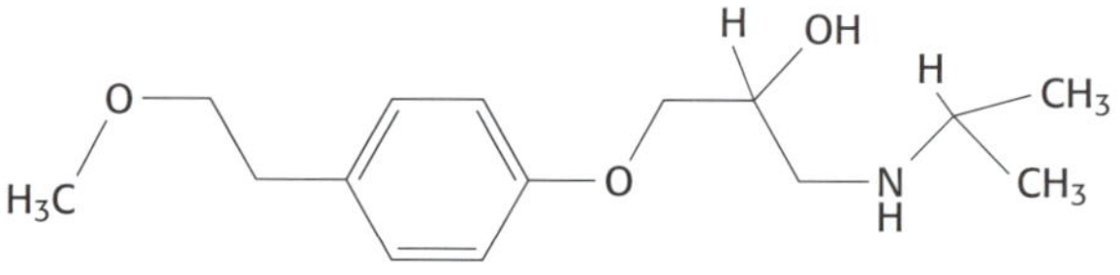

**Metoprolol**

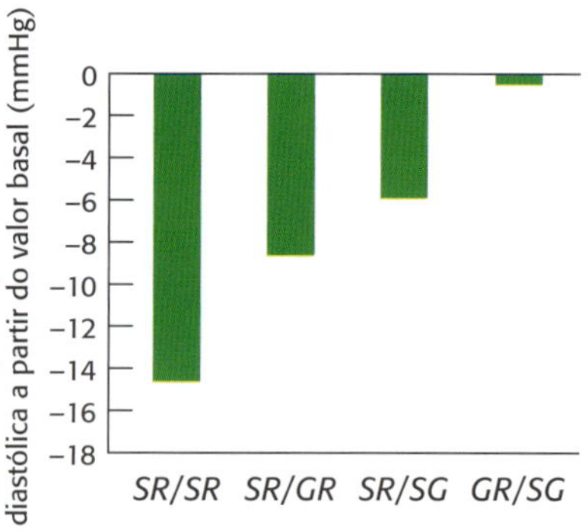


**FIGURA 28.26 Correlação fenótipo-genótipo.** Alterações médias da pressão arterial diastólica durante o tratamento com metoprolol. Os indivíduos com duas cópias do alelo mais comum ($S_{49}R_{389}$) apresentaram reduções significativas da pressão arterial. Os indivíduos com um alelo variante (*GR* ou *SG*) exibiram diminuições mais modestas, e aqueles com dois alelos variantes (*GR/SG*) não tiveram nenhuma redução. [Dados de J. A. Johnson *et al.*, *Clin. Pharmacol. Ther.* 74: pp. 44-52, 2003.]

Entretanto, alguns indivíduos não respondem de modo satisfatório aos betabloqueadores. Na população dos EUA, é comum a ocorrência de duas variantes do gene que codifica o receptor $\beta_1$-adrenérgico. O alelo mais comum tem serina na posição 49 e arginina na posição 389. Todavia, em alguns indivíduos, a glicina substitui um ou outro desses resíduos. Nos estudos clínicos realizados, os participantes com duas cópias do alelo mais comum responderam de modo satisfatório ao metoprolol: sua pressão arterial diastólica durante o dia foi reduzida em 14,7 ± 2,9 mmHg, em média. Em contrapartida, os participantes com um alelo variante exibiram menor redução da pressão arterial, e o medicamento não teve efeito significativo nos participantes com dois alelos variantes (Figura 28.26). Essas observações sugerem a utilidade potencial de determinar o genótipo dos indivíduos nessas posições. Em seguida, seria possível prever se o tratamento com metoprolol ou outros betabloqueadores tem probabilidade de ser ou não efetivo.

Tendo em vista a importância das propriedades da ADME e da toxicidade na determinação da eficácia dos fármacos, não é surpreendente que variações nas proteínas que atuam no transporte e no metabolismo dos fármacos possam alterar a sua eficiência. Exemplo importante é fornecido pelo uso das tiopurinas, tais como a 6-tioguanina, a 6-mercaptopurina e a azatioprina, no tratamento de doenças como a leucemia, os distúrbios imunes e a doença inflamatória intestinal.

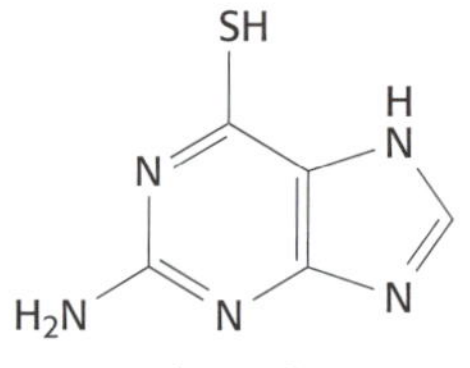

**6-Tioguanina**

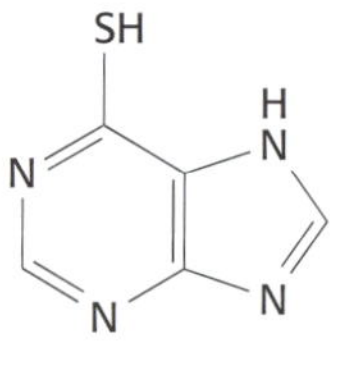

**6-Mercaptopurina**

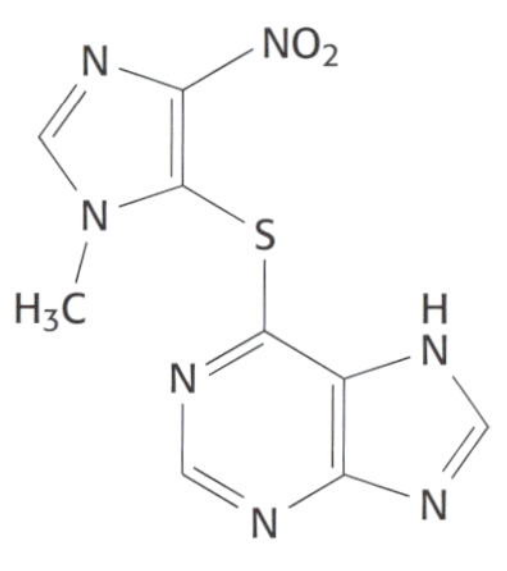

**Azatioprina**

Em uma minoria de indivíduos que são tratados com esses medicamentos, surgem sinais de toxicidade com doses que são bem toleradas pela maioria dos pacientes. Essas diferenças entre pacientes devem-se a variações raras no gene que codifica a enzima envolvida no metabolismo de xenobióticos, a tiopurina metiltransferase, que adiciona um grupo metila a átomos de enxofre.

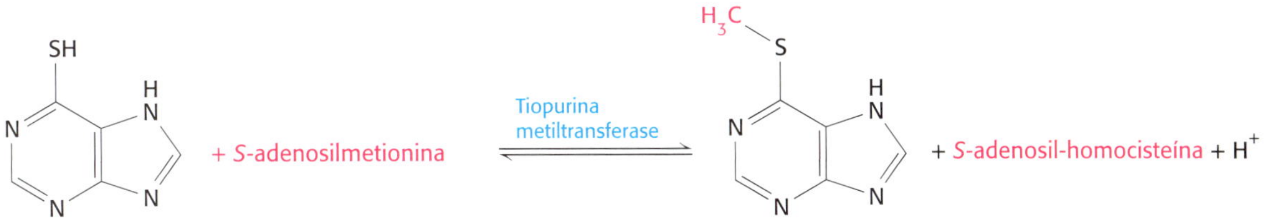


**6-Mercaptopurina**

A enzima variante é menos estável. Os pacientes com essas enzimas variantes podem desenvolver níveis tóxicos desses medicamentos se não forem tomados cuidados apropriados. Por conseguinte, a variabilidade genética em uma enzima que atua no metabolismo de fármacos desempenha um papel importante na determinação da variação na tolerância de diferentes indivíduos a determinados níveis de medicamentos. Muitas outras enzimas envolvidas no metabolismo de fármacos e proteínas de transporte de fármacos foram implicadas no controle de reações individuais a medicamentos específicos. A identificação dos fatores genéticos permitirá uma melhor compreensão da razão pela qual alguns medicamentos atuam bem em alguns indivíduos, mas não em outros, e também poderá permitir uma terapia personalizada para os pacientes com base em seus genótipos.

## 28.4 O desenvolvimento clínico de fármacos ocorre em várias fases

Nos EUA, a FDA exige a demonstração de que os candidatos a fármacos sejam efetivos e seguros antes que possam ser utilizados em larga escala nos seres humanos. Essa exigência aplica-se particularmente aos candidatos a fármacos que são tomados por indivíduos relativamente saudáveis. Um maior número de efeitos colaterais é aceitável para candidatos a fármacos cujo objetivo é tratar pacientes muito doentes, como os que apresentam formas graves de câncer, os quais sofrem consequências adversas claras se não receberem um tratamento efetivo.

### Os ensaios clínicos são demorados e de elevado custo

Os ensaios clínicos testam a eficiência e os potenciais efeitos colaterais de um candidato a fármaco antes de sua aprovação pela FDA para uso geral. Esses ensaios clínicos ocorrem em pelo menos três fases (Figura 28.27). Na fase I, um pequeno número (normalmente 10 a 100) de voluntários habitualmente saudáveis toma o medicamento para uma avaliação inicial de segurança. Esses voluntários recebem uma variedade de doses e são monitorados à procura de sinais de toxicidade. A eficácia do candidato a fármaco não é avaliada especificamente.

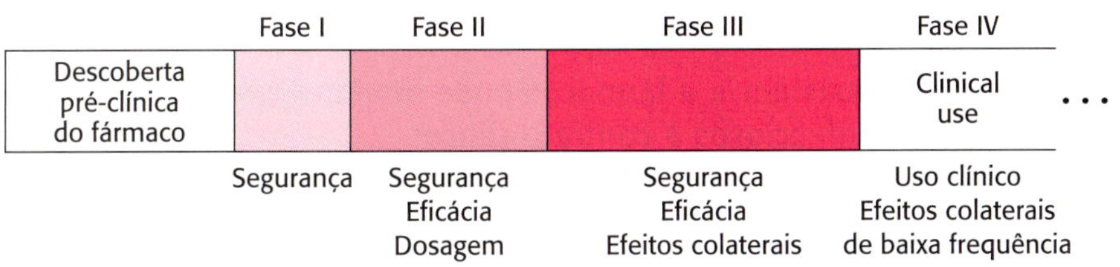


**FIGURA 28.27 Fases dos ensaios clínicos.** Os ensaios clínicos são conduzidos em fases que examinam a segurança e a eficácia em grupos cada vez maiores de indivíduos.

Na fase II, a eficácia do candidato a fármaco é testada em um pequeno número de indivíduos que poderiam beneficiar-se do medicamento. São obtidos mais dados acerca da segurança do medicamento. Com frequência, esses estudos clínicos são *controlados* e *duplos-cegos*. Em um estudo controlado, os indivíduos são divididos aleatoriamente em dois grupos. Os indivíduos no grupo de tratamento recebem o tratamento sob investigação. Os indivíduos no grupo de controle recebem um *placebo* – isto é, um tratamento, como pílulas de açúcar, conhecido por não ter valor intrínseco – ou o melhor tratamento padrão disponível, se a suspensão do tratamento não for ética. Em um estudo duplo-cego, nem os indivíduos nem os pesquisadores sabem quais os indivíduos que estão no grupo do tratamento e quais estão no grupo de controle. O estudo duplo-cego evita a tendenciosidade durante o ensaio clínico. Uma vez concluído o ensaio clínico, a distribuição dos indivíduos nos grupos de tratamento e de controle é revelada, e os resultados nos dois grupos são comparados. Com frequência, são investigadas diversas doses nos ensaios clínicos de fase II para determinar aquelas que parecem estar livres de efeitos colaterais graves e aquelas que parecem ser efetivas.

Não se deve subestimar o poder do *efeito placebo* – isto é, a tendência a perceber uma melhora em um indivíduo que acredita estar recebendo um tratamento potencialmente benéfico. Por exemplo, em um estudo de tratamento cirúrgico artroscópico para dor de joelho, os indivíduos que foram levados a acreditar que se submeteram a cirurgia por meio do uso de videoteipes e outros meios apresentaram, em média, o mesmo nível de melhora que indivíduos que realmente foram operados.

Na fase III, são efetuados estudos semelhantes com uma população maior e mais diversa de indivíduos. Essa fase tem por objetivo estabelecer mais firmemente a eficácia do candidato a fármaco e detectar efeitos colaterais que podem surgir em uma pequena porcentagem dos indivíduos que estão recebendo o tratamento. Milhares de indivíduos podem participar em um estudo típico de fase III.

Os ensaios clínicos podem ser extremamente custosos e exigir muito tempo. Centenas ou milhares de pacientes precisam ser recrutados e monitorados durante toda a duração do ensaio. Muitos médicos, enfermeiros, farmacologistas clínicos, estatísticos e outros profissionais participam no planejamento e na execução do ensaio clínico. Os custos podem atingir dezenas a centenas de milhões de dólares. Registros extensos precisam ser mantidos, incluindo a documentação de quaisquer reações adversas. Esses dados são compilados e submetidos à FDA. Além disso, muitos fármacos não demonstram ter eficácia nesses estudos maiores em que a população de pacientes é mais diversa. O custo total para o desenvolvimento de um fármaco é atualmente estimado em 400 a 800 milhões de dólares.

Mesmo depois da aprovação e do uso de um medicamento, podem surgir dificuldades. Os ensaios clínicos conduzidos após a entrada de um fármaco no mercado, designados como estudos de fase IV ou estudos de *vigilância pós-comercialização*, destinam-se a identificar efeitos colaterais de baixa frequência, que podem apenas aparecer após o uso disseminado ou prolongado do fármaco. Conforme assinalado anteriormente, o rofecoxibe (Vioxx), por exemplo, foi retirado do mercado após a detecção de significativos efeitos colaterais cardíacos em ensaios clínicos de fase IV. Esses eventos ressaltam a necessidade dos usuários de qualquer medicamento de contrabalançar os efeitos benéficos com os potenciais riscos.

### A evolução da resistência a fármacos pode limitar a sua utilidade contra agentes infecciosos e contra o câncer

Muitos medicamentos são utilizados por longos períodos sem qualquer perda de sua eficiência. Todavia, em alguns casos, particularmente no tratamento do câncer ou de doenças infecciosas, os tratamentos farmacológicos inicialmente efetivos tornam-se menos eficazes. Em outras palavras, a doença torna-se resistente à terapia farmacológica. Por que surge essa resistência? As doenças infecciosas e o câncer apresentam uma característica em comum – a saber, um indivíduo afetado contém muitas células (ou vírus) que podem sofrer mutação e se reproduzir. Essas condições são necessárias para que ocorra evolução. Por conseguinte, um microrganismo ou uma célula cancerosa podem, por acaso, sofrer uma variação genética, tornando-os mais apropriados para o crescimento e a reprodução na presença do medicamento. Tais microrganismos ou células são mais aptos do que outros em sua população e, portanto, tendem a sobrepujar essa população. À medida que a pressão seletiva devida ao medicamento vai sendo continuamente aplicada, a população de microrganismos ou de células cancerosas tenderá a se tornar cada vez mais resistente à presença do fármaco. Convém assinalar que a resistência pode surgir por meio de diversos mecanismos.

Os inibidores da protease do HIV discutidos anteriormente fornecem um exemplo importante da evolução da resistência a fármacos. Os retrovírus estão muito bem adaptados a esse tipo de evolução, visto que a transcriptase reversa efetua a replicação sem um mecanismo de revisão. Em um genoma de aproximadamente 9.750 bases, estima-se que cada mutação pontual única possível apareça em uma partícula viral mais de 1.000 vezes/dia em cada indivíduo infectado. Ocorrem também numerosas mutações múltiplas. A maioria dessas mutações não tem nenhum efeito ou é deletéria para o vírus. Todavia, algumas das partículas virais mutantes codificam proteases que são menos suscetíveis à inibição pelo medicamento. Na presença de um inibidor da protease do HIV, essas partículas virais tendem a se replicar mais efetivamente do que a população como um todo. Com o passar do tempo, os vírus menos suscetíveis dominam a população e tornam-se então resistentes ao medicamento.

Os patógenos podem tornar-se resistentes aos antibióticos por mecanismos totalmente diferentes. Alguns patógenos contêm enzimas que inativam ou que degradam antibióticos específicos. Por exemplo, muitos microrganismos são resistentes aos betalactâmicos, como a penicilina, visto que eles contêm betalactamases. Essas enzimas hidrolisam o anel betalactâmico, tornando os medicamentos inativos.

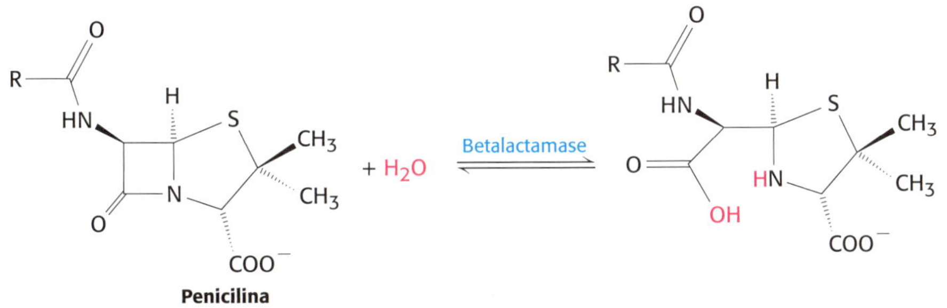

**Penicilina**

Várias dessas enzimas são codificadas em plasmídios, que consistem em pequenos segmentos circulares de DNA frequentemente transportados por bactérias. Muitos plasmídios são facilmente transferidos de uma célula bacteriana para outra, transmitindo, assim, a capacidade de resistência ao antibiótico. Por conseguinte, a transferência de plasmídios contribui para a propagação da resistência ao antibiótico, representando um grande desafio à assistência à saúde. Por outro lado, os plasmídios têm sido aproveitados para uso em métodos de DNA recombinante (ver seção 5.2).

Em geral, a resistência a medicamentos surge no curso do tratamento do câncer. As células cancerosas caracterizam-se pela sua capacidade de crescimento rápido e sem as restrições que se aplicam às células normais. Muitos fármacos utilizados na quimioterapia do câncer inibem os processos necessários para esse rápido crescimento celular. Entretanto, as células cancerosas individuais podem acumular alterações genéticas que reduzem os efeitos desses medicamentos. Essas células cancerosas alteradas tendem a crescer mais rapidamente do que as outras e passam a ser dominantes na população de células cancerosas. Essa capacidade das células cancerosas de mutarem rapidamente tem sido um desafio para um dos principais avanços no tratamento do câncer: o desenvolvimento de inibidores para proteínas específicas de células cancerosas presentes em certas leucemias (ver seção 14.5). Por exemplo, os tumores tornam-se indetectáveis nos pacientes tratados com mesilato de imatinibe, que é direcionado contra a proteinoquinase Bcr-Abl. Infelizmente, os tumores de muitos pacientes tratados com mesilato de imatinibe sofrem recorrência depois de um período de vários anos. Em muitos desses casos, as mutações alteram a proteína Bcr-Abl de modo que ela não é mais inibida pelas concentrações de mesilato de imatinibe usadas no tratamento.

Com frequência, os pacientes com câncer fazem uso de múltiplos medicamentos concomitantemente no curso da quimioterapia, e, em muitos casos, as células cancerosas tornam-se simultaneamente resistentes a muitos deles ou a todos eles. Essa resistência a múltiplos fármacos pode resultar da proliferação de células cancerosas que superexpressam várias das proteínas transportadoras ABC que bombeiam fármacos para fora das células (ver seção 13.2). Por conseguinte, as células cancerosas podem desenvolver resistência aos fármacos pela superexpressão de proteínas humanas normais ou pela modificação das proteínas responsáveis pelo fenótipo do câncer.

## RESUMO

### 28.1 Os compostos precisam preencher critérios rigorosos para o seu desenvolvimento em fármacos

A maioria dos fármacos atua pela sua ligação a enzimas ou a receptores, modulando as suas atividades. Para serem efetivos, os medicamentos devem ligar-se a esses alvos com altas afinidade e especificidade. Todavia, compostos com afinidade e especificidade desejadas não produzem necessariamente fármacos apropriados. A maioria dos compostos é pouco absorvida ou rapidamente excretada do organismo, ou modificada por vias metabólicas direcionadas para compostos exógenos. Consequentemente, quando tomados por via oral, esses compostos não alcançam os seus alvos em concentrações apropriadas por um período de tempo suficiente. As propriedades de um fármaco relacionadas com a sua absorção, distribuição, metabolismo e excreção são designadas como propriedades ADME. A biodisponibilidade oral é uma medida da capacidade de absorção de um fármaco; trata-se da razão entre a concentração máxima de um composto administrado por via oral e a concentração máxima da mesma dose injetada diretamente. A estrutura de um composto pode complicar a sua biodisponibilidade, porém generalizações denominadas regras de Lipinski fornecem diretrizes úteis. As vias de metabolismo dos fármacos incluem a oxidação por enzimas do citocromo P450 (metabolismo de fase I) e conjugação com glutationa, ácido glicurônico e sulfato (metabolismo de fase II). Um composto também pode não ser um medicamento útil em virtude de sua toxicidade, pois pode modular a molécula-alvo com excessiva efetividade (toxicidade baseada no mecanismo) ou pode ligar-se a outras proteínas distintas do alvo (toxicidade fora do alvo). O fígado e os rins desempenham papéis centrais no metabolismo e na excreção dos fármacos.

## 28.2 Os candidatos a fármacos podem ser descobertos ao acaso, por triagem ou por planejamento

Muitos fármacos foram descobertos ao acaso – isto é, por observações casuais. O antibiótico penicilina é produzido por um fungo que contaminou acidentalmente uma placa de cultura, matando as bactérias próximas. Medicamentos como a clorpromazina e a sildenafila foram descobertos por seus efeitos benéficos sobre a fisiologia humana diferentes daqueles que se esperavam. As estatinas, que reduzem os níveis de colesterol, foram desenvolvidas após triagem de grandes quantidades de compostos à procura de atividades potencialmente interessantes. Foram desenvolvidos métodos de química combinatória para gerar grandes conjuntos de compostos quimicamente relacionados, porém diversos, para triagem. Em alguns casos, dispõe-se da estrutura tridimensional de um alvo para fármacos, e esta pode ser utilizada para ajudar no planejamento de inibidores potentes e específicos. Exemplos de medicamentos planejados dessa maneira são os inibidores da protease do HIV, como o indinavir, e os inibidores da ciclo-oxigenase 2, como o celecoxibe.

## 28.3 As análises dos genomas podem ajudar na descoberta de fármacos

O genoma humano codifica aproximadamente 21 mil proteínas, e muito mais se forem incluídos os derivados devido ao *splicing* alternativo do mRNA e à modificação pós-traducional. As sequências do genoma podem ser examinadas para potenciais alvos para fármacos. Famílias grandes de proteínas conhecidas pela sua atuação em processos fisiológicos essenciais, como as proteinoquinases e os receptores 7TM, produziram, cada uma delas, diversos alvos para os quais foram desenvolvidos medicamentos. Os genomas de organismos-modelos também são úteis para os estudos de desenvolvimento de fármacos. As cepas de camundongos com determinados genes destruídos têm sido úteis na validação de certos alvos de medicamentos. Os genomas das bactérias, dos vírus e dos parasitas codificam muitos potenciais alvos para fármacos e podem ser explorados em virtude de suas funções importantes e diferenças em relação às proteínas humanas, minimizando o potencial de efeitos colaterais. As diferenças genéticas entre indivíduos podem ser examinadas e correlacionadas com as diferenças observadas nas respostas aos medicamentos, ajudando potencialmente os tratamentos clínicos e o desenvolvimento de medicamentos.

## 28.4 O desenvolvimento clínico de fármacos ocorre em várias fases

Antes que os compostos possam ser administrados em seres humanos como medicamentos, eles precisam ser extensamente testados quanto à sua segurança e eficácia. Os ensaios clínicos são conduzidos em várias fases: na primeira, testa-se a segurança; em seguida, a segurança e a eficácia são testadas em uma pequena população; e, por fim, a segurança e a eficácia são investigadas em uma população maior para a detecção de efeitos adversos mais raros. Devido em grande parte às despesas associadas aos ensaios clínicos, o custo para o desenvolvimento de um novo medicamento foi estimado em mais de 800 milhões de dólares. Mesmo quando um medicamento foi aprovado para uso, podem surgir complicações. No que concerne às doenças infecciosas e ao câncer, frequentemente os pacientes desenvolvem resistência ao medicamento após este ter sido administrado por certo período de tempo, graças ao aparecimento e à replicação de variantes do agente causador de doença que são menos suscetíveis ao medicamento, mesmo na sua presença.

APÊNDICE

# Bioquímica em foco

## Anticorpos monoclonais: ampliando as ferramentas para pesquisadores que desenvolvem fármacos

Neste capítulo, tratamos principalmente de moléculas pequenas como fármacos. Na maioria dos casos, essas moléculas têm menos de 500 Da de peso molecular (conforme descrito pelas regras de Lipinski), podem ser biodisponíveis por via oral e ligam-se a bolsões estruturais específicos existentes em seus alvos. Em contrapartida, as proteínas surgiram como outra classe proeminente de fármacos de crescimento rápido. Essas proteínas, designadas como *agentes biológicos*, apresentam várias vantagens em comparação com as moléculas pequenas.

Os anticorpos monoclonais são os exemplos mais proeminentes de proteínas terapêuticas. Na seção 3.2, discutimos o método de hibridoma para a preparação de anticorpos monoclonais que se ligam firmemente a ligantes específicos. Como discutiremos no Capítulo 35, disponível no material suplementar *online*, as células produtoras de anticorpos desenvolveram mecanismos notáveis para a geração de uma ampla gama de diversidade de reconhecimento. Os cientistas podem tirar proveito da própria natureza da química combinatória para gerar numerosos anticorpos distintos com capacidade de ligação a um ligante específico. Como fármacos, os anticorpos monoclonais exibem vantagens exclusivas sobre as moléculas pequenas. Por exemplo, podem reconhecer maior superfície do alvo, não se limitando aos bolsões menores aos quais as moléculas pequenas dos fármacos normalmente se ligam. Essa maior superfície de interação também possibilita o desenvolvimento de fármacos com potência muito alta. Além disso, a região Fc dos anticorpos monoclonais liga-se a um receptor endógeno da via de reaproveitamento, o *receptor Fc neonatal* (FcRn), possibilitando a persistência do fármaco em uma forma ativa por meias-vidas muito longas, da ordem de semanas. Por conseguinte, os anticorpos monoclonais podem ser administrados com muito menos frequência (p. ex., 1 vez/semana a 1 vez/mês) do que os fármacos constituídos por moléculas pequenas (p. ex., diariamente).

Existem algumas limitações para os anticorpos monoclonais como fármacos. Em primeiro lugar, por serem proteínas, são incapazes de suportar o ambiente agressivo do trato gastrintestinal. Consequentemente, os anticorpos não podem ser administrados por via oral e, em geral, são administrados por via subcutânea ou diretamente nos vasos sanguíneos (por via intravenosa). Além disso, os anticorpos não atravessam facilmente as membranas, de modo que, em geral, só podem ser utilizados contra alvos secretados ou da superfície celular. Apesar dessas limitações, mais de 60 anticorpos monoclonais são hoje utilizados clinicamente como tratamento, havendo mais de centenas em fase de desenvolvimento clínico.

Como os anticorpos monoclonais exercem seus efeitos terapêuticos? Em muitos casos, atuam como antagonistas bloqueando a interação dos receptores com seus ligantes correspondentes. Este é o caso do cetuximabe (Erbitux), o anticorpo monoclonal quimioterápico que bloqueia a ligação do receptor do fator de crescimento da epiderme (EGF, do inglês *epidermal growth factor*) ao EGF (ver seção 14.5). Como alternativa, alguns anticorpos monoclonais ligam-se a ligantes circulantes específicos, impedindo que exerçam seus efeitos celulares. Em outros casos, os anticorpos monoclonais podem ser utilizados tendo como alvo proteínas específicas de superfície celular – como marcadores específicos de células tumorais – para degradação pelo sistema imune do próprio hospedeiro.

Outro exemplo notável é o conjugado *anticorpo-fármaco* (ADC, do inglês *antibody-drug conjugate*). Neste caso, um fármaco consistindo de uma molécula pequena é conjugado a um anticorpo específico dirigido contra determinado tipo celular. Quando o complexo anticorpo-alvo é internalizado pela célula, o espaçador entre o anticorpo e o fármaco é clivado, e o fármaco livre pode então exercer seus efeitos. Dessa maneira, direcionando-se a atividade de um fármaco para um pequeno subgrupo de células dentro do corpo, pode-se limitar a sua toxicidade fora do alvo.

Os anticorpos monoclonais representam uma classe de fármacos em rápido crescimento e de grande interesse. Essas moléculas versáteis foram exploradas de numerosas maneiras criativas para obter benefícios clínicos em uma variedade de doenças além do câncer, incluindo condições inflamatórias, infecciosas, cardiovasculares e oftalmológicas.

PALAVRAS-CHAVE

triagem baseada no alvo
triagem fenotípica
ligante
constante de dissociação ($K_d$)
efeito colateral
constante de inibição ($K_i$)
equação de Cheng-Prusoff
ADME
biodisponibilidade oral
regras de Lipinski
coeficiente de partição
compartimento
barreira hematencefálica
compostos xenobióticos
metabolismo de fármacos
oxidação
conjugação
transformação de fase I
transformação de fase II
metabolismo de primeira passagem
glomérulo
ciclo êntero-hepático
toxicidade baseada no mecanismo
toxicidade fora do alvo
índice terapêutico
ateroma
miopatia
triagem de alto rendimento (*high-throughput*)
química combinatória
síntese *split-pool* (dividir e misturar)
planejamento de fármacos com base na estrutura
relação estrutura-atividade (SAR)
placebo
efeito placebo

# QUESTÕES

**1.** *Caminhos para a descoberta.* Para cada um dos seguintes medicamentos, indique se os efeitos fisiológicos de cada um deles eram conhecidos antes ou depois da identificação do alvo. ✓1

(a) Penicilina

(b) Sildenafila (Viagra)

(c) Rofecoxibe (Vioxx)

(d) Atorvastatina (Lipitor)

(e) Ácido acetilsalicílico (aspirina)

(f) Indinavir (Crixivan)

**2.** *Regras de Lipinski.* Qual dos seguintes compostos satisfaz todas as regras de Lipinski? [Os valores de log(*P*) são fornecidos entre parênteses.] ✓2

(a) Atenolol (0,23)

(b) Sildenafila (3,18)

(c) Indinavir (2,78)

**3.** *Calculando tabelas de log.* Esforços consideráveis foram envidados para desenvolver programas computadorizados capazes de calcular os valores de log(*P*) baseando-se totalmente na estrutura química. Por que esses programas seriam úteis? ✓2

**4.** *Um pouco de prevenção.* A legislação propôs a necessidade de acrescentar *N*-acetilcisteína aos comprimidos de paracetamol. Especule o papel desse aditivo. ✓3

**5.** *Planejamento de ensaios clínicos.* Diferencie ensaios clínicos de fase I e de fase II quanto ao número de indivíduos recrutados, ao estado de saúde dos indivíduos e às metas do estudo. ✓6

**6.** *Interações medicamentosas.* Conforme assinalado neste capítulo, a varfarina pode ser um medicamento muito perigoso, visto que a sua administração em excesso pode causar um sangramento incontrolável. Indivíduos em uso de varfarina precisam ter cuidado com a administração de outros medicamentos, particularmente os que se ligam à albumina. Proponha um mecanismo para essa interação medicamentosa.

**7.** *Péssima combinação.* Explique por que os medicamentos que inibem as enzimas do citocromo P450 podem ser particularmente perigosos quando utilizados em associação a outros medicamentos. ✓3

**8.** *Falando de modo operacional.* Cite uma vantagem de um inibidor não competitivo como um potencial medicamento em comparação com um inibidor competitivo.

**9.** *Uma ajuda.* Você desenvolveu um medicamento capaz de inibir o transportador ABC de MDR. Sugira uma possível aplicação para esse fármaco na quimioterapia do câncer.

**10.** *Encontre o alvo.* Os tripanossomos são parasitos unicelulares que causam a doença do sono. Durante um estágio de seu ciclo de vida, esses organismos vivem na corrente sanguínea e obtêm toda a sua energia da glicólise, que ocorre em uma organela especializada, denominada glicossomo, dentro do parasito. Proponha potenciais alvos para o tratamento da doença do sono. Quais são algumas das possíveis dificuldades na sua abordagem?

**11.** *Conhecimento é poder.* Como a informação genômica poderia ser útil para o uso efetivo do mesilato de imatinibe (Gleevec) na quimioterapia do câncer? ✓5

**12.** *Múltiplos alvos, mesma meta.* A sildenafila induz os seus efeitos fisiológicos por meio do aumento das concentrações intracelulares de cGMP, resultando em relaxamento muscular. Com base no esquema apresentado na Figura 28.17, identifique outra abordagem para aumentar os níveis de cGMP com uma molécula pequena.

## Questão sobre mecanismo

**13.** *Variações sobre um tema.* O metabolismo da anfetamina pelas enzimas do citocromo P450 resulta na conversão apresentada aqui. Proponha um mecanismo e indique quaisquer produtos adicionais.

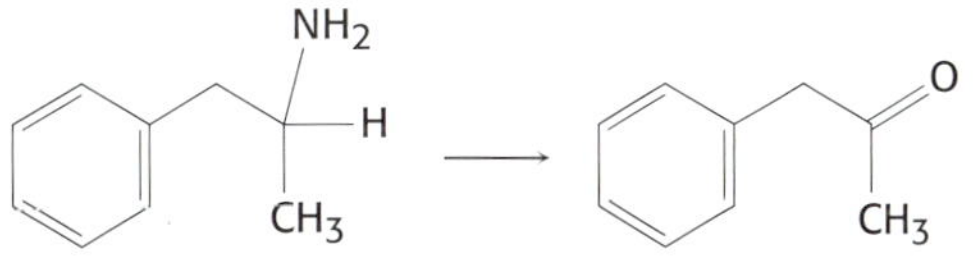


**Anfetamina**

## Questão | Interpretação de dados

**14.** *Planejamento de inibidores da protease do HIV.* O composto A é um de uma série de compostos planejados para serem potentes inibidores da protease do HIV.

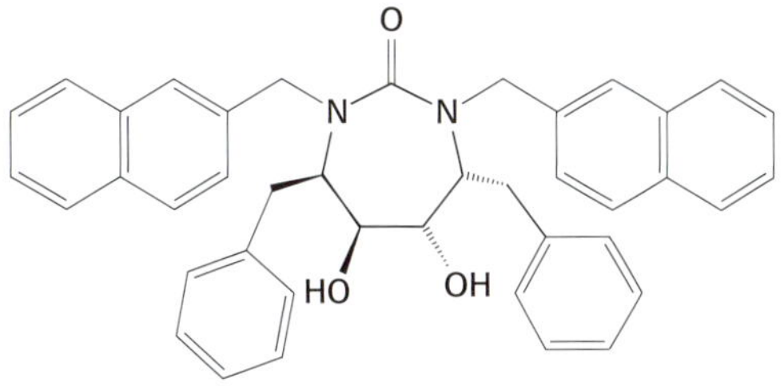


**Composto A**

O composto A foi testado com o uso de dois ensaios: (1) inibição direta da protease do HIV *in vitro* e (2) inibição da produção de RNA viral em células infectadas pelo HIV, uma medida da replicação viral. Os resultados desses ensaios são apresentados adiante. A atividade de protease do HIV é medida com um substrato peptídico presente em uma concentração igual a seu valor de $K_M$.

| Composto A (nM) | Atividade de protease do HIV (unidades arbitrárias) |
|---|---|
| 0 | 11,2 |
| 0,2 | 9,9 |
| 0,4 | 7,4 |
| 0,6 | 5,6 |
| 0,8 | 4,8 |
| 1 | 4,0 |
| 2 | 2,2 |
| 10 | 0,9 |
| 100 | 0,2 |

| Composto A (nM) | Produção de RNA viral (unidades arbitrárias) |
|---|---|
| 0 | 760 |
| 1,0 | 740 |
| 2,0 | 380 |
| 3,0 | 280 |
| 4,0 | 180 |
| 5,0 | 100 |
| 10 | 30 |
| 50 | 20 |

Calcule os valores de $K_I$ do composto A no ensaio de atividade de protease e de seu $IC_{50}$ no ensaio de produção de RNA viral.

O tratamento de ratos com a relativamente alta dose oral de 20 mg $kg^{-1}$ resulta em uma concentração máxima do composto de 0,4 μM. Com base nesse valor, você esperaria que o composto A fosse efetivo na prevenção da replicação do HIV quando administrado por via oral?

## Questões para discussão

**15.** Suponhamos que você esteja estudando um conjunto de inibidores competitivos de uma nova enzima interessante. O valor de $K_M$ para o substrato natural é de 1 μM. Um membro de sua equipe lhe fornece uma lista de valores de $IC_{50}$ para esses compostos utilizando um ensaio que emprega uma concentração de substrato de 20 μM. Uma semana depois, outro membro de sua equipe fala de seu ensaio, que exige uma concentração de substrato de apenas 1 μM. Essa pessoa lhe fornece uma lista de valores de $IC_{50}$ para o mesmo conjunto de compostos, que são consistentemente cerca de 10 vezes menores do que aqueles anteriormente determinados. Explique por que essa redução da $IC_{50}$ não é de modo algum surpreendente.

# Replicação, Reparo e Recombinação do DNA

CAPÍTULO 29

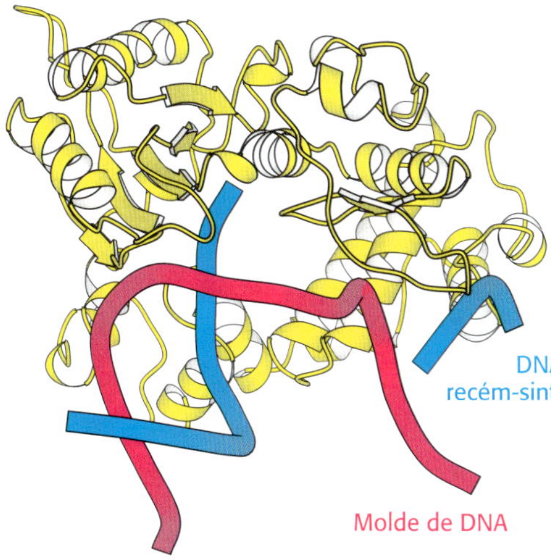


A cópia fiel é essencial para o armazenamento da informação genética. Com a precisão de um artista cuidadoso copiando uma peça, a DNA polimerase (*acima*) copia fitas de DNA, preservando a sequência precisa de bases com muito poucos erros. [(*À esquerda*) Lou Linwei/Alamy.]

## OBJETIVOS DE APRENDIZAGEM

*Ao término do capítulo, o leitor deverá ser capaz de:*

1. Descrever alguns dos desafios associados à cópia fiel do genoma de um organismo e a sua manutenção.
2. Descrever as reações catalisadas pela DNA polimerase, DNA primase e DNA ligase e as funções do molde, do iniciador (*primer*) e dos fragmentos de Okazaki.
3. Discutir a reação catalisada pelas helicases e os aspectos fundamentais de seu mecanismo.
4. Definir o que são topoisômeros de moléculas de DNA circulares e explicar a relação entre a torção e a contorção na determinação do número de ligação.
5. Descrever como as diferentes atividades de replicação do DNA estão coordenadas para efetuar uma cópia acurada de um genoma completo.
6. Comparar e diferenciar a replicação nos procariotos e nos eucariotos.
7. Definir o que são telômeros e descrever como eles são sintetizados.
8. Discutir os tipos de danos ao DNA e como essas lesões podem ser reparadas.
9. Discutir os mecanismos de recombinação do DNA e o seu papel em uma variedade de processos biológicos.

## SUMÁRIO



Talvez o aspecto mais fascinante da estrutura do DNA deduzida por Watson e Crick tenha sido, como eles próprios expressaram, que "o pareamento específico que postulamos sugere imediatamente um possível mecanismo de cópia para o material genético". Uma dupla

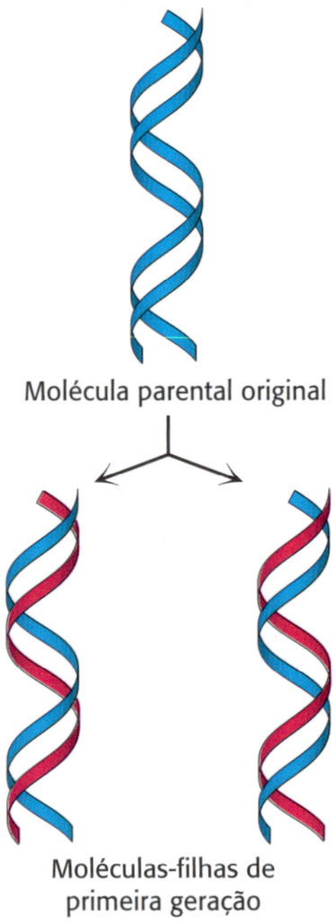


**FIGURA 29.1 Replicação do DNA.** Cada fita de uma dupla hélice (mostrada em azul) atua como molde para a síntese de uma nova fita complementar (mostrada em vermelho).

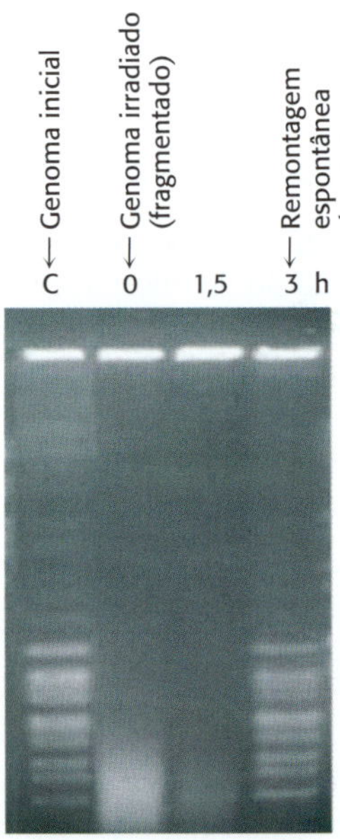


**FIGURA 29.3 Reparo do DNA em ação.** A bactéria *Deinococcus radiodurans* tem a capacidade de remontar o seu genoma em um período de 3 horas após a sua fragmentação em muitos segmentos pela irradiação com raios gama. Para auxiliar na análise, amostras de DNA genômico foram digeridas com uma enzima de restrição que efetua cortes apenas em alguns sítios dentro do genoma. C = controle. [Reimpresso com autorização de Macmilllan Publishers Ltd: Zahradka *et al*. Reassembly of shattered chromosomes in *Deinococcus radiodurans*. *Nature* 443, 569-573 (4 October 2006), © 2006.]

hélice separada em duas fitas simples pode ser replicada, visto que cada fita serve como molde sobre o qual a fita complementar pode ser montada (Figura 29.1). Para preservar a informação codificada no DNA através de numerosas divisões celulares, a cópia da informação genética precisa ser extremamente fiel. Para replicar o genoma humano sem erros, é preciso ter uma taxa de erro inferior a 1 bp por $6 \times 10^9$ bp. Essa notável acurácia é obtida por meio de um sistema de múltiplas etapas de síntese acurada de DNA (cuja taxa de erro é de 1 por $10^3$ a $10^4$ bases inseridas), de uma revisão durante a síntese de DNA (o que reduz essa taxa de erro para aproximadamente 1 por $10^6$ a $10^7$ bp) e do reparo das bases mal pareadas (o que reduz a taxa de erro para aproximadamente 1 por $10^9$ a $10^{10}$ bp).

Mesmo após o DNA ter sido inicialmente replicado, o genoma ainda não está seguro. Embora o DNA seja notavelmente robusto, a luz ultravioleta, bem como uma variedade de espécies químicas, pode danificar o DNA introduzindo mudanças na sua sequência (mutações) ou causando lesões que podem bloquear uma replicação posterior (Figura 29.2). Todos os organismos contêm sistemas de reparo de DNA que detectam danos e que atuam para preservar a sequência original. Mutações em genes que codificam componentes dos sistemas de reparo do DNA são fatores-chave no desenvolvimento do câncer. Entre os tipos potencialmente mais devastadores de dano ao DNA estão as quebras da sua fita dupla. Com a quebra de ambas as fitas da dupla hélice em determinada região, nenhuma delas fica intacta para atuar como molde para uma síntese futura de DNA. Um mecanismo empregado para o reparo dessas lesões depende da recombinação do DNA – isto é, a redistribuição das sequências de DNA presentes em duas duplas hélices diferentes. Além de seu papel no reparo do DNA, a recombinação é crucial para a geração da diversidade genética na meiose. A recombinação também é fundamental para gerar um repertório altamente diverso de genes para moléculas-chave do sistema imune (ver Capítulo 35, disponível no material suplementar *online*).

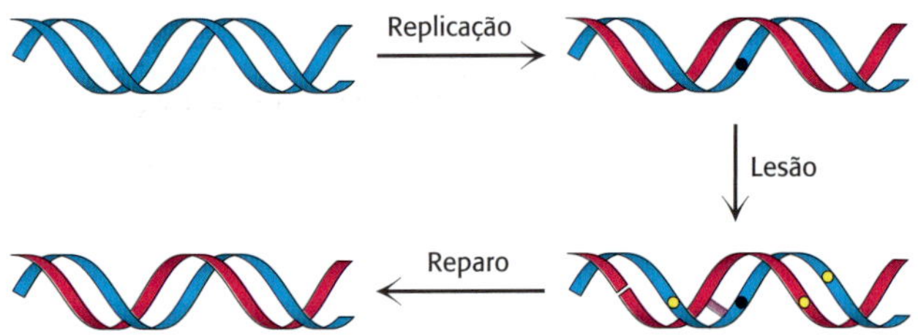


**FIGURA 29.2 Replicação, lesão e reparo do DNA.** Alguns erros (mostrados como pontos pretos) podem surgir nos processos de replicação. Outros defeitos (mostrados em amarelo), incluindo bases modificadas, ligações cruzadas e quebras de fitas simples e duplas, são introduzidos subsequentemente no DNA por reações que o danificam. Muitos dos erros são detectados e, em seguida, reparados.

A bactéria *Deinococcus radiodurans* ilustra o extraordinário poder dos sistemas de reparo do DNA. Essa bactéria foi descoberta em 1956, quando pesquisadores estavam estudando o uso de doses altas de radiação gama para esterilizar carne enlatada. Em alguns casos, a carne ainda deteriorava devido ao crescimento de uma espécie de bactéria que resistia a doses de radiação gama mais de mil vezes maiores do que as que matariam um ser humano. Cada célula de *D. radiodurans* contém entre quatro e 10 cópias de seu genoma. Mesmo quando esses cromossomos bacterianos são quebrados em muitos fragmentos pela radiação ionizante, eles são capazes de se remontar e de se recombinar para regenerar o genoma intacto praticamente sem nenhuma perda de informação (Figura 29.3). Essas células também sobrevivem à dessecação extrema muito melhor do que outros organismos.

Acredita-se que essa capacidade seja a vantagem seletiva que favoreceu a evolução dessa espécie e de espécies relacionadas.

## 29.1 A replicação do DNA ocorre pela polimerização de trifosfatos de desoxirribonucleosídios ao longo de um molde

As sequências de bases do DNA recém-sintetizado precisam corresponder fielmente às sequências do DNA original. Para obter uma replicação fiel, cada fita dentro da dupla hélice original atua como um *molde* para a síntese de uma nova fita de DNA com sequência complementar, conforme discutido na seção 4.3. Os blocos de construção para a síntese das novas fitas consistem em trifosfatos de desoxirribonucleosídios. Eles são adicionados, um de cada vez, à extremidade 3′ de uma fita de DNA existente.

Embora essa reação seja, em princípio, muito simples, ela é significativamente complicada por causa das características específicas da dupla hélice de DNA. Em primeiro lugar, as duas fitas da dupla hélice correm em sentidos opostos. Como a síntese da fita de DNA ocorre sempre na direção de 5′ para 3′, o processo de replicação do DNA precisa de mecanismos especiais para acomodar as fitas com sentidos opostos. Em segundo lugar, as duas fitas da dupla hélice interagem uma com a outra de tal modo que as bases, os moldes essenciais para a replicação, estejam no interior da hélice. Por conseguinte, as duas fitas precisam estar separadas uma da outra para gerar moldes apropriados. Por fim, as duas fitas da dupla hélice enrolam-se uma ao redor da outra. Assim, a separação das fitas também exige o desenrolamento da dupla hélice. Esse desenrolamento cria superenovelamentos que precisam ser desfeitos à medida que a replicação vai prosseguindo. Iniciaremos apresentando a química que embasa a formação do esqueleto fosfodiéster do DNA recém-sintetizado.

**Iniciador (*primer*)**
Segmento inicial de um polímero que deve ser estendido e do qual a elongação depende.

**Molde**
Sequência de DNA ou de RNA que dirige a síntese de uma sequência complementar.

### As DNA polimerases necessitam de um molde e de um iniciador (*primer*)

As *DNA polimerases* catalisam a formação de cadeias polinucleotídicas. Cada trifosfato de nucleosídio que chega forma inicialmente um par de bases apropriado com uma base do molde. Só então a DNA polimerase liga o nucleotídio que chega com o predecessor na cadeia. Por conseguinte, as *DNA polimerases são enzimas direcionadas por um molde.*

As DNA polimerases acrescentam nucleotídios à extremidade 3′ de uma cadeia polinucleotídica. A polimerase catalisa o ataque nucleofílico pelo grupo hidroxila 3′-terminal da cadeia polinucleotídica ao grupo α-fosforil do trifosfato de nucleosídio a ser acrescentado (ver Figura 4.25). Para iniciar essa reação, as DNA polimerases necessitam de um iniciador (*primer*) com um grupo hidroxila 3′ já pareado ao molde. Elas não podem começar do zero pela adição de nucleotídios a um molde de DNA de fita simples livre. Em contrapartida, a RNA polimerase pode iniciar a síntese de RNA sem a necessidade de um iniciador (*primer*), como veremos no Capítulo 30.

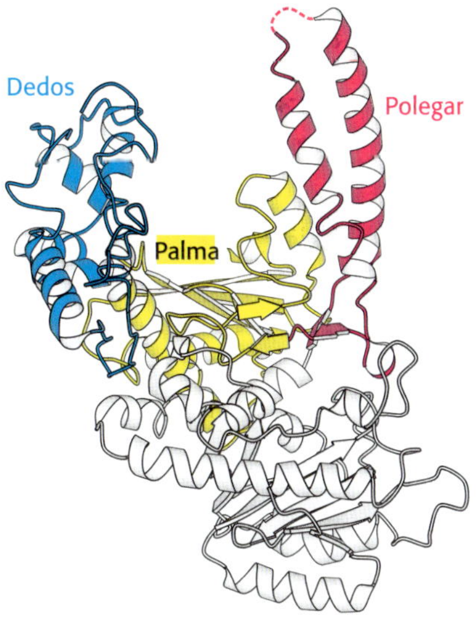


**FIGURA 29.4 Estrutura da DNA polimerase.** A primeira estrutura determinada da DNA polimerase foi a de um fragmento da DNA polimerase I da *E. coli*, denominado fragmento Klenow. *Observe* que, à semelhança de outras DNA polimerases, a unidade de polimerase assemelha-se a uma mão direita com dedos (em azul), palma (em amarelo) e polegar (em vermelho). O fragmento Klenow também inclui um domínio de exonuclease que remove bases nucleotídicas incorretas. [Desenhada de 1DPI.pdb.]

### Todas as DNA polimerases exibem características estruturais em comum

As estruturas tridimensionais de várias DNA polimerases já são conhecidas. A primeira dessas estruturas foi elucidada por Tom Steitz e colaboradores, que determinaram a estrutura do denominado *fragmento Klenow* da DNA polimerase I da *E. coli* (Figura 29.4). Esse fragmento representa duas partes principais da enzima inteira, incluindo a unidade de polimerase. Essa unidade tem o formato aproximado de uma mão direita, com seus domínios designados como dedos, polegar e palma. Além da polimerase, o fragmento Klenow inclui um domínio com atividade de *exonuclease* 3′ ⟶ 5′, que participa na revisão e na correção do produto polinucleotídico.

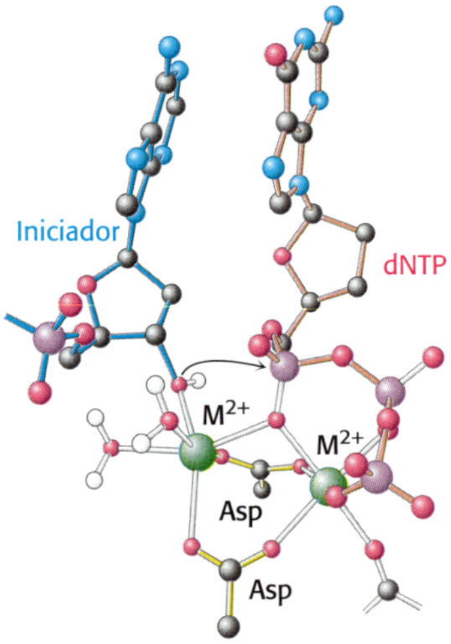


**FIGURA 29.5 Mecanismo da DNA polimerase.** Dois íons metálicos (tipicamente $Mg^{2+}$) participam na reação da DNA polimerase. Um íon metálico coordena o grupo hidroxila 3′do iniciador, enquanto o outro íon metálico interage apenas com o dNTP. O grupo fosforila do trifosfato de nucleosídio faz uma ponte entre os dois íons metálicos. O grupo hidroxila do iniciador ataca o grupo fosforila, formando então uma nova ligação O-P.

As DNA polimerases são notavelmente semelhantes no seu formato global, embora exibam diferenças substanciais em seus detalhes. Foram identificadas pelo menos cinco classes estruturais; algumas delas são claramente homólogas, enquanto outras parecem ser produtos de uma evolução convergente. Em todos os casos, os domínios de dedos e polegar enrolam-se ao redor do DNA e o seguram perpendicular ao sítio ativo da enzima, que compreende resíduos principalmente do domínio da palma. Além disso, todas as DNA polimerases utilizam estratégias semelhantes para catalisar a reação da polimerase recorrendo a um mecanismo no qual participam dois íons metálicos.

## Dois íons metálicos ligados participam na reação da polimerase

À semelhança de todas as enzimas com substratos de trifosfato de nucleosídio, as DNA polimerases necessitam de íons metálicos para a sua atividade. A análise das estruturas das DNA polimerases com substratos e análogos de substratos ligados revela a presença de dois íons metálicos no sítio ativo. Um íon metálico liga-se tanto ao trifosfato de desoxinucleosídio (dNTP) quanto ao grupo hidroxila 3′ do iniciador (*primer*), enquanto o outro interage apenas com o dNTP (Figura 29.5). Os dois íons metálicos estão ligados pelos grupos carboxilato de dois resíduos de aspartato no domínio da palma da polimerase. Essas cadeias laterais mantêm os íons metálicos nas posições e orientações apropriadas. O íon metálico ligado ao iniciador ativa o grupo hidroxila 3′do iniciador, o que facilita o seu ataque ao grupo α-fosforila do substrato de dNTP no sítio ativo. Os dois íons metálicos juntos ajudam a estabilizar a carga negativa que se acumula no estado de transição pentacoordenado. O íon metálico inicialmente ligado ao dNTP estabiliza a carga negativa no produto pirofosfato.

## A especificidade da replicação é determinada pela complementaridade de forma entre as bases

O DNA precisa ser replicado com alta fidelidade. Cada base acrescentada à cadeia em crescimento deve, com alta probabilidade, ser o complemento de Watson-Crick da base na posição correspondente na fita-molde. A ligação do dNTP contendo a base apropriada é favorecida pela formação de um par de bases com o seu parceiro na fita-molde. Embora a ligação de hidrogênio contribua para a formação desse par de bases, a complementaridade global de forma é crucial. Os estudos mostraram que um nucleotídio com uma base cuja forma é muito semelhante à adenina, mas que carece da capacidade de formar ligações de hidrogênio no pareamento de bases, ainda pode dirigir a incorporação de timidina, tanto *in vitro* quanto *in vivo* (Figura 29.6).

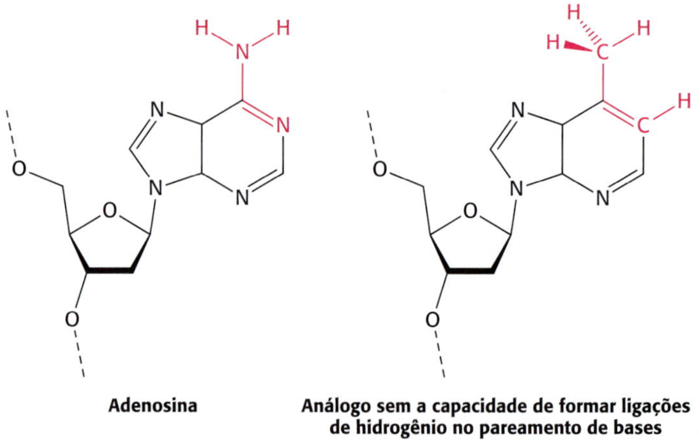


**FIGURA 29.6 Complementaridade de forma.** O análogo de bases à direita tem a mesma forma que a adenosina, porém os grupos que formam ligações de hidrogênio entre os pares de bases foram substituídos por grupos sem capacidade de fazer ligações de hidrogênio. Apesar disso, os estudos revelaram que, quando incorporado à fita-molde, esse análogo dirige a inserção da timidina na replicação do DNA.

Um exame das estruturas cristalinas de várias DNA polimerases revela por que a complementaridade da forma é tão importante. Em primeiro lugar, resíduos da enzima formam ligações de hidrogênio com *o lado do sulco menor do par de bases no sítio ativo* (Figura 29.7). No sulco menor, os aceptores de ligações de hidrogênio estão presentes nas mesmas posições em todos os pares de bases de Watson-Crick. Essas interações atuam como uma "régua" que mede se houve formação de um par de bases apropriadamente espaçado no sítio ativo.

Em segundo lugar, as DNA polimerases fecham-se ao redor do dNTP que chega (Figura 29.8). A ligação de um trifosfato de desoxirribonucleosídio no sítio ativo de uma DNA polimerase desencadeia uma mudança conformacional: o domínio dos dedos sofre uma rotação, formando então um bolso justo no qual apenas um par de bases vai prontamente se encaixar de forma apropriada. Muitos dos resíduos que revestem esse bolso são importantes para assegurar a eficiência e a fidelidade da síntese de DNA. Por exemplo, a mutação de um resíduo de tirosina conservada que forma parte do bolso resulta em uma polimerase que é aproximadamente 40 vezes mais sujeita a erro do que a polimerase parental.

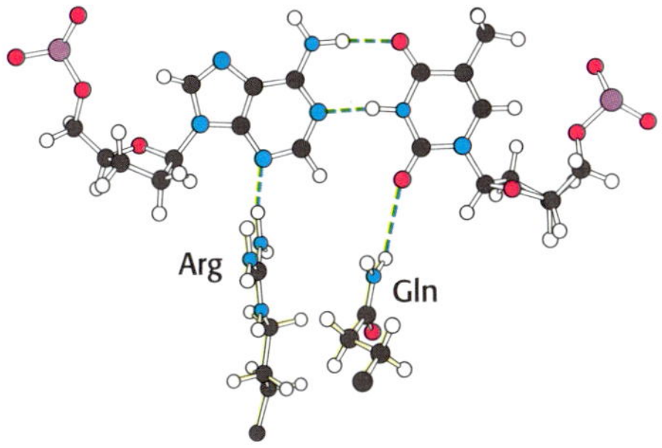


**FIGURA 29.7 Interações no sulco menor.** As DNA polimerases doam duas ligações de hidrogênio a pares de bases no sulco menor. Existem aceptores de ligações de hidrogênio nessas duas posições em todos os pares de bases de Watson-Crick, inclusive o par de bases A–T mostrado.

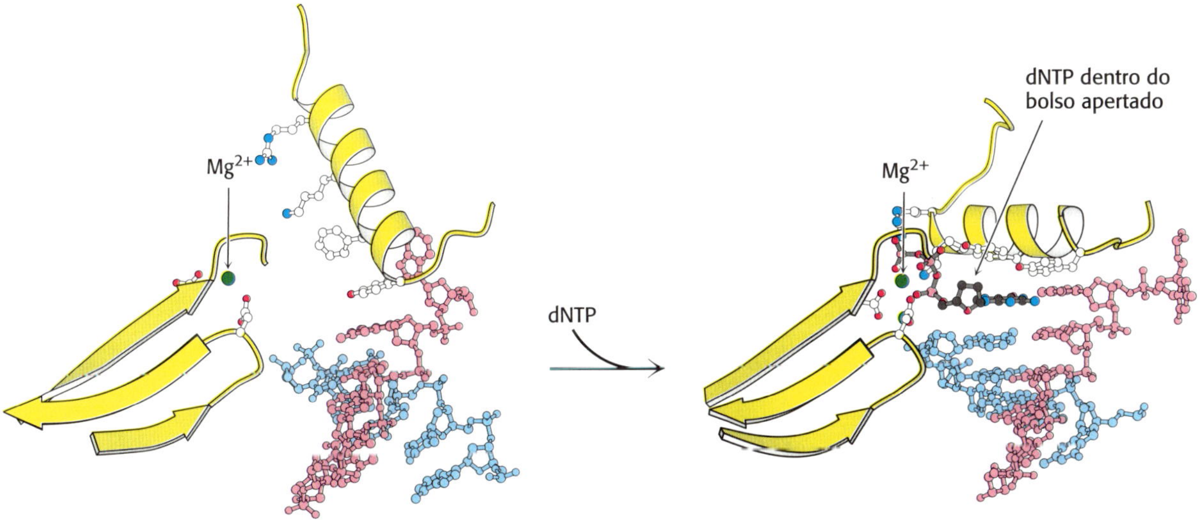


**FIGURA 29.8 Seletividade de forma.** A ligação de um trifosfato de desoxirribonucleosídio (dNTP) à DNA polimerase induz uma mudança conformacional, produzindo então um bolso apertado para o par de bases constituído pelo dNTP e seu parceiro na fita-molde. Essa mudança conformacional só é possível quando o dNTP corresponde ao parceiro de Watson-Crick da base do molde. [Desenhada de 2BDP.pdb e 1T7P.pdb.]

## Um iniciador (*primer*) de RNA sintetizado pela primase possibilita o início da síntese de DNA

As DNA polimerases são incapazes de iniciar a síntese de DNA sem um iniciador (*primer*), um trecho de ácido nucleico com uma extremidade 3′ livre que forma uma dupla hélice com o molde. Como esse iniciador (*primer*) é formado? Um importante indício veio da observação de que a síntese de RNA é essencial para o início da síntese de DNA. Com efeito, *o RNA inicia a síntese de DNA*. Uma RNA polimerase denominada *primase* sintetiza um fragmento curto de RNA (cerca de cinco nucleotídios) que é complementar a uma das fitas do molde de DNA (Figura 29.9). Assim como as outras RNA polimerases, a primase pode iniciar a síntese sem um iniciador (*primer*). Uma vez iniciada a síntese de DNA, o fragmento curto de RNA é removido por hidrólise e substituído por DNA.

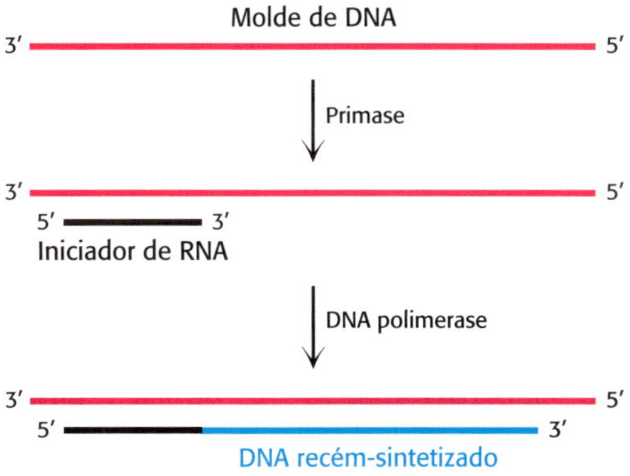


**FIGURA 29.9 *Priming*.** A replicação do DNA é iniciada por um fragmento curto de RNA, que é sintetizado pela primase, uma RNA polimerase. O iniciador de RNA é removido em um estágio posterior da replicação.

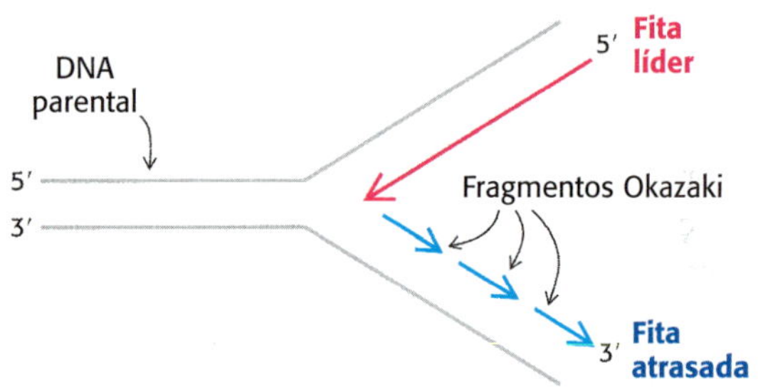


**FIGURA 29.10 Fragmentos Okazaki.** Em uma forquilha de replicação, ambas as fitas são sintetizadas no sentido 5′ ⟶ 3′. A fita líder é sintetizada continuamente, enquanto a fita atrasada é sintetizada em fragmentos curtos, denominados fragmentos Okazaki.

## Uma fita do DNA é formada continuamente, enquanto a outra fita é sintetizada em fragmentos

Ambas as fitas do DNA parental servem como moldes para a síntese de um novo DNA. O local de síntese de DNA é denominado *forquilha de replicação,* visto que o complexo formado pelas hélices-filhas recém-sintetizadas que surgem a partir do dúplex parental assemelha-se a uma forquilha. É importante lembrar que as duas fitas são antiparalelas, isto é, correm em sentidos opostos. Durante a replicação do DNA, ambas as fitas-filhas parecem, à primeira vista, crescer no mesmo sentido. Entretanto, todas as DNA polimerases conhecidas sintetizam o DNA na direção 5′ ⟶ 3′, mas não na direção 3′ ⟶ 5′. Como então uma das fitas-filhas de DNA parece crescer na direção 3′ ⟶ 5′?

Esse dilema foi solucionado por Reiji Okazaki, que descobriu que *uma proporção significativa do DNA recém-sintetizado existe na forma de pequenos fragmentos.* Essas unidades, de cerca de mil nucleotídios (denominados *fragmentos Okazaki*), permaecem presentes por pouco tempo na vizinhança da forquilha de replicação (Figura 29.10).

À medida que a replicação vai prosseguindo, esses fragmentos se unem covalentemente pela ação da enzima DNA ligase para formar uma fita-filha contínua. A outra fita nova é sintetizada de modo contínuo. A fita formada pelos fragmentos Okazaki é denominada *fita atrasada,* enquanto aquela sintetizada sem interrupção é a *fita líder.* A montagem descontínua da fita atrasada possibilita a polimerização 5′ ⟶ 3′ em nível dos nucleotídios, dando origem ao crescimento final no sentido 3′ ⟶ 5′.

## A DNA ligase une as extremidades do DNA em regiões dúplex

A união dos fragmentos Okazaki exige uma enzima que catalise a união das extremidades de duas cadeias de DNA. A existência de moléculas de DNA circulares também aponta para a existência desse tipo de enzima. Em 1967, cientistas de vários laboratórios descobriram simultaneamente a *DNA ligase. Essa enzima catalisa a formação de uma ligação fosfodiéster entre o grupo hidroxila 3′ na extremidade de uma cadeia de DNA e o grupo fosforila 5′ na extremidade da outra* (Figura 29.11). É necessária uma fonte de energia para impulsionar essa reação termodinamicamente ascendente. Nos eucariotos e nas arqueias, o ATP constitui a fonte de energia. Nas bactérias, o $NAD^+$ tipicamente desempenha esse papel.

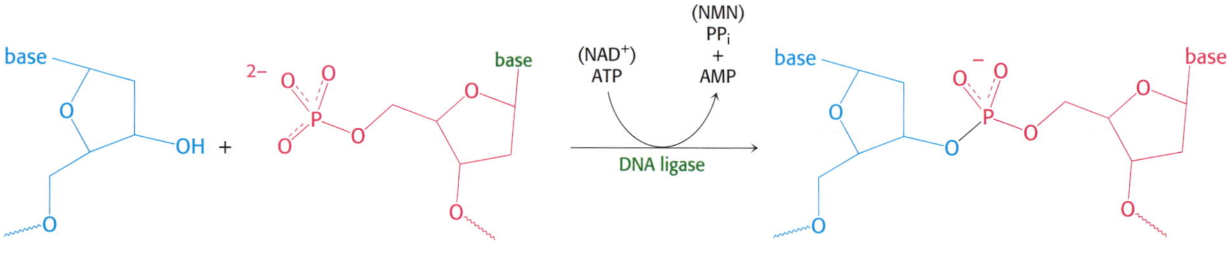


**FIGURA 29.11 Reação da DNA ligase.** A DNA ligase catalisa a união de uma fita de DNA com um grupo hidroxila 3′ livre a outra com grupo fosforila 5′ livre. Nos eucariotos e nas arqueias, o ATP é clivado a AMP e $PP_i$ para favorecer essa reação. Nas bactérias, o $NAD^+$ é clivado a AMP e a nicotinamida mononucleotídio (NMN).

A DNA ligase não tem a capacidade de unir duas moléculas de DNA de fita simples ou de circularizar um DNA de fita simples. Ao contrário, *a ligase sela quebras em moléculas de DNA de fita dupla.* A enzima da *E. coli* habitualmente só forma uma ligação fosfodiéster se houver pelo menos algumas bases de DNA de fita simples na extremidade de um fragmento de fita dupla que possam se unir àquelas de outro fragmento para formar pares de bases. A ligase codificada pelo bacteriófago T4 é capaz de ligar dois fragmentos de dupla hélice de extremidades abruptas, uma capacidade que é explorada na tecnologia do DNA recombinante.

## A separação das fitas de DNA exige helicases específicas e hidrólise do ATP

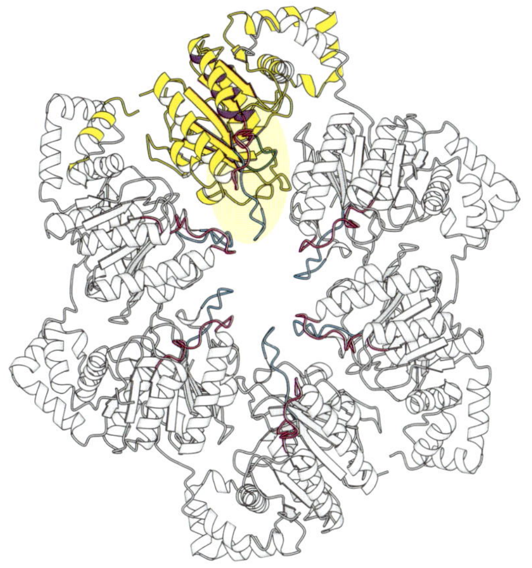

**FIGURA 29.12 Estrutura da helicase.** Estrutura da helicase hexamérica do bacteriófago T7. Uma das seis unidades é mostrada em amarelo e a NTPase com alça P é mostrada em violeta. As alças que participam na ligação do DNA estão ressaltadas pelo oval amarelo. *Observe* que cada subunidade interage intimamente com suas vizinhas e que as alças de ligação de DNA revestem a cavidade no centro da estrutura. [Desenhada de 1EOK.pdb.]

Para que ocorra a replicação de uma molécula de DNA de fita dupla, as duas fitas da dupla hélice precisam ser separadas uma da outra, pelo menos localmente. Essa separação faz com que cada fita possa atuar como um molde a partir do qual pode ser montada uma nova cadeia polinucleotídica. Enzimas específicas, denominadas *helicases,* utilizam a energia da hidrólise do ATP para estimular a separação das fitas.

As helicases constituem uma grande e diversificada família de enzimas que atuam em numerosos processos biológicos. Na replicação do DNA, as helicases são tipicamente oligômeros contendo seis subunidades que formam uma estrutura em anel. A estrutura de uma dessas helicases, a do bacteriófago T7, tem sido a fonte de considerável esclarecimento sobre o mecanismo dessas enzimas (Figura 29.12). Cada uma das subunidades nessa estrutura hexamérica apresenta uma estrutura central que inclui um domínio de NTPase com alça P (ver Figura 9.49). Além da alça P, cada subunidade tem duas alças que se estendem para o centro da estrutura em anel e que interagem com o DNA. Cada subunidade interage intimamente com suas duas vizinhas na estrutura em anel. Um exame mais detalhado dessa estrutura revela que o anel se desvia significativamente da simetria de seis vezes. Esse desvio é ainda mais aparente quando a helicase é cristalizada na presença do análogo de ATP não hidrolisável, o AMP-PNP.

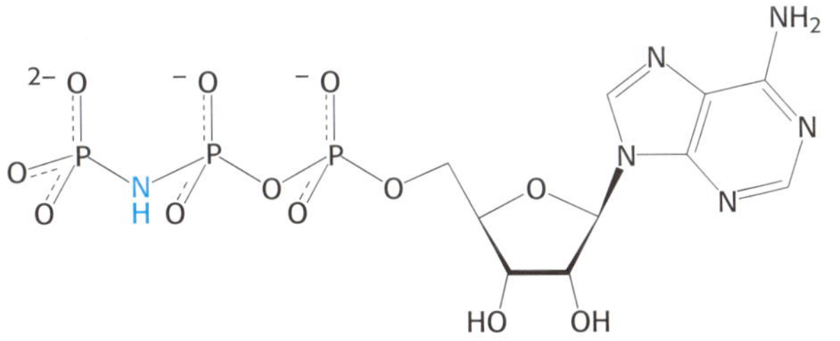

**AMP-PNP**

O AMP-PNP liga-se a apenas quatro das seis subunidades dentro do anel (Figura 29.13). Além disso, os quatro sítios de ligação de nucleotídios não são idênticos e são divididos em duas classes. Uma classe parece estar bem posicionada para ligar-se ao ATP, porém não catalisa a sua hidrólise, enquanto a outra classe é mais apropriada para catalisar a hidrólise, porém não libera os produtos dessa hidrólise. As classes são análogas às duas conformações diferentes da miosina – uma para a ligação do ATP e outra para hidrolisá-lo (ver seção 9.4). Por fim, as seis subunidades são divididas em três classes no que concerne à sua orientação em relação à estrutura global do anel, com diferenças na rotação ao redor de um eixo no plano do anel de aproximadamente 30°. Essas diferenças de orientação afetam a posição das duas alças de ligação do DNA em cada subunidade.

Tais observações são compatíveis com o seguinte mecanismo da helicase (Figura 29.14). Somente uma fita simples de DNA pode se encaixar através do centro do anel. Essa fita simples liga-se a alças em duas subunidades adjacentes, uma das quais está ligada ao ATP, enquanto a outra está ligada a ADP + $P_i$. A ligação do ATP aos domínios que inicialmente não tinham nenhum nucleotídio ligado leva a uma mudança conformacional em todo o hexâmero, com consequente liberação de ADP + $P_i$ das duas subunidades e ligação ao DNA de fita simples por um dos domínios que acabou de se ligar ao ATP. Essa mudança conformacional puxa o DNA através do centro do hexâmero. A proteína age como uma cunha, forçando as duas fitas da dupla hélice a se separarem. Em seguida, esse ciclo se repete movendo duas bases ao longo da fita de DNA a cada ciclo.

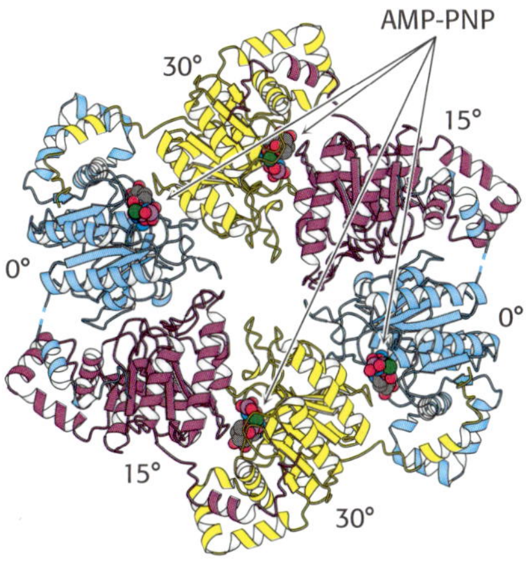


**FIGURA 29.13 Assimetria da helicase.** A figura mostra a estrutura dos complexos da T7 helicase com o análogo do ATP, o AMP-PNP. As três classes de subunidades da helicase estão indicadas em azul, vermelho e amarelo. A rotação em relação ao plano do hexâmero é mostrada para cada subunidade. *Observe* que apenas quatro das subunidades, aquelas mostradas em azul e amarelo, ligam-se ao AMP-PNP. [Desenhada de 1EOK.pdb.]

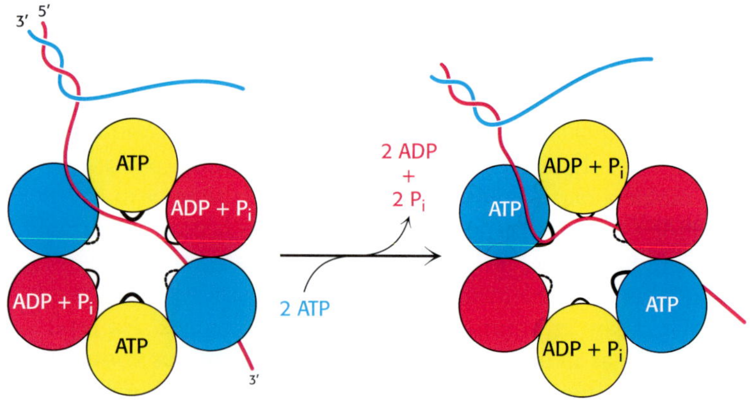


**FIGURA 29.14 Mecanismo da helicase.** Uma das fitas da dupla hélice passa pelo orifício no centro da helicase, ligada às alças de duas subunidades adjacentes. Duas das subunidades não contêm nucleotídios ligados. Com a ligação do ATP a essas duas subunidades e a liberação de ADP + $P_i$ de duas outras subunidades, o hexâmero da helicase sofre uma mudança conformacional, puxando então o DNA através da helicase. A helicase atua como uma cunha para forçar a separação das duas fitas de DNA.

## 29.2 O desenrolamento e o superenovelamento do DNA são controlados por topoisomerases

À medida que a helicase se move desenrolando o DNA, o DNA em frente da helicase torna-se superenrolado na ausência de outras alterações. Conforme discutido na seção 4.2, as duplas hélices do DNA que estão sob tensão de torção tendem a se dobrar sobre si mesmas, formando estruturas terciárias criadas pelo *superenovelamento*. Consideraremos inicialmente o superenovelamento do DNA em termos quantitativos e, em seguida, focalizaremos nas topoisomerases, enzimas que podem modular diretamente o enrolamento e o superenovelamento do DNA. O superenovelamento é mais facilmente compreendido se considerarmos as moléculas de DNA circulares; todavia, ele também se aplica às moléculas de DNA lineares retidas em alças por outros meios. A maioria das moléculas de DNA dentro das células está sujeita ao superenovelamento.

Consideremos um DNA dúplex linear com 260 bp na forma de B-DNA (Figura 29.15A). Como o número de pares de bases por giro em uma molécula de DNA sem tensão é, em média, de 10,4, essa molécula de DNA linear apresenta 25 (260/10,4) voltas. As extremidades dessa hélice podem ser unidas para produzir um DNA circular *relaxado* (Figura 29.15B). Um DNA circular diferente pode ser formado pelo desenrolamento do dúplex linear por duas voltas antes de unir suas extremidades (Figura 29.15C). Qual é a consequência estrutural do desenrolamento antes da ligação? São possíveis duas conformações limitantes. O DNA pode dobrar-se em uma estrutura contendo 23 giros de hélice B e uma alça desenrolada (Figura 29.15D). De modo alternativo, a dupla hélice pode se dobrar sobre si mesma, fazendo um cruzamento. Esses cruzamentos são denominados *superespirais (supercoils)*. Em particular, pode haver formação de uma estrutura superenovelada com 25 voltas de hélice B e duas voltas para a direita da super-hélice (denominadas *negativas*) (Figura 29.15E).

O superenovelamento altera acentuadamente a forma global do DNA. *Uma molécula de DNA superenovelada é mais compacta do que uma molécula de DNA relaxada do mesmo comprimento.* Por conseguinte, o DNA superenovelado move-se mais rapidamente do que o DNA relaxado quando analisado por centrifugação ou eletroforese. O desenrolamento das fitas irá causar superenovelamento nas moléculas de DNA circulares, estejam elas fechadas de modo covalente ou presas em configurações fechadas por outros meios.

### O número de ligação do DNA, uma propriedade topológica, determina o grau de superenovelamento

Nossa compreensão sobre a conformação do DNA é enriquecida por conceitos provenientes da topologia, um ramo da matemática que trata das propriedades estruturais que são inalteradas por deformações, como estiramento

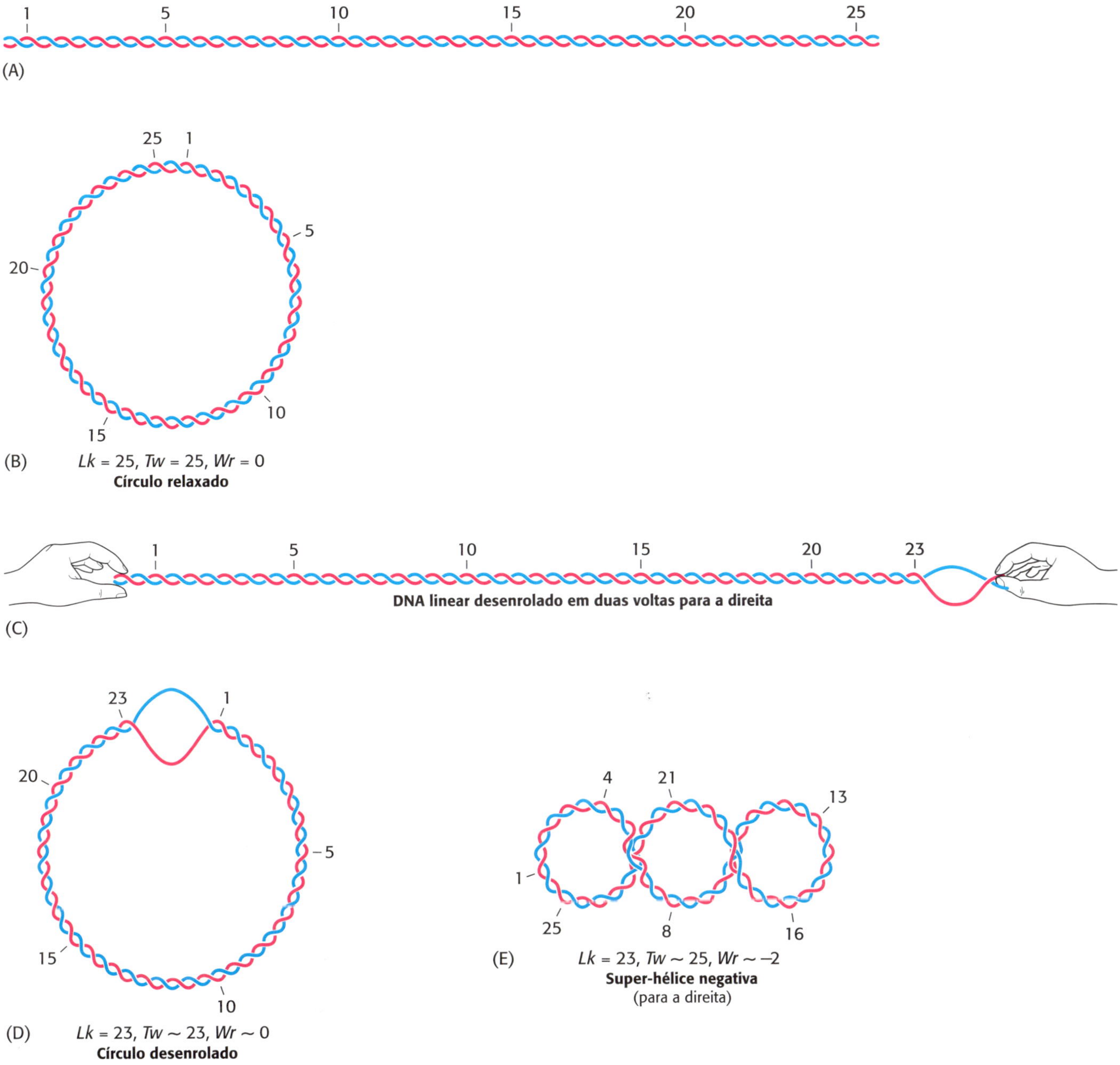


**FIGURA 29.15 Número de ligação.** Relações entre o número de ligação (Lk, do inglês *linking number*), o número de torção (Tw, do inglês *twisting number*) e o número de contorção (Wr, do inglês *writhing number*) de uma molécula de DNA circular mostradas esquematicamente. [Informação de W. Saenger, *Principles of Nucleic Acid Structure* (Springer Verlag, 1984), p. 452.]

e dobramento. Uma propriedade topológica essencial de uma molécula de DNA circular é o seu *número de ligação (Lk),* que é igual ao número de vezes que uma fita de DNA gira para a direita ao redor do eixo da hélice quando este está situado em um plano, como mostrado na Figura 29.15A. No caso do DNA relaxado mostrado na Figura 29.15B, o $Lk = 25$. Nos casos da molécula parcialmente desenrolada mostrada na parte D e da molécula superenovelada mostrada na parte E, o $Lk = 23$, visto que o dúplex linear foi desenrolado em dois giros completos antes do fechamento. As moléculas que diferem apenas no número de ligação são *isômeros topológicos,* ou *topoisômeros,* uma da outra. *Os topoisômeros de DNA só podem ser interconvertidos cortando uma ou ambas as fitas do DNA e, em seguida, reunindo-as.*

O DNA desenrolado e o DNA superenovelado, mostrados na Figura 29.15D e E, são topologicamente idênticos, porém geometricamente diferentes. Eles apresentam o mesmo valor de *Lk,* porém diferem na *torção* (*Tw*) e na *contorção* (*Wr*). Embora as definições rigorosas de torção e contorção sejam complexas, a torção é uma medida do enrolamento helicoidal das fitas de DNA uma ao redor da outra, enquanto a contorção é uma medida do espiralamento do eixo da dupla hélice – isto é, superenovelamento. Uma espiral para a direita recebe um número negativo (superenovelamento negativo), enquanto uma espiral para a esquerda recebe um número positivo (superenovelamento positivo).

Existe uma relação entre *Tw* e *Wr*? De fato, ela existe. A topologia nos diz que a soma de *Tw* e *Wr* = *Lk*.

$$Lk = Tw + Wr$$

Na Figura 29.15, o DNA circular parcialmente desenrolado tem uma *Tw* de cerca de 23, o que significa que a hélice tem 23 giros, e uma *Wr* de cerca de 0, o que significa que a hélice não se cruzou para criar uma superespiral. Entretanto, o DNA superenovelado tem uma *Tw* de cerca de 25 e uma *Wr* de cerca de –2. Essas formas podem ser interconvertidas sem clivar a cadeia de DNA, visto que elas apresentam o mesmo valor de *Lk* – isto é, 23. A partição do *Lk* (que precisa ser um número inteiro) entre *Tw* e *Wr* (que não precisam ser números inteiros) é determinada pela energética. A energia livre é minimizada quando cerca de 70% da mudança no *Lk* é expressa em *Wr* e 30% em *Tw*. Por conseguinte, a forma mais estável seria uma com *Tw* = 24,4 e *Wr* = –1,4. Assim, *uma redução do* Lk *provoca tanto um superenovelamento para a direita (negativo) do eixo do DNA quanto o desenrolamento do dúplex*. Os topoisômeros que diferem em apenas 1 no *Lk* e, em consequência, em 0,7 na *Wr* podem ser prontamente separados por eletroforese em gel de agarose, visto que seus volumes hidrodinâmicos são muito diferentes; o *superenovelamento condensa o DNA* (Figura 29.16).

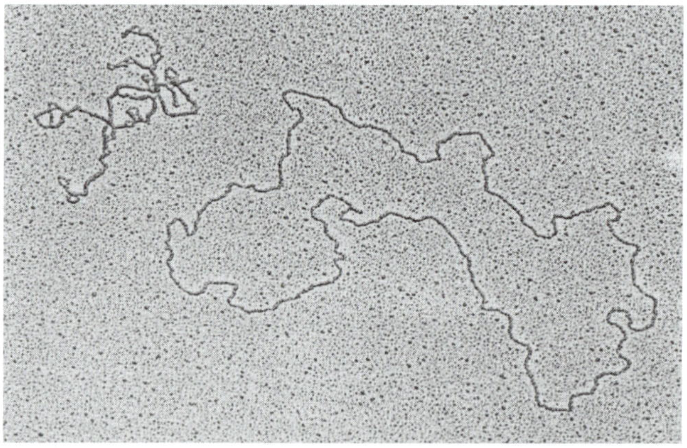

**FIGURA 29.16 Topoisômeros.** Micrografia eletrônica mostrando o DNA negativamente superenovelado e relaxado. [Cortesia do Dr. Jack Griffith.]

## As topoisomerases preparam a dupla hélice para o desenrolamento

Em sua maioria, as moléculas de DNA de ocorrência natural são negativamente superenoveladas. Qual é a base dessa prevalência? Conforme já assinalado, o superenovelamento negativo surge do desenrolamento ou desenrolamento parcial do DNA. Em essência, o superenovelamento negativo prepara o DNA para os processos que exigem a separação das fitas de DNA, como a replicação. O superenovelamento positivo condensa o DNA de modo efetivo, porém torna mais difícil a separação das fitas.

A presença de superespirais na área imediata ao desenrolamento, entretanto, dificultaria esse desenrolamento. Por conseguinte, as superespirais negativas precisam ser continuamente removidas, e o DNA precisa ser relaxado à medida que a dupla hélice vai se desenrolando. James Wang e Martin Gellert descobriram enzimas específicas, denominadas *topoisomerases,* que introduzem ou eliminam as superespirais. As *topoisomerases tipo I* catalisam o relaxamento do DNA superenovelado, um processo termodinamicamente favorável. As *topoisomerases tipo II* utilizam a energia livre da hidrólise do ATP para acrescentar superespirais negativas ao DNA. As topoisomerases tanto do tipo I quanto do tipo II desempenham papéis importantes na replicação do DNA, bem como na transcrição e na recombinação.

Essas enzimas alteram o número de ligação do DNA ao catalisar um processo com três etapas: (1) a *clivagem* de uma ou de ambas as fitas do DNA, (2) a *passagem* de um segmento do DNA por essa quebra, e (3) a *religação* da quebra do DNA. As topoisomerases tipo I clivam apenas uma fita do DNA, enquanto as enzimas tipo II clivam ambas as fitas. Estes dois tipos de enzimas exibem várias características em comum, incluindo o uso de resíduos essenciais de tirosina para formar ligações covalentes no esqueleto polinucleotídico que é transitoriamente quebrado.

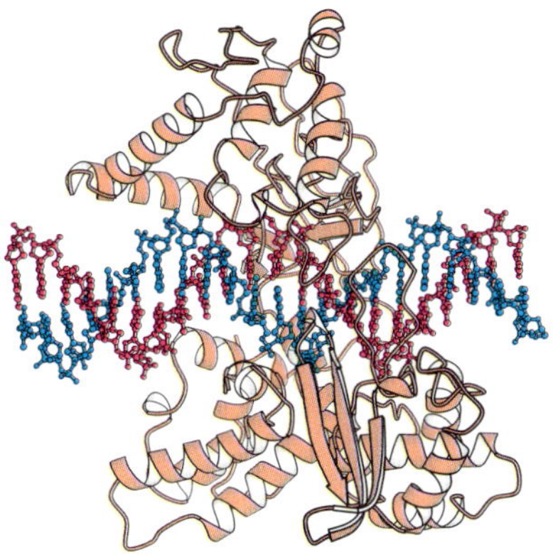

**FIGURA 29.17 Estrutura da topoisomerase I.** A figura mostra a estrutura de um complexo entre um fragmento da topoisomerase I humana e o DNA. *Observe* que o DNA está situado em uma cavidade central dentro da enzima. [Desenhada de 1EJ9.pdb.]

## As topoisomerases tipo I relaxam estruturas superenoveladas

As estruturas tridimensionais de várias topoisomerases tipo I já foram determinadas (Figura 29.17). Essas estruturas revelam muitas características do mecanismo de reação. A topoisomerase tipo I humana compreende quatro domínios, que estão dispostos ao redor de uma cavidade central com diâmetro de 20 Å, o tamanho exatamente correto para acomodar uma molécula de DNA de fita dupla. Essa cavidade também inclui um resíduo de tirosina (Tyr 723), que atua como nucleófilo para clivar o esqueleto do DNA durante a catálise.

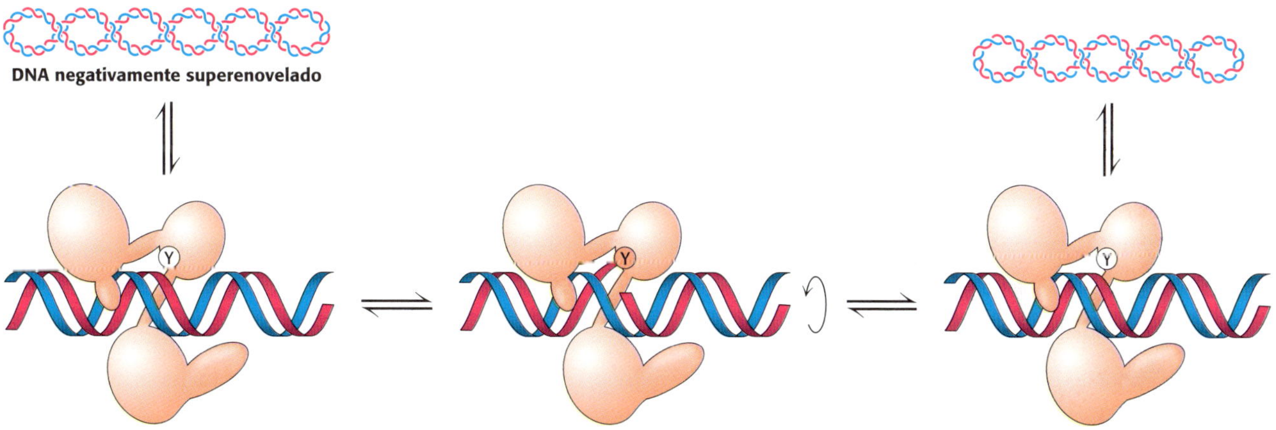


**FIGURA 29.18 Mecanismo da topoisomerase I.** Com sua ligação ao DNA, a topoisomerase I cliva uma fita do DNA por meio de um resíduo de tirosina (Y) atacando um grupo fosforila. Uma vez clivada, a fita sofre rotação de modo controlado ao redor da outra fita. A reação é completada pela religação da fita clivada. Esse processo resulta em um relaxamento parcial ou completo de um plasmídio superenovelado.

Com base em análises dessas estruturas e nos resultados de outros estudos, sabe-se que o relaxamento de moléculas de DNA negativamente superenoveladas ocorre da seguinte maneira (Figura 29.18). Em primeiro lugar, a molécula de DNA liga-se dentro da cavidade da topoisomerase. O grupo hidroxila da tirosina 723 ataca um grupo fosforila em uma fita do esqueleto de DNA para formar uma ligação fosfodiéster entre a enzima e o DNA, clivando então o DNA e liberando um grupo hidroxila 5′ livre.

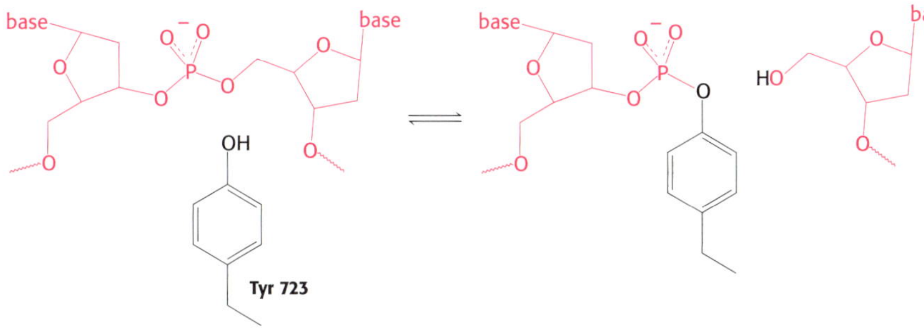

Com a clivagem do esqueleto de uma fita, o DNA pode agora sofrer rotação ao redor da fita remanescente, e o seu movimento é acionado pela liberação da energia armazenada devido ao superenovelamento. A rotação do DNA desenrola as superespirais. A enzima controla a rotação de modo que o desenrolamento não seja rápido. O grupo hidroxila livre do DNA ataca o resíduo de fosfotirosina, selando novamente o esqueleto e liberando a tirosina. Em seguida, o DNA fica livre para se dissociar da enzima. Por conseguinte, a clivagem reversível de uma fita do DNA superenovelado possibilita o relaxamento parcial das superespirais pela rotação controlada.

### As topoisomerases tipo II podem introduzir superespirais negativas por meio de acoplamento à hidrólise do ATP

O superenovelamento exige um aporte de energia, visto que uma molécula superenovelada, diferentemente da molécula relaxada correspondente, sofre tensão devido à torção. A introdução de uma superespiral adicional em um plasmídio de 3.000 bp normalmente requer cerca de 30 kJ $mol^{-1}$ (7 kcal $mol^{-1}$).

O superenovelamento pode ser catalisado pelas topoisomerases tipo II. Essas elegantes máquinas moleculares acoplam a ligação e a hidrólise do ATP para direcionar a passagem de uma dupla hélice de DNA por outra dupla hélice de DNA temporariamente clivada. Essas enzimas apresentam várias características mecanísticas em comum com as topoisomerases tipo I.

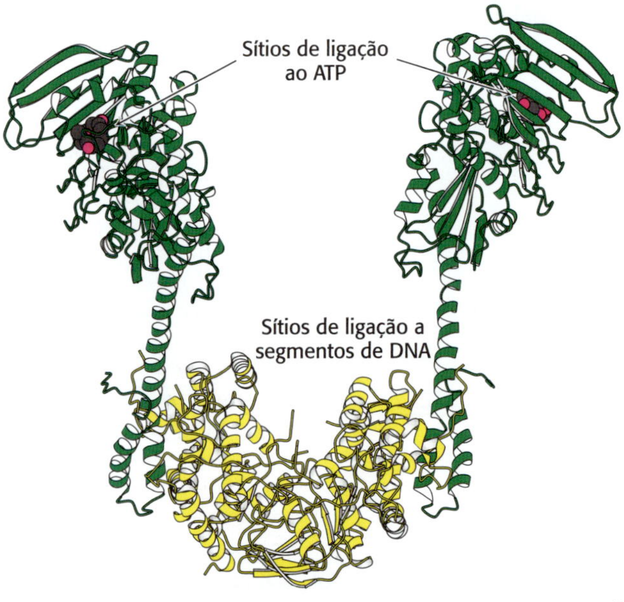


**FIGURA 29.19 Estrutura da topoisomerase II.** Estrutura dimérica de uma topoisomerase II típica, a da arqueia *Sulfolobus shibatae. Observe* que cada metade da enzima apresenta um domínio (mostrado em amarelo) que contém uma região para a ligação de uma dupla hélice de DNA e outro domínio (mostrado em verde) que contém sítios de ligação ao ATP. [Desenhada de 2ZBK.pdb.]

As moléculas de topoisomerase II são diméricas e têm uma grande cavidade interna (Figura 29.19). A grande cavidade tem portões, tanto na parte superior quanto na base, que são cruciais para a ação da topoisomerase. A reação começa com a ligação de uma dupla hélice (daqui em diante designada como segmento G [de *gate*, portão]) à enzima (Figura 29.20). Cada fita é posicionada próxima a um resíduo de tirosina, um de cada monômero, capaz de formar uma ligação covalente com o esqueleto de DNA. Em seguida, esse complexo liga-se frouxamente a uma segunda dupla hélice de DNA (daqui em diante designada como segmento T, de transportado). Cada monômero da enzima apresenta um domínio que se liga ao ATP; essa ligação ao ATP leva a uma mudança conformacional que favorece fortemente a aproximação dos dois domínios. À medida que esses domínios vão se aproximando um do outro, eles retêm o segmento T ligado. Essa mudança conformacional também força a separação e a clivagem das duas fitas do segmento G. Cada fita está ligada à enzima por uma ligação fosfodiéster com uma tirosina. Diferentemente das enzimas tipo I, as topoisomerases tipo II mantêm firmemente o DNA de modo que ele não possa sofrer rotação. Em seguida, o segmento T passa através do segmento G clivado e para dentro da grande cavidade central. A ligação do segmento G leva à liberação do segmento T pelo portão da parte inferior da enzima. A hidrólise do ATP e a liberação de ADP e de ortofosfato possibilitam a separação dos domínios de ligação ao ATP, preparando a enzima para a sua ligação a outro segmento T. O processo global leva a uma diminuição do número de ligação em dois.

A topoisomerase II bacteriana (frequentemente denominada DNA girase) é alvo de diversos antibióticos que inibem a enzima procariótica muito mais do que a eucariótica. A *novobiocina* bloqueia a ligação do ATP à girase. Por outro lado, o *ácido nalidíxico* e a *ciprofloxacino* interferem na quebra e na reunião das cadeias de DNA. Esses dois inibidores da girase são

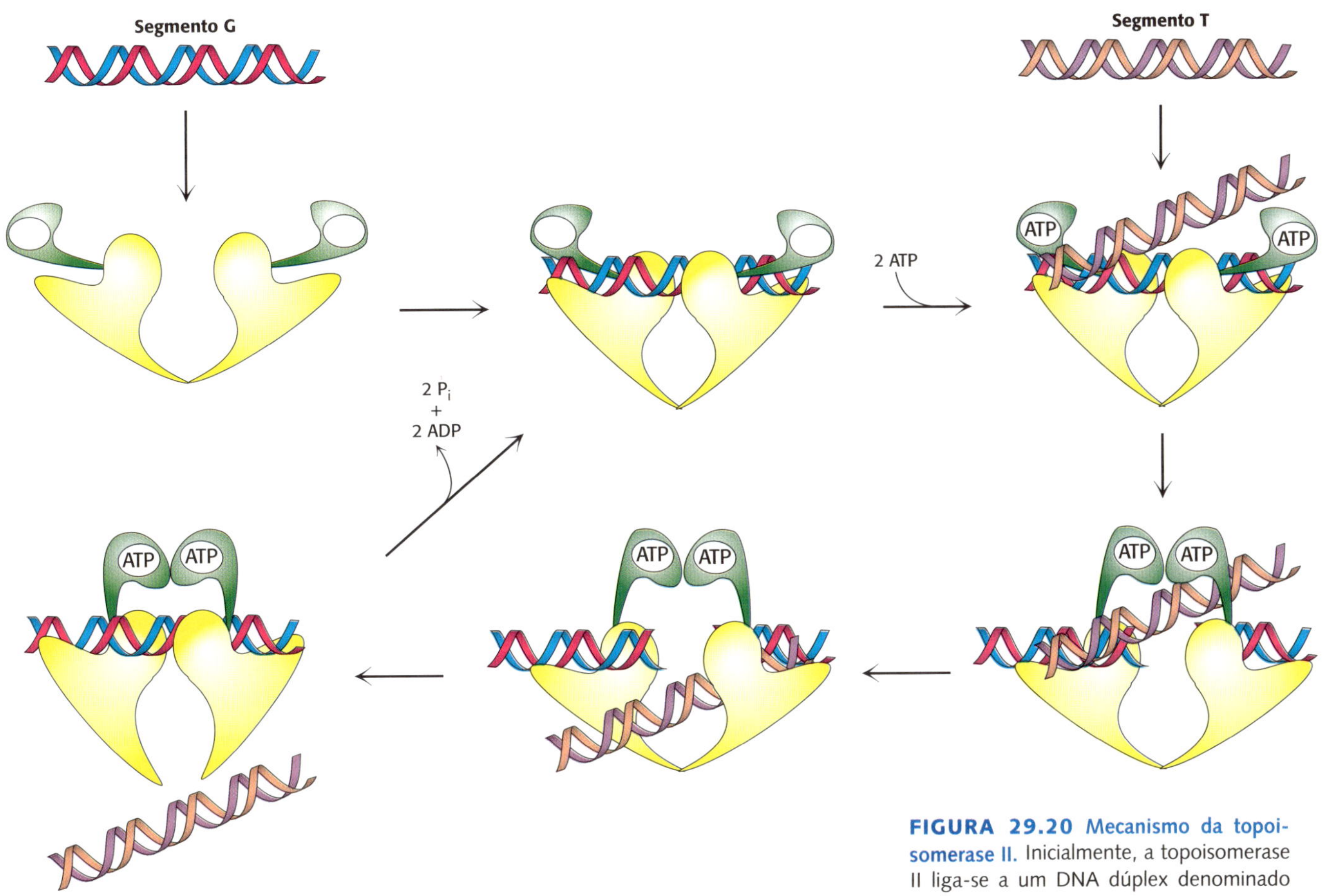


**FIGURA 29.20 Mecanismo da topoisomerase II.** Inicialmente, a topoisomerase II liga-se a um DNA dúplex denominado segmento G (de *gate*, portão). A ligação do ATP aos dois domínios N-terminais aproxima esses dois domínios. Tal mudança conformacional leva à clivagem de ambas as fitas do segmento G e à ligação de um DNA dúplex adicional, o segmento T. Em seguida, esse segmento T move-se através da quebra no segmento G e para fora da parte inferior da enzima. A hidrólise do ATP restabelece a enzima com o segmento G ainda ligado. A orientação do segmento T que entra resulta na introdução de super-hélices negativas.

amplamente utilizados no tratamento de infecções do trato urinário e outra, incluindo aquelas causadas pelo *Bacillus anthracis* (antraz). A *camptotecina*, um agente antitumoral, inibe a topoisomerase I humana ao estabilizar a forma da enzima ligada covalentemente ao DNA.

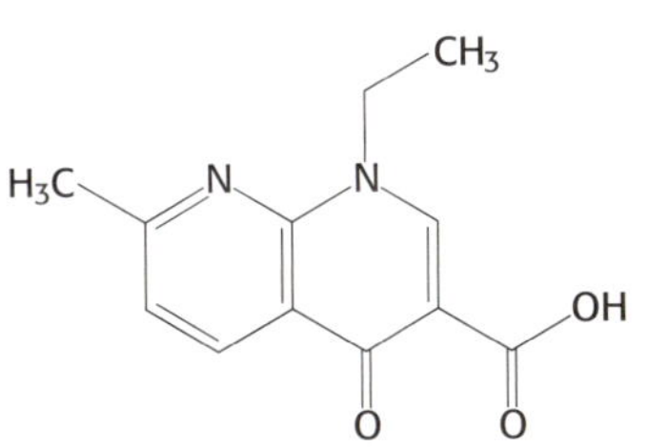

**Ácido nalidíxico**

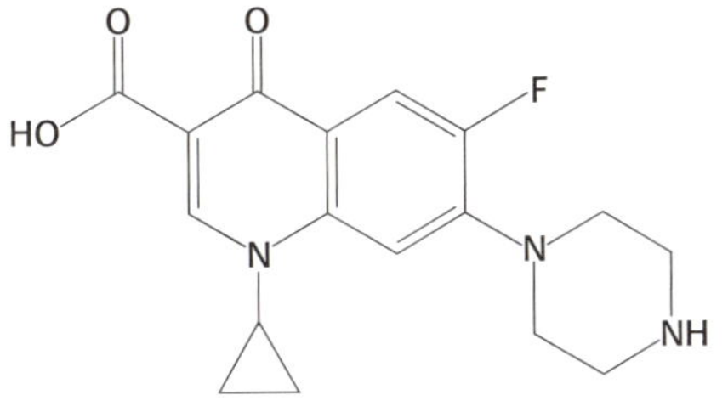

**Ciprofloxacino**

## 29.3 A replicação do DNA é altamente coordenada

A replicação do DNA precisa ser muito rápida, tendo em vista os tamanhos dos genomas e a velocidade da divisão celular. O genoma da *E. coli* contém 4,6 milhões de pares de bases e é copiado em menos de 40 minutos. Por conseguinte, são incorporadas 2 mil bases por segundo. As atividades enzimáticas precisam ser altamente coordenadas para replicar genomas inteiros de modo preciso e rapidamente.

Iniciamos nosso exame da coordenação da replicação do DNA observando a *E. coli*, que foi amplamente estudada. Nesse microrganismo com genoma relativamente pequeno, a replicação começa em um único sítio e prossegue ao redor do cromossomo circular. A coordenação da replicação

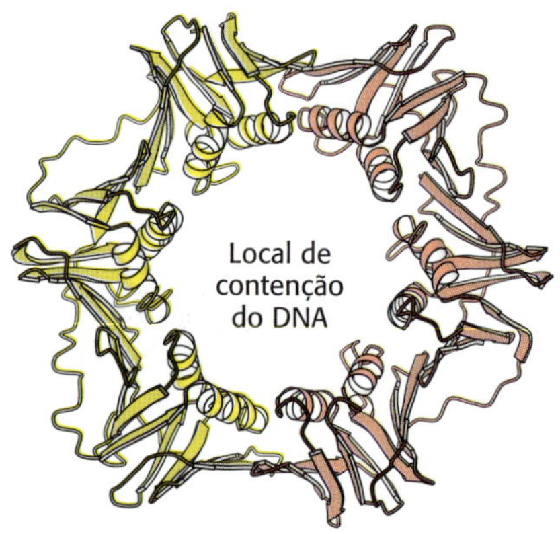


**FIGURA 29.21 Estrutura de uma cinta deslizante.** A subunidade β dimérica da DNA polimerase III forma um anel que circunda o DNA dúplex. *Observe* a cavidade central pela qual desliza o molde de DNA. Ao prender a molécula de DNA no anel, a enzima polimerase é capaz de se mover sem cair do substrato de DNA. [Desenhada de 2POL.pdb.]

**Enzima processiva**

Do latim *procedere*, "ir adiante".

Enzima que catalisa múltiplos ciclos de elongação ou digestão de um polímero enquanto ele permanece ligado. Em contrapartida, uma *enzima distributiva* libera o seu substrato polimérico entre etapas catalíticas sucessivas.

do DNA eucariótico é muito mais complexa, visto que existem numerosos sítios de iniciação em todo o genoma, e é necessária uma enzima adicional para replicar as extremidades de cromossomos lineares.

## A replicação do DNA necessita de polimerases altamente processivas

As polimerases de replicação caracterizam-se pela sua *potência catalítica, fidelidade e processividade muito altas*. A *processividade* refere-se à capacidade de uma enzima de catalisar muitas reações consecutivas sem liberar o seu substrato. Essas polimerases são constituídas por várias subunidades que evoluíram para se unir a seus moldes e não os deixar até que muitos nucleotídios tenham sido adicionados. A fonte da processividade foi revelada pela determinação da estrutura tridimensional da subunidade $\beta_2$ da polimerase de replicação da *E. coli*, que foi denominada DNA polimerase III (Figura 29.21). Essa unidade mantém a polimerase associada à dupla hélice do DNA. Possui a forma de um anel com formato de estrela. Um orifício de 35 Å de diâmetro em seu centro pode acomodar prontamente uma molécula de DNA dúplex (cerca de 20 Å de diâmetro), deixando um espaço suficiente entre o DNA e a proteína para possibilitar um rápido deslizamento durante a replicação. Para obter uma velocidade catalítica de mil nucleotídios polimerizados por segundo, é necessário que 100 voltas do DNA dúplex (comprimento de 3.400 Å, ou 0,34 mm) deslizem pelo orifício central de $\beta_2$ por segundo. Assim, $\beta_2$ *desempenha um papel-chave na replicação, servindo como uma cinta deslizante.*

Como o DNA torna-se aprisionado dentro da cinta deslizante? As polimerases de replicação também incluem montagens de subunidades que funcionam como *carregadores de grampos*. Essas enzimas seguram a cinta deslizante e, utilizando a energia da ligação ao ATP, separam uma das interfaces entre as duas subunidades da cinta deslizante. O DNA pode entrar através da abertura inserindo-se pelo orifício central. Em seguida, a hidrólise do ATP libera a cinta, que então se fecha ao redor do DNA.

## As fitas líder e atrasada são sintetizadas de modo coordenado

As polimerases de replicação como a DNA polimerase III sintetizam as fitas líder e atrasada simultaneamente na forquilha de replicação (Figura 29.22). A DNA polimerase III começa a síntese da fita líder a partir do iniciador (*primer*) de RNA formado pela primase. O DNA dúplex à frente da polimerase é desenrolado por uma helicase hexamérica denominada DnaB. Cópias da proteína de ligação de fita simples (SSB, do inglês *single-stranded-binding protein*) ligam-se às fitas desenroladas, mantendo-as separadas de modo que ambas possam servir como moldes. A fita líder é sintetizada continuamente pela polimerase III. Concomitantemente, a topoisomerase II introduz superespirais com giro para a direita (negativas) a fim de evitar uma crise topológica.

O modo de síntese da fita atrasada é necessariamente mais complexo. Conforme já mencionado, a fita atrasada é sintetizada em fragmentos, de modo que a polimerização 5′ → 3′ leva a um crescimento global no sentido 3′ → 5′. Ainda assim, a síntese da fita atrasada é coordenada com a síntese da fita líder. Como essa coordenação é realizada? O exame da composição das subunidades da holoenzima da DNA polimerase III revela uma solução elegante (Figura 29.23). A holoenzima inclui duas cópias do cerne da enzima polimerase, que é constituída pela própria DNA polimerase (a subunidade $\alpha$); a subunidade $\varepsilon$, uma exonuclease de revisão 3′ para 5′; outra subunidade, denominada $\theta$; e duas cópias da subunidade β dimérica da cinta deslizante. Os cernes das enzimas estão ligados a uma estrutura central tendo a composição de subunidades $\gamma\tau_2\delta\delta'\chi\phi$. O complexo $\gamma\tau_2\delta\delta'$

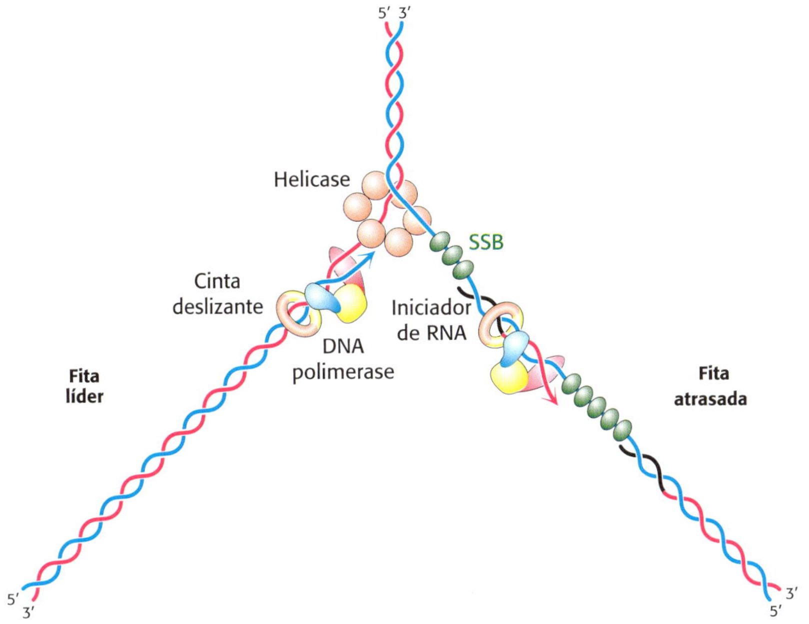


**FIGURA 29.22 Forquilha de replicação.** Vista esquemática do arranjo da DNA polimerase III e enzimas e proteínas associadas presentes na replicação do DNA. A helicase separa as duas fitas da dupla hélice parental, permitindo que as DNA polimerases utilizem cada fita como molde para a síntese de DNA. Abreviatura: SSB, proteína de ligação de fita simples.

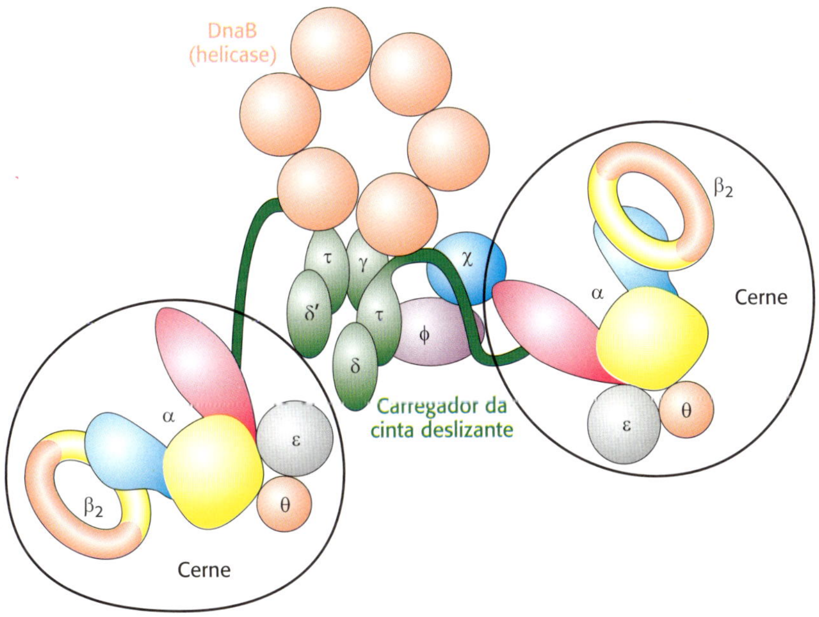


**FIGURA 29.23 Holoenzima da DNA polimerase.** Cada holoenzima consiste em duas cópias do cerne da enzima polimerase, que compreende as subunidades α, ε e θ, e duas cópias da subunidade β ligadas a uma estrutura central. A estrutura central inclui o complexo carregador da cinta deslizante e a helicase hexamérica DnaB.

é o carregador da cinta deslizante, e as subunidades χ e φ interagem com a proteína de ligação do DNA de fita simples. O aparato inteiro interage com a helicase hexamérica DnaB. As polimerases eucarióticas de replicação apresentam composições e estruturas de subunidades semelhantes, porém ligeiramente mais complicadas.

O molde da fita atrasada faz uma alça, de modo que ele passa através do sítio da polimerase em uma das subunidades de uma polimerase III dimérica no mesmo sentido que o molde da fita líder na outra subunidade, $5' \rightarrow 3'$. A DNA polimerase III solta o molde da fita atrasada após adicionar cerca de mil nucleotídios, liberando então a cinta deslizante. Em seguida, forma-se uma nova alça, uma cinta deslizante é adicionada e a primase sintetiza novamente um segmento curto de um iniciador (*primer*) de RNA para iniciar a formação de outro fragmento Okazaki. Esse modo de replicação foi denominado *modelo em trombone,* visto que o tamanho da alça aumenta e diminui como a vara de um trombone (Figura 29.24).

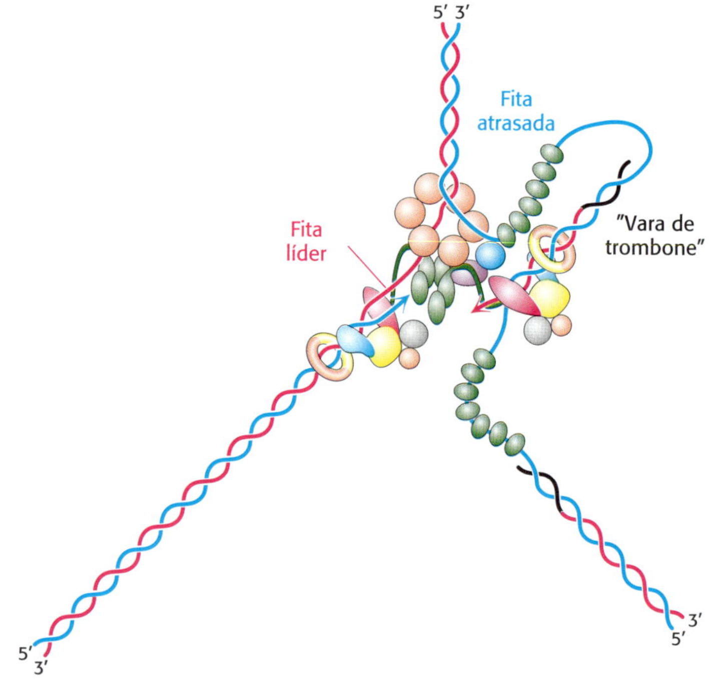


**FIGURA 29.24 Modelo em trombone.** A replicação das fitas líder e atrasada é coordenada pela alça da fita atrasada, formando uma estrutura que atua como a vara de um trombone, crescendo à medida que a forquilha de replicação vai se movendo para a frente. Quando a polimerase na fita atrasada alcança uma região que foi replicada, a cinta deslizante é liberada, e uma nova alça é formada.

Os espaços entre os fragmentos da fita atrasada nascente são preenchidos pela DNA polimerase I. Essa enzima essencial também utiliza a sua atividade de exonuclease 5′ → 3′ para remover o iniciador de RNA situado à frente do sítio da polimerase. O iniciador não pode ser eliminado pela DNA polimerase III, visto que a enzima carece da capacidade de edição 5′ → 3′. Por fim, a DNA ligase conecta os fragmentos.

## A replicação do DNA na *Escherichia coli* começa em um sítio único e prossegue por meio de iniciação, elongação e terminação

Na *E. coli,* a replicação do DNA começa em um sítio único dentro do genoma completo de 4,6 × $10^6$ bp. Essa *origem de replicação,* denominada *locus oriC,* é uma região de 245 bp que exibe várias características incomuns (Figura 29.25). O *locus oriC* contém cinco cópias de uma sequência que constitui o sítio de ligação preferido para a proteína de reconhecimento de origem DnaA. Além disso, este *locus* contém um arranjo *in tandem* de 13 bp que é rico em pares de bases AT. São necessárias várias etapas para preparar o início da replicação:

**1.** *A ligação das proteínas DnaA ao DNA constitui a primeira etapa na preparação para a replicação.* A DnaA é um membro da família NTPase com alça P relacionada com as helicases hexaméricas. Cada monômero de DnaA compreende um domínio de ATPase e um domínio de ligação de DNA em sua extremidade C-terminal. As moléculas de DnaA são capazes de se ligar umas às outras pelos seus domínios de ATPase; um grupo de moléculas de DnaA ligadas irá se separar com a ligação e a hidrólise do ATP. A ligação de moléculas de DnaA umas às outras sinaliza o início da fase preparatória,

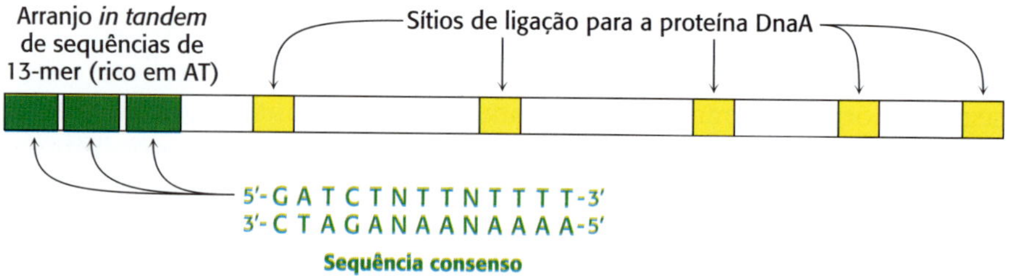


**FIGURA 29.25 Origem de replicação na *E. coli*.** O *locus oriC* apresenta um comprimento de 245 bp. Ele contém um arranjo *in tandem* de três sequências quase idênticas de 13 nucleotídios (verde) e cinco sítios de ligação (amarelo) para a proteína DnaA.

e a sua separação sinaliza o término dessa fase. As proteínas DnaA ligam-se aos cinco sítios de alta afinidade em *oriC* e, a seguir, juntam-se com as moléculas de DnaA ligadas aos sítios de menor afinidade para formar um oligômero, possivelmente um hexâmero cíclico. O DNA é enrolado ao redor do hexâmero de DnaA (Figura 29.26).

**2.** *As fitas simples de DNA são expostas no complexo pré-iniciador.* Com o DNA enrolado ao redor de um hexâmero de DnaA, proteínas adicionais passam a atuar. A helicase hexamérica DnaB é posicionada ao redor do DNA com o auxílio da proteína carregadora de helicase, a DnaC. As regiões locais de *oriC,* incluindo as regiões AT, são desenroladas e retidas pela proteína de ligação do DNA de fita simples. O resultado desse processo consiste na produção de uma estrutura denominada *complexo pré-iniciador,* que torna o DNA de fita simples acessível a outras proteínas (Figura 29.27). De modo significativo, a primase, a DnaG, é agora capaz de inserir o iniciador de RNA.

**3.** *Montagem da holoenzima da polimerase.* A holoenzima da DNA polimerase III é montada no complexo pré-iniciador, um processo iniciado por interações entre a DnaB e a subunidade da cinta deslizante da DNA polimerase III. Essas interações também deflagram a hidrólise do ATP dentro das subunidades de DnaA, assinalando o início da replicação do DNA. A dissolução da montagem de DnaA impede o início de ciclos adicionais de replicação na origem de replicação.

Uma vez iniciada, a replicação do DNA deve continuar ao longo do cromossomo circular. Para terminar a replicação de modo eficiente, o cromossomo da *E. coli* inclui sítios de terminação específicos (ou sítios Ter), que atuam como sítios de ligação para uma proteína denominada substância de utilização da terminação ou Tus (do inglês *termination utilization substance*) (Figura 29.28). Os complexos que se formam quando a Tus liga-se aos sítios Ter não são simétricos, e essa assimetria é fundamental para a sua função. Quando uma forquilha de replicação, guiada pela helicase DnaB, alcança um complexo Tus-Tur a partir de uma direção, ela pode se mover por ele. Entretanto, quando o alcança pela direção oposta, o complexo Tus-Tur bloqueia efetivamente a forquilha de replicação. As posições e as orientações dos sítios Ter dentro do genoma da *E. coli* facilitam a terminação eficiente quando um ciclo de terminação é completo.

## A síntese de DNA nos eucariotos é iniciada em múltiplos sítios

A replicação nos eucariotos assemelha-se mecanicamente à replicação nos procariotos, porém por vários motivos é mais desafiadora. Um deles é o tamanho absoluto: a *E. coli* deve replicar 4,6 milhões de pares de bases, enquanto uma célula diploide humana precisa replicar mais de 6 bilhões de pares de bases. Em segundo lugar, a informação genética da *E. coli*

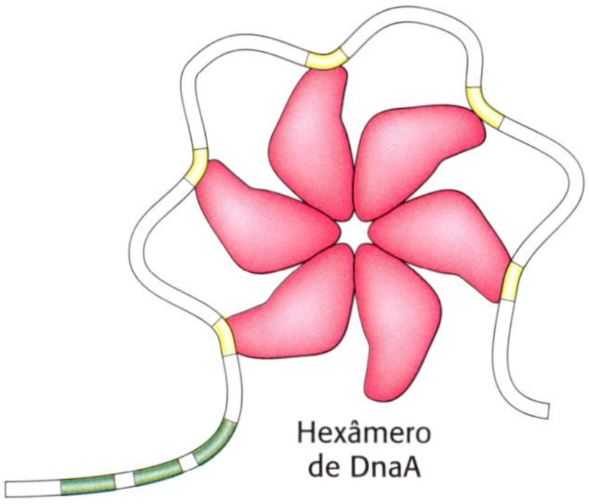


**FIGURA 29.26 Montagem da DnaA.** Monômeros de DnaA interagem com seus sítios de ligação (mostrados em amarelo) em *oriC* e juntam-se para formar uma estrutura complexa, possivelmente o hexâmero cíclico mostrado aqui. Essa estrutura marca a origem de replicação e favorece a separação das fitas de DNA nos sítios ricos em AT (verdes).

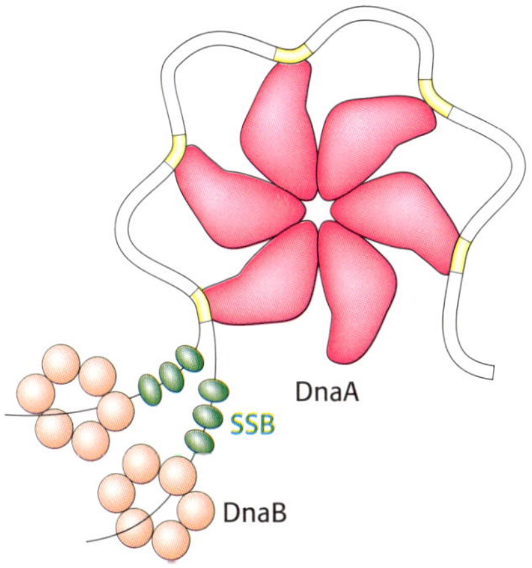


**FIGURA 29.27 O complexo pré-iniciador.** As regiões ricas em AT são desenroladas e retidas pela proteína de ligação de fita simples (SSB). A DNA helicase hexamérica DnaB é carregada em cada fita. Nesse estágio, o complexo está pronto para a síntese dos iniciadores de RNA e a montagem da holoenzima da DNA polimerase III.

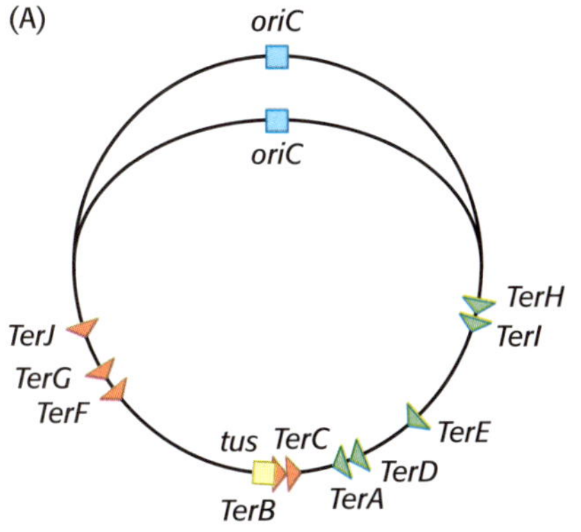


**FIGURA 29.28 Terminação da replicação na *E. coli*.** O genoma da *E. coli* inclui 10 sítios Ter, que se ligam à proteína Tus, a substância de utilização da terminação. Os complexos Ter-Tus bloqueiam as forquilhas de replicação que chegam de maneira unidirecional (indicado pela orientação dos triângulos que representam os sítios Ter), facilitando a terminação da replicação depois de um único ciclo.

está contida em um único cromossomo, ao passo que, nos seres humanos, deve haver a replicação de 23 pares de cromossomos. Por fim, enquanto o cromossomo da *E. coli* é circular, os cromossomos humanos são lineares. A não ser que sejam tomadas contramedidas, os cromossomos lineares estão sujeitos a um encurtamento a cada ciclo de replicação.

Os primeiros dois desafios são resolvidos com o uso de múltiplas origens de replicação. Nos seres humanos, a replicação requer cerca de 30 mil origens de replicação, contendo cada cromossomo várias centenas. Cada origem de replicação é o sítio inicial para uma unidade de replicação, ou *replicon*. A replicação do DNA pode ser monitorada por métodos que visualizam uma única molécula, revelando a síntese bidirecional a partir de variados sítios (Figura 29.29). Diferentemente da *E. coli,* as origens de replicação nos seres humanos não contêm regiões de sequências nitidamente definidas. Em vez disso, as sequências ricas em AT mais amplamente definidas são os sítios ao redor dos quais ocorre a montagem dos *complexos de origem de replicação* (ORC, do inglês *origin of replication complex*).

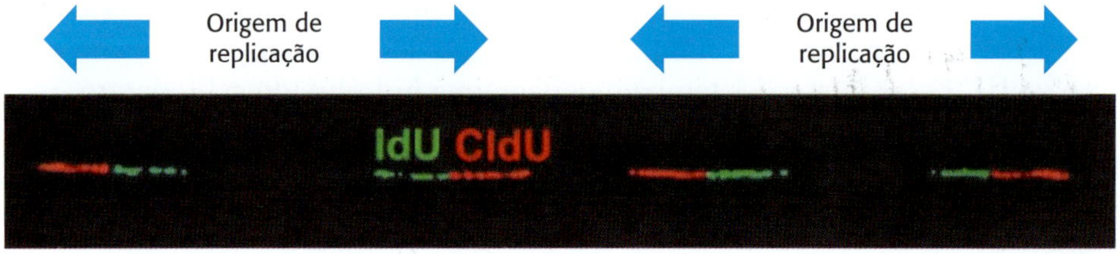


**FIGURA 29.29 Origens de replicação eucarióticas.** A imagem mostra uma única molécula de DNA contendo duas origens de replicação. As origens foram identificadas pela marcação de DNA recém-replicado em células humanas, inicialmente com um análogo de timina (iodo-desoxiuridina, I-dU) e, em seguida, com outro análogo (cloro-desoxiuridina, Cl-dU). Em seguida, moléculas de DNA dessas células foram estendidas em uma lâmina de microscópio e marcadas com anticorpos dirigidos contra I-dU (verde) e Cl-dU (vermelho) para visualizar o DNA. Esse método possibilita a detecção das origens de replicação, bem como a determinação da taxa de síntese do DNA. [Cortesia de Aaron Bensimon. Dados de: Conti *et al*. "Replication Fork Velocities at Adjacent Replication Origins Are Coordinately Modified during DNA Replication in Human Cell." *Molecular Biology of the Cell* 18(2007):3059–3067.]

**1.** *A montagem dos ORC constitui a primeira etapa na preparação para a replicação.* Nos seres humanos, o ORC é composto de seis proteínas diferentes, cada uma delas homóloga à DnaA. Essas proteínas unem-se para formar uma estrutura hexamérica análoga à montagem formada pela DnaA.

**2.** *Fatores de permissão recrutam uma helicase que expõe as fitas simples do DNA.* Após a montagem do ORC, são recrutadas proteínas adicionais, incluindo a Cdc6, um homólogo das subunidades de ORC, e a Cdt1. Por sua vez, essas proteínas recrutam uma helicase hexamérica com seis subunidades distintas denominada $Mcm^2$-7. Essas proteínas, incluindo a helicase, são algumas vezes designadas como *fatores de permissão,* visto que elas possibilitam a formação do complexo de iniciação. Uma vez formado o complexo de iniciação, a $Mcm^2$-7 separa as fitas de DNA parental, e as fitas simples são estabilizadas pela ligação à *proteína de replicação A,* uma proteína de ligação de DNA de fita simples.

**3.** *São necessárias duas polimerases distintas para copiar um replicon eucariótico.* Uma polimerase iniciadora, denominada *polimerase* α, inicia a replicação, porém é logo substituída por uma enzima mais processiva. Tal processo é denominado *troca de polimerase,* visto que uma polimerase foi substituída por outra. Essa segunda enzima, denominada *DNA polimerase* δ, é a principal polimerase de replicação nos eucariotos (Tabela 29.1).

A replicação começa com a ligação da DNA polimerase α. Essa enzima inclui uma subunidade de primase, que é utilizada na síntese do iniciador

**TABELA 29.1** Alguns tipos de DNA polimerases.

| Nome | Função |
|---|---|
| **Polimerases procarióticas** | |
| DNA polimerase I | Elimina o iniciador e preenche as lacunas na fita atrasada |
| DNA polimerase II (polimerase sujeita a erro) | Reparo do DNA |
| DNA polimerase III | Principal enzima da síntese de DNA |
| **Polimerases eucarióticas** | |
| DNA polimerase α | Polimerase iniciadora |
| Subunidade de primase | Sintetiza o iniciador de RNA |
| Unidade de DNA polimerase | Adiciona um segmento de cerca de 20 nucleotídios ao iniciador |
| DNA polimerase β (polimerase sujeita a erro) | Reparo do DNA |
| DNA polimerase δ | Principal enzima da síntese de DNA |

de RNA, bem como uma DNA polimerase ativa. Após a adição de um segmento de cerca de 20 desoxinucleotídios ao iniciador por essa polimerase, outra proteína de replicação, denominada *fator de replicação C* (RFC, do inglês *replication factor C*), desloca a DNA polimerase α. O fator de replicação C recruta uma cinta deslizante, denominada *antígeno nuclear de proliferação celular* (PCNA, do inglês *proliferating cell nuclear antigen*), que é homóloga à subunidade $\beta_2$ da polimerase III da *E. coli.* A ligação do PCNA à DNA polimerase δ torna a enzima altamente processiva e adequada para longos segmentos de replicação. A replicação continua em ambos os sentidos a partir da origem de replicação até que replicons adjacentes se encontrem e se fundam. Os iniciadores de RNA são removidos, e os fragmentos de DNA são ligados pela DNA ligase.

O uso de múltiplas origens de replicação exige mecanismos para assegurar que cada sequência seja replicada uma vez e apenas uma única vez. Nos eucariotos, os eventos de replicação do DNA estão ligados ao *ciclo celular* eucariótico (Figura 29.30). Os processos de síntese de DNA e divisão celular são coordenados no ciclo celular, de modo que a replicação de todas as sequências de DNA é completada antes que a célula progrida para a fase seguinte do ciclo. Essa coordenação requer vários *pontos de verificação,* que controlam a progressão ao longo do ciclo. Uma família de proteínas pequenas denominadas *ciclinas* é sintetizada e degradada por digestão no proteassomo no curso do ciclo celular. As ciclinas atuam por meio de sua ligação a *proteinoquinases dependentes de ciclinas* específicas, ativando-as. Uma dessas quinases, a quinase 2 dependente de ciclina (cdk2), liga-se a complexos nas origens de replicação e regula a replicação por vários mecanismos entrelaçados.

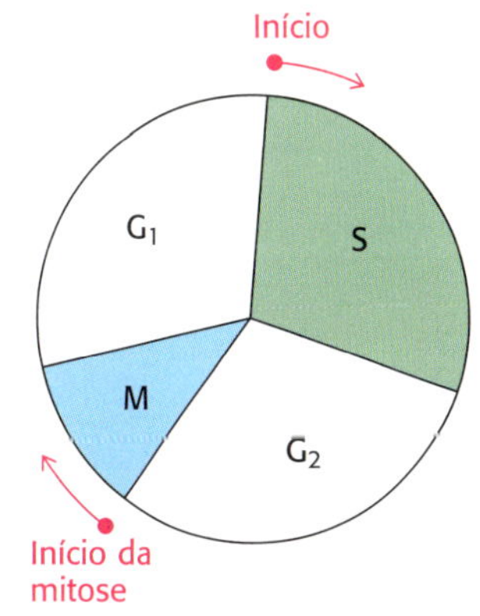


**FIGURA 29.30 Ciclo celular eucariótico.** A replicação do DNA e a divisão celular precisam ocorrer de modo altamente coordenado nos eucariotos. A mitose (M) ocorre apenas depois da síntese de DNA (S). Dois intervalos ($G_1$ e $G_2$) separam os dois processos no tempo.

## Os telômeros são estruturas singulares nas extremidades de cromossomos lineares

Enquanto os genomas de praticamente todos os procariotos são circulares, os cromossomos dos seres humanos e de outros eucariotos são lineares. As extremidades livres das moléculas de DNA lineares introduzem várias complicações, que precisam ser resolvidas por enzimas especiais. Em particular, a replicação completa das extremidades do DNA é difícil, visto que as polimerases só atuam no sentido $5' \rightarrow 3'$. A fita atrasada teria uma extremidade $5'$ incompleta após a remoção do iniciador de RNA. Cada ciclo de replicação encurtaria ainda mais o cromossomo.

O primeiro indício de como solucionar esse problema veio das análises das sequências das extremidades dos cromossomos, que são denominadas *telômeros* (do grego *telos,* "uma extremidade"). O DNA telomérico contém centenas de repetições em série de uma sequência de seis nucleotídios. Uma das fitas é rica em G na extremidade 3′ e é ligeiramente mais longa do que a outra fita. Nos seres humanos, a sequência repetida rica em G é AGGGTT.

A estrutura adotada pelos telômeros foi extensamente investigada. Evidências recentes sugerem que eles podem formar grandes alças de fitas duplas (Figura 29.31). Foi proposto que a região de fita simples na extremidade da estrutura faz uma alça para trás para formar um DNA dúplex com outra parte da sequência repetida, deslocando então uma parte do dúplex telomérico original. Essa estrutura semelhante a uma alça é formada e estabilizada por proteínas específicas de ligação ao telômero. Tais estruturas esconderiam e protegeriam bem a ponta do cromossomo.

**FIGURA 29.31 Modelo proposto para os telômeros.** Um segmento de fita simples da fita rica em G estende-se a partir da extremidade do telômero. Em um dos modelo para telômeros, essa região de fita simples invade o dúplex para formar uma grande alça dúplex.

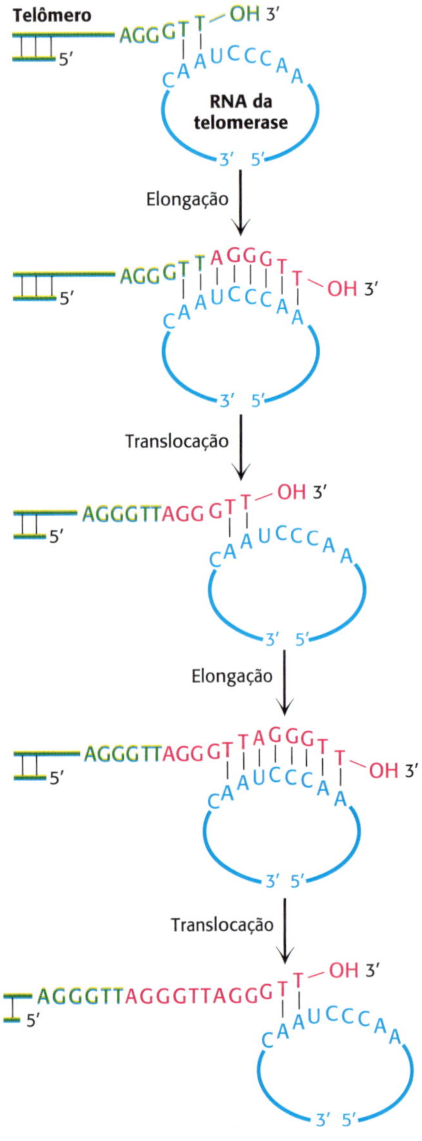


**FIGURA 29.32 Formação do telômero.** Mecanismo de síntese da fita rica em G do DNA telomérico. O molde de RNA da telomerase é mostrado em azul, e os nucleotídios acrescentados à fita rica em G do iniciador são mostrados em vermelho. [Informação de E. H. Blackburn, *Nature* 350:569-573, 1991.]

## Os telômeros são replicados pela telomerase, uma polimerase especializada que carrega o seu próprio molde de RNA

Como são produzidas as sequências repetidas? Uma enzima, denominada *telomerase,* que desempenha essa função foi purificada e caracterizada. Quando um iniciador terminado em GGTT é acrescentado à telomerase humana na presença de trifosfatos de desoxinucleosídio, são geradas as sequências GGTTAGGGTT e GGTTAGGGTTAGGGTT, bem como produtos maiores. Elizabeth Blackburn e Carol Greider descobriram que a enzima que adiciona as repetições contém uma molécula de RNA que serve como molde para a elongação da fita rica em G (Figura 29.32). Por conseguinte, a telomerase transporta a informação necessária para produzir as sequências dos telômeros. O número exato de sequências repetidas não é crucial.

Subsequentemente, foi também identificada uma proteína componente das telomerases. Esse componente é relacionado às transcriptases reversas, enzimas inicialmente descobertas em retrovírus e que copiam o RNA em DNA (ver seção 5.2). Assim, a *telomerase é uma transcriptase reversa especializada que carrega o seu próprio molde.* Geralmente, a telomerase é expressa em altos níveis apenas nas células de crescimento rápido. Por conseguinte, os telômeros e a telomerase podem desempenhar papéis importantes na biologia celular do câncer e no envelhecimento celular.

Como as células cancerosas expressam altos níveis de telomerase, o que não ocorre na maioria das células normais, a telomerase é um potencial alvo para a terapia antineoplásica. Diversas abordagens para bloquear a expressão da telomerase ou a sua atividade estão em fase de pesquisa para o tratamento e a prevenção do câncer.

## 29.4 Muitos tipos de dano ao DNA podem ser reparados

Examinamos como até mesmo genomas muito grandes e complexos podem, em princípio, ser replicados com considerável fidelidade. Entretanto, o DNA pode ser danificado tanto durante a replicação quanto em outros processos. O dano ao DNA pode ser tão simples como a incorporação incorreta de uma única base, ou pode assumir formas mais complexas, como a modificação química de bases, ligações químicas cruzadas entre as duas fitas da dupla hélice ou quebras em um ou em ambos os esqueletos de fosfodiéster. Os resultados podem ser a morte ou a transformação celular, alterações na sequência do DNA que podem ser herdadas pelas futuras gerações ou bloqueio do próprio processo de replicação do DNA. Diversos sistemas de reparo do DNA evoluíram para reconhecer esses defeitos e, em muitos casos, restaurar a molécula de DNA à sua forma não danificada. Começaremos com algumas das fontes de dano ao DNA.

## Erros podem surgir durante a replicação do DNA

Erros introduzidos no processo de replicação constituem a fonte mais simples de lesão da dupla hélice. Com a adição de cada base, existe a possibilidade de que uma base incorreta possa ser incorporada, formando um par de bases não Watson-Crick. Esses pares de bases diferentes do modelo de Watson-Crick podem distorcer localmente a dupla hélice do DNA. Além disso, tais pareamentos incorretos podem ser *mutagênicos, isto é,* resultar em alterações permanentes na sequência do DNA. Quando ocorre a replicação de uma dupla hélice contendo um par de bases diferente do modelo de Watson-Crick, as duplas hélices-filhas apresentam sequências diferentes, visto que a base incorretamente pareada tem grande probabilidade de parear com o seu parceiro no modelo de Watson-Crick. Além dos pareamentos incorretos, outros erros incluem inserções, deleções e quebras em uma ou em ambas as fitas. Além disso, polimerases de replicação podem parar ou até mesmo desprender-se por completo de um molde danificado. Em consequência, a replicação do genoma pode ser interrompida antes de estar completa.

Diversos mecanismos foram desenvolvidos durante a evolução para lidar com essas interrupções, incluindo as DNA polimerases especializadas, capazes de replicar o DNA através de muitas lesões. Uma desvantagem é que essas polimerases são substancialmente mais propensas a erros do que as polimerases normais de replicação. Entretanto, essas *polimerases propensas a erros ou de translesão* possibilitam o término de uma sequência como um rascunho do genoma que pode ser pelo menos parcialmente corrigido por processos de reparo do DNA. A recombinação do DNA (ver seção 29.5) fornece um mecanismo adicional para recuperar interrupções na replicação do DNA.

## As bases podem ser danificadas por agentes oxidantes, por agentes alquilantes e pela luz

Diversos agentes químicos podem alterar bases específicas dentro do DNA após o término da replicação. Esses agentes *mutagênicos* incluem espécies reativas de oxigênio, como o radical hidroxila. Por exemplo, o radical hidroxila reage com a guanina, formando então 8-oxoguanina. A 8-oxoguanina é mutagênica, visto que ela frequentemente pareia com a adenina, em lugar da citosina, na replicação do DNA. Sua escolha do parceiro no pareamento difere daquela da guanina, já que que utiliza uma borda diferente da base para formar pares de bases (Figura 29.33). A desaminação é outro processo potencialmente deletério. Por exemplo, a adenina pode ser desaminada para formar hipoxantina (Figura 29.34). Esse processo é mutagênico, pois a hipoxantina pareia com a citosina, e não com a timina. A guanina e a citosina também podem ser desaminadas, produzindo então bases que pareiam diferentemente da base original.

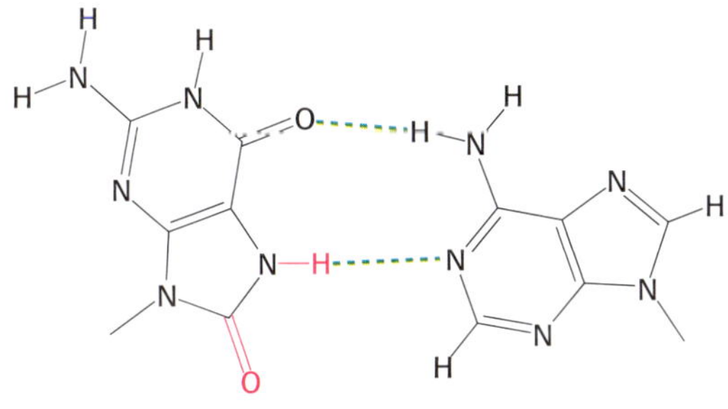


**FIGURA 29.33 Par de bases de oxoguanina-adenina.** Quando a guanina é oxidada a 8-oxoguanina, a base danificada pode formar um par de bases com a adenina por meio de uma borda da base que normalmente não participa na formação de par de bases.

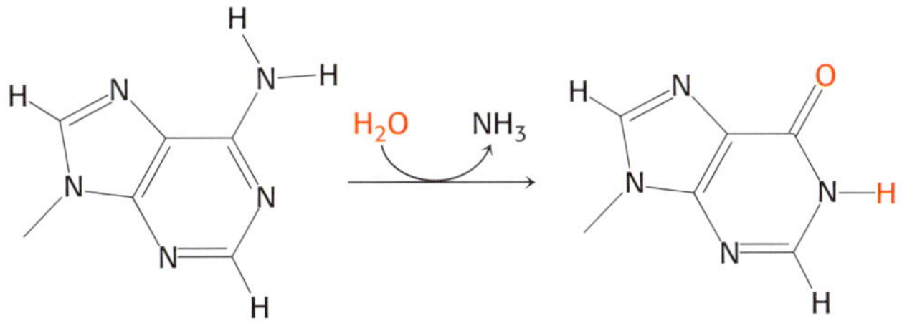


**FIGURA 29.34 Desaminação da adenina.** A base adenina pode ser desaminada para formar hipoxantina. A hipoxantina forma pares de bases com a citosina de modo semelhante à guanina, e então a reação de desaminação pode resultar em uma mutação.

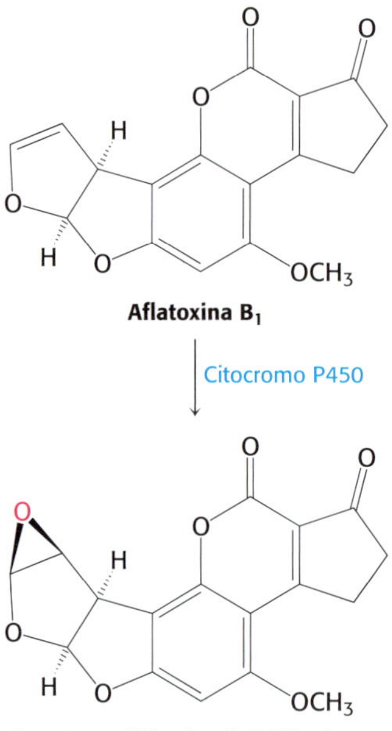


**FIGURA 29.35 Ativação da aflatoxina.** O composto, que é produzido por fungos que crescem em amendoins, é ativado pelo citocromo P450, produzindo uma espécie altamente reativa que modifica bases como a guanina no DNA, o que resulta em mutações.

Além da oxidação e da desaminação, as bases nucleotídicas estão sujeitas à alquilação. Os centros eletrofílicos podem ser atacados por nucleófilos, como o N-7 da guanina e da adenina, formando adutos alquilados. Alguns compostos são convertidos em eletrófilos altamente ativos pela ação de enzimas que normalmente desempenham um papel na desintoxicação. Exemplo marcante é a aflatoxina $B_1$, um composto produzido por fungos que crescem em amendoins e outros alimentos. Uma enzima do citocromo P450 (ver seção 26.4) converte esse composto em um epóxido altamente reativo (Figura 29.35). Tal agente reage com o átomo N-7 da guanosina para formar um aduto mutagênico que frequentemente leva a uma transversão de G–C para T–A.

O componente ultravioleta da luz solar é um agente onipresente que causa dano ao DNA. Seu principal efeito consiste em ligar covalentemente resíduos de pirimidinas adjacentes ao longo de uma das fitas do DNA (Figura 29.36). Esse dímero de pirimidinas não pode se ajustar à dupla hélice, de modo que a replicação e a expressão gênica são bloqueadas até que a lesão seja removida.

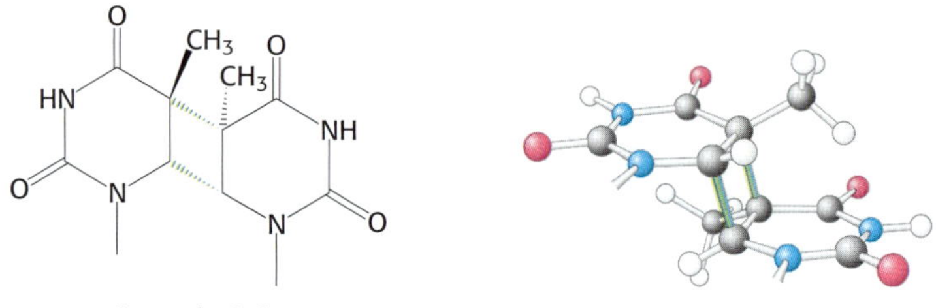


**FIGURA 29.36 Dímero de ligação cruzada entre duas bases de timinas.** A luz ultravioleta induz ligações cruzadas entre pirimidinas adjacentes ao longo de uma fita do DNA.

Um dímero de timina é um exemplo de ligação cruzada *intra*fita, visto que ambas as bases participantes estão na mesma fita da dupla hélice. Ligações cruzadas entre bases de fitas opostas também podem ser introduzidas por vários agentes. Por exemplo, os psoralenos são compostos produzidos por diversas plantas, incluindo a figueira, que formam essas ligações cruzadas *inter*fitas (Figura 29.37). As ligações cruzadas interfitas interrompem a replicação, uma vez que impedem a separação das fitas.

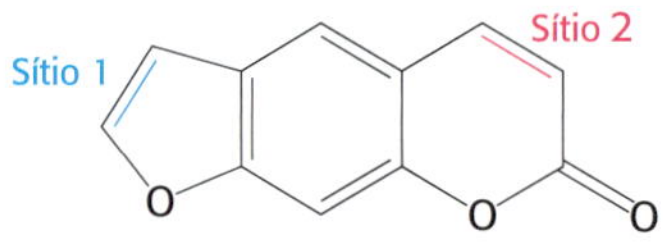


**FIGURA 29.37 Agente produtor de ligações cruzadas.** O composto psoraleno e seus derivados podem formar ligações cruzadas interfitas por meio de dois sítios reativos que podem formar adutos com bases nucleotídicas.

A radiação eletromagnética de alta energia, como os raios X, pode danificar o DNA produzindo altas concentrações de espécies reativas em solução. A exposição aos raios X pode induzir vários tipos de dano ao DNA, incluindo quebras de fita simples e de fita dupla no DNA. Essa capacidade de provocar lesão do DNA levou Hermann Muller a descobrir os efeitos mutagênicos dos raios X na *Drosophila* em 1927. Tal descoberta contribuiu para o uso da *Drosophila* como um dos principais organismos para estudos genéticos.

## Vários sistemas podem detectar e reparar danos ao DNA

Para proteger a mensagem genética, a maioria dos organismos dispõe de ampla variedade de sistemas de reparo do DNA. Muitos sistemas efetuam o reparo do DNA utilizando a informação da sequência da fita não comprometida. Esses sistemas de replicação de fita simples seguem um esquema de mecanismo semelhante:

1. Reconhecer a(s) base(s) alterada(s).
2. Remover a(s) base(s) alterada(s).
3. Reparar a lacuna resultante com uma DNA polimerase e uma DNA ligase.

Apresentaremos brevemente exemplos de diversas vias de reparo. Embora muitos desses exemplos sejam obtidos da *E. coli*, existem sistemas de reparo correspondentes na maioria dos outros organismos, incluindo os seres humanos.

As próprias DNA polimerases de replicação são capazes de corrigir muitos pareamentos inadequados do DNA produzidos durante a replicação. Por exemplo, a subunidade ε da DNA polimerase III da *E. coli* funciona como uma exonuclease de 3′ para 5′. Esse domínio remove por hidrólise nucleotídios pareados incorretamente a partir da extremidade 3′ do DNA. Como a enzima reconhece se uma base recém-adicionada está correta? À medida que uma nova fita de DNA vai sendo sintetizada, ela é submetida a uma *revisão de prova*. Se houver uma base incorreta inserida, a síntese de DNA torna-se lenta devido à dificuldade de deslizar um par de bases que não obedece ao modelo de Watson-Crick para a polimerase. Além disso, a base mal pareada está fracamente ligada e, portanto, pode flutuar na posição. O atraso em consequência da redução da velocidade proporciona tempo suficiente para que essas flutuações removam a fita recém-sintetizada do sítio ativo da polimerase, levando-a até o sítio ativo da exonuclease (Figura 29.38). Nesse local, o DNA é degradado, um nucleotídio de cada vez, até que retorne ao sítio ativo da polimerase, e a síntese prossiga.

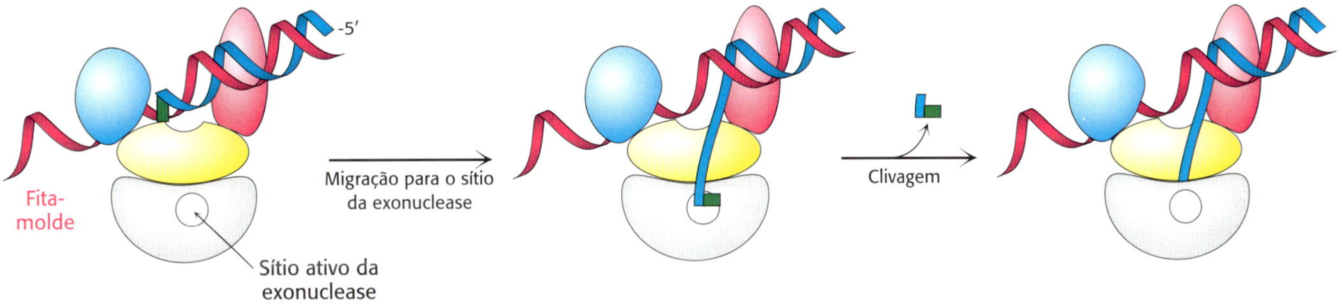


**FIGURA 29.38 Revisão de prova.** Ocasionalmente, a cadeia polipeptídica em crescimento deixa o sítio da polimerase e migra para o sítio ativo da exonuclease. Nesse sítio, um ou mais nucleotídios são excisados da cadeia recém-sintetizada, removendo então bases potencialmente incorretas.

Existe um segundo mecanismo presente em praticamente todas as células para corrigir erros cometidos durante a replicação, mas que não foram corrigidos pela revisão de prova (Figura 29.39). Os sistemas de *reparo de mau pareamento* são constituídos de pelo menos duas proteínas: uma para detectar o pareamento errado e outra para recrutar uma endonuclease que clive a fita recém-sintetizada de DNA próximo à lesão para facilitar o reparo. Na *E. coli,* essas proteínas são denominadas MutS e MutL, enquanto a endonuclease é denominada MutH.

Outro mecanismo de reparo de DNA é o *reparo direto,* como, por exemplo, a clivagem fotoquímica de dímeros de pirimidina. Quase todas as células contêm uma *enzima fotorreativante* denominada *DNA fotoliase.* A enzima da *E. coli,* uma proteína de 35 kDa que contém os cofatores $N^5$,$N^{10}$-meteniltetra-hidrofolato e flavina adenina dinucleotídio (FAD), liga-se à região distorcida do DNA. A enzima utiliza a energia luminosa – especificamente, a absorção de um fóton pela coenzima $N^5$,$N^{10}$-meteniltetra-hidrofolato – para formar um estado excitado que cliva o dímero em suas bases componentes.

A excisão de bases modificadas, como a 3-metiladenina pela enzima da *E. coli* AlkA, é um exemplo de *reparo por excisão de bases.* A ligação dessa enzima ao DNA danificado arremessa a base afetada da dupla hélice do DNA para o sítio ativo da enzima (Figura 29.40). Em seguida, a enzima atua como uma *glicosilase,* clivando então a ligação glicosídica para liberar a base danificada. Nesse estágio, o esqueleto do DNA está intacto, porém uma base está faltando. Essa lacuna é denominada *sítio AP*, visto que é apurínico (desprovido de A ou de G) ou apirimidínico (desprovido de C ou de T). Uma *AP endonuclease* reconhece esse defeito e corta o esqueleto adjacente

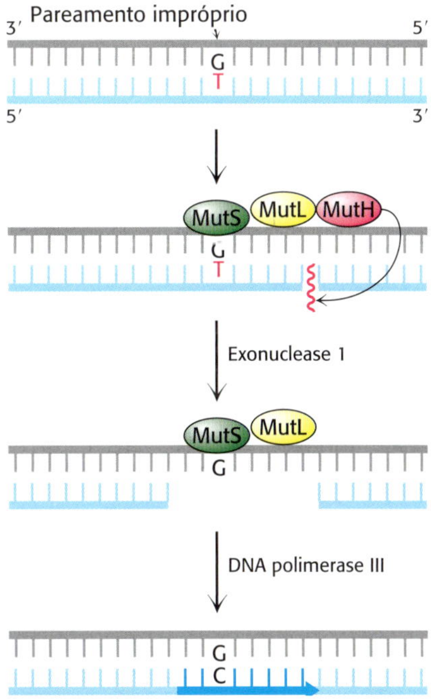


**FIGURA 29.39 Reparo de mau pareamento (do inglês *mismatch*).** O reparo de mau pareamento na *E. coli* é iniciado pela interação das proteínas MutS, MutL e MutH. Um pareamento incorreto G–T é reconhecido pela MutS. A MutH cliva o esqueleto na vizinhança do pareamento impróprio. Um segmento da fita de DNA contendo a T incorreta é removido pela exonuclease I e sintetizado novamente pela DNA polimerase III. [Informação de R. F. Service, *Science* 263:1559-1560, 1994.]

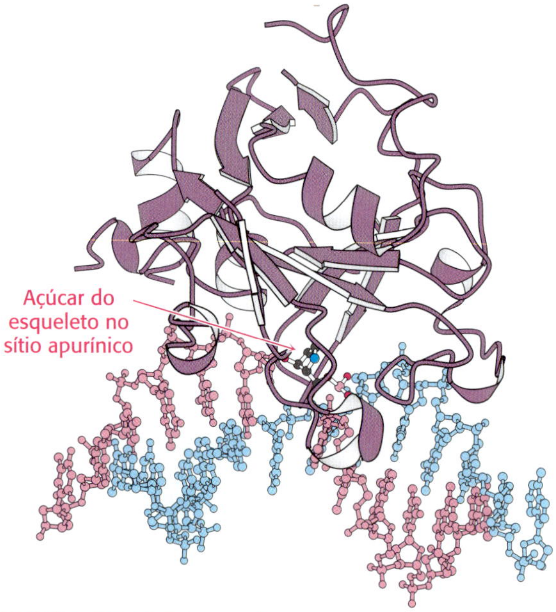


**FIGURA 29.40 Estrutura de uma enzima de reparo do DNA.** A figura mostra um complexo entre a enzima de reparo do DNA AlkA e um análogo de uma molécula de DNA sem uma purina (um sítio apurínico). *Observe* que o açúcar do esqueleto no sítio apurínico é arremessado da dupla hélice para o sítio ativo da enzima. [Desenhada de 1BNK,pdb.]

à base ausente. A *desoxirribose fosfodiesterase* remove a unidade residual de desoxirribose fosfato, e a DNA polimerase I insere um nucleotídio não danificado, conforme determinado pela base presente na fita complementar não danificada. Por fim, a fita reparada é selada pela DNA ligase.

Um dos exemplos mais bem compreendidos do *reparo por excisão de nucleotídios* é utilizado para a excisão de um dímero de pirimidina. Na *E. coli*, três atividades enzimáticas são essenciais para esse processo de reparo (Figura 29.41). Inicialmente, um complexo enzimático, que consiste nas proteínas codificadas pelos genes *uvrABC*, detecta a distorção produzida pelo dano ao DNA. Em seguida, a enzima UvrABC corta a fita de DNA danificada em dois locais, a oito nucleotídios distantes do local de lesão no lado 5′ e a quatro nucleotídios distantes no lado 3′. O oligonucleotídio de 12 resíduos excisado por essa *excinuclease* (do latim *exci*, "cortar fora") altamente específica se difunde. A DNA polimerase I entra na lacuna para proceder à síntese de reparo. A extremidade 3′ da fita cortada é o iniciador (*primer*), e a fita complementar intacta atua como molde. Por fim, a extremidade 3′ do segmento recém-sintetizado do DNA e a parte original da cadeia do DNA são unidas pela DNA ligase.

A DNA ligase é capaz de selar quebras simples em uma fita do esqueleto do DNA. Entretanto, são necessários mecanismos alternativos para efetuar o reparo de quebras em ambas as fitas que estejam próximas o suficiente para separar o DNA em duas duplas hélices. Vários mecanismos distintos são capazes de proceder ao reparo dessa lesão. Um mecanismo, a *junção de extremidades não homólogas* (NHEJ, do inglês *nonhomologous end joining*), não depende de outras moléculas de DNA na célula. Na NHEJ, as extremidades de fita dupla livres são ligadas por um heterodímero de duas proteínas: Ku70 e Ku80. Essas proteínas estabilizam as extremidades e as marcam para manipulações subsequentes. Por meio de mecanismos que ainda não estão bem elucidados, os heterodímeros Ku70/80 atuam como cabos usados por outras proteínas para juntar as duas extremidades de fita dupla de modo que as enzimas possam fechar a quebra.

Mecanismos alternativos de reparo de quebras de fita dupla podem operar se houver na célula um segmento intacto de DNA de fita dupla com sequência idêntica ou muito semelhante. Esses processos de reparo utilizam a recombinação homóloga, apresentada na seção 29.5.

Conforme assinalado na seção 5.4, os pesquisadores podem agora aproveitar os mecanismos de reparo de quebra de fita dupla para realizar alterações específicas em genomas eucarióticos. Nucleases especificamente modificadas são utilizadas para introduzir quebras de fita dupla em determinados locais do genoma. A maquinaria de reparo do DNA nas células-alvo realizará então o reparo da quebra por meio de NHEJ para romper o gene ou o reparo por recombinação homóloga com adição de fragmentos de DNA de fita dupla para introduzir modificações mais elaboradas. Por exemplo, mutações associadas a doenças humanas podem ser especificamente introduzidas nos genomas de organismos-modelo, como camundongos ou peixe-zebra, para examinar as consequências.

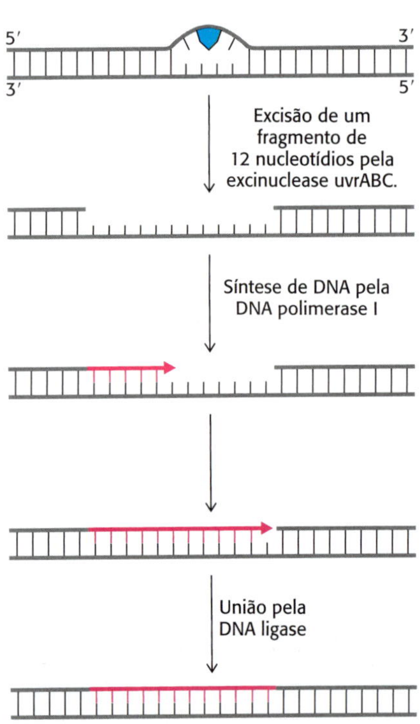


**FIGURA 29.41 Reparo por excisão de nucleotídios.** Reparo de uma região do DNA contendo um dímero de timina pela ação sequencial de uma excinuclease específica, uma DNA polimerase e uma DNA ligase. O dímero de timina é mostrado em azul, e a nova região de DNA, em vermelho. [Informação de P. C. Hanawalt. *Endeavour* 31:83, 1982.]

## A presença de timina no lugar da uracila no DNA possibilita o reparo da citosina desaminada

A presença de timina no DNA, em lugar de uracila, como no RNA, foi um enigma durante muitos anos. Ambas as bases pareiam com a adenina. A única diferença entre elas reside na presença de um grupo metila na timina no lugar do átomo de hidrogênio no C-5 na uracila. Por que uma base metilada é empregada no DNA e não no RNA? A existência de um sistema de reparo ativo para corrigir a desaminação da citosina fornece uma solução convincente para esse enigma.

No DNA, a citosina sofre uma desaminação espontânea em uma velocidade perceptível, formando então uracila. A desaminação da citosina é potencialmente mutagênica, visto que a uracila pareia com a adenina, de modo que uma das fitas-filhas irá conter um par de bases U–A, em vez do par original C–G. Essa mutação é evitada por um sistema de reparo que reconhece a uracila como estranha ao DNA (Figura 29.42). A enzima de reparo, a *uracila DNA glicosilase,* é homóloga à AlkA. A enzima hidrolisa a ligação glicosídica entre as frações uracila e desoxirribose, porém não ataca nucleotídios contendo timina. O sítio AP gerado é reparado com a reinserção de citosina. Por conseguinte, *o grupo metila na timina representa uma marcação que distingue a timina da citosina desaminada.* Se a timina não fosse utilizada no DNA, a uracila no local correto seria indistinguível da uracila formada por desaminação. O defeito persistiria sem ser reconhecido, e ocorreria necessariamente a mutação de um par de bases C–G para U–A em uma das moléculas-filhas do DNA. Essa mutação é evitada por um sistema de reparo que procura a uracila e deixa a timina intocada. *Em vez da uracila, a timina é utilizada no DNA para aumentar a fidelidade da mensagem genética.*

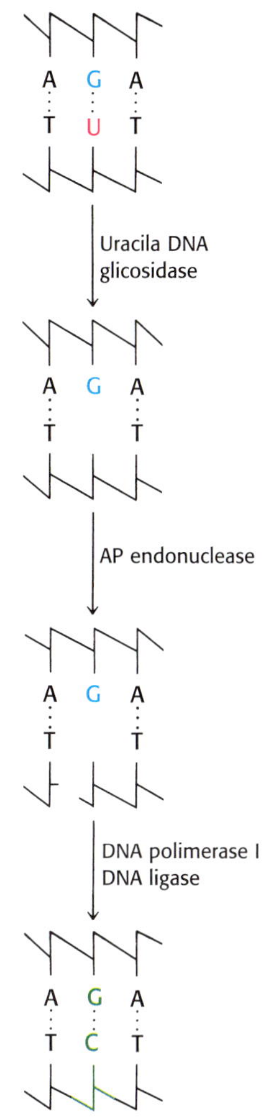


**FIGURA 29.42 Reparo da uracila.** As bases de uridina no DNA, formadas pela desaminação da citidina, são excisadas e substituídas pela citidina.

## Algumas doenças genéticas são causadas pela expansão de repetições de três nucleotídios

Algumas doenças genéticas são causadas pela presença de sequências de DNA que são inerentemente propensas a erros durante o processo de reparo e de replicação. Uma classe particularmente importante dessas doenças caracteriza-se pela presença de longas séries de repetições de três nucleotídios. Exemplo é a *doença de Huntington,* um distúrbio neurológico autossômico dominante com idade variável de manifestação. Nessa doença, o gene mutado expressa uma proteína no cérebro, denominada huntingtina, que contém um segmento de resíduos consecutivos de glutamina. Esses resíduos de glutamina são codificados por uma região com um arranjo de sequências CAG consecutivas dentro do gene. Nos indivíduos não afetados, tal arranjo tem de 6 a 31 repetições, ao passo que, nos indivíduos com a doença, ele apresenta de 36 a 82 repetições ou mais. Além disso, o arranjo tende a ser mais longo de uma geração para outra. A consequência é um fenômeno denominado *antecipação:* os filhos de um genitor afetado tendem a apresentar sintomas da doença em uma idade mais precoce do que o genitor.

A tendência dessas *repetições de trinucleotídios* a sofrer expansão é explicada pela formação de estruturas alternativas durante o reparo do DNA. Durante a clivagem do esqueleto de DNA, parte do segmento pode fazer uma alça sem comprometer o pareamento de bases fora dessa região. Em seguida, no decorrer da replicação, a DNA polimerase estende essa fita pelo restante do arranjo, resultando em um aumento na quantidade de cópias da sequência de trinucleotídios.

Várias outras doenças neurológicas caracterizam-se pela expansão de arranjos de repetições de trinucleotídios. Como esses longos segmentos de aminoácidos repetidos provocam uma doença? No caso da huntingtina, parece que os segmentos de poliglutamina tornam-se cada vez mais propensos a se agregar à medida que vão aumentando de tamanho; as consequências adicionais dessa agregação ainda estão em fase de investigação.

## Muitos tipos de câncer são causados por um reparo defeituoso do DNA

Conforme descrito no Capítulo 14, o câncer é causado por mutações em genes associados ao controle do crescimento. Os defeitos nos sistemas de reparo do DNA aumentam a frequência global de mutações e, portanto, a probabilidade de mutações causadoras de câncer. Com efeito, a sinergia entre os estudos das mutações que predispõem as pessoas ao câncer e os estudos do reparo do DNA em organismos-modelo tem sido formidável em revelar a bioquímica das vias de reparo do DNA. Com frequência, os genes para as proteínas de reparo do DNA são *genes supressores de tumores, isto é*, suprimem o desenvolvimento de tumores quando pelo menos uma cópia do gene está livre de mutações deletérias. Entretanto, quando ocorre uma mutação em ambas as cópias do gene, ocorre o desenvolvimento de tumores em taxas maiores que as da população em geral. Os indivíduos que herdam defeitos em um único alelo supressor de tumor necessariamente não desenvolvem câncer, porém são suscetíveis ao desenvolvimento da doença, visto que apenas a cópia normal remanescente do gene precisa desenvolver um novo defeito para desencadear o desenvolvimento de câncer. A Tabela 29.2 fornece uma lista de genes selecionados que estão associados a doenças, incluindo câncer, e que codificam proteínas envolvidas nos processos de reparo do DNA.

**TABELA 29.2**

| Doença | Genes Selecionados | Via de Reparo |
|---|---|---|
| Xeroderma pigmentoso (pele) | XPA, XPB, XPC | Reparo por excisão de nucleotídios |
| Síndrome de Lynch (câncer de cólon) | MSH2, MLH1 | Reparo de mau pareamento |
| Cânceres de mama e de ovário | BRCA1 e BRCA2 | Reparo de quebra de fita dupla |
| Cânceres renal e de pulmão | OGG1 | Reparo por excisão de bases |

Considere, por exemplo, o *xeroderma pigmentoso,* uma rara doença cutânea humana. A pele de uma pessoa afetada é extremamente sensível à luz solar ou à luz ultravioleta. Na primeira infância, as alterações graves da pele tornam-se evidentes e agravam-se com o passar do tempo. A pele torna-se seca e ocorre acentuada atrofia da derme. Aparecem queratoses, as pálpebras apresentam cicatrizes, e a córnea sofre ulceração. Em geral, o câncer de pele desenvolve-se em vários locais. Muitos pacientes morrem antes dos 30 anos em consequência de metástases desses tumores malignos de pele. Os estudos de pacientes com xeroderma pigmentoso revelaram a ocorrência de mutações em genes para várias proteínas diferentes. Essas proteínas são componentes da via de reparo por excisão de nucleotídios, incluindo os homólogos das subunidades UvrABC.

A ocorrência de defeitos em outros sistemas de reparo pode aumentar a frequência de outros tumores. Por exemplo, o *câncer colorretal hereditário sem polipose* (HNPCC, do inglês *hereditary nonpolyposis colorectal cancer*), ou *síndrome de Lynch*, resulta de um defeito no reparo de mau pareamento do DNA. O HNPCC não é raro – até um em cada 200 indivíduos desenvolve esse tipo de câncer. Mutações em dois genes, denominados *hMSH2* e *hMLH1*, são responsáveis pela maioria dos casos dessa predisposição hereditária ao câncer. O achado notável é que esses genes codificam as versões humanas de MutS e MutL da *E. coli*. As mutações em *hMSH2* e *hMLH1* provavelmente possibilitam o acúmulo de mutações em todo o genoma. Com o tempo, genes importantes para o controle da proliferação celular tornam-se alterados, resultando no aparecimento de câncer.

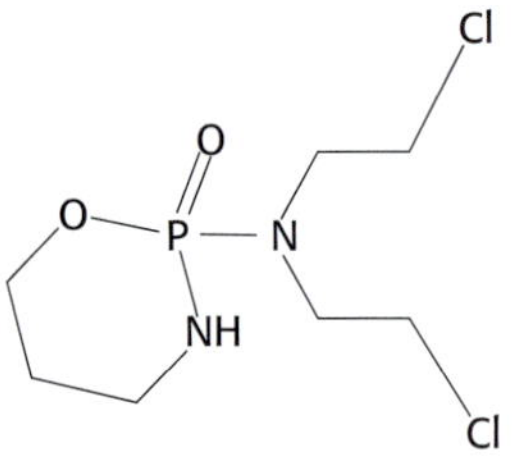

**Ciclofosfamida**

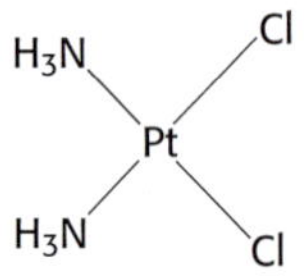

**Cisplatina**

Nem todos os genes supressores tumorais são específicos de determinados tipos de câncer. *O gene para uma proteína denominada p53 sofre mutação em mais da metade de todos os tumores.* A proteína p53 ajuda a controlar o destino das células danificadas.Inicialmente, ela desempenha um papel central no reconhecimento de lesões do DNA, particularmente as quebras de fitas duplas. Em seguida, após a identificação da lesão, a proteína promove uma via de reparo do DNA ou ativa a via de apoptose, levando à morte celular. A maioria das mutações no gene p53 é de natureza esporádica, ou seja, ocorre em células somáticas, em vez de ser herdada. Os indivíduos que herdam uma mutação deletéria em uma cópia do gene p53 apresentam a chamada *síndrome de Li-Fraumeni* e têm alta probabilidade de desenvolver vários tipos de câncer.

Com frequência, as células cancerosas exibem duas características que as tornam particularmente vulneráveis a agentes que danificam as moléculas do DNA. Em primeiro lugar, dividem-se com frequência, de modo que suas vias de replicação de DNA são mais ativas do que as da maioria das células. Em segundo lugar, conforme assinalado anteriormente, as células cancerosas frequentemente apresentam defeitos nas vias de reparo do DNA. Diversos agentes amplamente utilizados na quimioterapia do câncer, incluindo a ciclofosfamida e a cisplatina, atuam ao provocar lesões no DNA. As células cancerosas têm menor capacidade de evitar o efeito da lesão induzida do que as células normais, o que proporciona uma janela terapêutica para matar especificamente as células cancerosas.

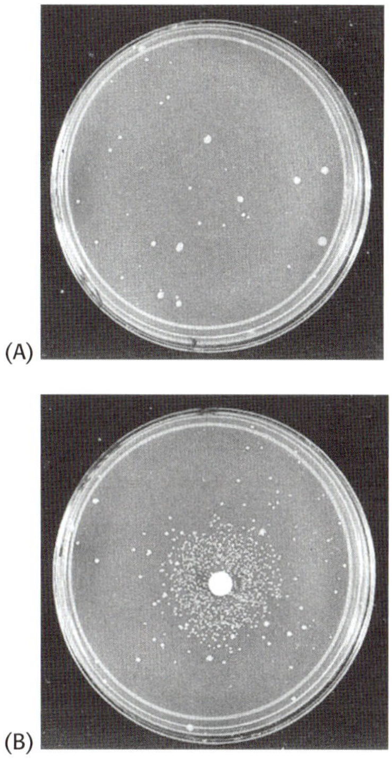


**FIGURA 29.43** **Teste de Ames. A.** Uma placa de Petri contendo cerca de $10^9$ bactérias *Salmonella* que não podem sintetizar histidina e **B.** uma placa de Petri contendo um disco de papel de filtro com um agente mutagênico, que produz grande quantidade de revertentes que podem sintetizar histidina. Depois de 2 dias, os revertentes aparecem como anéis de colônias ao redor do disco. A pequena quantidade de colônias visíveis na placa A é revertente espontâneo. [Reimpresso de *Mutation Resarch/Environmental Mutagenesis and Related Subjects*, 31:6, Ames, B.N., *et al.* Methods for detecting carcinogens and mutagens with the salmonella/mammalian-microsome mutagenicity test, pp. 347-363, Copyright 1975, com autorização de Elsevier.]

## Muitos carcinógenos em potencial podem ser detectados pela sua ação mutagênica em bactérias

Muitos tipos de câncer humano são causados pela exposição a substâncias químicas que causam mutações. É importante identificar esses compostos e determinar a sua potência, de modo que a exposição humana a eles possa ser minimizada. Bruce Ames elaborou um teste simples e sensível para a detecção de agentes mutagênicos químicos. No *teste de Ames,* uma camada fina de ágar contendo cerca de $10^9$ bactérias de uma linhagem de *Salmonella* especialmente desenvolvida para o teste é colocada em uma placa de Petri. Essas bactérias são incapazes de crescer na ausência de histidina devido a uma mutação em um dos genes para a biossíntese desse aminoácido. A adição de um agente mutagênico químico ao centro da placa resulta em muitas mutações novas. Uma pequena proporção delas reverte para a mutação original, e a histidina pode ser sintetizada. Esses *revertentes* multiplicam-se na ausência de uma fonte externa de histidina e aparecem como colônias isoladas após incubação da placa a 37°C durante 2 dias (Figura 29.43). Por exemplo, 0,5 μg de 2-aminoantraceno produz 11 mil colônias revertentes, em comparação com apenas 30 revertentes espontâneos na sua ausência. Uma série de concentrações de uma substância química pode ser prontamente testada, gerando uma curva de dose-resposta.

Algumas das linhagens para teste são responsivas a *substituições de pares de bases,* enquanto outras detectam *deleções ou adições de pares de bases* (mudanças de quadros de leitura, *frameshifts*). A sensibilidade dessas linhagens especialmente desenvolvidas foi intensificada pela deleção genética de seus sistemas de reparo por excisão. Agentes mutagênicos em potencial entram facilmente nas linhagens de teste, visto que a barreira de lipopolissacarídios que normalmente reveste a superfície da *Salmonella* é incompleta nessas linhagens. Uma característica importante desse sistema de detecção é a inclusão de um *homogeneizado de fígado de mamífero.* Convém lembrar que alguns carcinógenos potenciais, como a aflatoxina, são convertidos em suas formas ativas por sistemas enzimáticos no fígado ou em outros tecidos de mamíferos. As bactérias carecem dessas enzimas, de modo que a placa do teste requer alguns miligramas de homogeneizado de fígado para ativar esse grupo de agentes mutagênicos.

O teste na *Salmonella* é amplamente utilizado para ajudar a avaliar os riscos mutagênicos e carcinogênicos de grande número de substâncias químicas. Esse ensaio de mutagenicidade bacteriana rápido e de baixo custo complementa os levantamentos epidemiológicos e os testes em animais, que são necessariamente mais lentos, mais trabalhosos e de custo muito mais elevado. O teste na *Salmonella* para mutagenicidade é o resultado dos estudos das relações gene-proteína em bactérias. Fornece um notável exemplo de como a pesquisa fundamental em biologia molecular pode levar diretamente a avanços importantes na saúde pública.

## 29.5 A recombinação do DNA desempenha papéis importantes na replicação, no reparo e em outros processos

A maioria dos processos associados à replicação do DNA funciona para copiar a mensagem genética o mais fielmente possível. Entretanto, vários processos bioquímicos requerem a *recombinação* do material genético entre duas moléculas de DNA. Na recombinação genética, duas moléculas-filhas são formadas pela troca de material genético entre duas moléculas parentais (Figura 29.44). A recombinação é essencial nos seguintes processos.

**FIGURA 29.44 Recombinação.** Duas moléculas de DNA podem recombinar-se uma com a outra para formar novas moléculas de DNA que apresentam segmentos de ambas as moléculas parentais.

**1.** Quando a replicação é interrompida, os processos de recombinação podem reativar o mecanismo de replicação de modo que ela possa continuar.

**2.** Algumas quebras de fitas duplas no DNA são reparadas por recombinação.

**3.** Na meiose, a troca limitada de material genético entre cromossomos pareados fornece um mecanismo simples para gerar diversidade genética em uma população.

**4.** Como veremos no Capítulo 35, disponível no material suplementar *online*, a recombinação desempenha um papel crucial na geração da diversidade molecular para os anticorpos e algumas outras moléculas do sistema imune.

**5.** Alguns vírus empregam vias de recombinação para integrar seu material genético ao DNA da célula hospedeira.

**6.** A recombinação é utilizada para manipular genes, por exemplo na geração de camundongos com "nocaute gênico" e outras modificações-alvo do genoma (ver seção 5.4).

A recombinação é mais eficiente entre sequências de DNA que são semelhantes na sua sequência. Na recombinação homóloga, fitas duplas do DNA parental alinham-se em regiões com semelhança de sequência, e são formadas novas moléculas de DNA por quebra e união de segmentos homólogos.

### A proteína RecA pode iniciar uma recombinação ao promover a invasão da fita

Em muitas vias de recombinação, uma molécula de DNA com extremidade livre recombina-se com uma molécula de DNA sem extremidades livres disponíveis para interação. As moléculas de DNA com extremidades livres são o resultado comum de quebras do DNA de fita dupla; todavia, podem ser também produzidas durante a replicação do DNA se houver paralisação do complexo de replicação. Esse tipo de recombinação foi extensamente estudado na *E. coli*, mas também ocorre em outros organismos por meio da ação de proteínas homólogas às da *E. coli*. Com frequência, dúzias de proteínas participam no processo completo de recombinação. Entretanto, a proteína-chave é a RecA, cujo homólogo nas células humanas é denominado Rad51. Para efetuar a troca, o DNA de fita simples desloca uma das fitas da dupla hélice (Figura 29.45). A estrutura de três fitas resultante é denominada *alça de deslocamento* ou *alça D*. Frequentemente, esse processo é designado como *invasão de fita*. Como a extremidade 3′ livre está agora pareada a uma fita contígua de DNA, ela pode atuar como um iniciador (*primer*) para deflagrar a síntese de novo DNA. A invasão de fita pode iniciar muitos processos, incluindo o reparo de quebras de fitas duplas e a reiniciação do processo de replicação quando o complexo de replicação se dissocia de seu molde. No reparo de uma quebra, o parceiro de recombinação é uma molécula de DNA intacta com sequência sobreposta.

**FIGURA 29.45 Invasão de fita.** Esse processo, promovido por proteínas como a RecA, pode iniciar a recombinação.

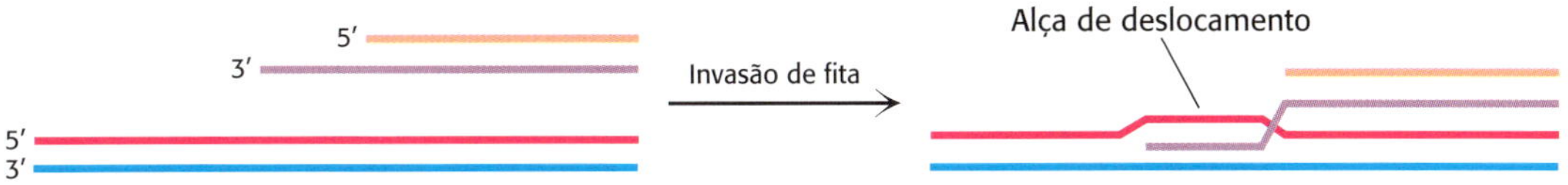


## Algumas reações de recombinação ocorrem por meio de intermediários de junção de Holliday

Nas vias de recombinação para a meiose e para alguns outros processos, formam-se intermediários que são compostos de quatro cadeias polinucleotídicas em uma estrutura semelhante a uma cruz. Os intermediários com essas estruturas em forma de cruz são frequentemente designados como *junções de Holliday* em homenagem a Robin Holliday, que propôs o seu papel na recombinação em 1964. Esses intermediários foram caracterizados por uma ampla variedade de técnicas, entre as quais a cristalografia de raios X.

Enzimas específicas, denominadas *recombinases*, ligam-se a essas estruturas e as separam em hélices duplas de DNA. A recombinase Cre do bacteriófago P1 foi extensamente estudada. Seu mecanismo começa com a ligação da recombinase aos substratos de DNA (Figura 29.46).

**FIGURA 29.46 Mecanismo de recombinação.** A recombinação começa quando duas moléculas de DNA se unem para formar uma sinapse de recombinação. Uma fita de cada dúplex é clivada por transesterificação, com a extremidade 3′ de cada uma das fitas clivadas sendo ligada a um resíduo de tirosina na enzima recombinase. Novas ligações fosfodiéster se formam quando uma extremidade 5′ de outra fita clivada no complexo ataca esses adutos tirosina-DNA. Após isomerização, essas etapas são repetidas para formar os produtos recombinados.

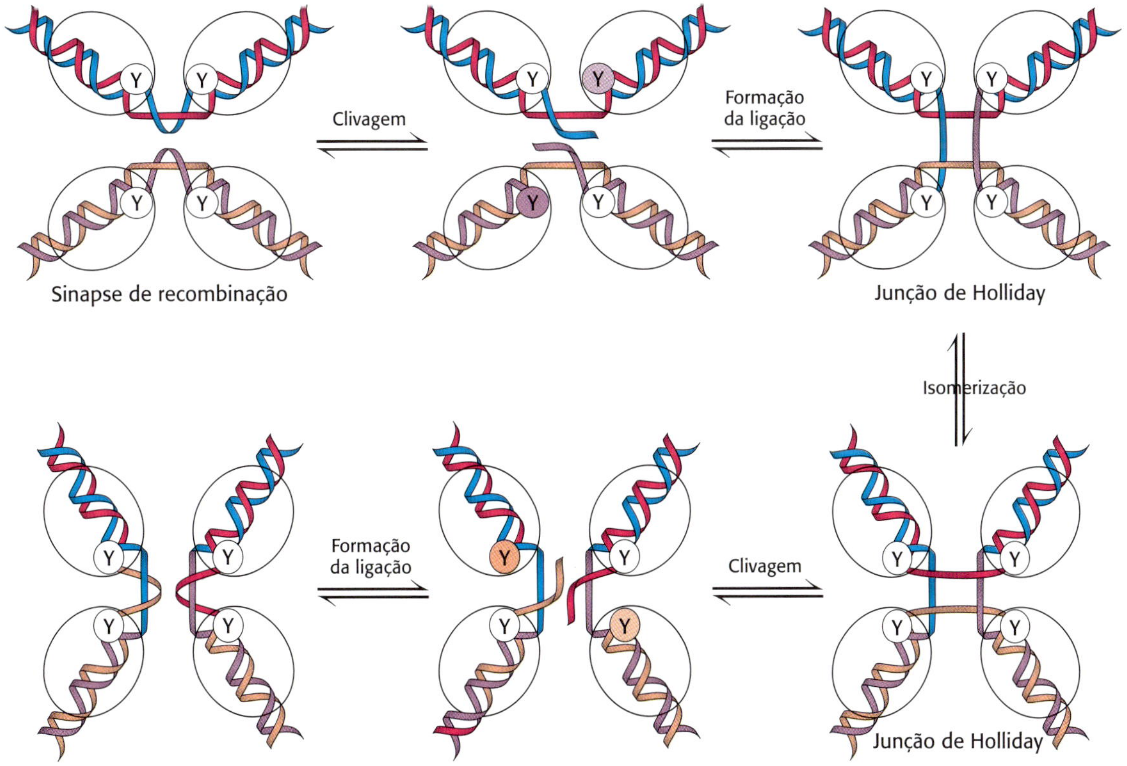

Quatro moléculas da enzima e duas moléculas de DNA juntam-se para formar uma *sinapse de recombinação.* Esta reação começa com a clivagem de uma fita de cada dúplex por reações de transesterificação, com o grupo fosforila 3′ ligando-se a resíduos específicos de tirosina na recombinase, enquanto o grupo hidroxila 5′ de cada fita clivada permanece livre. As extremidades 5′ livres invadem o outro dúplex e participam de reações de transesterificação para formar novas ligações fosfodiéster e liberar os resíduos de tirosina. Tais reações resultam na formação de uma junção de Holliday. Em seguida, essa junção pode sofrer uma isomerização, formando então uma estrutura na qual as cadeias polinucleotídicas no centro da estrutura são reorientadas. A partir dessa junção, os processos de clivagem de fitas e formação de ligações fosfodiéster repetem-se. O resultado é uma sinapse contendo as duas fitas dúplex recombinadas. A dissociação desse complexo gera os produtos recombinados finais.

A Cre catalisa a formação das junções de Holliday, bem como a sua resolução. Em contraste, outras proteínas ligam-se às junções de Holliday que já haviam sido formadas por outros processos e as separam em dúplex individuais. Em muitos casos, essas proteínas também promovem o processo de migração da ramificação, no qual uma junção de Holliday é movida ao longo das duas duplas hélices componentes. A migração da ramificação pode afetar os segmentos de DNA que são trocados em um processo de recombinação.

A recombinação também pode ocorrer durante a divisão celular entre diferentes cromossomos não homólogos. Esses eventos de recombinação, denominados translocações, podem ser inócuos ou podem resultar em doenças, dependendo dos cromossomos envolvidos e dos genes que são modificados ou rompidos. A formação do gene bcr-abl, que leva à leucemia mielógena crônica, foi discutida na seção 14.5.

# RESUMO

## 29.1 A replicação do DNA ocorre pela polimerização de trifosfatos de desoxirribonucleosídios ao longo de um molde

As DNA polimerases são enzimas dirigidas por moldes que catalisam a formação de ligações fosfodiéster pelo ataque nucleofílico do grupo hidroxila 3′ no átomo de fósforo mais interno de um trifosfato de desoxirribonucleosídio 5′. A complementaridade de forma entre bases nucleotídicas corretamente pareadas é crucial para assegurar a fidelidade da incorporação de bases. As DNA polimerases não podem iniciar cadeias *de novo*; é necessário um iniciador (*primer*) com um grupo hidroxila 3′ livre. Por conseguinte, a síntese de DNA é iniciada pela síntese de um iniciador de RNA, tarefa de uma enzima primase especializada. Após atuar como um iniciador, o RNA é degradado e substituído por DNA. As DNA polimerases sempre sintetizam uma fita de DNA no sentido de 5′ para 3′. Para que ambas as fitas da dupla hélice possam ser sintetizadas simultaneamente na mesma direção, uma fita é sintetizada de modo contínuo, enquanto a outra é sintetizada em fragmentos que são denominados fragmentos Okazaki. Os espaços entre os fragmentos são selados por DNA ligases. As helicases acionadas por ATP preparam o caminho para a replicação do DNA separando as fitas da dupla hélice.

## 29.2 O desenrolamento e o superenovelamento do DNA são controlados por topoisomerases

Uma propriedade topológica essencial do DNA é o seu número de ligação (*Lk*), que é definido pelo número de vezes que uma fita de DNA enrola-se ao redor da outra para a direita quando o eixo do DNA é mantido em um plano. As moléculas que diferem no número de ligação são topoisômeros uma da outra e só podem sofrer interconversão cortando uma ou ambas as fitas do DNA. Essas reações são catalisadas por topoisomerases. Em geral, alterações no número de ligação levam a mudanças no número de voltas da dupla hélice e no número de voltas da super-hélice. A topoisomerase II catalisa a introdução impulsionada por ATP de superespirais negativas, levando à compactação do DNA e tornando-o mais suscetível ao desenrolamento. O DNA superenovelado pode ser relaxado pela topoisomerase I ou pela topoisomerase II. A topoisomerase I atua ao clivar transitoriamente uma fita do DNA na dupla hélice, enquanto a topoisomerase II cliva transitoriamente ambas as fitas de modo simultâneo.

## 29.3 A replicação do DNA é altamente coordenada

As DNA polimerases de replicação são processivas, isto é, catalisam a adição de muitos nucleotídios sem se dissociar do molde. Um importante fator contribuinte para a processividade é a cinta deslizante, como a subunidade β dimérica da polimerase de replicação da *E. coli*. A cinta deslizante tem uma estrutura em anel que circunda a dupla hélice do DNA e mantém a enzima e o DNA associados. A holoenzima da DNA polimerase é uma grande máquina de cópia de DNA formada por duas enzimas DNA polimerase, uma para atuar em cada fita-molde, associada a outras subunidades, incluindo uma cinta deslizante e seu carregador.

As sínteses da fita líder e da fita atrasada de um molde de DNA de fita dupla são coordenadas. À medida que uma polimerase de replicação vai se movendo ao longo de um molde de DNA, a fita líder é copiada de modo contínuo, enquanto a fita atrasada forma alças que mudam de tamanho durante a síntese de cada fragmento Okazaki. Esse modo de ação é designado como modelo em trombone.

No genoma da *E. coli*, a replicação do DNA é iniciada em um único sítio. Um conjunto de proteínas específicas reconhece essa origem de replicação e monta as enzimas necessárias para a síntese de DNA, incluindo uma helicase que promove a separação das fitas. Nos eucariotos, a iniciação da replicação é mais complexa. A síntese de DNA é iniciada em milhares de sítios por todo o genoma. Em cada origem de replicação eucariótica, ocorre a montagem de complexos homólogos aos da *E. coli*, porém mais complicados. Uma polimerase especial, denominada telomerase, e que depende de um molde de RNA, sintetiza estruturas especializadas, denominadas telômeros, nas extremidades de cromossomos lineares.

## 29.4 Muitos tipos de dano ao DNA podem ser reparados

Pode ocorrer uma ampla variedade de danos ao DNA. Por exemplo, bases pareadas inadequadamente podem ser incorporadas durante a replicação do DNA, ou bases individuais podem ser danificadas por oxidação ou alquilação após a replicação do DNA. Outras formas de dano são a formação de ligações cruzadas e a introdução de quebras de fita simples ou de fita dupla no esqueleto do DNA. Vários sistemas de reparo diferentes detectam e procedem ao reparo de lesões do DNA. O reparo começa com o processo de revisão na replicação do DNA: as bases com pareamento incorreto que foram incorporadas durante a síntese são excisadas pela atividade de exonuclease presente nas polimerases de replicação. Algumas lesões do DNA, como os dímeros de timina, podem ser diretamente revertidas pela ação de enzimas específicas. Outras vias de reparo do DNA atuam por meio da excisão de bases únicas danificadas (reparo por excisão de bases) ou de segmentos curtos de nucleotídios (reparo por excisão de nucleotídios). Processos de junção de extremidades homólogas ou não homólogas podem reparar as quebras de fitas duplas no DNA. Os defeitos nos componentes de reparo do DNA estão associados à suscetibilidade a muitos tipos diferentes de câncer. Esses defeitos constituem um alvo comum dos tratamentos para o câncer. Muitos potenciais carcinógenos podem ser detectados pela sua ação mutagênica em bactérias (teste de Ames).

### 29.5 A recombinação do DNA desempenha papéis importantes na replicação, no reparo e em outros processos

A recombinação é a troca de segmentos entre duas moléculas de DNA. A recombinação é importante em alguns tipos de reparo de DNA, bem como em outros processos, como a meiose, a produção de diversidade de anticorpos e os ciclos de vida de alguns vírus. Algumas vias de recombinação são iniciadas por invasão de fitas, em que uma fita simples na extremidade de uma dupla hélice de DNA forma pares de bases com uma fita de DNA de outra dupla hélice e desloca a outra fita. Um intermediário comum formado em outras vias de recombinação é a junção de Holliday, que consiste em quatro fitas de DNA que se reúnem para formar uma estrutura semelhante a uma cruz. As recombinases promovem reações de recombinação pela introdução de quebras específicas de DNA e formação e resolução de intermediários da junção de Holliday.

## APÊNDICE

## Bioquímica em foco

### Identificação de aminoácidos cruciais para a fidelidade da replicação do DNA

A replicação fiel do DNA é fundamental para a vida. Como a fidelidade da replicação do DNA pode ser medida? Quais são as características estruturais das DNA polimerases que promovem uma cópia acurada de sequências de DNA? Essas questões podem ser respondidas usando-se a estrutura tridimensional das DNA polimerases para identificar os aminoácidos que poderiam ser importantes para a fidelidade, a mutagênese sítio-dirigida para modificar esses aminoácidos e os ensaios semelhantes ao teste de Ames (p. 985) para medir a fidelidade da replicação do DNA.

Utilizando-se a estrutura do fragmento Klenow (Figura 29.4), foram identificados resíduos que estão altamente conservados entre DNA polimerases evolutivamente relacionadas e que se encontram nas regiões da enzima que estariam em estreita proximidade com um substrato de DNA. Mais de 25 deles foram trocados, um de cada vez, para alanina por meio da mutagênese sítio-dirigida. As proteínas mutadas foram expressas e purificadas e, em seguida, foram utilizadas para completar a síntese de um substrato de DNA circular contendo uma região de fita simples. O substrato de DNA utilizado foi o genoma de um bacteriófago, o M13, cuja análise foi possível pela transfecção do produto da reação nas bactérias *E. coli*. Os bacteriófagos funcionais produziram placas quando as bactérias cresceram em meio de cultura sólida devido ao crescimento mais lento das bactérias que foram infectadas pelo bacteriófago. Além disso, o bacteriófago M13 codificou uma enzima que converteu uma substância no meio de cultura para produzir uma cor azul. Se o gene que codifica essa enzima fosse mutado durante a síntese de DNA, seriam produzidas placas desprovidas dessa cor azul. Assim, por meio da contagem da frequência de produção de placas sem a cor azul, foi possível medir a frequência com que formas mutadas da DNA polimerase introduziram erros durante a síntese do substrato de DNA. A enzima selvagem produziu bacteriófagos mutados em uma frequência de $57 \times 10^{-4}$. Algumas formas mutadas da DNA polimerase produziram bacteriófagos mutados em uma frequência duas ou mais vezes maior do que a selvagem.

Isso ilustra como as técnicas bioquímicas podem ser combinadas para investigar as características estruturais que são cruciais na promoção de uma replicação acurada do DNA. Variações dessa abordagem podem ser utilizadas para examinar as formas mutadas de DNA polimerases humanas que ocorrem nas células cancerosas de modo a determinar se as mutações diminuem a fidelidade dessas polimerases e contribuem para a instabilidade genômica das células cancerosas.

## PALAVRAS-CHAVE

molde
DNA polimerase
iniciador (*primer*)
exonuclease
primase
forquilha de replicação
fragmento Okazaki
fita atrasada
fita líder
DNA ligase
helicase
superenovelamento
número de ligação
topoisômero
torção
contorção
topoisomerase
processividade
cinta deslizante
modelo em trombone
origem de replicação
complexo de origem de replicação (ORC)
ciclo celular
telômero
telomerase
agente mutagênico
reparo de mau pareamento
reparo direto
reparo por excisão de bases
reparo por excisão de nucleotídios
junção de extremidades não homólogas (NHEJ)
repetição de trinucleotídios
gene supressor tumoral
teste de Ames
RecA
junção de Holliday
recombinase
sinapse de recombinação

## QUESTÕES

**1.** *Intermediários ativados.* A DNA polimerase I, a DNA ligase e a topoisomerase I catalisam a formação de ligações fosfodiéster. Qual é o intermediário ativado na reação de ligação catalisada por cada uma dessas enzimas? Qual é o grupo que sai?

**2.** *A vida em uma banheira de água quente.* Uma arqueia (*Sulfolobus acidocaldarius*), encontrada em fontes termais ácidas, contém uma topoisomerase que catalisa a introdução dependente de ATP de superespirais positivas no DNA. Como tal enzima poderia ser vantajosa para esse microrganismo incomum?

**3.** *Para que lado?* Forneça uma explicação química para a síntese de DNA no sentido 5′ para 3′.

**4.** *Necessidade de nucleotídios.* A replicação do DNA não ocorre na ausência dos ribonucleotídios ATP, CTP, GTP e UTP. Proponha uma explicação.

**5.** *Contato íntimo.* O exame da estrutura das DNA polimerases ligadas a análogos de nucleotídios revela que os resíduos conservados estão na região de contato por interações de van der Waals com o C-2′ do nucleotídio ligado. Qual é a possível importância dessa interação?

**6.** *Motores moleculares na replicação.*

**(a)** Com que velocidade o molde de DNA gira (em revoluções por segundo) na forquilha de replicação da *E. coli*?

**(b)** Qual é a velocidade do movimento (em micrômetros por segundo) da holoenzima da DNA polimerase III em relação ao molde?

**7.** *Mais enrolado do que um carretel.* Por que a replicação seria interrompida na ausência de topoisomerase II?

**8.** *A ligação perdida.* Uma forma de plasmídio exibe uma torção de $Tw = 48$ e uma contorção de $Wr = 3$.

**(a)** Qual é o número de ligação?

**(b)** Qual seria o valor da contorção de uma forma com torção $Tw = 50$ se o número de ligação for o mesmo que o da forma precedente?

**9.** *Telômeros e câncer.* Na maioria das células humanas, a telomerase não é ativa. Alguns biólogos que estudam o câncer sugeriram que a ativação do gene da telomerase seria um requisito para que uma célula se torne cancerosa. Explique por que isso pode ser verdadeiro.

**10.** *Invertido?* A helicase do bacteriófago T7 move-se ao longo do DNA no sentido 5′ para 3′. Foi relatado que outras helicases movem-se no sentido 3′ para 5′. Existe alguma razão fundamental para esperar que as helicases se movam em uma direção ou outra?

**11.** *Transferência de corte.* Suponha que você queira obter uma amostra de DNA dúplex altamente radioativo para usar como uma sonda de DNA. Você dispõe de uma DNA endonuclease que cliva internamente o DNA para produzir os grupos OH 3′e fosforila 5′, DNA polimerase I intacta e dNTP radioativos. Sugira um modo de tornar o DNA radioativo.

**12.** *Pistas reveladoras.* Suponha que a replicação seja iniciada em um meio contendo timidina tritiada *moderadamente* radioativa. Depois de alguns minutos de incubação, as bactérias são transferidas para um meio contendo timidina tritiada *altamente* radioativa. Desenhe o padrão autorradiográfico que você veria para (a) a replicação unidirecional e (b) a replicação bidirecional, cada uma delas a partir de uma única origem.

**13.** *Rastro mutagênico.* Suponha que o RNA de fita simples do vírus do mosaico do tabaco tenha sido tratado com um agente mutagênico químico, que tenham sido obtidos mutantes com serina ou leucina em vez de prolina em uma posição específica, e que o subsequente tratamento desses mutantes com o mesmo agente mutagênico tenha produzido fenilalanina nessa posição.

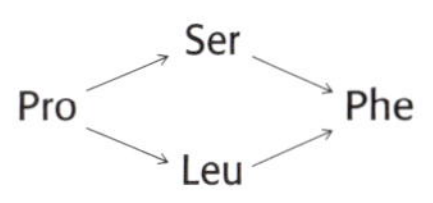


Quais os possíveis códons designados para esses quatro aminoácidos?

**14.** *Espectro induzido.* As DNA fotoliases convertem a energia luminosa na região próxima do ultravioleta ou visível do espectro (300 a 500 nm) em energia química para quebrar o anel de ciclobutano de dímeros de pirimidina. Na ausência de substrato, essas enzimas fotorreativadoras não absorvem luz de comprimentos de onda superiores a 300 nm. Por que a faixa de absorção induzida por substrato é vantajosa?

**15.** *Telomerase ausente.* As células que carecem de telomerase podem crescer durante várias divisões celulares sem quaisquer efeitos óbvios. Entretanto, depois de um maior número de divisões celulares, essas células tendem a exibir cromossomos que se fundiram. Proponha uma explicação para a formação dos cromossomos.

**16.** *Preciso relaxar.* Partindo do pressuposto de que a energia necessária para romper um par de bases no DNA seja de 10 kJ $mol^{-1}$ (2,4 kcal $mol^{-1}$), calcule o número máximo de pares de bases que poderiam ser rompidos por ATP hidrolisado pela ação de uma helicase operando em condições-padrão.

**17.** *Oxidação de tripletes.* A oxidação de bases de guanina no contexto de repetições de tripletes, como CAGCAGCAG, pode levar à expansão da repetição. Explique.

## Questão sobre mecanismo

**18.** *Um análogo revelador.* O AMP-PNP, o análogo β,γ-imida do ATP (ver Capítulo 25), é hidrolisado muito lentamente pela maioria das ATPases. A adição de AMP-PNP à topoisomerase II e ao DNA circular leva à formação de um superenovelamento negativo de uma única molécula de DNA por enzima. O DNA permanece ligado à enzima na presença desse análogo. O que esse achado revela acerca do mecanismo catalítico?

## Questões | Integração de capítulos e interpretação de dados

**19.** *Como uma escada de mão.* O DNA circular do vírus SV40 foi isolado e submetido à eletroforese em gel. Os resultados são mostrados na coluna A (controle) dos perfis de gel alinhados.

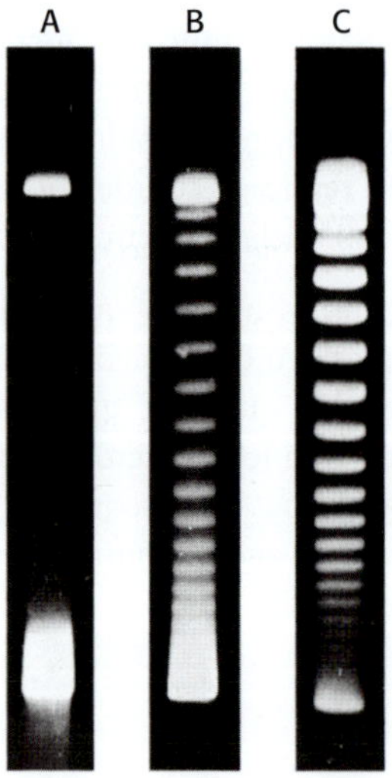


[De W. Keller. PNAS 72(1975):2553.]

**(a)** Por que o DNA se separa na eletroforese em gel de agarose? Como o DNA difere em cada faixa?

O DNA foi então incubado com topoisomerase I durante 5 minutos e novamente analisado por eletroforese em gel, com os resultados mostrados na coluna B.

**(b)** Que tipos de DNA as várias faixas representam?

Outra amostra de DNA foi incubada com topoisomerase I durante 30 minutos e novamente analisada, como mostra a coluna C.

**(c)** Qual é o significado do fato de que a maior parte do DNA encontra-se em formas de movimento mais lento?

**20.** *Teste de Ames.* A ilustração a seguir mostra quatro placas de Petri usadas para o teste de Ames. Um pedaço de papel de filtro (círculo branco no centro de cada placa) foi embebido em uma das quatro preparações e, em seguida, colocado em uma placa de Petri. As quatro preparações continham (A) água purificada (controle), (B) um agente mutagênico conhecido, (C) uma substância química cuja mutagenicidade está sendo investigada e (D) a mesma substância química após tratamento com homogeneizado de fígado. Em cada caso, foi determinado o número de revertentes visíveis como colônias nas placas de Petri.

**(a)** Qual finalidade da placa de controle foi exposta apenas à água?

**(b)** Por que é recomendável usar um agente mutagênico conhecido no sistema experimental?

**(c)** Como você interpretaria os resultados obtidos com o composto experimental?

**(d)** Que componentes do fígado você acredita sejam responsáveis pelos efeitos observados na preparação D?

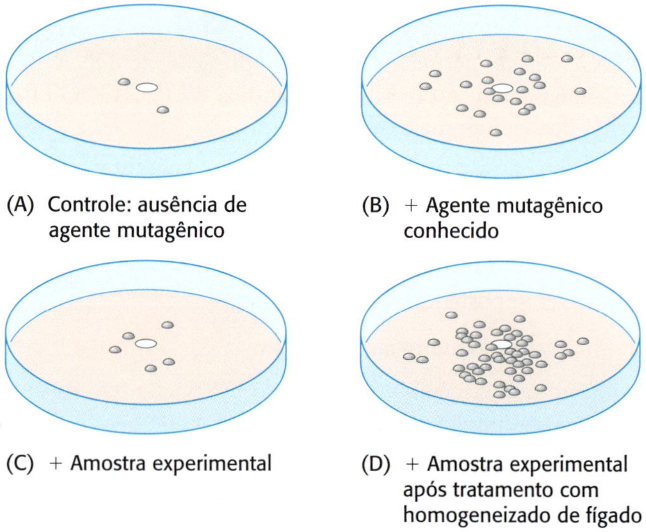

(A) Controle: ausência de agente mutagênico

(B) + Agente mutagênico conhecido

(C) + Amostra experimental

(D) + Amostra experimental após tratamento com homogeneizado de fígado

## Questão para discussão

**21** Descreva várias maneiras pelas quais a sequência de DNA é verificada ou corrigida. Por que existem tantas vias?

# Síntese e Processamento do RNA

CAPÍTULO 30

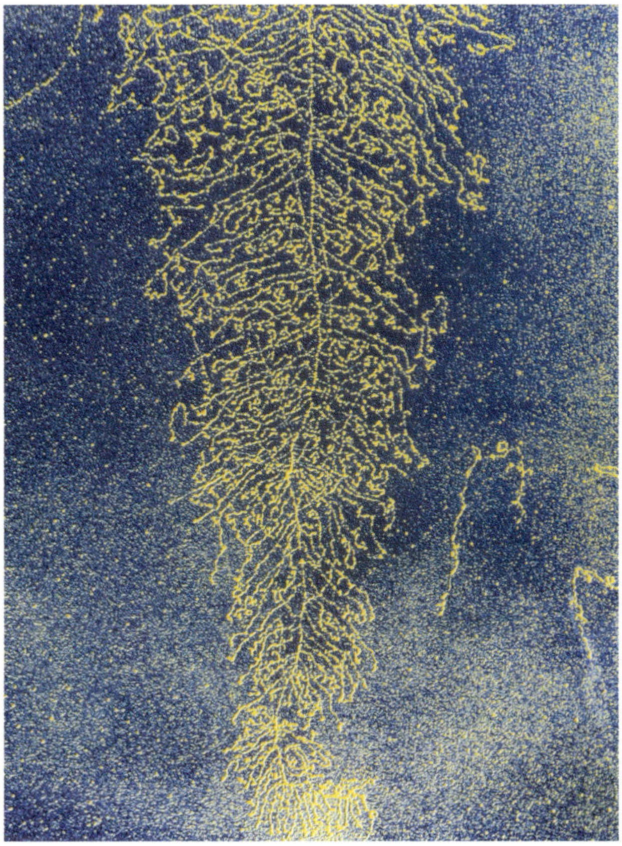

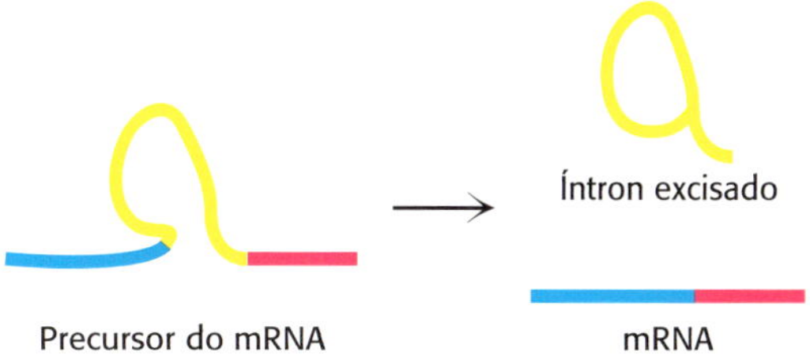


A síntese de RNA constitui uma etapa essencial na expressão da informação genética. No caso das células eucarióticas, o transcrito de RNA inicial (o precursor do mRNA) frequentemente sofre *splicing*, removendo íntrons que não codificam sequências de proteínas. Em geral, o mesmo pré-mRNA sofre *splicing* diferente em tipos distintos de células ou em diferentes estágios do desenvolvimento. Na imagem à esquerda, proteínas associadas ao *splicing* do RNA (coradas com anticorpo fluorescente) destacam as regiões do genoma do tritão que estão sendo ativamente transcritas. [(*À esquerda*) SPL/Science Source.]

## OBJETIVOS DE APRENDIZAGEM

*Ao término do capítulo, o leitor deverá ser capaz de:*

1. Discutir a função primária das RNA polimerases, a reação que elas catalisam e o seu mecanismo químico.
2. Descrever a transcrição, incluindo os processos de iniciação, elongação e terminação.
3. Discutir a regulação da transcrição nos eucariotos, incluindo as funções dos fatores de transcrição e dos *enhancers*.
4. Discutir as funções das RNA polimerases I, II e III na produção dos RNA ribossômicos, transportadores e mensageiros.
5. Descrever o processo de *splicing* do RNA, incluindo as funções do spliceossomo e das moléculas de RNA de auto-*splicing*.

## SUMÁRIO



O DNA armazena a informação genética de modo estável, passível de ser prontamente replicada. A expressão dessa informação genética exige que o seu fluxo ocorra do DNA para o RNA e, geralmente, para a proteína, como foi delineado no Capítulo 4. Neste capítulo, examinaremos a síntese, ou *transcrição*, do RNA, que consiste no processo de síntese de um transcrito de RNA com transferência da informação das sequências a partir de um molde de DNA. Começaremos com uma discussão sobre as RNA polimerases, as grandes e complexas enzimas que realizam o processo de síntese. Em seguida, trataremos da transcrição nas bactérias e enfocaremos os três estágios da transcrição: ligação ao promotor e iniciação, elongação do transcrito de RNA nascente e terminação. Em seguida, examinaremos a transcrição nos eucariotos ressaltando as distinções entre a transcrição bacteriana e a eucariótica.

Nos eucariotos, os transcritos de RNA são extensamente modificados, conforme exemplificado pela adição de um *cap* à extremidade 5′ de um precursor do mRNA e pela adição de uma longa cauda poli-A em sua extremidade 3′. Um dos exemplos mais notáveis de modificação do RNA é o *splicing* dos precursores do mRNA, que é catalisado por spliceossomos, isto é, complexos proteicos constituídos de partículas pequenas de ribonucleoproteínas nucleares (snRNPs, do inglês *small nuclear ribonucleoprotein particles*). De modo notável, algumas moléculas de RNA podem fazer *splicing* por si mesmas na ausência de proteína. Essa marcante descoberta feita por Thomas Cech e Sidney Altman revelou que as moléculas de RNA podem servir como catalisadores e influenciou imensamente a nossa visão da evolução molecular.

O *splicing* do RNA não é mera curiosidade. Muitas doenças genéticas têm sido associadas a mutações que afetam o *splicing* do RNA. Além disso, o mesmo pré-mRNA pode sofrer *splicing* diferente em vários tipos de células, em diferentes estágios do desenvolvimento ou em resposta a outros sinais biológicos. Soma-se a isto o fato de que, em algumas moléculas de pré-mRNA, bases individuais são modificadas em um processo denominado edição do RNA. Uma das maiores surpresas do sequenciamento do genoma humano foi que apenas cerca de 20 mil genes foram identificados, em comparação com as estimativas prévias de 100 mil ou mais. A capacidade de um gene de codificar mais de um mRNA distinto por *splicing* alternativo e, portanto, mais de uma proteína, pode desempenhar papel essencial na expansão do repertório de nossos genomas.

Além disso, a investigação de diferentes classes de moléculas de RNA tem constituído uma das áreas mais produtivas da pesquisa em bioquímica nestes últimos anos. No próximo capítulo, exploraremos as moléculas de RNA ribossômico e de RNA transportador conhecidas há muito tempo e que são fundamentais no processo de síntese das proteínas. Encontramos também os microRNAs, moléculas cuja elucidação está se ampliando rapidamente. Mais recentemente, foram descobertas muitas outras classes de RNA, incluindo os RNAs não codificadores longos, cujas funções ainda são objeto de investigação ativa.

## A síntese de RNA compreende três estágios: iniciação, elongação e terminação

A síntese de RNA é catalisada por enzimas grandes, denominadas *RNA polimerases.* A bioquímica básica da síntese de RNA é comum a todos os organismos, uma característica compartilhada que foi muito bem ilustrada pelas estruturas tridimensionais das RNA polimerases representativas de procariotos e eucariotos (Figura 30.1). A despeito de diferenças substanciais no tamanho e no número de subunidades polipeptídicas, as estruturas globais dessas enzimas são muito semelhantes, o que revela uma origem evolutiva comum.

À semelhança de todas as reações biológicas de polimerização, a síntese de RNA ocorre em três estágios: *iniciação, elongação e terminação.* As RNA polimerases desempenham múltiplas funções nesse processo:

1. Elas rastreiam o DNA à procura de sítios de iniciação, também denominados *sítios promotores* ou, simplesmente, *promotores.* Por exemplo, o DNA de *E. coli* tem cerca de 2 mil sítios promotores em seu genoma de $4{,}8 \times 10^6$ bp.

2. Elas desenrolam um curto segmento da dupla hélice de DNA para produzir moldes de DNA de fita simples, a partir dos quais a sequência de bases pode ser facilmente lida.

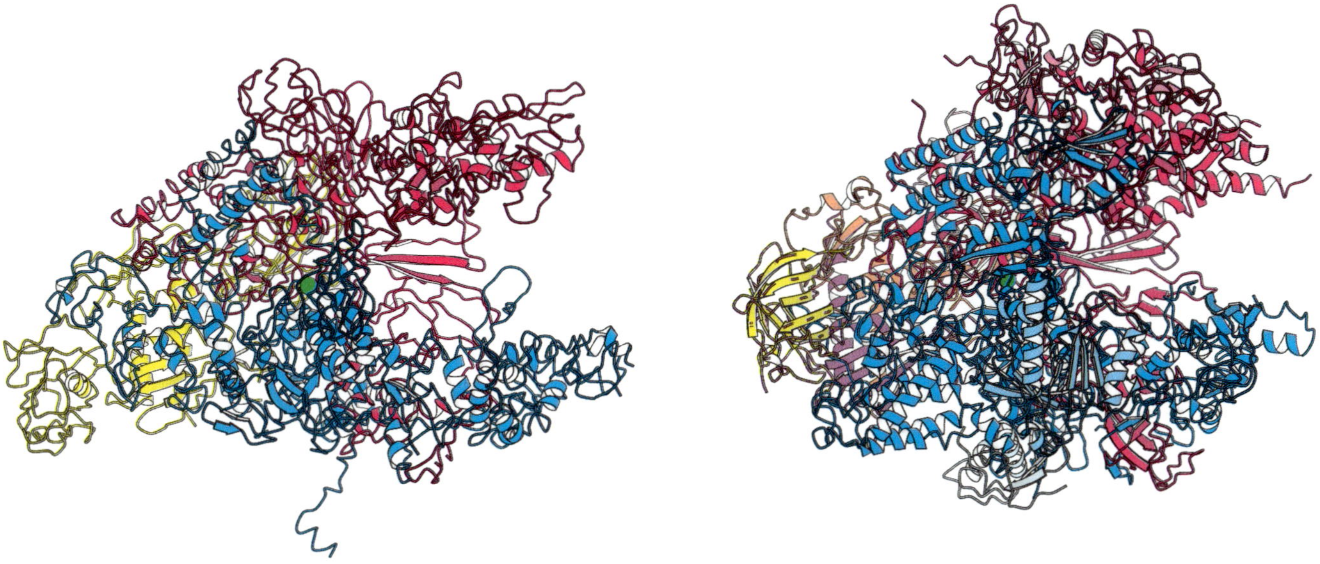

RNA polimerase procariótica

RNA polimerase eucariótica

**FIGURA 30.1 Estruturas da RNA polimerase.** Estruturas tridimensionais das RNA polimerases de um procarioto (*Thermus aquaticus*) e de um eucarioto (*Saccharomyces cerevisiae*). As duas subunidades maiores de cada estrutura são mostradas em vermelho-escuro e azul-escuro. *Observe* que ambas as estruturas contêm um íon metálico central (verde) nos sítios ativos próximo a uma grande fenda à direita. A semelhança dessas estruturas revela que tais enzimas apresentam a mesma origem evolutiva e exibem muitas características em comum quanto a seu mecanismo. [Desenhada de 1I6V.pdb e 1I6H.pdb.]

**3.** Elas selecionam o ribonucleosídio trifosfato correto e catalisam a formação de uma ligação fosfodiéster. Esse processo é repetido muitas vezes à medida que a enzima vai se movendo ao longo do molde de DNA. A RNA polimerase é totalmente processiva – um transcrito é sintetizado do início ao fim por uma única molécula de RNA polimerase.

**4.** Elas detectam sinais de terminação que especificam o local onde termina um transcrito.

**5.** Elas interagem com as proteínas ativadoras e repressoras que modulam a taxa de iniciação da transcrição em uma ampla faixa. A expressão gênica é controlada substancialmente em nível da transcrição, conforme discutido de modo detalhado nos Capítulos 32 e 33.

A química da síntese de RNA é idêntica para todas as formas de RNA, incluindo o RNA mensageiro, o RNA transportador, o RNA ribossômico e o RNA regulatório pequeno (*small regulatory RNA*). As etapas básicas que acabamos de delinear aplicam-se a todas as formas. Seus processos de síntese diferem principalmente na regulação, no processamento pós-transcrição e na RNA polimerase específica que participa.

## 30.1 As RNA polimerases catalisam a transcrição

A reação fundamental da síntese de RNA é a formação de uma ligação fosfodiéster. O grupo hidroxila 3′ do último nucleotídio na cadeia realiza um ataque nucleofílico ao grupo α fosforila do nucleosídio trifosfato que chega, com concomitante liberação de um pirofosfato.

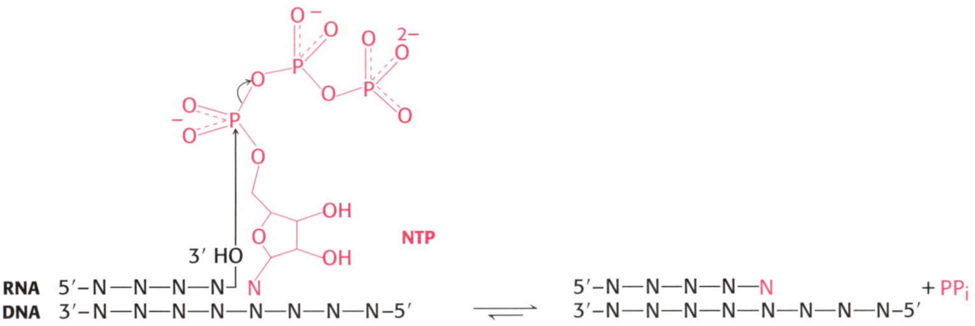

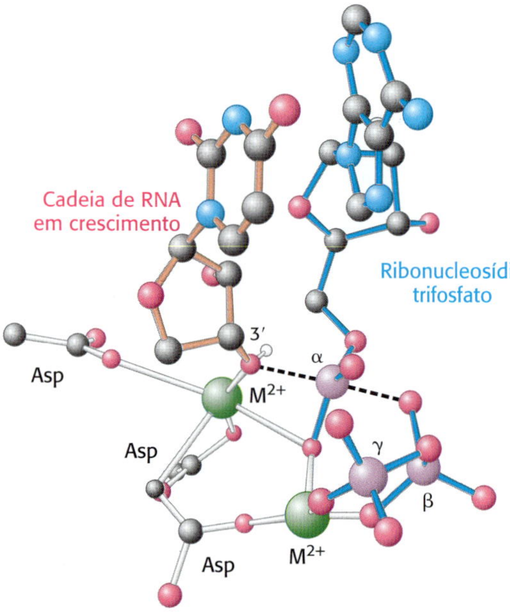


**FIGURA 30.2 Sítio ativo da RNA polimerase.** Modelo do estado de transição para a formação de uma ligação fosfodiéster no sítio ativo da RNA polimerase. O grupo hidroxila 3′ da cadeia de RNA em crescimento ataca o grupo α fosforila do nucleosídio trifosfato que chega, resultando na liberação de pirofosfato. Esse estado de transição assemelha-se estruturalmente ao do sítio ativo da DNA polimerase (ver Figura 29.5).

Essa reação é termodinamicamente favorável, e a subsequente degradação do pirofosfato a ortofosfato trava a reação na direção da síntese de RNA. Os sítios catalíticos das RNA polimerases incluem dois íons metálicos, normalmente íons magnésio (Figura 30.2). Um íon permanece firmemente ligado à enzima, enquanto o outro acompanha o nucleosídio trifosfato e sai com o pirofosfato. Três resíduos de aspartato conservados participam na ligação desses íons metálicos.

As RNA polimerases são enzimas muito grandes e complexas. Por exemplo, a RNA polimerase de *E. coli* consiste em cinco tipos de subunidades com a composição $\alpha_2\beta\beta'\omega$ (Tabela 30.1). Uma RNA polimerase eucariótica típica é maior e mais complexa, apresentando 12 subunidades e uma massa molecular total de mais de 0,5 kDa. Apesar dessa complexidade, as estruturas das RNA polimerases foram determinadas com detalhes por cristalografia de raios X no trabalho pioneiro de Roger Kornberg e Seth Darst. As estruturas de muitos outros complexos de RNA polimerase foram determinadas por criomicroscopia eletrônica.

As reações de polimerização catalisadas pelas RNA polimerases ocorrem dentro de um complexo no DNA denominado *bolha de transcrição* (Figura 30.3). Esse complexo consiste em DNA de fita dupla que foi localmente desenrolado em uma região de aproximadamente 17 pares de bases. As bordas das bases que normalmente fazem parte dos pares de bases de Watson-Crick são expostas na região desenrolada. Iniciaremos com uma descrição detalhada do processo de elongação, incluindo o papel do molde de DNA lido pela RNA polimerase e as reações catalisadas pela polimerase, antes de retornarmos aos processos mais complexos de iniciação e terminação.

**TABELA 30.1** Subunidades da RNA polimerase de *E. coli*.

| Subunidade | Gene | Número | Massa (kDa) |
|---|---|---|---|
| α | *rpoA* | 2 | 37 |
| β | *rpoB* | 1 | 151 |
| β′ | *rpoC* | 1 | 155 |
| ω | *rpoZ* | 1 | 10 |
| $\sigma^{70}$ | *rpoD* | 1 | 70 |

## As cadeias de RNA são formadas *de novo* e crescem no sentido de 5′ para 3′

Iniciaremos o exame da transcrição ao considerarmos o molde de DNA. O primeiro nucleotídio (sítio de iniciação) de uma sequência de DNA a ser

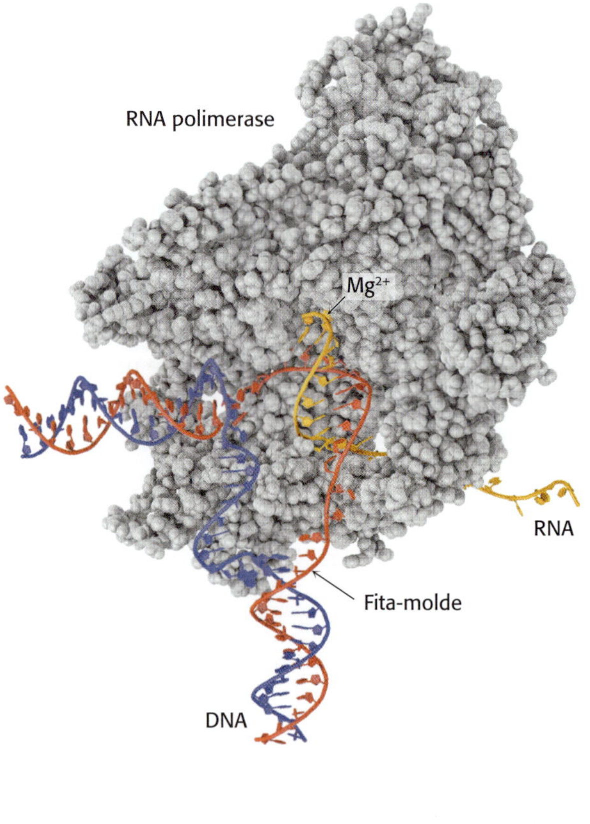


**FIGURA 30.3 Bolha de transcrição.** A RNA polimerase separa uma região da dupla hélice para formar uma estrutura denominada "bolha de transcrição". As fitas em vermelho (fita-molde) e em azul (não molde) de DNA são mostradas juntamente com a molécula de RNA em processo de síntese (mostrada em amarelo). A posição do magnésio no sítio ativo está indicada. O DNA entra pela esquerda e sai por baixo.

transcrita é indicado como +1, e o segundo como +2; o nucleotídio que precede o sítio de iniciação é indicado como –1. Essas designações referem-se à fita codificadora do DNA. Convém lembrar que a sequência da *fita-molde do DNA* é o *complemento* da fita do RNA transcrito (Figura 30.4). Em contrapartida, a *fita* codificadora *do DNA* tem a *mesma* sequência que o transcrito de RNA, com a exceção da timina (T) em lugar da uracila (U). A fita codificadora é também conhecida como *fita senso* (+), e a fita-molde, como *fita antissenso* (–).

| | | | |
|---|---|---|---|
| | AACGUAGGGUCACAUC . . . | Transcrito de RNA |
| . . . GCATACAACACACC | TTGCATCCCAGTGTAG . . . | Fita-molde ou antissenso (–) |
| . . . CGTATGTTGTGTGG | AACGTAGGGTCACATC . . . | Fita codificadora ou senso (+) |
| –1 | +1+2 | |

**FIGURA 30.4 Fita-molde e fita codificadora.** A fita-molde ou antissenso (–) é complementar na sua sequência ao transcrito de RNA.

Diferentemente da síntese de DNA, a *síntese de RNA pode começar de novo, sem a necessidade de um iniciador (primer)*. Em sua maioria, as cadeias de RNA recém-sintetizadas transportam um rótulo altamente específico na extremidade 5′: a primeira base nessa extremidade é *pppG* ou *pppA*.

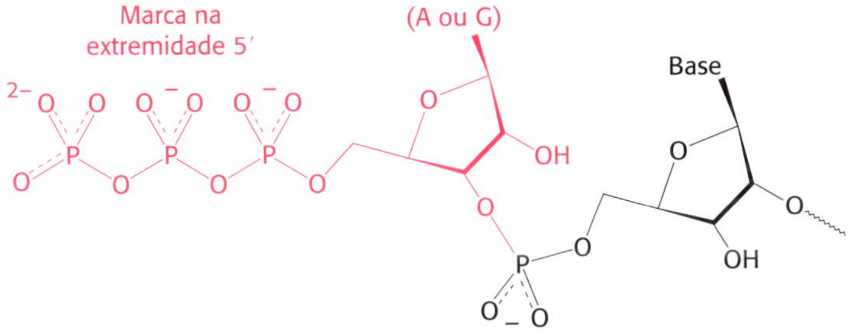


A presença de trifosfato confirma que a síntese de RNA começa na extremidade 5′.

O dinucleotídio mostrado anteriormente é sintetizado pela RNA polimerase como parte do complexo processo de iniciação, que será discutido posteriormente neste capítulo. Após a ocorrência da iniciação, a RNA polimerase procede à elongação da cadeia de ácido nucleico da seguinte maneira (Figura 30.5). Um ribonucleosídio trifosfato liga-se ao sítio ativo da RNA polimerase em local diretamente adjacente à cadeia de RNA em crescimento. O ribonucleosídio trifosfato que chega forma um par de bases de Watson-Crick com a fita-molde. O grupo hidroxila 3′ da cadeia de RNA em crescimento, orientado e ativado pelo íon metálico firmemente ligado, ataca o grupo α fosforila para formar uma nova ligação fosfodiéster, deslocando então o pirofosfato.

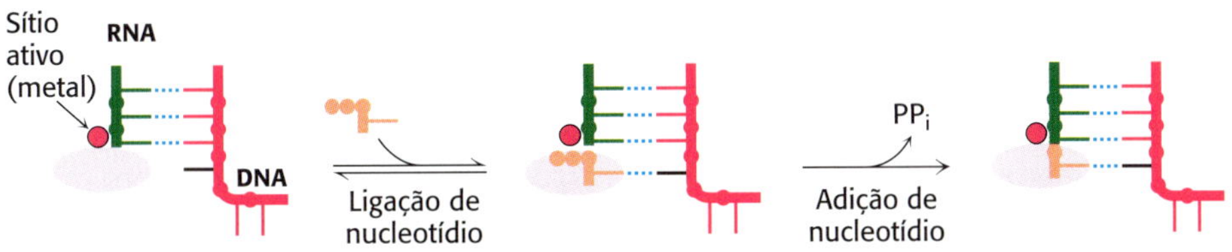


**FIGURA 30.5 Mecanismo de elongação.** Um ribonucleosídio trifosfato liga-se em um sítio adjacente à cadeia de RNA em crescimento e forma um par de bases de Watson-Crick com uma base na fita-molde de DNA. O grupo hidroxila 3′ na extremidade da cadeia de RNA ataca o nucleotídio recém-ligado e forma uma nova ligação fosfodiéster, liberando então o pirofosfato.

Para prosseguir na próxima etapa, o híbrido RNA-DNA precisa se mover em relação à polimerase para que a extremidade 3′ do nucleotídio recém-adicionado fique na posição apropriada para a adição do próximo nucleotídio (Figura 30.6). Essa etapa de translocação não inclui a ruptura de nenhuma ligação entre pares de bases e é reversível; todavia, uma vez ocorrida, a adição do próximo nucleotídio, favorecida pela clivagem do trifosfato e pela liberação e clivagem do pirofosfato, dirige a reação de polimerização.

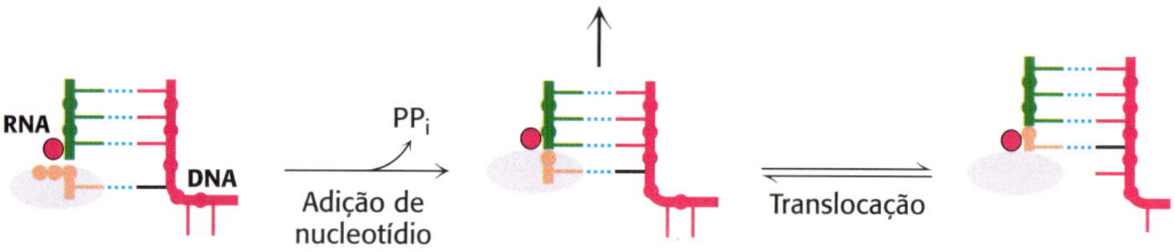


**FIGURA 30.6 Translocação.** Após a adição do nucleotídio, o híbrido RNA-DNA pode se translocar pela RNA polimerase, colocando uma nova base de DNA em sua posição para pareamento de bases com a chegada de um nucleosídio trifosfato.

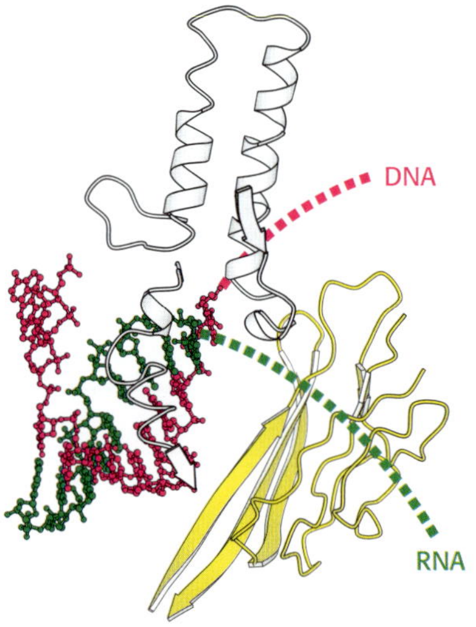


**FIGURA 30.7 Separação do híbrido RNA-DNA.** Uma estrutura dentro da RNA polimerase força a separação do híbrido RNA-DNA. *Observe* que a fita de DNA sai em um sentido, enquanto o RNA produzido sai em outro. [Desenhada de 1I6H.pdb.]

Os comprimentos do híbrido RNA-DNA e da região desenrolada do DNA permanecem bastante constantes à medida que a RNA polimerase vai se movendo ao longo do molde de DNA. O comprimento do híbrido RNA-DNA é determinado por uma estrutura dentro da enzima que força o híbrido a se separar, deixando a cadeia de RNA sair da enzima e a cadeia de DNA se unir a seu DNA parceiro (Figura 30.7).

## As RNA polimerases retrocedem e corrigem erros

O híbrido RNA-DNA também pode se mover no sentido oposto ao da elongação (Figura 30.8). Esse retrocesso é, do ponto de vista energético, menos favorável do que o movimento para a frente, visto que ele quebra as ligações entre um par de bases. Entretanto, o retrocesso é muito importante para a *revisão de prova*. A incorporação de um nucleotídio incorreto introduz um par de bases não Watson-Crick. Nesse caso, a ruptura das ligações entre esse par de bases e o ato de retroceder tem menor custo energético. Após o retrocesso da polimerase, a ligação fosfodiéster que fica um par de bases antes daquela formada se encontra adjacente ao íon metálico no sítio ativo. Nessa posição, uma reação de hidrólise, em que uma molécula de água ataca o fosfato, pode resultar na clivagem da ligação fosfodiéster e na liberação de um dinucleotídio que inclua o nucleotídio incorreto.

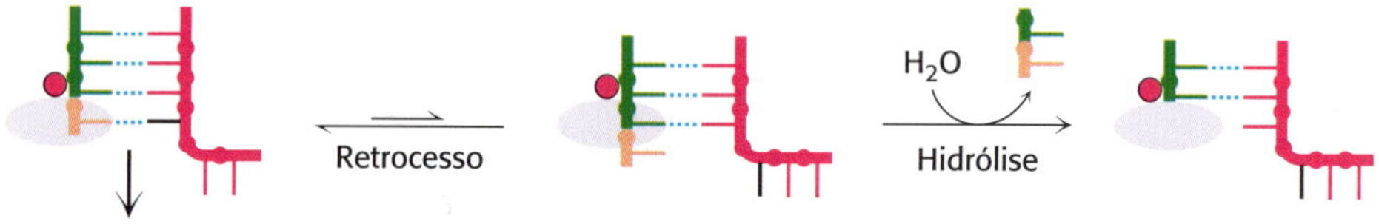


**FIGURA 30.8 Retrocesso.** Em certas ocasiões, o híbrido RNA-DNA pode retroceder dentro da RNA polimerase. Na posição de retrocesso, pode ocorrer hidrólise, produzindo então uma configuração equivalente àquela depois da translocação. O retrocesso tem mais tendência a ocorrer se for acrescentada uma base incorreta, o que facilita a revisão.

Os estudos de moléculas únicas de RNA polimerase confirmaram que as enzimas hesitam e retrocedem para corrigir erros. Além disso, essas atividades de revisão são frequentemente intensificadas por proteínas acessórias. A frequência final de erros, da ordem de um erro por $10^4$ ou $10^5$ nucleotídios, é mais alta que a da replicação do DNA, incluindo todos os mecanismos de correção de erros. A menor fidelidade associada à síntese de RNA pode ser tolerada, visto que os erros não são transmitidos à progênie. Na maioria dos genes, muitos transcritos de RNA são sintetizados, e alguns transcritos defeituosos provavelmente não são prejudiciais.

## A RNA polimerase liga-se a sítios promotores no molde de DNA para iniciar a transcrição

O processo de elongação é comum a todos os organismos. Por outro lado, os processos de iniciação e de terminação diferem substancialmente nas bactérias e nos eucariotos. Iniciaremos com uma descrição desses processos nas bactérias, começando com o processo de iniciação da transcrição. A RNA polimerase bacteriana discutida anteriormente, com a composição

$\alpha_2\beta\beta'\omega$, é designada como *cerne da enzima*. A inclusão de uma subunidade adicional produz a *holoenzima*, com composição $\alpha_2\beta\beta'\omega\sigma$. A subunidade σ ajuda a encontrar os locais no DNA onde a transcrição começa, que são denominados *sítios promotores*, ou simplesmente *promotores*. Nesses sítios, a subunidade σ participa na iniciação da síntese de RNA e, em seguida, dissocia-se do restante da enzima.

As sequências a montante do sítio promotor são importantes para determinar onde começa a transcrição. Um padrão notável tornou-se evidente quando as sequências de promotores bacterianos foram comparadas. *Dois motivos comuns estão presentes a montante do sítio de iniciação da transcrição*. São conhecidos como a *sequência –10* e a *sequência –35*, visto que estão centrados a cerca de 10 e 35 nucleotídios a montante do sítio de iniciação. A região que contém essas sequências é denominada *cerne do promotor*. As sequências –10 e –35 têm, cada uma delas, um comprimento de 6 bp. Suas *sequências consenso*, deduzidas das análises de muitos promotores (Figura 30.9), são

```
     –35                   –10          +1
5'~~TTGACA~~~~~~~~~~~~~~~TATAAT~~~~~Sítio de
                                    iniciação
```

Os promotores diferem acentuadamente na sua eficácia. Alguns genes são transcritos com frequência – em *E. coli*, em uma frequência de até cada 2 segundos. Os promotores desses genes são designados como *promotores fortes*. Em contrapartida, outros genes são transcritos com muito menos frequência, uma vez a cada 10 minutos; os promotores desses genes são conhecidos como *promotores fracos*. As regiões –10 e –35 dos promotores mais fortes apresentam sequências que correspondem estreitamente às sequências consenso, enquanto os promotores fracos tendem a ter múltiplas substituições nesses locais. Com efeito, uma mutação de uma única base na sequência –10 ou na sequência –35 pode diminuir a atividade do promotor. A distância entre essas sequências conservadas também é importante, e uma separação de 17 nucleotídios é ótima. Por conseguinte, *a eficiência ou a força de uma sequência promotora serve para regular a transcrição*. As proteínas regulatórias que se ligam a sequências específicas perto dos sítios promotores e que interagem com a RNA polimerase (ver Capítulo 32) também influenciam acentuadamente a frequência de transcrição de muitos genes.

Fora do cerne do promotor, em um subgrupo de genes altamente expressos, encontra-se o *elemento a montante* (também denominado elemento UP, de up*stream element*). Essa sequência está presente 40 a 60 nucleotídios a montante do sítio de iniciação da transcrição. O elemento UP é reconhecido, se liga à subunidade α da RNA polimerase e serve para aumentar a eficiência da transcrição, criando um local adicional de interação com a polimerase.

## As subunidades sigma da RNA polimerase reconhecem os sítios promotores

Para iniciar a transcrição, o cerne $\alpha_2\beta\beta'\omega$ da RNA polimerase deve ligar-se ao promotor. Entretanto, é a *subunidade σ* que possibilita essa ligação, tornando a *RNA polimerase capaz de reconhecer sítios promotores*. Na presença da subunidade σ, a RNA polimerase liga-se fracamente ao DNA e desliza ao longo da dupla hélice até se dissociar ou encontrar um promotor. A subunidade σ reconhece o promotor mediante várias interações com as bases nucleotídicas do DNA promotor. A estrutura de uma holoenzima da RNA polimerase bacteriana ligada a um sítio promotor mostra a interação da subunidade σ com o DNA nas regiões –10 e –35, que são essenciais para o reconhecimento do promotor (Figura 30.10). Por conseguinte, *a subunidade σ é responsável pela ligação específica da RNA polimerase a um promotor no molde de DNA*. Em geral, a subunidade σ é liberada quando a cadeia

```
                          A transcrição
                            inicia aqui
                                  ↓
     5'    –10                    3'
(A)  G A T A T A A T G A G C A A A
(B)  C G T A T A A T T T G A C C A
(C)  G T T A A C T A G T A C G C A
(D)  G T G A T A C T G A G C A C A
(E)  G T T T T C A T G C C T C C A
         T A T A A T
```

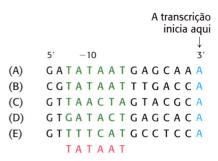

**FIGURA 30.9 Sequências de promotores bacterianos.** Uma comparação de cinco sequências de promotores procarióticos revela uma recorrente sequência TATAAT centrada na posição –10. A sequência consenso –10 (em vermelho) foi deduzida de um grande número de sequências de promotores. As sequências são dos operons (A) *urvD*, (B) *uncl* e (C) *trp* de *E. coli;* (D) do fago λ; e (E) do fago ϕX174.

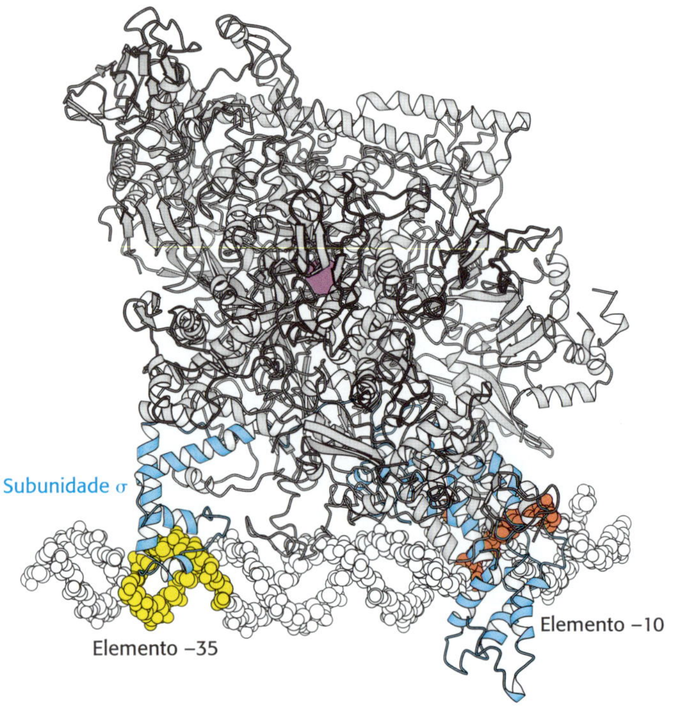


**FIGURA 30.10 Complexo da holoenzima da RNA polimerase.** *Observe* que a subunidade σ (em azul) da holoenzima da RNA polimerase bacteriana estabelece contatos com sequências específicas nos elementos promotores −10 (em laranja) e −35 (em amarelo). O sítio ativo da polimerase é revelado pelo íon metálico ligado (em roxo). [Desenhada de 1L9Z.pdb.]

de RNA nascente alcança um comprimento de 9 ou 10 nucleotídios. Após a sua liberação, ela pode auxiliar na iniciação por outro cerne da enzima. Por conseguinte, *a subunidade σ atua de modo catalítico.*

*E. coli* apresenta sete fatores σ diferentes para o reconhecimento de vários tipos de sequências promotoras no DNA de *E. coli*. O tipo que reconhece as sequências consenso descritas anteriormente é denominado $\sigma^{70}$, visto que apresenta massa de 70 kDa. Um fator σ diferente passa a atuar quando a temperatura é abruptamente elevada. *E. coli* responde com a síntese de $\sigma^{32}$, que reconhece os promotores de *genes de choque térmico*. Esses promotores exibem sequências −10 que são um tanto diferentes da sequência −10 dos promotores padrões (Figura 30.11). O aumento da transcrição de genes de choque térmico leva a uma síntese coordenada de uma série de proteínas protetoras. Outros fatores σ respondem a condições ambientais, como a privação de nitrogênio. Esses achados demonstram que *σ desempenha um papel-chave na determinação do local onde a RNA polimerase inicia a transcrição.*

Algumas outras bactérias contêm um número muito maior de fatores σ. Por exemplo, o genoma da bactéria de solo *Streptomyces coelicolor* codifica mais de 60 fatores σ, que são reconhecidos com base em suas sequências de aminoácidos. Esse repertório permite que as células ajustem seus programas de expressão gênica à ampla diversidade de condições relativas a nutrientes e organismos competidores com as quais podem se defrontar.

| | −35 | | −10 | | |
|---|---|---|---|---|---|
| 5′ | TTGACA | | TATAAT | 3′ | Promotor padrão |
| 5′ | TNNCNCNCTTGAA | | CCCATNT | 3′ | Promotor de choque térmico |
| 5′ | CTGGGNA | | TTGCA | 3′ | Promotor de privação de nitrogênio |

**FIGURA 30.11 Sequências promotoras alternativas.** Comparação das sequências consenso dos promotores padrões, de choque térmico e de privação de nitrogênio de *E. coli*. Esses promotores são reconhecidos, respectivamente, por $\sigma^{70}$, $\sigma^{32}$ e $\sigma^{54}$.

## As RNA polimerases precisam desenrolar a dupla hélice do molde para que ocorra a transcrição

Embora as RNA polimerases possam procurar sítios promotores quando ligados ao DNA de dupla hélice, um segmento desse DNA de dupla hélice precisa ser desenrolado para que a síntese possa começar. A transição do *complexo promotor fechado* (em que o DNA encontra-se na forma de dupla hélice) para o *complexo promotor aberto* (em que um segmento de DNA está desenrolado) constitui um evento essencial no processo de transcrição (Figura 30.12). A energia livre necessária para romper as ligações entre aproximadamente 17 pares de bases na dupla hélice provém de interações adicionais que são possíveis quando o DNA se desenrola para se enrolar em volta da RNA polimerase, bem como de interações entre regiões de DNA de fita simples e outras partes da enzima. Essas interações estabilizam o complexo promotor aberto e ajudam a puxar a fita-molde para o sítio ativo. O elemento −35 permanece em um estado de dupla hélice, enquanto o elemento −10 é desenrolado. O palco está agora montado para a formação da primeira ligação fosfodiéster da nova cadeia de RNA.

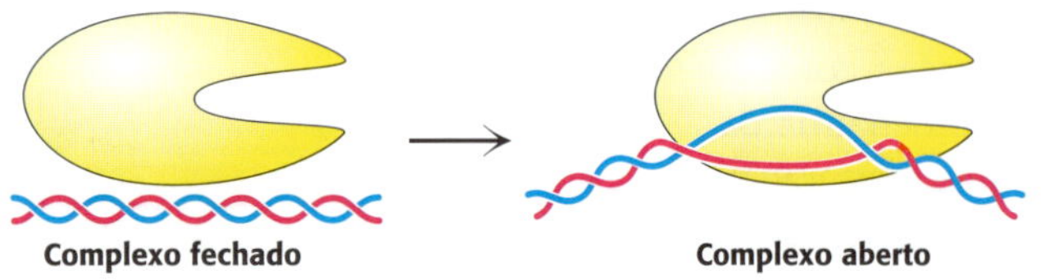


**FIGURA 30.12 Desenrolamento do DNA.** A transição do complexo promotor fechado para o aberto requer o desenrolamento de aproximadamente 17 pares de bases do DNA.

## A elongação ocorre em bolhas de transcrição que se movem ao longo do molde de DNA

A fase de elongação da síntese de RNA começa com a formação da primeira ligação fosfodiéster. Nesse estágio, podem ocorrer ciclos repetidos de adição de nucleotídios. Entretanto, até que cerca de 10 nucleotídios tenham sido adicionados, algumas vezes a RNA polimerase libera um RNA curto, que se dissocia do DNA. Quando a RNA polimerase passa desse ponto, a enzima fica ligada a seu molde até que seja alcançado um sinal de terminação. A região contendo a RNA polimerase, o DNA e o RNA nascente corresponde à bolha de transcrição (Figura 30.13). O RNA recém-sintetizado forma uma hélice híbrida com a fita-molde de DNA. Essa hélice RNA-DNA tem cerca de 8 bp de comprimento, o que corresponde a quase um giro de uma dupla hélice. Nessa hélice híbrida, o grupo hidroxila 3′ do RNA está posicionado de modo que possa atacar o átomo de fósforo α de um ribonucleosídio trifosfato que chega. O cerne da enzima também contém um sítio de ligação para a fita codificadora do DNA. Cerca de 17 bp do DNA são desenrolados durante a fase de elongação, como também na fase de iniciação. A bolha de transcrição move-se a uma distância de 170 Å (17 nm) em um segundo, o que corresponde a uma velocidade de elongação de cerca de 50 nucleotídios por segundo. Embora rápida, é muito mais lenta do que a velocidade de síntese de DNA, que é de 800 nucleotídios por segundo.

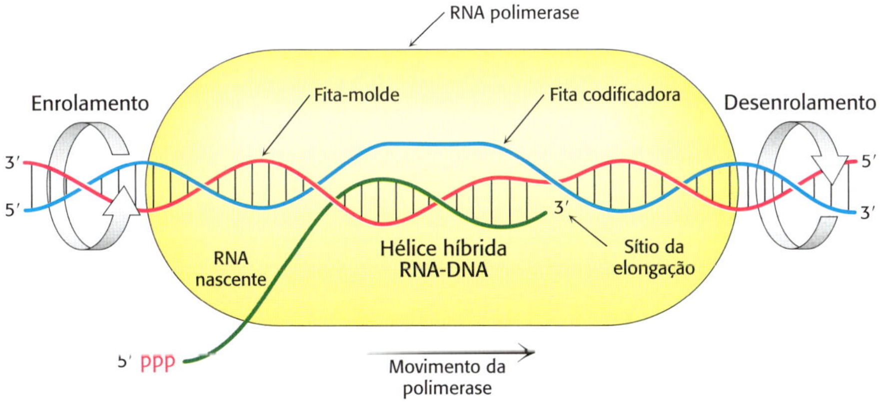


**FIGURA 30.13 Bolha de transcrição.** Representação esquemática de uma bolha de transcrição na elongação de um transcrito de RNA. O DNA dúplex é desenrolado na extremidade anterior da RNA polimerase e novamente enrolado na sua extremidade posterior. O híbrido RNA-DNA sofre uma rotação durante a elongação.

## Sequências dentro do RNA recém-transcrito sinalizam a terminação

Nas bactérias, a terminação da transcrição é controlada com tanta precisão quanto a sua iniciação. Na fase de terminação da transcrição, a formação de ligações fosfodiéster cessa, o híbrido RNA-DNA se dissocia, a região desenrolada do DNA volta a se enrolar e a RNA polimerase libera o DNA. O que determina o local de terminação da transcrição? *As regiões transcritas dos moldes de DNA contêm sinais de terminação.* O mais simples é uma *região palindrômica rica em GC, seguida de uma região rica em AT.* O RNA transcrito desse palíndromo de DNA é autocomplementar (Figura 30.14). Por conseguinte, suas bases podem se parear para formar uma estrutura em grampo de cabelo com uma haste e uma alça, uma estrutura favorecida pelo seu alto conteúdo de resíduos G e C. Os pares de bases guanina-citosina são mais estáveis do que os pares adenina-timina devido a uma ligação de hidrogênio extra no par de bases. Esse grampo estável é seguido de uma sequência de quatro ou mais resíduos de uracila, que também são cruciais para a terminação. O RNA transcrito termina dentro deles ou imediatamente depois.

Como essa combinação grampo-estrutura-oligo(U) termina a transcrição? Em primeiro lugar, é provável que a RNA polimerase faça uma pausa imediatamente após ter sintetizado um segmento de RNA que se dobra em grampo. Além disso, a hélice híbrida RNA-DNA produzida depois do grampo é

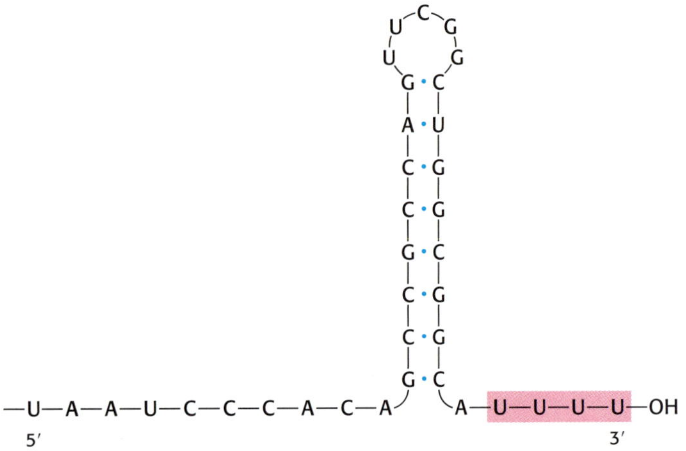


**FIGURA 30.14 Sinal de terminação.** Um sinal de terminação encontrado na extremidade 3′ de um transcrito de mRNA consiste em uma série de bases que formam uma estrutura em haste-alça estável e uma série de resíduos U.

instável, visto que seus pares de bases rU-dA são os mais fracos dos quatro tipos. Assim, a pausa na transcrição ocasionada pelo grampo faz com que o *RNA nascente* fracamente ligado *se dissocie do molde de DNA e, em seguida, da enzima.* A fita-molde solitária do DNA volta a se juntar à sua parceira para reconstituir o DNA dúplex, e a bolha de transcrição se fecha.

## Alguns RNA mensageiros percebem diretamente as concentrações de metabólitos

Como discutiremos detalhadamente nos Capítulos 32 e 33, a expressão de muitos genes é controlada em resposta às concentrações de metabólitos e moléculas sinalizadoras dentro das células. Um conjunto de mecanismos de controle depende da notável capacidade de algumas moléculas de mRNA de formar estruturas secundárias especiais, algumas das quais capazes de se ligar diretamente a moléculas pequenas. Essas estruturas são denominadas *riboswitches.* Consideremos um *riboswitch* que controla a síntese de genes que participam na biossíntese de riboflavina em *Bacillus subtilis* (Figura 30.15). Quando a flavina mononucleotídio (FMN), um intermediário essencial na biossíntese de riboflavina, está presente em altas concentrações, ela se liga a uma conformação do transcrito de RNA com um bolso de ligação de FMN que também inclui uma estrutura em grampo que favorece a terminação prematura. Ao reter o RNA transcrito nessa conformação que favorece a terminação, a FMN impede a produção de mRNA funcional. Entretanto, quando presente em baixas concentrações, a FMN não se liga prontamente ao RNA, e uma conformação alternativa é produzida sem o terminador, o que possibilita a produção de mRNA completo. A ocorrência de *riboswitches* fornece uma vívida ilustração de como os RNA são capazes de formar estruturas funcionais e elaboradas, embora a tendência é mostrá-los como simples linhas na ausência de informação específica.

## A proteína *rho* auxilia a terminar a transcrição de alguns genes

A RNA polimerase não precisa de ajuda para terminar a transcrição em um grampo seguido de vários resíduos U. Entretanto, em outros sítios, a terminação requer a participação de um fator adicional. Essa descoberta foi obtida com a observação de que algumas moléculas de RNA sintetizadas *in vitro* pela RNA polimerase atuando sozinha são *mais longas* do que aquelas

**FIGURA 30.15** ***Riboswitch.*** **A.** A extremidade 5′ de um mRNA que codifica proteínas direcionadas para a produção de flavina mononucleotídio (FMN) dobra-se para formar uma estrutura que é estabilizada pela ligação da FMN. Essa estrutura inclui um terminador que leva à terminação prematura do mRNA. Na presença de concentrações mais baixas de FMN, forma-se uma estrutura alternativa, que não apresenta o terminador, levando então à produção de mRNA completo. **B.** Estrutura tridimensional de um *riboswitch* de ligação à FMN ligada à FMN. Os segmentos azul e amarelo correspondem às regiões indicadas nas mesmas cores na parte A. *Observe* como a fita amarela entra em contato com a FMN ligada, estabilizando a estrutura. [Desenhada de 3F2Q.pdb.]

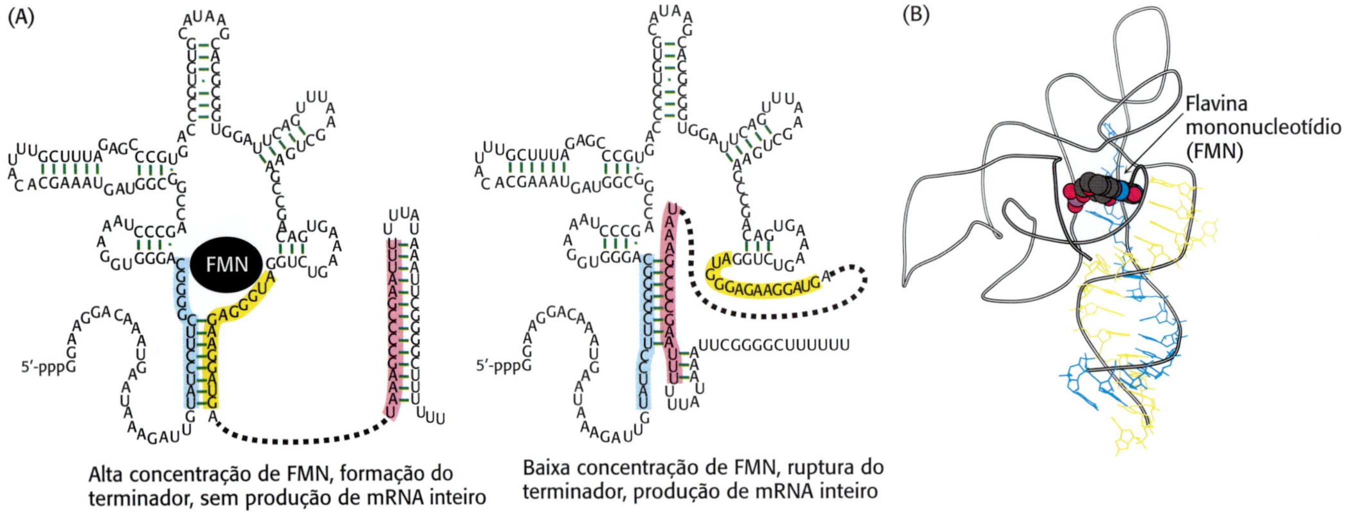

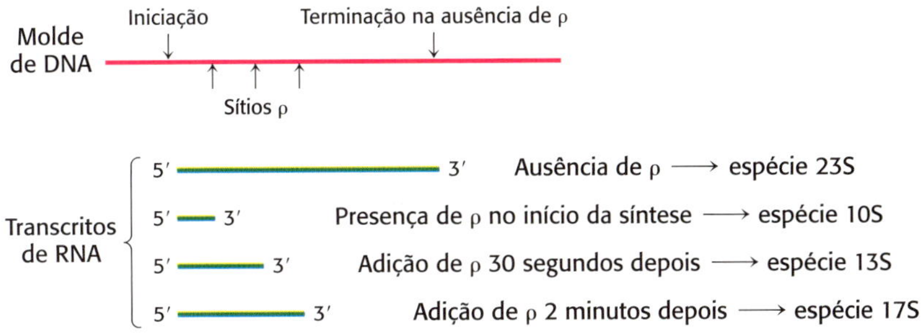


**FIGURA 30.16 Efeito da proteína ρ sobre o tamanho dos transcritos de RNA.**

sintetizadas *in vivo*. O fator ausente, uma proteína que proporciona terminação correta, foi isolado e denominado *rho* (ρ). Informações adicionais sobre a ação do fator ρ foram obtidas pela adição desse fator de terminação a uma mistura de incubação em vários tempos após a iniciação da síntese de RNA (Figura 30.16). Foram obtidos RNAs com coeficientes de sedimentação de 10S, 13S e 17S quando o fator ρ foi acrescentado à iniciação alguns segundos após o início e 2 minutos depois, respectivamente. Quando não foi adicionado nenhum fator ρ, a transcrição gerou um produto de RNA de 23S. É evidente que o molde contém pelo menos três sítios de terminação que respondem ao ρ (produzindo RNA 10S, 13S e 17S) e um sítio de terminação que não responde (produzindo RNA 23S). Por conseguinte, a terminação específica em um sítio que produz RNA 23S pode ocorrer na ausência do fator ρ. Entretanto, ρ detecta sinais de terminação adicionais que não são reconhecidos pela RNA polimerase sozinha.

Como ρ provoca o terminação da síntese de RNA? *Um indício importante é o achado de que a proteína ρ hidrolisa o ATP na presença de RNA de fita simples, mas não na presença de DNA ou de RNA dúplex.* A proteína ρ hexamérica é uma helicase, homóloga às helicases que encontramos na discussão sobre a replicação do DNA (ver seção 29.1). Um segmento de nucleotídios liga-se de tal modo que o RNA passa pelo centro da estrutura (Figura 30.17). A proteína ρ é acionada por sequências localizadas no RNA nascente, que são ricas em citosina e pobres em guanina. A atividade de helicase de ρ faz com que a proteína puxe o RNA nascente enquanto persegue a RNA polimerase. Quando ρ alcança a RNA polimerase na bolha de transcrição, ela rompe a hélice do híbrido RNA-DNA, atuando como uma RNA-DNA helicase.

Além de ρ, outras proteínas podem provocar a terminação. Por exemplo, a *proteína NusA* faz com que a RNA polimerase de *E. coli* reconheça uma classe característica de sítios de terminação. *Uma característica comum às terminações independente e dependente de proteína é o fato de que os sinais funcionais residem no RNA recém-sintetizado, e não no molde de DNA.*

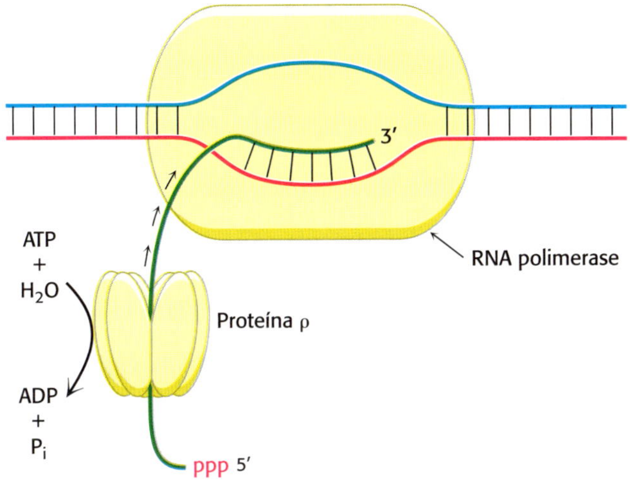


**FIGURA 30.17 Mecanismo da terminação da transcrição pela proteína ρ.** Essa proteína é uma helicase dependente de ATP que se liga à cadeia de RNA nascente e a puxa para longe da RNA polimerase e do molde de DNA. As setas pequenas representam o movimento da proteína ρ ao longo do transcrito.

## Alguns antibióticos inibem a transcrição

Muitos antibióticos são inibidores altamente específicos de processos biológicos nas bactérias. A rifampicina e a actinomicina são dois antibióticos que inibem a transcrição bacteriana, embora de modos muito diferentes. A *rifampicina* é um derivado semissintético das *rifamicinas,* que são derivados de uma cepa de *Amycolatopsis* que está relacionada com a bactéria causadora da faringite.

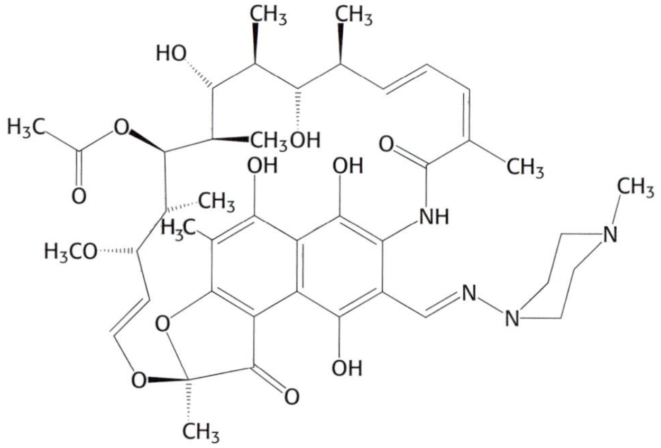


**Rifampicina**

Esse antibiótico *inibe especificamente a iniciação da síntese de RNA.* A rifampicina interfere na formação das primeiras ligações fosfodiéster na cadeia de RNA. A estrutura de um complexo entre uma RNA polimerase procariótica e a rifampicina revela que o antibiótico bloqueia o canal pelo qual deve passar o híbrido RNA-DNA gerado pela enzima (Figura 30.18). O sítio de ligação está a uma distância de 12 Å do sítio ativo. A rifampicina só pode inibir a iniciação da transcrição, mas não a elongação, visto que o híbrido RNA-DNA presente na enzima durante a elongação impede a ligação do antibiótico. O bolsão ao qual se liga a rifampicina é conservado entre as RNA polimerases bacterianas, mas não nas polimerases eucarióticas, de modo que a rifampicina pode ser utilizada como antibiótico no tratamento da tuberculose.

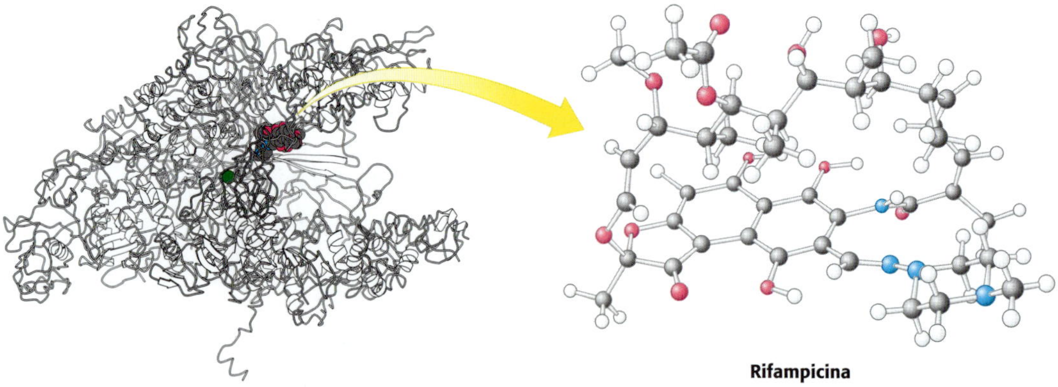


**FIGURA 30.18 Ação antibiótica.** A rifampicina liga-se a um bolsão no canal que é normalmente ocupado pelo híbrido RNA-DNA recém-formado. Por conseguinte, o antibiótico bloqueia a elongação após a adição de apenas dois ou três nucleotídios.

A *actinomicina D,* um antibiótico contendo um peptídio de uma cepa diferente de *Streptomyces,* inibe a transcrição por um mecanismo totalmente diferente. *A actinomicina D liga-se fortemente e de modo específico ao DNA de dupla hélice e, portanto, evita que seja um molde efetivo para a síntese de RNA.* Os resultados dos estudos espectroscópicos, hidrodinâmicos e estruturais dos complexos de actinomicina D e DNA revelam que o anel fenoxazona da actinomicina se encaixa entre pares de bases no DNA (Figura 30.19). Esse modo de ligação é denominado *intercalação.* Em baixas concentrações,

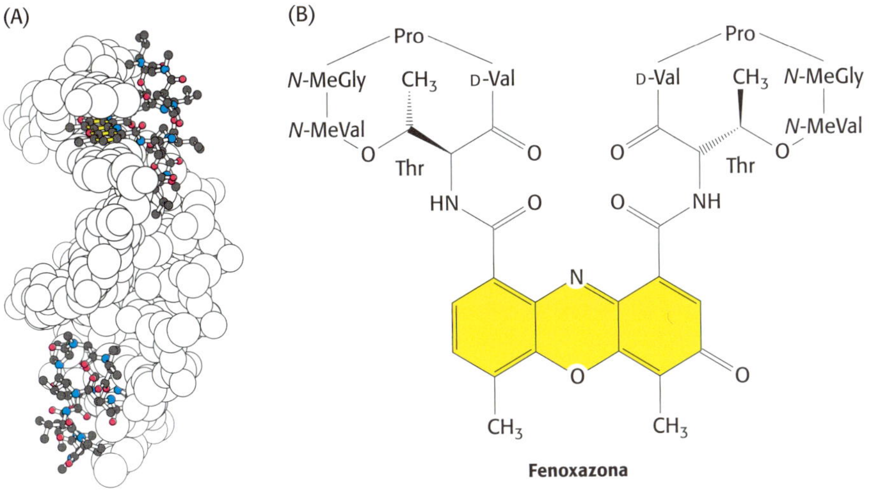


**FIGURA 30.19 Estrutura do complexo actinomicina-DNA.** **A.** Estrutura de um complexo entre um DNA dúplex (ilustrado como um modelo de preenchimento espacial) e a actinomicina B (ilustrada como um modelo de bola e bastão). Duas moléculas de actinomicina B estão ligadas no complexo. **B.** Estrutura da actinomicina B mostrando o anel fenoxazona. *Observe* como a fenoxazona (em amarelo) se encaixa entre pares de bases do DNA. Abreviatura: Me, metila. [Desenhada de 1I3W.pdb]

a actinomicina D inibe a transcrição sem afetar significativamente a replicação do DNA ou a síntese de proteínas. Por conseguinte, *a actinomicina D é extensamente utilizada como um inibidor altamente específico da formação de novo RNA nas células tanto procarióticas quanto eucarióticas.* Sua capacidade de inibir o crescimento de células em rápida divisão torna a actinomicina D um agente terapêutico efetivo no tratamento de alguns tipos de câncer.

## Os precursores do RNA transportador e do RNA ribossômico são clivados e modificados quimicamente após transcrição nos procariotos

Nos procariotos, as moléculas de RNA mensageiro sofrem pouca ou nenhuma modificação após a sua síntese pela RNA polimerase. Com efeito, muitas moléculas de mRNA são traduzidas enquanto estão sendo transcritas. Por outro lado, *as moléculas de RNA transportador (tRNA) e RNA ribossômico (rRNA) são produzidas por clivagem e por outras modificações das cadeias nascentes de RNA.* Por exemplo, em *E. coli*, três rRNAs e um tRNA são excisados de um único transcrito primário de RNA, que também contém regiões espaçadoras (Figura 30.20). Outros transcritos contêm conjuntos de vários tipos de rRNA ou de várias cópias do mesmo tRNA. As nucleases que clivam e aparam esses precursores do rRNA e do tRNA são altamente precisas. Em *E. coli*, a *ribonuclease P* (RNase P), por exemplo, gera a extremidade 5′ terminal correta de todas as moléculas de tRNA. Sidney Altman e colaboradores mostraram que essa interessante enzima contém uma molécula de RNA cataliticamente ativa. A *ribonuclease III* (RNase III) remove os precursores de rRNA 5S, 16S e 23S do transcrito primário pela clivagem de regiões em grampo de dupla hélice em sítios específicos.

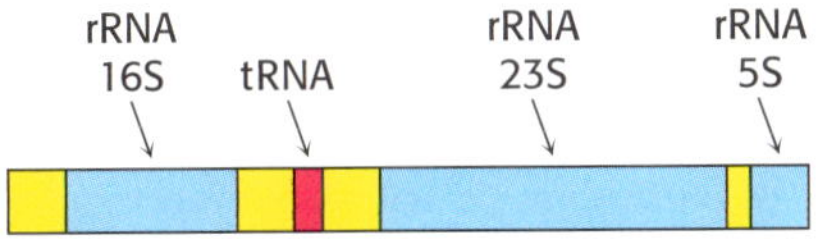


**FIGURA 30.20 Transcrito primário.** A clivagem desse transcrito produz moléculas de rRNA 5S, 16S e 23S e uma molécula de tRNA. As regiões espaçadoras são mostradas em amarelo.

Um segundo tipo de processamento é a *adição de nucleotídios às terminações de algumas cadeias de RNA.* Por exemplo, CCA, uma sequência terminal necessária para a função de todos os tRNAs, é acrescentada às extremidades 3′ de moléculas de tRNA para as quais essa sequência terminal não é codificada no DNA. A enzima que catalisa a adição de CCA é atípica para uma RNA polimerase, visto que ela não utiliza um molde de DNA. Um terceiro tipo de processamento é a *modificação de unidades de bases e de ribose* dos RNAs ribossômicos. Nos procariotos, algumas bases de rRNA são metiladas. São encontradas bases incomuns em todas as moléculas de tRNA. Elas são formadas pela modificação enzimática de um ribonucleotídio padrão em um precursor do tRNA. Por exemplo, resíduos de uridilato são modificados após a transcrição para formar *ribotimidilato* e *pseudouridilato*. Essas modificações geram diversidade, possibilitando maiores versatilidades estrutural e funcional.

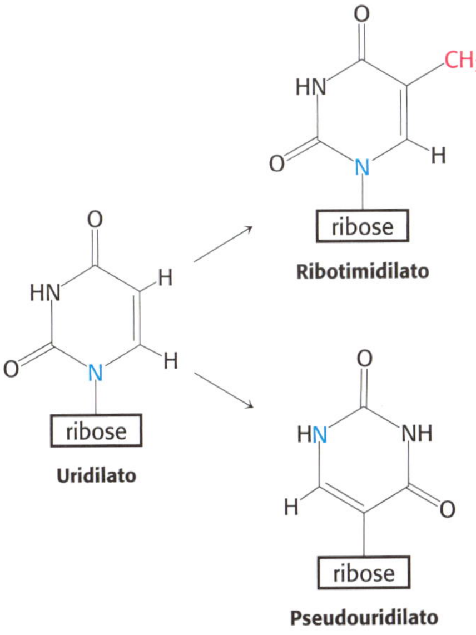

## 30.2 A transcrição nos eucariotos é altamente regulada

Veremos agora a transcrição nos eucariotos, um processo muito mais complexo do que ocorre nas bactérias. As células eucarióticas têm notável capacidade de regular com precisão o tempo em que cada gene é transcrito, bem como a quantidade de RNA produzida. Em virtude dessa capacidade, alguns eucariotos evoluíram para organismos multicelulares, e com tecidos distintos. *Isto é, os eucariotos multicelulares utilizam uma regulação diferencial da transcrição para criar tipos celulares diferentes.* A expressão gênica é influenciada por três características importantes e exclusivas dos eucariotos: a membrana nuclear, a complexa regulação transcricional e o processamento do RNA.

**1.** *A membrana nuclear. Nos eucariotos, a transcrição e a tradução ocorrem em compartimentos celulares diferentes:* a transcrição ocorre no núcleo delimitado por membrana, enquanto a tradução ocorre fora do núcleo, no citoplasma. Nas bactérias, os dois processos estão estreitamente acoplados (Figura 30.21). Com efeito, a tradução do mRNA bacteriano começa enquanto o transcrito ainda está sendo sintetizado. *As separações espacial e temporal da transcrição e da tradução permitem que os eucariotos regulem a expressão gênica de modo muito mais complexo, contribuindo assim para a riqueza da forma e da função dos eucariotos.*

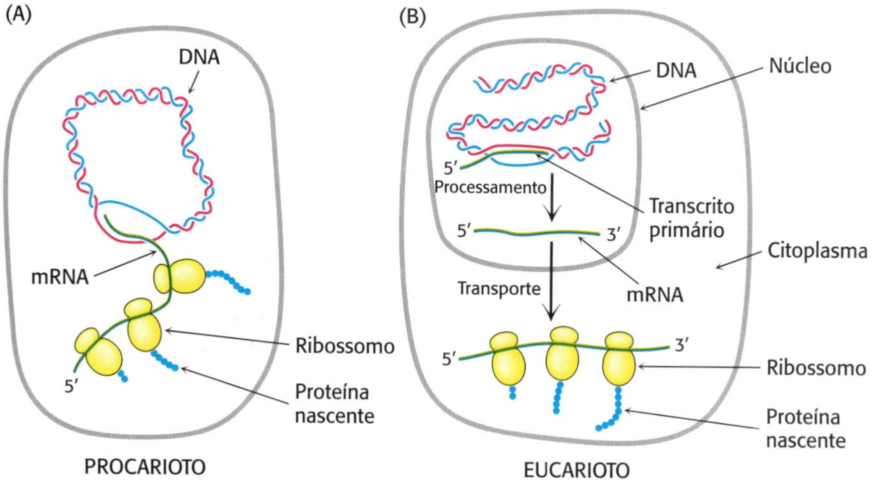


**FIGURA 30.21 Transcrição e tradução.** Esses dois processos estão estreitamente acoplados nos procariotos, enquanto são separados tanto no espaço quanto no tempo nos eucariotos. **A.** Nos procariotos, o transcrito primário atua como mRNA e é utilizado imediatamente como molde para a síntese de proteínas. **B.** Nos eucariotos, os precursores do mRNA são processados e sofrem *splicing* no núcleo antes de serem transportados até o citoplasma para a tradução em proteínas. [Informação de J. Darnell, H. Lodish e D. Baltimore. *Molecular Cell Biology*, 2nd ed. (Scientific American Books, 1990), p. 230.]

**2.** *Regulação transcricional complexa.* À semelhança das bactérias, os eucariotos dependem de sequências conservadas no DNA para regular a iniciação da transcrição. Todavia, as bactérias apresentam apenas três elementos promotores (os elementos –10 –,35 e UP), enquanto os eucariotos utilizam uma variedade de tipos de elementos promotores, cada um deles identificado pela sua própria sequência conservada. Nem todos os tipos possíveis estarão presentes no mesmo promotor. *Nos eucariotos, os elementos que regulam a transcrição podem ser encontrados em uma variedade de localizações no DNA,* a montante ou a jusante do sítio de iniciação e, algumas vezes, a distâncias muito maiores do sítio de iniciação do que nos procariotos. Por exemplo, elementos amplificadores (*enhancers*) localizados no DNA longe do sítio de iniciação aumentam a atividade promotora de genes específicos.

**3.** *Processamento do RNA.* Embora tanto as bactérias quanto os eucariotos modifiquem o RNA, *os eucariotos processam extensamente o RNA nascente destinado a se tornar mRNA.* Esse processamento inclui modificações em ambas as extremidades e, de modo mais significativo, *splicing* dos segmentos do transcrito primário. O processamento do RNA é descrito na seção 30.3.

### Três tipos de RNA polimerases sintetizam o RNA nas células eucarióticas

Nas bactérias, o RNA é sintetizado por um único tipo de polimerase. Em contraste, o núcleo de uma célula eucariótica típica contém três tipos de RNA polimerase, que diferem na especificidade do molde e na sua localização no núcleo (Tabela 30.2). Todas essas polimerases são proteínas grandes que contêm 8 a 14 subunidades e que apresentam massas moleculares totais superiores a 500 kDa. A *RNA polimerase I* está localizada em estruturas especializadas dentro do núcleo, denominadas nucléolos, onde transcreve o arranjo *in tandem* de genes para os rRNAs 18S, 5,8S e 28S. A outra molécula de RNA ribossômico (rRNA 5S) e todas as moléculas de tRNA são sintetizadas pela *RNA polimerase III*, que está localizada no nucleoplasma, mas não nos nucléolos. A *RNA polimerase II*, que também está localizada no nucleoplasma, sintetiza os precursores do RNA mensageiro, bem como várias moléculas de RNA pequeno, como as do aparato de *splicing* e muitos dos precursores dos RNAs reguladores pequenos.

**TABELA 30.2** RNA polimerases eucarióticas.

| Tipo | Localização | Transcritos celulares | Efeitos da α-amanitina |
|---|---|---|---|
| I | Nucléolo | rRNAs 18S, 5,8S, 28S | Insensível |
| II | Nucleoplasma | Precursores do mRNA e do snRNA | Fortemente inibida |
| III | Nucleoplasma | tRNA e rRNA 5S | Inibida por altas concentrações |

Embora todas as RNA polimerases eucarióticas sejam homólogas entre si e com as RNA polimerases procarióticas, a RNA polimerase II contém um *domínio carboxiterminal* singular na subunidade de 220 kDa, denominado CTD (*carboxyl-terminal domain*); esse domínio é incomum, visto que contém múltiplas repetições de uma sequência consenso YSPTSPS. A atividade da RNA polimerase II é regulada por fosforilação, principalmente nos resíduos de serina do CTD.

Outra distinção importante entre as polimerases é observada nas suas respostas à toxina α-*amanitina,* um octapeptídio cíclico que contém vários aminoácidos modificados.

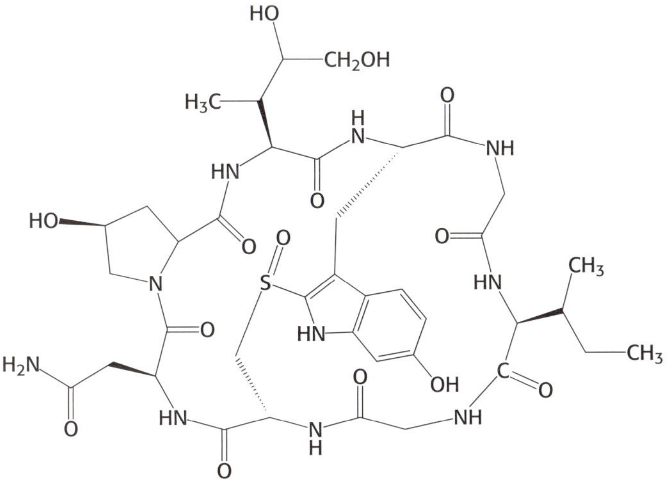


**α-amanitina**

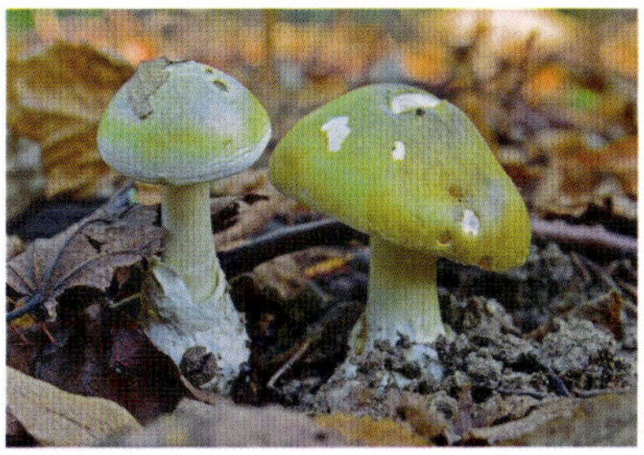

***Amanita phalloides*, também denominado *chapéu-da-morte*.** [Fonte: iStock ®empire331.]

A α-amanitina é produzida pelo cogumelo venenoso *Amanita phalloides,* que também é denominado *chapéu-da-morte* ou *anjo-da-destruição.* Mais de uma centena de mortes ocorrem todo ano pelo mundo em decorrência da ingestão de cogumelos venenosos. A α-amanitina liga-se muito firmemente ($K_d$ = 10 nM) à RNA polimerase II e, assim, bloqueia a fase de elongação da

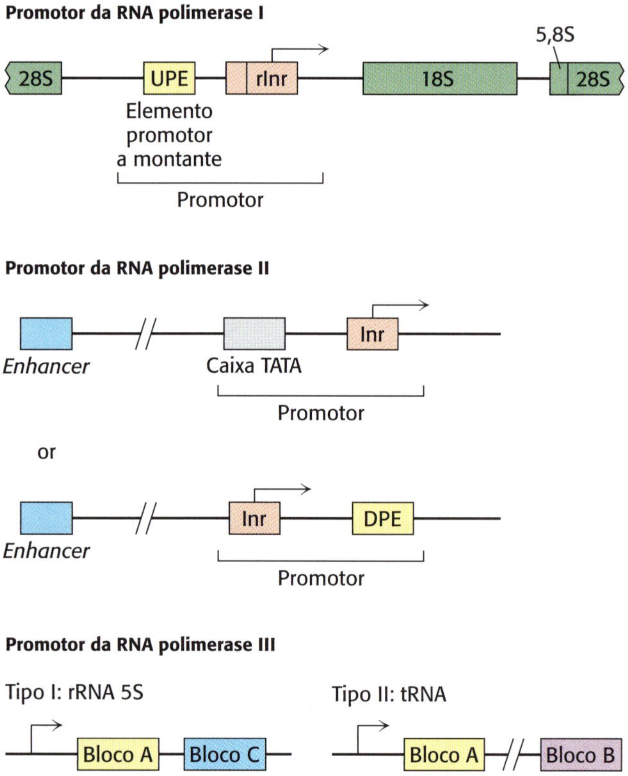


**FIGURA 30.22 Elementos promotores eucarióticos comuns.** Cada RNA polimerase eucariótica reconhece um conjunto de elementos promotores – sequências no DNA que promovem a transcrição. O promotor da RNA polimerase I consiste em um iniciador ribossômico (rInr) e um elemento promotor a montante (UPE, do inglês *upstream promoter element*). De forma semelhante, o promotor da RNA polimerase II inclui um elemento iniciador (Inr) e também pode apresentar uma caixa TATA (*TATA box*) e um elemento promotor a jusante (DPE, do inglês *downstream promoter element*). Separados da região promotora, os elementos amplificadores (*enhancers*) ligam-se a fatores de transcrição específicos. Os promotores da RNA polimerase III consistem em sequências conservadas situadas dentro dos genes transcritos.

síntese de RNA. Concentrações mais altas de α-amanitina (1 μM) inibem a polimerase III, enquanto a polimerase I é insensível a essa toxina. Esse padrão de sensibilidade é altamente conservado por todo o reino animal e vegetal.

As polimerases eucarióticas também diferem umas das outras nos promotores aos quais se ligam. Assim como os procarióticos, os genes eucarióticos necessitam de promotores para a iniciação da transcrição. À semelhança dos promotores procarióticos, os promotores eucarióticos são constituídos de sequências conservadas que servem para atrair a polimerase ao sítio de iniciação. Entretanto, dependendo do tipo de RNA polimerase à qual se ligam, os promotores eucarióticos diferem nitidamente na sua sequência e posição (Figura 30.22).

1. *RNA polimerase I.* O DNA ribossômico (rDNA) transcrito pela polimerase I é disposto em várias centenas de repetições em série, contendo, cada uma delas, uma cópia de cada um dos três genes de rRNA. As sequências promotoras estão localizadas nos segmentos de DNA que separam os genes. No sítio de iniciação da transcrição, existe uma sequência semelhante à TATA, denominada *elemento iniciador ribossômico* (rInr). A montante, a uma distância de 150 a 200 bp do sítio de iniciação, encontra-se o *elemento promotor a montante* (UPE, do inglês *upstream promoter element*). Ambos os elementos assessoram a transcrição por se ligar a proteínas que recrutam a RNA polimerase I.
2. *RNA polimerase II.* À semelhança dos promotores procarióticos, os promotores da RNA polimerase II incluem um conjunto de sequências consenso que definem o sítio de iniciação e que recrutam a polimerase. Todavia, os promotores podem conter qualquer combinação de várias sequências consenso possíveis. Eles também incluem elementos amplificadores (*enhancers*), que podem estar muito distantes (mais de 1 kb) do sítio de iniciação, o que constitui uma característica exclusiva dos eucariotos.
3. *RNA polimerase III.* Os promotores da RNA polimerase III estão *dentro* da sequência transcrita, a jusante do sítio de iniciação. Existem dois tipos de promotores intragênicos da RNA polimerase III. Os promotores tipo I, encontrados no gene de rRNA 5S, contêm duas sequências conservadas curtas, conhecidas como bloco A e bloco C. Os promotores tipo II, encontrados nos genes de tRNA, consistem em duas sequências de 11 bp, o bloco A e o bloco B, situadas a cerca de 15 bp de ambas as extremidades do gene.

## Três elementos comuns podem ser encontrados na região promotora de RNA polimerase II

A RNA polimerase II transcreve todos os genes codificadores de proteínas nas células eucarióticas. Os promotores da RNA polimerase II, à semelhança daqueles das polimerases bacterianas, estão geralmente localizados no lado 5′ do sítio de iniciação da transcrição. Como essas sequências se encontram na *mesma* molécula de DNA que os genes que estão sendo transcritos, são denominados *elementos de ação cis*. O elemento de ação *cis* mais comumente reconhecido por genes transcritos pela RNA polimerase II é denominado *caixa TATA (TATA box)* com base em sua sequência consenso (Figura 30.23). A caixa TATA é habitualmente encontrada entre as posições –30 e –100. Observe que a caixa TATA eucariótica assemelha-se estreitamente à sequência –10 procariótica (TATAAT), porém está mais distante do sítio de iniciação. A mutação de uma única base na caixa TATA compromete acentuadamente a atividade promotora. Por conseguinte, uma sequência precisa, e não apenas o alto conteúdo de pares AT, é essencial.

5′ $T_{82}$ $A_{97}$ $T_{93}$ $A_{85}$ $A_{63}$ $A_{88}$ $A_{50}$ 3′

**Caixa TATA**

**FIGURA 30.23 Caixa TATA.** Comparações entre sequências de mais de 100 promotores eucarióticos levaram à sequência consenso mostrada. Os subscritos indicam a frequência (%) da base nessa posição.

Frequentemente, a caixa TATA está pareada com um *elemento iniciador* (Inr), uma sequência encontrada no sítio de iniciação da transcrição, entre as posições –3 e +5. Essa sequência define o sítio de iniciação, visto que os outros elementos promotores estão a distâncias variáveis desse local. A sua presença aumenta a atividade de transcrição.

Um terceiro elemento, o *elemento a jusante do cerne do promotor* (DPE, do inglês *downstream promoter element*), é habitualmente encontrado em associação ao Inr em transcritos que carecem da caixa TATA. Diferentemente da caixa TATA, o DPE é encontrado a jusante do sítio de iniciação entre as posições +28 e +32.

Sequências regulatórias adicionais estão localizadas entre –40 e –150. Muitos promotores contêm uma *caixa CAAT*, enquanto alguns apresentam uma *caixa GC* (Figura 30.24). Os genes constitutivos (genes que são continuamente expressos, em vez de regulados) tendem a apresentar caixas GC em seus promotores. A posição dessas sequências a montante varia de um promotor para outro, contrastando com a localização bastante constante da região –35 nos procariotos. Outra diferença é que a caixa CAAT e a caixa GC podem ser efetivas quando presentes na fita-molde (antissenso), ao contrário da região –35, que precisa estar presente na fita codificadora (senso). Essas diferenças entre procariotos e eucariotos correspondem a mecanismos fundamentalmente distintos para o reconhecimento dos elementos de ação cis. As sequências –10 e –35 nos promotores procarióticos são sítios de ligação para a RNA polimerase e seu fator σ associado. Por outro lado, nos promotores eucarióticos, as caixas TATA, CAAT e GC e outros elementos de ação cis são reconhecidos por outras proteínas que não a própria RNA polimerase.

5′ GGNCAATCT 3′
**Caixa CAAT**

5′ GGGCGG 3′
**Caixa GC**

**FIGURA 30.24 Caixa CAAT e caixa GC.** Sequências consenso das caixas CAAT e GC de promotores eucarióticos para precursores do mRNA.

## O complexo proteico TFIID inicia a montagem do complexo de transcrição ativo

Os elementos de ação cis constituem apenas uma parte do quebra-cabeça da expressão gênica dos eucariotos. São também necessários *fatores de transcrição* que se ligam a esses elementos. Por exemplo, a RNA polimerase II é orientada para o sítio de iniciação por um conjunto de fatores de transcrição conhecidos coletivamente como *TFII* (*TF* [do inglês *transcription factor*] de fator de transcrição, enquanto *II* refere-se à RNA polimerase II). Os fatores TFII individuais são denominados TFIIA, TFIIB e assim por diante.

Nos promotores com caixa TATA, o evento-chave inicial é o reconhecimento da caixa TATA pela proteína de ligação da caixa TATA (TBP, do inglês *TATA-box-binding protein*), um componente de 30 kDa do complexo TFIID de 700 kDa (Figura 30.25). Nos promotores sem TATA, outras proteínas do complexo TFIID ligam-se ao cerne dos elementos promotores; todavia, como sabemos menos a respeito dessas interações, consideraremos apenas a interação de ligação caixa TATA-TBP. A TBP liga-se $10^5$ vezes mais firmemente à caixa TATA do que a sequências sem consenso; a constante de dissociação do complexo TBP-TATA é de aproximadamente 1 nM. A TBP é uma proteína em forma de sela constituída de dois domínios semelhantes (Figura 30.26). A caixa TATA do DNA liga-se à

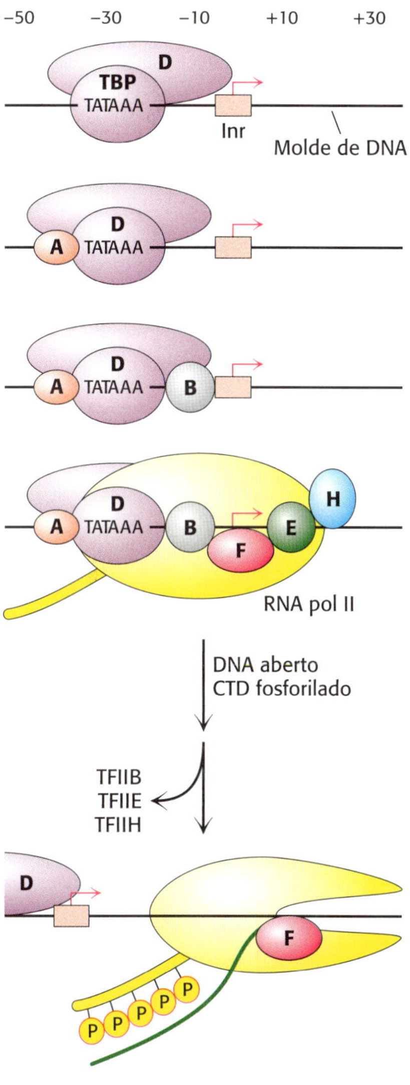


**FIGURA 30.25 Iniciação da transcrição.** Os fatores de transcrição TFIIA, B, D, E, F e H são essenciais para a iniciação da transcrição pela RNA polimerase II. A montagem passo a passo desses fatores gerais de transcrição começa com a ligação do TFIID (em violeta) à caixa TATA. [A proteína de ligação da caixa TATA (TBP), um componente do TFIID, reconhece a caixa TATA.] Após a montagem, o TFIIH abre a dupla hélice do DNA e fosforila o domínio carboxiterminal (CTD), de modo que a polimerase possa deixar o promotor e iniciar a transcrição. A seta vermelha marca o sítio de iniciação da transcrição.

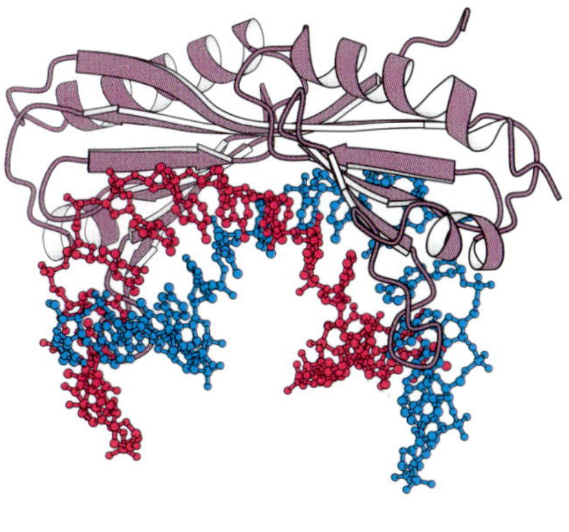

**FIGURA 30.26 Complexo formado pela proteína de ligação da caixa TATA e o DNA.** A estrutura semelhante a uma sela da proteína acomoda-se sobre o fragmento de DNA. *Observe* que o DNA está significativamente desenrolado e curvado. [Desenhada de 1CDW.pdb.]

superfície côncava da TBP. Essa ligação induz grandes mudanças conformacionais no DNA ligado. A dupla hélice é substancialmente desenrolada para alargar o seu *sulco menor,* possibilitando o seu contato extenso com as fitas β antiparalelas do lado côncavo da TBP. As interações hidrofóbicas são proeminentes nessa interface. Por exemplo, quatro resíduos de fenilalanina estão intercalados entre pares de bases da caixa TATA. A flexibilidade das sequências ricas em AT é genericamente explorada aqui para dobrar o DNA. Imediatamente fora da caixa TATA, o B-DNA clássico retorna. O complexo TBP-TATA é distintamente assimétrico. A assimetria é crucial para especificar um sítio de iniciação único e assegurar que a transcrição prossiga de modo unidirecional.

*A TBP ligada à caixa TATA é o centro do complexo de iniciação* (ver Figura 30.25). A superfície da sela da TBP fornece sítios de ancoragem para a ligação de outros componentes. Outros fatores de transcrição são montados nesse núcleo em uma sequência definida. O TFIIA é recrutado, seguido do TFIIB; a seguir, o TFIIF, a RNA polimerase II, o TFIIE e o TFIIH unem-se aos outros fatores para formar um complexo denominado *aparato basal de transcrição.* Durante a formação do aparato basal de transcrição, o domínio carboxiterminal (CTD) está desfosforilado e desempenha um papel na regulação da transcrição por meio de sua ligação a um complexo associado ao *enhancer*, que é denominado mediador (ver seção 33.2). O CTD fosforilado estabiliza a elongação da transcrição pela RNA polimerase II e recruta enzimas de processamento do RNA, que atuam durante a elongação. *A fosforilação do CTD pelo TFIIH marca a transição da iniciação para a elongação.* A importância do domínio carboxiterminal é destacada pelo achado de que leveduras contendo polimerase II mutante com menos de 10 repetições no CTD não são viáveis. A maioria dos fatores é liberada antes que a polimerase saia do promotor e possa então participar em outro ciclo de iniciação.

## Múltiplos fatores de transcrição interagem com promotores eucarióticos

O complexo de transcrição basal descrito na seção anterior inicia a transcrição em uma baixa frequência. São necessários outros fatores de transcrição que se liguem a outros sítios para alcançar uma alta taxa de síntese de mRNA. Seu papel consiste em estimular seletivamente genes específicos. Os sítios ativadores a montante dos genes eucarióticos são diversos na sua sequência e variáveis nas suas posições. Essa variedade sugere que eles são reconhecidos por muitas proteínas específicas diferentes. De fato, foram isolados muitos fatores de transcrição, e seus sítios de ligação foram identificados por experimentos de *footprinting*. Por exemplo, o *fator de transcrição de choque térmico* (HSTF, do inglês *heat-shock transcription factor*) é expresso em *Drosophila* depois de uma elevação abrupta da temperatura. Essa proteína de 93 kDa de ligação ao DNA liga-se à seguinte sequência consenso:

5′–CNNGAANNTCCNNG–3′

Várias cópias dessa sequência, conhecida como *elemento de resposta ao choque térmico,* estão presentes e começam em um sítio a uma distância de 15 bp a montante da caixa TATA.

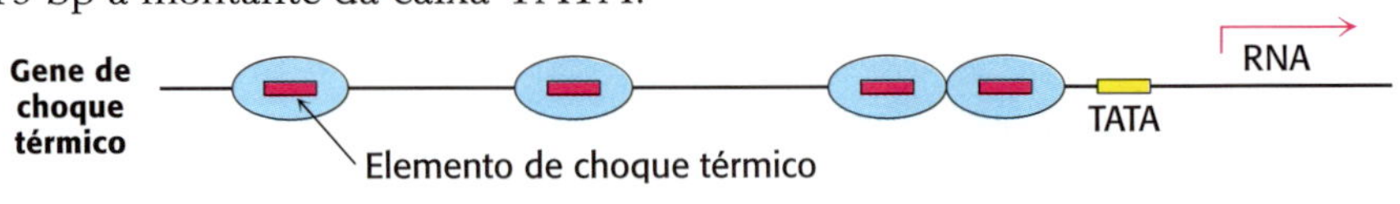


O HSTF difere do $\sigma^{32}$, uma proteína de choque térmico de *E. coli* (p. 1000), visto que se liga diretamente aos elementos de resposta dos promotores de choque térmico, em vez de se associar inicialmente à RNA polimerase.

### As sequências amplificadoras (*enhancers*) podem estimular a transcrição em sítios de iniciação a uma distância de milhares de bases

Nos eucariotos superiores, as atividades de muitos promotores são acentuadamente aumentadas por outro tipo de elemento de ação cis, denominado *enhancer*. As sequências *enhancer* carecem de atividade de promotor; *contudo, podem exercer suas ações estimuladoras a distâncias de vários milhares de pares de bases. Podem estar a montante, a jusante ou até mesmo no meio de um gene transcrito.* Além disso, os *enhancers* mostram-se efetivos quando presentes tanto na *fita de DNA* codificadora quanto na não codificadora.

*Determinado enhancer só é efetivo em certas células.* Por exemplo, o *enhancer* de imunoglobulinas atua nos linfócitos B, mas não em outras células. Pode ocorrer um câncer se a relação entre genes e *enhancers* for perturbada. No linfoma de Burkitt e na leucemia de células B, uma translocação cromossômica coloca o proto-oncogene *myc* (um fator de transcrição em si) sob o controle de um poderoso *enhancer* de imunoglobulinas. Acredita-se que a consequente desregulação do gene *myc* possa desempenhar um papel na progressão do câncer.

*Os fatores de transcrição e outras proteínas que se ligam a sítios regulatórios no DNA podem ser considerados como senhas que abrem cooperativamente diversas fechaduras, dando à RNA polimerase acesso a genes específicos.* A descoberta dos promotores e dos *enhancers* proporcionou melhor compreensão de como os genes são seletivamente expressos nas células eucarióticas. A regulação da transcrição gênica, que é discutida no Capítulo 33, constitui o meio fundamental de controlar a expressão gênica.

Embora as bactérias careçam de TBP, as arqueias utilizam uma molécula de TBP que, do ponto de vista estrutural, é muito semelhante à proteína eucariótica. Com efeito, os processos de controle da transcrição nas arqueias são, em geral, muito mais semelhantes aos dos eucariotos do que aqueles que ocorrem nas bactérias. Muitos componentes da maquinaria de transcrição dos eucariotos evoluíram a partir de um ancestral das arqueias.

## 30.3 Os produtos da transcrição das polimerases eucarióticas são processados

Praticamente todos os produtos iniciais de transcrição são adicionalmente processados nos eucariotos. Por exemplo, os transcritos primários (moléculas de pré-mRNA), produtos da ação da RNA polimerase II, adquirem um *cap* em suas extremidades 5′ e uma cauda poli-A em suas extremidades 3′. Mais importante ainda, *quase todos os precursores do mRNA nos eucariotos superiores sofrem splicing.* Os íntrons são excisados com precisão dos transcritos primários, enquanto os éxons são unidos para formar mRNAs maduros com mensagens contínuas. Alguns mRNAs maduros apresentam apenas um décimo do tamanho de seus precursores, que podem alcançar 30 kb ou mais. O padrão de *splicing* pode ser regulado no curso do desenvolvimento para produzir variações de um tema, como moléculas de anticorpo ligadas à membrana ou dela secretadas. O *splicing* alternativo aumenta o repertório de proteínas nos eucariotos e fornece uma ilustração clara da razão pela qual o proteoma é mais complexo do que o genoma. As etapas particulares de processamento e os fatores que participam variam de acordo com o tipo de RNA polimerase.

### A RNA polimerase I produz três RNAs ribossômicos

Várias moléculas de RNA são componentes-chave dos ribossomos. A transcrição pela RNA polimerase I produz um único precursor (45S nos mamíferos),

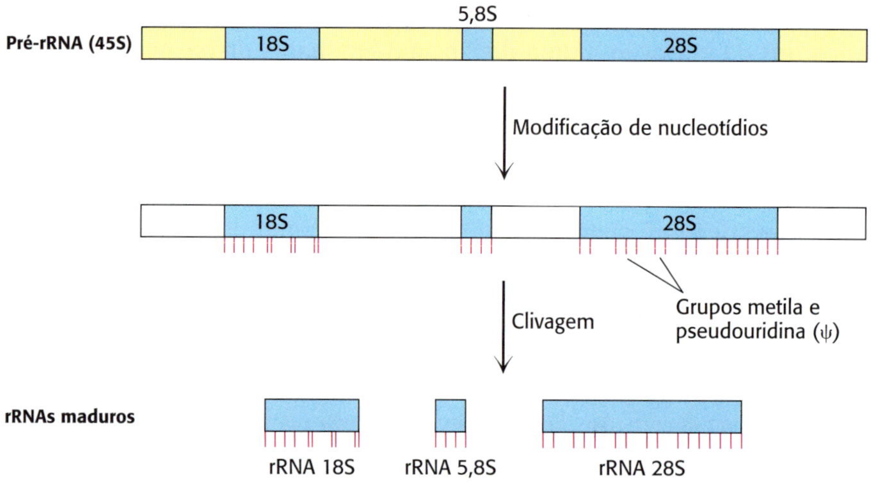


**FIGURA 30.27 Processamento do pré-rRNA eucariótico.** O pré-rRNA transcrito dos mamíferos contém sequências de RNA destinadas a se tornarem rRNA 18S, 5,8S e 28S das subunidades ribossômicas pequena e grande. Inicialmente, os nucleotídios são modificados: pequenas ribonucleoproteínas nucleolares metilam grupos específicos de nucleosídio e convertem uridinas específicas em pseudouridinas (indicadas por linhas vermelhas). Em seguida, o pré-rRNA é clivado e empacotado para formar ribossomos maduros em um processo altamente regulado no qual participam mais de 200 proteínas.

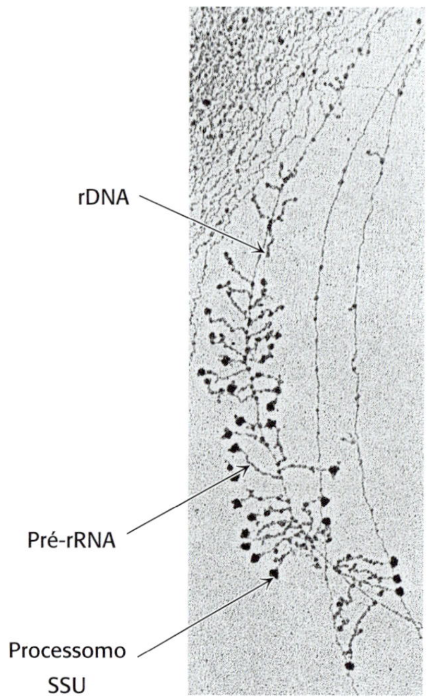


**FIGURA 30.28 Visualização da transcrição e do processamento do rRNA nos eucariotos.** A transcrição do rRNA e a sua montagem em precursores do ribossomo podem ser visualizadas por microscopia eletrônica. As estruturas assemelham-se a árvores de natal: o tronco é o rDNA, e cada ramo é um transcrito de pré-rRNA. A transcrição começa no topo da árvore, onde os transcritos mais curtos podem ser vistos, e progride pelo rDNA até o final do gene. As protuberâncias terminais visíveis na extremidade de alguns transcritos de pré-rRNA provavelmente correspondem ao processomo SSU, uma ribonucleoproteína grande necessária para o processamento do pré-rRNA. [Reimpresso com autorização de Macmillan Publishers Ltd: *Nature* 417: 967–970, F. Dragon et. al. A large nucleolar U3 ribonucleoprotein required for 18S ribosomal RNA biogenesis, © 2002.]

que codifica três componentes de RNA do ribossomo: o rRNA 18S, o rRNA 28S e o rRNA 5,8S (Figura 30.27). O rRNA 18S é o componente de RNA da subunidade pequena do ribossomo (40S), enquanto os rRNAs 28S e 5,8S são os dois componentes de RNA da subunidade grande (60S). O outro RNA componente da subunidade grande do ribossomo, o rRNA 5S, é transcrito pela RNA polimerase III como um transcrito separado.

Na verdade, a clivagem do precursor em três rRNAs separados constitui a etapa final no seu processamento. Primeiro, os nucleotídios das sequências de pré-rRNA destinados ao ribossomo sofrem uma modificação extensa tanto na ribose quanto nas bases componentes, um processo dirigido por muitas *ribonucleoproteínas nucleolares pequenas* (snoRNPs, do inglês *small nucleolar ribonucleoproteins*), cada uma das quais constituída de um snoRNA e de várias proteínas. O pré-rRNA é montado com proteínas ribossômicas com a orientação dos fatores de processamento, formando então uma grande ribonucleoproteína. Por exemplo, o processomo, a subunidade pequena (SSU, do inglês *small-subunit*), é necessário para a síntese de rRNA 18S e pode ser visualizado em micrografias eletrônicas como uma protuberância terminal nas extremidades 5′ dos rRNAs nascentes (Figura 30.28). Por fim, a clivagem do rRNA (algumas vezes acoplada a etapas adicionais de processamento) libera os rRNAs maduros montados com proteínas ribossômicas na forma de ribossomos. Como na própria transcrição da RNA polimerase I, a maioria dessas etapas de processamento ocorre no nucléolo da célula, um subcompartimento nuclear.

## A RNA polimerase III produz RNA transportador

Os transcritos de tRNA eucarióticos estão entre os mais processados de todos os transcritos da RNA polimerase III. À semelhança dos tRNAs procarióticos, o líder 5′ é clivado pela RNase P, o *trailer* 3′ é removido, e ocorre a adição de CCA pela enzima de adição de CCA (Figura 30.29). Os tRNAs eucarióticos também são intensamente modificados em seus componentes de base e ribose. Essas modificações são importantes para a sua função. Diferentemente dos tRNAs procarióticos, muitos pré-tRNAs eucarióticos também sofrem *splicing* por uma endonuclease e uma ligase para remover um íntron.

## O produto da RNA polimerase II, o transcrito de pré-mRNA, adquire um *cap* 5′ e uma cauda poli-A 3′

Talvez o produto de transcrição mais extensamente estudado seja o produto da RNA polimerase II: a maior parte desse RNA é processada a mRNA. Algumas vezes, o produto imediato da RNA polimerase II é designado

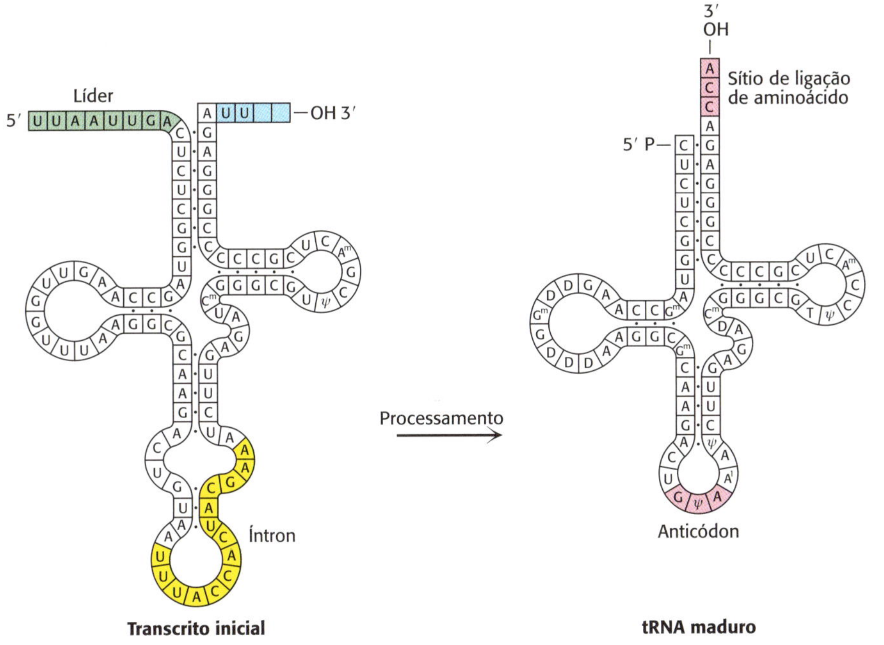


**FIGURA 30.29 Processamento do precursor do RNA transportador.** A conversão de um precursor do tRNA de levedura em um tRNA maduro requer a remoção de um íntron de 14 nucleotídios (em amarelo), a clivagem de um líder 5′ (em verde) e a remoção de UU e ligação de CCA à extremidade 3′ (em vermelho). Além disso, várias bases são modificadas.

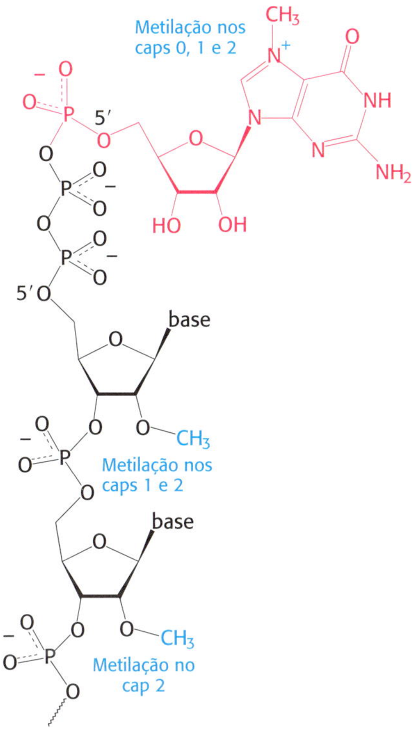


**FIGURA 30.30 Adição de *cap* na extremidade 5′.** Os *caps* na extremidade 5′ do mRNA eucariótico incluem um 7-metilguanilato (em vermelho) conectado por uma ligação trifosfato à ribose na extremidade 5′. Nenhuma das riboses é metilada no *cap* 0, uma é metilada no *cap* 1 e ambas são metiladas no *cap* 2.

como precursor do RNA mensageiro, ou *pré-mRNA*. A maioria das moléculas de pré-mRNA sofre *splicing* para remover os íntrons. Além disso, ambas as extremidades 5′ e 3′ são modificadas, e ambas as modificações são retidas à medida que o pré-mRNA é convertido em mRNA.

À semelhança dos procariotos, a transcrição eucariótica começa habitualmente com A ou G. Entretanto, a extremidade trifosfato 5′ da cadeia nascente de RNA é imediatamente modificada. Inicialmente, um grupo fosforila é liberado por hidrólise. Em seguida, a extremidade difosfato 5′ ataca o átomo de fósforo α do GTP, formando uma ligação trifosfato 5′–5′ muito incomum. Essa extremidade peculiar é denominada *cap* (Figura 30.30). O nitrogênio N-7 da guanina terminal é então metilado pela *S*-adenosilmetionina, formando então o *cap 0*. As riboses adjacentes podem ser metiladas para formar o *cap 1* ou o *cap 2*. As moléculas de RNA transportador e de RNA ribossômico, ao contrário dos RNAs mensageiros e dos RNAs pequenos que participam do *splicing*, não apresentam *cap*. Esses *caps* contribuem para a estabilidade dos mRNAs ao proteger suas extremidades 5′ das fosfatases e das nucleases. Além disso, os *caps* intensificam a tradução do mRNA por meio dos sistemas eucarióticos de síntese de proteínas.

Como mencionado anteriormente, o pré-mRNA também é modificado na extremidade 3′. *A maioria dos mRNA eucarióticos contém uma cauda de poliadenilato, a poli-A, nessa extremidade,* que é adicionada após a terminação da transcrição. O molde de DNA não codifica essa cauda poli-A. De fato, o nucleotídio que precede a poli-A não é o último a ser transcrito. Alguns transcritos primários contêm centenas de nucleotídios além da extremidade 3′ do mRNA maduro.

Como a extremidade 3′ do pré-mRNA adquire a sua forma final? *Os transcritos primários eucarióticos são clivados por uma endonuclease específica que reconhece a sequência AAUAAA* (Figura 30.31). Não ocorre

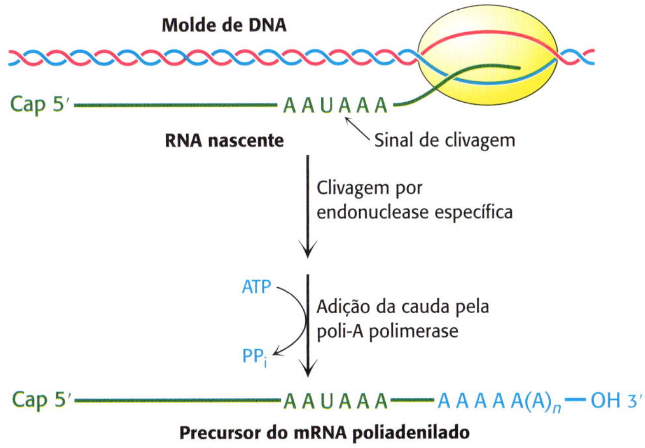


**FIGURA 30.31 Poliadenilação de um transcrito primário.** Uma endonuclease específica cliva o RNA a jusante de AAUAAA. Em seguida, a poli-A polimerase acrescenta cerca de 250 resíduos de adenilato.

clivagem se houver deleção dessa sequência ou de um segmento de cerca de 20 nucleotídios em seu lado 3′. A presença de sequências internas AAUAAA em alguns mRNAs maduros indica que AAUAAA é apenas parte do sinal de clivagem; seu contexto também é importante. Após a clivagem do pré-RNA pela endonuclease, uma *poli-A polimerase* acrescenta cerca de 250 resíduos de adenilato à extremidade 3′ do transcrito; o ATP é o doador nessa reação.

A despeito de muitos esforços, o papel da cauda poli-A ainda não está firmemente estabelecido. Entretanto, há cada vez mais evidências de que ela aumenta a eficiência da tradução e a estabilidade do mRNA. O bloqueio da síntese da cauda de poli-A por exposição à *3′-desoxiadenosina (cordicepina)* não interfere na síntese do transcrito primário. O RNA mensageiro desprovido de cauda poli-A pode ser transportado para fora do núcleo. Todavia, uma molécula de mRNA sem cauda poli-A constitui, habitualmente, um molde muito menos efetivo para a síntese de proteínas do que uma molécula com uma cauda poli-A. Com efeito, alguns mRNAs são armazenados em uma forma não adenilada e só recebem a cauda poli-A quando a tradução é iminente. A meia-vida de uma molécula de mRNA pode ser determinada, em parte, pela taxa de degradação de sua cauda poli-A.

### Os RNAs regulatórios pequenos são clivados a partir de precursores maiores

A clivagem desempenha um papel no processamento dos RNAs pequenos de fita simples (aproximadamente 20 a 23 nucleotídios), que são denominados *microRNAs*. Os microRNAs desempenham papéis essenciais na regulação dos genes dos eucariotos, como veremos no Capítulo 33. Eles são formados a partir de transcritos iniciais produzidos pela RNA polimerase II e, em alguns casos, pela RNA polimerase III. Esses transcritos dobram-se em estruturas em forma de grampo que são clivadas por nucleases específicas em vários estágios (Figura 30.32). Os RNAs de fita simples finais são ligados por membros da família Argonauta de proteínas para exercer suas funções no controle da expressão gênica.

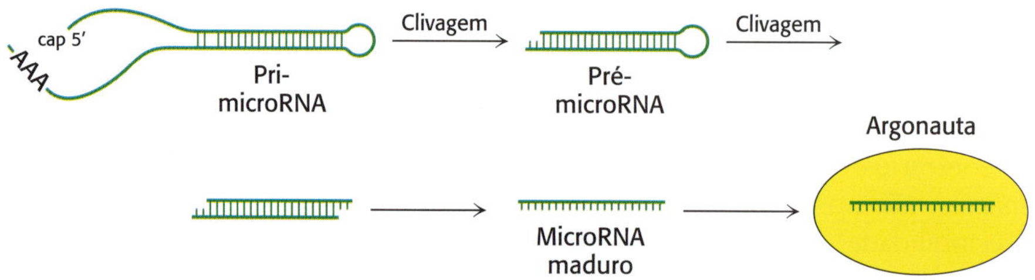


**FIGURA 30.32 Produção de RNA regulatório pequeno.** Uma via a partir de um produto de transcrição, incluindo um microRNA, até o microRNA maduro ligado a uma proteína Argonauta. O produto inicial da transcrição, um pri-microRNA, é inicialmente clivado a um RNA pequeno de fita dupla denominado pré-microRNA. Uma das fitas do pré-microRNA, o microRNA maduro, é então ligada por uma proteína Argonauta.

### A edição do RNA modifica as proteínas codificadas pelo mRNA

De modo notável, a informação das sequências de aminoácidos codificada por alguns mRNAs é alterada após a transcrição. A *edição do RNA* é o termo empregado para referir-se a uma mudança na sequência de nucleotídios do RNA após uma transcrição por outros processos distintos do *splicing*. A edição do RNA é proeminente em alguns sistemas já discutidos. A *apolipoproteína B* (apo B) desempenha importante papel no transporte de triacilgliceróis e do colesterol formando uma camada esférica anfipática ao redor dos lipídios transportados em partículas de lipoproteína (ver seção 26.3). A apo B existe em duas formas: uma *apo B-100* de 512 kDa e uma *apo B-48* de 240 kDa. A forma maior, que é sintetizada pelo fígado, participa no transporte de lipídios sintetizados na célula. A forma menor, sintetizada pelo intestino delgado, transporta a gordura alimentar na forma de quilomícrons. A apo B-48 contém os 2.152 resíduos N-terminais da apo

B-100 de 4.536 resíduos. Essa molécula truncada pode formar partículas de lipoproteína, mas não pode ligar-se ao receptor de lipoproteínas de baixa densidade nas superfícies celulares. Qual é a relação entre essas duas formas de apo B? Os experimentos revelaram a atuação de um mecanismo totalmente inesperado para a geração de diversidade: *a mudança da sequência de nucleotídios do mRNA após a sua síntese* (Figura 30.33). *Um resíduo específico de citidina do mRNA é desaminado a uridina, o que altera o códon no resíduo 2.153 de CAA (Gln) para UAA (terminação).* A desaminase que catalisa essa reação está presente no intestino delgado, mas não no fígado, e só é expressa em determinados estágios de desenvolvimento.

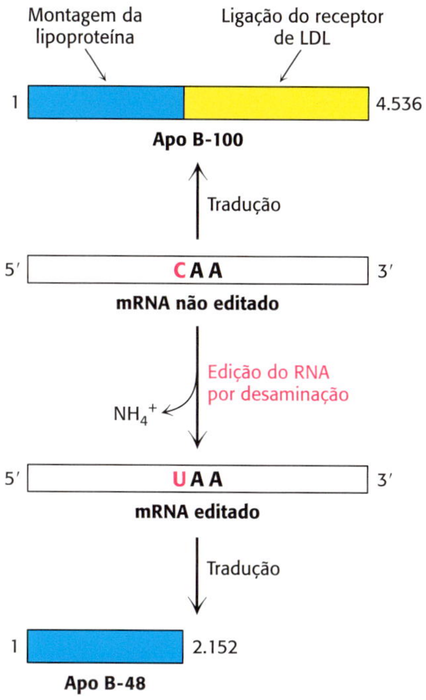


**FIGURA 30.33 Edição do RNA.** A desaminação enzimática de um resíduo específico de citidina no mRNA para apolipoproteína B-100 modifica um códon de glutamina (CAA) para um códon de terminação (UAA). A apolipoproteína B-48, uma versão truncada da proteína que carece do domínio de ligação do receptor de LDL, é gerada por essa modificação pós-transcricional na sequência do mRNA. [Informação de P. Hodges e J. Scott. *Trends Biochem. Sci.* 17:77, 1992.]

A edição do RNA não se limita à apolipoproteína B. O glutamato abre canais específicos de cátions no sistema nervoso central dos vertebrados ligando-se a receptores nas membranas pós-sinápticas. A edição do RNA modifica um único códon de glutamina (CAG) no mRNA para o receptor de glutamato em códon de arginina (lido como CGG). A substituição de Gln por Arg no receptor impede o fluxo de $Ca^{2+}$, mas não de $Na^{+}$, pelo canal.

Provavelmente, a edição do RNA é muito mais comum do que se acreditava anteriormente. A reatividade química das bases de nucleotídios, incluindo a suscetibilidade à desaminação, que necessita de complexos mecanismos de reparo de DNA, tem sido aproveitada como um engenho para a geração da diversidade molecular no RNA e, portanto, nos níveis das proteínas.

Nos tripanossomos (protozoários parasitas), um tipo diferente de edição do RNA modifica acentuadamente vários mRNAs mitocondriais. Quase metade dos resíduos de uridina nesses mRNAs é inserida por edição do RNA. *Uma molécula guia de RNA* identifica as sequências a serem modificadas, e uma *cauda poli-U* do guia doa resíduos de uridina aos mRNAs que estão sendo editados. Evidentemente, as sequências de DNA nem sempre revelam fielmente a sequência de proteínas codificadas: podem ocorrer mudanças funcionais cruciais no mRNA.

## As sequências nas extremidades dos íntrons especificam locais de *splicing* nos precursores do mRNA

Nos eucariotos, a maioria dos genes superiores é composta de éxons e íntrons (ver seção 4.7). Os íntrons precisam ser excisados, enquanto os éxons devem ser ligados para formar o mRNA final em um processo denominado *splicing* do RNA. Esse *splicing* deve ser extremamente sensível: o *splicing* de apenas um nucleotídio acima ou abaixo do local pretendido criaria um deslocamento de um nucleotídio, o que alteraria o quadro de leitura no lado 3′ do *splicing*, produzindo então uma sequência de aminoácidos totalmente diferente que provavelmente incluiria um códon de terminação prematura. Por conseguinte, o local correto de *splicing* precisa ser claramente marcado. Determinada sequência indica o local de *splicing*? São conhecidas as sequências de milhares de junções íntron-éxon dentro de transcritos de RNA. Nos eucariotos, desde leveduras até mamíferos, essas sequências apresentam um tema estrutural comum: o *íntron começa com GU e termina com AG.* A sequência consenso no *splicing* 5′ dos vertebrados é AGGUAAGU, onde GU é invariável (Figura 30.34). Na extremidade 3′ de um íntron, a sequência consenso é um segmento de *10 pirimidinas* (U ou C; denominado *trato de polipirimidina*), seguido de qualquer base e, depois, de C, terminando com o AG invariável. Os íntrons também apresentam um importante sítio interno localizado entre 20 e 50 nucleotídios

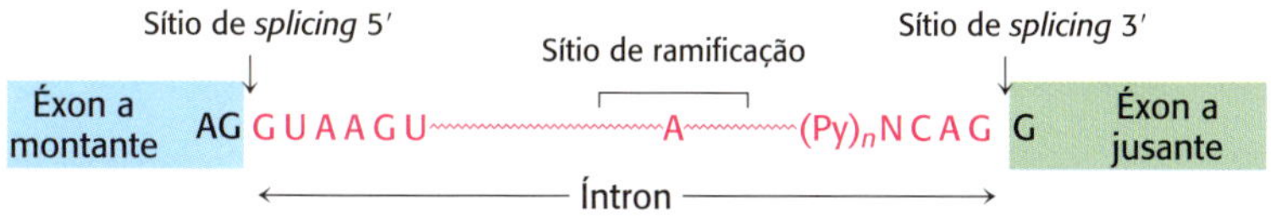


**FIGURA 30.34 Sítios de *splicing*.** São mostradas as sequências consenso para os sítios de *splicing* 5′ e 3′. Py refere-se à piridina.

a montante do sítio de *splicing* 3′; é denominado *sítio de ramificação* por motivos que serão logo evidentes. Nas leveduras, a sequência do sítio de ramificação é quase sempre UACUAAC, ao passo que, nos mamíferos, são encontradas diversas sequências.

Os sítios de *splicing* 5′ e 3′ e o sítio de ramificação são essenciais para determinar onde ocorre o *splicing.* As mutações em cada uma dessas três regiões críticas levam a um *splicing* aberrante. Os íntrons variam de tamanho de 50 a 10 mil nucleotídios, de modo que o mecanismo de *splicing* tem que encontrar o sítio 3′ a uma distância de vários milhares de nucleotídios. Sequências específicas próximas aos sítios de *splicing* (tanto nos íntrons quanto nos éxons) desempenham importante papel na regulação do *splicing,* particularmente na designação de sítios de *splicing* quando existem muitas alternativas. Na atualidade, os pesquisadores estão procurando determinar os fatores que contribuem para a seleção de sítios de *splicing* para mRNAs individuais. Apesar de nosso conhecimento das sequências de sítios de *splicing,* a previsão dos pré-mRNAs e de seus produtos proteicos a partir da informação das sequências do DNA genômico continua sendo um desafio.

## O *splicing* consiste em duas reações sequenciais de transesterificação

O *splicing* das moléculas nascentes de mRNA é um processo complicado. Requer a cooperação de vários RNAs pequenos e proteínas, que formam um grande complexo denominado *spliceossomo*. Entretanto, a química do processo de *splicing* é simples. O *splicing* começa com a clivagem da ligação fosfodiéster entre o éxon a montante (éxon 1) e a extremidade 5′ do íntron (Figura 30.35). O grupo de ataque nessa reação é o grupo 2′-OH de um resíduo de adenilato no sítio de ramificação. Forma-se uma ligação fosfodiéster 2′-5′ entre esse resíduo A e o fosfato 5′ terminal do íntron. Essa reação é uma transesterificação.

**FIGURA 30.35 Mecanismo de *splicing* utilizado para precursores do mRNA.** O éxon a montante (5′) é mostrado em azul; o éxon a jusante (3′), em verde; e o sítio de ramificação, em amarelo. Y representa um nucleotídio de pirimidina; R indica um nucleotídio de purina; e N indica qualquer nucleotídio. O sítio de *splicing* 5′ é atacado pelo grupo 2′-OH do resíduo de adenosina do sítio de ramificação. O sítio de *splicing* 3′ é atacado pelo grupo 3′-OH recém-formado do éxon a montante. Os éxons são unidos, e o íntron é liberado na forma de um laço. [Informação de P. A. Sharp, *Cell* 42:397-408, 1985.]

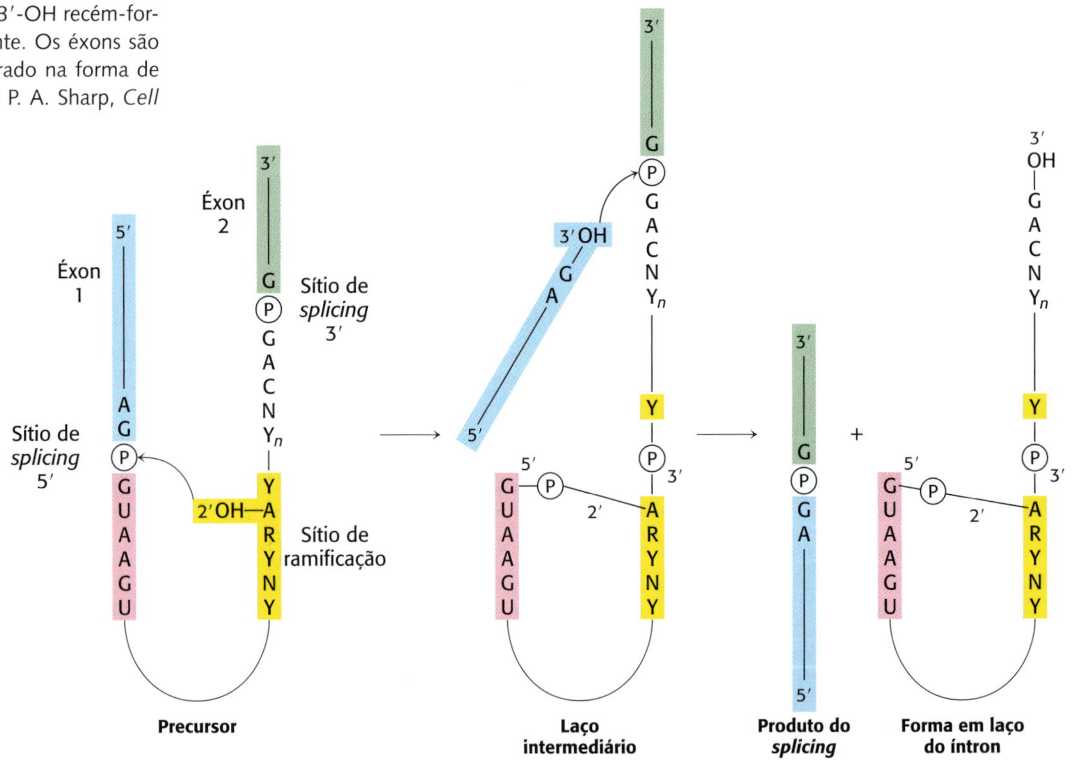

Observe que esse resíduo de adenilato também está unido a dois outros nucleotídios por ligações fosfodiéster 3′-5′ normais (Figura 30.36). Por conseguinte, há a formação de uma *ramificação* nesse local, e obtém-se um *laço intermediário*.

A 3′-OH terminal do éxon 1 ataca, então, a ligação fosfodiéster entre o íntron e o éxon 2. Os éxons 1 e 2 tornam-se unidos, e o íntron é liberado na forma de um laço. Novamente, essa reação é uma transesterificação. Por conseguinte, o *splicing* é efetuado por duas *reações de transesterificação*, e não por hidrólise seguida de ligação. A primeira reação produz um grupo 3′-OH livre na extremidade 3′ do éxon 1, enquanto a segunda reação liga esse grupo ao fosfato 5′ do éxon 2. *O número de ligações fosfodiéster permanece o mesmo durante essas etapas*, e esse fato é de suma importância, visto que possibilita a ocorrência da própria reação de *splicing* sem uma fonte de energia como ATP ou GTP.

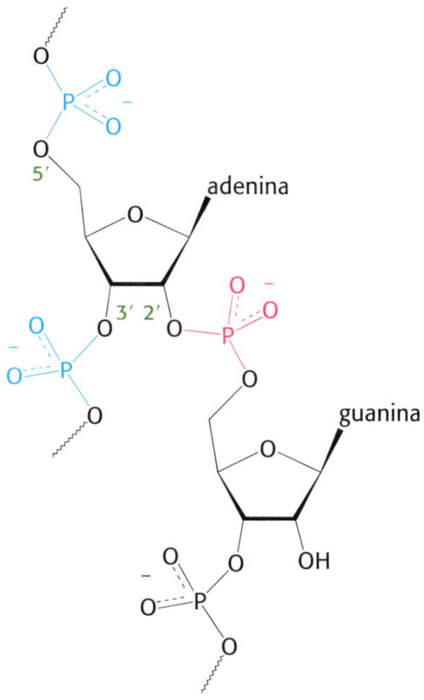


**FIGURA 30.36 Ponto de ramificação do *splicing*.** Estrutura do ponto de ramificação no laço intermediário em que o resíduo de adenilato é unido a três nucleotídios por ligações fosfodiéster. A nova ligação 2′ a 5′ é mostrada em vermelho, enquanto as habituais ligações 3′ a 5′ são mostradas em azul.

## Os RNAs nucleares pequenos nos spliceossomos catalisam o *splicing* dos precursores do mRNA

O núcleo contém muitos tipos de moléculas pequenas de RNA com menos de 300 nucleotídios, designadas como *snRNAs* (RNAs nucleares pequenos). Alguns deles – designados como U1, U2, U4, U5 e U6 – são essenciais para o *splicing* dos precursores do mRNA. As estruturas secundárias desses RNAs são altamente conservadas nos organismos, de leveduras a seres humanos. Essas moléculas de RNA estão associadas a proteínas específicas para formar complexos denominados *snRNPs* (partículas de ribonucleoproteínas nucleares pequenas). Frequentemente, os pesquisadores as designam como "*snurps*". Os spliceossomos são grandes complexos dinâmicos (60S), compostos de snRNPs, centenas de outras proteínas denominadas *fatores de splicing* e precursores dos mRNAs em fase de processamento (Tabela 30.3).

**TABELA 30.3** Partículas de ribonucleoproteínas nucleares pequenas (snRNP) no *splicing* dos precursores do mRNA.

| snRNP | Tamanho do snRNA (nucleotídios) | Função |
|---|---|---|
| U1 | 165 | Liga-se ao sítio de *splicing* 5′ |
| U2 | 185 | Liga-se ao sítio de ramificação |
| U5 | 116 | Liga-se ao sítio de *splicing* 5′e, em seguida, ao sítio de *splicing* 3′ |
| U4 | 145 | Mascara a atividade catalítica de U6 |
| U6 | 106 | Catalisa o *splicing* |

Em virtude da extensão e da natureza dinâmica do spliceossomo, a determinação de sua estrutura tridimensional detalhada tornou-se um grande desafio. Entretanto, com o desenvolvimento da criomicroscopia eletrônica (ver seção 3.5), foram determinadas as estruturas de spliceossomos de várias espécies em vários estágios diferentes de sua função (Figura 30.37).

O *splicing* começa com o reconhecimento do sítio de *splicing* 5′ pela snRNP U1 (Figura 30.38). O snRNA U1 contém uma sequência de seis

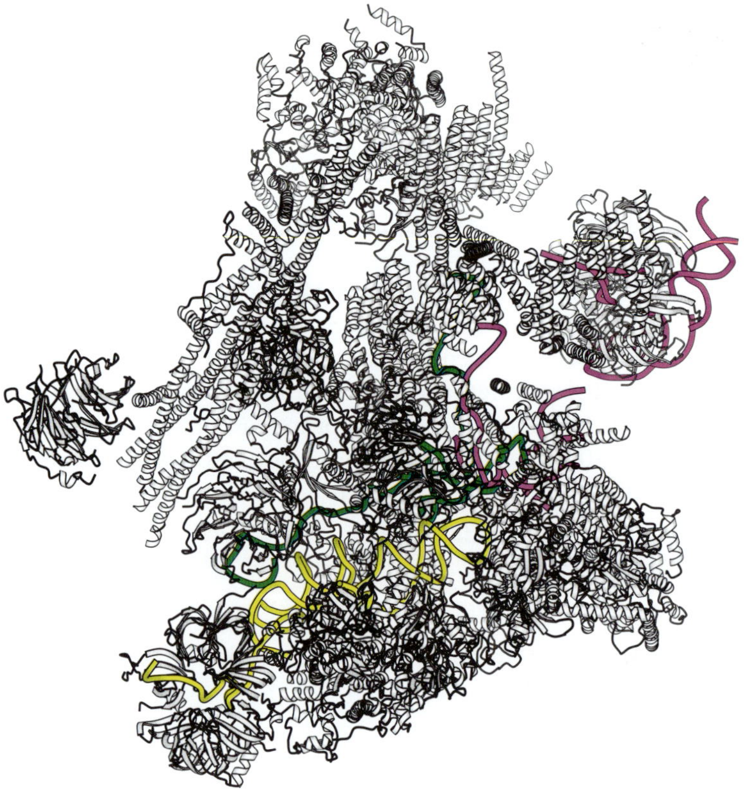

**FIGURA 30.37 Estrutura do spliceossomo.** Estrutura tridimensional de uma forma do spliceossomo de uma levedura determinada por criomicroscopia eletrônica de alta resolução. Os principais componentes dos RNAs U2, U5 e U6 são mostrados em vermelho, amarelo e verde, respectivamente. [Desenhada de 3JB9.pdb.]

nucleotídios altamente conservada e não coberta por proteínas na snRNP que pareia com as bases do sítio de *splicing* 5′ do pré-mRNA. Essa ligação inicia a montagem do spliceossomo na molécula de pré-mRNA.

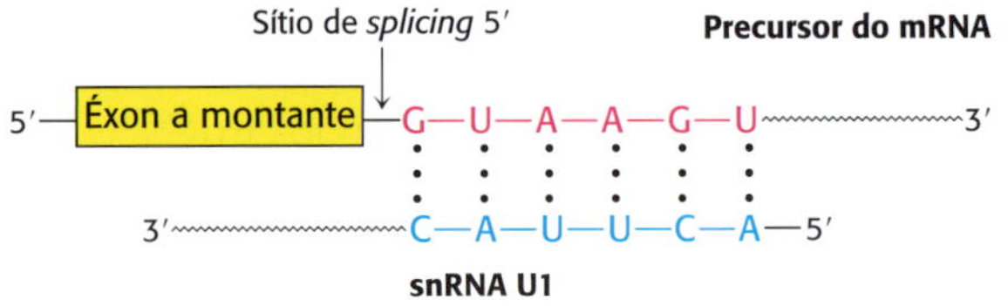


Em seguida, a snRNP U2 liga-se ao sítio de ramificação no íntron por pareamento de bases entre uma sequência altamente conservada na snRNA U2 e no pré-mRNA. A ligação da snRNP U2 requer hidrólise do ATP. Um conjunto pré-montado de três snRNPs, U4-U5-U6, junta-se a esse complexo U1-U2-precursor do mRNA para formar o spliceossomo. Essa associação também necessita da hidrólise do ATP.

Uma visão reveladora da interação entre moléculas de RNA nessa montagem veio do exame do padrão de ligações cruzadas formadas pelo *psoraleno*, um reagente que une pirimidinas adjacentes em regiões de pareamento de bases na fototerapia. Essas ligações cruzadas sugerem que o *splicing* ocorre da seguinte maneira. Inicialmente, U5 interage com sequências do éxon no sítio de *splicing* 5′ e, subsequentemente, com o éxon 3′. Em seguida, U6 separa-se de U4 e sofre um rearranjo intramolecular que possibilita o pareamento de bases com U2, bem como a interação com a extremidade 5′ do íntron, deslocando então U1 do spliceossomo. O centro catalítico inclui dois íons magnésio ligados principalmente por grupos fosfato do RNA U6 (Figura 30.39). U4 atua como um inibidor que mascara U6 até que os sítios específicos de *splicing* estejam alinhados.

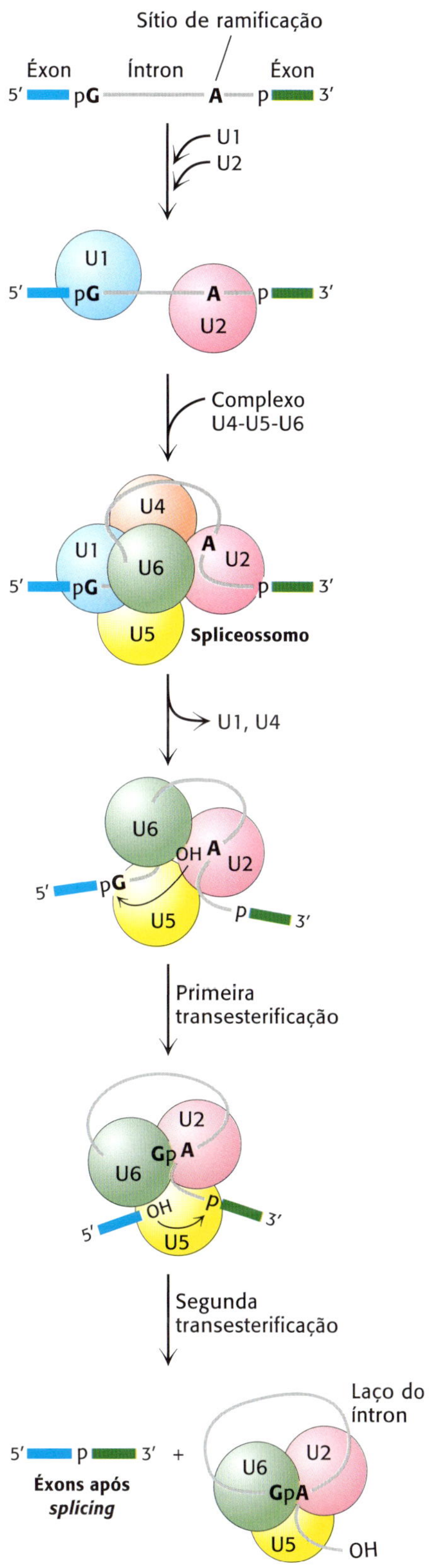


**FIGURA 30.38 Montagem e ação do spliceossomo.** U1 liga-se ao sítio de *splicing* 5′, enquanto U2 liga-se ao ponto de ramificação. Em seguida, um pré-formado complexo U4-U5-U6 junta-se à montagem para formar o spliceossomo completo. O snRNA U6 dobra-se novamente e liga-se ao sítio de *splicing* 5′, deslocando U1. U4 é deslocado por interações extensas entre U6 e U2. Em seguida, na primeira etapa de transesterificação, a adenosina do sítio de ramificação ataca o sítio de *splicing* 5′, fazendo então um intermediário em forma de laço. U5 mantém os dois éxons em estreita proximidade, e ocorre a segunda transesterificação com o ataque ao sítio de *splicing* 3′ pelo grupo hidroxila do sítio de *splicing* 5′. Essas reações resultam no mRNA maduro, e forma-se um laço de íntron ligado por U2, U5 e U6. [Informação de T. Villa, J. A. Pleiss e C. Guthrie, *Cell* 109:149-152, 2002.]

Esses rearranjos resultam na primeira reação de transesterificação, clivando o éxon 5′ e produzindo o intermediário em forma de laço.

Outros rearranjos do RNA no spliceossomo facilitam a segunda transesterificação. Nesses rearranjos, U5 alinha o éxon 5′ livre com o éxon 3, de modo que o grupo hidroxila 3′ do éxon 5′ fique posicionado para o ataque nucleofílico ao sítio de *splicing* 3′ para gerar o produto resultante do *splicing*. U2, U5 e U6 ligados ao laço do íntron excisado são liberados para completar a reação de *splicing*. Ambas as reações de transesterificação são promovidas pelo par de íons magnésio ligados em reações que lembram as da DNA polimerase e da RNA polimerase.

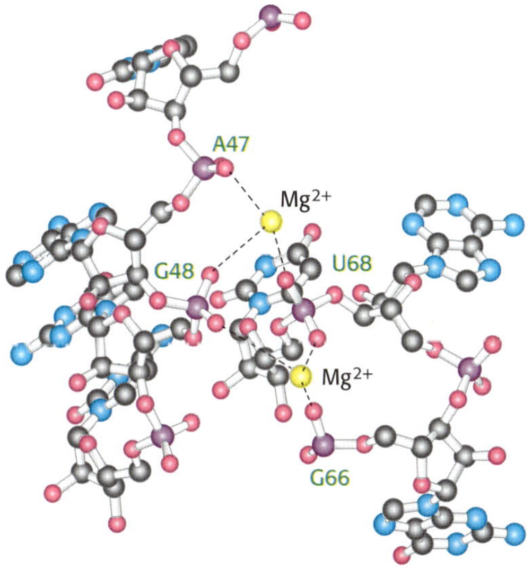


**FIGURA 30.39 Centro catalítico do *splicing*.** A estrutura do centro catalítico do spliceossomo inclui dois íons magnésio fundamentais ligados ao RNA U6. Esses íons servem para promover as duas reações de transesterificação que são fundamentais para o *splicing* do RNA.

Muitas das etapas no processo de *splicing* necessitam da hidrólise do ATP. Como a energia livre associada à hidrólise do ATP é utilizada para energizar o *splicing*? Para obter os rearranjos bem ordenados necessários para o *splicing*, as RNA helicases dependentes de ATP devem desenrolar as hélices de RNA e possibilitar a formação de arranjos alternativos de pares de bases. Por conseguinte, duas características do processo de *splicing* são notáveis. Na primeira, *as moléculas de RNA desempenham papéis essenciais ao direcionarem o alinhamento dos sítios de splicing e ao efetuarem a catálise.* Na segunda, *as helicases dependentes de ATP desenrolam intermediários de RNA dúplex, o que facilita a catálise e induz a liberação de snRNPs do mRNA.*

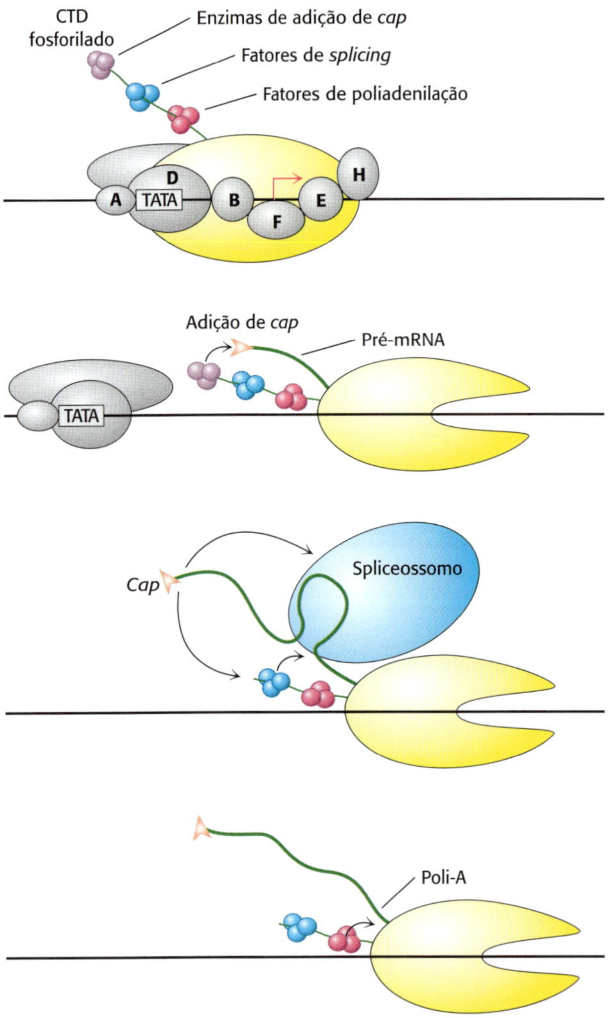


**FIGURA 30.40 CTD: acoplamento da transcrição com o processamento de pré-mRNA.** O fator de transcrição TFIIH fosforila o domínio carboxiterminal (CTD) da RNA polimerase II, sinalizando então a transição da iniciação da transcrição para a elongação. O CTD fosforilado liga-se aos fatores necessários para a adição de *cap*, o *splicing* e a poliadenilação do pré-mRNA. Essas proteínas são colocadas em estreita proximidade a seus locais de ação no pré-mRNA nascente à medida que este vai sendo transcrito durante a elongação. [Informação de P. A. Sharp. *TIBS* 30:279-281, 2005.]

## A transcrição e o processamento do mRNA são acoplados

Embora a transcrição e o processamento dos mRNAs tenham sido descritos aqui como eventos separados na expressão gênica, evidências experimentais sugerem que essas duas etapas são coordenadas pelo domínio carboxiterminal da RNA polimerase II. Vimos que o CTD é constituído de uma sequência específica repetida de sete aminoácidos: YSPTSPS. $S_2$ ou $S_5$, ou ambos, podem ser fosforilados nas várias repetições. O estado de fosforilação do CTD é controlado por várias quinases e fosfatases, e leva o CTD a se ligar a muitas das proteínas que desempenham papéis na transcrição e no processamento do RNA. O CTD contribui para uma transcrição eficiente recrutando essas proteínas para o pré-mRNA (Figura 30.40), o que inclui:

1. Enzimas de adição de *cap*, que metilam a guanina 5′ no pré-mRNA imediatamente após o início da transcrição;
2. Componentes da maquinaria do *splicing*, que iniciam a excisão de cada íntron à medida que vai sendo sintetizado; e
3. Uma endonuclease que cliva o transcrito no sítio de adição da poli-A, criando um grupo 3′-OH livre que constitui o alvo da adenilação 3′.

Esses eventos ocorrem de modo sequencial, e são dirigidos pelo estado de fosforilação do CTD.

## As mutações que afetam o *splicing* do pré-mRNA causam doença

As mutações no pré-mRNA (ação em *cis*) ou nos fatores de *splicing* (ação em *trans*) podem causar um *splicing* defeituoso do pré-mRNA. As mutações no pré-mRNA causam algumas formas de talassemia, um grupo de anemias hereditárias caracterizadas pela síntese defeituosa de hemoglobina (ver seção 7.4). As mutações que agem em *cis* e causam um *splicing* aberrante podem ocorrer nos sítios de *splicing* 5′ ou 3′ em qualquer um dos dois íntrons da cadeia β da hemoglobina ou em seus éxons. Geralmente, as mutações resultam em *splicing* incorreto do pré-mRNA que, em virtude de um códon de terminação prematura, torna-se incapaz de codificar a proteína completa. Normalmente, o mRNA defeituoso é degradado, em vez de ser traduzido. As mutações no sítio de *splicing* 5′ podem alterar esse sítio de modo que a maquinaria de *splicing* não pode reconhecê-lo, forçando então o mecanismo a encontrar outro sítio de *splicing* 5′ no íntron e a introduzir um potencial códon de terminação prematura. As mutações no próprio íntron podem criar um novo sítio de *splicing* 5′; nesse caso, qualquer um dos dois sítios de *splicing* pode ser reconhecido (Figura 30.41). Em consequência, certa quantidade de proteínas normais pode ser sintetizada de modo que a doença seja menos grave. *Foi estimado que as mutações que afetam o splicing causam pelo menos 15% de todas as doenças genéticas.*

As mutações causadoras de doenças também podem aparecer nos fatores de *splicing*. A retinite pigmentosa é uma doença de cegueira adquirida e foi descrita pela primeira vez em 1857, com uma incidência de 1/3.500. Provavelmente, cerca de 5% da forma autossômica dominante de retinite pigmentosa é causada por mutações na proteína hPrp8, um fator de *splicing* do pré-mRNA que é componente da tri-snRNP U4-U5-U6. Ainda não foi esclarecido como uma mutação em um fator de *splicing* presente em todas

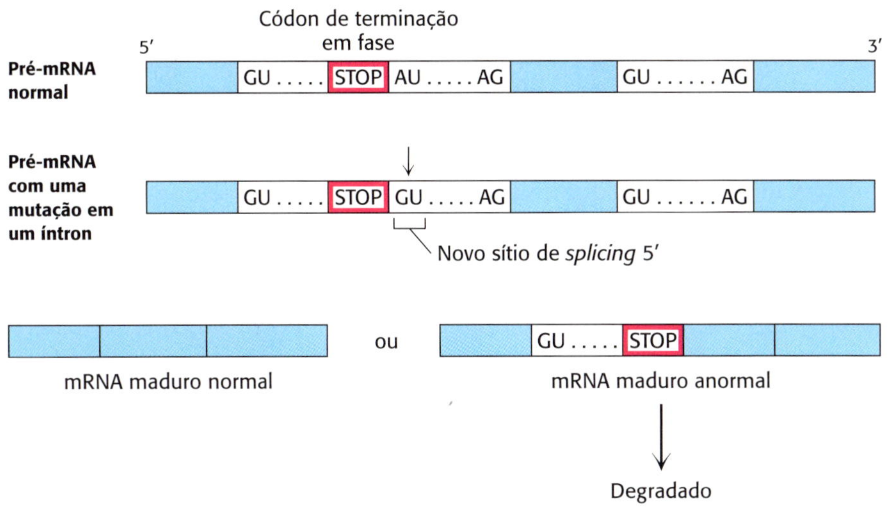


**FIGURA 30.41 Uma mutação de *splicing* que causa talassemia.** Uma mutação de A para G dentro do primeiro íntron do gene para a cadeia β da hemoglobina humana cria um novo sítio de *splicing* 5′ (GU). Ambos os sítios de *splicing* 5′ são reconhecidos pela snRNP U1; por conseguinte, algumas vezes o *splicing* pode criar um mRNA maduro normal e um mRNA maduro anormal que contém sequências do íntron. O mRNA maduro normal é traduzido em uma cadeia β da hemoglobina. Como ele inclui sequências do íntron, o mRNA maduro anormal apresenta um códon de terminação (*STOP*) prematura e é degradado.

as células provoca doença apenas na retina; todavia, a retinite pigmentosa fornece um bom exemplo de como as mutações que perturbam a função do spliceossomo podem causar doença.

## A maioria dos pré-mRNAs humanos pode sofrer *splicing* de modos alternativos para produzir proteínas diferentes

O *splicing alternativo* é um mecanismo disseminado para gerar diversidade de proteínas. Diferentes combinações de éxons do mesmo gene podem sofrer *splicing* em um RNA maduro, produzindo então formas distintas de uma proteína para tecidos específicos, estágios de desenvolvimento ou vias de sinalização. O que controla os sítios de *splicing* a serem selecionados? A seleção é determinada pela ligação de fatores de *splicing* que agem em *trans* a sequências em *cis* no pré-mRNA. A maioria dos *splicing* alternativos leva a mudanças na sequência codificadora, resultando em proteínas com funções diferentes. *O splicing alternativo fornece um poderoso mecanismo para expandir a versatilidade das sequências genômicas por meio do controle combinatório.* Considere um gene com cinco posições nas quais pode ocorrer *splicing*. Partindo da pressuposição de que essas vias de *splicing* alternativo podem ser reguladas independentemente, é possível produzir um total de $2^5 = 32$ mRNAs diferentes.

O sequenciamento do genoma humano revelou que a maioria dos pré-mRNAs sofre *splicing* alternativo, levando a um maior número de proteínas do que seria previsto pelo número de genes. Exemplo de *splicing* alternativo que leva à expressão de duas proteínas diferentes, cada uma em um tecido diferente, é fornecido pelo gene que codifica a calcitonina e o peptídio relacionado ao gene da calcitonina (CGRP; Figura 30.42). Na glândula tireoide, a inclusão do éxon 4 em uma via de *splicing* produz a calcitonina, um hormônio peptídico que regula o metabolismo do cálcio e do fósforo. Nas células neuronais, a exclusão do éxon 4 em outra via de *splicing* produz

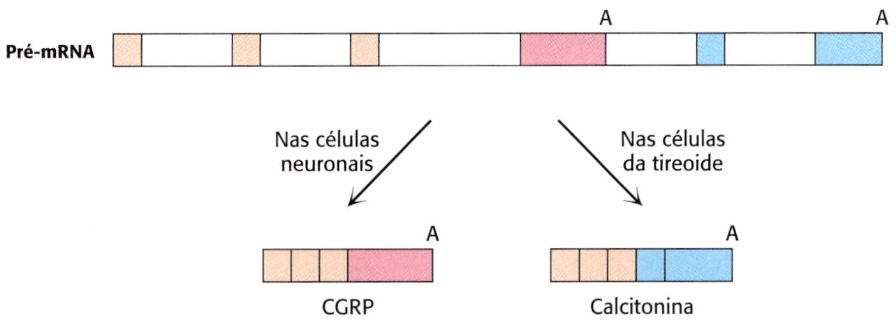


**FIGURA 30.42 Um exemplo de *splicing* alternativo.** Nos seres humanos, são produzidos dois hormônios muito diferentes a partir de um único pré-mRNA de calcitonina/CGRP. O *splicing* alternativo produz o mRNA maduro para a calcitonina ou a CGRP (*calcitonin-gene-related-protein*) dependendo do tipo celular no qual o gene é expresso. Cada transcrito alternativo incorpora um dos dois sinais alternativos de poliadenilação (A) presentes no pré-mRNA.

o CGRP, um hormônio peptídico que atua como um vasodilatador. Por conseguinte, dependendo do tipo celular, um único pré-mRNA produz dois hormônios peptídicos diferentes. Nesse caso, apenas duas proteínas resultam do *splicing* alternativo. Todavia, em outros casos, um número muito maior de proteínas pode ser produzido. Exemplo extremo é o pré-mRNA de *Drosophila*, que codifica DSCAM, uma proteína neuronal que afeta a conectividade dos axônios. O *splicing* alternativo desse pré-mRNA tem o potencial de produzir 38.016 combinações diferentes de éxons, um número maior do que o número total de genes existentes no genoma de *Drosophila*. Entretanto, apenas uma fração desses potenciais mRNA parece ser produzida devido a mecanismos regulatórios que ainda não estão bem elucidados. As várias doenças humanas que podem ser atribuídas a defeitos no *splicing* alternativo estão listadas na Tabela 30.4. Maior compreensão do *splicing* alternativo e dos mecanismos de seleção dos sítios de *splicing* será crucial para compreender como o proteoma representado pelo genoma humano é expresso.

**TABELA 30.4** Doenças humanas selecionadas atribuídas a defeitos no *splicing* alternativo.

| Distúrbio | Gene ou seu produto |
|---|---|
| Porfiria intermitente aguda | Porfobilinogênio desaminase |
| Cânceres de mama e de ovário | *BRCA1* |
| Fibrose cística | CFTR |
| Demência frontotemporal | Proteína $\tau$ |
| Hemofilia A | Fator VIII |
| Deficiência de HGPRT (síndrome de Lesch-Nyhan) | Hipoxantina-guanina fosforribosiltransferase |
| Encefalomielopatia de Leigh | Piruvato desidrogenase E1$\alpha$ |
| Imunodeficiência combinada grave | Adenosina desaminase |
| Atrofia do músculo espinal | *SMN1* ou *SMN2* |

## 30.4 A descoberta do RNA catalítico foi reveladora tanto em relação ao mecanismo quanto à evolução

Os RNAs formam uma classe surpreendentemente versátil de moléculas. Como já vimos, o *splicing* é catalisado, em grande parte, por moléculas de RNA, enquanto as proteínas desempenham um papel secundário. Outra enzima que contém um componente essencial de RNA é a ribonuclease P, que catalisa a maturação do tRNA por clivagem endonucleolítica de nucleotídios a partir da extremidade 5′ da molécula precursora. Por fim, como veremos no Capítulo 31, o componente de RNA dos ribossomos é o catalisador que executa a síntese de proteínas.

A versatilidade do RNA tornou-se clara pela primeira vez com as observações do processamento do RNA ribossômico em um eucarioto unicelular. No *Tetrahymena* (um protozoário ciliado), um íntron de 414 nucleotídios é removido de um precursor de 6,4 kb para produzir a molécula de rRNA 26S maduro (Figura 30.43). Em uma elegante série de estudos dessa reação de *splicing*, Thomas Cech e seus colaboradores estabeleceram que o RNA sofreu *splicing* por si mesmo para eliminar precisamente o íntron. Esses experimentos notáveis demonstraram que uma molécula de RNA pode efetuar o seu *próprio splicing* na ausência de proteínas. Com efeito, o RNA sozinho é catalítico e portanto, em certas condições, constitui uma *ribozima*. Desde então, foram encontrados mais de 1.500 íntrons semelhantes em espécies amplamente diversas, como

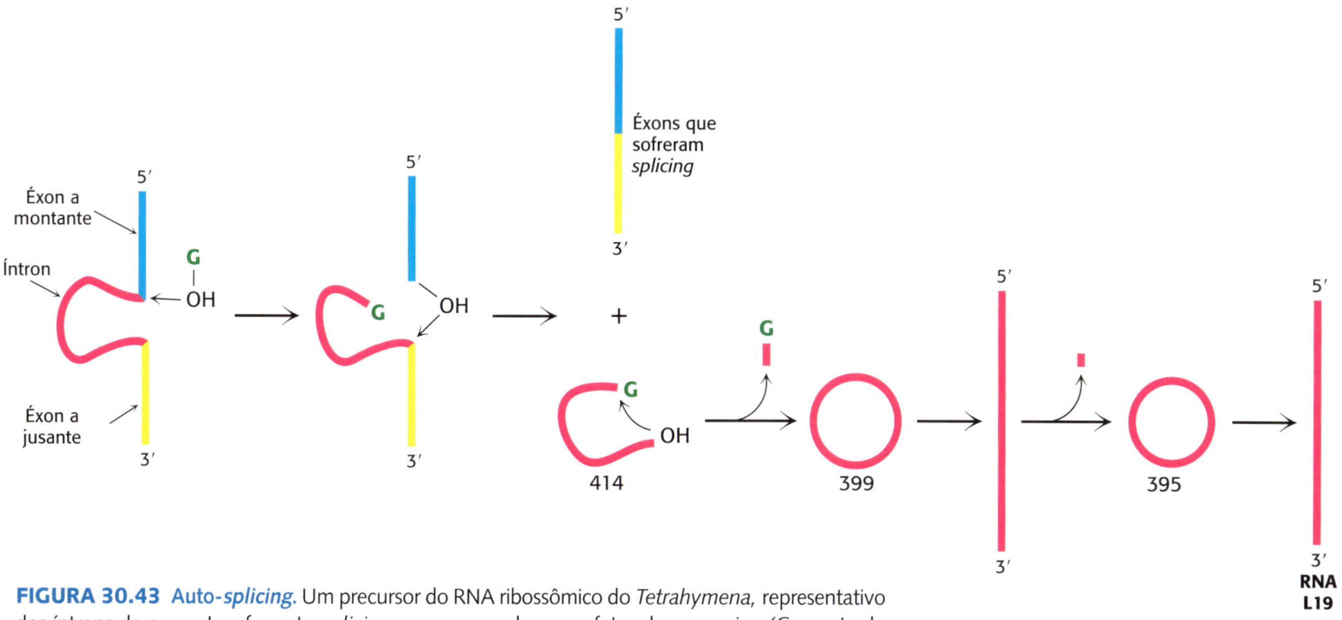


**FIGURA 30.43** **Auto-*splicing*.** Um precursor do RNA ribossômico do *Tetrahymena*, representativo dos íntrons de grupo I, sofre auto-*splicing* na presença de um cofator de guanosina (G, mostrado em verde). Um íntron de 414 nucleotídios (em vermelho) é liberado na primeira reação de *splicing*. Em seguida, esse íntron sofre auto-*splicing* mais duas vezes, produzindo então um RNA linear que perdeu um total de 19 nucleotídios. Esse RNA L19 é cataliticamente ativo. [Informação de T. Cech. RNA as an enzyme. Copyright © 1986 por Scientific American, Inc. Todos os direitos reservados.]

bactérias e eucariotos, mas não em vertebrados. Em seu conjunto, são designados como *íntrons do grupo 1*.

A reação de *auto-splicing* no íntron de grupo I requer a adição de um nucleotídio de guanosina. Originalmente, foram incluídos nucleotídios na mistura da reação, visto que se acreditava que o ATP ou o GTP pudessem ser necessários como fonte de energia. Na verdade, foi constatado que os nucleotídios eram necessários como cofatores. O cofator necessário demonstrou ser uma unidade de guanosina na forma de guanosina, GMP, GDP ou GTP. G (indicando qualquer uma dessas espécies) não atua como fonte de energia, mas sim como um grupo de ataque que se incorpora transitoriamente ao RNA (ver Figura 30.42). G liga-se ao RNA e, a seguir, ataca o sítio de *splicing* 5′ para formar uma ligação fosfodiéster com a extremidade 5′ do íntron. Essa reação de transesterificação gera um grupo 3′-OH na extremidade do éxon a montante. Em seguida, esse grupo 3′-OH recém-ligado ataca o sítio de *splicing* 3′. Essa segunda reação de transesterificação une os dois éxons e leva à liberação do íntron de 414 nucleotídios.

O auto-*splicing* depende da integridade estrutural do precursor do RNA. Grande parte do íntron de grupo I é necessária para o auto-*splicing*. Assim como muitos RNAs, essa molécula tem estrutura dobrada formada por numerosas hastes em duplas hélice e alças (Figura 30.44), havendo também um bolsão bem definido para a ligação da guanosina. O exame da estrutura tridimensional de um íntron de grupo I cataliticamente ativo, que foi determinada por cristalografia de raios X, revela uma coordenação dos íons magnésio no sítio ativo análoga àquela observada em enzimas proteicas como a DNA polimerase.

A análise da sequência de bases do precursor do rRNA sugeriu que os sítios de *splicing* estão alinhados com os resíduos catalíticos por pareamento de bases entre a *sequência guia interna* (IGS, do inglês *internal guide sequence*) no íntron e nos éxons 5′ e 3′ (Figura 30.45). Inicialmente, a IGS une o cofator de guanosina e o sítio de *splicing* 5′ de modo que o grupo

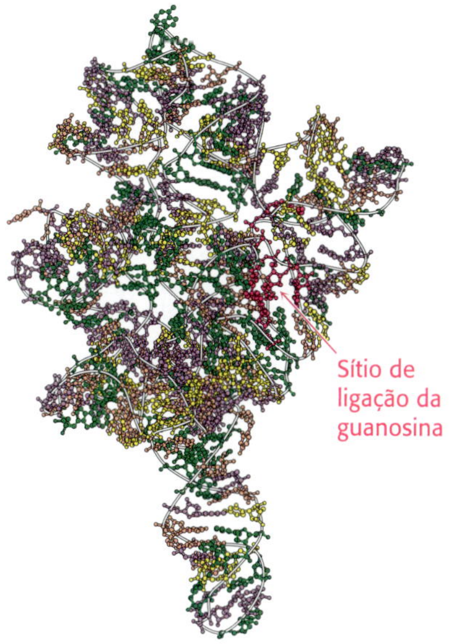


**FIGURA 30.44** **Estrutura de um íntron que realiza auto-*splicing*.** A estrutura de um fragmento grande do íntron do *Tetrahymena* que realiza auto-*splicing* revela um complexo padrão de dobramento de hélices e alças. As bases são mostradas em verde, A; amarelo, C; violeta, G; laranja, U. [Desenhada de 1GRZ.pdb.]

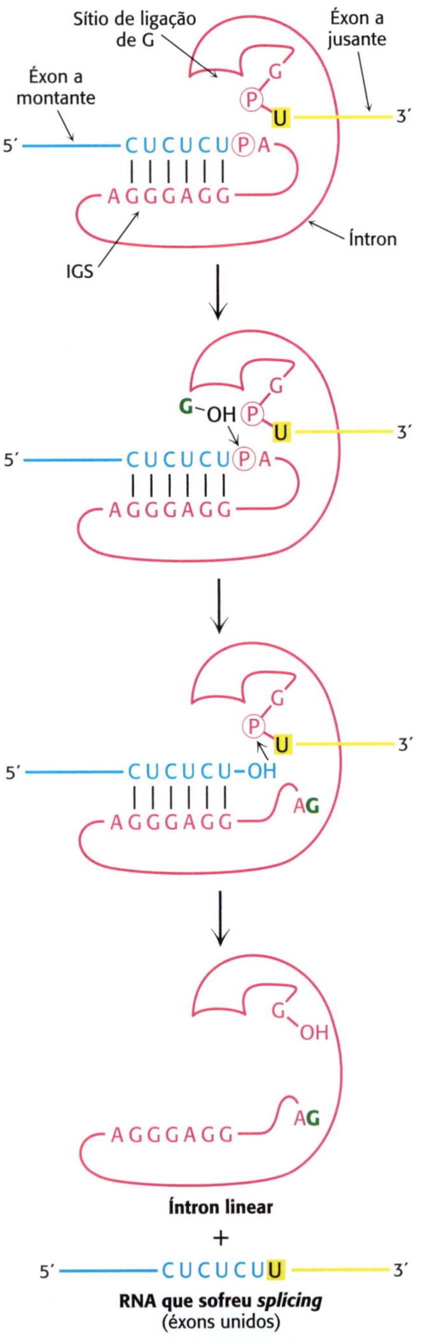


**FIGURA 30.45 Mecanismo do auto-*splicing*.** O mecanismo catalítico do íntron de grupo I inclui uma série de reações de transesterificação [Informação de T. Cech. RNA as an enzyme. Copyright © 1986 por Scientific American, Inc. Todos os direitos reservados.]

3′-OH de G possa efetuar um ataque nucleofílico ao átomo de fósforo nesse sítio de *splicing*. Em seguida, a IGS mantém o éxon a jusante em posição para ataque pelo grupo 3′-OH recém-formado do éxon a montante. Forma-se uma ligação fosfodiéster entre dois éxons, e o íntron é liberado como uma molécula linear. À semelhança da catálise por enzimas proteicas, a autocatálise da formação e quebra de ligações nesse precursor do rRNA é altamente específica.

A descoberta de atividade enzimática no íntron de auto-*splicing* e no componente de RNA da RNase P abriu novas áreas de questionamento e mudou o modo pelo qual pensamos a evolução molecular. Como mencionado em um capítulo anterior, a descoberta de que o RNA pode ser um catalisador, bem como um carreador de informações, sugere que pode ter existido um mundo de RNA no início da evolução da vida, antes mesmo do aparecimento do DNA e das proteínas.

Os precursores do RNA mensageiro nas mitocôndrias de leveduras e fungos também sofrem auto-*splicing*, assim como alguns precursores do RNA nos cloroplastos de organismos unicelulares, como *Chlamydomonas*. As reações de auto-*splicing* podem ser classificadas de acordo com a natureza da unidade que ataca o sítio de *splicing* a montante. O auto-*splicing* de grupo I é mediado por um cofator de guanosina, como no *Tetrahymena*. A unidade de ataque no *splicing* de grupo II é o grupo 2′-OH de um adenilato específico do íntron (Figura 30.46).

Os auto-*splicing* de grupo I e de grupo II assemelham-se ao *splicing* catalisado por spliceossomo em dois aspectos. O primeiro aspecto é que, na etapa inicial, um grupo hidroxila da ribose ataca o sítio de *splicing* 5′. O 3′-OH terminal recém-formado do éxon a montante ataca, então, o sítio de *splicing* 3′ para formar uma ligação fosfodiéster com o éxon a jusante. O segundo aspecto é que ambas as reações são transesterificações nas quais os grupos fosfatos de cada sítio de *splicing* são retidos nos produtos. O número de ligações fosfodiéster permanece constante. O *splicing* de grupo II assemelha-se ao *splicing* catalisado por spliceossomo dos precursores do mRNA em vários outros aspectos. O ataque ao sítio de *splicing* 5′ é efetuado por uma parte do próprio íntron (o grupo 2′-OH da adenosina), em vez de ser feito por um cofator externo (G). Em ambos os casos, o íntron é liberado na forma de um laço. Além disso, em alguns casos, o íntron de grupo II é transcrito em segmentos que são montados por ligações de hidrogênio ao íntron catalítico de modo análogo à montagem dos snRNAs no spliceossomo.

Essas semelhanças levaram à sugestão de que o *splicing* catalisado por spliceossomo dos precursores do mRNA evoluiu a partir do auto-*splicing* catalisado por RNA. O *splicing* de grupo II pode muito bem ser um intermediário entre o *splicing* de grupo I e aquele observado nos núcleos dos eucariotos superiores. *Uma etapa importante nessa transição foi a transferência do poder catalítico do próprio íntron para outras moléculas.* A formação de spliceossomos deu aos genes uma nova liberdade, visto que os íntrons não ficavam mais restritos a fornecer o centro catalítico para o *splicing*. Outra vantagem dos catalisadores externos para o *splicing* é que eles podem ser mais prontamente regulados. Todavia, é importante assinalar que as semelhanças não estabelecem a ancestralidade. As semelhanças entre íntrons de grupo II e o *splicing* do mRNA podem ser o resultado de uma evolução convergente. Talvez exista apenas um número limitado de modos para efetuar uma excisão eficiente e específica de íntrons. Para determinar se essas semelhanças provêm da ancestralidade ou da química, será necessário expandir nossa compreensão da bioquímica do RNA.

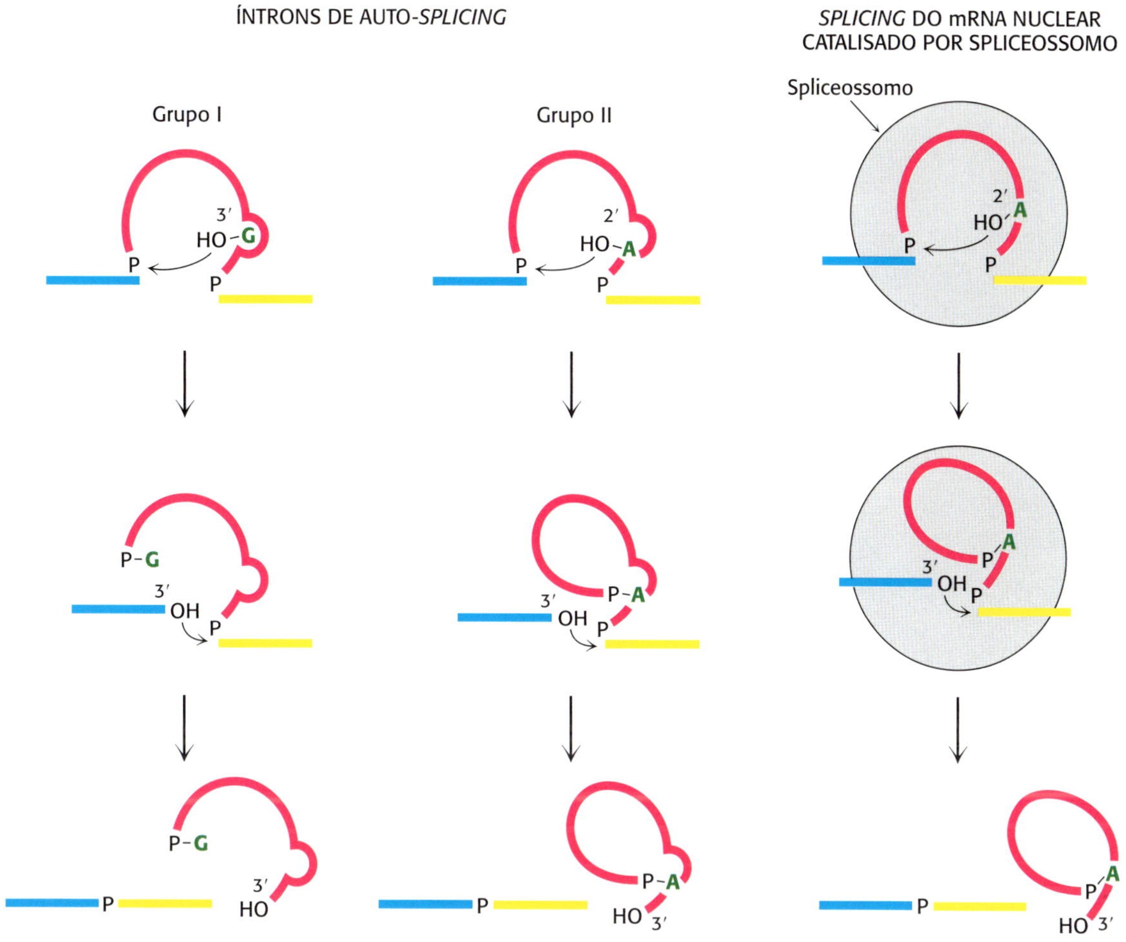


**FIGURA 30.46 Comparação das vias de *splicing*.** Os éxons que estão sendo unidos são mostrados em azul e em amarelo, enquanto a unidade de ataque é mostrada em verde. O sítio catalítico é formado pelo próprio íntron (em vermelho) nos *splicing* de grupo I e de grupo II. Em contrapartida, o *splicing* dos precursores do mRNA nuclear é catalisado por snRNAd e suas proteínas associadas no spliceossomo. [Informação de P. A. Sharp. *Science* 235:766-771, 1987.]

# RESUMO

## 30.1 As RNA polimerases catalisam a transcrição

Todas as moléculas de RNA nas células são sintetizadas por RNA polimerases de acordo com as instruções fornecidas pelos moldes de DNA. Os substratos monoméricos ativados são ribonucleosídio trifosfatos. O sentido da síntese de RNA é 5′ ⟶ 3′, como na síntese de DNA. As RNA polimerases, diferentemente das DNA polimerases, não necessitam de um iniciador (*primer*).

A RNA polimerase de *E. coli* é uma enzima com múltiplas subunidades. A composição de subunidades da holoenzima com cerca de 500 kDa é $\alpha_2\beta\beta'\omega\sigma$, e a do cerne da enzima é $\alpha_2\beta\beta'\omega$. A transcrição é iniciada em sítios promotores, que são constituídos de duas sequências, uma centrada perto de –10, e a outra perto de –35, isto é, a uma distância de 10 e 35 nucleotídios do sítio de iniciação no sentido 5′ (a montante). A sequência consenso da região –10 é TATAAT. A subunidade σ faz com que a holoenzima reconheça os sítios promotores. Quando a temperatura do meio de crescimento é elevada, *E. coli* expressa uma subunidade σ especial, que se liga seletivamente ao promotor específico dos genes de choque térmico. A RNA polimerase precisa desenrolar a dupla hélice do molde para que ocorra a transcrição. O desenrolamento expõe cerca de 17 bases na fita-molde e prepara as condições para a formação da primeira ligação fosfodiéster. Habitualmente, as cadeias de RNA recém-sintetizadas começam com pppG ou pppA. A subunidade $\sigma$ geralmente dissocia-se da holoenzima após a iniciação da nova cadeia.

A elongação ocorre em bolhas de transcrição que se movem ao longo do molde de DNA em uma velocidade de cerca de 50 nucleotídios por segundo. Em certas ocasiões, a RNA polimerase retrocede, um processo que pode facilitar a revisão do transcrito de RNA. A cadeia nascente de RNA contém sinais de terminação que finalizam a transcrição. Um sinal de terminação é um RNA em forma de grampo seguido de vários resíduos U. Um sinal diferente de terminação é lido pela proteína *rho,* uma ATPase. Alguns genes são regulados por *riboswitches*, que consistem em estruturas que se formam em transcritos de RNA e que se ligam a metabólitos específicos. Em *E. coli,* os precursores do RNA transportador e do RNA ribossômico são clivados e modificados quimicamente após a transcrição, enquanto o RNA mensageiro é utilizado em sua forma inalterada como molde para a síntese de proteínas.

## 30.2 A transcrição nos eucariotos é altamente regulada

Nos eucariotos, a síntese de RNA ocorre no núcleo, enquanto a síntese de proteínas ocorre no citoplasma. Existem três tipos de RNA polimerase no núcleo: a RNA polimerase I produz precursores do RNA ribossômico; a RNA polimerase II, precursores do RNA mensageiro; e a RNA polimerase III, precursores do RNA transportador. Os promotores eucarióticos são complexos e compostos de vários elementos diferentes. Os promotores da RNA polimerase II podem estar localizados no lado 5′ ou no lado 3′ do sítio de iniciação da transcrição. Um tipo comum de promotor eucariótico consiste em uma caixa TATA centrada entre –30 e –100 e pareada com um elemento iniciador. Os elementos promotores eucarióticos são reconhecidos por proteínas denominadas fatores de transcrição, e não pela RNA polimerase II. A proteína de ligação da caixa TATA, em forma de sela, desenrola e inclina acentuadamente o DNA nas sequências da caixa TATA, e atua como ponto focal para a montagem dos complexos de transcrição. A proteína de ligação da caixa TATA inicia a montagem do complexo ativo de transcrição. A atividade de muitos promotores é acentuadamente aumentada por sequências amplificadoras (*enhancers*), que não têm por si só atividade promotora. As sequências *enhancer* podem atuar a distâncias de várias quilobases e podem estar localizadas a montante ou a jusante de um gene.

## 30.3 Os produtos da transcrição das polimerases eucarióticas são processados

As extremidades 5′ dos precursores do mRNA recebem um *cap* e são metiladas durante o processo de transcrição. Uma cauda poli-A 3′ é acrescentada à maioria dos precursores do mRNA após a clivagem da cadeia nascente por uma endonuclease. Os processos de edição do RNA alteram a sequência de nucleotídios de alguns mRNAs, caso da apolipoproteína B.

O *splicing* dos precursores do mRNA é efetuado por spliceossomos, que consistem em pequenas partículas de ribonucleoproteínas nucleares. Os sítios de *splicing* nos precursores do mRNA são especificados por sequências nas extremidades dos íntrons e por sítios de ramificação perto de suas extremidades 3′. O grupo 2′-OH de um resíduo de adenosina no sítio de ramificação ataca o sítio de *splicing* 5′ para formar um intermediário em forma de laço. A recém-produzida extermidade 3′-OH do éxon a montante ataca, então, o sítio de *splicing* 3′ para se unir ao éxon a jusante. Por conseguinte, o *splicing* consiste em duas reações de transesterificação em que o número de ligações fosfodiéster permanece constante durante as reações. Os RNAs nucleares pequenos nos spliceossomos catalisam o *splicing* dos precursores do mRNA. Um par de íons magnésio ligados ao snRNA U6 constitui um componente essencial do centro ativo dos spliceossomos.

Os eventos do processamento pós-transcrição do mRNA são controlados pelo estado de fosforilação do domínio carboxiterminal, parte da RNA polimerase II.

### 30.4 A descoberta do RNA catalítico foi reveladora tanto em relação ao mecanismo quanto à evolução

Algumas moléculas de RNA, como as que contêm o íntron de grupo I, sofrem auto-*splicing* na ausência de proteínas. Uma versão automodificada desse íntron de rRNA apresenta verdadeira atividade catalítica e, portanto, é uma ribozima. O *splicing* catalisado por spliceossomo pode ter evoluído a partir do auto-*splicing*. A descoberta do RNA catalítico abriu uma nova visão para a exploração dos estágios iniciais da evolução molecular e das origens da vida.

## APÊNDICE

# Bioquímica em foco

### Descoberta de enzimas feitas de RNA

A descoberta de que os catalisadores que aceleram quase todas as reações biológicas eram moléculas de proteínas específicas foi fundamental para a bioquímica. Isso levou a décadas de pesquisas muito produtivas direcionadas para a purificação e a identificação das enzimas proteicas que desempenham um papel em numerosos processos bioquímicos essenciais. Foi nesse contexto que o laboratório de Tom Cech, membro docente relativamente novo do Departamento de Química e Bioquímica da Universidade do Colorado, decidiu purificar a(s) enzima(s) envolvida(s) no *splicing* de determinada classe de moléculas de RNA.

Uma vez purificado o substrato do RNA sem *splicing*, Cech e Art Zaug, um técnico do laboratório, começaram a pesquisar extratos dos núcleos celulares do organismo que estavam utilizando (*Tetrahymena themophila*), que provavelmente continham as enzimas desejadas. Constataram que o tratamento do RNA sem *splicing* com o extrato nuclear resultava em *splicing*. Entretanto, eles também realizaram um experimento de controle, no qual omitiram o extrato, e verificaram que o *splicing* ocorria na mesma extensão. A primeira ideia foi a de que tinham cometido algum erro e acrescentado extrato nuclear à amostra de controle. Entretanto, uma cuidadosa repetição do experimento revelou que nenhum erro tinha sido cometido, e que a reação de *splicing* do RNA estava ocorrendo na ausência do extrato. O desafio agora era compreender essa reação de auto-*splicing*. Trabalhos subsequentes revelaram o mecanismo envolvido no auto-*splicing* de RNA, discutido na seção 30.4, e abriram uma área totalmente nova de bioquímica.

Esse exemplo ressalta um aspecto fundamental da pesquisa em bioquímica. Frequentemente, descobertas importantes são realizadas não quando os resultados obtidos correspondem à expectativa dos pesquisadores, mas quando aparecem resultados inesperados que inicialmente geram confusão e, em seguida, reestruturam o problema a ser solucionado.

## PALAVRAS-CHAVE

transcrição
RNA polimerase
sítio promotor
bolha de transcrição
sequência consenso
subunidade sigma ($\sigma$)
*riboswitch*
proteína *rho* ($\rho$)
domínio carboxiterminal (CTD)
caixa TATA
fator de transcrição
amplificador(*enhancer*)

ribonucleoproteína nucleolar pequena (snoRNP)
pré-mRNA
*cap* 5′
cauda poli-A
microRNA
edição do RNA
*splicing* do RNA
spliceossomo
RNA nuclear pequeno (snRNA)
partícula pequena de ribonucleoproteína nuclear (snRNP)
*splicing* alternativo
RNA catalítico (ribozima)
auto-*splicing*

# QUESTÕES

**1.** *Complementos.* A sequência de parte de um mRNA é

5′-AUGGGGAACAGCAAGAGUGGGGCCCUGUCCAAGGAG-3′

Qual é a sequência da fita codificadora do DNA? E da fita-molde do DNA?

**2.** *Verificando erros.* Por que a síntese de RNA não é tão cuidadosamente monitorada à procura de erros quanto a síntese de DNA?

**3.** *A velocidade não é a essência.* Por que é vantajoso que a síntese de DNA seja mais rápida do que a síntese de RNA?

**4.** *Sítios ativos.* As estruturas globais da RNA polimerase e da DNA polimerase são muito diferentes; contudo, seus sítios ativos exibem semelhanças consideráveis. O que tais semelhanças sugerem acerca da relação evolutiva entre essas duas enzimas importantes?

**5.** *Inibidor potente.* A heparina inibe a transcrição por meio de sua ligação à RNA polimerase. Que propriedades da heparina possibilitam a sua ligação tão efetiva à RNA polimerase?

**6.** *Imprevisível.* A proteína sigma por si só não pode se ligar a sítios promotores. Preveja o efeito de uma mutação que possibilite a ligação de $\sigma$ à região $-10$ na ausência de outras subunidades da RNA polimerase.

**7.** *Sigma travado.* Qual seria o efeito provável de uma mutação que impedisse $\sigma$ de se dissociar do cerne da RNA polimerase?

**8.** *Tempo de transcrição.* Qual é o tempo mínimo necessário para a síntese de um mRNA que codifica uma proteína de 100 kDa pela polimerase de *E. coli*?

**9.** *Pesquisa rápida.* A RNA polimerase encontra muito rapidamente os sítios promotores. A constante de velocidade observada na ligação da holoenzima da RNA polimerase a sequências promotoras é de $10^{10}$ $M^{-1}s^{-1}$. A constante de velocidade de duas macromoléculas que se encontram normalmente é de $10^{8}$ $M^{-1}s^{-1}$. Proponha uma explicação para a velocidade 100 vezes maior de uma proteína para encontrar um sítio específico ao longo de uma molécula de DNA.

**10.** *Onde começar?* Identifique o provável sítio de iniciação da transcrição na seguinte sequência de DNA:

5′-GCCGTTGACACCGTTCGGCGATCGATCCGCTATAATGTG
TGGATCCGCTT-3′

3′-CGGCAACTGTGGCAAGCCGCTAGCTAGGCGATATTACAC
ACCTAGGCGAA-5′

**11.** *Entre bolhas.* Qual é a distância entre bolhas de transcrição nos genes de *E. coli* que estão sendo transcritos em velocidade máxima?

**12.** *Bolha reveladora.* Considere a bolha de transcrição RNA-DNA sintética ilustrada aqui. A fita codificadora do DNA, a fita-molde e a fita do RNA são designadas como fitas 1, 2 e 3, respectivamente.

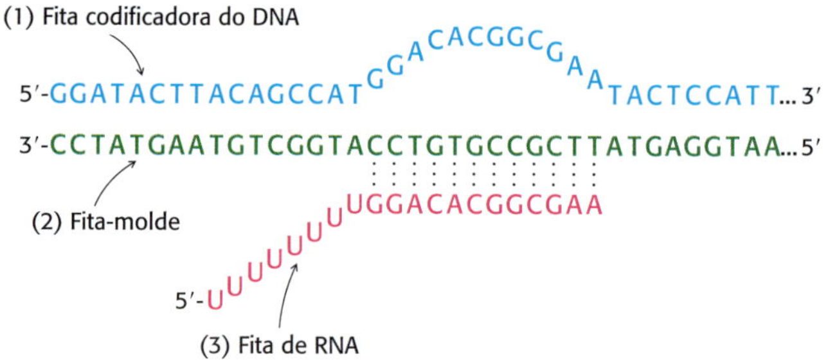


**(a)** Suponha que a fita 3 seja marcada com $^{32}P$ em sua extremidade 5′, e que se efetue uma eletroforese em gel de poliacrilamida em condições não desnaturantes. Preveja o padrão autorradiográfico para (i) apenas a fita 3, (ii) as fitas 1 e 3, (iii) as fitas 2 e 3, (iv) as fitas 1, 2 e 3, e (v) as fitas 1, 2 e 3 e o cerne da RNA polimerase.

**(b)** Qual é o provável efeito da rifampicina sobre a síntese de RNA nesse sistema?

**(c)** A heparina bloqueia a elongação do iniciador (*primer*) de RNA quando acrescentada ao cerne da RNA polimerase antes do início da transcrição, mas não se for adicionada após a iniciação da transcrição. Explique essa diferença.

**(d)** Suponha que a síntese seja efetuada na presença de ATP, CTP e UTP. Compare o comprimento do maior produto obtido com aquele esperado quando estão presentes todos os quatro ribonucleosídios trifosfatos.

**13.** *Marcas de revisão.* Os principais produtos da revisão pela RNA polimerase consistem em dinucleotídios, e não em mononucleotídios. Por quê?

**14.** *Ciclo abortivo.* Em certas ocasiões, di e trinucleotídios são liberados da RNA polimerase no início da transcrição, um processo denominado ciclo abortivo. Esse processo requer o reinício da transcrição. Sugira uma explicação plausível para o ciclo abortivo.

**15.** *Inibição da polimerase.* A cordicepina inibe a síntese de poli-A em baixas concentrações e a síntese de RNA em concentrações mais altas.

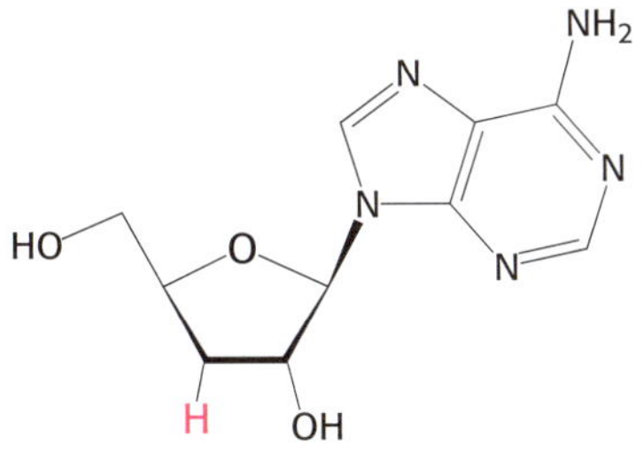

**Cordicepina (3'-desoxiadenosina)**

**(a)** Qual é a base da inibição pela cordicepina?

**(b)** Por que a síntese de poli-A é mais sensível do que a síntese de outros RNAs na presença de cordicepina?

**(c)** A cordicepina precisa ser modificada para exercer o seu efeito?

**16.** *Splicing alternativo.* Um gene contém oito sítios onde é possível a ocorrência de um *splicing* alternativo. Partindo da pressuposição de que o padrão de *splicing* em cada sítio é independente daquele dos outros sítios, quantos produtos de *splicing* são possíveis?

**17.** *Superenovelamento.* O superenovelamento negativo do DNA favorece a transcrição de genes, visto que facilita o desenrolamento. Entretanto, nem todos os sítios promotores são estimulados pelo superenovelamento negativo. O sítio promotor para a própria topoisomerase II é uma notável exceção. O superenovelamento negativo diminui a taxa de transcrição desse gene. Proponha um mecanismo possível para esse efeito e sugira uma razão pela qual ele pode ocorrer.

**18.** *Um fragmento extra.* Em um tipo de mutação que leva a uma forma de talassemia, a mutação de uma única base (G para A) gera um novo sítio de *splicing* 3′ (em azul na ilustração a seguir) semelhante ao normal (em amarelo), porém mais a montante.

Extremidade 3′ normal do íntron

5′ CCTATT**G**GTCTATTTTCCACCCTTAGGCTGCTG 3′

↓

5′ CCTATTAGTCTATTTTCCACCCTTAGGCTGCTG 3′

Qual é a sequência de aminoácidos do segmento extra da proteína sintetizada em um paciente com talassemia que tenha uma mutação resultando em um *splicing* aberrante? O quadro de leitura após o sítio de *splicing* começa com TCT.

**19.** *Um mensageiro de cauda longa.* Outro paciente com talassemia tinha uma mutação que leva à produção de um mRNA para a cadeia β da hemoglobina com 900 nucleotídios a mais do que o normal. A cauda poli-A desse mRNA mutante estava localizada poucos nucleotídios depois da única sequência AAUAAA na sequência adicional. Proponha uma mutação que levaria à produção desse mRNA alterado.

## Questão sobre mecanismo

**20.** *Edição do RNA.* Muitas moléculas de uridina são inseridas em alguns mRNAs mitocondriais em tripanossomos. Os resíduos de uridina provêm da cauda poli-U de uma fita doadora. Os nucleosídios trifosfatos não participam dessa reação. Proponha um mecanismo de reação que explique esses achados. (Dica: Relacione a edição do RNA com o seu *splicing*.)

## Questões | Integração de capítulos

**21.** *Complexidade do proteoma.* Que processos considerados neste capítulo tornam o proteoma mais complexo do que o genoma? Que processos poderiam acentuar ainda mais essa complexidade?

**22.** *Técnica de separação.* Sugira uma forma pela qual você poderia separar o mRNA de outros tipos de RNA em uma célula eucariótica.

## Questões | Interpretação de dados

**23.** *Experimento de escape (run-off).* Foram isolados núcleos do cérebro, do fígado e do músculo. Em seguida, esses núcleos foram incubados com α-[$^{32}$P]UTP em condições que possibilitam a síntese de RNA, exceto pela presença de um inibidor da iniciação do RNA. O RNA radioativo foi isolado e anelado com várias sequências de DNA que tinham sido ligadas a um *chip* gênico. Nos gráficos anexos, a intensidade do sombreado indica aproximadamente quantos mRNAs foram ligados a cada sequência de DNA.

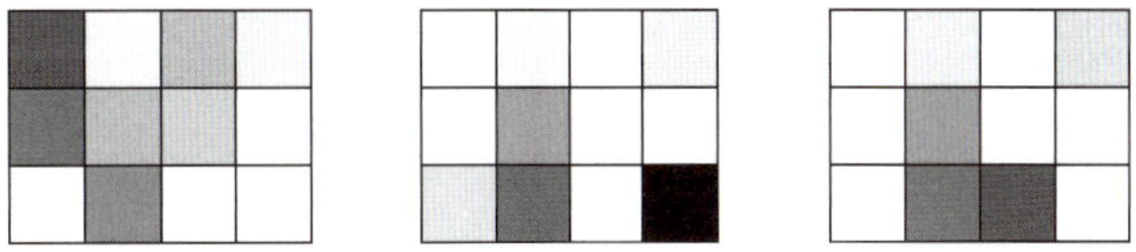

Fígado Músculo Cérebro

**(a)** Por que a intensidade de hibridização difere entre os genes?

**(b)** Por que algumas das moléculas de RNA apresentam diferentes padrões de hibridização em tecidos diferentes?

**(c)** Alguns genes são expressos em todos os três tecidos. O que você poderia sugerir sobre a natureza desses genes?

**(d)** Sugira um motivo pelo qual um inibidor da iniciação foi incluído na mistura da reação.

24. *Árvores de natal.* A autorradiografia a seguir mostra vários genes bacterianos sofrendo transcrição. Identifique o DNA. O que são as fitas de comprimento crescente? Onde está o início da transcrição? O final da transcrição? Qual é o sentido da síntese de RNA? O que você pode concluir acerca do número de enzimas que participam na síntese de RNA em determinado gene?

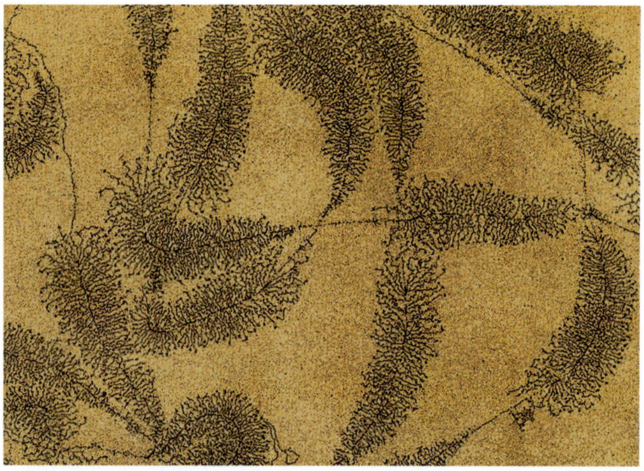

[Medical Images RM/Phototake, Inc.]

## Questão para discussão

25. Compare as funções biológicas do RNA e do DNA. Que aspectos da estrutura e da química do RNA o tornam tão versátil?

# Síntese de Proteínas

CAPÍTULO 31

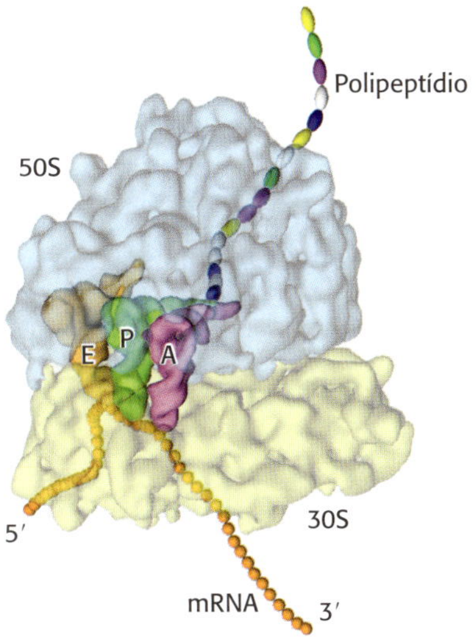


O ribossomo mostrado é uma fábrica de produção de polipeptídios. Os aminoácidos são transportados até o ribossomo, um de cada vez, conectados a moléculas de RNA transportador. Cada aminoácido é unido à cadeia polipeptídica em crescimento, que só se desprende do ribossomo após o polipeptídio estar completo. Esse arranjo em linha de montagem possibilita uma rápida montagem de cadeias polipeptídicas muito longas e com impressionante acurácia.

## OBJETIVOS DE APRENDIZAGEM

*Ao término do capítulo, o leitor deverá ser capaz de:*

1. Explicar como a informação dos ácidos nucleicos é traduzida em sequências de aminoácidos e definir o papel das aminoacil-tRNA sintetases nesse processo.
2. Definir o papel dos ribossomos na síntese de proteínas.
3. Comparar e diferenciar a síntese de proteínas nas bactérias e nos eucariotos.
4. Descrever a via da síntese de proteínas secretoras e de membrana

## SUMÁRIO



Os genes que codificam as proteínas são componentes-chave da informação genética, visto que as proteínas desempenham a maioria dos papéis funcionais nas células. Nos Capítulos 29 e 30, examinamos como o DNA sofre replicação e é transcrito em RNA. Passaremos agora ao mecanismo da síntese de proteínas, um processo denominado *tradução*, uma vez que o alfabeto de quatro letras dos ácidos nucleicos é traduzido no alfabeto totalmente diferente, de 20 letras, das proteínas. A tradução é um processo conceitualmente mais complexo do que a replicação ou a transcrição, ambas as quais ocorrem dentro da estrutura de uma linguagem comum de pareamento de bases. Como convém à sua posição, estabelecendo uma ligação entre as linguagens dos ácidos nucleicos e das proteínas, o processo de síntese de proteínas depende, fundamentalmente, tanto de ácidos nucleicos quanto de fatores proteicos. A síntese de proteínas ocorre nos *ribossomos* – enormes complexos que contêm três grandes moléculas de RNA e mais de 50 proteínas. É interessante ressaltar que *o ribossomo é uma ribozima*; ou seja, os componentes de RNA catalisam a síntese de proteínas. Essa observação sustenta fortemente a noção de que a vida evoluiu de um mundo de RNA e que o ribossomo é um sobrevivente desse mundo.

As moléculas de RNA transportador (tRNA) e de RNA mensageiro (mRNA) também são participantes fundamentais no processo de síntese de proteínas. Inicialmente, a ligação entre os aminoácidos e os ácidos nucleicos é feita por enzimas denominadas aminoacil-tRNA sintetases. Ao ligar especificamente determinado aminoácido a cada tRNA, essas enzimas traduzem o código genético.

Embora o RNA seja de suma importância no processo de tradução, são também necessários fatores proteicos para a síntese eficiente de uma proteína. Os fatores proteicos participam na iniciação, na elongação e na terminação da síntese de proteínas. Neste capítulo, concentraremos nossa atenção principalmente na síntese de proteínas nas bactérias, visto que ela ilustra muitos princípios gerais e está bem elucidada. São também apresentadas algumas características diferenciais da síntese de proteínas nos eucariotos.

## 31.1 A síntese de proteínas requer a tradução de sequências de nucleotídios em sequências de aminoácidos

As bases da síntese de proteínas são as mesmas em todos os reinos da vida – uma evidência de que o sistema de síntese de proteínas surgiu muito cedo na evolução. Um mRNA é decodificado ou lido na direção 5′ para 3′, um códon de cada vez, e a proteína correspondente é sintetizada na direção aminoterminal para carboxiterminal pela adição sequencial de aminoácidos à extremidade carboxila da cadeia peptídica em crescimento (Figura 31.1). Os aminoácidos chegam à cadeia em crescimento na forma ativada, como aminoacil-tRNAs, criados pela união do grupo carboxila de um aminoácido com a extremidade 3′ de uma molécula de tRNA. A ligação de um aminoácido a seu tRNA correspondente é catalisada por uma *aminoacil-tRNA sintetase*. Habitualmente, para cada aminoácido existe uma enzima ativadora e pelo menos um tipo de tRNA.

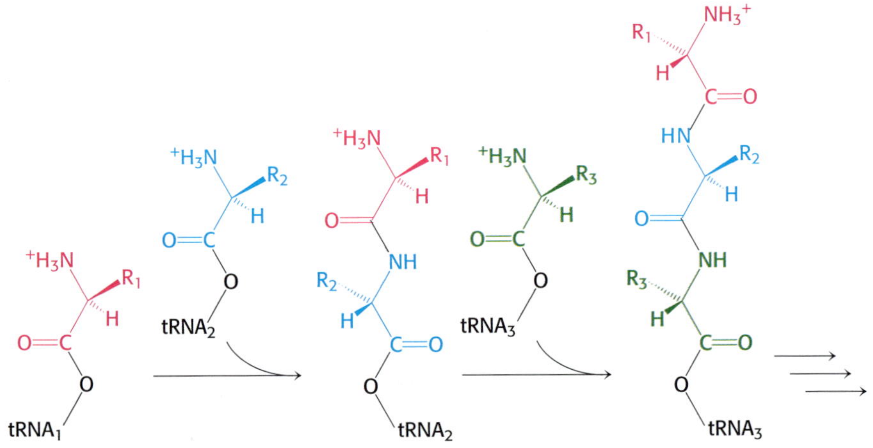


**FIGURA 31.1 Crescimento da cadeia polipeptídica.** As proteínas são sintetizadas pela adição sucessiva de aminoácidos à extremidade carboxiterminal.

### A síntese de proteínas longas exige baixa frequência de erros

O processo de transcrição é análogo a copiar, palavra por palavra, a página de um livro. Não há nenhuma mudança no alfabeto ou no vocabulário, de modo que a probabilidade de uma alteração de significado é pequena. A tradução de uma sequência de bases de uma molécula de mRNA em uma sequência de aminoácidos é análoga à tradução da página de um livro em outro idioma. A tradução é um processo complexo, que envolve muitas etapas e dúzias de moléculas. Existe um potencial de erro em cada etapa. A complexidade da tradução cria um conflito entre dois requisitos: o processo precisa ser acurado e rápido o suficiente para atender às necessidades de uma célula. Na *E. coli*, a tradução pode ocorrer em uma taxa de 20 aminoácidos por segundo, uma velocidade verdadeiramente impressionante se considerarmos a complexidade do processo.

Até que ponto a síntese de proteínas precisa ser acurada? Consideremos as taxas de erros. A probabilidade de formar uma proteína sem qualquer erro depende do número de resíduos de aminoácidos e da frequência (ε) de inserção de um aminoácido incorreto. Como mostra a Tabela 31.1, uma frequência de erro de $10^{-2}$ é intolerável, mesmo para proteínas muito pequenas. Habitualmente, um valor de ε de $10^{-3}$ leva a uma síntese sem erros de uma proteína de 300 resíduos (cerca de 33 kDa), mas não de uma proteína de 1.000 resíduos (cerca de 110 kDa). Por conseguinte, a frequência de erros não deve ultrapassar aproximadamente $10^{-4}$ para efetivamente produzir as proteínas maiores. Frequências de erros mais baixas são concebíveis; entretanto, com a exceção das proteínas maiores, elas não aumentarão acentuadamente a porcentagem de proteínas com sequências acuradas. Além disso, essas taxas de erros mais baixas provavelmente só são possíveis mediante uma redução na taxa de síntese de proteínas devido à necessidade de um tempo adicional para a revisão. *De fato, os valores observados de ε aproximam-se de* $10^{-4}$. Uma frequência de erros de cerca de $10^{-4}$ por resíduo de aminoácido foi selecionada no decorrer da evolução para uma produção acurada de proteínas constituídas de até mil aminoácidos enquanto mantém uma velocidade notavelmente rápida para a síntese de proteínas.

**TABELA 31.1** Acurácia da síntese de proteínas.

| Frequência de inserção de um aminoácido incorreto | Probabilidade de síntese de proteínas sem erro — Número de resíduos de aminoácidos: 100 | 300 | 1.000 |
|---|---|---|---|
| $10^{-2}$ | 0,366 | 0,049 | 0,000 |
| $10^{-3}$ | 0,905 | 0,741 | 0,368 |
| $10^{-4}$ | 0,990 | 0,970 | 0,905 |
| $10^{-5}$ | 0,999 | 0,997 | 0,990 |

Nota: a probabilidade $p$ de formar uma proteína sem erros depende de $n$, o número de aminoácidos, e de ε, a frequência de inserção de um aminoácido incorreto: $p = (1 - \varepsilon)^n$.

## As moléculas de RNA transportador apresentam um padrão comum

A fidelidade da síntese de proteínas exige o reconhecimento acurado de *códons* de três bases no RNA mensageiro. Convém lembrar que o código genético correlaciona cada aminoácido a um códon de três letras (ver seção 4.6). Um aminoácido não pode por si só reconhecer um códon. Em consequência, o aminoácido é ligado a uma molécula específica de tRNA, que é capaz de reconhecer o códon pelo pareamento de bases de Watson-Crick. *O RNA transportador atua como uma molécula adaptadora que se liga a um códon específico e carrega com ele um aminoácido para a sua incorporação na cadeia polipeptídica.*

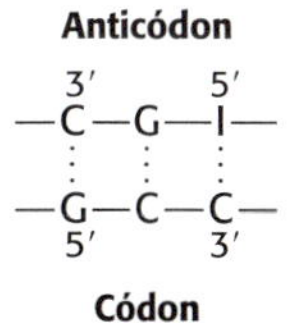


Consideremos o alanil-tRNA da levedura, assim designado pelo fato de transportar o aminoácido alanina. Essa molécula adaptadora consiste em uma cadeia simples de 76 ribonucleotídios (Figura 31.2). A extremidade 5′-terminal é fosforilada (pG), enquanto a extremidade 3′-terminal tem um grupo hidroxila livre. O *sítio de ligação ao aminoácido* é o grupo 3′-hidroxila

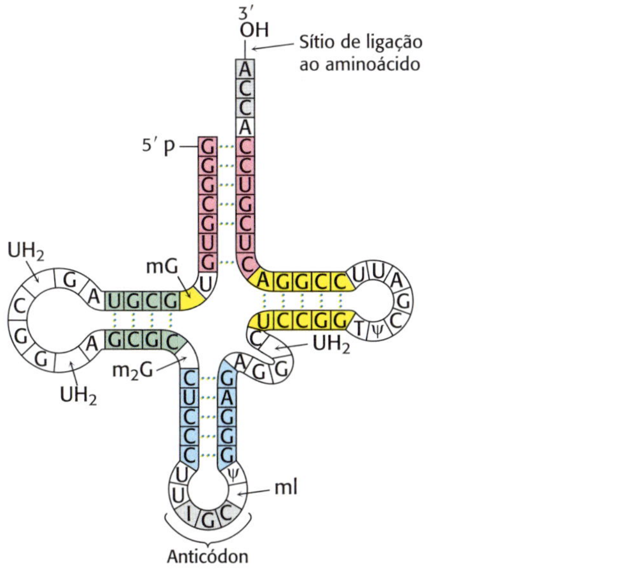


**FIGURA 31.2 Sequência do alanil-tRNA.** São mostradas a sequência de bases do alanil-tRNA da levedura e a deduzida estrutura secundária em forma de trevo. Os nucleosídios modificados são abreviados da seguinte maneira: metilinosina (ml), di-hidrouridina ($UH_2$), ribotimidina (T), pseudouridina (ψ), metilguanosina (mG) e dimetilguanosina ($m_2G$). A inosina (I), outro nucleosídio modificado, faz parte do anticódon.

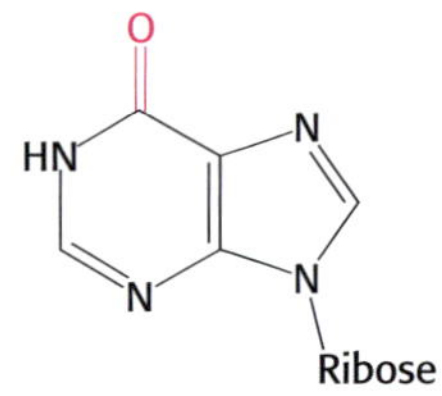

**Inosina**

do resíduo de adenosina na extremidade 3′ da molécula. A sequência 5′-IGC-3′ no meio da molécula é o *anticódon*, onde I é a base purínica inosina. Ela é complementar à 5′-GCG-3′, um dos códons para a alanina.

Milhares de sequências de tRNAs são conhecidas. O achado notável é que todas elas podem ser dispostas em um padrão de trevo em que cerca da metade dos resíduos apresenta pareamento de bases (Figura 31.3). Por conseguinte, *as moléculas de tRNA apresentam muitas características estruturais comuns*. Esse achado não é inesperado, visto que todas as moléculas de tRNA devem ser capazes de interagir quase da mesma maneira com os ribossomos, os mRNAs e os fatores proteicos que participam na tradução.

Todas as moléculas conhecidas de RNA transportador têm as seguintes características:

1. Cada uma delas consiste em uma única cadeia contendo entre *73 e 93 ribonucleotídios* (cerca de 25 kDa).
2. A molécula tem uma forma em L (Figura 31.4).
3. Elas contêm *muitas bases incomuns*, normalmente entre 7 e 15 por molécula. Algumas dessas bases são derivados metilados ou dimetilados de A, U, C e G formados pela modificação enzimática de um precursor do tRNA. Algumas metilações impedem a formação de certos pares de bases, tornando, assim, essas bases acessíveis para interação com outras bases. Além disso, a metilação confere um caráter hidrofóbico a algumas regiões dos tRNAs, o que pode ser importante para a sua interação com sintetases e proteínas ribossômicas. Outras modificações alteram o reconhecimento de códons, como será descrito adiante.
4. Nos tRNAs, cerca da metade dos nucleotídios forma pares de bases para produzir duplas hélices. As quatro regiões helicoidais são dispostas para formar dois segmentos aparentemente contínuos de dupla hélice. Esses segmentos assemelham-se à forma A do DNA, conforme esperado de uma hélice de RNA (ver seção 4.2). Uma das hélices, que contém

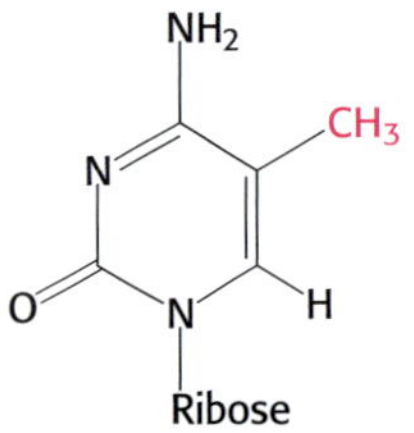

**5-Metilcitidina (mC)**

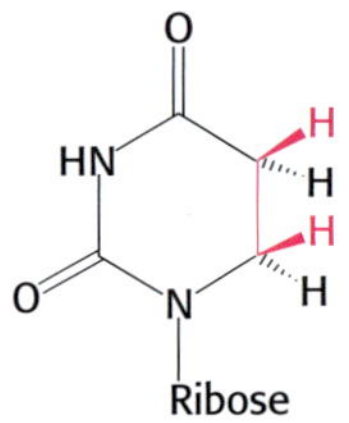

**Di-hidrouridina ($UH_2$)**

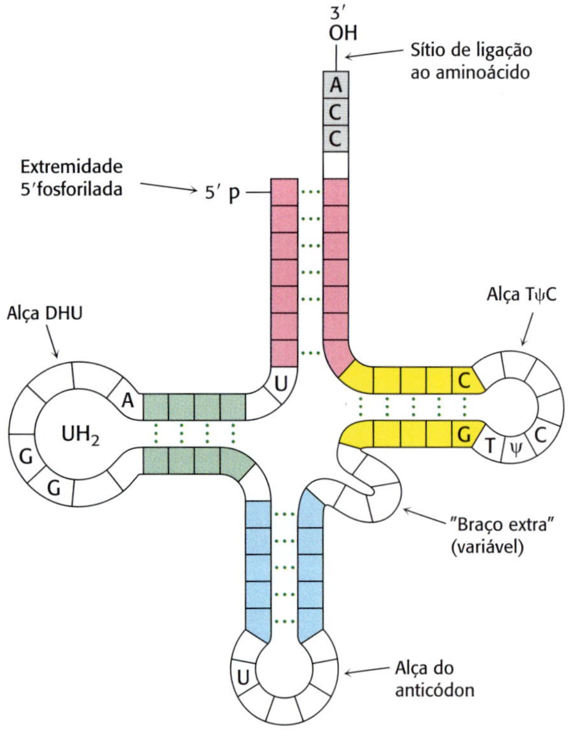


**FIGURA 31.3 Estrutura geral das moléculas de tRNA.** A comparação das sequências de bases de muitos tRNAs revela várias características conservadas.

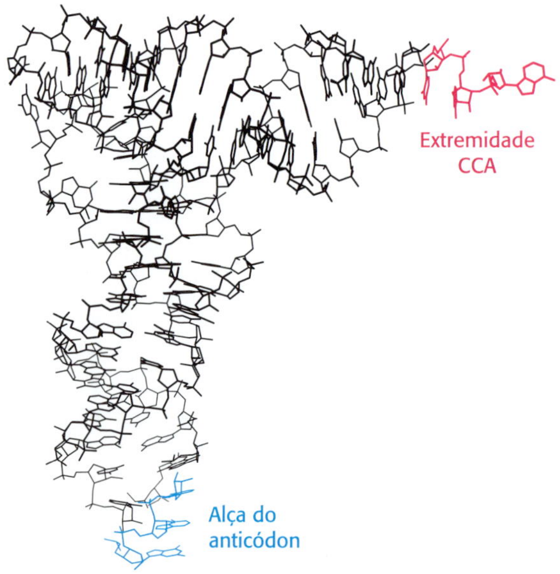


**FIGURA 31.4 Estrutura do RNA transportador.** *Observe* a estrutura em forma de L revelada por esse modelo do esqueleto do fenilalanil-tRNA da levedura. A região CCA encontra-se na extremidade de um braço, enquanto a alça do anticódon está na outra extremidade. [Desenhada de 1EHZ.pdb.]

as extremidades 5′ e 3′, segue horizontalmente no modelo ilustrado na Figura 31.5. A outra hélice, que contém o anticódon e segue verticalmente na Figura 31.5, forma o outro braço do L.

Cinco grupos de bases não formam pares desse modo: a *região terminal 3′CCA*, que faz parte de uma região denominada *haste aceptora*; a *alça TψC*, que recebeu esse nome em virtude da sequência ribotimina-pseudouracila-citosina; o *"braço extra"*, que contém um número variável de resíduos; a *alça DHU*, que contém vários resíduos *di-hidrouracila*; e a *alça do anticódon*. Nas regiões não helicoidais, a maioria das bases participa de interações por ligações de hidrogênio, mesmo se as interações não forem semelhantes àquelas dos pares de bases de Watson-Crick. A diversidade estrutural produzida por essa combinação de hélices e alças contendo bases modificadas assegura que os tRNAs possam ser especificamente distinguidos, apesar de estruturalmente semelhantes de modo global.

**5.** A extremidade 5′ de um tRNA é fosforilada. O resíduo 5′-terminal é habitualmente pG.

**6.** Um aminoácido ativado é ligado a um grupo hidroxila do resíduo de adenosina no sítio de ligação ao aminoácido localizado na extremidade do componente 3′ CCA da haste aceptora (Figura 31.6). Essa região de fita simples pode mudar de conformação durante a ativação do aminoácido e a síntese de proteína.

**7.** A alça do anticódon, que está presente em uma alça próxima ao centro da sequência, encontra-se na outra extremidade do L, tornando então acessíveis as três bases que compõem o anticódon.

Assim, a arquitetura da molécula de tRNA é bem adequada para o seu papel como adaptadora: o anticódon está disponível para interagir com um códon apropriado no mRNA, enquanto a extremidade que está ligada a um aminoácido ativado está bem posicionada para participar na formação da ligação peptídica.

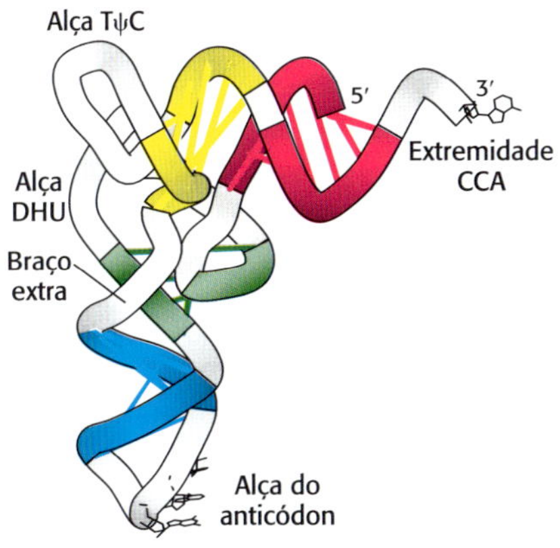


**FIGURA 31.5 Empilhamento da hélice no tRNA.** As quatro regiões de fita dupla do tRNA (Figura 31.3) empilham-se para formar uma estrutura em L. [Desenhada de 1EHZ.pdb.]

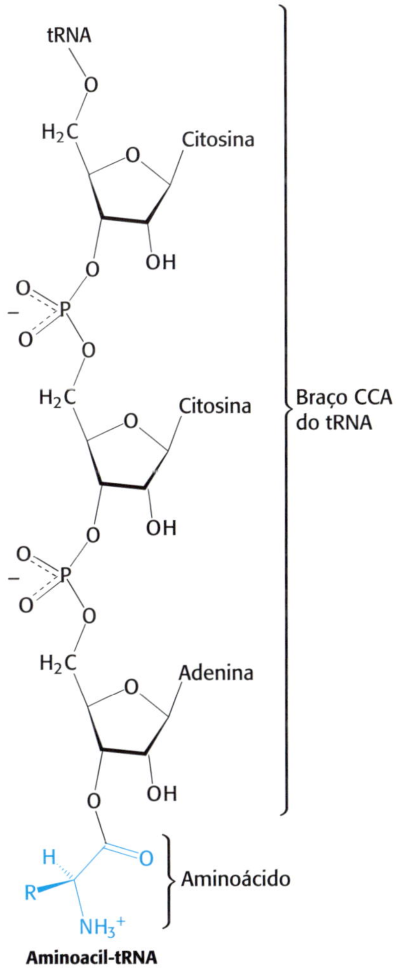


**FIGURA 31.6 Aminoacil-tRNA.** Os aminoácidos são acoplados aos tRNAs por ligações éster ao grupo 2′ ou 3′-hidroxila do resíduo de 3′-adenosina. A figura mostra uma ligação ao grupo 3′-hidroxila.

## Algumas moléculas de RNA transportador reconhecem mais de um códon devido à oscilação no pareamento de bases

Quais são as regras que governam o reconhecimento de um códon pelo anticódon de um tRNA? Uma hipótese simples sustenta que cada uma das bases do códon forma um par de bases do tipo Watson-Crick com uma base complementar no anticódon do tRNA. O códon e o anticódon estariam então alinhados de modo antiparalelo. No diagrama situado na margem da folha (p. 1036), o apóstrofo indica a base complementar. Assim, X e X′ seriam A e U (ou U e A) ou G e C (ou C e G). De acordo com esse modelo, determinado anticódon pode reconhecer apenas um códon.

Os fatos são diferentes. Conforme observado experimentalmente, *algumas moléculas de tRNA podem reconhecer mais de um códon*. Por exemplo, o alanil-tRNA da levedura liga-se a *três* códons: GCU, GCC e GCA. As primeiras duas bases desses códons são as mesmas, enquanto a terceira é diferente. É possível que o reconhecimento da terceira base de um códon seja, algumas vezes, menos discriminativo do que o reconhecimento das outras duas? O padrão de degeneração do código genético indica que este poderia ser o caso. XYU e XYC sempre codificam o mesmo aminoácido; XYA e XYG geralmente o fazem. Esses dados sugerem que os critérios estéricos poderiam ser menos rigorosos para o pareamento da terceira base do que para as outras duas. Em outras palavras, existe alguma liberdade estérica ("oscilação") no pareamento da terceira base do códon.

A *hipótese da oscilação* está, hoje em dia, firmemente estabelecida (Tabela 31.2). Os anticódons dos tRNAs de sequência conhecida ligam-se

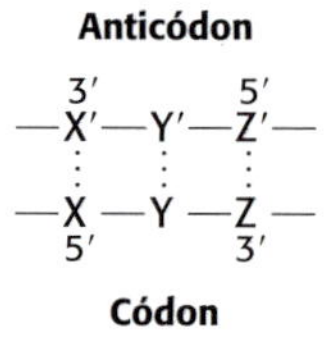


**TABELA 31.2** Pareamentos permitidos na terceira base do códon de acordo com a hipótese da oscilação.

| Primeira base do anticódon | Terceira base do códon |
|---|---|
| C | G |
| A | U |
| U | A ou G |
| G | U ou C |
| I | U, C ou A |

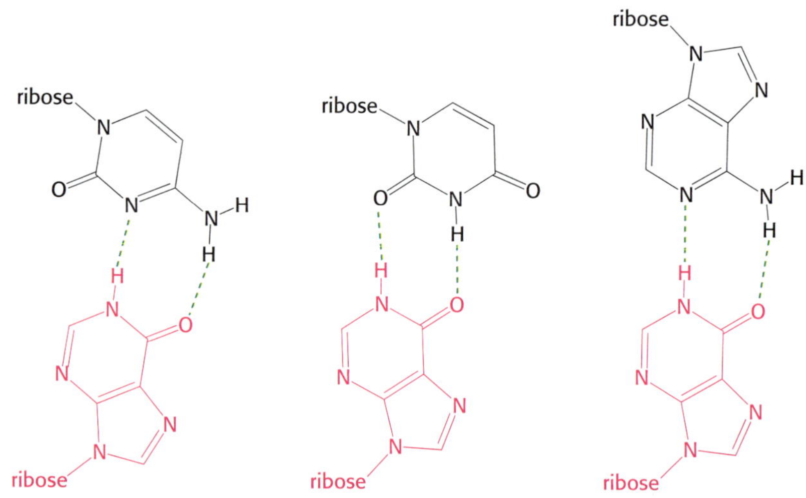


**Par de bases inosina-citidina** | **Par de bases inosina-uridina** | **Par de bases inosina-adenosina**

aos códons previstos por essa hipótese. Por exemplo, o anticódon do alanil-tRNA da levedura é o IGC. Esse tRNA reconhece os códons GCU, GCC e GCA. É preciso lembrar que, por convenção, as sequências de nucleotídios são escritas no sentido 5′ → 3′, a menos que indicado de outro modo. Por conseguinte, I (a base 5′ desse anticódon) pareia com U, C ou A (a base 3′ do códon), conforme previsto.

Duas generalizações podem ser feitas no que concerne à interação códon-anticódon:

**1.** O pareamento das duas primeiras bases de um códon ocorre de acordo com o modo padrão. O reconhecimento é preciso. Assim, *os códons que diferem em uma de suas duas primeiras bases devem ser reconhecidos por tRNAs diferentes*. Por exemplo, tanto UUA quanto CUA codificam a leucina, porém são lidos por tRNAs diferentes.

**2.** A primeira base de um anticódon define se determinada molécula de tRNA faz a leitura de um, dois ou três tipos de códon: C ou A (um códon), U ou G (dois códons) ou I (três códons). Assim, *parte da degeneração do código genético surge da imprecisão (oscilação) no pareamento da terceira base do códon com a primeira base do anticódon*. Vemos aqui um forte motivo para o aparecimento frequente da inosina, um dos nucleosídios incomuns, nos anticódons. *A inosina maximiza o número de códons que pode ser lido por determinada molécula de tRNA*. As bases de inosina no tRNA são formadas pela desaminação da adenosina após a síntese do transcrito primário.

Por que a oscilação é tolerada na terceira posição do códon, mas não nas duas primeiras? Podemos responder a essa questão se considerarmos a interação do tRNA com o ribossomo. Como veremos, os ribossomos são enormes complexos RNA-proteína que consistem em duas subunidades: as subunidades 30S e 50S. A subunidade 30S tem uma molécula de RNA, o rRNA 16S, que possui três bases universalmente conservadas – a adenina 1492, a adenina 1493 e a guanina 530 –, que formam ligações de hidrogênio no lado do sulco menor, porém apenas com pares de bases corretamente formados do dúplex códon-anticódon (Figura 31.7). Essas interações servem para verificar se existem pares de bases de Watson-Crick nas duas primeiras posições do dúplex códon-anticódon, mas não na terceira posição; por conseguinte, são tolerados pares de bases mais variados. *Por conseguinte, o ribossomo desempenha papel ativo na decodificação das interações códon-anticódon.*

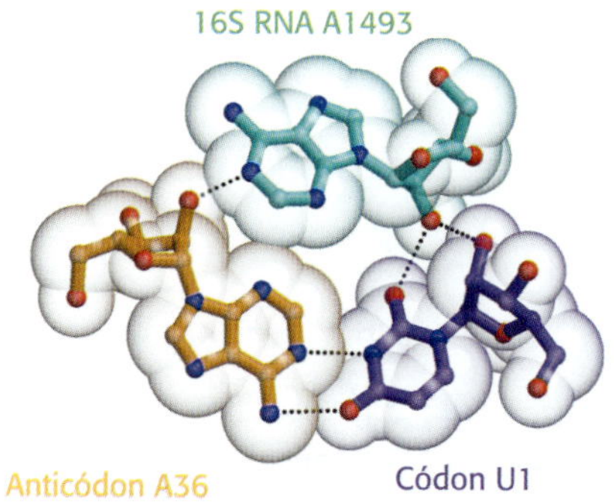


**FIGURA 31.7 O rRNA 16S monitora o pareamento de bases entre o códon e o anticódon.** A adenina 1493, uma das três bases universalmente conservadas no rRNA 16S, só forma ligações de hidrogênio com as bases no códon e no anticódon se tanto o códon quanto o anticódon estiverem corretamente pareados. [Informação de J. M. Ogle e V. Ramakrishnan. *Annu. Rev. Biochem.* 74:129-177, 2005, Fig. 2a.]

## 31.2 As aminoacil-RNA transportador sintetases fazem a leitura do código genético

Antes do encontro do códon com o anticódon, os aminoácidos necessários para a síntese de proteínas precisam ligar-se inicialmente a moléculas específicas de tRNA. Essas ligações são cruciais por dois motivos. *No primeiro, a ligação de determinado aminoácido a um tRNA específico estabelece o código genético.* Quando um aminoácido tiver sido ligado a um tRNA, ele será incorporado a uma cadeia polipeptídica em crescimento em uma posição estabelecida pelo anticódon do tRNA. *No segundo motivo, como a formação de uma ligação peptídica entre os aminoácidos livres não é termodinamicamente favorável, inicialmente o aminoácido precisa ser ativado para que a síntese de proteínas prossiga. Os intermediários ativados na síntese de proteínas são ésteres de aminoácidos,* nos quais o grupo carboxila de um aminoácido está ligado ao grupo 2′ ou 3′-hidroxila da unidade de ribose na extremidade 3′ do tRNA. Um éster de aminoácido do tRNA é denominado *aminoacil-tRNA* ou, algumas vezes, *tRNA carregado* (ver Figura 31.6). Em um aminoácido específico ligado a seu tRNA correspondente – por exemplo, treonina –, o tRNA carregado é designado como Thr-tRNA$^{Thr}$.

### Inicialmente, os aminoácidos são ativados por adenilação

A reação de ativação é catalisada por *aminoacil-tRNA sintetases* específicas. A primeira etapa consiste na formação de um *aminoacil adenilato* a partir de um aminoácido e do ATP.

$$\text{Aminoácido} + \text{ATP} \rightleftharpoons \text{aminoacil-AMP} + \text{PP}_i$$

Essa espécie ativada é um anidrido misto no qual o grupo carboxila do aminoácido está ligado ao grupo fosforila do AMP; por esse motivo, também é conhecido *aminoacil-AMP*.

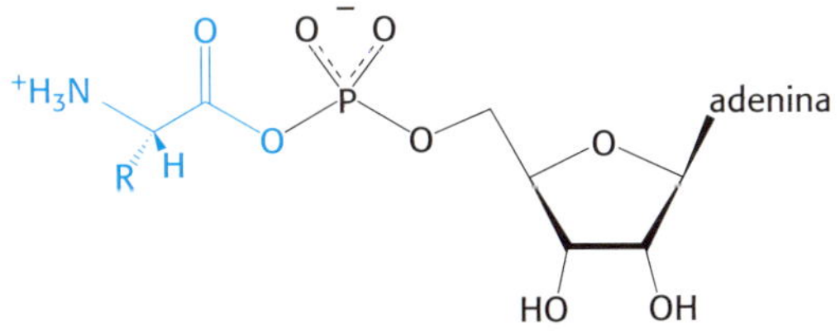


Aminoacil adenilato

A próxima etapa consiste na transferência do grupo aminoacil do aminoacil-AMP para determinada molécula de tRNA a fim de formar *aminoacil-tRNA*.

$$\text{Aminoacil-AMP} + \text{tRNA} \rightleftharpoons \text{aminoacil-tRNA} + \text{AMP}$$

A soma dessas etapas de ativação e de transferência é

$$\text{Aminoácido} + \text{ATP} + \text{tRNA} \rightleftharpoons \text{aminoacil-tRNA} + \text{AMP} + \text{PP}_i$$

O $\Delta G°'$ dessa reação é próximo de 0, visto que a energia livre da hidrólise da ligação éster do aminoacil-tRNA assemelha-se àquela da hidrólise do ATP a AMP e $PP_i$. Como já tivemos a oportunidade de ver muitas vezes, a reação é acionada pela hidrólise do pirofosfato. A soma dessas três reações é altamente exergônica:

$$\text{Aminoácido} + \text{ATP} + \text{tRNA} + \text{H}_2\text{O} \rightarrow \text{aminoacil-tRNA} + \text{AMP} + 2\ \text{P}_i$$

Por conseguinte, *o equivalente a duas moléculas de ATP é consumido na síntese de cada aminoacil-tRNA.* Uma dessas duas moléculas é consumida na formação da ligação éster do aminoacil-tRNA, enquanto a outra é consumida para dirigir a reação.

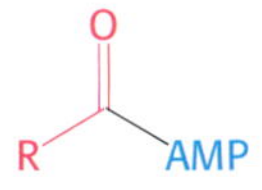


Intermediário acil adenilato

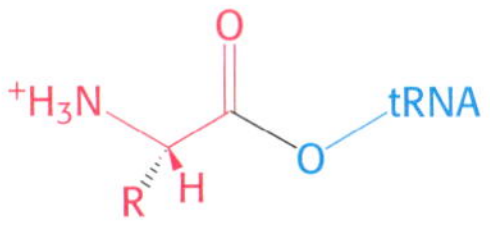


Aminoacil-tRNA

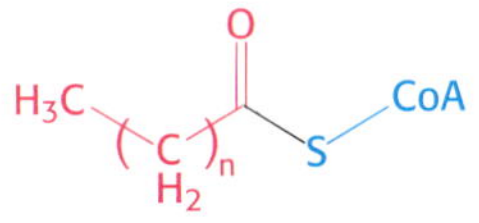


Acil-CoA de ácido graxo

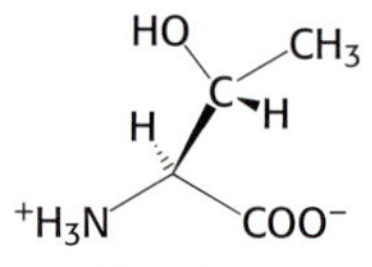

**Treonina**

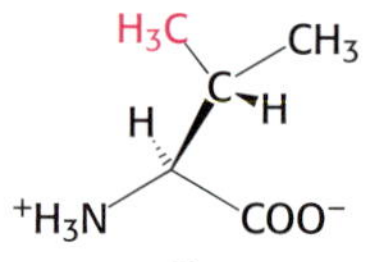

**Valina**

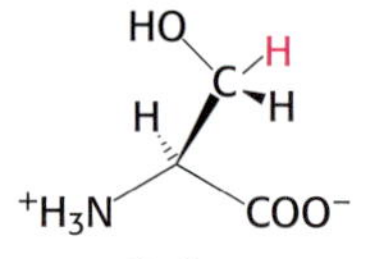

**Serina**

As etapas de ativação e de transferência de determinado aminoácido são catalisadas pela mesma aminoacil-tRNA sintetase. De fato, *o intermediário aminoacil-AMP não se dissocia da sintetase.* Na verdade, ele está firmemente ligado ao sítio ativo da enzima por interações não covalentes.

Já encontramos um intermediário acil adenilato na ativação dos ácidos graxos (ver seção 22.2). A principal diferença entre essas reações é que os aceptores do grupo acila são a CoA, na ativação dos ácidos graxos, e o tRNA, na ativação dos aminoácidos. A energética dessas biossínteses é muito semelhante: ambas se tornam irreversíveis em virtude da hidrólise do pirofosfato.

## As aminoacil-tRNA sintetases apresentam sítios de ativação de aminoácidos altamente discriminantes

Cada aminoacil-tRNA sintetase é altamente específica para determinado aminoácido. Com efeito, uma sintetase irá incorporar um aminoácido incorreto somente uma vez em $10^4$ ou $10^5$ reações. Como esse nível de especificidade é alcançado? Cada aminoacil-tRNA sintetase tira proveito das propriedades de seu substrato de aminoácido. Consideremos o desafio enfrentado pela treonil-tRNA sintetase. A treonina é particularmente semelhante a dois outros aminoácidos: a valina e a serina. A valina tem quase exatamente a mesma forma que a treonina, exceto que a valina apresenta um grupo metila em lugar de um grupo hidroxila. A serina tem um grupo hidroxila, assim como a treonina, porém carece do grupo metila. Como a treonil-tRNA sintetase pode evitar o acoplamento desses aminoácidos incorretos ao treonil-tRNA?

A estrutura do sítio de ligação a aminoácidos da treonil-tRNA sintetase revela como a valina é evitada (Figura 31.8). A sintetase contém um íon zinco, que está ligado à enzima por dois resíduos de histidina e um resíduo de cisteína. Os sítios de coordenação remanescentes estão disponíveis para a ligação do substrato. A treonina liga-se ao íon zinco através de seu grupo amino e do grupo hidroxila da cadeia lateral. O grupo hidroxila da cadeia lateral é ainda reconhecido por um resíduo de aspartato com o qual faz uma ligação de hidrogênio. O grupo metila presente na valina em lugar desse grupo hidroxila não pode participar dessas interações; ele é excluído desse sítio ativo e, portanto, não é adenilado e nem transferido para o treonil-tRNA (abreviado $tRNA^{Thr}$). O uso de um íon zinco parece ser exclusivo da treonil-tRNA sintetase; outras aminoacil-tRNA sintetases utilizam estratégias diferentes para o reconhecimento de seus aminoácidos correspondentes. O grupo carboxilato da treonina corretamente posicionada está disponível para atacar o grupo α fosforila do ATP, formando então aminoacil adenilato.

O sítio do zinco tem menor capacidade de discriminação contra a serina, visto que esse aminoácido apresenta um grupo hidroxila que pode se ligar ao íon zinco. De fato, a treonil-tRNA sintetase, dispondo apenas desse mecanismo, acopla incorretamente a serina ao treonil-tRNA em uma taxa de $10^{-2}$ a $10^{-3}$ vezes a da treonina. Conforme assinalado na página 1033, essa taxa de erro provavelmente leva a muitos erros de tradução. Como é obtido um nível mais alto de especificidade?

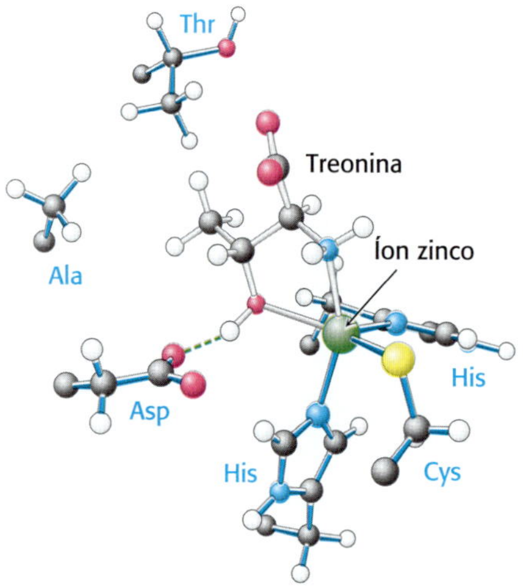


**FIGURA 31.8 Sítio ativo da treonil-tRNA sintetase.** *Observe* que o sítio de ligação a aminoácido inclui um íon zinco (esfera verde) que se liga à treonina através de seus grupos amino e hidroxila.

## A revisão por aminoacil-tRNA sintetases aumenta a fidelidade da síntese de proteínas

A treonil-tRNA sintetase pode ser incubada com $tRNA^{Thr}$ ligado covalentemente à serina ($Ser\text{-}tRNA^{Thr}$); o tRNA foi "carregado incorretamente". A reação é imediata: uma hidrólise rápida do aminoacil-tRNA forma serina e tRNA livre. Por outro lado, a incubação com um Thr-tRNA$^{Thr}$ corretamente carregado não resulta em nenhuma reação. Assim, a treonil-tRNA sintetase contém um sítio funcional adicional que hidrolisa Ser-tRNA$^{Thr}$, mas não Thr-tRNA$^{Thr}$. Esse sítio de edição cria uma oportunidade para que a sintetase possa corrigir seus erros e melhorar a sua fidelidade para menos de um erro em $10^4$. Os resultados dos estudos estruturais e da mutagênese revelaram que o sítio de edição está mais de 20 Å distante do sítio de ativação (Figura 31.9). Esse sítio de edição aceita prontamente o Ser-tRNA$^{Thr}$ e o cliva, porém não cliva o Thr-tRNA$^{Thr}$. Tal discriminação entre serina e treonina é fácil, visto que a treonina contém um grupo metila *extra*; um sítio que se adapta à estrutura da serina irá excluir estericamente a treonina. A estrutura do complexo entre a treonil-tRNA sintetase e o seu substrato revela que o CCA aminoacilado pode sair do sítio de ativação e oscilar para o sítio de edição (Figura 31.10). Assim, o aminoacil-tRNA pode ser editado sem ser dissociado da sintetase. Essa revisão depende da flexibilidade conformacional de um curto segmento de sequência polinucleotídica.

Além dos sítios de ativação, a maioria das aminoacil-tRNA sintetases contém sítios de edição. Esses pares complementares de sítios atuam como *duplo crivo* para assegurar uma alta fidelidade. Em geral, o sítio de acilação rejeita aminoácidos que são *maiores* do que o correto, visto que não há espaço suficiente para eles, enquanto o sítio hidrolítico cliva espécies ativadas que são *menores* do que a espécie correta.

Algumas poucas sintetases conseguem alta acurácia sem edição. Por exemplo, a tirosil-tRNA sintetase não tem dificuldade em discriminar a tirosina e a fenilalanina; o grupo hidroxila no anel de tirosina possibilita a sua ligação à enzima $10^4$ vezes mais fortemente do que a fenilalanina. *A revisão só foi selecionada na evolução quando a fidelidade teve que ser aumentada além daquela alcançada com uma interação inicial de ligação.*

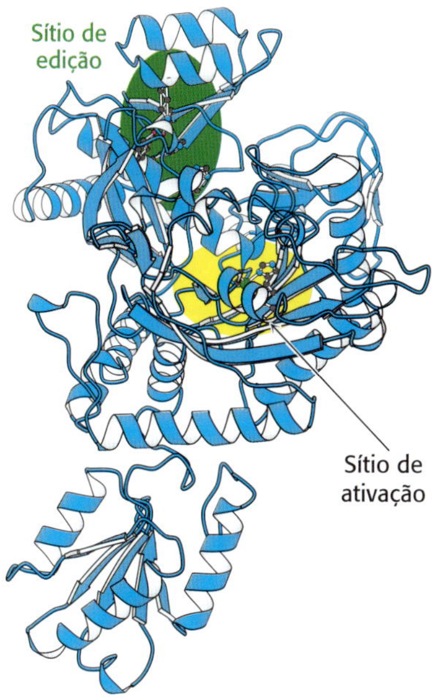


**FIGURA 31.9 Sítio de edição.** Estudos da mutagênese revelaram a posição do sítio de edição (mostrado em verde) na treonil-tRNA sintetase. O sítio de ativação é mostrado em amarelo. Essa ilustração, bem como as subsequentes, mostra apenas uma subunidade da enzima dimérica. [Desenhada de 1QF6.pdb.]

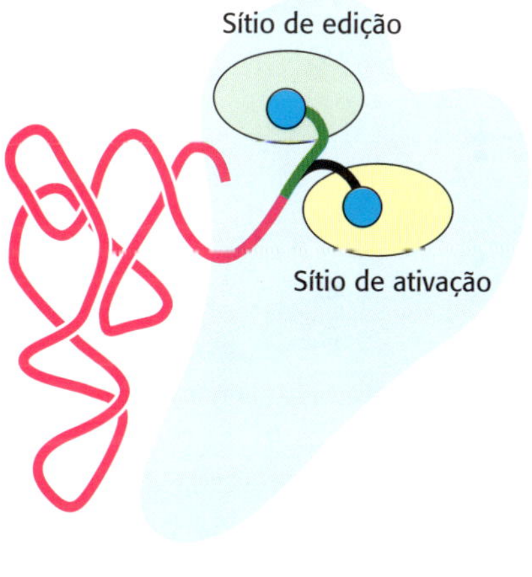


**FIGURA 31.10 Edição do aminoacil-tRNA.** O braço CCA flexível de um aminoacil-tRNA pode mover o aminoácido entre o sítio de ativação e o sítio de edição. Se o aminoácido se ajustar bem no sítio de edição, ele é removido por hidrólise.

## As sintetases reconhecem várias características das moléculas de RNA transportador

Como as sintetases escolhem seus parceiros de tRNA? Essa etapa de suma importância é o ponto em que ocorre a "tradução" – momento em que é estabelecida a correlação entre os mundos dos aminoácidos e o dos ácidos nucleicos. De certo modo, as aminoacil-tRNA sintetases são as únicas moléculas na biologia que "conhecem" o código genético. Seu reconhecimento preciso dos tRNAs é tão importante para uma síntese de proteínas com alta fidelidade quanto para uma acurada seleção dos aminoácidos, e esse reconhecimento é algumas vezes designado como "segundo código genético"). Em geral, o reconhecimento do tRNA pela sintetase é diferente em cada sintetase e em cada pareamento com o tRNA. Em consequência, é difícil fazer generalizações.

*Algumas sintetases reconhecem seus parceiros de tRNA primariamente com base nos seus anticódons,* embora também possam reconhecer outros aspectos da estrutura do tRNA que variam entre diferentes tRNAs. A evidência mais direta provém dos estudos cristalográficos dos complexos formados entre as sintetases e seus tRNAs correspondentes. Consideremos, por exemplo, a estrutura do complexo entre a treonil-tRNA sintetase e o tRNA$^{Thr}$ (Figura 31.11). Conforme esperado, o braço CCA estende-se para o sítio de ativação contendo zinco, onde ele fica bem posicionado para aceitar a treonina do treonil adenilato. A enzima interage extensamente não apenas com a haste aceptora do tRNA, mas também com a alça do anticódon. As interações com a alça do anticódon são particularmente reveladoras. Cada base dentro da sequência 5′-CGU-3′ do anticódon participa das ligações

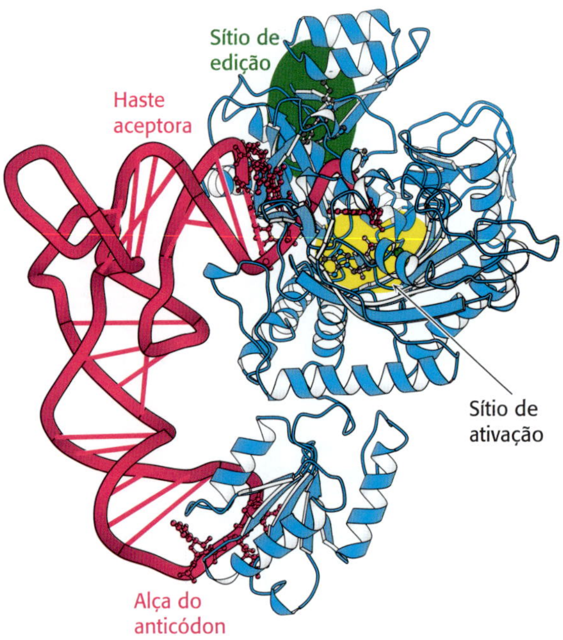


**FIGURA 31.11 Complexo de treonil-tRNA sintetase.** A estrutura mostra o complexo entre a treonil-tRNA sintetase (em azul) e o $tRNA^{Thr}$ (em vermelho). *Observe* que a sintetase liga-se tanto à haste aceptora quanto à alça do anticódon. [Desenhada de 1QF6.pdb.]

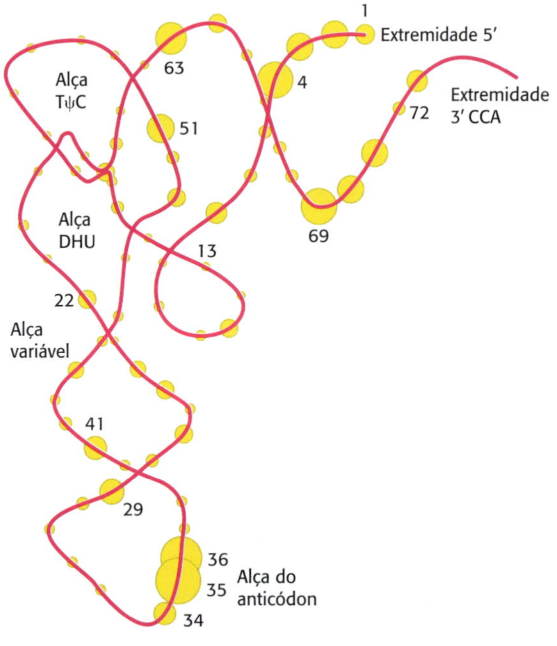


**FIGURA 31.12 Sítios de reconhecimento do tRNA.** Os círculos representam nucleotídios, e seus tamanhos são proporcionais à frequência com que são utilizados como sítios de reconhecimento pelas aminoacil-tRNA sintetases. Os números indicam as posições dos nucleotídios na sequência de bases, começando na extremidade 5′ da molécula de tRNA. [Informação de M. Ibba e D. Söll, *Annu. Rev. Biochem.* 69:617-650, 1981, p. 636.]

de hidrogênio com a enzima; aqueles com as segundas duas bases (G e U) parecem ser mais importantes, visto que a sintetase interage bem eficientemente com os anticódons CGU e UGU. Embora as interações entre a enzima e o anticódon frequentemente sejam cruciais para o reconhecimento correto, a Figura 31.12 mostra que muitos aspectos das moléculas de tRNA são reconhecidos pelas sintetases. Observe que muitos dos sítios de reconhecimento consistem em alças ricas em bases incomuns que podem proporcionar identificadores estruturais.

### As aminoacil-tRNA sintetases podem ser divididas em duas classes

Existe pelo menos uma aminoacil-tRNA sintetase para cada aminoácido. Os diversos tamanhos, composição de subunidades e sequências dessas enzimas causaram perplexidade durante muitos anos. Seria possível que essencialmente todas as sintetases tivessem evoluído independentemente? A determinação das estruturas tridimensionais de várias sintetases, seguida das comparações mais refinadas de suas sequências, revelou que as diferentes sintetases são, de fato, relacionadas. Especificamente, as sintetases são divididas em duas classes, denominadas *classe I* e *classe II*, cada uma das quais incluindo enzimas específicas para 10 dos 20 aminoácidos (Tabela 31.3). Curiosamente, as sintetases das duas classes ligam-se a faces diferentes da molécula de tRNA (Figura 31.13). O braço CCA do tRNA adota diferentes conformações para acomodar essas interações; esse braço encontra-se na conformação helicoidal observada para o tRNA livre (Figuras 31.4 e 31.5) para enzimas da classe II e em uma conformação em grampo para as enzimas da classe I. Essas duas classes também diferem de outras maneiras.

1. As enzimas da classe I acilam o grupo 2′-hidroxila da adenosina terminal do tRNA, enquanto as enzimas da classe II (exceto a enzima para Phe-tRNA) acilam o grupo 3′-hidroxila.
2. As duas classes ligam-se ao ATP em conformações diferentes.
3. A maioria das enzimas da classe I é monomérica, enquanto as enzimas da classe II são, em sua maioria, diméricas.

Por que duas classes distintas de aminoacil-tRNA sintetases evoluíram? A observação de que as duas classes ligam-se a faces distintas do tRNA sugere uma possibilidade. Os sítios de reconhecimento em ambas as faces do tRNA podem ter sido necessários para possibilitar o reconhecimento de 20 tRNAs diferentes.

## 31.3 O ribossomo constitui o local da síntese de proteínas

Passaremos agora para os ribossomos, as máquinas moleculares que coordenam a interação dos aminoacil-tRNAs, do mRNA e das proteínas que leva à síntese de proteínas. Um ribossomo de *E. coli* é um complexo de ribonucleoproteína com massa de cerca de 2.500 kDa, diâmetro de

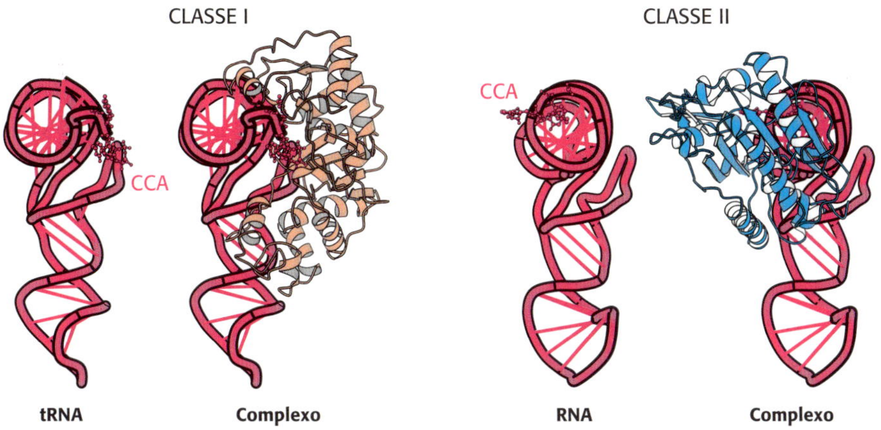


**FIGURA 31.13 Classes de aminoacil-tRNA sintetases.** *Observe* que as sintetases da classe I e da classe II reconhecem faces diferentes da molécula de tRNA. O braço CCA do tRNA adota diferentes conformações em complexos com as duas classes de sintetase. Observe que o braço CCA do tRNA está voltado para o observador (ver Figuras 31.4 e 31.5). [Desenhada de 1EUY.pdb e 1QF6.pdb.]

**TABELA 31.3** Classificação e estrutura das subunidades das aminoacil-tRNA sintetases da *E. coli*.

| Classe I | Classe II |
|---|---|
| Arg (α) | Ala (α4) |
| Cys (α) | Asn (α2) |
| Gln (α) | Asp (α2) |
| Glu (α) | Gly (α2β2) |
| Ile (α) | His (α2) |
| Leu (α) | Lys (α2) |
| Met (α) | Phe (α2β2) |
| Trp (α2) | Ser (α2) |
| Tyr (α2) | Pro (α2) |
| Val (α) | Thr (α2) |

aproximadamente 250 Å e coeficiente de sedimentação (ver seção 3.1) de 70S. Os 20 mil ribossomos existentes em uma célula bacteriana constituem quase 25% de sua massa.

O ribossomo pode ser dissociado em uma *subunidade maior (50S)* e uma *subunidade menor (30S)*. Essas subunidades podem ainda ser divididas em suas proteínas constituintes e RNAs. A subunidade 30S contém 21 proteínas diferentes (designadas como S1 a S21) e uma molécula de RNA 16S. A subunidade 50S contém 34 proteínas diferentes (L1 a L34) e duas moléculas de RNA, uma 23S e uma 5S. Um ribossomo contém uma cópia de cada molécula de RNA, duas cópias de cada uma das proteínas L7 e L12 e uma cópia de cada uma das outras proteínas. A proteína L7 é idêntica à L12, exceto que a sua extremidade aminoterminal é acetilada (ver seção 10.3). Tanto a subunidade 30S quanto a 50S podem ser reconstituídas *in vitro* a partir de suas proteínas e RNA constituintes. *Essa reconstituição é um notável exemplo do princípio de que complexos supramoleculares podem se formar espontaneamente a partir de seus constituintes macromoleculares.*

Já foram determinadas as estruturas das subunidades 30S e 50S, bem como a do ribossomo 70S completo (Figura 31.14). As características dessas estruturas estão em notável concordância com as interpretações de sondas experimentais menos diretas. Tais estruturas proporcionam um valioso esqueleto para examinar o mecanismo da síntese de proteínas.

## Os RNAs ribossômicos (rRNAs 5S, 16S e 23S) desempenham papel central na síntese de proteínas

O prefixo *ribo* no nome *ribossomo* é apropriado, visto que o RNA constitui quase dois terços da massa desses grandes complexos moleculares. Os três RNAs presentes – 5S, 16S e 23S – são fundamentais para a arquitetura e a função do ribossomo. Eles são formados pela clivagem de transcritos primários 30S e outros processamentos. Essas moléculas dobram-se e formam estruturas que possibilitam a formação de pares de bases internos. Seus padrões de pareamento de bases foram deduzidos comparando-se as sequências de nucleotídios de muitas espécies para detectar sequências conservadas, bem como pareamentos de bases conservados. Por exemplo, o RNA 16S de uma espécie pode ter um par de bases G–C, enquanto outro pode ter um par A–U, porém a localização do par de bases é a mesma em

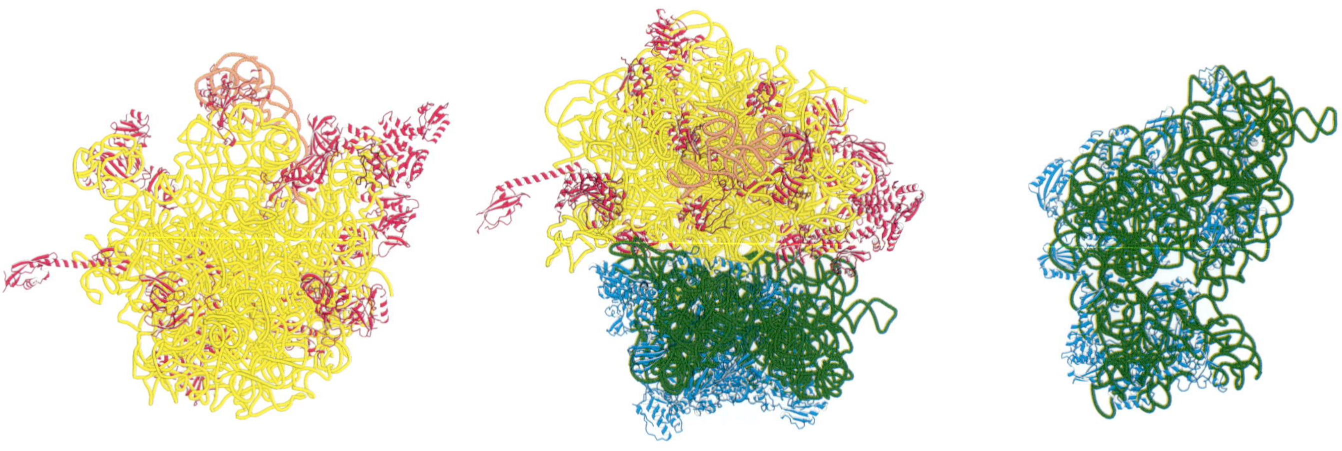


**FIGURA 31.14 O ribossomo em alta resolução.** Modelos detalhados do ribossomo com base nos resultados dos estudos cristalográficos de raios X do ribossomo 70S e das subunidades 30S e 50S: (*à esquerda*) vista da parte da subunidade 50S que interage com a subunidade 30S; (*centro*) vista lateral do ribossomo 70S; (*à direita*) vista da parte da subunidade 30S que interage com a subunidade 50S. O RNA 23S é mostrado em amarelo; o RNA 5S, em laranja; o RNA 16S, em verde; as proteínas da subunidade 50S, em vermelho; e as proteínas da subunidade 30S, em azul. *Observe* que a interface entre as subunidades 50S e 30S consiste totalmente em RNA. [Desenhada de 1GIX. pdb e 1GIY.pdb.]

ambas as moléculas. Os experimentos de modificação química e de digestão confirmaram as estruturas deduzidas das comparações de sequências (Figura 31.15). O achado notável é que todas as espécies de *RNA ribossômico (rRNA) são dobradas em estruturas definidas, que apresentam muitas regiões dúplex curtas.*

Durante muitos anos, acreditou-se que as proteínas ribossômicas coordenavam a síntese de proteínas, enquanto os RNAs ribossômicos serviam principalmente como esqueletos estruturais. A visão atual é quase o inverso. A descoberta do RNA catalítico (ver seção 30.4) tornou os bioquímicos mais abertos à possibilidade de que o RNA desempenhe um papel muito mais ativo no funcionamento do ribossomo. As estruturas detalhadas tornaram claro que os sítios-chave no ribossomo, como os que catalisam a formação da ligação peptídica e interagem com o mRNA e o tRNA, são compostos quase totalmente de RNA. As contribuições das proteínas são mínimas. A conclusão quase inevitável é a de que o ribossomo era inicialmente constituído apenas de RNA, e que as proteínas foram acrescentadas mais tarde para o ajuste fino de suas propriedades funcionais. Essa conclusão tem a agradável consequência de se esquivar de uma pergunta do tipo "o ovo ou a galinha": como proteínas complexas podem ser sintetizadas se elas são necessárias para a síntese de proteínas?

## Os ribossomos apresentam três sítios de ligação de tRNA que unem as subunidades 30S e 50S

Nos ribossomos, três sítios de ligação de tRNA estão distribuídos de modo a possibilitar a formação de ligações peptídicas entre os aminoácidos codificados pelos códons no mRNA (Figura 31.16). O fragmento de mRNA que está sendo traduzido em determinado momento está ligado dentro da subunidade 30S. Cada uma das moléculas de tRNA está em contato com ambas as subunidades 30S e 50S. Na extremidade 30S, duas das três moléculas de tRNA estão ligadas ao mRNA por pares de bases anticódon-códon. Esses sítios de ligação são denominados sítio A (de *a*minoacil) e sítio P (de *p*eptidil). A terceira molécula de tRNA está ligada a um sítio adjacente, denominado sítio E (do inglês *exit*, "saída").

A outra extremidade de cada molécula de tRNA, a extremidade sem o anticódon, interage com a subunidade 50S. As hastes aceptoras das moléculas de tRNA que ocupam os sítios A e P convergem para um sítio onde uma ligação peptídica é formada. Um túnel conecta esse sítio à parte posterior do ribossomo, através do qual a cadeia peptídica passa durante a síntese (Figura 31.17).

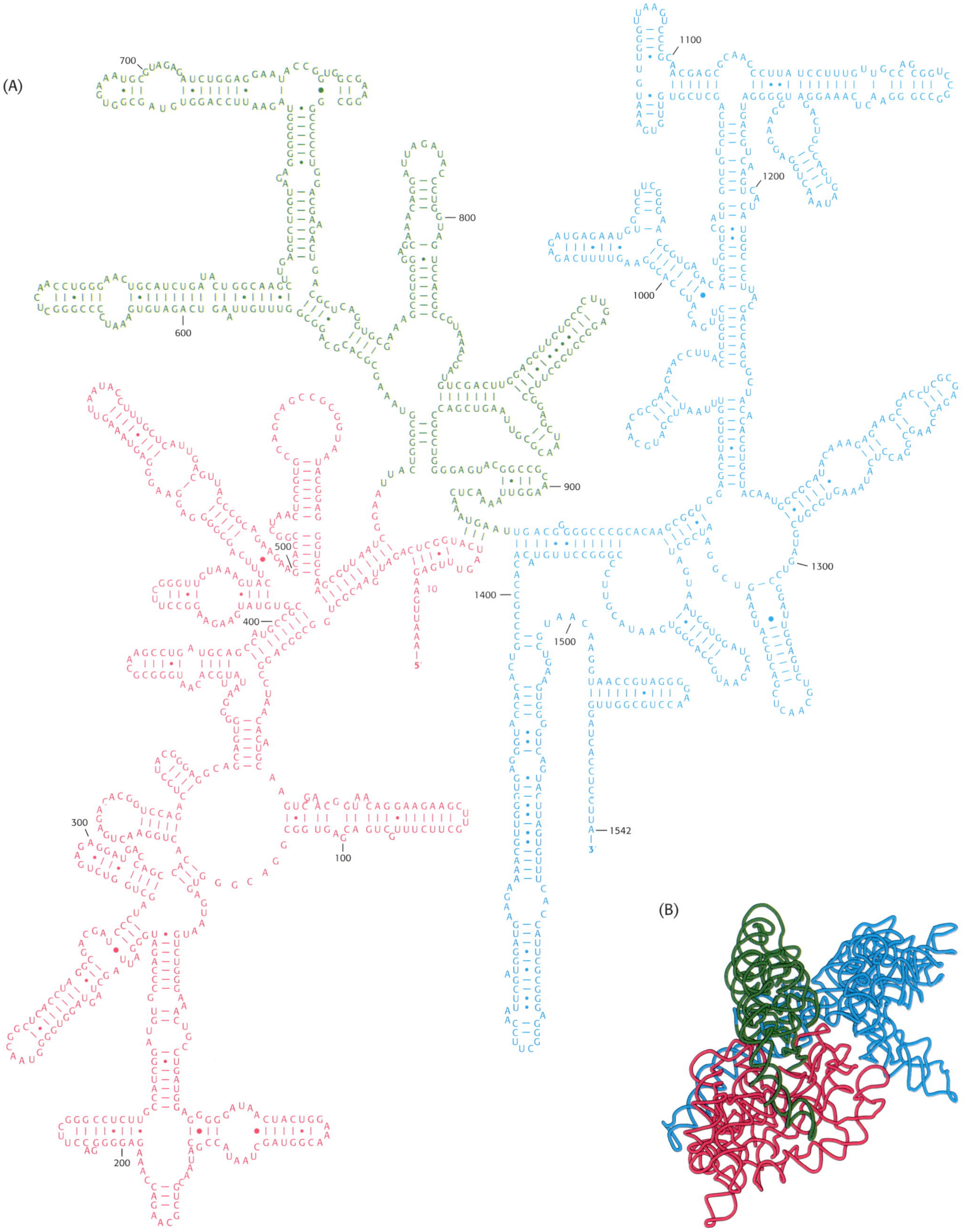


**FIGURA 31.15 Padrão de dobramento do RNA ribossômico. A.** Estrutura secundária do RNA ribossômico 16S deduzida da comparação de sequências e dos resultados de estudos químicos. **B.** Estrutura terciária do RNA 16S determinada por cristalografia de raios X. [(**A**) Cortesia do Dr. Bryn Weiser e do Dr. Harry Noller; (**B**) desenhada de 1FJG.pdb.]

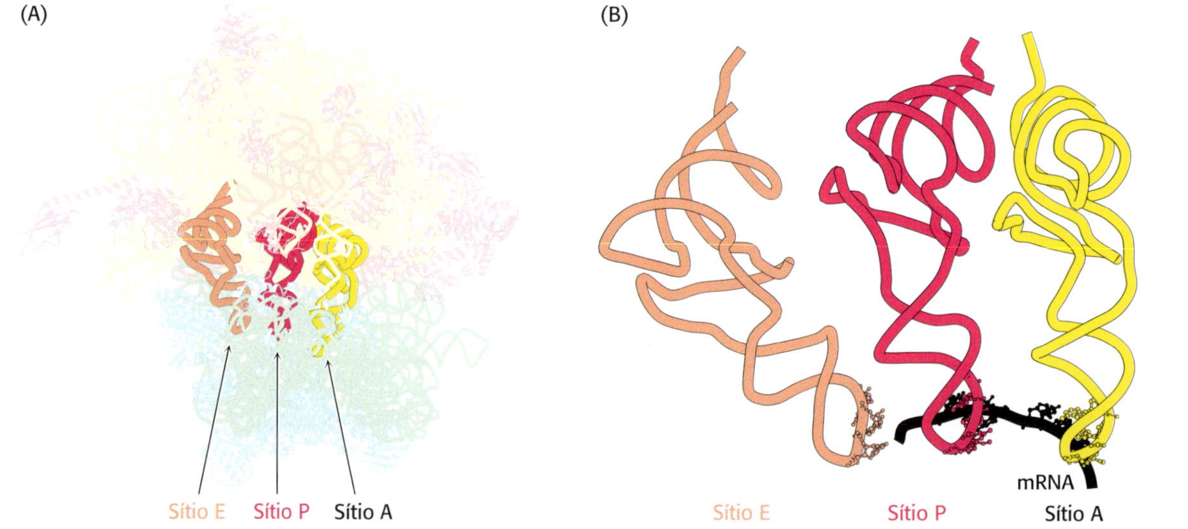


**FIGURA 31.16 Sítios de ligação do RNA transportador. A.** Três sítios de ligação de tRNA estão presentes no ribossomo 70S. Eles são denominados sítios A (para aminoacil), P (para peptidil) e E (para *exit*, saída). Cada molécula de tRNA entra em contato com ambas as subunidades 30S e 50S. **B.** As moléculas de tRNA nos sítios A e P fazem pares de bases com o mRNA. [(**B**) Desenhada de 1JGP. pdb.]

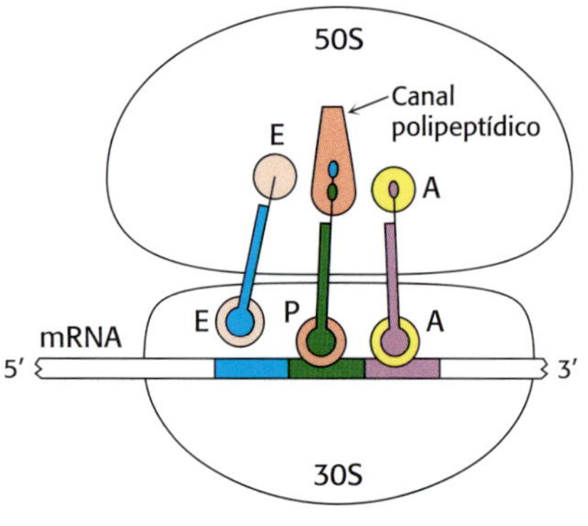


**FIGURA 31.17 Um ribossomo ativo.** Essa representação esquemática mostra as relações entre os componentes-chave da máquina de tradução.

O termo policistrônico provém de cístron, uma palavra para se referir a um gene, que não é mais empregado.

## O sinal de início é habitualmente AUG, precedido de várias bases que pareiam com o rRNA 16S

Como começa a síntese de proteínas? A possibilidade mais simples seria que os primeiros três nucleotídios de cada mRNA servissem como primeiro códon. Não haveria necessidade, então, de qualquer sinal especial de início. Entretanto, os experimentos mostram que a tradução nas bactérias não começa imediatamente na extremidade 5′ do mRNA. De fato, o primeiro códon traduzido quase sempre está a mais de 25 nucleotídios de distância da extremidade 5′. Além disso, nas bactérias, muitas moléculas de mRNA são *policistrônicas* – isto é, codificam duas ou mais cadeias polipeptídicas. Por exemplo, na *E. coli* uma única molécula de mRNA com cerca de 7 mil nucleotídios de comprimento especifica cinco enzimas na via de biossíntese do triptofano. Cada uma dessas cinco proteínas tem seus próprios sinais de início e terminação no mRNA. De fato, *todas as moléculas de mRNA conhecidas contêm sinais que definem o início e o término de cada cadeia polipeptídica codificada.*

Um indício do mecanismo de iniciação foi a descoberta de que, na *E. coli*, quase metade dos resíduos aminoterminais das proteínas consiste em metionina. De fato, o códon de iniciação no mRNA é AUG (metionina) ou, com menos frequência, GUG (valina) ou, raramente, UUG (leucina). Que sinais adicionais são necessários para especificar um sítio de início da tradução? O primeiro passo para responder a essa pergunta foi o isolamento das regiões iniciadoras de diversos mRNAs. Esse isolamento foi efetuado utilizando-se uma ribonuclease para digerir os complexos mRNA-ribossomo (formados em condições nas quais a síntese de proteínas podia começar, mas não era possível a ocorrência de elongação). Conforme esperado, cada região iniciadora geralmente apresenta um códon AUG (Figura 31.18). Além disso, cada região iniciadora contém uma sequência rica em purinas centrada a cerca de 10 nucleotídios no lado 5′ do códon iniciador.

O papel dessa região rica em purinas, denominada sequência de *Shine-Dalgarno* (em homenagem a John Shine e Lyn Dalgarno, que a descreveram pela primeira vez), tornou-se evidente quando a sequência do rRNA 16S foi elucidada. A extremidade 3′ desse rRNA componente da subunidade 30S contém uma sequência de várias bases que são complementares à região rica em purinas nos sítios iniciadores do mRNA. A mutagênese da sequência CCUCC próxima à extremidade 3′ do rRNA 16S para ACACA interfere acentuadamente no reconhecimento dos sítios de iniciação no mRNA. Esse resultado e outras evidências mostram que a região iniciadora do mRNA

| 5′ … 3′ | |
|---|---|
| AGCACGAGGGGAAAUCUGAUGGAACGCUAC | *trpA* da *E. coli* |
| UUUGGAUGGAGUGAAACGAUGGCGAUUGCA | *araB* da *E. coli* |
| GGUAACCAGGUAACAACCAUGCGAGUGUUG | *thrA* da *E. coli* |
| CAAUUCAGGGUGGUGAAUGUGAAACCAGUA | *lacI* da *E. coli* |
| AAUCUUGGAGGCUUUUUUAUGGUUCGUUCU | Proteína A do fago φX174 |
| UAACUAAGGAUGAAAUGCAUGUCUAAGACA | Replicase do fago Qβ |
| UCCUAGGAGGUUUGACCUAUGCGAGCUUUU | Proteína A do fago R17 |
| AUGUACUAAGGAGGUUGUAUGGAACAACGC | *cro* do fago λ |

Pareia com rRNA 16S — Pareia com tRNA iniciador

**FIGURA 31.18 Sítios de iniciação.** Sequências de sítios de iniciação do mRNA para a síntese de proteínas em algumas moléculas de mRNA de bactérias e vírus. A comparação dessas sequências revela algumas características recorrentes.

liga-se muito perto da extremidade 3′ do rRNA 16S. O número de pares de bases que ligam o mRNA e o rRNA 16S varia de três a nove. Por conseguinte, *dois tipos de interações determinam onde começa a síntese de proteínas: (1) o pareamento de bases do mRNA com a extremidade 3′ do rRNA 16S e (2) o pareamento do códon iniciador no mRNA com o anticódon de uma molécula de tRNA iniciador.*

## A síntese de proteínas bacterianas é iniciada pelo formilmetionil RNA transportador

Conforme mencionado anteriormente, a metionina é o primeiro aminoácido em muitas proteínas da *E. coli*. Entretanto, o resíduo de metionina encontrado na extremidade aminoterminal das proteínas da *E. coli* é geralmente modificado. De fato, *a síntese de proteínas nas bactérias começa com o aminoácido modificado, a N-formilmetionina* (fMet). Um tRNA especial leva a formilmetionina até o ribossomo para iniciar a síntese de proteínas. Esse *tRNA iniciador* (abreviado como $tRNA_f$) difere do tRNA que insere a metionina em posições internas (abreviado como $tRNA_m$). O subscrito "f" indica que a metionina ligada ao tRNA iniciador pode ser formilada, enquanto a metionina ligada ao $tRNA_m$ não pode ser formilada. Embora na *E. coli* praticamente todas as proteínas sintetizadas comecem com formilmetionina, em cerca da metade das proteínas a *N*-formilmetionina é removida quando a cadeia nascente alcança um comprimento de 10 aminoácidos.

A metionina é ligada a esses dois tipos de tRNA pela mesma aminoacil-tRNA sintetase. Em seguida, uma enzima específica formila o grupo amino da molécula de metionina ligada ao $tRNA_f$ (Figura 31.19). O doador da formila ativada nessa reação é o $N^{10}$-formiltetra-hidrofolato, um derivado do folato que transporta unidades de um carbono ativadas (ver seção 24.2). A metionina livre e o metionil-$tRNA_m$ não são substratos dessa transformilase.

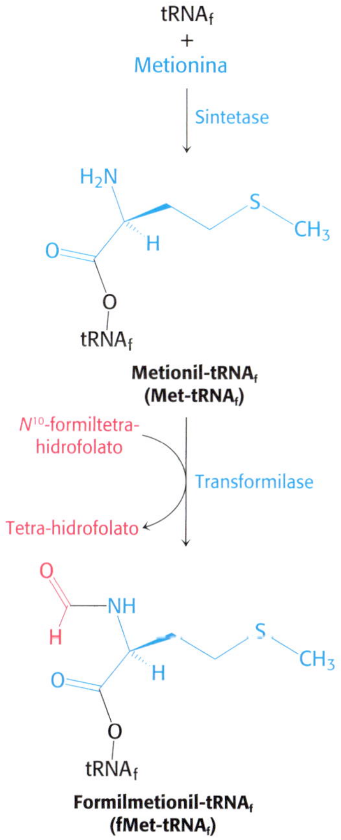


**FIGURA 31.19 Formilação do metionil-tRNA.** O tRNA iniciador ($tRNA_f$) é primeiramente carregado com metionina, e, em seguida, um grupo formila é transferido para o metionil-$tRNA_f$ a partir do $N^{10}$-formiltetra-hidrofolato.

## O formilmetionil-$tRNA_f$ é colocado no sítio P do ribossomo na formação do complexo de iniciação 70S

O RNA mensageiro e o formilmetionil-$tRNA_f$ devem ser levados até o ribossomo para iniciar a síntese de proteínas. Como essa tarefa é executada? Três *fatores de iniciação* (IF1, IF2 e IF3) proteicos são essenciais. Inicialmente, a subunidade ribossômica 30S forma um complexo com o IF1 e o IF3 (Figura 31.20). A ligação desses fatores à subunidade 30S impede a sua ligação prematura à subunidade 50S para formar um complexo 70S não funcional, ou seja, desprovido de mRNA e de fMet-$tRNA_f$. O IF1 liga-se próximo ao sítio A e dirige o fMet-$tRNA_f$ para o sítio P. O fator de iniciação 2, um membro da família de proteínas G, liga-se ao GTP, e a mudança conformacional concomitante possibilita a associação do IF2 ao fMet-$tRNA_f$. O complexo IF2-GTP-iniciador-tRNA liga-se ao mRNA (corretamente posicionado pela interação da sequência de Shine-Dalgarno com o rRNA 16S) e à

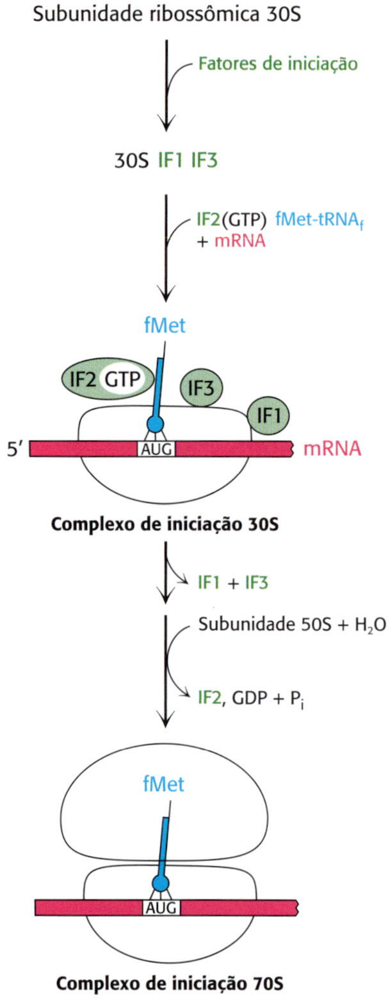


**FIGURA 31.20 Início da tradução nas bactérias.** Os fatores de iniciação assessoram a montagem do complexo de iniciação 30S e, posteriormente, do complexo de iniciação 70S.

subunidade 30S para formar o *complexo de iniciação 30S*. Em seguida, alterações estruturais levam à ejeção do IF1 e do IF3. O IF2 estimula a associação da subunidade 50S ao complexo. Com a chegada da subunidade 50S, o GTP ligado ao IF2 é hidrolisado, com consequente liberação do IF2. O resultado é um *complexo de iniciação 70S*. A formação do complexo de iniciação 70S constitui a etapa limitante de velocidade na síntese de proteínas.

Quando o complexo de iniciação 70S está formado, o ribossomo está pronto para a fase de elongação da síntese de proteínas. A molécula de fMet-tRNA$_f$ ocupa o sítio P no ribossomo, posicionada de modo que o seu anticódon pareie com o códon de iniciação no mRNA. Os outros dois sítios para as moléculas de tRNA, o sítio A e o sítio E, estão vazios. Essa interação estabelece o quadro de leitura para a tradução de todo o mRNA. Uma vez localizado o códon iniciador, grupos de três nucleotídios não superpostos são definidos.

## Os fatores de elongação levam o aminoacil-tRNA ao ribossomo

Nesse estágio, o fMet-tRNA$_f$ ocupa o sítio P, e o sítio A encontra-se vazio. A molécula particular inserida no sítio A vazio depende do códon de mRNA no sítio A. Entretanto, o aminoacil-tRNA apropriado não deixa simplesmente a sintetase e difunde-se para o sítio A. Em vez disso, é transportado até o sítio A em associação com uma proteína de 43 kDa, denominada *fator de elongação Tu* (EF-Tu, do inglês *elongation factor Tu*), outro membro da família de proteínas G. O EF-Tu, que é a proteína bacteriana mais abundante, liga-se ao aminoacil-tRNA apenas em sua forma com GTP (Figura 31.21). A ligação do EF-Tu ao aminoacil-tRNA desempenha duas funções. Na primeira, o EF-Tu protege a delicada ligação éster no aminoacil-tRNA contra a hidrólise. Na segunda, o EF-Tu contribui para a acurácia da síntese de proteínas, visto que a hidrólise do GTP e a expulsão do complexo EF-Tu-GDP do ribossomo só ocorrem se o pareamento entre o anticódon e o códon estiver correto. O EF-Tu interage com o RNA 16S, que monitora a acurácia do pareamento de bases das posições 1 e 2 do códon (p. 1036). O reconhecimento do códon correto induz alterações estruturais na subunidade 30S que deslocam o EF-Tu para um sítio altamente conservado no RNA 23S na subunidade 50S denominado alça de sarcina-ricina (SRL, do inglês *sarcin-ricin loop*). A interação da SRL da subunidade 50S provoca a atividade de GTPase do EF-Tu, liberando então o complexo EF-Tu-GDP do ribossomo. Essas mesmas alterações estruturais também induzem a rotação do aminoacil-tRNA no sítio A, de modo que o aminoácido fique em proximidade com o aminoacil-tRNA no sítio P da subunidade 50S, um processo denominado *acomodação*. A acomodação alinha os aminoácidos para a formação da ligação peptídica.

Em seguida, o EF-Tu liberado retorna à sua forma com GTP por um segundo fator de *elongação*, o *fator de elongação Ts* (Figura 31.22). O EF-Ts induz a dissociação do GDP. O GTP liga-se ao EF-Tu, e o EF-Ts é concomitantemente liberado. É importante notar que *o EF-Tu não interage com o fMet-tRNA$_f$*. Portanto, esse tRNA iniciador não é levado ao sítio A. Por outro lado, o Met-tRNA$_m$, como todos os outros aminoacil-tRNAs, liga-se ao EF-Tu. Esses achados explicam o fato de que *os códons AUG internos não são lidos pelo tRNA iniciador*. Em contraste, o IF2 reconhece o fMet-tRNA$_f$, mas não outro tRNA. O ciclo de elongação continua até encontrar um códon de terminação.

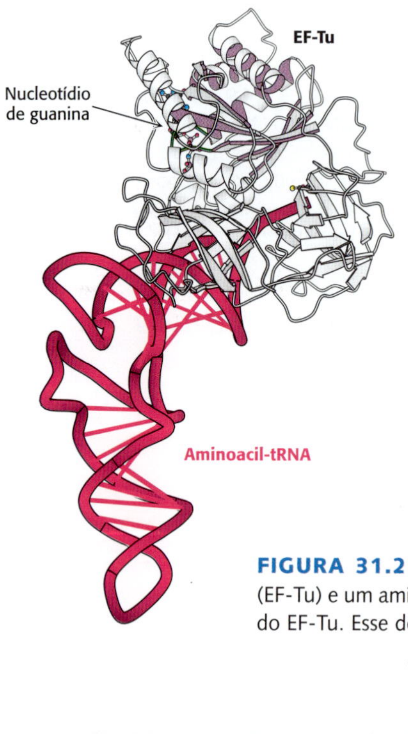


**FIGURA 31.21 Estrutura do fator de elongação Tu.** Estrutura de um complexo entre o fator de elongação Tu (EF-Tu) e um aminoacil-tRNA. *Observe* o domínio de NTPase com alça P (em violeta) na extremidade aminoterminal do EF-Tu. Esse domínio de NTPase assemelha-se aos de outras proteínas G. [Desenhada de 1B23.pdb.]

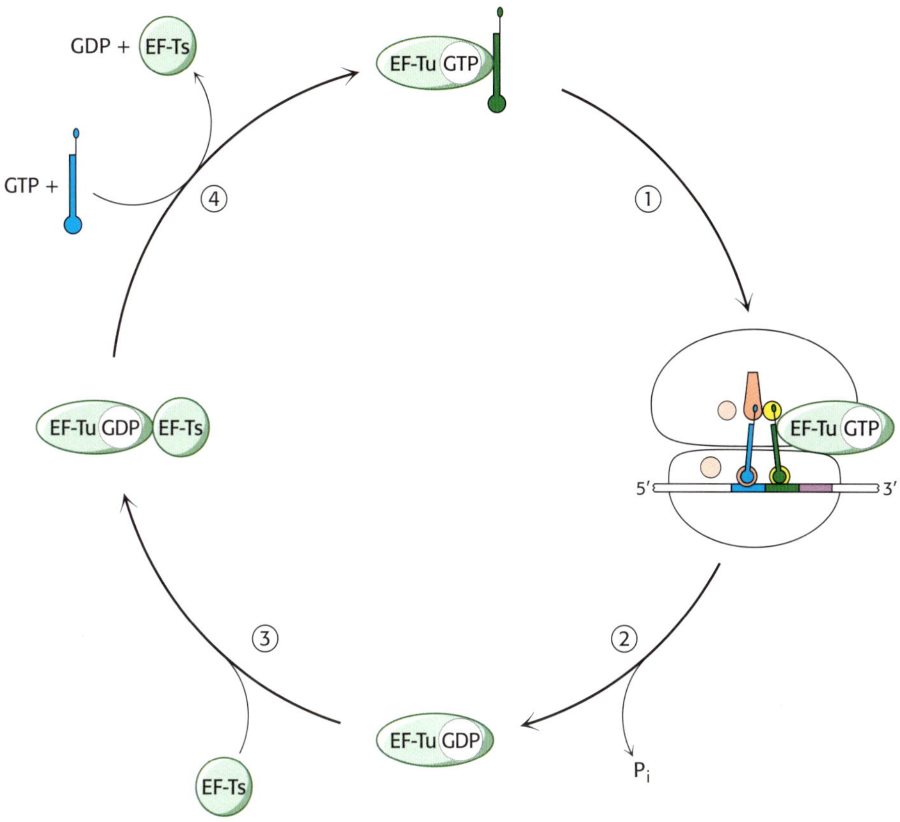


**FIGURA 31.22 Ciclo GTP-GDP do EF-Tu.** (1) O EF-Tu-GTP liga-se ao tRNA e o transporta até o sítio A no ribossomo. (2) O reconhecimento do códon correto estimula a atividade de GTPase do EF-Tu, que deixa o ribossomo em sua forma de GDP. (3) O EF-Ts liga-se ao EF-Tu-GDP. (4) O EF-Ts induz a liberação de GDP. O EF-Ts sai quando outro GTP e tRNA ligam-se ao EF-Tu-GTP, e o complexo então está pronto para outra entrega ao ribossomo.

Esse ciclo GTP-GDP do EF-Tu lembra os das proteínas G heterotriméricas na transdução de sinais (ver seção 14.1) e os das proteínas Ras no controle do crescimento (ver seção 14.3). Essa similaridade é devida à sua herança evolutiva compartilhada, observada na homologia entre o domínio aminoterminal de EF-Tu e os domínios de NTPase com alça P das outras proteínas G. Em todas essas enzimas relacionadas, a mudança conformacional entre as formas com GTP e com GDP leva a uma mudança nos parceiros da interação. Outra semelhança é a necessidade de uma proteína adicional para catalisar a troca de GTP por GDP; o ET-Ts catalisa a troca para ET-Tu, assim como um receptor ativado faz para uma proteína G heterotrimérica.

## A peptidil transferase catalisa a síntese de ligações peptídicas

Com ambos os sítios P e A ocupados pelo aminoacil-tRNA, estão criadas as condições para a formação de uma ligação peptídica: a molécula de formilmetionina ligada ao tRNA iniciador será transferida para o grupo amino do aminoácido no sítio A. A formação da ligação peptídica, uma das reações mais importantes na vida, é termodinamicamente espontânea e catalisada por um sítio no rRNA 23S da subunidade 50S denominado *centro da peptidil transferase*. Esse centro catalítico localiza-se profundamente na subunidade 50S, próximo ao túnel que possibilita a saída do peptídio nascente do ribossomo.

O ribossomo, que aumenta a taxa de síntese de ligações peptídicas por um fator de $10^7$ em relação à reação não catalisada (cerca de $10^{-4}$ $M^{-1}$ $s^{-1}$), obtém grande parte de sua potência catalítica da *catálise por proximidade e orientação*. O ribossomo posiciona e orienta os dois substratos de modo que eles fiquem situados para aproveitar a reatividade inerente de um grupo amino (no aminoacil-tRNA no sítio A) com um éster (no tRNA iniciador no sítio P). Em seu estado não protonado, o grupo amino do aminoacil-tRNA

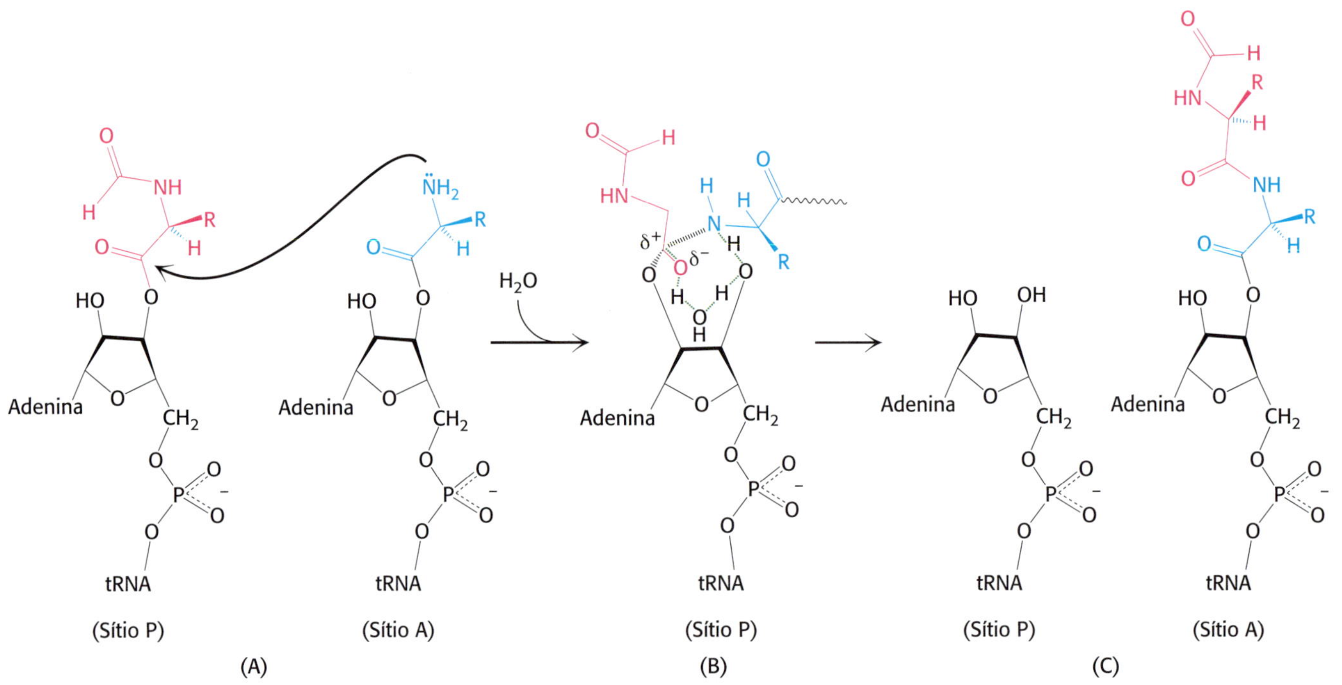


**FIGURA 31.23 Formação da ligação peptídica.** **A.** O grupo amino do aminoacil-tRNA ataca o grupo carbonila da ligação éster do peptidil-tRNA. **B.** Um estado de transição de oito membros é formado com a adição de uma molécula de água. *Observação:* nem todos os átomos são mostrados, e para maior clareza algumas ligações tiveram seus comprimentos exagerados. (C) Esse estado intermediário colapsa para formar a ligação peptídica e liberar o tRNA desacilado.

no sítio A efetua um ataque nucleofílico na ligação éster entre o tRNA iniciador e a molécula de formilmetionina no sítio P (Figura 31.23A). A natureza do estado de transição que ocorre após o ataque não está estabelecida, e vários modelos são possíveis. Um desses modelos propõe uma função para o 2′ OH da adenosina do tRNA no sítio P e para uma molécula de água no centro da peptidil transferase (Figura 31.23B). O ataque nucleofílico do grupo α-amino gera um estado de transição de oito membros no qual três prótons são transportados de maneira sintonizada. O próton do hidrogênio do grupo amino que faz o ataque liga-se ao oxigênio 2′ da ribose do tRNA. Por sua vez, o hidrogênio do 2′ OH interage com o oxigênio da molécula de água no centro, que então doa um próton ao oxigênio da carbonila. O colapso do estado de transição com a formação da ligação peptídica permite a protonação do 3′ OH do tRNA agora descarregado no sítio P (Figura 31.23C). O palco está montado para a translocação e a formação da próxima ligação peptídica.

## A formação de uma ligação peptídica é seguida da translocação dos tRNAs e do mRNA dirigida pelo GTP

Com a formação da ligação peptídica, a cadeia peptídica está agora ligada ao tRNA cujo anticódon está no sítio A na subunidade 30S. As duas subunidades rodam uma em relação à outra, e, em virtude dessa mudança estrutural, a extremidade CCA deste mesmo tRNA e seu peptídio encontram-se no sítio P da subunidade maior (Figura 31.24). Outro aminoacil-tRNA é entregue no sítio A pelo EF-Tu ligado a GTP (o EF-Tu não é mostrado na figura). (1) Mais uma vez, ocorre uma síntese de ligação peptídica. (2) Entretanto, a síntese de proteínas não pode prosseguir sem a translocação do mRNA e dos tRNAs por dentro do ribossomo. O *fator de elongação G* (EF-G, também denominado *translocase*) catalisa o movimento do mRNA, à custa da hidrólise de GTP, por uma distância de três nucleotídios. Agora, o códon seguinte é posicionado no sítio A para a interação com o complexo aminoacil-tRNA-EF-Tu-GTP que chega. (3) O peptidil-tRNA move-se para fora do sítio A e passa para o sítio P na subunidade 30S, e, ao mesmo tempo, o tRNA desacilado move-se do sítio P para o sítio E e

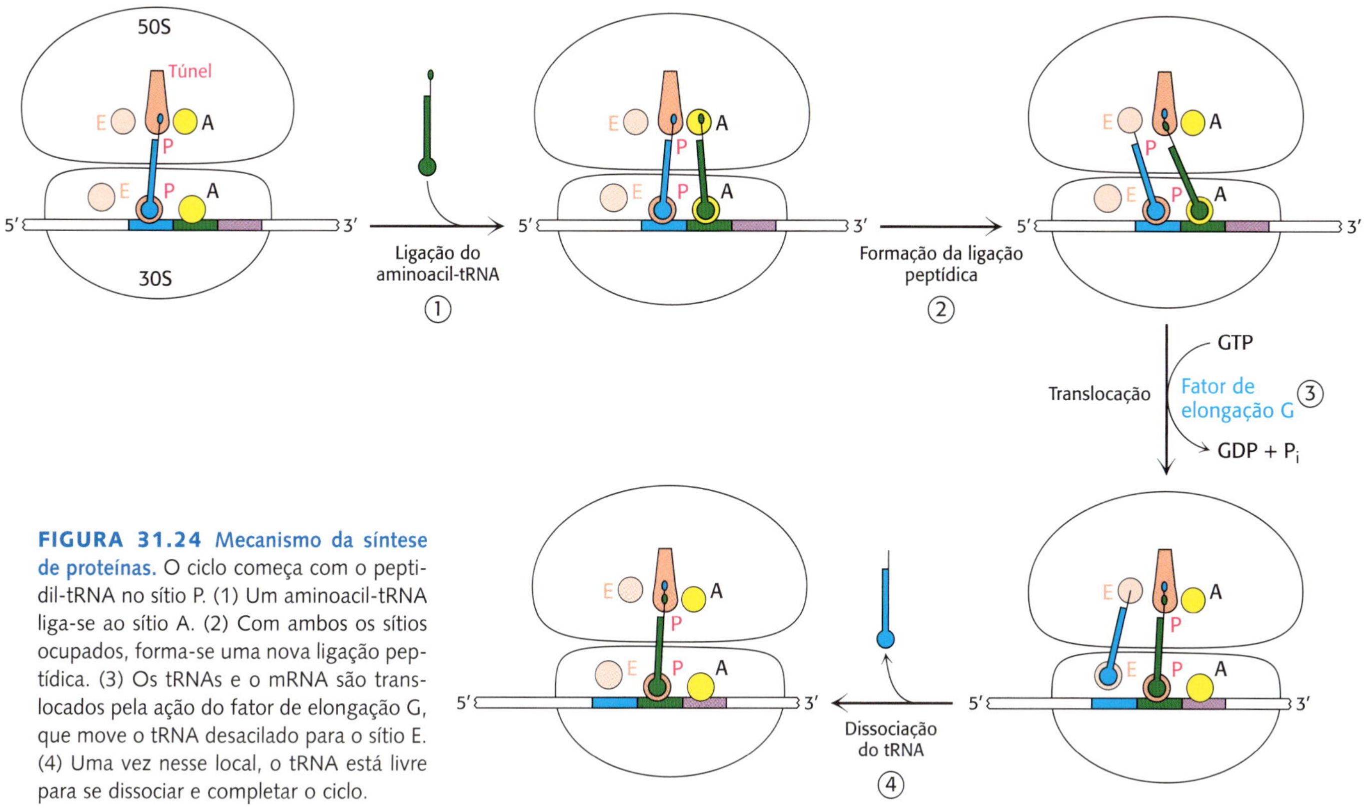


**FIGURA 31.24 Mecanismo da síntese de proteínas.** O ciclo começa com o peptidil-tRNA no sítio P. (1) Um aminoacil-tRNA liga-se ao sítio A. (2) Com ambos os sítios ocupados, forma-se uma nova ligação peptídica. (3) Os tRNAs e o mRNA são translocados pela ação do fator de elongação G, que move o tRNA desacilado para o sítio E. (4) Uma vez nesse local, o tRNA está livre para se dissociar e completar o ciclo.

é subsequentemente liberado do ribossomo. (4) O movimento do peptidil-tRNA para o sítio P desloca em um códon o mRNA, expondo o códon seguinte para ser traduzido no sítio A.

A estrutura tridimensional do ribossomo sofre uma mudança significativa durante a translocação, e as evidências sugerem que essa translocação pode resultar de propriedades do próprio ribossomo. Entretanto, o EF-G acelera o processo. A Figura 31.25 mostra um possível mecanismo para acelerar o processo de translocação. Inicialmente, o EF-G na forma com GTP liga-se ao ribossomo próximo ao sítio A, interagindo então com o rRNA 23S da subunidade 50S. A ligação do EF-G ao ribossomo estimula a atividade de GTPase do EF-G. Com a hidrólise do GTP, o EF-G sofre uma mudança conformacional que desloca o peptidil t-RNA no sítio A para o sítio P carregando com ele o mRNA e o tRNA desacilado. A dissociação do EF-G deixa o ribossomo pronto para aceitar o próximo aminoacil-tRNA no sítio A.

Observe que *a cadeia peptídica permanece no sítio P na subunidade 50S durante todo esse ciclo*, crescendo no túnel de saída. Esse ciclo se repete, com a tradução do mRNA no sentido 5′ ⟶ 3′, à medida que novos aminoacil-tRNAs vão se movendo para dentro do sítio A, o que possibilita que o polipeptídio seja alongado até que se encontre um sinal de terminação.

**FIGURA 31.25 Mecanismo da translocação.** Na forma com GTP, o EF-G liga-se ao sítio A na subunidade 50S. Essa ligação estimula a hidrólise do GTP, o que induz uma mudança conformacional em EF-G que força os tRNAs e o mRNA a se moverem pelo ribossomo por uma distância que corresponde a um códon.

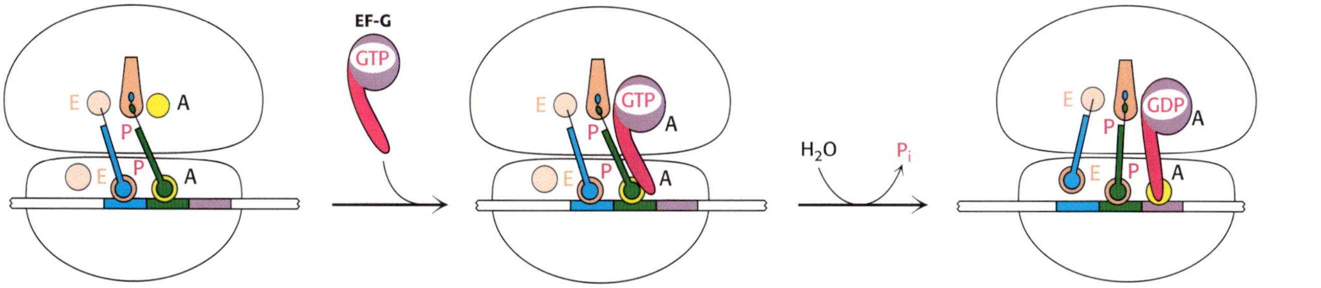

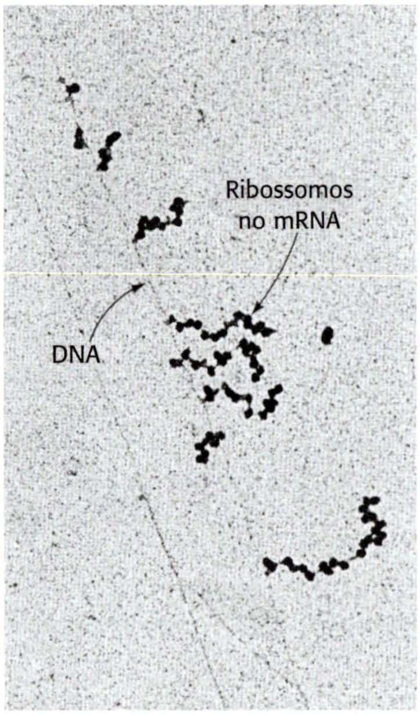


**FIGURA 31.26 Polissomos.** A transcrição de um segmento de DNA da *E. coli* gera moléculas de mRNA que são imediatamente traduzidas por múltiplos ribossomos. [De O. L. Miller, Jr., B. A. Hamkalo e C. A. Thomas, Jr. *Science* 169(1970):392. Reimpresso com autorização de AAAS.]

O sentido da tradução tem consequências importantes. Convém lembrar que a transcrição também ocorre no sentido 5′ → 3′ (ver seção 30.1). Se o sentido da tradução fosse o oposto do sentido da transcrição, apenas o mRNA totalmente sintetizado poderia ser traduzido. Em contraste, como o sentido é o mesmo, o mRNA pode ser traduzido enquanto está sendo sintetizado. Nas bactérias, quase nenhum tempo é perdido entre a transcrição e a tradução. A extremidade 5′ do mRNA interage com os ribossomos logo após a sua síntese, muito antes que a extremidade 3′ da molécula de mRNA seja terminada. Experimentos recentes com a *E. coli* utilizando a criomicroscopia eletrônica (p. 108) estabeleceram a existência de um *expressoma*, um complexo de transcrição e de tradução constituído de RNA polimerase e do ribossomo 70S. A interação da polimerase com o ribossomo ocorre no domínio carboxiterminal da polimerase. *Uma característica importante da expressão gênica das bactérias é que a tradução e a transcrição estão estreitamente acopladas no espaço e no tempo.*

Muitos ribossomos podem estar traduzindo uma molécula de mRNA simultaneamente. O grupo de ribossomos ligados a uma molécula de mRNA é denominado *polirribossomo* ou *polissomo* (Figura 31.26). Pesquisas recentes mostram que os ribossomos estão dispostos de modo a proteger o mRNA e a facilitar a troca de substratos e produtos com o citoplasma. No polissomo, os ribossomos encontram-se em uma disposição helicoidal ao redor do mRNA com os sítios de ligação do tRNA e o túnel de saída do peptídio expostos ao citoplasma.

## A síntese de proteínas é terminada por fatores de liberação que fazem a leitura dos códons de terminação

A fase final da tradução é a terminação. Como a síntese de uma cadeia peptídica chega a um final quando encontra um códon de terminação? Nas células normais, não existem tRNAs com anticódons complementares aos códons de terminação – UAA, UGA ou UAG. Em vez disso, esses *códons de terminação são reconhecidos por proteínas denominadas fatores de liberação* (RFs, do inglês *release factors*). Um desses fatores de liberação, o RF1, reconhece UAA ou UAG. Um segundo fator, o RF2, reconhece UAA ou UGA. Um terceiro fator, o RF3, outra GTPase, catalisa a remoção do RF1 ou do RF2 do ribossomo com a liberação da proteína recém-sintetizada.

RF1 e RF2 são proteínas compactas que, nos eucariotos, assemelham-se a uma molécula de tRNA. Quando ligadas ao ribossomo, as proteínas são desenoveladas e fazem uma ponte no espaço existente entre o códon de terminação no mRNA e o centro da peptidil transferase na subunidade 50S (Figura 31.27). O RF interage com o centro da peptidil transferase usando uma alça que contém uma sequência glicina-glicina-glutamina (GGQ) altamente conservada, com a glutamina metilada no átomo de nitrogênio amida do grupo R. Essa glutamina modificada (auxiliada pela peptidil transferase) é fundamental para promover um ataque de moléculas

**FIGURA 31.27 Terminação da síntese de proteínas.** Um fator de liberação reconhece um códon de terminação no sítio A e estimula a liberação da proteína completa do tRNA no sítio P.

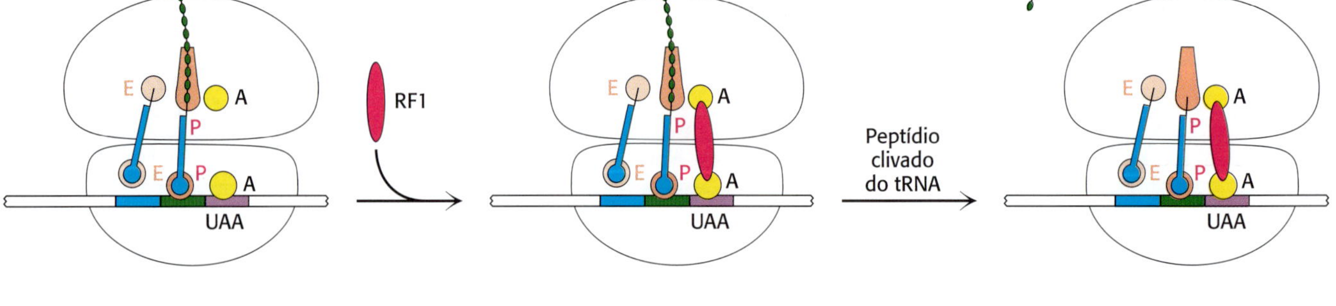

de água à ligação éster entre o tRNA e a cadeia polipeptídica, liberando-a. O polipeptídio livre deixa o ribossomo. O RNA transportador e o RNA mensageiro permanecem ligados ao ribossomo 70S por um breve período até que todo o complexo seja dissociado pela hidrólise do GTP em resposta à ligação do EF-G e de outro fator, este denominado *fator de liberação do ribossomo* (RRF, do inglês *ribosome release factor*).

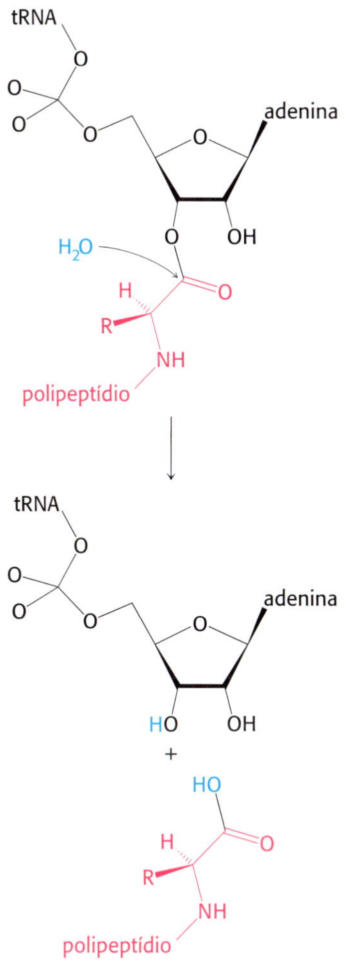


## 31.4 A síntese de proteínas eucarióticas difere da síntese de proteínas bacterianas primariamente na iniciação da tradução

O plano básico da síntese de proteínas nos eucariotos e nas arqueias assemelha-se ao das bactérias. Os principais temas estruturais e de mecanismo se repetem em todos os domínios da vida. Entretanto, a síntese de proteínas eucarióticas envolve mais componentes proteicos do que a síntese de proteínas bacterianas, e algumas etapas são mais intrincadas. As semelhanças e diferenças dignas de nota são as seguintes:

**1.** *Ribossomos*. Os ribossomos eucarióticos são maiores. São constituídos de uma subunidade maior 60S e de uma subunidade menor 40S, que se unem para formar uma partícula 80S com massa de 4.200 kDa, em comparação com uma massa de 2.700 kDa do ribossomo 70S bacteriano. A subunidade 40S contém um RNA 18S, que é homólogo ao RNA 16S bacteriano. A subunidade 60S contém três RNAs: o RNA 5S, que é homólogo ao rRNA 5S bacteriano; o RNA 28S, que é homólogo às moléculas 23S bacterianas; e o RNA 5,8S, que é homólogo à extremidade 5′ do RNA 23S das bactérias.

**2.** *tRNA iniciador*. Nos eucariotos, o aminoácido de iniciação é a metionina, em vez da *N*-formilmetionina. Entretanto, à semelhança das bactérias, um tRNA especial participa no processo de iniciação. Esse aminoacil-tRNA é denominado Met-$tRNA_i$ (o subscrito "i" indica a iniciação).

**3.** *Iniciação*. O códon de iniciação dos eucariotos é sempre AUG. Diferentemente das bactérias, os eucariotos não têm uma sequência específica rica em purina no lado 5′ para distinguir os AUGs iniciadores dos internos. Em vez disso, o AUG mais próximo da extremidade 5′ do mRNA é geralmente selecionado como sítio de início. Os eucariotos utilizam muito mais fatores de iniciação do que as bactérias, e a sua interação é muito mais complexa. O prefixo *eIF* denota um fator de iniciação eucariótico.

A iniciação começa com a formação de um complexo ternário que consiste no ribossomo 40S e no Met-$tRNA_i$ em associação com o eIF-2. O complexo é denominado complexo de pré-iniciação (PIC, do inglês *preinitiation complex*) 43S. O PIC liga-se à extremidade 5′ do mRNA e começa a procurar um códon AUG movendo-se passo a passo na direção 3′. O fator de iniciação eIF-4E liga-se ao *cap* 5′ do mRNA (ver seção 30.3) e facilita a ligação do PIC ao mRNA (Figura 31.28). Esse processo de varredura é catalisado por helicases que se movem ao longo do mRNA energizadas pela hidrólise do ATP. O pareamento do anticódon do Met-$tRNA_i$ com o códon AUG do mRNA assinala que o alvo foi encontrado. Em quase todos os casos, o mRNA eucariótico tem apenas um sítio de início e, portanto, constitui o molde para uma única proteína. Em contrapartida, um mRNA bacteriano pode apresentar múltiplas sequências de Shine-Dalgarno e, portanto, sítios de início, podendo atuar como molde para a síntese de várias proteínas.

A diferença no mecanismo de iniciação entre bactérias e eucariotos é, em parte, uma consequência da diferença no processamento do RNA. A extremidade 5′ do mRNA está prontamente disponível aos ribossomos

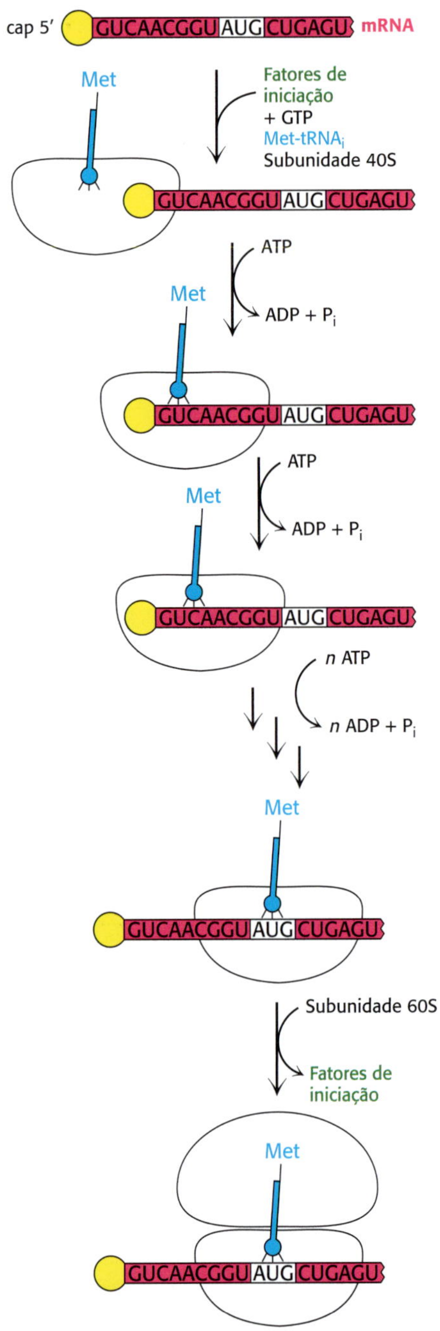


**FIGURA 31.28 Iniciação da tradução nos eucariotos.** Nos eucariotos, a iniciação da tradução começa com a montagem de um complexo no *cap* 5′ que inclui a subunidade 40S e o Met-tRNA$_i$. Dirigido pela hidrólise do ATP, esse complexo percorre o mRNA até alcançar o primeiro AUG. A subunidade 60S é então acrescentada para formar o complexo de iniciação 80S.

logo após a transcrição nas bactérias. Em contrapartida, nos eucariotos, o pré-mRNA precisa ser processado e transportado para o citoplasma antes de a tradução ser iniciada. O *cap* 5′ fornece um ponto de iniciação facilmente reconhecível. Além disso, a complexidade da iniciação da tradução nos eucariotos fornece outro mecanismo para a regulação da expressão gênica, que iremos discutir de modo mais pormenorizado no Capítulo 33.

Embora a maioria das moléculas de mRNA nos eucariotos dependa do *cap* 5′ para iniciar a síntese de proteínas, pesquisas recentes estabeleceram que algumas moléculas de mRNA podem recrutar ribossomos para a iniciação sem o uso de um *cap* 5′ e de proteínas de ligação do *cap*. Nesses mRNAs, sequências de RNA altamente estruturadas, denominadas sítios de entrada internos do ribossomo (IRES, do inglês *internal ribosome entry sites*), facilitam a ligação do ribossomo 40S ao mRNA. Os IRES foram descobertos pela primeira vez nos genomas de vírus de RNA e, desde então, foram encontrados em outros vírus, bem como em um subgrupo de mRNA celular que parece participar no desenvolvimento e no estresse celulares. O mecanismo molecular pelo qual os IRES funcionam para iniciar a síntese de proteínas ainda não foi estabelecido.

**4.** *A estrutura do mRNA.* Logo após a ligação do PIC ao mRNA, o eIF-4 G liga o eIF-4E a uma proteína associada à cauda poli-A, a proteína de ligação de poli-A 1 (PABP1; Figura 31.29). Por conseguinte, o *cap* e a cauda são reunidos, formando então um círculo de mRNA. Os benefícios da circularização do mRNA ainda não foram estabelecidos, porém a necessidade de circularização pode impedir a tradução de moléculas de mRNA que perderam suas caudas poli-A (ver seção 30.3).

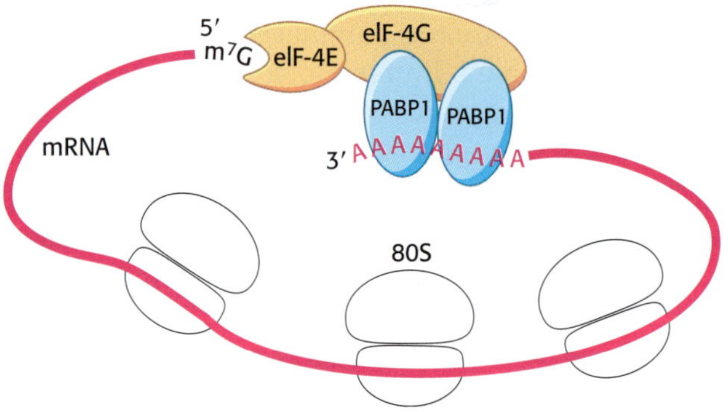


**FIGURA 31.29 As interações de proteínas tornam o mRNA eucariótico circular.** [Informação de H. Lodish *et al.*, *Molecular Cell Biology*, 5th ed. (W. H. Freeman and Company, 2004), Fig. 4.31.]

**5.** *Elongação e terminação.* Os fatores de elongação eucarióticos EF1α e EF1βγ são os equivalentes dos EF-Tu e dos EF-Ts das bactérias. A forma do EF1α com GTP entrega o aminoacil-tRNA no sítio A do ribossomo, enquanto o EF1βγ catalisa a troca de GTP pelo GDP antes ligado. O EF2 eucariótico medeia a translocação dirigida por GTP de modo muito semelhante ao EF-G bacteriano. A terminação nos eucariotos é efetuada por um único fator de liberação, o eRF1, em comparação com dois fatores nas bactérias. O fator de liberação eIF-3 acelera a atividade do eRF-1.

**6.** *Organização.* Nos eucariotos superiores, os componentes do mecanismo de tradução estão organizados em grandes complexos associados ao citoesqueleto. Acredita-se que essa associação facilite a eficiência da síntese de proteínas. Convém lembrar que a organização de processos bioquímicos elaborados em complexos físicos é um tema recorrente em bioquímica (o sintassoma de ATP na seção 18.5 e a síntese de purinas na seção 25.2).

### As mutações no fator de iniciação 2 provocam uma condição patológica curiosa

As mutações no fator de iniciação 2 eucariótico resultam em uma doença rara e misteriosa, denominada *leucoencefalopatia da substância branca evanescente* (LSBE), em que as células nervosas do cérebro desaparecem e são substituídas por líquido cerebrospinal (Figura 31.30). A substância branca do cérebro consiste predominantemente em axônios que conectam a substância cinzenta do cérebro com o restante do corpo. A morte, que resulta de febre ou coma prolongado, pode ocorrer a qualquer momento, de alguns anos até décadas após o início da doença. Geralmente, os sintomas aparecem em crianças pequenas, mas podem surgir pouco depois do nascimento ou até mesmo na vida adulta. Um aspecto particularmente enigmático da doença é a sua especificidade tecidual. Uma mutação em um processo bioquímico tão fundamental para a vida quanto a iniciação da síntese de proteínas seria presumivelmente letal ou pelo menos afetaria todos os tecidos do corpo. Doenças como a LSBE mostram explicitamente que, embora vários progressos tenham sido feitos em bioquímica, é necessário efetuar muito mais pesquisas para compreender as complexidades da saúde e da doença. (Ver Bioquímica em Foco para uma discussão sobre ribossomos e ocorrência de doença.)

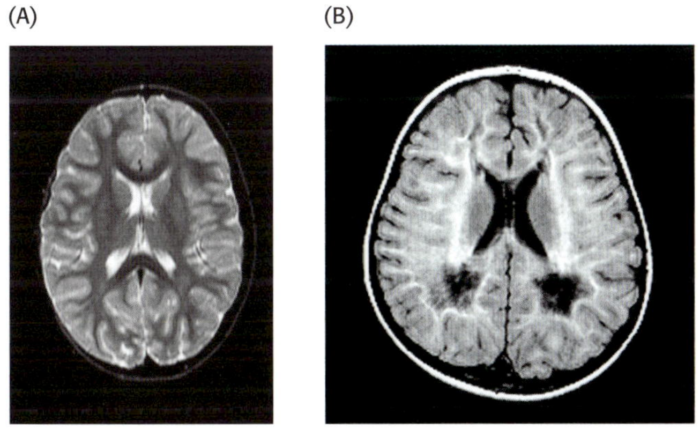


**FIGURA 31.30 Efeitos da leucoencefalopatia da substância branca evanescente.** No cérebro normal, a ressonância magnética (RM) visualiza a substância branca em cinza-escuro. [Du Cane Medical Imaging Ltd/Science Source.]

## 31.5 Vários antibióticos e toxinas podem inibir a síntese de proteínas

Foram identificados muitos compostos que inibem diversos aspectos da síntese de proteínas. Essas substâncias são poderosas ferramentas experimentais e fármacos clinicamente úteis.

### Alguns antibióticos inibem a síntese de proteínas

As diferenças entre os ribossomos eucarióticos e bacterianos podem ser exploradas para o desenvolvimento de antibióticos (Tabela 31.4). Por exemplo, o antibiótico *estreptomicina*, um trissacarídio altamente básico, interfere na ligação do fMet-tRNA aos ribossomos nas bactérias e, portanto, impede a iniciação correta da síntese de proteínas. Outros *antibióticos aminoglicosídios*, como a neomicina, a canamicina e a gentamicina, interferem na interação entre o tRNA e o rRNA 16S da subunidade 30S dos ribossomos bacterianos. O *cloranfenicol* atua ao inibir a atividade da peptidil transferase. A *eritromicina* liga-se à subunidade 50S e bloqueia a translocação.

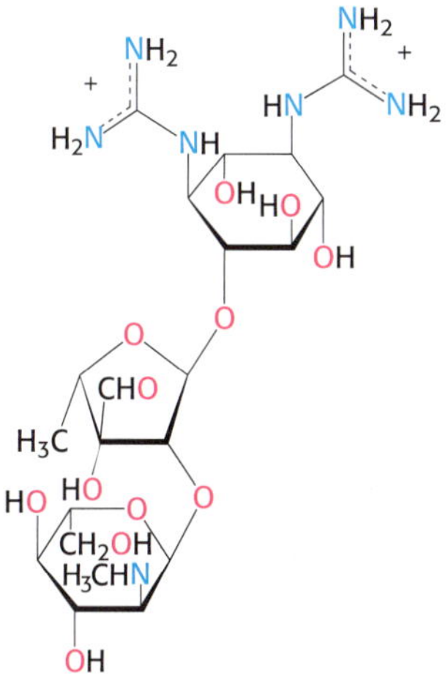

**Estreptomicina**

O antibiótico *puromicina* inibe a síntese de proteínas tanto nas bactérias quanto nos eucariotos ao causar a liberação das cadeias polipeptídicas nascentes antes de a síntese estar completa. A puromicina é um análogo da parte

**TABELA 31.4** Antibióticos inibidores da síntese de proteínas.

| Antibiótico | Ação |
|---|---|
| Estreptomicina e outros aminoglicosídios | Inibem a iniciação e provocam uma leitura incorreta do mRNA (bactérias) |
| Tetraciclina | Liga-se à subunidade 30S e inibe a ligação dos aminoacil-tRNAs (bactérias) |
| Cloranfenicol | Inibe a atividade de peptidil transferase da subunidade ribossômica 50S (bactérias) |
| Ciclo-heximida | Inibe a translocação (eucariotos) |
| Eritromicina | Liga-se à subunidade 50S e inibe a translocação (bactérias) |
| Puromicina | Causa o terminação prematura da cadeia, atuando como análogo de aminoacil-tRNA (bactérias e eucariotos) |

terminal do aminoacil-tRNA (Figura 31.31). Ela liga-se ao sítio A do ribossomo e bloqueia a entrada do aminoacil-tRNA. Além disso, a puromicina contém um grupo α-amino. Esse grupo amino, como o do aminoacil-tRNA, forma uma ligação peptídica com o grupo carboxila da cadeia peptídica em crescimento. O produto, um peptídio que tem um resíduo de puromicina ligado covalentemente em sua extremidade carboxila, dissocia-se do ribossomo. A puromicina, que não é mais utilizada como medicamento, continua sendo uma ferramenta experimental na pesquisa da síntese de proteínas. A *ciclo-heximida*, outro antibiótico, bloqueia a translocação nos ribossomos eucarióticos; por esse motivo, trata-se de uma ferramenta laboratorial útil para bloquear a síntese de proteínas em células eucarióticas.

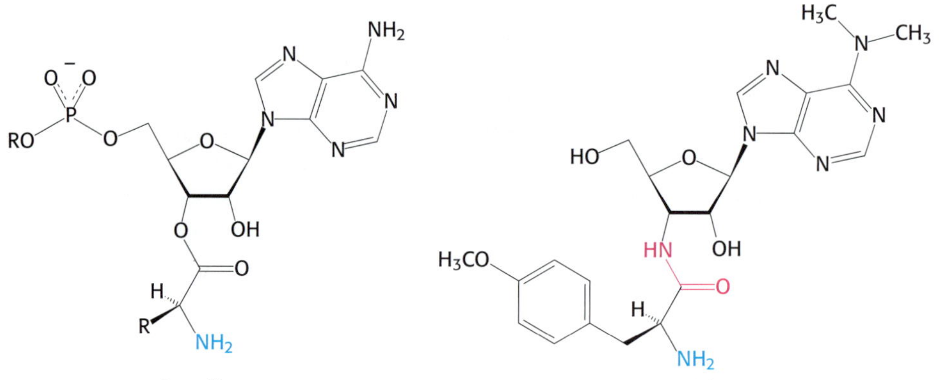

**Aminoacil-tRNA** **Puromicina**

**FIGURA 31.31 Ação antibiótica da puromicina.** A puromicina assemelha-se ao aminoacil terminal de um aminoacil-tRNA. Seu grupo amino une-se ao grupo carboxila da cadeia polipeptídica em crescimento para formar peptidil-puromicina, que se dissocia do ribossomo. A peptidil-puromicina é estável, visto que a puromicina tem uma ligação amida (mostrada em vermelho) em lugar de uma ligação éster.

## A toxina diftérica bloqueia a síntese de proteínas nos eucariotos ao inibir a translocação

Muitos antibióticos, obtidos de bactérias para fins medicinais, são inibidores da síntese bacteriana de proteínas. Entretanto, algumas bactérias produzem inibidores da síntese de proteínas dos eucariotos, resultando em doenças como a difteria, que era uma importante causa de morte em crianças antes do advento da imunização efetiva. Os sintomas da difteria consistem em dor de garganta grave, rouquidão, febre e dificuldade na respiração. Os efeitos letais dessa doença são devidos principalmente a uma toxina proteica produzida por um fago que infecta a *Corynebacterium diphtheriae*, uma bactéria que cresce nas vias respiratórias superiores do indivíduo infectado. Alguns poucos microgramas da toxina diftérica são geralmente letais em um indivíduo não imunizado, visto que inibem a síntese de proteínas. A toxina consiste em uma única cadeia polipeptídica, que é clivada em um fragmento A de 21 kDa e em um fragmento B de 40 kDa pouco depois de sua entrada na célula. O papel do fragmento B na proteína intacta consiste em se ligar à célula, o que possibilita a entrada da toxina no citoplasma da célula-alvo.

O fragmento A catalisa a modificação covalente do EF2, o fator do elongação que catalisa a translocação na síntese de proteínas dos eucariotos, resultando então na inibição da síntese de proteínas e na morte celular.

Um único fragmento A da toxina no citoplasma pode matar uma célula. Por que ele é tão letal? O EF2 contém *diftamida*, um resíduo de aminoácido incomum que aumenta a fidelidade do deslocamento de códons durante a translocação. A diftamida é formada por uma via complicada altamente conservada que provoca uma modificação pós-traducional da histidina. O fragmento A da toxina diftérica catalisa a transferência de ADP-ribose do $NAD^+$ para o anel da diftamida (Figura 31.32). *EssaADP ribosilação de uma única cadeia lateral do EF2 bloqueia a sua capacidade de efetuar a translocação da cadeia polipeptídica em crescimento.* A síntese de proteínas cessa, o que explica a acentuada toxicidade da toxina diftérica.

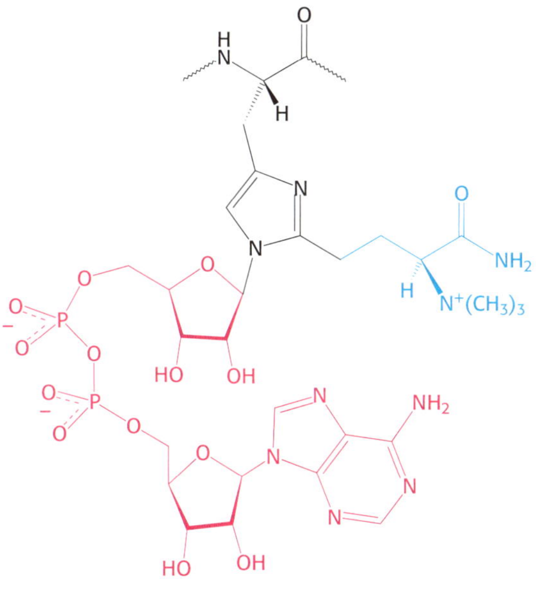


ADP-ribose

**FIGURA 31.32 Bloqueio da translocação pela toxina diftérica.** A toxina diftérica bloqueia a síntese de proteínas nos eucariotos ao catalisar a transferência de uma unidade de ADP-ribose do $NAD^+$ para a diftamida, um resíduo de aminoácido modificado no EF2 (translocase). A diftamida é formada pela modificação pós-traducional (em azul) de um resíduo de histidina.

## Algumas toxinas modificam o RNA ribossômico 28S

A ricina é uma pequena proteína (65 kDa) encontrada nas sementes da mamona, *Ricinus communis* (Figura 31.33). Trata-se, de fato, de uma molécula mortal, visto que apenas 500 μg são letais para um ser humano adulto, e uma única molécula pode inibir toda a síntese de proteínas em uma célula, resultando em morte celular.

A ricina é uma proteína heterodimérica composta de uma cadeia A catalítica unida por uma única ligação de dissulfeto a uma cadeia B. A cadeia B possibilita a ligação da toxina à célula-alvo, e essa ligação resulta na captação endocitótica do dímero e liberação final da cadeia A do citoplasma. A cadeia A, uma N-glicosídio hidrolase, cliva a adenina de um adenosina nucleotídio particular no rRNA 28S que é encontrado em todos os ribossomos eucarióticos. A remoção da base adenina inativa por completo o ribossomo ao impedir a ligação dos fatores de alongamento.

Em contrapartida, outra toxina, a α-sarcina, é uma ribonuclease, e não uma glicosídio hidrolase, que cliva uma única ligação fosfodiéster no RNA 28S na mesma alça onde atua a ricina. Essa clivagem inibe por completo a síntese de proteínas. A α-sarcina é uma proteína de 17 kDa secretada por fungos filamentosos que penetra nas células por meio de sua interação com lipídios de membrana. Pouco se sabe acerca da toxicidade da α-sarcina *in vivo*. Assim, a ricina, a α-sarcina e a toxina diftérica atuam por meio da inibição da elongação na síntese de proteínas; a ricina e a α-sarcina exercem a sua ação modificando covalentemente o rRNA, enquanto a toxina diftérica atua por meio da modificação covalente do fator de elongação. É interessante assinalar que estão em andamento esforços para modificar a α-sarcina para uso como um agente antitumoral.

Em 7 de setembro de 1978, um agente do Departamento de Segurança do Estado da União Soviética (KGB), utilizando uma arma construída em um guarda-chuva, cravou um pequeno grânulo contendo ricina na coxa do dissidente búlgaro Georgi Markov quando este atravessava a ponte de Waterloo, em Londres. O Sr. Markov sentiu uma picada aguda, como se fosse uma ferroada de inseto. Faleceu 4 dias depois.

**FIGURA 31.33 Mamona.** As sementes de mamona (*Ricinus communis*) constituem uma fonte rica de óleos com ampla variedade de aplicações, incluindo a produção de combustíveis biodiesel. As sementes também são ricas na toxina ricina. [Ted Kinsman/Science Source.]

# 31.6 Os ribossomos ligados ao retículo endoplasmático fabricam proteínas secretadas e de membrana

Nem todas as proteínas recém-sintetizadas destinam-se a atuar no citoplasma. As células eucarióticas podem direcionar as proteínas para locais internos, como as mitocôndrias, o núcleo e o retículo endoplasmático, em um processo denominado *endereçamento de proteínas* ou *seleção de proteínas*. Como essa seleção é efetuada? Existem dois mecanismos gerais pelos quais ela ocorre. Em um deles, a proteína é sintetizada no citoplasma e a proteína completa é transferida para a sua localização intracelular pós-tradução. As proteínas cujo destino é o núcleo, os cloroplastos, as mitocôndrias e os peroxissomas são transportadas por esse processo geral. O outro mecanismo, denominado *via secretora*, direciona as proteínas para o *retículo endoplasmático* (RE), o extenso sistema de membranas que constitui cerca da metade do total de membranas de uma célula, em um processo cotradução –, isto é, enquanto a proteína está sendo sintetizada. Aproximadamente 30% de todas as proteínas são segregadas pela via secretora, incluindo as proteínas secretadas, as residentes no RE, as do complexo de Golgi, as dos lisossomos e as proteínas integrais de membrana dessas organelas, bem como as proteínas integrais da membrana plasmática. Concentraremos nossa atenção apenas na via secretora.

Nas células eucarióticas, um ribossomo permanece livre no citoplasma, a não ser que seja direcionado para o RE. A região que se liga aos ribossomos é denominada *RE rugoso*, visto que possui aparência rugosa, diferentemente do *RE liso*, que é desprovido de ribossomos (Figura 31.34).

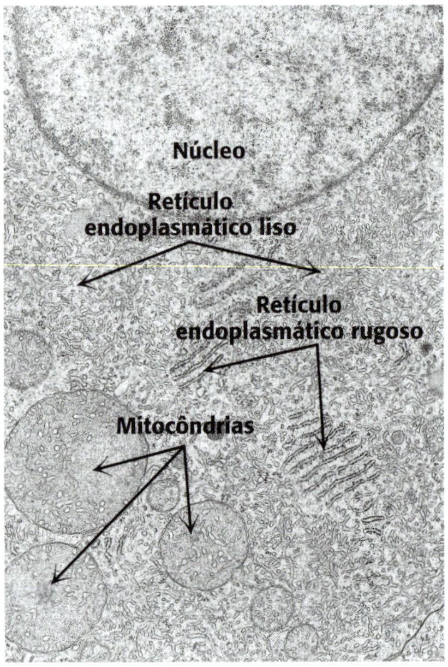


**FIGURA 31.34 Os ribossomos ligam-se ao retículo endoplasmático.** Nessa micrografia eletrônica, os ribossomos aparecem como pequenos pontos negros ligados ao lado citoplasmático do retículo endoplasmático, o que dá um aspecto rugoso. Em contraste, o retículo endoplasmático liso é desprovido de ribossomos. [Don W. Fawcett/Science Source.]

## A síntese de proteínas começa nos ribossomos que estão livres no citoplasma

A síntese de proteínas segregadas pela via secretora começa em ribossomos livres, que logo se associam ao RE. Os ribossomos livres que estão sintetizando proteínas para uso na célula são aparentemente idênticos àqueles ligados ao RE. Qual é o processo que direciona o ribossomo que está sintetizando uma proteína destinada a entrar no RE a se ligar ao RE?

## As sequências de sinal marcam proteínas para translocação através da membrana do retículo endoplasmático

A síntese de proteínas destinadas a sair da célula ou a serem inseridas na membrana plasmática começa em um ribossomo livre; entretanto, pouco depois do início da síntese, ela é pausada até que o ribossomo seja direcionado para a face citoplasmática do retículo endoplasmático. Quando o ribossomo é atracado na membrana do RE, a síntese de proteínas começa novamente. À medida que a cadeia peptídica recém-formada vai saindo do ribossomo, ela é transportada durante a tradução através da membrana para o lúmen do retículo endoplasmático. A translocação consiste em quatro componentes.

**1.** *A sequência sinal.* A sequência sinal é *uma sequência de 9 a 12 resíduos de aminoácidos hidrofóbicos, contendo, algumas vezes, aminoácidos de carga positiva* (Figura 31.35). Essa sequência, que adota uma estrutura em α-hélice, geralmente situa-se perto da extremidade aminoterminal da cadeia polipeptídica nascente. A presença da sequência sinal identifica o peptídio nascente como um peptídio que precisa cruzar a membrana do RE. Algumas sequências sinais são mantidas na proteína madura, enquanto outras são clivadas por uma *peptidase sinal* no lado luminal da membrana do RE.

| | | Sítio de clivagem |
|---|---|---|
| Hormônio do crescimento humano | MATGSRTSLLLAFGLLCLPWLQEGSA | FPT |
| Proinsulina humana | MALWMRLLPLLALLALWGPDPAAA | FVN |
| Proalbumina bovina | MKWVTFISLLLFSSAYS | RGV |
| Cadeia H de anticorpo murino | MKVLSLLYLLTAIPHIMS | DVQ |
| Lisozima de galinha | MRSLLILVLCFLPKLAALG | KVF |
| Promelitina de abelha | MKFLVNVALVFMVVYISYIYA | APE |
| Proteína de cola de *Drosophila* | MKLLVVAVIACMLIGFADPASG | CKD |
| Proteína 19 do milho *Zea* | MAAKIFCLIMLLGLSASAATA | SIF |
| Invertase da levedura | MLLOAFLFLLAGFAAKISA | SMT |
| Vírus da influenza A humana | MKAKLLVLLYAFVAG | DQI |

**FIGURA 31.35 Sequências sinal aminoterminais de algumas proteínas secretadas e da membrana plasmática dos eucariotas.** O cerne hidrofóbico (amarelo) é precedido de resíduos básicos (azul) e seguido de um sítio de clivagem (vermelho) para a peptidase sinal.

**2.** *A partícula de reconhecimento de sinal (SRP, signal-recognition particle).* Essa partícula reconhece a sequência de sinal e liga-se à sequência e ao ribossomo tão logo a sequência de sinal saia do ribossomo. A seguir, a SRP conduz o ribossomo e a sua cadeia polipeptídica nascente para a membrana do RE. A SRP é uma ribonucleoproteína constituída de um RNA 7S e seis proteínas diferentes (Figura 31.36). Uma proteína, a SRP54, é uma GTPase crucial para o funcionamento da SRP. A SRP examina todos os ribossomos até localizar um que exibe uma sequência de sinal. Após a ligação da SRP à sequência de sinal, as interações entre o ribossomo e a SRP ocupam o sítio de ligação do fator de elongação, pausando, assim, a síntese de proteínas.

**3.** *O receptor de SRP (SR, SRP receptor).* O complexo SRP-ribossomo difunde-se para o RE, onde a SRP liga-se ao receptor de SRP, uma proteína de membrana integral constituída de duas subunidades: SRα e SRβ. A subunidade SRα é, como a SRP54, uma GTPase.

**4.** *O translocon.* O complexo SRP-SR entrega o ribossomo à maquinaria de translocação, denominada translocon, um complexo multissubunidade de proteínas de membrana integrais e periféricas. O translocon é um canal condutor de proteínas. Esse canal abre-se quando o translocon e o ribossomo ligam-se um ao outro. A síntese de proteínas é reiniciada quando a cadeia polipeptídica em crescimento passa através do canal do translocon para o lúmen do RE.

As interações dos componentes da maquinaria de translocação são mostradas na Figura 31.37. Tanto a SRP54 quanto as subunidades SRα do SR devem ligar-se ao GTP de modo a facilitar a formação do complexo SRP–SR. Em seguida, para que o complexo SRP–SR leve o ribossomo ao

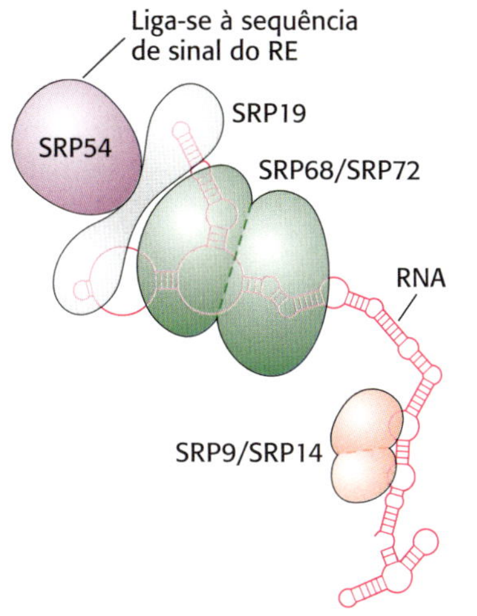


**FIGURA 31.36 Partícula de reconhecimento de sinal.** A partícula de reconhecimento de sinal (SRP) é constituída de seis proteínas e de uma molécula de RNA de 300 nucleotídios. O RNA tem uma estrutura complexa com muitos segmentos em dupla hélice intercalados por regiões de fita simples, mostradas como círculos. [Informação de H. Lodish *et al.*, *Molecular Cell Biology*, 5th ed. (W. H. Freeman and Company, 2004). Dados de K. Strub *et al.*, *Mol. Cell Biol.* 11:3949-3959, 1991, e S. High e B. Dobberstein, *J. Cell Biol.* 113:229-233, 1991.]

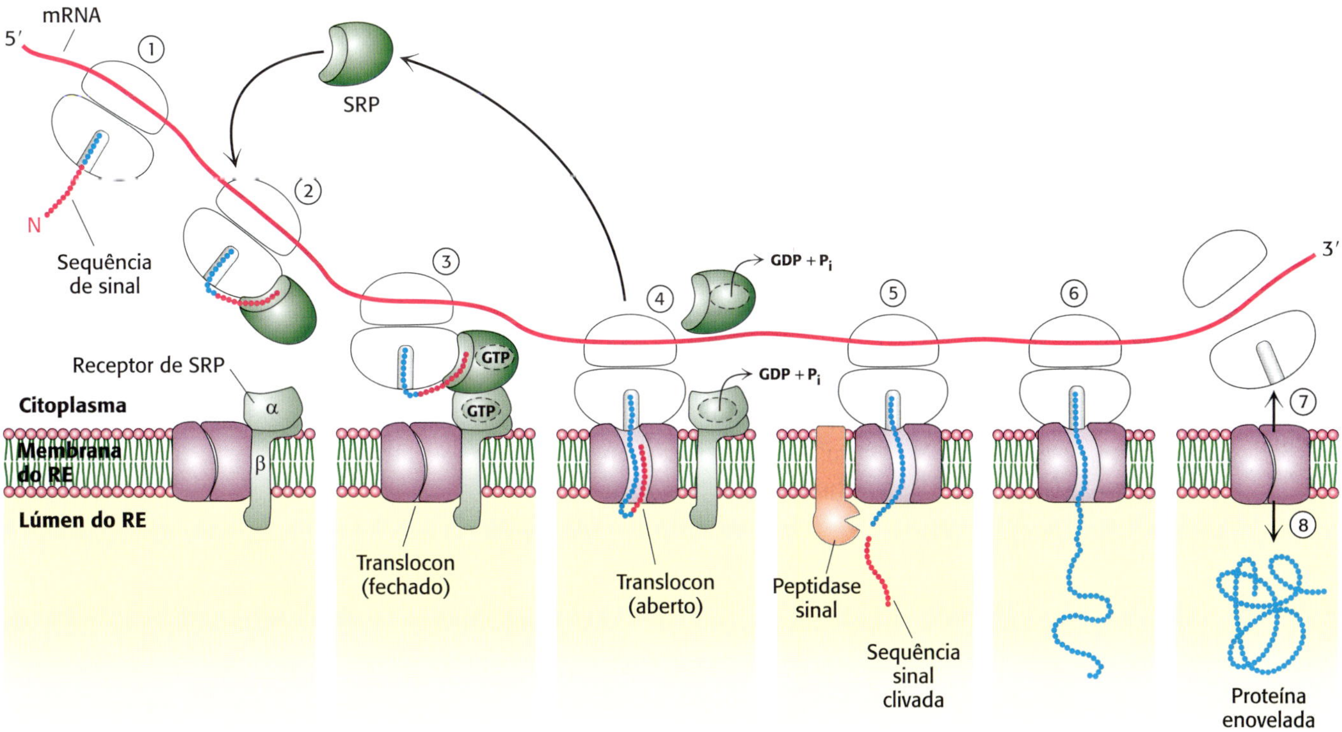


**FIGURA 31.37 Ciclo de endereçamento de SRP.** (1) A síntese de proteínas começa nos ribossomos livres. (2) Após a sequência de sinal ter saído do ribossomo, ela é ligada pela SRP, e a síntese de proteínas é interrompida. (3) O complexo SRP-ribossomo atraca no receptor de SRP na membrana do RE. (4) A SRP e o seu receptor hidrolisam simultaneamente os GTP ligados. A síntese de proteínas recomeça, e a SRP está livre para se ligar a outra sequência de sinal. (5) A peptidase sinal pode remover a sequência de sinal assim que ela entra no lúmen do RE. (6) A síntese de proteínas continua sendo sintetizada diretamente para dentro do RE. (7) Com a terminação da síntese de proteínas, o ribossomo é liberado. (8) O túnel de proteínas no translocon se fecha. [Informação de H. Lodish *et al.*, *Molecular Cell Biology*, 5th ed. (W. H. Freeman and Company, 2004), Figura 16.6.]

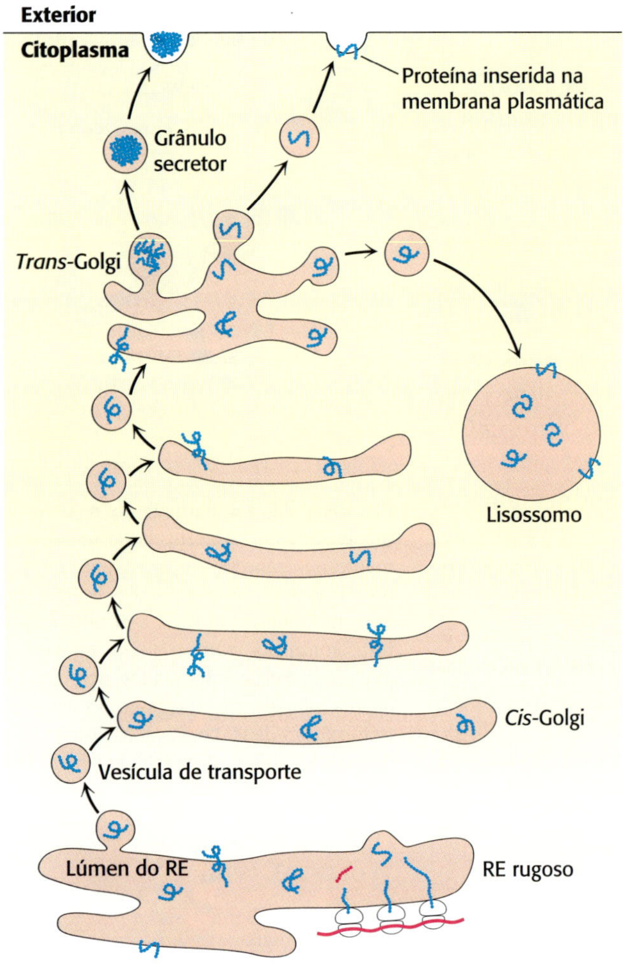


**FIGURA 31.38 Vias de distribuição das proteínas.** As proteínas recém-sintetizadas no lúmen do RE são coletadas em brotamentos da membrana. Esses brotamentos destacam-se, formando então vesículas de transporte. As vesículas de transporte levam as cargas de proteínas até o complexo de Golgi, onde são modificadas. Em seguida, as vesículas de transporte levam a sua carga até o destino final direcionadas pelas proteínas v-SNARE e t-SNARE.

translocon, as duas moléculas de GTP – uma na SRP e outra no SR – são alinhadas no que é essencialmente um sítio ativo formado pelas duas proteínas. A formação do alinhamento é catalisada pelo RNA 7S da SRP. Após o ribossomo ter passado ao longo do translocon, os GTPs são hidrolisados, a SRP e o SR dissociam-se e a SRP fica livre para procurar outra sequência de sinal e começar novamente o ciclo. Assim, a SRP atua de modo catalítico. A peptidase sinal, que está associada ao translocon no lúmen do RE, remove a sequência de sinal da maioria das proteínas.

## Vesículas de transporte carregam cargas de proteínas até o seu destino final

À medida que as proteínas vão sendo sintetizadas, elas se enovelam para formar suas estruturas tridimensionais no lúmen do RE. Algumas proteínas são modificadas pela incorporação de carboidratos ligados ao N (ver seção 11.3). Por fim, as proteínas devem ser selecionadas e transportadas até seus destinos finais. Independentemente do destino, os princípios do transporte são os mesmos. O transporte é mediado por *vesículas de transporte* que brotam a partir do RE (Figura 31.38). As vesículas de transporte do RE levam a sua carga (as proteínas) até o complexo de Golgi, onde as vesículas se fundem e depositam a carga dentro do complexo. Nesse local, as cargas de proteínas são modificadas – por exemplo, pela ligação O a carboidratos. A partir do complexo de Golgi, as vesículas de transporte levam as cargas de proteínas até seus destinos finais, como mostra a Figura 31.38.

Como uma proteína chega a seu destino correto? Uma proteína recém-sintetizada flutua no lúmen do RE até se ligar a uma proteína de membrana integral denominada *receptor de carga*. Essa ligação sequestra a carga de proteína em uma pequena região da membrana, que subsequentemente pode formar um brotamento. Esse brotamento transportará a proteína até um destino específico – a membrana plasmática, o lisossomo ou o exterior da célula. A chave para assegurar que a proteína alcance o destino correto é a sua ligação a um receptor na região do RE associada ao destino da proteína. Para assegurar uma correspondência apropriada da proteína com a região do RE, os receptores de carga reconhecem diversas características da carga de proteína, como determinada sequência de aminoácidos ou um carboidrato adicionado.

A formação de brotamentos é facilitada pela ligação de *proteínas de revestimento* (COPs, do inglês *coat proteins*) ao lado citoplasmático do brotamento. As proteínas de revestimento associam-se umas às outras para constringir a vesícula. Após a formação e a liberação da vesícula de transporte, as proteínas de revestimento são liberadas para revelar outra proteína integral, denominada *v-SNARE* ("v" de vesícula) (ver seção 12.6). A v-SNARE liga-se a determinada *t-SNARE* ("t" de *target*, alvo) na membrana-alvo. Essa ligação leva à fusão da vesícula de transporte com a membrana-alvo, e a carga é então liberada. Assim, a atribuição das proteínas v-SNARE idênticas à mesma região da membrana do RE faz com que essa região esteja associada a um destino particular.

# RESUMO

## 31.1 A síntese de proteínas requer a tradução de sequências de nucleotídios em sequências de aminoácidos

A síntese de proteínas é denominada tradução, visto que a informação presente na forma de uma sequência de ácidos nucleicos é traduzida em uma linguagem diferente, a sequência de aminoácidos em uma proteína. Esse processo complexo é mediado pela interação coordenada de mais de uma centena de macromoléculas, incluindo mRNA, rRNAs, tRNAs, aminoacil-tRNA sintetases e fatores proteicos. Tendo em vista que uma proteína é normalmente constituída de 100 a 1.000 aminoácidos, a frequência com a qual um aminoácido incorreto é incorporado durante o processo da síntese de proteínas precisa ser inferior a $10^{-4}$. Os RNAs transportadores são adaptadores que estabelecem a ligação entre um ácido nucleico e um aminoácido. Essas moléculas, que consistem em cadeias simples de cerca de 80 nucleotídios, têm uma estrutura em forma de L.

## 31.2 As aminoacil-RNA transportador sintetases fazem a leitura do código genético

Cada aminoácido é ativado e ligado a um RNA transportador específico por uma enzima denominada aminoacil-tRNA sintetase. Essa enzima liga o grupo carboxila de um aminoácido ao grupo 2′ ou 3′-hidroxila da unidade de adenosina de uma sequência CCA na extremidade 3′ do tRNA por uma ligação éster. Existe pelo menos uma aminoacil-tRNA sintetase específica e pelo menos um tRNA específico para cada aminoácido. A sintetase utiliza ambos os grupos funcionais e a forma de seu aminoácido correspondente para impedir a ligação de um aminoácido incorreto a um tRNA. Algumas sintetases apresentam um sítio ativo separado no qual os aminoácidos incorretamente ligados são removidos por hidrólise. Uma sintetase reconhece o anticódon, a haste aceptora e, algumas vezes, outras partes de seu substrato de tRNA. Ao reconhecer especificamente tanto os aminoácidos quanto os tRNAs, as aminoacil-tRNA sintetases implementam as instruções do código genético.

Os códons do RNA mensageiro reconhecem os anticódons dos RNAs transportadores, e não os aminoácidos ligados aos tRNAs. Um códon no mRNA forma pares de bases com o anticódon do tRNA. Alguns tRNAs são reconhecidos por mais de um códon, visto que o pareamento da terceira base de um códon é menos crucial do que os outros dois (mecanismo de oscilação). Existem duas classes evolutivas distintas de sintetases, cada uma das quais reconhece 10 aminoácidos. As duas classes reconhecem faces opostas das moléculas de tRNA.

## 31.3 O ribossomo constitui o local da síntese de proteínas

A síntese de proteínas ocorre nos ribossomos – partículas de ribonucleoproteínas (cerca de dois terços de RNA e um terço de proteína) constituídas de uma subunidade maior e uma menor. Na *E. coli*, o ribossomo 70S (2.500 kDa) é constituído de subunidades 30S e 50S. A subunidade 30S consiste no RNA ribossômico 16S e 21 proteínas diferentes; a subunidade 50S é constituída dos rRNAs 23S e 5S e 34 proteínas diferentes. O ribossomo inclui três sítios para a ligação ao tRNA, que são denominados sítio A (aminoacil), sítio P (peptidil) e sítio E (de *exit*, saída).

A síntese de proteínas ocorre em três fases: iniciação, elongação e terminação. Nas bactérias, o mRNA, o formilmetionil-$tRNA_f$ (o tRNA iniciador especial que reconhece AUG) e uma subunidade ribossômica 30S unem-se com o auxílio dos fatores de iniciação para formar o complexo de iniciação 30S. Em seguida, uma subunidade ribossômica 50S junta-se a esse complexo para formar um complexo de iniciação 70S, no qual o f-Met-$tRNA_f$ ocupa o sítio P do ribossomo.

O fator de elongação Tu entrega o aminoacil-tRNA apropriado ao sítio A do ribossomo na forma de um complexo ternário EF-Tu-aminoacil-tRNA-GTP. O EF-Tu serve tanto para proteger o aminoacil-tRNA de uma clivagem prematura quanto para aumentar a fidelidade da síntese de proteínas ao assegurar a ocorrência do pareamento anticódon-códon correto antes da hidrólise do GTP e da liberação do aminoacil-tRNA no sítio A. Forma-se uma ligação peptídica quando o grupo amino do aminoacil-tRNA ataca de modo nucleofílico a ligação éster do peptidil-tRNA. Na formação da ligação peptídica, os tRNAs e o mRNA devem ser translocados para o início do novo ciclo. O tRNA desacilado move-se para o sítio E e, em seguida, deixa o ribossomo, enquanto o peptidil-tRNA move-se do sítio A para o sítio P. O fator de elongação G utiliza a energia livre da hidrólise do GTP para dirigir a translocação. A síntese de proteínas é terminada por fatores de liberação, que reconhecem os códons de terminação UAA, UGA e UAG e causam a hidrólise da ligação éster entre o polipeptídio e o tRNA.

## 31.4 A síntese de proteínas eucarióticas difere da síntese de proteínas bacterianas primariamente na iniciação da tradução

Nos eucariotos, o plano básico da síntese de proteínas assemelha-se ao das bactérias; entretanto, existem algumas diferenças significativas entre eles. Os ribossomos eucarióticos (80S) são constituídos de uma subunidade menor 40S e de uma subunidade maior 60S. O aminoácido de iniciação é novamente a metionina, porém ela não é formilada. A iniciação da síntese de proteínas é mais complexa nos eucariotos do que nas bactérias. Nos eucariotos, o AUG mais próximo da extremidade 5′ do mRNA quase sempre é o sítio de início. O ribossomo 40S encontra esse sítio ligando-se ao *cap* 5′ e, em seguida, procedendo à varredura do RNA até alcançar AUG. A regulação da tradução nos eucariotos fornece um meio para regular a expressão gênica.

## 31.5 Vários antibióticos e toxinas podem inibir a síntese de proteínas

Muitos antibióticos clinicamente importantes atuam por meio da inibição da síntese de proteínas. Todas as etapas da síntese de proteínas são suscetíveis à inibição por um antibiótico ou outro. A toxina diftérica inibe a síntese de proteínas ao modificar covalentemente um fator de elongação, impedindo, assim, a elongação. A ricina, uma toxina da mamona, inibe a elongação ao remover um crucial resíduo de adenina do rRNA. A $\alpha$-sarcina é uma ribonuclease que cliva uma única ligação fosfodiéster no RNA 28S na mesma alça onde atua a ricina. Essa clivagem inibe por completo a síntese de proteínas.

## 31.6 Os ribossomos ligados ao retículo endoplasmático fabricam proteínas secretadas e de membrana

As proteínas contêm sinais que determinam o seu destino definitivo. A síntese de todas as proteínas começa em ribossomos livres no citoplasma. Nos eucariotos, a síntese de proteínas continua no citoplasma, a não ser que a cadeia nascente contenha uma sequência de sinal que direcione o ribossomo para o retículo endoplasmático. As sequências de sinais aminoterminais são constituídas de um segmento hidrofóbico de 9 a 12 resíduos precedido de um aminoácido de carga positiva. A partícula de reconhecimento de sinal, um complexo de ribonucleoproteína, reconhece as sequências sinais e leva os ribossomos que as exibem até o RE. Um ciclo de GTP–GDP libera a sequência de sinal da SRP e, em seguida, separa a SRP de seu receptor. A cadeia nascente é então translocada através da membrana do RE. As proteínas são transportadas no interior da célula em vesículas de transporte.

APÊNDICE

# Bioquímica em foco

## Controle seletivo da expressão gênica pelos ribossomos

Acreditava-se que os ribossomos fossem homogêneos, isto é, que todos os ribossomos fossem idênticos independentemente do tipo de célula ou do estado fisiológico. Evidências recentes sugerem que isso não é verdade e apontam para um papel mais significativo dos ribossomos na regulação da expressão gênica do que uma mera (porém complicada!) bancada de trabalho sobre a qual são sintetizadas as proteínas.

Como essa heterogeneidade poderia se manifestar? Existem várias maneiras, porém duas imediatamente vêm à mente. Em primeiro lugar, a composição dos ribossomos pode ser alterada de forma específica de acordo com a célula. Em segundo lugar, proteínas não ribossômicas podem se associar aos ribossomos. Em ambos os casos, são formados ribossomos com propriedades diferentes. As evidências a favor da primeira possibilidade provêm de condições patológicas, denominadas *ribossomopatias*, que são causadas por mutações em proteínas ribossômicas específicas. Por exemplo, mutações em determinadas proteínas ribossômicas resultam na anemia de Diamond-Blackfan, que se caracteriza pela incapacidade da medula óssea em fazer a diferenciação das células-tronco sanguíneas. Embora a síntese de proteínas esteja comprometida nas células-tronco sanguíneas, a síntese proteica em outros tecidos é aparentemente normal. Outro exemplo é a asplenia congênita isolada, em que a criança nasce sem baço, resultando em grave comprometimento da função imune. A condição é causada por uma mutação em uma pequena proteína ribossômica. Não se sabe como a falta dessa proteína resulta em ausência de baço. À semelhança da anemia de Diamond-Blackfan, a atividade dos ribossomos nos outros tecidos está normal. Se as mutações ribossômicas levam à perda de função do ribossomo em determinado tecido de maneira específica, outras alterações fisiológicas na quantidade ou na modificação pós-traducional das proteínas ribossômicas poderiam regular a função ribossômica em determinado tecido de maneira específica em condições fisiológicas normais? Essa questão permanece sem resposta.

A atividade dos ribossomos também pode ser controlada por proteínas não ribossômicas. A FMRP (proteína de retardo mental do X frágil, *fragile X mental retardation protein* no inglês) é encontrada no encéfalo de seres humanos e é essencial para o desenvolvimento cognitivo, bem como para a função reprodutora nas mulheres. A FMRP, uma proteína de ligação ao RNA, liga-se ao ribossomo 80S para inibir a tradução de mRNAs específicos. A ocorrência de mutações na FMRP resulta em incapacidades cognitivas, insuficiência ovariana e outras patologias. Em outro exemplo surpreendente, uma isoenzima da enzima glicolítica piruvato quinase, a piruvato quinase M (ver Capítulo 16), liga-se ao ribossomo para controlar a tradução de proteínas destinadas ao retículo endoplasmático.

De que outras maneiras os ribossomos poderiam regular a tradução? A concentração de ribossomos varia de 3 a 10 vezes entre diferentes tecidos. Uma baixa concentração de ribossomos poderia discriminar entre certos mRNAs que não têm uma iniciação adequada. Este poderia ser o caso de um mRNA com uma complexa estrutura tridimensional na região não traduzida 5′, a parte do mRNA a montante ao códon de iniciação. Alguns casos de anemia de Diamond-Blackfan podem ser motivados por níveis insuficientes de ribossomos, o que resulta em redução da tradução de um subconjunto específico de mRNAs. Não se sabe ainda o que determina a concentração de ribossomos em diferentes tipos de células. Einstein declarou: "Quanto mais aprendo, mais me dou conta de que nada sei". Ele poderia estar falando muito bem acerca dos ribossomos. A "ribossomologia" certamente deverá manter os bioquímicos ocupados nesses próximos anos.

APÊNDICE

# Estratégias para resolução da questão

**QUESTÃO:** Uma parte da sequência nucleotídica da fita-molde do DNA da *E. coli* é mostrada a seguir. Sabe-se que essa sequência codifica a extremidade carboxiterminal de uma proteína longa. Determine a sequência de aminoácidos codificada.

5′-ACCGATTACTTTGCATGG-3′

**SOLUÇÃO:** O problema nos fornece a fita-molde, porém nos pede para determinar a sequência de aminoácidos, que é codificada na sequência do mRNA. A nossa primeira questão deve ser:

- **Qual é a relação entre a sequência da fita-molde do DNA e a sequência de nucleotídios do mRNA?**

A partir da Figura 30.4, podemos lembrar que a fita senso do DNA é complementar à fita-molde. É também importante lembrar que o transcrito, ou o mRNA em nosso caso, possui a mesma sequência do que a fita senso, com substituição de T por U.

- **Escreva a fita complementar para a sequência fornecida na questão.**

Convém lembrar que as fitas de DNA de fita dupla possuem polaridade oposta.

| | |
|---|---|
| Molde | 5′-A C C G A T T A C T T T G C A T G G-3′ |
| Senso (codificação) | 3′-T G G C T A A T G A A A C G T A C C-5′ |

O mRNA corresponderá à fita senso, com substituição de T por U.

▸ **Em que sentido o mRNA é traduzido?**

O sentido da tradução é 5′ ⟶ 3′, de modo que, para evitar qualquer confusão, escreva a sequência 5′ ⟶ 3′ do mRNA.

5′-CCAUGCAAAGUAAUCGGU-3′

Tudo o que sabemos sobre essa sequência é que ela está na extremidade 3′ do mRNA. A questão não nos fornece o quadro de leitura – isto é, quais são os códons efetivos. Por exemplo, não podemos dizer se o primeiro códon dessa sequência é CCA, CAU ou AUG. Precisamos procurar um meio de estabelecer o quadro de leitura.

▸ **Que códon está presente próximo à extremidade 3′ de todas as moléculas de mRNA?**

Deve haver um códon de terminação

▸ **Quais são os códons de terminação?**

UAA, UAG e UGA.

A sequência em questão contém um UAA. Assim, seguindo no sentido 5′ a partir do códon de terminação, o quadro de leitura é:

5′-C-**CAU**-**GCA**-**AAG**-UAA-UCGGU-3′

Tudo o que precisamos agora é uma cópia do código genético, que está na Tabela 4.5, e descobriremos que os últimos três aminoácidos dessa proteína da *E. coli* são: His-Ala-Lys.

## PALAVRAS-CHAVE

tradução
ribossomo
aminoacil-tRNA sintetase
códon
RNA transportador (tRNA)
anticódon
hipótese da oscilação
subunidade 30S
subunidade 50S
sequência de Shine-Dalgarno
fator de iniciação
fator de elongação Tu (EF-Tu)
acomodação
fator de elongação Ts (EF-Ts)
centro da peptidil transferase
fator de elongação G (EF-G) (translocase)
polissomo
fator de liberação (RF)
sequência sinal
peptidase sinal
partícula de reconhecimento de sinal (SRP)
receptor de SRP (SR)
translocon
vesícula de transporte
proteínas de revestimento
v-SNARE
t-SNARE

## QUESTÕES

**1.** *Não é Klingon.* Um códon é:

**(a)** Um nome alternativo para se referir a um gene

**(b)** Três aminoácidos que codificam um nucleotídio

**(c)** Três nucleotídios que codificam um aminoácido

**(d)** Um dos três nucleotídios que codificam um aminoácido

**2.** *Enzima para tRNA.* Qualquer aminoacil-tRNA sintetase:

**(a)** Liga o aminoácido à extremidade 5′ do tRNA

**(b)** Sempre reconhece apenas um tRNA específico

**(c)** Reconhece todas as moléculas de tRNA

**(d)** Forma uma ligação éster entre o aminoácido e o tRNA

**3.** *Iniciação.* A síntese de proteínas pelas bactérias é iniciada por:

**(a)** S-adenosilmetionil tRNA

**(b)** Metionil tRNA

**(c)** N-formilmetionil tRNA

**(d)** $N^{10}$-formiltetra-hidrofolato tRNA

**4.** *Formador de ligação.* A formação da ligação peptídica é catalisada por:

**(a)** rRNA

**(b)** Uma proteína na subunidade ribossômica maior

**(c)** Uma proteína na subunidade ribossômica menor

**(d)** Aminoacil tRNA sintetase

**5.** *Agrupamento de ribossomos.* Em um polissomo ou polirribossomo, os polipeptídios associados a quais ribossomos serão os mais extensos?

**(a)** Todos terão o mesmo comprimento, visto que a velocidade de tradução é constante

**(b)** Aqueles na extremidade 3′ do mRNA

**(c)** Aqueles na extremidade 5′ do mRNA

**(d)** Aqueles na parte intermediária do mRNA

**6.** *Peixe Babel.* Por que a síntese de proteínas é também denominada tradução?

**7.** *Cuidadosa, mas não excessivamente.* Por que é fundamental que a síntese de proteínas tenha uma frequência de erros de $10^{-4}$?

**8.** *Pontos em comum.* Quais são as características em comum de todas as moléculas de tRNA? ✓①

**9.** *As duas velhas etapas.* Quais são as duas reações necessárias para a formação de um aminoacil-tRNA? ✓①

**10.** *Iguais, porém diferentes.* Por que as moléculas de tRNA precisam ter características estruturais exclusivas e características estruturais em comum? ✓①

**11.** *Carga.* No contexto da síntese de proteínas, o que significa um aminoácido ativado? ✓①

**12.** *Mecanismo da sintetase.* A formação de isoleucil-tRNA prossegue por meio da formação reversível de um intermediário Ile-AMP ligado à enzima. Preveja se ocorre formação de ATP marcado com $^{32}P$ a partir de $^{32}PP_i$, quando cada um dos seguintes conjuntos de componentes é incubado com a enzima ativadora específica: ✓①

**(a)** ATP e $^{32}PP_i$

**(b)** tRNA, ATP e $^{32}PP_i$

**(c)** Isoleucina, ATP e $^{32}PP_i$

**13.** *1 = 2 para valores suficientemente grandes de 1.* O equivalente energético a duas moléculas de ATP é utilizado para ativar um aminoácido; contudo, apenas uma molécula de ATP é utilizada. Explique.

**14.** *Crivos.* Utilizando a treonil-tRNA sintetase como exemplo, explique a especificidade da formação de treonil-tRNA. ✓①

**15.** *Utilize toda a informação disponível.* Sugira um motivo pelo qual existem duas classes de aminoacil-tRNA sintetases em que cada classe reconhece uma face diferente do tRNA. ✓①

**16.** *Oscilando.* Explique como é possível que algumas moléculas de tRNA reconheçam mais de um códon. ✓①

**17.** *Ribossomos leves e pesados.* Foram isolados ribossomos de bactérias cultivadas em meio "pesado" ($^{13}C$ e $^{15}N$) e de bactérias cultivadas em meio "leve" ($^{12}C$ e $^{14}N$). Esses ribossomos 70S foram adicionados a um sistema *in vitro* envolvido na síntese de proteínas. Uma alíquota removida várias horas depois foi analisada por centrifugação de gradiente de densidade. Quantas bandas de ribossomos 70S você espera encontrar no gradiente de densidade? ✓②

**18.** *O preço da síntese de proteínas.* Começando pelos aminoácidos, qual é o menor número de moléculas de ATP e de GTP consumidas na síntese de uma proteína de 200 aminoácidos? Nesse cálculo, suponha que a hidrólise de $PP_i$ seja equivalente à hidrólise de ATP. ✓①, ✓②

**19.** *Fase correta.* O que significa *quadro de leitura*? ✓②

**20.** *Suprimindo erros no quadro de leitura.* A inserção de uma base em uma sequência codificadora leva a uma mudança no quadro de leitura, o que, na maioria dos casos, produz uma proteína não funcional. Proponha uma mutação em que um tRNA poderia suprimir o erro do quadro de leitura (*frameshifting*). ✓①, ✓②

**21.** *Marcando um sítio ribossômico.* Planeje um reagente de marcação por afinidade para um dos sítios de ligação de tRNA nos ribossomos da *E. coli*. ✓②

**22.** *Mutação viral.* Um transcrito de mRNA de um gene do fago T7 contém a sequência de bases.

↓

5′–AACUGCACGA**G**GUAACACAAGAUGGCU–3′

Preveja o efeito de uma mutação que substitua G em vermelho por A.

**23.** *Uma nova tradução.* Um RNA transportador com um anticódon UGU é conjugado enzimaticamente com cisteína marcada com $^{14}C$. Em seguida, a cisteína é modificada quimicamente para alanina. O aminoacil-tRNA alterado é adicionado a um sistema de síntese de proteínas contendo componentes normais, à exceção desse tRNA. O mRNA adicionado a essa mistura contém a seguinte sequência:

5′–UUUUGCCAUGUUUGUGCU–3′

Qual é a sequência do peptídio radiomarcado correspondente?

**24.** *Dois modos de síntese.* Compare e diferencie a síntese de proteínas por ribossomos com a síntese de proteínas pelo método de fase sólida (ver seção 3.4). ✓①, ✓②

**25.** *Hidrólise do GTP deflagrada.* Os ribossomos aceleram acentuadamente a hidrólise do GTP ligado ao complexo de EF-Tu e aminoacil-tRNA. Qual é o significado biológico dessa potencialização da atividade de GTPase pelos ribossomos? ✓②

**26.** *Bloqueando a tradução.* Planeje uma estratégia experimental para desligar a expressão de um mRNA específico sem modificar o gene que modifica a proteína ou os elementos de controle do gene. ✓②

**27.** *Problema de sentido.* Suponha que você tenha um sistema de síntese de proteínas que esteja produzindo uma proteína denominada A. Além disso, você sabe que a proteína A tem quatro sítios sensíveis à tripsina igualmente espaçados na proteína e que, na digestão com a tripsina, produzem os peptídios $A_1$, $A_2$, $A_3$, $A_4$ e $A_5$. O peptídio $A_1$ é o peptídio aminoterminal, enquanto o peptídio $A_5$ é o peptídio carboxiterminal. Por fim, você sabe que o seu sistema necessita de 4 minutos para sintetizar uma proteína A completa. Em $t = 0$, você adiciona todos os 20 aminoácidos, cada um deles marcado com $^{14}C$. ✓②

**(a)** Em $t = 1$ minuto, você isola a proteína A intacta do sistema, procede à sua clivagem com tripsina e isola os cinco peptídios. Qual é o peptídio mais intensamente marcado?

**(b)** Em $t = 3$ minutos, qual será a ordem de marcação dos peptídios do mais para o menos marcado?

**(c)** O que esse experimento lhe diz sobre o sentido da síntese de proteínas?

**28.** *Tradutor.* As aminoacil-tRNA sintetases são os únicos componentes da expressão gênica que decodificam o código genético. Explique. ✓①

29. *Dispositivo de cronometragem.* O EF-Tu, um membro da família das proteínas G, desempenha um papel crucial no processo de elongação da tradução. Suponha que um análogo lentamente hidrolisável do GTP fosse acrescentado a um sistema de elongação. Qual seria o efeito sobre a velocidade de síntese de proteínas? ✓2

30. *Não apenas RNA.* Quais são as funções dos fatores proteicos necessários para a síntese de proteínas? ✓3

31. *Transporte de membrana.* Quais são os quatro componentes necessários para a translocação de proteínas através da membrana do retículo endoplasmático? ✓4

32. *Empurre. Não puxe.* Qual é a fonte de energia que aciona o movimento cotraducional de proteínas através do retículo endoplasmático? ✓4

33. *Você precisa saber para onde olhar.* Os RNAs mensageiros bacterianos habitualmente contêm muitos códons AUG. Como o ribossomo identifica o AUG que especifica o processo de iniciação? ✓2

34. *Fundamentalmente a mesma, contudo...* Liste as diferenças entre a síntese de proteínas nas bactérias e nos eucariotos. ✓3

35. Como um *border collie*. Qual é o papel da partícula de reconhecimento de sinal na translocação de proteínas? ✓4

36. Linha de montagem. Por que a síntese de proteínas que ocorre nos polissomos é vantajosa? ✓2

37. *Estabeleça a correspondência* ✓1, ✓2

(a) Iniciação ________
(b) Elongação________
(c) Terminação ________

1. GTP
2. AUG
3. fMet
4. RRF
5. IF2
6. Shine-Dalgarno
7. EF-Tu
8. Peptidil transferase
9. UGA
10. Transformilase

38. *Esforço desperdiçado?* As moléculas de RNA transportador são muito grandes, tendo em vista que o anticódon é constituído de apenas três nucleotídios. Qual é o propósito do restante da molécula de tRNA? ✓1, ✓2

## Questão sobre mecanismo

39. *Escolha evolutiva de aminoácidos.* A ornitina assemelha-se estruturalmente à lisina, exceto que a cadeia lateral da ornitina é mais curta que a da lisina por um grupo metileno. As tentativas de síntese química e isolamento do ornitil-tRNA não tiveram sucesso. Proponha uma explicação em termos de mecanismo. (Dica: os anéis de seis membros são mais estáveis do que os anéis de sete membros.)

## Questões | Integração de capítulos

40. *Adição de Svedberg.* Você está estudando suas anotações de bioquímica. Em seu caderno, você escreveu:

Bacterianos: 30S + 50S = 70S

Eucarióticos: 40S + 60S = 80S

Seu amigo, que está olhando por cima de seu ombro, exclama: "Uau! Eu não sabia que os bioquímicos eram tão ruins em matemática!" Explique educadamente por que as equações que você escreveu estão corretas. ✓2

41. *Modos contrastantes de elongação.* Os dois mecanismos básicos para a elongação de biomoléculas são representados na ilustração anexa. No tipo 1, o grupo ativador (X) é liberado da cadeia em crescimento. No tipo 2, o grupo ativador é liberado da unidade que chega à medida que vai sendo adicionado à cadeia em crescimento. Indique se cada uma das seguintes biossínteses ocorre por meio do mecanismo tipo 1 ou tipo 2.

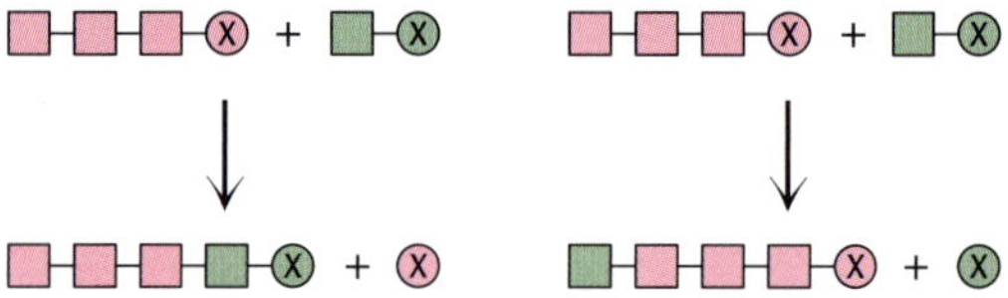

Tipo 1 Tipo 2

(a) Síntese de glicogênio

(b) Síntese de ácidos graxos

(c) $C_5 \rightarrow C_{10} \rightarrow C_{15}$ na síntese de colesterol

(d) Síntese de DNA

(e) Síntese de RNA

(f) Síntese de proteínas

42. *Aumentando a fidelidade.* Compare a acurácia da replicação do DNA, da síntese de RNA e da síntese de proteínas. Que mecanismos são utilizados para assegurar a fidelidade de cada um desses processos?

43. *Déjá vu.* Que proteína nas cascatas de proteína G desempenha papel semelhante ao do fator de elongação Ts?

44. *Semelhança familiar.* O fator de elongação 2 eucariótico é inibido pela ADP ribosilação catalisada pela toxina diftérica. Que outras proteínas G são sensíveis a esse modo de inibição? ✓3

45. *E. coli excepcional.* Diferentemente da *E. coli*, a maioria das bactérias não apresenta um complemento total de aminoacil-tRNA sintetases. Por exemplo, a *Helicobacter pylori*, uma bactéria causadora de úlceras gástricas, tem $tRNA^{Gln}$, mas nenhuma Gln-tRNA sintetase. Entretanto, a glutamina é um aminoácido comum nas proteínas da *H. pylori*. Sugira um meio pelo qual a glutamina possa ser incorporada em proteínas da *H. pylori*. (Dica: a Glu-tRNA sintetase pode acilar incorretamente o $tRNA^{Gln}$.)

46. *Etapa final.* Que aspecto da estrutura primária possibilita a transferência da informação de ácidos nucleicos lineares na estrutura tridimensional funcional das proteínas?

## Questões | Interpretação de dados

47. *Auxiliar de helicase.* O fator de iniciação eIF-4A exibe atividade de RNA helicase dependente de ATP. Foi proposto outro fator de iniciação, o eIF-4 H, para auxiliar a ação do eIF-4A. O gráfico A mostra alguns dos resultados experimentais de um ensaio que pode medir a atividade da eIF-4A helicase na presença de eIF-4 H.

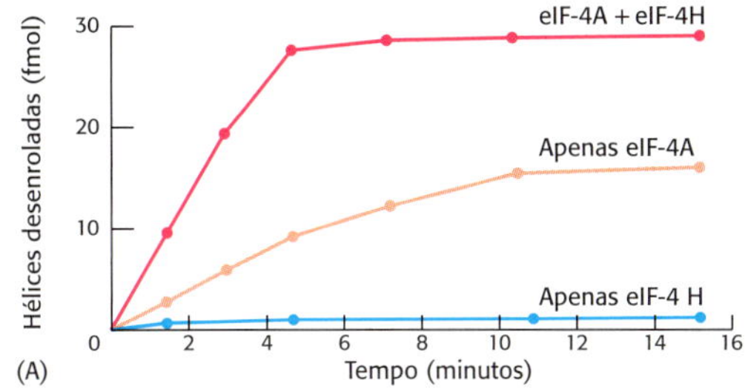


**(a)** Quais são os efeitos sobre a atividade da eIF-4A helicase na presença de eIF-4 H?

**(b)** Por que a medição da atividade de helicase do eIF-4 H isoladamente serve como um controle importante?

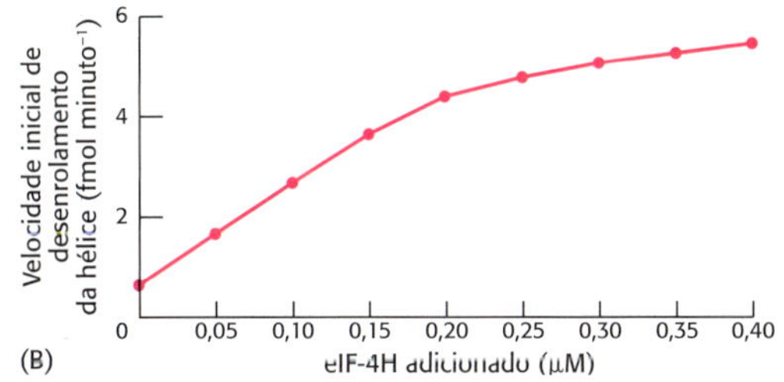


**(c)** A taxa inicial de atividade de helicase de 0,2 μM do eIF-4A foi então medida com quantidades variáveis de eIF-4 H (gráfico B). Que razão entre o eIF-4 H e o eIF-4A produziu uma atividade ótima?

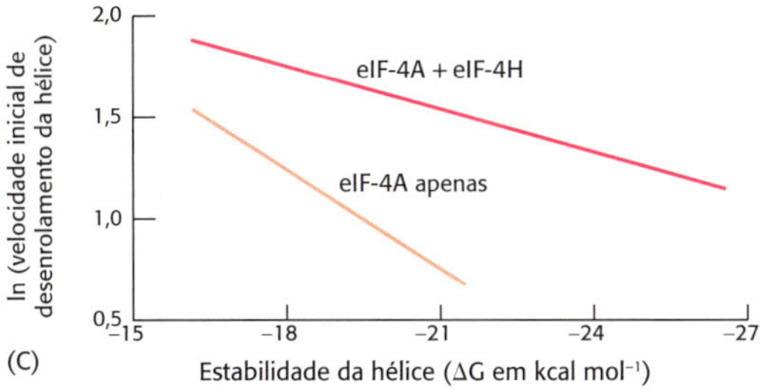


[Dados de N. J. Richter, G. W. Rodgers, Jr., J. O. Hensold e W. C. Merrick. Further Biochemical and kinetic characterization of human eukaryotic initiation factor 4 H. *J. Biol. Chem.* 274:35415-35424, 1999.]

**(d)** Em seguida, foi testado o efeito da estabilidade da hélice RNA–RNA sobre a velocidade inicial de desenrolamento na presença e na ausência de eIF-4 H (gráfico C). Como o efeito do eIF-4 H varia de acordo com a estabilidade da hélice?

**(e)** Como o eIF-4 H poderia afetar a atividade de helicase do eIF-4A?

48. *Separação de tamanho.* A maquinaria da síntese de proteínas foi isolada de células eucarióticas e brevemente tratada com uma baixa concentração de RNase. A amostra foi então submetida a centrifugação em gradiente de sacarose. O gradiente foi fracionado, e a absorbância, ou densidade óptica (DO), em 254 nm foi registrada para cada fração. Foi obtido o seguinte gráfico. ✓3

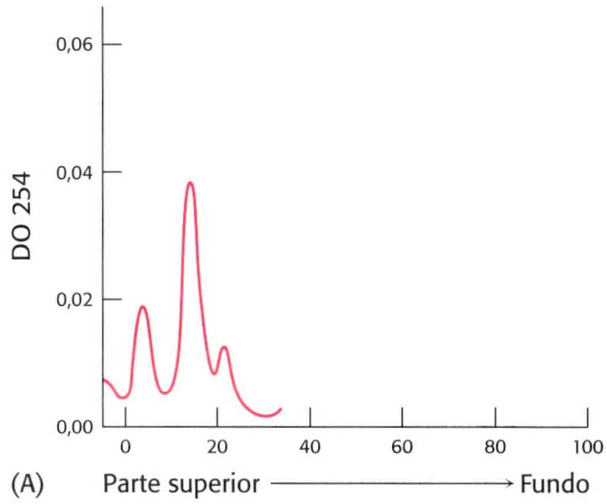


**(a)** O que representam os três picos de absorbância no gráfico A?

O experimento foi repetido, exceto que, desta vez, foi omitido o tratamento com RNase.

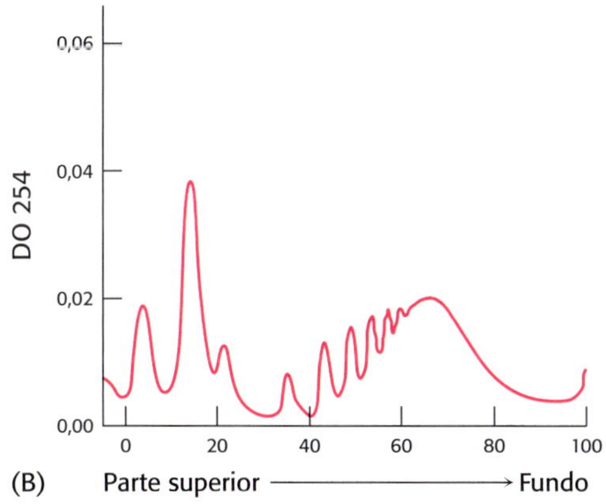


**(b)** Por que o padrão de centrifugação no gráfico B é mais complexo? O que representam as séries de picos próximos ao fundo do tubo de centrífuga?

Antes do isolamento da maquinaria da síntese de proteínas, as células foram cultivadas em baixas concentrações de oxigênio (condições de hipoxia). Mais uma vez, o experimento foi repetido sem tratamento com RNase (gráfico C).

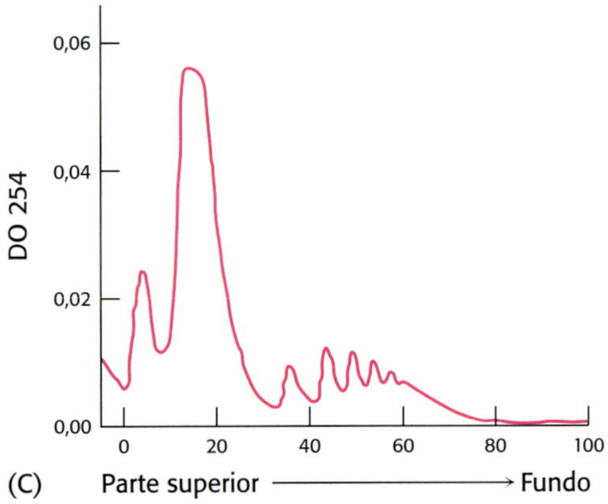


(C)

[Dados de M. Koritzinsky *et al*. *EMBO J*. 25:1114-1125, 2006.]

**(c)** Qual o efeito das células em crescimento em condições de hipoxia?

## Questões para discussão

**49.** Sugira por que os ribossomos existem como duas subunidades em todas as formas de vida, em vez de em um único complexo maior.

**50.** Todos os tRNAs de todos os organismos possuem a mesma forma global. Explique a razão disso.

**51.** Alguns fatores de elongação estão relacionados evolutivamente com as proteínas G envolvidas na transdução de sinais. Forneça uma possível razão para explicar esse fato.

**52.** Na página 1053, discutimos a leucoencefalopatia da substância branca evanescente, uma condição que afeta apenas o cérebro. A doença é causada por uma mutação no fator de iniciação 2 eucariótico, que é necessário para todas as células. Apresente algumas ideias para explicar a especificidade tecidual da mutação.

# Controle da Expressão Gênica nos Procariotos

CAPÍTULO 32

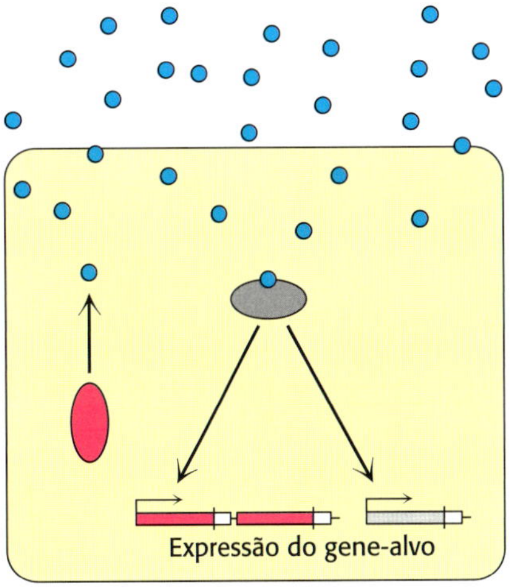


As bactérias respondem a alterações em seus ambientes. À esquerda, temos uma micrografia do órgão luminoso de uma lula (*Euprymna scolopes*) recém-nascida. Os pontos luminosos são produzidos por colônias de bactérias *Vibrio fischeri* que vivem de modo simbiótico nesses órgãos. Essas bactérias tornam-se luminescentes quando alcançam uma densidade apropriadamente alta. A densidade é detectada pelo circuito mostrado à direta, em que cada bactéria libera uma pequena molécula no meio ambiente. Posteriormente, a molécula é captada por outras células bacterianas, que iniciam uma cascata de sinalização que estimula a expressão de genes específicos. [Spencer V. Nyholm, Eric V. Stabb, Edward G. Ruby e Margaret J. McFall-Ngai, "Establishment of an animal–bacterial association: Recruiting symbiotic vibrios from the environment." *PNAS 97*(2000): 10231–10235. Copyright 2000 National Academy of Sciences.]

## OBJETIVOS DE APRENDIZAGEM

*Ao término do capítulo, o leitor deverá ser capaz de:*

1. Discutir o papel das proteínas de ligação ao DNA no controle da transcrição nos procariotos.
2. Descrever as características estruturais básicas das proteínas de ligação ao DNA que possibilitam o reconhecimento de sequências específicas do DNA.
3. Discutir o conceito de operon e as funções dos vários componentes no operon *lac* da *E. coli*.
4. Discutir o controle genético que alterna a via lítica *versus* lisogênica no bacteriófago lambda.
5. Descrever os mecanismos pelos quais a regulação gênica é controlada por alterações nas concentrações de moléculas pequenas, incluindo a percepção de quórum (*quorum sensing*).
6. Discutir os mecanismos pós-traducionais envolvidos no controle da expressão gênica dos procariotos, incluindo atenuadores e *riboswitches.*

## SUMÁRIO



Até mesmo as células procarióticas simples precisam responder a alterações no seu metabolismo ou no seu meio ambiente. Grande parte dessa resposta ocorre mediante alterações na expressão gênica. Um gene é *expresso* quando é transcrito em RNA e, na maioria dos genes, quando é traduzido em proteínas. Os genomas são constituídos por milhares de genes.

Alguns desses genes são continuamente expressos. Esses genes estão sujeitos à *expressão constitutiva*. Muitos outros genes são expressos apenas em algumas circunstâncias – ou seja, em determinado conjunto de condições fisiológicas. Estão sujeitos à *expressão regulada*. Por exemplo, o nível de expressão de alguns genes nas bactérias pode variar mais de mil vezes em resposta ao suprimento de nutrientes ou a desafios ambientais.

Neste capítulo, examinaremos os mecanismos da regulação gênica nos procariotos, particularmente na *E. coli*, visto que muitos desses processos foram descobertos nesse microrganismo. No Capítulo 33, apresentaremos os mecanismos da regulação gênica nos eucariotos. Mostraremos tanto as semelhanças substanciais quanto as diferenças fundamentais na comparação dos mecanismos da regulação gênica nesses dois tipos de organismos.

Como a expressão gênica é controlada? *A atividade gênica é controlada em primeiro lugar e sobretudo no nível da transcrição.* A transcrição ou não de um gene é determinada, em grande parte, pela interação entre sequências específicas do DNA e determinadas proteínas que se ligam a essas sequências. Com maior frequência, tais proteínas reprimem a expressão de genes específicos ao bloquear o acesso da RNA polimerase a seus promotores. Entretanto, em alguns casos, as proteínas podem ativar a expressão de genes específicos. Aprenderemos sobre as várias estratégias diferentes que possibilitam a regulação coordenada de conjuntos de genes. Alguns genes também são controlados em outros estágios além do nível de transcrição, e examinaremos os vários mecanismos que atuam nesses estágios. Por fim, forneceremos alguns exemplos importantes da regulação da expressão gênica em resposta a alterações nas concentrações de moléculas específicas no ambiente das células procarióticas.

## 32.1 Muitas proteínas de ligação ao DNA reconhecem sequências específicas do DNA

Como os sistemas regulatórios diferenciam os genes que precisam ser ativados ou reprimidos dos genes que são constitutivos? Afinal, as próprias sequências de DNA dos genes não possuem características diferenciais que possibilitariam o seu reconhecimento por sistemas regulatórios. Em vez disso, a regulação gênica depende de outras sequências no genoma. Nos procariotos, esses sítios regulatórios situam-se próximo à região do DNA que é transcrita. Geralmente, os sítios regulatórios são sítios de ligação para as proteínas de ligação ao DNA específicas, que podem estimular ou reprimir a expressão gênica. Esses sítios regulatórios foram identificados pela primeira vez na *E. coli* em estudos das mudanças na expressão gênica. Na presença do açúcar lactose, a bactéria começa a expressar um gene que codifica a β-galactosidase, uma enzima que pode processar a lactose para uso como fontes de carbono e de energia. A sequência do sítio regulatório desse gene é mostrada na Figura 32.1. A sequência de nucleotídios desse sítio mostra uma repetição invertida quase perfeita, indicando que o DNA nessa região possui um eixo de simetria lateral quase perfeito. Convém lembrar que os sítios de clivagem das enzimas de restrição, como a EcoRV, apresentam propriedades de simetria semelhantes (ver seção 9.3). A simetria nesses sítios regulatórios corresponde, geralmente, à simetria na proteína que se liga ao sítio. *A correspondência de simetrias constitui um tema recorrente nas interações entre proteínas e DNA.*

5′-...TGTGTGGAATTGTGAGCGGATAACAATTTCACACA...3′
3′-...ACACACCTTAACACTCGCCTAATGTTAAAGTGTGT...5′

**FIGURA 32.1 Sequência do sítio regulatório *lac*.** A sequência de nucleotídios desse sítio regulatório mostra uma repetição invertida quase perfeita que corresponde à simetria rotacional lateral no DNA. As partes das sequências que estão relacionadas por essa simetria são mostradas na mesma cor.

Para compreender detalhadamente essas interações entre proteínas e DNA, os cientistas examinaram a estrutura do complexo entre um oligonucleotídio que inclui esse sítio e a unidade de ligação ao DNA que o reconhece (Figura 32.2). A unidade de ligação ao DNA provém de uma proteína denominada *repressor lac,* que reprime a expressão do gene que processa a lactose. Como seria esperado, essa unidade de ligação ao DNA liga-se como um dímero, e o eixo de simetria lateral do dímero corresponde à simetria do DNA. Uma α-hélice de cada monômero da proteína é inserida no sulco maior do DNA, onde as cadeias laterais de aminoácidos estabelecem contatos específicos com as bordas expostas dos pares de bases. Por exemplo, a cadeia lateral de um resíduo de arginina da proteína forma um par de ligações de hidrogênio com um resíduo de guanina do DNA, o que não seria possível com nenhuma outra base. Essa interação e outras semelhantes permitem uma ligação mais firme do repressor *lac* a esse sítio do que à ampla gama de outros sítios existentes no genoma da *E. coli*.

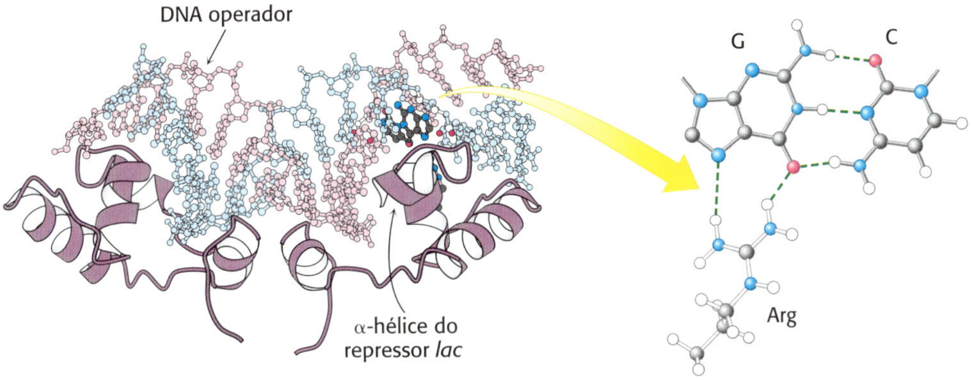


**FIGURA 32.2 O complexo repressor *lac*-DNA.** O domínio de ligação ao DNA de uma proteína regulatória da expressão gênica, o repressor *lac*, liga-se a um fragmento de DNA contendo o seu sítio de ligação preferido (designado como DNA operador) por meio da inserção de uma α-hélice no sulco maior do DNA operador. *Observe* que um contato específico se forma entre um resíduo de arginina do repressor e um par de bases G–C no sítio de ligação. [Desenhada de 1EFA.pdb.]

## O motivo hélice-volta-hélice é comum a muitas proteínas procarióticas de ligação ao DNA

Estratégias semelhantes são utilizadas por outras proteínas procarióticas de ligação ao DNA? Atualmente, as estruturas de muitas dessas proteínas já foram determinadas, e as sequências de aminoácidos de muitas outras também são conhecidas. Notavelmente, as superfícies de ligação ao DNA de muitas dessas proteínas consistem em um par de α-hélices separadas por uma volta apertada (Figura 32.3). Em complexos com o DNA, a segunda dessas duas hélices (frequentemente denominadas *hélices de reconhecimento*) situa-se no sulco maior, onde as cadeias laterais de aminoácidos estabelecem contato com as bordas dos pares de bases. Em contrapartida, os

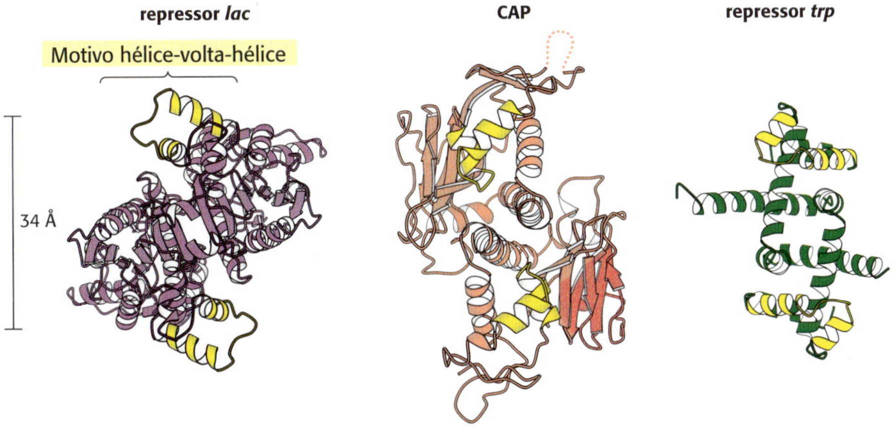


**FIGURA 32.3 Motivo hélice-volta-hélice.** Essas estruturas mostram três proteínas de ligação ao DNA com especificidade de sequência que interagem com o DNA por meio do motivo hélice-volta-hélice (destacado em amarelo). *Observe* que, em cada caso, as unidades hélice-volta-hélice dentro de um dímero de proteína estão separadas por aproximadamente 34 Å, o que corresponde a uma volta completa do DNA. [Desenhada de 1EFA, 1RUN e 1TRO.pdb.]

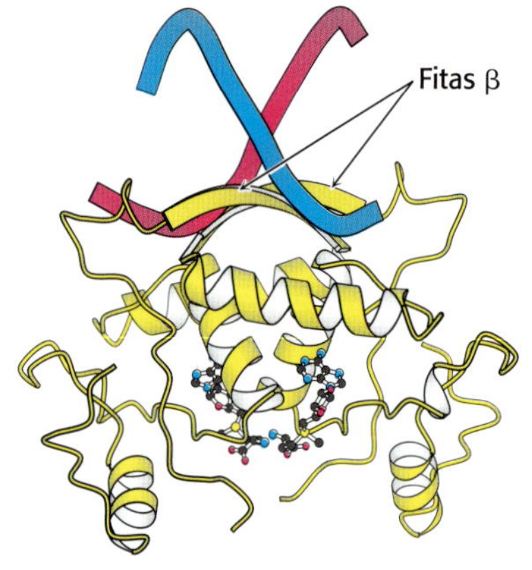


**FIGURA 32.4 Reconhecimento do DNA por meio de fitas β.** Um repressor de metionina é mostrado ligado ao DNA. *Observe* que os resíduos nas fitas β, e não nas α-hélices, participam das interações cruciais entre a proteína e o DNA. [Desenhado de 1CMA.pdb.]

resíduos da primeira hélice participam principalmente dos contatos com o esqueleto do DNA. Observa-se a presença de *motivos hélice-volta-hélice* em muitas proteínas que se ligam ao DNA na forma de dímeros, de modo que duas das unidades serão encontradas, uma em cada monômero.

Embora o motivo hélice-volta-hélice seja mais comumente observado na unidade de ligação ao DNA nos procariotos, nem todas as proteínas regulatórias ligam-se ao DNA por meio dessas unidades. Um exemplo notável é fornecido pelo repressor de metionina da *E. coli* (Figura 32.4). Essa proteína liga-se ao DNA por meio da inserção de um par de fitas β dentro do sulco maior.

## 32.2 As proteínas procarióticas de ligação ao DNA ligam-se especificamente a sítios regulatórios em operons

Um exemplo historicamente importante revela muitos princípios em comum da regulação gênica por proteínas de ligação ao DNA. Geralmente, bactérias como a *E. coli* dependem da glicose como fontes de carbono e de energia, mesmo quando outros açúcares estão disponíveis. Entretanto, quando a glicose é escassa, a *E. coli* tem a capacidade de utilizar a lactose como fonte de carbono, embora esse dissacarídio não participe de nenhuma via metabólica principal. Uma enzima essencial no metabolismo da lactose é a β-*galactosidase*, que hidrolisa a lactose em galactose e glicose. Em seguida, tais produtos são metabolizados pelas vias discutidas no Capítulo 16.

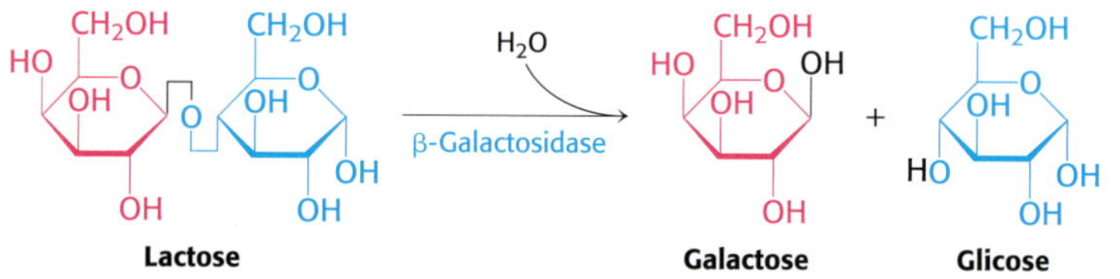


Essa reação pode ser acompanhada convenientemente no laboratório com o uso de substratos alternativos de galactosídios, que formam produtos coloridos, como o X-Gal (Figura 32.5). Uma célula da *E. coli* crescendo em uma fonte de carbono como a glicose ou o glicerol contém menos de 10 moléculas de β-galactosidase. Em contraste, a mesma célula conterá vários milhares de moléculas da enzima quando for cultivada em lactose (Figura 32.6). A presença de lactose no meio de cultura induz um grande aumento na quantidade de β-galactosidase por meio da estimulação da síntese de novas moléculas da enzima, em vez de por meio da ativação de um precursor preexistente, porém inativo.

Um indício de importância decisiva para o mecanismo da regulação gênica foi a observação de que duas outras proteínas são sintetizadas

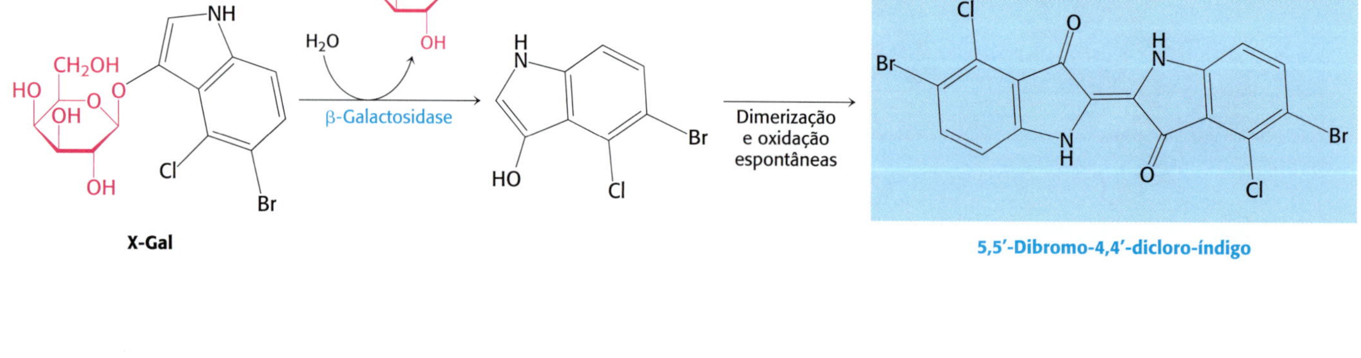


**FIGURA 32.5 Monitoramento da reação da β-galactosidase.** O substrato galactosídio X-Gal forma um produto colorido com a sua clivagem pela β-galactosidase. O aparecimento desse produto colorido proporciona um método conveniente para monitorar a quantidade da enzima tanto *in vitro* quanto *in vivo*.

juntamente com a β-galactosidase – a *galactosídio permease* e a *tiogalactosídio transacetilase*. A permease é necessária para o transporte da lactose através da membrana celular bacteriana (ver seção 13.3). A transacetilase não é essencial para o metabolismo da lactose, porém parece desempenhar um papel na detoxificação de compostos que também podem ser transportados pela permease. Assim, *os níveis de expressão de um conjunto de enzimas que contribuem para a adaptação a determinada modificação do ambiente também são alterados*. Essa unidade coordenada de expressão gênica é denominada *operon*.

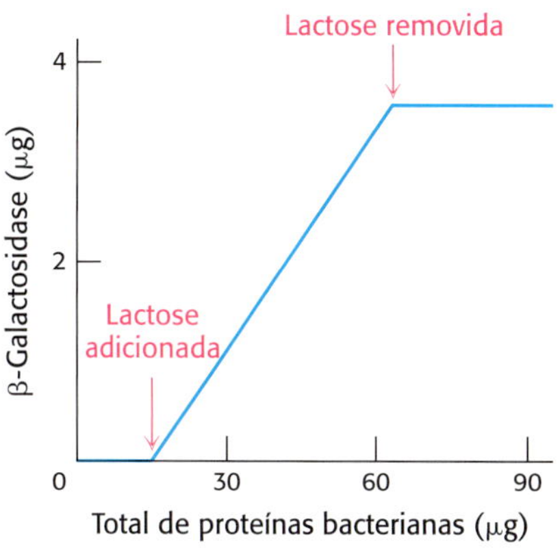


**FIGURA 32.6 Indução da β-galactosidase.** A adição de lactose a uma cultura de *E. coli* induz um aumento na produção de β-galactosidase de níveis muito baixos para níveis muito mais elevados. O aumento nos níveis da enzima acompanha o aumento no número de células na cultura em crescimento. A β-galactosidase constitui 66% do total de proteínas sintetizadas na presença de lactose.

## Um operon consiste em elementos regulatórios e em genes codificadores de proteínas

A regulação paralela da β-galactosidase, da permease e da transacetilase sugeriu que a expressão dos genes que codificam essas enzimas deve ser controlada por um mecanismo comum. François Jacob e Jacques Monod propuseram o *modelo do operon* para explicar essa regulação paralela, bem como os resultados de outros experimentos genéticos. Os elementos genéticos do modelo consistem em um *gene regulatório* que codifica uma proteína regulatória, uma sequência de DNA regulatória denominada *sítio operador*, e um *conjunto de genes estruturais* (Figura 32.7).

O gene regulatório codifica uma proteína repressora, que se liga ao sítio operador. A ligação do repressor ao operador impede a transcrição dos genes estruturais. O operador e seus genes estruturais associados constituem o operon. No caso do *operon da lactose (lac)*, o gene *i* codifica o repressor, *o* é o sítio operador, e os genes *z*, *y* e *a* são os genes estruturais para a β-galactosidase, a permease e a transacetilase, respectivamente. O operon também contém um sítio promotor (designado como *p*), que direciona a RNA polimerase para o sítio correto de iniciação da transcrição. Os genes *z*, *y* e *a* são transcritos para produzir uma única molécula de mRNA, que codifica todas as três proteínas. Uma molécula de mRNA que codifica mais de uma proteína é conhecida como transcrito *poligênico* ou *policistrônico*.

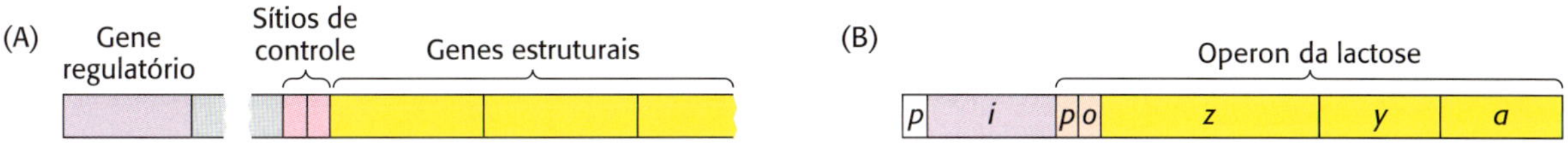


**FIGURA 32.7 Operons. A.** Estrutura geral de um operon, conforme concebido por Jacob e Monod. **B.** Estrutura do operon da lactose. Além do promotor, *p*, no operon, existe um segundo promotor na frente do gene regulatório, *i*, para dirigir a síntese do regulador.

## Na ausência de lactose, a proteína repressora *lac* liga-se ao operador e bloqueia a transcrição

Na ausência de lactose, o operon da lactose é reprimido. Como o repressor *lac* medeia essa repressão? O repressor *lac* existe na forma de um tetrâmero de subunidades de 37 kDa com dois pares de subunidades que se unem para formar a unidade de ligação ao DNA anteriormente discutida. Na ausência de lactose, o repressor liga-se muito forte e rapidamente ao operador. Quando o repressor *lac* está ligado ao DNA, o repressor impede que a RNA polimerase transcreva os genes codificadores de proteínas, contanto que o sítio do operador esteja diretamente adjacente e a jusante do sítio promotor, onde o repressor bloquearia o progresso da RNA polimerase.

Como o repressor *lac* encontra o sítio operador no cromossomo da *E. coli*? No genoma, o repressor *lac* liga-se $4 \times 10^6$ mais fortemente ao DNA

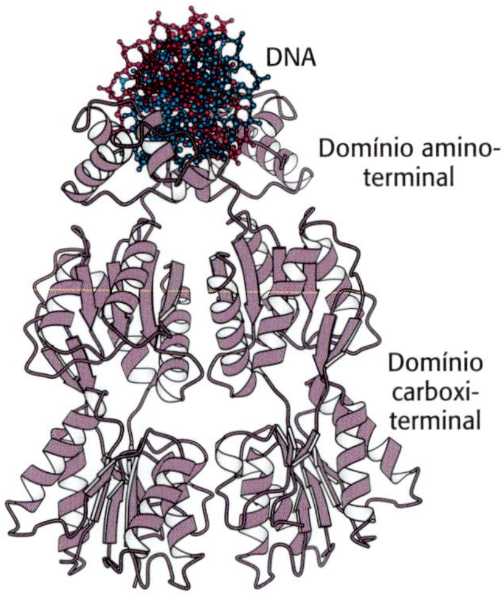


**FIGURA 32.8 Estrutura do repressor *lac*.** Um dímero do repressor *lac* é mostrado ligado ao DNA. *Observe* que o domínio aminoterminal liga-se ao DNA, enquanto o domínio carboxiterminal forma uma estrutura separada. Uma parte da estrutura que medeia a formação dos tetrâmeros do repressor *lac* não é mostrada. [Desenhada a partir de 1EFA.pdb.]

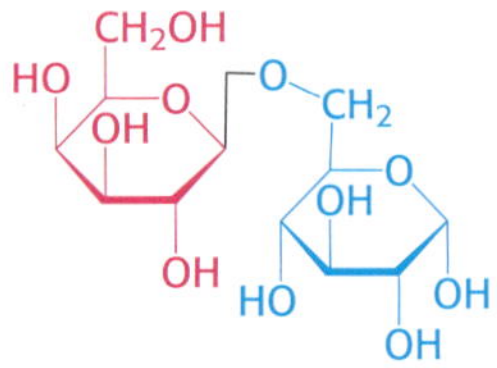

**1,6-Alolactose**

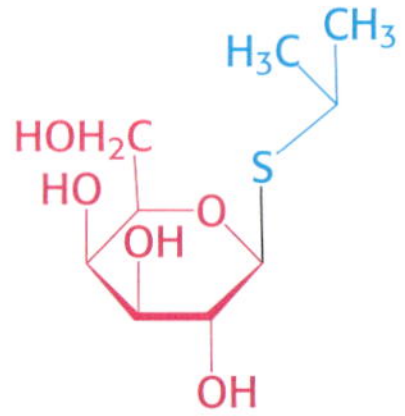

**Isopropiltiogalactosídio (IPTG)**

operador do que a sítios aleatórios. Esse alto grau de seletividade possibilita que o repressor encontre o operador eficientemente até mesmo quando há grande excesso ($4{,}6 \times 10^6$) de outros sítios no genoma da *E. coli*. A constante de dissociação no complexo repressor-operador é de aproximadamente 0,1 pM ($10^{-13}$ M). A constante de velocidade na associação ($\approx 10^{10}$ $M^{-1}$ $s^{-1}$) é notavelmente elevada, indicando que o repressor encontra o operador principalmente por difusão ao longo de uma molécula de DNA (uma busca unidimensional), em vez de encontrá-lo a partir do meio aquoso (uma busca tridimensional). Essa difusão foi confirmada pelos estudos que monitoraram o comportamento de moléculas únicas do repressor *lac* marcadas com fluorescência no interior de células vivas da *E. coli*.

A inspeção da sequência completa do genoma da *E. coli* revela dois sítios à 500 bp do sítio operador primário, próximo à sequência do operador. Quando uma unidade dimérica de ligação ao DNA liga-se ao sítio operador, a outra unidade de ligação ao DNA do tetrâmero do repressor *lac* pode ligar-se a um desses sítios com sequências semelhantes. O DNA entre os dois sítios ligados forma uma alça. Não há outros sítios que correspondam bem à sequência do sítio *operador lac* no restante da sequência do genoma da *E. coli*. Por conseguinte, a *especificidade de ligação ao DNA do repressor lac é suficiente para especificar dois sítios estreitamente relacionados dentro do genoma da E. coli*.

A estrutura tridimensional do repressor *lac* foi determinada de várias maneiras. Cada monômero consiste em um pequeno domínio aminoterminal, que se liga ao DNA, e em um domínio maior, que medeia a formação da unidade dimérica de ligação ao DNA e do tetrâmero (Figura 32.8). Um par de domínios aminoterminais une-se para formar a unidade funcional de ligação ao DNA. Cada monômero possui uma unidade hélice-volta-hélice, que interage com o sulco maior do DNA ligado.

## A interação com ligantes pode induzir alterações estruturais nas proteínas regulatórias

Na situação anteriormente descrita, a glicose está presente, a lactose ausente, e o operon *lac* está reprimido. Como a presença de lactose desencadeia o alívio dessa repressão e, portanto, a expressão do operon *lac*? É interessante assinalar que a lactose em si não tem esse efeito, que é exercida pela *alolactose*, uma combinação de galactose e glicose com uma ligação α-1,6, em vez de α-1,4. Por conseguinte, a alolactose é designada como *indutor do operon lac*. A alolactose é um subproduto da reação da β-galactosidase e é produzida em baixos níveis pelas poucas moléculas de β-galactosidase que estão presentes antes da indução. Alguns outros β-galactosídios, como o *isopropiltiogalactosídio* (IPTG), são potentes indutores da expressão da β-galactosidase, embora não sejam substratos da enzima. O IPTG é útil no laboratório como ferramenta para a indução da expressão gênica em cepas bacterianas obtidas por engenharia genética.

O indutor desencadeia a expressão gênica ao prevenir a ligação do repressor *lac* ao operador. *O indutor liga-se ao repressor lac e, portanto, reduz acentuadamente a afinidade do repressor pelo DNA operador.* Uma molécula indutora liga-se no centro do domínio maior no interior de cada monômero. Essa ligação leva a mudanças conformacionais sutis que modificam a relação entre os dois pequenos domínios de ligação ao DNA (Figura 32.9). Esses domínios não podem mais estabelecer contato simultâneo e com facilidade com o DNA, o que leva a uma redução dramática da afinidade de ligação ao DNA.

Recapitulemos agora os processos que regulam a expressão gênica no operon da lactose (Figura 32.10). Na ausência de indutor, o repressor *lac* liga-se ao DNA de modo a bloquear a RNA polimerase, impedindo então a transcrição dos genes *z*, *y* e *a*. Por conseguinte, há a produção de uma quantidade muito pequena de β-galactosidase, permease ou transacetilase. A adição de lactose ao ambiente leva à formação de alolactose. Esse indutor liga-se ao repressor *lac,* o que resulta em modificações conformacionais e na liberação do DNA pelo repressor *lac.* Com o sítio operador desocupado, a RNA polimerase pode então transcrever os outros genes *lac,* e a bactéria produzirá as proteínas necessárias para a utilização eficiente da lactose.

A estrutura do domínio maior do repressor *lac* assemelha-se àquelas de uma grande classe de proteínas encontradas na *E. coli* e em outras bactérias. Essa família de proteínas homólogas interage com ligantes, como açúcares e aminoácidos, em seus centros. É importante assinalar o uso de domínios dessa família pelos eucariotos em proteínas relacionadas com o paladar e em receptores de neurotransmissores, conforme discutido no Capítulo 34, disponível no material suplementar *online*.

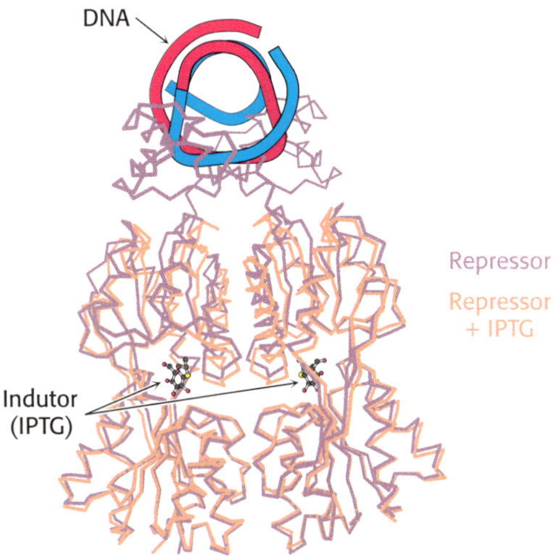


**FIGURA 32.9 Efeitos do IPTG sobre a estrutura do repressor *lac*.** A estrutura do repressor *lac* ligado ao indutor isopropiltiogalactosídio (IPTG), mostrada em laranja, é superposta à estrutura do repressor *lac* ligado ao DNA, mostrada em violeta. *Observe* que a ligação do IPTG induz alterações estruturais sutis, que são maiores próximo à interface dos domínios de ligação ao DNA, de modo que os dois domínios de ligação ao DNA não podem interagir efetivamente com o DNA. Os domínios de ligação ao DNA do repressor *lac* ligado ao IPTG são mostrados, visto que essas regiões não estão bem ordenadas nos cristais estudados.

## O operon é uma unidade regulatória comum nos procariotos

Muitas outras redes de regulação gênica atuam de maneira análoga àquelas do operon *lac*. Por exemplo, os genes que participam na biossíntese de purinas e, em menor grau, de pirimidinas são reprimidos pelo *repressor pur*. Essa proteína dimérica tem uma sequência 31% idêntica à do repressor *lac* e possui estrutura tridimensional semelhante. Entretanto, o comportamento do repressor *pur* é o oposto ao do repressor *lac*: enquanto o repressor *lac* é *liberado* do DNA por meio da ligação a uma molécula pequena, *o repressor* pur *liga-se especificamente ao DNA, bloqueando a transcrição, apenas quando está ligado a uma molécula pequena*. Essa pequena molécula é denominada *correpressor*. No caso do repressor *pur,* o correpressor pode ser guanina ou hipoxantina. O repressor *pur* dimérico liga-se a sítios de DNA de repetição invertida da forma 5'-AN**GCAA**N**CG**N**TT**N**C**NT-3', em que as bases em negrito são particularmente importantes. O exame da sequência genômica da *E. coli* revela a presença de mais de 20 desses sítios regulando 19 operons e incluindo mais de 25 genes (Figura 32.11).

Como os sítios de ligação ao DNA dessas proteínas regulatórias são curtos, é provável que tenham evoluído independentemente e que não sejam relacionados por divergência de um sítio regulatório ancestral. Quando surge uma proteína de ligação ao DNA regulada por ligante em uma célula, sítios de ligação para a proteína podem aparecer por intermédio de uma mutação adjacente a genes adicionais. Os sítios de ligação para o repressor *pur* evoluíram nas regiões regulatórias de uma ampla variedade de genes que participam na biossíntese de nucleotídios. Todos esses genes podem ser então regulados de maneira sincronizada.

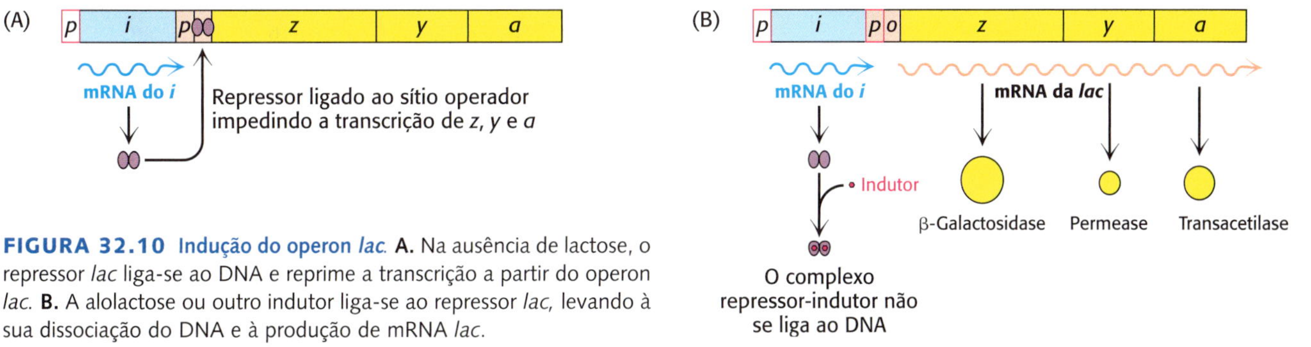


**FIGURA 32.10 Indução do operon *lac*.** **A.** Na ausência de lactose, o repressor *lac* liga-se ao DNA e reprime a transcrição a partir do operon *lac*. **B.** A alolactose ou outro indutor liga-se ao repressor *lac,* levando à sua dissociação do DNA e à produção de mRNA *lac*.

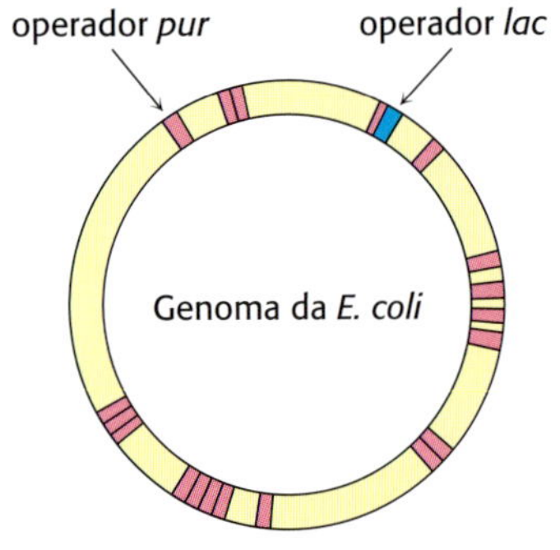


**FIGURA 32.11 Distribuições dos sítios de ligação.** O genoma da *E. coli* contém apenas uma única região que corresponde à sequência do operador *lac* (mostrado em azul). Em contraste, 19 sítios correspondem à sequência do operador *pur* (mostrado em vermelho). Por conseguinte, o repressor *pur* regula a expressão de um número muito maior de genes do que o repressor *lac*.

A organização dos genes procarióticos em operons é útil para a análise de sequências genômicas completas. Algumas vezes, descobre-se que um gene de função desconhecida faz parte de um operon contendo genes bem caracterizados. Essas associações podem fornecer indícios importantes sobre as funções bioquímicas e fisiológicas do gene não caracterizado.

## A transcrição pode ser estimulada por proteínas que estabelecem contato com a RNA polimerase

Todas as proteínas de ligação ao DNA discutidas até o momento atuam por meio da inibição da transcrição até que surja alguma condição ambiental, como a presença de lactose. Existem também proteínas de ligação ao DNA que estimulam a transcrição. Exemplo particularmente bem estudado é uma proteína da *E. coli*, que estimula a expressão de enzimas catabólicas.

A *E. coli* cultivada em glicose, que constitui a fonte energética preferida, apresenta níveis muito baixos de enzimas catabólicas para o metabolismo de outros açúcares. Evidentemente, a síntese dessas enzimas seria um desperdício quando a glicose está presente em abundância A glicose exerce efeito inibitório sobre os genes que codificam essas enzimas, um efeito denominado *repressão catabólica*. Isso se deve ao fato de que a glicose diminui a concentração de AMP cíclico na *E. coli*. Quando a concentração de cAMP está elevada, ele estimula a transcrição sincronizada de muitas enzimas catabólicas por meio de sua ação em uma proteína denominada *proteína ativadora do catabolismo* (CAP, do inglês *catabolite activator protein*), que também é conhecida como proteína receptora de cAMP (CRP, do inglês *cAMP receptor protein*).

Quando ligada ao cAMP, a CAP estimula a transcrição de genes envolvidos no catabolismo de lactose e arabinose. A CAP é uma proteína de ligação ao DNA com especificidade de sequência. No operon *lac*, a CAP liga-se a uma repetição invertida que está localizada próximo à posição -61 em relação ao sítio de iniciação da transcrição (Figura 32.12). Esse sítio está a uma distância de aproximadamente 70 pares de bases do sítio operador. Conforme esperado pela simetria do sítio de ligação, a CAP atua como um dímero de subunidades idênticas. A ligação da CAP também provoca uma dobra no DNA de modo a favorecer interações com a RNA polimerase.

O complexo CAP-cAMP estimula a iniciação da transcrição por um fator de aproximadamente 50. Os contatos energeticamente favoráveis entre a CAP e a RNA polimerase aumentam a probabilidade de que a transcrição seja iniciada em sítios aos quais está ligado o complexo CAP-cAMP (Figura 32.13). Portanto, em relação ao operon *lac*, a expressão gênica é

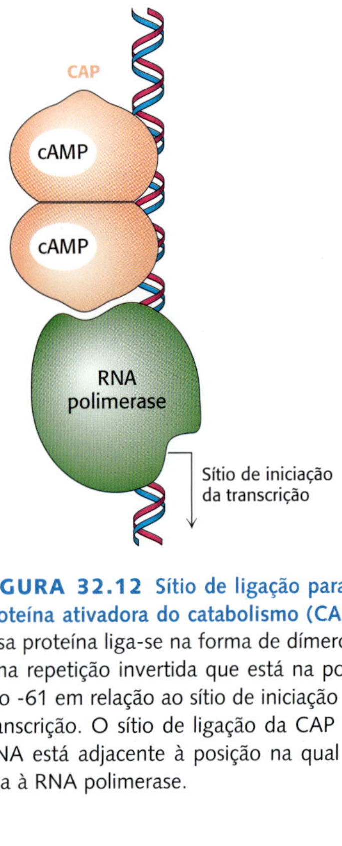


**FIGURA 32.12 Sítio de ligação para a proteína ativadora do catabolismo (CAP).** Essa proteína liga-se na forma de dímero a uma repetição invertida que está na posição -61 em relação ao sítio de iniciação da transcrição. O sítio de ligação da CAP no DNA está adjacente à posição na qual se liga à RNA polimerase.

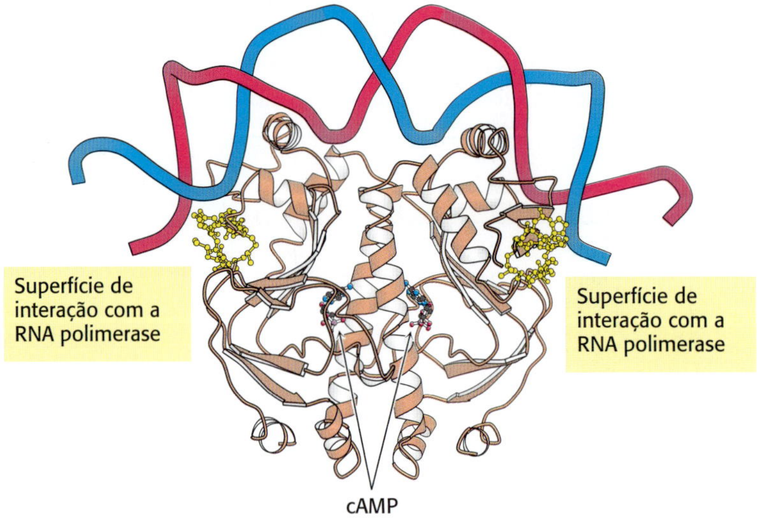


**FIGURA 32.13 Estrutura de um dímero de CAP ligado ao DNA.** Os resíduos mostrados em amarelo em cada monômero de CAP foram implicados em interações diretas com a RNA polimerase. [Desenhada de 1RUN.pdb.]

máxima quando a ligação da alolactose alivia a inibição pelo repressor *lac* e o complexo CAP-cAMP estimula a ligação da RNA polimerase.

O genoma da *E. coli* contém muitos sítios de ligação à CAP em posições apropriadas para interações com a RNA polimerase. Por conseguinte, um aumento nos níveis de cAMP em uma bactéria como a *E. coli* resulta na formação de complexos CAP-cAMP, que se ligam a muitos promotores e que estimulam a transcrição de genes que codificam uma variedade de enzimas catabólicas.

## 32.3 Circuitos regulatórios podem resultar em alternância entre padrões de expressão gênica

O estudo dos vírus que infectam bactérias levou a avanços significativos na nossa compreensão dos processos que controlam a expressão gênica. Mais uma vez, as proteínas de ligação ao DNA com especificidade de sequência desempenham funções essenciais nesses processos. As pesquisas sobre o bacteriófago λ foram particularmente reveladoras. No Capítulo 5, foram examinados os modos alternativos de infecção pelo fago λ. Na via lítica, a maioria dos genes do genoma viral é transcrita, iniciando a produção de muitas partículas virais e levando à lise final da célula bacteriana com liberação concomitante de aproximadamente 100 partículas virais. Na via lisogênica, o genoma viral é incorporado ao DNA bacteriano, onde a maioria dos genes virais permanece não expressa, o que permite que o genoma viral seja carreado enquanto as bactérias se multiplicam. Duas proteínas-chave e um conjunto de sequências regulatórias no genoma viral são responsáveis pelo mecanismo que determina qual dessas duas vias será seguida.

### O repressor λ regula a sua própria expressão

A primeira proteína que iremos considerar é o *repressor* λ, algumas vezes conhecido como proteína cI λ. Essa proteína é crucial, visto que bloqueia, direta ou indiretamente, a transcrição de quase todos os genes codificados pelo vírus. A única exceção é o gene que codifica o próprio repressor λ. O repressor λ consiste em um domínio aminoterminal de ligação ao DNA e em um domínio carboxiterminal que participa na oligomerização da proteína (Figura 32.14). Essa proteína liga-se a vários sítios-chave no genoma do fago λ. Os sítios de maior interesse para a nossa discussão atual estão no denominado operador direito (Figura 32.15). Essa região inclui três sítios de ligação para o dímero repressor λ, bem como dois promotores dentro de uma região de aproximadamente 80 pares de bases. Um promotor dirige a expressão do gene para o próprio repressor λ, enquanto o outro dirige a expressão de vários outros genes virais.

O repressor λ não possui a mesma afinidade pelos três sítios; liga-se ao sítio $O_R1$ com maior afinidade. Além disso, a ligação aos sítios adjacentes é cooperativa, de modo que, após a ligação de um dímero do repressor λ ao $O_R1$, a probabilidade de ligação de uma proteína ao sítio $O_R2$ adjacente aumenta em aproximadamente 25 vezes. Por conseguinte, quando o repressor λ está presente na célula em concentrações moderadas, a configuração mais provável consiste no repressor λ ligado ao $O_R1$ e ao $O_R2$, mas não ao $O_R3$. Nessa configuração, o dímero do repressor λ ligado ao $O_R1$ bloqueia o acesso ao promotor no lado direito dos sítios operadores, reprimindo a transcrição

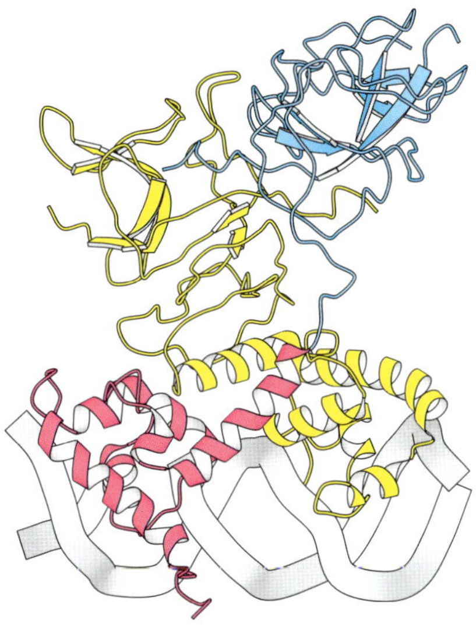

**FIGURA 32.14 Estrutura do repressor λ ligado ao DNA.** O repressor λ liga-se ao DNA na forma de um dímero. O domínio aminoterminal de uma subunidade é mostrado em vermelho, enquanto o domínio carboxiterminal é mostrado em azul. Na outra subunidade, ambos os domínios são mostrados em amarelo. *Observe* como as α-hélices nos domínios aminoterminais se encaixam no sulco maior do DNA. [Desenhada de 3DBN.pdb.]

**FIGURA 32.15 Sequência do operador direito λ.** Os três sítios operadores ($O_R1$, $O_R2$ e $O_R3$) estão coloridos em amarelo e com os centros indicados. Os sítios de iniciação do mRNA do repressor λ e do mRNA de Cro estão indicados, bem como suas sequências -10 e -35.

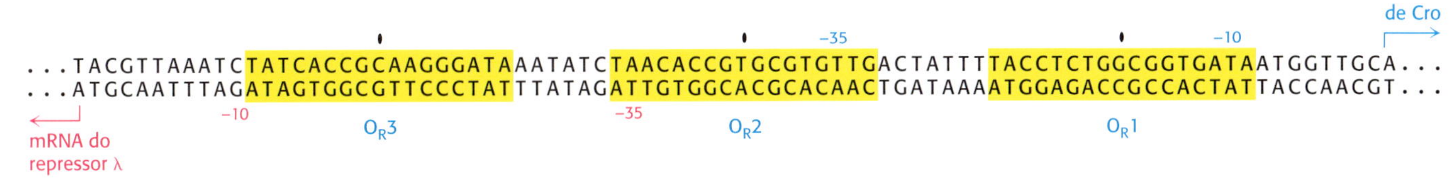

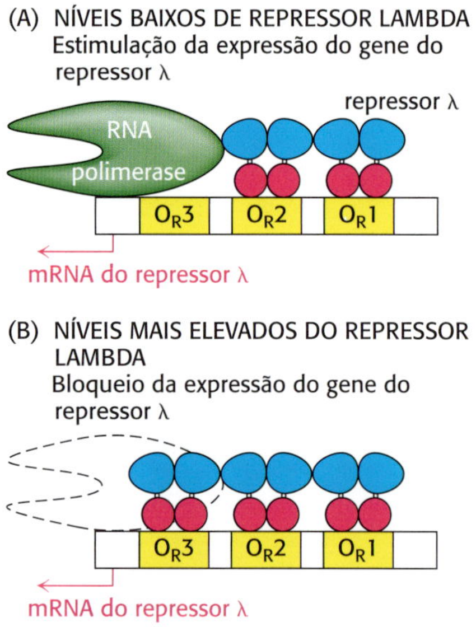


**FIGURA 32.16 O repressor λ controla a sua própria síntese.** **A.** Quando os níveis de repressor λ estão relativamente baixos, o repressor liga-se aos sítios $O_R1$ e $O_R2$, e estimula a transcrição do gene que codifica o próprio repressor λ. **B.** Quando os níveis de repressor λ estão mais elevados, o repressor liga-se também ao sítio $O_R3$, bloqueando o acesso a seu promotor e reprimindo a transcrição desse gene.

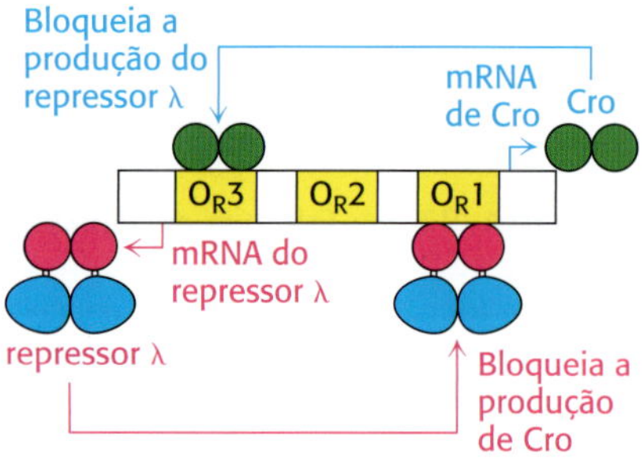


**FIGURA 32.17 O repressor λ e a Cro formam um circuito genético.** O repressor λ bloqueia a produção de Cro por meio de sua ligação mais favorável ao sítio $O_R1$, enquanto Cro bloqueia a produção do repressor λ por meio de sua ligação mais favorável ao sítio $O_R3$. Esse circuito forma um comutador que determina se a via lisogênica ou a via lítica será seguida.

do gene adjacente, que codifica uma proteína denominada Cro (*c*ontrolador de *r*epressor e *o*utros), enquanto o dímero do repressor em $O_R2$ pode estar em contato com a RNA polimerase e estimular a transcrição do promotor que controla a transcrição do gene que codifica o próprio repressor λ.

Por conseguinte, o repressor λ estimula sua própria produção. À medida que a concentração de repressor λ vai aumentando ainda mais, um dímero adicional do repressor pode se ligar ao sítio $O_R3$, bloqueando então o outro promotor e reprimindo a produção adicional de repressores. Assim, o operador direito atua para manter o repressor λ dentro de uma estreita faixa estável de concentração (Figura 32.16). O repressor λ também bloqueia outros promotores no genoma do fago λ, de modo que o repressor é a única proteína do fago produzida, que corresponde ao estado lisogênico.

## Um circuito baseado no repressor λ e em Cro forma um comutador genético

O que estimula a mudança para a via lítica? Alterações como danos ao DNA desencadeiam a clivagem do repressor λ em uma ligação específica entre os domínios de ligação ao DNA e de oligomerização. Esse processo é mediado pela proteína RecA da *E. coli* (ver seção 29.5). Após a ocorrência dessa clivagem, a afinidade do repressor λ pelo DNA diminui. Quando o repressor λ não está mais ligado ao sítio $O_R1$, o gene Cro pode ser transcrito. *Cro* é uma proteína pequena que se liga aos mesmos sítios do repressor λ, porém com diferente ordem de afinidade pelos três sítios no operador direito. Particularmente, a Cro exibe maior afinidade pelo $O_R3$. O gene Cro ligado a esse sítio bloqueia a produção de um novo repressor. A ausência de repressor leva à produção de outros genes do fago, com consequente produção de partículas virais e, por fim, lise das células hospedeiras. Por conseguinte, esse circuito genético atua como um comutador entre dois estados estáveis: (1) nível elevado de repressor e baixo nível de Cro, que correspondem ao estado lisogênico; e (2) nível elevado de Cro e baixo nível de repressor, que correspondem ao estado lítico (Figura 32.17). Circuitos regulatórios com diferentes proteínas de ligação ao DNA que controlam a expressão dos genes umas das outras constituem um motivo comum para o controle da expressão gênica.

## Muitas células procarióticas liberam sinais químicos que regulam a expressão gênica em outras células

Tradicionalmente, as células procarióticas eram consideradas como células únicas solitárias. Entretanto, ficou cada vez mais evidente que, em muitas circunstâncias, as células procarióticas vivem em comunidades complexas interagindo com outras células de sua própria espécie ou de espécies diferentes. *Essas interações sociais modificam os padrões de expressão gênica no interior das células.*

Um importante tipo de interação é denominado *percepção de quórum* (*quorum sensing*). Esse fenômeno foi descoberto na bactéria *Vibrio fischeri*, uma espécie bacteriana que pode viver no interior de um órgão luminoso especializado em uma lula da ordem sepiolida (*bobtail squid*). Nessa relação simbiótica, as bactérias produzem luciferase e bioluminescência, proporcionando proteção à lula (impedindo que ela apareça sombreada sob o luar) em troca de um local mais seguro para viver e se reproduzir. Quando essas bactérias crescem em cultura em baixa densidade, elas não são bioluminescentes. Entretanto, quando a densidade celular alcança um nível crítico, o gene da luciferase é expresso, e há a bioluminescência das células. Uma observação-chave foi que, ao se transferir células da *V. fischeri* para um meio estéril no qual outras células de *V. fischeri* tinham sido cultivadas em alta densidade, as células tornaram-se bioluminescentes até mesmo em baixa densidade celular. Esse experimento revelou que um composto, subsequentemente identificado como *N*-3-oxo-hexanoil homosserina lactona (designada como AHL, de acil-homosserina lactona), era liberado no meio, onde desencadeava a bioluminescência (Figura 32.18). Este e outros compostos que desempenham papéis semelhantes são denominados *autoindutores.*

As células da *V. fischeri* liberam o autoindutor no seu meio ambiente, e outras células da *V. fischeri* captam o composto. As células da *V. fischeri* expressam uma proteína de ligação ao DNA, a LuxR, que atua como um receptor para o autoindutor. A proteína LuxR é constituída por dois domínios: um deles se liga à AHL, enquanto o outro se liga ao DNA por meio de um motivo hélice-volta-hélice (Figura 32.19). Após o aumento da concentração intracelular de AHL até um nível adequado, uma fração substancial das moléculas de LuxR liga-se à AHL. Quando ligados à AHL, os dímeros de LuxR ligam-se a sítios específicos no DNA e aumentam a velocidade de iniciação da transcrição de genes específicos. Os genes-alvo incluem um operon que contém LuxA e LuxB, que juntas codificam a enzima luciferase, e LuxI, que produz uma enzima que catalisa a formação de mais AHL.

Tendo em vista que cada célula produz apenas uma pequena quantidade do autoindutor, esse sistema regulatório permite que cada célula da *V. fischeri* determine a densidade da população de *V. fischeri* em seu ambiente – daí a expressão *quorum sensing*, ou percepção de quórum, para descrever esse processo. Os estudos de outras células procarióticas estão revelando uma elaborada linguagem química de diferentes autoindutores (bem como de autorrepressores, que reprimem genes específicos). Nessa linguagem, as "palavras" incluem outras moléculas de acil-homosserina lactona com diferentes comprimentos da cadeia acil e funcionalidades diferentes, bem como outras classes distintas de moléculas.

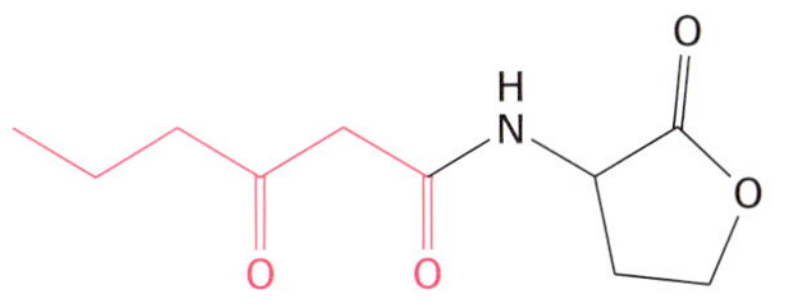

**Acil-monosserina lactona (AHL)**

**FIGURA 32.18 Estrutura de um autoindutor.** Estrutura da acil-homosserina lactona, a *N*-3-oxo-hexanoil homosserina lactona, o autoindutor da *V. fischeri.* Os autoindutores de outras espécies bacterianas podem apresentar grupos acila diferentes (mostrados em vermelho).

## Os biofilmes são comunidades complexas de procariotos

Muitas espécies de procariotos podem ser encontradas em estruturas especializadas, denominadas *biofilmes,* que podem se formar nas superfícies. Os biofilmes são de importância médica considerável, visto que os organismos que estão no seu interior frequentemente são muito resistentes à resposta imune do hospedeiro, bem como aos antibióticos. A percepção de quórum parece desempenhar importante papel na formação dos biofilmes, visto que as células são capazes de detectar a presença de outras células em seus ambientes e de promover a formação de comunidades com composições particulares. Alguns genes controlados por mecanismos de percepção de quórum promovem a formação de moléculas específicas, que atuam como arcabouço para o biofilme. Uma descoberta recente e intrigante é que muitos dos organismos presentes em biofilmes sobre nossos corpos ou no seu interior (talvez 95% ou mais) não crescem em cultura. Com o uso de métodos de sequenciamento do DNA, estamos desenvolvendo um melhor censo de nosso microbioma e estamos trabalhando para compreender os mecanismos de regulação gênica que sustentam essas complexas comunidades.

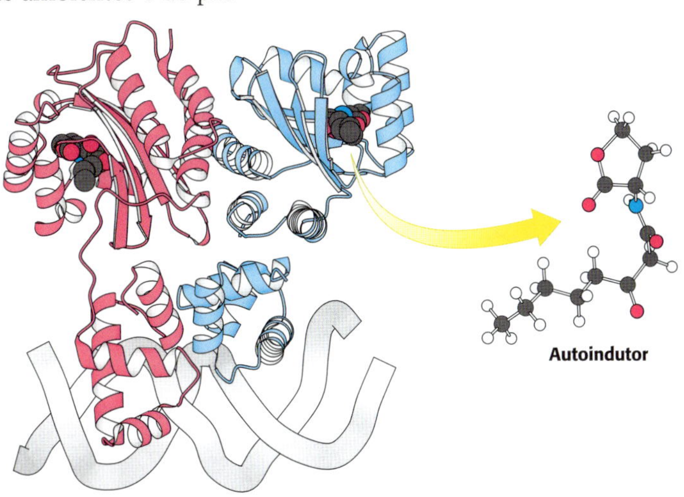


**FIGURA 32.19 Regulador de genes da percepção de quorum (*quorum sensing*).** A estrutura de um homólogo de LuxR (TraR da bactéria *Agrobacterium tumefaciens*) é mostrada. *Observe* que a proteína dimérica liga-se ao DNA por meio de um domínio de α-hélice, enquanto o autoindutor liga-se a um domínio separado.

A compreensão das comunidades microbianas e biofilmes é crucial em muitas áreas de cuidados da saúde. A placa dental é um biofilme, e alterações nas populações das bactérias que a compõem podem influenciar o aparecimento de cáries dentais e outras doenças. Pode haver também formação de biofilmes em equipamento cirúrgico, e o conhecimento dos fatores que sustentam e que interferem nos biofilmes pode influenciar na escolha de materiais e de procedimentos de esterilização.

## 32.4 A expressão gênica pode ser controlada em níveis pós-transcricionais

A modulação da taxa de iniciação da transcrição constitui o mecanismo mais comum de regulação gênica. Entretanto, outros estágios da transcrição também podem constituir alvos de regulação. Além disso, o processo de tradução proporciona outros pontos de intervenção para regular o nível de produção de uma proteína em uma célula. No Capítulo 30, abordamos os *riboswitches*, que controlam a terminação da transcrição (ver seção 30.1). Outros *riboswitches* controlam a expressão gênica por outros mecanismos, como a formação de estruturas que inibem a tradução. Foram descobertos outros mecanismos de regulação gênica pós-transcricional, um dos quais será descrito aqui.

### A atenuação é um mecanismo procariótico para regular a transcrição por meio da modulação da estrutura secundária do RNA nascente

Uma forma de regular a transcrição nas bactérias foi descoberta por Charles Yanofsky e colaboradores como resultado de seus estudos do operon do triptofano. Esse operon codifica cinco enzimas, que convertem o corismato em triptofano. A análise da extremidade 5' do mRNA de *trp* revelou a presença de uma *sequência líder* de 162 nucleotídios antes do códon de iniciação da primeira enzima. Outra observação surpreendente foi a de que as bactérias produzem um transcrito que consiste apenas nos primeiros 130 nucleotídios quando o nível de triptofano está elevado, mas que produzem um mRNA de *trp* de 7 mil nucleotídios, incluindo toda a sequência líder, quando o triptofano está escasso. Assim, quando os níveis de triptofano estão elevados e não há a necessidade das enzimas de biossíntese, a transcrição é abruptamente interrompida antes que seja produzido qualquer mRNA codificador de enzimas. O sítio de terminação é denominado atenuador, e essa forma de regulação é denominada *atenuação*.

A atenuação depende das características da extremidade 5' do mRNA produzido (Figura 32.20). A primeira parte da sequência líder codifica

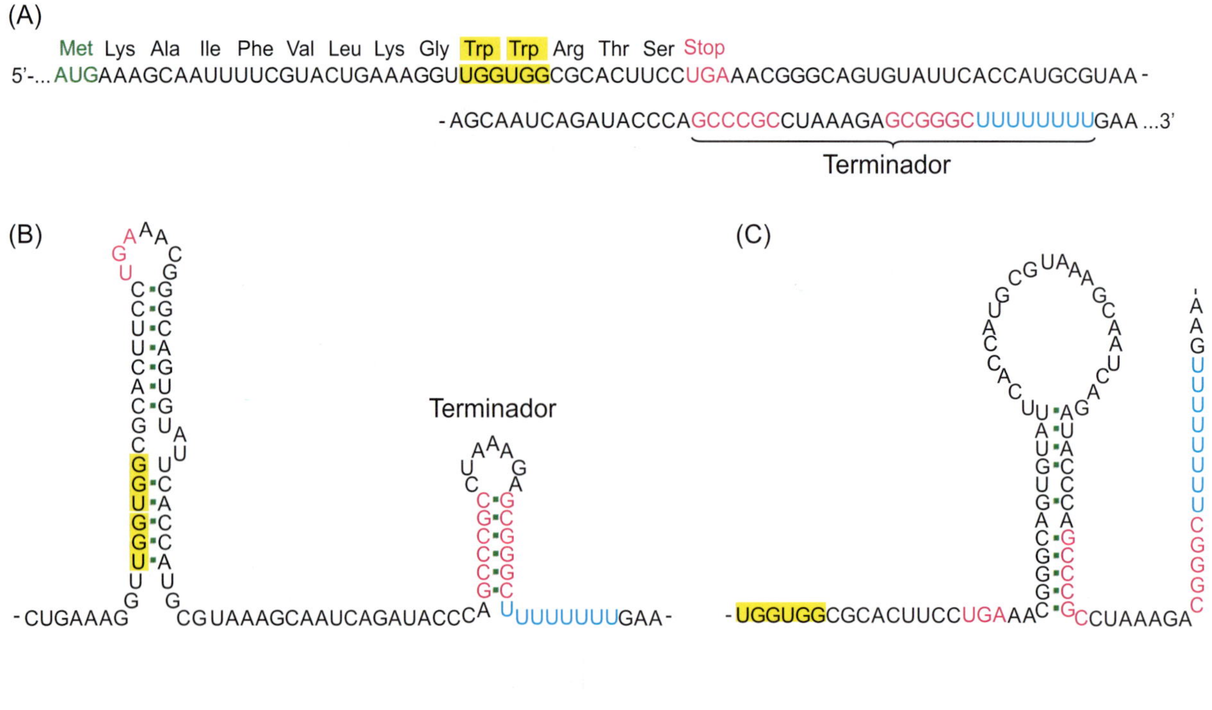


**FIGURA 32.20 Região líder do mRNA de *trp*.** **A.** A sequência de nucleotídios da extremidade 5' do mRNA de *trp* inclui um quadro aberto de leitura curto que codifica um peptídio constituído de 14 aminoácidos; o líder codifica dois resíduos de triptofano e possui uma região atenuadora não traduzida que inclui uma região capaz de formar uma estrutura de terminação (em vermelho e azul). **B** e **C.** A região atenuadora pode adotar uma das duas estruturas em haste-alça distintas.

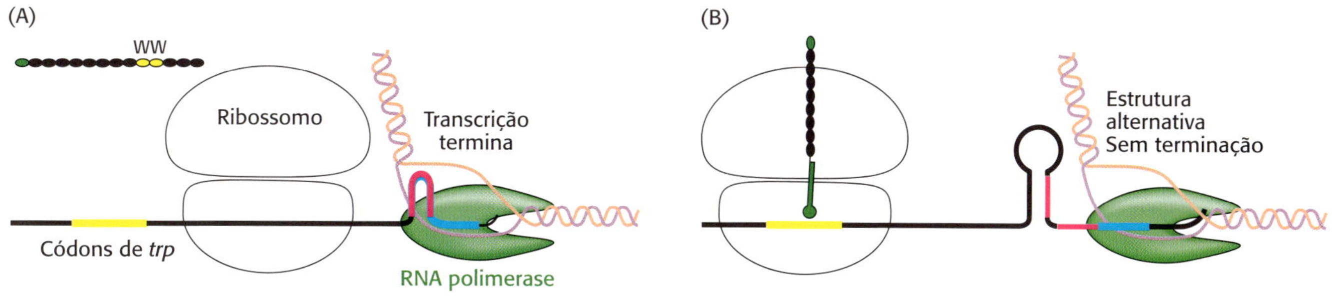


**FIGURA 32.21 Atenuação. A.** Na presença de concentrações adequadas de triptofano (e, portanto, de tRNA-Trp), a tradução prossegue rapidamente, e forma-se uma estrutura de RNA que termina a transcrição. **B.** Em baixas concentrações de triptofano, a tradução é interrompida enquanto aguarda o tRNA-Trp, proporcionando então o tempo necessário para a formação de uma estrutura de RNA alternativa, que impede a formação do terminador, e a transcrição pode prosseguir.

um peptídio líder de 14 aminoácidos. Após o quadro aberto de leitura para o peptídio, encontra-se o atenuador, uma região de RNA que é capaz de formar várias estruturas alternativas. Convém lembrar que a transcrição e a tradução estão estreitamente acopladas nas bactérias. Assim, a tradução do mRNA de *trp* começa logo que o sítio de ligação do ribossomo é sintetizado.

Como o nível de triptofano altera a transcrição do operon *trp*? Importante indício foi o achado de que o peptídio líder de 14 aminoácidos inclui dois resíduos de triptofano adjacentes. Um ribossomo é capaz de traduzir a região líder do mRNA apenas na presença de concentrações adequadas de triptofano. Na presença de triptofano em quantidade suficiente, forma-se uma estrutura em haste-alça na região atenuadora, resultando na liberação da RNA polimerase do DNA (Figura 32.21). Entretanto, quando o triptofano está escasso, a transcrição é interrompida com menor frequência. Há pouco triptofanil-tRNA presente, de modo que o ribossomo se detém nos códons UGG em *tandem* que codificam o triptofano. Esse retardo deixa a região adjacente do mRNA exposta enquanto a transcrição prossegue. Ocorre a formação de uma estrutura alternativa de RNA, que não funciona como terminador, e a transcrição prossegue nas regiões codificadoras das enzimas e através delas. Por conseguinte, a atenuação fornece uma forma elegante de detectar o aporte de triptofano necessário para a síntese de proteínas.

Na *E. coli*, vários outros operons para a biossíntese de aminoácidos são também regulados por sítios atenuadores. O peptídio líder de cada um contém numerosos resíduos de aminoácidos do tipo sintetizado pelo operon (Figura 32.22). Por exemplo, o peptídio líder do operon da fenilalanina inclui sete resíduos de fenilalanina entre 15 resíduos. O operon da treonina codifica as enzimas necessárias para a síntese de treonina e de isoleucina; o peptídio líder contém oito resíduos de treonina e quatro resíduos de isoleucina em uma sequência de 16 resíduos. O peptídio líder do operon da histidina inclui sete resíduos de histidina enfileirados. Em cada um desses casos, a presença de baixos níveis do tRNA carregado correspondente provoca a parada do ribossomo, o que retém o mRNA nascente em um estado capaz de formar uma estrutura que permite a leitura pela RNA polimerase através do sítio atenuador. Aparentemente, a evolução convergiu nessa

(A)

Met - Lys - Arg - Ile - Ser - Thr - Thr - Ile - Thr - Thr - Thr - Ile - Thr - Ile - Thr - Thr -

5′ AUG AAA CGC AUU AGC ACC ACC AUU ACC ACC ACC AUC ACC AUU ACC ACA 3′

(B)

Met - Lys - His - Ile - Pro - Phe - Phe - Phe - Ala - Phe - Phe - Phe - Thr - Phe - Pro - Stop

5′ AUG AAA CAC AUA CCG UUU UUC UUC GCA UUC UUU UUU ACC UUC CCC UGA 3′

(C)

Met - Thr - Arg - Val - Gln - Phe - Lys - His - His - His - His - His - His - His - Pro - Asp -

5′ AUG ACA CGC GUU CAA UUU AAA CAC CAC CAU CAU CAC CAU CAU CCU GAC 3′

**FIGURA 32.22 Sequências de peptídio líder.** Sequências de aminoácidos e sequências de nucleotídios dos mRNAs correspondentes (**A**) do operon da treonina, (**B**) do operon da fenilalanina e (**C**) do operon da histidina. Em cada caso, uma quantidade abundante de um único aminoácido na sequência do peptídio líder leva à atenuação.

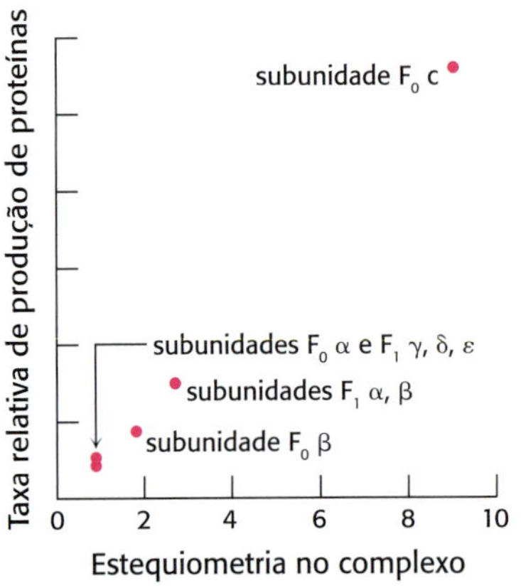


**FIGURA 32.23 Controle traducional da estequiometria de proteínas.** Taxas relativas das subunidades da ATP sintase da *E. coli* produzida a partir de um único RNA policistônico. As taxas de produção correspondem à estequiometria do complexo devido a diferenças nas taxas de tradução. [Informação de G.-W. Li, D. Burkhardt, C. Gross e J. S. Weissman, *Cell* 157: 624–635, 2014.]

estratégia repetidamente como um mecanismo para controlar a biossíntese de aminoácidos.

Notável exemplo de controle pós-traducional da expressão gênica é fornecido pela ATP sintase (ver seção 18.4) da *E. coli*. Convém lembrar que essa máquina proteica inclui oito tipos diferentes de subunidades com uma estequiometria de aproximadamente 1:1:1:1:2:3:3:~10. Essas proteínas são produzidas a partir de um único RNA policistrônico; contudo, a produção de proteínas corresponde justamente à estequiometria final devido a diferenças nas taxas de tradução dos diferentes genes (Figura 32.23). Isso ilustra a inter-relação da transcrição com a tradução na determinação da expressão de proteínas.

Os exemplos de regulação gênica procariótica que descrevemos provêm de bactérias em oposição às arqueias. O aparato de transcrição presente nas arqueias compartilha muitas características daquelas encontradas nos eucariotos. Esses pontos em comum são frequentemente interpretados como sugestivos da evolução dos eucariotos após a ocorrência de um evento de fusão celular, em que uma célula bacteriana foi incorporada por uma célula de arqueia. Entretanto, os princípios fundamentais da regulação gênica, como a ocorrência de operons e as papéis das proteínas de ligação ao DNA no bloqueio direto ou na estimulação da RNA polimerase, são os mesmos nas bactérias e nas arqueias, talvez devido aos tamanhos semelhantes de seus genomas. Como veremos no próximo capítulo, as células eucarióticas com genomas maiores e, frequentemente, com muitos tipos celulares distintos utilizam estratégias muito diferentes.

## RESUMO

### 32.1 Muitas proteínas de ligação ao DNA reconhecem sequências específicas do DNA

A regulação da expressão gênica depende da interação entre sequências específicas do genoma e das proteínas que se ligam especificamente a esses sítios. As proteínas de ligação ao DNA específicas reconhecem os sítios regulatórios, que geralmente estão adjacentes aos genes cuja transcrição é regulada por essas proteínas. As proteínas da maior família contêm um motivo hélice-volta-hélice. A primeira hélice desse motivo insere-se no sulco maior do DNA e estabelece ligações de hidrogênio específicas e outros contatos com as bordas dos pares de bases.

### 32.2 As proteínas procarióticas de ligação ao DNA ligam-se especificamente a sítios regulatórios em operons

Nos procariotos, muitos genes estão agrupados em operons, que consistem em unidades de expressão gênica coordenada. Um operon é constituído por sítios de controle (um operador e um promotor) e por um conjunto de genes estruturais. Além disso, os genes reguladores codificam proteínas que interagem com os sítios operador e promotor para estimular ou para inibir a transcrição. O tratamento da *E. coli* com lactose induz um aumento na produção de β-galactosidase e de duas proteínas adicionais, que são codificadas no operon da lactose. Na ausência de lactose ou de um indutor galactosídio semelhante, o repressor *lac* liga-se a um sítio operador no DNA e bloqueia a transcrição. A ligação da alolactose, um derivado da lactose, ao repressor *lac* induz uma modificação conformacional que leva à dissociação do DNA. A RNA polimerase pode então se deslocar através do operador para transcrever o operon *lac*.

Algumas proteínas ativam a transcrição ao estabelecer contato direto com a RNA polimerase. Por exemplo, o AMP cíclico estimula a transcrição de muitos operons catabólicos por meio de sua ligação à proteína ativadora do catabolismo. A ligação do complexo cAMP-CAP a um sítio específico na região promotora de um induzível operon catabólico aumenta a ligação à RNA polimerase e a iniciação da transcrição.

## 32.3 Circuitos regulatórios podem resultar em alternância entre padrões de expressão gênica

O estudo dos vírus bacterianos, particularmente do bacteriófago λ, revelou aspectos-chave relacionados com as redes regulatórias de genes. O bacteriófago λ pode desenvolver a via lítica ou a via lisogênica. O repressor λ, uma proteína regulatória-chave, regula a sua própria expressão promovendo a transcrição do gene que codifica o repressor, quando os níveis deste último estão baixos, e bloqueando a transcrição do gene, quando os níveis estão elevados. Esse comportamento depende do operador direito λ, que inclui três sítios aos quais os dímeros do repressor λ podem se ligar. A ligação cooperativa do repressor λ a dois dos sítios estabiliza o estado no qual dois dímeros do repressor λ estão ligados. A proteína Cro liga-se aos mesmos sítios do repressor λ, porém com afinidades inversas. Quando Cro está presente em concentrações suficientes, ela bloqueia a transcrição do gene para o repressor λ enquanto possibilita a transcrição de seu próprio gene. Assim, essas duas proteínas e o operador formam um comutador genético, que pode existir em um dos dois estados.

Algumas espécies procarióticas participam do mecanismo de percepção de quórum. Esse processo inclui a liberação de compostos denominados autoindutores no meio que circunda as células. Esses autoindutores são, com frequência, mas nem sempre, acil-homosserina lactonas. Os autoindutores são captados pelas células vizinhas. Quando a concentração de autoindutores alcança um nível apropriado, eles são ligados por proteínas receptoras que ativam a expressão dos genes, incluindo os que promovem a síntese de mais autoindutores. Tais interações sociais quimicamente mediadas permitem que esses procariotos modifiquem seus padrões de expressão gênica em resposta ao número de outras células presentes em seu ambiente. Os biofilmes são comunidades complexas de procariotos, cuja formação é promovida por mecanismos de percepção de quórum.

## 32.4 A expressão gênica pode ser controlada em níveis pós-transcricionais

A expressão gênica também pode ser regulada no nível da tradução. Nos procariotos, muitos operons importantes na biossíntese de aminoácidos são regulados por atenuação, um processo que depende da formação de estruturas alternativas no mRNA, uma das quais favorece a terminação da transcrição. A atenuação é mediada pela tradução de uma região líder do mRNA. Um ribossomo pausado devido à ausência de um aminoacil-tRNA necessário para traduzir o mRNA líder altera a estrutura do mRNA, o que possibilita a transcrição do operon pela RNA polimerase além do sítio atenuador.

APÊNDICE

# Bioquímica em foco

## Regulação da expressão gênica por meio da proteólise

Na seção 32.3, abordamos alguns aspectos sobre como o repressor λ funciona para controlar o ciclo de vida do bacteriófago λ. Especificamente, no estado lisogênico, o repressor λ permite que o bacteriófago permaneça dentro do genoma bacteriano sem a expressão de muitos dos genes virais. Nesse estado, o genoma viral é replicado com o genoma bacteriano sem nenhuma interferência. Entretanto, em épocas de estresse da célula bacteriana, como, por exemplo, exposição à radiação ionizante, o vírus ativa a via lítica, resultando na expressão de um número maior de genes virais, replicação do DNA viral e produção de partículas virais, que são liberadas da célula bacteriana lisada.

A elucidação desse comutador genético representou importante passo na história da nossa compreensão dos mecanismos envolvidos na regulação gênica. Uma observação fundamental foi a de que, durante a resposta ao estresse, o repressor λ é clivado em uma posição específica (entre os resíduos de aminoácidos 111 e 112) dentro de sua sequência. A clivagem é promovida pela proteína bacteriana RecA, que é produzida em resposta ao estresse. Essa clivagem diminui acentuadamente a afinidade do repressor λ pelos seus sítios específicos de ligação ao DNA. Uma vez que o repressor λ é liberado do DNA, a expressão do gene que codifica a proteína Cro é ativada e ocorre a alternância total para o estado lítico.

Por que a clivagem do repressor λ reduz tão acentuadamente a sua afinidade pelo DNA? À semelhança de muitas das proteínas regulatórias da expressão gênica que encontramos neste livro, o repressor λ liga-se ao DNA na forma de um dímero. Os dímeros adequadamente estruturados facilitam a ligação forte ao DNA, visto que a ligação do DNA a um membro do dímero posiciona o outro membro de tal modo que ambos os monômeros possam interagir produtivamente com a mesma molécula de DNA. O repressor λ consiste em dois domínios: o domínio aminoterminal, que interage com o DNA; e o domínio carboxiterminal, que forma um dímero estável. A clivagem pela RecA ocorre nesses dois domínios, tornando então o dímero do repressor λ muito menos estável e permitindo que os monômeros dos domínios de ligação ao DNA liberem independentemente o DNA.

Isso ilustra um mecanismo geral para o acoplamento de outros processos a mudanças na expressão gênica. A proteólise controlada de proteínas regulatórias da expressão gênica constitui um tema comum tanto nos procariotos quanto nos eucariotos. Um grande desafio é elucidar como a ativação de processos proteolíticos no interior das células é direcionada para proteínas específicas sem induzir uma proteólise disseminada. Existem muitas variações sobre esse tema, incluindo as vias que envolvem o proteassomo (ver seção 23.2).

# PALAVRAS-CHAVE

motivo hélice-volta-hélice
β-galactosidase
modelo do operon
sítio operador
repressor
repressor *lac*
operador *lac*
indutor
isopropiltiogalactosídio (IPTG)
repressor *pur*
correpressor
repressão catabólica
proteína ativadora do catabolismo (CAP)
repressor λ
Cro
percepção de quórum (*quorum sensing*)
autoindutor
biofilme
atenuação

# QUESTÕES

1. *Genes ausentes.* Preveja o efeito da deleção das seguintes regiões do DNA:

(a) O gene codificador do repressor *lac*

(b) O operador *lac*

(c) O gene codificador de CAP

2. *Concentração mínima.* Calcule a concentração de repressor *lac,* pressupondo a presença de uma molécula por célula. Parta do pressuposto de que cada célula da *E. coli* tenha um volume de $10^{-12}$ $cm^3$. Você esperaria que esta única molécula estivesse livre ou ligada ao DNA?

3. *Contagem de sítios.* Calcule o número esperado de vezes em que determinado sítio de DNA de oitos pares de bases

deve estar presente no genoma da *E. coli*. Pressuponha que todas as quatro bases sejam igualmente prováveis. Repita com um sítio de 10 pares de bases e outro sítio de 12 pares de bases.

**4.** *Iguais, porém não os mesmos.* O repressor *lac* e o repressor *pur* são proteínas homólogas com estruturas tridimensionais muito semelhantes; contudo, elas exercem efeitos diferentes sobre a expressão gênica. Descreva duas maneiras importantes pelas quais as propriedades de regulação gênica dessas proteínas diferem. ✓2

**5.** *Na contramão.* Alguns compostos denominados anti-indutores ligam-se a repressores, como o repressor *lac*, e inibem a ação dos indutores; isto é, a transcrição é reprimida, e são necessárias concentrações mais elevadas de indutor para induzir a transcrição. Proponha um mecanismo de ação para os anti-indutores. ✓2

**6.** *Repetições invertidas.* Suponha que uma repetição invertida quase perfeita de 20 pares de bases seja observada em uma sequência de DNA. Forneça duas explicações possíveis.

**7.** *Operadores avariados.* Considere uma mutação hipotética em $O_R2$, que bloqueia tanto o repressor λ quanto a ligação à Cro. Como essa mutação afetaria a probabilidade de entrada do bacteriófago λ na fase lítica? ✓4

**8.** *Promotores.* Compare as sequências -10 e -35 do repressor λ e dos genes Cro no operador direito. Quantas diferenças existem entre essas sequências?

**9.** *Retroalimentações positiva e negativa.* Qual é o efeito de uma concentração aumentada de Cro sobre a expressão do gene do repressor λ? Da concentração aumentada de repressor λ sobre a expressão do gene Cro? Da concentração aumentada de repressor λ sobre a expressão do gene do repressor λ? ✓4

**10.** *Sem líder.* O mRNA do repressor λ começa com 5'-AUG-3', que codifica o resíduo de metionina que inicia a proteína. O que é incomum sobre esse início? O que faria o mRNA ser traduzido ou não eficientemente?

**11.** *Contagem de quorum.* Suponha que na *Vibrio fischeri* você tenha uma série de compostos a serem testados quanto à atividade autoindutora. Proponha um ensaio simples partindo do pressuposto de que você consegue obter culturas de *V. fischeri* em baixas densidades celulares. ✓5

**12.** *Utilização de códons.* Existem quatro códons que codificam a treonina. Considere a sequência líder na Figura 32.22A. Que códons são utilizados e com que frequência?

## Questões sobre mecanismo

**13.** *Siga a estereoquímica.* A hidrólise da lactose é catalisada pela β-galactosidase. A reação global prossegue com retenção ou com inversão da configuração? Tendo em vista que cada etapa provavelmente prossegue com inversão da configuração, o que a alteração global da estereoquímica sugere em relação ao mecanismo? Um resíduo essencial na reação foi identificado como Glu 537. Proponha um mecanismo geral para a hidrólise da lactose.

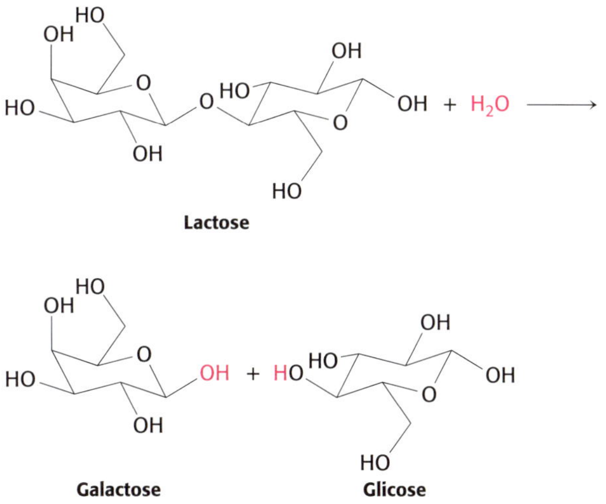


## Questões | Interpretação de dados

**14.** *Deixando pistas.* Um poderoso método para analisar as interações entre proteínas e DNA é denominado *footprinting* de DNA. Nesse método, um fragmento de DNA contendo um potencial sítio de ligação é marcado radioativamente em uma extremidade. Em seguida, o DNA marcado é tratado com um agente que cliva o DNA, como a DNase I, de modo que cada molécula de DNA dentro da população seja cortada apenas uma vez. O mesmo processo de clivagem é realizado na presença da proteína de ligação ao DNA. A proteína ligada protege alguns sítios do DNA da clivagem. Os padrões de fragmentos de DNA no conjunto de moléculas de DNA clivadas são então examinados por eletroforese seguida de autorradiografia (a).

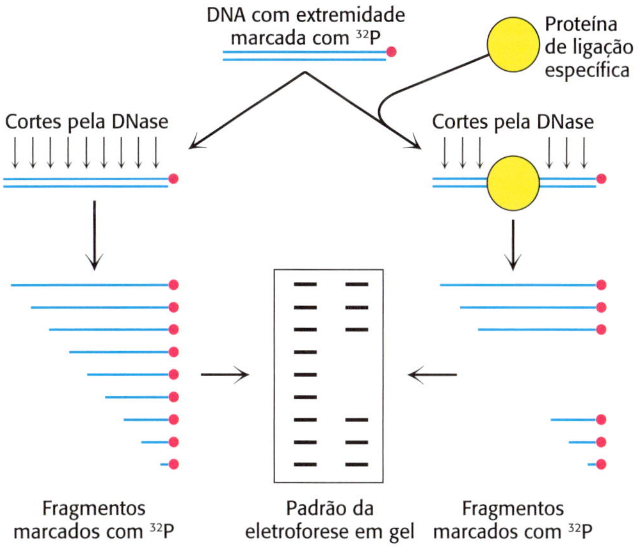


Esse método é aplicado a um fragmento de DNA contendo um único sítio de ligação para o repressor λ na presença de diferentes concentrações de repressor λ. Os resultados são mostrados a seguir:

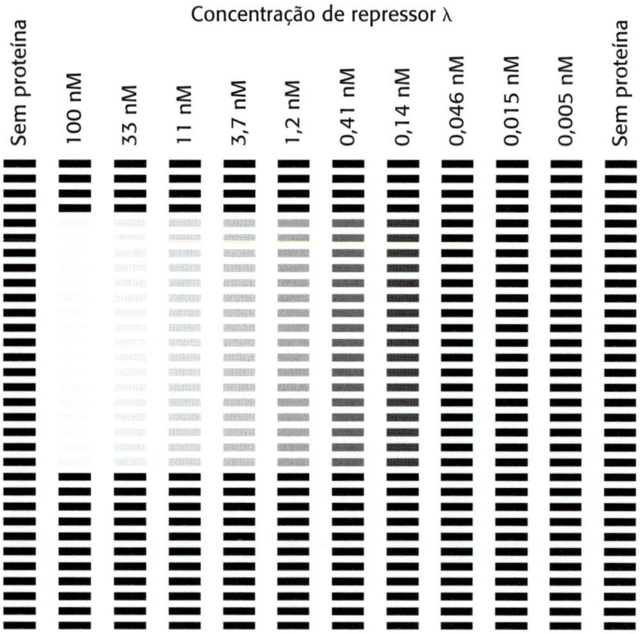


Estime a constante de dissociação do complexo repressor λ-DNA e a energia livre padrão de ligação.

## Questão para discussão

**15.** A expressão gênica envolve a conversão da informação presente em uma sequência genômica de DNA em proteína funcional. Forneça exemplos de controle da expressão gênica em diferentes etapas ao longo dessa via.

# Controle da Expressão Gênica nos Eucariotos

CAPÍTULO 33

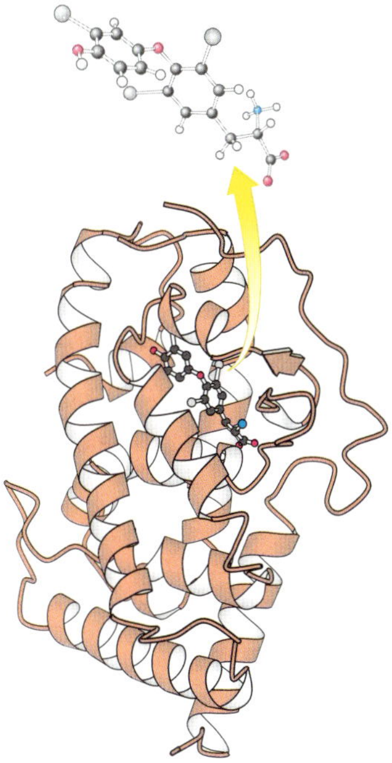

Os processos biológicos complexos frequentemente exigem o controle coordenado da expressão de muitos genes. A maturação de um girino em uma rã é controlada, em grande parte, pelo hormônio tireoidiano. Esse hormônio regula a expressão gênica por meio de sua ligação a uma proteína, o receptor de hormônio tireoidiano (*à direita*). Em resposta à ligação do hormônio, essa proteína liga-se a sítios específicos do DNA no genoma e modula a expressão de genes adjacentes. [(*À esquerda*) Fonte: iStock ®Michel VIARD.

## OBJETIVOS DE APRENDIZAGEM

*Ao término do capítulo, o leitor deverá ser capaz de:*

1. Discutir o empacotamento do DNA em cromatina nos eucariotos, incluindo as relações entre o DNA e as proteínas histonas.
2. Descrever algumas das diferenças do controle da expressão gênica entre procariotos e eucariotos.
3. Descrever as estruturas de alguns motivos comuns encontrados em fatores de transcrição eucarióticos.
4. Discutir a função da cromatina e a modificação de sua estrutura no controle da expressão gênica dos eucariotos.
5. Definir epigenética e discutir o papel das modificações do DNA e das proteínas histonas no controle da expressão gênica e na determinação do tipo celular.
6. Discutir a família de receptores nucleares de hormônios e explicar como a ligação de ligantes a esse tipo de receptor pode resultar em alterações da expressão gênica.
7. Fornecer exemplos dos mecanismos de regulação gênica pós-transcricional.

## SUMÁRIO



Muitos dos aspectos mais importantes e intrigantes da biologia e da medicina modernas, como as vias cruciais para o desenvolvimento de organismos multicelulares, as alterações que distinguem as células normais das células cancerosas e as mudanças evolutivas que levam ao aparecimento de novas espécies, envolvem redes de vias regulatórias da expressão gênica. A regulação gênica dos eucariotos é

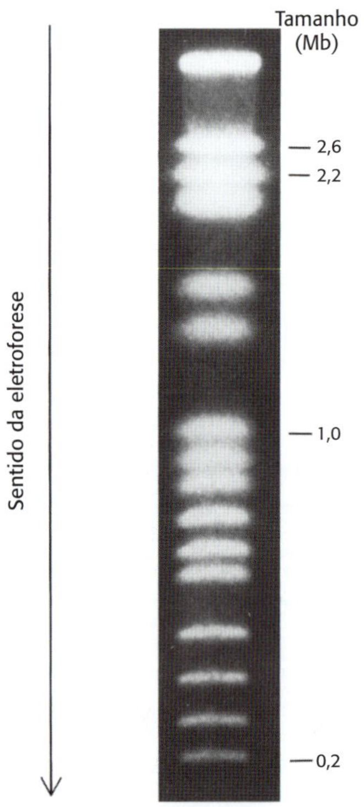


**FIGURA 33.1 Cromossomos da levedura.** A eletroforese de campo pulsado possibilita a separação dos 16 cromossomos da levedura. [De G. Chu, D. Wollrath, D. e R.W. Davis, Separation of large DNA molecules by contour-clamped homogeneous electric fields. *Science* 234:1583–1585. 1986. Reimpressa com autorização de AAAS.]

**Megabase**

Comprimento de DNA que consiste em $10^6$ pares de bases (se for de fita dupla) ou $10^6$ bases (se for de fita simples).

1 Mb = $10^3$ kb = $10^6$ bases

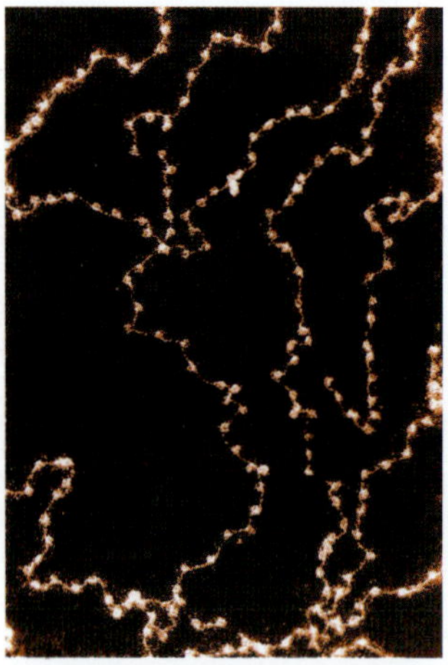

**FIGURA 33.2 Estrutura da cromatina.** Micrografia eletrônica da cromatina mostrando seu aspecto em "contas em um colar". As contas correspondem aos complexos de DNA com proteínas específicas. [Don. W. Fawcett/Science Source.]

significativamente mais complexa que nos procariotos em diversos aspectos. Em primeiro lugar, os genomas regulados são significativamente maiores. O genoma da *E. coli* consiste em um único cromossomo circular que contém 4,6 megabases (Mb). Esse genoma codifica aproximadamente 2 mil proteínas. Em comparação, um dos eucariotos mais simples, *Saccharomyces cerevisiae* (levedura de pão), contém 16 cromossomos, cujo tamanho varia de 0,2 a 2,2 Mb (Figura 33.1). O genoma total da levedura tem 12 Mb e codifica aproximadamente 6 mil proteínas. O genoma em uma célula humana contém 23 pares de cromossomos, cujo tamanho varia de 50 a 250 Mb. Existem aproximadamente 20 mil genes codificadores de proteínas dentro das 3.000 Mb do DNA humano.

Em segundo lugar, enquanto o DNA genômico procariótico é relativamente acessível, o DNA eucariótico é empacotado em cromatina, um complexo formado entre o DNA e um conjunto especial de proteínas (Figura 33.2). Embora os princípios para a formação da cromatina sejam relativamente simples, a estrutura da cromatina para um genoma completo é muito complexa. É importante ressaltar que, em determinada célula eucariótica, alguns genes e suas regiões regulatórias associadas são relativamente acessíveis para a transcrição e a regulação, enquanto outros genes estão firmemente empacotados e, portanto, inativos. Frequentemente, a regulação gênica dos eucariotos exige a manipulação da estrutura da cromatina.

Uma manifestação dessa complexidade é a presença de muitos *tipos de células* diferentes na maioria dos eucariotos. Uma célula hepática, uma célula pancreática e uma célula-tronco embrionária contêm as mesmas sequências de DNA, porém o subconjunto de genes altamente expressos nas células do pâncreas, que secreta enzimas digestivas, difere acentuadamente do subconjunto altamente expresso no fígado, que é o local de transporte de lipídios e da transdução de energia. As células-tronco embrionárias não expressam nenhum subconjunto de genes em altos níveis; os genes mais expressos consistem em genes "de manutenção" (*housekeeping*), que estão envolvidos no citoesqueleto e em processos como a tradução (Tabela 33.1). A existência de tipos celulares estáveis deve-se às dissemelhanças no *epigenoma*, que se refere às diferenças na estrutura da cromatina e a modificações covalentes do DNA, e não à própria sequência do DNA. Assim, diferentes tipos de células compartilham o mesmo genoma (*i. e.*, a mesma sequência de DNA), porém diferem nos seus epigenomas, no empacotamento e na modificação desse genoma.

Adicionalmente, os genes eucarióticos geralmente não estão organizados em operons. Em vez disso, frequentemente os genes que codificam proteínas para etapas dentro de determinada via estão distribuídos amplamente pelo genoma. Essa característica exige a atuação de outros mecanismos para regular os genes de modo coordenado.

Apesar dessas diferenças, alguns aspectos da regulação gênica nos eucariotos são muito semelhantes aos dos procariotos. Particularmente, as proteínas ativadoras e repressoras que reconhecem sequências específicas de DNA são fundamentais para muitos processos de regulação gênica. Neste capítulo, consideraremos inicialmente a estrutura da cromatina. Em seguida, apresentaremos os fatores de transcrição – proteínas de ligação ao DNA que são semelhantes em muitos aspectos às proteínas procarióticas que descrevemos no capítulo anterior. As características fundamentais dos promotores, dos fatores de transcrição e de sequências *enhancer* nos eucariotos, que podem atuar a uma distância considerável dos sítios de iniciação da transcrição, foram apresentadas na seção 30.2. Os fatores de transcrição eucarióticos podem atuar diretamente por meio de sua interação com a maquinaria transcricional, ou indiretamente ao influenciar a estrutura da cromatina.

**TABELA 33.1** Genes codificadores de proteínas altamente expressos no pâncreas, no fígado e nas células-tronco embrionárias (como porcentagem do conjunto total de mRNA).

| Classificação | Proteínas Expressas no Pâncreas | % | Proteínas Expressas no Fígado | % | Proteínas Expressas nas Células-Tronco | % |
|---|---|---|---|---|---|---|
| 1 | Procarboxipeptidase A1 | 7,6 | Albumina | 3,5 | Gliceraldeído-3-fosfato desidrogenase | 0,7 |
| 2 | Tripsinogênio pancreático 2 | 5,5 | Apolipoproteína A-I | 2,8 | Fator de elongação da tradução 1 $\alpha$1 | 0,6 |
| 3 | Quimiotripsinogênio | 4,4 | Apolipoproteína C-I | 2,5 | Tubulina $\alpha$ | 0,5 |
| 4 | Tripsina pancreática 1 | 3,7 | Apolipoproteína C-III | 2,1 | Proteína tumoral controlada por tradução | 0,5 |
| 5 | Elastase IIIB | 2,4 | ATPase 6/8 | 1,5 | Ciclofilina A | 0,4 |
| 6 | Protease E | 1,9 | Citocromo oxidase 3 | 1,1 | Cofilina | 0,4 |
| 7 | Lipase pancreática | 1,9 | Citocromo oxidase 2 | 1,1 | Nucleofosmina | 0,3 |
| 8 | Procarboxipeptidase B | 1,7 | $\alpha_1$-Antitripsina | 1,0 | Conexina 43 | 0,3 |
| 9 | Amilase pancreática | 1,7 | Citocromo oxidase 1 | 0,9 | Fosfoglicerato mutase | 0,2 |
| 10 | Lipase estimulada por sais biliares | 1,4 | Apolipoproteína E | 0,9 | Fator de elongação da tradução 1 $\beta$2 | 0,2 |

Fontes: Dados sobre o pâncreas de V. E. Velculescu, L. Zhang, B. Vogelstein e K. W. Kinzler, *Science* 270:484-487, 1995. Dados sobre o fígado de T. Yamashita, S. Hashimoto, S. Kaneko, S. Nagai, N. Toyoda, T. Suzuki, K. Kobayashi e K. Matsushima, *Biochem. Biophys. Res. Commun.* 269:110-116, 2000. Dados sobre as células-tronco de M. Richards, S. P. Tan, J. H. Tan, W. K. Chan e A. Bongso, *Stem Cells* 22:51-64, 2004.

Por fim, examinaremos mecanismos de regulação pós-transcricionais da expressão gênica selecionados, incluindo aqueles baseados em microRNAs, uma importante classe de moléculas regulatórias descoberta recentemente.

## 33.1 O DNA eucariótico é organizado em cromatina

O DNA eucariótico está fortemente ligado a um grupo de pequenas proteínas básicas, denominadas *histonas*. Com efeito, as histonas constituem metade da massa de um cromossomo eucariótico. O complexo total de DNA e proteína associada de uma célula é denominado *cromatina*. A cromatina compacta e organiza o DNA eucariótico, e a sua presença tem consequências dramáticas para a regulação gênica.

### Os nucleossomos são complexos de DNA e histonas

A cromatina é constituída por unidades repetidas contendo, cada uma delas, 200 bp de DNA e duas cópias de cada uma das quatro proteínas histonas H2A, H2B, H3 e H4. As histonas possuem propriedades notadamente básicas, visto que 25% dos resíduos em cada histona consistem em arginina ou lisina, isto é, aminoácidos com carga positiva, que interagem fortemente com o DNA de carga negativa. O complexo proteico é denominado *octâmero de histona*. As unidades repetidas do octâmero de histona e o DNA associado são denominados *nucleossomos*. Visualizada na microscopia eletrônica, a cromatina tem a aparência de contas em um colar (ver Figura 33.2); cada conta apresenta um diâmetro de aproximadamente 100 Å. A digestão parcial da cromatina pela DNase gera as contas isoladas. Essas partículas consistem em fragmentos de DNA de cerca de 200 bp de comprimento ligados ao octâmero de histona. A digestão mais extensa resulta em um fragmento de DNA mais curto de 145 bp ligado ao octâmero. O complexo menor formado pelo octâmero de histona e pelo fragmento de DNA de 145 bp é denominado *partícula do cerne do nucleossomo*. O DNA que conecta as partículas do cerne na cromatina não digerida é denominado DNA conector (*linker*). A histona H1 liga-se, em parte, ao DNA *linker*.

## O DNA enrola-se em torno dos octâmeros de histona para formar nucleossomos

A estrutura global do nucleossomo foi revelada pelos estudos de microscopia eletrônica e cristalografia de raios X realizados por Aaron Klug e colaboradores. Mais recentemente, as estruturas tridimensionais de partículas reconstituídas do cerne do nucleossomo foram determinadas com maior resolução por métodos de difração de raios X (Figura 33.3). De fato, o "cordão" do DNA enrola-se em torno das "contas" da histona. Os quatro tipos de histona que constituem o cerne de proteína são homólogos e possuem estrutura semelhante (Figura 33.4). As oito histonas no cerne estão arranjadas em um tetrâmero $(H3)_2(H4)_2$ e em um par de dímeros H2A–H2B. O tetrâmero e os dímeros unem-se para formar uma rampa super-helicoidal para a esquerda em torno da qual se enrola o DNA. Além disso, cada histona apresenta uma cauda aminoterminal, que se estende para fora da estrutura do cerne. Essas caudas são flexíveis e contêm muitos resíduos de lisina e de arginina. Como veremos adiante, as *modificações covalentes dessas caudas desempenham um papel essencial na regulação da expressão gênica.*

O DNA forma uma super-hélice para a esquerda enquanto se enrola em torno da parte externa do octâmero de histona. O cerne de proteína forma contatos com a superfície interna da super-hélice do DNA em muitos pontos, particularmente ao longo do esqueleto de fosfodiéster e do sulco menor. Formam-se nucleossomos em quase todos os sítios de DNA, embora algumas sequências sejam preferidas porque os degraus de dinucleotídios estão adequadamente espaçados para favorecer a inclinação em torno do cerne de histona. Uma histona com estrutura diferente das outras, denominada histona H1, sela o nucleossomo na posição em que o DNA *linker* entra e sai. As sequências de aminoácidos das histonas, incluindo suas caudas aminoterminais, são notavelmente conservadas desde as leveduras até os seres humanos.

O enrolamento do DNA em torno do cerne do nucleossomo contribui para o empacotamento do DNA, visto que diminui a sua extensão linear. Um segmento estendido de 200 bp de DNA teria um comprimento de cerca de 680 Å. O enrolamento desse DNA em torno do octâmero de histona reduz o comprimento em aproximadamente 100 Å ao longo da maior dimensão do nucleossomo. Por conseguinte, o DNA é compactado em um fator de 7. Entretanto, os cromossomos humanos na metáfase, que são altamente condensados, são compactados por um fator de $10^4$. Evidentemente, o nucleossomo constitui apenas a primeira etapa na compactação do DNA. Qual é a próxima etapa?

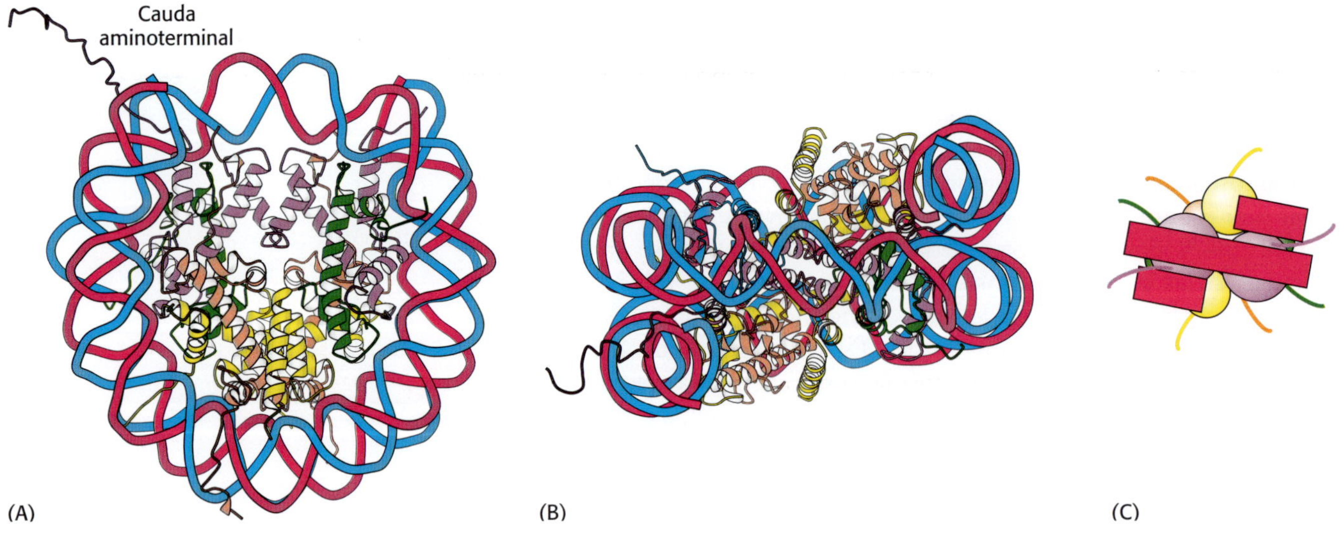


**FIGURA 33.3 Partícula do cerne do nucleossomo.** A estrutura consiste em um cerne de oito proteínas histonas circundadas pelo DNA. **A.** Vista mostrando o DNA enrolado em torno do cerne de histona. **B.** Rotação de 90° da vista na parte (A). *Observe* que o DNA forma uma super-hélice (*coiled-coil*) para a esquerda à medida que vai se enrolando em torno do cerne. **C.** Visão esquemática. [Desenhada de 1AOI.pdb.]

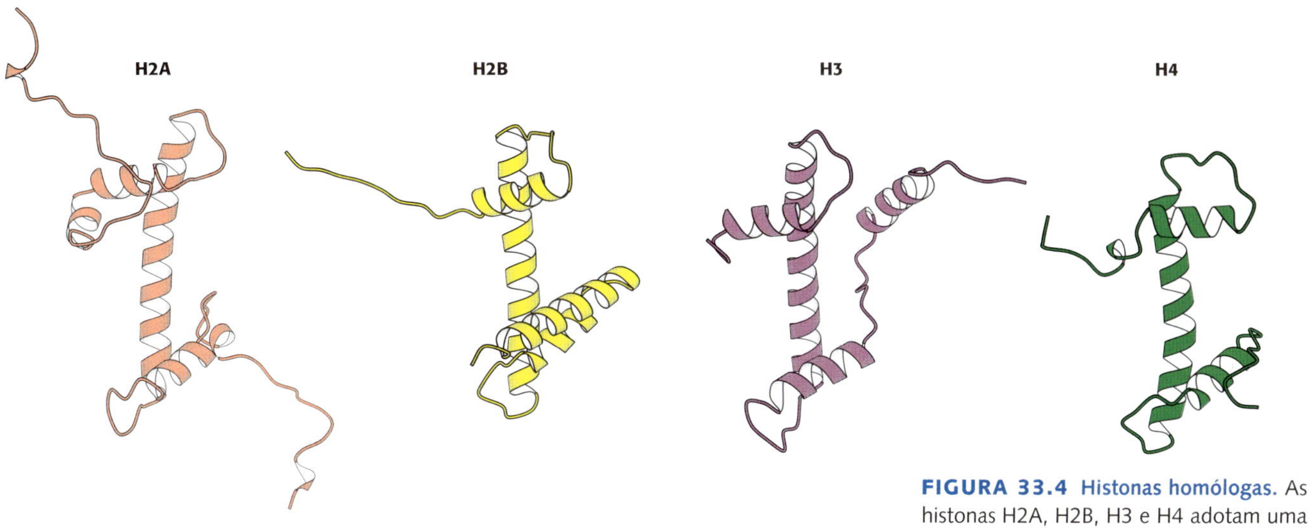


**FIGURA 33.4 Histonas homólogas.** As histonas H2A, H2B, H3 e H4 adotam uma estrutura tridimensional semelhante em consequência de um ancestral comum. Algumas partes das caudas nas extremidades das proteínas não são mostradas. [Desenhada de 1AOI.pdb.]

Os próprios nucleossomos podem se dispor em arranjos helicoidais de aproximadamente 300 Å de largura (Figura 33.5). O dobramento dessas fibras de nucleossomos em alças compacta ainda mais o DNA.

O enrolamento do DNA em torno do octâmero de histona na forma de hélice para a esquerda também armazena super-hélices negativas. Se o DNA em um nucleossomo for esticado, o DNA estará menos enrolado. Esse relaxamento é exatamente o que é necessário para separar as duas fitas de DNA durante a replicação e a transcrição.

## 33.2 Fatores de transcrição ligam-se ao DNA e regulam a iniciação da transcrição

Os *fatores de transcrição* de ligação ao DNA são fundamentais para a regulação gênica nos eucariotos, assim como o são nos procariotos. Entretanto, as funções dos fatores de transcrição eucarióticos são diferentes em vários aspectos. Em primeiro lugar, enquanto nos procariotos os sítios de ligação ao DNA cruciais para o controle da expressão gênica estão habitualmente situados próximo aos promotores, aqueles dos eucariotos podem estar mais distantes dos promotores e podem exercer suas ações a distância. Em segundo lugar, os genes procarióticos são regulados, em sua maioria, por fatores de transcrição únicos, e ocorre uma expressão coordenada de múltiplos genes em uma via, visto que esses genes são frequentemente transcritos como parte de um mRNA policistrônico. Nos eucariotos, a expressão de cada gene é normalmente controlada por múltiplos fatores de transcrição, e a expressão coordenada de diferentes genes depende da existência de sítios de ligação a fatores de transcrição semelhantes em cada gene do conjunto. Em terceiro lugar, nos procariotos, os fatores de transcrição geralmente interagem de modo direto com a RNA polimerase. Nos eucariotos, enquanto alguns fatores de transcrição interagem diretamente com a RNA polimerase, muitos outros atuam de maneira mais indireta, interagindo com outras proteínas associadas à RNA polimerase ou modificando a estrutura da cromatina. Examinaremos agora com mais detalhes os fatores de transcrição eucarióticos.

Geralmente, os fatores de transcrição dos eucariotos consistem em vários domínios. O *domínio de ligação ao DNA* liga-se a sequências regulatórias, que podem estar adjacentes ao promotor ou situadas a alguma distância dele. Com mais frequência, os fatores de transcrição incluem domínios adicionais que ajudam a ativar a transcrição. Quando um fator de transcrição está ligado ao

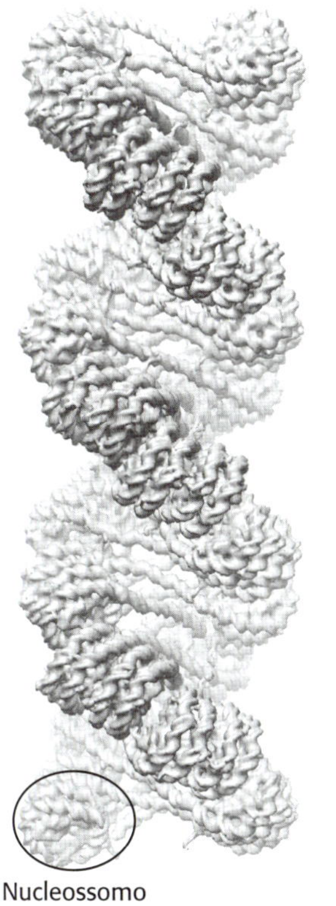


**FIGURA 33.5 Estrutura da cromatina de ordem superior.** Estrutura de uma disposição helicoidal dos nucleossomos, determinada por criomicroscopia eletrônica, revelando um modo de condensação da cromatina. As estruturas nas células são mais heterogêneas e dinâmicas. [De Feng Song *et al.*, Cryo-EM Study of the Chromatin Fiber Reveals a Double Helix Twisted by Tetranucleosomal Units. *Science* 344, 376–380. 2014. Reimpressa com autorização de AAAS.]

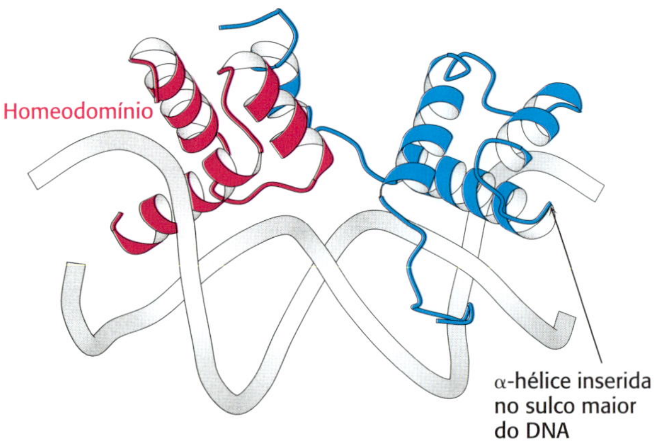


**FIGURA 33.6 Estrutura do homeodomínio.** Estrutura de um heterodímero formado por dois domínios diferentes de ligação ao DNA, cada um baseado em um homeodomínio. *Observe* que cada homeodomínio apresenta um motivo hélice-volta-hélice com uma hélice inserida no sulco maior do DNA. [Desenhada de 1AKH.pdb.]

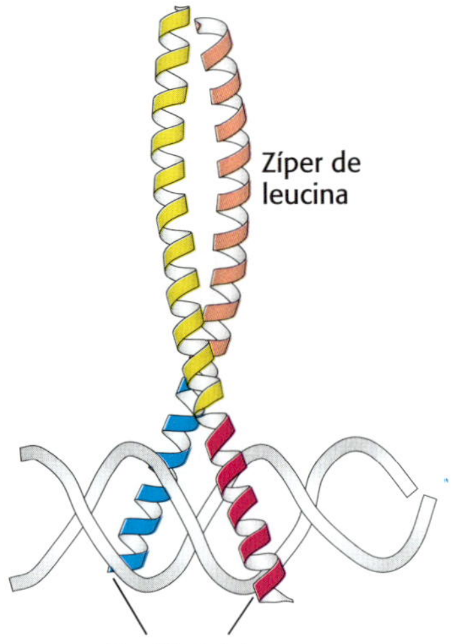


**FIGURA 33.7 Zíper de leucina básico.** Esse heterodímero compreende duas proteínas de zíper de leucina básico. *Observe* que a região básica está localizada no sulco maior do DNA. A parte do zíper de leucina estabiliza o dímero proteico. [Desenhada de 1FOS.pdb.]

DNA, seu *domínio de ativação* promove a transcrição por meio de interação com a RNA polimerase II, interação com outras proteínas associadas ou modificação da estrutura local da cromatina.

## As proteínas de ligação ao DNA dos eucariotos utilizam uma variedade de estruturas de ligação ao DNA

As estruturas de muitas proteínas de ligação ao DNA nos eucariotos foram determinadas, e foi constatada uma variedade de motivos estruturais; entretanto, vamos nos concentrar em três deles, que revelam as características comuns e a diversidade desses motivos. A primeira classe de unidades de ligação ao DNA nos eucariotos que consideraremos é o *homeodomínio* (Figura 33.6). A estrutura desse homeodomínio e o seu modo de reconhecimento do DNA são muito semelhantes aos das proteínas hélice-volta-hélice dos procariotos. Nos eucariotos, as proteínas do homeodomínio frequentemente formam estruturas heterodiméricas, algumas vezes com outras proteínas do homeodomínio, que reconhecem sequências assimétricas de DNA.

A segunda classe de unidades de ligação ao DNA nos eucariotos compreende as *proteínas com zíper de leucina básico* (*b*ZIp) (Figura 33.7). Essa unidade de ligação ao DNA consiste em um par de α-hélices longas. A primeira parte de cada α-hélice é uma região básica situada no sulco maior do DNA e estabelece os contatos responsáveis pelo reconhecimento do sítio do DNA. A segunda parte de cada α-hélice forma uma estrutura em super-hélice com o seu par. Como essas unidades frequentemente são estabilizadas por resíduos de leucina adequadamente espaçados, tais estruturas são, em geral, designadas como *zíperes de leucina*.

A classe final de unidades de ligação ao DNA nos eucariotos que consideraremos aqui consiste nos *domínios em dedo de zinco* $Cys_2His_2$ (Figura 33.8). Uma unidade de ligação ao DNA dessa classe é um conjunto de pequenos domínios *in tandem*, e cada um dos quais se liga a um íon zinco por meio de conjuntos conservados de dois resíduos de cisteína e dois resíduos de histidina. Essas estruturas, frequentemente denominadas *domínios em dedo de zinco*, formam um cordão que acompanha o sulco maior do DNA. Uma α-hélice de cada domínio estabelece um contato específico com as bordas dos pares de bases dentro do sulco. Algumas proteínas contêm arranjos de 10 ou mais domínios em dedo de zinco, possibilitando o seu contato potencial com longos segmentos do DNA. O genoma humano codifica várias centenas de proteínas que contêm domínios dessa classe em

**FIGURA 33.8 Domínios em dedo de zinco.** Um domínio de ligação ao DNA constituído por três domínios em dedo de zinco $Cys_2His_2$ (em amarelo, azul e vermelho) é mostrado em um complexo com o DNA. Cada domínio em dedo de zinco é estabilizado por um íon zinco ligado (em verde) por meio de interações com dois resíduos de cisteína e dois resíduos de histidina. *Observe* como a proteína se enrola em torno do DNA no sulco maior. [Desenhada de 1AAY.pdb.]

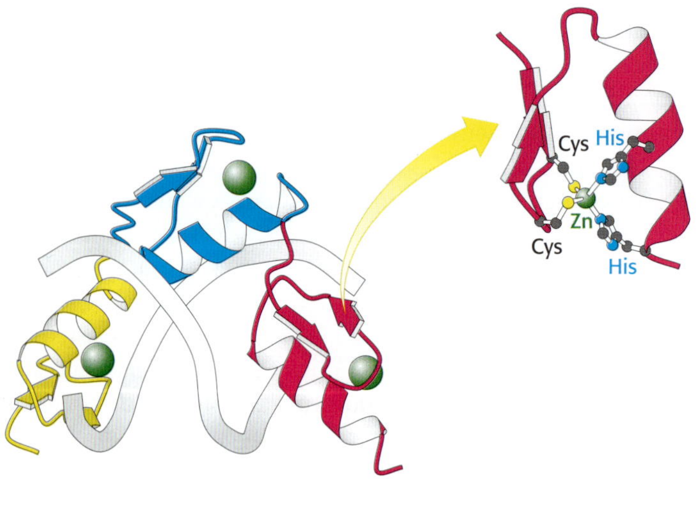

dedo de zinco. Descreveremos outra classe de domínio de ligação ao DNA baseado em zinco quando abordarmos os receptores nucleares de hormônios na seção 33.3.

## Os domínios de ativação interagem com outras proteínas

Os domínios de ativação dos fatores de transcrição geralmente recrutam outras proteínas, que promovem a transcrição. Em alguns casos, esses domínios de ativação interagem diretamente com a RNA polimerase II ou com proteínas estreitamente associadas. Os domínios de ativação atuam por meio de proteínas intermediárias, que estabelecem uma conexão entre os fatores de transcrição e a polimerase. Um importante alvo dos ativadores é o *mediador*, um complexo proteico de 25 a 30 subunidades conservadas desde as leveduras até os seres humanos, que atua como uma ponte entre os fatores de transcrição e a RNA polimerase II ligada ao promotor (Figura 33.9). Os estudos com utilização de criomicroscopia eletrônica estão revelando os detalhes da estrutura do mediador e suas interações com a RNA polimerase II e os fatores de transcrição. Essas estruturas fornecem esclarecimentos sobre o modo pelo qual o mediador facilita a fosforilação do domínio carboxiterminal da RNA polimerase de modo a promover a transição da iniciação da transcrição para a elongação.

Os domínios de ativação são menos conservados do que os domínios de ligação ao DNA. De fato, foi constatada a existência de pouca semelhança entre as sequências. Por exemplo, podem ser ácidos, hidrofóbicos, ou ricos em glutamina ou em prolina. Entretanto, eles apresentam certos aspectos em comum. Em primeiro lugar, frequentemente são *redundantes*, ou seja, uma parte do domínio de ativação pode ser deletada sem perda da função. Em segundo lugar, são *modulares* e podem modular a transcrição quando pareados com uma variedade de domínios de ligação ao DNA. Em terceiro lugar, podem atuar de modo *sinérgico*: dois domínios de ativação atuam em conjunto para criar um efeito mais potente do que cada um atuando separadamente.

Consideramos até aqui o caso em que o controle gênico aumenta o nível de expressão de um gene. Frequentemente, a expressão de um gene precisa ser reduzida por meio de bloqueio da transcrição. Então, os agentes são *repressores da transcrição*. À semelhança dos ativadores, muitas vezes os repressores da transcrição atuam alterando a estrutura da cromatina.

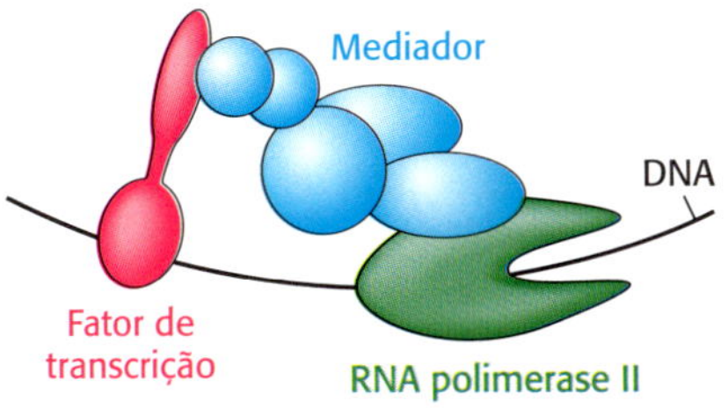


**FIGURA 33.9 Mediador.** O mediador, que consiste em um grande complexo de subunidades proteicas, atua como uma ponte entre os fatores de transcrição que apresentam domínios de ativação e a RNA polimerase II. Essas interações ajudam a recrutar e a estabilizar a RNA polimerase II próximo a genes específicos, que são transcritos em seguida.

## Múltiplos fatores de transcrição interagem com regiões regulatórias eucarióticas

O complexo de transcrição basal, descrito no Capítulo 30, inicia a transcrição em uma frequência baixa. Convém lembrar que vários fatores de transcrição gerais unem-se à RNA polimerase II para formar o complexo basal de transcrição. Outros fatores de transcrição precisam se ligar a outros sítios, que podem estar próximos ao promotor ou muito distantes de um gene para obter maior taxa de síntese de mRNA. Diferentemente dos reguladores da transcrição procariótica, alguns fatores de transcrição eucarióticos não exercem nenhum efeito por si só. Na verdade, cada fator recruta outras proteínas para construir grandes complexos que interagem com a maquinaria transcricional para ativar a transcrição.

Importante vantagem desse modo de regulação é o fato de que, dependendo da presença de outras proteínas na mesma célula, determinada proteína regulatória pode gerar efeitos diferentes. Esse fenômeno, denominado *controle combinatorial*, é crucial para os organismos multicelulares, que possuem numerosos tipos diferentes de células. Até mesmo em eucariotos unicelulares, como a levedura, o controle combinatorial possibilita a geração de tipos celulares distintos.

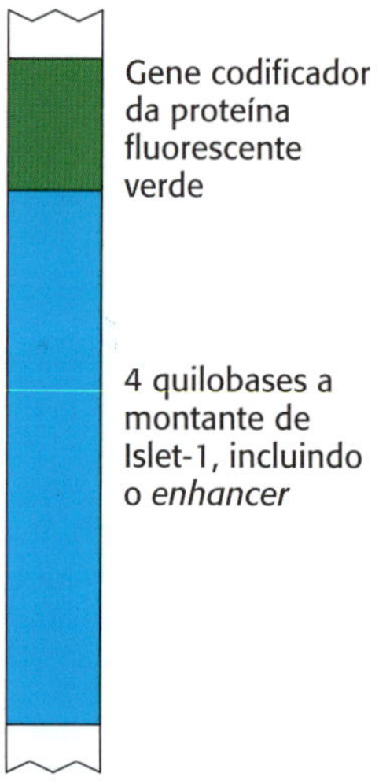


**FIGURA 33.10 Sonda para a função do *enhancer*.** Construção de DNA que inclui um gene codificador da proteína fluorescente verde adjacente a 4 quilobases do DNA a montante do sítio de iniciação para a proteína Islet-1. Se essa construção for introduzida em células nas quais Islet-1 é expressa, o *enhancer* e o promotor devem levar à produção de proteína fluorescente verde.

## Os amplificadores (*enhancers*) podem estimular a transcrição em tipos celulares específicos

Frequentemente, os fatores de transcrição podem atuar até mesmo se seus sítios de ligação estiverem situados a uma considerável distância do promotor. Esses sítios regulatórios distantes são denominados *enhancers* (ver Capítulo 30). Os *enhancers* atuam como sítios de ligação para fatores de transcrição específicos. Um *enhancer* só é efetivo nos tipos celulares específicos nos quais estão expressas as proteínas regulatórias apropriadas. Em muitos casos, essas proteínas de ligação ao DNA influenciam a iniciação da transcrição, perturbando a estrutura local da cromatina para expor um gene ou seus sítios regulatórios, em vez de efetuar interações diretas com a RNA polimerase. Esse mecanismo responde pela capacidade dos *enhancers* de atuar a distância.

As propriedades dos amplificadores são ilustradas por estudos do *enhancer* que controla o gene Islet-1. Esse gene codifica uma proteína contendo um homeodomínio, que desempenha importantes funções no sistema nervoso em desenvolvimento. Fragmentos de DNA foram construídos contendo as regiões do promotor e do *enhancer* associadas ao gene Islet-1 conectado a um gene que expressa a proteína fluorescente verde (GFP, do inglês *green fluorescent protein*; Figura 33.10). Quando essa construção de DNA foi introduzida no peixe-zebra, um organismo útil para os estudos por imagem em virtude de seu tamanho e transparência, foi possível visualizar a expressão da proteína fluorescente verde por microscopia. A fluorescência verde da GFP foi observada apenas em neurônios motores e somente durante um estágio de desenvolvimento do peixe-zebra (Figura 33.11), revelando o poder do *enhancer* em limitar a expressão gênica a determinadas células.

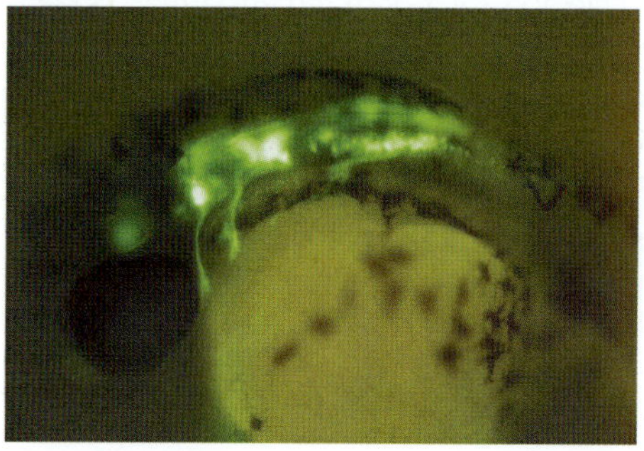

**FIGURA 33.11 Demonstração experimental da função do *enhancer*.** Imagem microscópica de um embrião de peixe-zebra em desenvolvimento no qual foi introduzida uma sonda para a função do *enhancer* (ver Figura 33.10). A fluorescência verde revela que a proteína fluorescente verde só é expressa em um subconjunto de células, que se mostraram ser neurônios motores cranianos. [De Higashijima *et al.*, Visualization of Cranial Motor Neurons in Live Zebrafish. *J. Neurosci*. 20, 206-218. 2000. © Society for Neuroscience.]

## Células-tronco pluripotentes induzidas podem ser geradas pela introdução de quatro fatores de transcrição em células diferenciadas

Uma importante aplicação que ilustra o poder dos fatores de transcrição é o desenvolvimento de *células-tronco pluripotentes induzidas* (iPS, do inglês *induced pluripotent stem cells*). As células-tronco pluripotentes têm a capacidade de se diferenciar em muitos tipos diferentes de células mediante tratamento apropriado. Células previamente isoladas, obtidas de embriões, exibem um grau muito elevado de pluripotência. Com o tempo, os pesquisadores identificaram dezenas de genes em células-tronco embrionárias que contribuem para essa pluripotência quando expressos. Em um notável experimento com células de camundongo realizado em 2006 e com células humanas em 2007, Shinya Yamanaka demonstrou que apenas quatro genes desse conjunto total podem induzir pluripotência em células cutâneas já diferenciadas. Yamanaka introduziu genes que codificam quatro fatores de transcrição em células cutâneas denominadas fibroblastos. Os fibroblastos sofreram desdiferenciação em células que apresentaram características quase idênticas àquelas das células-tronco embrionárias (Figura 33.12).

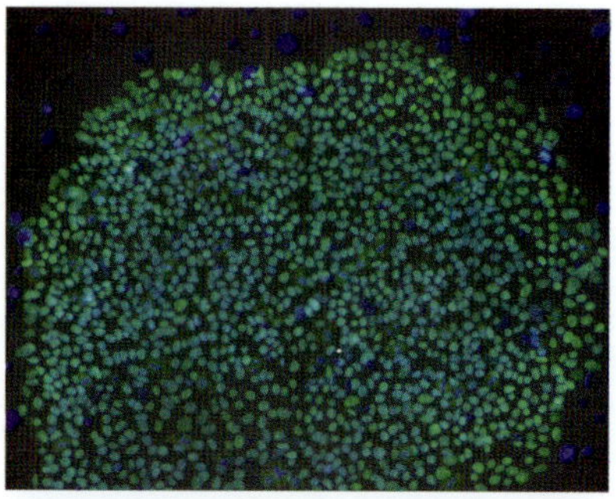

**FIGURA 33.12 Células-tronco pluripotentes induzidas.** Micrografia de células-tronco pluripotentes induzidas humanas, coradas de verde, para um fator de transcrição que é característico das células pluripotentes. [Reimpressa de *Cell*, K. Takahashi, K. Tanabe, M. Ohnuki, M. Narita, T. Ichisaka, K. Tomoda e S. Yamanaka, Induction of Pluripotent Stem Cells from Adult Human Fibroblasts by Defined Factors, Vol. 131, 861-872, 2007, Figura 1, parte N, com autorização de Elsevier. Cortesia do Prof. Shinya Yamanaka, Kyoto University.]

Essas células iPS representam uma valiosa ferramenta de pesquisa e, potencialmente, uma nova classe de agentes terapêuticos. O conceito proposto é o de que uma amostra de fibroblastos de um paciente poderia ser facilmente isolada e convertida em células iPS. Essas células iPS poderiam ser tratadas para se diferenciarem em um tipo celular desejado, passível de ser transplantado no paciente. Por exemplo, tal abordagem poderia ser utilizada para restaurar uma classe específica de células nervosas depletadas em consequência de doença neurodegenerativa. Embora o campo de pesquisa das células iPS ainda esteja evoluindo, ele é muito promissor como uma possível abordagem para o tratamento de muitas doenças comuns e de tratamento difícil.

## 33.3 O controle da expressão gênica pode exigir o remodelamento da cromatina

As primeiras observações sugeriram que a estrutura da cromatina desempenha uma importante função no controle da expressão gênica nos eucariotos. O DNA que está densamente empacotado na cromatina é menos suscetível à clivagem pela inespecífica enzima de clivagem de DNA, a DNase I. As regiões adjacentes a genes que estão sendo transcritos são mais sensíveis à clivagem pela DNase I do que outros sítios no genoma, sugerindo que o DNA nessas regiões está menos compactado do que em outros locais e mais acessível às proteínas. Além disso, alguns sítios, geralmente a uma distância de 1 kb do sítio de iniciação de um gene ativo, são extremamente sensíveis à DNase I e a outras nucleases. Esses *sítios hipersensíveis* correspondem a regiões que apresentam poucos nucleossomos ou que contêm nucleossomos em uma conformação alterada. *Os sítios hipersensíveis são específicos do tipo celular e são regulados ao longo do desenvolvimento.* Por exemplo, os genes da globina nos precursores dos eritrócitos de embriões de galinha de 20 horas de vida são insensíveis à DNase I. Entretanto, quando a síntese de hemoglobina começa a 35 horas, as regiões adjacentes a esses genes tornam-se altamente suscetíveis à digestão. Em tecidos como o do cérebro, que não produzem hemoglobina, os genes da globina permanecem resistentes à DNase I durante todo o desenvolvimento e durante a vida adulta. Esses estudos sugerem que o relaxamento da estrutura da cromatina constitui um pré-requisito para a expressão gênica.

Experimentos recentes revelaram ainda mais claramente a função da estrutura da cromatina na regulação do acesso aos sítios de ligação ao DNA. Na levedura, os genes necessários para a utilização da galactose são ativados por um fator de transcrição, denominado GAL4, que reconhece sítios de ligação ao DNA com duas sequências 5′-CGG-3′ em fitas complementares separados por 11 pares de bases (Figura 33.13). Embora milhares de sítios de ligação de GAL4 da forma 5′-CGG(N)$_{11}$CCG-3′ estejam presentes no genoma da levedura, apenas um pequeno número deles regula os genes necessários para o metabolismo da galactose. Como o fator GAL4 é direcionado para essa pequena fração de potenciais sítios de ligação? Essa questão é solucionada com o uso de uma técnica denominada *imunoprecipitação de cromatina* (ChIP, do inglês *chromatin immunoprecipitation*; Figura 33.14). Inicialmente, são formadas na cromatina ligações cruzadas de GAL4 com seus sítios de ligação ao DNA. Em seguida, o DNA é clivado em pequenos fragmentos, e são utilizados anticorpos anti-GAL4 para isolar os fragmentos de cromatina contendo GAL4. A ligação cruzada é revertida, e o DNA é isolado e caracterizado. Os resultados desses estudos revelam que aproximadamente 10 dos 4 mil potenciais sítios de GAL4 são ocupados por GAL4 quando as células estão crescendo na presença de galactose, enquanto mais de 99% dos sítios parecem estar

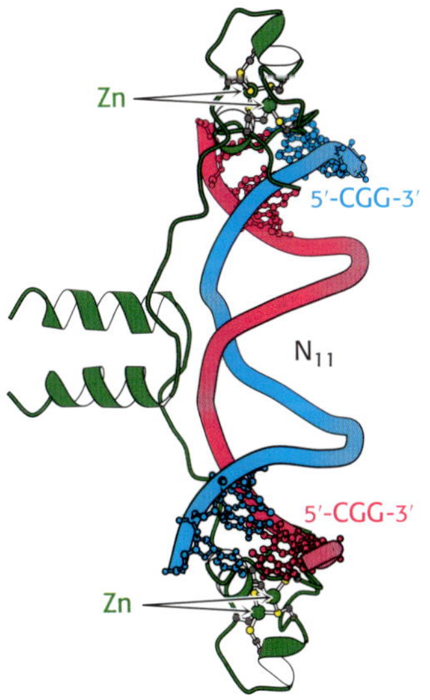


**FIGURA 33.13 Sítios de ligação de GAL4.** O fator de transcrição GAL4 da levedura liga-se a sequências de DNA da forma 5′-CGG(N)$_{11}$CCG-3′. Existem dois domínios à base de zinco na região de ligação ao DNA dessa proteína. *Observe* que esses domínios entram em contato com as sequências 5′-CGG-3′, deixando o centro do sítio sem contato. [Desenhada de 1D66.pdb.]

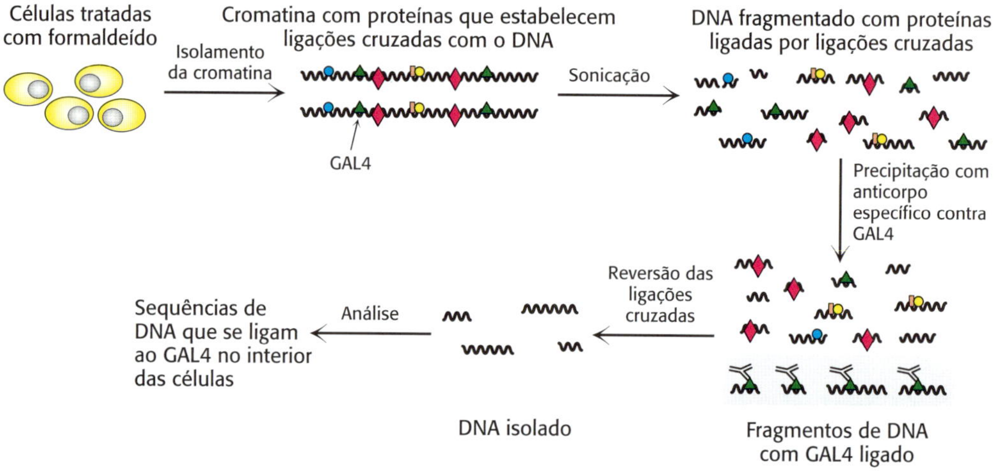


**FIGURA 33.14 Imunoprecipitação de cromatina.** Células ou núcleos isolados são tratados com formaldeído para induzir ligações cruzadas entre proteínas e DNA. Em seguida, as células são lisadas, e o DNA é fragmentado por sonicação. Os fragmentos de DNA ligados a determinada proteína são isolados por meio do uso de um anticorpo específico para essa proteína. Em seguida, as ligações cruzadas são revertidas, e os fragmentos de DNA são caracterizados.

bloqueados, presumivelmente pela estrutura da cromatina local. Por conseguinte, embora nos procariotos todos os sítios pareçam estar igualmente acessíveis, a estrutura da cromatina protege um grande número dos potenciais sítios de ligação nas células eucarióticas. Assim, GAL4 é impedido de se ligar a sítios que não são importantes para o metabolismo da galactose. Essas evidências, bem como outros dados, revelam que, em comparação com os genes inativos, a estrutura da cromatina é alterada nos genes ativos.

## A metilação do DNA pode alterar os padrões de expressão gênica

O grau de metilação do DNA proporciona outro mecanismo, além do empacotamento com histonas, para inibir uma expressão gênica inapropriada para um tipo específico de célula. O carbono 5 da citosina pode ser metilado por metiltransferases específicas. Cerca de 70% das sequências 5′-CpG-3′ (em que "p" representa o resíduo de fosfato no esqueleto do DNA) nos genomas dos mamíferos são metiladas. Entretanto, a distribuição dessas citosinas metiladas varia dependendo do tipo de célula. Considere o gene da β-globina. Nas células com expressão ativa da hemoglobina, a região que se estende de aproximadamente 1 kb a montante do sítio de iniciação até aproximadamente 100 bp a jusante desse sítio é menos metilada do que a região correspondente em células que não expressam esse gene. A relativa ausência de 5-metilcitosinas próximo ao sítio de iniciação é designada como *hipometilação*. O grupo metila da 5-metilcitosina projeta-se para dentro do sulco maior, onde pode interferir facilmente na ligação de proteínas que estimulam a transcrição.

**5-Metilcitosina**

A distribuição das sequências CpG nos genomas dos mamíferos não é uniforme. Muitas sequências CpG foram convertidas em TpG por meio da mutação por desaminação da 5-metilcitosina em timina. Todavia, sítios situados próximo às extremidades 5′ dos genes foram mantidos em virtude de sua função na expressão gênica. Por conseguinte, a maioria dos genes é encontrada nas *ilhas CpG*, que consistem em regiões do genoma que contêm aproximadamente quatro vezes mais sequências CpG do que o restante do genoma.

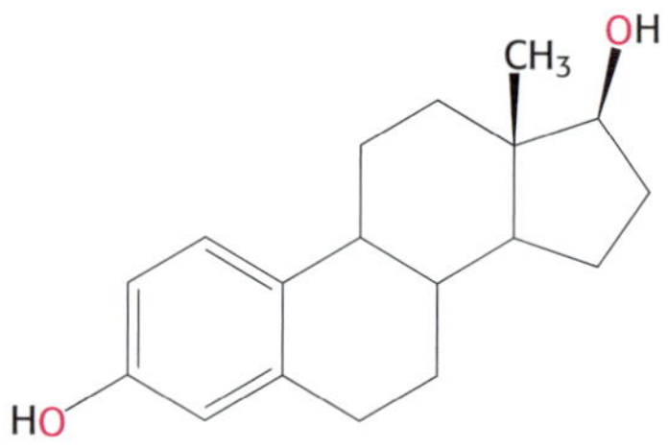


**Estradiol**
(um estrogênio)

## Os esteroides e as moléculas hidrofóbicas relacionadas atravessam as membranas e ligam-se a receptores de ligação ao DNA

A seguir, analisaremos um exemplo que ilustra como os fatores de transcrição podem estimular mudanças na estrutura da cromatina que afetam a transcrição. Consideraremos com alguns detalhes o sistema que detecta e que responde aos estrogênios. Os *estrogênios*, que são sintetizados e liberados pelos ovários, como o estradiol, são hormônios esteroides derivados do colesterol (ver seção 26.4). Os estrogênios são necessários para o desenvolvimento das características sexuais secundárias femininas e, juntamente com a progesterona, participam do ciclo ovariano.

Por serem moléculas hidrofóbicas, os estrogênios difundem-se com facilidade através das membranas celulares. Uma vez no interior das células, os estrogênios ligam-se a proteínas receptoras solúveis e altamente específicas. Os receptores de estrogênios são membros de uma grande família de proteínas que atuam como receptoras de uma ampla gama de moléculas hidrofóbicas, incluindo outros hormônios esteroides, os hormônios tireoidianos e os retinoides.

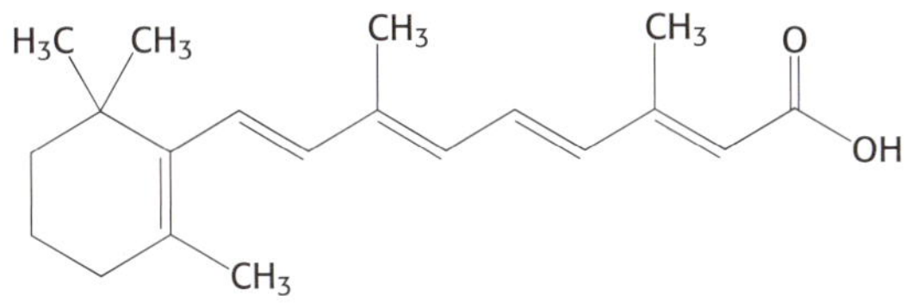

**Ácido all-*trans*-retinoico**
(um retinoide)

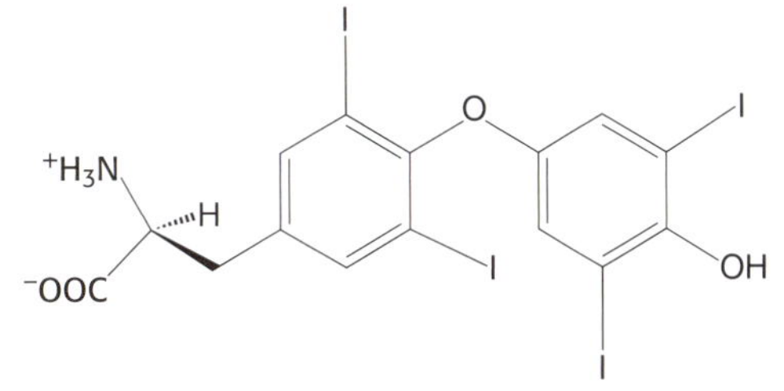

**Tiroxina**
**(L-3,5,3′,5′-Tetraiodotironina)**
(um hormônio tireoidiano)

O genoma humano codifica aproximadamente 50 membros dessa família, frequentemente designados como *receptores nucleares de hormônios*. Os genomas de outros eucariotos multicelulares codificam números semelhantes de receptores nucleares de hormônios, embora estejam ausentes nas leveduras.

Todos esses receptores apresentam um modo de ação semelhante. Com a ligação da molécula sinalizadora (denominada genericamente *ligante*), o complexo receptor-ligante modifica a expressão de genes específicos por meio de sua ligação a elementos de controle no DNA. Os receptores de estrogênios ligam-se a sítios específicos no DNA (denominados *elementos de resposta ao estrogênio*, ou EREs) que contêm a sequência consenso 5′-**AGGTCA**NNNN**TGACCT**-3′. Conforme esperado pela simetria dessa sequência, um receptor de estrogênio liga-se a esses sítios na forma de um dímero.

Uma comparação das sequências de aminoácidos dos membros dessa família revela dois domínios altamente conservados: um domínio de ligação ao DNA e um domínio de ligação ao ligante (Figura 33.15). O domínio de ligação ao DNA situa-se voltado para o centro da molécula e consiste em

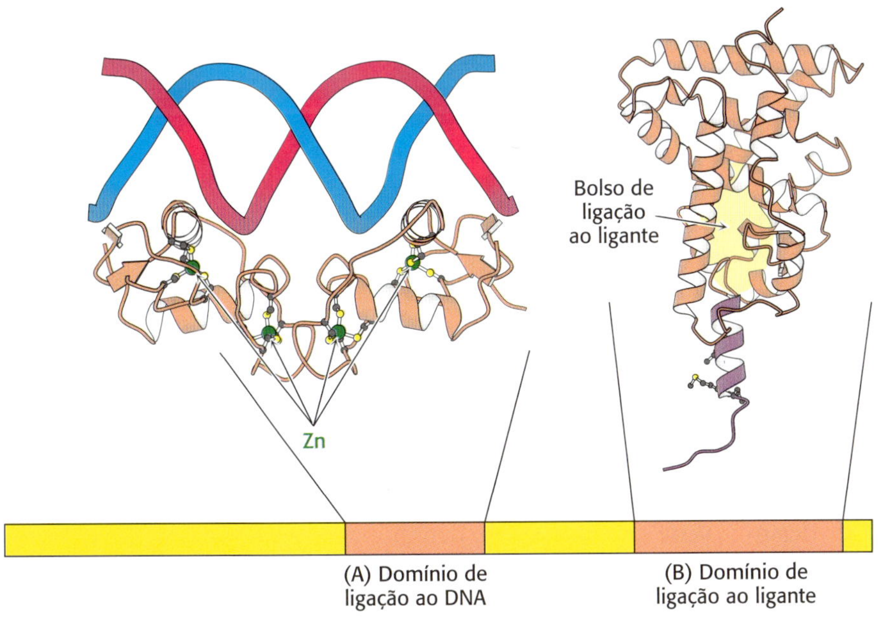


**FIGURA 33.15 Estrutura dos dois domínios dos receptores nucleares de hormônios.** Os receptores nucleares de hormônios contêm dois domínios cruciais conservados: (**A**) um domínio de ligação ao DNA próximo ao centro da sequência e (**B**) um domínio de ligação ao ligante próximo à extremidade carboxiterminal. A estrutura de um dímero do domínio de ligação ao DNA ligado ao DNA é mostrada, assim como um monômero do normalmente dimérico domínio de ligação ao ligante. [Desenhada de 1HCQ e 1LBD.pdb.]

um conjunto de domínios à base de zinco diferente das proteínas em dedo de zinco $Cys_2His_2$ apresentadas na seção 33.2. Esses domínios à base de zinco ligam-se a sequências específicas no DNA em virtude de uma α-hélice que está situada no sulco maior nos complexos de DNA específicos formados pelos receptores de estrogênio.

### Os receptores nucleares de hormônios regulam a transcrição pelo recrutamento de coativadores para o complexo de transcrição

O segundo domínio altamente conservado nas proteínas receptoras nucleares situa-se próximo à extremidade carboxiterminal e constitui o sítio de ligação ao ligante. Esse domínio se enovela em uma estrutura que consiste quase totalmente em α-hélices dispostas em três camadas. O ligante liga-se em um bolso hidrofóbico situado no centro desse arranjo de hélices (Figura 33.16). Esse domínio modifica a conformação quando interage com seu ligante, o estrogênio. Como a interação do ligante leva à ocorrência de mudanças na expressão gênica? O modelo mais simples seria a alteração das propriedades de ligação do receptor ao DNA pela ligação do ligante de modo análogo ao que ocorre com o repressor *lac* nos procariotos. Entretanto, experimentos realizados com receptores nucleares de hormônios purificados revelaram que a ligação ao ligante *não* altera de modo significativo a afinidade e a especificidade de ligação ao DNA. Existe outro mecanismo que opera.

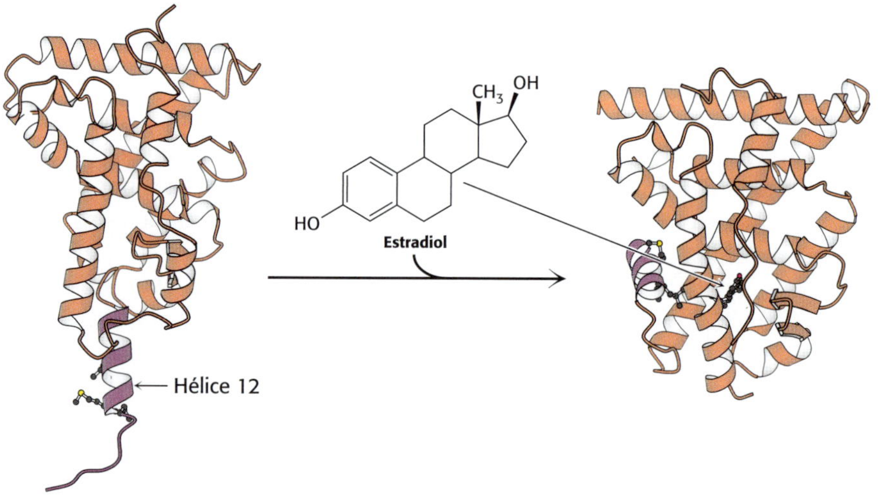


**FIGURA 33.16 Ligação do ligante ao receptor nuclear de hormônio.** O ligante está totalmente circundado dentro de um bolso no domínio de ligação ao ligante. *Observe* que a última α-hélice, a hélice 12 (mostrada em roxo), dobra-se dentro de um sulco na lateral da estrutura sobre a ligação ao ligante. [Desenhada de 1LDB e 1ERE.pdb.]

Os pesquisadores procuraram determinar se proteínas específicas poderiam se ligar aos receptores nucleares de hormônios apenas na presença do ligante. Essas pesquisas levaram à identificação de várias proteínas relacionadas, denominadas *coativadores*, como o *SRC-1* (coativador do receptor de esteroides 1 [*steroid receptor coactivator-1*]), a GRIP-1 (proteína de interação com o receptor de glicocorticoides 1 [*glucocorticoid receptor interacting protein-1*]) e o NcoA-1 (coativador do receptor nuclear de hormônios 1 [*nuclear hormone receptor coactivator-1*]). Em virtude de seu tamanho, esses coativadores são classificados como a família p160. A ligação do ligante ao receptor induz uma mudança conformacional que possibilita o recrutamento de um coativador (Figura 33.17). Em muitos casos, esses coativadores consistem em enzimas que catalisam reações que produzem uma modificação na estrutura da cromatina.

### Os receptores de hormônios esteroides constituem alvos para fármacos

As moléculas como o estradiol, que se ligam a um receptor e desencadeiam vias de sinalização, são denominadas *agonistas*. Algumas vezes, os atletas fazem uso de agonistas naturais e sintéticos do receptor de androgênio, um membro da família dos receptores nucleares de hormônios, visto

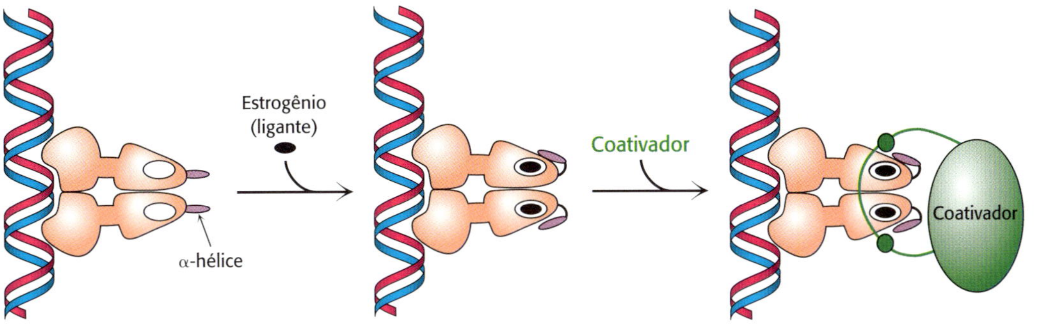


**FIGURA 33.17 Recrutamento do coativador.** A ligação do ligante a um receptor nuclear de hormônio induz uma mudança conformacional no domínio de ligação ao ligante. Essa mudança conformacional gera sítios favoráveis para a ligação de um coativador.

que a sua ligação ao receptor de androgênio estimula a expressão de genes que intensificam o desenvolvimento da massa muscular magra.

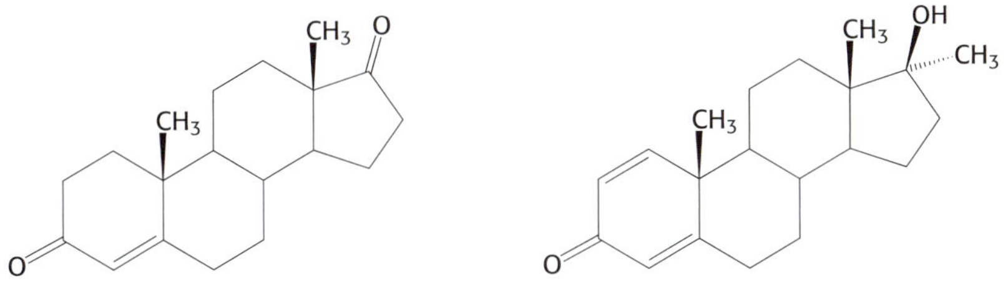

**Androstendiona**
(um androgênio natural)

**Dianabol**
**(metandrostenolona)**
(um androgênio sintético)

Esses compostos, designados como *esteroides anabólicos* ou *anabolizantes*, quando utilizados em excesso, apresentam efeitos colaterais. Nos homens, o seu uso excessivo leva a uma redução na secreção de testosterona, atrofia testicular e, algumas vezes, aumento das mamas (ginecomastia) se parte do excesso de androgênio for convertida em estrogênio. Nas mulheres, o excesso de testosterona provoca diminuição na ovulação e na secreção de estrogênio; além disso, provoca regressão das mamas e crescimento de pelos faciais.

Outras moléculas ligam-se a receptores nucleares de hormônios, porém não desencadeiam efetivamente as vias de sinalização. Esses compostos, denominados *antagonistas*, são, em muitos aspectos, semelhantes aos inibidores competitivos de enzimas. Alguns fármacos importantes são antagonistas que têm como alvo o receptor de estrogênio. Por exemplo, o *tamoxifeno* e o *raloxifeno* são utilizados no tratamento e na prevenção do câncer de mama, visto que determinados tumores de mama dependem de vias mediadas pelo estrogênio para o seu crescimento. Como alguns desses compostos exercem efeitos distintos sobre diferentes formas do receptor de estrogênio, são designados como *moduladores seletivos do receptor de estrogênio* (SERMs, do inglês *selective estrogen receptor modulators*).

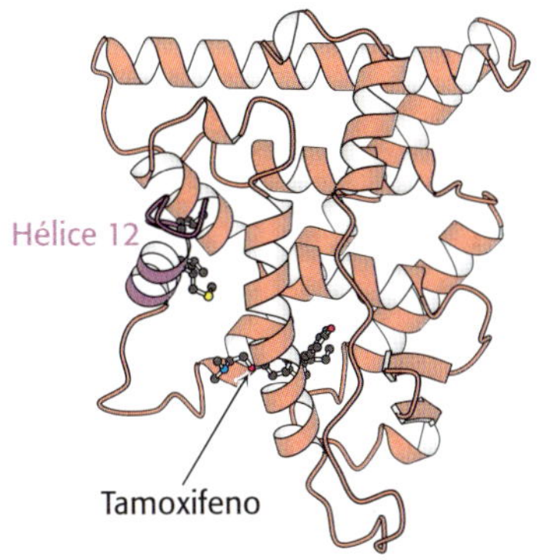


**FIGURA 33.18 Complexo receptor de estrogênio-tamoxifeno.** O tamoxifeno liga-se no bolso normalmente ocupado pelo estrogênio. Entretanto, *observe* que parte da estrutura do tamoxifeno projeta-se a partir do bolso, de modo que a hélice 12 não consegue se empacotar em sua posição habitual. Em vez disso, essa hélice bloqueia o sítio de ligação do coativador. [Desenhada de 3ERT.pdb.]

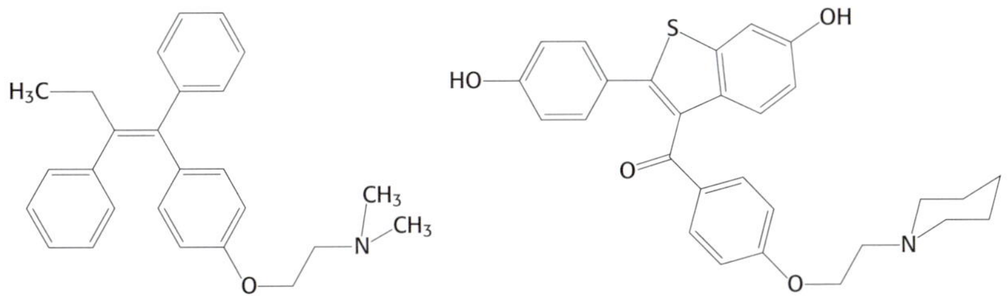

**Tamoxifeno**

**Raloxifeno**

A determinação da estrutura dos complexos entre o receptor de estrogênio e esses fármacos revelou a base de seu efeito antagonista (Figura 33.18).

O tamoxifeno liga-se ao mesmo sítio que o estradiol. Entretanto, o tamoxifeno possui um grupo que se estende para fora do bolso normal de ligação ao ligante, assim como outros antagonistas. Esses grupos bloqueiam as mudanças conformacionais normais que são induzidas pelo estrogênio. O tamoxifeno bloqueia a ligação dos coativadores e, portanto, inibe a ativação da expressão gênica.

### A estrutura da cromatina é modulada por modificações covalentes das caudas das histonas

Vimos que os receptores nucleares respondem a moléculas de sinalização por meio do recrutamento de coativadores. Agora, podemos questionar como tais coativadores modulam a atividade transcricional. *Essas proteínas atuam para afrouxar o complexo de histona do DNA, expondo regiões adicionais do DNA à maquinaria de transcrição.*

Grande parte da efetividade dos coativadores parece resultar de sua capacidade de modificar covalentemente as caudas aminoterminais das histonas, bem como regiões em outras proteínas. Alguns dos coativadores p160 e as proteínas que eles recrutam catalisam a transferência de grupos acetila da acetil-CoA para resíduos de lisina específicos nessas caudas aminoterminais.

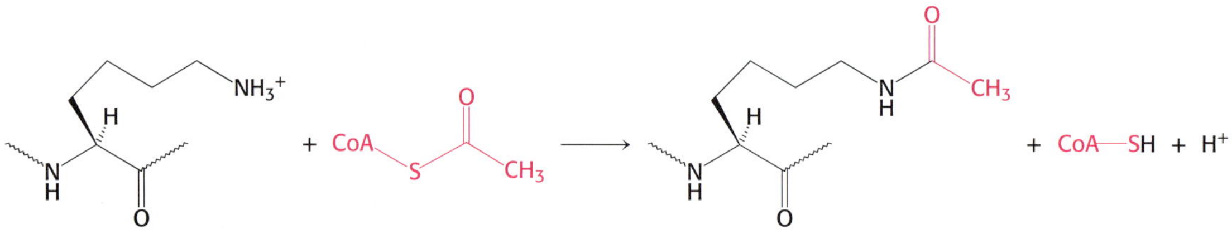


As enzimas que catalisam essas reações são denominadas *histona acetiltransferases* (HATs). As caudas das histonas são facilmente estendidas, de modo que podem se encaixar dentro do sítio ativo da HAT e podem se tornar acetiladas (Figura 33.19).

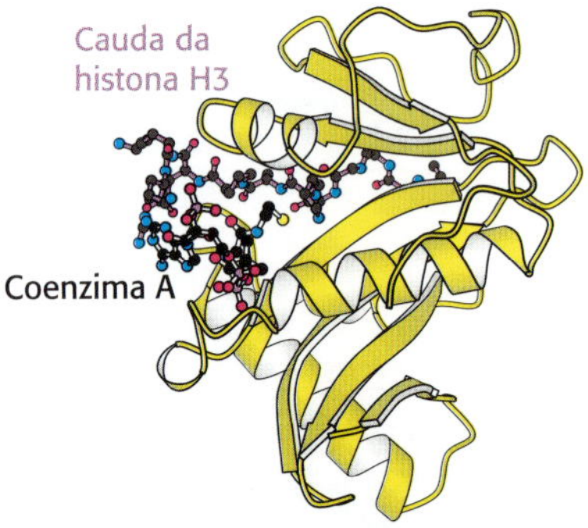


**FIGURA 33.19 Estrutura da histona acetiltransferase.** A cauda aminoterminal da histona H3 estende-se para dentro de um bolso no interior do qual uma cadeia lateral de lisina pode aceitar um grupo acetila da acetil-coenzima A ligada em um sítio adjacente. [Desenhada de 1QSN.pdb.]

Quais são as consequências da acetilação das histonas? A lisina possui um grupo amônio com carga positiva em pH neutro. A adição de um grupo acetila gera um grupo amida sem carga. Essa modificação reduz dramaticamente a afinidade da cauda pelo DNA e diminui modestamente a afinidade de todo o complexo de histonas pelo DNA, afrouxando então o complexo do DNA.

Além disso, os resíduos acetilados de lisina interagem com um *domínio de ligação de acetil-lisina* específico, encontrado em muitas proteínas que regulam a transcrição nos eucariotos. Esse domínio, denominado *bromodomínio*, é constituído por aproximadamente 110 aminoácidos, que formam um feixe de quatro hélices contendo em uma extremidade um sítio de ligação a peptídios (Figura 33.20).

As proteínas que contêm bromodomínios são componentes de dois complexos grandes essenciais para a transcrição. Um deles é um complexo com mais de 10 polipeptídios que se liga à *proteína de ligação à caixa TATA*. Convém lembrar que a proteína de ligação à caixa TATA é um fator de transcrição essencial para muitos genes (ver seção 30.2). As proteínas que se ligam à proteína de ligação à caixa TATA são denominadas *TAFs* (fatores associados à proteína de ligação à caixa TATA [*TATA-box-binding protein associated factors*]). Particularmente, o TAF1 contém um par de bromodomínios próximo à sua extremidade carboxiterminal. Os dois domínios estão orientados de modo que cada um deles se liga a um de dois resíduos de acetil-lisina nas posições 5 e 12 da cauda da histona H4.

Por conseguinte, *a acetilação das caudas das histonas proporciona um mecanismo de recrutamento de outros componentes da maquinaria transcricional.*

Os bromodomínios também são encontrados em alguns componentes dos complexos grandes conhecidos como *complexos de remodelamento da cromatina* ou *máquinas de remodelamento da cromatina*. Esses complexos, que também contêm domínios homólogos aos das helicases, utilizam a energia livre proveniente da hidrólise do ATP para deslocar as posições dos nucleossomos ao longo do DNA e para induzir outras mudanças conformacionais na cromatina (Figura 33.21). A acetilação de histonas pode levar a uma reorganização da estrutura da cromatina, potencialmente expondo sítios de ligação para outros fatores. *Assim, a acetilação de histonas pode ativar a transcrição por meio de uma combinação de três mecanismos: redução da afinidade das histonas pelo DNA, recrutamento de outros componentes da maquinaria transcricional e iniciação do remodelamento da estrutura da cromatina.*

Os receptores nucleares de hormônios também incluem regiões que interagem com componentes do complexo mediador. Por conseguinte, existem dois mecanismos de regulação gênica que podem atuar em conjunto. A modificação das histonas e o remodelamento da cromatina podem abrir regiões da cromatina nas quais o complexo de transcrição pode ser recrutado por meio de interações entre proteínas.

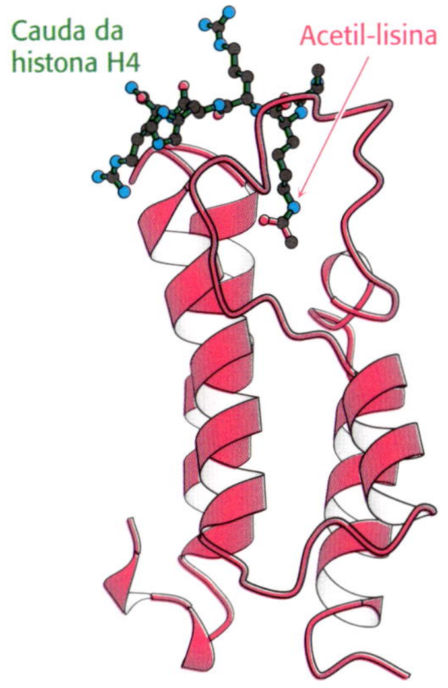


**FIGURA 33.20 Estrutura de um bromodomínio.** Esse domínio com feixe de quatro hélices liga-se a peptídios que contêm acetil-lisina. *Observe* que um peptídio acetilado da histona H4 está ligado à estrutura. [Desenhada de 1EGI.pdb.]

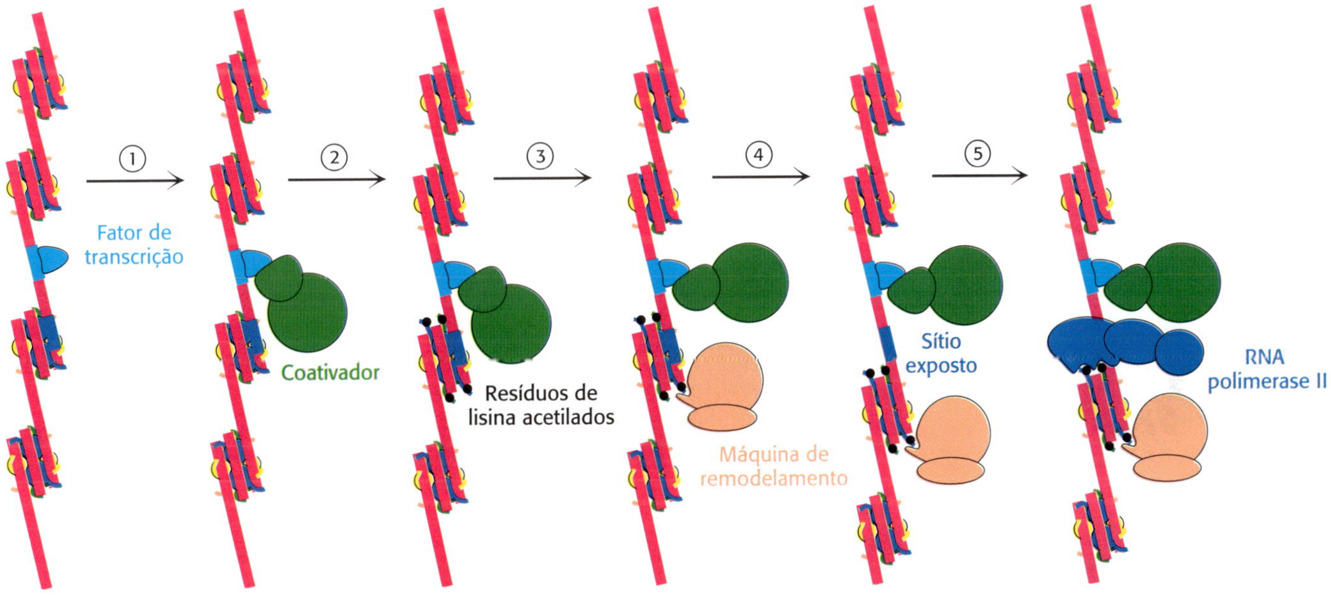


**FIGURA 33.21 Remodelamento da cromatina.** Nos eucariotos, a regulação gênica começa com um fator de transcrição ativado ligado a um sítio específico no DNA. Um roteiro para a iniciação da transcrição pela RNA polimerase II exige cinco etapas: (1) o recrutamento de um coativador, (2) a acetilação de resíduos de lisina nas caudas das histonas, (3) a ligação de um complexo de máquina de remodelamento aos resíduos de lisina acetilados, (4) o remodelamento dependente de ATP da estrutura da cromatina para expor um sítio de ligação para a RNA polimerase II e para outros fatores, e (5) o recrutamento da RNA polimerase II. Apenas duas subunidades de cada complexo são mostradas, embora os complexos verdadeiros sejam muito maiores. Outros roteiros são possíveis.

## A repressão transcricional pode ser obtida por desacetilação das histonas e outras modificações

Assim como nos procariotos, algumas mudanças no ambiente de uma célula levam à repressão de genes que estavam ativos. A modificação das caudas das histonas mais uma vez desempenha importante papel. Todavia, na repressão, uma reação-chave parece ser a desacetilação da lisina acetilada, que é catalisada por enzimas específicas, as *histona desacetilases*.

Em muitos aspectos, a acetilação e a desacetilação dos resíduos de lisina nas caudas das histonas (e, provavelmente, em outras proteínas) são análogas à fosforilação e desfosforilação dos resíduos de serina, treonina e tirosina em outros estágios dos processos de sinalização. À semelhança da adição de grupos fosforila, o acréscimo de grupos acetila pode induzir mudanças conformacionais e gerar novos sítios de ligação. Entretanto, na ausência de um meio de remover esses grupos, esses comutatores de sinalização ficarão

**TABELA 33.2** Modificações selecionadas das histonas.

| Modificação | Associada a |
|---|---|
| Acetilação da H3 K9 | Ativação |
| Acetilação da H3 K27 | Ativação |
| Acetilação da H4 K16 | Ativação |
| Monometilação da H3 K4 | Ativação |
| Trimetilação da H3 K9 | Repressão |
| Trimetilação da H3 K27 | Repressão |
| Metilação da H3 R17 | Ativação |
| Fosforilação da H2B S14 | Reparo do DNA |
| Ubiquitinação da H2B K120 | Ativação |

travados em uma posição e perderão a sua efetividade. À semelhança das fosfatases, as desacetilases ajudam a reprogramar os circuitos.

A acetilação não constitui a única modificação das histonas e de outras proteínas nos processos de regulação gênica. A metilação de resíduos de lisina e de arginina específicos também pode ser importante. A Tabela 33.2 apresenta algumas das modificações mais frequentes.

Atualmente, a elucidação dos papéis desempenhados por essas modificações constitui uma área de pesquisa muito ativa. A relação entre as várias modificações da histona e suas funções no controle da expressão gênica é algumas vezes designada como "o código de histona", e já foram elucidadas generalizações importantes. Por exemplo, a trimetilação da lisina 24 na histona H3 (H3 K27) está associada à repressão da expressão gênica. Essa modificação é promovida por um complexo proteico denominado *complexo repressor polycomb 2* (PRC-2, do inglês *polycomb repressive complex-2*). O PRC-2 liga-se às histonas que contêm a H3 K27 trimetilada e catalisa a adição de grupos metila a outros substratos H3 K27. Isso possibilita a propagação de uma modificação inicial para octâmeros de histona adjacentes, facilitando a repressão gênica. O desenvolvimento e a aplicação de métodos que possibilitam a sondagem de modificações das histonas em escala genômica ampla numa variedade de tipos de células proporcionaram grandes conjuntos de dados que podem ser examinados para testar e aprimorar modelos de regulação da transcrição por meio de modificações da cromatina.

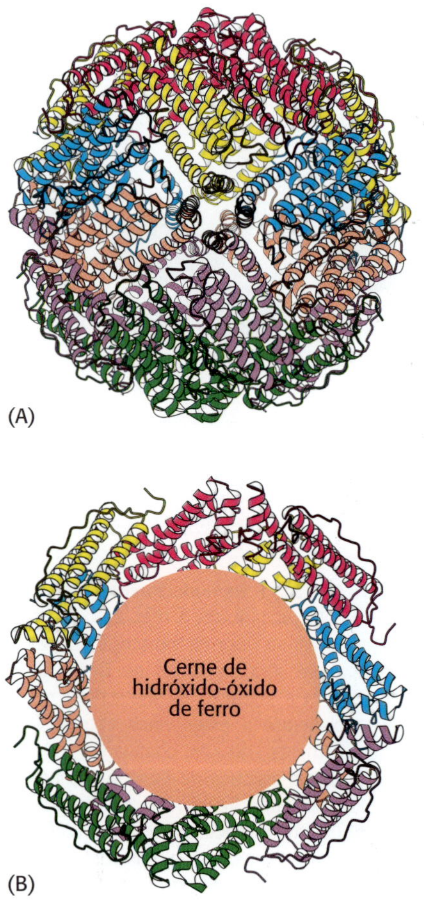


**FIGURA 33.22 Estrutura da ferritina.** **A.** Vinte e quatro polipeptídios de ferritina formam um envoltório quase esférico. **B.** Um corte revela o cerne que armazena o ferro na forma de um complexo hidróxido-óxido de ferro. [Desenhada de 1IES.pdb.]

## 33.4 A expressão gênica eucariótica pode ser controlada em níveis pós-transcricionais

À semelhança dos procariotos, a expressão gênica nos eucariotos pode ser regulada após a transcrição. Consideraremos dois exemplos. O primeiro é a regulação dos genes que participam no metabolismo do ferro por meio de características essenciais na estrutura secundária do RNA de maneira muito semelhante à regulação pós-transcricional nos procariotos (ver seção 32.4). O segundo exemplo envolve um mecanismo totalmente novo, vislumbrado pela primeira vez com a descoberta do RNA de interferência. Determinadas moléculas de RNA reguladoras pequenas possibilitam a regulação da expressão gênica por meio da interação com uma variedade de moléculas de mRNA. De modo notável, esse mecanismo, que só recentemente foi descoberto, afeta a expressão de aproximadamente 60% de todos os genes humanos.

### Os genes associados ao metabolismo do ferro são regulados traducionalmente nos animais

Nos eucariotos, a estrutura secundária do RNA desempenha um papel na regulação do metabolismo do ferro. O ferro é um nutriente essencial necessário para as sínteses de hemoglobina, dos citocromos e de muitas outras proteínas. Entretanto, a presença de ferro em excesso pode ser muito prejudicial, visto que, se esse excesso não for controlado por um ambiente proteico adequado, o ferro pode desencadear uma variedade de reações de radicais livres que provocam dano às proteínas, aos lipídios e aos ácidos nucleicos. Os animais desenvolveram sistemas sofisticados para o acúmulo de ferro em períodos de escassez e para o armazenamento seguro do excesso de ferro para uso posterior. As proteínas-chave incluem a *transferrina*, uma proteína de transporte que carrega o ferro no soro, o *receptor de transferrina*, uma proteína de membrana que se liga à transferrina carregada de ferro e inicia o seu transporte para dentro da célula, e a *ferritina*, uma proteína de armazenamento de ferro extremamente eficiente que é encontrada principalmente no fígado e nos rins. Vinte e quatro polipeptídios de ferritina formam um envoltório quase esférico que envolve até 2.400 átomos de ferro na razão de um átomo de ferro por aminoácido (Figura 33.22).

Os níveis de expressão da ferritina e do receptor de transferrina exibem uma relação recíproca em suas respostas a mudanças nos níveis de ferro. Quando o ferro está escasso, a quantidade de receptores de transferrina aumenta, e ocorre síntese de pouca ou nenhuma ferritina. É interessante assinalar que o grau de síntese de mRNA nessas proteínas não se modifica correspondentemente. Em vez disso, a regulação ocorre no nível da tradução.

Consideremos a ferritina em primeiro lugar. O mRNA da ferritina inclui uma estrutura em haste-alça denominada *elemento de resposta ao ferro* (IRE, do inglês *iron responsive element*) em sua região 5′ não traduzida (Figura 33.23). Essa estrutura em haste-alça liga-se a uma proteína de 90 kDa denominada *proteína de ligação ao IRE* (IRP, do inglês *IRE-binding protein*), que bloqueia a iniciação da tradução à medida que a IRP vai se ligando ao lado 5′ da região codificadora. Quando o nível de ferro aumenta, a IRP liga-se ao ferro na forma de grupo 4Fe-4S. A IRP ligada ao ferro é incapaz de se ligar ao RNA, visto que os sítios de ligação para o ferro e para o RNA se sobrepõem substancialmente. Assim, na presença de ferro, o mRNA da ferritina é liberado da IRP e traduzido para produzir ferritina, que sequestra o ferro em excesso.

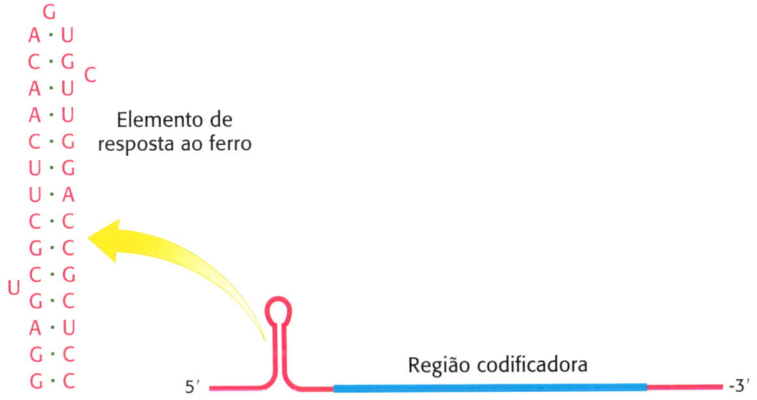


**FIGURA 33.23 Elemento de resposta ao ferro.** O mRNA da ferritina inclui uma estrutura em haste-alça, denominada elemento de resposta ao ferro (IRE), em sua região 5′ não traduzida. O IRE liga-se a uma proteína específica, que bloqueia a tradução desse mRNA em condições de baixos níveis de ferro.

Um exame da sequência nucleotídica do mRNA do receptor de transferrina revela a presença de várias regiões semelhantes ao IRE. Entretanto, essas regiões estão localizadas na região 3′ não traduzida, e não na região 5′ não traduzida (Figura 33.24). Em condições de baixos níveis de ferro, a IRP liga-se a esses IREs. Entretanto, tendo em vista a localização desses sítios de ligação, o mRNA do receptor de transferrina pode ainda ser traduzido. O que ocorre quando o nível de ferro aumenta e a IRP não se liga mais ao mRNA do receptor de transferrina? Liberado da IRP, o mRNA do receptor de transferrina é rapidamente degradado. Assim, um aumento nos níveis celulares de ferro leva à destruição do mRNA do receptor de transferrina e, portanto, a uma redução na produção da proteína receptora de transferrina.

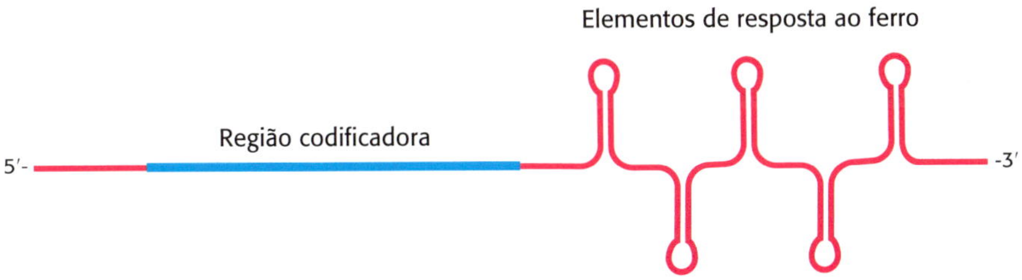


**FIGURA 33.24 mRNA do receptor de transferrina.** Esse mRNA apresenta um conjunto de elementos de resposta ao ferro (IRE) em sua região 3′ não traduzida. A ligação da proteína de ligação do IRE a esses elementos estabiliza o mRNA, porém não interfere na tradução.

A purificação da IRP e a clonagem de seu cDNA forneceram uma compreensão verdadeiramente notável em relação à evolução. Foi constatado que a IRP é aproximadamente 30% idêntica na sua sequência de aminoácidos à enzima do ciclo do ácido cítrico, a aconitase mitocondrial.

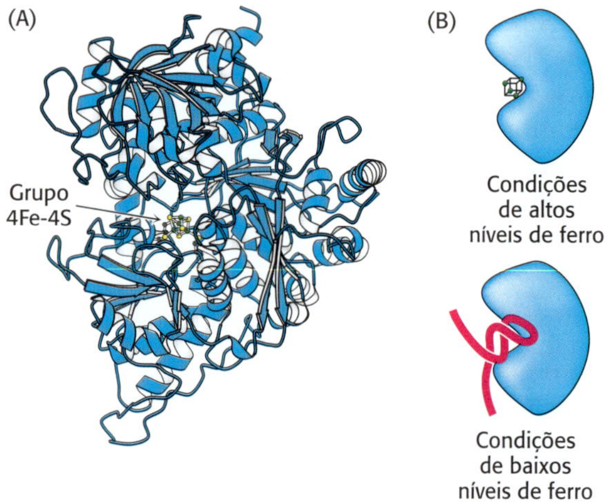


**FIGURA 33.25 A IRP é uma aconitase.** **A.** A aconitase contém um grupo 4Fe-4S instável em seu centro. **B.** Em condições de baixos níveis de ferro, o grupo 4Fe-4S dissocia-se, e moléculas apropriadas de RNA podem se ligar em seu lugar. [Desenhada de 1C96.pdb.]

Análise mais detalhada revelou que a IRP é, de fato, uma aconitase ativa. Trata-se de uma aconitase citoplasmática conhecida há muito tempo, mas cuja função não era bem compreendida (Figura 33.25). O centro de ferro-enxofre no sítio ativo da IRP é bastante instável, e a perda do ferro desencadeia mudanças significativas na conformação da proteína. Por conseguinte, essa proteína pode atuar como um sensor de ferro.

Outros mRNAs, incluindo os que participam na síntese do heme, contêm IREs. Assim, os genes codificadores de proteínas necessários para o metabolismo do ferro adquiriram sequências que, quando transcritas, proporcionaram sítios de ligação para a proteína sensora de ferro. Um sinal ambiental – a concentração de ferro – controla a produção das proteínas necessárias para o metabolismo desse metal. Por conseguinte, foram selecionadas mutações na região não traduzida dos mRNAs pelos benefícios à regulação pelos níveis de ferro.

## A expressão de muitos genes eucarióticos é regulada por pequenos RNAs

Estudos genéticos do desenvolvimento de *C. elegans* revelaram que um gene denominado *lin-4* codifica uma molécula de RNA de 61 nucleotídios de comprimento e que tem a capacidade de regular a expressão de certos genes. O RNA de *lin-4* de 61 nucleotídios não codifica uma proteína, porém é clivado em um RNA de 22 nucleotídios, que possui atividade regulatória. Essa descoberta foi a primeira visão de uma grande classe de moléculas de RNA regulatórias, que agora são designadas como *microRNA* ou *miRNA*. A chave para a atividade dos microRNAs e sua especificidade para determinados genes reside na sua capacidade de formar complexos estabilizados por pares de bases de Watson-Crick com os mRNAs desses genes.

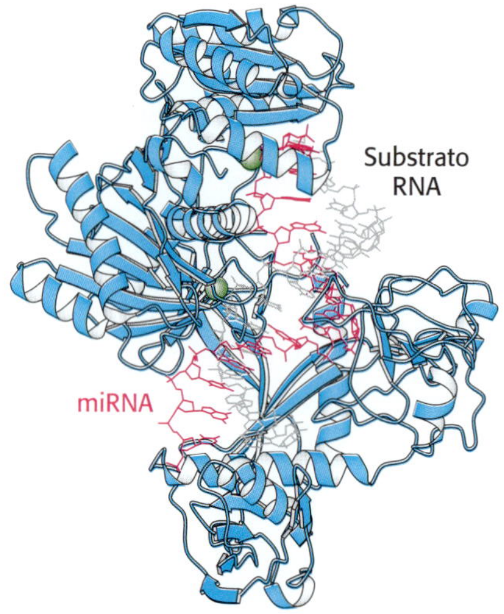


**FIGURA 33.26 Complexo microRNA-Argonauta.** O miRNA (em vermelho) está ligado pela proteína Argonauta. *Observe* que o miRNA atua como um guia que se liga ao substrato RNA (em cinza) por meio da formação de uma dupla hélice. Dois íons de magnésio são mostrados em verde. [Desenhada de 3HK2.pdb.]

Esses miRNAs não atuam independentemente. Na verdade, os miRNAs ligam-se a membros de uma classe de proteínas denominada família *Argonauta* (Figura 33.26). Tais complexos Argonauta-miRNA podem ligar-se aos mRNAs cujas sequências são substancialmente complementares às dos miRNAs. Uma vez ligado, esse mRNA pode ser clivado pelo complexo Argonauta-miRNA por intermédio da ação de um sítio ativo à base de magnésio. Por conseguinte, *os miRNAs atuam como RNAs guias que determinam a especificidade do complexo Argonauta* (Figura 33.27). A clivagem do mRNA pelo complexo Argonauta-miRNA é semelhante ao mecanismo do RNA de interferência. Entretanto, as pequenas moléculas de RNA que participam no RNAi provêm de uma fonte diferente. No RNAi, RNAs de fita dupla são clivados em fragmentos de 21 nucleotídios, cujos componentes de fita simples são ligados por membros da família Argonauta para formar um complexo de silenciamento induzido por RNA (RISC, do inglês *RNA-induced silencing complex*), que cliva os mRNAs complementares. Para os miRNAs, os RNAs de fita simples são gerados a partir de precursores maiores geneticamente codificados, conforme descrito no Capítulo 30.

Inicialmente, acreditou-se que a ocorrência da regulação gênica pelos miRNAs fosse limitada a um número relativamente pequeno de espécies. Entretanto, estudos subsequentes revelaram que esse modo de regulação gênica é quase onipresente nos eucariotos. Com efeito, foram identificados mais de 1.900 miRNAs codificados pelo genoma humano. Cada miRNA

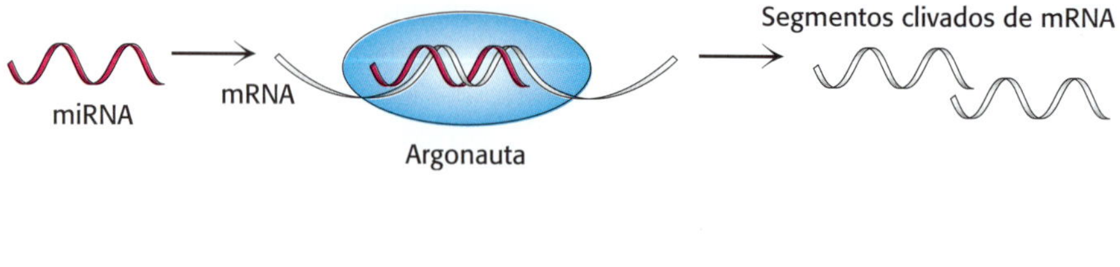

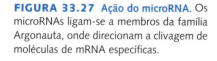

**FIGURA 33.27 Ação do microRNA.** Os microRNAs ligam-se a membros da família Argonauta, onde direcionam a clivagem de moléculas de mRNA específicas.

pode regular muitos genes diferentes devido à presença de numerosas sequências-alvo diferentes em cada RNA. Estima-se que 60% de todos os genes humanos sejam regulados por um ou mais miRNAs. Como exemplo, considere o miRNA humano denominado miR-206. Esse miRNA regula negativamente a expressão de uma isoforma do receptor de estrogênio. Além disso, parece regular negativamente também a expressão de vários coativadores diferentes que interagem com o receptor de estrogênio. Por conseguinte, esse miRNA pode silenciar a influência do estrogênio pelo bloqueio da via de sinalização iniciada pelo estrogênio em várias etapas distintas.

A via dos microRNAs possui enormes implicações na evolução das vias de regulação gênica. Em sua maioria, os sítios-alvo dos miRNAs são encontrados nas regiões 3′ não traduzidas dos mRNAs. Essas sequências estão muito livres para sofrer mutações, visto que não codificam proteínas e não precisam se dobrar em estruturas específicas. Por conseguinte, no contexto de um conjunto de miRNAs expressos, a ocorrência de mutações de qualquer gene particular nessa região poderia, em princípio, aumentar ou diminuir a afinidade por um ou mais miRNAs e, portanto, alterar a regulação do gene.

## RESUMO

### 33.1 O DNA eucariótico é organizado em cromatina

O DNA eucariótico está firmemente ligado a proteínas básicas, denominadas histonas; a combinação é designada como cromatina. O DNA enrola-se duas vezes em torno de um octâmero de histonas centrais, formando então um nucleossomo. As quatro histonas centrais são homólogas e dobram-se em estruturas semelhantes. Cada histona central apresenta uma cauda aminoterminal rica em resíduos de lisina e de arginina. Os nucleossomos constituem o primeiro estágio de compactação do DNA eucariótico. A cromatina bloqueia o acesso a muitos potenciais sítios de ligação ao DNA. Mudanças na estrutura da cromatina desempenham importante papel na regulação da expressão gênica.

### 33.2 Fatores de transcrição ligam-se ao DNA e regulam a iniciação da transcrição

Em sua maioria, os genes eucarióticos não são expressos, a não ser que sejam ativados pela ligação de proteínas específicas, denominadas fatores de transcrição, a sítios no DNA. Essas proteínas específicas de ligação ao DNA interagem direta ou indiretamente com RNA polimerases ou suas proteínas associadas. Os fatores de transcrição eucarióticos são modulares: consistem em domínios separados de ativação e de ligação ao DNA. As classes importantes de proteínas de ligação ao DNA incluem os homeodomínios, as proteínas com zíper de leucina básico e as proteínas em dedo de zinco $Cys_2His_2$. Cada uma dessas classes de proteínas utiliza uma α-hélice para estabelecer contatos específicos com o DNA. Os domínios de ativação interagem com RNA polimerases ou seus fatores associados, ou com outros complexos proteicos, como o mediador. Os amplificadores (*enhancers*) são elementos do DNA capazes de modular a expressão gênica a partir de uma distância de mais de 1.000 bp do sítio de iniciação da transcrição. Os *enhancers* são, com frequência, específicos para determinados tipos celulares, o que depende dos tipos de proteínas de ligação ao DNA presentes. A introdução de genes para um conjunto específico de quatro fatores de transcrição em fibroblastos pode induzir a desdiferenciação dessas células em células-tronco pluripotentes induzidas.

## 33.3 O controle da expressão gênica pode exigir o remodelamento da cromatina

A estrutura da cromatina é crucial para o controle da expressão gênica; é mais aberta próximo aos sítios de iniciação da transcrição de genes ativamente transcritos. Os esteroides, como os estrogênios, ligam-se a fatores de transcrição eucarióticos, denominados receptores nucleares de hormônios. Essas proteínas têm a capacidade de se ligar ao DNA independentemente ou não da interação com os ligantes. A ligação de ligantes induz uma modificação conformacional que possibilita o recrutamento de outras proteínas, denominadas coativadores. Entre as funções mais importantes dos coativadores, destaca-se a catálise da adição de grupos acetila a resíduos de lisina nas caudas das proteínas histonas. A acetilação das histonas diminui a sua afinidade pelo DNA, fazendo com que mais genes fiquem acessíveis para a transcrição. Além disso, as histonas acetiladas constituem alvos das proteínas que contêm unidades de ligação específicas, que são denominadas bromodomínios. Os bromodomínios são componentes de duas classes de complexos grandes: (1) as máquinas de remodelamento da cromatina e (2) os fatores associados à RNA polimerase II. Esses complexos abrem sítios na cromatina e iniciam a transcrição.

## 33.4 A Expressão gênica eucariótica pode ser controlada em níveis pós-transcricionais

Os genes codificadores de proteínas que transportam e armazenam ferro são regulados em nível traducional. Os elementos de resposta ao ferro, que são estruturas encontradas em determinados mRNAs, são ligados por uma proteína de ligação ao IRE quando essa proteína não está ligada ao ferro. A estimulação ou a inibição da expressão de um gene em resposta a alterações no estado do ferro de uma célula dependem da localização do IRE dentro do mRNA. A proteína de ligação ao IRE é uma aconitase citoplasmática que perde o seu centro de ferro-enxofre em condições de baixos níveis de ferro. Os microRNAs são moléculas de RNA especializadas que são codificadas como partes de precursores maiores de RNA. Ligam-se a proteínas da família Argonauta; os miRNAs ligados atuam como guias que ajudam a ligação de moléculas específicas de RNA, que, em seguida, são clivadas.

APÊNDICE

# Bioquímica em foco

## Mecanismo para a consolidação de modificações epigenéticas

A modificação das proteínas histonas desempenha um papel-chave no controle da expressão gênica nos eucariotos. Uma característica importante de algumas modificações das histonas é a sua tendência a se disseminar, isto é, a modificação de um octâmero de histona aumenta a probabilidade de uma modificação idêntica de octâmeros de histona de localização próxima. Essa característica é crucial, visto que facilita a formação de regiões ou domínios com alta frequência de determinada modificação que representa um sinal robusto. Qual mecanismo bioquímico é possível para a disseminação dessas modificações? Neste capítulo, encontramos atividades enzimáticas que introduzem modificações, como as histona acetiltransferases, e citamos brevemente outras modificações, como a metilação da lisina, que são introduzidas por diferentes classes de enzimas. Ressaltamos também a existência de proteínas que se ligam a modificações específicas, como as proteínas contendo bromodomínios que se ligam especificamente a peptídios que contêm a modificação de acetil-lisina.

Com base nesse conhecimento, podemos imaginar o mecanismo para facilitar a disseminação de uma modificação. Suponhamos que uma proteína ou complexo proteico inclua tanto uma enzima que promove determinada modificação quanto um domínio de ligação ou região que reconhece a mesma modificação, separada por uma distância apropriada. Esse complexo poderia então disseminar a modificação, visto que a ligação do complexo a uma histona modificada aumentaria a probabilidade de uma interação produtiva do sítio ativo da enzima com uma histona não modificada de localização próxima, introduzindo então uma modificação adicional. Após o complexo liberar a histona inicialmente modificada, esse processo poderia se repetir, propagando a modificação para muitas histonas de localização próxima.

Uma estrutura determinada recentemente por criomicroscopia eletrônica sustenta esse mecanismo hipotético. A estrutura compreende o **complexo repressor polycomb 2** (PRC-2) humano ligado a um fragmento de DNA que inclui dois nucleossomos. Um dos nucleossomos inclui lisinas trimetiladas no resíduo 27 da histona H3, uma das quais está ligada dentro de um sítio de ligação em uma extremidade do complexo proteico. O outro nucleossomo apresenta um de seus resíduos de lisina 27 na histona H3 ligado dentro do sítio ativo de um domínio enzimático que atua como lisina metiltransferase. Essa estrutura fornece uma base para compreender a disseminação da modificação e para planejar outros experimentos destinados a testar e aprofundar essa compreensão.

## PALAVRAS-CHAVE

tipo celular
histona
cromatina
nucleossomo
partícula do cerne do nucleossomo
fator de transcrição
homeodomínio
proteína com zíper de leucina básico (bZip)
domínio em dedo de zinco $Cys_2His_2$
mediador
controle combinatorial
*enhancer*
célula-tronco pluripotente induzida (iPS)
sítio hipersensível
imunoprecipitação de cromatina (ChIP)
hipometilação
ilha CpG
receptor nuclear de hormônio
elemento de resposta ao estrogênio (ERE)
coativador
agonista
esteroide anabólico
antagonista
modulador seletivo do receptor de estrogênio (SERM)
histona acetiltransferase (HAT)
domínio de ligação de acetil-lisina
bromodomínio
fator associado à proteína de ligação à caixa TATA (TAF)
complexo de remodelamento da cromatina
histona desacetilase
complexo repressor polycomb 2
transferrina
receptor de transferrina
ferritina
elemento de resposta ao ferro (IRE)
proteína de ligação ao IRE (IRP)
microRNA (miRNA)
proteínas da família Argonauta

## QUESTÕES

1. *Neutralização de carga.* Tendo em vista as sequências de aminoácidos das histonas ilustradas abaixo, estime a carga de um octâmero de histona em pH 7. Parta do pressuposto de que os resíduos de histidina não apresentam carga nesse pH. Como essa carga pode ser comparada com a carga nos 150 pares de bases do DNA? ✓1

**Histona H2A**

MSGRGKQGGKARAKAKTRSSRAGLQFPVGRVHRLLRKGNYSERVGAGAPVYLAAVLEYLTAEILELAGNA
ARDNKKTRIIPRHLQLAIRNDEELNKLLGRVTIAQGGVLPNIQAVLLPKKTESHHKAKGK

**Histona H2B**

MPEPAKSAPAPKKGSKKAVTKAQKKDGKKRKRSRKESYSVYVYKVLKQVHPDTGISSKAMGIMNSFVNDI
FERIAGEASRLAHYNKRSTITSREIQTAVRLLLPGELAKHAVSEGTKAVTKYTSSK

**Histona H3**

MARTKQTARKSTGGKAPRKQLATKAARKSAPSTGGVKKPHRYRPGTVALREIRRYQKSTELLIRKLPFQR
LVREIAQDFKTDLRFQSAAIGALQEASEAYLVGLFEDTNLCAIHAKRVTIMPKDIQLARRIRGERA

**Histona H4**

MSGRGKGGKGLGKGGAKRHRKVLRDNIQGITKPAIRRLARRGGVKRISGLIYEETRGVLKVFLENVIRDA
VTYTEHAKRKTVTAMDVVYALKRQGRTLYGFGG

2. *Imunoprecipitação de cromatina.* Você utilizou a técnica de imunoprecipitação de cromatina para isolar fragmentos de DNA contendo uma proteína de ligação ao DNA de interesse. Suponha que você queira saber se existe determinado fragmento de DNA conhecido na mistura isolada. Como poderia detectar a sua presença?

3. *Vamos enrolar.* Partindo do pressuposto de que 145 pares de bases de DNA estão enrolados em torno do octâmero de histona por 1,75 vez, calcule o raio do octâmero de histona. Pressuponha 3,4 Å por par de base e simplifique o cálculo admitindo que a espiral é bidimensional, em vez de tridimensional, e negligenciando a espessura do DNA. ✓1

4. *Substituição de nitrogênio.* O crescimento de células de mamíferos na presença de 5-azacitidina resulta na ativação de alguns genes normalmente inativos. Proponha uma explicação.

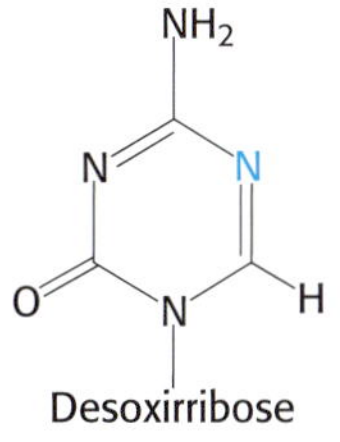


**5-Azacitidina**

5 *Um novo domínio.* Foi caracterizado um domínio proteico que reconhece a 5-metilcitosina no contexto do DNA de fita dupla. Que função poderiam ter proteínas contendo esse domínio na regulação da expressão gênica? Em que local de uma molécula de DNA de fita dupla poderia um domínio desse tipo se ligar?

6. *Receptor híbrido.* Utilizando técnicas de DNA recombinante, foi preparado um receptor de hormônio esteroide modificado que consiste em um receptor de estrogênio com o seu domínio de ligação de ligante substituído pelo domínio de ligação de ligante do receptor de progesterona. Preveja a responsividade esperada da expressão gênica nas células tratadas com estrogênio ou com progesterona.

7. *Modificações diferentes.* Qual é o efeito da acetilação de um resíduo de lisina sobre a carga de uma proteína histona? Qual é o efeito da metilação da lisina?

8. *Transformer.* A seguinte sequência de aminoácidos de um dos quatro fatores de transcrição é utilizada para gerar células iPS:

HTCDYAGCGKTYTKSSHLKAHLRTHTGEKPYHCDWDGCGWK
FARSDELTRHYRKHTGHRPFQCQKCDRAFSRSDHLALHMKRHF

Esse fator de transcrição pertence a uma das três classes estruturais discutidas na seção 32.2. Identifique a classe.

9. *Cobertura.* Qual é a porcentagem dos sítios de DNA acessíveis na levedura supondo que a fração de sítios observados para GAL4 seja típica? Essa porcentagem corresponde a quantos pares de bases do genoma de 12 Mb da levedura?

10. *Modificações.* A análise das modificações da histona em torno de um gene revela uma abundância de histona H3 com lisina 27 modificada com três grupos metila. Isso sugere que esse gene está ativado ou reprimido? Como a sua resposta mudaria se muitos resíduos de lisina 27 fossem modificados com grupos acetila?

11. *Regulação por ferro.* Que efeito você esperaria com a adição de um IRE à extremidade 5′ de um gene que normalmente não é regulado pelos níveis de ferro? E à extremidade 3′?

12. *Previsão da regulação do microRNA.* Suponha que você tenha identificado um miRNA com a sequência 5′-GCCUAGCCUUAGCAUUGAUUGG-3′. Proponha uma estratégia para identificar o mRNA que poderia ser regulado por esse miRNA, dadas as sequências de todos os mRNAs codificados pelo genoma humano.

## Questão sobre mecanismo

13. *Acetiltransferases.* Proponha um mecanismo para a transferência de um grupo acetila da acetil-CoA para o grupo amino da lisina.

## Questão | Interpretação de dados

14. *Restrição limitada.* A enzima de restrição HpaII é uma poderosa ferramenta para analisar a metilação do DNA. Essa enzima cliva sítios da forma 5′-CCGG-3′, porém não cliva esses sítios se o DNA for metilado em qualquer um dos resíduos de citosina. O DNA genômico de diferentes organismos é tratado com HpaII, e os resultados são analisados por eletroforese em gel (ver os padrões anexos). Forneça uma explicação para os padrões observados.

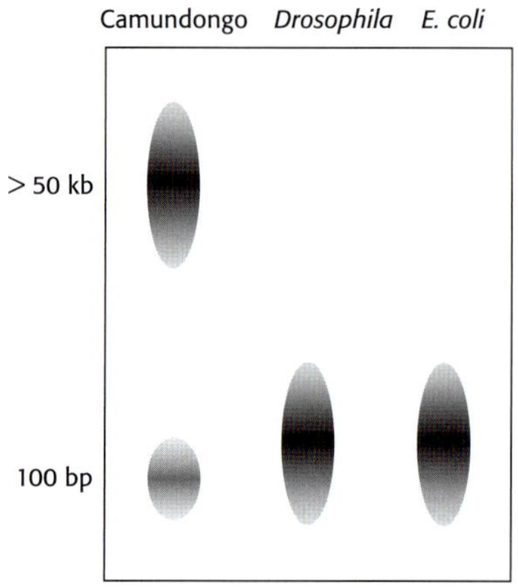


## Questão para discussão

15. Quase todas as células que compõem um animal contêm DNA com a mesma sequência; contudo, diferentes células podem ter propriedades e padrões de expressão gênica muito diferentes. Quais são os principais mecanismos que facilitam a existência de tipos celulares distintos nos eucariotos?

# RESPOSTAS DAS QUESTÕES

## Capítulo 1

1.Os doadores de ligações de hidrogênio são os grupos NH e $NH_2$. Os aceptores de ligações de hidrogênio são os átomos de oxigênio da carbonila e os átomos de nitrogênio do anel que estão ligados ao hidrogênio ou à desoxirribose.
2. Troque as posições das ligações simples e duplas no anel de seis membros.
3. (a) Interações iônicas; (b) interações de van der Waals.
4. Processos *a* e *b*.
5. $\Delta S_{sistema} = -661$ J mol$^{-1}$ K$^{-1}$ ($-158$ kcal mol$^{-1}$ K$^{-1}$)
$\Delta S_{vizinhança} = +842$ J mol$^{-1}$ K$^{-1}$ ($+201$ cal mol$^{-1}$ K$^{-1}$)
6. (a) 1,0; (b) 13,0; (c) 1,3; (d) 12,7
7. 2,88
8. 1,96
9. 55,5 M
10. 11,83
11. 447; 0,00050
12. 0,00066 M
13. 6,0
14. 5,53
15. 6,48
16. 7,8
17. 100
18. (a) 5,0; (b) 8,0; (c) 3,16
19. (a) 1,6; (b) 0,51; (c) 0,16
20.

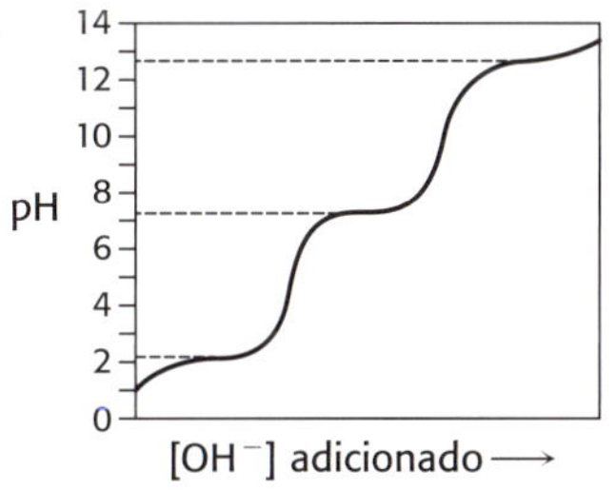


21. (a) Não; (b) Em torno de pH 2.
22. Solução de 0,1 M de acetato de sódio: 6,34; 6,03; 5,70; 4,75; solução de 0,01 M de acetato de sódio: 5,90; 4,75; 3,38; 1,40.
23. 90 mM de ácido acético; 160 mM de acetato de sódio, 0,18 mol de ácido acético; 0,32 mol de acetato de sódio; 10,81 g de ácido acético; 26,25 g de acetato de sódio.
24. 0,50 mol de ácido acético; 0,32 mol de NaOH; 30,03 g de ácido acético; 12,80 g de NaOH.
25. 250 mM; sim; não, irá também conter 90 mM de NaCl.
26. 8,63 g de $Na_2HPO_4$; 4,71 g de $NaH_2PO_4$
27. 7,0; esse tampão não será de grande utilidade, visto que o valor de pH está distante do valor de $pK_a$.
28. (a) MOPS; (b) MES
29. 50 mM
30. Tampão, visto que os íons sódio irão proteger a repulsão eletrostática entre os grupos fosfato.
31. 11,45 kJ mol$^{-1}$ (+0.35 kcal mol$^{-1}$); 57,9 kJ mol$^{-1}$ (+13.8 kcal mol$^{-1}$)
32. Efeito hidrofóbico.
33. Haverá aproximadamente 15 milhões de diferenças.
34. (20!)/(10!(X)10!) = 184.756
35. 7,9%

## Capítulo 2

1. (A) Prolina, Pro, P; (B) Tirosina, Tyr, Y; (C) Leucina, Leu, L; (D) Lisina, Lys, K.
2. (a) C, B, A; (b) D; (c) D, B; (d) B, D; (e) B.
3. (a) 6; (b) 2; (c) 3; (d) 1; (e) 4; (f) 5.
4. (a) Ala; (b) Tyr; (c) Ser; (d) His.
5. Ser, Glu, Tyr, Thr
6. (a) Alanina-glicina-serina; (b) Alanina; (c e d):

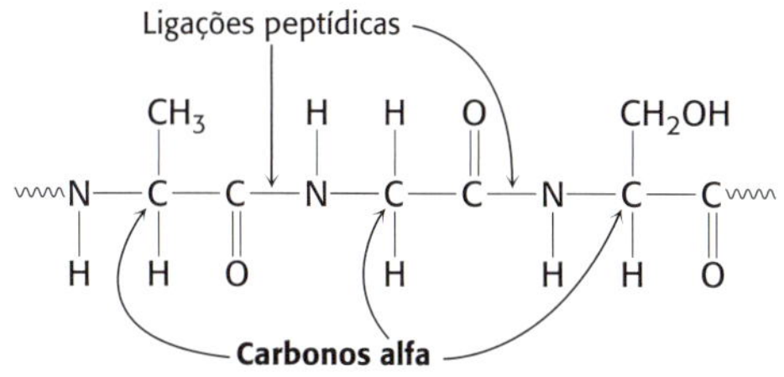


7. Em pH 5,5, a carga efetiva é +1:

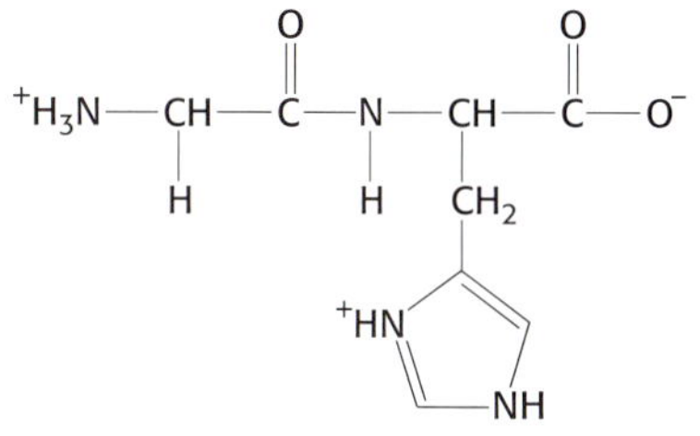

Em pH 7,5, a carga efetiva é 0:

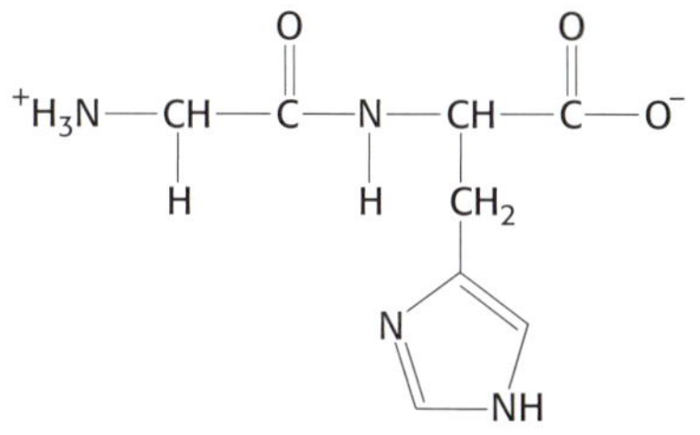

8. Existem 20 escolhas para cada um dos 50 aminoácidos: $20^{50}$ ou $1 \times 10^{65}$.
9.

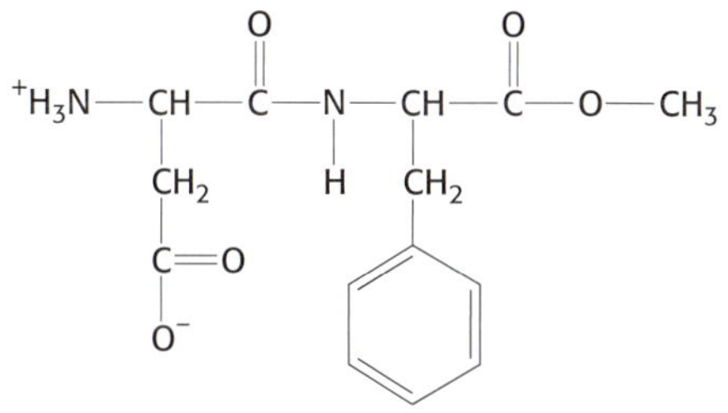

10. A solução não teria nenhuma carga efetiva no pH, no ponto médio da curva da forma zwitteriônica (azul), efetivamente, no ponto médio entre $pK_1$ e $pK_2$:

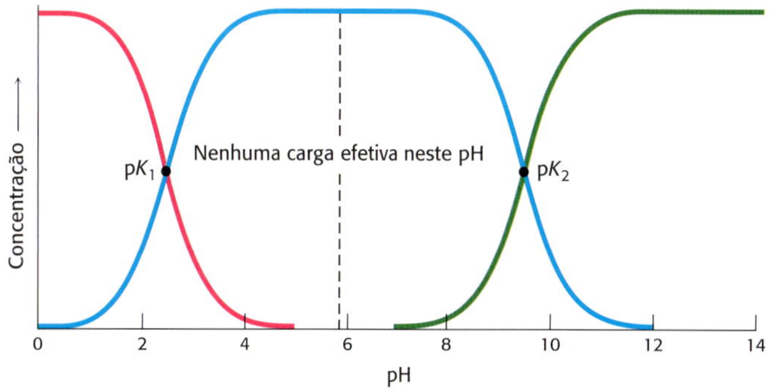

11.

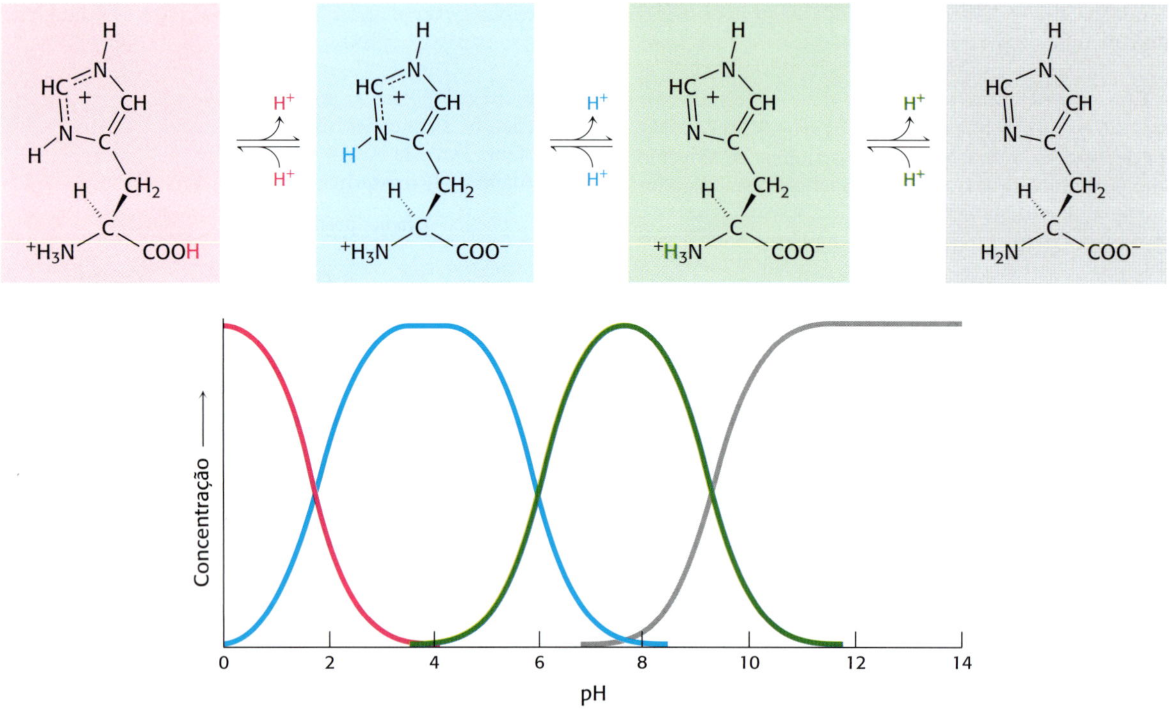


12. A unidade repetitiva (nitrogênio-carbono α-carbono carbonila).
13. A cadeia lateral é o grupo funcional ligado ao átomo do carbono α de um aminoácido.
14. A composição de aminoácidos refere-se simplesmente aos aminoácidos que compõem a proteína. A ordem não é especificada. Sequência de aminoácidos é o mesmo que estrutura primária — refere-se à sequência de aminoácidos da extremidade aminoterminal até a extremidade carboxiterminal da proteína. Proteínas diferentes podem ter a mesma composição de aminoácidos, porém a sua sequência identifica uma proteína específica.
15. (a) Cada fita tem 35 kDa e, por conseguinte, apresenta cerca de 318 resíduos (a massa média de um resíduo é de 110 dáltons). Como a elevação por resíduo em uma α-hélice é de 1,5 Å, o comprimento é de 477 Å. Mais precisamente, para uma super-hélice α, a elevação por resíduo é de 1,46 Å, de modo que o comprimento é de 464 Å. (b) Dezoito resíduos em cada fita (40 menos 4 dividido por 2) encontram-se na conformação em folha β. Como a elevação por resíduo é de 3,5 Å, o comprimento é de 63 Å.
16. O grupo metila ligado ao átomo do carbono β da isoleucina interfere estericamente na formação da α-hélice. Na leucina, esse grupo metila está ligado ao átomo do carbono γ, que está mais distante da cadeia principal e, portanto, não interfere.
17. Prolina e glicina. A cadeia lateral cíclica da prolina ligando os átomos de nitrogênio e do carbono α limita o $\phi$ a uma faixa muito estreita (cerca de –60 graus). A ausência de impedimento estérico exibida pelo átomo de hidrogênio da cadeia lateral da glicina permite que esse aminoácido tenha acesso a uma área muito maior do diagrama de Ramachandran.
18. A primeira mutação destrói a atividade, visto que a valina ocupa mais espaço do que a alanina, de modo que a proteína precisa assumir uma forma diferente, tendo em vista que esse resíduo está situado no interior acentuadamente compacto. A segunda mutação restaura a atividade devido a uma redução compensatória de volume; a glicina é menor do que a isoleucina.
19. As alças encontram-se invariavelmente na superfície das proteínas, e ficam expostas ao ambiente. Como muitas proteínas ocorrem em ambientes aquosos, as alças expostas serão hidrofílicas para interagir com a água.
20. A conformação nativa da insulina não é a forma termodinamicamente mais estável, visto que ela contém duas cadeias separadas unidas por pontes dissulfeto. A insulina é formada a partir da pró-insulina, um precursor de cadeia simples que é clivado para formar a insulina, uma molécula de 51 resíduos, após a formação das pontes dissulfeto.
21. Um segmento da cadeia principal da protease pode formar ligações de hidrogênio com a cadeia principal do substrato, produzindo um par de fitas β paralelas ou antiparalelas estendidas.
22. A glicina tem a menor cadeia lateral entre todos os aminoácidos. Seu tamanho é, com frequência, fundamental para permitir que cadeias polipeptídicas realizem voltas estreitas ou se aproximem muito umas das outras.
23. O glutamato, o aspartato e o carboxilato terminal podem formar pontes salinas com o grupo guanidínio da arginina. Além disso, esse grupo pode ser um doador de ligações de hidrogênio para as cadeias laterais da glutamina, asparagina, serina, treonina, aspartato, tirosina e glutamato, e para o grupo carbonila da cadeia principal. A histidina pode formar ligações de hidrogênio com a arginina em pH 7,0.
24. As pontes dissulfeto no cabelo são quebradas pela adição de um reagente contendo tiol e pela aplicação de calor leve. O cabelo é encaracolado, e adiciona-se um agente oxidante para restabelecer as pontes dissulfeto de modo a estabilizar a forma desejada.
25. Algumas proteínas que atravessam as membranas biológicas constituem "as exceções que confirmam a regra", visto que elas apresentam uma distribuição reversa de aminoácidos hidrofóbicos e hidrofílicos. Por exemplo, considere as *porinas* — proteínas encontradas nas membranas externas de muitas bactérias. As membranas são formadas, em grande parte, de cadeias hidrofóbicas. Por conseguinte, as porinas são cobertas em sua face externa em grande parte por resíduos hidrofóbicos, que interagem com as cadeias hidrofóbicas vizinhas. Por outro lado, o centro da proteína contém muitos aminoácidos polares e carregados, que circundam um canal preenchido de água que se estende até o meio da proteína. Assim, como as porinas atuam em ambientes hidrofóbicos, elas são "de dentro para fora" em relação às proteínas que funcionam em solução aquosa.
26. Os aminoácidos seriam de natureza hidrofóbica. Uma α-hélice é particularmente apropriada para atravessar a membrana, visto que todos os átomos de hidrogênio da amida e os átomos de oxigênio da carbonila do arcabouço peptídico participam das ligações de

hidrogênio intracadeia, estabilizando, assim, esses átomos polares em um ambiente hidrofóbico.
27. Esse exemplo demonstra que os valores de $pK_a$ são afetados pelo ambiente. Determinado aminoácido pode apresentar uma variedade de valores de $pK_a$ dependendo do ambiente químico no interior da proteína.
28. Lembre-se de que a hemoglobina existe como tetrâmero, enquanto a mioglobina é um monômero. Consequentemente, os resíduos hidrofóbicos na superfície das subunidades da hemoglobina estão provavelmente envolvidos em interações de van der Waals com regiões semelhantes nas outras subunidades e estarão protegidos do ambiente aquoso por essa interação.
29. Uma possível explicação é a de que a gravidade dos sintomas corresponde ao grau de desorganização estrutural. Por conseguinte, a substituição da alanina por glicina poderia resultar em sintomas leves, porém a substituição do triptofano, que é muito maior, pode levar à ausência de formação ou pouca formação da tripla hélice de colágeno.
30. A barreira energética que precisa ser superada para passar do estado polimerizado para o estado hidrolisado é grande, embora a reação seja termodinamicamente favorável.
31. Utilizando a equação de Henderson-Hasselbalch, encontramos que a razão entre a alanina-COOH e a alanina-$COO^-$ em pH 7,0 é de $10^{-4}$. A razão entre a alanina-$NH_2$ e a alanina-$NH_3^+$, determinada da mesma maneira, é de $10^{-1}$. Por conseguinte, a razão entre a alanina neutra e a espécie zwitteriônica é de $10^{-4} \times 10^{-1} = 10^{-5}$.
32. O estabelecimento da configuração absoluta exige a determinação de prioridades para os quatro grupos conectados ao átomo do carbono tetraédrico. Para todos os aminoácidos, com exceção da cisteína, as prioridades são as seguintes: (1) grupo amino; (2) grupo carbonila; (3) cadeia lateral; (4) hidrogênio. Para a cisteína, devido ao átomo de enxofre presente em sua cadeia lateral, esta possui maior prioridade do que o grupo carbonila, levando a assumir uma configuração *R*, em vez de *S*.
33. ELVISISLIVINGINLASVEGAS
34. Não. A Pro–X teria as características de qualquer outra ligação peptídica. O impedimento estérico na X–Pro ocorre devido à ligação do grupo R da Pro ao grupo amino. Por conseguinte, na X–Pro, o grupo R da prolina está próximo ao grupo R de X, o que não seria o caso na Pro–X.
35. A, c; B, e; C, d; D, a; E, b.
36. A razão é que as pontes dissulfeto incorretas formaram pares na ureia. Existem 105 maneiras diferentes de pareamento de oito moléculas de cisteína para formar quatro pontes dissulfeto; apenas uma dessas combinações é enzimaticamente ativa. Os 104 pareamentos incorretos foram pitorescamente designados como ribonuclease "embaralhada".

## Capítulo 3

1.(a) Fenilisotiocianato; (b) ureia; β-mercaptoetanol para reduzir os dissulfetos; (c) quimiotripsina; (d) CNBr; (e) tripsina.
2. Para cada célula dentro de um organismo, o genoma é uma propriedade fixa. Entretanto, o proteoma é dinâmico, refletindo diferentes condições ambientais e estímulos externos. Dois tipos diferentes de células provavelmente irão expressar subgrupos diferentes de proteínas codificadas pelo genoma.
3. A cadeia lateral de *S*-aminoetilcisteína assemelha-se à da lisina. A única diferença é o átomo de enxofre, em vez de um grupo metileno.
4. Uma solução de 1 mg $m\ell^{-1}$ de mioglobina (17,8 kDa; Tabela 3.2) corresponde a $5{,}62 \times 10^{-5}$ M. A absorbância de um comprimento de 1 cm é de 0,84, o que corresponde a uma razão $I_0/I$ de 6,96. Assim, 14,4% da luz incidente é transmitida.
5. A amostra foi diluída 1.000 vezes. A concentração após a diálise é, portanto, de 0,001 M ou 1 mM. Você pode reduzir a concentração de sal ao dialisar a sua amostra, agora 1 mM, em mais tampão livre de $(NH_4)_2SO_4$.
6. Se a concentração de sal se torna muito alta, os íons de sal interagem com as moléculas de água. Eventualmente, não haverá moléculas de água suficientes para interagir com a proteína, e esta irá precipitar. Se faltar sal em uma solução de proteína, as proteínas podem interagir umas com as outras — as cargas positivas de uma proteína com as cargas negativas de outra ou de várias outras proteínas. Esse agregado torna-se muito grande para ser solubilizado apenas pela água. Se for adicionado sal, ele neutralizará as cargas das proteínas, impedindo a ocorrência de interações proteína-proteína.
7. A tropomiosina tem a forma de um bastão, enquanto a hemoglobina é aproximadamente esférica.
8. O coeficiente friccional, *f*, e a massa, *m*, determinam *s*. Especificamente, *f* é proporcional a *r* (ver equação 2 na p. 75). Por conseguinte, *f* é proporcional a $m^{1/3}$, e *s* é proporcional a $m^{2/3}$ (ver equação da p. 82). Uma proteína esférica de 80 kDa sedimenta 1,59 vez mais rapidamente do que uma proteína esférica de 40 kDa.
9. A cauda hidrofóbica longa da molécula de SDS (ver p. 78) rompe as interações hidrofóbicas no interior da proteína. A proteína se desnatura, e os grupos R hidrofóbicos agora interagem com o SDS, e não uns com os outros.
10. A proteína pode ser modificada. Por exemplo, os resíduos de asparagina na proteína podem ser modificados com unidades de carboidratos (ver Capítulo 2, seção 2.6).
11. Um derivado de um produto de degradação bacteriano (p. ex., um peptídio formilmetionil) marcado com fluorescência se ligaria às células que contêm o receptor de interesse.
12. (a) A tripsina cliva após a arginina (R) e a lisina (K), gerando AVGWR, VK e S. Como diferem quanto ao tamanho, esses produtos poderiam ser separados por cromatografia de exclusão molecular. (b) A quimiotripsina, que cliva após grupos R alifáticos ou aromáticos grandes, gera dois peptídios de tamanho igual (AVGW) e (RVKS). A separação baseada no tamanho não seria efetiva. O peptídio RVKS possui duas cargas positivas (R e K), enquanto o outro peptídio é neutro. Assim, os dois produtos poderiam ser separados por cromatografia de troca iônica.
13. As moléculas de anticorpo ligadas a um suporte sólido podem ser utilizadas para purificação por afinidade de proteínas para as quais a molécula ligante não é conhecida ou não é disponível.
14. Se o produto da reação catalisada por enzima for altamente antigênico, pode ser possível obter anticorpos para essa molécula em particular. Esses anticorpos podem ser utilizados para detectar a presença de produto por ELISA, proporcionando um formato de ensaio adequado para a purificação dessa enzima.
15. Um inibidor da enzima que está sendo purificada pode estar presente e pode ser subsequentemente removido por uma etapa de purificação. Essa remoção levaria a um aumento aparente na quantidade total de enzima presente.
16. Muitas proteínas apresentam massas semelhantes, porém diferentes sequências e diferentes padrões quando digeridas com tripsina. O conjunto das massas dos peptídios trípticos forma uma "impressão digital" detalhada de uma proteína, cujo aparecimento aleatório é muito improvável em outras proteínas independentemente do tamanho. (Uma analogia concebível é: "Assim como dedos de tamanho semelhante terão impressões digitais individuais diferentes, também proteínas de tamanho semelhante produzirão padrões de digestão diferentes com a tripsina".)
17. A isoleucina e a leucina são isômeros e, portanto, possuem massas idênticas. O sequenciamento de peptídios por espectrometria de massa, conforme descrito neste capítulo, é incapaz de distinguir esses resíduos. São necessárias técnicas analíticas adicionais para diferenciar esses resíduos.

18.

| Procedimento de purificação | Proteína total (mg) | Atividade total (unidades) | Atividade específica (unidades $mg^{-1}$) | Nível de purificação | Rendimento (%) |
|---|---|---|---|---|---|
| Extrato bruto | 20.000 | 4.000.000 | 200 | 1 | 100 |
| Precipitação com $(NH_4)_2SO_4$ | 5.000 | 3.000.000 | 600 | 3 | 75 |
| Cromatografia com DEAE-celulose | 1.500 | 1.000.000 | 667 | 3,3 | 25 |
| Cromatografia de filtração em gel | 500 | 750.000 | 1.500 | 7,5 | 19 |
| Cromatografia de afinidade | 45 | 675.000 | 15.000 | 75 | 17 |

19. (a) A cromatografia de troca iônica removerá as Proteínas A e D, que apresentam um ponto isoelétrico substancialmente mais baixo; em seguida, a cromatografia por filtração em gel removerá a Proteína C, que possui menor massa molecular. (b) Se a Proteína B possui um marcador His, uma única etapa de cromatografia de afinidade com coluna de níquel (II) imobilizado pode ser suficiente para isolar a proteína desejada das outras.
20. A formação de cristais de proteína exige o arranjo ordenado de moléculas posicionadas de maneira idêntica. As proteínas com ligações flexíveis podem introduzir alguma desordem nesse arranjo e impedir a formação de cristais adequados. Um ligante ou parceiro de ligação pode induzir uma conformação ordenada a essa ligação e pode ser incluído na solução para facilitar o crescimento de cristais. Como alternativa, os domínios individuais separados pela ligação podem ser expressos por métodos recombinantes, e suas estruturas cristalinas podem ser solvidas separadamente.
21. O tratamento com ureia irá romper as ligações não covalentes. Por conseguinte, a proteína original de 60 kDa deve ser constituída de duas subunidades de 30 kDa. Quando essas subunidades são tratadas com ureia e β-mercaptoetanol, obtém-se uma única espécie de 15 kDa, sugerindo a ligação das subunidades de 30 kDa por pontes dissulfeto.
22. (a) A repulsão eletrostática entre grupos ε-amino carregados positivamente dificulta a formação de α-hélices em pH 7. Em pH 10, as cadeias laterais são desprotonadas, possibilitando a formação de α-hélice. (b) O poli-L-glutamato é uma espiral aleatória em pH 7 e torna-se uma α-hélice em pH abaixo de 4,5, visto que os grupos γ-carboxilato tornam-se protonados.
23. A diferença entre as massas previstas e observadas para esse fragmento é igual a 28, exatamente a mudança de massa que seria esperada em um peptídio formilado. Esse peptídio é provavelmente formilado em sua extremidade aminoterminal e corresponde ao fragmento mais N-terminal da proteína.
24. A luz foi utilizada para dirigir a síntese desses peptídios. Cada aminoácido adicionado ao suporte sólido continha um grupo protetor fotolábil, em vez de um grupo protetor *t*-Boc em seu grupo α-amino. A iluminação de regiões selecionadas do suporte sólido levou à liberação do grupo protetor, expondo os grupos amino nesses sítios para torná-los reativos. O padrão de máscaras usado nessas iluminações e a sequência dos reagentes definem os produtos finais e suas localizações.
25. A espectrometria de massa é altamente sensível e capaz de detectar a diferença de massa entre uma proteína e seu correspondente com deutério. Podem-se utilizar técnicas de fragmentação para identificar os aminoácidos que retêm o marcador isotópico. Como alternativa, a espectroscopia por RMN pode ser utilizada para detectar os átomos isotopicamente marcados, visto que o deutério e o próton apresentam propriedades de spin nucleares muito diferentes.
26. Primeiro aminoácido: A
Último aminoácido: R (que não é clivado pela carboxipeptidase)
Sequência do peptídio tríptico N-terminal: AVR (o peptídio tríptico termina em K)
Sequência do peptídio quimiotríptico N-terminal: AVRY (o peptídio quimiotríptico termina em Y)
Sequência: AVRYSR
27. Primeiro aminoácido: S
Último aminoácido: L
Clivagem pelo brometo de cianogênio: M está na 10ª posição.
Os resíduos C-terminais são: (2S,L,W)
Resíduos aminoterminais: (G,K,S,Y), o peptídio tríptico termina em K
Sequência aminoterminal: SYGK
Ordem dos peptídios quimiotrípticos: (S,Y), (G,K,L), (F,I,S), (M,T), (S,W), (S,L)
Sequência: SYGKLSIFTMSWSL
28. Se a proteína não contém nenhuma ponte dissulfeto, a mobilidade eletroforética dos fragmentos obtidos com a tripsina seria a mesma antes e depois do tratamento com ácido perfórmico: todos os fragmentos estariam situados ao longo da diagonal do papel. Na presença de uma ponte dissulfeto, os fragmentos de tripsina ligados por dissulfeto iriam se dispor em um único pico na primeira direção e, em seguida, em dois picos separados após tratamento com ácido perfórmico. O resultado seria dois picos aparecendo fora da diagonal:

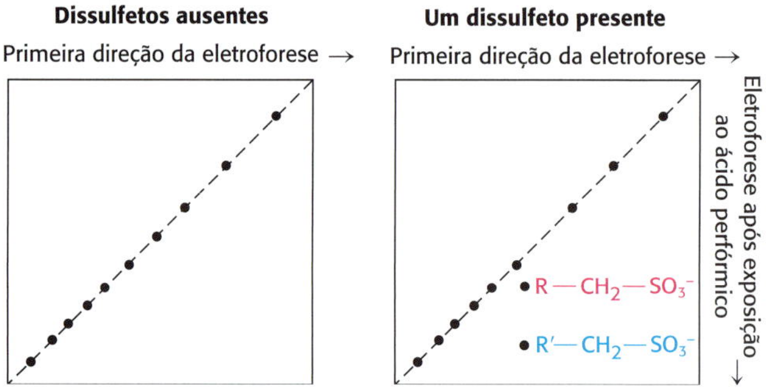


Esses fragmentos podem ser então isolados do papel de cromatografia e analisados por espectrometria de massa para determinar sua composição de aminoácidos e, assim, identificar as cisteínas que participam na ponte dissulfeto.

## Capítulo 4

1. Um nucleosídio é uma base ligada a um açúcar ribose ou desoxirribose. Um nucleotídio é um nucleosídio com um ou mais grupos fosforila ligados à ribose ou desoxirribose.
2. O pareamento de ligações de hidrogênio entre a base A e a base T, bem como o pareamento de ligações de hidrogênio entre a base G e a base C no DNA.
3. T é sempre igual a A, de modo que esses dois nucleotídios constituem 40% das bases. G é sempre igual a C, de modo que os 60% restantes devem ser 30% de G e 30% de C.
4. Nada, visto que as regras de pareamento de bases não se aplicam aos ácidos nucleicos de fita simples.
5. (a) TTGATC; (b) GTTCGA; (c) ACGCGT; (d) ATGGTA.
6. (a) [T] + [C] = 0,46. (b) [T] = 0,30, [C] = 0,24 e [A] + [G] = 0,46.

7. Ocorrem ligações de hidrogênio estáveis apenas entre os pares GC e AT. Além disso, duas purinas são demasiado grandes para se encaixar dentro da dupla hélice, e duas pirimidinas são muito pequenas para formar pares de bases entre si.
8. A energia térmica faz com que as cadeias se movimentem, o que rompe as ligações de hidrogênio entre pares de bases e as forças de empilhamento entre as bases, provocando, assim, a separação das fitas.
9. A probabilidade de aparecimento de qualquer sequência é de $1/4^n$, em que 4 é o número de nucleotídios e *n* é o comprimento da sequência. A probabilidade de aparecimento de qualquer sequência de 15 bases é de $1/4^{15}$ ou 1/1.073.741.824. Por conseguinte, uma sequência de 15 nucleotídios tem probabilidade de aparecer aproximadamente três vezes (3 bilhões × probabilidade de aparecimento). A probabilidade de aparecimento de uma sequência com 16 bases é de $1/4^{16}$, o que é igual a 1/4.294.967.296. Essa sequência não tem probabilidade de aparecer mais do que uma vez.
10. Uma extremidade de um polímero de ácido nucleico termina com um grupo 5′-hidroxila livre (ou um grupo fosforila esterificado ao grupo hidroxila), enquanto a outra extremidade apresenta um grupo 3′-hidroxila livre. Por conseguinte, as extremidades são diferentes. Duas fitas de DNA podem formar uma dupla hélice apenas se as fitas estiverem em direções diferentes — isto é, se tiverem polaridade oposta.
11. Embora as ligações individuais sejam fracas, a população de milhares a milhões dessas ligações proporciona muita estabilidade. Há força nos números.
12. Haveria muita repulsão por cargas a partir das cargas negativas nos grupos fosforila. Essas cargas precisam ser neutralizadas pela adição de cátions.
13. As três formas são A-DNA, B-DNA e Z-DNA, sendo o B-DNA a forma mais comum. Existem muitas diferenças (Tabela 4.2). Algumas das principais diferenças são: o A-DNA e o B-DNA têm sentido para a direita, enquanto o Z-DNA tem sentido para a esquerda. O A-DNA forma-se em condições menos hidratadas do que o B-DNA. A forma A é mais curta e mais larga do que a forma B.
14. $5,88 \times 10^3$ pares de bases.
15. O diâmetro do DNA é de 20 Å, sendo 1 Å = 0,1 nm; portanto, o diâmetro é de 2 nm. Como 1 μm = $10^3$ nm, o comprimento é de $2 \times 10^4$ nm. Por conseguinte, a razão axial é de $1 \times 10^4$.
16. Um molde é a sequência de DNA ou de RNA que dirige a síntese de uma sequência complementar. Um iniciador é o segmento inicial de um polímero que será estendido durante a elongação.
17. Na replicação conservativa, depois de uma geração, metade das moléculas seria $^{15}N$-$^{15}N$ e a outra metade, $^{14}N$-$^{14}N$. Depois de duas gerações, um quarto das moléculas seria constituído por $^{15}N$-$^{15}N$ e os outros três quartos, por $^{14}N$-$^{14}N$. Não seriam observadas moléculas híbridas $^{14}N$-$^{15}N$ na replicação conservativa.
18. Os nucleotídios utilizados para a síntese de DNA possuem o trifosfato ligado ao grupo 5′-hidroxila com grupos 3′-hidroxila livres. Esses nucleotídios podem ser utilizados apenas para a síntese de DNA de 5′ para 3′.
19. (a) Timina tritiada ou timidina tritiada. (b) dATP, dGTP, dCTP e TTP marcados com $^{32}P$ no átomo de fósforo (α) mais interno.
20. As moléculas nas partes *a* e *b* não levariam à síntese de DNA, visto que elas carecem de um grupo 3′-OH (iniciador). A molécula na parte *d* possui um grupo 3′-OH livre em uma extremidade de cada fita, porém não tem fita molde. Apenas a molécula na parte *c* levaria à síntese de DNA.
21. Um retrovírus é um vírus cujo material genético consiste em RNA. Entretanto, para que a informação seja expressa, ela precisa ser inicialmente convertida em DNA, uma reação catalisada pela enzima transcriptase reversa. Por conseguinte, pelo menos inicialmente, o fluxo de informação é oposto ao de uma célula normal: RNA ⟶ DNA, em vez de DNA ⟶ RNA.
22. Um oligonucleotídio de timidilato deveria ser utilizado como iniciador. O molde de poli-A especifica a incorporação de T; assim, o trifosfato de timidina radioativo (marcado no grupo fosforila α) deveria ser utilizado no ensaio.
23. A ribonuclease serve para degradar a fita de RNA, uma etapa necessária na formação do DNA duplex a partir do híbrido RNA-DNA.
24. Tratar uma alíquota da amostra com ribonuclease, e a outra com desoxirribonuclease. Testar essas amostras tratadas com nucleases quanto à infectividade.
25. A desaminação modifica o par de bases GC original em um par GU. Depois de um ciclo de replicação, uma fita dupla-filha irá conter um par GC, e a outra terá um par AU. Depois de dois ciclos de replicação, haverá dois pares GC, um par AU e um par AT.
26. (a) $4^8 = 65.536$. Na terminologia da informática, existem 64K em 8 mers de DNA. (b) Um bit especifica duas bases (p. ex., A e C), e um segundo bit especifica as outras duas (G e T). Assim, são necessários dois bits para especificar um único nucleotídio (par de bases) no DNA. Por exemplo, 00, 01, 10 e 11 codificariam A, C, G e T. Um 8 mer armazena 16 bits ($2^{16} = 65.536$), o genoma de *E. coli* ($4,6 \times 10^6$ bp) armazena $9,2 \times 10^6$ bits, e o genoma humano ($3,0 \times 10^9$ bases) armazena $6,0 \times 10^9$ bits de informação genética. (c) Um *pen drive* de 2 gigabytes pode ter $2 \times 10^9$ bits. Um grande número de sequências de 8 mer poderia ser armazenado neste *pen drive*. A sequência de DNA de *E. coli* poderia ser escrita em um único *pen drive* de 2 gigabytes, e ainda haveria espaço para incluir numerosas fotos de férias. Seriam necessários três *pen drives* para armazenar todo o genoma humano, embora você pudesse adquirir um *pen drive* de 16 gigabytes por apenas 10 dólares na Target e com muito espaço para suas fotos.
27. (a) Desoxirribonucleosídios trifosfatos *versus* ribonucleosídios trifosfatos. (b) 5′ ⟶ 3′ para ambos. (c) Semiconservativa para a DNA polimerase I; conservativa para a RNA polimerase. (d) A DNA polimerase I precisa de um iniciador, o que não ocorre com a RNA polimerase.
28. A fita molde apresenta uma sequência complementar à do transcrito de RNA. A fita codificadora apresenta a mesma sequência que o transcrito de RNA, com exceção da timina (T) em lugar da uracila (U).
29. O RNA mensageiro codifica a informação que, na tradução, gera uma proteína. O RNA ribossômico é o componente catalítico dos ribossomos — os complexos moleculares que sintetizam as proteínas. O RNA transportador é uma molécula adaptadora que tem a capacidade de se ligar a um aminoácido específico e de reconhecer um códon correspondente. Os RNA transportadores com aminoácidos ligados são substratos dos ribossomos.
30. Três nucleotídios codificam um aminoácido; o código não é sobreposto; o código não tem nenhuma pontuação; o código exibe direcionalidade; o código é degenerado.
31. (a) 5′-UAACGGUACGAU-3′
(b) Leu-Pro-Ser-Asp-Trp-Met
(c) Poly(Leu-Leu-Thr-Tyr)
32. O grupo 2′-OH no RNA atua como nucleófilo intramolecular. Na hidrólise alcalina do RNA, ele forma um intermediário 2′–3′-cíclico.
33.

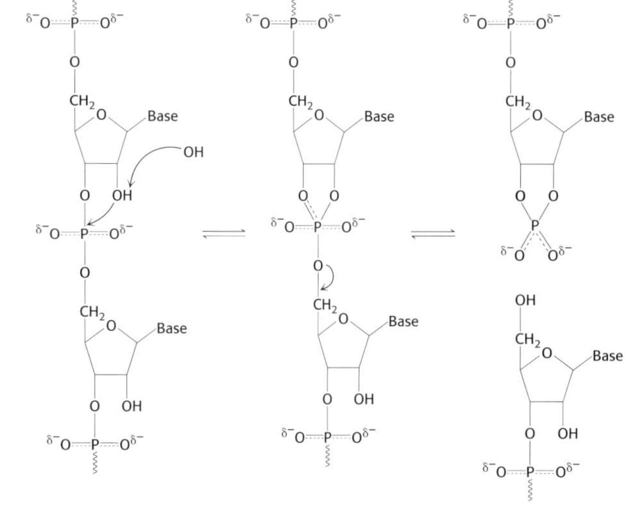

34. A expressão gênica é o processo de exibir a informação de um gene em sua forma molecular funcional. Para muitos genes, a informação funcional é uma molécula de proteína. Por conseguinte, a expressão gênica inclui a transcrição e a tradução.
35. Uma sequência de nucleotídios cujas bases representam os membros mais comuns da sequência, mas não necessariamente os únicos. Uma sequência consenso pode ser considerada como a média de muitas sequências similares.
36. A cordicepina termina a síntese de RNA. Uma cadeia de RNA contendo cordicepina carece de um grupo 3′-OH.
37. A degeneração do código refere-se ao fato de que a maioria dos aminoácidos é codificada por mais de um códon.
38. Se apenas 20 dos 64 códons possíveis codificassem aminoácidos, uma mutação que provocasse uma mudança de um códon provavelmente resultaria em um códon *nonsense*, levando à terminação da síntese de proteína. Com a degeneração, uma mudança de nucleotídio poderia produzir um sinônimo ou um códon para um aminoácido com propriedades químicas similares.
39. (a) 2, 4, 8; (b) 1, 6, 10; (c) 3, 5, 7, 9.
40. (a) 3; (b) 6; (c) 2; (d) 5; (e) 7; (f) 1; (g) 4.
41. A incubação com RNA polimerase e apenas UTP, ATP e CTP levou à síntese de apenas poli(UAC). Apenas o poli(GUA) foi formado quando foi utilizado GTP em vez de CTP.
42. Um peptídio terminando em Lys (UGA é um códon de terminação), outro contendo -Asn-Glu- e um terceiro contendo -Met-Arg-.
43. Phe-Cys-His-Val-Ala-Ala.
44. O embaralhamento de éxons é um processo molecular que pode levar à geração de novas proteínas por meio do rearranjo de éxons dentro dos genes. Como muitos éxons codificam domínios proteicos funcionais, o embaralhamento de éxons é uma forma rápida e eficiente de gerar novos genes.
45. O *splicing* alternativo permite que um gene codifique várias proteínas diferentes, porém relacionadas.
46. Mostra que o código genético e os meios bioquímicos de interpretar o código são comuns, mesmo para formas de vida muito distantes entre si. Isso também atesta a unidade da vida: de que toda a vida se originou a partir de um ancestral comum.
47. (a) Um códon para a lisina não pode ser mudado para um códon para o aspartato pela mutação de um único nucleotídio. (b) Arg, Asn, Gln, Glu, Ile, Met ou Thr.
48. O código genético é degenerado. Dos 20 aminoácidos, 18 são especificados por mais de um códon. Por conseguinte, muitas mudanças de nucleotídios (particularmente na terceira base de um códon) não alteram a natureza do aminoácido codificado. As mutações que levam a um aminoácido alterado são habitualmente mais deletérias do que aquelas que não produzem alteração, portanto elas estão sujeitas a uma seleção mais rigorosa.
49. Os pares de bases GC possuem três ligações de hidrogênio em comparação com duas para os pares de bases AT. Por conseguinte, quanto maior o conteúdo de GC, maior o número de ligações de hidrogênio e maior a estabilidade da hélice.
50. O valor de $C_0t$ corresponde, essencialmente, à complexidade da sequência do DNA — em outras palavras, quanto tempo será necessário para que uma sequência de DNA encontre a sua fita complementar para formar uma dupla hélice. Quanto mais complexo for o DNA, mais lenta será a reassociação para formar a dupla hélice.

## Capítulo 5

1. A *Taq* polimerase é a DNA polimerase de uma bactéria termofílica que vive em fontes termais. Consequentemente, ela é termoestável e pode suportar as altas temperaturas necessárias para a PCR sem sofrer desnaturação. Por conseguinte, não há necessidade de adicioná-la à reação antes de cada novo ciclo.
2. Deveria ser utilizado o cDNA da ovoalbumina. *E. coli* não apresenta a maquinaria para efetuar o *splicing* do transcrito primário obtido a partir do DNA genômico.
3. A presença da sequência AluI seria, em média, de $(1/4)^4$, ou 1/256, visto que a probabilidade de qualquer base estar em qualquer posição é de um quarto, e existem quatro posições. Seguindo o mesmo raciocínio, a presença da sequência NotI seria de $(1/4)^8$, ou 1/65.536. Assim, o produto médio da digestão pela AluI teria 250 pares de bases (0,25 kb) de comprimento, enquanto o produto da digestão pela NotI teria 66 mil pares de bases (66 kb) de comprimento.
4. A amplificação por meio da PCR é enormemente dificultada pela presença de regiões ricas em G-C no molde. Em virtude de suas altas temperaturas de fusão, esses moldes não desnaturam com facilidade, impedindo, assim, a iniciação de um ciclo de amplificação. Além disso, as estruturas secundárias rígidas impedem o progresso da DNA polimerase ao longo da fita molde durante a elongação.
5. Não, visto que os genes humanos têm, em sua maioria, muito mais de 4 kb de comprimento. Um fragmento conteria apenas uma pequena parte de um gene completo.
6. O *Southern blotting* de uma digestão de MstII estabeleceria a distinção entre o gene normal e o gene mutante. A perda de um sítio de restrição levaria à substituição de dois fragmentos no *Southern blot* por um único fragmento maior. Esse achado não provaria que GTG foi substituído por GAG; outras mudanças de sequência no sítio de restrição poderiam produzir o mesmo resultado.
7. Embora duas enzimas clivem o mesmo sítio de reconhecimento, cada uma delas quebra diferentes ligações dentro da sequência de 6 bp. A clivagem pela KpnI produz uma fita simples protuberante na fita 3′, enquanto a clivagem pela Acc65I produz uma fita simples protuberante na fita 5′. Essas extremidades coesivas não se sobrepõem.

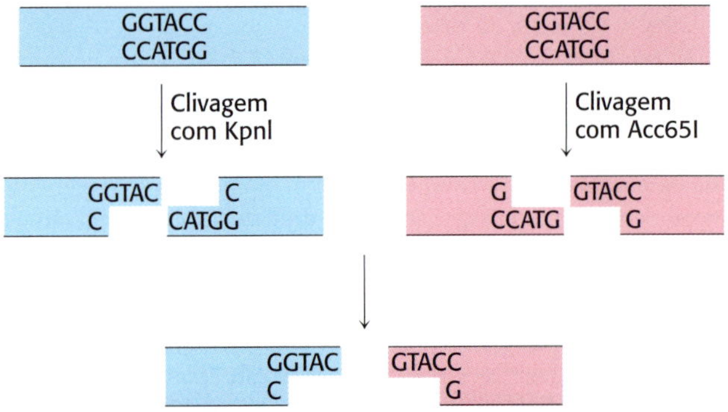

Extremidades coesivas incompatíveis

8. Uma estratégia simples para a geração de muitos mutantes consiste em sintetizar um conjunto degenerado de cassetes utilizando-se uma mistura de nucleosídios ativados em ciclos particulares da síntese de oligonucleotídios. Suponha que a região codificadora de 30 bp comece com GTT, que codifica a valina. Se for utilizada uma mistura de todos os quatro nucleotídios no primeiro e no segundo ciclos da síntese, os oligonucleotídios resultantes começarão com a sequência XYT (em que X e Y denotam A, C, G ou T). Essas 16 versões diferentes do cassete codificarão proteínas que contêm Phe, Leu, Ile, Val, Ser, Pro, Thr, Ala, Tyr, His, Asn, Asp, Cys, Arg ou Gly na primeira posição. De modo semelhante, podem ser obtidos cassetes degenerados em que dois ou mais códons sejam simultaneamente variados.
9. Como a PCR pode amplificar com tão pouco molde como uma única molécula de DNA, os relatos alegando o isolamento do DNA antigo precisam ser considerados com certo ceticismo. Seria necessário proceder ao sequenciamento do DNA. Ele é semelhante ao DNA humano, bacteriano ou fúngico? Caso a resposta seja sim,

a contaminação constitui a provável fonte do DNA amplificado. É semelhante ao de aves ou ao de crocodilos? Essa semelhança de sequência fortaleceria a alegação de que se trata de um DNA de dinossauro, visto que tais espécies são evolutivamente próximas dos dinossauros.

10. Como N poderia ser qualquer uma das quatro bases, a presença do trinucleotídio NGG ocorreria com uma frequência de $\frac{4}{4} \times \frac{1}{4} \times \frac{1}{4}$, ou uma vez a cada 16 bases, em média.

11. Como sequências de PAM são necessárias a jusante de determinado sítio-alvo, variantes de Cas9 que reconhecem diferentes PAMs aumentariam a probabilidade de se desenhar um sgRNA contra determinada sequência-alvo.

12. Em altas temperaturas de hibridização, apenas os pareamentos com maior correspondência entre iniciador (*primer*) e alvo seriam estáveis, visto que todas as bases (ou a maioria delas) deveriam encontrar parceiros para estabilizar o duplex iniciador-hélice alvo. À medida que a temperatura vai se reduzindo, mais pareamentos incorretos seriam tolerados; por conseguinte, a amplificação tem probabilidade de fornecer genes com menor similaridade de sequências. No que concerne ao gene de levedura, sintetize iniciadores correspondentes às extremidades do gene e, em seguida, utilize esses iniciadores e o DNA humano como alvo. Se nada ficar amplificado a 54 °C, o gene humano difere do gene de levedura, porém um correspondente ainda pode estar presente. Repita o experimento a uma temperatura de hibridização mais baixa.

13. Proceda à digestão do DNA genômico com uma enzima de restrição e selecione o fragmento que contenha a sequência conhecida. Circularize esse fragmento. Em seguida, efetue a PCR com o uso de um par de iniciadores (*primers*) que sirvam de molde para a síntese de DNA a partir das extremidades da sequência conhecida.

14. A proteína codificada contém quatro repetições de uma sequência específica.

15. Utilize a síntese química ou a reação em cadeia da polimerase para preparar sondas de hibridização que sejam complementares a ambas as extremidades do fragmento de DNA conhecido (previamente isolado). Confronte clones que representam a biblioteca de fragmentos de DNA com ambas as sondas de hibridização. Selecione clones que hibridizam com uma das sondas, mas não com a outra; esses clones provavelmente representam fragmentos de DNA que contêm uma extremidade do fragmento conhecido juntamente com a região adjacente do cromossomo particular.

16. O(s) códon(s) para aminoácido pode(m) ser utilizado(s) para determinar o número de possíveis sequências de nucleotídios que codificam cada sequência de peptídios (Tabela 4.5):

Ala-Met-Ser-Leu-Pro-Trp:
$4 \times 1 \times 6 \times 6 \times 4 \times 1 = 576$ sequências totais

Gly-Trp-Asp-Met-His-Lys:
$4 \times 1 \times 2 \times 1 \times 2 \times 2 = 32$ sequências totais

Cys-Val-Trp-Asn-Lys-Ile:
$2 \times 4 \times 1 \times 2 \times 2 \times 3 = 96$ sequências totais

Arg-Ser-Met-Leu-Gln-Asn:
$6 \times 6 \times 1 \times 6 \times 2 \times 2 = 864$ sequências totais

O conjunto de sequências de DNA que codifica o peptídio Gly-Trp-Asp-Met-His-Lys seria o mais ideal para o desenvolvimento de uma sonda, visto que ele abrange apenas 32 oligonucleotídios no total.

17. Dentro de uma espécie, cães individuais exibem enorme variação no tamanho corporal e uma diversidade substancial em outras características físicas. Por conseguinte, a análise genômica de cães individuais forneceria pistas valiosas sobre os genes responsáveis pela diversidade dentro de determinada espécie.

18. Com base no mapa genômico comparativo mostrado na Figura 5.30, a região de maior sobreposição com o cromossomo 20 humano pode ser encontrada no cromossomo 2 do camundongo.

19. $T_m$ é a temperatura de fusão de um ácido nucleico de fita dupla. Se as temperaturas de fusão dos iniciadores forem muito diferentes, a extensão da hibridização com o DNA-alvo irá diferir durante a fase de anelamento, o que resultaria em replicações diferenciais das fitas.

20. A comparação cuidadosa das sequências revela que existe uma região de 7 bp de complementaridade nas extremidades 3′ desses dois iniciadores:

5′-GGATCGATGCTCGCGA-3′
3′-GAGCGCTGGGCTAGGA-5′

Em um experimento de PCR, esses iniciadores (*primers*) tenderiam a anelar um ao outro, impedindo a sua interação com o DNA molde. Durante a síntese de DNA pela polimerase, cada iniciador (*primer*) atuaria como um molde para o outro, levando à amplificação de uma sequência de 25 bp correspondente aos iniciadores (*primers*) sobrepostos.

21. Uma mutação no indivíduo B alterou um dos alelos do gene *X*, deixando outro intacto. O fato de que o alelo mutado seja menor sugere que ocorreu uma deleção em uma cópia do gene. A cópia funcional é transcrita e traduzida, e aparentemente produz proteína suficiente para tornar o indivíduo assintomático.

O indivíduo C apresenta apenas a versão menor do gene. Esse gene não é transcrito (*northern blot* negativo) nem traduzido (*western blot* negativo).

O indivíduo D possui uma cópia de tamanho normal do gene, porém não tem nenhum RNA ou proteína correspondente. Pode haver uma mutação na região promotora do gene que impeça a sua transcrição.

O indivíduo E apresenta uma cópia de tamanho normal do gene que é transcrita, porém não há síntese de proteínas, o que sugere que uma mutação impede a tradução. Existem várias explicações possíveis, incluindo uma mutação que introduza um códon de terminação prematura no mRNA.

O indivíduo F tem uma quantidade normal de proteína, porém ainda apresenta o problema metabólico. Esse achado sugere que a mutação afeta a atividade da proteína — por exemplo, uma mutação que compromete o sítio ativo da enzima Y.

22. Chongqing: resíduo 2, L → R, CTG → CGG
Karachi: resíduo 5, A → P, GCC → CCC
Swan River: resíduo 6, D → G, GAC → GGC

23. Essa pessoa em particular é heterozigota para essa mutação específica: um alelo é selvagem, enquanto o outro carrega uma mutação pontual nessa posição. Nesse experimento, ambos os alelos são amplificados por meio da PCR, produzindo a aparência de "duplo pico" no cromatograma de sequenciamento.

## Capítulo 6

1. Existem 27 identidades (destacadas em amarelo) e dois espaços para uma pontuação de 220. As duas sequências são aproximadamente 27% idênticas. Para um alinhamento com 27% de identidade para quase 100 resíduos, é provável que essas duas proteínas sejam evolutivamente relacionadas e estruturalmente similares.

```
WYLGKITRMDAEVLLKKPTVRDGHFLVTQCESSPGEF
WYFGKITRRESERLLLNPENPRGTFLVRESETTKGAY

SISVRFGDSVQ-----HFKVLRDQNGKYYLWAVK-FN
CLSVSDFDNAKGLNVKHYKIRKLDSGGFYITSRTQFS

SLNELVAYHRTASVSRTHTILLSDMNV

SSLQQLVAYYSKHADGLCHRLTNV
```

2. São provavelmente relacionadas por evolução divergente, visto que a estrutura tridimensional é mais conservada do que a identidade de sequência.

3. (1) Valor de identidade = –25; pontuação de Blosum = 14; (2) valor de identidade = 15; pontuação de Blosum = 4.

4. U. Uma estrutura possível:

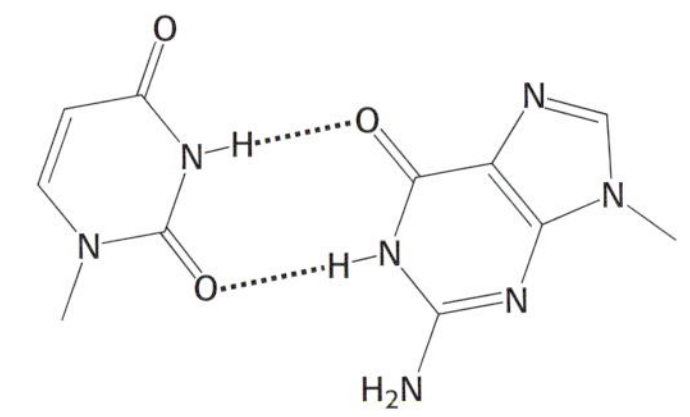


5. Existem $4^{40}$ ou $1{,}2 \times 10^{24}$ moléculas diferentes. Cada molécula tem uma massa de $2{,}2 \times 10^{-20}$, visto que 1 mol de polímero tem uma massa de 330 g $mol^{-1} \times 40$, e existem $6{,}02 \times 10^{23}$ moléculas por mol. Por conseguinte, seriam necessários 26,4 kg de RNA.
6. Como a estrutura tridimensional está muito mais estreitamente associada à função do que à sequência, a estrutura terciária é mais conservada evolutivamente do que a estrutura primária. Em outras palavras, a função da proteína é a característica mais importante, e esta é determinada pela estrutura. Por conseguinte, a estrutura precisa ser conservada, mas não necessariamente uma sequência específica de aminoácidos.
7. A pontuação de alinhamento das sequências (1) e (2) é de 6 × 10 = 60. Muitas respostas são possíveis, dependendo da sequência reordenada aleatoriamente. Um resultado possível é o seguinte:

| | | |
|---|---|---|
| Sequência embaralhada: | (2) | TKADKAGEYL |
| Alinhamento: | (1) | ASNFLDKAGK |
| | (2) | TKADKAGEYL |

A pontuação de alinhamento é de 4 × 10 = 40.
8. (a) Quase certamente divergiram de um ancestral comum. (b) Quase certamente divergiram de um ancestral comum. (c) Podem ter divergido de um ancestral comum, porém o alinhamento de sequência pode não fornecer evidência confirmatória. (d) Podem ter divergido de um ancestral comum, mas é pouco provável que o alinhamento de sequência forneça uma evidência confirmatória.
9. A substituição de cisteína, de glicina e de prolina nunca produz uma pontuação positiva. Esses resíduos exibem características diferentes daquelas dos outros 19 aminoácidos: a cisteína é o único aminoácido capaz de formar pontes dissulfeto, a glicina é o único aminoácido sem cadeia lateral e é altamente flexível, e a prolina é o único aminoácido que é fortemente restrito por meio da ligação de sua cadeia lateral a seu nitrogênio amina.
10. A proteína A é claramente homóloga à proteína B, tendo em vista uma identidade de sequência de 65%, e, assim, espera-se que A e B tenham estruturas tridimensionais muito similares. De modo semelhante, as proteínas B e C são claramente homólogas, tendo em vista a sua identidade de sequência de 55%, e espera-se que essas duas proteínas tenham estruturas tridimensionais muito similares. Por conseguinte, as proteínas A e C provavelmente apresentam estruturas tridimensionais similares, embora sejam apenas 15% idênticas na sequência.
11. Para detectar pares de resíduos com mutações correlacionadas, é preciso haver variabilidade dessas sequências. Se o alinhamento for excessivamente representado por organismos estreitamente relacionados, pode não haver mudanças suficientes nas suas sequências para possibilitar a identificação de padrões potenciais de pareamento de bases.
12. Após a seleção e a transcrição reversa das moléculas de RNA, efetua-se o PCR para introduzir mutações adicionais nessas fitas. O uso dessa polimerase termoestável sujeita a erros na etapa de amplificação aumentaria a eficiência de mutagênese aleatória.
13. O conjunto inicial de moléculas de RNA utilizado em um experimento de evolução molecular é normalmente muito menor do que o número total de sequências possíveis. Por conseguinte, as melhores sequências de RNA possíveis provavelmente não serão representadas no conjunto inicial de oligonucleotídios. A mutagênese das moléculas de RNA inicialmente selecionadas possibilita uma melhora interativa dessas sequências para a propriedade desejada.
14. 44% de identidade.

## Capítulo 7

1. O cachalote nada por longas distâncias entre as respirações. Uma alta concentração de mioglobina no músculo do cachalote mantém um suprimento imediato de oxigênio para os músculos entre as respirações.
2. (a) $2{,}96 \times 10^{-11}$ g
(b) $2{,}74 \times 10^{8}$ moléculas
(c) Não. Haveria $3{,}17 \times 10^{8}$ moléculas de hemoglobina em um eritrócito se elas fossem agrupadas em uma disposição cristalina cúbica. Por conseguinte, a verdadeira densidade de agregação é cerca de 84% do máximo possível.
3. 2,65 g (ou $4{,}75 \times 10^{-2}$ mol) de Fe
4. (a) Nos seres humanos, $1{,}44 \times 10^{-2}$ g ($4{,}49 \times 10^{-4}$ mol) de $O_2$ por quilograma de músculo. No cachalote, 0,144 g ($4{,}49 \times 10^{-3}$ mol) de $O_2$ por quilograma.
(b) 128:1
5. O $pK_a$ é (a) reduzido; (b) elevado; e (c) elevado.
6. A desoxi-HbA contém um sítio complementar, de modo que ela pode se juntar a uma fibra de desoxi-HbS. Em seguida, a fibra não é mais capaz de crescer, visto que a molécula terminal de desoxi-HbA carece de um segmento aderente.
7. 62,7% da capacidade de transporte de oxigênio.
8. A mioglobina não exibe o efeito Bohr. As interações responsáveis pela mediação do efeito Bohr na hemoglobina dependem de uma estrutura tetramérica. A mioglobina é um monômero.
9. Uma concentração mais elevada de BPG iria deslocar a curva de ligação do oxigênio para a direita, causando um aumento de $P_{50}$. O valor mais alto de $P_{50}$ iria promover a dissociação do oxigênio nos tecidos e, portanto, aumentaria a porcentagem de liberação de oxigênio aos tecidos.
10. (a) A transfusão aumentaria o número de eritrócitos, o que aumenta a capacidade de transporte de oxigênio do sangue, possibilitando um esforço mais sustentado. (b) O BPG estabiliza o estado T da hemoglobina, resultando em liberação mais eficiente de oxigênio. Se houver depleção de BPG, o oxigênio não será liberado, embora os eritrócitos estejam transportando mais oxigênio.
11. A ligação do oxigênio parece fazer com que os íons cobre e seus ligantes de histidina associados se movam, aproximando-se uns dos outros, resultando também no movimento das hélices às quais as histidinas estão ligadas (de modo similar à mudança conformacional na hemoglobina).
12. A hemoglobina modificada não deve exibir cooperatividade. Embora o imidazol em solução se ligue ao ferro do heme (em lugar da histidina) e facilite a ligação do oxigênio, o imidazol carece da conexão crucial com a α-hélice específica que deve se mover de modo a transmitir a mudança conformacional.
13. O inositol pentafosfato (parte *c*) é altamente aniônico de modo muito semelhante ao 2,3-bisfosfoglicerato.
14.

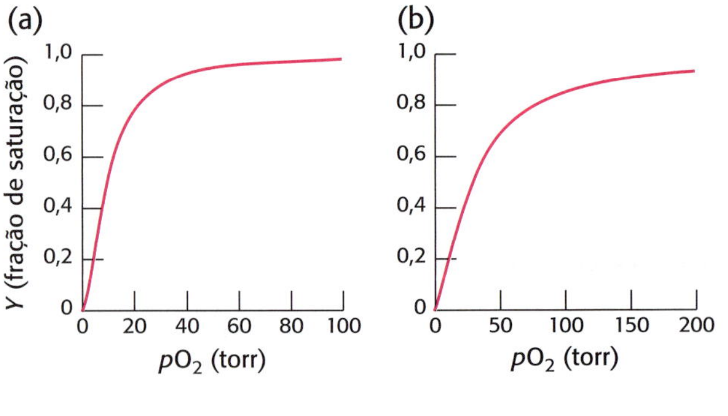

15. A liberação de ácido irá diminuir o pH. Um pH mais baixo promove a dissociação de oxigênio nos tecidos. Entretanto, a liberação aumentada de oxigênio nos tecidos irá aumentar a concentração de desoxi-Hb, aumentando, assim, a probabilidade de afoiçamento das células.

16. (a) $Y = 0,5$ quando $pO_2 = 10$ torr. O gráfico de $Y$ *versus* $pO_2$ parece indicar pouca ou nenhuma cooperatividade.

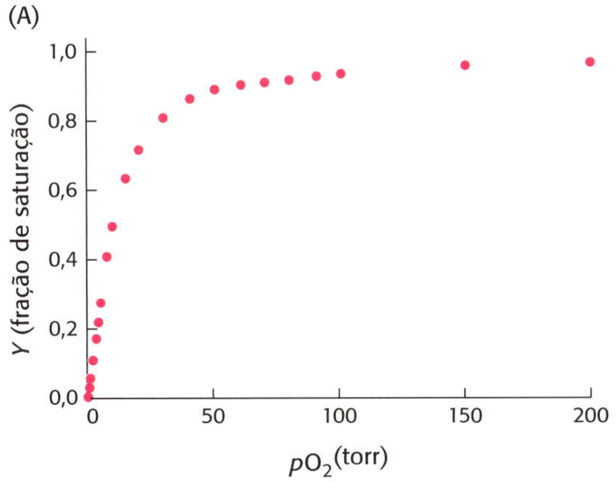


(b) O traçado de Hill mostra uma ligeira cooperatividade com $n = 1,3$ na região central.

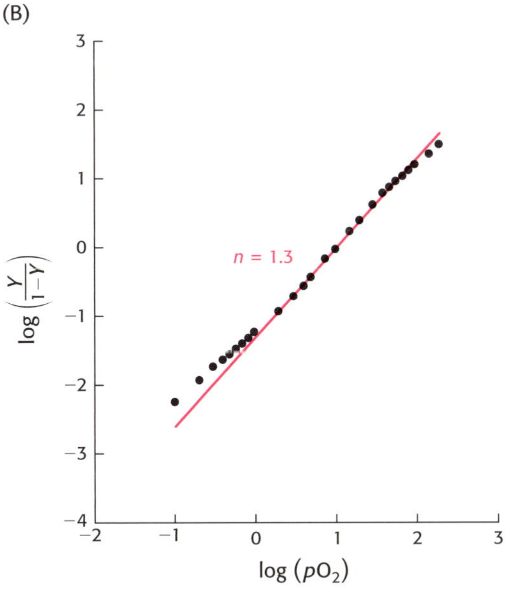


(c) Os dímeros desoxi da hemoglobina da lampreia podem ter menor afinidade pelo oxigênio do que os monômeros. Se a ligação do primeiro átomo de oxigênio a um dímero causar dissociação do dímero, produzindo dois monômeros, então o processo deve ser cooperativo. Nesse mecanismo, a ligação do oxigênio a cada monômero seria mais fácil do que a ligação do primeiro átomo de oxigênio ao dímero desoxi.

17. (a) 2; (b) 4; (c) 2; (d) 1.

18. As interações eletrostáticas entre o BPG e a hemoglobina seriam enfraquecidas pela competição com moléculas de água. O estado T não seria estabilizado.

19. A hemoglobina fetal contém duas cadeias α e duas cadeias γ. O aumento nos níveis da cadeia γ proporciona uma alternativa para a cadeia β mutante em pacientes com anemia falciforme. Assim, a hidroxiureia, ao aumentar a expressão da hemoglobina fetal, reduz o potencial de formação de agregados insolúveis de hemoglobina.

## Capítulo 8

1. Aumento da velocidade e da especificidade de substrato.

2. Um cofator.

3. Coenzimas e metais.

4. As vitaminas são convertidas em coenzimas.

5. O sítio ativo é uma fenda tridimensional; representa apenas uma pequena parte do volume total da enzima. Os sítios ativos possuem microambientes únicos. Um substrato liga-se ao sítio ativo com múltiplas interações fracas. A especificidade do sítio ativo depende da estrutura tridimensional precisa do sítio ativo.

6. As enzimas facilitam a formação do estado de transição.

7. A complexa estrutura tridimensional das proteínas possibilita a formação de sítios ativos que reconhecem apenas substratos específicos.

8. (a) 4; (b) 7; (c) 8; (d) 3; (e) 9; (f) 10; (g) 5; (h) 1; (i) 2; (j) 6.

9. A energia necessária para alcançar o estado de transição (a energia de ativação) retorna quando o estado de transição prossegue para a formação do produto.

10. O produto é mais estável do que o substrato no gráfico A; portanto, a $\Delta G$ é negativa, e a reação é exergônica. No gráfico B, o produto tem mais energia do que o substrato; a $\Delta G$ é positiva, o que significa que a reação é endergônica.

11. (a) $K = \frac{[P]}{[S]} = \frac{k_F}{k_R} = \frac{10^{-4}}{10^{-6}} = 100$. Utilizando a equação 5 no texto, $\Delta G°' = -11,42$ kJ mol$^{-1}$ ($-2,73$ kcal mol$^{-1}$). (b) $k_F = 10^{-2}$ s$^{-1}$ e $k_R = 10^{-4}$ s$^{-1}$. Os valores da constante de equilíbrio e de $\Delta G°'$ são os mesmos para as reações tanto catalisadas quanto não catalisadas.

12. A hidrólise das proteínas tem grande energia de ativação. A síntese de proteína necessita de energia para a sua ocorrência.

13. As enzimas ajudam a proteger o líquido que circunda os olhos contra infecções bacterianas.

14. A energia de ligação é a energia livre liberada quando duas moléculas se unem, como quando uma enzima e um substrato interagem.

15. A energia de ligação torna-se máxima quando uma enzima interage com o estado de transição, facilitando, assim, a formação do estado de transição e aumentando a velocidade da reação.

16. Não haveria nenhuma atividade catalítica. Se o complexo enzima-substrato for mais estável do que o complexo enzima-estado de transição, não haveria formação do estado de transição, e a catálise não ocorreria.

17. Os estados de transição são muito instáveis. Em consequência, as moléculas que se assemelham aos estados de transição também tendem a ser instáveis e, portanto, difíceis de sintetizar.

18. (a) 0; (b) +28,53; (c) −22,84; (d) −11,42; (e) +5,69.

19. (a) $\Delta G°' = -RT \ln K'_{eq}$

$+1,8 = -(1,98 \times 10^{-3}$ kcal$^{-1}$ K$^{-1}$ mol$^{-1}$) (298 K) (ln[G1P]/[G6P])

$-3,05 = \ln[G1P]/[G6P]$

$+3,05 = \ln[G6P]/[G1P]$

$K'_{eq}{}^{-1} = 21$ ou $K'_{eq} = 4,8 \times 10^{-2}$

Como [G6P]/[G1P] = 21, existe uma molécula de G1P para cada 21 moléculas de G6P. Como iniciamos com 0,1 M, a [G1P] é de 1/22 (0,1 M) = 0,0045 M, e a [G6P] deve ser de 21/22 (0,1 M) ou 0,096 M. Consequentemente, a reação não ocorre em grau significativo como ela é escrita. (b) Forneça G6P em alta velocidade e remova G1P em alta velocidade por outras reações. Em outras palavras, assegure que a [G6P]/[G1P] seja mantida grande.

20. $K_{eq} = 19$, $\Delta G°' = -7,3$ kJ mol$^{-1}$ ($-1,77$ kcal mol$^{-1}$).

21. A estrutura tridimensional de uma enzima é estabilizada por interações com o substrato, por intermediários da reação e pelos produtos. Essa estabilização minimiza a desnaturação térmica.

22. Com concentrações de substrato próximas à $K_M$, a enzima apresenta uma catálise significativa; contudo, mostra-se sensível a mudanças na concentração de substrato.

23. Não, $K_M$ não é igual à constante de dissociação e, portanto, não mede a afinidade, visto que o numerador também contém $k_2$, a constante de velocidade para a conversão do complexo enzima-substrato em enzima e produto. Entretanto, se $k_2$ for menor do que $k_{-1}$, $K_M \approx K_d$.
24. (a) 7; (b) 4; (c) 5; (d) 1; (e) 8; (f) 2; (g) 9; (h) 6; (i) 10; (j) 3.
25. Inibição competitiva: 2, 3, 9; inibição acompetitiva: 4, 5, 6; inibição não competitiva: 1, 7, 8.
26. Quando [S] = 10 $K_M$, $V_0$ = 0,91 $V_{máx.}$. Quando [S] = 20 $K_M$, $V_0$ = 0,95 $V_{máx.}$. Por conseguinte, qualquer curva de Michaelis-Menten mostrando que a enzima realmente alcança a $V_{máx.}$ é uma mentira perniciosa.
27. (a) 31,1 μmol; (b) 0,05 μmol; (c) 622 $s^{-1}$, um valor na faixa média para as enzimas (Tabela 8.5).
28. (a) Sim, $K_M = 5{,}2 \times 10^{-6}$ M;
(b) $V_{máx.} = 6{,}8 \times 10^{-10}$ mol minuto$^{-1}$; (c) 337 $s^{-1}$.
29. À semelhança da glicopeptídio transpeptidase, a penicilinase forma um intermediário acil-enzima com o seu substrato, porém o transfere para a água, e não para o resíduo de glicina terminal da ligação de pentaglicina.
30. (a) A $V_{máx.}$ é de 9,5 μmol minuto$^{-1}$. $K_M$ é $1{,}1 \times 10^{-5}$ M, a mesma que na ausência de inibidor. (b) Não competitiva. (c) $2{,}5 \times 10^{-5}$ M. (d) $f_{ES}$ = 0,73, na presença ou na ausência desse inibidor não competitivo.
31. Reagentes específicos de grupos; marcadores de afinidade; inibidores suicidas; análogos do estado de transição.
32. (a) $V_0 = V_{máx.} - (V_0/[S])\,K_M$.
(b) Inclinação = $-K_M$, interseção no $y = V_{máx.}$, interseção no $x = V_{máx.}/K_M$.
(c) Um gráfico de Eadie-Hofstee

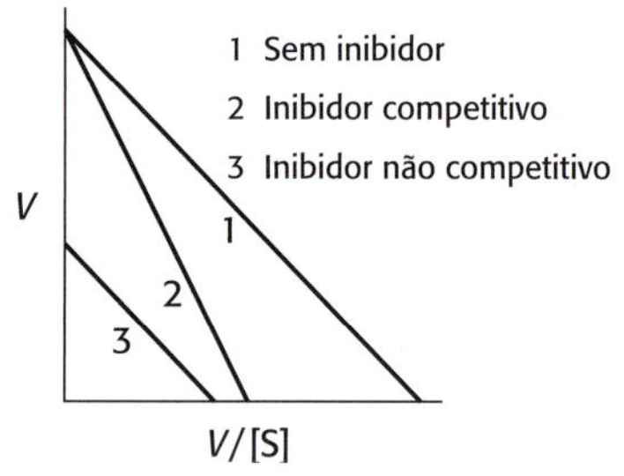


33. As reações sequenciais caracterizam-se pela formação de um complexo ternário, que consiste na enzima e em ambos os substratos. As reações de duplo deslocamento sempre exigem a formação de um intermediário enzimático temporariamente substituído.
34. As taxas de utilização dos substratos A e B são dadas por

$$V_A = \left(\frac{k_{cat}}{K_M}\right)_A [E][A]$$

e

$$V_B = \left(\frac{k_{cat}}{K_M}\right)_B [E][B]$$

Por conseguinte, a razão entre essas velocidades é

$$V_A/V_B = \left(\frac{k_{cat}}{K_M}\right)_B [A]/\left(\frac{k_{cat}}{K_M}\right)_A [B]$$

Assim, uma enzima discrimina entre os substratos competidores com base nos seus valores de $k_{cat}/K_M$, e não apenas no valor de $K_M$.
35. A mutação retarda a reação por um fator de 100, visto que a ativação da energia livre é aumentada em +11,42 kJ mol$^{-1}$ (+2,73 kcal mol$^{-1}$). A ligação forte do substrato em relação ao estado de transição diminui a velocidade de catálise.
36. 11 μmol minuto$^{-1}$.
37. (a) Essa informação é necessária para determinar a dose correta de succinilcolina a ser administrada. (b) A duração da paralisia depende da capacidade da colinesterase sérica de eliminar o fármaco. Se houvesse um oitavo da quantidade de atividade enzimática, a paralisia poderia durar oito vezes mais. (c) $K_M$ é a concentração necessária para que a enzima alcance 1/2 $V_{máx.}$. Consequentemente, em determinada concentração de substrato, a reação catalisada pela enzima com $K_M$ mais baixa terá maior velocidade. O paciente com a forma mutante com $K_M$ mais alta eliminará o fármaco em uma velocidade muito mais lenta.
38. (a) $K_M$ é uma medida de afinidade *apenas* se $k_2$ for limitante de velocidade, o que é o caso aqui. Um menor valor de $K_M$ significa, portanto, maior afinidade. A enzima mutante possui maior afinidade. (b) 50 μmol minuto$^{-1}$. O valor de $K_M$ é 10 mM, e $K_M$ produz 1/2 $V_{máx.}$. $V_{máx.}$ é de 100 μmol minuto$^{-1}$, e assim por diante... (c) As enzimas não alteram o equilíbrio da reação.
39. Enzima 2. Embora a enzima 1 tenha maior $V_{máx.}$ do que a enzima 2, esta última exibe maior atividade na concentração do substrato existente no ambiente, visto que ela apresenta menor valor de $K_M$ para o substrato.
40. (a) A maneira mais efetiva de medir a eficiência de qualquer complexo enzima-substrato é determinar os valores de $k_{cat}/K_M$. Nos três substratos em questão, os valores respectivos de $k_{cat}/K_M$ são: 6, 15 e 36. Assim, a enzima exibe forte preferência pela clivagem de ligações peptídicas nas quais o segundo aminoácido é um aminoácido grande e hidrofóbico. (b) $k_{cat}/K_M$ para esse substrato é igual a 2. Isso não é muito efetivo. Esse valor sugere que a enzima prefere clivar ligações peptídicas com a seguinte especificidade: grupo R pequeno — grupo R hidrofóbico grande.
41. Se a quantidade total da enzima ($E_T$) aumentar, a $V_{máx.}$ aumentará, visto que $V_{máx.} = k_2[E_T]$. Entretanto, $K_M = (k_{-1} + k_2)/k_1$; isto é, independe da concentração de substrato. O gráfico do meio descreve essa situação.
42.

| Condição experimental | $V_{máx.}$ | $K_M$ |
|---|---|---|
| (a) Utiliza-se duas vezes mais enzima | Duplica | Nenhuma alteração |
| (b) Utiliza-se metade da quantidade da enzima | Metade do valor | Nenhuma alteração |
| (c) Presença de um inibidor competitivo | Nenhuma alteração | Aumenta |
| (d) Presença de um inibidor acompetitivo | Diminui | Diminui |
| (e) Presença de um inibidor não competitivo puro | Diminui | Nenhuma alteração |

43. (a)

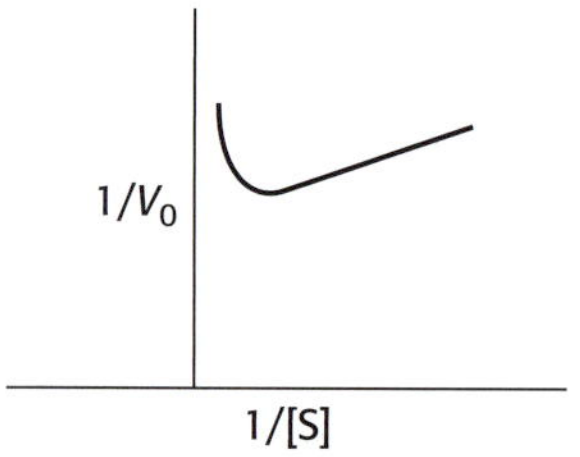


(b) Esse comportamento consiste em inibição pelo substrato: na presença de altas concentrações, o substrato forma complexos improdutivos no sítio ativo. O desenho anexo mostra o que poderia acontecer. Normalmente, o substrato liga-se em uma orientação definida, que é mostrada no desenho como vermelho para vermelho e azul para azul. Em altas concentrações, o substrato pode ligar-se ao sítio ativo, de modo que a orientação apropriada ocorre em cada extremidade da molécula, porém com ligação de duas moléculas diferentes de substrato.

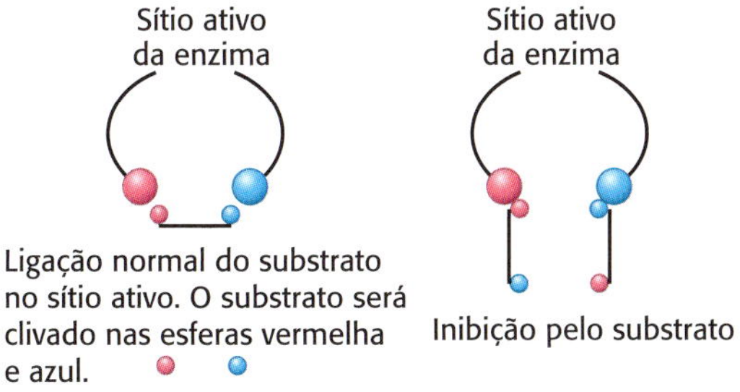


44. A primeira etapa será a etapa limitante de velocidade. As enzimas $E_B$ e $E_C$ são operantes em $1/2\ V_{máx.}$, enquanto a $K_M$ da enzima $E_A$ é maior do que a concentração de substrato. $E_A$ deverá operar em aproximadamente $10^{-2}V_{máx.}$.

45. A espectroscopia de fluorescência revela a existência de um complexo enzima-serina e de um complexo enzima-serina-indol.

46. (a) Quando $[S^+]$ for muito maior do que o valor de $K_M$, o pH terá efeito desprezível sobre a enzima, visto que $S^+$ irá interagir com $E^-$ tão logo a enzima se torne disponível.

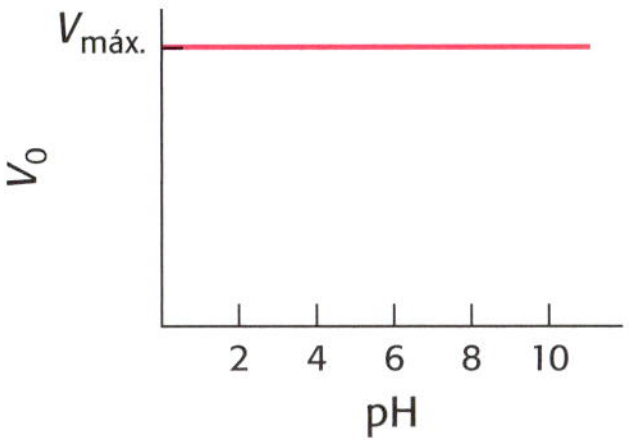


(b) Quando $[S^+]$ for muito menor do que o valor de $K_M$, o gráfico $V_0$ *versus* pH torna-se essencialmente uma curva de titulação para os grupos ionizáveis, sendo a atividade enzimática o marcador da titulação. Na presença de pH baixo, a alta concentração de $H^+$ manterá a enzima na forma EH e inativa. À medida que o pH vai aumentando, uma quantidade cada vez maior da enzima vai ficando na forma $E^-$ e ativa. Na presença de pH alto (baixa concentração de $H^+$), toda a enzima será $E^-$.

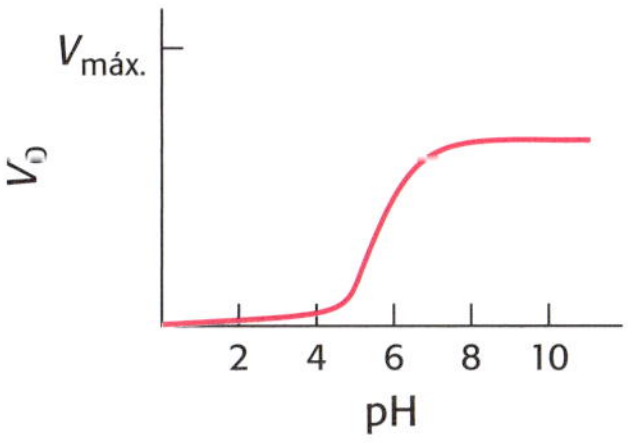


(c) O ponto médio nesta curva será o $pK_a$ do grupo ionizável, que se afirmou ser pH 6.

47. (a) A incubação da enzima a 37°C leva a uma desnaturação de sua estrutura e a uma perda de atividade. Por esse motivo, as enzimas precisam ser, em sua maioria, mantidas frias se não estiverem catalisando ativamente suas reações. (b) Aparentemente, a coenzima ajuda a estabilizar a estrutura da enzima, visto que a enzima de células com deficiência de PLP desnatura mais rapidamente. Os cofatores frequentemente ajudam a estabilizar a estrutura das enzimas.

48. A etapa de segunda ordem lenta ocorre quando sequências complementares em duas moléculas diferentes se ligam entre si. Após a ocorrência do alinhamento inicial de sequência, o restante da molécula pode rapidamente estabelecer sequências complementares a partir desse sítio de nucleação e reanelar, uma reação de primeira ordem.

## Capítulo 9

1. No substrato amida, a formação do intermediário acil-enzima é mais lenta do que a hidrólise desse intermediário, de modo que não se observa nenhum surto. Verifica-se a ocorrência de um surto nos substratos éster; a formação do intermediário acil-enzima é mais rápida, levando ao surto observado.

2. O resíduo de histidina no substrato pode substituir, em certo grau, o resíduo de histidina ausente na tríade catalítica da enzima mutante.

3. Não. A tríade catalítica atua como unidade. Quando essa unidade torna-se ineficaz pela mutação da histidina em alanina, a ocorrência de uma mutação adicional da serina em alanina terá apenas um pequeno efeito.

4. A substituição corresponde a uma das diferenças-chave entre a tripsina e a quimiotripsina, de modo que é possível prever uma especificidade semelhante à da tripsina (clivagem depois da lisina e da arginina). De fato, são necessárias alterações adicionais para efetuar essa mudança de especificidade.

5. Aparentemente, o imidazol é pequeno o suficiente para alcançar o sítio ativo da anidrase carbônica e compensar a histidina faltante. Os tampões com grandes componentes moleculares não podem fazer isso, e os efeitos da mutação são mais evidentes.

6. Não. A probabilidade de essa sequência estar presente é de aproximadamente 1 em $4^{10} = 1.048.576$. Como um genoma viral típico tem apenas 50 mil pares de bases, é pouco provável que haja a sequência-alvo.

7. Não, visto que a enzima iria destruir o DNA do hospedeiro antes que pudesse ocorrer a metilação protetora.

8. Não. As bactérias que recebem a enzima teriam seu próprio DNA destruído, uma vez que elas provavelmente iriam carecer da metilase protetora adequada.

9. O EDTA irá se ligar ao $Zn^{2+}$ e remover da enzima o íon, que é necessário para a atividade enzimática.

10. (a) O aldeído reage com a serina do sítio ativo. (b) Forma-se um hemiacetal.

11. Tripsina, visto que a molécula A contém uma cadeia lateral de lisina, que pode se encaixar no bolsão $S_1$ da tripsina.

12. Espera-se que a reação seja mais lenta por um fator de 10, visto que a velocidade depende do $pK_a$ da água ligada ao zinco.

13. O EDTA liga-se ao $Mg^{2+}$ necessário para que ocorra a reação enzimática.

14. A hidrólise do ATP é reversível dentro do sítio ativo. A hidrólise do ATP ocorre dentro do sítio ativo com a incorporação de $^{18}O$, o ATP é novamente formado, e ele é liberado de volta à solução.

15. Se o aspartato for mutado, a protease ficará inativa, e o vírus não será viável.

16. A água substitui o grupo hidroxila da serina 236 na mediação da transferência de prótons da água que ataca o grupo γ-fosforila.

17. Na subtilisina, o poder catalítico é de aproximadamente 30 $s^{-1}/10^{-8}\ s^{-1} = 3 \times 10^9$. Na anidrase carbônica (em pH 7), o poder catalítico é de aproximadamente $500.000\ s^{-1}/0,15\ s^{-1} = 3,3 \times 10^6$. Por esse critério, a subtilisina é a enzima mais poderosa.

18. O mutante triplo ainda catalisa a reação por um fator de aproximadamente 1.000 vezes em comparação com a reação não catalisada. Isso pode ser devido à ligação enzimática do substrato e sua manutenção em uma conformação suscetível ao ataque pela água.

19. (a) Cisteína protease: o mesmo que na Figura 9.8, exceto que a cisteína substitui a serina no sítio ativo, e não há nenhum aspartato presente.

(b) Aspartil protease:

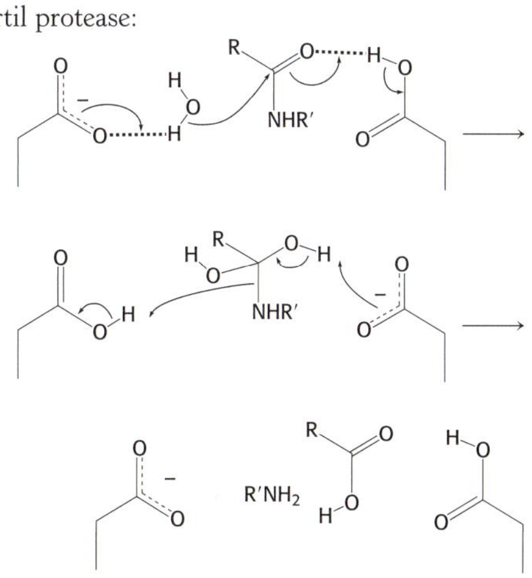

(c) Metaloprotease:

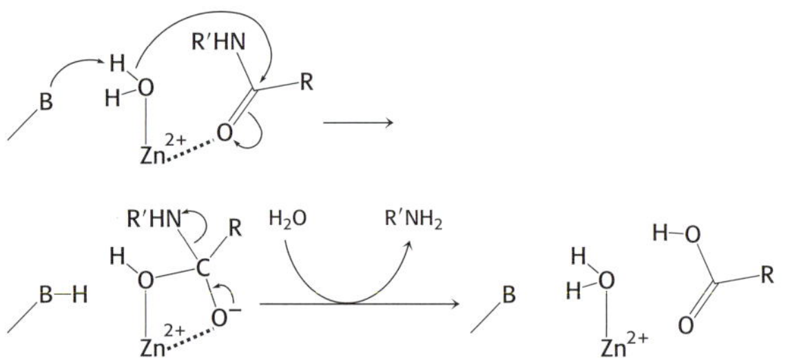

## Capítulo 10

1. A enzima catalisa a primeira etapa na síntese de pirimidinas. Ela facilita a condensação do carbamilfosfato e aspartato para formar *N*-carbamilaspartato e fosfato inorgânico.
2. (a) 5; (b) 4; (c) 7; (d) 3; (e) 10; (f) 8; (g) 1; (h) 9; (i) 6; (j) 2.
3. a, b e d são verdadeiras.
4. A forma protonada da histidina provavelmente estabiliza o átomo de oxigênio carbonílico de carga negativa da ligação passível de cisão (ligação a ser rompida) no estado de transição. A desprotonação levaria a uma perda de atividade. Por conseguinte, espera-se que a velocidade seja a metade da velocidade máxima em um pH de cerca de 6,5 (o $pK_a$ de uma cadeia lateral de histidina não perturbada em uma proteína) e que diminua à medida que o pH vai aumentando.
5. A inibição de uma enzima alostérica pelo produto final da via controlada pela enzima. Impede a produção do produto final em quantidades excessivas e o consumo de substratos quando não há necessidade do produto.
6. O ATP em altas concentrações poderia sinalizar duas situações sobrepostas. Altos níveis de ATP poderiam sugerir a disponibilidade de alguns *nucleotídios* para a síntese de ácidos nucleicos, e, consequentemente, ocorreria síntese de UTP e de CTP. Níveis elevados de ATP indicam a disponibilidade de *energia* para a síntese de ácidos nucleicos, de modo que haveria produção de UTP e de CTP.
7. Toda a enzima estaria constantemente na forma R. Não haveria nenhuma cooperatividade. A cinética se assemelharia àquela de uma enzima de Michaelis-Menten.
8. A enzima exibiria uma cinética simples de Michaelis-Menten, visto que essencialmente está sempre no estado R.
9. O CTP é formado pela adição de um grupo amino ao UTP. As evidências indicam que o UTP também é capaz de inibir a ATCase na presença de CTP.
10. Os efetores homotrópicos são os substratos das enzimas alostéricas. Os efetores heterotrópicos são os reguladores dessas enzimas alostéricas. Os efetores homotrópicos são responsáveis pela natureza sigmoide da curva de velocidade *versus* concentração de substrato, enquanto os efetores heterotrópicos alteram a $K_M$ da curva. Por fim, ambos os tipos de efetores atuam alterando a razão T/R.
11. Se tivessem sido utilizados substratos, a enzima catalisaria a reação. Não haveria acúmulo de intermediários com a enzima. Consequentemente, qualquer enzima cristalizada teria ficado livre de substratos ou produtos.
12. (a) 100. A mudança na razão [R]/[T] com a ligação de uma molécula de substrato precisa ser a mesma que a razão das afinidades de substrato das duas formas. (b) 10. A ligação de quatro moléculas de substrato modifica a [R]/[T] por um fator de $100^4 = 10^8$. A razão na ausência de substrato é de $10^{-7}$. Por conseguinte, a razão na molécula totalmente ligada é de $10^8 \times 10^{-7} = 10$.
13. A fração de moléculas na forma R é de $10^{-5}$, 0,004, 0,615, 0,998 e 1 quando ocorre ligação de 0, 1, 2, 3 e 4 ligantes, respectivamente.
14. O modelo sequencial pode explicar a cooperatividade negativa, mas não o modelo concertado.
15.

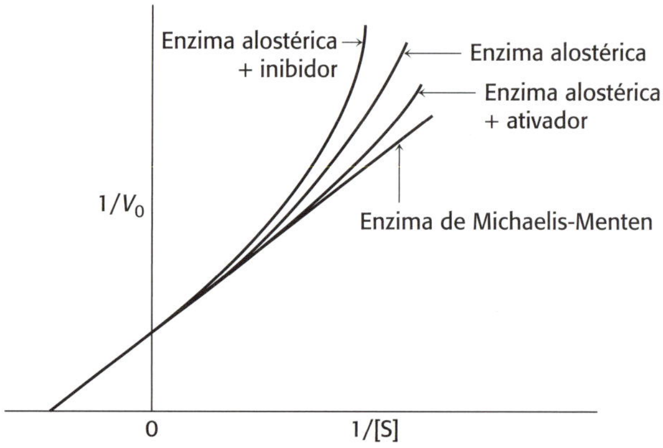


16. O resultado final das duas reações consiste na hidrólise do ATP a ADP e $P_i$, que tem $\Delta G$ de −50 kJ $mol^{-1}$ (−12 kcal $mol^{-1}$) em condições celulares.
17. As isoenzimas ou isozimas são enzimas homólogas que catalisam a mesma reação, mas que apresentam diferentes propriedades cinéticas ou regulatórias.
18. Embora a mesma reação possa ser necessária em uma variedade de tecidos, as propriedades bioquímicas dos tecidos diferem de acordo com a sua função biológica. As isoenzimas possibilitam o controle fino das propriedades catalíticas e regulatórias para atender às necessidades específicas do tecido.
19. (a) 7; (b) 8; (c) 11; (d) 6; (e) 1; (f) 12; (g) 3; (h) 4; (i) 5; (j) 2; (k) 10; (l) 9.
20. Quando a fosforilação ocorre à custa de ATP, uma quantidade suficiente de energia é consumida para alterar drasticamente a estrutura e, portanto, a atividade de uma proteína. Além disso, como o ATP é a moeda energética celular, a modificação das proteínas está ligada ao estado energético da célula.
21. A modificação covalente é reversível, enquanto a clivagem proteolítica é irreversível.
22. A ativação é independente da concentração de zimogênio, visto que a reação é intramolecular.
23. Embora sejam muito raros, foram relatados casos de deficiência de enteropeptidase. O indivíduo afetado apresenta diarreia e não se desenvolve, visto que o processo de digestão é inadequado. Em particular, ocorre comprometimento da digestão de proteínas.
24. Adicione sangue do segundo paciente a uma amostra do primeiro. Se a mistura coagular, o segundo paciente tem um defeito diferente do primeiro. Esse tipo de ensaio é denominado teste de complementação.
25. O fator X ativado permanece ligado às membranas das plaquetas, o que acelera a ativação da protrombina.
26. A antitrombina III é um substrato da trombina hidrolisado muito lentamente. Por conseguinte, a sua interação com a trombina exige um sítio ativo totalmente formado na enzima.
27. A substituição da metionina pela leucina seria uma boa escolha. A leucina é resistente à oxidação e possui praticamente o mesmo volume e mesmo grau de hidrofobicidade da metionina.
28. A formação inadequada de coágulos poderia bloquear as artérias no cérebro, causando acidente vascular encefálico, ou no coração, causando ataque cardíaco.
29. A trombina catalisa a hidrólise do fibrinogênio para formar fibrina ativa. Entretanto, possui também a função de interromper a cascata pela ativação da proteína C, uma protease que digere outras enzimas da coagulação $V_a$ e $VIII_a$.

30. O ativador do plasminogênio tecidual, ou TPA, é uma serina protease que leva à dissolução dos coágulos sanguíneos. O TPA ativa o plasminogênio que está ligado ao coágulo de fibrina, convertendo-o em plasmina ativa, que então hidrolisa a fibrina do coágulo.
31. Um coágulo maduro é estabilizado por ligações amídicas entre as cadeias laterais da lisina e da glutamina, que estão ausentes no coágulo mole. As ligações são formadas pela transglutaminase.
32. Um modelo sequencial simples prevê que a fração de cadeias catalíticas no estado R, $f_R$, é igual à fração contendo o substrato ligado, $Y$. Em contrapartida, o modelo concertado prevê que $f_R$ aumenta mais rapidamente do que $Y$ à medida que a concentração de substrato vai crescendo. A mudança de $f_R$ leva à alteração de $Y$ com a adição de substrato, conforme previsto pelo modelo concertado.
33. A ligação de succinato aos sítios catalíticos funcionais da fração $c_3$ nativa modificou o espectro de absorção visível dos resíduos de nitrotirosina na *outra* fração $c_3$ da enzima híbrida. Por conseguinte, a ligação do análogo do substrato aos sítios ativos de um trímero alterou a estrutura do outro trímero.
34. De acordo com o modelo concertado, um ativador alostérico desloca o equilíbrio de conformação de todas as subunidades para o estado R, enquanto um inibidor alostérico o desloca para o estado T. Por conseguinte, o ATP (um ativador alostérico) desviou o equilíbrio para a forma R, resultando em uma mudança de absorção semelhante àquela obtida quando o substrato está ligado. O CTP teve um efeito diferente. Por conseguinte, esse inibidor alostérico desviou o equilíbrio para a forma T. Assim, o modelo concertado explica as interações alostéricas da ATCase induzidas pelo ATP e pelo CTP (heterotrópicas), bem como aquelas induzidas pelo substrato (homotrópicas).
35. (a) Quando reunido, o grupo de controle exibe comportamento gregário. (b) A inibição da PKA parece impedir o comportamento gregário, enquanto a inibição de PKG não tem nenhum efeito sobre o comportamento. (c) O efeito da inibição da PKG foi investigado para estabelecer que o efeito observado com a inibição de PKA é específico, e não apenas devido à inibição de qualquer quinase. (d) A PKA desempenha uma função na alteração do comportamento de insetos. (e) A gregariedade em gafanhotos que são sempre gregários não é afetada pela inibição da PKA, sugerindo que essa enzima pode desempenhar um papel na modificação dos padrões de comportamento, mas não no seu estabelecimento.
36. Os resíduos *a* e *d* estão localizados no interior de uma α-*helical coiled coil*, próximo ao eixo da super-hélice. As interações hidrofóbicas entre essas cadeias laterais contribuem para a estabilidade da *coiled coil*.
37. No estado R, a ATCase se expande e torna-se menos densa. Essa diminuição de densidade resulta em uma redução do valor de sedimentação (ver fórmula no Capítulo 3).
38. A interação entre a tripsina e o inibidor é tão estável que o estado de transição é raramente formado. Convém lembrar que a energia de ligação máxima é liberada quando uma enzima se liga ao estado de transição. Se a interação substrato-enzima for demasiado estável, o estado de transição raramente se forma.
39. O dicumarol é um inibidor competitivo da γ-glutamilcarboxilase. Consequentemente, não há formação de γ-carboxiglutamato, cuja presença é necessária para a conversão da protrombina em trombina. A composição de aminoácidos é determinada pela hidrólise da proteína em temperaturas elevadas e na presença de ácido forte. Nessas condições, o grupo carboxila do γ-carboxiglutamato é removido da protrombina normal, deixando simplesmente o glutamato.

40.

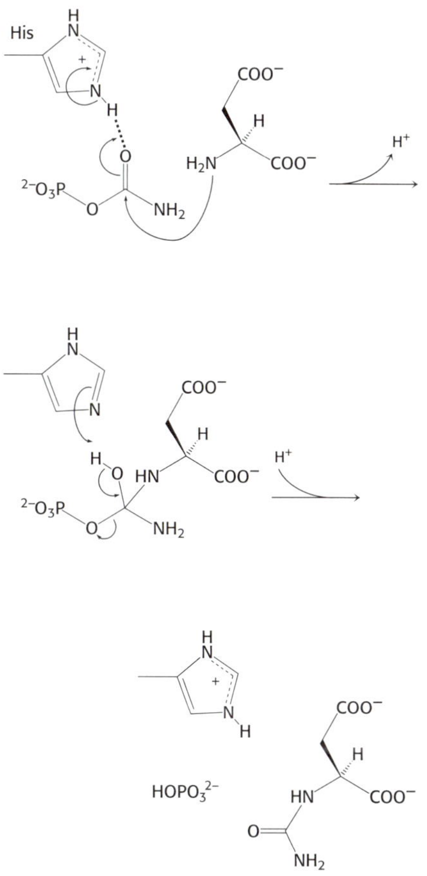


41.

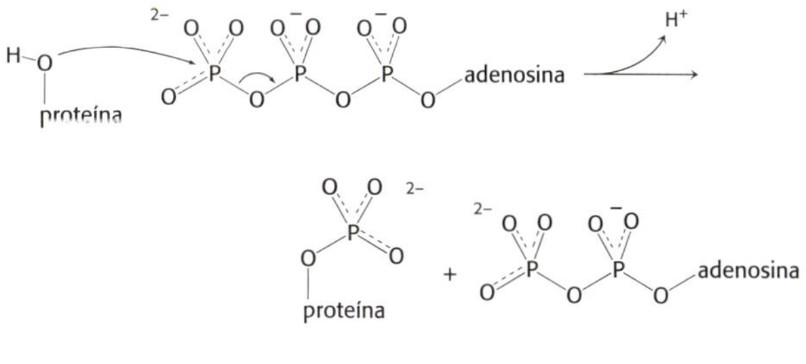


## Capítulo 11

1. Os carboidratos eram originalmente considerados como *hidratos de carbono*, visto que a fórmula empírica de muitos deles é $(CH_2O)_n$.
2. (d)
3. (a)
4. (d)
5. Três aminoácidos podem ser unidos por ligações peptídicas em apenas seis modos diferentes. Entretanto, três monossacarídios diferentes podem ser unidos de inúmeras maneiras. Os monossacarídios podem ligar-se de modo linear ou ramificado, com ligações α ou β, com ligações entre C-1 e C-3, entre C-1 e C-4, entre C-1 e C-6, e assim por diante. Na verdade, os três monossacarídios podem formar 12.288 trissacarídios diferentes.
6. (a) 10; (b) 6; (c) 8; (d) 9; (e) 2; (f) 4; (g) 1; (h) 5; (i) 7; (j) 3.
7. (a) aldose-cetose; (b) epímeros; (c) aldose-cetose; (d) anômeros; (e) aldose-cetose; (f) epímeros.
8. Eritrose: tetrose aldose; ribose: pentose aldose; gliceraldeído: triose aldose; di-hidroxiacetona: triose cetose; eritrulose: tetrose cetose; ribulose: pentose cetose; frutose: hexose cetose.

9.

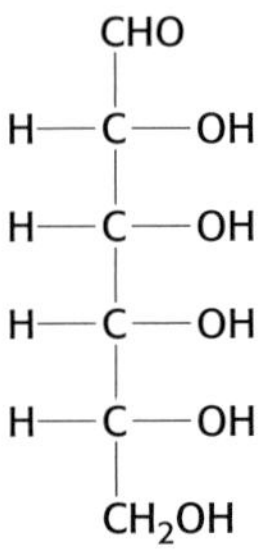

D-Alose

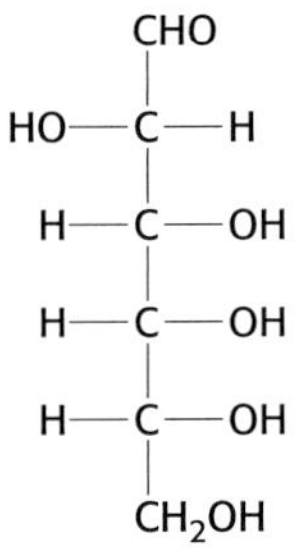

D-Altrose

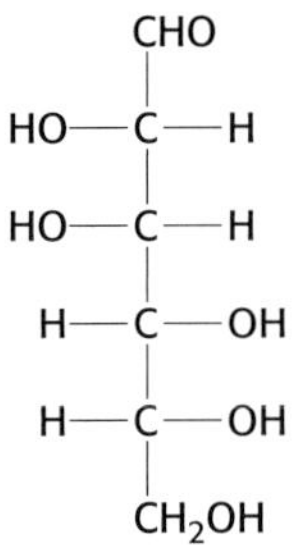

D-Manose

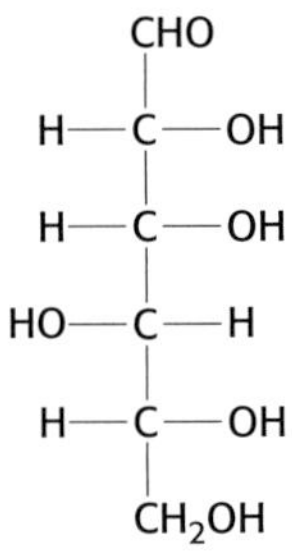

D-Gulose

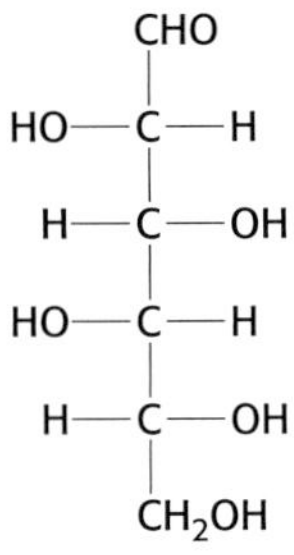

D-Idose

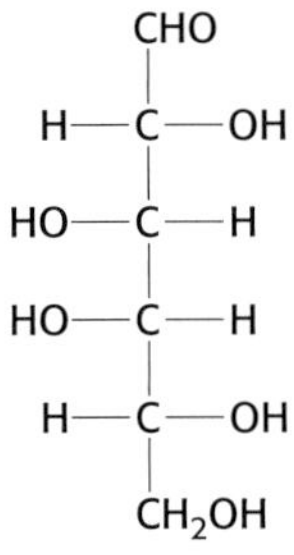

D-Galactose

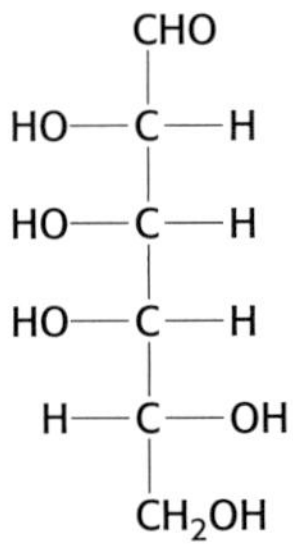

D-Talose

10.

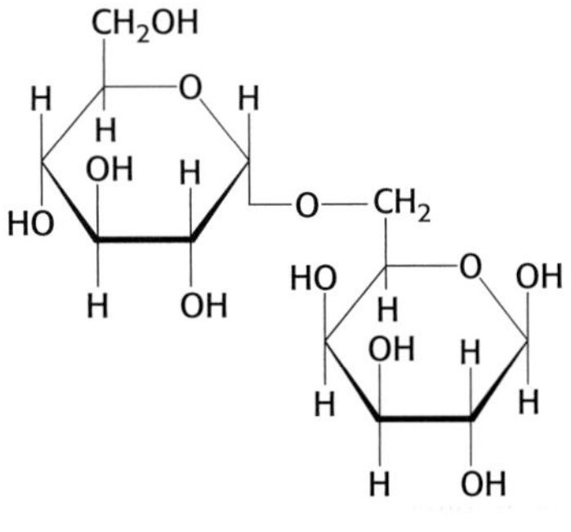

α-Glicosil-(1→6)-galactose

11. A proporção do anômero α é 0,36 e a do anômero β é 0,64.
12. A glicose é reativa devido à presença de um grupo aldeído em sua forma de cadeia aberta. O grupo aldeído condensa-se lentamente com grupos amino para formar produtos aldimina denominados adutos de base de Schiff (um composto com a estrutura geral $R_2C = NR'$, em que R′ não é um H).
13. Um piranosídio reage com duas moléculas de periodato; o formato é um dos produtos. Um furanosídio reage com apenas uma molécula de periodato; não há formação de formato.
14. (a) β-D-manose; (b) β-D-galactose; (c) β-D-frutose; (d) β-D-glicosamina.
15. O próprio trissacarídio deve ser um inibidor competitivo da adesão celular se a unidade trissacarídica da glicoproteína for de importância fundamental para a interação.
16. (a) Não é um açúcar redutor; não é possível a formação de cadeia aberta. (b) D-galactose, D-glicose, D-frutose. (c) D-galactose e sacarose (glicose + frutose).
17. A ligação hemicetal do anômero α é rompida para gerar a forma aberta. A rotação ao redor das ligações no C-1 e no C-2 possibilita a formação do anômero β, resultando em uma mistura de isômeros.

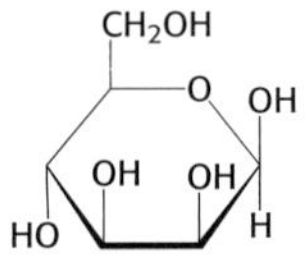

β-D-Manose

18. O aquecimento converte a forma piranose muito doce na forma furanose mais estável, porém de sabor menos doce. Em consequência, é difícil controlar acuradamente o sabor doce da preparação, o que também explica por que o mel perde o seu sabor doce com o passar do tempo. Veja as estruturas na Figura 11.5.
19. (a) Cada molécula de glicogênio tem uma extremidade redutora, enquanto o número de extremidades não redutoras é determinado pelo número de ramificações ou ligações α-1,6. (b) Como o número de extremidades não redutoras ultrapassa acentuadamente o número de extremidades redutoras em um conjunto de moléculas de glicogênio, toda degradação e síntese de glicogênio ocorrem nas extremidades não redutoras, tornando máxima a velocidade de degradação e de síntese.
20. Não, a sacarose não é um açúcar redutor. O átomo de carbono anomérico atua como agente redutor tanto na glicose quanto na frutose; entretanto, na sacarose, os átomos de carbono anoméricos da frutose e da glicose são unidos por uma ligação covalente e, portanto, não estão disponíveis para reagir.
21. O glicogênio é um polímero de glicose unido por ligações glicosídicas α-1,4 com ramificações formadas aproximadamente a cada 12 unidades de glicose por ligações -glicosídicas α-1,6. O amido é constituído de dois polímeros de glicose. A amilose é um polímero de cadeia linear formado por ligações glicosídicas α-1,4. A amilopectina assemelha-se ao glicogênio, porém tem menos ramificações, com uma ramificação a cada 30 ou mais unidades de glicose.
22. A celulose é um polímero linear de glicose em que as unidades de glicose são unidas por ligações β-1,4. O glicogênio é um polímero ramificado, sendo a principal cadeia formada por ligações glicosídicas α-1,4. As ligações β-1,4 possibilitam a formação de um polímero linear ideal para funções estruturais. As ligações α-1,4 do glicogênio formam uma estrutura helicoidal, o que possibilita o armazenamento de muitas unidades de glicose em um pequeno espaço.
23. As glicoproteínas simples são frequentemente proteínas secretadas e, portanto, desempenham uma variedade de papéis. Por exemplo, o hormônio EPO é uma glicoproteína. Em geral, a proteína componente constitui a maior parte da glicoproteína por massa. Em contrapartida, os proteoglicanos e as mucoproteínas são predominantemente carboidratos. Os proteoglicanos apresentam glicosaminoglicanos fixados e desempenham funções estruturais, como na cartilagem e na matriz extracelular. As mucoproteínas frequentemente atuam como lubrificantes e possuem múltiplos carboidratos unidos por meio de uma fração *N*-acetilgalactosamina.
24. A ligação do carboidrato possibilita a permanência da EPO na circulação por mais tempo e, portanto, a sua ação por períodos mais longos de tempo do que uma EPO desprovida de carboidrato.
25. O glicosaminoglicano, em virtude de sua acentuada carga, liga-se a muitas moléculas de água. Quando a cartilagem é submetida ao estresse, como no momento em que o calcanhar entra em contato com o solo, a água é liberada, amortecendo, assim, o impacto. Quando você eleva o calcanhar, a água volta a se ligar.

26. A lectina que se liga à manose 6-fosfato poderia estar deficiente e não reconhecer uma proteína corretamente endereçada.
27. Asparagina, serina e treonina.
28. Diferentes formas moleculares de uma glicoproteína que diferem na quantidade de carboidratos ligados ou na localização da ligação, ou ambas.
29. O conjunto total de carboidratos sintetizados por uma célula em determinados momentos e em condições ambientais particulares.
30. O genoma compreende todos os genes presentes em um organismo. O proteoma inclui todas as proteínas possíveis e proteínas modificadas que uma célula expressa em determinado conjunto de circunstâncias. O glicoma é constituído por todos os carboidratos sintetizados pela célula em qualquer conjunto determinado de circunstâncias. Como o genoma é estático, enquanto qualquer proteína pode ser variadamente expressa e modificada, o proteoma é mais complexo do que o genoma. O glicoma, que inclui não apenas as glicoformas das proteínas, mas também numerosas estruturas possíveis de carboidratos, deve ser ainda mais complexo.
31. Um resíduo de asparagina pode ser glicosilado se for parte de uma sequência Asn-X-Ser ou Asn-X-Thr, em que X pode ser qualquer resíduo, com exceção da prolina. A restrição de seu colega de quarto é porque nem todos os sítios potenciais são glicosilados.
32. Sugere que os carboidratos se encontrem na superfície celular de todos os organismos para o propósito de reconhecimento por outras células, organismos ou pelo ambiente.
33. Uma glicoproteína é uma proteína decorada com carboidratos. Uma lectina é uma proteína que reconhece especificamente carboidratos. Uma lectina também pode ser uma glicoproteína.
34. Cada sítio é ou não glicosilado, de modo que existem $2^6 = 64$ proteínas possíveis.
35. Os 20 aminoácidos que compõem as proteínas e os quatro nucleotídios que compõem os ácidos nucleicos estão ligados pelo mesmo tipo de ligação – a ligação peptídica nas proteínas e a ligação fosfodiéster 5′- 3′ nos ácidos nucleicos. Em contrapartida, existem muitos carboidratos diferentes que podem ser modificados e ligados por uma variedade de maneiras. Além disso, os oligossacarídios podem ser ramificados. Por fim, muitos açúcares apresentam a mesma fórmula química ou uma fórmula química similar, bem como propriedades químicas semelhantes, dificultando uma identificação e uma ligação específicas.
36. Conforme discutido no Capítulo 9, muitas enzimas exibem especificidade estereoquímica. Evidentemente, as enzimas envolvidas na síntese de sacarose são capazes de distinguir entre os isômeros dos substratos e ligar-se apenas ao par correto.
37. Se a especificidade da lectina por carboidratos for conhecida, pode-se preparar uma coluna de afinidade com o carboidrato apropriado ligado. A preparação de proteína contendo a lectina em questão poderia ser passada pela coluna. O uso desse método foi, na verdade, o modo pelo qual a concanavalina A, a lectina de ligação da glicose, foi purificada.
38. (a) O agrecano é intensamente decorado com glicosaminoglicanos. Se glicosaminoglicanos forem liberados no meio, o agrecano deve sofrer degradação.
(b) Outra enzima poderia estar presente clivando os glicosaminoglicanos de agrecano sem degradá-lo. Outros experimentos não mostrados estabeleceram que a liberação de glicosaminoglicanos constitui uma medida acurada da destruição de agrecano.
(c) O controle fornece uma base para a degradação "basal" inerente no ensaio.
(d) A degradação do agrecano é acentuadamente aumentada.
(e) A degradação do agrecano é reduzida ao sistema basal.
(f) Trata-se de um sistema *in vitro* no qual nem todos os fatores que contribuem para a estabilização da cartilagem *in vivo* estão presentes.

## Capítulo 12

1. $2{,}86 \times 10^6$ moléculas, visto que cada folheto da bicamada contém $1{,}43 \times 10^6$ moléculas.
2. Essencialmente uma membrana "virada do avesso". Os grupos hidrofílicos se uniriam no interior da estrutura distantes do solvente, enquanto as cadeias de hidrocarbonetos interagiriam com o solvente.
3. $2 \times 10^{-7}$ cm, $6 \times 10^{-6}$ cm, e $2 \times 10^{-4}$ cm.
4. O raio dessa molécula é de $3{,}1 \times 10^{-7}$ cm, e o seu coeficiente de difusão de $7{,}4 \times 10^{-9}$ $cm^2$ $s^{-1}$. As distâncias médias percorridas são de $1{,}7 \times 10^{-7}$ cm em 1 μs, de $5{,}4 \times 10^{-6}$ cm em 1 ms e de $1{,}7 \times 10^{-4}$ cm em 1 s.
5. A membrana sofreu uma transição de fase de um estado altamente fluido para um estado quase congelado quando a temperatura foi reduzida. Um carreador só pode transportar íons através de uma membrana quando a bicamada for altamente fluida. Em contrapartida, um canal permite que os íons atravessem o seu poro, mesmo quando a bicamada for muito rígida.
6. A presença de uma dupla ligação cis introduz uma dobra na cadeia de ácidos graxos que impede o empacotamento e reduz o número de átomos no contato de van der Waals. A dobra diminui o ponto de fusão em comparação com o do ácido graxo saturado. Os ácidos graxos trans não apresentam a dobra, de modo que suas temperaturas de fusão são mais altas e mais similares àquelas dos ácidos graxos saturados. Como os ácidos graxos trans não geram efeito estrutural, são raramente observados.
7. O ácido palmítico é mais curto do que o ácido esteárico. Por conseguinte, quando as cadeias se unem, existe menos oportunidade de interações de van der Waals, e o ponto de fusão é, portanto, mais baixo que o do ácido esteárico mais longo.
8. Os animais hibernantes alimentam-se seletivamente de plantas que apresentam maior proporção de ácidos graxos poli-insaturados com temperatura de fusão mais baixa.
9. A diminuição inicial da fluorescência com a primeira adição de ditionita de sódio resulta do apagamento nas moléculas de NBD-PS no folheto externo da bicamada. A ditionita de sódio não atravessa a membrana nessas condições experimentais; por conseguinte, ela não apaga os fosfolipídios marcados no folheto interno. A segunda adição de ditionita de sódio não tem nenhum efeito, visto que as moléculas de NBD-PS no folheto externo permanecem apagadas. Entretanto, depois de uma incubação de 6,5 horas, cerca de 50% das moléculas de NBD-PS sofreram difusão transversal para o folheto externo da bicamada, resultando em uma redução de 50% da fluorescência com a adição de ditionita de sódio.
10. A adição do carboidrato introduz uma barreira energética significativa contra a *flip-flop*, visto que seria necessário o deslocamento de um componente de carboidrato hidrofílico através de um ambiente hidrofóbico. Essa barreira energética intensifica a assimetria da membrana.
11. A cadeia alquila $C_{16}$ está ligada por uma ligação éter. O átomo de carbono C-2 do glicerol tem apenas um grupo acetila ligado por uma ligação éster em lugar de um ácido graxo, conforme observado na maioria dos fosfolipídios.
12. Em um ambiente hidrofóbico, a formação de ligações de hidrogênio intracadeia estabiliza os átomos de hidrogênio das amidas e os átomos de oxigênio carbonílicos da cadeia polipeptídica, com consequente formação de uma α-hélice. Em um ambiente aquoso, esses grupos são estabilizados pela sua interação com a água; por conseguinte, não existe nenhum motivo energético para a formação de uma α-hélice. Dessa maneira, a α-hélice teria mais tendência a se formar em um ambiente hidrofóbico.
13. A proteína pode conter uma α-hélice que passa através do cerne hidrofóbico da proteína. Essa hélice tende a exibir um segmento de aminoácidos hidrofóbicos semelhantes àqueles observados nas hélices transmembranares.

14. O deslocamento para a temperatura mais baixa diminuiria a fluidez, aumentando o empacotamento das cadeias hidrofóbicas por interações de van der Waals. Para impedir esse empacotamento, seriam sintetizados novos fosfolipídios apresentando cadeias mais curtas e um número maior de duplas ligações cis. As cadeias mais curtas reduziriam o número de interações de van der Waals, enquanto as duplas ligações cis provocariam a dobra na estrutura, impedindo o empacotamento das caudas de ácidos graxos dos fosfolipídios.
15. Cada uma das 21 proteínas v-SNARE poderia interagir com cada uma das sete proteínas parceiras t-SNARE. A multiplicação fornece o número total de diferentes pares de interação: $7 \times 21 = 147$ pares diferentes v-SNARE–t-SNARE.
16. (a) O gráfico mostra que, à medida que a temperatura vai aumentando, a bicamada fosfolipídica torna-se mais fluida. $T_m$ é a temperatura de transição do estado predominantemente menos fluido para o estado predominantemente mais fluido. O colesterol alarga essa transição do estado menos fluido para o mais fluido. Em essência, o colesterol torna a fluidez da membrana menos sensível a mudanças de temperatura. (b) Esse efeito é importante, visto que a presença de colesterol tende a estabilizar a fluidez da membrana ao impedir transições abruptas. Como a função das proteínas depende da fluidez adequada da membrana, o colesterol mantém o ambiente apropriado para a função das proteínas de membrana.
17. A proteína representada graficamente na parte *c* é uma proteína transmembranar de *C. elegans*. Ela atravessa a membrana com quatro α-hélices que aparecem proeminentemente como picos hidrofóbicos no gráfico de hidropaticidade. É interessante assinalar que a proteína representada graficamente na parte *a* também é uma proteína de membrana, uma porina. Essa proteína é constituída principalmente de fitas β, que carecem da janela hidrofóbica proeminente das hélices de membrana. Esse exemplo mostra que os gráficos de hidropaticidade, apesar de sua utilidade, não são infalíveis.
18. (a) A prostaglandina $H_2$ sintase 1 recupera a sua atividade imediatamente após a remoção do ibuprofeno, sugerindo que esse inibidor se dissocia rapidamente da enzima. Em contrapartida, a enzima permanece significativamente inibida 30 minutos após a remoção da indometacina, sugerindo que esse inibidor se dissocia lentamente de seu sítio ativo. (b) O ácido acetilsalicílico modifica covalentemente a prostaglandina $H_2$ sintase 1, indicando que se dissociaria muito lentamente (ou não se dissociaria). Assim, deve-se prever que uma atividade muito baixa será evidente em todas as condições em que o inibidor for adicionado (colunas 2, 3 e 4).
19. Para se purificar qualquer proteína, ela precisa ser inicialmente solubilizada. No caso de uma proteína de membrana, a solubilização exige habitualmente um detergente – moléculas hidrofóbicas que se ligam à proteína e, portanto, substituem o ambiente lipídico da membrana. Se o detergente for removido, a proteína se agrega e precipita da solução. Com frequência, é difícil efetuar as etapas de purificação, como a cromatografia de troca iônica, na presença de detergente suficiente para solubilizar a proteína. É necessária a formação de cristais de complexos apropriados de proteína com detergente.

## Capítulo 13

1. Na difusão simples, a substância em questão pode se difundir ao longo de seu gradiente de concentração através da membrana. Na difusão facilitada, a substância não é lipofílica e não pode se difundir diretamente através da membrana. É necessária a presença de um canal ou de um carreador para facilitar o movimento ao longo do gradiente.
2. As duas formas são (1) a hidrólise do ATP e (2) o movimento de uma molécula ao longo de seu gradiente de concentração acoplado ao movimento de outra molécula contra o seu gradiente de concentração.
3. Os três tipos de carreadores são os *symporters*, os *antiporters* e os *uniporters*. Os *symporters* e os *antiporters* podem mediar o transporte ativo secundário.
4. O custo de energia livre é de +32 kJ $mol^{-1}$ (+7,6 kcal $mol^{-1}$). O trabalho químico executado é de +20,4 kJ $mol^{-1}$ (+4,9 kcal $mol^{-1}$), e o trabalho elétrico realizado é de +11,5 kJ $mol^{-1}$ (+2,8 kcal $mol^{-1}$).
5. Para o cloreto, $z = -1$; para o cálcio, $z = +2$. Nas concentrações fornecidas, o potencial de equilíbrio para o cloreto é de –97 mV, enquanto o potencial de equilíbrio para o cálcio é de +122 mV.
6. Por analogia com a $Ca^{2+}$ ATPase, com a ligação de três íons $Na^+$ de dentro da célula na conformação $E_1$ e com a ligação de dois íons $K^+$ de fora da célula na conformação $E_2$, um mecanismo plausível é o seguinte:
(i) O ciclo catalítico deve começar com a enzima em seu estado não fosforilado ($E_1$) com três íons sódio ligados.
(ii) A conformação $E_1$ liga-se ao ATP. Uma mudança conformacional aprisiona os íons sódio dentro da enzima.
(iii) O grupo fosforila é transferido do ATP para um resíduo aspartil.
(iv) Com a liberação de ADP, a enzima modifica a sua conformação global, incluindo o domínio de membrana. Essa nova conformação ($E_2$) libera os íons sódio para o lado da membrana oposto àquele em que eles entraram e liga dois íons potássio no lado em que os íons sódio foram liberados.
(v) O resíduo de fosforilaspartato é hidrolisado, liberando fosfato inorgânico. Com a liberação de fosfato, são perdidas as interações estabilizadoras de $E_2$, e a enzima retorna à conformação $E_1$. Os íons potássio são liberados no lado citoplasmático da membrana. A ligação de três íons sódio a partir do lado citoplasmático da membrana completa o ciclo.
7. Estabelecer um gradiente de lactose através das membranas de vesículas que contêm permease de lactose orientada corretamente. No início, o pH deveria ser o mesmo em ambos os lados da membrana, e a concentração de lactose seria mais alta no lado de "saída" da permease de lactose. À medida que a lactose vai fluindo "no sentido inverso" através da permease ao longo de seu gradiente de concentração, pode-se testar se um gradiente de pH irá ou não se estabelecer conforme o gradiente de lactose for sendo dissipado.
8. Os canais regulados por ligantes abrem-se em resposta à ligação de uma molécula pelo canal, enquanto os canais regulados por voltagem abrem-se em resposta a variações no potencial de membrana.
9. Um canal iônico deve transportar íons em ambos os sentidos na mesma velocidade. O fluxo efetivo de íons é determinado apenas pela composição das soluções em ambos os lados da membrana.
10. Os *uniporters* atuam como enzimas; seus ciclos de transporte incluem grandes mudanças conformacionais, e apenas algumas moléculas interagem com a proteína por ciclo de transporte. Em contrapartida, após a sua abertura os canais apresentam um poro na membrana através do qual podem passar muitos íons. Assim, os canais medeiam o transporte em uma velocidade muito maior do que os *uniporters*.
11. O FCCP cria efetivamente um poro na membrana bacteriana através do qual os prótons podem passar rapidamente. Os prótons que são bombeados para fora da bactéria irão passar preferencialmente por esse poro ("o caminho de menor resistência"), em vez de participar no *symporter* de $H^+$/lactose.
12. O músculo cardíaco precisa se contrair de modo altamente coordenado para bombear efetivamente o sangue. Numerosas junções comunicantes (*gap junctions*), que possuem quantidades abundantes da proteína conexina, medeiam a propagação ordenada do potencial de ação de uma célula para outra através do coração durante cada batimento.

13. O grupo guanidínio de carga positiva assemelha-se ao $Na^+$ e se liga a grupos carboxilato de carga negativa na abertura de canal.
14. A SERCA, uma ATPase do tipo P, utiliza um mecanismo pelo qual há formação de um intermediário fosforilado covalente (em um resíduo de aspartato). No estado de equilíbrio dinâmico, um subgrupo das moléculas de SERCA é aprisionado no estado $E_2$-P e, em consequência, marcado radioativamente. A proteína MDR é um transportador ABC que não opera por meio de um intermediário fosforilado. Por conseguinte, não será observada uma banda marcada radioativamente no caso da proteína MDR.
15. O bloqueio dos canais iônicos inibe os potenciais de ação, levando à perda da função nervosa. À semelhança da tetrodotoxina, essas moléculas e toxinas são úteis para isolar e inibir especificamente determinados canais iônicos.
16. Após a repolarização, os domínios em bola dos canais iônicos ocupam o poro do canal, tornando-os inativos por um curto período de tempo. Nesse intervalo, os canais não podem ser reabertos até que os domínios em bola se retirem, e o canal retorne ao estado "fechado".
17. Como os íons sódio têm carga elétrica, e como os canais de sódio só transportam íons sódio (mas não ânions), o acúmulo de carga positiva em excesso em um lado da membrana ocorre muito rapidamente. O estabelecimento de um potencial de membrana dessa maneira domina bem antes da formação de quaisquer gradientes químicos.
18. Uma mutação que compromete a capacidade de inativação do canal de sódio prolongaria a duração da corrente despolarizante de sódio, aumentando, assim, o potencial de ação cardíaco.
19. Não. Um estímulo externo irá controlar se os canais iônicos têm mais probabilidade de se abrir ou de se fechar (de modo semelhante aos canais iônicos regulados por voltagem); porém, a condutância unitária do canal aberto será muito pouco influenciada.
20. A razão entre formas fechada e aberta do canal é $10^5$, 5.000, 250, 12,5 e 0,625 quando, respectivamente, nenhum, um, dois, três e quatro ligantes estão ligados. Por conseguinte, a fração de canais abertos é de $1{,}0 \times 10^{-5}$, $2{,}0 \times 10^{-4}$, $4{,}0 \times 10^{-3}$, $7{,}4 \times 10^{-2}$ e 0,62.
21. Esses fosfatos orgânicos inibem a acetilcolinesterase ao reagir com o resíduo de serina do sítio ativo, formando um derivado fosforilado estável. Provocam paralisia respiratória ao bloquear a transmissão sináptica nas sinapses colinérgicas.
22. (a) A ligação da primeira molécula de acetilcolina aumenta a razão entre aberto e fechado por um fator de 240, enquanto a ligação da segunda aumenta a razão por um fator de 11.700. (b) As contribuições da energia livre são de +14 kJ $mol^{-1}$ (+3,3 kcal $mol^{-1}$) e +23 kJ $mol^{-1}$ (+5,6 kcal $mol^{-1}$), respectivamente. (c) Não. O modelo MWC prevê que a ligação de cada ligante terá o mesmo efeito sobre a razão entre aberto e fechado.
23. A batraquiotoxina bloqueia a transição do estado aberto para o fechado.
24. (a) Os íons cloreto fluem para dentro da célula. (b) O fluxo de cloreto é inibitório, visto que hiperpolariza a membrana. (c) O canal é constituído de cinco subunidades.
25. Após a adição de ATP e cálcio, a SERCA irá bombear íons $Ca^{2+}$ para dentro da vesícula. Entretanto, o acúmulo de íons $Ca^{2+}$ dentro da vesícula levará rapidamente à formação de um gradiente elétrico que não pode ser superado pela hidrólise do ATP. A adição de calcimicina possibilitará o fluxo retrógrado dos íons $Ca^{2+}$ bombeados para fora da vesícula, dissipando o acúmulo de carga e permitindo a operação contínua da bomba.
26. O poder catalítico da acetilcolinesterase assegura que a duração do estímulo nervoso seja curta, impedindo a estimulação nervosa sustentada e possibilitando a geração mais rápida dos impulsos subsequentes.
27. Veja a reação a seguir.

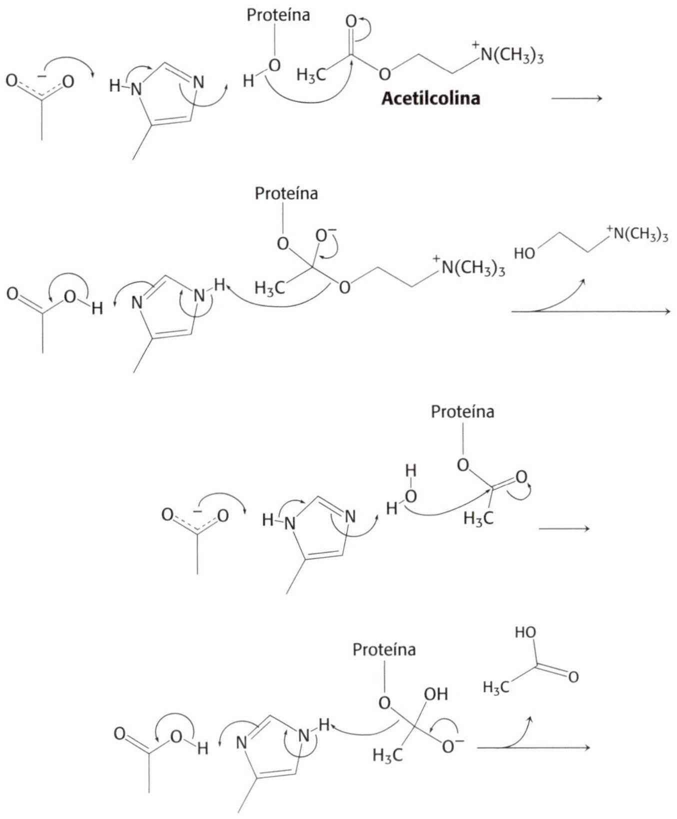


28. (a) Apenas o ASIC1a é inibido pela toxina. (b) Sim. Quando a toxina foi removida, a atividade do canal sensível a ácido começou a ser restaurada. (c) 0,9 nM.
29. Essa mutação pertence a uma classe de mutações que resultam na síndrome do canal lento (SCS, do inglês *slow-channel syndrome*). Os resultados sugerem um defeito no fechamento do canal; em consequência, o canal permanece aberto por períodos prolongados. De modo alternativo, o canal pode exibir maior afinidade pela acetilcolina do que o canal de controle.
30. A mutação reduz a atividade da acetilcolina pelo receptor. Os registros devem mostrar o canal aberto apenas raramente.
31. A glicose exibe uma curva de transporte que sugere a participação de um carreador, visto que a velocidade inicial é alta e, a seguir, nivela-se em concentrações mais altas, o que é compatível com a saturação do carreador, que lembra as enzimas de Michaelis-Menten (Seção 8.4). O indol não exibe esse fenômeno de saturação, o que implica que a molécula é lipofílica e difunde-se simplesmente através da membrana. A ouabaína é um inibidor específico da bomba de $Na^+$–$K^+$. Se a ouabaína inibisse o transporte de glicose, então um cotransportador de $Na^+$-glicose estaria auxiliando no transporte.

## Capítulo 14

1. Os resíduos de glutamato de carga negativa mimetizam os resíduos de fosfosserina ou de fosfotreonina de carga negativa e estabilizam a conformação ativa da enzima.
2. Não. A fosfosserina e a fosfotreonina são consideravelmente menores do que a fosfotirosina.
3. A atividade de GTPase termina o sinal. Sem essa atividade, após determinada via ter sido ativada, ela continua ativada e não responde a variações do sinal inicial. Se a atividade de GTPase fosse mais eficiente, o tempo de sobrevida da subunidade $G_\alpha$ ligada ao GTP seria muito curto para efetuar a sinalização subsequente.
4. Duas moléculas idênticas de receptor devem reconhecer diferentes aspectos da mesma molécula sinalizadora.

5. Os receptores de fatores de crescimento podem ser ativados por dimerização. Se um anticorpo provocar a dimerização de um receptor, a via de transdução de sinais em uma célula será ativada.
6. A subunidade $\alpha$ mutada sempre estará na forma com GTP e, portanto, na forma ativa, estimulando a sua via de sinalização.
7. Uma proteína G é um componente da via de transdução de sinais. O GTP$\gamma$S não é hidrolisado pela subunidade $G_\alpha$, resultando em ativação prolongada.
8. Os íons cálcio difundem-se lentamente, visto que se ligam a muitas superfícies de proteínas dentro de uma célula, impedindo o seu movimento livre. O AMP cíclico não se liga tão frequentemente, razão pela qual ele se difunde mais rapidamente.
9. O Fura-2 é uma molécula com alta carga negativa que apresenta cinco grupos carboxilato. Sua carga impede que atravesse efetivamente a região hidrofóbica da membrana plasmática.
10. A $G_{\alpha s}$ estimula a adenilato ciclase, levando à geração de cAMP. Em seguida, esse sinal leva à mobilização da glicose (ver Capítulo 21). Se a cAMP fosfodiesterase fosse inibida, os níveis de cAMP permaneceriam altos, mesmo após o término do sinal da epinefrina, e a mobilização de glicose continuaria.
11. Se dois domínios quinase forem forçados a estar em íntima proximidade um com o outro, a alça de ativação de uma quinase, em sua conformação inativa, pode ser deslocada pela alça de ativação da outra quinase, que atua como substrato para a fosforilação.
12. A rede completa das vias iniciadas pela insulina inclui grande número de proteínas e é substancialmente mais elaborada do que aquela indicada na Figura 14.26. Além disso, muitas outras proteínas participam na terminação da sinalização da insulina. A ocorrência de um defeito em qualquer uma das proteínas nas vias de sinalização da insulina ou na terminação subsequente da resposta à insulina poderia potencialmente causar problemas. Por conseguinte, não é surpreendente que muitos defeitos gênicos diferentes possam causar diabetes melito tipo 2.
13. A ligação do hormônio do crescimento causa dimerização de seu receptor monomérico. Em seguida, o receptor dimérico pode ativar uma tirosinoquinase separada à qual o receptor se liga. A via de sinalização pode então continuar de modo similar às vias que são ativadas pelo receptor de insulina ou por outros receptores de EGF de mamíferos.
14. O receptor truncado pode dimerizar com monômeros de comprimento integral após a ligação do EGF; entretanto, não pode ocorrer fosforilação cruzada, visto que o receptor truncado não apresenta nem o substrato para o domínio quinase adjacente, nem o seu próprio domínio quinase para fosforilar a cauda C-terminal do outro monômero. Por conseguinte, esses receptores mutantes irão bloquear a sinalização normal do EGF.
15. A insulina iniciaria a resposta que é normalmente causada pelo EGF. A ligação da insulina provavelmente estimularia a dimerização e a fosforilação do receptor quimérico e, portanto, sinalizaria os eventos subsequentes que normalmente são desencadeados pela ligação do EGF. A exposição dessas células ao EGF não teria nenhum efeito.
16. $10^5$
17. A formação de diacilglicerol implica a participação da fosfolipase C. Uma via simples levaria à ativação do receptor por fosforilação cruzada seguida da ligação da fosfolipase C (por meio de seus domínios SH2). A participação da fosfolipase C indica que deve haver formação de $IP_3$ e, portanto, aumento das concentrações de cálcio.
18. Outros potenciais alvos de fármacos na cascata de sinalização do EGF incluem os sítios ativos de quinase do receptor de EGF, Raf, MEK ou ERK, porém não se limitam a eles.
19. Na reação catalisada pela adenilato ciclase, o grupo 3′-OH efetua um ataque nucleofílico ao átomo de fósforo $\alpha$ ligado ao grupo 5′-OH, levando ao deslocamento do pirofosfato. A reação catalisada pela DNA polimerase é similar, exceto que o grupo 3′-OH está em um nucleotídio diferente.
20. Os inibidores competitivos do ATP tendem a atuar em múltiplas quinases, visto que cada domínio quinase contém um sítio de ligação do ATP. Por conseguinte, esses fármacos podem não ser seletivos para a quinase-alvo desejada.
21 (a) $X \approx 10^{-7}$ M; $Y \approx 5 \times 10^{-6}$ M; $Z \approx 10^{-3}$ M. (b) Como existe a necessidade de muito menos X para ocupar metade dos sítios, X apresenta a maior afinidade. (c) A afinidade de ligação corresponde quase perfeitamente à capacidade de estimular a adenilato ciclase, sugerindo que o complexo hormônio-receptor leva ao estímulo da adenilato ciclase. (d) Procure efetuar experimento na presença de anticorpos $G_{\alpha s}$.
22. (a) A ligação total não diferencia a ligação a um receptor específico da ligação a diferentes receptores ou da ligação inespecífica à membrana. (b) O raciocínio lógico é que o receptor terá uma alta afinidade pelo ligante. Por conseguinte, na presença de excesso de ligante não radioativo, o receptor irá se ligar ao ligante não radioativo. Consequentemente, qualquer ligação do ligante radioativo deve ser inespecífica. (c) O platô alcançado sugere que o número de sítios de ligação do receptor na membrana celular é limitado.
23. Número dos receptores por célula =

$$\frac{10^4 \text{ cpm}}{\text{mg de proteína de membrana}} \times \frac{\text{mg de proteína de membrana}}{10^{10} \text{ células}} \times$$

$$\frac{\text{mmol}}{10^{12} \text{ cpm}} \times \frac{6{,}023 \times 10^{20} \text{ moléculas}}{\text{mmol}} = 600$$

## Capítulo 15

1. As reações bioquímicas altamente integradas que ocorrem no interior da célula.
2. O anabolismo refere-se ao conjunto de reações bioquímicas que utilizam energia para construir novas moléculas e, em última análise, novas células. O catabolismo refere-se ao conjunto de reações bioquímicas que extraem energia de combustíveis ou da degradação de biomoléculas.
3. Os fototróficos obtêm energia por meio da transformação da luz em energia química no processo de fotossíntese. Os quimiotróficos obtêm energia a partir da oxidação de moléculas orgânicas, como glicose e ácidos graxos.
4. O ciclo ATP-ADP consiste na conversão repetida de ATP em ADP seguida de síntese de ATP a partir de ADP. O ATP é convertido em ADP para impulsionar o movimento, os processos de biossíntese, o transporte ativo e a amplificação de sinais. A síntese de ATP é impulsionada pela fotossíntese ou pela oxidação de combustíveis.
5. O estágio 1 consiste na digestão, em que as moléculas maiores no alimento são degradadas em moléculas menores. Não há produção de ATP. No estágio 2, essas moléculas menores são convertidas em moléculas essenciais do metabolismo. Nesse estágio, há produção de uma pequena quantidade de ATP. O estágio 3 consiste na oxidação completa de moléculas energéticas a $CO_2$ e $H_2O$. A maior parte das necessidades de ATP da célula é suprida no estágio 3.
6. Você responde que o vandalismo é um ato de desrespeito que custa caro. Parte do dinheiro que você investe no seu estudo agora será utilizada para consertar as consequências do vandalismo. Além disso, o "idiota" deveria saber que a energia livre de Gibbs está em seu valor mínimo quando um sistema está em equilíbrio.
7. Os movimentos celulares e o desempenho do trabalho mecânico; o transporte ativo; as reações de biossíntese.
8. 1. f; 2. h; 3. i; 4. a; 5. g; 6. b; 7. c; 8. e; 9. j; 10. d.
9. Esses íons neutralizam as cargas existentes no ATP e também facilitam as interações com macromoléculas que se ligam ao ATP.
10. Repulsão de carga, estabilização por ressonância, aumento da entropia e estabilização por hidratação.
11. Questão difícil. A resposta não é conhecida. A adenina parece se formar mais prontamente em condições prebióticas, de modo que o ATP pode ter predominado inicialmente.

12. Ter apenas um nucleotídio representando a energia disponível permite à célula monitorar melhor o seu estado energético.
13. O aumento nas concentrações de ATP ou a redução nas concentrações celulares de ADP ou $P_i$ (por meio de rápida remoção por outras reações), por exemplo, tornariam a reação mais exergônica. De modo semelhante, a alteração da concentração de $Mg^{2+}$ poderia aumentar ou diminuir o $\Delta G$ da reação (ver Interpretação de dados na questão 37).
14. As variações da energia livre das etapas individuais de uma via são somadas para determinar a variação global de energia livre da via inteira. Em consequência, uma reação com valor de energia livre positivo pode ser impulsionada e ocorrerá se for acoplada a uma reação suficientemente exergônica.
15. Reações nas partes *a* e *c*, para a esquerda; reações nas partes *b* e *d*, para a direita.
16. Nenhuma informação.
17. (a) $\Delta G°' = +31{,}4$ kJ mol$^{-1}$ (+7,5 kcal mol$^{-1}$) e $K'_{eq} = 3{,}06 \times 10^{-6}$; (b) $3{,}28 \times 10^4$.
18. $\Delta G°' = +7{,}1$ kJ mol$^{-1}$ (+1,7 kcal mol$^{-1}$). A razão de equilíbrio é de 17,5.
19. (a) Acetato + CoA + $H^+$ dando origem a acetil-CoA + $H_2O$: $\Delta G°' = -31{,}4$ kJ mol$^{-1}$ (−7,5 kcal mol$^{-1}$). Hidrólise do ATP a AMP e $PP_i$: $\Delta G°' = -45{,}6$ kJ mol$^{-1}$ (−10,9 kcal mol$^{-1}$). Reação global: $\Delta G°'$ −14,2 kJ mol$^{-1}$ (−3,4 kcal mol$^{-1}$). (b) Com a hidrólise do pirofosfato: $\Delta G°' = -33{,}4$ kJ mol$^{-1}$ (−7,98 kcal mol$^{-1}$). A hidrólise do pirofosfato torna a reação global ainda mais exergônica.
20. (a) Para um ácido AH,

$$\text{AH} \rightleftharpoons \text{A}^- + \text{H}^+ \quad K_a = \frac{[\text{A}^-][\text{H}^+]}{[\text{AH}]}$$

Definimos $pK_a$ como $pK_a = -\log_{10} K_a$. $\Delta G°'$ é a variação de energia livre-padrão em pH 7. Assim, $\Delta G°' = RT \ln K_a = -2{,}303\ RT \log_{10} K_a = +2{,}303\ RT\, pK_a$. (b) $\Delta G°' = +27{,}32$ kJ mol$^{-1}$ (+6,53 kcal mol$^{-1}$).
21. A arginina fosfato no músculo de invertebrados, à semelhança da fosfocreatina no músculo de vertebrados, atua como um reservatório de grupos fosforila de alto potencial. A arginina fosfato mantém um elevado nível de ATP durante o esforço muscular.
22. Uma unidade de ADP.
23. (a) A justificativa para a suplementação de creatina é que ela seria convertida em fosfocreatina, atuando, assim, como um meio rápido de reposição de ATP após a contração muscular. (b) Se a suplementação de creatina fosse benéfica, afetaria atividades que dependem de curtos períodos; qualquer atividade contínua exigiria a produção de ATP pelo metabolismo energético que, como mostra a Figura 15.7, necessita de mais tempo.
24. Em condições-padrão, $\Delta G°' = -RT \ln$ [produtos]/[reagentes]. Substituindo $\Delta G°'$ por +23,8 kJ mol$^{-1}$ (+5,7 kcal mol$^{-1}$) e resolvendo a equação para [produtos]/[reagentes], obtém-se um valor de $9{,}9 \times 10^{-5}$. Em outras palavras, a reação direta não ocorre em grau significativo. Em condições intracelulares, $\Delta G$ é −1,3 kJ mol$^{-1}$ (−0,3 kcal mol$^{-1}$). Utilizando a equação $\Delta G = \Delta G°' + RT \ln$ [produtos]/[reagentes] e resolvendo para [produtos]/[reagentes], obtém-se uma razão de $5{,}96 \times 10^{-5}$. Por conseguinte, uma reação que é endergônica em condições-padrão pode ser convertida em uma reação exergônica pela manutenção da razão [produtos]/[reagentes] abaixo do valor de equilíbrio. Em geral, essa conversão é obtida com a utilização dos produtos em outra reação acoplada tão logo sejam formados.
25. Em condições-padrão,

$$K'_{eq} = \frac{[\text{B}]_{eq}}{[\text{A}]_{eq}} \times \frac{[\text{ADP}]_{eq}[\text{P}_i]_{eq}}{[\text{ATP}]_{eq}} = 10^{33/1{,}36} = 2{,}67 \times 10^2$$

No equilíbrio, a razão entre [B] e [A] é fornecida por

$$\frac{[\text{B}]_{eq}}{[\text{A}]_{eq}} = K'_{eq} \frac{[\text{ATP}]_{eq}}{[\text{ADP}]_{eq}[\text{P}_i]_{eq}}$$

O sistema celular gerador de ATP mantém a razão [ATP]/[ADP] [$P_i$] em nível elevado, normalmente de cerca de 500 M$^{-1}$. Nessa razão,

$$\frac{[\text{B}]_{eq}}{[\text{A}]_{eq}} = 2{,}67 \times 10^2 \times 500 = 1{,}34 \times 10^5$$

Essa razão de equilíbrio é notavelmente diferente do valor de $1{,}15 \times 10^{-3}$ na reação A $\rightleftharpoons$ B na ausência de hidrólise de ATP. Em outras palavras, o acoplamento da hidrólise do ATP com a conversão de A em B alterou a razão de equilíbrio entre B e A por um fator de cerca de $10^8$.
26. Fígado: −45,2 kJ mol$^{-1}$ (−10,8 kcal mol$^{-1}$); músculo: −48,1 kJ mol$^{-1}$ (−11,5 kcal mol$^{-1}$); cérebro: −48,5 kJ mol$^{-1}$ (−11,6 kcal mol$^{-1}$). Sendo $\Delta G$ mais negativo nas células cerebrais.
27. (a) Etanol; (b) lactato; (c) succinato; (d) isocitrato; (e) malato.
28. Convém lembrar que $\Delta G = \Delta G°' + RT \ln$ [produtos]/[reagentes]. A alteração da razão entre produtos e reagentes produzirá uma variação de $\Delta G$. Na glicólise, as concentrações dos componentes da via resultam em um valor de $\Delta G$ superior ao de $\Delta G°'$.
29. Os organismos superiores são incapazes de sintetizar vitaminas e, portanto, dependem de sua obtenção a partir de outros organismos.
30. A não ser que o alimento ingerido seja convertido em moléculas capazes de serem absorvidas pelo intestino, nenhuma energia pode ser extraída pelo organismo.
31. O NADH e o FADH são carreadores de elétrons no catabolismo; o NADPH é o carreador no anabolismo.
32. Os elétrons da ligação C–O não podem formar estruturas de ressonância com a ligação C–S tão estáveis quanto as que podem formar com a ligação C–O. Em consequência, o tioéster não é estabilizado por ressonância no mesmo grau que um éster de oxigênio.
33. Reações de oxirredução; reações de ligação; reações de isomerização; reações de transferência de grupos; reações hidrolíticas; clivagem de ligações por outros meios diferentes da hidrólise ou da oxidação.
34. Controle da quantidade de enzimas; controle da atividade enzimática; controle da disponibilidade de substratos.
35. Embora a reação seja termodinamicamente favorável, os reagentes são cineticamente estáveis devido à grande energia de ativação. As enzimas reduzem a energia de ativação, de modo que as reações possam ocorrer na escala de tempo exigida pela célula.
36. A forma ativada de sulfato na maioria dos organismos é 3′-fosfoadenosina-5′-fosfossulfato.
37. (a) À medida que a concentração de $Mg^{2+}$ vai caindo, o $\Delta G$ da hidrólise aumenta. Observe que pMg é um traçado logarítmico, e, assim, cada número no eixo de *x* representa uma variação de 10 vezes em [$Mg^{2+}$]. (b) $Mg^{2+}$ se ligaria aos fosfatos do ATP e ajudaria a reduzir a repulsão de cargas. À medida que a [$Mg^{2+}$] vai caindo, a estabilização da carga de ATP é menor, levando a uma maior repulsão de cargas e a um aumento de $\Delta G$ na hidrólise.

## Capítulo 16

1. (d)
2. (d)
3. (b) e (d)
4. (a) 5; (b) 1; (c) 6; (d) 2; (e) 3; (f) 4.
5. São produzidas duas moléculas de ATP por molécula de gliceraldeído 3-fosfato, e, como são produzidas duas moléculas de GAP por molécula de glicose, a produção total de ATP é de quatro moléculas. Entretanto, são necessárias duas moléculas de ATP para converter a glicose em frutose 1,6-bisfosfato. Por conseguinte, a produção efetiva é de apenas duas moléculas de ATP.
6. (a) 4; (b) 3; (c) 1; (d) 6; (e) 8; (f) 2; (g) 10; (h) 9; (i) 7; (j) 5.
7. Em ambos os casos, o doador de elétrons é o gliceraldeído 3-fosfato. Na fermentação láctica, o aceptor de elétrons é o piruvato,

que é convertido em lactato. Na fermentação alcoólica, o acetaldeído é o aceptor de elétrons, com formação de etanol.
8. (a) 3 ATP; (b) 2 ATP; (c) 2 ATP; (d) 2 ATP; (e) 4 ATP.
9. A glicoquinase permite que o fígado remova a glicose do sangue quando a hexoquinase está saturada, assegurando a captação de glicose para uso posterior.
10. O GAP formado é imediatamente removido por reações subsequentes, resultando na conversão de DHAP em GAP pela enzima.
11. Um tioéster acopla-se à oxidação do gliceraldeído 3-fosfato a 3-fosfoglicerato, com formação de 1,3-bisfosfoglicerato. Subsequentemente, o 1,3-bisfosfoglicerato pode impulsionar a formação de ATP.
12. A glicólise é um componente da fermentação alcoólica, a via que produz álcool para a fabricação de cerveja e de vinho. A ideia era de que o fato de compreender a base bioquímica da produção de álcool poderia levar a uma forma mais eficiente de produzir cerveja.
13. A conversão do gliceraldeído 3-fosfato em 1,3-bisfosfoglicerato seria comprometida. A glicólise seria menos efetiva.
14. A glicose 6-fosfato precisa ter outros destinos. Com efeito, ela pode ser convertida em glicogênio (ver Capítulo 21), ou pode ser processada para produzir poder redutor para a biossíntese (ver Capítulo 20).
15. As necessidades de energia de uma célula muscular variam amplamente do repouso para o exercício intenso. Consequentemente, a regulação da fosfofrutoquinase pela carga energética é de importância vital. Em outros tecidos, como o fígado, a concentração de ATP tem menos probabilidade de flutuar e não será um regulador fundamental da fosfofrutoquinase.
16. (a) 6; (b) 1; (c) 7; (d) 3; (e) 2; (f) 5; (g) 4.
17. A $\Delta G^{\circ\prime}$ para o reverso da glicólise é de +90 kJ $mol^{-1}$ (+22 kcal $mol^{-1}$), que é excessivamente endergônica para ocorrer.
18. A conversão da glicose em glicose 6-fosfato pela hexoquinase; a conversão da frutose 6-fosfato em frutose 1,6-bisfosfato pela fosfofrutoquinase; a formação de piruvato a partir do fosfoenolpiruvato pela piruvato quinase.
19. O ácido láctico é moderadamente forte. Se permanecesse na célula, o pH celular cairia, o que levaria à desnaturação da proteína muscular, resultando em lesão tecidual.
20. O GLUT2 transporta glicose apenas quando a sua concentração no sangue está elevada, que é precisamente a condição na qual as células β do pâncreas secretam insulina.
21. Frutose + ATP → frutose 1-fosfato + ADP: Frutoquinase

Frutose 1-fosfato → di-hidroxiacetona fosfato + gliceraldeído: Frutose 1-fosfato aldolase

Gliceraldeído + ATP → gliceraldeído 3-fosfato + ADP: Triose quinase

A principal etapa de controle da glicólise catalisada pela fosfofrutoquinase é evitada pelas reações anteriores. A glicólise irá prosseguir de modo desregulado.
22. (a) A, B; (b) C, D; (c) D; (d) A; (e) B; (f) C; (g) A; (h) D; (i) nenhum; (j) A; (k) A.
23. (a) 4; (b) 10; (c) 1; (d) 5; (e) 7; (f) 8; (g) 9; (h) 2; (i) 3; (j) 6.
24. Na ausência de triose isomerase, apenas uma das duas moléculas de três carbonos produzidas pela aldolase poderia ser utilizada para a produção de ATP. Apenas duas moléculas de ATP resultariam do metabolismo de cada molécula de glicose. Entretanto, duas moléculas de ATP ainda seriam necessárias para formar frutose 1,6-bisfosfato, o substrato da aldolase. A produção efetiva de ATP seria zero, uma produção incompatível com a vida.
25. Se uma reação estivesse em equilíbrio, o aumento de sua velocidade não iria causar nenhuma modificação, visto que a reação continuaria em equilíbrio. Por outro lado, se a reação estivesse longe do equilíbrio, o aumento de sua velocidade aumentaria a quantidade de produto. Em consequência, as enzimas regulatórias precisam catalisar reações que estão longe do equilíbrio, de modo que sejam efetivas.
26. A glicose é reativa, visto que a sua forma de cadeia aberta contém um grupo aldeído.
27. (a) O marcador está no átomo de carbono da metila do piruvato. (b) 5 mCi $mM^{-1}$. A atividade específica é reduzida à metade, visto que o número de mols do produto (piruvato) é duas vezes a do substrato marcado (glicose).
28. (a) Glicose + 2 $P_i$ + 2 ADP → 2 lactato + 2 ATP. (b) $\Delta G$ = −114 kJ $mol^{-1}$ (−27,2 kcal $mol^{-1}$).
29. $3{,}06 \times 10^{-5}$
30. As concentrações em equilíbrio da frutose 1,6-bisfosfato, da di-hidroxiacetona fosfato e do gliceraldeído 3-fosfato são de $7{,}8 \times 10^{-4}$ M, $2{,}2 \times 10^{-4}$ M e $2{,}2 \times 10^{-4}$ M, respectivamente.
31. Todos os três átomos de carbono do 2,3-BPG estão marcados com $^{14}C$. O átomo de fósforo ligado ao grupo hidroxila no C-2 está marcado com $^{32}P$.
32. A hexoquinase apresenta baixa atividade de ATPase na ausência de um açúcar, visto que ela se encontra em uma conformação cataliticamente inativa. A adição de xilose fecha a fenda entre os dois lobos da enzima. Entretanto, a xilose carece de um grupo hidroximetila, de modo que ela não pode ser fosforilada. Em vez disso, uma molécula de água no sítio normalmente ocupado pelo grupo hidroximetila C-6 atua como aceptor do grupo fosforila do ATP.
33. (a) A via da frutose 1-fosfato forma gliceraldeído 3-fosfato. (b) A fosfofrutoquinase, uma fundamental enzima de controle, é contornada. O fluxo desregulado pela via glicolítica pode resultar em acúmulo excessivo de gordura e depleção de ATP no fígado.
34. O reverso da glicólise é altamente endergônico em condições celulares. O consumo de seis moléculas de NTP na gliconeogênese torna a gliconeogênese exergônica.
35. (a) 2, 3, 6, 9; (b) 1, 4, 5, 7, 8.
36. O ácido láctico é capaz de ser ainda mais oxidado e, portanto, apresenta energia útil. A conversão desse ácido em glicose preserva os átomos de carbono para uma futura combustão.
37. Na glicólise, a formação de piruvato e de ATP pela piruvato quinase é irreversível. Essa etapa é evitada por duas reações na gliconeogênese: (1) a formação de oxaloacetato a partir de piruvato e $CO_2$ pela piruvato carboxilase, e (2) a formação de fosfoenolpiruvato a partir de oxaloacetato e GTP pela fosfoenolpiruvato carboxiquinase. A formação de frutose 1,6-bisfosfato pela fosfofrutoquinase é evitada pela frutose 1,6-bisfosfatase na gliconeogênese, que catalisa a conversão da frutose 1,6-bisfosfato em frutose 6-fosfato. Por fim, a formação de glicose 6-fosfato catalisada pela hexoquinase na glicólise é evitada pela glicose 6-fosfatase, porém apenas no fígado.
38. Regulação recíproca nas enzimas alostéricas-chave nas duas vias. Por exemplo, a PFK é estimulada pela frutose 2,6-bisfosfato e pelo AMP. O efeito desses sinais é oposto ao da frutose 1,6-bisfosfatase. Se ambas as vias operassem simultaneamente, o resultado seria um ciclo fútil. O ATP seria hidrolisado, produzindo apenas calor.
39. O músculo tende a produzir ácido láctico durante a contração. O ácido láctico é moderadamente forte e não pode se acumular no músculo ou no sangue. O fígado remove o ácido láctico do sangue e o converte em glicose. A glicose pode ser liberada no sangue ou armazenada como glicogênio para uso posterior.
40. A glicose constitui importante fonte de energia para ambos os tecidos e representa essencialmente a única fonte de energia para o cérebro. Em consequência, esses tecidos nunca deveriam liberar glicose. A liberação de glicose é impedida pela ausência de glicose 6-fosfatase.
41. 6 NTP (4 ATP e 2 GTP); 2 NADH.
42. (a) Nenhuma; (b) nenhuma; (c) 4 (2 ATP e 2 GTP); (d) nenhuma.

43. Se os grupos amino forem removidos da alanina e do aspartato, serão formados os cetoácidos piruvato e oxaloacetato. Ambas as moléculas são componentes da via gliconeogênica.
44. (a) Aumentada; (b) aumentada; (c) aumentada; (d) diminuída.
45. A frutose 2,6-bisfosfato, que está presente em alta concentração quando a glicose é abundante, normalmente inibe a gliconeogênese por meio do bloqueio da frutose 1,6-bisfosfatase. Nesse distúrbio genético, a fosfatase é ativa independentemente do nível de glicose. Por conseguinte, a ciclagem de substratos está aumentada. O nível de frutose 1,6-bisfosfato está consequentemente mais baixo do que o normal. Há formação de menos piruvato, e, em consequência, menos ATP é produzido.
46. As reações nas partes *b* e *e* seriam bloqueadas.
47. Não haverá nenhum carbono marcado. O $CO_2$ adicionado ao piruvato (formado a partir do lactato) para formar oxaloacetato é perdido com a conversão de oxaloacetato em fosfoenolpiruvato.
48. Esse exemplo ilustra a diferença entre o uso *estequiométrico* e *catalítico* de uma molécula. Se as células utilizassem $NAD^+$ de modo estequiométrico, seria necessária uma nova molécula de $NAD^+$ cada vez que fosse produzida uma molécula de lactato. A síntese de $NAD^+$ necessita de ATP. Por outro lado, se o $NAD^+$ que é convertido em NADH pudesse ser reciclado e reutilizado, uma pequena quantidade da molécula poderia regenerar uma enorme quantidade de lactato, o que é o caso na célula. O $NAD^+$ é regenerado pela oxidação do NADH e reutilizado. Por conseguinte, o $NAD^+$ é utilizado de modo catalítico.
49. Considere a reação de equilíbrio da adenilato quinase:

$$K_{eq} = [ATP]\,[AMP]/[ADP]^2 \quad (1)$$

ou

$$AMP = K_{eq}\,[ADP]^2/[ATP] \quad (2)$$

Lembre-se de que [ATP] > [ADP] > [AMP] na célula. À medida que o ATP vai sendo utilizado, uma pequena diminuição de sua concentração resultará em um aumento percentual maior de [ADP], visto que a sua concentração é maior que a do ADP. Esse maior aumento percentual na [ADP] resultará em um aumento percentual ainda maior da [AMP], já que a concentração de AMP está relacionada com o quadrado da [ADP]. Em essência, a equação 2 mostra que o monitoramento do estado energético com AMP amplifica pequenas variações da [ATP], resultando em controle mais rigoroso.
50. A síntese de glicose durante o exercício intenso fornece um bom exemplo de cooperação entre órgãos nos organismos superiores. Quando o músculo está em contração ativa, ocorre produção de lactato a partir da glicose pela glicólise. O lactato é liberado no sangue e absorvido pelo fígado, onde é convertido em glicose pela via da gliconeogênese. A glicose recém-sintetizada é, em seguida, liberada e capturada pelo músculo para a produção de energia.
51. A entrada de quatro moléculas adicionais com alto potencial de transferência de fosforila na gliconeogênese modifica a constante de equilíbrio por um fator de $10^{32}$, o que torna a conversão de piruvato em glicose termodinamicamente viável. Sem essa entrada energética, a gliconeogênese não ocorreria.
52. O mecanismo é análogo ao da triose fosfato isomerase (Figura 16.5). Ocorre por meio de um intermediário enediol. Seria esperado que o sítio ativo tivesse uma base geral (análoga ao Glu 165 na TPI) ou um ácido geral (análogo à His 95 na TPI).
53. A galactose é um componente das glicoproteínas. Possivelmente, a ausência de galactose leva a formação ou função inapropriadas das glicoproteínas necessárias para o sistema nervoso central. De modo geral, o fato de que os sintomas aparecem na ausência de galactose sugere que ela é necessária de algum modo.
54. O uso da equação de Michaelis-Menten para resolver [S] quando $K_M = 50\ \mu M$ e $V_o = 0{,}9\ V_{máx.}$ mostra que uma concentração de substrato de 0,45 mM produz 90% da $V_{máx.}$. Em condições normais, a enzima atua essencialmente na $V_{máx.}$.
55. A frutose 2,6-bisfosfato estabiliza o estado R da enzima.
56. (a) O dióxido de carbono é um bom indicador da velocidade de fermentação alcoólica, visto que, juntamente com o etanol, ele é um produto da fermentação alcoólica. (b) O fosfato é um substrato necessário para a reação catalisada pela gliceraldeído 3-fosfato desidrogenase. O fosfato é incorporado ao 1,3-bisfosfoglicerato. (c) Indica que a quantidade de fosfato livre deve ter sido limitante. (d) A razão esperada seria de 1. Um fosfato seria consumido para cada piruvato descarboxilado. (e) A ausência de fosfato inibiria a gliceraldeído 3-fosfato desidrogenase. Essa inibição "auxiliaria" a glicólise, resultando em acúmulo de frutose 1,6-bisfosfato.
57. (a) Curiosamente, a enzima utiliza ADP como doador de fosforila, em vez de ATP. (b) Tanto o AMP quanto o ATP comportam-se como inibidores competitivos do ADP, o doador de fosforila. Aparentemente, a enzima de *P. furiosus* não é alostericamente inibida pelo ATP.
58. (a) Se ambas as enzimas operassem simultaneamente, ocorreriam as seguintes reações:

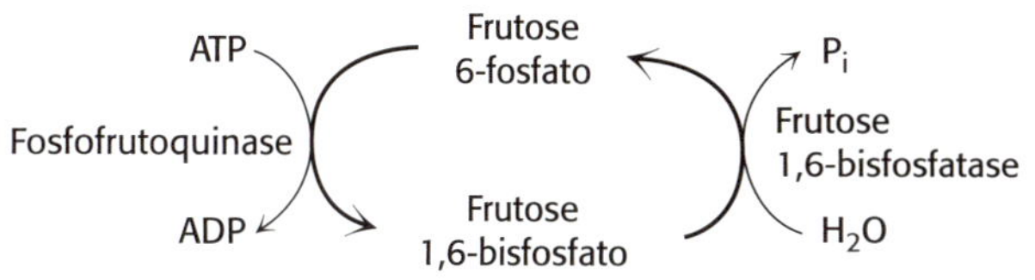


O resultado final seria simplesmente:

$$ATP + H_2O \rightarrow ADP + P_i$$

A energia da hidrólise do ATP seria liberada na forma de calor. (b) Não verdadeiramente. Para que o ciclo possa gerar calor, ambas as enzimas precisam ser funcionais ao mesmo tempo e na mesma célula. (c) As espécies *B. terrestris* e *B. rufocinctus* poderiam apresentar algum ciclo fútil, visto que ambas as enzimas são ativas em grau substancial. (d) Não. Esses resultados sugerem simplesmente que as atividades simultâneas da fosfofrutoquinase e da frutose 1,6-bisfosfatase provavelmente não sejam empregadas para gerar calor nas espécies mostradas.
59. O ATP estimula inicialmente a atividade da PFK, que é o que se espera de um substrato. O ATP em concentrações mais altas inibe a enzima. Embora esse efeito pareça ser ilógico para um substrato, lembre-se de que a função da glicólise no músculo consiste em produzir ATP. Consequentemente, as altas concentrações de ATP sinalizam que as necessidades de ATP foram atendidas, e que a glicólise deve ser interrompida. Além de ser um substrato, o ATP é um inibidor alostérico da PFK.

## Capítulo 17

1. (a)
2. (b)
3. (d)
4. (b)
5. (a)
6. O complexo piruvato desidrogenase catalisa a seguinte reação, estabelecendo um elo entre a glicólise e o ciclo do ácido cítrico:

$$\text{Piruvato} + \text{CoA} + NAD^+ \rightarrow \text{acetil-CoA} + NADH + H^+ + CO_2$$

7. A piruvato desidrogenase catalisa a descarboxilação do piruvato e a formação de acetil-lipoamida. A di-hidrolipoil transacetilase catalisa a formação de acetil-CoA. A di-hidrolipoil desidrogenase catalisa a redução do ácido lipoico oxidado. A quinase associada ao complexo fosforila e inativa o complexo, enquanto a fosfatase desfosforila e ativa o complexo.
8. A tiamina pirofosfato desempenha um papel na descarboxilação do piruvato. O ácido lipoico (na forma de lipoamida) transfere o grupo acetila. A coenzima A aceita o grupo acetila do ácido lipoico para formar acetil-CoA. O FAD aceita os elétrons e os íons

hidrogênio quando o ácido lipoico reduzido é oxidado. O $NAD^+$ aceita elétrons do $FADH_2$.
9. As enzimas catalíticas (TPP, ácido lipoico e FAD) são modificadas, porém regeneradas a cada ciclo de reação. Por conseguinte, elas podem desempenhar um papel no processamento de muitas moléculas de piruvato. As coenzimas estequiométricas (coenzima A e $NAD^+$) são utilizadas em apenas uma reação, visto que são os componentes de produtos da reação.
10. As etapas remanescentes regeneram a lipoamida oxidada, necessária para iniciar o próximo ciclo de reações. Além disso, essa regeneração resulta na produção de elétrons de alta energia na forma de NADH.
11. As vantagens são as seguintes:

- A reação é facilitada, uma vez que os sítios ativos estão próximos.
- Os reagentes não deixam a enzima até a formação do produto final.
- A limitação dos reagentes minimiza a perda em consequência de difusão e minimiza as reações colaterais.
- Todas as enzimas estão presentes nas quantidades corretas.
- A regulação é mais eficiente, visto que as enzimas regulatórias – a quinase e a fosfatase – fazem parte do complexo.

12. (a) Depois de uma volta do ciclo do ácido cítrico, o marcador aparece no C-2 e no C-3 do oxaloacetato. (b) O marcador aparece no $CO_2$ na formação de acetil-CoA a partir do piruvato. (c) Depois de uma volta do ciclo do ácido cítrico, o marcador aparece no C-1 e no C-4 do oxaloacetato. (d) e (e) O mesmo destino que na parte *a*.
13. (a) A isocitrato liase e a malato sintase são necessárias, além das enzimas do ciclo do ácido cítrico.
(b) 2 Acetil-CoA + 2 $NAD^+$ + FAD + 3 $H_2O \rightarrow$ oxaloacetato + 2 CoA + 2 NADH + $FADH_2$ + 3 $H^+$. (c) Não. Por conseguinte, os mamíferos são incapazes de realizar a síntese efetiva de oxaloacetato a partir de acetil-CoA.
14. –41,0 kJ $mol^{-1}$ (–9,8 kcal $mol^{-1}$)
15. As enzimas ou os complexos enzimáticos são catalisadores biológicos. Convém lembrar que um catalisador facilita uma reação química sem que o próprio catalisador seja alterado permanentemente. O oxaloacetato pode ser considerado um catalisador, visto que se liga a um grupo acetila, leva à descarboxilação oxidativa dos dois átomos de carbono e é regenerado no final de um ciclo. Em essência, o oxaloacetato (e qualquer intermediário do ciclo) atua como catalisador.
16. A tiamina tiazolona pirofosfato é um análogo de estado de transição. O anel que contém enxofre desse análogo é desprovido de carga elétrica e, portanto, assemelha-se estreitamente ao estado de transição da coenzima normal das reações catalisadas por tiamina (p. ex., a forma de ressonância sem carga elétrica de hidroxietil-TPP).
17. (a) 6; (b) 10; (c) 1; (d) 7; (e) 2; (f) 8; (g) 3; (h) 4; (i) 5; (j) 9.
18. (a) O DCA inibe a piruvato desidrogenase quinase. (b) O fato de que a inibição da quinase resulta em mais atividade da desidrogenase sugere que deve haver alguma atividade residual inibida pela quinase.
19. Acetil-lipoamida e acetil-CoA.
20. No músculo, a acetil-CoA gerada pelo complexo é utilizada para a produção de energia. Consequentemente, os sinais que indicam um estado rico em energia (razões elevadas de ATP/ADP e NADH/$NAD^+$) inibem o complexo, enquanto as condições inversas estimulam a enzima. O cálcio como sinal para a contração muscular (e, portanto, para a necessidade de energia) também estimula a enzima. No fígado, a acetil-CoA derivada do piruvato é utilizada para fins de biossíntese, como a síntese de ácidos graxos. A insulina, o hormônio que denota o estado alimentado, estimula o complexo.
21. (a) A atividade aumentada da quinase resulta em diminuição da atividade do complexo PDH, visto que a fosforilação pela quinase inibe o complexo. (b) A fosfatase ativa o complexo ao retirar um fosfato. Se a atividade da fosfatase for reduzida, a atividade do complexo PDH também diminuirá.
22. Ela poderia ter ingerido, de alguma maneira, o arsenito existente na tinta que estava descascando ou no papel de parede. Além disso, poderia ter inalado gás arsina do papel de parede, que teria sido oxidado a arsenito dentro do corpo. Em qualquer uma dessas situações, o arsenito inibe as enzimas que exigem ácido lipoico – notavelmente o complexo PDH.
23. (a) 5; (b) 7; (c) 1; (d) 10; (e) 2; (f) 4; (g) 9; (h) 3; (i) 8; (j) 6.
24. O ciclo do TCA depende de um suprimento contínuo de $NAD^+$ como oxidante, gerando NADH. O $O_2$ nunca é utilizado diretamente no ciclo. Entretanto, o $NAD^+$ é regenerado pela doação de elétrons ao $O_2$ por meio da cadeia de transporte de elétrons, de modo que, finalmente, a falta de $O_2$ irá provocar a parada do ciclo devido a uma falta de $NAD^+$.
25. A succinato desidrogenase é a única enzima do ciclo do ácido cítrico que está inserida na membrana mitocondrial, tornando-a associada à cadeia de transporte de elétrons.
26. (a) As concentrações dos produtos no estado de equilíbrio dinâmico estão baixas em comparação com as dos substratos. (b) A razão entre malato e oxaloacetato precisa ser superior a $1,57 \times 10^4$ para que haja formação de oxaloacetato.
27.

$$\text{Piruvato} + \text{CoA} + NAD^+ \xrightarrow{\text{Complexo piruvato desidrogenase}} \text{acetil-CoA} + CO_2 + \text{NADH}$$

$$\text{Piruvato} + CO_2 + \text{ATP} + H_2O \xrightarrow{\text{Piruvato carboxilase}} \text{oxaloacetato} + \text{ADP} + P_i + H^+$$

$$\text{Oxaloacetato} + \text{acetil-CoA} + H_2O \xrightarrow{\text{Citrato sintase}} \text{citrato} + \text{CoA} + H^+$$

$$\text{Citrato} \xrightarrow{\text{Aconitase}} \text{isocitrato}$$

$$\text{Isocitrato} + NAD^+ \xrightarrow{\text{Isocitrato desidrogenase}} \alpha\text{-cetoglutarato} + CO_2 + \text{NADH}$$

Total: $2\ \text{Piruvato} + 2\ NAD^+ + \text{ATP} + H_2O \rightarrow \alpha\text{-cetoglutarato} + CO_2 + \text{ADP} + P_i + 2\ \text{NADH} + 3\ H^+$

28. A concentração de succinato aumentará, seguida das concentrações de α-cetoglutarato e dos outros intermediários "proximais" ao sítio de inibição. O succinato possui dois grupos metileno, que são necessários para a desidrogenação, enquanto o malonato tem apenas um.
29. A piruvato carboxilase deve ser ativa apenas quando a concentração de acetil-CoA estiver elevada. A acetil-CoA poderia se acumular se as necessidades energéticas das células não fossem supridas devido a uma deficiência de oxaloacetato. Nessas condições, a piruvato carboxilase catalisa uma reação anaplerótica. Como alternativa, a acetil-CoA poderia se acumular, visto que as necessidades energéticas da célula foram supridas. Nessa circunstância, o piruvato será convertido de volta em glicose, e a primeira etapa dessa conversão consiste na formação de oxaloacetato.
30. A energia liberada quando o succinato é oxidado a fumarato não é suficiente para impulsionar a síntese de NADH, porém é suficiente para reduzir o FAD.
31. O citrato é um álcool terciário que não pode ser oxidado, visto que a oxidação exige a retirada de um átomo de hidrogênio do álcool e a retirada de um átomo de hidrogênio do átomo de carbono ligado ao álcool. Esse hidrogênio não existe no citrato. A isomerização converte o álcool terciário em isocitrato, que é um álcool secundário e que pode ser oxidado.

32. A enzima nucleosídio difosfoquinase transfere um grupo fosforila do GTP (ou de qualquer nucleosídio trifosfato) para o ADP de acordo com a reação reversível:

$$\text{GTP} + \text{ADP} \rightleftharpoons \text{GDP} + \text{ATP}$$

33. A reação é impulsionada pela hidrólise de um tioéster. A acetil-CoA fornece o tioéster, que é convertido em citril-CoA. Quando esse tioéster é hidrolisado, ocorre formação de citrato em uma reação irreversível.
34. Possibilita, em organismos como as plantas e as bactérias, a conversão de gorduras, por meio da acetil-CoA, em glicose.
35. Não conseguimos a realizar a conversão efetiva de gorduras em glicose, visto que o único meio de obter os átomos de carbono das gorduras para o oxaloacetato, o precursor da glicose, é através do ciclo do ácido cítrico. Entretanto, embora dois átomos de carbono entrem no ciclo na forma de acetil-CoA, dois átomos de carbono são perdidos na forma de $CO_2$ antes da formação do oxaloacetato. Por conseguinte, embora alguns átomos de carbono das gorduras possam se tornar átomos de carbono na glicose, não conseguimos obter uma síntese *efetiva* de glicose a partir das gorduras.
36. A acetil-CoA inibirá o complexo. O metabolismo da glicose a piruvato terá a sua velocidade reduzida, visto que a acetil-CoA provém de uma fonte alternativa.
37. O intermediário enol da acetil-CoA ataca o átomo de carbono carbonila do glioxilato para formar uma ligação C–C. Essa reação é como a condensação de oxaloacetato com o intermediário enol da acetil-CoA na reação catalisada pela citrato sintase. O glioxilato contém um átomo de hidrogênio no lugar do grupo $-CH_2COO^-$ do oxaloacetato; nos demais aspectos, as reações são quase idênticas.
38. O citrato é uma molécula simétrica. Consequentemente, os pesquisadores presumiram que os dois grupos $-CH_2COO^-$ reagiriam de maneira idêntica. Assim, acreditavam que, para cada molécula de citrato que passasse pelas reações mostradas na via 1, outra molécula de citrato reagiria conforme mostrado na via 2. Se fosse assim, apenas *metade* do marcador deveria aparecer no $CO_2$.

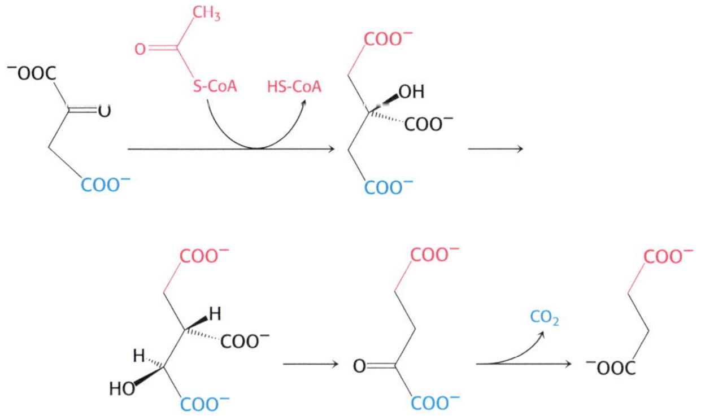


**Via 1**

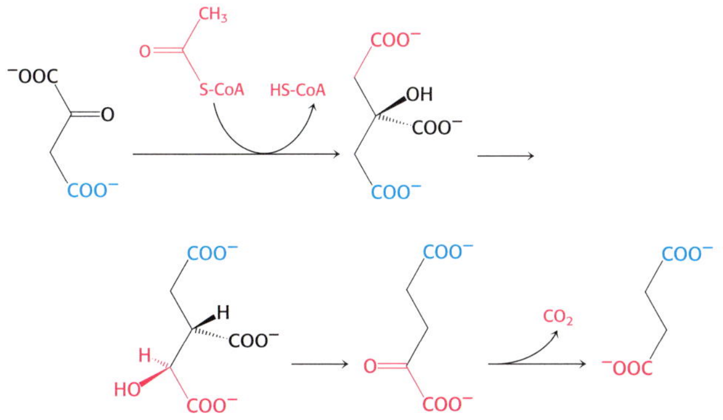


**Via 2** (não ocorre)

39. Um átomo de hidrogênio é denominado A, e o outro B. Agora, suponha que uma enzima se ligue a três grupos desse substrato – X, Y e H – em três sítios complementares. O diagrama abaixo mostra X, Y e $H_A$ ligados a três pontos na enzima. Em contrapartida, X, Y e $H_B$ não são capazes de se ligar a esse sítio ativo; dois desses três grupos podem ser ligados, mas não os três. Por conseguinte, $H_A$ e $H_B$ terão destinos diferentes.

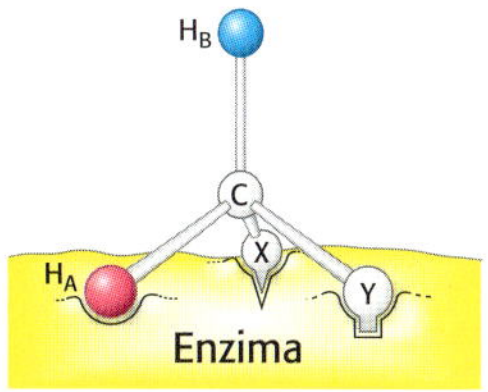


Grupos estericamente não equivalentes, como $H_A$ e $H_B$, quase sempre serão diferenciados nas reações enzimáticas. A essência da diferenciação desses grupos é que a enzima mantém o substrato em uma orientação específica. A ligação em três pontos, como mostra o diagrama, é uma maneira fácil de visualizar determinada orientação do substrato, mas não constitui a única forma de fazê-lo.
40. (a) A oxidação completa do citrato exige 4,5 μmol de $O_2$ para cada micromol de citrato.

$$C_6H_8O_7 + 4{,}5\ O_2 \rightarrow 6\ CO_2 + 4\ H_2O$$

Assim, 13,5 μmol de $O_2$ serão consumidos por 3 μmol de citrato. (b) O citrato levou ao consumo de muito mais $O_2$ do que poderia ser atribuído simplesmente à oxidação do próprio citrato. Por conseguinte, o citrato facilitou o consumo de $O_2$.
41. (a) Na ausência de arsenito, a quantidade de citrato permaneceu constante. Na sua presença, a concentração de citrato caiu, sugerindo que ele estava sendo metabolizado. (b) A ação do arsenito não é alterada. O citrato continua desaparecendo. (c) O arsenito está impedindo a regeneração do citrato. Convém lembrar (p. 567) que o arsenito inibe o complexo piruvato desidrogenase.
42. (a) A infecção inicial não é afetada pela ausência de isocitrato liase; entretanto, a ausência dessa enzima inibe a fase latente da infecção. (b) Sim. (c) Um examinador crítico poderia afirmar que, no processo de deleção do gene da isocitrato liase, algum outro gene foi danificado, e que é a ausência desse outro gene que impede a infecção latente. A reinserção do gene da isocitrato liase nas bactérias a partir das quais foi retirado torna essa crítica menos válida. (d) A isocitrato liase possibilita a síntese de carboidratos pelas bactérias, que são necessários para a sobrevivência, incluindo os componentes carboidratos da membrana celular.

## Capítulo 18

1. (b)
2. (b)
3. (a)
4. (b)
5. (d)
6. Nas fermentações, os compostos orgânicos são os doadores e os aceptores de elétrons. Na respiração, o doador de elétrons é habitualmente um componente orgânico, enquanto o aceptor de elétrons é uma molécula inorgânica, como o oxigênio.
7. Os bioquímicos utilizam $E'_0$, o valor em pH 7, enquanto os químicos utilizam $E_0$, o valor 1 M $H^+$. A linha denota que o pH 7 é o estado padrão.
8. O potencial de redução do $FADH_2$ é menor que o do NADH (Tabela 18.1). Em consequência, quando esses elétrons são transferidos para o oxigênio, uma menor quantidade de energia é liberada. A consequência da diferença é o fato de que o fluxo de elétrons do $FADH_2$ para o $O_2$ bombeia menos prótons do que os elétrons do NADH.

9. O valor de $\Delta G^{o\prime}$ para a redução do oxigênio pelo $FADH_2$ é de –200 kJ $mol^{-1}$ (–48 kcal $mol^{-1}$).
10. $\Delta G^{o\prime}$ é de +67 kJ $mol^{-1}$ (+16,1 kcal $mol^{-1}$) para a oxidação pelo $NAD^+$ e de –3,8 kJ $mol^{-1}$ (–0,92 kcal $mol^{-1}$) para a oxidação pelo FAD. A oxidação do succinato pelo $NAD^+$ não é termodinamicamente viável.
11. Um agente oxidante ou simplesmente oxidante aceita elétrons nas reações de oxirredução. Um agente redutor, ou simplesmente redutor, doa elétrons nessas reações.
12. O piruvato aceita elétrons e, portanto, é o oxidante. O NADH doa elétrons e é o redutor.
13. $\Delta G^{o\prime} = -nF\Delta E'_0$
14. O valor de $\Delta E'_0$ do ferro pode ser alterado modificando-se o ambiente do íon.
15. c, e, b, a, d.
16. (a) 4; (b) 5; (c) 2; (d) 10; (e) 3; (f) 8; (g) 9; (h) 7; (i) 1; (j) 6.
17. (a) 4; (b) 3; (c) 1; (d) 5; (e) 2.
18. As 10 unidades de isopreno tornam a coenzima Q solúvel no ambiente hidrofóbico da membrana mitocondrial interna. Os dois átomos de oxigênio podem ligar reversivelmente dois elétrons e dois prótons à medida que a molécula vai passando da forma quinona para a forma quinol.
19. Rotenona: o NADH e a NADH-Q oxidorredutase serão reduzidos. O restante será oxidado. Antimicina A: o NADH, a NADH-Q oxidorredutase e a coenzima Q serão reduzidos. O restante será oxidado. Cianeto: todos serão reduzidos.
20. O Complexo I seria reduzido, enquanto os Complexos II, III e IV seriam oxidados. O ciclo do ácido cítrico seria interrompido, visto que ele não tem nenhuma maneira de oxidar o NADH.
21. O respirassoma é outro exemplo do uso de complexos supramoleculares em bioquímica. A existência de três complexos que são bombas de prótons associadas entre si aumentará a eficiência do fluxo de prótons de um complexo para outro, o que, por sua vez, produzirá um bombeamento de prótons mais eficiente.
22. A succinato desidrogenase é um componente do Complexo II.
23. Radical hidroxila (OH •), peróxido de hidrogênio ($H_2O_2$), íon superóxido ($O_2^-$) e peróxido ($O_2^{2-}$). Essas moléculas pequenas reagem com numerosas macromoléculas – incluindo proteínas, nucleotídios e membranas –, comprometendo a estrutura e a função das células.
24. O ATP é reciclado por processos geradores de ATP, em particular a fosforilação oxidativa.
25. (a) 12,5; (b) 14; (c) 32; (d) 13,5; (e) 30; (f) 16.
26. (a) Bloqueia o transporte de elétrons e o bombeamento de prótons no Complexo IV. (b) Bloqueia o transporte de elétrons e a síntese de ATP ao inibir a troca de ATP e ADP através da membrana mitocondrial interna. (c) Bloqueia o transporte de elétrons e o bombeamento de prótons no Complexo I. (d) Bloqueia a síntese de ATP sem inibir o transporte de elétrons, dissipando o gradiente de prótons. (e) Bloqueia o transporte de elétrons e o bombeamento de prótons no Complexo IV. (f) Bloqueia o transporte de elétrons e o bombeamento de prótons no Complexo III.
27. Se o gradiente de prótons não for dissipado pelo influxo de prótons em uma mitocôndria com geração de ATP, a parte externa da mitocôndria acaba desenvolvendo uma carga elétrica positiva tão grande que a cadeia de transporte de elétrons não consegue mais bombear prótons contra o gradiente.
28. As subunidades se chocam devido à energia térmica de fundo (movimento browniano). O gradiente de prótons faz com que a rotação em sentido horário seja mais provável, visto que essa direção resulta em um fluxo de prótons ao longo de seu gradiente de concentração.
29. A diciclo-hexilcarbodiimida reage prontamente com grupos carboxila. Por conseguinte, os alvos mais prováveis são as cadeias laterais de aspartato e glutamato. De fato, o Asp 61 da subunidade **c** do $F_0$ de *E. coli* é especificamente modificado por esse reagente. A conversão do Asp 61 em asparagina por mutagênese sítio-dirigida elimina a condução de prótons.
30. A ATP sintase formará um anidrido arseniato ($AsO_4^{3-}$) com o ADP. Esses compostos são instáveis e rapidamente hidrolisados. Nessas condições, não pode ocorrer nenhuma síntese de ADP. Entretanto, a sintase continuará catalisando a reação inútil. Consequentemente, o sistema de transporte de elétrons continuará, mais provavelmente em uma velocidade maior que o normal. Em essência, o arseniato atua como um agente desacoplador.
31. Na presença de mitocôndrias com funcionamento deficiente, a única maneira de gerar ATP consiste na glicólise anaeróbica, o que leva ao acúmulo de ácido láctico no sangue.
32. Se o ADP não conseguir entrar nas mitocôndrias, a cadeia de transporte de elétrons deixará de funcionar, visto que não haverá nenhum aceptor para a energia. Haverá acúmulo de NADH na matriz. Convém lembrar que o NADH inibe algumas enzimas do ciclo do ácido cítrico e que o $NAD^+$ é necessário para várias enzimas do ciclo do ácido cítrico. A glicólise será desviada para a fermentação do ácido láctico, de modo que o NADH possa ser reoxidado a $NAD^+$ pela lactato desidrogenase.
33. (a) Nenhum efeito; as mitocôndrias são incapazes de metabolizar a glicose. (b) Nenhum efeito; não há nenhum combustível para impulsionar a síntese de ATP. (c) O $[O_2]$ cai, visto que o citrato é um combustível e o ATP pode ser formado a partir de ADP e $P_i$. (d) O consumo de oxigênio é interrompido, visto que a oligomicina inibe a síntese de ATP, que está acoplada à atividade da cadeia de transporte de elétrons. (e) Nenhum efeito, pelos motivos apresentados na parte *d*. (f) O $[O_2]$ cai rapidamente, visto que o sistema não está acoplado e não exige a síntese de ATP para diminuir a força próton-motriz. (g) O $[O_2]$ cai, embora mais lentamente. A rotenona inibe o Complexo I, porém a presença de succinato possibilita a entrada de elétrons no Complexo II. (h) O consumo de oxigênio cessa, visto que o Complexo IV é inibido, e toda a cadeia retrocede.
34. (a) A razão P:O é igual ao produto de ($H^+$ /2$e^-$) e (P/$H^+$). Observe que a razão P:O é idêntica à razão P:2 $e^-$. (b) 2,5 e 1,5, respectivamente.
35. O cianeto pode ser fatal, visto que se liga à forma férrica da citocromo oxidase e, portanto, inibe a fosforilação oxidativa. O nitrito converte a ferro-hemoglobina em ferri-hemoglobina, que também se liga ao cianeto. Por conseguinte, a ferri-hemoglobina compete com a citocromo *c* oxidase pelo cianeto. Essa competição é terapeuticamente efetiva, uma vez que a quantidade de ferri-hemoglobina que pode ser formada sem comprometer o transporte de oxigênio é muito maior do que a quantidade de citocromo *c* oxidase.
36. Esse defeito (denominado síndrome de Luft) foi identificado em uma mulher de 38 anos de idade que era incapaz de realizar qualquer trabalho físico prolongado. Sua taxa metabólica basal era mais do que o dobro do normal, porém a função tireoidiana estava normal. Uma biopsia muscular revelou que as mitocôndrias dessa mulher eram altamente variáveis e tinham uma estrutura atípica. Em seguida, estudos bioquímicos revelaram que a oxidação e a fosforilação não estavam estreitamente acopladas nessas mitocôndrias. Nessa paciente, grande parte da energia das moléculas energéticas era convertida em calor, em vez de ATP.
37. A triose fosfato isomerase converte a di-hidroxiacetona fosfato (uma via potencialmente sem saída) em gliceraldeído 3-fosfato (um importante intermediário glicolítico).
38. Esse inibidor (assim como a antimicina A) bloqueia a redução do citocromo $c_1$ por $QH_2$, o ponto de cruzamento.
39. Se a fosforilação oxidativa estivesse desacoplada, não poderia haver produção de ATP. Em uma tentativa inútil de gerar ATP, seria consumido muito combustível. O perigo encontra-se na dose. O excesso de desacoplamento levaria à lesão tecidual em órgãos altamente aeróbicos, como o cérebro e o coração, com graves consequências para o organismo como um todo. A energia que normalmente é transformada em ATP seria liberada como calor. Para manter a temperatura corporal, a sudorese poderia aumentar, embora o próprio processo de sudorese dependa do ATP.
40. Se a troca de ATP e de ADP não for possível entre a matriz e as mitocôndrias, a ATP sintase deixa de funcionar, visto que o seu

substrato, o ADP, está ausente. O gradiente de prótons acaba se tornando tão grande que a energia liberada pela cadeia de transporte de elétrons não é suficiente para bombear prótons contra o gradiente maior que o normal.

41. Adicionar o inibidor com e sem um desacoplador, e monitorar a taxa de consumo de $O_2$. Se o consumo de $O_2$ aumentar novamente na presença do inibidor e do desacoplador, o inibidor deve estar inibindo a ATP sintase. Se o desacoplador não tiver nenhum efeito sobre a inibição, o inibidor está exercendo a sua ação na cadeia de transporte de elétrons.

42. Presumivelmente, como o músculo apresenta maiores necessidades energéticas, em particular durante o exercício físico, ele necessita de mais ATP. Essa demanda significa a necessidade de mais locais de fosforilação oxidativa, que podem ser proporcionados por um aumento no número de cristas.

43. Com sua carga positiva, o resíduo de arginina facilita a liberação de prótons do ácido aspártico, estabilizando o aspartato de carga elétrica negativa.

44. 4; 4,7.

45. A ATP sintase bombearia prótons à custa da hidrólise do ATP, mantendo, assim, a força próton-motriz. A sintase funcionaria como uma ATPase. Há algumas evidências de que as mitocôndrias danificadas utilizam essa tática para manter, pelo menos temporariamente, a força próton-motriz.

46. Isso sugere que as mitocôndrias disfuncionais podem desempenhar um papel no desenvolvimento da doença de Parkinson. Especificamente, isso envolve o Complexo I.

47. Em comparação com o ADP, a carga elétrica negativa extra no ATP é responsável pela translocação mais rápida do ATP para fora da matriz mitocondrial. Se as diferenças de carga elétrica entre o ATP e o ADP fossem reduzidas pela ligação do $Mg^{2+}$, o ADP poderia competir mais facilmente com o ATP pelo transporte para o citoplasma.

48. Quando todo o ADP disponível for convertido em ATP, a ATP sintase não poderá mais atuar. O gradiente de prótons torna-se grande o suficiente para que a energia da cadeia de transporte de elétrons não seja suficiente para bombear contra o gradiente, havendo então redução do transporte de elétrons e, portanto, queda do consumo de oxigênio.

49. O efeito sobre o gradiente de prótons é o mesmo em todos os casos.

50. Exportação do ATP a partir da matriz. Importação de fosfato para dentro da matriz.

51. Com base na discussão sobre reações catalisadas por enzimas, convém lembrar que o sentido de uma reação é determinado pela diferença de $\Delta G$ entre substratos e produtos. Uma enzima acelera a velocidade das reações tanto diretas quanto de sentido reverso. A hidrólise de ATP é exergônica, e, portanto, a ATP sintase aumentará a reação hidrolítica.

52. As quinases citoplasmáticas obtêm, assim, acesso preferencial ao ATP exportado.

53. Os ácidos orgânicos no sangue constituem uma indicação de que os camundongos estão obtendo grande parte de suas necessidades energéticas pela glicólise anaeróbica. O lactato é o produto final da glicólise anaeróbica. A alanina é uma forma de transporte do piruvato aminado, que é formado a partir do lactato. A formação de alanina desempenha um papel na formação do succinato, que é causada pelo estado reduzido das mitocôndrias.

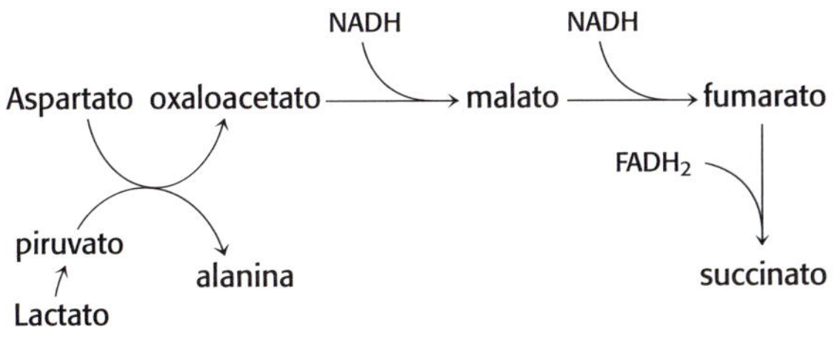


A cadeia de transporte de elétrons torna-se mais lenta, visto que a membrana mitocondrial interna está hiperpolarizada. Sem ADP para aceitar a energia da força próton-motriz, a membrana torna-se tão polarizada que os prótons não podem ser mais bombeados. Provavelmente, o excesso de $H_2O_2$ deve-se à presença do radical superóxido em concentrações mais elevadas, visto que o oxigênio não pode ser mais efetivamente reduzido.

$$O_2\cdot^- + O_2\cdot^- + 2\,H^+ \rightarrow O_2 + H_2O_2$$

Com efeito, esses camundongos apresentam evidências dessa lesão oxidativa.

54. (a) Vitaminas C e E. (b) O exercício físico induz a superóxido dismutase, que converte ROS em peróxido de hidrogênio e oxigênio. (c) A resposta a essa questão ainda não está totalmente estabelecida. Existem duas possibilidades: (1) a supressão de ROS por vitaminas impede a expressão de mais superóxido dismutase e (2) algumas ROS podem ser moléculas sinalizadoras necessárias para estimular as vias de sensibilidade à insulina.

55. (a) O DNP é um agente desacoplador que impede o uso da força próton-motriz para a síntese de ATP. Consequentemente, ocorre um aumento na taxa de consumo de oxigênio (refletido na velocidade da cadeia de transporte de elétrons) em uma tentativa fútil de sintetizar ATP. Como a síntese de ATP mitocondrial é inibida, a velocidade da glicólise, conforme medida pela TAEC (ECAR), aumenta em uma tentativa de suprir as necessidades de ATP das células. (b) Como a glicólise é agora inibida, não haverá produção de ácido láctico, e ocorrerá queda na taxa de acidificação extracelular. Como o DNP ainda está presente, ocorrerá consumo de oxigênio em uma taxa elevada. (c) Uma etapa fundamental da glicólise consiste na isomerização da glicose 6-fosfato a frutose 6-fosfato. A 2-desoxiglicose é incapaz de sofrer isomerização. (d) A rotenona inibe o fluxo de elétrons através do Complexo I, a cadeia de transporte de elétrons é inibida e o consumo de oxigênio cessa.

56. (a) O succinato é oxidado pelo Complexo II, e os elétrons são utilizados para estabelecer uma força próton-motriz que impulsiona a síntese de ATP. (b) A capacidade de sintetizar ATP é acentuadamente reduzida. (c) O objetivo era medir a hidrólise do ATP. Se o succinato fosse adicionado na presença de ATP, não ocorreria nenhuma reação devido ao controle respiratório. (d) A mutação exerce pouco efeito sobre a capacidade da enzima de catalisar a hidrólise do ATP. (e) Esses resultados sugerem duas explicações: (1) a mutação não afetou o sítio catalítico da enzima, visto que a ATP sintase ainda tem a capacidade de catalisar a reação reversa, e (2) a mutação não afetou a quantidade de enzima presente, visto que os controles e os pacientes apresentaram níveis semelhantes de atividade.

57. A configuração absoluta do tiofosfato indica que ocorreu uma inversão no fósforo na reação catalisada pela ATP sintase. Esse resultado é compatível com a ocorrência de uma reação de transferência de fosforila em uma única etapa. A retenção da configuração na reação da $Ca^{2+}$–ATPase indica duas reações de transferência de fosforila – a inversão pela primeira e o retorno à configuração inicial pela segunda. A reação da $Ca^{2+}$–ATPase prossegue por meio de um intermediário enzimático fosforilado.

## Capítulo 19

1. (c)
2. (d)
3. (a)
4. (a)
5. (c)
6. O oxigênio de que necessitamos é produzido pela fotossíntese. Além disso, todos os átomos de carbono de que somos feitos, não apenas os carboidratos, entram na bioesfera por meio do processo da fotossíntese.
7. $2\ NADP^+ + 3\ ADP^{3-} + 3\ P_i^{2-} + H^+ \rightarrow O_2 + 2\ NADPH + 3\ ATP^{4-} + H_2O$
8. (a) 7; (b) 5; (c) 4; (d) 10; (e) 1; (f) 2; (g) 9; (h) 3; (i) 8; (j) 6.

9. O fotossistema II, juntamente com o complexo de oxidação da água, conduz a liberação de oxigênio. O centro de reação do fotossistema II absorve luz ao máximo em 680 nm.
10. O consumo de oxigênio torna-se máximo quando os fotossistemas I e II estão operando de modo cooperativo. O oxigênio é eficientemente gerado quando elétrons do fotossistema II preenchem as lacunas de elétrons no fotossistema I, que foram gerados quando o centro de reação do fotossistema I foi iluminado por luz de 700 nm.
11. O fotossistema I gera ferredoxina reduzida, que reduz o $NADP^+$ a NADPH, um poder redutor biossintético. O fotossistema II ativa o complexo de oxidação da água, gerando elétrons para a fotossíntese e gerando também prótons para formar um gradiente de prótons e para reduzir a ferredoxina e o $O_2$.
12. As reações de fase clara ocorrem nas membranas dos tilacoides. O aumento da superfície da membrana aumenta o número de sítios de geração de ATP e de NADPH.
13. Esses complexos absorvem mais luz do que o centro de reação sozinho pode fazê-lo. Os complexos coletores de luz canalizam a luz para os centros de reação.
14. O $NADP^+$ é o aceptor. A $H_2O$ é o doador. Energia luminosa.
15. A clorofila é prontamente inserida no interior hidrofóbico das membranas dos tilacoides.
16. Prótons liberados pela oxidação da água; prótons bombeados no lúmen pelo complexo do citocromo *bf;* prótons removidos do estroma pela redução do $NADP^+$ e plastoquinona.
17. Os fótons com 700 nm apresentam um conteúdo energético de +172 kJ $mol^{-1}$. A absorção de luz pelo fotossistema I resulta em $\Delta E_0'$ de −1,0 V. Convém lembrar que $\Delta E'_0 = nF\Delta E'_0$, em que F = 96,48 kJ $mol^{-1}$ $V^{-1}$. Em condições-padrão, a variação de energia dos elétrons é de 96,5 kJ. Por conseguinte, a eficiência é de 96,5/172 = 56%.
18. O fluxo de elétrons do fotossistema II para o fotossistema I é endergônico. Para esse fluxo endergônico, seria necessário o consumo de ATP, o que compromete o propósito da fotossíntese.
19. $\Delta E'_0 = 10{,}11$ V e $\Delta G^{0\prime} = 21{,}3$ kJ $mol^{-1}$ (−5,1 kcal $mol^{-1}$).
20. (a) Todos os ecossistemas necessitam de uma fonte de energia externa ao sistema, visto que as fontes de energia química são, em última análise, limitadas. A conversão fotossintética da luz solar é um exemplo dessa conversão. (b) Não. O Sr. Spock assinalaria que outras substâncias químicas, além da água, podem doar elétrons e prótons.
21. A DCMU inibe a transferência de elétrons na conexão entre os fotossistemas II e I. O $O_2$ pode ser produzido na presença de DCMU se houver um aceptor artificial de elétrons, como o ferricianeto, para aceitar elétrons de Q.
22. A DCMU não terá nenhum efeito, visto que ela bloqueia o fotossistema II, e a fotofosforilação cíclica utiliza o fotossistema I e o complexo do citocromo *bf.*
23. (a) +120 kJ $einstein^{-1}$ (+28,7 kcal $einstein^{-1}$). (b) 1,24 V. (c) Um fóton de 1.000 nm tem um conteúdo de energia livre de 2,4 moléculas de ATP. É necessário um mínimo de 0,42 fóton para energizar a síntese de uma molécula de ATP.
24. A essa distância, a taxa esperada é de um elétron por segundo.
25. A distância duplica, de modo que a taxa deve diminuir por um fator de 64 a 640 ps.
26. As cristas.
27. Nos eucariotos, ambos os processos ocorrem em organelas especializadas. Ambos dependem de elétrons de alta energia para gerar ATP. Na fosforilação oxidativa, os elétrons de alta energia provêm de substratos energéticos e são extraídos como poder redutor na forma de NADH. Na fotossíntese, os elétrons de alta energia são gerados pela luz e são capturados como poder redutor na forma de NADPH. Ambos os processos utilizam reações redox para gerar um gradiente de prótons, e as enzimas que convertem o gradiente de prótons em ATP são muito semelhantes nos dois processos. Em ambos os sistemas, ocorre transporte de elétrons nas membranas dentro das organelas.
28. Precisamos considerar o NADPH, visto que se trata de uma molécula rica em energia. Com base no Capítulo 18, convém lembrar que o NADH é igual a 2,5 ATP se for oxidado pela cadeia de transporte de elétrons; 12 NADPH = 30 ATP. São utilizadas 18 moléculas de ATP diretamente, de modo que é necessário o equivalente a 48 moléculas de ATP para a síntese de glicose.
29. Os elétrons fluem através do fotossistema II diretamente para o ferricianeto. Não há necessidade de outros passos.
30. (a) Tiorredoxina. (b) A enzima controle não é afetada, porém a enzima mitocondrial com parte da subunidade $\gamma$ do cloroplasto aumenta a atividade à medida que a concentração de DTT vai aumentando. (c) O aumento foi inclusive maior na presença de tiorredoxina. A tiorredoxina é o redutor natural para a enzima dos cloroplastos e, portanto, acredita-se que opera de modo mais eficiente do que o DTT, que provavelmente atua para manter a tiorredoxina reduzida. (d) Parece que tiveram sucesso. (e) A enzima é suscetível a controle pelo estado redox. Nas células vegetais, a tiorredoxina reduzida é gerada pelo fotossistema I. Por conseguinte, a enzima torna-se ativa quando a fotossíntese está ocorrendo. (f) Cisteína. (g) Modificação grupo-específica ou mutagênese sítio-específica.

## Capítulo 20

1. (d)
2. (a)
3. O ciclo de Calvin constitui a principal maneira de converter o $CO_2$ gasoso em matéria orgânica – isto é, biomoléculas. Essencialmente, todos os átomos de carbono de nosso corpo já passaram pela rubisco e pelo ciclo de Calvin em algum momento do passado.
4. Os autótrofos podem utilizar a energia da luz solar, o dióxido de carbono e a água para sintetizar carboidratos, que subsequentemente podem ser utilizados para finalidades catabólicas ou anabólicas. Os heterótrofos necessitam de energia química e, portanto, dependem, em última análise, dos autótrofos.
5. Não há nada sombrio nem secreto nessas reações. Elas são algumas vezes denominadas reações da fase escura por não dependerem diretamente da luz.
6.

| Ciclo de Calvin | Ciclo de Krebs |
|---|---|
| Estroma | Matriz |
| Química dos carbonos para a fotossíntese | Química dos carbonos para a fosforilação oxidativa |
| Fixa $CO_2$ | Libera $CO_2$ |
| Necessita de elétrons de alta energia (NADPH) | Produz elétrons de alta energia (NADH) |
| Regenera o composto inicial (ribulose 1,5-bisfosfato) | Regenera o composto inicial (oxaloacetato) |
| Necessita de ATP | Produz ATP |
| Estequiometria complexa | Estequiometria simples |

7. O estroma acumula $Mg^{2+}$ e torna-se alcalino em consequência do movimento de prótons do estroma para o espaço do tilacoide. Assim, a rubisco está preparada para agir quando as fotorreações fornecem o ATP e o NADPH necessários para a fixação do carbono e a síntese de glicose.
8. (a) 3-fosfoglicerato. (b) Os outros membros do ciclo de Calvin.
9. O Estágio 1 refere-se à fixação do $CO_2$ com ribulose 1,5-bisfosfato e à subsequente formação de 3-fosfoglicerato. O Estágio 2 consiste na conversão de parte do 3-fosfoglicerato em hexose. O Estágio 3 refere-se à regeneração da ribulose 1,5-bisfosfato.
10. A rubisco catalisa uma reação crucial, porém é altamente ineficiente. Por conseguinte, é necessária em grandes quantidades para superar a sua catálise lenta.

11. Como a formação de carbamato só ocorre na presença de $CO_2$, essa propriedade impede que a rubisco catalise exclusivamente a reação da oxigenase na ausência de $CO_2$.
12. Porque o NADPH é produzido nos cloroplastos pelas fotorreações.
13. A concentração de 3-fosfoglicerato aumentaria, enquanto ocorreria diminuição da concentração de ribulose 1,5-bisfosfato.
14. A concentração de 3-fosfoglicerato iria diminuir, enquanto ocorreria aumento da ribulose 1,5-bisfosfato.
15. Aspartato + glioxilato → oxaloacetato + glicina.
16. A atividade de oxigenase da rubisco aumenta com a temperatura. O capim-colchão é uma planta $C_4$, enquanto a maioria das gramíneas carece dessa capacidade. Em consequência, o capim-colchão se desenvolverá com sucesso durante a parte mais quente do verão, visto que a via $C_4$ fornece um suprimento abundante de $CO_2$.
17. A via $C_4$ possibilita o aumento da concentração de $CO_2$ no local de fixação do carbono. O $CO_2$ em altas concentrações inibe a reação de oxigenase da rubisco. Essa inibição é importante para as plantas tropicais, visto que a atividade de oxigenase aumenta mais rapidamente com a temperatura do que a atividade de carboxilase.
18. O ATP é necessário para formar fosfoenolpiruvato (PEP) a partir do piruvato. O PEP combina-se com o $CO_2$ para formar oxaloacetato e, subsequentemente, malato. São necessárias duas moléculas de ATP, visto que a segunda molécula é necessária para fosforilar o AMP a ADP.
19. A fotorrespiração refere-se ao consumo de oxigênio pelas plantas com produção de $CO_2$, porém sem gerar energia. A fotorrespiração deve-se à atividade de oxigenase da rubisco. Representa um desperdício, visto que, em lugar de fixar o $CO_2$ para conversão em hexoses, a rubisco está produzindo $CO_2$.
20. À medida que o aquecimento global vai progredindo, as plantas $C_4$ irão invadir as latitudes mais altas, enquanto as plantas $C_3$ buscarão refúgio em regiões mais frias.
21. O metabolismo $C_4$ permite que a rubisco funcione de modo eficiente, até mesmo quando as temperaturas estão elevadas, o que favorece a atividade de oxigenase. Além disso, o metabolismo $C_4$ permite que as plantas do deserto acumulem $CO_2$ à noite, quando a temperatura é mais fria e a evaporação de água não é um problema.
22. As fotorreações levam a um aumento das concentrações de NADPH no estroma, redução da ferredoxina e $Mg^{2+}$, bem como aumento do pH.
23. (a) 5; (b) 1; (c) 7; (d) 2; (e) 10; (f) 3; (g) 6; (h) 4; (i) 8; (j) 9.
24. (d)
25. (c)
26. A fase oxidativa gera NADPH e é irreversível. A fase não oxidativa possibilita a interconversão dos açúcares fosforilados.
27. As enzimas catalisam a transformação do açúcar de cinco carbonos formado pela fase oxidativa da via das pentoses fosfato nos intermediários frutose 6-fosfato e gliceraldeído 3-fosfato na glicólise (e na gliconeogênese).
28. (a) C; (b) B e F; (c) G; (d) F; (e) E; (f) H; (g) I; (h) D; (i) A; (j) F; (k) B.
29. A marcação emerge no C-5 da ribulose 5-fosfato.
30. A descarboxilação oxidativa do isocitrato a α-cetoglutarato. Forma-se um intermediário β-cetoácido em ambas as reações.
31. (a) 5 glicose 6-fosfato + ATP → 6 ribose 5-fosfato + ADP + $H^+$. (b) Glicose 6-fosfato + 12 $NADP^+$ + 7 $H_2O$ → 6 $CO_2$ + 12 NADPH + 12 $H^+$ + $P_i$.
32. A fase não oxidativa da via das pentoses fosfato pode ser utilizada para converter três moléculas de ribose 5-fosfato em duas moléculas de frutose 6-fosfato e uma molécula de gliceraldeído 3-fosfato. Essas moléculas são componentes da via glicolítica.
33. A conversão da frutose 6-fosfato em frutose 1,6-bisfosfato pela fosfofrutoquinase exige a presença de ATP.
34. Quando há a necessidade de grandes quantidades de NADPH. A fase oxidativa da via das pentoses fosfato é seguida da fase não oxidativa. A frutose 6-fosfato e o gliceraldeído 3-fosfato formados são utilizados para produzir glicose 6-fosfato por meio da gliconeogênese, e o ciclo se repete até que o equivalente de uma molécula de glicose seja oxidado a $CO_2$.
35. As favas contêm vicina, um glicosídio pirimidínico que pode levar à produção de peróxidos – espécies reativas de oxigênio que podem causar lesão nas membranas e em outras biomoléculas. A glutationa é utilizada para destoxificar as ROS. A regeneração da glutationa depende de um suprimento adequado de NADPH, que é sintetizado pela fase oxidativa da via das pentoses fosfato. Os indivíduos com baixos níveis de desidrogenase são particularmente suscetíveis à toxicidade da vicina.
36. Porque os eritrócitos carecem de mitocôndrias, e a via das pentoses fosfato constitui a única maneira de obter NADPH. Existem meios bioquímicos para converter o NADH mitocondrial em NADPH citoplasmático.
37. Os peróxidos reativos constituem um tipo de espécie reativa de oxigênio. A enzima glutationa peroxidase utiliza a glutationa reduzida para neutralizar os peróxidos, convertendo-os em alcoóis, enquanto produz glutationa oxidada. A glutationa reduzida é regenerada pela glutationa redutase na presença de NADPH, o produto da fase oxidativa da via das pentoses fosfato.
38. A $\Delta E_0'$ na redução da glutationa pelo NADPH é de +0,09 V. Por conseguinte, a $\Delta G°'$ é de –17,4 kJ $mol^{-1}$ (–4,2 kcal $mol^{-1}$), o que corresponde a uma constante de equilíbrio de 1.126. A razão [NADPH]/[$NADP^+$] é de $8{,}9 \times 10^{-5}$.
39. A forma enolato da di-hidroxiacetona fosfato ainda participaria na reação; entretanto, um íon metálico divalente, em vez de uma base de Schiff protonada, estabilizaria o intermediário enolato. Em seguida, o enolato seria acrescentado ao aldeído do gliceraldeído 3-fosfato.

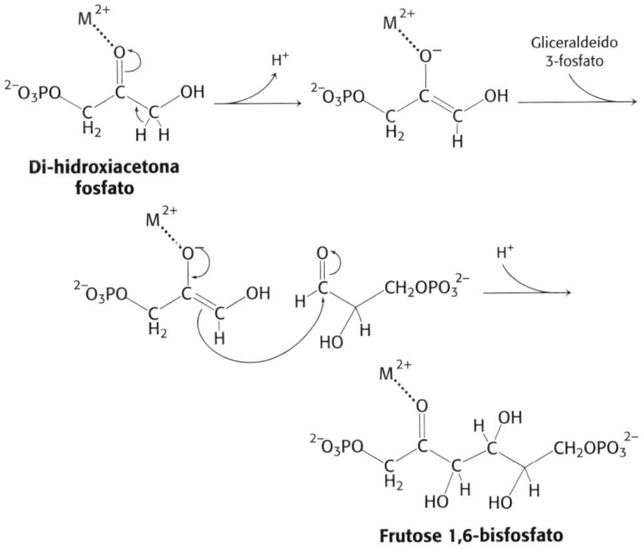


40.

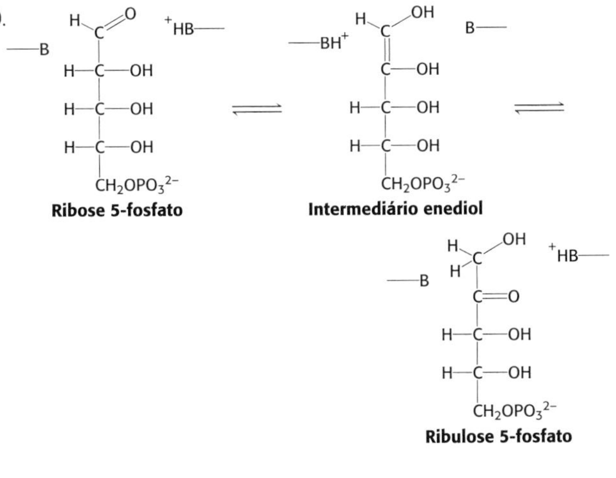

41. Uma alíquota de um homogeneizado de tecido é incubada com glicose marcada com $^{14}C$ em C-1, e uma outra alíquota com glicose marcada com $^{14}C$ em C-6 também é incubada. A radioatividade do $CO_2$ produzida pelas duas amostras é comparada. A base lógica desse experimento é que apenas o C-1 é descarboxilado pela via das pentoses fosfato, enquanto o C-1 e o C-6 são igualmente descarboxilados quando a glicose é metabolizada pela via glicolítica, pelo complexo da piruvato desidrogenase e pelo ciclo do ácido cítrico. A razão para a equivalência do C-1 e do C-6 no último conjunto de reações é que o gliceraldeído 3-fosfato e a di-hidroxiacetona fosfato são rapidamente interconvertidos pela triose fosfato isomerase.
42. Os eritrócitos, que carecem de mitocôndrias, metabolizam a glicose a lactato para obter energia na forma de ATP. O $CO_2$ resulta do uso extenso da via das pentoses fosfato acoplada à gliconeogênese. Esse acoplamento possibilita a geração de grande quantidade de NADPH com a oxidação completa da glicose pela fase oxidativa da via das pentoses fosfato.
43. (a) $k_{cat}^{CO_2}/K_M^{CO_2} = 3 \times 10^5\ s^{-1}M^{-1}$
$k_{cat}^{O_2}/K_M^{O_2} = 4 \times 10^3\ s^{-1}M^{-1}$ (b) Embora a constante de especificidade do $CO_2$ como substrato seja muito maior que a do $O_2$, a concentração de $O_2$ na atmosfera é maior que a do $CO_2$, possibilitando a ocorrência da reação de oxigenação.
44. A redução de cada mol de $CO_2$ para o nível de uma hexose necessita de 2 mols de NADPH. A redução do $NADP^+$ é um processo de dois elétrons. Por conseguinte, a formação de 2 mols de NADPH exige o bombeamento de 4 mols de elétrons pelo fotossistema I. Os elétrons perdidos pelo fotossistema I são repostos pelo fotossistema II, que precisa absorver um número igual de fótons. Assim, são necessários oito fótons para gerar o NADPH imprescindível. A entrada de energia de 8 mols de fótons é de +1.594 kJ (+381 kcal). Por conseguinte, a eficiência global da fotossíntese em condições padrões é de pelo menos 477/1.594, ou 30%.
45. Não é violação nem milagre. A equação da página 660 necessita não apenas de 18 ATP, mas também de 12 NADPH. Se forem transferidos para o $NAD^+$ e utilizados na cadeia de transporte de elétrons, esses elétrons produzirão 30 ATPs. Por conseguinte, a síntese de glicose necessita do equivalente de 48 ATPs.
46. (a) A curva da direita no gráfico A foi produzida pela planta $C_4$. Convém lembrar que a atividade de oxigenase da rubisco aumenta com a temperatura mais rapidamente do que a atividade de carboxilase. Em consequência, em temperaturas mais altas, as plantas $C_3$ devem fixar menos carbono. Como as plantas $C_4$ podem manter maior concentração de $CO_2$, a elevação da temperatura é menos deletéria. (b) A atividade de oxigenase predominará. Além disso, quando a elevação da temperatura é muito grande, a evaporação da água pode tornar-se um problema. As temperaturas mais altas também podem começar a danificar as estruturas das proteínas. (c) A via $C_4$ é um sistema de transporte ativo muito efetivo para concentrar $CO_2$, mesmo quando as concentrações ambientais estão muito baixas. (d) Com a suposição de que as plantas têm aproximadamente a mesma capacidade de fixar o $CO_2$, a via $C_4$ constitui, aparentemente, a etapa limitante de velocidade nas plantas $C_4$.

## Capítulo 21

1. A etapa 1 consiste na liberação de glicose 1-fosfato a partir do glicogênio pela glicogênio fosforilase. A etapa 2 é a formação de glicose 6-fosfato a partir da glicose 1-fosfato, uma reação catalisada pela fosfoglicomutase. A etapa 3 consiste no remodelamento do glicogênio pela transferase e pela α-1,6-glicosidase.
2. (b)
3. (c)
4. (a)
5. (d)
6. (d)
7. (a) 8; (b) 3; (c) 6; (d) 5; (e) 9; (f) 2; (g) 10; (h) 1; (i) 4; (j) 7.
8. O glicogênio constitui um importante combustível por vários motivos. Diferentemente dos ácidos graxos, a glicose liberada pode fornecer energia na ausência de oxigênio e, portanto, pode fornecer energia para a atividade anaeróbica. Além disso, a degradação controlada de glicogênio e a liberação de glicose aumentam a quantidade de glicose disponível entre as refeições. Por conseguinte, o glicogênio atua como tampão para manter os níveis de glicemia. O papel do glicogênio na manutenção dos níveis da glicemia é particularmente importante, visto que a glicose constitui praticamente a única fonte de energia utilizada pelo cérebro, exceto durante o jejum prolongado. Além disso, a glicose do glicogênio é prontamente mobilizada e, portanto, constitui uma boa fonte de energia para uma atividade intensa e súbita.
9. Como um polímero não ramificado, a α-amilose tem apenas uma extremidade não redutora. Por conseguinte, apenas uma molécula de glicogênio fosforilase pode degradar cada molécula de α-amilose. Como o glicogênio é altamente ramificado, existem muitas extremidades não redutoras por molécula. Em consequência, muitas moléculas de fosforilase podem liberar muitas moléculas de glicose por molécula de glicogênio, proporcionando então uma rápida fonte de energia.
10. As necessidades de ATP do fígado são menos variáveis que as do músculo. Por exemplo, quando um corredor começa uma corrida, os músculos da coxa necessitam de ATP para realizar as contrações. A degradação do glicogênio muscular constitui a principal fonte de energia, particularmente no início da corrida.
11. No músculo, a forma *b* da fosforilase é ativada pelo AMP. No fígado, a forma *a* é inibida pela glicose. A diferença corresponde à disparidade do papel metabólico desempenhado pelo glicogênio em cada tecido. O músculo utiliza o glicogênio como um combustível para a contração, enquanto o fígado o utiliza para manter os níveis de glicemia.
12. As células mantêm a razão $[P_i]$/[glicose 1-fosfato] em mais de 100, fazendo com que a fosforólise seja essencialmente irreversível. Temos aqui um exemplo de como a célula pode alterar a mudança de energia livre para favorecer uma reação que ocorre ao alterar a razão entre substrato e produto.
13. O nível elevado de glicose 6-fosfato na doença de von Gierke, em consequência da ausência de glicose 6-fosfatase ou de transportador, desvia o equilíbrio alostérico da glicogênio sintase fosforilada para a forma ativa.
14. O doador de fosforila é a glicose 1,6-bisfosfato. Essa reação pode ser catalisada por uma quinase utilizando-se ATP como um substrato. De fato, a reação é catalisada pela fosfofrutoquinase.
15. As diferentes manifestações correspondem às diferentes funções do fígado e do músculo. A glicogênio fosforilase hepática desempenha papel crucial na manutenção dos níveis de glicemia. Convém lembrar que a glicose é a fonte primária de combustível para o cérebro. A glicogênio fosforilase muscular fornece glicose apenas para o músculo e, mesmo nesse caso, somente quando a necessidade energética do músculo encontra-se elevada, como, por exemplo, durante o exercício. A existência de duas doenças diferentes sugere que há duas formas isoenzimáticas diferentes da glicogênio fosforilase – uma isoenzima específica do fígado e outra específica do músculo.
16. A água é excluída do sítio ativo para impedir a hidrólise. A entrada de água poderia levar à formação de glicose, e não de glicose 1-fosfato. Um experimento de mutagênese de sítio específico é revelador nesse aspecto. Na fosforilase, a Tyr 573 é ligada por uma ligação de hidrogênio ao grupo 2′-OH de um resíduo de glicose. As razões entre glicose 1-fosfato e o produto glicose é de 9.000:1, no caso da enzima selvagem, e de 500:1, no caso do mutante Phe 573. A construção de um modelo sugere que uma molécula de água ocupa o sítio normalmente preenchido pelo grupo OH fenólico da tirosina e, em certas ocasiões, ataca o íon oxocarbônio intermediário para formar glicose.

17. A atividade de amilase foi necessária para remover todo o glicogênio da glicogenina. Convém lembrar que a glicogenina sintetiza oligossacarídios de cerca de oito unidades de glicose e, em seguida, a atividade é interrompida. Em consequência, se os resíduos de glicose não forem removidos por meio de um tratamento extenso com amilase, a glicogenina não funcionará.
18. O substrato pode ser passado diretamente do sítio da transferase para o sítio da enzima desramificadora.
19. Durante o exercício, a [ATP] cai, enquanto ocorre elevação da [AMP]. Convém lembrar que o AMP é um ativador alostérico da glicogênio fosforilase *b*. Por conseguinte, mesmo na ausência da modificação covalente pela fosforilase quinase, o glicogênio é degradado.
20. Embora a glicose 1-fosfato seja o verdadeiro produto da reação da fosforilase, a glicose 6-fosfato é uma molécula mais versátil em termos de metabolismo. Entre outros destinos, a glicose 6-fosfato pode ser processada para produzir energia ou blocos de construção. No fígado, a glicose 6-fosfato pode ser convertida em glicose e liberada no sangue.
21. A epinefrina liga-se a seu receptor acoplado à proteína G. As modificações estruturais resultantes ativam uma proteína $G_{\alpha}$, que, por sua vez, ativa a adenilato ciclase. A adenilato ciclase sintetiza cAMP, que ativa a proteinoquinase A. A proteinoquinase A ativa, em parte, a fosforilase quinase, que fosforila e ativa a glicogênio fosforilase. O cálcio liberado durante a contração muscular também ativa a fosforilase quinase, com consequente estimulação adicional da glicogênio fosforilase.
22. Em primeiro lugar, a via de transdução de sinais é interrompida quando o hormônio iniciador não está mais presente. Em segundo lugar, a atividade de GTPase inerente da proteína G converte o GTP ligado em GDP inativo. Em terceiro lugar, as fosfodiesterases convertem o AMP cíclico em AMP. Em quarto lugar, a PP1 remove o grupo fosforila da glicogênio fosforilase, convertendo a enzima na forma *b* habitualmente inativa.
23. Impede que ambas operem simultaneamente, o que levaria a um gasto inútil de energia.
24. Todos esses sintomas sugerem problemas do sistema nervoso central. Se o exercício for vigoroso o suficiente ou se o atleta não se preparou o bastante, ou se forem observadas ambas as circunstâncias, pode ocorrer também depleção do glicogênio hepático. O cérebro depende da glicose proveniente do glicogênio hepático. Os sintomas sugerem que o cérebro não está obtendo energia necessária (hipoglicemia).
25. A fosforilase *a* hepática é inibida pela glicose, o que facilita a transição R → T. Essa transição libera PP1, que inativa a degradação do glicogênio e estimula a sua síntese. A fosforilase muscular não é sensível à glicose.
26. (a) 4; (b) 1; (c) 5; (d) 10; (e) 7; (f) 2; (g) 8; (h) 9; (i) 6; (j) 3.
27. Fosfoglicomutase, UDP-glicose pirofosforilase, pirofosfatase, glicogenina, glicogênio sintase e enzima ramificadora.
28. A enzima pirofosfatase converte o pirofosfato em duas moléculas de fosfato inorgânico. Essa conversão torna a reação geral irreversível.

$$\text{Glicose 1-fosfato} + \text{UTP} \rightleftharpoons \text{UDP-glicose} + PP_i$$
$$PP_i + H_2O \rightarrow 2\,P_i$$

$$\text{Glicose 1-fosfato} + \text{UTP} + H_2O \rightarrow \text{UDP-glicose} + 2\,P_i$$

29. A presença de altas concentrações de glicose 6-fosfato indica que a glicose está presente em quantidades abundantes e que ela não está sendo utilizada pela glicólise. Por conseguinte, esse valioso recurso é preservado pela sua incorporação no glicogênio.
30. A glicose livre precisa ser fosforilada à custa de uma molécula de ATP. A glicose 6-fosfato derivada do glicogênio é formada por clivagem fosforolítica, poupando, assim, uma molécula de ATP. Por conseguinte, a produção efetiva de ATP quando a glicose derivada do glicogênio é processada a piruvato consiste em três moléculas de ATP em comparação com duas moléculas de ATP a partir da glicose livre.
31. Degradação: a fosfoglicomutase converte a glicose 1-fosfato, liberada da degradação do glicogênio, em glicose 6-fosfato, que pode ser liberada na forma de glicose livre (fígado) ou processada na glicólise (músculo e fígado). Síntese: converte a glicose 6-fosfato em glicose 1-fosfato, que reage com UTP para formar UDP-glicose, o substrato da glicogênio sintase.
32. $\text{Glicogênio}_n + P_i \rightarrow \text{glicogênio}_{n-1} + \text{glicose 6-fosfato}$

$\text{Glicose 6-fosfato} \rightarrow \text{glicose 1-fosfato}$

$\text{UTP} + \text{glicose 1-fosfato} \rightarrow \text{UDP-glicose} + 2\,P_i$

$\text{Glicogênio}_{n-1} + \text{UDP-glicose} \rightarrow \text{glicogênio}_n + \text{UDP}$

Soma: $\text{glicogênio}_n + \text{UTP} \rightarrow \text{glicogênio}_n + \text{UDP} + P_i$

33. Em princípio, ter o glicogênio como único iniciador (*primer*) para a subsequente síntese de glicogênio seria uma estratégia bem-sucedida. Entretanto, se os grânulos de glicogênio não fossem igualmente divididos entre as células-filhas, as reservas de glicogênio das futuras gerações de células poderiam ficar comprometidas. A glicogenina sintetiza o iniciador (*primer*) para a glicogênio sintase.
34. A insulina liga-se a seu receptor e ativa a atividade de tirosinoquinase do receptor, que, por sua vez, desencadeia uma via que ativa proteínas quinases. As quinases fosforilam e inativam a glicogênio sintase quinase. Em seguida, a proteína fosfatase 1 remove o fosfato da glicogênio sintase e, assim, ativa a sintase.
35.

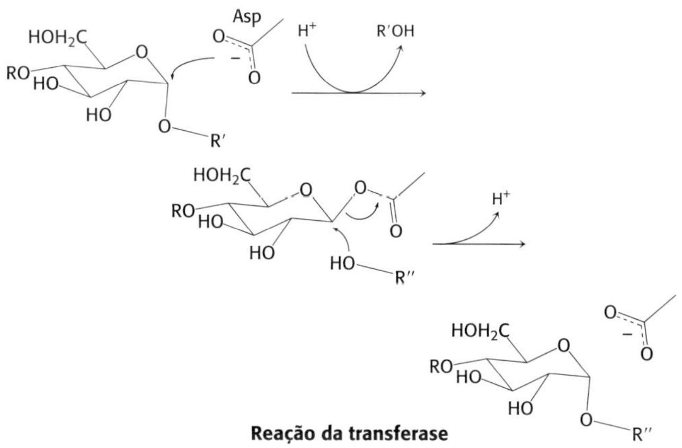


**Reação da transferase**

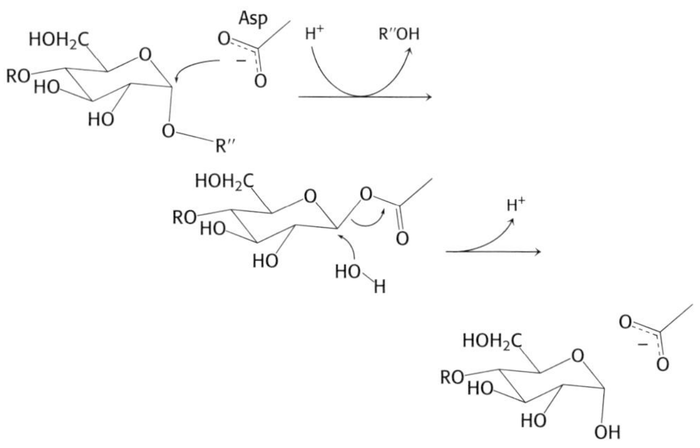


**Reação da α-1,6-glicosidase**

36. No fígado, o glucagon estimula a via dependente de cAMP, que ativa a proteinoquinase A. A epinefrina liga-se a um receptor alfa-adrenérgico 7TM na membrana plasmática do fígado, que ativa a fosfolipase C e a cascata do fosfoinositídio. Essa ativação provoca a liberação de íons cálcio do retículo endoplasmático, que

se liga à calmodulina, e estimula ainda mais a fosforilase quinase e a degradação do glicogênio.

37. Galactose + ATP + UDP + $H_2O$ + glicogênio$_n$ ⟶ Glicogênio$_{n+1}$ + ADP + UDP + 2 $P_i$ + $H^+$.

38. Fosforilase, transferase, glicosidase, fosfoglicomutase e glicose 6-fosfatase.

39. A glicose é um inibidor alostérico da fosforilase *a*. Por conseguinte, os cristais que crescem na sua presença estão no estado T. A adição de glicose 1-fosfato, um substrato, desloca o equilíbrio entre R e T para o estado R. As diferenças conformacionais entre esses estados são grandes o suficiente para que o cristal se desfaça, a não ser que esteja estabilizado por ligações cruzadas.

40. A galactose é convertida em UDP-galactose para finalmente formar glicose 6-fosfato.

41. Essa doença também pode ser produzida por uma mutação no gene que codifica o transportador de glicose 6-fosfato. Convém lembrar que a glicose 6-fosfato precisa ser transportada para o lúmen do retículo endoplasmático para ser hidrolisada pela fosfatase. Mutações nas outras três proteínas essenciais desse sistema também podem levar à doença de von Gierke.

42. (a) Aparentemente, o glutamato, com o seu grupo R de carga negativa, pode simular, em certo grau, a presença de um grupo fosforila na serina. Não é surpreendente que a estimulação não seja tão pronunciada, visto que o grupo carboxila é menor e não tem tanta carga quanto o fosfato. (b) A substituição do aspartato forneceria alguma estimulação; entretanto, por ser menor do que o glutamato, essa estimulação também seria menor.

43. (a) O glicogênio era demasiado grande para penetrar no gel e, como a análise foi feita por *Western blot* com o uso de um anticorpo específico contra a glicogenina, não se deveria esperar ver proteínas de fundo. (b) A α-amilase degrada o glicogênio, liberando então glicogenina, uma proteína que pode ser visualizada por *Western blot*. (c) Glicogênio fosforilase, glicogênio sintase e proteína fosfatase 1. Essas proteínas poderiam ser visíveis se o gel fosse corado para proteínas, porém uma análise por *Western blot* utilizando apenas um anticorpo antiglicogenina revela apenas a presença de glicogenina.

44. (a) O esfregaço foi devido a moléculas de glicogenina com quantidades cada vez maiores de glicogênio fixadas a elas. (b) Na ausência de glicose no meio, o glicogênio é metabolizado, o que resulta em uma perda de material de peso molecular alto. (c) O glicogênio pode ter sido novamente sintetizado e adicionado à glicogenina quando as células foram novamente expostas à glicose. (d) A ausência de diferença entre as colunas 3 e 4 sugere que, em 1 hora, as moléculas de glicogênio alcançaram um tamanho máximo nessa linhagem celular. Aparentemente, a incubação prolongada não aumenta a quantidade de glicogênio. (e) A α-amilase remove essencialmente todo o glicogênio, permanecendo apenas a glicogenina.

## Capítulo 22

1. (a) 5; (b) 11; (c) 1; (d) 10; (e) 2; (f) 6; (g) 9; (h) 3; (i) 4; (j) 7; (k) 8.

2. Glicerol + 2 $NAD^+$ + $P_i$ + ADP ⟶ piruvato + ATP + $H_2O$ + 2 NADH + $H^+$

Glicerol quinase e glicerol fosfato desidrogenase

3. A reversibilidade imediata deve-se à natureza de alta energia do tioéster na acil-CoA.

4. Para que o AMP retorne a uma forma passível de ser fosforilada pela fosforilação oxidativa ou pela fosforilação em nível do substrato, outra molécula de ATP precisa ser consumida na reação.

$$\text{ATP} + \text{AMP} \rightleftharpoons 2\ \text{ADP}$$

5. b, c, a, g, h, d, e, f.

6. O ciclo do ácido cítrico. As reações que transformam o succinato em oxaloacetato ou o inverso assemelham-se àquelas do metabolismo dos ácidos graxos (ver seção 17.2).

7. O penúltimo produto da degradação, a acetoacetil-CoA, produz duas moléculas de acetil-CoA com a tiólise por apenas uma molécula de CoA.

8. O ácido palmítico gera 106 moléculas de ATP. O ácido palmitoleico tem uma dupla ligação entre os carbonos C-9 e C-10. Quando o ácido palmitoleico é processado na β-oxidação, uma das etapas da oxidação (para introduzir uma dupla ligação antes da adição de água) não ocorre, visto que já existe uma dupla ligação. Por conseguinte, não há produção de $FADH_2$, e o ácido palmitoleico irá produzir 1,5 molécula de ATP a menos do que o ácido palmítico, com um total de 104,5 moléculas de ATP.

9.

| Taxa de ativação para formar acil-CoA | −2 ATP |
|---|---|
| Sete ciclos para produzir: | |
| 7 acetil-CoA com 10 ATP/acetil-CoA | +70 ATP |
| 7 NADH com 2,5 ATP/NADH | +17,5 ATP |
| 7 $FADH_2$ com 1,5 ATP/$FADH_2$ | +10,5 ATP |
| Propionil-CoA, que requer um ATP para sua conversão em succinil-CoA | −1 ATP |
| Succinil-CoA ⟶ succinato | +1 ATP |
| Succinato ⟶ fumarato + 1 $FADH_2$ | +1,5 ATP |
| $FADH_2$ com 1,5 ATP/$FADH_2$ | |
| Fumarato ⟶ malato | |
| Malato ⟶ oxaloacetato + NADH | +2,5 ATP |
| NADH com 2,5 ATP/NADH | |
| Total | 120 ATP |

10. Você irá se odiar pela manhã, mas pelo menos você não terá que se preocupar com a energia. Para a formação de estearil-CoA, é necessário o equivalente a duas moléculas de ATP.

Estearil-CoA + 8 FAD + 8 $NAD^+$ + 8 CoA + 8 $H_2O$ ⟶ 9 acetil-CoA + 8 $FADH_2$ + 8 NADH + 8 $H^+$

| | |
|---|---|
| 9 acetil-CoA com 10 ATP/acetil-CoA | +90 ATP |
| 8 NADH com 2,5 ATP/NADH | +20 ATP |
| 8 $FADH_2$ com 1,5 ATP/$FADH_2$ | +12 ATP |
| Taxa de ativação | −2,0 |
| Total | 122 ATP |

11. É preciso ter em mente que, no ciclo do ácido cítrico, 1 molécula de $FADH_2$ produz 1,5 molécula de ATP, 1 molécula de NADH produz 2,5 moléculas de ATP, e 1 molécula de acetil-CoA, 10 moléculas de ATP. São produzidas 2 moléculas de ATP quando a glicose é degradada a 2 moléculas de piruvato. São também produzidas 2 moléculas de NADH, porém os elétrons são transferidos para o $FADH_2$ para entrada na cadeia de transporte de elétrons. Cada molécula de $FADH_2$ pode gerar 1,5 molécula de ATP. Cada molécula de piruvato produzirá 1 molécula de NADH. Cada molécula de acetil-CoA gera 3 moléculas de NADH, 1 molécula de $FADH_2$ e 1 molécula de ATP. Por conseguinte, temos um total de 10 moléculas de ATP para cada acetil-CoA, ou 20 para as 2 moléculas de acetil-CoA. O total para a glicose é de 30 moléculas de ATP. E quanto ao ácido hexanoico? O ácido caprioico é ativado em caprioico-CoA à custa de 2 moléculas de ATP, de modo que já perdemos 2 ATPs. O primeiro ciclo de β-oxidação gera 1 $FADH_2$, 1 NADH e 1 acetil-CoA. Após a passagem da acetil-CoA pelo ciclo do ácido cítrico, essa etapa terá gerado um total de 14 moléculas de ATP. O segundo ciclo de β-oxidação gera 1 $FADH_2$ e 1 NADH, porém 2 acetil-CoA. Após a passagem da acetil-CoA pelo ciclo do ácido cítrico, essa etapa terá produzido um total de 24 moléculas de ATP. O total é de 36 ATP. Por conseguinte, o ácido caprioico de odor desagradável tem uma produção efetiva de 36 ATPs. Assim, para cada carbono, essa gordura produz 20% mais ATP do que a glicose, uma manifestação do fato de que as gorduras são mais reduzidas do que os carboidratos.

12. Estearato + ATP + 13,5 $H_2O$ + 8 FAD + 8 $NAD^+$ $\rightarrow$ 4,5 acetoacetato + 14,5 $H^+$ + 8 $FADH_2$ + 8 NADH + AMP + 2 $P_i$

13. O palmitato é ativado e, em seguida, processado pela β-oxidação de acordo com as seguintes reações.

Palmitato + CoA + ATP $\rightarrow$ palmitoil-CoA + AMP + 2 $P_i$

Palmitoil-CoA + 7 FAD + 7 NAD+ 7 CoASH + $H_2O$ $\rightarrow$ 8 acetil-CoA + 7 $FADH_2$ + 7 NADH + 7 $H^+$

As 8 moléculas de acetil-CoA combinam-se para formar 4 moléculas de acetoacetato para liberação no sangue, de modo que elas não contribuem para a produção de energia no fígado. Entretanto, o $FADH_2$ e o NADH gerados na preparação da acetil-CoA podem ser processados por fosforilação oxidativa para produzir ATP.

1,5 ATP/$FADH_2$ × 7 = 10,5 ATP
2,5 ATP/NADH × 7 = 17,5 ATP

O equivalente de 2 ATP foi utilizado na formação da palmitoil-CoA. Por conseguinte, foram produzidas 26 moléculas de ATP para uso pelo fígado.

14. O NADH produzido com a oxidação a acetoacetato = 2,5 ATPs. O acetoacetato é convertido em acetoacetil-CoA. Duas moléculas de acetil-CoA resultam da hidrólise da acetoacetil-CoA, cada uma com 10 moléculas de ATP quando processada pelo ciclo do ácido cítrico. A produção total de ATP é de 22,5 moléculas.

15. Devido à utilização de uma molécula de succinil-CoA para formar acetoacetil-CoA. A succinil-CoA poderia ser utilizada para produzir uma molécula de ATP, de modo que alguém poderia argumentar que ocorre a produção é de 21,5 moléculas.

16. Para que as gorduras sejam queimadas, elas não apenas precisam ser convertidas em acetil-CoA, como também a acetil-CoA precisa ser processada pelo ciclo do ácido cítrico. Para que a acetil-CoA entre no ciclo do ácido cítrico, é necessário um suprimento de oxaloacetato. Este último pode ser formado pelo metabolismo da glicose a piruvato e pela subsequente carboxilação do piruvato para formar oxaloacetato.

17. (a)

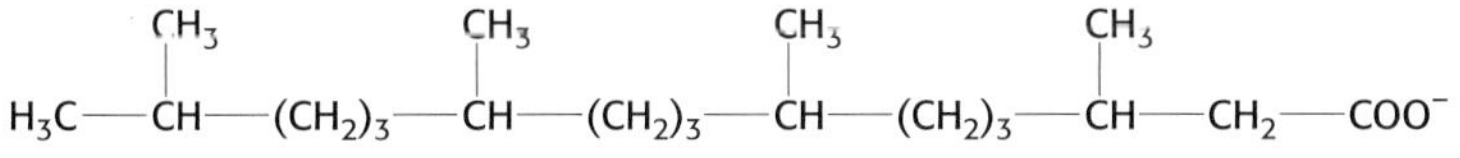

**Ácido fitânico**

O problema com o ácido fitânico é que, como ele sofre β-oxidação, encontramos o temido átomo de carbono pentavalente. Como o átomo de carbono pentavalente não existe, a β-oxidação não pode ocorrer, e há acúmulo de ácido fitânico.

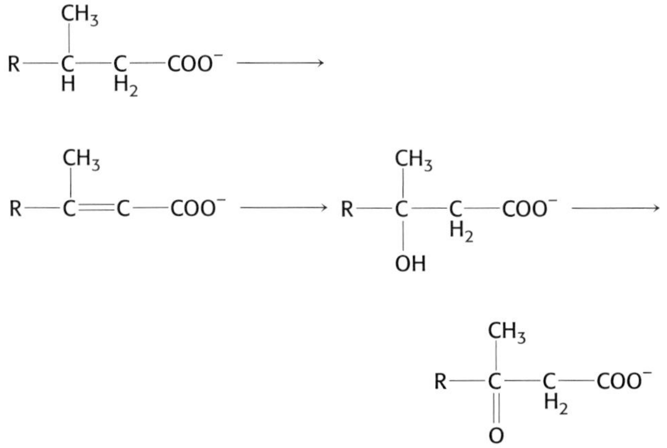

**O temido átomo de carbono pentavalente**

(b) A remoção de grupos metila, embora teoricamente possível, iria consumir tempo, e esse procedimento não teria nenhuma sofisticação. O que faríamos com os grupos metila? Nossos fígados solucionaram o problema inventando a α-oxidação.

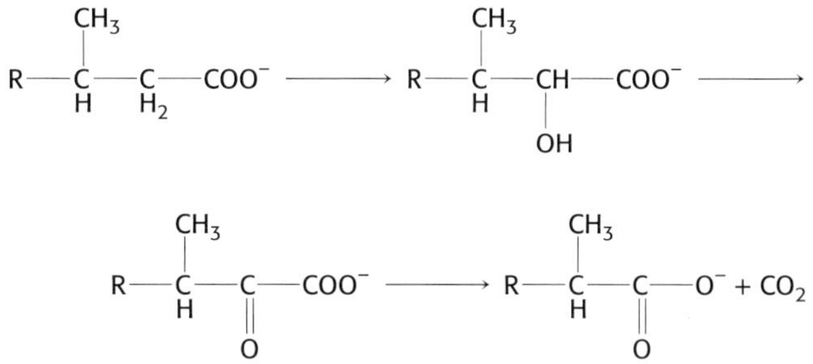

Um ciclo de α-oxidação, em lugar de β-oxidação, converte o ácido fitânico em um substrato da β-oxidação.

18. A primeira oxidação remove dois átomos de trítio. A hidratação acrescenta H e OH não radioativos. A segunda oxidação remove outro átomo de trítio do átomo de carbono β. A tiólise remove a acetil-CoA com apenas um átomo de trítio, de modo que a razão entre trítio e carbono é de 1/2. Essa razão será a mesma para dois dos acetatos. Entretanto, o último não sofre oxidação, permanecendo todos os átomos de trítio. A razão para esse acetato é de 3/2. A razão para toda a molécula é, portanto, de 5/6.

19. Na ausência de insulina, ocorrerá mobilização dos lipídios até sobrepujar a capacidade do fígado de convertê-los em corpos cetônicos.

20. Formação de malonil-CoA a partir de acetil-CoA pela acetil-CoA carboxilase 1.

21. (a) 10; (b) 1; (c) 5; (d) 8; (e) 3; (f) 9; (g) 6; (h) 7; (i) 4; (j) 2.

22. (a) Oxidação nas mitocôndrias; síntese no citoplasma. (b) Coenzima A na oxidação; proteína carreadora de acila para síntese. (c) FAD e $NAD^+$ na oxidação; NADPH para a síntese. (d) O isômero L da 3-hidroxiacil-CoA na oxidação; o isômero D na síntese. (e) Da carboxila para a metila na oxidação; da metila para a carboxila na síntese. (f) As enzimas da síntese de ácidos graxos, mas não as da oxidação, estão organizadas em um complexo multienzimático.

23. O bicarbonato é necessário para a síntese de malonil-CoA a partir de acetil-CoA pela acetil-CoA carboxilase.

24. 7 acetil-CoA + 6 ATP + 12 NADPH + 12 $H^+$ $\rightarrow$
miristato + 7 CoA + 6 ADP + 6 $P_i$ + 12 $NADP^+$ + 5 $H_2O$.

25. Serão necessárias seis unidades de acetil-CoA. Uma unidade de acetil-CoA será utilizada diretamente, transformando-se nos dois átomos de carbono mais distantes da extremidade ácida. As outras cinco unidades precisam ser convertidas em malonil-CoA. A síntese de cada molécula de malonil-CoA custa 1 molécula de ATP; por conseguinte, serão necessárias 5 moléculas de ATP. Cada ciclo de elongação necessita de 2 moléculas de NADPH, 1 molécula para reduzir o grupo ceto a um álcool e 1 molécula para reduzir a dupla ligação. Em consequência, serão necessárias 10 moléculas de NADPH. Por conseguinte, são necessárias 5 moléculas de ATP e 10 moléculas de NADPH para sintetizar o ácido láurico.

26. e, b, d, a, c.

27. Essa mutação inibiria a síntese de ácidos graxos, visto que a enzima cliva o citrato citoplasmático, gerando acetil-CoA para a síntese de ácidos graxos.

28. (a) Falso. A biotina é necessária para a atividade da acetil-CoA carboxilase. (b) Verdadeiro. (c) Falso. O ATP é necessário para a síntese de malonil-CoA. (d) Verdadeiro. (e) Verdadeiro. (f) Falso. A ácido graxo sintase é um dímero. (g) Verdadeiro. (h) Falso. A acetil-CoA carboxilase é estimulada pelo citrato, que é clivado para produzir o seu substrato acetil-CoA.

29. Os ácidos graxos com número ímpar de átomos de carbono são sintetizados a partir da propionil ACP (em lugar da acetil ACP), que é formada a partir da propionil-CoA transacetilase.

30. Todos os átomos de carbono marcados serão conservados. Como necessitamos de 8 moléculas de acetil-CoA, e apenas 1

átomo de carbono está marcado no grupo acetila, teremos 8 átomos de carbono marcados. A única acetil-CoA utilizada diretamente conservará 3 átomos de trítio. As 7 moléculas de acetil-CoA utilizadas para a formação de malonil-CoA perderão 1 átomo de trítio com a adição de $CO_2$ e outro na etapa de desidratação. Cada uma das 7 moléculas de malonil-CoA irá conservar 1 átomo de trítio. Por conseguinte, serão conservados, no total, 10 átomos de trítio. A razão entre trítio e carbono é de 1,25.

31. Com uma alimentação rica em ovos crus, a avidina inibirá a síntese de ácidos graxos ao reduzir a quantidade de biotina necessária para a acetil-CoA carboxilase. O cozimento dos ovos provoca a desnaturação da avidina, que, portanto, não irá se ligar à biotina.

32. A única acetil-CoA utilizada diretamente, não na forma de malonil-CoA, fornece os dois átomos de carbono na extremidade ω da cadeia de ácidos graxos. Como o ácido palmítico é um ácido graxo $C_{16}$, a acetil-CoA fornecerá os carbonos 15 e 16.

33. O $HCO_3^-$ liga-se à acetil-CoA para formar malonil-CoA. Quando esta última se condensa com a acetil-CoA para formar cetoacil-CoA de quatro carbonos, o $HCO_3^-$ é perdido na forma de $CO_2$.

34. A fosfofrutoquinase controla o fluxo pela via glicolítica. Dependendo do tecido, a glicólise funciona para gerar ATP ou blocos de construção para a biossíntese. A presença de citrato no citoplasma indica que essas necessidades são atendidas, de modo que a glicose não precisa ser metabolizada.

35. O C-1 é mais radioativo.

36. A enzima mutante será persistentemente ativa, visto que ela não pode ser inibida por fosforilação. A síntese de ácidos graxos será anormalmente ativa. Esse tipo de mutação pode levar à obesidade.

37. (a) Palmitoleato; (b) linoleato; (c) linoleato; (d) oleato; (e) oleato; (f) linolenato.

38. A descarboxilação impulsiona a condensação da malonil ACP com a acetil ACP. Em contrapartida, a condensação de 2 moléculas de acetil ACP é energeticamente desfavorável. Na gliconeogênese, a descarboxilação impulsiona a formação de fosfoenolpiruvato a partir do oxaloacetato.

39. A mobilização da gordura nos adipócitos é ativada por fosforilação. Por conseguinte, uma superprodução da quinase ativada por cAMP levará a uma degradação acelerada de triacilgliceróis e a uma depleção das reservas de gordura.

40. Deficiência de carnitina translocase e deficiência do transportador de glicose 6-fosfato.

41. No quinto ciclo da β-oxidação, ocorre a formação de *cis*-$\Delta^2$-enoil-CoA. A desidratação pela hidratase clássica gera D-3-hidroxiacil-CoA, o isômero errado para a próxima enzima da β-oxidação. Essa via sem saída é evitada por uma segunda hidratase, que remove água para produzir *trans*-$\Delta^2$-enoil-CoA. A adição de água pela hidratase clássica produz então L-3-hidroxiacil-CoA, o isômero apropriado. Por conseguinte, as hidratases com estereoespecificidades opostas servem para epimerizar (inverter a configuração) o grupo 3-hidroxila do intermediário da acil-CoA.

42. Uma vantagem desse arranjo consiste na coordenação da atividade de síntese de diferentes enzimas. Além disso, os intermediários podem ser eficientemente transferidos de um sítio ativo para outro sem deixar a montagem. E também é fato que um complexo de enzimas unidas covalentemente é mais estável do que um complexo formado por atrações não covalentes. Cada uma das enzimas componentes é reconhecidamente homóloga a seu equivalente bacteriano.

43. A probabilidade de sintetizar uma cadeia polipeptídica sem erros diminui à medida que aumenta o comprimento da cadeia. Um único erro pode tornar todo o polipeptídio ineficaz. Em contrapartida, uma subunidade defeituosa pode ser desprezada na formação de um complexo multienzimático não covalente; as subunidades boas não são desperdiçadas.

44. A ausência de corpos cetônicos deve-se ao fato de que o fígado – que constitui a fonte de corpos cetônicos no sangue – não pode oxidar ácidos graxos para produzir acetil-CoA. Além disso, devido ao comprometimento da oxidação de ácidos graxos, o fígado torna-se mais dependente da glicose como fonte de energia. Essa dependência resulta em uma diminuição da gliconeogênese e em queda dos níveis de glicemia, que é exacerbada pela ausência de oxidação de ácidos graxos no músculo e subsequente aumento na captação de glicose do sangue.

45. Os peroxissomos intensificam a degradação de ácidos graxos muito longos. Em consequência, o aumento da atividade dos peroxissomos poderia ajudar a reduzir os níveis de triglicerídios no sangue. Com efeito, o clofibrato é raramente utilizado devido à ocorrência de efeitos colaterais graves.

46. Em cooperação com a proteína MIG12, o citrato atua para facilitar a formação de filamentos ativos a partir de monômeros inativos. Em essência, ele aumenta o número de sítios ativos disponíveis, ou a concentração da enzima. Consequentemente, seu efeito torna-se visível como um aumento no valor de $V_{máx.}$. As enzimas alostéricas que alteram os valores de $V_{máx.}$ em resposta a reguladores são algumas vezes denominadas enzimas de classe V. O tipo mais comum de enzimas alostéricas, nas quais o valor de $K_m$ está alterado, são as enzimas da classe K. A palmitoil-CoA causa despolimerização e, portanto, inativação.

47. O ânion tiolato da CoA ataca o grupo 3-ceto, formando um intermediário tetraédrico. Esse intermediário colapsa para formar acil-CoA e o ânion enolato da acetil-CoA. A protonação do enolato gera acetil-CoA.

48.

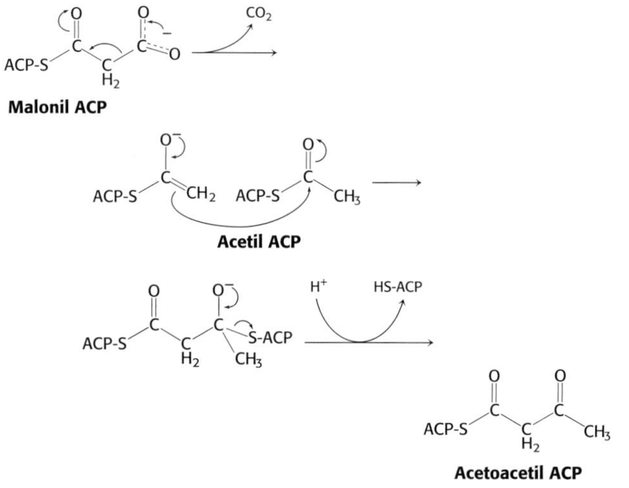


49. Os ácidos graxos não podem ser transportados nas mitocôndrias para oxidação. Os músculos são incapazes de utilizar as gorduras como fonte de combustível. Os músculos podem utilizar a glicose derivada do glicogênio. Entretanto, quando há depleção das reservas de glicogênio, como ocorre depois de um jejum, o efeito da deficiência é particularmente evidente.

50. Depois de uma noite de sono, as reservas de glicogênio estão baixas, porém as gorduras estão presentes em quantidades abundantes. Os músculos queimarão a gordura como combustível. Por que a cafeína? A mobilização dos lipídios é estimulada pelo glucagon e pela epinefrina, e ambos os hormônios podem atuar por meio da cascata de cAMP. O cAMP estimula a proteinoquinase A, que estimula a degradação dos triacilgliceróis no tecido adiposo. Se a hidrólise do cAMP a AMP for inibida, ocorrerá estimulação máxima da proteinoquinase A, haverá mobilização máxima da gordura, e você ficará tão empolgado e magro quanto uma graciosa ave aquática.

51. A primeira reação

$$\text{Oxaloacetato} + \text{NADH} + \text{H}^+ \rightleftharpoons \text{malato} + \text{NAD}^+$$

é catalisada pela malato desidrogenase citoplasmática. A reação seguinte é catalisada pela enzima málica:

$$\text{Malato} + \text{NADP}^+ \rightarrow \text{piruvato} + \text{CO}_2 + \text{NADPH}$$

Por fim, o oxaloacetato é regenerado a partir do piruvato pela piruvato carboxilase.

$$\text{Piruvato} + CO_2 + ATP + H_2O \rightarrow \text{oxaloacetato} + ADP + P_i + 2\ H^+$$

A soma dessas reações é:

$$NADP^+ + NADH + ATP + H_2O \rightarrow NADPH + NAD^+ + ADP + P_i + H^+$$

52. Quando as reservas de glicogênio estão completas, os carboidratos em excesso são metabolizados a acetil-CoA, que então é convertida em gorduras. Os seres humanos são incapazes de converter gorduras em carboidratos; entretanto, podem certamente converter carboidratos em gorduras.

53. Piruvato + $CO_2$ + ATP + $H_2O \rightarrow$ oxaloacetato + ADP + $P_i$ + 2 $H^+$
Na gliconeogênese, o oxaloacetato é convertido em fosfoenolpiruvato pela PEP carboxiquinase à custa de uma molécula de GTP.

54. A gordura marcada pode entrar no ciclo do ácido cítrico como acetil-CoA e produzir oxaloacetato marcado, que pode ser convertido em glicose e, em seguida, em glicogênio. Entretanto, o oxaloacetato é formado somente após a perda de dois átomos de carbono na forma de $CO_2$. Consequentemente, embora o oxaloacetato possa estar marcado, é possível não ocorrer nenhuma síntese efetiva de oxaloacetato e, portanto, nenhuma síntese efetiva de glicose ou de glicogênio.

55. (a) A glicose constitui o principal combustível utilizado pelo cérebro. A ausência de piruvato desidrogenase impediria a oxidação completa do piruvato derivado da glicose pela respiração celular. (b) Como o ATP não pode ser gerado aerobicamente, a glicose seria metabolizada a lactato para obter certa quantidade de ATP. (c) Essa dieta geraria corpos cetônicos para uso como combustível para o cérebro.

56. Ocorre doença da célula I (ver seção 11.3) quando as enzimas lisossômicas são secretadas, em vez de serem importadas para dentro do lisossomo.

57. (a) A $V_{máx}$ está diminuída, e o valor de $K_M$, aumentado. $V_{máx}$ (selvagem) = 13 nmol minuto $^{-1}$ mg$^{-1}$; $K_M$ (selvagem) = 45 μM; $V_{máx}$ (mutante) = 8,3 nmol minuto $^{-1}$ mg$^{-1}$; $K_M$ (mutante) = 74 μM. (b) Ambos, $V_{máx}$ e $K_M$, estão diminuídos. $V_{máx}$ (selvagem) = 41 nmol minuto$^{-1}$ mg$^{-1}$; $K_M$ (selvagem) = 104 μM; $V_{máx}$ (mutante) = 23 nmol minuto$^{-1}$ mg$^{-1}$; $K_M$ (mutante) = 69 μM. (c) O selvagem é significativamente mais sensível à malonil-CoA. (d) Quanto à carnitina, o mutante exibe aproximadamente 65% da atividade do selvagem; quanto à palmitoil-CoA, aproximadamente 50% da atividade. Por outro lado, 10 μM de malonil-CoA inibem aproximadamente 80% do selvagem, porém não têm essencialmente nenhum efeito sobre a enzima mutante. (e) O glutamato parece desempenhar um papel mais proeminente na regulação pela malonil-CoA do que sobre a catálise.

58. (a) A leucina é substituída por alanina. (b) Nenhuma mudança em relação ao controle. (c) Tirosina por alanina. (d) Acentuada redução da ligação à lipase em comparação com o controle. (e) Houve diminuição da atividade de lipase. (f) Isso sugere que elas são separadas. A mutação L16A possibilita a ligação da lipase, porém aparentemente não permite a sua ativação. (g) Essa mutação reduziu tanto a ligação quanto a atividade, sugerindo que a tirosina está envolvida em ambos os aspectos da atividade da colipase.

59. (a) O soraphen A inibe a síntese de ácidos graxos de maneira dose-dependente. (b) A oxidação de ácidos graxos aumenta na presença de soraphen A. (c) Lembre-se de que a acetil-CoA carboxilase 2 sintetiza malonil-CoA para inibir o transporte de ácidos graxos para dentro das mitocôndrias, impedindo, assim, a sua oxidação. O soraphen A inibe aparentemente ambas as formas da carboxilase. (d) A síntese de fosfolipídios foi inibida de maneira dose-dependente. (e) Os fosfolipídios são necessários para a síntese de membranas. (f) O soraphen A inibe a proliferação celular, particularmente quando presente em concentrações mais altas.

## Capítulo 23

1. Quando as proteínas são desnaturadas, todas as ligações peptídicas tornam-se acessíveis às enzimas proteolíticas. Se a estrutura tridimensional de uma proteína for mantida, o acesso das enzimas proteolíticas a muitas das ligações peptídicas não é possível.

2. Em primeiro lugar, a enzima ativadora da ubiquitina (E1) liga a ubiquitina a um grupo sulfidrila na própria E1. Em seguida, a ubiquitina é transferida para um resíduo de cisteína na enzima de conjugação da ubiquitina (E2) pela E2. A ubiquitina-proteína ligase (E3), que utiliza a E2 ubiquitinada como substrato, transfere a ubiquitina para a proteína-alvo.

3. (a) 7; (b) 4; (c) 2; (d) 10; (e) 5; (f) 3; (g) 9; (h) 1; (i) 6; (j) 8.

4. (a) A atividade de ATPase do proteassomo 26S reside na subunidade 19S. A energia da hidrólise do ATP é utilizada para desenovelar o substrato, que é demasiado grande para penetrar no barril catalítico. O ATP também pode ser necessário para a translocação do substrato no barril.
(b) Ela fundamenta a resposta em *a*. Por serem pequenos, os peptídios não precisam ser desenovelados. Além disso, peptídios pequenos provavelmente poderiam entrar de uma só vez, sem necessitar de translocação.

5. No proteassomo eucariótico, as subunidades β distintas possuem diferentes especificidades de substrato, permitindo uma degradação mais completa das proteínas.

6. As seis subunidades provavelmente existem como hétero-hexâmero. Experimentos de ligação cruzada podem testar o modelo e ajudar a determinar que subunidades são adjacentes umas às outras.

7. (b)

8. (a)

9. (d)

10. (c)

11. (b)

12. (a) Piruvato; (b) oxaloacetato; (c) α-cetoglutarato; (d) α-cetoisocaproato; (e) fenilpiruvato; (f) hidroxifenilpiruvato.

13. (a) Aspartato + α-cetoglutarato + GTP + ATP + 2 $H_2O$ + NADPH + $H^+ \rightarrow$ ½ glicose + glutamato + $CO_2$ + ADP + GDP + $NAD^+$ + 2 $P_i$.
As coenzimas necessárias são o piridoxal fosfato na reação de transaminação e o $NAD^+$/NADH nas reações redox. (b) Aspartato + $CO_2$ + $NH_4^+$ + 3 ATP + $NAD^+$ + 4 $H_2O \rightarrow$ oxaloacetato + ureia + 2 ADP + 4 $P_i$ + AMP + NADH + $H^+$.

14. Tiamina pirofosfato.

15. As aminotransferases transferem o grupo α-amino para o α-cetoglutarato, formando glutamato. O glutamato sofre desaminação oxidativa para formar um íon amônio.

16. Aspartato (oxaloacetato), glutamato (α-cetoglutarato), alanina (piruvato).

17. Serina e treonina.

18. São combustíveis para o ciclo do ácido cítrico, componentes do ciclo do ácido cítrico ou moléculas que podem ser convertidas em um combustível para o ciclo do ácido cítrico em uma etapa.

19. Atua como escoadouro de elétrons.

20. Carbamoil fosfato e aspartato.

21. (a) 4; (b) 5; (c) 1; (d) 6; (e) 7; (f) 3; (g) 2.

22. A, arginina; B, citrulina; C, ornitina; D, arginossuccinato. A ordem de aparecimento é a seguinte: C, B, D, A.

23. $CO_2$ + $NH_4^+$ + 3 ATP + $NAD^+$ + aspartato + 3 $H_2O \rightarrow$ ureia + 2 ADP + 2 $P_i$ + AMP + $PP_i$ + NADH + $H^+$ + oxaloacetato.
São consumidos quatro grupos fosforila de alto potencial de transferência. Entretanto, observe que há produção de NADH se o fumarato for convertido em oxaloacetato. O NADH pode produzir 2,5 moléculas de ATP na cadeia de transporte de elétrons.

Se esses ATPs forem considerados, apenas 1,5 grupo fosforila de alto potencial de transferência será consumido.

24. A síntese de fumarato pelo ciclo da ureia é importante, visto que estabelece uma ligação entre o ciclo da ureia e o ciclo do ácido cítrico. O fumarato é hidratado a malato, que, por sua vez, é oxidado a oxaloacetato. Este último tem vários destinos possíveis: (1) transaminação a aspartato, (2) conversão em glicose pela via gliconeogênica, (3) condensação com acetil-CoA para formar citrato, ou (4) conversão em piruvato. Você pode ganhar a aposta.

25. Ornitina transcarbamoilase (o composto A é análogo ao PALA; Capítulo 10).

26. A amônia poderia levar à aminação do α-cetoglutarato, produzindo de modo desregulado uma alta concentração de glutamato. O α-cetoglutarato para a síntese de glutamato poderia ser removido do ciclo do ácido cítrico, diminuindo, assim, a capacidade de respiração da célula.

27. A análise por espectrometria de massa sugere fortemente a deficiência de três enzimas – piruvato desidrogenase, α-cetoglutarato desidrogenase e desidrogenase de α-cetoácidos de cadeia ramificada. Mais provavelmente, o componente $E_3$ dessas enzimas está ausente ou defeituoso. Essa suposição poderia ser testada pela purificação dessas três enzimas e pela análise de sua capacidade de catalisar a regeneração de lipoamida.

28. Seriam administrados benzoato, fenilacetato e arginina para suplementar uma alimentação com restrição proteica. O nitrogênio iria aparecer no hipurato, na fenilacetil glutamina e na citrulina.

29. O fígado é o principal tecido que capta o nitrogênio na forma de ureia. Se houver lesão hepática (p. ex., por hepatite ou em consequência do consumo excessivo de álcool), a amônia livre é liberada no sangue.

30. Esse defeito pode ser, em parte, superado com o suprimento de uma quantidade adicional de arginina na alimentação e restrição do aporte total de proteínas. No fígado, a arginina é clivada em ureia e ornitina, que então reage com carbamoil fosfato, formando citrulina. Esse intermediário do ciclo da ureia condensa-se com o aspartato, produzindo argininossuccinato, que é então excretado. Observe que dois átomos de nitrogênio – um proveniente do carbamoil fosfato e outro do aspartato – são eliminados do corpo para cada molécula de arginina fornecida pela alimentação. Em essência, o argininossuccinato substitui a ureia no transporte de nitrogênio para fora do organismo. A formação de argininossuccinato remove o nitrogênio, e a restrição de proteínas ingeridas alivia a acidúria.

31. O aspartame, um éster dipeptídico (metil éster de L-aspartil-L-fenilalanina), é hidrolisado a L-aspartato e L-fenilalanina. A fenilalanina em altos níveis é prejudicial aos indivíduos com fenilcetonúria.

32. O *N*-acetilglutamato é sintetizado a partir da acetil-CoA e do glutamato. Mais uma vez, a acetil-CoA atua como doador ativado de acetila. Essa reação é catalisada pela *N*-acetilglutamato sintase.

33. Nem todas as proteínas são criadas da mesma maneira: algumas são mais importantes do que outras. Algumas proteínas seriam degradadas para fornecer o aminoácido ausente. O nitrogênio de outros aminoácidos seria excretado como ureia. Em consequência, haveria maior excreção de nitrogênio do que a sua ingestão.

34. Os esqueletos de carbono dos aminoácidos cetogênicos podem ser convertidos em corpos cetônicos ou ácidos graxos. Apenas a leucina e a lisina são puramente cetogênicas. Os aminoácidos glicogênicos são aqueles cujos esqueletos de carbono podem ser convertidos em glicose.

35. Conforme ilustrado na Figura 23.28, a alanina, um aminoácido gliconeogênico, é liberada durante o metabolismo do triptofano a acetil-CoA e acetoacetil-CoA.

36. Os aminoácidos de cadeia ramificada leucina, isoleucina, valina e treonina. A enzima necessária é o complexo de desidrogenase de α-cetoácidos de cadeia ramificada.

37. Piruvato (glicólise e gliconeogênese), acetil-CoA (ciclo do ácido cítrico e síntese de ácidos graxos), acetoacetil-CoA (formação de corpos cetônicos), α-cetoglutarato (ciclo do ácido cítrico), succinil-CoA (ciclo do ácido cítrico), fumarato (ciclo do ácido cítrico) e oxaloacetato (ciclo do ácido cítrico e gliconeogênese).

38.

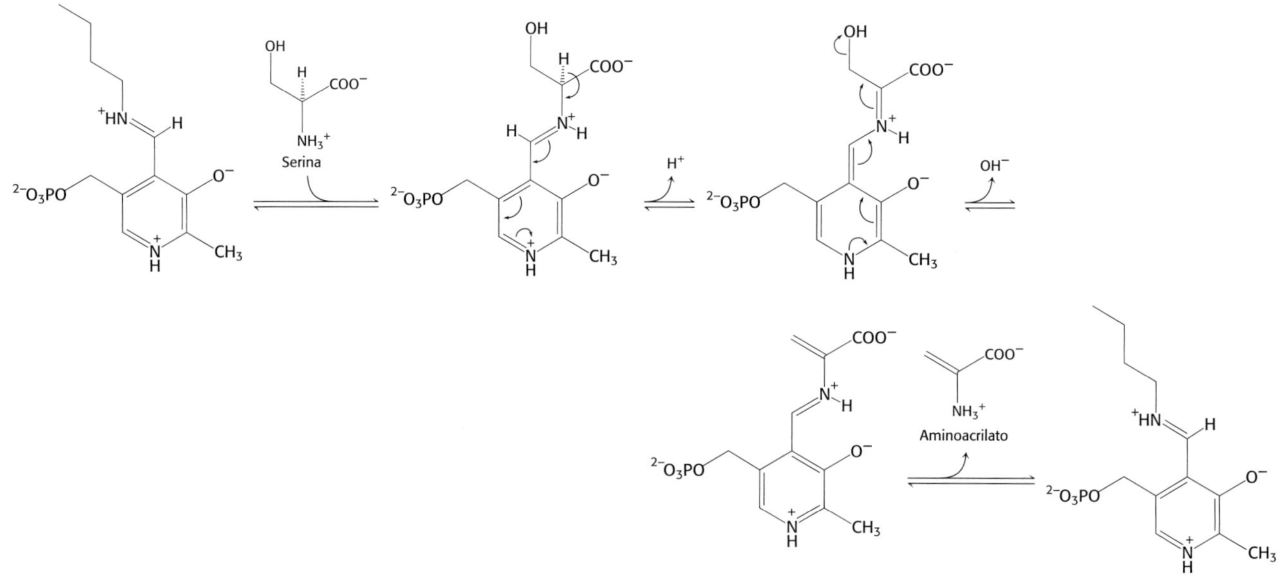

39.

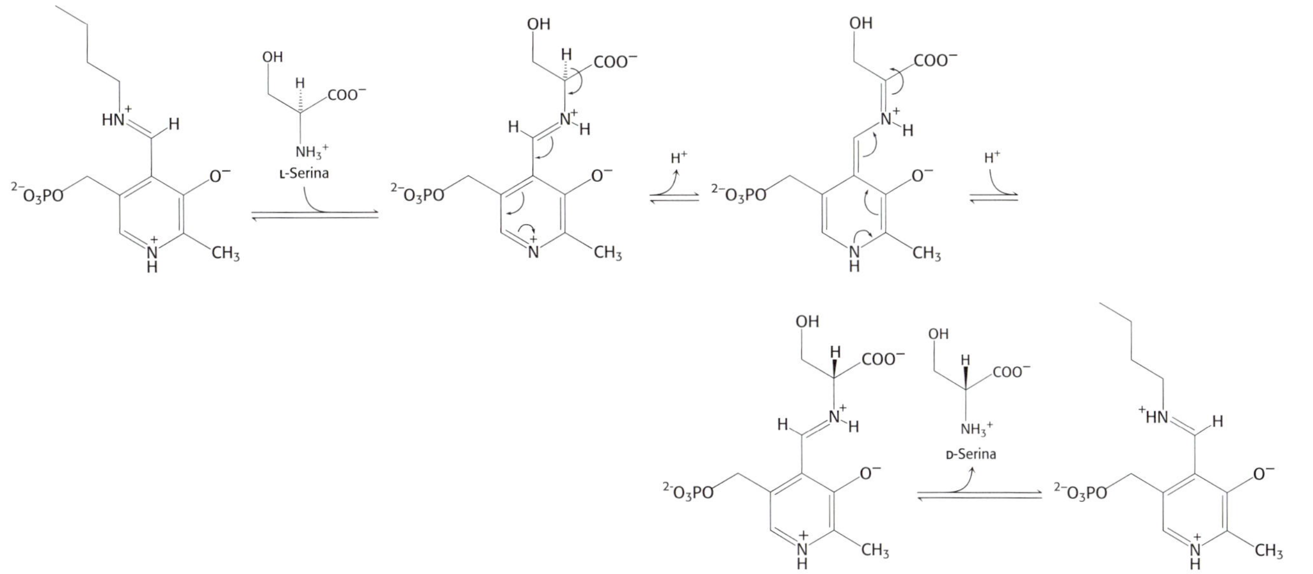


A constante de equilíbrio para a interconversão da L-serina e D-serina é de exatamente 1.

40. Duplo deslocamento. Forma-se um intermediário enzimático substitutivo.

41. A exposição desse domínio sugere que um componente de um complexo multiproteico não foi formado de modo adequado, ou que um componente foi sintetizado em excesso. Essa exposição leva à rápida degradação e à restauração das estequiometrias apropriadas.

42. (a) Depleção das reservas de glicogênio. Quando essa depleção ocorre, as proteínas precisam ser degradadas para atender às necessidades de glicose do cérebro. Os aminoácidos resultantes são desaminados, e os átomos de nitrogênio são excretados como ureia. (b) O cérebro adaptou-se ao uso de corpos cetônicos, que provêm do catabolismo dos ácidos graxos. Em outras palavras, o cérebro está sendo alimentado pela degradação dos ácidos graxos. (c) Quando as reservas de glicogênio e de lipídios estão esgotadas, a única fonte de energia disponível é a proteína.

43. A causa precisa de todos os sintomas não está firmemente estabelecida, porém uma explicação provável depende da posição central do oxaloacetato no metabolismo. A ausência de piruvato carboxilase reduziria a quantidade de oxaloacetato. A falta de oxaloacetato diminuiria a atividade do ciclo do ácido cítrico, e, portanto, o ATP seria gerado pela formação de ácido láctico. Se a concentração de oxaloacetato for baixa, não poderá haver formação de aspartato, e o ciclo da ureia fica comprometido. O oxaloacetato também é necessário para formar citrato, que transporta a acetil-CoA até o citoplasma para a síntese de ácidos graxos. Por fim, o oxaloacetato é necessário para a gliconeogênese.

44. Glicogênio fosforilase. A coenzima atua como catalisador acidobásico.

45. No ciclo de Cori, os átomos de carbono são transferidos do músculo para o fígado na forma de lactato. Para que o lactato possa ser utilizado, é preciso que seja reduzido a piruvato. Essa redução exige elétrons de alta energia na forma de NADH. Quando os átomos de carbono são transferidos como alanina, a transaminação produz diretamente piruvato.

46. (a) Praticamente nenhuma digestão na ausência de nucleotídios. (b) A digestão de proteínas é acentuadamente estimulada pela presença de ATP. (c) AMP-PNP, um análogo não hidrolisável do ATP, não é mais efetivo do que o ADP. (d) O proteassomo não necessita de ATP nem de PAN para digerir substratos pequenos. (e) O PAN e a hidrólise do ATP podem ser necessários para desenovelar o peptídio e translocá-lo para dentro do proteassomo. (f) Embora o PAN de *Thermoplasma* não seja tão efetivo com os outros proteassomos, ele resulta, entretanto, em uma estimulação três a quatro vezes maior no processo de digestão. (g) Tendo em vista que as arqueias e os eucariotos divergiram há vários bilhões de anos, o fato de que o PAN de *Thermoplasma* pode estimular o proteassomo do músculo de coelho sugere uma homologia não apenas entre os proteassomos, mas também entre o PAN e a subunidade 19S (mais provavelmente as ATPases) do proteassomo 26S de mamíferos.

## Capítulo 24

1. (a) e (c)
2. (d)
3. (b) e (c)
4. (a)
5. A fixação do nitrogênio refere-se à conversão do $N_2$ atmosférico em $NH_4^+$. Os microrganismos diazotróficos (fixadores de nitrogênio) são capazes de fixar o nitrogênio.
6. (a) 4; (b) 8; (c) 10; (d) 6; (e) 7; (f) 9; (g) 3; (h) 5; (i) 2; (j) 1.
7. A redutase fornece elétrons com alto poder redutor, enquanto a nitrogenase, que exige a hidrólise do ATP, utiliza os elétrons para reduzir $N_2$ a $NH_3$.
8. Falso. A fixação do nitrogênio é termodinamicamente favorável. O gasto de ATP pela nitrogenase é necessário para que a reação seja cineticamente possível.
9. As bactérias fornecem amônia à planta por meio da redução do nitrogênio atmosférico. Essa redução é energeticamente dispendiosa, e as bactérias utilizam o ATP da planta.
10. Oxaloacetato, piruvato, ribose-5-fosfato, fosfoenolpiruvato, eritrose-4-fosfato, α-cetoglutarato e 3-fosfoglicerato.
11. Os seres humanos não possuem as vias bioquímicas para sintetizar determinados aminoácidos a partir de precursores mais simples. Em consequência, esses aminoácidos são "essenciais" e precisam ser obtidos da alimentação.
12. Glicose + 2 ADP + 2 $P_i$ + 2 $NAD^+$ + 2 glutamato → 2 alanina + 2 α-cetoglutarato + 2 ATP + 2 NADH + 2 $H_2O$ + 2 $H^+$.
13. $N_2$ → $NH_4^+$ → glutamato → serina → glicina → δ-aminolevulinato → porfobilinogênio → heme.
14. Piridoxal fosfato (PLP).
15. *S*-adenosilmetionina, tetra-hidrofolato e metilcobalamina.
16. (a) $N^5$,$N^{10}$-metilenotetra-hidrofolato; (b) $N^5$-metiltetra-hidrofolato.

17. O γ-glutamil fosfato é um intermediário provável da reação.
18. A síntese de asparagina a partir do aspartato passa por um intermediário acil-adenilato. Um dos produtos da reação será o AMP marcado com $^{18}O$.
19. A glicina reage com o excesso de ácido isovalérico para formar isovaleril glicina. Esse conjugado hidrossolúvel, diferentemente do ácido isovalérico, sofre excreção muito rápida pelos rins. Por conseguinte, a administração de glicina resulta na remoção do ácido isovalérico.
20. O átomo de nitrogênio em vermelho provém da glutamina. O átomo de carbono em azul provém da serina.
21. As cianobactérias fixam o nitrogênio. A ausência do fotossistema II proporciona um ambiente no qual não há produção de $O_2$. Convém lembrar que a nitrogenase é rapidamente inativada pelo $O_2$.
22. O citoplasma é um ambiente redutor, enquanto o meio extracelular é um ambiente oxidante.
23. (a) Nenhum; (b) D-glutamato e oxaloacetato.
24. A succinil-CoA é formada na matriz mitocondrial como parte do ciclo do ácido cítrico.
25. Alanina a partir do piruvato; aspartato a partir do oxaloacetato; glutamato a partir do α-cetoglutarato.
26. A lisina ciclodesaminase converte a L-lisina no análogo de prolina com anel de seis membros, também designado como L-homoprolina ou L-pipecolato:

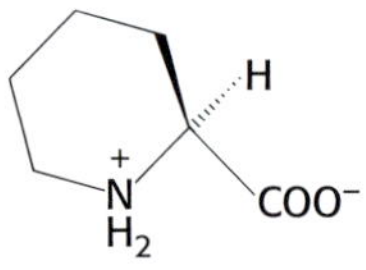

**Pipecolato**

27. Y poderia inibir a etapa C → D, Z poderia inibir a etapa C → F, e C poderia inibir A → B. Esse esquema fornece um exemplo de inibição por retroalimentação sequencial. De modo alternativo, Y poderia inibir a etapa C → D, Z poderia inibir a etapa C → F, e a etapa A → B seria inibida apenas na presença de ambos: Y e Z. Esse esquema é denominado inibição por retroalimentação combinada.
28. A velocidade da etapa A → B na presença de altos níveis de Y e Z seria de 24 $s^{-1}$ (0,6 × 0,4 × 100 $s^{-1}$).
29. A lisina 258 é absolutamente essencial para a atividade da aspartato aminotransferase, visto que é responsável tanto pela formação da aldimina interna com o cofator piridoxal fosfato quanto pela transferência do próton entre os intermediários cetimina e quinonoide. O esperado seria que a mutação desse resíduo para cisteína comprometesse drasticamente a catálise, visto que a cisteína não pode ocupar o mesmo espaço da lisina e também apresenta diferentes propriedades de $pK_a$. Entretanto, mediante tratamento com 2-bromoetilamina, o tioéter resultante tem agora uma forma e um valor de $pK_a$ semelhantes aos da cadeia lateral original de lisina. Por conseguinte, ocorre a restauração de alguma atividade catalítica.
30. Ocorre a formação de uma aldimina externa com SAM, que é desprotonada, formando o intermediário quinonoide. O átomo de carbono desprotonado ataca o átomo de carbono adjacente ao átomo de enxofre, formando então o anel de ciclopropano e liberando metiltioadenosina, o outro produto.
31. Ocorre formação de uma aldimina externa com L-serina, que é desprotonada para formar o intermediário quinonoide. Esse intermediário é novamente protonado em sua face oposta para formar uma aldimina com D-serina. Tal composto é clivado, liberando D-serina. A constante de equilíbrio de uma reação de racemização é de 1, visto que o reagente e o produto são imagens especulares exatas um do outro.
32. (a) Na primeira etapa, a histidina ataca o grupo metileno do subgrupo metionina da SAM (em lugar do habitual substituinte metila), o que resulta na transferência de um grupo aminocarboxipropila. Três subsequentes metilações convencionais da amina primária mediadas pela SAM produzem a diftina.

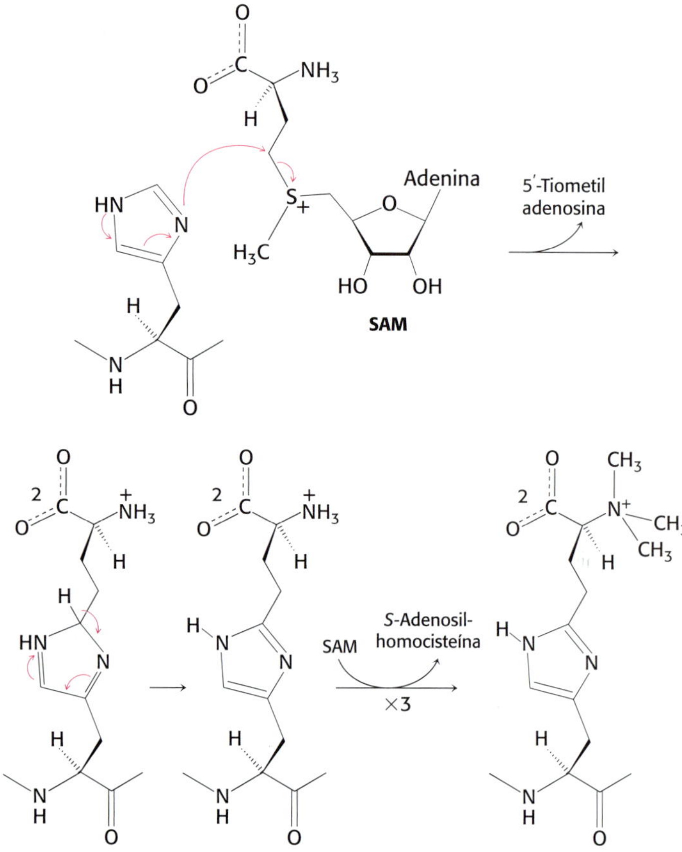


**Diftina**

(b) Neste capítulo, observamos dois exemplos de uma conversão dependente de ATP de um carboxilato em uma amida: a glutamina sintetase, que utiliza um intermediário acil-fosfato, e a asparagina sintetase, que usa um intermediário acil-adenilato. Ambos os mecanismos são responsáveis pela formação de diftamida a partir da diftina.
33. Biotina.
34. A síntese a partir do oxaloacetato e do α-cetoglutarato causaria depleção do ciclo do ácido cítrico, o que diminuiria a produção de ATP. Seriam necessárias reações anapleróticas para reabastecer o ciclo do ácido cítrico.
35. A SAM é o doador para as reações de metilação do DNA que protegem o hospedeiro da digestão por suas próprias enzimas de restrição. A ausência da SAM tornaria o DNA bacteriano suscetível à digestão pelas próprias enzimas de restrição da célula.
36. Acetato → acetil-CoA → citrato → isocitrato → α-cetoglutarato → succinil-CoA.
37. O valor de $K_M$ da glutamato desidrogenase para $NH_4^+$ é elevado (>> 1 mM), de modo que essa enzima não é saturada quando $NH_4^+$ é limitante. Em contrapartida, a glutamina sintetase apresenta um valor muito baixo de $K_M$ para $NH_4^+$. Assim, é necessária a hidrólise do ATP para capturar amônia quando esta for escassa.
38. (a) A asparagina é muito mais abundante no escuro. Existe maior quantidade de glutamina na presença de luz. Esses aminoácidos exibem os efeitos mais notáveis. A glicina também é mais abundante na luz.
(b) A glutamina é um aminoácido metabolicamente mais reativo, sendo utilizado na síntese de muitos outros compostos. Em consequência, quando há energia luminosa disponível, a glutamina é sintetizada preferencialmente. A asparagina, que transporta mais nitrogênio por átomo de carbono e que, portanto, constitui um

meio mais eficiente de armazenar nitrogênio quando a energia é escassa, é sintetizada no escuro. A glicina é mais prevalente na luz devido à fotorrespiração.
(c) O aspargo branco tem uma concentração particularmente alta de asparagina, que é responsável pelo seu sabor intenso. Todos os aspargos apresentam grande quantidade de asparagina. De fato, como o próprio nome sugere, a asparagina foi inicialmente isolada do aspargo.

## Capítulo 25

1. (c)
2. (d)
3. (b)
4. (a)
5. (c)
6. Na síntese *de novo*, os nucleotídios são sintetizados a partir de compostos precursores mais simples, em essência a partir do zero. Nas vias de reaproveitamento, bases pré-formadas são recuperadas e ligadas a riboses.
7. O carbono 2 e o nitrogênio 3 originam-se do carbamoil fosfato. O nitrogênio 1 e os carbonos 4, 5 e 6 provêm do aspartato.
8. Nitrogênio 1: aspartato; carbono 2: $N^{10}$-formiltetra-hidrofolato; nitrogênio 3: glutamina; carbonos 4 e 5 e nitrogênio 7: glicina; carbono 6: $CO_2$; carbono 8: $N^{10}$-formiltetra-hidrofolato; nitrogênio 9: glutamina.
9. Moeda energética: ATP; transdução de sinais: ATP e GTP; síntese de RNA: ATP, GTP, CTP e UTP; síntese de DNA: dATP, dCTP, dGTP e TTP; componentes de coenzimas: ATP na CoA, FAD e $NAD(P)^+$; síntese de carboidratos: UDP-glicose. Estes são apenas alguns dos usos.
10. Um nucleosídio é uma base fixada a uma ribose. Um nucleotídio é um nucleosídio em que a ribose apresenta um ou mais fosfatos.
11. (a) 9; (b) 7; (c) 6; (d) 10; (e) 2; (f) 4; (g) 1, (h) 11; (i) 8; (j) 3; (k) 5.
12. A canalização de substrato é o processo pelo qual o produto de um sítio ativo desloca-se para se tornar um substrato em outro sítio ativo sem deixar a enzima. Um canal conecta os sítios ativos. A canalização de substrato aumenta acentuadamente a eficiência enzimática e minimiza a difusão de um substrato para um sítio ativo.
13. Glicose + 2 ATP + 2 $NADP^+$ + $H_2O$ $\rightarrow$
PRPP + $CO_2$ + ADP + AMP + 2 NADPH + 3 $H^+$
14. Glutamina + aspartato + $CO_2$ + 2 ATP + $NAD^+$ $\rightarrow$
orotato + 2 ADP + 2 $P_i$ + glutamato + NADH + $H^+$.
15. (a, c e d) PRPP; (b) carbamoil fosfato.
16. PRPP e formilglicinamida ribonucleotídio.
17. dUMP + serina + NADPH + Nucleotídio$^+$ $\rightarrow$
TMP + $NADP^+$ + glicina
18. A sulfanilamida inibe a síntese de folato ao atuar como análogo do *p*-aminobenzoato, um dos precursores do folato.
19. (a) A célula A não pode crescer em um meio HAT, visto que ela não pode sintetizar TMP a partir de timidina ou de dUMP. A célula B não pode crescer nesse meio, visto que ela não pode sintetizar purinas pela via *de novo* nem pela via de reaproveitamento. A célula C consegue crescer em meio HAT porque ela contém a timidina quinase ativa da célula B (possibilitando a fosforilação da timidina a TMP) e a hipoxantina-guanina fosforribosil transferase da célula A (possibilitando a síntese de purinas a partir da hipoxantina pela via de reaproveitamento). (b) Transformar a célula A com um plasmídio contendo genes exógenos de interesse e um gene funcional de timidina quinase. As únicas células que irão crescer em meio HAT são as que adquiriram um gene de timidilato quinase; quase todas as células transformadas também apresentarão os outros genes do plasmídio.
20. O derivado do folato, o $N^5$, $N^{10}$-metilenotetra-hidrofolato, é necessário para que a timidilato sintase possa adicionar um grupo metila ao dUMP, formando então TMP. O folato em quantidade insuficiente pode resultar em espinha bífida.
21. A relação recíproca dos substratos refere-se ao fato de que a síntese de AMP necessita de GTP, enquanto a síntese de GMP exige a presença de ATP. Essas necessidades tendem a equilibrar as sínteses de ATP e de GTP.
22. O carbono 6 do anel da citosina estará marcado. Na guanina, apenas o carbono 5 estará marcado com $^{13}C$.
23. O UTP é inicialmente convertido em UDP. A ribonucleotídio redutase gera dUDP. A desoxi-UDP é convertida em dUMP. A timidilato sintase gera TMP a partir de dUMP. Subsequentemente, as monofosfato e difosfato quinases formam TTP.
24. Esses pacientes apresentam um nível elevado de urato devido à degradação de ácidos nucleicos. O alopurinol impede a formação de cálculos renais e bloqueia outras consequências deletérias da hiperuricemia ao impedir a formação de urato.
25. As energias livres de ligação são –57,7 (selvagem) –,49,8 (Asn 27) e –38,1 (Ser 27) kJ $mol^{-1}$ (–13,8 –,11,9 e –9,1 kcal $mol^{-1}$, respectivamente). As perdas da energia de ligação são de +7,9 kJ $mol^{-1}$ (+1,9 kcal $mol^{-1}$) e de +19,7 kJ $mol^{-1}$ (+4,7 kcal $mol^{-1}$).
26. Pela sua própria natureza, as células cancerosas dividem-se rapidamente e, portanto, exigem a síntese frequente de DNA. Os inibidores da síntese de TMP impedirão a síntese de DNA e o crescimento do câncer.
27. A uridina e a citidina são administradas para transpor a enzima deficiente na acidúria orótica.
28. Pode-se administrar inosina ou hipoxantina.
29. N-1 em ambos os casos, e o grupo amino ligado ao C-6 no ATP.
30. Os átomos de nitrogênio 3 e 9 no anel purínico.
31. O alopurinol, um análogo da hipoxantina, é um inibidor suicida da xantina oxidase.
32. Um átomo de oxigênio é acrescentado ao alopurinol para formar aloxantina.

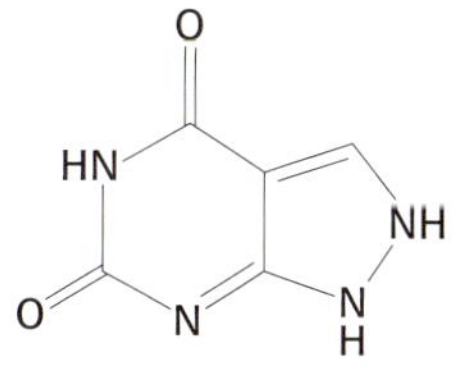


**Aloxantina**

33.

| | |
|---|---|
| A síntese de carbamoil fosfato utiliza 2 ATP | 2 ATP |
| A formação de PRPP a partir da ribose 5-fosfato produz um AMP* | 2 ATP |
| A conversão de UMP em UTP utiliza 2 ATP | 2 ATP |
| A conversão de UTP em CTP utiliza 1 ATP | 1 ATP |
| Total | 7 ATP |

*Lembre que o AMP é o equivalente a 2 ATP, visto que é necessário o consumo de um ATP para produzir ADP, o substrato para a síntese de ATP.

34. (a) Carboxiaminoimidazol ribonucleotídio; (b) glicinamida ribonucleotídio; (c) fosforribosil amina; (d) formilglicinamida ribonucleotídio.
35. A primeira reação ocorre por fosforilação da glicina, formando um acil fosfato, seguida do ataque nucleofílico pela amina da fosforribosilamina, deslocando o ortofosfato. A segunda reação consiste em adenilação do grupo carbonila do xantilato seguida de ataque nucleofílico pela amônia para deslocar o AMP.
36. O grupo $-NH_2$ ataca o átomo de carbono da carbonila, formando um intermediário tetraédrico. A remoção de um próton leva à eliminação de água, formando inosinato.
37. A enzima que utiliza amônia, a carbamoil fosfato sintetase I, forma carbamoil fosfato para uma reação com a ornitina, a

primeira etapa do ciclo da ureia. A enzima que utiliza glutamina, a carbamoil fosfato sintetase II, gera carbamoil fosfato para uso na primeira etapa da biossíntese de pirimidinas.

38. O PRPP é o intermediário ativado na síntese de fosforribosilamina na via *de novo* da formação de purinas; de nucleotídios purínicos a partir de bases livres pela via de reaproveitamento; do orotidilato na formação de pirimidinas; de nicotinato ribonucleotídio; e de fosforribosil antranilato na via que leva ao triptofano.

39. (a) cAMP; (b) ATP; (c) UDP-glicose; (d) acetil-CoA; (e) $NAD^+$, FAD; (f) didesoxinucleotídios; (g) fluoruracila; (h) o CTP inibe a ATCase.

40. Na deficiência de vitamina $B_{12}$, o metiltetra-hidrofolato não pode doar o seu grupo metila para a homocisteína para regenerar a metionina. Como a síntese de metiltetra-hidrofolato é irreversível, o tetra-hidrofolato da célula finalmente será convertido nessa forma. Não restará nenhum formil ou metilenotetra-hidrofolato para a síntese de nucleotídios. A vitamina $B_{12}$ também é necessária para metabolizar a propionil-CoA produzida na oxidação de ácidos graxos de cadeia ímpar e na degradação de vários aminoácidos.

41. Como o folato é necessário para a síntese de nucleotídios, as células que estão em rápida divisão seriam mais prontamente afetadas. Incluem células do intestino, que são constantemente substituídas, e precursores das células sanguíneas. A ausência de células intestinais e de células sanguíneas explicaria os sintomas frequentemente observados.

42. Nos pacientes com deficiência de glicose 6-fosfatase, o nível citoplasmático de ATP no fígado cai em consequência da síntese aumentada de glicogênio. Em todas as três condições, o AMP aumenta acima do normal, e o excesso de AMP é degradado a urato.

43. Succinato ⟶ malato ⟶ oxaloacetato pelo ciclo do ácido cítrico. Oxaloacetato ⟶ aspartato por transaminação, seguida de síntese de pirimidinas. Os carbonos 4, 5 e 6 são marcados.

44. Mais provavelmente, a glicose será convertida em duas moléculas de piruvato, uma das quais estará marcada na posição 2:

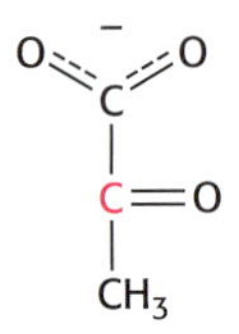

Considere agora dois destinos comuns do piruvato – conversão em acetil-CoA e subsequente processamento pelo ciclo do ácido cítrico ou carboxilação pela piruvato carboxilase para formar oxaloacetato. A formação de citrato pela condensação do piruvato marcado com oxaloacetato produzirá citrato marcado:

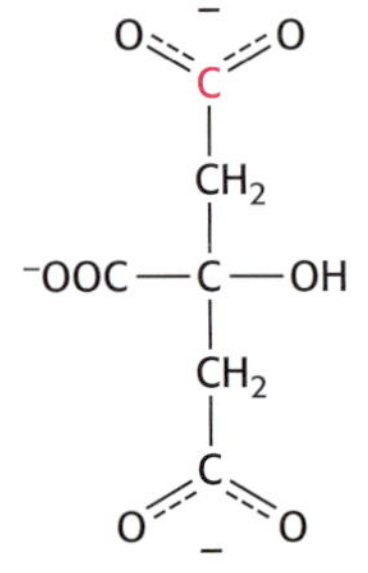

O carbono marcado será conservado durante uma volta do ciclo do ácido cítrico; entretanto, com a formação do succinato simétrico, o marcador aparecerá em duas posições diferentes. Por conseguinte, quando o succinato é metabolizado a oxaloacetato, que pode ser aminado para formar aspartato, dois carbonos estarão marcados:

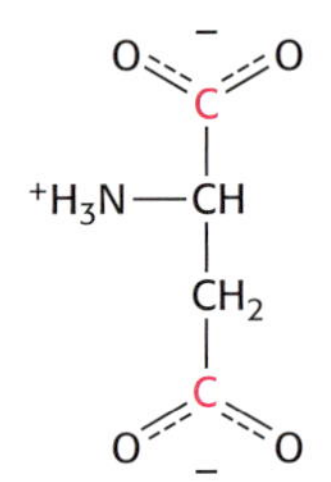

Quando esse aspartato é utilizado para formar uracila, o $COO^-$ marcado fixado ao carbono α é perdido, e o outro $COO^-$ é incorporado na uracila como carbono 4.

Suponhamos, por outro lado, que o 2-[$^{14}C$] piruvato marcado seja carboxilado para formar oxaloacetato e processado para formar aspartato. Nesse caso, o carbono α do aspartato é marcado.

Quando esse aspartato é utilizado na síntese de uracila, o marcador estará no carbono 6.

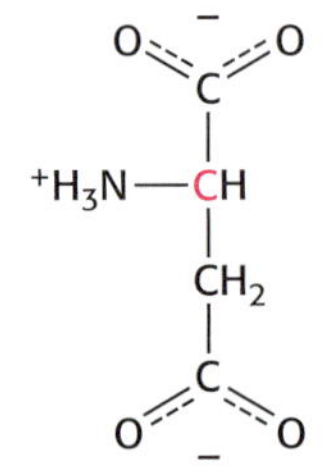

45. A HGPRT, que não é funcional em pacientes com síndrome de Lesch-Nyhan, é necessária para a formação de 6-mercaptopurina ribose monofosfato. Consequentemente, a síntese *de novo* de purinas continua.

46. (a) Algum ATP pode ser recuperado a partir do ADP que está sendo produzido. (b) Existem quantidades iguais de grupos com alto potencial de transferência de fosforila em cada lado da equação. (c) Como a reação da adenilato quinase está em equilíbrio, a remoção de AMP levaria à formação de mais ATP. (d) Essencialmente, o ciclo serve como uma reação anaplerótica para a geração do intermediário fumarato do ciclo do ácido cítrico.

47. (i) A formação de 5-aminoimidazol-4-carboxamida ribonucleotídio a partir de 5-aminoimidazol-4-(*N*-succinilcarboxamida) ribonucleotídio na síntese de IMP. (ii) A formação de AMP a partir de adenilossuccinato. (iii) A formação de arginina a partir de argininossuccinato no ciclo da ureia.

48. O alopurinol é um inibidor da xantina oxidase, que está na via de síntese de urato. No pato de estimação, essa via constitui o meio pelo qual o nitrogênio em excesso é excretado. Se a xantina oxidase fosse inibida no pato, não poderia haver excreção de nitrogênio, ocorrendo então graves consequências, como a formação de um pato morto.

49. (a) A enzima do paciente com LND 2 mostrou muito menos atividade do que a enzima normal, sugerindo que o defeito na enzima comprometeu a sua capacidade catalítica. Os resultados para LND 1 são surpreendentes. A enzima exibe uma atividade semelhante à enzima da linhagem celular normal, e, contudo, o paciente apresenta doença de Lesch-Nyhan. (b) As possíveis explicações incluem: pode haver um inibidor nas células que impeça a atuação da enzima *in vivo*, mas que seja perdido durante o procedimento de purificação; a enzima pode ser degradada mais rapidamente *in vivo* do que a enzima normal; a enzima pode ser inerentemente menos estável do que a enzima normal. (c) A enzima de LND 1 perdeu a sua atividade mais rapidamente do que a enzima normal, sugerindo que ela estava estruturalmente instável e perderia a atividade enzimática na célula, o que explica o aparecimento da doença.

## Capítulo 26

1. (d)
2. (a)
3. (d)
4. (c)
5. (a)
6. O glicerol 3-fosfato constitui a base para as sínteses de triacilgliceróis e de fosfolipídios. O glicerol 3-fosfato é acilado duas vezes para formar fosfatidato. Na síntese de triacilgliceróis, o grupo fosforila é removido do glicerol 3-fosfato para formar diacilglicerol, que é então acilado para formar triacilglicerol. Na síntese de fosfolipídios, o fosfatidato reage comumente com o CTP para formar CDP-diacilglicerol, que, em seguida, reage com um álcool para formar um fosfolipídio. De modo alternativo, o diacilglicerol pode reagir com um CDP-álcool, resultando na formação de um fosfolipídio.
7. O glicerol 3-fosfato é formado principalmente pela redução da di-hidroxiacetona fosfato, um intermediário gliconeogênico, e, em menor grau, pela fosforilação do glicerol.
8. Glicerol + 4 ATP + 3 ácidos graxos + 4 $H_2O \rightarrow$ triacilglicerol + ADP + 3 AMP + 7 $P_i$ + 4 $H^+$.
9. Glicerol +3 ATP + 2 ácidos graxos + 2 $H_2O$ + CTP + etanolamina $\rightarrow$ fosfatidiletanolamina + CMP + ADP + 2 AMP + 6 $P_i$ + 3 $H^+$.
10. Três moléculas. Uma molécula de ATP para formar fosforiletanolamina e duas moléculas de ADP para regenerar CTP a partir de CMP.
11. Todos são sintetizados a partir da ceramida. Na esfingomielina, o grupo hidroxila terminal da ceramida é modificado com fosforilcolina. No cerebrosídio, o grupo hidroxila tem uma glicose ou galactose ligada. No gangliosídio, as cadeias oligossacarídicas estão ligadas ao grupo hidroxila.
12. (i) Ativação do diacilglicerol na forma de CDP-DAG. (ii) Ativação do álcool na forma de CDP-álcool. (iii) Uso da reação de troca de bases.
13. (a) CDP-diacilglicerol; (b) CDP-etanolamina; (c) acil-CoA; (d) fosfatidilcolina; (e) UDP-glicose ou UDP-galactose; (f) UDP-galactose; (g) geranil-pirofosfato.
14. Essas mutações são observadas em camundongos. Ocorreria grave diminuição na quantidade de tecido adiposo, visto que não poderia haver formação de diacilglicerol. Normalmente, o diacilglicerol é acilado para formar triacilgliceróis. Na presença de deficiência da atividade da ácido fosfatídico fosfatase, não haveria formação de triacilgliceróis.
15. (a) 8; (b) 4; (c) 1; (d) 9; (e) 3; (f) 10; (g) 5; (h) 2; (i) 6; (j) 7.
16. (i) Síntese de unidades isopreno ativadas (isopentil pirofosfato), (ii) condensação de seis das unidades isopreno ativadas para formar o esqualeno, e (iii) ciclização do esqualeno para formar colesterol.
17. A quantidade de redutase e a sua atividade controlam a regulação da biossíntese de colesterol. O controle da transcrição é mediado pela SREBP. A tradução do mRNA da redutase também é controlada. A própria redutase pode sofrer proteólise regulada. Por fim, a atividade de redutase é inibida por fosforilação pela AMP quinase quando os níveis de ATP estão baixos.
18. Nenhuma, tanto em (a) quanto em (b), visto que o marcador é perdido como $CO_2$.
19. A característica essencial dessa doença genética consiste em níveis elevados de colesterol no sangue, até mesmo em crianças pequenas. O excesso de colesterol é captado pelos macrófagos, resultando, finalmente, na formação de placas e desenvolvimento de doença cardíaca. Existem muitas mutações que causam a doença, porém todas elas levam a uma disfunção do receptor de LDL.
20. As categorias de mutações são as seguintes:
(i) nenhum receptor é sintetizado; (ii) os receptores são sintetizados, porém não alcançam a membrana plasmática porque carecem de sinais para o transporte intracelular ou porque não ocorre um enovelamento apropriado; (iii) os receptores alcançam a superfície da célula, porém não se ligam normalmente à LDL devido a um defeito no domínio de ligação da LDL; (iv) os receptores alcançam a superfície celular e ligam-se à LDL, porém não se aglomeram nas depressões revestidas devido a um defeito em suas regiões carboxiterminais.
21. "Isso não é assunto para você" e "Não falo de bioquímica até depois do café da manhã" seriam respostas apropriadas, porém grosseiras e não pertinentes. Melhor resposta seria: "Embora seja verdade que o colesterol é um precursor dos hormônios esteroides, o restante dessa declaração é uma simplificação excessiva. O colesterol é um componente das membranas, e estas literalmente definem as células, e as células compõem os tecidos. Porém, dizer que o colesterol 'produz' células e tecidos é uma declaração incorreta".
22. As estatinas são inibidores competitivos da HMG-CoA redutase. São utilizadas como fármacos para inibir a síntese de colesterol em pacientes com níveis elevados de colesterol.
23. Não. O colesterol é essencial para a função das membranas e como precursor dos sais biliares e dos hormônios esteroides. A ausência completa de colesterol seria letal.
24. A desaminação da citidina em uridina modifica CAA (Gln) em UAA (parada).
25. A LDL contém apolipoproteína B-100, que se liga a um receptor de LDL na superfície da célula em uma região conhecida como depressão revestida. Após a ligação, o complexo é internalizado por endocitose, formando então uma vesícula interna. A vesícula é separada em dois componentes. Um deles, com o receptor, é transportado de volta à superfície celular e funde-se com a membrana, possibilitando o uso contínuo do receptor. A outra vesícula funde-se com lisossomos no interior da célula. Os ésteres de colesteril são hidrolisados, e o colesterol livre torna-se disponível para uso celular. A proteína da LDL é hidrolisada a aminoácidos livres.
26. A hipertrofia prostática benigna pode ser tratada pela inibição da 5α-redutase. A finasterida, o análogo 4-azaesteroide da di-hidrotestosterona, inibe competitivamente a redutase, porém não atua nos receptores de androgênios. Os pacientes em uso de finasterida apresentam níveis plasmáticos acentuadamente mais baixos de di-hidrotestosterona e níveis quase normais de testosterona. A próstata torna-se menor, enquanto os processos dependentes de testosterona, como a fertilidade, a libido e a força muscular, não parecem ser afetados.

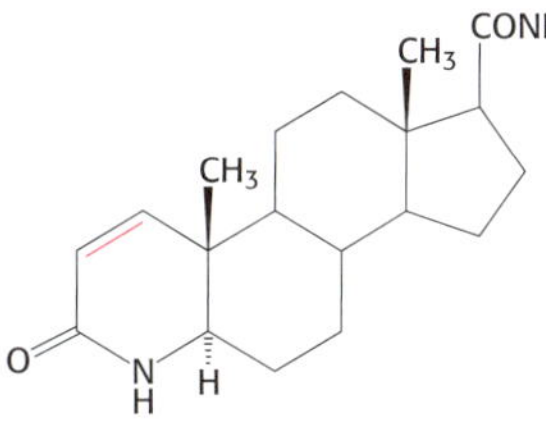


**Finasterida**

27. Os pacientes que são mais sensíveis à debrisoquina apresentam uma deficiência de uma enzima hepática do citocromo P450 codificada por um membro da subfamília *CYP2*. Essa característica é herdada como um caráter autossômico recessivo. A capacidade de degradar outros fármacos pode estar comprometida em indivíduos que hidroxilam lentamente a debrisoquina, visto que uma única enzima do citocromo P450 processa geralmente uma ampla gama de substratos.
28. Muitas substâncias odorantes hidrofóbicas são desativadas por hidroxilação. O oxigênio molecular é ativado por uma mono-oxigenase do citocromo P450. O NADPH atua como redutor. Um átomo de oxigênio do $O_2$ vai para o substrato odorante, enquanto o outro é reduzido a água.

29. Convém lembrar que a di-hidrotestosterona é crucial para o desenvolvimento das características masculinas no embrião. Se uma gestante fosse exposta a Propecia, a 5α-redutase do embrião masculina seria inibida, o que poderia resultar em graves anormalidades de desenvolvimento.
30. As reações de oxigenação catalisadas pela família do citocromo P450 possibilitam maior flexibilidade no processo de biossíntese. Como as plantas não são móveis, elas devem depender de defesas físicas, como os espinhos, e de defesas químicas, como os alcaloides tóxicos. A maior variedade do citocromo P450 possibilita maior versatilidade de biossíntese.
31. Esse conhecimento faria com que os médicos pudessem caracterizar a probabilidade de um paciente de apresentar reação medicamentosa adversa ou de ser suscetível a doenças induzidas por substâncias químicas. Além disso, possibilitaria um esquema de tratamento farmacológico personalizado e particularmente efetivo para doenças como o câncer.
32. As abelhas podem ser particularmente sensíveis a toxinas ambientais, incluindo os pesticidas, porque essas substâncias químicas não são prontamente desintoxicadas, visto que as abelhas têm um sistema do citocromo P450 mínimo.
33. A deficiência da hidroxilase causará um acúmulo de progesterona, que será então convertida em estradiol e testosterona.
34. A estrutura central de um esteroide é constituída de quatro anéis fundidos: três anéis de ciclo-hexano e um anel de ciclopentano. Na vitamina D, o anel B é clivado pela luz ultravioleta.
35. O resíduo de fosfosserina de carga negativa interage com o resíduo de histidina protonada de carga positiva e diminui a sua capacidade de transferir um próton para o tiolato.

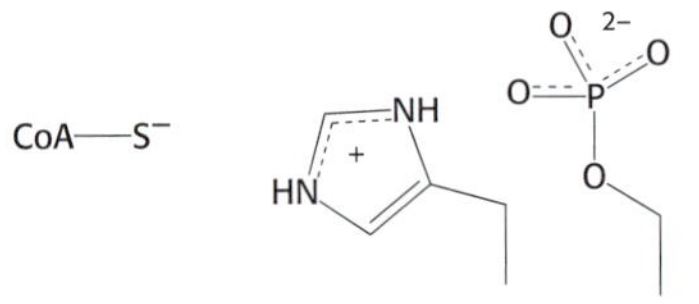


His

36. Inicialmente, o grupo metila é hidroxilado. A hidroximetilamina elimina o formaldeído para formar a metilamina.
37. Observe que um nucleotídio de citidina desempenha o mesmo papel na síntese desses fosfoglicerídios que um nucleotídio de uridina na formação do glicogênio (ver seção 21.4). Em todos esses processos de biossíntese, ocorre formação de um intermediário ativado (UDP-glicose, CDP-diacilglicerol ou CDP-álcool) a partir de um substrato fosforilado (glicose 1-fosfato, fosfatidato ou fosforil-álcool) e um nucleosídio trifosfato (UTP ou CTP). Em seguida, o intermediário ativado reage com um grupo hidroxila (a extremidade terminal do glicogênio, a cadeia lateral da serina ou um diacilglicerol).
38. A ligação das cadeias laterais isoprenoides confere um caráter hidrofóbico. As proteínas que apresentam esse tipo de modificação são endereçadas para as membranas.
39. A 3-hidroxi-3-metilglutaril-CoA também é um precursor para a síntese de corpos cetônicos. Se houver necessidade de um combustível em outra parte do corpo, como pode ocorrer durante o jejum, a 3-hidroxi-3-metilglutaril-CoA será convertida no corpo cetônico acetoacetato. Se as necessidades de energia forem atendidas, o fígado irá sintetizar colesterol. Além disso, convém lembrar que a síntese de colesterol ocorre no citoplasma, enquanto os corpos cetônicos são sintetizados nas mitocôndrias.
40. Uma maneira pela qual a fosfatidilcolina pode ser sintetizada consiste na adição de três grupos metila à fosfatidiletanolamina. O doador de metila é uma forma modificada de metionina, a S-adenosilmetionina ou SAM (ver seção 24.2).
41. Poderiam ocorrer mutações no gene que codifica o canal de sódio, impedindo a ação do DDT. Como alternativa, a síntese de enzima P450 poderia aumentar para acelerar o metabolismo do inseticida de modo a inativar os metabólitos. De fato, foram observados ambos os tipos de resposta.
42. O citrato é transportado para fora das mitocôndrias em ocasiões de abundância. A ATP-citrato liase produz acetil-CoA e oxaloacetato. Em seguida, a acetil-CoA pode ser usada para a síntese de colesterol.
43. (a) Não existe nenhum efeito. (b) Como a actina não é controlada por colesterol, a quantidade isolada deve ser a mesma em ambos os grupos do experimento; a observação de uma diferença deve sugerir algum problema no isolamento do RNA. (c) A presença de colesterol na alimentação diminui drasticamente a quantidade da proteína HMG-CoA redutase. (d) Uma maneira comum de regular a quantidade de uma proteína presente consiste em regular a transcrição, o que claramente não é o caso aqui. (e) A tradução do mRNA poderia ser inibida, e a proteína poderia ser rapidamente degradada.
44. (a) A atividade da enzima do paciente com DG é a mesma que a do controle. Isso sugere que a DG não é causada por uma mutação que comprometa a atividade enzimática. (b) Há uma quantidade muito menor de GCase na amostra de pacientes com DG. Como foi utilizado o mesmo número de células nas duas amostras (o que foi confirmado pelos níveis idênticos de actina em ambas as amostras), sabemos que a variação na quantidade de GCase não é causada por diferentes quantidades de células. Duas explicações possíveis são as de que a transcrição está comprometida na amostra de DG, ou que a enzima na DG é mais rapidamente destruída que a do controle. (c) Aparentemente, a enzima está sendo sintetizada, porém em seguida degradada. (d) O defeito na enzima do paciente com DG parece resultar em degradação mais rápida da enzima pelo proteassomo. A ocorrência de um aumento na quantidade de GCase presente no controle com a inibição do proteassomo sugere que a enzima pode sofrer rápida renovação em condições normais.

## Capítulo 27

1. (d)
2. (a), (c) e (d)
3. (b)
4. (c)
5. (a)
6. Ao longo dos 40 anos, essa mulher terá consumido:

$$40 \text{ anos} \times 365 \text{ dias ano}^{-1} \times 8.400 \text{ kJ } (2.000 \text{ kcal}) \text{ dia}^{-1}$$
$$= 1{,}2 \times 10^8 \text{ kJ } (2{,}9 \times 10^7 \text{ kcal}) \text{ em 40 anos.}$$

Assim, durante esse período de 40 anos, ela ingeriu:

$$1{,}2 \times 10^8 \ (2{,}9 \times 10^7 \text{ kcal})/38 \text{ kJ } (9 \text{ kcal g}^{-1})$$
$$= 3{,}2 \times 10^6 \text{ g} = 3.200 \text{ kg de alimento,}$$

o que equivale a mais de 6 toneladas de alimento!
7. 25 kg = 25.000 g = ganho total de peso
$40 \text{ anos} \times 365 \text{ dias ano}^{-1} = 14.600 \text{ dias}$
$25.000 \text{ g}/14.600 \text{ dias} = 1{,}7 \text{ g dia}^{-1}$
o que equivale a uma porção extra de manteiga por dia. O seu IMC é de 26,5, de modo que ela deve ser considerada como acima do peso, mas não obesa.
8. O tecido adiposo é atualmente conhecido como um órgão endócrino ativo que secreta moléculas sinalizadoras denominadas adipocinas.
9. A homeostasia calórica é a condição na qual o gasto energético de um organismo é igual ao aporte de energia.
10. Leptina e insulina.
11. A CCK produz uma sensação de saciedade e estimula a secreção de enzimas digestivas pelo pâncreas e a secreção de sais biliares pela vesícula biliar. O GLP-1 também produz uma sensação de saciedade; além disso, potencializa a secreção de insulina das células β do pâncreas induzida pela glicose.

12. Obviamente, algo está errado. Embora não se conheça a resposta definitiva, a via de sinalização da leptina parece ser inibida por supressores da sinalização de citocinas, as proteínas reguladoras.
13. (a) 1, 2; (b) 6; (c) 3, 4; (d) 3, 4; (e) 3; (f) 6; (g) 5; (h) 5; (i) 5.
14. Fosforilação da glicose alimentar após a sua entrada no fígado; gliconeogênese; degradação do glicogênio.
15. O diabetes melito tipo 1 é devido à destruição autoimune das células do pâncreas produtoras de insulina. O diabetes melito tipo 1 também é denominado diabetes insulinodependente, visto que acomete indivíduos que necessitam de insulina para sobreviver. O diabetes melito tipo 2 caracteriza-se pela resistência à insulina. A insulina é produzida, porém os tecidos que deveriam responder a ela, como o músculo, não o fazem.
16. A leptina estimula os processos que ficam comprometidos no diabetes. Por exemplo, a leptina estimula a oxidação de ácidos graxos, inibe a síntese de triacilgliceróis, e aumenta a sensibilidade do músculo e do fígado à insulina.
17. (a) Um watt é igual a 1 joule (J) por segundo (0,239 caloria por segundo). Por conseguinte, 70 W são equivalentes a 0,07 kJ $s^{-1}$ (0,017 kcal $s^{-1}$). (b) Um watt é uma corrente de 1 ampère (A) através de um potencial de 1 volt (V). Para simplificar, suponhamos que todos os elétrons fluam do NADH para o $O_2$ (uma queda de potencial de 1,14 V). Portanto, a corrente é de 61,4 A, o que corresponde a $3{,}86 \times 10^{20}$ elétrons por segundo (1 A = 1 coulomb $s^{-1}$ = $6{,}28 \times 10^{18}$ cargas $s^{-1}$). (c) São formadas cerca de 2,5 moléculas de ATP por molécula de NADH oxidada (dois elétrons). Por conseguinte, ocorre a formação de uma molécula de ATP por 0,8 elétron transferido. Assim, um fluxo de $3{,}86 \times 10^{20}$ elétrons por segundo leva à produção de $4{,}83 \times 10^{20}$ moléculas de ATP por segundo ou 0,80 mmol $s^{-1}$. (d) O peso molecular do ATP é de 507. O conteúdo corporal total de ATP de 50 g é igual a 0,099 mol. Por conseguinte, a renovação do ATP é de cerca de uma vez em 125 segundos quando o corpo está em repouso.
18. (a) A estequiometria da oxidação completa da glicose é

$$C_6H_{12}O_6 + 6\ O_2 \longrightarrow 6\ CO_2 + 6\ H_2O$$

e a do tripalmitoil glicerol é

$$C_{51}H_{98}O_2 + 72{,}5\ O_2 \longrightarrow 51\ CO_2 + 49\ H_2O.$$

Assim, os valores do QR são, respectivamente, de 1,0 e 0,703. (b) O valor de QR revela o uso relativo de carboidratos e de lipídios como fonte de energia. O QR de um corredor de maratona normalmente diminui de 0,97 para 0,77 durante a corrida. A diminuição do QR indica o desvio da fonte de energia dos carboidratos para os lipídios.
19. Um grama de glicose (peso molecular de 180,2) é igual a 5,55 mmols, e um grama de tripalmitoil glicerol (peso molecular de 807,3) é igual a 1,24 mmol. A estequiometria das reações (questão 18) indica que 6 mols de $H_2O$ são produzidos por mol de glicose oxidada, enquanto 49 mols de $H_2O$ são produzidos por mol de tripalmitoil glicerol oxidado. Por conseguinte, a produção de $H_2O$ por grama de substrato energético é de 33,3 mmols (0,6 g) no caso da glicose e de 60,8 mmols (1,09 g) no caso do tripalmitoil glicerol. Assim, a oxidação completa desse lipídio fornece 1,82 vez mais água do que a glicose. Outra vantagem dos triacilgliceróis é que eles podem ser armazenados em uma forma essencialmente anidra, enquanto a glicose é armazenada como glicogênio, um polímero altamente hidratado. Uma corcova constituída principalmente de glicogênio seria uma carga intolerável – bem mais do que a palha que quebrou o dorso do camelo.
20. O ciclo de fome-saciedade é o ciclo hormonal noturno que os seres humanos apresentam durante o sono e a alimentação. O ciclo mantém quantidades adequadas de glicose no sangue. A parte de fome do ciclo – o sono – caracteriza-se pela secreção aumentada de glucagon e diminuição da secreção de insulina. Depois de uma refeição, a secreção de glucagon cai, enquanto a da insulina aumenta.
21. O etanol é oxidado pela álcool desidrogenase a acetaldeído, que é subsequentemente oxidado a acetato e acetaldeído. O etanol também é metabolizado a acetaldeído pelas enzimas P450, com subsequente depleção de NADPH.
22. Primeiramente, ocorre o desenvolvimento de um fígado gorduroso devido, em parte, às quantidades aumentadas de NADH que inibem a oxidação de ácidos graxos e que estimulam a sua síntese. O etanol altera a expressão gênica, estimulando a síntese de ácidos graxos e inibindo a sua oxidação. Em segundo lugar, surge a hepatite alcoólica em decorrência de lesão oxidativa e dano devido ao excesso de acetaldeído que leva à morte das células. Por fim, há a formação de tecido fibroso, criando cicatrizes que comprometem o fluxo sanguíneo e a função bioquímica do fígado. A amônia não pode ser convertida em ureia, e a sua toxicidade resulta em coma e morte.
23. Uma macadâmia típica apresenta massa de cerca de 2 g. Como ela é constituída principalmente de lipídios (cerca de 37 kJ $g^{-1}$, cerca de 9 kcal $g^{-1}$), uma dessas nozes tem um valor de cerca de 75 kJ (18 kcal). A ingestão de 10 nozes resulta em um aporte de cerca de 753 kJ (180 kcal). Conforme assinalado na resposta da questão 17, uma potência de consumo de 1 W corresponde a 1 J $s^{-1}$ (0,239 cal $s^{-1}$), de modo que 400 W de corrida necessitam de 0,4 kJ $s^{-1}$ (0,0956 kcal $s^{-1}$). Por conseguinte, uma pessoa teria de correr 1.882 segundos, ou cerca de 31 minutos, para gastar as calorias fornecidas por 10 macadâmias.
24. Um elevado nível de glicemia deflagra a secreção de insulina, que estimula a remoção de glicose do sangue para a síntese de glicogênio e de triacilgliceróis. Um nível elevado de insulina impediria a mobilização das reservas energéticas durante a maratona.
25. A falta de tecido adiposo leva ao acúmulo de gorduras no músculo, com desenvolvimento de resistência à insulina. O experimento mostra que as adipocinas secretadas pelo tecido adiposo (neste caso, leptina) facilitam, de alguma maneira, a ação da insulina no músculo.
26. Essa mutação aumentaria a fosforilação do receptor de insulina e IRS no músculo, melhorando a sensibilidade à insulina. Com efeito, a PTP1B constitui um alvo terapêutico atraente para o diabetes tipo 2.
27. A mobilização de lipídios pode ocorrer tão rapidamente a ponto de exceder a capacidade do fígado de oxidá-los ou de convertê-los em corpos cetônicos. O excesso é reesterificado e liberado no sangue na forma de VLDL.
28. Um dos papéis do fígado consiste em fornecer glicose a outros tecidos. No fígado, a glicólise não é utilizada para a produção de energia, mas para fins de biossíntese. Em consequência, na presença de glucagon, a glicólise hepática é interrompida, de modo que a glicose possa ser liberada para o sangue.
29. Ciclo da ureia e gliconeogênese.
30. (a) A insulina inibe a utilização de lipídios. (b) A insulina estimula a síntese de proteínas, porém não há aminoácidos na alimentação das crianças. Além disso, a insulina inibe a degradação de proteínas. Em consequência, as proteínas do músculo não podem ser degradadas e utilizadas para a síntese de proteínas essenciais. (c) Como as proteínas não podem ser sintetizadas, a osmolalidade do sangue é muito baixa. Em consequência, o líquido abandona o sangue. Uma proteína particularmente importante para a manutenção da osmolalidade do sangue é a albumina.
31. Durante o exercício vigoroso, o músculo converte a glicose em piruvato por meio da glicólise. Parte do piruvato é processada pela respiração celular. Entretanto, outra parte é convertida em lactato, que é liberado no sangue. O fígado capta o lactato e o converte em glicose por meio da gliconeogênese. O músculo pode processar aerobicamente os esqueletos de carbono dos aminoácidos de cadeia ramificada. O nitrogênio desses aminoácidos é transferido para o piruvato para formar alanina, que é liberada no sangue e captada pelo fígado. Após transaminação do grupo amino a α-cetoglutarato, o piruvato resultante é convertido em glicose. Por fim, o glicogênio muscular pode ser mobilizado, e a glicose liberada pode ser utilizada pelo músculo.

32. Essa conversão faz com que o músculo possa funcionar em condições anaeróbicas. O $NAD^+$ é regenerado quando o piruvato é reduzido a lactato, de modo que a energia pode continuar sendo extraída da glicose durante o exercício vigoroso. O fígado converte o lactato em glicose.
33. Ácidos graxos e glicose, respectivamente.
34. Essa prática é denominada sobrecarga de carboidratos. A depleção das reservas de glicogênio inicialmente faz com que os músculos sintetizem grande quantidade de glicogênio quando são fornecidos carboidratos alimentares, levando à supercompensação das reservas de glicogênio.
35. O consumo de oxigênio ao final do exercício é utilizado para repor o ATP e a creatina fosfato, como também para oxidar qualquer lactato produzido.
36. O oxigênio é utilizado na fosforilação oxidativa para uma nova síntese de ATP e de creatina fosfato. O fígado converte o lactato liberado pelo músculo em glicose. O sangue precisa circular para que a temperatura corporal retorne ao normal, de modo que o coração não pode voltar imediatamente à sua frequência de repouso. A hemoglobina precisa ser reoxigenada para repor o oxigênio utilizado durante o exercício. Os músculos que acionam a respiração devem continuar trabalhando ao mesmo tempo que os músculos exercitados estão retornando ao estado de repouso. Em essência, todos os sistemas bioquímicos ativados no exercício intenso necessitam de quantidade aumentada de oxigênio para retornar ao estado de repouso.
37. O etanol pode substituir a água ligada por ligações de hidrogênio às proteínas e superfícies de membranas. Essa alteração do estado de hidratação da proteína alteraria a sua conformação e, portanto, a sua função. O etanol também pode alterar o empacotamento de fosfolipídios nas membranas. Os dois efeitos sugerem que as proteínas integrais de membranas devem ser mais sensíveis ao etanol, como de fato parece ser o caso.
38. As células das fibras tipo I seriam ricas em mitocôndrias, enquanto as das fibras tipo II teriam poucas mitocôndrias.
39. (a) O ATP gasto durante essa corrida equivale a cerca de 8.380 kg. (b) O ciclista precisaria de cerca de 1.260.000.000 de dólares para completar a corrida. O vencedor do Tour de France recebe cerca de 600.000 dólares, o que não é suficiente para pagar o ATP.
40. O exercício aumenta acentuadamente as necessidades de ATP das células musculares. Para suprir mais eficientemente essas necessidades, ocorre síntese de mais mitocôndrias.
41. A atividade da AMPK aumenta à medida que o ATP vai sendo utilizado na contração muscular. A AMPK inativa a acetil-CoA carboxilase 1. Convém lembrar que a malonil-CoA, o produto da acetil-CoA carboxilase 1, inibe o transporte de ácidos graxos para as mitocôndrias. A diminuição da malonil-CoA muscular possibilita a oxidação de ácidos graxos no músculo.
42. Depois de vários dias de jejum (inanição), a maioria dos tecidos utiliza ácidos graxos. Os corpos cetônicos fornecem grande parte da energia do cérebro, diminuindo a necessidade de glicose. A razão insulina baixa/glucagon elevado estimula a lipólise e a gliconeogênese. Entretanto, não ocorre gliconeogênese, visto que o aumento na oxidação de ácidos graxos aumenta a acetil-CoA e o NADH. A concentração elevada de NADH inibe o ciclo do TCA, bem como a gliconeogênese. A acetil-CoA forma corpos cetônicos.
43. (a) O aumento observado em todas essas razões deve-se ao excesso de NADH causado pelo metabolismo do álcool. (b) As quantidades aumentadas de lactato e de D-3-hidroxibutirato são liberadas no sangue, respondendo pela acidose. (c) O consumo de álcool com estômago vazio sugere que as reservas de glicogênio estão baixas. Devido ao excesso de NADH, não pode ocorrer gliconeogênese. Em consequência, há desenvolvimento de hipoglicemia. Uma pessoa bem alimentada que consome álcool apresenta glicose no sangue proveniente da refeição e, portanto, não irá desenvolver hipoglicemia.
44. Se a glicose for sempre fornecida, mesmo em pequenas quantidades, o cérebro irá utilizá-la como substrato energético, em vez de se adaptar ao uso de corpos cetônicos. Durante o jejum, a proteína muscular é degradada para atender às necessidades de glicose do cérebro. Essa degradação proteica leva à falência do órgão mais precocemente do que se o cérebro tivesse se adaptado à utilização de corpos cetônicos.
45. A incapacidade das mitocôndrias do músculo de processar todos os ácidos graxos produzidos pela superalimentação leva a níveis excessivos de diacilglicerol e de ceramida no citoplasma dos músculos. Esses segundos mensageiros ativam enzimas que comprometem a sinalização da insulina.
46. Ambos se devem a uma falta de tiamina (vitamina $B_1$). A tiamina, que algumas vezes é denominada aneurina, é necessária principalmente para o funcionamento apropriado da piruvato desidrogenase.
47. O menino apresenta ausência de vitamina C, isto é, tem escorbuto. Felizmente, essa condição é facilmente corrigida.
48. (a) Os eritrócitos sempre produzem lactato, e as fibras musculares de contração rápida ou do tipo II (questão 38) também produzem uma grande quantidade de lactato. (b) Nesse estágio, o atleta começa a efetuar exercício anaeróbico, durante o qual a maior parte da energia é produzida por glicólise anaeróbica. (c) O limiar do lactato é essencialmente o ponto em que o atleta passa do exercício aeróbico, que pode ser realizado por longos períodos de tempo, para o exercício anaeróbico, essencialmente corrida de velocidade, que pode ser efetuado apenas por curtos períodos de tempo. A ideia é correr no máximo de sua capacidade aeróbica até que a linha de chegada esteja visível e, em seguida, passar para a condição anaeróbica. (d) O treinamento aumenta a quantidade de vasos sanguíneos e o número de mitocôndrias no músculo. Ambos os efeitos aumentam a capacidade de processamento aeróbico da glicose. Em consequência, um maior esforço pode ser realizado antes de passar para a produção de energia anaeróbica.
49. Considere o gráfico da produção de lactato como função do esforço mostrado na questão 48. Para um atleta que corre no limiar do lactato ou imediatamente abaixo dele, o valor do QR será de 1. Com a linha de chegada visível, o corredor acelera o ritmo, de modo que, nesse momento, está também processando a glicose em ácido láctico, além do processamento aeróbico da glicose, isto é, está correndo acima do limiar do lactato. O ácido láctico liberado no sangue sofre ionização.

$$\underset{\text{Ácido láctico}}{CH_3COOH} \rightleftharpoons CH_3COO^- + H^+$$

O aumento do $H^+$ alterará o sistema tampão do sangue, levando à formação de ácido carbônico

$$H^+ + HCO_3^- \rightleftharpoons \underset{\text{Ácido carbônico}}{H_2CO_3}$$

O ácido carbônico dissocia-se em água e dióxido de carbono

$$H_2CO_3 \rightleftharpoons CO_2 + H_2O$$

Esse dióxido de carbono se superpõe ao dióxido de carbono gerado pela combustão aeróbica da glicose, resultando em QR de mais de 1.
50. O aumento do ATP em consequência do processamento de glicose nas células β fecha um canal de potássio. O fechamento desse canal altera a voltagem através da membrana celular, resultando na abertura de um canal de cálcio. O influxo de cálcio induz a fusão dos grânulos secretores contendo insulina com a membrana celular, resultando em liberação de insulina.

## Capítulo 28

1. (a) Antes; (b) depois; (c) depois; (d) depois; (e) antes; (f) depois.
2. (a) Sim; (b) sim; (c) não (PM > 600).
3. Se os programas de computador pudessem estimar os valores de log(*P*) com base na estrutura química, o tempo de laboratório necessário para o desenvolvimento de medicamentos poderia ser

encurtado. Não haveria mais a necessidade de determinar as solubilidades relativas dos candidatos farmacêuticos ao deixar cada composto entrar em equilíbrio entre a fase aquosa e uma fase orgânica.
4. Talvez a *N*-acetilcisteína se conjugasse com parte da *N*-acetil-*p*-benzoquinona imina que é produzida pelo metabolismo do paracetamol, impedindo, assim, a depleção do suprimento hepático de glutationa.
5. Nos ensaios clínicos de fase I, aproximadamente 10 a 100 voluntários saudáveis são normalmente recrutados em um estudo planejado para avaliar a segurança. Por outro lado, um número maior de indivíduos é recrutado em um ensaio clínico típico de fase II. Além disso, esses indivíduos podem beneficiar-se da administração do fármaco. Em um ensaio clínico de fase II, podem ser avaliadas a eficácia, a dose e a segurança de um medicamento.
6. A ligação de outros medicamentos à albumina poderia causar a liberação adicional de varfarina. (A albumina é um carreador geral de moléculas hidrofóbicas.)
7. Um medicamento capaz de inibir uma enzima do citocromo P450 pode afetar drasticamente a disposição de outro medicamento metabolizado pela mesma enzima. Se na determinação da dose esse metabolismo inibido não for considerado, o segundo medicamento pode alcançar níveis muito elevados e algumas vezes tóxicos no sangue.
8. Diferentemente da inibição competitiva, a inibição não competitiva não pode ser superada com a adição de substrato. Por conseguinte, um medicamento que atua por um mecanismo não competitivo não será afetado por uma mudança nos níveis do substrato fisiológico.
9. Um inibidor de MDR pode impedir o efluxo de um agente quimioterápico das células tumorais. Por conseguinte, esse tipo de inibidor poderia ser útil para impedir o desenvolvimento de resistência à quimioterapia do câncer.
10. Os agentes que inibem uma ou mais enzimas da via glicolítica poderiam atuar sobre os tripanossomos, privando-os de energia. Por conseguinte, seriam úteis para o tratamento da doença do sono. Uma dificuldade é que a glicólise nas células do hospedeiro também seria inibida.
11. O imatinibe é um inibidor da Bcr-Abl quinase, uma quinase mutante encontrada apenas nas células tumorais que sofreram uma translocação entre os cromossomos 9 e 22 (Figura 14.34). Antes de iniciar o tratamento com imatinibe, pode-se efetuar o sequenciamento do DNA das células tumorais para determinar (i) se essa translocação ocorreu e (ii) se a sequência de *BCR-ABL* apresenta qualquer mutação capaz de tornar a quinase resistente ao imatinibe. Caso não tenha ocorrido translocação e se o gene apresentar mutações de resistência, é provável que o imatinibe não seja um tratamento efetivo para os pacientes portadores desse tumor em particular.
12. A sildenafila aumenta os níveis de cGMP ao inibir a degradação do cGMP a GMP mediada pela fosfodiesterase. Os níveis intracelulares de cGMP também podem ser aumentados pela ativação de sua síntese. Essa ativação pode ser obtida com o uso de doadores de NO (como nitroprusseto de sódio e nitroglicerina) ou compostos que deflagram a atividade da guanilato ciclase. Os fármacos que atuam por este último mecanismo estão atualmente em fase de ensaios clínicos.
13. Um mecanismo razoável seria uma desaminação oxidativa seguindo um mecanismo global semelhante ao da Figura 28.10 e com liberação de amônia.

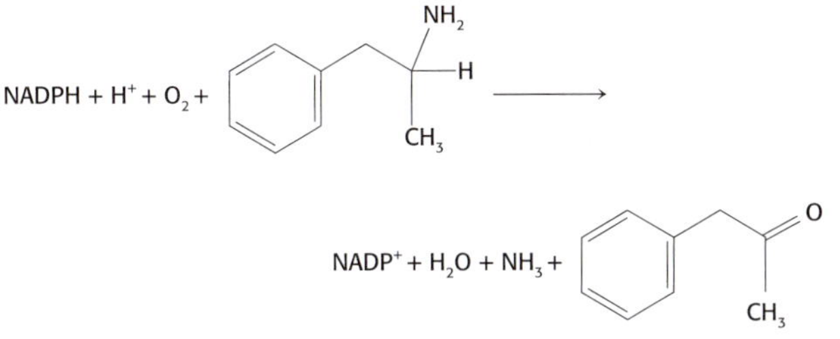


14. $K_I \approx 0{,}3$ nM. $IC_{50} \approx 2{,}0$ nM. Sim, o composto A seria efetivo quando administrado por via oral, visto que o valor de 400 nM é muito maior do que os valores estimados de $K_I$ e $IC_{50}$.

## Capítulo 29

1. A DNA polimerase I utiliza trifosfatos de desoxirribonucleosídios; o pirofosfato é o grupo que sai. A DNA ligase utiliza DNA-adenilato (AMP unido ao grupo fosforila 5′) como parceiro de reação; o AMP é o grupo que sai. A topoisomerase I utiliza um intermediário DNA-tirosila (grupo fosforila 5′ ligado ao grupo OH fenólico); o resíduo de tirosina da enzima é o grupo que sai.
2. O superenovelamento positivo resiste ao desenrolamento do DNA. A temperatura de fusão do DNA aumenta, indo do DNA superenovelado negativo para o DNA relaxado e para o DNA superenovelado positivo. Provavelmente, o superenovelamento positivo constitui uma adaptação à temperatura alta.
3. Os nucleotídios utilizados para a síntese de DNA apresentam o trifosfato ligado ao grupo hidroxila 5′ com grupos hidroxila 3′ livres. Esses nucleotídios só podem ser utilizados para a síntese de DNA de 5′ para 3′.
4. A replicação do DNA necessita de iniciadores de RNA (*primers*). Na ausência de ribonucleotídios apropriados, esses iniciadores não podem ser sintetizados.
5. Esse contato íntimo impede a incorporação de ribonucleotídios em vez de 2′-desoxirribonucleotídios.
6. (a) 96,2 revoluções por segundo (1.000 nucleotídios por segundo divididos por 10,4 nucleotídios por giro para o B-DNA produzem 96,2 rps). (b) 0,34 $\mu$m $s^{-1}$ (1.000 nucleotídios por segundo correspondem a 3.400 Å $s^{-1}$, visto que a distância axial entre os nucleotídios no B-DNA é de 3,4 Å).
7. Eventualmente, o DNA ficaria tão fortemente enrolado, que o movimento do complexo de replicação seria energeticamente impossível.
8. (a) Número de ligação $Lk = Tw + Wr = 48 + 3 = 51$.
(b) Se $Tw = 50$, então $Wr = 1$.
9. Uma característica marcante da maioria das células cancerosas é a sua divisão celular prolífica, que exige a replicação do DNA. Se a telomerase não fosse ativada, os cromossomos se encurtariam até se tornarem não funcionais, levando à morte celular.
10. Não.
11. Tratar o DNA rapidamente com endonuclease para ocasionalmente cortar cada fita. Acrescentar a polimerase com os dNTPs radioativos. Na ligação quebrada, ou corte, a polimerase degradará a fita existente com sua atividade de exonuclease 5′ ⟶ 3′ e a substituirá por uma cópia complementar radioativa utilizando a sua atividade de polimerase. Esse esquema de reação é designado como "transferência de corte", visto que o corte é movido ou transferido ao longo da molécula de DNA sem nunca ser selado.
12. Se a replicação fosse unidirecional, seriam vistos rastros com baixa densidade de grãos em uma extremidade e alta intensidade de grãos na outra extremidade. Por outro lado, se a replicação fosse bidirecional, o meio de um rastro teria baixa densidade, como mostra o diagrama anexo. No caso da *E. coli*, o rastro de grãos é mais denso em ambas as extremidades do que no meio, indicando que a replicação é bidirecional.

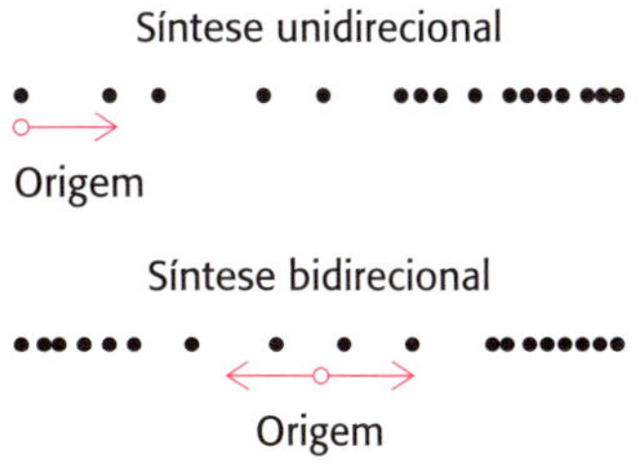


13. Pro (CCC), Ser (UCC), Leu (CUC) e Phe (UUC). De modo alternativo, a última base de cada um desses códons poderia ser U.

14. São evitadas reações colaterais potencialmente deletérias. A própria enzima poderia ser danificada pela luz se pudesse ser ativada por ela na ausência de DNA contendo um dímero de pirimidina.
15. As extremidades livres do DNA que aparecem na ausência de telômeros são reparadas por fusão do DNA.
16. A energia livre da hidrólise do ATP em condições-padrão é de –30,5 kJ $mol^{-1}$ (–7,3 kcal $mol^{-1}$). Em princípio, ela poderia ser utilizada para romper três pares de bases.
17. A oxidação da guanina poderia levar ao reparo do DNA: a clivagem da fita de DNA poderia possibilitar a formação de uma alça entre a região de repetição de tripletes e a região de expansão dos tripletes.
18. A liberação da DNA topoisomerase II após a enzima ter atuado em seu substrato de DNA requer a hidrólise de ATP. O superenovelamento negativo exige apenas a ligação de ATP, e não a sua hidrólise.
19. (a) Tamanho; a parte superior é relaxada, enquanto a inferior consiste em DNA superenovelado. (b) Topoisômeros. (c) O DNA está se tornando progressivamente mais desenrolado ou relaxado e, portanto, com movimento mais lento.
20. (a) Foi utilizada para determinar o número de revertentes espontâneos – isto é, a taxa básica de mutação. (b) Para estabelecer firmemente que o sistema estava funcionando. A incapacidade de um agente mutagênico conhecido de produzir revertentes indicaria que algo está errado com o sistema experimental. (c) A própria substância química tem pouca capacidade mutagênica, porém é aparentemente ativada a um agente mutagênico pelo homogeneizado de fígado. (d) Sistema do citocromo P450.

## Capítulo 30

1. A sequência da fita codificadora (+, senso) é

5′-ATGGGGAACAGCAAGAGTGGGGCCCTGTCCAAGGAG-3′

e a sequência da fita-molde (–, antissenso) é

3′-TACCCCTTGTCGTTCTCACCCCGGGACAGGTTCCTC-5′

2. Um erro irá afetar apenas uma molécula de mRNA entre muitas sintetizadas a partir de um gene. Além disso, os erros não se tornam uma parte permanente da informação do genoma.
3. Em qualquer momento determinado, apenas uma fração do genoma (DNA total) está sendo transcrita. Em consequência, a velocidade não é essencial.
4. Os sítios ativos estão relacionados com a evolução convergente.
5. A heparina, uma glicosaminoglicana, é altamente aniônica. Assim como as ligações fosfodiéster dos moldes de DNA, suas cargas negativas possibilitam a sua ligação aos resíduos de lisina e de arginina da RNA polimerase.
6. Esse mutante da $\sigma$ inibirá competitivamente a ligação da holoenzima e impedirá a iniciação específica das cadeias de RNA nos sítios promotores.
7. O cerne da enzima sem $\sigma$ liga-se mais firmemente ao molde de DNA do que a holoenzima. A retenção da $\sigma$ após a iniciação da cadeia tornaria a RNA polimerase mutante mais lenta. Além disso, a enzima mutante provavelmente não ligaria fatores $\sigma$ alternativos.
8. Uma proteína de 100 kDa contém cerca de 910 resíduos, que são codificados por 2.730 nucleotídios. Na velocidade máxima de transcrição de 50 nucleotídios por segundo, o mRNA seria sintetizado em 55 s.
9. A RNA polimerase desliza rapidamente ao longo do DNA, em vez de simplesmente se difundir pelo espaço tridimensional.
10. O sítio de iniciação está em vermelho:

5′-GCCGTTGACACCGTTCGGCGATCGATCCGCTAT
AATGTGTGGATCCGCTT-3′

11. A iniciação nos promotores fortes ocorre a cada 2 s. Nesse intervalo, são transcritos 100 nucleotídios. Por conseguinte, os centros das bolhas de transcrição estão distantes por 34 nm (340 Å).
12. (a) A banda mais inferior no gel será a da fita 3 isolada (*i*). A banda *ii* estará na mesma posição que a banda *i*, visto que o RNA não é complementar à fita não molde, enquanto a banda *iii* estará mais alta, visto que há formação de um complexo entre o RNA e a fita-molde. A banda *iv* será mais alta do que as outras, visto que a fita 1 forma um complexo com a 2, e a fita 2 é complexada com a 3. A banda *v* é a mais alta porque o cerne da polimerase associa-se às três fitas. (b) Nenhum, visto que a rifampicina atua antes da formação do complexo aberto. (c) A RNA polimerase é processiva. Quando o molde está ligado, a heparina não pode entrar no sítio de ligação do DNA. (d) Na ausência de GTP, a síntese é interrompida quando o primeiro resíduo de citosina a jusante da bolha é encontrado na fita-molde. Em contrapartida, quando todos os quatro nucleosídios trifosfatos estão presentes, a síntese prossegue até o final do molde.
13. A RNA polimerase deve retroceder antes da clivagem, resultando em produtos dinucleotídios.
14. A energia do pareamento de bases dos híbridos di e trinucleotídios DNA-RNA formados no início da transcrição não é suficiente para impedir a separação das fitas e a perda do produto.
15. (a) Como a cordicepina carece de um grupo 3′-OH, ela não pode participar na formação da ligação $3' \longrightarrow 5'$. (b) Como a cauda poli-A consiste em um longo segmento de nucleotídios de adenosina, a possibilidade de incorporação de uma molécula de cordicepina é maior do que na maioria dos RNAs. (c) Sim, deve ser convertida em cordicepina 5′-trifosfato.
16. Existem $2^8 = 256$ produtos possíveis.
17. A relação entre as sequências –10 e –35 poderia ser afetada por tensão torcional. O fato de que a topoisomerase II introduz superespirais negativas no DNA impede que essa enzima estimule excessivamente a expressão de seu próprio gene.
18. Ser-Ile-Phe-His-Pro-Stop
19. Uma mutação que comprometa a sequência normal de reconhecimento AAUAAA para a endonuclease poderia explicar esse achado. De fato, uma mudança de U para C nessa sequência causou esse defeito em um paciente com talassemia. A clivagem ocorreu em AAUAAA, 900 nucleotídios a jusante desse sítio AACAAA mutante.
20. Uma possibilidade é que a extremidade 3′ da fita doadora poli-U clive a ligação fosfodiéster no lado 5′ do sítio de inserção. O terminal 3′ recém-formado da fita aceptora cliva, então, a fita poli-U no lado 5′ do nucleotídio que iniciou o ataque. Em outras palavras, um resíduo de uridina poderia ser acrescentado por duas reações de transesterificação. Esse mecanismo postulado assemelha-se ao do *splicing* do RNA.
21. *Splicing* alternativo e edição do DNA. Modificação covalente das proteínas subsequente à síntese.
22. Ligação de uma sequência oligo(dT) ou oligo(U) a um suporte inerte para criar uma coluna de afinidade. Quando o RNA passa pela coluna, apenas o RNA contendo poli-A será retido.
23. (a) Quantidades diferentes de RNA estão presentes para os vários genes. (b) Embora todos os tecidos tenham os mesmos genes, estes são expressos em graus diferentes nos vários tecidos. (c) Esses genes são denominados genes de manutenção – genes expressos pela maioria dos tecidos. Podem incluir genes para as enzimas da glicólise ou do ciclo do ácido cítrico. (d) O objetivo do experimento é determinar que genes são iniciados *in vivo*. O inibidor de iniciação é acrescentado para impedir a iniciação em sítios que podem ter sido ativados durante o isolamento dos núcleos.
24. O DNA é a única fita que forma o tronco da árvore. As fitas de tamanho crescente são moléculas de RNA; o início da transcrição ocorre onde as cadeias em crescimento são menores; o final da transcrição ocorre onde o crescimento das cadeias termina. O sentido é da esquerda para a direita. Muitas enzimas estão transcrevendo ativamente cada gene.

## Capítulo 31

1. (c)
2. (d)
3. (c)
4. (a)
5. (b)
6. O *Oxford English Dictionary* define tradução como a ação ou o processo de passar de um idioma para outro. A síntese de proteínas converte a informação das sequências de ácidos nucleicos em informação de sequências de aminoácidos.
7. Uma frequência de erros de um aminoácido incorreto a cada $10^4$ incorporações possibilita uma síntese rápida e acurada de proteínas de até mil aminoácidos. Frequências mais altas de erros resultariam em um número excessivo de proteínas defeituosas. Frequências de erros mais baixas provavelmente reduziriam a velocidade da síntese de proteínas sem ganho significativo na acurácia.
8. (i) Cada uma delas é uma cadeia simples. (ii) Contêm bases incomuns. (iii) Aproximadamente metade das bases está pareada para formar duplas hélices. (iv) A extremidade 5′ é fosforilada e é geralmente pG. (v) O aminoácido liga-se ao grupo hidroxila do resíduo A da sequência CCA na extremidade 3′ do tRNA. (vi) O anticódon localiza-se em uma alça próxima ao centro da sequência do tRNA. (vii) As moléculas apresentam uma forma em L.
9. A primeira consiste na formação de aminoacil adenilato, que então reage com o tRNA para formar aminoacil-tRNA. Ambas as etapas são catalisadas pela aminoacil-tRNA sintetase.
10. São necessárias características exclusivas, de modo que as aminoacil-tRNA sintetases possam distinguir os tRNAs e ligar o aminoácido correto ao tRNA apropriado. São também necessárias características comuns, visto que todos os tRNAs precisam interagir com a mesma maquinaria da síntese de proteínas.
11. Um aminoácido ativado é um aminoácido ligado ao tRNA apropriado.
12. (a) Não; (b) não; (c) sim.
13. O ATP é clivado a AMP e $PP_i$. Em consequência, é necessário um segundo ATP para converter o AMP em ADP, o substrato para a fosforilação oxidativa.
14. Os aminoácidos maiores do que o aminoácido correto não conseguem se ajustar no sítio ativo do tRNA. Os aminoácidos menores, porém incorretos, que se ligam ao tRNA encaixam-se no sítio de edição e são clivados do tRNA.
15. Podem ser necessários sítios de reconhecimento em ambas as faces dos tRNAs para identificar exclusivamente os 20 tRNAs diferentes.
16. As primeiras duas bases em um códon formam pares de bases de Watson-Crick, cuja fidelidade é verificada por bases do rRNA 16S. A terceira base não é inspecionada quanto à sua acurácia, de modo que alguma variação é tolerada.
17. Quatro bandas: leve, pesado, um híbrido de 30S leve e 50S pesado, e um híbrido de 30S pesado e 50S leve.
18. Duzentas moléculas de ATP são convertidas em 200 AMPs + 400 $P_i$ para ativar os 200 aminoácidos, o que é equivalente a 400 moléculas de ATP. É necessária uma molécula de GTP para a iniciação, e são necessárias 398 moléculas de GTP para formar 199 ligações peptídicas.
19. O quadro de leitura é um conjunto de códons de três nucleotídios contíguos e não superpostos que começa com um códon de iniciação e termina com um códon de terminação.
20. Uma mutação causada pela inserção de uma base extra pode ser suprimida por um tRNA contendo uma quarta base em seu anticódon. Por exemplo, UUUC em lugar de UUU é lido como o códon para a fenilalanina por um tRNA contendo 3′-AAAG-5′ como seu anticódon.
21. Uma abordagem consiste em sintetizar um tRNA que seja acilado com um análogo reativo de aminoácido. Por exemplo, o bromoacetil-fenilalanil-tRNA é um reagente de marcação de afinidade para o sítio P dos ribossomos da *E. coli*.
22. A sequência GAGGU é complementar a uma sequência de cinco bases na extremidade 3′ do rRNA 16S e está localizada a uma distância de várias bases a montante de um códon de iniciação AUG. Por conseguinte, essa região é um sinal de iniciação para a síntese de proteínas. Seria esperado que a substituição de G por A fosse enfraquecer a interação desse mRNA com o rRNA 16S, diminuindo, assim, a sua eficiência como um sinal de iniciação. De fato, tal mutação resulta em uma diminuição de 10 vezes na velocidade da síntese da proteína especificada por esse mRNA.
23. O peptídio seria Phe-Cys-His-Val-Ala-Ala. Os códons UGC e UGU codificam a cisteína; todavia, como a cisteína foi modificada para alanina, esta última é incorporada no lugar da cisteína.
24. As proteínas são sintetizadas no sentido da extremidade aminoterminal para a extremidade carboxiterminal nos ribossomos, enquanto são sintetizadas no sentido reverso no método de fase sólida. O intermediário ativado na síntese ribossômica é um aminoacil-tRNA; no método de fase sólida, é o produto de adição do aminoácido e da diciclo-hexilcarbodiimida.
25. O GTP não é hidrolisado até que o aminoacil-tRNA seja levado ao sítio A do ribossomo. Uma hidrólise mais precoce do GTP seria um desperdício, visto que EF-Tu–GDP tem pouca afinidade pelo aminoacil-tRNA.
26. A tradução de uma molécula de mRNA pode ser bloqueada pelo RNA antissenso, ou seja, uma molécula de RNA com a sequência complementar. O dúplex RNA antissenso-senso não pode servir como molde para a tradução; é necessário um mRNA de fita simples. Além disso, o dúplex antissenso-senso é degradado por nucleases. O RNA antissenso adicionado ao meio externo é captado espontaneamente por muitas células. Uma quantidade exata pode ser administrada por microinjeção. De modo alternativo, um plasmídio que codifica o RNA antissenso pode ser introduzido nas células-alvo.
27. (a) $A_5$. (b) $A_5 > A_4 > A_3 > A_2$. (c) A síntese é da extremidade aminoterminal para a carboxiterminal.
28. Essas enzimas convertem a informação do ácido nucleico em informação de proteína ao interpretar o tRNA e ligá-lo ao aminoácido apropriado.
29. A taxa cairia, visto que a etapa de elongação exige a hidrólise do GTP antes que possa ocorrer qualquer elongação adicional.
30. Os fatores proteicos modulam a iniciação da síntese de proteínas. O papel do IF1 e do IF3 consiste em impedir a ligação prematura das subunidades ribossômicas 30S e 50S enquanto o IF2 entrega o Met-$tRNA_f$ ao ribossomo. Os fatores proteicos também são necessários para a elongação (EF-G e EF-Tu), para a terminação (fatores de liberação, RFs) e para a dissociação do ribossomo (fatores de liberação do ribossomo, RRFs).
31. A sequência sinal, a partícula de reconhecimento de sinal (SRP), o receptor de SRP e o translocon.
32. A formação de ligações peptídicas, que, por sua vez, são acionadas pela hidrólise dos aminoacil-tRNAs.
33. A sequência de Shine-Dalgarno do mRNA pareia com parte do rRNA 16S da subunidade 30S, que posiciona esta subunidade de modo que o iniciador AUG seja reconhecido.
34.

| | Bactérias | Eucariotos |
|---|---|---|
| Tamanho do ribossomo | 70S | 80S |
| mRNA | Policistrônico | Não policistrônico |
| Iniciação | É necessária a sequência de Shine-Dalgarno | Utiliza o primeiro AUG |
| Fatores proteicos | Necessários | Muitos mais necessários |
| Relação com a transcrição | A tradução pode começar antes da terminação da transcrição | A transcrição e a tradução são espacialmente separadas |
| Primeiro aminoácido | fMET | Met |

35. A SRP liga-se à sequência sinal e inibe a tradução subsequente. A SRP conduz o ribossomo inibido ao RE, onde interage com o receptor de SRP (SR). O complexo SRP–SR liga-se ao translocon e, simultaneamente, hidrolisa o GTP. Com a hidrólise do GTP, a SRP e o SR dissociam-se um do outro e do ribossomo. A síntese de proteínas recomeça, e a proteína nascente é canalizada através do translocon.
36. A alternativa seria um único ribossomo traduzindo uma única molécula de mRNA. O uso de polissomos possibilita maior síntese de proteínas por molécula de mRNA por determinado período de tempo e, portanto, a produção de mais proteínas.
37. (a) 1, 2, 3, 5, 6, 10; (b) 1, 2, 7, 8; (c) 1, 4, 8, 9.
38. Os RNAs transportadores desempenham papéis em vários processos de reconhecimento. Um tRNA precisa ser reconhecido pela aminoacil-tRNA sintetase apropriada, e o tRNA precisa interagir com o ribossomo e, especialmente, com a peptidil transferase.
39. O ornitinil-tRNA pode ser inicialmente sintetizado. Todavia, o grupo amino da cadeia lateral ataca a ligação éster para formar uma amida de seis membros, havendo então a liberação do tRNA.
40. O S refere-se a uma unidade Svedberg, uma medida da velocidade com que uma partícula se move sob força centrífuga (ver seção 3.1). Os números não são valores aritméticos.
41. (a, d, e) Tipo 2; (b, c, f) Tipo 1.
42. As taxas de erro na síntese de DNA, RNA e proteínas são, respectivamente, das ordens de $10^{-10}$, $10^{-5}$ e $10^{-4}$ por nucleotídio (ou aminoácido) incorporado. A fidelidade de todos estes três processos depende da precisão do pareamento de bases com o molde de DNA ou de mRNA. Poucos erros são corrigidos na síntese de RNA. Em contraste, a fidelidade da síntese de DNA é acentuadamente aumentada pela atividade da nuclease de revisão $3' \rightarrow 5'$ e pelo reparo após a replicação. Na síntese de proteínas, o carregamento incorreto de alguns tRNAs é corrigido pela ação hidrolítica da aminoacil-tRNA sintetase. A revisão também é realizada quando o aminoacil-tRNA ocupa o sítio A no ribossomo; a atividade de GTPase do EF-Tu estabelece o ritmo desse estágio final de edição.
43. O EF-Ts catalisa a troca de GTP pelo GDP ligado ao EF-Tu. Nas cascatas de proteínas G, um receptor 7TM ativado catalisa a troca GTP-GDP em uma proteína G.
44. Na cólera e na coqueluche, as subunidades α das proteínas G são inibidas por um mecanismo semelhante (ver seção 14.5).
45. O Glu-$tRNA^{Gln}$ é formado por uma acilação incorreta. O glutamato ativado sofre amidação subsequente para formar Gln-$tRNA^{Gln}$. Os modos pelos quais a glutamina é formada a partir do glutamato foram discutidos na seção 24.2. No que concerne à *H. pilori*, uma enzima específica, a Glu-$tRNA^{Gln}$ amidotransferase, catalisa a seguinte reação:

$$\text{Gln} + \text{Glu-tRNA}^{\text{Gln}} + \text{ATP} \rightarrow \text{Gln-tRNA}^{\text{Gln}} + \text{Glu} + \text{ADP} + \text{P}_i$$

O Glu-$tRNA^{Glu}$ não é um substrato para a enzima; por conseguinte, a transferase também precisa reconhecer aspectos da estrutura do $tRNA^{Gln}$.
46. A estrutura primária determina a estrutura tridimensional da proteína. Por conseguinte, a fase final de transferência da informação do DNA para o RNA e para a síntese de proteínas consiste no enovelamento da proteína em seu estado funcional, que é uma função da estrutura primária.
47. (a) O eIF-4 H tem dois efeitos: (i) o grau de desenrolamento é aumentado; e (ii) a velocidade de desenrolamento é aumentada, conforme indicado pela acentuada elevação de atividade nos tempos iniciais da reação. (b) Para estabelecer firmemente que o efeito de eIF-4 H não foi devido a qualquer atividade inerente de helicase. (c) A metade da atividade máxima foi obtida com 0,11 μM de eIF-4 H. Por conseguinte, o estímulo máximo seria obtido em uma razão de 1:1. (d) O eIF-4 H aumenta a taxa de desenrolamento de todas as hélices, porém o efeito é maior à medida que as hélices vão aumentando de estabilidade. (e) Os resultados no gráfico C sugerem que o eIF-4 H aumenta a processividade.
48. (a) Os três picos representam, da esquerda para a direita, a subunidade ribossômica 40S, a subunidade ribossômica 60S e o ribossomo 80S. (b) Não apenas as subunidades ribossômicas e o ribossomo 50S presentes, mas também os polissomos de vários comprimentos são aparentes. Os picos individuais na região do polissomo representam polissomos de comprimentos distintos. (c) O tratamento inibiu significativamente o número de polissomos, enquanto aumentou o número de subunidades ribossômicas livres. Esse resultado pode ser devido à inibição da iniciação da síntese de proteínas ou da transcrição.

## Capítulo 32

1. (a) e (b) As células expressarão β-galactosidase, *lac* permease e tiogalactosídio transacetilase até mesmo na ausência de lactose. (c) Os níveis de enzimas catabólicas, como a β-galactosidase e a arabinose isomerase, permanecerão baixos até mesmo na presença de baixos níveis de glicose.
2. A concentração é de $1/(6 \times 10^{23})$ mols por $10^{-15}\,\ell = 1,7 \times 10^{-9}$ M. Como $K_d = 10^{13}$ M, a única molécula deve ligar-se a seu sítio de ligação específico.
3. O número de possíveis sítios de 8 bp é de $4^8 = 65.536$. Em um genoma de $4,6 \times 10^6$ pares de bases, o sítio médio deve aparecer $4,6 \times 10^6/65.536 = 70$ vezes. Cada sítio de 10 bp deve aparecer quatro vezes. Cada sítio de 12 bp deve aparecer 0,27 vez (muitos sítios de 12 bp nem aparecerão).
4. O repressor *lac* não se liga ao DNA quando o repressor está ligado a uma molécula pequena (o indutor), enquanto o repressor *pur* liga-se ao DNA apenas quando o repressor está ligado a uma molécula pequena (o correpressor). O genoma da *E. coli* contém apenas uma única região de ligação para o repressor *lac,* enquanto apresenta muitos sítios para o repressor *pur.*
5. Os anti-indutores ligam-se aos repressores, como o repressor *lac,* na conformação em que são capazes de se ligar ao DNA. Ocupam um sítio que se superpõe ao do indutor e, portanto, competem pela ligação ao repressor.
6. A repetição invertida pode ser um sítio de ligação para uma proteína dimérica de ligação ao DNA, ou pode corresponder a uma estrutura em haste-alça no RNA codificado.
7. Mais provavelmente, o bacteriófago λ entraria na fase lítica, visto que a ligação cooperativa do repressor λ a $O_R2$ e $O_R1$, que sustenta a via lisogênica, estaria comprometida.
8.

| | | |
|---|---|---|
| gene repressor λ | região – 10 GATTTA | região –35 TAGATA |
| gene Cro | região – 10 TAATGG | região –35 TTGACT |

Existem quatro diferenças na região região –10 e três diferenças na região –35.
9. A concentração aumentada de Cro reduz a expressão do gene do repressor λ. O aumento na concentração de repressor λ reduz a expressão do gene Cro. Em baixas concentrações de repressor λ, a expressão do gene do repressor λ aumenta, elevando sua concentração. Em concentrações mais elevadas de repressor λ, a concentração aumentada de repressor λ diminui a expressão do gene do repressor λ.
10. Normalmente, os mRNAs bacterianos possuem uma sequência líder em que a sequência de Shine-Dalgarno precede o códon de iniciação AUG. É de esperar que a ausência de uma sequência líder resulte em uma tradução ineficiente.
11. Adicione cada composto a uma cultura de *V. fischeri* em baixa densidade e verifique o aparecimento de luminescência.
12. ACC, 7; ACA, 1; ACU, 0; ACG, 0.
13. Retenção. Provavelmente, a reação ocorre em duas etapas: ataque do Glu 537 no carbono da galactose (com inversão), seguido de ataque desse carbono pela água (com uma segunda inversão), liberando a galactose da enzima.

14. O *footprint* parece ter aproximadamente 50% de sua intensidade em torno de 3,7 nM, de modo que a constante de dissociação é de aproximadamente 3,7 nM, o que corresponde a uma energia livre padrão de ligação de –48 kJ/mol (–11 kcal/mol) a T = 298 K.

## Capítulo 33

1. A distribuição dos aminoácidos com carga é H2A (13 K, 13 R, 2 D, 7 E, carga = +17), H2B (20 K, 8 R, 3 D, 7 E, carga = +18), H3 (13 K, 18 R, 4 D, 7 E, carga = +20), H4 (11 K, 14 R, 3 D, 4 E, carga = +18). A carga total do octâmero de histona é estimada em 2 × (17 + 18 + 20 + 18) = +146. A carga total de 150 pares de bases de DNA é –300. Assim, o octâmero de histona neutraliza aproximadamente metade da carga.

2. A presença de determinado fragmento de DNA poderia ser detectada por hibridização, por PCR ou por sequenciamento direto.

3. O comprimento total do DNA é estimado em 145 bp × 3,4 Å/bp = 493 Å, o que representa 1,75 volta ou $1{,}75 \times 2\pi r = 11{,}0r$. Por conseguinte, calcula-se que o raio seja $r$ = 493 Å/11,0 = 44,8 Å.

4. A 5-azacitidina não pode ser metilada. Alguns genes, normalmente reprimidos por metilação, estarão ativos. A 5-azacitidina também é um inibidor da DNA metiltransferase, o que resulta em níveis mais baixos de metilação e, portanto, níveis mais baixos de repressão gênica.

5. As proteínas que contêm esses domínios serão direcionadas para o DNA metilado em regiões promotoras reprimidas. Provavelmente, elas se ligarão no sulco maior, onde está localizado o grupo metila.

6. Não se espera que a expressão gênica responda à presença de estrogênio. Entretanto, os genes cuja expressão normalmente responde ao estrogênio responderão à presença de progesterona.

7. A acetilação da lisina reduzirá a carga de +1 para 0. A metilação da lisina não reduzirá a carga.

8. Com base no padrão de resíduos de cisteína e de histidina, essa região parece conter três domínios em dedo de zinco.

9. 10/4.000 = 0,25%. 0,25% de 12 Mb = 30 kb.

10. Trimetilado-reprimido; acetilado-ativado.

11. A adição de um IRE à extremidade 5′ do mRNA provavelmente bloqueia a tradução na ausência de ferro. Não se espera que a adição de um IRE à extremidade 3′ do mRNA bloqueie a tradução, mas poderia afetar a estabilidade do mRNA.

12. As sequências de todos os mRNAs seriam analisadas à procura de sequências totalmente ou quase complementares com a sequência do miRNA. Essas sequências seriam candidatas à regulação por esse miRNA.

13. O grupo amino do resíduo de lisina, formado a partir da forma protonada por uma base, ataca o grupo carbonila da acetil-CoA para gerar um intermediário tetraédrico. Esse intermediário colapsa para formar a ligação amida e liberar a CoA.

14. No DNA de camundongos, os sítios HpaII são, em sua maioria, metilados e, portanto, não são clivados pela enzima, resultando em fragmentos grandes. Alguns fragmentos pequenos são produzidos a partir de ilhas CpG que não são metiladas. No caso do DNA da *Drosophila* e da *E. coli*, não há metilação, e todos os sítios são clivados.

# LEITURA SUGERIDA

## CAPÍTULO 2

### Onde começar


Service, R. F. 2008. Problem solved* (*sort of) (a brief review of protein folding). *Science* 321:784–786.
Doolittle, R. F. 1985. Proteins. *Sci. Am.* 253(4):88–99.
Richards, F. M. 1991. The protein folding problem. *Sci. Am.* 264(1):54–57.
Weber, A. L., and Miller, S. L. 1981. Reasons for the occurrence of the twenty coded protein amino acids. *J. Mol. Evol.* 17:273–284.


### Livros


Petsko, G. A., and Ringe, D. 2004. *Protein Structure and Function.* New Science Press.
Tanford, C., and Reynolds, J. 2004. *Nature's Robots: A History of Proteins.* Oxford.
Branden, C., and Tooze, J. 1999. *Introduction to Protein Structure* (2nd ed.). Garland.
Creighton, T. E. 1992. *Proteins: Structures and Molecular Principles* (2nd ed.). W. H. Freeman and Company.


### Conformação tridimensional de proteínas


Smock, R. G., and Gierasch, L. M. 2009. Sending signals dynamically. *Science* 324:198–203.
Tokuriki, N., and Tawfik, D. S. 2009. Protein dynamism and evolvability. *Science* 324:203–207.
Pace, C. N., Grimsley, G. R., and Scholtz, J. M. 2009. Protein ionizable groups: p*K* values and their contribution to protein stability and solubility. *J. Biol. Chem.* 284:13285–13289.
Breslow, R., and Cheng, Z.-L. 2009. On the origin of terrestrial homochirality for nucleosides and amino acids. *Proc. Natl. Acad. Sci. U.S.A.* 106:9144–9146.


### Estrutura secundária


Shoulders, M. D., and Raines, R. T. 2009. Collagen structure and stability. *Annu. Rev. Biochem.* 78:929–958.
O'Neil, K. T., and DeGrado, W. F. 1990. A thermodynamic scale for the helix-forming tendencies of the commonly occurring amino acids. *Science* 250:646–651.
Zhang, C., and Kim, S. H. 2000. The anatomy of protein beta-sheet topology. *J. Mol. Biol.* 299:1075–1089.
Regan, L. 1994. Protein structure: Born to be beta. *Curr. Biol.* 4:656–658.
Srinivasan, R., and Rose, G. D. 1999. A physical basis for protein secondary structure. *Proc. Natl. Acad. Sci. U.S.A.* 96:14258–14263.


### Ligações não covalentes de uma proteína


Galea, C. A., Wang, Y., Sivakolundu, S. G., and Kriwacki, R. W. 2008. Regulation of cell division by intrinsically unstructured proteins: Intrinsic flexibility, modularity, and signaling conduits. *Biochemistry* 47:7598–7609.
Raychaudhuri, S., Dey, S., Bhattacharyya, N. P., and Mukhopadhyay, D. 2009. The role of intrinsically unstructured proteins in neurodegenerative diseases. *PLoS One* 4:e5566.
Tompa, P., and Fuxreiter, M. 2008. Fuzzy complexes: Polymorphism and structural disorder in protein–protein interactions. *Trends Biochem. Sci.* 33:2–8.
Tuinstra, R. L., Peterson, F. C., Kutlesa, E. S., Elgin, S., Kron, M. A., and Volkman, B. F. 2008. Interconversion between two unrelated protein folds in the lymphotactin native state. *Proc. Natl. Acad. Sci. U.S.A.* 105:5057–5062.


### Domínios


Jin, J., Xie, X., Chen, C., Park, J. G., Stark, C., James, D. A., Olhovsky, M., Lindinger, R., Mao, Y., and Pawson, T. 2009. Eukaryotic protein domains as functional units of cellular evolution. *Sci. Signal.* 2:ra76.
Bennett, M. J., Choe, S., and Eisenberg, D. 1994. Domain swapping: Entangling alliances between proteins. *Proc. Natl. Acad. Sci. U.S.A.* 91:3127–3131.
Bergdoll, M., Eltis, L. D., Cameron, A. D., Dumas, P., and Bolin, J. T. 1998. All in the family: Structural and evolutionary relationships among three modular proteins with diverse functions and variable assembly. *Protein Sci.* 7:1661–1670.
Hopfner, K. P., Kopetzki, E., Kresse, G. B., Bode, W., Huber, R., and Engh, R. A. 1998. New enzyme lineages by subdomain shuffling. *Proc. Natl. Acad. Sci. U.S.A.* 95:9813–9818.
Ponting, C. P., Schultz, J., Copley, R. R., Andrade, M. A., and Bork, P. 2000. Evolution of domain families. *Adv. Protein Chem.* 54:185–244.


### Enovelamento das proteínas


Caughey, B., Baron, G. S., Chesebro, B., and Jeffrey, M. 2009. Getting a grip on prions: Oligomers, amyloids, and pathological membrane interactions. *Annu. Rev. Biochem.* 78:177–204.
Cobb, N. J., and Surewicz, W. K. 2009. Prion diseases and their biochemical mechanisms. *Biochemistry* 48:2574–2585.
Soto, C. 2011. Prion diseases: The end of the controversy? *Trends Biochem. Sci.* 36:151–158.
Daggett, V., and Fersht, A. R. 2003. Is there a unifying mechanism for protein folding? *Trends Biochem. Sci.* 28:18–25.
Selkoe, D. J. 2003. Folding proteins in fatal ways. *Nature* 426:900–904.
Anfinsen, C. B. 1973. Principles that govern the folding of protein chains. *Science* 181:223–230.
Baldwin, R. L., and Rose, G. D. 1999. Is protein folding hierarchic? I. Local structure and peptide folding. *Trends Biochem. Sci.* 24:26–33.
Baldwin, R. L., and Rose, G. D. 1999. Is protein folding hierarchic? II. Folding intermediates and transition states. *Trends Biochem. Sci.* 24:77–83.
Kuhlman, B., Dantas, G., Ireton, G. C., Varani, G., Stoddard, B. L., and Baker, D. 2003. Design of a novel globular protein with atomic-level accuracy. *Science* 302:1364–1368.
Staley, J. P., and Kim, P. S. 1990. Role of a subdomain in the folding of bovine pancreatic trypsin inhibitor. *Nature* 344:685–688.


### Modificação covalente comum das proteínas


Tarrant, M. K., and Cole, P. A. 2009. The chemical biology of protein phosphorylation. *Annu. Rev. Biochem.* 78:797–825.
Krishna, R. G., and Wold, F. 1993. Post-translational modification of proteins. *Adv. Enzymol. Relat. Areas. Mol. Biol.* 67:265–298.
Aletta, J. M., Cimato, T. R., and Ettinger, M. J. 1998. Protein methylation: A signal event in post-translational modification. *Trends Biochem. Sci.* 23:89–91.
Tsien, R. Y. 1998. The green fluorescent protein. *Annu. Rev. Biochem.* 67:509–544.


## CAPÍTULO 3

### Onde começar


Sanger, F. 1988. Sequences, sequences, sequences. *Annu. Rev. Biochem.* 57:1–28.
Merrifield, B. 1986. Solid phase synthesis. *Science* 232:341–347.
Hunkapiller, M. W., and Hood, L. E. 1983. Protein sequence analysis: Automated microsequencing. *Science* 219:650–659.
Milstein, C. 1980. Monoclonal antibodies. *Sci. Am.* 243(4):66–74.
Moore, S., and Stein, W. H. 1973. Chemical structures of pancreatic ribonuclease and deoxyribonuclease. *Science* 180:458–464.


### Livros


*Methods in Enzymology.* Academic Press.
Wilson, K., and Walker, J. (Eds.). 2010. *Principles and Techniques of Practical Biochemistry* (7th ed.). Cambridge University Press.

Van Holde, K. E., Johnson, W. C., and Ho, P.-S. 1998. *Principles of Physical Biochemistry*. Prentice Hall.

Wilkins, M. R., Williams, K. L., Appel, R. D., and Hochstrasser, D. F. 1997. *Proteome Research: New Frontiers in Functional Genomics (Principles and Practice)*. Springer Verlag.

Johnstone, R. A. W. 1996. *Mass Spectroscopy for Chemists and Biochemists* (2nd ed.). Cambridge University Press.

Kyte, J. 1994. *Structure in Protein Chemistry*. Garland.

Creighton, T. E. 1993. *Proteins: Structure and Molecular Properties* (2nd ed.). W. H. Freeman and Company.

Cantor, C. R., and Schimmel, P. R. 1980. *Biophysical Chemistry*. W. H. Freeman and Company.

### Purificação e análise de proteínas

Blackstock, W. P., and Weir, M. P. 1999. Proteomics: Quantitative and physical mapping of cellular proteins. *Trends Biotechnol.* 17:121–127.

Deutscher, M. (Ed.). 1997. *Guide to Protein Purification*. Academic Press.

Dunn, M. J. 1997. Quantitative two-dimensional gel electrophoresis: From proteins to proteomes. *Biochem. Soc. Trans.* 25:248–254.

Scopes, R. K., and Cantor, C. 1994. *Protein Purification: Principles and Practice* (3rd ed.). Springer Verlag.

Aebersold, R., Pipes, G. D., Wettenhall, R. E., Nika, H., and Hood, L. E. 1990. Covalent attachment of peptides for high sensitivity solid-phase sequence analysis. *Anal. Biochem.* 187:56–65.

### Ultracentrifugação e espectrometria de massa

Steen, H., and Mann, M. 2004. The ABC's (and XYZ's) of peptide sequencing. *Nat. Rev. Mol. Cell Biol.* 5:699–711.

Glish, G. L., and Vachet, R. W. 2003. The basics of mass spectrometry in the twenty-first century. *Nat. Rev. Drug Discov.* 2:140–150.

Li, L., Garden, R. W., and Sweedler, J. V. 2000. Single-cell MALDI: A new tool for direct peptide profiling. *Trends Biotechnol.* 18:151–160.

Yates, J. R., 3d. 1998. Mass spectrometry and the age of the proteome. *J. Mass Spectrom.* 33:1–19.

Pappin, D. J. 1997. Peptide mass fingerprinting using MALDI-TOF mass spectrometry. *Methods Mol. Biol.* 64:165–173.

Schuster, T. M., and Laue, T. M. 1994. *Modern Analytical Ultracentrifugation*. Springer Verlag.

Arnott, D., Shabanowitz, J., and Hunt, D. F. 1993. Mass spectrometry of proteins and peptides: Sensitive and accurate mass measurement and sequence analysis. *Clin. Chem.* 39:2005–2010.

Chait, B. T., and Kent, S. B. H. 1992. Weighing naked proteins: Practical, high-accuracy mass measurement of peptides and proteins. *Science* 257:1885–1894.

Edmonds, C. G., Loo, J. A., Loo, R. R., Udseth, H. R., Barinaga, C. J., and Smith, R. D. 1991. Application of electrospray ionization mass spectrometry and tandem mass spectrometry in combination with capillary electrophoresis for biochemical investigations. *Biochem. Soc. Trans.* 19:943–947.

Jardine, I. 1990. Molecular weight analysis of proteins. *Methods Enzymol.* 193:441–455.

### Proteômica

Yates, J. R., 3rd. 2004. Mass spectral analysis in proteomics. *Annu. Rev. Biophys. Biomol. Struct.* 33:297–316.

Weston, A. D., and Hood, L. 2004. Systems biology, proteomics, and the future of health care: Toward predictive, preventative, and personalized medicine. *J. Proteome Res.* 3:179–196.

Pandey, A., and Mann, M. 2000. Proteomics to study genes and genomes. *Nature* 405:837–846.

Dutt, M. J., and Lee, K. H. 2000. Proteomic analysis. *Curr. Opin. Biotechnol.* 11:176–179.

Rout, M. P., Aitchison, J. D., Suprapto, A., Hjertaas, K., Zhao, Y., and Chait, B. T. 2000. The yeast nuclear pore complex: Composition, architecture, and transport mechanism. *J. Cell Biol.* 148:635–651.

### Cristalografia de raios X, espectroscopia por ressonância magnética nuclear e criomicroscopia eletrônica

Rhodes, G. 2006. *Crystallography Made Crystal Clear* (3rd ed.). Elsevier/Academic Press.

Moffat, K. 2003. The frontiers of time-resolved macromolecular crystallography: Movies and chirped X-ray pulses. *Faraday Discuss.* 122:65–88.

Bax, A. 2003. Weak alignment offers new NMR opportunities to study protein structure and dynamics. *Protein Sci.* 12:1–16.

Wery, J. P., and Schevitz, R. W. 1997. New trends in macromolecular x-ray crystallography. *Curr. Opin. Chem. Biol.* 1:365–369.

Glusker, J. P. 1994. X-ray crystallography of proteins. *Methods Biochem. Anal.* 37:1–72.

Clore, G. M., and Gronenborn, A. M. 1991. Structures of larger proteins in solution: Three- and four-dimensional heteronuclear NMR spectroscopy. *Science* 252:1390–1399.

Wüthrich, K. 1989. Protein structure determination in solution by nuclear magnetic resonance spectroscopy. *Science* 243:45–50.

Wüthrich, K. 1986. *NMR of Proteins and Nucleic Acids*. Wiley-Interscience.

Fernandez-Leiro, R., and Scheres, S. H. W. 2016. Unravelling the structures of biological macromolecules by cryo-EM. *Nature* 537:339–346.

Milne, J. L. S., Borgnia, M. J., Bartesaghi, A., Tran, E. E. H., Earl, L. A., Schauder, D. M., Lengyel, J., Pierson, J., Patwardhan, A., and Subramaniam, S. 2013. Cryo-electron microscopy—a primer for the non-microscopist. *FEBS J.* 280:28–45.

Liao, M., Cao, E., Julius, D., and Cheng, Y. 2013. Structure of the TRPV1 ion channel determined by electron cryo-microscopy. *Nature* 504:107–112.

### Anticorpos monoclonais e moléculas fluorescentes

*Immunology Today*. 2000. Volume 21, issue 8.

Tsien, R. Y. 1998. The green fluorescent protein. *Annu. Rev. Biochem.* 67:509–544.

Kendall, J. M., and Badminton, M. N. 1998. *Aequorea victoria* bioluminescence moves into an exciting era. *Trends Biotechnol.* 16:216–234.

Goding, J. W. 1996. *Monoclonal Antibodies: Principles and Practice*. Academic Press.

Köhler, G., and Milstein, C. 1975. Continuous cultures of fused cells secreting antibody of predefined specificity. *Nature* 256:495–497.

### Síntese química de proteínas

Bang, D., Chopra, N., and Kent, S. B. 2004. Total chemical synthesis of crambin. *J. Am. Chem. Soc.* 126:1377–1383.

Dawson, P. E., and Kent, S. B. 2000. Synthesis of native proteins by chemical ligation. *Annu. Rev. Biochem.* 69:923–960.

Mayo, K. H. 2000. Recent advances in the design and construction of synthetic peptides: For the love of basics or just for the technology of it. *Trends Biotechnol.* 18:212–217.

## CAPÍTULO 4

### Onde começar

Crick, F. H. C. 1954. The structure of the hereditary material. *Sci. Am.* 191(4):54–61.

Chambon, P. 1981. Split genes. *Sci. Am.* 244(5):60–71.

Watson, J. D., and Crick, F. H. C. 1953. Molecular structure of nucleic acids: A structure for deoxyribose nucleic acid. *Nature* 171:737–738.

Watson, J. D., and Crick, F. H. C. 1953. Genetic implications of the structure of deoxyribonucleic acid. *Nature* 171:964–967.

Meselson, M., and Stahl, F. W. 1958. The replication of DNA in *Escherichia coli*. *Proc. Natl. Acad. Sci. U.S.A.* 44:671–682.

### Livros

Bloomfield, V. A., Crothers, D. M., Tinoco, I., and Hearst, J. 2000. *Nucleic Acids: Structures, Properties, and Functions*. University Science Books.

Singer, M., and Berg, P. 1991. *Genes and Genomes: A Changing Perspective*. University Science Books.
Lodish, H., Berk, A., Kaiser, C. A., Krieger, M. Bretscher, A., Ploegh, H., Amon, A., and Scott, M. P. 2016. *Molecular Cell Biology* (8th ed.). W. H. Freeman and Company.
Krebs, J. E, Goldstein, E. S., and Kilpatrick, S. T. 2017. *Lewin's Genes XII* (12th ed.). Jones and Bartlett.
Watson, J. D., Baker, T. A., Bell, S. P., Gann, A., Levine, M., and Losick, R. 2013. *Molecular Biology of the Gene* (7th ed.). Benjamin Cummings.

### Estrutura do DNA

Neidle, S. 2007. *Principles of Nucleic Acid Structure*. Academic Press.
Dickerson, R. E., Drew, H. R., Conner, B. N., Wing, R. M., Fratini, A. V., and Kopka, M. L. 1982. The anatomy of A-, B-, and Z-DNA. *Science* 216:475–485.
Sinden, R. R. 1994. *DNA Structure and Function*. Academic Press.

### Replicação do DNA

Lehman, I. R. 2003. Discovery of DNA polymerase. *J. Biol. Chem.* 278:34733–34738.
Hübscher, U., Maga, G., and Spardari, S. 2002. Eukaryotic DNA polymerases. *Annu. Rev. Biochem.* 71:133–163.
Hübscher, U., Nasheuer, H.-P., and Syväoja, J. E. 2000. Eukaryotic DNA polymerases: A growing family. *Trends Biochem. Sci.* 25:143–147.
Brautigam, C. A., and Steitz, T. A. 1998. Structural and functional insights provided by crystal structures of DNA polymerases and their substrate complexes. *Curr. Opin. Struct. Biol.* 8:54–63.
Kornberg, A. 2005. *DNA Replication* (2nd ed.). University Science Books.

### Descoberta do RNA mensageiro

Jacob, F., and Monod, J. 1961. Genetic regulatory mechanisms in the synthesis of proteins. *J. Mol. Biol.* 3:318–356.
Brenner, S., Jacob, F., and Meselson, M. 1961. An unstable intermediate carrying information from genes to ribosomes for protein synthesis. *Nature* 190:576–581.
Hall, B. D., and Spiegelman, S. 1961. Sequence complementarity of T2-DNA and T2-specific RNA. *Proc. Natl. Acad. Sci. U.S.A.* 47:137–146.

### Código genético

Quax, T. E. F., Claassens, N. J., Söll, D., and van der Oost, J. 2015. Codon bias as a means to fine-tune gene expression. *Mol. Cell* 59:149–161.
Novoa, E. M., and Ribas de Pouplana, L. 2012. Speeding with control: Codon usage, tRNAs, and ribosomes. *Trends Genet.* 28:574–581.
Koonin, E. V., and Novozhilov, A. S. 2009. Origin and evolution of the genetic code: The universal enigma. *IUBMB Life* 61:99–111.
Yarus, M., Caporaso, J. G., and Knight, R. 2005. Origins of the genetic code: The escaped triplet theory. *Annu. Rev. Biochem.* 74:179–198.
Freeland, S. J., and Hurst, L. D. 2004. Evolution encoded. *Sci. Am.* 290(4):84–91.
Crick, F. H. C., Barnett, L., Brenner, S., and Watts-Tobin, R. J. 1961. General nature of the genetic code for proteins. *Nature* 192:1227–1232.
Knight, R. D., Freeland, S. J., and Landweber L. F. 1999. Selection, history and chemistry: The three faces of the genetic code. *Trends Biochem. Sci.* 24(6):241–247.

### Íntrons, exons e genes divididos

Liu, M., and Grigoriev, A. 2004. Protein domains correlate strongly with exons in multiple eukaryotic genomes—evidence of exon shuffling? *Trends Genet.* 20:399–403.
Dorit, R. L., Schoenbach, L., and Gilbert, W. 1990. How big is the universe of exons? *Science* 250:1377–1382.
Cochet, M., Gannon, F., Hen, R., Maroteaux, L., Perrin, F., and Chambon, P. 1979. Organization and sequence studies of the 17-piece chicken conalbumin gene. *Nature* 282:567–574.
Tilghman, S. M., Tiemeier, D. C., Seidman, J. G., Peterlin, B. M., Sullivan, M., Maizel, J. V., and Leder, P. 1978. Intervening sequence of DNA identified in the structural portion of a mouse β-globin gene. *Proc. Natl. Acad. Sci. U.S.A.* 75:725–729.

### Memórias e relatos históricos

Watson, J. D., Gann, A., and Witkowski, J. (Eds.). 2012. *The Annotated and Illustrated Double Helix*. Simon and Shuster.
Nirenberg, M. 2004. Deciphering the genetic code—A personal account. *Trends Biochem. Sci.* 29:46–54.
Clayton, J., and Dennis, C. (Eds.). 2003. *50 Years of DNA*. Palgrave Macmillan.
Watson, J. D. 1968. *The Double Helix*. Atheneum.
McCarty, M. 1985. *The Transforming Principle: Discovering That Genes Are Made of DNA*. Norton.
Cairns, J., Stent, G. S., and Watson, J. D. 2000. *Phage and the Origins of Molecular Biology*. Cold Spring Harbor Laboratory.
Olby, R. 1974. *The Path to the Double Helix*. University of Washington Press.
Judson, H. F. 1996. *The Eighth Day of Creation*. Cold Spring Harbor Laboratory.
Sayre, A. 2000. *Rosalind Franklin and DNA*. Norton.

## CAPÍTULO 5

### Onde começar

Berg, P. 1981. Dissections and reconstructions of genes and chromosomes. *Science* 213:296–303.
Gilbert, W. 1981. DNA sequencing and gene structure. *Science* 214:1305–1312.
Sanger, F. 1981. Determination of nucleotide sequences in DNA. *Science* 214:1205–1210.
Mullis, K. B. 1990. The unusual origin of the polymerase chain reaction. *Sci. Am.* 262(4):56–65.

### Livros sobre tecnologia de DNA recombinante

Watson, J. D., Myers, R. M., Caudy, A. A., and Witkowski, J. 2007. *Recombinant DNA: Genes and Genomes* (3rd ed.). W. H. Freeman and Company.
Grierson, D. (Ed.). 1991. *Plant Genetic Engineering*. Chapman and Hall.
Mullis, K. B., Ferré, F., and Gibbs, R. A. (Eds.). 1994. *The Polymerase Chain Reaction*. Birkhaüser.
Green, M. R., and Sambrook, S. 2014. *Molecular Cloning: A Laboratory Manual* (4th ed.). Cold Spring Harbor Laboratory Press.
Ausubel, F. M., Brent, R., Kingston, R. E., and Moore, D. D. (Eds.). 2002. *Short Protocols in Molecular Biology: A Compendium of Methods from Current Protocols in Molecular Biology*. Wiley.
Birren, B., Green, E. D., Klapholz, S., Myers, R. M., Roskams, J., Riethamn, H., and Hieter, P. (Eds.). 1999. *Genome Analysis* (vols. 1–4). Cold Spring Harbor Laboratory Press.
*Methods in Enzymology*. Academic Press. [Many volumes in this series deal with recombinant DNA technology.]

### Sequenciamento e síntese de DNA

Hunkapiller, T., Kaiser, R. J., Koop, B. F., and Hood, L. 1991. Large-scale and automated DNA sequence determination. *Science* 254:59–67.
Sanger, F., Nicklen, S., and Coulson, A. R. 1977. DNA sequencing with chain-terminating inhibitors. *Proc. Natl. Acad. Sci. U.S.A.* 74:5463–5467.
Maxam, A. M., and Gilbert, W. 1977. A new method for sequencing DNA. *Proc. Natl. Acad. Sci. U.S.A.* 74:560–564.
Smith, L. M., Sanders, J. Z., Kaiser, R. J., Hughes, P., Dodd, C., Connell, C. R., Heiner, C., Kent, S. B. H., and Hood, L. E. 1986. Flu-

orescence detection in automated DNA sequence analysis. *Nature* 321:674–679.

Pease, A. C., Solas, D., Sullivan, E. J., Cronin, M. T., Holmes, C. P., and Fodor, S. P. A. 1994. Light-generated oligonucleotide arrays for rapid DNA sequence analysis. *Proc. Natl. Acad. Sci. U.S.A.* 91:5022–5026.

Venter, J. C., Adams, M. D., Sutton, G. G., Kerlavage, A. R., Smith, H. O., and Hunkapiller, M. 1998. Shotgun sequencing of the human genome. *Science* 280:1540–1542.

Mardis, E. R. 2008. Next-generation DNA sequencing methods. *Annu. Rev. Genomics Hum. Genet.* 9:387–402.

Metzker, M. L. 2010. Sequencing technologies—the next generation. *Nature Rev. Genet.* 11:31–46.

Rothberg, J. M., Hinz, W., Rearick, T. M., Schultz, J., Mileski, W., Davey, M., Leamon, J. H., Johnson, K., Milgrew, M. J., Edwards, M., et al. 2011. An integrated semi-conductor device enabling non-optical genome sequencing. *Nature* 475:348–352.

## Reação em cadeia da polimerase

Arnheim, N., and Erlich, H. 1992. Polymerase chain reaction strategy. *Annu. Rev. Biochem.* 61:131–156.

Kirby, L. T. (Ed.). 1997. *DNA Fingerprinting: An Introduction.* Stockton Press.

Eisenstein, B. I. 1990. The polymerase chain reaction: A new method for using molecular genetics for medical diagnosis. *New Engl. J. Med.* 322:178–183.

Foley, K. P., Leonard, M. W., and Engel, J. D. 1993. Quantitation of RNA using the polymerase chain reaction. *Trends Genet.* 9:380–386.

Pääbo, S. 1993. Ancient DNA. *Sci. Am.* 269(5):86–92.

Hagelberg, E., Gray, I. C., and Jeffreys, A. J. 1991. Identification of the skeletal remains of a murder victim by DNA analysis. *Nature* 352:427–429.

Lawlor, D. A., Dickel, C. D., Hauswirth, W. W., and Parham, P. 1991. Ancient HLA genes from 7500-year-old archaeological remains. *Nature* 349:785–788.

Krings, M., Geisert, H., Schmitz, R. W., Krainitzki, H., and Pääbo, S. 1999. DNA sequence of the mitochondrial hypervariable region II for the Neanderthal type specimen. *Proc. Natl. Acad. Sci. U.S.A.* 96:5581–5585.

Ovchinnikov, I. V., Götherström, A., Romanova, G. P., Kharitonov, V. M., Lidén, K., and Goodwin, W. 2000. Molecular analysis of Neanderthal DNA from the northern Caucasus. *Nature* 404:490–493.

## Sequenciamento do genoma

International Human Genome Sequencing Consortium. 2004. Finishing the euchromatic sequence of the human genome. *Nature* 431:931–945.

Lander, E. S., Linton, L. M., Birren, B., Nusbaum, C., Zody, M. C., Baldwin, J., Devon, K., Dewar, K., Doyle, M., FitzHugh, W., et al. 2001. Initial sequencing and analysis of the human genome. *Nature* 409:860–921.

Venter, J. C., Adams, M. D., Myers, E. W., Li, P. W., Mural, R. J., Sutton, G. G., Smith, H. O., Yandell, M., Evans, C. A., Holt, R. A., et al. 2001. The sequence of the human genome. *Science* 291:1304–1351.

Waterston, R. H., Lindblad-Toh, K., Birney, E., Rogers, J., Abril, J. F., Agarwal, P., Agarwala, R., Ainscough, R., Alexandersson, M., An, P., et al. 2002. Initial sequencing and comparative analysis of the mouse genome. *Nature* 420:520–562.

Koonin, E. V. 2003. Comparative genomics, minimal gene-sets and the last universal common ancestor. *Nat. Rev. Microbiol.* 1:127–236.

Gilligan, P., Brenner, S., and Venkatesh, B. 2002. Fugu and human sequence comparison identifies novel human genes and conserved non-coding sequences. *Gene* 294:35–44.

Enard, W., and Pääbo, S. 2004. Comparative primate genomics. *Annu. Rev. Genomics Hum. Genet.* 5:351–378.

## PCR quantitativo e matrizes de DNA

Duggan, D. J., Bittner, J. M., Chen, Y., Meltzer, P., and Trent, J. M. 1999. Expression profiling using cDNA microarrays. *Nat. Genet.* 21:10–14.

Golub, T. R., Slonim, D. K., Tamayo, P., Huard, C., Gaasenbeek, M., Mesirov, J. P., Coller, H., Loh, M. L., Downing, J. R., Caligiuri, M. A., et al. 1999. Molecular classification of cancer: Class discovery and class prediction by gene expression monitoring. *Science* 286:531–537.

Perou, C. M., Sørlie, T., Eisen, M. B., van de Rijn, M., Jeffery, S. S., Rees, C. A., Pollack, J. R., Ross, D. T., Johnsen, H., Akslen, L. A., et al. 2000. Molecular portraits of human breast tumours. *Nature* 406:747–752.

Walker, N. J. 2002. A technique whose time has come. *Science* 296:557–559.

## Manipulação de genes eucarióticos

Anderson, W. F. 1992. Human gene therapy. *Science* 256:808–813.

Friedmann, T. 1997. Overcoming the obstacles to gene therapy. *Sci. Am.* 277(6):96–101.

Blaese, R. M. 1997. Gene therapy for cancer. *Sci. Am.* 277(6):111–115.

Brinster, R. L., and Palmiter, R. D. 1986. Introduction of genes into the germ lines of animals. *Harvey Lect.* 80:1–38.

Capecchi, M. R. 1989. Altering the genome by homologous recombination. *Science* 244:1288–1292.

Hasty, P., Bradley, A., Morris, J. H., Edmondson, D. G., Venuti, J. M., Olson, E. N., and Klein, W. H. 1993. Muscle deficiency and neonatal death in mice with a targeted mutation in the myogenin gene. *Nature* 364:501–506.

Parkmann, R., Weinberg, K., Crooks, G., Nolta, J., Kapoor, N., and Kohn, D. 2000. Gene therapy for adenosine deaminase deficiency. *Annu. Rev. Med.* 51:33–47.

Gaj, T., Gersbach, C. A., and Barbas III, C. F. 2013. ZFN, TALEN, and CRISPR/Cas-based methods for genome engineering. *Trends Biotechnol.* 31:397–405.

Doudna, J. A., and Charpentier, E. 2014. The new frontier of genome engineering with CRISPR-Cas9. *Science* 346:1258096.

Sander, J. D., and Joung, J. K. 2014. CRISPR-Cas systems for editing, regulating and targeting genomes. *Nat. Biotech.* 32:347–355.

Nishimasu, H., Ran, F. A., Hsu, P. D., Konermann, S., Shehata, S. I., Dohmae, N., Ishitani, R., Zhang, F., and Nureki, O. 2014. Crystal structure of Cas9 in complex with guide RNA and target DNA. *Cell* 156:935–949.

## Interferência do RNA

Rana, T. M. 2007. Illuminating the silence: Understanding the structure and function of small RNAs. *Nat. Rev. Mol. Cell Biol.* 8:23–36.

Novina, C. D., and Sharp, P. A. 2004. The RNAi revolution. *Nature* 430:161–164.

Hannon, G. J., and Rossi, J. J. 2004. Unlocking the potential of the human genome with RNA interference. *Nature* 431:371–378.

Meister, G., and Tuschl, T. 2004. Mechanisms of gene silencing by double-stranded RNA. *Nature* 431:343–349.

Elbashir, S. M., Harborth, J., Lendeckel, W., Yalcin, A., Weber, K., and Tuschl, T. 2001. Duplexes of 21-nucleotide RNAs mediate RNA interference in cultured mammalian cells. *Nature* 411:494–498.

Fire, A., Xu, S., Montgomery, M. K., Kostas, S. A., Driver, S. E., and Mello, C. C. 1998. Potent and specific genetic interference by double-stranded RNA in *Caenorhabditis elegans*. *Nature* 391:806–811.

## Engenharia genética de plantas

Gasser, C. S., and Fraley, R. T. 1992. Transgenic crops. *Sci. Am.* 266(6):62–69.

Gasser, C. S., and Fraley, R. T. 1989. Genetically engineering plants for crop improvement. *Science* 244:1293–1299.

Shimamoto, K., Terada, R., Izawa, T., and Fujimoto, H. 1989. Fertile transgenic rice plants regenerated from transformed protoplasts. *Nature* 338:274–276.

Chilton, M.-D. 1983. A vector for introducing new genes into plants. *Sci. Am.* 248(6):50–59.

Hansen, G., and Wright, M. S. 1999. Recent advances in the transformation of plants. *Trends Plant Sci.* 4:226–231.

Hammond, J. 1999. Overview: The many uses of transgenic plants. *Curr. Top. Microbiol. Immunol.* 240:1–20.

Finer, J. J., Finer, K. R., and Ponappa, T. 1999. Particle bombardment mediated transformation. *Curr. Top. Microbiol. Immunol.* 240:60–80.

Hiei, Y., Ishida, Y., and Komari, T. 2014. Progress of cereal transformation technology mediated by *Agrobacterium tumefaciens*. *Front. Plant Sci.* 5:628.

### Esclerose lateral amiotrófica

Siddique, T., Figlewicz, D. A., Pericak-Vance, M. A., Haines, J. L., Rouleau, G., Jeffers, A. J., Sapp, P., Hung, W.-Y., Bebout, J., McKenna-Yasek, D., et al. 1991. Linkage of a gene causing familial amyotrophic lateral sclerosis to chromosome 21 and evidence of genetic-locus heterogeneity. *New Engl. J. Med.* 324:1381–1384.

Rosen, D. R., Siddique, T., Patterson, D., Figlewicz, D. A., Sapp, P., Hentati, A., Donaldson, D., Goto, J., O'Regan, J. P., Deng, H.-X., et al. 1993. Mutations in Cu/Zn superoxide dismutase gene are associated with familial amyotrophic lateral sclerosis. *Nature* 362:59–62.

Gurney, M. E., Pu, H., Chiu, A. Y., Dal Canto, M. C., Polchow, C. Y., Alexander, D. D., Caliendo, J., Hentati, A., Kwon, Y. W., Deng, H.-X., et al. 1994. Motor neuron degeneration in mice that express a human Cu, Zn superoxide dismutase mutation. *Science* 264:1772–1774.

Borchelt, D. R., Lee, M. K., Slunt, H. S., Guarnieri, M., Xu, Z.-S., Wong, P. C., Brown, R. H., Jr., Price, D. L., Sisodia, S. S., and Cleveland, D. W. 1994. Superoxide dismutase 1 with mutations linked to familial amyotrophic lateral sclerosis possesses significant activity. *Proc. Natl. Acad. Sci. U.S.A.* 91:8292–8296.

Taylor, J. P., Brown, Jr., R. H., and Cleveland, D. W. 2016. Decoding ALS: from genes to mechanism. *Nature* 539:197–206.

### Bioquímica em foco

Ajjawi, et al. 2017. Lipid production in *Nannochloropsis gaditana* is doubled by decreasing expression of a single transcriptional regulator. *Nat. Biotech.* 35:647–652.

Radakovits, R., et al. 2012. Draft genome sequence and genetic transformation of the oleaginous alga *Nannochloropsis gaditana*. *Nat. Commun.* 3:686.

## CAPÍTULO 6

### Onde começar

Hogewer, P. 2011. The roots of bioinformatics in theoretical biology. *PLoS Comp. Biol.* 7:e1002021.

Searls, D. B. 2010. The roots of bioinformatics. *PLoS Comp. Biol.* 6: e1000809.

### Livros

Claverie, J.-M., and Notredame, C. 2003. *Bioinformatics for Dummies*. Wiley.

Pevsner, J. 2003. *Bioinformatics and Functional Genomics*. Wiley-Liss.

Doolittle, R. F. 1987. *Of URFS and ORFS*. University Science Books.

### Alinhamento de sequência

Schaffer, A. A., Aravind, L., Madden, T. L., Shavirin, S., Spouge, J. L., Wolf, Y. I., Koonin, E. V., and Altschul, S. F. 2001. Improving the accuracy of PSI-BLAST protein database searches with composition-based statistics and other refinements. *Nucleic Acids Res.* 29:2994–3005.

Henikoff, S., and Henikoff, J. G. 1992. Amino acid substitution matrices from protein blocks. *Proc. Natl. Acad. Sci. U.S.A.* 89:10915–10919.

Johnson, M. S., and Overington, J. P. 1993. A structural basis for sequence comparisons: An evaluation of scoring methodologies. *J. Mol. Biol.* 233:716–738.

Eddy, S. R. 2004. Where did the BLOSUM62 alignment score matrix come from? *Nat. Biotechnol.* 22:1035–1036.

Aravind, L., and Koonin, E. V. 1999. Gleaning non-trivial structural, functional and evolutionary information about proteins by iterative database searches. *J. Mol. Biol.* 287:1023–1040.

Altschul, S. F., Madden, T. L., Schaffer, A. A., Zhang, J., Zhang, Z., Miller, W., and Lipman, D. J. 1997. Gapped BLAST and PSI-BLAST: A new generation of protein database search programs. *Nucleic Acids Res.* 25:3389–3402.

### Comparação de estrutura

Orengo, C. A., Bray, J. E., Buchan, D. W., Harrison, A., Lee, D., Pearl, F. M., Sillitoe, I., Todd, A. E., and Thornton, J. M. 2002. The CATH protein family database: A resource for structural and functional annotation of genomes. *Proteomics* 2:11–21.

Bashford, D., Chothia, C., and Lesk, A. M. 1987. Determinants of a protein fold: Unique features of the globin amino acid sequences. *J. Mol. Biol.* 196:199–216.

Harutyunyan, E. H., Safonova, T. N., Kuranova, I. P., Popov, A. N., Teplyakov, A. V., Obmolova, G. V., Rusakov, A. A., Vainshtein, B. K., Dodson, G. G., Wilson, J. C., et al. 1995. The structure of deoxy- and oxy-leghaemoglobin from lupin. *J. Mol. Biol.* 251:104–115.

Flaherty, K. M., McKay, D. B., Kabsch, W., and Holmes, K. C. 1991. Similarity of the three-dimensional structures of actin and the ATPase fragment of a 70-kDa heat shock cognate protein. *Proc. Natl. Acad. Sci. U.S.A.* 88:5041–5045.

Murzin, A. G., Brenner, S. E., Hubbard, T., and Chothia, C. 1995. SCOP: A structural classification of proteins database for the investigation of sequences and structures. *J. Mol. Biol.* 247:536–540.

Hadley, C., and Jones, D. T. 1999. A systematic comparison of protein structure classification: SCOP, CATH and FSSP. *Struct. Fold. Des.* 7:1099–1112.

### Detecção de domínio

Marchler-Bauer, A., Anderson, J. B., DeWeese-Scott, C., Fedorova, N. D., Geer, L. Y., He, S., Hurwitz, D. I., Jackson, J. D., Jacobs, A. R., Lanczycki, C. J., et al. 2003. CDD: A curated Entrez database of conserved domain alignments. *Nucleic Acids Res.* 31:383–387.

Ploegman, J. H., Drent, G., Kalk, K. H., and Hol, W. G. 1978. Structure of bovine liver rhodanese I: Structure determination at 2.5 Å resolution and a comparison of the conformation and sequence of its two domains. *J. Mol. Biol.* 123:557–594.

Nikolov, D. B., Hu, S. H., Lin, J., Gasch, A., Hoffmann, A., Horikoshi, M., Chua, N. H., Roeder, R. G., and Burley, S. K. 1992. Crystal structure of TFIID TATA-box binding protein. *Nature* 360:40–46.

Doolittle, R. F. 1995. The multiplicity of domains in proteins. *Annu. Rev. Biochem.* 64:287–314.

Heger, A., and Holm, L. 2000. Rapid automatic detection and alignment of repeats in protein sequences. *Proteins* 41:224–237.

### Árvores evolutivas

Wolf, Y. I., Rogozin, I. B., Grishin, N. V., and Koonin, E. V. 2002. Genome trees and the tree of life. *Trends Genet.* 18:472–479.

Doolittle, R. F. 1992. Stein and Moore Award address. Reconstructing history with amino acid sequences. *Protein Sci.* 1:191–200.

Zuckerkandl, E., and Pauling, L. 1965. Molecules as documents of evolutionary history. *J. Theor. Biol.* 8:357–366.

Schönknecht, G., Chen, W.-H., Ternes, C. M., Barbier, G. G., Shrestha, R. P., Stanke, M., Bräutigam, A., Baker, B. J., Banfield, J. F., Garavito, R. M., et al. 2013. Gene transfer from bacteria and archaea facilitated evolution of an extremophilic eukaryote. *Science* 339:1207–1210.

### DNA antigo

Prüfer, K., Racimo, F., Patterson, N., Jay, F., Sankararaman, S., Sawyer, S., Heinze, A., Renaud, G., Sudmant, P. H., de Filippo C., et al. 2014. The complete genome sequence of a Neanderthal from the Altai Mountains. *Nature* 505:43–49.

Meyer, M., Kircher, M., Gansauge, M. T., Li, H., Racimo, F., Mallick, S., Schraiber, J. G., Jay, F., Prüfer, K., de Filippo, C., et al. 2012. A high-coverage genome sequence from an archaic Denisovan individual. *Science* 338:222–226.

Green, R. E., Malaspinas, A.-S., Krause, J., Briggs, A. W., Johnson, P. L. F., Uhler, C., Meyer, M., Good, J. M., Maricic, T., Stenzel, U., et al. 2008. A complete Neandertal mitochondrial genome sequence determined by high-throughput sequencing. *Cell* 134:416–426.

Pääbo, S., Poinar, H., Serre, D., Jaenicke-Despres, V., Hebler, J., Rohland, N., Kuch, M., Krause, J., Vigilant, L., and Hofreiter, M. 2004. Genetic analyses from ancient DNA. *Annu. Rev. Genet.* 38:645–679.

### Evolução no laboratório

Sassanfar, M., and Szostak, J. W. 1993. An RNA motif that binds ATP. *Nature* 364:550–553.

Gold, L., Polisky, B., Uhlenbeck, O., and Yarus, M. 1995. Diversity of oligonucleotide functions. *Annu. Rev. Biochem.* 64:763–797.

Wilson, D. S., and Szostak, J. W. 1999. In vitro selection of functional nucleic acids. *Annu. Rev. Biochem.* 68:611–647.

Hermann, T., and Patel, D. J. 2000. Adaptive recognition by nucleic acid aptamers. *Science* 287:820–825.

Keefe, A. D., Pai, S., and Ellington, A. 2010. Aptamers as therapeutics. *Nat. Rev. Drug Discov.* 9:537–550.

Radom, F., Jurek, P. M., Mazurek, M. P., Otlewski, J., and Jeleń, F. 2013. Aptamers: Molecules of great potential. *Biotechnol. Adv.* 31:1260–1274.

### Websites

The Protein Data Bank (PDB) site is the repository for three-dimensional macromolecular structures. It currently contains more than 100,000 structures. (https://www.wwpdb.org)

National Center for Biotechnology Information (NCBI) contains molecular biological databases and software for analysis. (http://www.ncbi.nlm.nih.gov/)

### Bioquímica em foco

Man, O., Gilad, Y., and Lancet, D. 2004. Prediction of the odorant binding site of olfactory receptor proteins by human–mouse comparisons. *Protein Sci.* 13:240–254.

## CAPÍTULO 7

### Onde começar

Changeux, J.-P. 2011. 50th anniversary of the word "Allosteric." *Protein Sci.* 20:1119–1124.

Perutz, M. F. 1978. Hemoglobin structure and respiratory transport. *Sci. Am.* 239(6):92–125.

Perutz, M. F. 1980. Stereochemical mechanism of oxygen transport by haemoglobin. *Proc. R. Soc. Lond. Biol. Sci.* 208:135–162.

Kilmartin, J. V. 1976. Interaction of haemoglobin with protons, $CO_2$ and 2,3-diphosphoglycerate. *Brit. Med. Bull.* 32:209–222.

### Estrutura

Kendrew, J. C., Bodo, G., Dintzis, H. M., Parrish, R. G., Wyckoff, H., and Phillips, D. C. 1958. A three-dimensional model of the myoglobin molecule obtained by x-ray analysis. *Nature* 181:662–666.

Shaanan, B. 1983. Structure of human oxyhaemoglobin at 2.1 Å resolution. *J. Mol. Biol.* 171:31–59.

Frier, J. A., and Perutz, M. F. 1977. Structure of human foetal deoxyhaemoglobin. *J. Mol. Biol.* 112:97–112.

Perutz, M. F. 1969. Structure and function of hemoglobin. *Harvey Lect.* 63:213–261.

Perutz, M. F. 1962. Relation between structure and sequence of haemoglobin. *Nature* 194:914–917.

Harrington, D. J., Adachi, K., and Royer, W. E., Jr. 1997. The high resolution crystal structure of deoxyhemoglobin S. *J. Mol. Biol.* 272:398–407.

### Interação da hemoglobina com efetores alostéricos

Benesch, R., and Beesch, R. E. 1969. Intracellular organic phosphates as regulators of oxygen release by haemoglobin. *Nature* 221:618–622.

Fang, T. Y., Zou, M., Simplaceanu, V., Ho, N. T., and Ho, C. 1999. Assessment of roles of surface histidyl residues in the molecular basis of the Bohr effect and of β 143 histidine in the binding of 2,3-bisphosphoglycerate in human normal adult hemoglobin. *Biochemistry* 38:13423–13432.

Arnone, A. 1992. X-ray diffraction study of binding of 2,3-diphosphoglycerate to human deoxyhaemoglobin. *Nature* 237:146–149.

### Modelos para cooperatividade

Changeux, J.-P. 2012. Allostery and the Monod-Wyman-Changeux model after 50 years. *Annu. Rev. Biophys.* 41:103–133.

Monod, J., Wyman, J., and Changeux, J.-P. 1965. On the nature of allosteric interactions: A plausible model. *J. Mol. Biol.* 12:88–118.

Koshland, D. L., Jr., Nemethy, G., and Filmer, D. 1966. Comparison of experimental binding data and theoretical models in proteins containing subunits. *Biochemistry* 5:365–385.

Ackers, G. K., Doyle, M. L., Myers, D., and Daugherty, M. A. 1992. Molecular code for cooperativity in hemoglobin. *Science* 255:54–63.

### Anemia falciforme e a talassemia

Herrick, J. B. 1910. Peculiar elongated and sickle-shaped red blood corpuscles in a case of severe anemia. *Arch. Intern. Med.* 6:517–521.

Pauling, L., Itano, H. A., Singer, S. J., and Wells, L. C. 1949. Sickle cell anemia: A molecular disease. *Science* 110:543–548.

Ingram, V. M. 1957. Gene mutation in human hemoglobin: The chemical difference between normal and sickle cell haemoglobin. *Nature* 180:326–328.

Eaton, W. A., and Hofrichter, J. 1990. Sickle cell hemoglobin polymerization. *Adv. Prot. Chem.* 40:63–279.

Weatherall, D. J. 2001. Phenotype genotype relationships in monogenic disease: Lessons from the thalassemias. *Nat. Rev. Genet.* 2:245–255.

Tsaras, G., Owusu-Ansah, A., Boateng, F. O., and Amoateng-Adjepong, Y. 2009. Complications associated with sickle cell trait: A brief narrative review. *Am. J. Med.* 122: 507–512.

### Proteínas de ligação da globina e outras globinas

Helbo, S., Weber, R. E., and Fago, A. 2013. Expression patterns and adaptive functional diversity of vertebrate myoglobins. *Biochim. Biophys. Acta* 1834:1832–1839.

Kihm, A. J., Kong, Y., Hong, W., Russell, J. E., Rouda, S., Adachi, K., Simon, M. C., Blobel, G. A., and Weiss, M. J. 2002. An abundant erythroid protein that stabilizes free α-haemoglobin. *Nature* 417:758–763.

Feng, L., Zhou, S., Gu, L., Gell, D. A., Mackay, J. P., Weiss, M. J., Gow, A. J., and Shi, Y. 2005. Structure of oxidized α-haemoglobin bound to AHSP reveals a protective mechanism for haem. *Nature* 435:697–701.

Yu, X., Kong, Y., Dore, L. C., Abdulmalik, O., Katein, A. M., Zhou, S., Choi, J. K., Gell, D., Mackay, J. P., Gow, A. J., et al. 2007. An erythroid chaperone that facilitates folding of α-globin subunits for hemoglobin synthesis. *J. Clin. Invest.* 117:1856–1865.

Burmester, T., Haberkamp, M., Mitz, S., Roesner, A., Schmidt, M., Ebner, B., Gerlach, F., Fuchs, C., and Hankeln, T. 2004. Neuroglobin and cytoglobin: Genes, proteins and evolution. *IUBMB Life* 56:703–707.

Hankeln, T., Ebner, B., Fuchs, C., Gerlach, F., Haberkamp, M., Laufs, T. L., Roesner, A., Schmidt, M., Weich, B., Wystub, S., et al. 2005. Neuroglobin and cytoglobin in search of their role in the vertebrate globin family. *J. Inorg. Biochem.* 99:110–119.

Burmester, T., Ebner, B., Weich, B., and Hankeln, T. 2002. Cytoglobin: A novel globin type ubiquitously expressed in vertebrate tissues. *Mol. Biol. Evol.* 19:416–421.

Zhang, C., Wang, C., Deng, M., Li, L., Wang, H., Fan, M., Xu, W., Meng, F., Qian, L., and He, F. 2002. Full-length cDNA cloning of human neuroglobin and tissue expression of rat neuroglobin. *Biochem. Biophys. Res. Commun.* 290:1411–1419.

### Bioquímica em foco

Azarov, I., Wang, L., Rose, J. J., Xu, Q., Huang, X. N., Belanger, A., Wang, Y., Guo, L., Liu, C., Ucer, K. B., McTiernan, C. F., O'Donnell, C. P., Shiva, S., Tejero, J., Kim-Shapiro, D. B., and Gladwin, M. T. 2016. Five-coordinate H64Q neuroglobin as a ligand-trap antidote for carbon monoxide poisoning. *Sci. Transl. Med.* 8:368ra173.

Pesce, A., Dewilde, S., Nardini, M., Moens, L., Ascenzi, P., Hankeln, T., Burmester, T., and Bolognesi, M. 2003. Human brain neuroglobin structure reveals a distinct mode of controlling oxygen affinity. *Structure* 11:1087–1095.

## CAPÍTULO 8

### Onde começar

Zalatan, J. G., and Herschlag, D. 2009. The far reaches of enzymology. *Nat. Chem. Biol.* 5:516–520.

Hammes, G. G. 2008. How do enzymes really work? *J. Biol. Chem.* 283:22337–22346.

Koshland, D. E., Jr. 1987. Evolution of catalytic function. *Cold Spring Harbor Symp. Quant. Biol.* 52:1–7.

Jencks, W. P. 1987. Economics of enzyme catalysis. *Cold Spring Harbor Symp. Quant. Biol.* 52:65–73.

Lerner, R. A., and Tramontano, A. 1988. Catalytic antibodies. *Sci. Am.* 258(3):58–70.

### Livros

Cook, P. F., and Cleland, W. W. 2007. *Enzyme Kinetics and Mechanism.* Garland Press.

Fersht, A. 1999. *Structure and Mechanism in Protein Science: A Guide to Enzyme Catalysis and Protein Folding.* W. H. Freeman and Company.

Walsh, C. 1979. *Enzymatic Reaction Mechanisms.* W. H. Freeman and Company.

Bender, M. L., Bergeron, R. J., and Komiyama, M. 1984. *The Bioorganic Chemistry of Enzymatic Catalysis.* Wiley-Interscience.

Abelson, J. N., and Simon, M. I. (Eds.). 1992. *Methods in Enzymology.* Academic Press.

Friedmann, H. C. (Ed.). 1981. *Benchmark Papers in Biochemistry,* vol. 1, *Enzymes.* Hutchinson Ross.

### Estabilização do estado de transição, análogos e outros inibidores de enzimas

Schramm, V. L. 2007. Enzymatic transition state theory and transition state analog design. *J. Biol. Chem.* 282:28297–28300.

Pauling, L. 1948. Nature of forces between large molecules of biological interest. *Nature* 161:707–709.

Leinhard, G. E. 1973. Enzymatic catalysis and transition-state theory. *Science* 180:149–154.

Kraut, J. 1988. How do enzymes work? *Science* 242:533–540.

Waxman, D. J., and Strominger, J. L. 1983. Penicillin-binding proteins and the mechanism of action of β-lactam antibiotics. *Annu. Rev. Biochem.* 52:825–869.

Abraham, E. P. 1981. The β-lactam antibiotics. *Sci. Am.* 244(6):76–86.

Walsh, C. T. 1984. Suicide substrates, mechanism-based enzyme inactivators: Recent developments. *Annu. Rev. Biochem.* 53:493–535.

### Mecanismos e cinética enzimática

Hammes, G. G., Benkovic, S. J., and Hammes-Schiffer, S. 2011. Flexibility, Diversity, and Cooperativity: Pillars of Enzyme Catalysis. *Biochemistry* 50:10422–10430.

Johnson, K. A., and Goody, R. S. 2011. The Original Michaelis Constant: Translation of the 1913 Michaelis–Menten Paper. *Biochemistry* 50:8264–8269.

Hammes-Schiller, S., and Benkovic, S. J. 2006. Relating protein motion to catalysis. *Annu. Rev. Biochem.* 75:519–541.

Benkovic, S. J., and Hammes-Schiller, S. 2003. A perspective on enzyme catalysis. *Science* 301:1196–1202.

Hur, S., and Bruice, T. C. 2003. The near attack conformation approach to the study of the chorismate to prephenate reaction. *Proc. Natl. Acad. Sci. U.S.A.* 100:12015–12020.

Miles, E. W., Rhee, S., and Davies, D. R. 1999. The molecular basis of substrate channeling. *J. Biol. Chem.* 274:12193–12196.

Warshel, A. 1998. Electrostatic origin of the catalytic power of enzymes and the role of preorganized active sites. *J. Biol. Chem.* 273:27035–27038.

Cannon, W. R., and Benkovic, S. J. 1999. Solvation, reorganization energy, and biological catalysis. *J. Biol. Chem.* 273:26257–26260.

Cleland, W. W., Frey, P. A., and Gerlt, J. A. 1998. The low barrier hydrogen bond in enzymatic catalysis. *J. Biol. Chem.* 273:25529–25532.

Romesberg, F. E., Santarsiero, B. D., Spiller, B., Yin, J., Barnes, D., Schultz, P. G., and Stevens, R. C. 1998. Structural and kinetic evidence for strain in biological catalysis. *Biochemistry* 37:14404–14409.

Fersht, A. R., Leatherbarrow, R. J., and Wells, T. N. C. 1986. Binding energy and catalysis: A lesson from protein engineering of the tyrosyl-tRNA synthetase. *Trends Biochem. Sci.* 11:321–325.

Jencks, W. P. 1975. Binding energy, specificity, and enzymic catalysis: The Circe effect. *Adv. Enzymol.* 43:219–410.

Knowles, J. R., and Albery, W. J. 1976. Evolution of enzyme function and the development of catalytic efficiency. *Biochemistry* 15:5631–5640.

### Estudos de moléculas individuais

Allewell, N. M. 2010. Thematic Minireview Series: Single-molecule Measurements in Biochemistry and Molecular Biology. *J. Biol. Chem.* 285:18959–18983. A series of reviews on single-molecule studies.

Min, W., English, B. P., Lou, G., Cherayil, B. J., Kou, S. C., and Xie, X. S. 2005. Fluctuating Enzymes: Lessons from Single-Molecule Studies. *Acc. Chem. Res.* 38:923–931.

Xie, X. S., and Lu, H. P. 1999. Single-molecule enzymology. *J. Biol. Chem.* 274:15967–15970.

Lu, H. P., Xun, L., and Xie, X. S. 1998. Single-molecule enzymatic dynamics. *Science* 282:1877–1882.

## CAPÍTULO 9

### Onde começar

Stroud, R. M. 1974. A family of protein-cutting proteins. *Sci. Am.* 231(1):74–88.

Kraut, J. 1977. Serine proteases: Structure and mechanism of catalysis. *Annu. Rev. Biochem.* 46:331–358.

Lindskog, S. 1997. Structure and mechanism of carbonic anhydrase. *Pharmacol. Ther.* 74:1–20.

Jeltsch, A., Alves, J., Maass, G., and Pingoud, A. 1992. On the catalytic mechanism of EcoRI and EcoRV: A detailed proposal based on biochemical results, structural data and molecular modelling. *FEBS Lett.* 304:4–8.

Bauer, C. B., Holden, H. M., Thoden, J. B., Smith, R., and Rayment, I. 2000. X-ray structures of the apo and MgATP-bound states of *Dictyostelium discoideum* myosin motor domain. *J. Biol. Chem.* 275:38494–38499.

Lolis, E., and Petsko, G. A. 1990. Transition-state analogues in protein crystallography: Probes of the structural source of enzyme catalysis. *Annu. Rev. Biochem.* 59:597–630.

### Livros

Fersht, A. 1999. *Structure and Mechanism in Protein Science: A Guide to Enzyme Catalysis and Protein Folding.* W. H. Freeman and Company.

Silverman, R. B. 2000. *The Organic Chemistry of Enzyme-Catalyzed Reactions.* Academic Press.

Page, M., and Williams, A. 1997. *Organic and Bio-organic Mechanisms.* Addison Wesley Longman.

### Quimotripsina e outras proteases de serina

Fastrez, J., and Fersht, A. R. 1973. Demonstration of the acyl-enzyme mechanism for the hydrolysis of peptides and anilides by chymotrypsin. *Biochemistry* 12:2025–2034.

Sigler, P. B., Blow, D. M., Matthews, B. W., and Henderson, R. 1968. Structure of crystalline-chymotrypsin II: A preliminary report including a hypothesis for the activation mechanism. *J. Mol. Biol.* 35:143–164.

Kossiakoff, A. A., and Spencer, S. A. 1981. Direct determination of the protonation states of aspartic acid-102 and histidine-57 in the tetrahedral intermediate of the serine proteases: Neutron structure of trypsin. *Biochemistry* 20:6462–6474.

Carter, P., and Wells, J. A. 1988. Dissecting the catalytic triad of a serine protease. *Nature* 332:564–568.

Carter, P., and Wells, J. A. 1990. Functional interaction among catalytic residues in subtilisin BPN′. *Proteins* 7:335–342.

Koepke, J., Ermler, U., Warkentin, E., Wenzl, G., and Flecker, P. 2000. Crystal structure of cancer chemopreventive Bowman-Birk inhibitor in ternary complex with bovine trypsin at 2.3 Å resolution: Structural basis of Janus-faced serine protease inhibitor specificity. *J. Mol. Biol.* 298:477–491.

Gaboriaud, C., Rossi, V., Bally, I., Arlaud, G. J., and Fontecilla-Camps, J. C. 2000. Crystal structure of the catalytic domain of human complement C1s: A serine protease with a handle. *EMBO J.* 19:1755–1765.

Bachovchin D. A., and Cravatt B. F. 2012. The pharmacological landscape and therapeutic potential of serine hydrolases. *Nature Reviews Drug Discovery* 11:52–68.

### Outras proteases

Vega, S., Kang, L. W., Velazquez-Campoy, A., Kiso, Y., Amzel, L. M., and Freire, E. 2004. A structural and thermodynamic escape mechanism from a drug resistant mutation of the HIV-1 protease. *Proteins* 55:594–602.

Kamphuis, I. G., Kalk, K. H., Swarte, M. B., and Drenth, J. 1984. Structure of papain refined at 1.65 Å resolution. *J. Mol. Biol.* 179:233–256.

Kamphuis, I. G., Drenth, J., and Baker, E. N. 1985. Thiol proteases: Comparative studies based on the high-resolution structures of papain and actinidin, and on amino acid sequence information for cathepsins B and H, and stem bromelain. *J. Mol. Biol.* 182:317–329.

Sivaraman, J., Nagler, D. K., Zhang, R., Menard, R., and Cygler, M. 2000. Crystal structure of human procathepsin X: A cysteine protease with the proregion covalently linked to the active site cysteine. *J. Mol. Biol.* 295:939–951.

Davies, D. R. 1990. The structure and function of the aspartic proteinases. *Annu. Rev. Biophys. Biophys. Chem.* 19:189–215.

Dorsey, B. D., Levin, R. B., McDaniel, S. L., Vacca, J. P., Guare, J. P., Darke, P. L., Zugay, J. A., Emini, E. A., Schleif, W. A., Quintero, J. C., et al. 1994. L-735,524: The design of a potent and orally bio-available HIV protease inhibitor. *J. Med. Chem.* 37:3443–3451.

Chen, Z., Li, Y., Chen, E., Hall, D. L., Darke, P. L., Culberson, C., Shafer, J. A., and Kuo, L. C. 1994. Crystal structure at 1.9 Å resolution of human immunodeficiency virus (HIV) II protease complexed with L-735,524, an orally bioavailable inhibitor of the HIV proteases. *J. Biol. Chem.* 269:26344–26348.

Ollis, D. L., Cheah, E., Cygler, M., Dijkstra, B., Frolow, F., Franken, S. M., Harel, M., Remington, S. J., Silman, I., Schrag, J., et al. 1992. The α/β hydrolase fold. *Protein Eng.* 5:197–211.

Miller, M. 2012. The early years of retroviral protease crystal structures. *Biopolymers* 94:521–529.

### Anidrases carbônicas

Lindskog, S., and Coleman, J. E. 1973. The catalytic mechanism of carbonic anhydrase. *Proc. Natl. Acad. Sci. U.S.A.* 70:2505–2508.

Kannan, K. K., Notstrand, B., Fridborg, K., Lovgren, S., Ohlsson, A., and Petef, M. 1975. Crystal structure of human erythrocyte carbonic anhydrase B: Three-dimensional structure at a nominal 2.2 Å resolution. *Proc. Natl. Acad. Sci. U.S.A.* 72:51–55.

Boriack-Sjodin, P. A., Zeitlin, S., Chen, H. H., Crenshaw, L., Gross, S., Dantanarayana, A., Delgado, P., May, J. A., Dean, T., and Christianson, D. W. 1998. Structural analysis of inhibitor binding to human carbonic anhydrase II. *Protein Sci.* 7:2483–2489.

Wooley, P. 1975. Models for metal ion function in carbonic anhydrase. *Nature* 258:677–682.

Jonsson, B. H., Steiner, H., and Lindskog, S. 1976. Participation of buffer in the catalytic mechanism of carbonic anhydrase. *FEBS Lett.* 64:310–314.

Sly, W. S., and Hu, P. Y. 1995. Human carbonic anhydrases and carbonic anhydrase deficiencies. *Annu. Rev. Biochem.* 64:375–401.

Maren, T. H. 1988. The kinetics of $HCO_3^-$ synthesis related to fluid secretion, pH control, and $CO_2$ elimination. *Annu. Rev. Physiol.* 50:695–717.

Roy, A., and Taraphder, S. 2010. Role of protein motions on proton transfer pathways in human carbonic anhydrase II. *Biochim. Biophys. Acta* 1804:352–361.

Ozensoy Guler, O., Capasso, C., and Supuran, C. T. 2016. A magnificent enzyme superfamily: carbonic anhydrase, their purification and characterization. *J. Enzyme Inhib. Med. Chem.* 31:689–694.

Taraphder, S., Maupin, C. M., Swanson, J. M., and Voth, G. A. 2016. Coupling protein dynamics with proton transport in human car bonic anhydrase II. *J. Phys. Chem. B.* 120:8389–8404.

### Enzimas de restrição

Selvaraj, S., Kono, H., and Sarai, A. 2002. Specificity of protein-DNA recognition revealed by structure-based potentials: Symmetric/asymmetric and cognate/non-cognate binding. *J. Mol. Biol.* 322:907–915.

Winkler, F. K., Banner, D. W., Oefner, C., Tsernoglou, D., Brown, R. S., Heathman, S. P., Bryan, R. K., Martin, P. D., Petratos, K., and Wilson, K. S. 1993. The crystal structure of EcoRV endonuclease and of its complexes with cognate and non-cognate DNA fragments. *EMBO J.* 12:1781–1795.

Kostrewa, D., and Winkler, F. K. 1995. $Mg^{2+}$ binding to the active site of EcoRV endonuclease: A crystallographic study of complexes with substrate and product DNA at 2 Å resolution. *Biochemistry* 34:683–696.

Athanasiadis, A., Vlassi, M., Kotsifaki, D., Tucker, P. A., Wilson, K. S., and Kokkinidis, M. 1994. Crystal structure of PvuII endonuclease reveals extensive structural homologies to EcoRV. *Nat. Struct. Biol.* 1:469–475.

Sam, M. D., and Perona, J. J. 1999. Catalytic roles of divalent metal ions in phosphoryl transfer by EcoRV endonuclease. *Biochemistry* 38:6576–6586.

Jeltsch, A., and Pingoud, A. 1996. Horizontal gene transfer contributes to the wide distribution and evolution of type II restriction-modification systems. *J. Mol. Evol.* 42:91–96.

Advani S., Mishra P., Dubey S., and Thakur S. 2010. Categoric prediction of metal ion mechanisms in the active sites of 17 select type II restriction endonucleases. *Biochem. Biophys. Res. Commun.* 402:177–179.

Horton, N. C., and Perona, J. J. 2000. Crystallographic snapshots along a protein-induced DNA-bending pathway. *Proc. Natl. Acad. Sci. U.S.A.* 97:5729–5734.

### Miosinas

Grigorenko, B. L., Rogov, A. V., Topol, I. A., Burt, S. K., Martinez, H. M., and Nemukhin, A. V. 2007. Mechanism of the myosin catalyzed hydrolysis of ATP as rationalized by molecular modeling. *Proc. Natl. Acad. Sci. U.S.A.* 104:7057–7061.

Gulick, A. M., Bauer, C. B., Thoden, J. B., and Rayment, I. 1997. X-ray structures of the MgADP, MgATPγS, and MgAMPPNP complexes of the *Dictyostelium discoideum* myosin motor domain. *Biochemistry* 36:11619–11628.

Kovacs, M., Malnasi-Csizmadia, A., Woolley, R. J., and Bagshaw, C. R. 2002. Analysis of nucleotide binding to *Dictyostelium* myosin II motor domains containing a single tryptophan near the active site. *J. Biol. Chem.* 277:28459–28467.

Kuhlman, P. A., and Bagshaw, C. R. 1998. ATPase kinetics of the *Dictyostelium discoideum* myosin II motor domain. *J. Muscle Res. Cell Motil.* 19:491–504.

Smith, C. A., and Rayment, I. 1996. X-ray structure of the magnesium(II) ADP vanadate complex of the *Dictyostelium discoideum* myosin motor domain to 1.9 Å resolution. *Biochemistry* 35:5404–5417.

Yildiz A., Forkey J. N., McKinney S. A., Ha T., Goldman Y. E., and Selvin P. R. 2003. Myosin V walks hand-over-hand: Single fluorophore imaging with 1.5-nm localization. *Science*. 300:2061–2065.

Houdusse, A., and Sweeney, H. L. 2016. How myosin generates force on actin filaments. *Trends Biochem. Sci.* 41:989–997.

## CAPÍTULO 10

### Onde começar

Kyriakis, J. M. 2014. In the beginning, there was protein phosphorylation. *J. Biol. Chem.* 289:9460–9462.

Changeux, J.-P. 2011. 50th anniversary of the word "Allosteric." *Protein Sci.* 20:1119–1124.

Kantrowitz, E. R., and Lipscomb, W. N. 1990. *Escherichia coli* aspartate transcarbamoylase: The molecular basis for a concerted allosteric transition. *Trends Biochem. Sci.* 15:53–59.

Schachman, H. K. 1988. Can a simple model account for the allosteric transition of aspartate transcarbamoylase? *J. Biol. Chem.* 263:18583–18586.

Neurath, H. 1989. Proteolytic processing and physiological regulation. *Trends Biochem. Sci.* 14:268–271.

Bode, W., and Huber, R. 1992. Natural protein proteinase inhibitors and their interaction with proteinases. *Eur. J. Biochem.* 204:433–451.

### Aspartato transcarbamoilase e interações alostéricas

Changeux, J.-P., and Christopoulos, A. 2016. Allosteric modulation as a unifying mechanism for receptor function and regulation. *Cell* 166:1084–1102.

Changeux, J.-P. 2012. Allostery and the Monod-Wyman-Changeux Model After 50 Years. *Annu. Rev. Biophys*. 41:103–133.

Peterson, A. W., Cockrell, G. M., and Kantrowitz, E. R. 2012. A second allosteric site in *Escherichia coli* aspartate transcarbamoylase. *Biochemistry* 51:4776−4778.

Rabinowitz, J. D., Hsiao, J. J., Gryncel, K. R., Kantrowitz, E. R., Feng, X.-J., Li, G., and Rabitz H. 2008. Dissecting enzyme regulation by multiple allosteric effectors: Nucleotide regulation of aspartate transcarbamoylase. *Biochemistry* 47:5881–5888.

West, J. M., Tsuruta, H., and Kantrowitz, E. R. 2004. A fluorescent probe-labeled *Escherichia coli* aspartate transcarbamoylase that monitors the allosteric conformation state. *J. Biol. Chem.* 279:945–951.

Endrizzi, J. A., Beernink, P. T., Alber, T., and Schachman, H. K. 2000. Binding of bisubstrate analog promotes large structural changes in the unregulated catalytic trimer of aspartate transcarbamoylase: Implications for allosteric regulation. *Proc. Natl. Acad. Sci. U.S.A.* 97:5077–5082.

Beernink, P. T., Endrizzi, J. A., Alber, T., and Schachman, H. K. 1999. Assessment of the allosteric mechanism of aspartate transcarbamoylase based on the crystalline structure of the unregulated catalytic subunit. *Proc. Natl. Acad. Sci. U.S.A.* 96:5388–5393.

Wales, M. E., Madison, L. L., Glaser, S. S., and Wild, J. R. 1999. Divergent allosteric patterns verify the regulatory paradigm for aspartate transcarbamoylase. *J. Mol. Biol.* 294:1387–1400.

Newell, J. O., Markby, D. W., and Schachman, H. K. 1989. Cooperative binding of the bisubstrate analog *N*-(phosphonacetyl)-L-aspartate to aspartate transcarbamoylase and the heterotropic effects of ATP and CTP. *J. Biol. Chem.* 264:2476–2481.

Stevens, R. C., Gouaux, J. E., and Lipscomb, W. N. 1990. Structural consequences of effector binding to the T state of aspartate carbamoyl-transferase: Crystal structures of the unligated and ATP- and CTP-complexed enzymes at 2.6 Å resolution. *Biochemistry* 29:7691–7701.

Gouaux, J. E., and Lipscomb, W. N. 1990. Crystal structures of phosphonoacetamide ligated T and phosphonoacetamide and malonate ligated R states of aspartate carbamoyltransferase at 2.8 Å resolution and neutral pH. *Biochemistry* 29:389–402.

Labedan, B., Boyen, A., Baetens, M., Charlier, D., Chen, P., Cunin, R., Durbeco, V., Glansdorff, N., Herve, G., Legrain, C., et al. 1999. The evolutionary history of carbamoyltransferases: A complex set of paralogous genes was already present in the last universal common ancestor. *J. Mol. Evol.* 49:461–473.

### Modificação covalente

Hoffman, N. J., Parker, B. L., Chaudhuri, R., Fisher-Wellman, K. H., Kleinert, M., et al. 2015. Global phosphoproteomic analysis of human skeletal muscle reveals a network of exercise-regulated kinases and AMPK substrates. *Cell Metab.* 22:922–935.

Endicott, J. A., Noble, M. E. M., and Johnson, L. N. 2012. The structural basis for control of eukaryotic protein kinases. *Annu. Rev. Biochem.* 81:587–613.

Tarrant, M. K., and Cole, P. A. 2009. The chemical biology of protein phosphorylation *Annu. Rev. Biochem.* 78:797–825.

Guarente, L. 2011.The logic linking protein acetylation and metabolism. *Cell Metab.* 14:151–153.

Guan, K-L., and Xiong, Y. 2011. Regulation of intermediary metabolism by protein acetylation. *Trends Biochem. Sci.* 36:108–116.

Johnson, L. N., and Barford, D. 1993. The effects of phosphorylation on the structure and function of proteins. *Annu. Rev. Biophys. Biomol. Struct.* 22:199–232.

Barford, D., Das, A. K., and Egloff, M. P. 1998. The structure and mechanism of protein phosphatases: Insights into catalysis and regulation. *Annu. Rev. Biophys. Biomol. Struct.* 27:133–164.

### Proteinoquinase A

Taylor, S. S., Ilouz, R., Zhang, P., and Kornev, A. P. 2012. Assembly of allosteric macromolecular switches: Lessons from PKA. *Nature Rev. Mol. Cell Biol.* 13:646–658.

Zhang, P., Smith-Nguyen, E. V., Keshwani, M. M., Deal, M. S., Kornev, A. P., and Taylor, S. S. 2012. Structure and allostery of the PKA RIIb tetrameric holoenzyme. *Science* 334:712–716.

Taylor, S. S., and Kornev, A. P. 2011. Protein kinases: evolution of dynamic regulatory proteins. *Trends Biochem. Sci.* 36:65–77.

Pearlman, S. M., Serber, Z., and Ferrell Jr., J. E. 2011. A mechanism for the evolution of phosphorylation sites. *Cell* 147:934–946.

Knighton, D. R., Zheng, J. H., TenEyck, L., Xuong, N. H., Taylor, S. S., and Sowadski, J. M. 1991. Structure of a peptide inhibitor bound to the catalytic subunit of cyclic adenosine monophosphate-dependent protein kinase. *Science* 253:414–420.

### Ativação dos zimogênios

Artenstein, A. W., and Opal, S. M. 2011. Proprotein convertases in health and disease. *New Engl. J. Med.* 65:2507–2518.

Neurath, H. 1986. The versatility of proteolytic enzymes. *J. Cell. Biochem.* 32:35–49.

Bode, W., and Huber, R. 1986. Crystal structure of pancreatic serine endopeptidases. In *Molecular and Cellular Basis of Digestion* (pp. 213–234), edited by P. Desnuelle, H. Sjostrom, and O. Noren. Elsevier.

James, M. N. 1991. Refined structure of porcine pepsinogen at 1.8 Å resolution. *J. Mol. Biol.* 219:671–692.


### Inibidores da protease


Gooptu, B., Dickens, J. A., and Lomas, D. A. 2014. The molecular and cellular pathology of $\alpha_1$-antitrypsin deficiency. *Trends Mol. Med.* 20:116–127.

Stockley, R. A., and Turner, A. M. 2014. α-1-Antitrypsin deficiency: clinical variability, assessment, and treatment. *Trends Mol. Med.* 20:104–115.

Alloy, A. P., Kayode, O., Wang, R., Hockla, A., Soares, A. S., and Radisky, E. S. 2015. Mesotrypsin has evolved four unique residues to cleave trypsin inhibitors as substrates. *J. Biol. Chem.* 290:21523–21535.

Gooptu, B., and Lomas, D. A. 2009. Conformational Pathology of the Serpins: Themes, Variations, and Therapeutic Strategies. *Annu. Rev. Biochem.* 78:147–167.

Carp, H., Miller, F., Hoidal, J. R., and Janoff, A. 1982. Potential mechanism of emphysema: $\alpha_1$-Proteinase inhibitor recovered from lungs of cigarette smokers contains oxidized methionine and has decreased elastase inhibitory capacity. *Proc. Natl. Acad. Sci. U.S.A.* 79:2041–2045.

Owen, M. C., Brennan, S. O., Lewis, J. H., and Carrell, R. W. 1983. Mutation of antitrypsin to antithrombin. *New Engl. J. Med.* 309:694–698.


### Cascata da coagulação


Kollman, J. M., Pandi, L., Sawaya, M. R., Riley, M., and Doolittle, R. F. 2009. Crystal structure of human fibrinogen. *Biochemistry* 48:3877–3886.

Furie, B., and Furie, B. C. 2008. Mechanisms of thrombus formation. *New Engl. J. Med.* 359:938–949.

Orfeo, T., Brufatto, N., Nesheim, M. E., Xu, H., Butenas, S., and Mann, K. G. 2004. The factor V activation paradox. *J. Biol. Chem.* 279:19580–19591.

Mann, K. G. 2003. Thrombin formation. *Chest* 124:4S–10S.

Rose, T., and Di Cera, E. 2002. Three-dimensional modeling of thrombin–fibrinogen interaction. *J. Biol. Chem.* 277:18875–18880.

Krem, M. M., and Di Cera, E. 2002. Evolution of cascades from embryonic development to blood coagulation. *Trends Biochem. Sci.* 27:67–74.

Fuentes-Prior, P., Iwanaga, Y., Huber, R., Pagila, R., Rumennik, G., Seto, M., Morser, J., Light, D. R., and Bode, W. 2000. Structural basis for the anticoagulant activity of the thrombin–thrombomodulin complex. *Nature* 404:518–525.

Lawn, R. M., and Vehar, G. A. 1986. The molecular genetics of hemophilia. *Sci. Am.* 254(3):48–65.


## CAPÍTULO 11

### Onde começar


Glycochemistry and glycobiology. A series of review articles. 2007. *Nature* 446:999–1051.

Maeder, T. 2002. Sweet medicines. *Sci. Am.* 287(1):40–47.

Freeze, H. H. 2013. Understanding human glycosylation disorders. *J. Biol. Chem.* 288:6936–6945.

Coutinho, M. F., Prata M., J., and Alves, S. 2012. Mannose-6-phosphate pathway: A review on its role in lysosomal function and dysfunction. *Mol. Gen. Metab.* 105:542–550.


### Livros


Varki, A., Cummings, R., Esko, J., Freeze, H., Stanley, P., Hart, G., et al. 2017. *Essentials of Glycobiology* (3rd ed.). Cold Spring Harbor Laboratory Press.

Stick, R. V., and Williams, S. 2008. *Carbohydrates: The Essential Molecules of Life* (2nd ed.). Elsevier Science.

Lindhorst, T. K. 2007. *Essentials of Carbohydrate Chemistry and Biochemistry* (3rd ed.). Wiley-VCH.

Taylor, M. E. 2006. *Introduction to Glycobiology* (2nd ed.). Oxford University Press.


### Glicoproteínas


Kim, S. Y., Zhao, J., Liu, X., Fraser, K., Lin, L., et al. 2017. Interaction of Zika Virus Envelope Protein with Glycosaminoglycans. *Biochemistry* 56:1151–1162.

Tran, D. T., and Hagen, K. G. T. 2013. Mucin-type O-glycosylation during development. *J. Biol. Chem.* 288:6921–6929.

Gill, D. J., Clausen H., and Bard, F. 2011. Location, location, location: New insights into O-GalNAc protein glycosylation. *Trends Cell Biol.* 21:149–158.

Foley, R. N. 2008. Erythropoietin: Physiology and molecular mechanisms. *Heart Failure Rev.* 13:404–414.

Fisher, J. W. 2003. Erythropoietin: Physiology and pharmacology update. *Exp. Biol. Med.* 228:1–14.

Cheetham, J. C., Smith, D. M., Aoki, K. H., Stevenson, J. L., Hoeffel, T. J., Syed, R. S., Egrie, J., and Harvey, T. S. 1998. NMR structure of human erythropoietin and a comparison with its receptor bound conformation. *Nat. Struct. Biol.* 5:861–866.

Hattrup, C. L., and Gendler, S. J. 2008. Structure and function of the cell surface (tethered) mucins. *Annu. Rev. Physiol.* 70:431–457.

Thorton, D. J., Rousseau, K., and McGuckin, M. A. 2008. Structure and function of mucins in airways mucus. *Annu. Rev. Physiol.* 70:459–486.

Rose, M. C., and Voynow, J. A. 2007. Respiratory tract mucin genes and mucin glycoproteins in health and disease. *Physiol. Rev.* 86:245–278.

Lamoureux, F., Baud'huin, M., Duplomb, L., Heymann, D., and Rédini, F. 2007. Proteoglycans: Key partners in bone cell biology. *Bioessays* 29:758–771.

Carraway, K. L., Funes, M., Workman, H. C., and Sweeney, C. 2007. Contribution of membrane mucins to tumor progression through modulation of cellular growth signaling pathways. *Curr. Top. Dev. Biol.* 78:1–22.

Yan, A., and Lennarz, W. J. 2005. Unraveling the mechanism of protein *N*-glycosylation. *J. Biol. Chem.* 280:3121–3124.

Pratta, M. A., Yao, W., Decicco, C., Tortorella, M., Liu, R.-Q., Copeland, R. A., Magolda, R., Newton, R. C., Trzaskos, J. M., and Arner, E. C. 2003. Aggrecan protects cartilage collagen from proteolytic cleavage. *J. Biol. Chem.* 278:45539–45545.


### Glicosiltransferases


Willems, A. P., Gundogdu, M., Kempers, M. J. E., Giltay, J. C., Pfundt, R. et al. 2017. Mutations in N-acetylglucosamine (O-GlcNAc) transferase in patients with X-linked intellectual disability. *J. Biol. Chem.* 292:12621–12631.

Wells, L. 2013. The O-mannosylation pathway: Glycosyltransferases and proteins implicated in congenital muscular dystrophy. *J. Biol. Chem.* 288:6930–6935.

Vocadlo, D. J. 2012. O-GlcNAc processing enzymes: Catalytic mechanisms, substrate specificity, and enzyme regulation. *Curr. Opin. Chem. Biol.* 16:488–497.

Hurtado-Guerrero, R., and Davies, G. J. 2012. Recent structural and mechanistic insights into post-translational enzymatic glycosylation. *Curr. Opin. Chem. Biol.* 16:479–487.

Hart, G. W., Slawson, C., Ramirez-Correa, G., and Lagerlof, O. 2011. Cross talk between O-GlcNAcylation and phosphorylation: Roles in signaling, transcription, and chronic disease. *Annu. Rev. Biochem.* 80:825–858.

Lazarus, M. B., Nam, Y., Jiang, J., Sliz, P., and Walker, S. 2011. Structure of human O-GlcNAc transferase and its complex with a peptide substrate. *Nature* 469:564–569.

Lee, W.-S., Kang, C., Drayna, D., and Kornfeld, S. 2011. Analysis of mannose 6-phosphate uncovering enzyme mutations associated with persistent stuttering. *J. Biol. Chem.* 286:39786–39793.

Lairson, L. L., Henrissat, B., Davies, G. J., and Withers, S. G. 2008. Glycosyltransferases: Structures, functions and mechanisms. *Annu. Rev. Biochem.* 77:521–555.

Qasba, P. K., Ramakrishnan, B., and Boeggeman, E. 2005. Substrate-induced conformational changes in glycosyltransferases. *Trends Biochem. Sci.* 30:53–62.


### Ligação a carboidratos


Lin, A. E., Autran, C. A., Szyszka, A., Escajadillo, T., Huang, M. et al. 2017. Human milk oligosaccharides inhibit growth of group B *Streptococcus*. *J. Biol. Chem.* 292:11243–11249.

Gabius, H.-J., André, S., Jiménez-Barbero, J., Romero, A., and Solís, D. 2011. From lectin structure to functional glycomics: Principles of the sugar code. *Trends Biochem. Sci.* 36:298–313.

Wasserman, P. M. 2008. Zona pellucida glycoproteins. *J. Biol. Chem.* 283:24285–24289.

Sharon, N. 2008. Lectins: Past, present and future. *Biochem. Soc. Trans.* 36:1457–1460.

Balzarini, J. 2007. Targeting the glycans of glycoproteins: A novel paradigm for antiviral therapy. *Nat. Rev. Microbiol.* 5:583–597.

Sharon, N. 2007. Lectins: Carbohydrate-specific reagents and biological recognition molecules. *J. Biol. Chem.* 282:2753–2764.

Stevens, J., Blixt, O., Tumpey, T. M., Taubenberger, J. K., Paulson, J. C., and Wilson, I. A. 2006. Structure and receptor specificity of hemagglutinin from an H5N1 influenza virus. *Science* 312:404–409.

Cambi, A., Koopman, M., and Figdor, C. G. 2005. How C-type lectins detect pathogens. *Cell. Microbiol.* 7:481–488.

Clothia, C., and Jones, E. V. 1997. The molecular structure of cell adhesion molecules. *Annu. Rev. Biochem.* 66:823–862.

Bouckaert, J., Hamelryck, T., Wyns, L., and Loris, R. 1999. Novel structures of plant lectins and their complexes with carbohydrates. *Curr. Opin. Struct. Biol.* 9:572–577.

Weis, W. I., and Drickamer, K. 1996. Structural basis of lectin–carbohydrate recognition. *Annu. Rev. Biochem.* 65:441–473.


### Sequenciamento de carboidratos


Venkataraman, G., Shriver, Z., Raman, R., and Sasisekharan, R. 1999. Sequencing complex polysaccharides. *Science* 286:537–542.

Zhao, Y., Kent, S. B. H., and Chait, B. T. 1997. Rapid, sensitive structure analysis of oligosaccharides. *Proc. Natl. Acad. Sci. U.S.A.* 94:1629–1633.

Rudd, P. M., Guile, G. R., Küster, B., Harvey, D. J., Opdenakker, G., and Dwek, R. A. 1997. Oligosaccharide sequencing technology. *Nature* 388:205–207.


### Usos Industriais de polissacarídios


Li, L., Celiz, A. D., Yang, J., Yang, Q., Wamala, I. et al. 2017. Tough adhesives for diverse wet surfaces. *Science* 357:378–381.

Hamed, I., Özogul, F., and Joe M. Regenstein, J. M. 2016. Industrial applications of crustacean by-products (chitin, chitosan, and chitooligosaccharides): A review. *Trends Food Sci. Techno.* 48:40–50.


## CAPÍTULO 12

### Onde começar


De Weer, P. 2000. A century of thinking about cell membranes. *Annu. Rev. Physiol.* 62:919–926.

Bretscher, M. S. 1985. The molecules of the cell membrane. *Sci. Am.* 253(4):100–108.

Unwin, N., and Henderson, R. 1984. The structure of proteins in biological membranes. *Sci. Am.* 250(2):78–94.

Deisenhofer, J., and Michel, H. 1989. The photosynthetic reaction centre from the purple bacterium *Rhodopseudomonas viridis*. *EMBO J.* 8:2149–2170.

Singer, S. J., and Nicolson, G. L. 1972. The fluid mosaic model of the structure of cell membranes. *Science* 175:720–731.

Jacobson, K., Sheets, E. D., and Simson, R. 1995. Revisiting the fluid mosaic model of membranes. *Science* 268:1441–1442.


### Livros


Gennis, R. B. 1989. *Biomembranes: Molecular Structure and Function.* Springer Verlag.

Vance, D. E., and Vance, J. E. (Eds.). 2008. *Biochemistry of Lipids, Lipoproteins, and Membranes* (5th ed.). Elsevier.

Lipowsky, R., and Sackmann, E. 1995. *The Structure and Dynamics of Membranes.* Elsevier.

Racker, E. 1985. *Reconstitutions of Transporters, Receptors, and Pathological States.* Academic Press.

Tanford, C. 1980. *The Hydrophobic Effect: Formation of Micelles and Biological Membranes* (2nd ed.). Wiley-Interscience.


### Lipídios da membrana e dinâmica


Lingwood, D., and Simons, K. 2010. Lipid rafts as a membrane-organizing principle. *Science.* 327:46–50.

Pike, L. J. 2009. The challenge of lipid rafts. *J. Lipid Res.* 50:S323–S328.

Simons, K., and Vaz, W. L. 2004. Model systems, lipid rafts, and cell membranes. *Annu. Rev. Biophys. Biomol. Struct.* 33:269–295.

Anderson, T. G., and McConnell, H. M. 2002. A thermodynamic model for extended complexes of cholesterol and phospholipid. *Biophys. J.* 83:2039–2052.

Saxton, M. J., and Jacobson, K. 1997. Single-particle tracking: Applications to membrane dynamics. *Annu. Rev. Biophys. Biomol. Struct.* 26:373–399.

Bloom, M., Evans, E., and Mouritsen, O. G. 1991. Physical properties of the fluid lipid-bilayer component of cell membranes: A perspective. *Q. Rev. Biophys.* 24:293–397.

Elson, E. L. 1986. Membrane dynamics studied by fluorescence correlation spectroscopy and photobleaching recovery. *Soc. Gen. Physiol. Ser.* 40:367–383.

Zachowski, A., and Devaux, P. F. 1990. Transmembrane movements of lipids. *Experientia* 46:644–656.

Devaux, P. F. 1992. Protein involvement in transmembrane lipid asymmetry. *Annu. Rev. Biophys. Biomol. Struct.* 21:417–439.

Silvius, J. R. 1992. Solubilization and functional reconstitution of biomembrane components. *Annu. Rev. Biophys. Biomol. Struct.* 21:323–348.

Yeagle, P. L., Albert, A. D., Boesze-Battaglia, K., Young, J., and Frye, J. 1990. Cholesterol dynamics in membranes. *Biophys. J.* 57:413–424.

Nagle, J. F., and Tristram-Nagle, S. 2000. Lipid bilayer structure. *Curr. Opin. Struct. Biol.* 10:474–480.

Dowhan, W. 1997. Molecular basis for membrane phospholipid diversity: Why are there so many lipids? *Annu. Rev. Biochem.* 66:199–232.

Huijbregts, R. P. H., de Kroon, A. I. P. M., and de Kruijff, B. 1998. Rapid transmembrane movement of newly synthesized phosphatidylethanolamine across the inner membrane of *Escherichia coli*. *J. Biol. Chem.* 273:18936–18942.


### Estrutura das proteínas da membrana


Walian, P., Cross, T. A., and Jap, B. K. 2004. Structural genomics of membrane proteins. *Genome Biol.* 5:215.

Werten, P. J., Remigy, H. W., de Groot, B. L., Fotiadis, D., Philippsen, A., Stahlberg, H., Grubmuller, H., and Engel, A. 2002. Progress in the analysis of membrane protein structure and function. *FEBS Lett.* 529:65–72.

Popot, J.-L., and Engleman, D. M. 2000. Helical membrane protein folding, stability and evolution. *Annu. Rev. Biochem.* 69:881–922.

White, S. H., and Wimley, W. C. 1999. Membrane protein folding and stability: Physical principles. *Annu. Rev. Biophys. Biomol. Struct.* 28:319–365.

Marassi, F. M., and Opella, S. J. 1998. NMR structural studies of membrane proteins. *Curr. Opin. Struct. Biol.* 8:640–648.

Lipowsky, R. 1991. The conformation of membranes. *Nature* 349:475–481.

Altenbach, C., Marti, T., Khorana, H. G., and Hubbell, W. L. 1990. Transmembrane protein structure: Spin labeling of bacteriorhodopsin mutants. *Science* 248:1088–1092.

Fasman, G. D., and Gilbert, W. A. 1990. The prediction of transmembrane protein sequences and their conformation: An evaluation. *Trends Biochem. Sci.* 15:89–92.

Jennings, M. L. 1989. Topography of membrane proteins. *Annu. Rev. Biochem.* 58:999–1027.

Engelman, D. M., Steitz, T. A., and Goldman, A. 1986. Identifying non-polar transbilayer helices in amino acid sequences of membrane proteins. *Annu. Rev. Biophys. Biophys. Chem.* 15:321–353.

Udenfriend, S., and Kodukola, K. 1995. How glycosyl-phosphatidylinositol-anchored membrane proteins are made. *Annu. Rev. Biochem.* 64:563–591.

### Membranas intracelulares

Skehel, J. J., and Wiley, D. C. 2000. Receptor binding and membrane fusion in virus entry: The influenza hemagglutinin. *Annu. Rev. Biochem.* 69:531–569.

Roth, M. G. 1999. Lipid regulators of membrane traffic through the Golgi complex. *Trends Cell Biol.* 9:174–179.

Jahn, R., and Sudhof, T. C. 1999. Membrane fusion and exocytosis. *Annu. Rev. Biochem.* 68:863–911.

Stroud, R. M., and Walter, P. 1999. Signal sequence recognition and protein targeting. *Curr. Opin. Struct. Biol.* 9:754–759.

Teter, S. A., and Klionsky, D. J. 1999. How to get a folded protein across a membrane. *Trends Cell Biol.* 9:428–431.

Hettema, E. H., Distel, B., and Tabak, H. F. 1999. Import of proteins into peroxisomes. *Biochim. Biophys. Acta* 1451:17–34.

### Fusão da membrana

Sollner, T. H., and Rothman, J. E. 1996. Molecular machinery mediating vesicle budding, docking and fusion. *Experientia* 52:1021–1025.

Ungar, D., and Hughson, F. M. 2003. SNARE protein structure and function. *Annu. Rev. Cell Dev. Biol.* 19:493–517.

Martens, S., and McMahon, H. T. 2008. Mechanisms of membrane fusion: Disparate players and common principles. *Nat. Rev. Mol. Cell Biol.* 9:543–556.

### Bioquímica em foco

Saric, A., Andreau, K., Armand, A.-S., Møller, I. M., and Petit, P. X. 2016. Barth syndrome: from mitochondrial dysfunctions associated with aberrant production of reactive oxygen species to pluripotent stem cell studies. *Front. Genet.* 6:359.

## CAPÍTULO 13

### Onde começar

Lancaster, C. R. 2004. Structural biology: Ion pump in the movies. *Nature* 432:286–287.

Unwin, N. 2003. Structure and action of the nicotinic acetylcholine receptor explored by electron microscopy. *FEBS Lett.* 555:91–95.

Abramson, J., Smirnova, I., Kasho, V., Verner, G., Iwata, S., and Kaback, H. R. 2003. The lactose permease of *Escherichia coli*: Overall structure, the sugar-binding site and the alternating access model for transport. *FEBS Lett.* 555:96–101.

Lienhard, G. E., Slot, J. W., James, D. E., and Mueckler, M. M. 1992. How cells absorb glucose. *Sci. Am.* 266(1):86–91.

King, L. S., Kozono, D., and Agre, P. 2004. From structure to disease: The evolving tale of aquaporin biology. *Nat. Rev. Mol. Cell Biol.* 5:687–698.

Neher, E., and Sakmann, B. 1992. The patch clamp technique. *Sci. Am.* 266(3):28–35.

Sakmann, B. 1992. Elementary steps in synaptic transmission revealed by currents through single ion channels. *Science* 256:503–512.

### Livros

Ashcroft, F. M. 2000. *Ion Channels and Disease.* Academic Press.

Conn, P. M. (Ed.). 1998. *Ion Channels*, vol. 293, *Methods in Enzymology.* Academic Press.

Aidley, D. J., and Stanfield, P. R. 1996. *Ion Channels: Molecules in Action.* Cambridge University Press.

Hille, B. 2001. *Ionic Channels of Excitable Membranes* (3rd ed.). Sinauer.

Läuger, P. 1991. *Electrogenic Ion Pumps.* Sinauer.

Stein, W. D. 1990. *Channels, Carriers, and Pumps: An Introduction to Membrane Transport.* Academic Press.

Hodgkin, A. 1992. *Chance and Design: Reminiscences of Science in Peace and War.* Cambridge University Press.

### Atepases do tipo P

Sorensen, T. L., Moller, J. V., and Nissen, P. 2004. Phosphoryl transfer and calcium ion occlusion in the calcium pump. *Science* 304:1672–1675.

Sweadner, K. J., and Donnet, C. 2001. Structural similarities of Na, K-ATPase and SERCA, the $Ca^{2+}$-ATPase of the sarcoplasmic reticulum. *Biochem. J.* 356:685–704.

Toyoshima, C., and Mizutani, T. 2004. Crystal structure of the calcium pump with a bound ATP analogue. *Nature* 430:529–535.

Toyoshima, C., Nakasako, M., Nomura, H., and Ogawa, H. 2000. Crystal structure of the calcium pump of sarcoplasmic reticulum at 2.6 Å resolution. *Nature* 405:647–655.

Auer, M., Scarborough, G. A., and Kuhlbrandt, W. 1998. Three-dimensional map of the plasma membrane$H^+$-ATPase in the open conformation. *Nature* 392:840–843.

Axelsen, K. B., and Palmgren, M. G. 1998. Evolution of substrate specificities in the P-type ATPase superfamily. *J. Mol. Evol.* 46:84–101.

Pedersen, P. A., Jorgensen, J. R., and Jorgensen, P. L. 2000. Importance of conserved α-subunit segment $^{709}$GDGVND for $Mg^{2+}$ binding, phosphorylation, energy transduction in Na, K-ATPase. *J. Biol. Chem.* 275:37588–37595.

Blanco, G., and Mercer, R. W. 1998. Isozymes of the Na-K-ATPase: Heterogeneity in structure, diversity in function. *Am. J. Physiol.* 275:F633–F650.

Estes, J. W., and White, P. D. 1965. William Withering and the purple foxglove. *Sci. Am.* 212(6):110–117.

### Proteínas de cassete de ligação do ATP

Locher, K. P. 2009. Structure and mechanism of ATP binding cassette transporters. *Phil. Trans. R. Soc. B* 364:239–245.

Rees, D. C., Johnson, E., and Lewinson, O. 2009. ABC transporters: The power to change. *Nat. Rev. Mol. Cell Biol.* 10:218–227.

Ward, A., Reyes, C. L., Yu, J., Roth, C. B., and Chang, G. 2007. Flexibility in the ABC transporter MsbA: Alternating access with a twist. *Proc. Natl. Acad. Sci. U.S.A.* 104:19005–19010.

Locher, K. P., Lee, A. T., and Rees, D. C. 2002. The *E. coli* BtuCD structure: A framework for ABC transporter architecture and mechanism. *Science* 296:1091–1098.

Borths, E. L., Locher, K. P., Lee, A. T., and Rees, D. C. 2002. The structure of *Escherichia coli* BtuF and binding to its cognate ATP binding cassette transporter. *Proc. Natl. Acad. Sci. U.S.A.* 99:16642–16647.

Dong, J., Yang, G., and McHaourab, H. S. 2005. Structural basis of energy transduction in the transport cycle of MsbA. *Science* 308:1023–1028.

Akabas, M. H. 2000. Cystic fibrosis transmembrane conductance regulator: Structure and function of an epithelial chloride channel. *J. Biol. Chem.* 275:3729–3732.

Chen, J., Sharma, S., Quiocho, F. A., and Davidson, A. L. 2001. Trapping the transition state of an ATP-binding cassette transporter: Evidence for a concerted mechanism of maltose transport. *Proc. Natl. Acad. Sci. U.S.A.* 98:1525–1530.

Sheppard, D. N., and Welsh, M. J. 1999. Structure and function of the CFTR chloride channel. *Physiol. Rev.* 79:S23–S45.

Chen, Y., and Simon, S. M. 2000. In situ biochemical demonstration that P-glycoprotein is a drug efflux pump with broad specificity. *J. Cell Biol.* 148:863–870.

Saier, M. H., Jr., Paulsen, I. T., Sliwinski, M. K., Pao, S. S., Skurray, R. A., and Nikaido, H. 1998. Evolutionary origins of multidrug and drug-specific efflux pumps in bacteria. *FASEB J.* 12:265–274.

### *Symporters* e *antiporters*

Kaback, H. R. 2013. A chemiosmotic mechanism of symport. *Proc. Natl. Acad. Sci. USA* 112:1259–1264.

Abramson, J., Smirnova, I., Kasho, V., Verner, G., Kaback, H. R., and Iwata, S. 2003. Structure and mechanism of the lactose permease of *Escherichia coli*. *Science* 301:610–615.

Philipson, K. D., and Nicoll, D. A. 2000. Sodium-calcium exchange: A molecular perspective. *Annu. Rev. Physiol.* 62:111–133.

Pao, S. S., Paulsen, I. T., and Saier, M. H., Jr. 1998. Major facilitator superfamily. *Microbiol. Mol. Biol. Rev.* 62:1–34.

Wright, E. M., Hirsch, J. R., Loo, D. D., and Zampighi, G. A. 1997. Regulation of $Na^+$/glucose cotransporters. *J. Exp. Biol.* 200:287–293.

Kaback, H. R., Bibi, E., and Roepe, P. D. 1990. β-Galactoside transport in *E. coli:* A functional dissection of lac permease. *Trends Biochem. Sci.* 8:309–314.

Hilgemann, D. W., Nicoll, D. A., and Philipson, K. D. 1991. Charge movement during $Na^+$ translocation by native and cloned cardiac $Na^+/Ca^{2+}$ exchanger. *Nature* 352:715–718.

Hediger, M. A., Turk, E., and Wright, E. M. 1989. Homology of the human intestinal $Na^+$/glucose and *Escherichia coli* $Na^+$/proline cotransporters. *Proc. Natl. Acad. Sci. U.S.A.* 86:5748–5752.

### Canais de íons

Zhou, Y., and MacKinnon, R. 2003. The occupancy of ions in the K1 selectivity filter: Charge balance and coupling of ion binding to a protein conformational change underlie high conduction rates. *J. Mol. Biol.* 333:965–975.

Zhou, Y., Morais-Cabral, J. H., Kaufman, A., and MacKinnon, R. 2001. Chemistry of ion coordination and hydration revealed by a $K^+$ channel-Fab complex at 2.0 Å resolution. *Nature* 414:43–48.

Jiang, Y., Lee, A., Chen, J., Cadene, M., Chait, B. T., and MacKinnon, R. 2002. The open pore conformation of potassium channels. *Nature* 417:523–526.

Jiang, Y., Lee, A., Chen, J., Ruta, V., Cadene, M., Chait, B. T., and MacKinnon, R. 2003. X-ray structure of a voltage-dependent $K^+$ channel. *Nature* 423:33–41.

Jiang, Y., Ruta, V., Chen, J., Lee, A., and MacKinnon, R. 2003. The principle of gating charge movement in a voltage-dependent $K^+$ channel. *Nature* 423:42–48.

Mackinnon, R. 2004. Structural biology: Voltage sensor meets lipid membrane. *Science* 306:1304–1305.

Noskov, S. Y., Bernèche, S., and Roux, B. 2004. Control of ion selectivity in potassium channels by electrostatic and dynamic properties of carbonyl ligands. *Nature* 431:830–834.

Bezanilla, F. 2000. The voltage sensor in voltage-dependent ion channels. *Physiol. Rev.* 80:555–592.

Shieh, C.-C., Coghlan, M., Sullivan, J. P., and Gopalakrishnan, M. 2000. Potassium channels: Molecular defects, diseases, and therapeutic opportunities. *Pharmacol. Rev.* 52:557–594.

Horn, R. 2000. Conversation between voltage sensors and gates of ion channels. *Biochemistry* 39:15653–15658.

Perozo, E., Cortes, D. M., and Cuello, L. G. 1999. Structural rearrangements underlying $K^+$-channel activation gating. *Science* 285:73–78.

Doyle, D. A., Morais Cabral, J., Pfuetzner, R. A., Kuo, A., Gulbis, J. M., Cohen, S. L., Chait, B. T., and MacKinnon R. 1998. The structure of the potassium channel: Molecular basis of $K^+$ conduction and selectivity. *Science* 280:69–77.

Marban, E., Yamagishi, T., and Tomaselli, G. F. 1998. Structure and function of the voltage-gated $Na^+$ channel. *J. Physiol.* 508:647–657.

Miller, R. J. 1992. Voltage-sensitive $Ca^{2+}$ channels. *J. Biol. Chem.* 267:1403–1406.

Stephens, R. F., Guan, W., Zhorov, B. S., and Spafford, J. D. 2015. Selectivity filters and cysteine-rich extracellular loops in voltage-gated sodium, calcium, and NALCN channels. *Front. Physiol.* 6:153.

Catterall, W. A. 1991. Excitation-contraction coupling in vertebrate skeletal muscle: A tale of two calcium channels. *Cell* 64:871–874.

### Canais iônicos regulados por ligantes

Unwin, N. 2005. Refined structure of the nicotinic acetylcholine receptor at 4 Å resolution. *J. Mol. Biol.* 346:967–989.

Unwin, N., and Fujiyoshi, Y. 2012. Gating movement of acetylcholine receptor caught by plunge-freezing. *J. Mol. Biol.* 422:617–634.

Miyazawa, A., Fujiyoshi, Y., Stowell, M., and Unwin, N. 1999. Nicotinic acetylcholine receptor at 4.6 Å resolution: Transverse tunnels in the channel wall. *J. Mol. Biol.* 288:765–786.

Jiang, Y., Lee, A., Chen, J., Cadene, M., Chait, B. T., and MacKinnon, R. 2002. Crystal structure and mechanism of a calcium-gated potassium channel. *Nature* 417:515–522.

Barrantes, F. J., Antollini, S. S., Blanton, M. P., and Prieto, M. 2000. Topography of the nicotinic acetylcholine receptor membrane-embedded domains. *J. Biol. Chem.* 275:37333–37339.

Cordero-Erausquin, M., Marubio, L. M., Klink, R., and Changeux, J. P. 2000. Nicotinic receptor function: New perspectives from knockout mice. *Trends Pharmacol. Sci.* 21:211–217.

Le Novère, N., and Changeux, J. P. 1995. Molecular evolution of the nicotinic acetylcholine receptor: An example of multigene family in excitable cells. *J. Mol. Evol.* 40:155–172.

Kunishima, N., Shimada, Y., Tsuji, Y., Sato, T., Yamamoto, M., Kumasaka, T., Nakanishi, S., Jingami, H., and Morikawa, K. 2000. Structural basis of glutamate recognition by dimeric metabotropic glutamate receptor. *Nature* 407:971–978.

Betz, H., Kuhse, J., Schmieden, V., Laube, B., Kirsch, J., and Harvey, R. J. 1999. Structure and functions of inhibitory and excitatory glycine receptors. *Ann. N. Y. Acad. Sci.* 868:667–676.

Unwin, N. 1995. Acetylcholine receptor channel imaged in the open state. *Nature* 373:37–43.

Colquhoun, D., and Sakmann, B. 1981. Fluctuations in the microsecond time range of the current through single acetylcholine receptor ion channels. *Nature* 294:464–466.

### Síndrome do QT longo e hERG

Saenen, J. B., and Vrints, C. J. 2008. Molecular aspects of the congenital and acquired Long QT Syndrome: Clinical implications. *J. Mol. Cell. Cardiol.* 44:633–646.

Zaręba, W. 2007. Drug induced QT prolongation. *Cardiol. J.* 14:523–533.

Fernandez, D., Ghanta, A., Kauffman, G. W., and Sanguinetti, M. C. 2004. Physicochemical features of the hERG channel drug binding site. *J. Biol. Chem.* 279:10120–10127.

Mitcheson, J. S., Chen, J., Lin, M., Culberson, C., and Sanguinetti, M. C. 2000. A structural basis for drug-induced long QT syndrome. *Proc. Natl. Acad. Sci. U.S.A.* 97:12329–12333.

### Junções comunicantes

Maeda, S., Nakagawa, S., Suga, M., Yamashita, E., Oshima, A., Fujiyoshi, Y., and Tsukihara, T. 2009. Structure of the connexin 26 gap junction channel a 3.5 Å resolution. *Nature* 458:597–604.

Saez, J. C., Berthoud, V. M., Branes, M. C., Martinez, A. D., and Beyer, E. C. 2003. Plasma membrane channels formed by connexins: Their regulation and functions. *Physiol. Rev.* 83:1359–1400.

Revilla, A., Bennett, M. V. L., and Barrio, L. C. 2000. Molecular determinants of membrane potential dependence in vertebrate gap junction channels. *Proc. Natl. Acad. Sci. U.S.A.* 97:14760–14765.

Unger, V. M., Kumar, N. M., Gilula, N. B., and Yeager, M. 1999. Three-dimensional structure of a recombinant gap junction membrane channel. *Science* 283:1176–1180.

Simon, A. M. 1999. Gap junctions: More roles and new structural data. *Trends Cell Biol.* 9:169–170.

Beltramello, M., Piazza, V., Bukauskas, F. F., Pozzan, T., and Mammano, F. 2005. Impaired permeability to Ins(1,4,5)P3 in a mutant connexin underlies recessive hereditary deafness. *Nat. Cell Biol.* 7:63–69.

White, T. W., and Paul, D. L. 1999. Genetic diseases and gene knockouts reveal diverse connexin functions. *Annu. Rev. Physiol.* 61:283–310.

### Canais aquosos

Agre, P., King, L. S., Yasui, M., Guggino, W. B., Ottersen, O. P., Fujiyoshi, Y., Engel, A., and Nielsen, S. 2002. Aquaporin water channels: From atomic structure to clinical medicine. *J. Physiol.* 542:3–16.

Agre, P., and Kozono, D. 2003. Aquaporin water channels: Molecular mechanisms for human diseases. *FEBS Lett.* 555:72–78.

de Groot, B. L., Engel, A., and Grubmuller, H. 2003. The structure of the aquaporin-1 water channel: A comparison between cryo-electron microscopy and X-ray crystallography. *J. Mol. Biol.* 325:485–493.

### Bioquímica em foco

Sartiani, L., Mannaioni, G., Masi, A., Romanelli, M. N., and Cerbai, E. 2017. The hyperpolarization-activated cyclic nucleotide-gated channels: from biophysics to pharmacology of a unique family of ion channels. *Physiol. Rev.* 69:354–395.

Milanese, R., Baruscotti, M., Gnecchi-Ruscone, T., and DiFrancesco, D. 2006. Familial sinus bradycardia associated with a mutation in the cardiac pacemaker channel. *New Eng. J. Med.* 354:151–157.

Ludwig, A., Zong, X., Stieber, J., Hullin, R., Hofman, F., and Biel, M. 1999. Two pacemaker channels from human heart with profoundly different activation kinetics. *EMBO J.* 18:2323–2329.

## CAPÍTULO 14

### Onde começar

Scott, J. D., and Pawson, T. 2000. Cell communication: The inside story. *Sci. Am.* 282(6):7279.

Pawson, T. 1995. Protein modules and signalling networks. *Nature* 373:573–580.

Okada, T., Ernst, O. P., Palczewski, K., and Hofmann, K. P. 2001. Activation of rhodopsin: New insights from structural and biochemical studies. *Trends Biochem. Sci.* 26:318–324.

Tsien, R. Y. 1992. Intracellular signal transduction in four dimensions: From molecular design to physiology. *Am. J. Physiol.* 263: C723–C728.

Loewenstein, W. R. 1999. *Touchstone of Life: Molecular Information, Cell Communication, and the Foundations of Life.* Oxford University Press.

### Proteínas G e receptores 7TM

Palczewski, K., Kumasaka, T., Hori, T., Behnke, C. A., Motoshima, H., Fox, B. A., Le Trong, I., Teller, D. C., Okada, T., Stenkamp, R. E., et al. 2000. Crystal structure of rhodopsin: A G protein-coupled receptor. *Science* 289:739–745.

Rasmussen, S. G. F., Choi, H.-J., Rosenbaum, D. M., Kobilka, T. S., Thian, F. S., Edwards, P. C., Burghammer, M., Ratnala, V. R. P., Sanishvili, R., Fischetti, R. F., et al. 2007. Crystal structure of the human β2 adrenergic G-protein-coupled receptor. *Nature* 450:383–387.

Rosenbaum, D. M., Cherezov, V., Hanson, M. A., Rasmussen, S. G. F., Thian, F. S., Kobilka, T. S., Choi, H.-J., Yao, X.-J., Weis, W. I., Stevens, R. C., et al. 2007. GPCR engineering yields high-resolution structural insights into $\beta_2$-adrenergic receptor function. *Science* 318:1266–1273.

Rasmussen, S. G. F., DeVree, B. T., Zou, Y., Kruse, A. C., Chung, K. Y., Kobilka, T. S., Thian, F. S., Chae, P. S., Pardon, E., Calinski, D., et al. 2011. Crystal structure of the $\beta_2$ adrenergic receptor–Gs protein complex. *Nature* 477:549–555.

Lefkowitz, R. J. 2000. The superfamily of heptahelical receptors. *Nat. Cell Biol.* 2:E133–E136.

Audet, M., and Bouvier, M. 2012. Restructuring G-protein-coupled receptor activation. *Cell* 151:14–22.

Bourne, H. R., Sanders, D. A., and McCormick, F. 1991. The GTPase superfamily: Conserved structure and molecular mechanism. *Nature* 349:117–127.

Lambright, D. G., Noel, J. P., Hamm, H. E., and Sigler, P. B. 1994. Structural determinants for activation of the α-subunit of a heterotrimeric G protein. *Nature* 369:621–628.

Noel, J. P., Hamm, H. E., and Sigler, P. B. 1993. The 2.2 Å crystal structure of transducin-α complexed with GTPγS. *Nature* 366:654–663.

Sondek, J., Lambright, D. G., Noel, J. P., Hamm, H. E., and Sigler, P. B. 1994. GTPase mechanism of G proteins from the 1.7-Å crystal structure of transducin α-GDP-$AlF_4^-$. *Nature* 372:276–279.

Sondek, J., Bohm, A., Lambright, D. G., Hamm, H. E., and Sigler, P. B. 1996. Crystal structure of a G-protein βγ dimer at 2.1 Å resolution. *Nature* 379:369–374.

Wedegaertner, P. B., Wilson, P. T., and Bourne, H. R. 1995. Lipid modifications of trimeric G proteins. *J. Biol. Chem.* 270:503–506.

Farfel, Z., Bourne, H. R., and Iiri, T. 1999. The expanding spectrum of G protein diseases. *New Engl. J. Med.* 340:1012–1020.

Bockaert, J., and Pin, J. P. 1999. Molecular tinkering of G protein-coupled receptors: An evolutionary success. *EMBO J.* 18:1723–1729.

### Cascata do AMP cíclico

Hurley, J. H. 1999. Structure, mechanism, and regulation of mammalian adenylyl cyclase. *J. Biol. Chem.* 274:7599–7602.

Kim, C., Xuong, N. H., and Taylor, S. S. 2005. Crystal structure of a complex between the catalytic and regulatory (RI) subunits of PKA. *Science* 307:690–696.

Tesmer, J. J., Sunahara, R. K., Gilman, A. G., and Sprang, S. R. 1997. Crystal structure of the catalytic domains of adenylyl cyclase in a complex with $G_{s\alpha}$-GTPγS. *Science* 278:1907–1916.

Smith, C. M., Radzio-Andzelm, E., Madhusudan, Akamine, P., and Taylor, S. S. 1999. The catalytic subunit of cAMP-dependent protein kinase: Prototype for an extended network of communication. *Prog. Biophys. Mol. Biol.* 71:313–341.

Taylor, S. S., Buechler, J. A., and Yonemoto, W. 1990. cAMP-dependent protein kinase: Framework for a diverse family of regulatory enzymes. *Annu. Rev. Biochem.* 59:971–1005.

### Cascata do fosfoinositídeo

Berridge, M. J., and Irvine, R. F. 1989. Inositol phosphates and cell signalling. *Nature* 341:197–205.

Berridge, M. J. 1993. Inositol trisphosphate and calcium signalling. *Nature* 361:315–325.

Essen, L. O., Perisic, O., Cheung, R., Katan, M., and Williams, R. L. 1996. Crystal structure of a mammalian phosphoinositide-specific phospholipase C δ. *Nature* 380:595–602.

Ferguson, K. M., Lemmon, M. A., Schlessinger, J., and Sigler, P. B. 1995. Structure of the high affinity complex of inositol trisphosphate with a phospholipase C pleckstrin homology domain. *Cell* 83:1037–1046.

Baraldi, E., Carugo, K. D., Hyvonen, M., Surdo, P. L., Riley, A. M., Potter, B. V., O'Brien, R., Ladbury, J. E., and Saraste, M. 1999. Structure of the PH domain from Bruton's tyrosine kinase in complex with inositol 1,3,4,5-tetrakisphosphate. *Struct. Fold. Design* 7:449–460.

Waldo, G. L., Ricks, T. K., Hicks, S. N., Cheever, M. L., Kawano, T., Tsuboi, K., Wang, X., Montell, C., Kozasa, T., Sondek, J., et al. 2010. Kinetic scaffolding mediated by a phospholipase C-β and $G_q$ signaling complex. *Science* 330:974–980.

### Cálcio

Ikura, M., Clore, G. M., Gronenborn, A. M., Zhu, G., Klee, C. B., and Bax, A. 1992. Solution structure of a calmodulin-target peptide complex by multidimensional NMR. *Science* 256:632–638.

Kuboniwa, H., Tjandra, N., Grzesiek, S., Ren, H., Klee, C. B., and Bax, A. 1995. Solution structure of calcium-free calmodulin. *Nat. Struct. Biol.* 2:768–776.

Grynkiewicz, G., Poenie, M., and Tsien, R. Y. 1985. A new generation of $Ca^{2+}$ indicators with greatly improved fluorescence properties. *J. Biol. Chem.* 260:3440–3450.

Kerr, R., Lev-Ram, V., Baird, G., Vincent, P., Tsien, R. Y., and Schafer, W. R. 2000. Optical imaging of calcium transients in neurons and pharyngeal muscle of *C. elegans*. *Neuron* 26:583–594.

Chin, D., and Means, A. R. 2000. Calmodulin: A prototypical calcium sensor. *Trends Cell Biol.* 10:322–328.

Dawson, A. P. 1997. Calcium signalling: How do IP3 receptors work? *Curr. Biol.* 7:R544–R547.

### Proteína quinases, incluindo receptor tirosina quinases

Riedel, H., Dull, T. J., Honegger, A. M., Schlessinger, J., and Ullrich, A. 1989. Cytoplasmic domains determine signal specificity, cellular routing characteristics and influence ligand binding of epidermal growth factor and insulin receptors. *EMBO J.* 8:2943–2954.

Taylor, S. S., Knighton, D. R., Zheng, J., Sowadski, J. M., Gibbs, C. S., and Zoller, M. J. 1993. A template for the protein kinase family. *Trends Biochem. Sci.* 18:84–89.

Sicheri, F., Moarefi, I., and Kuriyan, J. 1997. Crystal structure of the Src family tyrosine kinase Hck. *Nature* 385:602–609.

Waksman, G., Shoelson, S. E., Pant, N., Cowburn, D., and Kuriyan, J. 1993. Binding of a high affinity phosphotyrosyl peptide to the Src SH2 domain: Crystal structures of the complexed and peptide-free forms. *Cell* 72:779–790.

Schlessinger, J. 2000. Cell signaling by receptor tyrosine kinases. *Cell* 103:211–225.

Simon, M. A. 2000. Receptor tyrosine kinases: Specific outcomes from general signals. *Cell* 103:13–15.

Robinson, D. R., Wu, Y. M., and Lin, S. F. 2000. The protein tyrosine kinase family of the human genome. *Oncogene* 19:5548–5557.

Hubbard, S. R. 1999. Structural analysis of receptor tyrosine kinases. *Prog. Biophys. Mol. Biol.* 71:343–358.

Carter-Su, C., and Smit, L. S. 1998. Signaling via JAK tyrosine kinases: Growth hormone receptor as a model system. *Recent Prog. Horm. Res.* 53:61–82.

### Via de sinalização da insulina

Khan, A. H., and Pessin, J. E. 2002. Insulin regulation of glucose uptake: A complex interplay of intracellular signalling pathways. *Diabetologia* 45:1475–1483.

Bevan, P. 2001. Insulin signalling. *J. Cell Sci.* 114:1429–1430.

De Meyts, P., and Whittaker, J. 2002. Structural biology of insulin and IGF1 receptors: Implications for drug design. *Nat. Rev. Drug Discov.* 1:769–783.

Dhe-Paganon, S., Ottinger, E. A., Nolte, R. T., Eck, M. J., and Shoelson, S. E. 1999. Crystal structure of the pleckstrin homology-phosphotyrosine binding (PH-PTB) targeting region of insulin receptor substrate 1. *Proc. Natl. Acad. Sci. U.S.A.* 96:8378–8383.

Domin, J., and Waterfield, M. D. 1997. Using structure to define the function of phosphoinositide 3-kinase family members. *FEBS Lett.* 410:91–95.

Hubbard, S. R. 1997. Crystal structure of the activated insulin receptor tyrosine kinase in complex with peptide substrate and ATP analog. *EMBO J.* 16:5572–5581.

Hubbard, S. R., Wei, L., Ellis, L., and Hendrickson, W. A. 1994. Crystal structure of the tyrosine kinase domain of the human insulin receptor. *Nature* 372:746–754.

### Via de sinalização do EGF

Burgess, A. W., Cho, H. S., Eigenbrot, C., Ferguson, K. M., Garrett, T. P., Leahy, D. J., Lemmon, M. A., Sliwkowski, M. X., Ward, C. W., and Yokoyama, S. 2003. An open-and-shut case? Recent insights into the activation of EGF/ErbB receptors. *Mol. Cell* 12:541–552.

Cho, H. S., Mason, K., Ramyar, K. X., Stanley, A. M., Gabelli, S. B., Denney, D. W., Jr., and Leahy, D. J. 2003. Structure of the extracellular region of HER2 alone and in complex with the Herceptin Fab. *Nature* 421:756–760.

Chong, H., Vikis, H. G., and Guan, K. L. 2003. Mechanisms of regulating the Raf kinase family. *Cell. Signal.* 15:463–469.

Stamos, J., Sliwkowski, M. X., and Eigenbrot, C. 2002. Structure of the epidermal growth factor receptor kinase domain alone and in complex with a 4-anilinoquinazoline inhibitor. *J. Biol. Chem.* 277:46265–46272.

### Ras

Milburn, M. V., Tong, L., deVos, A. M., Brunger, A., Yamaizumi, Z., Nishimura, S., and Kim, S. H. 1990. Molecular switch for signal transduction: Structural differences between active and inactive forms of protooncogenic Ras proteins. *Science* 247:939–945.

Boriack-Sjodin, P. A., Margarit, S. M., Bar-Sagi, D., and Kuriyan, J. 1998. The structural basis of the activation of Ras by Sos. *Nature* 394:337–343.

Maignan, S., Guilloteau, J. P., Fromage, N., Arnoux, B., Becquart, J., and Ducruix, A. 1995. Crystal structure of the mammalian Grb2 adaptor. *Science* 268:291–293.

Takai, Y., Sasaki, T., and Matozaki, T. 2001. Small GTP-binding proteins. *Physiol. Rev.* 81:153–208.

### Câncer

Druker, B. J., Sawyers, C. L., Kantarjian, H., Resta, D. J., Reese, S. F., Ford, J. M., Capdeville, R., and Talpaz, M. 2001. Activity of a specific inhibitor of the BCR-ABL tyrosine kinase in the blast crisis of chronic myeloid leukemia and acute lymphoblastic leukemia with the Philadelphia chromosome. *New Engl. J. Med.* 344:1038–1042.

Vogelstein, B., and Kinzler, K. W. 1993. The multistep nature of cancer. *Trends Genet.* 9:138–141.

Ellis, C. A., and Clark, G. 2000. The importance of being K-Ras. *Cell. Signal.* 12:425–434.

Hanahan, D., and Weinberg, R. A. 2000. The hallmarks of cancer. *Cell* 100:57–70.

McCormick, F. 1999. Signalling networks that cause cancer. *Trends Cell Biol.* 9:M53–M56.

### Bioquímica em foco

Mustafa, A. K., Gadella, M. M., and Snyder, S. H. 2009. Signaling by gasotransmitters. *Sci. Signaling* 2:re2.

Kolluru, G. K., Shen, X., Yuan, S., and Kevil, C. G. 2017. Gasotransmitter heterocellular signaling. *Antiox. Redox Signal.* 26:936–960.

## CAPÍTULO 15

### Onde começar

Liu, X., and Locasale, J. W. 2017. Metabolomics: A primer. *Trends Biochem. Sci.* 42:274–284.

Stipanuk, M. H., and Caudill, M. A. (Eds.). 2012. *Biochemical, Physiological, Molecular Aspects of Human Nutrition* (3rd ed.). Elsevier.

McGrane, M. M., Yun, J. S., Patel, Y. M., and Hanson, R. W. 1992. Metabolic control of gene expression: In vivo studies with transgenic mice. *Trends Biochem. Sci.* 17:40–44.

Westheimer, F. H. 1987. Why nature chose phosphates. *Science* 235:1173–1178.

Kamerlin, S. C. L., Sharma, P. K., Prasad, R. B., and Warshel, A. 2013. Why nature really chose phosphate. *Q. Rev. Biophys.* 46:1–132.

### Livros

Atkins, P., and de Paula, J. 2015. *Physical Chemistry for the Life Sciences* (3rd ed.). Oxford University Press.

Harold, F. M. 1986. *The Vital Force: A Study of Bioenergetics.* W. H. Freeman and Company.

Krebs, H. A., and Kornberg, H. L. 1957. *Energy Transformations in Living Matter.* Springer Verlag.

Nicholls, D. G., and Ferguson, S. J. 2013. *Bioenergetics* (4th ed.). Academic Press.

Frayn, K. N. 2010. *Metabolic Regulation: A Human Perspective* (3rd ed.). Wiley-Blackwell.

Fell, D. 1997. *Understanding the Control of Metabolism*. Portland Press.

Harris, D. A. 1995. *Bioenergetics at a Glance*. Blackwell Scientific.

Von Baeyer, H. C. 1999. *Warmth Disperses and Time Passes: A History of Heat*. Modern Library.


### Termodinâmicas


Alberty, R. A. 1993. Levels of thermodynamic treatment of biochemical reaction systems. *Biophys. J.* 65:1243–1254.

Alberty, R. A., and Goldberg, R. N. 1992. Standard thermodynamic formation properties for the adenosine 5′-triphosphate series. *Biochemistry* 31:10610–10615.

Alberty, R. A. 1968. Effect of pH and metal ion concentration on the equilibrium hydrolysis of adenosine triphosphate to adenosine diphosphate. *J. Biol. Chem.* 243:1337–1343.

Goldberg, R. N. 1984. *Compiled Thermodynamic Data Sources for Aqueous and Biochemical Systems: An Annotated Bibliography (1930–1983)*. National Bureau of Standards Special Publication 685, U.S. Government Printing Office.

Frey, P. A., and Arabshahi, A. 1995. Standard free energy change for the hydrolysis of the α,β-phosphoanhydride bridge in ATP. *Biochemistry* 34:11307–11310.


### Bioenergética e metabolismo


Patel, A., Malinovska, L., Saha, S., Wang, J., Alberti, S., Krishnan, Y., and Hyman, A. A. 2017. ATP as a biological hydrotrope. *Science* 356:753–756.

Schilling, C. H., Letscher, D., and Palsson, B. O. 2000. Theory for the systemic definition of metabolic pathways and their use in interpreting metabolic function from a pathway-oriented perspective. *J. Theor. Biol.* 203:229–248.

DeCoursey, T. E., and Cherny, V. V. 2000. Common themes and problems of bioenergetics and voltage-gated proton channels. *Biochim. Biophys. Acta* 1458:104–119.

Giersch, C. 2000. Mathematical modelling of metabolism. *Curr. Opin. Plant Biol.* 3:249–253.

Rees, D. C., and Howard, J. B. 1999. Structural bioenergetics and energy transduction mechanisms. *J. Mol. Biol.* 293:343–350.


### Regulação do metabolismo


Schmitt, D. L., and An, S. 2017. Spatial organization of metabolic enzyme complexes in cells. *Biochemistry* 56:3184–3196.

Frederick, D. W., Loro, E., Liu, L., Davila, Jr., A., Chellappa, K., et al. 2016. Loss of NAD homeostasis leads to progressive and reversible degeneration of skeletal muscle. *Cell Metab.* 24:269–282.

Kemp, G. J. 2000. Studying metabolic regulation in human muscle. *Biochem. Soc. Trans.* 28:100–103.

Towle, H. C., Kaytor, E. N., and Shih, H. M. 1996. Metabolic regulation of hepatic gene expression. *Biochem. Soc. Trans.* 24:364–368.

Hofmeyr, J. H. 1995. Metabolic regulation: A control analytic perspective. *J. Bioenerg. Biomembr.* 27:479–490.


### Aspectos históricos


Kalckar, H. M. 1991. 50 years of biological research: From oxidative phosphorylation to energy requiring transport regulation. *Annu. Rev. Biochem.* 60:1–37.

Kalckar, H. M. (Ed.). 1969. *Biological Phosphorylations*. Prentice Hall.

Fruton, J. S. 1972. *Molecules and Life*. Wiley-Interscience.

Lipmann, F. 1971. *Wanderings of a Biochemist*. Wiley-Interscience.


## CAPÍTULO 16

### Onde começar


McCracken, A. N., and Edinger, A. L. 2013. Nutrient transporters: The Achilles' heel of anabolism. *Trends Endocrin. Met.* 24:200–208.

Curry, A. 2013. The milk revolution. *Nature* 500:20–22.

Bar-Even, A., Flamholz, A., Noor, E., and Milo, R. 2012. Rethinking glycolysis: On the biochemical logic of metabolic pathways. *Nature Chem. Biol.* 8:509–517.

Ward, P. S., and Thompson, C. B. 2012. Metabolic reprogramming: A cancer hallmark even Warburg did not anticipate. *Cancer Cell* 21:297–308.

Herling, A., König, M., Bulik, S., and Holzhütter, H.-G. 2011. Enzymatic features of the glucose metabolism in tumor cells. *FEBS J.* 278:2436–2459.

Lin, H. V., and Accili, D. 2011. Hormonal regulation of hepatic glucose production in health and disease. *Cell Metab.* 14:9–19.

Hirabayashi, J. 1996. On the origin of elementary hexoses. *Quart. Rev. Biol.*71:365–380.


### Livros e resenhas


Tong, L. 2013. Structure and function of biotin-dependent carboxylases. *Cell. Mol. Life Sci.* 70:863–891.

Frayn, K. N. 2010. *Metabolic Regulation: A Human Perspective* (3rd ed.). Wiley-Blackwell.

Fell, D. 1997. *Understanding the Control of Metabolism*. Portland.

Fersht, A. 1999. *Structure and Mechanism in Protein Science: A Guide to Enzyme Catalysis and Protein Folding*. W. H. Freeman and Company.

Poortmans, J. R. (Ed.). 2004. *Principles of Exercise Biochemistry*. Krager.


### Estrutura das enzimas glicolíticas e gliconeogênicas


Lietzan, A. D., and St. Maurice, M. 2013. A substrate-induced biotin binding pocket in the carboxyltransferase domain of pyruvate carboxylase. *J. Biol. Chem.* 288:19915–19925.

Banaszak, L., Mechin, I., Obmolova, G., Oldham, M., Chang, S. H., Ruiz, T., Radermacher, M., Kopperschläger, G., and Rypniewski, W. 2011. The crystal structures of eukaryotic phosphofructokinases from baker's yeast and rabbit skeletal muscle. *J. Mol. Biol.* 407:284–297.

Lasso, G., Yu, L. P. C., Gil, D., Xiang, S., Tong, L., and Valle, M. 2010. Cryo-EM analysis reveals new insights into the mechanism of action of pyruvate carboxylase. *Structure* 18:1300–1310.

Ferreras, C., Hernández, E. D., Martinez-Costa, O. H., and Aragón, J. J. 2009. Subunit interactions and composition of the fructose 6-phosphate catalytic site and the fructose 2,6-bisphosphate allosteric site of mammalian phosphofructokinase. *J. Biol. Chem.* 284:9124–9131.

Hines, J. K., Chen, X., Nix, J. C., Fromm, H. J., and Honzatko. R. B. 2007. Structures of mammalian and bacterial fructose-1, 6- bisphosphatase reveal the basis for synergism in AMP/fructose-2, 6-bisphosphate inhibition. *J. Biol. Chem.* 282:36121–36131.

Ferreira-da-Silva, F., Pereira, P. J., Gales, L., Roessle, M., Svergun, D. I., Moradas-Ferreira, P., and Damas, A. M. 2006. The crystal and solution structures of glyceraldehyde-3-phosphate dehydrogenase reveal different quaternary structures. *J. Biol. Chem.* 281:33433–33440.

Kim, S.-G., Manes, N. P., El-Maghrabi, M. R., and Lee, Y.-H. 2006. Crystal structure of the hypoxia-inducible form of 6-phosphofructo-2-kinase/fructose-2,6-phosphatase (PFKFB3): A possible target for cancer therapy. *J. Biol. Chem.* 281:2939–2944.

Aleshin, A. E., Kirby, C., Liu, X., Bourenkov, G. P., Bartunik, H. D., Fromm, H. J., and Honzatko, R. B. 2000. Crystal structures of mutant monomeric hexokinase I reveal multiple ADP binding sites and conformational changes relevant to allosteric regulation. *J. Mol. Biol.* 296:1001–1015.

Bernstein, B. E., and Hol, W. G. 1998. Crystal structures of substrates and products bound to the phosphoglycerate kinase active site reveal the catalytic mechanism. *Biochemistry* 37:4429–4436.

Rigden, D. J., Alexeev, D., Phillips, S. E. V., and Fothergill-Gilmore, L. A. 1998. The 2.3 Å X-ray crystal structure of *S. cerevisiae* phosphoglycerate mutase. *J. Mol. Biol.* 276:449–459.

Zhang, E., Brewer, J. M., Minor, W., Carreira, L. A., and Lebioda, L. 1997. Mechanism of enolase: The crystal structure of asymmetric dimer enolase-2-phospho-D-glycerate/enolase-phosphoenolpyruvate at 2.0 Å resolution. *Biochemistry* 36:12526–12534.

Hasemann, C. A., Istvan E. S., Uyeda, K., and Deisenhofer, J. 1996. The crystal structure of the bifunctional enzyme 6-phosphofructo-2-kinase/fructose-2,6-biphosphatase reveals distinct domain homologies. *Structure* 4:1017–1029.

Tari, L. W., Matte, A., Pugazhenthi, U., Goldie, H., and Delbaere, L. T. J. 1996. Snapshot of an enzyme reaction intermediate in the structure of the ATP-$Mg^{2+}$-oxalate ternary complex of *Escherichia coli* PEP carboxykinase. *Nat. Struct. Biol.* 3:355–363.

## Mecanismos catalíticos

Soukri, A., Mougin, A., Corbier, C., Wonacott, A., Branlant, C., and Branlant, G. 1989. Role of the histidine 176 residue in glyceraldehyde-3-phosphate dehydrogenase as probed by site-directed mutagenesis. *Biochemistry* 28:2586–2592.

Bash, P. A., Field, M. J., Davenport, R. C., Petsko, G. A., Ringe, D., and Karplus, M. 1991. Computer simulation and analysis of the reaction pathway of triosephosphate isomerase. *Biochemistry* 30:5826–5832.

Knowles, J. R., and Albery, W. J. 1977. Perfection in enzyme catalysis: The energetics of triosephosphate isomerase. *Acc. Chem. Res.* 10:105–111.

## Regulação

Herman, M. A., and Samuel, V. T. 2016. The sweet path to metabolic demise: Fructose and lipid synthesis. *Trends Endo. Metab.* 27:719–730.

Schmitt, D. L., and An, S. 2017. Spatial organization of metabolic enzyme complexes in cells. *Biochemistry* 56:3184−3196.

Casey, A. K., and Miller, B. G. 2016. Kinetic basis of carbohydrate-mediated inhibition of human glucokinase by the glucokinase regulatory protein. *Biochemistry* 55:2899−2902.

Westerhold, L. E., Bridges, L. C., Shaikh, S. R., and Zeczycki, T. N. 2017. Kinetic and thermodynamic analysis of acetyl-CoA activation of *Staphylococcus Aureus* pyruvate carboxylase. *Biochemistry* 56:3492−3506.

Liu, S., Ammirati, M. J., Song, X., Knafels, J. D., Zhang, J., Greasley, S. E., Pfefferkorn, J. A., and Qiu, X. 2012. Insights into mechanism of glucokinase activation: Observation of multiple distinct protein conformations. *J. Biol. Chem.* 287:13598–13610.

Brüser, A., Kirchberger, J., Kloos, M., Sträter, N., and Schöneberg, T. 2012. Functional linkage of adenine nucleotide binding sites in mammalian muscle 6-phosphofructokinase. *J. Biol. Chem.* 287:17546–17553.

Anderka, O., Boyken, J., Aschenbach, U., Batzer, A., Boscheinen, O., and Schmoll, D. 2008. Biophysical characterization of the interaction between hepatic glucokinase and its regulatory protein: Impact of physiological and pharmacological effectors. *J. Biol. Chem.* 283:31333–31340.

Iancu, C. V., Mukund, S., Fromm, H. J., and Honzatko, R. B. 2005. R-state AMP complex reveals initial steps of the quaternary transition of fructose-l,6-bisphosphatase. *J. Biol. Chem.* 280:19737–19745.

Lee, Y. H., Li, Y., Uyeda, K., and Hasemann, C. A. 2003. Tissue-specific structure/function differentiation of the five isoforms of 6-phosphofructo-2-kinase/fructose-2,6-bisphosphatase. *J. Biol. Chem.* 278:523–530.

Gleeson, T. T. 1996. Post-exercise lactate metabolism: A comparative review of sites, pathways, and regulation. *Annu. Rev. Physiol.* 58:556–581.

Jitrapakdee, S., and Wallace, J. C. 1999. Structure, function and regulation of pyruvate carboxylase. *Biochem. J.* 340:1–16.

van de Werve, G., Lange, A., Newgard, C., Mechin, M. C., Li, Y., and Berteloot, A. 2000. New lessons in the regulation of glucose metabolism taught by the glucose 6-phosphatase system. *Eur. J. Biochem.* 267:1533–1549.

## Transportadores de açúcar

Blodgett, D. M., Graybill, C., and Carruthers, A. 2008. Analysis of glucose transporter topology and structural dynamics. *J. Biol. Chem.* 283:36416–36424.

Huang, S., and Czech, M. P. 2007. The GLUT4 glucose transporter. *Cell Metab.* 5:237–252.

Czech, M. P., and Corvera, S. 1999. Signaling mechanisms that regulate glucose transport. *J Biol. Chem.* 274:1865–1868.

Silverman, M. 1991. Structure and function of hexose transporters. *Annu. Rev. Biochem.* 60:757–794.

Thorens, B., Charron, M. J., and Lodish, H. F. 1990. Molecular physiology of glucose transporters. *Diabetes Care* 13:209–218.

## Glicólise e câncer

Pavlova, N. N., and Thompson, C. B. 2016. The emerging hallmarks of cancer metabolism. *Cell Metab.* 23:27–47.

Olson, K. A., Schell, J. C., and Rutter, J. 2016. Pyruvate and metabolic flexibility: Illuminating a path toward selective cancer therapies. *Trends Biochem. Sci.* 41:219–230.

Morgan, H. P., O'Reilly, F. J., Wear, M. A., O'Neill, J. R., Fothergill-Gilmore, L. A., Hupp, T., and Walkinshaw, M. D. 2013. M2 pyruvate kinase provides a mechanism for nutrient sensing and regulation of cell proliferation. *Proc. Natl. Acad. Sci. U.S.A.* 110:5881–5886.

Schulze, A., and Harris, A. L. 2012. How cancer metabolism is tuned for proliferation and vulnerable to disruption. *Nature* 491:364–373.

Lunt, S. Y., and Vander Heiden, M. G. 2011. Aerobic glycolysis: Meeting the metabolic requirements of cell proliferation. *Annu. Rev. Cell Dev. Biol.* 27:441–64.

Vander Heiden, M. G., Cantley, L. C., and Thompson, C. B. 2009. Understanding the Warburg effect: The metabolic requirements of cell proliferation. *Science* 324:1029–1033.

Mathupala, S. P., Ko, Y. H., and Pedersen, P. L. 2009. Hexokinase-2 bound to mitochondria: Cancer's stygian link to the "Warburg effect" and a pivotal target for effective therapy. *Sem. Cancer Biol.* 19:17–24.

Kroemer, G. K., and Pouyssegur, J. 2008. Tumor cell metabolism: Cancer's Achilles' heel. *Cancer Cell* 12:472–482.

Hsu, P. P., and Sabatini, D. M. 2008. Cancer cell metabolism: Warburg and beyond. *Cell* 134:703–707.

## Doenças genéticas

Orosz, F., Oláh, J., and Ovádi, J. 2009. Triosephosphate isomerase deficiency: New insights into an enigmatic disease. *Biochim. Biophys. Acta* 1792:1168–1174.

Scriver, C. R., Beaudet, A. L., Valle, D., Sly, W. S., Childs, B., Kinzler, K., and Vogelstein, B. (Eds.). 2001. *The Metabolic and Molecular Basis of Inherited Disease* (8th ed.). McGraw-Hill.

## Evolução

Dandekar, T., Schuster, S., Snel, B., Huynen, M., and Bork, P. 1999. Pathway alignment: Application to the comparative analysis of glycolytic enzymes. *Biochem. J.* 343:115–124.

Heinrich, R., Melendez-Hevia, E., Montero, F., Nuno, J. C., Stephani, A., and Waddell, T. G. 1999. The structural design of glycolysis: An evolutionary approach. *Biochem. Soc. Trans.* 27:294–298.

Walmsley, A. R., Barrett, M. P., Bringaud, F., and Gould, G. W. 1998. Sugar transporters from bacteria, parasites and mammals: Structure-activity relationships. *Trends Biochem. Sci.* 23:476–480.

Maes, D., Zeelen, J. P., Thanki, N., Beaucamp, N., Alvarez, M., Thi, M. H., Backmann, J., Martial, J. A., Wyns, L., Jaenicke, R., et al. 1999. The crystal structure of triosephosphate isomerase (TIM) from *Thermotoga maritima:* A comparative thermostability structural analysis of ten different TIM structures. *Proteins* 37:441–453.

## Aspectos históricos

Friedmann, H. C. 2004. From *Butyribacterium* to *E. coli:* An essay on unity in biochemistry. *Perspect. Biol. Med.* 47:47–66.

Fruton, J. S. 1999. *Proteins, Enzymes, Genes: The Interplay of Chemistry and Biology.* Yale University Press.

Kalckar, H. M. (Ed.). 1969. *Biological Phosphorylations: Development of Concepts.* Prentice Hall.

## CAPÍTULO 17

### Onde começar

Sugden, M. C., and Holness, M. J. 2003. Recent advances in mechanisms regulating glucose oxidation at the level of the pyruvate dehydrogenase complex by PDKs. *Am. J. Physiol. Endocrinol. Metab.* 284:E855–E862.

Owen, O. E., Kalhan, S. C., and Hanson, R. W. 2002. The key role of anaplerosis and cataplerosis for citric acid function. *J. Biol. Chem.* 277:30409–30412.

### Complexo piruvato desidrogenase

Patel, K. P., O'Brien, T. W., Subramony, S. H., Shuster, J., and Stacpoole, P. W. 2012. The spectrum of pyruvate dehydrogenase complex deficiency: Clinical, biochemical and genetic features in 371 patients. *Mol. Genet. Metab.* 105:34–43.

Vijayakrishnan, S., Callow, P., Nutley, M. A., Mcgow, D. P., Gilbert, D., Kropholler, P., Cooper, A., Byron, O., and Lindsay, J. G. 2011. Variation in the organization and subunit composition of the mammalian pyruvate dehydrogenase complex E2/E3BP core assembly. *Biochem. J.* 437:565–574.

Vijayakrishnan, S., Kelly, S. M., Gilbert, R. J., Callow, P., Bhella, D., Forsyth, T., Lindsay, J. G., and Byron, O. 2010. Solution structure and characterization of the human pyruvate dehydrogenase complex core assembly. *J. Mol. Biol.* 399:71–93.

Brautigam, C. A., Wynn, R. M., Chuang, J. L., and Chuang, D. T. 2009. Subunit and catalytic component stoichiometries of an in vitro reconstituted human pyruvate dehydrogenase complex. *J. Biol. Chem.* 284:13086–13098.

Lengyel, J. S., Stott, K. M., Wu, X., Brooks, B. R., Balbo, A., et al. 2008. Extended polypeptide linkers establish the spatial architecture of a pyruvate dehydrogenase multienzyme complex. *Structure* 16:93–103.

Hiromasa, Y., Fujisawa, T., Aso, Y., and Roche, T. E. 2004. Organization of the cores of the mammalian pyruvate dehydrogenase complex formed by E2 and E2 plus the E3-binding proteins and their capacities to bind the E1 and E3 components. *J. Biol Chem.* 279:6921–6933.

Domingo, G. J., Chauhan, H. J., Lessard, I. A., Fuller, C., and Perham, R. N. 1999. Self-assembly and catalytic activity of the pyruvate dehydrogenase multienzyme complex from *Bacillus stearothermophilus. Eur. J. Biochem.* 266:1136–1146.

### Estrutura das enzimas do ciclo do ácido cítrico

Fraser, M. E., Hayakawa, K., Hume, M. S., Ryan, D. G., and Brownie, E. R. 2006. Interactions of GTP with the ATP-grasp domain of GTP-specific succinyl-CoA synthetase. *J. Biol. Chem.* 281:11058–11065.

Yankovskaya, V., Horsefield, R., Törnroth, S., Luna-Chavez, C., Miyoshi, H., Léger, C., Byrne, B., Cecchini, G., and Iowata, S. 2003. Architecture of succinate dehydrogenase and reactive oxygen species generation. *Science* 299:700–704.

Fraser, M. E., James, M. N., Bridger, W. A., and Wolodko, W. T. 1999. A detailed structural description of *Escherichia coli* succinyl-CoA synthetase. *J. Mol. Biol.* 285:1633–1653. [Published erratum appears in May 7, 1999, issue of *J. Mol. Biol.* 288(3):501.]

Lloyd, S. J., Lauble, H., Prasad, G. S., and Stout, C. D. 1999. The mechanism of aconitase: 1.8 Å resolution crystal structure of the S642A:citrate complex. *Protein Sci.* 8:2655–2662.

Rose, I. A. 1998. How fumarase recycles after the malate → fumarate reaction: Insights into the reaction mechanism. *Biochemistry* 37:17651–17658.

### Organização do ciclo do ácido cítrico

Lambeth, D. O., Tews, K. N., Adkins, S., Frohlich, D., and Milavetz, B. I. 2004. Expression of two succinyl-CoA specificities in mammalian tissues. *J. Biol. Chem.* 279:36621–36624.

Velot, C., Mixon, M. B., Teige, M., and Srere, P. A. 1997. Model of a quinary structure between Krebs TCA cycle enzymes: A model for the metabolon. *Biochemistry* 36:14271–14276.

Haggie, P. M., and Brindle, K. M. 1999. Mitochondrial citrate synthase is immobilized in vivo. *J. Biol. Chem.* 274:3941–3945.

Morgunov, I., and Srere, P. A. 1998. Interaction between citrate synthase and malate dehydrogenase: Substrate channeling of oxaloacetate. *J. Biol. Chem.* 273:29540–29544.

### Regulação

Shi, Q., Xu, H., Yu, H., Zhang, N., Ye, Y., Estevez, A. G., Deng, H., and Gibson, G. E. 2011. Inactivation and reactivation of the mitochondrial α-ketoglutarate dehydrogenase complex. *J. Biol. Chem.* 286:17640–17648.

Phillips, D., Aponte, A. M., French, S. A., Chess, D. J., and Balaban, R. S. 2009. Succinyl-CoA synthetase is a phosphate target for the activation of mitochondrial metabolism. *Biochemistry* 48:7140–7149.

Taylor, A. B., Hu, G., Hart, P. J., and McAlister-Henn, L. 2008. Allosteric motions in structures of yeast $NAD^+$-specific isocitrate dehydrogenase. *J. Biol. Chem.* 283:10872–10880.

Green, T., Grigorian, A., Klyuyeva, A., Tuganova, A., Luo, M., and Popov, K. M. 2008. Structural and functional insights into the molecular mechanisms responsible for the regulation of pyruvate dehydrogenase kinase. *J. Biol. Chem.* 283:15789–15798.

Hiromasa, Y., and Roche, T. E. 2003. Facilitated interaction between the pyruvate dehydrogenase kinase isoform 2 and the dihydrolipoyl acetyltransferases. *J. Biol. Chem.* 278:33681–33693.

Jitrapakdee, S., and Wallace, J. C. 1999. Structure, function and regulation of pyruvate carboxylase. *Biochem. J.* 340:1–16.

### Ciclo do ácido cítrico e câncer

Fan, J., Lin, R., Xia, S., Chen, D., Elf, S. E., Liu, S., et al. 2016. Tetrameric acetyl-CoA acetyltransferase 1 is important for tumor growth. *Mol. Cell* 64:859–874.

Wang, F., Travins, J., DeLaBarre, B., Penard-Lacronique, V., Schalm, S., Hansen, E., Straley, K., Kernytsky, A., Liu, W., Gliser, C., et al. 2013. Targeted inhibition of mutant IDH2 in leukemia cells induces cellular differentiation. *Science* 340:622–626.

Rohle, D., Popovici-Muller, J., Palaskas, N., Turcan, S., Grommes, C., Campos, C., Tsoi, J., Clark, O., Oldrini, B., Komisopoulou, E., et al. 2013. An inhibitor of mutant IDH1 delays growth and promotes differentiation of glioma cells. *Science* 340:626–630.

Losman, J.-A., Koivunen, P., Lee, S., Schneider, R. K., McMahon, C., Cowley, G. S., Root, D. E., Ebert, B. L., Kaelin, W. G. Jr., et al. 2013.(*R*)-2-Hydroxyglutarate is sufficient to promote leukemogenesis and its effects are reversible. *Science* 339:1621–1625.

Sakai, C., Tomitsuka, T., Esumi, H., Harada, S., and Kita, K. 2012. Mitochondrial fumarate reductase as a target of chemotherapy: From parasites to cancer cells. *Biochim. Biophys. Acta* 1820:643–651.

Xekouki P., and Stratakis, C. A. 2012. Succinate dehydrogenase (SDHx) mutations in pituitary tumors: Could this be a new role for mitochondrial complex II and/or Krebs cycle defects? *Endocr.-Relat. Cancer* 19:C33–C40.

Thompson, C. B. 2009. Metabolic enzymes as oncogenes or tumor suppressors. *New Engl. J. Med.* 360:813–815.

McFate, T., Mohyeldin, A., Lu, H., Thakar, J., Henriques, J., Halim, N. D., Wu, H., Schell, M. J., Tsang, T. M., Teahan, O., Zhou, S., Califano, J. A., Jeoung, M. N., Harris, R. A., and Verma, A. 2008. Pyruvate dehydrogenase complex activity controls metabolic and malignant phenotype in cancer cells. *J. Biol. Chem.* 283:22700–22708.

Gogvadze, V., Orrenius, S., and Zhivotovsky, B. 2008. Mitochondria in cancer cells: What is so special about them? *Trends Cell Biol.* 18:165–173.

### Aspectos evolutivos

Meléndez-Hevia, E., Waddell, T. G., and Cascante, M. 1996. The puzzle of the Krebs citric acid cycle: Assembling the pieces of chemically feasible reactions, and opportunism in the design of metabolic pathways in evolution. *J. Mol. Evol.* 43:293–303.

Baldwin, J. E., and Krebs, H. 1981. The evolution of metabolic cycles. *Nature* 291:381–382.

Gest, H. 1987. Evolutionary roots of the citric acid cycle in prokaryotes. *Biochem. Soc. Symp.* 54:3–16.

Weitzman, P. D. J. 1981. Unity and diversity in some bacterial citric acid cycle enzymes. *Adv. Microbiol. Physiol.* 22:185–244.

### Descoberta do ciclo do ácido cítrico

Kornberg, H. 2000. Krebs and his trinity of cycles. *Nat. Rev. Mol. Cell. Biol.* 1:225–228.

Krebs, H. A., and Johnson, W. A. 1937. The role of citric acid in intermediate metabolism in animal tissues. *Enzymologia* 4:148–156.

Krebs, H. A. 1970. The history of the tricarboxylic acid cycle. *Perspect. Biol. Med.* 14:154–170.

Krebs, H. A., and Martin, A. 1981. *Reminiscences and Reflections.* Clarendon Press.

### Bioquímica em foco

Rahman, M. H., Jha, M. K., Kim, J.-H., Nam, Y., Lee, M. G., Younghoon Go, et al. 2016. Pyruvate dehydrogenase kinase-mediated glycolytic metabolic shift in the dorsal root ganglion drives painful diabetic neuropathy. *J. Biol. Chem.* 291:6011–6015.

Pham, T. V., Murkin, A. S., Moynihan, M. M., Harris, L., Tyler, P. C., et al. 2017. Mechanism-based inactivator of isocitrate lyases 1 and 2 from *Mycobacterium tuberculosis. Proc. Natl. Acad. Sci. U.S.A.* 114:7617–7622.

## CAPÍTULO 18

### Onde começar

Guarente, L. 2008. Mitochondria: A nexus for aging, calorie restriction, and sirtuins? *Cell* 132:171–176.

Wallace, D. C. 2007. Why do we still have a maternally inherited mitochondrial DNA? Insights from evolutionary medicine. *Annu. Rev. Biochem.* 76:781–821.

Hosler, J. P., Ferguson-Miller, S., and Mills, D. A. 2006. Energy transduction: Proton transfer through the respiratory complexes. *Annu. Rev. Biochem.* 75:165–187.

Gray, M. W., Burger, G., and Lang, B. F. 1999. Mitochondrial evolution. *Science* 283:1476–1481.

Shultz, B. E., and Chan, S. I. 2001. Structures and proton-pumping strategies of mitochondrial respiratory enzymes. *Annu. Rev. Biophys. Biomol. Struct.* 30:23–65.

### Livros

Scheffler, I. E. 2007. *Mitochondria.* Wiley.

Lane, N. 2005. *Power, Sex, Suicide: Mitochondria and the Meaning of Life.* Oxford.

Nicholls, D. G., and Ferguson, S. J. 2013. *Bioenergetics* (4th ed.). Academic Press.

### Cadeia de transporte de elétrons

Guo, R., Zong, S., Wu, M., Gu, J., and Yang, M. 2017. Architecture of human mitochondrial respiratory megacomplex $I_2III_2IV_2$ *Cell* 170:1247–1257.

Fedor, J. G., Jones, A. J. Y., Di Luca, A., Kaila, V. R. I., and Hirst, J. 2017. Correlating kinetic and structural data on ubiquinone binding and reduction by respiratory complex I. *Proc. Natl. Acad. Sci. U.S.A.* 114:12737–12742.

Baradaran, R., Berrisford, J. M., Minhas, G. S., and Sazanov, L. A. 2013. Crystal structure of the entire respiratory complex I. *Nature* 494:443–448.

Lapuente-Brun, E., Moreno-Loshuertos, R., Acín-Pérez, R., Latorre-Pellicer, A., Colás, C., Balsa, E., Perales-Clemente, E., Quirós, P. M., Calvo, E., Rodríguez-Hernández, M. A., et al. 2013. Supercomplex assembly determines electron flux in the mitochondrial electron transport chain. *Science* 340:1567–1570.

Cammack, R. 2012. Iron-sulfur proteins. *The Biochemist* 35:14–17.

Yoshikawa, S., Muramoto, K., and Shinzawa-Itoh, K. 2011. Proton-pumping mechanism of cytochrome *c* oxidase. *Annu. Rev. Biophys.* 40:205–23.

Qin, L., Liu, J., Mills, D. A., Proshlyakov, D. A., Hiser, C., and Ferguson-Miller, S. 2009. Redox-dependent conformational changes in cytochrome *c* oxidase suggest a gating mechanism for proton uptake. *Biochemistry* 48:5121–5130.

Lill, R. 2009. Function and biogenesis of iron–sulphur proteins. *Nature* 460:831–838.

Cooley, C. W., Lee, D.-W., and Daldal, F. 2009. Across membrane communication between the $Q_o$ and $Q_i$ active sites of cytochrome $bc_1$ *Biochemistry* 48:1888–1899.

Verkhovskaya, M. L., Belevich, N., Euro, L., Wikström, M., and Verkhovsky, M. I. 2008. Real-time electron transfer in respiratory complex I. *Proc. Natl. Acad. Sci. U.S.A.* 105:3763–3767.

Acín-Pérez, R., Fernández-Silva, P., Peleato, M. L., Pérez-Martos, A., and Enriquez, J. A. 2008. Respiratory active mitochondrial super-complexes. *Mol. Cell* 32:529–539.

Kruse, S. E., Watt, W. C., Marcinek, D. J., Kapur, R. P., Schenkman, K. A., and Palmiter, R. D. 2008. Mice with mitochondrial Complex I deficiency develop a fatal encephalomyopathy. *Cell Metab.* 7:312–320.

Sun, F., Huo, X., Zhai, Y., Wang, A., Xu, J., Su, D., Bartlam, M., and Ral, Z. 2005. Crystal structure of mitochondrial respiratory membrane protein complex II. *Cell* 121:1043–1057.

Crofts, A. R. 2004. The cytochrome $bc_1$ complex: Function in the context of structure. *Annu. Rev. Physiol.* 66:689–733.

Bianchi, C., Genova, M. L., Castelli, G. P., and Lenaz, G. 2004. The mitochondrial respiratory chain is partially organized in a supramolecular complex. *J. Biol. Chem.* 279:36562–36569.

Cecchini, G. 2003. Function and structure of Complex II of the respiratory chain. *Annu. Rev. Biochem.* 72:77–109.

Lange, C., and Hunte, C. 2002. Crystal structure of the yeast cytochrome $bc_1$ complex with its bound substrate cytochrome *c. Proc. Natl. Acad. Sci. U.S.A.* 99:2800–2805.

### ATP sintase

Guo, H., Bueler, S. A., Rubinstein, J. L. 2017. Atomic model for the dimeric $F_0$ region of mitochondrial ATP synthase. *Science* 358:936–940.

Toei, M., and Noji, H. 2013. Single-molecule analysis of $F_0F_1$-ATP synthase inhibited by N, N-dicyclohexylcarbodiimide. *J. Biol. Chem.* 288:25717–25726.

Watt, I. N., Montgomery, M. G., Runswick, M. J., Leslie, A. G. W., and Walker, J. E. 2010. Bioenergetic cost of making an adenosine triphosphate molecule in animal mitochondria. *Proc. Natl. Acad. Sci. U.S.A.* 107:16823–16827.

Wittig, I., and Hermann, S. 2009. Supramolecular organization of ATP synthase and respiratory chain in mitochondrial membranes. *Biochim. Biophys. Acta* 1787:672–680.

Junge, W., Sielaff, H., and Engelbrecht S. 2009. Torque generation and elastic power transmission in the rotary $F_0F_1$-ATPase. *Nature* 459:364–370.

von Ballmoos, C., Cook, G. M., and Dimroth, P. 2008. Unique rotary ATP synthase and its biological diversity. *Annu. Rev. Biophys.* 37:43–64.

Adachi, K., Oiwa, K., Nishizaka, T., Furuike, S., Noji, H., Itoh, H., Yoshida, M., and Kinosita, K., Jr. 2007. Coupling of rotation and catalysis in $F_1$-ATPase revealed by single-molecule imaging and manipulation. *Cell* 130:309–321.

Chen, C., Ko, Y., Delannoy, M., Ludtke, S. J., Chiu, W., and Pedersen, P. L. 2004. Mitochondrial ATP synthasome: Three-dimensional structure by electron microscopy of the ATP synthase in complex formation with the carriers for $P_i$ and ADP/ATP. *J. Biol. Chem.* 279:31761–31768.

Noji, H., and Yoshida, M. 2001. The rotary machine in the cell: ATP synthase. *J. Biol. Chem.* 276:1665–1668.

Yasuda, R., Noji, H., Kinosita, K., Jr., and Yoshida, M. 1998. $F_1$-ATPase is a highly efficient molecular motor that rotates with discrete 120 degree steps. *Cell* 93:1117–1124.

Noji, H., Yasuda, R., Yoshida, M., and Kinosita, K., Jr., 1997. Direct observation of the rotation of $F_1$-ATPase. *Nature* 386:299–302.

Tsunoda, S. P., Aggeler, R., Yoshida, M., and Capaldi, R. A. 2001. Rotation of the *c* subunit oligomer in fully functional $F_1F_0$ ATP synthase. *Proc. Natl. Acad. Sci. U.S.A.* 987:898–902.

Gibbons, C., Montgomery, M. G., Leslie, A. G. W., and Walker, J. 2000. The structure of the central stalk in $F_1$-ATPase at 2.4 Å resolution. *Nat. Struct. Biol.* 7:1055–1061.

Sambongi, Y., Iko, Y., Tanabe, M., Omote, H., Iwamoto-Kihara, A., Ueda, I., Yanagida, T., Wada, Y., and Futai, M. 1999. Mechanical rotation of the *c* subunit oligomer in ATP synthase ($F_0F_1$): Direct observation. *Science* 286:1722–1724.

### Translocadores e canais

Villarroya, F., and Vidal-Puig, A. 2013. Beyond the sympathetic tone: The new brown fat activators. *Cell Metab.*17:638–643.

Rey, M., Forest, E., and Pelosi, L. 2012. Exploring the conformational dynamics of the bovine ADP/ATP carrier in mitochondria. *Biochemistry* 51:9727–9735.

Divakaruni, A. S., Humphrey, D. M., and Brand, M. D. 2012. Fatty acids change the conformation of uncoupling protein 1 (UCP1). *J. Biol. Chem.* 44:36845–36853.

Fedorenko, A., Lishko, P. V., and Kirichok, Y. 2012. Mechanism of fatty-acid-dependent UCP1 uncoupling in brown fat mitochondria. *Cell* 151:400–413.

van Marken Lichtenbelt, W. D., Vanhommerig, J. W., Smulders, N. M., Drossaerts, J. M., Kemerink, G. J., Bouvy, N. D., Schrauwen, P., and Teule, G. J. 2009. Cold-activated brown adipose tissue in healthy men. *New Engl. J. Med.* 360:1500–1508.

Cypess, A. M., Sanaz Lehman, S., Gethin Williams, G., Tal, I., Rodman, D., Goldfine, A. B., Kuo, F. C., Palmer, E. L., Tseng, Y.-H., Doria, A., et al. 2009. Identification and importance of brown adipose tissue in adult humans. *New Engl. J. Med.* 360:1509–1517.

Virtanen, K. A., Lidell, M. E., Orava, J., Heglind, M., Westergren, R., Niemi, T., Taittonen, M., Laine, J., Savisto, N.-J., Enerbäck, S., et al. 2009. Functional brown adipose tissue in healthy adults. *New Engl. J. Med.* 360:1518–1525.

Bayrhuber, M., Meins, T., Habeck, M., Becker, S., Giller, K., Villinger, S., Vonrhein, C., Griesinger, C., Zweckstetter, M., and Zeth, K. 2008. Structure of the human voltage-dependent anion channel. *Proc. Natl. Acad. Sci. U.S.A.* 105:15370–15375.

Bamber, L., Harding, M., Monné, M., Slotboom, D.-J., and Kunji, E. R. 2007. The yeast mitochondrial ADP/ATP carrier functions as a monomer in mitochondrial membranes. *Proc. Natl. Acad. Sci. U.S.A.* 10:10830–10843.

Pebay-Peyroula, E., Dahout, C., Kahn, R., Trézéguet, V., Lauquin, G. J.-M., and Brandolin, G. 2003. Structure of mitochondrial ADP/ATP carrier in complex with carboxyatractyloside. *Nature* 246:39–44.

### Espécies reativas de oxigênio, superóxido dismutase e catalase

Banerjee, R. 2017. Introduction to the Thematic Minireview Series: Redox metabolism and signaling. *J. Biol. Chem.* 292:16802–16803. The first in a series of short reviews on the role of reactive oxygens species in metabolism and signaling.

Sena, L. A., and Chandel, N. S. 2012. Physiological roles of mitochondrial reactive oxygen species. *Mol. Cell* 48:158–167.

Forman, H. J., Maiorino, M., and Ursini, F. 2010. Signaling functions of reactive oxygen species. *Biochemistry* 49:835–842.

Murphy, M. P. 2009. How mitochondria produce reactive oxygen species. *Biochem. J.* 417:1–13.

Leitch, J. M., Yick, P. J., and Culotta, V. V. 2009. The right to choose: Multiple pathways for activating copper, zinc superoxide dismutase. *J. Biol. Chem.* 284:24679–24683.

Winterbourn, C. C. 2008. Reconciling the chemistry and biology of reactive oxygen species. *Nat. Chem. Biol.* 4:278–286.

Veal, E. A., Day, A. M., and Morgan, B. A. 2007. Hydrogen peroxide sensing and signaling. *Mol. Cell* 26:1–14.

Stone, J. R., and Yang, S. 2006. Hydrogen peroxide: A signaling messenger. *Antioxid. Redox Signal.* 8:243–270.

Valentine, J. S., Doucette, P. A., and Potter S. Z. 2005. Copper-zinc superoxide dismutase and amyotrophic lateral sclerosis. *Annu. Rev. Biochem.* 74:563–593.

### Doenças mitocondriais

Papa, S., and De Rasmo, D. 2013. Complex I deficiencies in neurological disorders. *Trends Mol. Med.* 19:61–69.

Koopman, W. J. H., Willems, P. H. G. M., and Smeitink, J. A. M. 2012. Monogenic mitochondrial disorders. *New Engl. J. Med.* 366:1132–41.

Lin, C. S., Sharpley, M. S., Fan W., Waymire, K. G., Sadun, A. A., Carelli, V., Ross-Cisneros, F. N., Baciu, P., Sung, E., McManus, M. J., et al. 2012. Mouse mtDNA mutant model of Leber hereditary optic neuropathy. *Proc. Natl. Acad. Sci. U.S.A.* 109:20065–20070.

Mitochondria Disease. 2009. A compendium of nine articles on mitochondrial diseases. *Biochem. Biophys. Acta Mol. Basis Disease* 1792:1095–1167.

Cicchetti, F., Drouin-Ouellet, J., and Gross, R. E. 2009. Environmental toxins and Parkinson's disease: What have we learned from pesticide-induced animal models? *Trends Pharm. Sci.* 30:475–483.

DiMauro, S., and Schon, E. A. 2003. Mitochondrial respiratory-chain disease. *New Engl. J. Med.* 348:2656–2668.

Smeitink, J., van den Heuvel, L., and DiMauro, S. 2001. The genetics and pathology of oxidative phosphorylation. *Nat. Rev. Genet.* 2:342–352.

### Aplicação industrial da bioquímica

Zheng, Q., Lin, J., Huang, J., Zhang, H., Zhang, R., et al. 2017. Reconstitution of UCP1 using CRISPR/Cas9 in the white adipose tissue of pigs decreases fat deposition and improves thermogenic capacity. *Proc. Natl. Acad. Sci. U.S.A.* E9474–E9482.

### Apoptose

Qi, S., Pang, Y., Hu, Q., Liu, Q., Li, H., Zhou, Y., He, T., Liang, Q., Liu, Y., Yuan, X., et al. 2010. Crystal structure of the *Caenorhabditis elegans* apoptosome reveals an octameric assembly of CED-4. *Cell* 141:446–457.

Chan, D. C. 2006. Mitochondria: Dynamic organelles in disease, aging, and development. *Cell* 125:1241–1252.

Green, D. R. 2005. Apoptotic pathways: Ten minutes to dead. *Cell* 121:671–674.

### Aspectos históricos

Prebble, J., and Weber, B. 2003. *Wandering in the Gardens of the Mind: Peter Mitchell and the Making of Glynn.* Oxford.

Mitchell, P. 1979. Keilin's respiratory chain concept and its chemiosmotic consequences. *Science* 206:1148–1159.

Preeble, J. 2002. Peter Mitchell and the ox phos wars. *Trends Biochem. Sci.* 27:209–212.

Mitchell, P. 1976. Vectorial chemistry and the molecular mechanics of chemiosmotic coupling: Power transmission by proticity. *Biochem. Soc. Trans.* 4:399–430.

Racker, E. 1980. From Pasteur to Mitchell: A hundred years of bioenergetics. *Fed. Proc.* 39:210–215.

Kalckar, H. M. 1991. Fifty years of biological research: From oxidative phosphorylation to energy requiring transport and regulation. *Annu. Rev. Biochem.* 60:1–37.

## CAPÍTULO 19


### Onde começar

Bourzac, K. 2017. Solar upgrade. *Nature* 544: S11–S13.

Stolstad, E. 2116. Engineered crops could have it made in the shade. *Science* 354:816.

Zhang, T. 2015. More efficient together. *Science* 350:738–739.

Barber, J., and Andersson, B. 1994. Revealing the blueprint of photosynthesis. *Nature* 370:31–34.

### Livros e resenhas gerais

Nelson, N., and Yocum, C. 2006. Structure and functions of photosystems I and II. *Annu. Rev. Plant Biol.* 57:521–565.

Merchant, S., and Sawaya, M. R. 2005. The light reactions: A guide to recent acquisitions for the picture gallery. *Plant Cell* 17:648–663.

Blankenship, R. E. 2009. *Molecular Mechanisms of Photosynthesis.* Wiley-Blackwell.

Nicholls, D. G., and Ferguson, S. J. 2013. *Bioenergetics* (4th ed.). Academic Press.

### Mecanismos de transferência de elétrons

Beratan, D., and Skourtis, S. 1998. Electron transfer mechanisms. *Curr. Opin. Chem. Biol.* 2:235–243.

Moser, C. C., Keske, J. M., Warncke, K., Farid, R. S., and Dutton, P. L. 1992. Nature of biological electron transfer. *Nature* 355:796–802.

Boxer, S. G. 1990. Mechanisms of long-distance electron transfer in proteins: Lessons from photosynthetic reaction centers. *Annu. Rev. Biophys. Biophys. Chem.* 19:267–299.

### Fotossistema II

Vinyard, D. J., Ananyev, G. M., and Dismukes, G. C. 2013. Photosystem II: The reaction center of oxygenic photosynthesis. *Annu. Rev. Biochem.* 82:577–606.

Kirchhoff, H., Tremmel, I., Haase, W., and Kubitscheck, U. 2004. Supramolecular photosystem II organization in grana of thylakoid membranes: Evidence for a structured arrangement. *Biochemistry* 43:9204–9213.

Diner, B. A., and Rappaport, F. 2002. Structure, dynamics, and energetics of the primary photochemistry of photosystem II of oxygenic photosynthesis. *Annu. Rev. Plant Biol.* 54:551–580.

Zouni, A., Witt, H. T., Kern, J., Fromme, P., Krauss, N., Saenger, W., and Orth, P. 2001. Crystal structure of photosystem II from *Synechococcus elongatus* at 3.8 Å resolution. *Nature* 409:739–743.

Deisenhofer, J., and Michel, H. 1991. High-resolution structures of photosynthetic reaction centers. *Annu. Rev. Biophys. Biophys. Chem.* 20:247–266.

### Evolução do oxigênio

Barber, J. 2016. $Mn_4Ca$ Cluster of photosynthetic oxygen-evolving center: Structure, function and evolution. *Biochemistry* 55:5901–5906.

Umena, Y., Kawakami, K., Shen, J.-R., and Kamiya, N. 2011. Crystal structure of oxygen-evolving photosystem II at a resolution of 1.9 Å. *Nature* 473:55–60.

Barber, J. 2008. Crystal structure of the oxygen-evolving complex of photosystem II. *Inorg. Chem.* 47:1700–1710.

Pushkar, Y., Yano, J., Sauer, K., Boussac, A., and Yachandra, V. K. 2008. Structural changes in the $Mn_4Ca$ cluster and the mechanism of photosynthetic water splitting. *Proc. Natl. Acad. Sci. U.S.A.* 105:1879–1884.

Renger, G. 2007. Oxidative photosynthetic water splitting: Energetics, kinetics and mechanism. *Photosynth. Res.* 92:407–425.

Renger, G., and Kühn, P. 2007. Reaction pattern and mechanism of light induced oxidative water splitting in photosynthesis. *Biochim. Biophys. Acta* 1767:458–471.

### Fotossistema I e citocromo *bf*

Schöttler, M. A., Albus, C. A., and Bock, R. 2011. Photosystem I: Its biogenesis and function in higher plants. *J. Plant Physiol.* 168:1452–1461.

Iwai, M., Takizawa, K., Tokutsu, R., Okamuro, A., Takahashi, Y., and Minagawa, J. 2010. Isolation of the elusive supercomplex that drives cyclic electron flow in photosynthesis. *Nature* 464:1210–1214.

Amunts, A., Drory, O., and Nelson, N. 2007. The structure of photosystem I supercomplex at 3.4 Å resolution. *Nature* 447:58–63.

Cramer, W. A., Zhang, H., Yan, J., Kurisu, G., and Smith, J. L. 2004. Evolution of photosynthesis: Time-independent structure of the cytochrome $b_6f$ complex. *Biochemistry* 43:5921–5929.

Kargul, J., Nield, J., and Barber, J. 2003. Three-dimensional reconstruction of a light-harvesting complex I-photosystem I (LHCI-PSI) supercomplex from the green alga *Chlamydomonas reinhardtii*. *J. Biol. Chem.* 278:16135–16141.

Schubert, W. D., Klukas, O., Saenger, W., Witt, H. T., Fromme, P., and Krauss, N. 1998. A common ancestor for oxygenic and anoxygenic photosynthetic systems: A comparison based on the structural model of photosystem I. *J. Mol. Biol.* 280:297–314.

### ATP sintase

Kohzuma, K., Dal Bosco, C., Meurer, J., and Kramer, D. M. 2013. Light- and metabolism-related regulation of the chloroplast ATP synthase has distinct mechanisms and functions. *J. Biol. Chem.* 288:13156–13163.

Vollmar, M., Schlieper, D., Winn, D., Büchner, C., and Groth, G. 2009. Structure of the c14 rotor ring of the proton translocating chloroplast ATP synthase. *J. Biol. Chem.* 284:18228–18235.

Varco-Merth, B., Fromme, R., Wang, M., and Fromme, P. 2008. Crystallization of the c14-rotor of the chloroplast ATP synthase reveals that it contains pigments. *Biochim. Biophys. Acta* 1777:605–612.

Oster, G., and Wang, H. 1999. ATP synthase: Two motors, two fuels. *Structure* 7:R67–R72.

Weber, J., and Senior, A. E. 2000. ATP synthase: What we know about ATP hydrolysis and what we do not know about ATP synthesis. *Biochim. Biophys. Acta* 1458:300–309.

### Conjuntos coletores de luz

Collins, A. M., Qian, P., Tang, Q., Bocian, D. F., Hunter, C. N., Blankenship, R. E. 2010. Light-harvesting antenna system from the phototrophic bacterium *Roseiflexus castenholzii*. *Biochemistry* 49:7524–7531.

Melkozernov, A. N., Barber, J., and Blankenship, R. E. 2006. Light harvesting in photosystem I supercomplexes. *Biochemistry* 45:331–345.

Conroy, M. J., Westerhuis, W. H., Parkes-Loach, P. S., Loach, P. A., Hunter, C. N., and Williamson, M. P. 2000. The solution structure of *Rhodobacter sphaeroides* LH1b reveals two helical domains separated by a more flexible region: Structural consequences for the LH1 complex. *J. Mol. Biol.* 298:83–94.

Koepke, J., Hu, X., Muenke, C., Schulten, K., and Michel, H. 1996. The crystal structure of the light-harvesting complex II (B800–850) from *Rhodospirillum molischianum*. *Structure* 4:581–597.

Grossman, A. R., Bhaya, D., Apt, K. E., and Kehoe, D. M. 1995. Light-harvesting complexes in oxygenic photosynthesis: Diversity, control, and evolution. *Annu. Rev. Genet.* 29:231–288.

### Evolução

Hohmann-Marriott, M. F., and Blankenship, R. E. 2011. Evolution of photosynthesis. *Annu. Rev. Plant Biol.* 62:515–48.

Chen, M., and Zhang, Y. 2008. Tracking the molecular evolution of photosynthesis through characterization of atomic contents of the photosynthetic units. *Photosynth. Res.* 97:255–261.

Iverson, T. M. 2006. Evolution and unique bioenergetic mechanisms in oxygenic photosynthesis. *Curr. Opin. Chem. Biol.* 10:91–100.

Cavalier-Smith, T. 2002. Chloroplast evolution: Secondary symbiogenesis and multiple losses. *Curr. Biol.* 12:R62–64.

Nelson, N., and Ben-Shem, A. 2005. The structure of photosystem I and evolution of photosynthesis. *BioEssays* 27:914–922.

Green, B. R. 2001. Was "molecular opportunism" a factor in the evolution of different photosynthetic light-harvesting pigment systems? *Proc. Natl. Acad. Sci. U.S.A.* 98:2119–2121.

Dismukes, G. C., Klimov, V. V., Baranov, S. V., Nozlov, Y. N., Das Gupta, J., and Tyryshkin, A. 2001. The origin of atmospheric oxygen on Earth: The innovation of oxygenic photosynthesis. *Proc. Natl. Acad. Sci. U.S.A.* 98:2170–2175.

Moreira, D., Le Guyader, H., and Phillippe, H. 2000. The origin of red algae and the evolution of chloroplasts. *Nature* 405:69–72.

Cavalier-Smith, T. 2000. Membrane heredity and early chloroplast evolution. *Trends Plant Sci.* 5:174–182.

### Aplicação industrial da fotossíntese: fotossíntese artificial

Liu, C., Colón, B. C., Ziesack, M., Silver, P. A., and Nocera, D. G. 2016.Water splitting–biosynthetic system with $CO_2$ reduction efficiencies exceeding photosynthesis. *Science* 352:1210–1213.

Nocera, D. G. 2017. Solar fuels and solar chemicals industry. *Acc. Chem. Res.* 50:616−619.

Nangle, S. N., Sakimoto, K. K., Silver, P. A., and Nocera, D. G. 2017. Biological-inorganic hybrid systems as a generalized platform for chemical production. *Curr. Opin. Chem. Biol.* 41:107–113.

### Bioquímica em foco

Correa-Galvis, V., Redekop, P., Guan, K., Griess, A., Truong, T. B., Wakao, S., Niyogi, K. K., and Jahns, P. 2016. Photosystem II subunit PsbS is involved in the induction of LHCSR protein-dependent energy dissipation in *Chlamydomonas reinhardtii*. *J. Biol. Chem.* 291:17478–17487.

Lu, Y., Liu, H., Saer, R., Li, V. L., Zhang, H. et al. 2017. A molecular mechanism for nonphotochemical quenching in cyanobacteria. *Biochemistry* 56:2812−2823.

Gerotto, C., Franchin, C., Arrigoni, G., and Morosinotto, T. 2015. In vivo identification of photosystem II light harvesting complexes interacting with photosystem subunit S. *Plant Physiol.* 168:1747–1761.

## CAPÍTULO 20

### Onde começar

Buchanan, B. B., and Wong, J. H. 2013. A conversation with Andrew Benson: reflections on the discovery of the Calvin–Benson cycle. *Photosynth. Res.* 114:207–214.

Ellis, R. J. 2010. Tackling unintelligent design. *Nature* 463:164–165.

Gutteridge, S., and Pierce, J. 2006. A unified theory for the basis of the limitations of the primary reaction of photosynthetic $CO_2$ fixation: Was Dr. Pangloss right? *Proc. Natl. Acad. Sci. U.S.A.* 103:7203–7204.

Horecker, B. L. 1976. Unravelling the pentose phosphate pathway. In *Reflections on Biochemistry* (pp. 65–72), edited by A. Kornberg, L. Cornudella, B. L. Horecker, and J. Oro. Pergamon.

Levi, P. 1984. Carbon. In *The Periodic Table.* Random House.

### Livros e resenhas gerais

Parry, M. A. J., Andralojc, P. J., Mitchell, R. A. C., Madgwick, P. J., and Keys, A. J. 2003. Manipulation of rubisco: The amount, activity, function and regulation. *J. Exp. Bot.* 54:1321–1333.

Spreitzer, R. J., and Salvucci, M. E. 2002. Rubisco: Structure, regulatory interactions, and possibilities for a better enzyme. *Annu. Rev. Plant Biol.* 53:449–475.

Wood, T. 1985. *The Pentose Phosphate Pathway.* Academic Press.

Buchanan, B. B., Gruissem, W., and Jones, R. L. 2000. *Biochemistry and Molecular Biology of Plants.* American Society of Plant Physiologists.

### Enzimas e mecanismos de reação

Peterson-Forbrook, D. S., Hilton, M. T., Tichacek, L., Henderson, J. N., Bui, H. Q., and Wachter, R. M. 2017. Nucleotide dependence of subunit rearrangements in short-form rubisco activase from spinach. *Biochemistry* 56:4906−4921.

Harrison, D. H., Runquist, J. A., Holub, A., and Miziorko, H. M. 1998. The crystal structure of phosphoribulokinase from *Rhodobacter sphaeroides* reveals a fold similar to that of adenylate kinase. *Biochemistry* 37:5074–5085.

Miziorko, H. M. 2000. Phosphoribulokinase: Current perspectives on the structure/function basis for regulation and catalysis. *Adv. Enzymol. Relat. Areas Mol. Biol.* 74:95–127.

Thorell, S., Gergely, P., Jr., Banki, K., Perl, A., and Schneider, G. 2000. The three-dimensional structure of human transaldolase. *FEBS Lett.* 475:205–208.

### Fixação de dióxido de carbono e rubisco

Satagopan, S., Scott, S. S., Smith, T. G., and Tabita, F. R. 2009. A rubisco mutant that confers growth under a normally "inhibitory" oxygen concentration. *Biochemistry* 48:9076–9083.

Tcherkez, G. G. B., Farquhar, G. D., and Andrews, J. T. 2006. Despite slow catalysis and confused substrate specificity, all ribulose bisphosphate carboxylases may be nearly perfectly optimized. *Proc. Natl. Acad. Sci. U.S.A.* 103:7246–7251.

Sugawara, H., Yamamoto, H., Shibata, N., Inoue, T., Okada, S., Miyake, C., Yokota, A., and Kai, Y. 1999. Crystal structure of carboxylase reaction-oriented ribulose 1,5-bisphosphate carboxylase/oxygenase from a thermophilic red alga, *Galdieria partita*. *J. Biol. Chem.* 274:15655–15661.

Hansen, S., Vollan, V. B., Hough, E., and Andersen, K. 1999. The crystal structure of rubisco from *Alcaligenes eutrophus* reveals a novel central eight-stranded β-barrel formed by β-strands from four subunits. *J. Mol. Biol.* 288:609–621.

Knight, S., Andersson, I., and Branden, C. I. 1990. Crystallographic analysis of ribulose 1,5-bisphosphate carboxylase from spinach at 2.4 Å resolution: Subunit interactions and active site. *J. Mol. Biol.* 215:113–160.

Taylor, T. C., and Andersson, I. 1997. The structure of the complex between rubisco and its natural substrate ribulose 1,5-bisphosphate. *J. Mol. Biol.* 265:432–444.

Cleland, W. W., Andrews, T. J., Gutteridge, S., Hartman, F. C., and Lorimer, G. H. 1998. Mechanism of rubisco: The carbamate as general base. *Chem. Rev.* 98:549–561.

Buchanan, B. B. 1992. Carbon dioxide assimilation in oxygenic and anoxygenic photosynthesis. *Photosynth. Res.* 33:147–162.

Hatch, M. D. 1987. $C_4$ photosynthesis: A unique blend of modified biochemistry, anatomy, and ultrastructure. *Biochim. Biophys. Acta* 895:81–106.

### Regulação

Keown, J. R., Griffin, M. D. W., Mertens, H. D. T., and Pearce, F. G. 2013. Small oligomers of ribulose-bisphosphate carboxylase/oxygenase (rubisco) activase are required for biological activity. *J. Biol. Chem.* 288:20607–20615.

Carmo-Silva, A. E., and Salvucci, M. E. 2013. The regulatory properties of rubisco activase differ among species and affect photosynthetic induction during light transitions. *Plant Physiol.* 161:1645–1655.

Gontero, B., and Maberly, S. C. 2012. An intrinsically disordered protein, CP12: Jack of all trades and master of the Calvin cycle. *Biochem. Soc. Trans.* 40:995–999.

Stotz, M., Mueller-Cajar, O., Ciniawsky, S., Wendler, P., Hartl, F.-U., Bracher, A., and Hayer-Hartl, M. 2011. Structure of green-type Rubisco activase from tobacco. *Nature Struct. Mol. Biol.* 18:1366–1370.

Lebreton, S., Andreescu, S., Graciet, E., and Gontero, B. 2006. Mapping of the interaction site of CP12 with glyceraldehyde-3-phosphate dehydrogenase from *Chlamydomonas reinhardtii*. Functional consequences for glyceraldehyde-3-phosphate dehydrogenase. *FEBS J.* 273:3358–3369.

Graciet, E., Lebreton, S., and Gontero, B. 2004. The emergence of new regulatory mechanisms in the Benson-Calvin pathway via protein-protein interactions: A glyceraldehyde-3-phosphate dehydrogenase/CP12/phosphoribulokinase complex. *J. Exp. Bot.* 55:1245–1254.

Balmer, Y., Koller, A., del Val, G., Manieri, W., Schürmann, P., and Buchanan, B. B. 2003. Proteomics gives insight into the regulatory function of chloroplast thioredoxins. *Proc. Natl. Acad. Sci. U.S.A.* 100:370–375.

Wedel, N., Soll, J., and Paap, B. K. 1997. CP12 provides a new mode of light regulation of Calvin cycle activity in higher plants. *Proc. Natl. Acad. Sci. U.S.A.* 94:10479–10484.

Avilan, L., Lebreton, S., and Gontero, B. 2000. Thioredoxin activation of phosphoribulokinase in a bi-enzyme complex from *Chlamydomonas reinhardtii* chloroplasts. *J. Biol. Chem.* 275:9447–9451.

Irihimovitch, V., and Shapira, M. 2000. Glutathione redox potential modulated by reactive oxygen species regulates translation of rubisco large subunit in the chloroplast. *J. Biol. Chem.* 275:16289–16295.

### Glicose-6 fosfato desidrogenase

Howes, R. E., Piel, F. B., Patil, A. P., Nyangiri, O. A., Gething, P. W., Dewi, M., Hogg, M. M., Battle, K. E., Padilla, C. D., Baird, et al. 2012. G6PD deficiency prevalence and estimates of affected populations in malaria endemic countries: A geostatistical model-based map. *PLoS Med.* 9:e1001339.

Wang, X.-T., and Engel, P. C. 2009. Clinical mutants of human glucose 6-phosphate dehydrogenase: Impairment of NADP$^+$ binding affects both folding and stability. *Biochim. Biophys. Acta* 1792:804–809.

Au, S. W., Gover, S., Lam, V. M., and Adams, M. J. 2000. Human glucose-6-phosphate dehydrogenase: The crystal structure reveals a structural NADP(+) molecule and provides insights into enzyme deficiency. *Struct. Fold. Des.* 8:293–303.

Salvemini, F., Franze, A., Iervolino, A., Filosa, S., Salzano, S., and Ursini, M. V. 1999. Enhanced glutathione levels and oxidoresistance mediated by increased glucose-6-phosphate dehydrogenase expression. *J. Biol. Chem.* 274:2750–2757.

Tian, W. N., Braunstein, L. D., Apse, K., Pang, J., Rose, M., Tian, X., and Stanton, R. C. 1999. Importance of glucose-6-phosphate dehydrogenase activity in cell death. *Am. J. Physiol.* 276:C1121–C1131.

Tian, W. N., Braunstein, L. D., Pang, J., Stuhlmeier, K. M., Xi, Q. C., Tian, X., and Stanton, R. C. 1998. Importance of glucose-6-phosphate dehydrogenase activity for cell growth. *J. Biol. Chem.* 273:10609–10617.

Ursini, M. V., Parrella, A., Rosa, G., Salzano, S., and Martini, G. 1997. Enhanced expression of glucose-6-phosphate dehydrogenase in human cells sustaining oxidative stress. *Biochem. J.* 323:801–806.

### Evolução

Williams, B. P., Aubry S., and Hibberd, J. M. 2012. Molecular evolution of genes recruited into $C_4$ photosynthesis. *Trends Plant Sci.* 4:213–220.

Sage, R. F., Sage, T. L., and Kocacinar, F. 2012. Photorespiration and the evolution of $C_4$ photosynthesis. *Annu. Rev. Plant Biol.* 63:19–47.

Deschamps, P., Haferkamp, I., d'Hulst, C., Neuhaus, H. E., and Ball, S. G. 2008. The relocation of starch metabolism to chloroplasts: When, why and how. *Trends Plant Sci.* 13:574–582.

Coy, J. F., Dubel, S., Kioschis, P., Thomas, K., Micklem, G., Delius, H., and Poustka, A. 1996. Molecular cloning of tissue-specific transcripts of a transketolase-related gene: Implications for the evolution of new vertebrate genes. *Genomics* 32:309–316.

Schenk, G., Layfield, R., Candy, J. M., Duggleby, R. G., and Nixon, P. F. 1997. Molecular evolutionary analysis of the thiamine-diphosphate-dependent enzyme, transketolase. *J. Mol. Evol.* 44:552–572.

Notaro, R., Afolayan, A., and Luzzatto, L. 2000. Human mutations in glucose 6-phosphate dehydrogenase reflect evolutionary history. *FASEB J.* 14:485–494.

Wedel, N., and Soll, J. 1998. Evolutionary conserved light regulation of Calvin cycle activity by NADPH-mediated reversible phosphoribulokinase/CP12/glyceraldehyde-3-phosphate dehydrogenase complex dissociation. *Proc. Natl. Acad. Sci. U.S.A.* 95:9699–9704.

Martin, W., and Schnarrenberger, C. 1997. The evolution of the Calvin cycle from prokaryotic to eukaryotic chromosomes: A case study of functional redundancy in ancient pathways through endosymbiosis. *Curr. Genet.* 32:1–18.

Ku, M. S., Kano-Murakami, Y., and Matsuoka, M. 1996. Evolution and expression of C4 photosynthesis genes. *Plant Physiol.* 111:949–957.

Pereto, J. G., Velasco, A. M., Becerra, A., and Lazcano, A. 1999. Comparative biochemistry of $CO_2$ fixation and the evolution of autotrophy. *Int. Microbiol.* 2:3–10.

### Bioquímica em foco 2

Levin, E., Lopez-Martinez, G., Fane, G., and Davidowitz, G. 2017. Hawkmoths use nectar sugar to reduce oxidative damage from flight. *Science* 355:733–735.

## CAPÍTULO 21

### Onde começar

Fisher, E. H. 2013. Cellular regulation by protein phosphorylation. *Biochem. Biophys. Res. Commun.* 430:865–867.

Greenberg, C. C., Jurczak, M. J., Danos, A. M., and Brady, M. J. 2006. Glycogen branches out: New perspectives on the role of glycogen metabolism in the integration of metabolic pathways. *Am. J. Physiol. Endocrinol. Metab.* 291:E1–E8.

### Livros e resenhas gerais

Roach, P. J, Depaoli-Roach, A. A., Hurley, T. D., and Tagliabracci, V. S. 2012. Glycogen and its metabolism: Some new developments and old themes. *Biochem. J.* 441: 763–787.

Palm, D. C., Rohwer J. M., and Hofmeyr, J.-H. S. 2013. Regulation of glycogen synthase from mammalian skeletal muscle: A unifying view of allosteric and covalent regulation. *FEBS J.* 280:2–27.

Agius, L. 2008. Glucokinase and molecular aspects of liver glycogen metabolism. *Biochem. J.* 414:1–18.

### Estudos estruturais

Mathieu, C., de la Sierra-Gallay, I. L., Duval, R., Xu, X., Cocaign, A., Legerc, T., et al. 2016. Insights into brain glycogen metabolism: The structure of human brain glycogen phosphorylase. *J. Biol Chem.* 291:18072–18083.

Nadeau, O. W., Lane, L. A., Xu, D., Sage, J., Priddy, T. S., Artigues, A., Villar, M. T., Yang, Q., Robinson, C. V., Zhang, Y. et al. 2012. Structure and location of the regulatory β subunits in the $(\alpha\beta\gamma\delta)_4$ phosphorylase kinase complex. *J. Biol. Chem.* 287:36651–36661.

Horcajada, C., Guinovart, J. J., Fita, I., and Ferrer, J. C. 2006. Crystal structure of an archaeal glycogen synthase: Insights into oligomerization and substrate binding of eukaryotic glycogen synthases. *J. Biol. Chem.* 281:2923–2931.

Buschiazzo, A., Ugalde, J. E., Guerin, M. E., Shepard, W., Ugalde, R. A., and Alzari, P. M. 2004. Crystal structure of glycogen synthase: Homologous enzymes catalyze glycogen synthesis and degradation. *EMBO J.* 23:3196–3205.

Gibbons, B. J., Roach, P. J., and Hurley, T. D. 2002. Crystal structure of the autocatalytic initiator of glycogen biosynthesis, glycogenin. *J. Mol. Biol.* 319:463–477.

### Preparação da síntese de glicogênio

Lomako, J., Lomako, W. M., and Whelan, W. J. 2004. Glycogenin: The primer for mammalian and yeast glycogen synthesis. *Biochim. Biophys. Acta* 1673:45–55.

Lin, A., Mu, J., Yang, J., and Roach, P. J. 1999. Self-glucosylation of glycogenin, the initiator of glycogen biosynthesis, involves an inter-subunit reaction. *Arch. Biochem. Biophys.* 363:163–170.

### Mecanismos catalíticos


Mathieu, C., Bui, L.-C., Petit, E., Haddad, I., Agbulut, O., Vinh, J., Dupret, J.-M., and Rodrigues-Lima, F. 2017. Molecular mechanisms of allosteric inhibition of brain glycogen phosphorylase by neurotoxic dithiocarbamate chemicals. *J. Biol. Chem.* 292:1603–1612.

Skamnaki, V. T., Owen, D. J., Noble, M. E., Lowe, E. D., Lowe, G., Oikonomakos, N. G., and Johnson, L. N. 1999. Catalytic mechanism of phosphorylase kinase probed by mutational studies. *Biochemistry* 38:14718–14730.

Buchbinder, J. L., and Fletterick, R. J. 1996. Role of the active site gate of glycogen phosphorylase in allosteric inhibition and substrate binding. *J. Biol. Chem.* 271:22305–22309.


### Regulação do metabolismo do glicogênio


Zhang, T., Wang, S., Lin, Y., Xu, W., Ye, D., Xiong, Y., Zhao, S., and Guan, K.-L. 2012. Acetylation negatively regulates glycogen phosphorylase by recruiting protein phosphatase 1. *Cell Metab.* 15:75–87.

Díaz, A., Martínez-Pons, C., Fita, I., Ferrer, J. C., and Guinovart, J. J. 2011. Processivity and subcellular localization of glycogen synthase depend on a non-catalytic high affinity glycogen-binding site. *J. Biol. Chem.* 286:18505–18514.

Bouskila, M., Hunter, R. W., Ibrahim, A. D. F., Delattre, L., Peggie, M., van Diepen, J. A., Voshol, P. J., Jensen, J., and Sakamoto, K. 2010. Allosteric regulation of glycogen synthase controls glycogen synthesis in muscle. *Cell Metab.*12:456–466.

Boulatnikov, I. G., Peters, J. L., Nadeau, O. W., Sage, J. M., Daniels, P. J., Kumar, P., Walsh, D. A., and Carlson, G. M. 2009. Expressed phosphorylase *b* kinase and its $\alpha\gamma\delta$ subcomplex as regulatory models for the rabbit skeletal muscle holoenzyme. *Biochemistry* 48:10183–10191.

Ros, S., García-Rocha, M., Domínguez, J., Ferrer, J. C., and Guinovart, J. J. 2009. Control of liver glycogen synthase activity and intracellular distribution by phosphorylation. *J. Biol. Chem.* 284:6370–6378.

Danos, A. M., Osmanovic, S., and Brady, M. J. 2009. Differential regulation of glycogenolysis by mutant protein phosphatase-1 glycogen-targeting subunits. *J. Biol. Chem.* 284:19544–19553.

Pautsch, A., Stadler, N., Wissdorf, O., Langkopf, E., Moreth, M., and Streicher, R. 2008. Molecular recognition of the protein phosphatase 1 glycogen targeting subunit by glycogen phosphorylase. *J. Biol. Chem.* 283:8913–8918.

Jope, R. S., and Johnson, G. V. W. 2004. The glamour and gloom of glycogen synthase kinase-3. *Trends Biochem. Sci.* 29:95–102.

Doble, B. W., and Woodgett, J. R. 2003. GSK-3: Tricks of the trade for a multi-tasking kinase. *J. Cell Sci.* 116:1175–1186.

Pederson, B. A., Cheng, C., Wilson, W. A., and Roach, P. J. 2000. Regulation of glycogen synthase: Identification of residues involved in regulation by the allosteric ligand glucose-6-P and by phosphorylation. *J. Biol. Chem.* 275:27753–27761.

Melendez, R., Melendez-Hevia, E., and Canela, E. I. 1999. The fractal structure of glycogen: A clever solution to optimize cell metabolism. *Biophys. J.* 77:1327–1332.

Franch, J., Aslesen, R., and Jensen, J. 1999. Regulation of glycogen synthesis in rat skeletal muscle after glycogen-depleting contractile activity: Effects of adrenaline on glycogen synthesis and activation of glycogen synthase and glycogen phosphorylase. *Biochem. J.* 344:231–235.

Aggen, J. B., Nairn, A. C., and Chamberlin, R. 2000. Regulation of protein phosphatase-1. *Chem. Biol.* 7: R13–R23.

Egloff, M. P., Johnson, D. F., Moorhead, G., Cohen, P. T., Cohen, P., and Barford, D. 1997. Structural basis for the recognition of regulatory subunits by the catalytic subunit of protein phosphatase 1. *EMBO J.* 16:1876–1887.

Wu, J., Liu, J., Thompson, I., Oliver, C. J., Shenolikar, S., and Brautigan, D. L. 1998. A conserved domain for glycogen binding in protein phosphatase-1 targeting subunits. *FEBS Lett.* 439:185–191.


### Doenças genéticas


Nyhan, W. L., Barshop, B. A., and Ozand, P. T. 2005. *Atlas of Metabolic Diseases*. (2nd ed., pp. 373–408). Hodder Arnold.

Chen, Y.-T. 2001. Glycogen storage diseases. In *The Metabolic and Molecular Bases of Inherited Diseases* (8th ed., pp. 1521–1552), edited by C. R. Scriver., W. S. Sly, B. Childs, A. L. Beaudet, D. Valle, K. W. Kinzler, and B. Vogelstein. McGraw-Hill.

Burchell, A., and Waddell, I. D. 1991. The molecular basis of the hepatic microsomal glucose-6-phosphatase system. *Biochim. Biophys. Acta* 1092:129–137.

Lei, K. J., Shelley, L. L., Pan, C. J., Sidbury, J. B., and Chou, J. Y. 1993. Mutations in the glucose-6-phosphatase gene that cause glycogen storage disease type Ia. *Science* 262:580–583.

Ross, B. D., Radda, G. K., Gadian, D. G., Rocker, G., Esiri, M., and Falconer-Smith, J. 1981. Examination of a case of suspected McArdle's syndrome by $^{31}P$ NMR. *New Engl. J. Med.* 304:1338–1342.


### Evolução


Holm, L., and Sander, C. 1995. Evolutionary link between glycogen phosphorylase and a DNA modifying enzyme. *EMBO J.* 14:1287–1293.

Hudson, J. W., Golding, G. B., and Crerar, M. M. 1993. Evolution of allosteric control in glycogen phosphorylase. *J. Mol. Biol.* 234:700–721.

Rath, V. L., and Fletterick, R. J. 1994. Parallel evolution in two homologues of phosphorylase. *Nat. Struct. Biol.* 1:681–690.

Melendez, R., Melendez-Hevia, E., and Cascante, M. 1997. How did glycogen structure evolve to satisfy the requirement for rapid mobilization of glucose? A problem of physical constraints in structure building. *J. Mol. Evol.* 45:446–455.

Rath, V. L., Lin, K., Hwang, P. K., and Fletterick, R. J. 1996. The evolution of an allosteric site in phosphorylase. *Structure* 4:463–473.


### Bioquímica em foco


Delaney, N. F., Sharma, R., Tadvalkar, L., Clish, C. B., Hallerd, R. G., and Mootha, V. K. 2017. Metabolic profiles of exercise in patients with McArdle disease or mitochondrial myopathy. *Proc. Natl. Acad. Sci. U.S.A.* 114:8402–8407.


## CAPÍTULO 22

### Onde começar


Martin, S. A., Brash, A. R., and Robert C. Murphy R. C. 2016. The discovery and early structural studies of arachidonic acid. *J. Lipid Res.* 57:1126–1132.

Walther, T. C., and Farese Jr., R. V. 2012. Lipid droplets and cellular lipid metabolism. *Annu. Rev. Biochem.* 81:687–714.

Granneman, J. G., and Moore, H.-P. 2008. Location, location: Protein trafficking and lipolysis in adipocytes. *Trends Endocrinol. Metab.* 19:3–9.

Yang, L., Ding, Y., Chen, Y., Zhang, S., Huo, C., Wang, Y., Yu, J., Zhang, P., Na, H., Zhang, H., et al. 2012. The proteomics of lipid droplets: Structure, dynamics, and functions of the organelle conserved from bacteria to humans. *J. Lipid Res.* 53:1245–1253.

Rinaldo, P., Matern, D., and Bennet, M. J. 2002. Fatty acid oxidation disorders. *Annu. Rev. Physiol.* 64:477–502.

Rasmussen, B. B., and Wolfe, R. R. 1999. Regulation of fatty acid oxidation in skeletal muscle. *Annu. Rev. Nutr.* 19:463–484.

Semenkovich, C. F. 1997. Regulation of fatty acid synthase (FAS). *Prog. Lipid Res.* 36:43–53.

Wolf, G. 1996. Nutritional and hormonal regulation of fatty acid synthase. *Nutr. Rev.* 54:122–123.


### Livros


Lawrence, G. D. 2010. *The Fats of Life: Essential Fatty Acids in Health and Disease.* Rutgers University Press.

Vance, D. E., and Vance, J. E. (Eds.). 2008. *Biochemistry of Lipids, Lipoproteins, and Membranes.* Elsevier.

Stipanuk, M. H., and Caudill, M. A. (Eds.). 2012. *Biochemical and Physiological Aspects of Human Nutrition* (3rd ed.) Saunders.

## Oxidação de ácidos graxos

Ross, L. E., Xiao, X., and Lowe, M. E. 2013. Identification of amino acids in human colipase that mediate adsorption to lipid emulsions and mixed micelles. *Biochim. Biophys. Acta* 1831:1052–1059.

Badin, P. M., Loubière, C., Coonen, M., Louche, K., Tavernier, G., Bourlier, V., Mairal, A., Rustan, A. C., Smith, S. R., Langin, D., et al. 2012. Regulation of skeletal muscle lipolysis and oxidative metabolism by the co-lipase CGI-58. *J. Lipid Res.* 53:839–848.

Yang, X., Lu, X., Lombès, M., Rha, G. B., Chi, Y. I., Guerin, T. M., Smart, E. J., Liu, J. 2010. The $G_0/G_1$ switch gene 2 regulates adipose lipolysis through association with adipose triglyceride lipase. *Cell Metab.* 11:194–205.

Wang, Y., Mohsen, A.-W., Mihalik, S. J., Goetzman, E. S., Vockley, J. 2010. Evidence for physical association of mitochondrial fatty acid oxidation and oxidative phosphorylation complexes. *J. Biol. Chem.* 285:29834–29841.

Ahmadian, M., Duncan, R. E., and Sul, H. S. 2009. The skinny on fat: Lipolysis and fatty acid utilization in adipocytes. *Trends Endocrinol. Metab.* 20:424–428.

Farese, R. V., Jr., and Walther, T. C. 2009. Lipid droplets finally get a little R-E-S-P-E-C-T. *Cell* 139:855–860.

Goodman, J. L. 2008. The gregarious lipid droplet. *J. Biol. Chem.* 283:28005–28009.

Saha, P. K., Kojima, H., Marinez-Botas, J., Sunehag, A. L., and Chan, L. 2004. Metabolic adaptations in absence of perilipin. *J. Biol. Chem.* 279:35150–35158.

Ramsay, R. R. 2000. The carnitine acyltransferases: Modulators of acyl-CoA-dependent reactions. *Biochem. Soc. Trans.* 28:182–186.

## Síntese de ácidos graxos

Sun, T., Hayakawa, K., Bateman, K. S., and Fraser, M. E. 2010. Identification of the citrate-binding site of human ATP-citrate lyase using X-ray crystallography. *J. Biol. Chem.* 285:27418–27428.

Fan, F., Williams, H. J., Boyer, J. G., Graham, T. L., Zhao, H., Lehr, R., Qi, H., Schwartz, B., Raushel, F. M., and Meek, T. D. 2012. On the catalytic mechanism of human ATP citrate lyase. *Biochemistry* 51:5198–5211.

Chypre, M., Zaidi, N., and Smans, K. 2012. ATP-citrate lyase: A mini-review. *Biochem. Biophys. Res. Commun.* 422:1–4.

Maier, T., Leibundgut, M., and Ban, N. 2008. The crystal structure of a mammalian fatty acid synthase. *Science* 321:1315–1322.

Ming, D., Kong, Y., Wakil, S. J., Brink, J., and Ma, J. 2002. Domain movements in human fatty acid synthase by quantized elastic deformational model. *Proc. Natl. Acad. Sci. U.S.A.* 99:7895–7899.

Zhang, Y.-M., Rao, M. S., Heath, R. J., Price, A. C., Olson, A. J., Rock, C. O., and White, S. W. 2001. Identification and analysis of the acyl carrier protein (ACP) docking site on β-ketoacyl-ACP synthase III. *J. Biol. Chem.* 276:8231–8238.

Davies, C., Heath, R. J., White, S. W., and Rock, C. O. 2000. The 1.8 Å crystal structure and active-site architecture of β-ketoacyl-acyl carrier protein synthase III (FabH) from *Escherichia coli*. *Struct. Fold. Design* 8:185–195.

Loftus, T. M., Jaworsky, D. E., Frehywot, G. L., Townsend, C. A., Ronnett, G. V., Lane, M. D., and Kuhajda, F. P. 2000. Reduced food intake and body weight in mice treated with fatty acid synthase inhibitors. *Science* 288:2379–2381.

## Acetil-Coa carboxilase

Kim, C.-W., Moon, Y.-A., Park, S. W., Cheng, D., Kwon, H. J., and Horton, J. D. 2010. Induced polymerization of mammalian acetyl-CoA carboxylase by MIG12 provides a tertiary level of regulation of fatty acid synthesis. *Proc. Natl. Acad. Sci. U.S.A.* 107:9626–9631.

Brownsey, R. W., Boone, A. N., Elliott, J. E., Kulpa, J. E., and Lee, W. M. 2006. Regulation of acetyl-CoA carboxylase. *Biochem. Soc. Trans.* 34:223–227.

Hardie, D. G., Ross, F. A., and Hawley, S. A. 2013. AMP-activated protein kinase: A target for drugs both ancient and modern. *Chem. Biol.* 19:1222–1236.

Munday, M. R. 2002. Regulation of acetyl CoA carboxylase. *Biochem. Soc. Trans.* 30:1059–1064.

Thoden, J. B., Blanchard, C. Z., Holden, H. M., and Waldrop, G. L. 2000. Movement of the biotin carboxylase B-domain as a result of ATP binding. *J. Biol. Chem.* 275:16183–16190.

## Ecosanoides

De Caterina, R. 2011. n–3 Fatty acids in cardiovascular disease. *New Engl. J. Med.* 364:2439–2450.

Harizi, H., Corcuff, J.-B., and Gualde, N. 2008. Arachidonic-acid-derived eicosanoids: Roles in biology and immunopathology. *Trends Mol. Med.* 14:461–469.

Nakamura, M. T., and Nara, T. Y. 2004. Structure, function, and dietary regulation of $\Delta_6$, $\Delta_5$ and $\Delta_9$ desaturases. *Annu. Rev. Nutr.* 24:345–376.

Malkowski, M. G., Ginell, S. L., Smith, W. L., and Garavito, R. M. 2000. The productive conformation of arachidonic acid bound to prostaglandin synthase. *Science* 289:1933–1937.

Smith, T., McCracken, J., Shin, Y.-K., and DeWitt, D. 2000. Arachidonic acid and nonsteroidal anti-inflammatory drugs induce conformational changes in the human prostaglandin endoperoxide H2 synthase-2 (cyclooxygenase-2). *J. Biol. Chem.* 275:40407–40415.

Kalgutkar, A. S., Crews, B. C., Rowlinson, S. W., Garner, C., Seibert, K., and Marnett L. J. 1998. Aspirin-like molecules that covalently inactivate cyclooxygenase-2. *Science* 280:1268–1270.

Lands, W. E. 1991. Biosynthesis of prostaglandins. *Annu. Rev. Nutr.* 11:41–60.

Sigal, E. 1991. The molecular biology of mammalian arachidonic acid metabolism. *Am. J. Physiol.* 260:L13–L28.

Weissmann, G. 1991. Aspirin. *Sci. Am.* 264(1):84–90.

Vane, J. R., Flower, R. J., and Botting, R. M. 1990. History of aspirin and its mechanism of action. *Stroke* (12 suppl.):IV12–IV23.

## Doenças genéticas e câncer

Day, E. A., Ford, R. J., and Steinberg G. R. 2017. AMPK as a therapeutic target for treating metabolic diseases. *Trends Endocrinol. Metab.* 28:545–560.

Celestino-Soper, P. B. S., Violante, S., Crawford, E. L., Luo, R., Lionel, A. C., Delaby, E., Cai, G., Sadikovic, B., Lee, K., Lo, C., et al. 2012. A common X-linked inborn error of carnitine biosynthesis may be a risk factor for nondysmorphic autism. *Proc. Natl. Acad. Sci. U.S.A.* 109:7947–7981.

Currie, E., Schulze, A., Zechner, R., Walther, T. C., and Farese, Jr. R. V. 2013. Cellular fatty acid metabolism and cancer. *Cell. Metab.* 18:153–161.

Lutas, A., and Yellen, G. 2013. The ketogenic diet: Metabolic influences on brain excitability and epilepsy. *Trends Neurosci.* 36:32–40.

Beckers, A., Organe, S., Timmermans, L., Scheys, K., Peeters, A., Brusselmans, K., Verhoeven, G., and Swinnen, J. V. 2007. Chemical inhibition of acetyl-CoA carboxylase induces growth arrest and cytotoxicity selectively in cancer cells. *Cancer Res.* 67:8180–8187.

Kuhajda, F. P. 2006. Fatty acid synthase and cancer: New application of an old pathway. *Cancer Res.* 66:5977–5980.

Nyhan, W. L., Barshop, B. A., and Ozand, P. T. 2005. *Atlas of Metabolic Diseases* (2nd ed., pp. 339–300). Hodder Arnold.

Roe, C. R., and Coates, P. M. 2001. Mitochondrial fatty acid oxidation disorders. In *The Metabolic and Molecular Bases of Inherited Diseases* (8th ed., pp. 2297–2326), edited by C. R. Scriver., W. S. Sly, B. Childs, A. L. Beaudet, D. Valle, K. W. Kinzler, and B. Vogelstein. McGraw-Hill.

Brivet, M., Boutron, A., Slama, A., Costa, C., Thuillier, L., Demaugre, F., Rabier, D., Saudubray, J. M., and Bonnefont, J. P. 1999. Defects in activation and transport of fatty acids. *J. Inherit. Metab. Dis.* 22:428–441.

Wanders, R. J., van Grunsven, E. G., and Jansen, G. A. 2000. Lipid metabolism in peroxisomes: Enzymology, functions and dysfunc-

tions of the fatty acid α-and β-oxidation systems in humans. *Biochem. Soc. Trans.* 28:141–149.
Wanders, R. J., Vreken, P., den Boer, M. E., Wijburg, F. A., van Gennip, A. H., and Ijist, L. 1999. Disorders of mitochondrial fatty acyl-CoA β-oxidation. *J. Inherit. Metab. Dis.* 22:442–487.
Kerner, J., and Hoppel, C. 1998. Genetic disorders of carnitine metabolism and their nutritional management. *Annu. Rev. Nutr.* 18:179–206.
Bartlett, K., and Pourfarzam, M. 1998. Recent developments in the detection of inherited disorders of mitochondrial β-oxidation. *Biochem. Soc. Trans.* 26:145–152.
Pollitt, R. J. 1995. Disorders of mitochondrial long-chain fatty acid oxidation. *J. Inherit. Metab. Dis.* 18:473–490.

### Aplicações industriais

Xu, J., Liu, N., Qiao, K., Vogg, S., and Stephanopoulos, G. 2017. Application of metabolic controls for the maximization of lipid production in semicontinuous fermentation. *Proc. Natl. Acad. Sci. U. S. A.* 114:27–32.

### Bioquímica em foco

Schott, M. B., Rasineni, K., Weller, S. G., Schulze, R. J., Sletten, A. C., Casey, C. A., and McNiven, M. A. 2017. β-Adrenergic induction of lipolysis in hepatocytes is inhibited by ethanol exposure. *J. Biol. Chem.* 292:11815–11828.

## CAPÍTULO 23

### Onde começar

Kwon, Y. T., and Ciechanover, A. 2017. The ubiquitin code in the ubiquitin-proteasome system and autophagy. *Trends Biochem. Sci.* 42:873–886.
Varshavsky, A. 2012. The Ubiquitin System, an Immense Realm. *Annu. Rev. Biochem.* 81:167–76.
Ubiquitin-Mediated Protein Regulation. 2009. *Annu. Rev. Biochem.* 78: A series of reviews on the various roles of ubiquitin.
Torchinsky, Y. M. 1989. Transamination: Its discovery, biological and chemical aspects. *Trends Biochem. Sci.* 12:115–117.
Watford, M. 2003. The urea cycle. *Biochem. Mol. Biol. Ed.* 31:289–297.

### Livros

Magnusson, S. 2010. *Life of Pee: The Story of How Urine Got Everywhere.* Aurum.
Bender, D. A. 2012. *Amino Acid Metabolism* (3rd ed.). Wiley-Blackwell.
Lippard, S. J., and Berg, J. M. 1994. *Principles of Bioinorganic Chemistry.* University Science Books.
Walsh, C. 1979. *Enzymatic Reaction Mechanisms.* W. H. Freeman and Company.

### Ubiquitina e proteassoma

Collins, G. A., and Goldberg, A. L. 2017. The logic of the 26S proteasome. *Cell* 169:792–806.
Shemorry, A., Hwang, C.-S., and Varshavsky, A. 2013. Control of protein quality and stoichiometries by N-terminal acetylation and the N-end rule pathway. *Mol. Cell* 50:540–551.
Liu, C.-W., and Jacobson, A. D. 2013. Functions of the 19S complex in proteasomal degradation. *Trends Biochem. Sci.* 38:103–110.
Ehlinger, A., and Walters, K. J. 2013. Structural insights into proteasome activation by the 19S regulatory particle. *Biochemistry* 52:3618–3628.
Peth, A., Nathan, J. A., and Goldberg, A. L. 2013. The ATP costs and time required to degrade ubiquitinated proteins by the 26 S proteasome. *J. Biol. Chem.* 288:29215–29222.
Tomko, Jr., R. J., and Hochstrasser, M. 2013. Molecular architecture and assembly of the eukaryotic proteasome. *Annu. Rev. Biochem.* 82:415–445.
Komander, D., and Rape, M. 2012. The ubiquitin code. *Annu. Rev. Biochem.* 81:203–229.
Greer, P. L., Hanayama, R., Bloodgood, B. L., Mardinly, A. R., Lipton, D. M., Flavell, S. W., Kim, T.-K., Griffith, E. C., Waldon, Z., Maehr, R., et al. 2010. The Angelman syndrome protein Ube3A regulates synapse development by ubiquitinating Arc. *Cell* 140:704–716.
Peth, A., Besche, H. C., and Goldberg A. L. 2009. Ubiquitinated proteins activate the proteasome by binding to Usp14/Ubp6, which causes 20S gate opening. *Mol. Cell* 36:794–804.
Lin, G., Li, D., Carvalho, L. P. S., Deng, H., Tao, H., Vogt, G., Wu, K., Schneider, J., Chidawanyika, T., Warren, J. D., et al. 2009. Inhibitors selective for mycobacterial versus human proteasomes. *Nature* 461:621–626.
Giasson, B. I., and Lee, V. M.-Y. 2003. Are ubiquitination pathways central to Parkinson's disease? *Cell* 114:1–8.
Pagano, M., and Benmaamar, R. 2003. When protein destruction runs amok, malignancy is on the loose. *Cancer Cell* 4:251–256.
Hochstrasser, M. 2000. Evolution and function of ubiquitin-like protein-conjugation systems. *Nat. Cell Biol.* 2: E153–E157.

### Enzimas dependentes de piridoxal fosfato

Dajnowicz, S., Parks, J. M., Hu, X., Gesler, K., Kovalevsky, A. Y., and Mueser, T. C. 2017. Direct evidence that an extended hydrogen-bonding network influences activation of pyridoxal 5-phosphate in aspartate aminotransferase. *J. Biol. Chem.* 292:5970–5980.
Eliot, A. C., and Kirsch, J. F. 2004. Pyridoxal phosphate enzymes: Mechanistic, structural, and evolutionary considerations. *Annu. Rev. Biochem.* 73:383–415.
Mehta, P. K., and Christen, P. 2000. The molecular evolution of pyridoxal-5′-phosphate-dependent enzymes. *Adv. Enzymol. Relat. Areas Mol. Biol.* 74:129–184.
Schneider, G., Kack, H., and Lindqvist, Y. 2000. The manifold of vitamin $B_6$ dependent enzymes. *Structure Fold Des.* 8:R1–R6.

### Enzimas do ciclo da ureia

Haeussinger, D., and Sies, H. 2013. Hepatic encephalopathy: Clinical aspects and pathogenetic concept. *Arch. Biochem. Biophys.* 536:97–100.
Li, M., Li, C., Allen, A., Stanley, C. A., and Smith, T. J. 2012. The structure and allosteric regulation of mammalian glutamate dehydrogenase. *Arch. Biochem. Biophys.* 519:69–80.
Nakagawa, T., Lomb, D. J., Haigis, M. C., and Guarente, L. 2009. SIRT5 deacetylates carbamoyl phosphate synthetase 1 and regulates the urea cycle. *Cell* 137:560–570.
Lawson, F. S., Charlebois, R. L., and Dillon, J. A. 1996. Phylogenetic analysis of carbamoylphosphate synthetase genes: Complex evolutionary history includes an internal duplication within a gene which can root the tree of life. *Mol. Biol. Evol.* 13:970–977.
McCudden, C. R., and Powers-Lee, S. G. 1996. Required allosteric effector site for *N*-acetylglutamate on carbamoyl-phosphate synthetase I. *J. Biol. Chem.* 271:18285–18294.

### Degradação dos aminoácidos

Gerson, A. R., and Guglielmo, C. G. 2011. Flight at Low Ambient Humidity Increases Protein Catabolism in Migratory Birds. Science 333:1434–1436.
Li, M., Smith, C. J., Walker, M. T., and Smith, T. J. 2009. Novel inhibitors complexed with glutamate dehydrogenase: Allosteric regulation by control of protein dynamics. *J. Biol. Chem.* 284:22988–23000.
Smith, T. J., and Stanley, C. A. 2008. Untangling the glutamate dehydrogenase allosteric nightmare. *Trends Biochem. Sci.* 33:557–564.
Fusetti, F., Erlandsen, H., Flatmark, T., and Stevens, R. C. 1998. Structure of tetrameric human phenylalanine hydroxylase and its implications for phenylketonuria. *J. Biol. Chem.* 273:16962–16967.
Titus, G. P., Mueller, H. A., Burgner, J., Rodriguez De Cordoba, S., Penalva, M. A., and Timm, D. E. 2000. Crystal structure of human homogentisate dioxygenase. *Nat. Struct. Biol.* 7:542–546.

Erlandsen, H., and Stevens, R. C. 1999. The structural basis of phenylketonuria. *Mol. Genet. Metab.* 68:103–125.

### Doenças genéticas

Jayakumar, A. R., Liu, M., Moriyama, M. Ramakrishnan, R., Forbush III, B., Reddy, P. V. V., and Norenberg, M. D. 2008. Na-K-Cl cotransporter-1 in the mechanism of ammonia-induced astrocyte swelling. *J. Biol. Chem.* 283:33874–33882.

Scriver, C. R., and Sly, W. S. (Eds.), Childs, B., Beaudet, A. L., Valle, D., Kinzler, K. W., and Vogelstein, B. 2001. *The Metabolic Basis of Inherited Disease* (8th ed.). McGraw-Hill.

### Aspectos históricos e processo de descoberta

Cooper, A. J. L., and Meister, A. 1989. An appreciation of Professor Alexander E. Braunstein: The discovery and scope of enzymatic transamination. *Biochimie* 71:387–404.

Garrod, A. E. 1909. *Inborn Errors in Metabolism.* Oxford University Press (reprinted in 1963 with a supplement by H. Harris).

Childs, B. 1970. Sir Archibald Garrod's conception of chemical individuality: A modern appreciation. *New Engl. J. Med.* 282:71–78.

Holmes, F. L. 1980. Hans Krebs and the discovery of the ornithine cycle. *Fed. Proc.* 39:216–225.

## CAPÍTULO 24

### Onde começar

Brewin, N. J. 2013. Legume root nodule symbiosis. *The Biochemist* 35:14–18.

Christen, P., Jaussi, R., Juretic, N., Mehta, P. K., Hale, T. I., and Ziak, M. 1990. Evolutionary and biosynthetic aspects of aspartate aminotransferase isoenzymes and other aminotransferases. *Ann. N. Y. Acad. Sci.* 585:331–338.

Schneider, G., Kack, H., and Lindqvist, Y. 2000. The manifold of vitamin $B_6$ dependent enzymes. *Structure Fold Des.* 8:R1–R6.

Rhee, S. G., Chock, P. B., and Stadtman, E. R. 1989. Regulation of *Escherichia coli* glutamine synthetase. *Adv. Enzymol. Mol. Biol.* 62:37–92.

Shemin, D. 1989. An illustration of the use of isotopes: The biosynthesis of porphyrins. *Bioessays* 10:30–35.

### Livros

Wu, G. 2013. *Amino Acids: Biochemistry and Nutrition.* CRC Press.

Bender, D. A. 2012. *Amino Acid Metabolism* (3rd ed.). Wiley-Blackwell.

Scriver, C. R. (Ed.), Sly, W. S. (Ed.), Childs, B., Beaudet, A. L., Valle, D., Kinzler, K. W., and Vogelstein, B. 2001. *The Metabolic Basis of Inherited Disease* (8th ed.). McGraw-Hill.

McMurry, J. E., and Begley, T. P. 2005. *The Organic Chemistry of Biological Pathways.* Roberts and Company.

Blakley, R. L., and Benkovic, S. J. 1989. *Folates and Pterins* (vol. 2). Wiley.

Walsh, C. 1979. *Enzymatic Reaction Mechanisms.* W. H. Freeman and Company.

### Fixação do nitrogênio

Spatzal, T., Aksoyoglu, M., Zhang, L., Andrade, S. L. A., Schleicher, E., Weber, S., Rees, D. C., Einsle, O. 2011. Evidence for interstitial carbon in nitrogenase FeMo Cofactor. *Science* 334:940.

Lancaster, K. M., Roemelt, M., Ettenhuber, P., Hu, Y., Ribbe, M. W., Neese, F., Bergmann, U., DeBeer, S. 2011. X-ray emission spectroscopy evidences a central carbon in the nitrogenase iron-molybdenum cofactor. *Science* 334:974–977.

Seefeldt, L. C., Hoffman, B. M., and Dean, D. R. 2009. Mechanism of Mo-dependent nitrogenase. *Annu. Rev. Biochem.* 79:701–722.

Halbleib, C. M., and Ludden, P. W. 2000. Regulation of biological nitrogen fixation. *J. Nutr.* 130:1081–1084.

Einsle, O., Tezcan, F. A., Andrade, S. L., Schmid, B., Yoshida, M., Howard, J. B., and Rees, D. C. 2002. Nitrogenase MoFe-protein at 1.16 Å resolution: A central ligand in the FeMo-cofactor. *Science* 297:1696–1700.

Benton, P. M., Laryukhin, M., Mayer, S. M., Hoffman, B. M., Dean, D. R., and Seefeldt, L. C. 2003. Localization of a substrate binding site on the FeMo-cofactor in nitrogenase: Trapping propargyl alcohol with an α-70-substituted MoFe protein. *Biochemistry* 42:9102–9109.

### Regulação da biossíntese de aminoácidos

Li, Y., Zhang, H., Jiang, C., Xu, M., Pang, Y., Feng, J., Xiang, X., Kong, W., Xu, G., Li, Y., et al. 2013. Hyperhomocysteinemia promotes insulin resistance by inducing endoplasmic reticulum stress in adipose tissue. *J. Biol. Chem.* 288:9583–9592.

Eisenberg, D., Gill, H. S., Pfluegl, G. M., and Rotstein, S. H. 2000. Structure-function relationships of glutamine synthetases. *Biochim. Biophys. Acta* 1477:122–145.

Purich, D. L. 1998. Advances in the enzymology of glutamine synthesis. *Adv. Enzymol. Relat. Areas Mol. Biol.* 72:9–42.

Yamashita, M. M., Almassy, R. J., Janson, C. A., Cascio, D., and Eisenberg, D. 1989. Refined atomic model of glutamine synthetase at 3.5 Å resolution. *J. Biol. Chem.* 264:17681–17690.

Schuller, D. J., Grant, G. A., and Banaszak, L. J. 1995. The allosteric ligand site in the $V_{max}$-type cooperative enzyme phosphoglycerate dehydrogenase. *Nat. Struct. Biol.* 2:69–76.

Rhee, S. G., Park, R., Chock, P. B., and Stadtman, E. R. 1978. Allosteric regulation of monocyclic interconvertible enzyme cascade systems: Use of *Escherichia coli* glutamine synthetase as an experimental model. *Proc. Natl. Acad. Sci. U.S.A.* 75:3138–3142.

Wessel, P. M., Graciet, E., Douce, R., and Dumas, R. 2000. Evidence for two distinct effector-binding sites in threonine deaminase by site-directed mutagenesis, kinetic, and binding experiments. *Biochemistry* 39:15136–15143.

James, C. L., and Viola, R. E. 2002. Production and characterization of bifunctional enzymes: Domain swapping to produce new bifunctional enzymes in the aspartate pathway. *Biochemistry* 41:3720–3725.

Xu, Y., Carr, P. D., Huber, T., Vasudevan, S. G., and Ollis, D. L. 2001. The structure of the PII-ATP complex. *Eur. J. Biochem.* 268:2028–2037.

Krappmann, S., Lipscomb, W. N., and Braus, G. H. 2000. Coevolution of transcriptional and allosteric regulation at the chorismate metabolic branch point of *Saccharomyces cerevisiae*. *Proc. Natl. Acad. Sci. U.S.A.* 97:13585–13590.

### Biossíntese de aminoácidos aromáticos

Brown, K. A., Carpenter, E. P., Watson, K. A., Coggins, J. R., Hawkins, A. R., Koch, M. H., and Svergun, D. I. 2003. Twists and turns: A tale of two shikimate-pathway enzymes. *Biochem. Soc. Trans.* 31:543–547.

Pan, P., Woehl, E., and Dunn, M. F. 1997. Protein architecture, dynamics and allostery in tryptophan synthase channeling. *Trends Biochem. Sci.* 22:22–27.

Sachpatzidis, A., Dealwis, C., Lubetsky, J. B., Liang, P. H., Anderson, K. S., and Lolis, E. 1999. Crystallographic studies of phosphonate-based α-reaction transition-state analogues complexed to tryptophan synthase. *Biochemistry* 38:12665–12674.

Weyand, M., and Schlichting, I. 1999. Crystal structure of wild-type tryptophan synthase complexed with the natural substrate indole-3-glycerol phosphate. *Biochemistry* 38:16469–16480.

Crawford, I. P. 1989. Evolution of a biosynthetic pathway: The tryptophan paradigm. *Annu. Rev. Microbiol.* 43:567–600.

Carpenter, E. P., Hawkins, A. R., Frost, J. W., and Brown, K. A. 1998. Structure of dehydroquinate synthase reveals an active site capable of multistep catalysis. *Nature* 394:299–302.

Schlichting, I., Yang, X. J., Miles, E. W., Kim, A. Y., and Anderson, K. S. 1994. Structural and kinetic analysis of a channel-impaired mutant of tryptophan synthase. *J. Biol. Chem.* 269:26591–26593.

### Glutationa

Edwards, R., Dixon, D. P., and Walbot, V. 2000. Plant glutathione *S*-transferases: Enzymes with multiple functions in sickness and in health. *Trends Plant Sci.* 5:193–198.

Lu, S. C. 2000. Regulation of glutathione synthesis. *Curr. Top. Cell Regul.* 36:95–116.

Schulz, J. B., Lindenau, J., Seyfried, J., and Dichgans, J. 2000. Glutathione, oxidative stress and neurodegeneration. *Eur. J. Biochem.* 267:4904–4911.

Lu, S. C. 1999. Regulation of hepatic glutathione synthesis: Current concepts and controversies. *FASEB J.* 13:1169–1183.

### Etileno e óxido nítrico

Hill, B. G., Dranka, B. P., Baily, S. M., Lancaster, Jr., J. R., and Darley-Usmar, V. M. 2010. What part of NO don't you understand? Some answers to the cardinal questions in nitric oxide biology. *J. Biol. Chem.* 285:19699–19704.

Nisoli, E., Falcone, S., Tonello, C., Cozzi, V., Palomba, L., Fiorani, M., Pisconti, A., Brunelli, S., Cardile, A., Francolini, M., et al. 2004. Mitochondrial biogenesis by NO yields functionally active mitochondria in mammals. *Proc. Natl. Acad. Sci U.S.A.* 101:16507–16512.

Bretscher, L. E., Li, H., Poulos, T. L., and Griffith, O. W. 2003. Structural characterization and kinetics of nitric oxide synthase inhibition by novel $N_5$-(iminoalkyl)- and $N_5$-(iminoalkenyl)-ornithines. *J. Biol. Chem.* 278:46789–46797.

Haendeler, J., Zeiher, A. M., and Dimmeler, S. 1999. Nitric oxide and apoptosis. *Vitam. Horm.* 57:49–77.

Capitani, G., Hohenester, E., Feng, L., Storici, P., Kirsch, J. F., and Jansonius, J. N. 1999. Structure of 1-aminocyclopropane-1-carboxylate synthase, a key enzyme in the biosynthesis of the plant hormone ethylene. *J. Mol. Biol.* 294:745–756.

Hobbs, A. J., Higgs, A., and Moncada, S. 1999. Inhibition of nitric oxide synthase as a potential therapeutic target. *Annu. Rev. Pharmacol. Toxicol.* 39:191–220.

Stuehr, D. J. 1999. Mammalian nitric oxide synthases. *Biochim. Biophys. Acta* 1411:217–230.

Chang, C., and Shockey, J. A. 1999. The ethylene-response pathway: Signal perception to gene regulation. *Curr. Opin. Plant Biol.* 2:352–358.

Theologis, A. 1992. One rotten apple spoils the whole bushel: The role of ethylene in fruit ripening. *Cell* 70:181–184.

### Biossíntese de porfirinas

Kaasik, K., and Lee, C. C. 2004. Reciprocal regulation of haem biosynthesis and the circadian clock in mammals. *Nature* 430:467–471.

Leeper, F. J. 1989. The biosynthesis of porphyrins, chlorophylls, and vitamin $B_{12}$. *Nat. Prod. Rep.* 6:171–199.

Porra, R. J., and Meisch, H.-U. 1984. The biosynthesis of chlorophyll. *Trends Biochem. Sci.* 9:99–104.

## CAPÍTULO 25

### Onde começar

Sutherland, J. D. 2010. Ribonucleotides. *Cold Spring Harb. Perspect. Biol.* 2:a005439.

Ipata, P. L. 2011. Origin, utilization, and recycling of nucleosides in the central nervous system. *Adv. Physiol. Educ.* 35:342–346.

Ordi, J., Alonso, P. L., de Zulueta, J., Esteban, J., Velasco, M., Mas, E., Campo, E., and Fernández, P. L. 2006. The severe gout of Holy Roman Emperor Charles V. *New Eng. J. Med.* 355:516–520.

Kappock, T. J., Ealick, S. E., and Stubbe, J. 2000. Modular evolution of the purine biosynthetic pathway. *Curr. Opin. Chem. Biol.* 4:567–572.

Jordan, A., and Reichard, P. 1998. Ribonucleotide reductases. *Annu. Rev. Biochem.* 67:71–98.

### Biossíntese de pirimidina

Raushel, F. M., Thoden, J. B., Reinhart, G. D., and Holden, H. M. 1998. Carbamoyl phosphate synthetase: A crooked path from substrates to products. *Curr. Opin. Chem. Biol.* 2:624–632.

Huang, X., Holden, H. M., and Raushel, F. M. 2001. Channeling of substrates and intermediates in enzyme-catalyzed reactions. *Annu. Rev. Biochem.* 70:149–180.

Begley, T. P., Appleby, T. C., and Ealick, S. E. 2000. The structural basis for the remarkable proficiency of orotidine 5′-monophosphate decarboxylase. *Curr. Opin. Struct. Biol.* 10:711–718.

Traut, T. W., and Temple, B. R. 2000. The chemistry of the reaction determines the invariant amino acids during the evolution and divergence of orotidine 5′-monophosphate decarboxylase. *J. Biol. Chem.* 275:28675–28681.

### Biossíntese de purina

Pedley, A. M., and Benkovic, S. J. 2017. A new view into the regulation of purine metabolism: The purinosome. *Trends Biochem. Sci.* 42:141–154.

Zhao, H., French, J. B., Fang, Y., and Benkovic, S. J. 2013. The purinosome, a multi-protein complex involved in the de novo biosynthesis of purines in humans. *Chem. Commun.* 49:4444–4452.

Verrier, F., An, S., Ferrie, A. M., Sun, H., Kyoung, M., Deng, H., Fang, Y., and Benkovic, S. J. 2011. GPCRs regulate the assembly of a multienzyme complex for purine biosynthesis. *Nat. Chem. Biol.* 7:909–915.

Mastrangelo, L., Kim, J.-E., Miyanohara, A., Kang, T. H., and Friedmann, T. 2012. Purinergic signaling in human pluripotent stem cells is regulated by the housekeeping gene encoding hypoxanthine guanine phosphoribosyltransferase. *Proc. Natl. Acad. Sci. U.S.A.* 109:3377–3382.

An, S., Kyoung, M., Allen, J. J., Shokat, K. M., and Benkovic, S. J. 2010. Dynamic regulation of a metabolic multi-enzyme complex by protein kinase CK2. *J. Biol. Chem.* 285:11093–11099.

Thoden, J. B., Firestine, S., Nixon, A., Benkovic, S. J., and Holden, H. M. 2000. Molecular structure of *Escherichia coli* PurT-encoded glycinamide ribonucleotide transformylase. *Biochemistry* 39:8791–8802.

McMillan, F. M., Cahoon, M., White, A., Hedstrom, L., Petsko, G. A., and Ringe, D. 2000. Crystal structure at 2.4 Å resolution of *Borrelia burgdorferi* inosine 5′-monophosphate dehydrogenase: Evidence of a substrate-induced hinged-lid motion by loop 6. *Biochemistry* 39:4533–4542.

Levdikov, V. M., Barynin, V. V., Grebenko, A. I., Melik-Adamyan, W. R., Lamzin, V. S., and Wilson, K. S. 1998. The structure of SAICAR synthase: An enzyme in the de novo pathway of purine nucleotide biosynthesis. *Structure* 6:363–376.

### Ribonucleotídios redutases

Ahmad, M. F., and Dealwis, C. G. 2013. The structural basis for the allosteric regulation of ribonucleotide reductase. *Prog. Mol. Biol. Transl. Sci.* 117:389–410.

Minnihan, E. C., Nocera, D. G., and Stubbe, J. 2013. Reversible, long-range radical transfer in *E. coli* class Ia ribonucleotide reductase. *Acc. Chem. Res.* 46:2524–2535.

Reichard, P. 2010. Ribonucleotide reductases: Substrate specificity by allostery. *Biochem. Biophys. Res. Commun.* 396:19–23.

Avval, F. Z., and Holmgren, A. 2009. Molecular mechanisms of thioredoxin and glutaredoxin as hydrogen donors for mammalian S phase ribonucleotide reductase. *J. Biol. Chem.* 284:8233–8240.

Rofougaran, R., Crona M., Vodnala, M., Sjöberg, B. M., and Hofer, A. 2008. Oligomerization status directs overall activity regulation of the *Escherichia coli* class Ia ribonucleotide reductase. *J. Biol. Chem.* 283:35310–35318.

Nordlund, P., and Reichard, P. 2006. Ribonucleotide reductases. *Annu. Rev. Biochem.* 75:681–706.

Eklund, H., Uhlin, U., Farnegardh, M., Logan, D. T., and Nordlund, P. 2001. Structure and function of the radical enzyme ribonucleotide reductase. *Prog. Biophys. Mol. Biol.* 77:177–268.

Reichard, P. 1997. The evolution of ribonucleotide reduction. *Trends Biochem. Sci.* 22:81–85.

Stubbe, J. 2000. Ribonucleotide reductases: The link between an RNA and a DNA world? *Curr. Opin. Struct. Biol.* 10:731–736.

Logan, D. T., Andersson, J., Sjoberg, B. M., and Nordlund, P. 1999. A glycyl radical site in the crystal structure of a class III ribonucleotide reductase. *Science* 283:1499–1504.

Tauer, A., and Benner, S. A. 1997. The $B_{12}$-dependent ribonucleotide reductase from the archaebacterium *Thermoplasma acidophila:* An evolutionary solution to the ribonucleotide reductase conundrum. *Proc. Natl. Acad. Sci. U.S.A.* 94:53–58.

Stubbe, J., Nocera, D. G., Yee, C. S., and Chang, M. C. 2003. Radical initiation in the class I ribonucleotide reductase: Long-range proton-coupled electron transfer? *Chem. Rev.* 103:2167–2201.

Stubbe, J., and Riggs-Gelasco, P. 1998. Harnessing free radicals: Formation and function of the tyrosyl radical in ribonucleotide reductase. *Trends Biochem. Sci.* 23:438–443.

### Timidilato sintase e di-hidrofolato redutase

Liu, C. T., Hanoian, P., French, J. B., Pringle, T. H., Hammes-Schiffer, S., and Benkovic, S. J. 2013. Functional significance of evolving protein sequence in dihydrofolate reductase from bacteria to humans. *Proc. Natl. Acad. Sci. U.S.A.* 110:10159–10164.

Abali, E. E., Skacel, N. E., Celikkaya, H., and Hsieh, Y.-C. 2008. Regulation of human dihydrofolate reductase activity and expression. *Vitam. Horm.* 79:267–292.

Schnell, J. R., Dyson, H. J., and Wright, P. E. 2004. Structure, dynamics, and catalytic function of dihydrofolate reductase. *Annu. Rev. Biophys. Biomol. Struct.* 33:119–140.

Li, R., Sirawaraporn, R., Chitnumsub, P., Sirawaraporn, W., Wooden, J., Athappilly, F., Turley, S., and Hol, W. G. 2000. Three-dimensional structure of *M. tuberculosis* dihydrofolate reductase reveals opportunities for the design of novel tuberculosis drugs. *J. Mol. Biol.* 295:307–323.

Liang, P. H., and Anderson, K. S. 1998. Substrate channeling and domain-domain interactions in bifunctional thymidylate synthase-dihydrofolate reductase. *Biochemistry* 37:12195–12205.

Miller, G. P., and Benkovic, S. J. 1998. Stretching exercises: Flexibility in dihydrofolate reductase catalysis. *Chem. Biol.* 5:R105–R113.

Carreras, C. W., and Santi, D. V. 1995. The catalytic mechanism and structure of thymidylate synthase. *Annu. Rev. Biochem.* 64:721–762.

### Defeitos na biossíntese de nucleotídios

Desai, J., Steiger, S., and Anders, H-J. 2017. Molecular pathophysiology of gout. *Trends Mol. Med.* 23:756–768.

Kang, T. H., Park, Y., Bader, J. S., and Friedmann, T. 2013.The housekeeping gene hypoxanthine guanine phosphoribosyltransferase (HPRT) regulates multiple developmental and metabolic pathways of murine embryonic stem cell neuronal differentiation *PLOS ONE* 8:e74967.

Grunebaum, E., Cohen, A., and Roifman, C. M. 2013. Recent advances in understanding and managing adenosine deaminase and purine nucleoside phosphorylase deficiencies. *Curr. Opin. Allergy Clin. Immunol.* 13:630–638.

Fu, R., and Jinnah, H. A. 2012. Genotype-phenotype correlations in Lesch-Nyhan Disease: Moving beyond the gene. *J. Biol. Chem.* 287:2997–3008.

Richette, P., and Bardin, T. 2010. Gout. *Lancet* 375:318–328.

Aiuti, A., Cattaneo, F., Galimberti, S., Benninghoff, U., Cassani, B., Callegaro, L., Scaramuzza, S., Andolfi, G., Mirolo, M., Brigida, I., et al. 2009. Gene therapy for immunodeficiency due to adenosine deaminase deficiency. *New Engl. J. Med.* 360:447–458.

Jurecka, A. 2009. Inborn errors of purine and pyrimidine metabolism. *J. Inherit. Metab. Dis.* 32:247–263.

Nyhan, W. L., Barshop, B. A., and Ozand, P. T. 2005. *Atlas of Metabolic Diseases.* (2nd ed., pp. 429–462). Hodder Arnold.

Scriver, C. R., Sly, W. S., Childs, B., Beaudet, A. L., Valle, D., Kinzler, K. W., and Vogelstein, B. (Eds.). 2001. *The Metabolic and Molecular Bases of Inherited Diseases* (8th ed., pp. 2513–2704). McGraw-Hill.

Nyhan, W. L. 1997. The recognition of Lesch-Nyhan syndrome as an inborn error of purine metabolism. *J. Inherited Metab. Dis.* 20:171–178.

Wong, D. F., Harris, J. C., Naidu, S., Yokoi, F., Marenco, S., Dannals, R. F., Ravert, H. T., Yaster, M., Evans, A., Rousset, O., et al. 1996. Dopamine transporters are markedly reduced in Lesch-Nyhan disease in vivo. *Proc. Natl. Acad. Sci. U.S.A.* 93:5539–5543.

Neychev, V. K., and Mitev, V. I. 2004. The biochemical basis of the neurobehavioral abnormalities in the Lesch-Nyhan syndrome: A hypothesis. *Med. Hypotheses* 63:131–134.

### Bioquímica em foco

Deng, Y., Wang, Z. V., Gordillo, R., An, Y., Zhang, C. et al. 2017. An adipo-biliary-uridine axis that regulates energy homeostasis. *Science* 355: eaaf5375.

## CAPÍTULO 26

### Onde começar

Vickers, K. C., and Remaley, A. T. 2014. HDL and cholesterol: Life after the divorce? *J. Lipid Res.* 55:4–12.

Lambert, G., Sjouke, B., Choque, B., Kastelein, J. J. P., and Hovingh, G. K. 2012. The PCSK9 decade. *J. Lipid Res.* 53:2515–2524.

Brown, M. S., and Goldstein, J. L. 2009. Cholesterol feedback: From Schoenheimer's bottle to Scap's MELADL. *J. Lipid Res.* 50:S15–S27.

Gimpl, G., Burger, K., and Fahrenholz, F. 2002. A closer look at the cholesterol sensor. *Trends Biochem. Sci.* 27:595–599.

Oram, J. F. 2002. Molecular basis of cholesterol homeostasis: Lessons from Tangier disease and ABCA1. *Trends Mol. Med.* 8:168–173.

Endo, A. 1992. The discovery and development of HMG-CoA reductase inhibitors. *J. Lipid Res.* 33:1569–1582.

### Livros

Vance, J. E., and Vance, D. E. (Eds.). 2008. *Biochemistry of Lipids, Lipoproteins and Membranes.* Elsevier.

Nyhan, W. L., Barshop, B. A., and Al-Aqeel, A. I. 2011. *Atlas of Metabolic Diseases.* (3rd ed., pp. 659–780). Hodder Arnold.

Scriver, C. R., Sly, W. S., Childs, B., Beaudet, A. L., Valle, D., Kinzler, K. W., and Vogelstein, B. (Eds.). 2001. *The Metabolic and Molecular Bases of Inherited Diseases* (8th ed., pp. 2707–2960). McGraw-Hill.

### Fosfolipídios e esfingolipídios

Ryan, T., Bamm, V. V., Stykel, M. G., Coackley, C. L., Humphries, K. M., et al. 2018. Cardiolipin exposure on the outer mitochondrial membrane modulates α-synuclein. *Nat. Commun.* 9:817.

Lee, J., Taneva, S. G., Holland, B. W., Tieleman, D. P., and Cornell, R. B. 2014. Structural basis for autoinhibition of CTP: Phosphocholine cytidylyltransferase (CCT), the regulatory enzyme in phosphatidylcholine synthesis, by its membrane-binding amphipathic helix. *J. Biol. Chem.* 289:1742–1755.

Tang, W. H. W., Wang, Z., Levison, B. S., Koeth, R. A., Britt, E. B., Fu, F., Wu, Y., and Hazen, S. L. 2013. Intestinal microbial metabolism of phosphatidylcholine and cardiovascular risk. *New Engl. J. Med.* 368:1575–1584.

Pascual, F., and Carman, G. M. 2013. Phosphatidate phosphatase, a key regulator of lipid homeostasis. *Biochim. Biophys. Acta* 1831:514–522.

Bennett, B. J., de Aguiar Vallim, T. Q., Wang, Z., Shih, D. M., Meng, Y., Gregory, J., Allayee, H., Lee, R., Graham, M., Crooke, R., et al. 2013. Trimethylamine-N-oxide, a metabolite associated with atherosclerosis, exhibits complex genetic and dietary regulation. *Cell Metab.* 17:49–60.

Claypool, S. M., and Koehler C. M. 2012. The complexity of cardiolipin in health and disease. *Trends Biochem. Sci.* 37:32–41.

Carman, G. M., and Han, G.-S. 2009. Phosphatidic acid phosphatase, a key enzyme in the regulation of lipid synthesis. *J. Biol. Chem.* 284:2593–2597.

Bartke, N., and Hannun, Y. A. 2009. Bioactive sphingolipids: Metabolism and function. *J. Lipid Res.* 50:S91–S96.

Lee, J., Johnson, J., Ding, Z., Paetzel, M., and Cornell, R. B. 2009. Crystal structure of a mammalian CTP: Phosphocholine cytidylyl-transferase catalytic domain reveals novel active site residues within a highly conserved nucleotidyltransferase fold. *J. Biol. Chem.* 284:33535–33548.

Nye, C. K., Hanson, R. W., and Kalhan, S. C. 2008. Glyceroneogenesis is the dominant pathway for triglyceride glycerol synthesis *in vivo* in the rat. *J. Biol. Chem.* 283:27565–27574.

### Biossíntese de colesterol e esteroides

Radhakrishnan, A., Goldstein, J. L., McDonald, J. G., and Brown, M. S. 2008. Switch-like control of SREBP-2 transport triggered by small changes in ER cholesterol: A delicate balance. *Cell Metab.* 8:512–521.

DeBose-Boyd, R. A. 2008. Feedback regulation of cholesterol synthesis: Sterol-accelerated ubiquitination and degradation of HMG CoA reductase. *Cell Res.* 18:609–621.

Hampton, R. Y. 2002. Proteolysis and sterol regulation. *Annu. Rev. Cell Dev. Biol.* 18:345–378.

Kelley, R. I., and Herman, G. E. 2001. Inborn errors of sterol biosynthesis. *Annu. Rev. Genom. Hum. Genet.* 2:299–341.

Istvan, E. S., and Deisenhofer, J. 2001. Structural mechanism for statin inhibition of HMG-CoA reductase. *Science* 292:1160–1164.

### Lipoproteínas e seus receptores

Sun, H., Krauss, R. M., Chang, J. T., and Teng, B.-B. 2018. PCSK9 deficiency reduces atherosclerosis, apolipoprotein B secretion, and endothelial dysfunction. *J. Lipid Res.* 59:207–223.

Trinh, M. N., Lu, F., Li, X., Das, A., Liang, Q., et al. 2017. Triazoles inhibit cholesterol export from lysosomes by binding to NPC1. *Proc. Natl. Acad. Sci. U.S.A.* 114:89–94.

Li, X., Lu, F., Trinh, M. N., Schmiege, P., Seemann, J., et al. 2017. 3,3 Å structure of Niemann–Pick C1 protein reveals insights into the function of the C-terminal luminal domain in cholesterol transport. *Proc. Natl. Acad. Sci. U. S. A.* 114:9116–9121.

Gustafsen, C., Kjolby, M., Nyegaard, M., Mattheisen, M., Lundhede, J., Buttenschøn, H., Mors, O., Bentzon, J. F., Madsen, P., Nykjaer, A., et al. 2014. The hypercholesterolemia-risk gene SORT1 facilitates PCSK9 secretion. *Cell Metab.* 19:310–318.

Rye, K-A., Bursill, C. A., Lambert, G., Tabet, F., and Barter, P. J. 2009. The metabolism and anti-atherogenic properties of HDL. *J. Lipid Res.* 50:S195–S200.

Rader, D. J., Alexander, E. T., Weibel, G. L., Billheimer, J., and Rothblat, G. H. 2009. The role of reverse cholesterol transport in animals and humans and relationship to atherosclerosis. *J. Lipid Res.* 50:S189–S194.

Tall, A. R., Yvan-Charvet, L., Terasaka, N., Pagler, T., and Wang, N. 2008. HDL, ABC transporters, and cholesterol efflux: Implications for the treatment of atherosclerosis. *Cell Metab.* 7:365–375.

Jeon, H., and Blacklow, S. C. 2005. Structure and physiologic function of the low-density lipoprotein receptor. *Annu. Rev. Biochem.* 74:535–562.

Beglova, N., and Blacklow, S. C. 2005. The LDL receptor: How acid pulls the trigger. *Trends Biochem. Sci.* 30:309–316.

### Ativação de oxigênio e catálise de P450

Stiles, A. R., McDonald, J. G., Bauman, D. R., and Russell, D. W. 2009. CYP7B1: One cytochrome P450, two human genetic diseases, and multiple physiological functions. *J. Biol. Chem.* 284:28485–28489.

Zhou, S.-F., Liu, J.-P., and Chowbay, B. 2009. Polymorphism of human cytochrome P450 enzymes and its clinical impact. *Drug Metab. Rev.* 4:89–295.

Williams, P. A., Cosme, J., Vinkovic, D. M., Ward, A., Angove, H. C., Day, P. J., Vonrhein, C., Tickle, I. J., and Jhoti, H. 2004. Crystal structure of human cytochrome P450 3A4 bound to metyrapone and progesterone. *Science* 305:683–686.

### Aplicações industriais

Meadows, A., Hawkins, K. M., Tsegaye, Y., Antipov, E., Kim, Y., et al. 2016. Rewriting yeast central carbon metabolism for industrial isoprenoid production. *Nature* 537:694–697.

### Bioquímica em foco

Summers, S. A. 2018. Could ceramides become the new cholesterol? *Cell Metab.* 27:276–280.

Petersen, M. C., and Shulman, G. I. 2017. Roles of diacylglycerols and ceramides in hepatic insulin resistance. *Trends Pharmacol. Sci.* 38:649–665.

## CAPÍTULO 27

### Onde começar

Lin, S-C., and Hardie, D. G. 2018. AMPK: Sensing glucose as well as cellular energy status. *Cell Metab.* 27:299–313.

Cahill, Jr. G. F. 2006. Fuel metabolism in starvation. *Annu. Rev. Nutr.* 26:1–22.

Dunn, R. 2013. Everything you know about calories is wrong. *Sci. Am.* (3) 309:57–59.

Kenny, P. J. 2013. The food addiction. *Sci. Am.* (3) 309:44–49.

Taubes, G. 2013. Which one will make you fat? *Sci. Am.* (3) 309:60–65.

Hardie, D. G. 2012. Organismal carbohydrate and lipid homeostasis. *Cold Spring Harb. Perspect. Biol.* 4:a006031.

### Livros

Kessler, D. A. 2010. *The End of Overeating: Taking Control of the Insatiable American Appetite.* Rodale.

Wrangham, R. 2009. *Catching Fire: How Cooking Made Us Human.* Basic Books.

Stipanuk, M. H., and Caudill, M. A. (Eds.). 2013. *Biochemical, Physiological, & Molecular Aspects of Human Nutrition* (3rd ed.). Saunders-Elsevier.

Fell, D. 1997. *Understanding the Control of Metabolism.* Portland Press.

Frayn, K. N. 1996. *Metabolic Regulation: A Human Perspective.* Portland Press.

Poortmans, J. R. (Ed.). 2004. *Principles of Exercise Biochemistry.* Karger.

Harris, R. A., and Crabb, D. W. 2011. Metabolic interrelationships. In *Textbook of Biochemistry with Clinical Correlations* (pp. 839–882), edited by T. M. Devlin. Wiley-Liss.

### Homeostasia calórica

Perry, R. J., Wang, Y., Cline, G. W., Rabin-Court, A., Song, J. D., et al. 2018. Leptin mediates a glucose-fatty acid cycle to maintain glucose homeostasis in starvation. *Cell* 172:234–248.

Stern, J. H., Rutkowski, J. M., and Scherer, P. E. 2016. Adiponectin, leptin, and fatty acids in the maintenance of metabolic homeostasis through adipose tissue crosstalk. *Cell Metab.* 23:770–784.

Clemmensen, C., Müller, T. D. Woods, S. C., Berthoud, H.-R., Seeley, R. J., and Tschöp, M. H. 2017. Gut-brain cross-talk in metabolic control. *Cell* 168:758–774.

Woods, S. C. 2009. The control of food intake: Behavioral versus molecular perspectives. *Cell Metab.* 9:489–498.

Figlewicz, D. P., and Benoit, S. C. 2009. Insulin, leptin, and food reward: Update 2008. *Am. J. Physiol. Integr. Comp. Physiol.* 296:R9–R19.

Israel, D., and Chua, S. Jr. 2009. Leptin receptor modulation of adiposity and fertility. *Trends Endocrinol. Metab.* 21:10–16.

Meyers, M. G., Cowley, M. A., and Münzberg, H. 2008. Mechanisms of leptin action and leptin resistance. *Annu. Rev. Physiol.* 70:537–556.

Sowers, J. R. 2008. Endocrine functions of adipose tissue: Focus on adiponectin. *Clin. Cornerstone* 9:32–38.

Brehma, B. J., and D'Alessio, D. A. 2008. Benefits of high-protein weight loss diets: Enough evidence for practice? *Curr. Opin. Endocrinol., Diabetes, Obesity* 15:416–421.

Coll, A. P., Farooqi, I. S., and O'Rahillt, S. O. 2007. The hormonal control of food intake. *Cell* 129:251–262.

Muoio, D. M., and Newgard, C. B. 2006. Obesity-related derangements in metabolic regulation. *Annu. Rev. Biochem.* 75:367–401.

### Diabetes Melito

Schwartz, S. S., Epstein, S., Corkey, B. E., Grant, S. F. A. Gavin III, J. R., Aguilar, R. B., and Herman, M. E. 2017. A unified pathophysiological construct of diabetes and its complications. *Trends Endocrinol. Metab.* 28:645–655.

Franks, P. W., and McCarthy, M. I. 2016. Exposing the exposures responsible for type 2 diabetes and obesity. *Science* 354:69–73.

Lee, J., and Ozcan, U. 2014. Unfolded protein response signaling and metabolic diseases. *J. Biol. Chem.* 289:1203–1211.

Yamauchi, T., and Kadowaki, T. 2013. Adiponectin receptor as a key player in healthy longevity and obesity-related diseases. *Cell Metab.* 17:185–196.

Könner, A. C., and Brüning, J. C. 2012. Selective insulin and leptin resistance in metabolic disorders. *Cell Metab.* 16:144–152.

Zhang, B. B., Zhou, G., and Li, C. 2009. AMPK: An emerging drug target for diabetes and the metabolic syndrome. *Cell Metab.* 9:407–416.

Magkos, F., Yannakoulia, M., Chan, J. L., and Mantzoros, C. S. 2009. Management of the metabolic syndrome and type 2 diabetes through lifestyle modification. *Annu. Rev. Nutr.* 29:8.1–8.34.

Muoio, D. M., and Newgard, C. B. 2008. Molecular and metabolic mechanisms of insulin resistance and β-cell failure in type 2 diabetes. *Nat. Rev. Mol. Cell. Biol.* 9:193–205.

Leibiger, I. B., Leibiger, B., and Berggren, P.-O. 2008. Insulin signaling in the pancreatic β-cell. *Annu. Rev. Nutr.* 28:233–251.

Doria, A., Patti, M. E., and Kahn, C. R. 2008. The emerging architecture of type 2 diabetes. *Cell Metab.* 8:186–200.

Croker, B. A., Kiu, H., and Nicholson, S. E. 2008. SOCS regulation of the JAK/STAT signalling pathway. *Semin. Cell Dev. Biol.* 19:414–422.

Eizirik, D. L., Cardozo, A. K., and Cnop, M. 2008. The role of endoplasmic reticulum stress in diabetes mellitus. *Endocrinol. Rev.* 29:42–61.

Howard, J. K., and Flier, J. S. 2006. Attenuation of leptin and insulin signaling by SOCS proteins. *Trends Endocrinol. Metab.* 9:365–371.

Lowel, B. B., and Shulman, G. 2005. Mitochondrial dysfunction and type 2 diabetes. *Science* 307:384–387.

Taylor, S. I. 2001. Diabetes mellitus. In *The Metabolic Basis of Inherited Diseases* (8th ed., pp. 1433–1469), edited by C. R. Scriver, W. S. Sly, B. Childs, A. L. Beaudet, D. Valle, K. W. Kinzler, and B. Vogelstein. McGraw-Hill.

### Metabolismo do exercício

Hojman, P., Gehl, J., Christensen, J. F., and Pedersen, B. K. 2018. Molecular mechanisms linking exercise to cancer prevention and treatment. *Cell Metab.* 27:10–21.

Egan, B., and Zierath, J. R. 2013. Exercise metabolism and the molecular regulation of skeletal muscle adaptation. *Cell Metab.* 17:162–184.

Hood, D. A. 2001. Contractile activity-induced mitochondrial biogenesis in skeletal muscle. *J. Appl. Physiol.* 90:1137–1157.

Shulman, R. G., and Rothman, D. L. 2001. The "glycogen shunt" in exercising muscle: A role for glycogen in muscle energetics and fatigue. *Proc. Natl. Acad. Sci. U.S.A.* 98:457–461.

Gleason, T. 1996. Post-exercise lactate metabolism: A comparative review of sites, pathways, and regulation. *Annu. Rev. Physiol.* 58:556–581.

Holloszy, J. O., and Kohrt, W. M. 1996. Regulation of carbohydrate and fat metabolism during and after exercise. *Annu. Rev. Nutr.* 16:121–138.

Hochachka, P. W., and McClelland, G. B. 1997. Cellular metabolic homeostasis during large-scale change in ATP turnover rates in muscles. *J. Exp. Biol.* 200:381–386.

Horowitz, J. F., and Klein, S. 2000. Lipid metabolism during endurance exercise. *Am. J. Clin. Nutr.* 72:558S–563S.

Wagenmakers, A. J. 1999. Muscle amino acid metabolism at rest and during exercise. *Diabetes Nutr. Metab.* 12:316–322.

### Adaptações metabólicas na inanição

Baverel, G., Ferrier, B., and Martin, M. 1995. Fuel selection by the kidney: Adaptation to starvation. *Proc. Nutr. Soc.* 54:197–212.

MacDonald, I. A., and Webber, J. 1995. Feeding, fasting and starvation: Factors affecting fuel utilization. *Proc. Nutr. Soc.* 54:267–274.

Cahill, G. F., Jr. 1976. Starvation in man. *Clin. Endocrinol. Metab.* 5:397–415.

Sugden, M. C., Holness, M. J., and Palmer, T. N. 1989. Fuel selection and carbon flux during the starved-to-fed transition. *Biochem. J.* 263:313–323.

### Metabolismo do etanol

Nagy, L. E. 2004. Molecular aspects of alcohol metabolism: Transcription factors involved in early-induced liver injury. *Annu. Rev. Nutr.* 24:55–78.

Molotkov, A., and Duester, G. 2002. Retinol/ethanol drug interaction during acute alcohol intoxication involves inhibition of retinol metabolism to retinoic acid by alcohol dehydrogenase. *J. Biol. Chem.* 277:22553–22557.

Stewart, S., Jones, D., and Day, C. P. 2001. Alcoholic liver disease: New insights into mechanisms and preventive strategies. *Trends Mol. Med.* 7:408–413.

Lieber, C. S. 2000. Alcohol: Its metabolism and interaction with nutrients. *Annu. Rev. Nutr.* 20:395–430.

Niemela, O. 1999. Aldehyde-protein adducts in the liver as a result of ethanol-induced oxidative stress. *Front. Biosci.* 1:D506–D513.

Riveros-Rosas, H., Julian-Sanchez, A., and Pina, E. 1997. Enzymology of ethanol and acetaldehyde metabolism in mammals. *Arch. Med. Res.* 28:453–471.

### Bioquímica em foco

Neufer, P. D., Bamman, M. M., Muoio, D. M., Bouchard, C., Cooper, D. M. et al. 2015. Understanding the cellular and molecular mechanisms of physical activity-induced health benefits. *Cell Metab.* 22:4–11.

Egan, B., and Zierath, J. R. 2013. Exercise metabolism and the molecular regulation of skeletal muscle adaptation. *Cell Metab.* 17:162–184.

## CAPÍTULO 28

### Onde começar

Gilman, A. G. 2012. Silver spoons and other personal reflections. *Annu. Rev. Pharmacol. Toxicol.* 52:1–19.

Zhang, H.-Y., Chen, L.-L., Xue-Juan Li, X.-J., and Zhang, J. 2010. Evolutionary inspirations for drug discovery. *Trends Pharmacol. Sci.* 31:443–448.

### Livros

Kenakin, T. P. 2014. *A Pharmacology Primer: Techniques for More Effective and Strategic Drug Discovery* (4th ed.). Academic Press.

Brunton, L., Knollman, B. C., and Hilal-Dandan, R. 2017. *Goodman and Gilman's The Pharmacological Basis of Therapeutics* (13th ed.). McGraw-Hill Education.

Walsh, C. T., and Schwartz-Bloom, R. D. 2004. *Levine's Pharmacology: Drug Actions and Reactions* (7th ed.). Taylor and Francis Group.

Silverman, R. B., and Holladay, M. W. 2014. *The Organic Chemistry of Drug Design and Drug Action* (3rd ed.). Academic Press.

Walsh, C., and Wencewicz, T. 2016. *Antibiotics: Challenges, Mechanisms, Opportunities.* ASM Press.

Rowland, M., and Tozer, T. N. 2010. *Clinical Pharmacokinetics and Pharmacodynamics: Concepts and Applications* (4th ed.). Lippincott, Williams, & Wilkins.

### ADME e toxicidade

Caldwell, J., Gardner, I., and Swales, N. 1995. An introduction to drug disposition: The basic principles of absorption, distribution, metabolism, and excretion. *Toxicol. Pathol.* 23:102–114.

Lee, W., and Kim, R. B. 2004. Transporters and renal drug elimination. *Annu. Rev. Pharmacol. Toxicol.* 44:137–166.

Lin, J., Sahakian, D. C., de Morais, S. M., Xu, J. J., Polzer, R. J., and Winter, S. M. 2003. The role of absorption, distribution, metabolism, excretion and toxicity in drug discovery. *Curr. Top. Med. Chem.* 3:1125–1154.

Poggesi, I. 2004. Predicting human pharmacokinetics from preclinical data. *Curr. Opin. Drug Discov. Devel.* 7:100–111.

### Histórias de casos

Flower, R. J. 2003. The development of COX2 inhibitors. *Nat. Rev. Drug Discov.* 2:179–191.

Tobert, J. A. 2003. Lovastatin and beyond: The history of the HMG-CoA reductase inhibitors. *Nat. Rev. Drug Discov.* 2:517–526.

Vacca, J. P., Dorsey, B. D., Schleif, W. A., Levin, R. B., McDaniel, S. L., Darke, P. L., Zugay, J., Quintero, J. C., Blahy, O. M., Roth, E., et al. 1994. L-735,524: An orally bioavailable human immunodeficiency virus type 1 protease inhibitor. *Proc. Natl. Acad. Sci. U.S.A.* 91:4096–4100.

Wong, S., and Witte, O. N. 2004. The BCR-ABL story: Bench to bedside and back. *Annu. Rev. Immunol.* 22:247–306.

### Planejamento de fármacos baseado na estrutura

Kuntz, I. D. 1992. Structure-based strategies for drug design and discovery. *Science* 257:1078–1082.

Dorsey, B. D., Levin, R. B., McDaniel, S. L., Vacca, J. P., Guare, J. P., Darke, P. L., Zugay, J. A., Emini, E. A., Schleif, W. A., Quintero, J. C., et al. 1994. L-735,524: The design of a potent and orally bioavailable HIV protease inhibitor. *J. Med. Chem.* 37:3443–3451.

Chen, Z., Li, Y., Chen, E., Hall, D. L., Darke, P. L., Culberson, C., Shafer, J. A., and Kuo, L. C. 1994. Crystal structure at 1.9 Å resolution of human immunodeficiency virus (HIV) II protease complexed with L-735,524, an orally bioavailable inhibitor of the HIV proteases. *J. Biol. Chem.* 269:26344–26348.

### Química combinatória

Baldwin, J. J. 1996. Design, synthesis and use of binary encoded synthetic chemical libraries. *Mol. Divers.* 2:81–88.

Burke, M. D., Berger, E. M., and Schreiber, S. L. 2003. Generating diverse skeletons of small molecules combinatorially. *Science* 302:613–618.

Edwards, P. J., and Morrell, A. I. 2002. Solid-phase compound library synthesis in drug design and development. *Curr. Opin. Drug Discov. Devel.* 5:594–605.

### Genômica

Zambrowicz, B. P., and Sands, A. T. 2003. Knockouts model the 100 best-selling drugs: Will they model the next 100? *Nat. Rev. Drug Discov.* 2:38–51.

Salemme, F. R. 2003. Chemical genomics as an emerging paradigm for postgenomic drug discovery. *Pharmacogenomics* 4:257–267.

Michelson, S., and Joho, K. 2000. Drug discovery, drug development and the emerging world of pharmacogenomics: Prospecting for information in a data-rich landscape. *Curr. Opin. Mol. Ther.* 2:651–654.

Weinshilboum, R., and Wang, L. 2004. Pharmacogenomics: Bench to bedside. *Nat. Rev. Drug Discov.* 3:739–748.

### Bioquímica em foco

Carter, P. J., and Lazar, G. A. 2018. Next generation antibody drugs: Pursuit of the 'high-hanging fruit.' *Nature Rev. Drug Discov.* 17:197–223.

## CAPÍTULO 29

### Onde começar

O'Donnell, M., Langston, L., and Stillman, B. 2013. Principles and concepts of DNA replication in bacteria, archaea, and eukarya. *Cold Spring Harb. Perspect. Biol.* 5:1–13.

Palermo, G., Cavalli, A., Klein, M. L., Alfonso-Prieto, M., Dal Peraro, K., and De Vivo, M. 2015. Catalytic metal ions and enzymatic processing of DNA and RNA. *Acc. Chem. Res.* 48, 220–228.

Johnson, A., and O'Donnell, M. 2005. Cellular DNA replicases: Components and dynamics at the replication fork. *Annu. Rev. Biochem.* 74:283–315.

Kornberg, A. 1988. DNA replication. *J. Biol. Chem.* 263:1–4.

Wang, J. C. 1982. DNA topoisomerases. *Sci. Am.* 247(1): 94–109.

Lindahl, T. 1993. Instability and decay of the primary structure of DNA. *Nature* 362:709–715.

Greider, C. W., and Blackburn, E. H. 1996. Telomeres, telomerase, and cancer. *Sci. Am.* 274(2):92–97.

### Livros

Kornberg, A., and Baker, T. A. 1992. *DNA Replication* (2nd ed.). W. H. Freeman and Company.

Bloomfield, V. A., Crothers, D., Tinoco, I., and Hearst, J. 2000. *Nucleic Acids: Structures, Properties and Functions.* University Science Books.

Friedberg, E. C., Walker, G. C., and Siede, W. 1995. *DNA Repair and Mutagenesis.* American Society for Microbiology.

Cozzarelli, N. R., and Wang, J. C. (Eds.). 1990. *DNA Topology and Its Biological Effects.* Cold Spring Harbor Laboratory Press.

### Topoisomerases e topologia do DNA

Graille, M., Cladiere, L., Durand, D., Lecointe, F., Gadelle, D., Quevillon-Cheruel, S., Vachette, P., Forterre, P., and van Tilbeurgh, H. 2008. Crystal structure of an intact type II DNA topoisomerase: Insights into DNA transfer mechanisms. *Structure* 16:360–370.

Charvin, G., Strick, T. R., Bensimon, D., and Croquette, V. 2005. Tracking topoisomerase activity at the single-molecule level. *Annu. Rev. Biophys. Biomol. Struct.* 34:201–219.

Sikder, D., Unniraman, S., Bhaduri, T., and Nagaraja, V. 2001. Functional cooperation between topoisomerase I and single strand DNA-binding protein. *J. Mol. Biol.* 306:669–679.

Fortune, J. M., and Osheroff, N. 2000. Topoisomerase II as a target for anticancer drugs: When enzymes stop being nice. *Prog. Nucleic Acid Res. Mol. Biol.* 64:221–253.

Isaacs, R. J., Davies, S. L., Sandri, M. I., Redwood, C., Wells, N. J., and Hickson, I. D. 1998. Physiological regulation of eukaryotic topoisomerase II. *Biochim. Biophys. Acta* 1400:121–137.

Wang, J. C. 1998. Moving one DNA double helix through another by a type II DNA topoisomerase: The story of a simple molecular machine. *Q. Rev. Biophys.* 31:107–144.

Baird, C. L., Harkins, T. T., Morris, S. K., and Lindsley, J. E. 1999. Topoisomerase II drives DNA transport by hydrolyzing one ATP. *Proc. Natl. Acad. Sci. U.S.A.* 96:13685–13690.

Vologodskii, A. V., Levene, S. D., Klenin, K. V., Frank, K. M., and Cozzarelli, N. R. 1992. Conformational and thermodynamic properties of supercoiled DNA. *J. Mol. Biol.* 227:1224–1243.

Fisher, L. M., Austin, C. A., Hopewell, R., Margerrison, M., Oram, M., Patel, S., Wigley, D. B., Davies, G. J., Dodson, E. J., Maxwell, A., et al. 1991. Crystal structure of an N-terminal fragment of the DNA gyrase B protein. *Nature* 351:624–629.

### Mecanismo de replicação

Davey, M. J., and O'Donnell, M. 2000. Mechanisms of DNA replication. *Curr. Opin. Chem. Biol.* 4:581–586.

Keck, J. L., and Berger, J. M. 2000. DNA replication at high resolution. *Chem. Biol.* 7:R63–R71.

Kunkel, T. A., and Bebenek, K. 2000. DNA replication fidelity. *Annu. Rev. Biochem.* 69:497–529.

Waga, S., and Stillman, B. 1998. The DNA replication fork in eukaryotic cells. *Annu. Rev. Biochem.* 67:721–751.

Marians, K. J. 1992. Prokaryotic DNA replication. *Annu. Rev. Biochem.* 61:673–719.


### DNA polimerases e outras enzimas de replicação


Kurth, I., and O'Donnell, M. 2013. New insights into replisome fluidity during chromosome replication. *Trends Biochem. Sci.* 38:195–203.

Nandakumar, J., and Cech, T. R. 2013. Finding the end: Recruitment of telomerase to telomeres. *Nat. Rev. Mol. Cell. Biol.* 14:69–82.

Singleton, M. R., Sawaya, M. R., Ellenberger, T., and Wigley, D. B. 2000. Crystal structure of T7 gene 4 ring helicase indicates a mechanism for sequential hydrolysis of nucleotides. *Cell* 101:589–600.

Donmez, I., and Patel, S. S. 2006. Mechanisms of a ring shaped helicase. *Nucleic Acids Res.* 34:4216–4224.

Johnson, D. S., Bai, L., Smith, B. Y., Patel, S. S., and Wang, M. D. 2007. Single-molecule studies reveal dynamics of DNA unwinding by the ring-shaped T7 helicase. *Cell* 129:1299–1309.

Lee, S. J., Qimron, U., and Richardson, C. C. 2008. Communication between subunits critical to DNA binding by hexameric helicase of bacteriophage T7. *Proc. Natl. Acad. Sci. U.S.A.* 105:8908–8913.

Toth, E. A., Li, Y., Sawaya, M. R., Cheng, Y., and Ellenberger, T. 2003. The crystal structure of the bifunctional primase-helicase of bacteriophage T7. *Mol. Cell* 12:1113–1123.

Hubscher, U., Maga, G., and Spadari, S. 2002. Eukaryotic DNA polymerases. *Annu. Rev. Biochem.* 71:133–163.

Doublié, S., Tabor, S., Long, A. M., Richardson, C. C., and Ellenberger, T. 1998. Crystal structure of a bacteriophage T7 DNA replication complex at 2.2 Å resolution. *Nature* 391:251–258.

Arezi, B., and Kuchta, R. D. 2000. Eukaryotic DNA primase. *Trends Biochem. Sci.* 25:572–576.

Jager, J., and Pata, J. D. 1999. Getting a grip: Polymerases and their substrate complexes. *Curr. Opin. Struct. Biol.* 9:21–28.

Steitz, T. A. 1999. DNA polymerases: Structural diversity and common mechanisms. *J. Biol. Chem.* 274:17395–17398.

Beese, L. S., Derbyshire, V., and Steitz, T. A. 1993. Structure of DNA polymerase I Klenow fragment bound to duplex DNA. *Science* 260:352–355.

McHenry, C. S. 1991. DNA polymerase III holoenzyme: Components, structure, and mechanism of a true replicative complex. *J. Biol. Chem.* 266:19127–19130.

Kong, X. P., Onrust, R., O'Donnell, M., and Kuriyan, J. 1992. Three-dimensional structure of the β subunit of *E. coli* DNA polymerase III holoenzyme: A sliding DNA clamp. *Cell* 69:425–437.

Polesky, A. H., Steitz, T. A., Grindley, N. D., and Joyce, C. M. 1990. Identification of residues critical for the polymerase activity of the Klenow fragment of DNA polymerase I from *Escherichia coli*. *J. Biol. Chem.* 265:14579–14591.

Lee, J. Y., Chang, C., Song, H. K., Moon, J., Yang, J. K., Kim, H. K., Kwon, S. T., and Suh, S. W. 2000. Crystal structure of $NAD^+$ dependent DNA ligase: Modular architecture and functional implications. *EMBO J.* 19:1119–1129.

Timson, D. J., and Wigley, D. B. 1999. Functional domains of an $NAD^+$-dependent DNA ligase. *J. Mol. Biol.* 285:73–83.

Doherty, A. J., and Wigley, D. B. 1999. Functional domains of an ATP-dependent DNA ligase. *J. Mol. Biol.* 285:63–71.

von Hippel, P. H., and Delagoutte, E. 2001. A general model for nucleic acid helicases and their "coupling" within macromolecular machines. *Cell* 104:177–190.

Tye, B. K., and Sawyer, S. 2000. The hexameric eukaryotic MCM helicase: Building symmetry from nonidentical parts. *J. Biol. Chem.* 275:34833–34836.

Marians, K. J. 2000. Crawling and wiggling on DNA: Structural insights to the mechanism of DNA unwinding by helicases. *Struct. Fold. Des.* 5:R227–R235.

Soultanas, P., and Wigley, D. B. 2000. DNA helicases: "Inching forward." *Curr. Opin. Struct. Biol.* 10:124–128.

de Lange, T. 2009. How telomeres solve the end-protection problem. *Science* 326:948–952.

Bachand, F., and Autexier, C. 2001. Functional regions of human telomerase reverse transcriptase and human telomerase RNA required for telomerase activity and RNA-protein interactions. *Mol. Cell Biol.* 21:1888–1897.

Griffith, J. D., Comeau, L., Rosenfield, S., Stansel, R. M., Bianchi, A., Moss, H., and de Lange, T. 1999. Mammalian telomeres end in a large duplex loop. *Cell* 97:503–514.

McEachern, M. J., Krauskopf, A., and Blackburn, E. H. 2000. Telomeres and their control. *Annu. Rev. Genet.* 34:331–358.


### Mutações e reparo de DNA


Lindahl, T. 2016. The intrinsic fragility of DNA (Nobel Lecture). *Angew. Chem. Int. Ed. Engl.* 55, 8528–8534.

Modrich, P. 2016. Mechanisms of E. coli and human mismatch repair (Nobel Lecture). *Angew. Chem. Int. Ed. Engl.* 55, 8490–8501.

Sancar, A. 2016. Mechanisms of DNA repair by photolyase and excision nuclease (Nobel Lecture). *Angew. Chem. Int. Ed. Engl.* 55, 8502–8527.

Hu, J., Selby, C. P., Adar, S., Adebali, O., and Sancar, A. 2017. Molecular mechanisms and genomics maps of DNA excision repair in *Escherichia coli* and humans. *J. Biol. Chem.* 292, 15588–15597.

Yang, W. 2003. Damage repair DNA polymerases Y. *Curr. Opin. Struct. Biol.* 13:23–30.

Wood, R. D., Mitchell, M., Sgouros, J., and Lindahl, T. 2001. Human DNA repair genes. *Science* 291:1284–1289.

Shin, D. S., Chahwan, C., Huffman, J. L., and Tainer, J. A. 2004. Structure and function of the double-strand break repair machinery. *DNA Repair (Amst.)* 3:863–873.

Michelson, R. J., and Weinert, T. 2000. Closing the gaps among a web of DNA repair disorders. *BioEssays* 22:966–969.

Aravind, L., Walker, D. R., and Koonin, E. V. 1999. Conserved domains in DNA repair proteins and evolution of repair systems. *Nucleic Acids Res.* 27:1223–1242.

Mol, C. D., Parikh, S. S., Putnam, C. D., Lo, T. P., and Tainer, J. A. 1999. DNA repair mechanisms for the recognition and removal of damaged DNA bases. *Annu. Rev. Biophys. Biomol. Struct.* 28:101–128.

Parikh, S. S., Mol, C. D., and Tainer, J. A. 1997. Base excision repair enzyme family portrait: Integrating the structure and chemistry of an entire DNA repair pathway. *Structure* 5:1543–1550.

Vassylyev, D. G., and Morikawa, K. 1997. DNA-repair enzymes. *Curr. Opin. Struct. Biol.* 7:103–109.

Verdine, G. L., and Bruner, S. D. 1997. How do DNA repair proteins locate damaged bases in the genome? *Chem. Biol.* 4:329–334.

Bowater, R. P., and Wells, R. D. 2000. The intrinsically unstable life of DNA triplet repeats associated with human hereditary disorders. *Prog. Nucleic Acid Res. Mol. Biol.* 66:159–202.

Cummings, C. J., and Zoghbi, H. Y. 2000. Fourteen and counting: Unraveling trinucleotide repeat diseases. *Hum. Mol. Genet.* 9:909–916.


### Reparo de DNA defeituoso e câncer


Dever, S. M., White, E. R., Hartman, M. C., and Valerie, K. 2012. BRCA1-directed, enhanced and aberrant homologous recombination: Mechanism and potential treatment strategies. *Cell Cycle* 11:687–94.

Berneburg, M., and Lehmann, A. R. 2001. Xeroderma pigmentosum and related disorders: Defects in DNA repair and transcription. *Adv. Genet.* 43:71–102.

Lambert, M. W., and Lambert, W. C. 1999. DNA repair and chromatin structure in genetic diseases. *Prog. Nucleic Acid Res. Mol. Biol.* 63:257–310.

Buys, C. H. 2000. Telomeres, telomerase, and cancer. *New Engl. J. Med.* 342:1282–1283.

Urquidi, V., Tarin, D., and Goodison, S. 2000. Role of telomerase in cell senescence and oncogenesis. *Annu. Rev. Med.* 51:65–79.

Lynch, H. T., Smyrk, T. C., Watson, P., Lanspa, S. J., Lynch, J. F., Lynch, P. M., Cavalieri, R. J., and Boland, C. R. 1993. Genetics, natural history, tumor spectrum, and pathology of hereditary nonpolyposis colorectal cancer: An updated review. *Gastroenterology* 104:1535–1549.

Fishel, R., Lescoe, M. K., Rao, M. R. S., Copeland, N. G., Jenkins, N. A., Garber, J., Kane, M., and Kolodner, R. 1993. The human mutator gene homolog *MSH2* and its association with hereditary nonpolyposis colon cancer. *Cell* 75:1027–1038.

Ames, B. N., and Gold, L. S. 1991. Endogenous mutagens and the causes of aging and cancer. *Mutat. Res.* 250:3–16.

Ames, B. N. 1979. Identifying environmental chemicals causing mutations and cancer. *Science* 204:587–593.

### Recombinação e recombinases

Singleton, M. R., Dillingham, M. S., Gaudier, M., Kowalczykowski, S. C., and Wigley, D. B. 2004. Crystal structure of RecBCD enzyme reveals a machine for processing DNA breaks. *Nature* 432:187–193.

Spies, M., Bianco, P. R., Dillingham, M. S., Handa, N., Baskin, R. J., and Kowalczykowski, S. C. 2003. A molecular throttle: The recombination hotspot chi controls DNA translocation by the RecBCD helicase. *Cell* 114:647–654.

Kowalczykowski, S. C. 2000. Initiation of genetic recombination and recombination-dependent replication. *Trends Biochem. Sci.* 25:1562165.

Prevost, C., and Takahashi, M. 2003. Geometry of the DNA strands within the RecA nucleofilament: Role in homologous recombination. *Q. Rev. Biophys.* 36:429–453.

Van Duyne, G. D. 2001. A structural view of Cre-loxP site-specific recombination. *Annu. Rev. Biophys. Biomol. Struct.* 30:87–104.

Chen, Y., Narendra, U., Iype, L. E., Cox, M. M., and Rice, P. A. 2000. Crystal structure of a Flp recombinase-Holliday junction complex: Assembly of an active oligomer by helix swapping. *Mol. Cell* 6:885–897.

Craig, N. L. 1997. Target site selection in transposition. *Annu. Rev. Biochem.* 66:437–474.

Gopaul, D. N., Guo, F., and Van Duyne, G. D. 1998. Structure of the Holliday junction intermediate in Cre-loxP site-specific recombination. *EMBO J.* 17:4175–4187.

Gopaul, D. N., and Van Duyne, G. D. 1999. Structure and mechanism in site-specific recombination. *Curr. Opin. Struct. Biol.* 9:14–20.

### Bioquímica em foco

D. T. Minnick et al. 1999, Side chains that influence the fidelity at the polymerase active site of *Escherichia coli* DNA Polymerase I (Klenow fragment), *J. Biol. Chem.* 274:3067–3075.

## CAPÍTULO 30

### Onde começar

Liu, X., Bushnell, D. A., and Kornberg, R. D. 2013. RNA polymerase II transcription: Structure and mechanism. *Biochim. Biophys. Acta* 1829:2–8.

Kornberg, R. D. 2007. The molecular basis of eukaryotic transcription. *Proc. Natl. Acad. Sci. U.S.A.* 104:12955–12961.

Woychik, N. A. 1998. Fractions to functions: RNA polymerase II thirty years later. *Cold Spring Harbor Symp. Quant. Biol.* 63:311–317.

Losick, R. 1998. Summary: Three decades after sigma. *Cold Spring Harbor Symp. Quant. Biol.* 63:653–666.

Sharp, P. A. 1994. Split genes and RNA splicing (Nobel Lecture). *Angew. Chem. Int. Ed. Engl.* 33:1229–1240.

Cech, T. R. 1990. Nobel lecture: Self-splicing and enzymatic activity of an intervening sequence RNA from *Tetrahymena*. *Biosci. Rep.* 10:239–261.

Villa, T., Pleiss, J. A., and Guthrie, C. 2002. Spliceosomal snRNAs: $Mg^{2+}$ dependent chemistry at the catalytic core? *Cell* 109:149–152.

### Livros

Krebs, J. E., and Goldstein, E. S. 2012. *Lewin's Genes XI* (11th ed.). Jones and Bartlett.

Kornberg, A., and Baker, T. A. 1992. *DNA Replication* (2nd ed.). W. H. Freeman and Company.

Lodish, H., Berk, A., Kaiser, C. A., Krieger, M., Bretscher, A., Ploegh, H., Amon, A., and Scott, M. P. 2012. *Molecular Cell Biology* (7th ed.). W. H. Freeman and Company.

Watson, J. D., Baker, T. A., Bell, S. P., Gann, A., Levine, M., and Losick, R. 2013. *Molecular Biology of the Gene* (7th ed.). Benjamin Cummings.

Gesteland, R. F., Cech, T., and Atkins, J. F. 2006. *The RNA World: The Nature of Modern RNA Suggests a Prebiotic RNA* (3rd ed.). Cold Spring Harbor Laboratory Press.

### RNA polimerase

Liu, X., Bushnell, D. A., Wang, D., Calero, G., and Kornberg, R. D. 2010. Structure of an RNA polymerase II-TFIIB complex and the transcription initiation mechanism. *Science* 327:206–209.

Wang, D., Bushnell, D. A., Huang, X., Westover, K. D., Levitt, M., and Kornberg, R. D. 2009. Structural basis of transcription: Backtracked RNA polymerase II at 3.4 Å resolution. *Science* 324:1203–1206.

Darst, S. A. 2001. Bacterial RNA polymerase. *Curr. Opin. Struct. Biol.* 11:155–162.

Ross, W., Gosink, K. K., Salomon, J., Igarashi, K., Zou, C., Ishihama, A., Severinov, K., and Gourse, R. L. 1993. A third recognition element in bacterial promoters: DNA binding by the alpha subunit of RNA polymerase. *Science* 262:1407–1413.

Cramer, P., Bushnell, D. A., and Kornberg, R. D. 2001. Structural basis of transcription: RNA polymerase II at 2.8 Å resolution. *Science* 292:1863–1875.

Gnatt, A. L., Cramer, P., Fu, J., Bushnell, D. A., and Kornberg, R. D. 2001. Structural basis of transcription: An RNA polymerase II elongation complex at 3.3 Å resolution. *Science* 292:1876–1882.

Zhang, G., Campbell, E. A., Minakhin, L., Richter, C., Severinov, K., and Darst, S. A. 1999. Crystal structure of *Thermus aquaticus* core RNA polymerase at 3.3 Å resolution. *Cell* 98:811–824.

Campbell, E. A., Korzheva, N., Mustaev, A., Murakami, K., Nair, S., Goldfarb, A., and Darst, S. A. 2001. Structural mechanism for rifampicin inhibition of bacterial RNA polymerase. *Cell* 104:901–912.

Darst, S. A. 2004. New inhibitors targeting bacterial RNA polymerase. *Trends Biochem. Sci.* 29:159–160.

Cheetham, G. M., and Steitz, T. A. 1999. Structure of a transcribing T7 RNA polymerase initiation complex. *Science* 286:2305–2309.

Ebright, R. H. 2000. RNA polymerase: Structural similarities between bacterial RNA polymerase and eukaryotic RNA polymerase II. *J. Mol. Biol.* 304:687–698.

Paule, M. R., and White, R. J. 2000. Survey and summary: Transcription by RNA polymerases I and III. *Nucleic Acids Res.* 28:1283–1298.

### Iniciação e elongação

Hantsche, M., and Cramer, P. 2017. Conserved RNA polymerase II initiation complex structure. *Curr. Opin. Struct. Biol.* 47, 17–22.

Murakami, K. S., and Darst, S. A. 2003. Bacterial RNA polymerases: The whole story. *Curr. Opin. Struct. Biol.* 13:31–39.

Buratowski, S. 2000. Snapshots of RNA polymerase II transcription initiation. *Curr. Opin. Cell Biol.* 12:320–325.

Conaway, J. W., and Conaway, R. C. 1999. Transcription elongation and human disease. *Annu. Rev. Biochem.* 68:301–319.

Conaway, J. W., Shilatifard, A., Dvir, A., and Conaway, R. C. 2000. Control of elongation by RNA polymerase II. *Trends Biochem. Sci.* 25:375–380.

Korzheva, N., Mustaev, A., Kozlov, M., Malhotra, A., Nikiforov, V., Goldfarb, A., and Darst, S. A. 2000. A structural model of transcription elongation. *Science* 289:619–625.

Reines, D., Conaway, R. C., and Conaway, J. W. 1999. Mechanism and regulation of transcriptional elongation by RNA polymerase II. *Curr. Opin. Cell Biol.* 11:342–346.

## Promotores, potencializadores e fatores de transcrição

Vo Ngoc, L., Wang, Y. L., Kassavetis, G. A., and Kadonaga, J. T. 2017. The punctilious RNA polymerase II core promotor. *Genes Dev.* 31, 1289–1301.

Merika, M., and Thanos, D. 2001. Enhanceosomes. *Curr. Opin. Genet. Dev.* 11:205–208.

Park, J. M., Gim, B. S., Kim, J. M., Yoon, J. H., Kim, H. S., Kang, J. G., and Kim, Y. J. 2001. *Drosophila* mediator complex is broadly utilized by diverse gene-specific transcription factors at different types of core promoters. *Mol. Cell. Biol.* 21:2312–2323.

Smale, S. T., and Kadonaga, J. T. 2003. The RNA polymerase II core promoter. *Annu. Rev. Biochem.* 72:449–479.

Gourse, R. L., Ross, W., and Gaal, T. 2000. Ups and downs in bacterial transcription initiation: The role of the alpha subunit of RNA poly-merase in promoter recognition. *Mol. Microbiol.* 37:687– 695.

Fiering, S., Whitelaw, E., and Martin, D. I. 2000. To be or not to be active: The stochastic nature of enhancer action. *BioEssays* 22:381–387.

Hampsey, M., and Reinberg, D. 1999. RNA polymerase II as a control panel for multiple coactivator complexes. *Curr. Opin. Genet. Dev.* 9:132–139.

Chen, L. 1999. Combinatorial gene regulation by eukaryotic transcription factors. *Curr. Opin. Struct. Biol.* 9:48–55.

Muller, C. W. 2001. Transcription factors: Global and detailed views. *Curr. Opin. Struct. Biol.* 11:26–32.

Reese, J. C. 2003. Basal transcription factors. *Curr. Opin. Genet. Dev.* 13:114–118.

Kadonaga, J. T. 2004. Regulation of RNA polymerase II transcription by sequence-specific DNA binding factors. *Cell* 116:247–257.

Harrison, S. C. 1991. A structural taxonomy of DNA-binding domains. *Nature* 353:715–719.

Sakurai, H., and Fukasawa, T. 2000. Functional connections between mediator components and general transcription factors of *Saccharomyces cerevisiae*. *J. Biol. Chem.* 275:37251–37256.

Droge, P., and Muller-Hill, B. 2001. High local protein concentrations at promoters: Strategies in prokaryotic and eukaryotic cells. *Bioessays* 23:179–183.

Smale, S. T., Jain, A., Kaufmann, J., Emami, K. H., Lo, K., and Garraway, I. P. 1998. The initiator element: A paradigm for core promoter heterogeneity within metazoan protein-coding genes. *Cold Spring Harbor Symp. Quant. Biol.* 63:21–31.

Kim, Y., Geiger, J. H., Hahn, S., and Sigler, P. B. 1993. Crystal structure of a yeast TBP/TATA-box complex. *Nature* 365:512–520.

Kim, J. L., Nikolov, D. B., and Burley, S. K. 1993. Co-crystal structure of TBP recognizing the minor groove of a TATA element. *Nature* 365:520–527.

White, R. J., and Jackson, S. P. 1992. The TATA-binding protein: A central role in transcription by RNA polymerases I, II and III. *Trends Genet.* 8:284–288.

Martinez, E. 2002. Multi-protein complexes in eukaryotic gene transcription. *Plant Mol. Biol.* 50:925–947.

Meinhart, A., Kamenski, T., Hoeppner, S., Baumli, S., and Cramer, P. 2005. A structural perspective of CTD function. *Genes Dev.* 19:1401–1415.

Palancade, B., and Bensaude, O. 2003. Investigating RNA polymerase II carboxyl-terminal domain (CTD) phosphorylation. *Eur. J. Biochem.* 270:3859–3870.

## Terminação

Burgess, B. R., and Richardson, J. P. 2001. RNA passes through the hole of the protein hexamer in the complex with *Escherichia coli* Rho factor. *J. Biol. Chem.* 276:4182–4189.

Yu, X., Horiguchi, T., Shigesada, K., and Egelman, E. H. 2000. Three-dimensional reconstruction of transcription termination factor rho: Orientation of the N-terminal domain and visualization of an RNA-binding site. *J. Mol. Biol.* 299:1279–1287.

Stitt, B. L. 2001. *Escherichia coli* transcription termination factor Rho binds and hydrolyzes ATP using a single class of three sites. *Biochemistry* 40:2276–2281.

Henkin, T. M. 2000. Transcription termination control in bacteria. *Curr. Opin. Microbiol.* 3:149–153.

Gusarov, I., and Nudler, E. 1999. The mechanism of intrinsic transcription termination. *Mol. Cell* 3:495–504.

## Riboswitches

Barrick, J. E., and Breaker, R. R. 2007. The distributions, mechanisms, and structures of metabolite-binding riboswitches. *Genome Biol.* 8:R239.

Cheah, M. T., Wachter, A., Sudarsan, N., and Breaker, R. R. 2007. Control of alternative RNA splicing and gene expression by eukaryotic riboswitches. *Nature* 447:497–500.

Serganov, A., Huang, L., and Patel, D. J. 2009. Coenzyme recognition and gene regulation by a flavin mononucleotide riboswitch. *Nature* 458:233–237.

## RNA não codificador

Cech, T. R., and Steitz, J. A. 2014. The noncoding RNA revolution-trashing old rules to forge new ones. *Cell* 157:77–94.

Peculis, B. A. 2002. Ribosome biogenesis: Ribosomal RNA synthesis as a package deal. *Curr. Biol.* 12:R623–R624.

Decatur, W. A., and Fournier, M. J. 2002. rRNA modifications and ribosome function. *Trends Biochem. Sci.* 27:344–351.

Hopper, A. K., and Phizicky, E. M. 2003. tRNA transfers to the limelight. *Genes Dev.* 17:162–180.

Weiner, A. M. 2004. tRNA maturation: RNA polymerization without a nucleic acid template. *Curr. Biol.* 14:R883–R885.

## Formação do 5′-Cap e poliadenilação

Shatkin, A. J., and Manley, J. L. 2000. The ends of the affair: Capping and polyadenylation. *Nat. Struct. Biol.* 7:838–842.

Bentley, D. L. 2005. Rules of engagement: Co-transcriptional recruitment of pre-mRNA processing factors. *Curr. Opin. Cell Biol.* 17:251–256.

Aguilera, A. 2005. Cotranscriptional mRNP assembly: From the DNA to the nuclear pore. *Curr. Opin. Cell Biol.* 17:242–250.

Ro-Choi, T. S. 1999. Nuclear snRNA and nuclear function (discovery of 5′ cap structures in RNA). *Crit. Rev. Eukaryotic Gene Expr.* 9:107–158.

Bard, J., Zhelkovsky, A. M., Helmling, S., Earnest, T. N., Moore, C. L., and Bohm, A. 2000. Structure of yeast poly(A) polymerase alone and in complex with 3′-dATP. *Science* 289:1346–1349.

Martin, G., Keller, W., and Doublie, S. 2000. Crystal structure of mammalian poly(A) polymerase in complex with an analog of ATP. *EMBO J.* 19:4193–4203.

Zhao, J., Hyman, L., and Moore, C. 1999. Formation of mRNA 3′ ends in eukaryotes: Mechanism, regulation, and interrelationships with other steps in mRNA synthesis. *Microbiol. Mol. Biol. Rev.* 63:405–445.

Minvielle-Sebastia, L., and Keller, W. 1999. mRNA polyadenylation and its coupling to other RNA processing reactions and to transcription. *Curr. Opin. Cell Biol.* 11:352–357.

## RNA regulatório pequeno

Winter, J., Jung, S., Keller, S., Gregory, R. I., and Diederichs, S. 2009. Many roads to maturity: MicroRNA biogenesis pathways and their regulation. *Nat. Cell Biol.* 11:228–234.

Ruvkun, G., Wightman, B., and Ha, I. 2004. The 20 years it took to recognize the importance of tiny RNAs. *Cell* 116:S93–S96.

## Edição do RNA

Gott, J. M., and Emeson, R. B. 2000. Functions and mechanisms of RNA editing. *Annu. Rev. Genet.* 34:499–531.

Simpson, L., Thiemann, O. H., Savill, N. J., Alfonzo, J. D., and Maslov, D. A. 2000. Evolution of RNA editing in trypanosome mitochondria. *Proc. Natl. Acad. Sci. U.S.A.* 97:6986–6993.

Chester, A., Scott, J., Anant, S., and Navaratnam, N. 2000. RNA editing: Cytidine to uridine conversion in apolipoprotein B mRNA. *Biochim. Biophys. Acta* 1494:1–3.

Maas, S., and Rich, A. 2000. Changing genetic information through RNA editing. *BioEssays* 22:790–802.

### Splicing dos precursores do mRNA

Shi, Y. 2017. Mechanistic insights into precursor messenger RNA splicing by the spliceosome. *Nat. Rev. Mol. Cell Biol.* 18, 655–670.

Shi, Y. 2017. The spliceosome: A protein-directed metalloribozyme. *J. Mol. Biol.* 429, 2640–2653.

Caceres, J. F., and Kornblihtt, A. R. 2002. Alternative splicing: Multiple control mechanisms and involvement in human disease. *Trends Genet.* 18:186–193.

Faustino, N. A., and Cooper, T. A. 2003. Pre-mRNA splicing and human disease. *Genes Dev.* 17:419–437.

Lou, H., and Gagel, R. F. 1998. Alternative RNA processing: Its role in regulating expression of calcitonin/calcitonin gene-related peptide. *J. Endocrinol.* 156:401–405.

Matlin, A. J., Clark, F., and Smith, C. W. 2005. Understanding alternative splicing: Towards a cellular code. *Nat. Rev. Mol. Cell Biol.* 6:386–398.

McKie, A. B., McHale, J. C., Keen, T. J., Tarttelin, E. E., Goliath, R., van Lith-Verhoeven, J. J., Greenberg, J., Ramesar, R. S., Hoyng, C. B., Cremers, F. P., et al. 2001. Mutations in the pre-mRNA splicing factor gene PRPC8 in autosomal dominant retinitis pigmentosa (RP13). *Hum. Mol. Genet.* 10:1555–1562.

Nilsen, T. W. 2003. The spliceosome: The most complex macromolecular machine in the cell? *BioEssays* 25:1147–1149.

Rund, D., and Rachmilewitz, E. 2005. β-Thalassemia. *New Engl. J. Med.* 353:1135–1146.

Patel, A. A., and Steitz, J. A. 2003. Splicing double: Insights from the second spliceosome. *Nat. Rev. Mol. Cell Biol.* 4:960–970.

Sharp, P. A. 2005. The discovery of split genes and RNA splicing. *Trends Biochem. Sci.* 30:279–281.

Valadkhan, S., and Manley, J. L. 2001. Splicing-related catalysis by protein-free snRNAs. *Nature* 413:701–707.

Zhou, Z., Licklider, L. J., Gygi, S. P., and Reed, R. 2002. Comprehensive proteomic analysis of the human spliceosome. *Nature* 419:182–185.

Stark, H., Dube, P., Luhrmann, R., and Kastner, B. 2001. Arrangement of RNA and proteins in the spliceosomal U1 small nuclear ribonu-cleoprotein particle. *Nature* 409:539–542.

Strehler, E. E., and Zacharias, D. A. 2001. Role of alternative splicing in generating isoform diversity among plasma membrane calcium pumps. *Physiol. Rev.* 81:21–50.

Graveley, B. R. 2001. Alternative splicing: Increasing diversity in the proteomic world. *Trends Genet.* 17:100–107.

Newman, A. 1998. RNA splicing. *Curr. Biol.* 8:R903–R905.

Reed, R. 2000. Mechanisms of fidelity in pre-mRNA splicing. *Curr. Opin. Cell Biol.* 12:340–345.

Sleeman, J. E., and Lamond, A. I. 1999. Nuclear organization of pre-mRNA splicing factors. *Curr. Opin. Cell Biol.* 11:372–377.

Black, D. L. 2000. Protein diversity from alternative splicing: A challenge for bioinformatics and post-genome biology. *Cell* 103:367–370.

Collins, C. A., and Guthrie, C. 2000. The question remains: Is the spliceosome a ribozyme? *Nat. Struct. Biol.* 7:850–854.

### Self-Splicing e catálise de RNA

Adams, P. L., Stanley, M. R., Kosek, A. B., Wang, J., and Strobel, S. A. 2004. Crystal structure of a self-splicing group I intron with both exons. *Nature* 430:45–50.

Adams, P. L., Stanley, M. R., Gill, M. L., Kosek, A. B., Wang, J., and Strobel, S. A. 2004. Crystal structure of a group I intron splicing intermediate. *RNA* 10:1867–1887.

Stahley, M. R., and Strobel, S. A. 2005. Structural evidence for a two-metal-ion mechanism of group I intron splicing. *Science* 309:1587–1590.

Carola, C., and Eckstein, F. 1999. Nucleic acid enzymes. *Curr. Opin. Chem. Biol.* 3:274–283.

Doherty, E. A., and Doudna, J. A. 2000. Ribozyme structures and mechanisms. *Annu. Rev. Biochem.* 69:597–615.

Fedor, M. J. 2000. Structure and function of the hairpin ribozyme. *J. Mol. Biol.* 297:269–291.

Hanna, R., and Doudna, J. A. 2000. Metal ions in ribozyme folding and catalysis. *Curr. Opin. Chem. Biol.* 4:166–170.

Scott, W. G. 1998. RNA catalysis. *Curr. Opin. Struct. Biol.* 8:720–726.

### Bioquímica em foco

Thomas R. Cech. 1989. Self-splicing and enzymatic activity from an intervening sequence RNA from *Tetrahymena* (Nobel lecture). (https://www.nobelprize.org/nobel_prizes/chemistry/laureates/1989/cech-lecture.pdf)

## CAPÍTULO 31

### Onde começar

Yusupova, G., and Yusupov, M. 2014. High-resolution structure of the eukaryotic 80S ribosome. *Annu. Rev. Biochem.* 83:467–486.

Anger, A. M., Armache, J.-P., Berninghausen, O., Habeck, M., Subklewe, M., Wilson. D. N., and Beckmann, R. 2013. Structures of the human and Drosophila 80S ribosome. *Nature* 497:80–87.

Novoa, E. M., and Ribas de Pouplana, L. 2012. Speeding with control: Codon usage, tRNAs, and ribosomes. *Trends Genet.* 28:574–581.

Ibba, M., Curnow, A. W., and Söll, D. 1997. Aminoacyl-tRNA synthesis: Divergent routes to a common goal. *Trends Biochem. Sci.* 22:39–42.

Koonin, E. V., and Novozhilov, A. S. 2009. Origin and evolution of the genetic code: The universal enigma. *IUBMB Life* 61:99–111.

Schimmel, P., and Ribas de Pouplana, L. 2000. Footprints of aminoacyl-tRNA synthetases are everywhere. *Trends Biochem. Sci.* 25:207–209.

### Livros

Rodnina, M. V., Wintermeyer, W., and Green, R. 2011 (Eds.). *Ribosome Structure, Function and Dynamics*. Springer.

Gesteland, R. F., Atkins, J. F., and Cech, T. (Eds.). 2005. *The RNA World* (3rd ed.). Cold Spring Harbor Laboratory Press.

Garrett, R., Douthwaite, S. R., Liljas, A., Matheson, A. T., Moore, P. B., and Noller, H. F. 2000. *The Ribosome: Structure, Function, Antibiotics, and Cellular Interactions*. The American Society for Microbiology.

### Aminoacil-tRNA sintetases

Kaminska, M., Havrylenko, S., Decottignies, P., Le Maréchal, P., Negrutskii, B., and Mirande, M. 2009. Dynamic organization of aminoacyl-tRNA synthetase complexes in the cytoplasm of human cells. *J. Biol. Chem.* 284:13746–13754.

Park, S. G., Schimmel, P., and Kim, S. 2008. Aminoacyl tRNA synthetases and their connections to disease. *Proc. Natl. Acad. Sci. U.S.A.* 105:11043–11049.

Ibba, M., and Söll, D. 2000. Aminoacyl-tRNA synthesis. *Annu. Rev. Biochem.* 69:617–650.

Sankaranarayanan, R., Dock-Bregeon, A. C., Rees, B., Bovee, M., Caillet, J., Romby, P., Francklyn, C. S., and Moras, D. 2000. Zinc ion mediated amino acid discrimination by threonyl-tRNA synthetase. *Nat. Struct. Biol.* 7:461–465.

Sankaranarayanan, R., Dock-Bregeon, A. C., Romby, P., Caillet, J., Springer, M., Rees, B., Ehresmann, C., Ehresmann, B., and Moras, D. 1999. The structure of threonyl-tRNA synthetase-$tRNA^{Thr}$ complex enlightens its repressor activity and reveals an essential zinc ion in the active site. *Cell* 97:371–381.

Dock-Bregeon, A., Sankaranarayanan, R., Romby, P., Caillet, J., Springer, M., Rees, B., Francklyn, C. S., Ehresmann, C., and

Moras, D. 2000. Transfer RNA-mediated editing in threonyl-tRNA synthetase: The class II solution to the double discrimination problem. *Cell* 103:877–884.

de Pouplana, L. R., and Schimmel, P. 2000. A view into the origin of life: Aminoacyl-tRNA synthetases. *Cell. Mol. Life Sci.* 57:865–870.

### RNA de transferência

Ibba, M., Becker, H. D., Stathopoulos, C., Tumbula, D. L., and Söll, D. 2000. The adaptor hypothesis revisited. *Trends Biochem. Sci.* 25:311–316.

Weisblum, B. 1999. Back to Camelot: Defining the specific role of tRNA in protein synthesis. *Trends Biochem. Sci.* 24:247–250.

### Ribossomos e RNAs ribossômicos

Klinge, S., Voigts-Hoffmann, F., Leibundgut, M., and Ban, N. 2012. Atomic structures of the eukaryotic ribosome. *Trends Biochem. Sci.* 37:189–198.

Jin, H., Kelley, A. C., Loakes, D., and Ramakrishnan, V. 2010. Structure of the 70S ribosome bound to release factor 2 and a substrate analog provides insights into catalysis of peptide release. *Proc. Natl. Acad. Sci. U.S.A.* 107:8593–8598.

Rodnina, M. V., and Wintermeyer, W. 2009. Recent mechanistic insights into eukaryotic ribosomes. *Curr. Opin. Cell Biol.* 21:435–443.

Dinman, J. D. 2008. The eukaryotic ribosome: Current status and challenges. *J. Biol. Chem.* 284:11761–11765.

Wen, J.-D., Lancaster, L., Hodges, C., Zeri, A.-C., Yoshimura, S. H., Noller, H. F., Bustamante, C., and Tinoco, I., Jr. 2008. Following translation by single ribosomes one codon at a time. *Nature* 452:598–603.

Korostelev, A., and Noller, H. F. 2007. The ribosome in focus: New structures bring insights. *Trends Biochem. Sci.* 32:434–441.

Brandt, F., Etchells, S. A., Ortiz, J. O., Elcock, A. H., Hartl, F. U., and Baumeister, W. 2009. The native 3D organization of bacterial polysomes. *Cell* 136:261–271.

### Fatores de iniciação

Søgaard, B., Sørensen, H. P., Mortensen, K. K., and Sperling-Petersen, H. U. 2005. Initiation of protein synthesis in bacteria. *Microbiol. Mol. Biol. Rev.* 69:101–123.

Carter, A. P., Clemons, W. M., Jr., Brodersen, D. E., Morgan-Warren, R. J., Hartsch, T., Wimberly, B. T., and Ramakrishnan, V. 2001. Crystal structure of an initiation factor bound to the 30S ribosomal subunit. *Science* 291:498–501.

Guenneugues, M., Caserta, E., Brandi, L., Spurio, R., Meunier, S., Pon, C. L., Boelens, R., and Gualerzi, C. O. 2000. Mapping the fMet-$tRNA_f^{Met}$ binding site of initiation factor IF2. *EMBO J.* 19:5233–5240.

Meunier, S., Spurio, R., Czisch, M., Wechselberger, R., Guenneugues, M., Gualerzi, C. O., and Boelens, R. 2000. Structure of the fMet-$tRNA_f^{Met}$ binding domain of *B. stearothermophilus* initiation factor IF2. *EMBO J.* 19:1918–1926.

### Fatores de elongação

Voorhees R. M., and Ramakrishnan, V. 2013. Structural basis of the translational elongation cycle. *Annu. Rev. Biochem.* 82:203–236.

Liu, S., Bachran, C., Gupta, P., Miller-Randolph, S., Wang, H., Crown, D., Zhang, Y., Kavaliauskas, D., Nissen, P., and Knudsen, C. R. 2012. The busiest of all ribosomal assistants: Elongation factor Tu. *Biochemistry* 51:2642–2651.

Schuette, J.-C., Murphy, F. V., Kelley, A. C., Weir, J. R., Giesebrecht, J., Connell, S. R., Loerke, J., Mielke, T., Zhang, W., Penczek, P. A., et al. 2009. GTPase activation of elongation factor EF-Tu by the ribosome during decoding. *EMBO J.* 28:755–765.

Stark, H., Rodnina, M. V., Wieden, H. J., van Heel, M., and Wintermeyer, W. 2000. Large-scale movement of elongation factor G and extensive conformational change of the ribosome during translocation. *Cell* 100:301–309.

Baensch, M., Frank, R., and Kohl, J. 1998. Conservation of the amino-terminal epitope of elongation factor Tu in Eubacteria and Archaea. *Microbiology* 144:2241–2246.

Krasny, L., Mesters, J. R., Tieleman, L. N., Kraal, B., Fucik, V., Hilgenfeld, R., and Jonak, J. 1998. Structure and expression of elongation factor Tu from *Bacillus stearothermophilus*. *J. Mol. Biol.* 283:371–381.

Pape, T., Wintermeyer, W., and Rodnina, M. V. 1998. Complete kinetic mechanism of elongation factor Tu-dependent binding of aminoacyl-tRNA to the A site of the *E. coli* ribosome. *EMBO J.* 17:7490–7497.

Piepenburg, O., Pape, T., Pleiss, J. A., Wintermeyer, W., Uhlenbeck, O. C., and Rodnina, M. V. 2000. Intact aminoacyl-tRNA is required to trigger GTP hydrolysis by elongation factor Tu on the ribosome. *Biochemistry* 39:1734–1738.

### Formação e translocação de ligação peptídica

Kohler, R., Mooney, R. A., Mills, D. J., Landick, R., and Cramer, R. 2017. Architecture of a transcribing-translating expressome. *Science* 356:194–197.

Rodnina, M. V. 2013. The ribosome as a versatile catalyst: Reactions at the peptidyl transferase center. *Curr. Opin. Struct. Biol.* 23:595–602.

Uemura, S., Aitken, C. E., Korlach, J., Flusberg, B. A., Turner, S. W., and Puglisi, J. D. 2010. Real-time tRNA transit on single translating ribosomes at codon resolution. *Nature* 464:1012–1018.

Beringer, M. and Rodnina, M. V. 2007. The ribosomal peptidyl transferase. *Mol. Cell* 26:311–321.

Yarus, M., and Welch, M. 2000. Peptidyl transferase: Ancient and exiguous. *Chem. Biol.* 7:R187–R190.

Vladimirov, S. N., Druzina, Z., Wang, R., and Cooperman, B. S. 2000. Identification of 50S components neighboring 23S rRNA nucleotides A2448 and U2604 within the peptidyl transferase center of *Escherichia coli* ribosomes. *Biochemistry* 39:183–193.

Frank, J., and Agrawal, R. K. 2000. A ratchet-like inter-subunit reorganization of the ribosome during translocation. *Nature* 406:318–322.

### Terminação

Weixlbaumer, A., Jin, H., Neubauer, C., Voorhees, R. M., Petry, S., Kelley, A. C., and Ramakrishnan, V. 2008. Insights into translational termination from the structure of RF2 bound to the ribosome. *Science* 322:953–956.

Trobro, S., and Åqvist, S. 2007. A model for how ribosomal release factors induce peptidyl-tRNA cleavage in termination of protein synthesis. *Mol. Cell* 27:758–766.

Korostelev, A., Asahara, H., Lancaster, L., Laurberg, M., Hirschi, A., Zhu, J., Trakhanov, S., Scott, W. G., and Noller, H. F. 2008. Crystal structure of a translation termination complex formed with release factor RF2. *Proc. Natl. Acad. Sci. U.S.A.* 105:19684–19689.

Wilson, D. N., Schluenzen, F., Harms, J. M., Yoshida, T., Ohkubo, T., Albrecht, A., Buerger, J., Kobayashi, Y., and Fucini, P. 2005. X-ray crystallography study on ribosome recycling: The mechanism of binding and action of RRF on the 50S ribosomal subunit. *EMBO J.* 24:251–260.

Kisselev, L. L., and Buckingham, R. H. 2000. Translational termination comes of age. *Trends Biochem. Sci.* 25:561–566.

### Fidelidade e revisão

Loveland, A. B., Demo, G. Grigorieff, N., and Korostelev, A. A. 2017. Ensemble cryo-EM elucidates the mechanism of translation fidelity. *Nature* 546:113–119.

Zaher, H. S., and Green, R. 2009. Quality control by the ribosome following peptide bond formation. *Nature* 457:161–166.

Zaher, H. S., and Green, R. 2009. Fidelity at the molecular level: Lessons from protein synthesis. *Cell* 136:746–762.

Ogle, J. M., and Ramakrishnan, V. 2005. Structural insights into translational fidelity. *Annu. Rev. Biochem.* 74:129–177.

### Síntese de proteínas nos eucariotos


Hinnebusch, A. G. 2014. The scanning mechanism of eukaryotic translation initiation. *Annu. Rev. Biochem.* 83:779–812.

Wein, A. N., Singh, R., Fattah, R., and Leppla, S. H. 2012. Diphthamide modification on eukaryotic elongation factor 2 is needed to assure fidelity of mRNA translation and mouse development. *Proc. Natl. Acad. Sci. U.S.A.* 109:13817–13822.

Rhoads, R. E. 2009. eIF4E: New family members, new binding partners, new roles. *J. Biol. Chem.* 284:16711–16715.

Marintchev, A., Edmonds, K. A., Marintcheva, B., Hendrickson, E., Oberer, M., Suzuki, C., Herdy, B., Sonenberg, N., and Wagner, G. 2009. Topology and regulation of the human eIF4A/4G/4H helicase complex in translation initiation. *Cell* 136:447–460.

Fitzgerald, K. D., and Semler, B. L. 2009. Bridging IRES elements in mRNAs to the eukaryotic translation apparatus. *Biochim. Biophys. Acta* 1789:518–528.

Mitchell, S. F., and Lorsch, J. R. 2008. Should I stay or should I go? Eukaryotic translation initiation factors 1 and 1A control start codon recognition. *J. Biol. Chem.* 283:27345–27349.

Amrani, A., Ghosh, S., Mangus, D. A., and Jacobson, A. 2008. Translation factors promote the formation of two states of the closed-loop mRNP. *Nature* 453:1276–1280.

Sachs, A. B., and Varani, G. 2000. Eukaryotic translation initiation: There are (at least) two sides to every story. *Nat. Struct. Biol.* 7:356–361.

Kozak, M. 1999. Initiation of translation in prokaryotes and eukaryotes. *Gene* 234:187–208.

Bushell, M., Wood, W., Clemens, M. J., and Morley, S. J. 2000. Changes in integrity and association of eukaryotic protein synthesis initiation factors during apoptosis. *Eur. J. Biochem.* 267:1083–1091.

Das, S., Ghosh, R., and Maitra, U. 2001. Eukaryotic translation initiation factor 5 functions as a GTPase-activating protein. *J. Biol. Chem.* 276:6720–6726.

Lee, J. H., Choi, S. K., Roll-Mecak, A., Burley, S. K., and Dever, T. E. 1999. Universal conservation in translation initiation revealed by human and archaeal homologs of bacterial translation initiation factor IF2. *Proc. Natl. Acad. Sci. U.S.A.* 96:4342–4347.

Pestova, T. V., and Hellen, C. U. 2000. The structure and function of initiation factors in eukaryotic protein synthesis. *Cell. Mol. Life Sci.* 57:651–674.


### Antibióticos e toxinas


Belova, L., Tenson, T., Xiong, L., McNicholas, P. M., and Mankin, A. S. 2001. A novel site of antibiotic action in the ribosome: Interaction of evernimicin with the large ribosomal subunit. *Proc. Natl. Acad. Sci. U.S.A.* 98:3726–3731.

Brodersen, D. E., Clemons, W. M., Jr., Carter, A. P., Morgan-Warren, R. J., Wimberly, B. T., and Ramakrishnan, V. 2000. The structural basis for the action of the antibiotics tetracycline, pactamycin, and hygromycin B on the 30S ribosomal subunit. *Cell* 103:1143–1154.

Porse, B. T., and Garrett, R. A. 1999. Ribosomal mechanics, antibiotics, and GTP hydrolysis. *Cell* 97:423–426.

Lord, M. J., Jolliffe, N. A., Marsden, C. J., Pateman, C. S., Smith, D. S., Spooner, R. A., Watson, P. D., and Roberts, L. M. 2003. Ricin: Mechanisms of toxicity. *Toxicol. Rev.* 22:53–64.


### Transporte de proteínas através das membranas


Costa, E. A., Subramanian, K., Nunnari, J., and Weissman J. S. 2018. Defining the physiological role of SRP in protein-targeting efficiency and specificity. *Science* 359:689–692.

Akopian, D., Shen, K., Zhang, X., and Shan, S. 2013. Signal recognition particle: An essential protein-targeting machine. *Annu. Rev. Biochem.* 82:693–721.

Nyathi, Y., Wilkinson, B. M., and Pool, M. R. 2013. Co-translational targeting and translocation of proteins to the endoplasmic reticulum. *Biochim. Biophys. Acta* 1833:2392–2402.

Janda, C. Y., Li, J., Oubridge, C., Hernández, H., Robinson, C. V., and Nagai, K. 2010. Recognition of a signal peptide by the signal recognition particle. *Nature* 465:507–510.

Cross, B. C. S., Sinning, I., Luirink, J., and High, S. 2009. Delivering proteins for export from the cytosol. *Nat. Rev. Mol. Cell. Biol.* 10:255–264.

Shan, S., Schmid, S. L., and Zhang, X. 2009. Signal recognition particle (SRP) and SRP receptor: A new paradigm for multistate regulatory GTPases. *Biochemistry* 48:6696–6704.

Johnson, A. E. 2009. The structural and functional coupling of two molecular machines, the ribosome and the translocon. *J. Cell Biol.* 185:765–767.

Pool, R. P. 2009. A trans-membrane segment inside the ribosome exit tunnel triggers RAMP4 recruitment to the Sec61p translocase. *J. Cell Biol.* 185:889–902.

Egea, P. F., Stroud, R. M., and Walter, P. 2005. Targeting proteins to membranes: Structure of the signal recognition particle. *Curr. Opin. Struct. Biol.* 15:213–220.

Halic, M., and Beckmann, R. 2005. The signal recognition particle and its interactions during protein targeting. *Curr. Opin. Struct. Biol.*15:116–125.

Doudna, J. A., and Batey, R. T. 2004. Structural insights into the signal recognition particle. *Annu. Rev. Biochem.* 73:539–557.

Schnell, D. J., and Hebert, D. N. 2003. Protein translocons: Multifunctional mediators of protein translocation across membranes. *Cell* 112:491–505.


### Bioquímica em foco


Khajuria, R. K., Munschauer, M., Ulirsch, J. C., Fiorini, C., Leif S. Ludwig, L. S. et al. 2018. Ribosome levels selectively regulate translation and lineage commitment in human hematopoiesis. *Cell* 173:90–103.

Mills E. W., and Green, R. 2017. Ribosomopathies: There's strength in numbers. *Science* 358, eaan2755

Simsek, D., Tiu, G. C., Flynn, R. A., Byeon, G. W., Leppek, K., et al. 2017. The mammalian ribo-interactome reveals ribosome functional diversity and heterogeneity. *Cell* 169:1051–1065.

Shi, Z., Fujii, K., Kovary, K. M., Genuth, N. R., Röst, H. L., Teruel, M. N., and Barna, M. 2017. Heterogeneous ribosomes preferentially translate distinct subpools of mRNAs genome-wide. *Mol. Cell* 67:71–83.


## CAPÍTULO 32

### Onde começar


Ptashne, M. 2014. The chemistry of regulation of genes and other things. *J. Biol. Chem.* 289:5417–5435.

Pabo, C. O., and Sauer, R. T. 1984. Protein–DNA recognition. *Annu. Rev. Biochem.* 53:293–321.

Ptashne, M., Johnson, A. D., and Pabo, C. O. 1982. A genetic switch in a bacterial virus. *Sci. Am.* 247:128–140.

Ptashne, M., Jeffrey, A., Johnson, A. D., Maurer, R., Meyer, B. J., Pabo, C. O., Roberts, T. M., and Sauer, R. T. 1980. How the lambda repressor and Cro work. *Cell* 19:1–11.


### Livros


Ptashne, M. 2004. *A Genetic Switch: Phage 3 Revisited* (3rd ed.). Cold Spring Harbor Laboratory Press.

McKnight, S. L., and Yamamoto, K. R. (Eds.). 1992. *Transcriptional Regulation* (vols. 1 and 2). Cold Spring Harbor Laboratory Press.

Lodish, H., Berk, A., Kaiser, C. A., Krieger, M., Bretscher, A., Pleogh, H., Amon, A., and Scott, M. P. 2012. *Molecular Cell Biology* (7th ed.). W. H. Freeman and Company.


### Proteínas que se ligam ao DNA


Balaeff, A., Mahadevan, L., and Schulten, K. 2004. Structural basis for cooperative DNA binding by CAP and *lac* repressor. *Structure* 12:123–132.

Bell, C. E., and Lewis, M. 2001. The Lac repressor: A second generation of structural and functional studies. *Curr. Opin. Struct. Biol.* 11:19–25.

Lewis, M., Chang, G., Horton, N. C., Kercher, M. A., Pace, H. C., Schumacher, M. A., Brennan, R. G., and Lu, P. 1996. Crystal structure of the lactose operon repressor and its complexes with DNA and inducer. *Science* 271:1247–1254.

Niu, W., Kim, Y., Tau, G., Heyduk, T., and Ebright, R. H. 1996. Transcription activation at class II CAP-dependent promoters: Two interactions between CAP and RNA polymerase. *Cell* 87:1123–1134.

Schultz, S. C., Shields, G. C., and Steitz, T. A. 1991. Crystal structure of a CAP-DNA complex: The DNA is bent by 90 degrees. *Science* 253:1001–1007.

Parkinson, G., Wilson, C., Gunasekera, A., Ebright, Y. W., Ebright, R. E., and Berman, H. M. 1996. Structure of the CAP-DNA complex at 2.5 Å resolution: A complete picture of the protein–DNA interface. *J. Mol. Biol.* 260:395–408.

Busby, S., and Ebright, R. H. 1999. Transcription activation by catabo-lite activator protein (CAP). *J. Mol. Biol.* 293:199–213.

Somers, W. S., and Phillips, S. E. 1992. Crystal structure of the met repressor-operator complex at 2.8 Å resolution reveals DNA recognition by β-strands. *Nature* 359:387–393.

### Circuitos reguladores de genes

Johnson, A. D., Poteete, A. R., Lauer, G., Sauer, R. T., Ackers, G. K., and Ptashne, M. 1981. Lambda repressor and Cro: Components of an efficient molecular switch. *Nature* 294:217–223.

Stayrook, S., Jaru-Ampornpan, P., Ni, J., Hochschild, A., and Lewis, M. 2008. Crystal structure of the lambda repressor and a model for pairwise cooperative operator binding. *Nature* 452:1022–1025.

Arkin, A., Ross, J., and McAdams, H. H. 1998. Stochastic kinetic analysis of developmental pathway bifurcation in phage lambda-infected *Escherichia coli* cells. *Genetics* 149:1633–1648.

### Regulação pós-transcricional

Kolter, R., and Yanofsky, C. 1982. Attenuation in amino acid biosynthetic operons. *Annu. Rev. Genet.* 16:113–134.

Yanofsky, C. 1981. Attenuation in the control of expression of bacterial operons. *Nature* 289:751–758.

Miller, M. B., and Bassler, B. L. 2001. Quorum sensing in bacteria. *Annu. Rev. Microbiol.* 55:165–199.

Zhang, R. G., Pappas, T., Brace, J. L., Miller, P. C., Oulmassov, T., Molyneaux, J. M., Anderson, J. C., Bashkin, J. K., Winans, S. C., and Joachimiak, A. 2002. Structure of a bacterial quorum-sensing transcription factor complexed with pheromone and DNA. *Nature* 417:971–974.

Soberon-Chavez, G., Aguirre-Ramirez, M., and Ordonez, L. 2005. Is *Pseudomonas aeruginosa* only "sensing quorum"? *Crit. Rev. Microbiol.* 31:171–182.

### Aspectos históricos

Lewis, M. 2005. The lac repressor. *C. R. Biol.* 328:521–548.

Jacob, F., and Monod, J. 1961. Genetic regulatory mechanisms in the synthesis of proteins. *J. Mol. Biol.* 3:318–356.

Ptashne, M., and Gilbert, W. 1970. Genetic repressors. *Sci. Am.* 222(6):36–44.

Lwoff, A., and Ullmann, A. (Eds.). 1979. *Origins of Molecular Biology: A Tribute to Jacques Monod*. Academic Press.

Judson, H. 1996. *The Eighth Day of Creation: Makers of the Revolution in Biology*. Cold Spring Harbor Laboratory Press.

### Bioquímica em foco

R. T. Sauer et al. 1982, Cleavage of the λ and P22 repressors by *recA* protein, J. Biol. Chem. 257:4458–4462.

S. Gottesman 1999, Regulation by proteolysis: developmental switches, Curr. Opin. Microbiol. 2:142–147.

## CAPÍTULO 33

### Onde começar

Liu, X., Bushnell, D. A., and Kornberg, R. D. 2013. RNA polymerase II transcription: Structure and mechanism. *Biochim. Biophys. Acta* 1829:2–8.

Kornberg, R. D. 2007. The molecular basis of eukaryotic transcription. *Proc. Natl. Acad. Sci. U.S.A.* 104:12955–12961.

Pabo, C. O., and Sauer, R. T. 1984. Protein–DNA recognition. *Annu. Rev. Biochem.* 53:293–321.

Struhl, K. 1989. Helix-turn-helix, zinc-finger, and leucine-zipper motifs for eukaryotic transcriptional regulatory proteins. *Trends Biochem. Sci.* 14:137–140.

Struhl, K. 1999. Fundamentally different logic of gene regulation in eukaryotes and prokaryotes. *Cell* 98:1–4.

Korzus, E., Torchia, J., Rose, D. W., Xu, L., Kurokawa, R., McInerney, E. M., Mullen, T. M., Glass, C. K., and Rosenfeld, M. G. 1998. Transcription factor-specific requirements for coactivators and their acetyltransferase functions. *Science* 279:703–707.

Aalfs, J. D., and Kingston, R. E. 2000. What does "chromatin remodeling" mean? *Trends Biochem. Sci.* 25:548–555.

### Livros

McKnight, S. L., and Yamamoto, K. R. (Eds.). 1992. *Transcriptional Regulation* (vols. 1 and 2). Cold Spring Harbor Laboratory Press.

Latchman, D. S. 2004. *Eukaryotic Transcription Factors* (4th ed.). Academic Press.

Wolffe, A. 1992. *Chromatin Structure and Function*. Academic Press.

Lodish, H., Berk, A., Kaiser, C. A., Krieger, M., Bretscher, A., Pleogh, H., Amon, A., and Scott, M. P. 2012. *Molecular Cell Biology* (7th ed.). W. H. Freeman and Company.

### Cromatina e remodelação da cromatina

Sadeh, R., and Allis, C. D. 2011. Genome-wide "re"-modeling of nucleosome positions. *Cell* 147:263–266.

Lorch, Y., Maier-Davis, B., and Kornberg, R. D. 2010. Mechanism of chromatin remodeling. *Proc. Natl. Acad. Sci. U.S.A.* 107:3458–3462.

Tang, L., Nogales, E., and Ciferri, C. 2010. Structure and function of SWI/SNF chromatin remodeling complexes and mechanistic implications for transcription. *Prog. Biophys. Mol. Biol.* 102:122–128.

Jenuwein, T., and Allis, C. D. 2001. Translating the histone code. *Science* 293:1074–1080.

Jiang, C., and Pugh, B. F. 2009. Nucleosome positioning and gene regulation: Advances through genomics. *Nat. Rev. Genet.* 10:161–172.

Barski, A., Cuddapah, S., Cui, K., Roh, T. Y., Schones, D. E., Wang, Z., Wei, G., Chepelev, I., and Zhao, K. 2007. High-resolution profiling of histone methylations in the human genome. *Cell* 129:823–837.

Weintraub, H., Larsen, A., and Groudine, M. 1981. β-Globin-gene switching during the development of chicken embryos: Expression and chromosome structure. *Cell* 24:333–344.

Ren, B., Robert, F., Wyrick, J. J., Aparicio, O., Jennings, E. G., Simon, I., Zeitlinger, J., Schreiber, J., Hannett, N., Kanin, E., et al. 2000. Genome-wide location and function of DNA-binding proteins. *Science* 290:2306–2309.

Goodrich, J. A., and Tjian, R. 1994. TBP-TAF complexes: Selectivity factors for eukaryotic transcription. *Curr. Opin. Cell. Biol.* 6:403–409.

Bird, A. P., and Wolffe, A. P. 1999. Methylation-induced repression: Belts, braces, and chromatin. *Cell* 99:451–454.

Cairns, B. R. 1998. Chromatin remodeling machines: Similar motors, ulterior motives. *Trends Biochem. Sci.* 23:20–25.

Albright, S. R., and Tjian, R. 2000. TAFs revisited: More data reveal new twists and confirm old ideas. *Gene* 242:1–13.

Urnov, F. D., and Wolffe, A. P. 2001. Chromatin remodeling and transcriptional activation: The cast (in order of appearance). *Oncogene* 20:2991–3006.

Luger, K., Mader, A. W., Richmond, R. K., Sargent, D. F., and Richmond, T. J. 1997. Crystal structure of the nucleosome core particle at 2.8 Å resolution. *Nature* 389:251–260.

Arents, G., and Moudrianakis, E. N. 1995. The histone fold: A ubiquitous architectural motif utilized in DNA compaction and protein dimerization. *Proc. Natl. Acad. Sci. U.S.A.* 92:11170–11174.

Baxevanis, A. D., Arents, G., Moudrianakis, E. N., and Landsman, D. 1995. A variety of DNA-binding and multimeric proteins contain the histone fold motif. *Nucleic Acids Res.* 23:2685–2691.

### Fatores de transcrição

Green, M. R. 2005. Eukaryotic transcription activation: Right on target. *Mol. Cell* 18:399–402.

Kornberg, R. D. 2005. Mediator and the mechanism of transcriptional activation. *Trends Biochem. Sci.* 30:235–239.

Clements, A., Rojas, J. R., Trievel, R. C., Wang, L., Berger, S. L., and Marmorstein, R. 1999. Crystal structure of the histone acetyltransferase domain of the human PCAF transcriptional regulator bound to coenzyme A. *EMBO J.* 18:3521–3532.

Deckert, J., and Struhl, K. 2001. Histone acetylation at promoters is differentially affected by specific activators and repressors. *Mol. Cell. Biol.* 21:2726–2735.

Dutnall, R. N., Tafrov, S. T., Sternglanz, R., and Ramakrishnan, V. 1998. Structure of the histone acetyltransferase Hat1: A paradigm for the GCN5-related *N*-acetyltransferase superfamily. *Cell* 94:427–438.

Finnin, M. S., Donigian, J. R., Cohen, A., Richon, V. M., Rifkind, R. A., Marks, P. A., Breslow, R., and Pavletich, N. P. 1999. Structures of a histone deacetylase homologue bound to the TSA and SAHA inhibitors. *Nature* 401:188–193.

Finnin, M. S., Donigian, J. R., and Pavletich, N. P. 2001. Structure of the histone deacetylase SIR2. *Nat. Struct. Biol.* 8:621–625.

Jacobson, R. H., Ladurner, A. G., King, D. S., and Tjian, R. 2000. Structure and function of a human TAFII250 double bromodomain module. *Science* 288:1422–1425.

Rojas, J. R., Trievel, R. C., Zhou, J., Mo, Y., Li, X., Berger, S. L., Allis, C. D., and Marmorstein, R. 1999. Structure of *Tetrahymena* GCN5 bound to coenzyme A and a histone H3 peptide. *Nature* 401:93–98.

### Células-tronco pluripotentes induzidas

Takahashi, K., Tanabe, K., Ohnuki, M., Narita, M., Ichisaka, T., Tomoda, K., and Yamanaka, S. 2007. Induction of pluripotent stem cells from adult human fibroblasts by defined factors. *Cell* 131:861–872.

Takahashi, K., and Yamanaka, S. 2006. Induction of pluripotent stem cells from mouse embryonic and adult fibroblast cultures by defined factors. *Cell* 126:663–676.

Park, I. H., Arora, N., Huo, H., Maherali, N., Ahfeldt, T., Shimamura, A., Lensch, M. W., Cowan, C., Hochedlinger, K., and Daley, G. Q. 2008. Disease-specific induced pluripotent stem cells. *Cell* 134:877–886.

Yamanaka, S. 2009. A fresh look at iPS cells. *Cell* 137:13–17.

Yu, J., Hu, K., Smuga-Otto, K., Tian, S., Stewart, R., Slukvin, I. I., and Thomson, J. A. 2009. Human induced pluripotent stem cells free of vector and transgene sequences. *Science* 324:797–801.

### Receptores nucleares de hormônios

Downes, M., Verdecia, M. A., Roecker, A. J., Hughes, R., Hogenesch, J. B., Kast-Woelbern, H. R., Bowman, M. E., Ferrer, J. L., Anisfeld, A. M., Edwards, et al. 2003. A chemical, genetic, and structural analysis of the nuclear bile acid receptor FXR. *Mol. Cell* 11:1079–1092.

Evans, R. M. 2005. The nuclear receptor superfamily: A Rosetta stone for physiology. *Mol. Endocrinol.* 19:1429–1438.

Xu, W., Cho, H., Kadam, S., Banayo, E. M., Anderson, S., Yates, J. R., III, Emerson, B. M., and Evans, R. M. 2004. A methylation-mediator complex in hormone signaling. *Genes Dev.* 18:144–156.

Evans, R. M. 1988. The steroid and thyroid hormone receptor superfamily. *Science* 240:889–895.

Yamamoto, K. R. 1985. Steroid receptor regulated transcription of specific genes and gene networks. *Annu. Rev. Genet.* 19:209–252.

Tanenbaum, D. M., Wang, Y., Williams, S. P., and Sigler, P. B. 1998. Crystallographic comparison of the estrogen and progesterone receptor's ligand binding domains. *Proc. Natl. Acad. Sci. U.S.A.* 95:5998–6003.

Schwabe, J. W., Chapman, L., Finch, J. T., and Rhodes, D. 1993. The crystal structure of the estrogen receptor DNA-binding domain bound to DNA: How receptors discriminate between their response elements. *Cell* 75:567–578.

Shiau, A. K., Barstad, D., Loria, P. M., Cheng, L., Kushner, P. J., Agard, D. A., and Greene, G. L. 1998. The structural basis of estrogen receptor/coactivator recognition and the antagonism of this interaction by tamoxifen. *Cell* 95:927–937.

Collingwood, T. N., Urnov, F. D., and Wolffe, A. P. 1999. Nuclear receptors: Coactivators, corepressors and chromatin remodeling in the control of transcription. *J. Mol. Endocrinol.* 23:255–275.

### Regulação pós-transcricional nos procariotos

Rouault, T. A., Stout, C. D., Kaptain, S., Harford, J. B., and Klausner, R. D. 1991. Structural relationship between an iron-regulated RNA-binding protein (IRE-BP) and aconitase: Functional implications. *Cell* 64:881–883.

Klausner, R. D., Rouault, T. A., and Harford, J. B. 1993. Regulating the fate of mRNA: The control of cellular iron metabolism. *Cell* 72:19–28.

Gruer, M. J., Artymiuk, P. J., and Guest, J. R. 1997. The aconitase family: Three structural variations on a common theme. *Trends Biochem. Sci.* 22:3–6.

Theil, E. C. 1994. Iron regulatory elements (IREs): A family of mRNA non-coding sequences. *Biochem. J.* 304:1–11.

### MicroRNAs

Ruvkun, G. 2008. The perfect storm of tiny RNAs. *Nat. Med.* 14:1041–1045.

Sethupathy, P., and Collins, F. S. 2008. MicroRNA target site polymorphisms and human disease. *Trends Genet.* 24:489–497.

Adams, B. D., Cowee, D. M., and White, B. A. 2009. The role of miR-206 in the epidermal growth factor (EGF) induced repression of estrogen receptor-α (ERα) signaling and a luminal phenotype in MCF-7 breast cancer cells. *Mol. Endocrinol.* 23:1215–1230.

Jegga, A. G., Chen, J., Gowrisankar, S., Deshmukh, M. A., Gudivada, R., Kong, S., Kaimal, V., and Aronow, B. J. 2007. GenomeTrafac: A whole genome resource for the detection of transcription factor binding site clusters associated with conventional and microRNA encoding genes conserved between mouse and human gene orthologs. *Nucleic Acids Res.* 35:D116–D121.

### Bioquímica em foco

S. Poepsel et al. 2018. Cryo-EM structures of PRC2 simultaneously engaged with two functionally distinct nucleosomes, Nature Structural and Molecular Biology 25:154–162.

## CAPÍTULO 34 [*ONLINE*]

### Onde começar

Axel, R. 1995. The molecular logic of smell. *Sci. Am.* 273(4):154–159.

Dulac, C. 2000. The physiology of taste, vintage 2000. *Cell* 100:607–610.

Yarmolinsky, D. A., Zuker, C. S., and Ryba, N. J. (2009) Common sense about taste: From mammals to insects. *Cell* 139:234–244.

Stryer, L. 1996. Vision: From photon to perception. *Proc. Natl. Acad. Sci. U.S.A.* 93:557–559.

Hudspeth, A. J. 1989. How the ear's works work. *Nature* 341:397–404.

### Olfato

Buck, L., and Axel, R. 1991. A novel multigene family may encode odorant receptors: A molecular basis for odor recognition. *Cell* 65:175–187.

Saito, H., Chi, Q., Zhuang, H., Matsunami, H., and Mainland, J. D. 2009. Odor coding by a mammalian receptor repertoire. *Sci. Signal.* 2:ra9.

Malnic, B., Hirono, J., Sato, T., and Buck, L. B. 1999. Combinatorial receptor codes for odors. *Cell* 96:713–723.

Zou, D. J., Chesler, A., and Firestein, S. 2009. How the olfactory bulb got its glomeruli: A just so story? *Nat. Rev. Neurosci.* 10:611–618.

De la Cruz, O., Blekhman, R., Zhang, X., Nicolae, D., Firestein, S., and Gilad, Y. 2009. A signature of evolutionary constraint on a subset of ectopically expressed olfactory receptor genes. *Mol. Biol. Evol.* 26:491–494.

Mombaerts, P., Wang, F., Dulac, C., Chao, S. K., Nemes, A., Mendelsohn, M., Edmondson, J., and Axel, R. 1996. Visualizing an olfactory sensory map. *Cell* 87:675–686.

Buck, L. 2005. Unraveling the sense of smell (Nobel lecture). *Angew. Chem. Int. Ed. Engl.* 44:6128–6140.

Belluscio, L., Gold, G. H., Nemes, A., and Axel, R. 1998. Mice deficient in $G_{(olf)}$ are anosmic. *Neuron* 20:69–81.

Vosshall, L. B., Wong, A. M., and Axel, R. 2000. An olfactory sensory map in the fly brain. *Cell* 102:147–159.

Lewcock, J. W., and Reed, R. R. 2003. A feedback mechanism regulates monoallelic odorant receptor expression. *Proc. Natl. Acad. Sci. U.S.A.*101:1069–1074.

Reed, R. R. 2004. After the holy grail: Establishing a molecular mechanism for mammalian olfaction. *Cell* 116:329–336.


## Paladar


Wang, L., Gillis-Smith, S., Peng, Y., Zhang, J., Chen, X., Salzman, C. D., Ryba, N. J. P., and Zuker, C. S. 2018. The coding of valence and identity in the mammalian taste system. *Nature* 558, 127–131.

Chandrashekar, J., Yarmolinsky, D., von Buchholtz, L., Oka, Y., Sly, W., Ryba, N. J., and Zuker, C. S. 2009. The taste of carbonation. *Science* 326:443–445.

Chandrashekar, J., Hoon, M. A., Ryba, N. J., and Zuker, C. S. 2006. The receptors and cells for mammalian taste. *Nature* 444:288–294.

Huang, A. L., Chen, X., Hoon, M. A., Chandrashekar, J., Guo, W., Tranker, D., Ryba, N. J., and Zuker, C. S. 2006. The cells and logic for mammalian sour taste detection. *Nature* 442:934–938.

Zhao, G. Q., Zhang, Y., Hoon, M. A., Chandrashekar, J., Erlenbach, I., Ryba, N. J. P., and Zuker, C. S. 2003. The receptors for mammalian sweet and umami taste. *Cell* 115:255–266.

Herness, M. S., and Gilbertson, T. A. 1999. Cellular mechanisms of taste transduction. *Annu. Rev. Physiol.* 61:873–900.

Adler, E., Hoon, M. A., Mueller, K. L., Chandrashekar, J., Ryba, N. J., and Zuker, C. S. 2000. A novel family of mammalian taste receptors. *Cell* 100:693–702.

Chandrashekar, J., Mueller, K. L., Hoon, M. A., Adler, E., Feng, L., Guo, W., Zuker, C. S., and Ryba, N. J. 2000. T2Rs function as bitter taste receptors. *Cell* 100:703–711.

Mano, I., and Driscoll, M. 1999. DEG/ENaC channels: A touchy superfamily that watches its salt. *BioEssays* 21:568–578.

Benos, D. J., and Stanton, B. A. 1999. Functional domains within the degenerin/epithelial sodium channel (Deg/ENaC) superfamily of ion channels. *J. Physiol. (Lond.)* 520(part 3):631–644.

McLaughlin, S. K., McKinnon, P. J., and Margolskee, R. F. 1992. Gustducin is a taste-cell-specific G protein closely related to the transducins. *Nature* 357:563–569.

Nelson, G., Hoon, M. A., Chandrashekar, J., Zhang, Y., Ryba, N. J., and Zuker, C. S. 2001. Mammalian sweet taste receptors. *Cell* 106:381–390.


## Visão


Stryer, L. 1988. Molecular basis of visual excitation. *Cold Spring Harbor Symp. Quant. Biol.* 53:283–294.

Jastrzebska, B., Tsybovsky, Y., and Palczewski, K. 2010. Complexes between photoactivated rhodopsin and transducin: Progress and questions. *Biochem. J.* 428:1–10.

Wald, G. 1968. The molecular basis of visual excitation. *Nature* 219:800–807.

Ames, J. B., Dizhoor, A. M., Ikura, M., Palczewski, K., and Stryer, L. 1999. Three-dimensional structure of guanylyl cyclase activating protein-2, a calcium-sensitive modulator of photoreceptor guanylyl cyclases. *J. Biol. Chem.* 274:19329–19337.

Nathans, J. 1994. In the eye of the beholder: Visual pigments and inherited variation in human vision. *Cell* 78:357–360.

Nathans, J. 1999. The evolution and physiology of human color vision: Insights from molecular genetic studies of visual pigments. *Neuron* 24:299–312.

Palczewski, K., Kumasaka, T., Hori, T., Behnke, C. A., Motoshima, H., Fox, B. A., LeTrong, I., Teller, D. C., Okada, T., Stenkamp, R. E., et al. 2000. Crystal structure of rhodopsin: A G protein-coupled receptor. *Science* 289:739–745.

Filipek, S, Teller, D. C., Palczewski, K., and Stemkamp, R. 2003. The crystallographic model of rhodopsin and its use in studies of other G protein-coupled receptors. *Annu. Rev. Biophys. Biomol. Struct.* 32:375–397.


## Audição


Furness, D. N., Hackney, C. M., and Evans, M. G. 2010. Localisation of the mechanotransducer channels in mammalian cochlear hair cells provides clues to their gating. *J. Physiol.* 588:765–772.

Lim, K., and Park, S. 2009. A mechanical model of the gating spring mechanism of stereocilia. *J. Biomech.* 42:2158–2164.

Siemens, J., Lillo, C., Dumont, R. A., Reynolds, A., Williams, D. S., Gillespie, P. G., and Muller, U. 2004. Cadherin 23 is a component of the tip link in hair-cell stereocilia. *Nature* 428:950–955.

Spinelli, K. J., and Gillespie, P. G. 2009. Bottoms up: Transduction channels at tip link bases. *Nat. Neurosci.* 12:529–530.

Hudspeth, A. J. 1997. How hearing happens. *Neuron* 19:947–950.

Pickles, J. O., and Corey, D. P. 1992. Mechanoelectrical transduction by hair cells. *Trends Neurosci.* 15:254–259.

Walker, R. G., Willingham, A. T., and Zuker, C. S. 2000. A *Drosophila* mechanosensory transduction channel. *Science* 287:2229–2234.

Hudspeth, A. J., Choe, Y., Mehta, A. D., and Martin, P. 2000. Putting ion channels to work: Mechanoelectrical transduction, adaptation, and amplification by hair cells. *Proc. Natl. Acad. Sci. U.S.A.* 97:11765–11772.


## Tato e sensação de dor


Myers, B. R., Bohlen, C. J., and Julius, D. 2008. A yeast genetic screen reveals a critical role for the pore helix domain in TRP channel gating. *Neuron* 58:362–373.

Lishko, P. V., Procko, E., Jin, X., Phelps, C. B., and Gaudet, R. 2007. The ankyrin repeats of TRPV1 bind multiple ligands and modulate channel sensitivity. *Neuron* 54:905–918.

Franco-Obregon, A., and Clapham, D. E. 1998. Touch channels sense blood pressure. *Neuron* 21:1224–1226.

Caterina, M. J., Schumacher, M. A., Tominaga, M., Rosen, T. A., Levine, J. D., and Julius, D. 1997. The capsaicin receptor: A heat-activated ion channel in the pain pathway. *Nature* 389:816–824.

Tominaga, M., Caterina, M. J., Malmberg, A. B., Rosen, T. A., Gilbert, H., Skinner, K., Raumann, B. E., Basbaum, A. I., and Julius, D. 1998. The cloned capsaicin receptor integrates multiple pain-producing stimuli. *Neuron* 21:531–543.

Caterina, M. J., and Julius, D. 1999. Sense and specificity: A molecular identity for nociceptors. *Curr. Opin. Neurobiol.* 9:525–530.

Clapham, D. E. 2003. TRP channels as cellular sensors. *Nature* 426:517–524.


# CAPÍTULO 35 [*ONLINE*]

## Onde começar


Nossal, G. J. V. 1993. Life, death, and the immune system. *Sci. Am.* 269(3):53–62.

Tonegawa, S. 1985. The molecules of the immune system. *Sci. Am.* 253(4):122–131.

Leder, P. 1982. The genetics of antibody diversity. *Sci. Am.* 246(5):102–115.

Bromley, S. K., Burack, W. R., Johnson, K. G., Somersalo, K., Sims, T. N., Sumen, C., Davis, M. M., Shaw, A. S., Allen, P. M., and Dustin, M. L. 2001. The immunological synapse. *Annu. Rev. Immunol.* 19:375–396.


## Livros


Punt, J., Stranford, S. A., Jones, P., and Owen, J. 2019. *Kuby Immunology* (8th ed.). W. H. Freeman and Company.

Abbas, A. K., Lichtman, A. H., and Pillai, S. 2017. *Cellular and Molecular Immunology* (9th ed.). Elsevier.

Cold Spring Harbor Symposia on Quantitative Biology. 1989. Volume 54. *Immunological Recognition.* Cold Spring Harbor Laboratory Press.

Weir, D. M. (Ed.). 1996. *Handbook of Experimental Immunology* (5th ed.). Oxford University Press.

Murphy, K., and Weaver, C. 2016. *Janeway's Immunobiology* (9th ed.). W. W. Norton & Company.


## Sistema imunológico inato


Janeway, C. A., Jr., and Medzhitov, R. 2002. Innate immune recognition. *Annu. Rev. Immunol.* 20:197–216.

Khalturin, K., Panzer, Z., Cooper, M. D., and Bosch, T. C. 2004. Recognition strategies in the innate immune system of ancestral chordates. *Mol. Immunol.* 41:1077–1087.

Beutler, B., and Rietschel, E. T. 2003. Innate immune sensing and its roots: The story of endotoxin. *Nat. Rev. Immunol.* 3:169–176.

Xu, Y., Tao, X., Shen, B., Horng, T., Medzhitov, R., Manley, J. L., and Tong, L. 2000. Structural basis for signal transduction by the Toll/ interleukin-1 receptor domains. *Nature* 408:111–115.

Jiménez-Dalmaroni, M. J., Gerswhin, M. E., and Adamopoulos, I. E. 2016. The critical role of toll-like receptors —From microbial recognition to autoimmunity: A comprehensive review. *Autoimmunity Rev.* 15:1–8.


## Estrutura de anticorpos e complexos de anticorpo-antígeno


Davies, D. R., Padlan, E. A., and Sheriff, S. 1990. Antibody-antigen complexes. *Annu. Rev. Biochem.* 59:439–473.

Poljak, R. J. 1991. Structure of antibodies and their complexes with antigens. *Mol. Immunol.* 28:1341–1345.

Davies, D. R., and Cohen, G. H. 1996. Interactions of protein antigens with antibodies. *Proc. Natl. Acad. Sci. U.S.A.* 93:7–12.

Marquart, M., Deisenhofer, J., Huber, R., and Palm, W. 1980. Crystallographic refinement and atomic models of the intact immunoglobulin molecule Kol and its antigen-binding fragment at 3.0 Å and 1.9 Å resolution. *J. Mol. Biol.* 141:369–391.

Silverton, E. W., Navia, M. A., and Davies, D. R. 1977. Three-dimensional structure of an intact human immunoglobulin. *Proc. Natl. Acad. Sci. U.S.A.* 74:5140–5144.

Padlan, E. A., Silverton, E. W., Sheriff, S., Cohen, G. H., Smith, G. S., and Davies, D. R. 1989. Structure of an antibody-antigen complex: Crystal structure of the HyHEL-10 Fab lysozyme complex. *Proc. Natl. Acad. Sci. U.S.A.* 86:5938–5942.

Rini, J., Schultze-Gahmen, U., and Wilson, I. A. 1992. Structural evidence for induced fit as a mechanism for antibody-antigen recognition. *Science* 255:959–965.

Fischmann, T. O., Bentley, G. A., Bhat, T. N., Boulot, G., Mariuzza, R. A., Phillips, S. E., Tello, D., and Poljak, R. J. 1991. Crystallographic refinement of the three-dimensional structure of the FabD1.3-lysozyme complex at 2.5 Å resolution. *J. Biol. Chem.* 266:12915–12920.

Burton, D. R. 1990. Antibody: The flexible adaptor molecule. *Trends Biochem. Sci.* 15:64–69.

Saphire, E. O., Parren P. W., Pantophlet, R., Zwick, M. B., Morris, G. M., Rudd, P. M., Dwek, R. A., Stanfield, R. L., Burton, D. R., and Wilson, I. A. 2001. Crystal structure of a neutralizing human IgG against HIV-1: A template for vaccine design. *Science* 293:1155–1159.

Calarese, D. A., Scanlan, C. N., Zwick, M. B., Deechongkit, S., Mimura, Y., Kunert R., Zhu, P., Wormald, M. R., Stanfield, R. L., Roux, K. H., et al. 2003. Antibody domain exchange is an immunological solution to carbohydrate cluster recognition. *Science* 300:2065–2071.


## Geração de diversidade


Tonegawa, S. 1988. Somatic generation of immune diversity. *Biosci. Rep.* 8:3–26.

Honjo, T., and Habu, S. 1985. Origin of immune diversity: Genetic variation and selection. *Annu. Rev. Biochem.* 54:803–830.

Gellert, M., and McBlane, J. F. 1995. Steps along the pathway of VDJ recombination. *Philos. Trans. R. Soc. Lond. B Biol. Sci.* 347:43–47.

Harris, R. S., Kong, Q., and Maizels, N. 1999. Somatic hypermutation and the three R's: Repair, replication and recombination. *Mutat. Res.* 436:157–178.

Lewis, S. M., and Wu, G. E. 1997. The origins of V(D)J recombination. *Cell* 88:159–162.

Ramsden, D. A., van Gent, D. C., and Gellert, M. 1997. Specificity in V(D)J recombination: New lessons from biochemistry and genetics. *Curr. Opin. Immunol.* 9:114–120.

Roth, D. B., and Craig, N. L. 1998. VDJ recombination: A transposase goes to work. *Cell* 94:411–414.

Sadofsky, M. J. 2001. The RAG proteins in V(D)J recombination: More than just a nuclease. *Nucleic Acids Res.* 29:1399–1409.


## Proteínas MHC e processamento de antígenos


Bjorkman, P. J., and Parham, P. 1990. Structure, function, and diversity of class I major histocompatibility complex molecules. *Annu. Rev. Biochem.* 59:253–288.

Goldberg, A. L., and Rock, K. L. 1992. Proteolysis, proteasomes, and antigen presentation. *Nature* 357:375–379.

Madden, D. R., Gorga, J. C., Strominger, J. L., and Wiley, D. C. 1992. The three-dimensional structure of HLA-B27 at 2.1 Å resolution suggests a general mechanism for tight binding to MHC. *Cell* 70:1035–1048.

Fremont, D. H., Matsumura, M., Stura, E. A., Peterson, P. A., and Wilson, I. A. 1992. Crystal structures of two viral peptides in complex with murine MHC class I H-2Kb. *Science* 257:880–881.

Matsumura, M., Fremont, D. H., Peterson, P. A., and Wilson, I. A. 1992. Emerging principles for the recognition of peptide antigens by MHC class I. *Science* 257:927–934.

Brown, J. H., Jardetzky, T. S., Gorga, J. C., Stern, L. J., Urban, R. G., Strominger, J. L., and Wiley, D. C. 1993. Three-dimensional structure of the human class II histocompatibility antigen HLA-DR1. *Nature* 364:33–39.

Saper, M. A., Bjorkman, P. J., and Wiley, D. C. 1991. Refined structure of the human histocompatibility antigen HLA-A2 at 2.6 Å resolution. *J. Mol. Biol.* 219:277–319.

Madden, D. R., Gorga, J. C., Strominger, J. L., and Wiley, D. C. 1991. The structure of HLA-B27 reveals nonamer self-peptides bound in an extended conformation. *Nature* 353:321–325.

Cresswell, P., Bangia, N., Dick, T., and Diedrich, G. 1999. The nature of the MHC class I peptide loading complex. *Immunol. Rev.* 172:21–28.

Madden, D. R., Garboczi, D. N., and Wiley, D. C. 1993. The antigenic identity of peptide-MHC complexes: A comparison of the conformations of five viral peptides presented by HLA-A2. *Cell* 75:693–708.


## Receptores de células T e complexos de sinalização


Hennecke, J., and Wiley, D. C. 2001. T-cell receptor-MHC interactions up close. *Cell* 104:1–4.

Ding, Y. H., Smith, K. J., Garboczi, D. N., Utz, U., Biddison, W. E., and Wiley, D. C. 1998. Two human T cell receptors bind in a similar diagonal mode to the HLA-A2/Tax peptide complex using different TCR amino acids. *Immunity* 8:403–411.

Reinherz, E. L., Tan, K., Tang, L., Kern, P., Liu, J., Xiong, Y., Hussey, R. E., Smolyar, A., Hare, B., Zhang, R., et al. 1999. The crystal structure of a T-cell receptor in complex with peptide and MHC class II. *Science* 286:1913–1921.

Davis, M. M., and Bjorkman, P. J. 1988. T-cell antigen receptor genes and T-cell recognition. *Nature* 334:395–402.

Cochran, J. R., Cameron, T. O., and Stern, L. J. 2000. The relationship of MHC-peptide binding and T cell activation probed using chemically defined MHC class II oligomers. *Immunity* 12:241–250.

Garcia, K. C., Teyton, L., and Wilson, I. A. 1999. Structural basis of T cell recognition. *Annu. Rev. Immunol.* 17:369–397.

Garcia, K. C., Degano, M., Stanfield, R. L., Brunmark, A., Jackson, M. R., Peterson, P. A., Teyton, L. A., and Wilson, I. A. 1996.

An αβ T-cell receptor structure at 2.5 Å and its orientation in the TCR-MHC complex. *Science* 274:209–219.

Garboczi, D. N., Ghosh, P., Utz, U., Fan, Q. R., Biddison, W. E., Wiley, D. C. 1996. Structure of the complex between human T-cell receptor, viral peptide and HLA-A2. *Nature* 384:134–141.

Gaul, B. S., Harrison, M. L., Geahlen, R. L., Burton, R. A., and Post, C. B. 2000. Substrate recognition by the Lyn protein-tyrosine kinase: NMR structure of the immunoreceptor tyrosine-based activation motif signaling region of the B cell antigen receptor. *J. Biol. Chem.* 275:16174–16182.

Kern, P. S., Teng, M. K., Smolyar, A., Liu, J. H., Liu, J., Hussey, R. E., Spoerl, R., Chang, H. C., Reinherz, E. L., and Wang, J. H. 1998. Structural basis of CD8 coreceptor function revealed by crystallographic analysis of a murine CD8 αβ ectodomain fragment in complex with H-2Kb. *Immunity* 9:519–530.

Konig, R., Fleury, S., and Germain, R. N. 1996. The structural basis of CD4-MHC class II interactions: Coreceptor contributions to T cell receptor antigen recognition and oligomerization-dependent signal transduction. *Curr. Top. Microbiol. Immunol.* 205:19–46.

Davis, M. M., Boniface, J. J., Reich, Z., Lyons, D., Hampl, J., Arden, B., and Chien, Y. 1998. Ligand recognition by αβ T-cell receptors. *Annu. Rev. Immunol.* 16:523–544.

Janeway, C. J. 1992. The T cell receptor as a multicomponent signalling machine: CD4/CD8 coreceptors and CD45 in T cell activation. *Annu. Rev. Immunol.* 10:645–674.

Podack, E. R., and Kupfer, A. 1991. T-cell effector functions: Mechanisms for delivery of cytotoxicity and help. *Annu. Rev. Cell Biol.* 7:479–504.

Davis, M. M. 1990. T cell receptor gene diversity and selection. *Annu. Rev. Biochem.* 59:475–496.

Leahy, D. J., Axel, R., and Hendrickson, W. A. 1992. Crystal structure of a soluble form of the human T cell coreceptor CD8 at 2.6 Å resolution. *Cell* 68:1145–1162.

Bots, M., and Medema, J. P. 2006. Granzymes at a glance. *J. Cell. Sci.* 119:5011–5014.

Lowin, B., Hahne, M., Mattmann, C., and Tschopp, J. 1994. Cytolytic T-cell cytotoxicity is mediated through perforin and Fas lytic pathways. *Nature* 370:650–652.

Rudolph, M. G., and Wilson, I. A. 2002. The specificity of TCR/pMHC interaction. *Curr. Opin. Immunol.* 14:52–65.


### HIV e AIDS


Fauci, A. S. 1988. The human immunodeficiency virus: Infectivity and mechanisms of pathogenesis. *Science* 239:617–622.

Gallo, R. C., and Montagnier, L. 1988. AIDS in 1988. *Sci. Am.* 259(4): 41–48.

Kwong, P. D., Wyatt, R., Robinson, J., Sweet, R. W., Sodroski, J., and Hendrickson, W. A. 1998. Structure of an HIV gp120 envelope glycoprotein in complex with the CD4 receptor and a neutralizing human antibody. *Nature* 393:648–659.


### Vacinas


Johnston, M. I., and Fauci, A. S. 2007. An HIV vaccine—evolving concepts. *New Engl. J. Med.* 356:2073–2081.

Burton, D. R., Desrosiers, R. C., Doms, R. W., Koff, W. C., Kwong, P. D., Moore, J. P., Nabel, G. J., Sodroski, J., Wilson, I. A., and Wyatt, R. T. 2004. HIV vaccine design and the neutralizing antibody problem. *Nature Immunol.* 5:233–236.

Ada, G. 2001. Vaccines and vaccination. *New Engl. J. Med.* 345:1042–1053.

Behbehani, A. M. 1983. The smallpox story: Life and death of an old disease. *Microbiol. Rev.* 47:455–509.


### Descoberta dos conceitos principais


Ada, G. L., and Nossal, G. 1987. The clonal selection theory. *Sci. Am.* 257(2):62–69.

Porter, R. R. 1973. Structural studies of immunoglobulins. *Science* 180:713–716.

Edelman, G. M. 1973. Antibody structure and molecular immunology. *Science* 180:830–840.

Kohler, G. 1986. Derivation and diversification of monoclonal antibodies. *Science* 233:1281–1286.

Milstein, C. 1986. From antibody structure to immunological diversification of immune response. *Science* 231:1261–1268.

Janeway, C. A., Jr. 1989. Approaching the asymptote? Evolution and revolution in immunology. *Cold Spring Harbor Symp. Quant. Biol.* 54:1–13.

Jerne, N. K. 1971. Somatic generation of immune recognition. *Eur. J. Immunol.* 1:1–9.


### Bioquímica em foco


Manier, S., Salem, K. Z., Park, J., Landau, D. A., Getz, G., and Ghobrial, I. M. 2017. Genomic complexity of multiple myeloma and its clinical implications. *Nat. Rev. Clin. Oncol.* 13:100–113.

Kumar, S. K., Rajkumar, V., Kyle, R. A., van Duin, M., Sonneveld, P., Mateos, M.-V., Gay, F., and Anderson, K. C. 2017. Multiple myeloma. *Nat. Rev. Dis. Primers* 3:17046.


## CAPÍTULO 36 [*ONLINE*]

### Onde começar


Gennerich, A., and Vale, R. D. 2009. Walking the walk: How kinesin and dynein coordinate their steps. *Curr. Opin. Cell Biol.* 21:59–67.

Vale, R. D. 2003. The molecular motor toolbox for intracellular transport. *Cell* 112:467–480.

Vale, R. D., and Milligan, R. A. 2000. The way things move: Looking under the hood of molecular motor proteins. *Science* 288:88–95.

Vale, R. D. 1996. Switches, latches, and amplifiers: Common themes of G proteins and molecular motors. *J. Cell Biol.* 135:291–302.

Mehta, A. D., Rief, M., Spudich, J. A., Smith, D. A., and Simmons, R. M. 1999. Single-molecule biomechanics with optical methods. *Science* 283:1689–1695.

Schuster, S. C., and Khan, S. 1994. The bacterial flagellar motor. *Annu. Rev. Biophys. Biomol. Struct.* 23:509–539.


### Livros


Howard, J. 2001. *Mechanics of Motor Proteins and the Cytoskeleton.* Sinauer.

Squire, J. M. 1986. *Muscle Design, Diversity, and Disease.* Benjamin Cummings.

Pollack, G. H., and Sugi, H. (Eds.). 1984. *Contractile Mechanisms in Muscle.* Plenum.


### Miosina e actina


Lorenz, M., and Holmes, K. C. 2010. The actin-myosin interface. *Proc. Natl. Acad. Sci. U.S.A.* 107:12529–12534.

Yang, Y., Gourinath, S., Kovacs, M., Nyitray, L., Reutzel, R., Himmel, D. M., O'Neall-Hennessey, E., Reshetnikova, L., Szent-Györgyi, A. G., Brown, J. H., et al. 2007. Rigor-like structures from muscle myosins reveal key mechanical elements in the transduction pathways of this allosteric motor. *Structure* 15:553–564.

Himmel, D. M., Mui, S., O'Neall-Hennessey, E., Szent-Györgyi, A. G., and Cohen, C. 2009. The on-off switch in regulated myosins: Different triggers but related mechanisms. *J. Mol. Biol.* 394:496–505.

Houdusse, A., Gaucher, J. F., Krementsova, E., Mui, S., Trybus, K. M., and Cohen, C. 2006. Crystal structure of apo-calmodulin bound to the first two IQ motifs of myosin V reveals essential recognition features. *Proc. Natl. Acad. Sci. U.S.A.* 103:19326–19331.

Li, X. E., Holmes, K. C., Lehman, W., Jung, H., and Fischer, S. 2010. The shape and flexibility of tropomyosin coiled coils: Implications for actin filament assembly and regulation. *J. Mol. Biol.* 395:327–339.

Fischer, S., Windshugel, B., Horak, D., Holmes, K. C., and Smith, J. C. 2005. Structural mechanism of the recovery stroke in the myosin molecular motor. *Proc. Natl. Acad. Sci. U.S.A.* 102:6873–6878.

Holmes, K. C., Angert, I., Kull, F. J., Jahn, W., and Schroder, R. R. 2003. Electron cryo-microscopy shows how strong binding of myosin to actin releases nucleotide. *Nature* 425:423–427.

Holmes, K. C., Schroder, R. R., Sweeney, H. L., and Houdusse, A. 2004. The structure of the rigor complex and its implications for the power stroke. *Philos. Trans. R. Soc. Lond. B Biol. Sci.* 359:1819–1828.

Purcell, T. J., Morris, C., Spudich, J. A., and Sweeney, H. L. 2002. Role of the lever arm in the processive stepping of myosin V. *Proc. Natl. Acad. Sci. U.S.A.* 99:14159–14164.

Purcell, T. J., Sweeney, H. L., and Spudich, J. A. 2005. A force-dependent state controls the coordination of processive myosin V. *Proc. Natl. Acad. Sci. U.S.A.* 102:13873–13878.

Holmes, K. C. 1997. The swinging lever-arm hypothesis of muscle contraction. *Curr. Biol.* 7:R112–R118.

Berg, J. S., Powell, B. C., and Cheney, R. E. 2001. A millennial myosin census. *Mol. Biol. Cell* 12:780–794.

Houdusse, A., Kalabokis, V. N., Himmel, D., Szent-Györgyi, A. G., and Cohen, C. 1999. Atomic structure of scallop myosin sub-frag-ment S1 complexed with MgADP: A novel conformation of the myosin head. *Cell* 97:459–470.

Houdusse, A., Szent-Györgyi, A. G., and Cohen, C. 2000. Three conformational states of scallop myosin S1. *Proc. Natl. Acad. Sci. U.S.A.* 97:11238–11243.

Uyeda, T. Q., Abramson, P. D., and Spudich, J. A. 1996. The neck region of the myosin motor domain acts as a lever arm to generate movement. *Proc. Natl. Acad. Sci. U.S.A.* 93:4459–4464.

Mehta, A. D., Rock, R. S., Rief, M., Spudich, J. A., Mooseker, M. S., and Cheney, R. E. 1999. Myosin-V is a processive actin-based motor. *Nature* 400:590–593.

Otterbein, L. R., Graceffa, P., and Dominguez, R. 2001. The crystal structure of uncomplexed actin in the ADP state. *Science* 293:708–711.

Holmes, K. C., Popp, D., Gebhard, W., and Kabsch, W. 1990. Atomic model of the actin filament. *Nature* 347:44–49.

Schutt, C. E., Myslik, J. C., Rozycki, M. D., Goonesekere, N. C., and Lindberg, U. 1993. The structure of crystalline profilin-β-actin. *Nature* 365:810–816.

van den Ent, F., Amos, L. A., and Lowe, J. 2001. Prokaryotic origin of the actin cytoskeleton. *Nature* 413:39–44.

Schutt, C. E., and Lindberg, U. 1998. Muscle contraction as a Markov process I: Energetics of the process. *Acta Physiol. Scand.* 163:307–323.

Rief, M., Rock, R. S., Mehta, A. D., Mooseker, M. S., Cheney, R. E., and Spudich, J. A. 2000. Myosin-V stepping kinetics: A molecular model for processivity. *Proc. Natl. Acad. Sci. U.S.A.* 97:9482–9486.

Friedman, T. B., Sellers, J. R., and Avraham, K. B. 1999. Unconventional myosins and the genetics of hearing loss. *Am. J. Med. Genet.* 89:147–157.

### Cinesina, dineína e microtúbulos

Reck-Peterson, S. L., Redwine, W. B., Vale, R. D., and Carter, A. P. 2018. The cytoplasmic dynein transport machinery and its many cargoes. *Nature Rev. Mol. Cell Biol.* 19, 382–398.

Bhabha, G., Johnson, G. T., Schroeder, C. M., and Vale, R. D. 2016. How dynein moves along microtubules. *Trends Biochem. Sci.* 41, 94–105.

Cho, C., and Vale, R. D. 2012. The mechanism of dynein motility: Insight from crystal structures of the motor domain. *Biochim. Biophys. Acta* 1823:182–191.

Yildiz, A., Tomishige, M., Gennerich, A., and Vale, R. D. 2008. Intramolecular strain coordinates kinesin stepping behavior along microtubules. *Cell* 134:1030–1041.

Yildiz, A., Tomishige, M., Vale, R. D., and Selvin, P. R. 2004. Kinesin walks hand-over-hand. *Science* 303:676–678.

Rogers, G. C., Rogers, S. L., Schwimmer, T. A., Ems-McClung, S. C., Walczak, C. E., Vale, R. D., Scholey, J. M., and Sharp, D. J. 2004. Two mitotic kinesins cooperate to drive sister chromatid separation during anaphase. *Nature* 427:364–370.

Vale, R. D., and Fletterick, R. J. 1997. The design plan of kinesin motors. *Annu. Rev. Cell. Dev. Biol.* 13:745–777.

Kull, F. J., Sablin, E. P., Lau, R., Fletterick, R. J., and Vale, R. D. 1996. Crystal structure of the kinesin motor domain reveals a structural similarity to myosin. *Nature* 380:550–555.

Kikkawa, M., Sablin, E. P., Okada, Y., Yajima, H., Fletterick, R. J., and Hirokawa, N. 2001. Switch-based mechanism of kinesin motors. *Nature* 411:439–445.

Wade, R. H., and Kozielski, F. 2000. Structural links to kinesin directionality and movement. *Nat. Struct. Biol.* 7:456–460.

Yun, M., Zhang, X., Park, C. G., Park, H. W., and Endow, S. A. 2001. A structural pathway for activation of the kinesin motor ATPase. *EMBO J.* 20:2611–2618.

Kozielski, F., De Bonis, S., Burmeister, W. P., Cohen-Addad, C., and Wade, R. H. 1999. The crystal structure of the minus-end-directed microtubule motor protein ncd reveals variable dimer conformations. *Struct. Fold. Des.* 7:1407–1416.

Lowe, J., Li, H., Downing, K. H., and Nogales, E. 2001. Refined structure of αβ-tubulin at 3.5 Å resolution. *J. Mol. Biol.* 313:1045–1057.

Nogales, E., Downing, K. H., Amos, L. A., and Lowe, J. 1998. Tubulin and FtsZ form a distinct family of GTPases. *Nat. Struct. Biol.* 5:451–458.

Zhao, C., Takita, J., Tanaka, Y., Setou, M., Nakagawa, T., Takeda, S., Yang, H. W., Terada, S., Nakata, T., Takei, Y., et al. 2001. Charcot-Marie-Tooth disease type 2A caused by mutation in a microtubule motor KIF1Bb. *Cell* 105:587–597.

Asai, D. J., and Koonce, M. P. 2001. The dynein heavy chain: Structure, mechanics and evolution. *Trends Cell Biol.* 11:196–202.

Mocz, G., and Gibbons, I. R. 2001. Model for the motor component of dynein heavy chain based on homology to the AAA family of oligomeric ATPases. *Structure* 9:93–103.

### Movimento bacteriano e quimiotaxia

Baker, M. D., Wolanin, P. M., and Stock, J. B. 2006. Systems biology of bacterial chemotaxis. *Curr. Opin. Microbiol.* 9:187–192.

Wolanin, P. M., Baker, M. D., Francis, N. R., Thomas, D. R., DeRosier, D. J., and Stock, J. B. 2006. Self-assembly of receptor/signaling complexes in bacterial chemotaxis. *Proc. Natl. Acad. Sci. U.S.A.* 103:14313–14318.

Sowa, Y., Rowe, A. D., Leake, M. C., Yakushi, T., Homma, M., Ishijima, A., and Berry, R. M. 2005. Direct observation of steps in rotation of the bacterial flagellar motor. *Nature* 437:916–919.

Berg, H. C. 2000. Constraints on models for the flagellar rotary motor. *Philos. Trans. R. Soc. Lond. B Biol. Sci.* 355:491–501.

DeRosier, D. J. 1998. The turn of the screw: The bacterial flagellar motor. *Cell* 93:17–20.

Ryu, W. S., Berry, R. M., and Berg, H. C. 2000. Torque-generating units of the flagellar motor of *Escherichia coli* have a high duty ratio. *Nature* 403:444–447.

Lloyd, S. A., Whitby, F. G., Blair, D. F., and Hill, C. P. 1999. Structure of the C-terminal domain of FliG, a component of the rotor in the bacterial flagellar motor. *Nature* 400:472–475.

Purcell, E. M. 1977. Life at low Reynolds number. *Am. J. Physiol.* 45:3–11.

Macnab, R. M., and Parkinson, J. S. 1991. Genetic analysis of the bacterial flagellum. *Trends Genet.* 7:196–200.

### Aspectos históricos

Huxley, H. E. 1965. The mechanism of muscular contraction. *Sci. Am.* 213(6):18–27.

Summers, K. E., and Gibbons, I. R. 1971. ATP-induced sliding of tubules in trypsin-treated flagella of sea-urchin sperm. *Proc. Natl. Acad. Sci. U.S.A.* 68:3092–3096.

Macnab, R. M., and Koshland, D. E., Jr. 1972. The gradient-sensing mechanism in bacterial chemotaxis. *Proc. Natl. Acad. Sci. U.S.A.* 69:2509–2512.

Taylor, E. W. 2001. 1999. E. B. Wilson lecture: The cell as molecular machine. *Mol. Biol. Cell* 12:251–254.

### Bioquímica em foco

Grati, M., and Kacher, B. 2011. Myosin VIIa and sans localization at stereocilia upper tip-link density implicates these Usher syndrome proteins in mechanotransduction. *Proc. Natl. Acad. Sci. U.S.A.* 108:11476–11481.

# ÍNDICE ALFABÉTICO

## A

## B



## C

## D

## E

## G



## H

## M

## S

1 2 3 4 5 6 7 8 9 10
2021